城市水资源与水环境
国家重点实验室开放基金项目资助

上册

城市污染水体

综合治理工程技术

王宝贞 任南琪 隋 军 主编

化学工业出版社

·北京·

内 容 简 介

本书分五篇共 20 章,分别介绍了城市污染水体治理概况,海绵城市理念与低影响开发,污染水体沿岸截流下水道系统,地下深层隧道储存 CSO 或 SSO 排水系统,城市排水规划在城市水污染治理中的作用,城市雨水防灾除污染和资源化设施,固定生物膜处理技术,氧化塘与人工湿地生态处理技术,膜生物反应器处理技术,污水再生处理技术,污水生物处理的特效菌剂制备与工程应用,有毒有害工业废水处理技术,卫生填埋渗滤液反渗透处理技术,畜禽养殖废水处理技术,污泥处理与资源化,胶州市污水渠变清水河的综合治理工程,德国埃姆歇河综合治理工程技术,城市污染湖泊综合治理及工程案例,黑臭水体应急治理工程技术,城市污染地下水的综合治理工程,内容涵盖了城市污染水体综合治理工程的基础理论、新理念、新设施、新技术以及一些成功案例。

本书具有较强的技术性和可操作性,可供市政与环境工程研究院、设计院给排水与环境工程研究和设计人员,污染河道治理工程人员,工况企业有关专业人员,环保部门管理人员参考,也可供高等学校环境工程、市政工程及相关专业师生参阅。

图书在版编目(CIP)数据

城市污染水体综合治理工程技术: 上、下册/王宝贞,
任南琪,隋军主编.—北京: 化学工业出版社,2019.10
ISBN 978-7-122-35215-6

Ⅰ.①城…　Ⅱ.①王…②任…③隋…　Ⅲ.①城市污
水处理-工程技术　Ⅳ.①X703

中国版本图书馆 CIP 数据核字(2019)第 202998 号

责任编辑: 刘兴春　刘　婧　　　　文字编辑: 汲永臻
责任校对: 边　涛　　　　　　　　装帧设计: 刘丽华

出版发行: 化学工业出版社
　　　　　(北京市东城区青年湖南街 13 号　邮政编码 100011)
印　　装: 中煤(北京)印务有限公司
787mm×1092mm　1/16　印张 89　彩插 6　字数 2284 千字
2021 年 5 月北京第 1 版第 1 次印刷

购书咨询: 010-64518888
售后服务: 010-64518899
网　　址: http://www.cip.com.cn

《城市污染水体综合治理工程技术》编委会

主　编：王宝贞　任南琪　隋　军

副主编：刘研评　刘　硕　尹文超

其他主要编写人员：

序

六十载薪火相传，凝成了面前这本 200 余万字的大作——导师王宝贞老师及其学生们汇成的水污染治理理论与技术及其工程经验之集大成者。作为王老师的弟子之一，被委以重任，作言以序，唯恐辞不尽意。

拜读之后受益良多，深感此书思想之先进、技术之创新、内容之丰富，均使人耳目一新。

王宝贞老师作为新中国第一代给水排水工程专家，致力于我国给排水和水处理领域六十余年，是创建哈尔滨工业大学环境工程学科最主要的学科带头人之一，成果斐然，桃李芳菲。书中的重要内容是将王老师及其学生们的多年技术研发与工程经验撰以书稿，形成了师生三代五十余人的集体成果结晶。

王宝贞老师带领的团队始终坚持污水全过程处理与管理、流域治理和综合治理的理念，聚焦我国不同发展阶段出现的不同水环境问题，坚持创新、刻苦研发、勇于实践、砥砺前行，致力于解决水环境的实际问题。

书中重点介绍了王宝贞老师及其学生们多年来在污染水体治理方面的技术研发和工程实践成果，也介绍了国内外水体污染治理和污水处理的先进技术。包括自主研发的负荷高、处理效果好、节能和占地面积小的强化复合生物处理技术与工程实践应用；设计建成和运行的海绵城市示范工程，为在全国推广海绵、绿色和生态城市树立了样板；设计建成和运行的处理流程短、大型先进的地下 MBR 污水再生水厂和地面景观园林化相结合的样板示范工程；介绍了在德国高赫污水处理厂，国际上率先研发建成并实际应用的世界首座超高温-中温污泥消化池；以及地下水污染治理的新技术，为解决我国严重的地下水污染提供了成功的经验和技术。书中还介绍了包括为综合治理我国城市的污染河流建成的一批可以推广应用的示范工程；研发并得到实际应用的垃圾渗滤液和高浓度有机污水的处理新技术；创建的洱海生态综合治理系统工程也是我国湖泊生态治理的成功范例；设计、建造和运行的负荷高、HRT 短、占地面积小和低碳、节能、资源化的高效组合生态塘处理系统，以及二级处理出水进入二级人工湿地与净化-景观湖的高效净化与景观相结合的生态再生系统等。

本书还重点突出了生态治理的理念及其工程实践，包括能有效防洪和避免河流污染的地下深层隧道排水工程，能有效削减雨水径流高峰的绿色基础设施、减小污染和实现雨水资源化的工程技术设施，以及污染河流的综合生态治理示范工程等。

本书引导我们树立改革创新的观念，强调排水管网和污水治理并重、污水处理与污泥处理资源化并重、雨水和污水处理再生资源化并重、工程建设与工程管理并重、地表水与地下水并重。密切聚焦水处理领域面临的主要问题，汇集了国内外污染水体综合治理的先进技术和经验，对今后我国污染水体的深入治理具有重要的借鉴和参考价值。

同时，本书也体现出王宝贞老师的拳拳爱国之心和赤诚报国之志，以八十多岁高龄仍带领学生们深入研讨，笔耕不辍，精神可嘉，值得我们好好学习。

彭永臻

2019 年 3 月于北京

FOREWORD

前言

　　党的十八大提出，生态文明建设成为贯穿于全面深化改革的各个领域的战略决策。党的十九大报告第九部分"加快生态文明体制改革，建设美丽中国"，把生态文明建设提到更高高度，未来美丽的中国将呈现碧水、蓝天、青山、绿地的动人画卷。全国各行各业都在积极行动，贯彻执行这一战略决策，水环境治理也要融入生态文明建设中，以实现污水和雨水处理与再用。实现低碳、节能、无害、资源循环和生态化；污水处理产生的污泥的减量化、无害化和资源化（有机肥料、土壤改良剂或燃料）；流域水环境治理的生态化和景观化。

　　2000 年斯德哥尔摩世界水大会提出倡议，将污水和雨水都作为水资源予以收集、处理、再生和利用，以实现水循环。将污水的集中处理系统改变为分散处理系统，更易于就地就近实现污水和雨水收集、处理、再生与资源化，减少大量的污水和雨水管道和提升泵站，节省大量基建投资和运行费，因此具有更有效和经济地实现污水处理资源化的优点。而当前应用百年且在世界上大中城市最通用的污水处理技术——活性污泥法，仍然是高能耗、高碳排，在去除有机污染物（以 COD、BOD_5、TOC 等计量）的同时，产生大量的温室气体 CO_2 和 CH_4，使气候异常、气温上升、冰山和雪峰融化、海平面上升，日益严重地威胁人类的生存！同时，污泥的处理和利用成为我国污水处理厂现在最大的难题，距实现无害化、减量化和资源化仍相差甚远。而在我国无论大中城市还是中小城镇污水处理，广泛采用活性污泥处理工艺，不仅在工艺运行中存在较多问题，也不符合生态文明建设的战略，因此在小城镇污水处理中，更适宜推广和采用如稳定塘、人工湿地和土地处理系统等生态处理工艺。

　　我国城镇排水工程方面，尽管几十年前就提出雨污分流制排水系统，但是至今没有一座城市真正实现完全雨污分流的排水系统。而且我国城市实行的分流制排水系统是不完善的，即只强调污水管道跟雨水管道的分流，只处理污水而忽视雨水作为水资源予以处理与回收利用。此外，我国城市在绿色基础设施或海绵城市设施，如透水地面、绿色屋顶、雨水花园、雨水净化塘与湿地、草被沟槽、生物过滤带、雨水持留与滞留设施等刚刚起步，落后德国、美国等二三十年。总之，我们在污水处理和水环境治理方面的观念，远远落后于党的全面深化改革的精神，尤其是生态文明建设的精神，更赶不上五中全会提出的"创新为核心的"的新要求。应当在思想和观念上来一次革命，既要认真学习国外先进技术和经验，也要与我国的实际情况相结合，更要有开拓创新的精神。我们要发扬中华民族的勇于进取和创新的精神，敢为人先，在污水处理方面闯出一条新路：低碳、节能和资源循环的生态文明途径。

本书重点介绍了笔者们多年来实验研究和工程实践成果，也介绍了国际上水体污染治理和污水处理的先进技术。我们已经研发和工程实践应用了目前国际上最先进的强化复合生物处理技术，它比活性污泥工艺能在更短的水力停留时间内更高效地处理污水，使出水稳定地达到一级 A 排放标准，其生物除磷的效率明显高于活性污泥工艺；在国内领先设计、建造和运行了海绵城市示范工程，为全国推广海绵、绿色和生态城市树立了样板；设计、建成和运行了世界上大型和处理再生流程最短的最先进的地下 MBR 污水再生水厂和地面景观园林化相结合的完美工程；在国际上首先研发和实际应用了污泥超高温-中温二级厌氧消化，在德国高赫（GOch)污水处理厂建成了世界首座超高温-中温污泥消化池；研发和工程实践解决了地下水污染治理的新技术，为解决我国严重的地下水污染提供了成功的经验和技术；综合治理了我国一些城市的污染河流，建成了一批成功的示范工程，为全国消除黑臭水体提供了成功的经验和技术；研发和实际应用了垃圾渗滤液和高浓度有机污水的处理新技术；创建了洱海生态综合治理系统工程，树立了我国湖泊生态治理成功范例；设计、建造和运行了国际上负荷最高、HRT 最短、占地面积最小的和低碳、节能、资源化的高效组合生态塘处理系统，以及二级处理出水的二级人工湿地与净化-景观湖高效净化与景观相结合的生态再生系统等。

本书还介绍了国际上污染河流的综合生态治理示范工程（德国埃姆歇河）；能有效防洪和河流污染的地下深层隧道排水工程；能有效削减雨水径流高峰和总流量的绿色基础设施；湖泊富营养化的有效治理技术；城市雨水防洪涝灾害、去除污染和实现雨水资源化的工程技术设施。全书突出介绍了生态治理的理念与工程实践，旨在希望读者通过对本书的阅读能够建立城市水污染治理领域的改革创新观念和实践，树立低碳、节能和资源循环的观念，把污水、雨水和污泥作为重要的资源予以回收利用；提高对城市排水管网包括污水管网和雨水管网的认识，尤其是对雨水管网和合流制管网的认识，它们不仅接纳和输送雨水径流或雨污混合水流，而且是雨水或雨污混合水接受、输送、储存、调节、处理、回收等的综合系统。它们与绿色基础设施或海绵城市设施相结合，减少管网中的雨水径流高峰和总流量以及污染负荷，实现污水与雨水的资源化；建立城市污染河流的生态综合治理观念和实践，根治城市污染水体，既需要沿岸完善的截流下水道系统，尤其是巨大的沿岸合流制截流系统，包括管渠、泵站、在线（直路）和旁路储存、调节和处理设施，也需要绿色基础设施或海绵设施，以减少进入排水管渠和河流的雨水流量和污染负荷。也衷心希望我国城市排水工程界，改变过去重污水处理、轻排水管网，重污水处理再生资源化、忽视雨水处理再生资源化，忽视污泥处理与处置的资源化的情况。今后能够投入更多的智力、物力和财力改进和完善雨水管道及其资源化处理回收设施，以及污泥的减量化、无害化和资源化的工程设施。

本书由王宝贞、任南琪、隋军任主编，具体编写分工如下：第 1 章由王宝贞、王琳、刘硕、金文标、王丽、曹向东、王淑梅、王黛、彭剑锋、韩金凤编写；第 2 章由任南琪编写；第 3 章由王宝贞、尹文超、韩金凤编写；第 4 章由隋军、王宝贞、韩金凤编写；第 5 章由孔彦鸿、郝天文、由阳、徐一剑编写；第 6 章由王宝贞、韩金凤、王琳、刘硕、王黛编写；第 7 章由王宝贞、刘硕、李高奇、朱佳、王琳、王淑梅、金文标、曹向东、董文艺、韩金凤编写；第 8 章由刘硕、王丽、彭剑锋、丁永伟、王琳、王宝贞、嵩单、韩金凤、曹荣编写；第 9 章由隋军编写；第 10 章由董紫君编写；第 11 章由马放、李昂、郭海娟、于澜、冯亮编写；第 12 章由朱佳、蒋建龙、汪俊杰编写；第 13 章、第 14 章由刘研评编写；第 15 章由赵庆良、孟繁宇编写；第 16 章由尹文超、刘炳辉、王宝贞、李高奇、王丽、嵩单、邹娟、梁爽、李红静编写；第 17 章由尹文超、刘永旺、梁爽、姜继平编写；第 18 章由王欣泽编写；第 19 章由李军、丁永伟、王宝贞、曹向东、金文标、王淑梅、曹向东、韩金凤、潘振、邹娟编写；第 20 章由张旭编写。全书最后由王宝贞、任南琪统稿并定稿。

本书为我国城市水污染治理走上绿色、生态、低碳和资源循环的阳光大道摇旗呐喊、抛砖引玉、铺砖添瓦、发扬光大，是所至愿。限于编者时间和水平，书中不足和疏漏之处在所难免，敬请读者提修改建议。

编者
2019 年 1 月

CONTENTS

目录

上　册

第一篇　基础概论 / 1

第三篇　城市污水与雨水生物生态处理新理念与新技术 / 355

下　　册

第四篇　高浓度有机废水及污泥的处理处置技术 / 697

第五篇　城市污染水体的综合治理工程 / 999

第一篇

基础概论

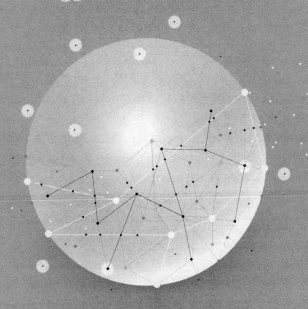

Integrated Managemental Engineering and
Technology of Urban Polluted Waters

第1章

城市污染水体治理概况

1.1 水污染治理面临的挑战

　　水是生命之源，人类的生存与发展离不开水资源的供给。地球表面的 70％ 被水覆盖，其储水量是很丰富的，共有 14 亿立方千米之多。但淡水资源仅占所有水资源的 2.7％，而且近 70％ 的淡水固定在南极和格陵兰的冰层中，其余多为土壤水分或深层地下水，不能被人类利用。地球上只有不到 1％ 的淡水可为人类直接利用，而中国人均淡水资源只占世界人均淡水资源的 1/4。

　　中国水资源总量为 2.8 万亿立方米。其中地表水 2.7 万亿立方米，地下水 0.83 万亿立方米，由于地表水与地下水相互转换、互为补给，扣除两者重复计算量 0.73 万亿立方米，与河川径流不重复的地下水资源量约为 0.1 万亿立方米。按照国际公认的标准：人均水资源低于 3000m³ 为轻度缺水；人均水资源低于 2000m³ 为中度缺水；人均水资源低于 1000m³ 为严重缺水；人均水资源低于 500m³ 为极度缺水。中国目前有 16 个省（区、市）人均水资源量（不包括过境水）低于严重缺水线，有 6 个省、区（宁夏、河北、山东、河南、山西、江苏）人均水资源量低于 500m³。中国水资源总量并不算少，排在世界第 6 位，而人均占有量却很少，2100m³（见图 1.1），在世界银行统计的 153 个国家中排在第 88 位。中国水资源地区分布也很不平衡，长江流域及其以南地区，国土面积只占全国的 36.5％，其水资源量占全国的 81％；其以北地区，国土面积占全国的 63.5％，其水资源量仅占全国的 19％。

　　随着人类的出现和发展，污水作为人类生活与生产排泄物的一部分就早已存在了，其数量和污染负荷随人口的增加和城市化、工业化的不断发展扩大而逐渐增加。在人类发展初期，由于产生的污水数量较少，通过水环境的自净能力就足以将这些污水中的污染物降解消除。但是，随着人口的增加，城市化和工业化进程的加快以及规模的扩大，城市污水的数量不断增加，成分和性质也越来越复杂。从 19 世纪初期以居民生活污水为主的城市污水，到了 19 世纪中期，随着工业的迅速发展，在城市污水中工业废水的数量不断增加，其中污染物的成分也更加复杂，除了生活污水中的有机污染物之外又增加了重金属、人工合成的有机化合物，其种类

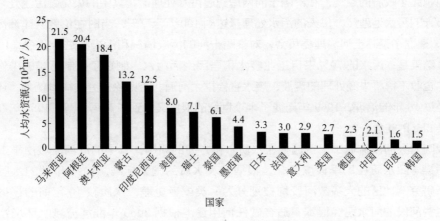

图 1.1 世界部分国家人均水资源量对比图

与数量逐年增加。此时的水污染还仍然局限在较小的局部地区。随着燃煤工业革命的开始、内燃机的发展和以石油为原料的化学工业的大发展，使最初以保护受纳水体免受有机污染为目的和按从污水中去除悬浮物和耗氧有机物来设计的污水处理厂，面对众多而复杂的化学污染物，如重金属、放射性核素、多氯联苯、硝基苯、合成洗涤剂等更加不堪重负。

城市污水所含致病菌污染地表水和地下水源，对人们的卫生健康和生命安全造成重大威胁和危害，历史上曾发生过好多起严重事件。如 1832～1886 年英国泰晤士河因水质为病菌污染，使伦敦流行过 4 次大霍乱，1849 年一次死亡人数在 14000 人以上；1892 年德国汉堡饮水受传染病菌污染，使 16000 人生病，7500 人死亡；1965 年春天，美国加利福尼亚的一个小镇，因饮水受病菌污染而发生 18000 多人患病，5 人死亡。

现代农业以高投入的高新技术为特征，即机械耕作，大量使用化肥和杀虫剂。虽然现代农业是一种高产的简单化和标准化的农业运营方式，但它的环境代价也是昂贵的。农业成了大多数国家的最大的非点污染源。在美国，来自农业活动的径流是河流和湖泊水质污染的主要来源。在英格兰和威尔士，所有得到证实的水污染事件中，13％是由农业造成的。

到了 20 世纪 90 年代，水污染不再是局部的，而是跨国度、遍布于整个流域的流域性问题，其中最典型的就是莱茵河。莱茵河是一条国际河流，位于欧洲的中部，其源头位于瑞士中东部的阿尔卑斯山中部，河流从那里开始，流经奥地利、瑞士和法国边境，进入德国境内，通过鲁尔工业区，最后到达荷兰，流入北海。其流域面积为 22.4 万平方千米，是 5000 万人的家园。每天直接取生活用水 500 万立方米，工业生产用水 300 万立方米和冷却水用量 2100 万立方米。

莱茵河曾经被描述成"欧洲的主要阴沟"。该河每年输送 2900t 的铬、1400t 的铜、1120t 的锌、217t 的砷、63t 的汞、1000 万吨的氯和大于 240 万吨难处理的有机碳进入海中。这条河流又为德国和荷兰提供 1/3 的公共和市政用水。由于该河流经多个国家，污染的控制十分艰难。尽管几个国际组织对该河进行了监测和治理，但是收效甚微。

英国的泰晤士河是英国伦敦的主要河流，在 19 世纪初期，随着蒸汽机的广泛应用，泰晤士河两岸工厂林立，工厂产生的污水昼夜不停地排入河中，1856 年的泰晤士河中的银鱼已经灭绝；1878 年，英国的"爱丽丝公主"号游船在泰晤士河上沉没，落水者虽然逃生，但多数人残废；经研究发现在残废的 640 人中大部分受到了污水的毒害。这一事件引起了舆论的强烈抨击，也引起了政府的重视，在泰晤士河两岸建起污水处理厂，其中的贝克顿污水处理厂是当时欧洲最大的污水处理厂，每天的污水处理量达到 100 万米³/天，当时在伦敦共建造污水处理厂 38 座。建立了泰晤士河治理委员会，对泰晤士河的污染情况和污染源进行调查。1961 年公布的调查结果是：污水的 79% 来自工业废水和居民生活污水。制定了控制污染的条例，规定任何厂矿企业不得将未经处理的废液、废水直接排入河道。否则除追究法律责任外，还要处以重罚。经过 16 年的治理，1969 年迁徙了半个世纪的银鱼又回到了泰晤士河，1983 年在河中捕捉到一条 6kg 的鲑鱼。

在我国七大河流流域中，普遍存在水质恶化方面的问题，其中的淮河流域由于工业污染和城市污染导致水质在旱季极度恶化。根据地表水质的国家标准，1995 年做的水质评价表明，在所研究的地区的大多数河段均被划分为 V 类或者更差，水质较 10 年前的 IV 类进一步恶化。这些河段的河水已经根本不适合做任何用途。根据 2000 年淮河流域水环境监测中心的月报和中国环境状况的年报，流域内整个水质状况在总体上没有得到改善，而且一些河段的水质仍在下降。根据《2001 年中国环境状况公报》，与 2000 年相比，长江和珠江水质持平；黄河、松花江、淮河、海河和辽河水质都有所下降，而且一些河流的水量大幅度减少；在三大湖中，太湖和滇池水质与上年持平，而巢湖污染加重；2001 年我国海域赤潮发生次数增多，发生时间提前，共发生赤潮 77 次，累计面积 15000km²，比上年增加 49 次，增加面积约 5000km²。

2016 年上半年，全国地表水环境质量总体保持稳定。全国地表水环境质量监测网 1940 个断面中，除 33 个断面因断流未进行监测外，其余断面均开展监测，其中，I 类水质断面 54 个，占 2.8%；II 类 679 个，占 35.6%；III 类 579 个，占 30.4%；IV 类 296 个，占 15.5%；V 类 98 个，占 5.1%；劣 V 类 201 个，占 10.5%。与 2015 年全年水质相比，水质优良断面比例为 68.8%，上升 2.8 个百分点；劣 V 类断面比例上升 0.8 个百分点。主要污染指标为化学需氧量、总磷和氨氮。

监测显示，十大流域中，浙闽片河流、西北诸河、西南诸河水质为优，长江、珠江流域水质良好，黄河、松花江、淮河流域为轻度污染，辽河流域为中度污染，海河流域为重度污染。十大流域中，I 类水质断面占 2.6%，II 类占 39.2%，III 类占 30.4%，IV 类占 12.1%，V 类占 4.4%，劣 V 类占 11.3%。与 2015 年全年水质相比，水质优良断面比例上升 3.2 个百分点，劣 V 类断面比例上升 1.4 个百分点。主要污染指标为化学需氧量、氨氮和总磷。

将 2005 年全国主要江河水系水质类别各占比例与 2015 年相对比（见图 1.2 和图 1.3），可以发现，劣 V 类水体比例从 27% 降至 11%，V 类比例相同，IV 类水体比例从 25% 降至 16%，III 类水体比例从 17% 升至 32%，II 类水体从 20% 升至 31%，I 类水体分别是 4% 和 3%。这是 11 年的水污染治理的连续努力的结果，尤其是城市污水处理厂的基本普及，使污水大都得到处理从而使排入水体的污染总量大幅度减少所致。

2015 年，中国全海域海水水质污染加剧，近岸海域部分贝类受到污染，陆源污染物排海严重，大面积和有毒赤潮多发，近岸海域海洋生态系统恶化的趋势尚未得到缓解。公报说，2015 年，中国全海域未达到清洁海域水质标准的面积约 16.9 万平方千米，比 2014 年增加约 2.7 万平方千米。

近岸海域污染严重，污染海域主要分布在渤海湾、江苏近岸、长江口、杭州湾、珠江口等局部海域。近岸海域海水中的主要污染物依然是无机氮和活性磷酸盐。部分海域沉积物受到滴

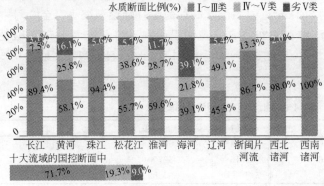

(a) 十大流域水质状况

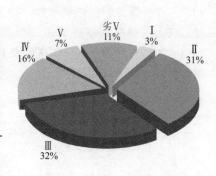

(b) 2015年4月全国主要江河水系水质类别比例

图 1.2　2015 年中国十大流域水质对比和主要江河水系水质类别比例图

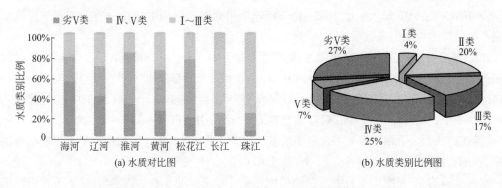

(a) 水质对比图

(b) 水质类别比例图

图 1.3　2005 年中国七大水系水质对比和水质类别比例图

滴涕、多氯联苯、砷、镉和石油类等的污染。监测结果显示，2015 年，中国近岸海域镉、铅、砷等污染物在部分贝类体内的残留水平较高，部分地点贝类体内石油烃、六六六、滴滴涕和多氯联苯的残留量有超标现象，表明近岸环境受到不同程度污染。

（1）赤潮

2015 年，我国管辖海域共发现赤潮 35 次，累计面积约 2809km²。东海发现赤潮次数最多，为 15 次；渤海赤潮累计面积最大，为 1522km²。赤潮高发期主要集中在每年的 5～6 月。2015 年是 2011～2015 年中赤潮发现次数和累计面积最少的一年，与 2011～2015 年平均值相比，赤潮发现次数减少 18 次，累计面积减少 2835km²。

引发赤潮的优势藻类共 11 种。其中，夜光藻作为第一优势种引发的赤潮次数最多，为 9 次；中肋骨条藻次之，为 8 次；东海原甲藻 4 次，米氏凯伦藻和球形棕囊藻各 3 次，多环旋沟藻和赤潮异弯藻各 2 次，抑食金球藻、针胞藻、多纹膝沟藻和锥状斯克里普藻各 1 次。甲藻类、鞭毛藻类等引发赤潮共计 25 次，占 71%。

（2）绿潮

2015 年 5～8 月黄海沿岸海域发生浒苔绿潮。5 月，浒苔绿潮主要分布于江苏沿岸海域，首先在江苏射阳、如东海域发现有零星漂浮浒苔，逐渐向北漂移并不断扩大，最大分布面积为

$42000km^2$，最大覆盖面积为 $166km^2$。 6 月，漂浮浒苔进入山东黄海沿岸海域，继续向北漂移并迅速扩大，影响至海阳、乳山及荣成南部等沿岸海域，最大分布面积约为 $52700km^2$。7 月初漂浮浒苔覆盖面积达到最大，约为 $594km^2$；尔后漂浮浒苔范围开始逐渐缩小，至 8 月中旬，在山东黄海沿岸海域未发现漂浮浒苔。2015 年，黄海沿岸海域浒苔绿潮分布面积是 2011～2015 年中最大的一年（见表 1.1），较此 5 年平均值增加了 48%；最大覆盖面积比 5 年平均值略大。

⊡ 表 1.1　2011～2015 年黄海浒苔绿潮规模

年份	最大分布面积/km²	最大覆盖面积/km²	年份	最大分布面积/km²	最大覆盖面积/km²
2011	26400	560	2014	50000	540
2012	19610	267	2015	52700	594
2013	29733	790	5 年平均	35689	550

陆源污染物排海量最大，是中国海洋环境污染的主要原因。监测结果表明，受陆源排污影响，约 80% 的入海排污口邻近海域环境污染严重，海洋生物普遍受到污染，约 $20km^2$ 的监测海域成为无底栖生物区。另外，由黄河、长江、珠江等河流携带入海的主要污染物总量约 $1.145×10^7t$，比 2015 年大幅度增加。由于河流携带入海的污染物总量一直居高不下，河口区环境严重污染的状况仍未改观。

2015 年开展水质监测的 62 个国控重点湖（库）中，Ⅰ、Ⅱ、Ⅲ、Ⅳ、Ⅴ类和劣Ⅴ类水质的湖（库）分别为 5 个、13 个、25 个、10 个、4 个和 5 个。影响湖（库）水质的主要污染指标是总磷、化学需氧量和高锰酸盐指数。开展营养状态监测的 61 个湖（库）中，贫营养的湖（库）有 6 个，中营养的 41 个，轻度富营养的 12 个，中度富营养的 2 个。

监测总氮的 62 个湖（库）中，总氮浓度达到Ⅰ、Ⅱ、Ⅲ、Ⅳ、Ⅴ类和劣Ⅴ类水质标准的湖（库）分别为 3 个、6 个、27 个、13 个、7 个和 6 个。

监测总磷的 62 个湖（库）中，总磷浓度达到Ⅰ、Ⅱ、Ⅲ、Ⅳ、Ⅴ类和劣Ⅴ类水质标准的湖（库）分别为 10 个、9 个、29 个、8 个、5 个和 1 个。

水污染造成了生态系统的退化以及地面水体包括近海水域的生物多样性的减少，如某些鱼类和植物品种正在减少或者灭绝。这些污水沿河道进入海洋，也破坏了海洋的生态环境。

湖泊是最容易受到破坏的生态系统，而且最难以恢复。工业化国家中受到最严重污染的湖泊，是那些不太深的湖泊，特别是那些接近农业活动最多的地区的湖泊，因为每天都有大量的杀虫剂和化学物质流入这些湖泊中。工业化国家中遭受严重污染的湖泊有美国奥基乔比湖、俄国的贝加尔湖、日本的琵琶湖等。在不发达的国家中，那些条件恶化的湖泊和水系有巴西的亚马孙河流域、乍得的湖泊、非洲的维多利亚湖，以及印度的一些湖泊。太湖、巢湖和滇池是我国最有代表性的城市或被城市包围的湖泊，均受到了严重点源和非点源的污染。据 2001 年调查统计，太湖全部水质均为劣Ⅴ类，高锰酸钾指数为 5.38mg/L，P 0.097mg/L，N 2.19mg/L，叶绿素 a 3mg/L，营养状态指数为 60.93，呈中度富营养状态。巢湖的全湖水质为劣Ⅴ类，高锰酸钾指数为 5.21mg/L，P 0.19mg/L，N 2.58mg/L，叶绿素 a 0.0065mg/L，营养状态指数为 58.31，为中度富营养状态。滇池，其草海污染严重，高锰酸钾指数为 12.40mg/L，P 1.23mg/L，N 13.45mg/L，叶绿素 a 0.221mg/L，营养状态指数为 82.24，为严重富营养状态；其外海，高锰酸钾指数为 7.57mg/L，P 0.21mg/L，N 2.121mg/L，叶绿素 a 0.070mg/L，营养状态指数为 66.12，中度富营养状态。

世界湖泊的主要威胁是有机物质积累过多、水体富营养化使藻类过度繁殖、化学污染、酸雨以及人类过多的使用杀虫剂等。以康斯坦斯（Constance）湖为例，1960～1980年，湖水中的磷酸盐的浓度从 $5\mu g/L$ 增加到 $70\mu g/L$，增长了13倍。另外，20世纪末人类每年从湖泊和水库中取水约3800亿立方米，是19世纪的6倍。

1.2 污染水体治理要点

城市人口密集，数量众多，人口数量少则几万、几十万，多则几百万，乃至上千万，其生活和生产所需用的水量巨大。中国许多城市，尤其是北方、西北和沿海城市严重缺水，致使全国660座城市中有400多座城市缺水，供水不足。全国城市年缺水量为60亿立方米左右，其中缺水比较严重的城市有110个。大量淡水资源集中在南方，北方淡水资源只有南方水资源的1/4。除了缺水，产生的大量的生活污水和工业废水不经处理或处理不达标而排入附近水体，造成水体污染。排放过量的污水，过量的污染物如有机物和营养物，其污染负荷超过受纳水体的自净能力，便会使其从好氧状态转变成厌氧状态，出现黑臭现象或水华、赤潮等富营养化现象。

2011年，全国设市城市公共供水厂出厂水样达标率为83.0%，设市城市和县城公共供水末梢水水样达标率为79.6%。城市饮用水水源达标率基本稳定在80%左右。农村集中式供水人口比例由40%提高到58%，供水质量和水平显著提高。据环境保护部2011年对地级以上城市集中式饮用水水源环境状况调查显示，约35.7亿立方米水源水质不达标，占总供水量的11.4%。湖泊富营养化问题突出，蓝藻水华频发，河流型水源地安全隐患多，极易发生突发性水污染事件。大量工业项目布设在江河沿岸，不少尾矿库位于饮用水水源上游，大江大河及周边的流动源污染风险较大，直接威胁饮用水安全。

另外，我国浅层地下水资源污染比较普遍，全国浅层地下水大约有50%的地区遭到一定程度的污染，约1/2城市市区的地下水污染比较严重。由于工业废水的肆意排放，导致80%以上的地表水、地下水被污染。目前我国城市供水以地表水或地下水为主，或者两种水源混合使用，而我国一些地区长期透支地下水，导致出现区域地下水位下降，最终形成区域地下水位的降落漏斗。目前全国已形成区域地下水降落漏斗100多个，面积达15万平方千米，有的城市形成了几百平方千米的大漏斗，使海水倒灌数十公里。

统计数据显示，中国七大水系1/2以上河段水质污染，90%以上城市水域污染严重，50%以上城镇的水源不符合饮用水标准，40%的水源已不能饮用。水体污染如此严重，黑臭水体整治已迫在眉睫。

2016年2月18日，住建部通报称，截至2016年2月16日排查发现，全国295座地级及以上城市中，有77座城市没有发现黑臭水体，其余218座城市中，共排查出黑臭水体1861个。2015年4月，《水污染防治行动计划》（简称"水十条"）正式出台，其中明确提出到2020年，地级及以上城市黑臭水体控制在10%以内；到2030年，城市黑臭水体总体消除。自此正式拉开了整治城市黑臭水体的序幕。

根据水体透明度、溶解氧、氧化还原电位、氨氮等指标的不同，可以将水体的黑臭级别分为三级（见表1.2）。

特征指标	轻度黑臭	重度黑臭	特征指标	轻度黑臭	重度黑臭
透明度/cm	25～10	<10	氧化还原电位/mV	−200～50	<−200
溶解氧/(mg/L)	0.2～2.0	<0.2	氨氮/(mg/L)	8.0～15	>15

注：水深不足 25cm 时，该指标按水深的 40% 取值。

　　如何才能把城市黑臭水体治好，采取怎样的工程技术措施才能使水体变黑臭为清澈，变鱼虾绝迹为鱼群畅游水中和水鸥水上飞翔？为什么我国治理黑臭水体几十年，花费上万亿元人民币资金而收效并不显著？对过去和现在我们采取的一些工程技术措施的成败予以总结和反思；成功的予以继续和不断改进和完善，失败的应当纠正。

　　国内外污染水体治理经验表明，只要采取如下综合措施，就能将黑臭水体转变成水流清澈、鱼游鸟翔和景观靓丽的河流、湖泊和水库。

　　① 完善的污水与雨水径流截流系统，尤其是完善的合流制截流系统。

　　② 适宜的污水和雨水处理与再生技术，雨污混合水处理与再生技术。

　　③ 污染水体的综合生态修复与改善工程技术措施，包括：　a. 河底淤泥疏浚；　b. 各种曝气增氧设施；　c. 底部铺设生态石或软性仿水草填料以在其表面附着生长生物膜；　d. 浅水区芦苇湿地；　e. 放养适量鱼、虾、螺等形成水生食物链实现水体生态净化；　f. 生态补水；　g. 将硬化坡面和地面改成生态护坡和透水地面，实现地表水与地下水互补和交换。

　　④ 污染水体整个流域内的暴雨径流综合治理措施，并与生态城市、绿色城市和海绵城市建设相结合。

1.3　最有效的沿岸截污系统是合流制截流系统

　　我国在城镇污水处理方面一个失误，就是对分流制的片面理解与实施。过分强调分流制的好处，贬低合流制排水系统；强调雨污分流，并将其视为清污分流。在雨污分流的实践过程中处处碰壁，根本实现不了雨水跟污水的彻底分流，其结果大都是雨污混流。实际上国外大中城市的沿河、沿湖或沿海的截流干渠（或干管）大都采用合流制，因为没有足够的地下空间建造分流制排水系统。由于过分强调分流制排水系统，导致我国一些城市河道和湖泊的沿岸采用城市污水截流管渠，而雨水管道中的雨水径流携带大量污染物全部直接排入河道中。由于我国城市地面污染严重，以及大气污染如雾霾严重，降雨降雪的洗涤和裹挟和地面径流冲刷作用，使我国城市雨水径流的污染物浓度（包括有机物、营养物、重金属、油类等）比发达国家高几倍至十几倍。加以垃圾乱堆乱放，一些河道晴天时河水清澈；一旦下雨，满河污泥浊水、垃圾漂浮。这就是片面和狭义地实施分流制、忽视对雨水径流的截流和处理的教训。

　　其实我国没有一座城市真正实现了分流制排水系统，由于错接、乱接以及阳台变厨房等活动，使大多数的城市雨水道成了第二条下水道。城市下大雨和暴雨时，街道成河、广场成湖。此时下水道维护工人将污水管道的许多检查井盖打开，雨水径流排入污水管道中，如何实现分流。

　　在大中城市人口和建筑物密集的区域，在沿河、沿湖、沿海，没有足够的土地建成分流制排水系统的情况下，合流制系统是唯一的选择。而且合流制有基建投资少、能有效控制雨水径流污染和易于运行维护管理等优点。因此，美国、德国、英国、法国、日本的合流制排水管道占排水管道总长度的70%左右，德国科隆市合流制管网占94%。日本东京的合流制排水管道也占到了90%以上。

国内外城市排水工程的实践证明，任何城市只普及城市污水处理而忽略雨水径流的处理和利用，是不能根本消除城市水体污染的。国外一些城市的调查统计数据表明（见表1.3），在城市污水普及二级处理后，其河流的BOD污染负荷的40%～80%来自雨水径流。我国一些城市的污水处理率现已达到90%，但是，其一些河流仍然污染较重，属于劣Ⅴ类水质。其根本原因就在于雨水径流不经任何处理便排入附近河流。因此，城市雨水径流处理，尤其是暴雨径流的处理，无论是从防止城市被淹涝，控制河道污染，还是水资源利用来看，都是必须的；无论是分流制还是合流制排水系统，都需要对雨水径流进行处理和回收利用，这样，既消除了城市水环境污染，又开辟了城市水资源的一个重要来源。

表1.3　各国雨水径流中污染物含量统计

地区	雨水类别	TSS	BOD	COD	TP	TKN	Cu	Pb	Zn
美国	城市径流	100～300	9～15	65～450	0.33～0.7	1.5～3.3	0.034～0.093	0.14～0.35	0.16～0.5
加拿大	城市径流	1～36200		7～2200	0.01～7.3			0.0006～26	0.0007～22
法国巴黎	屋顶径流	3～304	1～27	5～318			0.003～0.5	0.016～2.8	0.8～38.06
	庭院径流	22～490	9～143	34～580			0.013～0.05	0.049～0.225	0.057～1.6
	街道径流	49～498	15～141	48～964			0.027～0.2	0.071～0.5	0.246～3.8
韩国清州	居民区	145.8～414.1	76.2～125.3	211.2～226	1.21～2.85	4.46～6.81			
	商业区	278.7	168.8	501.4	1.88	14.1			
	工业区	88.3～139.8	34.2～58.8	50～118	1.3～2.6	3.6～7.2			
德国	庭院径流	22～490	9～143	34～580			0.013～0.05	0.049～0.225	0.057～1.6
	路面径流			46.6～118.5	0.25～0.75	1.3～2.95			
北京城区	屋顶径流	68～272		61～656	0.75～0.94	8.0～14.8		0.04～0.09	0.47～1.11
	街道径流	367～1468		291～1164	0.87～3.48	5.6～22.4		0.05～0.2	0.61～2.46

因此，城市污染水体包括河流、湖泊和水库等，其最有效治理措施之一，是在其沿岸设计、建造和运行合流制截流干渠。我国城市黑臭河流治理最为成功的案例之一，是深圳市龙岗河综合治理工程中沿河建造的巨型合流制排水箱涵（干渠）（见图1.4、图1.5）。这是根据深圳市暴雨成灾的具体情况和参考国外的沿河合流制排水系统的经验提出的"大截排"（大规模雨污截流排水系统）设想的具体体现。

旱季龙岗河流域内的全部污水包括生活污水、工业废水等全部被截流于箱涵内；雨季的初雨水、小雨水径流与全部污水都被截流于箱涵内；大中雨和暴雨时有2倍污水总流量的雨水径流与全部污水一起被截流于箱涵内，并送到横岗污水处理厂（20万米³/天，一期CAST工艺，二期A²/O工艺，其中20000t/d膜工艺再生）；下游箱涵截留的雨污水则送到横岭污水处理厂处理（60万米³/天，BAF工艺）。这两座污水处理厂出水绝大部分为二级处理出水，水质达到一级A排放标准；只有2万米³/天污水经三级处

图1.4　深圳市龙岗河沿河矩形合流制截流干渠（箱涵）顶盖上的人车行道

图 1.5 深圳市龙岗河沿河矩形合流制截流干渠（箱涵）施工照片（许能裕摄影）

理，水质达到或超过地表水环境质量Ⅳ类标准。这些出水全部排入生态综合治理后的龙岗河，作为生态景观补给水。

它们进入河道后，经过多级瀑布跌水曝气增氧、激流曝气增氧、河底生态石和河道中浅水区芦苇湿地等生物净化，以及河道中水生食物链的生物净化等机理，水质得到进一步净化，使河水水质达到景观水质量标准或更高。其亮丽的生态景观，引来游人如织，成为深圳市最受居民喜爱的亲水河流。

龙岗河生态综合治理工程与世界著名的韩国首尔市清溪川生态修复工程（见图 1.6 和图 1.7）对比有如下特点和优点。

① 后者生态景观补给水取自汉江江水，流量约 20 万吨/天，前者则主要来自污水处理厂的二级处理出水和部分膜过滤再生水，流量高达 80 万吨/天（旱季）。

② 后者河道中生态净化设施仅对河水（汉江补水）起净化稳定作用，水质变化不大，后者河道中多种生态净化设施对流入的补给水（二级处理出水）进行深度净化，使水质明显改善，达到或接近地表水Ⅳ类环境质量或景观水质标准，人们可以走入河中嬉水，河中鱼游成群，河面上水鸟成群，构成丰富多彩和生机勃勃的水生态系统。

③ 后者建造了大型合流制沿河截流暗渠，现在每日仅截流 20 余万吨污水，经处理后出水排入其下游的汉江，对清溪川没有任何补给。

④ 后者的河道改造过度硬化和呆板，不如前者的自然化和生态化。

图 1.6　韩国首尔市清溪川
生态修复后的一段景观

图 1.7　生态修复后的龙岗河下游的
自然生态景观（刘建周摄影）

1.4　合流制截流雨污混合污水的有效处理技术——生物膜法

我国污水处理厂最通用的处理工艺是活性污泥法及其各种改进工艺，如 A^2/O、SBR、CAST、UNITANK、氧化沟式 A^2/O 等工艺，它们能够有效去除氨氮和总氮以及部分除磷。这些活性污泥法工艺的共同局限性，就是只能在进水 $BOD_5 \geqslant 70mg/L$ 时才能正常运行。对合流制雨污混合污水 BOD_5 浓度低于 $70mg/L$ 时难以正常运行。因此欧洲一些国家如德、英，通常将合流制的雨污混合污水送入人工湿地——塘系统处理。法国新建的合流制混合污水处理厂则采用 BAF（曝气生物滤池）处理。

沿污染水体岸边建造的合流制排水系统截留的雨污混合污水，其末端污水处理厂不宜采用活性污泥法，而宜于采用生物膜法的各种工艺，如 BAF、MBBR（移动式生物膜反应池）、LINPOR（泡沫小方块移动式生物膜处理池）和 HYBFAS（固定式生物膜-活性污泥复合生物处理系统）。其中以固定生物膜系统最为安全可靠。

污染水体沿岸如果要建造真正的分流制截流系统，既要截流污水并予以处理和再生，也要截留雨水径流予以处理和再生，最后将污水和雨水的再生水排入实体做生态景观补给水源。其中雨水径流的处理与再生，宜于采用生物膜工艺以及净化塘和人工湿地（尤其是地表径流湿地）。

1.4.1　活性污泥法处理雨污混合水的不足与弥补措施

活性污泥法污水处理厂，只能在旱季稳定运行，处理城市污水；在雨季处理低 BOD 浓度混合污水难以稳定运行，必须采取备用措施，如设置旁路混合污水沉淀池、人工湿地、净化储存塘等。许多污水处理厂因无剩余土地而难以实施。在活性污泥法污水处理厂中，雨季时也可以采取超磁分离设备作为应急措施。超磁分离污水处理技术的具体应用，是在活性污泥法曝气池的出水槽中投加磁粉和混凝剂与出水搅拌混合，使其中的污染物质发生微磁聚凝作用，将污染物质与磁粉凝聚成磁性絮体，其密度较大，具有良好的沉降效能，它们随絮凝水流入二次沉淀池后能加速沉淀，能提高对混合污水的处理效率，弥补活性污泥法处理低浓度混合污水的不足。池底沉淀的磁性污泥排除后再经磁粉回收设备，实现磁粉与污泥的分离；分离后的磁粉可以反复循环利用。

1.4.2　曝气生物滤池（BAF）处理雨污混合水

采用最新一代生物膜工艺的污水处理厂，则既能有效地处理旱季污水，也能有效地处理2～3倍旱季流量的雨污混合污水，这是因为生物膜处理系统既能处理高浓度污水，又能有效处理低浓度污水。

法国巴黎塞纳河中心 Colombes 污水处理厂，是设计、建造和运行最成功的曝气生物滤池（BAF）系统，如图 1.8、图 1.9 所示。它由 Biofor 和 Biostyr 两种型式 BAF 组成 3 段串联的处理系统（旱季），用以去除含碳有机物和硝化与反硝化去除氨氮和总氮，以及前置强化化学沉淀除磷。雨季则 3 组 BAF 并联运行，其处理雨污混合水流量达到旱季流量（污水流量）的 3～4 倍，即 78 万～104 万米^3/天，仍能达到与接近旱季的处理效果。

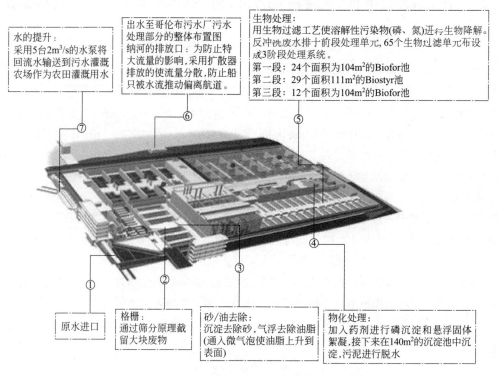

水的提升：
采用5台2m³/s的水泵将回流水输送到污水灌溉农场作为农田灌溉用水

出水至哥伦布污水厂污水处理部分的整体布置图纳河的排放口：为防止特大流量的影响，采用扩散器排放的使流量分散，防止船只被水流推动偏离航道。

生物处理：
用生物过滤工艺使溶解性污染物(磷、氮)进行生物降解。反冲洗废水排干前段处理单元，65个生物过滤单元布设成3阶段处理系统。
第一段：24个面积为104m²的Biofor池
第二段：29个面积111m²的Biostyr池
第三段：12个面积为104m²的Biofor池

原水进口

格栅：
通过筛分原理截留大块废物

砂/油去除：
沉淀去除砂，气浮去除油脂(通入微气泡使油脂上升到表面)

物化处理：
加入药剂进行磷沉淀和悬浮固体絮凝，接下来在140m²的沉淀池中沉淀，污泥进行脱水

图 1.8　塞纳河中心采用 BAF 工艺的污水处理厂三维剖面图

（占地 4hm²，处理能力：旱季 26 万米³/天；雨季 78 万米³/天）

曝气生物滤池（BAF）的最大优点是占地面积小，巴黎 Colombes 污水处理厂，由于 BAF工艺和加重凝絮化学沉淀工艺（Actiflo），其旱季设计污水处理能力 24 万米³/天，雨季雨污混合水设计处理能力 72 万～96 万米³/天；其比占地面积：旱季为 0.17（hm²·d）/10⁴m³，雨季则仅为 0.04（hm²·d）/10⁴m³。这比活性污泥工艺污水处理厂占地要小得多；此外，后者难以有效处理雨季稀释的雨污混合水，为此德国的合流制 AS 工艺污水处理厂只能取截流倍数

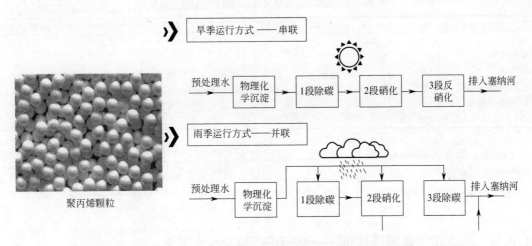

图 1.9 塞纳河中心 WWTP 旱季（上）串联运行和雨季（下）并联运行示意

$n=1$，致使合流制下水道雨季大量的溢流水需要另行处理。

（1）Colombes 污水处理厂旱季污水处理效果

见表 1.4。

⊡ 表 1.4 法国巴黎 Colombes 合流制污水处理厂旱季污水处理效果

项 目	SS	COD	溶解性 COD	BOD_5	TKN	NH_4^+-N	TP	PO_4^{3-}-P
原水/(mg/L)	302	559	213	256	50.2	30.5	10.9	5.6
沉淀池出水/(mg/L)	51	254		135	43.1	31	4.4	2.3
去除率/%	83	55		47	14	—	60	59
第一段出水/(mg/L)	20	114		29	33.7	27.6		
去除率/%	61	55		79	22	11		
第二段出水(净化水)/(mg/L)	5	43	39	8	3.8	2.4	2.6	2.1
去除率/%	75	63		72	89	91		
总去除效率/%	98	93	82	97	92	92	76	62
去除量/(t/d)	79	137.2	46.3	66	12.3	8	2.2	0.9

（2）Colombes 污水处理厂雨季污水处理系统

其处理流量从 $2.8m^3/s$ 过渡为 $8.5m^3/s$，过渡时间仅为 0.5h，然后设备以 $8.5m^3/s$ 的处理量运行 8h。层流澄清池的速率从 9m/h 升到 25m/h。第一生物处理段流量升高 50%；第二段硝化过程中，流量增长 100%，进水 68% 来自第一段，32% 来自澄清池；第三生物处理段进行反硝化，此段进行曝气，其中 27% 的流量来自澄清水。就 SS、COD 和 BOD_5 而言，出水水质略有下降，药剂投加量为纯 $FeCl_3$ 29mg/L、聚合物 0.4mg/L。沉淀能独自去除 SS 88%、COD 73% 和 BOD_5 66%。对于整个系统来说，8h 内碳有机污染物去除量与 24h 内去除量几乎相等，出水水质无明显下降，磷能完全去除，由于只有部分水发生硝化，硝化效率降低。第三段初期污水发生反硝化，不久在氧存在下主要以削减碳源为主，这段可获得 27% 的澄清水，并将 BOD_5 从 62mg/L 削减到 23mg/L。试验结果见表 1.5。

项目	SS	COD	BOD$_5$	TKN	NH$_4^+$	NH$_3$-N	TP	PO$_4^{3-}$-P
原水	231	369	165	33.4	20.8	0.3	5.6	2.3
澄清水	37	130	63	22.3	19.3	0.3	1.2	0.5
净化水	10	42	11	8.5	6.2	16.4	0.8	0.5
<8h 沉淀去除量	49.5	61.1	26	2.8				0.46
>8h 总去除量	56.5	83.5	39.3	6.4	3.8		1.2	0.46
>24h 总平均去除量（包括 8h）	101	151	67	12	7.2		2.2	

但是，曝气生物滤池的缺点也很突出，即能耗大，资源消耗也大，如化学沉淀需要大量的化学药剂和反硝化需要消耗甲醇等。因此，从节能、节约资源和低碳等方面比较，它不如 BF-AS 复合生物处理工艺好。

1.4.3　移动式生物膜反应池——MBBR 和 Linpor 工艺

这是一种移动式复合生物处理池，其生物膜载体是用聚乙烯制成的不同形式的多面体圆环形硬质填料。其尺寸为（10mm×10mm）～（50mm×60mm），其密度为 0.97g/cm³；因此在水中处于悬浮状态；其优点是很稳定不易被生物降解。其比表面积为 500～800m²/m³；传氧效率 8.5g O$_2$/（m³·min）；15℃时硝化效率 400g/（m³·d）；反硝化效率 670g/（m³·d），氧化效率 6000gO$_2$/（m³·d）；该塑料环填装容积率 20％～60％。

这种处理工艺系统如图 1.10 所示，是由挪威科技大学 Odengard 教授与 Kaldnes A/S 公司联合研发的。已在城市污水、食品、屠宰、酿酒、渗滤液等废水和受污染水体处理中得到越来越多的应用。它因能以比活性污泥（AS）工艺更高的水力负荷率和有机负荷率运行，能更高效地处理污水，特别适用于土地面积小用活性污泥工艺布置不下的新建或扩建污水处理厂，也可用它对现有超负荷运行的活性污泥工艺处理厂进行升级改造。

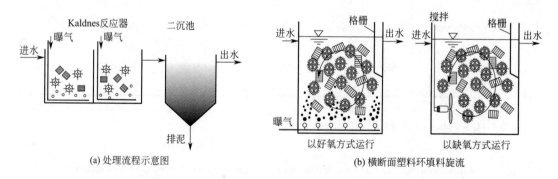

(a) 处理流程示意图　　　　　　　(b) 横断面塑料环填料旋流

图 1.10　MBBR 工作示意

MBBR 生物处理池中塑料环填料表面上附着生长的生物膜，为一微型硝化-反硝反应器，可在其表面进行硝化，而其内层在缺氧环境下进行反硝化，要求的反硝化率不高时，无需内回流。为了防止填料环随出水流出，在池中设置格栅进行拦截如图 1.11 所示。

由于填料环上附着生长大量的生物膜，使复合生物处理池中生物总量（MLSS）大幅度增加，可达 10～20g/L（取决于进水 BOD$_5$ 浓度）。它以比活性污泥系统高数倍的水力和有机负荷率运行，可显著缩小生物处理池的体积和占地面积；它也可以 A/O 和 A²/O 的方式运行，

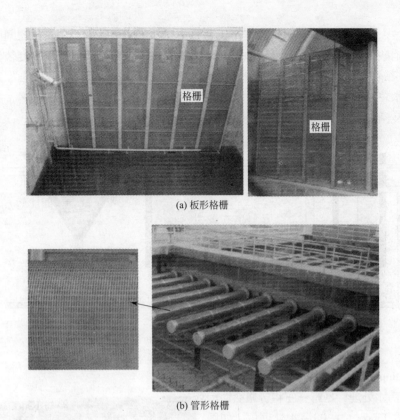

(a) 板形格栅

(b) 管形格栅

图 1.11 MBBR 处理池中拦截填料环的各种形式的格栅

也能进行硝化、反硝化和强化生物除磷过程。

另一方面，MBBR 也能够有效地处理合流制系统的雨污混合水（$BOD_5 \leqslant 70mg/L$）。但是其缺点是其在接受雨季大流量的雨污混合水时，由于大流量的冲击使一些填料环在格栅前拥挤堵塞，使池中水流拥堵，难以正常运行。深圳市滨河污水处理厂 2006 年曾使用过向 A^2/O 曝气池中投加填料环以 MBBR 方式运行，雨季大流量时发生池中填料环拥堵现象，不得不花费人工打捞拥堵的填料环。

（1）Linpor 工艺

Linpor 工艺是德国 Linde 公司 Morpor 博士研发的一种悬浮载体生物膜反应器，其生物膜载体为正方形泡沫塑料块，尺寸为 10mm×10mm，它们放入曝气池中，由于其相对密度约为1，故在曝气状态下悬浮于水中，由于其比表面积大，在每 $1m^3$ 泡沫小方块的总表面积达 $1000m^2$，在其上可附着生长大量的生物膜，其混合液的生物量比普通活性污泥法大几倍，$MLSS \geqslant 10000mg/L$，因此其单位体积处理负荷要比普通活性污泥法大，特别适用于一些超负荷污水处理厂的改建和扩建，用 Linpor 法取代常规活性污泥法，不必扩大池的体积，即不必上新的土建工程就可解决问题，而且出水水质也会有所提高。

Linpor-CN 工艺如图 1.12 所示，与 Linpor-C 工艺的主要不同在于 Linpor-CN 设计的污泥（生物）负荷比前者低，可以保证进行硝化和反硝化。与 Linpor-C 工艺相比，它需要较大容积的反应池。但是由于其生物量浓度高，Linpor-CN 容积的增加比常规活性污泥法小得多。Linpor-CN 系统在保持适宜的运行条件下，能够同时进行部分的反硝化，这是由于载体方块从表面到内层存在溶解氧浓度的梯度现象，相应有好氧、缺氧和厌氧区，可以说每一个 Linpor

载体方块是一个小的硝化-反硝化反应器，于是在 Linpor-CN 过程中，在硝化的同时也发生部分反硝化；硝酸盐的去除率为 50%～70%。因此在原生污水（进水）总氮浓度较低的情况下（如 TN≤40mg/L），单用 Linpor-CN 就能够使出水的 TN 达标（德国排放标准为 18mg/L），但是如果进水总氮浓度较高，则需要增加反硝化容积，由于同时除氮大于 50%，故附加的脱氮池的容积及回流水量都比常规活性污泥法要大为减少。

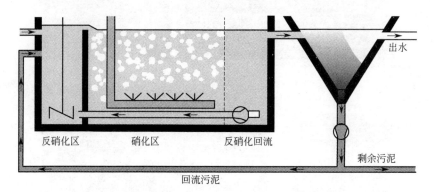

反硝化区　　　硝化区　　　　反硝化回流

回流污泥

图 1.12 带有前端反硝化区的 Linpor-CN 流程示意

（2） Linpor-CN 工艺的污水处理厂运行实况

Freising 污水处理厂是第一座将普通活性污泥法改建成为 Linpor-C 法的污水处理厂，如图 1.13 所示。虽然最初的目的只是去除 BOD 和 COD，但是载体方块上生物量增长如此之多，特别是在温暖季节，在去除了 BOD 的同时，也发生了硝化和反硝化，实际上成了 Linpor-CN 工艺了。为了提高该处理厂的除氮效率，在 Linpor-CN 工艺的改建和新建的曝气池中都在其前部加设了缺氧反硝化段（见图 1.12）。采用 Linpor-CN 工艺的污水处理厂运行效果详见表 1.6。

图 1.13 德国 Freising 市采用 Linpor-CN 法的污水处理厂

表 1.6 采用 Linpor-CN 工艺的污水处理厂的运行效果一览表

污水处理厂	水质项目	进水/(mg/L)	出水/(mg/L)	去除率/%
Freising[①]	TKN	37	9	76
	NH_4^+-N	20	6	70
	NO_2^-/NO_3^-	7	5	28.6
	TN	44	14	68
	BOD_5	13	3	98.2
	COD	254	37	85.5
Tacharting[②]	TKN	42	5	89
	NH_4^+-N	39	0.5	99
	NO_2^-/NO_3^-	0	6	—
	TN	42	11	75
	BOD_5	206	5	98
	COD	500	45	91

① 水力停留时间 4h；体积负荷 0.96kgBOD$_5$/(m^3·d)；F/M=0.19kgBOD$_5$/(kgMLSS·d)。
② 水力停留时间 7.5h；体积负荷 0.66kgBOD$_5$/(m^3·d)；F/M=0.07kgBOD$_5$/(kg·d)。

1.5 FB-AS 固定式生物膜复合生物处理工艺

我们研发的固定式生物膜-活性污泥（FB-AS）复合生物处理系统（HYFBAS），在其复合生物处理池中，同时存在附着生长在载体上的生物膜和处于悬浮状态的活性污泥，池中具有高的生物总量，在 5～20g/L 之间（取决于进水 BOD 浓度），具有高的处理负荷率。此外，它能实现 HRT（水力停留时间）、SRT（活性污泥停留时间）和 BRT（生物膜停留时间）的彼此分离，因此能在很短的水力停留时间（3～4h）内同时高效地去除有机物、氮和磷。

与悬浮的活性污泥和移动式生物膜相比，固定式生物膜载体填料为细菌（包括硝化菌和反硝化菌）、原生动物和后生动物的生长繁殖创造了最舒适的固定生存环境。因此，在固定式生物膜中进行的同步硝化-反硝化，能在很短时间内（HRT 3～4h）完成并高效地去除氨氮和总氮。活性污泥的循环回流，经历厌氧-好氧的交替环境，或者预缺氧-厌氧与好氧环境的交替循环，也能有效地强化生物除磷。

在固定生物膜中形成较长的食物链网，对细菌和藻类的捕食作用，以及通过厌氧和缺氧环境的水解、酸化和甲烷发酵，使污泥固体转化为液态和气态产物，使该系统产生的剩余污泥量很少，仅为活性污泥系统的 1/10～1/5，甚至更少。我们设计和运行的几座处理低浓度 BOD_5（50～60mg/L）的污水的固定生物膜处理厂连续运行十余年不曾排出任何污泥。此外，发现处理如此低 BOD 浓度源的固定生物膜曝气池中生物固体全部附着生长在载体填料上，而没有呈悬浮状态的活性污泥。此时是纯生物膜系统，而不是生物膜与活性污泥并存的复合生物处理系统。只有在处理原生污水 $BOD_5 \geqslant 100mg/L$ 时在曝气池中才出现悬浮的活性污泥凝絮。

1.5.1 山东省东阿县污水处理厂

该县污水处理厂如图 1.14 所示，采用以固定生物膜（FB）为主体的 FB-AS 复合生物处理工艺，设计处理能力 $4 \times 10^5 m^3/d$，处理流程为：原生污水→粗-细格栅-曝气沉砂池→复合生物处理池→后沉池→两塘串联净化塘→出水跌水曝气→厂外大净化景观塘→出水。

多年出水稳定地达到一级 A 排放标准（详见表 1.7），被评为山东省县级模范污水处理厂。

□ 表 1.7　山东省东阿县污水处理厂运行效果一览表　　　　　　　单位：mg/L

项目		COD	BOD	SS	NH₃-N	TP	TN
进水	最高值	651	260	400	50.9	4.5	58.9
	最低值	150	69	40	25	1.4	36.2
	平均值	320	126	105	35	1.85	40.5
后沉池出水	最高值	55	18	35	30	3.65	27.8
	最低值	16	10	10	6.7	0.45	12.7
	平均值	45	6.6	12	8	0.50	12.5
塘-湿地系统出水	最高值	40	11	12	6	0.9	20.2
	最低值	15	3	2.5	0.98	0.86	7.3
	平均值	20	2.5	6.6	1.2	0.12	8.5
去除率/%	最高值	95.5	95	97.4	88.2	80	69
	最低值	80.12	88.5	86.9	79.8	70.6	59.8
	平均值	90	95.7	96.2	93.5	92.6	80

(a) BF-AS复合生物处理池

(b) 后沉池

(c) 厂外净化塘

(d) 厂内净化塘

图 1.14　山东省东阿县污水处理厂

1.5.2　深圳布吉河水质净化厂 $1.0 \times 10^5 m^3/d$ 强化固定复合生物处理系统

（1）布吉河水质净化厂强化复合生物处理工艺

强化复合生物处理工艺（EHYBFAS）具有高浓度生物量（20～50g/L）和很短的水力停留时间（3～4h），其中既存在附着生长在载体上的固定生物膜，也存在悬浮的活性污泥。

这种强化复合生物处理系统，能够实现水力停留时间（HRT）、活性污泥停留时间（SRT）和生物膜停留时间（BRT）的彼此分离；通过调整各自适宜的停留时间，如 HRT＝3～4h，SRT＝3～5d 和 BRT＝15～20d。由于分别为聚磷菌、硝化菌、反硝化菌和有机物去除创造了良好的生存和繁殖环境，使该系统能够在最短时间内同时高效地去除 COD、BOD_5、TN、NH_3-N 和 TP 等污染物。

通过间歇式曝气运行方式（如1～2h曝气，2h停止曝气的反复交替运行），能有效地控制后生动物的过量繁殖，维持正常的食物链各营养级生物量的平衡；采用较低曝气强度使复合生物处理池中的 DO＜3mg/L，最好 2～3mg/L，也能控制后生动物过量繁殖；此外，易于发生短程硝化与反硝化；往强化复合生物处理池中投加适量的硅藻精土（改性硅藻土）或其他化学除磷剂，能显著改善沉淀效率、提高除磷效率和提高剩余污泥的脱水效率。

污水处理流程：

污水 → 提升泵站 → 细格栅 → 圆形旋流沉砂池 → EHYBFAS 缺氧池 → EHYBFAS 好氧池 → 后沉池 → 出水

污泥处理流程（用于生物除磷）：

沉淀池污泥 → 污泥回流槽 → 污泥厌氧浓缩池 → EHYBFAS 缺氧池 → EHYBFAS 好氧池 → 后沉池

　　由于布吉河流域污水收集系统不完善，虽建设了分流制排水系统，仍存在大量的错接乱排现象，造成布吉河水质受到严重污染。针对布吉河污水系统建设严重滞后、短期内无法对污水进行有效收集的现状，在河道中对污水进行了截流，并送入布吉河水质净化厂进行处理，以保证流入特区内的水质有所改善。但现状布吉河水质净化厂老系统工艺陈旧，采用传统的混凝沉淀工艺，出水水质差，出水水质连2级排放标准都达不到。为了改善布吉河的水质和生态环境，需对布吉河水质净化厂老混凝沉淀系统进行改造。

　　（2）设计参数

　　1）处理规模　1×10^4 m³/d。

　　2）进水水质　根据目前进水实测数值并考虑留有余地，设计进水水质采用如下数值：COD＝300mg/L，BOD_5＝150mg/L，NH_3-N＝30mg/L，SS＝150mg/L，TN＝45mg/L，TP＝4.5mg/L。

　　3）出水水质　根据布吉河的现状水质状况以及排入深圳河的要求，综合治理后布吉河水质达到《城镇污水处理厂污染物综合排放标准》（GB 18918—2002）的一级B标准，结合本工程的性质和实际情况，设计出水采用以下限值：COD＝60mg/L，BOD_5＝20mg/L，NH_3-N＝8mg/L（水温≤12℃时，15mg/L），SS＝20mg/L，TN＝25mg/L，TP＝1.0mg/L。

　　4）工艺流程　在本工程设计中尽量利用了现有设备设施，改造后工艺流程如图1.15所示。

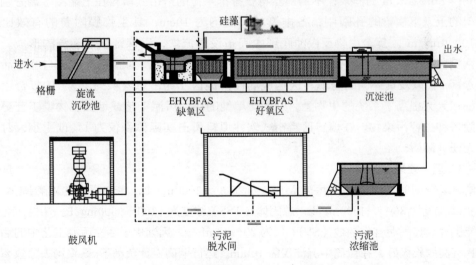

图1.15　原有系统改造后工艺流程

　　工程改造主要将原有老混凝反应池和平流沉淀池的一部分改造成BF-AS复合反应池，其他系统改动尽量少。原有絮凝反应池分16格，每格规格为长×宽×高＝6m×6m×3.9m，总水力停留时间为30min；平流沉淀池为4座，每座的尺寸为：长×宽×高＝75m×12.5m×

5.9m，总 HRT＝4.3h。

改造设计中将絮凝反应池改造成强化 BF-AS 复合生物处理系统（EHYBFAS）的缺氧池，

**图 1.16　复合生物反应池好氧区
填料及曝气系统布置示意**

HRT＝0.5h；平流沉淀池的前段 47m 长池体改造成 EHYBFAS 的好氧池，HRT＝2.5h；剩余部分仍然作为沉淀池，HRT＝1h。其中 EHYBFAS 缺氧池，池体结构尺寸不变，在其中布设填料和少量曝气器，运行时池中保持 DO≤0.5mg/L；EHYBFAS 好氧池（长×宽×高＝47m×12.5m×5.9m，共 4 座），在其内部中间 8m 宽的区域布设辫帘式生物膜载体填料，在池底中部 6m 宽（曝气池 1/2 的宽度）密集布设硅橡胶微孔曝气棒，以便在曝气时形成横向水力旋流和纵向水力推流的复合水力流态如图 1.16 所示。这样既可增加氧的利用率，又能防止水流短路，提高复合生物曝气池的容积有效利用率，从而提高处理效率。改造后，复合式生物曝气池的总水力停留时间（HRT）为 3.0h（容积为 14584m³），其中缺氧区 30min，好氧区 2.5h；其后为平流沉淀池，结构尺寸为：长×宽×高＝28m×12.5m×5.9m，共 4 座，　HRT＝1.3h。由于受现状池体条件的限制，改造后沉淀池停留时间短，而且长宽比＜4。为了克服这些缺点，改善沉淀池出水质量，改造设计中增加了溢流堰长度，延长两侧壁的溢流堰的总长度至沉淀池总长度的 1/3 处。

在复合生物反应池的约 2/3 体积中布设填料，即在池中间对称的用槽钢焊接成长×宽×高＝6m×8m×4.7m 的框架，不锈钢丝将一排排平行的辫帘式填料在上端和下端分别固定在钢架的上、下横梁的孔眼中，各排填料间距均为 10cm，其生物膜附着的有效比表面积＞10000m²/m³。复合生物反应池底部中间布设导流坎，以保证横向旋流的形成。在导流坎两侧各占 4m 宽的填料的生物膜区（约占总容积的 2/3，为固定生物膜与悬浮活性污泥共存区），以及其外侧的无填料区构成活性污泥区（约占总容积的 1/3）的复合生物处理系统，大大提高了系统的生物量，从而比单纯的活性污泥工艺或单独生物膜工艺更高效地去除各种主要污染物。在填料区辫帘式软性填料所占实际体积仅为 1% 或更小，对水力流态无任何障碍。

（3）运行效果

试验运行期间，池中活性污泥 MLSS 为 1500～2000mg/L，生物膜上的附着固体（BF-SS）换算浓度为 3600～4500mg/L，总固体（TSS）浓度为 5100～6500mg/L。活性污泥的沉淀性能优异，其污泥容积指数（SVI）仅为 20～40mL/g，远远优于活性污泥工艺中的活性污泥。其沉淀效果极好，在量筒中沉淀仅需 10min。运行期间设计负荷下 SS 平均去除效率高达 96.9%；尽管进水 SS 浓度有时很高，大于 500mg/L，但是出水 SS 浓度一直很低，大都低于 10mg/L，不仅达到了一级 B 排放标准，而且也达到了一级 A 排放标准（见图 1.17）。

图 1.18 和图 1.19 说明了该复合生物处理系统具有很强的去除 COD 和 BOD₅ 的能力。在调试运行初期，在设计负荷下，进水 COD＝100～300mg/L，BOD₅＝60～150mg/L，在运行调试 2 周后出水 COD 稳定在 60mg/L 以下，达到了一级 B 排放标准。COD 的平均去除率为

84.4%。同时，出水 BOD₅ 浓度在 20mg/L 左右，达到一级 B 排放标准。但运行调试第 25 天后，进水中污染物浓度急剧增加，进水 COD＝300～400mg/L，BOD₅＝150～200mg/L，使出水水质恶化，但经过十几天的运行后出水 COD 明显降低，现已接近一级 B 排放标准，同时出水 BOD₅ 已达到了一级 B 标准。说明在生物膜和活性污泥中已经生存了大量具有活性的异养菌种群，能够高效降解和去除有机污染物。

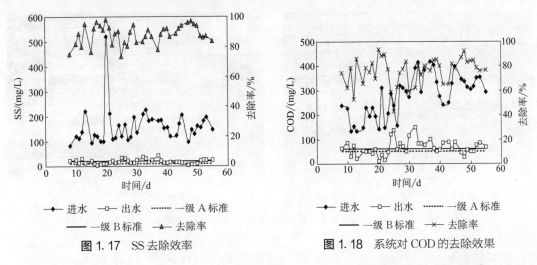

图 1.17　SS 去除效率　　　　　图 1.18　系统对 COD 的去除效果

调试运行期间，系统表现出很高的 TP 去除效果，在运行调试初期，TP 便达到一级 B 排放标准（见图 1.20）。后来由于进水含磷浓度增加，使出水 TP 浓度有所波动，但经过一段时间的适应调试，总磷的高效去除使出水 TP 稳定达到一级 B 排放标准，且经常低于 0.5mg/L 达到一级 A 排放标准。TP 平均去除率达到 80%。如此高的 TP 去除率，与该处理系统采用如下的污泥处理流程有关：沉淀池污泥首先排入污泥浓缩池，在其中逗留较长的时间进行厌氧反应（2～4h），由此释放污泥中摄取的聚合磷，然后回流至复合生物处理池，在好氧环境中污泥进行过量摄磷，随后在沉淀池和污泥浓缩池中以排出剩余污泥的形式从系统中排除磷。

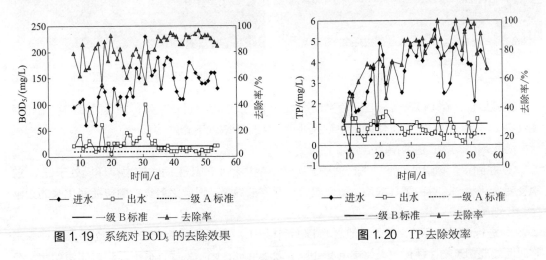

图 1.19　系统对 BOD₅ 的去除效果　　　　图 1.20　TP 去除效率

运行调试期间，系统在去除氨氮方面最为困难；运行 2 周后 SS、BOD₅、COD_{Cr}、TP 等指标均达到一级 B 排放标准，甚至一级 A 标准，只有氨氮和总氮去除效果一直不明显，这是因为硝化菌世代时间较长，约 14d，故需要较长的时间才能使其生长繁殖并达到足够的数量，才能较彻底地将污水中的氨氮硝化为硝酸盐和亚硝酸盐；曝气池中填料上发生后生动物过量繁殖，捕食硝化菌，使氨氮难以被硝化。

深圳市草铺 EHYBFAS 工艺污水处理厂缺氧池及鸟瞰图如图 1.21 所示。

(a) 缺氧池   (b) 鸟瞰图

图 1.21　深圳市草铺 EHYBFAS 工艺污水处理厂缺氧池及鸟瞰照

草铺污水净化厂 EHYBFAS 好氧池及沉淀池溢流堰出水分别如图 1.22、图 1.23 所示。

图 1.22　草铺污水净化厂 EHYBFAS 好氧池   图 1.23　沉淀池溢流堰出水

试验发现，在 DO＞4mg/L 时后生动物如颤蚓、线虫等会过量繁殖，捕食过量的细菌和原生动物，导致食物链破坏，使固定生物膜处理池中处理效果下降。

防止后生动物过量繁殖的措施如下。

① 在固定生物膜处理池中进行间歇式曝气，使填料上的后生动物的生存环境处于好氧-缺氧交替变化状态，抑制了其繁殖，可使其保持适宜的数量，以保障各类细菌包括硝化菌的正常生长和增殖。

② 进行低强度曝气，使处理池水的 DO＜4mg/L，最好 2～3mg/L。该处理系统是在原来临时性处理构筑物（强化一级化学沉淀处理）改建而成，因陋就简，很不理想。即使如此，在复合生物处理池 HRT＝3h 和后沉池 HRT 仅 1h 的运行条件下，大部分时间一直维持稳定运

行，出水稳定地达到一级 B 排放标准。EHYBFAS 好氧池进水口处投加适量的硅藻精土（改性硅藻土） 10～20mg/L，能显著提高除磷效率，使出水 TP 达到 0.2～0.5mg/L、SS 10～20mg/L、BOD_5 5～10mg/L、COD 40～50mg/L。

该工程建设总投资为 3000 万元，运行费用为 0.4～0.5 元/m^3 水，与改造前的运行费用（0.25 元/m^3 水）相比，改造后运行费用有所增加，但改造前工艺为一级强化工艺，而改造后工艺为二级处理工艺，设计出水水质主要指标达到《城镇污水处理厂污染物综合排放标准》（GB 18918—2002）的一级 B 标准要求。改造后出水水质除了 NH_3-N 和 TN 外，在运行调试期间已经达到设计要求，该工程运行费用与常规具有除磷脱氮功能的活性污泥工艺相比具有明显优势。主要原因是本次设计采用了曝气器局部密集布设，形成独特横向旋流和纵向推流水力流态，延长了氧与污水的接触时间，提高了溶解氧的利用率，降低了鼓风曝气系统功率，单位能耗仅为 0.2kW·h/m^3 水。

这座 $1.0×10^5$t/d 的污水处理厂采用强化 BF-AS 复合生物处理系统（EHYBFAS）。升级改造实践证明，采用这一工艺的污水处理厂，既能有效地处理高浓度污水，也能有效地处理雨污混合水；实际上该临时处理厂用于处理布吉河污染河水，由生活污水、工业废水和雨水径流汇合而成；而且降雨时由于雨水径流的稀释，取自布吉河的混合污水 COD 和 BOD_5 浓度较低，出水水质比旱季处理高浓度污水效果更好，出水水质大都达到一级 A 排放标准。如果新建污水处理厂采用强化 BF-AS 复合生物处理工艺（EHYBFAS），设计 HRT 取 8～10h（仅为活性污泥法曝气池 HRT 和体积的 40%～50%），建成运行后，不仅能在旱季将污水处理到一级 A 排放标准，而且在雨季接受 2～3 截流倍数的雨污混合水也能处理到出水达到一级 A 排放标准。

BF-AS 复合生物处理工艺，与 BAF、MBBR 和 Linpor 等工艺相比，处理合流制雨季混合污水更容易运行和维护，绝不会发生池中填料拥挤和堵塞水流的故障，不需要投加化学药剂，能耗也最小。因此，黑臭水体根治设施之一是沿岸设计和建造合流制排水系统和合流制污水处理厂，而采用以固定生物膜为主的 BF-AS 复合生物处理工艺（HYBFAS）应是最佳选择。

1.6 人工湿地-净化塘处理系统

人工湿地、净化塘和人工湿地-净化塘组合系统如图 1.24 所示，被广泛地用于处理合流制下水道溢流水（CSO）、分流制的雨水径流。人工湿地还被广泛地用于处理工业废水、畜禽养殖污水等。地表径流湿地-净化塘串联运行能更有效地净化污水、雨水和合流制溢流水。

1.6.1 英国人工湿地处理污水和雨水

（1）Severn-Trent 水务公司人工湿地处理雨水和污水

英国 Severn-Trent 水务公司的服务区域内，大都为小城镇和村镇，由于人工湿地建造和运行简单，处理效果好，不仅能去除 COD、BOD 等有机物，而且能脱氮、除磷和去除重金属

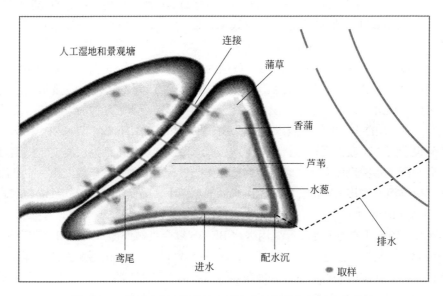

图 1.24 处理雨水径流的地表径流人工湿地与其后的净化塘

等，因此 Severn-Trent 水务公司在 20 世纪 80～90 年代迅速推广应用了人工湿地处理小城镇污水和雨水。在处理生活污水时，它与生物转盘联用，生物转盘做二级处理，人工湿地做三级处理；雨季合流制和分流制污水和雨水采用的处理流程如图 1.25 所示。雨季分流制雨水管道中的雨水径流全部送至地表径流湿地处理；合流制溢流水（CSO）经溢流井和管道进入湿地处理。

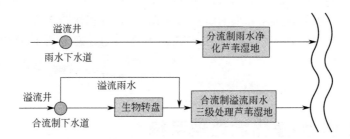

图 1.25 地表径流人工湿地对分流制雨水径流与合流制溢流水的处理流程

（2）伦敦世纪圆顶雨水处理利用系统

英国泰晤士河水公司为了研究不同规模的水循环方案，设计了 21 世纪的示范建筑——世纪圆顶示范工程如图 1.26 和图 1.27 所示。在该建筑物内，每天回收水量 $500 m^3/d$，用以冲洗该建筑物内的厕所，其中 $100 m^3/d$ 为从屋顶收集的雨水。这是欧洲最大的建筑物内的水循环设施，从面积为 $100000 m^2$ 的圆顶盖上收集的雨水，经过 24 个专门设置的汇水竖管进入地表水排放管中，初降雨水含有从圆顶上冲刷下的污染物，通过地表水排放管道直接排入泰晤士河。由于储存容积有限，收集的雨水量仅 $100 m^3/d$，多余的雨水排入泰晤士河。

收集的雨水首先在芦苇床中处理，这是污水三级处理中常用的一种自然处理方法，由于收集的雨水质量较好，在抽送至第一级芦苇床之前只需要预过滤。其处理过程包括两个芦苇床，

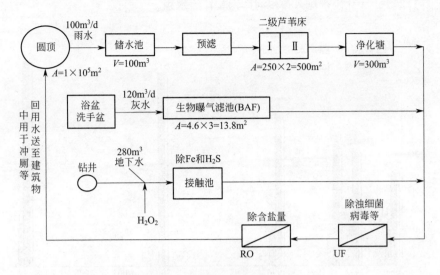

图 1.26　英国伦敦世纪圆顶水循环系统

每个床的表面积为 $250m^2$ 和一个塘，其容积为 $300m^3$。选用了具有高度耐盐性能的芦苇，其种植密度为 4 株/m^2。雨水在芦苇床中通过多种过程进行净化：在芦苇根区的细菌降解雨水中的有机物；芦苇本身吸收雨水中的营养物质；床中的砾石、砂粒和芦苇的根系起过滤作用。芦苇床很容易纳入圆顶的景观点设计中，这是一个很好的生态主题。

其他两种水源分别为来自卫生间的灰水（grey water）和地下水，其分别采用 BAF 去除有机物和氨氮及接触氧化池去除 Fe 和 H_2S 后，与净化的雨水汇合在一起再进行

图 1.27　英国伦敦世纪圆顶雨水处理利用系统

UF＋RO 的深度净化，其最后产水回用作该建筑物的非饮用生活用水。

1.6.2　德国人工湿地与净化塘处理污水、雨水与合流制溢流水

德国是雨水收集、处理和利用最先进的国家，不仅在居住小区、独居庭园和大型建筑物进行雨水收集与利用，其河流流域的水污染防治和水资源开发也极其重视雨水的汇集、净化与利用。以德国鲁尔河管理协会（Ruhrverband）为例，为了解决鲁尔河作为整个鲁尔工业区 500 万人的饮用和工业用水水源，鲁尔河协会对鲁尔河流域的水量和水质进行两方面的管理和控制：在其支流河上游建造了 14 座大、中、小型水库，其中上亿立方米的大型水库 3 座，年总有效储水量 $4.2×10^8 m^3$。此外，不仅建造了 97 座城镇和社区污水处理厂，总处理污水量 $1.0×10^6 m^3/d$，其出水水质达到相当于我国的一级 A 标准排入鲁尔河，还建造了 549 座雨水径流处理厂（2008 年）（见图 1.28），采用雨水沉淀池、雨水净化塘和地表径流人工湿地进行

处理（见图1.29），净化雨水排入鲁尔河作为其补给水源。

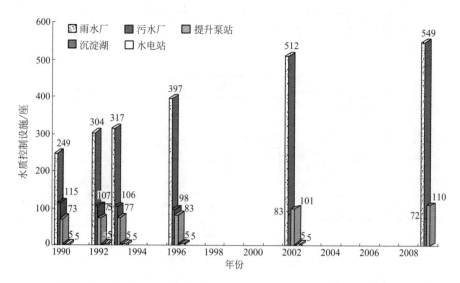

图1.28　德国鲁尔河管理协会所辖污水处理厂和雨水处理厂发展趋势

(a) 刚建成的雨水沉淀池和净化塘

(b) 雨水沉淀池后的跌水曝气

(c) 污泥滤饼填埋场

(d) 雨水净化塘

图1.29　德国鲁尔河某一雨水处理系统：雨水沉淀池-跌水曝气槽-雨水净化塘

由书后彩图 1 可见，2002 年鲁尔河及其支流的水质等级分布明显好于 1990 年；1990 年有 8 段为Ⅳ类水体，有 12 段为Ⅲ类水体；而到 2002 年没有一段为Ⅳ类水体，只有 1 段为Ⅳ～Ⅲ 类水体，有 6 段为Ⅲ～Ⅱ类水体，其余为Ⅰ类和Ⅱ类水体，约占河流总长度的 80%。其主要原 因：一是污水处理设施的处理能力的增大和处理效率的提高；二是雨水径流处理设施的大幅度 增加（从 1990 年的 249 座增加到 2009 年 549 座）和净化能力的增大。

德国、英国等欧洲发达国家和北美都对雨水径流收集、净化与利用给予重视，无论是合流 制下水道的溢流水（combined sewerage overflow，CSO），还是分流制的雨水管道的雨水径 流，都予以收集、处理与利用，用作水资源。这与我国片面理解与实施的分流制有很大的不 同：我们只管分流制中污水管道中的生活污水和工业废水处理，而对雨水管道，只管收集与排 放，而根本不予以处理与资源利用。

雨水径流的最适宜处理技术是雨水径流沉淀池（或沉淀塘）、雨水净化塘和地表径流人工 湿地。装填生物膜载体填料的雨水净化塘和种植芦苇、蒲草、香蒲等挺水植物的地表径流人工 湿地，都能高效地处理从含较高浓度污染物的初期雨水径流到低浓度的后期雨水径流。活性污 泥工艺与系统只能有效处理浓度较高污水，如 $BOD_5 \geqslant 100mg/L$、$COD \geqslant 250mg/L$ 等，而净化 塘和人工湿地则可处理 $BOD_5 \leqslant 20mg/L$、$COD \leqslant 50mg/L$ 的后期雨水径流，并使最后出水达到 《地表水环境质量标准》（GB 3838—2002）的Ⅲ～Ⅳ类标准，并可作为生态景观、浇洒绿地、 工业用水甚至饮用水源等多用途的水资源予以利用。

德国鲁尔河管理协会（Ruhrverband）建造的雨水径流与合流制混合污水溢流水的处理大 都采用沉淀池、净化塘和人工湿地。其大型合流制污水处理厂溢流水的代表性处理流程是：溢 流水→水力旋流泥沙分离池→沉淀池→净化塘。中小型污水处理厂则多采用浅水区人工湿地的 人工湿地复合净化塘如图 1.30 和图 1.31 所示。德国鲁尔河协会建造的污水处理厂湿地-净化 塘单元中种植蒲草等挺水植物；其多级串联净化塘中间的过水溢流堤也都长满芦苇或蒲草如图 1.32 所示。在旱季能有效地深度处理污水厂的二级处理出水；3 塘或 4 塘串联的多级净化 塘，能使最后出水的 $BOD_5 \leqslant 1mg/L$，COD 30mg/L，$NH_3\text{-}N$ 2mg/L，TP 0.2mg/L，细菌总数 $1 \times 10^3 cfu/mL$。雨季，合流制污水处理厂湿地-净化塘用于处理合流制下水道的溢流水 （CSO）；分流制污水处理厂则用于处理雨水径流，都获得良好的净化效果，使其出水水质达 到排放标准（优于我国的一级 A 排放标准），以使排入鲁尔河后保证鲁尔河作为鲁尔区饮用水 源的水质标准。

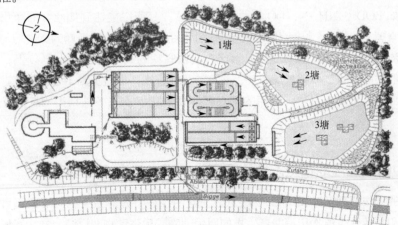

图 1.30 鲁尔河管理协会 Wenden 污水处理厂 3 塘串联净化塘平面布局

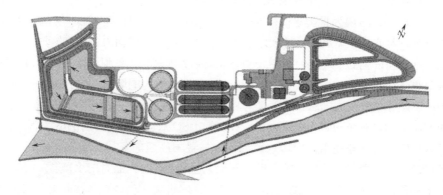

图 1.31 鲁尔河协会 Amsberg-Wildhausen 污水处理厂平面布设图（其后部为 4 塘串联净化塘）

(a) 净化塘浅水区芦苇生长茂密

(b) 塘间溢流过水堤坝上长满芦苇,堤宽5m

图 1.32 鲁尔河协会污水处理厂的湿地-净化塘

这些最后净化塘系统设计得非常科学和合理，做到了工程化、生态化和景观化。它们全是由 2~5 个塘串联构成的多级串联塘系统，比单塘系统能更高效地深度处理二级处理出水；3 塘以上的多塘串联系统通常能将二级出水深度净化到相当于我国地表水环境质量Ⅳ～Ⅲ类标准（部分参数如 BOD_5、NH_3-N、DO 等达更高标准）。其所以能达到如此好的净化效果，关键是设计科学合理，其进水、出水和塘间的溢流过水堤坝，都设计成沿塘的宽度均匀地布水，使塘中实现推流式水力流态，基本没有死水区，使塘容积的利用率达到 80% 以上。塘周边的浅水区和塘间的溢流过水堤坝都长满芦苇、蒲草等湿地植物，显著提高了净化效率。有的在塘中建有人工小岛，其上筑有鸟巢。靓丽的景观和舒适的环境引来多种鸟类栖息，有时天鹅也来光顾。

1.6.3　中国人工湿地和生态塘处理污水、雨水与合流制混合水

生态塘的工作原理示意如图 1.33 所示。在塘中存在着分解者生物如细菌和真菌、生产者生物如藻类和其他水生植物和消费者生物如原生动物、后生动物、浮游动物、底栖动物、鱼、鸭、鹅、野生水禽等，它们构成多条食物链并构成食物网；它们分工合作，对污水和沉淀污泥

中的有机污染物进行分解、同化和转化，最后转化成水生作物如芦苇、芦笋、莲藕和水生动物及陆生动物如鱼、虾、蟹、鸭、鹅等作为资源回收；同时污水转变成清水予以回收利用和实现水循环。沉淀污泥转变成气体如 CH_4、CO_2、N_2、H_2 等而逸入大气，以及转化成液体和溶解性物质如 CO_2、NH_4^+-N、NO_2^-、NO_3^-、PO_4^{3-} 等。它们作为无机营养盐参与藻类和其他水生植物的光合作用而转化成新细胞和新机体；后者作为食料被上一营养级的动物捕食而转化成浮游动物或底栖动物的新细胞和新机体；后者又作为更上一营养级动物捕食而转化成鱼、蟹或鸭的新细胞和新机体。由此可见，在多级串联的组合生态塘系统中，污泥中的肥料成分全都转化成溶解性无机营养盐而促进藻类、其他水生植物的生长和繁殖，它们通过食物链的逐级迁移转化促进浮游动物、底栖动物和鱼、鸭等的生长而实现污泥处理和处置的资源化。有机污泥能实现100%转化成气体和液体产物而消失。为此组合生态塘能够连续运行20～30年而从不排出污泥。其前提是必须在其前段设计和建造高效的预处理设施：粗、细格栅和曝气沉砂池。没有高效的预处理设施，让原生污水直接进入多级串联塘系统的厌氧塘或兼性塘，二三年后前置的厌氧塘或兼性塘就会淤积成灾，其前段沉积污泥露出水面，使其有效容积大幅度减少，难以维持正常运行。

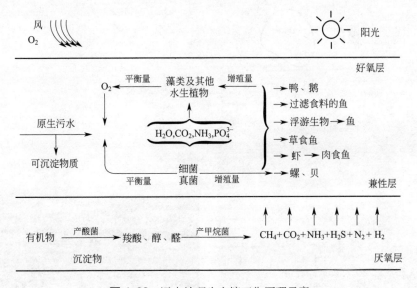

图 1.33 污水处理生态塘工作原理示意

（1）大庆青肯泡石化废水生态塘处理系统

青肯泡石化废水生态处理系统位于安达市与肇东市交界处，主要处理大庆石化公司经活性污泥工艺处理后的乙烯生产废水和该厂区内的生活污水，该生态塘处理系统占地 $2500hm^2$（$25km^2$），其设计处理能力为 10 万米^3/天，其总水力停留时间（HRT）约为 1 年。

青肯泡石化废水生态处理系统建于 1984 年，由厌氧塘、兼氧塘、好氧塘、芦苇湿地和冬季储存塘五部分组成。石化废水生态处理系统的工艺流程及地理位置如图 1.34 所示，图 1.35 为该生态处理系统厌氧塘和芦苇湿地的照片。来自大庆石化公司的二级出水（厂内活性污泥处理厂出水）经 1# 和 3# 泵站增压后，经过 28km 长的排污管线首先进入青肯泡生态处理系统的厌氧塘，厌氧塘共设两组，并联运行，每塘长×宽为 500m×109m，塘深为 4.5m，污水停留时间约为 4.5d。厌氧塘出水经穿孔溢流管收集后进入兼氧塘。兼氧塘也为两组并联运行，每塘长×宽为500m×109m，塘深为4.5m，污水停留时间约为4.5d。兼氧塘的出水经溢流堰和计量堰流入好氧塘，好氧塘占地面积为2450hm²，在好氧塘的中段和末段有较大面积（约500～600hm²）天然生长的芦苇湿地，整个生态处理系统实行冬储夏排，11月中旬至5月底停留224d，5月底提闸放水，停留52d，最大放水流量4.0m³/s。

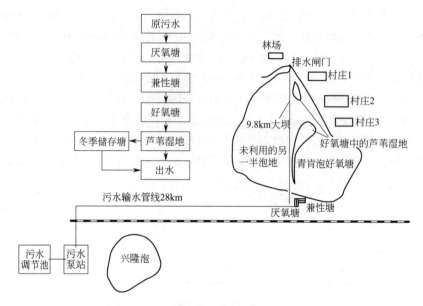

图1.34 青肯泡生态处理系统位置及流程

(a) 青肯泡石化废水处理生态塘厌氧塘　　　　　　　　　(b) 湿地

图1.35 青肯泡石化废水处理生态塘厌氧塘和湿地

青肯泡石化废水生态处理系统，主要接纳经活性污泥工艺处理后的乙烯厂生产废水、该厂区内的生活污水和雨水径流。由于厂内设计、建造和运行的采用完全混合式活性污泥工艺的污水处理厂运行效果差，出水超标很多，根据笔者建议在厂外青肯泡划出2500hm²的水面，设计建造多级塘做补充处理使出水达标排放。

根据对青肯泡生态处理系统水质的监测，青肯泡所接纳污水中的COD 80.1～202.4mg/L，SS 59.25～286mg/L，BOD$_5$ 23.2～62.6mg/L，氨氮14.8～24.15mg/L，苯酚0.27～1.11mg/L，硫化物0.01～0.9mg/L，TP 0.5～2.6mg/L。经过青肯泡生态系统的处理后，最终排放口处的出水水质可达到COD 38.4～103.4mg/L，SS 10～79.24mg/L，BOD$_5$ 3.13～8.6mg/L，

氨氮 2.8~14mg/L，苯酚 0.003~0.01mg/L，硫化物＜0.01mg/L，TP 0.15~0.4mg/L。各构筑物中污染物浓度变化范围详见表 1.8。

⊡ 表 1.8　大庆石化废水处理系统各构筑物中污染物浓度变化范围详表

水质指标	厌氧塘进水	兼性塘进水	好氧塘进水	好氧塘出水（平均值）
SS/(mg/L)	559.25~286	446~222.1	336~202.5	10~79.24(32.5)
COD/(mg/L)	80.1~202.4	90.2~136.1	57.4~115.4	33.84~103.4(64.3)
BOD_5/(mg/L)	23.2~62.6	11.75~31.2	6.4~24.2	3.13~8.6(4.8)
NH_4^+-N/(mg/L)	14.8~24.15	15.1~26.87	12.3~22.6	2.8~14(5.6)
NO_2^--N/(mg/L)	＜0.05~0.9	＜0.05~0.9	＜0.05~0.6	＜0.05(0.03)
NO_3^--N/(mg/L)	0.18~5.0	0.15~4.2	0.41~3.6	0.2~3.62(1.6)
硫酸盐/(mg/L)	424.7~625	308.8~726	477.2~849	315~464.1(378.4)
TP/(mg/L)	0.5~2.6	0.4~3.2	0.5~1.2	0.153~0.4(0.25)
TN/(mg/L)	17.01~43.9	21.9~59.4	14.89~46.3	7.9~11.5(9.3)
LAS/(mg/L)	3.864	5.032	4.113	1.21~2.22(1.57)
pH 值	7.78~7.89	7.61~7.75	7.35~7.92	8.10~8.24(8.16)
挥发酚/(mg/L)	0.27~1.11	0.08~1.06	0.02~0.05	0.003~0.01(0.0050)
可溶性固体/(mg/L)	1138~1752	1017~1536	1065~1568	1688~1872(1768)
F^-/(mg/L)	0.8~4.48	0.8~3.3	0.9~4.66	0.8~5.03(2.18)
S^{2-}/(mg/L)	＜0.01~0.9	＜0.01~0.7	＜0.01~0.56	＜0.01

　　该多级塘-湿地生态处理系统具有明显的污染物去除效果，尤其是在夏季温暖季节（5~10月份），最后出水水质达到国家污水处理厂污染物排放标准的一级 A 或一级 B 标准；其余月份大都达到二级和接近二级排放标准，而且冬季多级塘和湿地中的污水不外排，储存 6 个月，在来年的 5~10 月份外排处理后的水。温暖季节储存塘-湿地水质良好，水草繁茂，水中自然生长多种野生鱼类。因为在这一生态系统中有丰盛的食物而吸引了众多的鸟类，构成生机盎然的生态系统。

　　但是，这一多级塘-湿地处理系统，其设计和建造都非常粗陋，其运行工况远未达到最佳效果。即使如此，在大庆石化公司所属的 5 座污水处理厂（包括普通活性污泥工艺、纯氧曝气活性污泥工艺等）中，以该生态处理系统（多级塘-地表径流湿地）运行效果最好和最稳定，而且自 1985 年建成运行至今 28 年来未曾排出污泥一次。厌氧塘中的沉积污泥全部水解、酸化转变成液体中间产物，以及甲烷发酵将其转化成气体如 CH_4、CO_2、N_2、H_2、H_2S 等最终产物而消失。这是典型的污泥零排放污水处理系统。这一大面积（25km²）塘-湿地生态处理系统，吸收大量的 CO_2，并通过水中藻类和水生植物的光合作用产生大量的初生态氧气，成为天然的大氧吧。人们走到现场立即感到空气特别清新而神清气爽。这是典型的节能、低碳和实现污泥零排放的环境友好污水处理技术。

　　2010 年该生态处理系统做了一次大的维修，厌氧塘和兼性塘都做了塘底彻底清淤和进水管道清通等，使其运行效果明显提高，最后出水水质明显改善，稳定地保持一级 A 排放标准。塘和湿地中的生物多样性也明显提高；原来湿地中只有老头鱼，现在出现了大量的野生鲫鱼和鲤鱼。湿地中野鸭成群，有时出现灰鹤和天鹅。湿地中丰富的鸭草（浮萍）和浮游动物、底栖动物和鱼类，附近农民在其中放养了上万只鸭和鹅，还打捞鸭草和浮游动物（轮虫、水蚤等）喂养上万只鸡。其鸭蛋、鹅蛋和鸡蛋的蛋黄都是红色的，味道香美。

　　（2）山东省东营市污水处理与利用生态工程

　　山东省东营市位于黄河三角洲，是新兴的石油和盐化工工业城市，是胜利油田所在地。该市严重缺水，随着黄河断流日数的逐年增加和来水量的逐年减少，以及该市经济的持续增长、城市建设的不断扩大和人口的增长，水资源供需之间的矛盾更趋尖锐，水成为该市经济发展的制约因素。因此，该市西城区建造的合流制下水道接受的污水和雨水，其处理必须与回收再利用相结合，将污水作为一种再生的水资源来处理，将其作为辅助的水资源来开发利用。结合当地水产养殖，种植荷藕、芦苇、水稻、小麦、蔬菜等经验，利用该市大量的盐碱荒废土地建造了污水处理与利用生态工程，并将污水灌入塘中或灌溉农田，就能将土地中的盐碱压下去，将其变成良田，获得水产和农产品的好收成；若再做进一步处理，如过滤等，还可用作工业冷却水、市政用水、生活杂用水等。通过对四处污水处理工程厂址的对比，最后选定了胜利油田原来的第七农场，在其中建立东营污水处理与利用生态工程。

该农场原来引黄河水进行水产养殖，种稻及灌溉其他农作物，已建有水库、养鱼塘、稻田、麦田等。20 世纪 90 年代因黄河断流天数剧增，如 1997 年超过 200d，难以保证农业用水，致使该农场废弃。但水库、养鱼塘、农田等都保存良好。将污水引入该农场，并将水库改造成处理塘系统，用以处理污水，然后将净化的污水依次进行养鱼、种藕、种苇等多级综合利用，不仅能收获鱼、藕、芦苇等产品，而且污水又得到了进一步的净化。该生态塘系统的平面布置示意如图 1.36 所示，主要结构单元如图 1.37～图 1.40 所示。

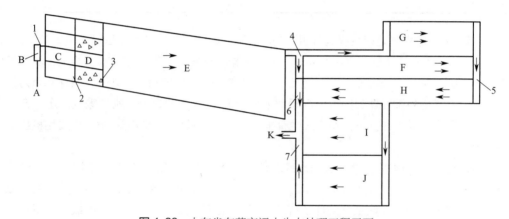

图 1.36 山东省东营市污水生态处理工程平面

A—原水进水口；B—预处理构筑物；C—高效兼性塘；D—曝气塘；E—曝气养鱼塘；F—鱼塘Ⅰ；
G—鱼塘Ⅱ；H—浮萍塘；I—芦苇湿地Ⅰ；J—芦苇湿地Ⅱ；K—出水口；1～7—采样点

图 1.37 复合兼性塘（塘底污泥发酵坑及塘上层填料）

图 1.38 曝气塘

图 1.39　曝气养鱼塘　　　　　　　　　　　图 1.40　芦苇湿地及其塘区

该污水处理与利用生态工程的流程如图 1.41 所示。

原生污水 → 格栅 → 平流沉砂池 → 复合兼性塘 → 曝气塘 → 曝气养鱼塘 →

养鱼塘 → 浮萍塘 → 芦苇湿地 → 人工湖或水库 → 农田灌溉或排入水体

图 1.41　污水处理与利用生态工程流程

该生态塘单元的主要设计参数见表 1.9。

⊡ 表 1.9　东营市生态塘单元的主要设计参数

塘单元	表面积/hm²	HRT/d	水深/m	备　　　注
高级兼性塘	3.5	1.5	4	塘底部有发酵坑,塘内水面下 0.3m 处装填生物载体层 1m
曝气塘	3.5	1.3	3.6	表面曝气器 16 个(2.2kW)
曝气养鱼塘	29	10.6	3.4	表面曝气器 16 个(2.2kW)+喷水器 8 个
养鱼塘	12.2	2.4	2.0	覆草土堤
浮萍塘	7.6	0.8	1.0	覆草土堤
芦苇塘	35.2	1.8	0.5	覆草土堤

　　东营生态处理塘设计处理规模为 10 万米³/天,用于处理西城区的合流制下水道的雨污混合污水。由于其原生混合物污水有机物浓度低,如 BOD_5 在 50～80mg/L,用活性污泥法工艺难以维持正常运行。因此采用塘-湿地系统。在该系统中高效复合兼性塘、曝气塘和曝气养鱼塘为主要处理塘系统,其中复合兼性塘负责去除大部分(50%以上)有机污染物、难降解有机污染物和重金属,同时使污泥进行厌氧消化和减量。

　　曝气塘是将厌氧塘出水中的中间产物以及剩余的 BOD_5 和 COD 进行强化的氧化降解,同时在同化过程中产生活性污泥凝絮,其出水进入其后的曝气养鱼塘,通过养鱼将其捕食消耗,而不必进行剩余污泥的处理。

　　曝气养鱼塘出水,即使冬季也达到排放标准。其出水在温暖季节流入养鱼塘,通过养殖适量的鱼,在其中通过藻菌共生系统的作用,产生藻类及浮游动物,供鱼作饵料,通过鱼的捕食消耗而使污水得到进一步净化;同时鱼的排泄物也增加了污染,其出水进入浮萍塘,鱼的粪便等排泄物沉入塘底作为底肥,使浮萍增长,同时使污水得到净化。

　　最后浮萍塘出水进入芦苇湿地做深度净化。芦苇具有很强的和广谱的净化效果,其淹没于水中的茎、叶、根是微生物附着生长的活载体,在其上形成生物膜,能对水中剩余的有机物进行有效的生物氧化降解；芦苇的根、茎通过吸收能有效地去除重金属和盐类，因此其出水水质良好，出水 TSS、BOD_5 和 COD 分别达到 5～10mg/L、5～10mg/L 和 20～30mg/L。

表 1.10 所列为 2001～2003 年组合式塘-湿地系统对于各项水质指标的去除效果。在该组合生态系统运行的初期，富含营养物质和有机物的沉淀物并没有形成，系统中水生生物的密度和活性也较低，这就使微生物和藻类数量和活性较低，因此对各项水质参数的去除效果并不理想。随着整个系统中的生物种群和生物量不断增加和成熟，该系统的处理效果也随之提高。该多级塘-人工湿地处理系统有很高的细菌和大肠菌的去除效率，其细菌总数和大肠菌总数的去除率分别大于 99.99％和 99.9％。

⊡ 表 1.10　东营多级塘-湿地系统运行效果详表（2001 年 1 月~2003 年 10 月）

水质指标		2001 年	2002 年	2003 年
BOD_5	进水/(mg/L)	39.7±7.83	49.3±22.5	46.8±9.82
	出水/(mg/L)	10.9±8.77	6.44±4.58	4.67±0.51
	去除率/%	72.54±9.71	89.2±5.3	90.0±9.74
COD_{Cr}	进水/(mg/L)	130.3±15.0	143.9±85.9	172.1±75.1
	出水/(mg/L)	46.4±3.6	42.8±6.7	41.6±6.1
	去除率/%	64.5±10.1	70.2±18.6	75.8±17.2
NH_3-N	进水/(mg/L)	15.37±4.34	17.6±5.98	21.78±10.03
	出水/(mg/L)	9.38±4.74	7.95±2.36	7.12±3.59
	去除率/%	42.07±24.99	54.83±23.9	67.31±21.7
TP	进水/(mg/L)	1.73±0.51	1.98±0.45	2.11±0.91
	出水/(mg/L)	0.57±0.47	0.94±0.27	0.86±0.18
	去除率/%	67.05±17.3	52.28±23.14	59.23±22.01
TSS	进水/(mg/L)	69.9±5.74	59.93±33.8	71.8±26.7
	出水/(mg/L)	18.01±8.71	9.12±5.12	8.53±0.79
	去除率/%	60.33±15.94	84.78±7.30	88.2±12.1

该塘-人工湿地处理系统比大庆石化废水塘-湿地处理系统设计和建造得更为先进和合理。在兼性塘的底部设置了污泥发酵坑，使沉积污泥在其中进行水解、酸化和甲烷发酵，以使污泥消解。在兼性塘水面下 0.3m 装填 2m 厚的生物膜载体填料；底部污泥水解、酸化和发酵产生的 H_2S、硫醇等恶臭气体上升到生物膜填料区便被氧化降解成硫酸盐而脱除臭味。因此，在该塘处理系统中，包括在兼性塘区基本无臭味。

该多级塘-人工湿地处理系统自 2000 年 10 月份建成运行 10 年来未曾排出污泥。污泥中的有机物和营养物全部通过水解和酸化转化成溶解的营养盐，如 CO_2、NH_4^+-N、NO_2^-、NO_3^-、PO_4^{3-} 等，它们参与藻类和其他水生植物的光合作用而转变成后者的新细胞和新机体；然后在食物链中进行从下向上逐营养级的迁移、转化，最后以鱼、鸭等形式收获实现污水处理资源化。该污水处理厂在养鱼塘中试验养殖鱼苗成功，并主要养殖大量鱼苗出售，获得年收益数十万元。这是典型的污泥零排放并实现污水和污泥处理资源化的污水处理技术。

（3）临淄污水三级处理的人工湿地-净化湖系统

临淄污水处理厂（活性污泥法，20000t/d）二级处理出水排入其场外的二级人工湿地-净化景观湖生态处理系统中进行深度处理，其处理流程为：

二级处理出水→一级垂直流人工湿地→二级平流人工湿地→净化景观湖→出水

该工艺处理出水达到地表水环境质量Ⅲ类标准。

临淄污水处理厂处理厂中的污水，经活性污泥工艺二级处理和沙滤后，出水经第一道拦沙坝分水槽分水，使进水均匀地进入一级人工湿地，然后流入出水分布槽流入第二级人工湿地。最后经第二道拦沙坝跌水流入河道蓄水工程（净化景观湖）；另外结合混凝土岸墙的修建，沿左岸大堤设置 1.2m×1.6m 钢筋混凝土排污箱涵，可将污水处理厂发生意外事故时未处理的污水直接排放到河道蓄水工程远端下游。该人工湿地-净化景观湖系统照片如图 1.42 所示。

(a) 一级人工湿地进水布水槽

(b) 一级人工湿地

(c) 人工湿地围堰

(d) 二级人工湿地

图 1.42　山东省淄博市临淄区二级出水人工湿地-净化景观湖生态净化系统照片

1）污水再生利用——人工湖景观用水和地下水补充　在河道左岸橡胶坝下游，设一集水池，利用橡胶坝泵站，将溢出橡胶坝排入下游的水抽送到河道蓄水工程，通过地层渗滤补充地下水，或送入农灌渠道，进行农田灌溉，实现水资源的循环利用。

① 一级人工湿地。宽 400m，平均长度 500m，总面积 20.0 万平方米，水深 1.46m，有效容积为 29.2 万立方米。利用第一道拦沙坝布水。

水力停留时间为 29.2/2＝14.6d，BOD_5 表面负荷 12kg/（$10^4 m^2/d$），流量 2 万米³/天，参照国内已建成的深度处理塘运行参数，BOD_5 去除率 30%，COD 去除率 15%，SS 去除率为 15%。

② 二级湿地系统。水面长 1.84km，水面宽度 400～500m，水面面积达 77.7 万平方米，拦河闸前水深 3.7m，上游拦沙坝处水深 2.1m，平均水深为 2.73m，有效容积为 212.89 万立方米。在 309 国道淄河大桥两侧布置 6 处喷泉。

水力停留时间为 106.5d，BOD_5 表面负荷 1.45kg/（$10^4 m^2/d$），流量 20000m³/d，BOD_5

去除率 30%，COD 去除率 15%，SS 去除率为 15%。

该项目一级、二级人工湿地出水水质分析结果见表 1.11。

☐ 表 1.11　临淄淄河一级、二级人工湿地出水水质分析结果一览表（2004-05-31—2004-8-23）

项目	COD				NH₃-N				TP			
	污水厂进水	污水厂出水	一级湿地	二级湿地	污水厂进水	污水厂出水	一级湿地	二级湿地	污水厂进水	污水厂出水	一级湿地	二级湿地
2004.5.31	410	26	23	20	43	8	0.8	0.5	3.7	0.4	0.2	0.06
2004.6.3	520	40	33	29	35	6.3	0.4	0.32	2.6	0.3	0.043	0.007
2004.6.8	440	42	40	34	38	6.7	0.5	0.4	3.5	0.5	0.15	0.12
2004.6.15	390	35	34	31	35	6	0.9	0.62	4.5	0.6	0.08	0.02
2004.6.17	453	41	32	25	39	4.0	0.6	0.5	3.3	0.5	0.18	0.1
2004.6.28	468	48	40	31	41	5.1	1.0	0.5	3.1	0.2	0.09	0.06
2004.7.9	590	55	48	38	42	7.6	0.3	—	4.8	0.4	0.1	0.12
2004.7.14	493	44.7	38	40	52	8	0.9	0.4	4.4	0.2	0.07	0.08
2004.7.16	399	33.3	29	26.5	42	7.5	0.7	0.53	3	0.6	0.12	0.01
2004.7.19	428	28	23	21	46	9.1	0.8	0.37	54.9	0.4	0.16	0.12
2004.7.23	357	46	39	25	45	7.8	0.65	0.3	5	0.3	0.06	0.07
2004.7.26	286	34	28	24	59	10	0.43	0.5	3.6	0.2	0.14	0.03
2004.7.30	340	33	29	25	54	10.2	—	—	4.6	0.6	0.1	0.09
2004.8.2	385	50	39	38	62	8.6	0.6	0.4	4.8	0.5	0.34	0.04
2004.8.6	438	47	40	31	59	9.7	0.8	0.5	54	0.48	0.19	0.07
2004.8.11	468	50	42	32	52	7.3	1.0	0.7	34	0.3	0.05	0.03
2004.8.11	357	38	32	25	40	6	0.7	0.6	44	0.4	0.17	0.03
2004.8.18	416	29	25	22	45	5.3	0.6	0.4	38	0.5	0.38	0.05
2004.8.23	330	25	22	39	49	6.5	0.8	0.55	41	0.2	0.21	0.04

2）净化景观湖　人工湖总蓄水量为 242.26 万立方米；总水面面积 97.7 万平方米；人工湖呈梯级布置。上游第一道拦沙坝处水深 1.46m，第一级水面正常水位 50.0m，平均水深 1.46m，蓄水量为 29.2 万立方米；第二级水面正常蓄水位 49.0m，橡胶坝前水深 3.7m，平均水深为 2.73m，蓄水量为 213.06 万立方米。临淄污水处理厂经生物处理（二级处理）-砂滤池过滤处理后，其出水达到一级 A 排放标准。出水进入二级串联人工湿地（垂直/水平复合潜流式人工湿地→地表径流/水平潜流复合式人工湿地）出水达到《地表水环境质量标准》（GB 3838—2002）Ⅳ类标准。其出水进入人工湖（最后净化湖）作进一步净化处理，其出水达到地表水环境质量Ⅳ～Ⅲ类标准。

该人工湖的地下渗滤水，其水质达到地表水环境质量Ⅲ类标准，可安全地渗入地下水层补给地下水。该湿地及人工湖成为环境优美的景观地带，从原来的垃圾堆放场变成优美的生态景观区。

（4）江西省鹰潭市城市污水处理高效组合塘系统

鹰潭市污水处理厂，因为用地、基建投资和运行费用有限等因素，决定采用高负荷和高效组合生态塘系统。其设计污水处理能力为 5 万米³/天，占地面积 70 亩（1 亩≈666.7m²，下同），建有粗格栅-污水提升泵房、细格栅-曝气沉砂池、高效复合厌氧-兼性塘、复合曝气塘、沉淀塘和复合净化塘；还建有污泥脱水机房等。该污水处理生态组合塘系统总平面见图 1.43。

各个塘单元参数如下。

高效复合厌氧塘：　HRT =17h；有效容积 3.54 万米³。

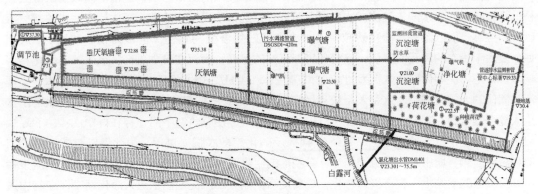

图 1.43　鹰潭市污水处理生态组合塘系统总平面

高效复合曝气塘：　HRT ＝43.2h；有效容积 9 万米^3。

沉淀塘：　HRT＝9.12h；有效容积 1.9 万米^3。

高效复合净化塘：　HRT＝15.4h；有效容积 3.2m^3。

高效组合塘全部单元中都布设了仿水草辫带式软性填料，利用其超细纤维形成的巨大比表面积能高效大量地吸附和捕集悬浮物并形成大量的生物膜，用不锈钢丝固定。辫带布设的排、行间距均为 5m。并在曝气塘中的非填料区安装潜水曝气机，为填料上的微生物和悬浮的微生物活动提供所需的氧气。厌氧塘布设潜水搅拌机，保证污泥呈悬浮态并与污水混合均匀。该工艺的主要结构单元如图 1.44～图 1.47 所示。

图 1.44　曝气沉沙-浮渣池

图 1.45　复合曝气塘中的填料与曝气机

图 1.46　沉淀塘及其中的污泥回流泵

图 1.47　运行中的复合曝气塘

处理流程：沿该市污水总干管（合流制下水道）流入的城市污水，经粗格栅截留去除大颗粒的污染物进入集水池；其中污水由潜污泵提升，经细格栅以去除细小固体污物后进入曝气沉砂池；经曝气沉砂除去浮渣和砂粒；出水流入高效复合塘的兼性（前段为预缺氧段）-厌氧塘，其底部设有的污泥发酵坑，接受和集聚沉淀的污泥，污泥在其中进行厌氧水解、酸化和甲烷发酵，使污泥固体转化成挥发性脂肪酸等液体和 CH_4、CO_2、H_2、N_2、H_2S 等气体，实现污泥固体的大幅度减量。这是该系统连续运行 3 年而未曾排泥的主要原因。兼性-厌氧塘出水进入复合曝气塘，同时由于各排曝气机较长距离布设，使曝气塘中沿途存在好氧-缺氧-好氧-缺氧……多个处理段，致使发生好氧硝化-缺氧反硝化等多次脱氮过程。由此得以有效地去除氨氮和总氮。曝气塘出水进入沉淀塘后，其脱落的生物膜在其中沉淀；沉淀污泥用污泥回流泵输送回厌氧塘的前端中，进行消解转化，最后使污泥消失。沉淀塘出水进入净化塘中，在其中进行深度净化好氧除磷，使出水水质达到 GB 18918—2002 的一级 A 标准。该污水处理厂进水和出水 COD、BOD_5、NH_3-N、TP 的逐月变化变线如图 1.48、图 1.49 所示。

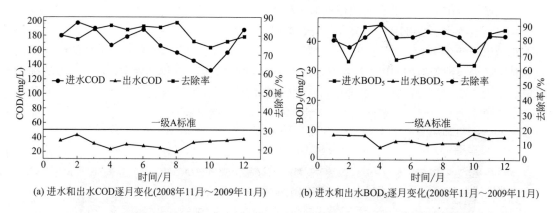

(a) 进水和出水COD逐月变化(2008年11月~2009年11月)　　(b) 进水和出水BOD_5逐月变化(2008年11月~2009年11月)

图 1.48　鹰潭市污水处理厂进水和出水 COD（左）和 BOD_5（右）逐月变化曲线

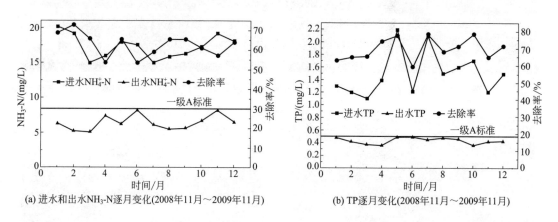

(a) 进水和出水NH_3-N逐月变化(2008年11月~2009年11月)　　(b) TP逐月变化(2008年11月~2009年11月)

图 1.49　鹰潭市污水处理厂进水和出水 NH_3-N（左）和 TP（右）逐月变化曲线

该城市污水处理组合生态塘系统，是最先进的组合生态塘系统，其总水力停留时间（THRT）仅为 3.5d，比大庆石化废水处理塘-湿地系统 THRT=300 余天，和山东省东营市城市污水处理塘-人工湿地系统 THRT=18.4d 处理效率都高。其主要原因是设计先进合理，采取了多项强化措施，如建造完善的预处理设施（粗、细格栅和曝气沉砂池），用以去除污水中的无机杂粒，杜绝其在后续处理单元中的沉积和淤塞；装填高效填料增加生物量、生物多样性和生物活性；沉淀塘污泥回流进行生物除磷；曝气塘中曝气机较长间距布设形成多段好氧-缺氧区段，提高硝化-反硝化去除氨氮和总氮效率；净化塘中放养适量鱼类捕食多余的生物絮体、藻类和水草，以保证高质量的出水。

鹰潭市 $5 \times 10^4 \mathrm{m}^3/\mathrm{d}$ 污水处理厂（旱季污水），采用高负荷和高效复合生态塘系统，由于采取了多项强化措施，尤其是装填辫带式软性填料，使塘中生物量成百倍地增长，致使能在很短的水力停留时间内（HRT=3.5d）将污水处理到出水稳定地达到一级 A 排放标准。而且在雨季能将合流制下水道总干渠排入的雨污混合水（最高流量达 $1.0 \times 10^5 \mathrm{t}/\mathrm{d}$）进行处理，并达到较好的效果。此外，在厌氧-兼性塘中安装搅拌机使污泥发酵坑中的厌氧活性污泥与进入污水进行均匀混合与反应；在复合兼性塘和复合曝气塘中安装曝气机以增加塘中的溶解氧数量，促进好氧生物降解与同化；在沉淀塘安装污泥回流泵，使其中沉淀的污泥被抽送回流至厌氧塘底部污泥发酵坑中，进行强化生物除磷以及在净化塘中放养适量的滤食性和杂食性鱼类如鲢鱼、鲫鱼和红鲤等，对过量藻类、浮萍、水草和后生动物（水蚤、轮虫等）予以捕食，维持水生态系统平衡与稳定，大幅度提高了该污水生态处理系统的水力负荷和有机负荷，也显著缩短了总水力停留时间，这比任何国内外已运行的塘系统 HRT 都短得多，美国在加州 NAPA 地区的 Saint Helina 市的先进组合塘系统（AIPS）的总 HRT 约为 15d。其他污水处理塘系统大都是 20～30d。德国污水处理厂中二级处理后的净化塘，其总水力停留时间也为 10～15d。

现在国内外的污水处理塘系统（不包括常规二级处理＋净化塘系统），即使总 HRT 为 20～30d，很少有最后出水达到一级 A 排放标准的实例。但是，鹰潭市污水处理厂采用的高效复合生态塘系统，连续 3 年运行，最后出水稳定地达到一级 A 排放标准（GB 18918—2002），而且连续运行 3 年未曾排放污泥，实现了多年污泥零排放。

该污水处理复合生态塘系统比常规活性污泥工艺系统具有如下优点：a. 基建投资省，仅为后者的 70%～80%；b. 节约电耗，每处理 $1 \mathrm{m}^3$ 污水电耗仅为 0.05kW·h，而后者则需要 0.15～0.20kW·h；c. 运行费低廉，仅为 0.1 元/m^3 处理污水；d. 低碳处理工艺，能够同时去除 COD、BOD_5 和 CO_2，而后者是高碳工艺，在去除 COD、BOD_5 等的同时，产生大量的 CO_2；e. 污泥产量很少，能够连续运行多年不排放污泥，而后者剩余污泥量很大，其处理与处置需要付出大量的基建投资和运行费；f. 运行简易且稳定可靠，$5 \times 10^4 \mathrm{m}^3/\mathrm{d}$ 的污水复合生态塘系统，只需要十余人管理运行即可，而相同规模的活性污泥工艺系统，则需要 40～50 人管理运行人员。

1.7　膜生物反应器（MBR）污水处理厂

近年来膜生物反应池（membrane biological reactor，MBR）在我国发展迅速，世界上最大规模的 MBR 污水处理厂在中国北京，处理能力高达 40 万米^3/天。这是因为我国许多城市严重缺水，污水再生和利用作为一个重要的水资源势在必需。北京市污水再生水量每年已达到 10 亿吨/年，成为该市的第二大水资源。其中 MBR 再生水厂产水总量占有较大的比例。我国一些城市正在建造越来越多的 MBR 再生水厂。其中有些再生水厂是在二级污水处理厂之后建造

MBR 再生水厂，使污水处理与再生的流程太长，系统太复杂，使 MBR 处理单元没有充分发挥作用。二级处理出水，正常运行能够稳定地达到一级 A 排放标准，其后续处理采用双层滤料滤池或活性炭滤池就能使出水达到地表水环境质量Ⅳ类标准。有空地的污水处理厂，应用人工湿地或多塘串联净化塘系统也能使出水达到地表水环境质量Ⅳ类标准。不必过分偏爱昂贵的 MBR 工艺。

1.7.1 MBR 将污水处理与再生流程缩短

MBR 的最大优势，是能够同时取代污水厂的初次沉淀池、曝气生物处理池、二次沉淀池、过滤池和污泥浓缩 5 个处理单元，因此能够大幅度缩短其污水处理与再生流程（见图 1.50）。采用短流程 MBR 再生水厂，占地面积很小，10 万吨/日的 MBR 再生水厂占地面积约为 $2hm^2$（$2\times10^4 m^2$）；如果 A^2/O-MBR 生物处理池中装填生物膜载体填料，增加生物量并缩短 HRT 至 4～6h 以及将池加深至 6～8m，只需要占地 $1hm^2$。一线城市和部分二线城市土地寸土寸金，日处理 $10\times10^4 t$ 的活性污泥法污水处理再生厂，至少占地三四公顷，难以与 MBR 再生水厂竞争。

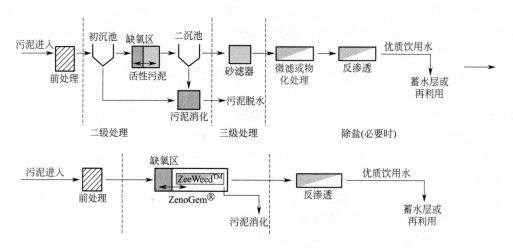

图 1.50 MBR 污水处理与再生流程对比与活性污泥法流程的缩短

新建的 MBR 污水再生水厂可以采用很短的再生流程：

原生污水 → 粗细格栅 → 曝气沉砂池 → A^2/O-MBR → UV 消毒 → 再生水补给附近水体

一些原来是活性污泥法的污水处理厂，升级改造采用 MBR 工艺时，可以将原来的初沉池、二沉池、过滤池等全部拆除，将生物曝气厂改建成 A^2/O-MBR 复合生物处理池。这样可大幅度减少占地面积，或者能够成倍地扩大处理能力。

国内 MBR 污水再生厂的设计科学合理的案例是广州市京溪地下再生水厂、昆明市第九和第十地下再生水厂。

膜生物反应器（MBR）工艺污水处理厂，以其处理流程短、占地面积小、处理效率高、其出水达到再生水质可做多种应用而越来越受重视。北美一些污水再生水厂采用以 MBR 和反渗透（RO）为主体的系统，其处理再生流程为：

原生污水 → 预处理 → MBR 池 → 反渗透（RO）池 → 回注地下水层作为饮用水源补给水

1.7.2　我国 MBR 再生水厂范例

MBR 在我国的应用从 20 世纪 90 年代初的每天 20m³ 至几百立方米处理规模用于大型建筑物或小区的中水（再生水）设备，到本世纪初期北京为迎接奥运会急需改善城市水环境，作为污水重要的再生技术之一的 MBR 获得迅速发展。随着北京清河和北小河再生水厂的建成和投产运行获得显著的环境效益和社会效益，起到示范作用。现在一些城市正在设计和建造 MBR 污水再生厂。在十余座已经运行的城市污水再生厂中，广州市京溪地下再生水厂（$10 \times 10^4 \text{m}^3/\text{d}$）设计合理，其地上建造了一座园林式公园，其中的景观湖由 MBR 再生水补给（见图 1.51）。该 MBR 工艺净水厂内外景观及处理流程如图 1.51 所示。

(a) 地上园林　　　　　　　　　　　　　　(b) 出水排放渠

(c) 地下 A²/O-MBR 池

图 1.51　广州市京溪地下 MBR 工艺净水厂（10 万米³/天，占地 1.8hm²）

该净水厂的 MBR 污水再生流程为：

原生污水 → 粗格栅 → 转筒式细格 → 曝气沉砂池 → 改进 A² /O 生物处理池 →

MBR 池 → UV 辐射消毒 → 出水排入附近河涌作生态景观用水

在改进 A² /O 生物处理池和膜池的 HRT 分别为 5.8h 和 1.6h，MLSS 5～7g/L 和 6～8g/L，污泥负荷：0.07～0.1kg BOD_5/kg MLSS 和污泥龄（SRT）15～20d 的运行条件下，出水水质优良，平均值：COD 9.7mg/L，BOD_5 1.7mg/L，SS 0.5mg/L，TN 11.9mg/L，TP 0.2mg/L，细菌总数<1000cfu/mL，粪便大肠菌总数<1000cfu/L。出水水质优于一级 A 排放标准，达到地表水环境质量Ⅳ～Ⅲ标准，可作为城市水体生态景观用水。

这座 MBR 污水再生厂（净水厂），无论从设计、建造和运行各方面评价，都是国际先进的大规模 MBR 再生水厂之一。其最大优点是处理系统和流程简短，污水经完善的预处理之后，直接进行 A^2/O-MBR 处理，再经 UV 辐照消毒，其出水达到地表水环境质量Ⅳ类标准，可用作城市水体的生态景观水源。

但是，仍有需要继续改进和完善之处，列举如下。

① 现在的 A^2/O-MBR 生物处理池的 HRT 仍然偏大，为了节省占地面积可以加深池深至 7~8m，但同时会增加施工难度和基建投资。如果在 A^2/O 生物处理池中装填比表面积大的软性生物膜载体填料，可大幅度增加生物量，MLSS 可高达 15~20g/L，HRT 可缩短至 4h。

② 污泥脱水最好使用板框压滤机，德国鲁尔河管理协会的集中式污泥处理中心，全部采用装卸自动板框压滤机，脱水污泥滤饼的固含率和含水率各为 50%；广州大坦沙污水处理厂污泥脱水也采用了板框压滤机，其脱水污泥滤饼的固含率达到 45%~50%。其体积仅为含水率 78%~80%污泥的 1/3 左右。无论是用作农田、林场或绿化带有机肥料，或是垃圾填埋，其运输和处置都更方便、经济和有效。

1.7.3　MBR 污水再生厂的应用局限性

对于沿污染河流、湖泊和海岸建造的合流制截流管渠，雨季时排入污水处理或再生水厂，MBR 并不是理想的选择，因为超滤膜渗透水流量受到限制，不能像曝气生物滤池、生物膜曝气池等可接受和处理 3~4 倍的旱季污水流量的雨污混合水，甚至增加 20%~30% 的流量也很困难。因此，MBR 再生水厂只适用于分流制污水的处理与再生。如果 MBR 工艺用于处理和再生合流制污水（旱季）和几倍旱季流量的雨污混合水，必须在 MBR 再生水厂内增加处理雨季混合污水的系统，可以考虑建造 BAF、固定生物膜处理系统、超磁分离系统等。

1.8　水体富营养化的控制技术

1.8.1　水体富营养化

（1）水体富营养化的概念

水体富营养化（Eutrophication）是指在人类活动中，氮、磷等营养物质大量进入湖泊、河口、海湾等缓流水体，引起藻类及其他浮游生物过量繁殖，致使水体溶解氧下降，水质恶化，鱼类及其他生物大量死亡的现象。这种现象在淡水水体中出现称为水华，在海洋水体中出现称为赤潮。淡水水华包括湖泊、水库、河流等淡水水体的蓝藻暴发，以及硅藻、金藻和黄群藻等的水华；后者跟前者不同，一般在初春、晚秋或初冬时低温、低光照和低营养盐浓度的条件下便可发生。我国经济的高速发展，是以在工农业的生产中高能耗、高资源消耗为代价的。在生产过程中没有被利用的能源和资源以污水、废气和固体废物的形式排入环境，造成对水、大气和土壤环境的污染。大气中污染物的沉降和降水、流经农田和城镇地面的地表径流，都会将其携带的污染物送入水体，使水体成为各种形态的污染物的最后汇集之处。

（2）水体富营养化的危害

水体富营养化会导致水体 DO 降低，至缺氧、厌氧，导致水体腐败发臭；藻类分泌毒素，危害水生物和水生态系统；水质恶化，不能用作饮用水源，提高制水成本。

（3）水体富营养化的评价指标

多数学者认为氮、磷等营养物质浓度升高，是藻类大量繁殖的原因，其中又以磷为关键因素。影响藻类生长的物理、化学和生物因素（如阳光、营养盐类、季节变化、水温、pH值）以及生物本身的相互关系是极为复杂的。因此，很难预测藻类生长的趋势，也难以定出表示富营养化的指标。目前一般采用的指标是：水体中氮含量超过$(0.2\sim0.3)\times10^{-6}$，生化需氧量大于$10\times10^{-6}$，磷含量大于$(0.01\sim0.02)\times10^{-6}$，pH值为$7\sim9$的淡水中细菌总数每毫升超过10万个，表征藻类数量的叶绿素a（Chl-a）含量大于$10\mu g/L$。水体富营养化的评价标准和营养类型划分标准见表1.12，表1.13。氮元素是海洋赤潮的限制性营养元素，氮和磷浓度是河口水域的限制性营养元素，而淡水水体（如湖泊、水库和河流）的限制性营养元素则为磷元素。以北京奥林匹克湖为例（表1.14），TP $0.01\sim0.03mg/L$，TN $19.4\sim21.9mg/L$，NH_4^+-N $8.8mg/L$，总氮和氨氮浓度已达到劣五类，但水质仍保持清澈，未发生富营养化。

⊡ 表1.12 富营养化的评价标准

指标	TP /(mg/L)	TN /(mg/L)	Chl-a /(mg/L)	SD[①] /m	藻量 /(10^4 个/L)	初级生产力 /[mg/(m³·h)]
极贫营养	0.001	<0.02	—	>37.00	<4	—
贫营养	0.004	0.06	<0.004	12.00	15	<0.3
中营养	0.023	0.31	0.004~0.010	2.40	50	—
富营养	0.110	1.20	0.010~0.150	0.55	100	>1.0
极富营养	>0.660	>4.60	>0.150	<0.17	>1000	—

① 指水体透明度。

⊡ 表1.13 水域营养类型的划分标准

指标	极贫营养	贫营养	贫-中营养	中营养	中-富营养	富营养	极富营养
TP/(mg/L)	<0.001	<0.005	<0.010	<0.030	<0.050	<0.100	≥0.100
PO_4^{3-}-P/(mg/L)	<0.001	<0.005	<0.010	<0.030	<0.050	<0.100	≥0.100
NH_4^+-N/(mg/L)	<0.05	<0.10	<0.30	<0.50	<0.70	<1.00	≥1.00
TN/(mg/L)	<0.10	<0.25	<0.50	<0.60	<1.00	<1.50	≥1.50
Chl-a/(μg/L)	<0.5	<1.0	<5.0	<25.0	<50.0	<500	≥500.0
COD/(mg/L)	<0.15	<0.40	<1.00	<2.00	<4.00	<10.00	≥10.00
SD/m	>10.00	>5.00	>3.00	>1.50	>1.00	>0.40	≥0.40

⊡ 表1.14 北京奥林匹克湖水质3次检测一览表

采样时间	温度 /℃	透明度(SD) /m	F⁻ /(mg/L)	As /(mg/L)	COD /(mg/L)	SS /(mg/L)	NH_4^+-N /(mg/L)	电导率 /(μS/cm)	LAS[①] /(mg/L)
2007-5-16	22.2	1.4	0.51	0.00068	20.1		8.86	1017	0.14
2007-5-22	19.8	0.50					8.88	1005	
2007-6-5	25.3	0.4	0.8	0.0008	26.6	32		993	0.76

采样时间	BOD /(mg/L)	DO /(mg/L)	H_2S /(mg/L)	Chl-a /(mg/L)	TN /(mg/L)	TP /(mg/L)	pH值	总高锰酸盐指数 /(mg/L)	大肠菌群 /(cfu/mL)
2007-5-16		5.3	<0.005	0.00136	21.3	0.031	8.3	5.6	150
2007-5-22		8.16		0.00136	19.4	0.021	8.7	5.4	
2007-6-5	3.3	6.9	0.031	0.00819	19.9	0.01 控制水华	8.5	4.8	

① 为阴离子表面活性剂。

1.8.2 藻类暴发与危害及其应急措施

蓝藻是藻类生物，又叫蓝绿藻；蓝藻是最早的光合放氧生物，对地球表面从无氧的大气环境变为有氧环境起了巨大的作用。有不少蓝藻（如鱼腥藻）可以直接固定大气中的氮（因含有固氮酶），以提高土壤肥力，使作物增产。还有的蓝藻为人们的食品，如著名的发菜和普通念珠藻（地木耳）、螺旋藻等。

蓝藻暴发的成因是富营养化，其营养来源主要包括以下途径。

① 农田地表径流造成的化肥流失。化肥是很多富营养化水域的主要营养物来源，例如，密西西比河流域，67％的氮流入水体，随之流入墨西哥湾；我国太湖（见图1.52）和山东省南四湖流域中超过50％的氮和磷也来自农田径流的化肥流失。

② 生活污水。包括人类的生活污水和含磷洗涤剂和清洁剂等。

③ 畜禽养殖。畜禽的粪便含有大量营养物如氮和磷，都能导致富营养化。

④ 工业污染。包括化肥厂废水排放。

⑤ 燃烧矿物燃料。在波罗的海中约30％的氮，在密西西比河中约13％的氮来源于此。

(a) 太湖蓝藻暴发   (b) 滇池蓝藻暴发

图1.52 太湖蓝藻暴发和滇池蓝藻暴发

在一些富营养化的水体中，有些蓝藻常于夏季大量繁殖，并在水面形成一层蓝绿色而有腥臭味的浮沫，称为"水华"。大规模的蓝藻暴发，被称为"绿潮"，跟海洋发生的赤潮对应。绿潮引起水质恶化，严重时耗尽水中氧气而造成鱼类的死亡。更为严重的是，蓝藻中有些种类（如微囊藻）还会产生毒素（简称MC），大约50％的绿潮中含有大量MC。MC除了直接对鱼类、人畜产生毒害之外，也是肝癌的重要诱因。MC耐热，不易被沸水分解。因此，必须对蓝藻污染的饮用水源进行防护，防止蓝藻入侵饮用水源保护区。一旦饮用水源被蓝藻污染，必须对污染水进行特殊的净化，如投加粉末活性炭进行混悬吸附，或者建造粒状活性炭滤池，对蓝藻分泌物（包括恶臭物质和有毒害物质）予以过滤吸附去除。此外，鲢鱼（白鲢和花鲢）是蓝藻等藻类的天敌，可以通过投放此类鱼苗来治理藻类，防止藻类暴发。

1.8.3 赤潮的暴发与危害

1.8.3.1 赤潮暴发的原因

（1）海水富营养化是赤潮发生的物质基础和首要条件

由于城市工业废水、生活污水和农田降水径流大量排入海中，使营养物质在海水中浓度增加，造成海域富营养化。此时，水域中氮、磷等营养盐类；铁、锰等微量元素以及有机化合物的含量大大增加，促进赤潮生物的大量繁殖。赤潮检测的结果表明，赤潮发生海域的水体均已遭到严重污染，即富营养化，氮、磷等营养盐浓度大幅度超标。据研究表明，工业废水中含有某些金属（如铁、锰）可以刺激赤潮生物的增殖。其次，一些有机物质也会促使赤潮生物急剧增殖。

（2）水文气象和海水理化因子的变化

海水的温度是赤潮发生的重要环境因素，20～30℃是赤潮发生的适宜温度范围。研究发现，一周内水温突然升高2℃以上是赤潮发生的先兆。海水的化学因素，如盐度变化也是促使生物因素——赤潮生物大量繁殖的原因之一。盐度在26～37的范围内均有发生赤潮的可能；海水盐度在15～21.6时，容易形成温跃层和盐跃层。温跃层、盐跃层的存在为赤潮生物的聚集提供了条件，易诱发赤潮。由于径流、涌升流、水团或海流的交汇作用，使海底层营养盐上升到水上层，造成沿海水域高度富营养化。营养盐类含量急剧上升，引起硅藻的大量繁殖。这些硅藻繁殖过盛，特别是骨条硅藻的密集常常引起赤潮。这些硅藻类又为夜光藻提供了丰富的饵料，促使夜光藻急剧增殖，从而又形成粉红色的夜光藻赤潮。在赤潮发生时，水域多为干旱少雨，天气闷热，水温偏高，风力较弱，或者潮流缓慢等环境。

（3）海水养殖

随着全国沿海养殖业的发展，尤其是对虾养殖业的蓬勃发展，也产生了严重的自身污染问题。在对虾养殖中，人工投喂大量配制饲料和鲜活饵料。由于养殖技术陈旧和不完善，往往造成投饵量偏大，池内残存饵料增多，严重污染了养殖水体。另一方面，由于虾池每天需要排换水，所以每天都有大量污水排入海中，这些带有大量残饵、粪便的水中含有氨氮、尿素、尿酸及其他形式的含氮化合物，加快了海水的富营养化，这样为赤潮生物提供了适宜的生物存活环境，使其增殖加快，特别是在高温、闷热、无风的条件下最易发生赤潮。由此可见，海水养殖业的自身污染也使赤潮发生的频率增加。

1.8.3.2 赤潮的危害

赤潮破坏海洋资源的主要表现如下。

① 破坏渔场的饵料基础，造成渔业减产。

② 赤潮生物的过量繁殖与分泌，可引起鱼、虾、贝等经济生物的腮瓣堵塞，最后被窒息而死。

③ 赤潮后期，赤潮生物大量死亡，在细菌分解过程中，可造成环境严重缺氧或者产生硫化氢等有害物质，使海洋生物缺氧或中毒死亡。

④ 有些赤潮生物的体内或代谢产物中含有生物毒素，能直接毒死鱼、虾、贝类等生物。

⑤ 有些赤潮生物分泌赤潮毒素，当鱼、贝类处于有毒赤潮区域内，摄食这些有毒生物，虽不能被毒死，但生物毒素可在体内积累，其含量大大超过食用时人体可接受的水平。这些鱼、虾、贝类如果不慎被人食用，就引起人体中毒，严重时可导致死亡。由赤潮引发的赤潮毒素统称贝毒，目前确定有10余种贝毒其毒素比眼镜蛇毒素高80倍，初期中毒症状：唇舌麻木，发展到四肢麻木，并伴有头晕、恶心、胸闷、站立不稳、腹痛、呕吐等；严重者出现昏迷，呼吸困难。赤潮毒素引起人体中毒事件在世界沿海地区时有发生。据统计，全世界因赤潮毒素的贝类中毒事件约300多起，死亡300多人。

1.8.4 浒苔的暴发与危害

浒苔，是绿藻门石莼科的一属。藻体直立，管状中空或者至少在藻体的柄部和藻体边缘部分呈中空，管状部分由单层细胞组成。全球浒苔约有 40 种，中国约有 11 种。多数种类为海产，广泛分布在全世界各海洋中，有的种类在半咸水或江河中也可见到。常生长在潮间带岩石上或石沼中，或泥沙滩的石砾上，有时也可附生在大型海藻的藻体上。中国常见种类有缘管浒苔、浒苔、扁浒苔、条浒苔。

2008 年奥运会前夕，青岛海域突发大规模浒苔侵袭（见图 1.53）。这种海藻具有暴发性生长的特点，生长周期大约 10～15d。当时整个胶州湾大片海域均发现了浒苔的踪迹。青岛几大浴场亦受到了严重影响。青岛奥帆赛比赛场地海域也受到较为严重的影响，干扰了当时驻扎在那里的众多国内外运动员的奥帆赛前的训练和备战。

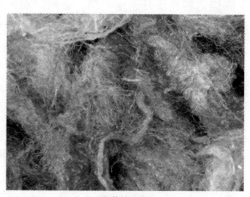

(a) 浒苔暴发   (b) 浒苔放大图

图 1.53 青岛胶州湾近海浒苔大面积暴发与其放大图

青岛海域浒苔大规模爆发的主要原因：　a. 由于点源（生活污水和工业废水）和非点源（包括农田地表径流和大气污染物沉降）进入胶州湾及附近海域的碳、氮、磷等营养物不断增加而形成的富营养化现象；　b. 由于大气中温室效应产物 CO_2 含量的增加，使得海水在与空气交换时增加了碳的含量；　c. 由于夏季青岛降雨量较多，使海水中盐度降低，以及水温比较适宜，低于 25℃，从而导致浒苔在青岛海域疯长。再者，由于夏季东南（或西南）季风的影响，使得浒苔随海水快速漂移到青岛附近海域。2008 年，根据相关部门对奥运赛场海域的检测发现，水质没有受到影响，相反还有了少许改善，七八月份，随着青岛市气温的升高，适应 25℃以下生活环境的浒苔一般会大面积衰败。浒苔本身营养丰富，是高蛋白、高膳食纤维、低脂肪、低能量，且富含矿物质和维生素的天然理想营养食品的原料，经过加工后可以制成味美的高营养食品，也可以制成高档家畜家禽饲料。

蓝藻除了可作鲢鱼的饵料外，因含有丰富的氮、磷等营养物可作为有机肥取代化肥施用于农田，以发展生态农业，由此可以实现变害为利，将从污染水体中打捞出的蓝藻和浒苔变成可资利用的资源。

1.8.5 藻类暴发后采取的处理办法与应急措施

我国在蓝藻暴发和浒苔暴发时大都采用打捞的办法如图 1.54 和图 1.55 所示。这是一种不得已而为之的被动办法。还应采取"防患于未然"和"亡羊补牢"的主动办法。首先，要采取切实有效的法律和行政管理措施以及工程技术措施来控制和治理进入湖泊、水库、河流和近海海域的点污染源和面污染源，减少其排入水体的污染负荷，尤其是营养物负荷。也要下决心解决在水体中的活动所造成的污染问题，例如一些湖泊的大规模的水产养殖（养鱼、养蟹等）是造成本身富营养化和水华的主要原因之一。太湖的蓝藻暴发，与其沿湖的大量水产养殖有直接的关系。云南省大理市洱海，前几年也曾发生较严重的污染和水华现象。但是，自从该市坚决取缔沿湖的网箱养殖以后，以及同时采取有效措施治理点和非点污染源后，洱海水质有了明显的改善，大部分水域符合地表水环境质量Ⅱ类标准（GB 3838—2002）。

图 1.54 太湖蓝藻打捞情景　　　　**图 1.55** 青岛胶州湾浒苔打捞情景

污染的淡水水体也可采用往其中投加锁磷剂的方法来防止其富营养化和水华。例如，澳大利亚研发和实际应用了一种"锁磷剂"（Phoslock）的商品，能够有效地抑制蓝藻的暴发。它是一种改性的膨润土，能够从富营养化水体中吸附、固定和去除可滤过的活性磷（filterable reactive phosphorus，FRP），主要为正磷酸盐，从而使藻类失去了赖以生存的营养物。这种产品是以颗粒的形式运送到现场，并以水浆的形式喷洒于富营养化水体中，并与其均匀混合，这样"锁磷剂"吸附水体中含有的溶解性正磷酸盐，并在水体底部形成稳定的沉积层。然后，这一产品在沉积层上形成一层薄的覆盖层，它能够将溶解性磷予以固定，断绝了藻类的营养源，破坏了藻类生长增殖的循环路程，抑制了藻类的生长，杜绝了其暴发和水华。锁磷剂即使在缺氧环境中和广泛的 pH 值、盐度和温度范围内都能牢固地固定磷而不溶出。Phoslock 是完全惰性的，几乎在绝大多数条件下能将水体中溶解性磷去除到检测极限以下。Phoslock 可有效地用于天然的和人工的水体（包括湖泊、水库、景观池塘、娱乐性水体等）的藻类水华控制；在用于污水处理厂的实例中，Phoslock 能使出水达到最严格的排放标准，并防止了受纳水体水华的发生（见图 1.56）。

在黏土矿中除膨润土具有吸附除磷的效能外，硅藻土也有吸附除磷的效能，例如，我国王庆中研发成功的硅藻精土（纯度达 90％以

图 1.56 Phoslock 正在应用于美国加州 NAPA 谷地葡萄酒厂的水库中

上），为提纯和改性的硅藻土，能高效地吸附和去除污染水中的磷。硅藻精土呈粉末状，既可以粉状直接投加入污染水体，也可以水浆的形式投加，同时用可移动的曝气搅拌机（如安装在船上的硅藻土投加设备和曝气搅拌设备），将其与水体水充分混合和反应，水体中的溶解性磷化物（如正磷酸盐）被其吸附和固定，沉于水体底床上，在好氧和缺氧的条件下都不会溶出；再次搅拌悬浮于水体时仍能继续吸附和固定溶解性磷，如此重复多次应用仍能持续有效地除磷。此外，硅藻精土还是硝化菌的良好载体，经过一段时间运行后，它还能高效地进行硝化而去除氨氮。在污水处理厂中，在淹没生物膜与活性污泥（SBF-AS）共存的复合生物处理系统中，在曝气好氧生物反应池的前端投加硅藻精土（干式投加或湿式投加），进入活性污泥和生物膜中，实现生物除磷与化学沉淀处理相结合，使最后出水 TP 浓度一直≤1mg/L，大都在 0.1～0.5mg/L 范围内。

其实黏土大都具有吸附除磷的能力，因此，富营养化水体，为了防止蓝藻暴发或其他藻类水华，可往其中投加黏土水浆，并予以混合搅拌。为此，最好采用安装在专用船上的黏土浆配制投加设备和曝气搅拌混合等设备，在富营养化水体中用多条专业船进行等间距和一线排列的投料和曝气搅拌混合作业，能有效地吸附去除水体中的溶解性磷酸盐。任何藻类的过度生长繁殖并发生水华，其前提条件是由足够的阳光入射使其进行光合作用；只要把水搅浑，阳光难以射入水体，任何藻类就难以进行正常的光合作用，也就难以生长繁殖，更难以暴发成水华。当然，这些吸附了磷的黏土沉积于水体底床后应定期疏浚挖出运送到适宜的地点作最后处置或利用。

1.8.6　水体富营养化的防控措施

国际上几十年的研究和工程实践证明，海洋赤潮的发生与淡水水体（尤其是湖泊、水库和缓流的河流等）的蓝藻暴发或其他藻类（硅藻、金藻、黄群藻等）的水华相比，其限制性营养物是不同的；海洋赤潮暴发的限制性营养物为氮，而淡水水体水华的限制性营养物则为磷；河口处（即海水与淡水交汇处）水华的限制性营养物则为氮和磷。北欧作为处理污水的受纳水体的湖泊，其污水处理设施，往往并不采用生物处理工艺，也不采用 A^2/O 或改良的 A^2/O 工艺，而是采用以化学混凝沉淀为主体其后附加过滤的强化一级处理工艺，以除磷为主要目的，而且最后出水 TP≤0.2mg/L；附带去除部分有机物（COD 和 BOD_5）和氮。

1.8.6.1　湖泊（水库）外部的治理工程设施

（1）渗滤沟

渗滤沟如图 1.57 所示。

凡是污水流量小和地表径流量波动不大的地方，都可应用渗滤沟去除污水或径流水中的磷（包括溶解的和不溶的磷化物）。在渗滤沟汇水面积较小而在暴雨时不致出现洪水排泄的情况下，这种方法尤为可行。这样的渗滤沟，既可用于流域面积小和汇水流量≤100L/s 的河沟，也可加以改进用于一些单独污染源的治理，如农场、牧场，只要具有所需的坡度和适宜的土壤可供渗滤吸附即可。

当水经渗滤沟渗滤时，磷被渗滤层中的土壤颗粒吸附去除；而且土壤中黏土矿含量越多，磷的去除率就越高。该法已经成功地用于比利时的 Kerspe 水库（饮用水源）的保护。该水库库容 1550 万立方米，有 8 条主要入湖支流，其流域面积森林占 60%，其余为农田和牧场。这8 条支流的流量经过前置水库预处理后即入渗滤沟。生物处理出水含磷 3～6mg/L，经渗滤处理后，出水含磷小于 0.07mg/L，这是砂质黏土介质达到的除磷效率（99.8%）；而石英砂除磷效率很低，且很快失效。

土壤中铁、铝、钙等离子与 PO_4^{3-} 发生化学反应，形成不溶性磷酸铁、磷酸铝和羟基磷灰石 $[Ca_5(OH)(PO_4)_3]$。

建造渗滤沟的适宜的土地条件为：渗滤系数值 $K_f = 10^{-5} \sim 10^{-6}$ m/s；滤层构造为无裂缝和裂隙；空隙率 20% ~ 30%；吸附容量 $\geqslant 1.5$mg PO_4^{3-}/g 土壤。可根据拟处理的污水流量、渗滤沟宽度和滤速来计算出（查出）所需渗滤沟的长度。例如，过滤水量 $Q = 2000$m³/d，滤速 $v = 2$m/d，沟宽 $b = 2$m，则渗滤沟长度 $L = 500$m（见图 1.58）。

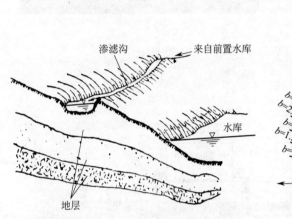

图 1.57 除磷渗滤沟示意

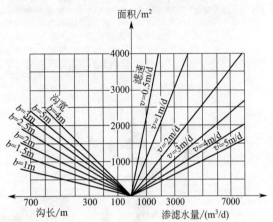

图 1.58 渗滤沟宽度、长度和处理水量相关的计算曲线

（2）前置水库

前置水库（或者为前置塘和人工湿地），作为生物反应器进行生物除磷。其工作原理是基于大的生物量（如藻类、浮萍、芦苇等）将磷从水中转移并固定于生物体中。这些生物体最后大都沉积于湖（库）底，如果有足够的氧存在，这些磷将被固定在底部而不溶出，这种除磷反应器（前置水库或塘-湿地）可以多个串联运行，其去除磷酸盐的效率可达 99%。在中欧地区的夏季，正磷酸盐去除率为 70% ~ 90%，而在冬季由于水温降低和光照强度减弱，其除磷率下降至 0 ~ 30%。

（3）化学除磷水处理厂

Wanbach（万巴赫）水库只有一条主要入库河流，即万巴赫河。该流域主要为农业区，有居民约 1 万人，大约有 50% 的磷起源于非点源污染，万巴赫河占入库总流量的 90%，其入库流量为 1m³/s。治理前万巴赫河流域雨水径流携带的磷汇入其中，流入万巴赫水库造成严重的污染，湖面漂浮着紫色的藻类水华层，彻底失去了作为引用水源的价值 [见图 1.59（a）]。

为此，万巴赫水库采取了综合治理措施：沿水库周围建造了一些渗滤沟，将一些分散的污染源的径流拦截入渗滤沟中进行除磷和其他污染物；在万巴赫河水流入水库之前，首先流入建造在水库之前的前置水库（见图 1.60），在其中对污染河水进行预处理，去除其中部分磷和有机污染物等，以减轻其后续处理设施的负荷。前置水库实质是兼性塘和好氧塘，也可以在其中种植芦苇、蒲草等水生植物，形成湿地与塘的复合处理系统。

在前置水库中，生物除磷效率与 HRT 有关系；HRT 必须足以长得使藻类等水生植物生

(a) 治理前   (b) 治理后

图 1.59 德国万巴赫（Wanbach）水库治理前后对比

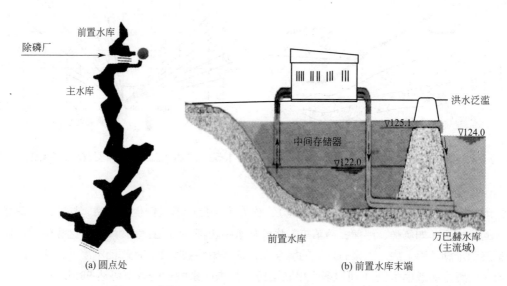

(a) 圆点处   (b) 前置水库末端

图 1.60 万巴赫水库化学除磷厂位置

长成熟。在 Wanbach 前置水库中正磷酸盐去除率与 HRT 的关系如图 1.61 所示。

万巴赫河水除磷处理厂最大设计流量为 $5m^3/s$，亦即为万巴赫（Wanbach）河长期平均流量的 5 倍，并能满足如下要求：应能以全设计处理能力连续运行数周之久；能在处理流量 $3000\sim18000m^3/h$ 之间迅速变化；在水温 0℃时除磷效率不降低；处理高浊度水（SS 浓度达 100mg/L）时不致缩短滤池的运行周期，即在最大滤速 16m/h 时不小于 10h；TP 浓度降至 0.01mg/L。浮游植物（夏季最高浓度为每毫升 400000 个细胞）要去除 99%以上；用 $4\sim9mg/L$ Fe^{3+} 和 $0.3\sim1.0mg/L$ 聚合电解质进行絮凝，其出水总 Fe 浓度不应超过 0.05mg/L；滤池的总表面积为 $1100m^2$，为多层滤料滤池，从上至下依次为：粒状活性炭层，$d=3\sim5mm$；无烟煤层，$d=1.5\sim2.5mm$；石英砂层，$d=0.7\sim1.2mm$，总高度 3.5m（见图 1.62）。

万巴赫化学除磷厂混凝-絮凝反应器（出水溢流）与凝絮沉淀渠如图 1.63 所示，万巴赫化学除磷厂三层滤料过滤池和滤出水进入水库如图 1.64 所示。

该处理厂的运行效果如下（平均值）：a. TP 去除率 96.3%，出水 TP 4.3μg/L 或 0.004mg/L；b. PO_4^{3-}-P 去除率 92%，出水 PO_4^{3-}-P 1μg/L 或 0.001mg/L；c. DOC 去除率 57.3%，出水 DOC 1.0mg/L；d. COD 去除率 77.0%，出水 COD 2.5mg/L；e. 浊度去除率 99.3%，出水 0.06 NTU；f. 叶绿素 a 去除率 94.9%，出水叶绿素 a 1.28μg/L；g. 菌落计数去除率 97.9%，出水菌落数 263cfu/mL；h. 大肠杆菌去除率 99.87%，出水大肠杆菌 8cfu/100mL。

由此可见，化学除磷厂不仅能高效低去除总磷（TP）和正磷酸盐（PO_4^{3-}）也能高效地去除浊

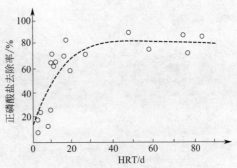

图 1.61 前置水库中正磷酸盐去除率与其水力停留时间（HRT）的关系曲线

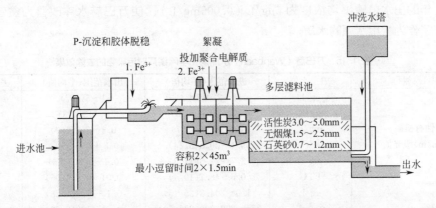

图 1.62 德国 Wanbach 河入库前的河水除磷处理厂示意

度、悬浮物、细菌总数、大肠杆菌数和叶绿素 a，以及有效地去除 COD 和 DOC 等指标计量的有机物。其最后出水的 TP、COD、大肠菌等指标符合我国地表水环境质量 Ⅰ 类标准，可见其入湖水质量之高（见表1.15）。自从该河水除磷厂建成和投入运行后，消减总磷负荷99%以上，

(a) 混凝-絮凝反应器

(b) 凝絮沉淀渠

图 1.63 万巴赫化学除磷厂混凝-絮凝反应器（出水溢流）与凝絮沉淀渠

(a) 滤料过滤池

(b) 滤出水进入水库

图 1.64　万巴赫化学除磷厂三层滤料过滤池和滤出水进入水库

运行前 3 年的出水总磷平均浓度为 $5\mu g/L$（$0.005mg/L$），使万巴赫水库改善为贫营养型水库，保障了作为饮用水源的水质。

⊡ 表 1.15　万巴赫（Wanbach）水库前化学除磷厂对污染物的去除效果

项　　目	单　　位	进水范围（平均值）	出水范围（平均值）	去除率/%
正磷酸盐-磷	$\mu g/L$	1～220(29.3)	1～5(1.7)	92
TP	$\mu g/L$	27～480(116.5)	1～13(4.3)	96.3
DOC(溶解性有机碳)	mg/L	0.9～7.3(2.37)	0.4～2.2(1.0)	57.8
UV(254nm/m)吸光值	—	3.4～20.8(8.14)	0.3～4.7(2.40)	70.5
COD	mg/L	3.7～22.3(11.3)	0.1～6.3(2.56)	77.0
浊度	FTU	0.6～48.7(10.4)	0.01～0.8(0.06)	99.8
叶绿素 a	$\mu g/L$	1.0～204.3(25.15)	0.1～17.3(1.28)	94.9
菌落计数(22℃)	个/mL	285～290.000(287.504)	0～17.100(2.63)	97.90
大肠杆菌	个/100mL	0～68000(5979)	0～171(8)	99.87

1.8.6.2　湖泊（水库）内部的治理措施

（1）湖底处理与处置

水体的营养物积累在底泥中，而水体内部的输送过程又会把营养物释放到水中，促使藻类生长繁殖甚至发展成水华。为了消除或减少湖（库）内底泥的磷源，可采取如下两种措施。

① 底泥覆盖　底部全部用不透水材料覆盖，有的用黑色聚乙烯薄膜（0.1mm 厚）。使用的覆盖材料最好能透气，能让底泥释放出的气体透过，否则覆盖材料会被积累的气体鼓起。覆盖物要设法固定，不致飘动，但不能用砂、石压住，这会在其中生长水草。

② 疏浚　该法能将营养物直接从水体中取出，比较彻底，但又带来了污泥处置的问题。必须将抽出的稀浆状污泥进行沉淀浓缩和脱水，并将上清水返回湖（库）中；如有可能，可将脱水污泥直接用于农田作为有机肥料或土壤改良剂。瑞典用这种方法治理 Trummen 湖取得了成功的经验。它们采用了一种特殊的底泥抽吸设备，将湖底 60cm 厚的底泥去除而湖水未被搅浑。这样治理后湖水的磷浓度减少了 90%，平均生物量从 $75\mu g/L$ 降至 $10\mu g/L$。

（2）生物控制（水体食物链控制）

德国东部采用了生物控制，成功地改善了一个人工湖（平均水深 7m）。这种控制措施的关键是减少浮游植物量。其办法是在湖中每年投加适量的肉食性鱼类如狗鱼和鲈鱼，去吞食那些捕食浮游动物的小鱼，几年后这种小鱼的数量显著减少，而浮游动物如水蚤、轮虫等增加了，从而使作为其食料的浮游植物量减少了。整个水体的透明度随之提高，细菌较少，氧的水深分布状况改善。但是也发现，浮游植物群落有所变化，使蓝藻生长抬头，因为它们不能被浮游动物捕食，为此可放养鲢鱼捕食蓝藻并控制其过度生长和繁殖。

（3）人工混合法消除湖（库）水体的分层现象

用曝气机进行曝气和搅拌混合，这会引起水体中藻类群落、藻类种群数量和生长繁殖速率的变化，同时曝气充氧也能补偿由生物新陈代谢活动引起的缺氧环境。通过机械搅拌混合，浮游植物会被输送到光照少的深水层，此时其呼吸速率会超过光合速率。此外，混合消除分层现象对于浮游动物尤其是大型水蚤有利。人工搅拌混合，使水体浑浊，也有助于抑制藻类的过度生长繁殖，例如抑制硅藻的生长。这种藻在3℃就开始繁殖，通过搅拌混合使水体变浑浊，抑制和延缓了其繁殖；其生长高峰在4～5月份，此时浮游动物也大量出现并将其吞食，从而控制了其生长。下层曝气充氧消除厌氧还原环境，防止底泥中磷的溶出和释放。

（4）投加化学药剂

可往湖泊或水库中投加化学药剂杀灭藻类。德国东部Klingenberg和Lehmuhle水库用石灰杀灭一种大量繁殖的游动藻（$Synurauvella$），投量为$7g/m^3$。数日后藻便被杀灭，水体pH值上升至9.2，但是7d后pH值便恢复到7～7.5，而且这种藻类再未出现。

1.8.6.3 德国柏林特格尔（Tegel）化学除磷厂

柏林19世纪和20世纪初其污水主要采用灌溉田和过滤田处理。市政部门所属的灌溉田，其上种植农作物（饲料作物），污水经预处理（格栅、沉砂池）和一级处理（沉淀池或沉淀塘）后均匀进入和分布于灌溉田中，为农田作物提供了水分和肥分，促进农作物生长。但是，这种灌溉田的主要目的是处理污水，以获得污水处理最高效率和最优质的渗滤水为目标，农作物收获是次要的。灌溉田渗滤水通常直接进入地下水层，补充地下水。由于灌溉田的自然土壤渗水速率低，灌溉水力负荷小，占地面积大等原因，导致开发使用渗水速率更大的过滤田。其特点是在过滤田的上层土壤改换成含沙量多的砂质黏土层，其渗水速率比灌溉田提高了数倍。底部铺设渗水收集管道和排水管道，将渗滤水排入附近地表水体中。

由于过滤田土壤层含沙量多而黏土量少，降低了过滤层对磷酸盐的吸附去除能力，从而较快地达到吸附容量的饱和，致使渗滤水的总磷和磷酸盐的浓度逐渐升高，20世纪80年代过滤田渗滤水TP浓度达到$2\sim3mg/L$，通过排水管道排入附近湖泊，发生富营养化现象，使湖水水质和生态环境恶化，既不能作饮用水源，也不能作游泳、划水、划船等休闲活动。为此在特格尔（Tegel）湖边渗滤水管道排出口处设计、建造和运行了渗滤水化学除磷厂，其处理流程如图1.65所示。

该厂最小处理能力$3m^3/s$；满负荷处理能力：$5m^3/s$；20%加大负荷处理能力$6m^3/s$。

特格尔（Tegel）化学除磷厂混凝-絮凝沉淀池如图1.66所示；化学药剂投加-再生装置如图1.67所示。

污水过滤田渗滤水进入该厂后，首先流经粗格栅和细格栅进行预处理以去除大块和小块固体污物；随后进入配水井，往其中投加助凝剂和混凝剂$FeCl_3$，进行微絮凝；然后在配水井的出水输送槽起点投加阴离子聚合电解质在其中进行大块絮凝反应，然后以切线流方式流入RO-TOZUR沉淀池的环状沟槽中，水流旋转流动促使混凝剂和絮凝剂均匀混合，随后以相反的方向流入澄清沉淀区，并且流速迅速降低，从而形成了无数涡旋流；在沉淀区水流从周边向中心水平流动，最后从中心流出，没有任何死水区。澄清出水以重力流均匀地分布流入18座多层滤

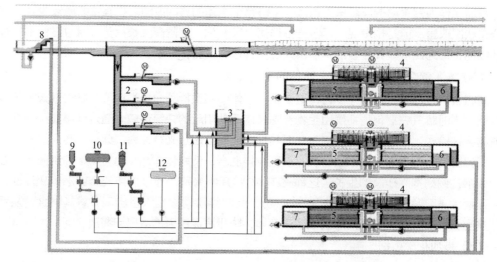

图 1.65 柏林特格尔（Tegel）化学除磷厂处理流程剖面图

1—粗格栅；2—细格栅；3—配水井；4—Rotorzur 混凝-絮凝沉淀池；5—钢筋混凝土压力过滤池（双层滤料）；
6—清水-反冲洗水池；7—污泥水池；8—多级跌水曝气；9—阴离子聚合电解质计量器；
10—阳离子聚合电解质计量器；11—助凝剂（AVR）计量器；12—FeCl$_3$ 计量器

图 1.66 柏林 Tegel 化学除磷厂混凝-絮凝沉淀池

图 1.67 化学药剂投加-再生装置

料压力滤池（钢筋混凝土结构，长×宽＝6m×3m）中，以去除剩余的悬浮物。多层滤池反冲洗很节省，而且不需要清除和更换滤料。反冲洗产生的污泥水进入储存塘，在其中进行污泥沉淀与浓缩，上层澄清水送回渗滤水进水渠一并进行处理。过滤水重力流入清水-反冲洗水池，在从此用泵输送到北渠，最后流入特格尔湖。

　　该厂处理工艺先进和完善，比万巴赫河水化学除磷厂更加合理，其出水水质也更好，TP浓度≤0.1mg/L，使湖水恢复清澈干净，许多人又重新在湖中游泳。

1.8.7　出水排湖的污水处理厂处理流程

　　北欧如瑞典和挪威境内有较多湖泊，一些污水处理厂出水最后排入湖泊。未处理污水排入湖泊，一旦超过污染负荷，就发生富营养化现象，出现水华，蓝绿藻大量爆发。水华暴发的主要起因是湖水总磷和磷酸盐含量过高。只要将湖水 TP 浓度控制在 0.01mg/L 以下就不会发生富营养化和水华现象。北京市奥林匹克湖水的试纸检测数据（参见表 1.14）证明，湖水 TP 浓度在 0.01～0.03mg/L，即使 TN 浓度 20mg/L 和氨氮浓度 8.3～8.88mg/L，湖水仍然保持清澈而未曾发生富营养化。

为什么只要控制磷的出水浓度就能有效地防止淡水水体的富营养化呢？藻类的化学分子式是 $C_{106}H_{263}O_{110}N_{16}P$，可见磷在藻类细胞结构中只占很小的质量比率，约为 0.1%；其他构成元素碳、氢、氧、氮所占比例都比磷大得多，而且在环境中含量丰富，水体中只要有较多的磷（如 $\geqslant 0.1$mg/L）就能形成大量的藻类而发生水华。但是只要严格控制污水处理厂出水的含磷浓度如 0.1mg/L，进入水体混合稀释后 TP$\leqslant$0.01mg/L，即使水体中 C、H、O、N 元素含量丰富，但因缺少 P 而难以进行光合作用以合成藻类新细胞，致使缺磷水体就不会发生富营养化现象。

因此，北欧一些出水排湖的污水处理厂，其采用的处理工艺不是活性污泥法，也不是生物膜法，而是强化一级处理（化学混凝沉淀）后加微絮凝接触过滤工艺。最主要目的就是最高效地除磷，而对 COD、BOD、TN、NH_3-N 等没有严格限制。其处理流程是：

原生污水 → 预处理 → 化学混凝沉淀 → 微絮凝接触过滤 → 出水
TP$\leqslant$1mg/L   TP$\leqslant$0.2mg/L

国际水环境科学界的共识是淡水水体，如河流、湖泊（淡水湖）和水库，其限制性营养元素是磷，不是氮；海洋中的限制性营养元素是氮，不是磷；河口（海水与淡水交汇处）的限制性营养元素则是氮和磷。因此，英国出水排海的一些污水处理厂，采用的处理工艺是硝化和反硝化的 A（缺氧段）/O（好氧段）工艺。为了适应其排海污水处理厂的需求，英国在国际上最早研发出生物脱氮的污水处理工艺。

污水处理厂污染物排放标准，不宜于不考虑出水排放水体的不同（淡水水体、海洋和河口）而制定和实施同一的排放标准，而宜于因地制宜根据接纳出水的水体不同，制定和实施不同的污水处理厂污染物排放标准，如接纳出水为淡水水体，宜于制定和实施严格控制总磷和磷酸盐的出水浓度，其他污染物的排放标准可适当放宽；如排海，则应严格制定污水处理厂的总氮和氨氮的排放标准，其他污染物可适当放宽。出水排入河口的污水处理厂，则应能够制定和实施同时控制氮和磷的污染物排放标准。

我国是严重缺乏淡水资源的国家，一些严重缺水的城市正在将现有的污水处理厂升级改造为再生水厂，例如北京现有的污水处理厂全部升级改造为再生水厂，新建的全部是污水再生水厂，2015 年可用的再生水总量已达到 11 亿米³/年。其他缺水城市也正在建造和运行越来越多的污水再生厂。为此继续制定和实施污水再生厂产水水质标准，作为城市水体的生态景观补给水、绿地浇洒用水、工业生产用水等，不同用途的再生水水质应当有所不同，应根据其具体用途分类制定和实施不同的再生水水质标准。

1.9 出水排海的墨尔本 Werribee Sewage Farm 污水土地-塘处理系统

该处理系统服务该市的中心区、西区和北区，接收和处理全市污水的 65%。墨尔本市西部排水总干管，将 47 万米³/天的污水（工业废水占 70%）送至该市中心西南 35km 的 Werribee 农场中，现在改称为 Werribee Complex，即 Werribee 污水综合处理厂，污水在其中进行土地和塘系统处理。该污水处理农场成立于 18 世纪 90 年代，并从 1897 年开始用污水灌溉农田。当时处理墨尔本市污水总流量的 55%（485000m³/d）。处理的污水用于灌溉 85km² 牧场，饲养 15000 头牛和 40000 只羊。它还用于 Werribee 市场花园地区灌溉植物，也用于灌溉运动场地、绿地、公园和花园。其余出水排入 Philips 海湾。污水在该农场进行土地和塘处理。土地处理采用土地过滤和牧草过滤两种方式。

1.9.1　土地过滤系统

由围堤筑成的矩形田块：长×宽=180m×10m。污水从配水系统中进入其中，从高端往低端流动，经土壤过滤得到净化。灌溉方式：每轮（周期）21d，其中灌水 2d，晒干 5d，放牧 14d。灌溉污水 50% 损失于蒸发、作物蒸腾和渗入地下。共使用 3973hm² 土地，每年处理污水 3500 万立方米（约 $9.6×10^4 \mathrm{m}^3/\mathrm{d}$）；处理效果比牧草过滤系统好。

土地过滤系统平面示意和进水配水渠、出水渠如图-1.68 所示。

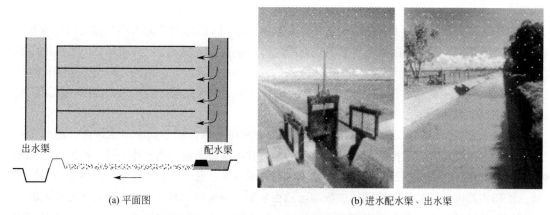

(a) 平面图　　　　　　　　　　　(b) 进水配水渠、出水渠

图 1.68　土地过滤系统平面示意图和进水配水渠、出水渠

1.9.2　牧草过滤系统

特草过滤系统如图 1.69 所示。在牧草过滤中，沉淀污水以低滤速连续流过种有意大利黑麦草的有一定坡度的田块。水流经田块的时间 36～48h。污水流经牧草时，SS 被过滤截留，有机物被附着生长在牧草茎叶上的生物膜去除。共占用土地 1516hm²，每年处理污水 4200 万立方米，约 $11.5×10^4 \mathrm{m}^3/\mathrm{d}$；牧草过滤结束后，土地变干，种子落地，便可放牛、羊进去吃草（见图 1.70）。

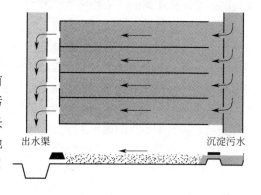

图 1.69　牧草过滤系统示意图

1.9.3　厌氧塘-曝气净化塘的多级串联塘系统

用于处理日高峰流量和雨季流量。污水以重力流流入，每个处理系列由 8～12 个单塘组成串联塘系统。每组塘系统中的第一个塘深 2m，为厌氧塘，其余的深 1m，为曝气塘和净化塘。

塘系统占地面积 1504hm²，每年处理 9002 万立方米污水，平均处理量为 $23.3 \times 10^4 \, \mathrm{m}^3/\mathrm{d}$（冬季），$27.3 \times 10^4 \, \mathrm{m}^3/\mathrm{d}$（夏季）。塘系统照片及平面布置示意如图 1.71 所示，Werribee Complex 的曝气塘如图 1.72 所示。

(a)　　　　　　　　　　(b)

图 1.70　牧草过滤场及其上放牧的牛群

(a) 平面布置　　　　　　　　(b) 系统照片

图 1.71　塘系统照片及平面布置示意

1.9.4　Werribee 农场土地处理系统效益

（1）经济效益

　　原来无污水灌溉牧场时，每英亩（约合 6 亩地）牧场仅能饲养 1 头牛，污水灌溉后，牧草生长繁茂，每英亩可饲养 6 头牛，每年生产和销售菜牛 6500 头，每年收羊毛 300 包，销售羊 3 万头。牛羊的主要作用是起割草机的作用；也实现了的经济效益，真正实现了污水处理资源化和生态化。

图 1.72　Werribee Complex 的曝气塘

（2）环境效益

处理后的污水进入 Philips 海湾（见图 1.73），创建了很好的生态环境，鸟类多达 200 余种；在塘系统的最后净化塘中，由于水环境清洁优美和饵料丰富，引来成群的白天鹅和黑天鹅光顾（见图 1.74）。该污水处理农场，遍地野草和许多野兔，构成良好的自然生态环境。

图 1.73　Werribee 塘系统总排水渠至 Philips 海湾

(a) 净化塘出水渠和白天鹅

(b) 净化塘中的黑天鹅

图 1.74　最后净化塘及其中的天鹅

1.10　美国密歇根州 Muskegon 县污水土地处理系统

该县在 20 世纪 50 年代建造了 4 座活性污泥法污水处理厂，由于运行不稳定，出水水质达不到排放标准，最后决定废弃。该县最后决定改用土地处理系统处理该县的污水（见图 1.75）。

处理流程：

原生污水→ 预处理 → 三塘串联曝气塘 → 沉淀塘 → 储存塘 → 投氯消毒 → 农田灌溉 →渗滤出水，补充地下水层或地表水体

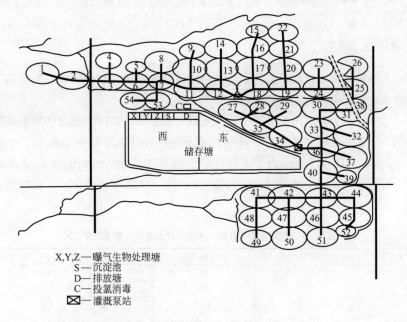

图 1.75 美国密歇根州 Muskegon 县污水土地处理系统平面图

（1～54 为喷灌装置编号）

1.10.1 曝气塘与储存塘

原生污水流量为 $10.2 \times 10^4 \, \mathrm{m^3/d}$，进入 3 个面积 $3.6 \mathrm{hm^2}$，容积各为 $160000 \mathrm{m^3}$ 的曝气塘中，每个塘中装有 3 台 50 马力的搅拌混合机和 12 台 60 马力的曝气机（1 马力＝735.4999W，下同）。实际运行经验证明，可以适当减少所需的曝气量和能耗。为此通常采用这样的曝气方式：在第一级塘中应用 8 台曝气机，第二级塘中应用 4 台曝气机。在每个塘中的逗留时间为 1.5d，冬季在曝气塘中曝气处理之后，出水流入储存塘；在夏季，曝气塘出水既可以进入储存塘，也可进入 $3.2 \mathrm{hm^2}$ 表面积的沉淀塘，然后进行农田灌溉，共有两个储存塘，每个 $344 \mathrm{hm^2}$ 水表面积，其总储存容积为 1895 万立方米，相当于半年的储水容积。

1.10.2 最后消毒

在处理污水灌溉农田之前，污水先流入处置塘，在流入灌溉渠（输水至泵站）之前进行投氯消毒以符合卫生标准。

1.10.3 农田灌溉

处理污水通过埋设的石棉水泥管分配到灌溉机械的中心点。根据位置的不同，其工作压力为 $(2.1 \sim 4.9) \times 10^5 \mathrm{Pa}$。灌溉机械被设计成带有下向式低压喷嘴的喷灌机，共有 54 座喷灌装置，分别布设在圆形农田块上，面积 $14 \sim 56 \mathrm{hm^2}$。

在 $2160 \mathrm{hm^2}$ 农田中有 $1800 \mathrm{hm^2}$ 种植玉米，每周灌溉污水 $1000 \mathrm{m^3/hm^2}$，另外 $360 \mathrm{hm^2}$ 土地种植牧草，在这 $2160 \mathrm{hm^2}$ 的农田上灌溉的污水量为 $0 \sim 2.5 \times 10^4 \mathrm{m^3/hm^2}$。灌溉期为 4 月中旬至 11 月，在

耕地、种植、作物生长和收割等期间，将污水储存于储存塘中。玉米产量 6000kg/hm² 。

1.10.4 渗排水系统

在灌溉田上设置渗排水管和排水井，由此形成渗排水系统，它们将喷灌到农田上的污水湿土壤层的渗滤水收集起来排入附近的水体。

曝气塘-沉淀塘-储存塘-农田灌溉的串联的土地处理系统，对污水处理达到极高的处理效率（见表 1.16），农田渗滤水水质极好，其平均值 SS＝7mg/L、BOD_5＝3mg/L、TP 0.05mg/L、NH_4^+-N 0.6mg/L、NO_3^--N 1.9mg/L、大肠杆菌总数 $\leqslant 10^2$ 个/100mL。可以安全地补给地下水，或排入附近地表水体。土地处理已成为美国污水再生的主要技术之一，主要用于中小城市和社区。

▷ 表 1.16　美国密歇根州 Muskegon 县土地处理系统处理效果

水质参数/(mg/L)	进水	曝气塘出水	存储塘出水	农田灌溉渗滤水
BOD_5	205	81	13	3
COD	545	375	118	28
SS	249	144	20	7
TP	2.4	2.4	1.4	0.05
NH_4^+-N	6.1	4.1	2.4	0.6
NO_3^--N		0.1	7.1	1.9
Zn	0.57	0.41	0.11	0.07
大肠杆菌/(个/100mL)	$>10^6$	$\leqslant 10^6$	$\leqslant 10^3$	$\leqslant 10^2$

曝气塘、沉淀塘和储存塘的串联塘系统与农田灌溉组合的土地处理系统，能够全年地处理全部污水。这与普通污水灌溉系统只能在作物种植期处理污水和其余时期排放污水不同，土地处理系统通过曝气塘-沉淀塘-储存塘的处理与长期储存处理后的污水，能够不外排而全部用于农田灌溉，既消除了污水对附近水体的污染，也处理和再生了污水，实现了水循环，优质的土地灌溉渗滤水渗入地下水层补充地下水，或者排入附近地表水体作为生态景观补给水。因此，美国的中小城市（社区）广泛地应用土地处理系统和各种形式的稳定塘＋农田灌溉、土地快速渗滤等处理其污水。

1.11　污染水体的应急处理措施

我国许多严重污染水体包括黑臭水体和富营养化水体，是由于多年排入污染物的积累和底泥的二次污染造成的；缓流河道和静止型湖泊和水库，会更快地被输入的污染负荷超过其自净能力而成为黑臭水体。

污染水体的根治，需要采取综合性工程技术措施，如建造和运行有效的沿岸截流污水和雨水径流的截流管渠；防止垃圾倾倒工程设施；建造能稳定运行的污水处理厂和雨水径流处理厂；污染水体本身的生态修复、改善和景观美化、绿化等。一般需要历时数年才能完成。在此期间需要采取一些应急措施，使污染水体暂时地消除黑臭或富营养化现象，以满足周边居民生活和工作环境的基本需求。

1.11.1 黑臭水体最切实可行的应急治理措施

目前我国黑臭水体应急治理措施很多，但是最多采用的是曝气增氧、投加特效菌种和酶、软性生物膜载体填料、浅水区芦苇湿地、植物浮床、外调水源补水增强其自净能力、混凝＋超磁分离等。其中最简易可行的应为曝气增氧、投加特效菌种或酶、装填软性填料固定和增加生物量。外部调水工程量较大并非短期可实现，应属于永久性工程。

在景观湖中安装推流式曝气机形成湖水的循环流动；在湖底铺设仿水草软性填料；往湖中投加特效菌种或酶。在温暖季节可在1、2周短时间内即可立竿见影见到成效，湖水会从浑浊黑臭变清澈和美观；在湖中放养一些观赏鱼类如锦鲤，更会增添景色和雅兴，如图1.76所示。

（a） （b）

图 1.76 杭州浙江宾馆门前景观池塘的生态石和锦鲤

在湖底铺设生态石比软性填料更适于景观湖的治理，应急治理取得成效后，湖水清澈见底，可将填料取出，更换成生态石，曝气机也可以拆除改成喷泉和跌水瀑布等水景式曝气增氧设施。

在北京市 UHN 国际村中有 2 座景观池塘，一座底部铺设生态石（见图1.77），另一座水泥池底未铺设生态石；灌入自来水后，后者 3d 后池水变绿，一周后池水变成深绿，出现富营养化现

（a） （b）

图 1.77 北京市 UHN 国际村景观池塘底的生态石及清澈湖水

象，只能再次换水。前者一直保持池水清澈见底。这与生态石表面形成的生物膜对池水的生物净化作用有直接关系。生态石其实是表面粗糙的河卵石，放于池塘后在温暖季节一周内便在其表面形成丰满的生物膜，其中有大量的细菌、藻类、原生动物和后生动物，与池塘中的鱼形成完整的食物链，它们能有效地净化池塘水或湖水，而且能通过藻类和池塘或湖中生长的水草如芦苇、蒲草等的光合作用吸收 CO_2 并释放出氧气，使池水或湖水保持较高的溶解氧而处于好氧稳定状态。

对于流动的污染河流，应急措施治理则要困难得多。对于污染河流的原位应急治理，由于其流动性增加了治理的难度。曝气增氧和特效菌种或酶的投加，很快就流失了。为此必须设法固定持留它们。为此在河道中分段设置拦河坝；为了便于行洪，最好设置可以按照需要开启或关闭的翻板闸，拦截和形成一定水深的河段水体，在其中河底安装固定辫帘式软性填料，运行时垂直地竖立于河道中，吸附和捕集河水中的悬浮物、细菌和藻类等而形成生物膜。它能吸附和截留投加的特效菌种或酶，也能吸收和利用曝气机产生的氧气。在河段中安装曝气机和特效菌种或酶的投加装置后，便能相互协同工作，起到净化污染河水的作用。

1.11.2　深圳市福田河应急综合处理工程

深圳河及其支流，如布吉河、福田河、新洲河、皇岗河等，变成排水明渠；河水乌黑恶臭，令人厌恶。河流严重污染及其治理成为历届人大会议的主要议题和历届市政府的重大待解决难题。深圳市排水系统没有雨水径流处理设施，致使降雨时河流污染更为严重，使得深圳市河流污染的治理要比国外城市河流治理难度大得多。

福田河集雨面积 $15.9km^2$，流量 $1.5m^3/s$，干流长度 $6.8km$，发源于梅林坳，途经笔架山公园、中心公园，穿越深南大道，最后经福田河末端的泄洪闸流入深圳河。其中笔架山公园下游（0#）、中心公园下游（2#）、深南大道前（3#）3 处排污口排污量均约为 $2000m^3/d$，深南大道后排污口（4#）流量为 $500m^3/d$。

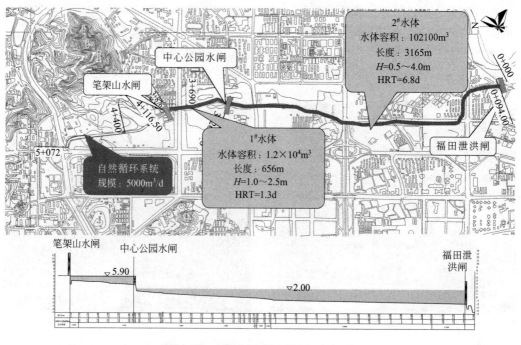

图 1.78　福田河水闸（翻板闸）设计

福田河污染河水处理能力旱季为 $2×10^4\,m^3/d$，雨季为 $10×10^4\,m^3/d$。治理工程共分为 3 部分，如图 1.78 和图 1.79 所示。

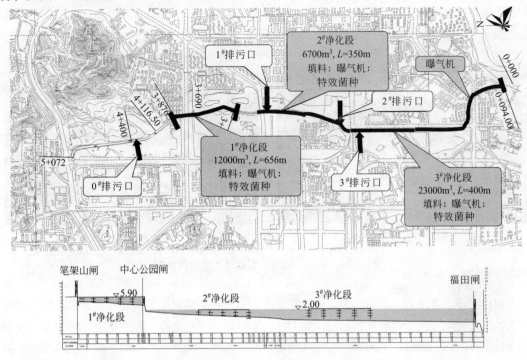

图 1.79 福田河污染河流就地综合治理方案

第一部分为处理规模 $5000\,m^3/d$ 的自然循环生物处理系统；第二部分为笔架山水闸与中心公园水闸之间的河段，水体容积分别为 $12000\,m^3$，河段长度 656m，水深 1.0~2.5m，水力停留时间 1.3d，该段河道全设为 $1^\#$ 净化段；第三部分位于福田河泄洪闸前，水体容积分别为 $102100\,m^3$，河段全长 3165m，水深 0.5~4.0m，水力停留时间共 6.8d，该段河道前、中部分别设置 $2^\#$ 和 $3^\#$ 净化段，$2^\#$ 净化段积 $6700\,m^3$，长 350m，$3^\#$ 净化段容积 $23000\,m^3$，长 400m。$1^\#$、$2^\#$ 和 $3^\#$ 净化段均布设填料，增设曝气机并投加特效菌，就地强化处理河道污水。

布设的生物膜载体填料固定安装在河底如图 1.80 所示，在旱季（非降雨期）能垂直地悬

(a) 刚铺设固定的辫帘式填料片

(b) 3d后填料变绿形成生物膜

图 1.80 2006 年福田河中心公园河段铺设软性填料情景

浮于河流中，为投加的特效菌种提供附着表面并在运行过程中形成生物膜，对污染水体进行净化。在降雨季节和河道行洪时，这种由合成纤维编织成的辫帘式填料会被洪水流压伏在河床的底面上而不影响行洪。

福田河应急工程建成后的运行状况如图 1.81 所示。

(a) 潜水曝气机运行中　　　　　　　　　　　　　(b) 翻板闸溢流跌水曝气

图 1.81　福田河应急工程建成后的运行状况

通过上述应急措施，福田河中心公园河段的河水水质从黑臭劣Ⅴ类变成地表水环境质量Ⅴ类水体，部分水质指标达到Ⅳ类标准，如 DO、COD 等。河水清澈，野生鱼类如鲫鱼和非洲鲫鱼大量出现。人们钓鱼、下河捉鱼和用网捞鱼，均有收获。河面水鸟翻翔，河中鱼群畅游，河岸晨练人众多。从过去因黑臭避而远之，到如今清澈靓丽令人亲而近之。

该应急工程建成运行 1 个月后，达到稳定运行状态，在 3 个净化段中水质改善明显（见表 1.17）。以中心公园第一净化河段为例，末端出水 COD、BOD_5 和 DO 优于地表水环境质量Ⅳ类标准，NH_3-N、TN 和 SS 优于一级 A 排放标准。

该应急工程设计处理污水能力 $1.5 \times 10^4 m^3/d$，总投资 930 万元。投资单价 620 元/m^3，运行未付费单价（O/M）0.2～0.3 元/m^3。

□ 表 1.17　福田河中心公园应急净化段污染河水效果　　　　　　　　单位：mg/L

取样地点	COD	BOD_5	NH_3-N	TN	TP	SS	DO
上游起点	85	30	14.50	17.27	1.81	59	0.56
振华西路	26	5	6.94	10.71	0.58	31	1.56
笋岗路桥	53	10	3.22	8.94	1.10	51	10.47
中心公园翻板闸后(终点)	22	3	3.35	6.72	0.33	9	8.82
一级 A 排放标准	50	10	5	15	0.5	10	
Ⅳ类地表水标准	30	6	1.5	1.5	0.3		7.5

这一成功的应急治理设施为以后的福田河生态修复与改善工程打下了基础，提供了经验，如跌水曝气增氧、河底生态石激流水面复氧和其表面上的生物膜对河水的生物净化、河道浅水区人工湿地对河水的生物净化等（见图 1.82）。

这种综合应急措施，也能有效地治理严重黑臭河流，如 2006 年的深圳市的布吉河。它是城乡结合部的一条深圳河支流，其实是一条排污河，污水和工业废水直接排入其中，大量垃圾也倾倒入其中。旱季这条河流是污水河，SS 150～200mg/L、BOD_5 100～150mg/L、COD 300～400mg/L、TN 30～40mg/L、NH_3-N 20～30mg/L、TP 5～8mg/L，为典型的城市污水。

(a) 多级跌水曝气增氧 （b) 浅水区湿地

图1.82 生态修复后的福田河的多级跌水曝气增氧和浅水区湿地

此外，布吉河流量比福田河大得多，旱季为 $4\sim5m^3/s$ $[(30\sim40)\times10^4m^3/d]$。

1.11.3 深圳市布吉河应急治理设施

布吉河应急治理设施，是在其草铺小关段设置约 200m 长的河水净化段和在洪湖公园桥前和桥后设置月 1000m 长的河水净化段。在草铺小关河段，由于河流坡度大，流速大，河水浅，表面富氧条件好，直接在河底铺设辫带式软性填料，不设置曝气机，也不安装翻板闸。运行 1 个月后出现惊人的现象，河底填料上生长的生物膜太丰富了，在辫帘式填料上连成片，其巨大的生物量具有很强的净化污染河水（其实是污水）的能力，原来灰黑发臭的河水变成比较清的河水，臭味也消除了，能清晰地见到河底丰满的生物膜（见图1.83）。在该净化段起端和末端取样分析确定各种主要污染物的去除率为 COD 40%、BOD_5 50%、NH_3-N 30%。

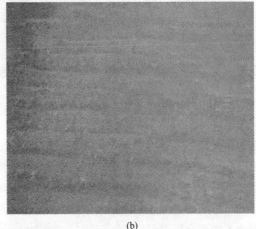

(a) （b)

图1.83 2006年深圳市布吉河草铺小关河流净化段底部填料上长满生物膜

在布吉河洪湖公园桥上游净化段，由于河道水面开阔，流速缓慢，需要在末端安装设置翻板闸，在净化段河底装填辫带式填料和安装 24 台潜水曝气机。运行 1 周后该河段河水黑臭现象消失，河水变清，也无臭味。而且发现辫带式填料上的生物膜能有效地去除起泡沫的合成洗涤剂。下游河段河道窄，坡度大，水流急，为了增强净化效果，每隔50m距离安装潜水曝气机1台，共10台，河底铺设辫带式填料（见图1.84）。

(a) 上游　　　　　　　　　　　　　　　　(b) 下游

图1.84 布吉河洪湖公园桥上游和下游的河水净化段

除了上述河道原位应急设施外，还对草铺污水净化厂（临时污水处理厂）中的$1.0 \times 10^5 \, m^3/d$的原强化一级处理厂升级改建为强化复合生物处理系统（EHYBFAS）（详见1.5.2深圳布吉河水质净化厂$1.0 \times 10^5 \, m^3/d$强化固定复合生物处理系统）。通过上述综合应急治理设施，布吉河由原来的灰黑恶臭变得不黑不臭，最后排入深圳河的布吉河水呈淡黄色，原来深圳河在布吉河入口的下游河段有很长一段黑臭河面，使河岸居民遭受河水黑臭之苦，常年关窗闭户，如今得以改善。现在布吉河沿岸截污工程建成，并建造和运行了布吉河地下污水处理厂（$2.6 \times 10^5 \, m^3/d$，MBBR工艺）。此外，升级改造的草铺污水净化厂仍在运行。两座污水处理厂每天共处理30余万立方米污水，保证了布吉河水质的根本改善。

1.11.4　应急处理设施运行中遇到的最大难题

（1）污泥的恶性排放

黑臭河道应急治理工程遇到的最头痛事件，是污泥恶性排放，导致净化河段水质突然变坏，再次调试恢复正常运行，需要几天的时间。这也反映我国污水处理厂运行管理中普遍存在的问题：污水处理正常，运行好的能够使出水稳定地保持一级A或一级B排放标准。但是污泥处理与处置则普遍落后；一些污水处理厂运行多年，但其污泥脱水设备却长期不运行，或将污泥再排入附近河道中，或以低价委托小环保公司承包处置。如此低价，如每吨污泥10元，根本不能正常处理和处置污泥，只好采取偷排乱排的恶劣做法。应急工程运行人员曾经几次抓到过往河道中乱排污泥的污泥运输车。但治标不治本，抓不到时还偷排。近年来越来越多的污水处理厂新建了污泥处理设施并启动运行。污泥偷排乱排现象有所减少。为了使处理后的污泥易于做资源利用（如农田有机肥料和土壤改良剂）或卫生填埋，污泥脱水最好选用全自动板框压滤机，其脱水后的污泥滤饼含水率仅为50%～55%，比带式压滤机和离心压滤机的脱水污泥含水率75%～80%低得多，脱水污泥体积也仅为后者的1/3左右。

深圳市夏坪垃圾填埋场曾因接受带式压滤机脱水的污泥（含水率76%～78%）发生过降雨时大量漏失进入垃圾渗滤液中，增加了其处理难度。也发生过填埋污泥甲烷发酵产生大量 CO_2 和 CH_4 以及乙醇发酵产生大量 H_2 气而发生垃圾填埋层爆破和喷涌现象。因此拒绝接受含水量过高的脱水污泥。污水处理厂采用板框压滤机脱水，其脱水污泥滤饼固体含率45%～50%，呈半干燥滤饼状态，卫生填埋是安全的；体积小且干燥易于运输并节省运费，卫生填埋方便安全，农田施肥也方便。

（2）垃圾肆意排放

布吉河上中游处于城乡结合部，居民复杂，公共卫生环境差，垃圾肆意排放，有大量垃圾排于布吉河中，造成应急治理河段拦截大量垃圾，影响正常运行。为此必须经常清除垃圾以确保河道净化段的正常运行。最简单的办法，是在净化段的前面在河道上将一条长竹竿（或几根竹竿连接在一起），横跨河道水面呈45°的斜度布设在河面上，可将大部分漂浮垃圾截留和去除。在其上加设拦截网，也可截留和去除水面下的垃圾。

（3）工业废水事故排放

福田河在应急治理工程运行期间，曾发生几起工业废水事故排放，导致河水水质变坏和死鱼现象。其中一次最大的事故排放，使许多死鱼漂浮在河面上，一时引起报刊和电视等媒体的报道，引起全市人民的关注。最伤心的是应急工程运行管理人员。本来运行良好的应急治理工程，已经使河水变清，鱼儿生长繁殖成群，形成良好的生态景观，却被工业废水事故排放毁于一旦。再次恢复正常，又需花1～2周的调试运行时间，而水生态恢复，则需要数月至一年。政府有关部门如环保、水务和市政工程等部门应当采取有效措施严管、严控和严惩事故排放责任人，以最大限度减少和杜绝事故排放。

1.12　总结

污染水体包括黑臭水体和富营养化水体，其长治久安的根治措施，是采用科学合理的综合治理工程设施和技术措施，包括因地制宜选用的沿岸污水和雨水径流截流系统、污水和雨水径流的处理系统、高负荷分散污染源如大规模畜禽养殖污水的处理设施、污染水体本身的原位生态综合修复系统等的优化组合。

1.12.1　沿岸合流制截流系统是最经济和切实可行的

污水和雨水径流的沿岸截流干渠，最容易设计、建造和运行的是合流制截流系统。这是根据我国全部城镇的实际情况，没有一座城镇完全实现了雨污分流的分流制排水系统，由于排水管道的错接和乱接，许多住户的阳台变厨房的生活污水，和街道边的雨水汇流井顶的格栅盖（雨水箅子）乱倒污水等，即使旱季雨水管道也流出污水进入附近水体。雨季大雨和暴雨街道成河和广场成湖时，排水管道维护工人往往将污水管道井盖打开，让雨水流入其中，污水管道成了雨污合流管道。不能把"雨污分流"错误理解为"清污分流"；我国城镇排水管网的实际运行情况使"雨污分流"形同虚设。因此，沿河、沿湖和沿海建造的截流干渠，最切实可行的是合流制截流系统。即使设计、建造和运行分流制截流系统，也应当既设计、建造和运行污水截流干渠及处理再生设施，也要设计、建造和运行雨水截流干渠及其处理再生设施。否则必然会受到错误做法的惩罚：水体虽有改善，但会仍有污染，难以实现水体清澈和鱼虾成群的良好生态景观。

应当因地制宜充分发挥分流制和合流制排水系统的各自长处，而避开各自的短处，即扬长避短。在居住小区应优先设计、建造和运行分流制排水系统；小区内的雨水径流包括屋顶和地面的雨水径流，用完善的雨水管道系统收集后，予以回收和净化，并将净化水用于补充景观池塘或景观湖，浇洒绿地和花园，洗车、洗衣等。丹麦、德国一些住户的屋顶雨水回收净化后因硬度小用于洗衣。污水既可建造小区污水处理再生厂，其再生水用于冲厕和浇洒绿地等，也可以排入城市市政下水道，并在集中污水处理厂处理。如果一个城市的居住小区全都实现雨水回收、净化和利用，全市的分流制排水系统将会大为改善。暴雨时街道成河的现象将很少出现，降雨时地表径流排入水体的污染负荷也大幅度减少。

1.12.2　生物膜法是合流制雨污混合水最有效的处理工艺

我国污水处理厂接受来自污水管网的污水，由于地下水位浅，管与管之间的连接不密实和管壁的渗水性导致地下水内渗严重；有些污水处理厂取自河道的污水，其实是被河水稀释的污水，往往使污水处理厂处理有机物浓度较低的污水，如 $BOD_5 \leqslant 100mg/L$，难以使活性污泥法污水处理厂经济稳定地运行。对于合流制污水处理厂，雨季处理雨污混合污水难度更大，甚至难以正常运行。

在德国活性污泥法污水处理厂，用于处理合流制混合污水时，其截留雨水径流倍数只取为1。德国旱季污水浓度明显比我国高，COD 500～600mg/L，BOD_5 200～300mg/L，TN70～80mg/L，$NH_3\text{-}N$ 50～60mg/L。取截流倍数为1才能保证活性污泥法的稳定运行。因此，其合流制污水处理厂对合流制溢流水（CSO）进行沉淀池-净化塘和湿地的处理和净化方式。

韩国大田市排水系统和污水处理厂为合流制，其污水处理厂的设计能力为旱季 $3.0 \times 10^5 m^3/d$，雨季雨污混合水的设计处理能力为 $9.0 \times 10^5 m^3/d$（设计截流倍数＝2）。旱季污水处理厂（A^2/O 活性污泥法工艺）建在地面上，雨季混合污水处理厂建在地下（见图 1.85、图 1.86）。其地面上建有公园、休闲场地、老年室内门球馆等。占地面积约 10hm²（见图 1.87）。

图 1.85　韩国大田市污水处理厂（旱季）

图 1.86　大田市雨季混合污水处理厂（前、右预处理半地下，其余地下）

(a)   (b)

图 1.87 大田地下污水处理厂：室内门球馆（前），地下污水处理厂预处理（后），地上公园（右图）

韩国人高度的环境保护意识值得学习。这种做法在我国没有一座城市做这样的"傻事"。但是他们保证了大田市河流的清澈和靓丽。如果大田市污水处理厂在其曝气池中安装固定式生物膜载体填料以 BF-AS 复合生物处理工艺（HYBFAS）运行，或者填装多面体塑料环填料并改造池内结构防止填料环拥堵，以 MBBR 方式运行，可省去 $6.0 \times 10^5 \mathrm{m}^3/\mathrm{d}$ 的雨季混合污水处理厂。

法国设计、建造和运行的由 BIOFOR 和 BIOSTYR 组成的 BAF 生物膜工艺的塞纳河中心污水处理厂，则能高效地处理截流倍数为 3 的雨污混合水。

升级改造的深圳草铺污水净化厂（ $1.0 \times 10^5 \mathrm{m}^3/\mathrm{d}$ ）应用以生物膜为主的 BF-AS 强化复合处理系统，既能有效地处理旱季污水，更能高效地处理雨季混合污水（ BOD_5 浓度 50～60mg/L），出水大都达到一级 A 标准。

生物膜法尤其是固定式生物膜处理工艺，既能处理很低浓度的进水，如 BOD_5 10mg/L（轻污染水源水），也能处理很高浓度污水（如 $BOD_5 \geqslant 2000$mg/L）。因此最适用于处理合流制污水（旱季）和雨污混合水（雨季）。 MBBR 和 PINPOR 等移动式生物膜工艺，由于在生物处理池中需要分段设置格栅，防止塑料环或泡沫塑料小方块的流失，在处理雨季雨污混合水时由于流量多倍增加，水流冲击力增大，易于发生塑料环在格栅处拥挤堵塞水流。深圳市滨河污水处理厂 2006 年曾为了增加处理水量和提高出水水质，往曝气池中投加塑料环以增加生物量。雨季处理大量进水时发生塑料环拥挤堵塞现象，影响正常运行，只得组织工人打捞取出堵塞的塑料环。

1.12.3　沿河建造分段污水雨水截流与处理再生是最合理方案

过去国内外普遍建造和运行沿河总污水截流干渠和末段集中污水处理厂。其出水只能排入该河的末段，不能做其补给水以改善其水质和生态环境。如果要做补给水，就需要建造和运行很长的压力输送管道至其上游，基建投资和运行费昂贵。为此沿河分段建造污水和雨水截流管道和污水处理厂，能使出水就地排入河道作生态景观补给水。德国埃姆歇河的污水沿河分段截流与处理，是使该和河从黑臭变清澈的成功范例。

埃姆歇河管理公司把以前的集中处理改为分散治理。沿河流敷设污水截流管，分为 6 个区段，每个区段建一座污水处理厂，其处理工艺采用生物去除氮、磷的工艺，需历时 25 年。

从 1989 年开始动工，1994 年多特蒙德（Dortmund）污水处理厂启动运行；1996 年 Bottrop 污水处理厂运行。其余新建污水处理厂在 2000 年后建成投入运行。2015 年埃姆歇河公司共有 5 座污水处理厂：多特蒙德（Dortmund）、波特劳普（Bottrop）、顿斯拉肯（Dinslaken）、盖尔森科尔辛（Gelsenkirchen）和杜伊斯堡（Duisburg）建成和运行。年处理污水 $6.52 \times 10^8 \, \text{m}^3$。现在的 Emscher 河已经变成清水满河、环境优美、生态良好的河流（见图 1.88）。

(a)   (b)

图 1.88 德国埃姆歇河（Emscher）分段治理后的靓丽景观

1.12.4 污染水体原位生态修复与改善工程技术

水体被污染本身就有所不足和缺陷，如城市行洪河流为了排洪通畅，将原来的自然河流改弯取直，将自然河岸坡度改成陡坡并混凝土固化，河底也混凝土固化，形成三面光。这完全破坏了河道的自然生态环境，杜绝了河流地表水与其周围的地下水的交流与互补。因此，污染河流生态修复的主要对象就是将河道三面光的固化边坡和河底彻底拆除，改成自然坡或接近自然坡，在其表层种草护坡，河底铺设生态石，在河道的浅水区种植芦苇、蒲草等挺水植物，形成人工湿地。河岸绿化和美化，种植垂柳、丁香、塔松等观赏性树木，建造花坛、喷泉、凉亭、座椅、文化走廊等游览休闲设施。

河道中从上游、中游到下游建造多处跌水曝气增氧设施，可设计建成不同形式的靓丽水景。上、中、下游的分段污水处理再生厂的出水作为河道的生态景观补给水，其在河道的排出口也应设计成溢流瀑布景观，同时能跌水曝气增氧。

往生态修复的河流中投加适量的特效菌种或特效酶，以激活和增强土著菌种的活性和繁殖能力。它们附着固定在生态石和浅水区芦苇、蒲草等的根茎上，形成生物膜，增强对河水的生物净化效能。此外，往其中投放适当数量的鱼、虾、螺等，形成多条水生食物链。通过其各营养级物质和能量的逐级传递和转化，对河水中残留的污染物（有机物和营养物）予以去除，实施进一步净化，同时转化成鱼、虾等的食物，实现资源化。

河道中建造水净化植物浮床和浮岛，实践中发现很难长期保持固定和稳定运行。浮床的结构必须牢固，不会被风浪和激流损坏；植物应定期更换，否则老化腐败的植物会对河流造成二次污染。在河流的开阔区段设置近岸浅水湿地和在河中心建造人工浅水湿地岛，其可靠性和净化效果都比植物浮床和浮岛好。

生态修复河流，如果本身流量少，加上沿河污水处理再生厂出水作补给水，流量的总和仍然较小，难以保持河流水质稳定和清澈，可考虑从附近水量充沛的大水体调水做主要补给水源，以增大河水流量，增强其自净能力，保持良好的生态环境。

1.12.5 污染水体的完善治理应与城市生态文明建设密切结合

建立沿岸截流排水系统（合流制或分流制），污水和污水径流处理与再生及水体本身的综合生态修复和改善措施，能基本上使污染水体改观。但是要彻底和完善治理好污染水体，还需要做更多的工作，如该污染水体流域内的雨水管网的完善、污水管网的完善或者合流制排水管网的完善，以及为了减少雨水管网在暴雨时的超负荷运行，防止暴雨成灾，街道成河，需要在全流域内建造多道减少雨水地表径流流量的设施，为此需要建造和运行各种形式的雨水汇集、滞留、净化和渗滤设施，如屋顶雨水汇集、储存与利用，绿化屋顶，雨水回收，生物滞留区，生物滤沟，生物过滤器，雨水花园，渗水路面，草皮沟，洼地储存，人工湿地，净化储存塘，城市强化树林雨盖。其中最重要的设施有屋顶雨水收集与就地利用、雨水花园、渗滤沟、渗水性铺设地面、生物滞留、人工湿地、净化储存塘和雨水补给景观湖等。

（1）屋顶雨水收集与就地利用

美国屋顶雨水汇集收集后，不将雨水竖管接入雨水管道或合流制下水道中，而是将其街道连接管断开，将雨水竖管收集的屋顶雨水直接流入其后院的花坛中（见图1.89）或花园中（见图1.90），通过其中的土壤渗滤部分雨水进入地下水层；通过植物的吸收和蒸腾作用而进入大气层，从而减少了进入雨水管道或合流制下水道的雨水净流量，也就减少了其随后排入附近水体的雨水径流和携带的污染物。

| 图1.89 屋顶雨水直接用于屋后花园 | 图1.90 屋顶雨水回收于储存桶中用于浇灌花园 |

我国一些居住小区住户庭院中建有大面积草坪和渗水性路面，使降雨全部被吸收进入草坪和渗水路面下的土层，尤其是在草根和树根系土壤层中予以生物持留（Bio-detention）和生物滞留（Bio-retention），使进入雨水管道的雨水径流显著减少，即使暴雨时院中也无地表积水。如图1.91所示。

（2）绿色屋顶（Green Roofs）

美国把绿色屋顶作为治理合流制下水道溢流水（CSO）的最佳措施，因为其调查研究证明，美国华盛顿市（Washington D.C.）哥伦比亚区普及绿色屋顶能使合流制下水道排入附近河流的溢流水减少19%。

绿色屋顶，就是在屋顶上种植花草和树木（主要是亲水的灌木），为此需要有植物生长土

| (a) 草坪和渗水性路面 | (b) 全部草坪 |

图 1.91 北京某居住小区住户园中的草坪和渗水性路面或全部草坪

壤层、其下的植物根系渗滤层、排水层和防水储存层，下面就是屋顶盖板支撑层。为了减轻绿色屋顶的重量负荷，植物生长层、根系过滤层和排水储存层的介质，不用普通土壤，而用特制的轻质粒料（见图 1.92）。

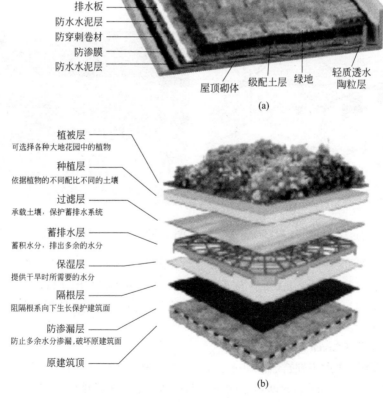

长丝土工布
排水板
防水水泥层
防穿刺卷材
防渗膜
防水水泥层

屋顶砌体　级配土层　绿地　轻质透水陶粒层

(a)

植被层
可选择各种大地花园中的植物

种植层
依据植物的不同配比不同的土壤

过滤层
承载土壤，保护蓄排水系统

蓄排水层
蓄积水分，排出多余的水分

保湿层
提供干旱时所需要的水分

隔根层
阻隔根系向下生长保护建筑面

防渗漏层
防止多余水分渗漏，破坏原建筑面

原建筑顶

(b)

图 1.92 绿色屋顶各功能层分布示意

绿色屋顶在美国、欧洲和我国应用广泛，因其有许多优点。

① 绿色屋顶能截流 15％～90％的屋顶雨水径流和吸收雨水径流 50％～60％，具体取决于植物生长介质和植物的品种及密度。

② 节能：冬季减少供热能量，夏季减少空调能量。屋顶植被层有助于增强建筑物的隔热效应，当植被土壤干燥至轻度湿润状态时，能提供高达 25％的隔热效能。此外，植物的自然蒸腾作用使屋顶表面夏季冷却，冬季植被对风的削弱使建筑的热损耗减少 50％。

③ 消除热岛效应：城市具有小气候特性，其气温比附近乡村的温度高。绿色屋顶吸收热量，降低周围气温，从而有助于减少热岛效应。

④ 经济：绿色屋顶能够阻止屋顶接受的紫外线照射，防止温度大幅度波动，不受损坏，可使屋顶使用寿命延长 3 倍。

⑤ 自然生态：绿色屋顶可以种植一些有机食物植物，为鸟类和昆虫提供良好的生存栖息环境，形成良好的自然生态环境。

⑥ 美学和社会效益：绿色屋顶提供了宜人的景观和鸟语花香，提高了城市居民的生活质量。

⑦ 空气质量改善：绿色屋顶的植物，起光合作用，吸收了 CO_2 而释放出 O_2，绿色植物也滤除了一些污染物，改善了建筑物及其附近的空气质量。

⑧ 吸音：绿色屋顶是很好的隔声带，能减少其室内的噪声干扰。

绿色屋顶根据植物种植层的厚度可分为广而薄的绿色屋顶（图 1.93）和增厚的绿色屋顶（图 1.94）；前者植物种植层厚度为 10～15cm，其中主要种植草本植物；后者厚度≥15cm，其中种植草本和木本植物。

图 1.93　广而薄的绿色屋顶

图 1.94　增厚的绿色屋顶

广而薄的绿色屋顶只能对付中小雨的屋顶雨水径流，而难以应付大雨和暴雨的屋顶雨水径流。增厚的绿色屋顶由于生长繁茂的草木混合植被，能够蓄留和处理屋顶暴雨径流，能更有效地削减城市暴雨时的雨水径流量及其携带的污染物数量，更能使受纳水体减少暴雨径流的水力负荷和污染负荷。

（3）雨水径流生物过滤器

雨水径流生物过滤器是以树木坑为主体的过滤器（图 1.95）。它具有生物滞留、生物过滤和介质过滤的综合作用。增强的生物过滤系统将处理雨水径流的自然能力与快速过滤介质相结合。这种生物与工程滤料相结合的方式，使其既能够去除暴雨径流携带的各种污染物，也能快速地过滤雨水径流，或渗滤于地下水层，或随后予以回收。雨水径流进入生物过滤器中，通过其中的工程混合滤料层进行生物过滤。这种工程混合土壤能够去除暴雨径流中所含的悬浮物、磷氮等营养物、金属、烃类和其他污染物。而其中的植物能够摄取营养物、重金属以及吸收水分和使其蒸腾，从而减少了雨水径流总量。其最后结果是既减少了暴雨径流量，也减少了暴雨径流所携带的污染物，从而减轻了合流制下水道和分流制雨水道以及其受纳水体的水力负荷和污染负荷。

(a) 暴雨径流生物过滤器三维图

(b) 停车场边的生物过滤器

图 1.95　暴雨径流生物过滤器三维图和停车场边的生物过滤器

（4）暴雨径流滞留、逗留和回收系统

当暴雨径流量超过合流制下水道或分流制雨水道的承载能力时，就会出现街道成河和广场成湖的城市被淹情景。为了防止城市街道等被淹，美国过去跟欧洲一样，设计、建造和运行合流制下水道或分流制雨水道的大型地下储存池或隧道工程，例如华盛顿 20 世纪 60 年代建造了巨型地下雨水储存隧道，其容积达 1.93 亿加仑（$7.33 \times 10^7 \text{m}^3$）。但是近年来美国研发和应用了新的暴雨径流储存技术设施，即暴雨径流滞留、逗留和回收系统，而不必扩建或新建更大规模的下水道系统。它们大都建在暴雨径流的起源地点如停车场、广场、学校、机场、运动场等，就近解决暴雨径流超负荷问题。

暴雨径流渗滤-滞留或逗留设施，是将暴雨径流储存其中逗留或滞留一段时间以削减暴雨径流峰值，峰值过后再缓慢流入下水道中或渗滤于地下水层（见图 1.96～图 1.98）。暴雨径流

(a) 钢筋混凝土拱形预制件

(b) 穿孔塑料管

图 1.96　用钢筋混凝土拱形预制件和穿孔塑料管建成的暴雨径流渗滤-滞留系统

渗滤-回收则是暴雨径流经过预处理（水力折流分离器或水力旋流分离器）、渗滤或生物过滤器进入雨水回收设施，雨水予以回收与再用如浇洒绿地、作景观池塘或喷泉水景等。

图 1.97　金属波纹穿孔管做地下渗滤-滞留设施　　　图 1.98　地表植被滞留-渗滤带

（5）场所规模的暴雨径流综合治理设施

场所规模的暴雨径流综合治理设施应当包括如下各项：a. 屋顶雨水径流予以回收利用，如浇洒绿地、冲厕等；b. 建造绿色屋顶；c. 将屋顶雨水径流输送到渗水区或低洼地带予以渗滤和储存；d. 在景观区、停车场、公园、运动场等场所，在其地下建造渗排水系统（渗滤槽、渗滤仓）；e. 在景观设计中纳入生物滞留区、雨水花园、生物过滤器或人工湿地等雨水径流治理设施；f. 在低度和中度交通路面铺设渗水性路面；g. 建造生物滞留区、植被渗滤坑、低洼地等以截留和处理停车区和道路的暴雨径流；h. 在河流上游植树造林以减少暴雨径流量；i. 把塘和湿地纳入景观设计中，以接纳和净化暴雨径流并形成靓丽景观。

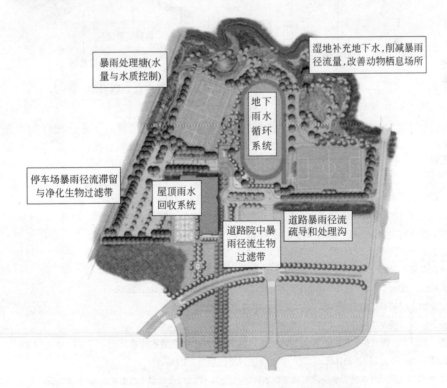

图 1.99　加拿大某中学校园的暴雨径流综合治理设施

加拿大某中学校园的暴雨径流综合治理设施如图 1.99 所示。加拿大某保健中心的暴雨径流综合治理设施如图 1.100 所示。

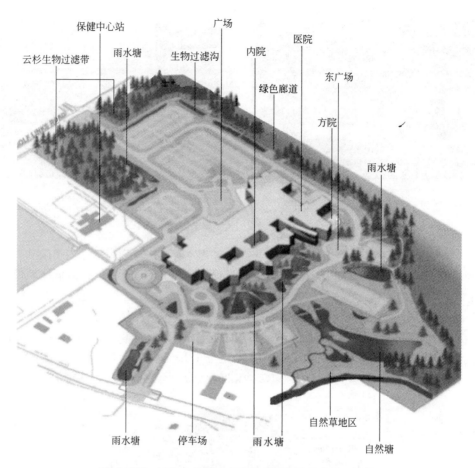

图 1.100 加拿大某保健中心的暴雨径流综合治理设施

参考文献

[1] 蔺宇. 浅谈我国水污染的现状及危害[J]. 低碳世界, 2018 (10): 9-10.

[2] 王宝贞, 王琳. 水污染治理新技术: 新工艺、新概念、新理论[M]. 北京: 科学出版社, 2004.

[3] 王宝贞. 优质饮用水净化技术[M]. 北京: 科学出版社, 2000.

[4] 王琳, 王宝贞. 饮用水深度处理技术[M]. 北京: 化学工业出版社, 2002.

[5] 郭培章, 宋群. 中外流域综合治理开发案例分析[M]. 北京: 中国计划出版社, 2001.

[6] Wood L B, Ager D V. The restoration of the tidal Thames[M]. Hilger, 1982.

[7] 杨翊. 泰晤士河哺育的联合王国[M]. 北京: 科学普及出版社, 1997.

[8] 王宝贞. 水污染控制工程[M]. 北京: 高等教育出版社, 1990.

[9] 王淑梅, 王宝贞, 曹向东, 等. 对我国城市排水体制的探讨[J]. 中国给水排水, 2007, 23 (12): 16-21.

[10] 王宝贞等. 城市污染与防治[M]. 北京: 中国环境科学出版社, 1990.

[11] 王琳, 杨鲁豫, 王宝贞. 城市水资源短缺与雨水收集利用[J]. 中国建设信息 (水工业市场), 2010,27 (6): 1-3.

[12] 王宝贞, 尹文超, 梁爽, 等. 城市排水系统与体制改进的探讨. 见: 水处理理论技术与水污染防治方略[M]. 北

京：科学出版社，2012，796-823.

[13] 王宝贞，嵩单，李红静．建造大型排水工程根治雨洪兴利除害．见：水处理理论技术与水污染防治方略[M]．北京：科学出版社，2012，781-795.

[14] 王宝贞，王琳，王淑梅，等．城市雨水资源化处理与水环境改善研讨．见：水处理理论技术与水污染防治方略[M]．北京：科学出版社，2012，769-780.

[15] 龙岗河展开全流域综合治理[N]．深圳特区报（多媒体数字版）．2014-01-21.

[16] Cooper P, Green B. Reed bed treatment systems for sewage treatment in the United Kingdom: The first 10 years' experience[J]. Water Science & Technology, 1995, 32（3）: 317-327.

[17] Knight R L, Kadlec R H. Constructed treatment wetlands-a global technology[M]. Iwa Publishing, 2000.

[18] Paffoni C. Seine Centre, the new flexible Colombes sewage treatment plant–from theory to practice[J]. Water Science & Technology A Journal of the International Association on Water Pollution Research, 2001, 44（2-3）: 49.

[19] Pujol R. Process improvements for upflow submerged biofilters[M]. Iwa Publishing, 2010.

[20] Payraudeau M, Pearce A R, Goldsmith R, et al. Experience with an up-flow biological aerated filter（BAF）for tertiary treatment: from pilot trials to full scale implementation. [J]. Water Science & Technology A Journal of the International Association on Water Pollution Research, 2001, 44（2-3）: 63.

[21] 沈耀良，王宝贞．废水生物处理新技术：理论与应用[M]．第2版．北京：中国环境科学出版社，2006.

[22] Odegaard H, Rusten B. A new moving bed biofilm reactor-application and results[J]. Water Science & Technology, 1994, 29（10）: 157-165.

[23] Morper M, Wildmoser A. Improvement of existing wastewater treatment plants' efficiencies without enlargement of tankage by application of the LINPOR-process-case studies. [J]. Research Journal of Agricultural Science, 2010, 42（3）: 233-237.

[24] Morper M R. Upgrading of activated sludge systems for nitrogen removal by application of the Linpor-CN process[J]. Waterence & Technology, 1994, 29（12）: 167-176.

[25] 刘硕，王宝贞，王琳，等．复合式SBF-AS工艺的运行效果分析[J]．中国给水排水，2006，22（10）: 73-76.

[26] Wang B Z, Gao qi L I, Wang L. Design and Operation of Submerged Biofilm WWTP[J]. China Water & Wastewater, 2000.

[27] 刘硕，王宝贞，王琳，等．山东省东阿县污水处理厂复合式淹没式生物膜工艺的运行效能研究[J]．中国给水排水，2006，5（10）.

[28] LIU Shuo, WANG Bao-zhen, WANG-Lin, et al. Full scale application of combined SBF-AS process for municipal wastewater treatment in small towns and cities in China[J]. Joural of Harbin Institute of Technology（New Series），2006，13（3）: 347-353.

[29] Wang Baozhen, Wang Lin. A twin approach to wastewater treatment[J]. IWA Yearbook, 2001, 28-31.

[30] 王淑梅，王宝贞，曹向东，等．深圳布吉河水质净化厂混凝沉淀系统的改造[J]．中国给水排水，2007，23（6）: 23-27.

[31] Wang Shumei, Wang Baozhen, Cao Xiangdong, et al. Enhanced hybrid biofilm-activated sludge biological process（EHYBFAS）with short HRT for wastewater treatment[J]. Proceedings of the 2nd International Conference on Water Conservation and Management in Coastal Area（WCMCA）. Seosan, Korea: DongHwa Technology publishing Co, 2006, 331-333.

[32] 王淑梅，王宝贞，曹向东，等．混凝-沉淀系统改造为复合生物处理系统的工艺设计[J]．给水排水，2007，33（1）: 37-41.

[33] Knight R L, Kadlec R H. Constructed treatment wetlands-a global technology[J]. Iwa Publishing, 2000.

[34] Lei S, Wang B Z, Cao X D, et al. Performance of a subsurface-flow constructed wetland in Southern China[J]. Journal of Environmental Science, 2004, 16（3）: 476-481.

[35] 石雷，王宝贞，曹向东，等．沙田人工湿地植物生长特性及除污能力的研究[J]．农业环境科学学报，2005，24（1）: 98-103.

[36] Zoe Matheson, Sarah Ford and Sian Hill. Waste Minimization and Water Recycling-a Case Study at the Millennium Dome[M]. IWA Yearbook, 2000, 30-32.

[37] Michael Weyand, Gilbert Willems. Stormwater Management in the Ruhr River Area[M]. Water Quality International, 1999, (5/6): 44-52.

[38] 王宝贞. 德国污水与给水处理新技术与发展方向[J]. 中国给水排水, 1994 (1): 54-56.

[39] 曹向东, 王宝贞. 强化塘-人工湿地复合生态塘系统中氮和磷的去除规律[J]. 环境科学研究, 2000, 13 (2): 15-19.

[40] 刘硕, 王宝贞, 王琳, 等. 塘-湿地复合生态系统处理石油化工废水的效能[J]. 中国环境科学, 2006, 26 (b07): 27-31.

[41] Lin Wang, Baozhen Wang, et al. Eco-pond systems for wastewater treatment and utilisation[J]. Water 21, August 2001, 60-63.

[42] Wang Lin Wang B Z, Yang Luyu. Case studies on pond ecosystems for waster treatment for wastewater treatment and utilization in China[J]. Global Water and Wastwater Technology, 1999, 8: 64-71.

[43] 彭剑峰, 王宝贞, 宋永会, 等. 组合生态系统氨氮去除最佳单元及其去除机制研究[J]. 中国给水排水, 2007, 23 (15): 62-65.

[44] 彭剑峰, 王宝贞, 南军, 等. 多级生态塘/湿地系统底泥中磷的归趋模式[J]. 中国环境科学, 2004, 24 (6): 712-716.

[45] 曹蓉, 王宝贞, 高光军, 等. 塘系统的发展与应用介绍[J]. 给水排水, 2004, 30 (12): 18-20.

[46] Wang L, Peng J F, Wang B Z, et al. Performance of a combined eco-system of ponds and constructed wetlands for wastewater reclamation and reuse. [J]. Water Science & Technology A Journal of the International Association on Water Pollution Research, 2005, 51 (12): 315-323.

[47] Rong Cao, Baozhen Wang, Bingshen He. The Eco-pond system at Dongying City[J]. World Journal of Engineering, 2005, (1): 81-87.

[48] 包焕忠, 丁永伟, 王宝贞, 等. 城市污水的深度处理和综合利用[J]. 中国给水排水, 2005, 21 (5): 10-13.

[49] 王丽, 王琳, 王宝贞, 等. 高效低碳复合生态塘运行效能研究. 水处理理论技术与水污染防治方略[M]. 北京: 科学出版社, 2012, 31-37.

[50] Bouillot P, Canales A, Pareilleux A, et al. Membrane bioreactors for the evaluation of maintenance phenomena in wastewater sludge. [J]. Journal of Fermentation & Bioengineering, 1990, 69 (3): 178-183.

[51] Cicek N, France J P, Suidan M P. Characterization and comparison of a membrane bioreactor and a conventinalactivated sludge system in the treatment of wastewater containing high molecular organic compounds[J]. Water Environ. res. 71 (1): 64-70.

[52] Shuo L, Baozhen W, Hongjun H, et al. New process for alleviation of membrane fouling of modified hybrid MBR system for advanced domestic wastewater treatment[J]. Water Science & Technology, 2008, 58 (10): 2059-2066.

[53] Barber W, Dirk G. Wet sludge cake co-combustion: experience from a case study at Heilbronn, Germany[J]. Magazine of the International Water Association, 2010 (5): 57-61.

[54] Dodds W K, Bouska W W, Eitzmann J L, et al. Eutrophication of U. S. freshwaters: analysis of potential economic damages. [J]. Environmental Science & Technology, 2009, 43 (1): 12-19.

[55] Jr J G M. HARMFUL ALGAL BLOOMS: An Emerging Public Health Problem with Possible Links to Human Stress on the Environment[J]. Annual Review of Energy & the Environment, 1999, 24 (24): 367-390.

[56] Schindler D W. Recent advances in the understanding and management of eutrophication[J]. Limnology & Oceanography, 2006, 51 (1): 356-363.

[57] 王宝贞. 藻类水华成因及其控制对策[J]. 水工业市场, 2008, 8: 6-11.

[58] Duce R A, Laroche J, Altieri K, et al. Impacts of atmospheric anthropogenic nitrogen on the open ocean[J]. Science, 2008, 320 (5878): 893-897.

[59] 吴蕾, 陈云峰. 改性硅藻土用于巢湖水脱磷研究[J]. 环境工程学报, 2011, 05 (4): 777-782.

[60] 辛杰，裴元生，王颖，等．几种吸附材料对磷吸附性能的对比研究[J]．环境工程，2011，29（4）：30-34.

[61] Douglas, et al. Phoslock™-A new technique to reduce internal phosphorus loads in aquatic systems[J]. North American Lake Management Society. （NALMS）Annual Conf. , 5-12 November, Miami, 2000.

[62] Robb M, Greenop B, Goss Z, et al. Application of Phoslock TM, an innovative phosphorus binding clay, to two Western Australian waterways: preliminary findings[J]. Hydrobiologia, 2003, 494（1-3）：237-243.

[63] Sellner K G, Doucette G J, Kirkpatrick G J. Harmful algal blooms: causes, impacts and detection. [J]. Journal of Industrial Microbiology & Biotechnology, 2003, 30（7）：383-406.

[64] 王晓坤，马家海，叶道才，等．浒苔（Enteromorpha prolifem）生活史的初步研究[J]．海洋通报，2007，26（5）：112-116.

[65] Roger H. Charlier, Philippe Morand , Charles W. Finkl , et al. Green Tides on the Brittany Coasts Environmental Research[J]. Engineering and Management, 2007, 3（41）：52-59.

[66] Wang H, Wang H. Mitigation of lake eutrophication: Loosen nitrogen control and focus on phosphorus abatement[J]. Progress in Natural Science: Materials International, 2009, 19（10）：1445-1451.

[67] Lucas S, Coombes P. The performance of infiltration trenches constructed to manage stormwater runoff from an existing urbanised catchment[C]// Proceedings of the Hydrology and Water Resources Symposium, Newcastle, Nsw. 2009.

[68] Maniquiz M C, Soyoung L, Leehyung K. Long-term monitoring of infiltration trench for nonpoint source pollution control. [J]. Water Air & Soil Pollution, 2010, 212（1-4）：13-26.

[69] Chagnon FJF, DRF Harleman. Chemically Enhanced Primary Treament of Wastewater[M]. John Wiley & Sons, Inc. , 2013.

[70] J Sandino. Chemically Enhanced Primary Treatment（CEPT）and its applicability for Large Scale Wastewater Treatment Plants[J]. Iwa Publishing, 2004.

[71] Helias S E. Werribee Sewage Farm[M]. Rupt, 2012.

[72] Asano T. Artificial Recharge of Groundwater[M]. Boston: Butterworth Publishers, 1985.

[73] Sopper W E, Kardos L T. Recycling Treated Municipal Wastewater and Sludge through Forest and Cropland [M]. The Pennsylvania State University Press, University Park and London, Ⅷ. Examples of Operating and Proposed Systems, 1973.

[74] EPA. Wastewater: Is Muskegon Country's Solution Your Solution MCD-34[M]. U. S. Government Printing Office, 1979

[75] 王淑梅，王宝贞，金文标，等．污染水体就地综合净化方法在福田河综合治理中的应用[J]．给水排水，2007，33（6）：12-15.

[76] Wang B Z, Wang S M, Cao X D, et al. Speeding up water pollution control in Shenzhen using novel processes[J]. Water 21 IWA, 2008（8）：16-21. 2010.

[77] Wang S M, Wang B Z, Jin W B, et al. An in-situ remediation technology for polluted streams in urban areas. Xiamen[C]. //Proceedings of 1st Xiamen International Forum on Urban Environment. , 2007, 11: 66.

[78] Zipp H, Zimmerman B. Green Roof Implementation in Washington, D C: A Stormwater Management Tool for an Impervious Urban Environment[J]. 2008.

第**2**章

海绵城市理念与低影响开发

2.1 城市化进程与城市内涝

2.1.1 城市化与"硬化"

城市是人类伟大的发明。城市的快速发展,必然伴随着大规模的建设。城市发展在改善人类居住环境的同时,也带来了以城市"内涝"为代表的城市发展问题。显然,城市"内涝"是人类提升生活品质的目标和生存环境质量下降的现实之间存在的亟待解决的问题。

传统的城市化建设多以高楼大厦为主,钢筋水泥建筑数量多,城市土地利用率极高,下垫面硬化程度增大,不透水面积比例增加,土壤入渗率低,绿地和土壤面积急剧减小,导致城市中形成的地表径流很难下渗到土壤中(见图 2.1)。一方面,强降雨或集中降雨时,城市排水管网承受巨大压力,无法在短时间内将雨水排走,城市"看海"现象频发(62%城市发生过内

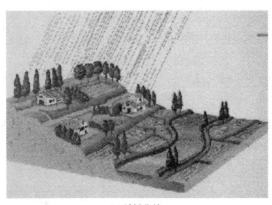 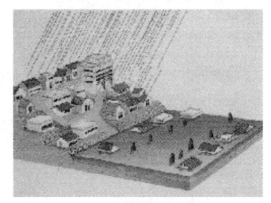

(a) 城镇化前   (b) 城镇化后

图 2.1   城镇化前后雨水对城市的影响

涝）；另一方面，由于雨水被管网快速排走，70％以上的雨水不能被加以利用，城市缺水问题凸显，得不到有效解决。

2.1.2　城市内涝成因

城市内涝的成因可以归结为以下 3 个方面。

（1）气候因素

其中包括，全球大气候变化引起的极端天气（暴雨天气增多）频发和局地小气候——城市"热岛效应"导致的暴雨频发。

（2）城市规划及管理因素

① 城市规划的顶层理念落后。城市人口随着城市化进程的提高而逐渐增多，城市规模不断扩大，城市发展存在无序和碎片化的趋势，城市区域与自然生态系统之间的关系为单纯的挤占和侵蚀。城市硬化率高，下渗率低，雨后地表径流量巨大；低洼地势为新建城区，积水现象严重，城市内涝加剧。

② 城市建设技术落后。排水设计的标准偏低，建设质量偏差；排水途径单一。

③ 城市雨水管理的方法落后。"雨洪"工程技术及管理体系缺失，管理制度不完善。

（3）自然水体面积锐减，生态功能丧失

城市中本来存在的自然水体由于城市化进程需要，土地被严重挤占，自然水体失去了储存雨水的空间和功能，无法涵养水源；仅剩的水体由于面积小、缺乏水动力，自净能力差，逐渐变为黑臭水体，影响城市美观。

极端天气变化，自然水体功能丧失，都与人类活动和城市化进程不无关系。而城市开发方式和规划理念的落后更是造成城市"内涝"的直接原因。因此，解决城市"内涝"的病症，在于转变开发方法，重点在于城市规划先行。

2.2　城市规划与城市排水系统发展

2.2.1　城市开发，规划先行

如前所述，造成城市内涝的原因中，城市规划理念的落后对城市"内涝"的影响较为严重，城市开发的理念也亟待转变。解决"逢雨必涝"的"城市病"，首要的是转变城市规划的理念和开发方法，所谓"城市发展，规划先行"。

规划先行，是指城市建设要始终服从规划。不论是古代还是现代，文明的发展总是依水而建，以水为核的。城市是社会经济产出和能源资源消费中心，水是城市存在的基础。因此，在制定规划时，要充分考虑以水为主的基础设施对城市的影响，重点且系统地规划与水相关的基础建设部分。

在城市规划初期，以水资源的承载力定城市规模，控制人口数量（以水定城，以水定人），以水资源的承载力和流向定工业产业规模和结构（以水定产），以水资源的承载力定区域规划（以水定地）。

与水相关的城市基础设施主要包括供水和排水系统，而解决城市"内涝"问题，构建宜居、舒适、优美的城市环境，又主要依靠其排水系统的规划和建设。

2.2.2 城市排水系统

我国最早的排水系统产生于距今 4000 多年的龙城时代，木质和陶制排水管为权利阶级垄断；明清时期，北京的全城水系容量超过 1935 万立方米，蓄水容量为 $0.32m^3/m^2$，分别是唐长安城的 3.3 倍和 4.5 倍，这也使得北京很少受洪涝灾害的困扰。直到 19 世纪，排水系统的功能都是单纯排出城区的雨水，防止内涝。

19 世纪中叶，巴龙·奥斯曼在对法国巴黎的规划改造中，设计出了一套庞大而复杂的地下排水系统。1854～1878 年，由厄热·贝尔格朗具体负责施工，共修建了巴黎地下 600km 长的下水道。巴黎下水道在此基础上，根据城市规模的扩大而不断延伸。现今巴黎的下水道总长近 2300km。目前具有百余年历史的巴黎下水道仍然在市政排水方面发挥着巨大作用，每天超过 1.5 万立方米的城市污水都通过这条古老的下水道排出市区。

巴黎的下水道的四壁整洁，管道通畅，纵横交错，密如蛛网。按沟道大小，可分为小下水道、中下水道和排水渠。小下水道中，建有蓄水池，蓄水池定期排水增加冲刷效应，避免下水道堵塞；排水渠是宽约 3m 的水道，两旁是宽约 1m 的查检人员通道，顶部排列着饮用水、非饮用水和通信管线。

巴黎下水道系统在功能上将雨水排水系统与污水处理系统合二为一。雨水和污水通过净化站进行处理，处理过的水一部分排入河流，另一部分通过非饮用水管道循环使用，充分做到了绿色环保，循环利用。截至 1999 年，巴黎完成了对城市废水和雨水的 100% 完全处理。巴黎地区现有 4 座污水处理厂，日净化水能力为 300 多万立方米，净化后的水排入塞纳河，而每天冲洗巴黎街道和浇花浇草的 40 万立方米非饮用水均来自塞纳河。

巴黎城市排水及污水发展沿革如图 2.2 所示。

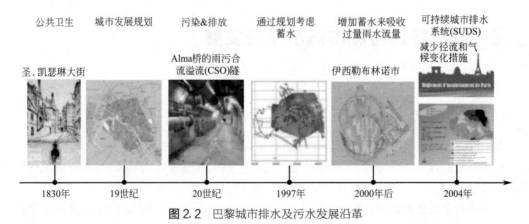

图 2.2 巴黎城市排水及污水发展沿革

由巴黎先进而超前的地下排水设施规划可知，城市排水系统的功能已经从单纯的排水、防止"内涝"，向着"污水处理，循环利用，补充城市内河水源"等多功能方向发展。

然而，近几十年我国对于雨水的处理方式是简单的"快排"，单纯地把雨水的压力转嫁给了"排水"系统，希望依靠下水管道"快排"的方式解决内涝问题。一方面这使得本就建设不足的城市排水系统面临更严峻考验；另一方面"快排"使得城市的缺水状况进一步加剧：地下水得不到补充，城市自然水体和湿地得不到涵养，城市内河和湖泊水体黑臭问题加剧，饮用水水源水质无法保障，为保障城市的饮用水和生产用水，甚至需要超远距离引水、调水，工程量、花费和生态影响巨大。

一方面在生产和生活中严重缺水，另一方面在暴雨过后却又面临着雨水泛滥的窘境，城市发展陷入了水质性"缺水"和水量上"怕水"的怪圈（见图2.3）。

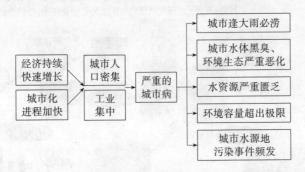

图2.3 严重的城市病

2.2.3 城市水循环系统与海绵城市建设

（1）城市水循环系统

最初，人类社会的用水为简单的"无度开采→低效率利用→高污染排放"模式。随着人口和工农业规模的发展扩大，单纯依靠自然水循环系统的自净功能（见图2.4），水体已经无法恢复至可供人类取用的状态。

因此，以污水处理厂、排水管网、泵站（灰色城市设施）为基础的，依靠人工设施，强化、恢复水体功能的城市水循环2.0系统应运而生（见图2.5）。然而，单纯的污水处理，达标排放，没有遏制住城市水体黑臭及富营养化加剧的状况。人工处理系统消耗了大量的能源，不断提高的排放标准，耗费了大量处理的能源，这从某种程度上加剧了城市局地气候的恶化。

图2.4 单纯依靠水体自净的城市水循环系统1.0版

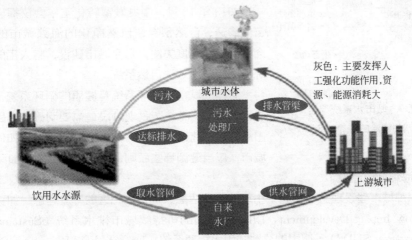

图2.5 城市水循环系统2.0版

因此，从单纯的"无度取水→用水→排水"转变为"节制取水→高效利用→污水再生、再利用、再循环"的循环型用水模式，使流域内城市群能够实现水资源的循环利用，使社会水循环能与水的自然循环和谐统一地存在于一个系统中，如图2.6所示。

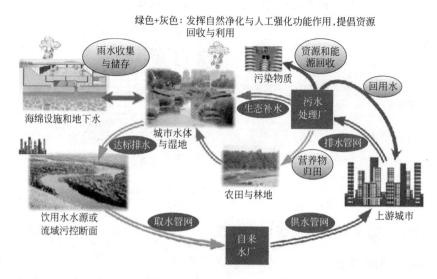

图2.6　城市水循环3.0系统

城市水系统综合规划与整治包括三个方面，如图2.7所示。所谓"健康的城市水循环系统"，一是指在社会水循环中，尊重水的自然运动规律，合理科学地使用水资源，不过量开采水资源，同时将使用过的废水经再生净化，成为下游水资源的一部分，使得上游地区的用水循环不影响下游地区的水体功能，水的社会循环不破坏自然水文循环的客观规律，从而维系或恢复城市乃至流域的健康水循环，实现水资源的可持续利用；二是指在社会物质流循环中，不切断、不损害植物营养素（N、P等）的自然循环，不产生营养素物质的流失，不积累于自然水系而损害水环境，实现人类活动与自然水环境相统一的和谐境界。

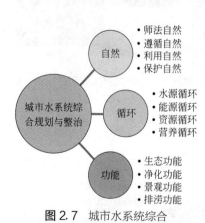

图2.7　城市水系统综合
规划与整治的三个方面

2013年12月，中央城镇转化工作会议提出的"建设自然渗透、自然积存、自然净化的海绵城市的"建设理念，被给予高度关注，号召城市建设，将人工的水循环系统最大限度地效法自然系统。

怎样的城市水循环系统是健康的循环系统，如何"效法自然水循环系统"是现阶段最需要明确的问题。我国提出海绵城市建设的理念，其内涵包括什么；如何建设海绵城市，应当遵循哪些原则，则更需要不断地加深认识。

（2）海绵城市建设

我国海绵城市建设理念不是凭空出现的，发达国家也存在相近的开发理念，如美国的低影响开发（Low Impact Development，LID）、英国的可持续城市排水系统（Sustainable Urban Drainage System，SUDS）、德国的分散式雨水管理系统（Decentralized Rainwater/Storm-water Management，DRSM）、澳大利亚的水敏感城市（Water Sensitive Urban Design，WSUD）

等。这几种开发模式，均可看作以低影响开发（LID）为核心，由此演变出的各有侧重的开发模式和雨水管理理念（见表2.1）。

表2.1 发达国家开发理念与雨水管理体系

名称	国家	核心内容
低影响开发	美国	采用土地规划和工程设计的方法管理雨水径流,强调现场自然属性的保持和利用,从而保护水质
可持续城市排水系统	英国	旨在减少新的和现有的开发对地表排水排放的潜在影响
水敏城市设计	澳大利亚	城市设计与水循环的管理,保护和保存的结合,包括雨水、地下水、废水管理和供水,为城市设计减少环境退化,提高审美和娱乐吸引力,确保城市的水循环管理,尊重自然水循环和生态过程

对于雨水的处理方法的共同点是，重视雨水的源头控制和综合利用。要将进入城市系统的雨水看作"资源"，既要控制管理又要合理利用。它们的核心都是既关注水量的控制，又关注水质的改善。

笔者认为，对于水的循环过程，不仅仅是依靠人工的循环和干预。水在进入城市以后，应该尽量尊重水本身的循环和生态过程，人工设施与自然水体相结合的方式，甚至是更侧重于水的自然循环方式，让水和城市的关系更融洽。

笔者认为，我国建设海绵城市的核心理念，应是使城市具有海绵的特征：吸纳和弹性。城市具有了"海绵"特性的结构，城市与水的"弹性"关系就体现为"吸纳"和"释放"。而这"吸纳"与"释放"在水量和水质的方面都要有所体现。吸纳，主要体现在"渗""滞"和"蓄"（见图2.8）；弹性，主要表现为可吸收、可释放。海绵城市的建设要兼顾"吸进来"和"还（用）回去"（见图2.9）。

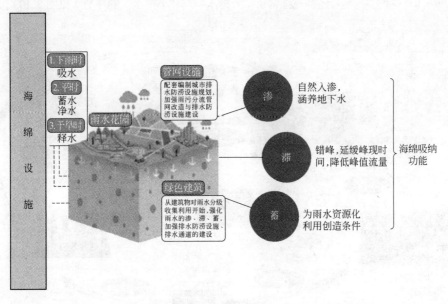

图2.8 海绵城市的吸纳功能

在水量方面，若不及时"存储"，则地表径流超过排水负荷时，城市"内涝"问题发生；快速排水过后，缺水和干旱问题凸显；在水质方面，若不及时"存储"，当初雨与污水合流，超过污水处理厂的处理能力，溢流进入受纳水体，必然带来整体河流水质的恶化，水体黑臭和

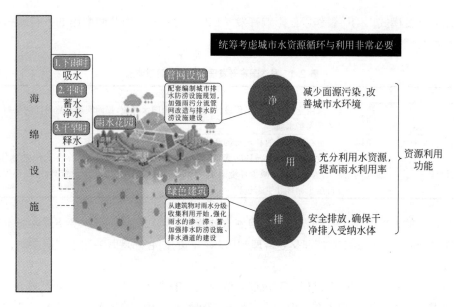

图 2.9　海绵城市吸纳水资源的循环与利用

富营养化加剧。在水量方面，若不及时"还回去"，则地下水超采，城市整体和建成区域下沉；或不将取走的水及时"还回去"，则自然水体萎缩，局地气候改变，"城市热岛"效应加剧，土壤干旱也会加剧；单纯"储水"而不及时"用水"，既会造成水资源的浪费，也增加了"储水"设施的空间占用率。

除了关注水本身的使用和循环回用价值、水中物质回收的资源价值和水的景观美学价值外，在城市水循环 4.0 系统中，笔者还补充强调了"大排水"与"小排水"的环节（见图 2.10）。

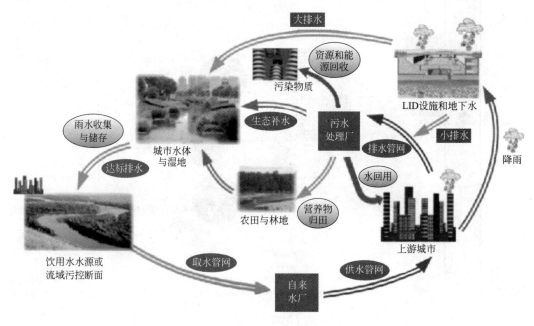

图 2.10　城市水循环系统 4.0 版

这里的小排水系统主要包括雨水收集装置、灌渠、调节池和排水泵站等（原来的灰色基础建设部分）。而大排水系统主要包括人工和天然两种：人工大排水系统包括地表通道、地下大型排放设施；天然的大排水系统包括地面安全的泛洪区域及调蓄水体和设施。

同时，笔者认为，海绵城市的建设不仅仅是关注、强调单个的"碎片化"的 LID 项目建设和补充加强"小排水"系统的建设；更要关注城市区域尺度的人工"大排水"系统的连通和自然"大排水"系统的利用。

2.3　海绵城市理念与 LID 开发理念的关系

2.3.1　LID 开发理念

LID 概念可以说是发达国家"雨洪"管理和开发理念的核心。LID 概念最早起源于 20 世纪 70 年代的美国。LID 是指在开发过程的设计、施工和管理中，追求对环境的影响最小化，特别是对"雨洪"资源和分布格局影响的最小化。

从水循环的角度，开发前后水文特征基本不变，这其中包括径流总量不变、峰值流量不变和峰现时间不变。这就要求在开发过程中，采取一定的技术手段（渗透、储存、调蓄和滞留），使得开发后径流量不外排、消减峰值和延缓峰值时间。LID 开发水文情况示意如图 2.11 所示。

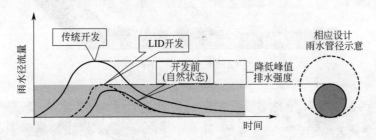

图 2.11　LID 开发水文情况示意

达到以上目的的 LID 技术手段主要包括渗水路面雨水花园、绿色屋顶、下凹式绿地、生态沟渠、生物滞留池、地下蓄渗设施等（见图 2.12～图 2.17）。

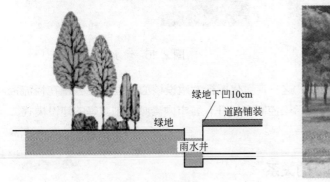

(a) 下凹式绿地示意图

(b) 下凹式绿地实景图

图 2.12　下凹式绿地

图 2. 13　雨水花园

图 2. 14　生态沟渠与雨污分流

日本生态村镇技术应用 >>>

雨污分流

收集屋顶的雨水 ①
导流到收集池 ②
通过简单的沉淀净化 ③
措施后进行合理储存
雨水可用于城镇家庭 ④
浇灌、冲厕,也可用于
公共和工业等方面的
非饮用水园林灌溉、
道路冲洗、冷却循
环等

"生态沟渠"

① 在道路两旁增设下凹式绿地
② 在绿地上挖设下凹式洼地
③ 有效减少道路的地面径流。
一方面储存植物所需水分,大
量减少水土流失;另一方面有
利于水的下渗,避免内涝

图 2. 15　绿色屋顶

图 2. 16　渗水路面

　　LID 模式是以地块"年总径流控制率"这一定量化指标为建设核心,同时也强调在径流控制过程中的"额外"效益,如(雨)面源污染控制率提升、城市内涝频次削减等的建设模式。

2. 3. 2　海绵城市开发理念与 LID 的关系

　　与 LID 对于单个单元的径流控制不同,整体的海绵城市建设则是在整个城市的建设中积极统筹并规划整合一系列相关工程举措，形成的广泛而丰富的城市建设体系，将一个个碎片化的 LID 单元连接起来，延伸扩展了基于"雨水径流控制率"为核心的 LID 构建形式。结合各地海绵城市建设模式，整体的海绵城市建设工程应该包括"涉水"工程、"涉绿"工程和"涉改"工程三类。

第一类从城市水循环系统出发，简称"涉水"工程，如城市防涝系统建设、城市黑臭水体消除、地表水环境质量改善、地下水质量提升、城镇污水厂提标改造、综合管廊建设等。

第二类结合城市景观绿化系统，简称"涉绿"工程，如城市生态廊道建设、河道水系生态修复工程、城市绿地系统建设等。

图 2.17 德国慕尼黑地下储水系统

第三类则指在海绵城市构建中发生的城区更新及城市扩张等，包括新区建设，即耕地和村落转变为城市，以及旧城改造，如城中村消减、城乡结合区域改造提升等，简称"涉改"工程。

虽然，整体的海绵城市建设模式并不能直接反映地块的"年总径流控制率"这类 LID 指标，但这类从整体出发的"大海绵"建设模式的出现是顺应城市发展的必要性要求，是构建兼备"面子"与"里子"的海绵城市的必行途径。

因此，在实际海绵城市建设的过程中，应该兼顾 LID 单元建设和整体海绵建设。

1）单个 LID 建设单元的碎片串联　将单个从源头控制径流量的 LID 设施"串联"起来，将 LID 单元的碎片拼接起来，形成城市整体的"输送脉络"，这脉络上不仅仅包括 LID 建设的单元节点，更包括市政管网、受纳水体、明渠水系等诸多人工及自然排水系统。遵从水（径流）的规律，是建设具有"弹性"城市的核心。

2）重视 LID 开发单元的"额外"效应　LID 开发模式主要针对城市径流控制率的不足，对城市发展水平提高有积极作用，但城市发展过程也存在其他不足，城市发展水平整体提升需协调相关的城市基础设施体系。例如，LID 模式可大幅削减城市水体受纳的面源污染物，有效减轻水环境污染，但源头控制带来的污染削减能不能最终转化为城市水环境质量提升、城市水生态系统恢复、居民生活环境优化等，仍受城市整体基础设施条件的限制，要达到城市"水体无黑臭"这一目标，仍需结合其他相关措施；不同的城市其点源/面源污染占比不同，对于点源污染占比高的城市，需配合市政设施完善、污水厂提标或河道生态修复等策略，才能切实削减城市水体污染，达到消除城市黑臭水体的目标。

2.3.3　海绵城市建设的具体措施

海绵城市的建设是一项长期任务，应结合本地区特点，制定符合海绵城市建设的专项规划、建设与开发的地方标准与规范，因地制宜，一城一策。

（1）已建成城区及易涝道路改造

建成区改造应以存在问题为出发点，着重解决已经存在的问题，依据建成情况和现有基础设施（LID单元技术）建设改造。要避免盲目全面翻挖，重点解决逢雨必涝点或区域，采取分流制的雨水强排措施和系统以及可资利用的池塘、水体、人工调蓄池等调蓄系统，即大排水系统，解决民生问题。结合城市道路、园林等设施维护和升级，逐步按LID理念进行改造。

（2）新建地区

对于新建地区，应以海绵城市建设的目标为导向。城市新区、各类园区、开发区由于现状制约条件较少，可按海绵城市建设的理想目标，在规划阶段将海绵城市建设理念和目标要求系统地纳入城市总体规划、详细规划和各相关专项规划中，严格制定《海绵城市规划建设指标体系》；将雨水"年径流总量控制率"作为其中的刚性约束指标，建立区域雨水排放管理制度；在工程审批和建设阶段，严把质量关；执行雨污分流的排水系统；建议业主将LID设施建设与运营纳入工程建设投资和运行成本，政府加强监督和管理。

（3）区域海绵建设

全面治理城市内河，改善城市水体黑臭问题，应是海绵城市建设的一项重点内容。原环境保护部对广东、浙江、江苏、河南等地统计，城市黑臭水体比例综合分析，全国地级及以上城市建成区黑臭水体数量约5100个，约占39.4％。

城市水体的污染问题，"黑臭在水里，根源在岸上，核心在管网"。因此，城市区域水体的整治问题，根源是要恢复水体的三大生态功能，即生物净化功能、生态景观功能和泄洪排涝功能。恢复城市水体功能的具体措施如图2.18所示。

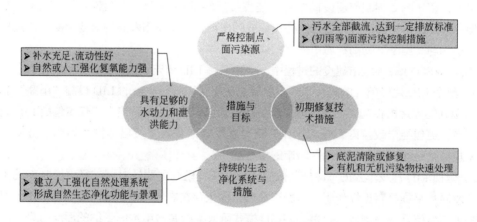

图2.18 恢复城市水体功能的具体措施

本节选择了大学校园项目海绵建设、建成区海绵改造、易涝道路海绵改造及区域综合治理四个角度，挑选了LID建设实例，以期达到为不同类型区域的海绵城市建设和改造提供选择的目的。

2.4 海绵城市建设的关键与LID建设实例

重视LID控制单元，在适宜位置新建LID单元，或将不符合LID理念的公共设施改造成LID单元，是新建小区打造海绵设施的理想选择。在LID开发的技术中，有较多的模型模拟和建设实例显示，绿色屋顶和生态滞留池是较为有效的 LID 建设单元。绿色屋顶对于缓解"热岛效应"，改善局地小气候，增加雨水回用率，从源头控制初雨水质，减少径流量等都有非常理想的效果；而生态滞留池，不论是对于 TSS 还是回收水中的 N、P 等营养元素都是很好的处理技术。因此，在新地块开发中应该注意这两项技术的结合使用。

对于绿地面积小，不透水面积大的建成区改造，应该以透水铺装、生态停车场及雨水花园等技术为主，减少地表径流，同时通过生态沟渠等控制面源污染问题。

本节重点调研了第一批进入国家海绵城市试点的常德市的海绵城市建设情况。自 2005 年开展海绵城市改造后，常德在城市建设、新区开发以及建成区改造中，处处都可以看到"海绵"的影子，满眼的"绿色"替代了过往的"灰色"。2017 年，《人民日报》更以头版刊发了"让雨水自然储存、渗透、净化，常德'海绵'留住天上水"介绍了常德海绵城市建设情况，并在第 10 版"咕嘟咕嘟，城市会喝水"中做了进一步报道，深度阐述了常德海绵城市建设的成功经验。本篇以湖南文理学院新区建设及全国首批海绵城市建设示范小区——润景园（二期）工程为例，介绍新建区建设及建成区海绵改造的具体过程。

2.4.1　建成区海绵改造建设实例——常德泰达润景园（二期）

以全国首批海绵城市建设示范小区——"常德泰达润景园"项目为例，分析新建小区的海绵建设和改造要点，关注绿色屋顶改造和生态滞留池在案例中的建设及改造方法。该小区内引入了 LID 建设监测系统，以明确各个节点的 LID 建设和雨水实时状态。

2.4.1.1　项目概况

（1）常德当地气候与水文条件

常德市属于中亚热带湿润季风气候向北亚热带湿润季风气候过渡的地带，气候温暖，四季分明，春秋短，夏冬长；热量丰富，雨量丰沛。常德全市年降水量 1200～1900mm。水资源主要来自降水，降水时空分布不均，丰水期（4～10 月）降水和径流约占全年的 70% 以上。

（2）项目面积及分区

常德润景园（二期）项目用地总面积 47600m²，其中商业区 9400m²，居民区 38200m²。

常德润景园（二期）主要功能类型及面积如下：a. 地下室占地面积超过场地内 70%，约 33400m²；b. 地下室顶板厚度 1.2m，绿化面积 42%；c. 北侧商业地块面积 9400m²，南侧居住面积 38200m²；d. 小区中央广场现有 1500m² 水景。

其中绿地面积 19992m²，水体面积 1500m²，从绿地及水体面积可看出，该区域原有一定面积的绿地和水体，可有效消纳小区内雨水；硬化地面积 17524m²，停车位面积 700m²，由此可见，润景园项目海绵改造的可行区域面积较大。因此，项目既有较好的海绵小区改造基础，又存在很大的海绵改造空间。

小区内已建成海绵基础设施包括：a. 部分地面径流雨水通过绿地系统引入小区设置浅水小溪及景观水池；b. 景观设计采用较大的微地形草坪，其中园内道路两侧部分设置下凹式绿地；c. 部分园内道路两侧设置碎石雨水截流沟，并且 6# 楼西侧绿化带内设置 300m³ 地埋式雨水池一座，收集净化雨水，并用于小区景观水体补充及绿化浇洒（见图 2.19）。

根据当地海绵城市建设要求，设定具体改造目标：a. 年径流控制率为 85%，降雨控制厚度 28.2mm；b. 增加透水地面面积，下凹式绿化系统，雨水回用水池，流量径流系数从 0.55 降低至 0.45；c. 控制 28.2mm 降雨不外排，初期雨水全部控制在区域内绿化、土壤过滤，年

(a)浅水小溪及景观水池

(b)下凹式绿地与微型草坪景观

(c)雨水截流沟

图2.19 已建成海绵理念的基础设施组合

SS控制率大于60%，排入市政管网水质超过地表Ⅳ类；d. 增加建设200m³调蓄池，雨水回用率大于15%。

主要采用绿地系统、生物滞留系统、景观水体系统滞留雨水径流，结合雨水回用量设置部分（300m³＋200m³）雨水回用水池、增加不透水地面面积。各项目海绵城市建设技术措施分析表如表2.2所列。

⊡ 表2.2 各项目海绵城市建设技术措施分析表

项目名称	规划用地面积/m²	雨水控制厚度/mm	综合雨量径流系数	径流控制总量/m³	透水混凝土面积/m²	下凹式绿地面积/m²	生物滞留池储存水量/m³	雨水调蓄设施/m³	总调蓄容积/m³
商业区	9400	28.2	0.75	198.8	0	200	50		80
居住区1	15270	28.2	0.55	236.8	1200	1800	80	300	420
居住区2	22930	28.2	0.55	323.3	1600	2200	120	200	400

注：1. 表中雨水控制厚度选用常德市年径流总量控制率85%，降雨厚度按28.2m计算。

2. 表中透水铺装全渗透设施，铺装下级配碎石厚度不低于300mm，确保28.2mm降雨时不产生径流。

3. 本次计算屋面、不透水地面雨水综合雨量径流系数取0.8，绿地径流系数0.15，透水铺装综合雨量径流系数取0.2。

项目现状排水分区情况如图2.20所示。现状小区有5个排出口，按现状排出口对应的汇水分区，根据现场分区特点，确定每个分区实现的控制率：排水分区一90%，排水分区二70%，排水分区三70%，排水分区四90%，排数分区五90%。小区整体年径流总量控制率为85.5%。

2.4.1.2 项目分区改造措施及效果

润景园（二期）项目分区改造措施示意如图2.21所示。

（1）商业区

润景园（二期）商业区面积为9400m²。

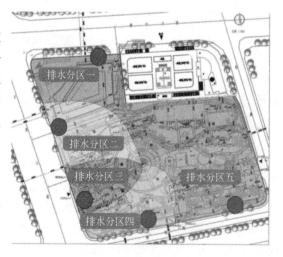
图2.20 润景园排水分区

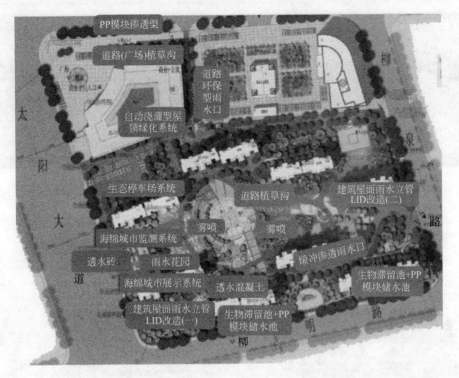

图 2.21 润景园（二期）项目分区改造措施示意

下垫面形式由建筑屋面、停车场及地面铺装组成。海绵改造措施主要包括：a. 屋顶绿化改造；b. 生态停车场改造；c. 广场雨水排水重新组织进入植草沟系统；d. PP模块渗透渠铺装。

具体改造效果如下。

1）屋顶绿化改造 在商业屋顶和管理用房屋顶区域全部绿化改造的过程中，除对屋顶进行绿色铺装外，还加装了"雨水存储自动浇灌"系统，以增加雨水利用率，减少浇灌取水量，改造总面积 $3000m^2$（见图 2.22～图 2.24）。

2）生态停车场改造 将商业区混凝土地面停车场，改造为植草砖生态停车场。改造后的植草砖停车场，除了具有高绿化、高承载的特点之外，使用寿命

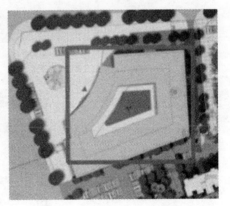

图 2.22 屋顶绿色改造位置图

也较传统的停车场长。根据生态停车场的国际标准，绿化面积应大于混凝土的面积，达到高绿化的效果；同时，改造后的停车场具有较强的透水性，能够保持"小雨不积水"，雨后地面干爽，同时可承担减少流量径流系数的改造目标（见图 2.25、图 2.26）。

3）广场雨水排水重新组织进入植草沟系统 小区的 90% 均有地下室，设计渗透草沟系统、渗透排放系统，可以有效减少地下室顶板积水。将商业广场混凝土排水边沟改造为植草排水沟，并通过改良种植土，增加渗排管，辅助溢流等措施，以保证雨后的排水效果（见图 2.27～图 2.29）。

(a) 改造前混凝土屋面

(b) 改造后绿化屋面

图 2.23　屋顶绿化改造前后对比

图 2.24　屋顶雨水存储自动浇灌系统

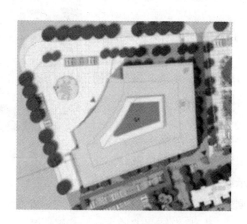

图 2.25　生态停车场改造位置

4）PP 模块渗透渠铺装　将 PP 模块渗透渠铺装安装在绿地内，便于雨水收集，涵养水源。经渗透静置、存蓄的雨水，可以作为绿地浇灌的水源，增加小区整体的雨水调蓄能力，减少自来水的取用。同时，渗透过滤可以有效截留雨水中的污染物，控制雨水径流污染（见图 2.30、图 2.31）。

(a) 现状商业停车场　　　　　　　　　　(b) 改造后生态停车场

图 2.26　生态停车场改造前后对比图

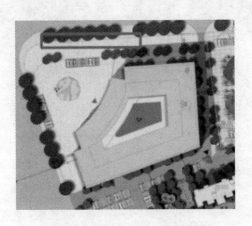

图 2.27　植草沟改造区域位置图

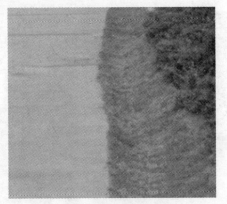

(a) 现状广场排水沟　　　　　　　　　　(b) 改造后广场植草沟

图 2.28　广场植草沟改造前后对比图

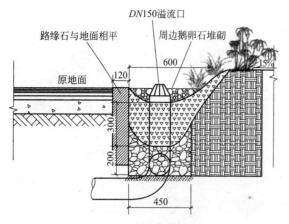

图 2.29　植草沟施工结构

图 2.30　PP模块渗透渠铺装改造位置示意

(a) PP模块渗透渠安装位置

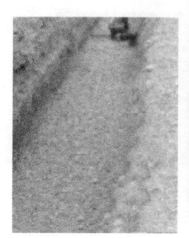  

(b) PP模块渗透渠安装大样

图 2.31　PP模块渗透渠铺装现场

（2）居住区

常德润景园（二期）项目，居住区面积为 38200m²。下垫面以建筑屋面、绿化、硬化场地、水体组成。海绵改造主要包括：a. 屋面雨水立管改造，进入局部雨水花园或小型雨水收集系统；b. 道路浅草沟排水系统；c. 生物滞留设施与 PP 模块调蓄回用池；d. 雨水花园滞留系统。

具体改造情况如下。

1）屋面雨水立管改造　小区内涉及的屋面雨水立管改造建筑较多，改造的建筑物均匀分布于小区的各个区域。

具体改造立管的方式主要有两种（见图 2.32）。根据立管位置，还可适当设置高位雨水花园，过滤屋面雨水（改造方式一）。将原有排水立管截断，引流至绿化带内，并设置砾石缓冲带；或采用装饰性储水罐存储，就近回用（改造方式二）。同时，也可将两种改造方式结合使用。

图 2.32　雨水立管改造前后对比图

2）道路浅草排水系统　道路浅草排水系统的改造，首先是将路边绿化带改为植草沟（见图 2.33）。同时，将原道路外侧的雨水口置于改造后的植草沟中，将雨水引入植草沟内滞留、入渗，并将原来的传统雨水口替换为截污环保型雨水口，增强小区对雨水的存储和调蓄能力（见图 2.34）。

3）生物滞留设施与 PP 模块调蓄回用池　在小区南侧两个雨水排出口设置多级生物滞留池（见图 2.35），经过生物滞留

图 2.33　道路外侧植草沟

(a) 道路外侧雨水口　　　　　　　　　　　(b) 改造后生态雨水口

图 2.34　道路浅草排水系统改造前后雨水口

池后的雨水，汇入 PP 模块储水池。生物滞留池与 PP 模块收集水池结合，利用土壤渗透过滤，减少后期雨水处理设备及维护费用。多级生物滞留池示意如图 2.36 所示。

**图 2.35　生物滞留设施与 PP 模块调
蓄回用池改造区域位置**

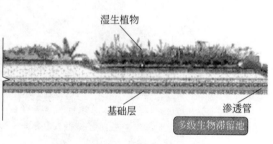

图 2.36　多级生物滞留池示意

经过生物滞留池过滤处理后的雨水，通过入渗或遗留方式进入 PP 模块水池，处理后的雨水用于小区内绿化浇灌、场地冲洗、景观水补水等（见图 2.37）。

4）雨水花园滞留系统　小区在雨水花园建设方面，将原有绿地进行了下沉式和植被、景观丰富化改造，使得小区内的绿地能够兼具休憩、景观和雨水调蓄等综合能力（见图 2.38、图 2.39）。

2.4.1.3　海绵建设监测系统

除上述 LID 理念基础设施改造外，润景园（二期）为检验海绵小区建设效果，引入了海绵建设监测系统，对建筑小区外排出口安装实时监测系统，监测内容包括外排至市政雨水管道流量、雨水集蓄水池出水量、雨水资源化利用量、下凹式绿地渗（滞）量、渗透铺装产流、外排出口水质（见图 2.40）。通过对数据的监测，根据降雨量、小区内的水质、水量及污染程度数据，及时做出相应的蓄水、排水，雨水处理等应对方案，使得小区海绵建设的目标能够可视

绿化浇灌　　道路冲洗　　洗车　　冲厕冷却水

环保型塑料模块拼装蓄水池由初期雨水弃流系统+环保型塑料模块蓄水池+雨水动力提升净化系统等组成。收集的雨水储存至蓄水池，当日常的生活中的喷灌、冲厕、道路洒水、景观补水等用途时，可由雨水动力提升净化系统处理，得到符合要求的水源。

一体化埋地处理间

采用埋地一体化处理设备间，整合过滤、消毒、反冲洗等设备，组合成套雨水处理设备，埋地设置安装方便，节约地面空间，根据不同水质要求，配置不同处理设备。

图 2.37　PP 模块调蓄回用系统

化、可监控、可调整。

保证小区的海绵监测系统正常运行，需要对以下方面进行严格管理和监控：a. 雨量计安装在小区监控室（保安室），不被建筑、树木遮挡；b. 在其中五个重点市政排出口管道上安装流量监测装置；c. 渗透铺装产流监测，通过安装流量、水质监测对溢流口流量监测计量；d. 雨水收集池设置水位计，回用管设置流量计，累计全年回用水量，并设置连续降雨排空机制；e. 对 3 个重点排出口在线监测 SS、 COD 两组数据，并定时人工取样检测水质。

图 2.38　雨水花园改造涉及区域位置

润景园（二期）海绵监测系统（控制中心）与监测区域如图 2.41 所示。

对以上节点进行有效监测后，可知各项 LID 改造对于海绵建设目标完成的贡献，并及时对 LID 建设单元的作用进行评价。

2.4.1.4　工程改造造价

如表 2.3 所列。

(a) 现状建筑外面下凹式绿地

(b) 改造前楼前绿化

(c) 改造后楼前绿化

图 2.39 润景园（二期）雨水花园改造前后对比

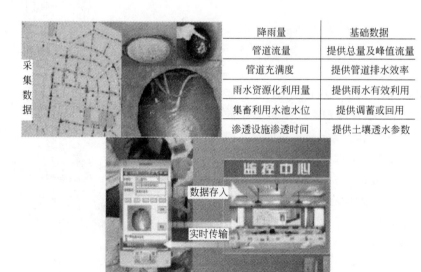

降雨量	基础数据
管道流量	提供总量及峰值流量
管道充满度	提供管道排水效率
雨水资源化利用量	提供雨水有效利用
集蓄利用水池水位	提供调蓄或回用
渗透设施渗透时间	提供土壤透水参数

采集数据

数据存入

实时传输

监控中心

图 2.40 数据监测采集及监测内容

☒ **表 2.3   常德润景园（二期）项目海绵城市提升改造工程造价**

序号	改造工程措施	单位	工程量	综合单价/元	投资估算/万元
一	工程直接费				
1	截污渗透雨水口	m²	3.00	7500.00	2.25
2	地面破除	m²	1580.00	120.00	18.96
3	生态停车场改造	m²	330.00	280.00	9.24
4	雨水回用管道系统	套	2.00	4500.00	0.90

序号	改造工程措施	单位	工程量	综合单价/元	投资估算/万元
5	100m³PP 模块储存处理一体化水池	座	2.00	325000.00	65.00
6	多级生物滞留池一	m²	200.00	650.00	13.00
7	多级生物滞留池二	m²	180.00	650.00	11.70
8	雨水花园	m²	50.00	450.00	2.25
9	小型雨水过滤储存系统	套	6.00	4500.00	2.70
10	高位雨水花园	m²	15.00	2500.00	3.75
11	PP 模块渗透渠	m³	50.00	1850.00	9.25
12	透水混凝土	m²	300.00	150.00	4.50
13	陶瓷硅砂透水砖	m²	700.00	420.00	29.40
14	转输型植草沟	m	550.00	120.00	6.60
15	砾石渗透盲沟	m	250.00	110.00	2.75
16	雾喷系统	套	1.00	250000.00	25.00
17	检测系统(5 个监测点)	套	1.00	480000.00	48.00
18	监测显示屏	台	1.00	30000.00	3.00
19	自动浇灌型屋顶绿化	m²	3000.00	370.00	111.00
工程直接费合计					**369.25**
二	其他费用				
20	建设单位管理费				7.43
21	工程监理费				14.96
22	设计费				18.30
23	勘测费				3.69
24	前期工程咨询费				0.00
25	工程保险费				0.00
26	环评费				0.00
27	招投标代理及图纸审查费				1.11
28	安全文明施工费				0.37
其他费用合计					**45.86**
三	预备费				20.76
29	基本预备费				
四	工程总造价				
30	工程总造价				**435.87**

图 2.41 润景园（二期）海绵监测系统（控制中心）与监测区域

2.4.2 新建地区整体海绵建设与改造建设实例——湖南文理学院

2.4.2.1 气象条件

常德市属中亚热带过渡的湿润季风气候，气候温和，四季分明，冬无严寒，夏无酷暑，热量充分，适合多种作物生长。

常德雨季集中，年内降水主要集中在 4～6 月，且年际降水量变化较大，年均降水量1310mm，常年降水相当于全国平均值的 2.5 倍。常德市年平均气温 16.7℃，年日照时数1530～1870h，年无霜期 265～285d，年平均相对湿度 81%。不同季节存在低温冷害和水热不调的现象，灾害性天气较多。

2.4.2.2 校园概况

湖南文理学院西校区位于常德市武陵区柳叶大道、滨湖路、芙蓉路及龙港路围合处，常德白马湖公园西侧。校区面积约 60.45hm²。其中房屋面积约 8.00hm²，园林绿化面积11.80hm²，菜地面积 2.66hm²，足球场（草坪）2.06hm²，露天停车场面积 0.41hm²，水域面积 5.84hm²，硬化球场面积 1.45hm²，硬化广场面积 1.68hm²，荒地面积 5.54hm²，建设区（裸露土壤）面积 2.74hm²，道路及其他面积 18.27hm²。

（1）现状排水管网及区域水系概况

校区目前排水体制为雨污分流制，建筑物有完整的给排水管道，包括自来水管、污水管及雨水落水管。污水出校区后接入柳叶大道和滨湖路 $D600$ 污水主干管，雨水出校区后接入柳叶大道（$D600$、$D800$、$D900$）、龙岗路（$D1000$）、滨湖路及芙蓉（$D800$、$D1000$）雨水主干管（见图 2.42、图 2.43）。

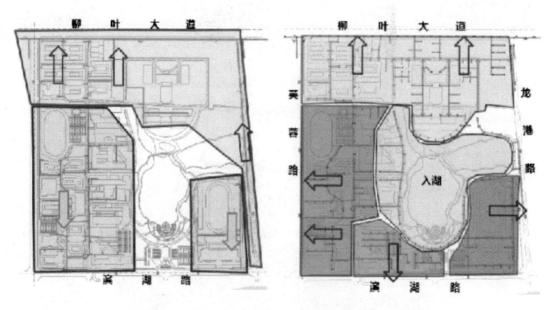

图 2.42 湖南文理学院西校区污水分区　　　　图 2.43 湖南文理学院西校区雨水分区

校区拥有 5.84hm² 的水域，主要为白马湖与东白马湖，其中东白马湖与白马湖公园水系由一道土堤分隔（图 2.44）。校园内水域为穿紫河水系的源头，其水质的好坏与水量的多少直接影响下游白马湖公园及穿紫河流域的水质水量和景观品质。

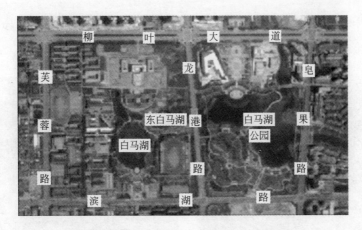

图 2.44 湖南文理学院与白马湖公园位置关系

目前校园内的白马湖已完成景观及生态保护建设，周边为阶梯绿地，水质较优，补水及换水水源来自校园内部雨水（见图 2.45）。

(a) 环湖绿地

(b) 水面实景

图 2.45　白马湖环湖绿地及水面实景

东白马湖还处于未开发保护阶段，环湖周边均为菜地（见图 2.46），面积约 2.66hm²，湖内浮萍较多，湖底存在部分淤积，长期以来湖底底泥富集的氮、磷元素逐步释放，造成水体富

(a) 水面

(b) 周边菜地

图 2.46　东白马湖水面及周边菜地实景

营养化，因此亟须进行综合整治，并更好地衔接上游白马湖及下游的白马湖公园（见图2.47）。

(a)　　　　　　　　　　　　　(b)

图 2.47　东白马湖与白马湖公园之间的土堤

（2）现状建筑物

目前校园建筑物外立面较新，教学楼及食堂屋顶为平屋顶，材质为混凝土；宿舍屋顶为坡屋顶（坡度较小），材质为铝合金屋面板。此外，屋顶目前利用率较低，均未考虑对雨水的利用。

(a)　　　　　　　　　　　　　(b)

(c)　　　　　　　　　　　　　(d)

图 2.48　校区凸绿地实景

（3）现状绿化

目前校区有的绿化主要有三大类: a. 草坪; b. 草坪＋灌木; c. 草坪＋乔木。

植物长势较好，乔木已成形，大部分绿化为凸绿地（见图2.48），少部分绿化为下凹式（图2.49），但下部无排水管，蓄水能力有限；此外，部分土壤存在板结现象，或被水泥覆盖，影响雨水下渗。

图2.49 校区下凹式绿地实景

（4）现状露天停车场

目前校园露天停车场面积约为0.41hm²，有的为植草砖作为其下垫面，有的则为水泥面（见图2.50）。敷设植草砖停车场由于存在板结，因此已失去透水性能。水泥路面停车场则几乎无雨水下渗的能力。

图2.50 植草砖停车场及水泥面停车场实景

（5）硬化广场及球场

目前校园内的广场大部分为水泥面，少量敷设瓷砖；球场基本为水泥面，品质不高（见图

(a) 硬化广场

(b) 硬化球场

图2.51 硬化广场及硬化球场实景

2.51）。此外，道路两旁均设有路缘石，阻隔了雨水进入绿地的路径，使得雨水只能沿道路径流，再由雨水口进入雨水管网（见图2.52）。

(a) 雨水口　　　　　　　　　　　　　　　　(b) 路缘石

图 2.52　雨水口及路缘石实景

（6）其他

文理学院北侧的逸夫综合楼正在修建，目前土建施工已完成，正在进行周边园林绿化施工、道路施工。现场勘查看到绿化园林仍采用原有凸绿地的理念，与目前常德"海绵城市"理念相悖，因此亟须进行更改设计。

（7）现状管网及下垫面评价

1）现状管网评价　目前校园施行雨污分流制，污水管网基本可以满足要求，但存在以下问题：

① 雨水管道有较多 $DN300$ 和 $DN400$ 的管道，按原有暴雨强度公式和重现期计算，其设计重现期不满足《室外排水设计规范》（GB 50014—2006）（2014 年版）；

② 校区绿化率很高，但绿地多设计为凸绿地，未较好地利用校区绿地吸收硬化路面雨水，且在雨水较急的时候凸绿地增加了道路排水的压力；

③ 校区硬化区域（道路广场等）透水铺装率低，基本均为非透水硬化铺装，增加了地表径流量；

④ 校园最初设计和建造理念与海绵城市设计理念背离较大，雨水外排量较大，同时也增加了周边道路雨水主管的压力；

⑤ 东白马湖的景观环境整治工程一直未启动，影响整个校区和白马湖公园的品位，且周边菜地的施肥带入了一定的营养盐，可能导致湖体富营养化；

⑥ 水系的连通性能不好，影响湖体生态系统的稳定。

2）现状下垫面评价　各下垫面面积及径流系数如表 2.4 所列。

⊡ 表 2.4　湖南文理学院西校区现状下垫面类型、面积及径流系数

序号	下垫面类型	面积/hm²	径流系数
1	屋顶	8.00	0.90
2	园林绿化	11.80	0.20
3	菜地	2.66	0.15
4	足球场（草坪）	2.06	0.20
5	露天停车场	0.41	0.40

序号	下垫面类型	面积/hm²	径流系数
6	水域	5.84	1.00
7	硬化球场	1.45	0.95
8	硬化广场	1.68	0.95
9	荒地	5.54	0.20
10	建设区（裸露土壤）	2.74	0.30
11	道路及其他	18.27	0.95
总面积		60.45	
综合径流系数理论计算值		0.64	

根据图 2.45 可见，整个校区白马湖周边绿化率较高，而西侧住宿区建筑密度高，绿化率相对较低，该区域径流系数偏高，从而影响了整个校区的综合径流系数。此外，无绿化的屋顶、硬化广场、停车场均加大了雨季地表径流量以及初期雨水的污染，这些是需重点进行改造的区域。《室外排水设计规范》（GB 50014—2006）（2014 年版）中 3.2.2 规定"综合径流系数高于 0.7 的地区应采用渗透、调蓄等措施"。虽然目前文理学院西校区综合径流系数小于0.7，但是由于还有 2.74hm² 在建区以及 5.54hm² 的荒地（合计 8.28hm²）尚未建成，随着学校的发展和建设，径流系数将会大于现值。此外，鉴于文理学院西校区处于整个穿紫河水系的上游起端，其雨水控制技术的好坏关系整个水系的景观效果及水安全问题，因此湖南文理学院西校区具备"海绵城市"建设的先决条件。

2.4.2.3 "海绵城市"建设实施方案

（1）总体布置方案

针对文理学院西校区下垫面的现状情况以及业主的需求，对于校区下垫面做如下改造。

① 根据校园屋顶现状，屋顶改造分为 2 类：a. 平屋顶绿化；b. 坡屋顶绿化。

② 根据校园绿化现状，大面积移植灌木及乔木是不经济的，也违背植物生长周期，本着"不动乔木，少动灌木"的原则，将绿地改造分为 3 类：a. 草坪，改造为下凹式绿地；b. 草坪＋灌木，具有一定微地形的下凹式绿地；c. 草坪＋乔木，具有一定微地形的下凹式绿地。

③ 停车场采用透水砖进行铺装，此外当雨量过大造成下渗困难，可利用停车场周边的绿地受纳其径流雨量。

④ 广场采用透水铺装。

⑤ 东白马湖周边菜地改建为具有景观效应的海绵体。

⑥ 白马湖北侧小水塘新建喷泉一处，增加该区域水体流动性，并提升区域品味和参与性。

⑦ 白马湖西北侧狭长水道新增四处人工浮岛，以提高区域水质，减少对下游的污染。

⑧ 水系的连通和清淤，东白马湖和白马湖公园的连通基本上是顶部溢流排水，考虑到湖体水质的分层，顶部水要远优于底部，建议将其完全连通，或者增设底部排水连通措施，并强化湖体生态系统的建设。

湖南文理学院西校区"海绵体"布局如图 2.53 所示。

（2）硬屋面改造设计

部分宿舍原为混凝土平屋顶，后加铝合金屋面板，并形成一定坡度。因此，对有条件的房屋进行铝合金屋面板拆除，在原始房屋结构上进行屋顶绿化改造。

1）平屋顶绿化 对混凝土屋顶敷设 HDPE 膜进行防水。最后敷以结构为（由下至上）"隔根层（防水层）-保湿层-蓄排水层-过滤层-营养土-植被层"的绿色屋顶，其中营养土层不

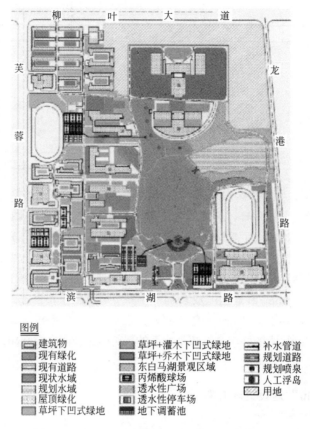

图例
- 建筑物
- 现有绿化
- 现有道路
- 现状水域
- 规划水域
- 屋顶绿化
- 草坪下凹式绿地
- 草坪+灌木下凹式绿地
- 草坪+乔木下凹式绿地
- 东白马湖景观区域
- 丙烯酸球场
- 透水性广场
- 透水性停车场
- 地下调蓄池
- 补水管道
- 规划道路
- 规划喷泉
- 人工浮岛
- 用地

图 2.53　湖南文理学院西校区"海绵体"布局图

超过 3cm，其断面如图 2.54 所示，绿化前后屋顶对比如图 2.55 所示。

此外，为保证房屋结构安全，改造后的屋顶荷载不超过 $0.5kN/m^2$，且在屋顶绿化实施

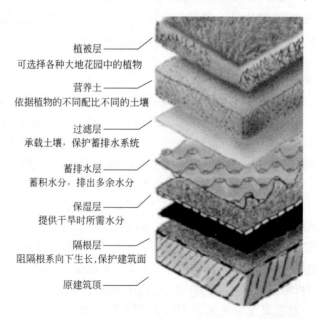

植被层
可选择各种大地花园中的植物

营养土
依据植物的不同配比不同的土壤

过滤层
承载土壤，保护蓄排水系统

蓄排水层
蓄积水分，排出多余水分

保湿层
提供干旱时所需水分

隔根层
阻隔根系向下生长，保护建筑面

原建筑顶

图 2.54　平屋顶绿化纵断面示意

前，需要对方案主体结构进行再次复核，以保障工程质量及安全。

(a) 绿化前　　　　　　　　　　　　　　　　　　(b) 绿化后

图 2.55　绿化前后的屋顶对比

2）坡屋顶绿化　结构与平屋顶绿化类似，只在局部增加支撑构建，防止绿化结构滑落。其断面如图 2.56 所示。

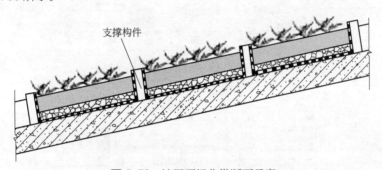

支撑构件

图 2.56　坡屋顶绿化纵断面示意

（3）绿化改造方案

目前校园大部分绿化均高于地面，在雨季不能有效地滞留和下渗区域内的雨水，直接进入了雨水管渠进行导排，从而加大了周边道路管渠的排水压力。

1）草坪改造方案　对现有绿化为草坪的区域改造为下凹式的雨水花园，下凹深度为200mm。雨水花园主要由地表植被、蓄水层、覆盖层、种植土壤层、砂层、砾石层及穿孔管等组成。雨水花园纵剖面如图 2.57 所示。

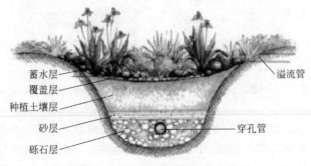

蓄水层　　　　　　　　　　　　　　溢流管
覆盖层
种植土壤层
砂层　　　　　　　　　　　　　　　穿孔管
砾石层

图 2.57　雨水花园纵剖面示意

2）草坪＋灌木改造　单纯的下凹式绿地虽然雨水调蓄与下渗效果较好（见图 2.58），但是景观效果欠佳，因此草坪与灌木结合的区域不能一味去除灌木而改造为下凹式绿地，可改造成为具有层次感、色差感的复合型下凹式花圃。一方面可进行雨水的下渗和调蓄，另一方面也丰富周边景观效果。平面布局如图 2.59 所示，改造前后对比如图 2.60 所示。

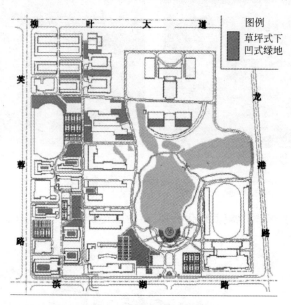

图 2.58　草坪下凹式绿地平面布局

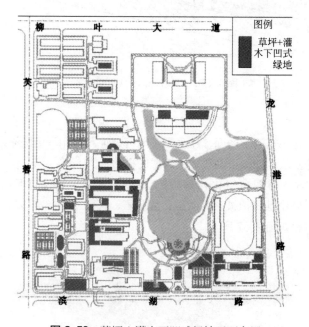

图 2.59　草坪＋灌木下凹式绿地平面布局

目前校区内乔木生长较好，移栽难度大，成活率无法保障，且改造费用较高，因此，采用网格状下凹式绿地，即乔木底部略高，而降低周边绿地高度。此外，为了保乔木生长稳固性，周边绿地下凹最大为 150mm。平面布局如图 2.61 所示。改造前后对比如图 2.62 所示。

| (a) 改造前 | (b) 改造后 |

图 2.60　草坪＋灌木区域改造前后对比

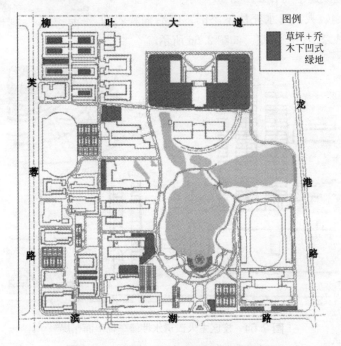

图 2.61　草坪＋乔木下凹式绿地平面布局

(a) 改造前　　　　　　　　　　　　　　　　　(b) 改造后

图 2.62　草坪＋乔木区域改造前后对比

（4）停车场改造方案

停车场的建设需考虑消防通道问题、教职员工出行问题、平日车辆出入问题、美观问题。透水性铺装总计面积为 $0.41hm^2$。其纵断面如图 2.63 所示。

大面积停车场主要集中在校区主入口的西侧，如图 2.64 所示。此外，在各学院门口也零星修建了部分停车场，下垫面为水泥面，也对其进行改造，采用透水性铺装。

校区内透水性停车场平面布局如图 2.64 所示。

透水性停车场改造前后对比如图 2.65 所示。

透水性停车场改造中细节如图 2.66 所示。

当降雨重现期较大，雨水无法下渗时，可沿铺装表面径流至旁边下凹式绿地进行调蓄，如图 2.66 所示。

图 2.63　透水性停车场纵断面

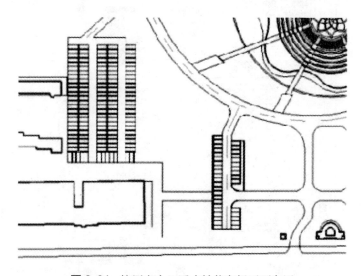

图 2.64　校区主入口透水性停车场平面布局

(a) 改造前

(b) 改造后

图 2.65　停车场改造前后对比

| (a) | (b) |

图 2.66　停车场改造细节

（5）硬化广场改造

　　硬化广场的径流系数一般均在 0.85~0.95，雨水降落在其表面几乎全为地表径流，增加了雨水管道的排水压力。规划将校园内几处较大面积的硬化广场改造成透水性广场。通过不同颜色透水砖的铺装，提高广场景观效果。透水性广场主要分布在校园西侧，建筑物密度较高的区域，降低区域径流系数，从而降低排水管道的排水压力，面积总计为 1.68hm^2。其平面布局如图 2.67 所示，纵断面如图 2.68 所示。

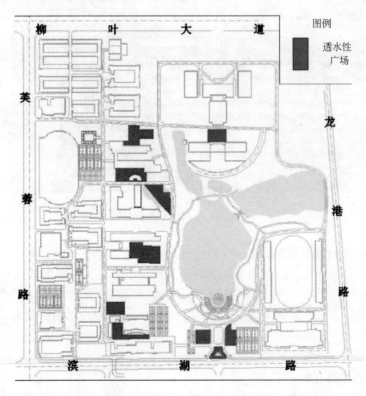

图 2.67　透水性广场平面布局

（6）东白马湖水系综合治理

东白马湖目前处于未开发状态，且沿岸均为菜地，从景观层面和环境保护层面均不能达到常德"海绵城市"建设的要求。因此需对其进行重点整改。

1）清淤　由于湖体周边长期为菜地，缺乏科学有效的管理，因此湖体底泥沉积较厚，不仅影响湖体的调蓄容积，还有富集磷元素造成区域水体富营养化的可能。因此首先对东白马湖进行清淤，同时强化其生态自净系统的建设。

2）桥涵　将东白马湖的南岸与北岸通过桥涵相连接，打通校区东侧的环路。

透水地坪层
透水性路基层
级配过滤层
路床

图2.68 透水性广场纵断面

3）景观效果　东白马湖不仅是学校重要的调蓄水体也是景观水体，其良好的景观效应不仅提升了学校的硬件环境，也为师生提供了良好的休憩空间。现规划将周边菜地更改为景观绿地，同时配以灌木、乔木及步道等，体现其层次感、四季更迭感。东白马湖景观效果如图2.69所示。

树阵台地

透水性道路
休憩节点
湿地岸线
石景

东白马湖

拱桥
观景台
休憩节点
湿地浅塘
休憩节点

图2.69 东白马湖景观效果

（7）白马湖部分区域提质改造

白马湖北侧的小水面及西北侧狭长水道水系流动性较差，容易形成死水区，现做如下规划。

1）人工浮岛　设置于西北侧狭长水道，共4座浮岛，每座浮岛面积40m²，总面积160m²（见图2.70）。

2）喷泉　设置于北侧水塘中，增加其水体流动性，防止水质恶化（见图2.70）。

（8）路缘石改造方案

对路缘石进行开口处理，以满足道路、广场及停车场的地表径流雨水可进入绿地的要求。路缘石改造前后对比见图2.71。

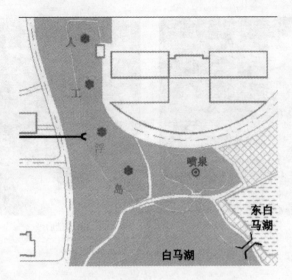

图 2.70　人工浮岛及喷泉平面布置

(a) 改造前

(b) 改造后

图 2.71　路缘石改造前后对比

（9）建筑物雨水落水管改造方案

目前校园内宿舍楼及部分公用房的雨水落水管直接接入雨水盖板沟，现规划在每根雨水落水管末端增加一处砾石池。

首先，砾石池可以过滤雨水中的杂物；其次，可以增加雨水的径流时间，起到"滞"的作用；最后，砾石池铺设的石头和卵石消散了水的能量，以防止水流对土壤的冲刷及土壤流失。落水管改造前后如图 2.72 所示。

（10）绿化植物配置

1）草坪下凹式绿地

耐水湿耐高温草本植物：萱草、鸢尾。

耐水淹的草本植物：灯芯草、千屈菜、黄菖蒲。

草坪：黑麦草（冷季）＋ 马尼拉（暖季型）混播草毯。

2）草坪＋灌木下凹式绿地

(a) 改造前   (b) 改造后

图 2.72 雨水落水管改造前后对比

保留灌木：红继木、雀舌栀子、红叶石楠、春鹃。

增补灌木：南天竹。

增补草本：蒲苇、美人蕉。

耐水湿草本：细叶芒、灯芯草、黄菖蒲。

3）草坪＋乔木下凹式绿地

保留乔木：栾树、香樟、雪松、广玉兰、枇杷树、冬青等。

增补灌木：阔叶箬竹、南天竹、南迎春。

耐水湿耐高温草本：萱草、鸢尾。

耐水湿草本：细叶芒、灯芯草、黄菖蒲。

4）屋顶绿化

佛甲草、宝塔景天等景天科植物。

（11）白马湖和东白马湖水系植物配置

沉水植物：苦草、菹草、金鱼藻、黑藻。

挺水植物：鸢尾、风车草、再力花、梭鱼草、灯芯草。

浮叶植物：睡莲、萍蓬草、荇草。

2.4.2.4 雨水径流控制

改造前校区的综合径流系数为 0.64，通过海绵城市理念的改造，各类下垫面统计如表 2.5 所列。

⊡ **表 2.5 改造后下垫面统计表**

序号	下垫面类型	面积/hm²	径流系数
1	绿色屋顶	8.00	0.25
2	下凹式绿地	17.20	0.15
3	透水性停车场	1.00	0.30
4	透水性广场	1.68	0.30
5	丙烯酸球场	1.45	0.60
6	水域	5.84	1.00
7	足球场(草坪)	2.06	0.30

序号	下垫面类型	面积/hm²	径流系数
8	远景用地	5.54	0.40
9	道路及其他	17.68	0.70
总面积		60.45	
综合径流系数理论计算值			**0.45**

雨水径流控制的计算采用常德市新编暴雨强度公式进行模拟计算：

$$q = 167i = \frac{1451.442\,(1+0.9971 \lg P)}{(t+8.226)^{0.654}} \qquad (2.1)$$

式中，q 为设计暴雨强度，L/(s·hm²)；t 为降雨历时，min；P 为设计重现期，年；i 为待定参数。

"海绵城市"建设理念倡导雨水就地控制、消纳，因此区域雨水外排量不仅受径流系数、下垫面构造、降雨强度、降雨历时控制，还与区域调蓄空间体量有关。

通过计算可得到，文理学院海绵体可将 120min 设计降雨量 40.48mm 的雨水不外排，以达到内部消纳的目的，对于一年一遇（120min）、两年一遇（120min）、五年一遇（120min）以及三十年一遇（24h）降雨的径流控制情况如下所述。

（1）一年一遇降雨

常德市 120min 设计降雨量 43.71mm。一年一遇 120min 模式雨型如图 2.73 所示。

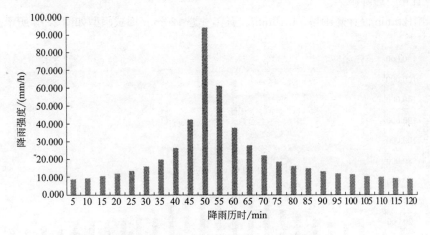

图 2.73 常德市一年一遇 120min 模式雨型

⊡ **表 2.6 改造前后降雨参数对比表（一年一遇 120min 模式雨型）**

项目	120min 设计降雨量/mm	降雨峰值时间/min	径流峰值时间/min	总径流量/m³	改造后径流控制百分比/%
改造前	43.71	50	60	51686	—
改造后	43.71	50	60	3361	93

从表 2.6 可得，校区的海绵体布局可将常德市一年一遇降雨径流削减 93%。

（2）两年一遇降雨

常德市 120min 设计降雨量 56.82mm。

⊡ 表 2.7　改造前后降雨参数对比表（两年一遇 120min 模式雨型）

项目	120min 设计降雨量 /mm	降雨峰值时间 /min	径流峰值时间 /min	总径流量 /m³	改造后径流控制 百分比/%
改造前	56.82	50	55	67195	—
改造后	56.82	50	55	13439	80

从表 2.7 可得，校区的海绵体布局可将常德市两年一遇降雨削减 80%。两年一遇 120min 模式雨型如图 2.74 所示。

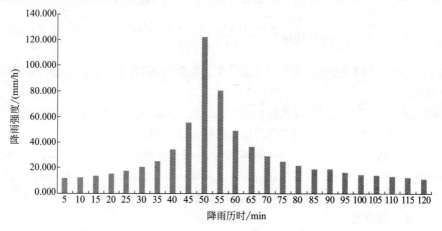

图 2.74　常德市两年一遇 120min 模式雨型

（3）五年一遇降雨

常德市 120min 设计降雨量 74.16mm。五年一遇 120min 模式雨型如图 2.75 所示。

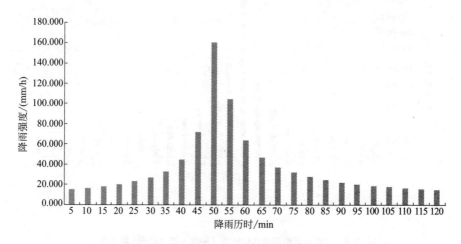

图 2.75　常德市五年一遇 120min 模式雨型

⊡ 表 2.8　改造前后降雨参数对比表（五年一遇 120min 模式雨型）

项目	120min 设计降雨量 /mm	降雨峰值时间 /min	径流峰值时间 /min	总径流量 /m³	改造后径流控制 百分比/%
改造前	74.16	50	55	87811	—
改造后	74.16	50	55	36005	59

从表 2.8 可得，校区的海绵体布局可将常德市五年一遇降雨削减 59%。

（4）三十年一遇（24h）降雨

常德市三十年一遇 24h 总雨量取 206.59mm，最大小时降水量 79.06mm，最大 3h 降雨量 117.67mm，占总雨量 57％。雨峰位于 14h 左右。三十年一遇 24h 暴雨时程分配如图 2.76 所示。

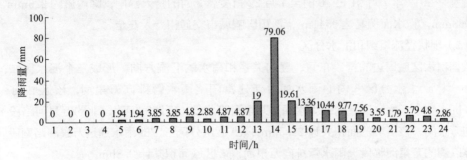

图 2.76　常德市三十年一遇 24h 暴雨时程分配图

⊡ 表 2.9　改造前后降雨参数对比表（三十年一遇 24h 模式雨型）

项目	120min 设计降雨量/mm	降雨峰值时间/min	径流峰值时间/min	总径流量/m³	改造后径流控制百分比/%
改造前	206.59	840	850	128028	—
改造后	206.59	840	855	72347	43

从表 2.9 可得，校区的海绵体布局可将常德市三十年一遇降雨削减 43％。

2.4.2.5　工程概算

如表 2.10 所列，湖南文理学院"海绵城市"建设投资工程概算为 1976.59 万元。

⊡ 表 2.10　工程概算

项　　　目	单位造价估算/元	工程量	投资/万元
屋顶绿化不上人屋顶	150	19260m²	288.90
上人屋顶（屋顶花园）	300	4500m²	135.00
下凹式绿地（改造）	180	35379m²	636.82
逸夫综合楼周边海绵城市绿化	200	19164m²	383.28
透水性广场及停车场	100	20898m²	208.98
落水管改造	800	50 座	4.00
东白马湖改造	150	21307m²	319.61
合计			**1976.59**

2.4.3　海绵道路建设实例：北京市中关村万泉河路及周边区域雨水积蓄利用

道路作为城市的"血管"和"脉络"遍布整个城市，因此城市道路的海绵化改造应予以高度重视。本篇以北京市中关村附近的道路改造为案例，提请读者重视道路改造过程中雨水的积蓄与利用。

2.4.3.1　现状概况

（1）积水情况

北京地处中纬度，属温带大陆性季风气候。多年平均降雨量 650mm，降水年内分布不均，汛期（6～9月）雨量约占全年降水量的85%，丰水年汛期雨量可占全年的90%以上。降雨条件导致北京市汛期压力很大，城市道路（特别是立交桥区）积水问题严重，而非汛期则表现为水资源不足。

万泉河桥上游的中关村国家自主创新展示中心、万泉河路及新建宫门路交汇口每逢大雨必淹，特别是2012年7月21日10时至7月22日凌晨3时的特大暴雨，降雨量约226mm，积水深度963mm，积水面积高达9541m²，严重影响城市交通和行人安全。

（2）现状径流组织和汇水分区

依据积水区域周边的管线布置、竖向关系和雨水的汇流方向，形成三个汇水区域，共计39.22hm²：a.汇水分区一内的雨水通过新建宫门路雨水管排向万泉河，该区域面积共计13.920hm²；b.汇水分区二内的雨水通过万泉河路北段（新建宫门路以北的万泉河路段）雨水管排向万泉河，该区域的面积共计22.5hm²；c.汇水分区三内的雨水通过万泉河路南段（新建宫门路以南的万泉河路段）雨水管排向万泉河，该区域面积共计2.8hm²。

（3）汇水区的水文地质

汇水区位于北京市海淀区，地下水位年内变化较大，一般来说，1～2月地下水的开采量小，水位逐渐恢复，地下水位较高；受农业灌溉用水的影响，6～8月水位达到最低。根据2008年的检测，海淀区地下水位的埋深一般在25～35m之间。

汇水区位于永定河冲积扇中上部，地基土主要为第四系黏性土、松土、砂土、卵砾石，且卵石层厚度较大，卵石层顶面埋深较浅；土壤渗透系数为0.2～2.0m/d。

（4）汇水区范围内雨水排放设施

汇水区范围内主要市政雨水管网由新建宫门路雨水管、万泉河路北段雨水管网（新建宫路以北的万泉河路段）、万泉河路南段雨水管网（新建宫门路以南的万泉河路段）3部分组成。

虽然市政雨水管网基本实现雨污分离，但排水设计标准均为两年一遇，设计较新标准偏低。发生暴雨时，管网下游会受到万泉河顶托，排水受阻。

（5）积水区周边水资源需求情况

通过现场调研，积水区南侧海淀公园的绿化浇灌、海淀公园大湖的景观补水以及周边道路和广场的喷洒用水需求量很大。

1）海淀公园大湖补水　在枯水季节，大湖水位下降至常水位以下50cm时就会影响公园的亲水性和观赏性；同时大湖自净能力有限，长时间得不到优质水源的补充，易造成水质恶化。目前为了维护水体的观赏性，平均每年向大湖补充自来水约为2万立方米。

2）绿化浇灌用水　中关村国家展示中心和海淀公园共计约40hm²绿化面积，为保证绿化种植的良好生长，平均每年灌溉用水量约为15万立方米。

3）道路、广场用水　中关村国家展示中心作为区域的主要公共展示建筑，为保持良好的视觉形象，广场以及周边道路需要经常洒水，保持清洁，平均每年需水量约为1920m³。

综上所述，排水管网设计标准偏低和排水出口易受河道水位顶托是上述区域积水的主要原因。考虑到周边区域建设相对成熟，如果通过大规模改造现有的雨水管网系统，提高雨水排放设计标准，既会因施工影响周边居民出行，又会产生很高的经济投入。如何解决内涝是本项目面临的核心问题；同时，化害为利，储蓄、净化、利用自然降雨，为周边环境提供大量优质水源，减少自来水的使用，也是本项目考虑的重要问题。

2.4.3.2 建设目标和设计流程

（1）建设目标

1）积水区内涝防治　依据相关规范和规划，新建宫门路与万泉河路交汇处内涝防治设计重现期应为百年一遇；根据汇水区域面积等因素，设计降雨历时为1h。

2）雨水资源利用　储存雨水，用作海淀公园绿化灌溉、大湖补水、道路喷洒，减少自来水的使用，实现雨水资源化利用。

（2）设计流程

项目设计流程如图2.77所示。

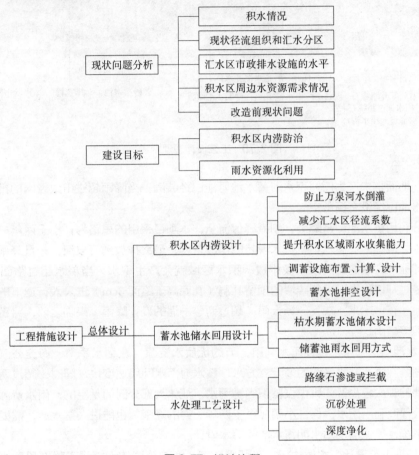

图2.77　设计流程

2.4.3.3　工程设计

（1）总体设计

以内涝防治为主和兼顾水资源综合利用为目的，结合现有的场地条件，本项目设计包含积水区内涝防治设计、蓄水池储水回用设计、水处理工艺设计（图2.78）。

1）积水区内涝防治设计　"蓄排"结合，防治积水区内涝　项目位于老城区，周边区域建设已经完全成形，基于现状考虑，在不影响地表空间使用的前提下建设地下蓄水设施，"蓄排"结合是比较经济可行的措施。

在海绵城市设计中，通过"蓄排"防治城市内涝的常用方式为雨水先进入蓄水池，待蓄水池装满后再溢流排放到市政管网，实现源头减排。但该方法存在的问题是：市政管网还未达到

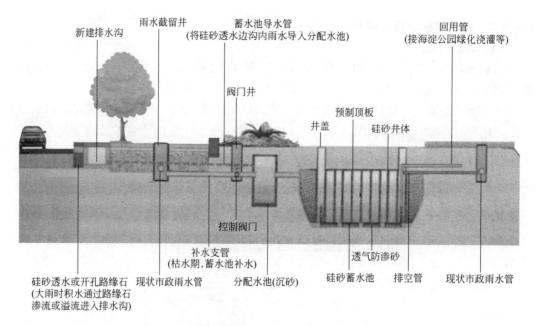

图 2.78 工艺设计原理示意

排放上限、地面也未产生任何积水时蓄水池可能已经装满；当降雨超过市政管网的排放设计标准时，蓄水池已经没有调蓄空间。

为充分利用蓄水池调蓄降雨，削减峰值流量，本项目采用的思路为：小于两年一遇设计降雨通过汇水区范围内的雨水箅子进入现状的市政管网，最终排放到万泉河；一旦降雨超过两年一遇的设计标准，这些管网来不及排放、积水区域就会产生积水，当积水超过路面 3cm 时，雨水就会漫过开口路缘石内侧砖墙的预留孔洞（孔底高于路面 3cm）进入人行道下的排水沟、汇入蓄水池、存储起来。在下一场大雨（超过两年一遇的设计降雨）来临之前，将蓄水池内雨水排空，迎接暴雨。

2）蓄水池储水回用　设计雨水利用，节约优质水资源　在枯水季节、海淀公园的绿化用水量和大湖景观生态补水量约为 8 万立方米，蓄水池雨水回用速度快，同时，超过两年一遇设计降雨出现的频次较少，如果仅仅蓄积内涝雨水，池体大部分时间是空的，雨水资源回用率很低。为最大程度利用雨水，保证小雨（小于两年一遇的降雨）也能进入蓄水池，需要区别大雨内涝防治系统，单独增设枯水期蓄水池的储水设计。

3）水处理工艺设计　水质达标、兼顾水环境　海淀公园的大湖属于静态景观水体，水动力较差，导致水质存在恶化风险，需要优质生态补水，维持水面良好的观赏性。另外，本项目中蓄水池中的排空雨水最终也会进入下游的万泉河，为防止受纳水体的污染，排空雨水的水质不应低于现状下游万泉河的Ⅳ类水质。依据这一目标，将水处理工艺分为三级透水路缘石的渗滤和排水沟的溢流拦截、分配水池的沉淀除砂、硅砂蓄水池的深度净化。

（2）海绵设施总体布局图

根据以上总体设计，本项目包括防止万泉河倒灌设施、人行道的透水铺装、硅砂透水边沟、分配水池、蓄水池、雨水回用系统、蓄水池排空系统设计、枯水期蓄水池补水设计等内容（图 2.79）。

（3）积水区域内涝防治设计

1）防止万泉河水顶托倒灌　在新建宫门路、万泉河路排水管网的出水口处，设置鸭嘴

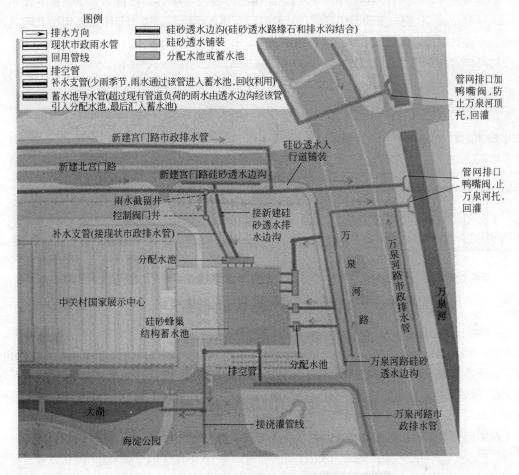

图例
- ▭→ 排水方向
- ▭ 现状市政雨水管
- ▭ 回用管线
- ▭ 排空管
- ▭ 补水支管(少雨季节,雨水通过该管进入蓄水池,回收利用)
- ▭ 蓄水池导水管(超过现有管道负荷的雨水由透水边沟经该管引入分配水池,最后汇入蓄水池)
- ▭ 硅砂透水边沟(硅砂透水路缘石和排水沟结合)
- ▭ 硅砂透水铺装
- ▭ 分配水池或蓄水池

管网排口加鸭嘴阀,防止万泉河顶托,回灌

新建宫门路市政排水管

硅砂透水人行道铺装

新建北宫门路

新建宫门路硅砂透水边沟

雨水截留井

控制阀门井

接新建硅砂透水排水边沟

补水支管(接现状市政排水管)

分配水池

中关村国家展示中心

硅砂蜂巢结构蓄水池

排空管

分配水池

管网排口鸭嘴阀,止万泉河顶托,回灌

万泉河路

万泉河路市政排水管

万泉河

万泉河路硅砂透水边沟

万泉河路市政排水管

大湖

接浇灌管线

海淀公园

图 2.79 海绵设施改造布置

阀,防止暴雨时万泉河水顶托倒灌。当鸭嘴阀外河水水压大于管内水压,鸭嘴阀关闭,管内雨水进入地下调蓄设施。

2)减少地表径流 新建宫门路和万泉河路部分人行道采用硅砂透水砖路面,约 1200m²。通过透水铺装,70%的降雨量快速下渗,从而减少地表径流。

本项目透水人行道结构做法包括面层、找平层、基层和土基层(图 2.80)。面层采用 6mm 厚硅砂透水滤水砖,黏结层采用透水找平层;基层采用 30mm 厚级配碎石,土基压实强度不低于 90%。

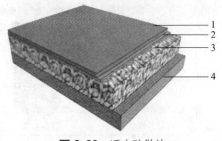

图 2.80 透水砖做法
1—硅砂滤水砖;2—黏结找平层;
3—碎石层;4—土基层

3)提升积水区域的雨水收集能力 由于新建宫门路和万泉河路现有的排水系统收水能力不足,分别于这两条道路的人行道下新建带形排水沟,超标雨水(超过现状市政雨水管道的设计标准)通过透水或者开孔路缘石,漫过砖墙预留孔,进入排水沟(见图 2.81),最终汇入硅砂蓄水池(由于砖墙的预留孔底高于市政道路的雨水箅子,雨水先从箅子流入市政雨水管网,超标雨水才会漫过砖墙预留孔,进入新建排水沟)。

路缘石分为硅砂开孔路缘石和硅砂透水路缘石。开孔路缘石共布置 270 个，孔洞大小为 700mm×80mm，孔底与市政道路路齐平；其他的均为透水路缘石，透水路缘石采用微孔隙透水结构，不容易堵塞且渗透速度快，渗透速率为 $6.8mL/(min \cdot cm^2)$。

砖砌排水沟在开孔路缘石处预留孔洞，孔高 5cm，孔底高于市政道路 3cm（图 2.82）。

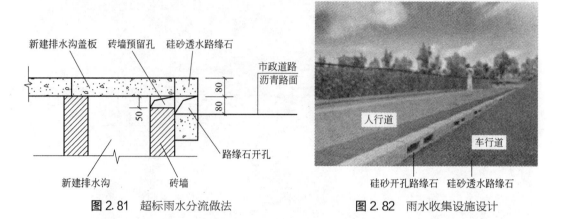

图 2.81 超标雨水分流做法　　　　图 2.82 雨水收集设施设计

4）地下蓄水池布置与设计　3 个汇水分区中雨水管网末端均在中关村国家展示中心前广场附近，而且中关村展示中心东侧有 7000m² 绿地，地勘报告结果显示该处地下水处于地表 6m 以下，适合大规模建设地下设施，考虑后期维护和运营的便利性，在此集中设置一个容积为 9750m³ 蜂巢结构的蓄水池；深度 4m，占地面积 2437.5m²，埋深不低于 1.5m（蓄水池的容积计算见后文）。

蜂巢结构蓄水池主要由池底、池体、四壁防水、钢筋混凝土顶板组成（图 2.83）。

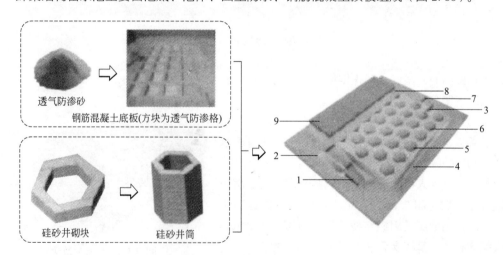

图 2.83 硅砂蜂巢结构蓄水池示意

1—排水管；2—沉砂分配水池；3—排空管；4—土工膜；5—硅砂井砌块；
6—导流口；7—出水管；8—预制盖板；9—绿地

池底由 100mm 厚透水混凝土垫层、300mm 厚钢筋混凝土底板和透气防渗格组成，透气防渗格设置在透水混凝土垫层以上；透气防渗格的面积不小于底板面积的 30%，尺寸为

800mm×800mm，自上而下做法依次为150mm厚透水混凝土保护层、100mm厚透气防渗砂、50mm厚细砂找平层。

池体由硅砂透水砌块形成六边形的蜂巢结构，该结构具有稳定、安全、可靠的特点。硅砂透水砌块尺寸为751mm×120mm×200mm，砌块之间用水泥砂浆黏结，池水可以在硅砂透水井砌块之间渗透。

在池体外围找平后四壁防水采用土工膜包裹，防止水体外渗，土工膜压入钢筋混凝土底板与透水混凝土垫层之间1m左右。

池顶采用120mm厚预制钢筋混凝土盖板，顶板以上覆土绿化。

5）蓄水池提前排空和关闭补水支管的控制阀门　新建宫门路和万泉河路现状雨水管道均只满足两年一遇的排水设计标准。根据气象预报预警，在将要发生超过两年一遇的降雨之前，需用排水泵将调蓄池提前放空，由万泉河路市政管道排向万泉河；根据蓄水池下游管道的受纳能力（即万泉河路市政雨水管受纳能力约为 $0.62m^3/s$），蓄水池提前放空的时间应不小于5.1h。

同时，人工关闭蓄水池补水支管的控制阀门，使得汇水区内的雨水先由市政管道排放，一旦降雨量超出市政管道排放标准，雨水就通过开孔路缘石进入人行道下排水沟，最后汇入蓄水池，防止积水区内涝。

（4）蓄水池储水回用系统设计

1）枯水季节蓄水池的储水设计　在新建宫门路现有雨水管网上设置雨水截留井，并用补水支管连接截流井和蓄水池，支管上设置控制阀门。井内补水支管的管顶标高低于市政雨水出水管的管底标高30cm。枯水季节，人工打开控制阀门，雨水将先由市政雨水进水管进入截留井，再通过补水支管导入蓄水池，蓄水池装满后再通过截留井内市政出水管排到万泉河。

2）雨水回用　蓄存的雨水用于海淀公园大湖景观补水、绿化灌溉、道路或广场洒水。

① 海淀公园大湖补水。设置排水泵和DN200管，根据大湖水位下降和水质恶化情况，定期将蓄水池内的水抽送至大湖，对于大湖生态景观改善将发挥一定的积极作用。

② 绿化用水。将蓄水池的雨水回用管线与公园绿化浇灌主管线连接，作为绿化浇灌的备用水源。当蓄水池内储蓄水达到灌溉用水标准GB/T 25499—2010后，用于绿化灌溉，减少自来水的使用。

③ 道路、广场用水。在靠近万泉河桥辅路的绿地内设置取水口，方便洒水车取水。

（5）分级净化水质，达到使用和排放设计标准

传统的方法更多的是将初期雨水弃流，排入污水管网，作为区域的示范项目，本方案采用新的技术手段，净化初期雨水，使之达到设计要求。该工艺包括以下3个阶段。

1）透水路缘石的渗滤或排水沟预留孔的溢流拦截　在新建宫门路和万泉河路的车行道与人行道之间设置透水路缘石，同时，开孔路缘石内侧排水沟预留孔的孔底高于路面3cm；雨水中大的悬浮物经过路缘石过滤或预留孔的溢流拦截后，留在路面上，雨水进入排水边沟。

2）沉砂处理　排水沟内雨水进入蓄水池前，设置沉砂分配水池，沉淀除砂。在本项目中，沿万泉河路旁共设置3组分配水池；沿新建宫门路共设置1组分配水池。

3）深度净化　硅砂蜂巢结构蓄水池由若干个六边形硅砂透水井组成，形成蜂窝状结构；井壁为生物挂膜提供载体，池底的透气防渗砂提升了水体溶解氧含量。据相关实验研究，硅砂蓄水池将生物接触氧化法和微滤两种水处理技术结合起来，在储水的同时净化水体中的污染物，并利用井壁的渗水特点使水中污染物与微生物充分接触，比传统接触氧化法更加高效。

实践证明，该池体对初期雨水中 SS、TN、BOD、COD 等有良好的去除效果，去除率在 80%～93% 之间。

（6）蓄水池容积计算

1）降雨特性　北京万泉河桥区域属于暴雨分区中的第 II 区，暴雨强度公式如下：

$$q = \frac{1378 \left(1 + 1.047 \lg P \right)}{\left(t + 8 \right)^{0.642}} \tag{2.2}$$

式中，q 为设计的暴雨强度，$L/(s \cdot hm^2)$；t 为降雨历时；P 为设计重现期，年。

适用范围为：$t \leqslant 120min$，$P > 10$ 年。

2）下垫面　通过对各下垫面类型和数量进行分析，计算各分区综合径流系数，详见表 2.11。

⊡ 表 2.11　各汇水分区总和径流系数

汇水分区	下垫面类型	面积/hm²	径流系数	综合径流系数
分区 1	不透水铺装	4.9	0.85	0.61
	透水铺装	2.5	0.2	
	室外绿化	2.4	0.15	
	建筑屋面	4.12	0.85	
	小计	13.92		
分区 2	不透水铺装	11.8	0.85	0.71
	透水铺装	4.1	0.15	
	室外绿化	6.2	0.85	
	建筑屋面	0.4	0.2	
	小计	22.5		
分区 3	沥青路面	2.8	0.9	0.90
合计		39.22		2.22

3）蓄水池容积计算　根据《室外排水设计规范（2011 版）》（GB 50014—2006）中 4.14.5 公式，用于消减排水管道设计峰值流量时，雨水调蓄池的有效容积按下式计算：

$$V = \left[-\left(\frac{0.65}{n^{1.2}} + \frac{b}{t} \times \frac{0.5}{n + 0.2} + 1.10 \right) \lg (a + 0.3) + \frac{0.215}{n^{0.15}} \right] Q_{\pm} t \tag{2.3}$$

式中，V 为蓄水池有效容积，m^3；a 为脱过系数，取值为蓄水池下游设计流量和上游设计流量之比；$Q_{\pm}$ 为蓄水池上游设计流量；b，n 为暴雨强度公式参数；t 为降雨历时，min。

① 分区 1 所需的蓄水池有效容积

新建宫门路改造的内涝防治设计重现期为百年一遇，蓄水池上游的设计流量为

$$Q_{\pm} = \frac{1378 \left(1 + 1.047 \lg P \right)}{\left(t + 8 \right)^{0.642}} \Psi_1 F_1 = 245 \left(m^3/min \right)$$

式中，$P = 100$ 年；$t = 22min$；$F_1 = 13.92hm^2$；$\Psi_1 = 0.61$。

新建宫门路已建排水管道满足两年一遇设计重现期（现状数据），蓄水池下游的设计流量为 $Q_{\text{下}} = 113m^3/min$。分区 1 所需的蓄水池有效容积为：

$$V_1 = \left[-\left(\frac{0.65}{0.642^{1.2}} + \frac{8}{22} \times \frac{0.5}{0.642 + 0.2} + 1.10 \right) \right.$$

$$\left. \lg (0.46 + 0.3) + \frac{0.215}{0.642^{0.15}} \right] \times 245 \times 22 = 2778 \left(m^3 \right)$$

式中，$a = \frac{Q_{\pm}}{8} = 0.46$；$t = 22min$；$n = 0.642$；$b = 8$。

② 分区 2 所需的蓄水池有效容积

万泉河路北段改造的内涝防洪设计重现期为百年一遇，蓄水池上游的设计流量为：

$$Q_{上}=\frac{1378\left(1+1.047\lg P\right)}{\left(t+8\right)^{0.642}}\Psi_2 F_2=433\left(\text{m}^3/\text{min}\right)$$

式中，$P=100$ 年；$t=25\text{min}$；$F_2=22.5\text{hm}^2$；$\Psi_2=0.71$。

万泉河路北段已建排水管道满足两年一遇设计重现期（现状数据）、蓄水池下游的设计流量为 $Q_{下}=199\text{m}^3/\text{min}$。分区 2 所需蓄水池有效容积为：

$$V_2=\left[-\left(\frac{0.65}{0.642^{1.2}}+\frac{8}{22}\times\frac{0.5}{0.642+0.2}+1.10\right)\lg\left(0.46+0.3\right)+\frac{0.215}{0.642^{0.15}}\right]\times 433\times 25=5598\left(\text{m}^3\right)$$

式中，$a=\dfrac{Q_{下}}{Q_{上}}=0.46$；$t=25\text{min}$；$n=0.642$；$b=8$。

③ 分区 3 所需蓄水池有效容积

万泉河路南段改造的内涝防治设计重现期为百年一遇，蓄水池上游的设计流量为：

$$Q_{上}=\frac{1378\left(1+1.047\lg P\right)}{\left(t+8\right)^{0.642}}\Psi_3 F_3=79\left(\text{m}^3/\text{min}\right)$$

式中，$P=100$ 年；$t=16\text{min}$；$F_3=2.8\text{hm}^2$；$\Psi_3=0.9$。

万泉河路南段已建排水管道满足两年一遇设计重现区（现状数据），蓄水池下游的设计流量 $Q_3=37\text{m}^3/\text{min}$。分区 3 所需蓄水池有效容积：

$$V_3=\left[-\left(\frac{0.65}{0.642^{1.2}}+\frac{8}{22}\times\frac{0.5}{0.642+0.2}+1.10\right)\lg\left(0.46+0.3\right)+\frac{0.215}{0.642^{0.15}}\right]\times 79\times 16=691\left(\text{m}^3\right)$$

④ 上述 3 个汇水区域所需蓄水池有效容积总计

$$V=V_1+V_2+V_3=2778\text{m}^3+5598\text{m}^3+691\text{m}^3=9067\text{m}^3$$

⑤ 中关村国家展示中心蓄水池的设计容积

$$设计容积=有效容积/硅砂蓄水池的储水率=9067/93\%=9750\left(\text{m}^3\right)$$

（7）开孔路缘石的数量计算

① 汇水区范围内，百年一遇的降雨流量是 12.6m³，现状市政雨水管网的收排能力为 5m³/s；为达到目标设定的内涝防治要求，需要新增雨水收排设施（开口路缘石）、收排水能力 $Q_{增}=6.8\text{m}^3/\text{s}$。

② 开孔路缘石尺寸为 100cm（长）×12cm（宽）×30cm（高），有效进水截面为 70cm×5cm。

③ 单孔进水流量：根据孔口流量公式，$Q_{孔}=k\mu A\sqrt{2gh}=0.026\left(\text{m}^3/\text{s}\right)$。其中，$k$ 为折减系数（考虑垃圾物遮挡），取 0.9；μ 为孔口流量系数，取 0.6；A 为进水孔有效面积，取 0.035m²；h 为孔中以上水深，取 0.095m。

④ 开孔路缘石数量 $n\geqslant Q_{增}/Q_{孔}=6.8/0.026=264$（个）。本项目设置开孔路缘石 270 个。

2.4.3.4 施工过程

项目依据设计图纸进行施工。

2.4.3.5 建成效果

（1）工程建成以来，积水区域无内涝

该工程自 2013 年 8 月建成以来，经受住了多场大暴雨的严峻考验，被中央电视台作为海绵城市建设有效防治城市内涝经典工程报道。

（2）雨水有效利用，产生良好的经济效益和环境效益

根据项目建成后的跟踪监测，雨水在进入蓄水池前水质一般处于劣Ⅴ类以下，经过储存净化后，出水水质指标达到地表水Ⅳ类标准。

工程自2013年8月建成以来，每年收集雨水在 $(3\sim5)\times10^4 m^3$ 之间，累计收集雨水126880m^3，收集雨水用于周边的绿化、环卫用水及海淀公园景观湖补水。该项目的实施节约了大量自来水资源，产生了可观的经济效益。

项目建成后，不仅解决了道路和广场的积水问题，而且溢流排放超量雨水或者向下游排空的储蓄雨水都达到了Ⅳ类地表水的标准，高于下游万泉河的水质标准，不会对下游受纳水体水质产生负面影响。

2.4.3.6 项目总结

该项目采用两套管路系统，通过人工启闭阀门的方法，实现了内涝防治体系和蓄水利用体系的相互切换；经过蓄水池内生物净化过程，实现了水体自净，具有可持续性。

为保证项目的正常运营和发挥持久功能，要注重后期的管理和维护。总体而言，维护的方式简单，维护频率低，主要体现在以下几个方面：a. 硅砂透水路缘石和透水铺装每间隔1～2年，用高压水枪冲洗1次，去除表面的污染物，恢复其原有的透水速度；b. 路缘石由于孔洞较窄，容易被大的垃圾和树叶堵住，影响其进水能力，因此清理工作非常重要，一方面要定期检查和清理，另一方面在特大暴雨来临前要及时复查；c. 分配水池和蓄水池的进水口每年汛后清淤，次年汛前复查；d. 排水泵等设备根据使用情况，定期检查。

2.4.4 区域海绵建设实例：南宁市那考河片区海绵城市建设

城市内河以及连带片区的改造，作为一项系统工程，既能够从单独的低影响开发技术的角度，反映出技术的作用；又能从整体的角度，体现改造的系统性。海绵城市建设不仅仅是依靠单独的单元，更是依靠整体的规划和因势利导，利用自然资源和水体的功能，达到人工措施与自然措施的和谐统一，这样人工与自然结合的整体改造，也更容易接近"开发前的水平"，符合"低影响开发"和"海绵城市"的建设理念。

项目位置：南宁市兴宁区。

项目规模：890.75hm^2。

竣工时间：2016年11月。

2.4.4.1 片区概况

（1）区位情况

那考河（植物园段）海绵城市建设片区（以下简称"片区"）位于南宁市兴宁区，片区属于竹排江流域，片区内那考河为竹排江的主要支流之一。片区由长虹路、兰海高速、厢竹大道围合而成，总面积890.75hm^2，其中建筑与小区228.64万平方米，公园绿地318.20万平方米，道路164.50万平方米，水系72.16万平方米，城市开发备用地107.25万平方米。

本片区地处南宁海绵城市试点区域北部，其功能定位为生态保护与生态修复示范区。

（2）地形地势

片区地势整体北高南低，最低点为那考河河道下游处，东西两侧高中间低，那考河西侧建设用地最高点标高110.86m，东侧建设用地最高点标高128.22m。片区内各建设用地竖向和道路坡向遵照地形地势条件设计，近年来无明显内涝。

（3）水系状况

那考河发源于南宁市东北郊的高峰岭，流域呈长条形。片区内那考河河段（为中下游段）全长 6.6km，其中干流 5.4km，支流 1.2km，蓝线管控面积 $72.16 \times 10^4 m^2$，河道集水面积 48.8 km^2。河道在长堤路桥下游 1km 分东西两支，西支即为干流，干流由北往南流，在广西药用植物园附近进入竹排江河段，于滨江医院附近汇入邕江。

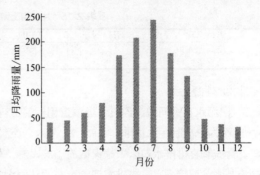

图 2.84　多年平均月降雨量

（4）降雨情况

南宁市多年平均降雨量为 1302.6mm，多年平均蒸发量 1736.6mm。降水量季节性变化大，全年降雨主要集中在 4～9 月，且分为前汛期（4～6 月）和后汛期（7～9 月），前汛期总降水量约占年降水量的 38.8%，后汛期约占年降水量的 40.3%，多年平均月降雨量如图 2.84 所示。

（5）工程地质

根据 2015 年 3 月南宁市勘察测绘地理信息院编制的《地质勘察报告》，那考河片区的地表土壤主要由素填土、淤泥质黏土、淤泥、黏土、粉质黏土等组成。片区土壤渗透系数 0.001～0.50m/d，属于微透水层至弱透水层，整体渗透性能较差。各类土壤层渗透系数见表 2.12。

⊡ 表 2.12　场地内各土壤层渗透系数表

各土层名称及编号	渗透系数/(m/d)	备注	各土层名称及编号	渗透系数/(m/d)	备注
素填土	0.20	弱透水层	粉质黏土	0.02	弱透水层
淤泥质黏土	0.30	弱透水层	泥岩	0.001	微透水层
淤泥	0.50	弱透水层	粉砂岩	0.10	弱透水层
黏土	0.001	微透水层			

2.4.4.2　问题及成因分析

（1）河道水体黑臭

根据那考河水质检测数据，采样点 1、2 水质均劣于地表水Ⅴ类水质标准，具体检测结果见表 2.13。对比城市黑臭水体分级的评价指标，采样点 3、4 水质均劣于重度黑臭指标，检测结果见表 2.14。

⊡ 表 2.13　片区内河道水质　　　　　　　　　　　　　　　　　　单位：mg/L

水质指标	采样点 1	采样点 2	地表水Ⅴ类标准
化学需氧量（COD_{Cr}）	165	87	≤4.0
总氮（TN）	47	36	≤2.0
总磷（TP）	5.2	1.3	≤0.4
氨氮（NH_3-N）	13	17	≤2.0

1）上游污染　整治前那考河上游汇水区域存在大量畜禽养殖场，多年来养殖废水直接入河，导致片区上游来水水质恶劣，表 2.15 为其水质情况。

表 2.14　片区内河道水质检测结果与重度黑臭水值指标对比

特征指标	取样点 3	取样点 4	重度黑臭
透明度/cm	6	8	<10
溶解度/(mg/L)	0.1	0.2	<0.2
氧化还原电位/mV	−246	−288	<−200
氨氮(NH_3-N)/(mg/L)	20	18	>15

表 2.15　片区与上游交界断面处水质监测数据　　　　　　　单位：mg/L

点位名称	NH_3-N	COD_{Cr}	TP	TN	BOD_5
二塘高速入口	49.8	503	5.12	57.5	171
金桥支流入口	109	498	4.04	122.4	169

2）外源污染

① 污水直排河道。通过现场调查和相关资料分析，那考河（植物园段）共有 44 个排水口，其中 10 个为分流制污水直排排水口，27 个为合流制直排排水口，7 个为分流制雨污混接雨水直排排水口。合流制直排排水口因未建设截流溢流设施，旱季实为污水直排口，雨季则为混合污水排水口；分流制雨污混接雨水直排排水口因存在源头雨污水管网混接问题，雨水口也有污水排出。

② 雨水径流污染。《南宁市初期雨水收集与处理措施研究》报告表明，片区内初期雨水 TN、NH_3-N、TP、COD_{Cr}，浓度均较高，分别为 4.60mg/L、3.16mg/L、0.47mg/L、64.93mg/L。传统开发建设模式未考虑对初期雨水弃流和雨水径流的净化处理，导致大量地面污染物随雨水直接进入雨水管网和合流制管网中，最终被冲刷入河，成为那考河的又一污染源。

3）内源污染　多年的外源污染、垃圾倾倒和颗粒物沉积，导致那考河河道淤积严重（平均淤泥深度 0.8～1.0m），淤泥成分复杂（包括泥沙、生物废屑、生活垃圾和建筑垃圾等）。整治前那考河河道淤积情况如图 2.85 所示。

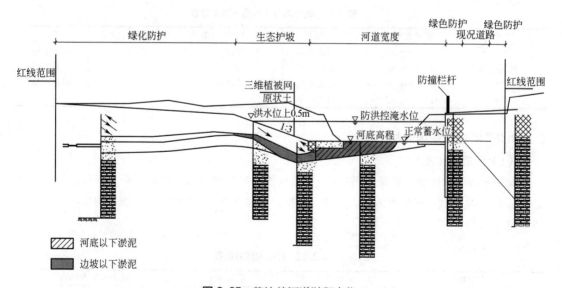

图 2.85　整治前河道淤积点位

4）生态破坏　河道岸线缺乏保护，岸线植被破坏严重。缺乏生态补水，河道经常断流，水生生物难以生存，水体自净能力基本丧失。

（2）河道行洪能力不足

按照《南宁市防洪规划》和《南宁市城市排水（雨水）防涝综合规划》的要求，那考河为重要的行洪河道，其防洪标准为五十年一遇，设计洪峰流量为 $257m^3/s$。

但由于建筑垃圾倾倒、私搭乱建等挤占了河床，河道断面过流能力不能满足行洪要求。

2.4.4.3 建设目标及内容

（1）建设目标

根据《南宁市海绵城市试点建设三年实施计划（2015—2017）》对本片区的功能定位和规划指标要求，片区以那考河黑臭水体消除和水环境质量提升为目标，兼顾排水防涝和城市防洪的水安全目标。

具体建设指标为：a. 片区内那考河（植物园段）消除黑臭水体，主要断面水质指标达到地表水Ⅳ类标准；b. 片区年径流总量控制率达80%，SS削减率达50%；c. 河道防洪行洪能力满足五十年一遇标准；d. 片区达到五十年一遇内涝防治标准。

（2）建设内容与模式

围绕那考河（植物园段）黑臭水体消除和水环境质量提升的目标，全方位削减入河污染物总量，在实施方案层面统筹实施那考河河道综合整治项目、老旧小区海绵化改造项目、公园绿地和道路海绵化改造及新建小区海绵建设项目等。

在实施模式层面，那考河河道综合整治项目创新采用政府和社会资本合作的 PPP 模式，明确了片区水环境治理的绩效考核方式；老旧小区、公园绿地和道路海绵化改造则采用政府投资主导方式建设；新开发建设项目按照片区海绵城市建设指标要求，由社会资本出资建设。

2.4.4.4 片区建设方案

针对片区河道水体黑臭和行洪能力不足两个关键问题，以问题为导向，识别出 5 个主要原因，分别提出相应的建设方案和工程措施，辅以管理水平的提升和创新的 PPP 实施模式，形成了本片区的海绵城市建设技术路线。具体技术路线如图 2.86 所示。

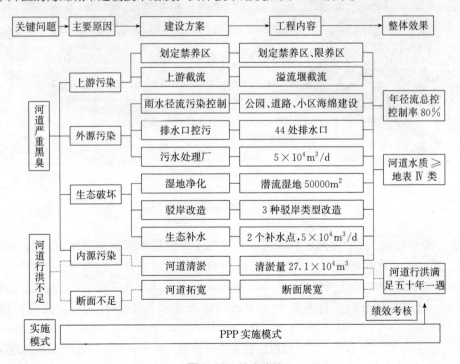

图 2.86 技术路线

（1）上游污染控制方案

上游污染控制包括上游截污工程措施和划定禁养区。

1）上游截污工程措施　为减少上游污水对片区整治河段的影响，采取临时截流处理措施。在片区红线入流断面处设置溢流堰，将污水雍高，经临时截流管进入新建污水厂处理。

2）划定禁养区　兴宁区政府制定《开展竹排冲上游流域那考河段沿岸周边环境整治工作方案》（南兴府办〔2015〕9号），划定那考河流域内为禁养区，流域外延2km为限养区，并通过环保、水利、农业部门联合执法的方式监督落实。

（2）外源污染控制方案

外源污染控制方案包括源头减排、河岸排水口污染控制、新建污水处理厂等措施，其中河岸排水口污染控制（含沿岸截污）是外源污染控制的最重要措施，是实施雨水径流污染控制以及内源治理等措施的前提。

1）源头减排　片区内的雨水径流污染主要来源于建筑与小区、道路、公园绿地等下垫面的外排雨水，通过源头减排，减少外排雨水量，削减雨水径流污染，实现径流污染控制。

按照《南宁市海绵城市示范区控制规划》（以下简称"海绵控规"），建设低影响开发设施。经评估，现状地块年径流总量控制率基本无法满足要求（见图2.87），需按照目标要求进行海绵化建设或改造。

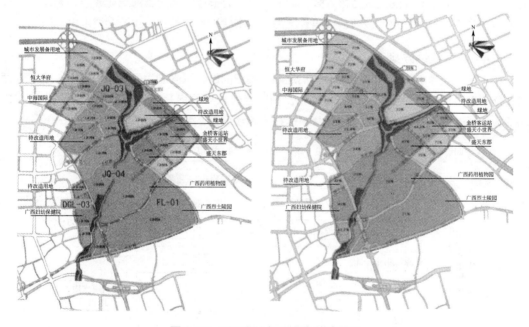

图2.87　项目地块年径流总量控制率

根据"海绵控规"，那考河示范片区片共包括4个管控单元，分别为JQ-03、JQ-04、DGL-03、FL-01。"海绵控规"结合地块下垫面情况、建筑密度、绿地率、土壤下渗能力等指标，综合确定地块年径流总量控制率，建筑与小区新建项目不低于80%，改建项目不低于60%；城市道路改建项目不低于60%；绿地新建项目不低于90%，改建项目不低于85%。

对于已经开发建设的地块，需按照目标要求进行改造。对于未开发建设地块，将海绵城市控制性指标纳入开发建设管控流程，在土地出让阶段，将海绵城市建设指标要求纳入出让条件，在建设和验收的各环节落实海绵城市建设要求。

2）河岸排水口污染控制　对片区内那考河沿岸 44 个排水口，实现污染物控制措施全覆盖，总体方案为：a. 采取截流管截流和封堵措施，消除 10 个分流制污水直排排水口；b. 采取截流溢流井、溢流混合污水净化措施，将 27 个合流制直排排水口，按照截流式合流制的要求增设截流设施，保证旱天不向水体溢流；c. 增设混接污水截流管道、设置截污调蓄池，对 7 个雨污混接的分流制雨水直排排水口进行改造，截流的混接污水送入污水处理厂处理或就地处理。

3）新建污水处理厂　那考河沿岸截流的混合污水以及上游截流坝截流的混合污水，通过管网收集后，输送至新建污水处理厂处理，削减进入那考河污染量。

（3）内源污染控制方案

内源污染控制主要为河道清淤，清淤深度依据现场勘测结果，并考虑保留生态底泥，清理后的淤泥进行无害化处理。

（4）河道生态修复方案

河道生态修复方案包括生态岸线建设、生态补水、景观水体调蓄 3 个方面。

1）建设生态岸线，削减入河雨水径流污染量　生态岸线分为石砌挡墙驳岸、人工打桩垂直驳岸和生态缓坡驳岸三种驳岸类型。配种水生植物，提升河道水体的自净能力，考虑植物的生存条件，对于常水位、五年一遇水位、五十年一遇水位分别配种不同类别的水生植物。

2）生态补水　根据计算，那考河的主河道及支流河道水量无法满足生态需水量，需要对河道进行补水，最不利情况发生在主河道枯水年的 2 月，缺水量约为 $50000\mathrm{m}^3/\mathrm{d}$。

生态补水水源为污水处理厂，污水处理厂处理出水（一级标准）不能达到景观水水质要求，需要将污水处理厂出水进一步净化，再补充至那考河。

3）景观水体调蓄　提高河道景观水面率，打造河道水景观，在那考河主河道设置 1 座溢流坝、3 座蓄水闸、1 座分洪闸和 1 座连通闸。

（5）河道行洪能力提升方案

通过水文计算，确定主河道最小行洪断面为 25m，支线最小行洪断面为 10m，需对原有河道进行展宽，部分河段拓宽至 79m。河道横断面按三级阶梯布局，保障行洪要求，兼顾休闲、景观功能。

2.4.4.5　工程措施

（1）上游污染控制工程

建设溢流坝，将河道上游的污水截流，设置 DN800 管道将污染的河水输送至污水处理厂处理，截流倍数为 2。溢流坝坝长 24.5m，坝宽 27.00m，最大坝高 4.5m，主要由溢流堰、防渗设施、堰下消能防冲设施、两岸连接构筑物及上下游护岸等构筑物组成。

（2）外源污染控制工程

外源污染控制工程包括建筑与小区、道路、公园绿地的雨水径流污染控制工程、河岸排水口污染控制工程和污水处理厂新建工程。

1）建筑与小区源头减排工程　片区内建筑与小区面积共计 228.64 万平方米，已按海绵城市要求建设的建筑与小区共 8 项，其中新建项目 4 项，改造项目 4 项，总面积为 90.5 万平方米，完成比例为 39.6%。建设项目统计情况见表 2.16。

⊡ 表2.16　建筑与小区海绵建设统计表

序号	项目名称	类型	项目占地面积/m²	绿地率/%	年径流总量控制率/%	SS 削减率/%
1	广西妇幼保健院(厢竹院区)	改建	52956.6	41.7	80.5	50.3
2	金桥客运站	改建	52614.0	18.0	75.0	50.9
3	南宁市第三十九中学	改建	29154.6	35.7	75.4	50.2
4	盛天东郡	改建	127856.0	28.8	62.0	41.0
5	盛天小世界	新建	32620.2	35.8	82.0	53.2
6	中海国际	新建	414249.6	30.6	80.7	51.1
7	恒大华府	新建	158396.1	32.4	80.3	50.9
8	昆仑大道北面保障性住房小区	新建	37317.1	24.7	70.2	45.4

以盛大东郡小区为例，介绍建筑与小区海绵化改造的具体做法。

盛天东郡总占地面积 $12.78 \times 10^4 m^2$，其中绿化面积 $4.52 \times 10^4 m^2$，屋面面积 $2.57 \times 10^4 m^2$。路面硬化面积 $5.06 \times 10^4 m^2$，景观水体面积 $0.63 \times 10^4 m^2$。改造前，小区内硬化比例较高，绿地明显高于道路，年径流总量控制率仅为 43%，低于 60% 的目标值。硬化地面汇水未经净化处理，直接汇流进入市政雨水管网。

盛天东郡小区源头减排流程如图 2.88 所示。方案主要对绿地进行改造，将绿地改造成植草沟和生物滞留带，结合竖向调整，将硬化地面雨水导入绿地滞蓄、净化，溢流雨水进入小区雨水管网，通过模块化雨水储水设施收集净化后雨水，用于绿化浇灌、道路冲洗、景观水池补水等，超过模块化雨水储水设施蓄滞能力的雨水溢流至市政雨水管网。

图2.88　盛天东郡小区源头减排流程

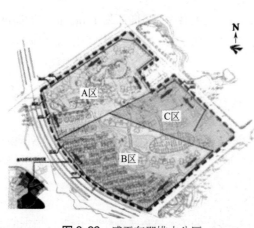

图2.89　盛天东郡排水分区

盛天东郡分为 A、B、C 三个排水分区，对不同的分区分别进行了海绵改造设计，盛天东郡排水分区如图 2.89 所示。沿小区周边道路设置了 $961 m^2$ 的植草沟，生物滞留带位于中央花园的绿化带，总面积为 $390.8 m^2$，模块化雨水储水设施容积为 $400 m^3$。经过小区的整体海绵化改造，总调蓄容积为 $1264 m^3$，可实现年径流总量控制率 62%，SS 削减率 41%。盛天东郡各类海绵设施设计及校核计算结果见表 2.17。

2）道路源头减排工程　片区内道路面积 $164.50 \times 10^4 m^2$，截至 2016 年 11 月，已按照海绵城市要求建设完成的道路面积为 $24.02 \times 10^4 m^2$，完成比例 14.6%。道路海绵化建设统计见表 2.18。道路源头的减排措施主要有透水铺装、生态树池、侧分带下凹式绿地，因场地限制，难以完成指标的道路，结合道路红线以外周边绿地联动调控。

⊡ 表2.17 盛天东郡海绵设施规模统计表

分区	面积/m²	综合雨量 径流系数	设施类型	规模	径流控制容积 /m³	设计降雨量 /mm	年径流总量 控制率/%
A	38207	0.52	植草沟	167.4m²	29.48	21.62	68.7
			模块化雨水 储水设施	1个	400		
B	57770	0.59	植草沟	51.6m²	10.32	18.44	64.4
			生物滞留带	91.2m²	18.2		
			水系调蓄	6318.85m²	600		
C	31883	0.68	植草沟	742m²	148	9.50	44.9
			生物滞留带	299.6m²	58		

⊡ 表2.18 道路海绵化建设统计表

序号	项目名称	规格	绿化率/%	年径流总量控制率/%	SS削减率/%
1	金桥路	1843m×50m	24	60.0	48.0
2	玉蟾路	1800m×24m	12.5	58.0	46.0
3	天狮岭路	900m×30m	20	60.0	48.0
4	建兴路	1200m×40m	15	58.0	46.0
5	兴桂路	547m×30m	20	43.0	36.0
6	兴和路	450m×30m	20	55.0	41.0

以金桥路为例，介绍新建道路源头减排做法。

金桥路位于片区西北侧，呈东西走向，该道路为新建道路规模为1843m×50m。根据海绵控规的要求，金桥路年径流总量控制率为60%，道路海绵化建设内容为人行道透水铺装、生态树池、侧分带下凹绿地。

金桥路源头减排流程如图2.90所示。人行道铺设透水砖，提高雨水的下渗能力，径流雨水进入生态树池进行蓄滞、净化，超量雨水溢流进入雨水管网；机动车道通过竖向设计将路面雨水汇入道路侧分带，由侧分带下凹式绿地净化径流雨水，超量雨水溢流进入雨水管网。金桥路海绵化建设如图2.91所示。

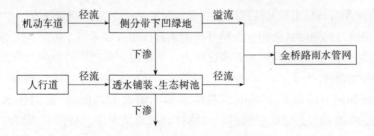

图2.90 金桥路源头减排流程

结合金桥路道路两侧人行道宽度，进行透水铺装铺设，单侧铺装宽度为4.0m，总面积共14744m²；树池尺寸为1.0m×1.0m，间距为6m，树池数量共计600个，生态树池低于透水铺装路面约80～100mm，能够保证人行道路面雨水进入生态树池；道路侧分带下凹式绿地宽度3.0m，标高低于路面约100～150mm，车行道雨水能够通过路缘石豁口汇入侧分带。通过透水铺装、生态树池、侧分带下凹式绿地、金桥路年径流总量控制率指标达到60%。金桥路各类海绵设施设计及校核计算结果见表2.19。

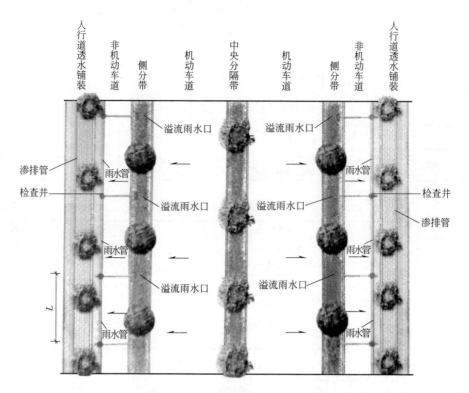

图 2.91　金桥路海绵设施布局示意

⊡ 表 2.19　金桥路海绵设施统计表

道路名称	面积/m²	综合雨量径流系数	设施	规模	径流控制容积/m³	可控制降雨量/mm	年径流总量控制率/%
金桥路	92150	0.72	生态树池	600 个	75	16.2	60
			侧分带下凹式绿地	8894m²	907		
			透水铺装	14744m²	513		

3）公园绿地源头减排工程　片区内公园绿地面积共计318.20万平方米，由广西药用植物园和烈士陵园组成，均为现状公园；公园外排雨水直接进入那考河，按照片区海绵城市建设要求，需要进一步提升公园绿地对雨水的净化能力。下面以广西药用植物园为例，介绍片区公园绿地径流污染控制做法。

广西药用植物园占地面积150hm²，其中水面面积为17.9hm²，园内林木茂密，环境幽静，森林覆盖率高达80%，现状下垫面以自然林地或草地为主。公园汇水流向及海绵设施布局如图2.92所示。采用的海绵设施主要有绿色屋顶、雨水花园、生物滞留带等。

广西药用植物园利用自然地形竖向条件，合理组织和引导雨水径流，因地制宜地设置屋顶绿化、雨水花园、生物滞留池等设施，利用雨水花园和生物滞留设施削减雨水径流污染，公园源头减排流程如图2.93所示。目前，广西药用植物园可实现设计范围内年SS削减率达到60%。

4）河岸排水口污染控制工程

① 10 个分流制污水直排排水口，1 个管径 $DN500$ 以下的合流制直排排水口和 4 个管径 $DN500$ 以下的分流制雨水直排排水口，通过沿岸铺设截流管全部截流，所有污水和混合污水

均进入新建污水处理厂处理。

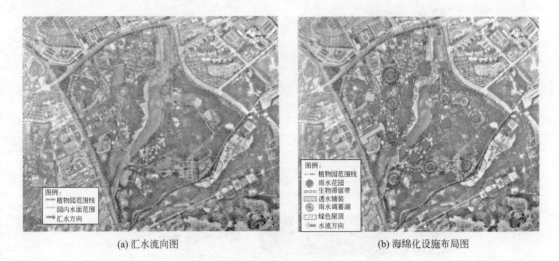

(a) 汇水流向图   (b) 海绵化设施布局图

图2.92 公园汇水流向及海绵设施布局

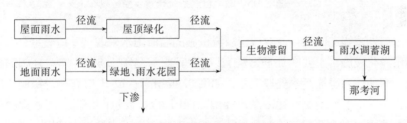

图2.93 公园源头减排流程

② 对3个管径 $DN500$ 以上的分流制雨水直排排水口，根据岸线空间条件，在满足水头差的条件下采取旋流沉砂器对初期雨水悬浮物与漂浮物进行去除后排入那考河。如图2.94所示。

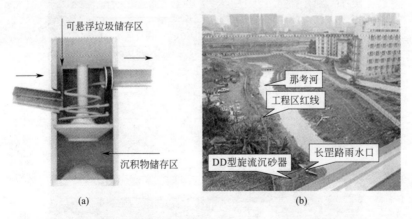

图2.94 旋流沉砂器原理示意图及现场

③ 26个管径 $DN500$ 以上合流制直排排水口，在排水口处设置截流溢流设施，截流倍数为2.0，截流的混合污水进入新建污水处理厂处理，溢流混合污水经过净化措施，排放至那考河。截流管采用重力流与压力流相结合方式敷设，污水重力管管径为 $DN300\sim1200\text{mm}$，管长约

8.0km；污水压力管管径为$DN630mm$，管长约2.6km。截流管道系统布置示意如图2.95所示。

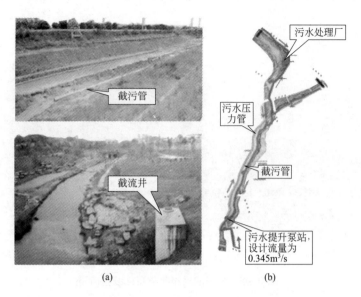

图2.95　截留管道系统布置示意

　　根据排水口处岸线空间条件，对截留溢流设施的溢流雨水采取"一口一策"因地制宜地设置不同的调蓄净化设施，主要的处理方法有以下两种：a. 出口场地平坦、开阔的排水口，优先采用湿塘、湿地作为溢流污水处理工艺，如图2.96所示；b. 出口有一定空间、岸坡较陡的排水口，结合场地地形因地制宜建设净水梯田、梯田进水端设计了弃流/配水渠。旱流污水及一定截流倍数的雨水弃流至截流管；超过截流能力的雨水沿配水孔进入梯田；暴雨强度较大、径流量超出梯田处理能力时，弃流/配水渠内水位上涨，雨水溢流入河。如图2.97所示。

图2.96　那考河支流中游水湿地施工现场

1. 旱流污水与初期雨水	➤ 排入污水管,污水厂处理
2. 小到中雨中后期雨水	➤ 经梯田净化处理后入河
3. 大到暴雨中后期雨水	➤ 自梯田溢流口溢流入河

净水梯田

配水渠

透水路面

图 2.97 净水梯田示意及施工现状

5）新建污水处理厂

根据本片区目前情况及城市发展确定的近远期截流污水量、新建污水厂处理规模 $7 \times 10^4 \, \mathrm{m}^3$（一期 $5 \times 10^4 \, \mathrm{m}^3/\mathrm{d}$，二期 $2 \times 10^4 \, \mathrm{m}^3/\mathrm{d}$），全部采用 MBR 工艺，出水优于《城镇污水处理厂污染物排放标准》（GB 18918—2002）一级 A 标准，主要污染物指标可达到或接近《地表水环境质量标准》（GB 3838—2002）Ⅳ类水标准，设计进、出水水质主要指标见表 2.20 所列。

⊡ 表 2.20 污水处理厂设计进、出水水质主要指标一览表

项 目	设计进水	设计出水	去除率	备 注
$BOD_5/(\mathrm{mg/L})$	120	≤6	≥95.0%	《地表水环境质量标准》Ⅳ类
$COD_{Cr}/(\mathrm{mg/L})$	300	≤30	>90.0%	《地表水环境质量标准》Ⅳ类
$SS/(\mathrm{mg/L})$	200	≤10	>95.0%	《污水处理厂污染物排放标准》一级 A 标准
$TN/(\mathrm{mg/L})$	40	≤15	>62.5%	《污水处理厂污染物排放标准》一级 A 标准
$NH_3\text{-}N/(\mathrm{mg/L})$	30	≤1.5	>95.0%	《地表水环境质量标准》Ⅳ类
粪大肠杆菌群/(个/L)	—	≤100	—	《污水处理厂污染物排放标准》一级 A 标准

（3）内源污染控制工程

结合河道设计横断面及河道地质剖面图对河道淤泥进行清淤，平均深度 0.8~1.0m，河道边坡需填方段的淤泥完全清除，河底以下 1.5m 范围内的淤泥完全清楚，局部横断河底淤泥较深且对河道边坡结构稳定性造成影响的淤泥全部清除。

河道清淤工程自长堰路铁路桥河段至环城高速路，总长约 6.6km。根据河道整治工程设计断面，控制渠底宽 10~120m，清淤河底控制高程 68.00~81.00m，渠底纵坡 0.909%~6.897%。水南高速至高峰水库（5+400~17+800 段），根据现状河底断面，清淤厚度平均为 0.8~1.0m，河道清淤泥量 27.1 万立方米。清淤边坡坡度 1:2，渠底纵坡大于 1/10000。清出的淤泥干化后全部运送至填埋场填埋。

（4）河道生态修复工程

1）生态岸线建设工程 那考河为敞开式河道，河道标准断面为梯形复式断面，一层平台以下 2.0m 高差采用直立式挡土墙做垂直支护，河道环湖边缘子河道位置均设置 3m 高浆砌块石挡墙。挡土墙临水面墙顶部低于常水位 30cm，顶部埋设仿木预制桩，仿木高低错落相间布置，长桩高于短桩 100mm，短桩桩顶高程同环湖路高程，桩长 1.5m，直径 180mm、间距 180mm、生态岸线总长度为 12.07km（表 2.21）。

⊡ 表2.21 河道断面各水位植物配置一览表

种植区域	植物类别	代表品种
常水位至河底（水深20～100cm）	挺水植物	伞莎草、芦苇、芦竹、香蒲、鸢尾、千屈菜等
五年一遇水位至常水位	湿生植物	斑茅、芒草、美人蕉、蜘蛛兰、春羽、海芋、夹竹桃、水杉等
五十年一遇水位至五年一遇水位	中生植物	小叶榕、垂叶榕、柳树、花叶良姜、软质黄蝉、三角梅、葱兰、韭兰等
五十年一遇水位以上	旱生植物	常绿阔叶乔木、观果观花乔灌木

① 石砌挡墙驳岸。对采用浆砌块石挡墙的护岸，其上预制混凝土花池，池内藏植花灌木以软化驳岸。也可根据河水的深度将混凝土花池设立在紧靠湖岸的底部，池内栽植挺水等水生植物来软化驳岸。石砌挡墙驳岸6.04km。

② 人工打桩垂直驳岸。为破除硬质驳岸带来的灰色调，可采用沿岸顶增加花槽，沿岸堤底部做花池等手段，在游人亲水的地方可部分区域做临水台阶和斜坡花池。栽植水生湿生植物，如梭鱼草、香蒲、菖蒲、水葱等。人工打桩垂直驳岸1.77km。

③ 生态缓坡驳岸。对采用大块景石叠砌护岸，栽植水生湿生植物软化驳岸，如鸢尾、萱草、梭鱼草、菖蒲、雨久花等，缓坡草地能够引导游人与河流的亲水沟通性。生态缓坡驳岸长度为4.26km。

2）生态补水工程　那考河可利用的生态补水水源有两种，分别为经生态净化后的污水处理厂出水和雨水。污水处理厂出水经人工湿地后水质能够达到地表水Ⅳ类水体水质标准，用作生态补水水源，该水源水量均匀，可作为长期稳定的补水，根据新建污水处理厂（一期）规模，日均补水量$5×10^4 m^3/d$。

人工湿地为垂直潜流人工湿地，主要工艺参数为表面水力负荷$1m^3/(m^2 \cdot d)$，水力停留时间10h，分为36个潜流湿地单元，包括18个下行流潜流湿地单元和18个上流行潜流湿地单元，每个单元面积$1400～1500m^2$。湿地内种植的水生植物主要根据水深及待去除污染物的特性，选择芦苇、美人蕉等挺水植物。

另外的补水水源主要包括通过公园调蓄净化后的溢流雨水、旋流沉砂设施及生态设施净化后的排水口出水等。根据本片区年径流总量控制率核算，日均雨水补水量约为$0.57×10^4 m^3/d$；净化后的雨水水量影响因素众多，仅作为生态补水的有效补充。

同时，为保障那考河支流水体丰盈，在那考河支干流交汇处设提水泵站，以$2×10^4 m^3/d$流量将干流河水提到支流上游。污水处理厂、尾水净化湿地及补水点位置关系，如图2.98所示。

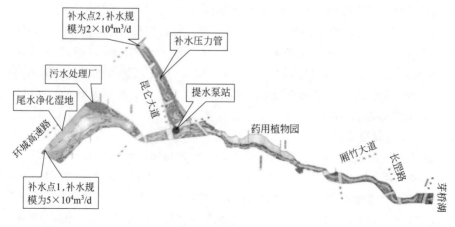

图2.98　生态补水工程示意

3）景观水体调蓄工程　在河道内设置溢流坝（堰）及水闸，以实现河道景观壅水及防洪排涝功能。本片区在主河道设置4座溢流坝、1座蓄水闸、1座分洪闸和1座连通闸。支线上设置7座溢流（跌水）堰、1座拦污坝及1座跌水坎（图2.99）。

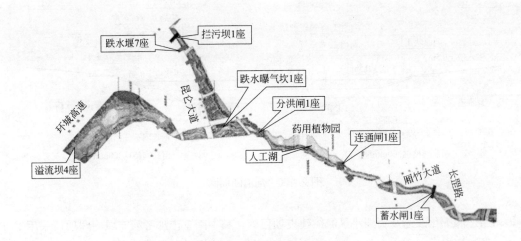

图2.99 那考河调蓄构筑物布置

由于途经广西植物园段河道的征地受限，不能满足行洪断面要求，设计将园区内河旁现状人工湖作为洪水蓄积的空间。经水文计算，满足调蓄要求。因此该段河道采用"河湖共同分洪"方案，在人工湖上下游进出口处分别设置分洪闸和连通闸控制分洪。

当河道来水大于自身的生态及景观需求时，多余的水为弃水。弃水通过闸顶溢流到下游，当河道水位超过正常蓄水位0.5m时开始开启拦河闸进行泄洪，直至全部开启敞泄。

汛期可能出现城市内涝时，提前开启药用植物园段滞洪区的连通闸，提前放空库容，并开启分洪闸，拦蓄一部分洪水，错峰排往下游河道。

河道整治前河道枯水期水流量很小，平均水深不到0.5m。整治后各个壅水构筑物使河道形成0.5～2.0m的常水位，河道景观水面率明显提高，景观视觉效果良好。

（5）河道行洪能力提升工程

河道设计常水位根据河道设计纵坡、下游茅桥湖规划常水位及该常水位回水至河道上游保持0.5m水深处河道水面景观效果等因素确定并设置壅水构筑物，以体现河道景观及防洪排涝功能。河道断面如图2.100所示。

第一级平台，高程可按三至五年一遇洪水位设置，汛期时洪水可漫过一级平台，以扩大行洪断面、增强排涝能力。

第二级平台，高程可按二十年一遇洪水位设置，根据实际条件和功能定位，可为健康运动、大型广场、停车场、品牌商店等提供平台。

第三级平台，高程按五十年一遇洪水位设置，提高河道防洪标准、增强防灾减灾能力，消除市区防洪治涝隐伏的危险。

通过三级平台的设计，满足河道五十年一遇的行洪要求。

2.4.4.6　建设模式及绩效考核

（1）建设模式

那考河片区海绵城市建设包括那考河河道综合整治项目、老旧小区海绵化改造项目、公园

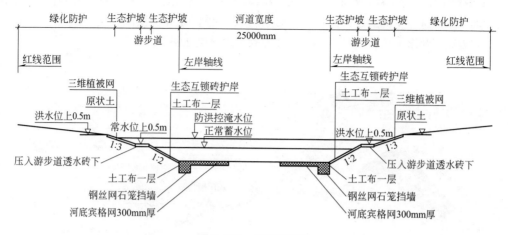

图 2.100 河道断面图

绿地和道路海绵化改造及新建小区海绵建设项目等，其中南宁市那考河流域治理项目采用 PPP 模式。通过招投标，引入具备条件的社会投资人和政府代表单位组成的项目公司，双方的占股比例分别为 90％与 10％。其中，征地拆迁费、监理费、建设单位管理费等各项前期费用由政府代为垫付。目前项目公司已将前期费用返还给政府。项目公司负责本项目的设计、融资、建设与运营管理，政府在运营期依据绩效考核结果付费。合作期满后项目资产使用权和经营权无偿移交至政府指定机构，或在同等条件下优先委托项目公司继续运营。

（2）绩效考核

1）监控断面　南宁市那考河（植物园段）流域治理项目在那考河干流及支流共设 4 个监控断面，用于监测那考河（植物园段）河道上游来水及污水厂运行状况。同时布设 4 个监控点，用于监控来水水质。监控断面及监控点布局如图 2.101 所示。

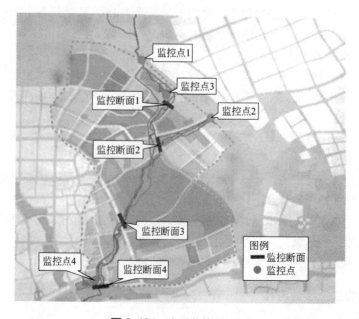

图 2.101　水质监控断面图

监控断面 1 位于新建污水处理厂下游约 100m 的那考河主河道内,用于监控那考河植物园段上游的水质情况;监控断面 2 位于那考河支流末端,用于监控那考河支流水质;监控断面 3 位于那考河主河道植物园湖附近河段,用于监控那考河植物园段中游水质状况;控断面 4 位于那考河主河道下游出口附近,用于监控出口水质。

2)考核标准

监控断面 1~4 的 COD_{Cr}、BOD_5、TP、NH_3-N 和 DO 等指标需达到《地表水环境质量标准》(GB 3838—2002) Ⅳ类水质标准,悬浮物(SS)指标需达到《城市污水再生利用景观环境用水水质》(GB/T 18921—2002)水景类水质要求,透明度达到 0.5m;TN≤10mg/L。为保障河道生态基流量,监控断面 2~4 最小流量不得低于同点位、同水文期多年平均径流量的 60%。

监控断面考核的各项指标,每月抽检两次,并取其平均值作为当月成绩,防止偶然因素和为考核而突击维护;具体由政府和项目公司共同委托水质监测机构进行监测,按照相关规定进行取样,其间发生的相关费用计入项目运营成本。

3)付费方式

根据《南宁市竹排江上游植物园段(那考河)流域治理 PPP 项目协议》及其附件《产出说明及绩效考核》的有关约定,河道运营服务费与考核结果挂钩,政府按季度向项目公司付费。

2.4.4.7　建设效果

(1)河水水质达标

通过那考河片区多种方式的污染控制,河水水质明显提升,已基本消除黑臭,达到黑臭水体治理阶段性目标。那考河湿地公园已成为市民休闲的又一个重要场所。那考河整治前后指标对比数据如表 2.22 所列。

▣ 表 2.22　河道断面水质监测对比结果

检测指标	监控点 2		监控断面 3	
	整治前(2015 年 1 月)	整治后(2016 年 11 月)	整治前(2015 年 1 月)	整治后(2016 年 11 月)
COD_{Cr}/(mg/L)	165	12~32.6	87	13.1~25
TN/(mg/L)	47	13.4~15.2	36	13.07~16.04
TP/(mg/L)	5.2	0.21~0.64	1.3	0.03~0.49
NH_3-N/(mg/L)	13	0.15~0.82	17	0.20~1.74

(2)河道行洪能力达标

主河道最小行洪断面 25m,支线最小行洪断面 10m,部分河段拓宽至 79m,经水利模型分析,河道行洪能力满足设计标准的要求。

(3)景观提升效果明显

通过湿地建设、景观绿化、生态驳岸建设等,明显提升了河道景观效果。

2.4.4.8　项目总结

本片区重点围绕那考河水体黑臭、河道行洪能力不足等关键问题,分析了问题的成因,构建了系统的解决方案,对片区内水体污染的面源、区域输入性污染源和水体污染内源进行削减。通过拓宽河道,制定蓄洪区运行规则等方法,提升河道行洪能力。通过本片区海绵城市建设取得了以下经验。

① 问题原因分析是海绵城市建设基础，系统方案是片区海绵城市建设的重要保障，"灰绿"结合的工程措施是海绵城市建设的重要途径。本片区包括那考河城市建成区绝大部分河段，对其上游采用了面源管控和临时的截流处理措施；截流井、截流管、污水厂等设施承担了大部分污染物消减，绿色基础设施有效地减少管网溢流，通过"灰绿"结合的工程措施，那考河整治工程完工后很快提升了河道水质。

② PPP 是推进海绵城市建设的有效手段。那考河（植物园段）综合整治项目中对 PPP 模式进行了有益的创新和探索，构建了政府、企业、社会共同参与的水环境治理机制，形成了多方合力，快速有效地推进了海绵城市建设，取得了良好的效果，其经验对南宁沙江河、竹排江等其他水体的治理工作起到了良好的示范作用。

在取得了一些经验的同时也感到一些遗憾和不足：本片区中的工程项目分别采用了 PPP 模式、政府投资模式、社会投资模式，不同模式之间的衔接以及对未来整体工程效果的考核方法还有待落实。

参考文献

[1] 高峰，刘鹏，黄超然. 基于系统思考的武汉市内涝成因分析及对策[J]. 灾害学，2017，32（3）：101-106.

[2] Haifeng, Hairong, Shaw. Advances in LID BMPs research and practice for urban runoff control in China[J]. Frontiers of Environmental Science & Engineering, 2013, 7（5）：709-720.

[3] 王伟武，汪琴，林晖，等. 中国城市内涝研究综述及展望[J]. 城市问题，2015（10）：24-28.

[4] Wang F, Yan Z H, Huang W L, et al. Causes and solutions of urban rainstorm waterlogging[J]. China Water & Wastewater, 2012, 28（12）：15-12.

[5] Ballard B W, Udale-Clarke H, Kellagher R, et al. International approaches to the hydraulic control of surface water runoff in mitigating flood and environmental risks[J]. 2016, 7: 12004.

[6] Kim J H, Kim H Y, Demarie F. Facilitators and barriers of applying low impact development practices in urban development[J]. Water Resources Management, 2017, 31（20）：1-14.

[7] 刘颖莅，刘磊，宋雪韵. 国内外雨洪管理技术发展沿革[J]. 中国园艺文摘，2017（8）：70-73.

[8] Locatelli L, Mark O, Mikkelsen P S, et al. Hydrologic impact of urbanization with extensive stormwater infiltration[J]. Journal of Hydrology, 2016, 544: 524-537.

[9] Li X, Li J, Fang X, et al. Case Studies of the Sponge City program in China[C]// World Environmental and Water Resources Congress. 2016: 295-308.

[10] Fletcher T D, Shuster W, Hunt W F, et al. SUDS, LID, BMPs, WSUD and more-The evolution and application of terminology surrounding urban drainage[J]. Urban Water Journal, 2014, 12（7）：525-542.

[11] Freni G, Mannina G, Viviani G. Urban storm-water quality management: centralized versus source control. [J]. Journal of Water Resources Planning & Management, 2010, 136（2）：268-278.

[12] Roy A H, Wenger S J, Fletcher T D, et al. Impediments and solutions to sustainable, watershed-scale urban stormwater management: lessons from australia and the United States [J]. Environmental Management, 2008, 42（2）：344-359.

[13] Coutts A M, et al. Watering our cities: The capacity for Water Sensitive Urban Design to support urban cooling and improve human thermal comfort in the Australian context[J]. Progress in Physical Geography, 2013, 37（1）：2-28.

[14] 车伍，张伟. 海绵城市建设若干问题的理性思考[J]. 给水排水，2016，42（11）：1-5.

[15] Jinsong, Zijian, Xinlai, et al. Quantitative analysis of impact of green stormwater infrastructures on combined sewer overflow control and urban flooding control[J]. Frontiers of Environmental Science & Engineering, 2017, 11（4）：11.

[16] Bhaskar A S, Beesley L, Burns M J, et al. Will it rise or will it fall? Managing the complex effects of urbani-

zation on base flow[J]. Freshwater Science, 2016, 35（1）：293-310.

[17] 车伍，杨正，赵杨，等．中国城市内涝防治与大小排水系统分析[J]．中国给水排水, 2013, 29（16）：13-19.

[18] 李俊奇，王耀堂，王文亮，等．城市道路用于大排水系统的规划设计方法与案例[J]．给水排水, 2017（4）：18-24.

[19] Liu Y., et al. A review on effectiveness of best management practices in improving hydrology and water quality: Needs and opportunities[J]. Science of the Total Environment, 2017, 601: 580-593.

[20] Eckart K, Mcphee Z, Bolisetti T. Performance and implementation of low impact development-A review[J]. Science of the Total Environment, 2017, 607-608: 413-432.

[21] Lee J G, Selvakumar A, Alvi K, et al. A watershed-scale design optimization model for stormwater best management practices[J]. Environmental Modelling & Software, 2012, 37（37）：6-18.

[22] Wang C X. Low impact development（LID）approaches in sustainable stormwater management[J]. Applied Mechanics & Materials, 2013, 368-370: 297-301.

[23] Dietz M E, Clausen J C. Stormwater runoff and export changes with development in a traditional and low impact subdivision[J]. Journal of Environmental Management, 2008, 87（4）：560-566.

[24] Hood M J, Clausen J C, Warner G S. Comparison of stormwater lag times for low impact and traditional residential development[J]. Jawra Journal of the American Water Resources Association, 2007, 43（4）：1036-1046.

[25] Bedan E S, Clausen J C. Stormwater runoff quality and quantity from traditional and low impact development watersheds1[J]. Jawra Journal of the American Water Resources Association, 2010, 45（4）：998-1008.

[26] Kong F, Ban Y, Yin H, et al. Modeling stormwater management at the city district level in response to changes in land use and low impact development[J]. Environmental Modelling & Software, 2017, 95: 132-142.

[27] 胡东起，陈星，张其成，等．低影响开发在海绵城市建设中的应用[J]．水电能源科学, 2017（4）：18-21.

[28] 蔡庆拟，陈志和，陈星，等．低影响开发措施的城市雨洪控制效果模拟[J]．水资源保护, 2017, 33（2）：31-36.

[29] Li H, Ding L, Ren M, et al. Sponge city construction in China: A survey of the challenges and opportunities[J]. Water, 2017, 9（9）：594.

[30] Jiang Y, Zevenbergen C, Fu D. Understanding the challenges for the governance of China's "sponge cities" initiative to sustainably manage urban stormwater and flooding[J]. Natural Hazards, 2017, 89（1）：521-529.

[31] CHE W, ZHANG W, LI J Q, et al. Outline of some stormwater management and LID projects in Chinese urban area[C]//Water Infrastructure for Sustainable Communities: China and the World. London: IWA publishing, 2010, 161-174.

[32] Li C L, Hu Y M, Liu M, et al. Urban non-point source pollution: Research progress[J]. Chinese Journal of Ecology, 2013, 32（2）：492-500.

[33] Li J, Deng C, Li Y, et al. Comprehensive benefit evaluation system for low-Impact development of urban stormwater management measures[J]. Water Resources Management, 2017, 31（15）：4745-4758.

[34] Qin H P, Li Z X, Fu G. The effects of low impact development on urban flooding under different rainfall characteristics. [J]. Journal of Environmental Management, 2013, 129（18）：577-585.

[35] Sun T, Grimmond S, Ni G. How do green roofs mitigate urban thermal stress under heat waves? [J]. Journal of Geophysical Research Atmospheres, 2016, 121（10）：5320-5335.

[36] Davis A P, Shokouhian M, Sharma H, et al. Water quality improvement through bioretention media: nitrogen and phosphorus removal[J]. Water Environment Research, 2006, 78（3）：284-293.

[37] 叶春晖．基于海绵城市理论下的屋顶花园营造技法[J]．中国园艺文摘, 2017, 33（5）：150-152.

[38] 申丽勤，车伍，李海燕，等．我国城市道路雨水径流污染状况及控制措施[J]．中国给水排水, 2009, （04）：23-28.

第二篇

城市排水系统新理念与新设施

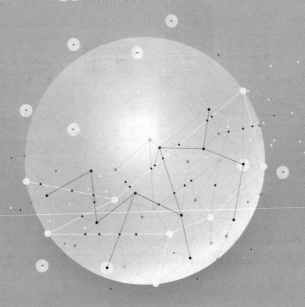

Integrated Managemental Engineering and

Technology of Urban Polluted Waters

第3章

污染水体沿岸截流
下水道系统

3.1 概述

　　污染水体流域（汇水区）内，分流制排水系统的污水管网和雨水管网或合流制排水系统的污水与雨水混合排水管网（图3.1），都能将其流域或服务区内的生活污水、工业废水和雨水径流收集和输送到污水处理厂、雨水径流处理厂或雨污混合水处理厂，进行处理后排入水体，使受纳水体消除或减轻了点源污染负荷和非点源污染负荷，使其水质和生态系统有所改善。无论是分流制还是合流制排水系统，在水体沿岸都要建造截流总干管（渠），接受和汇集街道干管的污水和/或雨水，最后送到污水处理厂和雨水处理厂（分流制）或雨污混合水处理厂（合流制）处理后排入水体。当然，这只是理想的做法，实际上很难做到污水和雨水径流尤其是超大流量的暴雨径流的全处理。

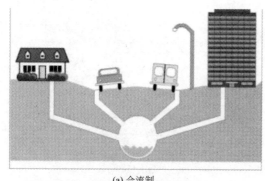
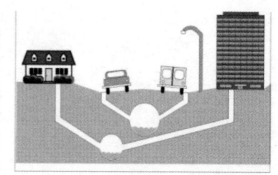

(a) 合流制　　　　　　　　　　　　　　　　(b) 分流制

图3.1 城市合流制下水道和分流制下水道示意

　　随着城市的形成和发展，人们生活所必需的排水工程（下水道）也随之出现。最早出现的下水道都是合流制下水道，无论是古罗马的下水道，还是中国宋代刘彝在赣州设计和建造的福寿沟下水道，以及欧美19世纪和20世纪初期大中城市建造的下水道，都是合流制系统，这主要是因为合流制下水道造价低，易于维护，一种管道接纳污水和雨水径流，而且当时对受纳水体的污染没有造成严重后果，如水质明显变坏、黑臭、富营养化和死鱼等。20世纪50年代后，随着经济的发展和城市化的不断发展，居民不断增加，生活水平的提高和工业生产的发展，产生的生活污水和工业废水越来越多，其中的污染物种类和数量也越来越多，对受纳水体的污染负荷越来越大，最后导致水体接纳的污染负荷超过其自净能力而发生严重污染，出现黑臭、富营养化，破坏了水生态系统。

合流制下水道对受纳水体的污染主要是通过其溢流水造成的，称为合流制下水道溢流（combined sewer overflow，CSO）。发达国家特别是美国、德国和英国，在合流制下水道溢流（CSO）的控制和处理方面下了很大功夫，以巨大的财力和人力的付出换取水体水质和生态系统的改善。例如美国许多大中城市和社区建造并运行了地下深层隧道（最大直径10m），用于储存暴雨和大暴雨时的雨水径流和雨污混合水，雨后再用泵抽送到污水处理厂处理。对于分流制的雨水管道，在暴雨和大暴雨时也容纳不了所有的雨水径流，超载部分也只能溢流，称为雨水道溢流（stormwater sewer overflow，SSO），排入附近受纳水体会使其受到污染。为了避免污染，也需要对分流制雨水道溢流进行储存和处理，以及对污水管道溢流（sanitary sewer overflow）进行处理。欧洲德、英、法等国多采用"净化-储存塘和湿地"处理和储存雨水径流，美国则采用地下深层隧道予以储存，雨后用泵抽送到处理厂进行处理。美国大中城市和社区为了治理CSO和SSO（分流制下水道溢流水）建造的地下深层隧道工程，大城市投资上百亿美元，至少几十亿美元；全美国深层隧道的总投资已达到数千亿美元。许多城市不堪财政重负而中途搁置停工，转而寻找更经济有效的控制和治理CSO和SSO的取代方案，绿色基础设施方案或海绵城市（sponge city）在美国和欧洲经过20年的研发和推广应用，逐渐形成高潮。

我国城市排水系统的设计、建造和运行，落后于国际先进水平的理念和实践60~70年，大都仍然停留在20世纪50~60年代的设计理念和规范，即设计、建造和运行的分流制下水道，只考虑污水管网中污水的处理，而根本不考虑雨水管网中雨水径流和溢流的处理；致使受纳水体只减少了污水的污染负荷，而没有减少雨水径流的污染负荷和水力冲击负荷。于是我国许多城市旱季河流清澈和景观良好，而一旦下雨，河面漂浮垃圾、粪便、塑料袋等，这都是雨水下水道的"贡献"，这是对人们不重视它和治理它的报复。如图3.2、图3.3所示。

图3.2 某市一次暴雨街道成河情景

图3.3 某市暴雨后街道被淹成河

(a)   (b)

图 3.4 某市街道成河，环卫工人打开污水井盖排泄街道积水

为什么我国几乎全部大中城市每逢大雨或暴雨就街道成河、广场成湖呢？主要原因是我国几乎所有城市都将雨水下水道设计得偏小，大都按照五至十年（甚至更少）一遇暴雨来设计，管径太小，难以承受特大暴雨。而发达国家的城市大都按照五十年一遇甚至百年一遇的特大暴雨设计其下水道（合流制下水道和分流制雨水道）尺寸，而且建设了暴雨时雨水径流淹没下水道检查井的顶端使其满管压力流运行时用于储存与延缓排出的附加容积，还建设了下水道外（旁路）的雨污混合水的净化-储存塘、湖和湿地，还有储存容积更大的地下深层隧道等，构成了一个完整的合流制下水道系统。这些城市在大雨和暴雨时不会出现街道成河的现象，除非特大暴雨时偶尔会出现街道淹涝现象。我国城市的合流制下水道和分流制雨水管道设计，只考虑管道对雨水径流的汇集和输送，没有考虑暴雨时下水道接纳不了的多余雨水径流的储存问题；10 年前、20 年前或更多年前设计建造的雨水管道，即使按当时的五至十年一遇的标准设计，现在城市的发展尤其是城市不透水地面的大幅度增加和渗水系数的大幅度减小，也会导致现在雨水径流增大，一年多次街道成河。美国某一城市其未开发地区百年一遇的暴雨径流高峰和总体积，在完全开发地区，却变成二至四年一遇了（见图 3.5）。

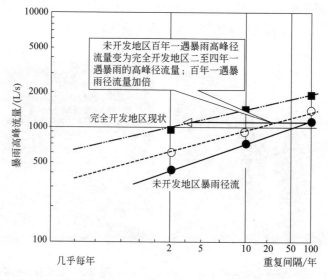

图 3.5 美国某城市未开发地区与完全开发地区暴雨径流量的对比

由此可见，由于传统的城市地区开发增加了不透水硬化地面，雨水往土地中的渗水率显著减少，地表径流量增加，相应增加了排水系统的水力负荷和污染负荷。其根本出路就是改变传统的开发方式，改用生态和绿色的开发方式，即在开发区内采用绿色基础设施，增加地面的透水性，减少雨水径流量及其污染负荷，增强排水系统应对暴雨的能力。

3.2 城市排水系统的功能

传统观念上的排水系统，是以防止雨洪内涝、排除和处理污水、保护城市公共水域水质为目的，认为污水是有害的，应尽快排除到城市下游。这种观念导致的结果往往是保护了局部的生活环境，危害了下游广大流域地区。实际上，良好的水环境不是局部地域的，它的范围是整个流域。21世纪排水系统的定位应从以前的防涝减灾、排污减害逐步转向污水和雨水收集、处理、再生，以实现污水与雨水的资源化，给水系统和排水系统好比是城市水循环的动脉与静脉，排水系统起到回收城市污水和雨水并将其净化、再生和利用的作用，以实现城市水循环，从而恢复和改善水环境，并保证水资源可持续利用。

3.2.1 城市排水系统体制的分类

城市排水系统体制一般分为合流制和分流制两种类型。合流制排水系统是将城市生活污水、工业废水和雨水径流汇集于一个管渠内予以输送、处理和排放。按照其产生的次序及对污水处理的程度不同，合流制排水系统可分为直排式合流制、截流处理式合流制和全处理式合流制。城市污水与雨水径流不经任何处理直接排入附近水体的合流制称为直排式合流制排水系统（图3.6）。城市建造合流制排水系统初期，如20世纪50年代级以前，均属于此类。

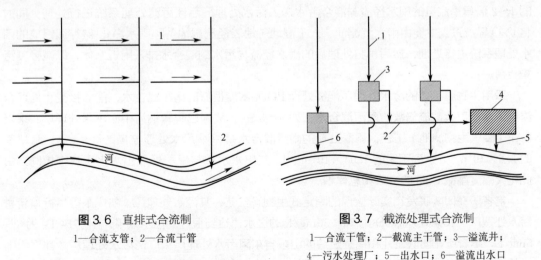

图3.6　直排式合流制
1—合流支管；2—合流干管

图3.7　截流处理式合流制
1—合流干管；2—截流主干管；3—溢流井；
4—污水处理厂；5—出水口；6—溢流出水口

随着城市的发展和居民的增加，产生的污水量越来越大，对环境造成的污染越来越严重，必须对污水进行适当的处理才能够减轻城市污水和雨水径流对水环境造成的污染，为此产生了截流处理式合流制（图 3.7）。截流处理式合流制是在直排式合流制的基础上，修建沿河截流干管，并在适当的位置设置溢流井，在截流主干管（渠）的末端修建污水处理厂。该系统可以保证晴天的污水全部进入污水处理厂，雨季时通过合流制截流下水道可以截流部分雨水（尤其是污染重的初期雨水径流）至污水处理厂，当雨污混合水量超过截流干管输水能力后，其超出部分通过溢流井泄入水体。

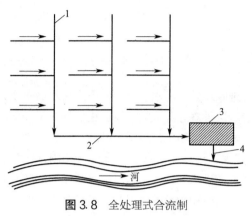

图 3.8　全处理式合流制
1—合流支管；2—合流干管；
3—污水处理厂；4—出水口

这种体制对带有较多悬浮物的初期雨水和污水都进行处理，对保护水体是有利的，但雨量过大时，混合污水量超过了截流管的设计流量，超出部分将溢流到附近水体，不可避免会对水体造成局部和短期污染。并且，进入处理厂的污水，由于混有大量雨水，使原水水质、水量波动较大，势必对污水厂各处理单元产生冲击，这就对污水厂处理工艺提出了更高的要求。

在雨量较小且对水体水质要求较高的地区，可以采用全处理式合流制（图 3.8）。将生活污水、工业废水和雨水径流全部送到污水处理厂处理后排放。这种方式对环境水质的污染最小。但是现在污水处理厂大都采用活性污泥法，其处理雨污混合水的能力有限，德国合流制污水处理厂的雨季处理雨污混合水的设计处理能力为旱季设计流量即污水设计流量 Q_{sew} 的 2 倍，或者截流下水道的截流倍数为 $n=1$，即 $Q_{com}=2Q_{sew}$。取截流倍数 $n=2$，即 $Q_{com}=3Q_{sew}$ 时，雨污混合水的 BOD_5 浓度偏低，如小于 70mg/L 就会影响其正常运行。因此，对于活性污泥法污水处理厂，能够接受的最大截流倍数是 $n=2$。剩余的雨污混合水只能以 CSO 形式溢流排入附近水体而造成污染。为此需要解决 CSO 的处理或储存问题。

为此，在污水处理厂中设置雨水沉淀池、雨水净化-储存塘和人工湿地等，降雨时将进厂的 1~2 倍旱季流量的雨水径流与混合污水送入污水处理厂活性污泥处理系统进行处理，同时将 CSO 导流进入主要由雨水沉淀池、人工湿地（地表径流湿地）和雨水净化-储存塘组成的雨水处理系统进行处理，然后再将处理后的雨水径流与污水的混合水排入附近水体，以减轻其污染负荷。

采用生物膜工艺的污水处理厂能够处理 BOD_5 浓度很低的雨污混合水，能够接受和处理合流制下水道更大截流倍数的雨污混合水，如 $n=3~4$。法国巴黎塞纳河中心污水处理厂，采用 BAF（曝气生物滤池）工艺，雨季处理的雨污混合水是旱季污水处理流量的 3~4 倍，从旱季的 $2.6×10^5 m^3/d$ 达到雨季的 $1.04×10^6 m^3/d$，其出水水质与旱季处理出水水质基本相同。由此可大幅度削减 CSO 的次数和总体积。

笔者所在团队研发和实际应用的固定式生物膜工艺，其污水处理厂（如广东番禺祈福新村污水处理厂）长期处理 BOD_5 为 30~50mg/L 的进水，达到很好的出水效果，出水 BOD_5 为 2~5mg/L。笔者所在团队设计和指导建造的山东省东阿污水处理厂和广饶污水处理厂（都采用固定式生物膜工艺），均能高效处理 BOD_5 为 150~200mg/L 的进水，并使出水达到一级 A 排放标准：BOD_5 5~10mg/L。2006 年在深圳市福田河中心公园上游建造的应急工程——污染河水就地净化段，在河床底部铺设软性合成纤维填料，以固定生物膜工艺运行，不仅在无雨时运行水质净化效果良好，而且在降雨后河水流量增加 8～10 倍 ［从 $1.5 \times 10^4 \mathrm{m}^3/\mathrm{d}$ 增至（12～15）$\times 10^4 \mathrm{m}^3/\mathrm{d}$］，该净化段的出水水质明显比进水好。

总之，采用固定生物膜法的污水处理厂或处理设施，能够比活性污泥法污水处理厂处理截流倍数更大的（$n \geqslant 4$）雨污混合水，由此可以大幅度减少 CSO 频次、总体积和总污染负荷。

3.2.2 分流制排水系统

当生活污水、工业废水和雨水径流用两种或两种以上管道收集、输送和排放时，称为分流制下水道系统（separate sewer system），包括污水下水道（sewage sewer 或 sanitary sewer）和雨水下水道（stormwater sewer）。其中收集、输送和排放生活污水和工业废水的下水道包括管网和污水处理厂称为污水下水道系统；收集、输送和排放雨水径流的管网和雨水处理厂称为雨水道系统。根据排除雨水方式的不同，又分为完全处理分流制 ［图 3-9(a)］、不完全处理分流制或截流式分流制 ［图 3-9(b)］。完全处理分流制下水道系统，分设污水和雨水两个管网系统，前者汇集生活污水、工业废水，送至污水处理厂，经处理后排放或加以利用。雨水管网汇集水体流域内的雨水径流，最后送入雨水处理厂处理后排入受纳水体。但是这种理想的分流制下水道系统，由于现在雨水径流治理的技术水平和土地限制等因素，难以普及和推广，只适用于经济发达的小城镇和社区，或小的水体流域。

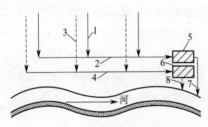 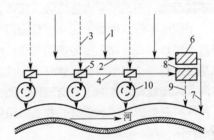

（a）完全处理分流制	（b）不完全处理分流制
1—污水干管；2—污水总干管；3—雨水干管；4—雨水总干管；5—污水处理厂；6—雨水径流处理厂；7—污水处理厂出水口；8—雨水处理厂出水口	1—污水干管；2—污水总干管；3—雨水干管；4—雨水溢流截流总干管；5—截留溢流井；6—污水处理厂；7—污水处理厂出水口；8—雨水厂；9—雨水处理厂出水管；10—水力旋流沉砂池

图 3.9 分流制下水道系统

现在最普及的分流制下水道系统，是带有溢流设施截流雨水道的不完全处理系统 ［见图 3.9（b）］。

国内外对雨水径流的水质调查发现，雨水径流特别是初期雨水径流所含污染物浓度很高，对受纳水体的污染较严重，因此提出对雨水径流也要严格控制的截流式分流制排水系统 ［图 3.9（b）］。截流式分流制既有污水排水系统，又有雨水排水系统，与完全分流制的不同之处在于它具有把初期雨水引入污水管道的特殊设施，称雨水截流井。在小雨和中雨时，雨水经初期雨水截流干管进入雨水处理厂处理（如水力旋流泥沙分离器—雨水沉淀池—地表径流湿地—净化储存塘等处理系统，或生物膜工艺处理系统）；大雨时，雨水径流超过截留能力的多余流量经过截流井中的溢流堰溢流排入水体。

截流式分流制的关键是雨水径流截流井。要保证初期雨水进入截流管，并能截流小雨和中雨的全部雨水径流、大雨和暴雨时截流初期降雨径流以及设计截留能力内的雨水径流量，其余雨水径流经过截留井的溢流堰排入受纳水体。为了减轻受纳水体的污染负荷，在溢流排放雨水管末端设置水力旋流沉砂池［见图3.9（b）］，用于去除雨水径流携带的泥沙和垃圾等。

分流制的优点是它可以分期建设和实施，一般在城市建设初期建造城市污水下水道，在城市建设达到一定规模后再建造雨水道，收集、处理和排放降水径流水。

在一个城市中，有时采用的是复合制排水系统，既有分流制也有合流制的排水系统。复合制排水系统一般是在合流制的城市需要扩建排水系统时出现的。在大城市中，因各区域的自然条件以及修建情况可能相差较大，因地制宜地在各区域采用不同的排水体制也是合理的。例如，美国纽约以及我国上海等城市便是这种复合制排水系统。

目前我国绝大多数城市的分流制下水道系统，是非常落后和残缺不全的分流制系统。一是雨水管网只有收集、输送和排放的功能，而没有在大雨和暴雨时的储存暴雨径流功能，致使每逢大雨和暴雨时街道必淹涝成河；二是没有雨水径流处理净化设施，如德国、英国、法国、美国和澳大利亚等国的雨水泥沙去除器（预处理设施）、人工湿地（地表径流湿地）、净化-储存塘等。我国几乎所有城市的雨水管网都是将雨水径流收集、输送，最后排入附近水体，不加任何处理。因此我国许多城市即使已经普及了污水二级处理，在无降雨的旱季，一些接纳二级处理出水或再生水厂出水的河流清澈美观，但是每逢降雨，地表径流携带地面污染物进入附近河流，不仅污浊，而且漂浮大量垃圾。因此，雨水径流是一种污染水流，尤其是我国城市的雨水管网，不仅收集雨水径流，还通过管道错接和乱接，阳台变厨房，街道雨水管道的雨水汇流井格栅盖（雨箅子）上面乱倒污水和污物，使雨水管道中进入了相当多的污水和污物，实际上是第二条污水管网（雨污混合水管网）。雨水管网设计尺寸偏小，每逢大雨和暴雨必淹涝，使街道成河、广场成湖，影响正常交通和生活，必须尽快消除淹涝。下水道管理维护工人和环卫工人，往往打开街道上污水管网的井盖（见图3.4）排泄暴雨径流，此时的污水管网变成了雨污混合水管网。

3.3 合流制下水道系统的单元雨水控制设施

先进的下水道系统，包括合流制下水道和分流制中的雨水道，都是由管网及管网中的雨水径流储存、调节、处理、溢流等设施组成的完整系统，而不只是单纯的管道。我国绝大多数城市的排水管网，包括分流制和合流制，只是有管网组成，很少有储存池、预处理池、沉淀池、初期雨水截留池等设施。国外先进的城市排水系统的设计年限大都为50～100年，即按照五十年或百年一遇的特大暴雨的降雨径流高峰流量和总流量设计合流制下水道和分流制雨水道的尺寸和其输送、储存、处理、调节等设施的综合系统。我国大多数城市现有的排水系统只有输送排放功能；合流制下水道旱季只有输送和处理污水功能（污水处理厂），到了雨季，除了截流1～2倍的污水流量的雨水径流外，全部排入附近受纳水体而未做任何处理。加之我国排水系统的设计年限仅为5～10年，甚至于更短，因此每逢大雨或暴雨必定淹涝，街道成河，广场成湖，而且河道污染严重。

雨水径流排入受纳水体（湖泊或河流）可能发生高负荷污染。虽然这种污染负荷是暂时的，但是在降雨径流期间可能超过污水处理厂出水污染负荷的几倍。雨水径流的处理任务，一是限制雨水径流进入污水管网和污水处理厂，以使其出水保持在要求的水质标准；二是进入受纳水体的瞬时污染负荷控制在可接受的范围内。雨水径流处理的目的，是在水治理需求的范围内最大可能地减少雨水溢流总量和污水处理厂的排出量。如果雨水径流按照有关标准和准则进行必要的处理，则受纳水体和污水处理厂可望能有效地防止暴雨径流造成的多余污染负荷。

3.3.1 合流制下水道设置溢流的原因

先进的城市排水管网系统（包括合流制下水道和分流制雨水道），按照五十至百年一遇的特大暴雨径流设计其尺寸，因此具有很大的输送能力和储存容量，其输送流量通常为旱季流量（污水设计流量与内渗水流量之和：$Q_{ds}=Q_{sew}+Q_{inf}$）的十倍至几十倍。在大雨和暴雨时都不会出现满管流状态，只有在大暴雨或特大暴雨时才能出现部分满管流；在雨水径流无污染时，可以直接排入受纳水体而无需溢流。但是合流制下水道中输送的是污水与雨水径流的混合污水（雨污混合水），必须处理后才能排入受纳水体，使其接纳的污染负荷尽量小，能通过其自净能力予以净化。但是进入污水处理厂的雨污混合水流量是有限的；对于现在国内外最通用活性污泥法污水处理厂，能够接纳的雨污混合水的最大截流倍数是 $n=2$，即截流干管截流的雨水流量为旱季流量的 2 倍，大致为旱季流量（污水设计流量＋内渗水流量）的 3 倍（截流的雨水流量：旱季流量＝2∶1），其余的雨污混合水只能排入受纳水体（见图 3.10）。德国合流制污水处理厂取的截流倍数 $n=1$，这样可保证污水处理厂运行良好和出水水质达标。其余的溢流水则送入雨水沉淀池-湿地-净化储存塘进行处理与临时储存。法国采用曝气生物滤池（BAF）的第三代生物膜法污水处理厂，其截流倍数 $n=3$，比活性污泥法污水处理厂大幅度减少了溢流量。美国许多大中城市设计和建造地下深层隧道来接纳和临时储存溢流水，并在暴雨后将其用泵站提升和输送到污水处理厂进行处理后排入受纳水体。但是，一个城市为建造深隧投资几十亿甚至上百亿美元，财政负担过重，只能寻求另外的解决办法，绿色基础设施应运而生，通过绿色屋顶、雨水花园、透水地面、湿地、塘、地下持留和滞留系统、植被渗滤沟、生物过滤器等设施，减少雨水地表径流，相应减少了合流制下水道和分流制雨水道的接纳流量和污染负荷。

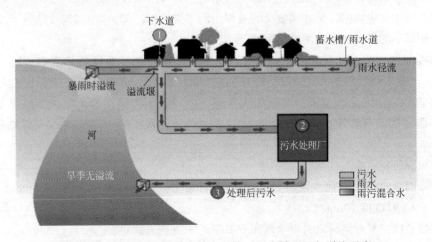

图 3.10 合流制下水道的截流干管、污水处理厂与溢流示意

3.3.2　合流制下水道系统中的雨水溢流构筑物

合流制下水道系统中带有溢流装置的雨水构筑物，是指排入受纳水体的带溢流装置的雨水构筑物，例如雨水溢流池（stormwater overflow，SO）、带溢流的雨水池以及带有储存容积和溢流的下水道（sewers with storage capacity and overflow，SSCO）。

雨水溢流控制原则：可用多种方法达到目的，从避免排放到实际滞留。合流制下水道雨水溢流基本上应当与污水处理厂相关联汇水区（作为受纳水体流域的一部分）一起来评价。对污水处理厂接受雨水径流的限制要求，应当与雨水溢流设施的要求一致，以便有效地保护受纳水体。

雨水溢流控制方法：在考虑雨水溢流减少排放或避免排放时，对于前置溢流减流和未前置溢流减流的溢流构筑物，都要确定其剩余排放的尺寸。暴雨径流处理的效果，不仅取决于储存容积，还特别取决于这些构筑物的布设、设计和运行。

基本上有两种方法确定与核实雨水溢流构筑物的尺寸：使用计算曲线确定其尺寸；根据污染负荷计算和校核其尺寸。

根据受纳水体的不同情况，这些雨水溢流构筑物的运行，既要满足正常情况下的需求，也要满足特殊情况下的要求。在特殊情况下，要确定什么样的要求需要予以满足。如果地表受纳水体接受几个雨水溢流或者污水处理厂的出水，则从保护受纳水体的角度考虑，既要校核每一个单一的溢流负荷，也要校核整个系统的全部负荷。这样才能保护受纳水体各个接纳溢流污染负荷的部位的安全。

对于没有特殊保护和管理需求的受纳水体，雨水溢流设施按照正常技术规则运行就足够了。只需要在个别情况下出现偏差予以判断和应对。雨水溢流排入受纳水体，其污染负荷由带入的污染物的类别、数量、浓度、历时和频率来确定。这些污染物的年污染负荷用 COD 作为总的污染指标。因此，雨水处理构筑物的尺寸确定与核对的基准有一个理论和虚拟的 COD 年负荷。它是受纳水体流域多年降雨径流水 COD 的平均值。它是合流制下水道直接的年溢流污染负荷与污水处理厂出水的剩余污染负荷之和。

为了评价带有溢流设施的雨水构筑物，需要列出更多基准参数，如年溢流量、溢流频率和持续时间。根据现有的知识，不可能预测每一次降雨径流进入合流制下水道的雨污混合水的实际污染物浓度，因为许多因素相互作用影响污水的污染程度和性质，例如下水道中污染物的积累和管壁的侵蚀、生物膜，是非常复杂的过程。为了描述年污染负荷的影响趋势，可以通过确定降雨时和旱季的污染物平均浓度来完成。

德国根据这一情况，在标准中确定了一个平均情况下的"参照负荷值实例"（reference load case），要求合流制下水道要有一定的必需储存容积。储存容积必须保证在平均条件下能够有效地防止污染。偏离参照负荷值实例可能导致所需储存容积的减少或增加。根据当地条件确定的储存容积，应保证在每次降雨时对受纳水体的污染负荷小于平均条件下的负荷。

参考状况负荷值如下：

年均降雨量 800mm；雨水径流 COD 浓度 107mg/L；旱季径流 COD 浓度 600mg/L；污水处理厂出水 COD 浓度 70mg/L。

偏离参考状况基准负荷值时应检查如下事项。

① 由当地多年的平均降雨量决定的雨水构筑物尺寸，对雨水污染和溢流情况有相当大的

影响。年均降雨量越大，雨水构筑物的容积就越大。如确定旱季径流 COD＝600mg/L 使计算出的雨水溢流构筑物的尺寸偏大，径流水 COD 浓度小于 600mg/L 有助于使防治污染的储存容积更合理些。

② 为了能够确定带有溢流装置的雨水构筑物的尺寸，使其在很长的设计期间内运行有效，不管污水处理厂出水水质一年内如何变动，一定要设定一个污水处理厂出水水质的恒定值，如 COD 70mg/L。即使出水水质有所变动，对雨水构筑物的尺寸没有影响。

③ 下水道系统中总储存容积由当地的具体条件确定，并根据各区段管道中的流量来分配储存容积。

3.3.3 合流制下水道中雨污混合水的处理

① 雨污混合水在管道中的暂时储存及随后进入污水处理厂进行处理；

② 雨污混合水在排入受纳水体以前的处理（包括管道内的处理和管道外的旁路处理）；

③ 借助沉淀原理的机械处理，如在雨水池中进行沉淀；

④ 溢流水的土地过滤；

⑤ 上浮法：用以去除漂浮物如油脂、浮渣等，也可用浮渣槽去除漂浮物；

⑥ 有意识地增加下水道的储存能力，如提高溢流堰水位、排放流量控制等。

雨水径流也可以在地面做暂时储存，如停车场、广场、绿色屋顶和街道旁的雨水径流持留、滞留和临时储存系统，以削减其径流高峰，延缓至雨后再流入下水道中。

雨水径流再分配：雨水径流在合流制下水道（或分流制雨水道）中再分配的好处，是均匀地利用储存空间与适当地控制排放。再分配的另一个目的就是将暴雨径流构筑物的溢流特性曲线扯平（流量、持续时间和频率）而减少其溢流量。雨水径流在合流制下水道管网中再分配的另一个目的和功能是将雨污混合水输送到自净能力更强的受纳水体区段。

3.3.4 雨污混合水处理设施

合流制下水道中雨污混合水的数量和特性变化巨大，以致不能将污水处理厂应用的污水处理技术简单地搬来处理雨污混合水。但是可以应用如下设施处理雨水径流：

① 带有溢流装置的雨水池，或者带有储存容积和溢流装置的下水道；

② 雨水储存池；

③ 高密度和高挥发性污染物的分离器；

④ 离心分离器；

⑤ 格栅、细格筛、化学沉淀池、絮凝池。

这些雨污混合水处理构筑物必须进行连续检查和维修，以确保正常运行。

3.3.4.1 溢流构筑物

对于合流制下水道系统中的雨污混合水溢流构筑物，其运行效果不仅取决于其尺寸，还取决于在管网中的布设和构造形式。一级处理（沉淀处理）的溢流水，不能进入污水处理厂的生物处理段，以免因过量的冲击负荷干扰其正常运行。因此这种溢流应送入旁路的湿地和/或塘中做进一步处理后排入受纳水体。

溢流堰的顶端按照规则应当设在受纳水体的设计高水位之上，至少应当努力做到在受纳水体处于十年一遇的最高水位时，下水道中的暴雨径流仍会正常溢流，不会被倒灌。

3.3.4.2 溢流雨水池分类

（1）持留雨水径流初期冲刷水的雨水池

如果能预测暴雨径流冲刷高峰，则可设置储存暴雨径流初期冲刷水的雨水池（STRFF），这种情况只适用于小的汇水区和短的径流时间。如果雨水径流开始排水时，它们将储存径流初期冲刷水。由于初期降雨径流水污染较重，必须送入污水处理厂进行生物处理。

储存雨水径流初期冲刷水的雨水池，主要用于非预先减流的排水区的雨水径流排放，适用于降雨径流在下水道管网中到达雨水池的时间在 15～20min 之间的情况。如果汇水区的雨水溢流安排在持留雨水径流初期冲刷水雨水池之前，则应采用雨水池汇水区的总雨水径流时间，而不仅是雨水溢流之后的流动时间。

（2）带溢流的雨污混合水沉淀雨水池（雨污混合水沉淀雨水溢流池）

随着汇水区面积的增加，雨水径流携带的污染物数量也随之增加，单靠降雨径流初期冲刷式的储存不能完全解决污染问题，必须采取更有效的污染控制措施。在这种情况下就要计划设置带溢流的雨污混合水沉淀雨水池（STOSC），目的是对雨污混合水进行沉淀处理。与储存雨水径流初期冲刷水的雨水池不同，雨污混合水沉淀雨水溢流池带有溢流结构，一旦这种雨水池被雨污混合水充满，便开始进行沉淀处理。排入受纳水体的是沉淀后的雨污混合水，其污染负荷有所削减。按照规则，雨水溢流池应当串联地布设在上游，以避免过大的雨水池过水流量。雨污混合水沉淀雨水溢流池充满之前起着储存作用；充满后则发生溢流，起着沉淀池的作用，使受纳水体接受部分进水流量（按规则是临界流量 Q_{crit}）。降雨结束后，池中存积的雨污混合水必须送到污水处理厂进行生物处理。

带溢流的雨污混合水沉淀雨水池（雨污混合水沉淀雨水溢流池）在以下情况下设置：a. 计算机计算的降雨径流在下水道管网中流到雨水池的时间超过 15min，而且不能指望雨水径流初期冲刷水的雨水池起更大作用时；b. 这些雨水池串联设置在其他带溢流（SO 或 STO）的构筑物的上游。

（3）复合雨水池

如果出现雨水径流初期冲刷洪峰（来自汇水区相邻部分雨水径流汇集而成）以及同时出现削减雨水径流的污染负荷的情况下，要设置复合雨水池（CT）。它是保存雨水径流初期冲刷水的雨水池和带溢流的雨污混合水沉淀雨水池的组合池，包括雨水径流初期冲刷水保存区段和沉淀处理区段。其进入的雨污混合水首先储存于保存区段，将其设计成储存雨水径流初期冲刷水的雨水池；一旦该池充满水后，雨污混合水随后流入沉淀处理区段，将其设计成带溢流的雨污混合水沉淀雨水池。复合雨水池要考虑保存雨水径流初期冲刷水的雨水池与带溢流的雨污混合水沉淀雨水池的界面面积；如果预计有来自汇水区邻近地块的雨水径流初期冲刷水洪峰且具有较长的流动时间，也要予以考虑。复合雨水池的尺寸，既要按照保存雨水径流初期冲刷水的雨水池计算，也要按照带溢流的雨污混合水沉淀雨水池计算。

主要优点：a. 在一个池中进行雨污混合水的持留与沉淀处理；b. 将雨水池的体积分隔成保存区段和沉淀处理区段；c. 将复合雨水池再分成几个隔间以应付频繁的降雨径流，这样可使通过的流量显著减少。

主要缺点：a. 与单独的带溢流的雨污混合水沉淀雨水池相比，沉淀效果较差；b. 结构复杂，其基建投资和运行费较高。

（4）带有储存容积和溢流的下水道

其效果因溢流构筑物的位置而不同。带有储存容积和顶端溢流设施的下水道（SSCTO），或满管压力流溢流下水道（见图3.11）起到了初期暴雨冲刷水持留池的功能。带有储存容积和底端溢流设施的下水道（SSCBO），或非满管重力流溢流下水道（见图3.12），其功能相当于主路中的无溢流设备的雨污混合水沉淀池。按照标准确定的尺寸，它们基本上等于雨水径流初期冲刷水的雨水池和雨污混合水沉淀池。

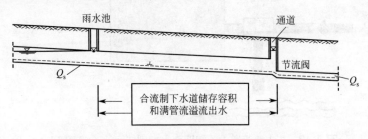

图3.11 带有储存容积和顶端溢流设施的下水道

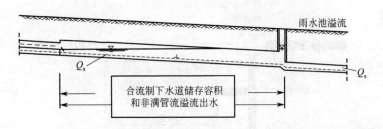

图3.12 带有储存容积和底端溢流设施的下水道

主要优点：a. 除了下水道外，无附加构筑物；b. 依靠自然坡度放空。

主要缺点：a. 难于排出沉积物；b. 带有储存容积和底端溢流设施的下水道，其容积大于带溢流的雨污混合水沉淀雨水池；　c. 带有储存容积和底端溢流设施的下水道，溢流时会冲刷携带出部分沉积物进入受纳水体。

带有储存容积和溢流的下水道可以设置，但是要保证有充分的措施来避免或减少沉积物，或者安装冲刷辅助设施。在暴雨径流时，底端非满管溢流的下水道，不像顶端满管溢流下水道运行那么顺利，在储存容积中有积累污染物的危险，随后被污染较轻的雨污混合水置换，将沉积污染物排出。因此，其储存容积要比顶端满管压力流溢流下水道的储存容积更大些。

3.3.4.3　主路与旁路雨水池

在主路输送管渠中，雨污混合水通过雨水池排入污水处理厂。旁路管道则绕过雨水池。雨水池的水流排入旁流管道中可用排放调节器（节流池）来实现。带有沉淀的雨污混合水溢流池、保存暴雨径流初期冲刷水的雨水池、复合雨水池和带有储存容积和溢流的下水道，可以布设在主路中，也可以布设在旁路中（图3.13～图3.18）。在主路系统中池的出水进入污水处理厂。

设在旁路系统的雨水池，主要是接纳污水处理厂设定截流倍数（如 $n=2$）的雨水径流量以外的剩余雨污混合水流量，予以处理后排入受纳水体。形成的污泥等浓缩污染物则用泵输送到主路管道中再送至污水处理厂进行处理。

设在旁路系统的保存暴雨径流初期冲刷水的雨水池（STRFF），比设在主路下水道中技术难度小、基建投资小和运行维护方便，降雨时将初期径流冲刷水保存其中，雨后将这些储存的污染较重初雨水用泵输送到主流下水道中，最后至污水处理厂进行处理后排入受纳水体。

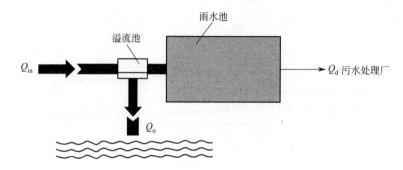

图 3. 13　在主路管道中的初期雨水冲刷持留池（STREFF）

Q_{in}—进水流量；Q_d—至污水处理厂出水流量；Q_o—前置分流池溢流水流量，排入受纳水体

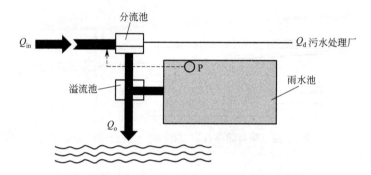

图 3. 14　旁路系统中的初期雨水冲刷持留池（STRFF）

Q_{in}—进水流量；Q_d—至污水处理厂出水流量；Q_o—前置分流池溢流水流量，排入受纳水体；P—泵

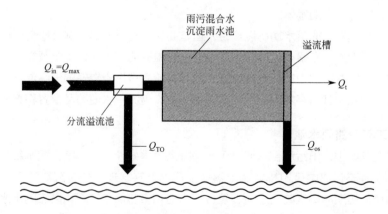

图 3. 15.　在主路管道中的混合污水沉淀雨水溢流池（STOSC）

Q_{in}—进水流量；Q_{max}—最大进水流量，本图所示是发生设计最大暴雨径流流量时的运行状况；

Q_{TO}—前置分流池溢流水流量；Q_t—至污水处理厂的雨污混合水流量；$Q_t=(n+1)Q_{ds}$，

其中 Q_{ds} 为旱季流量，n 为雨水径流截流倍数；Q_{os}—溢流时雨水平均排放流量

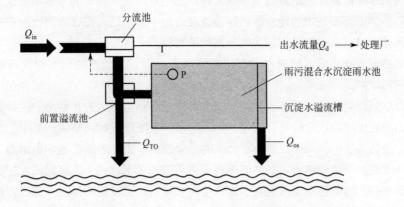

图 3.16 在旁路系统中的带溢流的雨污混合水沉淀雨水池（STOSC）

Q_{in}—进水流量；Q_{TO}—前置分流池溢流池水流量；Q_{os}—溢流时雨水平均排放流量；P—泵，用于雨后将池中存积的雨污混合水沉淀污泥抽到主路下水道中，最后进入污水处理厂进行处理，出水排入受纳水体

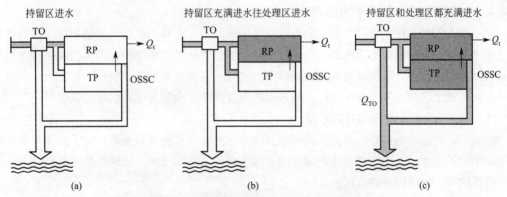

图 3.17 主路系统中复合雨水池运行状态

RP—持留区；TP—处理区；TO—前置溢流池；Q_t—至污水处理厂的出水流量；OSSC—雨污混合水沉淀水溢流槽

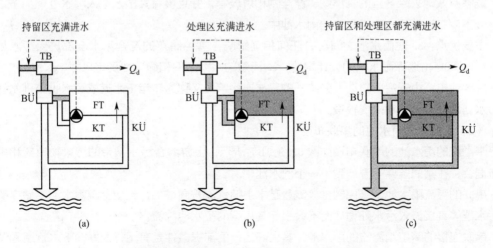

图 3.18 旁路系统中的复合雨水池运行状态

FT—持留区；KT—处理区；TB—分流池；BÜ—前置溢流池；KÜ—混合水沉淀溢流槽；Q_d—至污水处理厂的出水流量

带溢流的雨水池设置在主路管道中还是旁路系统中，取决于当地的地形和坡度；在进水和出水高差小和必须用泵提升水的地方，最好设置在旁路中。但是，设在旁路比设在主路系统中需要更多的管道连接至主路管道和更多的分流构筑物等。

如果进水与出水高差足以自流和没有足够的多余土地，带溢流的雨水池宜设在主路管道中，便于运行和维护。

雨污混合水沉淀雨水溢流池，应当尽可能地布置在旁路上，因为在旁路的这种雨水池通常储存、沉淀和溢流出污染浓度较低的出水。其原因是，在降雨开始和结束时旱季污水与污染较轻的雨水径流混合排放。稀释倍数越小混合水的污染越重。设在旁路的这种雨水池，稀释倍数小的雨污混合水流都经过旁路进入其中而不进入主路管道（下水道），直到最大控制排放流量时将稀释倍数大的和污染轻的雨污混合水流直接在主路下水道输送和排放。通过旁路措施，总溢流混合污水量的污染负荷要比主路雨水池的总溢流污染负荷小些。

如果雨污混合水沉淀的雨水溢流池，其出水控制排放，即其储存的雨污混合水在降雨结束后并不立即输送到污水处理厂中，则应采用旁路系统。否则，储存的混合污水连续地跟后续的降雨径流混合，就会有污染浓度更大的混合污水排入受纳水体的危险。

3.3.4.4 几个带溢流的雨水池的布设

在一个大的排水区内有几个独立的分排水区的情况下，如几个社区或居住小区，其各自排水区都建有各自的带溢流的雨水池。在选择雨水池的位置时需要考虑按规则排放或控制在技术上和经济上是否可行，以保证进入污水处理厂的流量不超过最大允许流量。

将大的排水区分成几个分排水区，其各自的带溢流雨水池既可以并联也可以串联。

（1）带溢流的雨水池的并联布设

在总的汇水区内的各个汇水分区内带溢流的雨水池在其末端并联连接。对于持留降雨径流初期冲刷水的雨水池、雨污混合水沉淀的雨水溢流池和复合雨水池，无论是在主路系统中或是在旁路系统中，都可以并联连接。

并联的雨水池 ［见图 3.19（a）］，如果能按照允许的污水处理厂排放量分区段控制过水流量，对于控制水污染具有很大的优越性。这些并联雨水池加以改进，如安装折流或旋流分离器，能够有效地去除各自的悬浮物、漂浮物和垃圾等，并直接将其出水送入污水处理厂予以处理，而不使其流入下一个带溢流的雨水池中。

主要优点：a. 在雨水池之间没有任何相互影响，其中储存的混合污水全部进入污水处理厂中；b. 可自由选择雨水池的设计构造；c. 清楚的水力条件和简单地确定尺寸。

主要缺点：由于需要建造一条统一的导流连接管（又称为转运下水道或污水收集排水管）至污水处理厂，其基建投资较贵。

（2）带溢流的雨水池的串联布设

带溢流的雨水池的串联布设如图 3.19（b）所示，上游混合污水携带的污染物重新和雨水径流混合，在某些条件下溢流到下一个雨水池中。

串联的溢流雨水池，其控制排放流量基本上随水流方向增加，致使上游雨水池中储存的混合污水能够直接流入污水处理厂而不会引起其后续的雨水池溢流。

串联连接的带控制溢流的雨水池，其良好运行的前提条件是有运行很好的下水管道和精心维护的污水处理厂。

在个别情况下，安装计量和控制仪表来检查运行和维护费用之间的关系。在简单确定尺寸程序的条件下，没有控制仪器时，下游雨水池的容积由于较长的流动时间往往较大。在将来发展规划中，应当考虑应用仪器对雨水池的运行加以改进。

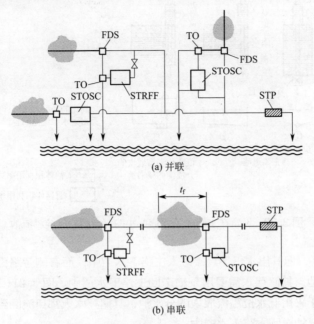

(a) 并联

(b) 串联

图 3.19 带溢流的雨水池的并联和串联布设

TO—前置溢流池；STOSC—雨污混合水沉淀池；STP—污水处理厂；FDS—分流装置；
STRFF—保存降雨径流初期冲刷水的雨水池；FDS—分流构筑物；t_f—雨水径流年总量

（3）雨水储存池

如果下水道管网不能继续输送暴雨径流高峰流量和不可能进行混合污水溢流时，应当设置雨水储存池（stormwater holding tanks，SHT）。如果雨水径流比流量大于 5L/(s·hm²)，则其对随后的雨水溢流没有很大影响。在这种情况下，全部的汇水区面积，包括带溢流雨水池的汇水区面积，与溢流构筑物的尺寸有关系。如果雨水径流比流量小于 5L/(s·hm²)，但大于污水处理厂的排放流量，则这种雨水池由于长的排水历时肯定对随后的溢流有不良影响。

3.4 带溢流的雨水池及其组合系统

（1）设在主路的雨水溢流池

图 3.20 是设在主路（下水道）中的混合污水沉淀溢流池，对收集的雨水径流与管道中的污水的混合水（称为混合污水）进行储存、沉淀和溢流。这种雨水池，既有纵向流形式，也有横向流形式。横向流雨水池又分为高分流池堰坎的和低分流池堰坎的两种类型（见图 3.20 中②和③）。其最后出水都安装节流设备（出水流量控制器），多余的流量在前置溢流池中溢流排放。

（2）设在旁路的雨水溢流池

在图 3.21 中展示的是设在旁路的雨水溢流池。图 3.21（a）的假旁路雨水池都设在主路下

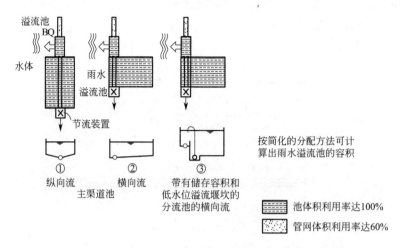

图 3.20 设置在主路（下水道）中的混合污水沉淀溢流池

水道的一侧（右侧），但其出水仍然直接进入主路下水道中；而右侧旁路雨水池，都采用高水位溢流堰坎的分流池，其储存水需要用泵输送回主路下水道中。图 3.21（a）的假旁路雨水池中右侧雨水池，由于采用低水位溢流堰坎的分水池，其储存水大都自流回到主路下水道中，在坎下的储存水采用泵抽送回主路下水道中。

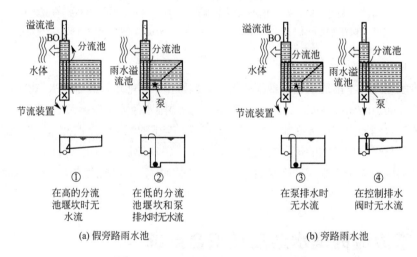

图 3.21 设在旁路的雨水溢流池示意

（3）设在主路的雨水储存池

设置在主路（下水道）中的雨水储存池示于图 3.22。在合流制下水道系统中雨水储存池用于储存雨污混合水（混合污水），其出水通过管道进入污水处理厂进行处理，其控制出水流量（或进入污水处理的进水流量）按照污水处理厂的设计混合污水总流量 $Q_t=(1+n)Q_{ds}$（旱季流量＋允许截流的雨水径流流量；n 为截流倍数），雨水储存池出水口设置节流池（或节流器、节流阀），以控制其出水流量 $\leqslant Q_t$。多余的流量在前置溢流池中溢流排放；最好将这部分溢流水（混合污水）进行适当处理（如水力旋流分离器、沉淀、过滤、净化塘或湿地）后再排入受纳水体。

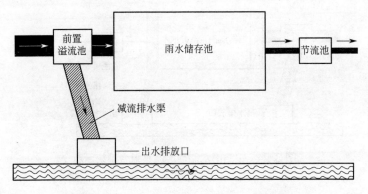

图 3.22 设在主路（下水道）中的雨水储存池示意

（4）设在旁路的雨水储存池

在图 3.23 所示的旁路雨水储存池系统中，主路中的分流池和节流池共同作用，将污水处理厂的设计流量污水或雨污混合水［旱季设计流量为 Q_{dw}，雨季设计流量为 $(1+n)Q_{dw}$， n 为截流倍数，对活性污泥法污水处理厂，$n \leqslant 2$；对于 BAF 法污水处理厂，$n \leqslant 4$］送入污水处理厂；多余的污水（雨污混合污水）则经分流池排入旁路的雨水储存池；超出雨水储存池储存能力的多余混合污水则经溢流池—减流排水渠—出水排放口排入受纳水体。

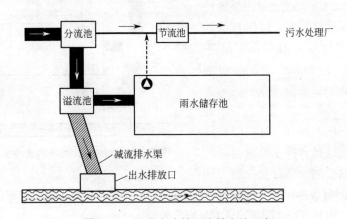

图 3.23 设在旁路的雨水储存池示意

（5）主路雨水储存池及其组合系统

在图 3.24 所示的主路雨水储存池及其组合系统中，在污水处理厂前的主路中设置溢流池（或分流/溢流池）、带截流设施的雨水储存池和节流池，构成一个组合系统，以保证进入污水处理厂的混合污水流量为设计流量；多余的混合污水流量则通过雨水储存池前后的溢流构筑物排入受纳水体。

该系统中的雨水储存池，不仅起储存雨水（雨污混合水）的作用，还起到了沉淀净化的作用。其前置的溢流池（分流/溢流池）将雨水（雨污混合水）储存-沉淀池的设计流量混合污水导流入其中，首先经前面的均匀布水槽均匀进水，在储存-沉淀池中进行推流式流动，在水平流速 0.02~0.03m/s、表面水力负荷 10m/h 和矩形水池长宽比 ≥4 的条件下可获得良好的沉淀效果。沉淀污泥用污泥泵抽出经管道或槽车送到污水处理厂或污泥集中处理站进行处理和

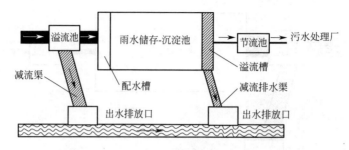

图 3.24　主路雨水储存池及其组合系统示意

处置。

雨水（混合污水）储存-沉淀池设计流量多余的混合污水经其前置的分流/溢流池排入受纳水体；污水处理厂设计流量以外多余的混合污水，经过储存-沉淀池出水末端的溢流槽—减流排水渠—出水排放口排入受纳水体。在有条件建造雨水净化塘和表面流人工湿地的情况下，建议设计、建造和运行合流制下水道溢流（CSO）或分流制雨水道出水或溢流（SSO）的人工湿地（地表径流式）-净化塘处理系统。

（6）旁路雨水储存-沉淀池

图 3.25 所示的旁路雨水储存-沉淀池组合系统，与图 3.24 不同的是从主路转移到旁路。雨水（雨污混合水）储存-沉淀池的运行过程与原理与图 3.24 中雨水储存-沉淀池基本相同，只是其中的沉淀污泥（含水率 98%～99%）需要用泵抽送到主路的节流池前端，再经节流池进入污水处理厂。其沉淀净化出水经其后端的溢流池流入溢流槽，最后经减流排水渠直接排入受纳水体。这样做更为合理，而主路上的

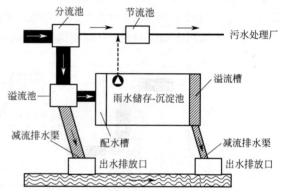

图 3.25　旁路雨水储存-沉淀池组合系统示意

雨水储存-沉淀池的沉淀净化出水进入污水处理厂对处理的混合污水有所稀释，不利于有效地处理污水。雨停后的池中积水用泵输送到处理厂处理。

（7）主路中的格栅-沉淀-储存复合池

图 3.26 所示是在污水处理厂上游的主路中设置的雨污混合污水的格栅间储存池与沉淀间储存池组合的复合池。该复合池系统的工作原理是将混合污水预处理和一级处理与储存结合起来；格栅间储存池中设置格栅，用以去除大块固体污物，以防止其后续构筑物被堵塞，然后用以储存预处理后的混合污水。格栅间储存池是以持留降雨径流初期冲刷水的雨水池的方式运行的。其出水流入沉淀间储存池，它以混合污水沉淀的雨水溢流池方式运行，流入配水槽中的混合污水均匀地流经沉淀池以推流态前进，在水平流速 0.02～0.03m/s、表面水力负荷 10m/h 和矩形水池长宽比≥4 的条件下可获得良好的沉淀效果。沉淀间储存池的澄清出水，经溢流槽和减流排水渠排入受纳水体。

降雨时特别是暴雨时，大流量的雨污混合污水中，只有污水处理厂设计流量的那部分混合污水才能进入污水处理厂，以及复合池设计流量的那部分进入其中进行处理与储存，剩余的混合污水需要通过其前置的两个分流/溢流池和减流排水渠排入受纳水体；或者最好首先送至湿

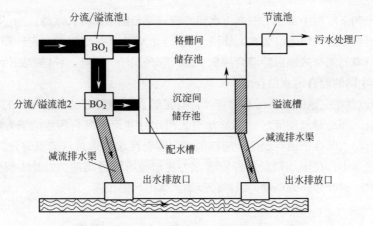

图 3.26 主路中的格栅-沉淀-储存复合池系统示意

地-净化塘系统进行处理与净化，最后再排入水体。

降雨停止后，格栅储存池和沉淀储存池的混合污水，经节流池流入污水处理厂进行生物处理。

（8）旁路中的格栅-沉淀-储存复合池

图 3.27 所示的旁路中的格栅-沉淀-储存复合池系统，其优点是简化了主路的流程，降雨时尤其是暴雨时雨污混合污水在主路经过分流/溢流池和节流池将污水处理厂的雨季设计流量的雨污混合污水送入污水处理厂进行生物处理。剩余的混合污水则通过 3 个分流/溢流池分别将其送入旁路的格栅间储存池和沉淀间储存池中，多余的混合污水溢流排入受纳水体。

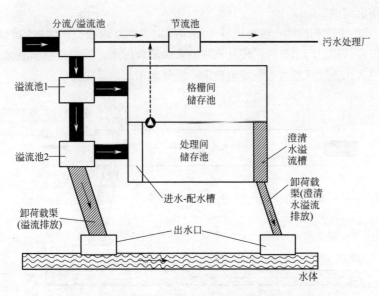

图 3.27 旁路中的格栅-沉淀-储存复合池系统示意

降雨时格栅间储存池和沉淀间储存池，将流入的混合污水予以临时储存，其中一部分混合污水经沉淀后溢流排入受纳水体。

降雨停止后，复合池中临时储存的混合污水用泵抽送到节流池前端，经节流池送入污水处理厂进行生物处理。

暴雨时合流制下水道中多余的混合污水经卸荷载渠和出水口排入水体。为了减轻受纳水体的污染负荷，最好在出水口处设置水力旋流（或水力折流）泥沙分离器。设计和制造科学合理的折流或旋流分离器能有效地去除混合污水中的大部分泥沙、树叶、纤维等固体污物。

（9）设在主路的混合污水储存池

图3.28为设置在主路的混合污水储存池，有足够大的容积来储存暴雨时的雨水径流与污水的混合污水量，保证暴雨期间经过节流池进入污水处理厂的混合污水流量为其雨季设计流量；多余的混合污水储存于储存池中；储存池满后混合污水则通过其前置的分流/溢流池和溢流卸荷渠排入水体中；在出水口处最好安装水力旋流或折流分离器，以除去混合污水中的泥沙、毛发、纤维、树叶等碎细杂物，以减轻受纳水体的污染负荷。

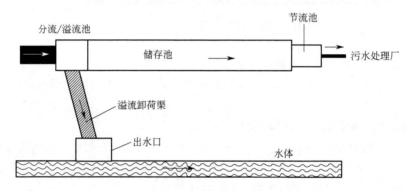

图3.28 设在主路的混合污水储存池示意

（10）主路沉淀池

图3.29所示的主路沉淀池，应有足够大的体积来容纳暴雨径流和污水的混合污水流量，并进行正常的沉淀。超过污水处理厂设计流量的多余混合污水，经溢流槽和溢流卸荷渠—出水口排入水体。进入水体的水是经过沉淀澄清的一级处理出水，污染负荷较轻。

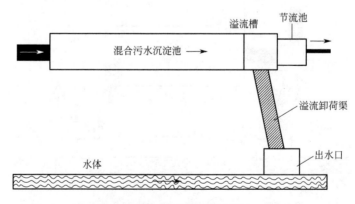

图3.29 主路沉淀池示意

（11）设在主路的多级储存-沉淀池

铺设在地形陡坡的合流制下水道，暴雨时为了增加其容积以接纳更多的暴雨径流与污水的混合污水流量，建造多级跌水的储存池和沉淀池（见图3.30）。除了经节流池进入污水处理厂的设计流量的混合污水外,其余混合污水流量经沉淀池的溢流槽和溢流卸荷渠—出水口排入水体。

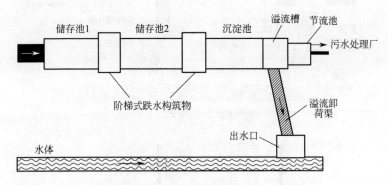

图 3.30 设在主路的多级储存-沉淀池示意

（12）分流制下水道系统雨季运行工况

图 3.31 所示系分流制下水道系统的雨季运行工况。分流制中的雨水道汇集和输送的雨水径流,在其主路中设置的沉淀池进行沉淀澄清处理。暴雨时前置的分流/溢流池将设计流量的雨水径流送入沉淀池中进行沉淀澄清处理,出水溢流入溢流槽中并经溢流卸荷渠—出水口排入水体。未流入沉淀池的多余雨水径流则由分流/溢流池流入溢流卸荷渠中,经过装有旋流或折流分离器的出水口排入水体,以减轻其污染负荷。

雨水沉淀池中的污泥由泵抽送入污水下水道中,与污水一起进入污水处理厂进行处理。

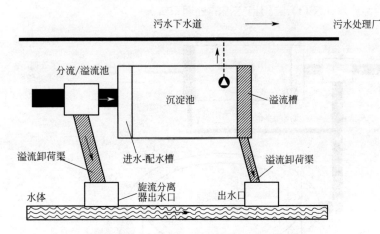

图 3.31 分流制下水道系统雨季运行工况

图 3.32 为雨水道主路的沉淀池,其运行工况和原理与图 3.31 相同,其纵断面如图 3.32（b）所示,由前端的均匀进水/配水槽、其后的沉淀区和后端的溢流堰和溢流槽组成。在规定的设计参数下（如前所述）,能达到良好的沉淀澄清效果。对于污染较重的雨水径流,为了保护受纳水体的生态环境与水资源,最好在沉淀池后建造沉淀雨水净化设施,主要是以地表径流人工湿地和后续的净化塘为主的系统。

（13）合流制下水道混合污水沉淀-储存-土壤过滤系统

图 3.33 是合流制下水道中除了污水处理厂设计流量以外的多余混合污水沉淀-储存-土壤过

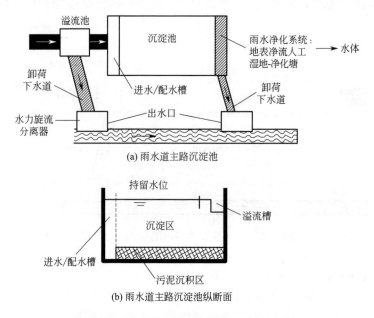

(a) 雨水道主路沉淀池

(b) 雨水道主路沉淀池纵断面

图 3.32 雨水道主路沉淀池及其纵断面示意

滤处理系统。雨水（或混合污水）沉淀溢流池前端的分流/溢流池，将多余流量的混合污水（或分流制雨水道雨水）溢流进入储存池中；储存池中的混合污水（或雨水）流入土壤过滤池中过滤净化，洁净的滤出水经过排泄渠和出水口进入水体。这是合流制下水道溢流水（CSO）和分流制雨水道溢流水（SSO）的相当完善的处理系统。

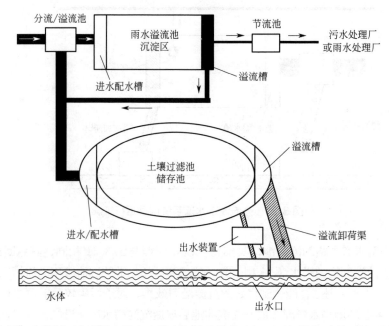

图 3.33 合流制下水道混合污水（或分流制雨水道雨水）沉淀-储存-土壤过滤系统示意

图 3.33 与图 3.34 的混合污水（或分流制雨水道雨水）沉淀-储存-过滤系统的不同之处在

于图 3.33 储存与过滤合建在一个池子中，前端设置进水/配水槽，以使进入的沉淀溢流水和未沉淀的溢流水（混合污水或雨水）均匀地进入储存池中，其中多余的水溢流进入过滤池进行过滤，滤出水流入出水装置，并经出水口排入水体。暴雨时土壤过滤池难以接纳全部溢流进水，多余储存水溢流进入溢流槽，最后通过溢流卸荷渠和出水口排入水体。

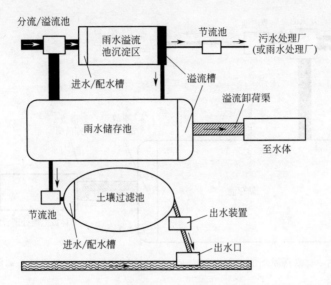

图 3.34　合流制下水道（或分流制雨水道）主路沉淀池-污（雨）水处理厂示意

在主路中的合流制下水道混合污水储存池，或分流制雨水道的雨水储存池，其容积都要足够大，能够容纳和储存大雨和暴雨时的雨污混合水流量或雨水径流流量，以保证污水处理厂或雨水处理厂正常运行。被节流池控制的和储存池容纳不下的多余流量的混合污水或雨水径流，则通过事故溢流槽排出。最好不直接排入水体，而将其首先进入合流制溢流（CSO）或分流制溢流（SSO）的处理净化设施中，如地表径流人工湿地-净化储存塘系统（图 3.35）。

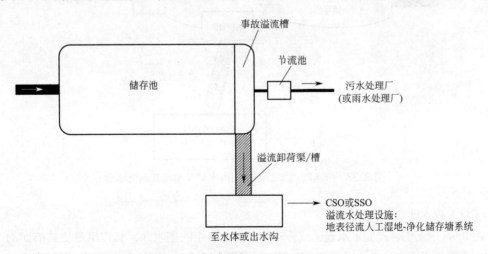

图 3.35　主路中的合流制下水道大容积混合污水储存池（或分流制雨水储存池）示意

图 3.36 为旁路合流制下水道混合污水（或分流制雨水道雨水储存池）及其系统示意。其优点是简化了主路的流程，运行更加安全可靠。其混合污水或雨水储存池有足够大的容积，能

够容纳大雨和暴雨时的全部雨水净流量；大暴雨和特大暴雨时，容纳不下的多余混合污水或雨水经事故溢流槽排出。最好不直接排入水体，以保护其生态环境的安全，而宜首先进入溢流（CSO 或 SSO）的处理设施，其代表性流程为：溢流（CSO 或 SSO）→水力旋流（或折流）分离器→地表径流人工湿地→净化储存塘→水体。

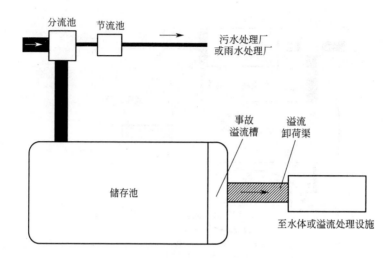

图 3.36 旁路合流制下水道混合污水（或分流制雨水道雨水储存池）系统示意

（14）分流制雨水道半人工雨水储存池系统

在分流制雨水道中，如果沿程遇到适宜的低洼地形（如自然沟槽），可在其中改建成露天雨水道储存池，既能输送雨水径流，又能储存暴雨时的大量的雨水径流。大暴雨和特大暴雨时，多余的雨水经溢流槽和溢流卸荷渠进入雨水溢流处理设施，或排入水体（图 3.37）。

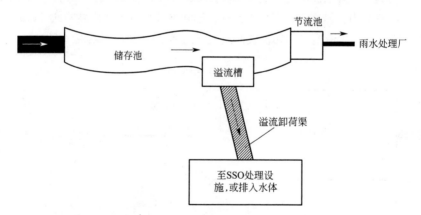

图 3.37 分流制雨水道半人工雨水储存池及其系统示意

（15）壅水池

图 3.38 所示的合流制下水道（或分流制雨水道）中的壅水池，其作用是使其前面的下水道或雨水道处于壅水状态，以便充分挖掘和利用下水道或雨水道的有效容积，以对混合污水或雨水进行管道中的储存和滞留，保证下水道或雨水道以及污水处理厂（或雨水处理厂）的正常运行。壅水池后续的分流池能保持其后下水道或雨水道的正常水位；否则在暴雨时就会发生冒顶，雨水盖被冲掉使多余雨水（或混合污水）漫流于地面。

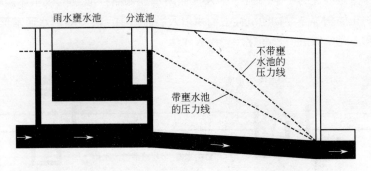

图 3.38 合流制下水道（或分流制雨水道）中的壅水池纵剖面示意

（16）沉淀溢流池进水方式

图 3.39 所示的混合污水（或雨水）沉淀溢流池的不同进水方式中，底部进水①中，中间只有一根进水管集中进水，沿宽度进水分布很不均匀，不利于沉淀，不宜采用。②中在进水管出口处设置一个方形挡板，比①沿宽度分布进水更均匀些，但仍不能达到很均匀的分布进水，也不宜采用。③中在池的下面挖出一个进水分布槽，分成 3 个进水管进水并有挡墙使进水分布均匀，可考虑采用。上部进水方式中，④在进水槽单管进水，并通过溢流堰跌水进入沉淀区，使污泥沉淀层受冲击上升，沉淀效果不好，而且容易形成短流，使池的容积利用率很低，不宜采用。⑤中在溢流堰之后加设一个导流挡板，使水流自下而上地流经绝大部分池体积，有较高的容积利用率。但是，由于进水分布不均匀有局部水流流速较大，使沉积污泥被重新卷起，沉淀效果不好。⑥中在导流挡板上设置均匀的格栅，使进水均匀地流入沉淀区，能最充分地利用池容积，也能很好地进行沉淀，同时达到良好的临时储存和沉淀效果。

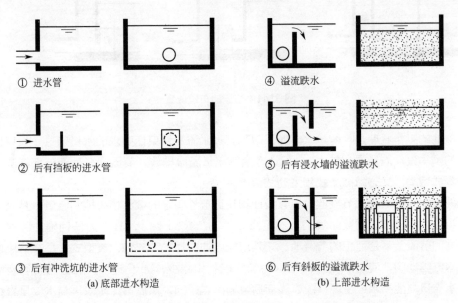

① 进水管   ④ 溢流跌水

② 后有挡板的进水管   ⑤ 后有浸水墙的溢流跌水

③ 后有冲洗坑的进水管   ⑥ 后有斜板的溢流跌水

(a) 底部进水构造   (b) 上部进水构造

图 3.39 混合污水（或雨水）沉淀溢流池的不同进水方式示意

图 3.40 所示的合流制下水道的混合污水沉淀溢流池中，其进水装置由进水槽、分流池和溢流槽组成，分流池将混合污水沉淀溢流池的设计流量的混合污水经过溢流槽排入沉淀区，同

时将多余的混合污水经过另一个溢流槽排入其他雨水池如储存池或排入水体。在溢流堰-槽前设置一个挡板防止油脂等漂浮物随沉淀澄清水进入溢流槽中。沉淀澄清水通常直接排入水体，或者进入湿地和净化塘做进一步净化后再排入水体。

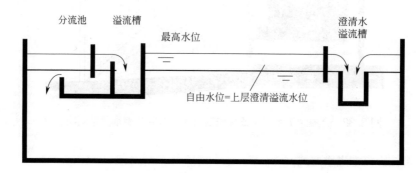

图 3.40 混合污水沉淀溢流池的进水与出水装置示意

（17）节流池及其附属装置

图 3.41 为节流池布设位置图。节流池通常设置在雨水池（如混合污水沉淀溢流池、储存池等）的后部和污水处理厂的前面，其作用是限制雨水池进入污水处理厂的流量，只让其中设计流量的混合污水进入污水处理厂，多余的混合污水则通过分流池的溢流设备排入临时储存池、塘或水库中，或直接排入水体。图 3.41 的分流池仅为示意图，具体的分流池构造及其辅助部件示于图 3.42。

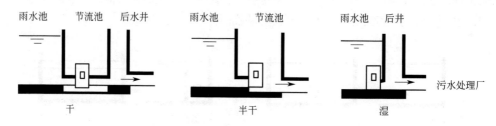

图 3.41 节流池布设位置

节流池的工作原理是收缩过水断面，限制其过水流量，只让要求的水量通过（如只让污水处理厂的雨季设计流量进入其中），而让多余的流量溢流排放。节流池分为无外部能源式和有外部能源式两类；又分为被动式和主动式两类。

无外部能源的被动式节流池，只靠设计和建造尺寸固定的截流槽来控制流量，其控制的流量与节流池中水位高呈对数曲线关系（见图 3.42 中的最上图），其中无任何附加部件，难以进行精准的节流，不是理想的节流池。无外部能源的主动式节流池，其型式 1 是在节流槽的出口安装水流驱动阀，使出水流量得到更精确的控制和减少，即不随水位的增加而急剧增加流量；出水流量与池中水位呈现一段直线而后急剧拐点返回，然后第二阶段再与水位呈直线关系增长。它比前一种型式的节流池要优越，能更精准地控制过水流量。型式 2 的节流池，在节流池中安装水位自动调节控制器，其工作原理是，池中水位越高，通过杠杆作用使节流槽中的节流阀开启的孔口越小，过水流量越受到限制，能更精准地调节和控制进入污水处理厂的所需流量（设计流量）。从其水位与过水流量的关系曲线看，其第一阶段（折线前）的水位-过水流量呈直线相关性，而且距离比型式 1 更长，而且拐点后的水位-过水流量的相关曲线基本呈垂直线，即可调节控制不同水位的过水流量恒定；它能最精准地和稳定地保证进入污水处理厂的流量是所需的设计流量。图 3.42 的右图在节流槽中的水位调节控制的原理与其基本上是相同的。

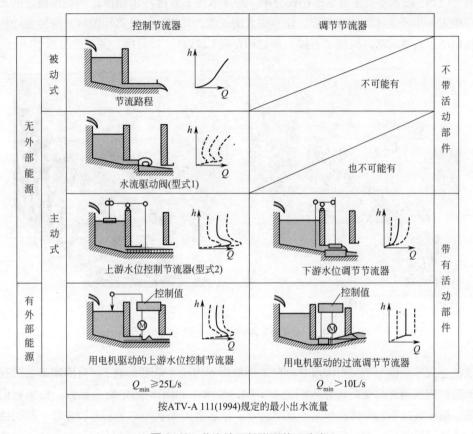

图 3.42 节流池及其附属装置分类

有外部能源的节水池，与无外部能源的型式 2 不同之处在于其节流池中的上游水位调节控制器中附加电机驱动，其调节和控制效能更为有效和精准。图 3.42 的右图在过流槽中装的电机驱动的调节控制器也是最有效和精准的。这从其水位-过流量相关曲线也可以看出。最后的那种型式——节流槽中安装电机驱动的调节控制器能最精准和稳定地调节和控制过水流量，它能控制不同水位下的过流水量保持恒定和稳定。

3.5 合流制下水道系统中水力折流或旋流分离器

连续折流分离（continuous deflective separation，CDS）装置是控制城市雨水径流的污染及雨水处理和利用的一项专利技术，在美国及澳大利亚的雨水处理中对水质改善有明显效果。

3.5.1 基本工艺

大多数格栅会被水流中的固体堵塞，固体妨碍了水流的通过，另外当流量过大或流速过快时，大块污物捕集斗（GPT）也会产生这种堵塞，并造成渠道中壅水，使上游泛滥。而连续折流分离（CDS）技术不同于普通的格栅分离，进水水流不直接冲击格栅，而是保持切向流，在通过格栅时产生了连续的旋转水流，使一些大的固体，如树叶、纸屑和塑料，保持运动状态不会贴在格栅上造成阻塞。传统"直接"筛滤和专利CDS系统"间接"筛滤如图3.43所示。

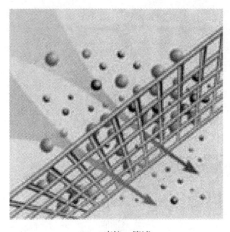　　

(a) "直接"筛滤　　　　　　　　　　　　　(b) "间接"筛滤

图3.43 "直接"筛滤和"间接"筛滤的示意

该工艺简单，由一个装有淹没式网筛的圆筒形池构成（见图3.44）。分离网筛上的孔眼也采用了防护措施用来改变切线流入的进水流向，使水中的固体折流-旋流而去。根据它们的相对密度，这些被携带的固体，或者浮在水面上，或者沉到集水池的底部而被去除。同时挟带固体的水流通过网筛后，与网筛内循环水流方向相反流动，以达到良好的固/液分离，分离后的固体在分离器内侧被富集。

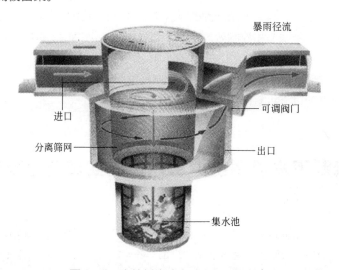

图3.44 连续折流分离（CDS）器示意

应用同一技术制造的污水筛网装置——大颗粒固体分离器（gross solids separator, GSS），能以较高流量去除满流下水道中的主要固体颗粒。去除的固体颗粒，其尺寸都大于7mm，它们将随一部分弃流水（占进水量的1％）排出，而经过筛滤的主流污水不含任何可见颗粒物。

图3.45说明的是主要固体颗粒分离器（GSS）的布置情况，分流式下水道溢流（SSO）转换室应建在污水管和雨水管的连接处；合流制下水道溢流井（CSO）则应建在溢流排水管线上。经截留过的水流排放到雨水池或接纳水体中，浓缩弃流水（包括所有固体颗粒）被返回到污水管或被储存起来。

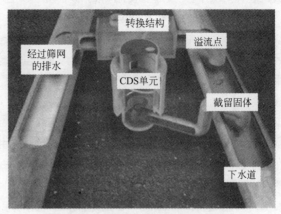

图3.45 污水管和雨水管分流制系统的固体颗粒分离器布置图

将该技术应用在污水中，遇到的一个重要问题就是污水中的纤维会覆盖在筛网上而影响筛网的正常运行。雨水筛滤器的网筛相当重要，要想取得最好的效果，必须选择比较好的面积扩大的金属筛网，为了减少油和脂肪的附着，用塑料将金属筛网包裹起来。

处理合流制溢流污水中的固体颗粒要比处理雨水更困难，因为固体颗粒积累比较快，截留时间也不能很长，为此每小时都要将从污水中截留的固体颗粒流送回污水管中。按这些要求以及其他设计修改，使连续折流分离技术能成功地应用于污水处理。

3.5.2 CDS暴雨径流处理装置

这种防堵塞技术用于暴雨径流处理，是在暴雨径流排入主要水道之前进行筛分离。暴雨径流是一种变化很大的进水水流，根据降雨时的位置和持续的时间，从滴滴雨水到大雨倾盆，其流量变化很大。暴雨水挟带的物质是在边沟中、地面上、停车场上和垃圾箱中常见的废物。此外，还会有草、树枝、树叶、砂和其他沉淀物，CDS能够截留下这些物质而不发生堵塞。

数百座CDS装置安装和应用成功，证明了这一技术是可行的，它使水体减少了数千吨的废物。随着这种设备更多地安装和运行，预计其去除上述物质的数量将会直线增加。

经过改进，CDS的施工可通过使用预制混凝土或玻璃钢构件完成，这样所有的构件可以从仓库运到现场，使费工费时的现场工作大为减少。图3.46及3.5.3部分

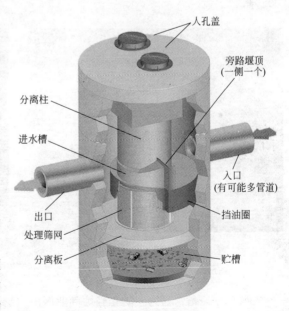

图3.46 CDS的分解剖面照片

的图 3.48 展示了在施工最后阶段或施工中这些构件的分解（剖面）照片。如果结合沉箱施工法，这种 CDS 的安装速度要比老式的现场浇铸法快得多。

图 3.46 是加拿大 Rainwater Management 公司研发的连续折流分离器（CDS），美国 ConTech 公司的专利连续折流分离器的构造与其大致相同，是雨水径流有效的处理装置，能有效地去除其中携带的多种多样的污染物。这种连续折流分离器（CDS）能够有效地从雨水径流中筛滤、分离、捕集和持留细屑、沉淀物和油脂。这种 CDS 设备以进水平行于滤网的流态能够去除 100% 漂浮物而不堵塞滤网。ConTech CDS 年均去除悬浮物负荷 80%，悬浮颗粒分布的平均粒径（d_{50}）为 $125\mu m$。在设计流量下，能够 100% 地捕集和持留 $\geqslant 2.4mm$ 的任何污染物，不管其密度大小。它能够捕集和持留全部石油烃类；在其设计流量 25% 和 50% 运行时，在雨水径流石油烃浓度为（20 ± 5）mg/L 时，其去除率分别达到 92% 和 75%。旱季漏油事故时可达到 99% 以上的去除率。在 CDS 中设置雨季雨水径流和旱季漏油的石油烃的捕集和持留设施，如挡油板和撇油槽。CDS 底部设置足够容积的沉积坑用以储存两个维护周期间的沉积物。这种 CDS 装置在水污染治理中具有优越性且价格低廉，可用于雨水径流处理、污水处理、合流制混合污水处理和工业废水处理，它能减少受纳水体的污染负荷。

3.5.3　主要应用

由于 CDS 设备具有高流速和不堵塞的优越性，悉尼奥运会建设时被指定用于所有的主要工程项目中。2000 年 7 月在悉尼已经安装了 26 个这样的设备作为"绿色运动会"（奥运会）的一部分，在此处，北水景（见图 3.47）是一个主要构筑物，使用循环的雨水作为喷泉景观，并安装了连续折流分离器，其最大处理流量为 $3.5m^3/s$，雨水在用于喷泉之前从其中去除所有的大块污物。

悉尼商业区所使用的 CDS 是至今最大的 CDS 设备（图 3.48）。它负责处理汇水区面积为 $133hm^2$ 的雨水径流，它位于一个主要的排水口上，直接对着 Hornchurch 海湾，此处举行了 2000 年奥运会。

图 3.47　连续折流分离器
在悉尼"北水景"的应用

图 3.48　连续折流分离器
在悉尼商业区的应用（施工中）

安装这一设备，是为了防止当地商业区洪水泛滥。将 CDS 设在雨水主干管的末端，用以在暴雨径流水排入 Parramatta 河之前除去其中的大块污物。Adalaida 汇水区水管局采用了一座新型 CDS 装置（由一对暴雨处理设备组成），其处理设计流量为 $2m^3/s$。这套装置设在该城市居民区一个快餐店的出口处，用以保护 Warriparinga 湿地。

这个湿地的容积为 $2.3 \times 10^3 m^3$，占地仅为 $1.8hm^2$。Sturt 河流经这些天然湿地，然后排入 Vicent 海湾中。CDS 的年设计处理能力约为 $8.4 \times 10^4 m^3$ 水、100t 沉淀物和 50kg 的磷。

3.5.4　监测结果

研究证明，除旁路流过的情况以外，这种分离器能捕集粒径 $\geqslant 4.7mm$ 的所有固体，旁路流发生的时间占 $1\% \sim 2\%$。根据全年的降水量计，两个研究组提出的这一设备去除的废物和碎屑的量为 $0.24 \sim 0.4m^3/(hm^2 \cdot a)$。大多数关于沉淀物捕集的研究证明，大量比筛孔小的固体也可被这种分离器截留下来。布瑞斯班（Brisbane）水管局对三处的 CDS 的坑中沉积的固体尺寸的分析证明，其中有 20% 固体颗粒直径 $< 75\mu m$。由蒂斯（Theiss）环境保护局对悉尼的一个 CDS 运行情况的监测证明，截留下来的 70% 沉淀固体，其粒径范围为 $100 \sim 200\mu m$，这是为期 20 周进行分离而形成的沉积物。这一结果显然取决于一些因素，如汇水区的土壤类型和其土壤植被的数量。

实验室研究证明，当较细的筛网装在这种分离器中，处理效果大幅度提高。这一发现奠定了可用于多种分离目的的分离器的设计基础，包括从工业废水中去除纤维和颗粒状物质。

3.5.5　德国合流制下水道系统的水力旋流沉淀池

合流制下水道系统中的混合污水沉淀池（包括圆形沉淀池），可建在污水处理厂内作为雨季的雨水沉淀池（实际上是混合污水沉淀池），或者作为旁路溢流混合污水的处理系统（人工湿地-净化塘系统）的前置处理单元。

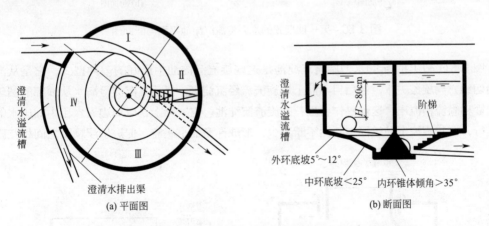

(a) 平面图　　　　　　　　(b) 断面图

图 3.49　德国合流制下水道系统中的水力旋流沉淀池平面和断面图

在图 3.49 所示的圆形水力旋流沉淀池中，进水管从沉淀区底部穿过外池壁进入池内，其管径逐渐变小并弯曲地呈环状进入池中间，围绕池中心形成一个圆圈，进水从其出口以大流速和与池壁呈切线方向流入池中，随后以水力旋流方式在池中由下而上地流动，上升的断面逐渐扩大，由此形成无数的细小涡流，促进混合污水中的悬浮颗粒相互碰撞接触而聚合成较大的固体颗粒而加速沉淀。流到最上面时，沉淀澄清水便流入溢流槽排出，沉淀的污泥由污泥坑底的排泥管排出并予以处理和处置。

从该图的设计来看,其上端的溢流堰和溢流槽只占该池圆周的一小部分,这远不如将其整个池的圆周外壁改建成溢流堰和溢流槽,这样就使整个沉淀池都参与沉淀运行,其溢流线速度要比局部溢流出水小得多,在相同的表面水力负荷的条件下可以达到更高的沉淀效率;在达到相同沉淀效率时,可以增加表面水力负荷数倍。

在图3.50所示的水力旋流沉淀池中,进水管沿切线穿过池外壁并弯曲,管径逐渐变小进入池中心,其由此形成的水力旋流比前一种型式更好一些。该型旋流沉淀池仍然是局部池外壁溢流出水,实际上造成大部分(未溢流部分)沉淀池的死水区,其体积利用率极低,约为20%;而且布局(约20%的外池壁圆周长度)溢流出水形成过大的溢流线速度,造成明显的对悬浮物的抽吸现象,使一些悬浮物随溢流出水流失。因此建议设计水力旋流沉淀池时采用外池壁全部设计成圆周形溢流堰和溢流槽,绝对不要采用局部圆弧的溢流堰和溢流槽。缓平池底不能使污泥自动流入池中新的污泥坑中,这种雨季使用的雨水(雨污混合水)沉淀池,在雨后应进行人工清除沉淀泥沙。

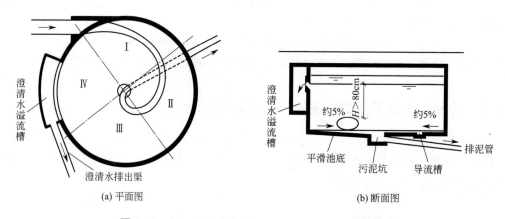

(a) 平面图　　　　　　　　　　(b) 断面图

图3.50 另一种型式的水力旋流沉淀池平面与断面图

图3.51(a)中所示的水力旋流沉淀池是这些旋流沉淀池中最好的一种型式。它是从池底部沿切线方向旋流进水,然后自下而上地旋流流经沉淀区,最后其沉淀澄清水从顶部的圆环形溢流堰和溢流槽流出。这也是作者推荐的旋流沉淀池。它实际上是以周边进水和中间出水的方式运行,在其旋流上升过程中断面不断减少,形成许多细小涡流,促进悬浮颗粒之间相互碰撞

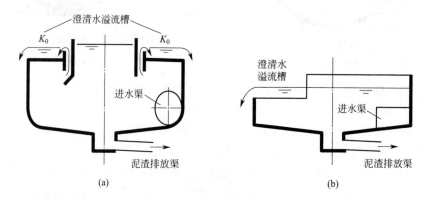

(a)　　　　　　　　　　　　　(b)

图3.51 水力旋流沉淀池两种形式的断面图(K_0为溢流液位)

和接触，使其聚合成较大颗粒而加速下沉。图3.51(b)的旋流沉淀池也是周边进水，但是仍然如同图3.49和图3.50的沉淀池那样上部局部溢流出水，不可取。

3.6 合流制排水系统计算

3.6.1 计算原则

对于合流制下水道及其对应污水处理厂的完整汇水区内，其管网系统的总必需储存容积必须按照标准确定的雨污混合水的中间储存容积进行确定。这同样适用于简化的分配系统和详细的验证系统。所需要的初始数据和由此导出的尺寸计算参数、定义等阐述如下。

3.6.1.1 汇水区的大小

（1）年降雨量 h_{Pr}

年降雨径流在管道中的溢流持续时间取决于年降雨量 h_{Pr}（可以从德国气象服务年报中找到）。随着降雨量的增加，雨污混合水的溢流时间延长，因此必然有更多的混合污水排入受纳水体。年降雨量 h_{Pr}（以 mm 计）在确定构筑物尺寸时予以考虑。

（2）汇水区（排水区）面积 A_{CA} 和 A_{is}

下水道系统覆盖的汇水区面积称为排水区面积 A_{CA}。它又划分为硬质地表面积 A_{red} 和非硬质地表面积。硬质地表面积换算成不透水地面面积 A_{is} 的公式如下：

$$A_{is} = VQ_r / (10h_{Pr.eff}) \quad (hm) \tag{3.1}$$

式中，VQ_r 为合流制下水道系统中的年降雨径流总量，m^3；$h_{Pr.eff}$ 为减去损失后的有效降雨量，mm。

单独的（未开发）地区不算作有效的排放区，复合（未开发与开发交错）地区的降水径流只算作有效排放部分。一般在外区域和未硬化的表面积可忽略。不透水地面面积 A_{is} 作为一项指标，其表面积明显小于硬质地表面积 A_{red}。

因为至今没有任何方法计算或测定硬质地面的不透水面积，只能假定两者相等：

$$A_{is} = A_{red} \tag{3.2}$$

（3）流动时间 t_f

排放波的减弱受降雨径流汇集时间的影响。在预卸荷（预减流）下水道管网中对汇集的时间确定相当困难，因为它对下水道管网排放的年污染负荷影响不大，故用流动时间取代。这可以按照下水道管网满管流的最长流动时间计算，或者根据有关时间曲线最大值的差别来估算。

（4）不同地形群的平均坡度 SG_m

按照 ATV 标准 A 118《污水管网、雨水管网和合流制管网的水力计算标准》，其排水区的地形倾斜度（坡度）分为4组，见表3.1。

☐ 表3.1 排水区的地形倾斜度分组

坡度组(SG)	平均梯度 J_T	坡度组(SG)	平均梯度 J_T
1	$J_T < 1\%$	3	$4\% < J_T \leqslant 10\%$
2	$1\% \leqslant J_T \leqslant 4\%$	4	$J_T > 10\%$

对于雨水溢流设施的全部汇水区面积，其平均地形坡度由下式导出：

$$SG_m = \sum (A_{CA,\,i} SG_i / \sum A_{CA,\,i}) \qquad (3.3)$$

式中，$A_{CA,\,i}$ 为总汇水区中 i 分区面积，hm^2；SG_i 为 i 分区的坡度组（如表 3.1 中 1，2，3 或 4）

3.6.1.2 排放流量

（1）合流制下水道混合污水排入污水处理厂的流量 Q_{cw}

合流制下水道混合污水排入污水处理厂的流量 Q_{cw} 是旱季排放流量 Q_{dw} 与雨水径流流量 Q_r 之和。Q_{cw} 按照规定不宜小于 $2Q_{px} + Q_{dw24}$（Q_{px} 为污水的日高峰流量；Q_{dw24} 为合流制下水道的旱季日均流量）（参见 ATV 标准 A 131）。因为 Q_{cw} 往往是在远离现在的设计年限的时间点上确定的，其流量值通常偏离现在的合流制下水道混合污水排入污水处理厂的流量值。这里有两种不同情况：

污水处理厂在可见的未来（如 8～10 年）仍然能生物处理至少 Q_{cw}（$Q_{cw} \geqslant 2Q_{px} + Q_{iw24}$，$Q_{iw24}$ 为下渗管道内渗水）流量的污水，则雨水池的尺寸应按照污水处理厂的实际处理能力确定；如果污水处理厂在可见的未来扩建，则必须考虑污水处理厂将来的规划来确定雨水池的尺寸。如果确保规定的混合污水进入污水处理厂生物处理阶段的进水流量 Q_{cw} 永不超过，对于几个平行的汇水区来说，其相应的排放流量可能大于 $2Q_{px} + Q_{iw24}$。这可通过污水管网控制的排放模拟来予以验证。

（2）合流制下水道的旱季日均流量 Q_{dw24}

合流制和分流制下水道系统的单独汇水区的理论旱季流量 Q_{w24} 由居民区排放的污水组成，包括小的商业区排出的生活污水流量 Q_{d24}、商业区污水流量 Q_{c24}、工业废水流量 Q_{i24} 和下水管道内渗水流量 Q_{iw24}：

$$Q_{w24} = Q_{d24} + Q_{c24} + Q_{i24}$$

$$Q_{d24} = \frac{IW_s}{86400}$$

$$Q_{dw24} = Q_{w24} + Q_{iw24} \qquad (3.4)$$

式中，Q_{d24} 为日平均值，I 为汇水区内的居民数，W_s 为每个居民每日的平均用水量，或每人日均污水量；Q_{c24} 为由年平均值计算的商业污水日平均流量，L/s；Q_{iw24} 为下水管道内渗水流量，由旱季分流制和合流制下水道系统测定的年平均管道内渗水流量计算得出，合流制和分流制下水道系统旱季年流量总和，按照规则必须与其进入污水处理厂的年流量总和相等。

具体数值应依据居民数和用水量的实际记录来确定。Q_{c24} 和 Q_{i24} 值应分别考虑到将来发展的有效数据来确定。按照商业区和工业区的消费水量和参考各自的不透水地面面积 A_{is} 来确定，估算为 $0.2\sim0.8 L/(s \cdot hm^2)$。下水道的内渗水也要按照考虑到将来发展而规划的有效数据来确定。对此必须不遗余力采取所有可能的措施来减少下水道的内渗量。如果在污水处理厂中能够进行连续测量，那么测量旱季夜间最小流量可以估算出下水道内渗水流量。至今没有这样的有效数据，也未能做如此测量，只能拟定不透水地区的比内渗流量为 $0.15 L/(s \cdot hm^2)$，具体数值取决于地下水情况和分流制和合流制下水道的状况（如管道材料、关口连接的密封程度、局部破漏等）。

（3）合流制下水道旱季日高峰流量 Q_{dwx}

合流制下水道系统中旱季日高峰流量 Q_{dwx}，其最准确的数值是从测量中获得的，但是只在污水处理厂中是能有效测量的（参见 ATV 标准 A 131）。汇水分区的流量较高峰值在随后通往污水处理厂的路程中由来自各分区的峰值曲线的相互叠加而趋于平缓。至今没有任何有效的测量值，Q_{dwx} 根据旱季流量以日均流量计算如下：

$$Q_{px} = \frac{24}{x}Q_{d24} + \frac{24}{a_c} \times \frac{365}{b_c}Q_{c24} + \frac{24}{a_i} \times \frac{365}{b_i}Q_{i24}$$

$$Q_{dwx} = Q_{px} + Q_{iw24} \qquad (3.5)$$

式中，Q_{px} 为污水的日高峰流量；Q_{d24} 为生活污水流量；Q_{c24} 为商业污水流量；Q_{i24} 为工业废水流量；x 为日持续时间，h；a_c、a_i 分别为商业和工业日工作时间（8 小时轮班），h；b_c、b_i 分别为商业和工业每年生产天数，d。

（4）分流制下水道汇水区的雨水径流流量 Q_{rS24}

在确定储存容积大小时，必须考虑到除了雨水径流流量以外的下水道内渗水流量。在分流制污水管道中在旱季不会有雨水径流流量而只有内渗水流量。如果没有测量的有效数据，则必须在流量计算中附加 100％的生活污水和工业废水的平均流量 Q_{wS24}（注脚 S 代表分流制汇水区）。Q_{rS24} 用计算式（3.4）❶根据各自的分流制汇水区计算得出（平均日流量值）。

$$Q_{rS24} = Q_{wS24} \qquad (3.6)$$

对于更大的分流制下水道系统汇水区（如大于 $10hm^2$），建议实地测量雨水径流量以确定规划基本细节。

（5）雨水径流流量 Q_{r24}

总汇水区的雨水径流流量 Q_{r24}，是由合流制下水道至污水处理厂的混合污水流量 Q_{cw} 与合流制下水道的旱季日均流量 Q_{dw24}、分流制下水道汇水区的雨水径流流量 Q_{rS24} 的差得出的：

$$Q_{r24} = Q_{cw} - Q_{dw24} - Q_{rS24} \qquad （L/s） \qquad (3.7)$$

在汇水区分区中雨水径流流量 Q_{r24} 由合流制下水道中混合污水的节流流量 Q_t 组成，取代污水处理厂的混合污水流量 Q_{cw}，计算如下：

$$Q_{r24} = Q_t - Q_{dw24} - Q_{rS24} \qquad （L/s） \qquad (3.8)$$

（6）临界雨水径流流量 Q_{rcrit}

来自直接汇水区的临界雨水径流流量 Q_{rcrit} 按下式确定：

$$Q_{rcrit} = r_{crit}A_{is} \qquad （L/s） \qquad (3.9)$$

式中，r_{crit} 为临界降雨强度，$L/(s \cdot hm^2)$；A_{is} 为不透水地面面积，hm^2。

随着流动时间延长，管道进水波动趋于平缓。借助这一现象，雨水溢流量的总和以及由此排放的污染负荷都有所减少。在确定下水管道和雨水池的尺寸时要考虑这一现象。

在确定带溢流的雨污混合水沉淀的雨水池时，不考虑流动时间的减轻影响，用一常数 r_{crit} 计算。

（7）雨污混合水临界流量 Q_{crit}

雨污混合水临界流量 Q_{crit}，是旱季日均流量 Q_{dw24}、直接排水区的临界雨水径流流量 Q_{rcrit} 以及必要时从起端到末端的雨水溢流和雨水池的直接节流排放流量 $\sum Q_{t,i}$ 之和：

$$Q_{crit} = Q_{dw24} + Q_{rcrit} + \sum Q_{t,i} \qquad (3.10)$$

式中，Q_{dw24} 为来自直接的和中间汇水区的旱季日均流量，L/s；Q_{rcrit} 为来自直接的和中间汇水区的临界雨水径流流量，L/s；$\sum Q_{t,i}$ 为上游所有直接节流排放流量，L/s。

（8）溢流期间的平均雨水径流流量 Q_{r0}

如果在一年内从一个溢流构筑物中对雨污混合水卸荷排放的所有溢流次数按其总溢流历时予以均匀分配，则可得到该构筑物的平均溢流排放量。同时在溢流过程中降雨部分的流量 Q_{r24}

---

❶ 此处的 Q_{wS24} 即式（3.4）中的 Q_{w24}。

经节流池排放。这两种排放流量加在一起构成一年中所有溢流历程的平均雨水径流流量：

$$Q_{ro} = VQ_o (T_o \times 3.6) + Q_{r24} \quad (L/s) \qquad (3.11)$$

式中，VQ_o 为全年的雨污混合水排放量，m^3；T_o 为全年的溢流总时间，h。

对于带溢流的雨水池，在缓解溢流过程中的平均雨水径流流量 Q_{ro}，只要径流排放量 $q_r <$ $2L/(s \cdot hm^2)$，可以近似用下式计算：

$$Q_{ro} = a_f (3.0 A_{is} + 3.2 Q_{r24}) \quad (L/s) \qquad (3.12)$$

$$a_f = 0.50 + 50/(t_f + 100) \qquad t_f \leqslant 30min \text{ 时}$$

$$a_f = 0.885 \qquad t_f > 30min \text{ 时} \qquad (3.13)$$

式中，a_f 为雨水径流的流动时间减少；t_f 为至雨水池的最长流动时间，min；A_{is} 为不透水地表面积，hm^2；Q_{r24} 为节流排放的雨水量，L/s。

径流排放量 $> 2L/(s \cdot hm^2)$，在缓解溢流过程中的平均雨水径流流量 Q_{ro} 必须用式（3.11）验证确定。

3.6.1.3 排放流量

（1）旱季排放流量 q_{dw24}

旱季排放流量 q_{dw24}，由旱季流量 Q_{dw24} ［参见 3.6.1.2 中的（2）］ 与不透水地表面积 A_{is} ［3.6.1.1 中的（2）］ 之商得出：

$$q_{dw24} = Q_{dw24}/A_{is} \quad (L/s) \qquad (3.14)$$

（2）雨水径流流量 q_r

雨水径流流量 q_r，由雨水径流流量与相应的不透水地面面积相除得到：

$$q_r = Q_{r24}/A_{is} \quad [L/(s \cdot hm^2)] \qquad (3.15)$$

可能有两种不同情况：现在的雨水径流流量、将来的雨水径流流量。

如果现在的雨水径流流量小于将来的，那么应当根据具体情况明确污水处理厂是否要扩建。按照小的 q_r 确定尺寸的雨水池，其发展是否可以延缓 ［参见 3.6.1.2 中的（1）］，雨污混合污水排入污水处理厂。

（3）旱季污水浓度 c_{dw}

为了计算污水处理厂全部汇水区的储存容积，必须知道旱季污水流的 COD 浓度。它由一级沉淀处理阶段的进水测定的 COD 年平均值确定。如果只能测定一级处理出水 COD，则按照规律这些值要乘以 1.5。如果不能测量，则污水 COD 的平均浓度按下式计算：

$$c_{dw} = (Q_d c_d + Q_c c_c + Q_i c_i) / (Q_d + Q_c + Q_i + Q_{iw24}) \quad (mg/L) \qquad (3.16)$$

式中，COD 浓度为日平均值，由年平均值算出。应当指出，完全旱季污水流的 COD 浓度值，包括下水道内渗水。如果在汇水区内由高浓度污水排放（如高污染商业污水），则必须考虑其后的溢流构筑物的尺寸，既按简单的方法计算，又按验证方法校核。

（4）溢流水的平均混合比 m

在所有溢流次数的溢流过程中，平均混合比由全年中水流量与所有卸荷溢流得出，包括来自分流制汇水区的雨水流量和同时流入的人均旱季流量：

$$m = (Q_{ro} + Q_{rS24})/Q_{dw24} \qquad (3.17)$$

式中，Q_{ro} 为溢流过程中的平均雨水径流流量，L/s；Q_{rS24} 为分流制地区的雨水径流流量，L/s；Q_{dw24} 为旱季日均流量，L/s。

3.6.2　确定需要的总储存容积

按照污水处理厂的全部汇水区（在其最后溢流构筑物之前）来确定需要的总储存容积。在排水管网的某一基准点上为确定总储存容积需收集其汇水区的地表面积、流动时间、污染浓度和地面特性等数据和资料。污水处理厂的实际进水流量取代计算的流量，用以验证实际情况。

3.6.2.1　确定允许的溢流流量

允许的溢流流量受多个参数影响。溢流的雨污混合污水的平均污染浓度（取决于雨水与生活污水和工业废水的混合比），是决定性的影响参数。溢流的混合污水污染浓度越大，允许排放的流量就越小。这意味着要有更大的储存空间。在确定全部汇流区的允许溢流流量时，其最后排放流量全部排入污水处理厂生物处理阶段而且不再有溢流的节水池，需要如下数据：不透水地面面积、流动时间、地形平均坡度组。

如果有几个汇水分区的溢流构筑物同时往同一个污水处理厂节流排放，而且不可能再有另外的溢流，则可以各自确定每个汇水分区的储存容积。在这种情况下，所需的确定尺寸的参数是搞清楚每个汇水分区的最后一个溢流构筑物分流池的汇水面积。其条件是，所有平行的汇流分区的节流排放，甚至包括控制排放流量，在任何时间都不超过污水处理厂生物处理阶段的处理能力（设计流量）。

在本书中，在确定混合污水的总储存容积时，假定一个参考负荷值，平均状况下的 COD 浓度值为

$$c_{dw} : c_r : c_{tp} = 600 : 107 : 70 \tag{3.18}$$

式中，c_{dw} 为旱季水流的 COD 浓度，mg/L；c_r 为径流雨水的 COD 浓度，mg/L；c_{tp} 为降雨时污水处理厂出水 COD 浓度，mg/L，德国取为 70mg/L，中国为 50mg/L；以上符号均为年平均值的 24 小时浓度。

雨水流的 COD 平均浓度由如下假定条件得出：不透水地面的 COD 年负荷率为 600kg/hm²，其上的年平均降雨冲洗量为 800mm 和总排水系数为 0.7。降雨排入下水道管网的雨水量为 560mm（有效降雨）。

溢流混合污水引起的相应浓度 c_{co} 基本上取决于旱季水流的 COD 浓度 c_{dw}、雨水的 COD 浓度 c_r、溢流过程中雨水与污水流量的混合比。这些影响阐述如下。

（1）严重污染影响附加系数 a_p

如果未处理的旱季污水流平均 COD 浓度超过 600mg/L，则必须加大储存容积。这可以通过反应污染浓度增加的严重污染影响附加系数来算出：

$$
\begin{aligned}
a_p &= 1 && \text{当 } c_{dw} \leqslant 600\text{mg/L} \\
a_p &= c_{dw}/600 && \text{当 } c_{dw} > 600\text{mg/L}
\end{aligned}
\tag{3.19}
$$

式中，c_{dw} 为旱季污水流的平均 COD 浓度，mg/L，由检测获得或者按（3.16）式计算。

（2）年降雨量的影响系数 a_h

带溢流的雨水池，其年缓解溢流的总时间取决于当地长期年降雨量 h_{pr}。随着降雨量的增加，雨污混合水的卸荷溢流时间就越长，因而有更多的生活污水和工业废水直接排入受纳水体。为了保持这样的溢流排放的污染负荷大致恒定，在确定允许的溢流流量时，假定长期年降雨的污染浓度有数学依赖关系。其影响系数由下式得出：

$$a_h = h_{pr}/800 - 1 \qquad \text{当 } 600\text{mm} \leqslant h_{pr} \leqslant 1000\text{mm}$$

$$a_h = -0.25 \qquad \qquad \text{当 } h_{pr} < 600\text{mm}$$
$$a_h = +0.25 \qquad \qquad \text{当 } h_{pr} > 1000\text{mm} \qquad\qquad (3.20)$$

式中，h_{pr} 为当地长期年降雨量，mm。

在 h_{pr} 大于 1000mm 或小于 600mm 时，年溢流总历时和年溢流负荷之间不再存在相互关系。这里考虑的是年降雨量超过 1000mm 的地表面积，主要是山区地面，其积雪因素在年降水量中不能再忽略不计。目前对融化雪水流在技术上还没有形成数学模拟。

年降雨量低于 600mm 导致雨水径流污染浓度增加，因此为了有效地防止水污染，不能进一步减少储存容积。

（3）下水道沉积影响系数 a_a

现在的知识有限，对下水道中沉积物的形成与去除的所有过程，还不能用数学模型来做充分的描述。因此，在确定混合污水的储存容积时，假定一个参考负荷值用一个影响附加系数来反映其趋势。

下水道沉积至少可望发生在所有合流制下水道系统的最边远地区的起端最前段、坡度小的管网和在夜间流量最小的时候。

下水道管网中的沉积潜能取决于拖拉张力，它既发生在旱季也发生在雨季。流量越小和坡度越小按规律就越容易发生沉积。污水处理厂的整个排水区的地面坡度与管网坡度有关。应用排水区地面确定的地段坡度组 SG_m [参见 3.6.1.1 中的（4）] 予以取代。另外，下水道沉积影响系数还与旱季排放流量 q_{dw24} [参见 3.6.1.3 中的（1）] 以及从旱季日均流量 Q_{dw24} [参见 3.6.1.2 中的（2）] 和旱季日高峰流量 Q_{dwx} [参见 3.6.1.2 中的（3）] 得到的比值 x_d 有关：

$$x_d = 24Q_{dw24}/Q_{dwx} \qquad\qquad (3.21)$$

此外，下水道沉积影响系数 a_a 可用图 3.52 获得。如果采用运行措施，如旱季流量小时进行定期冲洗，则沉积可以消除，甚至完全消除（$a_a = 0$）。

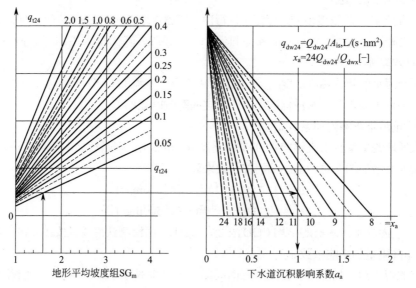

图 3.52 下水道沉积的影响曲线

（4）旱季污水流浓度 c_d 的确定

旱季污水流的污染浓度在平均状况下按照式（3.18）计算。为了确定具体污染浓度，必须考虑当地的具体条件。当地有关污染浓度由 3 个重要影响参数确定，即严重污染源、年降雨量和下水道沉积物：

$$c_d = 600 (a_p + a_h + a_a) \quad (\text{mg/L}) \quad (3.22)$$

（5）理论溢流浓度 c_{cc}

合流制下水道溢流水，在确定其平均污染浓度时应用式（3.22）确定的 c_d 和按照式（3.17）确定的平均混合比 m 来计算：

$$c_{cc} = (m c_r + c_d) / (m + 1) \quad (\text{mg/L}) \quad (3.23)$$

如果不透水地面承载的 COD 年污染负荷确定超过 600kg/hm^2，则雨水排放浓度可以按照 3.6.2.1 的方法和式（3.20）年降雨量 560mm 计算；偏离年降雨量参考值时要考虑添加影响系数 a_h。

（6）允许的年溢流比率 e_o

作为下水道中雨水径流中未卸荷排放的流量全部进入污水处理厂，其出水排入受纳水体的污染浓度为 c_{tp}，与平均浓度 c_{cc} 联用可以得出污染负荷平衡。从雨水处理的目的来看，对于允许的溢流速率，给定浓度的平均条件（参考负荷情况）如下：

$$PL_o + PL_{tp} \leqslant PL_r$$

$$VQ_r (1 - e_o) c_{tp} \leqslant VQ_r \times c_r$$

式中，PL_o 为雨污混合污水年溢流污染负荷，kg；PL_{tp} 为污水处理厂出水的雨水年污染负荷，kg；PL_r 为雨水地面径流冲洗负荷，kg；VQ_r 为雨水年平均排放总量，m^3；e_o 为混合污水溢流的年平均量与雨水排放总量的比值。

在应用确定允许溢流量的计算式后，可得到 e_o 的解：

$$e_o = 3700 / (c_{cc} - 70) \quad (\%) \quad (3.24)$$

对于有混合比的受纳水体：

$$MLWQ / Q_{px} > 100$$

式中，MLWQ 为进入受纳水体的低水位流量，L/s；Q_{px} 为进入污水处理厂的日高峰生活污水和工业废水流量，L/s。

允许的年溢流比率 e_o 可能随 $MLWQ/Q_{px}$ 有一个线性增长系数，从 $MLWQ/Q_{px} = 100$ 时的 1 到 $MLWQ/Q_{px} \geqslant 1000$ 时的 1.2。

允许溢流比率 e_o 是一个由参考负荷值 $h_{pr} = 800\text{mm}$ 导出的理论值。也考虑了其他年降雨量的影响，即式（3.22）中 a_h。在排水区的实际的溢流比率，与根据当地降雨情况计算的 e_o 值或多或少有些偏差。

3.6.2.2 所需的总储存容积

为了能够保持允许的溢流比率，就需要在下水道管网中有一定的储存容量。比储存容积 V_s 可在图 3.53 中查到。为此还需要确定污水处理厂生物处理阶段排放量和雨水径流流量 q_r [参见 3.6.1.3 中的（2）] 及其有关的总汇水面积。

所需的储存空间按下式确定：

$$V = V_s A_i \quad (\text{m}^3) \quad (3.25)$$

从水管理和经济角度考虑，通常取所需比储存容积 $40\text{m}^3/\text{hm}^2$ 为上限值。如果按照式

（3.25）计算需要更高的值，则必须提出理由，而且必须尽量采取有效措施来减轻受纳水体的负荷。如果污水处理厂能够接受雨水径流比流量大于 2L/（s·hm²），以及按照有关规定尽量减少受纳水体的负荷，则有必要使比储存容积大于 40m³/hm²，那就超出了图 3.53 的应用范围。所需的总储存容积则按照 3.6.3.2 部分的校核方法进行反复计算：

① 选择当地可用的降雨负荷；

② 根据年 COD 负荷 600kg/hm² 和有效的降雨量计算雨水平均污染浓度 c_r；

③ 下水道管网登记；

④ 首先计算所需的总储存容积；用这一容积作为中心池储存容积模拟降雨径流；

⑤ 按照式（3.11）计算平均溢流进水流量 Q_{ro} 和按照式（3.17）计算平均混合比；

⑥ 按照式（3.22）和式（3.23）计算理论溢流浓度 c_{cc}，忽略年降雨量的影响（$a_h=0$）；

⑦ 按照式（3.24）并考虑上限理论雨水污染浓度 c_r 来计算确定允许的溢流比率 e_o；

⑧ 对实际的理论比率与允许的溢流比率对比；如果需要对所需储存容积进行反复改进，直到两者的值一致。

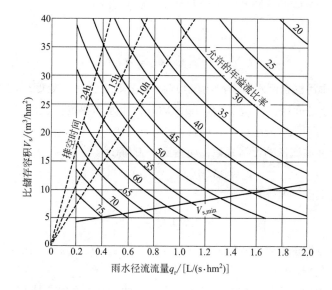

图 3.53 具体存储量取决于雨水径流流量和比储存容积

3.6.2.3 可计量的储存容积

按照 3.6.3.1 的简化分配方法可在总储存容积之上算入如下的储存空间。

① 带溢流的雨水池，其溢流流量达到 1.2q_r ［参见 3.6.1.3 中的（2）］。在这一规模上负面影响（如由随后的溢流池延长溢流持续时间）仍然是可接受的，也不必按照 3.6.3.2 的方法进行校核。

② 污水处理厂中起作用的雨水储存容积，如能够在初次沉淀池中进行滞留，且其溢流水成为进水。

③ 通过可调水位溢流堰的升高增加的储存容积。

④ 在带溢流装置的雨水池的上游下水道的静态容积，亦即在最低溢流堰顶高度水位以下的下水道的储存容积，按照下式减少至理论值为：

$$V_s = （V_{stat}/A_{is}）/1.5 \quad （m³/hm²） \tag{3.26}$$

式中，V_{stat} 为管径≥$DN800$ 或相应的横断面积的下水道，其最低溢流堰顶高度的水位以下的水容积，m^3；A_{is} 为相关联部分汇水面积的不透水表面积，hm^2。

按照 3.6.3.2 验证核实方法，在降雨模拟模型中，所有储存空间都包括在内而无遗漏，因为它们实际上都是有效的。

3.6.2.4 最小储存容积

为了在所有缓解溢流中使带有溢流装置的雨水池获得充分的雨污混合水的沉淀效果，应当保持年平均的最小停留时间。为此，按照计算式（3.12）计算的平均雨水径流量被用于污水处理厂的流量而未考虑流动时间（$a_f = 1.0$）的减少。对于污水处理厂，由雨水径流流量 q_r 导致的溢流时雨水平均径流量的 20min 停留时间的最小比容积由下式计算：

$$V_{s,\,min} = 3.60 + 3.84 q_r\ (m^3/hm^2) \tag{3.27}$$

如果污水处理厂的混合污水排放流量 $Q_{cw} > 2Q_{dwx}$，则式（3.27）雨水径流量 q_r 可限制在由 $2Q_{dwx}$ 计算的值内：

$$q_r = [(48/x_d - 1)Q_{dw24} - Q_{is24}]/A_{is}\ [L/(s \cdot hm^2)] \tag{3.28}$$

对于污水处理厂汇水区内的所有带溢流装置的雨水池，都应用相同的最小比容积。

核实的污水储存容积可以根据最小容积计算得出。在这种情况下，污水处理厂的进水下水道作为带有储存容积和底端溢流的下水道处理。在每一种情况下，带溢流的雨水池（3.6.4.2）、带储存容积和溢流的下水道（3.6.4.3）以及最小混合比的要求（3.6.4.2）等，都要满足处理条件。

3.6.3 各种溢流构筑物的尺寸确定

雨水溢流构筑物的尺寸确定分三步完成：

① 确定需要的总储存容积（3.6.2 部分）；

② 使用简化的分配方法（3.6.3.1）或核实方法（3.6.3.2）确定各个带溢流的雨水池和每条带储存容积和溢流的下水道的容积；

③ 按照常规要求确定各个溢流构筑物的尺寸（3.6.4 部分）。

如果使用简化的分配方法超过范围，则必须对规划的措施进行验证核实，以观察这一标准的目的是否达到。本节的校核方法用于这一目的。在任何情况下，都要保持对各个溢流构筑物的正常要求（3.6.4 部分）。

3.6.3.1 简化分配方法

（1）分配方法

各个雨水池确定尺寸的方法与确定所需的总储存容积相对应（3.6.2 部分）。在合流制下水道管网每一个雨水溢流处，必定有一个其上游汇水区有效的混合污水储存总容积。按照 3.6.2.1 确定允许溢流流量的一些尺寸参数，分别由各个雨水池其上游的汇水区总面积来决定。此处相关的排放流量 Q_t 与雨水池的节流排放相对应，近似于在滞留开始和溢流开始时的平均排放流量。

在决定了允许溢流流量之后，就可以按照 3.6.2.2 的方法根据雨水池上游的总汇水面积来确定所需的储存容积。这一既定有效的计算储存容积就是各个溢流池所需的容积及相应的尺寸。需要调查研究这一容积是否满足处理条件，以及不小于按照 3.6.2.4 计算的最小容积。

（2）应用范围

为了能够将总（储存）容积分配到每个雨水构筑物中以简化确定其尺寸，必须遵守如下应用范围。如果不能做到这点，则必须完成3.6.3.2的校核方法，以便能够消除由于超出应用范围而产生的溢流负面影响。

① 污水处理厂的雨水径流流量 q_r 不得超过 $2L/(s \cdot hm^2)$；

② 带溢流的雨水池，其上游总汇水面积的雨水径流流量 q_r 不得超过污水处理厂雨水径流流量的1.2倍；

③ 最多可能是5个带溢流的雨水池串联在一起；如果再多，则简化分配方法的不准确性就太大了；

④ 一个雨水溢流池的汇水区中，其雨水溢流数量不能超过5个，否则简化计算方法的不准确性将变得太大；

⑤ 在既定的汇水区内一些雨水储存池的雨水径流流量必须至少为 $5q_r$。按照这一简化的方法算出的容积并不能计算出总储存容积，只能在校核方法（3.6.3.2）中考虑；

⑥ 所需的比储存容积 V_s 不得超过 $40m^3/hm^2$。

3.6.3.2 校核方法

（1）具体的基本事实

当无法再遵守3.6.3.1规定的简化分配法适用范围时，根据3.6.2.1确定必要的总存储量是维持正常要求的先决条件。假定在污水处理厂上游的总储存容积集中于一个虚拟的单一池中，则从整个下水道管网中排放的模拟的年平均COD比负荷，在初步计算中应用校核方法计算。在随后的规划计算中可以进行雨水处理措施的优化，以使先前计算的集中池的溢流COD负荷不被超过。

1）降雨负荷　校核方法是以长期一系列降雨为基础的，这展示出与当地条件最可能的关系。降雨系列应包括至少10年的记录时间，而且从统计学考虑，基本上能全面地代表当地的降雨规律。

在确定实际任务时，通常允许用适宜的降雨系列或适宜的降雨谱图来取代长期的降雨系列。对此需要验证，采用取代的负荷，使当地的溢流状况与长期模拟相对比达到准确吻合的描述。与这一准确描述相反，降雨活动的描述意义不大。

2）下水道管网登记　在正常情况下，出于经济原因并不对下水道管网做逐段详细的长期模拟。因此，对于污染负荷计算，必须按惯例从详细的下水道管网推导出粗略的管网。为此，首先的例子是考虑收集污水和雨水的总干渠，以及效能转换成可对比的二级收集区，归纳为收集分区。如此分区应当覆盖在初步计算中已经含有的有效的和可能的构筑物场所。按规则，污水处理厂的总汇水区不允许用单一的传递功能进行复制。几个分开的区域处理如下。

各个分区的旱季排水量，由生活污水-工业废水和下水道内渗水流组成，后者作为排入合流制下水道的单一排放水流处理。旱季排水的两个组分（生活污水-工业废水与下水道内渗水）的流量尽可能由测量得出　[参见3.6.1.2的（2）]。

分区的雨水部分，通过生活污水和工业废水管网进入合流制下水道。这意味着在分流制区域的雨水径流，对于比较不透水地面或有一个虚拟的雨水溢流（分流制因素）。这一雨水溢流的节流排放量要这样确定，即雨水部分尽可能地由测量降雨量来确定，向上传递而最后排入合流制下水道系统。如果没有测量数据可以利用，则分流制区域的旱季小时高峰排放流量 Q_{dwx} 被选用作为节流排放流量。

要以适当的方式来证明粗略管网与详细管网的水力相同性。例如，作为简单的案例，所有汇水分区的水流时间以及所有雨水构筑物年降雨量的溢流体积，对于粗略管网和详细管网都大致相同。

3）虚拟集中池 按照 3.6.2.2 确定的在污水处理厂之前的总储存容积，集中地布设在旁路上。集中池的节流排放量相当于污水处理厂生物处理段的进水流量。

（2）方法

按照如下步骤应用校核方法确定集中池的大小和尺寸：a. 对于一个虚拟的集中池，决定用其适用的模型——COD 比溢流负荷进行初步计算；b. 确定恢复的需求；c. 规划措施；d. 校核初步计算的允许溢流负荷不被超过。

相同的模型公式和降雨负荷适用于所有计算变量。

1）确定适用的可靠模型的溢流负荷的初步计算 应用在校核方法中适用的污染负荷模型来进行初步计算。形成积累（在地面上和在下水道中污染物的收集并带有小的拖拉张力）时或在管道和储存空间中沉积物的去除和降低沉淀效果，以及在降雨开始污染物浓度增加时采用冲洗水浪，只能在监督机构的同意下才允许实施。这一规定必须坚持，直到下水道管网和储存空间有可靠的信息和有普遍接受的有效规则。

对于初步计算，粗略管网要有所改进，以使污水处理厂汇水区产生的年混合污水量全部输送给集中池而无剩余。为此继续进行如下步骤。

在初步计算中包括每一次溢流，并且设定的节流排放量足够大，以致每一次高峰排放量能够在主路中通过各种构筑物（SO、 STO、 SHT）顺利输送而不发生溢流和壅水，或者经旁路将其输送到集中池。通过这一结果，在任何情况下下水道管线的现有超负荷，借助于数学上加大管道横断面积而消除。例如，年混合污水的体积不产生壅水的顺利排放所需的管道横断面加大，可按确定的年降雨量来计算。

因此在旁路中设置的混合污水沉淀的集中溢流雨水池，在初步计算中是排入受纳水体的唯一的溢流。在初步计算中根据调研的条件必须观察当地分流至区域的影响、严重污染源和年降雨量。仅对管网的排放条件来说，要保证无壅水地顺利排入集中池中。

对集中池的初步计算得到依靠模型的 COD 年溢流负荷。这个参数作为所有规划或优化变量的目标参数，并且可能将不再被超过。

2）修复需求的确定 假定根据实际状况应用校核方法确定受纳水体的有效负荷。在这一步骤中，下水道系统及其污水处理厂的汇水区的特性（包括所有的特性参数值）要予以记录，这对按照 3.6.2 部分确定的总储存容积的应用和模型的应用都是需要的。污染负荷计算得出实际情况下受纳水体的理论负荷。

预先确定的特性参数值要记载存档。借此可以用来与根据初步计算（3.2.2 部分）得出的受纳水体的理论允许负荷进行对比。

这一运行数据的对比，使我们能够对雨水处理措施进行评价，既不依赖于应用的校核方法，也不依赖于选择的参数计算式。

3）措施规划 对于下水道管网各种措施的规划，必须遵守有关规则和注意事项。取代措施对于溢流负荷减轻的效应可以完全予以核实。

对于实际的排水系统，需要考虑在初步计算中被抑制的所有影响，进行校核以使 COD 年负荷不超过初步计算值。在校核程序中得出，对于带有储存容积和管道底端溢流的和无沉积物的下水道，对其计算的 COD 年溢流负荷，比带溢流的混合污水沉淀雨水池多 15％。通过这一总体的附加值，大容积的下水道因其储存容积和溢流以及长时期的空置，对比于混合污水沉淀的带溢流的雨水池，具有较小的沉积效应和污水处理厂较高的污染负荷。

如果在储存空间应用沉积效应，在监督机构同意下，载有储存容积和管道底端溢流的下水道中，其应用的沉积效率，比在混合污水沉淀的溢流雨水池中的沉积效率要小 10％（例如混合污水沉淀的溢流雨水池为 15％，而带储存容积和底端溢流的下水道为 5％）。在这种情况下，如前所述的 COD 年溢流负荷增加 15％是没有必要的。沉积效应被理解为在合流制下水道溢流中对 COD 浓度减少一定的百分率。

如果采取建造储存池的取代措施，将导致系统改变其原始状态，这必须在初步计算中予以考虑（例如地面覆盖程度的改变），将初步计算结果与具体措施相关联。

如果在预测的数据中，在安全规划和相关联的雨水处理措施方面存在相当的危险，则应进行包括规划中的条件（例如修复的实际状况）的初步计算在内的校核程序。如果规划容积需要明显大于所需的储存容积，则采取的措施需要做到在一段适当的过渡期内满足所需的实际状况。

对于每一个单项措施要完成如下校核：a. 满足按照 3.6.4.1 和 3.6.4.2 确定的最小混合比；b. 满足 3.6.4 部分的污水处理条件；c. 对理论放空时间予以校核；d. 满足按照 3.6.2.4 确定的最小体积；e. 对于按照 3.6.6.2（3）和表 3.2 得出的理论溢流特性数据予以校核。

所有的校核结果都要清楚地和全面地记录归档。污水处理厂的汇水区内各次溢流的负荷总和，不得超过初步计算中依靠模型算出的允许 COD 溢流负荷。

即使上述校核得以满足，所有单个池的容积总和可能大于或小于按照 3.6.2.2 提出的所需总储存容积。如果规划计算的所有单一池的容积总和距离管网的所需总储存容积有相当大的偏差，则应证明其合理性。

4）进一步校核参数　在对水治理状况进行评价和对水处理提出更高要求时，根据对合流制下水道生物分析并借助于校核方法，可考虑更多的参数：给出规划的详细资料（发展规划、土地利用等）、当地条件（可实施性）、经济（经济性）。例如，参数可以是：溢流排放量总和、溢流频率、溢流持续时间、溢流负荷、溢流污染物浓度、受纳水体在一定频率下的水力负荷。

在每一种情况下对于整个系统和所有单一的构筑物，都是采用年平均值。

利用校核程序能够确定单独构筑物的理论溢流特性是否是受纳水体最可能的接受容量。为此其准则应根据受纳水体的实际特性优先予以确定。

考虑到雨水径流部分的剩余负荷必须在污水处理厂处理，因此，对于雨水处理措施的评价也是重要的。

5）对污染负荷计算方法的要求　为了实施 3.6.3.2 中（1）和（2）所述的校核，可采用多种污染负荷计算方法：水文学-经验方法、水文学-决定模型、水文学-水动力学-决定模型。

适宜方法的选择基本上取决于当地的溢流条件，以此确定这一方法能否符合当地条件，例如可用有效的降雨排放流量和浓度测量数据进行校准。选择的方法、校核参数和计算式都要在用户、规划者和检测机构之间及时地取得共同一致。

计算方法的质量基本上不能单独根据应用模型来评价，而是在一定程度上取决于与地区之间的相关性，以及当地测定的模型参数在实际应用于案例中应予以校准。此外，计算结果的质量关系到原始数据的复原。

由校核方法确定的各项措施的效果，是基于规划变量的理论和效果与初步计算之间的比较。以下各项属于校核程序的最低限度规定： a. 充分和详细地考虑汇水区和排水系统（地区分区）；b. 考虑按照 3.6.3.2 中的（1）的 1）统计推导出的或实际测量的当地降雨负荷；c. 在考虑区域已有实力的基础上对排放形式予以模拟；d. 对包括小区辅助的汇集下水道在内的不透水地面的排放污染物浓度予以模拟；e. 考虑当地的旱季排放水流及其性质，至少要有日平均值；f. 对于排水输送入下水道主干渠的模拟并考虑转换；g. 按照雨季和旱季排放水量和相应负荷成分的年度重叠而成的组合计算式，对物料在下水道主干渠的传输进行模拟；h. 对所有正常类型的溢流构筑物，考虑预先注水和进料的平衡，进一步地输送和缓解排放总和与固体负荷，对排放和固体负荷分配进行模拟；i. 输入数据、应用的模型公式、模型参数和计算结果等，清楚和全面地形成书面文件。

3.6.4 各种溢流构筑物的尺寸确定

3.6.4.1 雨水溢流

为了避免对受纳水体的局部区段产生过量的污染输入，对雨水溢流必须按照降雨强度在最小临界降雨强度 r_{crit} 在 7.5～15L/（s·hm²）之间来设计。临界降雨强度可由图 3.54 按照流动时间来确定，或者按下式来确定：

$$r_{crit} = 15 \times 120/（t_f+120）L/（s·hm^2） \quad 当 t_f \geqslant 120min$$

$$r_{crit} = 7.5L/（s·hm^2） \quad\quad\quad\quad 当 t_f < 120min \quad\quad (3.29)$$

式中，t_f 为直接汇水区的雨水径流直到雨水溢流的最长流动时间，不考虑在收集下水道的纯输送时间，min。

排放流量是相关的直接汇水区形成的进一步输送流量 Q_t 和所有上游的节流排放流量之和。如果上游雨水溢流产生的节流排放流量显示，由于设计原因，其值大于按照式（3.10）计

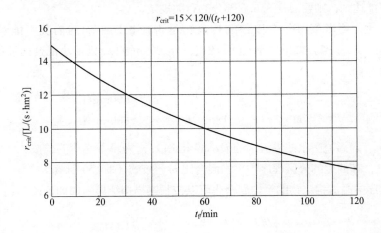

图 3.54　取决于流动时间的临界降雨强度

算的所需值，则采用由式（3.10）计算的所需值及其下游的一系列雨水溢流量 ［见 3.6.6.3（2）的例子］。

如果在溢流开始时，在降雨量与旱季流量之间有一个混合比，且在临界排放时该比值小于7，则混合比 m_{so} 是雨水溢流的依据。如果旱季排放污水的平均 COD 浓度大于 600mg/L，则最小混合比值 m_{so} 要有所增大，以达到更大的稀释。

$$m_{so} = (Q_t - Q_{dw24})/Q_{dw24}$$

$$m_{so} < 7 \quad 当 c_{dw} \leqslant 600mg/L$$

$$m_{so} \geqslant (c_{dw} - 180) \quad 当 c_{dw} > 600mg/L \tag{3.30}$$

式中，m_{so} 为溢流水的最小混合比；Q_t 为按式（3.10）计算的雨水溢流开始时的节流排放流量，L/s；Q_{dw24} 为旱季排放流量的平均值（3.4），L/s，c_{dw} 为由测量或由式（3.16）计算的旱季排放污水的 COD 平均浓度，mg/L。

要确定上游全部汇水区的日均流量 Q_{dw24} 和浓度 c_{dw}。

由式（3.30）导出最小节流排放流量如下：

$$Q_t = (m_{so} + 1) Q_{dw24} \tag{3.31}$$

如果 Q_t 超过按式（3.10）计算的值，则二者密切相关。

如果在雨水溢流构筑物上游下水道有可用的储存容积，则可提高降雨的门槛让其发挥作用，即节流排放流量可以相对于书面给定的节流排放流量值减少，但要满足最小混合比以及带有储存容积和底端溢流的下水道的污水处理条件 ［见 3.6.4.3 中的（2）］。

3.6.4.2 溢流雨水池

溢流雨水池，其最小容积必须符合 3.6.2.4 的要求。对于沉淀混合污水雨水溢流池，要符合下列的处理条件。

由于设计原因，建议混合污水沉淀雨水溢流池的容积小于 $100m^3$，而持留初期降雨径流冲刷水的雨水池的容积小于 $50m^3$。

雨水溢流池的理论排空时间，作为比储存容积 V_s 与相应的雨水径流排放流率之商，不应超过 $10 \sim 15h$。

如果不可能达到，则要遵守 3.6.5 部分的有关规定。

最小混合比：要考察每一个单独的构筑物是否在长期平均的情况下能够保持按照式（3.16）得到的 $f_{Msto} \geqslant 7$。如果旱季 COD 浓度大于 600mg/L，则最小混合比要提高以达到较大的稀释程度。

$$m_{sto} \geqslant 7 \qquad\qquad c_{dw} \leqslant 600mg/L$$

$$m_{sto} \geqslant (c_{dw} - 180)/60 \qquad c_{dw} > 600mg/L \tag{3.32}$$

式中，m_{sto} 为溢流雨水池溢流水的最小混合比；c_{dw} 为旱季实测的或按式（3.16）计算的 COD 平均浓度，在简化的分区程序中平均混合比 m_{sto} 按式（3.17）计算。

在校核程序中溢流构筑物的平均混合比可以按长期模拟结果附加如下：

$$m = (c_{dw} - c_{cc}) / (c_{cc} - c_r) \tag{3.33}$$

式中，c_{cc} 为 PL_o/VQ_o；c_r 为 PL_{rr}/VQ_r；VQ_o 为年平均的混合污水溢流量，m^3。

只要污染严重的污水如商业污水和工业废水排入溢流构筑物后面的下水道中，并且想办法减少这些严重污染物水量，或者对它们进行预处理，允许的最小混合比值可以避免被削减。如果大幅度削减不可避免，则应在污水溢流排入受纳水体之前，要考虑采取先进的更有效的应对措施。在这种情况下通常有必要按照 3.6.3.2 的校核程序进行校核。

污水处理条件如下：

在矩形混合污水沉淀雨水溢流池中，在非减弱的临界降雨强度 15L/（s·hm²）的条件下，其表面进水负荷率不应超过 10m/h。

在复合池的推流部分，只考虑汇水区的非直接部分。

如果混合污水沉淀雨水溢流池的横断面积是合理的，在非减弱的临界降雨强度为 15L/（s·hm²）时，其中平均水平流速基本上不超过 0.05m/s，不必进行专门的校核就可充分保证安全，不发生污泥涡流。

矩形池在其流动方向的长度至少为池宽的 2 倍。如果雨水溢流池分成几个隔间，则每一个隔间也适用这一规定。

圆形的混合污水沉淀雨水溢流池，以切线方向进水和中心出水，而沉淀的混合污水的溢流设施设在圆池周边。它们是按照 3.6.5.2 中的（2）和 3.6.5.3 中的（2）设计的，不用校核流速就可按相同的表面负荷率 10m/h 来确定其尺寸。

为了遵守处理条件，按照惯例需要限制池的进水通过池的溢流设施。但是，沉淀的混合污水经过溢流设施排放而基本上不影响处理条件，或者溢流很少发生（如每年少于 10 次）时，池的溢流设施可废弃。

3.6.4.3　带有储存容积和溢流的下水道

（1）带有储存容积和顶端溢流的下水道

带有储存容积和顶端溢流的下水道，经常按照持留初期降雨径流冲刷水的雨水池来确定其尺寸，只要这些雨水池的条件能符合有关要求。否则就按照带有储存容积和底端溢流的下水道处理。

（2）带有储存容积和底端溢流的下水道

带有储存容积和底端溢流的下水道，在简化的分区程序中由于其沉淀效果不好，附加一个补充参数——比储存容积 V_s，按照雨水溢流池来确定：

$$V_{sscbo} = 1.5 V_s A_{is} \quad （m^3） \tag{3.34}$$

式中，V_s 为比储存容积，m^3/hm^2；A_{is} 为相关汇水分区的不透水表面积，hm^2。

在校核程序中，带有储存容积和底端溢流的下水道，其特性参数都应遵守 3.6.3.2 中的（2）中的 3）的有关规定。带有储存容积和溢流的下水道，其理论放空持续时间不超过 15h。其要保持的最小混合比要如同雨水溢流池那样。

污水处理条件：在带有储存容积和底端溢流的下水道中，在构筑物的起点，其水平流速在非减缓的临界雨水径流排放流量为 15L/（s·hm²）的条件下，不应大于 0.30m/s。在溢流构筑物的前面设置一个足够长的逐渐变宽的缓冲槽（1:10 的斜率）。如果在现有的设施中不能保持这个流速，如下水道壅水，则要确定在标准范畴内现有的条件是否仍然能满足。

3.6.4.4　雨水储存池

雨水储存池对随后的溢流构筑物的影响取决于雨水径流排放流量。雨水储存池在简化的分区程序中，在确定溢流池的尺寸时仍然不予考虑，只要其截流排放流量 $q_r > 5L/（s·hm^2）$。

在这种情况下其容积不能加入随后的储存容积中。

节流排放流量小于 $5L/(s \cdot hm^2)$ 的雨水储存池，对随后的溢流构筑物有相当大的影响。在这种情况下利用确定尺寸的程序进行容积分配不再可行；必须按照 3.6.3.2 的要求进行校核。在校核程序中雨水储存池容积，不再如初步计算那样，必须考虑其全部容积和实际的节流排放流量。

3.6.5 溢流构筑物的建造与运行

这些溢流构筑物及其在下水道管网中的布设原则载于 3.4 部分中。其建造方法、维护和运行阐述如下。

这些构筑物应设计良好，在旱季排放时不形成任何沉积物。

卸荷下水道的尺寸，要按照其上游的多条下水道组成的管网排放高峰重叠的情况下最大可能的排放流量来确定，以使溢流构筑物不致由于超过理论的降雨量造成卸荷下水道的附加流量而影响其正常运行。为此，要考虑排放下水道（尤其是小管径排放下水道）的堵塞。对于大管径的排放下水道，对其节流排放流量可予以计算。

连接至污水处理厂的排放下水道，按规定其管径不应小于 0.30m。在该排放下水道中，如果要使排入污水处理厂的污水流量与其实际的状况相匹配，则应安装可控制的或可更换的节流装置。在其投入服务之前应对其节流效率进行校核。

可控制的滑动阀门、涡旋节流器或者可调节的类似节流装置，对排放流量有高度的选择性。可以借助这些装置或者通过改造或加设溢流堰坎来考虑和应付不同的发展阶段。对此不建议使用长的节流槽。如有可能，要做到在浮渣挡板之下进行顺利溢流。

为了以后监测溢流构筑物的运行效果，应当预备出足够的空间和放空管以便安装计量设备。

3.6.5.1 概述

为了能够在水力学方面正确设计雨水溢流构筑物，在下水道中剩余的排放流量应至少为 50L/s。不透水地面面积 A_{is} 应不小于 $2hm^2$。此外，在进水和排放区的下水道中旱季的流速应不小于 0.50m/s。如果流速小于此，应注意有足够的冲刷措施。

对于新建的雨水溢流构筑物，在其后应当立即有合适的坡度，或足够大的底部阶梯，以使其后所需的雨水池能够顺利运行，流水通畅。在雨水溢流池地区避免横向连接，以保持水力可计量。

对雨水溢流池及其溢流堰，要注意空气供应，保持好氧状态。

（1）带溢流堰的雨水溢流池的建造方法

如果降雨径流在层流区域，则应设置带溢流堰的雨水溢流设施。在雨水径流处于紊流排放状态时，在雨水溢流装置之前或之后通常有一个转折点，即溢流状况不再能数学记录。通过降低地面坡度的渐进变宽带，或者适宜的制动延伸带，可以强制形成层流排放流量 Q_{crit}。

如果溢流跌水堰上升到进水下水道的顶端或更高时，就不需要这些渐进的变宽延伸带了。

图 3.55 展示出一个一侧设置溢流堰的雨水溢流设施。该节流器必须在旱季对其进水下水道输送排水流量 Q_{dwx} 而不产生壅水。因此，在减少横断面积的雨水溢流设施内需要安排较大的底部坡度。在其他情况下也可以设置底部阶梯跌水来完成。排放下水道底部至少应比进水下水道低 3cm。在流量 Q_{crit} 时，节流器可能发生壅水达到溢流堰的高度。

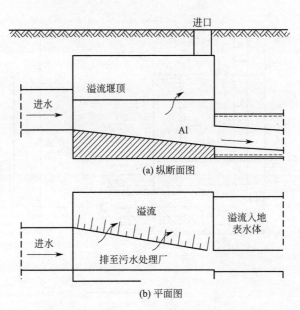

(a) 纵断面图

(b) 平面图

图 3.55 一侧设置溢流堰的雨水溢流设施

溢流堰坎是水平的，并且要至少设置在节流器顶端以上 0.5m。溢流堰坎应当是平滑的和精加工的，以保证均匀溢流过水。

为了获得大的储存容积，宜将溢流堰坎提高，以使其顶端的高度至少为进水下水道横断面的一半高度。在进水下水道充分冲刷的情况下，溢流堰坎的高度可以设置为允许的壅水水位高度那么高，以开辟附加的储存容积。

对于两侧设置溢流堰的雨水溢流设施，在过流槽后面其绝对空间至少留有高于全长 25 cm 以上的空间。

在节流槽的大部分长度中，由于节流器的效应在节流喷嘴处易于形成尖锐的边缘流动死角。可在任何时间从上部检查井处对此处进行清洁，或者在无洪水期间清理死角沉积物。

（2）带地板孔口的雨水溢流设施（喷泉溢流）的建造方法

如果由于地面坡度大，使雨水径流发生稳定的层流流态，则应设置地面孔口的雨水溢流设施。进水下水道必须有足够长的直线距离以保证正常运行。

图 3.56 展示的是带地板孔口的雨水溢流设施的构造设计。其底板布设由于水力学的原因不能高于进水下水道的底面高度。混合污水临界排放流量 Q_{crit} 必须通过孔口排除，而不依赖溢流下水道的作用。如果在通往污水处理厂的排放下水道中有比 Q_{crit} 小的附加负荷，则在孔口中选用分离平板。借助这个分离平板可减少过渡延伸溢流槽的长度和横断面积。此外，也可使用与下水道断面相吻合的曲线分离板。

对选择性有很高的需求时，即最可能的是进水流量小于 $20\%Q_{crit}$ 的附加负荷，则要计划排入污水处理厂的有效节流流量。

还要选择进水下水道和溢流下水道的底部坡度；如有可能，采用同一坡度。

地板孔口的长度从维护方便考虑至少应为 50 cm。为了满足这一条件，必须有一个大的有效底面坡度。不断增加的临界排放流量，以阶梯式扩大下水道管网来对付。这需要扩大孔口（将其移动回到跌水边缘）。如果需要，这可以通过在进水一侧延伸个别部件（预制部件）来完成。此外，分离板必须做成能够滑动的。

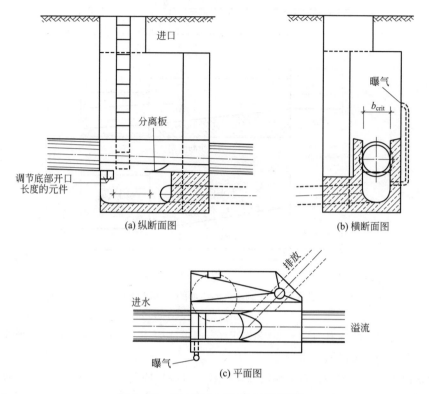

(a) 纵断面图   (b) 横断面图

(c) 平面图

图 3.56 带地板孔口的雨水溢流设施

3.6.5.2 雨水溢流池的建造

（1）分流-溢流构筑物的建造方法

分流池与溢流池尽可能建成合二为一的复合池。对于设在主流上的持留初期降雨径流的雨水池，在其前面只有在该池被雨水径流充满时才发生第一次溢流，被称为池溢流构筑物（TOS）。对于混合污水沉淀雨水溢流池，其排入受纳水体的溢流出水是经过机械（沉淀）处理的混合污水，被称为混合污水沉淀的溢流构筑物（OSC）。对于某些维护需求，可以不用池的溢流构筑物（见 3.6.4.2）。

溢流构筑物和分流构筑物都基本上设计成为雨水溢流池。但是，允许它们跟下水道进行横向连接。在混合污水沉淀雨水池中，在溢流结构之前必须设置浮渣挡板。如果在池溢流设施中设置壅水装置，使混合污水溢流储存于下水道管网中，而且阻止雨水池的溢留设施发生溢流，那么由此汇的储存容积可以加到确定的雨水溢流有效容积中。

分流构筑物（FDS）的设计高度和类型，不影响池溢流构筑物或混合污水沉淀雨水池的溢流构筑物的溢流活动。只要雨水溢流池未被充满，则混合污水只会流入而不会溢流至受纳水体。

混合污水沉淀雨水池的溢流设施的顶端边缘决定混合污水沉淀雨水池的理论储存容积。可将其设置在分流构筑物的顶部边缘之下或之上，或者设置在进水管底。要观察进水下水道的壅水结果。所以进水下水道的进水流速 Q_{dwx} 应当尽可能大于 0.8m/s，以便去除沉积物。这适用于扩展至规划水平。

池溢流构筑物与混合污水沉淀雨水溢流池，会在雨水径流流量大于所需的混合污水临界排放流量时（见 3.6.4.2 相关内容）发生第一次溢流。池溢流构筑物的顶端边缘，至少要设置在混合污水沉淀雨水溢流池的溢流构筑物的高度 h_{osc} 上，以使混合污水临界溢流漫过混合污水沉淀雨水池的溢流构筑物的顶端边缘。此外，建议将进水管设计得使进水分布均匀，并且在池中尽可能保持小的紊流。

为了在混合污水沉淀雨水池的溢流构筑物上获得良好的处理效果，其溢流堰顶端应考虑尽可能延长（以减少其线溢流速度过高造成对底部沉积物的抽吸使其进入出水中）和低的溢流高度。如果需要，溢流堰顶可以做成阶梯式高度，以便能够更好地计量其溢流流量。与雨水溢流不同，在分流构筑物和池溢流构筑物之前不需要渐变延伸槽。但是，出于运行原因和水位监测计量，还是设置渐变延伸槽。

（2）雨水池的溢流池的建造方法

在设计和建造雨水溢流池时，要考虑当地水力条件、气候的状况，以及后期维护和监测，还有其他理由如便于清理和维护、简单的控制和较低的造价。一般倾向于雨水溢流池采用露天构筑物，但是在居民区内，由于公共卫生和安全原因宜于采用封闭的雨水溢流池。

此外，应当努力做到雨水溢流池充满雨水后雨水能够自由流动。如果做不到，至少应当做到旱季连续流动排放而不需要提高排放量。

在设计雨水溢流池时应基本遵循如下事项：

① 对于总容积分期扩大或分格的雨水溢流池，为了运行方便，最好将其设计成几个分格的池子，一个接一个地充满雨水。

② 平面地板和不带冲洗设施的矩形雨水溢流池，其纵向坡度应至少为 1%，最好是 2%；而其横向坡度则为 3%～5%。对于圆形池，从周边向中心的坡度应至少为 2%。定期清除沉积物。一次要计划清除和（或）冲洗设施。自动冲刷设备影响雨水池的设置。

③ 如果在主路干渠中旱季进水恰巧通过雨水溢流池，则应设置专用渠道，其过水能力至少为 $3Q_{px}+Q_{dw24}$。

④ 在排放下水道中的底部跌水应有足够的高度，以致在雨水池理论排放流量时在进水渠道中不会发生壅水。

⑤ 混合污水沉淀雨水溢流池，要设计得容易形成层流流态。在其中比较短的逗留时间要求池中进水分布均匀。这可以通过改善进水和出水设施来完成。

⑥ 切向进水的圆形雨水池，应当有个中心截流排水设施，而且应当设计良好和设备安装运行良好，以使放空池水时能有效地避免沉积。对于混合污水沉淀雨水溢流池，将其圆形桶空间分成 4 等份，其中 3 份应对应急事故（见图 3.57）。

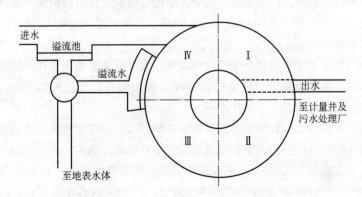

图 3.57 圆形混合污水沉淀雨水溢流池的功能示意

⑦ 发生横向或短路循环流的池沉淀效率低，不宜于用作混合污水沉淀雨水溢流池。

⑧ 对于露天池应建造篱笆或围墙跟外界隔开；在池上要计划设置升高的围墙或边沿围栏。

⑨ 要遵守相应的施工和事故预防规则。

⑩ 对于雨水池，由于形成沉积物需要清除，其池顶不应完全封闭。

⑪ 为了避免危害健康和可能爆炸的物质积累，封闭的雨水池应设有通风孔口。这些孔口同时作为池的进气和排气孔，以及阳光照射孔口。在居民区内应将排气管设置得尽量高些。在特殊情况下需要人工通风。

⑫ 对于分段的地面，取一堆弯弯曲曲的沟渠优先采用带凸纹的地面，其旱季排水流量 Q_{dwx} 时在各个渠道中的最小流速应保持 0.80m/s。每一次拐弯处的水头损失为 0.01～0.02m。

⑬ 雨水池可以露天放置。

⑭ 电力装置要密封；油污水的孔盖应有防爆设施。

⑮ 雨水池设计得易于接近以方便运行和维护，还需设置便于接近的抢救路线。

（3）带储存容积的下水道建造方法

池溢流的堰坎设置得相当高，致使允许在最大进水流量时发生壅水。进水下水道的纵剖面要连续地保持相同的横断面。最实用的是横断面大于 1.5m 直径的圆形管道，或者具有相同宽度和与地面呈大角度的两壁的断面沟渠。为了减少沉积物，旱季排放高峰流量时的流速不应小于 0.80m/s，而且水流深度应大于 0.05m。

拉伸强度应为 2～3N/m²，但是不应小于 1.3N/m²。流速小于 0.50m/s 时，必须保证有可能进行冲刷。

池溢流的溢流堰坎必须考虑设置在下水道静态容积水位之上。排放调节滑动阀门或其他适宜的节流装置，设置在储存空间的末端。这些截流设施用于限制降雨时混合污水（部分地）排入污水处理厂。

（4）排放构筑物的建造方法

排放构筑物可能受到适宜的节流装置（如涡旋节流器、可调节的节流孔盖、滑动阀、泵或者通过长的节流延伸槽）的限制，节流延伸槽有缺陷而且不能调节。因此，只用于特殊情况下。

为了防止污泥沉积，应在其出口处设置底面阶梯。其跌落高度取决于选用的节流装置。通过这一设施，在排放下水道的排放损失得到平衡。

节流延伸槽应设计合理，以使其运行安全，不超过最大允许排放流量。考虑到被堵塞的危险，选用的管道直径不要小于 0.30m。在具体情况下，通过增强运行监管可以排除堵塞的危险，则管径可减少至 0.20m。

节流滑动阀门可以并排布设几个单独的滑动阀，也可以串联地布设在不同高度上。未曾调节的滑动阀，其出口横断面积应当至少为 0.06m²，最小的孔口高度为 0.20m。因为节流滑动阀主要不作为启闭阀，它们可以设置在水下。

通过控制的节流装置如涡旋节流器或其他节流器，可以获得大致恒定的排放流量。

用泵排空的办法可以达到接近于节流滑动阀的排放规律。选用的泵尽可能保持恒定的排放流量。此外，还要遵守如下几条：a. 安装的排空泵应有足够大的开口以防堵塞，必要时能够冲刷（开口≥100mm）；b. 池水应尽可能快地放空；c. 与下水道连接的泵的压力管道，按规则不应超过理论的节流流量，通过循环水流或其他冲刷设施对池进行冲洗。

节流装置应用的范围很不相同，对于小流量的节流器（小于 30L/s）要注意沉积问题。

节流装置要设计合理，以保持大致恒定的排放流量，而且在池中任何水位时都不超过最大允许排放流量。它还必须满足污水处理厂的发展需求。可借助于排放流量-水位关系曲线进行校核。

由于经济原因和避免大的排放流量波动，在特殊情况下，在几个下水道区段也可以形成节流延伸槽。

对于浮动控制的封盖，雨水井应做相应的设计。

固定的滑动阀门和格栅单独使用不适于用作节流装置。

除了运行装置外，在雨水池中还应安装一根放空管，在运行故障时能够将池水排空（底部排空）。事故时排空管是开口的。由于堵塞的危险，应将其设置在出水管 0.5m 以上。

出口的滑动阀要设计得能够在池外操作。滑动阀控制杆要延伸至地面水平。

雨水溢流池的混合污水排放流量应当至少为 $2Q_{px}+Q_{dw24}$。为了避免不必要的污泥沉积，池底面可不用做排出口。对于新规划的排水管道，在每一个溢流构筑物之后的下水道，其尺寸至少能够排放流量 $3Q_{px}+Q_{dw24}$ 以应对不可预料的发展。

3.6.5.3 维护和运行

（1）维护设施

雨水溢流装置的维护和运行，应是下水道管网总体运行概念的组成部分。雨水排放任务的前提条件，就是旱季对固体物质的无故障全部排放。对于封闭的雨水池，要设置容易进入的人孔和工作孔口。作为人孔（检查井孔口）还要作为逃逸通道，为此要设置防滑梯（参见"事故防止规范"）。

池中的通风应当足够强，以致能够防止池中出现凝结水。在注水过程中，孔口的通风速度不宜超过 10m/s。孔口设置在去除堵塞的出口的上面：如果没有设置节流延伸槽，那么节流器淹没的部分必须能通过检查井接近它以便在水下去除堵塞物。在池中充满水时，只能借助工具如脚手架、疏通机等进入池中进行操作。

（2）清洗和冲刷设施

在混合污水储存时，如果发生污泥沉积，特别在强烈节流情况下最易发生污泥沉积。池中的污泥和其他沉积物必然进入污水处理厂，或者以其他方式予以无害化处置。为此可采用冲刷装置。在各种情况下都要保证池子可以接通冲洗水软管，进水、地表水和地下水都可用作冲洗水。冲洗排放污泥时要遵守有关卫生规则。

（3）计量设施

在雨水池的水管理方面，要安装在线水位自动监测记录器。此外，建议计量汇水区的节流排放流量和降雨量。通过这些措施，可以估计出溢流构筑物的溢流频率和雨水溢流池对受纳水体的影响。这对于下水道管网的任务内的广泛需求和控制来说是特别重要的。溢流频率可在计量记录带上或其他数据记录仪表记录下来。实际应用远程传递监测中心，如污水处理厂的遥控监测中心，特别是及时传递缺陷、运行信息和池子放空等信息。

对于其他池子，按照规定的时间间隔进行检查就足够了，这就可以确定，选用的计算式（如不透水地面面积、雨水径流排放流量）是否还能应用。

（4）其他记录

当发生如下情况时运行日志中要予以记录：a. 检测到雨水池发生溢流；b. 污泥沉积的数

量及其如何去除的；c. 配件和控制装置的运行情况的检查与维修；d. 计量设施检查与调整；e. 特殊情况观测。

正常的生产运行监测方式适用于雨水池的运行监测（Hirthammer，1989）。

3.6.6 确定尺寸的实例

3.6.6.1 当地状况

排水区域示意于图 3.58。产生的生活污水和商业污水的数量归纳于表 3.2 中，其用水定额为 $W_s = 180L/(人 \cdot d)$，长期平均年降雨量 $h_{pr} = 222mm$。

表 3.2　数学模型的各分区特征

分区	单位	1	2	3	4	5	6	污水
居民		2240	550	420	1350	1100	5600	11260
A_{is}	hm²	14	3	4	10	—	35	0
t_f	min	10+7	2	3	7	—	20	66
SG	—	1	2	2	2	—	1	37
x	h							1.26
								13.8
Q_{w24}	L/s	4.7	1.1	0.9	2.8	2.3	11.7	23.5
Q_{rS24}	L/s	—	—	—	—	2.3	—	2.3
Q_{iw24}	L/s	1.4	0.3	0.4	1.0	1.0	3.5	7.6
Q_{dw24}	L/s	6.1	1.4	1.3	3.8	3.3	15.2	31.1
$\sum Q_{dw24}$	L/s	6.1	1.4	2.7	3.8	3.3	31.1	31.1
Q_{nx}	L/s	9.3	2.0	1.8	5.6	4.6	17.7	40.8
Q_{dwx}	L/s	10.7	2.3	2.2	6.6	5.6	21.0	48.4
$\sum Q_{dwx}$	L/s	10.7	2.3	4.4	6.6	5.6	48.4	48.4
Q_t, Q_{cw}	L/(s·hm²)	100	50	105.5	12.3		98	98
q_r		6.7	16.2	14.6	0,85		0.98	0.98
c_w	mg/L	600	1200	600	600	600	600	629
c_{dw}	mg/L	462	951	412	443	418	462	475
$\sum c_{dw}$	mg/L	462	951	698	443	418	475	475

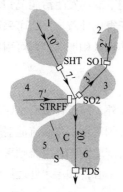

图 3.58 数学模型的分区平面图
（1~6 为各分区编号）

C—合流制下水道系统服务区；
S—分流制下水道系统服务区

分区 1，作为边界社区，通过雨水储存池（stormwater holding tank，SHT，其储存容积为 2000m³）与合流制下水道区域连接。其节流排放流量为从壅水开始到事故溢流开始的水位之间的排水流量的平均值（100L/s）。

分区 2，包括产生严重污染污水的商业区。要流过雨水溢流构筑物（stormwater overflow，SO）SO1。

分区 3，含有商业区雨水溢流构筑物 SO1 的进水。也要溢流通过雨水溢流构筑物 SO2。

分区 4，与初期雨水冲刷持留池（stormwater tank retaining the first flush of stormwater，STRRF）连接，该池需要借助泵排空。其节流排放流量为 $2Q_{px} + Q_{dw24}$。

分区 5，采用分流制排水系统。其污水管道连接入分区 6 的合流制下水道收集主干管。

分区 6，接受所有其他溢流设施的进水。在该区规划设置一座混合污水沉淀雨水溢流池（stormwater tank with overflow for settled combined wastewater，STOSC），其节流排放流量等于污水处理厂的进水流量。

污水处理厂的生物处理阶段可以接受混合污水流量 98L/s。在预处理阶段测定的旱季污水平均 COD 浓度为 475mg/L。

3.6.6.2 所需的总储存容积

首先必须确定污水处理厂总汇水区的允许溢流流量。计算如下（括号中是相关的计算式）：

（3.4）$Q_{w24} = Q_{d24} = 11260 \times 180/86400 = 23.5 (\text{L/s})$

（3.5）$Q_{px} = 23.5 \times 24/13.8 = 40.8 (\text{L/s})$

（3.4）$Q_{dw24} = 23.5 + 7.6 = 31.1 (\text{L/s})$

（3.5）$Q_{dwx} = 40.8 + 7.6 = 48.4 (\text{L/s})$

（3.6）$Q_{rS24} = 1100 \times 180/86400 = 2.3 (\text{L/s})$

（3.16）$c_{dw} = 629 \times 23.5/31.1 = 475.0 (\text{mg/L})$

根据这些排放流量和浓度数据，可借助于下列式计算出更多的数据：

雨水径流流量：

（3.7）$Q_{r24} = 98 - 31.1 - 2.3 = 64.6 (\text{L/s})$

生活污水排放流量：

（3.14）$q_{dw24} = 31.1/66 = 0.471 [\text{L}/(\text{s} \cdot \text{hm}^2)]$

雨水径流比排放流量：

（3.15）$q_r = 64.6/66 = 0.979 [\text{L}/(\text{s} \cdot \text{hm}^2)]$

流动时间减少：

（3.13）$a_f = 0.5 + 50/(37 + 100) = 0.865$，但是最大值为 0.885

溢流的平均雨水径流流量：

（3.12）$Q_{ro} = 0.885 (3.0 \times 66 + 3.2 \times 64.6) = 358 (\text{L/s})$

平均混合比：

（3.17）$m = (358 + 2.3)/31.1 = 11.6$

生活污水浓度影响系数：

（3.19）$a_p = 475/600 = 0.792$，而最小值 $= 1.0$

年降雨量影响系数：

（3.20）$a_h = 722/800 - 1 = -0.097$

下水道沉积影响系数 （图 3.24）

下水道沉积值：

（3.21）$x_d = 24 \times 31.1/48.4 = 15.4$

假定图 3.52 曲线图中左边的地形坡度组 $SG_m = 1.26$，向上移动至生活污水排放流量 $q_{dw24} = 0.47$ 的线上，该线的右边 $x_d = 15.4$，则垂直向下至横坐标得：$a_a = 0.372$。

计算浓度：

（3.22）$c_d = 600 \times (1.0 - 0.097 + 0.372) = 764 (\text{mg/L})$

理论溢流浓度：

（3.23）$c_{cc} =$（$107 \times 11.6 + 765$）/（$11.6 + 1$）$= 159$（mg/L）

允许的年溢流比率：

（3.24）$e_o = 3700/$（$159 - 70$）$= 41.5\%$

这些结果证明，按年平均的最大混合污水进水流量计，67L/s 雨水流量和 31L/s 旱季污水排放流量可以进入污水处理厂。

对于混合污水处理，必须将连接的分流制下水道系统服务区的雨水径流流量（2.3L/s）计算在内，由此可以假定混合污水处理流量约为 65L/s，雨水径流流量或雨水径流排放比流量为 $q_r = 0.98$L/（s·hm²）。计算得到所需的比储存容积和总容积：

$$V_s = 21.6 \text{m}^3/\text{hm}^2$$

$$V = 14.26 \text{m}^3$$

（1）校核程序

这一作为案例的排水系统可以用如图 3.59 所示的系统平面图以简略的管网系统表示。其中划分成 8 个分区和 31 个计算段，借助图 3.59 已经完成了类似区段与附属的下水道的组合。因此，这一展示的下水道管网的详细程度本质上比工程计算的正常管网系统要粗略。

在应用这个校核程序时要指出如下一些特征：

管网所示的雨水储存池的比流量为 $q_r > 5$L/（s·hm²），按照 3.6.3.1 中的（2）的简化分配程序确定雨水溢流池尺寸时可忽略。

某些区段水力超负荷，是因为其中管网有一系列交错连接。

这种校核程序的应用方法示于图 3.60。下面以案例的方式概述了这一系统的水文和水动力学的计算方法。

1）水文方法　以中心池进行初步计算以确定依靠模型的理论溢流负荷的管网表现形式示于图 3.61。对实际有效的或规划的管网（包括现有的或规划的雨水溢流）应用校核程序的系统表示形式示于图 3.62。这在两种情况下，以 6 个分区的形式来表示概略的系统，选用了系统的构筑物和各个单元的相互连接。

2）水动力学方法　在应用详细的污染负荷模型及水动力排放计算时，需要比水文学方法更详细的系统来表示。其概略管网结构以图 3.60 为基础。

为了确定依靠模型的理论溢流负荷，省略了现有的构筑物。因此，需要加大下水道的管径以保证其无壅水地排放到污水处理厂的虚拟中心池中。按照降雨强度 $r_{15(1)} = 100$L/（s·hm²）粗略估算的直径及其他特征数据（不变）列于表 3.3。此外，简化初步计算甩掉现有的相互连接如排除了 608～681 段可能是个优点。

对实际有效的或规划的管网包括所有的具体构筑物，可用图 3.59 所示的系统直接进行校核。

（2）结果介绍

作为案例的校核程序的最重要结果列于表 3.4。其中的数据值既可用水文学方法也可用水动力学方法来计算。此外，污染负荷计算给出了整个系统和各个构筑物的溢流特性，如溢流体积、溢流负荷、溢流持续时间和频率，也可能包括其他污染物参数。

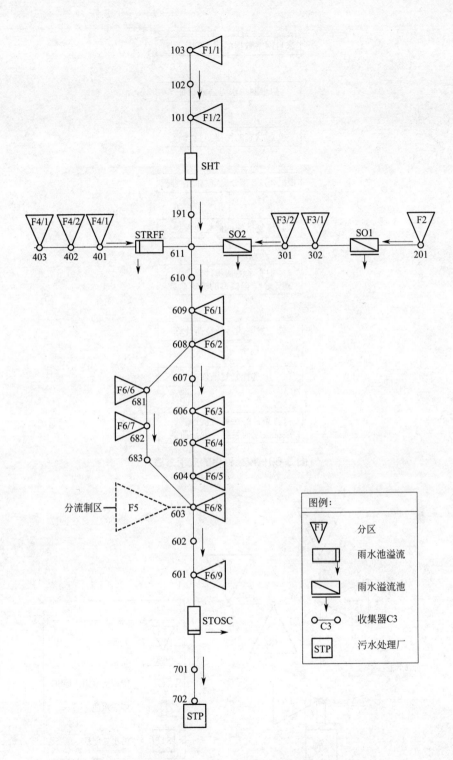

图 3.59 排水区域系统平面图

图例：

F1 分区	
雨水池溢流	
雨水溢流池	
C3 收集器C3	
STP 污水处理厂	

分流制区 → F5

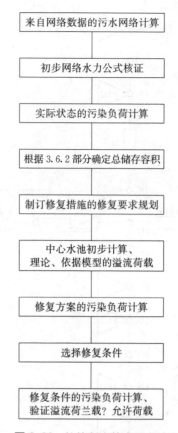

图 3.60 校核程序的应用方法

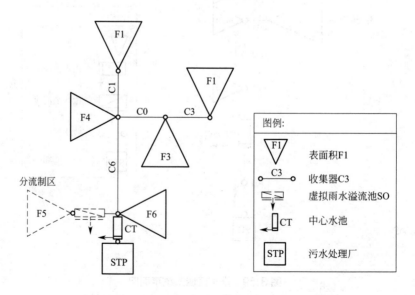

图 3.61 允许卸载负荷的初步计算水力当量置换系统-水文方法

计算区段和分区的特征值列于表 3.3。

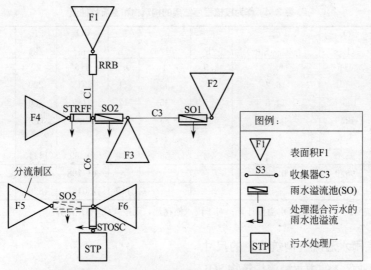

图 3.62 粗略分区的排水管网系统平面图-水文方法

图例：
F1	表面积F1
S3	收集器C3
	雨水溢流池(SO)
	处理混合污水的雨水池溢流
STP	污水处理厂

⊡ **表 3.3　排水管网（粗略管网）水动力学计算的特征值**

序号	连接		长度	坡度	内径	流量 Q_v	设计	分区	面积 A_{is}	初步计算中心池	
										内径	流量 Q_v
	上	下	/m	/%	/mm	/(L/s)		/hm²	/hm²	/mm	/(L/s)
1	103	102	120	5.0	600	433	F1/1	8.0	1	800	924
2	102	101	120	5.0	700	650		0.0	—	1000	1663
3	101	SHT	120	5.0	800	924	F1/2	6.0	1	1000	1663
4	SHT	191	250	8.0	300	88		0.0	—	1000	2105
5	191	611	250	8.0	400	187		0.0	—	1000	2105
6	201	SO1	100	5.0	400	148	F2/1	3.0	2	600	433
7	SO1	302	50	5.0	300	69		0.0	—	600	433
8	302	301	50	7.0	400	175	F3/1	2.0	2	700	770
9	301	SO2	40	7.0	500	316	F3/2	2.0	2	700	770
10	SO2	611	10	20.0	300	138		0.0	—	700	1303
11	403	402	140	7.0	500	316	F4/1	4.0	2	600	512
12	402	401	120	7.0	500	316	F4/2	4.0	2	800	1094
13	401	STRFF	50	7.0	700	770	F4/3	2.0	2	800	1094
14	STRFF	611	20	5.0	300	69		0.0	—	900	1260
15	611	610	150	3.0	600	335		0.0	—	1400	3116
16	610	609	180	3.0	600	335		0.0	—	1400	3116
17	609	608	100	3.0	700	503	F6/1	4.0	1	1600	4424
18	608	607	210	3.0	700	503	F6/2	4.0	1	1600	4424
19	607	606	190	3.0	700	503		0.0	—	1600	4424
20	606	605	100	3.0	900	975	F6/3	3.0	1	1600	4424
21	605	604	150	3.0	900	975	F6/4	2.0	1	1800	6025
22	604	603	210	3.0	1000	1287	F6/5	8.0	1	1800	6025
23	608	681[①]	100	7.0	400	175		0.0	—	—	—
24	681	682	80	7.0	400	175	F6/6	3.0	1	500	316
25	682	683	170	7.0	500	316	F6/7	2.0	1	600	512
26	683	603	100	7.0	500	316		0.0	—	700	770
27	603	602	250	3.0	1200	2079	F6/8	5.0	1	1800	6025
28	602	601	220	3.0	1200	2079		0.0	—	2000	7940
29	601	STOSC	110	3.0	1200	2079	F6/9	4.0	—	2000	7940
30	STOSC	701	50	4.0	400	132		0.0	—	400	132
31	701	702	50	4.0	400	132		0.0	—	400	132

① 省略了中心池的初步计算。

表格和内容:

☐ 表3.4 作为校核程序结果的构筑物和溢流特性值

结构	体积 /m³	Q_t /(L/s)	q_r /[L/(s·hm²)]	t_e /h	n_e /(1/a)	T_o /h	VO_o /m³	PL_o /kg	c_{cc} /(mg/L)	m_{min} [①]
SHT	2000	100	6.7	5.9	1	0.2	116	20	130	14
SO1		50	16.2		45	11	2313	290	125	35
SO₂		105.5	14.6		45	12	3189	380	120	38
STRFF	185	12.3	0.85	6.0	84	128	23801	3150	132	12
SO5		5.6								
STOSC	1241	98.0	0.98	5.3	56	149	98289	14110	144	9
合计	1426	98.0	0.98				127708	17950	141	
中心池	1426	98.0				119	130481	18280	140	10

① 混合比 m 按照式(3.30)的雨水溢流计算；对于雨水储存池，则按式(3.33)计算。

3.6.6.3　确定雨水溢流（构筑物）的尺寸

（1）在商业区2的雨水溢流构筑物 SO1

对雨水溢流构筑物应用如下计算式：

（3.29）$r_{crit} = 15 \times 120 / (2+10) = 14.8$ [L/(s·hm²)]

（3.9）$Q_{rcrit} = 14.8 \times 3 = 44.3$（L/s）

（3.4）$Q_{dw24} = 1.4$ L/s

（3.10）$\sum Q_{t,i} = 0.0$ L/s

（3.10）$Q_{crit} = 44.3 + 1.4 + 0.0 = 45.7$（L/s）

由于设计原因，雨水溢流的节流排放流量不应小于50L/s，因此选用 $Q_t = 50$ L/s。最小混合比：

（3.30）$m_{SO1} = (951-180)/60 = 12.9$

检验实际的混合比为：

（3.30）$m_{SO1} = (50-1.4)/1.4 = 34.7 > 12.9$

因此，混合比的要求得到满足。

（2）在分区3中雨水溢流（构筑物）

适用于上面相同的计算式

（3.29）$r_{crit} = 15 \times 120 / (3+10) = 14.6$ [L/(s·hm²)]

（3.9）$Q_{rcrit} = 14.8 \times 4 = 58.5$（L/s）

（3.4）$Q_{dw24} = 1.3$（L/s）

（3.10）$\sum Q_{t,i} = 45.7$（L/s）

（3.10）$Q_{crit} = 58.5 + 1.3 + 45.7 = 105.5$（L/s）

上述的雨水溢流构筑物，其节流流量不是实际的截流流量50L/s，而是所需的理论排放流量45.7L/s［应用3.6.1.2中的（7）］。

最小混合比为：

（3.30）$m_{SO2} = (698-180)/60 = 8.6$

实际混合比为：

（3.30）$m_{SO2} = (1055-2.7)/2.7 = 38.1 > 8.6$

因此，雨水溢流构筑物运行时有足够的稀释程度。

208 —— 第二篇　城市排水系统新理念与新设施

参考文献

[1] Bizier P. Quantity of wastewater[J]. Gravity Sanitary Sewer Design & Construction, 2015.

[2] Water and Electrical Power Bureau. Roman Municipality: Training course for participants from developing countries[M]. Text book on Sewer Systems in Urban Areas, Chapter 1 Introduction: History of Urban Sewer development, March-June 1979.

[3] 吕云. 国外大都市排水系统的启示[J]. 中华建设, 2011（8）: 43-45.

[4] Tibbetts J. Combined sewer system: down, dirty, and out of date[J]. Environmental Health Perspectives, 2005, 113（7）: A464-467.

[5] Lawler, Joseph C. Design and construction of sanitary and storm sewers[J]. Am Soc Civil Engr Manuals Eng Practice, 1960.

[6] US EPA. Report to Congress: Impacts and control of CSOs and SSOs（Report）[R]. Washington, D. C.: U. S. Environmental Protection Agency（EPA）. August 2004. EPA-833-R-04-001.

[7] Jungjohann A, Bühler R, Mehling M, et al. How Germany Became Europe's Green Leader: A look at four decades of sustainable policymaking[J]. Solutions Journal, 2011, 2（5）: 2011.

[8] Wang B, Wang S, Cao X, et al. Speeding up water pollution control in Shenzhen using novel processes [J]. 2010.

[9] 王宝贞, 王琳, 王淑梅. 城市雨水资源化处理与水环境改善研讨[C]//水污染治理方略与水处理技术——王宝贞师生论文选集. 北京: 科学出版社, 2012.

[10] 王宝贞, 嵩单. 建造大型排水工程根治雨洪除害兴利[C]//水污染治理方略与水处理技术——王宝贞师生论文选集. 北京: 科学出版社, 2012.

[11] 王宝贞, 尹文超, 梁爽等. 城市排水系统与体制改进的探讨——可借鉴的雨水收集、输送、调储和处理系统[C]//水污染治理方略与水处理技术-王宝贞师生论文选集. 北京: 科学出版社, 2012.

[12] 王宝贞. 下水道排水系统是城市的良心[N]. 凤凰周刊-城市, 2011-9: 75-77.

[13] 许士国, 刘盈斐. 韩国汉城清溪川复原工程简介[C]//中国水利学会城市水利专业委员会 2005 年工作年会暨全国城市水利学术研讨会, 2005.

[14] Novotny V, Ahern J, Brown P. Planning and Design for Sustainable and Resilient Cities: Theories, Strategies, and Best Practices for Green Infrastructure[M]// Water Centric Sustainable Communities: Planning, Retrofitting, and Building the Next Urban Environment. John Wiley & Sons, Inc. 2014: 1543-1549.

[15] The National Academioes of Science, Engineering and Medicine. Understanding water reuse: Potential for expanding the Nation's Water Supply through Resuse of Waste Water[R]. Copyright © 2015, National Academy of Sciences, Engineering, and Medicine.

[16] Payraudeau M, Pearce A R, Goldsmith R, et al. Experience with an up-flow biological aerated filter（BAF）for tertiary treatment: from pilot trials to full scale implementation. [J]. Water Science & Technology A Journal of the International Association on Water Pollution Research, 2001, 44（2-3）: 63.

[17] 沈耀良、王宝贞. 废水生物处理新技术-理论与应用[M]. 北京: 中国环境科学出版社, 2006.

[18] 迟军, 王宝贞, 李高奇. 广州生活小区污水处理厂设计及运行研究[J]. 哈尔滨商业大学学报（自然科学版）, 2003, 19（2）: 183-186.

[19] 丁永伟, 王琳, 王宝贞, 等. 活性污泥和生物膜复合工艺的应用[J]. 中国给水排水, 2005, 21（8）: 30-33.

[20] 刘硕, 王宝贞, 王琳, 等. 山东省东阿县污水处理厂复合式淹没式生物膜工艺的运行效能研究[J]. 中国给水排水. 2006, 5: 10-12.

[21] 土淑梅, 土宝贞, 金文标, 等. 污染水体就地综合净化方法在福田河综合治理中的应用[J]. 给水排水, 2007, 33（6）: 12-15.

[22] Chang C H, Wen C G, Lee C S. Use of intercepted runoff depth for stormwater runoff management in industrial Parks in Taiwan[J]. Water Resources Management, 2008, 22（11）: 1609-1623.

[23] Lee H, Lau S L, Kayhanian M, et al. Seasonal first flush phenomenon of urban stormwater discharges[J].

Water Research, 2004, 38（19）: 4153-4163.

[24] Saget A, Chebbo G, Bertrand-Krajewski J L. The first flush in sewer systems[J]. Water Science & Technology, 1996, 33（33）: 101-108.

[25] MartinC. Knights. 伦敦（2012 奥林匹克城）排水隧道工程[J]. 隧道建设（中英文）, 2012, 32（4）: 604-612.

[26] Peter Kenyon. Green surge threatens CSO storage solution. TunnelTalk. 19 Jun 2013.

[27] 刘火雄. 巴黎下水道: 2350 公里构筑"城市良心"[J]. 新华航空, 2011（9）: 76-80.

[28] German Standard ATV-A-128E, Standard for the dimensioning and Design of Stormwater structures in Combined Sewers[S]. 1992-4.

[29] B Zimmermann, H Zipp, Residential Green Roofs implementation in Washington D. C[R], Green Roofs DC, 2008.

[30] Holly Peterson. Boeing unveils new biofilter at Santa Susana site to control stormwater[N]. Pacific Swell, 2013-3-21.

[31] Bratieres K, Fletcher T D. Nutrient and sediment removal by stormwater biofilters: A large-scale design optimisation study [J]. TROVE, 2009-08-01.

[32] Yan H, Lipeme K G, Gonzalezmerchan C, et al. Computational fluid dynamics modelling of flow and particulate contaminants sedimentation in an urban stormwater detention and settling basin. [J]. Environmental Science & Pollution Research, 2014, 21（8）: 5347-5356.

[33] Schwarz T S, Wells S A. Continuous Deflection Separation Of Stormwater Particulates[J]. Civil & Environmental Engineering Faculty Publications & Presentations, 1999.

[34] Gasperi J, Laborie B, Rocher V. Treatment of combined sewer overflows by ballasted flocculation: Removal study of a large broad spectrum of pollutants[J]. Chemical Engineering Journal, 2012: s 211-212（22）: 293-301.

[35] Gibson J, Farnood R, Seto P. Chemical pretreatment of combined sewer overflows for improved UV disinfection[J]. Water Science & Technology A Journal of the International Association on Water Pollution Research, 2016, 73（2）: 375.

[36] Green M B, Martin J R, Griffin P. Treatment of combined sewer overflows at small wastewater treatment works by constructed reed beds[J]. Water Science & Technology, 1999, 40（3）: 357-364.

[37] AR Dussailant, A Cuevas, KW Potter, Raingardens for stormwater infiltration and focused groundwater recharge: Simulations for different world climates. [J]. Wat. Sci. Tech. 2005, 5（3）: 173-179.

[38] Mason D G, Gupta M. Screening flotation treatment of combined sewer overflows[J]. 1972.

[39] Bursztynsky T A, Feuerstein D L, Maddaus W O, et al. Treatment of combined sewer overflows by dissolved air flotation[J]. Environ Prot Technol Ser Epa Us Environ Prot Agency, 1975.

[40] Scharz T S, Wells A S. Continuous deflection separation of stormwater particulates[J]. Civil and Environmental Engineering Faculty Publ, 1999.

[41] Wilson M A, Mohseni O, Gulliver J S, et al. Assessment of hydrodynamic separators for storm-water treatment. [J]. Journal of Hydraulic Engineering, 2009, 135（5）: 383-392.

[42] German Standard ATV-A-128A, Standard for the dimensioning and Design of Stormwater structures in Combined Sewers. Jan. 1977.

[43] Amaral R, Ferreira F, Galvão A, et al. Constructed wetlands for combined sewer overflow treatment in a Mediterranean country, Portugal. [J]. Water Science & Technology, 2013, 67（12）: 2739.

[44] Tao W, Bays J S, Meyer D, et al. Constructed Wetlands for Treatment of Combined Sewer Overflow in the US&58; A Review of Design Challenges and Application Status[J]. Water, 2014, 6（11）: 3362-3385.

[45] Sønderup M J, Egemose S, Bochdam T, et al. Treatment efficiency of a wet detention pond combined with filters of crushed concrete and sand: a Danish full-scale study of stormwater. [J]. Environmental Monitoring & Assessment, 2015, 187（12）: 1-18.

[46] R A Jago, A Davey. The CDS story: continuous innovation[N]. Water 21, March 2002: 64-68.

第4章

地下深层隧道储存CSO 或SSO排水系统

4.1 深层排水隧道工程概述

美国许多大中城市遇到强降雨时尤其是大暴雨时，合流制下水道产生特大流量的溢流混合污水；分流制下水道的雨水道也存在特大流量的雨水溢流；甚至分流制的污水下水道在大暴雨时被淹灌进入大量的径流雨水。对这些大量的溢流水必须予以暂时储存，在降雨停止后陆续送入污水处理厂处理后排于受纳水体。

但是在地面上和地下浅层都没有可用的空间来建造特大容积的溢流混合污水和/或溢流雨水的临时储存设施，只能在地下深层建造深层隧道工程来容纳大量溢流混合污水和/或溢流雨水。巨型深层隧道下水道（其内径大都为 7～10m）的巨大储存容积，一是为了储存雨污混合污水，防止其直接排入受纳水体造成超负荷污染和水力冲击破坏水体堤岸；二是为了储存大量雨水溢流，主要是为了防止市区内洪涝灾害，不使街道成河和广场成湖以及地下室等低洼处房屋、车辆和物资等被淹。现在美国约有 700 多座大中城市建造和运行地下深层隧道工程，耗资数千亿美元。我国广州和上海也在建造地下深邃下水道工程。

为了充分发挥作用，深隧下水道大都是合流制，尤其在合流制与分流制下水道系统共存地区；在合流制下水道系统地区和分流制下水道系统地区，则分别建造和运行合流制深层隧道工程和分流制深隧工程。暴雨停止后，合流制深隧工程内储存的混合污水用泵站提升输送到污水处理厂进行生物处理；分流制深隧工程内储存的雨水径流，用泵站提升后，或直接排入受纳水体（污染很轻的雨水），或送至地表径流湿地和/或净化塘进行处理后排入水体。

深层排水隧道是由于无法拓宽河道或浅层管渠建设条件恶劣，以及房屋密集导致拆迁费用巨大才建造的；浅层地下空间拥挤、地下管线密集，管线综合难以平衡；在老城区，尤其是合流制区域，人口密度和建设强度极大的地区，为提高排涝标准和改善河道水质，已充分考虑拓宽河道对城市的影响，或利用现有浅层排水排涝系统且无法扩建情况下，无奈时才可考虑建设深层排水系统，这是一种不得已的选择，是地表或浅层排水系统的有效补充，也是有限的城市空间中的有效的防洪排涝对策之一。在降雨量大、暴雨频繁、城市空间拥挤、中心城区在现有浅层排水系统改造困难极大的情况下，建设深层隧道排水系统是一种有效手段，符合老城区的排水特征。

深层排水隧道系统是指埋设在深层地下空间（一般是指地面以下超过20m深度的空间）的大型、特大型排水、调蓄隧道。隧道的设置应避免与传统的地下管道和地下交通设施发生冲突。

目前，隧道调蓄已广泛应用于巴黎、伦敦、芝加哥、东京、新加坡、香港等众多大城市。按照国内外已建成的深层排水隧道工程经验，深层排水隧道主要可以解决以下问题：a. 可以提高区域的排水标准和防洪标准，降低城市淹涝风险；b. 可以进行污水集中输送，实现污水有效收集处理；c. 可以大幅度削减雨水管道初期雨水和合流制排水系统溢流污染，提升环境水体的水质。

我国很多大中城市的中心城区，由于历史原因，排水标准偏低，强降雨易造成内涝和初期雨水污染。因此，为了解决这一难题，借鉴国外城市排水成功范例，开展了深层隧道排水系统的探索。

深层排水隧道的优点主要有：a. 较少占用地面空间，不需要对房屋或公共设施进行大量迁拆；b. 隧道布置在深层地下空间，把浅层地下空间让位给其他市政基础配套设施；c. 隧道一般采用地下盾构施工，对城市交通的影响较小；d. 深层排水隧道系统与浅层排水系统有效衔接、实现互补，系统地提高流域的防洪和排水能力，并改善地表河道水质。

合流排水系统与深隧调蓄系统如图4.1所示。

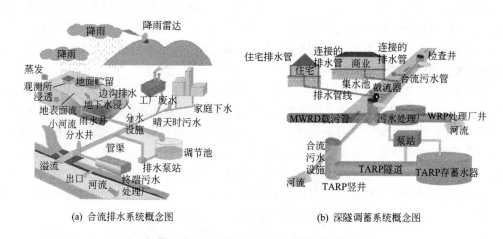

(a) 合流排水系统概念图　　　　　　(b) 深隧调蓄系统概念图

图4.1 合流排水系统与深隧调蓄系统

4.1.1　深层排水隧道类型

深层排水隧道从功能划分上，主要有合流调蓄隧道、污水输送隧道、污水调蓄隧道、雨洪排放隧道、多功能隧道几种常见的隧道系统。

（1）合流调蓄隧道

合流调蓄隧道是为合流制排水系统收集溢流污染、控制合流制下水溢流水（CSO）而设。合流调蓄隧道首要目标是提供足够的调蓄容积以满足CSO的控制目标。例如，芝加哥TARP隧道以及伦敦泰晤士隧道就是典型的CSO调蓄隧道。这类隧道也能起到削减峰值流量的作用。

（2）污水输送隧道

污水输送隧道是将污水经隧道送到污水处理厂。美国克里夫兰市及新加坡就是这类隧道。

（3）污水调蓄隧道

美国威斯康星州密瓦克市在雨污分流区，由于下游污水处理厂规模不够，高峰时上游过量的污水储蓄在隧道中，低谷时再输送到下游污水处理厂。

（4）雨洪排放隧道

使用深隧来对现有河道排洪能力进行补充，减少城市洪涝的发生。东京江户川隧道就是这种类型隧道。也有利用隧道对山洪洪水进行分洪，以减轻对下游市区的影响，实现"高水高排"，如香港荔枝角雨水隧道。

（5）多功能隧道

深层排水隧道通常都设计建设成为多个目的服务。如主要用来输送一定频次的降雨水流，也可能是被主要用来进行容量存储，或者是可能被用来达成这两种功能的组合。一个隧道可实现多种功能。如芝加哥 TARP，除了有 CSO 调蓄输送功能，同时也帮助降低河道洪水水位，减少城市街区内涝。马来西亚的 SMART 隧道更是有交通及紧急防洪通道双重功能。

4.1.2　深层排水隧道系统的组成

深层排水隧道由引水系统、进水竖井、主隧道、排水系统、通风系统、监控系统、维护系统组成，如图 4.2 所示。

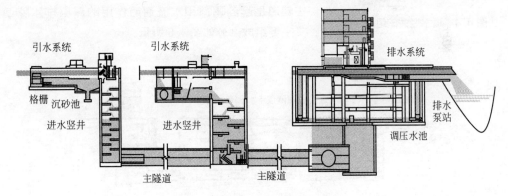

图 4.2　深层排水隧道系统的组成

（1）引水系统

引水及预处理设施是连接现有浅层排水系统和入流井间的设施，包括引水管、渠、截流、溢流、控制闸、除渣格栅、沉砂池及进水管、渠等，如图 4.3 所示。截流、溢流、控制闸设施用于控制排水系统进入进水竖井及隧道的水量，并在水量超过设计流量时进行分流；设置除渣格栅以防止较大固体杂物进入隧道，设置沉砂池以减少沙土在隧道的沉积。

（2）进水竖井

进水竖井主要用于将排水系统的水流送入主隧道，并起到消能和排气的作用。消能是在水

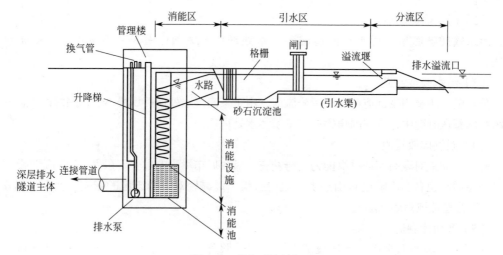

图4.3 引水系统的组成

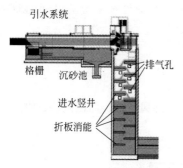

图4.4 进水竖井的组成

流落下起到消能作用的设施，依据消能方式分为落下式消能设施（如旋涡式）、楼梯式消能设施、螺旋滑道式消能设施等，一般消能设施设置在施工竖井内。进水竖井与主隧道位置不相交时，设置联络管道将消能后的水流导入主隧道。为避免入流过程空气混入而造成隧道发生气蚀、气穴、水锤等，必须在入流竖井设置排气设施，不同的消能方式有不同的排气设施。进水竖井的组成如图4.4所示。

（3）主隧道

主隧道是起到调蓄和水流通道作用的深层排水隧道主体，其主要组成部分如图4.5所示。

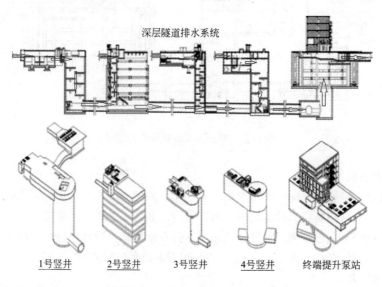

图4.5 深层排水隧道主体的组成

（4）排水系统

排水系统是将流过或储存于主隧道的水排出的设施，一般由排水竖井、调压水池、排水泵站、排水管渠等组成，如图 4.6 所示。排水竖井是连接主隧道与调压水池的导水竖井，调压水池是为缓解水锤而设置的有自由水面的水池。排水泵站是由吸水池、水泵及排水管组成的进行排水的设施。CSO 调蓄时在最低点设污水泵，排洪时依据水力坡降水位设置排洪泵。有时在水泵和排放水体之间设置兼调压功能的出水井（池），减少排水势能以避免水流对河岸或堤防的影响。

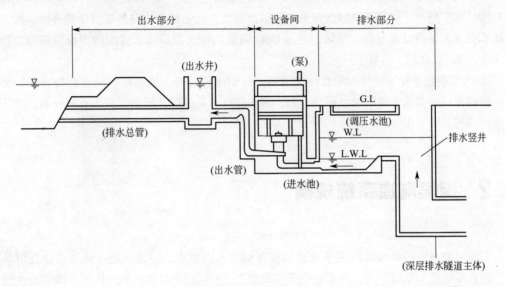

图 4.6　排水系统的组成

（5）通风系统

通风系统分为两部分：一是为避免入流过程空气混入而造成隧道发生气蚀、气穴、水锤等必须在入流竖井设置排气设施（见图 4.7），不同的消能方式有不同的排气设施；二是为了维持隧道检修、清扫等工作人员的良好劳动环境，需要送排风设施。为防止隧道内有害气体危害工作人员的安全、健康，应在工作人员进入隧道之前通过送排风设施进行全面通风换气，确认安全后方可进入。

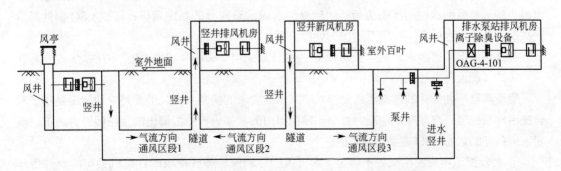

图 4.7　通风系统的组成

合流制排水系统中用于 CSO 污染控制的隧道，其透气井口处应设置除臭设施；分流制排水系统中的雨水调蓄隧道，位于居民区或重要地段的，其透气井口处宜设置除臭设施。

4.1.3 CSO 调蓄和输送深层排水隧道的功能

CSO 调蓄和输送用深层排水隧道是对浅层排水系统的补充和提升，主要功能如下。

① 雨季可仅作为流域合流污水和初期雨水的调蓄隧道用，雨后通过尾端污水泵组提升到浅层排水系统送到污水处理厂处理。

② 雨季可作为流域合流污水和初期雨水的转输通道，经污水泵组提升后送到污水处理厂或初雨处理厂处理。提高全流域截污系统的截流倍数，大幅减少流域各支管渠的开闸次数，削减雨季流域的合流溢流污染。例如，通过 CSO 调蓄和输送深层排水隧道将雨季溢流污染物削减 70%～80%（以 COD 计）。

③ 大型暴雨条件下，作为雨水排涝通道，行使排涝功能，经尾端排洪泵组提升后排至水体，提高流域内合流干渠的排水标准。如，将浅层排水系统排水标准提高到五年一遇，主干渠排水标准提高到十年一遇。

4.2 深层隧道系统规模

总体来说隧道的规模将取决于对传输和存蓄的水力需求、隧道规格、竖井流量及泵站规模、调蓄库容及污染削减量、污水处理厂富余能力、对河道的排洪影响、内涝点影响及浅层系统改造等。

4.2.1 合流污水溢流（CSO）控制

4.2.1.1 美国 CSO 控制政策

美国环境保护署（USEPA）于 1994 年颁布了合流污水溢流（CSO）控制政策。该政策要求使用合流污水系统（CSSs）的区域制定长期控制规划（LTCPs），以符合净水法案（CWA）要求，包括达到现有的或经修订的水质标准。控制目标有：年度 CSO 拦截总量；年度减少排放到受纳水域的污染负荷；达到受纳水域水质改善的制定目标；年度 CSO 事件减少的次数；年度污水处理厂在雨季增加的处理流量。

美国环境保护署要求，制定长期 CSO 控制计划采用"假设"或"论证"方法之一。

（1）"假设"方法

假设满足下列条件的方案可达到净水法案水质要求的控制水平，前提是这种假设是基于对合流污水系统进行合理地定性及对监测和模拟得出的数据进行分析得出的。在假设方法下，满足下列条件即认为 CSO 控制是合格的。

① 每年溢流平均发生次数不超过 4 次。美国环境保护署或授权的许可机关可能允许每年最多发生两次额外的溢流事件。一次溢流事件的定义为：因降雨而导致合流污水系统的一处或多处溢出未经任何处理的污水。

② 整个系统全年平均消除或截留并处理的溢流的合流污水不低于合流污水系统在降雨期

间收集的全部污水体积的85%；去除处理溢流的合流污水（85%体积）中所有被认定为会损害水质的大量污染物质。

③ 实施最低控制和上述的①和②两项后，剩余的CSO应该接受最基本的初步澄清，清除和处理固体及漂浮物，并且应进行必要的消毒以保护人类健康。

（2）"论证"方法

如果市政部门能够成功论证达到下列每项条件，也视为符合CSO指引的要求：

① 计划的控制程序足以满足水质标准和保护指定的受纳水体用途，除非由于自然背景条件或CSO外的污染源而导致的不能满足水质标准或用途。

② 实施计划控制程序后剩余的CSO排放，不影响水质标准或受纳水体的指定用途或对其造成损害。由于自然背景条件或CSO以外的污染源而导致的不能满足水质标准或指定用途，须采取其他方法来分摊污染负荷。

③ 计划的控制程序将使减少污染效益达到最合理化。

④ 如果在后续的使用中确定需要额外的控制措施以满足水质标准或指定的受纳水体的用途，控制程序计划应考虑今后的扩建或改造，并符合成本效益要求。

这两种方法在美国都被认为可以作为长期控制CSO计划的基础。根据美国一些大城市的CSO控制项目经验来看，要求对雨天流量80%（约80%～85%）进行截留（这其中，关键排污口的截取率较高，而在对受纳水质影响较低的排污口截留率较低或为零）是合理可行的。

4.2.1.2 日本合流制改善对策

主要针对削减污染负荷量、保证公共卫生安全、削减垃圾污染3个项目而制定实施工程以达到改善环境目标。另外，为达到改善环境目标，需制定BOD等水质指标、污水溢流次数及垃圾的去除情况等，还需制定被市民容易广泛理解的指标。对于重要水域，必须制定更高标准的目标。日本合流制改善对策有如下要求。

（1）污染负荷量的削减

鉴于设置下水道的目的是保护公共用水区水质，污染负荷量的削减目标即要以合流制下水道排出的污染负荷量与分流制下水道水平相同或比其水质更高（即以"与分流制下水道相同水平"）为目标，为此需考虑如下情况：

① 因为污染负荷量削减是排水机能之一，所以，必须至少具有与分流制下水道相同水平的污染负荷量削减机能。

② 在现有技术基础上，要使合流制下水道达到与分流制下水道相同的污染负荷削减水平，可能付出较高的费用。

合流制下水道排出的污染负荷量与分流制下水道相同水平的目标相当于一年总流出BOD负荷量削减率为90%以上，或者雨季BOD负荷量削减率为65%以上。

而且实施与目标相应的对策，就SS而言，可以预计达到低于分流制下水道排出的污染负荷量，但是，关于COD，一般不同排水在污水处理厂去除率与BOD不同，所以，如果采取BOD排出负荷量与分流制下水道相同水平的措施，有时就不能达到与分流制下水道相同水平的削减COD污染负荷量。另外，关于氮化合物及磷化合物也相类似，设定一定的削减率与分流制下水道达到相同水平的削减污染负荷量在技术上是难以实现的。

因此，污染负荷量削减目标的水质项目以BOD为原则。另外，关于氮化合物及磷化合物要考虑今后技术开发的必要性。

负荷削减目标值的计算方法如下。

作为与分流制下水道相同水平的负荷削减目标水平，如图 4.8、图 4.9 所示，把现有日本全国合流制下水道的所有处理区域换成分流制下水道时的简易模拟计算上，以采用年 BOD 负荷量削减率的方法时大约为 90％的削减率，采用雨季 BOD 负荷量削减率的方法时大约为 65％的削减率为一般的目标。其中，计算例子是假定分流制下水道雨季水质（BOD）为 20mg/L 而进行计算的结果，每个城市数值不同，分流制下水道的平均雨水水质（BOD）为 5～60mg/L。

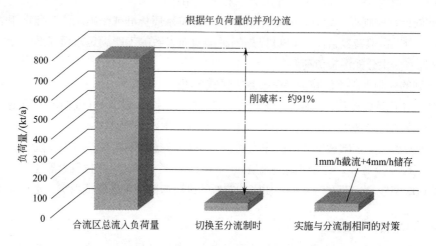

图 4.8 年负荷达到指标与分流制下水道相同水平的目标值

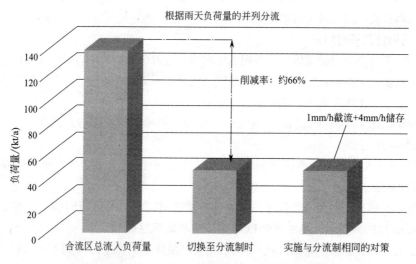

图 4.9 雨季负荷达到指标与分流制下水道相同水平的目标值

注：此计算例子的结果，作为与分流制下水道相同水平的对策，需要截流雨水量为 1mm/h＋储存 4mm/h

（2）公共卫生上的安全保证

关于公共卫生安全保证的目标，鉴于公共卫生安全提高的排水目的，为了解决由溢流污水的病原性微生物等公共卫生上的问题，以抑制溢流污水量为目标设定。

原则上，以所有排出口的溢流污水的排放次数以减少 1/2 为目标。为此，优先对于溢流次数多及溢流量大的排出口等对受纳水体影响大的设施采取治理措施。

（3）垃圾的削减

抑制溢流污水的排放次数，同时以尽量防止垃圾的流出为目标。

因此，原则上在所有排出口，设置格栅装置或者具有相同水平以上去除能力的设备等，以尽量防止垃圾排出。

（4）溢流污水的排放次数

对现有（改善前）的合流制下水道，采取与分流制下水道相同水平的控制措施时，从所有排出口的溢流污水排放次数，进行模拟得到。此时，需要确认从所有排出口的溢流污水排放次数是否跟改善前相比至少减少了 1/2。

例如，作为合流改善对策，假设采取"溢流污水储存"的办法，按照其储存规模，溢流污水次数的发展趋势，可进行简单的推定计算而获得结果。另外，该计算是加上截流 1mm/h 左右的雨水量再设置储存设施时的推定。溢流污水排放次数，从图 4.10 可以知道，不储存则一年排放 60 次以上，但是，储存规模为 4～5mm/h 时溢流污水次数能减少 1/2（减少到约 30 次）。

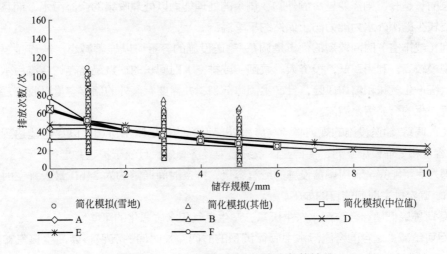

图 4.10　储存规模与溢流污水次数的关系

对 CSO 隧道，CSO 调蓄容积基于一系列的因素，包括：收集系统运行特征；受纳水体特征；潮汐效果；受纳水体边界条件；受纳水体背景条件；所需要的水质标准和用途；CSO 截流标准；水文条件，例如地形地貌、土地利用和不透水区域百分比，以及直接相连的不透水区域；降雨类型；防洪控制要求；造成公共不便的洪水地区地址；主要排污口的位置；现有污水处理厂的位置；现有污水处理厂的可用处理能力；规划的处理厂位置；为备选存储设施（例如近地表水池）预留的可用空地等。

由此，确定对 CSO 隧道调蓄规模主要基于以下控制参数：CSO 体积截留率；CSO 发生频率的降低；进入水体污染物的减少和水体水质标准要求。

假设削减污染目标为 70%～90%，依靠降雨过程中对 CSO 的调蓄来实现，则需要分析：a. 降雨强度、产汇流参数、初期损失；b. 降雨场次的分割；c. 降雨径流过程线绘制；d. 污水量、径流污染负荷总量、水质；e. 计算溢流削减量；f. 降雨冲刷效应与产污过程；g. 计算溢流污染削减率。

4.2.2 收集系统和污水处理厂能力

雨季输送和调蓄设施的规划和设计，必须与现有废水处理设施的处理能力，以及扩建和新建处理厂的规划与设计相协调，以实现总体规划制定的目标，这是十分必要的，因为不仅需要收集及储存合流污水，还需进行一定程度的处理才能达到受纳水体的水质改善目标。

CSO 的输送/调蓄设施规划，收集系统的改造和完善规划，以及与废水处理厂的扩建和新建工程的协调，均主要取决于"泵回（或排空）"时长。"泵回"是指在降雨中或降雨过后将储存的合流污水泵回到收集系统。降雨中泵回（或排空）通常称为"高峰调节"，一般适用在小型降雨的雨量减弱期。美国合流污水系统的废水处理厂设计的雨季处理流量为平均旱季设计流量的数倍，相应的收集系统的设计均能调控并限制进入处理厂雨季流量。所以，降雨过后处理厂均具有"剩余"的处理能力来处理泵回（或排空）收集系统储存的合流污水。

影响调蓄/输送容量和处理设施能力的主要因素是降雨形式、暴雨重现期、雨量、雨型、洪峰流量、降雨间隔等。泵回（或排空）的持续时长是很重要的，因为这直接影响到处理设施的规模。泵回（或排空）时长越短，则需要越多额外的、剩余的处理能力以处理收集的合流污水。回泵时长越长，则需要越少额外的、剩余的处理能力以处理收集的合流污水，而且收集系统只需要较少的额外水力能力防止偶然的旱季溢流。

泵回（或排空）时间较短的优点是调蓄/输送设施的容量可以显著减小。缺点是泵站和处理设施规模较高，利用率低，投资大。泵回（或排空）时间长的缺点是储存的合流污水可能存在厌氧状况产生气味和爆炸风险，且产生固体沉积，并需要有额外的储存容量以收集后续或者连续暴雨产生的合流污水溢流。

因此，调蓄/输送设施的规划必须与废水处理设施的规划紧密协调，以尽可能达到统筹调蓄/输送容量和处理设施能力，使得整体系统最为经济高效，且易于扩建并运行。

美国为尽可能完全利用调蓄设施的所有容量，排空时间通常约为 24h，最大排空时间通常约为 48h。确定排空时间的目的如下。

① 尽可能降低储存合流污水产生厌氧、产生臭气和水质恶化的可能性。

② 尽可能减少储存的合流污水中固体沉积的时间，长时间的沉积将会产生臭气和使固体难以冲刷和从调蓄设施中清除。积累的固体将会增加维护成本和清理难度，并减少调蓄设施的使用容量。

③ 尽可能快地排空调蓄设施以为后续降雨做准备。

4.2.3 洪涝控制和雨水管理

由于城市快速发展和标准的提高，城市原有的浅层排水系统已不能完成城市防洪排涝要求。美国、欧洲、日本等的城市意识到深层排水隧道的必要性。经过多次尝试，开发出城市深层排水隧道的排水解决方案。隧道截污排水系统方案被公认为是长期雨水管控的最佳方法之一，极大提高了以往频繁水浸的低洼集水地区的防洪排涝能力。深层隧道防洪控制应当被纳入合流污水溢流控制设施而形成一个完整排水系统。目标是缓解城市内涝并减少合流污水溢流污染。

削减峰值流量时，雨水调蓄设施的调蓄量应根据内涝防治设计重现期标准和地区径流量控制标准的要求，通过比较雨水调蓄工程上下游的流量过程线差计算调蓄量或调蓄池有效容积。

深层排水隧道防洪排涝由 3 个主要部分组成，即峰流量控制、调蓄量控制以及沉积和侵蚀控制。峰流量控制包括规范排入连接深层排水隧道的合流污水系统和户外水体的开发工程；调蓄量控制包括降低新开发项目的水力影响及补充地下水，并在隧道内进行雨水径流调蓄以减轻下游设施的洪峰流量负荷。深层隧道存储是近地表存储/处理设施的一种替代，以解决空间的限制、潜在的建设影响以及地下浅层设施可能出现的问题等。深层隧道存储的主要优势是可以存储和输送较大体积的水量同时不影响现有的地面建设。例如，芝加哥深层隧道，极少发生隧道被充满的情况。在过去的四年中仅有 3 次或 4 次。还应控制隧道内的水力坡度线低于临界水位，高出临界水位可能会导致排水管道超负荷，甚至倒灌、街道内涝或合流污水溢流。要确定隧道内临界水位，应对整个排水网络进行详细的水力研究。研究应侧重于在隧道及分流被充满时确定上游系统的倒灌条件。

沉积和侵蚀控制是维持隧道有序操作的重点。通常情况下，在限制坡度深度的同时，隧道的坡度必须允许固体或颗粒最低以 0.75～1m/s 的速度流动，为了提高低水位时的速度，可以在隧道的底部设置一条渠道或地沟。当计划在隧道内存储和传送大量废水，对于水质特性及长期环境可持续性必须有清晰的了解。一般应采用有效的非结构性方式从源头控制污染物进入隧道系统，如"源头减排"；还应保持合适的隧道排空时间将污水排出隧道。在实际中，雨后隧道内的雨水和污水将被抽出处理，为下次暴雨提供存储空间，隧道系统会在大暴雨期间被充满，隧道系统中的最大填充水位或水力坡度线应保持低于地下水位。以助于保持内向水力梯度和限制 CSO 渗出隧道。

4.2.4 深层隧道系统的输送功能

隧道的过流能力也很重要，特别是当隧道具有行洪能力时，需论证隧道能排送暴雨所带来的径流雨水和峰值流量的能力。在设计暴雨的峰值流量期间，隧道将以满流状态运作。

CSO 隧道水流速度的控制也很重要。其流速不应低于自净所需的最低流速以避免沙泥及悬浮物沉降在隧道中淤积；但也不应过高而引发"涌浪流"或"瞬变流"的发生。

隧道尾端的排空泵组规模：深隧系统按照当地的排水标准（五十年一遇）并与河道排水标准及浅层管网、浅层渠道、深层隧道的排水标准相协调。

4.2.5 运行维护方式

隧道的设计必须考虑将来如何使用，因此需要论证以明确隧道的用途。

（1）只用作传输

① 在暴雨事件中部分充满或低于部分充满的状况下连续流动。

② 在特大暴雨事件中完全充满承压的状况下连续流动。

（2）只用作存蓄

① 隧道在暴雨事件中被充满，并在降雨停止后被排空。评估参数包括充满频率和排空周期。

② 使用竖井作为存储空间需要进行评估，如竖井是否也被充满等。

4.2.6 隧道规模计算

4.2.6.1 隧道调蓄容积与污染物削减率

如果用污染物削减率计算隧道调蓄容积，如以满足70%的溢流COD污染削减需要计算调蓄库容，隧道工程系统的调蓄库容除了隧道之外，还包括竖井及调蓄池等，如表4.1所列。

表4.1 调蓄库容计算表

调蓄设施名称	调蓄容积/$10^4 m^3$	调蓄设施名称	调蓄容积/$10^4 m^3$
隧道区间调蓄容积	4.05	3个竖井调蓄容积	1.05(不计入调蓄容积)
调蓄池1	1.40	隧道调蓄总容积	6.43
截污管	0.98		

在调蓄库容$6.3 \times 10^4 m^3$条件下，计算2006—2012年的污染物削减量见表4.2。

表4.2 70%的溢流COD污染削减率需要的调蓄库容

序号	年份	降雨量/mm	径流量/mm	计算降雨场次/次	全年截留溢流污水量/$10^4 m^3$	全年溢流污染物削减率/%
1	2012	1583.00	1196.13	86	357.42	65.34
2	2011	1308.00	1002.80	61	279.31	76.43
3	2010	1838.50	1415.60	88	380.80	78.35
4	2009	1473.00	937.50	85	357.16	74.60
5	2008	2022.00	1582.40	69	296.80	73.10
6	2007	1503.50	1154.30	74	311.87	71.95
7	2006	1709.00	1339.30	69	296.80	73.10
	年平均	1633.86	1232.58	76	334.56	74.10

4.2.6.2 隧道与泵站及排洪能力

（1）深隧规格与排洪能力

利用水力模型计算，可以得到深层隧道系统在不同设防标准情况下，不同隧道规格需要的泵站排洪能力也不同，例如表4.3所列。

表4.3 深隧规格与排洪能力

重现期 P	深隧内径/m	末梢排涝泵 $Q/(m^3/s)$
	5.3	48
10年	6	46
	8.8	37
	5.3	45
5年	6	42
	8.8	32

（2）排水泵站规格的选择

深层隧道可以在暴雨状况下分流洪峰流量，降低河道水位，有效解决或缓解由于河道水位过高（顶托合流管出流）造成的区域水浸。分流洪峰流量对应的隧道规模见表4.4。利用管网水力模型，在设计排水标准$P=10$年工况下（满足十年一遇合流暗渠不漫顶，五年一遇浅层系统不水浸），进行模拟计算，深隧尾端排洪泵站提升能力为$48 m^3/s$。

序号	比较项目	深隧系统 P＝十年一遇	深隧系统 P＝二十年一遇
1	设计标准	合流渠箱、深层隧道,满足(市政)十年一遇的标准 合流渠箱上游的浅层排水管网,满足(市政)五年一遇的标准	合流渠箱、深层隧道,满足(市政)二十年一遇的标准 合流渠箱上游的浅层排水管网,满足(市政)十年一遇的标准
2	隧道设计规模	外径 $\phi 6.0m$(内径5.3m)	外径 $\phi 8.5m$(内径7.7m)
3	泵站设计规模	48m³/s	55m³/s
4	竖井设计规模	1号竖井 31m³/s 2号竖井 4.8m³/s 3号竖井 4.8m³/s 4号竖井 23m³/s	1号竖井 41m³/s 2号竖井 5.2m³/s 3号竖井 5.3m³/s 4号竖井 26m³/s
5	系统调蓄库容	$6.3×10^4 m^3$	$10.6×10^4 m^3$
6	污染物削减	70%以上	85%
7	溢流次数削减	86%	89%
8	对河道排洪影响	河道行洪能力提高至 P＝50年	河道行洪能力提高至 P＝60年
9	内涝点的影响	P＝5年,由28个减少到17个	由38个减少到32个
10	浅层改造工程费	浅层改造工程费约1.77亿元	浅层改造工程费约4.2亿元

同时,从模拟的结果看,为满足上述目标,部分合流干渠和浅层系统需要进行相应的排水改造,具体的改造措施需要根据系统模型进行深入验证和计算。根据前述计算方法和前提条件,利用气象局提供的降雨数据进行计算。

4.3　深层排水隧道系统

4.3.1　深层排水隧道的竖井

4.3.1.1　竖井的类型

主要有以下五种类型的竖井。

① 涡旋式竖井。具有多种架构式样,尤其适用于大流量和大落差的排水系统。

② 螺旋坡道竖井。利用螺旋坡道将水引入竖井中,适用于大流量和大落差的排水系统。

③ 挡板式竖井(层叠式竖井)。水流在竖井内由一块挡板倾泻到下一块挡板的形式流动,适用于大流量和大落差的排水系统。

④ 跌落式竖井。适用于小流量和小落差的排水系统。

⑤ 靴型竖井。经常用于大型排水系统,适用于大流量和大落差的排水系统。

一般根据对5种竖井的工作原理,结合工程的边界条件,选择适用的竖井。以下仅介绍涡旋式与挡板式竖井并进行比较。

(1)涡旋式竖井

涡旋式竖井由引水渠、切向入口、竖井、除气室和通气井5个部分组成。引水渠使水流在渠中稳定地流动并保持均匀状态。从引水渠流出的污水流入竖井上端的切向入口,之后以漩涡式顺着竖井旋转流下,通过调节引水渠底部和两侧的坡度,可以使污水从流到竖井切向入口处就开始附着在竖井内壁，并且以环形喷射流的形式顺着竖井内壁下落；与此同时，在竖井的中心部位会有一股空气柱形成，空气柱排气量与进水量及流速相关；竖井的直径取决于进水量和流速及允许形成空气柱的最少空气量，空气柱的大小通常是竖井直径的25%。顺着竖井旋转流下的水流最终急降到除气室里，同时也渗入相当量的气流，除气室的长度和竖井直径有直接的关系，除气室的长度是非常重要的，其作用是将所有由于水流急降而夹带的空气浮出水面并由设在除气室尾端的通风井排除，以免空气进入隧道。涡旋式竖井布置及规格如图4.11及表4.5所示。

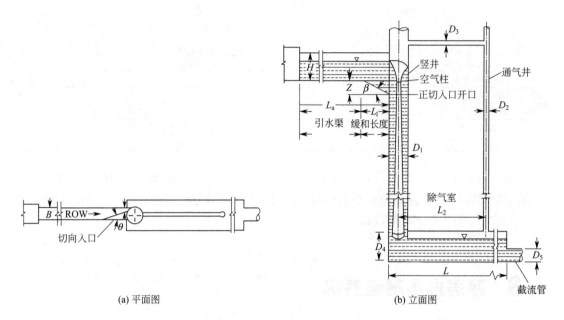

(a) 平面图   (b) 立面图

图 4.11 典型的涡旋式竖井布置示意

⊡ **表 4.5 涡旋式竖井的规格**　　　　　　　　　　　　单位：m

竖井流量	引水渠						竖井		除气室				通风井	
	B	H	L_a	L_1	β	θ	D_1	Z	D_2	L_2	L	D_3	D_4	D_5
5m³/s	2.0	1.06	8.04	3.61	0.48	0.29	1.5	2.05	3.0	8.25	15	1.5	0.6	0.25

（2）挡板式竖井

挡板式竖井是用竖向隔墙把井内空间分隔为干、湿两部分。干区排气，并用于缓解浪涌现象造成的冲击，也用来作为井内检查和维护操作的进出口，还作为运载工具和工作人员进出隧道的通道。湿区进水，所有挡板装置在湿区，水流在挡板间来回跌落，挡板的作用就是减少或消除水力冲击隐患，挡板间距的设计要使挡板间的落差达到最优化，起到消能、防震、排气、清洁等作用。挡板具备自理清洁的功能，设计挡板时，要让两个挡板之间留有足够的空间，这样可以使得杂物被清刷进竖井中，而不会被淤塞在两个挡板之间。通气口/检查口通常设置在每一块挡板下面。干区和湿区的空气可以通过这些通气口进行相互流通。每一层的通风口都应满足该层的挡板空间的通风要求。因为在流体下落过程中撞击挡板而产生湍流，所以通风口需要足够大以保证通风口自身不会被水流泡沫阻塞。如果挡板下的通风口被阻塞，则井内会产生负气压，进而会在挡板上产生不必要的冲击和震动。通常通风口的规格为1m高，3m宽，这种规格可以保证检查和维护时的正常进出。

为了维持竖井内部的空气流通顺畅，竖井的流出口直径也需要在设计中考虑。挡板式竖井布置及规格如图 4.12 及表 4.6 所示。

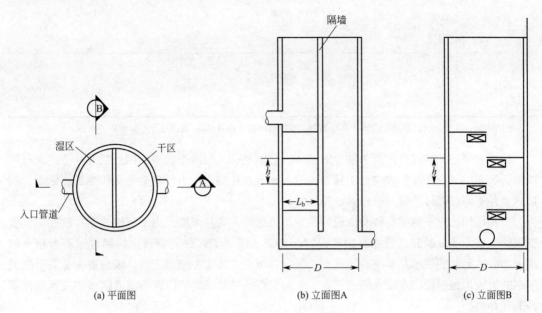

（a）平面图　　　　（b）立面图A　　　　（c）立面图B

图 4.12　典型的挡板式竖井布置

⊡ **表 4.6　不同流量挡板式竖井的大概规格**

最大流量/(m³/s)	32.0	23.0	5.0
内径(D)/m	16.0	13.5	7.5
挡板长度(L_b)/m	7.75	6.75	3.75
上下挡板间距(h)/m	3.7	3.0	3.1
竖井深度(H)/m	29.6	22.86	24.8

4.3.1.2　竖井的比选

竖井的选择要考虑：竖井场地建筑面积条件；水力学问题，如流体不稳定现象、消能现象、磨蚀现象、震动现象、噪声现象、汽蚀现象；浪涌防护；排气与臭气控制（通风系统、臭气控制）；工程造价；操作和维护。以下从 6 个方面对涡旋式与挡板式竖井设计进行比较和评估。

（1）竖井场地条件需求

深层隧道由多个不同的地点从周边的合流污水管网引入污水。竖井的场地条件将会影响到竖井设施的选用，其两大主要因素为竖井场地的占地面积和竖井场地的位置相对于隧道的路线是否协调。表 4.7 为各类竖井需要面积与可用面积。

从表 4.7 中可以看到，挡板式竖井比涡旋式竖井需要更大的占地面积，但是涡旋式竖井并不具备进入隧道内部的通道，因此还需要一个额外的通道井进出隧道以及相应的换风设施。隧道进出井的直径大小将根据不同的隧道维护方法而定。一般来说，使用起重机移除固体废物和把设备吊入隧道中，或将此类工作的运载工具（例如车用电梯）一并配置于竖井内，并将其完全置于地面以下供长期使用。由于维护所需要的设备体积较大，如果使用涡旋式竖井，额外的隧道进出竖井必须要足够大才能安置各类大型机械设备。

表4.7 各类竖井所需的用地面积

竖井类型	竖井编号	场地可用面积/m²	竖井所需面积[①]/m²
挡板式	1	1287	241
	2	3090	51
	3	1799	51
	4	1957	189
涡流式	1	1287	89
	2	3090	22
	3	1799	22
	4	1957	85

① 表中所标注为挡板式和涡旋式竖井基地面积，不包括隧道进出通道井/通风井等附属设施的面积。

挡板式竖井需要被分为两个独立的部分，分别是干、湿两个区域。挡板式竖井干的部分可以供人员和机械设备（例如交通工具等）进入到竖井和隧道内进行常规检测和维护。因此，挡板式竖井不需要额外的隧道进出井或通风井。

竖井场地相对于隧道路线的位置将决定可以选用的竖井类型。由于涡旋式竖井的底部需要安装除气室，所以涡旋式竖井必须要设置在偏离于隧道的线路的位置，再通过管道连接入隧道。挡板式竖井的底部并不需要除气室，所以它可以直接建在隧道上部，或设置在偏离于隧道线路的位置再通过管道连接入隧道。表4.8为根据各竖井场地的位置与隧道路线的关系选择可行的竖井类型。

表4.8 根据隧道路线的竖井选型

竖井编号	竖井场地位置	竖井类型的选择	竖井编号	竖井场地位置	竖井类型的选择
1	隧道上方	挡板式	3	偏离隧道	挡板式或涡旋式
2	隧道上方或偏离隧道	挡板式或涡旋式	4	隧道上方或偏离隧道	挡板式或涡旋式

（2）水力学问题

入流竖井的最根本目的是把近地表和当地排出的污水输送到更深的深层排水隧道中。入流竖井需要减轻或消除以下几项水力学方面的隐患。

① 流体不稳定性会造成其他水力现象，如浪涌、间歇喷涌、倒流、基层设施坍塌等。挡板式结构的竖井可以使下落的水流产生最小的水流速度，而涡旋式竖井下落能产生最大的水流速度。从流体力学角度分析，当流体达到了中等流速，在涡旋式下落的过程中，流体会在引水渠部位产生水跃波动，造成结构内部的压力差增大，从而使得其内部的流体产生不稳定性。

② 消能在竖井的设计中是很重要的部分。在挡板式下落过程中，水流在竖井内由一块挡板倾泻到下一块挡板。这些挡板，和每一块挡板上的小水洼，都可以帮助消散流体急剧下落时产生的能量冲击力。涡旋式下落则不同，在水流进入下落状态之前其速度就已经开始上升。当水流的落差大于10m时，其下落到竖井除气室底部时将会产生极大的能量冲击力。

③ 防磨蚀措施也非常重要。雨污水中掺杂着固体杂物，如果这些固体杂物以很高的速度随水流传输，它们会侵蚀混凝土和钢材，使其过早地老化。所以，必须合理设计以最大可能减小挡板式竖井和涡旋式竖井的磨蚀危害。

④ 流体高速下落可能产生震动危害。越高速的流体，越能够产生大的能量导致结构组件产生震动现象，受影响的结构组件包括地板、墙壁、栅栏、栏杆、闸门、拦流坝等。一般来说，挡板式竖井产生较小的流速所以不大容易产生震动。

⑤ 水流下落过程中会产生噪声。急速下落的水流在没有得到控制的状态下，会伴随有噪

声，有实例显示这种响声可以传输几公里远。一般来说，水流的噪声量会随着水流速度的加快而增大。下落的水流并不是产生噪声的唯一因素，在隧道和竖井内过多的空气也会产生大量的噪声。以涡旋形式下落的水流，会在涡旋式竖井内部产生噪声，因此噪声的音量大小会与井的深度成正比。与之相比，以挡板形式下落的水流可以大幅度减小水流下落时的距离，这样可以减缓水流（以及伴随水流而产生的气流）的流速，进而降低噪声污染。

⑥ 在任何污水下落形态的过程中，只要其落差达到 10m 以上，竖井内就会产生汽蚀现象。汽蚀现象会在流体高速流动的状态下局部产生，多起案例表明涡旋式竖井的通风井被污垢阻塞，导致了竖井完全坍塌。原因是一旦通风井被阻塞，竖井底部的除气室内就会出现汽蚀，造成结构损毁。挡板式竖井在每个挡板下方都会有风口，所以说这种类型的竖井会有效降低汽蚀现象的发生。

表 4.9 在最大限度地减小以上各项水力隐患的基础上，对各类竖井的选用做了推荐。

⊡ 表 4.9　减小的水力隐患的建议竖井选型

水力隐患	能最大限度减小隐患的竖井类型	水力隐患	能最大限度减小隐患的竖井类型
流体不稳定现象	挡板式	震动现象	挡板式
能量冲击现象	挡板式	噪声现象	挡板式
腐蚀现象	挡板式或涡旋式	汽蚀现象	挡板式

（3）浪涌现象的防护

当深层排水隧道被迅速地填充时（例如在高强度的暴雨状态下），浪涌和瞬态水力状态也会随之形成，在此过程中，自由液面流动的状态转变为压力流。浪涌波在隧道中逐渐形成，气泡也会随之产生，并从一个竖井被运送到另一个竖井。这些浪涌和瞬态的影响可以在许多方面表现出来，包括间歇泉、井盖移位、损坏隧道和竖井的基础设施。通常用计算分析来预测浪涌和瞬态的形成方式。

竖井调节隧道内浪涌的方式如下。

① 挡板式竖井可以在隧道路线的上方或旁边处修建。这是因为挡板式竖井在底部不需要除气室。当在隧道的上方修建时，挡板式竖井的干区会缓解隧道内的浪涌问题。在旁边修建时，可以加大连接管径，在竖井内部缓解浪涌。

② 涡旋式竖井需要建在偏离隧道路线的位置，并通过管道和隧道相连。连接管道必须起到一个出气孔的作用来配合除气室的运作。虽然竖井与隧道的连接管的直径较小，可以减少浪涌对竖井的冲击，但是因为涡旋式竖井的这种构造，它对隧道内的浪涌冲击的缓解作用并不显著。

隧道浪涌现象的防护分析见表 4.10。

⊡ 表 4.10　隧道浪涌现象的防护

竖井类型	竖井编号	是否有内置浪涌防护设施？	是否需要额外的浪涌缓解设备？
挡板式	1	是	否
	2	是	浪涌分析
	3	是	浪涌分析
	4	是	否
涡旋式	1	否	是
	2	否	浪涌分析
	3	否	浪涌分析
	4	否	是

（4）空气流通/臭气控制

空气会随着污水进入或流出隧道，也需要将空气从隧道排出或引入。但是，在高强度的暴雨状态下，流体的形态可能转变为压力流，从而导致严重的浪涌和水力瞬态现象。所以通风率的设计值应比正常情况下要高。因此，必须使用瞬态或浪涌模型的计算分析来完成这些复杂的计算，从而完成通风系统的设计和相应的臭气控制设计。

结合挡板式竖井或涡旋式竖井结构的设置进行比较通风和臭气控制。

1）通风系统　对于任一种竖井结构，通风装置都是必须具备的。竖井通风能在整个结构中保持大气压力，从而提供一个统一的流量并移除污水中夹带的空气。如下的方式避免空气进入隧道：

① 挡板式竖井内的每一块挡板下配置一个通风口，当流体在每一层挡板下落的过程中，竖井的干湿两个结构部分就会有空气的互相流通。当空气在挡板下能正常流通时，井内的水力等高线（压强）就不会增大，也就不会出现浪涌的现象。

② 涡旋式竖井的底部配置一个除气室，除气室有一个风道连通通风井，而通风井在引水渠的上方再次和竖井连通以保证空气的流通。这些设施可以在污水流入隧道的时候保证空气的正常流通，但是在浪涌的状态下，当隧道内的水力等高线（压强）超过了除气室的位置，竖井内的空气流通将会受到影响。

除了在竖井内部需要安装通风设施，在隧道内部也需要有通风的设施。在这方面来说，挡板式竖井和涡旋式竖井的区别在于：挡板式竖井不仅能提供竖井自身的通风功能，还能使得隧道内部的空气得以流通。涡旋式竖井的水流从连接管道流入隧道内，当管道被流体淹没后，空气通过除气室被推送到通风井。所以，涡旋式竖井并不能在所有的水流状态下为隧道通风。表4.11提供了挡板式竖井和涡旋式竖井有关隧道内通风设备要求的比较。

⊡ 表4.11　隧道内通风系统

竖井类型	竖井编号	是否通过竖井排风	是否需要额外的通风
挡板式	1	是	否
	2	否	否
	3	否	否
	4	是	否
涡旋式	1	不适用	是
	2	不适用	否
	3	不适用	否
	4	不确定	是

2）臭气控制　目前暂时没有足够的资料说明必须要设置臭气控制设施，但是一般建议仍需给臭气控制设施留出空间，如果今后需要臭气控制设施时，能够有足够的空间建设这些设施。需要注意的是，也许在任何一个竖井内都不需要安装气味控制设施。这些设施的规格是为将来而设计的，应经过瞬态和浪涌的数学模型研究确定。

（5）工程造价

美国俄亥俄州克利夫兰的 Euclid Creek 隧道和新西兰的 Rosedale WWTP Outfall 隧道两个工程案例，对挡板式竖井和涡旋式竖井的工程造价比较表明，挡板式竖井的工程造价会比涡旋式竖井节省（80～100）万美元。

（6）操作和维护的进出通道

深层排水隧道工程中的所有竖井场地的施工空间一般都很有限，修建供维护操作使用的进出通道难度大。而深层排水隧道都需要有进出通道以供检查人员可以从挡板式竖井的干区进入检查竖井挡板，和/或把交通工具吊入隧道内进行检查工作。

涡旋式竖井需要一个额外的升降井作为维修进出通道。这种升降井通常在涡旋式竖井和隧道连接处的上游处，升降井的深度大于隧道的底部，设计时也可以把升降井的规模加大作为额外的通风井。尽管这种升降井比挡板式竖井要小，但是其直径或超过3m。

根据竖井类型的比较和评估，挡板式竖井更适合把水流运输到隧道内，并且竖井场地有足够的建筑面积。表4.12根据设计时考虑的因素，推荐和总结竖井的选型。表内的信息并不表明未被推荐的竖井类型不符合设计要求，推荐是基于两者择其优的标准。

⊡ 表4.12　竖井的推荐总结

评估类别	竖井类型		注　　释
	涡旋式	挡板式	
竖井场地建筑面积条件	√		尽管涡旋式竖井需要额外的进出口/通风口，但其所需的地表面积比挡板式竖井小
水力隐患			
流体不稳定现象		√	
消能现象		√	
磨蚀现象	√	√	
震动现象		√	
噪声现象		√	
气穴现象		√	
浪涌防护		√	
空气流通/臭气控制			
通风系统		√	
臭气控制	√	√	
工程造价		√	据估计，挡板式结构比涡旋式结构节省80万～100万美元
操作和维护的进出通道		√	

注："√"代表被推荐的竖井类型。

4.3.2　隧道设计考虑因素

CSO隧道的设计必须平衡众多的关键因素。主要的关键因素包括以下几种。

1）水力与气动力　CSO隧道的主要功能是存蓄和运输污水，必须深入分析水力需求和制约条件。

2）岩土因素　地质状况对CSO隧道的竖向定线有重要的影响，必须充分了解地质状况，以达到设计的最优化。

3）社会需求　大多数的CSO项目的目的之一是减少内涝问题。因此，隧道必须考虑到社会的需求，特别是那些承受内涝灾害的地区。隧道路线应该考虑到对洪涝的缓解能力；同时，隧道路线不应过多地影响到居民和商业，并且必须是可以建设的。

4）项目使用年限　隧道必须以约100年的工程寿命进行设计和建设。考虑到这一点，其规模应能够满足当前以及未来预期的需求。如果进入隧道的流量预计将由于未来的工程建设而增加，那么现在确定的隧道尺寸应该能够满足未来的需求。

5）操作和维护的需要　像所有的基础设施，CSO隧道必须定期进行维护。设置合适的传感器、设备以及进入隧道的方法对于CSO隧道的正常运行至关重要。

6）成本　虽然许多的风险可以通过采用昂贵的解决方案大大降低，但是最终的解决方案或许不能带来令人满意的价值。

4.3.3　排水井、调压水槽及泵组

　　深层排水隧道需要研究波动问题。由于雨水和污水持续流入深层排水隧道系统，隧道最低部分是承压的，在隧道内将形成"气塞"以"浪涌"形式往隧道上游流动并回荡。特别在深层排水隧道有终端排水泵时，如果水泵急停，因为以惯性力而流下的管内水在水泵处突然停止，将产生压力急剧上升，其压力在管内向上游传播。这种现象叫作水锤，水泵紧急启动时也可能发生。另外，随着水泵停转，除了压力上升以外，由于水流继续流入使水位上升，这种水位变动叫作波动现象，为防止或减缓水锤或波动现象需要设置调压水槽或竖井作为调压水槽的作用。

　　发生水锤或波动现象时，在压力隧道内发生异常的压力变化，可能使隧道本体发生异常变形，在竖井内水位急剧上升的现象。因此，一般设置具有自由水面的调压水槽，在水泵急停时，由于水锤的压力波吸收在调压水槽水面，由此缓和水流在隧道内压力变化；另外，在水泵急启动时，调压水槽内水量暂时补给水泵，防止在隧道内发生异常的压力变化。

4.3.4　通风除臭系统

　　为了确保深层排水隧道在进水和排水过程中的稳定运行，整个深层排水隧道系统需要做排气与通风设计。

4.3.4.1　隧道入流过程的排气

　　隧道入流过程的排气设计，必须使用瞬态或浪涌模型的计算分析来完成复杂的计算，从而完成排气系统的设计。深层排水隧道各部分性能示意如图 4.13 所示。

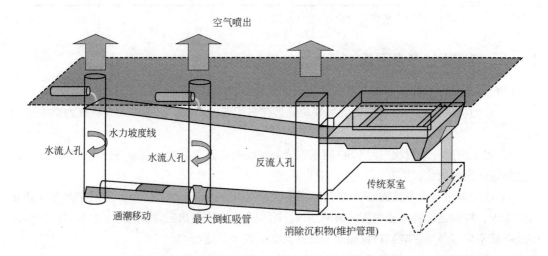

图 4.13　深层排水隧道各部分性能示意

4.3.4.2　隧道检修期间通风设计

　　为满足排水隧道检修期间（空态）的通风换气、检修人员对新风量的需求，隧道需要设置通风系统。隧道检修期间通风换气次数为不少于 1 次/h，新风补风量为排风量 90％并满足 $\geq 30 m^3/(h \cdot 人)$。

4.3.4.3　设备空间通风

竖井格栅、沉砂池、泵房、风机房、控制间等设置机械通风系统。通风系统符合规范要求并尽量简化、节能运行。竖井格栅、沉砂池、泵房等空间的通风换气次数为 6～8 次/h，新风补风量为排风量 90%。

送排风设施的通风换气频率：

① 隧道检修期间通风换气次数不少于 1 次/h，新风补风量为排风量 90% 并满足人员新风量≥30m³/（h·人）的要求。

② 格栅、沉砂池、泵房、风机等空间的通风换气次数为 6～8 次/h，新风补风量为排风量 90% 并满足人员新风量≥30m³/（h·人）。电气设备用房通风量按排除室内余热计算。

③ 沉砂池臭气收集处理，臭气空间负压设计，按 15Pa 负压计算臭气风量。

4.3.4.4　臭气收集和处理设计

各节点格栅、沉砂池等臭气空间的臭气收集和处理设计。

（1）隧道区间通风设计

一般采取机械送风、机械排风系统。整个隧道区间可分为 3 个通风区段，结合竖井交叉设置送、排风机，如图 4.14 所示。

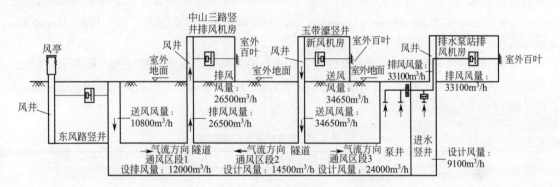

图 4.14　隧道通风系统示意

（2）设备间通风设计

为确保竖井负一层的格栅间、砂水分离器间、风机房间、变配电房间等设备间有良好的卫生工作环境，设置独立的自然进风、机械排风的通风系统。通过地面的风亭补风和设置在设备间吊顶的排风风机进行排风，达到通风换气的目的。

除臭设计：一般采用离子除臭、微波光解、生物除臭、活性炭吸附等。

4.4　深层排水隧道实例

4.4.1　华盛顿地下深层隧道工程

华盛顿（Washington D.C.）的 CSO 储存深隧工程纵断面如图 4.15 所示。

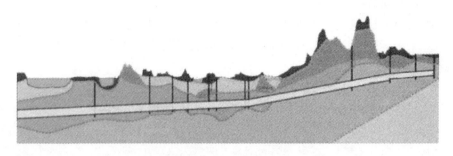

图 4.15　华盛顿地下深层隧道纵断面图

投资 22 亿美元的削减合流制下水道溢流水（CSO）的工程项目以保护华盛顿市的水体使其变清洁。哥伦比亚区给水和污水管理局实施的这个 CSO 长期治理计划将遵循法院的判决治理排入波托马克河（Potomac）、安纳考斯蒂亚河（Anacostia）和岩石河（Rock）的 CSO。

该工程项目的核心，是安纳考斯蒂亚河的深层隧道工程，全长 20.7km、16 个深层竖井、几座提升泵站和河道穿越工程。该工程项目分成 4 个主隧道合同，从地图上看，从南向北依次是蓝色平原隧道（Blue Plains Tunnel）、安纳考斯蒂亚河隧道（Anacostia River Tunnel）、东北边界隧道（Northeast Boundary Tunnel）和东北边界支隧道（Northeast Boundary Branch tunnels）。

蓝色平原隧道工程计划专项拨款建造，并首先投入施工。蓝色平原隧道工程最大，总长 7193m，合同金额 3 亿美元。它有足够的资金保证按照法院判决令的时间表完成该工程项目。详见表 4.13。

⊡ 表 4.13　批准的法定时间表

为 CSO 长期治理计划批准的法定里程碑式时间进度表	
法定时间进度表批准的有效日期	2005 年 3 月 23 日
完全设施计划	2008 年 9 月 23 日
开始设计	2009 年 3 月 23 日
开始施工	2012 年 3 月 23 日
运行地点：	
河流地带深层隧道(A 和 H 段)	2018 年 3 月 23 日
东北边界地区深层隧道(J 和 K 段)	2015 年 3 月 3 日

该合同项目包括总长 7193m 和内径 7m 的深层隧道、4 个竖井和 1 个导流结构。其直线走向是在蓝色平原污水处理厂（Blue Plains treatment plant）看是在波托马克河（Potomac River）的东岸和安纳考斯蒂亚河（Anacostia Rivers）北岸的地下 18.2～36.5m，还有一个小的分段：从开发土地下面只建隧道竖井和在博普拉点（Poplar Point）建造导流结构。

从安纳考斯蒂亚河下到新国家棒球公园的直线，深层隧道设计和建造不会出现多大的技术困难，但是这一直线走向是在美国联邦和哥伦比亚区的许多政府资产和私人开发商资产的地下，因此需要与他们密切配合协调，以消除因施工对周围社区造成的负面影响。施工时间进度见表 4.14。

施工工程项目	设施数据	大致开工日期
蓝色平原 深层隧道	7193m×7m(内径)隧道,4 个竖井和 1 个导流构筑物	2011 年 5 月,在 2010 年 2 月举办设计建造质量要求公示
安纳考斯蒂亚河 深层隧道	总长 3810m×7m(内径)隧道,6 个竖井	2013 年 11 月
东北边界 深层隧道	总长 5334m×7m(内径)隧道	2021 年 1 月
东北边界 深层支隧道	总长 3444m×4.5m(内径)隧道,6 个竖井,2 个导流构筑物	2018 年 3 月

合同公司施工时需要与其他城市建设项目密切合作和协调,例如博普拉点(Poplar Point)施工现场的安纳考斯蒂亚河隧道工程段,与南大街桥(South Capitol Street Bridge)更新工程及与其连接的 295 号路的交汇改建工程共同使用土地。其他的困难包括施工操作时不用交通流有效控制系统。

沿着这条深层隧道的直线走向的地质构造大都是黏土和粉砂土质及其中间砂层。预计东北边界隧道和东北支隧道将穿过砂层和细砂层以及黏土和淤泥夹层。 现在计划使用 EPB 和水泥浆 TBM 装置进行隧道开挖和用螺栓加固密封的预制钢筋混凝土衬里层。正在考虑的竖井施工方法包括水泥浆井壁和地层冷冻法。

蓝色平原隧道平面如图 4.16 所示。

图 4.16 蓝色平原隧道平面图

安纳考斯蒂亚河隧道是第二个合同工程,其建设日期是 2013 年 11 月。它在河流的东南端博普拉点(Poplar Point)的竖井起始,到 RFK 运动场南端终止。该隧道总长 3810m×7m(内径)将在城市绿线隧道和安纳考斯蒂亚河道下面通过,从大量的高速公路、铁道和河岸的支撑支柱、桩和基础等固定结构的下面通过。

第三个合同工程是东北边界支隧道工程（NEBBT），其建设开始日期为 2018 年。公司隧道工程从布伦特伍德水库（Brentwood Reservoir）附近的竖井开始沿着 R 街到向西北 6 道街走，再往北沿着西北第 3 道街走，再向北沿 CSX 铁道设施至乐得岛（Rhode Island）大街地铁站。总长 5060m。

第四个合同工程是东北隧道工程（NEBT），将于 2021 年开始建设。隧道总长 4624m×7m（内径），从安纳考斯蒂亚河隧道工程（ART）的末段向北通过 RFK 运动场停车场、朗斯顿（Langston）高尔夫球场、国家植物园和奥利维特路山（Mt. Olivet Road），到布伦特伍德水库（Brentwood Reservoir）竖井。该工程（NEBT）和东北边界支隧（NEBBT）的主要目的是减轻这一地区的洪涝灾害。这个投资 22 亿美元的削减 CSO 工程项目将减少 CSO 总流量的 96%，仅安纳考斯蒂亚河流域将减少 CSO 总流量的 98%。

4.4.2 波特兰市 CSO 隧道工程

维拉迈特河 CSO 隧道工程是波特兰市为防止合流制下水道的溢流水（CSO）进入维拉迈特河及哥伦比亚沼泽而建造。该工程是在维拉迈特河两岸建造隧道、几座竖井、连接管道、两段压力污水管道和一座大型提升泵站。西岸工程投资 2.93 亿美元，东岸工程投资 4.26 亿美元。

该市于 2006 年完成维拉迈特河西岸 CSO 储存隧道（西岸大管道）和天鹅岛 CSO 提升泵站工程并投入运行。 2 台隧道钻机在地下深 30～45m（100～150ft）作业，隧道钻进总长度 6km（4miles）和内径 4m（14ft）。因为钻进的隧道路线上地层条件多变，而且都在地下水位之下，波特兰市采用了"压力泥浆隧道钻进机"（TBM 掘进机），它是在美国首先使用的这一类型的钻井机（图 4.17、图 4.18）。

图 4.17　在港口中心竖井上面的隧道 TBM 掘进机　　图 4.18　俯瞰操作竖井

该市也用这一类型的钻井机建造东岸 10km（6miles）和内径 7m（22ft） CSO 储存隧道

（东岸大管道）。东岸 CSO 储存隧道与 2010 年 10 月建成，在 2012 年夏季在天鹅岛泵站中安装了附加的水泵，使该隧道正常启动运行。

该市采用专门为隧道工程研发的创新施工方法，保证了圆满完成计划投资 2.93 亿美元的西岸隧道工程和计划投资 4.26 亿美元的东岸隧道工程，不仅比计划进度提前完成，而且都节省了预算投资。

这项 CSO 储存隧道工程于 2012 年秋季全部建成，对维拉迈特河水质产生了正面影响。CSO 排入该河的次数，从过去的 50 次/年减少到每个冬季 4 次和每 3 个夏季才出现一次 CSO 排入该河流。

东岸隧道长 10km（6miles），直径 7m（22ft），已经建成投入运行。3 台 Herrenknecht 隧道掘进机在两条隧道（地下 30～46m）工作。由于采用了先进的施工技术，尤其是新进的隧道掘进机和高效的施工组织体系，工程都提前完成而且节约了投资，西岸工程节省 1500 万美元，东岸工程节省 5000 万美元。

3 台 Herrenknecht 盾构掘进机在 30～46m 深的地下开挖了两条隧道。据两个合同施工公司反映，这 3 台盾构机很适于地下的作业条件而且工作良好。Herrenknecht 公司还提供了一台泥浆机用于掘进东部隧道合同项目的小型隧道的连接管道。914m（3000ft）的掘进长度打破了原先的 427m（1400ft）的记录（管径 1.2～4.2m）。

这项优质的 CSO 隧道工程荣获 2012 年美国土木工程学会（ASCE）颁布的 5 项市政工程杰出成就项目奖之一，也是唯一获得国家级殊荣的 CSO 深隧工程。

4.4.3　大芝加哥城市水回收区的隧道和水库计划

芝加哥独特的气候很出名：冬季极度寒冷，夏季又酷热难耐，潮湿难受。一年之中，至少有 80% 的时间街道上到处是积水，这些水是融化的积雪所致或来自一场夏天的暴风雨，这座城市的污水处理系统已经不能对付这种"山洪暴发"似的情况。因此，从合流下水道出来的泛滥的水流绕开污水处理厂，废水混合着未经处理的污水从几百个地方直接流入城市排水沟并流入河流，最后流入密歇根湖。

早在 20 世纪 70 年代初期，环境保护署（EPA）下决心改变这种状况，于是提出了蓄洪隧道和水库（TARP）的计划。此项系统工程中的隧道可以想象成一个地下水库的网状系统，连接到一个中央蓄水库和处理中心。这套系统不是把雨水或污水抽到河或湖中，而是用以截流储存合流下水道的溢流水，然后泵入污水处理厂予以处理。

该计划工程不仅能减少该地区的洪水和污染，也有助于保护密歇根湖的完美。深层隧道和水库工程的主要目的是保护密歇根湖，因为它是 500 多万人口的饮用水源地，使其免受污水污染，改善该地区水体的水质，以及为洪水提供一个出路，以减少街道和地下室被淹灌。

该深层隧道和水库工程，是 1972 年遵照联邦和州政府的水质标准制定的经济可行的芝加哥地区防洪和防污染计划，它覆盖了芝加哥及其附近的 51 个社区共 970.8km² 面积的合流制下水道服务区，总投资 35 亿美元。该工程将合流制下水道溢流水（CSO）汇集并储存于隧道和水库中，直到洪水过后将其用泵站抽送到污水处理厂进行处理，然后将出水排入附近水体。

4.4.3.1　工程项目

该工程项目分二期实施。其中第一期深层隧道＋水库工程（TARP Phase Ⅰ），深层隧道工程主要由污染防治工程项目组成，即收集和处理该服务区 85% 的 CSO 污染负荷。一期工程由 176km 长的深层岩石隧道、250 多座竖井、3 座泵站和 600 多处地面连接和流量控制构筑物组成。总容积为 $874 \times 10^4 \, \text{m}^3$（$23 \times 10^8 \, \text{gal}$）。一期工程已于 2006 年完成，并已投入运行。

现在 $36.1 \times 10^8 \, \text{m}^3$（$9500 \times 10^8 \, \text{gal}$）CSO 被收集并处理，包括去除了 $40.86 \times 10^4 \, \text{t}$（$900 \times 10^6 \, \text{lb}$）$BOD_5$ 和 77.18 万吨（$1700 \times 10^6 \, \text{lb}$）固体，否则这些污染物将溢流进入附近水体。

第二期工程是建造 3 个水库，主要用于防洪，但是也显著增强了由第一期工程提供的污染防治的效益。这 3 座水库的建设是由大芝加哥城市水回收区（MWRDGC）与美国工程兵团（USACE）合作完成的。这些水库的名称为奥海尔（O'Hare）、左仁顿（Thornton）和麦克考克（McCook）。3 座水库的总储存容积为 $5776 \times 10^4 \, \text{m}^3$（$152 \times 10^8 \, \text{gal}$）。

奥海尔水库由美国工程兵团（USACE）设计和建造，并于 1998 年建成。运行至今起到了很有效的防洪作用，为其服务的 3 个社区减少洪涝灾害损失 1.16 亿美元。

左仁顿水库分两期进行。第一期为 $31 \times 10^8 \, \text{gal}$ 储存容积的自然资源保护服务（NRCS）水库，又称为左仁顿过渡水库，于 2003 年在左仁顿菜市场的西坑建成。该水库储存其服务的 9 个社区的漫过河堤的洪水，而且在 20 个淹涝事故中收集了 $4142 \times 10^4 \, \text{m}^3$（$109 \times 10^8 \, \text{gal}$）的洪水。第二期是自然与人工相结合的水库，又称为复合水库，其永久库容为 $1178 \times 10^4 \, \text{m}^3$（$79 \times 10^8 \, \text{gal}$），用于储存其服务区漫过河堤的洪水。另有 $1824 \times 10^4 \, \text{m}^3$（$48 \times 10^8 \, \text{gal}$）库容储存合流制下水道地区的 CSO。

1998 年开始在左仁顿采石场北坑对左仁顿复合水库进行开挖，并按计划与 2012 年完工。该复合水库于 2014 年完全竣工。然后在西坑的左仁顿水库停止使用，恢复成开工的采石场。左仁顿复合水库为其服务的 15 个社区的 556000 居民提供 400 万美元的经济效益。

麦克考科水库也分两期建设。第一期提供 $1330 \times 10^4 \, \text{m}^3$（$35 \times 10^8 \, \text{gal}$）储存容积，于 2015 年建成。第二期工程将提供 $2470 \times 10^4 \, \text{m}^3$（$65 \times 10^8 \, \text{gal}$）储存容积，定于 2023 年建成。该水库将为其服务的 37 个社区 310 万居民每年提供 9000 万美元的经济效益。

4.4.3.2 芝加哥市的下水道系统概况

为了防止洪水泛滥，芝加哥市于 1856 年建造了暴雨水输送系统。如该地区大多数城市那样，直接建造了一条地下合流制下水道系统，它收集污水和雨水径流并将其送到污水处理厂。这种合流制下水道容积很大，很容易收集和处理城市和郊区的污水。实际上，城市污水对比于暴雨径流是很小的，以致在合流制下水道的设计中不考虑污水下水道的尺寸。当暴雨径流水流量太大时，合流制下水道发生溢流，致使未处理的污水和雨水径流排入芝加哥河。住户们经历这样的溢流造成其地下室的淹没。借助投资建造绿色基础设施，该市将减少流入下水道的雨水量。

降雨时，有些雨水落在小区中被土地吸收，有些则流入城市下水道系统。由于越来越多的硬质表面如屋顶和道路，导致越来越少的地方使雨水渗滤于土壤中，滋养植物和保持部分的自然系统。

由于没有足够的绿色空间来吸收暴雨水，就需要下水道系统来接受和处理越来越多的暴雨水。送到下水道的雨水再也不能浇灌草坪或补充地下水。此外，一旦下水道系统被暴雨水充满，便排入水体。

芝加哥市认识到治理暴雨水的下水道设施的重要性。该市水管理部门每年要支付大约 5000 万美元来清洁和升级改造 7080km（4400miles）长下水道管路和 340000 座相关构筑物。此外，该市也认识到 CSO 地下深邃和水库工程在长期治理暴雨水的重要性。

但是，该市相信仅靠这些建成的基础设施并不能满足治理污水和暴雨水的要求。为了更好地治理暴雨径流和保护好水资源的水质，将需要升级改造现有的基础设施与创建"绿色基础设施"相结合。通过这种绿色基础设施该市将展示采用超前思维的方式来减少下水道负担和将暴雨水控制在环境容量之内。

4.4.3.3 大芝加哥城市水回收区的作用

该市的下水道主干管将雨污混合水排入截流下水道中。这些截流下水道由大芝加哥城市水回收区（MWRDGC）拥有和运营。

截流下水道将旱季污水送到 MWRDGC 处理厂处理，并将其出水排入附近的水体。将暴雨时超过截流下水道容量的雨污混合污水排入 MWRDGC 拥有和运营的地下深层隧道和水库工程（TARP）中予以储存。TARP 的目的是防止合流制下水道的溢流水（CSO）进入该市的水体。TARP 中的深层隧道一般在芝加哥河流水系的之下 61m（200ft），在特大暴雨时 CSO 超过隧道容积，则 CSO 排入芝加哥河水系。TARP 中的水库工程负责接纳特大暴雨的 CSO 以防止其排入水体。3 座水库分期于 2007~2019 年建成（图 4.19）。

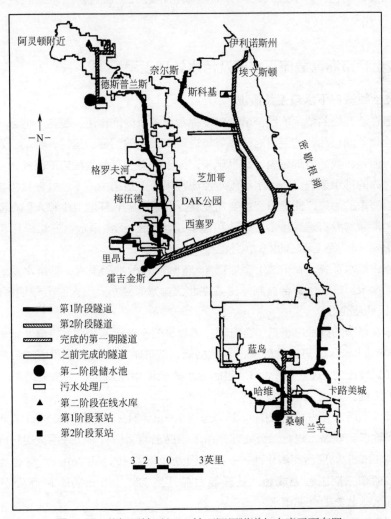

图 4.19 芝加哥地区 CSO 地下深层隧道与水库平面布置

芝加哥市水管理处（The Department of Water Management）负责清洁和维护该市所有的

公用下水道及其附属设施（检查井、截流池和进口）。该市共有约 7080km（4400miles）长的污水管道和 340000 个辅助构筑物。为清理和维修这些设施每年支付 5000 万美元。这些下水道和辅助设施平均每 4 年清理一次。

芝加哥水管理处每年大约支付 5000 万美元对现有的下水道系统进行升级改造的建设。该处也评价了在街道改善项目中需要铺设新的下水道。这些更新的下水道或加大规模的下水道，是在现有的下水道不再符合设计标准时实施的。

该市下水道系统是按照五年一遇的暴雨来设计的。旱季污水流量比起暴雨径流量很小，因此在合流制下水道的设计中不考虑其流量。关于暴雨径流的积累，五年一遇的暴雨相当于 20min 降雨 30mm（1.2in）或 1 小时降雨 56mm（1.8in）。降雨强度超过这个将使下水道超负荷。五年一遇的暴雨强度，每一年的出现概率为 20％，每 3 年为 50％，每 5 年为 67％。

下水道的尺寸和坡度决定其能够输送五年一遇的暴雨径流流量。该市下水道的坡度设计要能在满管流的条件下保持最小流速 1m（3ft）/s。这是使下水道清洁不积累泥沙等杂粒所需的最小流速。在设计中也考虑了最大的允许坡度以防止过大的流速对下水道的侵蚀冲击等损害作用。

4.4.4　波士顿市海湾截流下水道及污水处理工程

4.4.4.1　波士顿城市下水道系统概况

波士顿港在新英格兰地区的经济增长中发挥着至关重要的作用，是这一地区经济发展的重要通道。它也是美国最活跃的港口之一，每年进行着大量的贸易、运输、运动、娱乐、旅游以及渔业活动。但是，我们很难想象，几百年来，波士顿港一直备受污染的困扰。

波士顿过去的排水系统只将污水和雨水径流收集于下水道中，不经处理直接排入其港口，结果造成日趋严重的污染，使港口海水变黑发臭，严重影响其环境卫生和人们在港口的各种正常活动。为了消除其港口黑臭污染，设计和建造了巨大的污水-雨水管道系统和巨型污水处理厂。始建于 1989 年，完工于 1999 年，并已投产运行。

这一新建的排水系统，收集波士顿地区 43 座城市的污水和雨水；其排水系统既有分流制（主要在南区排水系统）也有合流制（主要在北区排水系统）。仅大波士顿地区就有 85 万住户和 6000 多家商店企业。

该市新排水系统的排水总干管（合流制）将收集的全部污水和雨水径流（雨季）首先输送到坚果岛（Nut Island）上进行预处理，包括格栅、沉砂池、除臭设施和增加泵站输送能力的起端工程；其处理能力 $720 \times 10^4 \mathrm{m}^3/\mathrm{d}$，包括污水流量和雨水流量。这是美国第一大排水管道工程和预处理工程。

大部分预处理污水（占总流量的 68％）通过 7.3m（24ft）直径和长 8km 的地下巨型海底隧道从坚果岛输送到鹿岛上进行二级处理，由于该岛土地面积有限，采用多层初沉池、纯氧深井曝气池和高 45m 的卵形污泥消化池。一期工程处理能力 $493 \times 10^4 \mathrm{m}^3/\mathrm{d}$。这是美国第二大污水处理厂。二期和三期工程完成后，处理能力提升到 $720 \times 10^4 \mathrm{m}^3/\mathrm{d}$。既能处理全部旱季污水，也能处理雨季截流的全部雨水。

初期工程是改造下水道收集和输送系统，将在果核岛的原污水处理厂拆除，并使其变成景观公园区，新建格栅，增加泵站的输水能力，停止污泥排海。从果壳岛将预处理污水通过新建的 5km 长的跨港湾隧道送至鹿岛（Deer Island），在那里建造新的二级处理厂，见图 4.20。其

图 4.20 美国波士顿海湾鹿岛污水处理厂

首端处理单元是 16 个圆形漩流砂池，它们建在长 84m 和宽 48m 的 2 层建筑物中，其中还装有除臭系统。其后是日本设计和构造独特的双通道的上、下两层沉淀池，其优点是占地面积小，165m×60m。上下两层沉淀池都用链带式刮泥机去除底部沉积污泥，然后沉淀池出水通入纯氧曝气，纯氧是由该处理厂自己的低温制氧厂生产的，日产量为 300t。纯氧曝气水进入 18 个双层澄清池中，澄清池尺寸为 55m×13m。最后，出水进入 4 个 152m×55m 的消毒池，水力停留时间为 15min。

12 个 46m 高的巨大蛋形污泥消化池，是世界上最大的污泥消化池。初沉池污泥经格栅后进行重力浓缩；二沉池排出的剩余活性污泥经离心浓缩后进入上述的 12 个污泥消化池中，进行厌氧消化。产生的生物气储存于储气罐中，并用于发电和产热，供本处理厂之需。

二级处理出水流经 15km 长，直径 8m 的排水隧道，最后通过 55 个蘑菇式的排水扩散器进入海中，以进行快速扩散和稀释。

1977 年该处理厂从 $68×10^4$ t 污泥中生产出 13700t 干的颗粒状生物固体，送到佛罗里达、得克萨斯和新英格兰等州，用做柑橘园等水果种植田的有机肥料。

经过多年的不懈努力，今天波士顿可以为所取得的成绩而骄傲。现在，波士顿港曾经的污染已经成为过去。一度在海滩上到处可见的废物已不见踪影，倒是经常可以在港口见到海豹和海豚。 8 英里长的海滩现在对游泳者开放，龙虾和贝类产业为当地经济每年贡献 1000 亿美元。在波士顿港钓鱼、游泳都已经不用担心安全问题了。一些人甚至宣称，波士顿地区的海岸线拥有全美最清洁的城市沙滩。美国环境保护署将波士顿港称为"伟大美国的明珠"。

4.4.4.2　南波士顿 CSO 储存隧道工程

南波士顿 CSO 储存隧道，又称为北道尔彻斯特海湾（North Dorchester Bay） CSO 储存隧道。这是一个巨大的地下储存设施，用于接纳暴雨时沿岸合流制下水道的溢流水（CSO）和雨水道的溢流雨水（SSO）。

该设施的主要部分是沿海港前沿铺设的直径 5.2m 和长 4km 的隧道。该隧道起始于周围控制建筑物（42.3225°N 71.0490°W），并沿着海港的前沿前行，中点靠近 42.3294°N 71.0373°W，坐标是 42.3294°N 71.0373°W，最后终结于泵站（42.3385°N 71.0216°W）。

合流制下水道的问题，是下大暴雨时不得不把大量的雨水径流跟未处理的污水（混合污水）一起排入波士顿海港，对海港造成污染。除了隧道工程，马萨诸塞州水资源管理局（MWRA）以昂贵的投资在靠近保留渠道（Reserved Channel）的南波士顿局部地方对合流制下水道进行了分流制的改造，并重新布置了多条排水管道和排出口。隧道起着缓冲作用，使一些合流制下水道继续运行。CSO 储存隧道由足够大的储存缓冲容积来储存绝大多数暴雨时的合流制下水道的溢流污水和雨水，以帮助消除其往波士顿海港的排放；过去每年约有 20 次的溢流排放。暴雨停止后，隧道中的储存水再用泵抽送到鹿岛污水处理厂内予以处理后排入深海。

4.5　日本东京深层隧道排水系统

4.5.1　城市排水系统建设历程

东京是日本的首都，也是世界上最大的城市之一。它位于本州关东平原南端，东南濒临东京湾，通连太平洋，面积 2187 平方千米，人口 1200 万左右。属温带海洋性气候，年平均气温为 15.6 ℃，年平均降雨量 1800mm。东京下水道系统采用合流制形式，始建于明治时期（1868～1912 年），到 1994 年实现了 100％的下水道管网覆盖率，包括 16624km 的排水管道（管道分为干管和支管两级，管径 0.25～8.5m）、 85 座泵站和 20 座水质净化中心（合计每天处理规模 556×10⁴t 污水）。日本下水道系统具有以下几个特征。

（1）有效的雨水应对对策

东京的年降雨量 1800mm，是世界平均降雨量的 2 倍，特别是台风季节，降雨强度更大，为防止洪涝灾害，东京按五年一遇的标准建设其排水系统，并从控制径流、雨水调蓄、提高泵站抽排能力等方面将城市排水能力提高到 50～75mm/h 的雨强。控制径流措施包括建设入渗设施、透水地面等。雨水调蓄主要包括建设调蓄管道和调蓄池。

（2）有效的合流式下水道雨季溢流应对对策

像世界上其他大都市一样，东京也是采用合流制排水系统，由于雨水和污水通过同一条管道收集、输送，且污水截流管道的尺寸、泵站及污水厂规模是按一定的截流倍数进行设计的，因此，超过一定降雨强度的雨天就不可避免出现雨、污混合水溢流到河道、湖泊的情况。为了尽可能减少雨季溢流情况的发生，东京采取了提高截流倍数、初雨处理和建设调蓄池等措施。

（3）污水处理普及率及处理标准高

东京非常重视污水收集和处理，自 1965 年以来，污水收集率得到稳步提升，由 1965 年的 35％提到 2009 年的 99.5％，2009 年的日均处理水量达到 576.8×10⁴t。由于污染排放的大大减少，河道的水体水质相应得到了很大的改善，其中 BOD 浓度由 1971 年的 22mg/L 降到了 2009 年的 3.9mg/L。

（4）污水资源化水平高

包括中水回用、污水能源回收、污泥资源化等。

1）中水回用　污水处理厂处理后的尾水是宝贵的资源，可以进行有效的利用，包括工业中的冷却水、生活用水中的冲洗厕所和景观环境中的河道补水，2009 年东京回用水规模（不含景观环境用水）由 1999 年的 5000t/d 达到了 9000t/d。

2）污泥资源化　污泥是污水处理厂的副产物，具有二次污染性和富含有机物两个特点，东京 2009 年产生的干污泥，全部用于人造轻质骨料（占 31.7％）、水泥原料（占 52％）、沥青填料（占 12.7％）和防火砖材料（占 3.6％），基本可以实施零排放。

4.5.2　和田弥生干线深隧系统

4.5.2.1　项目概况

和田弥生干线深隧系统位于东京都神田川流域，片区内有神田川和善福寺川两条河流，由于区域内经常发生水浸事故，为有效解决区域水浸问题，东京都下水道局和水利部门分别建设了和田弥生干线深隧工程和环状七号线地下调节池工程两条深隧系统。和田弥生干线深隧系统位置、平面及系统分别如图 4.21～图 4.23 所示。

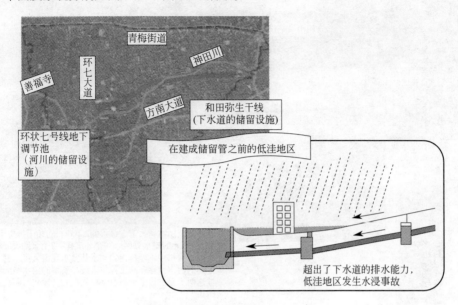

图 4.21　和田弥生干线深隧系统位置

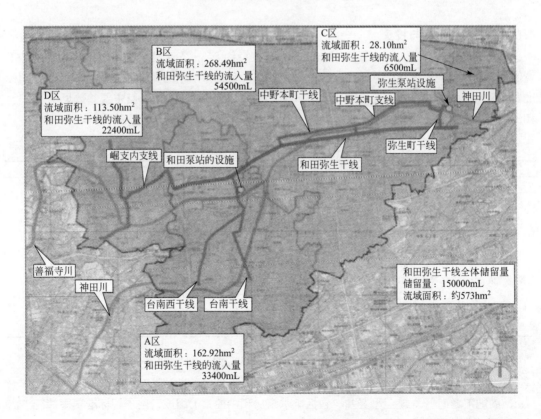

图 4.22　和田弥生干线深隧平面示意

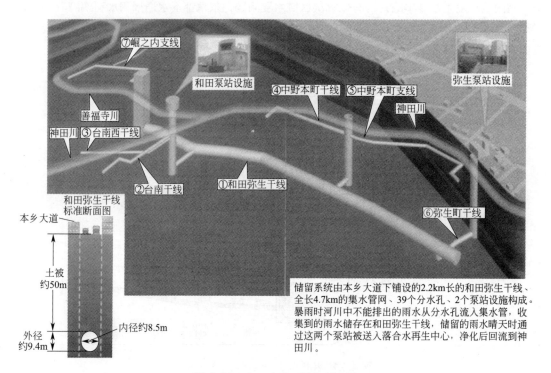

图中标注：
⑦崛之内支线
和田泵站设施
④中野本町干线
⑤中野本町支线
弥生泵站设施
善福寺川
神田川　③台南西干线
神田川
②台南干线
①和田弥生干线
⑥弥生町干线

和田弥生干线
标准断面图
本乡大道
土被
约50m
内径约8.5m
外径
约9.4m

储留系统由本乡大道下铺设的2.2km长的和田弥生干线、全长4.7km的集水管网、39个分水孔、2个泵站设施构成。暴雨时河川中不能排出的雨水从分水孔流入集水管，收集到的雨水储存在和田弥生干线，储留的雨水晴天时通过这两个泵站被送入落合水再生中心，净化后回流到神田川。

图 4.23　和田弥生干线深隧系统

4.5.2.2　工程规模与投资

和田弥生干线深隧工程全长 2.2km，下水道直径约 8.5m，埋设深度为地下 50m，由地下隧道（包括 6 条支、干线集水管）、3 座巨型竖井（包括排水泵房和中控室）组成，用于超标准暴雨情况下流域内排水管道系统雨水的调蓄，调蓄量约 $12 \times 10^4 m^3$，其主要参数见表 4.15。和田弥生干线深隧工程总投资约 43.7 亿人民币。

⊡ 表 4.15　田弥生干线深隧工程主要参数

	流域面积		约 573hm²	
	设计降雨强度		50mm/h	
储留	和田弥生干线		约 120000m³	约 150000m³
	集水管		约 30000m³	
设施规模	集水管	①和田弥生干线	内径 8500mm，约 2200m	
		②台南干线	内径 2400mm，约 730m	
		③台南西干线	内径 2000mm，约 920m	
		④中野本町干线	内径 3000mm，约 730m	
		⑤中野本町支线	内径 2400mm，约 800m	
		⑥弥生町干线	内径 3000mm，约 190m	
		⑦崛之内支线	内径 1350～2400mm，约 190m	

和田弥生干线深隧系统模型、内部及排水泵如图 4.24～图 4.26 所示。

环状七号线地下调节池工程全长 4.5km，下水道直径约 12.5m，埋设深度为地下 48～57m，由地下隧道、3 座巨型竖井（包括排水泵房和中控室）组成，用于超标准暴雨情况下流域内河道雨水的调蓄，调蓄量约 $54 \times 10^4 m^3$。环状七号线地下调节池深隧平、剖面如图 4.27 所示。

图 4.24　和田弥生干线深隧系统模型　　　　　图 4.25　和田弥生干线深隧内部

图 4.26　和田弥生干线深隧排水泵

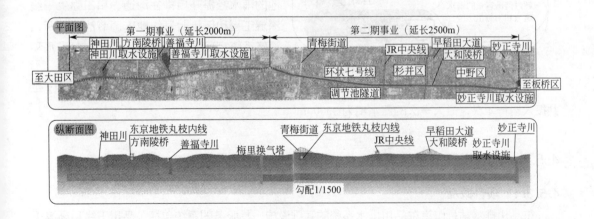

图 4.27　环状七号线地下调节池深隧平、剖面

4.5.2.3　调度运行方式

和田弥生干线深隧系统根据降雨和径流量的大小,分为以下三种运行工况。

1)工况一　在旱季和较小降雨(径流量≤排水管道截流倍数水量)时,深隧系统不必启动，污水及雨水经常规、浅埋的下水道排入污水处理厂，经处理后排入河道，如图4.28所示。

2）工况二 一般降雨条件（排水管道截流倍数水量≤径流量≤河道排洪水量），深隧系统不必启动，合流污水和雨水充分利用现有浅层排水系统进行收集输送至污水处理厂进行处理，超过截流倍数的溢流合流污水排往河道，如图4.29所示。

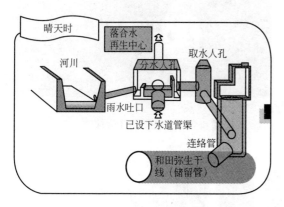

图4.28 和田弥生干线深隧系统运行工况一　　　图4.29 和田弥生干线深隧系统运行工况二

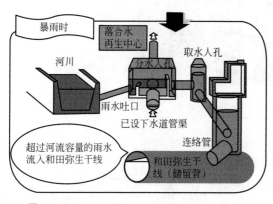

图4.30 和田弥生干线深隧系统运行工况三

3）工况三 大暴雨条件（河道排洪水量≤径流量），浅层排水系统按照截流倍数条件收集输送处理合流污水后，超标的暴雨径流进入和田弥生干线深隧工程和环状七号线地下调节池工程两条深隧系统。雨后和田弥生干线深隧的雨水经水泵提升后输送至污水处理厂处理后排放，环状七号线地下调节池的雨水经提升后排往河道。和田弥生干线深隧工程和环状七号线地下调节池工程两条深隧系统相互之间不连通，分别独立进水和排水，如图4.30所示。

据介绍，和田弥生干线深隧系统2012年共投入运行4次，最大一次的蓄水量为39000m³。

4.5.3 东品川地下排水系统

4.5.3.1 项目概况

东品川排水站是东京东品川排水系统的强排设施，其服务的系统包括东品川干线和高滨干线汇流的雨水和品川干线溢流的合流排水。

整个系统调蓄容积为82550m³，其中隧道系统60000m³，沉砂水池7950m³，排水2000m³，溢流储水池12600m³。泵站强排流量为20.8m³/s，共4台机组；品川干线合流截流系统的截流倍数为2，截流的合流排水通过第二品川干线送至东系处理系统进行处理，合流截流系统每年溢流至储存池20次，排水泵站启动强排4次。东品川地下排水系统汇流及截流情况如图 4.31 所示，排水泵机组如图 4.32 所示。

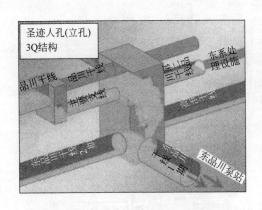

图 4.31 系统汇流及截流情况示意

图 4.32 排水泵机组

4.5.3.2 运行调度方式

东品川地下排水系统运行调度方式如图 4.33～图 4.37 所示。

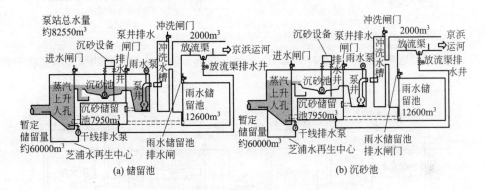

图 4.33 水流进入前端储留池，漫流进入沉砂池

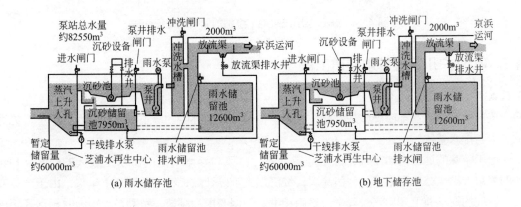

图 4.34 雨水储存池满后开始溢流，沉砂池溢流进入地下储存池

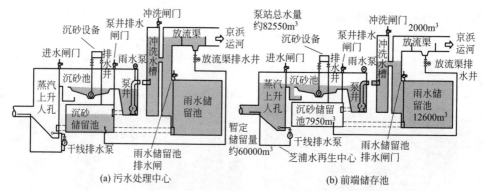

图 4.35　前端储存池抽排至污水处理中心排放渠排至前端储存池心

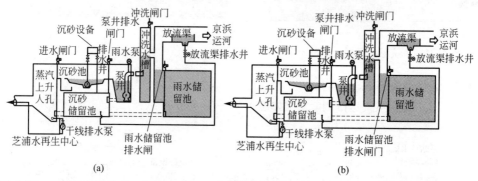

图 4.36　前端储存池抽至污水处理中心→雨水储存池排至前端储存池后抽至污水处理中心

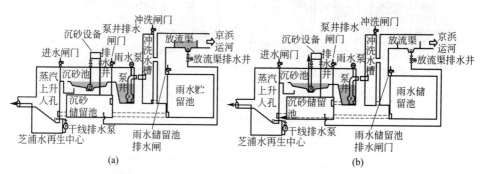

图 4.37　出水渠引流对地下泵站的储存池进行冲洗

4.5.4　江户川深层排水隧道工程

4.5.4.1　项目背景

　　该工程实名"首都圈外围放水路"工程，位于东京都外围的埼玉县，被誉为世界上最先进的下水道排水系统。

　　由于特殊的地理自然条件，除了地震之外，台风与暴雨带来的洪水是最大的威胁，1910年的关东大洪水曾席卷东京，生灵涂炭，经济损失难以计数，特别是近几十年来，由于全球变暖，造成的海平面上升和气候异常，暴雨和洪水的侵袭更为频繁，特别是当短历时超常降雨出现时，带来的洪水超出河道正常排涝能力，积水倒灌，引起城市内涝。不过，分析表明，东京范围内大大小小的河流中，最大的江户川由于河道异常宽阔，具有足够的泄洪能力。因此，如何提高其他河道的洪水容纳能力，并及时通过江户川排入东京湾，是解决东京洪水问题的关键，也是本工程建设的初衷。

江户川深层排水系统是解决东京都十八号水路、中川、仓松川、幸松川、大落古利根川等流域内低洼地区的水灾问题。这些河道属于中川-绫濑川流域，整个中川-绫濑川流域面积是985km²，全流域范围内洪水量为2340m³/s。东京都十八号水路、中川、仓松川、幸松川、大落古利根川等流域内低洼地区位于整个流域的中游东侧，该流域范围内的洪水量为785m³/s，通过溢流分洪200m³/s，调节控制地势较低地区的河道内水位，避免河水漫堤造成水灾。此项规模巨大的水利工程若沿地面用明渠导流，沿途涉及农耕用地，难以解决征地拆迁问题，最后采用建深层排水隧道解决分洪后的输送问题。

4.5.4.2 工程规模与投资

工程于1992年开始兴建，总投资约200亿人民币。

由地下隧道、5座巨型竖井、调压水槽、排水泵房和中控室组成，将东京都十八号水路、中川、仓松川、幸松川、大落古利根川与江户川串联在一起，用于超标准暴雨情况下流域内洪水的调蓄和引流排放，调蓄量约$67 \times 10^4 m^3$，最大排洪流量可达200m³/s。

4.5.4.3 系统组成

江户深隧工程由地下隧道、5座巨型竖井、排水泵房、调压水池和中控室组成。各部分的主要参数如下。

（1）隧道部分

地下隧道全长6.3km，直径约10m，埋设深度为地下60～100m，据日方工程师介绍，未来深隧还将考虑向西延伸。深隧工程各段主要参数见表4.16。

⊡ 表4.16 江户深隧工程各段主要参数

全流域面积			985km²
设计降雨强度			50mm/h
设施规模	泵站规模		200m³/s
	隧道内径	②立坑～①立坑	内径10.6m，约1396m
		③立坑～②立坑	内径10.6m，约1920m
		④立坑～③立坑	内径10.6m，约1384m
		④立坑～大落古利根川	内径10.9m，约1235m
		⑤立坑～④立坑	内径6.5m，约380m

（2）竖井

共布置5个竖井，直径约为31.5m。深度为50～70m。

（3）排水泵房

泵站总规模200m³/s，有4台机组（图4.38），每台机组的提升能力为50m³/s，扬程14m，电机功率10500kW，电机转速4000r/min。

（4）调压水池

调压水池高22.4m，底板标高为−10.4m，

图4.38 4台排水泵机组情况

池体内设大量立柱以解决抗浮问题（图4.39）。

(a)

(b)

图4.39　调压水池内部实景

4.5.4.4　调度运行方式

整个江户川深隧系统各阶段运行情况如下。

第一阶段：在正常状态和普通降雨时，该隧道不必启动，污水及雨水经常规、浅埋的下水道和河道系统排入东京湾，而当诸如台风、超标准暴雨等异常情况出现，并超过上述串联河流的过流能力时，竖井的闸门便会开启，将洪水引入深层下水道系统存储起来。各水路溢流情况见表4.17。

表4.17　各河道溢流情况表

系统水路	京都十八号水路	中川	仓松川	幸松川	大落古利根川
竖井号	2	3	3	4	5
分洪溢流量/(m³/d)	4.7	25	100	6.2	85

每个竖井进水口处均设置格栅拦截悬浮垃圾，减少进入竖井的沉积物，但有泥沙会流入坑底，最后将由排空泵提升排出。

第二阶段：竖井内的水位上升到一定液位时，水流进入调压水池。

第三阶段：当超过调蓄规模时，调压水槽的水位达到一定液位时，排洪泵站自行启动，将洪水抽排经江户川排入东京湾。

第四阶段：调压水池内水位下降到排水泵机组的停泵水位后，隧道的设计底坡为1/5000，深隧系统的积水自流汇集到设在1号立坑和3号立坑的集水坑，由安装在1号立坑和3号立坑的排空泵将深隧系统储存的剩余积水分别外排入18路水路和仓松川。

东京作为一个老城市，同样经历了水浸内涝和面源污染等水患问题，所存在的问题与我国各城市相近似，通过建设深层隧道排水系统有效解决了水浸内涝等问题，东京的成功建设经验值得借鉴和学习。在中心城区老城区，原有浅层排水系统无法满足新的排水要求，且由于地下管线复杂，浅层地下空间无法满足排水管网系统的改造要求，在老城区建设深层隧道排水系统是必要的。东京深层隧道排水系统的建设历程和经验表明，城市排水系统的建设具有前瞻性。

4.6 广州东濠涌深层排水隧道

4.6.1 总体方案

4.6.1.1 平面设计

东濠涌排水隧道起点设置在越秀桥西南侧绿化带内，沿越秀北路、越秀中路、越秀南路、东沙角路铺设直径 6.0m 的深层隧道，终点设置在江湾补水泵站位置，并与江湾补水泵站合建深隧提升泵站，主要收集孖鱼岗涌、玉带濠、中山三路的合流污水，全长 1770m。

4.6.1.2 纵断面设计

隧道起点标高为 −28.5m，沿途下穿地铁一号线（管道标高 −29.2m）、地铁六号线（管底标高 −31.2m），终点提升泵站管底标高为 −31.6m。东濠涌深层隧道排水纵断面如图 4.40 所示。

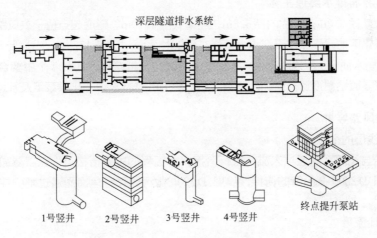

深层隧道排水系统

1号竖井　　2号竖井　　3号竖井　　4号竖井　　终点提升泵站

图 4.40　东濠涌深层隧道排水纵断面

4.6.1.3 与浅层系统衔接

东濠涌排水隧道与浅层系统衔接主要通过分别设置于深隧起点的东风路竖井、中山三路竖井、玉带濠竖井 3 座竖井，将东濠涌南段片区孖鱼岗涌（6.0m×2.2m）、中山路 $d1650mm$ 合流管、玉带濠（4.0m×3.0m）接入深隧，新河浦竖井连接百子涌（7.5m×2.0m）、东川路渠箱（2.5m×1.7m），再与沿白云路铺设的 $D3000$ 合流管进行衔接接入深隧，降低雨季越秀北路至越秀南路 $D2200\sim2400$ 合流管（截流倍数为 $n=1.0$）的排水压力，减少整个东濠涌流域的初雨对东濠涌、新河浦涌的污染。

4.6.2 工程方案

4.6.2.1 服务范围

本工程平面布置包括东濠涌沿线深层排水隧道和新河浦涌污水管两部分。工程总体服务范围为东濠涌流域范围 $12.47km^2$。

4.6.2.2 设计参数

① 雨季溢流污染物削减目标：70%（以 COD 计）。

② 东濠涌及主干渠排水标准：十年一遇；浅层排水系统排水标准：五年一遇。

③ 隧道起始点：始于东濠涌东风东路口、止于东濠涌珠江口补水泵站。

④ 隧道规格：外径 $\phi 6.0$m。

⑤ 竖井及设计流量见表 4.18。

⊡ 表 4.18　竖井及设计流量

序号	竖井	最大入流量/(m³/s)	序号	竖井	最大入流量/(m³/s)
1	孖鱼岗	31	3	玉带濠	4.8
2	中山三路	4.8	4	新河浦	23

⑥ 泵站规模

排洪泵组：最大设计流量 48m³/s；设计扬程 6～13m。

排空泵组：按 24h 排空，流量 0.89m³/s，扬程 45m。

4.6.2.3 东濠涌排水隧道主体

隧道管片外径 6.0m；管片内径 5.3m。隧道长度 1770m。隧道起点位于东风路以南的东濠涌高架桥西侧绿化用地，终点位于江湾大酒店东侧的补水泵站。长 1770m。沿途竖井：4 座（其中 1 座位于泵站集水池内）。分别在东风路、中山三路、玉带濠和沿江路 4 个主要合流管渠口设置隧道竖井。在隧道尾端设置一座综合泵站，包括隧道的排空泵组、排洪泵组及补水泵组。

4.6.2.4 东风路竖井

（1）与浅层的衔接

深层隧道与浅层系统通过入流井进行衔接，本工程的主要衔接点为深层隧道东风路入流井与孖鱼岗涌和 D2200 截污管的衔接，浅层 D2200 截污管和孖鱼岗涌通过闸门控制与深层隧道的衔接。

（2）设计流量

竖井最大设计入流量 31m³/s。

（3）预处理

1）沉砂池　采用旋流沉砂池，直径 16m，最大有效池深 4.5m。

2）粗格栅　采用抓斗式格栅，$L=15$m；格栅间隙 40mm；格栅倾角 60°；栅前水深 3.0m，过栅流速 1.0m/s。

（4）竖井消能及排气

东风路竖井消能和排气采用挡板跌水消能和排气方式。竖井直径 $\phi 16$m；竖井深度 38.6m；挡板直径 8.2m；挡板间距层高 3.7m；竖井干区和湿区的通风孔直径 $\phi 1.0$m。

东风路竖井剖面如图 4.41 所示。

4.6.2.5 中山三路竖井

（1）与浅层的衔接

中山三路竖井利用盾构始发井改造，浅层排水主要是东濠涌东侧 D1200 和 D1000 两条合流管，深层隧道与浅层系统通过入流井进行衔接，主要衔接点为深层隧道中山三路入流井与 D1650 合流管的衔接、浅层 D1650 合流管通过闸门控制与深层隧道的衔接（图

4.42）。

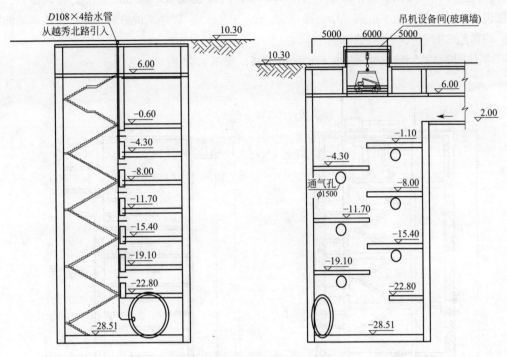

图 4.41 东风路竖井剖面图

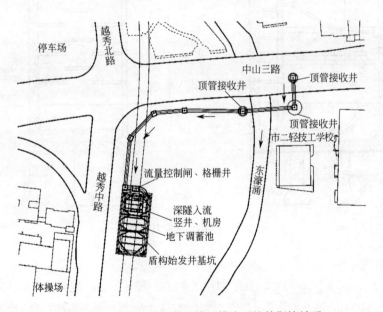

图 4.42 中山三路竖井与浅层排水系统的衔接关系

（2）设计流量

竖井最大设计入流量 $4.8m^3/s$。

（3）预处理

竖井进水管主要是 $D1650$ 合流管，在竖井入口设置人工格栅，格栅间隙 $e=40mm$。

（4）竖井及消能

入流竖井利用盾构始发井改建：在盾构始发井内建 33.0m×13.0m×36.65m 调蓄池，池端部设折板跌水区和地下机房（平面净空 13.0m×9.0m）；竖井消能方式采用折板跌水消能方式，调蓄池设有通气塔进气或排气。

中山三路竖井消能方式采用折板消能的方式，如图 4.43 所示。

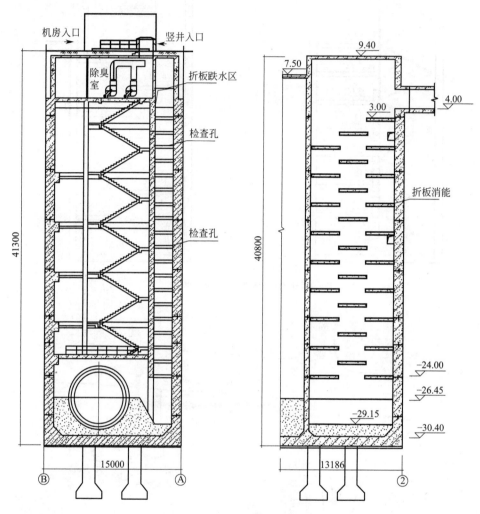

图 4.43　中山三路竖井剖面图

（5）调蓄池

调蓄池尺寸 33.0m×13.0m×36.65m；其中跌水区 9.0m×2.0m；竖井深度 39.05m；竖井通气塔 1.4m×1.2m×2.0m；竖井消能：入流时，水流通过折板逐级跌落进入消力池，流入隧道。

4.6.2.6　玉带濠竖井

（1）与浅层的衔接

深层隧道与浅层系统通过入流井进行衔接，主要衔接点为深层隧道玉带濠入流井与玉带濠渠箱的衔接，浅层 4.8m×2.5m 玉带濠渠箱通过闸门控制与深层隧道的衔接，设计流量 4.8m³/s。衔接关系如图 4.44 所示。玉带濠入流井剖面如图 4.45 所示。

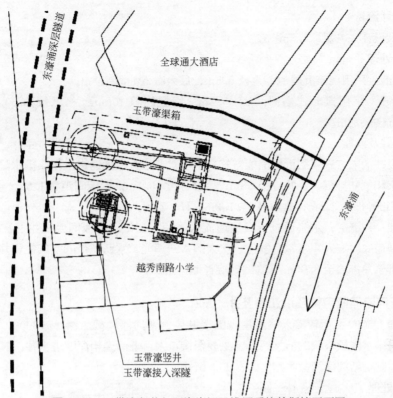

图 4.44 玉带濠竖井与孖渔岗涌及浅层系统的衔接平面图

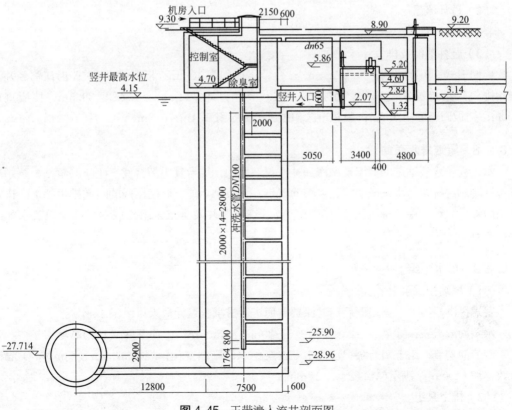

图 4.45 玉带濠入流井剖面图

（2）设计流量

竖井最大设计入流量：4.8m³/s。

（3）预处理

1）沉砂池　采用旋流沉砂池，直径5.5m，最大有效池深2.8m。

2）粗格栅　采用抓斗式格栅，$L=5.2$m。格栅间隙40mm；格栅倾角60°；栅前水深1.5m，过栅流速0.8m/s。

（4）竖井及消能

玉带濠竖井消能方式采用折板消能方式，合流水通过折板通道进入深层排水隧道，隧道起点设置集气室和气井排气。竖井直径$\phi 8$m；竖井深度40.1m；折板间距高1.5m；共设27层；竖井集气室7m×4m×3.8m；排气井：$\phi 1.2$m，$H=29$m；

竖井消能：入流时，水流通过折板通道流入隧道，在每层折板间会发生一次小的跌水消能，从折板通道底层进入集气室会发生一次大的水跃消能。水跃携带的空气在竖井底部集气室收集后通过排气井排放至8.90m标高的螺旋通道排放。

4.6.2.7　新河浦涌截污管及沿江路竖井

新河浦涌D3000截污管接入隧道尾端的竖井中，新河浦涌截污管（D3000）是东濠涌深层隧道与现有排水浅层系统的衔接系统。主要衔接点为百子涌渠箱深隧进水井，其中百子涌渠箱通过闸门控制与新河浦涌截污管（D3000）衔接。

（1）预处理

百子涌深隧进水沉砂井14.0m×5.0m×8.2m；集砂区4.0m×5.0m×0.8m。

（2）设计流量

竖井最大设计入流量23m³/s。

（3）竖井消能及排气

格栅形式：机械格栅，$L=2.4$m，2台。格栅间隙40mm；格栅倾角70°；沿江路竖井消能和排气采用旋流消能和集气室排气方式。竖井直径$\phi 14$m；竖井深度39.5m；挡板直径7.2m；挡板间距层高3.2m；竖井干区和湿区的通风孔1.4m×0.8m。

4.6.2.8　尾端排水泵站

本工程排水泵站选址拟用现东濠涌补水泵站用地，结合其重新合建一座新的泵站，泵站功能包括隧道的排空污水泵送功能、东濠涌景观补水泵站功能、暴雨期间的隧道排洪功能。排水泵站由补水泵组、尾端排洪泵组（图4.46）、终点竖井及排空泵组构成。泵站泵组关系如图4.47所示。

4.6.2.9　排水泵组

（1）尾端排洪泵组

尾端排洪泵组用于强降雨后启动深层隧道进行排洪。设计最大排洪量48m³/s。

水泵为混流泵；数量8台；扬程12.6～20m；流量6m³/s；功率$N=1150$kW。

调节池功能：用于调节泵组运行水位，避免水位剧烈变化；规格37.7m×23m×14.2m；有效容积6400m³，满足单台泵运行18min。

（2）排空泵组

功能如下：

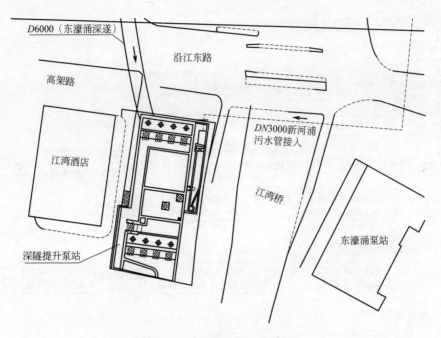

图 4.46　隧道尾端泵站平面位置

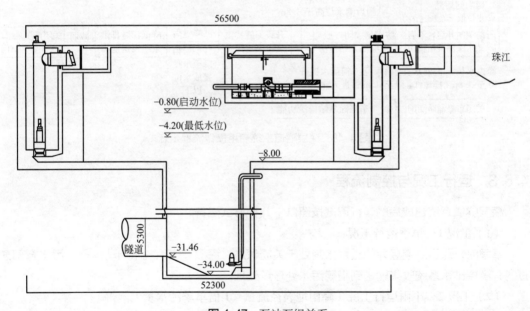

图 4.47　泵站泵组关系

① 小雨情况下将通过竖井收集后储存在深层隧道中的初期雨水输送至猎德渠箱，送往猎德污水处理厂；

② 大雨排洪后启动排空泵组将深层隧道存留的雨水排空至珠江前航道；

③ 平时用于排空可能发生的竖井渗漏水。

水泵形式为潜污泵；数量 3 台；扬程 45m；流量 $1070m^3/h$；功率 $N=190kW$。

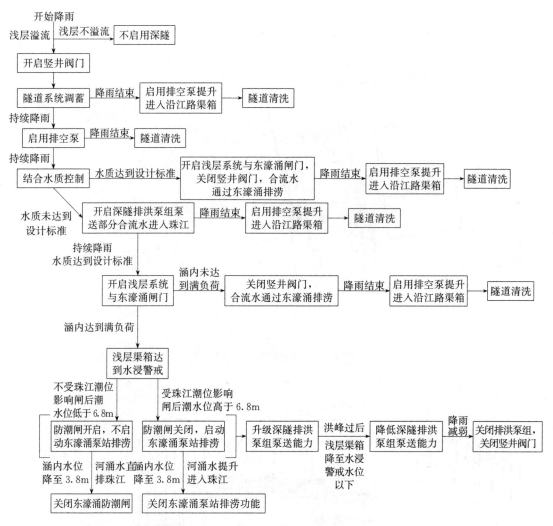

图 4.48 深层隧道系统启用操作流程示意

4.6.3 运行工况与控制流程

深层隧道系统建成后的运行调度按照以下几种方式运行。

（1）工况 1：旱季运行工况

旱季时，深层隧道竖井的进水水闸处于关闭状态，深层隧道系统不启动运行。污水全部通过现有浅层排水系统收集输送到猎德污水处理厂处理。

（2）工况 2：小雨运行工况（降雨地表径流量＜1 倍旱季污水量）

现有的浅层排水系统按照 1 倍截流倍数进行截污管的设计，满足这种工况条件的排水要求。深层隧道排水系统不启动运行，合流污水全部通过现有浅层排水系统收集输送到猎德污水处理厂处理。

（3）工况 3：中雨运行工况（降雨量＝10～15mm）

充分利用现有浅层排水系统的输送能力基础上，利用深层隧道系统对浅层排水系统溢流的合流污水进行调蓄，深层隧道和竖井的调蓄控制水位在 3～4m（城建标高体系）。雨后通过深层隧道排空泵泵送到浅层污水管道系统，输送到污水处理厂处理。

（4）工况4：大雨运行工况（降雨量超过浅层排水系统和深层隧道调蓄能力之和）

结合深层隧道上入流竖井的水位和水质监测结果（各竖井入流处设有COD和SS在线监测仪表，并通过中央控制室与进水闸门联动），当水质仍旧很差，不适于直排东濠涌时，启动深层隧道"污水泵组"，将合流污水泵入临江主渠箱，仍不能满足排水要求时，启动隧道尾端的排洪泵。远期运行方式为：开启东濠涌分支隧道与临江主隧道之间的闸门，合流污水通过主隧道输送到初雨污水处理厂处理。当水质趋好（不致对东濠涌景观造成恶劣影响）时，开启合流渠箱与东濠涌之间的水闸，利用东濠涌的排洪能力排洪。

此时启动泵站运行时，蓄高深层隧道河竖井的水位，以减少泵站运行电耗，运行水位是在3～4m（城建标高体系）。

（5）工况5：暴雨运行工况（降雨量导致流域范围内有水浸风险时）

在孖鱼岗涌、玉带濠、百纸涌口（新河浦）接入隧道入流竖井的渠箱口均设有液位监测，在暴雨条件下，根据监测到的液位水平，信号反馈至隧道系统中控室（泵站内），判别各自集雨范围内的水浸风险，进而调节各入流竖井的入流量。在工况4的基础上，启动深层隧道尾端排洪泵组〔此时泵站运行水位是在3～4m（城建标高体系）〕。开启各渠箱与东濠涌之间的闸门（此时，主要是洪水，开闸后雨水不再污染河涌），利用东濠涌排洪，并启用现有的东濠涌排涝泵站，行使排洪功能。东濠涌排涝泵站和深层隧道排洪泵组的启动运行根据水位监测反馈信号调度运行。

4.6.4　深层隧道系统启用操作流程

深层隧道系统启用操作流程如图4.48所示。

① 降雨-浅层截污系统溢流——开启各竖井入流闸门——隧道系统调蓄——降雨结束——隧道排空泵组启动——调蓄的污水送到猎德污水处理厂处理——隧道系统清洗。注：深层隧道沿线合流管渠至东濠涌的闸门不开启。

② 降雨-浅层截污系统溢流——开启各竖井入流闸门——隧道系统调蓄——持续降雨——隧道排空泵组启动——泵送到猎德污水处理厂或初雨处理厂处理——降雨结束——隧道系统清洗。注：深层隧道沿线合流管渠至东濠涌的闸门不开启。

③ 降雨-浅层截污系统溢流——开启各竖井入流闸门——隧道系统调蓄——持续降雨——隧道排空泵组启动——泵送到猎德污水处理厂或初雨处理厂处理——持续降雨——开启合流管渠至东濠涌的闸门（合流管渠水质达到设计标准）——关闭各竖井入流闸门——降雨结束——隧道系统清洗。注：深层隧道沿线合流管渠至东濠涌的闸门在水质达到设计要求后开启。

④ 降雨-浅层截污系统溢流——开启各竖井入流闸门——隧道系统调蓄——持续降雨——隧道排空泵组启动——泵送到猎德污水处理厂或初雨处理厂处理——持续降雨——开启深层隧道排洪泵组（合流管渠水质仍未达到设计标准）——泵送部分溢流的合流水到珠江（保护东濠涌）——开启合流管渠至东濠涌的闸门（合流管渠水质达到设计标准）——关闭深隧排洪泵组（各渠箱水位没有达到水浸预警水位）——关闭各竖井入流闸门——降雨结束——隧道系统清洗。注：深层隧道沿线合流管渠至东濠涌的闸门在水质达到设计要求后开启。

⑤ 降雨-浅层截污系统溢流——开启各竖井入流闸门——隧道系统调蓄——持续降雨——隧道排空泵组启动——泵送到猎德污水处理厂或初雨处理厂处理——持续降雨——开启深层隧道排洪泵组（合流管渠水质仍未达到设计标准）——泵送部分溢流的合流水到珠江（保护东濠

涌）→开启合流管渠至东濠涌的闸门（合流管渠水质达到设计标准）→各渠箱水位达到水浸预警水位→升级深隧排洪泵组泵送能力→洪峰过后→降低深隧道排洪泵组能力→关闭各竖井入流闸门→降雨结束→隧道系统清洗。注：深层隧道沿线合流管渠至东濠涌的闸门在水质达到设计要求后开启。

4.7 绿色基础设施发展与 CSO 深层隧道趋势

美国的大城市仍在继续开挖 5m 或更大直径的 CSO 储存隧道，作为 CSO 长期治理计划的一部分以遵守美国联邦政府于 1948 年颁布的和于 1972 年做了重大修订的清洁水法；还有更多地 CSO 隧道工程项目在设计中。密苏里州的圣路易斯市选用耗资 10 亿美元的最大灰色基础设施——深层隧道来解决其合流制下水道溢流水排入代斯派勒斯河（Des Peres River）的污染问题。但是随着美国环境保护署倾向于"绿色"和可持续的解决办法，以及全国范围的水和污水管理部门面临纳税人群要求减少财政负担的不断增长的压力，掀起了反对大型大直径 CSO 储存地下隧道的浪潮。美国一些城市的 CSO 储存隧道遇到新的挑战。这一"灰色基础设施"是让位于"绿色基础设施"，还是两者共存，相辅相成，试看今后的发展趋势。

这 20 年的大部分时间 CSO 地下深层截流隧道，已成为美国许多大城市和下水道管理区排水工程的核心支柱，作为全国范围的减少合流制溢流水计划的主要组成部分，以减少其发臭和污染水排入大小河流、湖泊和海港。

自从 20 世纪 90 年代以来，共有 772 个城市和污水管理区被美国环境保护署（USEPA）确定需要采取紧急行动来治理由于运行过时的和不能应对现代需求的合流制下水道溢流（CSO）系统造成的污染问题。自从合流制下水道系统建成几十年后，人口成倍增加，一些自然河流的人工化，以及大面积地面混凝土和沥青的硬化和不透水性，在大暴雨或长时间降雨时造成每年亿立方米雨水和污水的混合水排入自然水体。

这些城市和下水道管理在执行 EPA 批准的 CSO 长期治理计划（Long Term Control Plans, LTCPs）的不同阶段，其目的是保证雨水径流的 99% 得到处理后才排入自然水体。许多年来大的城市排水区域几乎毫无例外地采用 CSO 深层储存隧道。

对于美国隧道工业，这一计划提供了可持续的工作，在 1990~2000 期间做了一系列的广受关注的隧道设计，现在正在施工的 CSO 储存隧道工程项目有：印第安纳波利斯（Indianapolis）；华盛顿（Washington DC）；俄亥俄东北区；2012 年动工的克利夫兰尤克里德河隧道（Euclid Creek Tunnel）和哥伦巴斯（Columbus） 2011 由 TBM 掘进的 7km 长和 6m 直径的 OARS 隧道。正在进行中的名声大噪的芝加哥隧道与水库计划（TARP）成为美国早期治理 CSO 的蓝图。西雅图的金县（King County）已于 2005 年完成了 CSO 隧道工程，投资 1.65 亿美元；波特兰市 2005~2010 年投资 6.5 亿美元建造 CSO 隧道工程；亚特兰大市的长期计划中也要建造几条深层隧道。此外，奥马哈（Omaha）市在其 2009 年的长期治理计划中包括一条预计投资。

美国自 1998 年以来已建成的、在建和投资估算的大型 CSO 深层隧道工程的估计总额大约在 40 亿美元。这一数据不包括还在设计的印第安纳波利斯市的 16.1km 长的隧道（2 条），华盛顿完成其清洁计划最后阶段的杰出的 5km 长的东北边境隧道和 5.6km 长的东北支隧道以及芝加哥的 TARP

隧道。这些工程项目合在一起，将附加 20 亿～30 亿美元的深层隧道的建设合同投资。

除了这些深层隧道工程项目以外，还有更多的 CSO 储存隧道项目。根据 USEPA 的 2012 年统计，合流制下水道系统服务人口 5 万或以上的城市或社区有 201 个 CSO 治理工程项目，其中 135 个已经书面承诺其责任（1998 年后），即同意遵守批准的法令所制定的实施时间表以便将来兑现多方同意的治理工作目标。另外 37 个同意执行正在谈判中的行动计划。自 1998 年至今共有 280 多亿美元的 CSO 储存隧道工程项目已同意实施。仅在 2010～2011 年就有 170 亿美元的 CSO 储存隧道工程项目动工。 2010 年圣路易斯市选择了 CSO 储存隧道工程解决方案，同意履行法律责任，建造最大的 CSO 储存隧道（投资 47 亿美元），檀香山（Honolulu）已同意开建 50 亿美元的 CSO 隧道工程，费城（Philadelphia）的 CSO 隧道计划则投资 24 亿美元，纽约市的 CSO 隧道计划也花费 59 亿美元，但是希望能节省 14 亿美元。

参考文献

[1] Chicago breaks ground for stormwater diversion tunnel[N]. Stormwater Report Water Environ. Feder: 2016, 10.

[2] Presentation on theme: "UPDATE ON DWSD'S LONG TERM CSO CONTROL PLAN Presented to: Board of Water Commissioners May 12, 2010." — Presentation transcript[N] 2010.

[3] Schmidt, E. Chicago's Tunnel, Reservoir Plan[N]. McGraw-Hill Construction, August 2004. Retrieved December 23, 2005.

[4] D C Water. District of Columbia Water and Sewer Authority, CSO long Term Control Plan Tunnel Program[N], 2013.

[5] D C Water News Release, Second breakthrough for DC CSO mega-project[N]. 6 Jan 2016.

[6] Paula Wallis. Miles of new tunnels to cleanup Washington DC waterways[N]. Aug 2009.

[7] Peter Kenyon. D C Water scales back CSO tunnel plans[N]. TunnelTalk, 2014.

[8] WIENER. D C Water Proposal Would Swap Tunnels for Green Infrastructure[N]. ASHINGTON CITYPAPER, 2014.

[9] Becky Hammer. D C Water Announces New Proposal to Clean Up Rivers Using Green Infrastructure Instead of Tunnels[N]. The Energy Collective, May 22, 2015.

[10] GENE CHOI, D C Water Tunnels Go Green[N]. THE HOYA, FEBRUARY 4, 2014.

[11] Casey Coates Danson. THE POLITICS OF GREEN INFRASTRUCTURE IN D. C. Global Possibilities[N], Jul 16, 2015.

[12] Becky Hammer. We Made DC Water's Green Infrastructure Proposal Better-But There's Still Room for Improvement NRDC Expert Blog[N], July 29, 2015.

[13] Portland CSO tunnel nominated for OCEA[N]. (USA). TROVE, 01/Sept. 2011 English, Article, Journal or magazine article edition.

[14] Environmental Services, the city of Portland, CSO tunnels are among the nation's top engineering projects [N], 2011 news release.

[15] "West Side CSO Tunnel". from Wikipedia, the free encyclopedia, 21 August 2016.

[16] Kimberly Kayler. EAST SIDE CSO TUNNEL. A Portland sewer project moves ahead with the construction of the Taggart, Port Center, and McLoughlin shafts[N]. Concrete Construction, July 08, 2010.

[17] East Side Big Pipe. From Wikipedia, the free encyclopedia, 11 February 2016.

[18] Schmidt, E. Chicago's Tunnel, Reservoir Plan[N]. McGraw-Hill, Construction, August, 2004. Retrieved December 23, 2005.

[19] Chicago breaks ground for stormwater diversion tunnel[N]. Water Environmental federation, Technical Report, June 8, 2016.

[20] Tunnel and Reservoir Plan, Chicago. From Wikipedia, the free encyclopedia, 9 October 2016.

[21] Combined Sewer in Chicago. City of Chicago, the City of Chicago's site, copyright © 2010-2017 City of Chicago.

[22] Metropolitan Water Reclamation District of Greater Chicago.From Wikipedia, the free encyclopedia, February 18, 2017.

[23] Megan Deppen. Sewer system overload in Chicago[N]. The De Paulia, May 24, 2015.

[24] 徐杰. 波士顿港: 从脏水到明珠[N]. 中国经济时报. 2014-07-02.

[25] DubletonB. More tea parties in the harbour[J]. Water & Wastewater International. 1998, 13 (4): 39-40.

[26] Combined Sewer Overflows (CSOs). Massachusetts Water Resources Authority[N]. MWRA online. Sept 13, 2016.

[27] MWRA Submits Annual Progress Report on CSO Control[N]. March 17, 2015.

[28] MWRA COMPLETES OVERFLOW TUNNEL IN SOUTH BOSTON. Beaches Will Be Among The Cleanest In The Country[N]. May 10, 2012.

[29] Peter Kenyon, Green surge threatens CSO storage solution[N]. TunnelTalk. 19 Jun 2013.

[30] Robbins TBM Begins Hawaii's Longest Tunnel[N]. Tunnel Business Magasine, Jul 9, 2015 in News.

[31] Curt Ailes, Indianapolis'CSO project[N]. Urban Indy, Dec 2nd 2010.

[32] Case Study: Indianapolis Storm-Water System[N]. Copyright 2000-2017 Flow Science.

[33] Peter Kenyon, Cleveland awards second CSO storage tunnel[N]. TunnelTalk, 11 Nov, 2014.

[34] Euclid Creek Storage Tunnel Project, Cleveland, Ohio, United States of America[N]. Water Technology Net, Copyright 2017.

[35] Raw sewage flowing into Toronto's harbor: report[N]. City News 16 Dec 2016.

[36] Project Background-CSST, Project Review and Council Report[N]. Ottawa 27 June 2016.

[37] Green infrastructure. Wikipedia, the free encyclopedia 24 March 2017.

[38] "The Value of Green Infrastructure: A Guide to Recognizing Its Economic, Environmental and Social Benefits" (PDF). Chicago, IL: Center for Neighborhood Technology[N]. 21 January 2011.

[39] "Basics: What is Green Infrastucture?" [N]. EPA. 2016-08-12.

[40] Groundwork Cincinati. info@ groundworkcincinnati. org. 2017.

[41] Storage Wars: Philadelphia's Green infrastructure Takes On Lee and Irene[N], Watershed Blog, Sep 22, 2011 Copyright 2017 Philadelphia Water Department, http: //www. philly watersheds. org/storage-wars-philadelphias-green-infrastructure-takes-lee-and-ire.

[42] White paper: Green solution for the City of Omaha[N]. Dept of Public Works. Aug. 2007.

[43] Green Infrastructure in Action: Examples, Lessons Learned & Strategies for the Future. December 2014. http: //docplayer. net/10927376-Green-infrastructure-in-action-examples-lessons-learned-strategies-for-the-future-december-2014. html.

[44] DC Clean Rivers Project Green Infrastructure Program. D. C. Water.

[45] http: //docplayer. net/41998405-Dc-clean-rivers-project-green-infrastructure-program. 28 Oct. 2015.

[46] Member Highlight (2014): DC Water's Green Infrastructure Proposal. Metropolitan Washington, Council of Governments. Jan 28, 2014.

[47] Louis MSD Project Clear Nears Completion of First Tunner, Announces Future Schedule. Tunnel Business Magazine, Mar 25, 2015.

[48] 黄国如, 等. 广州城区雨水径流非点源污染特性及污染负荷[J]. 华南理工大学学报, 2012. 40 (2). 142-148.

[49] 李立青, 等. 武汉市城区降雨径流污染负荷对受纳水体污染负荷的贡献[J]. 中国环境科学, 2007. 27 (3). 312-316.

[50] 张善发, 等. 上海市地表径流污染负荷研究[J]. 中国给水排水, 2006, 22 (21): 57-63.

[51] 李伍, Frank Tian, 等. 奥克兰现代雨洪管理介绍 (一) 相关法规及规划[J]. 给水排水, 2012, 38 (3): 30-34.

[52] 潘国庆. 不同排水体制的污染负荷及控制措施研究[D]. 北京: 北京建筑工程学院, 2007.

[53] 祁继英. 城市非点源污染负荷定量化研究[D]. 南京: 河海大学, 2005.

[54] 马振邦, 等. 城市小集水区降雨径流污染来源解析[J]. 生态环境学报, 2011, 20 (3): 468-473.

[55] 徐海波，等．雨水中污染物浓度分布规律研究[J]．安徽农业科学，2011，39（20）：12304-12306.

[56] 常静，等．上海市降雨径流污染时空分布与初试冲刷效应[J]．地理研究，2006，5（6）：994-1002.

[57] 李立青，等．雨污合流制城区降雨径流污染的迁移转化过程与来源研究[J]．环境科学，2009，30（2）：368-375.

[58] 赵磊，等．合流制排水系统降雨径流污染物的特征及来源[J]．环境科学学报，2008，8：1561-1570.

[59] 车伍，Frank Tian，等．奥克兰现代雨洪管理介绍（二）模拟分析及综合管理[J]．给水排水，2012，38（8）：27-36.

[60] Stormwater Management for a Record Rainstorm at Chicago[J]. Journal of Contemporary Water Research and Education, 2010, Issue 146, 103-109.

[61] U. S. EPA. Combined Sewer Overflow（CSO）control Policy[J]. Federal Register, 1994, 59（75）: 18688-18698.

[62] U. S. EPA Office of Water. Combined Sewer Overflows-Guidance For Long-Term Control Plan[J]. EPA 832-B-95-002, 1995.

[63] U. S. EPA Office of Water. National Management Measures to Control Nonpoint Source Pollution from Urban Areas. 2005, EPA-841-B-05-004, 5-1.

[64] Shoichi Fujita. Full-Fledged Movement on Improvement of the Combined Sewer System and Flood Control Underway in Japan[C]. 9th International Conference on Urban Drainage（91CUD）-Global Solutions for Urban Drainage. 2002: 1-15.

[65] Stormwater/Sediment Team Auckland Regional Council. Stormwater management Devices design manual[R]. 2003: 1-4.

[66] Janurce Niemczynouicz. Swedish Way to Stormwater Enhancement by Source Control Urban Stormwater Quality Enhancement[R], 1990: 156-167.

[67] Lewis A. Rossman. Storm water management model user's manual version 5. 0. Water supply and water resources division[R], National risk management research laboratory, U. S. EPA, 2007.

[68] John J. Sansalone, Chad M. Cristina. First Flush Concepts for Suspended and Dissolved Solids in Small Impervious Watersheds[J]. JOURNAL OF ENVIRONMENTAL ENGINEERING, ASCE, 2004, 130（11）: 1301-1314.

[69] Sabbir Khan, Sim-Lin Lau, Masoud Kayhanian. Oil and Grease Measurement in Highway Runoff-Sampling, Time and Event Mean Concentrations[J]. JOURNAL OF ENVIRONMENTAL ENGINEERING, ASCE, 2006, 132（3）: 415-422.

第**5**章

城市排水规划在城市水污染治理中的作用

与城市建设快速发展相比，城市排水工程建设和管理相对滞后，导致很多城市相继出现内涝、黑臭水体等现象，给城市居民的日常生活带来诸多不便。随着人们对城市环境的关注和对美好生活的追求，排水安全和黑臭水体治理已成为人们最关心的话题之一，也越来越受到各级政府的重视。如在《国务院办公厅关于推进海绵城市建设的指导意见》（国办发〔2015〕75号）中，首次提出通过推进海绵城市建设，实现修复城市水生态、涵养水资源、增强城市防涝能力、扩大公共产品有效投资、提高新型城镇化质量和促进人与自然和谐发展的目标。为有效控制城市水环境污染问题，2015年9月，住房城乡建设部发布了《城市黑臭水体整治工作指南》，提出了各类城市在不同时期应完成的黑臭水体治理目标。

目前在黑臭水体治理过程中还存在一些问题，如对黑臭水体的成因分析不透彻，治理措施存在重工程设计、轻系统方案制定，重工程建设、轻维护管理的现象。本章以汕头市龙湖东区排水改造规划和商丘黑臭水体治理规划为例，介绍城市排水系统规划在水污染治理工作中的作用；以铜仁海绵城市专项规划为例，系统介绍海绵城市建设的意义以及专项规划编制内容和深度要求。

5.1 汕头市龙湖东区排水改造规划

5.1.1 背景

我国不同城市面临的水环境问题及其成因不同，城市排水设施规划建设和管理水平差异明显，因此每个城市所采取的治理对策也有所不同。龙湖东区位于汕头市的东部，最早的汕头特区就位于其中，其范围包括金环路以东、新津河以西，黄河路以南至汕头港水域，面积约30平方公里；其中金环路和铁路之间为现状建成区，面积约20平方公里，铁路以东为现状未建设地区，面积约10平方公里。相对于汕头市其他区域，该地区基础设施建设起点比较高，排水体制除局部地区为合流制外，大部分地区按雨污分流制进行建设。但由于小区建设与市政污水收集系统建设时序缺乏有效衔接，加上污水处理厂挪位以及建设管理不到位等因素，雨污水管错接和污水直排的现象比较明显，对河流水系造成不同程度的污染。通过对现有排水系统进行分析评价，找出存在的主要问题，在充分利用既有排水设施的基础上，制订出排水系统的整治改造规划方案，为构建完善的污水管网系统、改善水环境质量奠定良好基础。

5.1.2　现状排水系统分析评价

5.1.2.1　污水收集系统不完善，水体污染比较严重

因行政管理部门变更、建设管理体制改变、特区范围扩大、污水处理厂厂址的多次挪位以及上下游污水管网建设不同步等因素的影响，龙湖东区还没有形成完善的污水收集和输送系统，还存在着上游污水管无法与下游污水管道接驳、管线绕弯路、大管接小管和断头污水管等现象。另外新建污水处理厂距建成区较远，且中间为未开发地区，虽然现状建成区道路下都敷设有污水管，但因中下游污水管网系统不完善，导致建成区产生的一部分污水没有得到有效处理，有些市政污水管临时接入河道，一些市政污水管临时与雨水管连通，小区雨污水管道与市政雨污水管道也有错接现象，造成一些雨水管内有污

图 5.1　晴天沿河雨水口排出的污水

水（图 5.1），污水管里有雨水，所以从当前排水系统的运行情况来看，排水体制是一种混流制。污水直排和雨污水管道的混接，使建成后的污水处理厂只能收集到少量的污水，而且进水污染物浓度偏低，影响到污水处理厂的正常运行。同时也使河道水体受到严重污染，水环境质量只能达到V类水质标准；特别是三角关河和新河沟，受沿岸生活污水和工业废水排放以及河道排水不畅等因素的影响，水体污染尤其严重，给城市景观和周围居民的日常生活造成不利影响。

5.1.2.2　管道淤积和不均匀沉降严重

龙湖东区大部分地区是围海而成，地势平缓，地下淤泥层厚，工程地质条件差，地基承载力较低，很容易引起路基和地下管线的沉降，特别是沿海地区新建的道路沉降幅度更大。以中山东路污水干管为例（见图 5.2），通过实测检查井管道内底标高，并与原设计标高进行对比分析，可以看出污水管道不均匀沉降现象十分严重。污水管的不均匀沉降，使本已坡度很缓的污水管道在局部地段出现反坡现象，加剧了管道的淤积，降低了污水管道的输送能力，严重时还会导致污水管道断裂、污水渗漏和地下水的回灌。受管道设计坡度低、不均匀沉降和下游水体顶托的综合影响，龙湖东区排水管道淤积十分严重。根据测绘部门提供的实测资料，龙湖东区大部分排水管道都存在不同程度的淤积，其中半堵的检查井（淤积深度超过管径 1/2 及以上）占 27%，几乎全堵的占 8%。检查井和排水管的淤积不仅降低了其排水能力，暴雨时沉积物有可能被冲刷到水体形成冲击性污染负荷，对水环境质量造成不利影响。

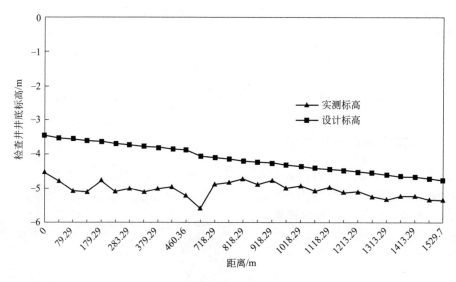

图 5.2 中山东路污水干管下沉情况

5.1.3 污水系统整治与改造对策

科学合理的污水系统规划改造方案在实施过程中可以起到事半功倍的效果。项目以现状分析评价为突破点，根据龙湖东区污水系统实际运行状况和排水系统建设要求，并综合考虑实施难易程度、后期维护以及实施后的综合效益等因素，制定出符合当地实际情况的污水系统规划改造实施方案。

5.1.3.1 排水设施现状分析评价

通过走访各委办局、规划设计单位、建设施工和管理单位等部门，从不同渠道收集整理现状排水设施资料，绘制出龙湖东区准确和完整的雨水和污水工程现状图，包括管材、管径、管位、埋深等基本信息。同时结合勘察设计单位同步测量的排水管网资料，核实设计资料的准确性，掌握现有排水管线的实际运行状况。根据对现状排水设施的综合分析，大部分排水管道尚能继续运转，污水管道系统基本上没有出现污水漫溢的现象，因此在排水管网的规划改造建设过程中应充分利用现有的污水管道系统。

5.1.3.2 小区排水系统的排查与整治

一些小区存在污水直排和雨污水管混接的现象，为提高污水收集率，消减排入水体的污水量，通过多方案分析比较，并征求规划、城建等部门的意见，最终确定按照严格雨污分流要求把小区雨污混接的现象纠正过来。为此需要对小区内部的排水系统进行仔细排查，对雨污水排放去向进行检查，对于小区污水排入市政雨水管的应改接入市政污水管，小区雨水接入市政污水管的应改接入市政雨水管，凡临时将小区污水排到附近水体的应对排放口进行封堵，把污水排至市政污水管。

鉴于小区数量多、现状排水状况非常复杂，要彻底解决雨污水管错接现象工程量和实施难度都很大，建议根据小区或用户的用水量大小，按照从大到小、从易到难的顺序逐步进行改造。如能把大部分小区错排和直排的污水收集到市政污水管道中去，就可以显著改善河道水体的水环境质量。

5.1.3.3　市政污水管道的梳理与改造

结合龙湖东区的实际情况，在充分发挥现有污水管网的基础上，为构建完善的污水收集系统，污水管网的整理与改造建设可按 3 个阶段分期实施。

（1）对现有污水管网接通理顺

龙湖东区已建成污水管道约 81km，合流管道 7.4km，应充分利用这些现有污水管道。通过对既有污水管网的梳理，摸清污水干支管、新旧管及排污口接驳不到位，雨污水管混接等情况，衔接好小区排水管与市政排水管、市政雨水管与市政污水管的关系。通过对现有污水管道的梳理和接通，污水管网的有效收集范围达到 $11.73km^2$，可收集污水（2.7~3.8）×$10^4t/d$。

（2）近期改造建设

建成区一些区域污水管线还不成系统，尤其是在现状建成区与规划建设区相邻地区存在污水断头管、污水无出路的现象。为使已建成的大部分污水管线发挥作用，提高污水收集率，减少污水无序排放，需要在一些关键路段新建市政污水管道，并对局部现状污水管进行改造，主要包括理顺与南北向污水干道相连的现有污水系统，尽快把南北向的污水管与中山路污水干管的预留支管接通，然后从下游到上游将临时排入水体和雨水管的连通管堵死。当这一步骤完成后，需新建和改建的污水管长度约 9km，污水管网的收集范围将从原来的 11.73 平方公里扩大到 18.76 平方公里，可收集的污水量为（3.4~4.8）×$10^4t/d$。

通过上述措施，可以用较少的投资、在很短的时间内把建成区大部分污水收集输送到污水处理厂进行处理，发挥其社会和环境效益。

（3）远期规划建设

规划建设区的污水工程建设可结合城市规划建设有序进行，该区域范围为 11.46 平方公里，为构建完善的污水收集系统，需规划新建污水管网约 50km。

当整个污水系统整理改造建设完成后，在龙湖东区将形成 9 个污水收集子系统，分别是龙湖泵站、天山南路、衡山路、嵩山路、三角关沟、中山东、黄山路、黄厝围沟和新津河污水收集系统，这些子系统共同构成龙湖东区的污水收集系统。

5.1.3.4　排水管网的维护与管理

工程建设与维护管理并重。在进行必要的管网改造与建设的同时，应重视对现有排水管网的保养维修。对破损和沉降严重的污水管道和检查井及时进行修复，对满足不了排水要求的污水管段进行及时修复。针对龙湖东区排水管容易淤积的特征，首先对路面及时进行清扫，并加大排水管道清淤疏通的力度，缩短养护周期，恢复或改善既有排水管网的排水能力，从而减轻管道沉积物对水体造成污染的风险。

建立地下工程管线档案，完善竣工验收存档制度，为规划管理和审批创造条件。对新建污水工程加强施工质量管理，严格审批验收制度，从源头防止出现新的雨污水管错接现象。

很多城市在发展过程中都面临着污水收集系统不完善、污水处理设施运行效率低并由此造成城市水体污染等问题，为制定适宜的治理对策，应对城市既有排水工程进行系统分析，结合规划建设目标，通过方案比选，选择出技术可行、经济投入合理、见效快的实施方案。实施方案应坚持梳理改造与规划新建相结合，工程建设与维护管理并重。通过对污水设施的系统梳理、清淤疏通以及对重要污水管段和关键节点的改造建设，恢复和提升既有污水系统的功能与作用，为提高建成区污水收集率和改善城市水环境质量创造良好条件。

5.2 商丘市黑臭水体整治规划

5.2.1 背景

随着城市快速发展，我国水环境恶化日益严重，城市黑臭水体治理迫在眉睫。2015年国务院发布"水十条"，提出明确的治理目标：到2020年，地级及以上城市建成区黑臭水体均控制在10%以内。到2030年，城市建成区黑臭水体总体得到消除。

商丘中心城区9条水系基本为黑臭水体，面临严峻的水环境和水资源问题，迫切需要分析问题成因，提出系统解决方案，指导商丘市黑臭水体治理工作。

商丘市黑臭水体治理规划的规划范围为城市总体规划确定的中心城区，北部与西部以商州—商济高速公路为界，南部以连霍高速公路和睢阳产业区南侧的引黄渠为界，东部以济广高速公路和东外环路为界，总面积约390km²。研究范围为城市总体规划确定的城市规划区，包括梁园区、睢阳区、城乡一体化示范区、虞城县和宁陵县的行政区划范围，总面积约3930km²。规划期限为2016～2035年。

5.2.2 现状与问题分析

5.2.2.1 水环境质量现状

随着商丘城市和经济的发展，中心城区内河水系的水环境严重恶化。根据商丘市近几年地表水体监测数据，商丘中心城区的地表水体除城湖监测点的水质达到Ⅳ类标准外，其他水体的化学需氧量、氨氮、总磷的浓度均远远超过了Ⅴ类标准的要求，水体水质常年为劣Ⅴ类，多数河段常年发黑发臭，水体污染非常严重。

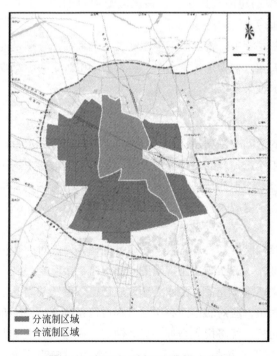

图 5.3 商丘中心城区现状排水体制

5.2.2.2 排水系统现状

商丘市中心城区现状排水体制为合流制和分流制。如图5.3所示，合流制区域主要集中在老城区，包括古城及建设路以南、南京路以北、平原路以东、睢阳路以西的区域，面积约33平方公里。新建城区以分流制为主。

商丘市中心城区现状共有6座污水处理厂，总规模为32.5×10⁴t/d，分别为第一、第三、运河（第四）、第五、第六及第七污水处理厂。在建污水处理厂1座，为第八污水处理厂，规模为10×10⁴t/d。

商丘市中心城区现状合流制管网多数为20世纪90年代建设，主要为混凝土砖式，总长度约 150km，其中满足一年一遇的管道仅约 16%。

商丘市中心城区污水管网总长 419.5km，管网密度约为 3km/km²。现状中心城区截污干管共计约 102.3km，古宋河、东沙河等全线缺失截污干管，沿线生活生产污水直接排放。

商丘老城区内的雨水主要通过合流制管网收集、排放，新建区雨水通过雨水管收集后就近排至河道水系。商丘市中心城区现状分流制雨水管道 299km。

5.2.2.3　问题分析

（1）污水处理能力不足，污水直排及合流制溢流严重影响水质

商丘市中心城区污水处理厂总规模为 $32.5 \times 10^4 t/d$，而污水排放量达到 $45 \times 10^4 t/d$，污水处理能力严重不足，并且存在污水处理厂与污水管网建设不匹配的问题，导致大量污水无法有效收集和处理，而直接排入河道。截污干管敷设不全，大量的城镇居民生活污水直接排入自然水体。偷排漏排现象也非常严重，沿河部分小区、学校的生活污水未接入市政排水管网而直接偷排入河。部分工业企业的污废水在未能达标处理甚至没经过处理的情况下直接偷排至自然水体，加剧水环境的恶化。

商丘老城区现状排水管网基本为合流制，部分路段沿河布置了截污干管。雨天合流制溢流污水从溢流口溢出，流入包河、运河、万堤河等河道，对水环境影响极大。即使今后市政排水管网全部改造为雨、污分流体制，由于小区排水体制多数为合流制，如果不对小区进行雨污分流改造，雨水、污水仍然难以彻底分流，还会存在合流制溢流污染，会对水环境构成极大的威胁。

（2）初期雨水控制缺失，城区降雨径流污染水体

随着城市化进程加快，商丘市中心城区的道路、桥梁、建筑物等不透水下垫面的面积快速增长，降雨形成的地表径流量急剧增加。当暴雨产生时，商业区、居住区、文教区等城市功能区产生的降雨径流的 COD、SS、BOD 等污染物浓度均远远高于天然雨水。由于得不到有效的收集处理，这些污染物随地表径流进入河道、湖泊等受纳水体，形成城市雨水径流污染。雨水径流污染数量大、范围广、冲击强、成分复杂，对商丘市水环境产生巨大的负面影响。

（3）部分河岸垃圾遍地，加剧水体污染

商丘市中心城区部分河段两侧的生产厂区和居民小区，沿河岸任意堆放杂物，私搭乱建违规建筑，有的住户更是将生活垃圾直接堆放在河岸两侧，甚至将垃圾直接倒入河中，进一步加剧水体的污染程度。

河岸上堆积的混合垃圾具有含水率高、有机物含量高、可生物降解性强、热值低等特点。这些生活垃圾、垃圾分解物及其渗滤液进入河道后更是加剧了地表水体的污染。

（4）水体流动性差，河道淤塞阻隔，底泥污染严重

商丘市中心城区地势平坦，坡降为 1/5000～1/7000，河道坡度较缓，上下游水位落差小，水体流动缓慢，更新周期较长。河道多为季节性河流，部分河流冬春季少雨断流，河道流动性差，加之部分河道淤塞严重，水体封闭，河道的自净能力极其低下。多数河段底泥淤积严重，例如忠民河平均淤积厚度达 2m，康林河平均淤积厚度达 1.5m。淤积的底泥释放出大量的污染物质，进一步加剧了商丘市水体的黑臭程度。

商丘市中心城区的局部水系遭到破坏，水系之间的连通受到阻隔，河道"肠梗阻"现象频发，水闸运行缺乏统一调度，存在启闭不合理的情况，影响了水系之间的水分和养分交互与循

环，丧失和改变了原有的生态功能，降低了水环境容量和对污染物的稀释吸纳能力，进一步导致了水生态及水环境的恶化。

（5）硬质护岸盛行，蓝线绿线被侵占，水生态功能退化

商丘市中心城区的河道现状大部分为硬质护岸（混凝土、浆砌块石等）和自然未整治的原型护岸，部分河流被填埋，明沟暗渠化，水系"三面光"现象普遍。这种护岸的建设形式切断了水生物链，水中和岸上生物的生存环境和空间受到毁灭性破坏，生态失去平衡，导致水生态退化，生物多样性缺失，河流的自我净化能力降低。

在商丘市城市建设中，部分滨河绿地被高密度低品质民居侵占，部分河道两岸居民居住集中，沿岸违规建筑挤占河道绿线甚至蓝线的现象较为严重，人为的干扰使河道变窄，滨河景观与河道生态退化严重，动植物种群和数量急剧减少，沿线缺乏游憩场地，生态景观单调，河道岸线亲水性日趋恶化。

5.2.3 黑臭水体整治规划方案

5.2.3.1 规划原则与技术路线

商丘市黑臭水体整治规划遵循"综合整治，流域治理，上下联动；系统规划，动态模拟，精细分析；控源截污，活水扩容，生态修复"的原则。在治理思路上，在全流域范围内对商丘市中心城区的黑臭水体进行综合的整治，上游和下游统筹协调，共同治理黑臭水体。在规划方法上，系统地进行规划，力求达到水系统的整体最优，用模型对规划方案进行动态的模拟，对规划效果进行精细的分析。在治理手段上，控源截污为治理黑臭水体的根本措施，活水扩容为重要的辅助手段，生态修复为重要的治理措施。

规划的技术路线如图5.4所示。规划的措施主要包括控源截污工程和水系综合整治两大部分。

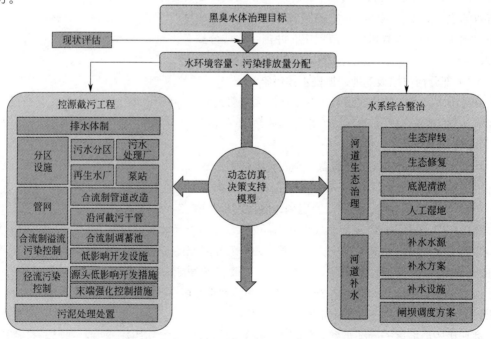

图5.4 规划技术路线

5.2.3.2 控源截污工程规划

（1）排水体制

规划近期商丘市中心城区为截流式综合排水体制，即部分老城区保留截流式合流制，其余区域为分流制。新建区域全部采用分流制，部分有条件区域采用截流式分流制。

规划远期商丘市中心城区全部实行分流制，部分区域为截流式分流制。

（2）污水分区

规划对现有污水分区进行优化调整，将中心城区划分为 6 个排水分区（见图 5.5）。针对第一污水分区超负荷运转，规划通过改变污水主干管流向以及敷设新增污水干管，达到降低第一污水分区负荷的目的，规划敷设南京路泵站—平原路—北海路主干管，将康林河、忠民河沿线污水收集至第八污水分区，规划新敷设蔡河截污干管，将商丘古城内的污水通过宋城路污水泵站提升至蔡河截污干管，再转输至第二污水分区处理，规划改变万堤河两侧截污干管流向，经陇海铁路至建设路、民主路、陇海南路，收集沿线污水输送至第五污水处理厂。

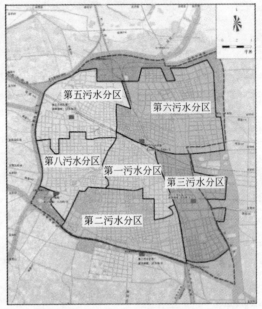

图 5.5 商丘市中心城区远期规划污水分区

（3）截污干管规划

加快商丘中心城区主要河流沿岸的截污干管建设，优先建设沿蔡河、忠民河、古宋河、运河的截污干管，以改善海绵城市示范区内的水环境质量。规划中心城区共建设截污干管 77.5km，如图 5.6 所示，主要集中敷设在蔡河下游、古宋河全线、东沙河和包河下游以及日月河两侧。

截污干管的截流倍数按 2～3 选取。多数管段按 3 设计，少数按 2 设计。对于不满足要求的现状管段，按以下原则进行改造： a. 近期改为分流制的，满足污水管要求则保留原管径，不满足则加大管径； b. 近期仍为合流制的，加大管径。对于部分不满足的管段，通过增加合流制调蓄池提高其截流倍数。

（4）污水泵站规划

根据截污干管水力计算结果，规划新建梁园路包河泵站，规模 $3 \times 10^4 t/d$。规划远期将第一污水处理厂改造为第一污水泵站，规划规模 $18 \times 10^4 t/d$，原第一污水厂的污水通过第一污水泵站输送至第二污水厂。改造南京路泵站规模为 $8 \times 10^4 t/d$。规划取消建设路泵站。

（5）污水处理厂规划

加快商丘市中心城区污水处理厂建设，以补齐污水处理的缺口，满足污水处理的需求。

根据地形地势、规划用地、污水处理厂现状，并结合再生水回用、河道补水的需求，规划近期在商丘市中心城区建设 6 座污水处理厂，总规模 $62 \times 10^4 t/d$。远期建设 5 座污水处理厂，总规模 $80 \times 10^4 t/d$。各污水处理厂的分区与布局如图 5.7 所示。

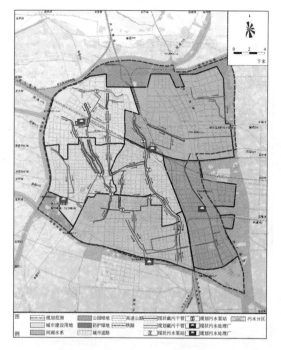

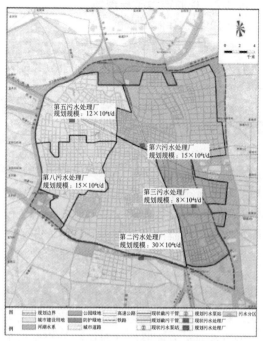

图 5.6　商丘市中心城区
截污干管规划图

图 5.7　商丘市中心城区污水处理厂
远期分区布局规划图

近期规划新建第二、第八污水处理厂，扩建第五、第六污水处理厂。取消第四污水处理厂，将第四污水处理厂的污水输送至第八污水处理厂进行处理。取消第七污水处理厂，将第七污水处理厂的污水输送至第二污水处理厂进行处理。

远期扩建第二、第三、第六、第八污水处理厂。取消第一污水处理厂，经加压泵站将污水输送到第二污水处理厂进行处理。

规划区内各污水处理厂的出水水质应达到《城镇污水处理厂污染物排放标准》（GB 18918—2002）一级 A 排放标准。污水处理厂的规划设计建设应充分考虑处理初期雨水的需求。

（6）再生水厂规划

加快商丘市中心城区再生水厂建设，以满足商丘市中心城区工业、浇洒、景观河道补水等再生水需求，提升中心城区水系的水环境质量。

规划再生水厂与污水处理厂合建，共建设 5 座再生水厂。规划新建第二、第三、第五、第六、第八再生水厂，近期总规模 27×10^4 t/d，远期总规模 63×10^4 t/d。

根据水环境容量的估算结果及污染负荷削减要求，规划各再生水厂出水的主要水质指标（COD、NH_3-N、TP）应达到地表水 V 类水体水平。根据再生水主要作为景观、工业和市政浇洒用水的定位，以及上述出水水质的要求，根据技术成熟、运行安全可靠、经济可行的原则，推荐再生水厂主体处理工艺采用混凝—沉淀—过滤—消毒工艺，并在该流程中采用反硝化生物过滤去除总氮，臭氧氧化去除有机物、脱色除臭消毒。

（7）合流制改造规划

合流制改造难度较大，规划对商丘市中心城区的合流制区域分批次、分区域进行改造。近期合流制改造区域的选择遵循以下原则：a. 改造难度、改造工程量相对较小；b. 人口密度相对较小；c. 分流制已具备一定基础。

根据改造区域选择的原则及商丘市实际情况的分析，确定商丘市中心城区的近期合流制改造方案为：a. 万堤河、康林河片区、运南包河西片区近期改造为分流制；b. 运北包河片区和运南包河东片区近期保留为合流制片区，片区内可结合城市道路改造，进行雨污分流改造，为远期实行雨污分流奠定基础。

满足一年一遇的合流制管道规划改为雨水管道，单独敷设新的污水管道。对不满足一年一遇排水能力且是积水点的管道，重点进行改造，按以下方式进行：a. 位于近期雨污分流改造片区的合流制管道，按雨污分流规划进行改造；b. 位于近期合流制保留片区的合流制管道，进行排水能力的提升改造，根据实际情况加大管道管径，或由单管改为双管。主要位于民主路、文化路、凯旋路、平原路、神火大道、南京路、珠江路、香君路等少数路段。

在合流制改造过程中，不但要对市政道路进行雨污分流改造，还应加强沿线小区的雨污分流改造。原合流制溢流口上游的市政、小区管道实现完全雨污分流后，雨水口再接入分流制截流干管或直接排河。截污干管全线所承接的区域全部彻底完成合流制改造后，封堵该截污干管沿线的各溢流口，原合流制沿河截污干管改为污水主干管。

（8）径流污染控制

根据源头减排、过程控制和末端治理相结合的原则，对径流污染进行控制。

1）源头减排　通过落实年径流总量控制率的目标和对径流污染的控制目标，全年可削减进入城市水体的径流污染物（以 SS 计）不小于 40%。加强地面清扫、错接污水管道改造、汛前雨水管道清洗、泔水乱倒等管理措施。

2）过程控制　完善雨水口截污挂篮的设置，因地制宜合理运用植草沟、渗排一体化设施，加强径流输送过程中的面源污染控制。

3）末端治理　在雨水管道末端采用湿塘、生物滞留带、旋流分离装置等，进一步强化对径流污染的控制。城市雨水可能造成洪涝灾害和对水体的严重污染，但是经过处理和净化的雨水能成为城市的重要水资源之一，而且其达到地表水环境质量Ⅳ类标准的处理难度远低于城市污水。通过水力折流或旋流泥沙等固体污染物分离器—固定式生物膜处理池—净化塘—地表径流人工湿地等的优化组合系统，能有效地将雨水径流处理净化到地表水环境质量Ⅳ类标准或更高。净化雨水排入附近河道和湖泊成为优质的生态景观补给水源。

（9）合流制溢流污染控制

合流制的分流改造难度大、任务艰巨，是项长期的系统工程。在彻底实现分流制改造完成之前，应重点做好合流制溢流污染控制。通过建设合流制调蓄池、低影响开发设施，减少降雨形成的地表径流量，对合流制溢流污水进行调蓄。

1）合流制溢流污染控制模型　基于 SWMM 模型开发了商丘市合流制溢流污染控制模型，对中心城区所有合流制片区及相关的分流制片区进行模拟，为制定规划措施及其效果模拟提供支撑。模拟汇水区面积约 $40km^2$，模型包括 825 个节点与 832 个管段。模型概化如图 5.8 所示。

模型的验证采用商丘当地一年一遇 2h 实际降雨数据作为降雨情景设计的依据。在该情景下进行模型计算，得到积水点的模拟结果，将其与实测的积水点观测数据进行对比，大部分积水点与模型模拟结果相互吻合，模拟效果良好，模型通过验证。

2）合流制调蓄池　运用商丘市合流制溢流污染控制模型，模拟一年一遇 2h 降雨，对各溢流点的溢流量进行统计。溢流量大于 $5×10^4t$ 的 2 处，溢流量（2~5）$×10^4t$ 的 7 处，溢流量 1 万~2 万吨的 11 处，这些为合流制溢流污染的关键点。在此基础上，结合工程建设条件，确

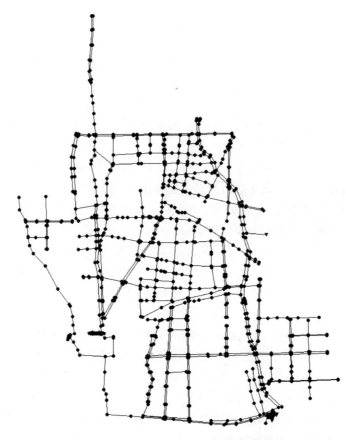

图 5.8 商丘合流制溢流污染模型概化图

定在包河、运河、蔡河、万堤河建设合流制调蓄池 12 个，合计 10×10^4 t。

各调蓄池的位置及规模如图 5.9 所示。

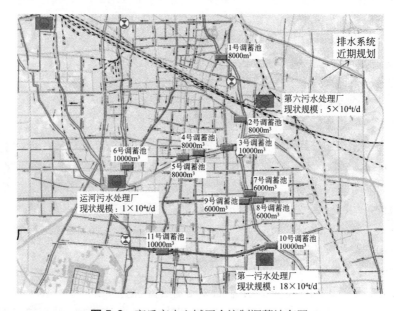

图 5.9 商丘市中心城区合流制调蓄池布置

3）低影响开发（LID）设施　根据商丘市中心城区合流制区域不同地块的面积、建筑密度、绿地率、绿色屋顶率、透水铺装率、下沉式绿地率等指标，计算得到 3 种 LID 设施的规划工程量：绿色屋顶 $15.3 \times 10^4 m^2$，透水铺装 $131.9 \times 10^4 m^2$，下沉式绿地 $164.8 \times 10^4 m^2$。

4）规划效果模拟　设计了基准情景、调蓄池情景、LID 情景和综合措施情景（调蓄池加 LID 设施）4 种情景，用合流制溢流污染控制模型进行模拟分析。模拟结果表明：建设调蓄池能较好地对合流制溢流量和溢流污染进行控制，但更适用于较小降雨的情景。建设 LID 设施能较好地对内涝量和内涝污染进行控制，且更适用于降雨量较大的情景。将上述两种措施相结合，合理建设调蓄池和 LID 设施，能有效控制中低强度降雨下的合流制溢流污染，并将全年的溢流次数控制在 20 次以内，溢流污染削减 45％，实现对合流制溢流污染的最优控制。

5.2.3.3　水系综合整治规划

水系的综合整治应根据河流的宽度、水深、流速等各自特性，因河施策。

（1）生态护岸建设

生态护岸建设与沿岸地块的低影响开发相结合，形成地块-陆域绿带-生态护岸-河道相耦合的雨水控制和净化系统，从源头削减雨水径流污染。规划 2020 年商丘中心城区河道生态岸线比例不低于 80％，2030 年中心城区河道生态岸线比例不低于 90％。

商丘市主要河道岸线形式分为自然生态岸线、人工生态岸线和功能复合型岸线三类。

1）自然生态岸线　自然生态岸线在城郊段以自然缓坡入水，并沿岸建设大型植被缓冲带，保持自然堤岸特性；在城区段除自然岸线外，还应建设潜流湿地、下沉式绿地、植草沟、透水路面等设施。适用于古宋河南部河道及东沙河城区外围河道。

2）人工生态岸线　人工生态岸线在常水位以下考虑稳定性需求，常水位以上模拟自然岸线形式。可采用的设计方法有石笼网箱、梯级湿地、植物生态护坡等。适用于康林河、忠民河民主路以北河道、万堤河货场路以北河道、运河与包河交界处以东河道、包河 G310 以北河段、蔡河华商大道以南河道。

3）功能复合型岸线　功能复合型岸线考虑人的活动需求，区段内部分岸线（比例不宜超过全段岸线的 20％）可建设为硬质岸线形式，可采用的设计方法有杉木桩、石笼挡墙等，并沿河道建滨水道路、亲水平台。适用于康林河、忠民河与运河交界以北河段、运河中段、万堤河民主路以南至与运河交界处、蔡河中北部河道岸线。

（2）水生态修复

规划采用水生植物修复、水生动物投放、PGPR 技术、曝气增氧技术、生态浮岛技术、生物栅技术进行商丘中心城区河道水生态修复。具体如下：

① 规划水生植物群落改善河道生态结构，其中可用挺水植物种类有荷花、千屈菜、香蒲、芦苇、菖蒲、水竹、水葱等；可用浮水植物种类有睡莲、荇菜、竹叶眼子菜等；可用沉水植物种类有苦草、轮叶黑藻、狐尾藻、金鱼藻、矮生耐寒苦草等。

② 向水体中投放滤食性鱼类，主要为鲢鱼、鳙鱼；投放底栖动物，主要为划蝽、仰蝽、水蛭虫、负子虫等。

③ 规划将 PGPR 生态反应池布置于城区主要污水厂出水口下游和主要黑臭河道。

④ 规划在蔡河、运河试点应用曝气增氧技术，设计平均长度为 500m/个，取得良好效果后再推广到其他河道。

⑤ 规划在包河、古宋河、东沙河和城湖处设计生态浮岛。

⑥ 规划在主要污水处理厂排放口附近设置多道水下格栅，对入水污染物进行进一步的强化净化。

（3）底泥清淤

采用机械清淤和水力清淤等方式，适时对河道进行底泥的清淤疏浚。在清淤中，应明确清淤的范围和深度；根据气温和降雨情况，合理选择清淤时间；应避免清淤工作影响水生生物生长；清淤后回水水质应满足"无黑臭"的指标要求；应考虑原有黑臭水的存储和净化措施。

加强清理河道内的生物残体及漂浮物清理，对于水生植物、岸带植物和季节性落叶等属于季节性的水体内源污染物，应在干枯腐烂前清理。对于水面漂浮物包括各种落叶、落絮、塑料袋及其他生活垃圾等，应进行长期的清捞维护。对城市水体沿岸临时堆放点的垃圾加强管理，做到及时清理。

（4）人工湿地

规划在中心城区建设人工湿地共 16 处，分为湿地公园和河道湿地。中心城区人工湿地系统的选址主要在河岸附近的大型公园、绿地及城区河道的再生水补水点处或主要水系出城边界处的生态绿地等。

借助人工湿地，利用植物的过滤作用达到降低污染物浓度的作用，利用植物本身的特性对水体富氧化问题进行改善，调节温度、湿度，涵养地下水源，提高生态景观质量，改善城市空间环境，起到"自然之肾"的作用。

（5）河道补水

规划通过引黄水、再生水回用、雨水利用等途径，对河道进行生态补水，增加河道内的生态流量，加快水体流动，提高水体的溶解氧浓度与自净能力。通过对引黄水、再生水和雨水的水量、水质的全面分析，确定再生水作为城市水系的主要补水水源，自然降雨为补充水源，引黄水为备用应急的补水水源。

规划远期商丘市中心城区再生水量为 $60.0 \times 10^4 \, \text{m}^3/\text{d}$，工业再生水平均日需求量 $9.7 \times 10^4 \, \text{m}^3/\text{d}$，市政浇洒用水 $9.4 \times 10^4 \, \text{m}^3/\text{d}$，剩余的再生水全部用于河道生态补水，可提供补水量 $40.9 \times 10^4 \, \text{m}^3/\text{d}$。

再生水厂河道补水路线如图 5.10 所示，补水方案如下。

① 第二再生水厂：再生水一路提升至运河和包河交叉口附近，为运河、包河和蔡河补水；再生水一路提升至运河上游，清凉寺大道和运河交叉口附近，为运河、古宋河补水。

图 5.10 再生水补水方案图

② 第三再生水厂：再生水提升至运河和东沙河交叉口附近，为东沙河、运河补水。

③ 第五再生水厂：再生水一部分提升至康林河商丘高速出入口附近，向康林河补水；一部分提升至忠民河与梁园路交口附近，向包河、忠民河和万堤河补水。

④ 第六再生水厂：沿包河东侧延伸现状补水管道至凯旋路，向包河补水；一部分沿东沙河西侧提升至庄周大道附近，向东沙河补水。

⑤ 第八再生水厂：再生水除就地向运河补水外，其余提升至康庄路与古宋河附近，向古宋河补水。

（6）闸坝调控

在商丘中心城区修建闸坝有以下的优点：a. 能有效控制水面高程，增加河道蓄水量，丰富城市水景观；b. 当突发污染事件时，能通过闸坝的调度，减少整个水系大面积污染的风险，并能对特定河道的污染调水稀释；c. 便于河道截水清淤和清理维护。

但是，闸坝也存在一定的负面作用，需要引起重视，并尽量克服：a. 闸坝对河道形成了人为阻隔，不利于生物在河道上下游之间自由行动，使河道生态系统碎片化；b. 当闸坝壅水过高时，水体换水周期拉长，坝前局部水域换水困难，影响河道水质。

经计算，当无闸坝时，在枯水期上游来水极少、主要依靠再生水补给的情况下，商丘市中心城区的河道只能维持 0.2～0.3m 的水深，流速为 0.15～0.25m/s，换水周期为 1～2d。同等条件下，当水深从 1m 增加到 3m 时，换水周期从 10d 增加到 34d。

针对商丘市中心区内闸坝众多的特点，制订如下的闸坝调度方案：

① 由于再生水的量不大，建议平均水深宜保持在 0.7～1m 左右（坝前水深为 1.2～1.5m），使换水周期控制在 1 周左右，以保持较好的水质。

② 对于无显著景观需求的河道，应逐步打开闸坝，以增加河道水系的连通性与流动性，提高水生态系统的完整性。

③ 当预报有较强降雨时，应提前打开闸门，降低拦水坝高度，预降河道水位，以防止强降雨时河道水位过高，影响城市排涝，造成城市内涝积水。

④ 当各溢流口出现明显的合流制溢流污染时，应及时打开闸门，降低拦水坝高度，提高水体流动性，避免对河道水体造成严重的污染。

⑤ 当局部河道出现突发水污染事件时，应及时关闭与该河道相连通的闸坝，以缩小污染范围，避免污染向整个水系扩散。

黑臭水体的治理是一项长期而复杂的系统工程，应坚持"控源截污、活水扩容、生态修复"的策略，在全流域范围内对黑臭水体进行综合整治，上下游统筹协调。

"黑臭在水里，根源在岸上，关键在排口，核心在管网"，控源、截污为治理黑臭水体的根本措施，需要对生活污水、工业废水、降雨径流污染、内源污染等各种污染源进行有效的控制，加强与完善污水处理厂和污水管网的建设，通过低影响开发设施和调蓄池，对径流污染和合流制溢流污染进行有效的控制。

黑臭水体多数流动性较差，因此活水扩容为重要的辅助手段，可通过再生水和净化雨水等对河道进行补水，减少闸坝对水体的阻断，以增加水体流动性和自净能力，扩大水环境容量。今后应规划建设和运行城市雨水径流处理厂，实现雨水资源化，成为城市水体的重要生态补给水源之一。这也是雨污分流制的最完美的体现。

生态修复为重要的治理措施，通过岸线的生态整治，应用河道水质净化技术和生态修复技术，改善水环境质量。

5.3 铜仁市中心城区海绵城市专项规划

5.3.1 背景

党的十八大报告明确提出"必须树立尊重自然、顺应自然、保护自然的生态文明理念，把生态文明建设放在突出地位"。建设具有自然积存、自然渗透、自然净化功能的海绵城市是生态文明建设的重要内容，是实现城镇化和环境资源协调发展的重要体现，也是今后我国城市建设的重大任务。海绵城市是指城市能够像海绵一样，在适应环境变化和应对自然灾害等方面具有良好的"弹性"，下雨时吸水、蓄水、渗水、净水，需要时将蓄存的水"释放"并加以利用。海绵城市建设遵循生态优先等原则，将自然途径与人工措施相结合，在确保城市排水防涝安全的前提下，最大限度地实现雨水在城市区域的积存、渗透和净化，促进雨水资源的利用和生态环境保护。

铜仁市地处云贵高原，贵州省东北部武陵山腹地，是贵州省东大门，湘、鄂、渝、黔四省市边区的交通要道，连接中原地区与西南边陲的桥梁与纽带，素有"黔东门户"和"梵天净土，桃源铜仁"之美誉。中心城区城市建设用地规模 119.77km^2，人均 99.81m^2。

《铜仁市中心城区海绵城市专项规划》的编制，在分析铜仁市中心城区地形地貌、气候水文特征、洪涝情况、下垫面情况、现状涉水设施的基础上，分析开展海绵城市建设的问题和需求，布局海绵城市设施，进行海绵城市功能分区，构建海绵生态格局，提出水环境保护、水生态修复、水安全保障、雨水资源化利用策略。本节仅就该规划的水环境、水生态部分做深入研究，以阐述海绵城市专项规划在城市水污染治理中的作用。

5.3.2 海绵城市建设需求分析

5.3.2.1 水环境现状良好，未来堪忧

铜仁市主要河流各断面的水质符合《地表水环境质量标准》（GB 3838—2002）Ⅲ类水质标准，就全国所有地级以上城市来看，城市建设区水系少见如此优良的水质，综合分析铜仁市水环境质量较好的原因：a. 铜仁市水系来水量丰富，水环境容量大；b. 产体量小，工业污染少；c. 城市规模小，生活污水量不大。虽然铜仁市区水环境质量现状情况优良，但是仍然存在雨水径流污染没有得到有效控制、合流制管渠溢流污染严重、城市排水设施纳污能力不足、居民环境保护意识薄弱等问题。

雨水径流污染没有得到有效控制，基础设施建设滞后于城市建设，一些现状建成区排水管网空白，雨水仍然沿地表自由排放，雨水直排或合流制管渠溢流进入城市内河水系，初期雨水径流导致城市内河水系污染严重。

城市排水设施纳污能力不足，污水收集系统仍然不够完善，污水仍然顺地形就近排入水体，一些已建、在役排水管网管径、坡度等参数已不满足城市发展的现状要求。城市污水处理厂能力不足，尾水不达标。

合流制管渠溢流污染严重，铜仁市大量城中村仍为合流制排水，尚未形成真正的雨污分流排水体制，已建雨污管网混接、错接情况普遍存在，大量污水进入雨水管道并直接排放进入河

道，造成河流水体污染。

居民环境保护意识薄弱，市民环保意识有待加强，木杉河、小江河两岸居民生活污水私接污水管，引污水直排入河（图5.11、图5.12）。此外，还有部分工厂偷排或不达标排放废水，加之河道现状纳污容量有限，城市点源、面源污染对水体冲击非常大，水质保障率不高（图5.13、图5.14）。

图5.11 木杉河上游污水散排

图5.12 小江河下游污水散排

图5.13 凉湾水库垃圾堆放

图5.14 黑桃湾水库垃圾堆放

5.3.2.2 水生态整体较好，局部退化

铜仁市现状总体水生态状况良好，但是局部地区存在河道生态受到破坏，水土流失情况严重的情况。

1）河道生态受到破坏 受城市扩张影响，沿河破坏性开发严重，城镇建成区河段水环境受到污染，河道周边生活污水、工业尾水等废水直接排放河道，水体净化能力减弱。河道生态功能整体呈急剧下降趋势，河道生态特征单一，河道生态系统退化严重，有的甚至完全失去了生态特征；在山区及城镇建成区以外的河段，河道基本保持原有的生态特征。河道生态特征与区域开发程度密切相关，开发程度越高，河道生态特征越差。

2）水土流失情况严重　铜仁市是贵州省水土流失最为严重的城市之一，根据水利部水土保持监测中心公布的全国第二次水土流失遥感调查数据，铜仁市现有水土流失总面积9487.35km²，占土地总面积的52.70%，水土流失以轻度和中度为主。

5.3.3　海绵城市分区策略和系统构建

建设海绵城市，就是要通过加强城市规划建设管理，保护和恢复城市海绵体，有效控制雨水径流，由"快排"转为"渗、滞、蓄、净、用、排"，由末端治理转为源头减排、过程控制、系统治理，从而实现修复城市水生态、改善城市水环境、保障城市水安全、提升城市水资源承载能力、复兴城市水文化等多重目标。

5.3.3.1　市域山水格局

调查城市生态本底是为了分析城市海绵体的原真性和系统性，重点做好自然山水格局分析，明确保护恢复城市天然海绵体的管控要求。本规划通过调查城市自然地形地貌、河湖水系分布、林地湿地范围、低洼地区分布，确定了铜仁市域"一核、四带、多点"山水格局，为确定城市禁建区和限建区等提供依据。

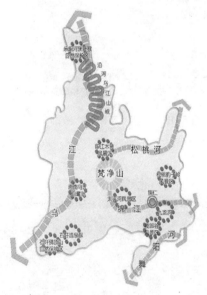

图5.15　铜仁市域山水景观格局图

"一核"指梵净山生态绿核，其原始生态保存完好，其山体及周边区域为铜仁市林地资源分布最为集中的区域。梵净山也是铜仁市最重要的山体，为包括锦江在内的多条河流的发源地，其水土植被保护对确保区域生态安全有至关重要的作用。

"四带"指乌江、松桃河、锦江河、舞阳河。乌江水量丰富，沿岸广布林地和农田，沿江生态环境优美。锦江发源于梵净山，流经铜仁市中心城区。松桃河和舞阳河均发源于梵净山，与锦江共同构成铜仁市梵净山以东区域水系骨架（图5.15）。

"多点"指的铜仁境内离散分布的多个具备特色山水资源的自然保护区和风景名胜区。

5.3.3.2　水生态保护方案

保护水生态是要保护城市生态空间，落实径流总量控制要求。

（1）保护生态格局

生态格局的一般做法是利用GIS、高分辨率数据等对山水林田湖草等生态本底进行分析，采用层次分析法和专家打分法等，确定各敏感因子权重，通过GIS平台进行空间叠加，得到海绵生态敏感性综合评价结果，进行海绵生态敏感分区的空间定位。本规划在上述分析基础上得出不同区域的海绵体敏感性分析图，构建中心城区山水林田湖生态海绵格局，对海绵体核心区域提出空间管制要求，为城市规划用地布局提供有效支撑。

通过山水林田湖的重点要素提取，结合敏感性分析结果，得出中心城区"一江六水，两带多点，四区九片"的空间格局。其中"一江六水"指锦江、小河、大梁河、三寨河、马岩河、木杉河和石竹河，构成了中心城区的核心水系骨架；"两带"指东北和西南两翼带状山体，"多点"指分布于山体水系间的局部生态节点。"四区九片"指高新产业新区、碧江新区、老城区和万山转型发展示范区四大城市连绵发展区下辖九大组团。

根据海绵要素空间叠加成果和建设用地布局，将中心城区划分为四个区（海绵涵养区、海绵缓冲区、海绵协调区和海绵建设区），将水系划分为两类区段（水系生态涵养段和水系生态建设段）。

（2）水系生态修复

水系生态修复可充分利用河道水位消落地带对合流溢流污水和初期雨水进行生态处理，利用人工湿地进一步净化再生水，恢复河道生态基流，构建河道内部良好生态系统，充分利用沉

图 5.16 硬质护岸改造示意

水植物，提高水体自净能力，提升河道景观。

本规划考虑到铜仁市中心城区范围内河流众多，一部分完全位于城市建成区内，河道渠化硬化严重，亟待改善修复；另一部分位于现状建成区外，但是未来周边用地将逐步开发，扭转传统河道整治思路，建设生态河道迫在眉睫。因此，本规划分别针对建成区水系和新建区水系提出规划思路和策略。

1）建成区水系生态修复　规划根据建成区内主要河流的岸线现状情况、沿河绿带宽度、周边用地局促程度等因素，对锦江、龙塘河、高楼坪河施行生态修复，生态修复的重点是现状硬质河岸的生态化改造。其中，锦江河道较宽，雨季行洪压力大，两岸用地拓展空间较小，难以对岸线形式进行根本性改变，推荐采用硬质河岸生态改造方法（图5.16）；龙塘河和高楼坪河河岸硬化度较高，河道宽度不大，周边用地条件较好，具有拓宽河岸、改造河道断面形式的可行性。

该方法利用石笼网将生态多孔介质的生物砌块固定于原混凝土护岸上，或清除部分护岸材料，将石笼固定于护岸内（不降低河道防洪标准），在生态多孔介质的植物定植孔上种植植物。河岸下部靠近水面的部分种植具有净化水质功能的挺水植物、沉水植物；河岸上部种植具有雨水缓冲净化功能的草坪，通过植物固氮和微生物的降解功能，可一定程度地去除水中COD、N、P等污染物，达到净化水体的目的。

2）新建区水系生态建设　中心城区新建区域水系岸线建设主要按以下三种情况考虑。

① 水深、坡陡区域：采用阶梯式岸线形式（图5.17）。

图5.17　阶梯式生态河岸示意

② 一般性河岸：在河岸空间允许范围内采用缓坡式岸线形式（图5.18）。

图5.18　缓坡式河岸示意

③ 较为平缓的河岸滩地：建设滨水湿地、湿塘等调蓄净化设施（图5.19）。

洪水位

图5.19 河岸滩地示意

（3）强化水系空间控制

结合铜仁市防洪要求，将中心城区主要河流划分为三个等级。三级水系划定原则及各级水系陆域控制范围要求见表5.1。

⊡ **表5.1 三级水系划分及保护策略**

划分结果		保护策略
一级水系	(1)汇水面积＞50km² (2)锦江、小江、大梁河、马岩河、木杉河、卜口河、石竹河 (3)锦江及主要支流	(1)原则上必须维持自然水系的走向与线型，禁止擅自改变水系走向、侵占水域空间 (2)锦江干流、小江水域控制线为堤顶临水一侧边线/五十年一遇设计标准所对应的洪水位线；其余一级水系水域控制线为堤顶临水一侧边线/二十年一遇设计标准所对应的洪水位线 (3)单侧沿河控制宽度(绿化控制线)为水域控制线外不小于50m (4)河道设计尽量采用自然断面，利用河岸滩地，开发其休闲亲水功能，同时降低沿岸防洪压力
二级水系	(1)汇水面积10~50km² (2)高楼坪河、三寨河、龙塘河、熬寨河 (3)小流域河流，少部分流域面积位于区外 (4)一级水系重要支流，基本常年有水	(1)尽量尊重自然水系的走向与线型，可以结合防洪、生态、景观、排涝等方面的要求，在充分论证的基础上，对水系走向进行合理调整 (2)水域控制线为堤顶临水一侧边线/二十年一遇设计标准所对应的洪水位线 (3)单侧沿河控制宽度(绿化控制线)为水域控制线外不小于20m (4)可考虑采用复式断面，增加洪水季泄洪能力，避免修建高大防洪堤
三级水系	(1)汇水面积2~10km² (2)一、二级河流的小型支流 (3)区内发源的河流，多为季节性河流和雨源型冲沟，降雨时为重要泄洪通道	(1)原则上禁止占压、填埋等行为 (2)与建设用地布局确有较大冲突的冲沟，根据用地布局需要，对水系的走向与线型进行适当调整 (3)廊道控制宽度10~30m (4)规划中作为绿地预控，随来水丰枯交替展现蓝绿空间

5.3.3.3 水环境改善方案

随着铜仁市城市规模不断扩大，对于水环境的冲击和影响也将日益增强，保障铜仁市水环境优势的压力逐步增大。与其他水环境问题突出城市不同，铜仁市水环境保护的重点是控制和预防，保护好自然生态本底，避免走其他城市先污染后治理的老路。

（1）水环境保护分区

铜仁市中心城区水环境目标为Ⅲ类，结合功能区划要求和本节"水生态保护方案"，将中心城区水系分区细化为两个层次。

1）一级分区

① 水系生态涵养段。集中建设区外的水系，该类河段生态保护重点是保持现状海绵体功能，避免建设活动对水体和岸线的侵占和破坏。

② 水系生态建设段。集中建设区内水系，该类河段根据水体功能和沿线用地性质，进行针对性的建设，确保防洪排涝功能的前提下，对河岸进行生态化改造。

2）二级分区　水系生态涵养段可划分为保护区和保留区两类区段。

① 保护区。指对水资源保护、自然生态系统及珍稀濒危物种的保护具有重要意义的重要河流源头河段一定范围内的水系。区内水质原则上应符合《地表水环境质量标准》（GB 3838）中的Ⅰ～Ⅱ类水质标准。

② 保留区。指目前水资源开发利用程度不高，为今后水资源可持续利用而保留的水域。区内水质原则上应符合Ⅲ类以上水质标准。

水系生态建设段可划分为取水水源、生活景观、生产防护、生态缓冲四类区段，水质类别要求整体按Ⅲ类水质标准要求。

（2）水环境分区控制策略

1）水系生态涵养段　利用国家湿地公园建设契机，加强保护区及上游水系生态管控；控制水系沿线开山采石活动，促进植被恢复，防止水土流失；发展生态农业、观光农业，控制农业面源污染；发挥自然山水优势，发展旅游、养老产业，实现生态保护和经济发展"双赢"。

2）水系生态建设段

① 采用低影响开发模式。在宏观规划层面，用地的强度和布局充分考虑水环境敏感性，对于植被繁茂土质条件好的山体和滩地，尽量保留绿地和水系等开敞空间。在中观层面，对于水系空间要预留和管控，保留重要的水系廊道，沿线绿带空间要充分预留。在微观层面，优化地块开发方式，严格控制建筑密度，采用透水铺装、绿色屋顶、下沉绿地等软化的铺装形式，在源头防止污染物的外排。

② 控制雨水径流污染。铜仁市雨水径流污染控制首先要进行雨污分流改造，完善排水管网系统，避免旱季污水进入水体，对污染集中的区域或水体控制要求较高的区域，雨水口增加除污功能，或将初期雨水接至污水处理厂处理（图 5.20）。其次，可在合流管道溢流口建设调蓄或就地处理等设施，其中调蓄设施指将溢流污水调蓄，待旱季抽排至污水厂处理，就地处理设施指利用沿岸绿带或洼地建设雨水净化湿地或生态滤池，将溢流污水就地处理后排入水体。

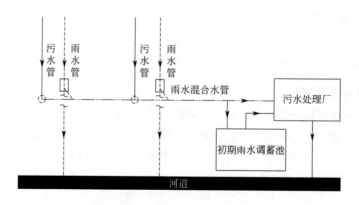

图 5.20　初期雨水截流方式示意

3）治理污水随意排放

① 建成区近期完善截流式合流制系统，远期逐步向分流制改造；完善污水收集支管，对现状未建污水收集支管的老街区进行改造；改造现状排污大沟，将直接进入各排污大沟的污水截流进入截污管。

② 新建城区采用雨污分流制，做好街区雨污分流规划和布置，从源头上解决污水收集问题；沿河新建区域完善沿河截污干管，避免新建区污水直排河道；配套新建污水处理厂，确保新建区域污水全部收集处理。

海绵城市理念提出之初是基于低影响开发，并以年径流总量控制为核心，由于低影响开发的分散布置特点，无法直接确定设施对污染物的去除效果，只能通过水量控制间接实现水污染控制，定性或者粗略估计低影响开发设施的雨水径流污染去除能力。随着海绵城市理念的逐步成熟和完善，目前，海绵城市已经不再局限于低影响开发，而是统筹灰色、绿色基础设施，兼顾城市排水（含污水和雨水），即以"年径流总量控制率"为核心的"小海绵"已经延伸扩展到了"涉水、涉绿、涉改设施"的大海绵。

《铜仁市中心城区海绵城市专项规划》针对现状水环境质量良好、未来堪忧，水生态整体较好、局部退化的问题，以保护为前提，以修复为手段，尊重自然山水格局，坚持生态引领，转变城市开发建设模式，一方面采用传统意义上的控源截污、内源治理、生态修复等手段，另一方面采用新兴的低影响开发控制策略，从源头削减污染物，实现源头减排，过程控制，系统治理。

参考文献

[1] 谢飞，吴俊锋．城市黑臭河流成因及治理技术研究[J]．污染防治技术，2016（1）：1-3．

[2] 赵越，姚瑞华，徐敏，等．我国城市黑臭水体治理实践及思路探讨[J]．环境保护，2015，43（13）：27-29．

[3] 张列宇，王浩，李国文，等．城市黑臭水体治理技术及其发展趋势[J]．环境保护，2017，45（5）：62-65．

[4] 中国城市规划设计研究院．汕头市龙湖东区排水改造规划[Z]，2000．

[5] 中华人民共和国国务院．水污染防治行动计划[Z]．国发〔2015〕17号，2015-04-16．

[6] 中国城市规划设计研究院商丘市海绵城市规划项目组．商丘市海绵城市专项规划[Z]．2017．

[7] 中国城市规划设计研究院商丘市海绵城市规划项目组．商丘市污水与黑臭水体治理工程规划[Z]．2017．

[8] GB 50318—2017[S]．

[9] GB 50014—2006[S]．

[10] 林培．《城市黑臭水体整治工作指南》解读[J]．建设科技，2015（18）：14-15．

[11] 中华人民共和国住房和城乡建设部．海绵城市建设技术指南——低影响开发雨水系统构建[Z]，建城函〔2014〕275号，2014-10-22．

[12] 贵州省城乡规划设计研究院铜仁市城市总体规划项目组．铜仁市城市总体规划[Z]．2013．

[13] 中国城市规划设计研究院铜仁市海绵城市规划项目组．铜仁市海绵城市专项规划[Z]．2017．

[14] 中国建设科技集团股份有限公司．海绵城市建设10项相关标准修订条文汇编[M]．北京：中国建筑工业出版社，2017．

第6章

城市雨水防灾除污染和资源化设施

6.1 城市雨水洪涝灾害与污染防治

6.1.1 城市水体的水质

美国许多城市水体未能达到《清洁水法》的 101 节的目标，既不能保持国家水体物理、化学和生物的完整性，也不能与受纳水体做与其接触或非接触的娱乐休闲活动。但是，美国环保署（U. S. EPA）提给国会双年度报告中一致提出，城市的分散污染源（由城市发展引起的雨水污染和侵蚀）和城市河流的改造，是沿海水域损坏的首要原因，是城市河流污染与泛滥的次要原因。

城市水流域，受雨水道排出的暴雨径流（含有冲刷不透水地面的污染物）和合流制下水道的影响。雨水道排出水也可能是污水与雨水径流的混合水。颗粒状污染物在管道流动过程中会沉积在管道壁上并形成黏膜，用水冲洗管道，可能产生冲排污浊水。雨水道间歇的高峰流量导致的溢流（SSO）会侵蚀河岸的生物栖息地并危害水生物生存环境（Novotny, 2003）。但是，储存的雨水和雨水径流，经过处理后可以成为水资源，既可以作为城市水体的生态补水，也可以作为饮用水。它与污水处理出水或清水混合，能使污染水体恢复正常，也可予以其他再用。

6.1.2 水文问题

许多城市水体的水文和生态（生物栖息地）的自然状态，被城市水流域地面的不透水性和河道快速排洪等的改造而改变。其水力变化归纳如下（Novotny, 2003）：

① 暴雨径流高峰流量和总量的增加倍数为 2～10（Hammer, 1972）；

② 由于洪水流量增大加剧了对河岸的侵蚀，从而破坏了河岸的植被；

③ 基流减少，有时甚至出现断流，损害了水体的完整性；

④ 城市河流的高变动性和温度升高，再加以较少的基流，使生物群落遭受热危害。

6.1.3　美学问题

承载城市暴雨径流的河流变成混凝土渠道，或者成为地下暗渠，直到最后干脆变成合流制下水道。致使河流没了，变成污水明渠，成为三面光的排洪沟，河流自然景观彻底破坏。

6.1.4　生态栖息地的破坏

城市生态系统的污染与衰退以及其累积效应，导致生物多样性的减少和退化。生物多样性由于城市的开发而逐渐减少，河流的沟渠化和其他改造，妨碍了水体生物群落的发展和繁殖（见图 6.1）。生物栖息地的其他破坏包括异物不断增加的入侵，如渠道中砾石和卵石被细小沉淀物包围形成黏膜，以及河岸栖息地的丧失。

6.1.5　城市雨水径流污染

城市雨水径流有许多污染源， Novotny（2003）做了广泛地归纳，还有其他许多暴雨污染削减手册。城市暴雨污染源有以下几类。

图 6.1　河流两侧与河底铺设混凝土壁、底和跌水，以防止其被侵蚀（V. Novotny 摄影）

1）降雨污染　城市降雨洗涤大气中来自烟筒和冲刷地面的污染物而受到污染。

2）降雨对有毒金属和多环芳烃的洗涤　城市降雨由于接触交通排放的氧化亚氮和氧化氮以及发电厂排出的二氧化硫等而呈酸性，还因接触金属屋顶和雨水竖管（镀锌或镀铜）而含有溶解的金属，以及接触沥青路面而含有致癌的多环芳烃。

3）渗水性土地和城市地面的侵蚀　雨水径流对城市地面的侵蚀比对自然地面的侵蚀要厉害得多，达到 50t/（hm² · a）数量级。

4）干燥大气沉降　城市灰尘、基础设施破损和花粉是城市干燥大气沉降的主要颗粒源。有些颗粒可能来自远方。 例如中国北京，其大气中含有的高浓度固体颗粒来自几千公里之外的戈壁沙漠。

5）街道垃圾积累与冲刷　街道在人行道附近积累的垃圾，加上大气沉降形成的街道灰尘，还有杂物、不断变坏的道路尘土、植物的有机固体如落叶和剪草以及动物粪便等。

6）交通排放物　车辆在街道表面磨损和丢掉的固体，包括金属、石棉、橡胶和油。

7）工业污染沉积　在城市内或附近的重工业是比建厂前严重得多的污染源。

8）在城市土地上施用化肥和农药　为了保持茂密的草坪和根除野草，草坪公司和住宅业主倾向于在土地上施用较多的化肥和农药。

9）应用、储存和冲洗融雪化学药剂　冬季为使路面除去冰与雪而使用融雪剂——盐，在融雪过程中施用盐使融雪水含有高浓度的和有毒性的盐，这对受纳水体、土壤和生态系统有很大危害（Novotny et al. ,1999；Novotny et al. , 2008； Novotny and Stefan, 2008）。

10）在停车场中的漏油和燃料。

11）旱季污染水渗滤　这些污染水在旱季对多数排水系统造成麻烦，它们主要分为两类。

① 污水。包括：冲刷和清洗不透水地面，出水含有灰尘、植物残屑、剪草、宠物和鸟类的含有病原菌的粪便；施工现场排水（沉淀物）；私家草坪、公园和高尔夫球场浇洒水的灌溉回水，含有氮、磷和农药；冬季在道路上和其他场地使用的融冰雪剂，融化水含有很高浓度的盐、有毒金属和氰化物等；污水管道与雨水道的交叉连接，使混合水含有有机物、氮、磷和病原菌；游泳池的滤池反冲洗出水。

② 较清洁水。包括：地下喷泉和地下水渗入下水道；地下室的集水槽；游泳池的溢流水和排空水；

12）污染物不合法进入下水道　住宅业主和小规模汽车修理厂有时将汽车洗涤剂和油排入雨水道的进水口。

13）污水管道与雨水道交叉连接和固体在下水道中的积累　污水管道漏失可能污染底下的雨水道或暗渠。 同样反过来，雨水道漏失以及屋顶雨水竖管错接到污水管道，都能进入污水管道并使其和污水处理厂超负荷，导致其溢流。

6.2　现在城市排水系统

城市排水系统取决于污染程度和类型，也受洪水的影响。城市排水系统的主要目的是，将城市的雨水径流和雪融水输送出城市区以免发生洪涝灾害，最后这些携带污染物的雨雪水经过处理或不经处理排入附近的纳水体。 共有 3 种类型的城市排水系统，各有不同的污染影响。在发达国家的城市，既有合流制下水道系统，也有分流制下水道系统。 在一些发展中国家多用地表沟渠收集雨水径流，也收集灰水（gray water）。 城市街道的排水有缺陷，暴雨时其径流地下排水、合流制下水道排水或者地表混凝土壁的沟渠排水，都不符合可持续发展城市的概念，但是这些排水系统可能要存在一段时间。

6.2.1　合流制下水道

这些管渠既承载旱季污水流，也承载雨季雨污混合流。 其中旱季的水流主要是污水，但是也有另外的水流排入，有时占绝大比例。

雨季当下游的截流下水道超过其承载容量时，多余的水从下水道溢流到附近的地表水体，如河流、湖泊或近海；有时会淹灌地下室。 合流制下水道的雨季输送流量能力约为旱季流量的 6 倍。 合流制下水道的溢流水（combined sewer overflows，CSO）的污染受到很大关注，因为：

① 它含有未处理的污水；

② 合流制下水道中，旱季由于流量小和冲刷能力低而形成很讨厌的固体和黏膜，导致雨季流量和流速大时它们随初次溢流水排出而造成的对水体的较大污染；

③ 在中等和大暴雨时 CSO 所排出的污染负荷远远超过污水处理厂出水的污染负荷。

CSO 污染必须予以控制。美国和其他发达国家都对 CSO 制定法规，要求城市和工矿企业申请 CSO 排放许可。 许可中规定 CSO 允许的排放频率、必须采取的控制措施，以及违规后的处罚等。

用于控制 CSO 的代表性法令要求截留和处理一定容积的溢流水。合流制下水道代表性的 CSO 次数是 30～70 次/年。在欧盟国家如德国和美国一些城市，其法令要求截留和处理 90% 的 CSO。这相当于每年允许排出 CSO 10 次。作为第 4 代下水道典范——超大截流下水道（深层隧道），在一些世界级规模的城市，如威斯康星州的密尔沃基市、伊利诺斯州的芝加哥市、日本的东京和新加坡，在其深层地下用盾构挖掘建造的隧道，用于输送和储存暴雨径流并在暴雨停止后排放到污水处理厂予以处理后再排放。

6.2.2 分流制下水道

需要两条管渠：污水管道（sanitary sewer），承载旱季浓度大的旱季污水；雨水道，承载污染较轻的城市雨水径流。其他水流可能排入两者的任何一条管道中。发达国家雨水管道的承载雨水径流的能力相当于或超过五年至十年一遇暴雨径流。混凝土衬砌的地表沟渠或人工护坡的沟渠化河道输送和排泄更大的洪水。

城市雨水径流的污染水平和雨水道承载的污染负荷数量级，与排水区域不透水程度有关。随着居民密度的增加，汽车排放废气越来越多，排泄在不透水地面的动物粪便、落叶、剪草、除草剂、停车和维修的漏油和其他废物，被雨水径流冲刷而直接排入雨水道中或排洪渠中。在地少人多的地区产生高浓度的污水，并移动排入雨水道中。

全世界的许多研究证明，城市暴雨径流所携带的 COD、铅、铜等的年度总负荷比二级污水处理厂的出水的总负荷更高些，其油、脂和多环芳烃（PAHs）等的浓度则高得多。 这些研究证明，雨水径流的粪便大肠菌计数每 100mL 从几千到几百万个。城市雨水径流还携带较高负荷有毒微量污染物。

污水管道溢流（SSO）和城市郊区过高频率的 CSO 溢流。这是由于其未控制的快速发展使下水道的承载能力赶不上排水需求所致。此外，市区或市郊社区的分流制污水管道跟市中心区老的合流制下水道连接，也有可能造成 SSO。在有些情况下，如果下游的合流制下水道超负荷运行，不能接受上游的污水管道的污水流入，就会发生 SSO。

6.2.3 自然排水系统

"自然排水"可能用词不当，因为即使在低密度和不透水地面较少的城市地区，其大多数排水河道由于建设街道和房屋而予以改造或消失。 在低影响开发（low impact development，LID）社区，不需要雨水道，可通过路边的植被排水浅沟、人工的草被水道、雨水花园、河溪和明渠等排放雨水。 其污染防治效益和投资节省都很显著（详见 6.3 部分相关内容）。在威斯康星州的计量证明，在市区和市郊的低密度开发区，即使不采用最佳治理措施（best management practices，BMP），也仅为相同地区雨水管道负荷的 10%～30%。

如前所述，跟一些清水流错误连接问题需要注意，并须对公众和管道工人做宣传和教育。这个问题在采用分流制下水道系统的污水管网社区更加严重。

现在自然排水不仅是河道和溪流，在低影响开发社区，以及在未来的城市中，自然排水取代雨水管道和合流制下水道，只剩下污水管道，如同瑞典马尔默（Malmö Sweden）市已经做到的那样（Stahre，2008）。 本章的后部将集中阐述在新的改善的可持续社区如何实现雨水的自然排放。

6.3 城市雨水是财富和资源

把城市雨水径流只看成是污染和洪水问题是错误的，就如同把污水看成污染源将其排除同样是错误的观念。 这样的城市污水和雨水排放典型可以追溯到古希腊和古罗马时代，可以列述如下：

① 城市铺路；

② 收集路面的污物、垃圾和动物粪便，有时是人们在街道上和路边沟槽中的粪便；

③ 提高人行道高度并设置边沿坎，以防止人们踏上固体废物；在古代城市还建造阶梯石板过道，以使街道建筑互相连接，让行人不会踏入街道的污染雨水径流。

④ 让雨水冲洗街道以将腐败的固体和其他污染物如动物的粪尿排入地下沟渠中或地表砖石砌筑的沟槽中。

⑤ 不必担心城市雨水径流污染的后果，它们可排入加盖的排水沟渠中，并最后进入合流制下水道中。

⑥ 清水可以从远距离取得，但是费用昂贵。

20 世纪前一些城市酷爱水，花费很大力气取水来精心建造喷泉、富人和贵族的花园以及古罗马的公共浴池。他们喜欢野餐和在河中划船，如 19 世纪或以前的画家们（如 Monet）绘制的美丽画面那样。在罗马，公共浴池是缺水时最后无水的设施。

水和水景，是城市和以水为中心的建筑学的巨大财富（Dreiseitl and Grau，2009）。城市雨水径流，经过处理净化、储存和再用，是一种很好的饮用水源和非饮用水源。它比从很远的河流取水（如美国的科罗拉多河至加利福尼亚州和亚利桑那州的输水渠道）或从深层地下抽取盐水并予以淡化处理，都要便宜得多。通过本章的图解和讨论可以发现降雨和雨水径流的价值如下：

① 有价值的和容易处理的饮用水源；

② 回注枯竭的地下水层的水源；

③ 很好的传统灌溉水源；

④ 城市河流、池塘和湖泊修复所需的基流水源；

⑤ 城市水景的水源；

⑥ 冷却房屋的水源，如灌溉绿色屋顶；

⑦ 在城市公园和公共娱乐场所的水景水源，获得人们的喜爱，尤其是儿童；

⑧ 私人庭院和游泳池的水源；

⑨ 在城市广场和水节的水景建筑和喷泉等的水源。

在雨水和暴雨水变成严重污染之前需要做的是源头控制、收集、储存和软性处理。

21 世纪是重新发现城市水资源的时代，其中雨水及其城市地表径流是主要成分。 近来许多城市实现的出色案例加速了公众对水资源的认识。 将雨水径流视为威胁和祸害转变成将其视为财富和具有社会和环境效益，是观念的彻底转变。

1）雨水径流快速输送系统　其特征是高度不透水的路边沟槽收集雨水径流，由地下雨水道或合流制下水道、暗渠和地面混凝土护坡的明渠输送，以及污水处理厂的处理。

2）储存-缓慢释放系统　其特征是将雨水径流储存于塘中、平屋顶上、地下水窖和储存池中；渗滤于浅层地下水中；软性处理（雨水花园、生物过滤器、土地过滤系统）；草被长沟（grassed swales）的缓慢输送以及自然的或模拟自然的地表渠道输送。

快速输送雨水径流没有任何社会效益，只是尽可能快地将其丢弃。储存式的治理具有社会效益和经济效益。

6.4 低影响开发

20世纪70年代开始，就研发了最佳治理措施（best management practices，BMP）来控制暴雨径流污染水平和数量，例如美国德克萨斯州休斯敦附近的伍兹兰（Woodland）。城市雨水径流的最佳实践研发的初衷是对其收集、输送和处理。在最近15～20年越来越重视雨水径流的就地自然保存和利用。这种雨水的治理方式在美国称为低影响开发（low impact development，LID），在欧洲称为可持续的城市排水系统（sustainable urban drainage system，SUDS），在澳大利亚称为水敏感城市设计（water sensitive urban design，WSUD）。本章中这3种系统都归纳为低影响开发（LID）。

推出低影响开发是为了减少城市化和不透水地面的增加造成的影响。它首先在马里兰州乔治王子县（Prince George County）于1999年建成示范工程，用于尝试保存这一地区的未开发前的水文条件，以控制雨水径流和污染物的传送。传统的暴雨治理实践仅仅关注减少高峰径流量以防止洪水，而低影响开发技术，还试图利用储存和渗滤系统减少暴雨径流的体积，这是更有效地模拟该地区开发前的水文条件的结果（Dietz，2007）。低影响开发技术也促进了对自然系统的利用，这可以有效地去除暴雨径流的营养物、病原菌和金属等污染物。西雅图市开发的街道边沿方案（street edge alternative，SEA），是一项被广为介绍的案例。低影响开发事项列述如下（U.S. EPA，2007）。

6.4.1 保守设计

这种做法是减少待开发地区的环境所受干扰，由此可以减少雨水径流的大型结构控制工程。

① 通过设计（如减少道路宽度、停车场面积和人行道等）减少不透水地面；

② 保存已有的湿地、草坪、树林带和空隙土壤地面等；

③ 在施工时，应用场地手册使干扰和土壤压实最小化，划出最小干扰地区，限制在施工后有建筑物、道路和准许通行道路的地区受到干扰；防止施工前场地被完全清理和分类。

6.4.2 渗滤设施

收集雨水径流并使其渗滤，以减少雨水径流排入受纳水体的体积和流量。这一措施也回注了地下水层，也有助于保持河流的水温。

渗滤池、孔隙路面、屋顶雨水竖管断接，以使屋顶雨水不流入雨水管道或合流制管道中，而流入储水池、雨水花园中。

6.4.3　雨水径流储存池

用从不透水路面上收集的雨水径流予以渗滤和/或储存，这可降低高峰径流量并减少排入地表水体的雨水径流量。

① 在停车场、街道和人行道的地下放置雨水储存池和雨水窖；增加景观岛（landscape islands）和树林低洼地以及绿色屋顶的雨水储存量。

② 应用草被长条浅沟，如华盛顿州西雅图市开发的浅沟，水力上连接成 3 组，每一组都有流量控制设备；其达到的雨水径流滞留体积比雨水径流排放法令要求的少 37%。

6.4.4　雨水径流输送系统

用于使雨水径流减速，延长雨水径流汇聚时间，并延缓和削减雨水径流高峰的排放。

① 路边槽沟取代设施：采用粗糙地表面以减缓雨水径流，增加蒸发量、固体沉淀；使用渗水的草被的地面，以增强渗滤、过滤和对污染物的生物摄取。

② 使用草被长条浅沟和草皮护坡的渠道，使表面粗糙化；在景观区的低流速路径、道路下，有较小的涵管和进水管、梯田和拦截坝（check dam）。

6.4.5　过滤系统

雨水径流经过介质过滤，借助于固体颗粒的物理过滤和溶解物的离子交换等过程而除去污染物。 这一系统与渗滤系统有相同的效益，但也有去除污染物的附加效益。

雨水径流系统包括生物滞留网格、雨水花园、种植植物的长条浅沟、种植植物的过滤器等。

6.4.6　低影响景观区

利用植物改善开发区的水文状况。

种植当地耐旱植物，使草皮地区变成灌木林和树林。 使草木茂盛生长，在草地上种植野花，在空阔的土地上进行整治以改善其渗滤效能。

美国环境保护署 2007 年列举了低影响开发的许多环境效益：

① 雨水径流通过沉淀、过滤、吸附和生物摄取而使其污染物减少；

② 由于减少了进入水体的雨水径流的体积和污染物数量而保护了下游的水资源，也减少了河道的侵蚀损坏、泥沙沉积并改善了水质；

③ 通过渗滤的增强增加了地下水的回注，弥补了汇水区不透水地面的增加带来的影响；

④ 由于限制了雨水径流进入合流制下水道的体积，CSO 发生的频率和严重性有所减少；

⑤ 通过增加种植当地植物使生物栖息地得到改善。

低影响开发除了环境效益外，还有土地价值效益（U. S. EPA, 2007）：

① 由于减少了雨水地表径流量，减少了下游的洪涝灾害和财产损失；

② 减少了污染水处理费用；

③ 增加了房地产的价值；

④ 节省了土地，因为低影响开发模式不需要像传统暴雨控制工程（如大的塘和大的湿地）那样大量土地；

⑤ 由于提供了良好的休闲场地，增加了该地区的美学价值并提高了人们的生活质量。

街道边沿的低影响开发系统，能够滞留两年一遇暴雨径流量的98％。因为大部分污染物被就地滞留，只有较少的雨水径流携带小部分污染物流出，对城市有三文鱼栖息的受纳水体影响降低。这一系统被设计成了二十五年一遇的暴雨径流治理系统（U. S. EPA，2001）。

6.5　雨水再用的最佳治理措施（BMP）

在未来，城市暴雨治理将最大限度地应用低影响开发方式。因此，最佳治理措施（BMP）的目的将改变，不再是对暴雨径流的收集、输送、储存和处理，而是让其滞留、减弱，并改善水文状况，提供生态和景观用水。

希尔2007年选定和调查研究了几种暴雨最佳治理措施用于强化城市景观设施，如树林缓冲带及街道边和中间的草被沟槽（swales）、渗滤区、绿色屋顶、雨水花园等。阐述了为了达到生态可持续的雨水景观设施所需要的研究步骤和进度计划。

1）生态模拟　其目的是开发生态模拟的城市景观设施，但是不需要复制该地区开发前的自然系统的过程和构造。生态模拟包括水文模拟，如依靠不透水地面的减少，增强渗滤效能，地表储存，以及利用植物（针叶树）来滞留雨水。希尔强调，必须查明流入恢复的水体的水流应含有必需的成分和温度来支持水生物的生存，没有污染物。但是她也认识到，模拟是有限度的，因为城市系统需要人类的积极参与以除去污染物、病原菌和有害的外来物种。

2）供娱乐的绿色地带和生物多样性保护　生活在新城市或革新城市的居民的健康和娱乐的需求，可以由交错连接的市内和河滨的绿色地带来满足。这些交叉连接的绿化带中的自行车和人行道也可以作为一种交通设施。草坪区只要设计合理，也会成为城市生物多样性保护区和栖息地，以及作为周围城市汇水区污染输入的缓冲区和洪水储存区（滞洪区）。

3）城市待重新开发地区的修复与开发　重工业和铁路空地曾经是城市工业化的中心，现在成了废弃的污染遗产。必须关注公众的健康和环境问题。生活条件差的居民群往往居住在靠近这些污染的但可修复的场地。现在一些未开发的土壤污染的场地，是城市重要的分散污染源。这些场地可以变成公园和保护地带，也可成为新的工业和商业用地，建有塘和湿地来储存和处理雨水径流；在某些情况下，未来城市可用作可持续的居住区。在德国鲁尔区的埃姆舍河流域（Emscher River Basin）在其待开发地区进行了大规模的景观建设和河流修复工程。

6.5.1　软性表面措施

应用了许多方法来减少一个汇水区内开发对总的水文条件和污染物传送的影响。本节讨论的主要系统是低影响开发的软措施。 这些系统的任何一个系统都可利用现有的景观场地而不用硬质基础设施。 每一个低影响开发系统被设计成能够减少排入水体的雨水径流量和径流高峰。 生态景观建筑设计至关重要。 这里讨论的主要系统有绿色屋顶、透水性路面、雨水花园、雨水回收、植物过滤带、生物过滤带、塘和湿地。 所有这些系统都设置雨水径流处理和减少设施，既可以单独应用，也可以成为总体的一部分；上述软性低影响开发治理单元的优化组合的治理总体，能够使生态景观设施的水文和生态条件重新自然化，而且无需建造和运行巨大的暴雨管渠系统。

6.5.1.1　孔隙铺面

尽量利用现有的基础设施并降低维护费用，是流域治理的关键要素。 利用生态或孔隙路面取代普通不透水路面。 欧洲 20 世纪 80 年代初就开始广泛地用孔隙路面作为削减洪水的手段（Frederico，2006）。 最近几十年，城市地区规划有效的水治理系统，促使孔隙透水路面的蔓延发展成为城市景观之一而遍及全世界。 越多的城市发展导致铺设更多的不透水地面，如越来越宽的道路、人行道、屋顶和停车场。 这就意味着自然降雨渗入土地的能力越来越小。孔隙路面是普通不透水路面的改进方案，借助它能够使雨水透过渗水路面进入路面基层。 储存于路面基层的雨水随后逐渐渗入下面的土层中，后者通过排水管道排出。

（1）结构

孔隙路面能够储存和滞留雨水，并增强土壤渗滤能力，这可用于减少雨水径流和减少CSO。 透水路面可由带孔隙的沥青或混凝土制成。 带孔隙的沥青路面，其典型构造包括几层。 最顶层是透水覆盖层，其厚度 10～15cm；在这一层中除去小于 2mm 的砂粒，形成18%～20%的孔隙率。 在表层下是缓冲填充层，有 2cm 碎石块铺成，最小 10～20cm 厚；其下是过滤垫层，8cm 厚，用豌豆大的砾石铺填；再往下是过滤主层，最小 20～30cm 厚，由细小滤料小如砂和小砾石铺成；在过滤层下面是储水层，需要时设置底部排水系统。 在储水层下面就是原土层。 如果在该地区不易于渗滤，则可在储水层与原土层之间设置不透水层并在其上设置排水管以将雨水径流排出。

（2）效益

应用透水路面有许多效益，最大的效益是大幅度减少了甚至完全消失了不透水地面的雨水径流量和体积。透水路面如果设计合理，大部分甚至全部雨水径流可储存其中并随后渗滤入自然地下水层中。通过雨水渗滤回注地下水层是透水路面的第二大效益。第三大效益是减少了甚至完全消除了对暴雨排放的需要。最后的效益是通过土壤过滤去除了污染物，以及融化冰雪的用盐量减少。

孔隙路面有助于暴雨径流渗入城市土地中（见图 6.2）。 渗水路面的类型多种多样，每一种类型的渗水路面，根据其将要铺设的地区各有优点和缺点。 不管采用何种渗水路面，它们都会有如下的城市生态和污水治理方面的效益：

① 有助于减少 CSO 的发生频率；

② 减轻附近敏感水体的热污染；

③ 补给地下水；

④ 减缓河床和河堤的洪水冲刷侵蚀；

⑤ 减少或消除面源污染；

⑥ 减少了城市土地的不透水性并使其发挥最大的利用价值；

⑦ 将高速公路上的污染物持留在渗水路面的下层构造中；

⑧ 对比于普通不透水路面，更加美观。

图6.2　孔隙混凝土路面（左），加固的草被地面（上）和90%的不透水混凝土预制块中间空间种草（下）

图6.3　正在建造的带有储水池的渗水路面的案例（Frederico，2006）

虽然渗水路面最初是作为防止淹涝的方法，但是近来澳大利亚遇到的旱灾迫使科学家和开发者以不同的方法利用孔隙渗水路面。 将渗水路面与储存水系统并用，可以为缺水城市提供雨水径流的回收与再用，而不是让这种水资源损失掉（见图6.3）。 从带有储存池的渗水路面收集的雨水径流可用于浇洒花园和冲厕的多种用途（Federico，2006）。

菲尔德（Field，1986）对美国环境保护署（U. S. EPA）几项对透水路面试验应用的研究结果做了归纳。 纽约州罗彻斯特市（Rochester，New York）的研究结果证明，在使用透水路面的地方，暴雨径流流量减少83%。 新罕布什尔大学（University of New Hampshire）最近对采用了四年透水地面的停车场观测研究发现，即使百年一遇的特大暴雨情况，也没有暴雨径流（Porous Asphalt Fact Sheet-UNHSC，2009）。 孔隙路面典型的透水率远大于雨水径流率。Jackson and Ragan（1974）测定的透水率约为25cm/h，这要比典型设计的灾害性暴雨径流流量大一个数量级。 这意味着，雨水径流向基质层渗滤时不会发生积水成河。即使冬季霜降落在路面上，其渗水率仍然很高。 新罕布什尔大学的研究确定，冬季渗滤保持恒定，有时达到最高值。 即使在霜冻侵入时期，孔隙仍然张开，渗滤照常进行。 因此，除了雨水径流减少和水质改善外，铺设孔隙路面由于减少了打滑提高了交通安全。

应用孔隙路面由于雨水径流通过土壤渗滤而改善了水质。 渗滤处理后的水质，其悬浮固体浓度优于 U. S. EPA 建议的标准；石油烃类和锌浓度符合地区周围水质标准（UNHSC，2009）。 在新罕布什尔的铺设透水地面的停车场，总悬浮固体（TSS）、总石油烃类和锌的去除率达到近100%。 但是由于缺少植物，磷去除率较低，约为40%，而硝酸盐氮没有任何去除。

至于氯化物，因为其保守的特性不能通过透水路面的过滤系统予以去除，因此需要尽量少用盐。 由于要消除停车场的积水成塘现象和增加的张力，孔隙路面建成超标准的大孔隙地面，为融化冰雪所需要的氯化钠等几乎为零。 沥青孔隙路面冬季维护所需要的盐量，仅为不透水路面达到相同除冰效果所需量的0～25%（UNHSC，2009）。 这是由于在透水地面减少了积水成池现象没有形成硬冰层的结果。

（3）造价

有些研究证明，渗水路面比普通路面造价并不昂贵多少。 两者建筑造价大致相当，虽然渗水路面的最初造价要高些，但是，就可持续基础设施的总体考虑，其费用节省与时俱显。当考虑到暴雨控制设施的总造价的节省时，孔隙渗水路面的造价仅为普通路面治水系统的 1/3（Melbourne Water，2008）。

沥青孔隙路面的造价略高于普通不透水路面，需要增加 20％～25％的材料费（UNHSC，2009）。 但是，考虑到不透水路面暴雨径流治理设施，特别是考虑其处理系统建设及占地等造价，透水路面无需这些昂贵的设施，投资上节省很多。但是，透水路面系统的维护费偏高，每年需要 2～4 台真空吸尘器。 新罕布什尔大学雨水中心的研究者们只经历了 2 年无维护的中度堵塞状况。车辆携带外地的沙土，是造成停车场交通地带透水地面堵塞的主要原因。

应用建造合理的透水路面，未曾发现路面承载强度减少和系统结构的完整性的降低的现象。 实际上孔隙路面的使用寿命，由于其系统的良好排水基础和路面内部冻结-融化的减轻，比传统的不透水路面要长。 透水路面系统最好用于低交通量的道路、停车场和胡同小道。

浅层地下水被沥青、车辆交通和道路应用等的毒害物质（包括融雪剂-盐）污染，成为低度到中度环境危害事项，具体取决于土壤状况和含水层的敏感性。 为了使浅层地下水受影响最小，需要在透水路面与季节性高地下水位之间建造一个 1m 厚的垂直隔离层（UNHSC，2009）。

图 6.4　透水性路面渗水实例

（4）案例

1）澳大利亚渗水路面效能的综述　渗水路面除了治理暴雨如减少其径流量和延缓其径流等效能外，Rankin 和 Ball（2004）还开展了另外的实验，即考察其是否具有过滤雨水径流和改善其水质的效能（见图 6.4）。 澳大利亚悉尼市的案例研究评价了渗水路面作为污染物去除技术的可行性。研究结果表明，渗水路面比不透水路面减少雨水径流量 42％。 孔隙路面的确减少了污染物，这主要是由于渗水路面减少了雨水径流量。 但是，渗水路面与水质改善之间没有明显的相关性。 磷和重金属的总负荷有所减少，是因为径流总量减少所致。

2）法国带有储水池的孔隙路面对雨水径流的效果　法国雷泽（Reze）、Legret 和 Colandini（1999）做了研究以确定雨水径流中的重金属通过孔隙路面的归宿和传送规律。将普通路面汇水区的分流制雨水管道的出水和带有储水池的渗水路面汇水区雨水管道的出水进行对比。 研究的重金属有：铜、锌、镉和铅，还测定了悬浮固体。 如表 6.1 所列，雨水径流经过渗水路面和储水池后，其重金属含量比普通路面汇水区的雨水道出水有很大削减。

⊡ 表 6.1　孔隙路面与普通路面对一次降雨污染物负荷的对比

项目		SS /(kg/hm^2)	Pb /(g/hm^2)	Cu /(g/hm^2)	Cd /(g/hm^2)	Zn /(g/hm^2)
孔隙路面	最小值	0.32	0.17	0.57	0.001	3.2
	最大值	20.9	3.6	6.3	0.27	29.9
	平均值	3.5	0.88	3.0	0.08	11.3
	平均差率/％	6.0	1.0	21	0.08	8.2

项目		SS /(kg/hm²)	Pb /(g/hm²)	Cu /(g/hm²)	Cd /(g/hm²)	Zn /(g/hm²)
普通路面	最小值	1.3	1.9	1.1	0.11	34.1
	最大值	26.0	16.7	11.6	0.88	58.5
	平均值	8.5	5.6	3.0	0.35	41.8
	标准差	7.8	4.2	3.0	0.22	8.5
平均差率/%		59	84	—	77	73

3）德国孔隙路面重金属的滞留效果　德国迪尔卡斯等（Dierkas et al.，1999）做了孔隙路面减少污染负荷的试验。试验了在带孔隙的混凝土方块下面不同基础填料对雨水径流重金属的滞留效果，并外推到五十年一遇的暴雨径流。研究证明，渗水路面滞留和隔离了大部分的重金属（见表6.2）。试验的重金属有铅、镉、铜和锌（雨水道路径流通常含有的重金属）。这样的路面结构不会使雨水径流的出水超过德国规定的重金属渗透极限浓度值。

⊡ 表6.2　模拟五十年一遇暴雨径流在不同渗水铺填材料中滞留的重金属浓度和百分率与容许渗透极限值的对比

重金属		Pb/(μg/L)	Cd/(μg/L)	Cu/(μg/L)	Zn/(μg/L)
合成雨水径流（平均浓度）		180	30	470	660
砾石层出水		<4	0.7	18	19
玄武岩层出水		<4	0.7	16	18
石灰岩层出水		<4	3.2	29	85
砂岩层出水		<4	10.5	51	178
滞留率/%	砾石层	98	98	96	97
	玄武岩层	98	98	96	98
	石灰岩层	98	88	94	88
	砂岩层	89	74	89	72
渗透极限值		25	5	50	500

4）美国北卡罗来纳州检测的渗水路面场地　在北卡罗来纳州的卡里（Cary）、戈尔兹伯勒（Goldsboro）和斯旺斯伯勒（Swansboro）3市，宾等（Bean et al.，2004）对由连锁混凝土预制块铺砌成的渗水路面（PICP）（见图6.5）做了检测试验。

(a) 卡里　　　　　　　　　(b) 戈尔兹伯勒　　　　　　　　(c) 斯旺斯伯勒

图6.5　PICP渗水路面照片（Bean et al.，2004）.

卡里（Cary）市的渗水路面铺设在黏土质土壤中，其滤出水流量和样品以及10个月的降雨都予以收集并分析了其污染物浓度（见表6.3和表6.4）。

⊡ 表6.3 卡里（Cary）PICP渗水路面实验结果的水文一览表（Bean et al., 2004）

日期（日/月/年）	降雨总量/cm	体积减少率/%	峰值削减率/%	峰值延迟时间/h
7/22/2004	1.5	88	81	1.3
7/29/2004	1.6	53	44	1.5
8/5/2004	1.7	57	75	1.1
平均值	1.6	66	67	1.3

⊡ 表6.4 卡里市渗水路面主要污染物平均浓度及其重要系数（Bean et al., 2004）

污染物（平均值）	降雨（进水）	滤出水（出水）	p 值
NO_3^--N/(mg N/L)	0.39	1.66	0.043
NH_4^+-N/(mg N/L)	0.64	0.06	0.034
TKN/(mg N/L)	2.33	1.11	0.143
TN/(mg N/L)	2.71	2.77	0.964
PO_4^{3-}(mg P/L)	0.03	0.34	0.133
TP/(mg P/L)	0.26	0.40	0.424
TSS/(mg/L)	N/A	12.3	N/A

戈尔兹伯勒（Goldsboro）市建造的渗水路面，将沥青路面的雨水径流与渗水路面的滤出水进行了对比。该处渗水路面铺设在砂质土壤中，并对连续18个月的降雨及其径流取样做了分析。戈尔兹伯勒PICP渗水路面的雨水径流滤出水，其TP和锌浓度都明显地比沥青路面的雨水径流低，TN浓度虽然也明显减少，但有逐渐上升趋势（见表6.5）。

⊡ 表6.5 Goldsboro 渗水路面（Bean et al., 2004）

污染物	雨水径流均值	滤出水平均值	p 值	降雨连续次数
Zn/(mg Zn/L)	0.067	0.008	0.0001	1~8
NH_4^+-N/(mg N/L)	0.35	0.05	0.0194	9~14
TP/(mg P/L)	0.20	0.07	0.0240	1~14
TKN/(mg N/L)	1.22	0.55	0.0426	1~14
Cu/(mg Cu/L)	0.016	0.006	0.0845	1~8
TN/(mg N/L)	1.52	0.78	0.1106	1~14
TSS/(mg/L)	43.8	12.4	0.1371	1~12,14
PO_4^{3-}/(mg P/L)	0.06	0.03	0.2031	9~14
NO_3^--N/(mg N/L)	0.30	0.24	0.2255	1~14

斯万斯伯罗市（Swansboro）建造的渗水路面上安装了检测仪器来检测连续10个月渗水路面的降雨量、雨水径流和滤出水样品。该处为很松散的沙质土壤，因此没有雨水径流。

5）美国华盛顿州任顿（Renton）渗水路面试验 Brattebo 和 Booth（2003）的研究，试验了停车场渗水路面取代传统的沥青不透水路面的长期有效性。共建造了8个停车排，4种不同的实际应用的渗水路面系统，另有2个停车排是覆盖的4种渗水路面形式的每一种。在本研究中采用了如下渗水路面系统。

草皮路面1：可弯曲的透水性塑料格网，填充沙和种植植物。

砾石路面2：也用塑料格网，其中填充砾石。

泥炭石路面：混凝土块格栅，有60%的不透水覆盖，填充土和种植植物。

生态石路面：含有90%不透水覆盖的小混凝土块，在混凝土块之间的空隙中填充砾石。

每个试验的停车排宽3m，长6m。用一些明沟和管道来收集地表径流和地下渗滤水。停车排经过6年每天停车作业后，评价其结构的持久性、渗滤降雨的能力以及渗滤水水质的影响。

这几种透水覆盖系统的外观检查有所变化，但总的说变化很小；6 年运行后有磨损和撕裂迹象。方块交错连接的草皮覆盖和砾石覆盖系统的塑料基垫稍有移动，在停车的后轮位置部分露出土面。在泥炭石块和生态石块覆盖系统中，没有发现任何车辙、下沉和移动现象。在泥炭石表面上草生长均匀，但在草皮覆盖的停车排上有些斑点（局部比较稀少）。

外观看，所有雨水都通过透水覆盖渗滤，几乎没有地表径流。渗滤水的铜和锌浓度比沥青路面的雨水径流明显低（见表 6.6）。在沥青路面径流水样中 89％检出机械油，但是在透水覆盖的渗滤水中没有一个水样检出。在任一个水样中都未检出铅和柴油。 5 年前检测的渗滤水呈现较高的锌、铜和铅的浓度。

⊡ 表 6.6　1996 年和 2001~ 2002 年雨水样检测成分的平均浓度

项目		硬度/(mg CaCO₃/L)	电导率 /(μS/cm)	铜 /(μg/L)	锌 /(μg/L)	发动机油 /(mg/L)
渗滤水样	砾石覆盖	22.6 [20.3]	47 [63]	0.89(66%<MDL) [1.9(67%<MDL)]	8.23(22%<MDL) [2.0(67%<MDL)]	<MDL
	草皮覆盖	14.6 [22.8]	38 [94]	<MDL [21.4(33%<MDL)]	13.2 [2.5(67%<MDL)]	<MDL
	泥炭石覆盖	47.6 [49.4]	114 [111]	1.33(44%<MDL) [1.4(67%<MDL)]	7.7(33%<MDL) [<MDL]	<MDL
	生态石覆盖	49.5 [23.0]	114 [44]	0.86(77%<MDL) [14.3(33%<MDL)]	6.8(33%<MDL) [7.9(33%<MDL)]	<MDL
沥青路面 （地表径流水样）		7.2 [6.1]	13.4 [17.0]	7.98 [9.0(33%<MDL)]	21.6 [12]	0.164(11%<MDL)

注：1. 1996 年数据引自 Booth 和 Leavitt（1999），[ ] 内数据。

2. MDL：最小检出水平。

6.5.1.2　绿色屋顶

绿色屋顶是一种低影响开发系统，旨在限制城市的不透水表面。其第一步是收集雨水，用于建筑物的冷却和绝热，并对雨水回收再用。绿色屋顶是一种模拟自然生态的环境系统，将植物和土壤设置在不透水的屋顶上（见图 6.6）。该系统由植物层、用以保持水和固定植物根系的基质层、从屋顶排出雨水的排水层、防水层及限制根系延伸的隔离层等组成，其下面是建筑物屋顶的支撑结构（Mentens et al. 2003）。

绿色屋顶分为两大类：薄层绿色屋顶和厚层绿色屋顶（见图 6.7，表 6.7）。在薄层绿色屋顶中，基质层最大厚度为 15cm，如此薄的土层只能生长寥寥几种植物，如药草、草、地衣

(a) 纽约阳光大厦　　　　　　　　　　　(b) 芝加哥施瓦布康复医院

图 6.6

(c) 纽约市内建筑　　　　　　　　　　　　　(d) 芝加哥市政厅

图 6.6　绿色屋顶的实例照片（American Hydrotech，Inc.，
http：//www. hydrotechusa. com；Columbia University Center for Climatic Research）

和耐旱植物，如景天，在 2～3cm 的薄土层中都能顽强地生存（VanWoert et al.，2005；Heinze，1985）。这类绿色屋顶可以建在坡度高达 45°的斜屋顶上，适于放置在已有的建筑物屋顶上。薄层绿色屋顶的例子如图 6.6（c）、（d）两张照片。

(a) 薄层　　　　　　　　　　　　　　(b) 厚层

图 6.7　两种绿色屋顶的图解（American Hydrotech，Inc.，http://www. hydrotechusa. com）

⊡ **表 6.7　薄层屋顶与厚层屋顶的对比**

特征	薄层绿色屋顶	厚层绿色屋顶
功能	暴雨治理、绝热、防火	更有效的暴雨治理、绝热和防火，以及建筑美学和增加生活空间
结构要求	在标准承重参数之内，附加载重 70～170kg/m²	在设计阶段需要考虑必要的结构增强，附加载重 290～970kg/m²
基质层特点	轻质填料、高孔隙率、低有机物含量	轻质到重质填料、高孔隙率、低有机物含率
基质层厚度	2～15cm	≥15cm
植物群落	低矮生长的耐旱植物如景天、地衣和草等	除了受基质层厚度、气候、建筑物高度、光照和灌溉设备的限制外，植物种类无任何限制
灌溉	不需要	往往需要
维护	无需维护或稍加维护，如必要时去除杂草和剪草	需要向地面上类似的花园那样予以维护

特征	薄层绿色屋顶	厚层绿色屋顶
造价(屋顶防水膜以上)	100~300 美元/m²	≥200 美元/m²
能否进入	主要是功能,而不是可否进入	需要进入
降雨-径流转化率/%	20~75	15~35

建造绿色屋顶除了减少屋顶雨水径流量外，还有其他的一些效益，包括减轻城市热岛效应，增加生物多样性，更加美观和降低雨水径流温度。在加拿大的多伦多市屋顶防水膜的温度，对于普通屋顶高达 70℃，而在绿色屋顶有些天仅达到 25℃（Liu 和 Baskaran，2003）。铺设防水膜也消除了 UV 照射的损坏，可延期使用寿命长达 20 年（U. S. EPA 2000）。

增加绿色屋顶能限制热在屋顶的传递，减少了建筑物的能耗（Del Barrio，1998；Theodosiou，2003）。绿色屋顶还能减轻城市热岛效应。因为城市高的地面不透水率使雨水不能滞留于土壤中，蒸腾的水量也随之减少。这就使入射的阳光辐照转变成敏感的热，而不是转变成蒸发水的能量（Barnes et al.，2001）。与其他因素结合导致城市空气温度比周围的乡村高 5.6℃（U. S. EPA，2003）。绿色屋顶也是恢复热平衡的工具。在多伦多市用数学模拟分析，50%的绿色屋顶均匀地分布在全市的条件下，城市气温可降低 2℃（Bass et al.，2003）。

（1）屋顶绿化细节

绿化屋顶有诸多环境效益而且其使用寿命要比普通屋顶长得多。40 多年前发现它对环境质量有多种用途和贡献以来，首先在欧洲一些国家应用，随后美国、日本和其他国家相继应用（见图 6.8）。德国在绿化屋顶方面技术和政策最先进，作为成功案例促使欧洲其他国家和世界去借鉴和追随。澳大利亚墨尔本，其商业中心区大约 90% 是绿化屋顶（Melbourne Water，2008），从而成为绿化屋顶的领导者。其作用之一就是利用屋顶花园保存雨水并用于冲厕（见案例研究）。

图 6.8 日本福冈市的一个屋顶花园建筑
（Metaefficient，2008）

英国近十年来对绿化屋顶的兴趣越来越大，即使一直没有鼓励政策和标准等来推广绿化屋顶。这可能是由于绿化屋顶神话般的误导信息所致。许多开发商错误地把绿化屋顶看成是个障碍，荒谬地认为绿化屋顶会产生结构问题。英国专业设计者偏爱斜屋顶而不是平屋顶。这就得考虑倾斜的绿化屋顶比平屋顶更容易渗漏。设计绿化屋顶是必须考虑采取一系列措施来保护屋顶不毁坏。这包括防水设施，防护紫外线辐射、霜冻、侵蚀和其他形式的气象影响。城市更新计划为城市建设绿化屋顶提供了新的机遇。政府的鼓励政策和强有力的管理体制是许多国家落实绿化屋顶的推广应用所必需的。

1997 年瑞士研究了绿化屋顶的生物多样性。瑞士是在城市居住区的棕色土地的开发上开展的这一行动，因为土地是一些稀有甲虫和蜘蛛的栖息地。在绿化屋顶和生物多样性方面提出了如下的设计原则：

① 使用当地的土层材料作为绿化屋顶的植物生长层，有助于复制和重现土地的原生环境；

② 改变植物生长层的厚度以为稀有的蜘蛛和甲虫提供最适宜的栖息地，如同该城市待开

发土地上那样。

③ 种植当地的土著植物混合种子。

美国得益于美国绿色建筑委员会（US Green Building Council，USGBC）的努力，是环境设计的先锋。该委员会通过颁发绿色建筑确认证书的办法来鼓励绿色建筑技术，其中绿色屋顶占很大一部分。这个确认证书名称是"能源和环境设计先驱"。这一认证计划提高了人们思考和建设绿色建筑的积极性。

（2）绿色屋顶的效益

1）水质 暴雨时绿色屋顶能够临时将雨水储存起来并随时间缓慢释放。暴雨时污水处理厂的负荷也有所减轻。一座城市 CSO 和 SSO 发生的次数和数量与其拥有的绿色屋顶普及率呈相关性。绿色屋顶通过植物的蒸腾作用使大气增加湿度。绿色屋顶不像其他暴雨控制技术那样需要占用土地，而是在已有的屋顶上建造绿色屋顶。根据植物生长介质层的厚度不同，绿色屋顶能够滞留 25%～100% 的雨水（Beattie and Berghage，2004）。并且能够减少整个建筑物的雨水径流 60%～79%（Kohler et al.，2002）。

2）绝热效应 绿色屋顶是调节建筑物能量流的有效措施。这主要靠植物提供的绝热效应，且随气候变化。首先是热传递，夏季空调时植物起到防止能量损失的作用。土壤的孔隙、植物对热的吸收和土壤滞留的雨水提供了对热气候优良的绝热条件。其绝热效果取决于建筑物的大小和采用的绿色屋顶的形式（浅层、厚层、过渡层）；节能多少将随这些变数而不同。加拿大环境用 Micro Axess 模拟模型评价了一个单层建筑的绿色屋顶 10cm 厚的植物生长层的绝热效果，计算结果确定这样的绿色屋顶夏季可节省电能 25%。

3）城市热岛效应 城市热岛效应已有许多文献证实。深色的不透水表面代替了植被致使城市温度比农村环境上升 2～10℃。这个效应也增加了城市居民能源消耗成本（如空调费用）、空气污染以及造成与高温有关的疾病和较高的死亡率等。这一效应在夜间特别显著，即深色的物体表面白天吸收热，夜间则像空气中辐射热。普通屋顶表面温度要比植被屋顶高 32℃（EPA 2008）。

4）生物多样性 绿色屋顶除了上述优点外，还能保护当地的一些重要物种。在绿色屋顶上经常发现鸟巢、当地的鸟类、昆虫、蜘蛛、甲虫、植物、地衣。对于城市居民，绿色屋顶可提供休闲、审美和缓解压力的效益。

5）造价 开发商被市场经济驱动，既要降低绿色屋顶的造价，也要降低消费者需求的造价。对于消费者较大需求的城市绿色屋顶花园，较多的开发商凡是能用绿色屋顶的地方大都采用标准的做法。这既适用于新建筑，也适用于老建筑的翻修。在欧洲绿色屋顶造价为 43～139.5 美元/m²，而在美国上升至 107.5～268.9 美元/m²，具体取决于选用屋顶的类型。一般来说，绿色屋顶的初始造价大约是普通低价的预制瓦覆盖的屋顶或焊接的金属板屋顶的 3 倍。但是，普通屋顶 25 年更换或大修，而绿色屋顶的使用寿命为 30 年甚至更长。表 6.8 列出了德国建筑寿命 90 年的绿色屋顶使用寿命期间的造价。

⊡ 表 6.8 德国建筑寿命 90 年的绿色屋顶使用寿命期间的总造价

屋顶类型	建筑造价/(美元/m²)	修缮期限/年	更新期限	使用寿命期的维修费/(美元/m²)	修理费/(美元/m²)	部件拆换费/(美元/m²)	合计/(美元/m²)
沥青屋顶	40	10 年	15 年	6×40=240	20	20	320
卵石屋顶	50	15 年	15～20 年	约 200	25	25	295
不带 PVC 产品的浅层绿色屋顶	90		只是短暂的临时更换工作	40		40	170

屋顶类型	建筑造价/(美元/m²)	修缮期限/年	更新期限	使用寿命期的维修费/(美元/m²)	修理费/(美元/m²)	部件拆换费/(美元/m²)	合计/(美元/m²)
带PVC产品的浅层绿色屋顶	85		只是短暂的临时更换部件	40	40	20	185
不带PVC产品的厚层绿色屋顶	380		只是短暂的临时更换部件	在使用寿命期间最多380美元	100		860
带PVC产品的厚层绿色屋顶	340		只是短暂的临时更换部件	340	100	40	820

如前所述，应用绿色屋顶能获得显著地绝热效果，并带来经济收益。绿色屋顶使夏季空调费节省 25%，无论短期或长期都使费用大为节省。

（3）案例研究

1）种植景天的绿色屋顶对雨水径流滞留的效果

瑞典隆德大学（Lund University）水资源工程系研究了种植景天的绿色屋顶对雨水径流滞留的效果（Villareal，2007）。专门建造了一块绿色屋顶来试验种植景天植物品种的绿色屋顶块的雨水渗滤和降雨高峰的削减情况。用普通不透水屋顶作对照，最后结果示于图6.9。绿色屋顶在雨季对雨水径流具有很高的滞留率和洪峰削减率。其代表性的横断面如图6.10所示。

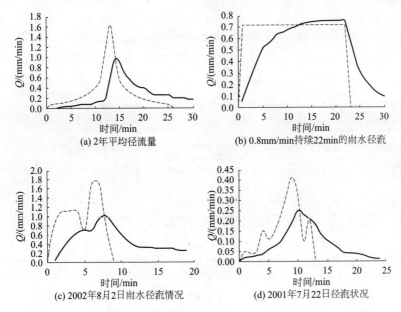

图 6.9　种植景天的绿色屋顶和普通屋顶雨水进水流量和出水流量对比

——— 绿色屋顶流量；------- 普通屋顶流量

2）多伦多对绿色屋顶的研究　多伦多市完成了绿色屋顶工作效能的研究，提出了有关技术数据来说明该市绿色屋顶的效益（Liu and Minor，2005）。在多伦多市商业中心区建造了两处浅层绿色屋顶系统。这两个屋顶含有相同的组成部分，但是材料和设计形式不同（见图6.11）。绿色屋顶 G 含有复合的半硬质的塑料排水和过滤垫层及根系固定层。其植物生长基质层厚100mm，由浅色小颗粒填料组成。绿色屋顶 S 由薄的聚苯乙烯排水板块无纺过滤布组成。其植物生长层厚75mm，由暗色的孔隙陶粒构成。绿色屋顶及其对照屋顶，分别在下面

植物

生长介质

排水、曝气、储水、根系

隔热层

膜防护和根阻挡层

屋顶膜板

结构支撑

图 6.10 绿色屋顶典型的横断面布设示意

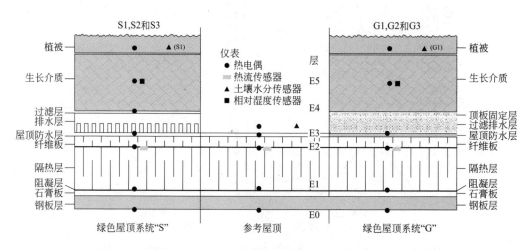

S1,S2和S3

G1,G2和G3

植被 ● ▲ (S1)

生长介质

过滤层
排水层
屋顶防水层
纤维板

隔热层

阻凝层
石膏板
钢板层

仪表
● 热电偶
▬ 热流传感器
▲ 土壤水分传感器
■ 相对湿度传感器

层
E5
E4
E3
E2
E1
E0

植被 ● ▲ (G1)

生长介质

顶板固定层
过滤排水层
屋顶防水层
纤维板

隔热层

阻凝层
石膏板
钢板层

绿色屋顶系统"S"   参考屋顶   绿色屋顶系统"G"

图 6.11 绿色屋顶的组成即关键部位示意（Liu and Minor， 2005）

的不透水膜板（防水层）上安装检测仪表，以测定和收集其热效能和节能效果数据。尽管在第1年植物生长不健全，薄层绿色屋顶通过降低屋顶的热流（尤其是夏季）而使建筑物的能耗节省（见图6.12）。

　　绿色屋顶显然能有效地延缓和减少雨水径流。其滞留雨水容量的能力，取决于降雨情况（强度和数量）以及植物生长层的含水率。初步考察和膜板温度记录，都说明绿色屋顶由于减轻了热和紫外线辐射以及物理损毁造成的老化而延长了膜板的寿命。

　　3） 18个绿色屋顶研究的综述　研究者们对已发表的18个绿色屋顶研究结果进行了数据

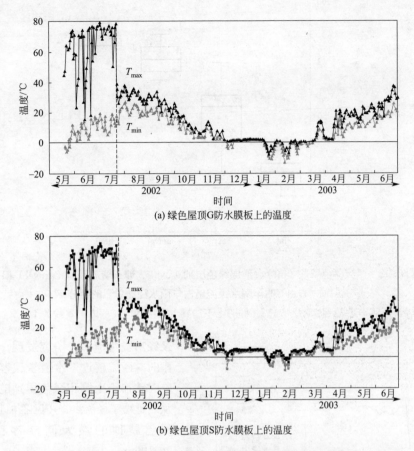

(a) 绿色屋顶G防水膜板上的温度

(b) 绿色屋顶S防水膜板上的温度

图 6.12 绿色屋顶防水膜板上的每天最高温度和最低温度

分析（Mentens et al.，2006）。根据对 628 个有效记录数据的分析获得了年度和季节尺度的降雨径流规律。推导出的经验模型，在设定屋顶特征和年度或季节的降雨情况后，用于评价不同类型屋顶的雨水径流规律。分析结果证明，绿色屋顶的年度或季节降雨径流跟屋顶类型的关系，主要取决于植物生长基质层的厚度（见图 6.13 和表 6.9）。冬季雨水滞留时间比夏季短。

表 6.9 不同类型绿色屋顶的植物生长层厚度和对照屋顶的对比

项目	薄层绿色屋顶	厚层绿色屋顶	卵石覆盖屋顶	传统屋顶
基底层深度/mm				
最小值	150	30	50	—
最大值	350	140	50	—
中间值	150	100	50	—
平均值	210	100	50	—
雨水径流率/%				
最小值	15	19	68	62
最大值	35	73	86	91
中间值	25	55	75	85
平均值	25	50	76	81

4）瑞典的绿色屋顶 在瑞典奥古斯丁堡（Augustenborg）选择了一个试验站用以检测一个薄层绿色屋顶的水文功能（Bengtsson et al.，2005）。选择该市的理由是采用合流制排水系统以

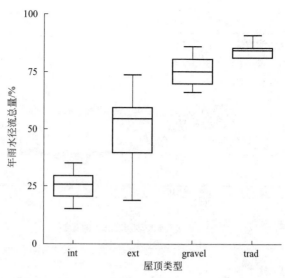

图 6.13 厚层绿色屋顶（int）、薄层绿色屋顶（ext）、卵石覆盖屋顶（gravel）和
传统屋顶（trad）的年雨水径流量占年雨水径流总量的百分率
[百分率范围 25%～75%（框的上下边界）和中间值（框内的直线）]

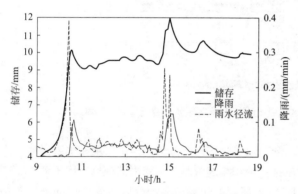

图 6.14 瑞典奥古斯丁堡薄层绿色屋顶的
降雨、雨水径流和储存

及经常发生淹涝。研究发现，在短期暴雨时，径流超过下水道承载容量的雨水临时储存于土壤和绿色屋顶的植物中，从而延缓了径流洪峰（见图 6.14）。薄的绿色屋顶的最大储存容积确定为 9～10mm。

5）比利时绿色屋顶的研究与解决方法　以布鲁塞尔为例，研究者们采用模拟方法以确定整个城市绿色屋顶在减少雨水净流量的有效性（Mentens et al.，2006）。结果证明，10% 的建筑物建有薄层绿色屋顶，能使该地区的年降雨径流量减少 2.7%，对于单独的建筑物则减少 54%。这个功能对不断增长的城市化特别重要，预计到 2030 年居住在城市的人口将占总人口的 83%。这一研究得出的结论是，绿色屋顶是一种特别重要的控制暴雨径流的手段，而且不另外占用土地。还有一点是绿色屋顶跟其他渗滤技术结合将使城市将来可持续地应对暴雨径流。

6）美国俄勒冈州波特兰市生态屋顶的暴雨检测　在波特兰市环境服务局（Bureau of Environmental Services，BES）开始考虑生态屋顶对暴雨的治理时，没有任何可供利用的数据予以借鉴（Hutchinson et al.，2003）。为了获得当地的具体数据，该市环境服务局启动了哈密尔顿西部公寓建筑物两种不同的生态屋顶的植被对雨水径流的检测项目。获得了两年多的水质监测结果和一年多的雨水流量检测结果。对于 10～12.5mm 厚的生态屋顶，计算的降雨滞留率在 69%。在旱季降雨时几乎全部降雨被吸收。即使在冬季生态屋顶处于饱和状态其暴雨滞留率和径流高峰强度衰减率也很可观（见图 6.15）。一些水质改善的检测证明比雨水计量更困难些，好在已经了解了一些水质改善的情况。在受纳水体对某些污染物敏感的情况下，生态屋顶的植物生长基质构成设计将成为重要的考虑因素。研究者们至今的研究结果证明，生态屋顶可能是城市暴雨的有效治理工具之一。下一步的主要研究方向是利用这些数据进行系统建模工作，以确定生态屋顶可能获得的水文、水力和实现的径流效益。这些信息也将对该局的管理人员、规划人员、工程师们和决策官员们在确定区域密度、基础设施设计、排水费降低和遵循法令等方面有所帮助。

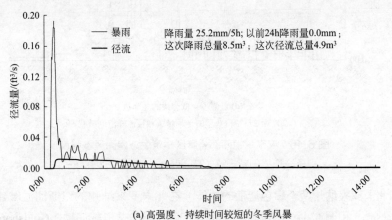

(a) 高强度、持续时间较短的冬季风暴
2002年2月23日十年一遇冬季降雨量与径流量削减状况

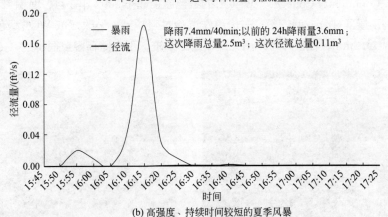

(b) 高强度、持续时间较短的夏季风暴
2002年9月29日典型的夏季暴雨和径流峰值削减状况

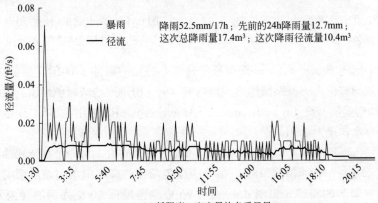

(c) 低强度、高容量的冬季风暴
2003年1月31日两年一遇冬季降雨量与径流量削减状况

图6.15

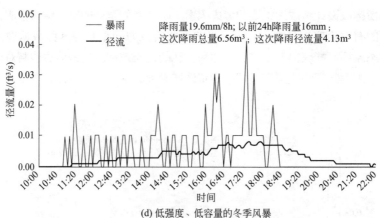

(d) 低强度、低容量的冬季风暴

2003年2月17日典型的冬季暴雨和径流峰值削减状况

图 6.15 汉密尔顿西部公寓区建筑生态屋面风暴强度和径流峰值削减规律（Hutchinson et al.，2003）

7）美国北卡罗来纳州两个绿色屋顶的效能　在北卡罗来纳州的纽斯河流域建造了两个绿色屋顶（见图 6.16 和图 6.17，Moran et al.，2006）。在戈尔兹伯勒（Goldsboro）维尼社区学院（Wayne Community College，WCC）的绿色屋顶建于 2002 年 5 月，面积 750ft²。这个仓库建筑的原初平屋顶被分成两等份；一份用作试验对照，另一份改建成 WCC 绿色屋顶。土壤层平均厚度为 76.2mm。在设计中采用无纺布过滤系统，雨水储存容量很小。

图 6.16 北卡罗来纳州戈尔兹伯勒　　　**图 6.17** 北卡罗来纳州罗利市（Raleigh）
WCC 绿色屋顶（2003 年 4 月）　　　　的 B&J 绿色屋顶（August 2004）

罗利市中心区的 Brown & Jones 建筑股份公司办公楼的屋顶 1400ft²，是 2003 年 2 月重新修缮的，也分成两等份：一份保留作为实验对照，另一份则改造成绿色屋顶。该绿色屋顶的坡度为 7%，平均覆盖层厚度 4in（101.6mm）Amergreen-50RS 被用在 B&J 绿色屋顶上。这种排水材料的储存水容量为 2.8L/m²。

对每一个绿色屋顶的水文和水质改善效能都做了调查研究。每一个绿色屋顶对雨水都有相当大的滞留率（见表 6.10 和图 6.18）。每一个绿色屋顶的高峰雨水出流量都明显减少，而且对雨水径流都有显著的滞留（见图 6.19）。WCC 绿色屋顶 10 次降雨的径流系数平均值为 0.50。绿色屋顶出流的 TN 和 TP 的浓度和数量比降雨的 TN 和 TP 浓度和数量有所增加；同样绿色屋顶的 TN 和 TP 浓度和数量对比于对照屋顶的 TN 和 TP 浓度和数量也有所增加（见图 6.20）。研究确定，含有 15% 的混合肥料的土壤层溶出了绿色屋顶的氮和磷。这一研究结果说明，绿色屋顶材料的选择对减少其出流水的 N/P 浓度和数量至关重要。

表 6.10   每个实验场所的雨水持留率和雨水峰值削减率一览表

绿色屋顶位置	总降雨量	总降雨滞留量	滞留百分比	平均峰值降雨量	平均绿色屋面径流	削减百分比
戈尔兹伯勒，NC	59.6in	37.8in	63%	1.4in/h	0.18in/h	87%
罗利市，NC	12.4in	6.8in	55%	1.7in/h	0.75in/h	57%

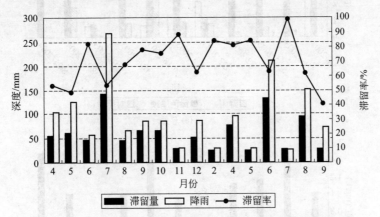

图 6.18   2003 年 4 月～2004 年 9 月 WCC 绿色屋顶的月滞留率

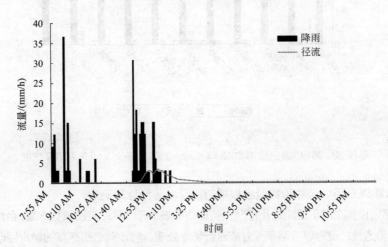

图 6.19   2003 年 4 月 7 日，在华西都市报的绿色屋顶，其绿色屋顶对径流峰值流量的削减

6.5.1.3   生物滞留设施和雨水花园

（1）概念与构造

生物滞留设施指在地势较低的区域，通过植物、土壤和微生物系统蓄渗、净化径流雨水的设施。生物滞留设施分为简易型生物滞留设施和复杂型生物滞留设施，按应用位置不同又称作雨水花园、生物滞留带、高位花坛、生态树池等。

生物滞留设施应满足以下要求：

① 对于污染严重的汇水区应选用植草沟、植被缓冲带或沉淀池等对径流雨水进行预处理，去除大颗粒的污染物并减缓流速；应采取弃流、排盐等措施防止融雪剂或石油类等高浓度污染物侵害植物。

② 屋面径流雨水可由雨落管（雨水竖管）接入生物滞留设施，道路径流雨水可通过路缘

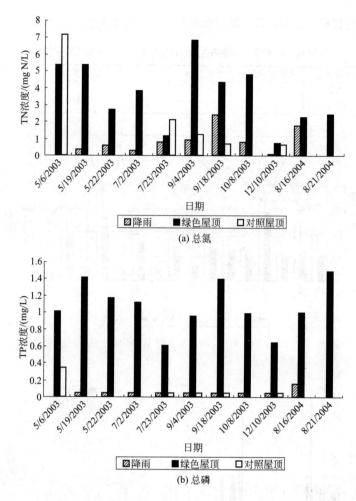

图 6.20 WCC 绿色屋顶 2003 年 4 月～2004 年 9 月的 TN 和 TP 浓度

石豁口进入，路缘石豁口尺寸和数量应根据道路纵坡等经计算确定。

③ 生物滞留设施应用于道路绿化带时，若道路纵坡大于 1%，应设置挡水堰/台坎，以减缓流速并增加雨水渗透量；设施靠近路基部分应进行防渗处理，防止对道路路基的稳定性造成影响。

④ 生物滞留设施内应设置溢流设施，可采用溢流竖管、盖箅溢流井或雨水口等，溢流设施顶一般应低于汇水面 100mm。

⑤ 生物滞留设施宜分散布置且规模不宜过大，生物滞留设施面积与汇水区面积之比一般为 5%～10%。

⑥ 复杂型生物滞留设施结构层外侧及底部应设置透水土工布，防止周围原土侵入。如经评估认为下渗会对周围建（构）筑物造成塌陷风险，或者拟将底部出水进行集蓄回用时，可在生物滞留设施底部和周边设置防渗膜。

⑦ 生物滞留设施的蓄水层深度应根据植物耐淹性能和土壤渗透性能来确定，一般为 200～300mm，并应设 100mm 的超高；更换土层介质类型及深度应满足出水水质要求，还应符合植物种植及园林绿化养护管理技术要求；为防止更换土层介质流失，其底部一般设置透水土工布隔离层，也可采用厚度不小于 100mm 的砂层（细砂和粗砂）代替；砾石层起到排水作用，厚度一般为 250～300mm，可在其底部埋置管径为 100～150mm 的穿孔排水管，砾石应洗净且粒径不小于穿孔管的开

孔孔径；为提高生物滞留设施的调蓄作用，在穿孔管底部可增设一定厚度的砾石调蓄层。

（2）适用性

生物滞留设施主要适用于建筑与小区内建筑、道路及停车场的周边绿地，以及城市道路绿化带等城市绿地内。

对于径流污染严重、设施底部渗透面距离季节性最高地下水位或岩石层小于 1m 及距离建筑物基础小于 3m（水平距离）的区域，可采用底部防渗的复杂型生物滞留设施。

对一条街道来说，生物滞留设施可以成为源头控制措施，用以处理道路和屋顶的雨水径流，不使其进入河流（Melbourne Water，2008）。这种生物滞留设施，如果当地的土壤排水效能不好，可以加衬层和排水管（见图 6.21）。生物滞留设施通常有 60～90cm 厚的孔隙填料层（沙/土/有机混合物），其上覆盖一薄层硬木树落叶、草、灌木和小树等。这一覆盖层和植物多样性促进了雨水径流的蒸腾作用，保持土壤空隙和增强生物活性（Davis，2008）。

(a) 开挖

(b) 铺设排水管道和填充砾石

(c) 加土覆盖

(d) 在生物滞留床上种植植物

图 6.21　生物滞留池的施工

（3）雨水花园

雨水花园是一块种植灌木、树木或多年生植物的低洼地带，接受雨水径流并使其在其中渗滤。雨水通过土壤层渗滤，减少了雨水地表径流量，增加了地下含水层回注，并去除一些污染物（Galli，1992）。雨水花园可以建造在几乎所有未曾覆盖的地方，可采用多个绿色要素，如生物滞留池、生物渗滤池和有植被的洼池，用以收集屋顶、人行道和街道的雨水径流并予以吸收。这种做法是对雨水径流的渗滤、蒸发和蒸腾等自然水文现象的小型化人工模拟。如花盆或花池，就是城市雨水花园的一种形式，有垂直墙，无池底或有池底，在密集的城市地区由于空地有限只好选用花池，也是街道景观之一（见图6.22）。

在大多数分散排水系统中雨水花园运行得最好。它是一种生物滞留设施，能削减高峰流量，回注地下水，并使雨水径流渗滤（Dietz，2005）。雨水花园可以建在居住区草坪和房屋周围构成景观。它可以根据土地拥有者的要求来设计，因为从结构上说比其他渗滤设施其设计规模最小。对于小范围内寻求污染水治理的人们来说，雨水花园（特别是种植当地植物品种的），其很少的维护需求是很有吸引力的。建成运行后大部分时间不需要浇水，修剪和施肥，具体取决于降雨量和次数（Melbourne Water，2008）（见图6.23）。

图6.22　花池是一种美观的雨水过滤设施，也是减少雨水径流进入下水道的有效设施

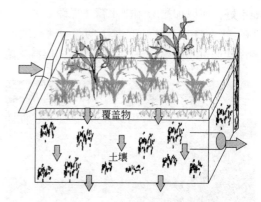

图6.23　生物滞留-雨水花园示意（Davis，2008）

（4）案例研究

1）挪威生物滞留设施寒冷气候下重金属的去除

穆萨纳等（Muthanna et al. 2007）调查研究了生物滞留设施的重金属去除能力与温度的相关性。实验是在挪威的特隆赫姆（Trondheim）用一个建造的生物滞留箱进行的。使该取样箱经历与暴雨和降雨的历史数据相一致的降雨事件。选择的实验月份是2005年4月（5.8℃）和8月（13.4℃）（见表6.11）。实验结果证明，所有重金属的去除率在温暖月份较高。作者指出这主要是由于寒冷月份部分冻土层和上层土壤较少的活性生物质影响渗滤和蒸腾速率。总的说，生物滞留系统能大幅度减少重金属，锌减少90%，铅减少89%，铜减少60%～75%（见表6.11）。试验确定植物覆盖层是重金属去除的主要场所。笔者还发现，重金属滞留率与选择的水力负荷无关（相当于1.4～7.5mm/h降雨量）。这证明试验中不同的进水流量不影响该系统的处理效率。

⊡表6.11　从生物滞留箱流入和流出的平均总金属浓度

项目		入流			出流		
		Cu	Zn	Pb	Cu	Zn	Pb
4月	平均浓度/(μg/L)	26	412	4.4	15.2	22	0.8
	标准偏差/(μg/L)	7.8	233	3.0	5.9	19	0.7
	削减率/%				40	95	82
8月	平均浓度/(μg/L)	126	584	21.1	41.7	49	2.5
	标准偏差/(μg/L)	32	149	5.6	16.6	31.0	1.0
	削减率/%				67	92	88
总体	平均浓度/(μg/L)	83	521	13.9	30.2	38	1.8
	标准偏差/(μg/L)	56	195	9.4	17.9	29	1.2
	削减率/%				63	93	87

2）美国，马里兰州马里兰大学学院公园两生物滞留网格

建在马里兰大学校园的两个生物滞留设施检测了接近 2 年，包括了 49 次降雨径流情况（Davis，2008）。这一研究的主要目的是，定量地确定生物滞留设施对雨水径流体积、高峰流量的减少和高峰时间的延迟。

2002 年秋季～2003 年春季在马里兰大学校园的学院公园中建立了生物滞留研究和教育场所，包括两个并列的生物滞留池，收集和处理沥青地面停车场上 0～24h 的暴雨径流。沿停车场周围建造一圈沥青路缘，以汇集停车场地面径流并使其流入位于拐角的生物滞留池中。每一个生物滞留池是矩形的，宽 2.4m，长 11m，每个池的有效表面积约为 28m²；其排水面积与生物滞留层的面积比为 45：1。

生物滞留池之一（浅池）是按照（马里兰州乔治王子县提供的）标准的生物滞留池设计和生物滞留手册建造的。除了标准设计资料外，第二个生物滞留池（深池）的池底设置了实验缺氧区，以促进雨水径流通过该池时发生反硝化过程。

总之，试验结果表明，生物滞留池能够有效地使水资源周围的开发地带水文影响减到最低限度。图 6.24 检测的 18％降雨径流中生物滞留池收集了全部雨水径流进入其中，没有发现任何出水流量。连续多年的底部排水管的流量很小。这两个池对高峰流量的减少率分别是 49％和 58％；雨水径流峰值流量也明显延迟，通常时间延迟 2 倍或更长。利用简单的参数即雨水径流体积、峰值流量和峰值延迟时间与未开发的土地对比，发现深层生物滞留池可能符合或超过未开发土地的相应基准值分别为 55％、30％和 38％，对于浅池则为 62％，42％和 31％。

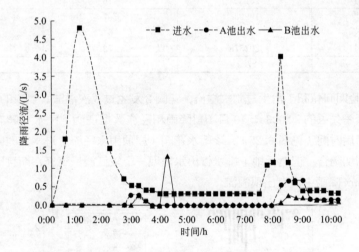

图 6.24 马里兰大学生物滞留设施的进水和出水流量曲线

从 2003 年夏季到 2004 年秋季对上述两个相同的生物滞留设施进行了检测，以定量地确定停车场暴雨径流水质的改善指标（Davis，2007）。成功地收集到 12 次进水/出水水质数据并分析了其总悬浮固体（TSS）、磷和锌。收集了 9 次铜和铅的进出水数据，3 次硝酸盐的数据。有两次降雨，其全部的径流被生物滞留池完全滞留，没有任何出水，导致为零污染排放。在所有降雨次数中出水的污染物中间值都低于进水，这说明生物滞留池成功地改善了雨水径流水质。统计发现这两个生物滞留池对所有检测的污染物的去除效率没有明显的差别。每次降雨径流初始污染物的平均浓度和去除率的中间值（两池的组合值）为：TSS 17mg/L 和 47％；TP 0.18mg/L 和 76％；铜 0.004mg/L 和 57％；铅 0.004mg/L 和 83％；锌 0.053mg/L 和 62％；

硝酸盐 0.02mg N/L和83%（根据有限的数据）。其质量去除大于根据浓度削减计算的数值。这些数据与以前发表的生物滞留设施运行和实验研究数据相符。

3）美国康涅狄克州哈达姆（Haddam）雨水花园的效能

在美国康涅狄克州哈达姆市建造了一个复制的雨水花园并对其收集盖板屋顶的雨水径流处理效果进行检测（Dietz 和 Clausen，2005）。该雨水花园储存第一个降雨径流的 25mm 厚的水量。进水、溢流水和渗滤水流量用倾斗式雨量计被动式计量和取样。降雨也予以计量，并取样分析水质。所有的周混合水样都分析其总磷（TP）、总凯氏氮（TKN）、氨氮（NH_3-N）和亚硝酸盐氮＋硝酸盐氮（NO_2^-/NO_3^--N）；月混合水样分析其铜（Cu）、铅（Pb）和锌（Zn）。用铂电极测定氧化还原电位实验发现，对于屋顶雨水径流中的 NO_3^--N、TKN、有机氮和 TP处理效果差。许多 Cu、Pb 和 Zn 水样都低于检出水平，因此未能对其进行数据统计分析。出水污染物中只有 NH_3-N 显著低于两个雨水花园的进水，有一个雨水花园出水 TN 显著低于进水。

设计的这些雨水花园对所有的雨水径流处理都运行得很好，但是对渗滤水污染物浓度稍有影响。在整个试验期间，雨水花园的绝大部分进水是地下流（98.8%），只有 0.8%的进水是溢流（见表 6.12）。

表 6.12 雨水花园的流量平衡，深度值基于雨水花园总面积（Dietz and Clausen，2005）

项目		体积/L	深度/cm	入流百分比/%
入流	屋顶径流	170063	653	84
	降雨量	32241	123	16
	总计	202304	776	100
出流	暗渠	199933	767	98.8
	溢流	1645	6	0.8
	总计	201578	773	99.6
剩余量		726	3	0.4

在 56 周试验期间花园 1 发生过 4 次溢流，花园 2 发生过 3 次溢流。剩余的 0.4%体积被认为是花园植物蒸腾失去的。2003 年 10 月 1 日降雨和径流数据证明，雨水花园有能力削减高峰径流量和延长滞后时间（见图 6.25）。该雨水花园（屋顶雨水径流）进水的时间和变化形式在水文上与降雨密切吻合。但是，地下排水管出水呈现一个较低流量高峰，而且比降雨出现的延迟。在这次 42mm 降雨中没有出现溢流。

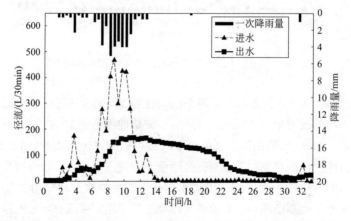

图 6.25 哈达姆（Haddam）雨水花园一次降雨量、雨水花园进水和
出水（地下排水流量）曲线（Dietz and Clausen，2005）

这些结果说明，如果地下排水管不与雨水管道或合流制管道连接，按照2.54cm降雨水深设计的排水管道可能达到高峰径流量和污染物的滞留。

4）美国北卡罗来纳州几处生物滞留设施的效能

对北卡罗来纳州的3处生物滞留设施做了污染物去除能力和水文效能的考察研究（Hunt et al.，2006）。这3个生物滞留池因填充介质或排水形式而有所不同。对两个普通排水生物滞留池的现场试验确定，其总氮去除率较高，都减少了40%；硝酸盐氮的去除率变动于75%和13%之间。格林斯博罗市的一个生物滞留池去除锌、铜和铅的效率分别是98%、99%和81%。所有的污染物高去除率都是因为生物滞留池的出水体积大幅度减少所致。其出水体积对比于进水体积的比例变动为0.07（夏季）～0.54（冬季）。夏季与冬季对比的出水/进水体积比值变化很大（$p<0.05$）。用含磷量低的土壤填充的生物滞留池，如查珀尔希尔生物滞留池C1（见图6.26）和格林斯博罗生物滞留池G1，具有比格林斯博罗生物滞留池G2（使用含磷高回填介质）高得多的除磷率。笔者的结论是，填充介质的选择对总磷的去除起决定的作用。当填充

图6.26 查珀尔希尔市的生物滞留池C1建成8个月后的照片（Hunt et al.，2006）

介质具有低磷指数和高的阳离子交换容量，则其具有高的除磷效果。

研究者们于2004～2006年考察了北卡州Charlotte市区Hal Marshal生物滞留池（HMBC）（Hunt et al.，2008）。HMBC是一处翻新的最佳治理措施（BMP），用于处理市中心区的沥青地面停车区的雨水径流（见图6.27）。老旧停车场的排水面积0.37hm²，研究前沥青路面铺设已有10年多。该汇水区的交通负荷是私人车辆与服务车辆混合。在工作时间，停车位几乎100%占用。生物滞留区是遵照北卡州水质处暴雨最佳治理措施设计手册设计的。

图6.27 Hal Marshal市生物滞留池建成16个月后植物和研究开始时的照片（Hunt et al.，2008）

23次降雨按照流量权重和混合水样来分析TKN、NH_4^+-N、NO_3^-/NO_2^--N、TP、TSS、BOD_5、Cu、Zn、Fe和Pb。从19次暴雨中随机取样分析了大肠菌值，从14次暴雨中随机取样分析了粪便大肠杆菌（*E-coli*）、TN、TKN、NH_4^+-N和BOD_5，粪便大肠菌*E. coli*、TSS、Cu、Zn和Pb浓度都有显著减少（$p<0.05$）。铁浓度明显增加330%（$p<0.05$）。NO_2^-/NO_3^--N浓度基本不变。TN、TKN、NH_4^+-N、TP和TSS的效率比只分别是0.32、0.44、0.73、0.31和0.60。粪便大肠菌*E. coli*的去除率比值分别为0.69和0.71，Zn、Cu和Pb的去除率比值分别为0.77、0.54和0.31。

生物滞留池对于降雨量小于42mm的16次降雨，其出水流量高峰96.5%小于进水流量高

峰值，平均高峰值减少 99％（见表 6.13）。这些结果证明，在城市环境中，生物滞留系统能够降低多数目标污染物（包括病原菌指示细菌）的浓度。此外，生物滞留系统还能有效地削减小到中等的雨水径流高峰。

表 6.13　美国北卡罗来纳州 HMBC 生物滞留池的进水和出水流量削减（Hunt et al, 2008）

降雨日期	降雨量/mm	进水峰值/(L/s)	出水峰值/(L/s)	峰值削减率/%
2/7/04	35.6	25.6	0.06	99.8
4/26/04	2.8	14.5	0	100
6/1/04	8.9	18.8	0.25	98.7
10/13/04	10.2	14.1	0.09	99.4
12/6/04	10.9	23.3	0.06	99.8
1/14/05	26.2	73.5	0.14	99.8
2/14/05	6.9	6.8	0.03	99.6
2/22/05	7.1	4.1	0.08	98.0
3/8/05	16.5	22.3	0.11	99.5
4/7/05	2.0	3.7	0	100
4/13/05	39.9	14.5	0.11	99.2
5/13/05	6.4	50.8	0.08	99.8
6/28/05	17.8	32.9	0.06	99.8
12/5/05	32.5	13.6	0.48	96.5
12/12/05	10.9	13.0	0.20	98.5
12/29/05	9.1	20.1	0.31	98.5

6.5.1.4　草被沟槽

草被沟槽是铺有草皮的土质沟槽，用于收集雨水径流并输送到其他暴雨治理系统中或其他输送系统中（Marsalek 和 Chocat，2003）。与老式的高速公路路边沟槽不同，这种草被沟槽具有平缓的斜坡，其上种植当地的草类和美观的花卉（见图 6.28）。草被沟槽有许多优点，包括雨水径流速度比标准的雨水管道流速小。由此导致更长的汇聚时间，并削减了高峰径流排放。草被沟槽能够切断不透水路面与雨水道或合流制下水道的连接，从而减少了雨水径流总量和削减了高峰流量。它还能够通过和土壤层过滤与草类根系的吸收去除污染物，称为植物净化。这一设施促进了渗滤，从而削减了高峰径流量的排放（Clark et al.，2004）。草被沟槽的典型横断面如图 6.29 所示。该系统还可以有一条排水管积水以减少香蒲的生长。

图 6.28　在西雅图市居住小区的植被沟槽，用于输送、处理和渗滤西雅图公共事业公司大楼的雨水径流

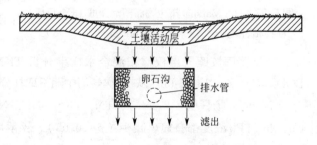

图 6.29　草被沟槽的典型横断面

6.5.1.5　过滤带

过滤带（filter strips）是种植植物的一段土地，用于接受上游地区的雨水地表径流，或者接受高速公路或停车场的雨水径流（见图 6.30）。过滤带通过过滤除去雨水径流中的污染物。它还能使雨水径流进行部分渗滤，使雨水径流变缓慢。茂密的植物覆盖有助于污染物去除。过滤带不能处理高流速的雨水径流。因此，它们通常用于小排水区。草被过滤带比草被沟槽达到更高的污染物去除率。其差别在于流动方式：在草被过滤带的水流深度低于草的高度，形成层流状态，增强了沉淀和过滤作用；在草被沟槽中聚集雨水径流，使水流深度大于草的高度，导致紊流状态。种植植物的过滤带适用于低密度开发地区的小排水区，以及靠近道路和停车场的地带。草被过滤带的设计指南列于表 6.14。

图 6.30　停车场的一个简单的过滤带在暴雨进入排水沟前可以过滤径流

⊡ 表 6.14　草被过滤带设计指南

设计参数	设计基准
过滤带宽度	最小宽度 15～23m，每 1％坡度附加 1.2m
水流深度	5～10cm
过滤带坡度	最大坡度 5％
水流速度	最大流速 0.75m
草的高度	最佳草高度 15～30cm
水流分布	在进水端设置均匀布水槽，以使雨水径流均匀地沿过滤带宽度做地表径流

引自：Minnesota Pollution Control Agency，1989；Novotny and Olem，1994；Novotny，2003。

草被过滤带能有效地去除沉淀物以及与沉淀物附着在一起的污染物，如细菌、颗粒状的营养物、农药和金属。过滤带中一个重要的除污染机理是渗滤。包括磷在内的许多污染物呈溶解状态或者与很细小的颗粒连接在一起随渗滤水进入土壤中。一旦进入土壤层，物理、化学和生物的综合作用去除了污染物。渗滤的另外重要作用是减少雨水地表径流量，从而减少了其输送污染物的能力。

Lee 等（1989）对草被过滤带的研究结论是，从草被过滤带地表径流水中除去沉淀物和营养物，主要是溶解性营养物渗滤的结果，以及地表漫流使水体积减少和阻力增大致使输送沉淀物能力的降低。沉淀物沉积被确定是缓冲带磷去除的主要机理。在缓冲带渗滤的增强，归因于由植物造成地表粗糙度使水流滞缓，以及土壤中有机质的增加使其有良好的颗粒性。营养物单靠植物吸收，其去除量微不足道。

沉淀物在过滤带达到 100％去除的距离称为临界距离（Critical distance）（Novotny 和 Olem，1994）。用狗牙草做的实验研究确定，去除 99％以上的沙的距离是 3m、泥沙 15m、黏土 120m（Wilson，1967）。

6.5.1.6　环境廊道和缓冲带

城市环境廊道，通常是河边或湖边的公园，或者是开阔的种植植物的土地，或者接近排水系统，作为污染的城区与受纳水体之间的生态缓冲带。其中设置人行道和自行车道、野餐区、运动场地等（见图 6.31）。理想的环境廊道应当包括大部分洪泛区。在大多数情况下，缓冲区也能储存洪水及控制其污染（Wiesner，Kassem and Cheung，1982），而且基本上是洪泛区和

图 6.31 德克萨斯州达拉斯三一河廊道设计

主要排湿系统的一部分。河流缓冲带既用于城市也用于汇水区。如果暴雨排出口旁道流经草被和植物地区并直接排入受纳水体，或者流入与水体直接连接的大型排水沟渠，则环境走廊将失去其效能。在环境走廊的景观地带还建有暴雨径流处理设施，如植物过滤带、渗滤池、持留-滞留塘（干塘或湿塘）和湿地。

由水体沿岸的多种植物形成的缓冲带，也可用来减少雨水径流的污染物，否则它们就会进入水体。Woodard（1989）测定了缅因湖畔典型植被的缓冲带（灌木和蕨类等植物混种、不同年龄和中等土地覆盖率）的效能。Potts 和 Bai（1989）在佛罗里达州也做了相似的测定。他们的研究发现，草被地带对居住区的雨水径流的悬浮沉淀物和磷的临界距离为 22.5m。但是，缓冲带去除污染物的效率，取决于足够的有机质覆盖层（自然植被）以及污染物的最初浓度和沿岸开发的程度。为了保护一座饮用水源——地表水库，其汇水区批准建造居民区，建议建造 30m 宽的缓冲带（Nieswand et al.，1990）。在一些国家严禁在饮用水源水库的汇水区做城市和农业开发。

缓冲带在陡坡的松土地上无效。此外，其效果也因在缓冲带任何部分暴露土壤而减弱，这将增大侵蚀，由此增加雨水径流的悬浮固体和其他污染物，而不是使其减少。Woodard（1989）建议，如要缓冲带工作有效，必须在暴露的矿物质土地上覆盖一层有机孔隙土层以及茂密生长的植被。

6.5.1.7 生物过滤器

任何一种借助植被去除暴雨径流污染物的系统都可认为为生物过滤系统，包括雨水花园、植被洼槽、环境走廊和缓冲区、草被过滤带和绿色屋顶。种植植物的过滤系统比单纯用土壤基质的过滤系统，去除 N、P 和 Pb、Zn、Cu 和 Cd 等重金属的效率更高（Breen，1990；Song et al.，2001；Read et al.，2008）。其他形式的生物过滤系统仅由挖成的沟或池，并在其中装填生长有植物的介质。在植物生长层下面铺设穿孔管，用于收集过滤水，并将其输送到雨水管道中，或者直接排入附近水体（Davis et al.，2001a；Hatt et al.，2007；Henderson et al.，2007）。在过滤过程中细小颗粒在表面被截留，而溶解的物质则在经过土壤过滤层被去除；或被土壤吸附，或被植物根系吸收，或被土壤微生物群落摄取（Hatt et al.，2007）。

植物可以通过多种过程去除污染物，包括有机污染物的降解，以及植物在循环中对主要营养物氮和磷的摄取，甚至对重金属的摄取（Breen，1990；Schnoor et al.，1995；Cunningham and Ow，1996）。植物也能影响土壤介质中存在的微生物群落。在植物根系或根区内及其周围都可影响微生物。植物通过提供不同的有机底物、改变暴雨期间的水停留时间和改变或控制土壤的 pH 值，能影响这些微生物群落（Schnoor et al.，1995；Salt et al.，1998）。

植物种属影响暴雨径流中氮和磷的去除效率，而一些金属主要是由土壤介质去除。澳大利亚的一项研究证明，植物种属的不同导致氮和磷的去除相差 20 倍之多（Read et al.，2008）。

根据新罕布什尔大学暴雨中心的研究结果，植被洼槽年去除暴雨径流中的总悬浮固体

（TSS） 60％、锌88％，其中大都是由于渗滤和草被过滤去除的。

6.5.1.8 雨水收集与利用系统

雨水收集与利用系统是收集和储存雨水并随后予以利用。是指收集和利用建筑物屋顶、道路和广场等硬化地表汇集的降雨径流，经收集—输送—净化—储存等步骤而储存雨水。其为绿化、景观水体、洗涤、饮用及地下水源提供雨水补给，以达到综合利用雨水资源和节约用水的目的。具有减缓城区雨水洪涝和地下水位下降、控制雨水径流污染和改善城市生态环境等广泛的意义。收集雨水，用于绿地灌溉、景观用水或建立可渗式路面、采用透水材料铺装，直接增加雨水的渗入量。如设计合理，他们能减缓和减少雨水径流。

位于直布罗陀山的东侧有一个著名的混凝土停机坪，连接一个水窖，用于收集和储存雨水径流，为位于佩罗庞尼西亚地区（西班牙）南端的英国城市供水。雨水回收是另一种减少不透水路面雨水净流量的途径。降雨时从屋顶或其他不透水表面收集雨水径流，并在雨后用于灌溉，甚至做饮用水。由此可以削减所在地区的雨水径流高峰。

6.5.2 塘和湿地

6.5.2.1 塘

塘和储存池一直是城市暴雨量和水质治理的主要设施。塘（储存和预处理）、湿地（处理）和渗滤或灌溉相组合，能形成可持续的暴雨处理与再用系统。塘和湿地经常建在一起，或者建造的塘与修复的湿地组合在一起。实际上很难区别周边长满蒲草的浅水塘、有时有水区的干塘和有塘区的湿地之间的不同。如果按照景观建筑设计，塘和湿地的优化组合可能成为最亮丽的城市生态景观。

现在和未来，雨水净化-储存塘和滞洪区，其设计正与或将与景观建筑学密切结合，变成城市景观湖，供人们娱乐和观赏，也提高了其沿岸土地的价值，如建造居住小区或旅游建筑（酒店、娱乐场、休闲保健中心等），其湖水景观和湖的优美环境将比没有湖之前的价格提高几倍。这与过去的呆板的矩形的钢筋混凝土池并标出"闲人免进"的标志可谓天壤之别。设计良好的塘，其中也可以放养适量的观赏鱼类如锦鲤、红鲤等。塘中的水生态系统能有效地去除雨水径流中含有的营养物，当然也要教育其汇水区的住房业主不要过度使用化肥，以防止富营养化。

为控制城市雨水径流水质应用两种类型的持留池：第一种类型包括持留水塘，其中有永久性水区，但设定有附加的储存容积以收集和储存暂时性的暴雨径流；第二种类型持留池，是广阔的和改建的干塘，其中有一部分储存容积用于强化悬浮固体的沉淀以及通过过滤附加去除污染物。

干塘是暴雨持留设施，被用于临时地收容和储存暴雨径流高峰流量。在进水流量超过出水流量时，出水管受到限制以启动对暴雨径流高峰流量的储存。在该类塘中还设置安全溢流泄水道，当该塘的储存容积耗尽时开始溢流排出异常高峰流量。因为干塘的出水管用于洪水控制而由大的暴雨径流确定其尺寸，所以流量较小的污染径流通过该塘，导致污染负荷大部分未被去除。因此，干塘不能有效地改善雨水径流水质。

塘既可以设在雨水径流治理流程内或称直路，也可以设在流程外或称旁路（见图6.32）。设在旁路的塘，当雨水管道中的流量超过其承载能力时将启动溢流并将其排入塘中并储存其中。直路塘的储存是雨水径流输送渠道的一部分，直路塘是由限制的出流流量来控制。暴雨后

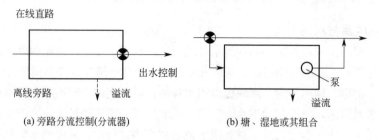

(a) 旁路分流控制(分流器)　　　　　　(b) 塘、湿地或其组合

图 6.32　直路塘和旁路塘运行示意

**图 6.33　用于处理小流量的雨水径流的简单的
扩大干塘/生物滞留池（特拉华市交通处特许复制）**

旁路塘储存的雨水径流用泵或者重力流排出。旁路塘储存对水质影响不大。

将滞留干塘与设置在塘底的渗滤系统组合起来能显著提高去除雨水径流污染物的效率，而单纯的干塘去除污染物效能很低（见图 6.33 和图 6.34）。这种塘设置两个出水口；一个是两年一遇的暴雨径流储存的低水位和小流量出水口；另一个则是五十至百年一遇的特大暴雨水储存的高水位和大流量出水口。低水位出水口储存穿孔管及其顶部的溢流堰排出水。高水位出水口储存大的暴雨径流量。罕见的特大暴雨径流量在塘中超负荷储存时，必须安全地通过坝顶溢流。

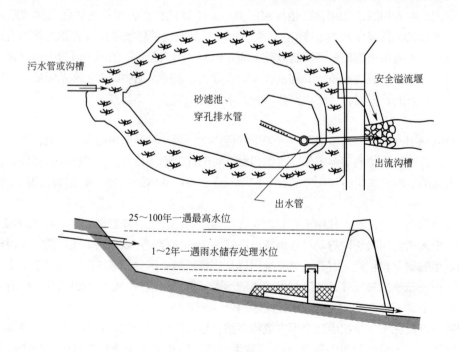

图 6.34　改造的干塘示意

滞留水塘有永久性的水区。简单的水塘作为沉淀设施具有中等的去除效率。为了保持塘的去除效率和美观，必须清除（疏浚）多年运行沉积的底泥。设计和维护不好的水塘可能成为难看的设施，也是蚊子繁殖的发源地。水塘的示意如图 6.35 所示。美国国家城市雨水径流计划研究的水塘对各种污染物的去除效率统计分析如图 6.36 所示。

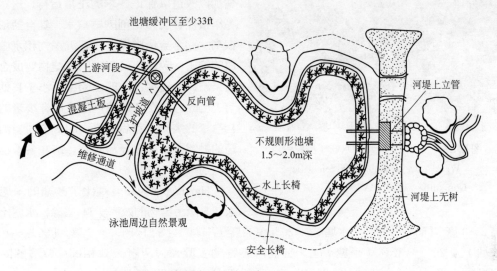

图 6.35 增强的高效水塘示意（Schueler et al.，1991）

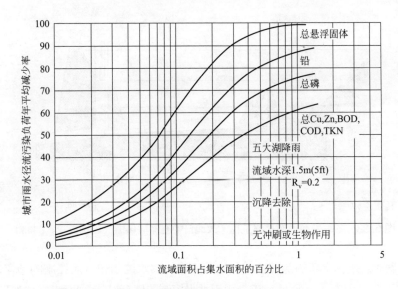

图 6.36 传统的湿滞洪池的去除效率图（德里斯科尔，1988）

工程设计良好的水塘由以下 3 个部分组成：①永久性水区；②在其上有一附加水层以供临时储存设计的雨水径流量并且在允许的高峰排放流量时达到设计附加水层高度；③沿边浅水芦苇带作为生物过滤器运行（见图 6.35 和图 6.37）。Urbonas 和 Ruzzo（1986）指出，为了达到 50％的除磷效率，滞留水塘必须后接过滤后渗滤系统。

Schueler 和 Helfrich（1988）描述了滞留水塘的改进设计，包括水区、扩大的滞留储存和暴雨径流储存。有扩大储存和暴雨储存形成的周围湿地，其生物净化作用改善了储存水的水质

图6.37 按生态学设计的水塘（授权引自 W. P. Lucey，Aqua-Tex Scientific Con suting，Ltd.，Victoria， BC）

（Schueler et al.，1991）。水塘的深度应为 1～3m。水塘的圩堤应为缓坡 ［坡度：5～10（水平）：1（垂直）］ 以防坍塌。

在北美和欧洲降雪带，需要对干塘和水塘加以改进以保证冬季的正常运行。这些塘冬季接受含有融雪剂的融雪水，其含盐浓度很高。高含盐量增加了底部沉积物和水中金属的溶出，致使塘底沉积的沉淀物变成金属污染源，使其在冬季的去除率远小于其他季节。因此，塘在冬季应当用于储存少量的高含盐量的水流，然后被流入的低含盐量污染轻的融雪水或雨水径流稀释。塘在冬季结冰期应当排空（见图6.38）。

Hartigan（1989）对比了改造的干塘与水塘去除污染物的效率。TP去除，水塘比干塘高2～3倍 ［50％～60％（水塘）， 20％～30％（干塘）］；TN 1.3～2倍 ［30％～40％（水塘）， 20％～30％（干塘）］。其他污染物的去除率，两者大致相同：总溶解固体（TDS） 80％～90％，铅70％～80％，锌45％～50％，BOD和COD 20％～40％ 。

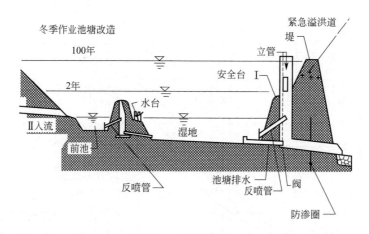

图6.38 冬季干塘改造扩展工程（改编自中心流域保护，诺沃提尼，2003）

1）持留塘对洪水和水质的两项控制 如前所述，洪水控制和水质控制的储存设施根据不同对象采用不同的设计标准。因此，单一用于洪水控制的储存设施，采用统计学几十年一遇的大暴雨径流设计，不能有效地控制水质。但是，可以对现有的洪水控制设施加以改进，如安装两个高、低水位出水口；在低水位出水口安装小的溢流出水管。

2）城市与水塘的遗留污染 雨水塘积累雨水径流沉淀的悬浮固体，致使塘体积被积累的沉淀物占据的越来越多。管理者和设计者必须考虑这一事实，最后沉淀物可能积累到露出水面，此时其储存和净化水质的功能完全丧失。必须通过挖掘清除沉积的淤泥腾出塘的有效空间来恢复其功能。

塘中积累的沉淀物可能成为污染源，如不及时清除，可能释放出某些污染物，如金属和磷，特别是冬季接受高含盐量的融雪水的情况。这可能是雨水塘在冬季去除这些难以控制的污染物效率低甚至是负值的原因之一。从积累的沉淀物中释放出污染物的途径如下：

① 含盐高的融雪水进入塘中，高盐度降低了金属的分配系数，并将颗粒状金属转变成溶解离子状态（Novotny et al.，1999）。

② 雨水塘低水位时沉淀物与空气接触，处于缺氧状态的沉淀物中的颗粒状金属硫化物，被氧化成溶解的硫酸盐。磷酸盐由于氧化还原状态改变而释放出来（从氧化状态转变成还原状态）。

③ 在雨水塘被沉淀物占满容积时，失去了去除悬浮固体的能力。

④ 大多数塘是在 U. S. EPA 发布暴雨控制规则之前建造的。规则要求社区建造的塘必须负责维护和塘废弃后的善后处置。在有些情况下，废弃和填埋是唯一的解决办法。问题是，那些建造塘的人们可能没有任何责任来维护和处置积累的沉淀物。

6.5.2.2 湿地

湿地是城市和城郊引人入胜的景观之一，为市民提供享受不同自然环境的场所，类似于城市森林那样。它们甚至可以在城市中心区修复和维护，如俄勒冈州波特兰市（Dreiseitl and Grau，2009）。湿地又称为"自然之肾"（Mitsch and Gosselink，2000）。自然湿地和人工湿地都用来控制雨水径流的污染。但是，自然湿地被认为是受纳水体而必须遵循水质标准，因而受到限制。人工湿地则是处理设施，其出水需要达到水质标准（Stockdale and Horner，1987；Linker，1989；Hammer，1989；Kadlec and Knight，1996）。所以现在只有人工湿地或修复湿地可以用来处理雨水径流和CSO。湿地将沉淀和生物净化作用结合在一起来去除雨水径流的污染物。在湿地植物生长季节（5～9月）形成的"活性湿地"可达到污染物的最高去除率。在冬季休眠状态下，湿地可能成为污染源，即从死亡的植物中浸出污染物。在南方州（佛罗里达）气候条件下，湿地去除污染物的效果全年基本保持恒定。

修复的湿地，根据其功能的不同如雨水径流控制或污水处理，其构造有所不同。湿地修复的目的，是恢复原来已经消失的湿地的净化功能和创建生物栖息地。这些开辟的湿地大都在水体的沿岸地带，作为污染缓冲带。建造湿地的目的是为了（Mitsch and Gosselink，2000）：a. 洪水控制；b. 污水处理；c. 暴雨径流及其他非点源污染控制；d. 周围水质改善（如河流内与周边系统）；e. 野生动物繁殖；f. 促进渔业；g. 相似栖息地的置换（湿地消失的缓解）；h. 研究性湿地。

暴雨径流湿地，是浅水池塘、饱和土壤和生长的湿地植物的组合，主要用于储存和处理暴雨径流。共有两种类型的人工湿地，即地表漫流系统（FWS）和地下潜流系统（SFS）。人工湿地大都设计成几个池塘串联，具有或没有水循环系统（Kadlec and Knight，1996；Kadlec and Wallace，2008；Steiner and Freeman，1989；Novotny and Olem，1994）。湿地提供浅层的雨水径流储存，从而增强了对污染物的去除（见图6.36）。湿地美观吸引人，提供了生物栖息地和娱乐休闲场地。但是，湿地如果管理维护不好，形成一些死水区，就可能变成蚊子的栖息地，杂草丛生和恶臭扩散。在本章中将主要阐述地表漫流人工湿地，因为大都用它处理暴雨及其径流。

最初湿地处理被认为是万能的和神奇的，既能处理污染水，又能美化景观和改善水生态系统。但是，在湿地净化和处理城市和高速公路的雨水径流时，应当考虑温室气体（GHG）的排放导致的全球变暖问题。湿地运行效果有两方面：一是通过湿地植物的光合作用减少了二氧化碳；二是同时也释放出甲烷和氧化亚氮，其温室效应强度是二氧化碳的 25 倍。湿地中植物光合作用减少大气中的二氧化碳与其中释放的甲烷数量之间的平衡，至今研究不足。选择适宜的湿地植物品种可能是解决这一困境的办法。

典型的地表漫流湿地系统，由池塘或渠道组成，其地下设置自然的黏土隔离层，或由土工材料铺设的人工防渗层。在其上填充土壤层以供挺水植物生长。湿地中的水流以浅层漫流的方式流过。图 6.39 展示了新罕布什尔大学暴雨中心的多池串联的实验性人工湿地。苏格兰用于处理工业区雨水径流的人工湿地示于图 6.40。这一湿地系统由三池串联而成：第一个是浅塘，用于沉淀和预处理；第二个单元是处理；第三个单元是净化。

图 6.39　新罕布什尔大学校园处理雨水中心停车场雨水径流实验研究性砾石湿地，分成隔间的布设使其处理城市暴雨水达到最佳效果

图 6.40　苏格兰处理工业区雨水径流的湿地（V. Novotny 摄影）

如果取自现有的湿地，则湿地植物不需要撒种即可生长湿地植物。但是，播种和种植湿地植物是施工过程的一部分。Mitsch（1990）认为前一形式的湿地成为自我形成湿地，而后者则成为设计湿地。为了建成低维护量的湿地，需要让自然交替过程继续下去。这往往意味着，湿地运行初期可能有不期望的外来物种入侵，但是如果保持适宜的水文状况和适宜的营养负荷，入侵物种只是暂时的。表 6.15 列出了地表径流湿地的设计参数。湿地最重要的水文设计参数是洪水淹没期和水力负荷。

1）洪水淹没期和水深　洪水淹没期的定义是超过设计水深的时间。这个参数对于自然湿地特别重要。水深变动的湿地最有潜力发育出多种植物和动物品种。交替的深层洪水和浅水层曝气促进了硝化与反硝化。深水区几乎完全没有植物，是鱼类（如食蚊鱼）的良好栖息地。塘中的水位可借助进水和出水装置如溢流堰和供水泵来控制。

2）水力负荷（HLR）　其定义是单位体积滤料或单位面积每天可以处理的废水水量（如果采用回流系统，则包括回流水量）。

$$HLR = Q/A \tag{6.1}$$

式中，Q 为流量，m^3/d 或 m^3/a；A 为湿地表面积，m^2。

注意 HLR 的单位是 m/d 或 m/a，等于湿地中洪水的日深度或年深度。HLR 的倒数是单位流量所需的面积。我们所知道的有关水力负荷的数据大都是从污水处理湿地观测到的。Mitsch（1990）指出，污水处理湿地的水力负荷比水体周边的暴雨径流控制和水质改善的湿地的水力负荷要小得多。

3）水力停留时间（HRT）　表 6.15 列出了雨水在湿地中的最佳水力停留时间。对于地表径流湿地，其水力停留时间（HRT）可以用如下简单的公式计算，只考虑水体积和平均流量，即

$$HRT = pV/Q \tag{6.2}$$

式中，HRT 为水力停留时间，d；V 为湿地的有效容积，m^3；p 为孔隙率，或者"水体积/总体积"的比值，对于自由水面湿地（FWS），根据其植物生长的密度，$p=0.9\sim1$，对于地下潜流湿地（SFS）。

地下潜流湿地（SFS），其水力停留时间也可用达西定律计算；

$$HRT = pV/Q = L/(K_pS) \tag{6.3}$$

式中，L 为人工湿地床的长度，m；K_p 为人工湿地的水力（饱和）渗透率，m/d；S 为床的坡度，m/m。

图 6.39 所示的砾石湿地的处理效果列于表 6.16。

▣ 表 6.15　地表径流湿地的设计参数（Water Environment Federation, 1990; Vymazal and Krcopfeiovsl, 2008）

水力负荷率（HLR）	$0.03\sim0.05$m/d	底层砾石尺寸	$8\sim16$mm
最大水深	50cm	BOD_5 负荷	$100\sim110$kg/（hm^2·d）
水力停留时间（HRT）	$5\sim7$d	SS 负荷	最高 175kg/（hm^2·d）
长宽比	2∶1	TN 负荷	7.5kg/（hm^2·d）
构造形式	多床并联系列	TP 负荷	$0.12\sim1.5$kg/（hm^2·d）

▣ 表 6.16　新罕布什尔大学校园中的砾石湿地污染物的年平均去除效率（UNH 暴雨中心）

总悬浮固体	100%	锌	100%
溶解的无机氮	100%	总磷	55%

6.5.3　暴雨治理与利用的冬季限制

冬季融雪径流的治理跟非冬季城市和高速公路雨水径流不同。城市和高速公路的融雪径流和非冬季雨水径流，两者都受到污染，含有固体和营养物，而且有些污染物的浓度超过规定的数值标准。两者最大的不同点，是冬季融雪因使用融雪剂（岩盐、氯化钙、氯化镁、乙酸钙镁和甘醇以及去污剂与盐的混合物）而受到的污染。使用这些化学剂和研磨剂（去污剂）以及融雪径流中的重金属，可能是降雪带城市应用低影响开发模式的限制因素。

融化冰雪的盐类限制了对融雪径流的利用。高浓度钠和氯化物的水对土壤和植物都有损害，限制了对其利用。高盐度雨雪水径流用雨水花园、植被沟槽和其他生物治理技术处理的效果都会降低，因为它会危害植物生长甚至使其死亡。钠还会改变土壤的性质，降低其渗透率。最后，在路上撒盐会降低这些系统去除雨水径流中重金属的效能。

如果在使用盐融化冰雪的地区采用低影响开发模式，需要考虑如下因素。冬季城市污染治理战略可能在两方面被破坏，因此应当同时实施（Novotny et al.，1999）：a. 减少融冰剂的使用量，选用环境更安全的融冰剂和防冰化学剂，并采用更好的除雪技术；b. 使用最佳治理措施（BMP）去除剩余的污染物。

据报道，美国 2005 年共使用了 2100 万吨盐洒在路面上融雪，以保障冬季交通安全（U. S. Geological Survey，2007）。在环境中积累的钠和氯离子使汇水区的水质变坏（Jones and Jeffrey，1992；Environment Canada Health Canada（ECHC），1999；Ramakrishna and Viraraghocan，2005）。氯离子浓度升高降低了水体的生物多样性和减少了路边的植被（ECHC，1999）。如果氯化物进入地下水，可能污染饮用水源。在北部寒冷城市中出现了地下水和地表水盐度的升高，起因于道路使用盐来融化冰雪（Godwin et al.，2003；Kaushal et al.，2005；Lofgren，2001；Marsalek and Chocat，2003；Novotny et al.，2008；Thunqvist，2004）。

排水类型是影响选择战略的主要因素。建有雨水道的地区最容易受到融雪水的污染。此外，管理和减少分散污染，也是暴雨总体治理计划的一部分。在这一战略中，改进暴雨水的最佳治理措施和汇水区的管理，以便在冬季和夏季都能发挥应有的作用。

在城市中，特别是道路上车辆行走导致重金属、石棉、多环芳烃（PAHs）、油和其他污染物的沉积，它们通过降雨或降雪融化的径流输送到受纳水体，从而使土壤、湖泊、河流、湿地和地下水受到污染。湿地和饱和土壤通过将有毒的二价金属阳离子转化成不溶解的金属硫化物而去除毒性。雨水径流，特别是主要高速公路的雨水径流，其金属浓度可能达到对生物群落有毒甚至剧毒的程度（Kaushal et al.，2005）。铜、锌、铅、镉、沉淀物、多环芳烃类和融雪剂是道路上雨水径流的主要污染物（Backstrom et al.，2003）。金属污染源是疲劳磨损、发动机、破损的部件、流体泄漏、车辆配件磨损、大气沉降和道路表面磨损（Davis et al.，2001b；Marsalek et al.，1999）。这些金属是路边径流的一直存在的污染物（Makepeace et al.，1995），而高速公路的雨水径流含的金属浓度最高（Sansalone et al.，1996）。

图 6.41 马萨诸塞州牛顿市 9 号高速公路（降雪和雪融化水的严重污染使建有雨水道的城市地区更加环境恶化，这里没有减少或去除高浓度污染物的措施）（V. Novotny 摄影）

冬季金属积累于路旁的雪堆中（图6.41）。金属积累，加上道路上金属和部件的侵蚀，导致雪融化时高的金属浓度和金属总负荷的增加。对比于降雨要更加严重（Davis et al.，2001b；Gobel et al.，2007；Kaushal et al.，2005；Brezonik and Stadelmann，2002；Mitton and Payne，1996）。融雪水中的金属浓度可能达到降雨的 2～4 倍。最高浓度出现在融化的雪堆中（Mitton and Payne，1996）.

融雪水径流比雨水径流含有更高浓度的金属和盐，导致许多有毒的和剧毒事件发生（Kaushal et al.，2005）。毒性的增大会减少水体中栖息动物和植物群落多样性的降低（Westerlund et al.，2003）。用于融化冰雪的盐大都以 NaCl 的形式存在，温度降低也会影响重金属在汇水区中的移动。这两个参数增强了金属在土壤环境中的移动性（Marsalek et al.，2003）。增加的移动性，是由金属（特别是钙、锌和铜）的溶解相和颗粒相之间的分配系数引起的。金属和其他污染物的颗粒相（无毒）与溶解相之间的分配可用如下简单的公式表示：

$$C_p = \Pi C_d \tag{6.4}$$

式中，C_p 为沉淀物或土壤中颗粒状（被吸附的）污染物，mg 污染物/kg 吸附沉淀物；

C_d 为水中（或沉淀物空隙水中）溶解的（解离的）污染物，mg/L；Π 为分配系数，无量纲，与化合物的类型和沉淀物的浓度有关，如前所述，它也受盐度（对金属）和有机颗粒（含有毒化学剂和金属）的浓度影响。

当水中盐度增加或者温度下降，分配系数减少，导致二价溶解相的金属占更大的比例（Warren and Zimmerman，1994；Marsalek et al.，2003；Novotny et al.，1998）。

瑞典路边土壤的检测结果发现，在高盐浓度、还原条件或较低 pH 值的地方，Pb、Cu 和 Zn 易于增加其移动性和浸出进入地下水中（Grolimund and Borkovec，2005）。德国观测到，冬季和秋季路边土壤中镉和锌的浓度由于使用融雪剂——盐（NaCl）的浸出，跟夏季和春季极其不同（Novotny et al.，1998）。在加拿大安大略（Ontario）主要高速公路附近的一个小塘，对其沉淀物/水界面上测定的氯化物和钠的浓度分别高于 3g/L 和 2g/L。这些浓度随沉淀层的深度逐渐降低，但是氯化物浓度到达 40cm 深度处仍然高达 1.5g/L。发现沉淀物空隙水中的高氯化物浓度使溶解性镉的浓度增加，导致对底栖动物毒性的增加（Norrstrom and Jacks，1998）。

铲雪操作把道路表面的雪推送到路边，同时往路面上撒盐。有时在降雪前往路面上喷洒盐水。路面上污染的融雪水的移动源于如下两类活动（Novotny et al.，1999）：

① 化学剂引起的雪融化。化学融雪水中含有极高的盐浓度，达到几十克每升和关联的污染物（如重金属），但是流量很小。

② 阳光辐照融雪。由阳光辐照和/或高低温度融化的雪水污染较轻。融雪水渗透入路边的雪堆中。冬季过后，这一渗漏通过过滤截留下大量的固体颗粒并积累在路缘边。日照辐射融化的雪水流量很小，不能发生洪水。因此，春季初次降雨冲洗和携带了路缘边上积累的大量的污染物并最后进入雨水道中。

这一城市污染融雪水的特性，也支持了关于废弃路缘-明沟道路的做法，用透水性的道路边沿和带有生物过滤器的浅沟并与干塘连接的道路来取代。干塘应当设计得有足够的容量，以将高浓度含盐化学融雪水储存到春季雨水径流进入塘中，将其稀释到安全的含盐浓度后再排入受纳水体。在小流量雨水径流进入塘后，含盐浓度低的雨水与高盐度的化学融雪水在塘中出现密度分层现象，直到有大流量的淡水进入塘中后才有足够的能量破坏这一分层（Novotny et al.，1999；Novotny et al.，2008）。

在城市环境中，通过增加渗滤和应用生物修复系统来处理不透水路面的雨水径流的情况下，要关注化学融雪剂的使用。最通用的融雪剂氯化钠中的钠和氯化物都是不降解的恒定的物质，即使采用典型的低影响开发（LID）模式也不能从雨水径流中将其去除。钠通过土壤中离子交换能够去除一小部分，但是大部分钠和氯离子仍然保持溶解状态并随水流动。去除他们的唯一办法是对水的反渗透或蒸馏，两者都需要高能耗。在冬季使用大量的化学融雪剂，与城市的低影响开发模式产生矛盾。低影响开发模式促进了渗滤，但是如果渗滤水含有高浓度的钠、氯化物和其他溶解性污染物，则回注的地下水在作为饮用水源前就得进行反渗透处理。

6.5.4　硬基础设施

（1）废除道路边缘和明沟
低影响开发模式和未来城市的排水系统最小化，或者干脆不再用地下管道输送暴雨径流。

如图 6.41 所示，在道路边缘附近积累的污染物被雨水径流冲刷和携带进入地下排水系统而无减少。

（2）暴雨固体和油分离器

如果在高密度和高度不透水的城市地区不能更换雨水道，可以使用许多污染去除装置来去除和流入下水道或分流制雨水道的部分污染负荷，并且在大多数情况下再送到污水处理厂继续去除污染物（Novotny，2003）。

（3）调节池、浓缩池和分离池

这几种设施能够从暴雨径流中去除固体颗粒。具有双重功能的涡流调节/固体浓缩池呈现能够同时控制水量和水质的功能（Field，1986，1990）。还研发了旋流型的调节/分离池。这些装置主要用于 CSO 的处理，但是也可以成为暴雨径流污染处理装置。由此产生的浓缩液，其流量仅为暴雨径流总量的百分之几，可以临时储存并在雨后低流量时排入污水管道和污水处理厂中予以处理。

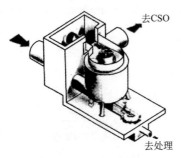

图 6.42 涡旋分离器
（W. Pisano）

1）涡旋式固体分离器　是一种紧凑的固/液分离装置。早在 1932 年英国就提出了在一个涡旋池中从 CSO 分离处理固体颗粒的想法（Brombach，1987；Pisano，1989）。20 世纪 70 年代在美国也按照这个概念研发了现在称为"涡旋浓缩器"（swirl concentrator）的装置。德国和英国也研发了类似的装置，分别称为"fluidsep™"和"Storm King®"。他们的应用已遍及美国和欧洲。涡旋分离器没有移动部件（见图 6.42）。在雨季涡旋分离器运行时有两种出流水：一是高浓度的固体浓缩液，只占暴雨径流总量的 3%～10%，排入污水管道，最后至污水处理厂进行处理；二是去除了固体的澄清水，可再排入雨水道，或排入深度处理设施，如塘-湿地系统，或直接排入受纳水体。涡旋分离器中容易沉淀的沙粒和漂浮物可很快被去除。

美国安装的涡旋分离器，其设计溢流量范围为 10～30L/（s·m²）（旋流浓缩器）和 18～140L/（s·m²）（fluidsep）。悬浮物可去除 60%，但是其运行效果不如一级处理。

2）螺旋弯曲调节/浓缩器　在有 60℃弯角的弯曲分离器中引入螺旋运动，其弯曲半径为进水管直径的 16 倍。旱季污水流经该设备的下部，出水进入截流下水道。雨季随着流量增加，螺旋流运动开始，固体颗粒被甩到内壁并降落到底部的通至污水处理厂的沟槽中。剩余的澄清水通过溢流堰流入 CSO。螺旋弯曲分离器的处理效果类似于涡旋浓缩器。

（4）砂滤器

砂滤器是城市雨水处理老技术的新用法（Schueler et al.，1991）。这种装置可有效地用于处理小地块的雨水径流，或者作为其他雨水径流处理设施（如植被生物滤器）的预处理设备，或者作为城市雨水系统的改进措施。其设计构造包括沉淀和过滤两个单元。其接受的排水面积小于 2hm² 不透水地面，其沉淀池的容积应为 50m³/hm² 服务的不透水地面；沉淀池后连接容积相同的过滤池。

因为砂是惰性的，基本上没有吸附能力，主要污染物的溶解部分不能被去除，除非在滤池顶层形成有机微生物群落，它们定期去除并更换新砂。

慢砂滤池中大都出现厌氧微生物群落层，通过微生物的作用和对有机颗粒的吸附去除主要污染物。Carlo 等（1992）指出，砂滤池在高水力负荷下运行不能去除硒，但是在以厌氧的慢沙滤池形式运行时，硒的去除率达到74%～97%。硒被持留在滤池的有机层内。

（5）强化的泥炭-砂滤池

在其中利用泥炭层、石灰岩层和/或表层土层，也可能有草皮层。泥炭-砂滤池具有高的悬浮物、磷、BOD和氮的去除率。关于滤池的大小，Galli（1990）建议，滤池面积应为其服务汇水区面积的0.5%左右，其年水力负荷为≤75m。如同大多数生物过滤系统，泥炭-砂滤池在植物生长季节运行效率最高，因为有一部分营养物负荷被草吸收。此时滤池处于好氧状态。

（6）储存池大小

在未来可持续的城市，储存目的不只是削减暴雨径流的高峰流量和体积，城市汇水区的规划与暴雨径流的减少可能是主要目的，甚至是唯一目的。未来城市的目标也包括水的保护，这由水的回收与储存来完成。因此，储存池现行的设计参数，即在永久性的水层上面需要储存降雨后24～48h的雨水径流，改变成更长的储存时间，应当是两场相邻降雨之间的最长间隔时间。因此，储存容积应当按长期模拟来决定，而不仅仅是由一场既定的设计暴雨来决定。实际上，单纯按暴雨设计的储存池，不适用于低影响开发模式和未来城市设计。

在某些情况下，塘和湿地提供足够的地表储存来完成开发的目的。在某些情况下，可能找不到足够的储存地方，如考虑雨水再用时，在人口密集的地区需要应用地下储存池。地下储存设施有如下几种：硬基础设施-混凝土池或定型浅池，可放置在广场或停车场地下，或者大型建筑物的地下室。实例有纽约市电池公园（Battery Park）、柏林的波兹坦广场（Potzdamer Platz）和韩国首尔的星城（Star City）。这些地下储存池收集雨水并用于冲厕和户外的水景，如波兹坦广场（Dreiseitl and Grau，2009）。在德国和欧洲其他国家，共建造了1万多座小型储水池用于收集1cm或更大的雨水，以控制初期雨水CSO的污染。

浅层地下水，在地质构造良好且不会有显著漏失的情况下可用于储存和利用雨水。

6.5.5 低影响开发的城市排水系统

低影响开发的排水系统，不只依靠一两项最佳治理措施来达到新建的或改建的城市地区水文的低（零）影响。为了改善汇水区，需要建立一个最佳措施（BMP）的文件夹和清单，首先，汇水区减少和改善应提出计划方案，并广泛地与利益有关人员讨论。低影响开发和未来城市LID更广泛、更高需求的目标，需要在态度和形式上的改变，以及所有有关方面（包括监管官员、市和县、区的发展董事会、选举的政府官员、市民和非政府组织）的共同努力和奉献。现有的建筑、分区和公共卫生规则往往需要改变。例如，在马萨诸塞州按照现在的规则很难开发不带花岗岩道路边缘和明沟的可持续的排水系统，因为许多城市官员和开发商认为这些是城市必需的建筑美学特征，而不顾及雨水花园要比花岗岩路缘要好看得多。

城市郊区低影响开发的平面图实例如图6.43所示。这一轮廓表明，低密度的低影响开发开辟了地表排水途径，它不在房屋之前而紧靠房屋业主的后院。短而连续的排水沟渠与湿地和塘连接（后者没在照片中表示出来）。在德国Atelier Dreiseitl公司设计建造的中国天津的开发区如图6.44所示。在瑞典也建造了永久性的浅排水沟及建筑物的石台阶。所有街道和房屋都以生物沟槽的形式连接成排水廊道。

图 6.45 是保护安大略湖免受重建开发带和道路的雨水径流污染的低影响开发环境廊道概念图。这说明系列筛选法导致选择低影响开发措施。低影响开发措施（LID）和未来城市开发措施的总系列及其组成单项包括以下各项。

图 6.43 在 British Columbia 的维多利亚附近的
柳溪小区平面图（Aqua-Tex Scientific
Consulting，Victoria，BC）

图 6.44 天津张家窝新城开发区照片
（Herbert Dreiseitl，Atelier Dreiseitl，
Uberlingen，Germany）

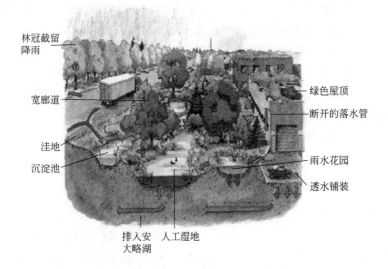

图 6.45 重建的多伦多大学安大略湖湖畔（柯林斯，1997）

（1）建筑的最佳管理设施（BMPs）

1）密集居民区　包括：绿色屋顶；建筑物地下储存与再用；带有雨水花园的绿化带。

2）低密度居民区　包括：切断不透水地段（屋顶、车行道等）与排水系统的连接；回收雨水用于灌溉和游泳池。

（2）当地排水系统最佳管理设施

1）密集居民区　包括：在停车场、人行道和庭院铺设透水地面；雨水花园对雨水径流持留、处理和渗滤；凡是有可能的地方，建造雨水径流地表输送系统，如生物浅沟；河流沿岸的缓冲廊道，修复漫滩。

2）低密度开发区　生物浅沟地表排水系统：对雨水径流持留、储存和处理。

（3）雨水储存的最佳管理设施

1）密集居民区　雨水径流储存于水景池塘中；储存于地下储水池中，或浅层地下水中；在湿地中处理，或在再生水厂中处理。

2）低密度开发区　在塘和湿地中储存和处理；河流沿岸缓冲带廊道和漫滩修复；对公众开放。

所有的低影响开发措施和最佳治理措施都乐于面对公众并对其开放。

达到低影响开发状况，是未来城市必要的前提条件，但不是唯一的和最后步骤。未来城市的标准，包括低碳（温室气体中和）、良好的交通、娱乐、步行道和自行车道、休闲、绿化空间、当地农业等各项。

6.6　植被雨水生物过滤池类型

6.6.1　草被沟槽

草被沟槽（图 6.46）被传统用作低-中密度居住区的廉价的雨水径流输送设施，被称为草被水道。全美国绝大多数公用事业机构都有典型的乡村路段标准，允许按照公共路权使用草被沟槽。在雨水治理初期，雨水治理技术中草被沟槽仅作为高峰径流控制的措施，在其他方面考虑的很少（Ree，1949，Chow，1959，Temple，1987）。在雨水治理计划扩展到水质考虑和污染物去除时，草被沟槽才成为整个雨水治理计划中的重要的组成部分（Yousef et al.，1985，Yu，1992 and 1993）。

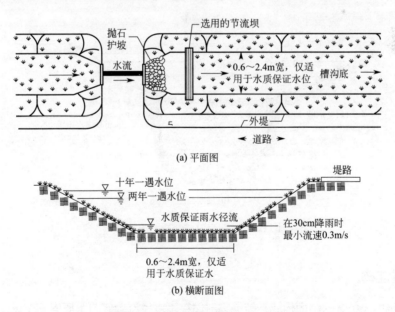

图 6.46　草被沟槽（Grass Swale）

现在普遍认为，种植植物的草被沟槽在整个雨水治理技术方面有许多优点（MDE，

2000，ASCE，1998，CRC，1996 and Yu，1993），具体如下：a. 比排水管道系统流速减缓，导致较长时间的富集和相应减少了高峰排放；b. 能够直接切断与不透水地面如道路的连接，从而减少计算的径流曲线数目（CN）和高峰排放量；c. 草皮土壤对污染物的过滤；d. 雨水径流渗滤于土壤介质中，这样削减了高峰排放流量，并提供了污染物的附加去除；e. 植物根系对污染物的摄取（光合作用）。

6.6.2 带过滤介质的干洼槽

干洼槽由一个露天的沟槽组成，并在其中附带有地下渗滤管系统的土壤滤床来改善和增强其水质处理能力（CRC，1996）。干洼槽被设计成临时储存设计水质容积（V_{WQ}），并且允许其通过处理介质过滤。这一处理系统设计成在降雨期间大约在 1d 内排渗掉雨水径流。其中的水质处理机理类似于生物滞留设施，只是污染物摄取更加有限，因为草被覆盖对营养物的去除有限。

图 6.47 展示了带有过滤介质的干洼槽的设计单元组成（MDE，2000）。

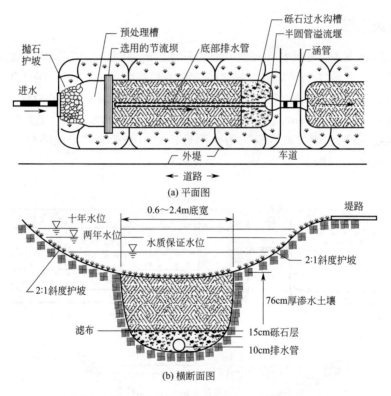

(a) 平面图

(b) 横断面图

图 6.47 带有过滤介质的干洼槽

6.6.3 湿洼槽

湿洼槽也由一条宽的沟槽构成，能够临时储存雨水径流确保的水质容积 V_{WQ}，但是没有铺设在地下的过滤床（CRC，1996）。湿洼槽直接在现有的土壤中建造，可能或者不能控制地下水位。湿洼槽如同干洼槽，应当能够储存 24h 的水质保障容积 V_{WQ}。湿洼槽的水质处理机理类似于雨水径流湿地，主要依赖于悬浮固体（SS）沉淀以及植物根系对污染物的摄取。图6.50展示了湿洼槽的设计单元组成（MDE，2000）。

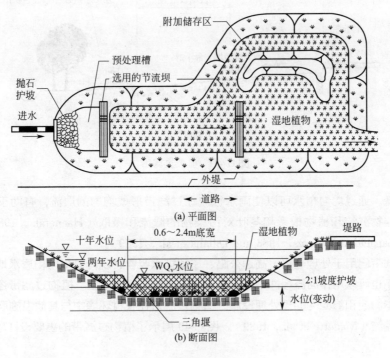

图6.48　湿洼槽（WetSwale）

6.6.4　植物过滤带

植物过滤带（VFS）及其缓冲带，是具有植被的土地区域，被设计成接受上游的开发区的雨水径流并形成地表漫流层。它们可以建造，也可以利用现有的植被缓冲带。密实的植被覆盖促进了沉淀和污染物去除。不同于植被洼槽，植物过滤带只能以地表漫流方式运行，去除污染

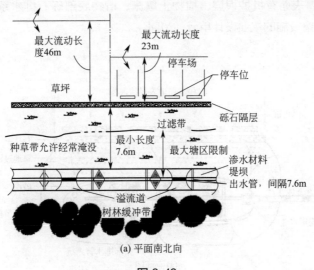

图6.49

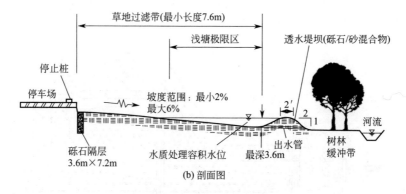

图 6.49　植被过滤带

物的效能较低。通过均匀布水可以使雨水径流在过滤带形成均匀的层流，有助于污染物的去除，包括悬浮物沉淀和植物根系和茎叶对污染物的截流和摄取（Haanetal.，1984，Hayes et al.，1984，Barfield and Hayes，1988 and Dillaha et al.，1989）。

植物过滤带已用于处理道路、高速公路、屋顶排水竖管、现行停车场和透水地面等处的雨水径流。它们也可以用作河流缓冲带的"外区"，作为预处理设施。植物过滤带还经常用作其他构筑物如渗滤池和渗滤沟的预处理设施。植物过滤带在农村环境中与其他设施联用能很有效地处理雨水径流（Magette et al.，1989）。图 6.49 展示了植物过滤带的主要设计单元（CRC，1996）。

6.6.5　生物滞留池

生物滞留概念最初是由马里兰州乔治王子县（PGC）环境资源处于 20 世纪 90 年代初期开发的（Claretal.，1993 and 1994）。生物滞留设施是利用有条件的植物土壤床和种植的植物来处理雨水径流，过滤储存于浅洼地中的雨水径流。这一方法将物理过滤和吸附与生物过程结合起来。这一处理系统包括流量调节结构、预处理过滤带或草被沟槽、砂床、豌豆大小的砾石溢流堰排水、浅塘区、表面有机护根层、植物土壤床、植物底部砾石排水系统和溢流系统。图6.50 展示了生物滞留设施的主要设计单元（MDE，2000）。

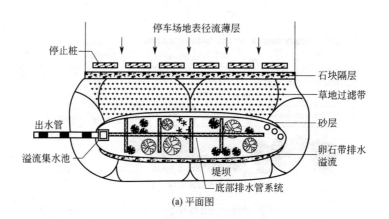

(a) 平面图

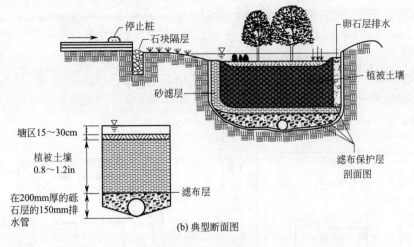

（b）典型断面图

图 6.50 生物滞留池

6.7 雨水生物滤池设计总体考虑

在本节中将介绍应用这些植被生物过滤设施的典型设计考虑。这些考虑包括如下几方面：

1）设计水流容积和速度 确定设计对象和计算这些设计对象的设计流量。

2）水流调节 确定水流调节的方法，包括水流的容积和控制类型，是否在线或不在线控制。

3）预处理 预处理考虑，包括可能提供的预处理类型、计算机计算方法和控制技术。

4）滤床和介质 主要考虑植物类别和检查维护事宜，对每一种类型的生物过滤设施都有专门的考虑。

6.7.1 设计水流容积与速度

设计水流容积和速度由现场的设计对象或工程项目来确定。设计对象可以包括：a. 传统的利用水流输送；b. 在小的现场或处理系统中的水质控制；c. 降低现场水情变动工程的影响；d. 关注地下水回注；e. 减少河道冲刷侵蚀的影响；f. 控制两年、十年和百年一遇的暴雨洪峰排放。

上述这些设计目标可能有单独的叠加的设计容量需求以影响设计过程。这些设计考虑阐述如下。

6.7.1.1 减少水情改变的设计

利用雨水生物过滤池来减少水情变动并非新事。由于土地利用的变化尤其是土地开发活动，造成水文情况的变化已有诸多文献记载。不透水地区的出现，特别是由水力学引起的不透水地区，可能极大地改变开发前的降雨径流规律，并产生大量的雨水径流和高峰排放流量。

植被生物过滤池如草被沟槽可以纳入农村道路设计中，用以取代传统的路缘和路边明沟。

草被沟槽可以用在一些开发地带以减少不透水地面面积，以及直接断开连接的不透水地面。

由美国农业部的自然资源保护局（the Natural Resources Conservation Service（NRCS） of the U. S）出版的《小汇水区的城市水文学》出版物 TR-55（USDA，1986），为设计工程师们提供了方便，可容易地计算出由于减少不透水面积而产生的径流容积的减少。这一方法是使用熟知的径流曲线数（CN）方法。现在许多出版物（PGC，1999，EPA，2000a，2000b）阐述了雨水治理的低影响开发（LID）这一设计方法。图 6.51 展示了设计现场如何改善才能减少 CN 的例子，并文字说明于实例中（PGC，1999）。

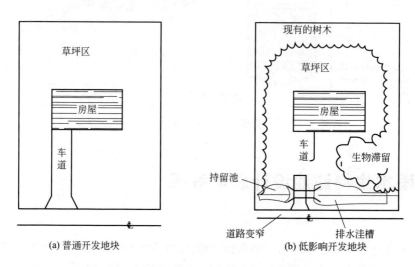

(a) 普通开发地块   (b) 低影响开发地块

图 6.51 普通开发与低影响开发地块覆盖的对比

植被生物滤池除了减少总的不透水面积和 CN 值以外，还能用于直接有效地截断连接的不透水地区。我们考虑降雨径流直接从连接的不透水地区流入排水系统。我们也考虑如果降雨径流从出现聚集前的流层流经透水地区，然后进入排水系统（USDA，1986）。不透水地区被透水地区如草被沟槽、过滤带和生物滞留系统截断，可进一步降低 CN 值和相应的径流体积。

NRCS 计算方法有时是有效的，许多设计工程师熟悉应用这一方法并且频繁应用，而且如前面列出的一些出版物和近来出版的《马里兰雨水设计手册》（MDE，2000）所记载的那样，这一技术可以用于许多场所而产生好的设计效果以及减少设计径流体积和高峰排放流量。

NRCS CN 计算方法在出版的 TR-55 著作中做了很详细的阐述，这里不再重复。这一方法还依靠图表和信贷设计（creditsdesigns），其极限不透水面积为 30% 和低的 CN 值。下面举出的计算例子引自美国环境保护署的文件［EPA（2000b）］，并且考虑了不透水面积小于 30% 和截断不透水地区。

下面列举出了如何按照列出的一系列条件计算 CN 的例子，并展示于图 6.51。

假定该场所为一处 1 英亩（6 亩）的居住区，完全为树林和水文土壤组所覆盖，列为 B。由此产生开发前的 CN 值为 55（TR-55，USDA，1986）。 1 英亩居住区的 CN 值为 68（TR-55，USDA，1986）。

计算各种土地覆盖的 CN 值。假设传统连接的不透水面积率 20% 的地区具有的 CN 值为 98，而且 80% 的地面条件良好，其 CN 值为 61（TR-55 表 2-2a，USDA，1986）。假定该场所的 25% 将用于植树造林和景观建设（见图 6.51）。

步骤 1：确定现场发生的每一块土地覆盖的百分率及其 CN（表 6.17）。

⊡ 表 6.17 确定现场发生的每一块土地覆盖的百分率及其 CN

土地利用	HSG	CN	占地百分率/%	占地面积/ft²
不透水地面（直接连接）	B	96	5	2178
不透水地面（未连接）	B	98	10	4356
露天地面（条件良好、分级）	B	61	60	26136
树林（条件很好）	B	55	25	10890

步骤 2：计算组合的 CN。

$$CN_c = \frac{\gamma(CN_1 A_1 + CN_2 A_2 + \cdots + CN_i A_i)}{A_1 + A_2 + \cdots + A_i} \qquad (6.5)$$

式中，CN_c 为组合曲线数；A_i 为第 i 块土地覆盖的面积；CN_i 为第 i 块土地覆盖的曲线数。

$$CN_c = \frac{\gamma(98 \times 4356 + 98 \times 2178 + 61 \times 26136 + 55 \times 10890)}{43560} = 65$$

步骤 3：基于现场不透水地面的连接程度 CN［应用式（6.6）］。 TR-55 根据不透水地面至透水地面连接的情况而使 CN 值进一步减小（参见 TR-55 更详细的资料）：

$$CN_c = CN_p + (P_{imp}/100) \times (98 - CN_p) \times (1 - 0.5R) \qquad (6.6)$$

式中，R 为未连接的不透水地面面积与总的不透水地面面积的比值；CN_c 为组合曲线数；CN_p 为透水的组合 CN；P_{imp} 为不透水地面的百分率。

计算值：

$$CN_p = (61 \times 26136) + (55 \times 10890)/37026 = 59.2$$
$$R = 10/15 = 0.67$$

$$CN_o = 59.2 + (15/100) \times (98 - 59.2) \times (1 - 0.5 \times 0.67) = 63.1（采用值 63）$$

低影响开发的 CN_o 为 63，小于 NRCS 表的值 68，也小于 CN_c 的 65（开发前 CN 为 55）。

这一例子证明，在现场规划中小的变动如截断不透水地面和保留透水地面，可能对雨水径流产生很大的影响。按照 30% 未连接不透水地面计算的较低 CN 值应当慎重采用。这一实践的目的不应是增加开发地块的面积来达到 30% 的阈值，而是通过促进切断和减少木透水地面来达到 30% 的阈值。

此外，空白和斜坡场地的侵蚀经常密集发生，不再能防止降雨很快变成降雨径流。土壤剖面受到扰动可能显著改变其渗滤特性，而且由于城市化原有的土壤剖面可能被混杂或被除去，甚至换成来自其他地方的新土。发布的典型的城市土壤地图渗滤值和最有效的模型忽略了夯实这一因素（Pitt et al.，2000），因此可能过度估计了其渗水效果。

TR-55 的计算方法是按照两年或者更长时间一遇暴雨开发的。该法应用于较小的降雨受到限制。

6.7.1.2 提供水质管理的设计

现在绝大多数当地的管理机构最需要的是确定最佳治理设施的尺寸以控制两年、十年和百年一遇的暴雨径流高峰流量，并且假定这一方法提供了足够水平的水质治理措施。

有越来越多的知识可用于设计植被生物滤池，通过减少污染物排入受纳水体来提供水质管理。为此可采用下列 3 种基本方法：a. 对应用生物滤池如草被沟槽或过滤带给予信赖；b. 设计生物滤池最佳治理设施以处理第 1 批 12～25mm 雨水径流；c. 使用数学模型，包括对实际的或代表性的降雨记录统计方法和连续模拟模型，来估算长期最佳治理设施去除污染物的效能。

（1）水质信用

马里兰州统一确定尺寸基准（MDE，2000），使用雨水治理信贷。这些信用强调更好的场地规划技术，以排除或最大限度地减少由于新的开发活动而产生的水温和水质影响。措施包括自然地区的保留，减少直接连接的不透水区，以及使用缓冲带和洼槽。这些信用措施可使工程师们在场所设计中采用更广泛的低影响开发（LID）概念，如地下水回注和减少最佳治理设施如传统塘和洼槽的尺寸。

（2）水质体积的设计

植被生物滤池可以根据其要处理的径流体积来确定其尺寸。许多地方管理机构设计最佳治理设施（BMPs）来收集和处理小雨水径流，从最初降雨径流为12mm到25mm。这些小的降雨径流总和有规律地占年降雨径流总量一定的比例：从初期降雨径流12mm，径流量占总降雨径流体积的70%，到初期降雨径流25mm，径流量占降雨径流总体积的90%。

一些大西洋中部地区的州包括马里兰州采用目标降雨事件来计算设计的水质体积（V_{WQ}）和确定植被过滤池的尺寸。这些目标降雨事件收集年降雨径流体积的90%（Driscoll，1987，Guo and Urbonas，1995，Urbonas et al.，1990）。这相当于25mm的降雨值。其随气候条件不同而有所变化。

现在另有一些管理机构有确定尺寸的其他指南，如收集和处理最初12mm的降雨径流。这一基准对于低不透水率的地区是可以接受的，但是对于高不透水率地区这将减少对污染物的捕集效率并降低的年降雨径流体积的收集率。此外，一些生物滤池最佳治理设施在需要强制进行完全储存的场所可予以理想的应用。设计者和管理者们应当认识到90%的原则目标主要放在新建筑场所，以求获得最大污染负荷捕集率。在许多场合对较小处理体积的设施可以因地制宜确定其尺寸。

有一些水质容积计算方法。其中有两种简单的方法，即裁弯取直法和小雨量水文学法，可用来计算V_{WQ}。两者都依赖于用计算机计算出径流系数（R_v）乘以降雨体积以获得汇水区内的径流体积。

6.7.1.3　计算径流体积的径流系数方法

降雨径流预测的一种方法是统一将径流系数作为城市化对径流的影响因素（Schueler，1987，Schueler et al.，1991，Boothand Reinelt，1993）。典型的不透水部分是屋顶的不透水部分、道路和停车场。不透水性导致径流明显增加。径流系数计算如下：

$$R_v = a + bI \qquad (6.7)$$

式中，R_v为径流体积系数；I为不透水百分率；a，b为系数。

系数a被认为是透水地面径流系数。其代表值为$a=0.05$和$b=0.009$。

裁弯取直法利用式（6.7）计算径流体积系数R_v（Schueler，1987）。建议用在主要含有一种类型地表面的场所或者要迅速计算以获得相当准确的处理容积时。

因此，所需要的场所处理容积为：

$$V_{WQ} = PR_v \qquad (6.8)$$

式中，P为降雨量；V_{WQ}为水质容积。

6.7.1.4　小雨水水文学法

这一方法是由Pitt（1994）等开发的，用以根据排水流域透水性和不透水性地面来计算径流体积系数（R_v），该法在降雨量、土地表面和径流体积之间存在相当简单的关系。

（1）高峰排放流量

高峰排放流量需要用于确定离线分水构筑物的尺寸和设计草被沟槽。普通的 NRCS 方法低估了小于 2in 的降雨事件的净流体积和流量。这种计算径流量和排放流量的差异可能导致大量的径流由于分流构筑物容量不够而绕过过滤处理设施，或者导致对草被沟槽设计的尺寸偏小。

有一种方法可用于计算小雨情况的高峰排放量，它是由 Pitt（1994）开发的，依赖于用小雨水文学法和 NRCS，TR-55 图解高峰排放方法计算的径流体积（MDE，2000）。

（2）水文模型

水质管理的最佳治理设施的设计的第三种方法，包括利用水文学模型和实际的或代表性的降雨数据来进行长期连续的模拟，以获得长期最佳治理设施的良好运行效能。地方管理部门不经常使用这一方法来设计单一最佳治理设施，因为费时和费钱。但是这些方法在高等院校和政府机构在研究应用方面却变得简单和通用。

（3）保持地下水回注流量的设计

已经制定了地下水回注基准（MDE，2000）以便在开发场所保持现有的地下水回注流量。这有助于保持现有地下水水位上升。从而保持干旱气候时河流的正常水文状态。在一处场所发生的回注体积（V_{Re}）取决于坡度、土壤类型、植被情况、降雨和蒸发-蒸腾等因素。有自然土地覆盖的场所如树林和草甸，在绝大多数情况下具有较高的回注率、较小的径流量和较大的蒸腾损失。因为开发增加了不透水地面，回注流量的净减少是不可避免的。利用植被生物过滤池来帮助保持地下水回注率是相当新的设计，而且没有太多的数据来保证这一方法的成功。为完成这一任务，可参考《马里兰州 2000 年雨水治理设计手册》（MDE，2000）。

6.7.2 流量调节

植被生物过滤池基本上都是在线雨水处理设施。它们点对点用作处理流程的第一级，其目的是解决小的水源地区的地下水和水质控制。草被沟槽和干、湿洼槽可以接受浓缩源（管道出水），以及沿着设施长度的侧向流层的雨水径流。在排水管网内设隔绝或分流构筑物是进入处理设施之前的最好方法。

过滤带接受不透水或透水地面的地表层流，通常大都设计成在线处理设施。有可能通过场地的土地平整或其他设计措施来创造一个溢流分流将大部分流量旁路绕过处理设施。但是，过滤带排水面积由于流道而受到限制。

大流量径流体积通常不是过量的，因此不太需要将这一系统设计成离线设施。

生物滞留池能够接受不透水或透水地面的表层径流，并且通常也设计成在线设施。它也可用作旁路沟槽处理设施，将沟槽至处理设施的较小的水流引入其中。

6.7.3 预处理

预处理可以延长处理设施的功能寿命并增加污染物去除的能力。但是预处理对于这些雨水治理设施并不像其他大型的最佳治理设施如污水处理设施那么重要。将植被元素纳入植被过滤池设计中有助于保持土壤介质元素的渗滤能力。还因为控制地区较小，年固体和漂浮物沉积负荷相当小。

标准的预处理通常纳入治理系统的设计中。这些过滤设施的预处理跟其他过滤设施的不同之处在于其性质偏于定性的，而且是治理设施的组成部分（例如草被沟槽的边坡）。预处理针对4种设计类型的设计组成部分如表6.18所列。其最初进水点的前池尺寸大小没有具体的定量标准。

▫ 表6.18　植被过滤池设施的预处理组成植被过滤带

制备生物滤池类型	预处理设施
植被沟槽，干洼槽和湿洼槽	在进水沟槽的起点可以设置一个浅水前池，其水深约为（不透水排放区的）0.05英寸，在沟槽顶部可设置一个卵石隔层，用作测流进入设施之前的预处理设施
植被过滤带	缓斜坡坡度（≤3∶1）为测流提供附加的预处理 建议沿斜坡顶部设置卵石隔层以防止水流浓缩
生物滞留	在山顶地带，在浅塘区限制以外提供附加的预处理 建议沿斜坡顶部设置卵石隔层以防止水流流动

6.7.4　生物滤池系统的保护

运行成功的洼槽系统取决于全汇水区的良好的雨水处理。良好的治理设施减少了径流的高峰流量及其携带的水在水道中渗漏或渗滤。洼槽的保护步骤如下，取决于现场最合适和最需要的措施：a. 首先建造过水道，然后才是其他的排水的沟槽和设施；b. 在建造期间从水道中引出所有的水流。

按照如下建议的技术建造植被覆盖：a. 用种植腐殖层（粪便、收割茬、麦秆、黄麻编织物或网状和柱状覆盖物）来保护沟槽；b. 沟槽草皮护坡；c. 利用移动的或临时的喷水管线灌溉新布种带和新种草植被带以保证其良好发育；d. 需要时将径流分成2股或更多股以减少所需的设施容积；e. 在可能的场所利用稳定的自然地形排水；f. 通过修剪等维护操作保持良好的植被。

水道最适宜的地方是植被良好的自然洼地。这样的场所应当尽量利用，因其具有如下优点：a. 所在地带具有最平缓的坡度；b. 最稳定的沟槽状况；c. 土壤和湿度条件最适于植物生长；d. 通常能够直接利用；e. 在有坡度的地方对于其出水口导流、梯地和其他处理设施有足够的水深；f. 引入水流的自然水道可能需要整修成型、扩大和稳定以适应导入其中流量增加的需要。

6.7.4.1　受纳水道

应当进行调研以提供数据使设计者能够确定出水口有足够的大小，或者受纳水体足以接受水道排放流量。应当包括受纳沟槽的坡度和横断面积，并且标注如下几点：a. 沟槽横断面的不规则性（如不一致）；b. 阻塞；c. 植被；d. 沟槽弯曲。

设计者应当考虑这些情况做适当的调整。

6.7.4.2　减少水流沟槽侵蚀的设计

州和地方管理机构长期以来利用两年一遇的高峰排放流量控制作为下游沟槽保护的依据措施。这一方法的技术不足刊载于许多文献中（McCuen，1987；Jones，1996；Maxted，1997；

Stribling，2001）。

植被过滤池被普遍认为能够处理小流量的雨水径流并回注地下水和改善水质，但是不适于处理能影响沟槽稳定状况的大流量雨水径流。不过采用新的雨水治理（SWM）技术如低影响开发（LID）技术，证明了生物滤池通过设计措施有能力减少水文流态，能够处理全部的设计水流，从小的频繁水流到百年一遇的洪水水流（P. G. Co.，1997，EPA，2000a and 2000b，and Clar，2001）。有时生物滤池最佳处理设施得辅以常规的管道末端最佳处理设施（BMPs）如塘，但是塘的数量和尺寸往往有所减少。这些技术不在本篇阐述，读者可参看有关文献。

6.7.4.3 适宜性和选择考虑

本节提出在特定的开发场地选择最适用的制备生物滤池的指南。这些信息集中于一些表中，以使设计者和城市管理官员们根据其具体情况选择最有效的雨水滤池。此外，植被生物滤池与其他也可能用于场地的雨水处理设施做对比，例如塘、湿地、渗滤和过滤系统。植被生物滤池与其他最佳处理设施在污染物去除效率、适宜基准和环境效益等方面进行了对比。

经验指出，在选择适宜生物滤池时应当考虑三个因素：第一个因素使用土地类型的生物滤池的压缩性；第二个因素生物滤池由于场地条件（如空间利用、有效的源头和费用/维护考虑等）的压缩性；第三个因素是生物滤池去除有关主要污染物的效能。在同时考虑这三个因素时过滤方式选择有限，只有一两个选择的余地。此时设计师只能对比剩下的过滤方案并根据费用效益分析选择其中一种。

6.7.4.4 土地利用因素

植被生物过滤池可应用于各种各样的开发场地，但是大多的设计仅限于很窄的范围。这些普通的开发场所包括城市改造场地、停车场、街道、居住小区和后院/屋顶排水。表 6.19 列出对这大类开发场所的最经济和最适宜的生物滤池设计类型以及那些不适用的类型的矩阵。例如，在城市改造地块空地稀缺，生物滞留池被认为是最多功能的处理设施。在多数情况下草被沟槽、洼槽和过滤带的空地需求很大，可以不予考虑。

⊡ 表 6.19　土地用途与生物滤池类型的适用性

土地利用	不同类型生物滤池的适用性
城市改造	生物滞留设施用于城市改造是多功能的。洼槽通常不太适用
停车场	生物滞留池非常适用于停车场 在某些情况下(空间、土壤、水位)洼槽是适用的 过滤带可能是有效的
道路	城市街道通常不为任何类型的生物过滤池提供足够的空间,在郊区特别是大到中等面积的小区可能容纳所有类型的生物过滤池
高速公路	如果在中等坡地或边坡地有足够的空间,高速公路可以容纳生物滤池
居住区	低密度居民区为所有类型的生物滤池应用提供机会 高密度居民区由于空间有限应用生物滤池受到限制
屋顶	在适宜的地方建议屋顶排水断接到过滤带或生物滞留区

6.7.4.5 场地条件

表 6.20 对比了各种类型的生物滤池的设计流量与下列场地条件的关系：土壤介质、水位、排水区域、坡度、水头和需要的土地面积。

☐ 表 6.20　不同场地条件生物滤池类型的适用性

生物滤池类型	介质	水位深度	最大排水面积/英亩	最大坡度/%	水头/ft	大小对排水面积比/%
草被沟槽	土壤	2ft	5	6	2	6.5
干洼槽	过滤介质	2ft	5	6	3～6	10～20
湿洼槽	土壤	地下水位以下	5	6	1	10～20
过滤带	土壤	2ft	NA	15	NA	100
生物滞留池	过滤介质	2ft	2	无	5	5.0

注：1. NA 表示不适用。

2. 介质：根据对现场的最初调研来确定主要评价因素。通常还要做更多的土工试验以确定内渗的适宜性，并且在设计中确定渗水性和其他因素。

3. 水位深度：生物滤池底或地面到季节的最高水位的最小水深。

4. 最大排水面积：建议的最大排水面积是按照适用于实际考虑的。如果现场实际的排水面积稍大于最大允许排水面积，这样的偏差是允许的，或者设置多个生物过滤设施。

5. 最大坡度：坡度对生物过滤设施有影响。

6. 水头：需要估算现场的水位差（从进水口到出水口）以使生物过滤设施内进行重力流。

7. 生物过滤设施大小（占地面积）对排水面积的比：生物过滤设施需要占总排水面积多大的百分率。

第 3 个适宜性因素是建造过滤系统的造价，而且设计具有很大范围的选择性。最昂贵的设计是基于处理不透水地面的造价，包括地下的砂子、有机砂、周边砂和卵石过滤池（未提供设计基准）。干洼槽造价中等，而生物滞留设施、湿洼槽、过滤带和草被沟槽更加廉价。应当指出，建筑造价不包括土地费用。如果土地费用昂贵，则排列顺序将有很大的改变。

6.7.5　污染物去除能力对比

表 6.21 归纳了几种生物过滤池设施对如下污染物的去除效率：TSS、总磷（TP）、总氮（TN）、硝酸盐（NO_3^-）和其他污染物如各种金属。各类生物滤池在运行效能方面有些相似。例如，所有类型的生物滤池都有相当高的悬浮沉淀物的去除效率的报道，从草被沟槽的 68% 到干洼槽和生物滞留池的 90% 或更高。

☐ 表 6.21　各类生物滤池估计的污染物去除效能　　　　　　　单位：%

生物滤池类型	TSS	TP	TN	NO_3^-	备注
草被沟槽	68	29	NA	−25	金属：Cu(42%)，Zn(45%)；烃类(65%)；细菌：负值
干洼槽	93	83	92	90	金属：Cu(70%)，Zn(86%)
湿洼槽	74	28	40	31	金属：Cu(11%)，Zn(33%)
过滤带	70	10	30	0	金属：40%～50%
生物滞留池	863	71～9034	434	234	金属：Cu(93%)，Pb(99%)，Zn(99%)；COD(97%)；油脂(67%)

注：NA：不适用。

引自：Winer，2000，CRC，1996，Yu，et al.，1999，and Davis et al.，1998。

在去除总磷效能的对比中发现，干洼槽和生物滞留池去除效能最好，分别达到 83% 和 70% 的去除率。草被沟槽、湿洼槽和过滤带去除效能差，其平均去除率为 10%～29%。植被生物滤池表现出很广范围的除总氮效能。干洼槽正显示很高的去除率，为 92%。

虽然所有类型的生物滤池至少有中等去除金属的效能，但是大多数去除的金属已经附着在颗粒上。干洼槽和生物滞留池运行经验表明能有效地去除溶解性金属。

应当指出，污染物去除率和机理依赖于在好氧环境中的一些过程，而不是厌氧环境。生物滤池一旦进入厌氧状态，原先以磷酸铁形式捕集的磷会被分解而释出。

6.8 草被沟槽设计程序与基准

6.8.1 草被沟槽的类型

草被沟槽，常称为草被水道，是宽而浅的土质沟槽，其表面种植植物以防侵蚀和允许行洪的草沟。草被沟槽传统上用作廉价的雨水径流输送设施以安全地输送汇集的水流。由于雨水治理计划的焦点扩展到水质的考虑和污染物的削减，草被沟槽的潜在重要元素——处理系统将成为雨水治理计划的重要组成部分。为此草被沟槽分类为：a. 传统的草被沟槽或草被水道（见图 6.52）；b. 带过滤介质的草被沟槽（见图 6.47）；c. 湿洼槽（见图 6.48）。

图 6.52 传统的草被沟槽（VADCR，1999）

图 6.53 带拦截坝的草被洼槽（VADEC，1999）

图 6.52 所示是通过居住区的草被沟槽。平缓的坡度易于内渗。如果设计合理，其积水可在径流形成后几个小时内排空。草被沟槽设计成以不侵蚀的流速输送雨水径流，并且通过渗滤、沉淀和过滤改善水质。在草被沟槽内可建造拦截坝来减缓水流速度，并形成临时的小塘区。图 6.53 所示，在进水道前面的块石拦截坝使洼槽形成塘区，以促进渗滤和沉淀。在图 6.54 中草被沟槽中建有多级石块拦截坝，从而可以形成多级塘区，由此可以有效地削减暴雨径流高峰流量，对雨水径流予以临时储存与滞留；也有助于通过渗滤、沉淀、过滤和植物根系吸收等过程削减雨水径流中的污染物。草被沟槽能够有效地控制小到中等的雨水径流，但是难以有效地控制大的暴雨径流。因此，它们大都用于低和中等坡度地区，或

图 6.54 带多级拦截坝的草被
沟槽（VADEC，1999）

者沿高速公路以取代沟槽、路缘槽、地沟等排水设施（Boutiette and Duerring，1994）。在高度城市化地带其运行效果急剧变差；它们也不能有效地接受施工阶段的雨水径流，因为高的沉淀物负荷很快就破坏了草被沟槽（Schueler et al.，1992）。草被沟槽往往作为其下游的最佳治理设施（特别是渗滤设施）的预处理设施（Driscoll and Mangarella，1990）。

草被沟槽在美学上要比混凝土和石砌排水系统雅观，而且建造和维护更便宜。当洼槽取代路边沟和排水沟，将相应减少不透水地面，并有效地消除污染物的积累和排放系统。由于洼槽粗糙度的增加导致流速的减小（Ree，1949）。小坡度和不翻耕的洼槽可能形成湿地栖息带。这一技术的缺点可能形成死水区导致蚊子的滋生；长期运行可能发生侵蚀和形成沟流；比雨水道系统需要更多的修整（UDFCD，1999）。

建造、检查和维护良好的草被沟槽可以在其使用寿命中成为最佳的雨水治理设施之一。

6.8.2 草被沟槽设计考虑事项

6.8.2.1 地点考虑

洼槽所在地点的适宜性取决于土地用途、服务地区的大小、土壤类型、所在汇水区的坡度和不透水性以及洼槽系统的尺寸和坡度（Schueler et al，1992）。洼槽通常可用于服务小的地区，面积小于 $4hm^2$ 和坡度不大于 5%。季节的高水位应当至少在地表下为 0.3~0.6m，而且建筑物距离洼槽至少为 3m（GKY and Associates，Inc.，1991）。建造洼槽时鼓励利用自然低洼地，并且自然排水道应当做重要的当地资源来利用（Khan，1993）。洼槽的排水方式和服务地区可以由勘测的等高线地图来确定。现有的排水设施、输送系统位置和分类平面图可以从现有道路规划的以前工程项目的水力报告中获得（Washington State Department of Transportation，1995）。路边排水沟也应当认为是可能的洼槽位置（Khan，1993）。洼槽的适用性可能由于交通道路的增加而减少，而且它们特别不能跟人行道系统竞争。洼槽最可行的位置是布设在道路与人行道两条不透水的地面之间（NVPDC，1992）。这一布设有益于改善水质，也为人车之间提供了安全屏障。

6.8.2.2 土壤透水性

洼槽系统需要具有良好的排水性能和高渗滤速度的干土壤以便有效地去除污染物（Yousef et al.，1985）。 Hayes 等（1994）进行的模型研究和现场数据收集证明，渗滤是捕集黏土颗粒最重要的因素。因为这些黏土颗粒能有效地吸附离子，干土壤和高的渗滤速度是捕集被黏土吸附的营养物最重要的因素。此外，在植物过滤器中的渗滤水携带营养物和毒物进入土壤（Barfield et al. 1992），渗滤在捕集溶解性固体方面极其重要。洼槽下面土壤的适宜结构分级为沙、砂质黏土、黏土沙、淤泥。黏土不能生长良好的植物，也容易形成积水塘区。通过当地的土层钻探和土样分析可以确定是否适合建造洼槽。

6.8.2.3 地形与坡度

洼槽地点的地形应当允许设计的沟槽有适宜的坡度和足够的横断面以保持适宜的流速。其所在地的地形也能满足结构附加控制的需求。防止侵蚀是一项重要的设计考虑，并且取决于坡度、土壤类型和植被。这些参数的基准也已确定并列于表 6.22 中（Ree，1949；Temple et al.，1987）。

植被类型	坡度/%	最大流速/(m/s)	
		耐侵蚀土壤	易侵蚀土壤
肯塔基蓝草	0～5	1.8	1.5
高羊茅	—	—	—
肯塔基蓝草	—	—	—
黑麦草	5～10	1.5	1.2
西方麦草	—	—	—
豆科牧草	0～5	1.5	1.2
混种	5～10	1.2	0.9
红羊茅	0～5	0.9	0.8

引自：1949；Temple et al.，1987。

捕集沉淀物也是一项重要的设计任务，这基于由坡度决定的流速、排水量和植被密度。Hayes 等（1984）和 Barfield 等（1988）确定了基准。在城市地区坡度限制在 10% 以下，但是高达 20% 的坡度已用于地表径流回收设施。

捕集营养物是另一个典型的设计任务。Hayes 等（1980），Barfield 等（1994）和其他研究者们确定营养物的去除取决于土壤的渗滤速度。这取决于洼槽土壤的性质和在其中的停留时间。坡度、植被阻拦和由此形成的流速决定了水力停留时间。但是，如果坡度过于平缓，可以应用小坡度，为此需要加设底部排水管以防止积存水（Khan，1993）。陡坡可以应用一系列拦截坝形成梯田式的洼槽以使坡度降低到允许极限内。应用多级拦截坝也有助于增强渗滤。

6. 8. 2. 4　污染物去除

洼槽中污染物的去除，依靠草的过滤作用、低速区域的沉积以及渗滤于地下土壤中。污染物去除的主要机理是悬浮物的沉淀。因此，SS 和吸附于其上的金属能很有效地通过洼槽去除。文献报道的去除效率各有不同，但大都在低和中等范围之间，甚至有些洼槽系统完全没有水质改善的效果。

表 6.23 列出长 61m（200ft）和长 30m（100ft）的洼槽去除污染物的效率。尽管研究结果不同，但是这些数据清楚地说明长度大的洼槽具有较高的污染物去除效率。

▫ 表 6.23　洼槽对污染物的去除效率

洼槽长度	污染物去除率/%							
	固体	营养物		金属			其他	
	TSS	TN	TP	Zn	Pb	Cu	油脂	COD[2]
61m(200ft)洼槽	83	25[1]	29	63	67	46	75	25
30m(100ft)洼槽	60	—[1]	45	16	15	2	49	25

① 有些洼槽特别是 100ft 的洼槽，对 TN 去除无效率甚至负效率。

② 数据很有限。

引自：Barret et al.，1993，Schueler et al，1991，Yu，1993，和 Yousef et al.，1985。

现有的文献报道，设计良好和维护良好的洼槽可望去除 70% 的 TSS，30% 的总磷（TP），25% 的总氮（TN）和 50%～90% 的微量金属（Barret et al.，1993 and GKY and Associates, Inc.，1991）。氮的去除相当乐观（Yousef et al. 1985），而其他研究者们则报道了许多情况下的氮去除的负面效果。从理论上分析洼槽中草的衰亡腐败导致氮的释出。

洼槽的运行效能随季节而不同。在温带秋冬季温度低促使植物休眠，从而降低了对雨水径流污染物的摄取，并且去掉了水流减少的重要机理。秋季的分解和冬季草被的消失往往导致营养物的释出。洼槽在大水流下的侵蚀增加了其下游的沉淀物负荷。许多污染物的去除效率在植物生长期和休眠期有很大的不同（Driscoll and Mangarella，1990）。

6.8.3 运行效能因素

洼槽的有些因素可能影响预期的污染物去除率，包括土壤和植物类型、径流污染物成分、流量和与洼槽接触的径流，以及洼槽的强化措施。

（1）土壤类型

洼槽不能有效地去除溶解性污染物。但是在很低水流速度的条件下具有很高渗滤速度的土壤能够去除低浓度的溶解性污染物。Yousef 等（1985）报道了在佛罗里达州的一个洼槽其渗滤速度≥38mm/h，能高效地去除所有污染物。

（2）植物类型

洼槽中污染物去除效率与水流的滞缓度、植物密度和草叶的坚挺度有关，由此形成"净化植物"效应（Khan，1993）。通过密实的牧草，其叶片高度均匀地高出设计水面50mm以上达到最高的去除率。太矮的草不能有效地减少水流量和污染物过滤；过高的草会导致弯曲和倒伏，致使径流从倒伏的草上流过，降低了水流的滞缓和过滤效果。

（3）污染物成分

流经洼槽系统的径流，其污染物的去除效率随成分而不同。如果在建造洼槽系统之前就知道径流的成分特性会达到最佳效果，这样可以确定洼槽的最适宜的形状和尺寸，或者修改完善设计以便对目标污染物成分达到最大的去除效率。此外，大负荷的油脂和沉淀物能够破坏洼槽植物。如果在雨水径流中含有大量的这类污染物，则必须在洼槽前设置油/水分离器或沉淀坑（Khan，1993）。

（4）流量和径流接触

为了达到污染物的最高去除效率，径流与植物洼槽的接触时间应当尽量延长，而且应当避免高流量下出现沟流现象。为减少流量与洼槽植物高度地接触需要植物摄取和渗滤于土壤中。需要时洼槽应当设计流量分布结构，如浅水堰、布水槽或穿孔管。溶解物尤其是营养物和溶解金属去除率的升高与径流水量的减少和与洼槽植物接触时间的延长有正相关性（Yousef et al.，1985）。

（5）拦截坝的应用

结构的增强，如拦截坝，形成塘区，提高了洼槽的水位，增加了水深，减少了侵蚀的机会，也增加了水流的接触时间和土壤的渗滤时间。洼槽的拦截坝多用石块砌筑，应当避免用土砌筑，因为这易于侵蚀，导致附加的沉淀物负荷，而且土质拦截坝也容易被冲垮。拦截坝为洼槽提供了径流更长的持留时间和更大的捕集能力，从而提高了污染物的去除效率（Schueler et al.，1992）。

6.8.4 设计指南

开口沟槽的设计经常应用连续公式和曼宁公式两个公式。对于任何水流，在沟槽断面的排水流量用连续式表达如下（Chow，1959）：

$$Q=VA \tag{6.9}$$

式中，V 为平均速度；A 为垂直于水流方向的水流横断面积。

曼宁公式表达如下：

$$V=(\text{Const}_6/n)R^{2/3}S^{1/2} \tag{6.10}$$

式中，V 为平均速度，m/s（ft/s）；R 为水力半径，m（ft）；S 为能线坡度，Const_6 公制为 1.0，英制为 1.49；n 为粗糙系数。

Chow（1959）研发了洼槽系统的基本设计程序。在文献中还有确定一些草被沟槽设计尺寸的方法，如丹佛城市排水和洪水控制地区设计程序（UDFCD，1999）；华盛顿州设计程序（Horner，1988）和 IDEAL 模型程序（Hayes et al.，2001）。

6.8.5 丹佛城市排水和洪水控制地区设计程序

丹佛城市排水和洪水控制地区在其城市雨水排放基准手册中包括草被沟槽（图 6.55）的设计程序（UDFCD，1999）。草被缓冲带的设计程序和基准包括如下步骤。

步骤 1：设计排放量 根据当地管理机构批准的水文程序在设计的洼槽中确定两年一遇的流量。

步骤 2：洼槽的几何尺寸 选择洼槽的几何形状。其横断面呈梯形或三角形，边坡4∶1（水平长度∶垂直高度），最好 5∶1 或更加缓坡。洼槽的水面越宽，其水流越慢。

步骤 3：纵向坡度 洼槽的纵向坡度保持在 0.2%～1.0%。如果纵向坡度得不到满足，需要修正地面以保证达到所需的纵向坡度。如果在半干旱地区纵向坡度超过0.5%，洼槽必须种植灌溉牧草。

图 6.55 典型的草被沟槽

步骤 4：流速与水深 计算径流通过洼槽的流速和水深。根据曼宁公式和曼宁粗糙度系数 $n=0.05$，利用步骤 1 确定的 2 年一遇雨水径流求出沟槽流速和水深。在两年一遇的设计流量下，沟槽内的最大流速不超过 1.5ft/s（0.46m/s）和水流最大水深不超过 2ft（0.60m）。如果这些条件没有达到，重复步骤 2～4，每一次改变水深、底宽和纵向坡度，直到满足上述标准。

步骤 5：植物 在洼槽中种植密实的牧草，以促进沉淀、过滤和营养物摄取，并且保持低流速以限制侵蚀。

步骤 6：与街道和行车道路交错 如果实际可行，可在每个街道交叉或行车道交叉的地方设置小集水沟（culverts）就地收集雨水径流，类似于小型持留池那样工作。

步骤 7：排水和洪水控制 在大雨或特大暴雨时（五年至百年一遇）检查水面以保证在这些大雨事件时顺利排洪而不致淹涝所在地区的居住、商业和工业设施。

6.9 生物滞留设施

生物滞留（bio-retention）概念最初是由美国马里兰州的乔治王子县的环境资源处在 20 世

纪 90 年代提出来的，作为传统的雨水最佳治理构筑物的取代技术（Clar et al.，1993）。生物滞留设施是在一处浅水洼地中利用人工种植植物的土壤床和种植植物的材料来治理和处理雨水径流。生物滞留系统，由水流调节构筑物、预处理过滤带或草地沟槽、沙床、小卵石溢流帘、排水槽、浅塘区、有机淤积表层、种植植物土壤床、种植植物材料、排水系统下的卵石层和溢流系统等组成。这一最佳治理设施包括了大多数的污染物有效去除过程，如在浅塘区的沉淀、通过几层过滤层的物理过滤、在过滤器内与生物活性有机物质的吸附和离子交换、在过滤器中植物物质的吸收。

生物滞留形式多样，具有高度的灵活性和适应性，属多功能和小型的最佳治理设施，也可以称为"雨水花园"，可容易地纳入景观中并具有一些或所有的水文功能：树冠可对降雨的截留、蒸腾、地下水回注、水质控制以及雨水径流体积和高峰排放进行控制。由于其多功能和微型特征，生物滞留是应用低影响开发技术控制雨水径流体积和污染物的重要最佳治理工具之一。

单一的生物滞留单元排水的面积应当控制在很小的范围内，即 4000m² （1 英亩）。这就鼓励采用分布的雨水治理微型设施，它首先能够减少所在场所水文变化的程度；其次是使剩余的影响治理起来容易、更加有效和费用低廉。

6.9.1 生物滞留的不同用途

生物滞留既可用于新的开发场地，也可用于现有的开发场地，特别是在城市内，其透水地面限制在 10%～20%（Clar，2001）。

生物滞留设施可用于居住区的土地上，私人住宅（图 6.56）或公共场地，可适用于处理新建停车场地的雨水径流，如图 6.57 所示。也可以改善现有的停车场的雨水径流治理设施，如图 6.58 所示。生物滞留设施也可以建在有空地的道路之间，见图 6.59。

图 6.56 生物滞留设施用于单一住宅场地   图 6.57   用于新建停车场地的生物滞留设施

6.9.2 污染物去除

因为生物滞留是一项比较新的雨水最佳治理技术，其污染物去除的有效数据较少。马里兰州王子县的政府广场（图 6.60）获得的污染物去除效率（％）列于表 6.24。这些数据证明，这一雨水最佳治理设施不仅能满足当地水质控制标准，而且在污染物去除效率方面是名列前茅的最佳治理技术之一。此外，这一处生物治理设施的成功运行，可以作为现有城市地区雨水治理设施的升级改造的最佳治理技术。

图 6.58　用于现有的停车场地的生物滞留设施　　　图 6.59　用于道路中间的生物滞留设施

⊡ 表 6.24　生物滞留设施污染物去除率（Davis et al.，1998）　　　单位：%

项目	Cu	Pb	Zn	P	TKN	NH$_4^+$	NO$_3^-$	TN
上层区	90	93	87	0	37	54	−97	−29
中层区	93	99	98	73	60	86	−194	0
低层区	93	99	99	81	68	79	23	43

夏洛茨维尔的弗吉尼亚大学（The University of Virginia）进行了生物滞留设施的运行效果的长期研究。这一研究不同于马里兰州所做的生物滞留研究，仅限于单一的降雨事件（3in 或 76mm 降雨）。弗吉尼亚大学的研究（Yu et al.，1999）提供了依据年水文统计分析的运行数据。最初一年的研究结果表明，生物滞留池的运行效果超出了预期，污染物的去除率为：TSS 86%、TP 90%、COD 97% 和油类 67%。

6.9.3　生物滞留系统的组成单元

生物滞留池包括如下组成单元：a. 水流调节与进水槽；b. 预处理；c. 浅塘区；d. 表面有机淤积层；e. 种植植物的土壤床；f. 植物；g. 沙床（选项）；h. 排水系统下面的卵石；i. 溢流系统。

生物滞留系统的每一个组成单元是长期实践结果的必要组成部分，必须在总体设计中认真考虑。

（1）水流调节与进水设施

进水构筑物对于离线和在线应用同样重要，以保证维持水流不达到侵蚀流速，同时也要防止堵塞。对于离线应用，这一单元负责保证设计容积，即地下水回注、水质和高峰排放控制被纳入设计中并付诸处理实践。

（2）预处理

这一组成单元是可选的，但是在有足够地面的地方建议设置预处理设施。预处理降低了进入水流的速度，捕集粗的沉淀颗粒，由此延长了生物滞留系统的设计寿命和减少了维修更换的次数。预处理方法可以包括竖流式沉砂池，或采用其他技术，如砂和卵石隔层以便延长设施的设计寿命。

（3）浅塘区

浅塘区就在有机淤积层的上面，植物根区提供了设计容积的表面储存空间。这一区域在水流持留时间内可使颗粒沉淀，使细小颗粒沉淀在淤积层的表面。

（4）表面有机淤积层

有机淤积层为植物生长提供了适宜的环境，保持湿度和能使有机物降解。这一表层起过滤器的作用以过滤截留呈悬浮状态的细小颗粒，并形成微生物群落环境有助于分解城市雨水径流污染物。一些检测数据证明，有机沉积层很有效地捕集和固定金属（Davis et al.，1998）。

（5）植物土壤床

植物土壤床为其种植的植物提供了水分和营养物。其中的空隙提供了附加的雨水径流的储存容积。土壤颗粒过滤和捕集污染物，并且通过离子交换还能吸附多种污染物。

（6）植物

植物通过植物修复过程摄取某些营养物和污染物并通过蒸腾作用蒸发掉一些水分。使用当地的植物品种并辅以最小的种植面积，为野生动物如昆虫和鸟类提供了栖息地，并创建了城市微型景观环境。

（7）沙床

沙床是可选的，但是建议设置它以保护细小的土壤颗粒不被其下面的排水系统冲刷掉，并且提供了好氧砂滤器作为净化处理介质。其标准厚度为30cm。

（8）底部排水系统

这一组成单元被用来收集和分布处理后剩余的径流。设计良好的底部排水系统有助于保持土壤不饱和。底部排水系统包括一层10～15cm厚的卵石层和穿孔管系统（其上覆盖5cm卵石层）。

（9）溢流系统

溢流系统用于输送大的流量水流至下游的受纳水体系统。这一组成单元通常由排水收集池、进水管或位于浅水塘区上面溢流沟槽组成。

（10）流量调节

流量调节设计的基本任务是收集和输送设计体积的雨水径流至生物滞留区。通过生物滞留区可以设计较大雨水径流，或者通过旁路至下游的雨水径流排放系统、持留塘或受纳水体。在某些情况下，利用生物滞留构筑物处理设计体积的雨水径流，或者使其通过分汇水区可使雨水径流流速显著变缓，从而可达到小流量控制的雨水径流。因此，所需的下游持留设施可以减少，甚至完全消除。雨水治理设计的低影响开发方法认可和增强了这一概念（PGC，1999 and EPA，2000a and 2000b）。

参考文献

[1] American Society of Civil Engineers（ASCE），Final Report of the Task Committee on Stormwater Detention Outlet Structures[J]. ASCE, NewYork, 1985.

[2] Bäckström M, Nilsson U, Håkansson K, et al. Speciation of Heavy Metals in Road Runoff and Roadside Total Deposition[J]. Water Air & Soil Pollution, 2003, 147（1-4）：343-366.

[3] Barfield B J. and Hayes J C. Design of Grass Water ways for Channel Stabilization and Sediment Filtration[M]//

In Handbook of Engineering in Agriculture, Vol. Ⅱ, Soil and Water Engineering, CRC Press, Boca Raton, FL, 1988.

[4]　Barfield B J, Hayes J C, Fogle A W, et al. The SEDIMOT Ⅲ Model of Watershed Hydrology and Sedimentology[C]//Proceedings of Sixth Federal Interagency Sedimentation Conference, March, 1996.

[5]　Barnes K, Morgan J, and Roberge M, Impervious surfaces and the quality of natural built environments, Department of Geography and Environmental Planning[D]. Towson University, Baltimore, MD, 2001.

[6]　Bass B, Krayenhoff E S, Martilli A, et al. The impact of green roofs on Toronto, s urban heat island[C]//Proceedings of the First North American Green Roof Conference: Greening Rooftops for Sustainable Communities. Chicago, May 20-30, The Cardinal Group, Toronto, Canada, 2003.

[7]　Breen P F. A mass balance method for assessing the potential of artificial wetlands for wastewater treatment [J]. Water Research, 1990, 24 (6): 689-697.

[8]　Brezonik P L, Stadelmann T H. Analysis and predictive models of stormwater runoff volumes, loads, and pollutant concentrations from watersheds in the Twin Cities metropolitan area, Minnesota, USA[J]. Water Research, 2002, 36 (7): 1743-1757.

[9]　Brombach, H. "Liquid-solid separation on vortex-storm-overflows, " in Topics in Urban Storm Water Quality, Planning and Management (W. Gujer and V. Krejci, eds.) [C]//Proceedings of the Fourth International Conference on Urban Storm Drainage (IAWPRC-IAHR), Ecole Polytechnique Federale, Lausanne, Switzerland, 103-108.

[10]　Carlo P L, Owens L P, Hanna G P, et al. THE REMOVAL OF SELENIUM FROM WATER BY SLOW SAND FILTRATION[J]. Water Science & Technology, 1992, 26 (9-11): 2137-2140.

[11]　Chesapeake Research Consortium (CRC), Design of Stormwater Filtering Systems, prepared by the Center for Watershed Protection, Silver Spring, MD, for the Chesapeake Research Consortium, Inc. [J].Solomons Island, M D, 1996.

[12]　Clar M L, Green R. Design Manual for Use of Bioretention in Storm Water Management[M]. prepared for the Department of Environmental Resources, Watershed Protection Branch, Prince George's County, MD, prepared by Engineering Technologies Associates, Inc. Ellicott City, MD, and Biohabitats, Inc. Towson, MD. 1993.

[13]　Clar M, Coffman L, Greenand R. S. Bitter, Development of Bioretention Practices for Storm Water Management[M]. Chapter2, In: Current Practices in Modeling the Management of Storm Water Impacts, William James Ed. Lewis Publishers. , 1994.

[14]　Clark M L, Barfield B J. Connor. Stormwater Best Management Practices Design Guide[M]. Volume 2: Vegetative Biofilters, #1C R059-NYSX, U. S. Environmental Protection Agency National Risk Management Research Laboratory, Cincinnati, 2004.

[15]　Ow D W. Promises and Prospects of Phytoremediation[J]. Plant Physiology, 1996, 110 (3): 715.

[16]　Davis A P, Shokouhian M, Sharma H, et al. Laboratory study of biological retention for urban stormwater management[J]. Water Environment Research, 2001, 73 (1): 5-14.

[17]　Davis A P, Shokouhian M, Ni S. Loading estimates of lead, copper, cadmium, and zinc in urban runoff from specific sources[J]. Chemosphere, 2001, 44 (5): 997.

[18]　Barrio E P D. Analysis of the green roofs cooling potential in buildings[J]. Energy & Buildings, 1998, 27 (2): 179-193.

[19]　Deutsch B, Whitlow H, Sullivan M, et al. "Re-greening Washington, DC: A green roof vision based on environmental benefits for air quality and storm water management, " [C] in Proceedings of the Third North American Green Roof Conference: Greening rooftops for sustainable communities, Washington, DC, May 4-6, The Cardinal Group, Toronto, Canada, 2005, 379-384.

[20]　Dillaha T, Sherrad J, Lee D. Long-term Effectiveness of Vegetative Buffer Strips[J]. Water Environment and Technology, 1989, 418-421.

[21] Dreiseitl H, Grau D. New waterscapes : planning, building and designing with water[J]. Birkhäuser Basel, 2005.

[22] Driscoll E D. Long Term Performance of Water Quality Ponds[C]//Design of Urban Runoff Quality Controls. ASCE, 2015: 145-162.

[23] Environment Canada Health Canada, Environment Protection Act. Priority Substances List Assessment Report—Road Salt, Environment Canada Health Canada (ECHC), Ottawa, Canada, 1999.

[24] Field, R. "Combined sewer overflows: control and treatment, " in Control and Treatment of Combined-Sewer Overflows (P. E. Moffa, ed.) [J].Van Nostrand Reinhold, New York. 1990: 119-191.

[25] Field, R. "Urban stormwater runoff quality management: Low-structurally intensive measures and treatment, " in Urban Runoff Pollution (H. C. Torno, J. Marsalek, and M. Desbordes, eds.) [J]. Springer Verlag, Heidelberg, Germany and New York. 1986: 677-699.

[26] Galli, J. Peat-sand filters: A proposed stormwater management practice for urban areas[J]. Department of Environmental Programs, Metropolitan Washington Council of Governments, Washington, DC, 1990.

[27] Galli, J. Preliminary analysis of the performance and longevity of urban BMPs installed in Prince George's County[J]. Maryland, prepared for the Department of Environmental Resources, Prince George, County, MD, 1992.

[28] GKY and Associates, Inc. BMP Facilities Manual, for the Rappahannock Area Development Commission[J]. Fredericksburg, VA, 1991.

[29] GäBel P, Dierkes C, Coldewey W G. Storm water runoff concentration matrix for urban areas[J]. Journal of Contaminant Hydrology, 2007, 91 (1): 26-42.

[30] Godwin K S, Hafner S D, Buff M F. Long-term trends in sodium and chloride in the Mohawk River, New York: the effect of fifty years of road-salt application[J]. Environmental Pollution, 2003, 124 (2): 273.

[31] Grolimund D, Borkovec M. Colloid-Facilitated Transport of Strongly Sorbing Contaminants in Natural Porous Media: Mathematical Modeling and Laboratory Column Experiments[J]. Environmental Science & Technology, 2005, 39 (17): 6378-6386.

[32] Guo C Y, Urbonas B R. Special Report to the Urban Drainage and Flood Control District on Stormwater BMP Capture Volume Probabilities in United States[J]. Denver, CO, 1995.

[33] Haan C T, Barfield B J and Hayes J C. Design Hydrology and Sedimentology for Small Catchments[J]. Academic Press, San Diego, CA. 1994.

[34] Hammer, D. A. Constructed Wetlands for Wastewater Treatment: Municipal, Industrial, and Agricultural [J].Proceedings from the First International Conference on Constructed Wetlands for Wastewater Treatment, held in Chattanooga, Tennessee, on June 13-17, 1988, Lewis Publishers, Chelsea, MI, 1989.

[35] Hammer T R. Stream channel enlargement due to urbanization[J]. Water Resources Research, 1972, 8 (6): 1530-1540.

[36] Hartigan J P. Basis for Design of Wet Detention Basin BMP's[C]. Design of Urban Runoff Quality Controls. ASCE, 2015, 122-143.

[37] Hatt B E, Deletic A, Fletcher T D. Stormwater reuse: designing biofiltration systems for reliable treatment [J]. Water Science & Technology A Journal of the International Association on Water Pollution Research, 2007, 55 (4): 201-209.

[38] Heinze W. Results of an experiment on extensive growth of vegetation on roofs[J]. Rasen Grunflachen Begriinungen, 1985, 16 (3): 80-88

[39] Henderson C, Greenway M, Phillips I. Removal of dissolved nitrogen, phosphorus and carbon from stormwater by biofiltration mesocosms[J]. Water Science & Technology A Journal of the International Association on Water Pollution Research, 2007, 55 (4): 183-191.

[40] Horner R. Biofiltration for Storm Runoff Water Quality Control, prepared for the Washington State Department of Ecology, Center for Urban Water Resources Management [J]. University of Washington, Seat-

tle, WA, 1988.

[41] Jackson T J, Ragan R M. Hydrology of Porous pavement parking lots[J]. Journal of the Hydraulics Division, 1974, 100（6）: 1739-1752.

[42] Jones P H, Jeffrey B A. "Environmental impact of road salting," in Chemical Deicers and the Environment （F. M. D, Itrie, ed.）[J]. Lewis Publishing, Boca Raton, FL, 1992: 1.

[43] Kadlec R H, Knight R L. Treatment Wetlands, CRC/Lewis Press, Boca Raton, 1996. FL.

[44] Kadlec R H, Wallace S. Constructed Wetlands and Aquatic Plant Systems for Municipal Wastewater Treatment[J]. CRC Press, Boca Raton, FL, 2008.

[45] Kaushal S S, Groffman P M, Likens G E, et al. Increased salinization of fresh water in the northeastern United States[J]. Proceedings of the National Academy of Sciences of the United States of America, 2005, 102 （38）: 13517-13520.

[46] Khan Z, Thrush C, Cohen P, et al. Biofiltration Swale Peformance Recommendations and Design Considerations[J]. Washington Department of Ecology, University of Washington, Seattle, WA. 1993.

[47] Linker L C. "Creation of wetlands for the improvement of water quality: A proposal for the joint use of highway right-of-way," in Constructed Wetlands for Wastewater Treatment: Municipal, Industrial and Agricultural （D. A. Hammer, ed.）[J]. Lewis Publishers, Chelsea, MI. 1989, 695-701.

[48] Liu K. and Baskaran B. "Thermal performance of green roofs through field evaluation," in Proceedings of the First North American Green Roof Conference: Greening rooftops for sustainable communities[J], Chicago, May 29-30, The Cardinal Group, Toronto, Canada. 2003: 273-282.

[49] Löfgren S. The Chemical Effects of Deicing Salt on Soil and Stream Water of Five Catchments in Southeast Sweden[J]. Water Air & Soil Pollution, 2001, 130（1-4）: 863-868.

[50] Magette W, Brinsfield R, Palmer R, et al. Nutrient and Sediment Removal by Vegetated Filter Strips[J]. Transacations of the American Society of Agricultural Engineers. 1989, 32（2）: 663-667.

[51] Makepeace D K, Smith D W, Stanley S J. Urban stormwater quality: Summary of contaminant data[J]. C R C Critical Reviews in Environmental Control, 1995, 25（2）: 93-139.

[52] Marsalek J, Chocat B. International report: Stormwater management[J]. Water Science & Technology A Journal of the International Association on Water Pollution Research, 2002, 46（6-7）: 1-17.

[53] Marsalek J, Rochfort Q, Brownlee B, et al. An exploratory study of urban runoff toxicity[J]. Water Science & Technology, 1999, 39（12）: 33-39.

[54] Marsalek J, Oberts G, Exall K, et al. Review of operation of urban drainage systems in cold weather: water quality considerations[J]. Water Science & Technology A Journal of the International Association on Water Pollution Research, 2003, 48（9）: 11-20.

[55] Utilities Administration. 2000 Maryland stormwater design manual[J]. 2000.

[56] Maxted J, Shaver E. The Use of Retention Basins to Mitigate Stormwater Impacts on Aquatic Life. In L. A. Roesner（Ed.）[C]//Effects of Watershed Development and Management on Aquatic Ecosystems, ASCE, New York, NY. 1997.

[57] Mentens J, Raes D, Hermy M. Greenroofs as a part of urban water management[J]. Wit Press Southampton, 2003.

[58] Mentens J, Raes D, Hermy M. Green roofs as a tool for solving the rainwater runoff problem in the urbanized 21st century? [J]. Landscape & Urban Planning, 2006, 77（3）: 217-226.

[59] Mentens J, Raes D, Hermy M. Green roofs as a tool for solving the rainwater runoff problem in the urbanized 21st century? [J]. Landscape & Urban Planning, 2006, 77（3）: 217-226.

[60] Mitsch W J, Gosselink J G. Wetlands. 3rd ed. Hoboken: John Wiley &Sons, 2000.

[61] Mitton G B, Payne G A. Quantity and quality of runoff from selected guttered and unguttered roadways in northeastern Ramsey County, Minnesota[J]. Water-resources investigations report（USA）, 1997.

[62] Norrström A. C, Jacks G. Concentration and fractionation of heavy metals in roadside soils receiving deicing

salts[J]. Science of the Total Environment, 1998, 218（2-3）: 161-174.

[63] Novotny E V, Murphy D, Stefan H G. Increase of urban lake salinity by road deicing salt[J]. Science of the Total Environment, 2008, 406（1）: 131-144.

[64] Novotny E V, Sander A R, Mohseni O, et al. Chloride ion transport and mass balance in a metropolitan area using road salt[J]. Water Resources Research, 2009, 45（12）: 193-204.

[65] Novotny V. Water quality: diffuse pollution and watershed management[J]. 2002.

[66] Novotny V, Smith D W, Kuemmel D, et al. Urban and Highway Snowmelt: Minimizing the Impact on Receiving Water[J]. Project 94-IRM-2, Water Environment Research Foundation, Alexandria, VA, 1999.

[67] Olness A. Water quality: prevention, identification, and management of diffuse pollution[J]. Journal of Environmental Quality, 1994, 24（2）: 383.

[68] Peck S. W. "Toronto: A model for North American infrastructure development," in EarthPledge[J]. Green roofs: Ecological Design and Construction, Schiffer Books, Atglen, PA. 2005: 127-129.

[69] Pisano W C. "Swirl concentrators revisited: The American experience and new German technology," in Design of Urban Runoff Quality Controls, Proceedings of Engineering Foundation Conference（L. A. Roesner et al, eds.）[J]. American Society of Civil Engineers, New York, NY. 1989: 390-402.

[70] Pitt R. Small Storm Hydrology[Z]. University of Alabama-Birmingham. Unpublished manuscript. Presented at design of stormwater quality management practices, Madison, W I, 1994.

[71] Potts R R. and Bai J L. "Establishing variable width buffer zones based upon site characteristics and development type, Proceedings of the Symposium on Water Laws and Management[C]. American Water Resources Association, Bethesda, MD, 1989.

[72] Prince George, s County, Low-Impact Development Design Strategies: An Integrated Design Approach [M].1999.

[73] Read J, Wevill T, Fletcher T, et al. Variation among plant species in pollutant removal from stormwater in biofiltration systems[J]. Water Research, 2008, 42（4-5）: 893.

[74] Ree W O. Hydraulic Characteristics of Vegetation for Vegetated Waterways [J]. Agricultural Engineer. 1949, 30: 184-189.

[75] Salt D E, Smith R D, Raskin I. Phytoremediation[J]. Annu. rev. plant Physiol. plant Mol. biol, 1998, 49 （49）: 643-668.

[76] Sansalone J J, Buchberger S G, Al-Abed S R. Fractionation of heavy metals in pavement runoff[J]. Science of the Total Environment, 2013, 189-190（96）: 371-378.

[77] Schnoor J L, Licht L A, Mccutcheon S C, et al. Phytoremediation of organic and nutrient contaminants. Environ Sci Technol 29（7）: 318A-323A[J]. Environmental Science & Technology, 1995, 29（7）: 318A-23A.

[78] Schueler T R, Helfrich M. Design of Extended Detention Wet Pond Systems[J]. Pcarrd Book, 1988: 180-200.

[79] Schueler T R, Galli F J, Herson L, et al. Developing Effective BMP Systems for Urban Watersheds. Urban Nonpoint Workshops. New Orleans, LA, 1991-1: 27-29.

[80] Schueler T R, Kumble P A, Heraty M A. A Current Assessment of Urban Best Management Practices. Techniques for Reducing Non-point Source Pollution in the Coastal Zone, Technical Guidance Manual Prepared by the Metropolitan Washington Council of Governments[M]. Office of Wetlands, Oceans, and Watersheds, U. S. Environmental Protection Agency, Washington, DC, 1991.

[81] Song Y, Fitch M, Burken J, et al. Lead and Zinc Removal by Laboratory-Scale Constructed Wetlands[J]. Water Environment Research, 2001, 73（1）: 37-44.

[82] Stahre, P. Bluegreen Fingerprints in the City of Malmc）, Sweden - Malm< 5' Way towards Sustainable Urban Drainage, VASYO, Malmo, Sweden, http: //www. vasyd. se/Site Collection Documents/Broschyrer/Publikationer/Blue Green Finger prints_Peter. Stahre_ webb. pdf, 2008.

[83] Steiner G R, Freeman R J. "Configuration and substrate design considerations for constructed wetlands for wastewater treatment," in Constructed Wetlands for Wastewater Treatment（D. A. Hammer, ed.）[J].

Lewis Publishing, Chelsea, MI, 1989: 363-378.

[84] Stockdale E C, Horner R R. Prospects for Wetlands Use in Stormwater Management[C]//Coastal Zone ' 87. ASCE, 2010: 3701-3714.

[85] Stribling J, Leppo E W, Cummins J D, et al. Relating Instream Biological Condition to BMP Activities in Streams and Watersheds[C]//United Engineering Foundation Conference, Linking Stormwater BMP Designs and Performance to Receiving Water Impacts Mitigation. 2001.

[86] Temple W O T. Stability design of grass-lined open channels[J]. 1987, 26（4）: 1064-1069.

[87] Theodosiou T G. Summer period analysis of the performance of a planted roof as a passive cooling technique [J]. Energy & Buildings, 2003, 35（9）: 909-917.

[88] Thunqvist E L. Regional increase of mean chloride concentration in water due to the application of deicing salt. [J]. Science of the Total Environment, 2004, 325（1-3）: 29-37.

[89] University of New Hampshire Stormwater Center. UNHSC Design specifications for asphalt pavement and in-filtration beds[M], UNHSC, Durham, New Hampshire. 2009.

[90] Urbonas B, Ruzzo W P. Standardization of Detention Pond Design for Phosphorus Removal[M]//Urban Runoff Pollution. Springer Berlin Heidelberg, 1986: 739-760.

[91] Urban Drainage and Flood Control District（UDFCD）, 1999. Urban Storm Drainage Criteria Manual[M]. Volume 3, Best Management Practices, B. Urbonas（Ed. ）, Urban Drainage Flood Control District, Denver, CO, 1992, revised and updated 1999.

[92] U. S. Department of Agriculture（USDA）. Urban Hydrology for Small Watersheds[M]. Soil Conservation Service, Engineering Division. Technical Release 55（TR-55）, 1986.

[93] U. S. EPA Vegetated Roof Cover: Philadelphia, Pennsylvania, United States Environmental Protection Agency Report no. 841-B-00-005D, USEPA, Washington, DC, 2000.

[94] U. S. EPA. "Street Edge Alternative（SEA Streets）Project, " http: //www. epa. gov/greenkit/stormwater_ studies/SEA_ Streets_WA. pdf（accessed November 2009）, 2001.

[95] U. S. EPA. Cooling Summertime Temperatures: Strategies to Reduce Urban Heat Islands, EPA 430-F-03-014, United States Environmental Protection Agency, Washington, DC, 2003.

[96] U. S. EPA. Reducing Stormwater Costs through Low Impact Development（LID）Strategies and Practices, EPA 841-F-07-006, United States Environmental Protection Agency, Washington, DC, 2007.

[97] U. S. Geological Survey Salt Statistics and Information（USGS, ed. ）, United States Geological Survey, Reston, Virginia, http: //minerals. usgs. gov/minerals/pubs/commodity/salt/.2007.

[98] VanWoert N D, Rowe D B, Andresen J A, et al. Watering regime and green roof substrate design impact Sedum plant growth, [J]. Horticultural Science 40. 2005: 659-664.

[99] Vymazal J, Kröpfelová L. Wastewater Treatment in Constructed Wetlands with Horizontal Sub-Surface Flow [J]. Springer Netherlands, 2008, 14.

[100] Water Environment Federation. Natural Systems for Wastewater Treatment, 2nd ed. , Manual of Practice FD-16[M]. Water Environment Federation, Alexandria, VA, 1990.

[101] Westerlund C, Viklander M, Bäckström M. Seasonal variations in road runoff quality in Luleå, Sweden[J]. Water Science & Technology A Journal of the International Association on Water Pollution Research, 2003, 48（9）: 93-101.

[102] Wiesner P E, Kassem A M, Cheung P W. "Parks against storms, " in Urban Stormwater Quality, Management and Planning[J]. Water Resources Publications, Littleton, CO, 1982: 322-330.

[103] Wilson L G. Sediment removal from flood water[J]. Transactions of the American Society of Agricultural Engineers, 1967, 10（1）: 35-37.

[104] Woodard S E. The Effectiveness of Buffer Strips to Protect Water Quality[D]. Master of Science Thesis, Department of Civil Engineering, University of Maine, Orono, ME, 1989.

[105] Yousef Y A, Wanielista M P, Harper H H, et al. Best Management Practices: Removal of Highway Con-

taminants by Roadside Swales. Final Report. Phase 1[J]. Drainage, 1985.

[106] Gerde V W. Testing of Best Managementpractices for Controllinghighway Runoff[J]. Pollution, 1993.

[107] Yu S L, Zhang X, Earles A, et al. "Field Testing of Ultra-urban BMPs" [C]//Proceedings of the 26th Annual Water Resources Planning and Management Conference, E. Wilson（Ed.）, ASCE, June 6-9, 1999, Tempe A Z.

第三篇

城市污水与雨水生物生态处理新理念与新技术

Integrated Managemental Engineering and Technology of Urban Polluted Waters

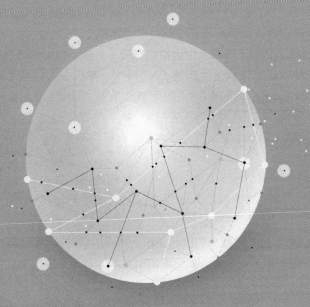

第7章

固定生物膜处理技术

7.1 概述

近年来由于活性污泥法的局限性，如水力负荷率、有机负荷率和营养物负荷率偏小，处理效果不够理想，尤其是难以同时高效地去除氮和磷，污泥产量过多难以处理和处置，HRT时间过长，占地面积过大，能耗大等问题，使其进一步发展和应用受到限制。此外，对于合流制活性污泥法污水处理厂，其接纳雨水径流的倍数有限（$n \leqslant 2$），致使产生大量的雨污混合污水溢流问题，对受纳水体造成严重污染。对于分流制的雨水道排出的雨水径流污染问题，由于雨水径流的$BOD_5 \leqslant 70mg/L$，活性污泥法污水处理厂不能处理也不能正常运行。欧美发达国家为消除或减轻合流制下水道的溢流水（CSO）、分流制雨水道的溢流（SSO）和分流制污水管道暴雨时发生的雨污混合水溢流（SSO），花费巨资建造了巨大的截流、储存和处理设施，如美国的巨大地下深层隧道CSO或SSO截流-储存工程，欧美的截流下水道及雨水沉淀池-人工湿地-净化塘等CSO和雨水径流处理系统和绿色基础设施等。

为了克服活性污泥工艺的一些缺点，研发和应用了一些新型生物膜处理工艺，如以Linpor和Caldnes为代表的移动式生物膜床反应器（MBBR）、曝气生物滤池（BAF）以及固定生物膜处理池，如Aqualution和HYFBFAS（固定式生物膜＋活性污泥：FBF-AS复合处理系统）。其共同特点如下。

① 在相同的污染物去除效率下，提高了水力、有机物和营养物的负荷率，通常提高1～2倍，甚至更高。

② 在相同的处理池（曝气池）体积下提高了处理效率，其去除SS、COD、BOD、TN、NH_3-N和TP等主要污染物的效率都普遍提高，出水水质容易达到一级A排放标准（BAF除外）。

③ 由于填料表面附着生长着较多的丝状菌和生物膜内层的兼性厌氧菌（如霉菌），能够更有效地处理难降解的污水和工业废水，如纺织印染废水、制浆造纸废水、农药废水和垃圾渗滤

液等。

④ 由于生物膜从表面到内层存在着好氧层、缺氧层和厌氧层，容易发生水解、酸化和甲烷发酵等过程，使其中的生物膜部分地转化成液态和气态中间产物或最终产物，从而使污泥量减少。同时生物膜中存在着较长的食物链如藻类—细菌—原生动物—后生动物，有时还有鱼、螺等，通过食物链的逐级捕食，也能使污泥量减少。具有显著的污泥减量效果。因此，生物膜工艺与系统比活性污泥系统能显著减少污泥量。对于移动式生物膜处理（MBBR）系统，其剩余污泥量比活性污泥工艺系统约减少 30%。笔者设计、建造和运行的固定式淹没生物膜及其与活性污泥共存的复合处理系统，其剩余活性污泥量仅为活性污泥法系统的 1/10～1/5，甚至更少。

⑤ 由于活性污泥工艺处理系统在处理进水 BOD_5 浓度过低（如 $BOD_5 \leqslant 70mg/L$）时，运行不稳定，也不经济，致使其合流制污水处理厂的雨水径流截流倍数很小，$n \leqslant 2$，由此在暴雨时特别是大暴雨和特大暴雨时造成大量的合流制下水道溢流（CSO）或分流制污水道和雨水道在暴雨时产生的雨水混合水溢流（SSO）或雨水溢流（SSO），对受纳水体造成严重污染。现在国外主要是欧美城市为解决 CSO 和 SSO 的环境污染问题花费巨额投资建造和运行其截流、储存和处理设施，但问题仍未根治。曝气生物滤池（BAF）对比活性污泥法处理系统的最大优点是其污水处理厂的雨水径流截流倍数大，如法国巴黎的塞纳中心采用 BAF 工艺的 Colombes 污水处理厂，雨季运行中其截流倍数 n 达到 3，即在暴雨时能够截流和处理 4 倍旱季污水流量的雨污混合水，即从 $2.6 \times 10^5 m^3/d$ 上升到 $1.04 \times 10^6 m^3/d$，这显著减少了 CSO 对塞纳河的污染负荷。

笔者设计、建造和运行的固定生物膜污水或雨污混合水处理厂，处理进水的最低 BOD_5 浓度为 30～40mg/L，最高浓度达 500～600mg/L（牲畜运输车厢冲洗污水），都运行稳定和出水达标；笔者也用固定生物膜工艺处理过轻度污染的饮用水源水，其进水 BOD_5 浓度 5～10mg/L，也取得了良好的净化效果，包括有效地去除铁、苯酚和氨氮等污染物。笔者团队设计、改造和运行的深圳市草铺水质净化厂 $1.0 \times 10^5 m^3/d$ 的固定生物膜为主的强化复合生物处理系统，在强化复合生物处理池 HRT=3h，后沉池 HRT=1h 的运行条件下，在旱季处理进水（泵站提升布吉河污水） BOD_5 浓度 150～200mg/L，出水达到一级 B 排放标准；雨季暴雨时处理进水（雨污混合水）的 BOD_5 浓度 40～50mg/L，出水水质达到一级 A 排放标准。从理论上讲，合流制污水处理厂中的固定式生物膜处理系统，其雨水径流截流倍数可达到 $n \geqslant 10$，旱季污水进水 $BOD_5 = 200mg/L$，雨季特大暴雨时，雨污混合水进水的 $BOD_5 = 18mg/L$，甚至进水 $BOD_5 \leqslant 10mg/L$，固定生物膜系统也能处理。这是固定生物膜对活性污泥法系统的巨大优越性。因此，对于合流制污水处理厂，可以设计、建造和运行固定生物膜处理系统，建成 4 个并联的 3 廊道及其后续的 4 座后沉池，旱季处理污水时采用较长的水力停留时间，如 HRT=12～16h（仍然小于活性污泥法系统的 HRT 16～24h），雨季尤其是大暴雨时取雨水径流截流倍数 $n=6～8$，相应的 HRT 为 2～3h，相应的雨污混合水进水 $BOD_5 \leqslant 20mg/L$，容易使出水达到一级 A 排放标准。由此可根本解决 CSO 和 SSO 的污染环境问题。

7.2 曝气生物滤池工艺

近年来在新型高效生物膜反应器研究、开发和应用方面做了大量的工作，研究开发出多种多样的生物膜反应器，如固定式淹没生物膜反应器和移动式淹没生物膜反应器，并对其除污染机理、理论和设计计算等进行了许多研究。其中对曝气生物滤池（biological aerated filters，BAF）研究得最多，其中应用最多的是 Biostyr 和 Biofor。下面将予以分别介绍。

7.2.1　Biostyr 工艺

这是法国 OTV 公司开发并获专利的淹没式曝气生物滤池，这种滤池中填装聚苯乙烯圆粒作生物载体和滤料，其直径约为 1mm。Biostyr 淹没式曝气生物滤池工作原理是：从底部通入空气进行曝气，以获得较好的氧传递工况和建立好氧环境，细菌附着生长在聚苯乙烯圆粒上，由此保证同时进行生物处理与过滤。当废水以向上流通过这种 Biostyr 滤床时，附着生长在聚苯乙烯圆粒上的生物膜，在曝气好氧条件下，能与废水中的污染物进行充分接触，并进行生物降解和同化，既能氧化降解含碳有机物，又能进行硝化和反硝化除氮。其除氮机理如下：每一个聚苯乙烯圆粒表面上附着生长的生物膜，在成熟时具有一定的厚度，从外表向内层存在溶解氧梯度，即从好氧经缺氧到厌氧，于是主溶液中溶质通过生物膜的渗透，从外向内可进行好氧、缺氧和厌氧处理，可同时进行硝化和反硝化过程，好氧过量摄取磷，厌氧释磷，厌氧水解、气化、老化生物膜脱落等过程，由此达到新生与老化生物膜的动态平衡。

Biostyr 工艺将生物反应与过滤结合起来，而不需要后加沉淀池，这样以极其紧凑的装置达到优化处理。这种淹没式曝气生物滤池，很容易进行气水反冲洗。

Biostyr 工艺有时与活性污泥法（高负荷）串联应用，高负荷活性污泥法作为第一段生物处理，主要用于去除含碳有机物，在第 2 段则采用 Biostyr，用于去除剩余的 BOD 和进行硝化除氨氮和部分反硝化除总氮。其基本结构如图 7.1 所示。

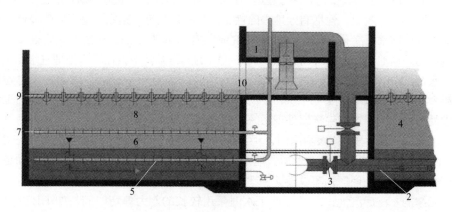

图 7.1　Biostyr 工艺示意
1—进水管；2—滤池进水和排泥管道；3—反冲洗阀；4—滤料；5—空气冲洗管道；6—非曝气区；
7—工艺曝气管道；8—曝气过滤区；9—带滤帽的支撑板；10—处理水的储存/与排出区

Biostyr 一个单元的透视图如图 7.2 所示。

Biostyr 工艺进水流向采用上向流，滤料相对密度小于 1，在水中呈悬浮状态，具有下向流和上向流二者共同的优点：a. 由于出水高出滤池，其水头足以反冲洗滤池，这就不需要用单独的反冲洗水和反冲洗泵；b. 滤帽及支撑板设置在滤床上部，因此滤帽维修方便，无需将填料清空就可以进行维护和修理；c. 栅状曝气管可置于滤床的中部，这样在其下面为非曝气区（缺氧区），上部为曝气区（好氧区），可实现单池中的硝化-反硝化；d. 周围的空气仅与含

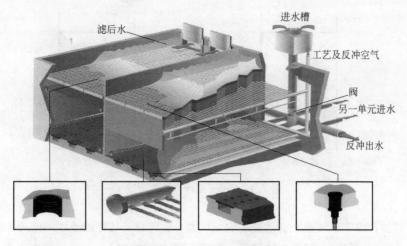

图 7.2　Biostyr 单元透视图

有饱和溶解氧的处理水接触，避免了污水中挥发物质的散发；e. 反冲洗出水处于一个封闭的空间内，没有暴露于大气中，散发的臭味和气溶胶减至最少；f. 采用聚苯乙烯圆粒为填料，材质较轻，易于进行反冲洗；g. 滤料的大小和密度可根据处理水的性质及排放标准而定。

7.2.2　Biofor 工艺

此工艺如图 7.3 所示，滤池底部设有工艺空气管道、反冲洗空气管道以及进水和反冲洗进水孔，中部为填料过滤层，填料填充高度要根据池形、水质及停留时间而定，一般厚度介于 2～4m 之间，填料底部设有支撑垫板，垫板上均匀安装进水滤帽，以便均匀布水。由于滤帽易被阻塞，而且为了防止填料漏失，有时在垫板上部铺有 10～20cm 厚的卵石承托层。目前已有一些改进工艺，将滤帽取消，在新装的穿孔管上放砂砾层（见图 7.4）。填料上部为储水区，出水及反冲洗排泥均从该区输出。填料层表面与滤池上部出水堰之间的高度差留作反冲洗再生时填料膨胀之用。

滤池供气系统分两套管路，置于填料层内的工艺空气管用于工艺曝气，该管的位置较灵

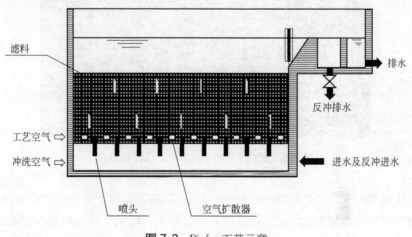

图 7.3　Biofor 工艺示意

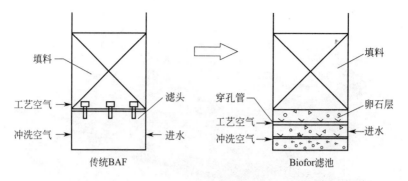

图 7.4 Biofor 滤池构造的改进

活，既可将其放在底部，使整个滤池处于好氧状态，也可将其放在滤池中间部分，将滤料分为上下两区，上部为好氧区，下部为缺氧区。根据不同的原水水质、处理目的和要求，填料高度可以变化，好氧区、厌氧区所占比例也可有所不同。滤池底部的空气管路是反冲洗空气管。

7.2.3 曝气生物滤池的应用实例

7.2.3.1 曝气生物滤池在法国塞纳中心哥伦布污水处理厂的应用

塞纳中心哥伦布污水处理厂位于巴黎密集的建筑群边缘，紧靠居民区，且该场地面积仅为 $4hm^2$，为了达标排放，尽可能减少恶臭以及充分利用有限的土地，设计者采用了曝气生物滤池技术。塞纳中心厂接受两条不同水质下水道的污水，因此它根据季节和水量的不同，灵活地将各构筑物予以优化组合，满足不同时期水力负荷的变化。下面对其三种不同的组合加以阐述：两套旱季处理系统和一套雨季处理系统。经过处理的出水排入附近的塞纳河。图 7.5 为塞纳中心哥伦布污水处理厂的俯视图。该污水处理厂的整体布置如图 7.6 所示。

图 7.5 塞纳中心哥伦布污水处理厂俯视图

旱季主体处理系统提供了全面的污水处理（碳污染物的去除、硝化作用、反硝化作用），该主体设施额定处理流量为 $2.8m^3/s$，处理流程如图 7.7 所示，这种布局效率高、运行效能经济。

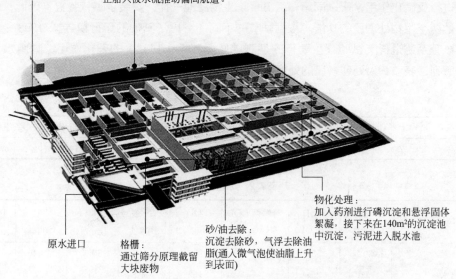

生物处理：
用生物过滤工艺使溶解性污染物(碳、氮)进行生物降解。
反冲洗废水排于前段处理单元。65个生物过滤单元布设成
3阶段处理系统：
第一段：24个面积104m²的Biofor池
第二段：29个面积111m²的Biostyr池
第三段：12个面积为104m²的Biofor池

出水提升：
采用5台2m³/s的水泵将回流
水抽送到污水灌溉农场作为
农田灌溉用水。

出水至塞纳河的排放口：
为防止特大流量的影响，采用
扩散器排放以使流量分散，防
止船只被水流推动偏离航道。

物化处理：
加入药剂进行磷沉淀和悬浮固体
絮凝，接下来在140m²的沉淀池
中沉淀，污泥进入脱水池

原水进口

格栅：
通过筛分原理截留
大块废物

砂/油去除：
沉淀去除砂，气浮去除油
脂(通入微气泡使油脂上升
到底面)

图 7.6 哥伦布污水处理厂污水处理部分的整体布置

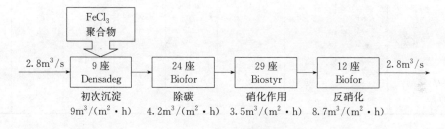

图 7.7 旱季处理系统流程

（1）预处理

采用 6mm 的粗格栅，保证其后续处理设施的正常进行，采用 1.5mm 的细格栅确保生物处理阶段的运行。

（2）物化处理

由于要减少含磷污染物的排放，故采用化学沉淀除磷工艺，由于水量及空间的限制，决定在澄清-絮凝池后使用层流沉淀池。这段系统由一组 9 座带污泥回流的澄清池组成，单池面积为 $140m^2$，8 个单元以 $2.8m^3/s$ 的流量运行，速度增幅很低约为 $9m/h$。该设备由得利满公司制造。

（3）生物处理技术

1）碳污染的去除　去除含碳有机物在一组 24 座 Biofor 生物滤池内完成（得利满公司制造），这些生物滤池分布在中心廊道的两侧。每座滤池面积为 $104m^2$，上向流运行，池内敷设了 2.9m 厚的膨胀黏土陶粒。日常的反冲洗可以去除截留固体和脱落的老化生物膜。

2）硝化作用 这一步在一组 29 座 Biostyr 生物滤池内完成（OTV 公司制造），单池有效容积为 330m³，填充悬浮载体——聚苯乙烯珠粒，以上向流方式运行，填料由过滤器顶板安装有滤帽的支撑板截留在滤池内。每日进行正常的反冲洗，以冲掉污泥和恢复滤池的正常过滤性能。

3）反硝化作用 这一步由 12 座 Biofor 滤池组成。以甲醇为反硝化的碳源。该阶段的主要目的是进行反硝化作用，所以同第一组 Biofor 生物滤池一样，安装了曝气装置。因此，它也能具有其他两个生物处理段的功能。依据季节的不同还考虑了其他的运行模式。 1998～1999 年冬，对该套系统进行了试验，主要目的是测试低温下（＜16℃）的硝化作用。其原水水质如表 7.1 所列，表 7.2 为处理各段的处理效果。

⊡ 表 7.1 原水水质

项目	SS/(mg/L)	COD/(mg/L)	BOD_5/(mg/L)	TKN/(mg/L)	NH_4^+-N/(mg/L)	TP/(mg/L)	PO_4^{3-}-P/(mg/L)
原水	302	559	256	50.2	30.5	10.9	5.6

⊡ 表 7.2 处理效果一览表

项目	SS /(mg/L)	COD /(mg/L)	溶解性 COD /(mg/L)	BOD_5 /(mg/L)	TKN /(mg/L)	NH_4^+-N /(mg/L)	TP /(mg/L)	PO_4^{3-}-P /(mg/L)
原水	302	559	213	256	50.2	30.5	10.9	5.6
沉淀池出水	51	254		135	43.1	31	4.4	2.3
去除率/%	83	55		47	14	—	60	59
第一段出水	20	114		29	33.7	27.6		
去除率/%	61	55		79	22	11		
第二段出水（净化水）	5	43	39	8	3.8	2.4	2.6	2.1
去除率/%	75	63		72	89	91		
总去除效率/%	98	93	82	97	92	92	76	62
去除量/(t/d)	79	137.2	46.3	66	12.3	8	2.2	0.9

① 运行情况：初沉池表面负荷 2.1m³/（m²·h）。药剂投加量为 $FeCl_3$ 35mg/L，聚合物 0.4mg/L。

② Biofor 第一阶段：除碳，应用负荷为 1.9kg COD/（m³·d）、 9.3kg SS/（m³·d）；

③ Biostyr 第二阶段：硝化作用，应用负荷为 1.25kg BOD_5/（m³·d）和 1.05kg TKN/（m³·d）；

④ Biofor 第三阶段：反硝化，冬季不要求进行反硝化，而在早春开始进行，此时排入塞纳河中的 NO_3^--N 含量低于 3mg/L， TN 含量低于 7mg/L。

从表 7.2 的处理效果中可以看出：沉淀池能单独削减 83％的 SS，近 50％的 P 得以去除。最终排放出水中，各种污染物的削减率分别为 SS 98％、BOD 97％、TKN 92％、TP 76％。

完善的旱季处理系统，处理流量为 4.2m³/s。由于冬季部分设备停止运行，来自塞纳 Aval 未经处理的废水，部分输送到赛纳中心污水处理厂，首先进行除碳有机物处理，然后 2/3 的处理流量进行了完全硝化，其余 1/3 仅做除碳有机物处理，具体流程见图 7.8。在这套设备中，有机污染物得到较大的去除，其运行结果见表 7.3。

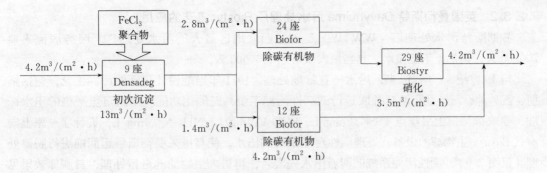

图 7.8 完善的旱季处理系统

☑ **表 7.3** 完善旱季处理系统的运行效果

项目	处理量 /(m³/d)	SS /(mg/L)	COD /(mg/L)	BOD₅ /(mg/L)	TKN /(mg/L)	NH₄⁺-N /(mg/L)	NH₃-N /(mg/L)	TP /(mg/L)	PO₄³⁻-P /(mg/L)
原水	365000	255	443	190	39.6	24.7	0.6	7.2	2.9
澄清水	365000	32	174	90	33.2	24.0	0.6	1.9	0.8
一、三段 Biofor 出水	365000	10	47	11	22.8	21.5	5.5	0.7	0.4
Biostyr 出水	267000	5	34	5	3.4	0.7	23.5	0.7	0.4
排入塞纳河	365000	6	37	6	8.9	7.7	18.3	0.7	0.4
总去除率/%		98	92	97	77	69		90	86
去除量/(t/d)		91	148	67	11.2	5.9		2.4	0.9

雨季处理系统：其处理流量从 2.8m³/s 过渡为 8.5m³/s，过渡时间仅为 0.5h，然后设备以 8.5m³/s 的处理量运行 8h。层流澄清池的速率从 9m/h 升到 25m/h。第一生物处理段（Biofor）流量升高 50%；第二段硝化过程中，流量增长 100%，进水 68% 来自第一段，32% 来自澄清池；第三生物处理段进行反硝化，此段进行曝气，其中 27% 的流量来自澄清水。在进行雨水试验的前五天，处理水量为 306000m³/d。试验期间流量恒定在 255000m³，即流量大约为额定流量的 3 倍，就 SS、COD 和 BOD₅ 而言，出水水质略有下降，药剂投加量为纯 FeCl₃ 29mg/L、聚合物 0.4mg/L。沉淀能独自去除 SS 88%、COD 73% 和 BOD₅ 66%。对于整个系统来说，8 小时内碳有机污染物去除量与 24h 内去除量几乎相等，出水水质无明显下降，磷能完全去除，由于只有部分水发生硝化，硝化效率降低。

第三段初期污水发生反硝化，不久在氧存在下主要以削减碳源为主，这段可获得 27% 的澄清水，并将 BOD₅ 从 62mg/L 削减到 23mg/L。试验结果见表 7.4。

☑ **表 7.4** 运行试验效果　　　　　　　　　　　　　　　　单位：mg/L

项目	SS	COD	BOD₅	TKN	NH₄⁺-N	NH₃-N	TP	PO₄³⁻-P
原水	231	369	165	33.4	20.8	0.3	5.6	2.3
澄清水	37	130	63	22.3	19.3	0.3	1.2	0.5
净化水	10	42	11	8.5	6.2	16.4	0.8	0.5
<8h 沉淀去除量	49.5	61.1	26	2.8				0.46
>8h 总去除量	56.5	83.5	39.3	6.4	3.8		1.2	0.46
>24h 总平均去除量(包括 8h)	101	151	67	12	7.2		2.2	

7.2.3.2　英国曼彻斯特 Davyhulme 污水处理厂 Biostyr 工艺的应用

曼彻斯特污水处理厂（WWTW）是英国西北地区最大的污水处理厂。服务居民人口700000人，再加上工业废水，其当量人口可达1350000人。

自19世纪90年代以来，污水一直就地处理，1911年当地设计了活性污泥工艺，包括格栅、沉砂池、沉淀池和两套并联运行的活性污泥系统，无硝化功能。为满足更严格的出水标准：要求95％以上采样点 TSS<30mg/L、BOD<20mg/L、NH₃-N<5mg/L，设计了一座上向流式 Biostyr 生物滤池设备，处理活性污泥系统的出水，使其排入曼彻斯特运河前进行脱氮处理（见图7.9）。活性污泥系统的两道出水先混合，再进入生物滤池进行处理，其脱氮效果见图7.10、图7.11。

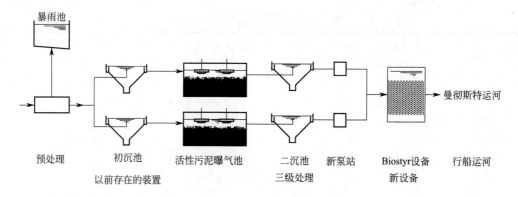

图 7.9　Davyhulme 处理厂示意

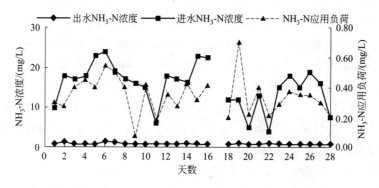

图 7.10　曼彻斯特 Davyhulme 污水处理厂试运行实验中 NH₃-N 去除率

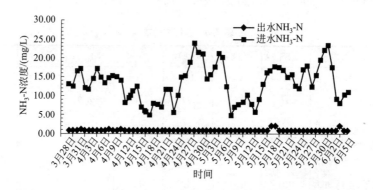

图 7.11　曼彻斯特 Davyhulme 污水处理厂运行期间 NH₃-N 去除效果

7.2.4 BAF 的前处理——Actiflo 工艺

曝气生物滤池（BAF）在与活性污泥（AS）工艺连用进行生物处理时，通常是在高负荷活性污泥法之后作为后续生物处理单元，相当于 AB 工艺中的 B 段，但 BAF 无需二次沉淀池，其产生的剩余污泥量少，定量反冲洗后将反冲洗废水送至初沉池进行处理即可，因此 AS-BAF 处理流程具有简短、高效的特点。

在只用 BAF 进行生物处理的情况下，在其前面应进行强化一级处理，为此研发了 Actiflo 工艺。

Actiflo 工艺是一种很紧凑、高效的物理化学处理方法，它能够有效地去除悬浮固体、磷和 COD。它集合了加重絮凝和斜板沉淀的优点，悬浮固体去除率达 80％以上。由于 BAF 对前处理的要求比较高，常规的一级处理——普通沉淀池出水往往不能满足 BAF 进水水质的要求，因此采用 Actiflo 工艺，具有设备紧凑、处理效率高等优点。

7.2.4.1 Actiflo 工艺的基本原理

图 7.12 为 Actiflo 工艺的剖面图。污水首先流经细格栅去除颗粒污染物，然后向其出水中投加金属盐（铁或铝盐）混凝剂，使一些溶解性的物质如磷和有机物转化成絮凝沉淀颗粒。根据具体情况，混凝剂或加入管道中，或加入混凝池中。

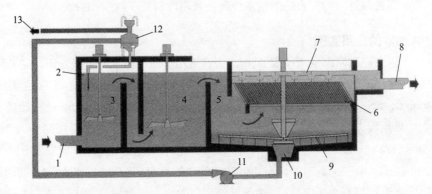

图 7.12 Actiflo（加重絮凝沉淀池）剖面图

1—进水口；2—细砂喷射口；3—快速混合区（混凝）；4—慢速混合区（絮凝）；5—沉淀区进口；6—层流沉淀组件；7—集水管；8—出水口；9—刮泥机；10—集泥、砂坑；11—污泥回流泵；12—泥/砂分离器；13—污泥排放口

经初步混凝的污水进入喷射池中，池中加入微砂，使其完全混合于水中。砂为普通的石英砂，其粒径为 $60\sim180\mu m$。水由喷射池连续地流入熟化池，向其中加入有机聚合物混凝剂。混凝剂与微砂结合形成大的可沉淀絮凝物。絮凝是在缓慢搅拌中形成的，可防止絮凝物被破碎。絮凝后出水被送入斜板沉淀池中，其中絮凝物由于微砂的加重作用而加快沉淀，这就使该池中的上向流速可比普通沉淀池大 $30\sim80$ 倍。在废水处理中这一工艺的典型上向流速为 $80\sim120m/h$。水通过斜板最终从出口处的溢流堰流出。

污泥与微砂从斜板沉淀池底部抽出，并用泵送回水力旋流分离器进行砂、泥分离。分离的微砂再送回喷射池中予以回用，而污泥则单独处理。图 7.13 为 Actiflo 的典型构造平面图。

7.2.4.2 Actiflo 工艺的优点

1）紧凑 加重絮凝沉淀池的总停留时间不足 15min。向上的水流速度按在斜板顶部的水

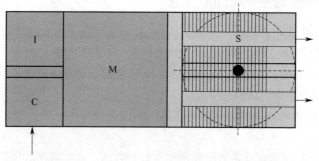

图 7.13 Actiflo（加重絮凝沉淀池）平面图
C—快速混合区；I—喷射区；M—絮凝池；S—快速沉淀区

表面积计算，达到 130m/h。

2）反应时间　惰性微砂逗留在絮凝池中，一旦混凝剂加入，混合器启动，水流混合开始，它便立即反应。

3）灵活性　Actiflo 可处理的水量范围为设计能力的 10%～100%，药品消耗率取决于进水流量。

4）出水浓度　不管进水情况如何，出水的悬浮物浓度几乎保持不变。

5）污泥的可处理性　污泥良好的脱水性可使其增厚且易于浓缩和脱水。

7.2.4.3　Actiflo 的应用实例

自 1998 年以来已有两座生产规模 Actiflo 法设施用于城市污水的三级处理。

德国的 Herford 污水处理厂，Actiflo 装置建在生物滤池之后，其目的是使出水中的 TP<0.80mg/L、SS<20mg/L 和 COD<65mg/L。这套生产规模的 Actiflo 设施建成两条处理线，其最大总处理能力为 5800m³/h。在最大处理负荷下运行时，水力停留时间为 10min，斜板沉淀池表面积为 40m²。

法国的哥伦比尔情况稍有不同，Actiflo 装置的目的是用于污水的三级处理，同时还包括雨季时合流制下水道的溢流水（CSO）。由于该处理厂的生物处理设施尚未建成，Actiflo 暂时用作二级处理设施，其中污水的总磷、SS 和 COD 浓度一定要达标后才能排放。Actiflo 作为一种设备紧凑、建造简单、启动方便的污水处理工艺，能满足这一要求。该设施的总处理能力为 2700m³/h，而斜板沉淀池的表面积仅为 36m²。

1998 年 6 月在瑞典的保罗斯市 Gasslosa 污水处理厂进行了中试，该厂拥有三级处理设施，即化学沉淀和斜板沉淀，其现在的运行状况仍达不到总磷含量<0.3mg/L 的排放标准。于是采用 Actiflo 工艺进行了约 4 周的试验以取代现有的三级处理。第一部分试验包括试验不同类型的聚合物和混凝剂并对产生最佳效果的化学药剂进行最佳投量的试验。第二部分试验包括试验 Actiflo 的抗污泥膨胀能力。在曝气池另设一台进水泵，模拟不同程度的污泥膨胀。污泥膨胀阶段，再次测定化学药剂的用量以确定最佳的投加量。

对于实验的污水来说，铝盐的除磷效果最好。为此在试验中主要使用了 PAX-XL160 混凝剂（聚合氯化铝溶液）。试验还证明了具有中低分子量的、低电荷的和粉末状的阴离子聚合物效果最好。这些结果是在斜板沉淀池的上向流速达到 100m³/d 的条件下获得的。表 7.5 为在正常运行条件下进水和出水的平均值。

表 7.5　Gasslosa 污水处理厂 Actiflo 中试设备在正常条件下的进出水平均值

项目	进水/(mg/L)	出水/(mg/L)	降低/%
SS	23	14	39
TP	1.0	0.2	80
正磷酸盐	0.5	<0.1	>80

达到表 7.5 的实验结果需投约 5.0～6.5mg/L 的混凝剂。但是，偶尔因工业负荷变化的情况下需增加混凝剂的投量，此时混凝剂的增加投量为 0.50～0.75mg/L。

另外的试验是评估 Actiflo 工艺抗污泥膨胀上浮的能力。用进水中含生物污泥的浓度模拟污泥上浮，进水 SS 浓度分别为 180 mg/L 和 240mg/L。表 7.6 所列是中试设备在这两种进水 SS 浓度下的试验结果。

表 7.6　Gasslosa 污水处理厂 Actiflo 中试设备在污泥上浮时的进出水平均值

项目	进水/(mg/L)	出水/(mg/L)	减少/%	项目	进水/(mg/L)	出水/(mg/L)	减少/%
SS	180	14	92	SS	240	13	95
TP	5.3	0.25	95	TP	6.4	0.25	96
正磷酸盐	2.1	<0.10	>95	正磷酸盐	2.7	<0.10	>96

将混凝剂投量增至 7～8mg/L、絮凝剂投量增至 1.25～1.50mg/L 时，就能够达到这样的效果。污泥上浮的试验清楚地证明，Actiflo 工艺具有很强的适应性。因此，尽管该设备的负荷显著增大，只要增加化学药剂的投量，就可使出水符合 TP 的排放标准。

7.3　固定生物膜工艺及其处理系统

7.3.1　概述

固定生物膜工艺，是在曝气池中安装固定式填料，在处理进入污水的过程中，在填料表面上逐渐形成生物膜。这些生物膜跟填料一起是固定的而不移动。其优点是在进水推流式流动状态下，各位置的固定生物膜，接受基本相同成分和性质的底物，相应培育出特定的微生物群落；例如，在稳定运行状况下，观察从前端往后的生物膜颜色变化很有规律：最前段灰黑色，处于厌氧状态，是专性厌氧菌和兼性厌氧菌群落生存聚集之处；紧接其后的生物膜呈现灰褐色，处于缺氧状态，是兼性厌氧菌与缺氧菌群落生存聚集之处；再往后生物膜呈褐色-浅褐色，处于好氧状态，是好氧菌群落生存聚集之处；再往后生物膜呈黄色-浅黄色-乳黄色，不仅处于好氧状态，其中主要生长着自养性硝化菌。在前段呈黑褐色-灰褐色-褐色的生物膜中生长着大量的异养菌如降解 COD 和 BOD 物质的细菌群落、氨化和反硝化菌群落等。由于其生物量比活性污泥法系统的大，以及固定生物膜在各自固定位置上的快速降解和转化，比活性污泥法系统能更快速地完成有机物和氮的转化，如氨化、硝化和反硝化。

固定生物膜处理系统运行的最大优点是，由于其具有较长的食物链，如藻类、细菌—原生动物—后生动物—螺；藻类、细菌—原生动物—后生动物—鱼（后沉池或净化塘）；藻类、细菌—原生动物—后生动物—鸭、鹅（后续净化塘）等，通过污水中有机物和营养物在多条食物链中的逐级物质和能量的迁移转化，能有效地去除污水中的 SS、COD、BOD、TN、NH₃-N、TP 等污染物，同时污泥产量很小（大都转化成螺、鱼、鸭、鹅等顶级营养级生物的机体）。

但是，固定生物膜工艺也有很大的缺点，即在充分好氧环境（水中 DO≥4mg/L，尤其在 DO 5mg/L 以上）中，生物膜生物链中的后生动物如颤蚓、线虫、轮虫等过量繁殖，捕食大量细菌，尤其是世代时间长和繁殖速率小的硝化菌被捕食殆尽，严重影响硝化过程和去除氨氮效率。为此，固定生物膜系统必须在低曝气强度下运行，保持 DO≤4mg/L，最好为 2～3mg/L；或者进行间歇曝气，如曝气 2～4h，停曝 2～4h，周期反复进行。在上述低强度曝气或间歇曝气条件下，进入固定生物膜曝气池的污水，无论在时间和空间上都经历好氧与缺氧环境，生物膜本身从表面到内层存在好氧-缺氧-厌氧层，其中的生物膜固体发生缺氧水解与酸化，转化成液态中间产物如挥发性脂肪酸；厌氧甲烷发酵产生甲烷、H₂、N₂、CO₂ 等气体，使生物膜数量减少；固定生物膜较长的食物链的逐级捕食也使生物膜数量较少，两者的综合作用使固定生物膜系统的剩余污泥量很少，仅为处理相同污水的活性污泥工艺的 1/10 或更小。

固定生物膜系统由于具有运行稳定、处理效果好、维护管理简单、污泥产生量少等优点，在小区、中小城镇和农村中小规模污水处理领域得到了较广泛的应用；采用埋地式结构处理污水时更具有优势。

7.3.2 广州市番禺区祈福新邨第一生活污水处理厂

广州市番禺区祈福新邨第一生活污水处理厂主要处理祈福新邨东片区住户产生的生活污水，规划服务人口 41000 人，污水处理规模 8200m³/d，分两套系统建设。土建工程一次完成，设备及安装工程根据居住建筑物的排水情况，分两次安装，以节省投资和运行费用。实际上，该污水厂投产运行后，由于房屋的入住率不高，经过 3 年后一套系统才满负荷运行，污水处理量达到 4100t/d。

该污水处理厂 1996 年开工建设，1998 年投入运行，为广州市番禺区最早建设运行的污水处理厂。

7.3.2.1 设计水质

广州市番禺区位于广东省中南部、珠江三角洲中部。考虑到南方城市污水处理厂进水浓度低的实际情况，祈福新邨第一生活污水处理厂设计的原水水质指标见表 7.7。

▷ 表 7.7 污水厂设计原水水质

设计参数	pH 值	COD_{Cr}	BOD_5	NH₃-N	SS
设计浓度/(mg/L)	6～9	200	100	25	120

按照设计当时当地环保部门对该项目的环评批复，祈福新邨第一生活污水处理厂排放污水执行广东省地方标准《广州市污水排放标准》（DB 44/37—90）中城市污水处理厂行业新二级标准，具体指标见表 7.8。

▷ 表 7.8 污水厂设计排水标准

设计参数	pH 值	COD_{Cr}	BOD_5	NH₃-N	SS
设计浓度/(mg/L)	6～9	120	30	15	30

7.3.2.2　工艺选择

在祈福新邨第一生活污水处理厂设计过程中，考虑以下情况，该污水处理厂的处理工艺选择了固定式生物膜工艺。

① 可能出现进水有机物浓度偏低的情况；

② 祈福新邨第一生活污水处理厂属于居住区污水处理厂，要求尽可能控制简单，运行方便；

③ 在低有机负荷条件下，常规的活性污泥工艺会出现活性污泥负增长和污泥膨胀等问题，而固定式生物膜工艺适宜处理低有机物浓度污水，根本不会出现污泥膨胀等问题。

该污水处理厂建成后的运行实践与经验证明，在处理进水 BOD_5 浓度为 $40\sim50mg/L$ 的情况下，在固定生物膜曝气池中基本上不存在呈悬浮状态的活性污泥。在进水 $BOD_5\leqslant100mg/L$ 时，只出现少量呈悬浮状态的活性污泥。呈悬浮状态的污泥主要由脱落生物膜组成，比普通的活性污泥具有更好的沉淀效果。

7.3.2.3　污水处理工艺流程

祈福新邨第一生活污水处理厂最早设计的处理流程如图 7.14 所示。处理厂平面图和鸟瞰图分别如图 7.15、图 7.16 所示。

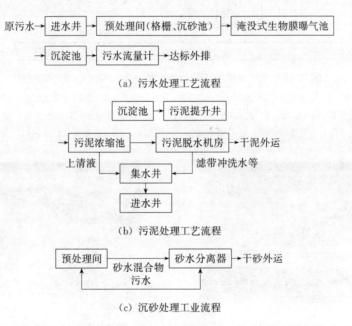

（a）污水处理工艺流程

（b）污泥处理工艺流程

（c）沉砂处理工业流程

图 7.14　祈福新邨第一生活污水处理厂最早设计的处理流程

该污水处理厂采用笔者们研发的固定生物膜处理系统，COD、BOD_5 和 NH_3-N 大都达到了城市污水处理厂一级 B 排放标准，而 TSS 和 TP 却未能达到。运行过程中发现，在进水 BOD_5 $\leqslant80mg/L$ 时，淹没式生物膜曝气池的水体中，几乎不存在悬浮的活性污泥絮体，绝大部分以生物膜的形式存在。脱落的生物膜在后沉池中的沉淀效果很好，因此池水清澈透明（图 7.17）。但是，有时由于除磷效率低，进入后沉池的水所含的磷促使在其中的藻类和浮萍长满全池水面和池壁，通过放养适量的罗非鱼（非洲鲫鱼）有效地消除了池中的藻类。通过投加化学除磷剂使出水 $TP\leqslant0.5mg/L$（见表 7.9）。

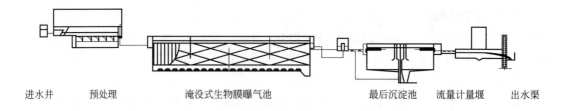

| 进水井 | 预处理 | 淹没式生物膜曝气池 | 最后沉淀池 | 流量计量堰 | 出水渠 |

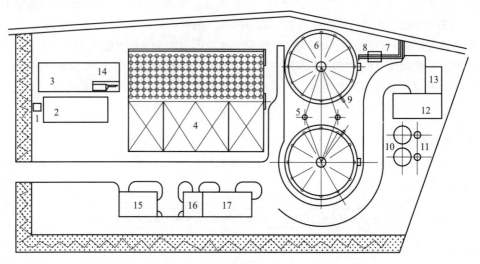

图 7.15 广州市番禺区祈福新邨第一生活污水处理厂平面图

1—进水池；2—格栅-曝气沉砂间；3—调节池/砂水分离机；4—生物膜曝气池；5—辐流沉淀池；

6—流量计量槽；7—出水槽；8—进水管；9—刮泥板；10—污泥浓缩池；11—排泥管；12—污泥脱水间；

13—污泥堆放车间；14—出水槽；15—化验室；16—值班室；17—鼓风机房

图 7.16 祈福新邨第一生活污水处理厂鸟瞰图

图 7.17 辐流沉淀池中水体清澈透明

⊡ 表 7.9 祈福新邨第一生活污水处理厂运行效果一览表

水质参数	进水/(mg/L)		出水/(mg/L)		平均去除率 /%
	范围	平均	范围	平均	
COD	50～259	130.15	11.4～42.2	21.1	81.4
BOD$_5$	30.8～94	55.6	0.8～19.6	6.4	87.1
TSS	140～537	318	19～30	25	92.1
NH$_3$-N	7.5～33.5	21.63	0.15～5.2	1.44	93.3
PO$_4^{3-}$	2.21～5.2	2.79	0.1～0.49	0.38	85.8

注：辅助化学除磷数据。

为了达到良好的运行效果，该厂的淹没式生物膜曝气池初期采用间歇式曝气，即曝气 2h 后停止曝气 2～4h，依次重复进行；曝气时保持 DO≤3mg/L，停曝后 DO 保持在 0.2～0.5mg/L，这样，被处理的污水流，多次经历好氧、缺氧环境，相应进行多次硝化和反硝化，而且是短程硝化-反硝化（NH_3-N→NO_2^-→N_2↑）。间歇曝气的另一个优点，就是能有效地控制后生动物如颤蚓和线虫等的过量繁殖并保护硝化菌的正常生长繁殖与活性。

由于在淹没式生物膜曝气池中，存在着在时间和空间上好氧和缺氧的区段，而且在生物膜的里层存在厌氧层和缺氧层，生物膜本身发生水解、酸化和甲烷发酵等液化和气化过程，使生物膜固体减少；生物膜中较长的食物链（细菌、藻类→原生动物→后生动物）以及在沉淀池中放养的鱼类形成更长的食物链，既能有效地控制后生动物防止其过度繁殖捕食世代时间长的自养性硝化菌，保持物种间的生态平衡，又能大幅度减少剩余生物量（污泥量）。该污水处理厂运行前三年未曾排出污泥，是名副其实的最小污泥产量的污水处理工艺。

7.3.2.4　主要设备及构筑物

（1）预处理间

预处理间的尺寸为 20m×7.5m，主要功能是格栅去除大块和小块固体污物与曝气沉砂。配套有以下几种。

1）粗隔栅　全自动 PHEONLXPURE 品牌 YHL-500/20 型格栅除污机 1 台，栅条间距 20mm。

2）细隔栅　品牌同上，YHL-500/5 型隔栅除污机 1 台，栅条间距 5mm。

3）曝气沉砂池　两池并联，单池有效尺寸为 12m×1.4m×1.5m，装有 PXS-1 型移动式吸砂刮渣机和 LSSF-260 型砂水分离设备各 1 台。

（2）固定式生物膜曝气池

两个系列并联运行，每个系列设有 3 个廊道 12 格，设计尺寸为 40m×12m× 4.7m，有效容积 2016m³，设计平均水力停留时间（HRT）为 11.8h，最大流量时水力停留时间（HRT）为 6.65h。在距固定式生物膜曝气池底 20cm 的地方装有用不锈钢管做成的穿孔管空气扩散器。生物膜填料采用平面立体网状填料，材质为改性亲水性聚丙烯，填料规格 250mm×200mm×60mm。该填料除了起挂膜作用外，还起到了水流均匀分布和在剪切力作用下将大气泡切割成微气泡的作用，这种特殊的填料结构可以提高氧利用率。

（3）后沉池

两个直径为 18m 的辐流式沉淀池，采用德国和南非的先进新型辐射式穿孔出水-溢流水位可调控的出水溢流筒出水系统。沉淀区水深为 3m，设计停留时间为 2.5h。

（4）流量计量设备

装有 Miltronics 品牌的敞口式超声波明渠流量计和巴式计量堰。

（5）鼓风机

装有 2 台 SSR150 型低噪声罗茨鼓风机，空气流量 16m³/min，压力为 49kPa，功率为 30kW。

（6）污泥浓缩池

设计有 2 个直径为 5m 的浓缩池，有效高度 4m，设计污泥浓缩时间 16h。

（7）污泥脱水机

安装有 1 套 Teknofanghi NP12 型带式压滤机，带宽 1.2m，处理能力为产干污泥

380kg/d。

这套带式压滤机在前 3 年的运行中，由于进水 BOD₅≤50mg/L，在低负荷运行，基本上没有剩余污泥，所以长期闲置不用；污泥浓缩池也是如此。

7.3.2.5 设计出水水质标准变化

随着广东省地方标准《水污染物排放限值》（DB 44/26—2001）和国家《城镇污水处理厂污染物排放标准》（GB 18918—2002）的实施，祈福新邨第一生活污水处理厂的出水标准有了改变，水质监测指标更加全面和严格，于是，按照前述两标准中一时段二级标准和二级标准相对严格的指标，该污水厂执行了如表 7.10 所列的排放标准值。

⊡ 表 7.10 污水厂执行新的排水标准值

排放参数	pH 值	COD/(mg/L)	BOD₅/(mg/L)	SS/(mg/L)	NH₃-N/(mg/L)	TP/(mg/L)	粪大肠菌群/(个/L)
数值	6～9	60	30	30	15	1.0	1×10^4

为了达到新的排水标准要求，2010 年 1 月，该污水处理厂增加了紫外线消毒设施，具体增加了：TROJAN UV3000B 设备一套，包括紫外线模块 3 个，紫外线灯管 24 根，紫外线灯管镇流器 12 个，自动水位控制系统 1 套和紫外线强度监测装置 1 个。

自从该消毒装置安装后，在正常运行时，出水粪大肠菌群数全部低于 10000 个/L。2011年 4 月，该污水处理厂又增加了化学除磷装置，即在淹没式生物膜曝气池末端投加除磷药剂，经过曝气充分混合，并在二沉池的进水井中发生反应，产生絮凝物形成污泥，污水中的含磷污染物在二沉池中随污泥排出，达到出水 TP 达标的目的。配套设施增加了储药设备、投药设备各一套。

自从除磷装置投入运行后，只要加入适量的有效除磷药剂，污水厂出水全部达到 TP≤1.0mg/L 的标准，同时该污水处理厂开始排出化学沉淀污泥。

7.3.2.6 运行效果及讨论

（1）当初验收时的运行效果

祈福新邨第一生活污水处理厂于 1998 年 12 月投入试运行，1999 年 2 月正式通过了环保部门组织的竣工验收。由于当时收集的污水量只有 3000m³/d 左右，且进水有机物、氨氮浓度均较低，因此，该污水处理厂当初验收时出水效果非常好，出水 BOD₅ 浓度基本在 10mg/L 以下，出水 COD 浓度基本在 25mg/L 以下，出水 SS 浓度基本在 20mg/L 以下，出水 NH₃-N 浓度基本在 1mg/L 以下。BOD₅ 平均去除率为 97％，COD 平均去除率为 84％，NH₃-N 平均去除率为 98％，排放指标值远低于规定的排放标准。在处理低有机物浓度进水的情况下，固定生物膜保持增长与衰减的平衡，多年不排除污泥。

（2）多年来的运行效果

1999 年以来，环保主管部门属下环境监测站一直对祈福新邨第一生活污水处理厂进行进水与出水水质常规监测。根据监测结果，绘制出该污水处理厂历年进出水 COD 变化、进出水 BOD₅ 变化、进出水 NH₃-N 变化和进出水 PO_4^{3-} 变化分别示于图 7.18～图 7.21。

从图 7.18～图 7.21 可以看出，固定生物膜系统对于 COD、BOD₅ 和 NH₃-N 都有相当高的去除率：1999 年以来，该污水处理厂的进水 COD 浓度范围为 50～259mg/L，出水 COD 浓度范围为 11.4～42.2mg/L；COD 的平均去除率为 81.4％；进水 BOD₅ 浓度范围为 30.8～94mg/L，出水 BOD₅ 浓度范围为 0.8～19.6mg/L；BOD₅ 的平均去除率为 87.1％；进水

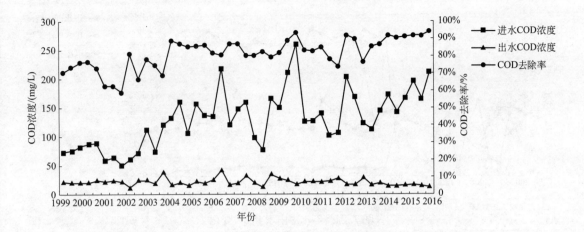

图 7.18　历年进出水 COD 变化图

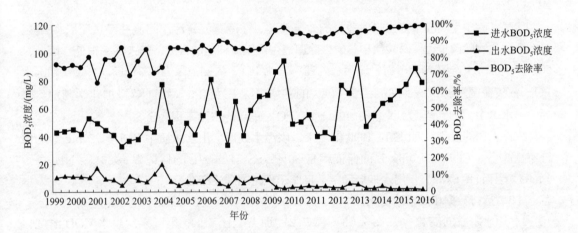

图 7.19　历年进出水 BOD₅ 变化图

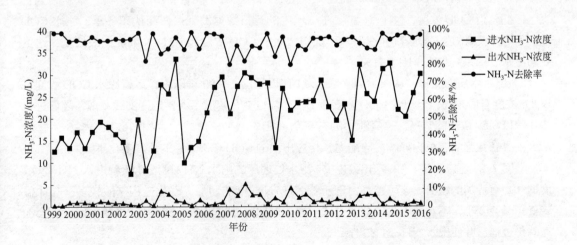

图 7.20　历年进出水 NH₃-N 变化情况

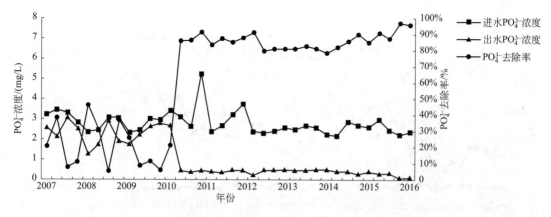

图 7.21　历年进出水 PO_4^{3-} 变化

NH_3-N 浓度范围为 7.5～33.5mg/L，出水 NH_3-N 浓度范围为 0.15～5.2mg/L；　NH_3-N 的平均去除率为 93.3%。

但是，固定生物膜系统去除磷酸盐的效果很差，在没有沉淀污泥回流并经过厌氧-好氧区段的强化生物除磷过程，磷酸盐和总磷去除单靠生物膜新细胞的合成，其去除率很低。因此，2007 年不投加化学药剂除磷时，该污水处理厂进水 PO_4^{3-} 浓度范围为 2.34～3.44mg/L，出水 PO_4^{3-} 浓度范围为 1.27～3.06mg/L；PO_4^{3-} 的平均去除率为 21%。2011 年投加化学药剂除磷后，出水 PO_4^{3-} 浓度范围为 0.1～0.49mg/L，PO_4^{3-} 的平均去除率提高至 86%。

统计上述的监测数据可知，1999 年以来，该污水处理厂出水水质中 $BOD_5 \leqslant 20$mg/L 的保证率是 97%，$COD_{Cr} \leqslant 40$mg/L 的保证率是 86%，$SS \leqslant 20$mg/L 的保证率是 86%，NH_3-N$\leqslant 5$mg/L 的保证率是 83%，出水指标稳定，且低于规定的排放标准。

（3）运行数据和效果的变化

1）原水水质的变化　从图 7.18～图 7.21 可以看出，1999 年以来，原水 COD 浓度、BOD_5 浓度、NH_3-N 浓度均随着运行时间的延长不断升高。至 2011 年，COD 浓度和 NH_3-N 浓度均接近设计值。PO_4^{3-} 浓度基本稳定，变化不大。

仔细分析 COD 浓度、NH_3-N 浓度在一年内的运行数据发现：在深秋和冬季，原水 COD 浓度和 NH_3-N 浓度一般较高；在夏季和秋初，原水 COD 浓度和 NH_3-N 浓度一般较低；这主要与污水收集系统与雨季因素有关。

2）出水水质的变化　从图 7.18～图 7.21 可以看出，1999 年以来，尽管原水 COD 浓度、BOD_5 浓度有所升高，但出水 COD 浓度和 BOD_5 浓度变化幅度不大。运行实践发现，随着进水 COD 和 BOD_5 浓度的升高，曝气池中的有机负荷相应增高，形成的生物膜数量增多，生物量增大，具有更强的有机物降解去除能力，相应出水的 COD 和 BOD_5 的浓度变化不大。

从图 7.20 可以看出，1999 年以来，该污水处理厂的出水 NH_3-N 浓度随着进水 NH_3-N 浓度的升高有增加的趋势。这可能是由于随着 NH_3-N 浓度的增加，硝化过程产酸较多，　pH 值降低和碱度变小，不利于硝化的继续进行。通过投加适量的苏打、石灰，适当增加碱度后会加速硝化过程，并使出水 NH_3-N 浓度降低。

从图 7.21 可以看出，该污水处理厂生物除磷的效果很差；必须加入适量有效的除磷剂，如硅藻精土（改性硅藻土）或铁、铝盐（如聚合氯化铝），通过吸附和（或）化学混凝沉淀，能显著提高除磷效率，并使出水 TP 达到排放标准，如一级 A 标准的 TP≤0.5mg/L。

3）曝气量的变化　统计该污水处理厂多年的运行记录发现，随着进水有机物和氨氮浓度的增加，鼓风机开启的时间也由运行初期的每天 6h 增加至现在的 18h，气水比达到 4∶1，以保证曝气池出水溶解氧浓度达到 4mg/L。在采用间歇曝气运行方式的情况下，停曝期间的 DO 在 0.2～0.5mg/L 之间。其优点：一是节能，固定生物膜曝气池中的电耗仅为 0.05kW·h/m³ 处理污水；二是在低溶解氧环境中能够有效地抑制后生动物过度繁殖及其对硝化菌的捕食，保证硝化过程的正常进行。

4）污泥产生量的变化　在该污水处理厂运行的前三年，沉淀池的排泥再回流至淹没式生物膜曝气池，基本上没有进行污泥处理和剩余污泥排放。

随着运行时间的延长，沉淀池的排泥缓慢增加，排泥从开始的几天排一次到现在的每天排约 12m³（主要为化学沉淀除磷形成的污泥），目前已趋于稳定。统计数据表明，该污水处理厂每个月产生的含水率为 80% 的污泥量约为 5t，即每处理 10000m³ 污水产生含水率为 80% 的污泥为 0.42t，跟活性污泥法污水处理系统相比，其污泥产率仅为其 1/10 或更少。

7.3.2.7　全面达标的可行性

（1）有机物达标情况

从祈福新邨第一生活污水处理厂多年的运行情况看，固定式生物膜法污水处理厂对污水中有机物的去除不但稳定，而且高效，出水 BOD_5、COD 浓度在任何正常运转情况下，均能够达到国家《城镇污水处理厂污染物排放标准》（GB 18918—2002）一级 A 或一级 B 标准。

（2）SS 和粪大肠菌群数达标情况

固定式生物膜法污水处理厂出水 SS 全部达到 30mg/L 的排放标准，而且在大部分情况下达到沉淀池出水 20mg/L，为紫外线消毒系统充分发挥作用奠定了基础。只要安装了紫外线消毒装置，在正常运行时，出水粪大肠菌群数可保证全部低于 10000 个/L。

（3）NH_3-N 达标情况

从祈福新邨第一生活污水处理厂多年的运行情况看，固定式生物膜法污水处理厂具有良好的硝化功能。在进水有机物浓度较低，或进水量小于设计处理量时，出水 NH_3-N 浓度往往在 1mg/L 以下；当进水有机物浓度较高，或污水水温较低时，出水 NH_3-N 浓度往往有所上升，但浓度一般也会低于 8mg/L，达到国家《城镇污水处理厂污染物排放标准》（GB 18918—2002）的一级 A 标准。

（4）PO_4^{3-} 达标情况

在污水处理过程中，PO_4^{3-} 的去除主要有生物除磷法和化学除磷法。生物除磷的机理可以简述为：在厌氧阶段，微生物释放出储存的磷到水中；在好氧阶段，微生物则吸收和聚集磷到细胞内，形成污泥从沉淀池排出系统，即生物除磷一定伴随着大量的排泥。由于固定式生物膜法污水处理厂沉淀池的排泥非常少，因此，要想通过生物除磷达到较高的 PO_4^{3-} 去除率，难度较大。为了做到 TP 达标排放，祈福新邨第一生活污水处理厂建设了化学除磷设施，向固定式生物膜曝气池尾端投加适量除磷药剂，使污水中所含的 PO_4^{3-} 与除磷药剂反应，在沉淀池生成沉淀物排出。运行结果表明，化学除磷方法增加在固定式生物膜法污水处理厂中，可确保 TP 达标排放。投加硅藻精土除磷剂，因其具有可反复吸附和混凝沉淀的特性，通过其沉淀污泥的回流与循环利用，可大幅度减少硅藻精土的用量，相应减少污泥的产量。此外它有助滤剂的作用，能使沉淀污泥带式压滤机的脱水污泥的含水率达到 75%～76%。

7.3.2.8 效益分析

(1)投资分析

祈福新邨第一生活污水处理厂1997年完成土建工程，1998年完成设备及安装工程，处理规模8200m³/d，工程总投资约880万元，即每吨水投资约1073元。

对照同期建设的深圳滨河水质净化厂三期氧化沟处理工艺，设计处理量为2.5×10^5m³/d，投资达3亿元，广州大坦沙污水处理厂采用A^2/O工艺，设计处理量3.0×10^5m³/d，投资达3.6亿元；不考虑处理规模效应对投资的影响，固定式生物膜污水处理厂投资可节约10%以上。

(2)能耗分析

祈福新邨第一生活污水处理厂无污水提升泵和污泥回流泵，能耗主要体现在格栅清污机、吸砂机、鼓风机、刮泥机及污泥脱水机的用电上。格栅清污机装机容量0.4kW，正常情况下每天运行3h；吸砂机装机容量2.25kW，正常情况下每天运行2h；鼓风机装机容量30kW，正常情况下每天运行18h；刮泥机装机容量0.75kW，正常情况下每天运行8h；污泥脱水机装机容量3.95kW，正常情况下每月运行32h；则该污水处理厂能耗为136kW·h/（m³·d），或0.033kW·h/m³，远低于活性污泥法污水处理厂的处理能耗指标（0.2～0.3kW·h/m³）。

(3)运行费用分析

污水处理厂的直接运行费用主要由电费、药剂费、人工费、污泥处理费及维护保养费等构成。

1）电费 祈福新邨第一生活污水处理厂电耗约为0.136kW·h/m³，电费单价按0.8元/（kW·h）计，电费为0.11元/m³。

2）药剂费 药剂费主要是加药除磷和污泥脱水投加聚丙烯酰胺的费用，共计0.145元/m³。

3）人工费 祈福新邨第一生活污水处理厂定员4人，每班1人（工人工资按照2300元/（人·月）计，人工费为0.075元/m³。

4）污泥处理费 在该污水处理厂，污泥产生量按照含水率80%以下计为0.2t/d，污泥处理费按照130元/t计，污泥处理费为0.007元/m³。

5）维护保养费 由于没有复杂的控制仪表、设备，且设备和材料大都采用了SUS304不锈钢，该污水处理厂运转13年来，除了更换过部分轴承、开关外，维护保养基本上只是添加润滑油等，所以维护保养费按照0.01元/m³计已足够。

6）直接运行费 综合前述各项运行费用，淹没式生物膜污水处理厂的直接运行费用为0.347元/m³。对照处理水质与祈福新邨第一生活污水处理厂相类似的番禺区前锋净水厂污水处理费0.40元/m³，污泥处理费0.07元/m³，固定式生物膜污水处理厂可节约运行费26%。

7.3.2.9 二次污染情况分析

污水处理厂产生的剩余污泥是污水处理厂出水达标的同时遇到的另一个难题。目前大部分的污水处理厂污泥仍采用压滤后达到含水率80%以下填埋的方法，只有少量的污水处理厂污泥采用干燥焚烧或压滤至含水率60%以下填埋的方法，在有条件的地方也有用污水厂污泥做肥料的案例。整体来讲，污泥压滤到含水率80%以下填埋费用最低，约每吨污泥60元；采用干燥焚烧或压滤至含水率60%以下填埋的费用最高，约每吨130元（污泥做肥料的处理费用约每吨100元。固定式生物膜污水处理厂污泥产生量只有常规处理方法的1/10或更低，既减少了污泥处理成本，也减少了污泥对环境的二次污染。

污水处理过程中产生的臭气也是污水处理厂选址和运行过程中被关注的另一个问题。在祈福新邨第一生活污水处理厂最初的设计过程中已考虑到了这一问题，即将粗、细机械格栅机以及曝气沉砂池设计为车间内预处理设施，虽然当时并没有配套臭气处理设施，使厂区边界基本闻不到臭味。后来，该污水厂边界外30m的地方盖起了一幢二十层的住宅楼，高层的业主对生物膜曝气池的曝气状况一目了然，虽然闻不到臭味，但感觉不舒服，于是向物管进行了投诉。业主后来在生物膜曝气池上部增加了顶盖，做好了四周密封，只留出了出入口，并预留了做抽气管道的位置以便增设生物除臭设施。在没有进行生物除臭的情况下，尽管生物膜曝气池覆盖空间内部聚集了较大的臭味，但污水厂边界臭气浓度并没有超标，下风向监测结果表明，氨的浓度为 $0.054\sim0.097mg/m^3$，硫化氢的浓度为 $0.001mg/m^3$，住宅居民再没有出现过任何投诉，真正做到了居民和污水厂和谐相处。

7.3.2.10　结论

广州市番禺区祈福新邨第一生活污水处理厂采用固定式生物膜工艺，截至 2017 年 2 月已连续稳定运行了整整 18 年。虽然当时的设计要求较低，但出水 BOD_5、COD、SS、NH_3-N 等指标一直能够稳定达到一级 B 标准，经过增加紫外线消毒设施和化学除磷设施，出水粪大肠菌群数和磷酸盐指标也能够稳定达到该标准。该工艺污泥产量仅为活性污泥法污水处理厂的1/10，投资比常规污水处理厂节约 10%，运行费用比常规污水处理厂节约 26%，而且运行管理非常简单。因此，固定式生物膜污水处理工艺已经经受住了较长期的检验，值得在小区、中小城镇和农村等中小规模污水处理领域推广应用。

7.3.3　广州市番禺祈福新村第二污水处理厂

随着祈福新邨规模的不断扩大，居住建筑物面积和居民的多倍增加，污水产量也多倍增加，原有的污水处理厂规模不能满足增加的污水量，加上祈福新邨西片区排水的方向不同，因此设计和新建了祈福新邨第二污水处理厂（见图 7.22、图 7.23），设计处理污水能力为 $26000m^3/d$，其处理工艺仍然采用固定生物膜工艺，即祈福新邨第一污水处理厂的放大版，规模大约为其 3 倍。由于第二污水处理厂更接近居民区，其预处理和固定生物膜曝气池等实施全部加盖，并建设了臭气处理设施。祈福新邨第二污水处理厂，从 2007 年投产至今已有十多年，运行一直正常，出水稳定地达到城市污水处理一级 A 或一级 B 排放标准。

图 7.22　番禺祈福新邨第二污水处理厂全貌　　　　图 7.23　第二污水处理厂后沉池出水

祈福新邨第二污水处理厂历年进出水 COD 变化、进出水 BOD_5 变化、进出水 NH_3-N 变化和进出水 PO_4^{3-} 变化分别示于图 7.24～图 7.27。

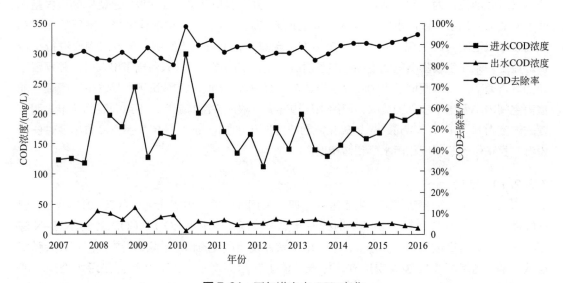

图 7.24 历年进出水 COD 变化

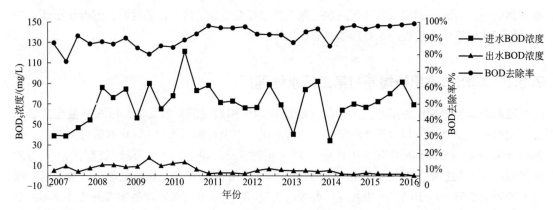

图 7.25 历年进出水 BOD_5 变化

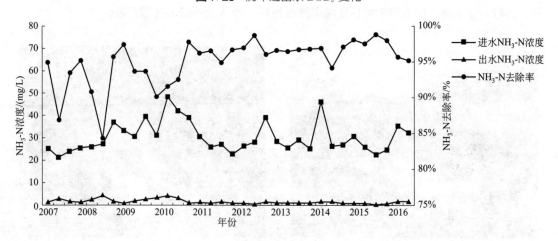

图 7.26 历年进出水 NH_3-N 变化

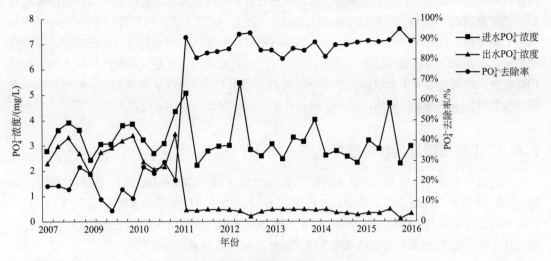

图 7.27 历年进出水 PO_4^{3-} 变化

由图 7.24～图 7.27 可见，COD 出水稳定在 20.2～50.3mg/L 之间，BOD_5 在 0.5～10mg/L 之间，NH_3-N 在 0.2～4.3mg/L 之间，PO_4^{3-} 在 0.1～0.5mg/L 之间（投加除磷剂运行稳定后）。出水主要指标都达到了一级 A 排放标准。可见，祈福新邨第二污水处理厂表现出了同第一污水处理厂同样优异的处理效果，这进一步证明，固定生物膜系统具有运行稳定、处理效果好、维护管理简单、污泥产生量少等优点，非常适合在居住小区、中小城镇和农村生活污水处理工程中使用。

7.4 污水复合生物处理系统设计及运行效果

7.4.1 概述

近年来，我国中小型城镇发展速度加快，随着中小型城镇规模进一步扩大，污水产量迅速增加。但由于我国中小型城镇自身经济发展特性及其污水产生的特点与大城市存在较多差异，因此在众多已建成的中小型城镇污水处理厂中，运行和管理方面还存在着较多问题，中小型城镇污水处理设施的处理效率还有待提高。我国中小型城镇污水处理厂具有处理规模小、污水的变化系数大、水质波动大、工业废水比率高等特点，同时城镇污水处理厂在运行方面存在排污费收缴率低难于支持运行费用，技术水平低难于运行及维护复杂工艺等特点。因此中小型城镇污水处理厂选择适宜于其水质特点及自身经济发展水平的污水处理工艺，是保证其节约能耗，降低运行费用的同时达到出水排放标准的基本条件。

固定式生物膜-活性污泥复合生物处理工艺，是活性污泥工艺与生物膜工艺结合的新发展，通过将生物反应池分为厌氧、缺氧和好氧区并在其中放置生物膜载体填料，使悬浮生长的微生物和固定生长的微生物共存。与传统 A^2/O 工艺相比，该工艺所填装载体表面的生物膜在好氧段由外层到内层形了好氧、缺氧和厌氧的微环境，通过有机物—细菌—原生动物—后生动物食物链，使生物膜内外、生物膜与水层之间进行着多种物质和能量的传递过程，使得单位容积内的生物量大大增加，处理效率也随之提高。同时，该工艺还具有基建投资省、运行费用低、节能降耗明显；耐冲击负荷能力强，去除效率高；处理工艺简便易行、运行稳定、维护管理方便；其剩余污泥产量和排出量明显小于活性污泥处理系统；该处理系统具有较大的适应性和稳定性，能稳定地使出水达标排放（一级 A 或一级 B 标准），而且也易于将来提高升级生产高质量的再生水予以回收再用，是一种适于在中小型城镇推广的污水处理工艺。

7.4.2　山东东阿县污水处理厂

东阿县污水处理厂位于山东省东阿县，于 2002 年 10 月由笔者团队设计、建成并调试，是复合生物膜-活性污泥复合工艺在山东省应用的 $4.0 \times 10^4 \mathrm{m}^3/\mathrm{d}$ 的城镇污水处理的示范工程，在近 8 年的运行中取得了稳定的处理效果及良好的出水水质。本节以东阿县污水处理厂为例，对固定式生物膜-活性污泥复合生物处理系统的设计及运行效果进行全面阐述及分析。

7.4.2.1　工艺流程

东阿县污水处理厂由预处理、固定生物膜与活性污泥（FBF-AS）复合生物处理、污水回用、污泥回流、污泥处理及处置等构筑物及辅助设施组成。工艺流程如图 7.28 所示。

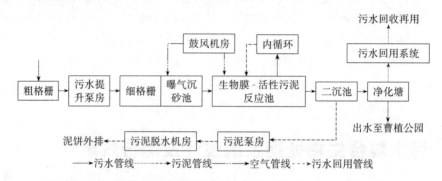

图 7.28　东阿县污水处理厂固定生物膜-活性污泥复合系统流程

（1）预处理工艺

东阿县污水处理厂的预处理工艺由粗格栅、调节池、污水提升泵房、细格栅及曝气沉砂池组成。由排水管网收集的原生污水经粗格栅拦截较大的漂浮物后经扩散段进入调节池进行均质均量，再由潜污泵提升至细格栅进水渠道经细格栅去除细小漂浮物后进入曝气沉砂池，经曝气沉砂池去除颗粒直径大于 0.25 mm 的砂粒及其他无机颗粒和相对密度＜1 的油脂等漂浮物后再进入生物处理构筑物进行进一步处理。

生物膜-活性污泥复合处理流程中取消了初沉池，这可以保证后继复合式生物膜-活性污泥生物反应池有足量碳源供反硝化和生物强化除磷之用。这还能保证在复合生物反应池中形成丰满的生物膜和足够的活性污泥，也有助于改善二沉池的活性污泥沉淀效果和剩余活性污泥的脱水效果。

（2）复合生物处理工艺

复合生物处理工艺是东阿县污水处理厂的核心工艺，由固定生物膜与活性污泥共存的复合生物处理池（曝气池）［图 7.29（a）］、后沉池［图 7.29（b）］及净化塘（图 7.30）共同构成。复合生物反应池设计水力停留时间（HRT）为 7.5h，设计复合生物量浓度（当量污泥浓度）MLVSS 为 6000mg/L（为悬浮生长的微生物与固定生物膜的总计），设计污泥负荷为 0.098kgBOD$_5$/（kgVSS·d）。生物反应池划分为五廊道，第一廊道为厌氧段，第二廊道为缺氧段，后三个廊道为好氧段。好氧段出水的混合液部分内回流至缺氧段前端，通过富含硝酸盐的混合液在缺氧段反硝化以及好氧段中生物膜内外层的微环境的硝化-反硝化而实现总氮的脱除，二沉池部分剩余污泥回流至厌氧段前端，通过聚磷菌的厌氧释磷以及缺氧和好氧过量摄取磷以富磷污泥的形式排放，实现生物脱磷。原生污水中一部分含碳有机物在厌氧段进行水解酸化生成挥发性脂肪酸为聚磷菌的厌氧释磷提供碳源，一部分含碳有机物则在缺氧段为反硝化提供碳源，其余未被降解或利用的含碳有机物则在好氧段通过生物氧化作用而被降解，最终经二沉池的泥水分离实现 COD 和 BOD$_5$ 的去除。

(a) 复合生物处理池

(b) 后沉池

图 7.29 东阿县污水处理厂 FBF-AS 复合生物处理池与后沉池

图 7.30 东阿县污水处理厂净化塘

图 7.31 东阿县污水处理厂渗滤池水回收系统

与常规活性污泥工艺相比，由于生物膜-活性污泥复合式生物处理工艺填装了比表面积较大的聚乙烯多面球型生物膜载体填料，在填料表面形成大量的生物膜，提高了生物量的同时增加了生物反应池中的生物多样性和生物活性，增加了反应池的抗冲击负荷及处理难降解有机物的能力，同时有利于总氮的去除。

（3）污水回用工艺

东阿县污水处理厂二级处理出水部分经深度处理后满足包括污水处理厂在内的各种企业回用用途，二级处理出水经折板絮凝池使较小的悬浮颗粒在絮凝剂的作用下凝聚成较大颗粒，经斜板沉淀池沉淀后去除部分悬浮物质，再通过 V 型滤池过滤进一步降低悬浮物质含量后进入清水池最终进行消毒处理（图7.31）。另一部分二级处理出水经人工湿地进一步处理后全部排入曹植公园的洛神湖内。

（4）污泥处理及处置工艺

污泥处理单元由污泥储池、污泥回流泵房、污泥泵房及污水脱水间组成。通过污泥储池实现二沉池污泥的浓缩，污泥回流泵房实现复合生物反应池污泥内回流及剩余污泥的回流，污泥泵房实现浓缩后剩余污泥向脱水间的排放，最终浓缩污泥经带式压滤机干化。在复合生物处理单系统中，由于微生物大部分以生物膜的形式存在，由于生物膜本身从外层至内层存在溶解氧梯度，分别有好氧、缺氧和厌氧层，通过水解酸化和甲烷发酵产生挥发性脂肪酸、CO_2、H_2、N_2、CH_4 等液态和气态产物而使固体生物膜减少，此外长的食物链网的逐级捕食，也使生物膜大幅度减少，致使所产生的剩余污泥量较传统活性污泥工艺有大幅度的削减，仅为后者的1/10或更小。每周仅排出剩余污泥1次，每次排泥 $5\sim10m^3$，含水率96%，全部用作厂区内绿化地带的有机肥料。安装的带式污泥脱水机长期闲置不用。

7.4.2.2 进水水质特点

应用 SPSS17 软件对东阿县污水处理厂2008年9月1日至2010年9月15日间进水水量及水质数据进行统计分析，应用统计量描述和频率分布的分析方法，结合相应的频率分布图对东阿县污水处理厂的进水水质特点进行评价，进水水量及各水质指标的频率分布如图7.32所示。

（1）进水水量

东阿县污水处理厂水量计量装置安置于曝气沉砂池出水处，所计量的水量是经调节池均量后的数值。统计分析的进水水量数据采自2008年9月、2009年9和2010年9月，共计90d。SPSS17软件分析结果表明，东阿县污水处理厂进水水量均值为 $3.17\times10^4m^3/d$，在分析数据内极大值和均值均低于设计水量 $4\times10^4m^3/d$，进水水量 $3.27m^3/d$ 出现的频率最高，为16.5%。

（2）进水水质

对进水水质中 COD_{Cr}、NH_3-N、TP 和 SS 4 个水质指标的运行数据进行统计分析，并结合 BOD_5/COD_{Cr} 值的分布规律对东阿县污水处理厂进水水质特点进行评价。对各水质指标的浓度频度分析结果显示：进水 COD_{Cr} 值在较大范围间（$55.12\sim1886.64mg/L$）波动，均值为 $521.4mg/L$，高于设计值 $400mg/L$，出现频率较大的进水 COD_{Cr} 值在低于均值范围较为集中；进水 NH_3-N 在 $0.17\sim99.1mg/L$ 之间波动，均值为 $32.03mg/L$，接近于设计值 $30mg/L$，出现频率较高的值在均值附近波动；进水 TP 浓度在 $0.68\sim17.75mg/L$ 之间波动，均值为 $2.97mg/L$，浓度值在 $2.86mg/L$ 时的波动频率最高为 22%，在近两年的运行中，进水 TP 浓度均值低于设计值 $5mg/L$；进水 SS 浓度在 $69\sim205mg/L$ 之间波动，均值 $151.25mg/L$，低于设计值 $200mg/L$。由进水水质指标统计分析数据可见东阿县污水处理厂进水污染物浓度均在较大范围内波动，这与城镇污水的流量小、水质波动大的特点相关。另外，从 BOD_5/COD 值的频率分布可见，其极大值为 0.72，极小值为 0.46，均值为 0.59，从原水的可生化性来看较为理想，比许多城市的均值 $0.4\sim0.5$ 明显高，易于生物降解。为了增加反硝化和强化生物除磷，去掉初沉池以增加可利用碳源。

7.4.2.3 处理效果分析

（1）含碳有机物的去除

污水处理厂自投入运行以来，复合式固定生物膜-活性污泥系统对原水中的含碳有机物的

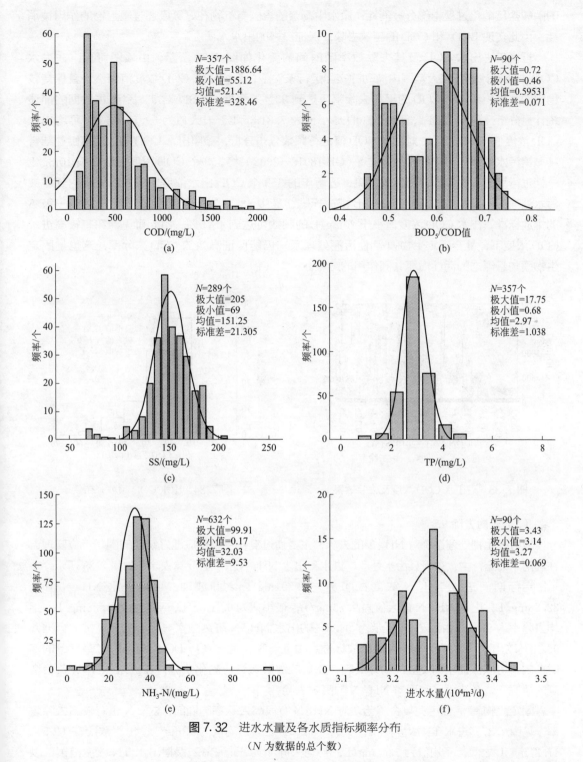

图 7.32 进水水量及各水质指标频率分布

（N 为数据的总个数）

去除效果良好。生物反应池中厌氧段、缺氧段和好氧段中的生物膜和活性污泥的共同生长与活动为原水中的含碳有机物提供了多种降解和同化途径，除了微生物同化作用所需的碳源外，以COD 计量的含碳有机物在厌氧段的水解酸化作用下由大分子物质转化成小分子物质后部分挥发性脂肪酸被回流污泥中聚磷菌的厌氧释磷反应所利用；缺氧段的含碳有机物在回流混合液中的硝酸盐反硝化过程中部分被消耗；原水中剩余的含碳有机物在好氧段通过微生物的作用被消耗，由此实现 BOD$_5$ 和 COD 的高效去除，保证良好的出水水质。

近两年进出水 COD 及其去除效率随时间的变化如图 7.33 所示。由该图可见，在进水 COD 围绕设计值在较大范围内波动的实际运行条件下，系统出水 COD 浓度值仍然一直保持较稳定的水平，系统对 COD 的平均去除率可达到 93%。根据 SPSS17 对 358 个出水数据的描述统计量分析（见图 7.34），出水 COD 最小值为 7.81mg/L，最大值为 59.76mg/L，平均出水 COD 浓度值 23.4mg/L。对出水 COD 值进行频数分布分析，参照出水 COD 的浓度范围并结合《城镇污水处理厂污染物排放标准》（GB 18918—2002）将 358 个 COD 浓度值数据按 10mg/L 一档进行划分，由频数分析结果可见，近两年的 358 个 COD 出水浓度监测数据全部达到城镇污水处理厂污染物排放标准的一级 B 排放标准，其中 98.3% 的出水 COD 浓度值达到一级 A 的排放标准，出水 COD 浓度值小于 20mg/L 的频数可达到 45.5%。由此可见，在有较高进水 COD 浓度下，复合固定生物膜-活性污泥处理系统仍能保证高效的 COD 去除率，这也是固定生物膜与悬浮态的活性污泥共同作用的结果。

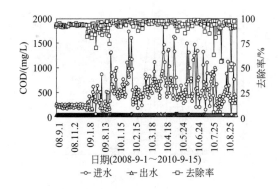

图 7.33　进出水 COD 浓度及去除效果　　　　图 7.34　出水 COD 频数分布

（2）氮的去除

复合式生物处理系统对 NH$_3$-N 的去除，主要通过复合生物反应池好氧段的硝化反应实现，在近两年的运行中，东阿县污水处理厂进水和出水 NH$_3$-N 浓度值及其去除率如图 7.35 所示。

运行期间进水 NH$_3$-N 浓度在 4.84～99.91mg/L 之间波动，平均进水 NH$_3$-N 值为 32.23mg/L，出水 NH$_3$-N 最大值为 9.73mg/L，最小值为 0.1mg/L，平均值为 1.23mg/L，平均去除率为 96%，由图 7.36 所示，99.6% 的出水 NH$_3$-N 可达国家一级 B 的最高排放标准，96.8% 的出水可达国家一级 A 的排放标准。由此可见，通过在线 DO 监测系统对曝气量的实时控制，可以保证生物反应池的好氧段有充足的溶解氧进行硝化反应，在进水 NH$_3$-N 负荷增高的情况下，系统可以实现对 NH$_3$-N 的高效去除。

固定生物膜-活性污泥复合工艺在对 NH$_3$-N 有很高去除率的同时，对 TN 也有较高去除效率，见图 7.37。进水 TN 浓度在 32.8～54.78mg/L 之间，均值为 43mg/L，出水浓度在 11.5～17.21mg/L 之间，平均值为 13.2mg/L，平均去除率为 69.92%。根据出水 TN 浓度范围，以 1mg/L 为单位将其划分为 7 组进行频度分布分析（见图 7.38），所分析的 24 个 TN 出水浓度数据全部达到《城镇污水处理厂污染物排放标准》的一级 B 排放标准，在监测范围内 95.8% 的出水 TN 浓度值能够达到一级 A 的排放标准。由此可见固定生物膜-活性污泥复合工艺对 TN 也具有良好的处理效果，这是由于复合生物反应池内填料表面上附着生长大量的生物膜，好氧段生物膜成熟时具有一定的厚度，且生物膜的特殊结构使其微环境具有 DO 梯度。复合生物处理池内污水中的基质通过生物膜的渗透，从外向内渗透扩散过程中进行好氧、缺氮和厌氧生物反应，因此该工艺中总氮的去除除了通过内回流混合液在厌氧和缺氧段的反硝化实现，好氧池中生物膜上所进行的同步硝化-反硝化反应可实现 20%～30% 的 TN 去除率，因此在该工艺的运行中表现出 TN 的高去除率。

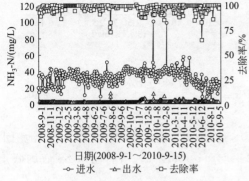

图 7.35　进出水 NH₃-N 及其去除率

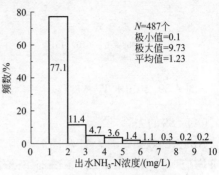

图 7.36　出水 NH₃-N 的频度分布图

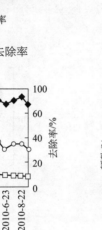

图 7.37　进出水 TN 浓度及去除率

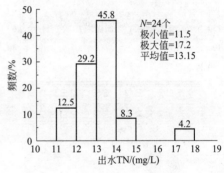

图 7.38　出水 TN 频度分布图

（3）磷的去除

该厂进水 TP 浓度偏低，系统平均进水 TP 为 2.95mg/L。原污水中的磷除了被反应池中悬浮态的微生物和固着态微生物自身合成细胞物质所利用外，主要通过回流污泥中的聚磷菌在厌氧段释磷及好氧段过量地摄取磷，再将磷以磷酸盐的形式储存于细胞中以剩余污泥的形式排出系统。图 7.39 所示为 TP 的去除效果，监测期间出水 TP 的最小值为 0.21mg/L，最大值为 3.57mg/L，在少数时间出现了去除率较低的情况，这是由于在运行期间，二沉池的剩余污泥未能及时排放，使富磷污泥在二沉池释磷，从而引起出水 TP 浓度升高。笔者们研究发现，以生物膜为主题的复合系统能够高效除磷，生物膜中的含磷比率高达 14%。

由图 7.40 可见，在近两年的运行数据中有 99.7% 的出水 TP 浓度可达到国家二级排放标准，81% 达国家一级 B 排放标准，62.5% 可达国家一级 A 排放标准。在运行期间掌握好剩余污泥的回流比率，保证二沉池剩余污泥的及时排放可有效地提高 TP 的去除效果。

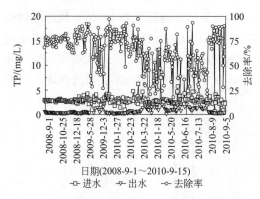

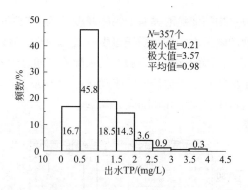

图 7.39 进出水 TP 浓度及去除率 　　　　　图 7.40　出水 TP 频度分布

（4）SS 的去除

SS 的去除效果如图 7.41 和图 7.42 所示，进水 SS 值基本在设计值左右波动，二沉池出水 SS 平均值可达 4.75mg/L，系统对 SS 的去除率平均可达 96.2%，所有出水 SS 值均低于 10mg/L，全部达到国家一级 A 的排放标准。

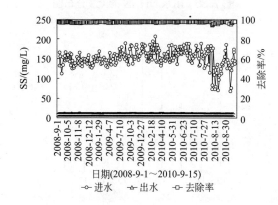

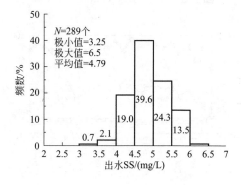

图 7.41　东阿县污水处理厂 SS 去除效果 　　　　图 7.42　出水 SS 频度分布

本系统对 SS 有较高的去除率与二沉池所采用的出水方式有很大关系。在二沉池的设计中，液面以下 50cm 处设 16 条穿孔管进行集水，这就避免了采用传统溢流堰出水时将浮渣带出而引起出水 SS 值升高，同时采用可调节式出水斗，也避免了由于风力而造成的出水不均匀现象。

（5）净化塘深度处理

为了进一步提高东阿污水处理厂去除主要污染物的效率，在后沉池之后在厂区内建造了二级串联净化塘，其总有效容积为 $4 \times 10^4 m^3$，相应的水力停留时间为 1d。其出水流入厂区外的净化储存塘（湖）中，其总容积约为 $2.0 \times 10^5 m^3$，水力停留时间 HRT＝5d。净化塘取的水样主要是厂区内的净化塘最后出水。由东阿污水处理厂连续运行 8 年的进水与出水水质分析结果一览表（表 7.11）的统计数据可见，进水、后沉池和净化塘出水中 COD 平均浓度分别为 320mg/L、45mg/L 和 20mg/L；BOD_5 平均浓度分别为 126mg/L、6.6mg/L 和 2.5mg/L；SS 平均浓度分别为 105mg/L、12mg/L 和 6.6mg/L；NH_3-N 平均浓度分别为 35mg/L、8mg/L 和 1.2mg/L；TN 平均浓度分别为 40.5mg/L、12.5mg/L 和 8.5mg/L；TP 平均浓度分别为 1.85mg/L、0.50mg/L 和 0.12mg/L。由此可见，净化塘对后沉池出水有显著的深度净化效果，使主要污染物 COD、BOD$_5$、SS、TN、NH$_3$-N 和 TP 浓度大幅度降低，确保最后出水达到稳定的一级 A 排放标准。其中 COD、BOD$_5$、NH$_3$-N 和 TP，以及 pH 值和 DO 等都达到了地表水环境质量Ⅳ类标准。

⊡ 表 7.11　东阿污水处理厂运行效果一览表　　　　　　　单位：mg/L

项目		COD	BOD$_5$	TSS	NH$_3$-N	TN	TP
进水	范围	150～651	69～260	40～400	25～50.9	36.2～58.9	1.4～4.5
	平均	320	126	105	35.0	40.5	1.85
后沉池出水	范围	16～55	10～18	10～35	6.7～30	10.7～27.8	0.46～3.65
	平均	45	6.6	12	8.0	12.5	0.50
厂内塘出水	范围	15～40	1.3～11	2.5～12	1.0～6.0	7.3～20.2	0.08～0.90
	平均	20	2.5	6.6	1.2	8.5	0.12
去除率/%	范围	80.1～95.5	88.5～98.1	86.9～97.4	79.8～98.2	58.8～69.0	70.6～98.0
	平均	90	95.7	96.2	93.5	65.1	92.6

7.4.2.4　污水及污泥的回收利用

（1）污水回用现状

东阿县污水处理厂污水的回收再用，每年可节约 1.095×10^{7}t 的新鲜自来水，最大限度地减少地下水的开采，保护有限的地下水资源，同时能提高海河流域赵牛河及徒骇河断面的水环境质量，对城市建设和经济发展发挥着重要的作用。

（2）污泥的利用

东阿县污水处理厂由于采用固定生物膜-活性污泥复合处理系统，其污泥平均产率很低，$Y=0.08$g 干污泥/gBOD$_5$，日产含水率 80% 的污泥约 3.5t，仅为活性污泥法系统剩余活性污泥量的 1/10。经过山东省农业科学院检测化验，该污泥中含有较丰富的 N、P、K 等营养成分，且重金属含量不超过国家规定的农业标准，东阿县污水处理厂的污泥均可回收利用制肥。由于剩余污泥量少，其排出的污泥大都用作厂区内的绿化带有机肥料。

7.4.2.5　结论

复合式固定生物膜-活性污泥工艺，在东阿县污水处理厂的实际运行证明，该工艺具有工艺简单，运行维护方便，处理效率高，出水水质稳定，抗冲击负荷性强，投资少，运行成本低等优点，是一种适合城镇污水处理的高效处理工艺。

近两年的运行数据表明东阿县污水处理厂进水具有小城镇污水的进水量小、时变化系数大、进水水质不稳定、冲击负荷大等特点。在预处理工艺中设置调节池对进水有较好均量作用，同时城区内工业企业废水的达标排放是保证城镇污水处理厂进水水质稳定的基本条件。在经过近八年的运行中，固定式生物膜-活性污泥复合工艺一直保持对污染物广谱、高效和稳定的处理效果，适于在中小城镇污水处理中推广应用。

7.4.3　山东广饶县污水处理厂（固定生物膜-活性污泥复合系统）

7.4.3.1　进水与出水水质设计指标

根据广饶县实测水质与国内污水厂的水质以及当地城市污水工业废水比重较大的特点，同时考虑到发展趋势，确定进入该厂的污水特性值如下：　TSS≤200mg/L；BOD$_5$≤200mg/L；COD≤500mg/L；TN≤50mg/L；NH$_3$-N≤40mg/L；TP≤6mg/L。

广饶县城市污水处理厂处理后的出水，根据有关规定，执行国家标准规定的城市污水二级处理厂的一级排放标准。

二级处理后的出水水质应满足 GB 8978—1996：COD$\leqslant$60mg/L；BOD$_5$$\leqslant$20mg/L；SS$\leqslant$20mg/L；NH$_3$-N$\leqslant$15mg/L；TP$\leqslant$1.0mg/L。

7.4.3.2 污水处理系统

（1）粗格栅

功能：去除污水中的较大漂浮杂物以保证污水提升泵的正常运行。

类型：地下钢筋混凝土平行渠道。

流量：Q_{max}＝0.868m^3/s。

渠道：2条。

采用机械清污格栅，正常情况下一条渠道运行，事故检修时另外一条投入运行。栅渣由运输小车运至设在厂区的栅渣和沉砂堆场，定期外运。

设备类型：回转式格栅，2台（1用1备）。

设备参数：设计流量 Q_{max}＝0.868m^3/s；过栅水位差 ΔH＝200mm；格栅宽度 B＝1000mm；栅条间隙 b＝25mm；栅前水深 H＝1200mm；格栅倾角 α＝75°。

（2）污水提升泵房

功能：提升污水以满足后续污水处理流程竖向衔接的要求，实现重力流依次处理污水。

类型：地下钢筋混凝土结构。

设备类型：可提升式无堵塞潜水污水泵；设计参数为 Q_{max}＝0.868m^3/s，H＝8m。

设备类型：300QW900-8-30 型潜水污水泵，5台（4用1备）；性能参数为 Q＝900m^3/h，H＝8m，N＝30kW。

控制方式：集水池水位由 PLC 自动控制，水泵运行按顺序转换启动运行，同时设定现场手动控制。

（3）细格栅

功能：去除污水中较为细小的漂浮杂物以保证后续处理流程的正常运行。

渠道类型：钢筋混凝土平行渠道。

流量：Q_{max}＝0.868m^3/s。

渠道：2条。

采用机械格栅，正常情况下一条渠道运行，事故检修时另外一条投入运行。栅渣由格栅后面的皮带输送机运至栅渣小车，再由运输小车运至设在厂区的栅渣和沉砂堆场，定期外运。

设备类型：回转式机械细格栅，2台（1用1备）。

设备参数：设计流量 Q_{max}＝0.868m^3/s；过栅水位差 ΔH＝200mm，格栅宽度 B＝1200mm，栅条间隙 b＝6mm，栅前水深 H＝1000mm；格栅倾角 α＝75°。

（4）曝气沉砂池

功能：去除污水中粒径较大的无机砂粒，同时已上浮方式撇除油脂和浮渣，以保证后续处理流程的正常运行，减少后续处理构筑物发生的沉积现象。

类型：钢筋混凝土池体。

流量：Q_{max}＝0.868m^3/s。

池数：2座。

设计参数（单池）：设计流量 Q_{max}＝0.434m^3/s；单池平面 $L\times B$＝18m×3.6m；水力停

留时间 3min。

设备类型：桥式吸砂机，数量 1 台。

设备类型：旋流式砂水分离设备，数量 1 台。

（5）淹没式生物膜反应池

功能：去除污水中大部分污染物，特别是可生化降解的有机物质，是污水处理厂的核心处理构筑物。

类型：钢筋混凝土池体。池中安装生物膜载体弹性填料，在池底外侧占地宽度 1/2 的面积上安装微孔曝气器，以形成池廊道横断面的上下旋流，提高氧的利用率。

流量：$Q_{max}=0.694\text{m}^3/\text{s}$；池数：2 组，每组为 3 廊道。

设计参数：水力停留时间 HRT＝7.84h；污泥浓度 MLVSS＝4000mg/L；污泥负荷 F_w＝0.127kg BOD$_5$/（kg VSS·d）；总需氧量 816kgO$_2$/h；每组容积 V＝9828m^3；池中水深 h＝5m；廊道长度 L＝56m，宽度 B＝11.7m。

设备类型：管式曝气器；数量 4032 台；氧转移效率 25%。

设备类型：弹性纤维填料，200mm×200mm；设备数量 7840m^3。

设备类型：液下搅拌机，功率为 4kW；数量 8 台。

（6）后沉淀池

功能：进行泥水分离，使得从固定式生物膜-活性污泥复合反应池流出的混合液中的污泥能够沉淀下来，从而获得较为理想的出水水质。

流量：$Q_{max}=0.694\text{m}^3/\text{s}$。

池数：2 座。

类型：钢筋混凝土池体。

设计参数：池体直径为 40m，池体深度 4.0m，池体水深 3.5m；水力表面负荷 1.0m^3/（m^2·h）；进水混合液含水率 99.2%，出水混合液含水率 98%。

出水系统：在水面下 30cm 深度处安装 16 根辐射式出水 $D300$ 穿孔管（孔眼设在管顶，$d100$，间距从外向中心逐渐增大 10～50cm），在溢流槽中在每一根穿孔管末端连接一个水位可调的溢流筒（半圆形，装在溢流堰壁上），通过调节各条一流创空管末端的已流通的水位，可保证全池均匀溢流出水。

设备类型：周边传动吸泥机，2 套。

（7）集泥井

功能：用于收集二次沉淀池排出的回流污泥和剩余污泥。

池数：1 座。

设计参数：井直径 4.0m，池体深度 5.4m，池体水深 4.1m。

设备类型：污泥套筒阀，2 个。

（8）污泥泵房

功能：提升二次沉淀池中的沉淀污泥，回流进入淹没式生物膜反应池的首端以增加或保持反应池中生物量，剩余污泥由剩余污泥泵输送至污泥储池。

类型：地下钢筋混凝土结构。

设备类型：可提升式无堵塞潜水污水泵；设计参数为 Q＝580m^3/h；H＝5m。

设备类型：250QW600-6-30 型潜水污水泵 3 台（2 用 1 备）；性能参数为 Q＝600m^3/h，H＝6m，N＝30kW。

设备类型：50QW20-7-0.75 型潜水污水泵 2 台（1 用 1 备）；性能参数为 $Q=20\text{m}^3/\text{h}$，$H=7\text{m}$，$N=0.75\text{kW}$。

控制方式：集水池液位由 PLC 自动控制，水泵运行按顺序转换启动运行，同时设定现场手动控制。

（9）鼓风机房

功能：为淹没式生物膜反应池提供溶解氧。

类型：砖混结构。

设计参数：平面尺寸 12m×24m；房屋层高 7.50m；数量 1 座。

设备类型：三叶罗茨鼓风机；性能参数为 $Q=55.1\text{m}^3/\text{min}$，$P=58.8\text{kPa}$，$N=75\text{kW}$；设备数量 6 台（4 用 2 备）；根据生化池中溶解氧的含量调节鼓风机的运行台数和叶片角度。

（10）污泥贮池

功能：用以贮存二次沉淀池排出的剩余污泥。

池数：1 座。

设计参数：有效水深 1.7m，停留时间 2h。

设备类型：液下搅拌机，1 台。

（11）污泥脱水间

功能：通过带式浓缩脱水机的作用使二次沉淀池排出的剩余污泥脱出较多的水分，将剩余污泥以泥饼的形式外运处理。

流量：$Q=288\text{m}^3/\text{d}$。

类型：砖混结构。

数量：1 座。

参数：平面尺寸 18m×24m；房屋层高 7.50m。

设备类型：浓缩带式压滤机；性能参数 $Q=8\sim12\text{m}^3/\text{h}$，$N=1.85\text{kW}$；数量 2 台（1 用 1 备）。

广饶县污水处理厂沉砂池、厌氧段与好氧段分别如图 7.43～图 7.45 所示。

图 7.43 广饶污水处理厂曝气沉砂池　　图 7.44 复合生物处理池中的厌氧段

运行效果：多年来运行效果良好，出水水质达到一级 B 排放标准；近来进入该厂的污水流量增加超过设计流量，而且工业废水占的比例较大，进水 COD、BOD_5、$NH_3\text{-}N$ 等都超过基准

图 7.45　复合生物处理池中的好氧段

浓度，只是出水 COD 和 NH_3-N 有些超标，但是超标值不大。

7.5　强化固定生物膜-活性污泥复合工艺污水处理厂运行调试研究

对于固定生物膜-活性污泥复合工艺，理论分析和试验研究已经证明其能够充分发挥这两种工艺各自固有的优势，优化了固定生物膜和活性污泥中每种微生物的生存环境，充分发挥了各自的去除污染物的效能，具有运行高效和稳定的特性。在固定生物膜与活性污泥的复合生物反应器中同时存在悬浮的活性污泥微生物和固着的生物膜微生物，从而可以大大提高反应器中的微生物浓度，提高对污染物的去除能力。曝气池中生物膜载体加入，为世代时间长的硝化菌提供了良好的附着场所和生存条件，因而能在较短的时间内实现硝化；同时，生物膜由外到内依次形成了好氧-缺氧-厌氧层，为同时硝化反硝化提供了条件，去除有机物的同时能够脱氮除磷。微生物附着在纤维载体填料上并在曝气池内一定空间内摆动，曝气气泡的冲刷剪切作用促进生物膜的更新，并使其保持一定的活性。随着固着生物膜微生物的增加，能够减少系统对二沉池的依赖，进而提高生物反应器的运行稳定性。

采用固定生物膜或固定生物膜-活性污泥复合工艺的生活污水处理厂在 6～8h 下均取得良好的运行效果。笔者团队采用固定生物膜-活性污泥复合工艺（EHYBFAS）在布吉河水质净化厂进行了现场中试研究，取得了稳定的运行效果。因此，决定以强化固定生物膜与活性污泥的复合工艺对老系统进行改造，以实现在短 HRT 下高效地处理污水，现已完成调试。

7.5.1　改造工艺的确定

布吉河水质净化厂位于布吉镇布吉河草埔河段河湾以西、草埔钱排新村东侧的一低洼地段内，占地面积 $6.8hm^2$。布吉河水质净化厂主要截流布吉河的污水，并对其进行处理，以保证流入特区内的水质有所改善。原布吉河水质净化厂共有两套污水处理系列，每套系统的处理能力均为 $1.0 \times 10^5 \mathrm{m}^3/\mathrm{d}$，要求其综合出水水质达到《城镇污水处理厂污染物排放标准》（GB 18918—2002）中的一级 B 标准。其中，老系统采用混凝-沉淀-人工快渗工艺，2006 年 3 月已经完工，目前正在调试期间，其设计出水水质达到《城镇污水处理厂污染物排放标准》（GB 18918—2002）一级 A 标准。但由于前处理（混凝-沉淀系统）出水中含有较高的 SS、COD、BOD$_5$ 以及 NH$_3$-N 等，致使人工快渗系统经常堵塞，频繁翻晒，致使该系统迟迟不能正常运行。老系统采用传统混凝-沉淀工艺，在孔室反应池（混凝反应池）内投加聚丙烯酰胺和聚合氯化铝，经混凝反应后污水直接进入平流沉淀池，其出水水质远达不到一级 B 标准，改造前出水水质如表 7.12 所列，改造前两个处理系统的工艺流程如图 7.46 所示。即使快速渗滤系统出水水质达标，与老系统出水混合后的综合出水水质也不能达标。为了降低布吉河的污染负荷，改善水质和生态系统的可持续性，对布吉河水质净化厂老混凝沉淀系统进行了改造以改善布吉河水质净化厂混合出水水质。布吉河水质净化厂内已无扩建用地，厂外为已建城区，也无扩建可能，工艺改造只能在原有处理构筑物的基础上进行，采用 EHYBFAS 工艺对其进行改造可实现以最小的改动和投资达到要求的处理效果的目的。

⊡ 表 7.12　老混凝沉淀系统现状进出水水质　　　　　　单位：mg/L

指标	COD$_{Cr}$	NH$_3$-N	SS
进水	150～670	30～44	100～1080
出水	72～170	31～39	40～102

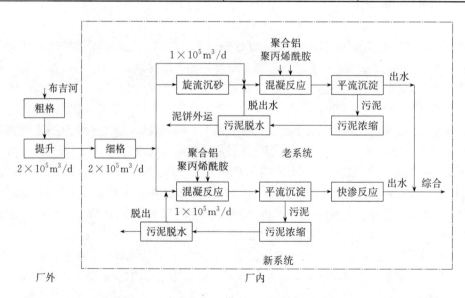

图 7.46　原布吉河水质净化厂两个处理系统流程

7.5.2　工程内容

（1）处理规模

$1.0 \times 10^5 \mathrm{m}^3/\mathrm{d}$。

（2）设计进水水质

根据目前进水实测数值并考虑留有余地，设计进水水质采用如下数值：COD 300mg/L，

BOD$_5$150mg/L，NH$_3$-N 30mg/L，SS 150mg/L，TN 40mg/L，TP 4.5mg/L。

（3）设计出水水质

根据布吉河的现状水质状况以及排入深圳河的要求，综合治理后布吉河水质达到《城镇污水处理厂污染物综合排放标准》（GB 18918—2002）的一级 B 标准，结合本工程的性质和实际情况，设计出水采用以下限值：COD 60mg/L，BOD$_5$ 20mg/L，NH$_3$-N 8mg/L（水温≤12℃时15mg/L），SS 20mg/L，TN 25mg/L，TP 1.0mg/L。

（4）工艺流程

原老混凝沉淀系统包括两个系列，每个系列包含 1 个旋流沉砂池、8 个孔室混凝反应池（总水力停留时间 30min）、 2 个平流沉淀池（总水力停留时间 4.3h）。在改造工程中，保留旋流沉砂池不变，将 16 个孔室混凝反应池改造为强化固定生物膜-活性污泥复合工艺的缺氧池，将平流沉淀池的前部改造为强化固定生物膜-活性污泥复合工艺的好氧池。这样，整个强化固定生物膜-活性污泥复合反应池的总水力停留时间为 3.5h，平流沉淀池的剩余部分仍然作为沉淀池使用，总的水力停留时间为 1.3h。改造后工艺流程如图 7.47 所示。

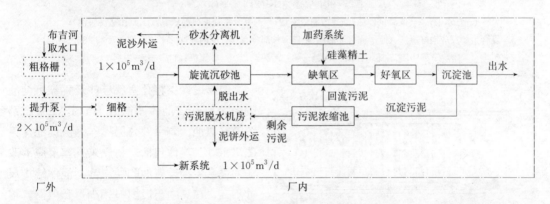

图 7.47　老系统改造成强化固定生物膜-活性污泥复合系统（EHYBFAS）工艺流程
（虚线表示无需改造的建构筑物）

（5）工程改造主要内容

1）粗格栅与进水泵房　粗格栅与进水泵房合建在取水口位置，泵房内设 4 台潜水泵，两台格栅置于泵房进水端，能够满足整个污水处理厂的运行要求，改造设计中未对其改造。

2）细格栅　现状设有细格栅池 1 座，分两格，各安装 XQ1500 格栅 1 座，栅前水深2.3m，齿隙 5mm。也能够满足整个污水处理厂的运行要求，不需改造。

3）旋流沉砂池　污水处理厂内原先设有旋流沉砂池两座，直径为 11.5m，深 5.75m（不含集沙斗），与正常旋流除沙池相比，口径偏大，且进水管直接对着出水口，使进水无法形成有效旋流，针对旋流除砂池中存在的问题，改造设计中调整了进水管位置，使其在最上层空间，沿切线进入，并对称安装两台潜水推进器，使其能形成有效旋流。推进器型号为：QJB2.2-8-320/2-740/S，叶轮转速 740r/min，叶轮直径 320mm，安装高度及方向可调。集沙斗的泥沙由吸砂泵抽出后进入沙水分离器。

4）混凝-平流沉淀池　原有老混凝-平流沉淀池包括孔室反应池（混凝反应池）和平流沉淀池两部分，孔室反应池分 16 格，每格规格为长×宽×高＝6m×6m×3.9m，总水力停留时间为 30min；平流沉淀池为 4 座，每座的尺寸为长×宽×高＝75m×12.5m×5.9m，总 HRT＝4.3h。混凝-平流沉淀池是本次改造的重点。

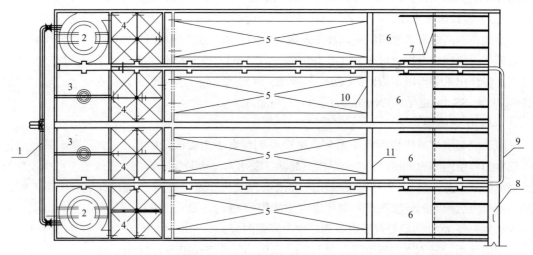

图 7.48 混凝沉淀池改造平面示意

1—进水管；2—旋流沉砂池；3—污泥浓缩池；4—复合生物反应池缺氧区（原孔室反应池）；
5—复合生物反应池好氧区（原平流沉淀池前端 47m 长部分）；6—沉淀池（原平流沉淀池后端 28m 长部分）；
7—出水溢流堰；8—出水渠；9—污泥渠；10—导流板；11—布水花墙

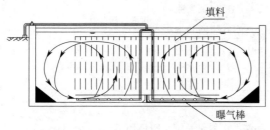

图 7.49 复合生物反应池好氧区填料及
曝气系统布置示意

改造设计中将孔室反应池及平流沉淀池的前端 47m 长池体改造成 HYBFAS 复合系统的好氧池，剩余部分仍然作为沉淀池（见图 7.48）。具体包括：将原来孔室反应池改造为复合生物反应池的缺氧池，池体结构尺寸不变，在其中布设填料和少量曝气器。将平流沉淀池中的前端（长×宽×高＝47m×12.5m×5.9m，共 4 座）改造为复合式生物反应池的好氧区，并在其内部中间 8m 宽的区域布设辫帘式生物膜载体填料，在池底中间一半池宽上均匀布设微孔曝气棒，以便在曝气时形成横向水力旋流和纵向水力推流合成的螺旋水力流态（见图 7.49）。这样既可增加氧的利用率，又能防止水流短路，提高池容积有效利用率，同时曝气电耗比全池底布设曝气器节省电耗约 30%。改造后，复合式生物反应池的总水力停留时间（HRT）为 3.5h（容积为 14584m³），其中缺氧区 30min，好氧区 3h；其后为平流沉淀池，结构尺寸为：长×宽×高＝28m×12.5m×5.9m，共 4 座，HRT＝1.3h。由于受现状池体条件的限制，改造后沉淀池停留时间短，而且长宽比＜4。为了克服这些缺点，改善沉淀池出水质量，改造设计中增加了溢流堰长度，延长两侧壁的溢流堰的总长度至沉淀池总长度的 2/3 处。

在复合生物反应池的约 2/3 体积中布设填料，即在池中间对称的用槽钢焊接成长×宽×高＝6m×8m×4.7m 的框架，不锈钢钢丝将一排排平行的辫帘式填料在上端和下端分别固定在钢架的上、下横梁的孔眼中，各排填料间距均为 10cm，其生物膜附着的有效比表面积＞10000m²/m³。复合生物反应池底部中间布设导流坎，以保证横向旋流的形成。在导流坎两侧各占 4m 宽的填料区，以及其外侧的无填料区构成生物膜区（约占总容积的 2/3）和活性污泥区（约占总容积的 1/3）的复合生物处理系统，大大提高了系统的生物量，从而比单纯的活性污泥工艺或单独生物膜工艺更高效地去除各种主要污染物。

5）曝气系统　原有污水处理系统中无曝气系统，改造设计中增设曝气设备（鼓风机）及相应管路系统。根据工程实际情况，对鼓风机等设备只设置简易棚罩进行现场防护，未考虑鼓风机房等建筑设计；但对鼓风机进行单机隔声降噪措施，使距风机 5m 处噪声降至 55dB（A）以下。设计选用 RT-350 型三叶罗茨鼓风机，4 台（3 用 1 备），主要技术参数如下：风量 Q_s193.22m³/min，风压 p68.6kPa，电机功率 315kW。

6）污泥回流系统　现状污泥由平流沉淀池内的吸泥机提升后，通过污泥槽输送至污泥浓缩池，浓缩池内设有搅拌机，并设有 4 台潜污泵将污泥提升至污泥脱水机房，无污泥回流系统，改造设计中污泥由沉淀池到浓缩池仍使用原来的污泥输送槽，在污泥浓缩池增设 4 台潜污泵，将部分污泥回流到复合缺氧区，回流比取为 5％。回流泵型号：AVG135-10-7.5，Q＝135m³/h,H＝10m,N＝7.5kW。

由于固定生物膜-活性污泥复合系统后沉池沉淀的污泥主要是脱落的生物膜，污泥混合液的悬浮固体（MLSS）浓稠度为 96％～97％，低于活性污泥工艺的 99.2％。其 SS 含率为后者的 4～5 倍，因此其污泥回流仅为进水流量的 10％～20％，而且其强化生物除磷的效果很好。几座采用固定生物膜-活性污泥复合系统的污水处理厂运行实践证明，其强化生物除磷效率明显高于活性污泥法污水处理厂。

7）污泥处理系统　现状污泥脱水机房设 2 台一体式污泥浓缩脱水机，能满足新老系统污泥脱水的要求，不需改造。使用硅藻精土作为除磷剂、絮凝剂和助滤剂，能使带式压滤浓缩脱水机的脱水污泥的含水率从 80％～82％降低到 77％～78％。

7.5.3　工艺特点

布吉河水质净化厂强化复合生物处理系统如图 7.50 所示。

① 最大限度地利用了现有构筑物，对构筑物所做的改动主要是增加了强化固定生物膜-活性污泥复合生物反应池到沉淀池的导流墙及配水板，土建工程量少。

② 增设填料支架固定填料，并将填料支架延伸，与池壁相抵，起到支撑池壁的作用，同时压缩空气管道的安装支架也可以固定在填料框架上，既不增加池体负担又方便了施工。

③ 生物膜法与活性污泥法的复合应用，并在池底 1/2 宽度中密集布设曝气设施，运行时能够形成横向旋流和纵向推流合成的螺旋水力流态，有效提高了氧的利用率，减少水流和气流的短流现象，强化了处理效果。此外，采

图 7.50　10 万吨/日强化复合生物处理系统鸟瞰图

用低曝气强度，使好氧池中保持 DO≤3mg/L，以抑制后生动物过度繁殖。综合节省电耗约 30％。原设计的 3 台鼓风机，正常运行只启动两台。

强化复合生物处理系统好氧池填料与曝气器安装如图 7.51 所示；其缺氧池及好氧池运行工况分别如图 7.52、图 7.53 所示。

在强化复合生物好氧池中2/3宽度上布设填料
池底1/2面积上(中间部位)安装微孔曝气器

缺氧池曝气,保持DO≤0.5mg/L

图 7.51　EHYFBFAS工艺好氧池填料与曝气器安装　　图 7.52　EHYFBFAS工艺缺氧池运行工况

7.5.4　运行调试

(1) 调试运行效果

本项目调试由哈尔滨工业大学(深圳)主持,由深圳市国祯环保科技股份有限公司共同协助完成。

调试开始,在复合反应池投加菌种 30t,闷曝培养 3d 后,将流量调至 $4 \times 10^4 \mathrm{m}^3/\mathrm{d}$,后又调至 $6 \times 10^4 \mathrm{m}^3/\mathrm{d}$,20d 后调至 $1.0 \times 10^5 \mathrm{m}^3/\mathrm{d}$ 稳定运行,经过两个月的运行调试,生物膜及活性污泥成熟并稳定,在设计负荷下,所有主要污染物得到有效去除,出水除 TN 和 NH_3-N 外达到一级 B 标准。调试运行期间复合反应池悬浮污泥浓度 MLSS = 500～3500mg/L,平均为 2000mg/L,固定生物膜的生物量为 3500～4000mg/L。 VSS/SS = 0.12～0.57,DO 平均为 3.0mg/L,试验期间运行效果分别示于图 7.54～图 7.56。试验运行期间,活性污泥的沉淀性能优异,其污泥容积指数(SVI)仅为 20～40mL/g,远远优于活性污泥工艺中的活性污泥。其沉淀效果极好,在量筒中沉淀仅需 10min。运行期间设计负荷下 SS 平均去除效率高达 96.9%,由图 7.54 可见,尽管进水 SS 浓度有时很高,大于 500mg/L,但是出水 SS 浓度一直很低,大都低于 10mg/L,不仅达到了一级 B 排放标准,而且也达到了一级 A 排放标准。

好氧池曝气,保持DO=2～3mg/L

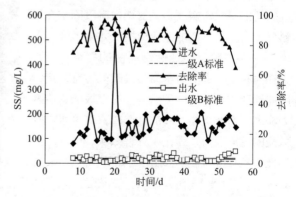

图 7.53　EHYFBFAS工艺好氧池运行工况　　　　图 7.54　系统对 SS 的去除效果

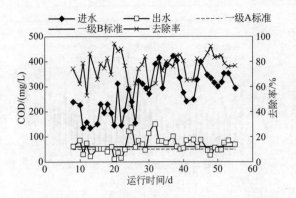

图 7.55　系统对 COD 的去除效果

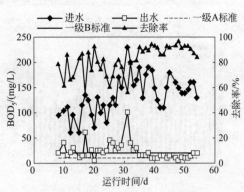

图 7.56　系统对 BOD₅ 的去除效果

图 7.55 和图 7.56 说明了该复合生物处理系统具有很强的去除 COD 和 BOD₅ 的能力。在调试运行初期，在设计负荷下，进水 COD＝100～300mg/L，BOD＝60～150mg/L；在运行调试 2 周后出水 COD 稳定地在 60mg/L 以下，达到了一级 B 排放标准。COD 的平均去除率为 84.4%。同时，出水 BOD₅ 浓度在 20mg/L 左右，达到一级 B 排放标准。但运行调试第 25 天后，进水中污染物浓度急剧增加，进水 COD＝300～400mg/L，BOD＝150～200mg/L，使出水水质恶化，但经过十几天的运行后，出水 COD 明显降低，接近一级 B 排放标准，同时出水 BOD 也达到了一级 B 标准。说明在生物膜和活性污泥中已经生存了大量具有活性的异养菌种群，能够高效降解和去除有机污染物。

调试运行期间，系统表现出很高的 TP 去除效率，调试初期，TP 便达到一级 B 排放标准（图 7.57）。后来由于进水含磷浓度增加，使出水 TP 浓度有所波动，但经过一段时间后，总磷的高效去除使出水 TP 稳定达到一级 B 排放标准，且经常低于 0.5mg/L。TP 平均去除率达到 80%。这与该处理系统采用如下的污泥处理流程有关：沉淀池污泥首先排入污泥浓缩池，在其中逗留较长的时间进行厌氧反应（2～4h），由此释放污泥中摄取的聚合磷，然后回流至复合生物处理池，在好

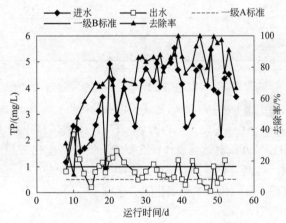

图 7.57　系统对 TP 的去除效果

氧环境中污泥进行过量摄磷，随后在沉淀池和污泥浓缩池中以排出剩余污泥的形式从系统中排除磷。

运行调试期间，系统在去除氨氮方面最为困难；运行 2 周后 SS、BOD₅、COD 、TP 等指标均达到一级 B 排放标准，甚至一级 A 标准，只有 NH₃-N 和 TN 去除效果一直不明显，这是因为硝化菌世代时间较长，约 14d，故需要较长的时间才能使其生长繁殖并达到足够的数量，才能较彻底地将污水中的氨氮硝化为硝酸盐和亚硝酸盐（图 7.58、图 7.59）；另外，由于调试期间，鼓风机出现问题，很长一段时间只能开一台鼓风机，提供设计风量的 1/3，硝化菌得不到足够的溶解氧而无法生长成为优势菌。另有一段时间，曝气强度过大，使好氧池中 DO≥

5mg/L，导致后生动物颤蚓和线虫等过量繁殖，将硝化菌捕食殆尽。

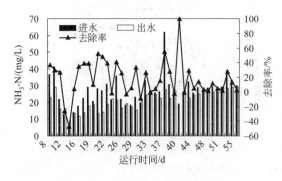

图 7.58　系统对 NH₃-N 的去除效果

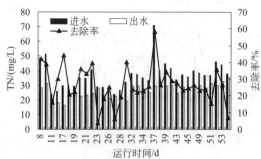

图 7.59　系统对 TN 的去除效果

目前，针对布吉河水质明显变差，且水量明显增大的现状，对布吉河水质净化厂出水堰进行整改，包括找平出水溢流堰，对鼓风机房采取降噪措施，以保证系统正常运行，同时增设流量计以便准确计量进水水量。整改后继续运行调试，在设计负荷下，有机物、SS 及 TP 的出水含量均达到了一级 B 的标准，具体水质如表 7.13 所列。

表 7.13　整改后的运行数据汇总

项目	COD		TP		SS	
	变化范围	平均值	变化范围	平均值	变化范围	平均值
进水/(mg/L)	162～593	365	1.74～12.26	5.3	97～315	189
出水/(mg/L)	37～75	57	0.1～1.5	0.9	6～18	9.6
去除率/%	75～89	84	62～97	80	89～98	95

整改后运行初期，NH₃-N、TN 的去除效果仍然不明显，但到了运行调试的后期，硝化和反硝化出现的同时，出水 TN 也逐渐接近一级 B 的标准要求（图 7.60 和图 7.61）。由图 7.60 和图 7.61 可见，系统整改后，在运行调试的后期出现了明显的硝化和反硝化效果，尽管出水 NH₃-N 还没有达到设计标准要求，但随着硝化效果的出现，出水 TN 已经优于设计指标的要求，达到了一级 B 的要求，说明系统中限制性的脱氮步骤依然是硝化过程。只要系统具有硝化过程，反硝化几乎和硝化同时进行。

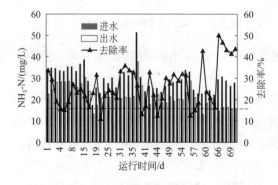

图 7.60　整改后系统对 NH₃-N 的去除效果

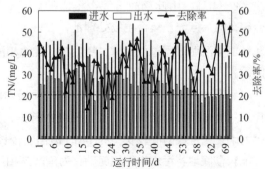

图 7.61　整改后系统对 TN 的去除效果

（2）存在问题分析

该工程调试从 9 月一直到翌年 1 月，历时 5 个月，但出水结果并没有稳定达到设计指标，主要原因是进水水质与设计参数有了很大的差别，进水水质远高于设计的进水水质。

同时，由于该工程是一项应急工程，设计施工周期都非常短，施工时为了赶工期，施工质量较差，在本来不具备调试情况下强行调试，导致频繁的停运，对微生物的培养，尤其是硝化菌的培养非常不利。运行调试期间鼓风机运行多次出现不正常，加之施工质量没有按设计要求（溢流堰的高低不平，填料安装不合格），最终导致在运行调试的过程中停产整改，直接影响了运行调试的顺利进行。

整改后尽管设备运行正常，但由于进水水质超过了设计指标，而且有时其中含有大量的工业废水及有毒物质，致使硝化菌繁殖受到抑制。

7.5.5 经济效益分析

该工程建设总投资为 3000 万元，运行费用为 $0.4 \sim 0.5$ 元/m^3 水，与改造前的运行费用（0.25 元/m^3 水）相比，改造后运行费用有所增加，但改造前工艺为一级强化工艺，而改造后工艺为二级处理工艺，设计出水水质主要指标达到《城镇污水处理厂污染物排放标准》（GB 18918—2002）的一级 B 标准要求。改造后出水水质除了 NH_3-N 和 TN 外，在运行调试期间已经达到设计要求，该工程运行费用与具有除磷脱氮功能的活性污泥工艺相比具有明显优势。主要原因是本次设计采用了曝气器局部密集布设，形成独特横向旋流和纵向推流合成的螺旋水力流态，延长了氧与污水的接触时间，提高了溶解氧的利用率，降低了鼓风曝气系统功率，单位能耗仅为 $0.15kW \cdot h/m^3$ 处理污水。

7.5.6 总结

由于厂内无任何扩建余地，该工程的改造设计中沉淀池停留时间偏小，对出水水质有一定的影响，在工程条件允许时，沉淀池停留时间应按相关规范设计。但该工程的改造设计思路为老污水处理厂的改造提供了一个良好的借鉴实例，尤其适于对采用活性污泥工艺的污水处理厂改造，只需在曝气池增设填料，分设厌氧区、缺氧区和好氧区，而无需对沉淀池及回流系统改造，就可达到脱氮、除磷和提高去除有机物效率的目的。

7.6 强化固定生物膜-活性污泥（FBF-AS）复合生物处理系统中试研究

7.6.1 中试试验的背景与目的

由于草埔水质净化厂原有的常规混凝沉淀池运行效果不佳，出水不仅达不到《城镇污水处理厂污染物排放标准》（GB 18918—2002）一级 B 标准，也达不到二级排放标准，出水排入布吉河仍然有较大的污染。因此，拟用短水力停留时间（HRT）的强化 FBF-AS 复合生物处理工艺取代混凝沉淀工艺改造原有的 $1 \times 10^5 \, \mathrm{m}^3 / \mathrm{d}$ 混凝沉淀池系统，使其出水达到一级 B 排放标准。由于 FBF-AS 复合生物处理工艺是一种新型工艺，因此在改造设计之前有必要进行中试试验以考查其运行效果及应用它的可行性。试验的主要目的如下。

① 考查强化 FBF-AS 工艺的出水能否达到一级 B 排放标准。

② 如果强化 FBF-AS 工艺的出水能达到一级 B 排放标准，则需确定其主要设计参数，如水力停留时间、水力负荷、有机负荷、氮/磷负荷、气/水流量比、适宜溶解氧（DO）浓度、污泥回流比、最佳生物量、污泥沉淀特性及所需沉淀时间、每处理 $1 \mathrm{m}^3$ 污水产生和排出的污泥量等。

③ 按上述试验结果对原有混凝沉淀池进行改造，建成我国第一座以固定生物膜为主体的 $1.0 \times 10^5 \, \mathrm{m}^3 / \mathrm{d}$ 规模的短水力停留时间的强化固定生物膜-活性污泥复合生物处理厂，在运行中积累和总结经验，使其不断完善，为其今后推广应用打好基础。

7.6.2 中试设备设计与加工

该项中试设备设计、加工和运行试验，由哈尔滨工业大学（深圳）与深圳国祯环境保护有限公司合作进行。中试设备设计处理能力为 $432 \mathrm{m}^3 / \mathrm{d}$，为大型中试规模。其目的：a. 中试一旦成功，能够可靠地放大到 $1.0 \times 10^5 \, \mathrm{m}^3 / \mathrm{d}$ 生产规模污水处理厂；b. 这种大规模的中试设备，一旦试验成功，可以作为居住小区或大型建筑和建筑群的中水（再生水）设备，后加过滤池和消毒装置，构成完善的中水系统。

该中试设备放置在草埔水质净化厂，使用该厂从布吉河抽升的污水（进水）进行试验，以使试验结果具有最好的实用性，所获得的设计参数可直接用于随后的草埔原混凝沉淀池及其附属设施改造成短停留时间的强化 FBF-AS 工艺的设计。

该中试的最初思路是在原有的混凝沉淀池中腾出一定的处理空间，加上固定生物膜-活性污泥复合式生物处理工艺（SBF-AS 生物复合处理工艺），以提高处理效率和出水水质，使其能达到国家《城镇污水处理厂污染物排放标准》（GB 18918—2002）的一级 B 标准。

当时考虑了两个不同的处理流程：第一个是化学混凝沉淀在前，后接 FBF-AS 生物复合处理池，但是这样的流程比较复杂，因为在生物处理之后还要设置最后沉淀池以除去呈悬浮状态的污染物，保证出水水质达到要求的一级 B 排放标准。为此最后采用了第二个处理流程，即原生污水首先进入 FBF-AS 复合生物处理池，后接化学混凝沉淀池。采用这一处理流程的中试设备的设计流程与设计图分别示于图 7.62 和图 7.63。

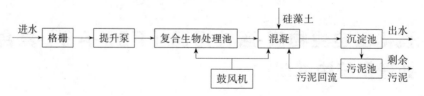

图 7.62 强化固定生物膜-活性污泥（FBF-AS）复合工艺中试设备流程

该中试设备由普通钢板（厚 8mm）焊接而成，总长 12m×宽 3m×高 4m。设备总体分为 4 部分：第 1 部分（最前段）为 FBF-AS 复合生物处理池，长 6m×宽 3m×有效水深 3.5m；有效容积 $63 \mathrm{m}^3$；第 2 部分为混凝/絮凝反应池，在中间加设一垂直钢板将其分为两等份的混合与絮凝反应池，各自的长 1.5m×宽 1.5m×有效水深 3.3m（第一混合混凝反应池）或 3.1m（第

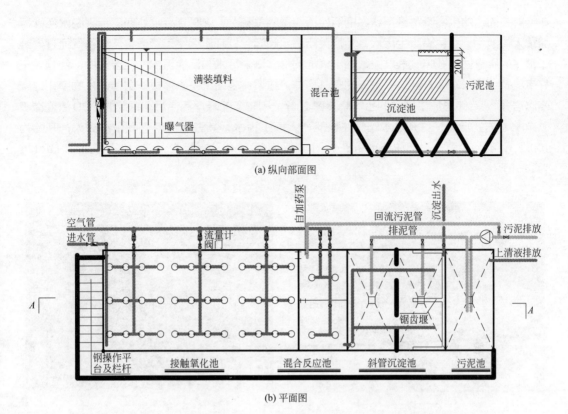

(a) 纵向剖面图

(b) 平面图

图 7.63 FBF-AS 复合生物反应池-混凝反应池-斜管沉淀池处理流程中试设备加工图

二个混凝絮凝反应池）；第 3 部分为斜管沉淀池，长 3m×宽 3m×有效水深 3m；第 4 部分为污泥浓缩池，长 1.5m×宽 3m×有效水深 3m，用于接收从沉淀池底部排出的沉积污泥并进行浓缩。中试设备照片示于图 7.64。

图 7.64 强化 FBF-AS 复合生物反应池-混凝沉淀池处理流程的中试设备

图 7.65 强化 FBF-AS 复合生物反应池中安装的辫帘式填料（间距 15cm）

7.6.3 中试设备启动运行

FBF-AS 复合生物处理池的启动运行，第一步就是在填料（见图 7.65）表面上培养形成生物膜，同时在处理污水中形成活性污泥。为了使该池中尽快形成足够的活性生物量（附着生长在填料表面上的生物膜与悬浮状态的活性污泥量的总和），从罗芳污水处理厂运来脱水活性污泥加入该池中，并装满原生污水，然后关闭进水阀门，打开压缩空气管道将压缩空气通过安装于池底的圆盘式微孔曝气器以无数细小气泡的形式压入污水与活性污泥的混合液中，使其处于好氧状态（图 7.66）。经过一整天的曝气培养，在填料表面上开始形成一层薄的生物膜；连续闷曝培养 3d 后即形成了厚实的生物膜（图 7.67）和较多的悬浮活性污泥，此时 COD 浓度减少了 70% 左右。此后，打开进水阀门往该池流入原生污水，其进水流量逐渐由小到大，开始为 $10m^3/h$，随后每隔一天增加流量 $2m^3/h$。1 周后增至 $18m^3/h$，相当于水力停留时间（HRT）为 3.5h。

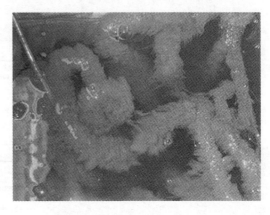

图 7.66　强化 FBF-AS 复合生物处理池曝气运行　　图 7.67　固定填料上附着生长的丰满生物膜

图 7.68　斜管沉淀池照片

7.6.4　初期试运行工况及存在问题

　　培养生物膜 1 周后，生物膜生长良好，开始进行初期试运行试验。利用装在进水管上的转子流量计，将进水流量调到 $18m^3/h$，使 HRT＝3.5h（草埔原混凝沉淀池改造成 SBF-AS 复合生物处理池-混凝沉淀池后 $1.0×10^5 m^3/d$ 污水在复合生物处理池中的实际停留时间就是 3.5h）。

　　在初期试运行中采用如下处理流程：FBF-AS 复合生物处理池（HRT＝3.5h）→混凝-絮凝反应池（HRT＝50min）→斜管沉淀池（HRT＝1.5h）。

　　FBF-AS 复合生物处理池的出水进入混凝-絮凝反应池中，依次以下向流和上向流的方式流经混合-混凝池和絮凝池，在两个池的底部装设曝气器，在进水端投加混凝剂，先后试验了硅藻精土、聚合氯化铝和硫酸铁。试验结果表明，硅藻精土最为有效，在投加量 100mg/L 时，混凝沉淀效果良好，斜管沉淀池清澈见底（图 7.68），出水 SS 和浊度都小于 10mg/L，出水 TP 浓度低于 1mg/L。

　　试验结果发现，出水 TSS（悬浮固体）、COD（化学耗氧量）、BOD_5（生化需氧量）基本达到了《城镇污水处理厂污染物排放标准》（GB 18918—2002）的一级 B 标准（图 7.69、图 7.70）；在复合生物处理之后，附加化学混凝沉淀时，尤其是采用硅藻精土作混凝剂时，

TP 也达到了一级 B 排放标准（图 7.71）。但是 NH₃-N 和 TN 远达不到一级 B 标准（图 7.72、图 7.73）。

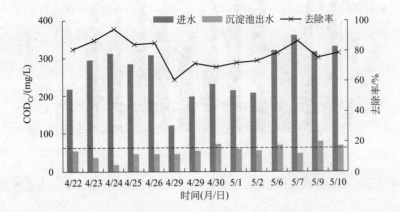

图 7.69 中试设备（FBF-AS 复合生物处理池-混凝沉淀池）进水、出水 COD_{Cr} 及去除率变化状况

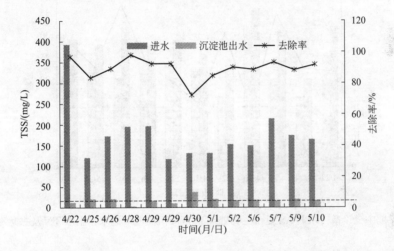

图 7.70 中试设备（FBF-AS 复合生物处理池-混凝沉淀池）进水、出水 TSS 去除率变化状况

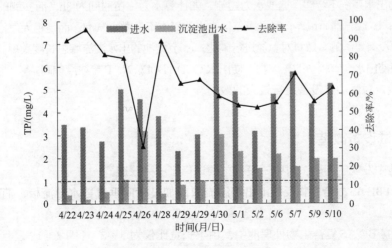

图 7.71 中试设备（FBF-AS 复合生物处理池-混凝沉淀池）进水、出水 TP 及去除率变化

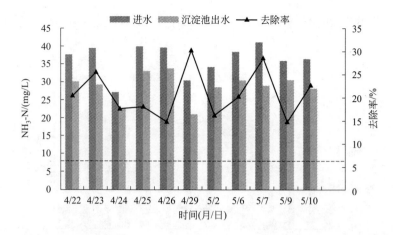

图 7.72 中试设备（FBF-AS 复合生物处理池-混凝沉淀池）进水、出水 NH$_3$-N 及去除率变化状况

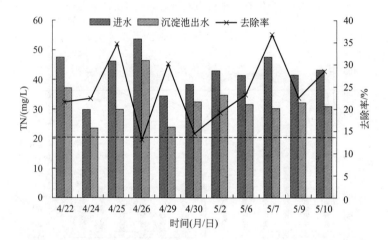

图 7.73 草埔中试设备（FBF-AS 复合生物处理池-混凝沉淀池）进水、出水 TN 及去除率变化状况

经反复寻找原因，由于中试设备设计加工时间仓促，原设计和加工有较多的失误之处，主要有：a. 进水与出水系统不合理，造成水力短流，如计算水力停留时间为 3h，而实测的水力停留时间仅为 40min；b. 曝气器质量差，微孔曝气器吹出的气泡不是微小气泡，而是粗大气泡，致使氧的利用率很低；没有足够的有效氧对氨氮进行硝化；c. 沉淀池的出水溢流堰总长度太短，使出水上升流速太大，致使出水含有较多的悬浮物，使出水 COD、BOD、N、P 等浓度偏高。

因此，决定对原中试设备进行较大的改造。

7.6.5 中试设备改造

针对试验中发现的问题，对中试设备主要进行了下列改造。

（1）在 FBF-AS 复合生物反应池出水溢流堰前加设横向垂直挡水导流板，消除水流短路现象

在原来的 FBF-AS 复合生物处理池中，由于长宽比仅为 6：3，（即 2：1），且池中没有设置任何挡流板，致使进水从布设在池底前端的进水穿孔布水管沿对角线的方向和路线直奔设置在该池末端水面上的出水溢流堰，造成了严重水力短流，使该池容积的有效利用率仅为20％左右。使实际的水力停留时间仅为设计值的1/5～1/4，从而严重影响了处理效果。

为此，在FBF-AS复合生物处理池出水溢流堰前1.5m处加设横向垂直挡水导流板，深入水面下2m，阻拦池中从前端向后端流动的处理污水，减少短流。经实际测量结果确定，该池有效容积利用率提高到80％左右。

（2）改用高效微孔曝气棒并单侧布置，形成横向水力旋流和纵向推流合成的的螺旋形水力流态，这既能提高气泡在池中停留时间和氧的利用率，又能消除水力短流

由于中试设备仓促加工和安装，购买的国产圆盘式微孔曝气器质量低劣，鼓出的气泡很大，上升很快，致使氧的有效利用率很低，不能为污水中有机污染物的生物氧化降解和NH₃-N的硝化提供足够的溶解氧，严重影响了对COD、BOD₅和NH₃-N的去除效率。

为此采用德国进口的新一代硅橡胶微孔曝气棒取代原来的圆盘式曝气器，其布设方式不采用池底单侧（占1/2的池宽）密集布设。这样在池中曝气时会形成横断面上的气/水密度小的混合液柱与另1/2池宽的密度大的水柱之间形成对流，从而产生生物反应池廊道的横断面的上下旋流，这可使鼓入水中的细小空气泡随旋流而较长期地被卷入水中，能显著提高氧的有效利用率；同时横向水力旋流也有效地防止了纵向水力短路。加上纵向的推流流态，组合形成前进的螺旋流态，有效防止了气流和水流的短路。

（3）在沉淀池水面，增加出水溢流堰的总长度，改善出水质量

原来设计和加工的斜管沉淀池的出水溢流堰，以锯齿形布设在该池水面的后段，仅占该池总长度的1/3，且呈锯齿形断面溢流出水，致使溢流出水堰有效出水总长度太短，使上升水流的流速过大，携带较多的呈悬浮状态的污染物流出，影响出水质量和处理效率。

为此，将出水溢流堰加长，沿该池水面的四周布满溢流堰，同时在该池中间增加横竖两条溢流堰，形成田字形，改造后沉淀池照片和设计平面见图7.74、图7.75。实际运行结果表明，溢流堰的出水效果大为改善。

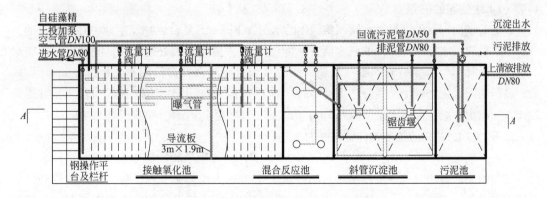

图7.74 改造后的中试设备平面和纵剖面设计

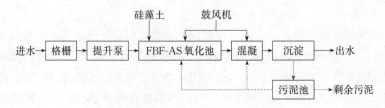

图7.75 改造后中试设备处理流程

（4）增加污泥回流系统，减少外排污泥量，延长污泥龄，增加聚磷菌和硝化菌的数量

在原来的 FBF-AS 复合生物处理-化学混凝处理系统中，为了保护生物处理系统中生物膜和活性污泥的生物活性，不将化学沉淀污泥回流至生物处理池中，而只回流到混凝反应池中。而改造后的流程以 FBF-AS 复合生物处理为主，其后不再采用铝盐或铁盐混凝剂进行化学混凝沉淀处理，而是采用 FBF-AS 复合生物处理池后接沉淀池，对生物池出水进行自然沉淀。其沉淀污泥为生物污泥，具有较大的生物活性，将其回流至 FBF-AS 复合生物处理池中有助于提高生物处理效果。因此，采用了如下的污泥处理流程：先将斜管沉淀池底部沉淀的污泥，以 2～4h 的间隔定期向后面的污泥浓缩池排泥；然后从污泥浓缩池向复合生物处理池的前端回流污泥以增加生物量。实际运行结果表明，污泥回流有助于提高污水的处理效果。

（5）采用小剂量硅藻精土投加及回流循环，作为硝化菌等的附着载体和混凝-吸附剂

大量的实验室小试和现场中试研究证明，硅藻精土是一种多功能的污水净化剂，它不仅是可反复使用的混凝剂，还是吸附剂、沉淀加重载体、助滤剂等，投加入复合生物处理池中能与生物膜和活性污泥形成复合体，通过与污泥一起的反复回流能有效地吸附和富集磷、硝化菌和聚磷菌等，从而能提高去除氨氮和总磷的效果。实际运行结果确定的硅藻精土投加剂量为20～30mg/L。

（6）将污泥浓缩池用作厌氧反应池，考察其能否提高去除总磷的效率

污泥从沉淀池排入其中，并在其中停留较长的时间，然后参与回流。在此期间进行厌氧反应，如在生物处理池中在好氧环境下过量摄取了磷的聚磷菌，随同污泥进入污泥浓缩池后进行厌氧反应，在厌氧环境中释放磷。浓缩污泥泵回生物处理池，富含磷的上清液排出系统。这一循环过程达到了高效除磷的效果。

7.6.6　改造后中试设备运行试验结果与讨论

（1）生物膜的培养

改造完成后，首先打开进水阀门将原生污水引入 FBF-AS 复合生物反应池中并装满全池，然后将从横岗污水处理厂运来的脱水活性污泥约 2t 倒入复合生物处理池中，同时打开压缩空气管道和微孔曝气棒等组成的曝气系统，使污水和污泥混合并进行闷曝。经过连续 3d 培养后，填料表面上生物膜生长良好，相当丰满。第 4 天开始打开进水阀门引入原生污水，并连续地流入和流出；第 1 天进水流量取为 $10m^3/h$，第 2 天增至 $12m^3/d$，第 3 天增至 $15m^3/d$，第 4 天达到 $18m^3/d$，其相应的水力停留时间为 3.5h。

此后连续运行了约 40d，其间阴雨天气较多，时常因降雨量和径流量太大影响草埔水质净化厂处理效果，致使时常停泵停水（大小停水 10 次）；大小停电 5 次，每次停水或停电，都影响中试设备的正常运行，3 次超过 8h 的停电或停水，使中试设备的复合生物处理池运行效果受到严重影响，大都经过 2～3d 后才能完全恢复。

（2）运行效果

即使在如此不利的运行条件下，这套中试设备还是运行很好的，表现出极强的去除污染物的能力。经过 1 个月的运行后，填料上增长的生物膜和悬浮生长的活性污泥都达到成熟和稳定，能高效地去除各种主要污染物，如 SS、COD、BOD_5、TN、NH_3-N 和 TP。改造后装置的运行状况如图 7.76～图 7.78 所示。其 1 个月的运行效果分别示于图 7.79～图 7.84。

由图 7.79 可见，尽管进水 SS 浓度有时很高（>500mg/L），但是出水 SS 浓度一直很低，

(a) 复合生物处理池   (b) 污泥浓缩池

图 7.76 改造后中试设备的运行工况

图 7.77 改造后中试设备的运行工况（在量筒和烧杯中为泥水混合液的沉淀）

(a) 复合生物处理池   (b) 沉淀池

图 7.78 改造后中试设备的运行工况

大都低于 10mg/L，不仅达到了一级 B 排放标准，而且也达到了一级 A 排放标准。多次出水水样清澈透明如同矿泉水，其浊度和 SS 测定值＜1mg/L。其 SS 平均去除效率高达 92.6%。活性污泥的沉淀性能优异，远远优于活性污泥工艺中的活性污泥，其污泥容积指数（SVI）仅为20~40mL/g。其沉淀效果极好，倒入烧杯或量筒中仅10min便沉淀完毕（图7.77）。

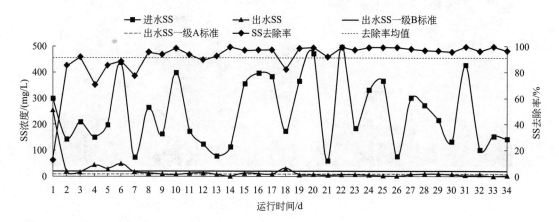

图 7.79 进水和出水 SS 浓度随运行时间的变化曲线

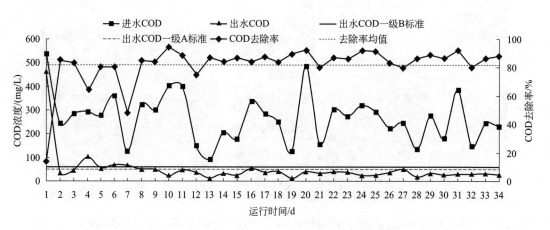

图 7.80 进水和出水 COD 浓度随运行时间的变化曲线

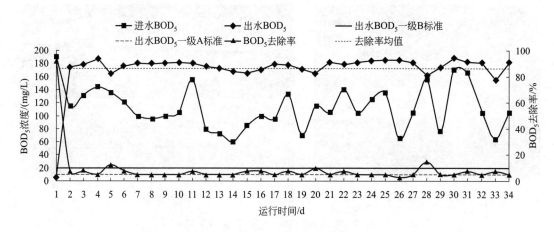

图 7.81 进水和出水 BOD$_5$ 浓度随运行时间的变化曲线

由图 7.80 和图 7.81 可见，这种短 HRT（3.5h）FBF-AS 复合生物处理系统具有很强的去除 COD 和 BOD$_5$ 的能力。尽管进水 COD 浓度时常在 300～500mg/L 范围内，但是，在运行 2 周后出水稳定地在 20～45mg/L 之间，不仅达到一级 B 排放标准（60mg/L），而且也达到了一级 A 排放标准（50mg/L）。COD 的平均去除率为 81.6％。

出水 BOD$_5$ 浓度有 90％以上的水样在 10～20mg/L 之间，达到一级 B 排放标准，其中约 40％达到一级 A 排放标准。这说明，在生物膜中和活性污泥中生存着大量有活性的异养菌种群，它们能高效降解和去除有机污染物。

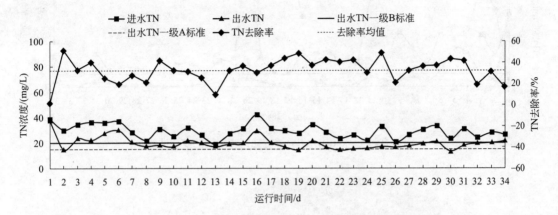

图 7.82 进水和出水中 TN 浓度随运行时间的变化曲线

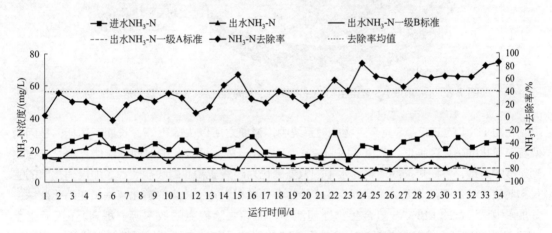

图 7.83 进水和出水中 NH$_3$-N 浓度随运行时间的变化曲线

由图 7.83 可见，该短 HRT 的强化 FBF-AS 复合生物处理系统，在去除 NH$_3$-N 方面最为困难；运行一周后 SS、 BOD$_5$ 和 COD$_{Cr}$ 3 项污染物便达到一级 B 排放标准，甚至一级 A 标准；由图 7.82、图 7.84 可见，运行 2 周后 TN 和 TP 便达到一级 B 排放标准，甚至一级 A 排放标准（尤其是 TP）。生物强化除磷与硅藻精土吸附-混凝沉淀处理的综合作用达到 TP 的高效去除，出水 TP 经常小于 0.5mg/L；在进水 TP 2～3mg/L 时，出水 TP 时常≤0.2mg/L。在运行 1 周后 TP 平均去除率达到 90％。

非常高的 TP 去除率，与该处理系统采用如下的污泥处理流程有关：沉淀池沉淀污泥首先排入污泥浓缩池，在其中逗留较长的时间进行厌氧反应，由此释放污泥中摄取的聚合磷，随后回流至复合生物处理池，在好氧环境中使污泥进行过量摄磷，它们随后在沉淀池和污泥浓缩池中以排出剩余污泥的形式从系统中排除磷。由此达到高的除磷效率。硅藻精土吸附于混凝沉淀除磷，对高的总磷去除率也有重要贡献。

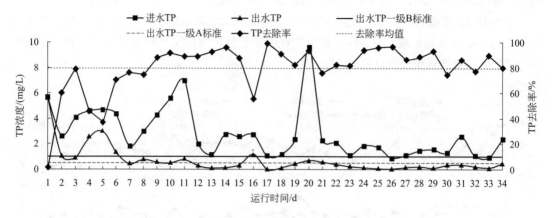

图 7.84 进水和出水 TP 浓度随运行时间的变化曲线

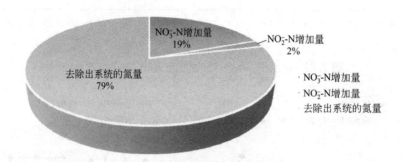

图 7.85 在 FBF-AS 复合生物处理系统中去除的 NH_3-N 转化成其他形态氮去向

在短 HRT 的 FBF-AS 复合生物处理系统中，氨氮之所以去除不好，长期不达标，是因为使氨氮氧化的硝化菌种群，其世代时间较长，约 14d，故需要较长的时间才能使其生长繁殖达到足够的数量，才能较彻底地将污水中的氨氮硝化为硝酸盐和亚硝酸盐。为了加快硝化菌的生长和增值，哈尔滨工业大学（深圳）在实验室中分离和培养了较多的硝化菌株和亚硝化菌株，并加入中试设备的 FBF-AS 复合生物处理池中，随后去除氨氮的效率明显提高。1 周后出水 NH_3-N 便达到了一级 B 排放标准。这与投加特效菌种后在生物膜上和活性污泥中迅速增殖硝化菌有很大的关系。同时硝化菌的增殖也保证了在该复合生物处理池中同步进行硝化和反硝化，从而使总氮也达到了较好的去除，使出水 TN 比氨氮更快地达到了一级 B 排放标准。对一些水样 NH_3-N、NO_2^--N 和 NO_3^--N 浓度的分析结果统计表明（见图 7.85），在 FBF-AS 复合生物处理系统中，去除的氨氮并不是等量地转化成 NO_x^--N，亚硝酸盐氮和硝酸盐氮之和只占 NH_3-N 去除量的 20% 左右，其余约 80% 以 N_2 的形式排出系统。这说明 TN 主要是通过同步硝化和反硝化的形式去除的。

7.6.7 结论

① 改造后的中试设备所构成的短水力停留时间（HRT = 3.5h）的强化 FBF-AS 复合生物处理系统，能高效和稳定地处理污染物浓度相当高和波动范围大的城市污水，并使出水全面达

到《城镇污水处理厂污染物排放标准》（GB 18918—2002）中的一级 B 标准，其中 SS、COD、BOD$_5$ 和 TP4 项指标 70%～80% 达到一级 A 标准。

② 在生物反应池底单侧 50% 的池底面积上布设曝气器，能在池中形成横向旋流和纵向推流两者合成的螺旋形水力流态，显著提高了氧的利用率，并有效地消除了水流短路现象。

③ 污泥循环回流，既能增大生物处理系统的活性生物量，尤其能增加硝化菌和聚磷菌的数量，并能使后者经历厌氧、缺氧和好氧环境而达到总磷的高效去除。

④ 投加少量硅藻精土（20～30mg/L）能显著改善处理效果，尤其是混凝沉淀效果，使出水清澈透明，各种主要污染物的浓度都很低，达到一级 A 或一级 B 标准。

⑤ 该复合生物处理系统产生的污泥较浓稠，含水率较低，约为 98.5%，而且沉淀效果极好，SVI 仅为 20～40mL/g，混合液放入量筒或烧杯中，静止沉淀 5min 便基本沉淀完毕。此外，污泥产量也很少，每处理 1000m³ 污水产生沉淀污泥 5m³，含水率 98.5%。污泥产率 Y＝0.5kg 干污泥/kgBOD$_5$。比活性污泥法系统减少污泥产量 20%～30%。因此短水力停留时间（HRT＝3.5h）的污泥减量效果比正常水力停留时间（HRT＝8～12h）要差得多。

⑥ 采用这一处理工艺的污水处理厂占地面积很小，每处理 $1.0×10^4$m³ 污水占地 1000～1200m²，无需一级处理，经预处理后直接进入该复合生物处理池及其后的短 HRT 沉淀池。工艺流程简短，基建费用低，约 800 元/（m³·d），运行费用很低，为 0.40～0.50 元/m³ 污水。

⑦ 与正常水力停留时间（HRT＝8～12h）的固定生物膜及其与活性污泥的复合工艺污水处理厂相比，短水力停留时间的（HRT＝3.5h）的中式设备及大型污水处理厂，其氨氮和总氮去除效果明显比前者差。其原因一是水力停留时间短，硝化速度慢达不到硝化过程结束。有的实验研究证明达到完全硝化的 HRT 为 8h。二是出水 pH 6.7～7.1，也不利于硝化过程的进行而使其受到一定的抑制，生物膜系统短程硝化反硝化最佳 DO＝1mg/L、最佳 pH＝7.5～8.8；实现同步短程硝化反硝化的最佳 DO 范围为 0.4～1.1mg/L。

这次中试运行控制的 DO 在 4mg/L 左右，pH 值在 7 上下，都偏离生物膜系统同步短程硝化反硝化的最佳 DO 和 pH 值甚远，因此 NH$_3$-N 和 TN 去除效果差。在今后的固定生物膜及其与活性污泥的复合处理系统运行中，为了实现短程同步硝化反硝化，应将曝气强度控制在 DO＝1.0～1.5mg/L 和 pH7.5～8.5。

⑧ 中试研究成功的强化固定生物膜-活性污泥（FBF-AS）复合生物处理工艺和系统，英文名称为 Enhanced Hybrid Fixed Biofilm-Activated Sludge System（缩写为 EHYFBAS）。草埔中试设备运行试验数据见表 7.14。

⊡ 表 7.14　草埔中试设备运行试验数据一览表　　　　　　　　单位：mg/L

日期		TSS	COD	BOD$_5$	TN	NH$_3$-N	TP
一级 A 标准		10	50	10	15	5	0.5
一级 B 标准		20	60	20	20	8	1.0
06-5-29	进水	265	326	95	26	20	2.99
	出水	13	50	10	16	13	0.77
06-5-30	进水	163	301	100	31	24	4.33
	出水	10	49	10	18	18	0.53
06-5-31	进水	400	404		25	20.3	5.6
	出水	7	22		17	12.7	0.48
06-6-01	进水	174	402		32	26	6.96
	出水	12	47		22	18	0.80

日期		TSS	COD	BOD$_5$	TN	NH$_3$-N	TP
06-6-02	进水	123	151		26.1	19.5	1.97
	出水	14	38		19.5	18.1	0.22
06-6-03	进水	79	91		18.5	15.8	1.15
	出水	6	12		16.8	13.1	0.09
06-6-04	进水	113	206	60	27.1	20.4	2.77
	出水	1	33	10	18.6	10.1	0.12
06-6-06	进水	397	337	100	42.3	27.9	2.7
	出水	12	55	10	29.7	19.9	1.2
06-6-07	进水	384	284	105	31.5	18.4	1.07
	出水	10	36	15	19.9	14.3	0.01
06-6-08	进水	174	251	—	29.5	17.2	1.13
	出水	32	41		16.6	10.3	0.11
06-6-09	进水						
	出水	7	13		14	10.4	0.43
06-6-05①	进水	—	—	60	—		—
	出水	13	23.8	10		7.57	0.31
06-6-06①	进水	771	487	150		12.7	9.65
	出水	7	39.6	15		15.4	0.7
06-6-07①	进水	60	157	95		14.9	2.25
	出水	5	32	10		10.2	0.55
06-6-08①	进水	498	253			16.6	6.88
	出水	6	26.9			12.6	0.23
06-06-12	进水	—	302	140	—	30.5	
	出水	—	40	15		12.6	
06-06-13	进水	—	273	95		13.8	—
	出水	6	38	10		8.2	0.32
06-06-13 晚		21:40取样,沉淀池清澈见底,出水样外观与纯净水无异					
	进水		321	140		22	
	出水	4	26	15		3.5	0.12
06-06-15	进水	367	293	125	32.52	21.08	1.75
	出水	3	25	10	16.81	7.80	0.07
06-16 晨	进水	76	222	135	20.5	17.55	0.85
	出水	1	38	10	16.2	7.04	0.03
06-16 晚	进水	301	246	105	26.3	24.86	1.09
	出水	7	50	10	17.8	13.19	0.15
06-17(10)	进水	272	133	65	30.35	26.66	1.49
	出水	10	18	10	19.31	9.34	0.17
06-17(21)	进水	217	275		33.39	30.25	1.56
	出水	9	31		21.04	11.65	0.11
06-18 晨	进水	131	182	75	23.31	20.25	1.29
	出水	6	25	10	13.29	7.28	0.33
06-18 晚	进水	426	387	165	30.88	27.42	2.57
	出水	3	30	15	18.16	9.99	0.36
06-19 晨	进水	100	148	65	24.18	21.15	1.07
	出水	4	30	10	19.67	8.06	0.24
06-19 晚	进水	153	245	110	28.33	24.09	0.97
	出水	<1	33	15	19.46	4.79	0.1
06-22	进水	142	230	110	26.45	24.54	2.40
	出水	5	28	10	21.95	3.53	0.50

① 这4组数据是委托横岗污水处理厂分析化验室分析的结果。

注：1. 出水中的粗体数据均达到一级B排放标准的数据，即达标数据。

2. 在投加硝化菌株和反硝化菌株运行3周后，出水NH$_3$-N便达到一级B排放标准。

7.7 居住小区固定生物膜-活性污泥复合工艺中水设施

7.7.1 概述

"中水"一词最早是由日本学者根据"上水"（给水）和"下水"（排水）所提出的。中水是指将生活污水收集处理后达到一定的水质标准，可在一定范围内回用的不与人体直接接触的杂用水。中水水质介于上水与下水之间，主要回用于小区的绿化浇灌、车辆冲洗、道路冲洗、冲厕等，从而达到节约用水的目的。

我国是世界上水资源最为匮乏的国家之一，虽然总体水资源量有 $2.8 \times 10^{12} m^3$，占全球水资源的6%，居世界第六位，但因人口众多，人均水资源占有量只有 $2300 m^3$，仅为世界平均水平的1/4。同时，因我国地域辽阔，地形复杂，大陆性季风气候显著，从而造成水资源时空分布不均，开发利用难度大，从而导致许多地区和城市严重缺水。此外，水资源的污染和浪费，更加剧了水资源的短缺。目前，在全国300多个大中城市中就有180多个城市存在不同程度的缺水，其中严重缺水的达50多个。水资源的日益短缺已经开始困扰着国民生产和生活，成为制约我国社会经济发展的重要因素。

为应对日趋严重的水危机，在世界各国采取的各种有效措施中，积极可行，便于推广的措施之一就是中水回用。在国外，中水回用的研究与应用已经有很长一段历史，回用规模也很大，显示出了明显的社会效益和经济效益。在我国，中水技术起步较晚，但随着城市用水的日益紧张和人们的日益重视，在这30年里，我国的中水技术也取得了快速的发展。本节以笔者们设计的深圳市南山商业文化中心区核心区中水回用工程为例介绍固定生物膜-活性污泥复合工艺中水设施。

南山中水站位于南山核心区文心五路与海德一道交叉口的东北侧景观水池的下部，为全地下结构。本站属于中水回用站，设计处理水量为4000t/d，总变化系数1.78，处理后的水用于核心区有关建筑物的空调冷却塔的补充用水和少数建筑物室内冲厕水，以及旱季核心区的景观水体的补水与绿化、道路冲洗用水。

7.7.2 设计水质

（1）设计进水水质

中水水源主要为南山区商业文化中心区各建筑物产生的污废水（其中包括生活污水和餐饮废水等），对核心区内每栋建筑物产生的污废水分别进行截流，通过管网集中收集至中水处理站。中水站设计处理水量为4000t/d，根据当地城市生活污水的特点，中水站设计进水水质如表7.15所列。

⊡ 表 7.15 中水站设计进水水质主要指标一览表　　单位：mg/L（pH 值除外）

项目	设计进水水质	项目	设计进水水质
BOD_5	≤180	TN	≤50
COD_{Cr}	≤250	TP	≤5.0
SS	≤200	pH 值	6~7.5
$NH_3\text{-}N$	≤25		

（2）设计出水水质

中水站设计出水水质根据可研报告提供的资料，综合《城市污水再生利用　景观环境用水水质》（GB/T 18921—2002）及《城市污水再生利用　城市杂用水水质》（GB/T 18920—2002）标准和《再生水用作冷却水的水质控制指标》（GB/T 19923—2005）来确定，其出水水质指标如表 7.16 所列。

⊡ 表 7.16　中水站设计出水水质主要指标一览表

序号	项　目	单位	水质标准
1	pH 值		6.5～8.5
2	SS	mg/L	≤5.0
3	浊度	NTU	≤5.0
4	色度	度	≤30
5	臭		无不快感觉
6	BOD_5	mg/L	≤6.0
7	COD_{Cr}	mg/L	≤50
8	铁	mg/L	≤0.3
9	锰	mg/L	≤0.1
10	氯化物	mg/L	≤250
11	总硬度(以 $CaCO_3$ 计)	mg/L	≤450
12	总碱度(以 $CaCO_3$ 计)	mg/L	≤350
13	硫酸盐	mg/L	≤250
14	NH_3-N(以 N 计)	mg/L	≤1.0
15	TN(以 N 计)	mg/L	≤15
16	TP(以 P 计)	mg/L	≤0.5
17	溶解性总固体	mg/L	≤1000
18	粪大肠菌群	个/L	不得检出
19	阴离子合成洗涤剂	mg/L	≤0.5
20	总大肠菌群	个/L	≤3.0
21	二氧化硅(SiO_2)	mg/L	≤30
22	石油类	mg/L	≤1.0
23	溶解氧	mg/L	≥2.0
24	总余氯	mg/L	≥0.2

7.7.3　工艺流程

（1）设计原则

① 执行国家关于环境保护方面的政策，符合国家有关法规、规范及标准。

② 采用适宜的处理工艺，最大限度地发挥本工程的社会效益、经济效益、环境效益。

③ 处理工艺力求技术先进可靠、经济合理、高效节能，在确保中水处理效果的前提下，最大限度地减少工程投资和日常运行费用。

④ 妥善处理、处置中水处理过程中产生的污泥、臭气、噪声等，避免二次污染。

⑤ 选择国内外先进、可靠、高效、运行管理方便、维护维修简便的中水处理专用设备。

⑥ 处理系统自动化程度高、操作管理方便、运行费用低，且污水处理系统有较长的使用寿命。

（2）主体工艺的选择

根据小区中水处理的原则，应选择处理效果好，产泥少，占地面积小，经济可行的处理工艺。中水处理工艺分为预处理、主要处理及深度处理单元。

1）预处理　包括格栅、沉砂池、调节池。格栅用以阻截大块的悬浮或漂浮的固体污染物，其后设沉砂池以去除砂砾类无机固体颗粒，设调节池以降低对后续生物处理的冲击负荷。

2）主要处理单元　包括物理化学处理法、生物处理法和膜处理法。物化法即混凝沉淀（气浮）技术。生物法是指利用微生物吸附、氧化分解污水中的有机物的处理方法，在中水中应用较多的是好氧生物膜处理技术，即生物接触氧化法、生物滤池等。膜处理法是一种产生于20世纪60年代的高效分离技术，以纳滤膜分离代替沉淀、过滤单元，把生物反应器和膜分离有机地结合起来的一项工艺，具有处理效果好、能耗低、占地面积小的优点。

3）深度处理　经过生物处理的二级出水水质一般达不到中水回用的水质标准，因此要实现中水回用势必要在二级处理后再进一步进行深度处理，包括去除氮、磷、溶解性有机物、溶解性无机物、消毒、脱臭、除色及有毒物质的处理。常用的方法有混凝、过滤、活性炭吸附、膜过滤、氯氧化或紫外线消毒等。

居民小区用水在时段上很不均匀，因此选择的处理工艺必须有较强的耐冲击负荷能力。中水站操作人员一般专业水平不高，故所选工艺应便于操作和维护。在中水处理站中一般常用的处理工艺是好氧生物处理法，主要分为生物膜法和活性污泥法两大类，两类方法比较如表7.17所列。

⊡ 表7.17　好氧生物处理对比

项目	生物膜法	活性污泥法
耐冲击负荷能力	强	弱
耐污染物种类变化能力	强	弱
脱氮除磷能力	强	强
出水水质	良好	良好
运行操作	简单	复杂
运行维护	难度小	难度大（尤其小流量）

本站主要处理工艺采用笔者们在总结了国内外相关工艺技术所设计的固定生物膜-活性污泥复合工艺。原水经管道收集后自流经格栅，去除悬浮物和漂浮物后进入沉砂池，大颗粒固体物质以重力沉淀，废水溢流进入调节池，经过潜水搅拌机搅拌调节水质。调节后的水经潜污泵送入缺氧池，在池中添加填料和潜水搅拌器，能有效地使废水中的 NO_2^- 和 NO_3^- 在缺氧条件下在反硝化菌（异养型细菌）的作用下被还原为 N_2，从而达到去除硝态氮的目的。反硝化后的废水自流进入接触氧化池，通过好氧微生物的作用，对水中的有机物和 SS 进行分解，以达到去除污染物的作用。在好氧条件下废水中的氨氮在好氧自养型微生物（统称为硝化菌）的作用下被转化为 NO_2^- 和 NO_3^-，将此混合液回流至缺氧池，可以取得较好的脱氮效果，所以采用此工艺脱氮效果较好。为了更好地去除有机物、SS，在好氧接触池后增加混凝、絮凝池，经生化处理后的出水自流入混凝、絮凝池，经过混凝絮凝反应进入竖流式沉淀池进行固液分离，再经过滤及消毒后，清水自流入清水池，经加压泵送至各用水点，并保证回用水在管网末端余氯值≥0.2mg/L。因此，本处理工艺在生活污水处理中是比较常见的工艺，在能有效地去除各项污染物外还能达到经济合理，在实际操作中易于控制和调整异常情况。

而本工艺的特性，是整个系统产污泥量比较少，因此本站污泥量较少，在工艺中除部分回流至缺氧池外，多余的污泥主要利用 1m 带宽的带式压泥机压成含水率小于 80% 的泥饼，和栅渣等一起装车外运填埋处置，滤清液回流至调节池。由于系统的产泥量较少，因此本工艺的污泥处置费也相应地减少，达到经济的处理效果。中水站污水处理工艺流程见图7.86。

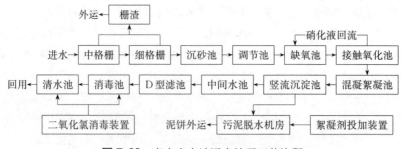

图 7.86 南山中水站污水处理工艺流程

7.7.4 主体构筑物

中水站厂区收水区域范围主要是南山商业文化中心区域产生的生活污水。收水面积为 $1.35 \times 10^6 \, \text{m}^2$，服务人口为 10 万人。厂区占地面积为 $2527.4 \, \text{m}^2$，本中水站属于全地下结构，厂内无绿化植物，上部为景观水池。

其厂内按工艺流程走向主要构筑物有中格栅、超细格栅、沉砂池、调节池、缺氧池、好氧池（接触氧化池）、混凝-絮凝池、竖流沉淀池、中间水池、D 型滤池、消毒池、清水池、鼓风机房、污泥脱水机房及加药间、中控室、除臭间、化验室以及值班室。中水站构筑物平面布置如图 7.87 所示。

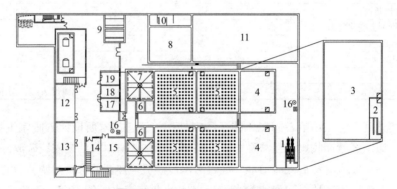

图 7.87 南山中水站平面布置图

1—中格栅-转鼓式超细格栅；2—沉砂池；3—调节池；4—缺氧池；5—接触氧化池；

6—混凝絮凝池；7—竖流沉淀池；8—中间水池；9—D 型滤池；10—消毒池；11—清水池；

12—配电间及控制室；13—风机房；14—休息室；15—污泥脱水车间；

16—加药系统；17—化验室；18—工具间；19—辅助间

1）中格栅　以钢丝网做，主要用于去除污水中较大的漂浮物，采用人工手动捞渣，使进调节池水中的漂浮物减少，以免堵塞泵及管道。

数量：1 台；最大流量 $Q = 297 \, \text{m}^3/\text{h}$；栅条间隙 $b = 15 \, \text{mm}$；格栅宽度 $B = 840 \, \text{mm}$；格栅倾角 $\alpha = 60°$。

2）超细格栅　采用转鼓式超细格栅，以去除污水中的漂浮物，保证后续处理工段的通畅，减少后续工段的负荷。

数量：1 台；最大流量 $Q = 297 \, \text{m}^3/\text{h}$；栅条间隙 $b = 1 \, \text{mm}$；格栅宽度 $B = 800 \, \text{mm}$；格栅倾角 $\alpha = 35°$；最大水位差 $\Delta H = 530 \, \text{mm}$；电机功率 $N = 1.5 \, \text{kW}$。

3）沉砂池　经过超细格栅截流后大多数固体物质已经去除，剩余很少一部分砂粒进入沉砂池并以重力沉降去除，降低后继处理设施的磨损并保护设备正常运行。

数量：1 座；有效容积 70m³；有效水深 2.1m；单池尺寸 $L \times B \times H = 10m \times 3.4m \times 2.5m$。

4）调节池　由用水区间相对集中，为调节水质水量需设置调节池。调节池里面安装有搅拌器，调节池开动搅拌起到调节水质水量的作用，为后续处理起到了混合均匀的作用，使进水中有机物等能平衡进入处理系统。

数量：1 座；单池设计流量 $Q = 167m^3/h$；时间 $T = 6h$（总变化系数 1.78）；有效容积 1036m³；有效水深 2.0m；单池尺寸 $L \times B \times H = 37m \times 15m \times 2.5m$。

5）缺氧池　缺氧池中采用添加填料和安装潜水搅拌机，使废水中的 NO_2^- 和 NO_3^- 在缺氧条件下在反硝化菌的作用下被还原成 N_2，从而达到去除氨氮的目的。

数量：2 座；单池有效容积 170m³；有效水深 1.9m；填料有效接触时间 HRT = 1.1h；填料容积负荷 1.5kgBOD₅/（m³·d）；水力停留时间 HRT = 2.0h；控制溶解氧 0.2~0.5mg/L；单池设计尺寸 $L \times B \times H = 10m \times 9m \times 2.7m$。

6）好氧池（接触氧化池）　池中增加膜片式微孔曝气器，利用鼓风机进行供氧，使好氧微生物有足够的氧气吸收。废水通过好氧微生物的作用，对水中的有机物和 SS 进行分解，以达到去除污染物的作用。好氧条件下废水中的 NH₃-N 在好氧自养型微生物的作用下被转化成 NO_2^- 和 NO_3^-，将此混合液回流到缺氧池，以取得更好的脱氮效果。

数量：2 座（4 格）；水力停留时间 HRT = 12.0h；污泥负荷控制＜0.25kgBOD₅/（kg MLSS·d）；填料有效接触时间 HRT = 7.3h；填料容积负荷 0.8kgBOD₅/（m³·d）；曝气器的氧利用率 EA = 18.4%~27.7%；标准条件下，曝气器脱氧清水充氧量 RO = 0.112~0.185kgO₂/（m³·h）；单池有效容积 539m³；有效水深 4.9m；每格设计尺寸 $L \times B \times H = 11m \times 10m \times 5.8m$。

7）混凝、絮凝池　在池中投加 PAC，使经过生化处理的出水进入池后，与 PAC 进行混凝絮凝反应，反应后进入沉淀池进行固液分离。

数量：2 格；水力停留时间 HRT = 25min；单池有效容积 40m³；有效水深 7.5m；单格设计尺寸 $L \times B \times H = 2.7m \times 2.0m \times 9.1m$。

8）竖流沉淀池　混凝、絮凝池的出水进入沉淀池进行固液分离，上清液进入下一步处理程序。沉淀污泥部分回流，部分输送到污泥脱水机房脱水。

数量：2 座；沉淀时间 1.3h；中心管内流速 30mm/s；中心管与反射板间缝隙高度 0.3m；中心管直径 1.0m；表面负荷 1.84m³/（m²·h）；剩余污泥量 494kg/d；含水率取 99.4%，湿污泥量：$Q_s \approx 82.3m^3/d$；单个污斗容积：81.4m³，共可储存约 2 天污泥量。

9）中间水池　沉淀池的出水流到中间水池，该水池起稳定水质，均衡水量的作用，过滤提升泵由此池抽水到 D 型滤池。

数量：1 座；有效容积：370m³；有效水深：3.1m；设计尺寸：$L \times B \times H = 14m \times 8.5m \times 4.6m$；水力停留时间：HRT = 2.2h。

10）D 型滤池　由清华大学和德安公司共同开发研制的一种重力式高速自适应滤池，构造同 V 型滤池相似，区别在于进水方式和滤料的选用，该滤池滤料为彗星式纤维滤料，中间水池的水经提升泵提升到该池进行过滤，有效地去除水体中的悬浮物质。

数量：1 座；单格有效容积 32m³；有效水深 3.2m；单格设计尺寸 $L \times B \times H = 5m \times 2m \times 3.7m$；水力停留时间 HRT = 22min。

11）消毒池　对处理后污水进行消毒，防止疾病传播。本工程采用二氧化氯消毒系统，采取多点消毒，并对回用给水设有补氯措施。

数量：1座；设计平均水量：$167m^3/h$；接触反应时间：50min；设计尺寸：$L×B×H = 14m×2.5m×4.6m$（有效水深4.2m）。

12）清水池　储存经过污水处理工艺处理后的达标出水。

数量：1座；有效容积：$1260m^3$；水力停留时间：HRT=6h。

7.7.5　运行效果分析

（1）含碳有机物的去除

中水站建造完成正式投入运行以来，固定生物膜-活性污泥系统对含碳有机物的去除效果良好。中水站的进水主要为小区及建筑物的生活污水，具有很好的可生化性，其 $BOD_5/COD = 0.72$。中水站稳定运行后近两年的进出水 COD 浓度及其去除率随运行时间变化的关系如图7.88所示。由图7.88可见，进水 COD 浓度在设计值之上较大范围（311～1081mg/L）内波动，平均浓度为601mg/L，但在中水站稳定运行的情况下对 COD 的平均去除率达97.2%，沉淀池出水 COD 值在10.8～29.4mg/L之间，满足设计出水 COD≤50mg/L 的标准。在去除 COD 的同时，该系统对 BOD_5 也有很高的去除效果，进出水 BOD_5 浓度及其去除率随运行时间变化的关系如图7.89所示。进水 BOD_5 浓度在137～425mg/L之间，均值为283mg/L，经中水站处理后，沉淀池出水 BOD_5 保持在2～3mg/L之间，对 BOD_5 的去除率也一直稳定在98.5%之上。

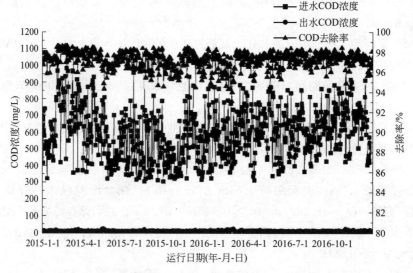

图7.88　进水和出水 COD 浓度随运行时间的变化曲线

含碳有机物的去除主要是靠微生物的吸附与代谢作用，然后对吸附代谢物进行泥水分离来完成。本设计生物处理工艺采用两级接触氧化工艺，接触氧化池分为前段缺氧区和后段接触区。接触氧化池内悬挂弹性立体填料和矿物纳米滤料（SVA 滤料），利用其较大的比表面积吸附活性污泥形成生物膜，生物膜中微生物在有氧的条件下吸附污水中的有机物，将一部分有机物合成新的细胞，将另一部分有机物进行分解代谢以使获得细胞合成所需的能量，其最终产物

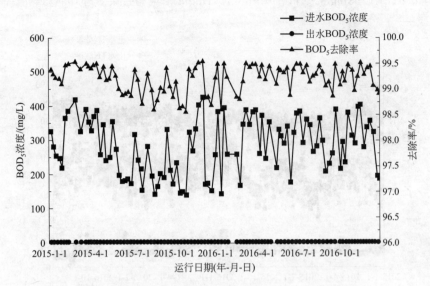

图 7.89　进水和出水 BOD_5 浓度随运行时间的变化曲线

是 CO_2 和 H_2O 等稳定物质。微生物的好氧代谢作用对污水中溶解性有机物和非溶解性有机物都起作用，并且代谢产物是无害的稳定物质，从而高效去除污水中的 COD 和 BOD_5，确保出水水质良好。

（2）氮的去除

固定生物膜-活性污泥系统中水站进水和出水的 NH_3-N 浓度及其去除率如图 7.90 所示。由图 7.90 可见，在近两年运行期间内进水 NH_3-N 浓度较为稳定，NH_3-N 浓度值在 15.31~40mg/L 之间，平均进水 NH_3-N 浓度值为 28mg/L，处理后沉淀池出水 NH_3-N 浓度在 0.1~3.12mg/L 之间，平均出水浓度值为 1.2mg/L，NH_3-N 去除率稳定在 86% 之上，平均去除率达 95.8%。此复合工艺在 NH_3-N 去除效果良好的同时，对 TN 的也有高效的去除效果，如图 7.91 所示，进水 TN 浓度值在 19.64~51.55mg/L 之间，均值为 36.75mg/L，沉淀池出水

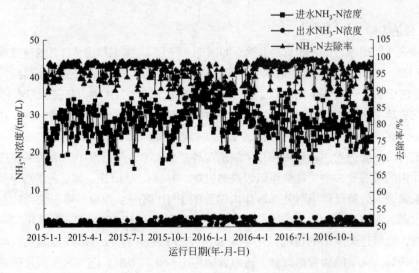

图 7.90　进水和出水 NH_3-N 浓度随运行时间的变化曲线

TN 浓度在 $0.91 \sim 14.53 \mathrm{mg/L}$ 之间，均值为 $7.41 \mathrm{mg/L}$，平均去除率为 79.4%。

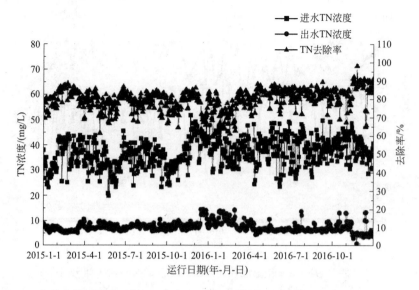

图 7.91 进水和出水 TN 浓度随运行时间的变化曲线

本设计采用两级接触氧化，前段缺氧后段好氧能有效地进行硝化和反硝化，对 NH_3-N 和 TN 去除效果都很好。在工艺中硝化液回流至缺氧段，反硝化菌在缺氧条件下，以亚硝氮或硝氮为电子受体，以有机物为电子供体，从而将硝态氮还原。

在反硝化菌的代谢活动下，NO_2^- 或 NO_3^- 中的 N 可以有两种转化途径：a. 同化反硝化，即最终产物是有机氮化合物，是菌体的组成部分；b. 异化反硝化，即最终产物是氮气（N_2）或氧化亚氮（N_2O）。

反硝化菌适于缺氧条件下发生反硝化反应，但另一方面，其某些酶系统只有在有氧条件下才能合成，所以反硝化反应宜于在缺氧、好氧交替的条件下进行；缺氧池中的溶解氧应控制在 $0.5 \mathrm{mg/L}$ 以下。同时本工艺水力停留时间为 14h，能有效强化硝化效果，确保 NH_3-N 和 TN 出水达标。

（3）磷的去除

本工程进水和出水 TP 浓度及其去除率如图 7.92 所示，本工程进水 TP 浓度整体偏低，进水 TP 为 $2.23 \sim 6.69 \mathrm{mg/L}$，平均进水 TP 浓度为 $4.0 \mathrm{mg/L}$。进水经反应池处理后，沉淀池出水 TP 浓度在 $0.411 \sim 0.47 \mathrm{mg/L}$ 之间，均值为 $0.39 \mathrm{mg/L}$，本系统对 TP 去除率维持在 80.5% 以上，平均去除率达 90.1%。中水站出水水质中的 TP 能满足设计出水水质标准，在运行期间控制好剩余污泥的及时排放可有效地提高 TP 的去除效果。

除磷的方法主要分为生物除磷和化学除磷两种。生物除磷是污水中的聚磷菌在厌氧条件下而释放出体内的磷酸盐，产生能量用以吸收有机物，并转化为 PHB（聚 β 羟丁酸）储存起来，当这些聚磷菌进入好氧条件下时就降解体内储存的 PHB 而产生能量，用于细胞的合成，同时过量地吸收磷，形成高含磷浓度的污泥，定期将这些高含磷浓度的污泥随剩余污泥一起排出污水处理系统，就可达到除磷的目的。化学除磷是投加 $FeSO_4$ 或 Al^{3+} 形成难溶化合物，再经过滤从污水中去除，化学除磷简单可靠，进水含磷超出设计标准时，还可考虑投加硅藻土等高吸附能力的化学药剂，强化化学除磷效果。本工程采用生物除磷与化学除磷相结合的方式确保出

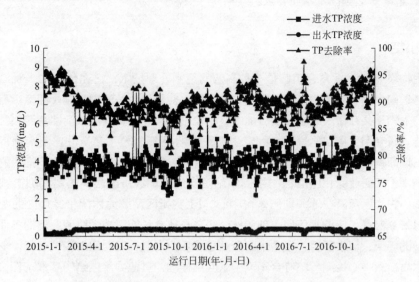

图 7.92 进水和出水 TP 浓度随运行时间的变化曲线

水 TP 达标。

（4）SS 的去除

进出水的 SS 浓度及其去除效果如图 7.93 所示，进水中的 SS 浓度值在 96～280mg/L 之间，均值为 132.5mg/L，沉淀池出水 SS 稳定在 4～7mg/L 之间，出水 SS 均值为 4.6mg/L，平均去除率达 96.5%，满足回用水水质设计标准。

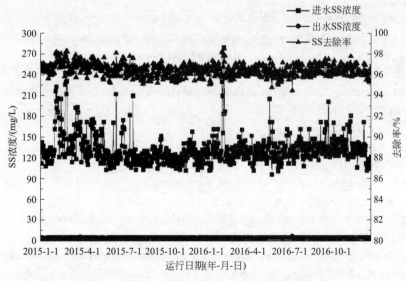

图 7.93 进水和出水 SS 浓度随运行时间的变化曲线

污水中的 SS 去除主要靠沉淀和过滤的作用。本项目采用了中、细格栅与竖流沉淀池及机械过滤等工艺，能有效地将污水中悬浮物去除。污水中直径 0.5mm 以上的无机颗粒物主要通过细格栅的机械过滤功能去除；直径 0.5mm 以下的有机颗粒在接触氧化池中由生物降解作用去除，而直径 0.5mm 以下的无机颗粒则再经过机械过滤器去除，经过格栅、沉淀以及 D 型滤池三道处理确保 SS 达到出水水质要求。

7.7.6 小结

固定生物膜-活性污泥复合工艺是一种高效的污水处理技术，它在传统同步脱氮除磷工艺的基础上通过向生物反应池中各区装填生物膜载体，使悬浮生长的微生物（活性污泥絮体）与附着生长的生物膜共存一个生物反应池中，相较于单一的生物膜法或活性污泥法都具有更加优越的性能。研究和工程实例表明，固定生物膜-活性污泥复合工艺抗冲击负荷强，脱氮除碳效果好，占地面积小，污泥产率低，易于维护和管理，是一种适于在中小水厂推广的工艺。

深圳市南山区商业文化中心区中水回用站是实施循环经济战略，落实深圳市城市节水政策，解决南山中心区及潜在的深圳湾体育中心、F1 赛艇区及滨海休闲带等片区的中水利用问题，减少水资源浪费，保护水环境，创造一个经济与社会长期可持续协调发展的条件，最终实现科学发展的环保、节水项目。自中水回用站建成后，经过一段时间的调试运行，现出水水质经深圳市水质检测中心检测，已符合国家中水回用标准，具备中水供给的基本条件，并已向南山中心区各个景观水池供水，实际日供水量约 1500t。目前的用水用户主要有中心区四家物业管理公司和三家园林绿化单位，远期潜在的用水用户有：深圳湾体育中心、F1 赛艇区（深圳湾内湖公园）、沿海观光带（B 段）。上述三区合计最大日用水量 2480m³/d，这三区实现供水后，该项目日供水量将达设计处理水量 4000t/d。

参考文献

[1] Schmidt E. Chicago's Tunnel, Reservoir Plan[J]. McGraw-Hill Construction, August 2004. Retrieved December 23, 2005.

[2] Tao W D, Bay J U, D Meyer, et al. Constructed Wetlands for Treatment of Combined Sewer Overflow in the US: A Review of Design Challenges and Application Status[J]. Water, 2014（6）: 3362-3385.

[3] Amarril R, FRerrira F, Galvao A, et al. Constructed wetland for combined sewer overflow treatment in a Mediterranean country, Portugal[J]. Wat. Sci. Tech. 2013, 67（12）: 2739.

[4] Sønderup M J, Egemose S, Bochdam T, et al. Treatment efficiency of a wet detention pond combined with filters of crushed concrete and sand: a Danish full-scale study of stormwater[J]. Environmental monitoring and Assessment, Dec2015, 187: 758.

[5] Odengard H, Rusten B, Westrum T. A new moving bed biofilm reactor application and results[J]. Water Sci. & Tech. 1994, 29（10/11）: 159-163.

[6] Morper M R. Improvement of existing wastewater treatment plant efficiencies without enlargement of tankage by applcation of LINPOR processes-case study[J]. Wat. Sci. & tech. 1990, 22（7/8）: 207-215.

[7] 刘硕，王宝贞，王琳，等．复合式 SBF-AS 工艺的运行效果分析[J]．中国给水排水，2006，22（10）：73-76.

[8] Baozhen WANG, Dai WANG, Gaoqi LI, et al. Performance of WWTP using submerged biofilm process with zero sludge discharge. Water in China[J]. Water and Environment Series, IWA Publishing. 2003, 221-229.

[9] OTV. BIOSTYR PROCESS, Pamphlet for distribution at Ist IWA International Congress in Paris 2000.

[10] Pujol R. Process improvement for upflow submerged biofilter[J]. Water 21, 2000, 8: 25-30.

[11] Editor. Building better BAFs[J]. Water 21, 1999, 7~8: 34-35.

[12] Paffoni C. The novel and flexible Colombes Wastewater Treatment Plant, from Theory to practice[J]. Wat Sci Tech 2001, 44（2~3）: 49-56.

[13] Payraudeau M., Pearce A R. et al. Experiment on Biological aerated upflow filters for tertiary treatment, from pilot to full scale test[J]. Wat Sci Tech 2001, 44（2~3）: 63-68.

[14] Haarbo A. and Dahl C. Successful application[J]. Water Quality International（WQI）, 1998, Nov/Dec: 29-30.

[15] 王宝贞、李高奇、王琳，等. 淹没式生物膜法污水处理厂的设计及运行[J]. 中国给水排水，2000，16（3）：16-19.

[16] 刘硕，王宝贞，王琳，等. 山东省东阿县污水处理厂复合式淹没式生物膜工艺的运行效能研究[J]. 中国给水排水. 2006，5（10）.

[17] Liu Shuo, Wang Baozhen, WangLin, et al. Operational performance of combined SBF-AS process for municipal wastewater treatment in small cities in China-A case study[C]. //Proceedings of the 1st Proceedings of International Conference on Water conservation and management I coastal area（WCMCA）. Qingdao, 2006, 11. Oral presentation.

[18] 李军，彭永臻，杨秀山，等. 序批式生物膜法反硝化除磷特性及其机理[J]. 中国环境科学. 2004，24（2）：219-223.

[19] Baozhen Wang, Jun Li, Lin Wang. Mechanism of Phosphorus Removal by SBR Submerged Biofilm System[J]. Water Research, 1998, 32（9）：2633-2638.

[20] 丁永伟，王琳，王宝贞，等. 活性污泥和生物膜复合/联合工艺在污水处理厂技术改造中的应用[J]. 给水排水. 2006，31（12）：41-45.

[21] Ding Y W, Wang L, Wang B Z. Nitrogen and phosphorus removal characteristics in combined short aerobic SRT A2/O and BAF process[C]. //Proceedings of 1st Conference on Water Conservation and Management in Coastal Areas. 2005. 11, Qingdao, China.

[22] 沈耀良，王宝贞. 废水生物处理新技术——理论与应用[M]. 2版. 北京：中国环境科学出版社. 2006.

[23] 丁永伟，王琳，王宝贞，等. 活性污泥和生物膜复合工艺的应用[J]. 中国给水排水. 2005，21（8）：30-33.

[24] Müller N. Implementing biofilm carriers into activated sludge process- 15 years of experience[J]. Wat. Sci. Tech. 1998, 37（9）：167-174.

[25] Liu S, Wang B Z, Wang L, et al. Full scale application of combined SBF-AS process for municipal wastewater treatment in small towns and cities in China-A case study[J]. Journal of Harbin Institute of Technology, 2006, 3.

[26] Liu J X, Wang B Z, Li W G, et al. Removal of Nitrogen from Coal Gasification and Coke Plant Wastewater by Submerged Biofilm-Activated Sludge（SBF-AS）Combined Process[J]. Wat. Sci.. Tech, 1996, 34（10）：17-24.

[27] Zhao Q L, Wang B Z. Evaluation on A Pilot-scale Attached Growth System Treating Domestic Wastewater[J]. Water Research, 1996, 30（1）：242-245.

[28] Wang B Z, Wang L. Novel Technologies on Water Pollution Control-New Concept, New Processes and New Theories[M]. Beijing: Science Publishing House: 2004.

[29] Wang S M, Wang B Z, Jin W B, et al. Enhanced Hybrid Biofilm-Activated Sludge Biological Process（EHYB-FAS）with Short HRT for Wastewater Treatment[C]//Proceedings of 2nd International Conference on Water Conservation and Management in Coastal Areas（WCMCA）South Korea, 2006.

[30] 李娜，胡筱敏，李国德，等. MBBR 中 HRT 与 pH 值对短程硝化反硝化生物影响[J]. 工业水处理，2016，36（10）：20-23.

[31] 高大文，彭永臻，王淑莹. 控制 pH 实现短程硝化生物脱氮技术反硝化[J]. 哈尔滨工业大学学报，2006，37（12）：1665-1666.

[32] 孙萍，张耀斌，全燮，等. 序批式移动床生物膜反应器内同步短程硝化反硝化的控制[J]. 环境科学学报，2006，29（8）：1515-1518.

[33] 于德爽、彭永臻，等. 中文短程硝化反硝化的因下昂因素研究[J]. 中国给水排水，2003，9（1）：41-43.

[34] 何露露，廖明军，谢从新，等. 生物膜富集系统的同步短程硝化反硝化研究[J]. 环境科学与技术，2015，38（1）：80-84.

[35] 韩剑宏，于玲红，张克峰. 中水回用技术及工程实例[M]. 北京：化学工业出版社，2004.

[36] 张统. 建筑中水设计技术[M]. 北京：国防工业出版社，2007.

[37] Wang B Z, Li G Q, Yang Q D, et al. Nitrogen removal by a submergd biofilm process with fibrous carriers[J]. Water Scienceand Technology, 1992, 26（9~11）：39-42.

[38] Wang B Z, Li J, Wang L. Mechanism of phosphorus removal by SBR submerged biofilm system[J]. Water Research, 1998, 32（9）：2633-2638.

第**8**章

氧化塘与人工湿地生态处理技术

8.1 概述

随着水污染问题的日益加剧，人类对水污染的治理与防治愈加重视，随之而产生的污水处理技术也在不断地发展并日趋完善。塘处理系统是一种历史悠久、不断发展完善和行之有效的污水处理技术，能够有效地处理城市污水和各种工业废水，尤其是难降解工业废水。氧化塘在国外包括一些发达国家获得广泛的应用。例如：德国污水处理塘 3000 余座；法国有 2000 余座；在美国获得最为广泛的应用，现在在美国用于处理城市污水和工业废水的塘系统共有 11000 多个，它们遍布于全美国的广大国土中，它们或单独应用，或与其他处理设施组合应用。这些塘系统大都由兼性塘、曝气塘、好氧塘和厌氧塘等四种普通型式的塘以多种不同的组合方式组成，因而称为普通塘系统，或称为常规塘系统。这些普通塘系统，具有基建投资省，运行维护费低，运行效果稳定，去除污染效能较好且具有广谱性，既能有效地去除 BOD、COD，又能部分地去除氮、磷等营养物；由厌氧塘→兼性塘→最终净化塘或称熟化塘（好氧塘），或厌氧塘→曝气塘→兼性塘→最后净化塘等组成的多级串联塘系统，不仅有很高的 COD、BOD 去除率，较高的 N、P 去除率，还有很高的病原菌和病毒去除率，其代表性的去除率为 99.9%～99.999%。此外，这些多级塘系统，借助于种类繁多的厌氧菌、兼性菌和好氧菌的共同作用，比常规生物处理系统（如活性污泥法）能更有效地除去许多种难以生物降解的有机化合物。因此，在美国有许多塘系统用于处理炼油、石油化工、有机化工、制浆造纸和纺织印染等难降解的废水。目前塘系统已成为美国中小城镇的主要污水处理设施之一，占污水处理总量的 25%，在水污染控制中起着重要的作用。

但是，这些普通塘系统有一些缺点和局限性而影响了其推广应用。其缺点主要有以下几点。

① 水力负荷率和有机负荷率较低和水力停留时间较长，如厌氧塘、兼性塘和最后净化塘

的水力停留时间往往为数十天，甚至数月至半年之久，占地面积大。因此塘系统在可用土地缺少和地价昂贵的地方，难以推广应用。

② 由于藻类增殖，往往使普通塘系统的出水含有较高浓度的 SS 和 BOD$_5$ 而超过规定的排放标准。为此需采用除藻技术，加设相应的处理设施，如筛滤、过滤、混凝沉淀、溶气上浮等，从而大大增加了塘系统的基建费和运行费。

③ 厌氧塘和兼性塘在有机负荷过高或翻塘时因酸性发酵而产生的硫化物臭味，会恶化周围环境，引起附近居民的不满和抗议。

因此，从 20 世纪 70 年代末开始，美国着手研究和开发了一些新型的单元塘和塘系统，这些高效的新型塘包括高级组合塘系统（AIPS）和双曝气功率多级串联塘系统（DMPC）等，它们与普通单元塘和塘系统相比具有如下一些优点和特点：a. 水力负荷率和有机负荷率较大，而水力停留时间较短，甚至很短，如只有数天之久；b. 节省能耗；c. 基建和运行费用较低；d. 能实现水的回收和再用以及其他资源的回收。

近年来，在我国以塘、土地和人工湿地系统为基础的污水生态处理系统由于其具有投资运行费用低、工艺简单、运行效果稳定和利于生态环境的可持续发展等特点，在众多的污水处理技术中逐渐显示出其独特的优势。我国近年来研究开发的污水处理与利用生态塘系统 （EWTUS）和生态塘（eco-pond），通过在塘中养鱼，放养鸭、鹅，种植水生作物等，建立起完善和复杂的人工生态系统，通过分解者（细菌、真菌）、生产者（藻类和其他水生植物）和消费者（原生动物、后生动物、底栖动物、高等动物如鱼、鸭、鹅、野生动物等）的分工协作，经过生物降解、同化，在食物链（网）的能量和物质的传递和迁移转化中去除了污水中的多种多样的污染物，并且将其最后转化为资源，如鱼、鸭、鹅、水生作物和净化的水等，同时实现污水净化和资源化，具有显著的环境效益、社会效益和经济效益。而由塘处理系统发展而来的多级塘-湿地复合生态系统以其投资省、运行管理费用低、易于操作、效果稳定、节约能源和改善生态环境等诸多优点，尤其是广谱高效地去除多种多样的污染物，如氮、磷等营养物，难降解有机化合物，重金属，细菌、病毒等而具有广泛的发展前景，被应用于许多城市污水、制浆造纸废水、纺织印染废水、化工和石油化工废水处理中。

十八届三中全会发表的全面深化改革的决定，将生态文明建设纳入中国特色社会主义事业五位一体总布局，而且在五大方面的深化改革和建设中起支持和保证作用；要进行生态文明体制和制度的建设，首先要抛弃过去粗放的经济和社会发展模式，高能耗、高资源消耗和高碳排放以及由此造成环境严重污染、生态恶化和局部破坏，使之难以持续发展，为此必须走资源和能源节约、低碳和循环经济的环境友好和生态良好的发展模式。

作为城市基础设施和环境保护设施的城镇污水和雨水管网、处理与再生系统，也要融入生态文明建设中，以实现：a. 污水和雨水处理资源化，实现其处理、净化、回收再用与循环；b. 污水处理产生的污泥减量化、无害化和资源化（有机肥料、土壤改良剂或燃料）；c. 城镇污水与雨水管网能真正起到保证城镇公共卫生和防止雨水洪涝灾害的作用。

本章中，主要通过对大庆石化废水复合塘-湿地生态处理系统、东营塘-湿地处理系统、鹰潭第三代塘系统和山东淄博市人工湿地的工程实例和运行效果的介绍，探讨塘-人工湿地系统对污水、工业废水及雨水处理及深度净化的机理。

8.2 大庆石化废水生态塘处理系统

8.2.1 大庆石化废水生态处理系统概况

青肯泡滞洪区位于安达市与肇东市交界处，属安达市管辖，是一座以滞洪、调洪为主，兼作育苇、养鱼的平原型水库。位于安达镇南东 12.5km，在青肯泡乡与羊草镇之间。地理位置在东经 125°29′~125°42′，北纬 46°16′~46°28′之间，面积 148km²，库容 2.45×10⁸m³。青肯泡滞洪区于 1967 年由肇东县建成，主体工程包括：上游（东侧）有兰西县的幸福排干，汇流入库；下游（南面）有 13 公里长，填筑土方为 20 万立方米的均质土坝。坝中段设单孔跨度 2.3m 的 6 孔钢筋混凝土桥式泄洪闸一座，秒泄洪量为 70m³；下接肇兰新河，以利泄洪。

大庆石化废水生态处理系统是从青肯泡滞洪区所分割出的一部分，地处松嫩平原南部末梢，位于肇东市的西北部，西与安达市羊草镇接壤，北邻青肯泡滞洪区，南部与宣化乡的曹家屯、张堂官屯、宣化畜牧场及肇东试验林场接壤。占地面积 25km²，总库容 2.42×10⁷m³。现介于东经 125°29′~125°36′，北纬 46°16′~46°20′。大庆石化废水生态处理系统的遥感影像见图 8.1。

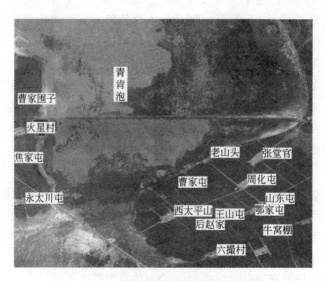

图 8.1 大庆石化废水生态处理系统遥感影像

大庆石化废水生态处理系统建于 1983 年，最初主要是作为大庆石化总公司经二级处理后的乙烯生产废水的最终排放和净化塘，1994 年大庆石化总公司又对该处理系统进行进一步地改造，由大庆石化设计院在笔者的指导下做了设计，在好氧塘-湿地前加设了厌氧塘和兼性塘，使之成为由厌氧塘、兼性塘、好氧-储存塘和芦苇湿地所组成的具有较高处理效能的乙烯生产废水深度净化生态系统，1998 年建成投入运行。

大庆石化总厂废水生态处理系统占地 2000hm²，由厌氧塘—兼性塘—好氧塘—芦苇湿地—冬季储存塘生态系统组成，其设计处理能力为 1.0×10⁵t/d，其总水力停留时间（HRT）约为

1年，进水主要为大庆石化总公司经完全混合式活性污泥工艺二级处理后的乙烯生产废水。目前，可保证该石化生产废水经处理后达到《城镇污水处理厂污染物排放标准》（GB 18918—2002）中的一级 B 类标准。通过塘和湿地中的细菌、藻类、原生动物、后生动物、水生植物、高等水生动物和水栖动物构成的食物链和生态系统对污水进行净化处理。经塘系统处理后，污水由黑灰变得清澈透明，塘中的芦苇、浮萍等水生植物郁郁葱葱，鸭、鹅引颈高歌。该处理系统照片如图 8.2 所示。

(a) 厌氧塘入口

(b) 兼氧塘入口

(c) 好氧塘与湿地出口

(d) 好氧塘与湿地中段

图 8.2　大庆石化废水多级塘-湿地生态系统照片

8.2.2　大庆石化废水生态处理系统工艺流程及运行原理

8.2.2.1　工艺流程

大庆石化废水生态处理系统是由厌氧塘、兼氧塘、好氧-储存塘和末端的芦苇湿地 4 部分组成。大庆石化废水生态处理系统的平面布置图和工艺流程如图 8.3 和 8.4 所示。图 8.5 为该生态处理系统厌氧塘和芦苇湿地的照片。来自大庆石化公司的原污水经 1# 和 3# 泵站增压后，经过 28km 长的排污管线首先进入青肯泡生态处理系统的厌氧塘，厌氧塘共设两组，并联运行，每塘长×宽为 500.144m×109m，水深 4m，污水停留时间约为 3.5d。厌氧塘出水经穿孔

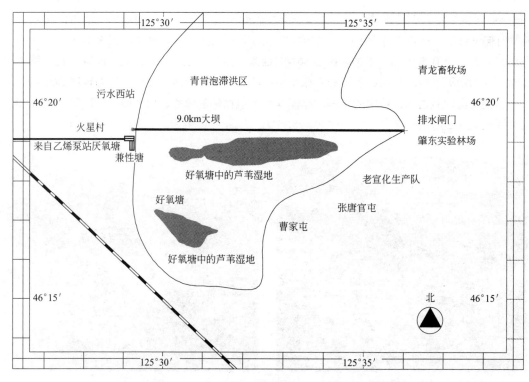

图8.3 大庆石化废水生态处理系统平面布置

图8.4 大庆石化废水生态处理系统工艺流程

图8.5 大庆石化生态处理系统

溢流管收集后进入兼氧塘。兼氧塘也为两组并联运行，每塘长×宽为 500.05m×109m，水深 3m，污水停留时间约为 3d。兼氧塘的出水经溢流堰和计量堰流入好氧塘，好氧塘占地面积为 2500hm²，在好氧-储存塘的中段和末段有较大面积（约 500~600hm²）天然生长的芦苇湿地，好氧-储存塘实行冬储夏排，10 月中旬至 4 月底停留 224d，4 月底提闸放水，停留 52d，最大放水流量 4.0m³/s（34.56×10⁴m³/d）。该生态系统的设计处理水量为 $1.0×10^5 t/d$，目前，该生态系统的进水量约为 $6×10^4 t/d$，污水的停留时间较长，加之塘中水分的蒸发和可能的渗漏，目前该生态系统可在全年 10 个月达到污水的"零"排放。

8.2.2.2 运行原理

大庆石化废水生态处理系统不是一个工业废水的纳污塘，而是对原污水中有机物质具有降解能力和处理效能的石化废水深度净化生态处理系统。在该生态系统中，各级塘是以太阳能为初始能源，通过在塘中的水生物，进行水产和水禽养殖，形成人工生态系统，在太阳能（日光辐射提供能量）作为初始能源的推动下，通过生态塘中多条食物链的物质迁移、转化和能量的逐级传递、转化，将进入塘中的污水中的有机污染物进行降解和转化，最后不仅去除了污染物，而且以水生作物和水产（如鱼、虾、蟹、蚌等）、水禽（如鸭、鹅等）的形式作为资源回收。大庆石化废水生态处理系统中不仅有分解者生物即细菌和真菌，生产者生物即藻类和其他水生植物，还有消费者生物，如鱼、鸭、鹅和野生水禽等，三者分工协作，对污水中的污染物进行更有效的处理与利用，细菌和真菌在厌氧塘、兼性塘和好氧塘中将有机物降解为二氧化碳、氨氮和磷酸盐等；藻类和其他水生植物（芦苇、香蒲和浮萍等）通过光合作用将这些无机产物作为营养物质吸收并增殖其机体，同时放出氧，供好氧菌继续氧化降解有机物。增长的微型藻类和细菌、真菌作为浮游动物（如轮虫和水蚤等）的饵料而使其繁殖；小型鱼类又作为鸭的精饲料使鸭生长，大型藻类如鸭草（浮萍）和沉水性植物，如金鱼藻、茨藻、黑藻等和其他水生植物也为鸭、鹅所消耗，形成了多条食物链，从而净化了污水。净化的污水也可作为再生水资源予以回收再用，使污水处理与利用结合起来，实现污水处理资源化。其工作示意如图 8.6 所示。

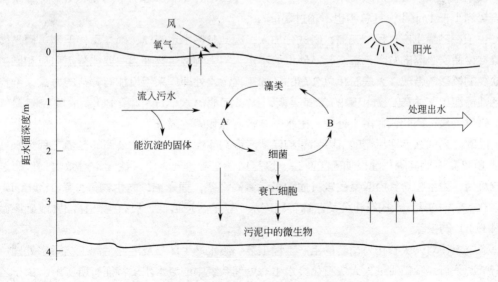

图 8.6 生态塘系统污染物去除机理

8.2.3　大庆石化废水生态处理系统运行处理效果

8.2.3.1　进水水质特征

虽然大庆石化废水生态处理系统中所接纳的经活性污泥工艺处理后的乙烯生产废水的污染物浓度已较低，但其进水水质的特性仍由乙烯生产过程中的工艺流程、生产装置、各排放点废水的成分所决定，因此了解乙烯生产工艺流程，以及作为前处理的活性污泥工艺的运行情况对于青肯泡石化废水生态处理系统进水水质特征的确定尤为重要。

目前，大庆石化总公司的乙烯生产工程规模已由 20 世纪 70 年代末的 3.0×10^5 t 扩建到了 4.8×10^5 t，在整个生产过程中生产装置较多，流程很长，装置废水排放点近百个，废水的成分也相当复杂。根据毛细管气相色谱/离子检测技术对原废水的测定，组成废水的有机污染物近 70 种，主要以芳烃为主，其次为烷烃。另外，据气相色谱的检测分析，废水中醇、醛的含量也在数十毫克每升左右，以丁醛、辛烯醛、辛醇、丁醇、异丁醇居多。

含油、含酚和含硫是乙烯生产废水的特点。含油工艺废水主要来自急冷水系统。造成急冷水排放的原因是急冷水乳化，乳化以后其传热效果下降，使那些依靠急冷水加热的加热器受热不良，从而影响工艺系统的平稳运行，故必须使用新鲜的锅炉给水置换乳化的急冷水，直至急冷水变清，以使其良好地传热；而置换下来的乳化急冷水则作为含油工艺废水进入排放系统。废碱液是碱洗塔排出的废液，也含有大量的黄油。含酚工艺废水来自稀释蒸汽发生系统。造成含酚工艺废水排放的主要原因是，稀释蒸汽发生器的连续排污和间断排污，这是保护发生器免受化学腐蚀的一种措施；另一个原因是稀释蒸汽发生系统能发生的蒸量太少，远不能将裂解炉出口裂解气中的水分全部转化为蒸汽加以利用。含硫废水来自裂解装置的胺碱洗系统。胺碱洗系统排放的废碱液和废胺液含有大量的硫，其 pH 值也高。这是维持生产所必需的排放。

表面活性剂、重金属、某些无机离子等含量也是抑制废水中微生物生长的物质，也是影响生化处理的重要因素之一。但在大庆石化公司乙烯生产过程中所有生产装置、辅助装置均不使用表面活性剂，其工艺生产过程中也不产生表面活性剂。因此，废水中不含有此类物质。另外，根据采用原子吸收对原废水的检测，废水中 Fe、Zn、Hg、Cu、Pb、Cr、Cd 7 种重金属离子含量均小于 1mg/L，其总和也不超过 1mg/L。

由于在乙烯生产过程中无氮、磷成分加入，因此其废水也无氮、磷物质，但氮、磷是微生物维持生命所必需的营养元素。若氮磷供给不足，将影响微生物细胞主要成分蛋白质和增殖不可缺少的核酸的合成。大庆石化总公司的乙烯工程污水处理厂采用投加营养盐的方式来维持整个活性污泥工艺中碳、氮和磷的营养平衡，按二沉池出水 $NH_3\text{-}N$ 和 PO_4^{3-} 浓度控制曝气池氮、磷供给量。因此，在污水处理厂出水中会含有氮和磷的成分。

同时，为增强活性污泥的沉降性能和保持污泥的活性，大庆石化公司的乙烯工程污水处理场从 1992 年开始向曝气池投加硫酸亚铁。这是由于在微量元素中，铁元素对微生物代谢过程影响最大，微生物对其摄取量也较其他微量元素高得多，据介绍，微生物每分解 $1mgBOD_5$ 需要 0.0012mg 的铁。大庆石化公司乙烯工程废水中铁的含量很低，只有另外补加才能确保微生物对 BOD_5 的去除。

通过上述对大庆石化公司乙烯生产工程工艺、废水产生环节及活性污泥工艺污水处理厂的运行情况分析，我们对进入大庆石化废水生态处理系统中的废水水质特征有所了解。由于乙烯工程生产流程复杂，生产装置多，各生产单元的工况均会影响废水水质，故废水中有些污染物的浓度较高，波动也相当人。在进入活性污泥工艺的污水处理厂的原废水中，COD 常在数百毫克每升到数千毫克每升之间变化，其平均值也居高不下，远远超过了设计进水值的标准，使污水处理厂的实际负荷也远远大于原设计标准，使完全混合活性污泥工艺污水处理厂的出水水质也难于达到排放标准，经常出现活性污泥翻池现象。因此，大庆石化总公司在青肯泡建立了由多级塘-芦苇湿地组成的生态处理系统，对二级处理出水进行深度处理。

在青肯泡石化废水生态处理系统的进水中，除常规监测指标外，还需对石油类、挥发酚、氰化物、硫化物及铁盐进行重点监测。经过 2004 年 1 月至 2005 年 1 月一年的监测，我们得到青肯泡石化废水生态处理系统进水水质的变化如表 8.1 所列。

☑ 表 8.1 　大庆石化废水生态处理系统进水水质

监测项目	进水水质	监测项目	进水水质
COD/(mg/L)	76.8～194(135.10)	挥发酚/(mg/L)	0.05～1.1017(0.103)
BOD_5/(mg/L)	6.6～36.5(25.01)	石油类/(mg/L)	12.16～1.26(4.625)
总固体/(mg/L)	998～1950(1541.43)	苯/(mg/L)	0.05
SS/(mg/L)	11～268(39.02)	甲苯/(mg/L)	0.05
溶解性固体/(mg/L)	980～1752(1396.5)	CN^-/(mg/L)	0.08～0.283(0.075)
pH 值	6.8～9.54(7.95)	F^-/(mg/L)	0～4.48(0.57)
TP/(mg/L)	0.23～2.7(1.52)	Cl^-/(mg/L)	55.32～85.1(71.39)
NH_3-N/(mg/L)	4.2～50.6(14.99)	Cd/(mg/L)	<0.005
NO_3^--N/(mg/L)	0.2～7.18(2.69)	Zn/(mg/L)	0.3
NO_2^--N/(mg/L)	0.05～1.3(0.587)	Pb/(mg/L)	<0.005
TN/(mg/L)	20.4～43.9(32.15)	Fe/(mg/L)	10.89
硬度(以 $CaCO_3$ 计)/(mg/L)	79～130(115)	Mn/(mg/L)	0.26
S^{2-}/(mg/L)	0.02～0.254(0.04)	Cu/(mg/L)	<0.013
SO_4^{2-}/(mg/L)	116.9～546.1(331.48)	Cr/(mg/L)	<0.01

注：括号里的数据为平均值。

根据《石油化工污染物排放标准》（GB 4281—84），可从青肯泡石化废水生态处理系统的进水中分析出其活性污泥工艺污水处理厂的运行效果，厌氧塘进水中的 COD 全年均可达到《石油化工污染物排放标准》中的一级标准即 200mg/L，BOD 全年可达到一级标准 60mg/L，SS 平均可达一级标准 100mg/L，硫化物、挥发酚和氰化物均全年可达一级标准，石油类平均值可达一级标准。

由乙烯生产工程原废水的特点和大庆石化废水生态处理系统厌氧塘进水特点可知经过活性污泥工艺对乙烯生产废水中有机物的降解作用，其出水中的有机物浓度大大降低，大庆石化废水生态处理系统厌氧塘的进水中所剩余的污染物主要是未被完全降解的小分子有机物、石油类、挥发酚、氰化物，所投加营养物质所剩余的氮磷物质以及投加硫酸铁所剩余的铁。在对大庆石化废水生态处理系统运行效能的分析中也主要围绕上述污染物的去除效果来进行。

8.2.3.2　石化废水生态处理系统对 COD、BOD_5 的去除效果

从青肯泡石化废水生态处理系统的进水水质来看，有机污染是主要的污染，通过对 2004 年全年对该生态处理系统中有机污染物的监测分析得出了有机污染的去除规律。图 8.7、图 8.8 为青肯泡石化废水生态处理系统对 COD、BOD_5 的去除效果。

由图 8.7 和图 8.8 可知，进水 COD 浓度在 76.8～194mg/L 之间波动，BOD 浓度在 6.6～36.5mg/L 之间波动，平均进水 COD 浓度为 135.10mg/L，BOD 浓度为 25.01mg/L。在排水闸门处的采样监测数据显示，出水 COD 浓度在 57.4～148mg/L 之间，BOD 浓度在 5.2～11.8mg/L 之间，平均出水 COD 和 BOD 浓度分别为 96.0833mg/L 和 8.531mg/L。大庆石化废

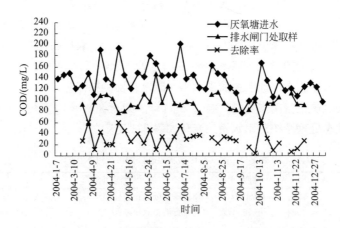

图 8.7 青肯泡石化废水生态处理系统中进出水 COD 的变化趋势

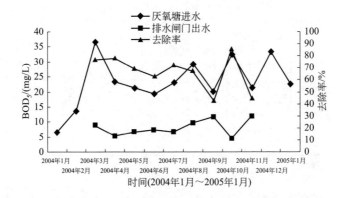

图 8.8 青肯泡石化废水生态处理系统中进出水 BOD_5 的变化趋势

水生态处理系统对 COD 的总去除率在 7.37%～64% 之间波动，平均去除率可达到 31%，BOD 的总去除率在 42%～86.10% 之间波动，平均去除率可达到 65.93%。但由该生态系统实行冬储夏排，2004 年分别在 4 月和 10 月进行开闸放水，因此在其他月份排水闸附近就形成了死水区，加之附近村的居民在其中放养鸭、鹅，使排水闸门处的水质又产生了二次污染，因此在测样的过程中，整个生态系统最终排放点的水质并不是十分理想，在好氧塘中部的芦苇湿地末端的水质反而较好，其出水 COD 平均值可达到 85mg/L，BOD 可达 5.83mg/L，其对 COD 的去除率平均可达 41%，对 BOD 的去除率可达 76.17%。尤其植物生长期（5～10 月）青肯泡石化废水生态处理系统的 COD 和 BOD_5 平均去除率均较植物非生长期（11 月至翌年 4 月）高（图 8.9）。

8.2.3.3 石化废水生态处理系统对氮的去除

在生态系统中，氮的去除机理是十分复杂的，主要是由于氮存在形式的多样性，包括有机氮、铵离子氮（NH_4^+）、硝酸盐氮及亚硝酸盐氮，通过氧化还原而相互转化。概括地说，氮的去除作用包括：塘内微生物、藻类、水生生物以及植物根系的吸收-吸附作用、硝化-反硝化作用和挥发作用。

对大庆石化废水生态处理系统一年的监测数据进行分析（图 8.10），进水 TN 浓度在 17.8～30.0mg/L 之间变化，平均进水 TN 浓度为 23.15mg/L，整个系统对 TN 的平均去除率为 53.78%。系统出水 TN 浓度在 6.7～17.5mg/L 之间波动，平均出水 TN 浓度为 10.63mg/L。

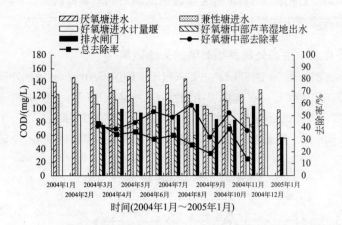

图 8.9　大庆石化废水生态系统中各处理单元中 COD 的变化趋势

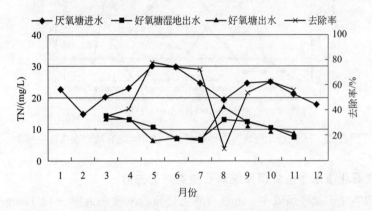

图 8.10　大庆石化废水生态处理系统进出水 TN 变化及去除率

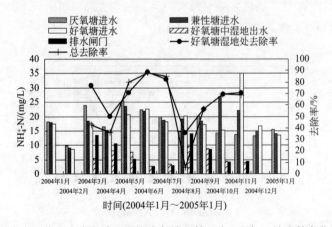

图 8.11　大庆石化废水生态处理系统中各处理单元中 NH_4^+-N 浓度的变化及去除率

　　大庆石化废水生态系统进水中的氨氮主要来自于乙烯活性污泥工艺污水处理厂为保证曝气池内营养的平衡而投加的氨盐。在系统运行期间，进水氨氮的浓度在 4.2～50.6mg/L 之间波动，平均进水 NH_4^+-N 浓度为 14.99mg/L。由图 8.11 可以看出 NH_4^+-N 在不同处理单元中的降解规律，系统排水闸门处 NH_4^+-N 在 2.8～14mg/L 之间波动，平均出水 NH_4^+-N 浓度值为

7.0mg/L。从图中可以看出，NH_4^+-N 的去除效率与季节的相关性较大，在气温较高的季节其去除率较高，最高去除率可达到 88.34％，全年的平均去除效率可达到 66％。

8.2.3.4 大庆石化废水生态处理系统对磷的去除效果

大庆石化废水生态处理系统中的 TP 主要来自于乙烯工程活性污泥污水处理厂为保证曝气池内营养的平衡而投加的磷酸盐。在本系统中进水 TP 浓度不是很高，在 0.23～2.7mg/L 之间波动，平均进水 TP 浓度为 1.52mg/L。生态系统出水 TP 浓度在 0.097～1.2mg/L 之间波动，平均出水 TP 浓度为 0.5mg/L。最大去除效率为 92％，平均去除效率可达到 72.78％（图 8.12）。

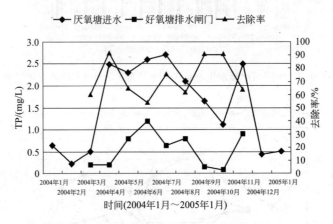

图 8.12　大庆石化废水生态处理系统中进出水 TP 浓度变化及去除率

8.2.3.5 大庆石化废水生态处理系统对石油类物的去除

大庆石化废水生态处理系统中，进水石油类物质的浓度在 1.26～12.16mg/L 之间，进水石油类物质的平均值为 4.6258mg/L。系统对石油类物质的去除率随季节的变化无太大的规律性，最高去除率为 83.05％，最低去除率为 3.63％，平均去除率可达到 39.93％。但由于 10 月份的开闸放水导致石油类物去除率偏低（图 8.13）。

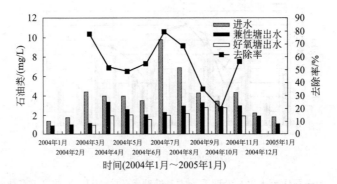

图 8.13　大庆石化废水生态系统进出水石油类物质的去除效率

8.2.3.6 大庆石化废水生态处理系统中 pH 值的变化规律

生态塘水中的 pH 值主要取决于生态塘土质的酸碱性以及水生植物的代谢能力。图 8.14 给出了大庆石化废水生态处理系统中 pH 值的变化规律。从试验结果可得出以下结论：

① 生态塘的土质对塘水中 pH 值的影响较大。大庆石化废水处理生态塘的进水 pH 值的平均值为 7.90，而出水的 pH 值增高到 8.5 以上。这与生态塘建在碱土层上，碱性物质的溶出有密切的关系。

② pH 值与光合作用强度有关。在植物生长期内，塘水的 pH 值一般都高于非生长期，并且具有一定的滞后性。这是由于藻类的光合作用所致。植物生长期内，水生植物的光合作用，使水中的 CO_2 浓度下降，从而使塘中 pH 值升高。变化的滞后性，则是由于藻类生物量的变化所引起。在植物生长初期，藻类的生物量较小，大量死亡，仍然保持着相当的生物量和光合作用的能力，因而水中的 pH 值仍较高。

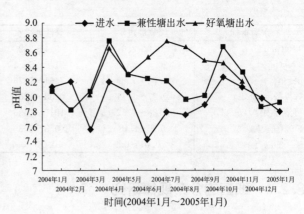

图 8.14 大庆石化废水生态系统中 pH 值的变化规律

③ 在植物非生长期，生态塘中的 pH 值降低，冬季生态塘的兼性塘和好氧塘冰封后，由于冰雪的覆盖阻止了大气复氧和光的照射，塘内的光合作用大为减弱或完全停止，塘内因缺氧而发生有机物的厌氧分解，产生了较多的有机酸，导致 pH 值下降。如图 8.14 所示，1 月、2 月、11 月、12 月为冰封期，由于进水温度较高，厌氧塘全年不结冰，兼性塘上层形成一层冰盖，好氧塘由于水深较浅全部结冰，从兼性塘破冰所测的结果来看其 pH 值均较低。

8.2.3.7 DO 的变化规律

溶解氧（DO）是影响生态塘处理效果的重要因素之一，它在水中的含量与入塘污水的有机物的含量、水生生物的光合作用强度、水温、风浪、复氧条件和生物的耗氧速度等因素有关。

在厌氧塘中，由于入塘污水的有机物浓度不高，加之植物生长期内藻类在塘内的繁殖，因此，在生长期内厌氧塘表层水中往往含有微量的 DO。好氧塘由于塘水很浅，水中的 DO 无分层现象。

在冬季，由于入塘污水中具有一定的温度，因此厌氧塘整个冬季不结冰，大气复氧以及原污水中含有的 DO，能使厌氧塘表层仍维持微量的 DO。兼性塘此时藻类生物量锐减，加之冰盖的形成，光合作用减弱，致使兼性塘内的 DO 值明显降低。

8.2.3.8 大庆石化废水生态处理系统各处理单元中污染物浓度变化范围

大庆石化废水生态处理系统中各处理单元中污染物浓度的变化范围如表 8.2 所列。

⊡ 表 8.2 大庆石化废水生态处理系统各构筑物中污染物浓度变化范围详表

水质指标	厌氧塘进水	兼性塘进水	好氧塘进水	好氧塘出水（均值）
SS/(mg/L)	11～268	46～222.1	36～202.5	10～79.24(32.5)
COD/(mg/L)	76.8～194	90.2～136.1	57.4～115.4	38.4～103.4(64.3)
BOD_5/(mg/L)	6.6～36.5	11.75～31.2	6.4～24.2	3.13～8.6(4.8)
NH_4^+-N/(mg/L)	4.2～50.6	15.1～26.87	12.3～22.6	2.8～14(5.6)
NO_2^--N/(mg/L)	0.2～7.18	<0.05～0.9	<0.05～0.6	<0.05(0.03)
NO_3^--N/(mg/L)	0.05～1.3	0.15～4.2	0.41～3.6	0.2～3.62(1.6)
硫酸盐/(mg/L)	424.7～625	308.8～726	477.2～849	315～464.1(378.4)

水质指标	厌氧塘进水	兼性塘进水	好氧塘进水	好氧塘出水(均值)
TP/(mg/L)	0.2~2.6	0.4~3.2	0.5~1.2	0.153~0.4(0.25)
TN/(mg/L)	20.4~43.9	21.9~59.4	14.89~46.3	7.9~11.5(9.3)
pH 值	7.78~7.89	7.61~7.75	7.35~7.92	8.10~8.24(8.16)
挥发酚/(mg/L)	0.27~1.11	0.08~1.06	0.02~0.05	0.003~0.01(0.005)
可溶性固体/(mg/L)	1138~1752	1017~1536	1065~1568	1688~1872(1768)
F⁻/(mg/L)	0.8~4.48	0.8~3.3	0.9~4.66	0.8~5.03(2.18)
S^{2-}/(mg/L)	<0.01~0.9	<0.01~0.7	<0.01~0.56	<0.01

8.2.4 细菌的分布规律研究

8.2.4.1 细菌数量的变化规律

细菌是氧化塘中主要的分解者,有机污染物经过其矿化作用,最终被分解成水和二氧化碳等无机物质,使污水得到净化。同时随着环境营养物的减少,不利于细菌的生长,也导致了细菌数量的相应减少。由于厌氧塘进水为石化废水和生活污水的混体,因此厌氧塘内的细菌种类及分布十分复杂。我们采用显微计数法和平板菌落计数法,对青肯泡氧化塘中细菌数量的变化规律进行了研究。

氧化塘中细菌的来源有两个方面:一是水中自然生长的;二是随着污水、雨水、污染物及空气等进入的,其中主要是随污水进入的。因此,我们对原污水的细菌数量也进行了测定。通过几年的研究可知,青肯泡氧化塘各塘细菌数量的变化是逐级减少的,见图 8.15。这种现象无论是在植物生长期还是在植物非生长期都是相同的,只不过表现程度不同而已。

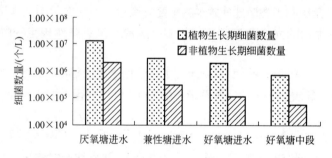

图 8.15 植物生长期和非生长期各塘内细菌数量变化

细菌总数和大肠菌群数是废水生物处理过程中的重要指标,不仅反映处理的效果也反映出废水的可生化性。在厌氧塘污水中,污染物的浓度高,细菌数量也相应较大,从而在塘中形成较厚的底泥。在好氧塘中,水质已大为好转,水中的有机物含量大大降低,限制了细菌的增长;同时,由于好氧塘的水深较浅,阳光紫外线的杀菌作用,以及高等动物的吞噬等,都导致了细菌数量的减少,因此,好氧塘中的细菌数量很低。在植物生长期和植物非生长期,总细菌量和大肠杆菌群的年平均去除率均可达 90%左右。

从图 8.16 中可以看出氧化塘细菌总数和大肠菌群数均较低,都在 10^8 个/L 以下,在总体上从原水到闸门出水,二者都有下降的趋势,在闸门出水中其数量都在 10^6 个/L 左右,细菌的去除率达 90%。但在该过程中,大肠菌群数变化不大,而且在闸门出水中有所升高,分析认为这可能与闸门山水口与居民区较近,有较多鸭鹅等家禽在其中排放的粪便有关。

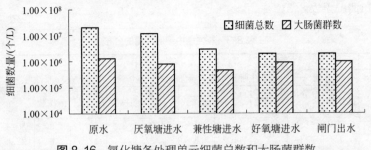

图 8.16　氧化塘各处理单元细菌总数和大肠菌群数

总之，细菌数量的变化主要与有机污染物的浓度和温度的变化有关。有机污染物质浓度高时，细菌的数量多；在多级塘系统中，从进水到出水细菌数量的减少与有机污染物的减少是一致的。此外，还可看出，细菌数量的变化是受温度控制的，温度高时，各塘的细菌的数量相应增多；温度低时，各塘的细菌的数量也相应减少，但从整个系统看，其去除规律不变。

8.2.4.2　细菌数量的分布规律

细菌作为分解者，在氧化塘中起着降解有机物的重要作用，因此，它的数量和活性决定着氧化塘的净化效率。氧化塘内细菌的生物量表现出由厌氧塘→兼性塘→好氧塘逐渐下降的现象，即随着水质的净化，细菌的生物量逐渐减少。图 8.17 绘出了大庆石化废水生态处理系统细菌数量的逐月变化。

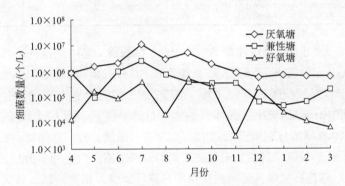

图 8.17　大庆石化废水生态处理系统细菌数量的逐月变化

从图 8.17 可看出，7 月前后水温较高，细菌的活性较强，增殖速度加快，因此此时的细菌的生物量最大。

生态处理系统各塘底泥中细菌的数量也呈现逐渐递减的规律，经测定厌氧塘表层污泥中细菌的数量为 $10^9 \sim 10^{10}$ MPN/g 干污泥；兼性塘和好氧塘分别为 $10^7 \sim 10^8$ MPN/g 干污泥和 $10^6 \sim 10^7$ MPN/g 干污泥。

8.2.4.3　细菌种群的变化规律

兼性塘中细菌的数量虽然略低于厌氧塘，但是它的细菌种群类型却远大于厌氧塘，是各塘中细菌种类最多的塘。因此，我们对 2 月、5 月和 8 月兼性塘中细菌种类进行了较详细的研究。

（1）细菌种类的鉴定

取兼性塘进出口断面的混合水，经分离纯化后得到 143 株细菌，分别属于 17 个属，各菌属的种类及分布情况见表 8.3。

⊡ 表8.3　兼性塘中细菌种属的分布

月份	2 月				5 月				8 月			
	兼性塘 A		兼性塘 B		兼性塘 A		兼性塘 B		兼性塘 A		兼性塘 B	
细菌种属	菌株数	百分比/%	菌株数	百分比/%	菌株数	百分比/%	菌株数	百分比/%	菌株数	百分比/%	菌株数	百分比/%
芽孢杆菌属	11	61.1	13	47.8	4	14.3	3	13.4	8	30.4	8	37.6
假单胞菌属	1	5.6	3	11.2	5	17.3	3	13.5	6	22.5	5	23.8
短杆菌属	3	16.7	7	25.8	4	14.3	2	9.4	2	7.8	2	10.0
产碱杆菌属	1	5.6	2	7.01	3	10.2	3	14.3	2	7.9	1	4.8
动胶菌属	0	0	0	0	1	3.1	2	9.3	2	7.8	0	0
无色细菌属	0	0	1	4.1	2	7.1	0	0	1	3.9	0	0
不动细菌属	0	0	0	0	1	3.0	0	0	0	0	3	13.9
微杆菌属	0	0	0	0	2	7.2	1	4.7	1	3.9	0	0
微球菌属	0	0	0	0	2	7.2	1	4.7	1	3.9	0	0
埃希氏菌属	0	0	0	0	4	14.2	1	4.9	2	8.1	1	4.9
柠檬酸菌属	0	0	0	0	0	0	0	0	1	3.9	1	5.0
克雷伯氏菌属	0	0	0	0	0	0	2	8.6	0	0	0	0
邻单胞菌属	0	0	0	0	1	3.0	1	4.8	0	0	0	0
志贺氏菌属	1	5.5	0	0	0	0	1	4.7	0	0	0	0
沙门氏菌属	1	5.5	0	0	0	0	0	0	0	0	0	0
葡萄球菌属	0	0	0	0	1	3.2	1	4.7	0	0	0	0
节细菌属	0	0	1	4.2	0	0	0	0	0	0	0	0
未知菌属	0	0	0	0	0	0	1	4.8	0	0	0	0
总菌株数	18		27		29		22		26		21	

从测定结果可以看出，2 月兼性塘 A 共分出 18 株细菌，其中芽孢杆菌属为优势菌属，占 61.1%；其次是短杆菌属，占 16.6%。在兼性塘 B，共分出 27 株细菌，芽孢杆菌属为优势菌属，占 48.1%，其次是短杆菌属占 25.9%，这两个属的菌均为革兰氏阳性菌。

5 月，兼性塘中由于细菌的种类很多（约为 2 月的 2 倍），所以无明显的绝对优势菌属。兼性塘 A 分出的 29 株细菌分别属于 12 个属，以芽孢杆菌属、假单胞菌属、短杆菌、产碱杆菌属和埃希氏菌属为优势菌属，其次是无色细菌属和微球菌属；兼性塘 B 分出的 22 株细菌分别属于 12 个菌属，以芽孢杆菌属、假单胞菌属和产碱杆菌属为优势菌属，其次为短杆菌属、动胶菌属和克雷伯氏菌属。从总体上看 5 月兼性塘是以革兰氏阴性菌占优势，这进一步说明，由于水温的升高，水质条件的改善，使细菌逐步从低活性状态进入旺盛的代谢阶段，因此各塘分离出的细菌不但多，而且也较为复杂。

8 月，兼性塘 A 中分出 26 株细菌，分别属于 10 个属；兼性塘 B 中共分出 21 株细菌，分别属于 7 个属。兼性塘 A 以芽孢杆菌属和假单胞菌属为优势菌属，其次为短杆菌属、产碱杆菌属、动胶菌属和埃希氏菌属；兼性塘 B 的优势菌属也是芽孢杆菌属和假单胞菌属，其次为不动细菌属和短杆菌属。两塘的优势菌属为芽孢杆菌属和假单胞菌属，从总体上看，革兰氏阴性菌略占优势。另外，从细菌种类的变化来看，兼性塘 A 变化不大，而兼性塘 B 变化较明显，由此可知，兼性塘 A 的环境条件较稳定。

8 月，对兼性塘进水和出水的细菌种类进行了鉴定，其进水处的优势菌种属芽孢杆菌属，其次为短杆菌属和假单胞杆菌属；出水的优势菌属也是芽孢杆菌属，其次为假单胞菌属和短杆菌属。从总体上讲，兼性塘以革兰氏阳性菌为主，其细菌的种类也较少，这是因为兼性塘的进水主要是石油化工废水，水质很复杂的缘故。

总之，从以上的鉴定结果来看，兼性塘中的细菌主要是芽胞杆菌属、假单胞杆菌属、短杆菌属、产碱杆菌属和动胶菌属，其中芽胞杆菌属所占比例较大。

将兼性塘 A 的 3 次鉴定综合结果，以及兼性塘 B 的鉴定结果中芽孢菌与非芽孢菌所占的比例列于表 8-4 中，从该表中可知，非芽孢细菌占多数，这与营养丰富的湖泊中细菌组成的特征是一致的，说明兼性塘的水质仍是较差的。

⊡ 表 8.4 芽孢菌与非芽孢菌所占比例

项目	总菌株数	芽孢菌		非芽孢菌	
		菌株数	占总菌株数/%	菌株数	占总菌株数/%
兼性塘 A	73	25	34.2	48	65.8
兼性塘 B	70	24	34.3	46	65.7

在室内模型塘中共鉴定出 191 株菌，分属于 19 个属，其优势菌株基本同于大庆石化废水生态处理系统。

（2）优势种群的变化和作用

兼性塘细菌种群的鉴定结果表明，随着季节的变化，细菌的优势种属也相应发生了变化。在冬季，兼性塘以革兰氏阳性菌（芽孢杆菌）为主；在夏季和春季，则以革兰氏阴性菌占优势，尽管如此，以细菌种群的变化来看芽孢杆菌属始终处于优势地位，这一问题可以依据该菌属的特殊性来解释。

芽孢杆菌属能形成对恶劣环境条件具有很强抗性能力的休眠体——芽孢，该属的菌为化能异养菌，可以利用各种底物进行严格呼吸代谢、严格发酵代谢或呼吸和发酵皆有的代谢，有些细菌还具有反硝化作用。许多芽孢杆菌产生胞外水解酶，使多糖、核酸和脂类发生分解，并能利用这些产物作为碳源和能源，因此芽孢杆菌具有广泛的适应性。在生态系统的塘中，各种环境因素变化很复杂，尤其是温度，当冬季兼性塘处于冰封状态，温度处于 5℃ 以下，芽孢杆菌和其他细菌一样，活性低，代谢慢，处于休眠状态，所以氧化塘的净化效率较低；当温度升高，各种菌的代谢活性提高，种类增多，氧化塘的净化效率逐步提高。

通过对兼性塘进水和出水细菌种群的鉴定可以知道，细菌种群变化不明显，而且优势菌属基本一致，这与进出水的细菌活菌数量相差不大的结果相吻合。

为了便于讨论优势种群在氧化塘中的作用，在此将它们与水质有关的主要生理生化特性列于表 8.5 中。

⊡ 表 8.5 细菌鉴定中与水质有关的生理生化特征

菌类	生理生化特征								
	糖类利用	淀粉酶	硝酸盐还原	吲哚	H_2S	产氨酸	明胶液化	接触酶	石蕊牛奶
芽孢杆菌属	±	±	±	±	−	±	±	±	±
假单胞菌属	±	±	±	±	−	±	±	+	±
短杆菌属	±	±	±	−	−	±	±	±	±
产碱杆菌属	−	−	±	−	−	+	±	±	+
动胶菌属	+	±	±	−	−	±	±	±	±
埃希氏菌属	+	±	+	+	−	+	−	+	+
微杆菌属	±	±	±	−	−	±	±	+	±
不动细菌属	±	±	±	−	−	±	+	+	±
微球菌属	±	±	±	−	−	±	−	+	+

注：1. "糖类利用"主要以葡萄糖为代表。

2. "±"表示有的种为阳性，有的为阴性。

从表 8.5 中可知，除微球菌属可利用的有机物质较少外，其余各属的菌一般都具有分解蛋白质、脱羧、产氨、液化明胶的作用，说明兼性塘中分解含氮有机物的作用很旺盛。尤其是产氨和对硝酸盐的还原，在氮循环中起很重要作用。值得注意的是，所有的菌属不从有机物的作用中产生硫化氢表明水中含硫有机物较少。在各属中，芽孢杆菌属和假单胞菌属对各种底物的利用较为复杂。属内不同种的菌对底物的利用是多样的，因此它们成为了氧化塘中的优势菌属，同时也说明它们对水质的变化具有广泛的适应性。从模型塘优势种属来看，与实际塘相近，其作用和变化也如上所述。

8.2.4.4 菌群结构和多样性分析

本节主要采用先进的分子检测技术（PCR-DGGE），对大庆石化废水生态处理系统中菌群结构和多样性进行定性和定量分析（细菌计数和鉴定），结合各塘中水质条件和运行参数，分析大庆石化废水生态处理系统中细菌的群落结构和动态变化，以期为氧化塘的高效稳定运行提供参考。

（1）DGGE 实验方法

1）取样与总 DNA 的提取

① 取样。采用取泥器在兼性塘的入口和出口处取底泥，放入灭菌的 10mL 离心管中，将样品放入自制的冰盒中，10h 后带回实验室分析提取 DNA。

② 基因组 DNA 的提取。采用改进的化学裂解法直接从活性污泥中提取基因组 DNA。

2）提取缓冲液　CTAB-NaCl 溶液（10%CTAB，0.17mol/L NaCl），在 80mL H_2O 中溶解 411g NaCl，缓慢加入 CTAB（十六烷基三乙酸溴化铵），同时加热并搅拌，定容体积至 100mL。

3）活性污泥样品处理　将 1g 活性污泥用无菌水洗 3 次后，用液氮将污泥沉淀研成粉末，取 100mg 污泥粉末，加入 567μL 的 TE 缓冲液重悬，加 30μL 质量浓度 10%SDS 和 3μL 20mg/mL 的蛋白酶 K 混匀，于 37℃温育 1h。

4）基因组 DNA 的抽提　加入 100μL 5mol/L 的 NaCl，充分混匀，再加入 80μL CTAB-NaCl 溶液，混匀，于 65℃温育 10min。加入等体积的氯仿、异戊醇，混匀，12000r/min 离心 4～5min。将上清液转入一只新离心管中，加入等体积的酚、氯仿、异戊醇，混匀，离心 5min，将上清液转入一只离心管中。加入 0.16 倍体积异丙醇，醇沉 30min。12000r/min 离心 5min，弃上清，抽真空干燥后，重溶于 50μL TE 缓冲液。

（2）基因组 DNA 的纯化

提取活性污泥 DNA，采用上海华舜 DNA 柱式纯化试剂盒纯化 DNA 粗提液，将纯化后的基因组 DNA 作为聚合酶链反应（PCR）的模板。

（3）基因组 DNA 的 PCR 扩增

使用 Applied Biosystem 的 GeneAmp PCR system 9700 型基因扩增仪。

1）引物　以大多数细菌和古细菌的 16S rRNA 基因通用引物扩增引物 BSF968 GC（5′-AACGCGAAGAACCTTAC-3′）（GC 夹序列为：5′- CGC CCG CCG CGC CCC GCG CCC GTC CCGCCG CCC CCG CCC G-3′）和 BSR1401（5′-GCGTGTGTACA AGACCC-3′）。

2）PCR 反应体系　100μL 的 PCR 反应体系组成如下：100ng 模板、40pmol 正反引物、200μmol/L dNTPs（每种 10mmol/L）、10μL 的 10×PCR buffer（MgCl$_2$）、215U 的 Pfu DNA 聚合酶，无菌纯水补齐到 100μL。

3）PCR 反应条件　采用降落 PCR 策略扩增，95℃预变性 5min，94℃变性 1min，65℃退火 1min，72℃延伸 30s，每个循环退火温度降低 0.5℃，30 个循环，72℃最终延伸 8min。PCR 反应的产物用 1％琼脂糖凝胶电泳检测。

（4）变性梯度凝胶电泳（DGGE）分析

采用 Bio-Rad 公司 Dcode 基因突变检测系统对 PCR 扩增产物进行分析。

1）变性梯度胶的制备　使用梯度混合装置，制备 8％的聚丙烯酰胺凝胶，变性剂浓度从 30％到 60％（100％的变性剂为 7mol/L 的尿素和 40％的去离子甲酰胺的混合物），其中变性剂的浓度从胶的上方向下方依次递增。

2）PCR 样品的加样　待变性梯度胶完全凝固后，将胶板放入装有电泳缓冲液的电泳槽中，取 PCR 样品 5μL 和 10 倍加样缓冲液混合后加入上样孔。

3）电泳及染色　在 150V 的电压下，60℃电泳 4h。电泳结束后将凝胶进行银染。

4）胶图扫描　将染色后的凝胶用 UMAX 透射扫描仪扫描后获取胶图，在凝胶两面覆上干胶膜，用干胶夹定型，自然干燥后长期保存。

（5）反应器中微生物群落的多样性分析

选取含量较大或变化较大的条带按 Tebbe 等方法回收 DNA。取回收的 DNA 为模板，以 BSF968／BSR1401 为引物，采用同前体系和 PCR 程序进行扩增。对 PCR 产物切胶纯化后（纯化试剂盒，上海华舜），按产品说明书克隆进 T-载体（pMD19-T，宝生物）。对转化子的筛选采用了蓝白斑及菌落 PCR 的方法，PCR 直接以白斑菌落为模板，采用能与 T-载体插入点两侧特异结合的 M13 通用引物进行检测。每条带选取 3 个克隆，同样以 M13 通用引物进行测序（ABI 3730）。

将测得的序列通过 RDP 中的 Sequence Match 进行分类，继以软件 Sequencher 5.0（Gene Codes）将相似性高于 95％的序列归为同一个 OTU，将不同的 OTU 通过 BLAST 与数据库中的序列进行对比分析。

（6）试验内容

包括：a. 对氧化塘各取水口的水中细菌总数和大肠菌群数进行分析；b. 对兼性塘入口和出口处的底泥采用 DGGE 技术进行细菌群落结构和多样性分析。

（7）细菌总 DNA 提取

采用冻融法和化学裂解法相结合提取厌氧活性污泥的基因组 DNA。通过无菌水洗厌氧活性污泥沉淀，可以降低样品中的腐殖质等杂质的含量。通过液氮冷冻和温浴，以及溶菌酶和表面活性剂等手段尽可能地使全部菌体破胞，使 DNA 最大限度地释放出来，从而保证获得全部细菌基因组 DNA，并增加 DNA 提取收率。提取厌氧活性污泥基因组 DNA 后，经过 RNase 去除 RNA，然后测定其含量和纯度。提取的 DNA 用 1％的琼脂糖在 100V 电压下进行电泳。图 8.18 所示为兼性塘进出水口处底泥的细菌基因组 DNA。

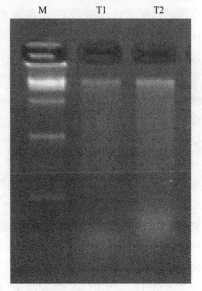

图 8.18　污泥基因组 DNA 琼脂糖凝胶电泳图谱

M：DL15000；T1 和 T2：兼性塘进水底泥和出水底泥

（8）细菌总 DNA 纯化

氧化塘活性污泥中含有大量的腐殖质等杂质，并且在 DNA 提取过程中还有一些试剂是

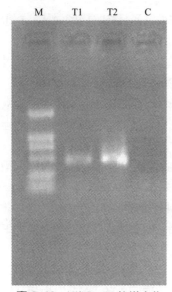

图 8.19 污泥 PCR 扩增产物
琼脂糖凝胶电泳图谱

M：DL2000；T1 和 T2：兼性塘进
水底泥和出水底泥；C：空白

PCR 扩增反应的抑制剂，直接进行 PCR 扩增往往不能获得扩增产物。因此，在 PCR 扩增之前需要对活性污泥的基因组 DNA 粗提液进行纯化。本实验采用上海华舜 DNA 柱式纯化试剂盒对活性污泥的基因组 DNA 粗提液进行了纯化。虽然纯化后活性污泥的基因组 DNA 产量会有所损失，但纯化后的基因组 DNA 样品中 PCR 反应抑制剂的含量大大降低，保证了后续 PCR 扩增的高效性和真实性。

（9）基因组 DNA 的 PCR 扩增

以等量的污泥基因组 DNA 为模板，采用对大多数细菌和古细菌的 16S rRNA 基因通用引物 BSF968 GC/BSR1401 对每个活性污泥样品的基因组 DNA 进行扩增，在引物 BSF968 的 3 端添加 GC 夹以提高后续扩增产物在 DGGE 分析时的分离效果。本实验采用降落 PCR 对基因组 DNA 进行扩增，以提高样品的扩增特异性，降低 DGGE 分析的误差。氧化塘活性污泥 PCR 扩增结果如图 8.19 所示，经 PCR 反应后获得了污泥细菌 16SrRNA 基因的目的片段，琼脂糖凝胶电泳显示片段大小约 500bp。

（10）DGGE 分析

根据变性梯度凝胶电泳（DGGE）对具有相同大小而不同 DNA 序列的片段分离原理，可以得知两个活性污泥的 PCR 产物中含有十几种不同序列的 DNA 片段，它们是一些特异微生物种类的 16S rRNA 基因的 DNA 片段，每个独立分离的 DNA 片段原理上可以代表一个微生物种属。电泳条带越多说明生物多样性丰富，条带信号越强，表示该种属的数量越多，从而确定不同活性污泥中所含有的微生物的种类和数量关系，得出其中微生物多样性的信息。

在图 8.20 中可以看出，兼性塘进水口底泥和出水口底泥细菌的种群多样性相差不大，都出现 9 条明显的条带，如图 8.20 所示分别为 T1～T9 和 T1、T2、T3、T5、T7、T8、T10、T11、T12。但也可以看到兼性塘入口有 4 条较亮的条带，而出口只有 1 条，这说明兼性塘入口占优势的种群较多。

条带 T1、T2、T3、T5、T7 和 T8 为兼性塘的进水口和出水口底泥的共同条带，说明这些种群在降解污染物的过程中发挥着重要的作用。这说明氧化塘在运行过程中，一些种属的微生物一直存在，并且在微生物群落的物质和能量代谢中发挥着作用，是一些生态幅比较广泛或是对降解该废水处理系统中主要污染物起重要作用的种属。T4、T6 和 T9 为兼性塘入口底泥的特异性条带，T10、T11 和 T12 为兼性塘出口底泥的特异性条带，其代表的种群是特定生态条件下微生物群

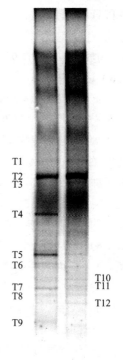

图 8.20 污泥 DGGE 电泳图谱
T1 和 T2：兼性塘进水
底泥和出水底泥

落的特征种属。在污水处理系统的污泥中既存在着共同的微生物种属，同时也存在着各自独特的微生物种属，微生物种属之间通过协同和竞争作用，形成了特定生态位的群落结构。

（11）种群的组成分析

对图中部分 DGGE 条带（T1～T12）进行回收（其中 T3 未收回），再扩增并克隆后，每个条带随机选取 3 个转化子进行测序，长度约 400bp，共测得 33 个转化子，通过 RDP 中的 Sequence Match（序列匹配）对所测序列进行分类，33 个克隆分别属两个门，厚壁菌门（Firmicutes）和变形菌门（Proteobacteria），由表 8.6 可知变形菌门（Proteobacteria）的细菌在青肯泡氧化塘系统中是绝对优势菌群。其中变形菌门（Proteobacteria）各纲所占比例为：α-变形菌纲（Alphaproteobacteria），10.0%；β-变形菌纲（Betaproteobacteria），30.0%；δ-变形菌纲（Deltaproteobacteria），10.0%；γ-变形菌纲（Gammaproteobacteria），40.0%；未分类变形菌门（unclassified Proteobacteria），10.0%。文献表明，变形菌门（Proteobacteria）是细菌中最大的一门，其都为革兰氏阴性菌，包含多种代谢种类。大多数细菌营兼性或者专性厌氧及异养生活，其中 β-变形菌纲和 δ-变形菌纲中的很多细菌可以在环境样品如废水或土壤中发现。β-变形菌包括很多好氧或兼性细菌，如可以氧化氨的亚硝化单胞菌属（Nitrosomonas）和可以聚磷的红环菌属（Rhodocyclus）。δ-变形菌包括基本好氧的形成子实体的黏细菌和严格厌氧的一些种类，如硫酸盐还原菌［脱硫弧菌属（Desulfovibrio）、脱硫菌属（Desulfobacter）、脱硫球菌属（Desulfococcus）、脱硫线菌属（Desulfonema）等］和硫还原菌［如除硫单胞菌属（Desulfuromonas）］等。

⊡ 表 8.6　通过 Sequence Match 对 33 个克隆所测序列进行系统分类

条带序号	门	纲
T1-1, T1-2, T1-4	厚壁菌门	—
T2-1, T2-2, T2-3	变形菌门	β-变形菌纲（Betaproteobacteria）
T4-3, T4-4, T4-5		Deltaproteobacteria-δ-变形菌纲
T5-1, T5-3, T5-4		Gammaproteobacteria-γ-变形菌纲
T6-4, T6-6, T6-7		Betaproteobacteria β-变形菌纲
T7-4, T7-5, T7-8		Unclassified Proteobacteria 未分类的变形菌纲
T8-4, T8-5, T8-6		Betaproteobacteria β-变形菌纲
T9-2, T9-3, T9-4		Gammaproteobacteria γ-变形菌纲
T10-4, T10-5, T10-6		Gammaproteobacteria γ-变形菌纲
T11-5, T11-7, T11-9		Alphaproteobacteria α-变形菌纲
T12-6, T12-7, T12-8		Gammaproteobacteria γ-变形菌纲

采用 Sequencher 5.0 比较 33 个测得的克隆子，设置最小匹配 95%，最小重叠 100bp，得到 10 个不同的 OTU；由于对 DGGE 图谱中的主要条带均进行了克隆测序分析，其多样性能够代表大庆石化废水生态处理系统中的微生物种群结构。值得注意的是，条带 T5 和 T9 同属于一个 OUT，这是在 DGGE 等指纹技术中无法避免的。通过指纹技术进行菌群多样性分析中会出现一个条带包含多个 OUT 或一个 OUT 包含多个条带的现象，这由于不同序列在变性胶中可能具有相同的变性温度，或一种细菌的序列片段具有多个变性区域。10 个 OTU 通过 BLASTn 和 Sequence Match 序列比对结果见表 8.7。根据图 8.20，发现条带 T1、T2、T5、T7 和 T8 为兼性塘的进水口和出水口底泥的共同条带。由表 8.7 可知这些共同条带的序列与下列各属菌株的同源性最高：未分类梭菌目（Unclassified Clostridiale）的未培养菌株（Uncultured bacterium）MTCE-T2，单胞菌属（Brachymonas）的石油果菌（Brachymonas petroleovorans）CHX，不动杆菌属（Acinetobacter）属的格氏不动杆菌杆（Acinetobacter grimontii *strain*）NIPH 2283，未分类变形菌（Unclassified Proteobacteria）纲的未培养菌克隆（Uncultured bacterium clone）E1b5，硫杆菌（*Thiobacillus*）属的未培养菌克隆（Uncultured bacterium clone）E1c3。文献表明，与条带 T1 所测序列相似度最高的未培养菌株（Uncultured bacterium）MTCE-T2 是在分析四氯乙烯脱氯（TCE-dechlorinating）菌群多样性中发现的菌株，另外，陈悟等从油田联合污水处理站地面污水中分离的两株兼性厌氧硫酸盐还原菌，也同属于厚壁菌门（Firmicutes）、梭菌纲（Clostridia）、梭菌目（Clostridiales），其可利用苯环化合物作为唯一碳源。由此推断条带 T1 所代表的细菌对石油类污染物具有降解或代谢能力。与条带 T2 序列同源性为 97% 的菌株 Brachymonas Petroleovorans CHX 是一株具有环己烷降解（cyclohexane-degrading）能力的 β-变形菌纲的细菌，与条带 T7 和 T8 相似性分别为 99% 和 98% 的菌株均来自工业废水处理系统，其中一株为硫杆状菌属，具有脱硫能力。此外，兼性塘进口底泥中具有的特异条带 T6 和出口底泥中具有的特异条带 T12 与可培养菲降解菌（phenanthrene degraders）和可培养联苯降解菌同源性分别为 99% 和 93%，因此说明 T6 所代表的细菌即为菲降解菌，T12 所代表的细菌可能具有降解联苯（biphenyl）的功能。综上可以看出，由于青肯泡氧化塘所处理废水主要为石化废水，因此在氧化塘底部存在大量具有代谢或降解石油类物质的细菌群落，使得青肯泡氧化塘能够高效稳定运行。

⊡ 表 8.7　通过 BLASTn 和 Sequence Match 对 10 个 OTU 进行相似性检索结果

OTU	条带序号	相似性覆盖度/%	最相近菌株及其 GenBank 登录号	最相近菌属
1	T1-1,T1-2,T1-4	97/100	未分类（Uncultured bacterium）MTCE-T2 AY217429	未分类 梭菌属（*Clostridiale*）
2	T2-1,T2-2,T2-3	97/82	Brachymonas petroleovorans CHX AY275432	*Brachymonas* 单胞菌属
3	T4-3,T4-4,T4-5	99/100	Uncultured bacterium clone 35-60 DQ833495	*Bdellovibrio* 蛭弧菌属
4	T5-1,T5-3,T5-4,T9-2, T9-3,T9-4	99/100	格氏不动杆菌属 Acinetobacter grimontii strain NIPH 2283 AM410706	*Acinetobacter* 不动杆菌属
5	T6-4,T6-6 T6-7	99/100	Phenanthrene-degrading bacterium 70-2 AY177375 降菌菲解	未分类 *Oxalobacteraceae* 草酸杆菌科
6	T7-4,T7-5,T7-8	99/100	Uncultured bacterium clone E1b5 DQ676759	未分类 *Proteobacteria* 度形菌门
7	T8-4,T8-5,T8-6	98/100	Uncultured bacterium clone E1c3 DQ676719	*Thiobacillus* 硫杆菌
8	T10-4,T10-5,T10-6	98/91	Uncultured bacterium EF113254	*Hydrocarboniphaga* 大庆食烃菌属
9	T11-5,T11-7,T11-9	98/100	Uncultured bacterium clone HP1B71 AF502215	*Rhodobacter* 红杆菌属
10	T12-6,T12-7,T12-8	93/100	金氏戴氏菌株 Dyella ginsengisoli strain LA-4 EF191354	*Dyella* 戴氏菌属

兼性塘进口底泥中具有的特异条带 T4 与在官厅水库底泥中发现的蛭弧菌属（*Bdellov-*

ibrio）未培养细菌相似度为 99%，有研究表明蛭弧菌属（*Bdellovibrio*）的细菌具有裂解病原菌、净化水体的功效。兼性塘出口底泥中具有的特异条带 T10 也与在官厅水库底泥中发现的大庆食烃菌属（*Hydrocarboniphaga*）的一株未培养细菌具有较高的同源性。由此可见在青肯泡氧化塘系统的底泥中具有与水库相似的细菌群落构成。

此外，在生物强化除磷反应器中检测到的红杆菌属（*Rhodobacter*）的未培养细菌克隆（Uncultured bacterium clone） HP1B71 与在兼性塘出口底泥中的特异条带 T11 同源性达 98%，因此 T11 所指示的细菌可能具有除磷的功能。

（12）结论

通过以上分析可以得出大庆石化废水生态处理系统的菌群分布的结论。

① 在大庆石化废水生态处理系统中细菌总数和大肠菌群数都在 10^5 MPN/mL 以下，在总体上从原水到闸门出水，细菌总数和大肠菌群数都有下降的趋势，细菌的去除率达 90%。

② 采用冻融法和化学裂解法相结合提取样品的基因组 DNA 效果理想，对样品的基因组 DNA 粗提液纯化后对 PCR 扩增抑制大为降低，保证了后续 PCR 扩增的高效性和忠实性。

③ 兼性塘进水口底泥和出水口底泥细菌的种群多样性相差不大，但兼性塘入口较出口有更多的优势菌。

④ 大庆石化废水生态处理系统中检测到的细菌都分布在厚壁菌门（Firmicutes）和变形菌门（Proteobacteria） 2 个门，其中变形菌门（Proteobacteria）的细菌在青肯泡氧化塘系统中是绝对优势菌群。变形菌门（Proteobacteria）各纲所占比例为：α-变形菌门，10.0%；β-变形菌门，30.0%；δ-变形菌门，10.0%；γ-变形菌门，40.0%；未分类变形菌门，10.0%。

⑤ 通过对 33 个测得的克隆子分析得到 10 个不同的 OUT，其中 5 个与降解四氯乙烯脱氯菌、降解环己烷菌、脱硫菌、菲降解菌和联苯降解菌具有极高的同源性，说明在青肯泡氧化塘底部存在大量具有代谢或降解石油类物质的细菌群落，使得青肯泡氧化塘能够高效稳定运行。

⑥ 在大庆石化废水生态系统的底泥中具有与水库相似的细菌群落构成，此外也发现可能具有聚磷功能的细菌。

8.2.5　大庆石化废水生态处理系统中藻类的分布规律研究

藻类是一种古老的绿色低等植物，分布甚广，凡是潮湿和光线能到达的地方几乎都有它的踪迹，但绝大部分种类仍生活在水体中，以生产者的身份出现，对水生生态系统的发生和发展起着重要的作用。藻类是氧化塘生态系统中重要组成部分，它不仅是该系统中的主要生产者，而且也是氧化塘水体中氧的主要来源。在塘系统中，藻类利用光能，进行光合作用，吸收二氧化碳，放出氧气，供给细菌呼吸，用以降解水中的有机物，同时吸收水中溶解的无机 CO_2、氮、磷合成藻体细胞，从而使水中有机物及氮、磷得到去除。

因此，研究氧化塘中藻类的种群组成、分布规律及群落数量、优势种和多样性等，对提高氧化塘的净化效率及综合利用都有着重要的意义，为此，笔者们进行了为期两年的定性和定量测定，并且根据藻类生长的季节性及大庆石化废水生态处理系统的实际情况，将其分为春季、夏季、秋季和冬季四个季节来进行考查。

8.2.5.1　浮游藻类种属的鉴别观察与计数

根据大庆石化废水生态处理系统的地理特点，2004 年 5 月（春季）、7 月（夏季）、9 月

（秋季）和12月（冬季）分别在厌氧塘（A、B）、兼性塘（A、B）、好氧塘前段和好氧塘中段的不同位置，不同水深同时设置多个定性采样点。浮游植物定性、定量样品，采样、计数和种类鉴定参考《内陆水域渔业自然资源调查手册》《中国淡水藻类》《淡水浮游生物研究方法》《水生生物学》，同时记录水温、水深和 pH 值等。

（1）藻类种属的鉴别观察

藻类种属的观察采用 BX51 型可数字摄像的光学生物显微镜，数码相机为日本 OLYMPUS 公司 C-5050 型，500 万像素，所得到的藻类显微照片与标准图谱比对，以获得藻类的种属差别。厌氧塘、兼性塘、好氧塘前段和中段内观察到的部分藻类照片分别如图 8.21～图 8.24 所示。

图 8.21　厌氧塘内观察到的部分藻类图片

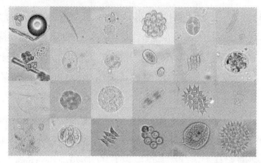

图 8.23　好氧塘前段观察到的部分藻类图片

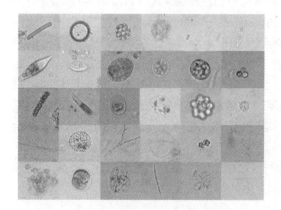

图 8.22　兼性塘内观察到的部分藻类图片

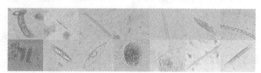

图 8.24　好氧塘中段观察到的部分藻类图片

（2）藻类的计数方法

浮游植物定量样品的采集使用 215L 有机玻璃采水器，在每个固定取样点处采集水样，放于 1L 试剂瓶内，当场用鲁哥氏液（Lugol's Solution）（1L 水样加入 15mL 碘液），充分混合固定后带回实验室，倒入分液漏斗内，经 24～48h 静止沉淀。用虹吸管小心抽取上层清液，使水样浓缩至 20～25mL，将含藻类的沉淀物转入 30mL 定量瓶中，再用上述虹吸出来的清液少许冲洗沉淀器 3 次，每次冲洗液仍转入上述 30mL 定量瓶中。用左右平移的方式摇动 200 次，摇匀后，立即用 0.1mL 吸管精确 0.1mL，注入容积为 0.1mL 的计数框中进行计数。每瓶样品计数两次取其平均值。

（3）叶绿素 a 的测定方法

取塘中水 0.5～3L，用 0.45μm 的微孔滤膜抽滤。抽滤后的滤膜放在干燥器内避光干燥。取干燥好的滤膜用玻璃研磨器，加入 1～2mL 90% 丙酮液，研磨匀浆。将匀浆液用移液管移入离心管中，并用 90% 的丙酮冲洗研磨器，洗液一并加入离心管，塞紧塞子。充分振荡，放冰箱避光提取 18～24h。以 3500r/min 转率离心 10min。取上清液于 1cm 的比色杯中，以 90% 的丙酮溶液作空白，用 754 分光光度计分别在 750nm、663nm、645nm、630nm 波长下测提取液的光密度值（OD），以下式计算叶绿素 a 浓度：

$$C_a = 11.64(OD_{663} - OD_{750}) - 2.16(OD_{645} - OD_{750}) + 0.1(OD_{630} - OD_{750}) \quad (8.1)$$

$$\text{叶绿素 a 浓度}（\mu g/L） = \frac{C_a v}{VL}$$

式中，C_a 为样品提取液中叶绿素 a 浓度，$\mu g/L$；v 为 90% 丙酮提取液体积，mL；V 为过滤水样的体积，L；L 为比色杯宽度，cm。

8.2.5.2 浮游藻类种群的水平分布

该调查水样均在水面至水面下 30 cm 之间采集，其研究结果表明，在四季变化的过程中，青肯泡氧化塘水体中共发现 7 个门的藻类（绿藻、裸藻、硅藻、蓝藻、隐藻、甲藻和黄藻）73 个属，总计 161 个种及变种，其水平分布随季节变化规律如表 8.8 所列。其中绿藻种属数量最多，共 35 属 75 种，占 46.58%；其次是硅藻 12 属 34 种，占 21.12%；蓝藻 14 属 27 种，占 16.77%；裸藻 6 属 14 种，占 8.7%；隐藻、甲藻和黄藻累计 6 属 11 种，占 6.83%。

（1）大庆石化废水生态处理系统浮游藻类种类季节组成

大庆石化废水生态处理系统浮游藻类种类随季节组成不同，其详细差异见表 8.8。

表 8.8　大庆石化废水生态处理系统浮游藻类种类组成季节变化

季节	绿藻门	裸藻门	硅藻门	蓝藻门	隐藻门	甲藻门	黄藻门	合计
春季	27	9	14	12	1	1	0	64
夏季	50	10	23	18	0	4	3	108
秋季	21	4	3	4	0	0	2	34
冬季	19	4	4	17	1	2	1	48
总计	75	14	34	27	1	6	4	161

从表 8.8 中可以看出，一年四季中大庆石化废水生态处理系统内浮游藻类种类组成最多的为夏季，共 108 种，秋季、冬季种类组成最少，分别为 34 种和 48 种，春季 64 种。绿藻是四季中最主要组成种类，并以夏季为最多，共 50 种，占绿藻总种数的 66.7%，占夏季总出现浮游藻类种数的 46.3%。硅藻和裸藻在春、夏两季出现的种类较多，而到了秋冬两季种数下降幅度较大，为 3~4 种。蓝藻种数数量在夏、冬两季最多，分别为 18 种和 17 种，春季次之为 12 种，秋季最少为 4 种。隐藻、甲藻和黄藻的种数较少，四季所占的比例不大，隐藻在春冬两季各出现一种，甲藻和黄藻夏季时种数相对较多，但仅有 4 种和 3 种。青肯泡氧化塘浮游植物种类随季节变化种类组成变化大，其中春季 64 种，以绿藻门为最多 27 种，占 42%；夏季种类明显增多，为 108 种，除隐藻种数减少为零外，其他各门种属均有增加，其中有明显增幅的是绿藻和蓝藻，增幅分别为 23 种和 9 种；秋季是四季中种数最少的季节，仅由 34 种，主要为蓝藻，21 种，占 62%。冬季绿藻仍是优势种属，19 种，蓝藻明显增多，种数为 17 种，二者占总种数的 75%。

由以上数据分析可见，大庆石化废水生态处理系统浮游藻类种类组成随季节变化而变化，生物种类最高出现在夏季，最低出现在秋季，而其各季节的主要种类以绿藻门和蓝藻为主，硅藻和裸藻只有在春季出现的种属较多，其他种属略有增幅，但总体数量较少。

青肯泡塘系统中浮游藻类的种类及季节分布见表 8.9。

☐ 表8.9　青青泡稳定塘系统中浮游藻类的种类及季节分布

藻类		春季				夏季				秋季				冬季			
		厌氧塘	兼性塘	好氧塘前段	好氧塘中段	厌氧塘	兼性塘	好氧塘前段	好氧塘中段	厌氧塘	兼性塘	好氧塘前段	好氧塘中段	厌氧塘	兼性塘	好氧塘前段	好氧塘中段
绿藻门																	
美丽网球藻	Dictyosphaerium pulchellum Wood	+															
单棘四星藻	Tetrastrum hastiferum		+++	+++	+++		+							+			
三刺四棘藻	Treubaria triappendiculata Bernard					+					+						
小毛枝藻	Stigeoclonium tenue		+++	++	++		+									+	
普通水绵	Spirogyra communis			++	++												
跃生双壁藻	Kiploneis elliptica var. ladogensis Cleve									++							
普通小球藻	Chlorella vulgaris			++	++		+++		+			+++	+		+	+	+
浮球藻																	
浮球藻	Planktosphaeria gelatinosa						++				+++						
华丽实球藻	Pandorina charkoviensis Korsch	+					++					++					
小新月藻	Closterium venus kutz.						+			++	+++	+++	++				
拟新月藻	Closteriopsis longissima		+									+++					
纤细新月藻	Closterium gracile		+														
念珠新月鼓藻	Closterium moniliferum				++				++								
库氏新月鼓藻	Closterium Kuetzingii Breb			+	++								++				
别针新月鼓藻	Closterium acerosum				++			+						+			
高山新月鼓藻	Closterium Cynthia			+	+				+				+				
单生卵囊藻	Oocystis solitaria	+				+											
小型卵囊藻	Oocystis parva					++		+									
单球卵囊藻	Oocystis eremosphaeria					+											
柱状卵囊藻	Oocystis pardriformis				++												
椭圆卵囊藻	Oocystis elliptica						+	++	++				+				+
粗卵囊藻	Oocystis crassa								+								
包氏卵囊藻	Oocystis Borgei Snow															+	
湖生卵囊藻	Oocystis lacustis Chod.									+			++	+			
渐狭胶毛藻	Chaetophora attlemuata				+							++	++				
优美胶毛藻	Chaetophora incrassate Haz.								+								+
盘星藻	Pediastrum		+	++		+		+									
包氏盘星藻	Pediastrum berygnum			+++	++							++					
短棘盘星藻	Pediastrum borynum			+				+									

藻类	藻类(拉丁名)	春季				夏季				秋季				冬季			
		厌氧塘	兼性塘	好氧塘前段	好氧塘中段	厌氧塘	兼性塘	好氧塘前段	好氧塘中段	厌氧塘	兼性塘	好氧塘前段	好氧塘中段	厌氧塘	兼性塘	好氧塘前段	好氧塘中段
岐射盘星藻	*Pediastrum bradiatum*			++	+			+									
双突盘星藻	*Pediastrum duplex*																
二角盘星藻	*Pediastrum duplex*			+	+		+	+									
短棘盘星藻	*Pediastrum boryanum*																
空星藻	*Coelastrum sphaericum*				+		+										
球状空星藻	*Coelastrum sphaevicum*																
微孢藻	*Microspora*			+	+			+									
月形鼓藻	*Closterium lunula*																
梭形鼓藻	*Netrium digitus*										+	+++	++				
珠饰鼓藻	*Cosmarium margarita*			+	+												
棒状鼓藻	*Cosmarium monotaenium*																
方形鼓藻	*Cosmarium quadrum Lund*												++	+	+		
贝氏鼓藻	*Cosmarium Boeckii*												+++				
圆形鼓藻	*Cosmarium circulare*							+									
四眼鼓藻	*Cosmarium tetraophthalmum*				+			++									
葡萄鼓藻	*Cosmarium botryirs Menegh*																
胶囊星球藻	*Asterococcus sperbus*						+++	+				+					
池沼星球藻	*Asteroccocus limnetics G. M. Smith*		+				+++	+			+++	+++			+	+	+
栅列藻	*Scenedesmus*						++				+++	++					
巴西栅列藻	*Scenedesmus brasiliensis*			+				+									
四尾栅列藻	*Scenedesmus quadricauda*			+			+++	+									
孔缝栅列藻	*Scenedesmus perforatus*						++										
板小微芒藻	*Micractinium pusillum*											+					
微芒藻	*Micractinium*				+												
少刺多芒藻	*Golenkinia paucispina W. and*			++			++	+				+					
鲁氏胶带藻	*Cloeotaenium loit losbergerianum*																
线形拟韦氏藻	*Westellopsis linecaris*																
螺旋镰形纤维藻	*Ankistrodesmus falcatus var. spirilliformis*			+	+			+					+			+	
针状蓝纤维藻	*Ankistrodesmus acuularis*							+									
偏生毛枝藻	*Stigeoclonium subsecundum*	+															

藻　类		春季				夏季				秋季				冬季			
		厌氧塘	兼性塘	好氧塘前段	好氧塘中段	厌氧塘	兼性塘	好氧塘前段	好氧塘中段	厌氧塘	兼性塘	好氧塘前段	好氧塘中段	厌氧塘	兼性塘	好氧塘前段	好氧塘中段
	最小胶球藻 Gloeocapsa minima								+								
	球囊藻 Sphaerocystis schroeteri Chod.						+	+									
	韦氏藻 Westella botryoides														+	+	
	囚藻 Volvlx					+	+	+						+			
	尖刺角星鼓藻 Staurastrum apiculatum						+	+	+								
	肥胖蹄形藻 Kirchneriella obesa		++				+	+									
	阿氏肾形藻 Nephrocytium agardhianum							+									
	水溪绿球藻 Chlorococcum infusionum meist.			++				+	+								
	膨胀四角藻 Tetraedron tamidulum							+									
	锥形胶囊藻 Gloeocystis planctonica Lemm								+								
	巨胶囊藻 Gloeocystis gigas Leg.											+					
	四月藻 Tetrallantos Teil			+			+										
	四月藻 Tetrallanthos Lagerheimii Teiling							+									
	四角十字藻 Crucigenia quadrata Morr.					+											
	四足十字藻 Crucigenia tetrapedia				+												
	微细鞘藻 Oedogonium pusillum				+			+			+				+		
	科数合计	4	7	13	19	9	23	25	10	2	4	12	9	11	6	5	4
裸藻门	斯氏定形裸藻 Lepocinclis steinii			+++			++	+++			+	+++					
	瑞典定形裸藻 Lepocinclis steinii var suecica	+	++	++	++									+			
	长纹定形裸藻 Lepocimclis longistriata				++	+	+	+									
	钩圆定形裸藻 Lepocnclis ovum			++	++		+	+	+								
	变形裸藻 Englema proxima							+				+					
	囊裸藻 Trachelomonas		++	++	++		+	+	+			+++				+	+
	异强腰囊裸藻 Trachelomonas armata var. heterospina Stair.							+++				+++					
	扁裸藻 Phacus						+										
	具尾扁裸藻 Phacus caudatus hubmer			++	+		++	++	+		+					+	+
	梨形扁裸藻 Phacus pyrum			+	+										+		
	尾裸藻 Euglena caudate					+	+++	+				++					
	克氏素裸藻 Astasia Klebsii					+	+	+									

藻类		春季				夏季				秋季				冬季			
		厌氧塘	兼性塘	好氧塘前段	好氧塘中段	厌氧塘	兼性塘	好氧塘前段	好氧塘中段	厌氧塘	兼性塘	好氧塘前段	好氧塘中段	厌氧塘	兼性塘	好氧塘前段	好氧塘中段
褐裸藻	*Trentepohlia*				+												
血红裸藻	*Euglena sanguinea* Ehr.																
种数合计		2	1	6	7	3	7	6	4	0	1	4	1	1	2	2	2
硅藻门																	
舟形藻	*Naviula*	+++	+++	+++	+++	+	+	+	+			+	+		+		
淡绿舟形藻	*Navicula viridula*				++			+							+		
细小舟形藻	*Naviacula gracillis*		++				+	+	+					+			
两头舟形藻	*Navicula dicephala* W. Smith							+									
羽纹藻	*Pinnularia*			+	++	+											
附属羽纹藻	*Pinnularia appendiculata*				++												
小辐节羽纹藻	*Pinnularia brevicostata*					+											
曲壳藻	*Achnanthes citronella*	+++				+	+	+	+								
针杆藻	*Synedra*		++														
等针杆藻	*Synedra ulna*	+++	++	+	++												
肘状针杆藻	*Synedra ulna*		+				+										
尺骨针杆藻	*Synedra ulna*																
丹麦尺骨针杆藻	*Synedra ulna* var *danica*																
均等尺骨针杆藻	*Synedra ulna* var. *equalis*																
透明两肋藻	*Amphipleura pellucida*	+	+++	+		+	+										
卵形藻	*Cocconeis*				++	++	++	+					++				
圆形卵形藻	*Cocconeis placentula*										+						
盘形卵形藻	*Cocconeis scutellum* Her.											++	++				
圆环卵形藻	*Cocneis placentula*																
同心小褶曲小环藻	*Cyclotella Meneghiniana*																
条纹小环藻	*Cyclotella striata*			+													
平板藻	*Tabellaria*																
双生平板藻	*Tabellaria binalis*	+		+	+	+	++	+		+							
中型膜孔平板藻	*Tabellaria fenestrate* var. *intermedia Grunow*																
颗粒直链藻	*Melosira granulate*																
意大利直链藻	*Melosira italica*		+++			+	++										

藻类		春季				夏季				秋季				冬季			
		厌氧塘	兼性塘	好氧塘前段	好氧塘中段	厌氧塘	兼性塘	好氧塘前段	好氧塘中段	厌氧塘	兼性塘	好氧塘前段	好氧塘中段	厌氧塘	兼性塘	好氧塘前段	好氧塘中段
极小直链藻	*Melosira pusilla*	+++															
变异直链藻	*Melosira varians C. A. Ag.*		++														
高山远距直链藻	*Melosira distans var. alpigena*			+		+			+								+
椭圆双壁藻	*Diploneis elliptica*		+				+										
吻状藻	*Navicula rostellata*			+	+												
肋缝菱形藻	*Nitzschia frustulum*					+											
针状菱形藻	*Nitzschia acicularis*			+		++											
中型脆杆藻	*Fragilaria intrmedia*					+	+	+	+								
种数合计		4	6	7	6	11	12	8	4	1	1	1	1		2	0	1
蓝藻门																	
大颤藻	*Gloeotrichia echinulata*	++	+				+		+		+			+			
细颤藻	*Oscillatoria tenuis*	+	++	++			+++			++	++	+++	++			+	
泥污颤藻	*Oscillatoria limosa Ag.*			+	+	++	+	+	+					+	+	+	+
湖生颤藻	*Oscillatoria limosa*			++			++	+	+	+					+	+	
平裂藻	*Merismopedia*						+	+									
华美平裂藻	*Merismopedia elegans*						+	+									
细小平裂藻	*Merismopedia tenuissima*			+		+	++	+									
鱼腥藻	*Anabaena*			+	+		++		+								
近亲鱼腥藻	*Anabaena affinis Lemm*												+				
阿氏鱼腥藻	*Anabaenopsis arnoldii*					++	++								+		
拉氏项圈藻	*Anabaenopsis Raciborskii Wolosz.*						+							+	+		
微囊藻	*Microcystis*		+++	++	+	++	+++							+	+	+	+
铜绿微囊藻	*Microcystis aeruginosa*	++	+++	++		++	+	++						+	+	+	+
克氏微囊藻	*Microcystis Grevillei Hass.*	++	++			+	+								+	+	
为首螺旋藻	*Spirulina princeps*					+			+								
最细螺旋藻	*Spirulina subtilissima*	++	++			+											
浮游念珠藻	*Nostoc planctonicum Proetzky et Tschernow*	+	+				+							+		+	
点形念珠藻	*Nostoc punctiforme*	+	++											+		+	
球形念珠藻	*Nostoc sphaericum*	+	++											+		+	
中华双尖藻	*Raphidiopsis sinensis*					+											

藻　类	春季 厌氧塘	春季 兼性塘	春季 好氧塘前段	春季 好氧塘中段	夏季 厌氧塘	夏季 兼性塘	夏季 好氧塘前段	夏季 好氧塘中段	秋季 厌氧塘	秋季 兼性塘	秋季 好氧塘前段	秋季 好氧塘中段	冬季 厌氧塘	冬季 兼性塘	冬季 好氧塘前段	冬季 好氧塘中段
颤形席藻 *Phormidium faveolarum*	+															
细胶囊藻 *Phormidium mucicola*		+++					+						+	+	+	+
巨胶囊藻 *Gloeocystis gigas*					+	+							+	+		
池生林氏藻 *Lyngbya limnetica* Lemm.					+	++								+		
水华束丝藻 *Aphanizomenon flos-aquae* Ralfs.					+	+	+									
法氏胶鞘藻 *Phormiatium Valderiae*								+		+		+				
柔软胶球藻 *Coelosphaerium kuetzingianum*						+								+	+	
种数合计	8	8	6	3	8	10	11	3	0	2	1	3	10	11	9	3
隐藻门																
卵形隐藻 *Cryptomonas ovata*				+									+	+		
种数合计	0	0	0	1	0	0	0	0	0	0	0	0	1	1	0	0
甲藻门																
腰带光甲藻 *Glenodinium cinctum*		+			+	++										
极小多甲藻 *Peridinium pusillium*						+										
盾形多甲藻 *Peridinium umbonatum* Stein.						+										
沃尔多甲藻 *Peridinium volzii*								+								
棕色裸甲藻 *Gymnodinium fuscum*						+								+		
外穴裸甲藻 *Gymnodinium excavatum*														+	+	+
种数合计	0	1	0	0	1	4	0	1	0	0	0	0	0	2	1	1
黄藻门																
普通黄丝藻 *Tribonema vulgare* Pasch.					++	+	+						+		+	
囊装黄丝藻 *Tribonema utriculosum*						+					+					
小型黄丝藻 *Tribonema minus* Hazen						+			+	+	+					
池生黄球藻																
种数合计	0	0	0	0	1	3	1	0	1	1	2	0	1	0	1	0

注：＋表　数量<10^4 个/L；

　　＋＋表　数量 $10^4 \sim 10^5$ 个/L；

　　＋＋＋表　数量 $10^5 \sim 10^6$ 个/L；

　　＋＋＋＋表　数量 $10^6 \sim 10^7$ 个/L；

　　＋＋＋＋＋表　数量>10^7 个/L。

（2）大庆石化废水生态处理系统浮游藻类种类各塘组成规律

大庆石化废水生态处理系统浮游藻类种类各塘组成随季节变化十分显著，图 8.25 给出了各塘浮游植物种数随季节变化的柱状图。

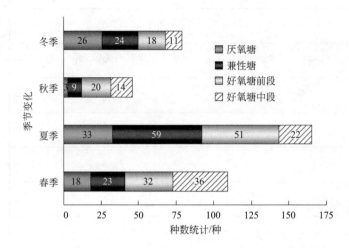

图 8.25 大庆石化废水生态处理系统各塘浮游植物种类组成的季节统计

对于不同塘而言，其藻类种数的季节特征十分明显，图 8.25 中可以看出，在厌氧塘和兼性塘内夏季浮游藻类的种数最多，分别为 33 种和 59 种，秋季最少分别为 3 种和 9 种，冬季的数量略多于春季；而对于好氧塘的前段来，由于受到兼性塘出水的影响，其种类数最多的仍为夏季，为 51 种，而种数最少的季节为冬季，18 种。好氧塘的中部在四季中春季的藻类种数数量为 36 种明显多于其他季节，最少为冬季有 11 种。

对于不同季节而言，各塘内的种属也发生了较大的变化。春季种数沿塘依次增多，最多的位置是好氧塘中部，有 36 种，厌氧塘总数最少为 18 种；夏季出现最多种数的位置是兼性塘，占夏季总出现种数的 55%，好氧塘前段次之，但出现的种数也较多，占总数的 47%，最少为好氧塘中段仅有 22 种；秋季是一年中种数最少的季节，整个塘系统仅有 34 种，而厌氧塘内种数又是该季节种数最少的塘，仅有 3 种，占整个季节总数的 8.8%，秋季好氧塘内的藻类种数较多，前段和中段分别有 20 种和 14 种，占季节总数的 58.8% 和 41.2%；在冬季，浮游藻类的数量随着不同塘内水温的降低而呈现降低的变化规律，同时由于气温和水温的降低，好氧塘内出现了冰封，这也使得藻类数量明显低于厌氧塘和兼性塘。

（3）大庆石化废水生态处理系统各门浮游藻类各塘四季总属、种数变化规律

大庆石化废水生态处理系统各门浮游藻类各塘全年总属、种数变化统计见图 8.26 和图 8.27。

由图 8.26 和图 8.27 中可以看出，塘系统内各塘四季总种属的变化规律较为相似，在各塘中绿藻是四季中出现种属最多的藻类，其他依次为蓝藻、硅藻、裸藻、甲藻、黄藻和隐藻。各塘中绿藻和裸藻在兼性塘和好氧塘的种属数占优，硅藻和蓝藻在厌氧塘和兼性塘中占优，甲藻在兼性塘和好氧塘中段占优，黄藻在兼性塘和好氧塘前段占优，隐藻四季各塘种属数虽较少，但分布较为均衡。

（4）大庆石化废水生态处理系统浮游藻类优势种属分布

1）厌氧塘 厌氧塘内共发现 66 个种，分属 45 个属 7 门。从调查可以看出，由于厌氧塘

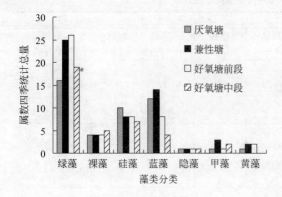

图 8.26 塘系统藻类全年总属数的统计图

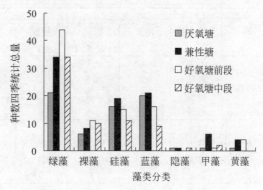

图 8.27 塘系统藻类全年总种数的统计图

的进水浓度较高，进口处表层水中四季虽有藻类出现，但种类和数量较少，数量级在 $10^4 \sim 10^5$ 之间；而在厌氧塘出口处由于有机物在塘内的吸附和降解作用，其浓度已经不是很高，因此藻类的种类和数量已经增多。在气温低的季节以舟形藻、针杆藻、中型桅杆藻、小毛枝藻、单棘四星藻占优势；在气温高的季节以跌生双壁藻、卵囊藻、污泥颤藻、铜绿微囊藻、普通黄丝藻、鱼腥藻属占优势。

2）兼性塘　兼性塘中共发现有 93 个种，分别属 57 个属 7 门。兼性塘为各塘中四季出现藻类最多的塘。在春季，主要以舟形藻、卵形藻、针杆藻、铜绿微囊藻、窝形席藻为主；夏季藻类数量最多以普通小球藻、浮球藻、尾裸藻、珊裂藻和斯氏定型裸藻，其数量均在 10^7 数量级上；秋季，兼性塘中的藻类种数及数量相对较少，为 $10^5 \sim 10^6$，以浮球藻、栅裂藻、细颤藻占优势；冬季以铜绿微囊藻和拟鱼腥藻为主，但数量均较少，为 10^4 左右。

3）好氧塘　好氧塘前段共发现 91 个种，分属于 50 个属 6 门，后段共发现 67 种，分属 38 属 7 门。与前几个塘对比，好氧塘中藻类种类丰富，数量多于厌氧塘，但低于兼性塘。出现了一些在厌氧和兼性塘中均无发现的绿藻种类，如盘星藻、月藻属、鼓藻属等较清洁种类。这也反映出了好氧塘水质好于前两级塘。好氧塘中的优势种类的数量虽然不多，但仍可按季节区分开。该塘的优势种属在冬季为微囊藻属，春季为单棘四星藻、盘星藻属、定型裸藻属、舟形藻、针杆藻等，夏季为小球藻属、卵囊藻属、栅裂藻属、平裂藻属和微囊藻属，秋季为细颤藻、栅裂藻、小球藻属、浮球藻属、星球藻、小新月藻、斯氏定型裸藻、条纹小环藻等。

综上所述，大庆石化废水生态处理系统中藻类，从种类组成及数量的变化上看，在藻类生长季节优势藻类有普通小球藻、浮球藻、栅裂藻属、定型裸藻属、尾裸藻属、条纹小环藻、细颤藻、污泥颤藻、铜绿微囊藻；而非生长期则为单棘四星藻、定型裸藻属、舟形藻、针杆藻、卵形藻、中型桅杆藻、颤藻和铜绿微囊藻等。它反映出了污水逐级净化的趋势，即好氧塘水质较好，兼性塘次之，厌氧塘最差。

从以上研究可知，藻类的数量及优势种群的变化有明显的季节性，同时与水质也有密切的关系。

8.2.5.3　浮游藻类种群的垂直分布

由于大庆石化废水生态处理系统各塘中不同水深处的光照强度不同，造成了浮游藻类的垂直分布上的差异，表 8.10 列出了夏季的调查结果。

表 8.10 青肯泡氧化塘中浮游藻类垂直分布

样点	藻类名称	表层 种数/个	表层 数量/(10⁴个/L)	40cm层 种数/个	40cm层 数量/(10⁴个/L)	80cm层 种数/个	80cm层 数量/(10⁴个/L)	120cm层 种数/个	120cm层 数量/(10⁴个/L)
厌氧塘	绿藻	9	0.9	9	0.7	6	0.4	5	0.1
	裸藻	3	0.3	3	0.24	2	0.16	2	0.12
	硅藻	11	2.1	12	2.3	8	1.8	4	0.7
	蓝藻	8	3.8	6	3.3	5	2.4	2	1.7
兼性塘	绿藻	23	2369	20	2047	14	982	4	125
	裸藻	7	1234	5	1186	4	887	5	232
	硅藻	12	5.2	11	4.8	7	3	6	2.6
	蓝藻	10	137	9	119	4	42	3	37
好氧塘前段	绿藻	25	2.5	23	2.4	—	—	—	—
	裸藻	6	1.6	6	1.3	—	—	—	—
	硅藻	8	0.8	9	1.1	—	—	—	—
	蓝藻	11	1.1	7	0.8	—	—	—	—
好氧塘中段	绿藻	10	1	8	1	—	—	—	—
	裸藻	4	0.4	4	0.3	—	—	—	—
	硅藻	4	0.4	3	0.3	—	—	—	—
	蓝藻	3	0.3	1	0.12	—	—	—	—

从表 8.10 中可以看出，各塘浮游藻类的种数和数量随着垂向深度的增加呈减少趋势，绿藻主要集中在 40cm 层以上的区域，裸藻则因大多为鞭毛藻类，可自由游动，而且裸藻亦兼有动物性，因此，它们可在深层出现，好氧塘内裸藻的种数没有差别，其数量差别也不大。硅藻有沉重的硬壳，因此可以沉入较深层中，在每个塘的深处均可发现有较多的硅藻存在。但硅藻受环境条件制约，由于青肯泡地区比较开阔，导致各塘风浪均较大，故可将具有沉重壳的硅藻托起，因此表层相对较多。蓝藻在厌氧塘内的分布较深，在 80cm 以上的区域均有较多的种类和数量，兼性塘和好氧塘中的蓝藻（颤藻属）多集聚在表层 40cm 以上。

8.2.5.4 浮游藻类种群数量的季节特征

大庆石化废水生态处理系统各塘浮游藻类数量的季节分布特征如表 8.11 所列。

表 8.11 青肯泡塘系统各塘浮游藻类数量的季节分布　　单位：10⁴ 个/L

藻类	春季 厌氧塘	春季 兼性塘	春季 好氧塘前段	春季 好氧塘中段	夏季 厌氧塘	夏季 兼性塘	夏季 好氧塘前段	夏季 好氧塘中段	秋季 厌氧塘	秋季 兼性塘	秋季 好氧塘前段	秋季 好氧塘中段	冬季 厌氧塘	冬季 兼性塘	冬季 好氧塘前段	冬季 好氧塘中段	合计
绿藻门	0.4	22.7	26.3	17.8	0.9	2369.3	2.5	1	2.2	22.4	268.1	15.9	1.1	0.6	0.5	0.4	2752.1
裸藻门	0.2	1.1	14.6	13.7	0.3	1233.7	1.6	0.4	0	0.1	23.4	0.1	0.1	0.2	0.2	0.2	1289.9
硅藻门	33.4	24.6	11.7	13.6	2.1	5.2	0.8	0.4	0.1	0.1	111.3	1.1	0.2	0.2	0	0.1	204.9
蓝藻门	2.8	25.8	1.6	0.3	3.8	137	1.1	0.3		111.2	1111.1	1.3	1	1.1	0.9	0.3	1399.6
隐藻门	0	0	0	0.1	0	0	0	0	0	0	0	0	0.1	0.1	0	0	0.3
甲藻门	0	0.1	0	0	0.1	1.4	0	0	0	0	0	0	0	0.2	0.1	0	2.1
黄藻门	0	0	0	0	1.1	0.3	0	0	0	0.1	0.2	0	0.1	0	0.1	0	2

从表 8.11 中数据可以看出绿藻和裸藻出现数量最多的位置为夏季的兼性塘，分别为 2369.3×10⁴ 个/L 和 1233.7×10⁴ 个/L；硅藻和蓝藻出现数量最多的位置为秋季的好氧塘前段，数量分别为 111.3×10⁴ 个/L 和 1111.1×10⁴ 个/L；隐藻、甲藻和黄藻四季数量均较少，最高出现的数量级为 10⁴ 个/L，其中隐藻主要出现在低温季节，甲藻和黄藻主要在夏季的厌氧

塘和兼性塘内。

8.2.5.5 藻类群落的结构特征

（1）数量特征

描述藻类群落生物量的方法有多种。在此，我们以单位体积内细胞的数量、个体数量和叶绿素 a 含量三个指标来讨论青肯泡氧化塘中藻类群落的数量特征。图 8.28、图 8.29 分别给出了兼性塘和好氧塘中藻类生物量的逐月变化曲线。

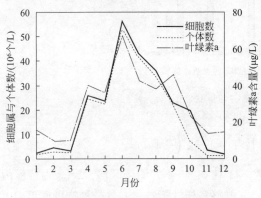

图 8.28　兼性塘藻类生物量的变化　　　　图 8.29　好氧塘藻类生物量的变化

从图 8.28、图 8.29 中可看出，兼性塘的细胞数高峰出现在 6 月、7 月，说明这一时期藻类生长最旺盛。而好氧塘则在 5 月、9 月、10 月较高。这种现象的发生分析有如下几点原因：

① 冬季贮存在好氧塘中的营养盐首先刺激了好氧塘中藻类的生长，而此时兼性塘中正进行着微生物分解有机物、积累无机营养盐过程。

② 6 月、7 月以后，随着兼性塘内藻类的死亡，又释放出一部分营养盐并进入好氧塘，刺激了藻类生长，产生了第 2 个高峰。

③ 5 月份好氧塘和 6 月、7 月兼性塘中藻类的疯长，大量消耗两塘中的营养盐，从而限制了藻类的生长，致使好氧塘中 6 月藻类生长处于低谷状态。

（2）分布频度和多度

1）分布频度　大庆石化废水生态处理系统中裸藻的分布频度为 66.7%～100%，说明其分布最广；绿藻则主要分布在兼性塘和好氧塘中，尤其是在好氧塘中，其频度为 100%，该藻多出现在温暖的季节；蓝藻在各塘中的分布频度几乎相等，但季节性波动较大，频度为 0～100%；隐藻在厌氧塘冬季有时出现；金藻主要出现在兼性塘和好氧塘的个别时期，喜冷；硅藻在各塘均出现，而且全年分布。

2）分布多度　厌氧和好氧塘优势藻类为蓝藻；兼性塘的优势藻类为绿藻。图 8.30 列出了各塘的多度分布。

8.2.5.6 藻类多样性指数分析

（1）多样性（diversity）指数

群落多样性的大小反映了群落组成结构的稳定性和抗外界冲击能力的大小。浮游藻类的多样性采用 Shannon-Wiener 公式、Simpson 指数方法，其算法如下：

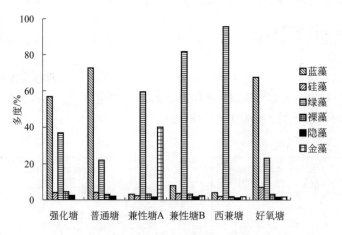

图8.30 藻类在各个塘中的多度分布

$$H' = -\Sigma \left(\frac{n_i}{N}\right) \log_2 \left(\frac{n_i}{N}\right); \ D = 1 - \Sigma \left(\frac{n_i}{N}\right)^2 \quad (8.2)$$

式中，H' 为 Shannon-Wiener 群落多样性指数，H' 值在 3～4 为清洁区域，2～3 为轻度污染，1～2 为中度污染，＜1 为重污染；D 为 Simpson 群落多样性指数；n_i 为 i 种物种密度，10^4 个/L；N 为群落中所有物种的总密度，10^4 个/L。

（2）均匀度指数

均匀度指数采用以下计算方法：

$$E = \frac{H'}{\log_2 S} \quad (8.3)$$

式中，E 为均匀度指数；S 为种类数。

（3）物种丰度指数

物种丰度采用 Monk 指数的方法，其算法如下：

$$R = \frac{S}{N} \quad (8.4)$$

式中，R 为物种丰度。

⊡ **表8.12 青肯泡氧化塘浮游藻类的多样性**

项目	春季				夏季				秋季				冬季				总体
	厌氧塘	兼氧塘	好氧塘		厌氧塘	兼氧塘	好氧塘		厌氧塘	兼氧塘	好氧塘		厌氧塘	兼氧塘	好氧塘		
			前段	中段			前段	中段			前段	中段			前段	中段	
H'	0.5215	1.6833	1.6434	1.639	2.0016	1.1389	1.9611	2.0061	0.258	0.6774	1.141	0.736	1.8822	2.1031	1.8289	2.1181	1.6683
D	0.1703	0.6762	0.6445	0.6669	0.6956	0.4904	0.7132	0.7066	0.0832	0.2823	0.4244	0.2447	0.6627	0.7049	0.6543	0.7438	0.648
E	0.1009	0.3102	0.2912	0.2786	0.3244	0.17	0.3307	0.3977	0.0746	0.1734	0.2262	0.1765	0.3491	0.4134	0.3626	0.4901	0.178
R	0.9783	0.5787	0.9225	1.2967	8.6747	0.0278	10	15	4.7826	0.112	0.0218	0.9783	16.154	14.167	18.333	18.182	0.1175

表8.12 中给出了大庆石化废水生态处理系统各塘四季浮游藻类的多样性、均匀度和丰度分布数据，从中我们可以看出：采用 Shannon-Wiener 公式计算，冬季各塘内的藻类平均多样性指数最大为 1.98，而且多样性指数的塘差别不大，群落最稳定；夏季次之，平均多样性指数为 1.78，兼性塘的多样性相对较差；春季略差于夏季，平均多样性指数为 1.37，该季节厌

氧塘内的多样性较差，仅为 0.52；秋季多样性最差，最高为好氧塘前段，仅为 1.14，低于各季节的平均值，它的稳定性也相对较差。厌氧塘和兼性塘的多样性指数低于好氧塘，分别为 0.80、0.75。同时发现，随着季节的变化，各塘中多样性指数也随之波动。图 8.31 和图 8.32 分别给出了多样性的 Shannon-Wiener 指数和 Simpson 指数的塘季节变化曲线，二者的变化规律极为相似。

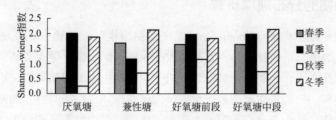

图 8.31 大庆石化废水生态处理系统浮游藻类 Shannon-Wiener 多样性指数的季节分布

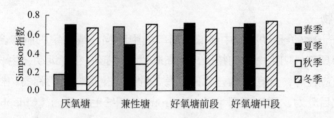

图 8.32 大庆石化废水生态处理系统浮游藻类 Simpson 多样性指数的季节分布

大庆石化废水生态处理系统浮游藻类均匀度指数的季节分布（见图 8.33）。从中我们可以看出，均匀度的分布和多样性分布极为相似，冬季虽然浮游藻类的数量较少，但从整个生态组成的角度是比较完备的，该季节出现的物种的均匀度最高，各塘平均为 0.4；其次是夏季和春季，均值分别为 0.31 和 0.25；秋季最低，均值为 0.16。从空间角度来说，四季当中均匀度最高的是好养塘，其次是兼性塘，最差是厌氧塘。

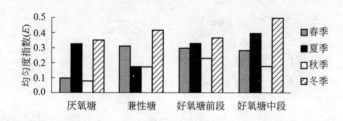

图 8.33 大庆石化废水生态处理系统浮游藻类均匀度指数的季节分布

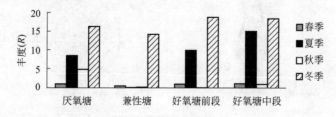

图 8.34 大庆石化废水生态处理系统浮游藻类丰度指数的季节分布

浮游藻类物种的丰度塘季节差异较为明显,丰度最高的是冬季,各塘丰度相差较小,在14.1~18.4之间;夏季丰度有所降低,除兼性塘为0.03外,各塘与冬季相差不大,丰度范围为8.6~15;春秋两季丰度较低,秋季厌氧塘内丰度较高,值为4.8,其他塘内丰度均较低,春季丰度较为平均,但仍较低,丰度在0.57~1.3之间。

8.2.6　浮游动物的分布规律研究

生态塘中的淡水浮游动物(Zooplankton)主要由原生动物、轮虫、枝角类和桡足类等组成。它们在淡水鱼类的饵料生物中,占有相当大的比例,绝大部分鱼类的幼鱼和花鲢终生都以浮游动物为饵料。在大庆石化废水生态处理系统中也存在由大量原生动物、轮虫、枝角类和桡足类构成的浮游动物,它们是生态塘系统食物链的重要一环,吞噬藻类、细菌及有机颗粒,同时又作为鱼类的食物,是生态食物链中极为重要的环节,对生态系统的稳定运行起着关键的作用,因此本节对浮游动物的种类、数量和分布做了较为详尽的研究。

8.2.6.1　原生动物

原生动物(Protozoa)是动物界中最低等的单细胞动物,或由单细胞集合而成的群体,个体十分微小,但却具有一切生命体的特征,如新陈代谢、感应性、运动、生长、发育、生殖以及对周围环境的适应性等,并在体内分化出具有各种特殊生理机能的胞器。根据其运动胞器的类型和细胞核的数目分为,质走亚门(Plasmodroma)和纤毛虫亚门(Ciliophora) 2个亚门。质走亚门下分为孢子虫纲(Sporozoa)、鞭毛虫纲(Mastigophora)、肉质虫纲(Sarcodina),纤毛虫亚门分为纤毛虫纲(Ciliophora)、吸管虫纲(Suctoria)。除去含叶绿体的植物性鞭毛虫外,大部分原生动物营异养生活,即以吞食细菌、真菌、藻类或有机颗粒为生。在污水处理中起着重要作用,例如在人工湿地中吞噬细菌及大肠菌(见图8.35),起改善水质,减少病原菌的作用。

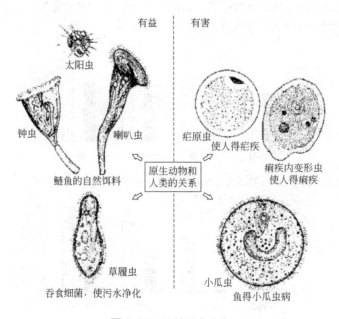

图8.35　几种原生动物

原生动物适应性强，分布广泛。从两极的寒冷地区到 60℃温泉中都能发现它们的踪迹。在不利情况下可形成包囊以抵御寒冷、干旱、盐度等不良环境。一旦条件合适，即破囊而出。原生动物的适宜水生环境为中性及偏碱性，最适温度范围是 20～25℃。

个体较小的原生动物主要是鞭毛虫类被称为微型异养浮游生物，以异养浮游细菌为食，而微型异养浮游动物又被个体较大的原生动物主要是纤毛虫类所利用，而纤毛虫又是桡足类等中型浮游动物的重要食物源，从而使摄食营养关系进入到后生动物。其中包含着一个从溶解有机物到微型生物的能物流过程，即微食物环。

8.2.6.2 后生动物

后生动物（Metazoa）是动物界除原生动物门以外的所有多细胞动物的总称。其特征是身体由大量形态有分化、功能有分工的细胞组成，生殖细胞与营养细胞有了明显的分化。依身体形态对称的不同，可分为不对称动物、辐射对称动物和两侧对称动物。根据体腔的有无，可分为无体腔动物、假体腔动物和体腔动物。污水中常见的有轮虫、枝角类、桡足类、水生昆虫及其幼虫、鱼类。

（1）轮虫

图 8.36　轮虫

轮虫（Rotifera）是一群小型的多细胞动物，通常体长只有 100～200μm（见图 8.36）。借助头前部的轮盘纤毛环的摆动，吞食细菌、藻类和小型的原生动物。喜欢生活在有机质丰富的水域中。轮虫对水质适应性强，分布广，数量多，是鱼苗最适口的饵料。在池塘中，以岸边的种类和数量居多。在恶劣的生态条件下，如低温、低溶解氧等，即产生休眠卵，沉积于水底。在池塘的底泥中，这种休眠卵的数量很大，多的可达每平方米几万到几百万个。一旦遇到合适的水温、盐度、溶解氧和 pH 值等外界条件，休眠卵就开始萌发。

（2）枝角类

图 8.37　水蚤

枝角类（Cladocera）通称水蚤（见图 8.37），是一类小型的甲壳动物，分类学上属于节肢动物门（Arthropoda）、甲壳纲（Crustacea）、鳃足亚纲（Branchiopoda）、枝角目（Cladocera）。体长通常为 0.2～10mm。枝角类身体由壳瓣包被，侧扁，侧面观多为卵形或近圆形，体节不明显。头具黑色的复眼，并带有水晶体。第一触角小，第二触角发达，呈枝角状，是主要的游泳器官。胸肢 4～6 对，通常呈叶状。尾叉爪状。发育极少有变态。绝大多数生活在淡水中，喜欢栖息于水草蔓生的浅水区域。大多数是滤食性种类，主要食物是细菌、单胞藻类和有机碎屑。滤食性种类对食物无选择性，当水中的泥沙等无机悬浮物较多时，往往由于滤食大量的泥沙得不到足够的食物，而逐渐消亡。枝角类体内含丰富蛋白质，是鱼类的高营养饵料。

（3）桡足类

桡足类（Copepoda）是一类小型的甲壳动物，在分类学上隶属于节肢动物门（Arthropoda）、甲壳纲（Crustacea）、桡足亚纲（Copepoda）。身体纵长，分节明显，没有显著的被甲，身体分节，分头胸部和腹部，头胸部具一对发达的小触角和 5 对胸肢，腹部无附肢，末端具一对尾叉（见图 8.38）。

桡足类在生物圈内分布广泛，无论是在海洋、淡水还是在咸淡水中均有分布，甚至于地下

图 8.38 桡足类

水中也有其踪迹。当遇干旱、冰冻等不良环境时，或在成体表面形成一层膜，或以休眠卵，或以无节幼体的方式渡过，遇条件合适即萌发。摄食方式有滤食、捕食和杂食性三种。滤食性的桡足类以细菌、单胞藻类和有机碎屑为食。捕食性的桡足类则捕食原生动物、轮虫、枝角类、水蚯蚓及其他桡足类，有些种类如剑水蚤还捕食鱼卵和出膜不久（3～5d）的仔鱼。杂食性的桡足类兼有滤食和捕食两种食性。桡足类是淡水鱼类的重要天然饵料，但它们的繁殖速度比轮虫和枝角类慢，并且运动迅速，幼鱼不易捕到，此外有的种类伤害鱼卵和仔鱼。

8.2.6.3 浮游动物种群的水平分布

厌氧塘、兼性塘及好氧塘（前段、中段）观察到的浮游动物如图 8.39～图 8.42 所示。本研究对各塘浮游动物的种群分布做了统计，见表 8.13。

图 8.39 厌氧塘内观察到的部分浮游动物

图 8.40 兼性塘内观察到的部分浮游动物

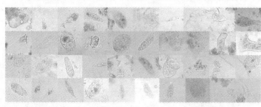

图 8.41 好氧塘前段观察到的部分浮游动物

图 8.42 好氧塘中段观察到的部分浮游动物

从表 8.13 中可以看出，大庆石化废水生态处理系统浮游动物的种类较为丰富，其中四季各塘观察到的浮游动物种类共有 109 种，分属 71 属。其中原生动物 80 种 49 属；轮虫类 21 种 16 属；枝角类 4 种 3 属；桡足类及其他共 4 种 3 属。从表 8.13 中可以看出，原生动物种属的季节分布并不十分明显，除了夏季种属数量较多外，其他季节可观察到的种属数量较为平均；虽然如此，原生动物数量的水平分布却很明显，在温度较高的季节（春、夏和秋季），各塘原生动物的数量均较多，其中厌氧塘和兼性塘内的种类和数量明显多于好氧塘内；在温度较低的季节（冬季）原生动物的数量较少，各塘内的分布也较为平均。相比之下，后生动物的分布规律性更加明显，轮虫类多出现在春季，随着季节的变化逐渐减少，厌氧塘和兼性塘中的数量分布明显多于好氧塘；枝角类及其他主要出现在春季，以好氧塘内的数量为最多。图 8.39～图 8.42 中列出了四季各塘内观察到的部分浮游动物的显微照片。可以看出，兼性塘和好氧塘前段的种类较为丰富。

8.2.7 水生植物的分布规律研究

水生植物主要分布在好氧塘内，植物主要以浮水植物和挺水植物为主，代表的植物有浮萍（鸭草）、芦苇、蒲草等。

□ 表8.13　氧化塘系统的浮游动物分布

浮游动物		春季				夏季				秋季				冬季			
		厌氧塘	兼性塘	好氧塘前段	好氧塘中段	厌氧塘	兼性塘	好氧塘前段	好氧塘中段	厌氧塘	兼性塘	好氧塘前段	好氧塘中段	厌氧塘	兼性塘	好氧塘前段	好氧塘中段
原生动物																	
泡形纯毛虫 *Holophrya vesiculosa*								+	+					+		+	+
大草履虫 *Paramecium caudatum*		+++	+++		+++	+	+++			++							
绿草履虫 *Paramecium bursaria Focke*						++	++										
尾草履虫 *Paramecium caudatum*						++											
梨形四膜虫 *Tetrahymena pyriformis*				+		+											
二期纳旧虫 *Naegleria bistadialis*						+											
焰毛虫 *Askenasia*				+	+++	+											
斜口三足虫 *Trinema enchelys*					+++												
线条三足虫 *Trinema lieare*							+										
沙表壳虫 *Arcella arenaria*		+++			++												
普通表壳虫 *Arcella vulgaris*		+++	+	+	++	++	++	+									
赫柔尖毛虫 *Oxytricha caudens*				+		++	+		+								
伪尖毛虫 *Oxytricha fallax*						+	++										
腐生尖毛虫 *Ouytricha saprobia*						+++	+++							+		+	
尾毛虫 *Urotrichia*				+		++											
叉状尾毛虫 *Urotrichia furcata*				+++	++	++	+++										
珍珠映毛虫 *Cinetochilum margarilaceum*																	
刺泡虫 *Acanthocystis*					++	++	++										
短须刺泡虫 *Acanthocystis brevicirrhis*							+	+									
膜状急纤虫 *Tachysoma pelliomella*						+	++			++	++	++					
小螺足虫 *Cochliopodium minutum*																	
透明螺足虫 *Cochliopodium bilimbosum*																	
毛板壳虫 *Coleps hirtus*																	
袋形虫 *Bursella gargamellae*												+			+		
双叉尾毛虫 *Urotricha furcata*				+		+	++										
锥瓶口虫 *Lagyonphrya conifera*				+													
无刺匣壳虫 *Centropyxis aculeale*		++	++			++				+		+		+		+	
针刺匣壳虫 *Centropyxis aculeate Stein*						++								+		+	+
旋匣壳虫 *Centropyxis aerophila*		+												+		+	
长圆针刺匣壳虫 *Centropyxis aculeate oblonga*		+															

浮游动物		春季				夏季				秋季				冬季			
		厌氧塘	兼性塘	好氧塘前段	好氧塘中段	厌氧塘	兼性塘	好氧塘前段	好氧塘中段	厌氧塘	兼性塘	好氧塘前段	好氧塘中段	厌氧塘	兼性塘	好氧塘前段	好氧塘中段
压缩匣壳虫	*Centropyxis constricta*	+	+														
刚网匣壳虫	*Centropyxis cassis comprossa*		+														
平截袋座虫	*Bursellopsis truncate*	+	+				+										
纤毛鳞壳虫	*Euglypha ciliate*		+			+	+										
矛状鳞壳虫	*Euglypha laevis*					+	+										
结节鳞壳虫	*Euglypha tuberculata*							+						+			
短小篮口虫	*Nassula exigua*		+														
优美蚋壳虫	*Corythion pulchellum*		+						+						+		+
樱球虫	*Cyclotrichium*								+								
变形滴虫	*Monas amoebina*					+				++					+		
点滴变形虫	*Amoeba guttula*					+	+										
泡状变形虫	*Amoeba alveolata*																
无恒变形虫	*Amoeba dubia*					++											
蛞蝓变形虫	*Amoeba wahlkampfia limax*								+								
辐射变形虫	*Amoeba radiosa Dujardin*																
泥生变形虫	*Amoeba limicola Rhambler*						+										
膜口虫	*Frontonia Leucas*					+	+										
沙壳虫	*Difflugia*					+										+	
长圆沙壳虫	*Difflugia oblonga*	++				+++	++			+						+	
球形沙克虫	*Difflugia globulosa*	++					+									+	
匣钵沙壳虫	*Difflugia urceolata*						+					++					
长圆砂壳虫	*Difflugia oblomga*					+											
八钟虫	*Vorticella octava*					+++	+++			+							
领钟虫	*Vorticella corvallaria*					+	+										
杯钟虫	*Vorticella cupifera*						+							+			
污钟虫	*Vorticella putrina*					+				+++	++	++					
白钟虫	*Vorticella alba*	++				+				+++	++						
拟钟虫	*Vorticella similes*	++				+											
长钟虫	*Vorticella elongate*					+											

浮游动物	春季				夏季				秋季				冬季			
	厌氧塘	兼性塘	好氧塘前段	好氧塘中段	厌氧塘	兼性塘	好氧塘前段	好氧塘中段	厌氧塘	兼性塘	好氧塘前段	好氧塘中段	厌氧塘	兼性塘	好氧塘前段	好氧塘中段
小口钟虫 Vorticella microstoma	+				++	+							+	+	+	+
条纹钟虫 Vorticella striata	+		+	++												
中华拟铃壳虫 Tintinnopsis sinensis											++		+	+	+	
锥形拟铃壳虫 Tintinnopsis conicus Chiang											+				+	
球形方壳虫 Quadrulella globulosa					+++	+										
钝漫游虫 Litonotus obtusus						++										
片状漫游虫 Litontus fasciola						++										
侧口半眉虫 Hemiophrys pleurosigma Stokes					+++	+++					++					
纺锤半眉虫 Hemiophrys fusidens																
足吸管虫 Podophrya					+											
大球吸管虫 Sphaerophrya magna					+++	+							+			
胶衣足吸管虫 Podophrya maupas					++	+++		+	++							
放射太阳虫 Actinophrys sol.			+	+	+	+	+									
游仆虫 Euplotes taylori Garnjobst						+										
亲游仆虫 Euplotes novemcarinatus																
粘游仆虫 Euplotes musciola																
九肋游仆虫 Euplotes novemcarinatus																
瓶累枝虫 Epistylis urceolata					+											
尾刀口虫 Spathidium caudatum																
弯豆形虫 Colpidium campylum						+										
近亲殖口虫 Gonostomum affine						+										
多态喇叭虫 Stentor polymorphus Muller										+						
种数合计	9	13	6	7	37	38	3	4	6	3	8	0	10	7	12	5
轮虫类																
眼镜柱头轮虫 Eosphora najas																
椎尾水轮虫 Epiphanes senta																
臂尾水轮虫 Epiphanes brachionus																
晶囊轮虫 Asplanchna																
萼花臂尾轮虫 Brachionus calyciflorus	+++	+++	++			+++			+		+					+
壶状臂尾轮虫 Brachionus urceus	+++		+	++		+++			+	++	++		+	+		

浮游动物		春季				夏季				秋季				冬季			
		厌氧塘	兼性塘	好氧塘前段	好氧塘中段	厌氧塘	兼性塘	好氧塘前段	好氧塘中段	厌氧塘	兼性塘	好氧塘前段	好氧塘中段	厌氧塘	兼性塘	好氧塘前段	好氧塘中段
角突臂尾轮虫	*Brachionus angularis* Gosse	+				+	+++		+	+++							
红眼旋轮虫	*Philodina erythrophth alma*	+	+++														
旋轮虫	*Philodina*																
粗颈轮虫	*Macrotra chela*	+++	+++	++	+												
小链巨轮虫	*Cephalodella calellina*	+	++	+	+												
尖角单趾轮虫	*Monostyla hamata*	+++	++														
纵长哨柱轮虫	*Eothinia elongata*	+++	+++														
污前囊轮虫	*Proales sordida*	+															
橘色轮虫	*Rotaria citrina*	+															
转轮虫	*Rotaria votatoria*																
钩状狭甲轮虫	*Colurella uncinata*						+	+									
矩形龟甲轮虫	*Keratella quadrata* O. F. muller						+	+						+			
月形鞍甲轮虫	*Lecane luna* O. F. muller													+			
耳叉椎轮虫	*Notommata*													+			
黑斑索轮虫	*Resticula melandocus* Gosse													+			
种数合计		8	5	5	5	1	4	3	2	1	1	2	0	5	1	0	0
枝角类																	
蚤状蚤	*Daphnia pulex*			+++	+++												
大型蚤	*Daphnia magna*			+++	+++												
盘肠蚤	*Chydorus*				++												
低额蚤	*Simocephalus*				+												
枝角类及其他																	
种数合计		0	0	2	4	0	0	0	0	0	0	0	0	0	0	0	0
桡足类及其他																	
猛水蚤	*Canthocamptus*			++	+++			+									
沟渠异足猛水蚤	*Canthocamptus staphy inus*				++												
剑水蚤	*Thermocyclops*			++	+++		+		+								
胸饰外剑水蚤	*Ectocyclops phaleratus* Koch.																
种数合计		0	0	2	3	0	1	1	1	0	0	0	0	0	0	0	0

注：＋表示较少；＋＋表示一般；＋＋＋表示较多。

8.2.7.1 浮萍

浮萍（*L. minor L.*）在分类学上属于被子植物门（magnoliophyte）、单子叶植物纲（liliopsida）、棕榈亚纲（arecidae）、南天星目（arales）、浮萍科（lemnaceae）、浮萍属（*lemna*）。浮萍英文名为 Common Duckweed，常生长在池塘、稻田和水沟的水面上，是浮水微小草本植物见图8.43。

植物体退化呈叶状体，叶状体微小，两面均为绿色，具一条毛状根，有叶脉1～5条。主要的繁殖方式是叶状体的无性出芽生殖：在叶状体基部两个芽囊，孕育出下一代的叶状体。果实近陀螺状，种子有深纵脉纹。全草是草食性鱼类的饵料，也可作家禽、猪等的饲料。

图8.43　浮萍

在春、夏、秋季的好氧塘内，有厚厚的浮萍覆盖水面，远远望去好似一层绿毯。由于浮萍具有快速的增长速度、高蛋白、低纤维等特性，使得它具有较高的营养物去除能力，并且易于捕捞，耐低温，可明显抑制藻类的生长，这些优点被人们利用来处理污水。Brix 和 Sehierup 认为由于浮萍没有丰富的根系，因而提供给微生物的附着面积有限，并且水面上厚厚的浮萍阻止了大气复氧和藻类光合产氧。Reed 认为浮萍制造了厌氧环境，因而对 BOD 去除的直接贡献较小。然而 Alaerts 发现有浮萍覆盖的水体，通常都是好氧的。S. Korner 通过试验证实有浮萍覆盖的系统要比无浮萍覆盖的系统对 BOD 的降解速率更快，这是因为浮萍光合产氧向水体中提供了更多的氧，并且浮萍叶面附着了更多的细菌。

8.2.7.2 芦苇

（1）芦苇的生物学特性及生长习性

芦苇（*Phragmites communis*）在分类学上属于被子植物门（Magnoliophyte）、单子叶植物纲（Liliopsida）、禾本科（Gramineae）。芦苇为多年生挺水高大草本植物，见图8.44。

图8.44　芦苇

芦苇是多年生湿生草本植物。地下具有粗壮的匍匐地下茎，每节生长大量的不定根，地上为一年一熟的芦苇茎秆。分布广，适应性强。叶扁平，带状披针形，长15～50cm，宽1～3cm。圆锥花序顶生，稠密分枝，小穗有花3～7朵。小花基盘延长而具丝状柔毛。地上茎细长木质化，高1～3m，直径2～10mm，一年一熟。地下茎为粗壮的匍匐根状茎，每节生长大量的不定根。无论是地上的叶、茎还是地下的根状茎和不定根，都具有发达的通气组织，使其能适应湿地、沼泽与旱地等多种环境。但在不同的地方或同一地方，不同的环境条件，芦苇的生长差异很大。芦苇的生长好坏，受水、土、温度、光照、盐碱等因子的影响。就水来讲，在不同的生长发育期其对水分的要求亦不同。水的多少对温度、盐分、肥力都有直接的影响。水是芦苇稳产高产的关键，若不能根据其要求调节水位，轻则导致茎秆变细，黄叶，减产，重则不能生长或萌发的苇芽不能钻出水面，则烂死在水中，并引起相连的根状茎的腐烂。在根状茎发芽期，需水但不能积水超过30cm；在生长期，需水量增大但水分过多，因缺乏氧气，仅靠水中的溶解氧，满足不了呼吸作用的需要；成熟期则应控制水量，促使芦苇茎秆的成熟老化，提高茎秆产量。

芦苇多生长在沼泽湿地、盐碱或中性的土壤中，但盐碱过重亦会影响芦苇的生长发育，甚至达到根本不能生长的程度。苇芽在5℃开始萌动，在包叶的保护下可耐-10℃的低温，进入休眠越冬。温度对土壤中的微生物的繁殖活动也很重要。在10～30℃的范围内，温度每升高10℃，分解土壤中有机质的微生物活动就增加2～3倍。但是温度越高，微生物的呼吸作用越强，土壤和水中的氧气消耗就越快。在渍水20d以上的环境下氧化还原电位就由灌溉当天的320mV降到-70mV，土壤处于还原状态，其中的二氧化碳、沼气和硫化氢气体大量产生。持续时间过长就会使芦苇根变黑，不利于呼吸作用的进行和对养分的吸收。在常年渍水的沼泽条件下，土壤中氧气缺乏，生长在这种环境下的芦苇，为了满足根系生长和呼吸所需的氧气，不定根上移，甚至在水中地上茎节处生长出大量的不定根，来吸收水中的养分和氧气供芦苇生长发育之用。冬季青肯泡好氧塘内芦苇景观如图8.45所示。

图8.45 冬季青肯泡好氧塘内芦苇景观

（2）好氧塘中芦苇的分布与生长情况

按设计要求，在面积为25km²、水深为0.5m的苇塘中共种植芦苇60万株，由于在实际运行过程中好氧塘内水量不足，塘无法满负荷运行，这使得无法调节芦苇在不同的生长季节的需水量，导致芦苇不停地分蘖，茎杆变细，但总的长势还是好的，与隔坝的另一侧的天然塘内生长的芦苇相比，好氧塘内的芦苇数量和密度明显较多，大量生长的芦苇起到了有效去除塘内的氮、磷，进一步降解有机物，减少藻类数量，改善水质的作用。另外，每年冬季芦苇被大量收割，用于造纸，也成为当地居民的一项极具经济价值的副业。

（3）芦苇湿地中有机物的降解

在芦苇塘中茂密生长的芦苇减少了藻类对阳光的吸收，其叶片作为生物膜载体，附着了大量的微生物及有机物，进一步降解水中残留的BOD_5。芦苇具有多年生的地下茎，随着芦苇的生长发育，地下部分逐渐形成一个具有高活性的根区网络系统，芦苇进行光合作用所产生的氧气，一部分向下输送，使芦苇根区具有较高的ORP，为根区微生物的活动创造了条件。在芦苇的根区，表层是好氧性微生物的活动场所，里层是兼性及厌氧微生物的活动区域，活跃着真菌、放线菌、原生动物、硝化细菌、反硝化细菌等微生物。苇塘中优势菌种主要为假单胞菌种属、产碱杆属、黄杆菌属和短杆菌属，均为快速增长的微生物，且菌体内大多含有降解质粒，是分解有机污染物的主体微生物。污水中的悬浮物质在流过芦苇时，被叶片及根区的网络系统所截留，污水中的不溶性有机物先被截留，然后被叶片及根面、根际的微生物降解而去除，溶于水中的有机物则被游离的微生物分解利用，这部分有机物去除速度较慢。有许多研究证实，有芦苇生长的人工湿地对有机物有很好的去除效果。并且苇塘也是根据BOD负荷来进行设计的。对于青肯泡氧化塘的好氧塘，由于进水BOD浓度已经较低（≤10mg/L），经苇塘处理后可达到

≤7mg/L，最好在8～10月，可≤3～5mg/L，即苇塘的有机物去除率为30%，最好可达50%～70%。如果在现有基础上，增加芦苇湿地的面积及水力停留时间，则能有更好的有机物处理效果。

8.2.8 脊椎动物-鱼类

鱼类是一类以鳃呼吸，用鳍帮助运动与维持身体平衡，终生在水中生活的变温脊椎动物。世界上现生鱼类有2万余种，可分为圆口纲、软骨鱼纲和硬骨鱼纲。主要分布在河流、塘和湿地等生态水域中，以水生的浮游生物为主要的食物，同时也是水生鸟类和其他动物的主要食物来源，鱼肉富含蛋白质、磷脂和动物油，因此它也是人类餐桌上营养极为丰富的美味佳肴。我国塘湿地生态系统中可以发现的淡水经济鱼类有很多，如青鱼、草鱼、鲢鱼、鳙鱼、鲤鱼、鲫鱼、鳊鱼、团头鲂等，其中鲤、鲫、鲢、鳙为我国北方特有鱼。鲢、鳙为敞水性鱼类，栖息于水的中上层，以浮游动物为食，又可利用腐屑和细菌，其生物学特点与水域渔产性能相适应，是世界上淡水鱼类中利用浮游生物效率最高，生长速度快的大型鱼类，有在水上层集群的习性，易捕捞，因而是适合我国大水域粗放养殖的主要鱼类。在鱼种放养密度较小，水质肥度一般的大面积水体中，鳙的生长优于鲢鱼；在水质肥沃、鱼种放养密度较大的小面积水体中，鲢的生长优于鳙。这是由于枝角类、桡足类多栖息于较深水层中，水深面大的水域，浮游生物密度较小，大型浮游动物较多，且有相当数量的粒径较大的腐屑、细菌絮凝物；在面积较小、水较浅的肥水水域，小型浮游生物的数量大。而鲢具有致密的鳃耙，对粒径较小的浮游动物有比鳙大的滤出效果和强的滤食能力；鳙的滤水率大，对通常分布密度较小的浮游动物有较强的滤食能力。大水域与小水域中饵料生物组成，分布密度上的差异和这两种鱼在滤食能力上的不同，造成较大水域中鳙生长较好，而在较小水域中鲢生长较好。而鲤、鲫这两种以底栖动物为主的杂食性鱼类，难于捕捞，是适合我国大水域粗放养殖的搭配鱼类。

在青肯泡好氧塘中，自2000年秋季至2002年春季，于每年的秋季及次年的春季往面积为24.2hm²的曝气养鱼塘、面积为14.02hm²的鱼塘中投放鲫鱼、鲢鱼、鲤鱼等鱼苗约6000kg，鱼苗随水流流入后续的面积分别为6hm²、18.96hm²的藕塘、苇塘，即在曝气养鱼塘、鱼塘、藕塘、苇塘中均有相当数量的鲫鱼（*Carassius auratus*）、鲢鱼（*Hypophthalmichthys molitrix*）、鲤鱼（*Cyprinus carpio*）生长。然而塘中经常出现大面积死鱼现象，存活下来的鱼于秋季捕获。

8.2.9 氧化塘生态系统分析及合理组成的设想

8.2.9.1 氧化塘生态系统分析

根据水质分析以及各塘的生物构成情况可知，在青肯泡氧化塘中，多级塘的生态系统的差异是很大的，各自执行着不同的功能，但又构成了一个完整的生态系统。我们现以食物链（网）的形式讨论各塘生态系统的结构。

（1）厌氧塘食物链结构

在厌氧塘，污水中的大部分有机物质和部分难降解物质被分解成低分子有机物，并部分被彻底降解。其过程如图8.46所示。

$$有机物质 \xrightarrow{产酸菌} 有机酸类等 \xrightarrow{产甲烷菌} CH_4、CO_2、NH_3 等$$

图8.46 厌氧塘食物链结构

因此，厌氧塘主要执行着分解功能，细菌作为分解者构成了厌氧塘生态系统的主体。

（2）兼性塘食物链结构

兼性塘的生物组成比厌氧塘要复杂得多，以细菌和藻类为主，而原生动物和后生动物也有一定的数量，其食物链构成如图8.47所示。

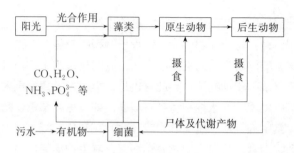

图8.47 兼性塘食物链结构

从图8.47可知，经过厌氧塘处理后，兼性塘进水中的有机物质已较易降解，而未能降解的大分子有机物，可在兼性塘中被细菌进一步分解，其产物可被藻类所利用。所以，兼性塘生态系统是由分解者（细菌）和生产者（藻类）之间的互生作用来体现其整体功能的。

（3）好氧塘食物链结构

好氧塘是由生产者、消费者和分解者构成的复杂生态系统，其食物链的结构如图8.48所示。

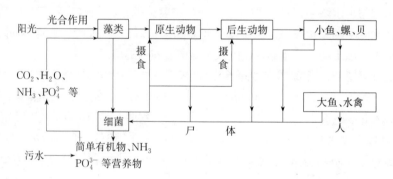

图8.48 好氧塘食物链结构

在好氧塘中分解作用已远不如厌氧塘和兼性塘，但其生产和消费作用却相当强，这样才能使原污水中的有机污染物经分解、转化，最终从水中得以去除。

8.2.9.2 氧化塘降解有机物的规律分析

污水在塘系统中经过沉淀和絮凝、厌氧微生物的作用、稀释、好氧微生物的作用、浮游生物的作用、水生植物的作用，使得有机物得到降解。

（1）沉淀和絮凝

由于塘的面积大，污水在进入厌氧塘后，流速降低，其所携带的悬浮物，在重力及生物分泌物的絮凝作用下，由小颗粒聚集为大颗粒沉于生物填料上或塘底，形成厌氧塘内较厚的底泥，同时使进水中的 SS、BOD、COD 的浓度等都得以降低。

（2）厌氧微生物的分解

沉于塘底的有机物，在厌氧条件下，经厌氧塘底泥中厌氧细菌的作用，经历水解、产氢产乙酸和产甲烷阶段，最终形成 CH_4 和 CO_2 以及硫醇等，同时底泥的量经厌氧微生物的作用也有所减少，可以较长时间地保证厌氧塘的稳定运行。

（3）稀释

污水进入兼性塘后，与塘中原有的水混合，使进水稀释，有机物浓度进一步降低。

（4）好氧微生物的作用

兼性塘的出水进入好氧塘。由于好氧塘内水位较浅，大气复氧和藻类的作用，使得在白天溶解氧呈现过饱和现象。在塘中充足溶解氧的条件下，通过好氧异养菌及兼性菌的作用，使水中溶解性的有机物经历水解、酵解、三羧酸循环彻底地降解为 CO_2 和 H_2O；同时有一部分转化为菌体细胞。另外，细菌可作为原生动物、后生动物的食物，随着有机物浓度的降低，细菌被吞噬，其数量也呈现下降趋势。

（5）浮游生物的作用

藻类提供氧气，并利用水中的氮、磷合成新的藻体细胞，藻体细胞可作为原生动物、后生动物的食物，未被吞食的藻类沉淀到塘底成为底泥，由于它们呼吸率低，被塘底的厌氧微生物降解通常需数月或数年。原生动物、后生动物以细菌、藻类及悬浮的有机颗粒为食，通过它们的吞噬及分泌易于生物絮凝的黏液，水质进一步变清。

（6）鱼的作用

鱼吞噬藻类、枝角类及桡足类，这些物质一部分同化为鱼肉细胞，大部分则以体内代谢产物如粪便、尿素的形式排出体外，重新回到水体中，以沉淀—厌氧分解—好氧降解或转化为菌体、藻体细胞的方式开始下一轮循环。

（7）水生植物的作用

浮萍及芦苇的叶面提供了细菌等各种微生物附着的表面，形成一个活跃的微生物活动区域，促使各种好氧、厌氧微生物的降解及吞噬活动的进行，并且覆盖在水面，阻止了藻类对阳光的吸收，使得出水藻类数量下降，BOD_5 进一步降低，同时病原菌的数量减少。

综合各塘中有机物的去除效果，厌氧塘的 BOD_5 去除率为 16.5%，COD 去除率为 13.5%；曝气塘的 BOD_5 的平均去除率为 17.6%，COD 的平均去除率为 9.4%；曝气养鱼塘的 BOD_5 的平均去除率为 35.75%，COD 的平均去除率为 22.12%；鱼塘的有机物去除率在 10% 左右；藕塘或换言之浮萍塘的有机物去除率在 10% 左右；苇塘的有机物去除率为 30%。在藻类生长旺盛的曝气养鱼塘中，由于溶解氧较高，水力停留时间长，对有机物降解的贡献最大。如果能增加芦苇湿地的面积及水力停留时间，则处理效果更好。

8.2.9.3 大庆石化废水生态处理系统内重金属含量分布分析

大庆石化废水生态处理系统中的重金属分别由南北两个厌氧塘进水口进入塘系统，并最终进入好氧塘。表 8.14 列出了各塘三个季节重金属含量的测定结果。从该表中可以看出，5 种重金属在氧化塘内的分布存在相似的规律，即塘水中 5 种重金属含量由春季、夏季至秋季逐渐下降，其原因主要有以下几方面。

⊡ 表 8.14　安达氧化塘水中重金属含量范围及平均值　　　　　　单位：$\mu g/kg$

水中含量		铜	铅	镉	铬	汞
春季	厌氧塘和兼性塘 范围	123.0～189.0	340～480	18.90～27.0	26.5～208.0	8.75～12.00
	平均值	153.2	432.6	22.98	72.7	10.38
	好氧塘 范围	135.0～207.0	248～720	12.30～26.00	44.5～280.0	4.50～8.75
	平均值	171.1	494.0	18.16	101.6	6.60

水中含量			铜	铅	镉	铬	汞
夏季	厌氧塘和兼性塘	范围	70.0～110.0	218～845.0	12.00～16.00	16.5～204.0	27.00～39.00
		平均值	95.0	405.0	14.52	61.1	33.20
	好氧塘	范围	23.5～120.0	92.5～420.0	6.91～22.50	15.0～64.0	9.00～44.00
		平均值	67.9	211	14.38	29.2	32.87
秋季	厌氧塘和兼性塘	范围	0～8.1	5.7～15.7	60～4.30	0～59.5	5.72～7.88
		平均值	3.2	9.2	3.25	10.1	6.84
	好氧塘	范围	0～17.1	5.7～41.2	33～4.30	0～59.5	5.07～9.18
		平均值	5.8	16.9	2.33	16.3	7.79

① 秋冬季期间，塘中微生物活性很低，厌氧菌和好氧菌的代谢产物 S^{2-}、CO_3^{2-}、PO_4^{3-} 等较少，且 pH 值相对较低，因而所形成的重金属难溶盐含量很少，重金属大多以可溶性盐类的形式存在于水中。

另外，由于底泥处于还原和酸性状态，沉积于底泥中的重金属逐渐转化为低价可溶性的金属离子，当温度升高，随着底泥的上翻，从而将可溶性重金属释放于塘水中。风波对水中重金属含量的影响也是很显著的，由表 8.14 可见，春、秋两季好氧塘水中的重金质含量普遍高于厌氧塘和兼性塘，这是由于好氧塘的表面积很大，风浪作用很强，而厌氧塘和兼性塘的单塘面积较小；塘坝体上又生长着人工栽种和自然生长的柳枝、小树，从而减弱了风力的影响。

② 夏季时，各种水生生物很活跃，藻类、浮游动物、底栖动物、鱼类大量繁殖，各种水生生物通过吸附、吸收等富集作用使水中重金属离子不断减少。同时，一些难溶盐类（如硫化物、碳酸盐、磷酸盐、氢氧化物等）沉入底泥中，也导致水中的重金属含量的降低。

③ 通过食物链，在各种水生生物体内富集的重金属不断转移到塘内最高营养级——鱼类等，待鱼类收获季节，在鱼体内富集的一部分重金属便脱离了此生态环境。此外，氧化塘附近的一些居民到塘里收集鸭草、甲壳动物等作为鸡、鸭的饲料，或放养鸭、鹅，也使一部分重金属脱离此生境。

④ 从实验结果看，塘水中只有汞在夏季高于春季，这主要是由于夏季微生物大量繁殖，在微生物的作用下，沉积于底泥中的重金属系转化为可溶性的甲基汞和二甲基汞进入水中，而使塘水中汞含量升高。

总之，重金属在水相、底泥沉积物以及生物系统三相中处于动态平衡，水中的重金属究竟以何种形式存在，存在量多少，则受水体的物理、化学和生物条件及沉积物的特征所控制，如水温、水流状态、混合效应、pH 值、氧化还原电位、盐效应及离子浓度、有机配体种类和浓度、生物吸附/吸收和扰动能力等影响。

8.2.9.4 重金属在氧化塘底泥中的迁移转化规律

底泥是指水体沉淀物，主要由黏土矿等无机物和腐殖质所组成，它对重金属的各个形态（如离子、分子、络合物等）均具有吸附和螯合作用。

重金属由水向沉淀物的转移和由沉淀物向水中释放是可逆过程的两个方面，其主要方面是由水中向沉淀物中转移，因而底泥成为重金属进入水体后的主要归宿之一。一般认为，沉积物中金属的释放主要由四类化学变化所引起：a. 在盐度大的水体中碱金属与碱土金属可把被沉积物吸附的重金属离子置换出来；b. 在强还原性沉积物中，金属氧化物可被还原为可溶性的还原态物质而释放；c. pH 值降低可使碳酸盐和氢氧化物溶解，增加重金属离子的解吸量；

d. 某些生化过程，如汞、铅等的生物甲基化作用也能引起重金属离子的释放。

根据溶度积原理，5种金属离子（铜、镉、铬、铅、汞）主要形成硫化物、氢氧化物和碳酸盐等难溶盐沉积于底泥中。此外，阴离子效应也不容忽视，由于安达城市污水中含多种阴离子，在它们的作用下，可促进重金属离子的沉积。

不同季节，安达氧化塘底泥中的重金属含量如表8.15所列。每种重金属由于其难溶盐和可溶性物质形成的原因不同，所以其转化和迁移规律也不同。

☉ 表8.15 大庆石化废水生态处理系统底泥中重金属含量范围及平均值 单位：mg/kg

	底泥含量		铜	铅	镉	铬	汞
春季	厌氧塘和兼性塘	范围	7.4～40.0	12.6～26.1	0.48～0.95	0.7～3.7	0.60～1.31
		平均值	19.0	19.0	0.70	2.7	1.00
	好氧塘	范围	8.7～20.4	7.5～14.6	0.13～0.46	3.0～9.9	0.20～1.00
		平均值	14.9	11.9	0.31	6.6	0.50
夏季	厌氧塘和兼性塘	范围	13.8～30.4	23.5～38	0.78～7.11	2.8～25.8	0.15～0.32
		平均值	19.2	28.7	2.65	11.9	0.21
	好氧塘	范围	4.0～19.1	18.7～26.2	0～1.99	2.2～3.7	0.12～0.19
		平均值	11.7	21.8	0.81	3.0	0.16
秋季	厌氧塘和兼性塘	范围	7.30～38.4	12.9～29.3	0.12～1.12	32.7～72.6	0.15～0.43
		平均值	22.9	20.2	0.68	46.6	0.23
	好氧塘	范围	10.1～37.0	18.2～31.9	0.12～0.93	10.7～83.4	0～0.34
		平均值	16.3	20.6	0.61	42.3	0.15

（1）汞

汞在底泥中主要以单质汞（Hg）和硫化汞（HgS）的形态存在。此外，铁和锰的水合氧化物对Hg的吸附作用，黏土如蒙脱土、伊利土等对阴离子的吸附作用以及有机配位体（如腐殖质中的羧基）对汞的螯合作用将对汞在底泥中的沉积起作用。图8.49为汞在氧化塘系统中循环的可能途径。

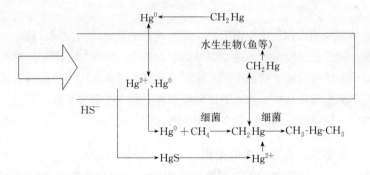

图8.49 汞在氧化塘系统中的循环途径

底泥中的汞主要是通过转化为甲基汞向水体中迁移。许多细菌（如产甲烷细菌、荧光假单胞细菌、巨大芽孢杆菌、大肠杆菌等）均具有合成甲基汞的能力；在存在甲基钴铵素的条件下，使Hg^{2+}形成CH_2Hg。

由表8.14和表8.15可见，底泥中的汞向水中的迁移过程与微生物的生化作用有直接关系。在夏季，由于微生物的大量繁殖，微生物非常活跃，在微生物的作用下，底泥中的汞经过甲基化而转化为可溶性的甲基汞，从而底泥中的汞含量由春季的0.75mg/kg降低为

$0.19mg/kg$，而塘水中的汞含量则由春季的 $8.49\mu g/L$ 增至 $32.99\mu g/L$。此后，经食物链在水生生物（鱼类等）体内大量富集，使各种鱼、虾体内汞含量高达 $2.00\sim5.43mg/kg$ 干重，最终脱离氧化塘的生态环境，所以，秋季水相及沉积物中汞含量均很少。无机汞化合物的生物甲基化作用虽在有氧和无氧条件下均能进行，但在厌氧和兼性塘中，甲基化作用的同时，还有部分汞离子因形成稳定的硫化汞络合物而沉积于底泥中。厌氧塘和兼性塘中底泥含汞量始终高于好氧塘，这一方面是由于城市污水首先流经厌氧塘和兼性塘，另一方面还由于底泥中厌氧细菌所产生的大量硫化氢不断释放，当遇到汞离子即形成极难溶的硫化汞物质而沉至底泥中。

（2）铅和镉

铅和汞在某些方面比较相似，在底泥中的铅能够通过甲基化作用而转化为易溶性的烷基铅，但铅的甲基化作用远没有汞显著。底泥中铅和镉含量随季节的变化规律很相似，在夏季均达到最高含量，这是由以下几个方面原因造成的：

① 铅离子和镉离子均能生成稳定的磷酸盐和硫化物沉淀，在夏季，由于光化学反应厌氧细菌和好氧细菌分别产生大量的 H_2S 和 PO_4^{3-}，从而使铅离子和镉离子大量生成难溶盐而沉积于底泥中；

② 铅和镉的难溶盐很难转化为可溶性物质，因而底泥中的铅和铜难以迁至水相；

③ 铅和镉在底泥中的去除主要依赖底栖动物的富集作用，由实验结果来看，在秋季，底栖动物体内铅和镉的富集系数分别为 1200 和 190，比其他水生生物的富集系数均高出一个数量级。因而，在秋季底泥中铅和镉含量显著降低。

（3）铬

Cr^{3+} 在弱碱性溶液中很容易生成氢氧化铬沉淀，而不易生成硫化物沉淀，从 pH 值的测定结果来看，春、夏季各塘内平均 pH 值均为 7.5 左右，而秋季 pH 值可高达 8.1，因而秋季大量氢氧化铬沉积于底泥，而水生生物中底栖动物对铬的富集能力有限，所以底泥中铬大量积累。

（4）铜

Cu^{2+} 很容易生成氢氧化铜和硫化铜沉淀，但从连续的测定中可发现，底泥中铜含量的变化很小，铜在底泥中的含量比较恒定。这主要是由于大多数水生生物（浮游生物和底栖动物）对铜的富集能力很强，使得沉积于底泥中的铜量和由底泥中进入水生生物体内的铜量，在一定程度上达到了动态平衡所致。从生物体内的富集系数与底泥中的富集系数可看出，有显著的相关关系，一般均为同一数量级，因而，铜在底泥中的含量相对稳定。

8.2.9.5 氧化塘生态系统合理组成的设想

在试验中发现，好氧塘出水中的浮游生物的生物量对氧化塘的水质净化效率有很大的影响。如果采用一些物理的、化学的方法除去浮游生物，虽能提高出水水质，但却要增加处理费用。能否通过改变氧化塘现有生物群落的组成，使之趋于合理，并充分发挥其生态系统功能，是值得人们探讨的重要问题。

氧化塘生态系统中，各种生物之间以食物链或食物网的形式相互联系，并且通过食物链或食物网完成能量流动。能量沿着食物链由前一营养级向后一营养级传递时，遵循"十分之一"规律。为此，我们以此为依据，分析了青肯泡氧化塘现有的生物群落结构，提出了合理组成的设想。

（1）设想的前提条件

在试验中可看到，好氧塘的生态结构完整并稳定，因此，我们以此塘为对象来进行生态组成探讨，为了便于讨论，现做如下假设。

① 好氧塘生物群落的食物链为：

这里假定鱼为完全肉食性的，而不是杂食性的；

② 鱼吞食各类动物的量按照各类动物的相对生产力的大小比例摄取；

③ 除鱼外的各类动物之间的生产力比例，是根据实测结果计算的，因此，在一定的范围内具有它的合理性。其各类动物生产力的比例为：

$$植食性浮游动物：植食性底栖动物=0.739：0.261 \qquad (8.5)$$
$$肉食性浮游动物：肉食性底栖动物=0.610：0.390 \qquad (8.6)$$

（2）生物构成的比例计算

在植物生长期，好氧塘中浮游植物的初级生产产量为 2200kcal/m²（1kcal=4.18kJ），按"十分之一"规律，则有 220kcal/m² 转化为植食性动物的产量，根据式（8.5）的比例，应有 162.58kcal/m² 植食性浮游动物的产量，57.42kcal/m² 植食性底栖动物的产量，此估算值与实测数值相比较可知，估算值是实测值的 3 倍。因此我们认为好氧塘生态系统中，食物链的第一营养级和第二营养级的生产力是不协调的，表现为第二营养级生产力过小，因此很大程度上影响了出水水质。我们现假设肉食性浮游动物的产量为 X_1，肉食性底栖动物的产量为 X_2，吞食植食性动物而获得的鱼产量为 X_3，吞食肉食性动物（不包括鱼本身）而获得的鱼产量为 X_4，则根据比例式（8.6）有：

$$X_1 : X_2 = 0.610 : 0.390$$

根据"十分之一"原则和能量守恒定律有：

$$X_1 + X_2 + X_3 = 220 \times 0.1$$
$$0.1X_2 + 0.1X_1 = X_4$$

根据前面所设定的食物链和各营养级分析，可进一步假定 $X_4 = 0.1X_3$，从而可有如下方程组：

$$0.390X_1 - 0.610X_2 = 0$$
$$X_1 + X_2 + X_3 = 22$$
$$0.1X_1 + 0.1X_2 = X_4$$
$$X_4 = 0.1X_3$$

从而解得：

$$X_1 = 6.711；X_2 = 4.289$$
$$X_3 = 11.000；X_4 = 1.100$$

根据各类生物的 P/B 和 B_2/B_1 系数值（P 为生产者，B 为生物量，B_1 和 B_2 分别为以重量、能量表示的生物量；P/B，B_2/B_1 系数采用与青肯泡氧化塘有相似生态条件的湖泊的数值），推算出各类生物的生物量，列于表 8.16 中。

表 8.16 好氧塘假设的生物群落的能量流及生物量

项目	浮游植物	浮游动物	底栖动物	鱼	单位
P	2200	169.21	61.71	12.10	kcal/m² 生长期
P/B	210.0	12.73	4.8	0.8	
B_2	10.48	13.30	12.86	15.13	kcal/m² 生长期
B_2/B_1	0.58	0.55	0.80	1.20	
B_1	18.22	24.16	16.07	12.60	g(湿)/m² 生长期

（3）生物群落组成分析

我们由鱼产量的估算值可知，每平方米可产鱼 1260g，故每个好氧塘应年产鱼 16.13t，而现在实际年产鱼仅为 8t 左右。

从计算结果还可知，除肉食性无脊椎动物外，其他各类动物没有达到按生态系统能量流的"十分之一"原则所应有的产量。因此，可以认为好氧塘出水水质的提高以及氧化塘资源的开发和利用都大有潜力可挖。只要我们能够合理地调控氧化塘生物群落的组成，就能收到良好的净化效果，同时也会产生较大的经济效益。

8.2.10 总结

水污染生态处理这一污水处理新技术，之所以有生命力，是因为其基建投资仅为相同规模常规污水处理厂（采用活性污泥工艺）的 40%～50%，而运行费仅为后者的 20%～30%。而处理效果与常规二级处理厂相同；设计先进和科学的污水处理生态系统，其去除污染物的效果甚至优于常规二级处理工艺。此外，它能将污水处理与利用和实现污水资源化结合起来，实现水的回收、再用和水循环；污水中的有机物和营养物在污水处理生态系统中，以太阳能为初始能源，在食物链中进行能量和物质的迁移和转化，最后以芦苇、水生作物、鱼、虾、蟹、鸭、鹅等产物实现资源化。如果考虑水资源和其他资源的回收的经济收益，污水生态处理厂的运行费可能与经济收益相抵，而达到零运行费。设计和运行良好的污水生态处理厂是一个很美的生态公园，尤其是后面的芦苇塘、最后净化塘和人工湖，水面有美观的莲、荷、水禽，水中有观赏鱼类，苇塘中有多种鸟类，是人们游览休闲的胜地。由于它具有明显的经济效益、环境效益和社会效益，必将成为中小城镇污水治理的主要技术。

8.3 山东省东营市多级塘-湿地系统处理合流制混合污水

8.3.1 东营市资源环境介绍

东营市位于山东省北部黄河入海口三角洲地区。地跨东经 118°07′～119°0′、北纬 36°55′～38°10′之间。东、北临渤海，西与滨州地区毗邻，南与淄博、潍坊接壤。南北长 123km，东西宽 74km，总面积 7923km²。

东营市属北温带季风型大陆性气候，四季分明。全年平均日照时数为 2728.5h，各月平均日照时数以 5 月份最多，12 月最少。年日照百分率平均为 62%。年平均气温为 12.5℃，1 月份平均气温 -2.8℃，7 月份 26.7℃。平均无霜期在 200d 以上，历年平均气压为

101.59kPa。历年平均降水量为 613.6cm。历年平均绝对湿度为 1.2kPa，平均蒸发量为 1926.0cm。风向随季节变化，冬季多偏北风，夏季多偏南风；历年平均风速为 3.3m/s。年平均地面温度为 14.6℃，年最大冻土深度为 600cm。东营市水资源主要是客水资源，包括黄河、小清河、支脉河、淄河等，工农业生产和人民生活用水 90％以上来源于黄河。黄河多年的监测资料表明，黄河东营段采用《地表水环境质量标准》（GB 3838—2002） Ⅲ类标准进行评价，多项指数超标，有时较严重。小清河、支脉河、淄河在进入东营市境内已受到严重污染，综合污染指数分别为 16.91、7.4 和 22.65，主要指标超标率为 100％，水质绝大多数为劣Ⅴ类水质。

东营市境内河流主要有广利河、广蒲沟、东营河、溢洪河、永丰河、六干排、太平河、褚官河、草桥沟、挑河、神仙沟等。其中广利河是城区内河流，流经整个东营市区经广利港汇入渤海，全长 51km。沿途支流，特别是东西城污水直接排入广利河，现有排污口大小 35 个，日排污水量 60000m³。广利河的主要污染物为化学需氧量和石油类。2002 年广利港检测站的 COD 浓度为 109mg/L，单因子污染指数为 3.63，水质超《地表水环境质量标准》（GB 3838—2002）Ⅴ类标准。其他河流分别汇入了多家采油厂的工业废水和生活污水，主要污染物 COD 单因子指数都大于 4.6，超Ⅴ类标准，呈有机物污染。

8.3.2　生态处理工艺选择

（1）原水水质变化

东营市城市管网采取雨污分流式，降水直接排入广利河。但由于污水管网存在渗漏问题，高温期广利河水会大量涌入污水管网，这就造成在高温期（6～9 月）污水处理厂进水水质明显低于低温期（见图 8.50），因而该污水处理厂进水浓度季节差异明显。此外，东营市污水处理厂污染物进水浓度全年相对较低，这就要求该污水处理系统必须具有较强的在低污染负荷下长时间正常运行的能力，并能适应水质的突然变化。

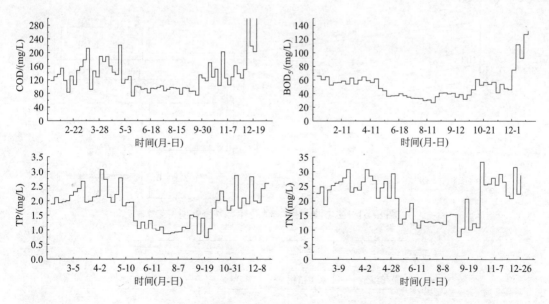

图 8.50　东营污水处理厂进水水质全年变化

（2）工艺选择

对东营市城市生活污水水质情况调查显示全年污水 COD、BOD。浓度分别基本稳定在 90～200mg/L 和 40～70mg/L 之间。较低的有机负荷导致在常规活性污泥工艺中微生物长期处于贫营养状态，微生物活性低，容易导致污泥膨胀等问题。而采用稳定塘和湿地相结合的生态工艺来处理当地的城市生活污水，可以避免这些问题。

此外，采用稳定塘和湿地生态处理工艺还具有下列优势：

① 东营市低洼及盐碱荒地面积较大，市郊有大量的闲置盐碱地。通过将盐碱地改造为稳定塘和湿地生态处理系统，不仅可以优化环境，还可以削弱土地盐碱化。

② 由于黄河来水量逐年减少，断流天数逐年增加，且附近没有合适的替代水源可以利用，因此污水的回用就尤其重要。生态处理系统出水不仅可以部分回用作农业用水，在系统出水水质较好时也可用来回灌地下水。

③ 该工程用地位于原胜利油田所属农场，由于得不到黄河水源供给的充分保证，原有的水库以及鱼塘已经废弃，而通过利用废弃的水库能起到进一步减少工程投资的目的。

由于生态处理工艺具有诸多优势，当地政府决定采用稳定塘和湿地生态处理工艺来处理城市生活污水。

8.3.3　工艺构成

东营市的城市生活污水经由管道和污水提升泵站集中后通过压力管输送到 12km 处的生态处理系统中。污水经处理后，部分以农田灌溉用水和地下回灌水的形式回用，部分直接经广利河排入大海。

东营生态处理系统（见图 8.51）主要包括生态塘系统和湿地系统两部分串联组成。其中生态塘系统由复合兼性塘（HFPs）、曝气塘（APs）、曝气养鱼塘（AFPs）、鱼塘（FPs）和水生植物塘（HPs） 5 种不同形式和环境的单元串联而成；而湿地系统主要由两个芦苇湿地（CWs）构成。具体工艺流程如图 8.52 所示。

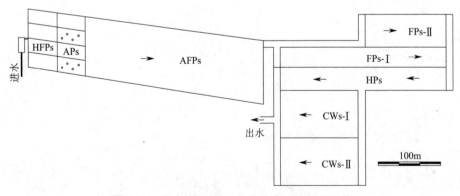

图 8.51　生态塘/湿地一体化生态系统处理工艺

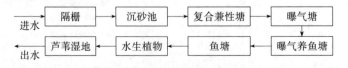

图 8.52　东营处理厂工艺流程

东营市污水处理厂正式运行于 2000 年 11 月，该工艺设计水量 $1.0\times10^5\,m^3/d$，目前实际运行水量为（3～6）$\times10^4\,m^3/d$，其中各处理单元主要设计参数见表 8.17。复合兼性塘由底部带污泥发酵坑的高效兼性塘以及上部悬挂生物填料的强化兼性塘两种工艺优化而成，主要包括污泥消解区和上部的生物膜填料区两部分（见图 8.53）。通过进水及出水均匀布水系统污水在该复合兼性塘中进行上向和下向翻腾式流动，污水中的有机物能通过与底部污泥和上部生物膜进行充分的接触而得到较高去除。

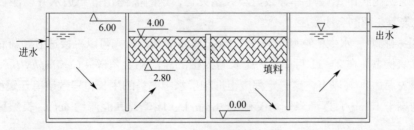

图 8.53 复合兼性塘剖面图

⊡ 表 8.17 塘及湿地系统工艺参数

工艺类型	尺寸 $(L\times B\times H)/m$	设计 Q $/(m^3/d)$	HRT $/d$	L/B	组数
复合兼性塘	138.9×65.9×5	25000	1.46	2	4
曝气塘	133.4×66.3×3.6	25000	1.29	2	4
曝气养鱼塘	866.6×275×3.5	100000	8.3	3	1
鱼塘	800×100×2.0 和 400×126×2.0	65000 和 35000	2.4	8.4 和 3.2	2
浮萍塘	800×95×1.0	100000	0.76	8.4	2
芦苇湿地	390×227×0.4	50000	0.9	1.7	2

复合兼性塘内水体呈深灰色，浊度相对较高，有异味。受进水有机负荷较高影响，该单元仅表层水体（<0.5m）为缺氧状态，其余部分 DO 全年小于 0.2mg/L，处于厌氧状态；而受进水水质变化以及 HRT 较低影响，复合兼性塘水质日差异明显。单元内藻类以形体微小的球形蓝藻为主，数量相对较少。单元底泥厚度超过 30cm，黑色且有浓重的恶臭。

1）曝气塘 曝气塘以 $1W/m^2$ 的强度利用表面曝气机进行表面曝气，由于曝气量偏低，水体 DO 小于 2mg/L，因而单元处于兼性/厌氧状态。塘内水体全年较浑浊，水色浅灰，表面常覆盖大量的白色泡沫，有异味。水体中藻类以颤藻（*Oscillatoria*）、小球藻（*Chlorella*）等抗污染性较强的蓝藻为主，夏季会出现少量钟虫（*V. elongata*）等原生动物。该单元底泥厚约 8cm，为黑色，恶臭明显。

2）曝气养鱼塘 曝气养鱼塘体积较大，理论停留时间超过该系统总停留时间的 50%，是整个系统内最重要的单元之一。该单元水色常年绿色，无明显异味，水质清澈，透明度大于 1m，浊度常低于 15NTU。 DO 常年维持在 3mg/L 以上，尤其在春季塘内 DO 常高达 20mg/L 以上，远高于 9～10 mg/L 的 DO 饱和浓度。相对于复合兼性塘和曝气塘而言，曝气养鱼塘内藻类的种类明显改变，藻类的优势种属由形体较小的球形藻转变为形体相对较大的新月藻（*Closterium*）、针杆藻（*Synedra*）舟形藻（*Naviculaceae*），高温期水中有大量摇蚊（*C. Larvas*）幼虫、波豆虫（*Bodo*）和钟虫（*V. elongata*）。该单元泥厚 6cm 左右，黑色。

3）鱼塘 该单元水质清澈，藻类也以大型的蓝藻（Cyanophyta）和绿藻（Chlorophyta）

为优势种属。单元水体为好氧状态，尤其春季藻类生长旺盛，DO 浓度常维持在 18mg/L 以上。随着气温的逐渐升高，以水蚤（*Daphnia*）为优势种属的原生动物迅速生长，原生动物的捕食用导致藻类数量降低，DO 浓度也相应降低到 4～8mg/L。

原生动物的大量生长为鱼类提供了充足的饵料，促进了鱼类较快的生长，据测定该单元鱼类的平均生长速率约为 1.5kg/a，远高于常规水库。但原生动物的多样性也在一定程度上导致了鱼类的死亡。由于饵料丰富、环境适宜，4～6 月斜管虫常大量繁殖，斜管虫（*C.Lodonella*）会导致鱼鳃组织受到严重破坏并导致鱼类大量死亡，这时需停止单元进水并以漂白粉、氯杀宁、二氧化氯等杀菌剂全池泼洒。

4）水生植物塘　水生植物塘水深仅 1.0m，水质清澈，阳光可以直接透射到塘底部，水体全年维持好氧状态。在 3～11 月单元内生长着大量的浮萍和金鱼藻（*Ceratophyllum* L.），它们常覆盖塘表面达 80％以上，这一定程度上抑制了水中藻类的生长，导致该单元夏秋季 DO 浓度从春季的高于 15mg/L 逐渐降低到仅有 4～8mg/L。该单元底泥厚约 6cm，表层呈黄褐色，臭味不明显。

5）芦苇湿地　芦苇湿地仅在每年 3～10 月芦苇生长期投入正常使用，其余时间闲置。单元水体采取表面径流的形式，平均水深 0.5m，水质清澈，浊度常年低于 5NTU。湿地内生长着茂密的芦苇和浮萍，芦苇的茎叶和浮萍几乎完全隔绝了空气中氧气的溶入，并阻挡了阳光的透射，因而该单元内藻类含量较少，DO 浓度常低于 2.0mg/L。此外，在湿地后 1/3 处存在一个面积约 1hm² 不长芦苇的塘区，该塘区有利于维持水体的推流状态并可适当充氧，避免系统出水处于厌氧状态。芦苇湿地出水经水渠直接排入广利河，或回用作农业灌溉用水及地下回灌用水。

8.3.4　试验仪器及分析方法

（1）水样采集

水样每周采集 3～6 次。水样采集后首先用不锈钢筛（φ2mm）过滤以去除大粒径浮叶植物和颗粒，然后再进行相应指标的测定。

溶解性水样使用 Whatman GF/F 0.70μm 滤膜过滤水样后获得。

（2）常规指标的测定

水温和 DO 分别采用精密温度计和 Hach-16046 溶解氧仪现场检测，pH 值利用 PHS-3C 酸度计于实验室检测。

COD 和 BOD_5 分别采用重铬酸钾法和稀释接种法进行测定；NH_3、NO_2^-、TN 和 TP、PO_4^{3-} 的测定按照 APHA（1995）的标准，NO_3^- 采用戴氏合金法测定以消除氯离子的干扰。

悬浮物的测定采用 Millipore APFF 0.70μm 滤膜过滤，以重量法确定；而水体中颗粒物的粒径分布利用 HIAC-Model 9703 激光颗粒计数器进行测定。

试验分析中悬浮性有机物用 SCOD 表示，其含量为 COD 与 DCOD 差值；可降解有机物用 $SBOD_5$ 表示，其含量为 BOD_5 和 DBOD 的差值。

（3）底泥磷的采集及连续提取

为了解不同生态条件下，磷在底泥和水体间的循环吸收/释放过程，试验中对底泥中磷的含量和组成进行考察。复合生态处理系统各处理单元泥样平均每月采集 1 次。根据分析项目差异分别采用 PVC 柱状采样器（内径 φ4cm）或彼得逊抓斗采样器进行表层底泥样品采集，每个采样点分别采集 2～20 个平行样。样品采集后立即进行分离：对于表层混合泥样，截取表层 3cm 的泥样；而对于分层泥样（仅用于各处理单元纵向底泥中磷分析），按 1cm 间隔用刀片逐层分离。分离后泥样低温，密封，避光保存送至实验室。

泥样经充分搅匀，过筛（ϕ2mm）分离后置于黑色玻璃瓶密封，避光，恒温（4℃）保存待用。磷的分级提取实验在取样 2d 内进行。

本实验中采用国外常用的 Psenner 方法进行底泥磷的分级提取，具体提取步骤见图 8.54。底泥经多次提取，分离及测定后依次得到易解脱磷（P_{labile}）、铁磷（Fe-P）、铝磷（Al-P）、碱可提取有机磷（OP_{alk}）、钙磷（Ca-P）和残余有机磷（OP_{res}）。

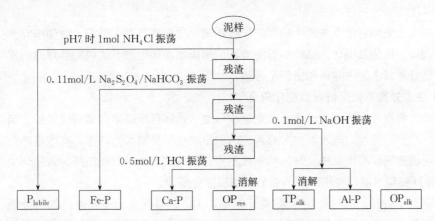

图 8.54 Psenner 底泥磷分级提取方法

每次提取后，固液混合相经 4000r/min 离心 15min 实现固液分离。离心分离后的固相进行下一种形态磷的提取。上清液经 Whatman GF/F 0.70 μm 滤膜过滤后采用钼酸盐标准方法进行磷的测定。泥样的总磷为各种形态磷总和。各泥样均做平行提取和测定，控制测定结果偏差小于±10%。

1）间隙水中磷测定　约 20g 泥样经 4000r/min 离心 15min 后，过滤上清液后获得间隙水，间隙水磷测定方法也采用钼酸盐标准方法。

底泥中 OP_{res} 采用 Haas 的方法进行分析：将提取后剩余泥样置于比色管中，并依次加入 5mL 浓度为 0.6mol/L 的 H_2SO_4 和 5mL 浓度为 6% 的 $K_2S_2O_8$，混匀、密封后置于 100kPa 下消解 1h。待消解液冷却至室温后以滤膜过滤，并采用钼酸盐法测定消解液中 PO_4^{3-} 的含量。

2）泥样 pH 值的测定　泥样与去离子水（体积比 1:2.5）混合均匀，振荡 4h 后，采用 PHS-3C 酸度计测定。

3）泥样含水率的测定　取一定量（精确到 0.01g）混匀后泥样置于坩埚中，在 103～105℃下烘干约 24h。待冷却至室温后测定烘干过程中泥样水分损失。

4）泥样有机成分测定　将在 103～105℃下烘干的泥样置于马弗炉中，并在 650℃下灼烧约 2h，待泥样冷却至室温后测定泥样重量损失。

5）泥样 ORP 的测定　采用 PHS-3C 标准酸度计测定，将标准甘汞电极和铂电极置于泥样表层下约 5cm，缓慢搅动至读数稳定。

6）泥厚的测定　对于水深超过 3m 的复合兼性塘、曝气塘和曝气鱼塘采用插杆法。将长约 1m 的白布固定在竹竿底端，然后将竹竿垂直插入塘底。插实后缓慢将竹竿提出水面，测量白布表面黑痕长度。对于水深较浅的鱼塘、浮萍塘和芦苇湿地，采用 PVC 柱状泥样采样器取底泥进行泥深测定。

8.3.5 塘/湿地组合生态处理系统运行效果分析

稳定塘和湿地生态处理系统内污染物的去除过程复杂。污染物的去除不仅涉及多种变化机制协同作用，而各变化机制对污染物的去除贡献又随水温、pH 值、DO、进水水质、生物种类及水力条件等多种自然和环境因素的改变而表现出不同的变化规律，因而不同类型的稳定塘和湿地单元通常表现出不同的去除规律。东营组合生态塘和湿地处理系统是将处理系统内水生生态结构变化和污水的净化相结合而设计的新型生态处理系统，它由优化组合的 5 种不同类型的稳定塘和 1 个表面流芦苇湿地构成，各处理单元环境差异明显，因而运行过程中各处理单元常表现出独特的污染物迁移/去除规律。

为了对生态塘和湿地系统内污染物的迁移和转化过程进行深入分析，以便于完善生态处理系统运行表现，优化其设计，试验中首先对特征污染物在该生态系统内去除规律的季节差异进行了探讨，并对其主要去除机制进行了分析。

（1）生态处理系统运行参数变化研究

同湖泊、海洋等自然水体一样，稳定塘和湿地内水体自净遵循自然变化过程，自然环境条件（如风、光照、温度、降水）决定着系统内的生物化学及其水力特性，光能是净化过程的驱动力；然而稳定塘和湿地系统又与自然水体不同，较高的各类污染物负荷导致随环境条件的变化，DO、pH 值和水温表现出不同的季节和单日变化规律。

1）DO 的时空分布差异　在稳定塘和湿地内 DO 的变化来源于水生生物的呼吸、大气复氧、机械曝气、有机物降解和硝化等过程，其中藻类的光合作用和有机物降解过程是生态处理系统中 DO 浓度变化的决定因素。这就导致随藻类种类及污染负荷的差异，不同季节和水环境中 DO 浓度遵循不同的变化规律；而各生态单元 DO 的变化过程又在一定程度上影响着污染物去除规律、系统内微生物种类以及污染物的去除机制。因此了解系统内 DO 的浓度变化分布对确定特征污染物的去除过程有重要意义。

① DO 的季节分布规律。图 8.55 为东营生态处理系统各处理单元 DO 的浓度季节变化曲线。可以看出复合兼性塘和曝气塘内 DO 常年浓度低于 1mg/L，水体处于厌氧或缺氧状态；从曝气养鱼塘、鱼塘到水生植物塘，DO 常年浓度在 5mg/L 以上，对不同深度 DO 浓度的测定发现，除 9～12 月份曝气养鱼塘下部呈兼性状态外，其余时间各处理单元均呈好氧状态；芦苇湿地在系统运行初期呈好氧状态，DO 浓度高达 15mg/L 以上，然而随芦苇以及浮萍的大量生长，该单元内 DO 浓度迅速低于 2.0mg/L，4～10 月水体呈缺氧状态。总之，从进水到最终出

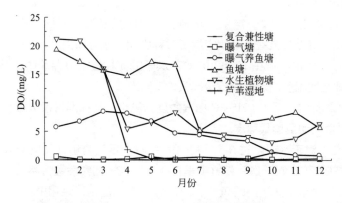

图 8.55 不同季节生态处理系统 DO 浓度变化规律（取样时间通常在 8：00～10：00）

水，各处理单元 DO 先升后降，水体依次呈现厌氧、兼氧、好氧和缺氧逐渐过渡的状态。

此外，值得注意的是尽管 1～2 月与 12 月水温接近，但两者的 DO 值相差较大，这是由于 2002 年冬季大量难降解的工业废水涌入系统，导致该系统生态环境遭到破坏，藻类含量减少，光合作用减弱，进而导致 DO 值降低。

② DO 单日分布规律。为进一步了解塘系统中 DO 值变化规律，试验中对不同季节单日 DO 值的分布进行检测和探讨。为简化说明，仅以水生植物塘为例，结果见表 8.18。

⊡ 表 8.18　水生植物塘 DO 值季节分布
单位：mg/L

月份	9:00	11:00	13:00	15:00	17:00	19:00	21:00	6:00	8:00	10:00
2 月	16.5	16.7	18.3	18.9	19.9	17.9	17.5	—	19.4	19.9
5 月	5.1	5.4	6.1	8.2	9.0	8.6	8.2	5.4	5.7	6.2
10 月	4.3	5.5	5.5	5.8	5.7	4.3	3.6	1.5	2.5	4.3

从表 8.18 可以看出，不同季节尽管单元内水体 DO 浓度不同，但 DO 浓度的变化趋势一致。每日早 6:00～8:00 之间，DO 浓度达到最低值；而傍晚 17:00～19:00 之间，DO 浓度达到最高值。因而以每早 6:00～8:00 的 DO 浓度来衡量系统运行情况，能够有效确定是否存在系统 DO 浓度过低导致鱼类等水生生物窒息死亡的可能。

此外，从该表还可以看出 2 月水生植物塘 DO 浓度是其饱和浓度的 200%～250%，而 5 月和 10 月 DO 浓度逐渐降低，尤其 10 月 DO 浓度最低小于 2mg/L。这是由于 2 月水生植物塘叶绿素 a（Chl-a）高达 150μg/L 左右，假设藻类的产氧效率为 35.9mg DO/mg Chl-a，则藻类的产氧速率分别为 5.4g/（m^2·d），远高于全年约为 0.9g/（m^2·d）的消耗速率，因而 2 月水体中 DO 较高；而 10 月水体 Chl-a 仅有 25μg/L 左右，产氧速率为 0.89g/（m^2·d），接近全年约 0.9g/（m^2·d）的 DO 消耗量，因而 10 月份水体内 DO 较低，清晨甚至处于缺氧状态。

③ DO 空间分布规律。由于曝气养鱼塘尺寸和 DO 值均较高，试验中以曝气养鱼塘作为研究对象考察 DO 值在生态处理单元内横向和纵向的分布变化，结果见图 8.56。

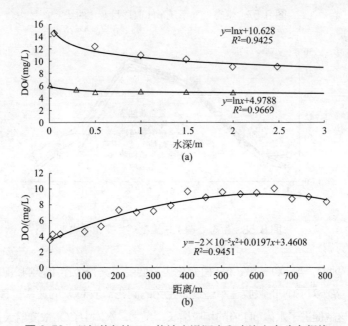

图 8.56　曝气养鱼塘 DO 值浓度沿深度和水流方向分布规律

可以看出，在该单元中随深度增加 DO 降低幅度减缓，水体 DO 浓度与水深保持较好的对数关系。但不同的条件下 DO 浓度的降低幅度不同，当表层水体 DO 浓度较高时，DO 浓度降幅较大，仅在表层 1.0m 内，DO 浓度的降低幅度超过 25%，并且当水深超过 2m 时 DO 浓度才达到相对稳定；而当表层 DO 较低时，表层 1.0m 内 DO 的降幅仅有 18%，并且 DO 浓度在水深 1.0m 处即达到相对稳定。按照这个变化趋势，可以推断曝气养鱼塘中表层和底层 DO 的差值小于 1.5mg/L，因而当表层水体 DO 浓度超过 3.5mg/L 时即可以保证单元内好氧微生物的正常生长。

此外，从图 8.56 还可以看出沿水流方向，曝气养鱼塘内水体的 DO 值逐渐增长，并最终在约 400m 处达到稳定。这说明在该生态单元中随水流推进，有机物降解和硝化作用的耗氧速率逐渐降低，并最终与系统自身产氧速率相平衡，这有利于后续生态单元内鱼类的生长。

2） pH 值的季节分布差异　图 8.57 为东营生态处理系统各处理单元 pH 值变化曲线，可以看出该系统 pH 值常年维持在中性偏碱范围之间，并且不同的处理单元对 pH 值的影响往往不同。复合兼性塘和曝气塘的 pH 值相对较低且全年相对稳定；而从曝气养鱼塘开始，pH 值迅速升高到 8.0 以上，并在鱼塘和水生植物塘中维持持续升高的趋势；而在芦苇湿地中水体的 pH 值迅速降低到 7.6～7.9。各处理单元 pH 值的变化规律与系统 DO 的变化过程类似。

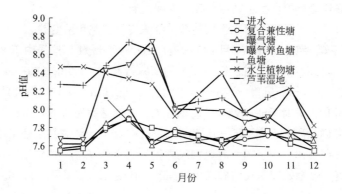

图 8.57　生态处理系统 pH 值逐月变化曲线

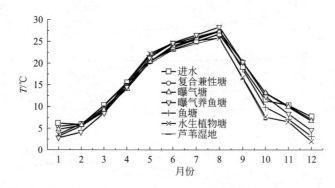

图 8.58　生态处理系统温度逐月变化曲线

在稳定塘和湿地中，与 DO 一致，pH 值变化也主要受藻类光合作用影响。研究显示，当藻类光合作用增强时，藻类对 CO_2 的吸收速率超过微生物的同化释放 CO_2 的速率，HCO_3^- 倾向于分解成 OH^- 和 CO_2，这就促进了水体 pH 值的相应增长；反之，水体中 CO_2 浓度增大，pH 值下降。因而在藻类含量较高的生态单元中，如曝气养鱼塘，pH 值与 DO 之间常保持较高的一致性。

3）水温的季节分布差异　图 8.58 为东营生态处理系统温度逐月变化曲线在生态处理系统中，水温不仅影响到各生化反应速率，还直接影响各处理单元的水力条件。当单元进水温度高于水体温度时，进水密度小于底层水体，污水仅在单元水体表层流动，这就导致了短流的产生，使水体停留时间降低，并进一步破坏了水体中污染物的扩散和物质传递过程。因而了解温度的变化对确定系统内物质交换过程具有重要意义。对东营生态处理系统温度的变化分析显示低温期，各处理单元进水温度通常高于单元内水温，进水倾向于在系统表层流动；而高温期，各处理单元进水水温低于单元内水温，进水在底层流动的趋势增大，这有利于污水在系统内的完全混合。

（2）生态处理系统污染指标去除研究

污水中污染指标较多，试验主要根据城市生活污水的特点针对 BOD_5、COD、TSS、P 和 N 5 个特征污染物进行详细考察。

1）BOD_5 的去除规律分析

① BOD_5 的去除效果。在稳定塘和湿地生态处理系统中，BOD_5 的去除通常涉及微生物降解、固体表面吸附及有机颗粒沉降等多种过程的共同作用，因而单元环境和季节变化对各处理单元 BOD_5 去除率影响明显。从图 8.59 各处理单元 BOD_5 的逐月变化曲线可知，尽管进水 BOD_5 浓度在 40~108mg/L 之间变化，出水 BOD_5 保持相对稳定：低温期出水 BOD_5 浓度在 7.3~16.9mg/L 之间；而 5~8 月的温暖季节系统出水 BOD_5 浓度稳定在 1.5~5.9mg/L，东营生态处理系统全年 BOD_5 去除率高达 76%~93%。此外，该生态处理系统中 BOD_5 的去除主要集中在复合兼性塘和曝气养鱼塘，两个单元 BOD_5 的去除率分别为 44% 和 31%，曝气养鱼塘的出水 BOD_5 浓度常年保持在 7~18mg/L 之间；而水生植物塘和芦苇湿地等三级生态处理单元对 BOD_5 的年去除率低于 5%。

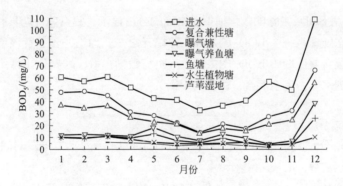

图 8.59　生态处理系统 BOD_5 浓度逐月变化

上述情况是由于在复合兼性塘中，进水 BOD_5 浓度较高，在厌氧的环境中这部分有机物能通过有机颗粒沉降、微生物降解而有效去除；而曝气养鱼塘中长达 15d 的 HRT 保证了该单元较好的 BOD_5 去除潜力。

在对水生植物塘和芦苇湿地中 BOD_5 去除过程进一步分析发现，这两个单元 BOD_5 出水常年稳定在 3~6mg/L 之间，而在 3~4 月以及 8~11 月藻类及浮萍等水生植物大量生长期这两个单元还常出现出水 BOD_5 增高的现象，这与 Maynard 对三级处理塘中 BOD_5 浓度的研究结果一致。BOD_5 浓度的这种增长与生态处理系统中有机物的归趋途径有关。在生态处理系统中 BOD_5 浓度的变化不仅受微生物降解、有机颗粒沉降等去除途径影响，还受底泥及水生植物中有机残渣释放等作用机制影响，最终 BOD₅ 的变化取决于两者之间的平衡。在三级处理塘中，进水 BOD₅ 的含量较低，有机物分解速率慢，然而三级生态处理系统内大量生长的水生植物在生长期，衰老期以及腐败过程中都会释放出大量的有机物，当释放速率大于去除速率时该单元对 BOD₅ 的去除贡献为负。对 8 月水生植物塘底泥 BOD₅ 的释放试验也显示，当 20g 底泥溶入 200mL 蒸馏水中，在 80r/min 的强度下振荡 24h，底泥释放的溶解性 BOD₅ 浓度在 4.1mg/L 左右，这进一步证明了在底泥中存在大量的 BOD₅ 的释放。因而在 3～4 月以及 8～11 月水生植物死亡速率较高，底泥中有机物大量降解时，这两个单元会出现 BOD₅ 增长的现象。

综上，东营生态处理系统能够有效去除进水 BOD₅，去除的主要单元为复合兼性塘和曝气养鱼塘。此外，受底泥及水生生物残骸释放有机物影响，水生植物塘和芦苇湿地的表观 BOD₅ 去除贡献较低，但这两个单元也具有较高的 BOD₅ 去除潜力。

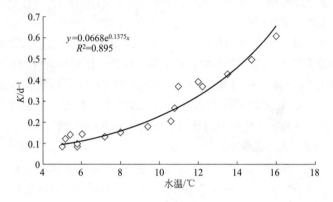

图 8.60 K 值随水温变化曲线

② 复合兼性塘 BOD₅ 去除的数学模拟。上面的分析显示，复合兼性塘具有较高的 BOD₅ 去除能力，是该生态处理系统中 BOD₅ 的主要去除单元之一。为进一步了解该单元对 BOD₅ 的去除能力，试验对复合兼性塘中 BOD₅ 的去除过程进行数学模拟。为简化计算，模拟中假设复合兼性塘进水与塘内水体为完全混合，由物料平衡关系可知：

$$\frac{S_e}{S_o} = \frac{1}{1+Kt} \tag{8.7}$$

式中，S_o、S_e 分别为进水和出水 BOD₅ 浓度，mg/L；t 为水力停留时间，d；K 为 BOD₅ 的一级反应动力学常数，d^{-1}。

模拟过程中首先采用 2003 年复合兼性塘 BOD₅ 的去除率确定实际 K 值，如图 8.61 所示。K 值与水温（T）的关系采用指数形式来表达，并利用最小二乘法进行拟合，拟合结果如式（8.7）。

$$K' = 0.0668e^{0.1375T} \quad (r^2 = 0.8946) \tag{8.8}$$

结合式（8.7）和式（8.8），可得复合兼性塘 BOD₅ 出水的数学模型公式为：

$$S_e = S_o / (1 + 0.0668e^{0.1375T}t) \tag{8.9}$$

图 8.61 为 2002 年复合兼性塘 BOD₅ 的模型预测值与实际检测值比较。通过相关分析可以发现，实际检测值与模型计算值之间的相关系数为 0.76，因此模型能够相当有效地对该单元实际出水 BOD₅ 的去除进行模拟。此外，从图 8.61 还可以看出，4～5 月模型的预测值明显低于实际检测值，这可能是由于 4～5 月进水水质的突然降低，底泥有机物释放作用对 BOD₅ 的

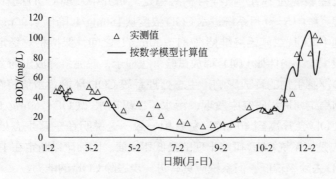

图 8.61 复合兼性塘 BOD_5 预测值与测定值比较

去除影响幅度增大,从而导致实际 BOD_5 的去除率低于模型预测。

2) COD 去除规律分析 从图 8.62 可以看出在东营生态处理系统中,尽管系统对 COD 的去除率远低于对 BOD_5 的去除效果,但 COD 的去除率全年维持在 $47\%\sim80\%$ 之间,也明显高于 Ghrabi 和 Mandi 等测定的 $45\%\sim58\%$,这说明该生态系统也具有较强的 COD 去除能力。

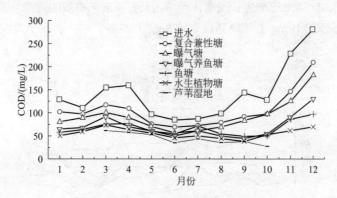

图 8.62 生态处理系统 COD 逐月变化

在该生态处理系统内,各处理单元对 COD 的去除率差异明显。与 BOD_5 的去除过程类似,复合兼性塘和曝气养鱼塘也是 COD 的主要去除单元,其中对 COD 的去除率分别高达 26% 和 16%;曝气塘、水生植物塘和芦苇湿地对 COD 的去除率在 $7\%\sim9\%$ 之间,相对较低;值得注意的是由于 $4\sim9$ 月,鱼塘表现为对 COD 的负去除贡献(去除率为 5.5%),这导致全年该单元对 COD 的去除率小于 5%。

各处理单元对 COD 的去除差异主要受有机物组成类型和去除机制变化的影响。在复合兼性塘中,悬浮有机物的去除量在 $6.7mg/L$ 左右,悬浮有机物的去除对该单元 COD 的去除贡献率高达 66%,因而在复合兼性塘有机颗粒沉降/降解在 COD 的去除过程中应占主导地位;曝气养鱼塘进水 COD 中不仅包含有机物,还包含还原性无机物,在该单元内相对较长的停留时间、相当高的 DO 以及好氧氧化环境应是 COD 去除率较高的主要原因。在对鱼塘中溶解性 COD 检测过程中发现,$4\sim9$ 月鱼塘中鱼类及浮游动物大量生长,水生生物的代谢产物及生物残渣的大量存在是导致鱼塘中 COD 去除率降低的主要原因。

Kadlec 曾提出在湿地生态处理系统中 BOD_5 存在背景值。他认为当生态处理系统 BOD_5 浓度降低到 $0\sim10mg/L$ 之间时,生态单元底泥和水生生物残渣中有机物的释放速率将与 BOD_5 去除速率接近，整个过程表现为 BOD₅ 值维持相对稳定。研究中发现 COD 同样存在相应的背景值。东营生态处理系统中 5～9 月系统进水 COD 浓度从 160mg/L 降低到 90mg/L 左右，但水生植物塘和芦苇湿地中 COD 浓度始终维持在 34～50mg/L 之间，保持相对稳定。对水生植物塘底泥有机物的释放试验（条件如 BOD₅ 释放试验）也显示，底泥将释放出约 20mg/L 的 COD，如再考虑到藻类等浮游生物的释放影响，生态处理系统 COD 环境背景值将在 30mg/L 以上。这与在对山东东阿稳定塘进行研究中发现，污水厂二级出水（COD＜30mg/L）在稳定塘中停留时间约 1d 后，COD 会升高到 40mg/L 左右相一致。这说明在东营生态处理系统中，30～40mg/L 的 COD 应是该系统 COD 可能出现的最低背景值。因而可以断定在 4～9 月，尽管东营生态处理系统 COD 去除率较低，但系统应具有进一步去除 COD 的能力。

3）TSS 的去除规律分析

① TSS 去除效果。悬浮颗粒物在污水中普遍存在，它除了本身是一种重要的污染源外，还能作为载体与许多痕量有毒微污染物相互作用，并在很大程度上决定着微污染物在环境中的迁移转化和循环归宿。因此如何有效去除水体中的悬浮颗粒物日益成为水处理中关注的对象。

从图 8.63 可以看出，东营组合生态处理系统具有较好的 TSS 去除能力，该生态系统对 TSS 的月均去除率在 72%～88% 之间，系统出水 TSS 基本稳定在 6～27mg/L 之间。尤其当芦苇湿地投入使用后，随芦苇逐渐生长茂密，芦苇茎及根系起到有效的过滤、吸附和截留作用，出水 TSS 迅速从春季的 19mg/L 下降到秋季的 3mg/L 左右。

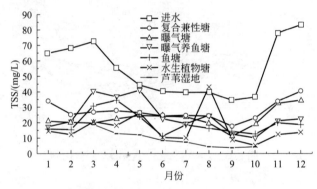

图 8.63　生态处理系统 TSS 逐月变化

生态塘系统对悬浮颗粒物的去除效果受环境因子影响较大，因而各处理单元对 TSS 的去除能力差异较大。从图 8.63 还可以看出，复合兼性塘和芦苇湿地对 TSS 的去除率最大，分别高达 46% 和 22%；曝气塘、鱼塘和水生植物塘对 TSS 的去除能力相对较弱，仅在 4%～12% 之间；曝气养鱼塘在 3～9 月对 TSS 的去除率平均为 14%，这造成该单元 TSS 去除率年均为 4%。

在复合兼性塘中，TSS 主要由进水所携带的有机及无机颗粒组成，这部分颗粒相对而言沉降性好，因而在水力条件平稳的复合兼性塘中去除率高。在曝气养鱼塘，原污水所携带的颗粒在 TSS 中所占比率降低，TSS 主要来源于单元水体内自身生长的藻类、浮游生物、底泥颗粒再悬浮等过程所产生的颗粒物。这部分颗粒含量受环境影响明显，在适宜的条件下（如温度升高）这部分悬浮颗粒含量会迅速增长，这就促进了生态处理系统内 TSS 的相应升高。

在常规的生态处理系统中，通常将稳定塘作为最终的处理单元来进一步处理污水，但近年的研究显示，稳定塘中大量生长的浮游藻类将导致系统出水中 TSS 浓度的迅速增长，进而引起受纳水体的"水华"现象。本试验中也显示在 3~9 月，曝气养鱼塘和鱼塘中经常出现 TSS 迅速增长的现象。目前国外普遍采用在生态塘后串联过滤单元（如砂滤系统）的工艺来控制出水 TSS 含量，而在生态塘后串联特定的生态处理单元（如浮萍塘、芦苇湿地），通过生物种群与水环境间的相互影响来控制水体颗粒物也是当前生态处理工艺的研究热点之一。通过对水生植物塘内藻类及 TSS 的变化规律分析发现，尽管浮萍的大量生长抑制了浮游藻类的生长，但浮萍塘内沉水植物表面附着的藻类以及有机颗粒的再悬浮同样会导致短时期内水体中 TSS 的大量增长。例如，8 月水生植物塘中 TSS 曾高达 44mg/L，镜检发现 TSS 主要来源于沉水植物表面所吸附生长的大型藻类的再悬浮。而芦苇湿地中茂密生长着芦苇和浮萍等水生植物，它们不仅能够进一步抑制藻类的生长，芦苇、浮萍根系及茎叶良好的截滤作用能进一步去除水体中各类悬浮颗粒。此外，在试验中还发现芦苇湿地中超过 80% 的 TSS 在距进水口仅 15m 的范围内去除，并且单元出水与进水 TSS 没有明显相关性，这进一步说明芦苇湿地具有良好的 TSS 去除能力。因而在生态处理系统中采用芦苇湿地能够有效保证系统对 TSS 的去除效果。

总之，水环境、生物及颗粒构成共同决定了生态处理系统中 TSS 的去除机制，进而影响着 TSS 在各生态处理单元内的变化规律。在生态处理系统中仅有较高的 HRT 和良好水力条件不仅不能保证系统对 TSS 的有效去除，还常导致单元出水 TSS 含量的增长。此外，芦苇湿地是一种高效的 TSS 去除工艺，能够保证生态处理系统出水 TSS 的稳定性。

② 颗粒去除机制分析。在不同水环境和季节中，有机颗粒的去除差异主要源于颗粒组成及其归趋模式的周期变化，而各处理单元颗粒归趋模式的差异又影响着颗粒的主导去除机制。通过对有机颗粒在 TSS 和 COD 中的比率分析（见图 8.64）可以一定程度上确定颗粒物的主导去除机制变化。

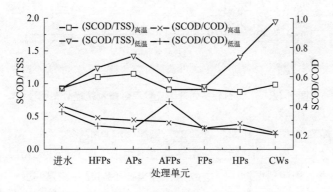

图 8.64 不同单元 SCOD/TSS、SCOD/COD 比较

从图 8.64 可以看出有机悬浮颗粒在各处理单元悬浮颗粒物及有机物中的比率遵循一定变化规律。在兼性塘和曝气塘，水体悬浮颗粒物主要来源于污水中自身所携带的微粒，无机悬浮颗粒沉降是颗粒的主导去除机制，因而随水体流动 SCOD/TSS 值逐渐升高，而 SCOD/COD 值的逐渐降低进一步说明有机悬浮颗粒减少是有机物去除的主要因素；在曝气养鱼塘中 SCOD/TSS 值下降而 SCOD/COD 值升高，这可能是由于有机悬浮颗粒的组成发生明显变化，藻类有机颗粒所占比率明显增高所致；鱼塘中 SCOD/TSS 值和 SCOD/COD 值的降低主要由浮游动物对藻类的捕食所造成；水生植物塘和芦苇湿地中悬浮颗粒主要通过浮萍及芦苇的茎、根系截滤去除，浮游生物自身运动的特点决定这种截滤作用对无机悬浮颗粒去除效果较好，因而 SCOD/COD 值减小而 SCOD/TSS 值增高。

此外，由图8.64还可以看出，高温期和低温期各处理单元有机悬浮颗粒变化规律接近，但高温期有机悬浮颗粒的变化幅度明显高于低温期。这说明在不同季节各处理单元悬浮颗粒的主导去除机制保持稳定，但去除机制的作用效率受温度影响显著。

③ 颗粒构成对粒径分布影响。Krishnappan的研究显示悬浮颗粒粒径分布不仅反映了水体悬浮颗粒的组成变化，同时粒径分布对悬浮颗粒去除速率也有显著影响。为了了解各处理单元颗粒构成差异对粒径分布的影响，实验对水环境差异较大的复合兼性塘、曝气养鱼塘和芦苇湿地中的悬浮颗粒进行了粒径分析，实验结果见图8.65。由图可见，复合兼性塘的粒径分布受温度影响较小；而在曝气养鱼塘和芦苇湿地，高温期大粒径悬浮颗粒（>20μm）所占比率明显高于其在低温期的比率。此外，从图8.65还可以看出高温期系统前端复合兼性塘中大粒径悬浮颗粒所占比率明显低于系统后端的曝气养鱼塘和芦苇湿地。

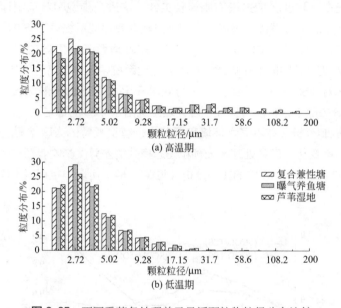

图8.65 不同季节各处理单元悬浮颗粒物粒径分布比较

以上现象可以解释为季节变化对各处理单元悬浮颗粒构成影响不同。复合兼性塘悬浮颗粒物含藻类少，因而该单元悬浮颗粒粒度分布受季节影响小，出水悬浮颗粒以不易沉降的小颗粒为主。而在曝气养鱼塘和芦苇湿地中藻类数量和种类在不同温期差异明显：低温期曝气养鱼塘和芦苇湿地中藻类数量少，且以粒径较小的微囊藻和隐杆藻为优势种群；而高温期这两个单元中藻类种类和数量增长显著，尤其以粒径较大的针杆藻、新月藻和颤藻等藻类增长较快，这就导致曝气养鱼塘和芦苇湿地中粒径较大的颗粒所占比率显著增加。因而高温期曝气养鱼塘和芦苇湿地中悬浮颗粒的粒径分布接近，且芦苇湿地中大粒径悬浮颗粒所占比率明显高于其在兼性塘中的比率。

④ 浊度的去除规律。图8.66为组合生态处理系统中浊度的变化曲线。可以看出，当1～10月进水浊度在31～70NTU之间变化时，出水浊度保持在2～6NTU之间，出水清澈；而在11～12月，受大量工业废水进入影响，进水浊度最高达360NTU，系统生态环境被破坏，各处理单元出水浊度亦相应增长到30NTU左右。因而在系统正常运行时，该生态处理系统能够有效地去除污水中的浊度。

此外，从图8.66还可以看出污水中浊度的去除主要集中在曝气养鱼塘、水生植物塘和芦

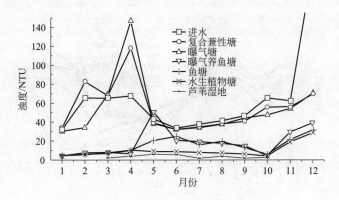

图 8.66 生态处理系统浊度逐月变化

苇湿地，去除率分别为 62％、14.3％和 13.7％；而复合兼性塘、曝气塘和鱼塘对浊度的去除率较低，全年去除率仅有 3％～7％。

4）磷的去除规律分析　水体富营养化一直是人们普遍关注的环境问题，它不仅会损害水体的感观性状，水中藻类，尤其蓝藻的大量生长还会导致水体 DO 的昼夜变化幅度增大，藻毒素含量增多，这直接导致水体中鱼类等水生生物的死亡。目前，海洋、湖泊和河流中频繁出现的赤潮和水华现象就是水体富营养化的一种表现形式。由于生产和生活污水中所含的磷是导致水体富营养化的主要因素，因而如何提高处理系统对磷的去除率也是水处理领域的主要研究热点之一。

在稳定塘和湿地生态处理系统中，磷的去除涉及多种过程。前人的研究普遍认同在生态处理系统中，磷的去除主要涉及颗粒吸附、化学沉降、微生物同化吸收、藻类及水生植物的吸收等多种机制的共同作用，但就某种水环境中何种去除机制在磷的去除过程中起主导作用仍存在较多分歧。Gloyna 研究显示，水生植物生长密度与水体中磷的去除率呈明显正相关，因而生态处理系统中磷的去除主要归因于水生植物的吸收；而 Toms 等认为即使在植物生长期，超过 80％的磷仍是以 $Ca_5OH(PO_4)_3$ 沉降形式去除。此外，即使有些研究认同生态系统中磷主要以颗粒磷沉降形式去除，但他们仍就磷的沉降形态是有机磷还是无机磷存在不同观点。因而研究生态处理系统内溶解性有机磷、溶解性无机磷、有机颗粒磷和无机颗粒磷之间的相互转化关系对确定生态处理系统内磷的主导去除机制具有重要意义。

前已述及，东营生态处理系统由水环境差异较大的 5 个稳定塘和 1 个芦苇湿地构成，受环境差异影响磷在各处理单元的去除机制也存在明显差异。因而考察东营生态处理系统中磷的去除过程和去除规律有助于确定在不同水环境各单元塘中磷的主导去除机制。

① 各处理单元中磷去除基本规律。常规稳定塘或湿地系统对总磷的去除效果通常随水体中水生生物大量增长而迅速升高，因而稳定塘或湿地中总磷的最高去除率常出现在 5～6 月的生物高速生长期。而东营生态处理系统中，尽管 5～6 月水生生物同样大量生长，出水 TP 含量也逐渐降低，但系统对 TP 的去除率仅有－37％～－2％，为全年最低；而在 8～11 月水生植物的大量衰老、死亡期，系统对 TP 的去除率反而逐渐从 31％增高到全年最高的 79％；其余月份系统对 TP 的去除率稳定在 15％～37％之间，如图 8.67 所示。

生态处理系统中磷含量变化主要取决于 PO_4^{3-} 在底泥基质表面的吸附/释放以及生物体同化吸收/腐败释放等过程的共同作用。通过对生态处理系统底泥（0～3cm）中磷的吸收/释放

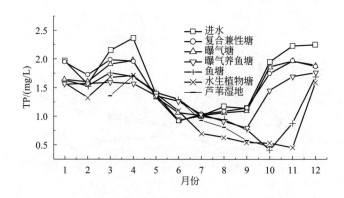

图 8.67　生态处理系统 TP 逐月变化曲线

试验表明：在经过短暂的吸收/释放高峰期后，底泥中 PO_4^{3-} 的含量会与水体中的 PO_4^{3-} 形成初步平衡：当水体中 PO_4^{3-} 的含量较高时，底泥将会吸收 PO_4^{3-}，反之则释放 PO_4^{3-}。底泥这种释放/吸收 PO_4^{3-} 的能力与其自身组成和厚度有关。每年（2001～2003 年）东营市污水都遵循着在干季（1～4 月和 10～12 月）各项指标的进水浓度较高，而在湿季（5～9 月）各项指标进水浓度迅速从 2.5mg/L 以上迅速降低到 0.9mg/L 左右。这就导致在湿季开始的一段时间内，底泥对 PO_4^{3-} 的释放速率远大于对 PO_4^{3-} 的吸收速率，塘与湿地整体表现为处理率降低，甚至为负值的情况。而 9～11 月系统进水 PO_4^{3-} 浓度的升高又导致底泥对 PO_4^{3-} 吸收速率远高于其对 PO_4^{3-} 的释放速率，因而该时期 TP 的去除率迅速升高，系统中 TP 的去除效果可达 80％左右。

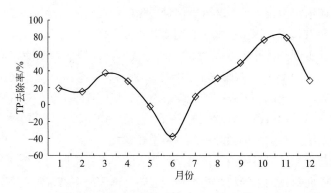

图 8.68　生态处理系统 TP 逐月的平均去除率

此外，从上面的分析可以看出，相对于底泥磷的释放/吸收过程而言，水生植物的吸收以及藻类等微生物的合成代谢对 PO_4^{3-} 的影响幅度较小。即使在水生植物的生长期（3～6 月），塘和湿地系统对 PO_4^{3-} 的去除效果也不明显。

水生植物这种较小的去除贡献可能归因于以下几个方面：a. 沉水植物和挺水植物中的磷主要来自于根系对底泥中磷的直接吸收，对水体中的磷吸收较少；b. 水生植物的高速生长会提高底泥的 pH 值并相应降低底泥的 ORP，这两个过程都会促进底泥中磷的释放；c. 温度的升高将加速生态单元底部水生植物残渣对磷的释放。

尽管水生植物的直接吸收对系统内磷的表观去除贡献较低，但从长远来看，吸附在底泥中的磷并未从该生态系统内完全去除，因而仍存在底泥磷大量释放而重新回到水体的可能；而水生植物对磷的吸收及其收获过程能将吸收的磷彻底从生态系统中去除，因而更有利于生态系统对磷的去除。

　　研究还显示，水环境差异对磷的各种迁移过程影响幅度明显不同，因而在不同季节各处理单元表现出不同的迁移规律。从图 8.68 可以看出，在东营生态处理系统中曝气养鱼塘、鱼塘和水生植物塘对磷的年均去除率在 10% 左右，略高于其余单元；而芦苇湿地在 5～9 月对 TP 的去除率较低，仅有 -10% 左右，这导致该芦苇湿地对 TP 的年均去除率仅有 2.4%。

　　曝气养鱼塘、鱼塘和水生植物塘中较高的 TP 去除率可能与这三个单元 pH 值相对较高有关。研究显示 pH 值的升高能够加快水体中 PO_4^{3-} 与 Ca^{2+}、Mg^{2+}、Mn^{2+}、Al^{3+} 等金属离子的反应速率，并最终以不溶性磷酸盐沉淀的形式在底泥中沉积而去除。以往对芦苇湿地的研究显示，湿地系统通常具有较高的 TP 去除率，但在东营生态处理系统中湿地对 TP 的去除率低于 5%，远低于一般水平。这种反常现象可能与湿地前面所串联稳定塘内水生生物的大量生长有关。研究显示，在 5～10 月芦苇湿地能够有效截滤稳定塘出水中所携带的大量藻类、浮萍等浮游生物。受水环境差异影响，进水中所含藻类在湿地内会迅速死亡、腐败并释放出大量的磷，这就造成湿地中 TP 较低的表观去除率。

　　② 磷的主导去除机制分析。多级生态处理系统中磷的去除过程复杂。磷的去除表现为总磷的 4 个组成形态：悬浮无机磷（SIP）、溶解无机磷（DIP）、悬浮有机磷（SOP）和溶解有机磷（DOP）之间的相互转化（图 8.69），并涉及物理化学吸附、颗粒沉积、细菌的同化、水生植物的吸收等多个机制的共同作用。但进一步研究发现，在一定的环境条件下，某形态磷的特定去除

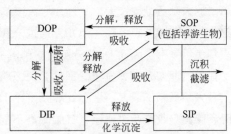

图 8.69　生态处理系统各种形态磷的去除机制

机制在总磷的去除中往往占据主导地位，通过不同单元各形态磷分布规律的研究可以了解生态环境对磷主导去除机制的影响。

　　本实验利用多级生态塘/湿地处理系统各处理单元环境及其中磷形态分布的差异，分析随污水在各处理单元间流动，磷主导去除机制的变化，并在此基础上探讨了磷主导去除机制对沉积物磷的分布和水体磷的去除规律的影响。

　　总磷（TP）、无机磷（IP）、溶解性总磷（DTP）和溶解性无机磷（DIP）的测定采用 APHA（1995）的方法。在数据分析中，总磷另外 3 个组成形态的计算方法为：悬浮无机磷，SIP＝IP－DIP；溶解有机磷，DOP＝DTP－DIP；悬浮有机磷，SOP＝TP－IP－DOP。

　　表观去除贡献率是指各种形态磷的去除量与总磷去除量的比值，它反映了某种形态磷对总磷的去除贡献，各处理单元不同形态磷的表观贡献率如图 8.70 所示。可以看出，从复合兼性塘到水生植物塘（HFPs 到 HPs），SIP、SOP 和 DOP 对总磷的表观去除贡献率从 56.1%、40.1% 和 35.7% 逐渐降低到 -13.7%、-26.0% 和 1.8%；而 DIP 对总磷的表观去除贡献率从 -31.8% 升高到 137.9%；在芦苇湿地中，各种形态磷的表观去除贡献率明显不同于生态塘的变化趋势。这导致在复合兼性塘 SIP、SOP 和 DOP 对总磷的表观去除贡献率较高；在曝气塘和曝气养鱼塘 DIP 和 DOP 的表观去除贡献率较高；在鱼塘和水生植物塘 DIP 的表观去除贡献率较高；在芦苇湿地 SOP、SIP 和 DIP 的表观去除贡献率较高。

利用环境变化对磷迁移方式的影响，通过对水环境和多种形态磷的表观去除贡献率的分析，可以确定各处理单元中不同形态磷的实际去除机制。

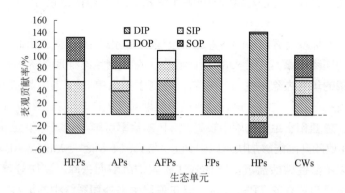

图 8.70 不同形态磷对总磷的表观去除贡献率

在复合兼性塘，悬浮性有机物和无机物的去除比例均较高，并且沉积物厚度及其有机成分（即灼烧减重）也明显高于其他单元，因而悬浮物的沉积作用显著，这可以解释 SIP 和 SOP 对总磷的去除贡献率较大。此外，尽管该单元溶解性有机磷（DOP）的表观贡献率较高，但由于绝大部分溶解性有机磷（DOP）通过分解为溶解性无机磷（DIP）而被去除，这导致了 DIP 的表观负贡献率，因而 DOP 分解对总磷的去除贡献率较小。

在曝气塘和曝气养鱼塘，扣除 DOP 分解对 DIP 去除率产生的负影响可以发现 DIP 对总磷的实际去除贡献率最大。生态处理系统中 DIP 的去除主要通过与 Ca^{2+}、Fe^{3+} 等金属离子化学沉降和藻类吸收这两个途径。其中藻类不易沉降，它的大量生长必将导致 SOP 的表观负去除率。而这两个单元中 SOP 的表观负去除率较低，因而可以确定藻类吸收对磷去除贡献率低，DIP 的化学沉降在总磷去除中占主导地位。

在鱼塘和水生植物塘中，DOP 含量较低，其自身变化对 TP 的去除贡献较小；而从 TSS 变化规律可知在这两个处理单元中悬浮颗粒去除率略低，因而悬浮磷含量在水体中维持相对平衡；而水体较高的 pH 值和 ORP 有利于 DIP 的化学吸附和沉降，因而 DIP 沉淀是 TP 的主导去除机制，并且所占比率随流程推进而逐渐增大。

芦苇湿地中生长着茂密的芦苇和浮萍，通过土壤基质层和根系的截滤作用，在生态塘中不能去除的悬浮浮游生物以及小粒度无机颗粒被截留在湿地内，因而对 SIP 和 SOP 的截滤作用对总磷的实际去除的贡献率较大。

综上所述，从复合兼性塘到芦苇湿地，SIP 和 SOP 的沉积、DIP 的化学沉降、SOP 和 SIP 的截滤依次是各处理单元磷的主要去除机制。

5）氮的去除规律分析　近几年，随着城市生活污水以及农业径流中含氮化合物的大量增长，氨氮、亚硝酸盐和硝酸盐在河流、湖泊等自然水体中的含量也与日俱增。据调查，全国 532 条河流中，82% 受到不同程度的氮污染，并且大江大河的一级支流污染普遍，支流级别越高则污染越重。这些含氮化合物的涌入不仅造成了巨大的经济损失，而且对环境产生了严重污染，对水体、土壤、大气、生物及人体健康造成严重危害，因此如何控制和消除"三氮"产生的危害已经成为目前环境领域广泛研究的重点内容之一。稳定塘和湿地生态处理系统作为水体修复和富营养化治理的主要技术也被广泛地用来处理氮磷废水。

与常规污水处理工艺不同，在稳定塘和湿地生态处理系统中氮的去除过程复杂。氮的去除不仅涉及 NH_3-N、NO_3^--N、NO_2^--N 和有机氮在底泥、水生生物和水体间的相互转化，还涉及硝化/反硝化、吸附/扩散、吸收/释放、沉降/降解等多个过程的相互平衡。此外，pH 值、温度和 DO 等环境因子对变化过程的影响差异使系统内氮的去除过程进一步复杂化。这就导致人们对生态处理系统中氮的主要去除机制和途径存在明显分歧。例如，Pano 和 Middlebrooks 认为在水力混合完全的稳定塘中，即使 pH 值在 7～8 的条件下 NH_3-N 挥发仍是水体氮的主要去除途径，这种影响在低温期更加明显。而 Muttamara 等则认为尽管水体中 NO_x^--N 含量通常较低，但硝化/反硝化仍是水体中氮的主要去除途径。

为确定不同水环境下氮的主要变化过程，了解 pH 值、DO 和水温等环境因子对氮去除产生的影响，以便于进一步对生态处理系统中氮的迁移/转化过程进行模拟，试验中对不同环境条件下各形态氮的变化过程进行了考察。

① NH_3-N 去除效果分析。东营生态处理系统进水中所含氮主要由有机氮（13％～18％）和氨氮（76％～86％）两部分组成，而 NO_2^--N 和 NO_3^--N 在进水中的含量极低。因此氨氮和有机氮的变化规律基本上决定了总氮在系统中的变化。

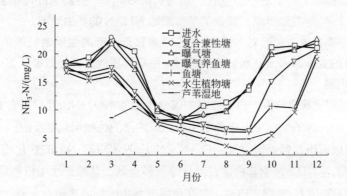

图 8.71　生态处理系统 NH_3-N 逐月变化曲线

图 8.71 为该生态处理系统中 NH_3-N 的变化曲线。从图可以看出，季节变化对该生态处理系统中 NH_3-N 的去除规律影响明显。在 1～4 月，系统对 NH_3-N 的去除率逐渐从 8.7％升高到 48％，出水 NH_3-N 也相应从 17mg/L 降低到 10mg/L；5～6 月，出水 NH_3-N 浓度继续保持下降趋势（最低到 7mg/L），然而由于进水 NH_3-N 浓度的突然降低，系统对 NH_3-N 的去除率亦相应降低；7～10 月，系统对 NH_3-N 的去除率持续升高，最高可达 72％，出水 NH_3-N 浓度也降低到仅有 4.8mg/L；11～12 月，出水 NH_3-N 升高到 19mg/L，而 NH_3-N 去除率也仅有 10％左右。在该生态处理系统中，除 5～6 月外，随温度升高各稳定塘 NH_3-N 去除率也相应升高。这是由于在稳定塘系统中，NH_3-N 主要通过挥发、生物硝化/反硝化、生物同化吸收 3 种机制去除，而各去除机制的效率都直接或间接的受温度的影响。随温度升高，浮游藻类活性和数量增长，生物同化吸收 NH_3-N 速率加快；同时藻类的代谢活动吸收 CO_2 并释放 O_2，提高了水体的 DO 和 pH 值，这又加强了生物硝化/反硝化和 NH_3-N 的挥发水平，因此随浮游藻类增长系统对 NH_3-N 的去除率迅速升高到 70％左右。

研究显示该生态处理系统内水生植物时空分布差异明显，受水生植物时空分布异质性影响各处理单元环境因子也周期变化。例如从冬季到夏季，复合兼性塘、曝气塘的 pH 值和 DO 变化较小；曝气养鱼塘、鱼塘和水生植物塘的 pH 值明显升高，DO 略升；而芦苇湿地的 pH 值和 DO 逐渐降低。受单元环境因子变化差异影响，NH_3-N 在各处理单元中的去除率也明显不同。在该生态处理系统中，曝气养鱼塘、鱼塘和水生植物塘对 NH_3-N 的去除率最大，分别为 18%、8% 和 12%；远高于 NH_3-N 在复合兼性塘、曝气塘和芦苇湿地中的 3%、1% 和 -2%。并且高温期曝气养鱼塘、鱼塘和水生植物塘中 NH_3-N 去除率升高幅度远高于复合兼性塘和曝气塘。这是由于在复合兼性塘和曝气塘，浮游藻类含量少，对水环境影响小，水体全年呈厌氧和兼性状态，且 pH 值较低，因而 NH_3-N 去除率低；而曝气养鱼塘、鱼塘和水生植物塘中，水生植物季节演替明显，高温期水生植物对水环境影响大。尤其在水生植物塘中，大量生长的浮萍不仅提高了水体的 pH 值，还为硝化菌的生长提供载体，促进了生物的硝化速率。因而这 3 个单元 NH_3-N 的去除变化幅度远高于复合兼性塘和曝气塘。

值得注意的是芦苇湿地在单独使用时 NH_3-N 的去除率通常较高，但与水生植物塘连用的湿地主要用来降低出水 TSS 和 BOD_5，对 NH_3 的去除能力通常较低，这与 Senzia 和 Kemp 的研究结果一致。这是由于水生植物塘出水中含有大量的浮萍和浮游藻类，这部分水生植物绝大部分被截滤在湿地内，它们的腐败和分解必将释放出相当量的 NH_3-N。此外芦苇湿地中茂密的芦苇和浮萍不仅抑制了藻类进一步生长，也通过降低水体的 DO 和 pH 值减弱生物硝化/反硝化和挥发对 NH_3-N 的去除贡献，导致了芦苇湿地 NH_3-N 的低去除率。

综上可知，冬季各处理单元对 NH_3-N 的去除率较低，而高温期曝气养鱼塘、鱼塘和水生植物塘对 NH_3-N 的去除率最大。水生植物的时空格局异质性对各处理单元 NH_3-N 的去除机制和去除规律影响明显。

② NO_x^--N 的变化规律分析。由于进水中仅含少量的 NO_3^--N，几乎不含 NO_2^--N，因此水体中 NO_2^--N 和 NO_3^--N 的变化主要来源于生态系统内部的生物和化学反应。

从图 8.72 可以看出，各处理单元 NO_x^--N（NO_2^--N + NO_3^--N）的变化规律明显不同。复合兼性塘和曝气塘，NO_x^--N 全年稳定；而从曝气养鱼塘、鱼塘到水生植物塘，低温期 NO_x^--N 增长缓慢，高温期 NO_x^--N 增长迅速，并在鱼塘或水生植物塘达到最大值。

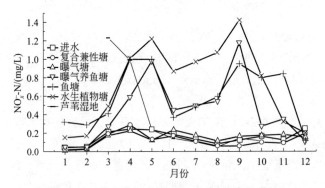

图 8.72 生态处理系统 NO_x^--N 逐月变化曲线

在好氧生态塘中，硝化菌主要分布在好氧底泥表层、塘壁以及水生生物表层，水中硝化菌含量低，又由于硝化菌世代期长，因而硝化过程是生物硝化/反硝化过程的限制因子，所以提供硝化菌生存的有效载体将是促进水体中硝化作用增长的有效方式。在好氧的曝气养鱼塘、鱼塘和水生植物塘，水生植物和微生物都可以作为硝化菌的有效载体，并能提供硝化菌生长必需的 DO，因而高温期 NO_x^--N 含量增加较快。而复合兼性塘和曝气塘（曝气不足）全年呈厌氧和兼性厌氧状态，硝化菌难以大量存活，因而生物的硝化作用弱，NO_x^--N 浓度表现为缓降。

在常规的污水处理系统中，由于出水单元常年为好氧状态，出水中 NO_x^--N 大量存在。相对于 NH_3-N 而言，NO_x^--N 在人体内胃酸的作用下能与蛋白质分解产物二级胺反应生成亚硝胺，而亚硝酸胺是公认的强致癌物质，这就对人类造成更大的危害。对东营生态处理系统的研究显示通过在好氧处理单元后端串联呈缺氧状态的芦苇湿地能够一定程度上解决这个问题。从图 8.72 可以看出，全年芦苇湿地出水 NO_x^--N 基本上小于 0.4mg/L，其中 4 月芦苇湿地出水的 NO_x^--N 较高，但 6～10 月芦苇湿地的 NO_x^--N 迅速降低，出水 NO_x^--N 小于 0.2mg/L。这是由于芦苇和浮萍在不同生长阶段对水环境的影响不同。4 月芦苇和浮萍生物量低，对水环境影响小；而随温度升高，整个湿地逐渐被芦苇和浮萍覆盖，水体处于缺氧状态，反硝化速率加强，硝化作用进一步受到抑制，因而 6～8 月出水 NO_x^--N 的含量低。

图 8.73 为该生态处理系统中 NO_2^--N 和 NO_3^--N 在不同季节的变化曲线，通过对两者的变化进行分析，可以了解该系统内硝化和反硝化过程的变化。

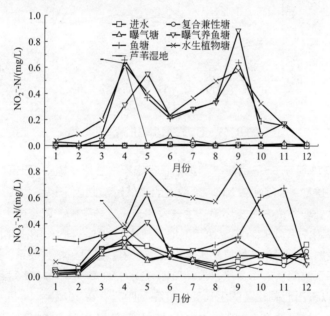

图 8.73 生态处理系统 NO_2^--N、NO_3^--N 逐月变化曲线

试验显示不同温度条件下 NO_2^--N 和 NO_3^--N 含量存在明显差异，低温期（1～2 月和 12 月）NO_2^--N 和 NO_3^--N 的最大浓度分别为 0.2mg/L 和 0.3mg/L，NO_3^--N 的浓度略高于 NO_2^--N；而在高温期（3～11 月），NO_2^--N 和 NO_3^--N 的含量迅速升高，两者的最高含量分别出现在曝气养鱼塘（0.9mg/L）和水生植物塘（0.8mg/L）。此外，从图 8.73 可以看出，高温期各处理单元中 NO_2^--N 和 NO_3^--N 增长速率明显不同。在 NO_2^--N 和 NO_3^--N 浓度较高的曝气养鱼塘、鱼塘和水生植物塘，NO_2^--N 浓度的增长主要集中在曝气养鱼塘，在鱼塘和水生植物塘保持含量相对稳定；而 NO_3^--N 在曝气养鱼塘和鱼塘增长缓慢，但在水生植物塘中含量迅速升高。

高温期 NO_2^--N 和 NO_3^--N 浓度的增长差异主要来源于亚硝化菌、硝化菌以及反硝化菌生长习性不同。在低温情况下，水体中微生物活性低，由于亚硝化菌世代期长，亚硝化反应是整个硝化过程的限制因子，因而在生态单元中 NO_2^--N 无法大量积累，这就造成在鱼塘和水生植物塘中 NO_3^--N 浓度明显高于 NO_2^--N。而高温期，曝气养鱼塘、鱼塘和水生植物塘中藻类大量生长，藻类的光合作用促进了水体中 pH 值的升高。Fenchel 和 Blackburn 的研究显示随 pH 值升高，硝化菌的生长速率逐渐减缓，当在 pH>8.5 时，硝化菌的生长速率小于亚硝化菌的生长速率，并成为硝化过程的限制因子，如图 8.74 所示。因而在 pH 值较高，微生物吸附基质较少的曝气养鱼塘中 NO_2^--N 大量积累；而由曝气养鱼塘到水生植物塘，水体维持在好氧条件下，硝化菌生物量逐渐增长，尤其在水生植物塘中，表面好氧的底泥以及塘内大量生长的沉水植物和浮水植物都为硝化菌的大量生长提供了有效载体，因而塘内硝化菌含量较高且硝化速率逐渐加快，水体中 NO_3^--N 浓度明显升高。

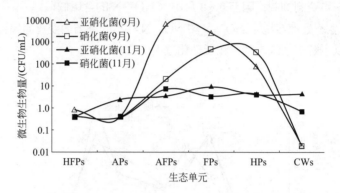

图 8.74 亚硝化菌和硝化菌变化曲线

此外，由图 8.73 可见 6～8 月曝气养鱼塘、鱼塘和水生植物塘中都出现 NO_2^--N 和 NO_3^--N 含量降低的现象。这种 NO_2^--N 和 NO_3^--N 浓度的降低可能归因于以下原因：4～5 月进水水力负荷的迅速增长对处理系统内生态环境产生较大冲击，这导致硝化菌等微生物含量迅速降低。

③ 硝化菌对硝化过程影响。稳定塘和湿地系统中，NH_3-N 硝化的限制因子通常为亚硝化过程。由于底泥及塘壁亚硝化菌数量与水体中亚硝化菌数量呈正相关关系，试验以水体中亚硝化菌作为代表了解系统硝化速率变化，检测日期分别为 2002 年 9 月、11 月和 2003 年 1 月、 8 月。从图 8.75 可以看出亚硝化菌的生长受温度影响明显。在 2002 年 11 月水温降低到 10℃左右时，亚硝化菌的含量迅速从 9 月的 >10^3CFU/mL 降低到仅有 0.4～9.5CFU/mL；1 月份随水温的继续降低，亚硝化菌的含量保持相对稳定；而到 2003 年 8 月随温度升高到 26℃左右，

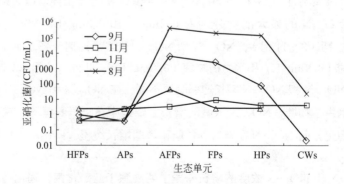

图 8.75 亚硝化菌季节变化曲线

亚硝化菌的含量也迅速升高到约 $10^5 CFU/mL$。此外，各处理单元亚硝化菌的季节差异也明显不同。复合兼性塘、曝气塘和芦苇湿地 $DO<0.5mg/L$，全年出水亚硝化菌也相应低于 $25CFU/mL$，因而这 3 个单元通过硝化作用去除 NH_3-N 的能力较低；而曝气养鱼塘、鱼塘和水生植物塘高温期亚硝化菌密度为低温期的 $10^4\sim10^5$ 倍，这就导致随季节变化，这三个单元对 NH_3-N 的去除能力差异明显。

6）大肠杆菌和细菌的去除 通过对东营生态处理系统微生物含量去除分析发现，该系统对粪大肠杆菌和细菌总数的去除率分别高达＞99.97％和＞99.99％，出水大肠杆菌的含量 $<10^4 CFU/L$（表 8.19），因而该生态处理系统能有效地去除对人体有害的微生物。

此外，尽管复合兼性塘中 pH 值、DO 和停留时间都明显小于曝气养鱼塘等单元，但该单元对大肠杆菌和细菌总数的去除率分别高达 99.3％和 93.8％，是微生物的主要去除单元。这可能是由于复合兼性塘内，较强的还原环境不利于大肠杆菌及细菌的生长，或者随颗粒污染物的沉降，大肠杆菌或细菌也通过大量沉降到系统底泥中而去除。对曝气塘到水生植物塘内大肠杆菌和 pH 值、HRT 的相关分析显示，水体 pH 值的变化与大肠杆菌去除率之间没有明显相互关系，而 HRT 与大肠杆菌去除率的相关性高达 0.996，因而大肠杆菌的去除受停留时间的影响明显，这就要求在生态处理系统中为有效去除水体中的大肠杆菌必须保证较长的 HRT。

⊡ 表 8.19　大肠杆菌和细菌总数的年均去除率

项目	大肠杆菌/(CFU/L)	细菌总数/(CFU/mL)
进水	6.13×10^6	5.08×10^6
HFPs	4.48×10^4	3.14×10^5
APs	3.84×10^4	7.58×10^4
AFPs	6.30×10^3	5.31×10^3
FPs	4.76×10^3	3.34×10^3
HPs	4.11×10^3	1.72×10^3
CWs	1.80×10^3	7.41×10^2
去除率/%	99.9706	99.9985

（3）底泥磷的归趋模式及其吸收/释放特性分析

污水所携带磷的大量流入加剧了湖泊和河流等自然水体的富营养化，因而如何有效去除污水中的磷，减小污水磷排放对受纳水体的污染已成为目前水处理中的热点之一。在污水生态处理系统中，磷的去除主要通过植物吸收、微生物同化以及物理化学沉淀等作用机制实现，以这几种方式去除的磷绝大多数以沉积物形式在底泥中积累，难以从系统中分离出来。当 pH 值、ORP 等环境因子改变时，沉积在底泥中的磷会重新释放到水体，这就形成了底泥磷的吸收/释放循环过程。该循环过程影响着生态处理系统中磷的去除规律，其影响程度由底泥磷组成形态和含量决定，因此为了确切了解底泥对生态处理系统 P 变化规律的影响，有必要对底泥磷的归趋模式进行考察。

塘/湿地组合生态处理系统是在传统生态塘处理系统基础上发展起来的一种新型和完善的塘和湿地组合生态处理系统。污水在该系统中依次经过厌氧、兼性厌氧、好氧和缺氧四种状态，系统各处理单元水环境差异大，各处理单元中磷的去除规律明显不同，这进而影响到各处理单元内底泥磷的含量和分布，因而研究底泥中磷的分布有助于了解系统各处理单元磷的去除规律并能对系统除磷效果做出预测。

底泥中磷主要以有机磷和无机磷的形式存在，各部分所占比率又由进水水质、底泥特性以及单元生态环境共同决定。底泥中无机磷主要来源于 HPO_4^{2-} 在正电荷黏土颗粒的表面吸附以

及与水体中 Ca^{2+}、Fe^{3+}、Al^{3+} 等金属离子化学沉降，其含量受污水进水水质和底泥自身特性影响较大。而有机磷主要通过污水中有机颗粒以及微生物、水生生物残骸的沉降形成，其含量受生态塘单元环境变化影响明显。底泥中各种无机磷和有机磷结合方式的差异导致随环境因子变化各形态磷表现出不同的化学稳定性，进而表现出不同的释放/吸收特性，并对水体中 PO_4^{3-} 的去除产生不同的影响。底泥磷的连续提取技术是以不同环境条件下各种形态磷化学稳定性变化差异为基础建立的。本实验中采用国外常用的 Psenner 方法进行底泥磷的分级提取。底泥经多次提取、分离及测定后依次得到易解脱磷（P_{labile}）、铁磷（Fe-P）、铝磷（Al-P）、碱可提取有机磷（OP_{alk}）、钙磷（Ca-P）和残余有机磷（OP_{res}），各形态磷组成性质见表 8.20。

⊡ **表 8.20　各形态底泥磷组成和性质**

磷的形式	组成	化学特性	活性
P_{labile}	绝大部分为不稳定的无机磷，包括：部分间隙水，从 $CaCO_3$ 释放（硬水时）或腐败的植物残渣中渗出磷	非配位，以范德华力吸附在晶体物质表面	可被植物利用，能直接与沉淀物间隙水进行离子交换，易分解
Fe-P	主要是与金属（比如铁、锰）的氢氧化物相结合的磷	非配位，吸附到晶体物质及土壤胶体上	易植物利用，不稳定
Al-P	与金属（比如铝、铁等）氧化物相结合的磷	非配位，化学吸附到 Al、Fe 的非定性和晶体化合物上	较难植物利用，较稳定
OP_{alk}	微生物细胞内聚磷酸盐	非配位键，化学吸附到与腐殖质螯合或 Al、Fe 化合物上	不能直接被植物利用，较稳定
Ca-P	主要是羟基磷灰石，与碳酸盐相结合的无机磷以及少量溶于酸的有机磷	配位键，低溶的矿质磷	不能直接被植物利用，较稳定
OP_{res}	绝大部分为化学稳定的有机及无机磷	配位键，稳定的有机及无机磷	不能直接被植物利用，较稳定

在湖泊、河流底泥中，Fe-P 主要通过 HPO_4^{2-} 在 Fe^{3+}（OOH）颗粒的表面吸附而存在，当底泥 ORP 降低时，Fe^{3+} 被还原为溶解性 Fe^{2+}，Fe-P 会大量释放，因而春季水位升高时，在河口或滩涂地区随底泥 ORP 降低，常出现底泥 P 大量释放的情况。底泥中 Ca-P 主要通过 Ca^{2+} 与 HPO_4^{2-} 的化学沉淀而形成，主要由性质相对稳定的 $Ca_5OH(PO_4)_3$、$Ca_2(OH)_2HPO_4$、$CaHPO_4 \cdot 2H_2O$、$Ca_3(HCO_3)_3PO_4$ 等形式存在，Ca-P 通常被认为是底泥中磷的主要存在形态。由于分析方法的原因，过去对底泥中 Al-P 的研究相对较少，通常研究认为 Al-P 性质活泼，在底泥中不能长期存在，但 Emil Rydin 的研究显示在投加 $Al_2(SO_4)_3 \cdot 18H_2O$ 的湖泊中，$[Al(OH)_{3-x}]^{x+}$ 能通过吸附作用来减小 Fe^{3+} 表面所吸附的磷，进而减小湖泊中磷内部负荷所导致的水体富营养化。

目前对有机磷的特性和稳定性研究相对较少，Groot De 利用酸水解提取底泥中的有机磷，确定其主要由糖类、核酸等组成。目前底泥中有机磷通常按其稳定性分为两类：一类为碱可提取有机磷（OP_{alk}），稳定性较弱，例如，微生物细胞内有机磷；另一类为残余有机磷，稳定性较强，例如腐殖酸等。

在底泥中 pH 值、ORP、DO 及磷负荷等环境因子对底泥磷影响程度不同，一般研究显示 pH 值对 Ca-P、Fe-P 和 Al-P 影响较大；ORP 对 Fe-P 影响较大；磷负荷对各种形态底泥磷的影响程度随其稳定性变化而不同，通常底泥中稳定性差的磷形态能迅速与水体中磷之间达成平衡，而稳定性强的磷形态则需较长时间才能达到平衡。

前人对底泥磷的研究主要集中于底泥总磷的释放规律，且考察对象偏于湖泊和河流等天然水体，而对污水生态处理系统底泥中磷的形态分布和迁移规律研究较少。本章主要研究多级塘/

湿地污水生态处理系统中不同单元底泥磷的形态分布及其释放规律，考察了季节和泥龄对磷形态分布及其释放的影响，并在此基础上探讨了环境因子变化对底泥磷形态分布影响。

1）底泥特性分析　稳定塘进水水质和生态环境季节差异明显，水环境的变化会导致底泥的 pH 值、ORP、间隙水 P 浓度也呈现相应的周期性波动，这种差异不可避免会影响到底泥中各形态磷的分布。为确定底泥中磷的来源及其组成差异变化规律，首先对各处理单元底泥的性质进行探讨。

① 底泥深度分布差异。图 8.76 为各处理单元中底泥深度变化曲线，其中 HFP1 为复合兼性塘沿水流方向 1/4 处底泥深度；HFP2 为沿水流方向 3/4 处底泥深度；而其余检测点为各处理单元中部底泥深度。从图 8.76 可以看出复合兼性塘前端 1/4 处底泥积累速率最高，泥深超过 30cm；而随水体流动底泥积累速率迅速降低，各处理单元泥深基本在 4.5～9cm 之间。

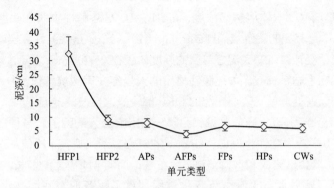

图 8.76　各处理单元底泥深度变化

上述情况说明，污水中绝大部分悬浮颗粒都在复合兼性塘前端 1/4 处沉降，后端各处理单元底泥受进水颗粒物含量影响较小，底泥可能主要来源于生态处理系统运行过程中出现的藻类等水生生物残渣或 $Ca_5OH(PO_4)_3$、$Ca_2(OH)_2HPO_4$ 等无机颗粒沉降。

② 底泥 ORP 分布差异。底泥中有机物的厌氧降解以及部分金属离子的还原都会导致底泥 ORP 的降低。从图 8.77 可以看出在整个处理系统中底泥的 ORP 在 $-460～-380mV$ 之间，远远低于一般湖泊的 $-200～100mV$，生态系统底泥常年保持较强的还原状态。

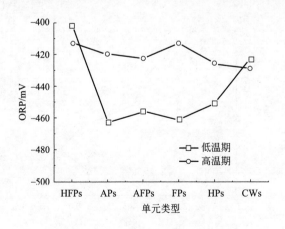

图 8.77　各处理单元底泥 ORP 分布

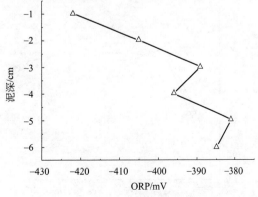

图 8.78　鱼塘底泥 ORP 纵向分布

从图 8.78 可以看出在表层底泥（0～3cm）中随埋深增长，ORP 迅速升高；而埋深在 3～6cm 之间时，底泥 ORP 的降低速率减缓，并逐渐稳定在－390mV 左右。这说明随底泥停留时间增长，底泥的还原性逐渐减弱。通过对底泥和灭菌底泥溶解氧变化对比试验发现底泥中的还原性物质对氧的吸收占底泥对溶解氧吸收量的 80% 以上，还原性物质的大量存在是导致底泥 ORP 较低的主要原因。当停留时间较长时，这部分还原性物质逐渐趋于稳定，还原性减弱，从而导致 ORP 随深度逐渐回升。

此外，尽管水体 DO 浓度高达 6mg/L 左右，但在鱼塘底泥表面仅观察到很薄的一层好氧层，明显低于 Emil Rydin 观测到的在埋深 6cm 时，底泥 ORP 仍高达 80mV 的研究结果。在对底泥呼吸率测定中发现生态处理系统中溶解氧消耗率是一般湖泊的近 20 倍，如底泥中好氧层厚度用下式表示：

$$\delta = \sqrt{2D_e[DO]_h/R_{o,s}} \tag{8.10}$$

式中，$[DO]_h$ 是塘底部水体溶解氧浓度，mg/L；D_e 是溶解性物质在底泥间隙水中的扩散系数，mm^2/s；$R_{o,s}$ 是底泥的溶解氧消耗率，$mg/(L \cdot s)$；δ 是底泥好氧层厚度，mm。

通过试验校正，经计算可知底泥好氧层的厚度 δ 仅在 0～0.9mm 之间，这与实际观测结果相一致。因此可知在生态系统底泥中还原性物质的大量存在导致溶解氧消耗率增大，底泥 DO 的穿透深度浅，因而各处理单元表层底泥的 ORP 都较低，且彼此接近。

③ 底泥 pH 值分布差异。pH 值是对底泥磷分布影响最大的因子，各种形态的底泥磷都随 pH 值变化表现出不同的稳定性。例如，Gomez 的研究显示当底泥 pH 值从 7.5 降低到 6 以下时，底泥中 Ca-P 含量会迅速从 31% 降低到 6% 左右；而随 pH 值逐渐增长，底泥中 Ca-P 却没有明显增长。因而了解底泥 pH 值季节变化过程，对了解各形态底泥磷含量变化具有重要意义。

图 8.79 为 3 月（低温期）和 7 月（高温期）各处理单元底泥的 pH 值变化分布。可以看出，各处理单元底泥 pH 值年变化幅度较小，在系统前端的复合兼性塘和曝气塘随温度升高底泥 pH 值升高，而后续的单元随温度升高，pH 值明显降低，最大降幅达 0.6。这种 pH 值的降低可能源于高温期底泥表层微生物密度增大，其对 CO_2 的释放速率也相应增长所致。此外，鱼塘纵向 pH 值分布表明随停留时间增长，底泥 pH 值会相应增长（图 8.80），这有利于碱性条件下容易化学沉降的 Ca^{2+}、Mg^{2+} 盐在底泥中的比率和稳定性增长，进而促进了 Ca-P、Fe-P 等无机磷在底泥比率的增长。

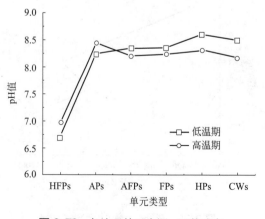

图 8.79 各处理单元底泥 pH 值分布

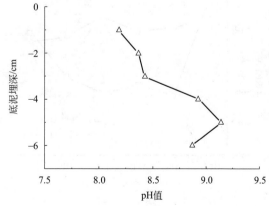

图 8.80 鱼塘底泥 pH 值纵向分布

④ 底泥有机物分布差异。复合兼性塘底泥中底泥的灼烧减重（OM_{sed}）在30％以上，远高于其余单元的10％（见图8.81）；与 OM_{sed} 的分布相一致，底泥中有机磷的比率也从复合兼性塘的27％逐渐下降到其余各处理单元的11％左右，这说明在生态处理系统底泥中 OM_{sed} 与有机磷之间具有良好的相关性，OM_{sed} 一定程度上直接反映了底泥中 OP_{alk} 和 OP_{res} 的含量。

从图8.81还可以看出，季节变化对各处理单元底泥 OM_{sed} 的影响程度不同。季节变化对复合兼性塘底泥 OM_{sed} 分布影响较大，高温期复合兼性塘底泥中有机物仅占底泥的35％，远低于低温期的53％；而从曝气塘到芦苇湿地，季节差异对底泥有机物影响逐渐减小。这可能是由于复合兼性塘底泥 OM_{sed} 受进水水质季节变化影响明显，高温期进水有机颗粒含量降低，因而在系统前端复合兼性塘底泥中 OM_{sed} 含量相应降低。

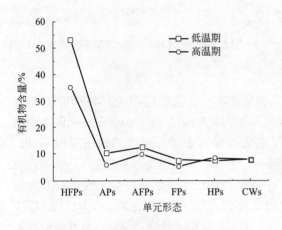

图8.81 各处理单元底泥 OM_{sed} 分布

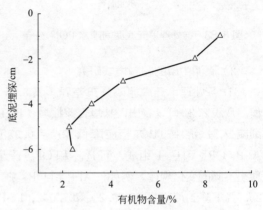

图8.82 鱼塘底泥 OM_{sed} 纵向分布

此外，从图8.82可以看出随停留时间增长，底泥中 OM_{sed} 的比率也相应减小。这是由于在厌氧条件下，底泥中的有机颗粒会通过降解为溶解性有机物或 CO_2、H_2O 等无机物而逐渐减少。

⑤ 底泥间隙水分布差异。一般情况下，水体中磷通过吸附、吸收和沉降作用在底泥中积累。然而当水体中 PO_4^{3-} 浓度突然降低时，底泥中又会有部分磷重新释放到水体中，这就形成了底泥和水体之间磷的溶解和释放平衡，间隙水在这个平衡中充当物质交换的媒介，其含量变化过程直接影响着底泥中磷的含量。

从图8.83可以看出复合兼性塘和鱼塘间隙水 PO_4^{3-} 季节差异明显，这两个单元低温期间隙水 PO_4^{3-} 含量分别是高温期磷含量的6.2倍和5.4倍，远高于其余单元的 $0.95\sim1.76$ 倍。复合兼性塘底泥间隙水磷季节差异大主要来源于低温期污水中的絮状有机颗粒与磷的吸附沉降；而高温期鱼塘间隙水磷的降低主要来源于该单元采用石灰杀灭水中的斜管虫。

从图8.84可以看出在鱼塘中随底泥停留时间的延长，间隙水中 PO_4^{3-} 的含量也相应降低。在稳定塘底泥中，随停留时间延长，与底泥结合能力弱的磷形态会逐渐从颗粒表面脱离，并以 PO_4^{3-} 的形式释放到间隙水中，这部分磷会随间隙水与水体之间的 PO_4^{3-} 交换而重新释放到水体中。在底泥达到一定的停留时间后，底泥磷主要以较稳定的无机磷形态存在，PO_4^{3-} 的释放量减小，间隙水磷相应降低。

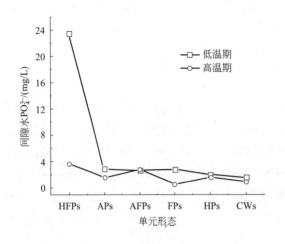

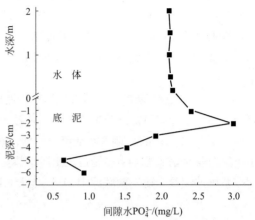

图 8.83 各处理单元底泥间隙水 PO_4^{3-} 分布

图 8.84 鱼塘 PO_4^{3-} 随水和泥深的变化

2）底泥中磷的归趋模式研究

① 各处理单元底泥磷分布差异。表 8.21 为各处理单元底泥中不同形态磷分布的全年均值。从表 8.21 可以看出，从复合兼性塘（HFPs）依次到芦苇湿地（CWs），底泥间隙水磷逐渐减少，底泥中 TP 亦相应降低（$r^2 = 0.97$）。各处理单元表层底泥中的磷主要由 Fe-P、Al-P、OP_{alk} 和 Ca-P 组成，而 P_{labile} 和 OP_{res} 普遍较少。进一步地，不同形态磷在各处理单元表现出不同的变化规律。例如：Al-P 和 OP_{alk} 在 TP 中所占的比率分别从复合兼性塘 23.2% 和 25.5% 下降到芦苇湿地的 9.2% 和 7.0%；Fe-P 稳定在 22.5%～30.8% 之间。作为比较，Ca-P 所占比率从复合兼性塘的 11.3% 上升到芦苇湿地的 47.8%。综上所述，从复合兼性塘到芦苇湿地，随着底泥磷含量的减少，Ca-P 在底泥磷中所占的比率逐渐升高；Fe-P 的比率保持稳定；而 Al-P 和 OP_{alk} 的比率下降。

表 8.21 不同处理单元底泥中各形态磷含量比较（均值）

处理单元类型	底泥各形态磷含量/%						底泥总磷/(mg/L)
	P_{labile}	Fe-P	Al-P	OP_{alk}	Ca-P	OP_{res}	
HFPs	6.40	29.6	23.2	25.5	11.3	3.9	2122.4
APs	0.42	23.4	25.3	10.3	35.8	4.7	872.5
AFPs	0.42	24.0	17.2	15.5	37.8	5.1	746.9
FPs	0.39	22.5	16.5	17.1	38.7	4.7	695.3
HPs	0.40	30.5	10.8	5.2	48.8	4.2	520.4
CWs	0.35	30.8	9.2	7.0	47.8	4.8	538.5

各处理单元底泥中磷的形态分布由水体/底泥环境条件和各形态磷的生成过程共同决定。尽管随单元推移，底泥中 Ca-P 含量也逐渐降低，但 Ca-P 比率却逐渐升高。这是由于底泥中 Ca-P 主要以非晶体 $Ca_3(PO_4)_2$ 和晶体 $Ca_3OH(PO_4)_3$ 的形式共存，它的生成速率主要由 pH 值控制，pH 值越高 Ca-P 的生成速率越高。在曝气养鱼塘、鱼塘、水生植物塘和芦苇湿地中水生植物生长旺盛，它们的呼吸作用消耗了水中 CO_2，提高了水体 pH 值，从而促进了 Ca-P 的生成速度和比率的增长。

一般认为 Fe-P 是磷与 Fe^{3+}（OOH）的螯合物，主要存在于好氧环境下。当底泥由好氧转为厌氧时，Fe^{3+} 会被还原为溶解性的 Fe^{2+}，这部分磷会重新溶解到间隙水中。在东营组合生态处理系统中，底泥的 ORP 稳定在 $-480 \sim -380 \text{mV}$ 左右，但各处理单元 Fe-P 仍占了相当大的比率，并且底泥的释放/吸收试验显示：Fe-P 在还原和振荡的条件下，也仅有近 50% 的磷会释放到水中，这说明底泥中 Fe-P 不可能完全以易还原的 Fe^{3+}（OOH）-P 的形式出现。这是由于 Fe-P 提取液不仅可以分离底泥中晶体 Fe^{3+}（OOH），也可分离非定形的 Fe^{2+}（OOH）。相对于晶体 Fe^{3+}（OOH）而言，非定形的 Fe^{2+}（OOH）具有较大的表面积可供磷的吸附。此外，有机碳能够与 Fe^{3+} 结合，生成腐殖酸-Fe 络合物。这种覆盖着 Fe^{3+} 颗粒表面的腐殖酸络合物能抑制 Fe^{3+} 的结晶和还原，保持 Fe^{3+} 的非结晶状态。而 Fe^{3+} 的非结晶状态同样具有较大的比表面，能让更多的磷吸附，因而底泥 Fe-P 可能以比较稳定的非晶体 Fe^{2+}（OOH）-P 和腐殖酸-Fe-P 络合形态存在，并且它在各处理单元的生成速率及比率保持相对稳定。

在 $pH6.0 \sim 9.0$ 的范围内，表层底泥 Al-P 主要以 $[Al_2(OH)_{6-x}]^{x+}$-P 的形态存在，它的生成主要受水体中各种反应物浓度的影响。由于 Al-P 生成和沉淀速度较快，因此在各处理单元比率下降明显。OP_{alk} 组成复杂，它的含量受进水有机磷和系统生物量的影响，并随季节变化较大。在该生态处理系统前端的单元中，进水有机磷浓度高而水生生物较少，因此有机磷沉积应为 OP_{alk} 的主要贡献因素；而在后端单元，水生生物生长旺盛，因此生物作用对 OP_{alk} 贡献可能较高，这两种不同的形成方式决定了 OP_{alk} 比率逐渐减小。水体/底泥环境条件和反应过程的差异决定了 Ca-P、Fe-P、Al-P 和 OP_{alk} 在各处理单元中分布的不同。

② 季节对底泥磷分布影响。底泥磷在环境条件发生变化时有可能成为磷"源"而重新释放，进而影响系统除磷效果，因此有必要对底泥磷的释放规律作考察以期对系统除磷效能做全面的预测。实验考察了不同时期底泥磷含量的变化，发现该多级生态塘/湿地处理系统底泥中的磷释放主要集中在 $3 \sim 6$ 月，这主要由水温、pH 值、ORP 以及磷负荷等季节性变化的因素所导致。因此本研究中对比了低温期（2 月）和高温期（7 月）底泥中磷的分布规律以期全面考察不同形态磷的释放能力。

a. 低温期底泥磷分布。在低温期，组合生态系统底泥中的磷仍主要由 Ca-P、Fe-P、Al-P、OP_{alk} 四部分组成，但各部分所占的比率随着生态系统环境变化而存在差异。在生态系统前端底泥磷的分布为 Fe-P＞OP_{alk}＞Al-P＞P_{labile}＞Ca-P＞ OP_{res}，而随单元推移 Ca-P 所占比率逐渐增加，而 OP_{alk} 所占比率迅速降低，到系统后端的水生植物塘和芦苇湿地时，底泥磷分布变化为 Ca-P＞Fe-P＞Al-P＞OP_{alk}＞OP_{res}＞ P_{labile}。如图 8.85 所示。

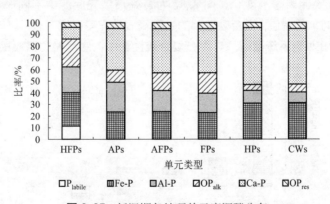

图 8.85　低温期各处理单元底泥磷分布

底泥中 P_{labile} 含量通常较低，极易与间隙水中的 PO_4^{3-} 达成平衡（$r^2 = 0.75$）。试验显示低温期除 HFPs（＞200mg/kg）外，其余各处理单元的 P_{labile} 都小于 5mg/kg。这是由于 HFPs 中

的 P_{labile} 主要来自于非晶体的无机磷的释放，而其余各处理单元的 P_{labile} 来自于系统水体中所含的 PO_4^{3-} 与底泥中晶体的吸附平衡。

b. 高温期底泥磷分布。随着水体磷负荷的减小和水环境差异的增大，各处理单元底泥磷变化明显不同（见图 8.86）。与低温期相比，系统前端各种形式的磷都有明显的降低，尤其是 OP 和 P_{labile} 的含量仅有低温期 27.3% 和 4.2%，各种磷的分布变为 Fe-P>Al-P>Ca-P>OP_{alk}>OP_{res}>P_{labile}。在高温期系统后端各种磷的比率和含量都有小幅度的升高，但磷的分布仍为 Ca-P>Fe-P>Al-P>OP_{alk}>OP_{res}>P_{labile}。此外，整个系统中 Fe-P 没有明显的变化，这说明以腐殖酸-Fe-PO_4^{3-} 为主的 Fe-P 受磷负荷和温度的影响相对较少。

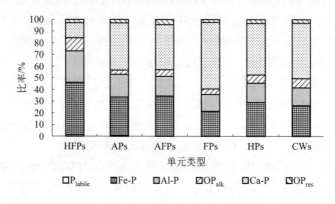

图 8.86 高温期各处理单元底泥磷分布

在湖泊和河流底泥中，Ca-P 通常表现为一种稳定的存在形式，但在生态处理系统中高温期 HFPs、APs、AFPs 的 Ca-P 的含量明显降低。这说明在停留时间较短的 Ca-P 中，存在部分性质不稳定的磷酸钙盐。Moutin 发现在 pH>8.0 时，水体中的 Ca^{2+} 会迅速与 HPO_4^{2-} 反应，生成以 $Ca_3(PO_4)_2$ 为主的非晶体。这种非晶体对 pH 值敏感，并随磷负荷及其他环境条件的改变而有一定幅度的变化。随着停留时间的延长，这种非晶体会逐渐生成稳定的 $Ca_3OH(PO_4)_3$ 晶体，整个过程需要 10 年。表层底泥由于停留时间仅 1.3 年左右，$Ca_3OH(PO_4)_3$ 的含量相对较低，这就导致了 Ca-P 随时间的变化。

c. 各处理单元底泥磷季节变化。图 8.87 为各处理单元底泥中不同形态磷在释放前（2 月）和释放后（7 月）的差值，它反映了磷的主要释放单元和释放形态。可以看出系统底泥中磷的释放主要集中在处理系统前端。其中在复合兼性塘中，底泥磷的释放量为 962.1mg/kg，

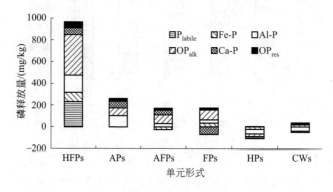

图 8.87 3~6 月各处理单元底泥中各种形态磷的释放量

占各处理单元磷释放总量的71.7%，磷的释放主要来源于OP_{alk}（27.9%）、P_{labile}（17.3%）和Al-P（11.7%）。而从曝气塘到鱼塘，底泥中磷的释放总量逐渐从256.8mg/kg降低到108.6mg/kg，释放主要来源于OP_{alk}（17.7%）和Al-P（11.8%）。值得注意的是尽管7月份水体磷负荷明显低于3月，但水生植物塘和芦苇湿地底泥不仅没有释放磷，却分别吸收少量水体中的磷，吸收源主要为Al-P（-5.8%）和OP_{alk}（-1.9%）。

由此可见，季节因素（包括磷负荷以及温度，ORP和pH值等）在不同程度上影响着底泥中各形态磷的释放。在3~6月，温度的逐渐升高导致微生物数量明显增长，OP_{alk}作为一种比较活泼的有机磷能够被迅速的降解为无机磷释放到水体，这就导致系统底泥中OP_{alk}迅速减小。P_{labile}和Al-P分别以范德华力和非配位键与磷结合，容易与间隙水中的磷形成平衡。因此在低磷负荷和高温的条件下，这两种形态的底泥磷的释放速率明显大于吸收速率。而Ca-P和Fe-P性质相对稳定，受温度、磷负荷变化的影响小，因而释放量相对较低。在水生植物塘和芦苇湿地中出现的底泥对P的反常吸收可能与pH值变化和植物大量生长有关。

综上，3~6月是底泥磷的集中释放期，系统前端的复合兼性塘是磷的主要释放单元，主要释放形态为OP_{alk}和Al-P。其余各处理单元和其他形态磷的释放量相对较小。因此，每年2月仅清除面积较小的复合兼性塘底泥可能是提高3~6月整个系统处理除磷效果的有效途径。

③ 泥龄对底泥磷分布影响。随底泥泥龄的延长，底泥磷不稳定的部分会分解释放或转化为稳定的磷的形式，因此，不同形态磷的深度分布规律反映了其化学活性与释放能力。本部分以鱼塘为例考察底泥不同形态磷的迁移转化规律。

前人研究发现，底泥埋藏深度与其泥龄呈正相关。假定系统运行过程底泥沉淀速率一致，底泥埋深与泥龄的关系如下：

$$R = \frac{l(1-w)(1-s)\rho_{ws}}{r} \tag{8.11}$$

式中，R为底泥的泥龄，年；r为底泥的沉积速率，根据鱼塘底泥的平均深度与系统运行时间来确定，取2.38g/（$cm^2 \cdot a$）；l为泥层的埋藏深度，cm；w为每层底泥的含水率，%；s为每层底泥的有机物的衰减，%；ρ_{ws}为每层底泥的密度，g/cm^3。

图8.88为鱼塘中不同形态磷在底泥纵向的分布。可以看出，底泥中磷的分布随泥龄的变化明显分为2个阶段：a. 在表层（0~4cm）泥龄小于1.3年时各种形态的底泥磷的减小速率快，其中在泥龄为1.3年时，Ca-P、Fe-P、Al-P和OP_{alk}分别仅有表层的66.7%、58.0%、5.2%和4.2%；b. 当底泥深度在4~6cm（泥龄为1.3~2.4年）时，除Al-P略有回升外，其余各种形式的底泥磷含量趋于稳定，减小率均小于4%。综上，Al-P和OP_{alk}在泥龄1.3年时

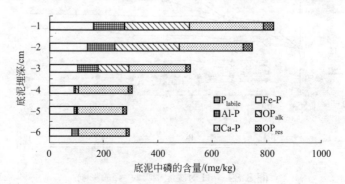

图8.88　磷在鱼塘底泥纵向的分布

几乎完全释放；Ca-P 和 Fe-P 在泥龄 2.4 年时仅释放 40％左右。

以上情况说明，底泥中各种形态磷对水体中磷的存储潜力是不同的，其中 Al-P 和 OP$_{alk}$ 能够在短期内大量吸收水体中磷。但 $[Al_2(OH)_{6-x}]^{x+}$-P 性质不稳定，随着泥龄的增长，$[Al_2(OH)_{6-x}]^{x+}$-P 会逐渐转化为较稳定的 AlPO$_4$。在此过程中，$[Al_2(OH)_{6-x}]^{x+}$ 絮体吸附/絮凝吸收的磷绝大部分重新释放到水体。另外，有机物的降解也将导致 OP$_{alk}$ 释放出绝大部分的磷。因此这两种形态都不能长期贮存磷。而 Ca-P 和 Fe-P 性质相对稳定，释放率较小。从长期来看，Ca-P 和 Fe-P 是生态处理系统底泥中磷的有效储存方式。

利用铝盐吸附、絮凝、沉降等作用降低水中的磷是许多富营养化湖泊治理的途径之一，短期内水体中磷含量确实大幅降低，但本研究表明，铝盐沉降不是去除水体中磷的有效方式。相对而言，Ca-P 和 Fe-P 绝大部分将以稳定的形态在底泥中逐年累积。因此，采用石灰或铁盐应是去除富营养化湖泊水体中磷的有效途径。

3）pH 值和 ORP 对底泥磷吸收/释放行为影响　前已述及，在生态塘和湿地处理系统中，底泥中的磷是水体中磷的主要去除归宿；而当环境条件改变时，底泥磷还可作为水体磷的来源，通过离子交换、分子扩散等作用释放到水中。这种水体与底泥间磷的吸收/释放平衡过程弱化了水体磷的变化幅度，减小了进水水质变化对出水磷浓度的影响。

此外，生态塘底泥磷通常由 Fe-P、Ca-P、Al-P 等无机磷以及有机磷 OP$_{alk}$ 等组成，各部分所占比率受环境因子（如 pH 值、ORP、温度等）影响明显，尤其以 pH 值和 ORP 的影响最为显著。但目前 pH 值和 ORP 对各种形态磷的影响效应仍无定论，尤其对 pH 值和 ORP 变化过程中铁磷、铝磷和有机磷的变化规律仍存在较多分歧。系统考察 pH 值和 ORP 对底泥中磷存在形态及迁移转换过程影响不仅可以了解生态塘处理系统中磷的循环过程，而且有助于了解生态塘系统对磷去除的主导机制和途径。

本节以形成时间较短的表层生态塘底泥为研究对象，探讨了 pH 值和 ORP 变化对底泥磷的分布影响。此外，还考察了 ORP 逐渐升高过程中 Fe^{3+} 和 PO$_4^{3-}$ 的变化规律，以期全面了解 ORP 对 PO$_4^{3-}$ 吸收过程的影响。

① pH 值对底泥磷分布影响。图 8.89 为不同 pH 值条件下底泥磷好氧吸收和厌氧释放变化曲线。可以看出：释放实验中，当水样 pH 值接近底泥自身 pH 值（pH=8.2）时，底泥磷的释放量最小（仅 174mg/kg）；当水样 pH 偏酸性（pH=5）时，底泥磷的释放量最大（459mg/kg）；在吸收实验中，当水样 pH 在中性偏碱（pH=7~8）时，底泥磷的吸收量最大（＞730mg/kg）。因此，在

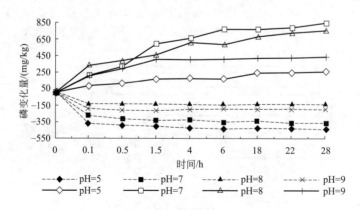

图 8.89 pH 对底泥磷吸收/释放影响

（虚线为底泥磷释放曲线；实线为底泥磷吸收曲线）

pH 值为 7～8 时底泥结合 PO_4^{3-} 的能力最强；偏酸性（pH＝5）时底泥结合 PO_4^{3-} 的结合能力最弱。

底泥磷吸收/释放过程主要受 pH 值颗粒物表面电荷、磷酸盐离子形态和吸附过程控制。低 pH 值时酸溶解作用降低了底泥对磷的结合力；而高 pH 值时 OH^- 与 PO_4^{3-} 竞争颗粒表面正电荷也会降低 PO_4^{3-} 的吸附能力，这就导致 pH＝7～8 时底泥对磷的结合能力最强。

为了深入了解 pH 值对底泥磷吸收/释放行为的影响，以下进一步考察了不同形态底泥磷随 pH 值的变化规律。

a. pH 值对易解脱磷（P_{labile}）影响。图 8.90 为吸收/释放实验中 pH 值对 P_{labile} 分布影响。可以看出， pH 值较低时有利于 P_{labile} 的生成。例如，在释放实验中 pH＝7～9 时有 55%～67% 的 P_{labile} 释放，而偏酸性（pH＝5）时 P_{labile} 却表现为吸收，吸收量为原 P_{labile} 的 4.2 倍；在吸收实验中，P_{labile} 含量随 pH 值升高也逐渐降低，其吸收量从 85mg/kg 逐渐下降到 62mg/kg。

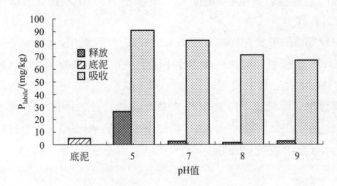

图 8.90 pH 值对 P_{labile} 分布影响

P_{labile} 主要以范德华力吸附在 $CaCO_3$ 等晶体物质表面，易与间隙水磷形成吸附/解吸平衡。在吸收实验中，随水样中初始 PO_4^{3-} 浓度升高以及吸附/解吸平衡的实现，P_{labile} 也相应快速升高。另一方面，底泥无机颗粒表面通常带正电，而 PO_4^{3-} 和 OH^- 在底泥表面为竞争吸附关系。当偏酸性时，水体中 OH^- 浓度相对较低，HPO_4^{2-} 和 $H_2PO_4^-$ 在底泥表面的吸附竞争中占据优势。因而在 P_{labile} 吸收/释放实验中，随 pH 值升高 P_{labile} 含量迅速降低。

b. pH 值对金属磷（Fe-P，Al-P 和 Ca-P）影响。受结合形式多样性影响，pH 值对底泥中各种形态金属磷的影响也表现出不同的规律。以下对 Fe-P、Al-P 和 Ca-P 随 pH 值的变化进行逐一探讨。

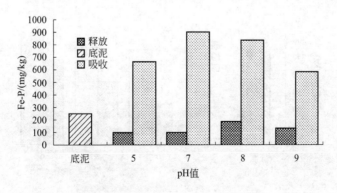

图 8.91 pH 值对 Fe-P 分布影响

Ⅰ.Fe-P：吸收和释放实验中 pH 值对 Fe-P 的影响如图 8.91 所示。由图 8.89 和图 8.91 可以计算出，吸收实验中 PO_4^{3-} 主要以 Fe-P 的形式被吸收：pH＝5 时 Fe-P 的吸收量为底泥总变化量的 180％；在 pH＝7～9 时 Fe-P 的吸收量占底泥中磷总变化量的 79％～85％。此外图 8.91 还显示，Fe-P 的最高含量出现在 pH＝7～8，而在偏酸性（pH＝5）和偏碱性（pH＝9）的环境中 Fe-P 的含量降低。

该生态系统厌氧底泥中 P/Fe 比＜0.5％，因而底泥中与磷结合的铁离子仅占总 Fe 的极少部分，绝大部分铁离子可能以 FeS 和 FeS_2 化合物的形式存在。当处于好氧环境中时，厌氧底泥中的 Fe^{2+} 迅速溶解并氧化为 Fe^{3+}，Fe^{3+} 又能通过 Fe^{3+}（OOH）絮体与磷的吸附/络合产物或直接以羟基磷酸铁络合物 $Fe(OH)_{3-x}(PO_4)_x$ 沉淀的形式大量去除 $H_2PO_4^-$。因而当生态塘厌氧底泥（－420mV）处于好氧条件时，伴随 Fe-P 主要存在形态的改变，Fe-P 大量增长。此外 OH^- 与 $H_2PO_4^-$ 对颗粒表面正电荷的竞争吸附以及 H^+ 对沉积物的溶解作用都会导致 Fe-P 在 pH＝7～8 时相对较高。

Ⅱ.Al-P：pH 值对 Al-P 分布影响如图 8.92 所示。可以看出，pH＝7～8 时 Al 盐对 PO_4^{3-} 的吸附能力明显高于弱酸和弱碱时。这是由于 pH 值决定着两性物质 $Al(OH)_3$ 的水解离子类型。在 pH＝8 时底泥中 Al-P 主要通过胶体 $[Al_2(OH)_{6-x}]^{x+}$ 与 PO_4^{3-} 之间的吸附和共沉降作用形成，并随停留时间增长逐渐向稳定的 $AlPO_4$ 晶体转化，因此 pH＝8 时 Al-P 吸收量最大；而在酸性和碱性条件下，铝盐的水解产物以溶解性的 Al^{3+} 和 $Al(OH)_4^-$ 为主，吸附的 PO_4^{3-} 被重新释放，故 Al-P 吸收量降低。

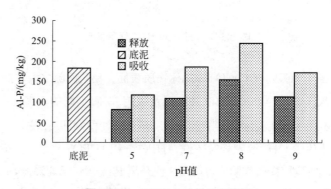

图 8.92 pH 值对 Al-P 分布影响

Ⅲ.Ca-P：通常条件下 Ca-P 性质稳定，是底泥磷的主要存储形态。从图 8.93 可以看出，

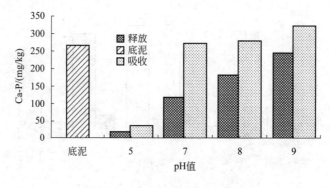

图 8.93 pH 值对 Ca-P 分布影响

在吸收和释放实验中，pH＝5 时 Ca-P 均表现为释放，其释放率分别为 92％和 86％；而 pH＝9 时，吸收和释放实验中 Ca-P 变化率相对较小。底泥中 Ca-P 的生成与 Ca^{2+} 和 PO_4^{3-} 的共沉降和化学沉淀等物理化学过程有关，且主要由相对稳定的 $Ca_5OH(PO_4)_3$、$Ca_2(OH)_2HPO_4$、$CaHPO_4 \cdot 2H_2O$、$Ca_3(HCO_3)_3PO_4$ 等形式存在。在酸性条件下，不溶性磷酸钙盐较易溶解成 Ca^{2+} 而导致 Ca-P 的释放；而在较高的 pH 值时，受碳酸盐、Mg^{2+}、有机酸等的抑制作用，Ca-P 的结合速率缓慢，因而 pH 值较低时，吸收和释放实验中 Ca-P 都大量减少，而高 pH 值时 Ca-P 增长缓慢。

② pH 值对有机磷（OP_{alk} 和 OP_{res}）影响。底泥有机磷根据活性不同可分为碱可提取有机磷和残余有机磷两部分。图 8.94 对比了吸收和释放实验中 pH 值对 OP_{alk} 和 OP_{res} 的影响。可以看出，吸收及释放实验中 OP_{res} 变化量较 OP_{alk} 为小。此外，吸收实验中随 pH 值升高 OP_{alk} 吸收量从 145mg/kg 迅速降低到 30mg/kg；而释放实验中 pH 值对 OP_{alk} 含量影响不明显。

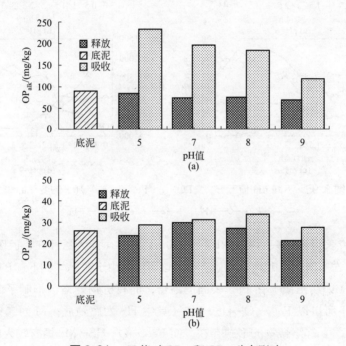

图 8.94 pH 值对 OP_{alk} 和 OP_{res} 分布影响

底泥中 OP_{alk} 主要来源于细胞中所含的聚合磷酸盐以及腐殖质、肌醇六磷酸等有机物，其活性较强，易分解。好氧环境中 OP_{alk} 的大量增长可能源于厌氧底泥中聚磷菌的好氧吸收；而较高的 OH^- 浓度又可通过促进腐殖质等有机物的水解速率来减小 OP_{alk} 的含量，导致随 pH 值升高 OP_{alk} 逐渐降低。而底泥中 OP_{res} 主要来源于腐败植物残渣，稳定性较强，不易分解，这与图 8.94 中 OP_{res} 在不同 pH 值条件下变化幅度较小、相对恒定是一致的。

③ ORP 升高对底泥磷吸收影响。Gomez 等研究发现，底泥磷释放过程中存在一临界氧化还原电位 ORP′，只有当底泥 ORP 低于 ORP′时底泥磷才会大量释放。对于底泥磷吸收过程是否也存在类似临界 ORP′未见报道。本部分主要考察在 ORP 逐渐升高过程中底泥对磷的吸收规律，以期全面了解 ORP 对底泥磷吸收/释放行为的影响。

前期研究结果表明，Fe-P 的形成是 ORP 升高过程中磷吸收的主要产物，且 ORP 对底泥磷吸收/释放的改变主要通过影响 Fe^{3+} 和 Fe^{2+} 的比率及其络合物吸附/沉淀能力实现。以下主要探讨 Fe-P 的变化规律。

图 8.95 为不同 pH 值条件下 ORP、PO_4^{3-}、Fe^{2+}、Fe^{3+} 随 t 的变化曲线。结果显示，不同 pH 值条件下 PO_4^{3-} 吸收规律接近：在 ORP 较低时底泥磷有少量释放；而随 ORP 逐渐升高，底泥对 PO_4^{3-} 的吸收量逐渐增加。在 ORP 由 $-650mV$ 到 $-50mV$ 的吸收过程（即前 7h）中，底泥磷的吸收量随 ORP 升高持续增长，底泥磷吸收过程中不存在明显的临界 ORP'。

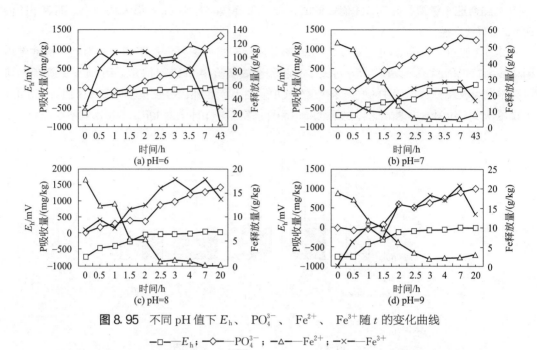

图 8.95 不同 pH 值下 E_h、 PO_4^{3-}、 Fe^{2+}、 Fe^{3+} 随 t 的变化曲线
—□—E_h；—◇—PO_4^{3-}；—△—Fe^{2+}；—×—Fe^{3+}

Gomez 的研究表明 Fe^{3+} 只有在 ORP$>-150mV$ 时才可能大量存在，但图 8.95 显示即使 ORP 在 $-400mV$ 左右时 Fe^{3+} 也可以大量存在。这可能是由于在 Fe^{2+} 到 Fe^{3+} 的氧化过程中，通常伴随着有机物（如腐殖质）在 Fe^{3+} 表面的络合，而有机物的络合抑制了 Fe^{3+} 的还原，使 Fe^{3+} 在厌氧状态下可以以 Fe^{3+}—O—HS—M^+（其中 HS 为腐殖质；M 为二价或三价金属离子，如 Mg^{2+}、Ca^{2+}）等络合物的形式存在。而 Fe^{3+}—O—HS—M^+ 具有较大的比表面，能够大量吸附 $H_2PO_4^-$。此外，对比实验显示保持模拟体系 ORP 稳定，而其他实验条件与 ORP 渐升过程底泥磷吸收实验相同的情况下，Fe^{3+} 无法大量生成，底泥对磷也无明显吸收（结果未给出），这进一步证明 ORP 升高过程中 Fe-P 的迅速增长主要来源于 $H_2PO_4^-$ 在 Fe^{3+}—O—HS—M^+ 表面的吸附。

此外， Fe^{3+}-O-HS-M^+ 的特殊存在形式使少部分新形成的 Fe^{3+} 可以存在于厌氧环境中，并随曝气时间的延长含量逐渐增长，因而在 ORP 升高过程中，底泥表现为逐步吸收磷的过程，没有明显的临界电位。

（4）组合生态处理系统氮归趋模型建立与验证

在生态塘和湿地等污水生态处理系统中，$T_{am}N$（即 $NH_3+NH_4^+$）起着双重作用。高浓度的游离氨氮（$>0.5mg/L$）对鱼类等水生生物具有毒害作用；而低浓度的氮却又抑制了浮游生物和经济作物的生长，因而保证适当的 $T_{am}N$ 浓度有利于维护处理系统中的生态平衡，进一步提高系统对污水的处理能力。

在生态处理系统中氮的变化过程复杂。它不仅受 NH_3-N、NH_4^+-N、NO_2^--N、NO_3^--N、ON 之间转化过程的多样性和复杂性影响，还涉及多种形态氮在水体、水生生物、底泥等不同存在空间的迁移转化，因而在不同气候和区域的情况下，各种形式生态处理系统对氮的去除表现差异较大。常规的对生态处理系统中 $T_{am}N$、NO_x^-（NO_2^-＋NO_3^-）、ON 的检测仅能了解不同处理单元对氮基本去除规律，无法对系统中各形态氮之间的转化、迁移过程进行定量分析，因而无法了解到系统中氮的具体流动过程，不能对系统运行优化提供明确的参考资料。而采用数学模型，对生态处理系统中各形态氮的流动过程进行数学模拟则可以在一定程度上解决这个问题。

目前已经存在几种对生态处理系统中氮变化过程进行模拟的数学模型，但不同模型的模拟结果却往往大相径庭。Pano 和 Ferrara 分别对同一稳定塘中氮的变化过程进行数学模拟，但模拟结果却截然相反：Pano 认为稳定塘内 $T_{am}N$ 的去除主要起因于氨氮的挥发作用；而 Ferrara 的研究结果却表明有机氮的沉降在 $T_{am}N$ 的去除过程中占主导地位。此外，由于生态处理系统中 NO_x^- 含量通常较低，为简化运算，过去绝大多数数学模型都忽略了反硝化对氮的去除贡献，而仅强调氨氮挥发在生态处理系统脱氮过程中的作用。但通过对稳定塘内 $T_{am}N$ 挥发速率的测定，Zimmo 等确定氨氮挥发对 TN 的去除贡献较小。进一步研究发现，以往的模型主要集中于对水体中 N 的归趋进行模拟，往往忽略氮在底泥中的积累和释放过程，而 Burford 和 Annie 对底泥的研究结果却显示有机氮在底泥中的沉降、氨化及其释放在系统氮的循环过程中同样扮演重要角色。

本章主要考察了不同季节 $T_{am}N$、NO_x^-、ON 在底泥、水体和生物体内的变化过程，通过对生态处理系统中各处理单元氮归趋进行模拟，了解生物同化吸收、硝化、反硝化、有机氮沉降等作用机制对各形态氮循环的贡献。此外，研究中还对各形态氮在不同水环境中的迁移过程差异进行比较，进一步了解水环境对氮去除方式影响。

1）模型理论基础及参数选择

① 模型参数确定。实验中主要对水环境及氮变化过程具有代表性的复合兼性塘、曝气养鱼塘和水生植物塘中氮的转化进行数学模拟。

处理系统水体中 $T_{am}N$、NO_x^-、ON 采用 APHA（1995）的标准方法进行测定，其中 NO_x^- 采用戴氏合金法测定以消除氯离子的干扰；实验用泥样采自稳定塘底泥表层，底泥氮含量采用凯式氮的测定方法确定；水体中藻类含量用叶绿素 a（Chl-a）表示，Chl-a 与藻类中氮的转化系数采用经验值 $R_{N/CHl}=13$。

浮萍含量采用浮萍覆盖面积与其密度乘积表示。单位面积浮萍湿重取 $0.4 \sim 0.8mg/m^2$，浮萍含水率为 $92\% \sim 94\%$。浮萍中氮含量不仅与浮萍种类有关还受水体中 $T_{am}N$ 浓度影响，研究中采用 Leng 等的试验结果，通过对不同浓度下浮萍中氮含量加权平均可知随 $T_{am}N$ 浓度从 0mg/L 升高到 20mg/L，烘干浮萍中氮含量相应从 4.7% 升高到 5.2%。浮萍的收获量按总量的 10% 估算。

② 氮转移理论。稳定塘中氮迁移基本模式如图 8.96 所示。考虑到稳定塘中氮存在形态及其空间分布差异，稳定塘氮变化数学模型中不仅考虑了 $T_{am}N$、NO_x^-、ON、ON_{alage}（藻类所含氮）和 ON_{dw}（浮萍所含氮）5 项的迁移转化，还融入了水体和底泥间氮（ON_{sed}）的迁移过程。水体中 $T_{am}N$ 是模型中氮的关键形态，其主要经硝化、挥发和生物同化吸收作用而去除；而 NO_x^- 的去除途径主要有反硝化和植物同化作用；ON_{alage} 表示水体中水生植物和细胞中氮含量，其死亡后细胞分解，细胞残骸在水体中悬浮将直接促进有机氮含量的增长；部分 ON 通过沉降作用在底泥中积累，而另一部分则可通过氨化作用而分解为无机的 $T_{am}N$。底泥中氮的主要去除途径为有机氮氨化分解为无机态的 $T_{am}N$。研究显示底泥中氮以有机氮为主，主要来源

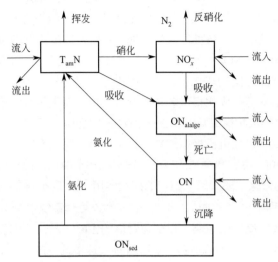

图 8.96 稳定塘中氮迁移基本模式

于生物根茎等残骸、颗粒有机物沉降以及溶解性有机物吸附，而 $T_{am}N$ 等无机氮在底泥中迁移速率慢，且所占比率低于 ON 的 0.5%，因而在数学模型中未对底泥 $T_{am}N$ 进行分析。另外，在 ON 的检测结果中 ON 不仅包括蛋白质和氨基酸，还有可能包含少量易被过硫酸钠消解的藻类，由于无法对这部分藻类进行定量分析，因而在 ON 数学模拟中将这部分作为死亡的藻类考虑。

稳定塘的水力学特征显示塘内水体的流态既不是完全混合流也不是推流式，为了简化计算模型中各形态氮的反应速率仍采用完全混合流的形式。参照氮循环模式，根据物料平衡关系，可以得出氮变化的动力学公式：

$$\frac{d(T_{am}N)}{dt} = \frac{Q}{V}(T_{am}N_i - T_{am}N) - r_{nitrifi. T_{am}N} - r_{volat. T_{am}N} - r_{uptake. T_{am}N} + r_{ammoni. ON} + r_{ammoni. ON_{sed}}$$

(8.12)

$$\frac{d(NO_x^-)}{dt} = \frac{Q}{V}(NO_{x. i}^- - NO_x^-) - r_{denitrif. NO_x^-} - r_{uptake. NO_x^-} + r_{nitrifi. T_{am}N}$$

(8.13)

$$\frac{d(ON)}{dt} = \frac{Q}{V}(ON_i - ON) - r_{ammoni. ON} - r_{sedim. ON} + r_{mortali. ON_{alage}}$$

(8.14)

$$\frac{d(ON_{alage})}{dt} = \frac{Q}{V}(ON_{alage, i} - ON_{alage}) + r_{uptake. T_{am}N} + r_{uptake. NO_x^-} - r_{mortali. ON_{alage}}$$

(8.15)

$$\frac{d(ON_{sed})}{dt} = r_{sedim. ON} - r_{ammoni. NO_x^-}$$

(8.16)

式中，Q 为处理单元实际流量，m^3/d；V 为稳定塘单元容积，m^3；$T_{am}N$、$T_{am}N_i$ 分别为塘内及其进水氨氮（$NH_3 + NH_4^+$）浓度，mg/L；NO_x^-、$NO_{x, i}^-$ 分别为塘内及其进水硝态氮（$NO_2^- + NO_3^-$）浓度，mg/L；ON、ON_i 分别为塘内及其进水有机氮浓度，mg/L；ON_{alage}、$ON_{alage, i}$ 分别为塘内及其进水藻类中所含氮浓度，mg/L；ON_{sed} 为塘内底泥有机氮含量，mg/L；r 为氮反应速率。

各反应速率计算过程见表 8.22。

⊡ 表 8.22　氮反应速率计算

$T_{am}N$ 硝化反应速率	$r_{nitrifi. T_{am}N} = \frac{\mu_n}{Y_n}\left(\frac{T_{am}N}{K_1 + T_{am}N}\right)\left(\frac{DO}{K_2 + DO}\right)C_T$
$T_{am}N$ 挥发速率	$r_{volat. T_{am}N} = \frac{Kve^{[0.13(T-20)]}T_{am}N}{h(1 + 10^{10.5 - 0.03T - pH})}$
水生植物吸收 $T_{am}N$ 速率	$r_{uptake. T_{am}N} = \mu_{max}\theta^{(T-20)}\left(\frac{T_{am}N}{K_3 + T_{am}N}\right)(ON_{alage})P_1$

NO_x^- 反硝化速率	$r_{\text{denitrifi.}NO_x^-} = K_d \theta^{(T-20)}(NO_x^-)$
水生植物吸收 NO_x^- 速率	$r_{\text{uptake.}NO_x^-} = \mu_{\max}\theta^{(T-20)}\left(\dfrac{NO_x^-}{K_4+NO_x^-}\right)(ON_{\text{alage}})P_2$
水生植物死亡速率	$r_{\text{mortali.}N_{\text{alage}}} = K_m \theta^{(T-20)}(ON_{\text{alage}})$
有机氮沉降速率	$r_{\text{sedim.}ON} = K_s(ON)$
有机氮氨化速率	$r_{\text{ammoni.}ON} = K_{ao}\theta^{(T-20)}(ON)$
底泥氨化速率	$r_{\text{ammoni.}ON_{\text{sed}}} = K_{\text{am.sed}}\theta^{(T-20)}(ON_{\text{sed}})$

③ 模型的求解。微分方程组的求解采用 4 阶龙格-库塔法。模型参数部分采用经验数值，部分通过最小二乘法最优化确定，各参数值见表 8.23。模型校正所需氮运行数据采用 2002 年各处理单元测定结果，模型验证采用 2003 年系统运行结果。在模型校正和验证过程中为了简化计算，减小偶然误差，保持运算时间步长一致，实验输入数据为相邻两周均值。而底泥氮受检测方式限制实验数据较少，在模拟过程中采用差值法对所缺数据进行增补。

⊡ 表 8.23　模型参数数值

参数		数值	参考文献
μ_n	亚硝化菌最大增长速率	$0.008d^{-1}$	Charley et al.
Y_n	生长系数	$0.1\sim0.4$	自校正
K_1	亚硝化菌生长半饱和系数	$e^{0.051(T-1.58)}$	Colomer et al.
K_2	溶解氧对亚硝化菌半饱和系数	1.3	Charley et al.
K_3	水生植物吸收氨氮半饱和常数	18	Senzia et al.
K_4	水生植物系数硝态氮半饱和常数	2	Senzia et al.
K_5	有机氮沉降速率常数	$0\sim1$	自校正
K_v	氨氮挥发速率常数	0.0566	Stratton et al.
$K_{\text{am.sed}}$	底泥氮氨化速率常数	$0\sim0.05$	自校正
K_{ao}	有机氮氨化速率常数	$0\sim0.5$	自校正
K_m	水生植物死亡速率常数	$0\sim0.1$	自校正
K_d	反硝化速率常数	$0.05\sim0.1$	自校正
C_T	温度对硝化速率影响系数	$e^{0.098(T-15)}$	Senzia et al.
h	稳定塘平均水深	$1\sim5m$	自测定
H_{sedi}	稳定塘有效底泥深度	$4\sim8cm$	自测定
T	稳定塘平均水温	$1.5\sim35℃$	自测定
$\mu_{\max}$	水生植物20℃最大生长速率	$0.12\sim0.5d^{-1}$	自校正
θ	模型校正系数	$1.01\sim1.09$	自校正
$N_{\text{alage/chla}}$	Chl-a 中 N 含量	13	Burford et al.

2）复合兼性塘氮模型校正及应用

① 模型校正。图 8.97 为复合兼性塘中 $T_{am}N$、NO_x^-、ON、ON_{alage} 和 ON_{sed} 的检测值和模型预测值。由图可见，各形态氮模拟值与观测值之间的相关系数较高，分别为 0.83、0.82、0.77、0.67、0.83。因而采用此模型能够有效模拟复合兼性塘中氮的变化过程。

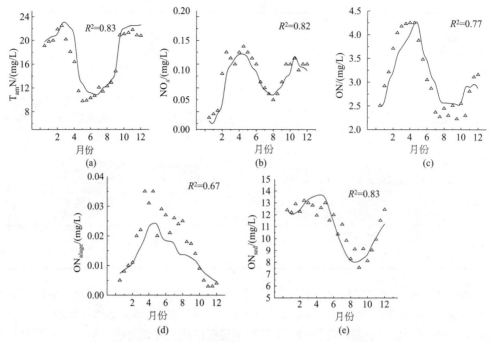

图 8.97 复合兼性塘模型预测出水与实际检测值关系

—— 模型预测值　△ 实测值

从图 8.97 可以看出，该模型对 $T_{am}N$、NO_x^- 和 N_{sed} 的模拟效果较好，而对 ON 和 ON_{alage} 的模拟效果略差，尤其在 4~8 月复合兼性塘对 ON_{alage} 的模拟值明显低于实际检测的藻类含量。这可能是由于在实际模型中主要考虑兼性及厌氧环境对藻类的灭活作用，而在高温期该单元内水质较好，藻类能够在复合兼性塘表层大量生长，从而导致出水藻类含量增加所致。

② 各形态氮变化过程分析。本部分主要通过对复合兼性塘中 $T_{am}N$、NO_x^-、ON 和 ON_{sed} 的变化过程进行模拟分析，以便进一步了解复合兼性塘中氮的去除过程。由于在复合兼性塘中进水 ON_{alage} 较少，其变化过程对系统氮去除影响较小，因而文中未对其进行详细分析。

a. $T_{am}N$ 去除过程的季节差异。稳定塘中，通过 $T_{am}N$ 的挥发、硝化以及藻类的同化吸收作用，水体中 $T_{am}N$ 浓度会逐渐减小；而 ON 的氨化以及底泥氮的氨化作用却又在一定程度促进 $T_{am}N$ 浓度的升高。最终水体中 $T_{am}N$ 的变化取决于这两个过程的平衡。

图 8.98 为复合兼性塘中 $T_{am}N$ 各变化速率季节分布模拟。可以看出，各反应速率受温度变化影响明显。在 1~6 月随温度升高，各反应速率逐渐增长；到 6~9 月各反应速率达到最大值，挥发、硝化、藻类同化吸收、ON 氨化、底泥氮氨化速率分别为 1~2 月各反应速率的 26.3 倍、2.3 倍、2.5 倍、1.6 倍及 1.3 倍；此后随 9~12 月温度逐渐降低，各反应速率又逐渐减小到接近初始值。此外，从图中还可以看出在 $T_{am}N$ 的各反应过程中，ON 的氨化以及底泥氮的氨化作用对 $T_{am}N$ 变化影响较大，而硝化、挥发和藻类的同化吸收作用对 $T_{am}N$ 去除的贡献较小，这必将导致复合兼性塘对 $T_{am}N$ 的去除贡献为负。

复合兼性塘进水为仅经过隔栅和沉砂处理的原污水，水中含有大量的易降解有机物。在水力条件稳定，流速缓慢的复合兼性塘中，污水中有机颗粒迅速在塘底泥表层积累，并随停留时间延长而逐渐氨化；此外污水中所含的易降解有机氮在兼性条件下也能够迅速厌氧分解，因而在复合兼性塘中有机氮氨化和底泥氮氨化速率相对较高。相对而言，复合兼性塘仅表层水体处

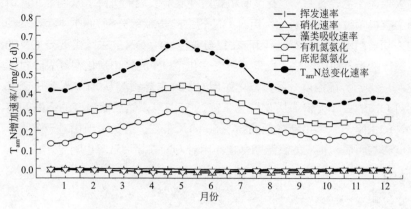

图 8.98 复合兼性塘中 $T_{am}N$ 变化速率分布

于缺氧或好氧状态，且 pH 值仅在 7.5 左右，不利于细菌的硝化、$T_{am}N$ 挥发以及藻类的生长。

值得注意的是在复合兼性塘中 ON 氨化和 ON_{sed} 氨化作用对 $T_{am}N$ 去除贡献较大（见图 8.98），因而在该单元内 $T_{am}N$ 含量有升高的趋势，但由于 $T_{am}N$ 升高速率仅有 $0.35\sim0.7$mg N/（L·d），因而在该单元中 $T_{am}N$ 变化较小，出水 $T_{am}N$ 浓度仅比进水略有增加。

b. NO_x 去除过程的季节差异。在稳定塘处理系统中影响 NO_x^- 变化的可能途径有 $T_{am}N$ 硝化、藻类的同化吸收以及 NO_x^- 的反硝化作用，图 8.99 为这 3 种变化途径对复合兼性塘 NO_x^- 的去除贡献。从图可以看出全年藻类对 NO_x^- 的同化吸收速率接近 0；NO_x^- 的反硝化速率为 0.048mg N/（L·d）；$T_{am}N$ 的硝化速率为 0.014mg N/（L·d）。因而在复合兼性塘中 NO_x^- 主要通过自身的反硝化作用去除，藻类吸收对其去除贡献较小。

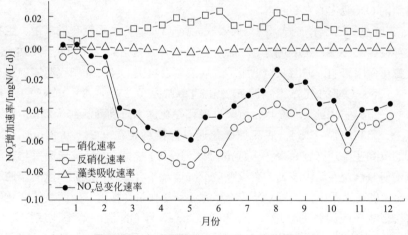

图 8.99 复合兼性塘中 NO_x^- 变化速率分布

通过图 8.98，可以看出 NO_x^- 反硝化速率与水体 NO_x^- 之间具有较高的正相关性，在 $3\sim6$ 月复合兼性塘中 NO_x^- 反硝化速率最高[>0.06mg N/（L·d）]，同时 NO_x^- 出水浓度也达到最大值（>0.1mg N/L）；$7\sim10$ 月，反硝化速率和出水 NO_x^- 同时达到最低值。这说明在复合兼性塘中 NO_x^- 的反硝化速率主要受水体中 NO_x^- 浓度的限制，而反硝化菌的季节变化影响相对较小。

c. ON 去除过程的季节差异。稳定塘中有机氮主要来源于藻类、细胞等的残骸以及底泥的再悬浮；其去除途径主要有 ON 氨化及有机颗粒在底泥表层的沉降。从图 8.100 可以看出，在复合兼性塘中有机颗粒沉降和氨化作用对 ON 的去除贡献率分别为 61.4% 和 39.9%；藻类残骸对 ON 的去除贡献率为 -1.3%。因而在复合兼性塘中 ON 的去除主要受 ON 的沉降和氨化作用影响，藻类的贡献可以忽略。此外随温度变化，ON 沉降和氨化在其去除过程中所占比率亦相应变化：1~5 月，随温度升高，氨化作用对 ON 去除贡献从 34.7% 上升到 46.2%，相应的沉降作用对 ON 的去除贡献率从 66.0% 下降到 55.8%；然后随温度的逐渐回落，氨化和沉降作用对 ON 的去除贡献率重新降低到 35% 和 65% 左右。这是由于相对于沉降作用而言，氨化作用受温度影响明显，相应的高温期氨化作用对 ON 去除贡献率也明显升高。

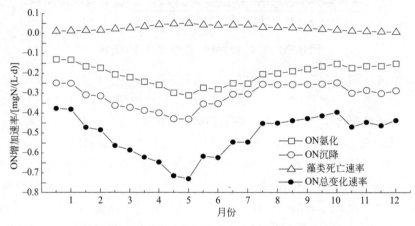

图 8.100 复合兼性塘中 ON 变化速率分布

由图 8.100 还可看出，尽管复合兼性塘中 ON 的去除速率较高，但较短的 HRT 仍决定了进水浓度是塘内 ON 变化的主要因素。

d. ON_{sed} 去除过程的季节差异。稳定塘中底泥氮（ON_{sed}）主要以有机颗粒、生物残骸等有机氮的形式存在；$T_{am}N$ 和 NO_x^- 的含量较低，这就决定了复合兼性塘中底泥氮变化主要受 ON 沉降和底泥氨化作用影响，如图 8.101 所示。从图可以看出 ON 沉降和底泥氮氨化速率变化规律接近：1~5 月，ON 的沉降和底泥氮氨化速率都从 0.25~0.29mg N/（L·d）上升到 0.43mg N/（L·d）左右；5~10 月，沉降速率和氨化速率分别降低到 0.25mg N/（L·d）和 0.23mg N/（L·d）；11~12 月，底泥氮氨化速率保持稳定在 0.24~0.26mg N/（L·d）之间，而 ON 的沉降速率升高到 0.28~0.30mg N/（L·d）之间。ON 沉降速率与底泥氮氨化速率规律接近使得复合兼性塘中较高的有机颗粒沉降速率不会造成塘底泥厚度的快速增长。

从图 8.101 还可以看出，尽管 ON 沉降和底泥氮氨化规律接近，但两者的变化幅度略有不同，这就直接影响到底泥氮的含量变化。例如，2~5 月 ON 沉降速率比底泥氨化速率高约 0.005~0.036mg N/（L·d），底泥氮逐渐增长；而 5~9 月底泥氮氨化速率升高幅度明显高于 ON 沉降速率，导致兼性塘底泥氮氨化速率高于沉降速率 0.005~0.068mg N/（L·d），底泥氮含量逐渐减小；9~12 月，ON 的沉降速率又高出氨化速率 0.024~0.056mg N/（L·d），底泥中氮含量又呈增长趋势。这就造成了全年底泥氮含量的升高→降低→升高变化过程。

③ 复合兼性塘氮循环季节比较。从上述各形态氮速率分析中可以了解到：各反应速率对某形态氮的去除贡献是不同的，某种氮的变化通常仅受 1~2 种反应速率的控制，其余各反应速率贡献相对较弱。而在整个塘系统中，受氮负荷及其循环途径的影响，各反应速率对 TN 的去除贡献也明显不同。

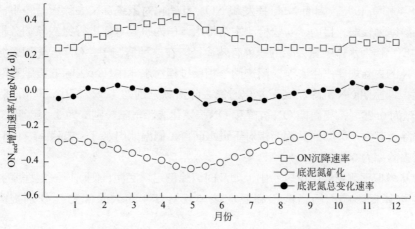

图 8.101 复合兼性塘中 ON_{sed} 变化速率分布

图 8.102 为不同温度条件下，复合兼性塘各形态氮循环途径比较。为了进一步减小系统进水所产生的偶然误差，低温期各反应速率和进出水负荷取 1～2 月和 12 月均值，而高温期反应速率和进出水负荷取 7～9 月均值。低温期和高温期各反应速率分列括号内左右。图 8.103 为复合兼性塘各反应速率对进水 TN 的去除贡献。

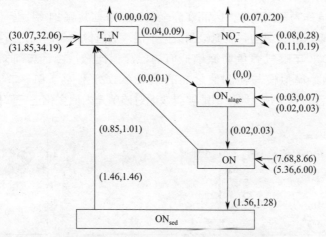

图 8.102 复合兼性塘氮循环过程比较[低温期，高温期；单位：g/（m² · d）]

从图 8.102 可以看出不同时期，NO_x^- 的反硝化速率、ON 的沉降和氨化速率差异较大，而其余各反应速率差异不大，这就导致稳定塘对总氮的去除效果全年相对稳定。此外，复合兼性塘中 ON 沉降速率、ON 氨化速率和底泥氮氨化速率在 0.85～1.56mg N/（L · d）之间，远高于其余各反应速率，因而在复合兼性塘中氮的流动主要集中在 ON、$T_{am}N$ 和 ON_{sed} 之间进行。此外，将水体和底泥作为一个系统来考虑氮的流动可以发现：进水负荷中有 9.45%～10.38%左右的氮参与到塘内氮的循环过程中，但仅有 0.18%～0.54%能以 NH_3（g）和 N_2 的形式脱离系统。

从书后彩图 2 可以看出，如将水体和底泥作为整体考虑，则进水 TN 的去除途径仅有 NH_3 挥发、NO_x^- 反硝化和出水。由于在兼性塘中不管是高温期还是低温期，水体的 pH 值都在 7.3～7.9 之间，因而 NH_3 挥发速率对 TN 的去除贡献小于 0.05%。此外，全年进水中较低的 NO_x^- 浓度进一步抑制了反硝化速率，导致反硝化作用对 TN 的去除贡献在低温期和高温期分别为 0.18% 和 0.49%。因而 NH_3 挥发和 NO_x^- 反硝化对系统 TN 去除贡献较小，复合兼性塘对 TN 去除能力较弱。目前，实验检测中常将水体作为研究对象进行氮去除的分析，而把氮在底泥中的积累作为水体中氮去除的一种有效途径。在这种情况下，ON 沉降和底泥氮氨化也对系统内 TN 的去除规律产生影响，而这两个相反过程对水体中 TN 去除的贡献率取决于两者之间的差值。低温期 ON 沉降和底泥氨化对氮去除贡献分别为 4.12% 和 3.86%，两者对水体 TN 去除贡献为 0.26%；高温期 ON 沉降和 ON_{sed} 氨化去除贡献分别降为 3.12% 和 3.55%，两者对 TN 去除贡献为 -0.43%。因而相对于进水而言，低温出水 TN 去除率约 0.44%；高温期出水 TN 去除率为 0.11%。

此外，从模拟预测结果中可以看出，如及时清除稳定塘底泥，则可以一定程度上减小底泥氨化速率对水体氮影响，低温和高温期该单元对 TN 的去除能力能分别提高到 4.3% 和 3.7%。

3）曝气养鱼塘氮模型校正及应用

① 模型修正及校正。曝气养鱼塘中除少部分模型参数采用复合兼性塘参数外，绝大部分参数通过数学模拟与实际检测结果之间的拟和重新进行校正。此外，由于曝气养鱼塘底泥中有机氮组成相对稳定，全年底泥氮的变化幅度较低，因而底泥氮氨化速率计算公式改为：

$$r_{ammoni. ON_{sed}} = K_{ammoni. sed} \exp[0.16(T-20)](ON_{sed}) \tag{8.17}$$

模型参数校正采用 2002 年的检测数据，模型验证采用 2003 年检测数据。为简化模型运算量，数学模型以 15d 作为预测周期，因而实际全年预测数据共有 24 组，模型输入数据为相应时间内浓度均值。曝气养鱼塘内底泥氮检测数据不足，通过算术差值法进行数据补充。

图 8.103 为 2003 年曝气养鱼塘氮模拟值与检测值比较。由计算可知，$T_{am}N$、NO_x^-、ON、ON_{alage} 和 ON_{sed} 模拟值与检测值之间的相关系数分别为 0.81、0.88、0.95、0.78、0.72。因而，完善后的曝气养鱼塘模型能够有效地对该单元内氮变化进行模拟和预测。

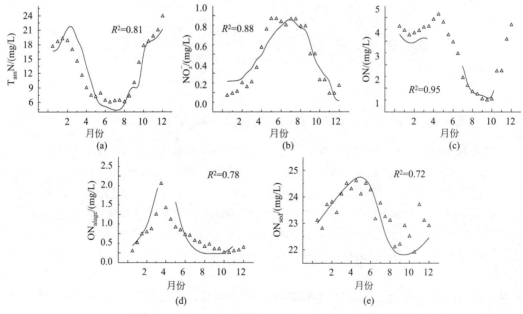

图 8.103 曝气养鱼塘氮模型预测值与实际检测值关系

— 模型预测值　△ 实际检测值

对 NO_x^- 的模拟分析发现,低温期 NO_x^- 模拟值高于检测值,而高温期模拟值低于检测值。这是由于在模型预测中假定水体中硝化菌的密度保持稳定,而在实际塘水体中,随温度升高硝化菌密度相应增长,硝化作用增强,因而 NO_x^- 生成速率加快。此外,在对藻类的模拟分析中也可以看出当藻类浓度较高时,模拟值远高于测定值,这可能是由于模型中忽略了浮游动物生长对藻类生物量产生的影响。

② 各形态氮变化过程分析。复合兼性塘全年呈厌氧状态,pH 值、DO 等各种环境因子季节变化不明显。与之相比,曝气养鱼塘中各环境因子的季节差异较大。例如,1~2 月,水体内 DO 浓度在 3~6mg/L 之间,pH 值在 7.6~7.9 之间;而 3~5 月随温度升高,水体内藻类大量生长,水生植物的光合作用吸收 CO_2 并产生大量 O_2,水体 DO 浓度经常高达 15mg/L 左右,pH 值也增长到 8.4~8.7 之间浓度;5~8 月,温度持续增长,进水负荷降低,浮游动物对藻类的捕食作用导致曝气养鱼塘中藻类的含量维持相对稳定,水体 DO 浓度重新恢复到 5mg/L 左右;从 9 月至 12 月,随温度的逐渐回落,系统各项指标又接近最初的状态。曝气养鱼塘中 pH 值、温度、DO、进水负荷等环境因子以及藻类、微生物等生物指标的季节差异导致氮的各反应速率相应改变,因而各形态氮的去除规律也存在明显季节差异。下面主要通过对各反应速率的季节变化进行分析,以了解曝气养鱼塘中各形态氮去除过程的周期变化规律。

a. $T_{am}N$ 去除过程的季节差异。前已述及,在整个生态处理系统中,曝气养鱼塘是 $T_{am}N$ 的一个主要去除单元,约有 38% 的 $T_{am}N$ 在此单元中去除。因而了解曝气养鱼塘中 $T_{am}N$ 循环过程的季节差异对进一步确定该单元氮去除机制具有重要意义。

在曝气养鱼塘中,受 pH 值、温度、DO 和 N 负荷季节变化的影响,挥发、硝化等各反应速率也表现出各自的周期变化,具体变化如图 8.104 所示。从图可以看出在 1~3 月和 10~12 月的低温期,NH_3 挥发速率小于 0.0014mg N/(L·d);而 4~9 月的高温期,挥发速率相对较高,其中 7 月挥发速率达到最大,为 0.0112mg N/(L·d)。与复合兼性塘相比,曝气养鱼塘挥发作用对 $T_{am}N$ 的去除贡献在 0.4%~12.1% 之间,挥发速率季节差异大,但其对 $T_{am}N$ 的去除影响仍相对较低。而硝化和藻类吸收速率平均为 0.178mg N/(L·d) 和 0.049mg N/(L·d),远高于 $T_{am}N$ 平均 0.002mg N/(L·d) 的挥发速率,因而硝化和藻类同化吸收是曝气养鱼塘中 $T_{am}N$ 去除的主要途径。

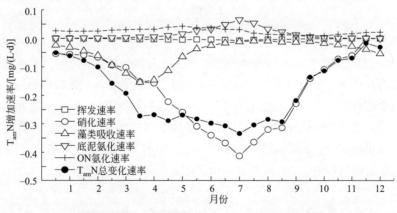

图 8.104 曝气养鱼塘中 $T_{am}N$ 变化速率分布

在曝气养鱼塘中,ON 的氨化和底泥氮的氨化速率分别为 0.025mg N/(L·d) 和 0.015mg N/(L·d),远小于复合兼性塘的 0.21mg N/(L·d) 和 0.32mg N/(L·d),而与硝化速率和藻类吸收速率接近，因而也能在一定程度上影响到 $T_{am}N$ 的去除。

图 8.105 还可以看出在 3～5 月，曝气养鱼塘藻类同化吸收、硝化作用、ON 氨化和底泥氮氨化对 $T_{am}N$ 的去除贡献率分别为 47%、68%、-14% 和-3%；而 6～10 月，藻类含量迅速降低，藻类同化吸收对 $T_{am}N$ 的去除贡献降低为 28%，硝化作用、ON 氨化和底泥氨化对 $T_{am}N$ 的去除贡献率分别为 111%、-8% 和-11%。由此可见在 3～5 月 $T_{am}N$ 的去除主要来自于硝化作用和藻类同化吸收；而 6～10 月 $T_{am}N$ 的去除归因于硝化作用。

b. NO_x^- 去除过程的季节差异。藻类对氮的吸收主要来源于水体中的 $T_{am}N$ 和 NO_x^-。在曝气养鱼塘中 Chl-a 含量较高，尤其是 3～6 月藻类高速生长期 Chl-a 常高达 0.18mg/L 以上，理论上藻类对水体中的 NO_x^- 应有较高的吸收，但模拟结果显示全年藻类对 NO_x^- 的同化吸收速率小于 0.051mg N/（L·d），藻类的同化吸收作用对水体中 NO_x^- 去除贡献较小。这是由于在藻类生长旺盛期，水体内 NO_x^- 在总氮中比率偏低，藻类的同化吸收主要来源于水体中含量较高的 $T_{am}N$，因而藻类对 NO_x^- 的吸收量较少。从图 8.105 还可以看出，硝化和反硝化遵循类似的变化规律，这导致水体中硝态氮不能大量积累。在曝气养鱼塘中，NO_x^- 的变化主要受反硝化和硝化过程影响。且 1～7 月硝化速率高于反硝化速率，两者的差值从 0.01mg N/（L·d）升高到 0.08mg N/（L·d）；而 8～12 月硝化和反硝化速率差值迅速减小，到 12 月接近-0.004mg N/（L·d）。因而水体中 NO_x^- 变化速率也呈现先升后降的变化规律。

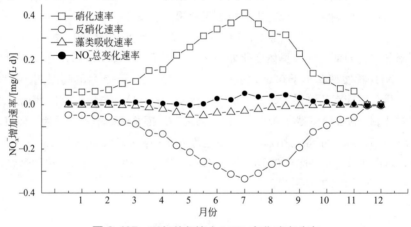

图 8.105 曝气养鱼塘中 NO_x^- 变化速率分布

c. ON 去除过程的季节差异。污水中的有机物在进入曝气养鱼塘之前，首先要经过水体呈推流状态的复合兼性塘，实验显示绝大部分易降解或沉降的有机物和颗粒物都能在此单元中有效去除，仅有少部分进入下一生态处理单元，因而在曝气养鱼塘中 ON 的沉降和氨化速率明显低于复合兼性塘中的 0.2～0.3mg N/（L·d），具体结果见图 8.106。此外，实验发现藻类死亡对 ON 的去除贡献率为-9.9%，而沉降和氨化作用对 ON 的去除贡献率分别为 44.7% 和 65.2%。因而尽管曝气养鱼塘 ON 沉降速率和氨化速率明显减小，但仍是水体中 ON 去除的主要方式。

从图 8.106 还可以看出春季 1～4 月，ON 去除受沉降、氨化和藻类死亡 3 方面共同影响，ON 去除速率稳定在 0.041～0.044mg N/（L·d）之间；5 月氨化作用对 ON 去除影响最大，到 5 月底 ON 氨化的去除贡献率高达 75%；6～12 月 ON 沉降和氨化作用共同影响 ON 的去除。因而随季节变化，塘内各反应速率对 ON 去除贡献率也不同。

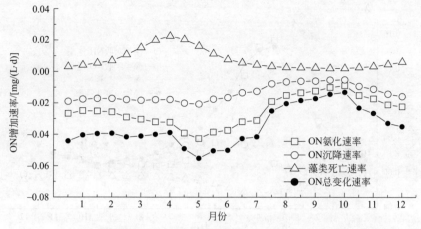

图 8.106 曝气养鱼塘中 ON 变化速率分布

d. ON_{sed} 去除过程的季节差异。稳定塘中底泥氮主要来源于藻类等微生物残骸以及污水所含有机颗粒的沉降，其沉降过程受温度影响较小，而受 ON 负荷及其类型影响明显。曝气养鱼塘中 ON 以溶解性有机氮为主，因而该单元中 ON 沉降对底泥氮变化影响较小。相对而言，底泥氮的氨化速率受温度影响较明显。随着水温的升高，作为主要吸附载体的底泥中微生物数量大量增殖，这必将加速底泥中有机物的分解速率。因而从图 8.107 曝气养鱼塘内底泥氮反应速率变化中可以看到：1~4 月和 10~12 月水温相对较低，底泥氮的分解速率较小；而 5~9 月底泥氮分解速率明显升高，最高可达 0.065mg N/（L·d）。

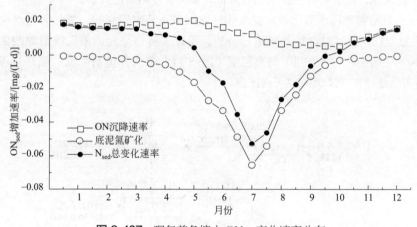

图 8.107 曝气养鱼塘中 ON_{sed} 变化速率分布

ON 沉降和底泥氮氨化的综合作用导致底泥氮释放和吸收过程表现出不同的季节差异（图 8.107）：在 1~4 月和 11~12 月，ON 沉降速率高于底泥氮的氨化速率，底泥氮含量逐渐增长；与之相反，5~11 月氨化速率明显升高，底泥氮含量逐渐降低。

e. ON_{alage} 去除过程的季节差异。曝气养鱼塘中，浮游藻类的去除途径除衰老后分解为有机氮颗粒外，绝大部分被水体中大量生长的浮游动物以及鱼类捕食。在数学模拟中为简化模型计算，水体氮的存在形态中未考虑浮游动物项，仅将浮游动物对藻类的摄食作用直接融合在藻类对 $T_{am}N$ 和 NO_x^- 的吸收过程中。因而模型中藻类的生长速率为浮游藻类实际生长速率减去浮游动物的捕食速率，其变化规律如图 8.108 所示。

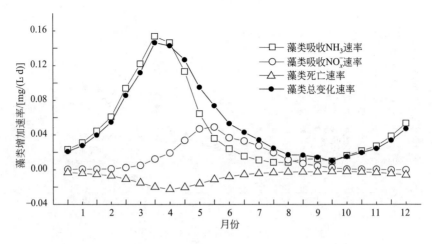

图 8.108 曝气养鱼塘中 ON_{alage} 变化速率分布

从图可见，曝气养鱼塘中浮游藻类的生长主要来自于对水体中 $T_{am}N$ 的吸收，而对 NO_x^- 的吸收和藻类死亡对浮游藻类含量影响较小。因而，浮游藻类对 $T_{am}N$ 的吸收能够反应藻类生物量的变化过程（见图 8.108）。1～4 月，随水温逐渐升高，光线增强，含营养物质丰富的曝气养鱼塘中浮游藻类生长速率从 0.022mg N/（L·d）迅速升高到 0.145mg N/（L·d），藻类生物量大量增长；5～10 月，缓慢生长的浮游动物逐渐出现并迅速增长，随浮游动物摄食压力增大，水体中藻类相对生长速率会持续降低，而藻类含量也相应减小并最终保持相对稳定；11～12 月水温较低，浮游动物生物量迅速降低，藻类含量略有回升。

③ 曝气养鱼塘氮循环季节比较。受水体环境因子季节差异影响，曝气养鱼塘中氮的循环过程存在明显差异。通过对这种差异进行分析，可以了解该单元内不同季节氮的主要循环途径。图 8.109 为低温期（1～2 月）与高温期（7～8 月）曝气养鱼塘中氮的循环过程比较。图 8.110 为各去除途径在 TN 负荷中所占比率。

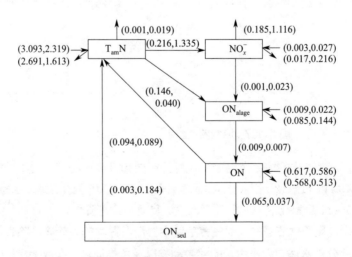

图 8.109 曝气养鱼塘氮循环过程比较[单位：g/（m²·d）]

低温期，除反硝化、硝化以及藻类吸收这 3 个反应过程在曝气养鱼塘氮循环过程中所占比率略大外，其余各反应过程速率较低，进水 TN 负荷中有 80.7% 未经任何变化直接通过系统；

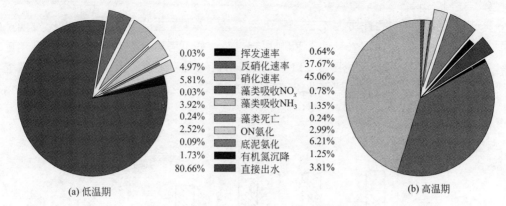

0.03%	挥发速率	0.64%
4.97%	反硝化速率	37.67%
5.81%	硝化速率	45.06%
0.03%	藻类吸收NO$_x$	0.78%
3.92%	藻类吸收NH$_3$	1.35%
0.24%	藻类死亡	0.24%
2.52%	ON氨化	2.99%
0.09%	底泥氨化	6.21%
1.73%	有机氮沉降	1.25%
80.66%	直接出水	3.81%

(a) 低温期   (b) 高温期

图 8.110 曝气养鱼塘氮循环对其去除贡献

而高温期各反应速率明显升高，其中硝化和反硝化对 TN 的去除贡献分别升高到 45.3% 和 37.8%，在 TN 去除中占支配地位，此时超过 96% 的进水氮负荷参与到各自循环后通过系统。

此外，从图 8.109 和图 8.110 中还可以确定曝气养鱼塘对水体氮的表观和实际去除效果。当将水体和底泥作为整体时，系统中氮的去除途径仅有 NO$_x^-$ 反硝化和 NH$_3$ 的挥发作用。低温期，两者对 TN 的去除贡献较小，仅有 5% 左右；高温期反硝化和挥发对 TN 的去除贡献明显升高，有 38.5% 左右。如仅将水体作为研究对象，则氮的去除途径增加为 NH$_3$ 挥发、NO$_x^-$ 反硝化和 ON 沉降。低温期，这 3 种去除途径对 TN 负荷的去除贡献为 6.64%，略低于实际检测值 9.4%；高温期，去除贡献为 33.5%，与同期实验检测的 33.9% 接近。

（5）塘/湿地生态处理系统经济分析及技术优化

1）生态处理系统经济分析　稳定塘和湿地构造简单，动力设备少，因而生态处理系统的运行和建造费用低，相应的设备维修等辅助费用也远低于常规活性污泥工艺。

以 2002 年为例进行该组合生态处理系统的经济分析，具体结果见表 8.24。

表 8.24 东营生态处理系统运行成本估算

项目	内容	单位	数量	单价/万元	合计/万元
运行费用	人工费	个	37	1.5	55.5
	水费	t/d	10	2.76	1.0
	电费	kW·h/d	1267	0.75	34.7
	维修费	万元/年			15
	化验费	万元/年			5
	其他费用	万元/年			10
	总计	万元/年			121.2
经济效益	鱼类养殖	万元/年	25000	3	7.5
	芦苇养殖	万元/年	500000	0.2	10
	总计	万元/年			17.5
生产折旧		万元/年			200

从表 8.24 可知，在 2002 年东营塘/湿地生态处理系统年处理水量为 $1.5 \times 10^7 \, \text{m}^3$ 时，如不考虑系统折旧，该水厂正常生产运行成本仅有 0.069 元/m^3；而考虑折旧时运行成本则上升为 0.206 元/m^3。这远低于采用"高效低耗"改进活性污泥法工艺污水处理厂约 0.40 元/m^3 的运行费用要求。此外，值得注意的是，东营生态处理工艺目前运行流量平均约 $4.5 \times 10^4 \, \text{m}^3/\text{d}$，远未达到设计标准。生态处理系统的特殊性决定了随处理流量的增长，运行费保持相对稳定，因而当该生态处理系统达到最大设计流量 $1.0 \times 10^5 \, \text{m}^3/\text{d}$ 时，该生态处理系统的运行成本将会

降低到 $1.0 \times 10^5 \, \mathrm{m}^3$。

通过与同样规模的活性污泥工艺、氧化沟工艺、AO 工艺以及 AB 工艺对比发现：生态污水处理技术运行费用仅为其他工艺的 $1/5 \sim 1/3$，如不考虑折旧费用时，运行费用更降低到其他工艺的 $1/8 \sim 1/6$（见图 8.111）。因而与其他工艺比较，生态塘和湿地处理工艺处理能够满足我国近期污水处理行业迅速发展的需要，有利于在经济欠发达的中西部和农村推广和应用。

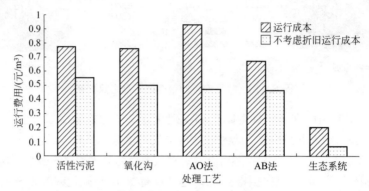

图 8.111 不同处理工艺运行成本比较

2）生态处理系统工艺优化　本节主要通过分析东营塘/湿地生态处理系统运行过程中出现的问题，对系统各处理单元和工艺提出优化建议。

① 复合兼性塘。复合兼性塘能够有效去除水体中的 TSS，试验发现在该处理单元内沉降的 TSS 主要集中在复合兼性塘前 1/4 处。每年春季，随水温升高以及水质的变化，塘底部的沉积物分解速率加快，并释放出大量 N 和 P。因而可以考虑在复合兼性塘前 1/4 处设置专门的集泥斗，并在每年 2～3 月份对塘底部的污泥进行清理，这有助于提高系统在对 N 和 P 的去除率（约 4%）。

在稳定塘内微生物主要集中在塘壁和底泥中，为尽力增大系统对 COD 的去除能力，可通过在复合兼性塘中悬挂填料来增大微生物生物量。填料的长度应控制在 2m 左右，布置规则，以便于保持水流的推流状态。

② 曝气塘。曝气塘中按 $1\mathrm{W/m}^2$ 的强度进行曝气，实践证明该曝气强度远低于实际需要，这常导致该处理单元处于厌氧和兼性状态。为保证后续单元处理效果，应增大曝气强度到 $2 \sim 3\mathrm{W/m}^2$ 的范围内。此外，表面进出水的布水方式容易产生表面流，减小水力停留时间，导致该处理单元对各类污染物的去除效率均较低，因而可以考虑在系统进出水口设置挡流板。

③ 曝气养鱼塘。试验显示尽管曝气养鱼塘对 COD、BOD_5、NH_3 等多种污染物具有较高的去除效果，但相对于约 15d 的停留时间而言，该处理单元污染物去除效率较低。这是由于在施工过程中为降低成本，取消了该单元中部的堤坝，导致系统长宽比较小，单元空间利用率较低。为解决这个问题可以考虑采用简易塑料隔板，将该单元按曝气池的形式分隔为多廊道串联系统，以提高系统的空间利用率。此外，根据该单元内 DO 的变化规律，当该单元内表层水体 DO 浓度高于 4mg/L 时可以白天停止曝气机运行，DO 浓度高于 8mg/L 时可以全天停止曝气机运行，以降低运行费用。

④ 鱼塘。每年春季斜管虫的滋生导致该处理单元内鱼类的大量死亡，因此春季应减小单

元进水量，经常全塘泼洒漂白粉、氯杀宁、二氧化氯等杀菌剂来控制原生动物数量，保证鱼类的健康成长。此外，针对鱼塘内原生动物多，鱼类生长迅速的特点，在该单元内大量养殖鱼苗，鱼苗养成后再在清水养鱼池中养殖约1年使其成为成年鱼，这既能减小污水养殖对鱼类可能造成的污染，又能迅速提高鱼类的生长速度，因而是提高生态处理系统经济效益的有效手段。

⑤ 水生植物塘。试验显示以浮萍为优势种属的水生植物塘能有效去除水体中的 N 和 P 等多种污染物，且去除效率较高，因而在生态塘系统设计中应增大水生植物塘面积，提高此类单元的停留时间。此外，为维持浮萍较高的代谢平衡，提高系统脱氮除磷处理效率，可在水生植物塘中养殖一定量的鸭、鹅类水禽，以使浮萍得以迅速被捕食和生长。

⑥ 芦苇湿地。芦苇湿地能有效截滤水体中的藻类等悬浮颗粒，但较低的 DO 抑制了该单元对 NH_3 的硝化去除。通过在湿地内设置塘区、曝气、处理水回流等技术，保证单元内硝化/反硝化速率维持较好的平衡有利于提高系统对 NH_3 的去除能力。

⑦ 工艺优化。针对各处理单元的功能和效率，建议增大水生植物塘的面积，减小曝气养鱼塘面积，在芦苇湿地中设置多个塘区来提高湿地中的 DO 含量。优化后的生态处理系统如图8.112 所示。

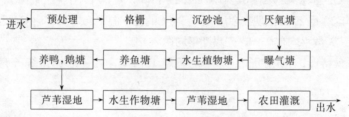

图 8.112 生态塘系统的优化处理流程

8.4 鹰潭市生活污水处理生态塘系统

8.4.1 鹰潭生活污水处理生态塘系统概况

（1）生态塘系统水环境及位置

鹰潭市位于江西省东北部，信江中下游。地处北纬 $27°35' \sim 28°41'$、东经 $116°41' \sim 117°30'$，面向珠江、长江、闽南三个"三角洲"，是内地连接东南沿海的重要通道之一。辖区东接弋阳县、铅山县，西连东乡县，南临金溪县、资溪县，北靠万年县、余干县，东南一隅与福建省光泽县毗邻。境域南北长约81km，东西宽约38km。距省会南昌市143km（铁路里程）。全市总面积 3556.7km²，占江西省总面积的 2.15%。

信江鹰潭段全长 32.5 公里，江流丰沛，水势平缓，流域面积 12211 km²，河床宽 250 ～ 600m，洪水深 11 ～ 15m，枯水深 1.5 ～ 5m，最大流量 $1.22 \times 10^4 m^3/s$，最小流量 9.12m³/s，年平均流量 390.2m³/s，平均流速 0.6 ～ 0.7m/s，历史最大洪水位 34.26m，常年洪水位 27.77m，最低水位 16.17m。信江水源丰富，是鹰潭市区生活、生产、航运及水产养殖重要资源。

鹰潭市市区地处信江以南，老城区改造后的排水系统为雨污合流的排水系统，新城区排水系统已经建设为雨污分流排水系统。城市污水经下水道排放至西外湖，西外湖成为污水汇集调蓄湖，同时成为大暴雨时的泄洪排涝湖，是鹰潭市建市以来多年形成的排水、排涝体系，这一体系使西外湖的水质恶劣，恶劣的水环境也对周边的大气环境产生不良影响，同时西外湖的污水没有经过任何处理排入白露河后汇入信江，未经过处理的污水进入信江必将导致信江水域水质下降。

为了兼顾污水处理与防洪建设，鹰潭市污水生态塘处理系统选址于西外湖，达标后的排水经过白露河流入信江。生态系统建设面积 70 亩，运行规模 $5 \times 10^4 t/d$。

鹰潭市生态塘系统，始建于 2007 年，历经 2 年的规划、管网配套建设，生态塘系统建设，于 2008 年 10 月通过国家验收，投入运行。

（2）鹰潭市气候特点

鹰潭市属中亚热带温暖湿润季风气候区，具有四季分明、气候温和、雨量丰沛、日照充裕、无霜期长的特点。春季因冷暖交替，天气多变；汛期常有暴雨，有时酿成水灾；盛夏酷热；秋季天高气爽；往往有伏、秋旱发生；冬季较温暖、霜雪较少。按气候标准分季，则冬夏长而春秋短（春季 70d、夏季 120d、秋季 62d、冬季 113d）年平均气温 18.1℃；最热月（7月）平均 29.7℃，最冷月（1月）平均 5.6℃，年极端最高温度 41.0℃（1991 年 7 月 23 日出现在鹰潭），年极端最低温度 −15.1℃（1991 年 12 月 29 日出现在余江），≥0℃的正积温平均为 6586.4℃；≥10℃的有效积温达 5705.6℃；持续天数平均有 252d。无霜期平均达 264d。

鹰潭市的气候特点，无霜期长，年平均气温 18.1℃，为生态塘系统的有效运行提供了温度保障。

8.4.2 鹰潭市生活污水处理生态塘系统水量水质

鹰潭市是一个铁路交通便利，以铜矿开采、旅游为主体的小城市，"十一五"期间当地的经济发展目标为"大铜业、大物流业和大旅游业"。这样的经济格局形成了在鹰潭市内没有规模化的工业企业等生产企业。因此城市生活污水的主要来源为生活污水，所以本次设计污水水量以生活污水产生量为预测对象，并根据《城市排水工程规划规范》（GB 50318—2000）的污水估算办法进行估算。

鹰潭市截至 2005 年 12 月市区常住人口 10 万人。规划至 2010 年鹰潭市城区面积及常住人口分布如下。

老城区：面积 $7.2m^2$，规划居住人口 9.0 万人。

梅园区：面积 $7.0m^2$，规划居住人口 6.0 万人。

高桥区：面积 $5.3m^2$，规划居住人口 5.5 万人。

南站区：面积 $4.5m^2$，规划居住人口 4.5 万人。

信江以北夏埠区：面积 $6.0m^2$，规划居住人口 5.0 万人。

根据建设部为了节约用水在 2002 年 11 月公布的《城市居民生活用水量标准》（GB/T 50331—2002），该标准将江西省划归为三类用水地区，该地区生活用水量的上限为 180L/（人·d）。鹰潭市 2006 年常住人口 10 万人，2010 年规划人口 25 万人，则用水水量为 $4.5 \times 10^4 t/d$，根据《城市排水工程规划规范》（GB 50318—2000）（已废止）规定，城市污水排放量为供水量乘以排放系数 0.8，时变化系数为 1.3。到 2010 年鹰潭市排放污水的最大量为 $7.2 \times 10^4 t/d$（见表 8.25）。

⊡ 表8.25 2010年用水及排水量表

分区	规划人口/万人	单位人口用水量/[m³/(人·d)]	排放系数	时变系数	截流倍率	污水量/(10⁴t/d)
东湖	3	0.18	0.8	1.3	1.5	4.22
城西	6	0.18	0.8	1.3	1.5	
梅园	6	0.18	0.8	1.3	1.5	
南站	4.5	0.18	0.8	1.3	1.5	2.98
高桥	5.5	0.18	0.8	1.3	1.5	
总计	25					7.2

本次工程建设规模水量预测采用类比的方法，根据鹰潭市现有人口总数 10 万人，日用水量 180L/（人·d），则现鹰潭市日用水量 1.8×10^4 t/d。

服务范围为：城西区、东湖区、梅园区。南站、高桥等为规划新区，不列入本期服务范围，列入二期服务范围。二期工程另外选址，不在本次位置。

本期工程服务人口 2010 年 15 万人；人均用水量 0.18t/d。污水排放系数取 0.8，时变系数为 1.3，污水实际排放量为 2.808×10^4 t/d；考虑雨污合流，截流倍率 1.5；放大处理规模工程为 4.22×10^4 t/d。鹰潭市没有工业用水进入城市管网，所以水量测算以生活污水为依据。为此，本工程设计规模为 5×10^4 t/d。

根据城市目前的分区以及污水泵站的建设规模各污水泵站的水量为：城西区，雨污合流，旱流水量 2.5×10^4 t/d，截流倍数 1.5；东湖区，雨污合流，旱流水量 1.5×10^4 t/d，截流倍数 1.5；梅园区，雨污分流，旱流水量 2.5×10^4 t/d，截流倍数 1.5；污水处理厂建设规模为污水流水量 5×10^4 t/d。

根据鹰潭市环保局于 2007 年 1~8 月例行监测结果，本次监测的 6 个排污口，污水排放总量为（48278t/d）。各排污口的平均流速和污染物排放浓度见表 8.26。

⊡ 表8.26 2007年全年污水进水水质监测表   单位：mg/L

排污口	水量/(t/h)	SS	COD	Cr⁶⁺	石油类	S²⁻	磷酸盐	BOD₅	NH₃-N
车辆段	223.75	68.63	19.83	0.002	1.53	0.095	0.448	12.1	2.18
梅园	242.25	207.43	114.25	0.002	0.893	0.098	5.378	75.93	3.89
东湖	111.5	381.33	63.75	0.002	1.665	0.158	3.632	37.8	8.2
老码头	34.5	93.00	152.43	0.002	1.360	0.698	3.445	102.47	10.9
信江桥底	6.25	120.88	100.77	0.002	1.01	0.371	2.87	71.97	18.1
西湖	931.5	150.44	69.39	0.004	1.335	0.263	7.69	42.98	7.1
平均	919.75	170	92.35	0.0023	1.45	0.19	5.19	44.74	8.4

生态塘系统设计进水水质、总量消减量、主要污染物去除率如表 8.27~表 8.29 所列。

⊡ 表8.27 生态塘系统设计进水水质表（2007）

水量	pH 值	COD$_{Cr}$/(mg/L)	BOD₅/(mg/L)	NH₃-N/(mg/L)	SS/(mg/L)	P/(mg/L)
5×10^4 m³/d	6~8	150~200	80~100	10	100~350	4

⊡ 表8.28 生态塘系统设计总量消减量表

污水参数	SS/(mg/L)	BOD₅/(mg/L)	COD/(mg/L)	TP/(mg/L)	NH₃-N/(mg/L)
入口平均值	170	44.74	92.35	5.19	8.4
一级 B 排放值	20	20	60	1	8
日量消减/(t/d)	7.5	1.24	1.62	0.2	0.02
年消减量	0.27×10^4 t	452.6	591.3	73	7.3

水量	pH 值	COD_{Cr}/(mg/L)	BOD_5/(mg/L)	NH_3-N/(mg/L)	TP/(mg/L)	SS/(mg/L)
5×10^4 t/d	7～8	≤60	≤20	≤8(以 N 计)	≤4(以 P 计)	≤20
去除率	6～9	70%	80%	60%	75%	90%

8.4.3　污水处理生态塘系统工艺流程设计

8.4.3.1　生态塘系统污水处理工艺特点

鹰潭市生态塘系统是我国生态塘系统首席专家、国际水工程院王宝贞教授的专利技术，是在其第一代齐齐哈尔鸭儿湖生态塘系统，第二代大庆石化生态塘污水处理系统和第三代东营石化废水处理生态技术的基础上，经过不断的技术创新、技术进步形成的最具代表性的、国内首创的第四代生态塘污水处理工程系统——高效复合生态塘系统。

该系统首次在核心处理工艺段填装人工生物载体，有效提高了生物量，并辅助潜水曝气设备，为人工强化生态系统提供溶解氧，形成了高溶氧环境，有效构建高效人工生态系统，形成更为丰富的微生物和藻类等生物种群结构。

该高效复合生态塘系统构建了自然生态系统所不具备的立体食物网，形成了包含分解者生物（细菌、真菌）、生产者生物（藻类和其他水生植物）和消费者生物（如浮游生物等）所构成的许多条食物链，这些食物链因为立体生物载体填料的存在而以食物网的形式存在于生态塘系统中。

该高效复合生态塘系统通过微生物、原生动物和后生动物的捕食作用、同化作用有效降解水体中的有机污染物、氮、磷，是一种高效绿色的污水治理与修复技术。其主要特点是：a. 太阳能作为生态塘的初始能源，推动生态塘的运行，节省电能，使用清洁能源；b. 进入塘中的污水，其中的有机污染物和营养物质以及太阳入射的能量被水吸收和生物摄取，在食物链中逐级传递、迁移和转换；c. 细菌和真菌作为分解者将有机污染物降解为最终产物 CO_2、NH_4^+-N、NO_x^--N、PO_4^{3-}-P 等；d. 藻和其他水生生物作为生产者摄取上述物质进行光合作用，充分吸收氮磷作为营养源，合成生命体，同步去除氮磷；e. 浮游生物等作为消费者食用藻类和其他水生生物以及低营养级的消费者生物。

8.4.3.2　生态塘处理系统工艺流程图

该生态塘系统首先在生态功能上进行了明确的分区，并增加了前面三代生态塘所没有的沉淀塘和净化塘，占地面积更小；增加了沉淀塘和荷花净化塘，通过沉淀塘的污泥回流增加反硝化作用和生态除磷的功效；同时通过污泥回流，在前段的厌氧塘对污泥进行深度发酵，实现污泥减量，使系统的排泥时间延长到 10 年；有效地降低了污泥处置成本。取消了人工湿地的辅助强化措施，占地面积更小，建设成本更低。工艺流程如图 8.113 所示。

该生态塘系统包含高效复合兼性、好氧曝气塘、沉淀塘、净化塘、荷花塘等单元，并在沉淀塘、荷花塘段内布设合成纤维织物型填料，高效辫帘式填料（HIT-BL2000）。由于填料的介入，在填料表面形成大量的生物膜，提高了生物量并使微生物具有多样性，如含有厌氧细菌、兼性细菌和好氧细菌，增加了反应池的抗冲击负荷及处理难降解有机物的能力。在适宜曝气的条件下，附着生长在填料表面的生物膜的外至内层中形成好氧、缺氧和厌氧的微环境，有助于污水在其中进行硝化、反硝化和生物除磷等反应，由此能使 TN 和 TP 有较高的去除率。此外，由于生物膜的生态系由较长的食物链组成，即细菌、藻类→原生动物→后生动物等组成

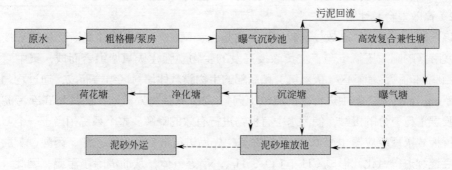

图 8.113 生态塘污水处理工艺流程

的生物链（网），通过高营养级生物的捕食作用，使剩余污泥量大为减少，仅为活性污泥法的 1/5～1/3，而不必再进行污泥厌氧或好氧消化，故取消了污泥消化池，这样使污水和污泥处理工艺大为简化，既节省了基建费又节省了运行和维护费，而且污泥的沉淀性能和脱水效果也得到改善。

8.4.3.3　工艺流程说明

（1）粗细栅、曝气沉砂池

城市污水中含有大块固体污物需设置粗格栅去除，其栅隙宽为 20mm，其小块固体污物需设置细格栅去除，以保护其后的处理单元的正常运行；其栅隙宽取为 3mm。粗、细格栅均采用机械自动清污设备。为了保证安全运行，需设置备用格栅。

污水中常含有大量的泥砂物质如砂粒等，如果不对其进行沉砂处理，往往会造成后续处理构筑物的大量积砂，减少了后续处理构筑物的池容，降低了水力停留时间，使水力特性不能满足设计要求，严重地影响了废水的处理效果；还会堵塞连接管道，影响处理系统地正常运行。因此在废水处理中设置沉砂池是非常有必要的。沉砂池一般可分为平流沉砂池、曝气沉砂池、旋流沉砂池。根据笔者们设计和运行的十余座污水处理厂（包括多座氧化塘工程）实际运行经验，以及普通沉砂池排除的沉渣含大量的有机物，为了最有效地从原生污水中除去砂、煤渣等无机杂粒，建议采用曝气沉砂池。

在沉砂池设计中，对污水中砂粒等无机杂质做了考察，发现砂粒与油脂黏结在一起的特点，需要将两者彼此分离，否则沉渣将会含有油脂等大量的有机物。为此，采用穿孔管大孔曝气系统，并予以单侧布设，以形成横向漩流流态，这样能增强水/气混合和对含油脂颗粒的剪切力，促使无机颗粒与其上附着油脂的分离，最终达到去除和除油的双重目的。总停留时间可设计为 5min。

排砂方式有重力排砂和机械排砂，可根据工程的实际情况确定机械排砂方式。分离出的油脂不一定要在曝气沉砂池上浮，可流入紧接其后的厌氧塘，它们在其中漂浮在水面上，形成一层浮渣层，杜绝了大气中氧进入厌氧塘中，能保证厌氧塘在绝对厌氧的条件下运行。对一些厌氧塘的实际运行结果证明，被浮渣完全覆盖的厌氧塘要比被浮渣部分覆盖（50％）的相同塘，其 COD 去除率提高 10％～15％。此外，浮渣层起良好的保温作用，可使塘中水温提高 5～8℃。这对地处寒冷地区的塘系统的冬季运行效果有很大的改进。例如 20 世纪 80 年代设计和运行的黑龙江省安达市城市污水处理氧化塘系统，由于设计了高效复合厌氧塘，使整个塘系统在冬季的运行效果跟温暖季节差别不大。

此外，还应设置污物收集、压缩和外运场，最后将其送至垃圾填埋场。

（2）高效复合兼性塘

在该系统中，采用了高效复合兼性塘，它是由美国加州大学 W. J 奥斯瓦尔德教授开发的带污泥发酵区的高效厌氧坑与王宝贞教授开发的生物膜强化厌氧塘组合而成，集中二者的优点。它由底部的污泥消解区（厌氧坑）和后部的生物膜载体填料区组合而成，通过均匀的进水与布水系统，使污水在塘中进行上向流或上向-下向折流翻腾式流动，使其与底部污泥层和上部生物膜层进行充分的接触，使污水中有机物进行有效的降解。整个系统相当于一个 UASB 反应器或折板式厌氧反应器（ABR）。污泥在其中先后进行液化，形成乙酸、丙酸、丁酸等挥发酸，然后继续进行气化，形成 CH_4、CO_2、H_2、N_2 等气体，从而消除了污泥。因此，带有高效复合兼性塘的污水处理系统，为污泥减排处理系统，无需进行硝化污泥处理，节省了污泥处理费用。

由于底部厌氧发酵坑中颗粒状活性厌氧污泥的长期存在，以及填料上生物膜的固着持留作用，使污泥的停留时间跟水力停留时间分离，同时提高了对有机物的去除效率。普通厌氧塘的水力停留时间（HRT）为 30～60d，而我们研发的新型高效复合厌氧塘，其水力停留时间仅仅需 3～4d；对该塘系统中的厌氧坑设计，取为 1.5d。

高效复合兼性塘后部兼性区布设生物膜载体填料，填料表面大量附着生长的微生物能够有效去除有机污染物和氮磷等。其对 COD 和 BOD_5 去除率可分别高达 50％和 60％。同时在底部污泥发酵坑内对污泥水解和酸化，使其发生液化，生成挥发性脂肪酸等中间产物，然后气化（生成 CO_2、CH_4、H_2、N_2 等），能有效地消除污泥，减少污泥的排放。

（3）曝气塘

为核心生物处理单元，采用淹没式生物膜与活性污泥法相结合的复合式生物反应塘，并在塘布设纤维织物型填料。由于填料的介入，在填料表面形成大量的生物膜，提高了生物量和生物多样性，如含有厌氧、兼性和好氧细菌，尤其是硝化菌、反硝化菌和聚磷菌，以及能够有效降解那些难生物降解的真菌，这对含有较大比率工业废水的该城市污水，既增加了反应池的抗冲击负荷及处理难降解有机物的能力，也提高了去除氮、磷等营养物的能力。在适宜曝气的条件下，附着生长在填料表面的生物膜，从外表至内层中形成好氧、缺氧和厌氧的微环境，有助于污水在其中进行硝化、反硝化和生物除磷等反应，由此能使总氮和总磷有较高的去除率。

好氧曝气区潜水曝气机进行强化曝气，水体 DO＞3mg/L，因而单元处于兼性/好氧状态。通过曝气机的人工强化供氧，供细菌降解有机物所需。为了提高曝气塘的处理效率，尤其是有机物（COD 和 BOD_5）去除效率，有机氮的氨化和硝化，在塘中设置生物膜载体填料，增加生物量，尤其是增加硝化菌和反硝化菌的含量。这样能够大幅度提高该塘和后续塘去除上述污染物的效率。

（4）沉淀塘

功能：进行泥水分离，使得生物反应段的混合液中的污泥能够沉淀下来，从而获得较为理想的出水。采用平流沉淀方式，作用与污水处理厂中的二沉池的作用相当。

（5）净化塘

其水深为 1.5～8m；其中含有大量的好氧菌、藻类，由于水质较好，还有大量的浮游生物，它们共同作用形成食物网，有机污染物、氮磷的去除是沿食物网由低级向高级传递，最后以 CO_2 和 H_2O、NO_x、磷酸盐的形式从水体中去除。

（6）荷花塘

净化塘出水流入荷花塘，栽种荷花，荷花有利于进一步净化水质，美化环境。国内外大量的试验研究和工程实践所证实，在荷塘中茂密生长的荷花，其茎、叶是生物膜附着生长的活载体，水流经稠密分布的荷花，能与生长于茎、叶上的生物膜进行充分的接触并发生有机物的生物氧化降解和同化。

（7）泥砂存放池

在厌氧段的底部设有深为 3m 的污泥发酵区，根据每日蓄积的污泥量公式：

每日蓄积的污泥量（W_x）＝每日进水总悬浮固体的沉淀量（W_c）－每日消化去除的挥发性固体量（W_q）＋每日其他途径进入的无机杂质量（W_g）

$$W_c = \{100X_oQ/[(100-p)\times1020]\}\times10^{-3} \quad (m^3/d)$$

即 $$W_c = 10^{-4}X_oQ/1.02(100-p)$$

式中，X_o 为进入厌氧塘中的悬浮固体浓度（MLSS），mg/L；Q 为污水量，m^3/d；p 为污泥蓄积期间污泥的含水率，%；1020 为污泥含水率为 90% 左右时的污泥密度，kg/m^3。

根据 Liplak（1974）推荐的厌氧消化过程中挥发性固体去除的百分数公式，考虑到厌氧段底泥中的温度等因素的影响，认为污泥积蓄期间去除的挥发性悬浮固体量为：

$$W_q = 0.12fW_c\ln(15D)$$

式中，f 为进水中挥发性悬浮固体与总悬浮固体之比（MLVSS/MLSS）；D 为塘龄，月。

如按 5 年不清淤考虑，则污泥层的有效容积约为 $5000m^3$。因此设计污泥发酵区的体积为约 $5000m^3$。如果在夏季厌氧区的温度比较高，而上层填料层的强化和有利于形成厌氧区作用，厌氧进行较为彻底，根据美国加利福尼亚州圣海林那市 AIPS 连续运行 23 年从未清淤，则该厌氧塘 10 年不清淤是可行的。

但是，为了确保系统的稳定运行，根据污泥量的估算，设计泥砂池作为污泥处置备用设施。

该污水生态处理系统，由于在其中设置污泥厌氧发酵坑和生物膜载体填料区，前者通过水解、酸化和甲烷发酵，能有效地将污泥固体转化为液体（如挥发性脂肪酸）和气体（如 CH_4、CO_2、H_2、N_2 等）而使污泥的体积和质量都大为减少；后者通过生物膜中存在长食物链，也能大幅度地削减污泥量，而且在生物膜内部也能发生水解、酸化和甲烷发酵等过程而实现污泥减量。其综合作用使该系统的污泥产量极少。已建成的生态唐系统，运行数年甚至十年以上而未曾排放污泥，堪称无污泥排放系统，或称污泥零排放系统。因此，仅设置较小规模的泥沙存放池。而这种生态塘系统的不产生和排放污泥的关键措施，是在其前端设置高效的沉砂池，彻底地从污水中清除砂粒和其他无机杂粒，因为它们进入塘后，由于不能降解而在塘底不断沉积而使塘系统发生淤积，尤其是最前端的厌氧塘或兼性塘，其大部分容积会被淤塞而失效。

进入塘中的悬浮状有机物，会沉淀在塘的底部，另外，填料上的生物膜老化后脱落也会沉于塘底，但是它们会通过水解、酸化和甲烷发酵等过程而转化成液体或气体；气体直接从塘逸出，而液态或溶解产物，如 NH_4^+-N、NO_3^--N、NO_2^--N、PO_4^{3-}、CO_2 等则参与藻类和其他水生植物的光合作用而促进其生长繁殖，并成为其机体的组成部分；藻类等水生植物作为底栖动物等消耗而促使后者的生长和繁殖。

在本生态塘系统中，其中沉积的污泥，经水解、酸化和甲烷发酵等过程，转化成气态的产物逸出该系统之外，完成一个完整的污泥处理和处置过程；而产生的液态和溶解性产物，作为碳、氮、磷的无机营养源参与污水生态处理过程，作为微生物、浮游生物的饲料，由此形成丰富的浮游植物、浮游动物和水草等，为自然污水生态处理创造了良好的条件。可以形象地说，本应排除和要处置的污泥，通过多种形态的转化，最后使污水达标排放。

本生态塘工程平面图如图 8.114 所示，充分利用了西外湖本身的库容，根据工艺需求设计本生态塘。平面效果如图 8.115 所示。

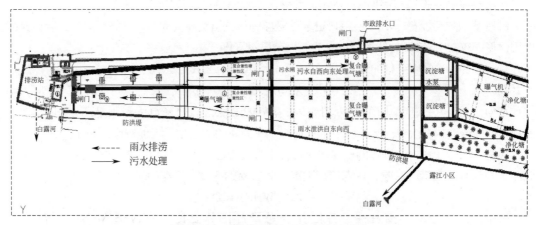

图 8.114　鹰潭污水处理生态塘平面图

图 8.115　平面效果图

8.4.3.4　防止地下水污染的塘系统防渗技术

为了保证调蓄库容以及污水处理工艺要求的水力停留时间，本系统的塘在深度上设计最大深度 9m（沉淀塘），平均深度 7.5m（曝气塘）。因此在设计阶段对西外湖进行了质地勘测，勘测报告表明该地址结构稳定，8～9m 为岩石层，易于施工，同时也具有较好的防渗功能，浅层地下水埋藏深度为 22～23m，因此对地下水影响较小。但是为了防止对地下水的影响，对全部的处理工艺塘底进行防渗处理，塘底采用 30cm 黏土压实，在黏土上铺设优质防渗膜，防渗膜厚度大于 0.5mm，防渗膜上铺素混凝土（＞12mm）压实，防渗层参数的选取符合国家相应的防渗技术规范。防渗设计符合《土工合成材料应用技术规范》（GB 50290）。建成后塘底粗糙系数减小为 0.013，有利于排涝泄洪。

8.4.4 鹰潭生态塘运行参数

8.4.4.1 复合兼性塘厌氧坑

运行参数： HRT =17h。

总有效容积： $50000 \times 17/24 = 3.54 \times 10^4$（$m^3$）

单元塘有效尺寸：总面积 4600m^2，有效水深 7.5m，超高 0.5m。进水设置配水渠 1 条长 28m，宽 1m，高 1.5m。复合兼性塘如图 8.116 所示；其前段和后端实景如图 8.117 所示。

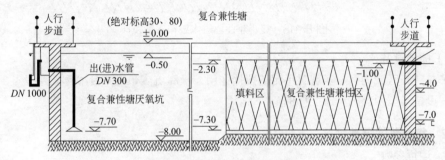

图 8.116 复合兼性塘立面图

图 8.117 复合兼性塘前段和后端

（1）复合兼性塘进水布水渠设计

进水坝高 8m，有效水深 7.5m，宽 0.4m，钢筋混凝土结构坝上设置人行步道，坝长 37m。复合兼性塘布水管设计如图 8.118 所示。

（2）配水渠尺寸

$28 \times 1.5 \times 1m$（$L \times H \times B$），钢筋混凝土结构。

（3）进水管布设

厌氧塘布水管穿过坝体，进入厌氧塘底部，在底部出口为喇叭口。架设 8 根 PVC-UDN300 等间距平行排列的配水管道，从配水槽延伸至污泥发酵坑底，保证均匀布水，在管道末端设置喇叭口状出水口，使出水形成向上的水力折流，与污泥发酵坑中厌氧活性污泥混合接触，进行厌氧反应，如水解、酸化和甲烷发酵，使进水的有机物降解和有机营养物发生无机化反应，如有机氮的氨化。

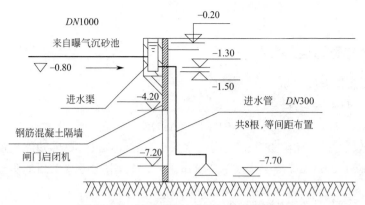

图 8.118 复合兼性塘进水渠布水管设计

（4）搅拌设备

为了在狭长区域内有效实现对污泥的搅拌作用，厌氧坑内布设 6 台污泥搅拌设备，防止污泥沉淀，设备类型为立式环流搅拌机。

8.4.4.2 复合兼性塘兼性区

（1）运行参数

水力停留时间： HRT = 16h。

总有效容积： $50000 \times 16/24 = 33600$（$m^3$）。

单元塘有效尺寸：总面积 $4800m^2$，有效水深 7m，超高 0.5m（见图 8.119）。

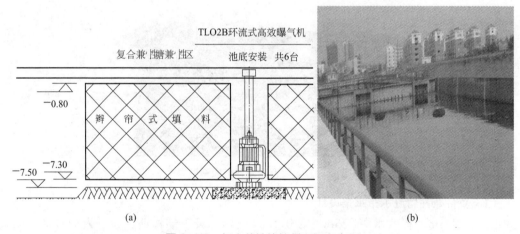

图 8.119 复合兼性塘填料和设备布置

（2）复合兼性区填料和设备

复合兼性塘填料布设长度 100m，填料低于水面 0.3m 布设，填料距离塘底高度 0.5m，填料有效高度 5m，间距 30cm。

兼性区内布设 6 台高效曝气机，功率 5.5W。

8.4.4.3 曝气塘

曝气塘（图 8.120）为生物处理单元，采用淹没式生物膜与活性污泥法相结合的复合式生物反应塘，在该塘体中布设合成纤维织物型填料 HIT-BL2000。由于填料的介入，在填料表面形成大量的生物膜，提高了生物量和生物多样性，如含有厌氧、兼性和好氧细菌，尤其是硝化菌、反硝化菌和聚磷菌，以及能够有效降解那些难生物降解的真菌，这对污水的处理十分有效，既增加了反应池的抗冲击负荷及处理难降解有机物的能力，也提高了去除氮、磷等营养物的能力。在适宜曝气的条件下，附着生长在填料表面的生物膜，从外表至内层中形成好氧、缺氧和厌氧的微环境，有助于污水在其中进行硝化、反硝化和生物除磷等反应，由此能使 TN 和 TP 有较高的去除率；同时由于污水回流，使脱氮除磷的效率进一步加强。为了获得良好的出水水质，此外，由于生物膜的生态系由较长的食物链组成，即细菌→藻类→原生动物→后生动物等组成的食物链（网），通过高营养级生物的捕食作用，使剩余污泥量大为减少，大约仅为活性污泥法的 1/10～1/5，而不必再进行污泥厌氧或好氧消化，故取消了污泥消化池，这样使污水和污泥处理流程和工艺大为简化，既节省了基建费也节省了运行和维护费。而且污泥的沉淀性能和脱水效果也得到改善。

图 8.120　曝气塘

好氧曝气区用潜水曝气机进行强化曝气，水体 DO＞3mg/L，因而使其处于兼性/好氧状态。通过曝气机的人工强化供氧，供细菌降解有机物所需。

曝气塘出水含有较多的悬浮物，出水进入沉淀塘，降低浊度，进一步净化，降解，水质进一步优化后进入下一级处理单元。

（1）曝气塘总体布置设计

运行参数：总停留时间 HRT＝47h。

总有效容积：　$50000×47/24＝9.8×10^4$（m^3）。

有效尺寸：有效水深 6.5m，超高 0.5m，面积 13852m^2。

（2）曝气塘进水出水设计

1）进水设计　见图 8.121，曝气塘进水坝为钢筋混凝土的立坝，坝宽 0.4m，坝高 6m，坝长 72m，超高 1m，坝面上设计人行步道，设计安全护栏。

曝气塘进水采用穿墙管网设计，$DN300$ 的 PVC 进水管（0.5m 长），共分为上、中、下三层，每一层管间距为 2m，层间距为 1.2m，两层之间的水管错开 1m 布置。三层共计 91 根。

2）出水设计　见图 8.122，曝气塘出水坝（沉淀塘进水坝）为钢筋混凝土的立坝，坝宽 0.4m，坝高 7.5m，坝长 107.3m；坝面上设计人行步道，设计安全护栏。

曝气塘出水方式采用穿墙管网设计，$DN300mm$ 的进水管，共分为上、中、下三层，每一层内管间水平间距为 2m，层间距为 1.2m，两层之间的水管错开 1m 布置。

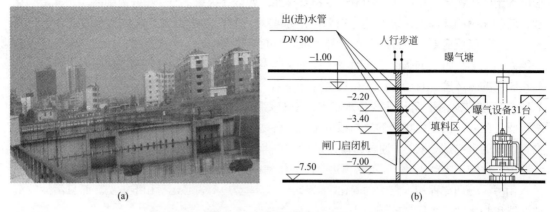

(a)   (b)

图 8.121　曝气塘进水布置

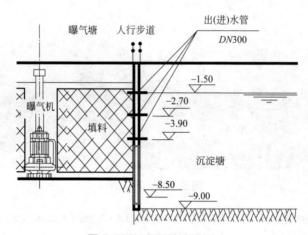

图 8.122　曝气塘出水设计

（3）曝气塘填料设计

曝气塘内设置填料和曝气设备，分为填料区和曝气区，填料区两端进水段 22m，出水段 22.5m，其余部分填料区宽度为 18m，长度沿池宽方向与池体宽度一致，高度 5.7m，水面下 0.3m，距离塘底 0.5m。密度 10%（图 8.123）。

（4）曝气塘设备设计

设备区宽度 4m，设备间距 18m，共布置高效曝气机 31 台，曝气机设计工作水深 5m，曝气功率 5.5W（图 8.124）。

8.4.4.4　沉淀塘

单元功能：泥水分离，进一步净化水质。沉淀方式为平流沉淀，水力负荷 $0.81m^3/(m^2 \cdot h)$。

运行参数：（62m＋58m）×41m×7.5m（$B \times L \times H$）；超高 1.5m。

有效水深：7.5m。

面积：$2542.25m^2$。

有效容积：$19006m^3$。

水力停留时间：HRT＝9h。

沉淀塘出水设计：沉淀塘出水坝（沉淀塘进水坝）为钢筋混凝土的立坝（挡土墙），坝宽

图 8.123　曝气塘填料设计

(a)

(b)

图 8.124　曝气塘中的潜水曝气设备

0.5m，坝高 7.5m，坝长 58m；坝面上设计人行步道，设计安全护栏。

沉淀塘出水方式采用穿墙管网设计，$DN300mm$ 的进水管，共分为上、中、下三层，每一层管间距为 2m，层间距为 1.2m，两层之间的水管错开 1m 布置。三层共计 84 根。沉淀塘如图 8.125 所示。

8.4.4.5　净化塘、荷花塘

净化塘功能：进一步净化水质，净化塘为好氧塘，塘内有大量的好氧菌、藻类、浮游生物，有利于水质的进一步净化，在塘的后段设计荷花塘既能净化水质又能美化环境。

运行参数：净化塘 HRT ＝10h；荷花塘 HRT ＝5h。

总有效容积：　$3.2 \times 10^4 m^3$。

塘有效尺寸：有效水深 7m。

设备：净化曝气设备 8 台，曝气机工作水深 5m，功率 2W；并布设填料，填料的布设方式同曝气塘。

净化塘靠近露江小区的部分分割出来种植挺水植物荷花，既能够进一步净化水质，又能够

图 8.125 沉淀塘

(a)

(b)

图 8.126 净化塘溢流出水进入荷花塘

美化环境（图 8.126）。荷花塘面积 390m²。净化塘最后的出水在露江小区废弃的防洪大堤一侧，采用穿越混凝土涵管 DN1000mm。

8.4.4.6 泥砂存放池

在沉砂池附近设置 5m×4m×20m（$L×H×B$）的沉砂堆放池，分成两等份的格间；两者同时工作。

8.4.5 鹰潭生活污水塘生态处理系统运行效果

8.4.5.1 进水水质特征

鹰潭市污水处理生态塘系统进水全部为生活污水，不包含工业废水，因此水质简单，相对稳定，季节波动较小，是一类最适宜生态处理的污水（见表 8.30）。

水量	pH 值	COD_{Cr}	BOD_5	NH_3-N	SS	TP
$5×10^4 m^3/d$	6～8	150～200	80～100	10	100～350	4

8.4.5.2　生态塘系统温度分布规律

（1）温度分布特点

温度是一个重要的生态因子。首先，温度影响生物个体的生长、繁殖和生理生化活动；其次，温度的季节变化以及纵向的梯度分布导致塘系统生物分布随季节的交替。塘系统温度分布存在较大的时空差异性。

（2）水体温度季节变化

温度的绝对高低取决于塘系统建设的地理位置，即纬度影响绝对温度，纬度越高，塘系统的环境温度越低，例如大庆青肯泡生态系统的环境温度为-23～32℃；而深圳番禺养猪废水处理生态塘的环境温度为 5～40℃。温度的纵向分布主要是由于水的深度影响。在厌氧塘、兼性塘由于水的深度在 4～9m 之间，温度在纵向上的分布有一定的差异性。

气温随季节呈现周期性变化，而水温随气温而变化，季节的交替也导致传统的生态塘水温存在时空差异。在春季由于表层水温增高，其密度小于下层较冷的水，形成水温不同的两层结构。传统的生态塘（例如大庆青肯泡、东营生态塘）单元水体的上层表面带，水温较高，其特点是水温随水深变化缓慢；在生态塘下层静水带，水温较低，其特点是水温随深度降低变化较小；在两层之间水温随水深急剧下降的变温层，也称过渡带，较小。在夏季表层水温继续升高，变温层位置下移，水温垂直分层更为显著，夏季塘水体温度三层分层现象更为明显。表面带，这个区域受风的影响，氧气和浮游生物较多，温度随深度增加缓慢下降；过渡带，该层深度每增加 1m，温度下降 1℃左右，底层静水层，全年温度基本不发生变化。到秋天，生态塘单元上层水温开始冷却，并且冷水的厚度不断增大，水的密度同时也逐渐增加。当生态塘上层水温比塘底层水更低时，上层水团下沉，下层水团上升，两层水团互相混合，使水温逐步恢复到冬季等温的状况。

（3）鹰潭生态塘系统的温度分布特点

在生态处理系统中，水温不仅影响到各生化反应速率，还直接影响各处理单元的水力条件。一般情况下单元进水温度高于水体温度时，进水密度小于底层水体，这种情况下如果进水口布设在水面上，污水仅在塘处理单元水体表层流动，这就导致了短流的产生，使水体停留时间降低，并进一步破坏了水体中污染物的扩散和物质传递过程。因此进水口的合理布设尤为重要。为此在鹰潭生态塘设计中为了规避这样的问题，在进水端设计了布水渠，向下的多根平行的布水管，插入复合兼性塘前段的污泥发酵坑底部，利用喇叭型的出水口，形成向上的水利折流，同时也实现多点和底部进水，保证了较好的水力流态，有利于污水进水与塘内水体的充分混合，使温度趋于均匀。

复合兼性塘在设计时前段采用污泥发酵坑工艺，在复合兼性塘的前端形成水力折流，而且在春季、秋季、冬季进塘污水的温度高于塘水体温度，有利于水的是对流交换，复合兼性塘前端水体温度在一年四季的温度分布较为均匀。在复合兼性塘的后端，安装潜水搅拌设备，功率 5.5W，其搅拌作用使塘内的水上下循环条件好，有利于热交换，使后段温度分布均匀。

曝气塘、净化塘安装潜水曝气设备，由于曝气设备的搅拌作用，在水体内形成水力湍流，有利于热量的交换，因此曝气塘、净化塘全年水体温度的分布较为均匀。

整个塘生态系统仅在沉淀塘，荷花塘存在一定的温度分布梯度，而其余的塘单元的温度分布趋于均匀。

（4）水环境的低温现象

塘系统的处理对象为污水，污水中含有大量的无机污染物和有机污染物，鹰潭生态塘污水处理系统的进水水温较高，即使冬季进水的水温在 10～15℃之间，鹰潭生态塘由于环境温度高，即使在最冷的季节 12 月至翌年 1 月，环境温度也在 5℃左右，因此不会结冰，但是较低的温度也会对该生态系统产生一定的影响。

同时鹰潭生态塘在设计时为了规避这种温度时空差异对生态塘系统微生物活性、生物量、种群结构的影响，在复合兼性塘中加入了潜水搅拌设备，在曝气塘和净化塘分别加入了潜水曝气设备，使这些个塘单元的温度趋于一致，不存在或者很少存在分层或者梯度分布，仅仅在沉淀塘和荷花塘有这样的温度梯度，但是这两个单元的停留时间少，主要起到平流沉淀池的功效，因而对整个生态系统的影响较小。

（5）鹰潭生态塘溶解氧变化规律

溶解氧是水环境中绝大多数生物生存的必要条件。二氧化碳是水生藻类光合作用必需的重要物质。它们对塘生态系统的有效运行起着至关重要的作用。复氧作用和耗氧作用是影响水体中溶解氧浓度的两个过程。在生态塘系统内 DO 的变化来源于水生生物的呼吸、大气复氧、机械曝气、有机物降解和硝化等过程，其中藻类的光合作用和有机物降解过程是生态处理系统中 DO 变化的决定因素。这就导致随藻类种类及污染负荷的差异，不同季节和水环境中 DO 遵循不同的变化规律；而各生态单元 DO 的变化过程又在一定程度上影响着污染物去除规律、系统内微生物种类以及污染物的去除机制。因此了解系统内 DO 的变化分布对确定特征污染物的去除过程有重要意义。在自然塘系统水中氧含量服从气体溶解度定律（亨利定律），即气体在水中的溶解度与其分压成正比，氧的浓度为一定温度和压强下的饱和浓度。当水体中氧的浓度高于饱和值，氧气便逸出；低于饱和值，氧气则继续溶入水中。塘系统中的溶解氧浓度随温度降低而升高。在 1 个标准大气压下，空气的氧含量为 20.9%，水温在 0℃ 与 30℃时，氧气在自然水体中的溶解度分别为 14.62mg/L 和 7.63mg/L。水中的盐含量也影响溶解氧浓度，盐含量升高，溶解氧浓度降低。在同样温度与大气压力条件下，含有无机盐的污水的溶解氧浓度仅为自然水的 87% 左右。自然塘系统在正常情况下溶解氧浓度接近饱和状态。在夏季水生植物、藻类生长旺盛时，由于光合作用放氧，可以使水中氧处于过饱和状态，氧的相对含量可超过 100%。在夏季，水温高，光照强，光合作用也强，溶解氧也容易处于过饱和状态。

大气压力也明显影响水中溶解氧的浓度。当大气压变化时氧的含量也会发生明显变化，压力增加，水体中溶解氧的浓度上升，所以在不同的纬度建设的塘系统溶解氧会随大气压的变化而变化。

水环境中的耗氧作用主要由水生生物的呼吸和死亡有机体的分解等过程决定的。这些过程与水体增氧作用决定了水环境中的溶解氧的水平。

在夏季，复合兼性塘中，由于入塘污水的有机物浓度不高，加之藻类在塘内的繁殖，因此，在生长期内厌氧塘表层水中往往含有微量的 DO。兼性塘由于搅拌设备存在，表层水与底层水 DO 值相差不大，曝气塘、净化塘由于潜水曝气设备的存在，溶解氧浓度持续保持较高的水平，水中的 DO 无分层现象。在冬季，由于入生态塘污水具有一定的温度，因此复合兼性塘整个冬季不结冰，大气复氧以及原污水中含有的 DO，能使厌氧塘表层仍然维持微量的 DO。曝气塘、净化塘此时藻类生物量锐减，光合作用减弱，致使微生物复氧能力值明显降低。但是潜水曝气设备仍能维持较高的 DO 浓度（见表 8.31）。

表 8.31　兼性塘及荷花塘的溶解氧

采样时间 /月	位置:兼性塘			采样时间 /月	位置:荷花塘		
	区段				区段		
	前段	中段	后端		前段	中段	后段
1	0.33	0.46	1.51	1	3.84	3.3	4.32
2	0.29	0.89	1.76	2	4.7	4.59	5.5
3	0.59	0.62	1.47	3	3.78	4.19	4.89
4	0.73	0.42	1.66	4	4.28	3.19	4.03
5	0.59	0.75	1.54	5	4.10	4.62	4.14
6	0.51	0.53	1.62	6	5.09	4.88	4.95
7	0.23	0.78	1.37	7	5.39	5.44	5.79
8	0.17	0.64	1.93	8	5.09	5.78	5.65
9	0.12	0.49	1.15	9	4.59	4.77	4.32
10	0.15	0.33	1.07	10	4.57	4.87	5.19
11	0.25	0.41	1.03	11	3.17	4.76	4.43
12	0.25	0.21	1.17	12	3.92	3.81	4.56

由于兼性塘进水 COD 较高,进水的前段溶解氧浓度较低,后段溶解氧浓度逐渐升高。荷花塘溶解氧主要为净化塘内剩余的溶解氧和大气复氧,所以溶解氧值与净化塘相比变化较小,但是夏季由于藻类大量繁殖,溶解氧浓度略有升高,冬季略有降低。

由溶解氧的监测数据可见鹰潭生态塘溶解氧由于增加了曝气设备而使曝气塘和净化塘的溶解氧的值一直保持相对高的水平,曝气塘从前段进水端到后端出水端,溶解氧的溶度呈现从低到高的变化,这符合 COD 溶度从前到后降低的趋势;净化塘的 COD 低于曝气塘,净化塘的溶解氧值也高于曝气塘,虽然净化塘的单位面积曝气机的数量、曝气机的功率数值均低于曝气塘(见表 8.32)。

表 8.32　曝气塘、净化塘溶解氧平均值

采样时间 /月	位置:曝气塘			采样时间 /月	位置:净化塘		
	区段				区段		
	前段	中段	后端		前段	中段	后段
1	3.13	3.36	3.56	1	4.74	4.3	5.32
2	3.27	3.87	4.66	2	3.7	4.49	4.5
3	3.53	3.42	4.42	3	3.91	4.64	4.93
4	2.83	3.4	3.96	4	4.8	3.59	4.42
5	3.89	4.25	4.4	5	4.17	4.38	4.04
6	4.51	4.53	3.62	6	5.17	4.44	4.15
7	4.13	4.68	4.06	7	5.34	5.34	5.59
8	4.15	4.44	3.93	8	5.38	5.85	5.78
9	3.42	3.59	3.45	9	4.51	4.68	4.17
10	3.59	3.1	3.87	10	4.57	4.87	5.19
11	2.25	2.54	3.33	11	3.32	4.36	4.53
12	3.25	3.21	3.11	12	3.76	3.91	4.64

(6)　pH 值的变化规律

生态塘系统水中 pH 值主要取决于进水的 pH 值、塘系统单元的厌氧微生物的代谢能力。

① 以齐齐哈尔生态系统为例,塘生态系统的土质对塘水 pH 值影响较大。一般生活污水进水 pH 值在 7.0 左右,而齐齐哈尔好氧塘出水的 pH 值增高到 8.0 以上,这与该塘生态系统建在碱土层上,碱性物质的溶出有密切的关系。

② pH 值与藻类光合作用强度有关。在藻类生长期内,塘内的 pH 值一般都高于非生长

期，并且具有一定的滞后性。这是由于当藻类光合作用增强时，藻类对 CO_2 的吸收速率超过微生物的同化释放 CO_2 的速率，HCO_3^- 倾向于分解成 OH^- 和 CO_2，这就促进了水体 pH 值的相应增长；反之，水体中 CO_2 浓度增大，pH 值下降。因而在藻类含量较高的生态单元中，如曝气养鱼塘，pH 值与 DO 浓度之间常保持较高的一致性。变化的滞后性，则是由于藻类生物量的变化所引起。在植物非生长期的初期，藻类尚未大量死亡，仍然保持着相当的生物量和光合作用能力，因而水中的 pH 值仍较高。

③ 在藻类非生长期，塘生态系统中的 pH 值普遍较低。例如北方冬季塘系统中的兼性塘、好氧塘冰封后，由于冰雪的覆盖阻止了大气的复氧和光的照射，塘内的光合作用大为减弱或完全停止，塘内因缺氧而发生有机物的厌氧分解，产生了较多的有机酸，从而使 pH 值有所下降。

④ 在厌氧塘，尤其是厌氧塘的前端，由于进水的有机物浓度较高，同时在污泥发酵坑进行厌氧发酵，导致该部分的 pH 值有所降低。

8.4.5.3 系统夏季和冬季运行生物量变化表

微生物（细菌、藻类）是生态塘系统中主要的分解者，有机污染物经过其矿化作用，最终被分解成水和二氧化碳等无机物质，使污水得到净化。同时随着环境营养物的减少，不利于微生物的生长，也导致了微生物数量的相应减少。为了获得更为丰富的微生物种群结构和较高的生物量，在鹰潭的生态塘系统中增加了人工生物载体填料，在填料表面形成生物膜，同时增加人工曝气设备，为好氧微生物的生长提供溶解氧。

我们采用灼烧减量法，对鹰潭生态塘中细菌数量的变化规律进行了研究。

生态塘中微生物的来源有两个方面：一是水中自然生长的；二是随着污水、雨水、污染物及空气等进入的，其中主要是随污水进入的。通过几年的研究表明，生态塘塘各塘细菌数量的变化是逐级减少的，这种现象无论是在高温的夏季还是低温的冬季都是相同的，只不过表现程度不同而已。

为了确定系统生物量的变化，运行启动后每 5d 测量一次悬浮的有机挥发分的含量和附着有机挥发分的含量，本次测量更关注夏季和冬季温度最高和温度最低时间范围内生物量的变化规律，进而考察人工强化模式对生物量的影响。

通过对系统生物量的确定，可知系统生物量随着季节的变化而变化，其中曝气塘悬浮生长的生物量在夏季明显高于冬季（11～12 月），低温会使生物量降到，但是附着生长的生物量随季节的变化没有十分明显的起伏（见表 8.33）。

表 8.33 曝气塘生物量变化 2009 年 7～12 月（10～30 日）

时间		7 月	8 月	9 月	10 月	11 月	12 月
塘系统悬浮生物量增量/(mg/m^3)	进水悬浮生物量 VSS	41.6	35.0	28.0	24.5	32.0	42.6
	塘内悬浮生物量 VSS	355.6	359.1	398.0	397.5	301.0	278.6
	生物量增加 VSS	314	324.1	370	373	269	236
填料表面生物量增量/g	填料重	111.2	111.2	111.2	111.2	111.2	111.2
	挂膜干重	287.4	249.5	282.4	249.5	240.3	239.1
填料表面生物量/g		176.2	138.3	171.2	138.3	129.1	128.1

由于各个生态处理单元进水的有机物浓度不断降低，所以从前到后各单元的生物量总量呈现下降趋势，仅仅沉淀塘，由于其生态功能为沉淀污染物、颗粒物，所以其污泥浓度（生物量）达到峰值。

8.4.5.4 系统 COD 去除规律分析

图 8.127 为鹰潭市生活污水生态塘运行过程中 COD 去除率的表观效果图。

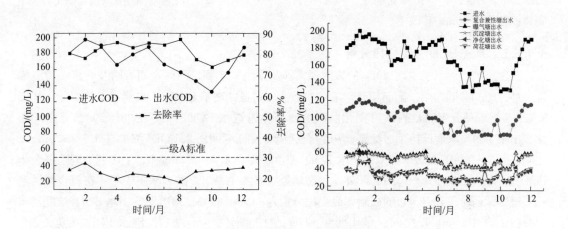

图 8.127 塘逐月 COD 变化值（2009 年）

由图 8.127 可见 2009 年全年塘系统的出水 COD 浓度小于 50mg/L，优于一级 A 标准，部分时段达到地表Ⅳ类水体标准。 COD 出水的值在 1～2 月、10～12 月较高，其他月份较低，是由于春夏季雨水较多，对进水 COD 有稀释作用。虽然有一定的 COD 波动，但是出水的 COD 值基本稳定在一级 A 标准以下。

由图 8.127 可以看出在鹰潭市生态塘处理中，尽管系统对 COD_{Cr} 的去除率远全年维持在 73%～90% 之间，明显高于 Ghrabi 和 Mandi 等测定的 45%～58%，也高于大庆青肯泡的生态塘以及东营的生态塘，这说明该生态系统，在增加了人工填料后，虽然停留时间缩小，但是 COD_{Cr} 去除能力增强，而且 COD 的去除率与 BOD 的相近略低于 BOD 的去除率，这是由于鹰潭市的污水水质为生活污水，不包含任何的工业废水，也就是说该生活污水的可生化性的比率很高。

为了分析各个功能塘对 COD 净化的功效，分别对个单元的运行规律进行了监测和归一化分析，获得了如下结果：在该生态处理系统内，各处理单元对 COD_{Cr} 的去除率差异明显。与 BOD_5 的去除过程类似，复合兼性塘和曝气塘也是 COD_{Cr} 的主要去除单元，其中对 COD_{Cr} 的去除率分别高达 26% 和 16%；曝气塘、沉淀塘、净化塘、荷花塘对 COD_{Cr} 的去除率在 7%～9% 之间，相对较低。

各处理单元对 COD_{Cr} 的去除差异主要受有机物组成类型和去除机制变化的影响。在复合兼性塘中，悬浮有机物的去除量在 6.7mg/L 左右，悬浮有机物的去除对该单元 COD_{Cr} 的去除贡献率高达 66%，因而在复合兼性塘有机颗粒沉降/降解在 COD_{Cr} 的去除过程中应占主导地位；曝气塘进水 COD_{Cr} 中不仅包含有机物，还包含还原性无机物，在该单元内相对较长的停留时间、相当高的 DO 值以及好氧氧化环境应是 COD_{Cr} 去除率较高的主要原因。

依据前期对山东东营生态塘的研究表明，生态塘的 COD、BOD 存在背景值，所谓的背景值是指，当生态处理系统 BOD_5 降低到 $0\sim10mg/L$ 之间时，生态单元底泥和水生生物残渣中有机物的释放速率将与 BOD_5 去除速率接近，整个过程表现为 BOD_5 值维持相对稳定，这也一理论首先由 Kadlec 在湿地生态系统中所证实，同时依据这一理论，以及对东营塘的长期跟踪，表明 COD 在生态塘中也存在背景值。鹰潭生态处理系统中 $7\sim11$ 月，由于雨季的到来，系统进水 COD_{Cr} 浓度从 $200mg/L$ 降低到 $160mg/L$ 左右，但出水中 COD_{Cr} 含量始终维持在 $20\sim25mg/L$ 之间，保持相对稳定，COD 的去除率也大幅下降。表明鹰潭生态塘系统 COD_{Cr} 环境背景值将在 $20mg/L$ 以上。

8.4.5.5　系统 BOD 去除规律分析

在生态塘处理系统中，BOD_5 的去除通常涉及微生物降解、固体表面吸附及有机颗粒沉降等多种过程的共同作用，因而单元环境和季节变化对各处理单元 BOD_5 去除率影响明显。从图 8.128 各处理单元 BOD_5 的逐月变化曲线显示，尽管进水 BOD_5 浓度在 $30\sim50mg/L$ 之间变化，出水 BOD_5 浓度保持相对稳定：10 月至翌年 2 月低温期出水 BOD_5 浓度在 $4.3\sim8.9mg/L$ 之间；而 $3\sim9$ 月的温暖季节系统出水 BOD_5 浓度稳定在 $4.5\sim5.8mg/L$，生态塘处理系统全年 BOD_5 去除率高达 $75\%\sim93\%$。此外，生态塘处理系统中 BOD_5 的去除主要集中在复合兼性塘和曝气塘，两个单元 BOD_5 的去除率最高值分别为 44% 和 31%，曝气塘的出水 BOD_5 浓度常年保持在 $10\sim12.5mg/L$ 之间；净化塘对 BOD 的去除率为 10% 左右，出水 BOD 浓度在 $5\sim10mg/L$ 之间，而沉淀塘和荷花塘因为停留时间短对 BOD_5 的年去除率低于 2%。

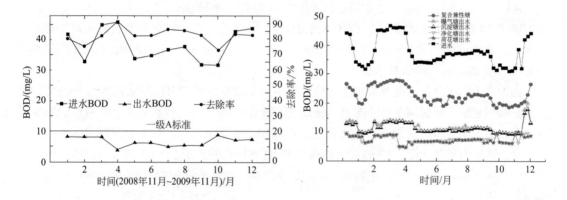

图 8.128　2009 年塘逐月出水的 BOD_5 变化值

这种情况是由于在复合兼性塘中，进水 BOD_5 浓度较高，在厌氧的环境中这部分有机物能通过有机颗粒沉降、微生物降解而有效去除；而在复合兼性塘和曝气塘中均增加了载体填料，生物量远大于上一代生态塘（大庆生态塘、东营生态塘），并且这两个塘的停留时间分别为 33h 和 47h，停留时间比一般的生化时间长很多，较长 HRT 保证了该单元较好的 BOD_5 去除能力。

而且由于强化措施对生物量、溶解氧的保证，塘系统出水的 BOD 全年稳定低于 $10mg/L$，优于一级 A 标准；而且全部出水 BOD_5 浓度部分时段都小于 $6mg/L$，亦即符合地表水环境质量 V 类标准。进水的 BOD 在每年的 $1\sim3$ 月、$10\sim12$ 月较高，其他月份由于雨水的影响较低。但是出水稳定达标。

8.4.5.6 生态塘系统氨氮去除规律分析

生态塘由于其系统的微生物种群结构与常规污水处理工艺不同，在生态塘氨氮的去除过程复杂。鹰潭进水氨氮浓度相比国内其他污水处理厂并不高，稳定在 15～20mg/L 之间；但是经过 1 年多的运行表明生态塘系统的氨氮去除机制与生化系统类似，温度、溶解氧是氨氮去除的重要影响因素。

生态塘复合兼氧单元氨氮的去除率比较低，在 2.5％左右，这是由于氨化细菌是自养型好氧菌，较高的溶解氧浓度和较低的 COD 浓度有利于氨化过程的进行，所以氨化效率比较高的单元是曝气单元和净化塘、荷花塘，尤其是净化塘，不仅溶解氧浓度高，COD 浓度低最有利于氨化细菌的繁殖和生长。同时在所有大生态单元中由于有藻类的存在，它们可以利用氨氮合成生命体，它们的协同作用也是脱氨氮的有效途径，但是氨化细菌对温度很敏感，当温度低于 10℃，氨化细菌的活性降低，氨氮的去除率下降，但是整个生态塘，全年的氨氮去除效率在 55％～75％之间。由于进水的氨氮浓度较低，塘系用全年的出水 NH_4^+-N 都比较低，低于 8mg/L，实现全年达标排放。在 4～7 月份随季节波动较大，其他月份运行稳定，虽然 4～7 月份进水的 NH_4^+-N 的浓度不高，但是由于大量繁殖的藻类随水排出，导致系统的出水的 NH_4^+-N 略有上升（图 8.129）。

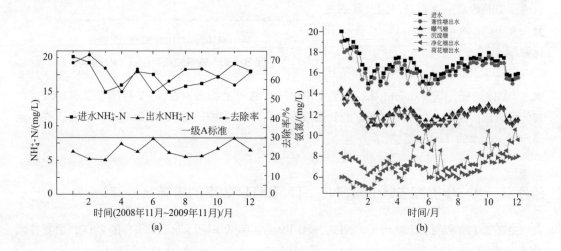

图 8.129 系统逐月出水 NH_4^+-N 变化值

8.4.5.7 磷的去除规律

常规稳定塘或湿地系统对总磷的去除效果通常随水体中水生生物大量增长而迅速升高，因而稳定塘或湿地中 TP 的最高去除率常出现在 5～6 月的生物高速生长期。但是鹰潭的生态塘没有设计湿地单元，荷花塘种植的荷花在检测年度并没有大量生长，因此塘系统中对除磷贡献较大的除了沉淀、聚磷菌嗜磷，起主要作用的是藻类的繁殖，但是鹰潭的生态塘水力停留时间短，水流速度较其他的生态塘更快，水流速率为 0.1～0.3m/s，这样的水力条件抑制了藻类的大量繁殖，因此磷的去除率并没有出现 5～6 月最高的明显现象。

前期东营生态塘处理系统中磷含量变化主要取决于 PO_4^{3-} 在底泥基质表面的吸附/释放以及生物体同化吸收/腐败释放等过程的共同作用。通过对生态处理系统底泥（0～3cm）中磷的吸收/释放监测表明：在经过短暂的吸收/释放高峰期后，底泥中 PO_4^{3-} 的含量会与水体中的

PO_4^{3-} 形成初步平衡：当水体中 PO_4^{3-} 的含量较高时，底泥将会吸收 PO_4^{3-}，反之则释放 PO_4^{3-}。底泥这种释放/吸收 PO_4^{3-} 的能力与其自身组成和厚度有关。每年（2001～2003年）东营市污水都遵循着在干季（1～4月和10～12月）各项指标的进水浓度较高，而在湿季（5～9月）各项指标进水浓度从 2.5mg/L 以上迅速降低到 0.9mg/L 左右。这就导致在湿季开始的一段时间内，底泥对 PO_4^{3-} 的释放速率远大于对 PO_4^{3-} 的吸收速率，塘与湿地整体表现为处理率降低，甚至为负值的情况。而 9～11 月系统进水 PO_4^{3-} 浓度的升高又导致底泥对 PO_4^{3-} 吸收速率远高于其对 PO_4^{3-} 的释放速率，因而该时期 TP 的去除率迅速升高，系统中 TP 的去除效果可达 80% 左右。

依据东营生态塘对磷的去除规律，鹰潭生态塘由于装配的人工填料，生物膜和底泥一样参与了磷的吸收与释放，生物膜的厚度影响着磷的吸收和释放过程。

此外，相对于底泥磷的释放/吸收过程而言，藻类等微生物的合成代谢对 PO_4^{3-} 的影响幅度较小，尤其是鹰潭塘系统藻类的数量一直不高，因此磷的主要去除单元为沉淀塘、净化塘和荷花塘。

由图 8.130 可见，塘系统全年的出

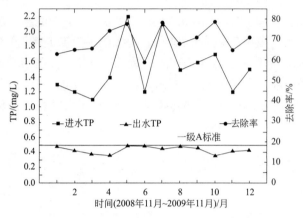

图 8.130 塘系统逐月出水 TP 变化值

水 TP 都比较低，低于 0.5mg/L。实现全年达一级 A 标准排放。在 4～7 月随季节波动较大，其他月份运行稳定，4～7 月进水的 TP 的浓度较高，但是由于藻类的固磷作用，以及系统的除磷作用，出水的 TP 仍然达标。

8.4.6　进一步提高去除 NH_3-N、 TN 和 TP 效率的措施

由图 8.129 和图 8.130 可见，NH_3-N 和 TP 的去除效率明显低于 COD 和 BOD_5，后者在大部分运行期间其出水水质达到地表水环境质量Ⅳ类标准，亦即 COD 40mg/L 和 BOD_5 6mg/L。 NH_3-N 去除率偏低的原因，主要是在曝气塘中有时曝气机出故障停运维修，导致塘中 DO 偏低，硝化反应不完全。另一个原因是辫带为软性填料，表面上附着生长和繁殖过量的后生动物如线虫、颤蚓等，它们捕食了过多的硝化菌使硝化反应难以完全进行。为此，一是要保持曝气机的稳定正常运行，二是要往曝气塘中放养适量的杂食性鱼类如鲤鱼和鲫鱼，它们能捕食填料上附着生长的过量的后生动物，保证硝化菌的正常生长和繁殖。由此提高硝化率和 NH_3-N 的去除率。

出水 TP 浓度偏高，是由于沉淀池中沉淀污泥未能全部收集，在用污泥泵抽送回到厌氧塘中时，与沉淀塘中的污泥在厌氧和还原环境中再次释放出磷。为此，建议在沉淀池放养适量的杂食鱼鲤鱼、鲫鱼和泥鳅等以捕食其中剩余的污泥；在其后的净化塘中放养适量的滤食鱼（如鲢鱼）、草食鱼（如草鱼、鳊鱼）和杂食性鱼（如鲤鱼、鲫鱼）等，用以捕食过量的藻类、水草和填料上老化的生物膜。这些措施可减少 TP 随出水的流失量。

8.5 人工湿地用于污水厂尾水深度净化和再生利用

8.5.1 项目背景

山东省淄博市临淄区属半干燥季风气候区，是中国著名的石油化工基地之一，工业用水量大，且以地下水为主。淄河是一条贯穿该区的雨源型河流，是该区地下水源的主要补充来源，20世纪70年代在淄河上游建设了石马水库和太河水库。由于干旱少雨、河床渗漏以及水库拦蓄，太河水库以下河段已经断流20余年，仅在太河水库放水时才有短暂的少量表流。河床断流后，城区地下水位日趋降低，同时由于疏于管理，淄河城区段成为城市污水及固体垃圾的排放和堆放地，致使城区水环境质量不断下降，生态环境遭到严重破坏。

为了改变临淄城区水环境不断恶化及缓解水资源匮乏的状况，当地政府根据城区的发展规划和排水管网的现状，在对城市污水进行截流处理的同时，对干枯的旧河道进行整治，分三段依次建成潜流型湿地、表面流型湿地和稳定塘（人工湖），将城市污水处理厂出水引入湿地和稳定塘中进行生态深度处理。处理后的水在稳定塘中储存，为农业灌溉、水产养殖、水景休闲和城市杂用水提供新的水源，大面积水面的存在改善局部生态环境，实现水资源的综合利用。

8.5.2 工程简介

人工湿地和稳定塘（人工湖）工程是在淄河临淄城区段干枯的河道上建设的，该工程平面布置如图8.131所示。为了拦蓄地表径流和污水厂处理出水，在淄河干流309国道下游900m处修建橡胶坝，坝长500m，坝高2.0m。在309国道上游1440m和1240m处各修建拦沙坝一道，以防止上游河沙流入河道蓄水工程，两道拦沙坝间为潜流型湿地。在309国道上游940m处修建跌水坝一道，第二道拦沙坝和跌水坝之间是表面流型湿地，经过两级湿地生态处理后的水以跌水形式从跌水坝流入稳定塘，在增加水景特色的同时，也为深度处理后的污水进行再充氧，保证了稳定塘中水质的稳定。跌水坝和橡胶坝之间为稳定塘（人工湖），是本工程的主要蓄水区。

图8.132是两级湿地构造及和稳定塘（人工湖）的连接方式，其尺寸见表8.34，图8.133是其运行的照片。

以前人们长期在河道内挖沙，留下大量砾石，将其平整后均匀充填在两级湿地中，厚度达1.5m。如图8.132和图8.133所示，污水处理厂出水首先进入第一道拦沙坝前的配水渠，然后向整个潜流型湿地宽度断面上均匀布水，在第二道拦沙坝的底部设有出水孔，使潜流型湿地中水流整体呈斜下向流向，保证了水和湿地介质充分接触过程中污染物得到充分降解。由于没有自由水面，潜流型湿地中的植物主要为湿生植物，以莎草科为主，也有部分水柳和槐树。表面流型湿地的进水端设有集配水渠，其作用是将潜流型湿地的出水收集后，再均匀地向后续表面流型湿地均匀分配，避免湿地中常见的短流现象，出水从跌水坝顶端跌入稳定塘。由于跌水坝的拦截，表面流型湿地中水流呈水平流向，同时存在自由水面，大部分区域水深小于300mm，中央区域存在部分深水区（水深≤2000mm），此级湿地中植物以挺水植物为主，如野生稻草、芦苇等，也有荷花、浮萍等浮水植物存在。在稳定塘内依据自然地形和以前已经形

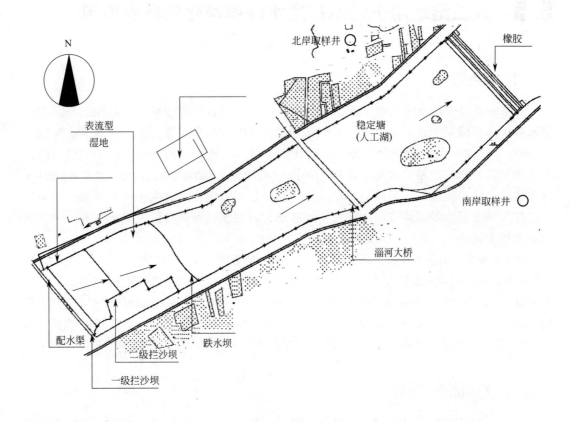

图 8.131　人工湿地和稳定塘（人工湖）平面布置

成的树林，构筑七处湖心岛，总面积为 2639.63m²，岛上广植树木，为鸟类提供良好的栖息地，保护生物多样性，增强了区域的生态功能。沿两级湿地和稳定塘的两岸，建设了谐趣园、垂钓区和水上游玩区等多处水景区。两级人工湿地和稳定塘（人工湖）的尺寸见表 8.34，其运行照片如图 8.133 所示。

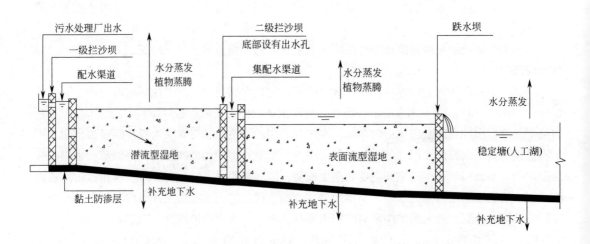

图 8.132　两级湿地和稳定塘（人工湖）的构造原理

⊡ **表 8.34** 两级人工湿地和稳定塘（人工湖）的尺寸

项目	潜流型湿地	表面流型湿地	稳定塘（人工湖）
长度/m	200	300	1840
宽度/m	400	400～500	400～500
有效深度/m	1.46	2.1～3.7	3～4
表面积/hm²	8	13	83
有效容积/10⁴ m³	10	35.5	290

图 8.133 人工湿地和稳定塘（人工湖）的运行照片

8.5.3 运行效果评估

人工湿地和稳定塘系统主要接纳污水处理厂出水，还有局部区域的自然降水汇水和汛期上游水库的排出水。污水处理厂处理规模为 $2×10^4$ m^3/d，采用了"生物脱氮除磷＋砂滤＋加氯消毒"的处理工艺，接纳的污水主要是城区的生活污水，进水水质：COD≤450mg/L、BOD_5≤190mg/L、SS≤220mg/L、NH_4^+-N≤60mg/L、TN≤73mg/L、TP≤4mg/L；出水水质：COD≤50mg/L、BOD_5≤10mg/L、SS≤10mg/L、NH_4^+-N≤10mg/L、TP≤0.5mg/L。后于2012年左右进行升级改造，执行《城镇污水厂污染物排放标准》（GB 8918—2002）中的一级A标准。

该生态处理工程于2003年6月建成并投入运行，至今已连续运行十多年。为了考察两级湿地对污染物的去除效果，从2004年5月至2005年7月，对污水处理厂出水、潜流型湿地出水、表面流型湿地出水中的SS、COD、NH_4^+-N和TP进行了连续监测。由于污水处理厂处理工艺中有砂滤工段，潜流型湿地进水中SS含量较小（≤10mg/L），两级湿地对SS几乎没有去除效果。在藻类繁殖的季节，甚至出现表面流型湿地出水SS升高的现象（≤20mg/L），这是由于部分增生的藻类随出水流出造成的。图8.134表示了两级湿地对 COD_{Cr}、NH_4^+-N和TP的去除情况，从中可以看出，潜流型湿地和表面流型湿地对 COD_{Cr} 的去除效果不大，去除率分别为14.6％和15.2％。潜流型湿地在 NH_4^+-N和TP去除中占主要作用，去除率分别为90％和62.6％。潜流型湿地的构造特征使其基质（土壤、砾石和植物根系）上的生物膜（如硝化细菌）和污水充分接触，能够维持较高的生化反应速率，从而使 NH_4^+-N和TP得到有效去除。同时污水中的磷酸盐和砾石中的化学成分（如Ca和Fe等）也能够充分接触并发生化学反应生成难溶的磷酸盐化合物，使磷在湿地中沉积而从污水中得到去除。尽管表面流型湿地对污染物的去除能力有限，但是由于其存在自由水面和部分深水区域，为各种水生生物提供了良好的生长和栖息环境，在温暖的季节，在湿地中可以经常看到野鸭、灰鹤等多种野生鸟类。经过深度处理的城市污水在稳定塘内的停留时间约为150d，在其中污染物可以通过物理沉降、化学转化、生物转化吸收和吸附等过程得到进一步的降解去除，保持了水质的稳定。

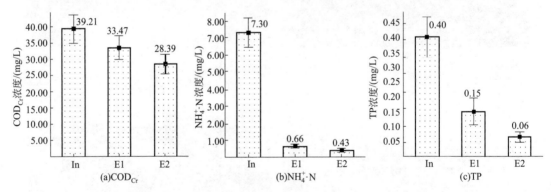

图8.134 两级湿地对 COD_{Cr}、NH_4^+-N和TP的去除效果

（In、E1和E2分别代表污水处理厂出水、潜流型湿地出水和表面流型湿地出水；条图及上方数字表示均值，误差条表示均值95％的可信区间）

临淄区年平均降水量为642.9mm，且主要集中在夏、秋两季（7～10月），此季节也是上游水库频繁放水的时期，在其他时期污水处理厂出水几乎是稳定塘的唯一补充水源。在干旱的季节，人工湿地和稳定塘内的蒸发量很大（估计为 $1.1×10^6$ m^3/a），污染物会在其中浓缩，可能会影响到稳定塘内水质的稳定。同时尽管人工湿地和稳定塘的底部均进行了防渗处理，但部分水也可能渗入地下水系统（估计为 $6×10^4$ m^3/a），对地下水造成污染。为此，在2005年汛期来临之前（2005年6月），对稳定塘和其南、北两岸两座水井的水质进行了分析，分析结

果见表8.35。北岸水井深约80m，建于20世纪80年代，出水直接供应附近村庄的生活用水；南岸水井深约370m，建于2002年初，出水消毒后供应附近城镇居民生活用水，两座水井均距稳定塘约300m。

从表8.35中可以看出，和中国现行的《地表水环境质量标准》（GB 3838—2002）中界定的Ⅲ类水体标准相比，稳定塘中水体的大部分水质指标能够满足或接近Ⅲ类水体的要求，可用于水产养殖、水景休闲和游泳等。水体中有机物（COD_{Mn}）和NH_4^+-N的含量也远低于表面流型湿地出水中的含量，这说明稳定塘对这些污染物有一定的去除效果。但是必须注意到稳定塘内水中TP（0.19mg/L）和总油（0.74mg/L）严重超过Ⅲ类水体标准要求，已经接近Ⅴ类水体标准（适用于农业用水区及一般景观要求水域）。现场观察发现稳定塘内水呈黄绿色，透明度在2m以下，这说明此水体已处于富营养化状态。TP和总油的超标，一个原因是蒸发造成污染物的浓缩，另一个原因是附近地表径流面源污染的影响。因此，在降水稀少的季节，还应从上游水库适当放水对稳定塘内水体进行补充和稀释，以维持其水质的稳定。

从表8.35中可以看出，南、北两岸两座水井内挥发酚浓度远超过《地下水环境质量标准》（GB/T 14848）中界定的Ⅴ类水质的要求，并且也远高于稳定塘内水中挥发酚的含量。另外，两座水井内TN和NO_3^--N的含量也高于稳定塘内水中的含量，这说明井水的污染不是两级人工湿地和稳定塘内水的渗入造成的，这可能是以前（20世纪80～90年代）工业废水（主要是化工废水）污染的结果。两级人工湿地和稳定塘中的水在渗入并补充地下水的过程中，通过过滤、吸附、化学反应和生物降解等过程会得到进一步的净化，能够改善地下水环境质量，这实现了水在不同地理空间的循环。

⊡ 表8.35 稳定塘（人工湖）和南、北两岸取样井内的主要水质指标

项目[①]	稳定塘（人工湖）	地表水环境质量标准（Ⅲ类）[②]	南岸取样水井	北岸取样水井	地下水质量标准（Ⅲ类）[③]
pH 值	7.6	6～9	8.1	6.8	6.5～8.5
DO	3～9	≥5	—	—	—
COD_{Mn}	6.97	≤6	1.37	1.00	≤3
TN	0.98	≤1	3.83	6.60	—
TKN	0.76	—	0.37	0.40	—
NH_4^+-N	0.16	≤1	0.13	0.19	≤0.2
NO_2^--N	0.012	—	0.001	0.001	≤0.02
NO_3^--N	未检出	≤10	1.76	2.97	≤20
TP	0.185	≤0.025(0.2)[④]	0.065	0.087	—
LAS	0.057	≤0.2	0.021	0.016	≤0.3
总油	0.738	≤0.05(1)[④]	0.394	1.900	—
挥发酚	0.002	≤0.005	0.026	0.769	≤0.002(≥0.01)[⑤]
Cl^-	32.4	≤250	23.7	52.5	≤250
SO_4^{2-}	108	≤250	59.7	45.7	≤250
CN^-	0.003	≤0.02	0.001	0.004	≤0.05
Cr^{6+}	0.049	≤0.05	0.004	0.008	≤0.05
Cd	0.002	≤0.005	0.004	0.004	≤0.01
Fe	0.287	≤0.30	0.052	0.192	≤0.3
Mn	0.188	≤0.10	0.006	0.006	≤0.1

①除 pH 值外，其余单位均为 mg/L。
②标准号：GB 3838—2002，Ⅲ类水质标准主要适用于集中式生活饮用水水源地二级保护区、水产养殖区及游泳区。
③标准号：GB/T 14848—93（已作废），Ⅲ类水质主要适用于集中式生活饮用水水源及工农业用水。
④括号内数字为Ⅴ类水质标准，主要适用于农业用水区及一般景观要求水域。
⑤括号内数字为Ⅴ类水质标准，不宜饮用，其他用水可根据使用目的选用。

8.5.4　结论和展望

潜流型湿地在 NH_4^+-N 和 TP 去除中占主要作用，去除率分别为 90％和 62.6％，表面流型湿地为水生生物和鸟类提供了良好的生长和栖息环境。该项目自 2003 年投产后一直运行至今，湿地未出现明显堵塞等现象，污染物去除性能较为稳定，是污水厂尾水生态处理的一个典型案例。

经过人工湿地和稳定塘（人工湖）深度处理的污水的入渗不会对地下水水质造成负面影响，其能够补充地下水资源，有望提高地下水环境质量。湿地和稳定塘（人工湖）内大面积水面的存在，改善了局部生态环境，同时为农业灌溉、水产养殖、水景休闲和城市杂用水提供了新的水源，实现了城市污水在大范围和多空间的循环、回收和回用。

参考文献

[1]　王宝贞，祁佩时，李建华. 寒冷地区城市污水氧化塘研究. 见：水与废水技术研究[M]. 北京：中国建筑工业出版社，1991：439-456.

[2]　张自杰，赵庆良. 影响氧化塘净化功能及生态群落主要因素的研究. 见：水与废水技术研究[M]. 北京：中国建筑工业出版社，1991：380-408.

[3]　聂梅生，黄儒钦，林联泉. 稳定塘的有机污染物去除模式. 见：水与废水技术研究[M]. 北京：中国建筑工业出版社，1991：409-418.

[4]　杨韦平，杨文进. 污水厌氧塘生物处理技术，见：水与废水技术研究[M]. 北京：中国建筑工业出版社，1991.

[5]　王宝贞，王琳，丁永伟，等. 污水处理生态系统的研究与工程实践 [A]. 见：2005 中国国际水处理技术高级专家论坛，中国水污染治理技术装备论文集 [C]. 北京：中国环境保护产业协会污染治理委员会（CWPCC），2005：20-28.

[6]　曹蓉，王宝贞，高光军，等. 塘系统的发展与应用介绍 [J]. 给水排水，2004，30（12）：18-20.

[7]　王宝贞，王琳，祁佩时. 生态塘系统分析及生物种属合理组成的设想 [J]. 污染防治技术，2000，13（2）：74-76.

[8]　曹向东，王宝贞，蓝云兰，等，强化塘-人工塘复合生态塘系统中氮和磷的去除规律 [J]. 环境科学研究，2000，13（2）：15-19.

[9]　彭剑峰，王宝贞，王琳. Multi-stage ponds-wetlands ecosystem for effective wastewater treatment [J]. 浙江大学学报（英文版）. 2005，6B（5）：346-352.

[10]　PENG Jian-feng，WANG Bao-zhen，WANG Lin，et al. Performance of a combined system of ponds and constructed wetlands for wastewater reclamation and reuse [A]. in：International Conference on Waste Stabilization Ponds，Avignon，France，2004：[C]. France：EEC by Cemagref，Antony Cedex，2004：189-199.

[11]　Tadesse I，Green F B，Puhakka J A. Seasonal diurnal variations of temperature，pH and dissolved oxygen in advanced integrated wastewater pond system treating tannery effluent [J]. Water Research，2004，38（3）：645-654.

[12]　EPA. Design Manual，Municipal Wastewater Stabilization Ponds[R]. U. S Environmental Protection Agency，Office of Water，October 1983.

[13]　Middlebrooks E J. Wastewater Stabilization Lagoon Design，Performance and Upgrading[M]. New York：Macmillan Publishing Co，1982.

[14]　Mara D D and Pearson H W. Waste stabilization ponds：Design Manual for Mediterranean Europe[R]. WHO Regional office for Europe，Copenhagen，Denmark，1987.

[15]　Racault Y，Boutin C，Seguin A. Waste stabilization ponds in France：A Report on 15 years experience[J]. Wat Sci Tech.，1995，31（12）：90-101.

[16]　Townshend A R，Knoll H. Cold Climate Sewage Lagoon，Proceedings of the June 1985 Workshop[R]，Winnopig，Manitoba. Environmental Canada，Report EPS 3/NR/1，April 1987.

[17] Wang Baozhen, Wang Lin. "A twin approach to wastewater treatment" [R], IWA Yearbook 2001: 28-31.

[18] Wang L, Wang B Z, Yang L Y, et al. Eco-pond systems for wastewater treatment and utilisation[J]. Water 21, August 2001, 60-63.

[19] Wang B Z, Wang Lin, Yang Luyu. "Case Studies on Pond Ecosystems for Wastewater Treatment and Utilization in China" [J]. Global Water and Wastewater Technology, August 1999: 64-71.

[20] Wang B Z, Dong W Y, Zhao Q L. "Eco-pond systems for wastewater treatment and utilization in China" [C], Proceedings of 3rd IAWQ International Conf. on Appropriate Waste Management Technologies for Developing Countries. Nagpur, India, 1995, 25~26 (1): 415-430.

[21] Mara D D. Waste stabilization ponds: problems and controversies[J]. Water Quality International, 1987, 1: 20-22.

[22] Mara D D. Waste stabilization ponds: a design manual for Eastern Africa, Leeds, England[J]. Lagoon Technology International Ltd., 1992.

[23] Mara D D, et al. A rational approach to the design of wastewater-fed fish ponds[J]. Wat Res, 1993, 27: 1797-1799.

[24] Mara D D. Faecal coliform-everywhere (But not a cell to drink) [J]. Water Quailty International, 1995, 3: 29-30.

[25] Curtis T P, Mara D D, Silva S A. The effect of sunlight on faecal coliforms in ponds: implications for research and design[J]. Wat Sci Tech 1992, 26 (7/8): 1729-1738.

[26] Mills S W, Alabaster G P, Mara D D, et al. Efficiency of faecal bacterial removal in waste stabilization ponds in Kenya[J]. Wat Sci Tech 1992, 26 (7/8): 1739-1748.

[27] Oswald W J. Use of wastewater effluent in agriculture[J]. Desalination, 1989, 72: 67-80.

[28] Oswald W J, Golueke C G, Tyler R W. Integrated pond systems for subdivisions[J]. Journal WPCP. 1967, 8: 1289-1304.

[29] Bartone C R, Arlosoloff S. Irrigation reuse of pond effluent in developing countries[J]. Wat Sci Tech. 1987, 19 (12): 289-298.

第**9**章

膜生物反应器处理技术

9.1 MBR 工艺概述

9.1.1 引言

膜生物反应器（MBR）技术是一种由膜过滤取代传统生化处理中二次沉淀池的水处理技术，是将膜分离技术和污水生物处理技术有机结合的高效污水处理工艺。MBR 技术在污水处理中有着其他很多工艺无可替代的优势，例如处理效率高、出水水质好；设备紧凑、不需要二沉池、较高的进水负荷、占地面积小；出水得到部分消毒；较低的污泥产率；易实现自动控制；此外，由于较高的活性污泥浓度和相对较低的 F/M，膜生物反应器还可以承担较大的进水冲击负荷等。

膜生物反应器由微滤（MF）、超滤（UF）或纳滤（NF）膜组件与生物反应器组成，根据膜组件在生物反应器中的作用的不同，可将其分成分离膜生物反应器、曝气膜生物反应器以及萃取膜生物反应器。目前，在污水处理中使用较多的是分离膜生物反应器；利用膜萃取作为养料输送媒介的膜反应器较少用于水处理；而微孔膜曝气则是通过膜组件作为生物膜生长的载体，通过膜的内部通气为生物膜无泡供氧或有泡曝气，使生物膜整体保持好氧状态，同时通过微孔供氧，以提高氧气的利用效率。

根据所要处理的程度可以相应地选择 MF、UF 或 NF 膜组件。MF 膜组件所分离的组分直径为 $0.03\sim15\mu m$，主要去除微粒、亚微粒和细粒物质（包括细菌、酵母等微生物、异味杂质、血球等）；UF 膜组件的膜孔范围为 $0.05\mu m\sim1nm$，可以从溶液中分离大分子物质和胶体；NF 膜组件适宜于分离分子量在 200 以上，分子大小为 1nm 的溶解组分，并且 NF 膜组件的重要特点是具有离子选择性，对具有多价阴离子的盐（例如硫酸盐和碳酸盐）的截留率很高，而一价阴离子盐则可以大量透过膜。

在传统的活性污泥处理工艺中，由于受到二沉池的沉降特性所限，大规模的活性污泥处理工艺中，活性污泥浓度最高能达到 $5\sim6g/L$，少数实验装置达到 8g/L。污泥浓度限制了处理装置的进水容积负荷，造成庞大的占地面积和反应器体积使建设污水处理厂的投资成本居高不下。在污水处理中引入膜技术以后，反应器不再受到二沉池的沉降限制，膜生物反应器可以在较高的污泥浓度下运行，可以承担较高的进水容积负荷。较高的活性污泥浓度、充足的供氧可以使污染物的降解速率加快，从而减少水力停留时间（HRT）和反应器体积。现在的膜生物反应器污泥浓度可达 $8\sim12g/L$。虽然高污泥浓度会带来氧传质和膜污染的问题，但是可以通过运行方式及膜清洗解决。

根据膜组件的安装方式，分离活性污泥的膜生物反应器可以分为浸没式和侧流式两种类型。侧流式膜生物反应器，也称内压式膜生物反应器，是由活性污泥反应池和外置式的膜组件组成，循环泵将活性污泥混合液打入膜组件的腔体，并提供一定的压力，在压力差的驱动下，通过膜的过滤分离出尾水。浸没式的膜生物反应器，也称直接过滤式膜生物反应器，是将膜组件直接浸没在活性污泥反应池中，通过曝气形成的气液固三相流的冲刷，控制膜表面的活性污泥沉积，尾水通过负压抽吸或是重力水头驱动通过膜过滤。与侧流式膜生物反应器相比，浸没式膜生物反应器可以省掉循环泵并使用较低的运行压力，从而更加节能。在浸没式的膜生物反应器中，曝气的作用至关重要，它不但起到为微生物提供溶氧的作用，同时会直接刮擦膜表面，以防止活性污泥在膜表面形成密实的滤饼层；曝气引发的气液固三相流的水力冲刷剪切力，是防止密实稳定的滤饼层形成的重要手段。

20 世纪 80 年代以来，MBR 技术越来越受到重视，成为研究的热点之一。目前膜生物反应器已经应用于美国、德国、法国和埃及等十多个国家，规模从 $6m^3/d$ 至 $500000m^3/d$ 不等。近几年，膜生物反应器（MBR）工艺大规模用于国内城市污水处理厂中，目前在我国污水资源化领域也得到了广泛的研究和工程应用。

第一个将 MBR 运用于污水处理工程的是美国的 Dorr Oliver 公司，该工程处理水量为 $14m^3/d$。自此，MBR 技术逐渐受到广泛研究。MBR 不仅可以用于污废水的过滤净化，还可以用于气体扩散、物质萃取、离子交换等。

目前，我国采用 MBR 技术的项目中，约有 60% 为市政污水项目，30% 为工业废水项目，其他领域的应用占 10%。表 9-1 所列为截至 2017 年我国大型的 MBR 污废水处理主要工程。

⊡ 表 9.1 我国大型 MBR 废水处理工程

MBR 工程名称	规模/($10^4m^3/d$)	废水类型	投运年份	备注
北京密云再生水工程	4.5	市政污水	2005	
燕山石化	1.6	工业废水	2005	工业
海南石化	1.1	工业废水	2007	工业
大亚湾石化	2.5	工业废水	2007	工业
内蒙古金桥电厂	3.1	工业废水	2006	工业
北京北小河污水厂改扩建工程	6	市政污水	2006	
北京延庆再生水厂	3.5	市政污水	2008	
无锡新城污水处理厂扩建项目	3	市政污水	2008	
北京门头沟再生水厂	4	市政污水	2008	
湖北十堰神定河污水处理厂	11	市政污水	2008	
北京引温济潮跨流域调水	10×2	微污染地表水	2007，2009	微污染
昆明市第四污水处理厂改造工程	6	市政污水	2009	
北京北小河再生水厂二期	4	市政污水	2009	

MBR工程名称	规模/($10^4 m^3/d$)	废水类型	投运年份	备注
无锡市城北污水处理厂	5	市政污水	2009	
广州京溪污水处理厂	10	市政污水	2009	全地下
梅州经济开发区污水处理厂	1.2	工业废水	2010	印刷电路板废水
昆明洛龙河雨水处理	5	受污染地表水	2011	
无锡城北污水处理厂四期续建	2	市政污水	2012	平板膜
昆山钞票纸厂废水处理工程	0.9	工业废水	2011	造纸废水
辽阳中心区污水处理厂提标	2	市政污水	2012	
北京清河污水处理厂三期	15	市政污水	2012	
北京大兴黄村再生水厂改扩建	12	市政污水	2013	
南京城东污水处理厂三期	15	市政污水	2013	
昆明第十污水处理厂	15	市政污水	2013	全地下
昆明第九污水处理厂	10	市政污水	2013	全地下
株洲龙泉污水处理厂三期	10	市政污水	2013	
武汉三金潭污水处理厂改扩建	20	市政污水	2015	
福州洋里污水处理厂四期	20	市政污水	2015	
北京清河第二再生水厂	20	市政污水	2016	半地下
北京槐房再生水厂	60	市政污水	2016	全地下
定福庄再生水厂设计	30	市政污水	2017	半地下
高安屯再生水厂	10	市政污水	2017	半地下

在城镇污水深度处理，含油类、煤化工等高浓度、难降解工业废水处理及城市垃圾渗滤液的处理工程中，MBR正在得到越来越多的研究和应用。随着通量高、寿命长、价格低、抗污染膜组件的研究与开发，MBR技术在污废水处理与资源化中将起到越来越重要的作用。这对于控制水体污染，增加可用水量具有重要的理论价值和现实意义。

本章主要针对浸没式膜生物反应器MBR处理城镇污水工艺的优化运行及节能降耗编写，涉及浸没式膜生物反应器MBR膜材料和膜组件的选型、膜生物法污水处理工程的工艺设计及运行管理、节能降耗优化措施等技术。

9.1.2　MBR工艺特点

MBR膜系统分为膜组件和生物反应器。在实际运行中，膜组件的材料、尺寸以及膜污染等均会对MBR工艺运行产生很大的影响；而生物反应器中曝气量的控制不仅影响膜的寿命也直接影响MBR工艺运行成本。影响MBR工艺的二类因素是膜组件和生物反应器，包括预处理系统、生物反应器污泥负荷与污泥浓度、膜材料与膜通量、曝气量与膜吹扫、膜组件清洗方式与周期等。

9.1.2.1　MBR工艺的优点

膜生物反应器技术（MBR）是膜分离技术和污水生物处理技术有机结合的产物，实践证明其性能稳定，效果良好，是极具发展潜力的污水处理技术。

MBR技术的特点是以超、微滤膜分离过程取代传统活性污泥处理过程中的泥水重力沉降分离过程，由于采用膜分离，因此可以保持很高的生物浓度和非常优异的出水效果。可有效去除水中的有机物与氨氮等污染物质。由于采用超滤膜分离技术进行固液分离，不仅保障出水SS低，而且大大提高了生物反应器中的生物浓度，增加了种群数量，特别是像硝化菌这类不易形成菌胶团的细菌被截留，使得生物降解效率得到提高。因此膜生物反应器不单纯是生物处理与膜分离技术的简单叠加，而是具有$1+1>2$的效应。MBR工艺在国内外已经成功地应用于城市污水与工业污水的处理，具有以下优点。

1）MBR 工艺出水水质良好　出水水质良好、稳定，出水浊度低，可直接回用；还可以去除细菌、病毒等，特别是 NF 膜，还可以将部分有机物截留，这样便可以提高它们在生物反应器中的停留时间，通过活性污泥的降解进一步将其脱除；还可以使得世代周期较长的微生物以及不易形成菌胶团的微生物得以富集和繁殖，形成整个生物相内形成生物富集和共代谢作用，构成较为完整的微生物链，大大提高处理效率和系统的稳定性，出水水质好。

2）占地面积小　膜过滤作用可将全部微生物截留在生物反应器内，实现反应器固体停留时间（泥龄 SRT）的完全控制，可使生物反应器内保持较高的 MLSS，反应器内的微生物浓度高，容积负荷高[可达 $2\sim 5$ kg COD/（$m^3\cdot d$）]，减小了生化池容；采用膜生物反应器一个处理构筑物，替代了传统污水处理工艺的曝气、二沉池、混凝、过滤等多个处理构筑物，大大减少了对土地的占用。

3）不受污泥膨胀的影响　膜组件代替二沉池不用担心污泥膨胀问题，完全避免了传统工艺污泥膨胀对出水水质的影响，可以利用丝状菌提高处理效果。

4）氮去除率高　由于污泥停留时间较长，有利于增殖缓慢的微生物生长，硝化菌以及难降解有机物和分解菌的截留和生长，强化了系统的硝化能力，对有机物、氮等污染物的去除效率显著提高，运行更加稳定，控制更加灵活。

5）除磷效果好　污泥浓度高，可以直接进行脱水，避免传统工艺沉淀池和污泥浓缩池缺氧状况下磷的释放，以生化除磷为主，辅助化学除磷确保达标，可以直接将铝盐和铁盐投入生化池中，形成的磷酸盐沉淀几乎被膜全部截留，随剩余污泥排放，而传统的混凝过滤难以避免部分磷酸盐絮体随 SS 带出。

6）抗水质冲击负荷能力强　由于生物反应器内的微生物浓度高，因此抗冲击负荷的能力很强，尤其适应水质变化较大的合流制城市污水处理设施的稳定运行。

7）剩余污泥排放少　有机负荷低、泥龄长，污泥产率低，反应器在低 F/M 条件下运行剩余活性污泥量远低于传统活性污泥工艺，降低了对剩余污泥处置的费用。

8）模块化设计　由于膜生物反应器技术的模块化特征，生化池污泥浓度有很宽的可控范围，因此它可以通过增加必要的膜组件模块，来应对处理水量的增长；MBR 膜生物反应器设备布置可集中可分散，具有灵活性及便于小型化的优势。

9）易于实现自动化。

9.1.2.2　MBR 工艺的缺点

MBR 有各种优势，但 MBR 也有明显的缺点，那就是膜污染和膜寿命问题及能耗高的问题。膜污染问题是阻碍 MBR 发展的最大障碍。影响膜污染的因素主要有膜的材质和构造、运行条件以及活性污泥条件。一般来说，控制膜污染的方法有两个：一个是改进膜的材质构造，改善运行条件和活性污泥条件减缓膜污染的生成速度；另一个是膜清洗。同样，影响膜寿命的主要因素有膜的材质和构造、运行条件、膜清洗方式；影响 MBR 能耗的主要因素有膜通量、跨膜压差、开停时间比、膜吹扫风量等。

9.1.2.3　MBR 工艺类型

（1）不同膜用途的 MBR 工艺

基于膜的用途不同，MBR 工艺类型可分为固液分离 MBR、无泡曝气 MBR 和 0 萃取 MBR 三类。我国对 MBR 技术的研究与应用主要集中于固液分离 MBR。曝气 MBR 和萃取 MBR 类型的研究与应用相对很少，特别是萃取型 MBR 更少；近期曝气型 MBR 研究与工程在增多。

1）无泡曝气 MBR　　与固液分离 MBR 相比，曝气 MBR 工艺可在一些特殊污水处理领域发挥技术优势，如纯氧无泡曝气 MBR 和以氢为电子供体的地下水反硝化曝气 MBR，在污水的除碳脱氮和硝化反硝化（或短程同步硝化反硝化）中具有应用潜力。

2）萃取 MBR（又称为 EMB）　　与固液分离 MBR 相比，萃取 MBR 工艺也是在一些特殊水处理领域发挥技术优势，如萃取 MBR 可用于挥发性或有毒物质的分离和处理。

3）固液分离 MBR　　固液分离 MBR 按其膜组件的安装形式设置可分为浸没式（一体式或淹没式）和外置式（分置式）。

① 浸没式 MBR（一体式或淹没式）：指膜组器浸没在生物反应池中，污水中的污染物在生物反应池内被活性污泥生化降解去除，而后利用膜组器进行固液分离的设备或系统，可采用负压产水，也可利用静水压力自流产水（也称 S-MBR）。浸没式 MBR 与外置式 MBR 相比，因省略了循环泵而降低了能耗、占地紧凑等优点，逐步在研究和工程应用中受到重视。对于浸没式 MBR，用于处理生活污水、工业废水和微污染水方面的研究和应用居多。

② 外置式 MBR（分置式）：指膜组器和生物反应池分开布置，生物反应池内的活性污泥混合液被泵入膜组器进行固液分离的设备或系统，膜组器的产水排放或深度处理，浓缩的泥水混合物回流到循环浓缩池或生物反应池，形成循环（也称 R-MBR）。外置式 MBR 主要集中在对某些工业废水和特种废水（如垃圾渗滤液等）的处理方面。这主要是由于外置式 MBR 具有膜组件清洗和拆卸容易的特点，更适合于成分复杂、易发生膜污染、需要频繁清洗膜组件的废水处理。

（2）复合 MBR 工艺

它是将生物膜法或生物接触氧化法与活性污泥法结合而构成的复合生物反应器（HBR）与膜分离的联用工艺（HBR-MBR）。在 HBR-MBR 工艺中，附着生长的生物膜和悬浮生长的活性污泥两种形式的微生物共存，二者发挥各自的优势，共同承担去除污染物的作用，以提升出水水质和系统的稳定性，同时抗冲击负荷的能力得到增强。因生物载体的介入而形成的生物膜具有多层结构，从外至内因氧传递阻力的增加而形成氧浓度梯度，进而构成外层以好氧为主而内层以缺氧或厌氧为主的微环境，有利于提高系统的生物脱氮除磷能力。另外，复合生物反应器中微生物群落结构多样化，生物的食物链长，可有效改善污泥性状，提高其处理能力。与传统高浓度的活性污泥工艺相比，HBR-MBR 工艺由于总生物量中悬浮污泥浓度的减少而有利于减缓膜污染，提高系统运行的稳定性。但如果悬浮污泥浓度过低，溶解性有机物对膜污染的贡献增加，反而会加重膜污染。

（3）厌氧 MBR 工艺

厌氧 MBR，即厌氧生物处理与膜分离相结合的工艺。各类厌氧反应器都可以与膜分离组合使用，如完全混合厌氧反应器、上流式厌氧污泥床（UASB）、膨胀污泥颗粒床（EGSB）等。膜分离的使用，可以不需设计严格的三相分离器，即可实现对生物污泥及大分子物质的有效截留，因此，可以弥补厌氧反应器由于三相分离器设计或运行不当带来的生物流失和对悬浮性有机物处理不好的缺陷。厌氧 MBR 中高污泥浓度环境以及颗粒状与大分子难降解有机物长时间地被滞留在反应器内，促进了污染物的生物降解。除与单相厌氧反应器的组合以外，膜也可以与两相厌氧反应器组合，即产酸反应器＋膜分离＋产甲烷反应器。在两相厌氧 MBR 中，膜的加入不仅有利于产酸相和产甲烷相的分相，使产酸反应器的酸化率明显提高，而且可使两相厌氧消化系统的运行稳定性增加，用于处理淀粉人工配水时 COD 去除率达 95％以上，产气量和甲烷成分高于传统两相厌氧反应器。厌氧 MBR 应用的废水主要是一些高浓度的有机废水，如食品废水等，也有一些研究是针对低浓度的生活污水。膜污染的有效控制在厌氧 MBR 中显得更为重要，也是厌氧 MBR 的重要研究课题。优化操作条件和抽吸模式，如利用沼气循环泵循环沼气对反应器内造成紊动等均对膜污染的控制有一定效果，增加厌氧 MBR 运行周期；采用较大的高径比和出水循环，使上流速度大大增加，高的上升流速不仅可以避免反应器内死角和短流的产生，而且对膜丝可以产生搅动，有助于减轻膜表面的污泥淤积；另外，采用超声波与厌氧 MBR 的联合使用，也可以对膜污染产生较好的控制效果。

（4）好氧颗粒污泥 MBR 工艺

好氧颗粒污泥是在好氧条件下自发形成的细胞固定化颗粒，因其具有良好的沉降性能、较高的生物量和在高容积负荷下降解高浓度有机废水的良好生物活性，可以形成具有同步硝化反硝化能力的微环境等特点而备受关注。在研究好氧颗粒污泥 MBR 工艺中，好氧颗粒污泥浓度可维持在 14~16g/L，较高的污泥浓度和颗粒污泥内部缺氧、厌氧环境的存在，使 MBR 中硝化和反硝化过程并存，在 HRT 为 6h，溶解氧浓度为 4~6mg/L，COD 的容积负荷为 7.24kg/（m³·d）的条件下，COD 的去除率可达 96%以上；与絮状污泥 MBR 相比，颗粒污泥 MBR 的膜通量衰减速度下降 50%以上，且通过空气反冲或用水清洗即可基本恢复膜通量。但是，目前对于好氧颗粒污泥 MBR 的研究均是小试规模，在更大规模的试验中如何保持颗粒污泥的稳定性和颗粒污泥 MBR 的优势有待于今后进一步研究和验证。

（5）强化 MBR 脱氮除磷复合工艺

在实际工程应用中，MBR 应用初期，生物反应器的构型一般为好氧活性污泥反应器。其主要问题是悬浮污泥浓度过高，导致膜污染速率快；脱氮除磷效果不理想；曝气能耗较高。近年来，针对这些问题对 MBR 中生物反应器型式进行了改进，让各种污水处理工艺均能应用于 MBR，获得了更好的污染物去除效果和更稳定的运行性能。现今几乎所有的传统脱氮除磷工艺均被应用到 MBR 中，如序批式活性污泥工艺（SBR）、A²/O 工艺、氧化沟工艺、间歇循环活性污泥工艺等。在传统脱氮除磷工艺中遇到的技术问题同样会在 MBR 脱氮除磷工艺中出现，但 MBR 工艺的一些自身特点可以对原有的生物脱氮除磷工艺起到强化作用：

① 膜对微生物的完全截留可以提高硝酸菌和聚磷菌的总量，从而提高系统的硝化反硝化和除磷能力。改进型 A²/O-MBR 强化脱氮除磷工艺出水可实现 TN<10mg/L、TP<0.5mg/L。

② 杜绝了污泥膨胀而导致的脱氮除磷系统崩溃的风险。

③ 膜表面的凝胶层对胶体形态的磷有一定的截留。

④ MBR 工艺虽然污泥产量低，但有高的单位剩余污泥含磷量，可以保证生物聚磷效果。

9.1.3　影响 MBR 工艺运行的重要参数

（1）温度

MBR 工艺的正常运行是建立在活性污泥法原理之上的，微生物能否正常生长代谢，能否发挥其最大活性以摄取污水中的营养，达到去除有机物及脱氮除磷的目的，是工艺运行成败的关键。

在提供必要的氮源、碳源等营养物质以外，温度是影响微生物生长的又一重要因素。微生物在 30~35℃范围内生长最为适宜。温度过高将导致微生物失活，机体遭受不可逆转的损害，温度过低的环境将导致微生物处于休眠状态，当温度在 5~35℃之间逐渐过渡时，硝化反应的速度将随温度的增高而加快，低于 5℃时硝化菌将几乎停止代谢活动，硝化反应几乎停止。反硝化作用可在15～35℃之间进行，低于10℃或高于35℃时，反硝化菌代谢速度明显减缓。所以在污水处理过程中，保持适宜的温度，是出水水质达标的重要保证。在MBR工程中由于较高的污泥浓度和较大的曝气量往往使生物反应池和膜池温度高于进水温度。

（2）溶解氧（DO）

溶解氧（DO）是指在一定条件下，溶解于水中分子状态的氧的含量。生物脱氮除磷的过程中，主要是通过好氧硝化、缺氧反硝化作用和好氧吸磷、厌氧释磷的作用实现的，而硝化菌、反硝化菌和吸磷、释磷菌对氧的需求又各有不同。

MBR中由于膜池吹扫曝气，使膜池活性污泥溶解氧很高往往达到$5～8mg/L$；而在MBR好氧池中由于污泥浓度高需要的曝气量也高。活性污泥法处理污水的过程中，对DO的控制足以影响系统运行的全局。DO的过高或过低对活性污泥的活性和出水效果都会带来很大的影响。当DO很高时，由于过度曝气，会使活性污泥絮体变小，上清液中含有大量的细小絮体也会导致COD浓度升高和加快膜污染；DO很低时，好氧细菌得不到充足溶解氧，活性降低，硝化作用不彻底，有机物分解不够完全，甚至导致活性污泥厌氧发酵，出水效果变差。

（3）回流比

回流比分为污泥回流比和混合液回流比。活性污泥法工艺中，回流比即为二沉池污泥回流比，指二沉池回流到曝气池中污泥的流量与进水流量的比值；而在MBR中则是膜池污泥回流到厌氧池或缺氧池或曝气池的流量与进水流量的比值。混合液回流比是曝气池混合液回流到厌氧池或缺氧池流量与进水流量的比值，混合液回流比大小是直接影响脱氮效果好坏的重要因素，前置反硝化工艺中的混合液回流比越大，脱氮去除率越高；增大混合液的回流比便于在缺氧段为反硝化提供足够的电子受体。污水处理过程中不可能只为出水达标来无限的提高回流比，混合液及污泥的回流比大小对工艺的脱氮除磷作用及造价与运行费用都有影响。

MBR工艺由于膜池吹扫使膜池溶解氧很高，随着膜池污泥回流比的增加，活性污泥将膜池中大量的溶解氧携带至厌氧或缺氧段，抑制了释放磷和硝酸盐还原酶的合成，加上有机物的缺乏，释放磷、反硝化作用减弱，进而导致磷和硝酸盐氮的去除率下降。所以在MBR中膜池污泥一般回流至好氧池为其提供一定的溶解氧，并减少溶解氧对厌氧或缺氧段影响，好氧池混合液再回流到厌氧池或缺氧池。

（4）污泥浓度（MLSS）

污泥浓度是指单位体积污泥含有的干固体重量，也称为悬浮物浓度（MLSS）。因MBR工艺所具有的独特优势，可以将相比较传统活性污泥工艺更高的污泥浓度聚集于反应池。所以对于污泥浓度的控制，是MBR工艺运行中需要重点考虑的因素。一般，MBR工艺MLSS可达$6～12g/L$，实验设备MLSS有高达$36g/L$。在实际运行中，污泥浓度较高情况下出水水质明显较好，但是仍然伴随着膜污染速度加快的问题，所以在MBR参数的优化过程中，需要将出水水质与膜污染和污泥性能综合考虑，尽可能地在提高出水水质的情况下延长膜清洗周期。

（5）污泥龄（SRT）

污泥龄（SRT）是指微生物在活性污泥系统内的停留时间，稳定运行条件下的污泥龄为曝气池中工作着的活性污泥总量与每日排放的剩余污泥数量的比值。进水浓度与曝气池容积已定时，污泥龄（SRT）与污泥浓度（MLSS）直接相关，控制污泥龄（SRT）即有相应的污泥浓度（MLSS）。MBR工艺膜过滤作用可截留全部微生物在生物反应器内，每日排放的剩余污泥数量即可实现反应器活性污泥停留时间（泥龄SRT）的完全控制。污泥龄是活性污泥法处理系统的重要参数，污泥龄的长短能间接说明活性污泥微生物的状况，世代周期长于污泥龄的微生物在曝气池内不可能繁衍成优势种属。如硝化细菌在世代时间较长，当污泥龄小时，其不可能在曝气池内大量繁殖，也不能成为优势种属在曝气池进行正常的硝化反应。另一方面，生物除磷需要相对短的污泥龄及高的污泥含磷量。

（6）水力停留时间（HRT）

水力停留时间（HRT），是指污水在反应器内的平均停留时间长短，也就是污水与生物反应器内的微生物作用的平均反应时间。水力停留时间的设定不仅与系统的处理效果有关，还直接决定了生物反应器容积的大小，进而决定了污水处理工程的基建投资费用。在膜生物反应器中，MBR工艺由于膜的分离作用省掉了二沉池，使微生物可控地截留在反应池内，达到很高的污泥浓度，所以MBR工艺一般HRT较普通活性污泥法短。

（7）有机负荷

活性污泥法中，一定温度条件下，进水浓度与微生物量的比值即有机负荷（F/M）决定了需要的反应池容积和处理程度。有机负荷率是一个非常重要的设计参数，活性污泥法有机负荷一般的范围是 $0.1 \sim 0.6 kgCOD/（kgMLSS \cdot d）$，容积负荷一般为 $0.3 \sim 0.8 kgCOD/m^3$。太高或太低的设计负荷都会导致有机物处理不完全或二沉池沉降性能不好，引起出水质量的下降。

膜生物反应器处理城市生活污水的体积负荷和质量负荷通常分别是 $1 \sim 2kgCOD/（kgMLSS \cdot d）$ 和 $0.02 \sim 0.1 kgCOD/（kgMLSS \cdot d）$，容积负荷高需要的容积小投资省，有机负荷低则处理效果好。依据进水负荷的不同，水力停留时间 $2 \sim 15h$；污泥停留时间是 $9 \sim 60d$。一般操作的活性污泥浓度大约是 $8 \sim 12g/L$。因为较长的污泥停留时间，所以MBR的活性污泥浓度要远远高于传统的活性污泥法。膜生物反应器的水力停留时间较短，反应器的体积较小，相应节省了占地面积。较低的F/M也减少了剩余污泥的产量。剩余污泥的产量大约是 $0.2 \sim 0.44 kgMLSS/kgCOD$。对不同浓度的废水膜生物反应器有机负荷的选取可参照表9.2。

⊡ 表9.2　膜生物反应器污水处理设计参数

项目	污泥负荷 /[kg/(kg·d)]	MLSS /(g/L)	容积负荷 /[kg/(m³·d)]	处理效率 /%	原水水质 BOD₅ /(mg/L)
城镇污水处理	0.1～0.4	2.0～8.0	0.4～0.9	95～98	100～500
杂排水中水处理	0.05～0.2	1.0～4.0	0.2～0.5	90～95	50～150
综合生活污水处理	0.05～0.2	2.0～8.0	0.4～0.9	95～98	100～500
高浓度有机废水处理	0.2～0.5	4.0～18.0	0.5～2.0	98～99	500～5000

9.2　MRB工艺组合系统

在城镇污水处理过程中，MBR系统常常与各种传统的活性污泥法、生物膜法结合在一起，达到更好的污染物去除效果。目前，在生活污水的处理过程中应用最广泛的MBR工艺为膜生物反应器与传统活性污泥法相结合的复合MBR工艺，由于污水处理过程中脱氮除磷的需要，其中最为典型并且处理污水效果比较好的MBR工艺包括 A^2/O-MBR工艺、氧化沟-MBR工艺及SBR-MBR工艺等。而MBR工艺优化主要从以下两方面进行：MBR中的膜组件操作条件及与MBR组合的生物反应器工艺设计运行操作条件。

（1）进水水质

MBR城镇生活污水设计水质以实测为准，无条件时可参照《室外排水设计规范》的规定。

MBR池进水一般符合下列条件：化学需氧量（COD）≤500mg/L、五日生化需氧量（BOD₅）≤300mg/L、悬浮物（SS）≤150mg/L、氨氮（NH₃-N）≤50mg/L、 pH值为6～9。

（2）预处理系统设置

MBR工艺为防止膜降解和膜堵塞，改善后续工艺的处理效果，减轻膜污染，降低剩余污泥产量并改善污泥性状，需对原污水中的悬浮物、尖锐颗粒、微溶盐、微生物、氧化剂、有机物、油脂等污染物进行预处理。预处理的程度一般根据膜材料、膜组件的结构、原水水质、产水的质量要求及回收率确定。为了保护膜的安全，原污水一般采用1.0mm以下网状或圆孔状格栅进行预处理，以减少纤维状物质进入膜池和膜组器，避免膜丝受到损害。去除原污水中悬浮颗粒物和胶体物时，可采取混凝-沉淀-过滤工艺，可加入有利于提高膜通量，并与膜材料有兼容性的絮凝剂。

（3）除碳为目的的MBR工艺

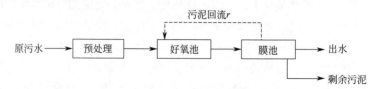

图9.1 除碳为目的的MBR工艺流程

除碳为目的的MBR工艺（见图9.1），其各单元的设计及运行参数可参照下列要求设计。

① 好氧池：污泥浓度为3000～6000mg/L，溶解氧控制在1.5～2.0mg/L。

② 膜池：污泥浓度可为8000～10000mg/L，膜吹扫气水比一般小于9：1，根据膜组件厂家提供的运行参数和进水水质确定实际气水比。

③ 膜池污泥回流比r为50％～400％。

上述各单元的水力停留时间（HRT）和污泥龄应根据实际水温和进水浓度进行设计计算，可参考《室外排水设计规范》的有关参数。

（4）除氮为目的的MBR工艺

除氮为目的的MBR工艺（见图9.2），其各单元的设计及运行参数可参照下列数据。

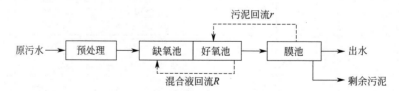

图9.2 脱氮为目的的MBR工艺流程

① 缺氧池：污泥浓度为4000～6000mg/L，溶解氧不大于0.3mg/L。

② 好氧池：污泥浓度为4000～6000mg/L，溶解氧控制在1.5～2.0mg/L。

③ 膜池：污泥浓度为8000～10000mg/L，膜吹扫气水比小于9：1，根据膜组件厂家提供的运行参数和进水水质确定实际气水比。

④ 好氧池至缺氧池的混合液回流比R为100％～500％。

⑤ 膜池至好氧池混合液回流比r为50％～400％。

各单元的水力停留时间（HRT）和污泥龄根据实际水温和进水浓度进行设计计算，一般设置多级缺氧/好氧可以提高脱氮效率；当设置多级缺氧/好氧串联运行时，膜池污泥回流至第一级好氧池中。设置多级缺氧/好氧串联运行时，可设置多点进水以提高脱氮效率。

（5）同时脱氮除磷为目的的 MBR 工艺

同时脱氮除磷为目的的 MBR 工艺（见图9.3），其各单元的设计及运行参数可参照下列数据。

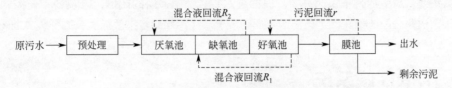

图9.3 同时脱氮除磷为目的的 MBR 工艺流程

① 厌氧池：污泥浓度宜为 4000～5000mg/L，溶解氧不大于 0.2mg/L。

② 缺氧池：污泥浓度宜为 4000～6000mg/L，溶解氧宜不大于 0.3mg/L。

③ 好氧池：污泥浓度宜为 4000～6000mg/L，溶解氧宜控制在 1.5～2.0mg/L。

④ 膜池：污泥浓度宜为 8000～10000mg/L，膜吹扫气水比小于 9∶1，根据膜组件厂家提供的运行参数和进水水质确定实际气水比。

⑤ 好氧池至缺氧池的混合液回流比 R_1 为 100%～500%。

⑥ 缺氧池至厌氧池的混合液回流比 R_2 为 100%～300%。

⑦ 膜池至好氧池混合液回流比 r 为 5%～400%。

各单元的水力停留时间（HRT）和污泥龄根据实际水温和进水浓度进行设计计算，设置多级缺氧/好氧单元可以提高污染物去除效率；当设置多级缺氧/好氧串联运行时，膜池污泥回流至第一级好氧池中。该工艺出水水质可达到《污水综合排放标准》的一级 A 标准。多级缺氧/好氧串联运行时，可设置多点进水以提高脱氮效率。

（6）深度脱氮除磷为目的的 MBR 工艺

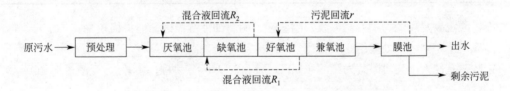

图9.4 深度脱氮除磷为目的的 MBR 工艺流程框图

深度脱氮除磷为目的的 MBR 工艺（见图9.4），其各单元的设计及运行参数可参照下列数据：

① 厌氧池：污泥浓度为 4000～5000mg/L，溶解氧不大于 0.1mg/L。

② 缺氧池：污泥浓度为 4000～6000mg/L，溶解氧不大于 0.3mg/L。

③ 好氧池：污泥浓度为 4000～6000mg/L，溶解氧控制在 1.5～2.0mg/L。

④ 膜池：污泥浓度为 8000～10000mg/L，膜吹扫气水比小于 9∶1，根据膜组件厂家提供的运行参数和进水水质确定实际气水比。

⑤ 好氧池至缺氧池的混合液回流比 R_1 为 200%～500%。

⑥ 缺氧池至厌氧池的混合液回流比 R_2 为 50%～300%。

⑦ 膜池至好氧池混合液回流比 r 为 100%～400%。

各单元的水力停留时间（HRT）和污泥龄应根据实际水温和进水浓度进行设计计算，可设置多级缺氧/好氧单元来提高污染物去除效率；设置多级缺氧/好氧串联运行时，膜池污泥回流至第一级好氧池中；兼氧池可以根据前端好氧池出水指标来调整其运行工况（如溶解氧条件、水力停留时间等参数），进一步提高系统出水水质。采用多点进水方式优化碳源配置时，进水点设置在厌氧池、缺氧池或兼氧池进口，根据进水中碳、氮、磷的比例，以及各单元控制条件的差异，确定进水分配比例。该工艺出水水质一般优于《污水综合排放标准》的一级 A 标准。

9.3 MRB 膜系统

9.3.1 膜材料

（1）膜的基本性能

目前用于膜生物反应器的膜一般可分为有机膜和无机膜。有机膜主要类型有聚偏氟乙烯膜（PVDF）、聚砜膜（PS）、聚丙烯腈膜（PAN）和聚乙烯膜（PE）、聚四氟乙烯膜（PTFE）等。不同有机膜的特点见表 9.3。

⊡ 表9.3　不同有机膜的特点

膜材料	应用范围
聚偏氟乙烯膜（PVDF）	一体式膜生物反应器工艺
聚乙烯膜（PE）	一体式膜生物反应器工艺
聚砜膜（PS）	耐酸碱腐蚀、耐热、不易水解、寿命长，但亲水性差
聚丙烯腈膜（PAN）	耐光、耐溶剂、化学稳定、热稳定，具有较好的透水速度
聚四氟乙烯膜（PTFE）	耐酸碱腐蚀、耐热、高孔隙率、高拉伸强度

无机膜主要是陶瓷膜和不锈钢膜，耐压性、耐腐蚀性能极好，但价格较高、加工难、施工难，多应用于小型污水处理厂。

按照膜孔径大小又可以分为微滤（MF）、超滤（UF）、纳滤（NF）、反渗透（RO）等。这几种膜的技术特点见表 9.4。

⊡ 表9.4　典型膜材料的特点

膜类型	压差范围/kPa	孔径范围/μm	功能	截留组分
微滤（MF）	100	0.1～10	去除悬浮颗粒、细菌、部分病毒及大尺度胶体	饮用水去浊，中水回用，纳滤或反渗透系统预处理
超滤（UF）	100～1000	0.002～0.1	去除胶体、蛋白质、微生物和大分子有机物	饮用水去浊，中水回用，纳滤或反渗透系统预处理
纳滤（NF）	500～1500	0.001～0.003	去除多价离子、部分一价离子和分子量大于 200Da 的有机物	脱除井水的硬度、色度，部分去除溶解性盐，工业物料浓缩
反渗透（RO）	$10^3 \sim 10^4$	0.0004～0.0006	去除溶解性盐及分子量大于 100Da 的有机物	海水及苦咸水淡化，锅炉给水，工业纯水制备，废水处理及特种分离等

膜的平均通量与膜种类、膜应用形式、膜的工艺过程及操作管理水平相关。通常平均通量大小依次是：反渗透＜纳滤＜超滤＜微滤。在 MBR 膜系统中，膜的工作水通量一般在 10～

100L/（m²·h）范围内，使用寿命在 3 年以上。

（2）膜材料的选择

膜的特性，比如孔径、孔隙率、表面电荷、粗糙度和亲（疏）水性等，会影响膜污染过程。孔径分布是影响膜污染的一个重要参数。在 MBR 和传统的膜分离工艺中，狭小的孔径的膜更不易发生膜污染。膜材料由于它们的孔径、形态和疏水性不同，通常表现出不同的污染倾向。在 MBR 用于处理城市污水时，聚偏氟乙烯（PVDF）膜比聚乙烯（PE）膜在防止膜的不可逆污染方面更优越。对于 MBR 来说，膜污染主要取决于污染物质和膜之间的吸附力。

膜材料分为有机膜和无机膜两类。无机膜主要有陶瓷膜和不锈钢膜，耐压性、耐腐蚀性能极好，但价格较高、加工难、施工难，多应用于小型污水处理厂。在 MBR 中使用不锈钢膜，发现不锈钢膜能获得更高的膜通量，同时，不锈钢膜也有可能成为处理高温污水的替换膜。但是，对大型的 MBR 污水处理厂来说，这些无机膜不是好的选择，因为它们的成本非常高。因此，无机膜可能只会在某些特殊的情况下使用，比如高温及一些工业废水的处理。

亲水性膜在实际应用中的膜污染小于疏水性膜。因此，为了减缓膜污染，对疏水性膜进行表面改性。经过聚乙醇胺在界面处交叉耦合亲水化处理后的微孔聚丙烯膜，对蛋白质的吸附能力减弱，因此可以减缓凝胶层的形成。通过 NH_3、CO_2 等离子处理，光诱导丙烯酰胺和丙烯酸接合聚合，对聚丙烯中空纤维微孔膜进行表面改性，结果表明经改性后膜的静态水接触角明显变小，过滤性能也变得更好，抗膜污染性能提高。

9.3.2 临界通量与膜通量（运行通量）

MBR 膜生物反应器的设计，一个主要问题是如何选择膜通量（运行通量）。膜通量的选择会关系到投资成本以及运行中的膜污染问题，较高的设计通量虽能够降低膜组件的投资成本，但是会造成严重的膜污染问题，从而提高了膜清洗频率和运行成本。同时，频繁的膜清洗操作也会影响膜组件的使用寿命。因此，膜通量的选择必须平衡膜生物反应器的可持续操作性与投资成本的关系。

Field 等在 1995 年提出了临界通量的概念，膜运行通量在临界通量以下时，透膜压力不会随过滤时间的延长而增加，透膜压力和通量保持良好的线性关系。膜运行通量超过临界通量，膜污染就会发生，透膜压力随过滤时间的延长而增加。临界通量依赖于错流速度、颗粒粒径和其他流体力学条件及被过滤介质的特性。

临界通量分为强式和弱式：强式临界通量是指低于该临界通量时，在不同通量下过滤混合液的透膜压力与该通量下过滤清水的透膜压力相同。弱式临界通量是指低于该通量时，在不同通量下，过滤混合液的透膜压力高于该通量下过滤清水的透膜压力，但是透膜压力和通量还能保持良好的线性关系。

理论上 MBR 膜处理工艺在临界通量以下，膜污染是可逆的，超过临界通量，一部分的膜污染变成不可逆的。临界通量随错流速度提高和污泥浓度的降低而升高。亲水膜的临界通量较高，并与膜孔径无关。但在膜生物反应器中，因为过滤介质是活性污泥混合物又有泡外聚合物等有机物污染，透膜压力只能在短周期试验中保持稳定，在临界通量以下，长期实验中，透膜压力会经历慢速上升阶段，在稳定一段时间后，会发生快速上升。MBR 膜处理工艺在临界通量下的膜通量（运行通量）需要运行动力特性与清洗技术保持一致。

在浸没式膜生物反应器中，多种因素会影响出水通量，运行动力特性方面如透膜压力、曝气速率、气体引发的两相流错流过滤的速率、膜的特性、生物相的过滤特性等；膜过滤的持久性以及膜污染的清洗技术，包括水反洗、气体反冲、间歇抽吸和化学彻底清洗也会影响膜的操作通量。

浸没式的膜生物反应器操作通量一般在 $5\sim30L/（m^2 \cdot h）$，在这种通量水平下通过每小时 $4\sim6$ 次，每次 $0.5\sim2min$ 的频繁反洗，每周一次 $10\sim30$ min 的大规模反洗，化学清洗的周期可以延长到 5 个月以上。在通量 $25L/（m^2 \cdot h）$ 以下，通过每小时 12 次，每次 $10\sim20s$ 的频繁反洗，每周一次 $10\sim30min$ 的低浓度的次氯酸盐反洗，化学清洗的周期可以延长到一年以上。膜通量、跨膜压差与化学清洗周期见表 9.5。

⊡ 表 9.5　膜通量、跨膜压差与化学清洗周期

参数	浸没式	侧流式
通量/（L/h）	5～35	60～80
操作压力/kPa	13～42	30～500
化学清洗周期/d	140	7～40

9.3.3　膜组件

单体膜有平板膜、管式膜和中空纤维膜，管式膜有内衬或外衬材料支撑，管式膜一般内径 $5\sim10mm$，中空纤维膜可有内或外衬材料加强，一般中空纤维膜内径 $0.3\sim1.5mm$。有时由多个单体组成膜构件（如双侧膜的平板，中空纤维膜束组成的管或帘），再由膜构件与框架组成膜组件，膜组件形式有板框式、螺旋卷式、管式、帘式等。这几种膜组件的对比见表 9.6。

⊡ 表 9.6　膜组件对比

项目	中空纤维帘式	管式	平板螺旋卷式	平板板框式
充填密度	高	低	中	低
清洗	难	易	中	易
压降	高	低	中	中
可否高压操作	可	较难	可	较难

工程应用较多的中空纤维膜通常采用帘式或管式，平板膜通常采用板框式或螺旋卷式；膜组件框架应耐污染和耐腐蚀，结构简单，便于安装、清洗和检修。膜组件的产水方式可采用水泵抽吸负压出水，也可利用静水压力自流出水，并能保持出水流量相对稳定。膜组件的出水管需设置化学清洗用的清洗液接口。

9.3.4　膜池

膜池是生物反应池中好氧的一部分，生物反应池容积由污泥负荷确定，好氧容积由好氧停留时间或硝化区容积确定，膜池容积由膜通量、膜组件形式确定。膜池的设计结合膜组件设计参数及试验确定。在无试验数据时，针对城镇污水，可按表 9.7 的参数选取。

膜池供气量由两部分组成：一是生物好氧反应所需的供气量，可根据活性污泥法计算；二是膜表面清洗（膜吹扫）所需的气量，由位于膜组件下部的曝气管产生的向上水和空气流清除膜表面污染物的试验确定。二者比较选大者。一般而言，膜池膜吹扫气水比（3～10）：1。膜池中膜组器顶部至池体最低水位的距离不少于 300mm，膜组器吊装架顶部高于池体常水位的 200mm，以方便吊装。

项目	膜组件膜面积 /(m²/套)	膜通量 /[L/(m²·h)]	MLSS /(g/L)	膜池水力 停留时间/h	膜面流速 /(m/s)	操作压力 /MPa
取值	500～3000	10～60	5.0～15.0	0.5～2	2～6	0.01～0.06

9.3.5 MBR 膜污染的清洗与控制

膜污染是 MBR 在运行过程中不可避免的现象，它直接影响到运行通量，缩短实际运行周期，降低膜的使用寿命，最终提高膜生物反应器的运行成本及管理费用。因此，膜污染的控制是 MBR 推广和应用的主要问题。

工程实际运行的膜污染控制包括两个方面：一方面优化反应器的结构和曝气，使死端过滤转化为错流过滤；另一方面是物理化学方法对膜进行清洗。

膜污染的影响因素主要包含膜的固有性质、污泥混合液的理化性质以及膜组件的操作条件3 个方面，因此，为了预防膜在使用过程中被污染而导致膜的分离效果变差，对这 3 个方面的优化设计有着至关重要的作用。

膜的固有性质的优选，包括膜材料如聚砜膜、纤维素膜和聚偏氟乙烯 PVDF，工程实践表明在使用相同的时间后 PVDF 膜组件的膜污染最轻；膜特性如膜孔径、粗糙度，还有膜的结构、孔隙率、亲疏水性、表面能、电荷性质等对膜污染都有一定影响。

活性污泥混合液理化性质如污水混合液中有机物组分是膜污染产生的直接来源，控制混合液中各组分的种类和比重对减缓膜污染有直接影响。其中，污染物的粒径与膜孔径比例接近 1时，是膜的透过性下降的最显著因素；混合液的黏度越大，膜的污染越严重。

在膜组件正常运行过程中，操作条件如温度、压力、流速、分离量、有无曝气和反冲洗周期等都很大程度地影响膜污染情况。其中，温度越高，流速越快，剪切力越大膜污染越轻。但在水处理过程中改变膜使用温度是不现实的；曝气量对消除膜污染产生的作用也较显著，但受到经济性的约束；反冲洗也是清除膜污染的有效方式；必要时需要在线进行化学清洗，一定周期后需要离线进行化学清洗。

（1）反冲洗

水或气力反冲是逆向将清水或膜-生物反应器的出水或无油气体反向打入膜中，利用水或气对膜面沉积物的反冲作用，去除部分附着在膜孔上的堵塞物及膜面上的部分沉积物，从而达到清除部分膜污染的效果，单独的水或气力反冲对膜的污染仅有一定的清洗效果。一般，反冲强度与滤过强度相当，反冲的操作方法为：停止抽吸泵，放置几分钟，用一定流量的清水或气反向注入膜维持数分钟。

（2）膜吹扫

膜生物反应器中膜吹扫是在膜的表面提供紊流并防止混合液中的悬浮固体（MLSS）在膜的表面浓缩达到延缓膜的污染速度而延长运行时间效果。膜吹扫是根据错流过滤理论对膜污染进行控制的一种方法，错流过滤理论认为，当膜面上的悬浮物在水流作用下以一定的速度运动时，悬浮物对膜面沉积物有一定的冲刷作用，并且悬浮物在运动过程中产生一种与沉积方向相反的惯性力，这种力能保持悬浮物不再沉积在膜面上，从而延缓膜污染过程，因此延长运行周期。

膜吹扫曝气上升气泡会引发水相的错流以减少膜污染，提高膜通量。气体流速、液体流速、透膜压力和进水浓度对气液两相流中膜通量都有较大影响。气液两相流可以分为气泡分散流、活塞流、搅动流、环流和雾流。在汽水比较低的时候，形成气泡分散流，活塞流发生在高气水比情况下，气泡发生碰撞和结合，形成活塞气泡，这种流型最有利于提高通量。有研究表明在气泡分散流和活塞流的情况下，渗透通量可提高达320%。

膜吹扫实质是将死端过滤转化为错流过滤，延缓膜的污染速度而延长运行时间。在运行模式中，膜吹扫虽然起到维护膜组件和减少膜污染作用，但曝气量过大会造成能耗太高，曝气量太小不利于膜组件的维护和正常的膜通量，确定最佳的膜吹扫曝气量是必要的。

膜吹扫分为连续曝气和间歇曝气，MBR初期膜都是连续曝气吹扫，现在MBR工艺大厂一般都采用间歇曝气吹扫，曝气开停比（3～10）∶1；膜吹扫气水比一般在3～15，相当于膜吹扫曝气强度在10～100m^3/（m^2·h）。

（3）开停时间比

开停时间比使指膜组器一个运行周期中开启时间与停止时间的比值。间歇出水作为一种控制膜污染的有效技术在膜生物反应器中被广泛应用。间歇出水是一种通过释放透膜压力和错流的自我清洗过程，在保持错流速度的情况下，有规律地停止出水，释放透膜压力，以减轻膜表面的污泥沉积现象。沉积的颗粒在没有透膜压力的作用下变得松散，可以被气液两相流带走。间歇出水对减轻滤饼造成的膜污染有效，但是对内部孔道污染没有明显作用。间歇出水一般应用于平板膜或中空纤维膜，特别是组件无法耐受反洗压力的平板膜。间歇出水的好处就是操作简单，无需额外的设备，可以节能等。对于连续出水膜分离过程来说，出水的水量与使用的膜面积和操作通量相关。在相同操作通量下，应用间歇出水，实际上比连续过滤出水的出水量低，为达到和连续出水相同的出水流量，间歇出水操作需要更大的膜面积而增加了膜生物反应器的投资成本。因此，必须考虑投资成本的因素。

Tanaka等报道了在高错流速度下，在停止过滤时，膜通量得到了很好的恢复。错流速度存在一个优化，过高或过低，通量都无法达到最佳。应用10min连续过滤4min停止过滤的循环方式过滤3h，最终的通量是连续过滤3h的3倍。10min连续过滤1min停止过滤的循环方式过滤，通量下降很明显。Kuruzovich等研究了间歇出水的循环：0.5～6min过滤，5～90s停止。在一个循环中，对于较长的连续过滤时间来说，较长的停止过滤时间是必要的。停止的时间越长，通量降低的程度越轻。

在间歇出水的循环中使用的开停比范围很大，连续过滤段达0.5～30min，暂停过滤段范围达0.2s～30min。比较常用的开停循环比例是：5～15min过滤，0.5～5min停止。

(4)碱洗（或氧化剂清洗）

膜面上的沉积污染物大部分是有机污染物，而清除有机污染物的最好方式就是碱洗（或氧化剂清洗），这里的碱洗指的是在线碱洗，碱洗方法与水力冲洗步骤相同，只是用碱液反冲代替自来水冲。

总的说来，碱液的浓度越大，清洗的效果越好。当然清洗效果与膜本身的污染程度有很大的关系，膜污染程度越大，浓度越低的碱液越没有效果。

同时，要使清洗效果显著，配液必须要有个基本的浓度，而碱液浓度过高，会使膜丝受到伤害，严重影响膜的寿命。从经济与实用角度出发，碱液浓度为0.2%～2%。

（5）酸洗

碱洗后膜丝上呈黄褐色，这是由于水中含铁离子，碱洗后溶出大量的铁离子氧化物及氢氧化铁化合物，它们沉积在膜丝上所以呈现出黄褐色。再采用酸洗的方法，能将铁离子化合物去除，碱洗＋酸洗的膜丝与新膜的颜色接近。

（6）联合清洗

全流程基本清洗方式为：水力反冲→碱洗→水力反冲→空曝气→酸洗→气反冲。空曝气即曝气而停止抽吸泵；酸洗、碱洗、水反冲、气反冲的操作步骤基本一致，区别是反洗的介质分别为 HCl 溶液、碱液、水和气；碱洗、酸洗要求在 30min 内注入，静置 90min，系统才可重新启动。气反冲一般控制气量在 $0.1\sim1.2m^3/(m^2\cdot h)$，时间为 $2\sim5min$。

（7）在线清洗

① 可通过在线监测跨膜压差进行，清洗液一般为次氯酸钠溶液，浓度 $300\sim5000mg/L$；

② 定期设定清洗时间。可选择一周进行 $1\sim2$ 次低浓度清洗，或一个月进行 $1\sim2$ 次高浓度清洗，如，每周进行 $1\sim2$ 次 $300\sim1500mg/L$ 的次氯酸钠溶液清洗；每月进行 $1\sim2$ 次 $3000\sim5000mg/L$ 的次氯酸钠溶液清洗。

药量计算：每平方膜面积使用量一般大于 2L，再加上管路内部充满需要量。

（8）离线清洗

膜在运行过程中，产生了污染，这些污染经过积累后，在线清洗的方式不能恢复过滤压差时需要进行体外清洗。一般在线清洗膜过滤压差不能恢复到 $20\sim60kPa$ 时进行化学清洗。

膜组件清洗药剂的种类和用量选择直接关系到膜组件质量的维持和运行成本的高低。因此，在 MBR 优化运行试验中确定膜组件维护和成本之间能够达到平衡的最优清洗药剂的种类和用量是必要的。

体外清洗的方法是最彻底的清洗方法，体外清洗一般先将膜片浸泡在碱液中（浓度为 0.3%），然后用水冲洗膜丝上的碱液后，再浸泡在酸液中（pH=1~2 的盐酸溶液或 1%~1.5% 的柠檬酸）。体外清洗的具体操作为：a. 将膜组件从反应器中提出来，拆下膜片；b. 用清水冲洗膜上的污泥及其黏附物；c. 将膜片浸泡在 0.3%~0.5% 的碱液次氯酸钠溶液中，一般至少 24h；d. 用清水冲洗膜片，将膜片上残留的碱液冲洗下来；e. 将膜片浸泡在 pH=1~2 的 HCl 溶液中，经过至少 24h；f. 用清水冲洗掉膜片上残留的酸液；g. 把膜片装入膜组件中，装入反应器中（也可将膜组件整体浸泡清洗）。

（9）长期停用浸泡

a. 当膜元件停止使用 30d 以上时，膜元件仍安装在膜池中； b. 将杀菌清洗液用循环泵打入膜池后低压循环清洗，洗后 1h 排掉； c. 配制 1%~1.5% 亚硫酸氢钠保护溶液，排空膜组件中的空气，将膜组件完全浸泡在保护液中； d. 每周检查一次保护液的 pH 值，当 pH 值低于 3.0 时，需更换保护液； e. 每月更换一次保护液； f. 在停机保护期间，系统处于不结冰状态，系统环境温度不得超过 45℃。

9.4　MBR 工艺系统运行与维护

9.4.1　膜组器运行条件

MBR 运行时过膜压差在 $0\sim35kPa$，超过 35kPa 的范围时一般需要进行化学清洗。MBR 长期运行条件下膜通量一般小于 $0.65m^3/(m^2\cdot d)$，过高的运行通量会加快膜污染进程，缩短寿命。新厂可采用投加活性污泥的方法快速提高膜池活性污泥浓度，投加活性污泥必须经过格栅过滤，避免对膜丝有害的物体进入膜池。停止曝气时或曝气量不能达到要求时，不能进行过滤。

9.4.2　膜系统调试

（1）单机调试

先检查各种设备的安装是否符合设计要求，特别是曝气池中的膜组件安装是否符合设计要求以及曝气管是否在同一个高程上，其误差不得超过设计规定值。然后按照设备说明书的规定，对各种设备进行空车调试，达到要求后方可转入下一步。

（2）清水联动调试

试车前应检查反应器池水位高度是否满足设计要求，观察反应器系统自动控制和其他机械设备的运行状况。

① 启动设备，应在做好启动准备后进行。操作前应在开关处悬挂指示牌。操作人员启闭电器开关，应按电工操作规程执行。

② 膜组件出水手动试运行，当反应池内水达到中水位时，手动开启出水泵并调节出水阀门，观察出水泵进口压力和出水口流量的变化。调节出水量至膜片设计清水最大出水量。

③ 系统自动控制运行调试，当系统进入自动运行状态时，系统自动完成进水、曝气、出水、消毒等程序，然后进行带负荷调试运行直至达到设计要求。

一般当反应池内活性污泥浓度超过 1500mg/L 以上时才开始抽吸出水，此时出水量控制在额定值的 1/3～1/2 左右，当反应池内污泥浓度超过 3000mg/L 时且出水水质达标后才可调整出水量达到额定值。

9.4.3　MBR工艺运行节能降耗措施

9.4.3.1　MBR工艺耗能特点

MBR工艺污水处理厂的主要耗能设备有膜擦洗曝气鼓风机、生化工艺曝气鼓风机、膜池产水泵、污泥回流泵、提升泵及各池体中的搅拌推流设施，不包括预处理、消毒和除臭单元。MBR工艺中，膜池能耗占全厂生产所需能耗的 30%～40%。

9.4.3.2　MBR工艺节能降耗优化措施

（1）膜材料与设备的优化

优先选用中空纤维膜结构形式的膜组件，可以节省 30%～50% 膜擦洗所需的空气量；提高膜通量和采取流量调节措施，减少膜组件使用数量，从而达到减少膜擦洗所需的空气量。

（2）膜组器的优化

膜吹扫设备选用合适的曝气器，增大单位气量的膜擦洗表面积，提高气体利用率，减少供气量；选择风量调节范围宽、效率高、维修量低的鼓风机；建议采用变频调速系统控制风量，减少机械磨损、降低能耗。

（3）膜擦洗方式的优化

采用脉冲曝气擦洗代替恒量曝气擦洗；采用脉冲曝气方式运行，在开/停曝过程中使膜表面沉积的污泥因曝气和扩张作用脱离膜表面，来控制膜污染程度，减少膜清洗频率；在曝气装置的空间布置上，要着重考虑微生物的生长代谢、污染物的降解和氧气消耗规律等，且在水流方向上遵循渐减曝气的原则。

（4）产水系统的优化

① 为防止膜表面堆积污泥的凝聚体和微粒子，减缓过膜压差的上升，应采用间歇抽吸运转。抽吸时间设定在 6～10min，停止时间在 2min 以上。停止时间在 2min 以下时，不能充分解除膜组件内部的负压，导致加速过膜压差的上升；具体开停比应通过试验确定。

② 根据膜组器的运行频率（开、停时间）、膜系统的处理流量和吸程选配合适的抽吸泵。每台抽吸泵可对应多个膜组器，且应配置备用抽吸泵；建议 4 台抽吸泵（含）以下备用 1 台，4 台以上时备用 2 台。

③ 定期对抽吸泵加注润滑油，更换盘根或检修，同时检查出水管路是否通畅。

（5） MBR 工艺的优化

① 优化内回流系统，MBR 工艺一般都有污泥回流和混合液回流，通过监测生化池内各池中的 COD、NH_3-N、NO_3^--N 等，确定适宜的回流比；在保证出水水质的前提下，减少回流量，进而减少总能耗。

② 将膜池泥水混合液回流至好氧池，相应降低该好氧池的鼓风曝气量，充分利用膜池的溶解氧，减少生化池供气量，从而降低曝气系统能耗。

③ 配置精确曝气系统，根据处理水质的实时情况进行曝气鼓风机的运行调度。

9.4.4　故障及排除方法

如果系统停止运转 1～3d 后再重新运转，应在风机运转 1d 后恢复活性污泥活性，再使系统处于自动控制状态，自动运行水泵出水。观察到膜组器内污水搅动程度显著减弱，需首先检查送风系统管路是否正常，如管路漏风、管路堵塞风量和风机系统故障等，确认无误后，检查膜组器的曝气管是否堵塞。观察到膜组器负压升高较大，出水量显著减少，需首先检查真空表的真空度是否正常。当跨膜压差比初期高 20kPa，排除其他原因，确定是膜表面堵塞时，应首先进行在线化学清洗。观察到 MBR 出水浊度升高，应首先检查膜组器的有关管路系统是否正常工作，特别是出水软管法兰连接口，再考虑检查膜组器内的膜组件。

9.4.5　水质管理与仪器维护

膜生物法污水处理工程需设水质检验室，配备检验人员和仪器，检验方法可参考《城市污水水质检验方法标准》的要求。膜生物法城镇污水处理工程污水正常运行检验项目与周期，可按《城市污水处理厂运行、维护及其安全技术规程》的规定执行。在线监测系统的运行维护按照《水污染源在线监测系统运行与考核技术规范》的规定设置管理。定期检测各生化池的溶解氧浓度和混合液悬浮固体浓度，当浓度值超出规定的范围时应及时调节曝气量。

（1）通用设备

① 对鼓风机和关键控制元器件（电磁阀、液位控制器）等通用设备进行日常维护，并进行周期性的保养和维护。

② 鼓风机应及时清洗进气口的滤网，同时应检查空气管路上阀门是否开启正常。

定期对水泵加注润滑油，更换盘根或检修，同时检查进水管路是否通畅。

（2）膜系统

① 膜系统运行前，须排除膜组件和出水管路中的空气。

② 当污水中含有大量的合成洗涤剂或其他起泡物质时，膜生物反应池会出现大量泡沫，此时可采取喷水的方法解决，但不可投加硅质消泡剂。

③ 膜生物反应池出水浑浊，应重点检查膜组器和集水管路上的连接件是否松动或损坏，如有损坏应及时更换，其次应检查膜断裂情况。

9.4.6　活性污泥的培养与驯化

活性污泥的培养和驯化，可间歇培养或连续培养。

（1）间歇培养

在生物反应池内接种一定量的活性污泥，开启鼓风机曝气，控制溶解氧在 2.0～2.5mg/L 范围内，随时检测溶解氧、pH 值、MLSS，用显微镜观察生物相变化，检测上清液化学需氧量达到设计去除率时，即培养出成熟的活性污泥。

（2）连续培养

微生物驯化培养：a. 通入污水达到高水位，同时开动风机。接种活性污泥以加快培养过程，并加入适量养料进行闷曝；b. 当反应池内污泥浓度超过 1500mg/L 并且活性污泥性状较好时开启抽吸泵并使其处在自控状态，此时出水量不要太大，控制在额定值的 1/3～1/2 左右。同时控制进水与出水量一致；c. 当反应池内污泥浓度超过 3000mg/L 以上时，且出水水质达标后才可调整出水量达到额定值；d. 通过接种污水处理厂的活性污泥使反应池初始污泥浓度为 1000mg/L 时，可以缩短微生物驯化培养时间 1/3～1/2 左右。

9.5　MBR 工程实例一

9.5.1　工程条件

（1）服务范围

该净水厂服务范围包括 8 个区域的全部污水及两个区域的部分污水。

（2）排水体制

规划新区全部采用雨污分流制，现状为合流制的老城区，改造采用雨污分流制；暂没有条件实施雨污分流改造的，采用截流式雨污合流制，逐步向雨污分流过渡。

近年以来，老城区大力实施小区雨污分流改造工程，大部分小区和单位已完成雨污分流改造，至 2015 年年底，服务区域内已基本实现完全分流制。

（3）工程规模

根据可研报告的详细分析论述最终形成结论，考虑到污水处理厂建设周期较长，为避免净水厂建成后，马上开始扩建工程，同时考虑整体分期的合理性，确定净水厂工程建设规模按 $2.0 \times 10^5 \text{m}^3/\text{d}$ 一次建成。

（4）进水水质

根据上阶段可研报告的详细分析论述最终形成结论，本项目进水水质如表 9.8 所列。

项目	BOD$_5$ /(mg/L)	COD$_{Cr}$ /(mg/L)	SS /(mg/L)	NH$_3$-N /(mg/L)	TN /(mg/L)	TP /(mg/L)	色度/倍	pH 值
污水水质	≤160	≤420	≤190	≤35	≤45	≤4.5	50	6~9
保证率(对应 2012 年水质)	85.7%	92.0%	89.1%	99.9%	—	90.9%	—	—
保证率(对应 2013 年水质)	92.4%	87.0%	90.3%	99.2%	—	95.6%	—	—
保证率(对应 2014 年水质)	94.9%	91.6%	96.9%	99.4%	—	94.7%	—	—

注：水温 12~25℃。

（5）工程建设目标

从可持续发展的战略角度出发，经济建设应与环境保护建设同步，污水处理设施也应与整个地区的发展同步。工程设计要通过采用可靠的工艺、先进的技术、优质的设备和方便的控制模式，进一步提升污水厂的设计品位，最大限度减小污水处理厂对周边环境的负面影响。本工程的建设总目标是：改善地区的水质与景观，保障水源水质安全，提高公众健康水平，改善投资环境，促进区域环境保护与经济协调发展，并最终达到污水综合治理以及环境综合整治的双重目标。

1）污水处理目标　根据《城镇污水处理厂污染物排放标准》、国家环保总局 2006 年第 21 号公告及《污水工程专项规划修编》以及可行性研究报告成果，净水厂出水排放执行《城镇污水处理厂污染物排放标准》（GB 18918—2002）一级 A 标准，详见表 9.9。

⊡ 表9.9　排放标准（一级 A 标准）

项目	BOD$_5$ /(mg/L)	COD$_{Cr}$ /(mg/L)	SS /(mg/L)	NH$_3$-N /(mg/L)	TN /(mg/L)	TP /(mg/L)	色度/倍	pH 值
排放标准	≤10	≤50	≤10	≤5(8)[①]	≤15	≤0.5	≤30	6~9

① 括号外为水温大于 12℃时的控制指标，括号内为水温小于等于 12℃的控制指标。

另考虑到污水处理厂排放标准正在修订，并参考国内其他城市新排放标准，本项目从尽量节能减排的角度出发，考虑在设计、运营时尽可能地使出水水质优于一级 A 标准，如 COD$_{Cr}$ 指标参考某省地方标准《水污染物排放限值》（DB44/26—2001）一级标准取 40mg/L；SS 参考某市地方 B 标准取 5mg/L 等。污水处理程度见表 9.10。

⊡ 表9.10　污水处理程度表

项目	BOD$_5$ /(mg/L)	COD$_{Cr}$ /(mg/L)	SS /(mg/L)	NH$_3$-N /(mg/L)	TN /(mg/L)	TP /(mg/L)	色度/倍	pH 值
进水	160	420	190	35	45	4.5	50	6~9
出水	10	50	10	5(8)[①]	15	0.5	30	6~9
处理程度/%	93.8	88.1	94.7	85.7(77.1)[①]	66.7	88.9	40.0	—

① 括号外为水温大于 12℃时的控制指标，括号内为水温小于等于 12℃的控制指标。

2）污泥处理目标　结合《污水工程专项规划修编》，确定本净水厂工程的污泥处理目标为：污泥处理以减量化为主：污泥经浓缩脱水处理后（污泥含水率≤80%），泥饼外运，并进行综合利用或合理处置。

3）臭气处理目标　根据本工程环评批复要求，本工程的废气经收集处理后由不低于 15m 的排气筒达标排放，恶臭排放标准执行《恶臭污染物排放标准》（GB 14554—93）中表 2 相关标准，厂界标准执行《城镇污水处理厂污染物排放标准》（GB 18918—2002）中相应标准。

4）环境保护目标　污水处理厂作为环保工程，设计中尽量减少污水处理厂本身对环境的负面影响，根据环评批复，本工程气味、噪声、固体废弃物等均应达到《环境空气质量标准》（GB 3095）二级标准及《工业企业厂界噪音标准》（GB 12348）Ⅱ类标准。

（6）厂区形式

本项目用地面积有限，周边规划居住区对环境要求较高，常规地面式污水处理厂难以满足要求，考虑采取地埋式污水处理厂。

从保护环境和节约投资两个方面出发，将主体构筑物置于地下，组团布置，以控制污水处理厂建设成本及运行过程中臭气污染等，而从节约投资和运行安全的方面考虑，将部分不构成污染的构（建）筑物置于地面，从而达到既保护环境又减小基坑面积，解决用地的双重功效。

地面覆土厚度越深，工程造价越高。本工程地面覆土控制在 1.5m 左右，既满足所有植株的种植土深需要，又可以满足建造人工湖、运动场所等。

9.5.2 污水处理工艺方案

9.5.2.1 污水水质及污染物去除工艺要求

根据本项目的进水水质和要求达到的出水指标，最佳的处理工艺是生物脱氮除磷工艺即二级强化处理工艺，之后采用深度处理工艺。

建设部、国家环境保护总局及科技部印发的《城市污水处理及污染防治技术政策》（建城 2000〔124〕号），对处理工艺选择政策为："处理能力在 $1.0 \times 10^5 m^3/d$ 以上的污水处理设施，一般选用 A/O 法、A^2/O 法等技术，也可审慎采用其他的同效技术，必要时也可选用物化方法强化除磷效果"。

国家计委、建设部颁发的《城市污水处理工程项目建设标准》（修订）（2001）对处理工艺的政策是"Ⅱ类及以上规模的污水厂宜采用鼓风曝气，并应尽量选用高效的鼓风机和配套曝气设备"。

根据国家城市污水处理技术政策，结合上述分析，采用 A/O 或 A^2/O 活性污泥法等生物脱氮除磷（即二级强化处理）工艺，可实现环境效益和经济效益的最佳统一。

9.5.2.2 本项目污水水质的特殊处理

（1）污水特性分析

以 2012～2014 年全年水质数据统计分析，BOD/COD 及 BOD/NH_3-N 统计，如表 9.11 所列。以 2013 年水质数据为例，2013 年全年城区污水水质监测资料显示： BOD_5/COD_{Cr} 比值大于 0.45 的天数计 78d，占比 21.3%；比值小于 0.45 且大于 0.3 的天数计 97d，占比 26.5%；比值小于 0.3 的天数计 191d，占比 52.2%；全年 47.8% 时间可生化处理， BOD_5/NH_3-N 值小于 3 的天数计 87d。

现状城区污水水质主要存在：a. 某一时段内污水可生化性差，不利于生物处理； b. 有时碳源严重不足，不能有效进行生物脱氮、除磷。

⊡ 表 9.11　污水水质统计分析（2012~2014 年）

年份	BOD/COD≥0.45	0.45>BOD/COD≥0.3	BOD/COD<0.3	BOD/NH_3-N<3
2012	32.6%	37.8%	29.6%	12.8%
2013	21.3%	26.5%	52.2%	23.7%
2014	20.8%	22.2%	57.0%	26.9%

（2）应对措施

针对现状城区污水水质特点，本工程拟采用如下对策。

① 采用水解工艺，用水解池取代传统的初沉池。水解能将污水中的非溶解态有机物截流，并逐步转变为溶解态有机物，将难生物降解物质转变为易生物降解物质，提高污水的可生化性，以利后续好氧生物处理。

② 备用外碳源，在进厂污水碳源不足时直接投加入生化池，同时考虑可以根据情况，将部分剩余污泥回流至水解池，通过水解污泥，来补充碳源，以减少外碳源的投量，增加操作的灵活性，选择性。

（3）碳源选择

污水处理厂常用的外加碳源主要有甲醇、乙酸及乙酸盐。甲醇作为反硝化碳源的优点是，投加量小，液态易于投加，相同投加量的条件下，产生的 BOD 最高，国内外应用最为广泛。但是甲醇是闪点低，属于甲类危险品，对于本项目来说，对消防带来极大的麻烦，因此本方案不推荐采用甲醇作为外加碳源。

乙酸作为碳源的主要问题是：投加量较大，低温时存在结晶问题，对工程应用影响较大，液态药剂存储较为麻烦。因此本方案不推荐采用乙酸作为外加碳源。

乙酸钠作为碳源的主要问题是：固态需要溶解，投加量大，对应产生的化学污泥量也大。考虑药剂的储存和安全、消防等问题，本方案推荐采用乙酸钠作为外加碳源。

9.5.2.3 污水处理方案比选

（1） MBR 技术

膜生物反应器（MBR）技术是膜分离技术和污水生物处理技术有机结合的产物，被逐渐认为是迅猛发展的水处理新技术，国内外较为广泛地应用于污水处理，是极具发展潜力的污水处理技术，北京已应用于城市污水深度处理。该技术的特点是以超滤膜、微滤膜分离过程取代传统活性污泥处理过程中的泥水重力沉降分离过程，由于采用膜分离，因此可以保持很高的生物相浓度和非常优异的出水效果。该技术具有以下优点和特点：

1）出水水质良好　能够高效地进行固液分离，出水水质良好、稳定，悬浮物和浊度接近于零，可直接回用。同时，与传统生物处理工艺相比，其生物相-活性污泥浓度提高了 2 倍以上，因此生化效率得到大大提高，出水水质好。

2）占地面积小　反应器内的微生物浓度高，大大提高容积负荷[可达 $2\sim5\mathrm{kgCOD/（m^3 \cdot d）}$]，减小了生化池容积。采用膜生物反应器一个处理构筑物，替代了传统污水处理工艺的曝气、二沉、混凝、过滤等多个处理构筑物，大大减少了对土地的占用。

3）剩余污泥排放少　有机负荷低、泥龄长，污泥产率低。

4）不受污泥膨胀的影响。

5）氨氮去除率高　有利于增殖缓慢的硝化菌的截流、生长和繁殖，氨氮去除效果好；

6）除磷效果好　污泥浓度高，可以直接进行脱水，避免传统工艺沉淀池和污泥浓缩池缺氧状况下磷的释放。以生化除磷为主，必要时可辅助化学除磷确保达标。可以直接将铝盐和铁盐投入生化池中，形成的磷酸盐沉淀几乎被膜全部截留，随剩余污泥排放，而传统的混凝过滤难以避免部分磷酸盐沉淀随 SS 带出。

7）抗水质冲击负荷能力强　由于具有很高的生物相浓度，因此抗冲击负荷的能力很强，尤其对于保证水质变化较大的城市污水处理设施的稳定运行，尤显重要。

8）生物相丰富　膜的高效截留作用，使微生物完全截留在反应器内，可以使得世代周期较长的微生物以及不易形成菌胶团的微生物得以富集和繁殖，可以在整个生物相内形成生物富集和共代谢作用，形成较为完整的微生物链，大大提高处理效率和系统的稳定性，而这在传统生化工艺中较为少见。

9）自动化程度高，运行管理简便。

10）模块化设计　由于膜生物反应器技术的模块化特征，生化池污泥浓度有很宽的可控范围，因此可以通过增加必要的膜组建模块，来应对处理水量的增长；

11）1+1＞2效应　由于采用超滤膜分离技术进行固液分离，不仅保障出水 SS 低，而且大大提高了生物反应器中的生物浓度和种群数量，特别是像硝化菌这类不易形成菌胶团的细菌被截留，使得生物降解效率得到提高。因此膜生物反应器不单纯是生物处理与膜分离技术的简单叠加，而是具有 1+1＞2 的效应。

（2）MBR 与传统工艺比较

以 $1.0 \times 10^5 \mathrm{m}^3/\mathrm{d}$ 市政污水处理厂为例，采用应用广泛的 A^2/O 工艺与 MBR 工艺进行对比，在处理后出水达到《城镇污水处理厂污染物排放标准》（GB 18918—2002）一级 A 标准的前提下，对比污水厂的用地情况。

1）工艺流程　如图 9.5、图 9.6 所示。

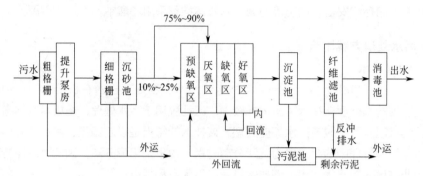

图 9.5　A^2/O 工艺流程框图

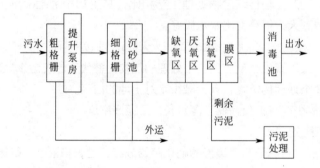

图 9.6　MBR 工艺流程框图

2）设计参数

① A^2/O 工艺设计参数

a. 水温（T）：最低 $T = 14{}^\circ\!\mathrm{C}$，最高 $T = 30{}^\circ\!\mathrm{C}$。

b. 污泥浓度（X）：3600mg/L。

c. 污泥负荷（L_s）：0.08kgBOD₅/（kgMLSS·d）。

c. 污泥负荷（L_s）：0.08kgBOD_5/（kgMLSS·d）。

d. 有效停留时间（HRT）：10.49h，其中预缺氧区 0.52h，厌氧区 1.05h，缺氧区2.70h，好氧区 6.22h。

e. 泥龄（SRT）：10d。

f. 回流比：内回流 100%～200%，混合液由好氧区末端回流到缺氧区始端。外回流

50%～100%，污泥由污泥池回流到预缺氧区始端。

② MBR工艺设计参数：

a. 水温（T）：最低 $T=14℃$，最高 $T=30℃$。

b. 污泥浓度，生化区 $X=5000～7000mg/L$；膜区 $X=6000～8000mg/L$。

c. 污泥负荷（L_s）：$0.07～0.10kgBOD_5/（kgMLSS \cdot d）$。

总有效停留时间为 7.43h，其中预缺氧区、厌氧区 0.99h，缺氧区 1.99h，好氧区为 4.45h，膜区有效停留时间 1.6h。

泥龄（SRT）：15～20d。

膜区污泥回流比 $R=100\%～300\%$，好氧区混合液回流比 $R=200\%～400\%$。

3）用地对比 经计算和厂区总体布置，两种方案用地情况如表 9.12 所列。可以看出，MBR 污水处理工艺在占地方面具有绝对优势。

⊡ 表9.12 MBR与其他工艺占地比较表（1.0×10⁵m³/d）　　　　　　单位：m²

工艺名称	A²/O	MBR
占地（正常布置）	6～9	2～3
占地（紧凑布置）	4.0	1.8

（3） MBR工艺与传统生化处理工艺综合对比

在达到《城镇污水处理厂污染物排放标准》（GB 18918—2002）一级 A 标准的前提下，传统的生化工艺以应用广泛，效果较好的 A²/O＋过滤为例，对 MBR 工艺与 A²/O＋过滤工艺进行综合对比，如表 9.13 所列。

⊡ 表9.13 膜生物反应器与传统工艺对比表

序号		对比项目	内容、含义	MBR 工艺	改良 A²/O＋过滤工艺
一、技术可行性	1	技术适用情况	水量水质的适应程度	迅猛发展的水处理新技术，国内外较为广泛地应用于市政、工业污水；对水质变化适应性强	国内外成熟应用的工艺；对水质水量变化有较好的适应性
二、水质目标	2	出水水质	满足排放标准	出水水质好且稳定，满足排放标准	出水水质好且稳定，满足排放标准
	3	外界条件适应性	气温、水温、进水水质变化对出水的影响	出水水质稳定，对外界条件的变化适应性好	出水水质稳定，对外界条件的变化适应性好
三、费用指标（按地下式紧凑布置考虑）	4	工程费用	土建、设备、安装费用	3.27 亿元	工程费 2.37 亿元
	5	经营成本	水、电、药费、运输、工资、修理	0.843 元/吨	0.622 元/吨
	6	MBR 膜更新费用	固定资产更新（MBR 膜）	进口膜（平均 8 年更换）：平均 700 万元/年，分摊吨水平均 0.192 元/吨；国产膜（平均 6 年更换）：平均 533 万元/年，分摊吨水平均 0.146 元/吨	无
四、工程实施	7	分步施工	分步实施难易程度	容易	容易
	8	施工	施工难易程度	一般	一般
五、环境影响	9	对周围环境影响	噪声及臭味	一般	一般
	10	污泥的影响	污泥产量大小	少	一般

序号		对比项目	内容、含义	MBR 工艺	改良 A²/O+过滤工艺
六、占地情况	11	厂区占地	正常布置	约 2～3hm²	约 6～9hm²
	12		紧凑布置	约 1.8hm²	约 4.0hm²
七、运行管理	13	运转操作	操作单元多少和方便性	流程短,操作简单	流程稍长,操作一般
	14	维护维修管理	维修工作量和难易程度	膜维护维修需要专业技术,其余设备维护简单	对专业技术要求不高,维护量一般

经技术经济比较,在满足同样处理标准的前提下,若采用膜生物反应器(MBR)污水处理工艺,则占地面积小,可减少征地拆迁面积,但能耗大、运行费用高。

9.5.2.4　推荐的污水处理工艺

(1)本项目污水厂建设需要考虑的实际问题

本项目厂址已被城市居民区包围,在污水厂的建设实施中,必然将会面临以下实际问题。

1)污水厂占地　随着城市化进程的加快,污水厂选址被城市居民区包围,土地价值很高,征地拆迁或投资管网引水至城郊新建都要付出昂贵代价。

2)高标准排放要求　由于环境治理排放标准日趋严格,污水厂升级运行几年后可能又面临为满足更高排放标准的升级,因此污水厂所采用的工艺和排放指标需要有一定的前瞻性。

3)再生回用　随着水污染严重和水资源短缺与经济可持续性发展的矛盾日益突出,许多国家已把水环境污染治理与水资源开发有机结合,战略目标由传统意义上的"污水处理、达标排放"转变为以"处理再生,资源化利用",污水处理厂已被"新生水厂"取而代之。推广再生利用既可补充城市水资源不足,又可减少污水排放对环境的继续污染,是促进水资源良性循环一举两得的优良措施。

4)对周围环境的影响　污水厂四面已被商业和住宅区环绕,在工程上要考虑臭气对环境的影响和外观与周围环境的协调性。

因此,考虑选择占地小、出水能满足高标准排放或回用要求的污水处理工艺技术,并在工程上考虑封闭除臭和景观建设是很必要的。

(2)选择的污水处理工艺

污水厂拟选址范围规划用地 4.94hm²,如果采用传统的生化工艺达到一级 A 标准,需要增加约 2～3hm²,基于现有用地情况,必将面临更大的拆迁。

针对本项目遇到的占地、污水排放和周边环境要求逐步提高的问题,借鉴国外污水治理技术选择理念(可行的最佳技术),选择膜生物反应器(MBR)污水处理技术。

9.5.3　污泥处理处置工艺

9.5.3.1　污泥处置方式的选择

在确定一个区域采用何种污泥处置方式之前,必须了解该区域内与污泥处置相关的各项设施情况。结合区域内的实际情况,在满足各项规范要求的前提下充分利用已有的资源,找出处置市政污泥最为经济合理的技术路线。

根据环评报告,本项目污泥经浓缩脱水后,采用密闭运输车辆外运至余杭污泥处置低能耗资源化利用项目进行综合处置利用,污泥出厂含水率不高于80%。

9.5.3.2 污泥处理工艺

污泥浓缩有重力浓缩、机械浓缩两种。

重力浓缩投资省，运行费用低，对污泥处理运行起到了良好的容积调节作用，利于污泥脱水机的运行；但重力浓缩效率低、占地面积大，浓缩池的臭气需要处理，增加了除臭设备的容量。采用重力浓缩会出现污泥中磷的释放，根据新的《室外排水设计规范》，采用生物除磷污水处理工艺的剩余污泥不应采用重力浓缩，故在设计时取消浓缩池，将重力浓缩、机械脱水方案改为一体化机械浓缩脱水。

目前常见的浓缩脱水机有带式脱水机和离心式脱水机两种，它们的比较列于表9.14。从表9.14可以看出，两种机型均可，从操作环境、冲洗水用量、管理、占地等方面考虑，应选离心机，但其设备价格较高和装机容量较大。从能耗、运行费用以及投资等方面考虑，应选带式机。本方案考虑到环境和占地因素，推荐采用离心脱水机。

⊡ 表9.14　污泥浓缩脱水带机与离心机技术经济比较表

项目	带式脱水机械	离心式脱水机械
操作环境	较差，需设排气罩或考虑除臭措施	较好
噪声	小	较大[78dB(A)]
出泥干度	15%～20%	20%～25%
反冲洗水	水量比较大，需设加压泵连续冲洗	只需开停机时清洗，无需加压
总装机容量	23kW	80kW
设备费	20万美元/台	26万美元/台
占用场地	较大	较小
维护管理运行费用	低	稍高

9.5.4　尾水消毒方案

为了有效地保护水域，防止传染性病原菌对人们的危害，降低水源的总大肠菌群数，一般来说，对污水处理厂出水进行消毒是十分必要的。

9.5.4.1　尾水消毒方案比较

各种消毒技术比较见表9.15。

⊡ 表9.15　各种消毒技术的比较

类型	液氯	含氯化合物	臭氧	过醋酸	紫外线照射	热处理	膜过滤
应用范围	自来水和各种废水	自来水和各种废水	饮用水和游泳池水	各种废水	自来水和经二级或三级处理的废水	医院、屠宰场等含病原菌的污水	饮用水和特种工业用水
应用国家	各界各国	法国	北美	英国	北美和欧洲	德国	英国、澳大利亚、德国
优点	工艺成熟、处理效果稳定，设备投资和运行费用低	处理效果稳定，设备投资少，对环境影响较液氯小	占地面积小，杀菌效率高，并有脱色和除臭效果，对环境影响小	占地面积小，杀菌效率高，并有除臭和控制污泥膨胀的效果	占地面积小，杀菌效率高，危险性小，无二次污染	杀菌彻底	可过滤其他杂质，无危险性，无副作用
缺点	占地面积大，有潜在危险性和二次污染	占地面积大，运行费用比液氯高，有二次污染	设备投资大，运行费用高	运行费用高	设备费用高，运行费高，灯管寿命短，受水质影响大	能耗大，操作复杂	效果不稳定，操作复杂，运行费用高
基建投资	中	低	高	低	高	高	高
运行费用	低	中	高	高	较高	高	高

9.5.4.2 推荐的消毒方案

膜过滤本身就是一种消毒方法，超滤膜过滤可去除细菌高达 99.99％～99.9999％。本方案 MBR $0.05\mu m$ 超滤膜能有效截留绝大部分细菌（一般 $0.2\sim50\mu m$），部分病毒，出水可直接达到粪大肠菌≤1000 个/L 的排放标准。

紫外线消毒，可以彻底杀灭引起疾病的细菌及病毒，不会在水中加入或残留任何有伤害性的化学物质，安全性也较好。MBR 出水 SS 接近于零，浊度很小，一般低于 1NTU，透光性好，紫外线容易穿透，适合用紫外消毒方法。因此，为了彻底杀灭引起疾病的细菌及病毒，安全起见，本方案仍考虑紫外线消毒设备把关。

回用水部分采用次氯酸钠消毒，考虑到本工程尾水需经过长达 11km 的尾水排放管排入江，根据城市杂用水水质标准规定中水余氯的要求，本工程回用水部分只能采用氯消毒工艺。结合 MBR 工艺膜清洗氧化药剂使用次氯酸钠的情况，同时考本工程的特点，考虑采用含氯化合物次氯酸钠消毒。

9.5.5 除臭方案

城市污水中会有氨气、甲硫醇、硫化氢、甲硫醚、三甲胺等化合物，这些物质在污水输送和处理过程中会散发恶臭，影响人们身心健康。因此，污水处理设施应设置良好的除恶臭措施。

9.5.5.1 臭气来源及主要成分

本工程污水处理设施中臭气的来源与臭气浓度如表 9.16 所列。从表 9.16 中可看出，臭气浓度较大的地方主要是污水前处理部分（格栅、沉砂池），是除臭的重点；曝气池负荷低，要求不高的厂可不考虑除臭措施。本工程以不影响周围环境为重，对所有臭气源均考虑封闭除臭。几种主要臭气的成分如表 9.17 所列。

▣ 表 9.16　臭气的来源与臭气浓度

序号	名称	臭气浓度/(OU/m^3)	波动范围/(OU/m^3)
1	进水	3000	2500～3500
2	格栅	3500	3000～4000
3	沉砂池	4000	3000～4500
4	生化池及 MBR 池	3500	3000～4000
5	生污泥存放	5500	4000～6000
6	离心污泥脱水室	2000	1000～3000
7	污泥脱水滤液	4000	3000～5000

▣ 表 9.17　主要臭气成分表

化合物	典型分子式	特性
胺类	$CH_3NH_2(CH_3)_3N$	鱼腥味
氨	NH_3	氨味
二胺	$NH_2(CH_2)_4NH_2NH_2(CH_2)_5NH_2$	腐肉味
硫化氢	H_2S	臭鸡蛋味
硫醇	$CH_3SH\ CH_3SSCH_3$	烂洋葱味
粪臭素	$C_8H_5NHCH_3$	粪便味

9.5.5.2 推荐的除臭方案

目前，国内污水处理厂常用的除臭方法主要采用水清洗法、活性炭吸附法和填充式微生物脱臭法3种，它们的除臭效果明显。而土壤除臭法效果不稳定，离子法成本高不适于大气量，O_3 氧化法成本偏高，管理复杂，燃烧法最好与消化产生的沼气一起燃烧才经济。在水洗法、活性炭吸附法和微生物脱臭法中，最经济有效的是微生物脱臭法。

本方案中产生臭气的主要地方是预处理区和泥处理区，包括细格栅渠和沉砂池、脱水间，为重点除臭区域，设计换气频率不低于2h一次。生化池虽然臭气浓度不高，但气量较大，对场内外环境造成潜在不良影响，也一并考虑除臭。为便于管理，有组织排放，本方案考虑生物除臭集中处理，达标后高空排放。

9.5.6 污水处理厂设计方案

9.5.6.1 总体方案

（1）工艺流程设计

根据上一节分析，并结合本项目特点，确定污水、污泥处理工艺流程如图9.7所示。

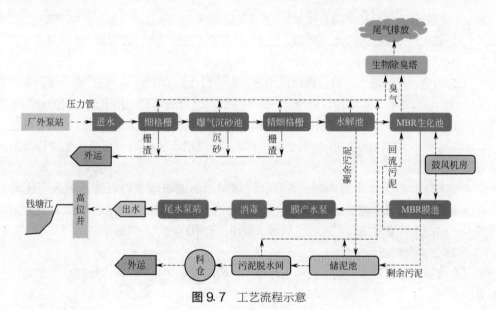

图9.7 工艺流程示意

（2）厂区总平面图布置

1）设计原则

① 按照城市规划和厂外污水管网规划，实现无缝衔接。

② 按照国土规划部门所提供的用地规划设计条件进行平面规划设计。

③ 提高厂区绿化率，地面建设湿地公园式，总平面布置满足消防要求。

④ 功能分区明确，构筑物布置紧凑，优化总图布置。

⑤ 处理工艺流程力求简短、顺畅，避免迂回重复。

⑥ 变配电中心布置在既靠近进线，又靠近主要用电负荷处，以便降低能耗。

⑦ 地面上交通顺畅，便于管理。

2）功能分区

在首先满足工艺流程简洁，顺畅的前提下，整个厂区基本上按功能分区分为厂前区（地面层）、处理区（地下层）、深度处理区（地面层）。厂前区即为整个厂区的地面层，设有综合楼、园林小景点等，营造一个舒适优美的办公环境。厂区地面上设置较多的绿化，形成良好的景观环境。

① 在首先满足工艺流程简洁，顺畅的前提下，整个厂区基本上按功能分区分为厂前区（地面层）、处理区（地下层）。厂前区即为整个厂区的地面层，设有综合楼、园林小景点、康体设施等。

② 由于周边城市环境对污水厂要求高，要求建成环境友好型、花园式的污水处理厂，需要按照真正生态型标准建设，因此整个厂区除采用除臭处理来保证办公环境和周边居住环境外，还将处理构筑物全部采用地下式设计，上部覆土绿化，以保证厂区变成城市花园景观。

③ 厂区采用半透围墙，沿墙设绿化带，综合楼周围进行重点绿化，采用树篱、花坛、喷水池及建筑小品进行立体布置，力求在有限的场地内创造出赏心悦目清心怡人的环境。厂区绿化以草坪为主，在草坪中种植姿态优美的乔木、花、灌木、松、竹之类植物，加以点缀，使环境更显优美明快。

④ 地下层工艺平面布置力求合理紧凑，用地较省，工艺流程通畅，可节省运行费用。并充分考虑地下层与地上层及周边道路交通出入的合理衔接。

3）厂区道路

为便于交通运输、消防、设备的安装维护，厂区交通分为地下、地下部分。地下层可从厂区南北侧两个进出口出入。地上可从东湖路进入。主要道路宽度及转弯半径设置均满足交通需求。

4）厂区管线

① 工艺管道：厂区进水来自总泵站压力出水管，管径为 $DN1800$。进厂管设置流量控制装置，多余污水进入其他污水处理厂处理。厂区内主要工艺管线均利用地下负二层的管沟敷设，处理后的尾水除再生水回用部分外，其他均通过泵站排至厂外尾水排放管，经高位井排江。

② 厂区给水：厂区给水来自于周边供水干管。厂区给水主要用于生活、生产，消防用水采用厂内中水供给。

③ 厂区排水：厂区排水为雨污分流制，厂区雨水由道路雨水口收集后汇入厂区雨水管道，并自流排入市政雨水管道；厂内生活污水、生产污水、清洗水池污水、构筑物放空水、上清液等经厂内污水管道收集后汇入地下层污水泵井，与进厂污水一并处理。

5）厂区主要用地指标

总平面布置详见附图。规划控制污水处理厂征地面积 4.94hm^2，污水处理厂主要经济技术指标见表 9.18。

⊡ 表 9.18　主要经济技术指标表

序号	名称	单位	数量
1	总用地面积（征地面积）	m²	49419.97
2	规划用地面积	m²	49419.97
3	总建筑面积	m²	82491.84
4	计容建筑面积	m²	4701.27
5	不计容建筑面积	m²	77790.57
6	地面建构筑物基底面积	m²	2959.47
7	容积率	%	10
8	建筑密度	%	5.99
9	绿地面积	m²	15737.29
10	绿地率	%	31.84
11	围墙	m	1513

（3）厂区高程设计

1）竖向设计一般原则

① 与上游构筑物水流衔接要适当，既保证污水处理厂运行安全，同时避免浪费水头。

② 污水经提升后能自流流经各处理构筑物，尽量避免多次提升，以节省能源。

③ 保证场地的安全免受洪涝灾害影响，防洪标准不低于当地城市防洪标准。

④ 针对厂区地质地貌尽量做到挖填土方平衡，降低基础处理费用，节省投资。

⑤ 场地标高与周边道路衔接顺畅，易于进行交通组织。

2）厂区高程设计

① 防洪水位：根据《新城重点建设区域水利专项规划》（报批稿），本项目所在位置防洪设计标准为 50 年一遇，洪水位 5.30m，河道常水位基本维持在 3.10m 左右。

② 设计地平标高：污水处理厂厂址现状主要为农田，部分涉及居民住宅，现状地面标高 4.3～5.2，周边现状道路标高约 4.9，综合考虑土方平衡、防汛排涝、城市规划路网以及城市规划竖向高程等诸多因素，确定厂区设计地面标高为 6.0m。

③ 地下处理区标高：根据地上湿地覆土要求及地下各处理构筑设备吊装维护运行要求，确定本项目地下处理区覆土 1.5m，地下处理区地面标高 −1.00m，结构高度约 5.5m，地下负二层（主要为综合管廊）地面标高 −8.15m，结构高度 7.15m。

④ 构筑物设计高程：经计算，进水泵房之后经过预处理、水解池、生化及膜池的厂内构筑物水头损失约 3.1m，污水从膜池以泵提升并经消毒池处理后排出。

⑤ 为满足地埋式污水厂竖向布置要求，细格栅进水水面标高确定为 0.70m，后续构筑物根据细格栅渠标高和水头损失依次计算确定。

9.5.6.2　主要建（构）筑物工艺设计

（1）孔板细格栅

细格栅及沉砂池主要是去除污水中颗粒较大的砂粒和无机物，以防在后续的处理构筑物中沉积和堵塞管道，减少机械磨损。

① 功能：截除污水中较小漂浮物和悬浮物，以保证生物处理及污泥处理系统正常运行。

② 主要设计参数：细格栅设计规模 $2.0 \times 10^5 \mathrm{m^3/d}$；峰值系数 $K_z = 1.3$；过栅流速 $v = 0.6 \sim 0.8 \mathrm{m/s}$；穿孔孔径 $D = 4 \mathrm{mm}$；栅前水深 $h = 1.8 \mathrm{m}$；最大过栅水头损失 $\Delta h = 0.3 \mathrm{m}$。

③ 土建尺寸及结构形式：1 座，共设 4 条格栅廊道，钢筋混凝土结构，与曝气沉砂池合建。尺寸 $B \times L \times H = 14\mathrm{m} \times 16\mathrm{m} \times 3.0\mathrm{m}$。

④ 主要设备：细格栅均采用板式格栅除污机，4 台。单台格栅最大过流量 $Q = 750 \mathrm{L/s}$，穿孔孔径 5mm，配用电机功率 1.1kW，垂直安装；格栅配套设超声波液位差计。每 2 台细格栅作为一个单元合用 1 根不锈钢溜槽将冲洗掉的栅渣输送到栅渣清洗压榨一体机。共设 2 套 $N = 2.0 \mathrm{kW}$ 的栅渣清洗压榨一体机。每台细格栅前后分别各设 1 道 $B \times H = 1.5\mathrm{m} \times 2.7\mathrm{m}$ 的钢闸板，以方便格栅的检修。为了收集臭气，渠顶加盖板密闭，臭气收集后集中处理。

⑤ 运行方式：根据格栅前后水位差或预设时间自动清渣和压渣，栅渣通过栅渣清洗压榨一体机自动送至渣斗再装车外运。清洗压榨一体机与细格栅联动。

（2）曝气沉砂池

① 功能：去除污水中相对密度大于 2.65、粒径≥0.2mm 的砂粒，使无机砂粒与有机物分离开来，便于后续生物处理，同时兼顾去除泡沫渣、除油。

② 主要设计参数：设计规模 $2.0 \times 10^5 \mathrm{m}^3/\mathrm{d}$；峰值系数 $K_z = 1.3$；停留时间 4.8min；水平流速 0.10m/s；曝气量 $0.2\mathrm{m}^3$ 空气/m^3 水；排砂量 $6\mathrm{m}^3/\mathrm{d}$，约 9t，气提排砂。

③ 土建尺寸及结构形式：1 座，分 2 格，钢筋混凝土结构，与细格栅渠、精细格栅渠合建，尺寸 $B \times L \times H = 12\mathrm{m} \times 19\mathrm{m} \times 6\mathrm{m}$。

④ 主要设备：桥式刮砂机 2 台，$B = 5.3\mathrm{m}$，$H = 6.0\mathrm{m}$，$N = 0.55\mathrm{kW} + 0.55\mathrm{kW}$；电动撇渣管 2 台，$L = 10.2\mathrm{m}$，$N = 1.0\mathrm{kW}$，与撇渣管联动运行；气提排砂泵 2 台，$Q = 28\mathrm{m}^3/\mathrm{h}$，$H = 10.0\mathrm{m}$，$N = 3.1\mathrm{kW}$，固定式带搅拌头；砂水分离器 1 台，$Q = 43 \sim 72\mathrm{m}^3/\mathrm{h}$，$N = 0.37\mathrm{kW}$，与气提排砂泵联动运行；罗茨鼓风机 3 台，2 台使用 1 台备用，$Q = 16.1\mathrm{m}^3/\mathrm{min}$，$P = 4.0\mathrm{mH_2O}$，$N = 18.5\mathrm{kW}$。

（3）孔板膜格栅

① 功能：进一步截除污水中较小漂浮物、悬浮物、丝状物等，以保证膜系统正常运行。

② 主要设计参数：细格栅设计规模 $2.0 \times 10^5 \mathrm{m}^3/\mathrm{d}$；峰值系数 $K_z = 1.3$；穿孔孔径 $D = 1\mathrm{mm}$；栅前水深 $h = 3.0\mathrm{m}$；最大过栅水头损失 $\Delta h = 0.4\mathrm{m}$。

③ 土建尺寸及结构形式：1 座，共设 6 条格栅廊道，钢筋混凝土结构，与曝气沉砂池合建。尺寸 $B \times L \times H = 16.0\mathrm{m} \times 17.5\mathrm{m} \times 9.4\mathrm{m}$。

④ 主要设备：板式膜格栅除污机，6 台。单台格栅最大过流量 $Q = 600\mathrm{L/s}$，穿孔孔径 1mm，配用电机功率 1.5kW，垂直安装；格栅配套设超声波液位差计。膜格栅合用 1 根不锈钢溜槽将冲洗掉的栅渣输送至栅渣螺旋压榨一体机。螺旋压榨一体机共设 2 套，单台 $N = 3.0\mathrm{kW}$。每台细格栅前后分别各设 1 道 $B \times H = 1.5\mathrm{m} \times 2.9\mathrm{m}$ 的电动渠道闸门，以方便格栅的检修。为了收集臭气，渠顶加盖板密闭，臭气收集后集中处理。

⑤ 运行方式：根据格栅前后水位差或预设时间自动清渣和压渣，栅渣通过螺旋压榨一体机进行固液分离后送至渣斗再装车外运。螺旋压榨一体机与细格栅联动。

（4）水解池

1）功能　水解池的作用是利于厌氧水解原理将原污水中不易生化的长而大的分子链断链为短而小的分子链，可供微生物代谢，以提高污水的可生化性。水解酸化-好氧生物处理工艺中的水解目的主要是将原有废水中的非溶解性有机物转变为溶解性有机物，特别是工业废水，主要将其中难生物降解的有机物转变为易生物降解的有机物，提高废水的可生化性，以利于后续的好氧处理。

2）主要参数　设计规模：$2.0 \times 10^5 \mathrm{m}^3/\mathrm{d}$；峰值系数 $K_z = 1.3$；最大流量时水力停留时间 6.0h；

COD 容积负荷 1.29kgCOD/$(\mathrm{m}^3 \cdot \mathrm{d})$；初沉污泥量 8.1t DS/d。

去除率：$\mathrm{COD_{Cr}}$ 去除率 30%，SS 去除率 30%，不考虑氨氮、总氮及总磷去除。

3）土建尺寸及结构形式　共设 4 组，每组池尺寸 $B \times L \times H = 33.75\mathrm{m} \times 67.5\mathrm{m} \times 8\mathrm{m}$，有效水深 6.5m，钢筋混凝土结构。

采用上流式耦合水解反应器，构造自上而下依次分为出水收集区、配水区、沉淀耦合反应区、污泥反应区、布水区。上部配水区通过配水软管与底部布水区相连；沉淀耦合反应区以倾斜平板填料促进泥水分离，同时作为微生物载体为世代周期长的微生物创造条件，丰富微生物相；沉淀区与污泥反应区无物理隔离。本装置解决了现有装置的配水不均匀、处理效率低、易堵塞，反应器构造复杂的问题，且占地少、投资省。

4）主要设备

① 剩余污泥泵 12 台，$Q=50\mathrm{m}^3/\mathrm{h}$，$H=20\mathrm{m}$，功率 5.5kW。

② 叠梁闸 2 台，规格 $B\times H=1600\mathrm{mm}\times1400\mathrm{mm}$，闸门洞口采用覆面镀锌钢盖板覆盖。

③ 布水器 108 套，规格 $\phi1300\mathrm{mm}\times700\mathrm{mm}$，$30\sim50\mathrm{m}^3/\mathrm{h}$，配套布水帽和布水软管。

④ 平板填料 720 套，$L\times W\times H=3\mathrm{m}\times1.7\mathrm{m}\times1.5\mathrm{m}$ 间距 300mm，倾角 60°。

（5）生化池

1）功能　去除污水中可生化降解的大部分污染物，是污水处理厂的核心处理构筑物。为确保除磷效果，可以考虑在好氧区投加化学药剂，采取化学辅助除磷的措施，以保证磷的达标排放。

2）主要设计参数

① 设计水温：最低 $T=12℃$，最高 $T=28℃$。

② 污泥浓度：$X=3\sim6\mathrm{g/L}$。

③ 污泥负荷：生化区 $0.07\sim0.1\mathrm{kg\ BOD}_5/（\mathrm{kgMLSS}\cdot\mathrm{d}）$。

④ 污泥龄：$17.5\sim25\mathrm{d}$。

⑤ 总有效停留时间为 11.62h，其中厌氧区 1.32h，缺氧区Ⅰ区 1.32h，好氧区 5.28h，缺氧Ⅱ区 3.2h，膜区 1.5h。

⑥ 生化池设塔式曝气器充氧，生化池平均供气量 $903\mathrm{m}^3/\mathrm{min}$，平均气水比 6.5∶1。

⑦ 膜区至好氧区回流比 $R=200\%\sim400\%$，好氧区至缺氧区混合液回流比 $R=50\%\sim200\%$。

⑧ 生化池计算剩余污泥量为 26tDSS/d，剩余污泥含水率 99.2%。

3）土建尺寸及结构形式　生化池共分 4 组，钢筋混凝土结构，并联运行，有效水深 6.0m。

单池平面轴线尺寸 $B\times L\times H=33.75\mathrm{m}\times135\mathrm{m}\times7.15\mathrm{m}$。

4）主要设备

① 塔式曝气器约 17222 只，单只曝气量 $2.0\sim6.0\mathrm{m}^3$ 空气/（h·个）。

② 潜水推流器：$\varphi2300\mathrm{mm}$，16 台，$P=1.5\mathrm{kW}$；$\phi2300\mathrm{mm}$，32 台，$P=2.5\mathrm{kW}$。

③ 混合液回流泵（穿墙泵）　10 台，单台设计流量 $Q=580\mathrm{L/s}$，扬程 $H=0.9\mathrm{m}$，功率 $P=9.5\mathrm{kW}$；单池 2 台，其中 1 台变频，共 4 池，库备 2 台，回流污泥量 $50\%\sim200\%$。

④ 外回流污泥泵（穿墙泵）　14 台，单台设计流量 $Q=780\mathrm{L/s}$，扬程 $H=1.0\mathrm{m}$，功率 $P=15\mathrm{kW}$；共 4 组，每组 2 用 1 备，回流污泥量 $200\%\sim400\%$。

⑤ 剩余污泥泵 4 台，单台设计流量 $Q=205\mathrm{m}^3/\mathrm{h}$，扬程 $H=10\mathrm{m}$，功率 $P=15\mathrm{kW}$。

（6）MBR 膜池及膜设备间

膜池清水区中安装浸没式超滤膜组器、采用抽真空系统在产水管内形成负压，利用虹吸原理使膜池清水区的原水透过中空纤维膜丝，收集到产水管中。浸没式超滤附属设备由进水及产水单元、气水反洗单元、化学清洗单元、中和单元、压力检测及阀门供气单元组成，每一个子单元由相关的构筑物、设备、阀门、仪表、管道管件组成。

1）进水及产水单元

① 功能　膜池是本系统设计的重要单元，其他附属工艺单元的操作，均以膜池为核心，完成各自工艺功能。浸没式超滤膜系统通过产水泵在中空纤维膜内部形成真空。处理的水就通过超滤膜的孔径进入到了中空纤维内部的主通道，然后通过产水泵进入清水池。

② 主要设计参数

膜分离区污泥浓度 MLSS＝6.0～8.0g/L。

膜池：有效水深 4.5m，共 20 个廊道，每廊道 8 个膜位，安装 8 组膜。

膜组器：PVDF 材质，双层模架设计，平均通量为 20L/（$m^2 \cdot h$）。膜在线清洗采用次氯酸钠或柠檬酸原位清洗，膜离线清洗时放空单格池体原位柠檬酸清洗。

吹扫风量：膜区设穿孔管曝气吹扫，吹扫风量为 842m^3/min，风压为 5.4mH_2O。膜区气水比 6.0：1。

③ 主要设备　膜组件 320 套，膜面积 1563.2m^2/套，中空纤维超滤膜，双层膜架设计。

2）反洗单元

反冲洗采用水反洗和气冲洗结合的方式。每个系列膜系统设置一套独立的反洗系统，包括反洗水泵及相关的仪表阀门管道。在反向水冲洗膜组器的同时，在组器下部进行曝气，利用曝气冲刷膜过滤表面。反洗主要作用是对膜滤装置中的膜元件进行反冲洗，降低膜元件的污堵现象，延长化学清洗的时间。

① 主要设计参数：反洗水量 1～1.5 倍产水量；反洗气量 842m^3/min；反洗频率 1 次/30～60min。

② 主要设备：产水泵 22 台（20 用 2 台库备），变频；单台设计流量 Q＝600m^3/h，H＝16m，N＝55kW；反洗水泵 3 台（2 用 1 备），变频；单台 Q＝600m^3/h，H＝16m，N＝22kW；真空发生装置 22 套（20 用 2 库备），含真空发生器、电磁阀及真空表等。

3）化学清洗及中和单元　当膜污染到一定程度时，需要就地采用化学清洗来恢复。化学清洗的药品采用次氯酸钠和柠檬酸，药品均存放在化学储药罐内。次氯酸钠主要用来氧化有机的污堵物。氢氧化钙用于中和清洗剩余的次氯酸钠和柠檬酸。加药系统包括化学清洗泵、加药泵、化学药剂储罐等。

维护清洗和恢复清洗后的清洗液不能直接排放，需经过中和系统处理后再处置。中和系统由中和池和加药泵组成。化学清洗废药液定期排放至中和池内，再往中和池注入还原剂及碱溶液，使废液与中和药剂在中和池内进行反应，反应达到设定值后，将废药液排放。

化学清洗单元设备布置于加药间。中和单元主要设备：pH 值调整加药泵 Q＝3m^3/h，H＝10m，N＝0.55kW，2 台，1 用 1 备；中和池排空泵 Q＝300m^3/h，H＝10m，N＝18.5kW，2 台（1 用 1 备）。

4）压力检测及阀门供气单元　膜完整性测试和气动阀的开关通过配套的空压机提供的压缩空气完成。

膜滤系统运行一段时间后，需要周期性地对膜组器及膜丝进行压力检测，确定膜元件膜丝的完整性，即断丝率；如测定的断丝率在设计值范围内，表明系统运行正常，可以继续产水；如测定值超过设计值范围，则需要对膜丝进行修补，或者返回厂内维修、更换。膜完整性测试和气动阀的开关均需要通过配套的空压机提供的压缩空气完成。本系统阀门供气空压机与压力检测空压机相同。

主要设备：空压机 3 台（2 用 1 备），单台排气量 2.5m^3/min，排气压力 0.75MPa，N＝15kW，配套 3 级过滤器；冷干机 2 台（1 用 1 备），单台 Q＝3.8m^3/min。

5）辅助生产单元　主要设备：电动葫芦 8 台，起吊重量 5t，起吊高度 9m，配长度 180mS 型工字钢轨道 2 条；电动单梁悬挂式起重机 2 台，起吊重量 3t，起吊高度 12m，配 70m U 形工字钢轨道 4 条。

（7）尾水消毒

本项目尾水由两部分去向，一部分作为厂区生产回用水，其余的尾水通过产水泵直接提升至厂外尾水排放管，经高位井排至河道。

为了安全起见，本方案考虑紫外线消毒设备。设管式紫外线水消毒器，消毒设备安装于MBR设备间。

1）功能　采用灭菌效率高的低压高强度紫外光消毒，保证消毒效果。

2）设计参数　设计流量：$Q_{ave}=2.0\times10^5 m^3/d$，$Q_{max}=2.6\times10^5 m^3/d$，消毒剂量$20mJ/cm^2$。

3）土建尺寸及结构形式　管式紫外线消毒器，安装于膜区产水泵出水总管上。

4）主要设备　紫外管式消毒器，共8套，每套处理能力$Q=2.5\times10^4 m^3/d$，$N=17.5kW$。

（8）尾水提升泵站

1）功能　将经消毒后的尾水，加压排江。

2）设计参数　最大水量$2.6\times10^5 m^3/d$；最大压力18m。

（9）中水回用

1）厂区生产用水

① 功能：回用水主要用于细格栅、膜格栅、板框压滤机、厂区池体冲洗用水和厂区道路、绿化浇洒等用水；

② 设计参数：回用水量约$900m^3/d$；用水压力30～40MPa。

③ 主要设备：利用产水泵压力，尾水提升泵站吸水井水位7.5m，中水管直接在吸水井内取水，回用水采用气压给水设备，$Q=160m^3/h$，$H=40m$，配气压罐1套。

④ 气压给水设备根据泵坑液位信号以及回用水系统压力信号综合控制水泵启停，并采用先开先停、先停先开的方式轮换运行。

2）厂区景观瀑布用水

① 功能：增加厂区景观，并展示污水处理成果，形成亲水展示平台。

② 设计参数：回用水量约$1.5\times10^4 m^3/d$。

③ 主要设备：利用产水泵压力，尾水提升泵站吸水井水位7.5m，利用堰形成瀑布，并自流至厂区景观水体。

（10）加药间

加药间内的加药系统主要含碳源投加系统、辅助化学除磷药剂投加系统、膜清洗加药系统几个系统。

1）碳源投加系统

① 功能：补充碳源，满足生物脱氮除磷需要。投加计量泵根据进水流量信号调节投加量，按需投加。

② 设计参数：碳源40%乙酸钠；设计最大投加量180mg/L；投加点：每格生化池进水总管上，共计4个投加点。储罐容积按最大投加量的15天用量考虑。

③ 土建尺寸及结构型式：投加间尺寸$L\times B=6.5m\times5.3m$，层高5.2m，框架结构。

④ 主要设备：有效容积$V=80m^3$，储罐2个；投加计量泵2台，1用1备，$Q=1500L/h$，$P=3.5bar$、$N=1.5kW$。

2）辅助化学除磷药剂投加系统

① 除磷量：进水含磷量为4.5mg/L，生化段除磷率按65%计，生化段出水含磷约1.5mg/L，厂区尾水标准为0.5mg/L，则除磷量为1.0mg/L。

② 投加药物：PAC投加配制浓度10%，PAC加药量46mg/L，药剂加药量383L/h=

$9.2m^3/d$。

③ 投加设备：加药池容积设计为 $18m^3$，分两格，一天配药一次；加药泵：计量泵 2 台（1 用 1 备，互为备用）。单台参数 $Q=380L/h$，（$1bar=0.1MPa$；下同）。 $H=3bar$。控制要求：按流量计控制。储罐中液位到达低位时，停止加药泵。加药量根据实际运行需要调整。

3）膜清洗加药系统

① 投加药物：次氯酸钠、柠檬酸。

② 清洗工况

a. 原位浸泡离线清洗：每半年清洗 1 次；清洗药液调制浓度：次氯酸钠 $3000mg/L$，柠檬酸 1.0%。

b. 在线大清洗次数：每月清洗 1 次；清洗药液调制浓度：次氯酸钠 $2000mg/L$，柠檬酸 0.8%。

c. 在线小清洗次数：每周清洗 1 次；清洗药液调制浓度：次氯酸钠 $500mg/L$，柠檬酸 0.2%。

③ 膜清洗投药浓度： 10%次氯酸钠， 30%柠檬酸。

④ 药剂用量

a. 离线大洗第一廊道加药流量：次氯酸钠 $8000L/h$，柠檬酸 $8000L/h$。后续廊道浸泡液依次由前一廊道转用，补充 10%药剂。

b. 在线大洗加药流量：次氯酸钠 $3000L/h$，柠檬酸 $3000L/h$。

c. 在线小加药流量：次氯酸钠 $1000L/h$，柠檬酸 $1000L/h$。

（11）储泥池、脱水机房及料仓

1）功能　对含水率较高的剩余污泥进行浓缩脱水，得到含水率 80%以下的泥饼并送至脱水污泥料仓，以备干化或直接外运。

2）主要设计参数　污泥量 $33.5tDS/d$，其中水解池剩余污泥 $8.1tDS/d$，生化池剩余污泥 $25.4tDS/d$。

进泥含水率 $99\%\sim99.2\%$；

出泥含水率 $<80\%$；

出泥量约 $168m^3$，含水率按 80%计。

调理剂：采用聚丙烯酰胺，投加量 $3\sim5kg/tDS$。

浓缩脱水机按每天 $16h$ 运行。

3）主要土建尺寸

① 储泥池：设于污泥浓缩脱水间暂存污泥，是剩余污泥进浓缩脱水机前的缓冲池。储泥池为全封闭形式，避免臭气外溢，池内设搅拌器，避免污泥沉积。

储泥时间：$HRT\geqslant30min$。

土建尺寸：$L\times B\times H=13.5m\times3.50m\times8.5m$，1 座分 2 格，钢筋混凝土结构。

② 污泥浓缩脱水间：对剩余污泥浓缩脱水，得到含水率 $75\%\sim80\%$泥饼，脱水后的泥饼经螺杆供料泵送至料仓储存。污泥脱水间、污泥料仓设抽气管，臭气抽送至臭气处理装置除臭处理。

土建尺寸：$L\times B=67.5m\times17m$。

4）主要设备　见表 9.19。

表 9.19 污泥处理系统主要设备表

序号		设备名称	规格、型号	数量	单位	备注
一、储泥池	1	潜水搅拌器	$N=3kW$	2	套	
二、污泥脱水系统	2	一体化离心浓缩脱水机	$Q=100\sim120m^3/h$,主电机 $N=200kW$ 辅电机 37kW	3	套	2用1备
	3	注泥泵	$Q=110\sim120m^3/h$,$H=20m$,$N=15kW$	3	套	
	4	污泥切割机	$Q=120\sim140m^3/h$,$N=4.0kW$	3	套	
三、污泥储存系统	5	脱水污泥输送螺杆泵	$Q=20m^3/h$ 台,$H=40bar$,$N=11kW$	3	套	2用1备
	6	污泥料仓	直径 $=6.0m$,$H=5.0m$,$N=11kW$,有效容积 $V=140m^3$,泥饼含固率 20%	2	套	
四、药剂投配系统	7	全自动药剂制备系统	$10kg/h$,$N=2.5kW$	1	套	
	8	药剂投加系统	$Q=200\sim1500L/h$,$H=20m$,$N=1.5kW$	4	套	变频

（12）鼓风机房

1）功能 一是鼓风机房输送空气至生化反应池，提供微生物降解有机物所需的氧；二是为 MBR 膜分离区提供表面扫洗所需的空气。

2）土建尺寸及结构形式 数量 2 座，地下负一层，位于生化池上方，单座尺寸 $A\times B=40.5m\times22.5m$。

3）主要设备 主要设备列于表 9.20。

表 9.20 鼓风机房主要设备表

序号	设备名称	规格参数	数量	备注
1	单级高速离心鼓风机	$Q=210m^3/min$,$P=45kPa$,$N=280kW$	6 套	4用2备,引进,膜吹扫风机
2	单级高速离心鼓风机	$Q=230m^3/min$,$P=70kPa$,$N=355kW$	6 套	4用2备,引进,生物曝气风机

（13）主要建构筑物

主要建、构筑物列于表 9.21。

表 9.21 厂区主要功能区一览表

序号	名称	主要尺寸/(m/m²)	结构形式	单位	数量	备注
1	细格栅及曝气沉砂池	$B\times L\times H=14\times53.75\times9.4$	R.C	组	1	地下处理区
2	水解酸化池	$B\times L\times H=33.7\times67.5\times7.65$	R.C	组	4	地下处理区
3	生化池	$B\times L\times H=33.75\times135\times7.2$	R.C	组	4	地下处理区
4	膜池	$B\times L\times H=67.5\times20.7\times5.9$	R.C	组	2	地下处理区
5	膜设备间	$B\times L\times H=67.5\times8.5\times5.9$	R.C	组	2	地下处理区
6	储泥池	$B\times L\times H=6.75\times8.5\times4.5$	R.C	座	2	地下处理区
7	脱水机房	1148m²	框架	座	1	地下处理区
8	加药间	402m²	框架	座	1	地下处理区
9	鼓风机房	912m²	框架	座	2	地下处理区
10	罗茨风机房	102m²	框架	座	1	地下处理区
11	配电房	共 1215m²	框架	处	6	地下处理区
12	排风机房	共 685m²	框架	处	11	地下处理区
13	新风机房	共 299m²	框架	处	4	地下处理区
14	生物除臭装置	成套设备		套	10	地下处理区
15	仓库及机修间	163m²	框架	座	1	地下处理区
16	综合楼	共 3657.99m²	框架	座	1	3层
17	高压变配电房	共 444.80m²	框架	座	1	1层
18	门卫室	19m²	框架	座	2	1层
19	粪便接收分离区	50m²		套	2	地下处理区
20	水源热泵机房	165m²		座	1	地下处理区

9.6 MBR 工程实例二

9.6.1 工艺主要设计参数

本工程主要规模参数如下：

设计规模 $Q=1.5\times10^5\mathrm{m^3/d}$；平均流量 $Q_{平均}=1.74\mathrm{m^3/s}$；总变化系数 $K_z=1.3$；最大设计流量 $Q_{旱最大}=2.26\mathrm{m^3/s}$。

本污水处理厂构筑物中，除生化池（不含 MBR 膜池）外，其余构筑物均采用最大设计流量作为构筑物的设计参数。

9.6.2 预处理站（含细格栅、曝气沉砂池及精细格栅）

（1）功能

充分利用厂区外市政污水管网水头，省去进水泵房的提升，直接重力流进水入预处理站。

由于本污水处理厂进水泵站已设置有粗格栅，因此本工程不再设置粗格栅拦截粗大漂浮物及悬浮物。为截除污水中的较小漂浮物和悬浮物，在沉砂池前设置一道细格栅。

沉砂池主要是去除污水中颗粒较大的砂粒和无机物，以防在后续的处理构筑物中沉积和堵塞管道，减少机械磨损。考虑到除泡沫渣、除油功能，本工程设计推荐采用曝气沉砂池。分 2 座，单座设计流量 $Q=0.75\mathrm{m^3/s}$，水力停留时间 $T=1\sim3\mathrm{min}$。

为进一步去除头发丝，几毫米大小的杂质，避免缠绕或损坏膜丝，沉砂池后设置 1mm 精细格栅。钢筋混凝土，分两组运行。

（2）设计参数

① $Q_{max}=2.26\mathrm{m^3/s}$。

② 平板式细格栅：栅前水深 1.65m，栅间隙 $b=5\mathrm{mm}$，过栅流速 0.75m/s，最大过栅水头损失 $0.3\mathrm{mH_2O}$。共设置细格栅 4 台，$N=1.1\mathrm{kW}$。

③ 曝气沉砂池：设计两格沉砂池，停留时间 4.5min，水平流速 0.085m/s，曝气量 $0.2\mathrm{m^3}$ 空气/$\mathrm{m^3}$ 水，气提排砂。

④ 平板式精细格栅：栅前水深 2.35m，采用平板式格栅，格栅孔直径 $b=2\mathrm{mm}$，垂直安装，过栅流速 0.50m/s，过栅水头损失 0.3m，设计板式细格栅 4 台，$N=1.1\mathrm{kW}$。

9.6.3 生化池

（1）功能

去除污水中可生化降解的大部分污染物，是污水处理厂的核心处理构筑物。为确保除磷效果，可以考虑在好氧区投加化学药剂，采取化学辅助除磷的措施，以保证磷的达标排放。

（2）类型

钢筋混凝土结构，分两组并联运行。

（3）池体尺寸

池深 7.25m，有效水深 6.0m；单池容积：33546$\mathrm{m^3}$（含隔墙）；单池平面轴线尺寸

$B \times L = 52.35\text{m} \times 106.8\text{m}$，其中：缺氧区 $B \times L = 12\text{m} \times 52.35\text{m}$，厌氧区 $B \times L = 44.8\text{m} \times 52.35\text{m}$，好氧区 $B \times L = 46.2\text{m} \times 52.35\text{m}$，膜区配水渠 $B \times L = 3.8\text{m} \times 52.35\text{m}$。

（4）主要设计参数

① 设计水温：最低 $T = 12℃$，最高 $T = 28℃$。

② 污泥浓度：$X = 6000 \sim 9000\text{mg/L}$。

③ 混合液回流比：$100\% \sim 300\%$，由膜池回流到缺氧区。

④ 污泥负荷：$0 \sim 0.07\text{kgBOD}_5 / (\text{kgMLSS} \cdot \text{d})$。

⑤ 总有效停留时间为 11.7h，其中预缺氧区、厌氧区、缺氧区合计 5.2h，好氧区膜区有效停留时间 6.5h。

⑥ 生化池平均供气量 $729\text{m}^3/\text{min}$。

9.6.4　MBR 膜分离池

（1）功能

膜组件浸没在膜池的混合液中，在产水泵产生的负压条件下，生化处理过的清水透过膜汇集到集水管，全部污泥和绝大部分游离细菌被膜截留，实现泥水分离过程。被截留的活性污泥经过混合液回流泵回流到厌氧和缺氧生化区，剩余污泥由泵输送至污泥脱水系统。MBR 膜区由 14 组独立控制产水单元组成，水力流程上又分为两套独立系统运行，便于一组检修时另一套正常工作。

（2）类型

钢筋混凝土结构，分两组并联运行。

（3）池体尺寸

池深 5m，有效水深 3.6m；单池平面轴线尺寸 $B \times L = 42\text{m} \times 52.35\text{m}$。

（4）主要设计参数

① 膜池：有效水深 3.6m，共 28 个廊道，每廊道 10 个膜位，安装 9 组膜，预留 1 个空位；

② 膜组器：PVDF 材质，单组总面积为 1265m^2，平均通量为 $19.61\text{L}/(\text{m}^2 \cdot \text{h})$。

③ 吹扫风量：膜吹扫风量为 $1501.5\text{m}^3/\text{min}$，风压为 $4.5\text{mH}_2\text{O}$。

9.6.5　膜设备间

（1）功能

通过产水泵实现固液分离，膜设备间同时兼顾膜的反冲洗。

（2）类型

钢筋混凝土结构，分两组并联运行。

（3）主要设计参数

1）产水泵　设计产水泵 20 台，$Q = 334\text{m}^3/\text{h}$，$H = 16\text{m}$，$N = 30\text{kW}$。

2）反冲洗泵　采用变频恒压供水泵组，$Q = 250\text{m}^3/\text{h}$，$H = 12\text{m}$，$N = 16\text{kW}$，1 用 1 备。水源来自接触消毒池出水。

3）循环泵　实现各膜池之间浸泡液的反复使用。采用耐酸碱泵干式离心泵 2 台，$Q = 535\text{m}^3/\text{h}$，$H = 8\text{m}$，$N = 18.5\text{kW}$。

4）剩余污泥泵　共 2 组独立运行，每组设置剩余污泥泵 2 台（1 用 1 备）。采用干式离心泵，$Q=160\text{m}^3/\text{h}$，$H=15\text{m}$，$N=11\text{kW}$。

9.6.6　加药间

加药间内的加药系统主要含以下几个系统。

（1）再生水消毒系统

本工程再生水设计流量：$Q_{近期}=0.8\times10^4\text{m}^3/\text{h}$，$Q_{远期}=4.5\times10^4\text{m}^3/\text{d}$；消毒剂：NaClO，浓度 10%；设计规模：$Q=4.5\times10^4\text{m}^3/\text{d}$；投加量（有效氯）：6mg/L；投加量（10%浓度）：141L/h；储罐数量：3 座 12m³，10%浓度（含膜清洗）；计量泵：2 台（1 用 1 备）；单台隔膜计量泵 $Q=300\text{L/h}$，$H=3.5\text{bar}(1\text{bar}=10^5\text{Pa}$，下同），$N=1.5\text{kW}$。

（2）膜清洗加药系统

① 投加药物：次氯酸钠、柠檬酸。

② 原位浸泡离线年清洗：每年清洗 1 次；清洗药液：次氯酸钠 3000mg/L，柠檬酸 2.0%。

③ 在线大清洗次数：每月清洗 1 次；清洗药液：次氯酸钠 3000mg/L，柠檬酸 0.8%。

④ 在线小洗清洗次数：每周清洗 1 次；清洗药液：次氯酸钠 500mg/L，柠檬酸 0.2%。

⑤ 膜清洗投药浓度：10%次氯酸钠，30%柠檬酸。

⑥ 离线大洗第一廊道加药流量：次氯酸钠 6000L/h，柠檬酸 6000L/h，2～28 廊道浸泡液依次由前一廊道转用，补充 10%药剂。

⑦ 在线大洗加药流量：次氯酸钠 2273L/h，柠檬酸 2223L/h。

⑧ 在线小洗加药流量：次氯酸钠 758L/h，柠檬酸 775L/h。

（3）废液中和药剂投加系统

投加药物：氢氧化钠，硫代硫酸钠。

膜清洗废液根据实际酸碱度分别采用 45%氢氧化钠或 30%硫代硫酸钠中和。

中和药剂氢氧化钠固体耗量：3.29t/a。

中和药剂硫代硫酸钠固体耗量：2.06t/a。

（4）辅助化学除磷药剂投加系统

投加药物：PAC。

PAC 投加配制浓度：10%。

PAC 加药量：12mg/L。

10%药剂加药量：490L/h。

加药池容积设计为 18m³，分两格，一天配药一次。

计量泵选型与控制要求：

① 药剂投加设计采用隔膜计量泵。

② 膜清洗 NaClO 投加，设计选用计量泵 4 台（2 用 2 备），离线大洗 4 台全投入。单台参数 $Q=1500\text{L/h}$，$H=3.5\text{bar}$，$N=1.5\text{kW}$。控制要求：与 CIP 泵连锁，按流量计控制。次氯酸钠储罐中液位到达低位时，停止次氯酸钠加药泵。

③ 膜清洗柠檬酸投加，设计选用计量泵 4 台（2 用 2 备），离线大洗 4 台全投入。单台参数 $Q=1500\text{L/h}$，$H=3.5\text{bar}$，$N=1.5\text{kW}$。控制要求：与 CIP 泵连锁，按流量计控制。储罐中液

位到达低位时，停止柠檬酸加药泵。

④ 废液中和 NaOH 投加，设计选用计量泵 2 台（1 用 1 备）。单台参数 $Q = 1500L/h$，$H = 3.5bar$，$N = 1.5kW$。控制要求：按废液酸碱度，按流量计控制。

⑤ 废液中和 $Na_2S_2O_3$ 投加，设计选用计量泵 2 台（1 用 1 备）单台参数 $Q = 1500L/h$，$H = 3.5bar$，$N = 1.5kW$。控制要求：按废液酸碱度，按流量计控制。

⑥ 中水消毒 NaClO 投加，设计选用计量泵 2 台（1 用 1 备）。单台参数 $Q = 300L/h$，$H = 3.5bar$，$N = 0.75kW$。控制要求：变频，按余氯检测信号控制投加量。次氯酸钠储罐中液位到达低位时，停止次氯酸钠加药泵。

⑦ 补充碳源投加，设计选用计量泵 2 台（1 用 1 备）。单台参数 $Q = 1500L/h$，$H = 3.5bar$，$N = 1.5kW$。控制要求：按流量计控制。储罐中液位到达低位时，停止加药泵。

⑧ 辅助化学除磷 PAC 投加，设计选用计量泵 3 台（2 用 1 备）。单台参数 $Q = 500L/h$，$H = 3.0bar$，$N = 0.75kW$。控制要求：按流量计控制。储罐中液位到达低位时，停止加药泵。

⑨ 所有药剂加药量根据实际运行需要调整。

9.7 MBR 工程实例三

9.7.1 工艺设计

本工程主要规模参数如下：

设计规模 $Q = 1.0 \times 10^5 \, m^3/d$；旱季平均流量 $Q_{平均} = 1.16 \, m^3/s$。

总变化系数 $K_z = 1.3$。

旱季最大设计流量 $Q_{旱最大} = 1.3 \times 10^5 \, m^3/d = 1.50 \, m^3/s$（精细格栅、MBR 设计流量）。

9.7.2 细格栅、曝气沉砂池及精细格栅

为截除污水中的较小漂浮物和悬浮物，在沉砂池前设细格栅。

沉砂池主要是去除污水中颗粒较大的砂粒和无机物，以防在后续的处理构筑物中沉积和堵塞管道，减少机械磨损。考虑到除油功能，本工程设计推荐采用曝气沉砂池。分 2 座，单座设计流量 $Q = 3.47 \, m^3/s$。

为进一步去除头发丝、几毫米大小的杂质，避免缠绕或损坏膜丝，沉砂池后设置 1mm 精细格栅。细格栅、沉砂池和精细格栅总尺寸 48m×22.35m×6.2m。

细格栅、曝气沉砂池及精细格栅主要设计参数如下。

（1）细格栅

设 3 台细格栅。栅条间隙 5mm，设计栅前水深 1.0m，过栅流速 0.9m/s，过栅水头损失 0.2m。

（2）曝气沉砂池

设计二格沉砂池，停留时间：旱季 3.75min，水平流速 0.10m/s，曝气量 0.2m^3 空气/m^3 污水。设链板式刮砂机。罗茨风机房设于沉砂池旁。

（3）精细格栅

设6台精细格栅。栅条间隙1mm，设计栅前水深1.0m，过栅流速0.75m/s，过栅水头损失0.8m。

配备的主要设备如下。

1）细格栅：转鼓式细格栅 $B=2.0$m，$b=5$mm，$a=35°$，$N=2.2$kW，3台；单机过栅污水量 $Q=1028.5$L/s；置放格栅的渠宽 $W=2210$mm±15mm；格栅前允许最大水深 $H=1500$mm；液位差 $H=200$mm；栅筐直径 $\phi=2200$mm；栅条间隙 $e=5$mm；栅渣含固率＞35%；安装角度 $\alpha=35°$；冲洗水压6~8bar；过栅水头损失 $\Delta h_{max}=200$mm；出渣口高度（h）约1290mm；渠深2000mm；驱动电机功率2.2kW；配套油脂泵0.37kW。

2）精细格栅：转鼓式精细细格栅 $B=2.4$m，$b=1$mm，$a=35°$，$N=2.2$kW，6台；单机过栅污水量 $Q=327$L/s；置放格栅的渠宽 $W=2610$mm±15mm；格栅前允许最大水深 $H=1710$mm；栅筐直径 $\phi=2600$mm；栅条间隙 $e=1$mm；栅渣含固率＞35%；安装角度 $\alpha=30°$；常冲洗水压6~8bar；过栅水头损失 $\Delta h_{max}=800$mm；出渣口高度（h）约805mm；渠深2400mm；驱动电机功率2.2kW；配套油脂泵0.37kW；高压冲洗水泵7.5kW。

3）格栅机冲洗系统：高压冲洗水泵7.5kW；高压喷嘴驱动电机0.37kW；冲洗水采用回用中水。高压喷淋水：水压为120bar，时间间隔：1天两个循环，每次循环的时间13.4min，每个冲洗循环耗水量为402L（校核计算结果为1天两个循环总耗水量为804L）。冲洗水质量：固体物为0，高压冲洗必须使用新鲜水/无固含量水。

常规冲洗水：中水 SS＜10mg/L，颗粒＜200μm。

常压冲洗耗水量6.58L/s；

常压供水采用恒压供水装置（细格栅及精细格栅共用一套）：采用4台泵（3用1备），单台泵的水量为50m³/h，扬程为80m，功率22kW。

占地尺寸 $L×W×H=5.5$m×2.5m×3.8m。

4）带式输送机1：$B=500$mm，$L=19$mm，$N=4.0$kW；$B=500$mm，$L=21$mm，$N=4.5$kW，各1台。

5）带式输送机2：$B=500$mm，$L=10$mm，$N=2.0$kW，$B=500$mm，$L=22$mm，$N=5.5$kW，各1台。

6）桥式吸砂机：$B=4$m，$H=4$mm，$N=1.4$kW+0.55kW，2台。

7）潜水排沙泵：$Q=15$L/s，$H=11.5$m，$N=3.5$kW，3台。

8）螺旋砂水分离机：$Q=18~43$m³/h，$N=0.37$kW，2台。

9）罗茨鼓风机：$Q=20$m³/h，$H=35$kPa，$N=22$kW，2台，1用1备。

10）废水提升泵：$Q=120$m³/h，$H=7.5$mH$_2$O，$N=5.5$kW，2台。

11）潜水排污泵（仓库备用）：$Q=50$m³/h，$P=7.5$mHO，$N=2.0$kW，1台。

12）电动单梁悬起重机：$M=2$t，$H=3.2$m，$L_k=3.5$m，$N=（3.0+2×0.4）$kW，1台。

9.7.3　MBR生化系统生化区

MBR生化池采用 A²/O工艺，厌氧、缺氧段内装有潜水搅拌器，好氧段内装微孔曝气器供氧，总有效容积31000m³。

共设两座生化池。每座包括厌氧区、缺氧区、好氧区和膜区 4 部分。每座生化池土建尺寸：

厌氧区 36.0m×8.5m×7m，有效容积 2100m³；缺氧区 36.0m×17m×7m，有效容积 4200m³；好氧区 34.25m×24.5m×7m，有效容积 5800m³；膜区 31.75m×21.5m×5m，有效容积 3400m³。

主要设计参数及计算结果如下：

① 设计水温：最低 $T=14℃$，最高 $T=30℃$。

② 泥龄：$t_s=15\sim20d$。

③ 污泥浓度：$X=5000\sim7000mg/L$。

④ 膜区污泥回流比 $R=100\%\sim300\%$，好氧区混合液回流比 $R=200\%\sim400\%$。

⑤ 污泥负荷：$0.07\sim0.1kgBOD_5/(kgMLSS\cdot d)$。

⑥ 总有效停留时间为 7.43h，其中预缺氧区、厌氧区 0.99h、缺氧区 1.99h、好氧区为 4.45h。膜区有效停留时间 1.6h。

⑦ 生化区最大供气量 473 m³/min，气水比 6.8：1。

⑧ 膜区最大供气量 512 m³/min，气水比 7.4：1。

本工程 MBR 膜片设计采用 PVDF 材质帘式膜，孔径＜0.1μm，共设 200 个膜组件，每个膜组件设计膜面积 1600m²，共计 320000m²，平均设计水量 4167m³/h；出水满足国家标准《城镇污水处理厂污染物排放标准》（GB 18918—2002）一级 A 标准。

系统出水通过水泵抽吸出水，由 PLC 自动控制。

膜组件设计在线化学清洗周期为 1～3 个月，离线清洗周期为 1 年。

9.7.4 MBR 膜分离区与设备间

膜组件浸在膜池的混合液中，在产水泵产生的负压条件下，生化处理过的清水透过膜汇集到集水管，全部污泥和绝大部分游离细菌被膜截留，实现泥水分离过程。被截留的活性污泥经过混合液回流泵回流到厌氧和缺氧生化区，剩余污泥由泵打去污泥脱水系统。

MBR 膜区由 20 组独立控制产水单元组成，水力流程上又分为两套独立系统运行，便于一组检修时另一套正常工作。

本项目设计膜材料为 PVDF，为目前最好的处理污水的膜材料，国际上所有知名的膜厂家均采用此膜材料作为污水处理的主要膜材料使用。采用的中空纤维帘式膜组件装填密度高，安装维护方便。美国、荷兰、德国、法国、新加坡、日本、中国等几乎所有的大型膜生物反应器污水处理厂，均采用 PVDF 中空纤维帘式膜组件，应该说这是国际上应用最广泛、使用数量最大和最成功的膜组件形式。

本设计采用双层膜架，与单层膜架相比具有占地面积小，吹扫强度高，能耗低等优点，已经在国内外得到广泛的应用。本项目采用的双层膜架使用的是叠加脉冲吹扫方式，上下层吹扫风管和产水管均为各自独立设计并有专门的仪表、阀门控制，因此能有效避免曝气、出水和反冲洗不均匀问题；上下层膜架的吹扫风管亦为各自单独设计，而且下层风管设计风量最大，并辅以脉冲吹扫，因此也能有效避免所谓的下层污染和产水量下降问题。

设计采用的叠加脉冲空气吹扫方式，其吹扫强度高于连续吹扫，它是在不降低单位投影面积内膜丝连续吹扫强度的基础上，再增加一个脉冲吹扫，因此吹扫效果更加有效，能耗也更低。

在比较膜组件的在线、离线清洗方式后，设计采用在线清洗方式。目前国际上大型的膜生物反应器污水处理厂已经摒弃了原先的离线清洗方式，改为将膜组件进行分区，每次只是将需要清洗的膜组件区域进行隔离，然后单独进行清洗。这种清洗方式与早先（20世纪末）的离线清洗方式相比具有：维护工作量小（工人不需要将每一个膜组件逐一吊出）、膜组件不易损坏（大量的工程应用表明，膜组件在吊出和装入时对膜丝的损害会达到全部损害的1/2以上）、一次清洗膜数量大，清洗时间大幅度缩短（传统的离线清洗需要设置单独的清洗池，而其每次最多可以清洗2~3个膜架。本项目上采用的在线清洗方式，一次可以离线清洗20个膜架），具有节省占地（不需要单独设置膜清洗池）等优点。目前的设计中已经考虑了清洗液的中和处理措施，并设置了在线监控仪表。

参考文献

[1] 黄霞，曹斌．膜生物反应器在我国的研究与应用新进展[J]．环境科学学报，2008，28（3）：416-432.

[2] 黄霞，肖康，许颖，等．膜生物反应器污水处理技术在我国的工程应用现状[J]．生物产业技术，2015（03）：9-14.

[3] 崔正国，王修林，单宝田．膜生物反应器在工业废水处理中的研究及应用[J]．水处理技术．2005，31(5)：7-10，26.

[4] 梁乾伟，程国玲，孔维鹏，等．MBR工艺在废水处理中的研究与应用进展[J]．广东化工，2015，42（16）：123-124+79.

[5] 黄建元．MBR技术的形式、应用范围与发展新趋势[J]．净水技术，2015，34（02）：1-3.

[6] 王学军，张恒，郭玉田．膜分离领域相关标准现状与发展需求[J]．膜科学与技术，2015，35（02）：120-127.

[7] 杨敏，徐荣乐，袁星，等．膜生物反应器ASM-CFD耦合仿真研究进展[J]．膜科学与技术，2015，35（06）：126-133.

[8] 刘红兵，宁平，冯权莉，等．膜生物反应器在废水处理方面的研究进展[J]．现代化工，2015，35（04）：25-28.

[9] 魏源送，郑祥，刘俊新．国外膜生物反应器在污水处理中的研究进展[J]．工业水处理，2003，23（1）：1-7.

[10] 王虹．膜生物反应器在废水处理中的研究及应用进展[J]．环境保护与循环经济，2015，35（09）：39-42.

[11] 李晓斌．MBR工艺在污水处理中的研究及应用[J]．广东化工，2014（12）.

[12] 孙长虹，潘涛，薛念涛，等．膜生物反应器在我国的研究现状与趋势：文献计量分析[J]．膜科学与技术，2015，35（02）：113-119.

[13] 王昌稳，李宝．正渗透在水处理中的研究应用进展[J]．环境工程，2016，34（05）：35-40.

[14] 何苏伟．化学法强化污泥活性的试验研究[D]．武汉：武汉理工大学，2006.

[15] 刘欣恺．国内外城市污水处理现状及展望[J]．水利天地，2005（6）：13.

[16] 张伟．膜生物反应器（MBR）技术研究及其在国内应用现状[J]．北方环境，2011，23（11）：192-194.

[17] 艾翠玲，贺延龄，周孝德．膜生物反应器在污水处理中的应用研究现状[J]．长安大学学报，2002，4：106-110.

[18] De Gusseme B, Pycke B, Hennebel T. Biological removal of 17α-ethinylestradiol by a nitrifier enrichment culture in a membrane bioreactor[J]. WaterResearch. 2009, 43（9）: 2493-2503.

[19] Djamila Al-Halbouni, Jacqueline Traber, Sven Lyko, et al. Correlation of EPS content in activated sludge at different sludge retention timeswith membrane fouling phenomena[J]. Water research, 2008, 42（6-7）: 1475-1488.

[20] T. Melin, B. Jefferson, D. Bixio et al. Membrane bioreactor technology for wastewater treatment and reuse[J]. Desalination, 2006, 187（1-3）: 271-282.

[21] Teck WeeTan, How Yong Ng. Influence of mixed liquor recycle ratio and dissolved oxygen on performance of pre-denitrification submerged membrane bioreactors[J]. Water research, 2008, 42（4-5）: 1122-1132.

[22] Stephenson T. Types of membrane bioreactors for wastewater treatment - An introduction[C]. Proceedings of the 1st International Meeting on Membrane Bioreactors for Wastewater Treatment[M], Cranfield University, Cranfild, UK, 1997.

[23] Stephenson T, Judd S, Jefferson B, et al. Membrane bioreactors for wastewater treatment[M]. London: IWA Publishing, 2000: 159-111.

[24] Hong S P, Bae T H, Tak T M, et al. Fouling control in activated sludge submerged hollow fiber membrane bioreactors[J]. Desalination, 2002, 143（3）: 219-228.

[25] 慕银银, 郭新超, 王小林, 等. HRT 对厌氧膜生物反应器混合液性质和膜污染的影响[J]. 水处理技术, 2016, 42（01）: 110-114, 120.

[26] 许美兰, 李元高, 叶茜, 等. 常温下厌氧膜生物反应器处理生活污水研究[J]. 中国给水排水, 2015, 31（13）: 23-26.

[27] 刘璐, 李慧强, 杨平. 基于不同内部构型特点的厌氧膜生物反应器中膜污染控制方法[J]. 环境科技, 2015, 28（02）: 72-75, 80.

[28] 闫林涛, 黄振兴, 肖小兰, 等. 厌氧膜生物反应器处理高浓度有机废水的中试研究[J]. 食品与生物技术学报, 2015, 34（12）: 1248-1255.

[29] 袁博, 李靖, 郭强. 厌氧膜生物反应器在废水处理中的研究及发展方向[J]. 工业水处理, 2015, 35（10）: 1-6.

[30] 刘培云, 刘强. MBR 工艺在中水回用中比较探究[J]. 电子测试. 2013（18）.

[31] 吴昊, 欧阳峰. 中水回用 MBR 工艺的研究[J]. 污染防治技术, 2008, 21（4）: 48-50.

[32] 诸献雨. MBR 工艺在小区中水回用中的应用分析[J]. 资源节约与环保, 2015（03）.

[33] 潘志波, 潘泽锋. MBR 在中水回用中比较研究[J]. 资源节约与环保, 2015（05）.

[34] 徐忠厂. MBR 在居民区中水回用中的应用研究[J]. 资源节约与环保, 2015（10）.

[35] 王晓春, 赵霞, 沈吉敏, 等. MBR 法/高级氧化技术在中水处理中研究进展[J]. 四川环境, 2012（06）.

[36] 史洪微, 单连斌. MBR 在中水回用领域的工程应用研究[J]. 环境保护科学, 2004（06）.

[37] 朱列平, 黄圣散, 朱益民, 等. 东丽 MBR 技术及在北京奥运场馆中水回用中的应用[J]. 中国建设信息（水工业市场）, 2008（09）.

[38] 曲磊, 杨晓超. 膜分离技术在 MBR 出水深度处理技术中的应用[J]. 绿色科技, 2011（08）.

[39] 黄馨慧, 冯锴, 黄磊, 等. MBR 技术在中水回用系统建设的应用[J]. 广西轻工业, 2011（09）.

[40] 张军, 吕伟娅, 聂梅生, 等. MBR 在污水处理与回用工艺中的应用[J]. 环境工程, 2001（05）.

[41] 蒋娜莎, 金腊华, 周元. 3A-MBR 工艺污水脱氮特性试验研究[J]. 广东化工, 2015, 42（15）: 168-170.

[42] 张传义. A-（O/A）~ n-SMBR 工艺强化城市污水反硝化除磷的试验研究[D]. 北京: 中国矿业大学, 2010.

[43] 周元, 金腊华, 张一凡, 等. AAOA-MBR 工艺污水脱氮特性及脱氮机制[J]. 环境工程学报, 2015, 9（08）: 3739-3744.

[44] 肖景霓. 膜生物反应器强化除磷脱氮性能研究[D]. 大连: 大连理工大学, 2007.

[45] 吴昌永. A2/O 工艺脱氮除磷及其优化控制的研究[D]. 哈尔滨: 哈尔滨工业大学, 2010.

[46] 刘继凯, 高兴家, 杨飞. CANON 生物自养脱氮工艺研究进展[J]. 山东建筑大学学报, 2015, 30（04）: 370-375.

[47] 刘运胜, 刘继先, 黄羽. MBR 脱氮除磷组合工艺研究进展[J]. 绿色科技, 2016（08）: 46-48, 51.

[48] 郭小马, 赵焱, 王开演, 等. MBR 与 SMBR 脱氮除磷特性及膜污染控制[J]. 环境科学, 2015, 36（03）: 1013-1020.

[49] 安莹玉. UASB-MBR 工艺短程硝化-同时甲烷化反硝化研究[D]. 大连: 大连理工大学, 2008.

[50] 王德美, 王晓昌, 唐嘉陵, 夏四清. 不同回流比和 SRT 对 A/O-MBR 脱氮除磷的影响[J]. 工业水处理, 2016, 36（01）: 55-58.

[51] 王玉兰. 好氧颗粒污泥——膜组合工艺低温条件下脱氮除磷效能研究[D]. 哈尔滨: 哈尔滨工业大学, 2010.

[52] 王智鹏, 崔志广, 苑海涛, 等. 后置反硝化-MBR 工艺强化污水脱氮研究[J]. 工业技术创新, 2015, 02（02）: 140-144.

[53] 张肖静. 基于 MBR 的全程自养脱氮工艺（CANON）性能及微生物特性研究[D]. 哈尔滨: 哈尔滨工业大学, 2014.

[54] 王全震, 周里海, 顾平, 等. 膜生物反应器中同步硝化反硝化的研究进展[J]. 中国给水排水, 2015, 31（12）: 11-15.

[55] 张宏扬, 夏俊林, 孙剑宇, 等. 气升式氧化沟型 MBR 对城镇污水的脱氮除磷效果[J]. 中国给水排水, 2015, 31

（11）：14-18.

[56]　薛源．前置式厌氧氨氧化-亚硝化 MBR 耦合工艺性能研究[D]．大连：大连理工大学，2010.

[57]　毕海舟，王敦球，叶晔，等．C-MBR 运行条件对膜污染影响的研究[J]．工业安全与环保，2015, 41（10）：4-6.

[58]　张劲松．MBR 的膜污染机制与可持续操作原理[D]．大连：大连理工大学，2007.

[59]　赵如金，刘腾．PF-MBR 处理城市生活污水膜污染特性研究[J]．工业水处理，2012, 32（1）：28-32.

[60]　王运超．MBR 动态曝气及其在膜污染控制中的应用研究[J]．水处理技术，2016, 02：022

[61]　毛进，李亚娟，刘亚鹏，等．MBR 工艺中膜系统污染与堵塞的研究[J]．中国电力，2016, 49（01）：44-48.

[62]　周辰，王萍．MBR 膜污堵原因分析及优化方法[J]．石化技术，2016, 23（04）：131-132.

[63]　田文瑞，胡以松，王晓昌．MBR 中膜面泥饼层的特性表征及控制方法研究进展[J]．膜科学与技术，2016, 36（02）：141-147.

[64]　关春雨，杭世珺，史骏，等．MBR 中平板膜和中空纤维膜的运行特性对比研究[J]．给水排水，2015, 51（12）：35-40.

[65]　汪正霞，马春燕，刘国秀，等．MBR 中水力条件对五孔中空纤维膜污染的研究[J]．环境工程，2015, 33（06）：15-18.

[66]　王朝朝，闫立娜，李思敏，等．SRT 对 UCT-MBR 反硝化除磷性能与膜污染行为的影响[J]．中国环境科学，2016, 36（06）：1715-1723.

[67]　杨炼，徐慧，肖峰，等．北京污水处理厂膜生物反应器的膜污染研究[J]．中国给水排水，2016, 32（05）：18-22.

[68]　王旭东，马亚斌，王磊，等．倒置 A^2/O-MBR 组合工艺处理生活污水效能及膜污染特性[J]．环境科学，2015, 36（10）：3743-3748.

[69]　王盼，邹伟国，王志伟．反应器构型对 MBR 运行性能的影响研究 [J]．城市道桥与防洪，2016（01）：164-167, 17.

[70]　朱春瓶，张春芳，白云翔，等．浸没管式 MBR 特性及其膜过程[J]．膜科学与技术，2015, 35（05）：24-29.

[71]　杨雅雯，李春青．模糊推理在 MBR 膜通量仿真中的研究[J]．软件工程师，2015, 18（10）：3-6.

[72]　李天然，陈文清．膜分离技术中控制膜污染的研究进展[J]．资源节约与环保，2015（06）：41-42.

[73]　刘茜，崔洪升，刘世德，等．膜生物反应器（MBR）工艺污水厂的全流程节能降耗[J]．中国给水排水，2016, 32（06）：99-102.

[74]　蒋岚岚，张万里，冯成军．膜生物反应器工艺应用争议问题分析及改进建议[J]．环境污染与防治，2015, 37（12）：96-100.

[75]　孟凡刚．膜生物反应器膜污染行为的识别与表征[D]．大连：大连理工大学，2007.

[76]　马军军，梅春阳，张蕾，等．膜生物反应器中膜污染防治技术研究[J]．交通节能与环保，2015, 11（06）：55-57.

[77]　解芳，王建敏，刘进荣．曝气速率对附加微通道湍流促进器 SMBR 流体动力学性能的影响[J]．环境工程学报，2015, 9（09）：4391-4397.

[78]　王宏杰．气水交替膜生物反应器处理生活污水的效能研究[D]．哈尔滨：哈尔滨工业大学，2010.

[79]　刘云，蒋岚岚，张万里，等．市政领域 MBR 工艺应用现状及技术特点分析[J]．城市道桥与防洪，2016（01）：168-172, 17.

[80]　杨燕．添加剂对减缓膜生物反应器中膜污染的作用研究[J]．中国市政工程，2016（02）：99-102, 121-122.

[81]　解芳，王建敏，刘进荣．微通道湍流促进器强化平板 MBR 的 CFD 数值模拟[J]．环境工程学报，2015, 9（08）：3841-3846.

[82]　王朝朝，李思敏，郑照明，等．污泥浓缩过程下膜生物反应器的生物特性与膜渗透性评估[J]．中国环境科学，2015, 35（08）：2367-2374.

[83]　赵军，张海丰，王亮．微生物代谢产物对膜生物反应器膜污染的影响[J]．化工进展，2009（08）.

[84]　计根良，郑宏林，周勇．MBR 系统运行条件对膜污染影响研究[J]．水处理技术，2014（06）.

[85]　张海丰，孙明媛，于海欢．AHL-QS 减缓膜生物反应器膜污染研究进展[J]．化工进展，2014（05）.

[86]　李彬，王志伟，安莹，等．膜-生物反应器处理高盐废水膜面污染物特性研究[J]．环境科学，2014（02）.

[87]　张海丰，刘洪鹏，张兰河，等．臭氧-活性炭技术对膜生物反应器膜污染减缓研究[J]．化工进展，2013（02）.

[88]　艾翠玲．一体式膜生物反应器膜污染机理及处理生活污水稳定运行特性研究[D]．西安：西安理工大学，2004.

[89] 程国玲，梁乾伟，李永峰，等．优化运行条件对 MBR 处理效率及膜污染影响的研究[J]. 水处理技术，2016, 42（04）：96-98, 103.

[90] 杨怡婷，王磊，孟晓荣，等．在线清洗对倒置 A²/O-MBR 复合膜污染控制研究[J]. 水处理技术，2015, 41（07）：113-116, 120.

[91] 唐朝春. MBR 膜污染的机理及其影响因素研究进展[J]. 工业水处理，2017, 37（4）.

[92] 杨非，廖德祥，耿安朝．膜本身性质对 MBR 膜污染影响研究进展[J]. 广东化工，2017, 44（7）.

[93] 沈晓铃，程文，梁汀．组合预处理在 MBR 工艺污水厂的应用[J]. 城市道桥与防洪，2015（10）：70-72, 15.

[94] 李辉．孔板细格栅在 M B R 工艺预处理系统改造中的应用[J]. 给水排水，2016, 42：92-96.

[95] 滕珍，葛鸣，周超．无锡梅村污水处理厂 BNR-MBR 工艺选择及运行分析[J]. 给水排水，2016, 52（01）：54-58.

[96] 何可人．京溪地下净水厂 MBR 膜的维护主要参数研究[J]. 水处理技术与设备．2017, 02：006.

[97] 张宝艺，等．M B R 运行条件的优化实验研究．山东化工，2017, 08.

[98] 王曼，冯绮澜，李欣，等. BAF-MBR 组合系统处理城市污水快速启动与运行研究[J]. 水处理技术，2015, 41（08）：121-124.

[99] 陈翔，侯晓庆，贾海涛，等. MBR 工艺在地埋式污水处理厂的应用[J]. 中国水利，2016（01）：66-68.

[100] 李子孟，薛斌，梅光明，等．固定填料 MBR 工艺处理废水的特性研究[J]. 广州化工，2015, 43（21）：145-147, 199.

[101] 熊凯波. A²/O+ MBR 工艺在城市污水处理工程中应用[D]. 北京：北京工业大学，2012.

[102] 刘博，杨爱，周勇，周味贤. A²/O-MBR 工艺在市政工程中的应用研究[J]. 常州大学学报（自然科学版），2015, 27（02）：55-58.

[103] 宫必祥，张刚，A² O/MB R 工艺处理城镇污水的中试研究[J]. 中国给水排水，2016, 23：113-116.

[104] 吴鹏. ABR-MBR 组合工艺处理城市污水的性能研究[D]. 无锡：江南大学，2013.

[105] 吴鹏，陆爽君，徐乐中，等. ABR 耦合间歇曝气 MBR 工艺处理生活污水研究[J]. 中国环境科学，2015, 35（09）：2658-2663.

[106] 张肖静，李冬，梁瑜海，等. MBR-SNAD 工艺处理生活污水效能及微生物特征[J]. 哈尔滨工业大学学报，2015, 47（08）：87-91.

[107] 仇付国，张行，李辉. MBR 污水处理工艺升级改造及运行效果分析[J]. 中国给水排水，2016, 32（04）：55-58.

[108] 赵铭. MBR 在城市生活污水处理中的应用研究[J]. 资源节约与环保，2016（05）：32-33.

[109] 黄彬，潘志辉，张朝升，等．不同 MBR 工艺处理生活污水效能的对比[J]. 中国给水排水，2015, 31（17）：16-20.

[110] 温爱东，王海波，李振川，等．大型地下式 MBR 工艺设计重难点分析[J]. 给水排水，2016, 52（06）：27-30.

[111] 柴海霞．地下式污水处理厂特点及工艺选择[J]. 工程建设与设计，2016（06）：97-98, 101.

[112] 曹相生，孙延芳，孟雪征．浸没式 MBR 工艺的设计要点分析[J]. 中国给水排水，2016, 32（08）：33-36.

[113] 白新征，陈清，于玉彬．浸没式新型 PVC 膜生物反应器在市政污水处理应用研究[J]. 膜科学与技术，2015, 35（04）：72-76.

[114] 黄兴，魏旭．荆门市某城镇污水处理厂 MBR 工艺设计[J]. 净水技术，2015, 34（S1）：84-87.

[115] 杨帆．膜生物反应器工艺城镇污水处理中试研究[J]. 山东工业技术，2015（16）：285.

[116] 周美霞．膜生物反应器设计概述[J]. 科技经济导刊，2016（15）：131.

[117] 刘珊，范小江，张正华，等．溶解氧变化对 MBR 出水和活性污泥形态的影响[J]. 建设科技，2016（01）：46-48.

[118] 商娟，伍红强．水力停留时间变化对膜生物反应器处理生活污水的影响研究[J]. 现代矿业，2015, 31（09）：176-177.

[119] Electric Power Research Institute. Water and sustainability: US Electricity consumption for water supply andtreatment-the next half century[R]. Palo Alto, CA: Electric Power Research Institute, 2002.

[120] 杨凌波，曾思育，鞠宇平，等．我国城市污水处理厂能耗规律的统计分析与定量识别[J]. 给水排水，2008, 34（10）：42-45.

[121] 沈晓铃，薛敏，李大成，等．无锡惠山污水处理厂的优化运行与节能降耗[J]. 中国给水排水，2011, 27（22）：45-57.

[122] 姚远，张丹丹，楚英豪．城市污水处理厂中的能耗及能源利用[J]．资源开发与市场，2010，26（3）：202-205.

[123] 常江，杨岸明，甘一萍，等．城市污水处理厂能耗分析及节能途径[J]．中国给水排水．2011，27（4）：33-36.

[124] 羊寿生．城市污水厂的能源消耗[J]．给水排水，1984，6：15-19.

[125] 朱五星，舒锦琼．城市污水处理厂能量优化策略研究[J]．给水排水，2005，31（12）：31-33.

[126] 薛万新．城市污水处理厂的能耗分布与节能管理对策探析[J]．甘肃科技纵横，2009，38（6）：72-73.

[127] 车武，章北平．污水处理的能耗与节能[J]．给水排水，1988（6）：30-36.

[128] 梁锐．城市污水处理厂运行能耗影响因素研究[D]．北京：北京交通大学，2014.

[129] 廖志民．高效低耗 4S-MBR 污水处理新技术的研发与应用[J]．中国给水排水，2010，26（10）：35-38.

[130] 梅小乐，周燕．城市污水处理厂节能水平评估标准探讨[J]．给水排水，2011，37（3）：45-48.

[131] 朱五星，舒锦琼．城市污水处理厂能量优化策略研究[J]．给水排水，2005，31（12）：31-33.

[132] 王琦，樊耀波．膜生物反应器在污水处理与回用中的能耗分析[J]．膜科学与技术，2012，32（3）：95-10.

[133] Olivier Lorain, Paul-Emilien Dufaye, Wiliam Bosq, et al. A new membrane bioreactor generation for wastewater treatment application: Strategy of membrane aeration management by sequencing aeration cycles[J]. Desalination. 2010, 250（2）：639-643.

[134] Bart Verrecht, Thomas Maere, Ingmar Nopens, et al. The cost of a large-scale hollow fibre MBR[J]. Water research. 2010, 44（18）：5274-5283.

[135] 孟德良，刘建广．污水处理厂的能耗与能量的回收利用[J]．给水排水，2002，28（4）：18-20.

[136] Taro Miyoshi, Tomoo Tsuyuhara, Rie Ogyu, et al. Seasonal variation in membrane fouling membrane bio-reactors（MBRs）treating municipal waste water[J]. Water research, 2009, 43（20）：5109-5118.

[137] 林荣忱，李金河，林文波．污水处理厂泵站与曝气系统的节能途径[J]．中国给水排水，1999，15（1）：21.

[138] 谷成国，宋剑锋．城市污水处理厂鼓风曝气阶段的节能降耗研究[J]．环境保护科学，2008，3（5）：26-28.

[139] 余仁辉，罗飞，赵小翠．污水厂曝气节能智能优化控制系统[J]．环境工程，2010，28（2）：39-41.

[140] 刘云燕．MBR 处理工艺主要设备选型及常见问题探讨[J]．给水排水，2012，38（4）：91-96.

[141] R. Van Kaam, Dominique Anne-Archard, Marion Alliet, et al. Aeration mode, shear stress and sludge rheology in a submerged membrane bioreactor: some keys of energy saving[J]. Desalination, 2006, 199（1-3）：482-484.

[142] 朱彩琴，周味贤，矫甘来，等．脉冲曝气在污水处理工艺中的节能应用[J]．中国给水排水，2013，29（2）：95-98.

[143] 陈功，周玲玲，戴晓虎，等．城市污水处理厂节能降耗途径[J]．水处理技术，2012，38（4）：12-15.

[144] Nichanan Tadkaew, Muttucumaru Svikumar, Stuart J. Khan, et al. Effect of mixed liquor pH on the removal of trace organic contaminants in a membrane bioreactor[J]. Bioresource Technology, 2010, 101（5）：149.

[145] 孙玉清．MBR 污染影响因素分析及控制改善措施[J]．机电信息，2015（12）：84-85.

第 **10** 章

污水再生处理技术

10.1 概述

　　水是城市发展、人民生活的生命线，是生命之源，是经济社会发展不可缺少的战略物资。必须以水资源的可持续利用来支撑经济社会可持续发展的基本思路已取得国际社会的广泛共识。我国水资源严重贫乏，属世界上 13 个贫水国之一，人均水资源仅为世界平均水平的 1/4。目前全国 668 座城市中有 400 多座城市存在不同程度缺水，其中 136 座城市严重缺水。由于长期的过度开发利用，许多河流、湖泊以及地下水资源几近枯竭，地表水也大多遭受污染，这不仅降低了水体的使用功能，而且进一步加剧了水资源短缺的矛盾。随着我国工业化和城市化进程的快速发展，资源型和水质型双重缺水的特征日益凸显，已成为制约我国国民经济增长和社会可持续发展的瓶颈。水资源的短缺不仅限制了城市水环境系统的建设，而且使得已经建成的城市水环境系统的维护成本大大提高。

　　根据美国环保局（USEPA）发布的《污水再生利用指南》，再生水（reclaimed water 或 recycled water）是指经过处理达到某些特定的水质标准而可用于满足一系列生产、使用用途的城市污水。再生水广义是指以污水为水源，以达到规定的用水水质要求为目的，经再生处理后，可在特定范围内使用的非生活饮用水。和海水淡化、跨流域调水相比，再生水具有明显的优势。从经济的角度看，再生水的成本最低，从环保的角度看，污水再生利用有助于改善生态环境，实现水生态的良性循环。为应对水资源供需日益尖锐的矛盾，传统的开源节流方式已难以解决水资源短缺的根本问题。为解决现代城市的缺水问题，世界上许多国家和地区早已把再生水开辟为新水源，是国际公认的"城市第二水源"，并且再生水回用已成为开源节流、减轻水体污染、改善生态环境、缓解水资源供需矛盾和促进城市经济社会可持续发展的有效途径。根据国际水务情报（GWI）预测，2009～2016 年之间世界再生水量增长了 19.5%。中国是一个缺水的国度，再生水的开发与利用无疑是缓解城市干旱的重要途径。

　　再生水的主要利用途径有以下几个。

① 农、林、牧、渔业利用：农田灌溉、造林育苗、畜牧养殖、水产养殖。

② 城市杂用：城市绿化、冲厕、街道清扫、车辆冲洗、建筑施工、消防。

③ 工业回用：冷却用水、洗涤用水、锅炉用水、工艺用水、产品用水。

④ 景观娱乐利用：观赏性景观环境用水、娱乐性景观环境用水、湿地环境用水。

⑤ 地下水补给：地表散布、渗流区注水、直接注水。

我国正面临着城市景观与生态用水得不到保证的严峻现实，综合考虑安全性、经济性和操作性等多种因素，在众多的再生水利用途径中，从需求量来看，景观娱乐利用将占重要位置。以北京市为例，北京市奥林匹克公园、高碑店湖、昆玉河、南护城河、龙潭湖、陶然亭湖等均以再生水为补水水源。天津、青岛、深圳等城市亦逐步将再生水回用于已干涸的景观河道、湖泊，再生水回用于景观水体的规模正不断扩大。

针对城市河道污染的问题，早在19世纪欧洲就已经开始对其治理，最初的治理方式主要包括冲水工程、截污截流、河道疏浚等，尤其是引水冲刷由于工程实施简单且见效快，成为早期主流的河道治理技术。但随着人口的急剧增长及大量产业扩建，用水量不断攀升。淡水资源在地球上所占比例本身就少，分布也不均匀，而工业废水和生活污水的排放又导致众多水体受到污染，大大减少了清洁可用水量，加剧了用水危机。因此，污水处理后再生回用成为缓和河道污染的重要方式之一。尤其是在缺水的城市，再生水将是最可行的补水水源。

近年来，我国城市污水处理能力得到了突飞猛进的增长，我国已建成并投入运营的污水处理厂共1590座，设计日处理规模已达9000多万立方米，日实际处理量近7000万立方米，年处理污水量将达250亿立方米，约占我国城市供水总量的50%。毋庸置疑，我国为了解决水资源紧张的问题，使用城市污水处理厂的再生水作为景观娱乐水体的补充水源的工程将逐步增多。由于黑臭水体，特别是黑臭河道的整治是当前水污染防治和水环境治理的重要任务，这使得在景观娱乐利用的途径中再生水补给河道成为了研究的热点。

将污水处理厂二级出水与《城市污水再生利用景观环境用水水质》（GB/T 18921—2002）进行对比，见表10.1，可以看出二级水的部分指标好于Ⅴ类标准。经分析比较，污水处理厂的二级出水经过混凝—过滤—消毒等深度处理后，出水水质除N、P等指标外均可以达到或接近Ⅳ类地表水体的环境质量标准。因此规划时可考虑使用经深度处理的再生水作为Ⅳ类水体的补充水源，污水处理厂的二级出水可适当排入Ⅴ类水体河道，作为补充水源。通过河道原位生态综合修复措施，可使河水水质达到Ⅳ～Ⅴ类环境质量标准。

以北京市为例，为缓解首都水资源紧缺状况，北京市从2003年开始使用再生水。2007年底，北京市政府决定将中心城区8座污水处理厂全部进行升级改造为再生水厂，2008年再生水利用量约为6亿立方米，超过密云水库的供水量，已成为北京市第二大水源。2010年已建成北小洞、温泉、永丰、昌平、亦庄等再生水厂13座。中心城区8座污水处理厂改造后出水水质达到《城市污水再生利用景观环境用水水质》（GB/T 18921—2002），同时配套建设约50km再生水管线，处理后的再生水可用于城市河湖补水、绿地浇灌、工业循环用水及市政杂用水等。清河再生水厂是目前国内规模最大、品质最高的再生水厂，处理能力达到 $3.2 \times 10^5 \, \mathrm{m^3/d}$，其中，$6 \times 10^4 \, \mathrm{m^3/d}$ 高品质再生水作为奥林匹克公园水景及清河的补充水源，采用了超滤—活性炭吸附—臭氧消毒组合水处理技术，出水水质优于《城市污水再生利用景观环境用水水质标准》（GB/T 18921—2002），这一工艺在国内大型再生水厂中首次应用。因此，再生水从水质和水量上均能够保证城市水环境补水的需要。

项目	Ⅳ类水质	Ⅴ类水质	景观河道用水	二级处理出水
pH 值	6.5～8.5	6～9	6～9	7～8
浊度/NTU	—	30	5	30
BOD_5/(mg/L)	6	10	10	20
COD_{Cr}/(mg/L)	20	25	—	60
NH_3-N/(mg/L)	1	1.5	5	6
TP/(mg/L)	0.7	1.2	1.0	3
氯化物/(mg/L)	250	250	—	150
铁/(mg/L)	0.5	1	—	—
总固体/(mg/L)	—	1500	—	800
总大肠杆菌/(个/L)	—	10000	10000	12000

　　河道承载了城市的主要水环境，水源保障是维系城市水环境的基本条件，优质优用是第一原则，环境景观用水对水质的要求并不高，再生水是第一选择。一般来讲，城市污水来源可靠，水质稳定，城市供水量约有 90％变为污水排入下水道，这是一种很大的资源浪费，至少有 70％的污水（相当于城市供水量的1/2 以上）可在再生处理后安全回用。因此，可依托现有污水处理厂，经过深度处理后可达到要求补充城市污染河道。此外，再生水用于城市水环境不同于其他用途，不需要大规模复杂的再生水管网建设，实施相对容易。目前，从再生水补充河道的工程应用状况来看，无论在水质标准上还是在技术上都是可行的，所以在世界各地得到了广泛的应用。

　　笔者从再生水补给河道的现状、再生水补给河道的水质标准、再生水补给河道的处理工艺、国内主要用于河道补给的再生水厂的调研以及实例分析等多方面进行阐述分析，通过比较我国和美国、欧盟、日本等发达国家的再生水补给河道的现状、再生水补给河道的水质标准等，分析我国在再生水补给河道的标准制定以及分类和再生水的处理工艺选择等方面存在的问题和不足，并提出了再生水补给河道的安全风险防范和环境保护的相关建议，以期对我国再生水补给河道的推广应用提供借鉴。

10.2　国内外再生水补给河道的现状

　　再生水补给河道是对污染水体自然循环的人工强化，也是解决水危机最有效的途径之一。美国、日本、澳大利亚、以色列等国早已开展污水处理后再生利用于河道补充水的工作。其中，美国、德国和日本是世界上最早进行污水再生回用的国家，20 世纪 70 年代初美国开始大规模地兴建污水处理厂并开始将污水再生回用。俄罗斯、以色列、南非和纳米比亚的污水再生回用也很普遍。此外，希腊、摩洛哥、约旦、塞浦路斯、埃及、突尼斯等水资源较为短缺的国家，在污水再生回用方面也取得了良好效果。

　　我国对再生水回用的研究和实践整体上起步较晚，直到 20 世纪 80 年代末我国许多北方城市频频出现水危机，污水再生利用的相关研究和技术才真正得到广泛关注。但由于经济鼓励措施的缺乏、中水配套设施规划和建设的滞后以及监督管理的薄弱等种种原因，污水回用在我国很多省市发展依然缓慢。进入 21 世纪后，随着《城镇污水处理厂污染物排放标准》（GB 18918—2002）的颁布和实施，城镇污水处理才开始真正从"达标排放"逐步转向"再生利用"。以北京市为例，2015 年北京市再生水用量达 10 亿立方米。尽管我国再生水占污水处理总量的比例不低，高于美国、欧洲、日本等国家和地区，但整体利用水平有待进一步提高，污水再生利用，尤其是用于补给河道，仍处于起步阶段，具有巨大的空间和潜力。

为全面了解各个国家在再生水补给河道上所做的相关工作，本章对国内外再生水补给河道的现状进行了研究。

10.2.1　美国

再生水作为一种合法的替代水源，已成为美国城市水资源的重要组成部分。美国水资源总量较多，城市污水回用工程主要分布在水资源短缺、地下水严重超采的西南部和中南部地区，如加利福尼亚、亚利桑那、得克萨斯和佛罗里达等州。美国现已有超过 350 个城市回用污水，再生水厂站多达 500 余座，全国城市污水再生回用总量达 14×10^8 m³/a 以上。1932 年，旧金山市建立了世界上第一个将污水处理后回用于公园湖泊观赏用水的污水处理厂，截至 1947 年该污水处理厂已为公园湖泊及景观灌溉供水达 3.8×10^4 m³/d，是最早开始真正意义上利用城市污水回用景观环境的案例。20 世纪 70 年代初美国开始大规模二级污水处理厂建设，并注重污水再生利用。据统计，1990 年美国的污水再生利用水量为 3.6×10^6 m³/d，2000 年达到 18.4×10^6 m³/d。现今在建的二百多个污水厂中，超过 30% 的污水回用于城市景观河道。

得克萨斯州的圣安东尼奥水处理系统向圣安东尼奥河补充高质量（1 类）再生水。此外，再生水替代地下水，用以补给城市公园、动物园和步行街河流的水量。

加利福尼亚州中部贝克斯菲尔德市拥有一个占地面积 2000 hm² 的市政农场，其再生水利用历史已有 80 多年。再生水被储存在水库中，用以满足大麦、玉米、棉花、高粱等作物的季节性灌溉需求。为应对再生水中含氮量过高问题，选择在作物生长早期利用再生水灌溉，以有效利用再生水中的氮满足农作物生长对氮肥的需求，后期则更换为含氮量较低的井水或河水灌溉。

位于加利福尼亚州南部的欧文市梅森公园占地面积约 40 hm²，其中包括 37 hm² 的湖泊，公园中心的人工湖是游客流连忘返的景点，同时也吸引了迁徙鸟类和其他野生鸟类栖息（图 10.1）。基于采用经深度处理的再生水补充湖泊、河道的特殊性，梅森公园采取了一些针对性的管理政策，包括：

① 鉴于再生水中盐分含量通常较高，用额外水源稀释过量的盐分。

② 再生水含有一定量的营养物质，草地施肥时充分考虑了再生水中营养物质的含量。

③ 通过最大限度地延长灌溉周期（2 次灌溉之间的间隙期），刺激深层根系的生长。这也为地面维护和市民休闲带来便利。

④ 采取缩短灌溉期、增加灌溉频率的灌溉方式以减少地表径流。例如，若总灌溉运行期为 15min，则将其分作 3 次 5min 的灌溉。

图 10.1　美国梅森公园内利用再生水补充河道景观

⑤ 选择在晚上 10 时至次日上午 7 时之间进行景观灌溉，将公众与再生水的直接接触降到最低程度。

⑥ 选择种植耐盐性更好的植物种类，此规定是在发现再生水灌溉后几种受胁迫植物物种不能生长后所做的调整，主要是因为再生水中含盐量相对较高。

⑦ 避免再生水与木材结构设施的接触，防止木质材料的快速腐烂，尽可能选择塑料而非木材；为防止金属生锈，选用了镀锌钢材并经常喷漆。

⑧ 为降低人体暴露于病原体的可能性，对厕所和设置在公共场所的饮水器定期进行漂洗消毒。合理的再生水利用在节约珍贵饮用水水源的同时满足了城市景观河道的需求。

美国在城市污水回用上，联邦、州和地方各级都有立法，各地方是随着污水设施的建立进行立法，主要有《回用管理条例》和《用户合同》。例如美国《回用管理条例》规定，如附近已有回收管网，某些用户必须与之接通，这些用户包括公园、高尔夫球场、公墓、学校、住宅小区等。在新开发区，入住前也要求区内所有物业都必须接上建成的回用水管网。目前，美国的再生水回用管理准则各州不一，并且针对不同的回用对象制定的标准也不一样，但标准都很严格。如加利福尼亚、亚利桑那和佛罗里达等州都已经推出了明确的对再生水资源的管理条例和规章制度，明确了水质标准及对水的加工和处理标准，并大力鼓励再生水回用，将其作为重要的水资源保护战略。截至 2012 年，美国已有 25 个州通过了再生水回用有关规章制度，其中 16 个州推出了具体的指导方针。而且，早在 1992 年美国环保局就会同有关方面推出了再生水回用建议指导书，包括再生水回用指南、处理工艺以及水质要求等，为那些尚无法则可遵循的地区提供了重要的指导信息。

美国污水资源化的成功经验如下。

① 经历了水管理理念的转变，经历了水开发-水管理-可持续水管理三个发展阶段。作为解决部分地区水资源不足和保护环境的有效途径，美国政府从 20 世纪 70 年代初就开始大规模的污水处理，强调开发水资源的工程建设；从 20 世纪 80 年代后期起，开始大量投入人力、资金和技术力量对污水资源化等相关科学问题进行专题研究，将水资源作为一种消费性的资源，着眼于如何向当代社会提供足够的水资源，确保当代社会用水需求得到满足；20 世纪 90 年代之后的可持续水管理阶段围绕可持续发展主题强调水资源的可持续利用，着眼于构筑支撑社会可持续发展的水系统，确保当代人和下代人用水权的平等。1992 年制定了污水回用指南（guidelines for water reuse），对污水回用系统、技术、用途、水质标准等做了具体的规定；1998 年进一步制定了节水计划指南（water conservation plan guidelines），强调用水管理、节水措施、污水回用等多个环节的规范化管理和技术指导。这些污水处理措施一方面缓解了部分地区水源不足，另一方面减少了大规模水资源工程的实施，从而更有效地保护资源和环境。为强调用节水和污水资源化的方法解决水资源的供需矛盾，联邦政府基本上已冻结了任何大型水资源项目的计划。20 世纪末期，美国在水领域的总体战略目标发生了调整，由单纯的水污染控制转变为全方位的水环境可持续发展。

② 研究并建立了较为完备的水权、水市场以及基于水区的政策和管理体系。健全高效的水管理机构是实施高效水资源管理的基本保障。美国联邦政府设有专门的水资源再利用管理机构；联邦政府和地方政府都有水回用的专项贷款和基金；各个管水的机构各负其责。水区不以各级政府的行政管辖范围划分，而是以水的流域涵盖范围及有利于水的大循环和优化管理而界定，范围可大可小。地方水区管理的核心是综合管理，包括政策制定、供排水厂管理以及对水及与水有关的资源的控制和综合管理，包括政策制定、供排水厂管理以及对水及与水有关的资源的控制和综合管理。

③ 污水处理技术路线适合国家污水资源化的战略发展。污水处理技术路线关键性的转变是由单项技术变为技术集成，以往是以达标排放为目的，针对某些污染物去除而设计工艺流程，现在要调整到以水的综合利用为目的，将现有的技术进行综合、集成，以满足所设定的水

资源化目标，从污水处理用词的演变上可以看出其技术发展的方向：由传统意义上的污水处理（wastewater treatment）转变为水回用（water reuse），由水回用发展到水再生利用（water reclamation），再由水循环（water recycling）代替了水再生利用的概念更加符合水在自然界中的大循环，经处理后的水可用于市政、农业以及地下、地面等多种用途。

10.2.2　日本

与美国和欧洲国家相比，日本人口密度高，城市化工业化在全流域的分布范围广泛，在河流的环境生态问题上我国的情形更加接近日本。在20世纪60～70年代也出现过严重的水污染问题，此后的河川治理经验对我国有较多可参考的价值。

20世纪60年代，日本将污水厂处理水回用于城市景观河道、工业生产等方面，其中一部分用于城市景观用水，另一部分则用于恢复早先被污染的水体，从20世纪80年代开始的十多年间，日本利用再生水恢复了大约二百条城市河流，有效地改善了城市河道污染的状况。

日本最初的再生水深度处理设施建于1976年东京都多摩川流域下水道南多摩污水厂。1980年开始以东京为首的再生水利用设施迅速发展。东京利用Tamajyo污水处理厂的再生水补给郊外Nobidome河生态用水，在满足河道景观用水要求的同时很好地恢复了河道水生态系统。1985～1996年间，日本利用再生水作为150多条缺水河道的景观用水，改善了河道的景观水体功能。1983年3月，日本再生水利用项目达到473个，总利用量约$66×10^4 m^3/d$。之后，日本平均每年建设130处再生水利用工程。1993年，全国已有1963套再生水利用设施投入使用，再生水利用量达$27.7×10^4 m^3/d$，占全国总用水量的0.7%。1996年，全国再生水利用设施达2100套，利用水量达$32.4×10^4 m^3/d$，占全国总用水量的0.8%，其中河湖景观环境用水占30%以上。到2003年，日本已建成再生回用水厂216座，提供$2×10^8 m^3/a$的再生水，占全国污水处理总量的1.6%。

日本东京都于1984年开始利用再生水。2007年再生水的利用率达9.3%。1995年，东京都再生水中心已经开始向古川、目黑川、吞川等城南3条河道输送再生水，缓解因缺水恶化的河道水环境，减少河道污染浓度，使河流水质达标。东京都将再生水定义为在通常的污水处理工艺上再进行过滤、臭氧处理等深度处理后的水。目前，东京都共有再生水供水区域7个、再生水厂3座。

日本横滨作为一个现代化都市，市区面积不断扩大，这使得雨水渗入土壤变得困难，导致地下水量逐年减少，地表水趋于枯竭。为了解决这一问题，横滨市将每天多达150万立方米的污水处理厂出水视为宝贵的水资源，作为自然水循环的补充，致力于处理水的再利用。

入江川是流经横滨市内的一条溪流，在20世纪50年代中期以前曾是农业灌溉水渠，后又作为雨水和生活废水排水渠。但随着下水道建设的发展，大量雨水和生活废水不再流入入江川，其水量在进入20世纪80年代以后急剧减少。为了使干涸的入江川恢复往日的生机，横滨市对位于入江川上游的神奈川水再生中心进行了升级，提高了高度处理能力。经过高度处理的水被排放进入入江川，使入江川的水量逐渐恢复。下水的再利用不仅"滋润"了城市，还形成了良好的城市景观。

在横滨市11座污水处理厂中，神奈川水再生中心污水处理量最大，承担横滨市约1/7人口的生活污水处理。1999年起引进深度处理技术（除磷脱氮），对晴天流入量的大约50%进行深度处理。同时对部分处理水再进行砂滤和臭氧处理后作为景观用水排放到横滨市内的河流，提高居住环境质量，同时也用于污水处理厂内机械的冷却、清洗等。

在再生水利用的政策方面，早在1973年，东京市政府就颁布了有关节约水资源的政策，同时开始提倡污水的回收和再利用。1984年东京市政府制定了再生水回用指南及相应的技术处理措施，2009年2月，日本政府又制定了关于再生水回用的新政策《下水道白皮书》，并提出了未来再生水利用的新模式，强调对再生水利用的重要性，在再生水安全性方面比较重视对再生水水质数据的积累与分析，积极进行再生水相关信息的公开，严格控制再生水的水质，定期向公众公开监测结果，以实现安全利用再生水的目的。其再生水回用的新政策如下。

① 维持循环系统的平衡，优化城市建设。将再生水用于补充河流水，维持生态系统平衡，以确保整个自然界循环系统有序进行；用于构建城市水环境，改善城市环境质量；搞好再生水利用，减少污水排放量和温室气体的排放量。

② 加强部门间合作，促进信息公开和信息共享。促进再生水供给和利用方面的信息共享，提高再生水管理方、供给方和利用方的信息利用效率；大力宣传再生水的社会意义，指导民众正确使用再生水，提高民众的社会责任感。

③ 明确水质标准和新技术评价方法，根据农业用水、工业用水等再生水用途的不同，明确规定再生水的水质标准；完善膜处理技术等新技术的评价机制，促进新技术的推广和普及。

④ 制定责权分明的运营制度，为民间力量参与再生水行业营造安全有序的环境，政府首先做好基础设施建设方面的铺垫工作，吸引民间力量加入再生水利用行业，在责权明确的前提下积极与民间力量协调合作以及与其他行业合作，提高效率，降低成本。

日本在污水回等方面积累了较为丰富的经验：

① 采取奖励政策。就水质、结构、施工、管理等技术问题制定了排水再利用系统计划基准，而且通过减免税金、提供融资和补助金等手段大力推广和普及。

② 污水处理技术先进。开发了很多污水深度处理工艺，采用了新型脱氮、脱磷技术，膜分离技术，膜生物反应器技术等，并且在这些方面取得很大进展，同时对传统的活性污泥法、生物膜法进行不同水体的工艺实验。对于生活污水基本上都是采用生物处理法。

日本再生水的用途主要包括缺水城市中的河流补水、喷泉等景观用水、居民的亲水用水、寒冷地区的融雪用水、写字楼或酒店等的冲厕用水、道路或公园绿地等的浇洒用水、工业用水或农业灌溉用水等。不同途径再生水水量所占的比例见表10.2。

⊡ 表10.2 日本再生水分类回用明细表

再生水用途		处理厂数量/座	再生利用量 /($10^4\,m^3/a$)	比例/%
环境用水	景观用水	105	5896	29.1
	生态用水	9	5827	28.7
亲水用水		20	603	3.0
融雪用水		33	3863	19.0
工业用水		55	1914	9.4
农业用水		29	1398	6.9
冲厕用水		52	704	3.5
其他		161	79	0.4
合计		464	20284	100.0

10.2.3 澳大利亚

澳大利亚于20世纪90年代早期开始对再生水进行利用，再生水在2001～2003年全国干旱时期发挥了重大的作用，500多座城市污水处理厂生产的再生水有效缓解了干旱缺水和国家限水政策给城市发展和居民生活带来的压力，甚至在缺水地区一度成为不可替代的饮用水源。

2010 年，悉尼启动劳斯山城市发展水回用方案。发展至今，澳大利亚污水回用率已达到 16.8%，2015 年总回用污水量约 2.79×10^8 t（见图 10.2）。

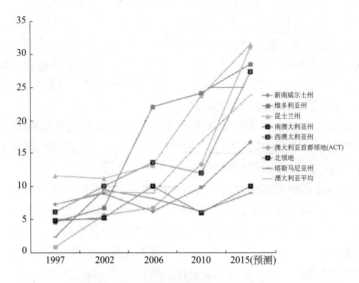

图 10.2 澳大利亚各州污水回用率变化

澳大利亚农村的再生水利用要多于城市，内陆城市要多于沿海城市，未来计划主要向悉尼、堪培拉、昆士兰、墨尔本以及南澳大利亚发展。2004 年颁布的墨尔本都市水计划中指出，再生水将更多地用于城市河道、高尔夫球场、牧场、公园景观用水等方面。2004 年，昆士兰颁布《再生水安全利用指南》草案，旨在鼓励对再生水的利用与发展。与此同时，布里斯班也积极开展综合区域内的再生水利用，建立再生水开发与监管部门，确保所有区域绿地的发展要有再生水利用的规划与设计，将再生水的 20% 替代城市饮用水源，实现零污水排入莫顿湾，保持对再生水的可持续使用。

为解决水资源短缺问题，澳大利亚耗资约 32 亿美元应用于污水的再生利用，其中大部分投资投入在悉尼区，约 23 亿美元。据统计，2011～2014 年期间完成的澳大利亚国家城市和集镇水供给安全保障计划中污水回用项目共 19 项，总共投资 1.0 亿美元（见表 10.3）。

⊡ 表 10.3 澳大利亚各地区污水回用投资项目

州名	项目	资助额度/美元	规模/(10^4 t/a)	完成时间
新南威尔士州	Bathurst 水过滤厂-上层清液回收项目	826444	—	2012 年
	Midcoast 水回收和回用计划	6189000	47.5	2012 年 6 月
	Penrith 水回用方案	2700000	13.5	2012 年 6 月
昆士兰州	Mossman 水回用方案	2119670	30.4	2012 年 6 月
	澳大利亚卓越水回收中心	22000000	—	2013 年
南澳大利亚州	McLaren Vale 回用水	3500000	1.5	2012 年 6 月
	Naracoorte 地区牲畜交易所再生水回用项目	1850000	4.0	2012 年 6 月
	Port Augusta 污水回用方案	914500	18.0	2012 年 6 月
	Port Pirie 社区水回用项目	2500000	35.0	2012 年 6 月
	保障饮用水供给安全-水回用方案	459150	13.4	2012 年 6 月
	Whyalla 防水工程-回用水灌溉网络的扩建	2271340	26.5	2012 年 6 月
塔斯马尼亚州	Derwent 河口回收和灌溉系统	10500000	320.0	2012 年 6 月

州名	项目	资助额度/美元	规模/(10^4 t/a)	完成时间
维多利亚州	Phillip 岛回用水方案	2850000	19.4	2012 年 6 月
	墨尔本东部处理厂污水回用计划	—	12000	2012 年
	维多利亚冲浪海岸回用水厂	10000000	300.0	2013 年 9 月
	Geelong-Shell 水回收利用项目(也称北部水厂)	20000000	181.7	2013 年 3 月
	Torquay 水回用项目扩建	10500000	60.0	2014 年 11 月
西澳大利亚州	Kalbarri 污水处理厂升级改造	1950000	—	
首都领地	澳大利亚植物园非饮用管道	1500000	—	
总计	预计最小规模	101129604	13070.9	

注：1. 该统计数据为不完全统计，2011 年统计数据不完整。

2. 资助项目包括澳大利亚国家城市和集镇水供给安全保障计划以及其他国家和州的拨款项目。

近二十年来，澳大利亚各州污水回用量总体呈上升趋势。2012 年，除了新南威尔士和塔斯马尼亚岛外，大部分的辖区都将接近或达到 30%。其中南澳大利亚（28%的污水回用率）、维多利亚（24%的污水回用率）和昆士兰（24%的污水回用率）三个州发展较快；塔斯马尼亚州、北领地、新南威尔士州发展相对较慢。维多利亚西部水回用率高达 81%，而新南威尔士的高斯福只有 1.7%的回用率。2015 年污水回用率达到 23.8%。

截至 2013 年年底，澳大利亚已经有 580 多个不同的污水回用项目，大部分与非饮用回用有关，包括回用于农业、森林、城市非饮用用途、工业、渔业、娱乐和环境、居民、景观灌溉、湿地修复和建造等。饮用回用则包括直接饮用回用（direct potable water reuse，DPR）、间接饮用回用（indirect potable water reuse，IPR）和地下水补给。

再生水用于景观环境在澳大利亚最典型的案例就是悉尼奥运村，其中包括大面积的草坪灌溉以及喷泉娱乐场所和新商业区用水。悉尼奥运村再生水利用项目的关键和核心是再生水的质量，采用两条供水管网分别输送再生水和饮用水，与日本的双管供水系统相似；为了保障公共健康和饮水安全，对再生水水质进行连续监测，并且在所有使用再生水的地区采取有效措施减少再生水与饮用水接触的风险，尤其是再生水和饮用水共同使用的地方采用了明显的标志和公共警示信息。悉尼的再生水循环过程包含一系列革新和有效的技术，这些技术应用于生物处理过程、微过滤和反渗透过程；使用高科技的远程控制系统对循环再生水的操作和监控进行自动和连续的监测，确保了再生水水质安全。

悉尼奥运村的再生水利用项目，包括奥运村污水处理厂，奥运会奥运场馆区的雨水处理设施和处理后污水和雨水深度处理和综合利用系统，涉及雨、污水处理、回用和综合利用。奥运场区的污水处理厂设计处理水量为 2200m³/d，采用的工艺是 SBR 工艺，去除污染物主要是有机物和营养物质氮、磷。这一污水处理厂考虑的主要是悉尼奥运会期间的污水处理问题。但是奥运会后，奥运场馆区内污水量没有达到设计能力，所以将附近一个 2000 人的监狱废水引入，以便保持连续运行。在设计和实施中有以下几个特点：

① 污水处理厂采用的工艺是序批式活性污泥工艺（SBR 工艺），该工艺的自动化程度较高，在参观现场没有人值守，并且该处理厂配套了较先进的自控手段，采用无线数据传输系统，污水处理厂可以实现远程控制。

② 这个污水处理厂距离奥运主体育馆不到 100m，污水处理厂对周边的景观影响和主要质量要求较高，由于污水处理厂所处位置的敏感性。所以该厂所有的处理构筑物采用封闭式结构，即池顶全部加盖。

10.2.4　德国

德国非常重视污水处理，污水处理设施比较完善，处理技术先进。德国公共排水管道总长度50多万公里，按照辖区全部面积计算，每平方公里超过1km，人均排污管道长度约6m。截至2011年年底，德国有9933个污水处理厂，96％的集中污水收集处理率，在偏远农村的其余4％污水靠汽车拉储藏罐收集。德国在中心城区的污水收集主要采用雨污合流制，周边及新建地区主要采用分流制。合流制与分流制的下水道比例分别约占70％和30％。德国的污水处理模式以集中式、半集中式处理为主，为减少管网收集费用，根据技术经济比较，通常采用分片分区的（半）集中式处理模式。

德国是欧洲开展再生水利用较早的国家之一。德国（联邦德国）从1976年开始制订了污水达标排放标准、污水治理措施及相应的污水排放量控制的法律法规。柏林20世纪70年代将再生水用于地下水回灌，德国生态城市Erlangen1979年将深度处理的污水通过土壤渗滤补充地下水，以此来解决地下水水位下降问题。据统计，从1970年到1994年德国政府投资于污水建设方面的资金超过150亿德国马克，其中约109亿德国马克用于排污系统建设，46亿德国马克用于污水处理厂建设。

10.2.5　以色列

以色列是一个水资源极度贫乏的国家，70％的国土为沙漠。但以色列的污水资源化发展水平处于世界先进行列，被认为是水资源管理和利用最科学的国家。由于地处干旱和半干旱地区，以色列是最早使用再生水进行农作物灌溉的国家之一，也是在中水回用方面最具特色的国家之一，其工业农业及国民经济发展之所以能取得惊人的成就，除了大力发展高科技外，推行污水回用政策为国家的生存和发展提供了可靠保证。以色列的污水资源化发展的主要特点在于具有健全的水资源管理制度和机构。针对其水资源匮乏的现状，以色列政府在工程技术上应用了一系列的工程和非工程措施，加强对水资源利用的管理，提高效率。以色列将污水回用以法律形式给予保障，如法规规定，在紧靠地中海的滨海地区，若污水没有充分利用就不允许使用海水淡化水。

在以色列建国初期，水就被确立为国有化资源，归政府所有和控制，并于1959年颁布实施了《水法》，把回用所有污水列为一项国家政策。在以色列有两家性质特殊的国有公司与水相关：一家是国家水规划公司，其主要任务就是负责国家和地区性主要水利工程的设计；另一家就是负责全国输水系统的麦考罗特公司。麦考罗特有限公司是以色列的国有水利公司，负责国家水利资源的管理，发展新资源，保证所有地方的正常用水。麦考罗特公司已挖掘1300口井，建立700家水电站（约用了3000多个水泵），建起600个水库，拥有长达6500km的管道，以色列近65％的用水都由麦考罗特公司提供。

截至1987年，以色列全国已有210个市政污水回用工程，72％的城市污水已经回用。再生利用水主要用于灌溉，直接回用于农业灌溉的污水量占总用水量的42％，同时处理后的污水还用于地下回灌，约占总用水量的30％。可见，以色列间接用于灌溉的回用水量已经达到城市污水量的70％，城市生活和工业回用水量约占总量的30％。以色列政府制定了国家污水再利用工程计划，开展利用污水进行灌溉的试验研究，至1997年约有60％的城市污水在进行无害化处理后用于灌溉。污水处理厂主要用来处理污水，生产净化水，处理后达到一定标准的回用水还可以作为非饮用的生活用水。由于大范围进行污水回用，以色列对于包括回用水技术在内的节水技术、回用水水质以及污水回用产生的生态和流行病学问题给予了极大的重视并进行了深入的研究，成为在节约用水，特别是污水回用方面最具特色的国家。

以色列是世界上使用再生水进行灌溉比例最高（大约是污水总量的 2/3）的国家。污水排放量在 2010 年约达到了 $5×10^8 m^3$，再生水利用量达到 $3.5×10^8 m^3$。目前，以色列全国 1/3 的农业灌溉使用再生水。目前城市污水再生利用率已达 90%，每年有 72% 的污水经过处理回用，全国所需水量的 16% 来自回用水，再生水主要用于灌溉、回灌地下、工业用水等，回灌地下的再抽出至管网系统，抽送到南部地区，最南部地区甚至将它作为饮用水源。

10.2.6　国外经验小结

再生水的开发与利用有效缓解了世界各国缺水地区的水危机，并且从经济、环保、可持续使用等角度看都具有独特的优势。总体来讲，美国、日本、以色列等国家在再生水回用量与回用技术上处于领先地位，其发展污水回收利用的时间较早且技术比较成熟，再生水水质标准要求高，并且已经广泛应用于河道补水。欧洲开展再生水的利用起步也较早，主要集中于德国、荷兰、比利时、意大利、西班牙和一些旅游业发达的国家，有效利用再生水改善了城市水环境。

开展污水回收利用、推广再生水使用已经在各国水资源规划与利用中凸显出越来越高的地位，也势必将成为 21 世纪全球水资源战略与合作中不可或缺的一部分。总的来讲，从这些国家发展的历程以及现状来看，它们的共同特点在于：

① 严格污水资源化的立法和执法。健全的法律、法规对于规范污水资源化的发展的作用毋庸置疑。各国均有较为完备的污水资源化的相关法律法规。

② 合理的污水资源化运行机制。污水资源化的发展不仅要有政府的支持，也要有企业的积极参与。不仅有社会效益，还需要建立适宜的市场运行机制，为企业的发展创造经济效益，吸引企业的资金投入到污水资源化的建设中来，这样才能使污水资源化的发展步入良性发展的轨道。

③ 认为污水资源化是整个水系统的一个组成部分。污水资源化的主要目的之一是通过污水回用替代现有使用水来扩大水资源，结果是这些淡水资源被替代后另作他用，污水回用系统由集水、处理和配水系统组成，在进行污水资源化建设时，要充分考虑集水和配水系统的配置，例如可以考虑将污水收集系统布置在工业较少的区域，回用水避免受到某些工业废水中的有毒有害物质的影响，以保证污水回用后的水质安全。

10.2.7　我国再生水利用及补给河道现状

我国的再生水利用事业大致可分为四个阶段：1985 前的"六五"期间是起步阶段；1986～2000 年的"七五""八五""九五"，这十五年时间是技术储备、示范工程引导阶段；2001 年以"十五"纲要明确提出污水回用为标志，我国进入全面启动再生水利用工作的阶段；2005 年以后，随着相关再生水利用的标准体系逐渐健全，我国的再生水利用进入了稳步发展阶段。

10.2.7.1　北京市

北京市水资源十分匮乏，人均水资源占有量不足 $300m^3$，仅为全国平均值的 1/8，世界平均值的 1/30，远低于国际公认的人均 1000m³ 的水资源安全线，水资源供需矛盾十分突出。

作为较早展开污水资源化实践的城市，早在 20 世纪 50 年代，北京市就开始利用再生水，当时主要是进行农业灌溉，灌溉面积主要集中在丰台区、朝阳区、大兴区和通州区。

1987 年，北京市颁布实施了《北京市中水设施建设管理试行办法》，这是我国有关污水再生利用的第一个地方性规范。1991 年颁布了《北京市水资源管理条例》以及《北京市城市节约用水条例》。

随着高碑店、酒仙桥；污水处理厂相继投运，特别是高碑店污水处理厂再生水回用项目的建成，北京市再生水利用进入了高速发展阶段。高碑店污水再生利用工程 1999 年开工建设，2001 年投入运行；日供水能力可达 $47×10^4 m^3$，大部分用于景观河道补水，出水补充高碑店湖，作为高碑店湖景观用水的同时，替代通惠河上游来水满足第一热电厂冷却循环使用。

同期，北京市相继出台并不断完善再生水利用的政策和法规，再生水利用规模急速扩大，管网建设不断扩张，再生水经营企业不断转变思路，取得突破，工作核心已由基本建设转到供水保障。按照 2001 年北京市出台的《北京市区污水处理厂再生水回用总体规划纲要》要求，2002～2007 年期间，北京市投资近 15 亿元，由北京排水集团所属京城中水公司陆续建设完成酒仙桥再生水厂（$6×10^4 m^3/d$）、吴家村再生水厂（$4×10^4 m^3/d$）、清河再生水厂（$8×10^4 m^3/d$）、方庄再生水厂（$1×10^4 m^3/d$）、小红门污水资源化再利用输水泵站工程（$30×10^4 m^3/d$）及 400km 配套管线，实现再生水年供水能力 $3.5×10^8 m^3$。

2005 年实施的《北京市节约用水办法》进一步明确"统一调配地表水、地下水和再生水"，再生水正式成为境内水源的重要组成部分。2006 年起再生水被列为"循环经济"的重要组成部分。2006 年再生水占北京市全部供水水源总量的 10%；2007 年再生水供水量达到 $4.8×10^8 m^3$，占全市供水水源总量的 14%；2008 年再生水供水量达 $6.2×10^8 m^3$，回用率达到 50%，再生水利用量首次超过地表水（$5.7×10^8 m^3$）。2009 年，北京再生水供水量达 $6.5×10^8 m^3$，再生水已占全市总用水量的 18%，已经成为北京市稳定可靠的新水源。北京市中心城区再生水供水系统、规模及工艺见表 10.4，中心城区再生水各类用途比例见图 10.3。

⊡ 表 10.4 北京市中心城区再生水供水一览

区域	供水系统	生产及输配设施	工艺
北部	清河	清河再生水厂（$8×10^4 m^3/d$）；140km	超滤膜过滤
	北小河	北小河再生水厂（$6×10^4 m^3/d$）；60km	膜生物反应池（MBR）+反渗透（RO）
东部	西二旗	西二旗再生水厂（$3600×10^4 m^3/d$）	膜生物反应池（MBR）
	酒仙桥	酒仙桥再生水厂（$6×10^4 m^3/d$）；163km	混凝-沉淀-过滤-消毒
东南部	高碑店	高碑店泵站、大观园泵站、八一湖泵站、刘娘府泵站（$45×10^4 m^3/d$）；85km	
	方庄	方庄再生水厂（$1×10^4 m^3/d$）；12km	石灰（BS）法
西南部	吴家村	吴家村再生水厂（$4×10^4 m^3/d$）；65km	微絮凝工艺
	小红门	小红门再生水厂（$30×10^4 m^3/d$）；45km	
	卢沟桥	卢沟桥再生水厂（$10×10^4 m^3/d$）；58km	反硝化滤池+硝化滤池
合计		$112×10^4 m^3/d$；628km	

2010 年《北京市排水和再生水管理办法》确定"本市将再生水纳入水资源统一配置，实行地表水、地下水、再生水等联合调度、总量控制"。2012 年发布《北京市节约用水办法》以及《北京市河湖保护条例》。

2015 年北京规划市区还将继续投资近百亿元，对现有 8 座污水处理厂实施升级改造工程。在整个中心城再生水用途中，河道景观用水占 16%，污水处理厂升级改造的直接目标是提高现有污水处理厂出水水质,从排放标准提升至使用标准,达到再生水利用标准。最终目标是通过调配再生水更大程度地改善中心城区水环境,形成各供水区域的联通,进一步提高全方位的调配功能,重点是补充干涸、断流河道,满足北京市整体水系的用水需求。届时生产能力达到 $2.67 \times 10^6 \mathrm{m}^3/\mathrm{d}$,年供应优质再生水能力达到 $9.7 \times 10^8 \mathrm{m}^3$,输配管网达到 700km。

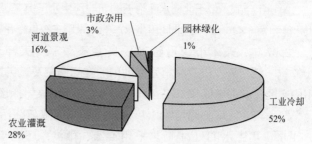

图10.3 北京市中心城区再生水用途示意

10.2.7.2 天津市

天津市水资源紧缺,人均水资源占有量为 160 m^3,为促进水资源的合理配置,天津市很早就积极开展污水再生利用工作。

天津市从"七五"开始,以纪庄子污水处理厂为依托,开展污水回用科研与生产相结合的工作,进行了"二级出水开发循环利用自然净化技术"及"二级出水回用于工业的成套技术"等系统的科学研究。

"八五"期间,天津市进一步开展了城市污水回用技术的研究,承担了国家"八五"攻关项目中的"城市污水回用于工业工艺用水成套技术"课题,研究二级出水深度处理工艺的优化组合,同时探索了放置于生物曝气池中的超滤膜污水回用技术。

1993 年,天津市市政工程设计研究院以纪庄子污水处理厂为基地,开展了向卫津河补充纪庄子污水处理厂二级出水的研究。补水结果表明:卫津河沿途如果没有其他污水进入,补水后的河道具有一定的自净能力,并能保持输水水质。

2000 年,天津市政府为改善市内的缺水情况,加大了污水再生利用的力度,决定建设一座再生水厂,将新开发的梅江居住区作为污水回用示范工程,再生水厂的原水为纪庄子污水处理厂二级出水。

2001 年,天津经济技术开发区编制完成并颁布了《天津经济技术开发区水资源综合利用总体实施计划》,提出天津经济技术开发区要对污水处理厂二级出水进行不同程度的处理,以满足河道补水、城市杂用水以及部分工业纯净用水的水质标准。

2002 年,天津市中心城区开始建设纪庄子污水回用工程, 2002 年年底投入运行。该工程是当时全国 5 座污水回用重点示范工程之一。该工程第一次大规模地将再生水综合回用于城市河道、市政杂用和工业等领域,对天津及北方地区污水回用工程具有较强的示范作用。

2002 年,天津市颁布《天津市节约用水条例》,要求全面提高水的利用率,建设节水型城市。 2005 年进行了修订。

2003 年 9 月,天津市人大颁布了《天津市城市排水和再生水利用管理条例》,以立法的形式对再生水利用的规划、建设、管理等作出了规定,于 2003 年 12 月开始正式实施, 2005 年7 月进行了修订。

2004 年,天津市人民政府正式批复《天津市中心城区再生水资源利用规划》,明确了再生水资源的利用方向,再生水主要回用于景观水体补充水、城市杂用水等;规划还提出了再生水厂的建设规模。

2004 年年底，位于北塘水库附近的北塘再生水厂完工，总面积为 4567m³，总投资达 3000 万元，供水能力为 $5 \times 10^4 m^3/d$，北塘再生水厂的出水用于提供绿化景观用水，促进北塘的可持续发展。

2007 年，天津市建设管理委员会颁布了《天津市再生水设计规范》（DB 29—167—2007），结合天津市开展再生水利用的实际情况及近远期城市发展对再生水的需求情况，按城市中心区、滨海新区和二区三县对再生水的使用要求和经济承受能力制定了相应的技术路线。

2008 年 8 月咸阳路再生水厂建成，其位于咸阳路污水处理厂污水处理区的南侧，占地约 1.94hm²。再生水的处理工艺采用混凝、微滤，还有部分采用 RO 工艺，设计处理能力为 $5 \times 10^4 m^3/d$。环内服务面积 72.6km²。服务范围北起子牙河、南至吴家窑大街；西起外环线、东至海河。

滨海新区也建成了处理能力 $2 \times 10^4 m^3/d$ 的泰达新水源一厂，并已有长度 37.015 km 的管网，2008 年 1~9 月通过管网供水共 $71.6 \times 10^4 t$，再生水主要用于景观和绿化，每年要给景观湖补水 2~3 次，用水量 $2.0 \times 10^6 t$ 左右。

2009 年，天津市对市行政区域内再生水系统进行了重新规划，规划年限为 2008~2020 年，近期规划年限 2008~2012 年，城市污水再生利用率达到 30% 以上；远期规划年限 2013~2020 年，城市污水再生利用率达到 35% 以上，其中，中心城区达到 40% 以上，环城四区达到 45% 以上，滨海新区达到 35% 以上。

目前，天津市共有六大排水系统，分别为纪庄子排水系统、东郊排水系统、咸阳路排水系统、北辰排水系统、双林排水系统和张贵庄排水系统。天津市现已建成 6 个再生水厂，其中 4 个排水系统内都已建成自己的再生水厂，包括纪庄子再生水厂、东郊再生水厂、咸阳路再生水厂及北辰再生水厂；另外，滨海新区还建有泰达新水源一厂和北塘中水厂，总设计回用水量达到 $23 \times 10^4 m^3/d$，双林再生水厂和张贵庄再生水厂也将建成，届时，天津市的六大排水系统内便分别有各自的再生水厂，为市区及外环线以外的部分地区提供再生水水源。

10.2.7.3 深圳市

深圳市水资源紧缺，多年平均水资源总量为 $20.51 \times 10^8 m^3$，全市人均水资源量约为 230 m³，仅为全国的 1/9，广东省的 1/10，70% 以上的供水主要依靠境外东江。而东江径流年内、年际分布极为不均，一旦遭遇特枯年和遭受水污染，深圳市供水将无法保障，城市供水在较大程度上存在安全隐患。随着城市化进程加快，城市用水量不断增大，加剧了水危机。为发展循环经济，缓解淡水资源短缺，深圳市大力推进再生水利用工程。

2001 年深圳市政府编制了《深圳特区城市中水道系统规划（2001—2010）》，要求近期深圳市污水再生利用厂利用规模达到 $22.0 \times 10^4 m^3/d$，远期达到 $49.0 \times 10^4 m^3/d$。

2007 年，盐田区建成了深圳市首个大规模中水回用示范项目——盐田污水处理厂深度处理中水，目前中水生产能力达到 2000t，实际使用中水 600t，主要用于该区市政绿化和少量河道补水。

在全面调查深圳市工业生产、生活、农业和生态用水节水现状的基础上，依据城市总体规划和中长期供需水量的预测，通过测试、核查和分析论证，2007 年提出深圳市中长期节水目标及实施措施《深圳市节约用水规划》（2005—2020 年）。规划中提出：深圳市要以基本需水量为基础，在不考虑增加新的外引水资源量的前提下，通过节水措施的开发和非传统水资源利用的方式补充供水缺口，2010 年城市污水再生利用率达到 20% 以上，2020 年城市污水再生利用率达到 40% 以上。

2008 年，深圳市大沙河公园再生水利用工程完成。该再生水工程的原水取自大沙河，目前水质是大沙河上游城中村排出的尚未进入城市污水管网的生活污水，以及大沙河流域范围内的雨水。出水用于公园内的绿化浇洒、道路清洗。水质满足国家《城市杂用水标准绿化》。日处理水量为 500t。整个工程占地面积约 80m^2。日常运行成本为 0.60 元/t 水，整个工程采用自动控制，不需值班。

同年，深圳市福田区政府与深水集团达成战略合作协议，政企携手，强强联合，建设滨河中水厂项目。该厂在滨河污水处理厂内，利用现有出水，建设一座规模为 1.0×10^5 t/d 的中水处理厂，集中供应福田区市政设施用水。滨河厂污水回用对象为河湖生态景观补给水、公园绿化用水、市政杂用水、市中心区公建杂用水以及部分洗车用水和公厕冲洗水等几个方面。主要服务用户有：新洲河、福田河、荔枝湖、香蜜湖等生态补水；荔枝公园、笔架山公园、中心公园、莲花山公园等绿地浇洒；福田区市政道路绿化浇洒和道路冲洗；市委大院、市民中心、福田区政府大院及福田区各大医院绿地浇洒。

2008 年和 2009 年，按照市人民政府办公厅《关于印发深圳市创建节水型城市和社会行动方案的通知》和《深圳市提高工业用水重复利用率专项行动实施方案的批复》（深府办函〔2008〕76 号）精神，深圳市制定了一整套统计报表，并逐步纳入全市节水统计管理。《深圳市创建节水型城市和社会行动方案》提出：自 2007 年开始凡新建公园绿地、景观、道路清扫等用水，一律从污水回用，中水、雨洪利用等非传统水资源开发利用渠道解决。2008 年后特区内现有公园及 2010 年后特区外现有公园，均应采用中水、雨水和污水回用解决绿化和景观用水需要；污水回用水管网覆盖区域内均应利用污水回用水作为市政杂用水。

2010 年，深圳市人民政府发布《关于加强雨水和再生水资源开发利用工作的意见》，要将雨水和再生水系统建设项目纳入城市基础设施总体建设计划中统筹开展，确保实现四个同步：一是符合规划的再生水利用设施与污水处理设施要同步建设；二是雨水和再生水利用管网与城市道路、供水管网的新改扩建工程要同步建设；三是相关的雨水利用工程和再生水利用工程要同步建设；四是符合规定的雨水和再生水利用项目与自来水供水系统的新改扩建工程要同步建设。

为缓解水资源紧张形势，合理开发利用深圳市再生水资源，加强对深圳市再生水利用推广和监督管理工作的指导和规范，深圳市总结再生水的工程示范经验，并借鉴国内外相关标准规范，于 2010 年颁布《深圳市再生水、雨水利用水质规范》（SZJG 32—2010）。该规范在基本控制指标上已经接近自来水水质标准《生活饮用水卫生标准》（GB 5749—2006）的要求，在两者相同的 17 项基本控制指标检测项中，就有 13 项指标限制完全一致，仅 4 项指标限制略低于生活饮用水卫生标准，分别为浊度 3NTU、色度 30 度、氨氮 1mg/L、阴离子表面活性剂 0.5mg/L。该标准与国家再生水水质相关标准：《城市污水再生利用 工业用水水质》（GB 19923—2005）及《城市污水再生利用 城市杂用水水质》（GB 18920—2002）相比，某些指标十分严格，如氨氮、总大肠杆菌指标。再生水水质标准制定严格，能充分保证用户使用安全，消除潜在用户的担忧，然而，过于严格的标准则会由于可实施性及经济性影响再生水的推广。

深圳市人居环境委员会、市水务局和市节水办等与节水和水环境相关的部门，设立了专门的资助基金，如《深圳市环境科研资金与课题管理暂行办法》（深环〔2007〕279 号）、《深圳市水务发展专项资金管理暂行办法》和《关于印发深圳市节水专项资金管理若干规定的通知》（深水务〔2009〕203 号），完善了深圳市节水专项资金的投入和管理制度。

此外，深圳市节水办每年还开展节水新技术示范项目申报和评选工作，对确认为采用新技术、新工艺和新设备的示范项目予以一定比例的资金补助。2006 年以来，已资助莲塘中水示范项目、星河丹堤中水工程、大沙河公园再生水工程、梅山苑再生水示范工程等 20 多项，资助总额约 1400 万元。

目前，深圳市原特区内已建成六大污水再生水厂，分别为罗芳再生水厂、滨河再生水厂、福田再生水厂、南山再生水厂、盐田再生水厂和西丽再生水厂。同时以污水再生水厂为中心，建设了辐射整个服务范围内的再生水用户的再生水管道，污水再生利用于用户的顺序为河道补水、景观环境、市政杂用、工业和居民。

10.3 国内主要再生水厂调研

本章对国内主要的用于河道补水的再生水厂进行了调研。通过选取科学的调研方法和正确的调研对象，以及对调研结果的客观分析，以期能进一步了解国内再生水用于补给河道的现状。

10.3.1 调研方式

通过前期文献调研和情况摸底，笔者选取了我国主要缺水城市的再生水厂进行调研。主要采取实地考察和现场访谈的方式，以便能获得再生水厂建设情况及运营现状的一手资料。

10.3.2 调研对象

根据已经了解的我国已建再生水厂的情况，除了深圳本地的几座再生水厂以外，选择了几个典型缺水城市如北京、天津、西安、青岛、成都的总共 20 家再生水厂作为集中调研对象，具体见表 10.5。

▣ 表 10.5 再生水厂调研对象

城市	再生水厂名称	城市	再生水厂名称
北京	高碑店	天津	咸阳路
	小红门		张贵庄
	清河		纪庄子
	酒仙桥	青岛	海泊河
	卢沟桥	西安	北石桥
	北小河	成都	三瓦窑
	吴家村	深圳	西丽大沙河
	方庄		横岗
	肖家河		滨河
	第六水厂		罗芳

10.3.3 调研问卷设计

调查问卷是整个研究调查活动数据处理的基础，因此对调查问卷的设计工作尤为重要。在设计此次再生水设施调查问卷时按照惯例遵循了以下设计原则：a. 问题简明，避免模糊；b. 问题具有可回答性；c. 避免诱导性问题；d. 避免敏感性问题；e. 有利于统计和分析。

10.3.3.1 问题设计

再生水厂调查问卷的问题类型主要有封闭型和开放型两种。所谓封闭型问题，就是在提出问题的同时，给被调查者提供若干个可选择的答案，被调查者从中选择符合自己意愿的答案。封闭型题能使获取的数据标准化，便于计算机录入、汇总和统计分析，是调查中最为普遍采用的题型。开放型题目不提供具体的选择答案，允许被调查者自由做出回答，答案灵活多变，不局限于某种格式，但不便于计算机的编码和统计分析。开放型题主要用于收集被调查者的各种信息，以及对再生水设施设计、运行、管理的意见和建议。

考虑到本次研究对量化分析和定性分析的双重要求，根据所需要获取信息的类型和内容，将用于本次研究的调查问卷的问题设计成封闭型与开放型兼容的形式。

10.3.3.2 问卷组成

再生水厂的调研问卷在设计时根据所确定的此次课题的三大部分的主要内容"再生水设施的设计建设""再生水设施的运行维护""再生水设施的监督管理"，并加上"再生水厂基本信息"以及"存在问题和建议"设计了问题及调研内容。

因此再生水厂调查问卷内容包括如下五个部分。

第一部分是再生水厂的基本情况，包括再生水厂所在城市的基本水资源信息以及再生水厂的基本信息两个方面的问题。再生水厂的基本信息主要涉及水厂的名称、投产时间、投资方和运营方、工程投资方式、水厂规模、水厂周边环境等。

第二部分是再生水厂的设计建设。该部分内容包括 9 个封闭型问题和 8 个开放型问题。问题主要包括再生水厂设计建设所关注的 5 个方面分内容，分别是再生水的用途、再生水厂的水源、再生水管网、水质水量以及再生水厂的设计工艺。

第三部分是再生水厂的运行维护。该部分内容包括 9 个封闭型问题和 7 个开放型问题。问题主要包括水厂的工艺运行、水质监测、废渣废液处理、药剂的使用和储存、气体的安全使用和储存以及机电设备的维护和检修等。

第四部分是再生水厂的监督管理。该部分以开放性问题为主。问题包括再生水厂的主要规章制度、运营管理模式、水源、管网、工艺的监管、人员培训、用户宣传以及应急处理方式。

第五部分是存在问题和建议。此部分为两个大的开放型问题，主要调查再生水厂在设计、运行和管理中存在的主要问题以及建议。问卷中留有足够的空间供被调查水厂直接用文字表达意见或提出建议。

10.3.3.3 问卷的测试

问卷设计完毕后，首先选取了深圳本地的一个再生水厂进行了尝试性的调查，以检验问卷的科学性与可行性。在经过尝试性的调查后，根据测试的结果，课题组经商议对问卷内容进行了调整和修改，最终形成了此次再生水厂建设运行管理调查问卷的确定稿。

10.3.4 调研结果分析

根据拟定的调研方案，本项再生水厂运行管理调研共发放问卷 20 份，回收问卷 20 份，有效问卷 20 份，问卷全部采用现场考察加访谈的方式。课题组根据回收的问卷，总结了主要的调研结果，主要结论如下。

① 调研的再生水厂目前均处于正常运转状态。

② 水厂规模：水厂的设计规模介于（5~100）×$10^4 m^3/d$ 之间；北京的再生水厂设计规模均较大，高碑店再生水厂的设计规模最大，达到 $1.0×10^6 m^3/d$；小红门再生水厂和清河再生水厂的设计规模也分别达到 $60×10^4 m^3/d$ 和 $47×10^4 m^3/d$。

③ 水源：调查的再生水厂中，除了深圳西丽再生水厂使用市政污水作为水源外，其他再生水厂水源均为污水厂的二级出水。

④ 出水用途：再生水厂的出水一般都有多个用途，主要用于景观环境用水、工业用水以及城市杂用水这三类；其中用于景观环境用水的比例最高，达到40%以上。

⑤ 出水水质：除了天津纪庄子再生水厂采用分质供水，分为两个处理工艺系统，其中工业区采用混凝沉淀＋石英砂过滤＋消毒的工艺，向工业用户供水；居民区采用微滤＋臭氧氧化＋消毒的处理工艺，出水供城市杂用以外，其他再生水水厂均采用统一水质供水，对于不同出水的用途，执行多个标准中的高限值确定经深度处理后的回用水标准。

⑥ 再生水工艺：各再生水厂均根据各自所在城市的气候、进水水质等情况选择了不同的处理工艺；总体看来，北京市应用较多的是生物滤池＋滤布滤池＋臭氧工艺；天津市则较多采用双膜法＋臭氧工艺；深圳市各再生水厂采用的工艺均有区别，各工艺有各自的优缺点，也在运行中不断得到调整和改进。臭氧技术与膜技术相结合的处理工艺，可大幅度提高再生水的水质。特别是可以将再生水用于工业，使再生水真正成为城市基础设施的重要组成部分，在经济的可持续发展中发挥作用。

调研中发现的问题和建议：

① 绝大多数再生水厂以污水厂出水作为水源，厂址选择上也基本都在原污水处理厂内或者附近；一些原有污水处理厂占地规模有限，一定程度上限制了再生水厂的占地和规模。

② 一些污水厂进水工业废水比例较高，如北京高碑店进水中工业废水占50%以上，如果处理不当，对再生水厂的运行会产生较大的冲击。因此，对于进水中含有较高比例工业废水的污水厂，应密切监控其进出水，保证再生水厂的稳定运行。

③ 北方再生水的水量存在季节性因素，在冬季冰冻期，河道不宜大量补水，绿地也不宜在冬季浇灌，此时再生水用水量大幅减少。建议此时对小流量用户采用自来水供水，可利用这个时期对水厂及管网进行必要的系统检修。

④ 对于用于湖泊景观补水的再生水，要控制好补水量，补充的回用水在湖泊中的水力停留的时间按照规范规定不得大于3d，否则会对湖泊造成富营养化。

⑤ 出水色度指标的选择：通常污水处理厂在正常运行时出水略带黄色，色度在30度左右，接近再生水的水质指标要求。但是，这种出水排入河道，与正常天然河水比较，出水的黄色比较明显，感官效果不佳。当脱色处理后的出水色度达到15度左右时，水体透亮，接近正常的天然河水，感官效果很好。因此，对于用作河流、湖泊补水用途的再生水，在确定再生水出水指标的色度要求时要考虑感官因素。

⑥ 消毒单元：当再生水的出水用于城市杂用水，根据《城市污水再生利用 城市杂用水水质》（GB/T 18920—2002）中有关的要求，细菌指标总大肠杆菌群小于等于3个/L，因此在处理设施的设计上考虑单独加强消毒处理，并分质供水。

⑦ 一些污水厂建在市区内甚至是老城区内，污水厂、再生水厂产生的臭气会对周边环境产生影响，造成居民的反感。因此，这一类再生水厂一定要做好臭气控制措施，使得排放的气体达到国家标准。

10.3.5　国内主要再生水厂调研结果汇总

根据调研结果，笔者将国内用于河道补水的大型再生水厂的建设运营状况汇总于表10.6，包括设计规模、进水水质、出水水质标准、采用工艺以及污泥处理方式等。

□ 表 10.6 国内用于河道补水的主要再生水厂

名称	工程投资	设计规模	出水用途	补充河道	进水水质	出水水质标准	采用工艺	污泥处置
北京市高碑店再生水厂	工程总投资 280308.1万元	$1.0×10^6$ m³/d	河湖补水、工业回用、城市杂用	通惠河	高碑店污水处理厂(一级B)的出水水质	按照处理厂出水的主要用途,设计出水水质满足相关再生水质要求。部分出水水质达到《地表水环境质量标准》IV类水体水质标准	A²/O(填料)+反硝化生物滤池+滤布滤池	以剩余污泥的形式排出水处理系统,对剩余污泥进行厌氧消化
北京市卢沟桥再生水厂	工程总投资 88885万元	$1.0×10^5$ m³/d	景观环境用水、城市杂用水、工业用水	永定河、马草河、丰草河	卢沟桥污水处理厂(一级B)的出水水质	出水水质应达到《再生水回用于景观水体的水质标准》,部分水质满足《地表水环境质量标准》(GB 3838—2002)的IV类地表水环境水质要求,其中总氮要求参照"集中式生活饮用水地表水源地"的有关标准制定	两级生物滤池+膜过滤池+臭氧接触氧化	直接重力排入厂外污水管,再生水处理系统污泥不直接处理污泥
北京市小红门再生水厂	工程总投资 109878万元	$6.0×10^5$ m³/d	景观环境用水、农业灌溉、城市杂用水	凉水河	小红门污水处理厂二级生物处理的出水水质,其出水水质除TP外基本达到一级B标准	河湖补水执行《地表水环境质量标准》(GB 3838—2002),其中总氮要求参照"集中式生活饮用水地表水源地"集中式生活饮用水河水系,凉风灌溉渠利用再生水系,小红门再生灌溉渠执行《城市污水管网、景观环境用水》和《城市污水杂用水地表水水质标准	两级生物滤池+滤布滤池+臭氧接触氧化	反冲洗水池的沉淀物质用提升泵送入厂内反冲洗水管;滤布滤池反洗水中含有的悬浮物质,直接重力排入厂内污水管,再生水直接处理污泥
北京清河再生水厂	工程总投资 230542万元	一期 $1.5×10^5$ m³/d;二期 $3.2×10^5$ m³/d	河湖公园水系、运动公园水系、道路清扫、绿地浇洒,住宅区卫生间厕用水	清河	清河污水处理厂二级生物处理的出水	《再生水回用于景观水体的水质标准》部分水质满足《地表水环境质量标准》GB 3838—2002)的IV类水体水质要求,其中总氮要求参照"集中式生活饮用水地表水源地"标准制定	污水处理厂生物处理系统升级改造+膜+臭氧处理工艺	生物滤池反冲洗水中含有脱落的生物膜及悬浮物质,反冲洗水用提升泵送入二级生物处理工艺,进行二级处理
北京酒仙桥再生水厂	工程总投资 55412万元	$20×10^4$ m³/d,峰值流量为24×10^4 m³/d	景观环境用水、城市杂用水、工业用水	亮马河	酒仙桥污水处理厂处理的出水	《城市污水再生利用 景观环境用水水质》(地表水环境质量标准》GB 3838—2002)的IV类地表水环境质量要求,其中总氮要求参照"集中式生活饮用水地表水源地"的有关标准制定,改扩建工程规模40000 m³/d受纳水体是北小河,执行《城镇污水处理厂污染物排放标准》(GB 18918—2002)中一级B标准	生物滤池+滤布滤池+臭氧	系统中产生的污泥都进入污泥处理系统,其中深度处理部分不单独建设污泥处理系统
北小河再生水厂二期工程	工程总投资 16650万元	总规模为10×10^4 m³/d	$4×10^4$ m³/d排入河道作为城市杂用水;$5×10^4$ m³/d作为城市杂用水;$1×10^4$ m³/d作为奥林匹克公园高品质再生水作为城市水的水源,进行RO处理	北小河	北小河污水处理厂处理的出水	改扩建规模 60000m³/d出水排入城市再生水管网,放执行《城市杂用水水质》(GB/T 18920—2002)标准中较为严格的车辆冲洗用水要求,规模10000 m³/d出水为高品质再生水,参照《地表水环境质量标准》(GB 3838—2002中III类水体的部分标准(除TN外)	MBR+臭氧接触氧化	剩余污泥由膜池内新设的剩余污泥泵输送至现况污泥浓缩水机房,直接进行浓缩脱水

名称	工程投资	设计规模	出水用途	补充河道	进水水质	出水水质标准	采用工艺	污泥处置
北京市吴家村再生水厂二期工程	工程总投资13512万元	8×10^4 m³/d	河道补水、绿化、市政杂用、工业冷却用水	吴家村流域的河湖	吴家村污水处理厂处理的出水	满足《城市污水再生利用 景观环境用水水质》《城市污水再生利用 景观环境用水水质标准》(GB 3838—2002)的IV类地表水水质(除TN)外要求、主要指标达到《地表水环境质量标准》(GB 3838—2002)的IV类地表水水质(除TN)外要求	生物滤池+滤布滤池+臭氧接触氧化	本工程污泥处理不考虑消化，按直接浓缩脱水工艺进行设计。脱水工艺采用再生水厂脱水污泥含水率小于80%
西丽再生水厂	17956.43万元	总规模 5×10^4 m³/d	直接排入大沙河作为景观用水	大沙河	市政污水	出水达到《城镇污水处理厂污染物排放标准》(GB 18918—2002)一级 A 标准，臭气排放达到《城镇污水处理厂污染物排放标准》(GB 18918—2002)一级标准	核心处理工艺是 BIOSTYR 生物滤池工艺，深度处理采用 ACTIFLO 加砂高密度沉淀池技术。臭气采用生物除臭技术	
滨河厂污水回用处理工程		污水深度处理规模为 3.0×10^5 m³/d，其中 1.0×10^5 m³/d进行污水回用。	新洲河、福田河、荔枝湖等的生态补水，道路绿化浇洒用水、公园绿化用水，以及市中心区建筑杂用水	新洲河 福田河	污水回用取自滨河污水厂深度处理后的出水	《城市污水再生利用 景观环境用水水质》	生物处理+沙滤池+紫外消毒+回用水部分+饮氯酸钠消毒	
横岗再生水厂	4395.61万元	5×10^4 m³/d	保证大运中心景观用水需求，同时也可以向周边地区提供环境景观、市政杂用	大康河，梧桐山河，四联河下游、龙岗河干流等河道	横岗污水厂出水	执行《地表水环境质量标准》(GB 3838—2002)IV类水质，《城市污水再生利用 城市杂用水水质》(GB 18920—2002)，COD_{Cr}、TN、$NH_3\text{-}N$、TP 适度放宽。大气污染物排放执行《城镇污水处理厂污染物排放标准》(GB 18918—2002)一级标准	超滤+臭氧深度处理工艺	
罗芳污水厂深度处理及回用工程	19382万元	3.5×10^5 m³/d	深圳河生态补水 2.7×10^5 m³/d；深圳河水库洪河生态补水 5×10^4 m³/d；市政杂用水 3×10^4 m³/d	深圳河	罗芳污水厂出水	综合《城镇污水处理厂污染物排放标准》(GB 18918—2002)《城市污水再生利用 景观环境用水水质》(GB/T 18921—2002)，《城市污水再生利用 城市杂用水水质》(GB/T 18920—2002)，取三个标准中的高限值确定经深度处理后的回用水标准	滤布滤池，复合氧池，紫外线消毒	

10. 4　再生水补给河道的水质目标

再生水用于河道补充用水不同于地表水排放。排放只是为了处置污水，而河道补充是为了实现有益的目标，一方面可以维持或增加河流的水量，另一方面可以改善河流水质和改善水生态环境。由于再生水中仍含有一定量的污染物，当相对封闭的水体长期使用这些水源时，污染物会不断积累，最终导致水质恶化和水体富营养化。因此，对于使用再生水作为水源的城市水体水质保持显得尤为重要。应当对补水河湖进行原位生态综合修复措施，以进一步净化补水水质。

虽然有关标准的技术问题相对简单，但其对再生水研究及工程应用影响巨大。城市污水处理厂的出水是再生水的主要水源，其标准的修订在"十二五"期间中国经济较为发达的城市，如青岛、无锡已经陆续进行，依据《城镇污水处理厂污染物排放标准》（GB 18918—2002）将出水指标由"一级 B"提升至"一级 A"，关键技术指标是将污水处理厂出水总氮由 20mg/L 降至 15mg/L。北京市则颁布了更为严格的地方性标准，《城镇污水处理厂水污染物排放标准》（DB 11/890—2012）规定：城镇污水处理厂执行的"B 标准"为总氮 15mg/L，"A 标准"为总氮 10mg/L。将现有城镇污水处理厂的出水总氮由 20mg/L 左右降低 5～10mg/L 是标准带来的一项重要挑战。再生水标准的衔接问题伴随着再生水升级改造而凸显出来，尤其是卫生学指标。GB 18918—2002 "一级 A"规定粪大肠菌群数为 10^3 个/L，DB 11/890—2012 "A 标准"规定粪大肠菌群数为 500 个/L，而《城市污水再生利用　城市杂用水水质》（GB/T 18920—2002）规定大肠菌群数为 3 个/L。一方面，由于污水与再生水水体的一般规律是粪大肠菌群数与大肠菌群数的比例为 1：（100～1000），大肠菌群数 3 个/L 对于再生水是一项极为苛刻的指标。另一方面，有许多研究认为，我国再生水回用的现行水质标准中对 N、P 浓度值的规定偏高，由于污染物本底值相对较高而且水体的稀释自净能力较天然景观水体差，再生水回用的景观水体易出现水华，相伴而来的还有卫生学和美学问题。

在本章，笔者列出了国外及我国主要地区对于再生水回用于补充河道及景观的指标要求，并进行了再生水补给河道推荐水质指标的研究。

10. 4. 1　国外标准

根据美国《污水再生利用指南》，目前美国还没有直接针对再生水利用的全国性法规，只提供一份推荐性的水回用管理指南，各州可在推荐指南的基础上根据自己的水资源实际需求情况，在保证保护环境、有效回用及人类健康的前提下设计、建设和运行再生水工程。此外，许多州也颁布了各自的再生水法规或指南，截至目前已有 31 个州和地区颁布了再生水的相关法律法规，15 个州和地区颁布再生水指南或设计标准，而在其他没有相关法律或指南的州和地区，再生水项目需根据具体情况单独审批。

以美国加利福尼亚州为例，在加州再生水水质管理标准体系中，对于污水处理水平及消毒效果（总大肠菌群的数量）进行了严格限定，但对一些具体水质指标没有限值规定（其水质指标必须符合加州公共卫生署规定的排放标准）。当利用过程中可能会发生人体接触时，再生水水质必须达到严格的处理水平；无人体接触的情况下，再生水处理水平可相对宽松。

目前，加利福尼亚州再生水水质管理分为二级处理-23 类再生水、二级处理-22 类再生水和三级处理类再生水三类；其中数值代表再生水中总大肠菌群的平均数量（见表10.7）。三级处理类再生水可用于各种非饮用途径（用于地下水回灌需另行评定），而二级处理类再生水只能用于一些规定的类别。当再生水用于提高或维持水生生态系统功能时，目前加利福尼亚州未做出具体规定。

⊡ 表10.7 加利福尼亚州污水再利用标准

再生水类别	处理要求	浊度/NTU	总大肠菌群/(MPN/100mL)	用途类别
三级处理类	氧化、絮凝、过滤、消毒	平均值2 最高5	平均22；30 d最高值23	无限制的城市利用；农业回用(食物作物)；无限制的娱乐用水
二级处理-22类	二级处理、氧化、消毒	无	平均22；30 d最高23	限制的娱乐用水
二级处理-23类	二级处理、氧化、消毒	无	平均23；30 d最高24	限制的城市利用，非食用作物灌溉

在回用水质方面，日本虽没有全国统一的强制性污水再生利用水质标准，但相关省、机构制定了适用的水质标准。日本下水道协会于1981年9月制定了针对冲厕用水、绿化用水的《污水处理水循环利用技术指南》。1991年3月，日本建设省召开的"深度处理会议"中制定了《污水处理水中景观、亲水用水水质指南》，主要水质指标如表10.8所列。1995年东京都制定的《再生水利用事业实施纲要》中，将大肠杆菌指标规定为"不得检出"。另外，2005年4月，日本国土交通省颁布了《污水处理水的再利用水质标准等相关指南》，对采用深度处理工艺进行再生水生产时不同工艺应达到的水质标准进行了规定。

⊡ 表10.8 日本再生水水质标准

指标	用途			
	冲厕用水	绿化用水	景观用水	戏水用水
大肠杆菌数/(个/100 mL)	≤1000	≤50	≤1000	≤50
余氯(结合态)/(mg/L)	无	≤0.4	—	—
色度/度	外观无不快感	外观无不快感	≤40	≤10
浊度/NTU	外观无不快感	外观无不快感	≤10	≤5
BOD/(mg/L)	≤20	≤20	≤10	≤3
嗅味	无不快感	无不快感	无不快感	无不快感
pH值	5.8～8.6	5.8～8.6	5.8～8.6	5.8～8.6

欧盟一直都高度重视水资源管理，自1973年制定第一个环境行动计划开始，欧盟已将水资源作为独立的环境要素予以管理和保护，其水资源管理政策经历了从单一化到综合化的发展阶段。1991年欧盟颁布的《城市污水处理指令》(urban waste water treatment directive, UW-WTD, 91/271/EEC)(European Commission, 1991)要求成员国在"任何合适的时候"回用处理后的污水，但是合适的条件却一直没有明确界定。随着水质不断恶化和水资源相关法规过于零散等问题逐步得到各成员国的普遍关注，经过长期的讨论协商，欧盟于2000年在整合原有水资源管理法规的基础上颁布了统一的《水框架指令》(WFD, 2000/60/EC)，将其作为欧盟在水政策方面为采取综合行动而必须遵守的综合性法律框架，综合水资源管理方法可以

使城市污水回用项目得到更为广泛的应用，同时在扩大供给水源和减少人为活动对环境影响两方面都有促进作用。

但 WFD 只是一个软性的法律文书，它只为达到可持续水资源管理提供了原则。并没有指明方法，由于仍缺乏统一认识，污水回用的可行性研究与实际应用之间存在明显的时滞，尤其是在水资源和公共卫生服务分属不同机构管理的地区。为解决各国在污水回用中存在的分歧，欧盟在第五次框架计划中实施了一项为期 3 年的 AQUAREC 项目，该项目旨在通过建立"处理污水回用的集成概念"，评估具体情况下污水回用的标准条件以及污水回用在欧洲水资源管理框架下的潜在作用，从策略、管理和技术 3 个方面为终端用户和各级公共机构在污水回用方案的设计、实施和运行维护中的决策提供指导。

国内外景观环境用水回用标准比较详见表 10.9 。

⊡ 表 10.9　国内外景观环境用水回用标准

国家	标准分类	主要控制指标限值							
		pH 值	BOD /(mg/L)	TSS(SS①) /(mg/L)	浊度 /NTU	色度/度	微生物	余氯 /(mg/L)	其他指标
美国	非限制性蓄水	6.0~9.0	≤10	—	≤2	—	粪大肠杆菌不得检出	≥1	—
	限制性蓄水	—	≤30	≤30	—	—	粪大肠杆菌数 ≤200/100mL	≥1	—
	环境回用	—	≤30	≤30	—	—	粪大肠杆菌数 ≤200/100mL	≥1	不确定,各指标为上限值
欧盟	地表水/非公众接触娱乐性蓄水	6.0~9.5	10~20	10~20			总细菌数 <10000 CFU/mL	0.05	COD、DO、UV₂₅₄、EC、氮磷指标、阴阳离子、药物、DBPs 等均有限值
	公众接触娱乐性蓄水						总细菌数 <10000~ 100000 CFU/mL		
澳大利亚	娱乐性蓄水	—					耐热大肠杆菌<1000 CFU/100mL		
	河流扩充	视具体地点而定							
日本	景观用水	5.8~8.6	≤20	—	≤2	≤40	大肠杆菌群数 ≤1000 CFU/100mL	从生态保护考虑不予规定	外观、嗅味无不快感
	戏水用水	5.8~8.6	≤20	—	≤2	≤10	大肠杆菌不得检出	游离余氯 ≥0.1,结合余氯 ≥0.4	外观、嗅味无不快感
中国	观赏性	6.0~9.0	≤10/6②	≤10/ 20③	—	≤30	粪大肠菌群 ≤10000/2000 个/L④	≥0.05	嗅味无不快感; 氨氮、总氮、总磷、石油类、LAS、DO 均有限值
	娱乐性		≤6	—	≤5		粪大肠菌群 ≤500 个/L/ 不得检出⑤		

①中国标准中为 SS。

②河道类限值 10，湖泊类、水景类 6。

③河道类限值为 20，湖泊类、水景类 10；

④河道类、湖泊类为 10000，水景类 2000；

⑤河道类、湖泊类为 500，水景类不得检出。

10.4.2 国内标准

10.4.2.1 地表水环境质量标准

《地表水环境质量标准》（GB 3838—2002）基本项目适用于全国江河、湖泊、运河、渠道、水库等具有使用功能的地表水水域。

《地表水环境质量标准》（GB 3838—2002）共有检测项目共计 109 项，其中地表水环境质量标准基本项目 24 项，详见表 10.10。

⊡ 表 10.10　《地表水环境质量标准》（GB 3838—2002）基本项目　　单位：mg/L

序号	项目	Ⅰ类	Ⅱ类	Ⅲ类	Ⅳ类	Ⅴ类
1	水温/℃	人为造成的环境水温变化应限制在：周平均最大温升≤1，周平均最大温降≤2				
2	pH 值（无量纲）	6～9				
3	溶解氧/(mg/L)	饱和率90%（或 7.5）	≥6	≥5	≥3	≥2
4	高锰酸盐指数/(mg/L)	≤2	≤4	≤6	≤10	≤15
5	化学需氧量（COD）/(mg/L)	≤15	≤15	≤20	≤30	≤40
6	五日生化需氧量（BOD_5）/(mg/L)	≤3	≤3	≤4	≤6	≤10
7	NH_3-N/(mg/L)	≤0.015	≤0.5	≤1.0	≤1.5	≤2.0
8	TP（以 P 计）/(mg/L)	≤0.02（湖、库 0.01）	≤0.1（湖、库 0.025）	≤0.2（湖、库 0.05）	≤0.3（湖、库 0.1）	≤0.4（湖、库 0.2）
9	TN（湖、库，以 N 计）/(mg/L)	≤0.2	≤0.5	≤1.0	≤1.5	≤2.0
10	铜/(mg/L)	≤0.01	≤1.0	≤1.0	≤1.0	≤1.0
11	锌/(mg/L)	≤0.05	≤1.0	≤1.0	≤2.0	≤2.0
12	氟化物（以 F^- 计）/(mg/L)	≤1.0	≤1.0	≤1.0	≤1.5	≤1.5
13	硒/(mg/L)	≤0.01	≤0.01	≤0.01	≤0.02	≤0.02
14	砷/(mg/L)	≤0.05	≤0.05	≤0.05	≤0.1	≤0.1
15	汞/(mg/L)	≤0.00005	≤0.00005	≤0.0001	≤0.001	≤0.001
16	镉/(mg/L)	≤0.001	≤0.005	≤0.005	≤0.005	≤0.01
17	铬（六价）/(mg/L)	≤0.01	≤0.05	≤0.05	≤0.05	≤0.1
18	铅/(mg/L)	≤0.01	≤0.01	≤0.05	≤0.05	≤0.1
19	氰化物/(mg/L)	≤0.005	≤0.05	≤0.2	≤0.2	≤0.2
20	挥发酚/(mg/L)	≤0.002	≤0.002	≤0.005	≤0.01	≤0.1
21	石油类/(mg/L)	≤0.05	≤0.05	≤0.05	≤0.5	≤1.0
22	阴离子表面活性剂/(mg/L)	≤0.2	≤0.2	≤0.2	≤0.3	≤0.3
23	硫化物/(mg/L)	≤0.05	≤0.1	≤0.2	≤0.5	≤1.0
24	粪大肠菌群（个/L）	≤200	≤2000	≤10000	≤20000	≤40000

依据地表水水域环境功能和保护目标，按功能高低依次划分为Ⅰ、Ⅱ、Ⅲ、Ⅳ、Ⅴ五类；对应地表水上述五类水域功能，将地表水环境质量标准基本项目标准值分为五类，不同功能类别分别执行相应类别的标准值。水域功能类别高的标准值严于水域功能类别低的标准值。同一

水域兼有多类使用功能的，执行最高功能类别对应的标准值。

10.4.2.2 国家再生水水质（景观环境用水）标准

《城市污水再生利用　景观环境用水水质》（GB/T 18921—2002）共有检测项目16项，对于不同功能的景观环境用水及不同性质的景观用水都做了详细的规定（见表10.11）。

⊡ 表10.11　中国再生水景观环境用水水质标准汇总分析表

序号	项目	《城镇污水处理厂污染物排放标准》(GB 18918—2002)一级A	观赏性景观环境用水			娱乐性景观环境用水		
			河道类	湖泊类	水景类	河道类	湖泊类	水景类
1	pH 值	6~9	6~9					
2	悬浮物(SS)/(mg/L)	≤10	≤20	≤10	—			
3	浊度/NTU	—				≤5.0		
4	色度/度	≤30	≤30					
5	生化需氧量 BOD/(mg/L)	≤10	≤10	≤6		≤6		
6	化学需氧量 COD/(mg/L)	≤50	—					
7	铁/(mg/L)	—						
8	锰/(mg/L)	—						
9	氯离子/(mg/L)							
10	二氧化硅/(mg/L)							
11	总硬度(CaCO₃计)/(mg/L)							
12	总碱度(CaCO₃计)/(mg/L)							
13	硫酸盐/(mg/L)							
14	氨氮(以 N 计)/(mg/L)	≤5	≤5					
15	总磷(以 P 计)/(mg/L)	≤0.5	≤1.0	≤0.5	≤1.0	≤0.5		
16	溶解性总固体/(mg/L)	—						
17	石油类/(mg/L)	≤1	≤1.0					
18	阴离子表面活性剂/(mg/L)	≤0.5	≤0.5					
19	余氯/(mg/L)	—	≤0.05					
20	粪大肠菌群/(个/L)	≤1000	≤10000	≤2000	≤500	不得检出		
21	嗅味	无漂浮物,无令人不愉快的嗅和味						
22	溶解氧/(mg/L)		≥1.5			≥2.0		
23	总大肠菌/(个/L)							
24	总氮/(mg/L)	≤15	≤15					
25	动植物油/(mg/L)	≤1						

《城市污水再生利用　景观环境用水水质》（GB/T 18921—2002）根据《城市污水再生利用分类》将再生水的应用范围及使用方式进行了重新界定，以景观环境用水取代了原来的景观水体，明确了水景类作为景观环境用水的一部分的概念。细分了景观环境用水的类别，将原来的 CJ/T 95—2000 中的人体非直接接触和人体非全身性接触替换为观赏性景观环境用水和娱乐性景观环境用水两大类别，同时每个类别又根据水质要求的不同而被分为河道类、湖泊类与水景类用水，并放宽了消毒途径，对于不需要通过管道输送再生水的现场回用情况，不限制采用加氯以外的其他消毒方式。

10.4.2.3 城镇污水处理厂排放标准

《城市污水处理厂污染物排放标准》（GB 18918—2002）中根据污染物的来源及性质，将污染物控制项目分为基本控制项目和选择控制项目两类。基本控制项目主要包括影响水环境和城镇污水处理厂一般处理工艺可以去除的常规污染物，以及部分一类污染物，共 19 项，其具体指标值详见表10.12。

根据城镇污水处理厂排入地表水域环境功能和保护目标，以及污水处理厂的处理工艺，将《城市污水处理厂污染物排放标准》（GB 18918—2002）中基本控制项目的常规污染物标准值分为一级标准、二级标准、三级标准。其中一级标准分为 A 标准和 B 标准。

一级 A 标准是城镇污水处理厂出水作为回用水的基本要求。当污水处理厂出水引入稀释能力较小的河湖作为城镇景观用水和一般回用水等用途时，执行一级 A 标准。城镇污水处理厂出水排入 GB 3838 地表水Ⅲ类功能水域（划定的饮用水水源保护区和游泳区除外）、GB 3097 海水二类功能水域和湖、库等封闭或半封闭水域时，执行一级 B 标准。

经对比可以发现，我国的城市用水分类较细，各主要限值与其他国家差别不大，主要区别在于浊（度）硬（度）指标限值偏低、微生物指标和余氯量的限值均较高，此外还有一个明显的特点就是控制指标项目偏多，与之相似的情况还出现在欧盟 AOUAREC 项目的推荐标准中，指标项过多，但其微生物指标的限值偏低。

对于景观环境用水回用标准，通过比较可以看到，其他国家标准多数依据公众是否接触或者是否为限制性用水来划分，而我国对景观环境用水的分类存在不足，缺少对人体是否接触水体的区分，仅根据河道、湖泊、水景来区分水体，难以避免再生水补给水体后可能对人体造成的健康风险，建议对分类做出调整和进一步细化。同样由于缺少前述的分类，导致我国景观环境用水标准中微生物指标限值的设置缺少针对性和灵活性，在实际执行过程中存在潜在的人体健康风险；另外，我国标准依然存在指标项过多的问题，建议精简或细化分类。

☐ 表 10.12　《城市污水处理厂污染物排放标准》（GB 18918—2002）基本控制项目　　单位：mg/L

序号	基本控制项目		一级标准		二级标准	三级标准
			A 标准	B 标准		
1	化学需氧量（COD）		50	60	100	120[①]
2	生化需氧量（BOD₅）		10	20	30	60[②]
3	悬浮物（SS）		10	20	30	50
4	动植物油		1	3	5	20
5	石油类		1	3	5	15
6	阴离子表面活性剂		0.5	1	2	5
7	总氮（以 N 计）		15	20	—	—
8	氨氮（以 N 计）[②]		5(8)	8(15)	25(30)	—
9	总磷（以 P 计）	2005 年 12 月 31 日前建设的	1	1.5	3	5
		2006 年 1 月 1 日起建设的	0.5	1	3	5
10	色度/度		30	30	40	50
11	pH 值		6～9	6～9	6～9	6～9
12	粪大肠菌群数/（个/L）		1000	10000	10000	—

①下列情况下按去除率指标执行：当进水 COD>350mg/L 时，去除率应>60%；BOD>160mg/L 时，去除率应>50%。

②括号外数值为水温>12℃ 时的控制指标，括号内数值为水温≤12℃ 时的控制指标。

10.4.3　再生水补给河道推荐水质目标

利用再生水提供河道补水的目的是：

① 保持旱季河流的最小生态流量，也就是河道中的可以维持鱼类或野生动物栖息、水质、景观及环保等需求的最小河水流量；

② 增强河水的流动性，增强自净能力；

③ 通过生态修复，可满足河流景观水面的需要，创造亲水空间。

不同地区的生态环境需水量包括的方面不尽完全相同，应根据具体的生态系统来决定。利用再生水进行河道补水除了可以改善河道环境、维持正常水生态系统以外；还有效利用了污水资源，实现了水资源的合理开发利用，有利于保护水资源和水环境，促进水资源的可持续利用，是可持续发展理念的具体体现。

考虑到水体自净能力弱，环境容量远超允许值，利用再生水提供河流环境用水应基本符合各个时期河道环境功能目标的要求，不给水环境达标增加新的"污染负荷"。

本着上述原则，以深圳市为例，再生水推荐水质目标（环境用水类）的近期目标水质按照《城镇污水处理厂污染物排放标准》（GB 18918—2002）一级 A 标准和《城市污水再生利用 景观环境用水水质》（GB/T 18921—2002）观赏性景观环境用水类确定，并严格控制 COD 指标，远期执行与其受纳水体环境功能目标相适应的水质目标。设置监测项目 14 项，具体限制值详见表 10.13。

⊡ 表 10.13　再生水推荐水质目标环境景观用水类

序号	项目	深圳河湾流域、直接入海独立河流、茅洲河		龙岗河流域、坪山河流域、观澜河流域	
		近期目标	远期目标	近期目标	远期目标
		《城镇污水处理厂污染物排放标准》《城市污水再生利用 景观环境用水水质》	地表水 V 类水质标准	《城镇污水处理厂污染物排放标准》《城市污水再生利用 景观环境用水水质》	地表水 Ⅲ 类水质的标准
1	基本要求	无漂浮物，无令人不愉快的嗅和味	无漂浮物，无令人不愉快的嗅和味	无漂浮物，无令人不愉快的嗅和味	无漂浮物，无令人不愉快的嗅和味
2	pH 值	6～9	6～9	6～9	6～9
3	五日生化需量 BOD$_5$/(mg/L)	≤10	≤10	≤10	≤4
4	化学需氧量 COD/(mg/L)	≤40	≤40	≤40	≤20
5	悬浮物(SS)/(mg/L)	≤10	—	≤10	—
6	浊度/NTU	—	—	—	—
7	溶解氧/(mg/L)	—	≥2	—	≥6
8	总磷(以 P 计)/(mg/L)	≤0.5	≤0.4	≤0.5	≤0.1
9	总氮/(mg/L)	≤15	≤2	≤15	≤0.5
10	氨氮(以 N 计)/(mg/L)	5	2	5	0.5
11	粪大肠菌群/(个/L)	≤1000	≤40000	≤1000	≤2000
12	色度/度	≤30	—	≤30	—
13	石油类/(mg/L)	≤1	≤1	≤1	≤0.05
14	阴离子表面活性剂/(mg/L)	≤0.5	≤0.3	≤0.5	≤0.2

北京市已无清洁水作为河道天然补充水，城市污水处理厂出水需提升水质作为替代水源。从已经实施的再生水项目看，现有的再生水水质标准也不能满足北京市的特殊要求。为了同时满足多用户高标准的再生水质，北京市政府提出将再生水直接处理达到地表水 Ⅳ 类水体标准。

10.5　再生水补给河道的处理工艺

对再生水处理后的水质标准取决于回用用途的水质要求，这是决定再生水处理工程工艺技术的选择和投资及运行成本的关键因素，也是选择工艺技术的基本条件。对于再生水用于补充河道而言，水中的悬浮物、有机物的污染、氮磷等营养物的污染及色度、嗅臭味是主要控制指标。因此，对于处理后的城镇污水进行再生回用，满足河道景观环境用水的控制水质指标主要有 COD、BOD、SS、P、pH 值等。

粗略分类，再生水研究的三项重点单元工艺是过滤、消毒和膜处理工艺（MBR）。再生水生产过程中如何选择过滤工艺是一个非常重要的技术问题。目前有两种技术思路：其一，污水处理阶段尽量降低出水总氮，再生水处理阶段只负责过滤；其二，再生水处理阶段负责总氮去除和过滤。孰优孰劣，需有研究及工程应用结果进行回答。另外，普通砂滤、反硝化滤池的过滤速率均为 6～8m/h，滤速较低，微滤、超滤由于过滤孔径固定，出水水质几乎不可调，纤维束滤池可提供 15～20m/h 较高滤速，同时出水水质有一定调节范围。纤维束滤池在何种程度上能够替代其他介质过滤是一个值得期待的技术选项。

目前再生水研究中最为关注的消毒方式是紫外、臭氧（兼有脱色效果）、二氧化氯等。为保证再生水卫生学指标合格，是否应将多种消毒方式联合使用或只依赖一种消毒方式尚存争议。5mg/L 投量的臭氧对大肠杆菌的灭活率达到 99％以上，并可使再生水出水色度降至 10 倍以下，但臭氧工艺段后以苯甲醛为代表的再生水消毒副产物大量增加，是否应在臭氧工艺段后接曝气生物滤池或活性炭滤池值得认真考虑，因为这是关系在工艺流程中如何安放臭氧的大问题。

膜处理工艺的研究热潮在中国方兴未艾，已建 MBR 工艺规模总量已达（2.5～3.0）×10^6 t/d。截至 2015 年年底，中国已建、在建、拟建 MBR 工艺规模总量达 5.0×10^6 t/d。然而，MBR 工艺为实际运行带来四大压力，必须予以重视。

① 高污泥浓度带来的脱水压力。MBR 工艺排出的剩余污泥难于浓缩，不易脱水。

② 高回流比气水比带来的能耗压力。中空纤维式 MBR 工艺的能耗为 0.50～0.55kW•h/m^3 污水，超过普通脱氮除磷工艺能耗 50％以上。

③ 高集约化带来的水量压力。中空纤维式 MBR 工艺设计膜通量为普通超滤工艺的 40％左右，各类清洗较之后者更为频繁、复杂。

④ 高密闭性带来的安全压力。MBR 工艺集约化程度高，一旦建成地下式 MBR 工艺必须认真研究有关检修的技术问题，为保证操作人员的生命安全与身体健康，通风问题必须妥善解决。

不同地区为了保证公众的健康会选择不同的处理工艺，但在确定处理工艺时最主要的因素之一还是经济可行性，尤其是处理工艺和监测系统的投资。大部分发达国家和地区已经建立了基于高新技术、低风险的规范和标准。但是高标准、高耗资的技术工艺不一定就能保证低风险。在再生水设施的工艺运行中，运行经验不足，缺乏有效的控制手段，也都可能造成工艺的不稳定和负面影响。

本章对再生水补给河道的处理工艺进行了分析，明确了工艺选择的原则并进行了经济技术比较，最后对再生水补给河道的处理核心工艺进行了推荐。

10.5.1 处理工艺分析

10.5.1.1 混凝澄清、混凝过滤工艺

（1）高速澄清工艺

高速澄清工艺（如 ACTIFLO 工艺等）结合了细砂絮凝和斜管沉淀工艺，利用细砂

作为絮体形成的絮核，在高分子聚合物的作用下，将絮粒或悬浮固体黏附在细砂上，可有效地去除浊度、色度、TOC、藻类、隐孢子虫、铁和锰等。

ACTIFLO 工艺具有以下优点：

① 表面负荷高（一般为 80～120m/h，最高可达 200m/h），工程造价和占地面积较传统工艺大幅度降低。

② 细砂压载絮凝大大提高了混凝沉淀效果。细砂作为絮核，加强了絮体颗粒的形成，同时，细砂也增加了絮体的密度，加快了絮体在后续沉淀单元的沉降。

③ 采用斜管沉淀池，水流上升速度可达 30～70m/h，沉淀时间短，占地面积小，是常规平流沉淀池的 1/50～1/5。ACTIFLO 工艺的沉淀池还有污泥浓缩功能。

④ ACTIFLO 工艺还具有出水水质好，运行稳定，耐冲击负荷等优点。进水 SS 浓度的变化对 SS 去除率几乎无影响，出水浊度可控制在 1NTU 内。系统从启动开始 15～30min 即可达到稳定。

通过控制合适的加药量和合理运行，可几乎完全去除污水中的总磷。

（2）混凝＋沉淀＋高效滤池处理工艺

混凝沉淀工艺可降低污水的色度和浊度，去除多种高分子物质、有机物和某些重金属毒物质（如汞、镉、铅）和放射性物质，也可除磷。过滤可以进一步去除生物过程和混凝沉淀中未能沉淀的颗粒和胶体物质，进一步降低浊度和色度，也可以增加对 P、BOD、COD、重金属、细菌和其他物质的去除率。

对比分析西安北石桥中水处理系统（规模 $5 \times 10^4 m^3/d$）出水设计值，控制指标基本能满足深圳市《再生水、雨水利用水质规范》（SZJG 32—2010）的要求，目前缺乏选择性指标的出水实测数据，尚有待研究（表 10.14）。

⊡ 表 10.14　混凝＋沉淀＋高效滤池出水水质与深圳市再生水水质标准比较

项目	工艺出水	深圳市《再生水、雨水利用水质规范》（SZJG 32—2010）	达标情况
浊度/NTU	0.9～1.8	3	达标
pH 值	6.9～7.5	6.5～8.5	达标
色度/度	20～27	30	达标
溶解性固体/(mg/L)	484～633	1000	达标
悬浮性固体/(mg/L)	7.5	10	达标
BOD_5/(mg/L)	3～7	5	达标
COD_{Cr}/(mg/L)	19.1～27.3	30	达标
氨氮/(mg/L)	0.2～1.54	1	基本达标
铁/(mg/L)	0.03～0.05	0.3	达标
锰/(mg/L)	＜0.001	0.1	达标
溶解氧/(mg/L)	≥2	2	达标
余氯/(mg/L)	0.3～0.7	0.3≤出厂水≤4；管网末梢≥0.05	达标
总大肠菌群/(CFU/100mL)	未检出	不得检出	达标

对比分析各种技术，混凝、沉淀和过滤工艺技术相对成熟，再生水厂总投资及运行费用相对较低，应用较为广泛，但该工艺出水水质在很大程度上取决于进水水质。

10.5.1.2　消毒工艺

消毒方法大体可分为物理方法和化学方法两类，其中物理方法主要有加热、冷冻、辐照、紫外线和微波消毒等方法，但目前最常用的还是用化学试剂的化学方法。化学方法是利用各种化学药剂进行消毒，常用的化学消毒剂有多种氧化剂（氯、臭氧、溴、碘、高锰酸钾等）、某些重金属离子（银、铜等）及阳离子型表面活性剂等。

其中，氯价格便宜，消毒可靠又有成熟经验，是应用最广的消毒剂。但最近人们发现采用加氯消毒也可以引起一些不良的副作用。如废水中含酚一类有机物质时，有可能形成致癌化合物如氯代酚或氯仿等，水中病毒对氯化消毒也有较大的抗性，因此，目前还展开了对其他废水消毒手段的研究，如二氧化氯消毒、紫外线消毒等。在给水处理中，臭氧被认为是可代替氯的有前途的消毒剂。紫外线消毒技术为物理消毒方式的一种，具有广谱杀菌能力，无二次污染。现将几种主要的消毒方法进行简述，具体如下。

（1）液氯消毒

在水溶液中，卤素（包括氯、溴和碘）是非常高效的消毒剂，其中氯在再生水消毒中应用得最为广泛。

在标准状况下，氯是一种淡淡的黄绿色的气体，在 $-34.5℃$、$100kPa$ 的情况下，氯以透明的琥珀色的液态形式存在。液氯通常装在钢制的氯瓶中储存、运输。氯气的密度是空气的 2.5 倍，而液氯的密度为水的 1.5 倍。液氯蒸发非常快，通常 1L 液氯可蒸发成 450L 氯气，换句话说，1kg 液氯约蒸发 $0.31m^3$ 氯气。

氯溶于水时会生成次氯酸，次氯酸可以快速进入细胞膜，破坏细胞组织，从而起到杀菌消毒的作用。氯作为一种强氧化性消毒剂，由于其杀菌能力强，价格低廉，使用简单，是目前再生水消毒中应用最广泛的消毒剂，已经积累了大量的实践经验。氯气消毒自 1908 年问世以来，随着水质分析技术的不断发展和完善，科学家们对液氯消毒在水处理上的应用重新进行了评估和研究，发现氯气消毒具有以下缺点：

a. 氯会与水中腐殖酸类物质反应形成致癌的卤代烃-三卤甲烷 THMs；

b. 氯会与酚类反应形成有怪味的氯酚；

c. 氯与水中的氨反应形成消毒效力低的氯胺，而且排入水体后对鱼类有危害；

d. 氯长期使用会引起某些微生物的抗药性。

鉴于此，人们对其他的代用消毒剂产生了很大兴趣并进行了广泛的研究，其中二氧化氯在最近几年更是引起了人们的极大关注。

（2）二氧化氯消毒

二氧化氯发现于 1811 年，首先由 HumpHry Dary 用氯酸钾与硫酸反应形成。1921 年二氧化氯被用于纸浆的漂白。在水处理中的应用始于 1944 年，当时美国的尼亚加拉瀑布水厂为控制水中藻类繁殖与酚污染所产生的气味，率先使用二氧化氯并获得成功。目前在欧美国家，二氧化氯在水厂中的使用已日趋普遍。

二氧化氯（ClO_2，分子量 67.47）是一种黄绿色气体，具有与氯相同的刺激性气味，其沸点为 $11℃$，凝固点为 $-59℃$。二氧化氯的气体极不稳定，在空气中浓度为 10％ 时就有可能发生爆炸，在 $45\sim50℃$ 时会剧烈分解。二氧化氯的水溶液在较高温度与光照下会生成 ClO_2 与 ClO_3，因此应在避光低温处存放。二氧化氯溶液浓度在 10g/L 以下时基本没有爆炸的危险。

由上可知，二氧化氯的气体和液体都极不稳定，不能像氯气那样装瓶运输，只能在使用时现场临时制备。研究表明，将二氧化氯吸收在含特殊稳定剂（如碳酸钠、硼酸钠及过氧化物）的水溶液中，制成稳定的二氧化氯溶液，浓度为 2％～5％，该溶液可长期进行储存，无爆炸的危险，使用也很方便。

试验研究表明，二氧化氯对大肠杆菌、脊椎灰质炎病毒、甲肝病毒、兰泊氏贾第虫胞囊、尖刺贾第虫胞囊等均有很好的杀灭作用，效果优于自由氯。与氯不同，二氧化氯的一个重要特点是在碱性条件仍具有很好的杀菌能力。由于二氧化氯不会与氨反应，因此在高 pH 值的含氨的系统中可发挥极好的杀菌作用，而且二氧化氯对藻类也具有很好的杀灭作用。

二氧化氯与腐殖酸、富里酸和灰黄素作用都不会生成三氯甲烷，主要生成苯多羧酸、二元脂肪酸、羧苯基二羟乙酸、一元脂肪酸四类氧化产物，它们的致突变性比较低。

但应用二氧化氯消毒也存在一些问题，加入到水中的二氧化氯有 50％～70％ 转变为 ClO_2^-、ClO_3^-，很多试验表明 ClO_2^-、ClO_3^- 对血红细胞有损害；对碘的吸收代谢有干扰，还会使血液胆固醇升高；使用二氧化氯消毒水有特殊的气味，据调查这是由于从水中现出的二氧化氯与空气中的有机物反应所致。

（3）臭氧消毒

臭氧是强氧化剂，臭氧化和氯化一样，既起消毒的作用也起氧化作用，但是臭氧的消毒能力和氧化性都比氯强，能氧化水中的有机物，并能杀死病毒、芽孢及细菌。臭氧都是在现场用空气或纯氧通过臭氧发生器制取，产率分别为 1％～3％和 2％～6％。

臭氧作为消毒剂的历史几乎和氯的一样长，1906 年法国尼斯的水厂首次使用臭氧对饮用水进行消毒，美国的工程师于 20 世纪 70 年代初开始用臭氧代替氯消毒再生水。根据目前的研究可以发现：a. 臭氧消毒反应迅速，杀菌效率高，同时能有效地去除水中残留有机物、色、嗅、味等，受 pH 值、温度的影响很小；b. 臭氧能够减少水中 THMs 等卤代烷类消毒副产物的生成量；c. 臭氧消毒可以降低水中总有机卤化物的浓度。

虽然臭氧消毒本身不产生卤代烷和总有机卤，但是生成的其他消毒副产物如醛、酮、醇等若经氯化，会产生三卤甲烷。据报道，在世界各种水体中已检测出的有机化合物共有 2221 种。臭氧能和多种有机物反应，生成一系列中间产物，大体可分为有机副产物和无机副产物两类。有机副产物以甲醛为代表，有报道说甲醛是致癌物质。最受关注的无机副产物是溴酸根，国际癌研究部门（IARC）将溴酸根分类为致癌性 2B，即可能致癌物。因为臭氧在水中的溶解度极小，且易分解、稳定性差，几乎没有残余消毒能力，所以普遍将臭氧与其他消毒剂联合使用作为控制 THMs 等有害消毒副产物的优选方法。据 1982 年的报道，全世界采用臭氧化处理的水厂有 1100 座以上，其中用臭氧作唯一消毒剂的，除欧洲有少数外，美国和加拿大仅各有 1 座，其他都辅以氯或氯胺消毒，以保证水中的剩余消毒剂。另外，由于臭氧稳定性差容易分解为氧气，故不能瓶装储存和运输，必须现场制备及时使用，设备投资大，电耗大，成本较高；运行管理比较复杂。

（4）紫外线消毒

紫外线用于水的消毒，具有消毒快捷、不污染水质等优点，因此近年来越来越受到人们的关注。紫外线再生水消毒技术如今已被广泛应用于各类城市再生水的消毒处理中，包括低质再生水、常规二级生化处理后的再生水、合流管道溢流废水和再生水的消毒。目前在世界各地已经有多家再生水处理厂安装使用了紫外线再生水消毒系统，这些再生水消毒系统规模小的每天处理几千吨再生水，大的每天处理上百万吨再生水。紫外线技术在 21 世纪仍将是人们所关注的消毒技术之一。

紫外消毒的杀菌原理是利用紫外线光子的能量破环水体中各种病毒、细菌以及其他致病体的 DNA 结构。主要是使 DNA 中的各种结构键断裂或发生光化学聚合反应，例如使 DNA 中胸腺嘧啶二聚体，从而使各种病毒、细菌以及其他致病体丧失复制繁殖能力，达到灭菌的效果。紫外线消毒前 DNA-所有复制所需的分子链都是完整的，紫外线消毒后的 DNA-断裂分子链和胸腺嘧啶二聚体阻止细胞的复制，从而使生物体和人免受疾病的感染，紫外线杀菌波段主要介于 200～300nm 之间，其中以 253.7 nm 波长的杀菌能力最强。当水或空气中的各种细菌病毒经过紫外线（253.7nm 波长）照射区域时，紫外线穿透微生物的细胞膜和细胞核，破坏核酸（DNA 或 RNA）的分子键，使其失去复制能力或失去活性而死亡，从而在不使用任何化学药物的情况下杀灭水或空气中所有的细菌病毒。

紫外线的消毒技术是国际上 20 世纪 90 年代末兴起的最新一代消毒技术。它集光学、微生物学、电子、流体力学、空气动力学为一体，具有高效率、广谱性、低成本、长寿命、大水量和无二次污染的特点，是国际上公认的 21 世纪的主流消毒技术。

（5）次氯酸钠消毒

次氯酸钠（NaClO）是一种强氧化剂，在溶液中生成次氯酸根离子，通过水解反应生成次氯酸，具有与其他氯的衍生物相同的氧化和消毒作用。

$$NaClO \longrightarrow ClO^- + Na^+$$
$$OCl^- + H_2O \longrightarrow HOCl + OH^-$$

次氯酸钠液是一种非天然存在的强氧化剂。它的杀菌效力比氯气更强，属于真正高效、广谱、安全的强力灭菌、杀病毒药剂。已经广泛用于包括自来水、中水、工业循环水、游泳池水、医院污水等各种水体的消毒和防疫消杀。

同其他消毒剂相比较，次氯酸钠液具有独特优势：它清澈透明，易溶于水，彻底解决了像氯气、二氧化氯、臭氧等气体消毒剂所存在的难溶于水而不易做到准确投加的技术困难，消除了液氯、二氧化氯等药剂时常具有的跑、泄、漏、毒等安全隐患，消毒中不产生有害健康和损害环境的副反应物，也没有漂白粉使用中带来的许多沉淀物。正因为有这些特性，所以它消毒效果好，投加准确，操作安全，使用方便，易于储存，对环境无毒害、不产生第二次污染，还可以任意在环境工作状况下投加。单就次氯酸钠发生器来说，国家已于 1990 年 1 月 12 日发布了《次氯酸钠发生器》（GB 12176—90）国家标准，是一种已经认可、技术非常成熟、工作十分稳定并有权威资料可查询的产品。诸多实际应用已经证明，次氯酸钠发生器是一种运行成本很低、药物投加准确、消毒效果优良的设备。目前，次氯酸钠发生器作为一种安全实效的常规水处理设备已获得广泛应用。但是，由于次氯酸钠液不易久存（有效时间大约为 1 年），加之从工厂采购需大量容器，运输烦琐不便，而且工业品存在一些杂质，溶液浓度高也更容易挥发，因此次氯酸钠多以发生器现场制备的方式来生产，以便满足配比投加的需要。

目前用于水处理消毒的主要方法是向水中投加消毒剂。常用的消毒剂有液氯、漂白粉、臭氧、次氯酸钠、紫外线和氯胺。表 10.15 为各消毒剂的特点和适用条件。

⊡ 表 10.15　各消毒剂的特点和适用条件

消毒剂	优点	缺点	适用条件
液氯	效果可靠，投配设备简单，投量准确，价格便宜	氯化形成的余氯及某些含氯化合物低浓度时对水生生物有毒害，当工业污水的比例大时，氯化物可能生成致癌化合物，存在泄漏的风险，生产与储存对人体安全健康有影响	适用于大、中规模的污水处理厂

消毒剂	优点	缺点	适用条件
漂白粉	投配设备简单,价格便宜	除同液氯缺点外,尚有投量不准确,溶解调制不便,劳动强度大等	适用于消毒要求不高或间断投加的小型污水处理厂
臭氧	消毒效率高,并能有效地降解污水中的残留有机物、色、味等,污水的 pH 值、温度对消毒效果影响很小,不产生难处理的或生物累积性残余物	投资大,成本高,设备管理复杂	适用于出水水质较好,排入水体卫生条件要求高的污水处理厂
次氯酸钠	用海水或一定浓度的盐水,由处理厂就地电解产生消毒剂,也可以买商品或氯酸钠	需要有专用次氯酸钠的电解设备和投加设备	适用于边远地区,购液氯等消毒剂困难的小型污水处理厂
紫外线	紫外线照射与氯化共同作用的物理化学方法,消毒效率高,运行安全,设备简单	投资较小,运行费用相对较低	适用于小、中、大规模污水处理厂
氯胺	消毒效率高,不易生成有害化合物	需要有专用氯胺投配设备	适用于中、小型污水处理厂

以上消毒剂中,液氯因其杀菌作用好且能维持长久,成本低,最为常用;紫外线消毒因为消毒效率高,运行安全,也越来越被采用;二氧化氯消毒效果好,持久性较好,但运行费用相对较高。

10.5.1.3 膜处理工艺

膜分离技术是通过利用特殊的有机高分子或无机材料制成的膜对水体中各组分的选择渗透作用,以外界能量或化学位差为推动力对双组分或多组分液体进行分离、分级、提纯和富积的技术。近几十年来,膜分离技术发展迅猛,包含微滤(MF)、超滤(UF)、电渗析(ED)、纳滤(NF)、反渗透(RO)等(见图 10.4)。

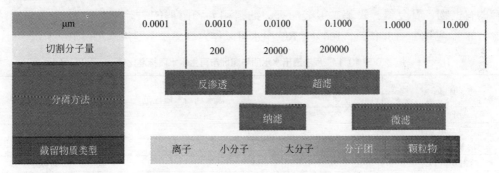

图 10.4 膜分离技术去除污染物粒径示意

(1)微滤(MF)、超滤(UF)

微滤(MF)、超滤(UF)去除颗粒直径较大,但运行压力低、电耗小,膜成本低,对水中病菌可提供一个静止的阻挡层,比传统的混凝沉淀过滤过程更具有优势。超滤膜出水水质优于传统物化法,对细菌的去除率可达到 100%,对浊度的去除率为 99%,并可有效地滤除水中的 SS,并在一定程度上降低 BOD、COD、TN 和 TP 等污染物浓度,但对溶解性固体 TDS 没有去除效果。

超滤工艺出水水质的好坏与进水污染物(COD_{Cr}、BOD、 TN)浓度有很大的关系,因此超滤膜没有统一的出水水质标准。对比北京高碑店污水厂深度处理超滤膜出水水质和深圳市《再生水、雨水利用水质规范》(SZJG 32—2010),超滤工艺出水能基本满足深圳市相关水质要求(见表 10.16)。

项目	进水	超滤膜出水水质	深圳市《再生水、雨水利用水质规范》	达标情况
浊度/NTU	1.91	0.07	3	达标
色度/度	50	20	30	达标
嗅味	漂白粉味	弱漂白粉味	无异嗅	未达标
肉眼可见物	无	无		—
pH 值	7.42	7.40	6.5～8.5	达标
溶解性固体/(mg/L)	765	764	1000	达标
悬浮性固体/(mg/L)	17.3	7.5	10	达标
BOD_5/(mg/L)	5.04	1.10	5	达标
COD_{Cr}/(mg/L)	60	44	30	未达标
TN	20.1	4.9	15	达标
细菌总数/(CFU/mL)	110	0	100 个/L	达标
总大肠菌群/(CFU/100mL)	8×10^4	0	不得检出	达标

由表 10.16 可以看出，超滤膜出水基本达到深圳市再生水水质标准。超滤工艺出水的微生物指标和一般化学性指标已达到《生活饮用水卫生标准》（GB 5749—2006），可在一定程度上降低发生误接、误饮事件时对人体造成的不利影响。但其他未监测指标（如重金属等），可能与《生活饮用水卫生标准》（GB 5749—2006）存在较大差距，必须注意再生水管网和饮用水管网分设，杜绝供水风险，确保供水安全。

（2）纳滤、反渗透

纳滤（NF）、反渗透（RO）的作用原理是扩散和筛分控制，由于其分离颗粒直径小，且能有效去除病毒、有机物、无机物，因此纳滤（NF）、反渗透（RO）具有广泛的处理能力和应用 范围，其目前多应用于工业水处理、饮用水处理、海水淡化等。 RO 工艺对二级出水中残存的有机物、重金属、邻苯二甲酸酯类、细菌和大肠菌群的去除率分别为 40%～82%、52%～92%、70%～75.49%、100%。RO 出水可以作为高品质工业用水（表 10.17）。

⊡ 表 10.17　反渗透出水水质与深圳市再生水水质标准比较

项目	反渗透出水水质	深圳市《再生水、雨水利用水质规范》	达标情况
pH 值	6.8～7.2	6.5～8.5	达标
电导率/(mS/cm)	66～133	—	—
总溶解固体/TDS	33～70	1000	达标
浊度/NTU	0.1～0.4	3	达标
TSS/(mg/L)	0.07～0.13	10	达标
色度/度	<5	30	达标
总硬度/(mg/L)	1～3	450	达标
总碱度/(mg/L)	16～22	200	达标
钠/(mg/L)	10～12	—	—
氯/(mg/L)	6～21	250	达标
硫酸根/(mg/L)	<7	250	达标
二氧化硅/(mg/L)	0.1～0.4	30	达标
氨氮/(mg/L)	0.1～1.0	1	达标
磷酸盐/(mg/L)	0.04～0.10	—	—
嗅味	无嗅味	无嗅味	达标
BOD_5/(mg/L)	<1	5	达标
COD_{Cr}/(mg/L)	2～4	30	达标

项目	反渗透出水水质	深圳市《再生水、雨水利用水质规范》	达标情况
细菌/(CFU/100mL)	<1	10	达标
氟/(mg/L)	<0.02	—	—
锶/(mg/L)	未测	—	—
钡/(mg/L)	未测	—	—
铝/(mg/L)	<0.1	—	—
铁/(mg/L)	0.02~0.04	0.3	达标

膜处理工艺虽较传统的处理工艺有处理水质优异、节省占地等突出优势，但其电耗大、处理成本高，膜需定期清洗和更换，清洗排出液和处理过程中产生的浓缩液（约占处理水量的5%）需进一步处置。

10.5.1.4 其他处理工艺

（1）曝气生物滤池（BAF）

曝气生物滤池是20世纪90年代初兴起的污水处理新工艺，已在欧美和日本等发达国家广为流行。该工艺具有去除SS、COD、BOD、硝化、脱氮、除磷、去除AOX（有害物质）的作用，其特点是集生物氧化和截留悬浮固体于一体，节省了后续沉淀池（二沉池），其容积负荷、水力负荷大，水力停留时间短，所需基建投资少，出水水质较好；比膜法运行能耗低，运行费用省。

曝气生物滤池是一种新发展起来的技术，工艺可靠、成熟、简捷，其工艺原理为：在过滤器中装填一定量粒径较小的粒状滤料，滤料表面生长着生物膜，容器内充氧曝气，污水流经时，利用滤料上高浓度生物膜的强氧化降解能力，对污水进行快速净化，此为生物氧化降解过程；同时因污水流经时滤料呈压实状态，利用滤料粒径较小的特点及生物膜的生物絮凝作用，截留污水中大量悬浮物，且保证脱落的生物膜不会随水漂出，此为截留作用；运行一段时间后，因截留污物增加，设备阻力加大，需对过滤器进行反冲洗，以释放截留的悬浮物并更新生物膜，此为反冲洗过程。

（2）生物活性炭滤池

生物活性炭法是利用活性炭为载体，使炭在处理废水过程中其表面上生成生物膜，产生活性炭吸附和微生物氧化分解有机物的协同作用的废水生物处理过程。此法提高了对废水中有机物的去除率，增加了对毒物和负荷变化的稳定性，改善了污泥脱水及消化的性能，延长了活性炭的使用寿命，是一种以生物处理为主，同时具有物化处理特点的一项物理-生物复合处理新技术。一般常用的有粉末炭活性污泥法、固定床催化氧化、流化床吸附、膨胀床吸附氧化等不同工艺流程。实验结果表明，这种方法用于再生水处理，效果良好。

10.5.2 工艺选择原则及经济技术比较

10.5.2.1 工艺选择原则

污水处理工艺的选择应根据设计进水水质、处理程度要求、用地面积和工程规模、投资成本、运营成本等多因素进行综合考虑，各种工艺都有其适用条件，应视工程的具体条件而定。在水的再生利用过程中，如何选择合适而又经济的再生水处理工艺，关系到再生水的水质能否达标，关系到再生水的价格，同时亦关系到再生水厂的正常运营。

在再生水处理的技术路线上，关键性的转变是由单项技术的独立应用转变为多种技术集成使用。以往是以达标排放为目的，针对某些污染物去除而设计工艺流程，现在要调整到以水的综合利用为目的，迫切要求将现有的技术进行综合、集成，以满足既定的水资源化目标。水再生和回用系统应是既能够满足回用水水质标准同时整体上又经济有效的处理工艺组合。污水的最终再生利用要求将各单元工艺予以优化组合以保证在可负担费用下的安全供水。在城市水再生利用中意味着在有效的处理过程中将技术上最可行又最经济有效的"废水"处理技术和"给水"处理技术组合起来。

再生水处理设施推荐工艺的选择应综合考虑以下原则确定。

（1）安全性原则

按照规划区的水质目标进行筛选，再生水厂的处理设施可以采用混凝-沉淀-过滤工艺或者膜工艺。

（2）集约性原则

城市土地资源紧缺、再生水水厂控制用地不足，客观要求再生水设施建设应集约高效利用土地；按集约型原则进行选择，应采用占地较小的膜工艺，占地指标为 $0.1 \sim 0.3 \, \text{m}^2/\text{m}^3$。

（3）可操作原则

再生水处理成本和运营费用应经济可行，符合用户的支付意愿，并不给政府造成过大的经济负担。按可操作性原则进行选择，并考虑用户的支付意愿，应优先采用混凝-沉淀-过滤工艺或膜工艺。暂不应该考虑反渗透。

（4）先进性原则

展望未来，选用的工艺能为将来再生水水质提高预留空间和可能性，按此原则进行选择应优先采用膜工艺。远景用户需要提高时，可考虑增建反渗透设施。

考虑用地、经济、水质等影响因素，按安全性原则、集约性原则、可操作原则、先进性原则，推荐再生水水厂再生水设施采用以膜技术为核心的工艺处理流程。

10.5.2.2 经济技术比较

再生水水厂应根据再生水需达到的水质标准，对不同的工艺流程进行经济技术比较后确定最佳的工艺流程。在选择再生水处理工艺单元和流程时应考虑以下几方面的因素：回用对象对再生水水质的要求、单元工艺的可行性与整体流程的适应性、工艺的安全可靠性、工程投资与运行成本、运行管理方便程度等。再生水水厂技术经济指标见表 10.18。

⊡ 表 10.18 **再生水水厂技术经济指标一览表**

核心工艺		再生水水厂	规模 /(10^4m^3/d)	单位固定投资 /[元/($\text{m}^3 \cdot$ d)]	单位运行成本	总成本	回用对象
过滤-消毒		太湖新城	2	100	0.12	—	河道景观、热电冷却
混凝-沉淀-过滤		北京水源六厂	17	285	0.7	—	城市杂用水
		天津纪庄子	3	1261	0.43	0.56	工业冷却用水
		西安北石桥	5	964	0.60	0.88	河道补水、城市杂用水
		青岛海水泊河	4	500	0.51	0.61	市政杂用、低品质工业用水、冷却用水
臭氧-生物处理-过滤		唐山西郊	6	1030	0.5	—	电厂等低品质工业用水
过滤	超滤、微滤	北京清水河	8	1250	1~1.5	1.5~2.0	奥林匹克公园水景及清河补水
		天津纪庄子	2	2408	0.62	0.88	城市杂用水
	微滤+部分反渗透	天津泰达新水源一厂	3+1	1267	1.25~2	3.0	工业用水、杂用水
		天津咸阳路	5	2686	—	2.49	工业用水、杂用水

按污水再生处理设施的核心处理单元的不同，可将再生水水厂处理工艺流程分为以下 4 类：a. 以过滤-消毒为核心处理单元的工艺流程；b. 以混凝-沉淀-过滤（-吸附）-消毒为核心处理单元的工艺流程；c. 以臭氧-生物处理-絮凝-过滤-消毒为核心处理单元的工艺流程；d. 以过滤-一级或二级膜技术（微滤 MF、超滤 UF、反渗透 RO）-消毒为核心处理单元的工艺流程。

分类整理国内再生水水厂典型案例的技术经济指标，对比各工艺流程的优劣如表 10.19 所列。

⊡ 表 10.19 工艺流程技术经济指标对比分析表

项目	传统工艺		生物技术	膜技术	
	过滤-消毒	混凝-沉淀-过滤	臭氧生物处理	超滤、微滤	微滤＋反渗透
出水水质	《城市污水再生利用景观环境用水水质》(GB/T 18921—2002)观赏性景观环境用水河道类	除总氮、氨氮等指标外基本能满足《城市污水再生利用城市杂用水水质》(GB/T 18920—2002)、《城市污水再生利用景观环境用水水质》(GB/T 18921—2002)	（GB 18918—2002）一级 A 标准	水质优于传统物化法，满足《城市污水再生利用 工业用水水质》(GB/T 19923—2005)《城市污水再生利用城市杂用水水质》(GB/T 18920—2002)、《城市污水再生利用景观环境用水水质》(GB/T 18921—2002)	水质优于超滤、微滤，反渗透接近饮用水水质，基本达到《地表水环境质量标准》(GB 3838—2002)的 Ⅱ类水体城市杂用水、工业用水，可混合新鲜水作城市水源
一般回用对象	观赏性河道景观用水	河道、城市杂用水、电厂冷却水	河道、城市杂用水、电厂冷却水	城市杂用水、工业用水	
单位投资/(元/m³)	150～300	300～1200	约 1000	1300～2600	
运行成本/(元/m³)	0.1～0.2	0.4～0.7	0.5	1～1.5	1.5～2.0
总成本/(元/m³)	0.15～0.3	0.5～0.8	—	1.5～2.0	2.5～3.0
占地/(m²/m³)	可与二次污水处理设施合建;高效滤池 0.1～0.15	＞0.5	—	0.1～0.3	
优点	费用最为经济、常与污水处理设施合建	设备简单、易于操作和维护，便于间歇性生产运行	—	能有效去除病毒、有机物、无机物,水质较优,实用范围广;膜工艺的多种组合流程甚至可将水处理至接近饮用水水平;占地小	
劣势	出水水质较低	对于水中的油类、纤维、藻类以及一些低密度杂质时效果欠佳;构筑物多;占地多;工作量大的缺点	—	固定投资高,运行费用高	

10.5.3 再生水补给河道的处理核心技术推荐

再生水处理设施核心技术的选择应综合考虑以下原则确定。

（1）安全性原则

再生水处理设施核心技术的选择应首先满足用户的需要，保障再生水用水安全。

（2）集约性原则

城市土地资源紧缺、再生水水厂控制用地不足的客观事实要求再生水设施建设应集约高效利用土地；再生水处理设施原则上应和污水处理厂合建。

（3）可操作原则

再生水处理成本和运营费用应经济可行，符合用户的支付意愿，并不给政府造成过大的经济负担。

（4）先进性原则

从长远的角度考虑，选用的工艺需能为将来再生水水质提高预留空间和可能性。

按安全性、集约性、可操作性、先进性原则，结合表 10.19 再生水工艺流程技术经济指标对比分析表进行综合比选，以深圳市为例，推荐再生水水厂核心工艺及技术经济指标如表 10.20 所列。

⊡ **表 10.20　深圳市再生水水厂核心工艺推荐表**

再生水水厂回用对象	推荐核心工艺	用地指标/(m²/m³)	固定投资/(元/m³)	单位成本/(元/m³)	适用厂站
以工业、杂用、河道补水为主	微滤或超滤或膜生物过滤（远景可视需要增建反渗透）	0.1～0.3	1300～2600	1.5～2.0	南山、光明、福永燕川、沙井、龙华、华为、观澜、平湖、上洋、宝龙、沙田、坝光等13座
以河道补水为主，位于龙岗河、坪山河、观澜河流域	微滤或超滤或膜生物过滤（远景可视需要增建反渗透）	0.1～0.3	1300～2600	1.5～2.0	横岗、横岭、沙田等3座
以河道补水为主，位于深圳河湾、宝安沿海、茅洲河流域、大鹏大亚湾流域	强化过滤＋消毒或高效纤维过滤＋消毒	0.1～0.15；可利用污水处理设施改造	150～300	0.15～0.3	罗芳、滨河、福田、西丽、固戍、公明、鹅公岭、布吉、埔地吓、盐田、葵涌、水头等12座

10.6　再生水补给河道的安全风险防范与环境保护

城市河道就在城市居民的身边，采用再生水补给河道的城市水环境必须是安全的。城市水环境安全主要考虑对居民健康的影响和对河道景观的影响两方面。对居民健康的影响主要来源于对水体生物毒性的担忧，水体中的微生物对人体健康存在潜在的威胁，亲水活动人体会部分接触到水体也会产生一些不利影响。对河道景观的影响主要表现为水体富营养化，在水体良性生态系统未建立前，水体中藻类的生长占绝对优势，大量繁殖，水生生物由于竞争失去活性，导致水体丧失基本的景观功能。

为防范这些可能出现的安全风险，本章对再生水补给河道的安全风险进行了全面分析，并针对性地提出了相应的防范措施；同时，对再生水回用项目的建设和运营中可能造成的环境问题提供了一些环境保护措施。

10.6.1　安全风险分析

为满足用户的正常使用和健康要求，再生水系统提供的再生水必须安全可靠。再生水系统的安全可靠性包含多方面的含义：一是再生水水质应能满足用户的需要，并不对用户的健康或生产造成危害；二是再生水水质和水量应有稳定性，达到一定的安全可靠度；三是再生水供水系统遭受突发事故威胁时应具有一定的应对能力，包括对事故性危机（突发性水质污染事故、水厂运行事故）和破坏性危机（其他突发因素造成的事故）均应具有良好的预防、保护、应急和恢复功能。

再生水系统安全风险主要是指由于再生水水质超标、未知污染物的影响、供水水量水质不稳定或其他突发性供水事故，从而对人体健康、生态环境和用户设备与产品造成危害的不幸事件及其后果。

由再生水系统安全风险的定义可知，其风险主要是由于水质、水量、稳定性达不到回用对象的要求带来的，因此再生水回用于不同对象时其潜在的安全风险是不一样的，针对再生水补给河道，可能的影响途径包括呼吸道（蒸发）、水体富营养化、毒害水生生物、污染地下水。可能引起的污染包括：细菌、病毒影响健康；受纳水体由于氮、磷引起的富营养化；对水生生物的毒性。总的来说，再生水补给河道主要为两类风险：健康风险和环境风险，包括病原体（细菌、病毒、寄生虫卵）带来的公众健康问题；水质（特别是盐分）将对土壤和植被产生影响；再生水管道与饮用水管道误接带来的误用风险；对再生水意识不到位带来误用风险等。

不确定性一般指不肯定、不确定或变动的性质；风险本身具有强不确定性；因此风险分析也带有很强的不确定性。根据《城市污水回用技术手册》，引起城市污水回用的风险因素可做如下分类。

1）源水水质的风险　由于源水水量水质发生重大变化，引起城市污水再生处理工程运行效率降低，造成再生水水质水量方面的风险。

2）技术方面的风险　由于工程设计、工艺选用、设备质量、施工技术中存在欠缺，所造成运行不稳定、出水水质出现波动产生的风险。

3）管理方面的风险　由于管理制度不严、管理不力、运行管理差，对突发事件应变能力差，造成再生水水质水量方面的风险。

4）管网风险　由于再生水管道与饮用水管道误接造成的人体健康风险。

5）突发风险　因自然灾害、气温等因素造成再生水系统运行不正常导致再生水水质水量方面的风险。

6）人类未知因素风险　现有科学技术尚未认识到会对人体健康、生态环境造成危害的污染物引起的潜在风险；现有科学技术与累积经验所确定的水质标准不合理，引起的再生水安全潜在风险。

10.6.2　安全风险防范措施

人类及其各项活动随时暴露在风险之中，与风险共存是人类各项活动的基本特征之一，但风险应控制在可接受的风险度内。因此面对再生水系统存在的潜在安全风险，我们应予以重视，通过科学设计、合理运营、规范管理、严格监测、及时信息传递、完备应急方案，在再生水系统的每一个环节采取相应的风险防范管理措施，以降低或消除风险，保护人体健康、生态环境、用户设备、用户产品的安全。

在设计再生水的输配水系统时应重点考虑下列安全保障措施。

（1）加强再生水管网设计和要求

规划再生水干管系统按最高日设计，针对工业用户尽量形成环状干管系统，提高再生水系统供水的安全可靠性，提高再生水系统应对水量事故的能力。用户改造厂内供水管网时，合理设计再生水管网和自来水管网，保留自来水供水的可能性，一旦监测再生水水质不合格或收到再生水水厂通知，再生水供应出现问题时，可临时由自来水管道供应，不至于影响用户工业生产和生活的正常运行。

（2）加强再生水管网施工、管理和验收

加强对再生水管道敷设验收和管理工作，防止错接乱接现象发生，防止污染生活饮用水系统。

再生水的标识有很多种，但总的来说可以将其划分为图像标识和文字标识两大类。再生水系统中的阀门、水泵以及其他附属设备也应进行标识，并注明为再生水系统部件。再生水回用系统（包括管线、泵、出水口、阀门盒等）必须能够跟自来水系统轻易地被区分和辨别。

再生水管道与给水管道、排水管道平行埋设时，其水平净距不得小于 0.5 m；交叉埋设时，再生水水厂管道应位于给水管道的下面、排水管道的上面，其净距均不得小于 0.5 m。自来水管道应尽量置于再生水管道的上方，防止交叉连接，一般再生水管道埋深至少为 0.9 m。管道不应敷设在排水沟、烟道、风道内，以避免管道被腐蚀，不应穿越橱窗、壁柜和木装修，以便于管道维修。

再生水系统连接阀套的颜色和材料都应不同于自来水系统，一般不允许使用活塞、小龙头等，因为偶然的使用也可能使人员误用再生水。再生水管道严禁与饮用水管道连接。再生水管道应有防渗防漏措施，埋地时应设置带状标志，并标明"再生水"字样，明装时再生水管道及附属设施均应涂上《漆膜颜色标准》（GB/T 3181—2008）中规定的天（酞）蓝色（PB09）和再生水字样。闸门井井盖应铸上"再生水"字样。再生水管道上严禁安装饮水器和饮水龙头。

由于自来水和再生水管道之间交叉连接的风险存在，所有向用户提供这两项服务时，应该在现场安装防回流设备，回流保护设备应布置在自来水管道上，以防止两者非法连接时再生水从其输配水系统回流到自来水系统。

为防止再生水管道接头破裂而造成泄漏，再生水系统中一般不使用软管接头。如果必须使用软管时，则可以选用软管快速接头，但当某区域同时存在饮用水和再生水快速接头时，必须对两者都做出适当的标识。当需要在用户处安设计量仪表时，一般要求仪表前安设必要的过滤装置，以防止颗粒物质对仪表造成损坏。计量仪表和过滤装置的维护工作由供水商完成。

（3）加强管网测压点、取样点建设，建立再生水水质信息公告、发布制度，制定风险事故应急预案

再生水水厂、管网和用户都应设置水质和用水设备检测设施，形成自动的水质平台。再生水水厂与各用户应保持畅通的信息传输，应有便捷的通信联系，建立再生水水质信息公告平台，定期发布再生水水质监测数据。

再生水水厂水质变动、事故停水、停电，或水量减少，或发生其他突发性事故影响再生水供应时，要及时通知用户，使用户能采用应急措施。对再生水设施及管网可能出现的各种事故风险制定风险事故应急预案。

（4）加强再生水管网的维护和管理

加强再生水管网维护管理机构的技术力量，加大对再生水管网的养护力度，及时对破损的管网进行修复，确保再生水供水安全。

（5）加强宣传，提高市民意识，避免人为误接误用

加强再生水及再生水标识系统常识的教育和宣传，提高施工人员和公众对再生水系统的认知和接受度，避免人为的误接误用。

设立警示牌，再生水补水的河道水体水景中的动植物仅可观赏，不得食用；禁止在含有再生水的景观水体中游泳或洗浴。

（6）做好管网施工的协调和环境保护工作

再生水管网施工建设期，不可避免对环境、道路交通、市民生活造成一定的不利影响，必须做好施工协调和环境保护工作，减免不利影响，既保护环境又使工程建设得以顺利实施。

10.6.3 环境保护

再生水系统建设工程属于治理环境污染、保护环境的项目，它的建设可以进一步削减污染物排放量，提供河道生态用水，改善水环境，具有很好的社会效益和环境效益。但项目的建设和运营也会不可避免地对环境造成一定的不利影响。

项目施工期间水土流失，废水、废气、噪声、固废的排放会影响周围环境质量；道路开挖也会对市民生活造成一定的不利影响。

运营期间，再生水处理设施的出水、恶臭、噪声、污泥将会影响周围环境质量；同时也存在再生水误接误用等安全风险。

再生水系统项目在立项阶段应进行建设项目环境影响评价，从而指导再生水系统建设和运营期切实采取环境保护措施，做好环境保护工作，协调建设需求与环境保护的关系，使再生水系统建设运营可能带来的负面环境影响最小化。

在初步分析再生水系统施工和运营期间的不利环境影响的基础上，认为在后续的再生水系统设计、施工、运营中可采取以下环境保护措施，供下阶段建设项目环境影响评价工作参考：

① 采取水土保持措施，减少水土流失；设置专门排水通道和沉砂池，防止施工期间流失的水土影响河流水质。

② 结合污水处理厂新建的再生水系统，再生水项目建设期的污废水，运营期的出水、污泥，可依托污水处理厂进行处理和处置。

③ 合理组织施工，降低施工噪声特别是夜间施工噪声对周边建成区的影响。

10.7 再生水补给河道的工程实例

将污水作为一种资源再生后加以利用，是社会、经济持续发展的必然选择，其意义在于可提高水资源的利用效率，保护自然生态环境，从而保障水资源的可持续利用和人类社会的可持续发展。污水再生利用作为我国一项重要的水资源利用对策正逐渐得到重视和实施。

以下重点介绍几个国内城市，尤其是北京、深圳等缺水城市的污水再生水回用于补给河道的工程实例。

10.7.1　昆山市北区污水处理厂补充同心河工程

10.7.1.1　工程背景

昆山市同心河全长 3.8km，河道平均宽度为 20m，水深为 2m，水体流速较缓，平均为 0.1m/s。同心河两端分别与草里浜和太仓塘相通，但由于该河道位于同心坪低洼地带，为了行洪，在两端分别设有闸门，将其与草里浜和太仓塘隔开，三者间水体不存在交换。自 2009 年对同心河水质监测以来，水体一直处于重富营养状态，经常发生黑臭、水华等现象，常年处于劣 V 类水平。

为改变同心河水质恶化的现状，提高水体功能等级，在对同心河进行截污、清淤治理后实施了向同心河引入清洁水源的水体水质长效保持措施。

10.7.1.2　工程设计方案

工程中再生水引自昆山市北区污水处理厂。生活污水经污水厂处理后，再经过微絮凝过滤和加氯消毒，通过 $DN1200$ 镀锌钢管输送至新民北站（见图 10.5 中的 W1 点），此时，关闭新民北站闸门，切断同心河与草里浜的水体交换，从而使得再生水从北向南流动，流速在 0.5 m/s 左右，同时开启同心闸处（见图 10.5 中的 W6 点）的排涝泵，将同心河水排出至太仓塘，以保持同心河水位基本不变。排出的水量与引入的再生水量一致（$5 \times 10^4 \text{m}^3/\text{d}$）。

再生水的 DO 浓度常年高于 4mg/L，$NH_3\text{-N}$、TP 浓度分别低至 0.5mg/L 和 0.1mg/L，COD 浓度为 40～50mg/L，满足地表水景观用水水质的要求。

图 10.5　再生水回用设计方案

10.7.1.3 工程设计效果

（1）再生水回用对 DO 浓度的影响

河道中引入再生水后，导致河道水体流动，强化了大气复氧作用，再加上再生水本身的 DO 浓度较高，致使河道水体的 DO 浓度显著增加，如图 10.6 所示。引入再生水前，河道水体四季的 DO 浓度均在 0.5mg/L 以下。引入再生水后，河道水体的 DO 浓度明显提高，平均保持在 3mg/L 以上。

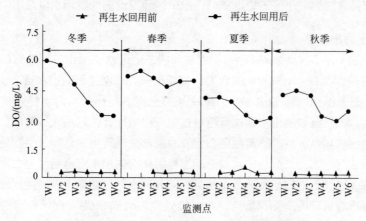

图 10.6 再生水回用对城市河道 DO 的影响

（2）再生水回用对浊度的影响

再生水回用后，河水的浊度改善情况十分明显。再生水回用前，同心河水体的浊度在春、夏、秋、冬四季分别在 30NTU、20NTU、20NTU、50 NTU 以上，冬春两季的浊度明显高于夏秋两季，冬季 W2 点的浊度甚至高达 70 NTU 以上。再生水回用后，除秋季外，其他三季各监测点的浊度均明显下降，平均值在 10 NTU 以下。W1 点（再生水引入口）的浊度很低，常年保持在 0.5 NTU 左右。从上游 W1 点至下游 W6 点，浊度逐渐增加，但大都控制在 10 NTU 以下。

（3）再生水回用对有机物浓度的影响

再生水回用前后，河水的 COD 浓度变化明显。引入再生水后，春季河水的 COD 浓度下降十分明显，由原来的 150～250mg/L 降至 75mg/L 以下，降幅在 50％以上；冬季 COD 平均值由原来的 110mg/L 下降至 50mg/L 左右。从时空分布来看，由于下游周边污染负荷的增加，下游水质必然恶化，随着再生水向下游流动，COD 浓度逐渐增加。

再生水回用能有效降低河道水体的浊度、COD、NH_3-N 及 TP 浓度，同时显著提高 DO 浓度。水体 DO 浓度能提高 83.3％，并常年稳定在 3.0mg/L 以上；浊度可降至 10NTU 以下；COD 浓度削减至少 50％，维持在 50mg/L 左右；NH_3-N 和 TP 浓度也分别削减 50％～94％和 40％～89％。总体而言，再生水引入后，同心河水质满足城市景观用水水质标准，加快了河道功能的恢复。

10.7.2 滨河污水处理厂深度处理及回用工程

10.7.2.1 工程简介

滨河污水处理厂成立于 1983 年，是深圳市水务（集团）有限公司所属的四个污水处理厂之一，是深圳市大型的二级污水处理厂。滨河污水处理厂占地面积 $13.87hm^2$，处理能力为 $3.0\times10^5 t/d$，服务面积为罗湖区西部和福田区东部约 $27.5km^2$，服务人口约 54 万人。

滨河厂污水回用对象为河（湖）生态景观补给水、公园绿化用水、市政杂用水、市中心区公建杂用水以及部分洗车用水和公厕冲洗水等几个方面。主要服务用户有：新洲河、福田河、荔枝湖、香蜜湖等生态补水；荔枝公园、笔架山公园、中心公园、莲花山公园等绿地浇洒；福田区市政道路绿化浇洒和道路冲洗；市委大院、市民中心、福田区政府大院及福田区各大医院绿地浇洒；政府修建的居宅小区的绿地浇洒；福田区环卫设施冲洗用水以及市中心区杂用水。

10.7.2.2 污水回用工艺

污水经拟建的 1 根 $DN1800mm$ 污水干管从现状三期进水总渠自三期泵房前接入新建工程的进水泵房，同时修建 $DN1000\ mm$ 的管道，将原来一、二期工程的进水管道也连接进入新建进水泵房。污水进入格栅间前的进水井后依次通过已建的粗格栅、污水提升泵房后进入细格栅、曝气沉砂池，曝气沉砂池出水通过管道经过电磁流量计计量后进入初沉池，然后流入生物池，经过初沉的污水与二沉池的回流污泥在生物池混合并进行生物处理，生物处理后的混合液进入厂区东侧的二沉池内，二沉池出水与三期工程氧化沟的出水汇合后经过二次提升进入深度处理的滤池过滤，过滤后进行紫外消毒，消毒后部分污水经过管道进入再生水回用的接触池，其余的污水直接排放进厂区南侧深圳河。在二级处理能达到一级 A 出水标准时，大部分污水可以跨越深度处理构筑物，直接进入紫外消毒后排放，此时可只提升再生水回用部分的水量进行深度处理，为水厂经济运行和安全运行提供了条件。

深度处理后的出水，对其中 $1.0\times10^5\ m^3/d$ 的出水采用次氯酸钠消毒后，经泵站加压后送至用户。

滨河厂污水回用处理工程设计流程如图 10.7 所示。

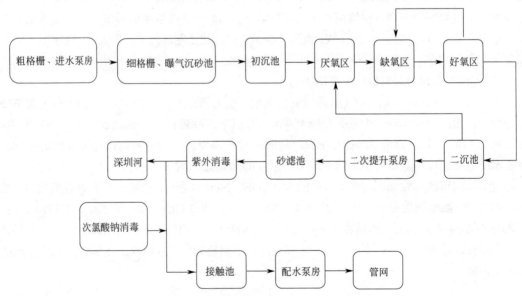

图 10.7 滨河厂污水回用处理工程工艺流程

10.7.2.3 污水回用供水系统

污水回用供水系统包括水源、水处理系统、加压系统及供水管网系统。

（1）水源

污水回用水源取至滨河污水处理厂的出水。滨河污水处理厂的设计规模为 $3.0×10^5 m^3/d$，目前的实际污水处理量为 $2.3×10^5 m^3/d$。由于滨河污水处理厂目前的进水水质与原设计的进水水质有较大的变化，实际进水水质远高于原设计的进水水质，使污水处理厂的出水未达到原设计的要求。根据目前的实际情况及深圳市水环境规划，计划对滨河污水处理厂进行改建，改造后的污水处理厂将对污水进行深度处理，其出水已达到国家规定的污水回用标准。滨河污水处理厂改造分为两部分：第一部分为拆除现有的一、二期污水处理系统，新建一座 $18×10^4 m^3/d$ 的污水处理系统；第二部分对现有的三期污水处理系统进行改造，将原处理规模 $25×10^4 m^3/d$ 改为 $12×10^4 m^3/d$，改善其出水水质。

城市污水处理厂的污水主要来源于城市生活污水及生产废水，污水来源稳定，水量变化较小，而污水回用的规模为 $10×10^4 m^3/d$，因此其水源可以得到保证。

（2）水处理系统

由于水处理系统不是本工程的研究范围，仅对其简单叙述如下：滨河污水处理厂改建后由现状的三套污水处理系统改为二套污水处理系统，改建后每套污水处理系统的规模分别为 $18×10^4 m^3/d$ 和 $12×10^4 m^3/d$，每套污水处理系统的出水均经过深度处理，其水质已达到国家规定的污水回用标准。

（3）加压系统

本工程范围内的地形是东西长约为 6.5km，南北长约为 4km，北高南低，高差约为 20m。本管网主要供水对象为河、湖生态补水，公园绿化用水，市政道路冲洗用水，道路绿化用水其他城市杂用水。除莲花山公园和笔架山公园山体绿化因地势较高需要较高的总水压外（莲花山山顶标高为 106m，笔架山山顶标高为 177m），其他用户的地面标高均小于 25m，服务水压不小于 0.15MPa。如各用户水压均由管网直接提供，则整个管网的水压将被整体提高。莲花山公园和笔架山公园山体绿化用水量约为 $1000m^3/d$，而管网的供水量为 $10×10^4 m^3/d$，势必造成大量的能量浪费，高压管道还会增加管网的维护费用及管网的漏损量。在满足各用户的用水要求的前提下，降低管网的运行费用及维护费用，管网采用整体加压，莲花山及笔架山地区采用局部增压的方式供水。

本工程范围内的地形特征为北高南低，南北高差约为 20m，如将污水回用处理及加压设施设在北端，可以充分利用地形的高差，减小供水动能。但由于污水回用采用的水源是滨河污水处理厂的出水，而滨河污水处理厂处在工程范围南端的深圳河畔，其出水是自流排入深圳河。如将污水回用的加压设施设在地区的北端，首先需将滨河污水处理厂的水加压输送至地区北端，然后进行二次加压，如此已失去了利用南北地形高差的节能的作用。因此，污水回用加压设施建议设在滨河污水处理厂。

（4）供水管网系统

供水管网的作用是以最短的时间、最近距离、最经济的管径、最安全可靠的方式，将水运至每个用户点。

本项目的主要用水对象为河、湖生态补水，道路及广场地面冲洗水，公园绿化用水，道路绿化用水及其他城市杂用水。前期的主要用户是新洲河、福田河及荔枝湖的生态补水，其用水量分别为 $3.8×10^4 m^3/d$、$2.5×10^4 m^3/d$ 和 $0.27×10^4 m^3/d$，占总用水量的 66%。其位置地处本工程范围内的西部、中部和东部，而污水回用供水设施位于本工程范围东南地区的滨河污水处理厂。由于污水回用供水厂的位置及主要用户点的位置，决定了主要输水应由东南向西北输送。

本工程范围内的用地均为已建城区，污水回用供水管道需按现有的市政道路敷设，现状主要路网是按东西及南北向分布。

东西向主要路网通道由南向北有滨河大道、深南大道、红荔路及北环大道。

南北向主要路网通道由东向西有红岭路、上步路、华强路、皇岗路、彩田路及新洲路。

10.7.2.4　污水回用安全监测

污水回用管网中影响水质的主要因素是水在管网中停留的时间过长。在管网中，污水回用水可以通过不同的时间和管道路径将水输送给用户，而水的输送时间与管网水质的变化有着密切关系，可以通过管网合理设计、管道的及时维修和更换、调整管道布置和系统运行的科学调度来保护和改善管网水质，保障水质的安全性。

污水回用系统管理单位必须负责检验污水回用出厂水和管网水的水质，应在出厂水和用户经常用水点采样，进行水质检验。污水回用管网的水质检验采样点，应均匀分布在污水回用管网中水质易受污染的地点，其中大用户河道、湖泊补水点及人流较大的公共空间公园绿地洒水点必需设置采样点。在每一采样点上每月采样检验应不少于 4 次，细菌学指标、浑浊度和肉眼可见物为必检项目，其他指标可根据需要选定。对出厂水和部分有代表性的管网末端水，每天均应进行一次常规项目检验。当检测指标连续超标时，应查明原因，采取有效措施，防止对人体健康及环境造成危害。

10.7.2.5　效益分析

（1）经济效益

目前深圳大部分道路浇洒绿化、公园绿化以及河湖生态补给水等大部分采用城市优质饮用水，优质饮用水处理成本高，水价高，而且深圳原水资源短缺，而以上各用户对水质要求低，因此使用资源短缺的优质饮用水进行绿化和生态补给在很大程度上造成了资源浪费。

此次滨河厂污水回用工程正是通过将滨河厂出水厂进行相应的深度处理，处理后的水满足景观水质标准要求，然后回用至服务范围内以上用户。该项目是根据用户对水质的要求低而开展的，项目的实施避免了开发短缺的淡水资源，降低了水处理成本，水价低，为用户减轻了经济压力，具有很大的经济效益。

根据深圳市的气候条件，近期污水回用用户主要是河流、湖泊生态补水及公园绿化、道路绿化、道路冲洗等用户，用水量按 270d 计算，用水规模按 $10 \times 10^4 m^3/d$ 计算。年污水回用量为 2700 万立方米，如不计算管网的折旧成本，污水回用的运行成本为 0.295 元/m^3，如增加管网的折旧成本，则污水回用的运行成本为 0.58 元/m^3。按照深圳市事业单位目前的水价为 2.3元/m^3、污水处理费 1.1 元/m^3，总计水价为 3.4 元/m^3。经测算，本工程的污水回用收费单价定为 1.10 元/m^3 较为合理，则用水单位年可节约水费 6210 万元，深圳市可节约淡水资源 2700万立方米。

（2）环境效益

该项目服务范围内有两条河流：福田河和新洲河，多个旅游景点的湖泊。福田河、新洲河、荔枝湖及香蜜湖目前均受到不同程度的污染，尤其是两条河流有大量污水流入河道内，河水水质被严重污染，通过前几年的截污整治工程后河流解决了发黑发臭的问题，水质有了明显提高，但没有从根本上改变河流被污染的现状，而且截流后河流水量减少，尤其在旱季，两条河流水量更少甚至干枯，河流的生态系统已遭到严重的破坏，河流已失去活性。滨河厂污水回用工程，为新洲河、福田河的复活提供了水源保证。污水回用工程可以及时对进入河流、湖泊的污染物进行稀释并增强其自净能力，避免水体产生富营养化，使水体的生态系统保持自然平衡。提高水体的自净能力，从根本上改变水环境，为市民提供了一个更好的休闲、娱乐场所。同时可以充分利用福田河和新洲河及湖泊的排洪调洪功能，不必再担心雨水径流对其污染的问题。可以降低污水截流管的截流倍数，减少雨季雨水对污水处理厂造成的冲击。

（3）社会效益

在带来巨大的经济效益和环境效益的同时，本工程的实施还会带来良好的社会效益。本项目为社会公益性工程，是从深圳市的长远发展和用户的自身利益出发来考虑的。

本项目是响应深圳市污水回用规划要求，在深圳率先成规模地进行回用，项目的实施可以为其他片区的污水回用提供宝贵的经验，因此该项目具有特殊的社会意义。同时，该项目的实施推动了循环经济的发展，将污水回用于居民生活中，减轻了优质饮用水的供水压力，为深圳创建节水型城市贡献了力量，有利于资源节约型、环境友好型城市的建设。

10.7.3 横岗再生水厂

10.7.3.1 工程简介

横岗污水厂是龙岗区境内水量水质相对较稳定，可恒量供水给大运中心的水源。根据《大运中心水资源综合利用研究》成果和市长会议相关纪要，决定结合横岗污水处理厂的扩建，新建横岗再生水厂，规模为 $5×10^4m^3/d$。横岗再生水厂不仅可以作为稳定的供水水源保证大运中心景观用水需求，同时也可以向周边地区提供环境景观、市政杂用等用水。深圳市横岗再生水厂是建设绿色深圳，提升龙岗区水环境质量的一项重要工程。工程因为节约大量有限的水资源，缓和城市水的供需矛盾，减少城市排水系统负担，而具有广阔的前景和社会效益、经济效益、环境效益。

10.7.3.2 再生水供水水源

横岗再生水厂可利用的水源主要是横岗污水处理厂处理后的出水。横岗污水处理厂总规模为 $30×10^4m^3/d$，其中：现状一期规模 $10×10^4m^3/d$，出水执行《污水综合排放标准》（GB 8978—1996）一级标准。二期扩建规模为 $10×10^4m^3/d$，远期建设规模为 $10×10^4m^3/d$，出水执行《城镇污水处理厂污染物排放标准》（GB 18918—2002）一级A标准。

10.7.3.3 再生水处理工艺

综合考虑大运中心用水水质的要求及工艺、占地、供水水源等各方面因素，为优先保证大运会用水，经工程方案论证，选择超滤＋O_3＋次氯酸钠消毒对横岗污水处理厂二期工程的出水进行深度处理。

具体的工艺流程是：纤维快速滤池来水重力自流至超滤集水井，通过超滤进水泵提升至超滤车间，经过全自动过滤器、超滤膜后，用超滤余压到达臭氧接触池；在臭氧接触池内消毒后到达清水池；再自流至送水泵房的集水井，经过送水泵房加压后，送至外部管网系统。其工艺流程如图10.8所示。

采用此方案，可保证大运中心和信息学院 $1.3×10^4m^3/d$ 的景观用水需求，$5×10^4m^3/d$ 的处理水量分期建设，每期的处理规模为 $2.5×10^4m^3/d$。超滤和 O_3 主体部分建在清水池上，建筑面积 $1423.8m^2$。新建再生水厂各构筑物，包括清水池、输水泵站、臭氧接触池其占地面积

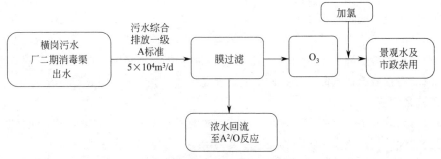

图 10.8　再生水处理工艺流程

为 4900m^2。

氮的化合物是植物性营养物，排放缓流水体会使水中藻类异常增殖。一般认为，当水体流速大于 5cm/s 时，基本可以避免发生水华。但大运中心的设计流速为 0.08～0.5cm/s，并不能有效抑制藻类生长。

在众多研究结论中，一致趋向于认为造成湖泊富营养化的主要营养物质是 N 和 P，其中 P 为限制因子，其次是 N。水体生成 1g 藻，需供给 0.009g 的 P 和 0.063g 的 N。可见，N 和 P 的比例大于 7：1 时，P 的含量决定着水体的富营养化程度。可见，如果控制好 TP 的量（≤0.5mg/L），TN 在适当范围内变化对水质的影响不大。

1）超滤膜过滤　超滤是一种与膜孔径大小相关的筛分过程，以膜两侧的压力差为驱动力，以超滤膜为过滤介质，在一定的压力下，当原液流过膜表面时，超滤膜表面密布的许多细小的微孔只允许水及小分子物质通过而成为透过液，而原液中体积大于膜表面微孔径的物质则被截留在膜的进液侧，成为浓缩液，因而实现对原液的净化、分离和浓缩的目的（见图 10.9）。

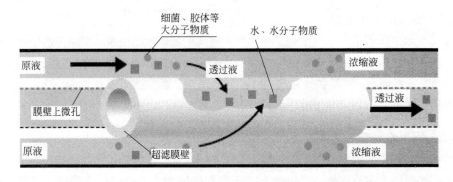

图 10.9　超滤示意

原液一般指需要净化、分离或浓缩的溶液，透过液指原液中透过超滤膜而被滤除大分子溶质的那部分液体，浓缩液则是原液中因分离出透过液而剩余的高浓度溶液。在净化水工程中，原液是指原水进水，透过液即为净化水，浓缩液则是排放的废水。

2）臭氧脱色单元工艺方案设计　《给水排水设计手册 城镇排水》关于臭氧章节指出，为保证接触装置的设计合理、可靠，应通过模拟试验取得设计参数。由于目前没有原水中的 COD 组分的详细分析，也没有臭氧投加量的小试数据，因而此处根据公开发表的文献以及臭氧供应商的建议来确定臭氧投加量：《城市污水二级处理水臭氧深度处理初探》的实验结果表明，臭氧对色度的去除非常有效，在臭氧消耗量为 5mg/L 和反应时间为 5 min 的条件下，出水色度在 3 度以下，脱色率高达 80％以上，其结论指出在臭氧氧化和生物处理组合工艺中，考虑到臭氧氧化的目标和经济运行费用，臭氧氧化最佳设计运行参数建议为臭氧消耗量 5mg/L，臭氧接触氧化时间 5～10min；天津咸阳路再生水厂（$5×10^4 m^3/d$）采用混凝＋MF＋部分 RO 工艺，臭氧接触单元对再生水进行脱色、除味和部分消毒，臭氧投加量为 4.8mg/L，接触时间为 20min（引自《天津咸阳路再生水厂可行性研究》）；北京经济技术开发区经开再生水厂（$4×10^4 m^3/d$）采用 CMF＋O_3 工艺，臭氧投加量为 5～8mg/L，接触时间约为 34min （引自《北京经济技术开发区经开再生水厂可行性研究》）；中国市政工程华北设计研究院于 2000 年 12 月采用 CMF＋臭氧的工艺利用天津纪庄子污水处理厂二沉池出水进行深度处理试验，其臭氧投加量为 3～5mg/L，臭氧接触时间为 5～15min，出水色度达到 15 度；日本东京有明再生中心臭氧投加量为 4.9mg/L，出水色度小于 10 度。另外，设备供应商建议本工程臭氧投加量采用 5～8mg/L；综合考虑本工程原水为一级 A 出水，又经过自清洗过滤器和超滤膜处理，水体中的污染物含量以及色度会有所降低（西安建筑科技大学在北京北小河污水处理厂利用二沉池出水直接进行超滤膜处理试验，其试验结论指出总大肠杆菌和粪大肠杆菌的去除率大于 99％，对 COD 的平均去除率为 22.63％，对色度的平均去除率为 38.52％，对 NH_3-N 的平均去除率为 2.42％），因而此处选用 5mg/L 臭氧投加量（这里假定原水锰离子浓度＜0.05mg/L，当加入臭氧时没有沉淀物析出），建议进行初步设计之前进行相关分析和小试来提供更切实的设计参数。

考虑到优先保证大运中心景观用水及信息学院的中水需求，以及龙岗中心城用户对象的增长性，横岗再生水厂分两组建设，一组 $2.5×10^4 m^3/d$，先试运行一组，优先保证大运中心区景观用水 $1×10^4 m^3/d$，其次用于绿化及道路广场浇洒，剩余水量作为龙城公园和龙潭公园景观湖补水。其中送水泵房、配电间、清水池、臭氧接触池、超滤间、臭氧间、加氯间等土建部分按 $5×10^4 m^3/d$ 一次建成。臭氧设备、加氯设备、超滤反冲洗系统按 $5×10^4 m^3/d$ 一次性上齐。但送水泵、超滤进水泵、超滤膜组件设备按 $2.5×10^4 m^3/d$ 分两组建设，先安装一组厂区平面布置。

横岗污水厂沿龙岗河建设，西岸为已建一期工程，东侧为污水厂扩建二期工程。再生水厂在二期北侧用地内建设，总占地面积约 0.5hm^2，平面形状规则，针对该用地特点推荐方案采用如下平面布置：新建厂车间采用集成式布置，主要构筑物设在一起，便于水厂的管理与运行。车间集成式布置，充分利用空间，占地面积大大减少。车间的占地面积为 2081.04m^2，剩余的 2818.96m^2 的厂区为道路和绿化；道路占地面积约为 1300m^2，绿化面积约为 1518.96m^2，再生水厂的绿化度为 31％。

具体的布置为：为便于纤维滤池的来水重力自流至超滤进水泵的集水池，超滤进水泵房建在靠近二期纤维滤池的地方。配电间为二层框架结构，建在集水池上，为保证配电间的安全，其建在集水池顶上 2m；为便于工作与维护，两侧设有高度为 2m 的台阶。清水池的结构形式为地下式钢筋混凝土结构，设在靠近泵房的位置，清水池的池数为两个，并且每个清水池分为 3 格。臭氧接触池的结构形式为地下式钢筋混凝土结构，紧离清水池建设，其尺寸为 31.2m×4.0m×5.8m。超滤间设在清水池上，层高 8.5m 的框架结构，其平面尺寸为 37.05m×24.2m。臭氧间和制氧间、加氯间设在清水池上，层高均为 8.5m 的框架结构，其中臭氧间和制氧间尺寸为 10m×10m，加氯间平面尺寸为 10m×10m。

10.7.3.4 再生水管网系统

横岗再生水厂的供水管网分两期进行建设。一期工程主供大运中心和信息学院，输水量约为 $1.30 \times 10^4 \, m^3/d$。其备用水源为神仙岭水库。一期管网工程的主干管是从再生水厂沿宝荷路、龙翔大道到大运中心和信息学院。

神仙岭水库位于大运中心西边 2km 处，2007 年底龙城街道办对该水库进行扩容，水库总库容为 $40 \times 10^4 \, m^3$，集雨面积为 75hm²。但是该水库为防洪水库，即在汛期需要将水库放空，而要求是将水库蓄水以满足旱季的要求。经计算，神仙岭水库可利用水量为 $15 \times 10^4 \, m^3/a$，仅能满足大运中心部分景观用水要求，但采用水库水补水成本低，平时应尽可能取用，赛时可作为大运中心景观应急供水水源，在水库水不足时再由横岗污水厂再生水厂供给。

应急水源管线布置为：从神仙岭水库引一条大约 1300m、$DN500$ 的钢管，重力自流至大运中心和信息学院。

横岗再生水厂的二期管网工程主要供水区域主要有两个，故二期供水管网系统工程考虑两条干管：一条从再生水厂沿嶂背路向北，经宝荷路和经龙翔大道供龙岗中心城区；一条沿嶂背路向东，经宝荷路供宝龙工业区。

10.7.3.5 节能措施

本工程设计过程中，根据设计进水水质和出厂水质要求，发展和推广新工艺新技术，所选再生水处理工艺力求技术先进成熟、运行稳妥、高效节能、经济合理，减少工程投资及日常运行费用。具体表现为以下几方面：a. 处理构筑物进行合理分组，适应水质、水量的变化，减少运行成本；b. 采用技术先进且成熟的污水处理工艺；c. 水泵采用高效离心潜水泵，效率高（82％以上），能耗较低。适量变频，根据水量调节开泵量，节约能耗；d. 构筑物布置紧凑，无迂回，减少了连接管渠的水头损失，节省了污水提升能耗；e. 全厂采用技术先进的微机测控管理系统，分散检测和控制，集中显示和管理，各种设备均可根据污水水质、流量等参数自动调节运转台数或运行时间，不仅改善了内部管理，而且可使整个污水处理系统在最经济状态下运行，使运行费用最低；f. 供电设计采用无功补偿装置，提高功率因数；g. 照明灯具采用发光效率高，使用寿命长的高效灯具；h. 全厂水力计算力求准确，减少扬程；i. 优化工艺，减少回流，降低能耗。

另外，由于再生水厂的出水水质较好，本工程方案中考虑将处理后的再生水用于脱水机的冲洗水、绿化用水、冲洗道路用水等。再生水厂内回用，既可节约宝贵的水资源又能降低再生水厂的运行成本。

10.7.4 西丽再生水厂

10.7.4.1 工程概括及特点

西丽再生水厂位于深圳市南山区西丽水库泄洪道和大沙河交叉口三角地，由深圳市水务（集团）有限公司建设，总处理规模为 $5 \times 10^4 \, m^3/d$。设计总变化系数 $K_z = 1.4$，进水主要为市政污水。再生水厂采用的核心处理工艺是 BIOSTYR 生物滤池工艺，深度处理采用 ACTI-FLO 加砂高密度沉淀池技术，臭气采用生物除臭技术。处理构筑物组团化半地下式布置，并对上部空间进行利用，建成了对市民开放的景观休闲公园。本工程概算总投资 17034 万元，其中工程直接费用 14182 万元，于 2009 年 12 月建成投产。

主要的建设特点如下。

1) 厂区用地受到较大限制 西丽再生水厂用地通过规划调整而来,因此受到诸多限制。厂址位于水库泄洪道和大沙河交叉口三角地,总用地仅 2.36hm²,被泄洪道分割成东、西两片区,西区面积 0.28hm²,为生产管理区;东区面积 2.08hm²,为生产区,厂区北侧紧邻商住区。

2) 建设总体标准高 由于西丽再生水厂所处的位置、环境及担负的功能较为特殊,因此对处理目标要求很高。出水水质要求达到《城镇污水处理厂污染物排放标准》(GB 18918—2002)一级 A 标准,出水主要作为大沙河生态补水,臭气排放要求达到一级标准。规划部门要求西丽再生水厂采用半地下的布置形式,并对上部空间进行利用,作为城市设计的重要景观节点,充分贯彻 "处理厂高标准建设,构筑物全封闭设计,臭气集中处理,厂区公园式布局" 的设计理念。

3) 部分主体设备的采购实行了集成的方式 由于采用了专利技术,部分主体设备通过功能性招投标,由法国威立雅公司中标了主要功能包。

主要设计特征如下。

1) 节约用地 根据处理规模和有关建设用地标准,$5 \times 10^4 \text{m}^3/\text{d}$ 的常规污水处理厂(含深度处理)用地应在 6hm² 左右,而西丽再生水厂规划用地只有 2.36hm²,实际用地 1.5hm²,实际用地指标为 0.3m²/(m³·d),仅为常规污水处理厂用地标准的 25%。西丽再生水厂中作为对市民开放的生态景观公园用地达 1.3 hm²,占建设用地的 55%。

2) 新工艺、新技术的应用 主体工艺采用了先进的曝气生物滤池(BAF)及其配套工艺,有效提高了处理效率。

3) 构(建)筑物组团化、集约化的布置方式 综合处理间和综合设备间内各构(建)筑物组团化,共用格墙,只保留必要的人行通道、检修通道、管线通道,各种设备在不同的标高层上垂直布置(见图 10.10)。

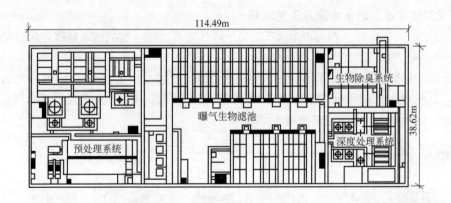

图 10.10 组团式综合处理间平面布置

4) 半地下式布置并对上部空间进行有效利用 处理构筑物置于半地下,为了节省土建投资,半地下污水处理厂要求布置紧凑,同时通过加盖后对空间进行分隔,实现空间的立体使用。该项目将上部空间建设成为对外开放的生态景观公园(见图 10.11)。西丽再生水厂半地下式布置采用双层覆盖形式(见图 10.12)。双层覆盖的形式换气空间与脱臭空间分隔清楚、臭气量少、脱臭效果好、管理人员操作环境好,上部空间能大面积连续有效的利用。顶部覆土厚度 1m(设计负荷 20kN/m²),可以种植大型灌木等植物。

图 10.11 半地下式布置并对上部空间利用的景观剖面

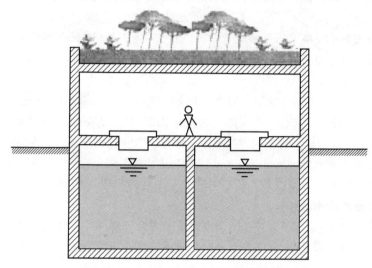

图 10.12 双层覆盖的上部空间利用形式

10.7.4.2 设计进、出水水质及工艺流程

设计水质见表 10.21。西丽再生水厂的臭气排放要求达到《城镇污水处理厂污染物排放标准》一级标准，脱水污泥含水率小于 80%。

由于出水标准要求较高，再生水厂采用三级处理。其中二级生物处理以 BIOSTYR 生物滤池为核心，深度处理采用 ACTIFLO 加砂高密度沉淀池技术，所有水处理设施及臭气处理设施集成在综合处理间内。具体工艺流程（见图 10.13）。

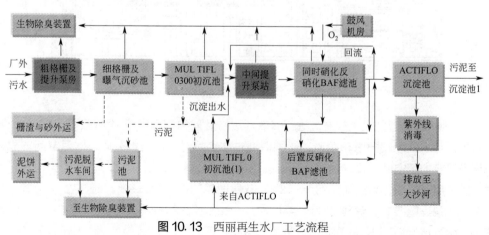

图 10.13 西丽再生水厂工艺流程

⊡ 表 10.21　西丽再生水厂设计进、出水水质

指标	BOD$_5$	COD$_{Cr}$	SS	NH$_3$-N	TN	TP
进水/(mg/L)	200	400	400	31	41	6.4
出水/(mg/L)	≤10	≤50	≤10	≤5	≤15	≤0.5
去除率/%	≥95	≥87.5	≥97.5	≥83.9	≥63.4	≥92.2

10.7.4.3　主要构筑物设计参数

（1）粗格栅及提升泵房

厂区内现有丽湖污水提升泵站（雨污混流泵站），规模 $17 \times 10^4 \mathrm{m}^3/\mathrm{d}$。再生水厂建设时，保留该泵站并改造为进水提升泵站。改造时原粗格栅不变，考虑到原潜污泵的流量，扬程与目前西丽再生水厂的运行工况不匹配，将原有 4 台大泵更换为 3 台大泵 1 台小泵并库备 1 台小泵。大泵流量 $Q = 2400 \mathrm{m}^3/\mathrm{h}$，扬程 $H = 10 \mathrm{m}$，功率 $P = 90 \mathrm{kW}$；小泵流量 $Q = 1042 \mathrm{m}^3/\mathrm{h}$，扬程 $H = 10 \mathrm{m}$，功率 $P = 48 \mathrm{kW}$；雨季时多余水量进入南山污水处理系统。

（2）细格栅及曝气沉砂池

格栅渠两条，渠宽 1m，细格栅 2 台，栅条间隙 5mm；曝气沉砂池按峰值流量 $Q = 2917 \mathrm{m}^3/\mathrm{h}$ 设计，分 2 座，单座平面尺寸 17.3m × 4m，有效水深 2.5m，水力停留时间 9.96min，峰值曝气量 $111 \mathrm{m}^3/\mathrm{h}$，安装 6 台潜水曝气器，单台潜水曝气器风量 $15 \mathrm{m}^3/\mathrm{h}$，功率 $P = 2.2 \mathrm{kW}$。

（3）初沉池

初沉池采用 MULTIFLO 高效斜板沉淀池，需要投加化学药剂。MULTIFLO 高效沉淀池共 2 座，处理规模 $5 \times 10^4 \mathrm{m}^3/\mathrm{d}$，峰值流量为 $2917 \mathrm{m}^3/\mathrm{h}$，每座沉淀池包括混合区、絮凝区、沉淀区 3 部分，采用机械混台、机械絮凝。斜板沉淀区液面负荷 $24.9 \mathrm{m}^3/(\mathrm{m}^2 \cdot \mathrm{h})$，斜板采用 ABS 材质，倾斜长度 $L = 1500 \mathrm{mm}$，间距 80mm，安装角度 60°。刮泥机采用中心驱动，直径 10m，水深 5.8m。絮凝剂 PAC（以 Al_2O_3 计 10%）投加量 78.5mg/L，助凝剂阴离子 PAM 投加量 1mg/L。

（4）反冲洗水沉淀池

反冲洗水沉淀池采用 ACTIDYN 高效沉淀池，用来处理生物滤池的反冲洗废水。反冲洗废水与初沉池出水混合后进入 BIOSTYR 曝气生物滤池。ACTIDYN 高效沉淀池排放的污泥主要成分是生物污泥，因此污泥停留时间与污泥浓度与初沉池不同，其余原理与 MULTIFLO 高效沉淀池一致。设 1 座 ACTIDYN 高效沉淀池，设计流量为 $593 \mathrm{m}^3/\mathrm{h}$。斜板沉淀区液面负荷 $16 \mathrm{m}^3/(\mathrm{m}^2 \cdot \mathrm{h})$，斜板设计参数、药剂投加种类和剂量与 MULTIFLO 高效沉淀池相同。

（5）中间提升泵站

基于半地下布置需要，考虑设置中间提升泵站。初沉池和反冲洗水沉淀池的出水与 BIOSTYR 生物滤池回流液一起进入中间提升泵站，经提升进入同时硝化反硝化滤池的进水池。提升泵站设 4 台提升泵（3 用 1 备），单台泵流量 $Q = 1638 \mathrm{m}^3/\mathrm{h}$，扬程 4.5 m。

（6）BIOSTYR 同时硝化反硝化（N/DN）生物滤池

BIOSTYR 生物滤池在过滤的同时可去除氨氮，滤池中工艺空气和待处理水一起同向向上流，流经悬浮的细小滤料。

本工程采用 N/DN 生物滤池 6 格，单格面积 113m^2，设计流量 $3510 \mathrm{m}^3/\mathrm{h}$，平均滤速 4.9m/h，强制滤速（当一格滤池反冲洗时） 8.4m/h。滤料采用聚苯乙烯轻质滤料，密度接近于水，滤料平均粒径 4mm，厚度 3.5m。滤池容积负荷为 1.4kgBOD$_5$/($\mathrm{m}^3 \cdot \mathrm{d}$)，硝化容

积负荷为 $0.55kgNH_3-N/$（$m^3 \cdot d$）。滤池反冲洗利用其他格出水进行自上而下的重力反冲洗，反冲洗水强度 $65m^3/$（$h \cdot m^2$），反冲洗气强度 $12m^3/$（$h \cdot m^2$），一次反冲洗水量 $989m^3$，反冲洗用气和工艺用气共用 1 套系统。滤池曝气量 $10500m^3/h$，平均气水比为 5。

为保证同时硝化反硝化效果，本工程设置了石灰投加系统调节碱度，投加点为滤池进水渠，投加量为 $38mg\ Ca(OH)_2/L$。

（7）BIOSTRY 后反硝化（PDN）生物滤池

由于 N/DN 生物滤池出水 TN 尚不能满足一级 A 标准的要求，本工程设置后反硝化生物滤池强化对 TN 的去除效果。出于经济合理性考虑，经计算本工程对 48% 流量的 N/DN 滤池出水进行后反硝化处理，并与其余 N/DN 滤池出水混合后排放。PDN 生物滤池构造与原理与 N/DN 滤池相同，只是不曝气，用作缺氧反硝化。

PDN 生物滤池设 2 格，单格面积 $84m^2$，设计流量 $1672m^3/h$，平均滤速 6.2m/h，强制滤速 19.9m/h。滤料采用聚苯乙烯轻质滤料，平均粒径 4.5mm，厚度 2m。硝化容积负荷为 $0.45kgNO_3^-/$（$m^3 \cdot d$）。PDN 生物反冲洗水强度 $70m^3/$（$h \cdot m^2$），反冲洗气强度 $12m^3/$（$h \cdot m^2$），一次反冲洗水量 $420m^3$。

为保证脱氮所需 C/N 比，本工程设置了甲醇投加系统补充碳源，投加点为滤池进水渠，甲醇投加量为 14.7mg/L。

（8）深度处理

BIOSTYR 生物滤池的出水，进入 ACTIFLO 加砂高效沉淀池进行深度处理，其主要作用是进一步除磷及去除 SS。ACTIFLO 高密度沉淀池由混凝区、微砂投加区、熟化区以及斜管沉淀区几部分组成，其基本原理、投加药剂与 MUIJIFLO 初沉池类似，主要增设了在池中投加粒径为 $80\sim100\mu m$ 的微砂。微砂的主要作用：一是增加原水中泥砂的浓度，以增加凝聚的概率；二是保证合适的絮凝体尺寸。ACTIFLO 加砂高效沉淀池共 2 座，设计流量为 $3510m^3/h$。斜板沉淀区液面负荷 $53.3m^3/$（$m^2 \cdot h$），斜板采用 ABS 材质，倾斜长度 $L=1000mm$，间距 40mm，安装角度 60°。刮泥机采用中心驱动，直径 7m，水深 5m。絮凝剂 PAC（以 Al_2O_3 计 10%）投加量 78.5mg/L，助凝剂阴离子 PAM 投加量 1mg/L，微砂通过砂水分离器分离可以循环使用，但需要补砂，补砂量为 $3g/m^3$。

（9）紫外消毒渠

消毒渠两道，渠内设紫外线消毒设备 2 套，设计紫外线剂量 $27\ mJ/cm^2$。为保证水量波动时的消毒效果，本工程没有采用常用的水位控制器，设计了简单可靠的长堰出水方式。

（10）生物除臭系统

西丽再生水厂采用生物除臭技术，总除臭气量 $15\times10^4m^3/h$，分成两个子系统：一个子系统在综合处理间内与水处理设施合建，处理臭气量 $13\times10^4m^3/h$；另一个子系统建在泥区，处理臭气量 $2\times10^4m^3/h$。西丽再生水厂周边紧邻密集的居民区，从目前的运营情况看，污水处理厂臭气经处理后未对周边环境产生影响。

（11）综合设备间

为提高土地利用效率，与污水处理有关的大型设备都集约布置在一幢地面二层建筑物内，主要包括鼓风机房、污泥脱水车间、加药间、变配电间等。

1）鼓风机房　设计供气量 $10500m^3/h$，供气压力 120kPa，安装单级高速离心风机 4 台（3 用 1 备），单台风量 $3500m^3/h$，风压 120kPa，配套电机功率 $P=120kW$。从实际使用效果来看，空浮风机占地省、安装方便、噪声低、运行稳定、效率高、价格相对较低但单机风量较小，适用于中小规模的污水处理厂。

2）污泥脱水间及料仓　设计污泥干重 21.19t/d，湿污泥含水率 96%～98%，浓缩脱水后含水率≤80%。脱水机房内安装离心脱水机 3 台（2 用 1 备），单台处理能力 660kgDS/h，输入流量 14.7m³/h，配用电机功率 $P=30$kW，脱水后最大污泥产量 147m³/d。料仓容积150m³，直径 5m，有效高度 8m，设计储泥时间 24h。

3）AM 与 PAC 加药间　PAM 加药间分水线和泥线两套系统。

①水线（投加阴离子 PAM）：　PAM 制备设备 2 套，单套设备 $Q=2$m³/h，药剂消耗量4.21kg/h，功率 $P=2.$kW。螺杆加药泵 6 台（4 用 2 备，用于 MUTIFLO 及 ACTIFLO 沉淀池），单泵流量 $Q=600$L/h，扬程 $H=20$m。螺杆加药泵 2 台（1 用 1 备，用于反冲洗水沉淀池），单泵流量 $Q=240$L/h，扬程 $H=20$m。

②泥线（投加阳离子 PAM）：　PAM 制备设备 1 套，单套设备 $Q=2.8$m³/h，药剂消耗量10.5kg/h，功率 $P=2.5$kW。螺杆加药泵 3 台（2 用 1 备），单泵流量 $Q=1400$L/h，扬程 $H=20$m。

PAC 加药间设有 $V=45$m³ 玻璃钢储药罐 2 个，隔膜加药泵 8 台，6 台大泵 2 台小泵，其中 6 台大泵（4 用 2 备，用于原水 MUTIFLO 及 ACTIFLO 沉淀池）单泵流量 $Q=140$L/h，扬程 $H=35$m，2 台小泵（1 用 1 备，用于反冲洗水沉淀池），单泵流量 $Q=40$L/h，扬程 $H=35$m。

10.7.4.4　实际运行情况及分析

目前西丽再生水厂进水量基本达到设计规模，2010 年 6 月开始投入正常生产运营，实际进、出水水质和水量检测结果见表 10.22。从表 10.21 中可见，出水达到《城镇污水处理厂污染物排放标准》（GB 18918—2002）一级 A 标准，完全可以作为大沙河生态补水，电耗、药耗等运营成本也均低于合同要求，详见表 10.23。

⊡ 表 10.22　再生水厂实际进出水水质

日期	进水量 /(m³/d)	COD$_{Cr}$ /(mg/L)		BOD$_5$ /(mg/L)		SS /(mg/L)		TN /(mg/L)		NH$_3$-N /(mg/L)		TP/(mg/L)	
		进水	出水	进水	出水	进水	出水	进水	出水	进水	出水	进水	出水
0601	37200	196	10.9	149	2	166	5	29.9	10.5	17.6	1.7	5.0	0.1
0602	35016	237	13.4	82	2	229	6	32.1	14.3	18.3	2.0	5.0	0.1
0603	40419	168	14.2	126	2	76	5	24.0	13.0	16.0	1.2	2.7	0.1
0604	36160	204	13.6	79	2	152	5	27.8	11.2	18.1	1.9	4.2	0.1
0605	37908	231	17.7	108	3.3	170	5	31.8	13.3	20.5	2.2	4.0	0.3
0606	41115	287	15.7	159	4.2	222	5	37.0	14.5	24.5	2.0	6.4	0.2
0607	41844	377	14.0	157	3.2	428	5	43.0	13.5	25.5	1.6	10.0	0.2
0608	40386	332	26.2	182	2.4	316	5	41.3	12.5	26.0	3.1	8.5	0.3
0609	37833	370	14.1	210	2.6	394	5	45.5	14.3	26.0	2.4	9.8	0.2
0610	41661	374	19.5	134	5.5	336	5	40.5	—	22.5	2.1	7.1	0.2
0611	51598	423	13.6	138	2	448	5	28.5	9.9	10.2	1.3	7.7	0.1
0612	39168	280	12.8	113	4	199	5	24.7	8.5	12.0	1.0	5.3	0.2
0613	37254	350	11.8	125	2	290	5	26.6	4.8	13.0	0.9	5.2	0.1
均值	39469	281	14.4	125	2.6	250	5	32.8	11.2	18.7	1.7	5.8	0.2

药品名称	PAC	PAM	甲醇	微砂	石灰
平均投加量/(mg/L)	104.55	1.35	24.83	1.86	34.18

测试期处于深圳雨季，进水污染物浓度不高。进入旱季后，随着污染物浓度的增加，药耗有所上升。电耗约为 $0.33\ kW \cdot h/m^3$（含通风除臭），总体来说能耗、药耗等运营成本均低于合同要求。到目前为止，西丽再生水厂运行状况良好。

西丽再生水厂工程建设之初，面临着用地面积小、处理要求高、厂址改变后对环境影响的敏感度增加等难题。在设计中采用了组团化和半地下的布置方式，同时也借助了威立雅公司的先进技术。通过这些技术措施，西丽再生水厂不仅运行稳定、处理效果完全达标，而且节省了大量建设用地，实现了土地利用节约与集约化。此外，西丽再生水厂还将一个污水处理厂建设成了沿大沙河生态景观带的一个景观结点，颠覆了人们对污水处理厂的传统认知理念。西丽再生水厂将污水处理、集约用地、环境景观三者进行了有机的结合，对于目前形势下污水处理厂的建设提供了一种良好的、有借鉴意义的思路。

10.7.5　高碑店污水处理厂改造及再生利用工程

10.7.5.1　项目简介

北京市的污水处理厂出水大部分是直接排入下游河道，没有得到有效利用，即使已经利用的 $3.6×10^8\ m^3$ 再生水，绝大部分也未经深度处理，属于二级处理直接回用，不能作为工业用水、河湖景观用水、城市杂用水的替代水源，城市污水处理厂的出水中氮磷营养物质和色度、臭味等制约了污水再生利用的范围和推广。北京市的污水再生利用面临氮磷营养物质和色度、臭味等问题，再生水的水质与不同用户的需求尚存在一定的差距，目前的再生水水质（主要是有机物、氮和磷等多项指标）既不能满足工业用户的要求，也不能满足景观利用的要求（见表10.24）。

北京已无清洁水作为河湖天然补充水，城市污水处理厂出水需提升水质作为替代水源。从已经实施的再生水项目看，现有的再生水水质标准也不能满足北京市的特殊要求。为了同时满足多用户高标准的再生水质，北京市政府提出将再生水直接处理达到地表水Ⅳ类水体标准。因此，提出高碑店污水处理厂升级改造及再生利用工程，将规模为 $1.0×10^6\ m^3/d$ 的二级生物处理设施进行升级改造，使出水达到 GB 18918—2002 一级 B 要求，同时建设规模为 $1.0×10^6\ m^3/d$ 的深度处理设施，使深度处理出水总体上达到地表水Ⅳ类标准，满足工业、城市生态景观和市政回用的要求。

▣ 表10.24　现状再生水水质与补给河道要求水质的比较

项目	再生水水质	景观水	地表水Ⅳ类水体标准
COD_{Cr}/(mg/L)	30~40	—	30
BOD_5/(mg/L)	—	—	—
TP/(mg/L)	0.2~0.6	0.5	0.3(湖、库 0.1)
SS/(mg/L)	8~15	10	10
TN/(mg/L)	20~30		(湖、库 0.1)
NH_3-N/(mg/L)	0.5~5	5	1.5
pH 值	7~8	6~9	6~9
浊度/NTU	2~4	5	5
氯化物/(mg/L)	150~180	—	—

项目	再生水水质	景观水	地表水Ⅳ类水体标准
总硬度/(mg/L)	—	—	—
总碱度/(mg/L)	120～180	—	—
溶解性固体/(mg/L)	750～900	—	1000
Fe/(mg/L)	0.04～0.06	—	0.3
Mn/(mg/L)	0.12～0.15	—	0.1
SO_4^{2-}/(mg/L)	90～95	—	—
色度/度	—	—	—
粪大肠菌群/(个/L)	<3	不得检出	—
石油类/(mg/L)	—	—	1

注：景观水执行《城市污水再生利用景观环境用水水质》（GB/T 18921—2002）。

10.7.5.2　再生水处理工艺

再生水处理工程设计进水为污水处理厂升级改造的 GB 18918—2002 一级 B 标准的出水，处理后的出水水质满足再生水的要求，详见表 10.24。再生水处理工艺需采用生物处理和物理化学处理相结合的方式，并具有深度去除有机物、悬浮物、氮和磷等污染物的能力。根据目前国内外的再生水处理厂建设项目的工程实践和运行效果比较，并考虑到高碑店再生水处理厂场地限制、进水水质特点和出水水质要求，筛选出以下工艺："砂滤-O_3-BAF"工艺"微滤-O_2-BAF"工艺和"MBR-O_3"工艺作为本工程的备选方案（见表 10.25）。

☐ 表 10.25　再生水处理工艺的方案技术比较

工艺	砂滤-O_3-BAF	微滤-O_2-BAF	MBR-O_3
优点	(1)出水水质达标，运行较稳定； (2)工艺控制、运行管理灵活； (3)不影响现有污水处理系统的正常运行； (4)整套工艺可建成封闭式厂房，减少臭气、噪声对周围环境的影响，视觉感官效果好； (5)对水量波动有较好的适应性，一般不需要超越； (6)工程投资低、运行费用较低	(1)出水水质达标，运行稳定，安全性高； (2)运行管理灵活； (3)不影响现有污水处理系统的正常运行； (4)整套工艺可建成封闭式厂房，减少臭气、噪声对周围环境的影响，视觉感官效果好	(1)水质达标，运行稳定，安全性高； (2)方便生物处理系统的运行管理，脱氮的效果较好，化学除磷药剂的除磷效率高； (3)可建成封闭式厂房，减少臭气、噪声对周围环境的影响，视觉感官效果好； (4)占地紧凑，不需要拆除厂区小中水等设施
缺点	(1)正常运行时，出水水质不如膜系统，但可满足标准要求； (2)高浊度进水影响出水水质；初滤水（刚结束反冲洗后的初期过滤水）水质不佳； (3)需要拆除厂区小中水等设施	(1)过滤单元需要设置超越设施，使用时影响出水水质； (2)需要拆除厂区小中水等设施； (3)工程投资、运行费用较高	(1)需要设置超越设施，使用时影响出水水质； (2)需要拆除部分现有设施，如沉淀池等； (3)工程投资、运行费用高； (4)对现有污水处理系统的正常运行有影响

经过对上述三个工艺方案进行技术及经济各方面的综合比较，认为砂滤-O_3-BAF 工艺（新三段工艺）与混凝-沉淀-过滤工艺（老三段工艺）相对比具有处理流程简单、管理简便、投资运行费用低、硝化能力强等优势，适用于本再生水处理厂工程。因此，推荐高碑店再生水处理厂升级改造工程中的新建再生水处理工艺采用砂滤-O_3-BAF 新三段工艺（见图 10.14）。

O_3 氧化工艺可以使二级出水中的难生物降解有机物分解转化成易生物降解有机物，去除微量有毒有机物，使出水的生物毒性基本消除，并且可生化性得到很大的提高，有利于后续生物处理工艺对有机污染物的去除。O_3 对细菌、病毒、芽孢、原虫等病原微生物具有很好的灭活效果，使出水中的卫生学指标（即粪大肠菌群）满足地表水Ⅲ类水体的要求。另外，O_3 具

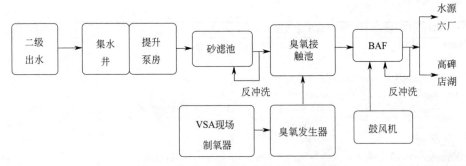

图 10.14 新三段再生水处理工艺流程

有很好的脱色、除臭功能，能极大地改善感官性状指标，易于被公众接受。BAF 除了具有物理过滤作用外，生物吸附、氧化作用也是其重要的特征。因此二级出水通过 O_3 氧化，可生化性大大提高，再经过 BAF 工艺可以使二级出水中的难降解有机物和 NH_3-N 等污染物质进一步分解转化，从而使出水水质中的相关指标满足地表水 Ⅲ 类水体的要求。而且，BAF 具有很强的硝化能力，能够保证其出水 NH_3-N 指标达到地表水 Ⅲ 类水体，较低的 NH_3-N 为后续水源六厂的加氯消毒工艺节省了大量的氯投加量。

10. 7. 5. 3　环境效益和社会效益

工程改造完成后，将为北京市的主要热电厂提供工业冷却水，盘活城市东部水系，保证河道的景观用水。其中，$17 \times 10^4 \, \mathrm{m}^3/\mathrm{d}$ 深度处理出水提供给水源六厂，经水源六厂处理后的各水质指标基本满足地表水 Ⅲ 类水体标准，可供热电厂冷却用水、市政杂用和河湖补水。 $83 \times 10^4 \, \mathrm{m}^3/\mathrm{d}$ 深度处理出水补充给高碑店湖，各水质指标基本满足地表水 Ⅳ 类水体标准，可作为上下游河湖补水和热电厂冷却水水源。

高碑店污水处理厂的升级改造和再生利用工程开发污水资源作为第二水源，对实现可持续发展战略，缓解 21 世纪北京市发展和资源紧缺的矛盾具有非常重要的战略意义。北京城区河道湖泊还清后，在改善城市投资环境、促进经济发展的同时也改善了百姓的居住环境。

参考文献

[1] 胡洪营，吴乾元，黄晶晶，等 . 再生水水质安全评价与保障原理[M]. 北京：科学出版社，2011.

[2] 美国环保局（USEPA）. 污水再生利用指南[M]. 胡洪营，魏东斌，王丽莎，等译 . 北京：化学工业出版社，2008.

[3] 国际水情报告[EB/OL]. http://www.globalwaterintel.com.cn/intelligence-database-2/intelligence-database.

[4] 陈珺，王洪臣 . 城镇污水处理与再生利用工艺分析与评价[M]. 北京：中国建筑工业出版社，2012.

[5] 霍健 . 北京市中心城再生水发展历程及"十二五"发展规划[J]. 水利发展研究，2011，11（7）：57-60.

[6] 郭宇杰，郭祎阁，王学超，等 . 城市再生水回用途径安全性浅析[J]. 华北水利水电大学学报（自然科学版），2013，34（2）：5-7.

[7] Crook J，Rao Y S. Water reclamation and reuse criteria in the U. S[J]. Water Science & Technology，1996，33（10）：451-462.

[8] 叶建宏 . 浅谈美国水资源及供排水管理的经验与启示[J]. 西南给排水，2013（6）：70-78.

[9] 陈卫平 . 美国加州再生水利用经验剖析及对我国的启示[J]. 环境工程学报，2011，05（5）：961-966.

[10] California Water Planning [EB/OL]. http://www.waterplan.water.ca.gov /cwpu2009/index.cfm，2009.

[11] Aoki C，Memon M A. Waterand Wastewater Reuse：An Environmentally Sound Approach for Sustainable Urban Water Management[M]. UNEP and Global Environment Centre Foundation，2006.

[12] 朱伟，杨平，龚淼 . 日本"多自然河川"治理及其对我国河道整治的启示[J]. 水资源保护，2015，31（1）：

22-29.

[13] 国土交通省土地水资源局水资源部水资源计画課. 平成 21 年版 日本の水资源[J]. 水とともに, 2009, 125-126.

[14] 王晓玲, 吕伟娅, 梁磊, 等. 日本再生水回用发展现状及研究分析[J]. 西南给排水, 2012（2）: 29-32.

[15] 庄红韬. 横滨下水处理系统: 实现高度处理和资源全方位再利用[EB/OL]. http: //finance. people. com. cn/n/2014/0123/c348883-24203089-2. html.

[16] 张昱, 刘超, 杨敏, 等. 日本城市污水再生利用方面的经验分析[J]. 环境工程学报, 2011, 5（6）: 1221-1226.

[17] 下水处理水等の循环利用に关する调查报告[R]. 建设省都市局下水道部, 1991, 50.

[18] 竹岛睦. 日本的水资源管理制度[M]. 中日合作节水型社会建设示范项目节水技术培训教材, 2010, 5.

[19] 王凯军, 朱明. 悉尼奥运会水资源综合利用[J]. 城乡建设, 2004（11）: 175-176.

[20] 童国庆. 澳大利亚悉尼奥运村的循环再生水利用[J]. 水利水电快报, 2007, 28（21）: 12-13.

[21] 杨茂钢, 赵树旗, 王乾勋, 等. 国外再生水利用进展综述[J]. 海河水利, 2013（4）: 30-33.

[22] 徐进. 浅谈以色列水务管理[C]. 中国土木工程学会水工业分会全国排水委员会 2014 年年会, 2014.

[23] 李纯, 孙艳艳, 申红艳, 等. 国外再生水回用政策及对我国的启示研究[J]. 环境科学与技术, 2010（s2）: 626-627.

[24] 董紫君, 刘宇, 孙飞云, 等. 城市再生水利用与再生水设施的建设管理[M]. 哈尔滨: 哈尔滨工业大学出版社, 2016.

[25] 赵乐军. 城市污水再生利用规划设计[M]. 北京: 中国建筑工业出版社, 2011.

[26] 张光连. 北京市再生水综合利用规划研究[D]. 北京: 中国农业大学, 2005.

[27] 王洪娟, 唐宗, 杨静. 天津市再生水开发利用发展前景分析[J]. 资源节约与环保, 2014, （5）.

[28] 赵乐军, 宋启元, 孙杰, 等. 天津市再生水资源利用中几个问题探讨[J]. 给水排水, 2002, （7）.

[29] 刘树妍, 邢稚, 田云云. 天津市再生水综合利用的对策分析[J]. 资源节约与环保, 2014, （5）.

[30] 王秀朵, 郑兴灿, 赵乐军, 等. 天津中心城区景观水体功能恢复与水质改善的技术集成与示范[J]. 给水排水, 2013, （4）.

[31] 徐清泉. 深圳市污水再生回用的研究[D]. 重庆: 重庆大学, 2004.

[32] 张云, 崔树彬, 胡惠方, 等. 南方地区再生水利用可行性及关键问题探讨[J]. 南水北调与水利科技, 2011, 09（1）: 122-125.

[33] 李威, 孔德骞. 深圳市再生水利用专题调研分析[J]. 中国给水排水, 2009, 25（16）: 23-25.

[34] 国土交通省都市地域整备局下水道部编. 下水处理水の再利用水质基準等マニュアル日本東京: 国土交通省, 2005.

[35] 赵乐军, 唐福生, 王舜和, 等. 关于五项再生水水质标准执行情况的讨论[C]. 全国给水排水技术信息网 2009 年年会, 2009.

[36] 张庆康, 郝瑞霞, 刘峰, 等. 不同再生处理工艺出水水质回用途径适应性分析[J]. 环境工程学报, 2013, 7（1）: 91-96.

[37] 申颖洁. 再生水补给型河湖水体净化技术分析与适宜性评价[J]. 中国给水排水, 2015（2）: 6-10.

[38] 杨学贵, 肖晓文, 孙雁, 等. 昆明第四水质净化厂 MBR 工艺 7 年运行实践分析[J]. 中国给水排水, 2017（14）: 121-127.

[39] 刘建华, 高飞亚, 许越峰, 等. 超滤/反渗透工艺用于高含盐再生水处理[J]. 中国给水排水. 2016（16）: 88-91.

[40] 董亚荣, 金泥沙, 王立栋, 等. BAF/转盘滤池用于城市污水处理中水回用工程[J]. 中国给水排水, 2016（18）: 42-44.

[41] 苏静, 魏琦. 我国城市再生水处理工艺选择探讨[J]. 化学工程与装备, 2016（12）: 260-262.

[42] 胡毓瑾. 城市再生水资源利用项目的技术经济综合评价研究[D]. 西安: 西安建筑科技大学, 2004.

[43] 池勇志, 崔维花, 苑宏英, 等. 不同源水和回用途径的再生水处理工艺的选择[J]. 中国给水排水, 2012, 28（18）.

[44] 薛银刚, 许霞, 谢显传. 城市景观回用再生水的生态安全风险评价[C]. 中国环境科学学会学术年会, 2016.

[45] 马进军. 城市再生水的风险评价与管理[D]. 北京: 清华大学, 2008.

第**11**章

污水生物处理的特效菌剂制备与工程应用

微生物作为分解者在生态学位中起到了桥梁和纽带作用，实现了有机界和无机界的转化。利用其强大的分解作用，在污水生物处理系统和污染水体净化过程中，通过人工强化措施，进而达到水净化的目的。由于自然形成的微生物群落中，种类繁多，功能多样，尽管能够有效地去除水中的有机物，但其效率较低，为了在短时间内提高水处理系统中有机物的去除效能，人们往往采用生物强化技术来实现，而最直接的方法就是构建微生物菌剂。

生物强化技术是指在污染生物处理系统或水体净化系统中，通过投加特定功能的营养物、微生物或基质类似物，增加功能微生物的菌群数量或增强水处理系统对某些特定污染物的降解能力，以此达到提高降解效率的目的。采用的方法主要有微生物法、微生物生态法以及二者的结合法，其中，以提高功能微生物菌群数量为主的微生物法最为常用。因此，通常采用投加微生物菌剂的方法，提高系统的运行稳定性和处理效果的生物强化技术，得到了国内外学者的普遍重视。

微生物菌剂是指依据生态学、生物学、环境学等多学科理论和技术，按着人们需求为目标，通过单一或复合菌群的构建等方法，生产出的具有特定功能的微生物制品，所使用的菌种的来源包括：从生物处理系统或自然界中筛选、驯化的菌种；经诱变获得的菌种；通过基因工程构建的菌种。

微生物菌剂的种类繁多，应用范围广泛。目前，国外在微生物菌剂开发与应用方面时间较早，产品种类繁多，技术先进，经验丰富，但其价格比较昂贵，生物强化效果无法得到保障。国内此方面的研究主要集中在高效降解菌的筛选和降解特性等方面，微生物菌剂的成品化开发与应用，尤其是在水处理方面比较滞后。本章主要以污水生物处理和水体净化为主，介绍微生物菌剂的制备和应用。

11. 1　微生物菌剂的制备

微生物菌剂制备的针对性很强，主要包括：生产菌种的获得（富集、筛选、驯化、诱变、基因重组等方法）；生产工艺（发酵条件、产品制备）；工程应用。按剂型可以分为液体、粉剂和颗粒状；按微生物种类可以分为单一菌剂和复合菌剂；按微生物的功能可以分为有机物降解菌剂、脱氮菌剂、除磷菌剂等；按微生物与氧的关系可以分为厌氧菌剂、兼性菌剂和好氧菌剂。

微生物制剂的构建应满足 3 个基本条件：

① 投加后，功能菌保持很高的活性；

② 功能菌能够较快速的降解目标污染物；

③ 功能菌能够在系统中竞争生存，而且可以维持相当数量。

微生物菌剂的功能很多，根据使用的目的主要有：

① 提高功能菌的数量。在污水处理中，通过投加脱氮除磷菌剂，可以显著提高氮、磷等营养物质的去除。在自然水体中，通过投加菌剂或加入生物填料，直接增加水体中的微生物量，大大加快水中有机物的降解。

② 改善微生物的种群结构。活性污泥中的微生物有功能菌群、潜在功能菌群、抑制性菌群，投加微生物菌剂，可以改变菌群结构，提高污泥活性和系统运行的稳定性。

③ 缩短生物处理系统的启动时间。投加微生物菌剂、营养物质和微生物絮凝剂，可以在短时间内使微生物快速繁殖，形成菌胶团，实现系统的快速启动，提高效率。

④ 开发新的处理工艺。厌氧氨氧化工艺、菌丝球为载体的人工好氧颗粒污泥的处理工艺、厌氧颗粒污泥工艺等，都是基于微生物菌剂的构建。

11.1.1 微生物菌种的获得

用于微生物菌剂制备的菌种，也称为工程菌（engineering bacterium），可以分为广义工程菌与狭义工程菌。广义工程菌指将自然环境、污染环境或处理系统中分离、筛选与鉴定的高效降解菌，加以合理组合，从而能高效降解多种有机物的混合菌群。而狭义工程菌指将已确定的多种降解性目的基因分离出来，并通过基因操作获得的，集多种微生物降解功能于一身的，同时能够降解多种有机物的新型微生物。二者并无本质区别。

11.1.1.1 工程菌的分离筛选

微生物的菌种来源既可以是原体系中并不存在的外源微生物，也可是从原来体系中筛选出来的。采用从原来体系中筛选出的功能菌制备菌剂，对处理系统进行生物强化，可以克服其他外源菌面临的存活力弱、与土著微生物之间存在竞争等一系列问题，并且这种生物强化技术具有操作简便，实用性强等特点，具有较广阔的应用前景。另外，污水水体中具有多种化学性质不同的物质，很难用单一菌种将其彻底降解，国内外学者越来越多的采用微生物菌群进行生物处理。高效功能菌的筛选和生产流程，如图 11.1 所示。目前，利用此种分离方法筛选到的功能菌来制备菌剂，仍是生物强化技术的主流。理想菌种的筛选过程是微生物菌剂制备的关键。

11.1.1.2 基因工程菌的构建

尽管自然界中可以进化出能降解某些难降解有机物的功能微生物，但自然进化十分缓慢，远远不能满足生物处理的需要。很多具有特殊降解功能的菌株通过传统的培养技术是无法分离得到的。正因如此，构建高效基因工程菌（genetically engineered microorganism，GEM）受到人们的重视。基因工程菌是将所需的某一供体生物遗传物质的 DNA 分子提取出来，在离体条件下进行切割，将它与作为载体的 DNA 分子连接起来，随后导入某一受体细胞中，让外来的遗传物质进行正常的复制与表达，以此获得新物种菌。受体微生物通常选取待生物治理场所中的土著优势菌，用来提高基因工程菌对环境的适应性。

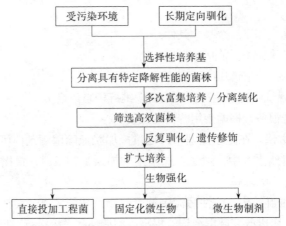

图 11.1 工程菌的筛选和微生物菌剂的生产流程

目前，研究较多的是质粒转移、原生质融合与基因重组等。研究发现，控制降解能力的基因片段位于细菌的质粒上。通过基因工程手段能够将多种降解质粒转入到同一微生物中，并使之获得广谱降解能力，或通过该手段将降解质粒转移到某些能够在受污染环境中大量生存的菌体内，以此来定向构建能高效降解专一性污染物的工程菌，对复杂污染物、难降解污染物特别是通过人工合成而在自然界没有的物质的生物降解具有重大意义。原生质融合技术的优点是遗传物质传递完整、定向性好、育种效率高和致育性限制小等，利用分子生物学手段进行基因重组育种，不仅打破了物种界限，同时加快了变异速度，已成为目前构建基因工程菌的新途径。

基因工程菌在扩大生物可降解底物范围和提高污染物的降解效率上都显示出巨大的潜力。为更加有效地去除污水中持久性有机污染物（POPs），可将通过基因工程技术构建的，具有特殊的降解功能的基因工程菌（GEM）应用在生物强化技术中。如张力等采用跨界原生质体融合技术，利用亲株 A（某污水处理曝气池中筛选得到的典型好氧细菌，能够在该制药废水中表现出很强的适应性和繁殖能力）、亲株 B（黄孢原毛平革真菌，具备高效降解 POPs 的能力）、亲株 C（酿酒酵母菌，含 FLO1 等絮凝性功能基因）构建获得具有高絮凝性、高降解性、高适应性的基因工程菌株 Xhhh，并对该 GEM 进行了抗生素遗传性能鉴定与扫描电子显微（SEM）的形态鉴定，将该基因菌投入制药废水污水处理系统中，可以看出基因工程菌株能成功取代原有的土著菌，对废水的处理非常有效。

尽管构建基因工程菌有很多优点，但在水处理领域的应用中仍存在不少问题有待解决：某些质粒的不相容性致使其降解形状不一定能够被转移，原生质的融合技术使其酶活性下降，种的壁垒会导致外源降解基因表达能力的逐渐下降乃至丧失，基因工程菌对生态环境存在潜在的威胁等。因此，基因工程菌的新基因的稳定性能，新基因转移至其他生物体中或其他目标环境中的规律，以及基因工程菌对生态系统产生的副作用等，基因工程菌的安全性和有效性相关问题均是今后需重点研究的课题。

11.1.1.3 水平基因转移

基因工程菌属外源菌种，与土著菌种的生存竞争常处于劣势，难以维持一定的生存数量和比率，这一直是困扰水平基因转移相关研究顺利进行的首要问题。大量的研究集中在通过基因的自然水平转移实现生化处理系统的生物强化上。很多用来表达自然或异生质有机化合物降解的相关基因都位于质粒、转位子和其他可移动的单元中。水平基因转移的思路是将这些位于自由基因元素上的降解基因引入待处理污染物系统中，通过自由基因向土著菌种的扩散与转移，实现现有菌种对污染物的原位基因修复。与传统生物强化方法相比，水平基因转移由于降解基因处于自由的状态，因此具备如下潜在优点：a. 含降解基因的菌种加入到原始系统，降解基因通过自由水平转移进入到原有系统的固有菌中，由于新菌在环境中有更好的适应性，且转移的过程是自然发生的，因此降解基因能够在菌种内更好地生存；b. 在持续高效地降解目标污染物的同时，不需要特意维持系统中含有降解基因的菌种的存活率。

细菌间的水平基因转移简称为供体与受体之间亲代到子代的遗传物质交换，转化、转导、接合是水平基因转移过程的三种基本机制。近年来，环境中许多微生物降解生物异源物质的能力与降解基因在微生物间的水平转移有关。将具备相关降解基因的质粒转移至土著微生物是进一步促进生物强化持久稳定的一种方法。降解基因可以通过水平基因转移向群落中的土著微生物传播，例如外界菌体携带降解性的质粒进入某一微生物群落中并在群落成员之间进行转移，群落就可以具有发展新的降解特性的能力，致使群落对环境变化具有更强的应变能力。Bathe等将一株含有 3-氯苯胺降解质粒 pNB2 的 *Comamonas testosteroni* 投到生物膜反应器中，3-氯苯胺被完全降解的同时降解质粒也扩散至生物膜土著群落中。另一项研究中，Bathe 等以 2,4-二氯苯氧乙酸（2,4-D）作为典型的异生质，考察在生物膜 SBR 系统中投入具有 2,4-D 降解能力的接合质粒后，系统对 2,4-D 的降解效果。在没有 2,4-D 的生物膜 SBR 系统中带有降解质粒的细胞数量逐渐下降，在添加 2,4-D 作为唯一碳源后上述带有降解质粒的细胞数量随之增加。通过培养和非培养技术都能检测到 2,4-D 降解生物膜上的转化结合子。没接种质粒的对照系统 90h 后仍有 60% 的 2,4-D 残留，相比之下投加了降解质粒的系统在 40h 对 2,4-D 的去除率高达 90%。因此，Bathe 等认为 2,4-D 降解基因通过这种方式被引入了生物膜，水平基因转移是生物强化处理废水过程中一个十分有前途的工具。

11.1.2 工程菌的筛选方法

11.1.2.1 工程菌筛选的一般方法

（1）采集适宜的样品

要筛选出高效工程菌，首先要找到所需工程菌的生存环境。

自然中土壤分布情况复杂，土壤之间也有差异，因此土壤样品的采集必须选择有代表性的地点和代表性的土壤类型。土壤中微生物的数量会随着季节性的不同，也会随着雨季、旱季节的变化而不同，与土壤水分、肥力状况、植被以及地块形状等因素也有关。一般有机物含量高的土壤，微生物数量多；在离地面 5~20cm 处的土壤，微生物含量最高。

在选择好采样地点之后，用铲子除去表土，切取 5~20cm 处的土壤样品几十克之后，装入准备好的灭过菌的容器中，并要记录采土时间、地点和植被等情况。土样从容器中取出，要倾入无菌的搪瓷盘，用消毒镊子挑除杂物、石块等，再放入无菌瓷钵中研细后备用。

采得的土壤样品，应尽快分离，如果不能立即分离应保存在 4℃冰箱中，且保存期限不要超过 3 周，否则可能造成一些菌种的消失。

也可以从难降解物质存在的环境中筛选工程菌，被称为本源菌。由于生存的生境，本源菌在长期的进化过程中产生了许多灵活的代谢调控机制，并有种类很多的诱导酶（有些可占细胞蛋白质含量的10%），更适应生境，往往会取得好的效果。

（2）工程菌的分离

从生长或生存着很多微生物的环境中，将要研究的某一微生物分离出来，此过程被称为"分离"。把通过一个细胞分裂得到后代的过程在微生物学中被称为纯化培养。微生物的分离与纯化具有很过方法，常用的是平板稀释分离法（包括混均法和涂布法）与平板划线分离法。另外，也有单细胞挑取分离与培养条件控制法等，其中培养条件控制法包括好氧与厌氧培养分离、选择培养基法以及pH值、温度等控制分离法。

土壤中存在的各种微生物，都有自己的代谢方式，对外界环境的变化会做出不同的反应。根据微生物的这一基本性质，提供一种只适于某一特定微生物生长的特定环境，那么相应的微生物将因此而获得适宜的条件而大量繁殖，而其他种类的微生物由于不适应被淘汰。这样，就有可能较容易地从土壤中分离出特定的微生物，这种培养方法，称为富集培养。当土壤中所要筛选微生物量小时，在进行分离之前可以先进行富集培养。

分离过程如下：首先，将采集的样品（土壤、水样或生物膜） 10mL（或10g）接入已灭菌，装有玻璃珠和90mL无菌水的三角瓶中，使细胞呈单细胞状态分散在水中；然后进行倍比稀释，将样品稀释至不同的稀释度。具体的稀释倍数根据样品情况而定，以此来得到更多的单一菌落，之后采用混菌法或涂布法进行培养获得单一的菌落（见图11.2）。

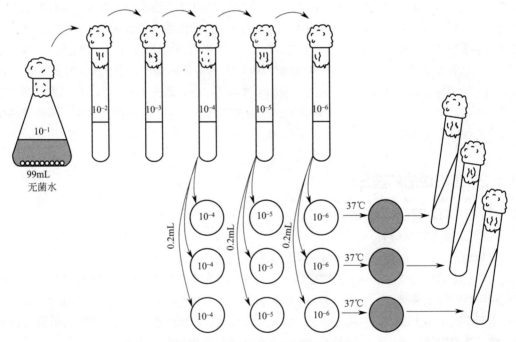

图11.2 从样品中分离细菌的过程

涂布法的具体操作为：将融化好并冷却至45～50℃的培养基，注入灭菌的培养皿中（注入量约18～20mL至直径为90 mm的培养皿中）；待培养基凝固后，放到60～70℃烘箱内并将培养皿倒置，干燥15～20min，以此除去培养基表面的凝结水（为防止菌落扩展，以得到单个菌落）；用1mL无菌的吸管，滴入0.05mL（1滴）稀释液在平板中央，随后用无菌玻璃刮刀，将接种物均匀涂布开。通常，同一个样品取连续的3个稀释度，并且每个稀释度做3组重复。接种时，可由高稀释度到低稀释度进行连续操作。涂布时，用一把刮刀，操作方法与上述一致。操作完毕后，将培养皿倒置后放入恒温箱适宜温度中培养。

混菌法的具体操作为：用无菌吸管吸取稀释液 1mL，加至灭过菌的空培养皿中。一般而言，同一样品取连续的 3 个稀释度，并且每个稀释度做 3 组重复。待样品均加入培养皿后，分别注入已融化且冷却至 45～50℃的培养基中。立即轻轻摇转培养皿，致使样品与培养基充分混合。等待培养基凝固后，将培养皿倒置放进恒温箱中培养。

培养温度和时间因微生物种类的不同而异，一般细菌 30～32℃培养 2～3d；真菌与放线菌 28℃培养 5～7d，可见到明显的菌落。记录下菌落的特征及数量，已确定优势菌群。

从固体平板上分离出来菌株，尽管是从单个菌落挑取的，但平板上的单个菌落不一定是由单个细胞的后代所形成。因此，仍不能认为它们是纯培养，必须进一步进行分离纯化。

（3）工程菌的纯化

平板分离得到的菌落，通过菌落形态特征的观察，找出不同形态的菌落，用接种环挑单菌落，接种至斜面培养基上进行培养。整个过程都需要无菌操作。

在挑取单菌落时需注意，确定适当的培养条件和时间；选择单独的菌落；在接种时应在菌落边缘，挑取少量菌苔移入斜面；注意尽量不要带入原来的基质。

将斜面培养的菌落进一步纯化，方法有稀释平板法和平板划线法，其后者应用最为普遍，如图 11.3 所示。

平板划线法的具体操作：从斜面培养基上挑取少量菌，在事先制好的平板上划线。划线时，从边缘开始向着中心，由密至疏快速划线。第一组线条大约占平板的 1/5；随后接着第一组线条划出第二组线条，两组线条约成 120°角；第三组又由第二组线条划出，两组线条约成 120°角；经过培养后，在线条稀疏的地方会出现单菌落。将单菌落转接至斜面上，反复几次后，当平板上仍未出现异样菌落时便可认为得到纯菌种，用斜面培养基保存并作为菌种鉴定或其他试验研究的材料。

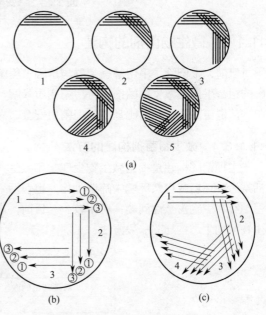

图 11.3 平板划线法示意

11.1.2.2　诱变育种方法

为了促使微生物细胞遗传物质结构的改变，获取优良性状的菌种，主要采取 3 种基本的遗传学途径，即突变、基因重组及采用 DNA 重组技术的基因工程。

诱变育种是基于基因突变的菌种改良方法。理论基础是 DNA 结构的改变，其中包括染色体基因突变和染色体外基因突变，前者是指染色体结构的改变和染色体数目的改变；后者是指质粒等染色体外遗传因子的变化。诱变育种主要是通过物理诱变剂与化学诱变剂处理微生物群体细胞，通过合理的筛选程序与方法，从中挑选出遗传物质分子结构发生改变的少数细胞。常利用生化突变型、形态突变型、条件致死突变型与致死突变型进行的初筛来获得优良性状的突变株。诱变育种方法简单、容易掌握，仍是目前行之有效的重要育种手段。

诱变育种的具体操作环节很多，且常因工作目的、育种对象等有所差异，但其中最基本的环节却是相同的。以选育在生产实践中最重要的高产突变株为例加以说明，见图11.4。

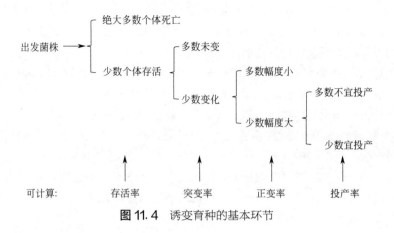

图 11.4 诱变育种的基本环节

11.1.3 微生物菌剂的构建

目前，人们除了采用单一菌群与基因工程菌进行污染物质的降解，也采用复合菌群和工程菌的组合来构建微生物菌剂进行污染物质降解。在实际应用过程中发现，构建的工程菌群相比单一菌群更高效，同时比基因工程菌更安全，为工程菌群的构建提供了新的思路。

11.1.3.1 微生物菌剂构建的方法

工程菌的构建是根据微生物生理学和微生物生态学的理论与方法，高效降解菌的来源，包括从污染环境或自然环境中筛选驯化，也包括采用生物技术获得的转基因工程菌。由于基因工程菌存在生物安全性问题，应用较少。目前，常采用的微生物菌剂获得方法为前一种途径，微生物菌剂生态构建的一般方法，见图11.5。

图 11.5 微生物菌剂构建的一般方法

组建高效工程菌是结合微生物法和微生物生态法的相关特点，通过一系列工作获得适应目标生境的工程菌，并为其创造最适生存条件，最终达到高效且稳定去除目标污染物质的目的。

11.1.3.2 微生物菌剂构建的原则

微生物菌剂针对性很强，以目标浮游物高效降解为前提，并结合处理工艺和水体条件进行，没有普适性的产品。在制备微生物菌剂时应遵循以下原则。

（1）底物选择性原则

污水中有糖类、脂类和蛋白类等大分子物质，以及其他有机物，也含有氮、磷等营养元素。在构建微生物菌剂时，需要通过多种手段，分析污水中污染物的种类和相对含量，按比例将工程菌组合，进行菌剂的制备。

（2）协同代谢原则

污水水体中常含有难降解有机物，若不能有效去除，会带来水生生态安全问题。单一菌群很难对其降解，这就需要利用混合菌群反复驯化，通过协同代谢作用进行降解。

（3）生态位分离原则

处于相同环境中的工程菌，若彼此之间的生态位分离，形成了互生关系，则会产生协同作用，各自降解污染物，否则就会产生竞争，使处理效率降低。

（4）自适应驯化原则

将不同来源的工程菌进行混合培养，并利用所处理污水进行反复驯化，就可以通过代谢调控适应目标污染物的生态环境，发挥微生物菌剂的作用。

11.1.3.3 微生物菌剂构建的策略

微生物菌剂在构建时考虑的因素较多，有生态幅、生态位、生境、生物因子、共代谢、共氧化、内平衡与反馈调节以及工程菌系统的稳定性等问题。

构建低温工程菌能够有效提高污染物在低温下的降解效率，为解决寒冷地区污水处理厂稳定运行提供了技术支撑。根据污水处理厂的运行状况，投加微生物菌剂进行污泥改性以及优化运行条件，可以实现污水处理厂的节能降耗。环境微生物，尤其是细菌中相关污染物降解基因、降解途径等污染物降解机制的阐明，均为构建具有高效降解能力的污染物降解工程菌提供了可能性。采用微生物培养物与非培养物相结合的手段和方法，通过对污染物生物降解机制，以及阻碍污染物降解的相关因素进行分析，提出微生物菌剂构建的策略。

（1）菌源重组策略

特征污染物在降解菌的酶催化作用下，可以逐步从复杂的大分子化合物降解为简单的无机小分子化合物。某些难降解有机污染物，特别是人工合成的化合物需要不同降解菌之间的协同代谢或者经共代谢等复杂机制才最终得以降解，这降低了污染物的降解效率。由于污染物的代谢产物在不同降解菌之间的跨膜转运为耗能过程，所以对细菌而言这是一种不经济的营养方式。另外，某些污染物的中间代谢产物可能对代谢活性有抑制作用或具有毒性，如不能被迅速的代谢利用，积累后会对整个代谢过程产生抑制作用。由于不同来源、种属的细菌能够降解的污染物种类、方式及降解活性都存在着显著的差异，因此需对这些细菌进行生态重组，即将分属于不同生境的工程菌株组合、构建具有特殊降解功能的超级降解菌群。该菌群可以极大地扩展细菌降解污染物的范围，同时增强细菌对难降解污染物的降解能力，以此有效地提高工程菌的生物降解效率。

（2）生态位分离策略

根据 EM（effective microorganisms）原理，当不同的工程菌共存于同一环境时，若相互之间发生了生态位分离，形成了互生关系，就可产生协同作用，能够相互提供营养以及其他的生活条件，双方相互受益、互为有利，促进彼此的生长繁殖，由此可互生有效微工程菌群。

（3）自适应构建策略

污染物的降解过程中，微生物降解酶的活性由于抑制性中间代谢产物的生成或中间产物进入截止式代谢产物途径（end product pathways）而受到抑制，使得污染物降解效率低或降解不彻底。因此，将细菌对污染物的中间代谢产物的流向进行改进，使抑制性中间产物尽快转化或不生成，进而提高污染物降解效率。污染物降解的速度还与微生物细胞对污染物的摄取速率有关。提高污染物的摄取速度可以提高污染物的降解速度。另外，在生物处理中污染物降解菌要充分发挥降解性能就需要提高其对水中毒物的抵抗能力。如许多芳香烃类化合物在进入降解细菌内部时需要依靠细胞膜上的透性酶载体蛋白，该类酶蛋白不仅对不同的底物具有特异性，而且对化合物分子的空间构象也有选择性。由于许多芳香烃类污染物具有高度的疏水性而在细菌细胞膜的脂质层容易积累，并对细菌产生毒性。因此，可以通过将不同菌源、不同代谢途径的同一类污染物降解菌进行混合培养，经反复驯化，可以通过相互影响的自适应机制来提高其在高浓度芳香烃类污染环境中的耐受能力，并提高其降解能力。

综上所述，污染物的生物可利用性多数情况下由生物降解的可行性及降解效率决定，同时，微生物菌剂构建的策略可简单地概括为筛选、重组与自适应3个阶段。

11.1.4　微生物菌剂的投加方式

目前采用的微生物菌剂添加技术一般通过投加构建完成后的具有有效降解污染物活性的微生物菌群，优化现有处理系统中的营养供给，用添加底物的类似物的方式刺激微生物的生长或提高其活力来实现，而不同的微生物投加方式的目的均在于防止工程菌种流失。在生化系统的启动期、强化期及稳定运行等不同时期，为保证工程菌种在生化系统中的存活、生长和繁殖，应采取不同的应对措施。微生物菌剂的投加方式主要可分为液体投加、粉剂投加和载体投加3种方式。

（1）液体投加

液体菌剂的投加可以分为间歇式投加与连续投加。间歇式投加是指将工程菌直接投加到活性污泥系统中进行生物强化，操作简便且易行，但处理系统中的菌种活性和数量容易发生变化。因此可以采用多个SBR反应器对菌种同时进行驯化培养和富集，连续投加到主体工艺中，工程应用方面操作方便，但需要对富集培养物和操作方式进行选择，否则菌体易于流失或被其他微生物吞噬。

（2）粉剂投加

粉末状菌剂方便储存，直接投加粉状菌剂可操作性强，但生产工序复杂，单次消耗量大，其在水处理系统中适应性不强，不具有生物竞争性，易受到系统中原生动物的捕食。

（3）载体投加

采用载体结合法、交联法、包埋法等固定化方法，将工程菌负载在载体上，强化菌体的竞争性及抗毒性能力，同时能保持菌种的活性。与直接投加菌种相比，载体菌剂具有稳定性高等优点，能较好地克服活性污泥法的不足，在工程应用上比较可行。

11.2　微生物菌剂在泥膜共生多级 A/O 工艺的效能研究

通过向泥膜共生多级 A/O 系统中投加生物菌群（低温好氧反硝化菌群和反硝化聚磷菌

群），强化系统中好氧阶段的 TN 的去除效能与缺氧段的 TP 的去除效能，以此提高整个系统对 TN、TP 的去除效果。由于为冬季投加，水温在 10℃左右，此方式还可以强化系统低温条件下 TN 和 TP 的去除效能。

11.2.1　泥膜共生多级 A/O 工艺的生物强化

菌群的生物强化是在原先运行方式的基础上进行的。投加量为生化池生物量的 10%，先进行闷曝 2d，使菌群在载体表面挂膜，同时与系统存在的污泥有效结合。在闷曝 2d 后，观察污泥的形状，成絮凝状，可初步判定菌群已完全和污泥结合。厌氧段 SV 控制在 25%～30% 左右，控制污泥浓度在 5000mg/L 左右；缺氧段 SV 控制在 25%～30% 左右，控制污泥浓度在 5000mg/L 左右；好氧段 SV 控制在 20%～25% 左右，控制污泥浓度控制在 3000mg/L 左右。图 11.6 为微生物菌剂开发的一般过程。

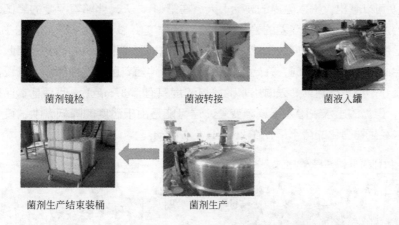

图 11.6 微生物菌剂开发流程

菌群在投加前后，泥膜共生多级 A/O 中试系统连续运行，考察对各项指标的去除效能，并与污水厂指标进行对比。

11.2.1.1　生物强化阶段 COD 进出水变化

强化前后的中试设备与污水厂对 COD 去除效果如图 11.7 所示。

由图 11.7 可以看出，进水 COD 的浓度波动很大，随着温度的降低，COD 的出水效果逐渐变差。在投加菌群强化之后，中试设备中的出水 COD 逐渐变好，并稳定在 20mg/L 左右，要明显优于污水厂的 30mg/L，这主要是由于投加的菌群针对 COD 具有很高的去除率。伴随着运行时间的增长，两套系统中 COD 的去除率均未出现明显的下降，出水也均能达到国家一级 A 出水标准。这是因为 COD 降解菌是一类有较强适应性的菌，可以在低温条件下对 COD 保持很高的去除率，而剩余的 COD 基本为微生物内源呼吸的残留物或不可生物降解的。

由图 11.8 可以看出，强化运行阶段时，中试设备和水厂对于 COD 均能够保持着较高的去除率，且设备的去除率略优于水厂。

11.2.1.2　生物强化阶段氨氮进出水变化

强化后的中试设备与污水厂对氨氮的去除效果如图 11.9 所示。

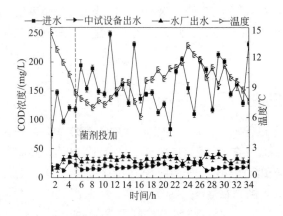

图 11.7 强化阶段 COD 进出水变化

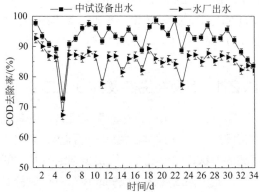

图 11.8 强化阶段 COD 去除率变化

由图 11.9 可以看出，进水氨氮的波动很大。在第 1~5 天，伴随着温度的降低，两套系统内对于氨氮的去除效果均出现变差的趋势，出水氨氮浓度由 0.50mg/L 左右变为 1.50mg/L 左右。这主要是由于硝化菌对温度较敏感，温度的降低也抑制了细菌酶的活性，因此导致了硝化作用降低。中试设备在第 5 天时，开始投加生物菌群，伴随着菌群的投加，中试设备的氨氮去除效果逐渐变好，当运行到第 9 天时出水的氨氮浓度只有 0.37mg/L，此后基本保持稳定。到达第 30 天时，氨氮的出水去除效果逐渐变差，这可能是由于温度的降低。中试设备的去除效果明显优于未经生物强化的污水厂，在 2mg/L 左右波动。

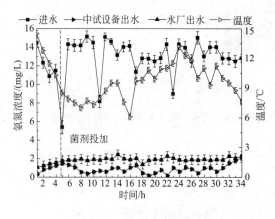

图 11.9 强化阶段氨氮进出水变化

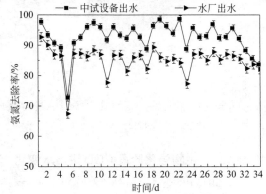

图 11.10 强化阶段氨氮去除率变化

由图 11.10 可以看出在强化运行阶段，中试设备与水厂对氨氮均保持着较高的去除率，并且设备的去除率略优于水厂。

分析原因有以下四个方面：第一，投加的好氧反硝化菌群也具有异养硝化的功能，可以在 COD 存在的条件下，将氨氮转为硝氮；第二，通过实验室的小试结果，该菌群对于温度的变化有很强的适应性，可以在低温条件下发挥硝化作用；第三，该菌群从污水厂的活性污泥中筛选获得，对污水厂的污泥具有很强的适应性，投加之后有很大一部分留存于系统中，持续发挥作用；第四，添加的聚氨酯泡沫作为载体具有很大的孔隙率与比表面积，菌群附着在载体的孔隙中不易流失，另外载体的结构也使其对外界环境的变化（如温度）具有一定程度的缓解作用。因此菌群的投加可以强化系统对氨氮的去除，增加了系统在低温下的稳定性。

11.2.1.3 生物强化阶段 TN 进出水变化

强化后的中试设备与污水厂对 TN 的去除效果如图 11.11 所示。

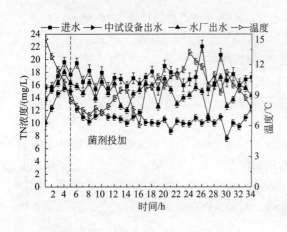

图 11.11 强化阶段 TN 进出水变化

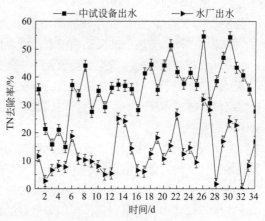

图 11.12 强化阶段 TN 去除率变化

由图 11.11 可以看出，从第 1～5 天开始，随着温度的降低，TN 的去除效果逐渐降低。中试设备从 10.10mg/L 变为 15.30mg/L。这是由于生物脱氮包含"硝化作用-反硝化作用"两个过程，两个过程均受到温度的影响。伴随着温度的降低，硝化作用受到影响，氨氮无法有效的转成硝氮，进而无法提供足够的氮源给反硝化作用进行利用，以此导致了 TN 去除效果不佳；而反硝化作用受到了温度的抑制，直接影响其转化为气态氮的过程。投加了菌群进行强化之后，从第 5 天到第 9 天中，中试设备中 TN 的去除效果逐渐变好，第 9 天时出水 TN 浓度为 10.50mg/L。表明好氧反硝化菌群的添加的确起到了强化脱氮的作用，菌群投加到活性污泥和生物膜系统中并不能马上发挥作用，而是需要一段时间的适应期，在此期间菌群通过与活性污泥的相互作用，占有一定的生态位。同时，聚氨酯泡沫多孔的结构也为菌群的附着提供了条件，水质在此阶段逐渐变好。在此之后，中试设备的 TN 出水浓度能够基本稳定在较低水平，出现轻微的波动。这表明菌群已在系统中稳定存在并占有一定的优势地位。在中试设备的强化阶段，污水厂的 TN 出水效果要明显差于中试设备，去除效果不稳定，并且波动较大，浓度显示在大部分时间里都不能达到国家一级 A 的出水标准。

由图 11.12 可以看出，污水厂的 TN 去除率较低，约为 15%，相比之下中试设备的 TN 去除率能够达到 30% 以上，说明菌群对 TN 的脱除起到了有效的促进作用。

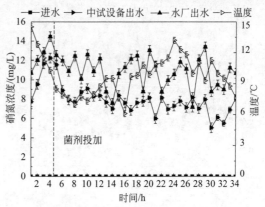

图 11.13 图强化阶段硝氮进出水变化

11.2.1.4 生物强化阶段硝氮进出水变化

强化后的中试设备和污水厂对硝氮的去除效果如图 11.13 所示。

由图 11.13 可知，菌群强化前，随着温度降低，硝氮的出水浓度呈现逐渐的升高趋势。这是因为低温抑制了反硝化菌的活性，导致硝态氮向气态氮转变的过程中受到了抑制。投加的好氧反硝化菌群能在好氧和缺氧条件下对硝氮均表现出高效的去除能力，发挥反硝化的作用，从而达到去除 TN 的目的。投加菌群之后，出水的硝氮浓度逐渐降低，这是因为菌群投加入一个新的系统中，营养条件和生存环境都发生了变化，需要一段时间的适应期。在适应期结束之后，系统中占据优势地位的反硝化菌群持续发挥作用，硝氮出水也逐渐趋于稳定。

中试设备的硝氮出水效果要明显优于未经菌群与载体强化的污水厂。污水厂的出水硝氮波动很大，这是由于水温变化的缘故。由于出水的 TN 主要是由大部分硝氮以及少部分氨氮、有机氮组成，故出水 TN 的变化趋势与硝氮出水的变化趋势一致。在连续运行阶段中没有检测到亚硝氮的存在。

本次投加的菌群中包含了反硝化聚磷菌群和好氧反硝化菌群。好氧反硝化菌群能够在好氧和缺氧条件下均对硝氮进行反硝化作用，从而起到强化系统的 TN 脱除性能。反硝化聚磷菌群可以在缺氧条件下利用硝氮作为电子受体并进行吸磷，也同时可以达到去除硝氮的目的。根据以上连续运行结果也可以看出，伴随着时间的推移，两种菌群逐渐占据主导地位，强化了系统的 TN 脱除，并稳定地存在于系统中。

11.2.1.5　生物强化阶段 TP 进出水变化

温度对生物除磷的影响是多方面的。

随着温度的降低，部分有机物不能通过水解发酵作用变成释磷菌可以利用的小分子有机物（VFAs），导致释磷菌可利用的有机物减少；另外，低温使反硝化菌的活性降低，可利用的碳源减少，供释磷菌吸收的碳源增多。因此，温度对于生物除磷效能的影响是复杂的。许多学者在研究温度对生物除磷的影响过程中，发现了不同的结果。姜体胜等发现，伴随着温度的增加，释磷与吸磷速率变化较小，以此认为温度对除磷的影响比较小。

强化后的中试设备和污水厂对 TP 的去除效果如图 11.14 所示。

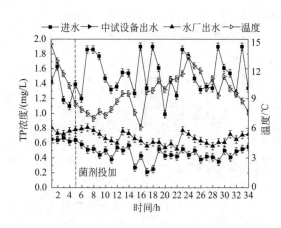
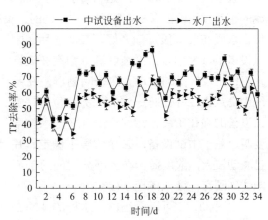

图 11.14　强化阶段 TP 进出水变化　　　　**图 11.15**　强化阶段 TP 去除率变化

由图 11.14 可以看出，进水 TP 的波动较大。随着温度的降低，中试设备与污水厂 TP 的出水变化不大。中试设备经投加菌群之后，出水的 TP 浓度逐渐降低，并基本保持稳定。在第 14 天到第 18 天期间，TP 出水出现了剧烈的下降，认为原因可能是这两天加强了排泥，其中大量的含磷污泥被排除系统，使得出水效果得到明显的改善。中试设备 TP 的出水无论是浓度还是稳定性都要明显优于污水厂。以上结果说明投加了反硝化聚磷菌群的系统，在经过一段时间的适应期后，菌群在活性污泥系统与生物膜系统中，均能够占有一定的优势地位，不仅强化了系统对于 TP 的去除，还增加了系统运行的稳定性，最终保证了系统的出水效果。

由图 11.15 可以看出，在强化运行的阶段，中试设备与水厂对于 TP 均保持着较高的去除率，并且中式设备在 TP 的去除方面呈现出明显的优势。

11.2.1.6　生物强化阶段全流程分析

投加菌群结束后，系统达到了稳定运行，对系统进行全流程的测定。其中取样点 1、12 分别为进水与出水，取样点 2~11 依次是 10 个廊道。测定结果如图 11.16 和图 11.17 所示。

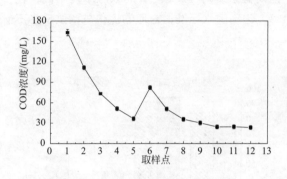

图 11.16　COD 全流程测定

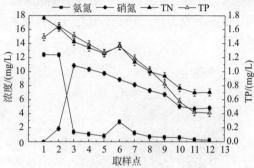

图 11.17　氨氮、硝氮、TN、TP 全流程测定

由图 11.16 可看出，当 COD 进入系统之后，第 1 条廊道到第 4 条廊道逐步降低，部分碳源被用于微生物生长，部分碳源被用于反硝化作用。由于在第 5 条廊道部位补充了部分进水，COD 出现一定的升高现象，在第 7 条廊道时 COD 已降低到与出水一致，这一现象是由于曝气条件下 COD 被微生物迅速降解的结果。此后的 COD 保持不变，分析认为此部分 COD 为微生物内源呼吸的残留物或难降解的有机物。

由图 11.17 可以看出，氨氮进入系统后，在第 2 条廊道处迅速降低，这是由于硝化液回流造成的。回流的消化液对第 2 条廊道起到了稀释作用，导致氨氮的迅速降低，另外一部分的氨氮通过硝化作用转变为了硝氮。一直到第 4 条廊道处，氨氮的浓度保持不变。由于在第 5 条廊道进水，因此第 5 条廊道氨氮的浓度出现略微升高，随后氨氮浓度逐渐降低，这是由于硝化细菌在曝气条件下将氨氮转化为了硝氮。

原水中并不存在硝氮，在第 2 条廊道处硝氮突然升高，这是硝化液和污泥回流带来的硝氮导致的，此后硝氮浓度一直呈现降低趋势。分析原因有 3 个方面：a. 在缺氧廊道中发生缺氧反硝化，硝氮转变为气态氮排出了系统；　b. 由于投加了好氧反硝化菌群，在好氧条件下也可以发生反硝化作用；c. 高效载体内可能存在着缺氧环境，也可以发生反硝化作用。

TN 的浓度变化与硝氮浓度变化成相关的趋势。这是由于生活污水中，TN 主要是由硝氮与氨氮组成的，在氨氮全部代谢之后 TN 主要是由硝氮组成。由于进水的缘故在第 5 条廊道 TN 出现轻微升高。在缺氧条件（载体内部和缺氧廊道）下，发生了缺氧反硝化作用，在好氧条件下发生了好氧反硝化作用，两种过程均可以将硝氮转变为气态氮，达到去除 TN 的目的。

第 1 条廊道 TP 出现轻微的升高，这是由于第 1 条廊道是厌氧廊道，释放了部分的 TP。此后直到第 5 条廊道 TP 才逐渐降低，这可能是添加的反硝化聚磷菌群发挥的作用，在缺氧条件下部分的 TP 得以去除。第 5 条廊道 TP 出现升高，这可能是由于在第 5 条廊道处补充了部分进水。在好氧条件下，聚磷菌以氧气作为电子受体能够氧化体内存储的 PHB 并释放能量，一部分用于微生物的生长，一部分用于过量吸磷。上述现象共同导致了 TP 的大量下降。

11.2.2 泥膜共生多级 A/O 工艺运行效能评价

由于不同运行阶段，污水厂进水各项指标的波动均较大，因此仅从出水指标的高低并不能准确地反映出中试设备的运行效能及与污水厂相比的优势所在。因此，本节从消减量与去除率的角度，结合水质的指标对中试设备运行效能进行评价。

由图 11.18 可以看出，在设备的启动阶段，两套系统对于 COD 与 NH₃-N 均保持了较高的去除率，并且水厂的去除率略高于中试设备。但两套系统对 TN 和 TP 的去除率均不高，在 20％和 30％左右。这说明要想进一步提高去除率，达到出水标准，合理的优化与调试是必不可少的。

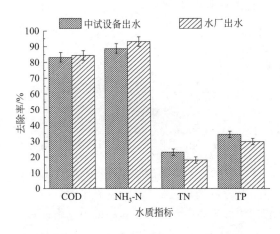 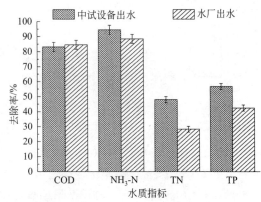

图 11.18　启动阶段各项指标去除率对比　　　　**图 11.19**　调试阶段各项指标去除率对比

由图 11.19 可以看出，在系统的调试阶段，中试设备与水厂对于 COD 都具有较高的去除率，能够达到 83％以上，考虑到水厂进水 COD 的浓度较低，出水已低至 20mg/L，已达到系统处理的极限，无法再进一步提高。由于生物载体强化了系统的硝化作用，使中试设备中 NH₃-N 的去除率相较水厂提高了 6.06％。中试设备采用了多点进水的工艺，更合理地分配了碳源，TN 的去除率也因此达到了 47.97％，平均出水在 8.9mg/L，水厂的出水 TN 虽然也在 15mg/L 以下（14.03mg/L），但这得益于进水 TN 浓度较低，而实际的去除率很低，不能满足提标改造的要求。实际的去除率相比中试设备低了 19.74％。对于 TP 的去除，因为中试设备厌氧段厌氧释磷的效果优于水厂，设备的 TP 去除率因此比水厂高 14.27％。

随着《水污染防治行动计划》的公布，国家对 TN、TP 的总量控制也提上了日程，我们关注系统的运行不仅要从出水指标合格与否来进行评价，也需要考虑污染物的消减量和减排量。在设备调试运行期间，污水厂共处理水量达 274.13 万立方米生活污水。若将此中试设备应用于实际水厂，这期间 NH₃-N、TN 及 TP 的排放量可以分别减少 0.51t、14.23t 和 0.54t，减排率能分别达到 22.30％、37.10％和 24.44％。由此可见，新工艺与新技术的调试应用，在保证出水稳定达标的基础上，对于污染物总的排放量也有有效的控制作用。

由图 11.20 可以看出，在冬季低温条件下运行时，中试设备经过生物强化后各项指标的去除率均明显优于污水处理厂。其中 COD 与 NH₃-N 的去除率可提高 8.25％和 3.71％，TN 与

TP 的去除率能分别提高 23.18% 和 20.28%。相较未经生物强化时，TN 和 TP 的去除率相比水厂同样出现了有效的提高，考虑到此时是在低温条件下运行，能够说明生物强化同时起到了耐低温的关键作用。冬季运行的这段时间内，水厂共处理 315.17 万立方米生活污水，若将此中试工艺应用于实际水厂，这一个月里 COD、NH₃-N、TN 和 TP 的排放量能够分别减少 41.46t、3.26t、12.50t 和 0.66t，减排率能够达到 41.40%、57%、26.50% 和 31.60%。以上结果说明了菌群的投加，在保证冬季运行稳定达标的前提下，能够极大地消减污染物的排放量。

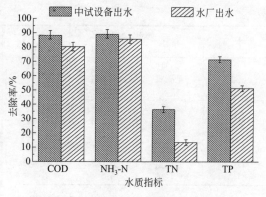

图 11.20　强化阶段各项指标去除率对比

11.3　复合菌剂对微污染水体的原位生物修复

利用贫营养异养型同步硝化反硝化菌、好氧反硝化菌和絮凝除磷菌相结合的复配方案，制成微生物复合菌剂，采用直接投加的方法，考察了生物复合菌剂在贫营养条件下对微污染水体的生物修复效果，并通过对不同菌剂投量、环境条件及水质状况对水体净化效果的影响分析，揭示了利用生物复配投菌技术净化微污染水体中氮源污染物及有机污染物的机理，得出了相关的技术参数，为今后该生物投菌技术对微污染水体进行原位修复的生物预处理组合技术的稳定运行，提供可靠、有效的基础数据。

11.3.1　脱氮菌在贫营养原水中的脱氮效果

11.3.1.1　好氧反硝化单菌在贫营养原水中的脱氮效果

为了进一步确定筛选出的菌在贫营养实际环境中的脱氮效果，将筛选出的贫营养好氧反硝化单菌在贫营养反硝化培养基中活化 2d 之后，接种到石砭峪水库的原水中，其脱氮的效果如表 11.1 所列。

表 11.1　好氧反硝化单菌在贫营养原水中的脱氮效果

菌种名称	指标	初始值 /(mg/L)	3d /(mg/L)	5d /(mg/L)	7d /(mg/L)	硝氮去除率 /%	是否选择
ZK-1	硝氮	1.89	0.65	0.45	0.24	87.30	是
	亚硝氮	0.008	0.057	0.088	0.082		
	氨氮	0.131	0.147	0.299	0.153		
WG×9	硝氮	1.81	1.23	0.65	0.36	80.11	是
	亚硝氮	0.011	0.025	0.028	0.042		
	氨氮	0.227	0.199	0.345	0.342		
F-J-709.4.3	硝氮	2.01	0.98	0.49	0.37	81.59	是
	亚硝氮	0.054	0.134	0.097	0.008		
	氨氮	0.227	0.255	0.261	0.271		

菌种名称	指标	初始值/(mg/L)	3d/(mg/L)	5d/(mg/L)	7d/(mg/L)	硝氮去除率/%	选择
F4	硝氮 亚硝氮 氨氮	1.81 0.011 0.136	0.04 0 0.208	0 0.037 0.298	0 0.034 0.271	100	是
ZK-2	硝氮 亚硝氮 氨氮	1.89 0.011 0.284	1.19 0.065 0.252	0.04 0.037 0.298	0 0.082 0.271	100	是
YF23	硝氮 亚硝氮 氨氮	2.18 0.008 0.112	1.27 0.017 0.199	1.23 0.082 0.218	1.16 0.091 0.243	46.79	否

11.3.1.2 复配菌在贫好氧反硝化培养基中的脱氮效果

由于水库生态系统的复杂性，纯培养单一菌种的微生物已无法完全再现实际脱氮情况，故经常出现纯培养与实际观测不一致的情况。实际的水库是由各种微生物组成的一个生态系统，不仅是依靠某一种菌单独起作用，而需要各种功能菌相互作用来共同完成系统的功能。为了初步模拟反应器中微生物的相互作用对脱氮的影响，实验对经过筛选出的菌进行随机复配。

结合异养硝化、好氧反硝化和絮凝的筛选结果，将异养硝化菌 ZK-1、ZK-2 和 J×26，好氧反硝化菌 F4、HF6、W7×12、FJ-NO2（7-2）、F-J-709.4.3、WG×9、FJ-NO2（7-2）和 DA15 及絮凝菌 ZK-4 为复配的单一菌种进行复配，其脱氮效果如表 11.2 所列，其在贫营养硝氮培养基中培养。

⊡ 表 11.2 复配菌在贫好氧反硝化培养基中的脱氮效果

菌种名称	指标	初始值/(mg/L)	3d/(mg/L)	5d/(mg/L)	硝氮去除率/%	是否选择
HF6+W7×12+ZK-4+FJ-NO₂(7-2)+F4	硝氮 亚硝氮 氨氮	3.38 0.002 0.199	2.92 0.071 0.227	0.78 0.483 0.222	76.92	是
F4+ZK-2+J×26+ZK-1	硝氮 亚硝氮 氨氮	3.47 0.091 0.243	0.98 0.266 0.269	0.16 0.008 0.266	95.38	是
WG×9+YF23+F-J-709.4.3+J×26	硝氮 亚硝氮 氨氮	3.58 0.025 0.113	2.72 0.105 0.268	0.49 0.414 0.240	86.31	是
ZK-1+ZK-2+ZK-4+F4+J×26	硝氮 亚硝氮 氨氮	3.42 0.048 0.298	1.19 0.555 0.225	0 0.025 0.211	100	是
F4+HF6+J×26	硝氮 亚硝氮 氨氮	4.45 0 0.112		3.78 0.071 0.213	15.06	否
F4+F-J-709.4.3+WG×9+ZK-2+DA15	硝氮 亚硝氮 氨氮	4.32 0.005 0.089		0.90 0.729 0.043	79.16	是
F4+YF23+F-J-709.4.3+WG×9	硝氮 亚硝氮 氨氮	4.12 0.002 0.073		2.26 0.065 0.102	45.14	否
F4+YF23+F-J-709.4.3+WG×9	硝氮 亚硝氮	4.41 0.017		3.61 0.017	18.14	否
F4+YF23+F-J-709.4.3+HF6	硝氮 亚硝氮	4.45 0.002		1.64 0.131	63.14	否

菌种名称	指标	初始值 /(mg/L)	3d /(mg/L)	5d /(mg/L)	硝氮去除率 /%	选择
F4＋YF23＋F-J-709.4.3＋WG×9＋DA15	硝氮	4.16		1.77	57.45	否
	亚硝氮	0.002		0.114		
F4＋YF23＋F-J-709.4.3＋HF6＋DA15	硝氮	4.12		1.77	57.03	否
	亚硝氮	0.04		0.140		
F4＋YF23＋F-J-709.4.3＋WG×9＋ZK-4	硝氮	4.41		1.40	68.25	否
	亚硝氮	0.005		0.140		
YF23＋F-J-709.4.3＋HF6＋WG×9＋ZK-4	硝氮	4.28		2.39	44.15	否
	亚硝氮	0.008		0.074		
F4＋HF6＋J×26＋ZK-4	硝氮	4.12		2.8	32.03	否
	亚硝氮	0.005		0.123		

11.3.1.3 复配菌在贫营养原水中的脱氮效果

根据上面的复配结果，为了确定贫营养复配菌在实际环境中的脱氮效果，将筛选出的贫营养单菌在贫营养硝氮培养基中活化 2d 之后，按 10％（体积比）的接种量复配接种到原水水库中，其脱氮效果如表 11.3（石砭峪水库）和表 11.4（黑河水库）所列。其中的单菌包括异养硝化菌 ZK-1、ZK-2 和 J×26，好氧反硝化菌 F4、HF6、W7×12、FJ-NO2(7-2)、F-J-709.4.3、WG×9、FJ-NO2(7-2) 和 DA15，絮凝菌 ZK-4 和聚磷菌 Y15 和 Y10。

⊡ 表 11.3　复配菌在贫营养原水的脱氮效果（石岭峪水库）

菌种名称	指标	初始值 /(mg/L)	3d /(mg/L)	5d /(mg/L)	硝氮去除率 /%	是否 选择
W7×12＋DA15＋HF6＋FJ-NO₂(7-2)	硝氮	2.10	1.03	0.16	92.38	是
	亚硝氮	0.002	0.020	0		
	氨氮	0.113	0.212	0.308		
F×4＋ZK-2＋J×26＋ZK-1	硝氮	1.73	0.65	0.2	88.43	否
	亚硝氮	0.002	0.077	0.08		
	氨氮	0.284	0.254	0.243		
ZK-1＋ZK-2＋ZK-4＋F×4＋J×26	硝氮	1.73	0.45	0.18	89.59	否
	亚硝氮	0.005	0.085	0.094		
	氨氮	0.113	0.226	0.218		
ZK-1＋W7×12＋HF6＋FJ-NO₂(7-2)	硝氮	1.77	—	0	100	否
	亚硝氮	0.005		0.002		
	氨氮	0.122		0.113		
W7×12＋DA15＋HF6＋FJ-NO₂(7-2)＋F×4	硝氮	1.97	—	0.082	95.83	是
	亚硝氮	0.014		0		
	氨氮	0.116		0.145		
F×4＋ZK-2＋J×26＋ZK-1＋FJ-NO₂(7-2)	硝氮	1.69	—	0	100	否
	亚硝氮	0.034		0.020		
	氨氮	0.189		0.195		
W7×12＋J×26＋HF6＋FJ-NO₂(7-2)	硝氮	2.26	—	0	100	否
	亚硝氮	0.014		0		
	氨氮	0.261		0.216		
W7×12＋DA15＋HF6＋FJ-NO₂(7-2)＋ ZK-1＋ZK-4	硝氮	1.77	—	0.041	97.68	是
	亚硝氮	0.037		0		
	氨氮	0.179		0.145		
W7×12＋HF6＋J×26＋F×4＋ZK-1	硝氮	1.97	—	0.041	97.91	否
	亚硝氮	0.017		0		
	氨氮	0.201		0.178		

菌种名称	指标	初始值 /(mg/L)	3d /(mg/L)	5d /(mg/L)	硝氮去除率 /%	是否 选择
W7×12＋HF6＋ZK-2＋ZK-4＋ZK-1＋FJ-NO₂(7-2)	硝氮 亚硝氮 氨氮	1.60 0.022 0.236	— 	0.28 0 0.196	82.5	否
W7×12＋DA15＋HF6＋FJ-NO₂(7-2)＋F×4＋ ZK-2＋J×26	硝氮 亚硝氮 氨氮	1.77 0.025 0.119	— 	0 0.022 0.116	100	否
HF6＋W7×12＋ZK-4＋FJ-NO₂(7-2)＋F×4＋DA15	硝氮 亚硝氮 氨氮	1.73 0.017 0.209	— 	0 0 0.143	100	否
F×4＋ZK-2＋J×26＋ZK-1＋ZK-4	硝氮 亚硝氮 氨氮	1.69 0.017 0.155	— 	0 0 0.132	100	是

⊡ 表11.4　复配菌在贫营养原水的脱氮效果（黑河水库）

菌种名称	指标	初始值 /(mg/L)	2d /(mg/L)	3d /(mg/L)	硝氮去除率 /%	是否 选择
F×4＋ZK-2＋HF6＋J×26＋ZK-4	硝氮	1.494	0.278	0.113	92.44	是
F×4＋ZK-2＋HF6＋DA15＋ZK-1＋ZK-4	硝氮	1.463	0.185	0.092	93.71	
W7×12＋DA15＋HF6＋FJ-NO₂(7-2)＋ZK-1＋ZK-4	硝氮	1.401	0.092	0.010	99.29	是
J×26＋HF6＋FJ-NO₂(7-2)＋DA15＋F×4＋ZK-1	硝氮	1.370	0.494	0.051	96.28	否
F×26＋HF6＋DA15＋F×4＋ZK-1	硝氮	1.442	0.175	0.072	95.01	否
F×4＋ZK-2＋J×26＋ZK-1＋ZK-4＋Y10	硝氮	1.350	0.082	0.051	96.22	是
F×4＋ZK-2＋DA15＋ZK-1＋ZK-4	硝氮	1.391	0.061	0.051	96.33	是
F×4＋ZK-2＋J×26＋ZK-1＋ZK-4＋Y15＋Y10	硝氮	1.329	0.113	0.010	99.25	是
DA15＋ZK-4＋FJ-NO₂(7-2)＋HF6	硝氮	1.494	0.532	0.371	75.17	否
F×4＋ZK-2＋J×26＋ZK-1＋ZK-4＋Y15	硝氮	1.339	0.144	0.123	90.81	否
DA15＋F×4＋HF6＋J×26＋FJ-NO₂(7-2)	硝氮	1.339	1.144	0.793	40.78	否
J×26＋HF6＋DA15＋F×4＋ZK-1＋ZK-4	硝氮	1.350	0.371	0.118	91.26	是
F×4＋ZK-1＋J×26＋ZK-4	硝氮	1.391	0.144	0.020	98.56	是
W7×12＋HF6＋J×26＋F×4＋ZK-1	硝氮	1.360	0.700	0.082	93.97	否
F×4＋ZK-2＋J×26＋ZK-1＋W7×12	硝氮	1.277	0.298	0.092	92.80	否
F×4＋ZK-2＋J×26＋ZK-1＋ZK-4	硝氮	1.339	0.030	0.010	99.25	是
W7×12＋J×26HF6＋FJ-NO₂(7-2)	硝氮	1.308	0.923	0.474	63.76	否
F×4＋ZK-2＋J×26＋ZK-1＋FJ-NO₂(7-2)	硝氮	1.422	0.072	0.030	97.89	是
W7×12＋J×26＋HF6＋FJ-NO₂(7-2)＋DA15＋F×4	硝氮	1.391	0.921	0.638	54.13	否
HF6＋W7×12＋ZK-4＋FJ-NO₂(7-2)＋F×4＋DA15	硝氮	1.370	0.721	0.123	91.02	否
DA15＋F×4＋HF6＋J×26＋YF23	硝氮	1.308	0.753	0.515	60.63	否
F×4＋YF23＋ZK-1＋ZK-4＋J×26	硝氮	1.319	0.381	0.113	91.43	否
F×4＋WG×9＋YF23＋ZK-1＋ZK-4＋J×26	硝氮	1.329	0.412	0.051	96.16	是
F×4＋WG×9＋ZK-1＋ZK-4＋ZK-2	硝氮	1.380	0.041	0.020	98.55	否
F×4＋WG×9＋YF23＋ZK-1＋J×26	硝氮	1.391	0.422	0.154	88.93	否

　　单一菌种在实际应用中，不能很好地适应环境条件，相比之下混合菌群对环境的适应能力要强得多。另外，多种优良菌种混合，也可利用微生物的"群体生理特征"，保证微生态的协同处理效果和相对稳定，有利于对底物的代谢，在整体上提高生物降解的效率。

11.3.2　贫营养原位生物投菌技术净化微污染原水试验结果分析

11.3.2.1　复配菌 K1 对氮源污染物去除规律及机理分析

　　原水中的总氮主要是由有机氮、硝氮、亚硝氮和氨氮组成，其中硝氮是总氮的主要组成部分，占 TN 的 90％以上。由图 11.21 可以看出，在原水中的微生物和贫营养生物菌群 K1（F×4＋ZK-2＋J×26＋ZK-1＋ZK-4）的共同作用下，K1 菌群系统对原水中 TN 有较好的处理效果，系统运行的 54d 内，装置内的 TN 从最初的 2.40mg/L 下降到 1.32mg/L。而空白对照由最初的 2.40mg/L 上升到 2.44mg/L，变化幅度不大，这可能是由以下两个原因引起的：第一，是空白对照系统在运行后期，原水中的有机物匮乏，部分菌体由于死亡分解导致 TN 浓度回升；第二，原水中微量底泥释放部分的有机质，而其中可能含有含氮化合物也可以导致 TN 浓度上升。由于 TN 的去除是由生物菌群 K1 与土著细菌共同完成的，因此，投菌系统 K1 相比空白对照系统中 TN 的降解速率显得快一些，但是在前 13d 里，无论是投菌系统 K1 还是空白对照系统，其 TN 浓度只有微量的改变，两者的 TN 去除率均没有超过 10％。其后投菌系统 K1 的 TN 浓度开始逐渐下降，直至降至 1.32mg/L，不再变化。投菌系统 K1 的 TN 最大去除率为 44.13％。

生物菌群 K1 对硝氮、亚硝氮和氨氮的去除效果如图 11.22 所示。在营养物浓度较低的条件下，微生物菌剂中贫营养高效脱氮菌种能够逐渐适应极端环境，在原水中充分发挥反硝化等作用，因此生物菌群 K1 相比空白对照系统能够表现出更好的脱氮效果。投菌系统 K1 的硝氮浓度从最初的 2.185mg/L 经过 54d 的反硝化脱氮下降到 1.163mg/L，氨氮浓度从最初的 0.1mg/L 下降到 0.25mg/L，但由于亚硝氮的不稳定性，很难在自然水体中大量存在，故只能检测出微量的亚硝氮，其 K1 投菌系统的亚硝氮变化不大。投菌系统 K1 的 NO_3^--N 最大去除率为 46.77％。运行初期硝氮浓度值有所起伏可能是由于氨氮的硝化作用和系统中反硝化综合作用所致。随着时间的延长，贫营养反硝化菌群逐渐适应环境条件，硝氮去除率不断提高。

上述结果表明，即使在贫营养环境条件下，投菌系统 K1 仍然具有较好的 TN 去除效果，但最终并没有达到国家Ⅲ类水质的标准（TN＜1.0mg/L）。有可能是该水质的初始 TN 浓度 2.40mg/L 有点高，随着 TN 逐渐降解，有机物不断地被消耗，直到系统中变成极贫营养环境，微生物很难再利用有机物，进而进入休眠期，直至衰亡殆尽。与传统厌氧反硝化脱氮过程相比，好氧脱氮过程的重要特征之一，即所需的反应时间远远大于前者，但是由于绝大部分的水源水库水力停留时间均在 60d 以上，能够充分满足贫营养条件下，好氧反硝化脱氮时间长这一反应特征。

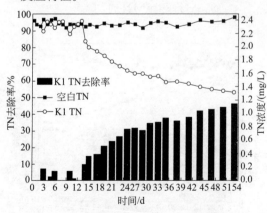

图 11.21 生物菌群 K1 对总氮的去除效果和总氮的去除率

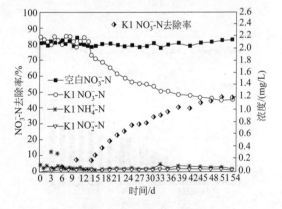

图 11.22 生物菌群 K1 对硝氮、亚硝氮和氨氮的去除效果和硝氮的去除率

11.3.2.2 不同投加量的复配菌 K*i* 对氮源污染物的去除机理分析

试验期间生物菌群 K*i*[W7×12＋FJ-NO₂（7-2）＋DA15＋HF6]在不同投加量（体积比）

下（K2 10^{-3}，K3 10^{-4}，K4 10^{-5}）对 TN 的去除效果及去除率变化情况如图 11.23～图 11.25 所示。由图可以看出，在反应阶段初期，由于水中营养物质浓度较低，菌体的适应期较长达 12d，这说明贫营养脱氮菌可以逐渐地适应自然水体的极端环境，并与自然水体中的土著脱氮菌形成一个稳定的脱氮菌群，协同作用脱氮。不同投菌量的系统中，菌群 Ki 均能利用水中氮源进行脱氮作用。在本实验结束时，投菌量为 K3 10^{-4}，脱氮效果最理想，TN 浓度从最初的 2.39mg/L 降解到 1.36mg/L，运行期间 TN 最大去除率可达 43.05%。菌剂的投量为 K2 10^{-3}，初期的脱氮效果不明显，但是试验后期表现出良好的脱氮效果，TN 的最大去除率达到 36.99%。当菌剂的投加量为 K4 10^{-5} 时，菌剂的脱氮效果较为稳定，但 TN 最大的去除率并不高，为 30.46%。

　　试验运行期间 K3 菌群系统硝氮浓度、亚硝氮浓度、氨氮浓度及去除率变化情况如图 11.26 所示。由图可以看出，菌群 K3 的硝氮浓度经过 61d 的反硝化作用从最初的 2.18mg/L 下降到最终的 1.20mg/L，其硝氮的最大去除率为 45.07%。而 K2 菌群的硝氮最大去除率为 39.97%；K4 菌群的硝氮最大去除率为 27.18%（图中未指出）。K3 菌群的氨氮浓度也从最初的 0.096mg/L 也下降到 0.03mg/L。整个实验运行过程中，只检测出微量的亚硝氮。

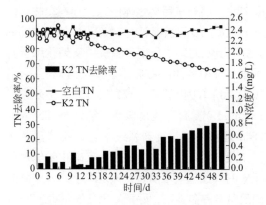

图 11.23　生物菌群 K2 对 TN 的去除效果和 TN 的去除率

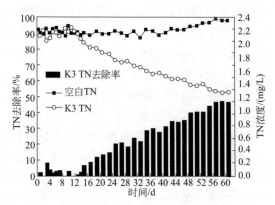

图 11.24　生物菌群 K3 对 TN 的去除效果和 TN 的去除率

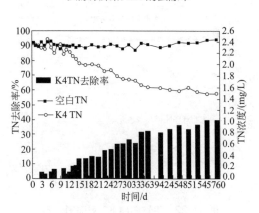

图 11.25　生物菌群 K4 对 TN 的去除效果和 TN 的去除率

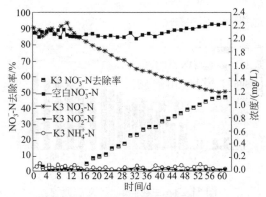

图 11.26　生物菌群 K3 对硝氮、亚硝氮和氨氮的去除效果和硝氮的去除率

　　综合上述结果可知，投菌系统 K2、K3 和 K4 由于投加了脱氮能力较强的专一性脱氮复配

菌株[W7×12+DA15+HF6+FJ-NO$_2$（7-2）]，导致系统内菌群竞争优势发生变化，并且与系统内的土著脱氮菌相互协同互补，从而提高了整个系统的脱氮效率。相反，空白对照系统因为只有自己水体中的土著脱氮菌，并没有进行统一的驯化，不能很好地适应极端的自然水体环境，故其脱氮效果并不明显，反而有可能菌体自然死亡，释放体内的含氮化合物，使得水体中总氮含量有所升高。菌剂投量为 K3 10^{-4} 时的脱氮效果最好，说明适宜的投菌量有利于反硝化过程的顺利进行，这可能是因为微生态菌剂中的高效脱氮菌群较易获得足够的碳源，并且能够和原水中的土著微生物一起形成稳定的生态位，从而把水体中的氮源污染物降低到更低的水平。伴随着接种量的增加，如菌剂量为 K2 10^{-3}，其对原水的脱氮效果反而有所降低，这可能是由于当细菌的量超过一定限度时，不同微生物相互之间产生了竞争，争夺碳源、氮源等营养物质，而微污染原水中营养物浓度又比较低，一部分细菌在竞争中会处于劣势，生长会受到抑制，从而降低细菌生长的数量，并最终降低了脱氮效率。在运行前期，菌剂投量为 K2 10^{-3} 和 K4 10^{-5} 的强化系统中脱氮效果相差不大，是由于试验初期碳源相对比较充足，其中贫营养脱氮细菌能够利用水中的碳源进行反硝化作用；伴随着运行时间的延长，系统中的碳源物质逐渐减少，其营养受到限制，此时细菌进入一种降低代谢活性的生理状态（即休眠状态），它们因此能够在不利的环境条件下存活较长时间。K2 投菌量相比 K4 投菌量具有更好的脱氮效果，是由于当投加的微生物数量很多，而又缺乏易被微生物利用的营养物质时，微生物细胞即进入内源性代谢阶段，当缺乏外来的能源物质时，细胞便利用内存的物质，但当细胞内贮存的物质缺乏时，细胞便开始死亡并分解，释放出氮源污染物及溶解性有机物，这部分物质可作为新的氮源和碳源继续被水中的细菌利用，进行生长和繁殖，因此导致试验后期脱氮效果较明显。由此可见，采用复配菌群来净化微污染原水时，应加入适量的微生物菌剂为宜。

11.3.2.3 碳源对复配微生物菌剂 M1 脱氮影响的分析

图 11.27、图 11.28 指出了生物菌群 M1（W7×12+FJ-NO$_2$（7-2）+DA15+HF6）对系统中四氮（总氮、硝氮、亚硝氮和氨氮）去除的变化规律。不难看出，M1 复配菌在前期展现出了良好的脱氮效果，适应期特别短，在不投加外来碳源的情况下，前 28d 总氮浓度从开始的 1.99mg/L 下降到 1.55mg/L，其总氮的去除率为 22.89%。对应的是，硝氮浓度从最初的 1.88mg/L 降解到 137mg/L，其硝氮的去除率为 27.94%，均比总氮的去除率高。此时投加碳源 C/N=1，而后生物菌群 M1 出现一个短暂的适应期，其总氮和硝氮开始逐渐地降低，亚硝氮有一个相对较高的积累，达 0.1mg/L，而后被反硝化，其浓度降低。在第二次额外投加碳源之前，即在第 42 天之前，系统中总氮的浓度下降到 1.29mg/L，硝氮的浓度下降到 1.17mg/L。总氮的降解率达到 38.67%；硝氮的降解率达到 38.68%。此时第二次投加碳源 C/N=1，总氮和硝氮最终分别降解到 1.065mg/L 和 0.96mg/L，其总氮的最终去除率为 47.22%；硝氮的最终去除率 49.69%。整个降解过程历时 58d，氨氮并没有太明显的变化，系统水体中的 pH 从 8.06 上升到了 8.65。综上可知，菌群 M1 通过人为向系统中添加适量的碳源，改变系统运行后期碳源不足，从而展现出了良好的脱氮能力，基本达到国家Ⅲ类水质的标准，为处理极贫营养、碳源严重不足水质，奠定了理论基础。

11.3.2.4 碳源对复配微生物菌剂 M2 脱氮影响的分析

图 11.29、图 11.30 同样也指出了生物菌群 M2（J×26+HF6+DA15+F×4+ZK-1+ZK-4）对系统中四氮（总氮、硝氮、亚硝氮和氨氮）去除的变化规律。对菌群 M2 来说，反应总氮去除效果与菌群 M1 并无太大差异，其浓度从最初的 1.996mg/L 下降到最终

的 1.019mg/L，其总氮的最大去除率为 48.96%。菌群 M2 基本没有适应期，直接开始脱氮，其原因有可能是该菌群是经驯化的土著脱氮菌，能够很快地适应该水质环境。与菌群 M1 相似，在第一次加碳源前，其系统的总氮下降到 1.492mg/L，此时总氮的降解率为 25.26%；到第二次加碳源之时，其总氮下降到 1.229mg/L，此时的总氮去除率为 38.44%。从图 11.30 可以看出，菌群 M1 整体对硝氮的还原能力不如菌群 M2，硝氮浓度从开始的 1.89mg/L 下降到最终的 0.92mg/L，其硝氮的最终去除率为 51.37%。在第一次加碳源前，其系统的硝氮下降到 1.37mg/L，此时硝氮的降解率为 27.59%；到第二次加碳源之时，其硝氮下降到 1.11mg/L，此时的总氮去除率为 41.86%。值得注意的是，试验后期硝氮浓度出现短暂的回升，之后，又开始降低，这可能是由于实验运行后期，水体中的沉淀物向水体中释放有机质，其中可能含有含氮化合物。

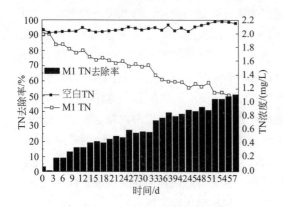

图 11.27 M1 系统菌群在不同阶段人工投加碳源对 TN 的去除效果和去除率

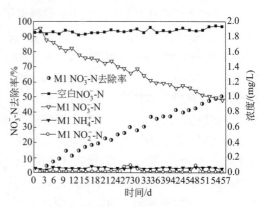

图 11.28 M1 系统菌群对硝氮、亚硝氮、氨氮的去除效果及硝氮的去除率

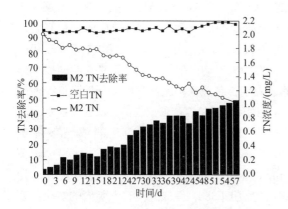

图 11.29 M2 系统菌群在不同的碳氮比的情况下对 TN 的去除效果和去除率

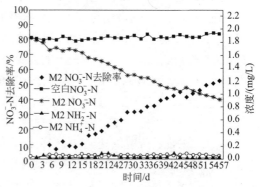

图 11.30 M2 系统菌群对硝氮、亚硝氮、氨氮的去除效果及硝氮的去除率

无论对于菌群 M1 还是对于菌群 M2，总氮去除效果都比较好。但是相比较而言，M2 菌群的去除效果最好。但是考虑到 M1 和 Ki 是一个菌群系列[W7×12＋FJ-NO2（7-2）＋DA15＋HF6]，并且 Ki 在投菌量为 10^{-4} 是效果最好，因此实际工程应用中，需通过实验确定不同的水质条件下最佳的菌群组合和最佳投量，来实现经济脱氮的效果。

11.4 微生物菌剂的工程应用

11.4.1 微生物菌剂在城市污水处理厂低温快速启动的应用

11.4.1.1 工程概况

哈尔滨太平污水处理厂为了能够在低温期顺利快速地投入商业运行，委托哈尔滨工业大学环境生物技术重点实验室及哈尔滨益生环境技术有限公司对污水厂的 A/O 池进行低温快速启动的技术研发工作，并最终投加使用。

为完成污水厂的低温快速启动任务，经多方技术论证，最终决定将生物强化技术引入本工程的 A/O 生化池启动中，即向 A/O 系统中投加已制备好的微生物制剂，实现短期内微生物的快速增殖与污染物的高效去除。

生物增强技术目前主要用于工业废水、地表水以及地下水中难降解物质的治理，但较少应用在城市污水处理中，污水厂调试中的工程应用还未见报道。

太平污水处理厂的工艺流程见图 11.31。

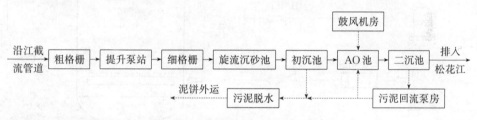

图 11.31 太平污水处理厂工艺流程

11.4.1.2 工程调试准备

(1) 生物强化制剂

1）菌种　取文昌污水厂中的二沉池污泥 5L，经分菌并与库存菌种进行转接复配，随后分别进行菌种的一级扩培、二级扩培与三级扩培，根据以往污水处理的调试经验，组成活性污泥的菌种主要有细菌、真菌、菌胶团、原生动物和后生动物等，其处理效果取决于微生物菌体的数量、组成、外部环境等，在此工程调试中采用的菌源为活性污泥和人工菌液[浓度×(10^8～10^9)]。人工菌液为转接的 14 株低温菌，分别是耐低温的 COD 降解菌和耐低温的 NH_4^+-N 降解菌，所有菌株均来自黑龙江省环境生物技术重点实验室。工程菌采用混合构建的方式，即将分别发酵得到的微生物菌剂固定在菌丝球上，再与部分活性污泥进行混合，随后投入生化池进行微生物的快速增殖。

2）发酵条件

① 试管培养：将斜面菌种分别于 10℃接一环于液体种子培养基中，培养 24h。

② 种子培养：取活化 2d 后的斜面菌种，接种在装有 40mL 种子培养基的 250mL 三角瓶内，每种菌各接一瓶，共 14 瓶，于 110r/min，10℃全温摇床摇瓶振荡培养 24h，随后分别取 40mL 种子培养液转接入装有 1L 种子培养基的 3L 三角瓶中，于 110r/min，10℃全温摇床摇瓶振荡培养 24h，将上述种子培养液共 4L 全部转接入装 100L 种子培养基的 150L 种子罐中，于 10℃条件下，通气量 6m³/h 培养 24h。

③ 发酵培养：将 100L 种子培养液转接入装有 4t 发酵培养基的 5t 发酵罐内，于 10℃，通

气量 60m³/h 培养 24h。具体菌剂生产过程见图 11.32。

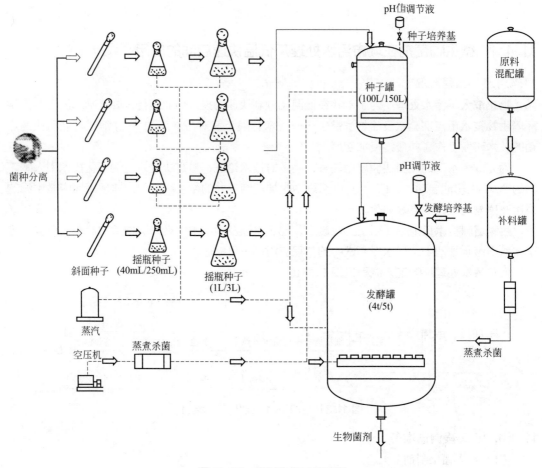

图 11.32 菌剂生产工艺流程

（2）生物质载体菌丝球的生产

菌丝球是由大量菌丝缠绕而成的球体或椭球体，尺寸分布从几百微米到几毫米，通常表现为密集菌丝缠绕形成的核心结构，外面很大的区域都被呈放射状生长的菌丝形成的环形分散或者"多毛"层所覆盖。菌丝球与传统的载体相比，在生物相容性尤其是与目标功能菌结合方面都具有较强优势。除此之外，其还具有常规载体所需要的良好沉降性以及易于固液分离等特点。

作为工程菌载体的菌丝球的生产，所需的碳源、氮源与微量元素分别为蔗糖、氯化铵、Mg^{2+} 和 Fe^{2+}，30℃，通气量 60m³/h，培养 72h，孢子接种量设定为 10^5 个/mL，传代方式采用了孢子和菌丝球碎片结合的方式。菌丝球的粉碎采用了倾斜式高速万能粉碎机。

菌丝球载体的直径取 1mm。工程菌的固定时间为 4h，将菌液和菌丝球置于同一发酵罐，固定时间为 4h。菌丝球及负载工程菌的菌丝，如图 11.33 所示。

（3）物料计算

经计算，文昌污水厂每天排放的剩余污泥远不够 A/O 池内所需污泥量，因此仅把这部分泥作为污泥培养过程 1/3 泥量，剩余泥量将通过生物强化微生物菌剂的方式实现。

经过水质分析，水中营养成分配比和投加量如下：活化菌液总计 30m³；浓缩菌液 I

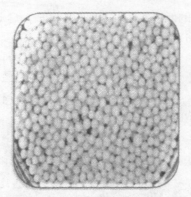 

(a)菌丝球　　　　　　　　　　　(b)负载工程菌的菌丝

图 11.33　菌丝球及负载工程菌的菌丝

$15m^3$；浓缩菌液 II $35m^3$。

（4）生物污泥的培养

由于调试期正值哈尔滨低温期，而且时间紧迫，因此采用异步接种培训法。

根据以往调试的经验，第一阶段供氧量以溶解氧在 $1\sim2mg/L$ 为宜，第二阶段供氧量应保持溶解氧在 $2\sim3mg/L$ 范围内。

（5）分析化验

化验项目、取样位置与频次见表 11.5。

⊡ 表 11.5　采样位置与频率

位置	COD	NH_4^+-N	TN	TP	SS	水温	DO	SV/SVI	MLSS/MLVSS	LAS	BOD
细格栅	2	2	1	1	2	2	2	—	—	—	1/3
初沉池	1	1	1	1	2	1	2	—	—	1	1/3
A 池	2		1	1			4	5	5	1	1/3
O 池	5	2	2	2	2	2	4	5	5	1	1/3
二沉池	2	2	1	1	2	2	2	5	5	1	1/3

注：O 池生物相测试每天至少三次，生物量每天一次，生物活性两天一次。

11.4.1.3　A/O 池调试程序

由于污水处理厂在启动时沿江截流主管道的污水没有截流进来，不仅水量波动大，而且经常出现断水情况，启动时正值低温期，水温偏低，同时管网中还有河水的渗入，因此造成进水中有机物的含量较低，直接培养法（同步法）培养具有时间长、见效慢等缺点。

接种培养虽见效快，但文昌污水处理厂每天排放出的剩余污泥量远远不能满足 A/O 池调试的需要。并且活性污泥中菌胶团的形成是影响污泥培养效果的关键原因，由于此过程一般需要数周的时间，因此时间条件受限严重。研究表明，生物增强技术通过向活性污泥中投加生物菌株可以有效地提高菌胶团形成的速度与降解污染物的能力，因此本次启动方案采用了生物增强的先异步后同步的复合培菌法，即污水不经初沉池，直接由沉砂池进入 A/O 池，并向池中投加由微生物菌剂、活化菌液与剩余污泥共同组成的生物污泥进行初期的污泥系统培养，随后通过连续进水，微量曝气的方式同步完成污泥的快速培养与驯化。

生化池的强行启动于 2005 年 9 月 25 日正式开始。投加活化菌液和微生物菌剂后，工程菌的强化作用得到了迅速发挥，克服了由于沿江截流污水的水质和水量波动大对工程调试造成的负面影响使生化池污泥在短期内（7d）即可完成对数增殖与适应性驯化，保证了生化池内污泥的活性和生化池的生物量。在水温为 13℃ 左右的低温条件下，用时 12d 成功启动了 A/O 生化池（图 11.34），具体启动流程如下（见表 11.6）。

① 污水由细格栅流经旋流沉砂池直接进入 A/O 生化池，采用间歇培养与连续培养相结合的异步培菌法进行培菌和污泥驯化，此过程中投加污泥与投菌同步进行。

② 打开 A/O 池的进水阀，将沉砂池出水引入到 A/O 池，在水位达 4m 时停止进水，并启动供氧和搅拌装置，此处的供风量为单池 $Q=375\mathrm{m^3/min}$，供风 2h 后将供风量调至 $Q=200\mathrm{m^3/min}$，控制 A/O 池风量为 $Q=200\mathrm{m^3/min}$，维持 DO=2mg/L。

③ 通水的同时向 A/O 池投加湿污泥量为 130m³，活化液 6m³，菌剂 I 5m³，连续投加 2d。

图 11.34 微生物菌剂投加现场

⊡ 表 11.6 太平污水厂 A/O 池启动流程

时间	A/O池注水至	湿污泥	活化菌液	微生物菌剂 I	微生物菌剂 II	搅拌	回流	二沉池	回流泵房
1d	4m	130m³	6m³	5m³	—	开	开	—	—
2d	—	130m³	5m³	5m³	—	开	开	—	—
3d	满	130m³	6m³	—	5m³	开	开	—	—
4d	—	130m³	6m³	—	5m³	开	开	—	—
5d	—	130m³	6m³	—	5m³	开	开	—	—
6d	连续	130m³	6m³	—	5m³	开	开	开	开
7d	连续	130m³	—	—	5m³	开	开	开	开
8d	连续	130m³	—	2m³	4m³	开	开	开	开
9d	连续	130m³	—	1.5m³	3m³	开	开	开	开
10d	连续	—	—	1m³	2m³	开	开	开	开
11d	连续	—	—	0.5m³	1m³	开	开	开	开

注：菌剂 I 的活化作用：第 1 天、第 2 天内为初期活化，即对投入的活性污泥进行活化；第 8～11 天内为后期活化，即对增殖的活性污泥进行活化，提高生物活性。

④ 曝气培养 48h 后，开启 A/O 池并投加湿污泥 130m³，活化液 6m³，菌剂 II 5m³，连续投加 2d。

⑤ A/O 池经静沉 2h 后，打开进水阀控制进水量 $Q=9000\mathrm{m^3/h}$，经 4h 后启动鼓风机进行曝气，同时将进水量调为 2000m³/h，并不断地投加湿污泥 130m³/d，菌剂 II 5m³/d，好氧池维持溶解氧 2～3mg/L，并启动二沉池及污泥回流系统。

⑥ 从第 6 天开始，A/O 池改为连续进水，第 6 天进水量 $Q=1500\mathrm{m^3/d}$，第 7 天进水量 $Q=1800\mathrm{m^3/h}$，第 8 天进水量 $Q=2200\mathrm{m^3/h}$，第 9 天进水量 $Q=2700\mathrm{m^3/h}$，第 10 天将进水量改为正常进水 $Q=3300\mathrm{m^3/h}$；第 6～10 天连续进泥量每天 130m³；菌剂 I 第 8～11 天每天的投加量分别为 2m³、1.5m³、1.0m³ 与 0.5m³，第 12 天开始停止投加；菌剂 II 在第 8～11 天每天的投加量分别为 4m³、3m³、2m³ 与 1m³，第 12 天开始停止投加；曝气量自第 8～10 天分别为 200m³/min、200m³/min 与 375m³/min，之后供气量保持稳定，使 DO 维持在 2～2.5mg/L 范围内，菌剂 III 的增殖作用发生在第 3～8 天，对生化池内活性污泥进行快速增殖，增加了生化池的生物量。

⑦ 到第 12 天时 A/O 池启动完毕，MLSS 增长至 2000mg/L 以上，此时的活性污泥具有良好的絮凝沉淀性能，活性污泥内含有大量的菌胶团与纤毛虫原生动物，如种虫、豆形虫、前口

虫微生物数量达 1500～2300 个/L，可以满足污水净化所需要求。

11.4.1.4 活性污泥生物相观察

通过生物显微镜的观察，活性污泥主要由三类原生动物组成：一是肉足类，如简便虫属、变形虫属、表壳虫属与鳞壳虫属等；二是鞭毛类，其中植物性鞭毛虫如滴虫和眼虫属等，动物性鞭毛虫如波豆虫属与尾波虫属等；三是纤毛类，如游泳形纤毛虫的草履虫属、漫游虫属、肾斜管虫属、形虫属，固着型的累枝虫属、钟虫属、盖虫属、盾纤虫属、聚缩虫属和壳吸虫属等。 通过观察原生动物的数量、种类组成、生长和变化状况，活性污泥中的细菌具有生命力强、增殖很快、生长旺盛等特点。 活性污泥中有大量累枝虫、钟虫、壳吸管虫等纤毛类原生动物（见图 11.35 和图 11.36），可以保证出水澄清，处理效果好。

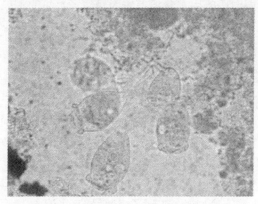

图 11. 35　活性污泥中的钟虫

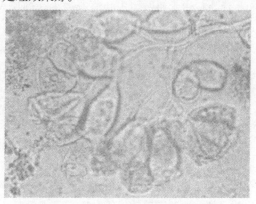

图 11. 36　活性污泥中的累枝虫

11.4.1.5 启动过程中出现的问题及对策

(1)低温

本次活性污泥的培养驯化过程中，进水水温低是影响活性污泥培养驯化效果与周期的主要问题，根据微生物学原理可知，温度在 13℃以上可以保证微生物活性正常，而低于 13℃微生物活性开始下降，低于 10℃时活性下降明显，低于 4℃时微生物的生理活性极低。 因此温度低对活性污泥产生很大的影响，有机物和其他污染物的降解率开始降低，其中对硝化反应影响最为突出。

为解决低水温对污水处理带来的不利影响，采取的主要应对措施如下：

① 工程调试时的气温已低于 10℃，水温也低于 13℃，直接培养菌必会造成启动缓慢，影响工程的验收。 为克服低温对生物增殖速度和活性的影响，投配了来自不同菌源的 9 株耐低温 COD 降解菌与 5 株低温硝化菌以及其他工程菌株来实现工程调试的快速启动。

② 从第 6 天开始，采用连续进水的培养驯化方式，使反应器中的水温与进水温差变小。 通过适当的控制曝气来减少不必要的热量损失。 由于气温比水温更低，曝气量越大水的热量损失也就越大。 在活性污泥培养驯化的初期，由于微生物的量少，氧的消耗量也少，若按照正常运行时的曝气量供给，就会形成过量曝气，造成能量浪费的同时，也会导致不必要的热量损失。 故应适当减少曝气量，以保证微生物正常需要量为标准即可。 活性污泥培养通过控制水中溶解氧在 1～2mg/L。 通过采用上述措施，能够有效地控制反应器中水的热量损失，并保持池中水温在 11～13℃左右。 进水第 5 天，池内便出现了絮状活性污泥，MLSS 含量已达到了 900mg/L 左右。

(2)低负荷

由于进水的 BOD 较低，本次活性污泥的培养驯化也受到营养源不足的影响。 污水 BOD

平均浓度维持在 140mg/L, 约为设计值的 1/2, 这严重地影响着活性污泥絮状形成的速度。 因此采取在培菌初期大量投加活化菌液的方法, 使初期 A/O 池的营养维持在过盛的状态, 促进了生物的快速增殖。

(3)营养比例的失调

本次污水处理厂进水中的营养比例失调严重, BOD 浓度为 140mg/L, TN 浓度为 43mg/L, TP 浓度为 5.2mg/L, 碳源不足, 氮磷含量偏高, 如果生化池投加其他碳源, 会导致一次性投料成本过高, 而活化菌液的投加恰恰可以弥补由于碳源不足导致的营养比例失调, 同时维持水中生物的生理需求。

(4)水量波动

污水厂进水量较由于截流管道未全部接入不同时段的用水量相差较大导致了水量的不稳定, 断水事件经常发生, 活化菌液的加入能够有效缓解水量波动带来的负面影响, 维持生物正常生长繁殖的需求, 保证了培菌的正常进行。

11.4.1.6 生物强化的作用机制

太平污水厂启动之后, 各项出水的水质和能耗指标均明显优于设计目标。 在太平污水厂活性污泥的培养驯化和启动调试过程中, 首次采用了活化菌液、微生物菌剂和生物污泥三者同时投加的方式, 达到了在低负荷、变水量、低温条件下, 快速富集培养菌胶团与增殖微生物数量的目的。 其中, 活化菌液有效地保证了水中微生物恶劣环境下维持生物生长所需的营养, 有效改善了进水营养失衡的情况; 微生物菌剂通过投加低温工程菌的方式达到了低温下功能微生物大量、快速增殖的目的, 从而迅速提高了生化池的生物量, 达到了培菌目的; 而生物污泥提供了菌胶团形成所需的生物增殖与附着场所。 因此通过上述 3 种物质的作用, 共同实现了活性污泥的快速增殖培养与驯化。

11.4.2 微生物菌剂处理石化废水的中试应用

11.4.2.1 工程概况

某石化公司污水处理厂采用 A/O 处理工艺, 其进水主要来自化肥厂、炼油厂、电石厂、有机合成厂、环氧乙烷厂、乙烯厂、乙二醇厂、合成树脂厂、双苯厂、丙烯腈厂、农药厂等 18 个工厂, 跨 12 个工业废水领域。 生活污水的来源主要是居民区的生活用水与商业、学校的排水。 设计日处理能力 $24 \times 10^4 m^3$, 其中化工生产废水 144000m^3/d, 含氮废水 37440m^3/d, 生活污水 58560m^3/d。

污水处理厂主要生产设施见表 11.7。

□ 表 11.7 主要生产设施

序号	名称	规格型号	数量	备注
1	初沉池	$D=45m, H=3.7m, HRT=1.9h$	3 座	辐流式沉淀池
2	调节池	$L \times B \times H = 72m \times 48m \times 5.7m$	1 座	设 20 台搅拌器
3	原有 A/O 池	$L \times B \times H = 60m \times 40m \times 7.2m$	4 座	设 5 台搅拌器
4	新建 A/O 池	$L \times B \times H = 72m \times 48m \times 7.2m$	4 座	设 6 台搅拌器
5	鼓风机 1	GM45 型, P88 200Pa, $Q=500m^3$/min	6 台	—
6	鼓风机 2	D300-43 型, P88 200Pa, $Q=300m^3$/min	2 台	—
7	原有二沉池	$D=37m, H_{有效}=1.8m, HRT=3.3h$	6 座	全桥式刮泥机
8	新建二沉池	$D=40m, H_{有效}=3.2m$	8 座	半桥式刮泥机

污水处理厂的进出水水质情况见表 11.8。进水中主要污染物为苯胺类、石油烃类、硝基

苯类、挥发酚、有机氮类等。这些污染物质多属于人工合成有机物，一方面对微生物有较强的抑制性或毒性，另一方面是由于这些物质本身结构的生物陌生性和复杂性，使得污水处理系统中现有的微生物不能在短时间内识别、诱导产生降解这类物质的代谢机制。因此，鉴于污水厂现有的出水水质波动大，冬季超标现象严重现象，需对现有 A/O 工艺进行升级改造以满足出水水质的要求。

⊡ 表 11.8　污水处理厂设计进出水水质

废水类别	BOD_5/(mg/L)	COD/(mg/L)	NH_4^+-N/(mg/L)	SS/(mg/L)	色度/倍
化工生产废水	192	512	105	150	<80
含氮废水	20	67	51	50	—
生活废水	98	177	30	70	—
生化(A/O)进水	143	365	78	115	<80
生化(A/O)出水	20	110	25	90	<80
生化(A/O)去除率/%	86	70	68	22	—
脉冲澄清清出水	15	100	25	70	<80
一级排放标准	30	100	25	100	<80

11.4.2.2　中试方案的提出

A/O 工艺升级改造提出对现有的 $A_1O_1A_2O_2$ 工艺进行了扩大规模的中试研究，在出水水质达到国家一级排放标准 (GB 8978—1996)的前提下，改进参数和运行方式，最终为工业化的技术升级与改造提供可靠的数据支持。

中试分三个阶段进行，第一阶段为启动与运行阶段（2005 年 9 月 14～23 日），由于 9 月 23～29 日各工厂停产检修；第二阶段为部分装置恢复生产阶段（2005 年 9 月 29 日至 10 月 14 日）；第三阶段为全面恢复生产阶段（ 2005 年 10 月 15 日至 11 月 11 日）。

根据小试的结果和工艺特点，构建三种工程菌群，其中菌群 C1（COD 降解菌、石油烃降解菌和产絮菌)投入 O1 池，菌群 C2（COD 降解菌、脱酚菌和产絮菌)和菌群 C3（苯系物降解菌、氨氮降解菌和脱色菌)投入 O2 池，使各构建的工程菌群能够在不同的生境中进行自适应构建。

试验中考核项目及指标见表 11.9。

⊡ 表 11.9　进水水质与出水标准

指标	进水	出水	指标	进水	出水
COD	≤80mg/L	≤100mg/L	油(oli)	≤25mg/L	10mg/L
NH_4^+-N	≤120mg/L	≤15mg/L	BOD_5	≥320mg/L	≤15mg/L
SS	≤150mg/L	70mg/L			

根据厂方的要求，进入试验系统的水量与水质指标达到要求时，试验装置的出水水质指标为：去除率 85% 以上或出水 COD 在 100mg/L 以下；出水 NH_4^+-N 维持在去除率 88% 以上或 15mg/L 以下。

11.4.2.3　中试系统的启动及运行效果

2005 年 9 月 10 日中试装置改造完成，进水水量为 $0.5m^3$/h，12 日开始投放经固定化后的工程菌与活化菌剂，进行适应性驯化（进水量为 $0.2m^3$/h)，9 月 14 日开始以 $0.35m^3$/h 的流量进水并逐渐增加进水量，9 月 18 日时进水量达到设计负荷 $0.5m^3$/h，水力有效停留时间为 17.5h。启动期间的 COD 和 NH_4^+-N 变化情况见图 11.37 和图 11.38。

由图 11.37 和图 11.38 可知，中试进水的水质极其不稳定，COD 最大值 841mg/L 比最小值 455mg/L 多 45.9%，NH_4^+-N 最大 69mg/L 比最小 16.5mg/L 大 76.1%。在此情况下，出水 COD 始终保持比较平稳的状态，表明本工艺能够耐水质冲击，体现了生物强化技术的优势。由于调试阶段部分出水水质有时高于 100mg/L，从 9 月 19 日始，出水水质已能够稳定在 100mg/L 以下。工厂从 19 日开始关停部分生产装置进行检修，9 月 24 日所有生产装置已全部停产进入检修期，此阶段进水的水质较好，出水能够完全达标。

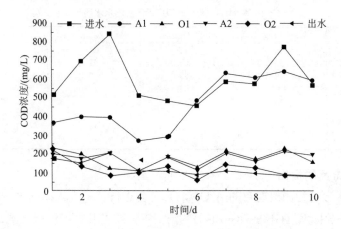

图 11.37　调试阶段 COD 变化曲线

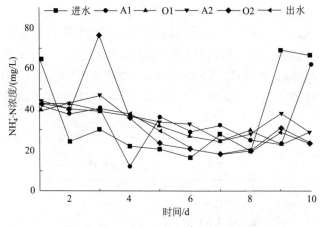

图 11.38　调试阶段 NH_4^+-N 变化曲线

11.4.2.4　恢复生产阶段运行效果

9 月 29 日～10 月 14 日是生产恢复阶段，进水再次波动较大。9 月 29 日检修完成，部分的装置恢复生产，带来了进水水质恶化的后果，该阶段装置运行情况见图 11.39 和图 11.40。

由图 11.39 和图 11.40 可知，装置进水 COD 最高达到了 872mg/L，出水 COD 基本稳定在 100mg/L 以下，装置的运行良好。其间，由于工厂检修的排水浓度较高，加上输水管道中残留的有机污染物，导致污水处理厂进水 COD 浓度高使得中试装置的出水在个别时间出现局部的波动超标现象。但投加的高效微生物工程菌能够很快适应水质负荷的冲击，并在一天内快速完成驯化，发挥高效降解的功能，使得出水水质趋于稳定。由于仍处于恢复阶段，进水的水质不稳定，A1 池出水 COD 浓度变化趋势基本与进水一致，经 A1 处理后大部分的 COD 得到去除，此时废水的水质比较稳定，增强了 O1、A2、O2 的稳定性，总体 COD 的去除率达 82%，

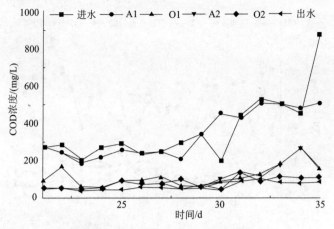

图 11. 39　恢复生产阶段 COD 曲线

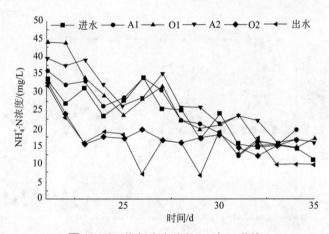

图 11. 40　恢复生产阶段 NH_4^+-N 曲线

出水 COD 的浓度均小于 100mg/L。

　　各单元中出水 NH_4^+-N 浓度与进水浓度变化保持一致趋势，表明本工艺可以在各单元内完成对 NH_4^+-N 的去除，相对于 A1 池，O1 池出水中的 NH_4^+-N 浓度略有升高，分析认为这是由于经过 A1 池厌氧处理后，大分子的含氮物质分解为 NH_4^+-N 造成的。从进出水水质对比能够看出，本工艺适于含氮浓度较低的废水处理。从 COD 和 NH_4^+-N 变化可以看出，在恢复生产阶段，即使废水水质变化大，但本工艺具有稳定速度快的显著特点。上述结果表明生物强化工艺恢复快，可以降低启动成本，在应急突发事件方面具有优势。

11. 4. 2. 5　正常生产阶段运行效果

　　工厂于 10 月 10 日恢复正常生产。自 10 月始，污水的水温已低至 10℃以下，进入低温运行期，图 11.41 和图 11.42 是正常生产阶段装置的运行效果。

　　从图 11.41 和图 11.42 可以看出，出水 COD 去除率 85％以上或在 100mg/L 以下；出水 NH_4^+-N 在去除率 88％以上或 15mg/L 以下。可见低温对出水水质几乎没有影响，验证了低温菌在低温条件下可以保持降解有机物的高效性，确定了水力停留时间可以缩短至 17.5h。

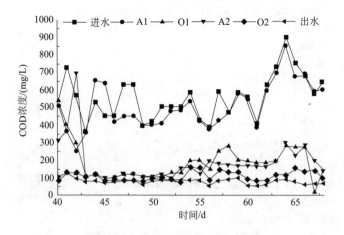

图 11.41 生产阶段 COD 曲线

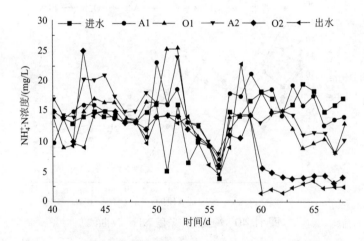

图 11.42 生产阶段 NH_4^+-N 曲线

根据以上分析可知，经生物强化后的二级 A/O 工艺较现有的 A/O 工艺具有处理效率高、耐低温、耐冲击、 NH_ϕ^+-N 降解效果好的特点，有更高的稳定性，是专门针对石化污水处理厂改造而开发出的生物强化工艺，可以完全满足该石化污水处理厂工程升级改造的需要。

11. 4. 2. 6　生物强化处理后水质组分分析

为进一步明确生物强化对污水中有机污染物的去除效果，石化污水处理厂出水与中试装置的出水经色质联机（GC-MS）分析得出，出水中的有机物种类由未进行生物强化时的 68 种减少到强化处理后的 31 种，出水中绝对石油烃含量、苯系物含量均较未强化前有了明显降低。因此，生物强化技术的效果在初步试验中得到了验证，随着研究的不断深入，出水水质在现有的基础上取得更好的效果。特别是生物质载体填料的开发，极大地改善了中试过程中生物载体的不适应性（上浮和破碎），提高了生物池单位体积的生物活性和生物量，增加了传质效率。以上结果为工程改造奠定了良好的技术基础，必将为石化企业提升市场竞争力打下良好的环保基础。

参考文献

[1] Boon N, Top E M, Verstraete W, et al.Bioagumentation as a Tool to Protect the Structure and Function of an Activated-sludge Microbial Community Against a 3-Chloroaniline Shock Load. Applied and Environmental Microbiology, 2003, 69(3): 1511-1520.

[2] 马放, 杨基先, 金文标, 等. 环境生物制剂的开发与应用.北京:化学工业出版社, 2004.

[3] 马放, 冯玉杰, 任南琪. 环境生物技术.北京:化学工业出版社, 2003.

[4] Boon N, Goris J, de Vos P et al..Bioaugmentation of Activated Sludge by an Indigenous 3-chloroaniline-degrading Comamonas testosterone strain I2gfp.Applied and Environment Microbiology, 2000, 66(7):2906-2913.

[5] 马放, 杨基先, 王爱杰, 等. 复合型微生物絮凝剂. 北京:科学出版社, 2013.

[6] Mohan V, Rao N C, Prasad K K et al.. Bioaugmentation of an Anaerobic Sequencing Batch Biofilm Reactor (AnSBBR)with Immobilized Sulphate Reducing Bacteria(SRB)for the Treatment of Sulphate Bearing Chemical Wastewater. Process Biochemistry, 2005, 40(8):2849-2857.

[7] Liu C, Huang X, Wang H. Start-up of a Membrane Bioreactor Bioaugmented with Genetically Engineered Microorganism for Enhanced Treatment of Atrazine Containing Wastewater. Desalination, 2008, 231(1-3):12-19.

[8] Ravatn R, Zehnder A J B, van der Meer J R. Low Frequency Horizontal Transfer of an Element Containing the Chlorocatechol Degradation Genes from Pseudomonas putida F1 to Indigenous Bacteria in Laboratory-scale Activated-sludge Microcosms. Applied and Environment. Microbiology, 1998, 64(6):2126-2132.

[9] Top E M, Springael D, Boon N. Catabolic Mobile Genetic Elements and Their Potential Use in Bioaugmentation of Polluted Soils and Waters. FEMS Microbiology Ecology, 2002, 42(2):199-208.

[10] 张力, 于洪峰, 程树培, 等. 跨界原生质体融合工程菌株改进合成制药废水生物处理的有效性研究. 江苏环境科技, 2004, 17(4):11-12.

[11] Bathe S, Schwarzenbeck N, Hausner M. Bioaugmentation of Activated Sludge Towards 3-chloroaniline Removal with a Mixed Bacterial Population Carrying a Degradative Plasmid. Bioresource Technology, 100(12):2902-2909.

[12] 郑金秀. 高效石油烃降解菌群的构建及其在生物修复中的强化作用研究. 武汉:武汉大学. 2005:35-44.

[13] 刘达伟, 刘济平. 复合菌种在污水处理中的应用. 广州环境科学, 2006, 21(1):13-16.

[14] 谢丹平, 尹华, 彭辉, 等. 混合菌对石油的降解. 应用与环境生物学报, 2004, 10(2):210-214.

[15] Lawrence P W, Neil C B. Environmental Biotechnology Towards Sustainability. Curr. Opin. Biotechnol, 2000, (11):229-231.

[16] Pieper D H, Reineke W. Engineering Bacteria for Bioremediation. Curr. Opin. Biotechnol, 2000, (11):262-270.

[17] Lawrence P W, Neil C B. Environmental Biotechnology Towards Sustainability. Curr. Opin. Biotechnol, 2000, (11):229-231.

[18] 刘和, 陈英旭. 环境生物修复中高效基因工程菌的构建策略. 浙江大学学报(农业与生命科学版), 2002, 28(2):208-212.

[19] Ian M head. Bioremediation:Towards a Credibletechnology. Microbiology, 1998(144):599-608.

[20] 张栋俊. 泥膜共生多级 A/O 工艺特性及脱氮除磷效能研究. 哈尔滨:哈尔滨工业大学, 2015:48.

[21] Nielsen J, Villadsen J. Bioreaction Engineering Principles. 北京:化学工业出版社, 2004.

[22] 张斯. 混合菌丝球形成机理及其净化效能研究. 哈尔滨:哈尔滨工业大学, 2008.

[23] 赵立军. 低温污水生物强化处理技术应用研究. 哈尔滨:哈尔滨工业大学, 2007:108.

[24] Zhao L J, Guo J B, Yang J X, et al. Bioaugmentation as a tool to accelerate the start-up of anoxic-oxic process in a full-scale municipal wastewater treatment plant at low temperature. International Journal of Environment & Pollution, 2009, 37(37):205-215.

[25] Braun S, Vecht-Lifshitz S E. Mycelial morphology and metabolite production [J]. Trends in Biotechnology,

1991，9(2)：63-68.

[26] 张斯．菌丝球生物载体的构建及其强化废水处理效能研究．哈尔滨：哈尔滨工业大学，2011.

[27] 郭静波，马放，赵立军，等．佳木斯东区污水处理厂SBR工艺的低温快速启动．给水排水，2007，5：13-15.

[28] 冯玉杰．现代生物技术在环境工程中的应用．北京：化学工业出版社，2004，144-145.

[29] Van H. Top E M，Verstraete W G. Bioaugment in Activated Sludge：Current Features and Future Perspective. Appl Microbiol Biotechnol，1998，50：16-23.

[30] 马放，杨基先，魏利，等．环境微生物图谱．北京：中国环境科学出版社，2010.

[31] Earl G F. The Influence of Receive Cross-Modulation on Attainable HF Radar Dynamic Range. IEEE Trans Instrum Meas，1987(36)：776-782.

[32] Jingbo Guo，Fang Ma，Chein-Chi Chang，et al. Start-up of a two-stage bioaugmented anoxic-oxic(A/O)biofilm process treating petrochemical wastewater under different DO concentrations. Bioresource Technology，2009，100(14)：3483-3488.

[33] Fang Ma，Jingbo Guo，Lijun Zhao，et al. Application of bioaugmentation to improve the activated sludge system into the contact oxidation system treating petrochemical wastewater. Bioresource Technology，2009，100(2)：597-602.

[34] Lijun Zhao，Fang Ma，Jingbo Guo，et al. Petrochemical wastewater treatment with a pilot-scale bioaugmented biological treatment system. Journal of Zhejiang University SCIENCE A，2007，8(11)：1831-1838.

[35] Lijun Zhao，Fang Ma，Jingbo Guo. Applicability of anoxic-oxic process in treating petrochemical wastewater Journal of Zhejiang University SCIENCE A，2009，10 (1)：133-141.

城市水资源与水环境
国家重点实验室开放基金项目资助

下册

城市污染水体

综合治理工程技术

王宝贞 任南琪 隋 军 主编

化学工业出版社

·北京·

内 容 简 介

本书分五篇共 20 章，分别介绍了城市污染水体治理概况，海绵城市理念与低影响开发，污染水体沿岸截流下水道系统，地下深层隧道储存 CSO 或 SSO 排水系统，城市排水规划在城市水污染治理中的作用，城市雨水防灾除污染和资源化设施，固定生物膜处理技术，氧化塘与人工湿地生态处理技术，膜生物反应器处理技术，污水再生处理技术，污水生物处理的特效菌剂制备与工程应用，有毒有害工业废水处理技术，卫生填埋渗滤液反渗透处理技术，畜禽养殖废水处理技术，污泥处理与资源化，胶州市污水渠变清水河的综合治理工程，德国埃姆歇河综合治理工程技术，城市污染湖泊综合治理及工程案例，黑臭水体应急治理工程技术，城市污染地下水的综合治理工程，内容涵盖了城市污染水体综合治理工程的基础理论、新理念、新设施、新技术以及一些成功案例。

本书具有较强的技术性和可操作性，可供市政与环境工程研究院、设计院给排水与环境工程研究和设计人员，污染河道治理工程人员，工况企业有关专业人员，环保部门管理人员参考，也可供高等学校环境工程、市政工程及相关专业师生参阅。

图书在版编目（CIP）数据

城市污染水体综合治理工程技术：上、下册/王宝贞，任南琪，隋军主编.—北京：化学工业出版社，2019.10
ISBN 978-7-122-35215-6

Ⅰ.①城⋯ Ⅱ.①王⋯②任⋯③隋⋯ Ⅲ.①城市污水处理-工程技术 Ⅳ.①X703

中国版本图书馆 CIP 数据核字（2019）第 202998 号

责任编辑：刘兴春 刘 婧 　　　　文字编辑：汲永臻
责任校对：边 涛 　　　　　　　　装帧设计：刘丽华

出版发行：化学工业出版社
　　　　　（北京市东城区青年湖南街 13 号 邮政编码 100011）
印 　装：中煤（北京）印务有限公司
787mm×1092mm 1/16 印张 89 彩插 6 字数 2284 千字
2021 年 5 月北京第 1 版第 1 次印刷

购书咨询：010-64518888
售后服务：010-64518899
网 　址：http://www.cip.com.cn
凡购买本书，如有缺损质量问题，本社销售中心负责调换。

定 　价：598.00 元

第四篇

高浓度有机废水及污泥的处理处置技术

Integrated Managemental Engineering and
Technology of Urban Polluted Waters

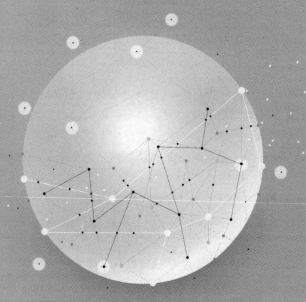

第12章

有毒有害工业废水处理技术

12.1 重金属废水处理与实例

12.1.1 废水污染现状

12.1.1.1 水体污染现状

水是宝贵的自然资源，是人类赖以生存的必要条件。人类从自然界取用了水资源，经生活和生产活动后，又向自然界排出受到污染的水。这些改变了原来的组成并丧失了其原有的使用价值而废弃外排的水称为废水。由于废水中包含各种污染物，排进自然界水体，日积月累，最终导致该水系丧失使用价值。我国是世界上水污染严重的国家之一，虽然经过多年坚持不懈的努力，全国环境质量正在局部好转，环境污染加剧的趋势也得到了基本控制，部分城市和地区的环境质量也有所改善。但是，环境形势仍然相当严峻。全国污染物排放总量还很大，污染程度仍处在相当高的水平，一些地区的环境质量仍在恶化。因此，水环境污染制约了人类社会和经济的可持续发展，严重威胁着人类的生存，迫使人们必须认真地对待。

12.1.1.2 工业废水污染现状

随着我国经济的高速发展和人民生活水平的不断提高，工业废水的排放量日益增加。根据江苏省环保厅《江苏省 2014 年环境状况公报》公布的数据显示，江苏省作为一个工业强省，2014 年的废水排放总量为 $60.12 \times 10^8 \, t$，其中，工业废水的排放量为 $20.49 \times 10^8 \, t$，占到了废水总排放量的 34.08%。废水中化学需氧量排放总量为 $1.1 \times 10^6 \, t$，其中，工业污染源排放量 $20.44 \times 10^4 \, t$，占化学需氧量总排放量的 18.58%；废水中氨氮的排放总量为 $14.25 \times 10^4 \, t$，工业排放量为 $1.37 \times 10^4 \, t$，占到了整个氨氮排放总量的 9.61%。工业废水的排放形势依然较为严峻，环境问题成为当前亟待解决的问题，也是科学发展所必须面对和解决的问题。虽然目前我国对工业废水的治理做了许多工作，但治理能力还是赶不上工业废水污染的速度。再加上治理技术水平限制，有些设计选用的处理工艺存在盲目性，许多生产环保设备的工厂技术力量薄弱，都造成已建立的工业废水处理工程效率低下，设备使用期限短，不能达到预期效果，使工业废水污染泛滥成灾，工业废水治理已刻不容缓。

12.1.1.3 重金属废水污染现状

目前，重金属废水污染已成为我国工业废水污染方面所面临的严重问题之一。重金属废水主要来源于电子电镀、采矿、化工等行业。监测结果表明，我国7个主要水系均存在重金属污染，其中海河、辽河、淮河污染最为严重。攀枝花、宜昌、南京、武汉、上海、重庆6个城市的重金属累积污染率已达到65%。2009年11月，国务院下发了《关于加强重金属污染防治工作指导意见的通知》，重金属污染成为"十一五"凸显的重大环境问题。2011年2月，国务院批准了《重金属污染综合防治"十二五"规划》，《规划》明确了重金属污染防治的目标。根据我国2015年卫生部的全国污染源普查结果，我国重金属废水中含砷、铬、汞、铅等重金属的量约为 $2.21 \times 10^4 t$，废水排放总量为 $8.69 \times 10^6 t$。因此，重金属污染防治是当前和今后环境保护的头等大事。

我国水体重金属污染问题十分突出，江河湖库底质的污染率高达80.1%。2003年黄河、淮河、松花江、辽河等十大流域的重金属超标断面的污染程度均为超V类。2004年太湖底泥中总铜、总铅、总镉含量均处于轻度污染水平，黄浦江干流表层沉积物中Cd超背景值2倍、Pb超1倍、Hg含量明显增加；苏州河中Pb全部超标、Cd为75%超标、Hg为62.5%超标。城市河流有35.11%的河段出现总汞超过地表水Ⅱ类水体标准，18.46%的河段面总镉超过Ⅲ类水体标准，25%的河段出现总铅超标。长江、珠江、黄河等河流携带入海的重金属污染物总量约为 $3.4 \times 10^4 t$，对海洋水体的污染危害巨大。全国近岸海域海水采样品中铅的超标率达62.9%，最大值超一类海水标准49.0倍；铜的超标率为25.9%，汞和镉的含量也有超标现象。大连湾60%测站沉积物的镉含量超标，锦州湾部分测站排污口邻近海域沉积物锌、镉、铅的含量超过第三类海洋沉积物质量标准。国外同样存在水体重金属污染问题，如波兰由采矿和冶炼废物导致约50%的地表水达不到水质三级标准。可见，水体重金属污染已成为全球性的环境污染问题。

其中，重金属废水污染很重要的一方面是电镀废水。20世纪90年代末至21世纪初，我国电镀废水排放量占了生活、工业综合废水的1/10（ $4.0 \times 10^9 t$ ），将近1/2达不到排放标准。由于淡水资源的极度匮乏，国家出台了《中华人民共和国清洁生产促进法》，对各电镀企业起到一定的强制约束力。自2008年8月起，我国正式实施《电镀污染物排放标准》（GB 21900—2008），意味着不仅电镀废水的污染状况得到了有效的控制，而且资源的回收利用率进一步的提高，自此为电镀行业树立起一个新的标杆。电镀行业在电子通信行业尤为突出，而我国南方城市深圳作为全国的电子电镀行业的领头地区，污染控制是该行业持续发展的保证。深圳地区电镀企业较多，分布较广，电镀废水处理设备及工艺整体较差，多数电镀废水回用设施都处于闲置状态，极容易造成当地环境污染。电镀废水成分相当复杂而且极不稳定，主要含有 Cu^{2+}、 Ni^{2+}、 Cr^{3+} 等重金属离子，还含有一定量的有机物、硫化物、氰化物等非金属污染物，pH值浮动较大。部分重金属对人体具有致癌作用，对人类健康、物种繁衍和生态平衡有严重的威胁，科学家们正尝试使用各种方式解决这一问题。

12.1.1.4 深圳重金属污染排放现状

根据深圳市第一次污染源普查结果显示，全市工业污染源42369家，工业废水年产生量 $2.07 \times 10^8 t$，排放量 $1.64 \times 10^8 t$，废水中重金属产生量277.60t，排放量3.75t。其中涉重企业主要为通信设备、计算机及其他电子设备制造业、金属制造业、电路板行业。虽然"十一五"期间深圳市重金属污染防控已取得了显著成效，废水中重金属排放量逐年降低，但因自然环境中食物链对重金属具有富集放大作用，持续累积于水体中的重金属仍然对地区环境带来巨大的生态风险。由此可见，重金属废水污染防治必须采取总量控制与浓度控制相结合的方式，这就要求进一步深化重金属废水治理相关技术的研究，努力控制重金属处理设备的出水浓度；同时通过提高工业企业的废水回用率，控制重金属废水总量的排放。因此，开发创新型的重金属废水处理技术势在必行。

根据深圳环境统计数据，从污染物来源看，深圳市六价铬、总铬的主要排放行业是金属制品业（以金属表面处理和热处理加工业为主），铅的主要排放行业是通信设备、计算机及其他电子设备制造业和铅酸蓄电池制造业，砷的主要排放行业是光电子器件及其他电子器件制造业，汞的主要排放行业是集成电路制造、半导体分立器件制造、电力电子元器件制造业；镉的产排单位中，垃圾填埋场产排量占84.2%，危险废物处置厂产排量占8.8%；从兼顾的三类重金属来看，总铜主要由印制电路板制造业、金属表面处理和热处理加工业（主要为电镀行业）排放，总镍、总锌主要由金属表面处理和热处理加工业（主要为电镀行业）排放。同时，垃圾焚烧厂和处理重金属废物的危险废物持证经营单位也是重要的重金属排放源。

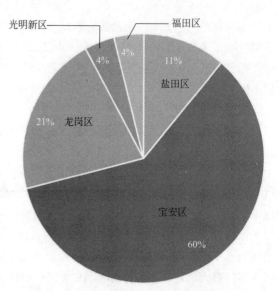

图12.1　各区前五类重金属污染物排放比例

从区域分布来看，重金属污染企业的区域分布较为集中，90%以上分布于原宝安区和龙岗区。向环境中排放的砷有73.8%来自原龙岗区，总铬有67.9%来自原宝安区、18.5%来自原龙岗区，六价铬有57.4%来自原宝安区、25.7%来自原龙岗区，铅有52.1%来自原宝安区、27.1%来自福田区。总体来看，原宝安区、原龙岗区是主要的重金属污染物产生排放区域。各区前五类重金属污染物产生排放情况如表12.1所列，排放比例如图12.1所示。

□表12.1　各区前五类重金属污染物产生排放情况　　　　　　　　　　　　　　　　单位：kg/a

重金属	砷		总铬		六价铬		铅		镉		汞	
	生产量	排放量	产生量	排放量	产生量	排放量	产生量	排放量	产生量	排放量	产生量	排放量
福田区	0	0	566.54	62.99	543.94	62.72	1486.85	132.26	0.3	0.3	6.8	6.8
罗湖区	0	0	0	0	0	0	0	0	0	0	0	0
南山区	0	0	16396.57	301.32	16396.57	301.32	110.75	71.64	0.92	0.088	0.4	0.4
盐田区	0	0	0	0	0	0	0	0	0	0	0	0
宝安区	65.86	12.55	191270.7	2112.11	161938.8	1253.17	711.21	87.2	0.64	0.63	32.95	32.92
龙岗区	804.91	81.31	63802.4	576.49	63788.66	562.17	193.19	30.06	56.33	0.19	3.71	3.71
光明新区	16.28	16.28	1959.33	55.49	399.61	3.92	167.38	167.38	0	0	0.0025	0.0025
合计	887.05	110.14	273995.5	3108.4	243067.6	2183.3	2669.38	488.54	58.19	1.208	43.8625	43.8325

12.1.1.5 重金属废水的危害

重金属废水是对生态环境危害最大的工业污废水之一。由于重金属无法在生物体内被分解，通过食物链的层层富集，最终会对人类健康产生巨大的危害。重金属破坏机体的原理是使体内蛋白质或酶失去活性从而引起疾病，尤其容易致使发育中的胎儿产生畸形。工业重金属废水中对人体危害比较大的元素有铬、镍、铅和铜等，部分重金属属于"三致"（致癌、致畸、致突变）物质，能够对生态环境产生极其严重的影响。

（1）含铜废水的危害

铜元素是人体必需的微量元素之一，对血液、神经系统和内分泌系统具有重要作用。但是即使稍微过量的铜排放到水体中也会对水中生物和人类产生潜在的威胁。当人体摄入过多的铜，血铜浓度高于 3mg/L 时，会出现恶心、呕吐、溶血性黄疸等症状，甚至出现肾功能衰竭、中枢神经抑制；皮肤接触铜烟尘可引起皮肤瘙痒和黏膜刺激；眼睛接触铜盐可引发结膜炎和眼睑水肿，严重时角膜会发生浑浊和溃疡甚至失明。另外，过量铜元素会影响植物吸收营养机能，导致枯萎；水中铜浓度高于 0.2mg/L 可致使鱼、虾和贝类死亡。

（2）含镍废水的危害

一般镍盐毒性较低，羰基镍毒性较大。羰基镍以蒸汽形式被呼吸道吸收后会出现头痛、头晕、乏力、视物模糊、咽干、胸痛等症状，严重的会引起化学性肺炎和肺水肿。在电镀行业里，工人长期接触镍盐或镍的化合物会导致皮疹甚至皮肤癌。

（3）含铬废水的危害

铬是人体必需的微量元素，在肌体的糖代谢和脂肪代谢中发挥特殊作用。单质铬对人体几乎无毒，三价铬是对人体有益的元素，但是在水中可转化成剧毒的六价铬。六价铬的毒性是三价铬的 100 倍以上。六价铬化合物可通过呼吸道、消化道、皮肤、黏膜等侵入人体，引起皮炎、皮癌、鼻炎、鼻癌和肺癌等。

（4）含铅废水的危害

金属铅及其化合物具有毒性，可导致血液病和脑病，尤其能破坏儿童的神经系统。铅可以通过呼吸道和消化道进入生物体内，在体内蓄积并可引起肝脏的变性损坏。动物并不能很容易地排出铅，在骨骼中将以不活泼的形式沉积，当沉积释放时，其剂量足以导致慢性中毒。

（5）含汞废水的危害

汞及其化合物在镀银前汞齐化时使用，由于其毒害性较强，遂逐渐被替代。高浓度的汞进入人体将引起肺和肾的功能衰竭，会出现胸闷、头痛和呼吸困难，同样对中枢神经产生较强烈的伤害，会出现神经衰弱，也会引起眼部晶状体改变，甲状腺肿大，女性会出现月经失调等症状。

（6）含酸、碱及其盐类废水的危害

酸、碱及其盐类也是电镀废水的一部分，同样对人类的生存环境有较大的影响。酸碱废水排入河流或者地下管网内，会对河流内的鱼类和水生植物造成严重的威胁，腐蚀地下管网系统，缩短其使用寿命，破坏水体的自净功能，改变土壤性质。

12.1.2 重金属废水污染防治现状及回用现状

12.1.2.1 重金属废水污染物来源

重金属废水来源非常广泛，而且废水量十分巨大，主要来源于以下几个方面：电镀、金属表面处理、无电沉积、阳极氧化处理、研磨、蚀刻等行业，其废水中通常会含有铬元素、镉元素、铜元素、镍元素、砷元素、铅元素、锌元素、钒元素、铂元素、银元素和钛元素等。另外一个废水来源途径是印刷电路板制造业，其中会用到铅、镍焊接盘。其他的重金属废水还可能来源于木材加工业的含砷废水；无机颜料制造业中的含铬和镉的废水；石油加工中产生的镍、铬和钒；摄影中用到的电影胶卷的生产中会产生大量的银和亚铁氰化物。这些行业产生的含大量重金属的废水被排放进入各种自然水体中，是一类对生态环境和公众健康危害极大的废水。随着经济发展，工业化的进程越来越快，重金属污染物的产生也越来越迅速。越来越多的废水和城市生活污水被排入自然水体中严重污染了江、河、湖泊和地下水体。而且随着国家和世界工业的发展和进步，重金属的产量也会越来越高，若是不加以控制，其对环境所造成的危害将无法估量。

（1）印制电路板

印制电路板（PCB）是电子元器件的支撑体，是电子元器件连接的提供者，广泛应用于通信、航空、汽车、军用、电力、医疗、工控、机电、电脑等各项领域。目前全球 PCB 产业产值占电子组件产业总产值的 1/4 以上，是各个电子组件细分产业中比重最大的产业。印制电路板制造技术是一项十分烦琐复杂的生产技术。由于 PCB 生产原料种类繁多且差异性大，故排放的废水成分呈现多样化。如重金属油墨废水，重金属离子与絮凝剂混合后的絮凝效果极差，常常导致出水不能达标；对于含有络合物的重金属废水，由于络合物溶度积一般小于氢氧化物沉淀，故单纯使用混凝沉淀法处理络合物将难以达标。PCB 行业用水量巨大，排放污水量大且水质不稳定。PCB 各工艺流程产生的重金属废水中一般含有 Cu^{2+}、Pb^{2+}、Ni^{2+}、Zn^{2+} 和 Sn^{2+}等重金属，且废水形式有非络合物废水、络合物废水和有机废水等，成分复杂，浓度变化大，酸碱度相对也不稳定。

印制电路板生产流程包括电镀、化学镀以及图形转移及各种蚀刻等工艺，多层刚性印制电路板的生产工艺流程如图 12.2 所示。印制电路板生产过程产生了大量含高浓度重金属及有机物的废液和废水，车间生产废水分为高浓度废液（来自各工序槽液）和低浓度废水（各工序漂洗水）；另外，印刷电路板的制造过程中产生大量废弃的泥渣、边角料和大量的含有毒有害成分的废液等固体废弃物。各类污染物产生环节如表 12.2 所列。

▫ 表 12.2　印制电路板制造工序重金属污染产生环节

来源工序	含金属原材料	污染物类型	污染物名称
基板开料	覆铜板	固体废弃物	含铜层板边料
板边倒角	切割后覆铜板	固体废弃物	含铜粉粒
钻孔	切割后覆铜板	固体废弃物	含金属碎粒粉尘
去钻孔污(高锰酸钾清洗、中和调整)	—	废水	含铜废水
孔金属化(活化处理、化学沉铜)	沉铜剂	废水	含铜废水
电镀铜(前处理、电镀)	镀铜液	废水	含铜废水
化学蚀刻及退锡	蚀刻液	废水	含铜废水
表面涂覆	化学镍溶液	废水	含镍废水
印刷网版	涤纶丝网	固体废弃物	丝网废料
外形加工	待加工印制板	固体废弃物	含金属层压板边料
废水治理	酸、碱、絮凝剂	固体废弃物	含重金属污泥

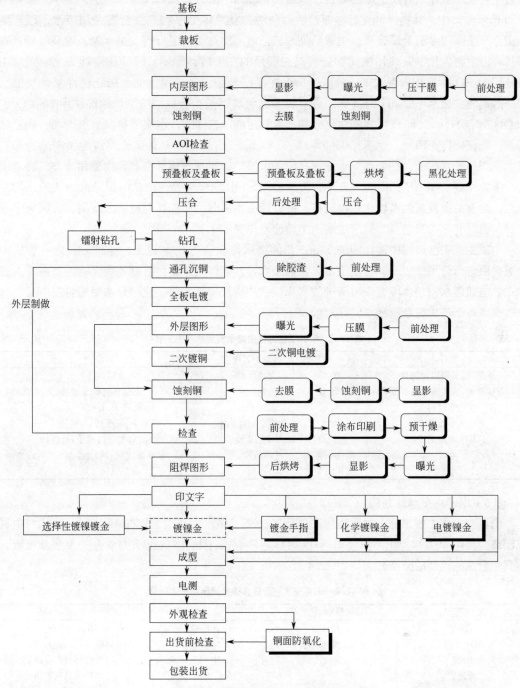

图 12.2 印制电路板生产工艺流程

（2）电镀

电镀（electroplating）就是在含有某种金属离子的电解质溶液中，将被镀工件作为阴极，通以一定波形的低压直流电，而使金属离子得到电子，不断在阴极沉积为金属的加工过程。镀件按材质分为金属（铝、锌基合金、镁合金、不锈钢、钛等）和非金属（塑料、石膏、木材、陶瓷），镀层金属有单金属（铜、镍、铬、锌、金、银等）和合金（铜锡、锌镍、铅锡等），电镀工艺包括基体前处理、涂层制备、涂层后处理三个部分，以铝件镀银为例，生产工艺如图 12.3 所示。其中，除锈、钝化、电镀、镀后清洗、发黑等工序均产生含重金属废水，废弃槽液更会产生高浓度重金属废液。电镀前处理工艺常需要对镀件进行磨、抛、滚、刷及喷砂，确保其表面平整。化学处理和电化学处理其主要目的在于镀件除锈、除油和侵蚀等。除锈常用 HCl 和 H_2SO_4，常加入缓蚀剂（硫脲、乌洛托品联苯胺、磺化煤焦油）防止镀件基体腐蚀。酸洗除锈清洗废水一般 pH 值较低，含有较多重金属离子和有机清洗剂。除油常用 Na_2CO_3、NaOH、Na_2SiO_3、Na_3PO_4 等碱性化合物，若油污难以去除时，也使用有机溶剂除油，如三氯乙烯、四氯化碳、汽油、甲苯和煤油等。 T. Yamamoto 发明了一种用于清洗金属制品表面的碱性脱脂剂的水溶液，在低温下也能提高脱脂效果。针对某些镀件含有矿物质和油类，通常加入少量乳化剂，如 AE 乳化剂、三乙醇胺油酸皂、OP 乳化剂等。由此可见除油清洗废水均为碱性，含有油类及其他有机化合物较多。前处理废水具有水质差、有机物浓度高、金属离子含量低、组分变化大等特点，其产量约占电镀废水总量的 1/2。

电镀生产工艺过程中镀件清洗水约占车间废水排放量的 80% 以上，这部分废水一般按照电镀金属进行分类排放，如含铜废水、含镍废水等。镀件清洗时会将基体表面的附着液带入废水中。电镀废水还包含电镀废镀液排放水和设备冲洗及冷却水等，这部分水量相对较小。

具体各个产生重金属废水的环节如表 12.3 所列。

▫ 表 12.3　电镀工艺流程含重金属废水产生环节

工序	污染物类型	污染物名称	主要污染物
镀铬、镀黑铬以及钝化	废水	含铬废水	六价铬、总铬
焦磷酸盐镀铜、焦磷酸盐镀铜锡合金	废水	焦铜废水	铜离子（以络合态存在）、磷酸盐、氨氮、有机物
化学镀铜	废水	含铜废水	铜离子、有机物
化学镀镍	废水	含重金属废水	镍离子、磷酸盐、有机物
其他电镀工序	废水	综合废水	酸、碱、游离重金属离子、有机物
电镀	固体废弃物	浓废液	高浓度酸、碱、重金属
废水治理	固体废弃物	污泥	高浓度重金属

（3）电子真空器件制造

电真空废水主要来源于电真空生产过程的各个工序，生产工艺如图 12.4 所示。因为电真空制造工艺中 80% 以上工序需要进行化学处理及清洗，因而排放出不同成分的废水及废液。电真空废水的主要成分及分类如表 12.4 所列。

▫ 表 12.4　电真空工艺流程含重金属废水产生环节

工序	污染物类型	污染物名称	主要污染物
屏清洗	废水	含铅氟废水	铅、F、高浓度酸
BM 车间	废水	含铅氟废水	铅、锌、F、高浓度酸
涂屏	废水	含六价铬、锌废水	六价铬、锌、有机物
荧光粉	废水	含六价铬、锌废水	六价铬、锌、有机物
药调废水	废水	含六价铬、锌废水	六价铬、锌、有机物

12.1.2.2　重金属废水污染防治现状

（1）印制电路板制造企业重金属污染防治现状

印制电路板企业生产自动化程度较高，生产、环境管理较为规范。以南方某城市调查为例，调查涉及 197 家印制电路板企业，其中自动生产线数量占生产线总数的 90% 以上；50% 的企业在图形电镀、蚀刻、清洗等主要工序有单独的用水计量装置，用电计量一般以车间为单

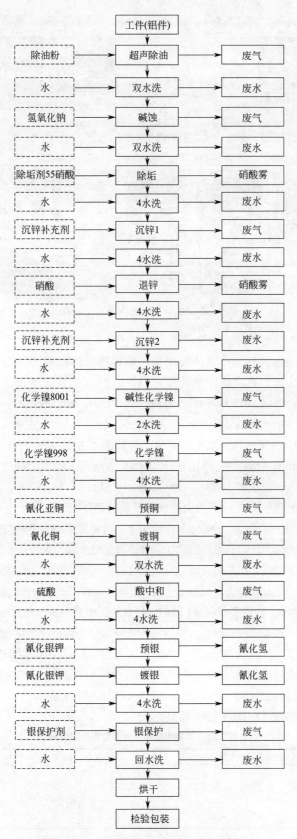

图 12.3 典型电镀工艺流程（铝件镀银）

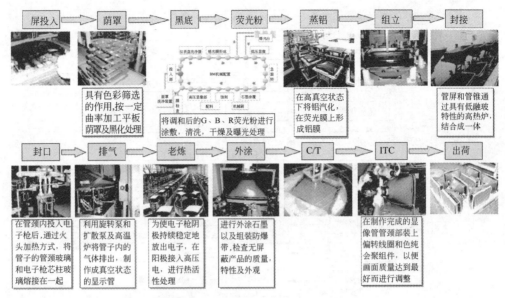

| 屏投入 | → | 荫罩 | → | 黑底 | → | 荧光粉 | | 蒸铝 | → | 组立 | → | 封接 |

具有色彩筛选的作用,按一定曲率加工平板荫罩及黑化处理

将调和后的G、B、R荧光粉进行涂敷,清洗,干燥及曝光处理

在高真空状态下将铝汽化,在荧光膜上形成铝膜

管屏和管锥通过具有低融玻特性的高热炉,结合成一体

| 封口 | → | 排气 | → | 老炼 | → | 外涂 | → | C/T | → | ITC | → | 出荷 |

在管颈内投入电子枪后,通过火头加热方式,将管子的管颈玻璃和电子枪芯柱玻璃熔接在一起

利用旋转泵和扩散泵及高温炉将管子内的气体排出,制作成真空状态的显示管

为使电子枪阴极持续稳定地放出电子,在阳极接入高压电,进行热活性处理

进行外涂石墨以及组装防爆带,检查无屏蔽产品的质量,特性及外观

在制作完成的显像管管颈部装上偏转线圈和色纯会聚组件,以便画面质量达到最好而进行调整

图 12.4　典型电真空生产工艺流程

位;电镀工艺中清洗水均为二级或三级逆流漂洗方式,无单槽清洗;90%以上的企业使用无铅合金电镀液和无铅焊锡涂层; 197 家企业单位产值耗用新水量平均为 5.32t/元,单位产值用电量平均 346.2kW·h/元。在企业环境管理方面,约 50% 的企业通过了 ISO 14001 认证,均已开展清洁生产审核。截至 2012 年年底,所调查的印制电路板企业中有 73% 已完成清洁生产审核评估或验收,其中审核后清洁生产水平达到二级或二级以上的占 7%,审核后清洁生产水平达到三级的占 56%,尚未通过清洁生产验收、现状清洁生产水平仍低于三级的占 27%,此类企业清洁生产水平低于三级的主要原因是污染物排放浓度或排放量超过了国家、地方排放标准;在清洁生产水平达到三级的企业中,单位印制电路板污染物(COD、TCu)产生量和单位印制电路板新鲜水用量是制约企业清洁生产水平评价结果的瓶颈指标。

印制电路板生产废水一般分为综合废水、络合废水、含氰废水和油墨废水四类,其中含重金属污染物的有综合废水和络合废水,综合废水包括化学镀镍清洗废水等;络合废水包括铜氨废水和化学沉铜废水。含重金属废液有酸性(高酸重金属)废液、沉铜废液等。一般企业将废液委托有资质的危险废物经营单位处理,部分企业将酸性(高酸重金属)废液经混凝沉淀后与有机废水一同处理。

取调研的某企业举例,在该企业总排口有 10.4% Cu 超出当时的排放限值 0.5mg/L,且平均排放浓度为 0.3910mg/L,为排放限值的 78.2%,污染物排放总量偏多。该企业总排口的 Ni 则全部在排放限值内,平均排放浓度为 0.0733mg/L,为排放限值的 7.3%,污染物排放总量较少。

调研涉及的印制电路板制造企业工业废水治理设施投资共计 50380 万元,设计处理能力 128531t/d。 2011 年实际工业废水处理量 $2.9535 \times 10^7 t$,排放量 $2.319 \times 10^7 t$。前五类重金属污染物产排总量和平均处理率如表 12.5 所列。

⊡ 表 12.5　印制电路板企业重金属处理情况

污染物	产生量/(kg/a)	排放量/(kg/a)	处理率/%
总铅	124.4	8.5	93.1
总汞	241.6	121.5	49.8
总铬	57439.98	29.298	99.9
六价铬	42801.9	27.2	99.9

（2）电镀企业重金属污染防治现状

现阶段，电镀企业中自动线数量占生产线总数的不足 1/2，生产自动化程度较低；一方面由于企业规模小，经济实力不足，另一方面由于很多企业电镀产品类型繁多，工艺参数复杂多变，不适宜采用标准化、规模化的自动生产线。环境管理方面，40％的企业通过了 ISO 14001认证，有 1/3 的企业未通过任何环境管理体系、质量管理体系或职业健康安全体系认证。涉及调查的企业均已开展清洁生产审核，其中 1/2 以上的企业已通过清洁生产审核评估或验收，绝大多数通过清洁生产审核验收的企业清洁生产水平仅达到三级，其他企业未通过清洁生产验收的主要原因是出现污染物排放浓度或排放量超标的现象。

取调研的某企业举例，该企业总排口有 15％Cu 超出当时的排放限值 0.5mg/L，且平均排放浓度为 0.449mg/L，为排放限值的 90％，污染物排放总量偏多。在该企业总排口约有超过 10.4％的 TCr 超出当时的排放限值 1.5mg/L，且平均排放浓度为 1.117mg/L，为排放限值的 74.5％，污染物排放总量偏多。总排口的 Ni 则全部在排放限值内，平均排放浓度为 0.388mg/L，近排放限值的 40％，污染物排放总量略多。

调研涉及的电镀行业工业废水治理设施投资共计 28993 万元，设计处理能力 71897t/d；2011 年实际工业废水处理量 1.1901×10^7 t，排放量 1.1274×10^7 t，行业平均水回用率 5.3％；产生和排放的重金属污染物主要是铬，其中六价铬产生量 213619.3kg，排放量 167.8kg，平均处理率 99.9％，总铬产生量 229372.9kg，排放量 213618kg，平均处理率 99.9％。

（3）电真空器件制造业污染防治现状

电真空企业生产自动化程度较高，企业规模较大，一般都采用标准化、规模化的自动生产线。环境管理方面，且都通过了 ISO 14001 认证，均已开展清洁生产审核。

电真空废水的常规处理工艺通常采用二级混凝沉淀法，即对一级混凝沉淀后的出水再次进行混凝沉淀处理，其处理工艺流程如图 12.5 所示；也有受场地限制采用二段絮凝一级沉淀处理工艺的。目前常规的电真空废水处理工艺在加大投药量及人工监控调整力度的基础上，可基本保证排放废水污染物浓度达标。但是该类企业的耗水量多，因而废水产生量大，即使重金属排放浓度在排放限值的 50％以下，但排放总量仍偏高。

对典型电真空企业处理设施排放口及总排口重金属逐时取样检测，结果发现企业含铅（FD）系列废水处理设施排放口的 Pb 虽然都低于排放限值 1.0mg/L，但平均排放浓度为 0.636mg/L，达排放限值的 63.6％，且排水量大，因而污染物排放总量偏多。企业总排放口的 TCr 虽然都低于排放限值 1.5mg/L，平均排放浓度为 0.315mg/L，仅为排放限值的 21％，但因排水量大，污染物排放总量还偏多。企业总排放口的 Zn 都低于排放限值 2.0mg/L，平均排放浓度为 0.554mg/L，仅为排放限值的 27.7％，但因排水量大，污染物排放总量依然偏多。

在常规电真空废水处理工艺中，主要存在以下几方面的问题。

① 污泥松散、极易漂浮，各级沉淀池出水悬浮物含量高，含于污泥中的各污染物随污泥上浮而重新进入水中。因其水质波动幅度大，只能根据烧杯试验及现场沉降效果将絮凝剂的投加量设定为某一较高定值。这样势必导致污泥松散，污泥含水率高，各级沉淀出水都有大量的悬浮物，虽然各系列终端处理中大都加了砂滤系统，但众多微细的污染物依旧越过砂滤，且因耗电量大一般都走旁通系统，因此废水中的各类污染物仍随悬浮物存在于水中。

② 污泥量大。该工艺采用的传统的絮凝剂铁（Ⅲ）盐或铝（Ⅲ）盐，无论从其水溶液化学作用还是从其絮凝作用来讲，二者都具有水解、聚合、吸附脱稳、卷扫絮凝等特性。但其共同的缺点是产生的絮体较脆弱，在水体中受到扰动时容易破碎，并且沉降速度较小，例如采用

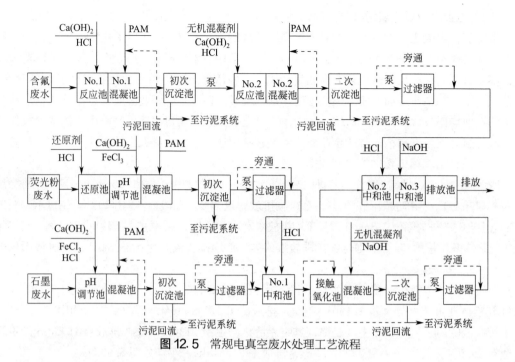

图 12.5 常规电真空废水处理工艺流程

硫酸铝时，在快速絮凝沉淀装置中，絮体的沉降速度仅有 2.4～3.6m/h，其更大的缺点是产生的污泥难于进行浓缩和脱水，污泥量大。

③ 二级混凝沉淀工艺，配套构筑物及设备、仪表数量多，不仅占地面积大，而且基础设施投资费用高、耗电量也很大，且每年备品备件的耗材费也很高。所以，即便是走旁通系统，废水处理的运行成本也高达 4.85 元/m³（FD 系列为 6.38 元/m³）。

④ 电真空生产规模不断扩大，污染物排放总量随之增大，难以将排污总量控制在限值内；且受场地的限制，为了满足扩大再生产的需求，必须提高现有废水处理设施的运行功效。

12.1.2.3 重金属废水回用现状

根据 2010～2012 三年的环境统计数据，对深圳的电子电镀行业重金属废水的回用现状进行统计分析，其结果如表 12.6 所列。可以看出，深圳电子电镀企业中，无废水回用的企业在 70% 以上，2011 年曾一度达到 80% 以上，这表明建设初期设置的废水回用设施多处于搁置状态。即使有废水回用的企业，废水回收效率也很低下，基本都无法达到初期规划的回收率 60% 以上的预期值，只有 10% 左右的企业才能达到后期政府降标准后的修订值 30% 的废水回收率。废水资源化形势极其严峻。

⊡ **表 12.6 深圳电子电镀行业重金属废水回用现状统计表**

年份	统计企业数	无废水回用的企业占比/%	处理废水总量/m³	回用水总量/m³	废水回用率范围/%	平均回用水率/%
2010	587	76.49	31917662	6671557	0.13～57.29	20.90
2011	636	80.50	41435718	6971331	0.77～53.49	16.82
2012	637	70.96	44826534	10117651	0.13～59.77	22.57

从上面数据分析可以看出几点。

① 传统工艺处理重金属废水，一直存在排污总量及运行成本高的问题。电子、电镀行业

典型重金属废水处理工艺通常采用二级混凝沉淀处理工艺，因原水水质波动幅度大，其混凝沉淀净化效果一直处于不稳定状态，始终存在废水排污总量高（只基本满足浓度达标排放），含重金属污泥量多及废水处理成本高的问题。

② 废水回用设施效能低无法正常运行。电子、电镀行业现行通用的回用水工艺主要以砂滤-活性炭过滤-微滤-超滤-反渗透多级膜回用水工艺为主，实际运行中绝大多数企业都无法达到 60％ 的预期目标，只在运行初期能达到预期目标，运行一段时间后因膜通量及产水率急速下降而停用搁置，只有 10％ 左右的企业勉强达到回用率 30％ 以上的修订目标。

③ 亟待开发创新型的重金属废水处理协同回用技术。经传统工艺处理后达标排放的重金属工业废水还无法满足该回用水工艺的进水要求，导致该回用水设施污染负荷过载，净水效能在短时间内急速下降，无法正常运行。开发新型高效混凝-多元膜协同集成工艺技术，大幅度削减重金属废水排放量、污染物排放量及污泥排放量，这是重金属废水减排及回用工艺亟待解决的问题。因此，开发创新型的重金属废水处理-回用技术势在必行。

12.1.3　重金属废水的处理

12.1.3.1　重金属废水处理方法概述

重金属废水处理方法概述如表 12.7 所列。

⊡ 表 12.7　重金属废水处理方法分类

方法			概述
常规处理方法	化学沉淀法	氢氧化物沉淀法	在重金属废水中投加碱性沉淀剂，使废水中的重金属生成不溶于水的氢氧化物沉淀，继而分离去除
		硫化物沉淀法	通过投加硫化物沉淀剂使废水中的重金属离子生成硫化物沉淀而分离去除
		还原-沉淀法	这种方法的原理是，用还原剂将重金属废水中的重金属离子还原为金属单质或者价态较低的金属离子，先将金属过滤收集，然后再往处理液中加入石灰乳，使得还原态的重金属离子以氢氧化物的形式沉淀收集。铜和汞的回收可利用这种方法。该法也常用于含铬废水的处理
	离子交换法		离子交换法是利用交换剂自身所带的能自由移动的离子与废水中待处理离子交换，从而使废水净化的方法
	电解法		电解法处理电镀废水时，在电场的作用下，溶液中的正离子向阴极迁移，负离子向阳极迁移，溶液中的金属离子会在阴极上得到电子并以金属形式析出
重金属废水处理新技术	铁氧体法		此法利用过量的 $FeSO_4$ 作为还原剂，在一定酸度下使废水中的各种金属离子（主要是 Cr^{6+}、Ni^{2+}、Cu^{2+}、Zn^{2+}）形成铁氧体晶粒沉淀析出，从而使废水得到净化，尤其适合于含有各种重金属离子的混合废水的处理
	膜分离技术		膜分离技术是利用膜的选择透过性，对废水中某些成分进行分离去除的方法。应用于重金属废水处理的膜技术主要有电渗析、反渗透、超滤、纳滤等
	溶剂萃取法		溶剂萃取法是将不溶于水而能溶解水中某种物质（称溶质或萃取物）的溶剂投加入废水中，使溶质充分溶解在溶剂内，进而从废水中分离除去或回收
	吸附法		吸附法处理重金属废水是利用吸附剂的独特结构去除废水中的重金属元素。常用的吸附剂有活性炭、腐殖酸、海泡石、壳聚糖树脂等
	生物法		生物法处理重金属废水主要是依靠人工培育的复合功能菌来实现的。这种功能菌具有酶的催化转化作用、静电吸附作用、共沉淀作用、絮凝作用、络合作用和对 pH 值的缓冲作用

12.1.3.2　加载絮凝技术在重金属废水处理领域的现状

在重金属污染行业废水净化体系中，混凝-沉淀技术应用最为广泛。重金属污染行业废水中的各种污染物，通过混凝-沉淀工艺处理后，最终形成沉淀，以污泥的形式去除。虽然各企业多年来一直立足于改进强化重金属废水处理混凝工艺，但因原水水质波动幅度大，其混凝沉淀净化效果一直处于不稳定状态，始终存在废水排污总量高（只基本满足浓度达标排放），含重金属污泥量多及废水处理成本高的问题。

重金属污染行业现行通用的回用水工艺主要以砂滤-活性炭过滤-微滤-超滤-反渗透多级膜回用水工艺为主，该工艺理论上可分级截留悬浮物质、胶体粒子、有机物及溶解性无机盐，污染物总截留量大于98%，可满足生产用水水质需求。但实际运行中绝大多数企业回用水系统的回收率偏低，绝大多数企业该类回用水设施只在运行初期能达到预期目标，运行一段时间后因产水率急速下降而停用搁置，现运行的回用水设施效能也比较低。这主要是因为经传统工艺处理后达标排放的重金属工业废水还无法满足该回用水工艺的进水要求，导致该回用水设施污染负荷过载，净水效能在短时间内急速下降，无法正常运行。

加载絮凝高效澄清技术在欧美、日本等发达国家已有20多年的使用历史，例如法国Veolia Water公司研发的Actiflo技术，从1992年到现在，已在法国、英国、美国、加拿大和马来西亚等国家的自来水厂得到广泛的采用。近年来我国也开始在给水厂处理高浊度水、滤池反洗水及沉淀池排泥水处理、生活污水强化一级处理、电厂废水回收利用、洗车废水再生、高炉煤气洗涤水及洗煤废水处理、造纸废水处理等课题进行了中试和生产性实验研究。其研究结果都表明，尽管目前加载絮凝高效澄清技术在我国仅仅处于初步使用阶段，但由于其具有处理效果好、效率高、污泥量少、操作简单灵活、设备占地面积小、抗冲击负荷能力强等优点，故在我国具有广阔的应用前景，尤其是在土地资源和水资源紧缺的大中型城市。

12.1.3.3　构建基于污泥动态成核絮凝集成工艺试验系统

重金属废水具有原水成分复杂（至少含两种以上污染物）且水质波动幅度大的特点，因此采用传统的混凝沉淀过滤的组合工艺进行处理时，存在耐水质冲击负荷能力差的难题。为了确保处理系统稳定运行和出水水质达到排放标准，在实际工艺中石灰、混凝剂等药品的投量一般都设定在比较保守的范围，从而致使运行成本升高、污泥量增大、污泥处置成本增加。传统处理工艺还无法保障污染物排放总量达标，处理后的废水也不能作为再生水回用。

现用新型污泥动态成核絮凝工艺取代传统的处理工艺，并协同多元膜回用技术，达到重金属废水处理和回用的目的，污泥动态成核絮凝利用回流污泥的多重作用实现动态高效絮凝，能够适应原水水质波动而维持较低的混凝剂投加量，出水中剩余混凝剂含量趋近于零，进而降低了后续多元膜回用水系统不可逆膜污染的风险。以深圳市典型企业（电子真空制造、电镀、电路板）重金属废水为研究对象，重点研究污泥动态成核絮凝工艺对重金属的去除，以减少污染物排放总量，同时解决多元膜回用水系统无法长期运行的瓶颈问题，从而为我国电子及电镀工业废水处理及回用提供高效稳定的新工艺。

（1）试验水源

各企业重金属废水水质因受工序生产方式、生产周期等因素的影响，随时间波动幅度很大。因此，考虑重金属生产废水水质、工艺条件等各方面因素的复杂性，为了更好地验证本项目所研发技术和装置对实际重金属生产废水的处理效果，决定选取典型企业的实时排放废水作为试验水源，具体如下。

1）电真空厂含铅、锌废水（即 FD 废水）　FD 废水来源于电子真空器件生产中的黑底涂敷 HF 清洗过程排出的一般 HF 废水及浓 HF 废水、屏清洗排出的浓 HF 废水、氟化铵调和过程排出的 NH₄F 废水、脱膜清洗过程排出的一般 HF 废水及浓 HF 废水、溶药设备清洗排出的含氟废水、屏锥再生过程排出的含氟废水。其主要污染物为氟化物、Pb、pH 值等，废水中的氟多以氟化物、硅氟化物及氟化氢（HF）、六氟化硅酸的形态存在，Pb 是以离子形态存在于水中。

2）电镀厂综合废水　为处理后的含氰、含油、含铬上清液，以及含铜、镍一般废水的总和。该废水水质水量随时刻变化的波动幅度较大，pH 值变动范围为 1～11.0，一般为酸性 2～3，总铬浓度变化范围 9.98～337.45mg/L，总铜浓度变化范围 10.37～148.60mg/L，总镍浓度变化范围 0.65～99.35mg/L。

（2）试验装置

本研究试验装置以中试装置为主，由污泥动态成核絮凝沉淀装置及与其平行的传统混凝沉淀装置、多元膜回用水装置组成。二组混凝沉淀装置均由混凝沉淀系统、自动投药系统、上位监控系统三部分组成，多元膜回用水装置由砂滤系统、微滤系统、超滤系统及反渗透系统 4 部分组成，中试研究为全自动连续运行试验，本研究同时采用的小试装置为可编程六联搅拌器，该装置可协同现场运行及中试试验设定不同的搅拌时间及搅拌强度进行试验。

1）污泥动态成核絮凝沉淀中试装置　本系统是专门针对高效絮凝技术处理重金属工业废水设计开发的一套中试试验系统（见图 12.6）。

该中试装置由污泥动态成核絮凝反应沉淀系统、自动投药系统和上位监控系统 3 部分组成，模拟工业废水实际处理过程，可实现全自动化运行，并对运行过程中试验相关的参数（如流量、液位、pH 值、投药量等）进行实时记录。

图 12.6　污泥动态成核絮凝中试系统

污泥动态成核絮凝沉淀中试装置的最大设计流量定为 $Q=2\mathrm{m}^3/\mathrm{h}$，最大回流流量 $q=1.25\mathrm{m}^3/\mathrm{h}$，水力停留时间 T 约为 1h，出水水质设计目标浊度小于 5NTU，pH 值为 7.0～9.0。

① 污泥动态成核絮凝反应沉淀系统。污泥动态成核絮凝工艺是在传统重金属氢氧化物颗粒+混凝沉淀工艺理论基础上，引入混凝动力学、接触絮凝和絮凝形态学等最新理论成果，利用回流污泥中的成熟絮体作为动态絮凝主体，开发的一种新型高效絮凝混凝沉淀工艺。

污泥动态成核絮凝反应沉淀装置是整个中试系统的核心，是一套基于污泥动态成核絮凝工艺理论设计的集成式试验装置，工艺示意如图 12.7 所示。

污泥动态成核絮凝反应沉淀装置模拟污泥动态成核絮凝整个工艺运行过程，结合实际工业废水处理工艺设计。

② 自动投药系统。污泥动态成核絮凝中试系统投加药剂采用一套 PLC 自动投药系统进行控制，现场实物照片如图 12.8 所示。自动投药系统实现的主要功能如下。

Ⅰ. 自动向化学混合反应池投加石灰 Ca（OH）₂，调节 pH 值达到某一目标设定范围：化学混合反应池出口处设有在线 pH 计（pH1）（PCP-20T，DKK-TOAJapan），实时测定反应体

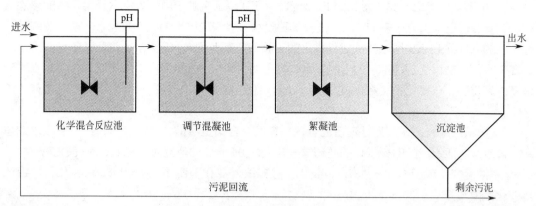

图 12.7　污泥动态成核絮凝工艺示意

系的 pH 值，由 pH 变送器传送到可编程控制器 PLC（FX2N-48MR，三菱），控制石灰投加计量泵（C946-36，米顿罗 USA）投加石灰。

Ⅱ.自动向调节混凝池投加硫酸，调节 pH 值达到混凝最佳 pH 范围：在调节混凝池中投加硫酸调节混凝最佳 pH 范围，硫酸的投加量通过设置在调节混凝池出口处的在线 pH 计（pH2）实时测定 pH 值，由 pH 变送器传送到可编程控制器 PLC，控制 H_2SO_4 投加计量泵（AA966-368TI，米顿罗 USA）投加。

Ⅲ.控制混凝剂及 PAM 计量泵精确计量设定投加量：混凝剂和 PAM 投加量通过上位监控系统设定，由 PLC 控制混凝剂投加计量泵（AA966-368TI，米顿罗 USA）和 PAM 投加计量泵（P766-368TI，米顿罗 USA）精确计量。

图 12.8　自动投药装置

Ⅳ.pH 值设定值和计量泵投加量可通过上位监控系统进行设定。

③ 上位监控系统。开发了一套上位监控系统应用于污泥动态成核絮凝中试系统，其主要实现功能包括：a. 实时监控中试系统各构件运行状态；b. 中试系统报警；c. 工艺参数设置；d. PLC 参数设置；e. 原水箱液位监控；f. pH 值实时曲线；g. 酸碱投加量实时曲线；h. 混凝剂投加量实时曲线；i. 实验记录操作；j. 系统设置。

上位监控系统系统组成如图 12.9 所示，由硬件系统和软件系统两部分组成。

2）多元膜回用水中试装置　本研究所采用多元膜（微滤、超滤及反渗透膜组合）回用水工艺装置，由预处理系统（全自动石英砂过滤设备）、保安过滤系统（微滤）、超滤系统及反渗透系统组成，设计原理如图 12.10 及图 12.11 所示。本系统设有自动控制及在线监测装置，采用全自动运行方式。

① 预处理系统。预处理系统由多路阀石英砂过滤设备实现其预处理功能，罐体采用不锈钢 304 材质制作，取代传统的玻璃钢或者碳钢材质。石英砂过滤器为压力式过滤器，采用 ABS 蘑菇型水帽或用球冠型多孔板配石英砂垫层级配布水，内装若干种规格精制石英砂滤料，阻力小，通量大。

② 保安过滤（MF）系统。保安过滤器常设置在压力过滤器之后，用于去除液体中细小微

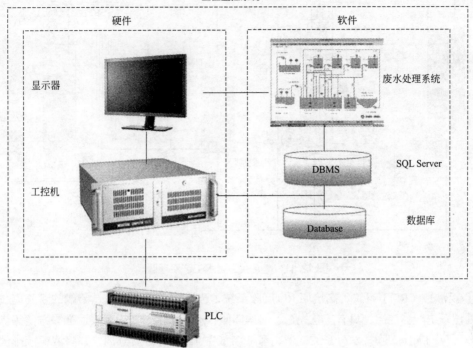

图 12.9 上位监控系统示意

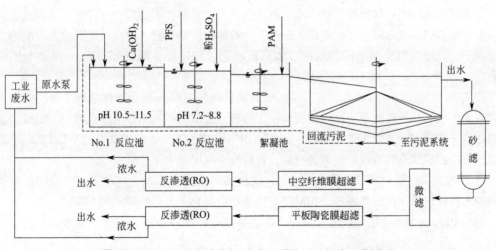

图 12.10 污泥动态成核絮凝-多元膜协同回用水工艺原理

粒，以满足后续工序对进水的要求。有时也设置在全套水处理系统末端，来防止细小微粒进入成品水。常用的滤芯有：$0.1\mu m$、$0.2\mu m$、$0.5\mu m$、$0.8\mu m$、$1\mu m$、$2\mu m$、$3\mu m$、$5\mu m$、$10\mu m$、$20\mu m$、$30\mu m$、$50\mu m$、$75\mu m$、$100\mu m$、$120\mu m$ 几种规格。保安过滤器内装线绕蜂房式滤芯或熔喷滤芯，通量大、耗材成本低、外表抛光或亚光，内表面酸洗钝化处理。进出口、排污管道配自动控制阀、控制器、可自动反冲洗。

③ 中空纤维超滤（UF）系统。中空纤维超滤膜装置设置在保安过滤器后，由 3 套 4 寸膜组件组成，其进水就是保安过滤器出水，前面砂滤原水泵提供压力，此处不再设置进水泵。

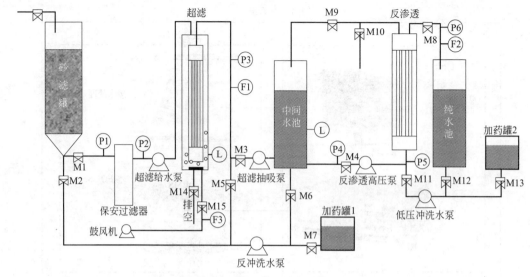

图 12.11 多元膜回用水工艺原理图

④ 反渗透（RO）系统。高抗垢 RO 回收系统是当今较先进、有效、节能的膜分离技术，与前处理系统配套使用，具有工艺先进、操作简便、运行费用低、无污染、维护方便等优点；利用高压泵的加压，膜技术分子的截留，可使溶液中 H_2O 与溶质分离，并将浓缩液排放。这一分离特性，可有效去除水中固体溶解物、有机物、胶体、微生物以及细菌等杂质。具有应用范围广、自动化程度高、占地少、能耗低、出水水质好等优点。

反渗透通常使用非对称膜和复合膜。反渗透所用的设备，主要是中空纤维式或卷式的膜分离设备。反渗透膜能截留水中的各种无机离子、胶体物质和大分子溶质，从而取得净制的水。也可用于大分子有机物溶液的预浓缩。由于反渗透过程简单，能耗低，近 20 年来得到迅速发展。

⑤ 在线监测。针对本项目研究，深圳市宏展泰科技有限公司会同课题组，专门开发了重金属废水资源化在线监测系统。系统硬件由工控机（戴尔）和液晶显示屏（戴尔）组成，工控机与西门子 PLCS7-200 之间串口连接，软件由西门子 PLCS7-200 编程软件与 WINCC 组态软件组成。核心组成部分为废水处理系统软件，管理整个回用水中试系统运行。

⑥ 自控装置。针对本项目研究，深圳市宏展泰科技有限公司会同课题组，专门开发了重金属废水资源化自动控制系统。SIEMENSS7-200 系列 PLC，总控制点数 136。

利用 PLC 程序实现重金属废水资源化工艺系统（砂滤→微滤→超滤→反渗透）的全过程控制。

控制对象：水泵，12 台；鼓风机，1 台；水槽液位，4 组；各环节压力，13 点；电磁阀，31 个；电导率，4 组。

12.1.3.4 试验方法

本研究通过实验室小试、现场中试、生产性试验与现场运行相结合的研究方法，研究不同污染条件下污泥动态成核絮凝工艺水质调控方法并优化其程序和工艺参数，实现工艺的过程控制，为后续多元膜分离工艺提供优质进水，解决多元膜回用水系统长期以来无法正常运行的瓶颈问题，针对重金属废水，建立污泥动态成核絮凝-多元膜集成工艺技术框架模型及示范基地，为深圳重金属污染行业废水处理节能减排和污水资源化提供理论与技术支持。

基于原水水质、水量的多变性，实验系统设计为现场运行与中试研究并行，中试用水为现场运行用原水，分别为含铅综合废水（电真空厂 FD 系列废水）和含铜、镍、铬综合废水（电镀厂综合废水）。实验基地设在电真空厂、电镀厂及电路板厂废水站现场。

本研究在 PFS＋PAM 二段混凝沉淀工艺处理重金属工业废水试验的基础上，进行污泥动态成核絮凝工艺处理重金属工业废水试验研究，即研究絮凝污泥回流量、混凝剂 PFS 及絮凝剂 PAM 不同投量下，特定 pH 值范围及水力停留时间的上清水浊度、重金属等污染指标，确定污泥动态成核絮凝工艺的最佳参数及适宜的运行控制指标。针对前段污泥动态成核絮凝工艺出水，考察多元膜回用水工艺连续运行时超滤膜和反渗透膜的运行特性。

12.1.4　FD（含氟）废水处理工程案例

铅是电池、电镀等工业的主要原料之一，尽管不如铜、镉那样常见，却是重金属废水中的常见组分。目前，常规的含铅废水处理工艺采用对一级混凝沉淀后的出水再次进行混凝沉淀处理的方法，投药量非常大，且仅能保证排放废水污染物浓度达标。但由于处理水量大，重金属Pb 排放总量仍偏多，对水体的污染程度相当高。

本研究针对该系列 FD 废水，在传统混凝工艺的基础上研究污泥动态成核絮凝工艺协同去除 F、Pb 的效能；在污泥动态成核絮凝工艺处理 FD 废水稳定运行的基础上，开展多元膜回用水技术研究。

12.1.4.1　污泥动态成核絮凝工艺处理 FD 废水小试研究

首先进行烧杯试验，研究污泥动态成核絮凝工艺对电真空 FD 废水的净化效能，包括氟化物、浊度（SS）和总铅的去除效果，以及污泥总量削减率、污泥含水率、沉降速率等参数。根据其净水效能，提出适宜的工艺参数。

（1）实验方法

本项目小试研究在实验室中采用烧杯试验进行。主要试验内容为：污泥动态成核絮凝（回流污泥）工艺与 PFS（聚合硫酸铁）＋PAM（聚丙烯酰胺）二段絮凝工艺比对试验，即研究污泥动态成核絮凝工艺处理电真空 FD 废水在回流污泥及混凝剂 PFS 不同投量下的处理效能以确定污泥动态成核絮凝工艺的最佳参数及适宜的运行控制指标。

具体地，在试验中，针对不同的原生废水，进行不同工艺参数的污泥动态成核絮凝与PFS＋PAM 二段絮凝比对试验，根据对出水水质指标、污泥含水率、沉淀速率的分析，综合评价污泥动态成核絮凝工艺处理电真空废水的净化效能，确定最佳污泥动态成核絮凝工艺参数，包括各投药量、回流污泥量、絮凝过程中的絮凝体浓度及絮凝反应 pH 值的适宜范围等。

（2）结果与讨论

实验用各浓度系列 FD 原水水质见表 12.8 所列。

表 12.8　不同浓度 FD 废水原水水质

污染指标	低浓度	中低浓度	中高浓度	高浓度
pH 值	3.6	2.9	2.4	2.1
F/(mg/L)	60	300	900	1500
总锌/(mg/L)	0.52	2.61	2.09	3.72
总铅/(mg/L)	0.74	3.12	3.65	6.66

1）PFS 投量对 FD 废水除氟效能的影响　研究 PFS 投量对不同浓度 FD 废水的除氟效果

的影响，确定处理不同浓度等级 FD 废水的最佳除氟 PFS 投量。

① PFS 投量对处理低浓度 FD 废水除氟效果影响如图 12.12 所示。

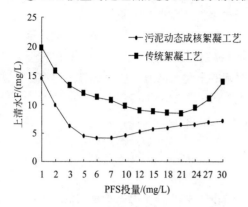

图 12.12 低浓度 FD 废水上清水 F
浓度随 PFS 投量的变化

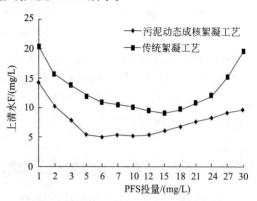

图 12.13 中低浓度 FD 废水上清水 F
浓度随 PFS 投量的变化

从图 12-12 可以看出，污泥动态成核絮凝工艺处理低浓度 FD 废水，其除氟效果远优于传统絮凝工艺。低浓度 FD 废水经污泥动态成核絮凝工艺处理后，上清水 F 质量浓度随 PFS 投量变化规律为：PFS 投量为 1～5mg/L 范围时，F 浓度随 PFS 投量的增多而减小，且减低幅度较大；PFS 投量为 5～10mg/L 范围时，上清水 F 质量浓度基本在 4～5mg/L 范围波动，基本不随 PFS 变化；PFS 投量为 10～30mg/L 范围时，上清水 F 质量浓度随 PFS 投量的增加而增大，但增大幅度很低。

污泥动态成核絮凝工艺上清水 F 质量浓度比传统絮凝工艺平均低 56.9%，最小值低 26.8%，且 PFS 投量在 7mg/L 时，就可取得上清水 F 质量浓度为 4.1mg/L 的最佳的除氟效果，而传统絮凝工艺 PFS 投量为 21mg/L 时，才取得上清水 F 质量浓度为 8.4mg/L 的最佳除氟效果，且污泥动态成核絮凝工艺聚铁 PFS 投量可降至传统絮凝工艺的 35% 以下。因为回流污泥中约有 1000mg/L 以上的剩余 Ca^{2+}，在与原水的混合反应中，部分包裹于污泥中的石灰回到废水中与 F 反应，又因污泥中含大量氟化钙晶核，作为絮体的"凝核"可吸附漂浮于水中的氟化钙微粒，降低水中氟化钙微粒的质量浓度，从而进一步降低水中 F 质量浓度。

② PFS 投量对处理中低浓度 FD 废水除氟效果影响如图 12.13 所示。

从图 12.13 可以看出：经污泥动态成核絮凝工艺处理后，中低浓度 FD 废水上清水 F 质量浓度随聚铁 PFS 投量变化规律为：聚铁 PFS 投量为 1～5mg/L 范围时，F 质量浓度随 PFS 投量的增多而减小；聚铁 PFS 投量为 5～12mg/L 范围时，上清水 F 质量浓度基本在 5～5.5mg/L 范围波动，基本不随 PFS 变化；PFS 投量为 12～30mg/L 范围时，上清水 F 浓度随聚铁 PFS 投量的增加而增大，增大幅度略高于低浓度含氟废水。

根据图 12.13 的统计数据可知，污泥动态成核絮凝工艺上清水 F 质量浓度比相同运行工况的传统絮凝工艺出水平均低 40.5%，最小值低 30%，且聚铁 PFS 投量在 6mg/L 时，就可取得上清水 F 质量浓度为 5.1mg/L 的最佳除氟效果，而传统絮凝工艺聚铁 PFS 投量为 15mg/L 时才取得上清水 F 质量浓度为 9.1mg/L 的最佳除氟效果，且污泥动态成核絮凝工艺聚铁 PFS 投量可降至传统絮凝工艺的 40% 以下。回流污泥中剩余 Ca^{2+} 含量虽然比低浓度 FD 废水含量低，因仍有约 500mg/L 以上的剩余 Ca^{2+} 在与原水的混合反应中，部分包裹于污泥中的石灰回到废水中与 F 反应生成氟化钙，漂浮于水中的氟化钙微粒得到作为絮体"凝核"的污泥中大量氟化钙晶核吸附，从而降低水中总氟质量浓度。

③ PFS 投量对处理中高浓度 FD 废水除氟效果影响如图 12.14 所示。

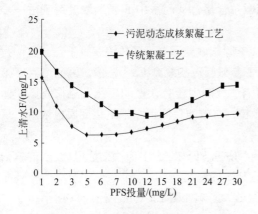

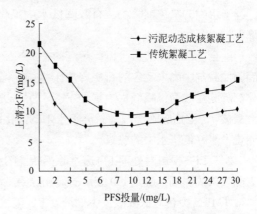

图 12.14　中高浓度 FD 废水上清水 F　　　　图 12.15　高浓度 FD 废水上清水 F
　　　　　浓度随 PFS 投量的变化　　　　　　　　　　　浓度随 PFS 投量的变化

根据图 12.14 可知：经污泥动态成核絮凝工艺处理后，中高浓度 FD 废水上清水 F 质量浓度随聚铁 PFS 投量变化规律为：聚铁 PFS 投量为 1~5mg/L 范围时，随聚铁 PFS 投量的增多而减小，其减小幅度略高于中低浓度 FD 废水；聚铁 PFS 投量为 5~10mg/L 范围时，上清水 F 质量浓度稳定在 6.5mg/L 左右，聚铁 PFS 投量为 10~30mg/L 范围时，上清水 F 质量浓度随聚铁 PFS 投量的增多，且增大幅度较缓慢，F 质量浓度由 6.7mg/L 逐渐增大到 9.7mg/L。

其上清水 F 质量浓度比相同运行工况的污泥动态成核絮凝工艺出水平均低 31.9%，最小值低 17.0%，且 PFS 投量在 5mg/L 时就可取得上清水为 6.2mg/L 的最佳除氟效果，而传统絮凝工艺 PFS 投量为 12mg/L 时才取得上清水 F 质量浓度为 9.3mg/L 的最佳除氟效果，污泥动态成核絮凝工艺聚铁投量可降至传统絮凝工艺的 40%。因为加载剂中剩余 Ca^{2+} 含量虽然比中低浓度 FD 废水含量还低，但仍有约 300mg/L 的剩余 Ca^{2+}，这部分包裹于污泥中的石灰在与原水的混合反应中，仍回到废水中与 F 反应生成氟化钙，而作为絮体"凝核"的污泥，因含有更多量的氟化钙晶核，可更加强烈吸附漂浮于水中的氟化钙微粒，有效降低水中氟化钙微粒含量，从而水中 F 浓度进一步降低。

④ PFS 投量对处理高浓度 FD 废水除氟效果影响如图 12.15 所示。

图 12.15 表明：高浓度 FD 废水污泥动态成核絮凝工艺处理后，其上清水 F 质量浓度因 PFS 投量不同变化如下：PFS 投量为 1~5mg/L 范围时，随 PFS 投量的增多而减小；PFS 投量在 1~3mg/L 区间，其上清水 F 质量浓度减小幅度明显高于 3~5mg/L 区间；PFS 投量在 5~15mg/L 区间，上清水 F 质量浓度稳定在 7.8mg/L 左右，基本不随 PFS 变化；PFS 投量在 15~30mg/L 区间，上清水 F 质量浓度随聚铁投量的增加而缓慢增大，由 7.9mg/L 逐步增大到 10.5mg/L。

其上清水 F 质量浓度比相同运行工况下的传统絮凝工艺出水平均低 27.4%，最小值低 16.5%，且 PFS 投量在 5mg/L 时，就可取得上清水为 7.6mg/L 的最佳除氟效果；而传统絮凝工艺 PFS 投量为 10mg/L 时，才取得上清水 F 质量浓度为 9.6mg/L 的最佳除氟效果，污泥动态成核絮凝工艺聚铁投量可降至传统絮凝工艺的 50%。虽然回流污泥中剩余 Ca^{2+} 含量仅为 100mg/L 左右，但仍在与原水的混合后释放到废水中参与除氟反应，且与高浓度含氟废水反

应的剩余 Ca^{2+} 总量约为 200mg/L，因此其上清水 F 质量浓度必然低于同条件下的传统絮凝工艺出水，作为絮体"凝核"的加载剂，因其氟化钙晶核高达 2500mg/L 以上，可更加强烈吸附漂浮于水中的氟化钙微粒，有效降低水中氟化钙微粒含量，从而水中 F 质量浓度得到进一步降低。

综合上面试验结果可见，污泥动态成核絮凝工艺除氟效果远高于各传统絮凝工艺，这一方面因加载剂中尚未反应的石灰释放于水中，增大了参与反应的剩余 Ca^{2+} 总量，因而增大了氟化钙沉淀生成量，降低水中其他 F 量，另一方面因加载剂中含有大量的氟化钙晶核充当絮体"凝核"，强烈吸附漂散、游离于水中的氟化钙微粒，有效地降低了水中氟化钙质量浓度，从而进一步降低了水中的总氟。

2）PFS 投量对处理 FD 废水除铅效能的影响　研究 PFS 投量对不同浓度 FD 废水的总铅去除效果的影响，确定 FD 废水的最佳除铅工况的 PFS 投量。

① PFS 投量对低浓度及中低浓度 FD 废水除铅效果影响如图 12.16 及图 12.17 所示。

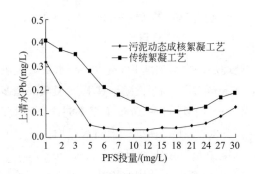

图 12.16　低浓度 FD 废水上清水［Pb］随 PFS 投量的变化

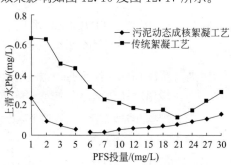

图 12.17　中低浓度 FD 废水上清水［Pb］随 PFS 投量的变化

从图 12.16 及图 12.17 可以看出，污泥动态成核絮凝工艺处理低浓度及中低浓度 FD 废水，其除铅效果优于传统絮凝工艺。

污泥动态成核絮凝工艺低浓度 FD 废水上清水总铅浓度比相同工况下的传统絮凝工艺出水平均低 56%，且 PFS 投量在 5mg/L 时，就可取得上清水为 0.04mg/L 的最佳除铅效果，而传统絮凝工艺 PFS 投量为 15mg/L 时，才取得上清水总铅质量浓度为 0.11mg/L 的最佳除铅效果，污泥动态成核絮凝工艺 PFS 投量可降至传统絮凝工艺的 40%以下。

污泥动态成核絮凝工艺中低浓度 FD 废水上清水总铅浓度比相同工况下的传统絮凝工艺出水平均低 74.3%，且 PFS 投量在 6mg/L 时就可取得上清水为 0.02mg/L 的最佳除铅效果，而传统絮凝工艺 PFS 投量为 21mg/L 时才取得上清水总铅质量浓度为 0.12mg/L 的最佳除铅效果，污泥动态成核絮凝工艺聚铁投量可降至传统絮凝工艺的 40%以下。

② PFS 投量对中高浓度及高浓度 FD 废水除铅效果影响如图 12.18 及图 12.19 所示。

从图 12.18 及图 12.19 可以看出，污泥动态成核絮凝工艺处理高浓度及中高浓度 FD 废水，其除铅效果仍优于传统絮凝工艺。

中高浓度 FD 废水上清水总铅浓度比相同工况下的传统絮凝工艺出水平均低 57.4%，且 PFS 投量在 5mg/L 时，就可取得上清水为 0.03mg/L 的最佳除铅效果，而传统絮凝工艺 PFS 投量为 15mg/L 时，才取得上清水总铅质量浓度为 0.09mg/L 的最佳除铅效果，污泥动态成核絮凝工艺 PFS 投量可降至传统絮凝工艺的 32%。

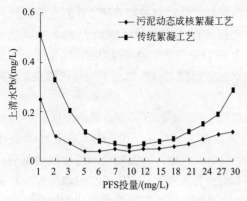

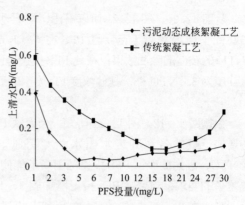

图 12.18 中高浓度 FD 废水上清水
Pb 浓度随 PFS 投量的变化

图 12.19 高浓度 FD 废水上清水
Pb 浓度随 PFS 投量的变化

高浓度 FD 废水上清水总铅浓度比相同工况下的传统絮凝工艺出水平均低 51.7%，且 PFS 投量在 5mg/L 时，就可取得上清水为 0.04mg/L 的最佳除铅效果，而传统絮凝工艺 PFS 投量为 10mg/L 时才取得上清水总铅质量浓度为 0.06mg/L 的最佳除铅效果，污泥动态成核絮凝工艺聚铁投量可降至传统絮凝工艺的 50% 以下。

3）PFS 投量对处理 FD 废水除浊效能的影响　混凝剂 PFS 投量对污泥动态成核絮凝工艺处理各浓度含氟废水除浊效果影响如图 12.20、图 12.21 所示。

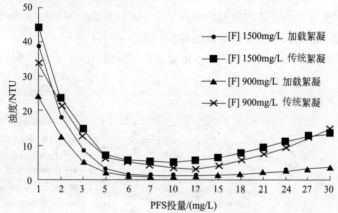

图 12.20 高浓度及中高浓度 FD 废水上清水浊度随 PFS 投量的变化

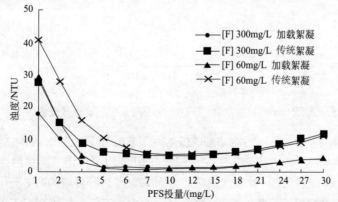

图 12.21 低浓度及中低浓度 FD 废水上清水浊度随 PFS 投量的变化

从图 12.20、图 12.21 可以看出，污泥动态成核絮凝工艺对各浓度系列 FD 废水的除浊效果都优于传统絮凝工艺，且 PFS 在 6～10mg/L 的投量范围内，就可取得上清水浊度低于 2NTU 的较佳的除浊效果；在此 PFS 投量范围内，传统絮凝工艺除中高浓度 FD 废水的最佳出水浊度为 3.1NTU 外，其他浓度 FD 废水的最佳出水浊度都在 5NTU 以上，比传统絮凝工艺高 50% 以上。

根据图 12.12～图 12.21 可知，当聚铁 PFS 投量在 1～5mg/L 区间时，随着聚铁 PFS 投量的增加，虽然各系列废水出水浊度明显下降，在投量 1～2mg/L 时出水浊度基本高于 10NTU，因为此聚铁 PFS 投量范围尚不能使水中全部颗粒脱稳，不能完全满足形成理想的初始粒子的要求；当聚铁 PFS 投量增加到 5～18mg/L 时，各浓度系列 FD 废水出水浊度变化很小，基本在 2NTU 左右，因为在此 PFS 投量下，能使该范围浓度系列废水生成的氟化钙颗粒及重金属氢氧化物颗粒胶体颗粒几乎全部脱稳凝聚，达到最佳状态；而当聚铁 PFS 投量继续增大时，其出水浊度反而出现增大的趋势，这是因为随着聚铁投量的进一步增加，颗粒因超负荷现象易导致胶体失稳。所以污泥动态成核絮凝最佳除浊的聚铁 PFS 投量为 5～12mg/L。

由此可见，污泥动态成核絮凝工艺处理 FD 废水，在适量的回流污泥量下，其 PFS 投量的变化对除浊效果的影响远低于其他工艺，且不仅高浓度 FD 废水，即使其他浓度 FD 废水在较低的絮凝剂投量下也可取得较好的除浊效果。因为处理较低浓度 FD 废水时，因反复絮凝的回流污泥中含有许多凝聚成团的 PFS 水解絮体，因此与混凝剂 PFS 同时发挥使水中氟化钙胶体颗粒脱稳的作用，所以只需投加很少的 PFS，便可维持加载剂中含有足量的 PSF 水解絮体，且此时失稳的颗粒很难再复稳，同时又因为高分子 PAM 包裹加载剂所形成的胶质可以更强力地吸附黏合水中的微小絮体，从而取得更好的除氟效果。

4）PFS 投量对污泥含水率的影响 各浓度系列 FD 废水，不同 PFS 投量时的污泥含水率如图 12.22 所示。

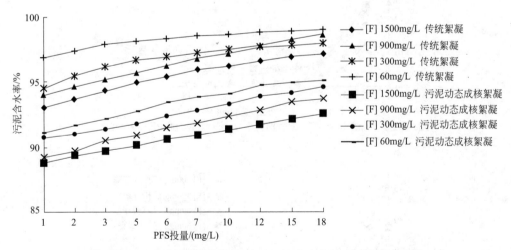

图 12.22 不同浓度系列的 FD 废水污泥含水率随 PFS 投量的变化

从图 12.22 可以看出，采用污泥动态成核絮凝工艺处理 FD 废水，各浓度系列污泥含水率随聚铁投量的变化规律，同传统絮凝工艺一样。在相同 PFS 投量下，其污泥含水率随氟含量的增高而降低；相同氟含量的 FD 废水其污泥含水率均随 PFS 投量的增多而增加。在相同 PFS 投量下，污泥动态成核絮凝工艺处理 FD 废水其污泥含水率低于传统絮凝工艺，尤其是低浓度及中低浓度废水污泥含水率降低幅度更大。这同样是因为向待混合的悬浮液中添加回流絮体后，高分子絮凝剂 PAM 似乎包裹回流絮体并形成一种"胶质"，胶质使化学絮凝体与加载颗粒黏结。在与回流絮体接触之后，混合物在絮凝池中缓慢搅拌，使絮化颗粒长大。颗粒长到较大时，较快沉淀的颗粒占主导地位并与沉降较慢的颗粒碰撞黏合，颗粒空隙之间的自由水被挤出絮体外，形成更大更密实的凝絮颗粒，而这些较密实的颗粒沉降后形成的污泥的含水率低。此时絮凝池的沉降速度梯度 G 对絮凝是重要的，因为高梯度将使絮体颗粒破碎，而搅拌不足又会妨碍絮体的形成。

5）回流污泥量对 FD 废水除污效能的影响

① 回流污泥量对 FD 废水除氟效果的影响。采用污泥动态成核絮凝工艺（根据之前研究结果选择混凝剂 PFS 投量为 6mg/L）处理 FD 废水时，回流污泥量对除氟效果的影响如图 12.23 所示。

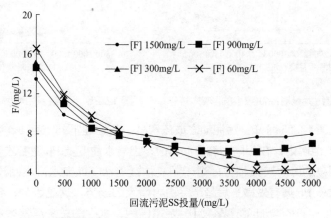

图 12.23 回流污泥量对除氟效果的影响

由图 12.23 可知，污泥动态成核絮凝工艺处理不同浓度含氟废水，相同回流污泥量时，各浓度系列上清水 F 质量浓度不同；对于同一浓度含氟废水，当回流污泥量由小到大时，上清水 F 质量浓度具有先减小后增大的趋势。这是因为，各浓度系列反应液中的总剩余 Ca^{2+} 随着加载剂投量的增加而增多，因而水中剩余的 HF 进一步生成氟化钙，减少了水中 HF 形式的 F，且一定范围内，随着回流污泥量的增多，水中的总悬浮絮体量进一步增多，絮凝后生成的絮体越来越密实，因而水中漂浮的氟化钙颗粒越来越少，所以上清水中以氟化钙颗粒形式存在的 F 也在进一步减小，因此除氟效果越来越好；但随着回流絮体量的不断增多，水中颗粒物总量过高（约高于 5.5g/L），此时的 PAM 已经超负荷承载回流絮体，因此有的回流絮体未被 PAM 包裹形成胶质，而依旧漂浮于水中，因而导致絮凝效果变差，水中漂浮的氟化钙颗粒增多，导致水中以氟化钙形式存在的 F 增多，所以导致上清水 F 质量浓度增大。

从图 12.23 可以看出，高浓度含氟废水上清水的 F 质量浓度还稍低一些，这是因为，在此剩余 Ca^{2+} 投量相同工况下，虽然 Ca^{2+} 的有效利用率随原水氟含量的增高而增高，但因在此工况下高浓度含氟废水絮凝效果最佳，水中漂浮的氟化钙颗粒远低于其他浓度系列废水，所以出水 F 含量反而更低一些。

从图 12.23 还可以看出，污泥动态成核絮凝工艺处理同一浓度 FD 废水，上清水 F 质量浓度随着加载剂投量的增高而降低的幅度逐步减小，这是因为剩余 Ca^{2+} 投量随着加载剂 SS 投量的增大而增多，但随着水中颗粒物总量的增多，剩余 Ca^{2+} 的有效利用率也越来越低；且原水 F 质量浓度越高降幅越小，这是因为原水 F 质量浓度越高，水中总颗粒物含量越高，因此 Ca^{2+}

的有效利用率也越低，所以其上清水 F 质量浓度降低幅度也越小。

由此可知，采用污泥动态成核絮凝工艺处理 FD 废水，适量的回流污泥可将各浓度系列上清水 F 质量浓度控制在 10mg/L 以下，取得稳定的出水水质。

② 回流污泥量对 FD 废水除浊、除铅效果的影响。污泥动态成核絮凝工艺（混凝剂 PFS 投量为 6mg/L）处理 FD 废水，回流污泥量对除浊除铅效果的影响如图 12.24 及图 12.25 所示。

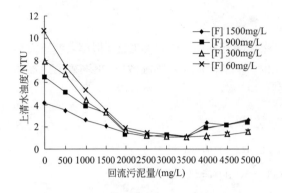

图 12.24　回流污泥量对除浊效果的影响　　　　图 12.25　回流污泥量对除铅效果的影响

由图 12.24 及图 12.25 可知，污泥动态成核絮凝工艺处理不同浓度 FD 废水，回流污泥量在 0～2000mg/L 的范围内，在相同回流污泥量时，上清水浊度及 Pb 随着浓度等级的升高而降低，这与氟化钙颗粒的协同絮凝相关；对于同一浓度等级 FD 废水，当回流污泥量由小到大时，上清水浊度及总 Pb 具有先减小后趋于平稳再增大的趋势。这是因为，各浓度系列反应液中的 SS 随着回流污泥量的增加而增多，且一定范围内，水中的总悬浮絮体量进一步增多，絮凝后生成的絮体越来越密实，因而水中漂浮的微细颗粒越来越少，因此除浊效果越来越好；但随着加载剂投量的不断增多，水中颗粒物总量过高时（约高于 5.5g/L），此时的 PAM 已经超负荷承载动态污泥絮体，因此有的污泥絮体未被 PAM 包裹形成胶质，而依旧漂浮于水中，因而导致絮凝效果变差，水中漂浮的微细颗粒增多，导致上清水浊度及总 Pb 增大。

综合上述结果，可以初步判断，污泥动态成核絮凝工艺的最佳回流污泥量应在 2000～4000mg/L 的范围内。

6）PAM 投量对污泥动态成核絮凝工艺除氟、除浊效果的影响　在 PFS 投量及剩余 Ca^{2+} 投量分别为 5mg/L 和 100mg/L，回流污泥 SS 添加量约为 3000mg/L 时（回流污泥剩余 Ca^{2+} 浓度约为 1000mg/L），污泥动态成核絮凝工艺处理各浓度系列 FD 废水，PAM 投量对除氟、除浊效果的影响如图 12.26 及图 12.27 所示。

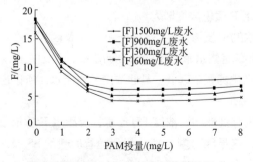 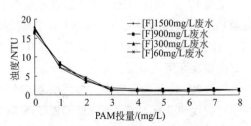

图 12.26　PAM 投量对除氟效果的影响　　　　图 12.27　PAM 投量对除浊效果的影响

从图 12.26 可以看出，污泥动态成核絮凝工艺处理 FD 废水，相同 PAM 投量处理不同氟含量原水时的上清水 F 质量浓度略有不同，原水氟含量高的 FD 废水上清水 F 质量浓度稍高些；对于同一氟含量原水，当 PAM 投量由大到小时，上清水 F 质量浓度具有先减小后趋于恒稳再缓慢增大趋势。当 PAM 投量大于 3mg/L 以上时，其各浓度系列 FD 废水上清水 F 质量浓度基本趋于恒定。因此认为污泥动态成核絮凝工艺处理 FD 废水最佳除氟效果时， PAM 的适宜投量为 3～4mg/L。

从图 12.27 可以看出，污泥动态成核絮凝工艺处理 FD 废水，相同 PAM 投量处理不同 FD 原水时，其上清水浊度没有太大差别，当 PAM 投量由小到大时，上清水浊度同 F 质量浓度一样，具有先减小后趋于恒稳再缓慢增大的趋势。当 PAM 投量大于 3mg/L 以上时，其各浓度系列 FD 废水上清水浊度基本稳定在 2NTU 以下，污泥动态成核絮凝工艺处理 FD 废水，其最佳除浊点的 PAM 的适宜投量仍为 3～4mg/L。

7) pH 值对污泥动态成核絮凝工艺处理 FD 废水净化效果的影响　在聚铁 PFS 投量及剩余石灰 Ca^{2+} 投量分别为 5mg/L 和 100mg/L，高分子 PAM 投量为 3mg/L、回流污泥 SS 添加量约为 3000mg/L 时（加载剂剩余石灰 Ca^{2+} 浓度约为 1000mg/L），污泥动态成核絮凝工艺处理各浓度系列 FD 废水， pH 值对其净水效果（以除浊为例）的影响见图 12.28。

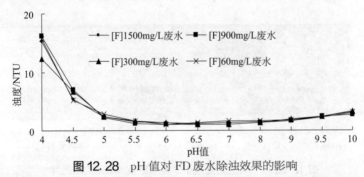

图 12.28 pH 值对 FD 废水除浊效果的影响

从图 12.28 可以看出，污泥动态成核絮凝工艺处理各浓度系列 FD 废水，在 pH 值位于 6～9 范围内，都能取得上清水浊度在 2NTU 以下的较佳的除浊效果。

8）污泥动态成核絮凝工艺处理 FD 废水沉降速率　在 PFS 投量及剩余 Ca^{2+} 投量分别为 5mg/L 和 100mg/L，PAM 投量为 3mg/L、回流污泥添加量约为 3000mg/L 时（剩余 Ca^{2+} 浓度约为 1000mg/L），污泥动态成核絮凝工艺及传统絮凝工艺（石灰＋PFS＋PAM 工艺）处理各浓度系列 FD 废水沉降速率曲线分别见图 12.29 及图 12.30。

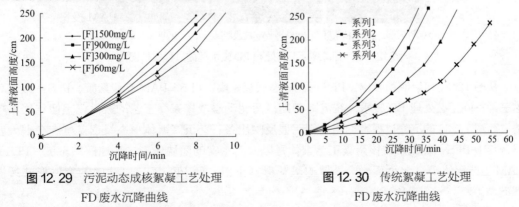

图 12.29 污泥动态成核絮凝工艺处理
FD 废水沉降曲线

图 12.30 传统絮凝工艺处理
FD 废水沉降曲线

从图 12.29 可以看出，采用污泥动态成核絮凝工艺处理 FD 废水，其沉降速率远远优于传统絮凝工艺，各浓度系列废水反应液在静沉状态下，在 10min 内全部完成了固液分离，虽然高浓度废水沉降速率稍快于低浓度废水，但相差幅度远低于传统絮凝工艺各浓度废水之间的差距。从之前的数据可以看出，相同工况下传统絮凝工艺完成固液分离快则需要 35min，慢则需要 55min；可见污泥动态成核絮凝工艺的沉降速率可达传统絮凝工艺的 4 倍以上。

图 12.31～图 12.33 是同一 FD 废水分别采用 PFS 污泥动态成核絮凝、PFS＋PAM 两段絮凝、PFS 一段絮凝三种工艺处理后，沉淀初期、静沉 5min 后及沉淀过程的实拍图片。

(a)PFS污泥动态成核絮凝　　(b)PFS+PAM两段絮凝　　(c)PFS一段絮凝

图 12.31　不同工艺处理 FD 废水初始沉淀实拍图片

(a)PFS污泥动态成核絮凝　　(b)PFS+PAM两段絮凝　　(c)PFS一段絮凝

图 12.32　不同工艺处理 FD 废水静沉 5min 实拍图片

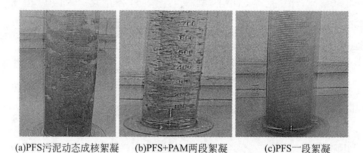

(a)PFS污泥动态成核絮凝　　(b)PFS+PAM两段絮凝　　(c)PFS一段絮凝

图 12.33　不同絮凝工艺处理 FD 废水沉淀过程实拍图片

从图 12.31 可以明显看出，PFS 污泥动态成核絮凝、PFS＋PAM 二段絮凝、PFS 一段絮凝这三种不同工艺处理 FD 废水，在沉降初期，污泥动态成核絮凝工艺的絮体已呈团状聚集趋势，而图 12.33 的沉降过程实拍图片则明显反映出各工艺沉降絮体形态及密实度存在很大差异，其中 PFS 污泥动态成核絮凝工艺絮体是以大而密实的团块体形式快速压缩下沉，PFS＋PAM 工艺絮体是以大小不一、松散的矾花形式下沉，而 PFS 工艺以细碎的絮体形式缓慢下沉。

从图 12.32 可以明显看出，这三种不同工艺处理 FD 废水，其沉降速率存在很大差距，在搅拌杯中静沉 5min 时，污泥动态成核絮凝反应液早已完成固液分离，PFS＋PAM 二段絮凝工艺还有部分细碎絮体尚未沉降下来，而 PFS 一段絮凝工艺 90％以上微细絮体正处于缓慢下沉过程。由此可见，污泥动态成核絮凝工艺处理 FD 废水，其固液分离效率极高，可大大提高固液分离构筑物处理能力，有效减少占地面积。

综上所述，烧杯试验表明：污泥动态成核絮凝工艺处理 FD 废水，其各项净水效能远优于传统絮凝工艺。分析其原因，推测主要是因为污泥动态成核絮凝工艺中，回流污泥为反复絮凝的成熟絮体，在该工艺中起到了关键的作用，一方面回流污泥使水中总悬浮絮体量骤增，增大了絮体颗粒的碰撞概率，同时回流污泥在混合反应和一段絮凝过程中既充当微细絮体载体又与 PFS 同时发挥了混凝剂的作用，同时在二段絮凝过程又与 PAM 凝聚形成密实的团状胶质，可作为絮体的"凝核"，更强力地吸附水中的同类颗粒，并将黏结到"凝核"上的絮体间的空隙水挤出，增大了絮体的密度，同时加快了成核絮体的沉降速率，且回流污泥中尚未反应的大量石灰可重新回到水中参与反应，避免了因水质波动对除氟效果产生不利影响。由此可见，回流污泥的多重成分及作用使得污泥动态成核絮凝工艺取得了极佳的净水效能。

9）絮凝体有效粒径及分型维数　为了更进一步分析污泥动态成核絮凝工艺取得极佳净水效能的机理，在 FD 废水对比试验过程中，取出各反应阶段末期的絮凝体，利用 OLYMPUS-IX-71 型电子摄影显微镜对絮体体进行拍摄，测得每一个絮体颗粒的投影周长及平面投影最长距离 L，并经 Image-proexoress-4.5 图像分析软件对絮体颗粒进行统计计算，得出了絮凝体的投影面积 A 及有效粒径 d_p，并进一步计算得出了絮体分形维数 R。

图 12.34 为 FD（中低浓度含氟废水）废水传统絮凝工艺与污泥动态成核絮凝工艺沉淀初始阶段絮体显微摄像图片。

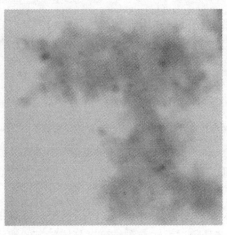 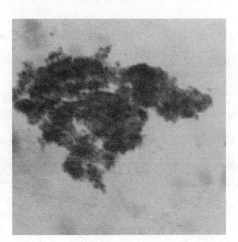

(a)传统絮凝　　　　　　　　　　(b)污泥动态成核絮凝

图 12.34　FD 废水不同工艺沉淀初始絮凝体 100 倍显微摄像图片

从图 12.34 可以看出，污泥动态成核絮凝工艺所形成的絮凝体远比传统絮凝工艺所形成的絮凝体密实得多。

图 12.35 和图 12.36 为传统絮凝工艺与污泥动态成核絮凝工艺处理 FD 废水各反应时段末期絮凝体有效粒径 d_p 及分形维数 R。

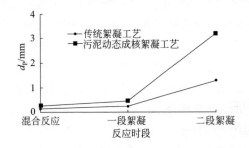

图 12.35　FD 废水各反应时段有效粒径

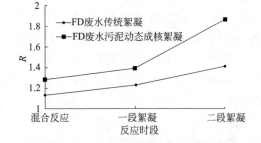

图 12.36　FD 废水各反应时段末期分形维数

从图 12.35 及图 12.36 可以看出，污泥动态成核絮凝工艺处理 FD 废水，其絮体有效粒径及分形维数都远大于传统絮凝工艺，FD 单元废水污泥动态成核絮凝反应时段末期的分形维数为 1.8653，其值均高于常规絮凝体（R 值一般 < 1.5），说明污泥动态成核絮凝体具有形态构造上的优越性。

由此可见，污泥动态成核絮凝工艺处理 FD 废水，其固液分离效率远高于常规二段混凝沉淀工艺，可大大提高构筑物处理能力，减少处理构筑物体积和占地面积。

综上所述，烧杯试验表明，污泥动态成核絮凝工艺处理 FD 废水，其出水浊度可稳定在 2NTU 以下，其混凝沉淀净水效果及耐冲击负荷能力远优于其他常规混凝沉淀工艺。这主要是因为污泥动态成核絮凝工艺是将常规二段混凝沉淀技术与污泥回流技术优化结合在一起。而回流污泥是反复絮凝浓缩的密实的团状絮体，它在污泥动态成核絮凝工艺中发挥着极其重要的作用：

① 压缩双电层、降低 ζ 电位使水中颗粒脱稳。这可能是因为回流污泥中包裹着一定数量尚未反应的 PFS，在与原水混合搅拌的过程中，部分尚未反应的 PFS 从剪碎的絮团中释放出来，与 PFS 一同发挥作用压缩双电层、降低 ζ 电位使水中颗粒脱稳的作用。

② 充当载体。废水中添加了回流污泥，使水中总悬浮絮体量骤增，增大了絮体颗粒的碰撞概率。

③ 充当絮体"凝核"，加强絮体颗粒的形成。回流污泥中的絮团虽然在混合反应和一段絮凝反应中被搅拌剪切成较碎的絮块，但其密度并没有改变，在二段絮凝过程又与 PAM 凝聚形成密实的团状胶质，可视做絮体的"凝核"，更强力地吸附水中的同类颗粒，加强了絮体颗粒的形成。

④ 增大絮体密度。因胶质"凝核"具有强大吸力，不但卷扫水中微细颗粒，将其黏结到"凝核"表面胶质上，而且在"凝核"间相互黏结凝聚过程中，黏结到"凝核"上的絮体间的空隙水被挤出，从而加重了絮体密度，使其在沉降过程中形成了更密实的接近于球形的颗粒（从试验中可观察到）而快速沉于池底。

由此进一步证明正是回流污泥的多重作用才使得污泥动态成核絮凝工艺取得了极佳的净水功效。

12.1.4.2　污泥动态成核絮凝工艺处理 FD 废水中试及生产性试验研究

污泥动态成核絮凝工艺处理 FD 废水中试研究，是对课题所提出的污泥动态成核絮凝工艺与评价指标，结合现场运行进行的中试验证，其目的是分析不同 PFS 或 PAM 投量、原水水质、回流污泥量、絮凝反应的 pH 值范围控制等因素对絮凝效果的影响，验证并修正烧杯试验所提出的控制条件，为试验工艺的实际应用提供参考依据。

选择了深圳某典型电真空企业的 FD 废水为水源开展中试研究，该厂位于深圳市福田区，成立于 1996 年，中外合资企业，主要生产等离子显示屏和不同尺寸的显示器件等产品。

该企业十分重视环境保护方面的工作。在进行生产线设计、施工和投产时，充分考虑环保的重要性，严格执行"三同时"制度，一次性投资了 4783 万元，对"三废"进行治理。公司建造有日处理量为 3600t 的废水处理站一座，2003 年废水处理站经过扩建改造，现处理能力提高到 4000t/d。

该厂（以下简称 SX 厂）排放的废水主要分为三类：酸碱废水（AA 废水）、含氟（FD）废水、含铬废水。FD 及含铬废水在进行分类处理后，Pb、Cr 达标后，沉淀池出水统一进入 AA 废水系统，再次进行混凝沉淀，集中浓缩、过滤后集中排放。

SX 厂废水处理工艺流程如图 12.37 所示。

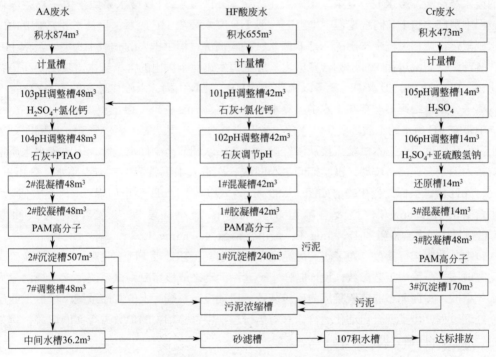

图 12.37 SX 厂废水处理工艺流程

污泥动态成核絮凝工艺处理 FD 废水系统组成如图 12.38 所示，工艺主体部分为化学混合反应池、调节混凝池、絮凝池、沉淀池 4 个池体和重要组成部分污泥回流系统。

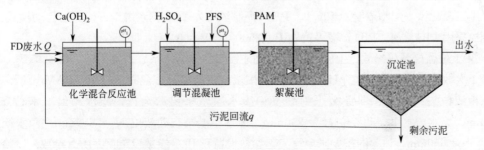

图 12.38 污泥动态成核絮凝工艺示意

污泥动态成核絮凝工艺运行过程如下：FD 工业废水与回流的污泥进入化学混合反应池后，与投加的石灰 Ca（OH）$_2$、氯化钙［或者同时投加的 Ca(OH)$_2$ 和氯化钙］混合，反应形成氟化钙及重金属氢氧化物颗粒，并与回流絮体作用；然后进入调节混凝池，投加混凝剂 PFS 混凝反应，同时投加酸调节为混凝最佳 pH 值范围，铝离子及铁离子及其水解产物克服氟化钙胶体性质，使氟化钙胶体小颗粒凝聚形成较大的絮体；进入絮凝池后，投加有机高分子絮凝剂聚丙烯酰胺 PAM，絮体颗粒进一步凝聚，形成较大密实的絮体。进过沉淀池固液分离后，上清液排放，沉淀污泥和部分出水经过回流泵返回化学混合反应池，部分剩余污泥排放。

（1）中试运行条件及试验过程

1）原水水质　FD 废水一般为酸性，pH 值为 2～5，含氟量较高，最高可达 1500mg/L，COD$_{Cr}$ 较低，还含有重金属铅，含量为 0.05～40mg/L。

电子真空器件制造工艺中 80%以上的工序需要进行化学处理及清洗，因而排放出不同成分的废水及废液，废水成分复杂。本研究主要针对 FD 废水，FD 废水来源于电子真空器件生产过程中黑底涂敷 HF 清洗过程中排出的一般 HF 废水及浓 HF 废水、屏清洗排放出的浓 HF 废水、氟化铵调和过程中排出的 NH$_4$F 废水、脱膜清洗过程中排出的一般 HF 废水及浓 HF 废水、溶药设备清洗过程中排出的含氟废水、屏锥再生过程中排出的含氟废水。其主要污染物为氟化物、Pb、Zn 等，废水中的氟多以氟化物、HF、硅氟化物、六氟化硅酸的形态存在，Pb 是以离子、络合物等形态存在于水中。废水水温较高，一般在 38℃以上。

电真空 FD 废水的水质因受生产工序、生产方式、生产周期等因素的影响，不同时刻的水质水量变化幅度很大。本试验直接从该厂废水站氟系水调节池中抽水试验，因此废水水质指标相对较为恒定，但仍有波动，试验期间每小时取一次进入中试装置中的废水原水，分析 F$^-$、浊度、pH 值等指标，变化趋势如图 12.39 所示。FD 原水 pH 最小值为 2.3，最大值 2.8；最小含氟量 242.8mg/L，最大含氟量 885.4mg/L；最小浊度为 78.7NTU，最大浊度为 261.0NTU；最大含铅量为 15.96mg/L，最小含铅量为 0.66mg/L。

2）中试装置运行参数　为了研究污泥动态成核絮凝工艺处理 FD 工业废水的效能及确定污泥动态成核絮凝除污工艺参数，设计制作了一套污泥动态成核絮凝中试系统，该系统由三大主要部分组成：污泥动态成核絮凝沉淀反应装置、自动投药系统、上位监控系统。模拟工业废水实际处理过程，可实现全自动化运行，并对运行过程中试验相关的参数进行实时记录，例如：流量、液位、pH 值、投药量等。

中试运行参数设置包括三个组成部分：

① 污泥动态成核絮凝沉淀反应装置参数。废水处理流量 $Q=2m^3/h$，水力停留时间 T 约为 1h，化学混合反应池与混凝池转速为 135r/min，絮凝池转速为 60r/min。

② 自动投药系统参数。氢氧化钙配制浓度 100g/L，硫酸配制浓度为 10～40mL/L，混凝剂采用三氯化铁，配制浓度为 10g/L，PAM 配制浓度为 1g/L，系统运行模式为自动模式，pH 值调控采用 PID 算法，PID 参数设置为 $P=25000$，$I=500$，$D=50$。

③ 上位监控系统参数。上位监控系统实时监控系统运行状态，实时记录试验参数，每 2s 记录 1 次数据，记录 pH$_1$、pH$_2$、氢氧化钙投量、硫酸投量、混凝剂投量、PAM 投量，并对原水箱液位进行控制，保证废水中继泵和废水原水泵自动运行，原水箱最低液位 $H_1=$ 150mm，废水原水泵启动液位 $H_2=250mm$，废水中继泵启动液位 $H_3=300mm$，原水箱最高液位 $H_4=650mm$。试验时按要求填写工艺参数设置和 PLC 参数设置页面所有参数，试验结束后保存运行参数记录。

3）试验过程　污泥动态成核絮凝工艺处理 FD 生产废水中试研究在某电真空厂进行，装置直接从该厂废水站 FD 废水调节池中抽水试验，废水流量 $Q=2m^3/h$，废水进入化学混合反应池后，与回流的污泥混合，利用出口处的在线 pH 计（pH_1）控制投加 Ca（OH）$_2$，pH_1 试验范围 9.0～11.5；反应后流入调节混凝池，投加硫酸和混凝剂 PFS，出口处的在线 pH 计（pH_2）控制硫酸的投加，调节混凝所需的最佳 pH 值范围，pH_2 试验范围 7.0～9.0，PFS 投加量范围 0～15mg/L（以 Fe 计）；絮凝池投加 PAM，投加量范围 0～5.0mg/L；混凝反应后进入斜板沉淀池，沉淀完全后出水，沉淀污泥一部分回流返回化学混合反应池，回流流量试验范围 0～1.25m^3/h，一部分剩余污泥排放。其中药剂的投加浓度按原水流量计算，不包括污泥回流流量。

试验研究污泥动态成核絮凝影响因素，确定各参数最佳范围。对于某个影响因素，每改变一个参数的一个水平，系统运行 6h。6h 系统运行分为两个阶段：运行调整阶段和运行稳定阶段。改变一个参数后，系统要经过大约 1h 的运行调整阶段，运行状态逐渐调整为设定的参数，装置内的水经过 1h 后交换完全，出水才开始反映当前参数的运行结果，即每改变一次参数，系统要最大滞后 1h 后才反映处理效果，这个阶段就是运行调整阶段；调整后系统进入稳定运行阶段，为了较好地反映试验结果，稳定运行阶段定为 5h，然后再改变下一个参数。从运行开始起每小时取一次原水水样和出水水样，测量 pH 值、浊度和 F 及 Pb 等指标，系统运行完全稳定时，取絮凝池 1L 水样，沉淀后用定量滤纸过滤，在 105℃ 烘干后称量分析絮凝体浓度指标，运行过程中上位监控系统自动记录 pH 值、氢氧化钙投量、硫酸投量、混凝剂投量及 PAM 投量。

（2）污泥动态成核絮凝工艺处理 FD 废水影响因素及最佳运行参数

1）Ca（OH）$_2$ 投量（pH_1）的影响　向 FD 工业废水中投加石灰 Ca（OH）$_2$，F$^-$ 和 Ca^{2+} 发生化学反应生成 CaF$_2$，Pb 和 OH$^-$ 发生化学反应生成 Pb（OH）$_2$，由于同离子效应，残余的 F$^-$ 浓度随［Ca^{2+}］/［F$^-$］摩尔比的增加而降低。即向化学混合反应池中投加 Ca^{2+}，使废水中的 F$^-$ 与 Ca^{2+} 反应，游离态的 F$^-$ 转化为胶体态的氟化钙，通过改变钙离子的投加量可以控制残余 F$^-$ 的浓度。钙离子投加量越大，残余 F$^-$ 的浓度越小；同理由于同离子效应，残余的 Pb^{2+} 浓度随［Pb^{2+}］/［OH$^-$］摩尔比的增加而降低。即向化学混合反应池中投加 OH$^-$，使废水中的 Pb^{2+} 与 OH$^-$ 反应，游离态的 Pb^{2+} 转化为胶体态的 Pb（OH）$_2$，通过改变 Ca（OH）$_2$ 的投加量可以控制残余 F 及 Pb 的浓度。反应液中剩余 Ca（OH）$_2$ 越大，残余 F 及 Pb 的浓度越小。

试验中 FD 废水多显酸性，平均 pH 值为 2.7±0.1，废水的酸性主要由 HF 贡献的，一般情况下，酸性与氟离子浓度具有负相关性，废水 pH 值越小，含氟量越高，但也有不一致的情况。试验中利用化学混合反应池出口处的在线 pH 计控制氢氧化钙的自动投加，来适应原水水质的变化。控制氢氧化钙的投量转化为控制反应过程中的 pH 值。

试验考察了无污泥回流和有污泥回流两种情况下，氢氧化钙投量对 FD 废水除污效果的影响。

① 无污泥回流时 Ca（OH）$_2$ 投量（pH_1）的影响。FD 废水流量 Q 为 2m^3/h，无污泥回流，在线 pH 计控制投加氢氧化钙的投量，并控制硫酸的投加，将调节混凝池的 pH 值调节为混凝最佳 pH 值范围，试验中设定 pH_2 值为 8.0±0.1。混凝剂采用 PFS，投加量为 10mg/L 值（以铁计），PAM 投量为 2mg/L。中试系统从运行开始，每 6h 改变一次 pH_1 的设定值，每小时取一次装置进水口原水水样和出水口出水水样，测量 pH 值、浊度、含氟量及 Pb 等。具体

实验过程如下：中试装置启动，废水中继泵、原水泵、自动投药系统、上位监控系统按设定开始运行，pH₁ 设定为 9.0。系统先进入运行调整阶段， 1h 运行后，pH 值慢慢达到稳定，接近目标设定值，系统进入运行稳定阶段。开始取出水水样进行分析，稳定运行 5h，然后改变 pH₁，设定为 10.0，依次类推 6h 一个实验周期。根据此前项目组研究基础获得 pH₁ 的最适范围为 9.0～11.2，因此分别设定 pH₁ 的值为 9.0、10.0、10.5、11.0、11.1、11.2，运行结果如图 12.39 所示。

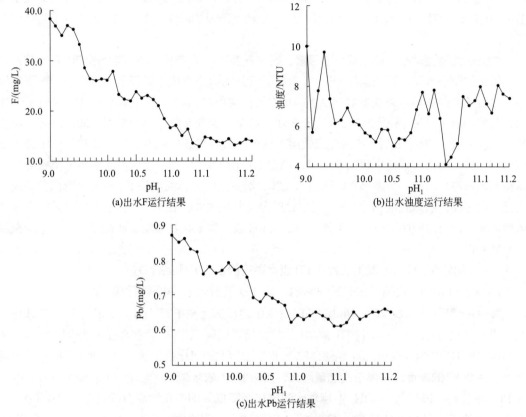

图 12.39 无污泥回流时 pH₁ 的影响

　　根据试验结果可以看出，残余氟离子及 Pb 的浓度跟 pH₁ 呈负相关性。化学混合反应池中的 pH 值随时间阶梯式的升高，由 9.0 升高为 11.1，出水的残余氟离子及 Pb 的浓度也呈现出阶梯式的下降，11.1 升为 11.2，出水的残余氟离子及 Pb 的浓度基本趋于平稳。pH₁ 的值与氢氧化钙的投加量呈正相关性，但并不是呈线性比例，而是氢氧化钙的投量随 pH 值指数形式增加。当 pH 值为 9.0 时，出水残余氟离子的浓度在 34.32mg/L 左右波动，出水残余 Pb 的浓度在 0.83mg/L 左右波动；当 pH 值升高为 10.0 时，出水残余氟离子的浓度降低为 26.55mg/L 左右，出水残余 Pb 的浓度在 0.78mg/L 左右波动，继续增加 pH₁ 的设定值，依次设为 10.5、11.0、11.1、11.2，出水残余氟离子浓度平均值依次为 22.83mg/L、16.75mg/L、14.13mg/L、13.83mg/L，出水残余 Pb 浓度平均值依次为 0.70mg/L、0.64mg/L、0.63mg/L、0.65mg/L。出水的浊度在 4.52～9.67NTU 之间波动，平均浊度 6.52NTU，并没有表现出什么规律性，与原水水质和后面的混凝过程相关，受前面的钙盐反应过程影响较小。

　　② 污泥回流量 0.5m³/h 时 Ca（OH）₂ 投量（pH₁）的影响。当污泥回流量为 0.5m³/h

时，即回流比为 25％（回流流量/原水流量×100％），其他运行条件和无污泥回流时保持相同，原水水质存在小范围的波动，但基本上比较稳定，试验分析方法也保持一样。分析出水水质考察 FD 废水的处理效果，试验结果如图 12.40 所示，与无污泥回流时规律相似，出水残余氟离子浓度随化学混合反应池中 pH 值的升高逐渐降低，运行过程中随时间呈阶梯型下降。

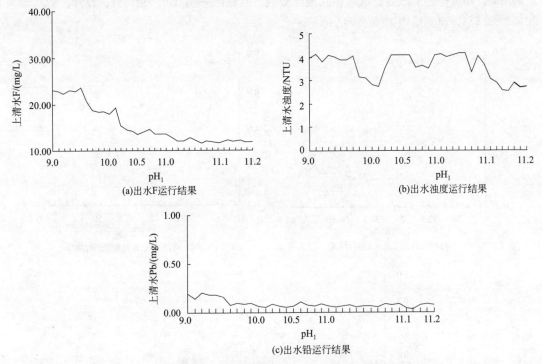

图 12.40 污泥回流量 $0.5\text{m}^3/\text{h}$ 时 pH_1 的影响

当 pH 值为 9.0 时，出水残余氟离子的平均浓度为 23.02mg/L，为无污泥回流的平均出水残余氟离子浓度的 60％，当 pH 值升高为 10.0 时，出水残余氟离子的浓度降低为 18.53mg/L 左右，继续增加 pH_1 值的设定值，依次设为 10.5、11.0、11.1、11.2，出水残余氟离子浓度逐渐下降，平均值依次为 14.41mg/L、12.29mg/L、12.03mg/L、12.08mg/L，上清水 F 趋于稳定，比无污泥回流的平均出水残余氟离子浓度低 29.2％，当 pH 值依次增大时，二者之差逐渐减小，当 pH 值为 11.2 时，增至无污泥回流的平均出水残余氟离子浓度的 87％。

出水的浊度在 2.53～4.15NTU 之间波动，平均浊度 3.57NTU，比无污泥回流的平均浊度 6.61NTU 低 46％，但 pH_1 值变化对出水浊度的影响不大。

当 pH 值为 9.0 时，出水残余 Pb 的平均浓度为 0.18mg/L，当 pH 值升高为 10.0 后，出水残余 Pb 的浓度降低为 0.09mg/L 左右，继续增加 pH_1 值的设定值，依次设为 10.5、11.0、11.1、11.2，出水残余 Pb 浓度趋于稳定，平均值稳定在 0.08mg/L 左右，为无污泥回流工况的 11％。

③ pH_1 设定值的影响。将各个 pH_1 参数稳定运行阶段时运行结果进行统计分析，随 pH_1 值的增加，出水残余氟、浊度及 Pb 浓度逐渐降低。改变 pH_1 情况下污泥动态成核絮凝工艺的净水效能在 9～11 范围区间与氢氧化钙投量呈正相关性，即增加氢氧化钙的投量，净水效能增加，根据试验运行结果和 pH_1 对净水效能的影响趋势，确认 pH_1 最佳范围为 11.0～11.1，在有污泥回流时，pH_1 在 10.5～11.0 范围就能获得较理想的协同除铅、F 及浊度效果。

2）污泥回流比的影响　由上面的试验可知，污泥回流可以有效地改善 FD 废水的净化效果，因此对污泥回流进一步进行试验，改变不同的回流比，来考察回流比对污泥动态成核絮凝工艺处理 FD 废水净水效能的影响。化学混合反应池出口处 pH 值（pH$_1$）设定为 10.5，调节混凝池出口 pH 值（pH$_2$）设定为 8.0，PFS 投量 3mg/L，PAM 投量 2.0mg/L，试验过程与之前相同，每 6 个小时改变一次污泥回流比参数，回流比分别取 0、12.5％、25％、37.5％、50％、62.5％，试验结果如图 12.41 所示。

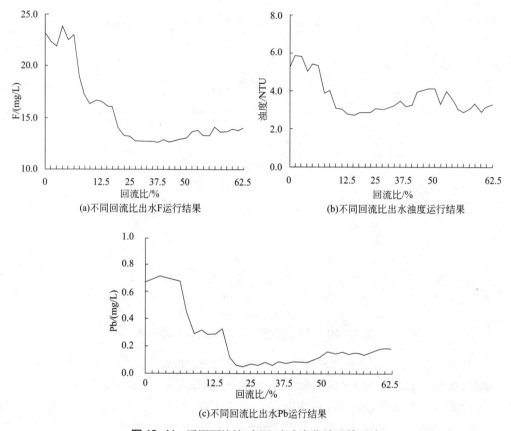

(a)不同回流比出水 F 运行结果　　　　　(b)不同回流比出水浊度运行结果

(c)不同回流比出水 Pb 运行结果

图 12.41　污泥回流比对 FD 废水净化效果的影响

由图 12.41（a）可知，在 0～25％的范围区间，随着回流比的增加，出水残余 F 浓度逐渐降低，在 25％～37.5％的范围区间，出水残余 F 浓度较低且趋于稳定；在 37.5％～62.5％的范围区间，随着回流比的增加，出水残余 F 浓度缓慢上升；运行稳定阶段的数据进行统计分析，回流比为 0、12.5％、25％、37.5％、50％、62.5％时，平均残余 F 浓度分别为 22.82mg/L、16.98mg/L、13.36mg/L、12.72mg/L、13.34mg/L、13.82mg/L。可见在回流比 25％～37.5％的范围区间内，可获得较好的去除 F 效能。

由图 12.41（b）可知，在 0～25％的范围区间，随着回流比的增加，出水残余浊度逐渐降低，回流比为 0、12.5％、25％时，平均出水浊度分别为 5.46NTU、3.28NTU、2.98NTU，在 25％～62.5％的范围区间，出水残余浊度虽缓慢上升，但仍波幅较小，回流比为 37.5％、50％、62.5％时，平均出水浊度分别为 3.55NTU、3.72NTU、3.12NTU。可见在回流比 12.5％～62.5％的范围区间内，都可获得较好的除浊效能。

由图 12.41（c）可知，在 0～25％的范围区间，随着回流比的增加，出水残余 Pb 浓度逐渐降低，回流比为 0、12.5％、25％时，平均出水残余 Pb 浓度分别为 0.69mg/L、0.33mg/L、0.07mg/L，在 37.5％～62.5％的范围区间，出水残余 Pb 虽缓慢上升，但仍波幅较小，回流比为 37.5％、50％、62.5％时，平均出水残余 Pb 分别为 0.08mg/L、0.14mg/L、0.17mg/L。可见在回流比 25％～37.5％的范围区间内，可获得较好的除 Pb 效能。

污泥回流是污泥动态成核絮凝工艺的核心，污泥回流过程体现了污泥动态成核絮凝工艺处理 FD 废水的净水机理。适宜的污泥回流比，可显著改善净水效果，其本质原因推测可能有以下四个方面：

① 污泥回流，反应体系形成内部稀释过程，提高了 Ca（OH）$_2$ 的有效利用率。 FD 工业废水 F 从几十到几千毫克/升，F 含量较高时，通过投加 Ca（OH）$_2$ 需要调节 pH 到 12 以上，但 Ca（OH）$_2$ 微溶于水，溶解度随温度升高而降低，而且 Ca（OH）$_2$ 与 F 反应生成的氟化钙包裹在未溶解的 Ca（OH）$_2$ 表面，阻止 Ca（OH）$_2$ 的进一步溶解。这样，废水中含氟量越高，需要投加的氢氧化钙量越大，越接近氢氧化钙的理论溶解度，氢氧化钙的有效利用率就越低。因此，只增加氢氧化钙投加量并不能获得更好的除氟效果，而且大量未溶解的氢氧化钙被污泥协卷进入沉淀池的污泥中，增加了污泥量。引入污泥回流，未溶解的氢氧化钙返回化学混合反应池继续溶解反应。回流水是处理过的水，含氟量一般为 10～20mg/L。回流水和原水混合后，稀释了反应体系中的含氟量和氢氧化钙的溶解浓度。稀释后 Ca（OH）$_2$ 进一步溶解，F$^-$ 与 Ca^{2+} 充分反应，未溶的部分回流后继续溶解反应，这样形成一个内部动态溶解反应过程，提高了氢氧化钙的有效利用率。污泥回流比越大，稀释倍数就越大，氢氧化钙有效利用率就越高。

② 污泥回流，促进氟化钙（CaF$_2$）及 Pb（OH）$_2$ 结晶生长，提高 F 及 Pb 的去除率。研究表明，在 F$^-$ 和 Ca^{2+} 反应体系中投加氟化钙晶种，可以促进氟化钙的结晶生长，产生的氟化钙颗粒沉降速度快且残余氟离子浓度降低；在铅离子与氢氧根反应体系中投加 Pb（OH）$_2$ 晶种，可以促进 Pb（OH）$_2$ 的结晶生长，产生的 Pb（OH）$_2$ 颗粒沉降速度快且残余铅离子浓度降低。

③ 污泥回流，改善了混凝效果，提高了系统的稳定性。实际处理过程中，部分 FD 工业废水悬浮物 SS 和浊度较低，本试验中的电真空生产废水，SS 为 0.4～210mg/L，平均浊度（129.6±38.7）NTU，最小仅为 78.7NTU。混凝过程中悬浮物浓度较低，影响混凝效果，絮体比较松散，沉降性不好，出水浊度较高。而且原水水质变化时，系统运行不稳定；污泥回流时，污泥作为加载剂，增加了混凝过程中颗粒的浓度，有效碰撞次数增加，改善了混凝效果，絮凝过程中絮体密实，沉降性好，出水浊度低，而且系统耐冲击负荷性能好，能更好地适应原水水质变化。

④ 污泥回流，利用大量絮体的吸附能力，进一步提高了污染物的去除率。污泥回流时，反应体系中有大量的絮体悬浮物，絮体是一种不规则的多孔结构体，具有一定的吸附能力，混凝过程中，呈网状大絮体卷扫包裹小颗粒，并在表面吸附部分漂散的 CaF$_2$ 及 Pb（OH）$_2$，一起凝结沉降，进一步降低了残余 F 及 Pb 离子浓度。

3）絮凝过程中 pH 值（pH$_2$）的影响 废水经过化学混合反应池反应后，进入调节混凝池。调节混凝池有两个作用：一是加酸调节体系 pH 值，使体系在混凝的最佳 pH 值范围内；二是投加混凝剂混凝反应。调节过程受出口处在线 pH 计（pH$_2$）控制自动投加硫酸。试验对 PFS 混凝剂最佳 pH 值范围进行考察， pH$_1$ 值设定为 10.5，污泥回流比为 25％，PFS 投量 3mg/L，PAM 投量 2.0mg/L。试验过程同前，根据硫酸投加量从小到大过程，pH$_2$ 值依次分别设定为 9.0、8.5、8.0、7.5、6.5、6.0，开始运行系统。试验结果如图 12.42 所示。

从图 12.42（a）可知，pH_2 值为 9.0 时，出水残余 F^- 浓度较高，平均残余氟离子浓度为 18.58mg/L，当 pH_2 值降低为 8.5、8.0、7.5 时，出水残余 F^- 浓度波幅较小，平均残余 F^- 浓度分别为 13.54mg/L、13.20mg/L、13.05mg/L；当 pH_2 值进一步降低为 6.5、6.0 时，出水残余 F^- 浓度逐渐升高，出水平均残余 F^- 浓度分别为 16.13mg/L、17.12mg/L。

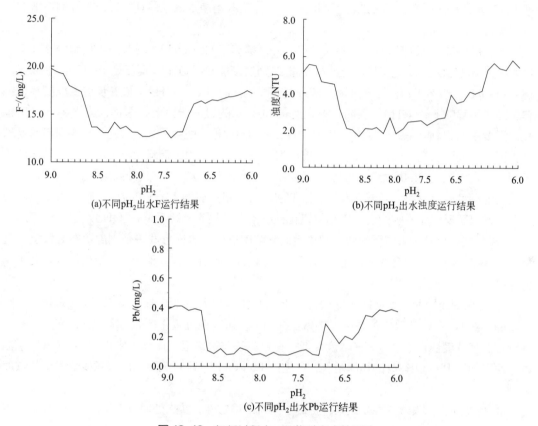

图 12.42　絮凝过程中 pH 值对出水的影响

从图 12.42(b)可知，pH_2 值为 9.0 时，出水残余浊度较好，平均残余浊度为 4.99NTU，当 pH_2 降低为 8.5、8.0、7.5 时，出水残余浊度进一步降低，平均残余浊度分别为 2.55NTU、2.13NTU、2.53NTU；当 pH_2 值进一步降低为 6.5、6.0 时，出水残余浊度逐渐升高，出水平均残余浊度分别为 3.90NTU、5.51NTU。

从图 12.42（c）可知，pH_2 值为 6.0～9.0 时，出水残余 Pb 浓度均为 0.5mg/L 以下，pH_2 为 9.0 时，平均残余 Pb 浓度为 0.39mg/L，当 pH_2 值降低 8.5、8.0、7.5 时，出水残余浊度 Pb 浓度进一步降低，平均残余 Pb 浓度分别为 0.10mg/L、0.09mg/L、0.10mg/L；当 pH_2 进一步降低为 6.5、6.0 时，出水残余 Pb 浓度逐渐升高，出水平均残余 Pb 浓度分别为 0.22mg/L、0.37mg/L。

综上所述，在有污泥回流时，pH_2 值在 7.5～8.5 范围就能获得较理想的协同除铅、F 及浊度效果。

4）PFS 投量的确定　在混合反应池反应生成的氟化钙及氢氧化铅颗粒，进入调节混凝池后，通过投加混凝剂 PFS 补充混凝，使氟化钙及氢氧化铅胶体颗粒凝聚为较大的絮体后沉淀去除。试验设定 pH_1 为 10.5， pH_2 为 8.0，污泥回流比为 25%， PAM 投量 2mg/L，每 6h 改变混凝剂的投量，分别为 0、3mg/L、6mg/L、9mg/L、12mg/L、15mg/L。出水水质运行结果如图 12.43 所示。

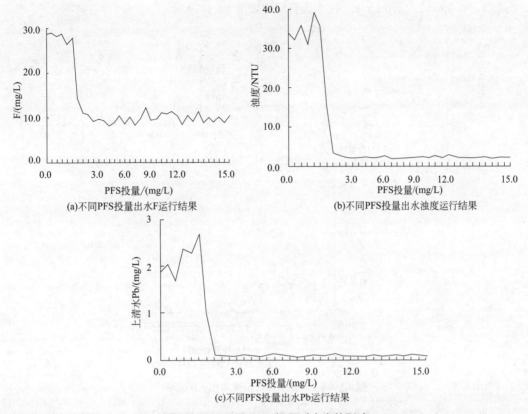

(a)不同PFS投量出水F运行结果

(b)不同PFS投量出水浊度运行结果

(c)不同PFS投量出水Pb运行结果

图 12.43　不同 PFS 投量对出水的影响

如图 12.43（a）所示，当不投加 PFS 时，氟化钙胶体颗粒直接靠重力沉降效果很差，出水平均残余氟浓度和浊度分别为 28.17mg/L；当 PFS 投量为 3mg/L 时，就可取得上清水残余氟 10mg/L 左右的较理想的除氟效果，逐渐增至 15mg/L 时，出水残余氟浓度波幅很小，基本稳定在（10±2）mg/L，说明有污泥回流时补充微量的 PFS 就可取得理想的除氟效果。

如图 12.43（b）所示，当不投加 PFS 时，反应液中胶体颗粒直接靠重力沉降效果很差，出水平均残余浊度为 34.65NTU；当 PFS 投量为 3mg/L 时，出水残余浊度便出现了明显的下降，此后直至 PFS 投量逐渐增至 15mg/L，出水残余浊度的波幅很小，基本稳定在（2.30±1）NTU，说明有污泥回流时补充微量的 PFS 就可取得理想的混凝沉淀效果。

如图 12.43（c）所示，当不投加 PFS 时，反应液中氢氧化铅胶体颗粒直接靠重力沉降效果很差，出水平均残余 Pb 为 2.16mg/L；当 PFS 投量增加至 3mg/L 时，出水残余浊度便出现了明显的下降，此后直至 PFS 投量渐次增至 15mg/L，出水残余 Pb 波幅很小，基本稳定在（0.09±0.02）mg/L，说明有污泥回流时补充微量的 PFS 就可取得理想的除铅效果。

综上所述，有污泥回流时，PFS 投量在 3.0mg/L 范围时，就可取得理想的协同除浊、除 F 及除铅效果。

5）PAM 投量的确定　经试验研究发现，只投加混凝剂 PFS 时，混凝效果较差，絮凝尺寸较小，且比较松散，容易破碎，沉降性能差。即使 PFS 投量为 12mg/L 时，出水平均残余氟浓度和浊度分别仅为 15.32mg/L、11.17NTU，没有达到理想的效果。因此在絮凝池中投加高分子有机絮凝剂阴离子型 PAM，进一步增强絮凝效果。试验 pH_1 设定为 10.5，pH_2 为 8.0，污泥回流比为 25％，PFS 投量为 3mg/L，PAM 投量分别取值 0、0.5mg/L、1.0mg/L、2.0mg/L、3.0mg/L、4.0mg/L。出水运行结果如图 12.44 所示。

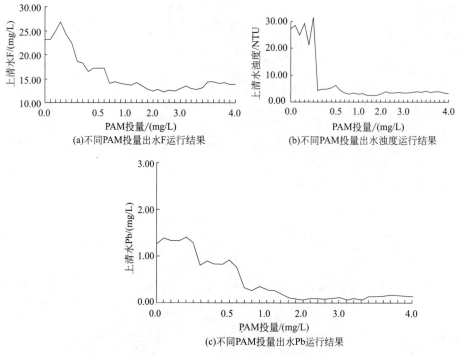

(a)不同PAM投量出水F运行结果

(b)不同PAM投量出水浊度运行结果

(c)不同PAM投量出水Pb运行结果

图 12.44 不同 PAM 投量对出水的影响

如图 12.44（a）所示，当不投加 PAM 时，氟化钙胶体颗粒直接靠重力沉降效果很差，出水平均残余氟浓度为 24.18mg/L；当 PAM 投量在 0～2.0mg/L 范围时，出水残余氟浓度随 PAM 投量的增多而下降；当 PAM 投量在 2.0～3.0mg/L 范围时，平均出水残余氟浓度为 12.87mg/L，除氟效果较理想；当 PAM 投量在 3.0～4.0mg/L 范围时，出水残余氟浓度随 PAM 投量的增多而缓慢增大，平均出水残余氟浓度上升至 14.11mg/L；说明有污泥回流时适量的 PAM 投量就可取得理想的除氟效果。

如图 12.44（b）所示，当不投加 PAM 时，反应液中颗粒直接靠重力沉降效果很差，出水平均残余浊度为 27.17NTU；当 PAM 投量在 0～2.0mg/L 范围时，出水残余浊度随 PAM 投量的增多而下降；当 PAM 投量在 2.0～3.0mg/L 范围时，平均出水残余浊度为 2.21NTU，除浊效果较理想；当 PAM 投量在 3.0～4.0mg/L 范围时，出水残余浊度随 PAM 投量的增多而缓慢增大，平均出水残余浊度上升至 3.71NTU；说明有污泥回流时适量的 PAM 投量就可取得理想的除浊效果。

如图 12.44（c）所示，当不投加 PAM 时，反应液中氢氧化铅颗粒直接靠重力沉降效果很差，出水平均残余 Pb 为 1.34mg/L；当 PAM 投量在 0～2.0mg/L 范围时，出水残余 Pb 随 PAM 投量的增多而下降；当 PAM 投量在 2.0～3.0mg/L 范围时，平均出水残余 Pb 为 0.09mg/L，除 Pb 效果较理想；当 PAM 投量在 3.0～4.0mg/L 范围时，出水残余 Pb 随 PAM 投量的增多而缓慢增大，平均出水残余浊度上升至 0.15mg/L；说明有污泥回流时适量的 PAM 投量就可取得理想的除 Pb 效果。

综上所述，有污泥回流时，PAM 投量在 2.0~3.0mg/L 范围时，就可取得理想的协同除油、除 F 及除铅效果。

6）最佳工艺参数运行试验　经过上面试验研究，分析了污泥动态成核絮凝工艺各影响因素，对运行参数进行优化选择，确定了最佳工艺参数范围。为了检验污泥动态成核絮凝工艺的实际除污效果，利用本中试装置选择一组优化后的参数运行：原水流量 Q 为 $2m^3/h$，回流比 25%，pH_1 值目标设定值 10.7~10.9，pH_2 值目标设定值 7.8~8.2，混凝剂 PFS 投量 3mg/L，PAM 投量 3mg/L。污泥动态成核絮凝中试装置与现场 FD 废水处理系统（传统工艺）并行运行，具体工艺参数见表 12.9，现场 FD 废水处理传统工艺的 PFS 投量为 10mg/L，PAM 投量 3mg/L。污泥动态成核絮凝工艺的表面负荷为传统工艺表面负荷的 2.5 倍。

⊡ 表 12.9　对比试验运行工况参数

工艺分类	混合反应		一段絮凝		二段絮凝	
	pH 值控制	时间/min	pH 值控制	时间/min	时间/min	表面负荷 /[m³/(m²·h)]
传统絮凝	10.7~10.9	15	7~9	15	9	0.8
污泥动态成核絮凝	10.7~10.9	5	7.8~8.2	5	3	2.0

经过 52h 的稳定运行，每 1h 取一次原水和出水水样进行分析，上位监控系统自动记录 pH 值、投药量等参数。运行过程中原水水质和出水水质如图 12.45 及图 12.46 所示。

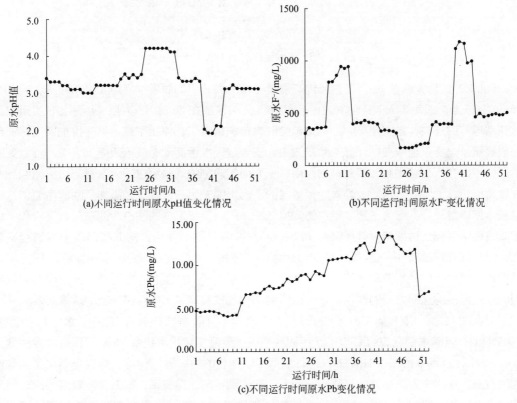

(a)不同运行时间原水pH值变化情况

(b)不同运行时间原水F⁻变化情况

(c)不同运行时间原水Pb变化情况

图 12.45　不同运行时间原水水质变化

从图 12.45 可以看出，FD 原水水质虽然波幅较大，但至少可以稳定 3~5h。

根据图 12.46（a）的统计数据可知，污泥动态成核絮凝工艺出水 F 平均质量浓度为

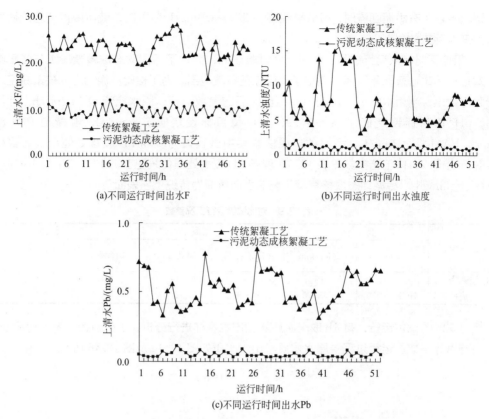

图 12.46　不同运行时间出水水质变化

9.82mg/L，且基本都在 12 以下，而传统絮凝工艺出水 F 平均质量浓度为 23.29mg/L，且都在 15mg/L 以上，即使 20mg/L 以下的也只有 10%，80% 都在 20mg/L 以上，上清水 F 质量浓度比正常运行时还高，这主要是因为对比试验时，传统絮凝工艺停止了氯化钙的投加；而污泥动态成核絮凝之所以能取得如此好的除氟效果，主要是因为污泥动态成核絮凝工艺中，反复絮凝的回流污泥在该工艺中起到了关键的作用：一方面加载剂中尚未反应的大量石灰可重新回到水中参与反应，消除了因水质波动对除氟效果的不利影响；另一方面，因添加了回流污泥使水中总悬浮絮体量骤增，增大了絮体颗粒的碰撞概率，同时反复絮凝的回流污泥在混合反应和一段絮凝过程中既充当微细絮体载体又与 PFS 一道发挥混凝剂的作用，同时在二段絮凝过程又与 PAM 凝聚形成密实的团状胶质，可作为絮体的"凝核"，更强力地吸附水中漂浮的细碎氟化钙颗粒，使水中的基本无游离的氟化钙颗粒，水中总［F］的含量进一步降低，正因为反复絮凝的回流污泥的这两方面的作用，才使得污泥动态成核絮凝工艺取得了极佳的除氟功效。

根据图 12.46（b）及（c）的统计数据可知，污泥动态成核絮凝工艺出水平均浊度为 1.06NTU，且基本都在 2NTU 以下；污泥动态成核絮凝工艺出水残余 Pb 平均质量浓度浊度为 0.05mg/L，且基本都在 0.1mg/L 以下，取得了较理想的协同除污效能。这也是添加了回流污泥的贡献，使水中总悬浮絮体量骤增，增大了絮体颗粒的碰撞概率，同时反复絮凝的回流污泥在混合反应和一段絮凝过程中既充当微细絮体载体又与 PFS 一道发挥混凝剂的作用，同时在二段絮凝过程又与 PAM 凝聚形成密实的团状胶质，可作为絮体的"凝核"，更强力地吸附水中的漂浮的细碎的颗粒，使水中基本无游离的颗粒，水中总 F 的含量进一步降低，正因为反复絮凝的回流污泥的这两方面的作用，才使得污泥动态成核絮凝工艺取得了极佳的除污功效。

如图 12.46 所示，在污泥动态成核絮凝工艺表面负荷增大为传统絮凝工艺 2.5 倍时，其 FD 单元上清水残余 F 质量浓度、残余浊度、残余 Pb 质量浓度比对应传统絮凝工艺分别低 57.80%、86.9%、90%，其除污效果仍然相当理想。

对比试验表明：污泥动态成核絮凝工艺处理电真空 FD 废水，耐冲击负荷能力远优于传统絮凝工艺，其出水水质也远优于传统絮凝工艺，因而在安全性与稳定性方面都优于传统工艺。

图 12.47　废水处理系统现场

（3）污泥动态成核絮凝工艺处理 FD 废水生产性试验研究

污泥动态成核絮凝工艺处理 FD 废水生产性试验研究，是对课题所提出的污泥动态成核絮凝工艺与评价指标进行生产性验证，为试验工艺的实际应用提供良好的基础。

1）试验基地废水处理站原工艺　生产性试验研究是在电真空企业废水处理站现场完成的，现场处理系统总体分布如图 12.47 所示，FD 废水工艺流程见图 12.48。

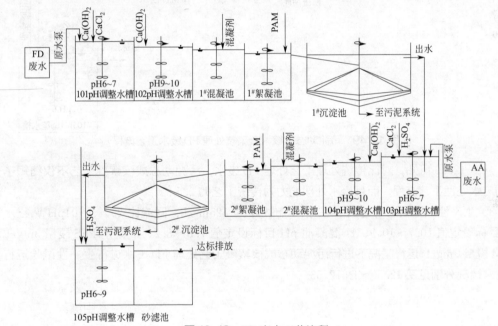

图 12.48　FD 废水工艺流程

现场 FD 废水处理系统是 2003 扩建改造的，当时设计规模为 $1800m^3/d$，处理能力为 $50m^3/h$。原水池至反应池采用水泵提升，每个处理单元中，采用机械搅拌混合，在 101pH 调整水槽进行混合反应，在 102pH 调整水槽进行 pH 值调节反应，在 $1^\#$ 混凝反应池进行一段混凝反应，在 $1^\#$ 絮凝池进行二段混凝反应后进入 $1^\#$ 沉淀池，出水与 AA 系列废水混合进入 103pH 调整水槽进行混合反应，在 104pH 调整水槽进行 pH 调节反应，在 $3^\#$ 混凝反应池进行一段混凝反应，在 $2^\#$ 絮凝池进行二段混凝反应后进入 $2^\#$ 沉淀池，之后进入 105pH 调整水槽，再进入砂滤池，出水达标排放。

2）FD 废水处理单元改造　对 FD 废水处理单元进行以下改造：

① 原水跳过 101pH 调整水槽，直接进入 102pH 调整水槽。增设沉淀池至 102pH 调整水槽的污泥回流系统，污泥回流泵与原水泵设定为连动。

② 将 1# 絮凝池至反应池的排水管改造为明渠槽。

③ 增设一台流量为 80m³/h（扬程 8m，电机功率 7.5kW）的原水泵，与在用原水泵并联使用；本系统的各反应池出水管分别改为 DN200 的 UPVC 给水管，并将 ABB 肯特的电磁流量计安装到该出水管上。

④ FD 系统取消氯化钙注药系统。

改造后的工艺流程见图 12.49。

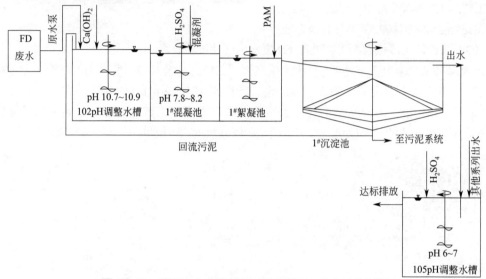

图 12.49 污泥动态成核絮凝工艺处理 FD 废水工艺流程

从图 12.49 可知，对比传统处理工艺处理 FD 废水，污泥动态成核絮凝工艺不仅缩短了一半的废水处理工艺流程，而且废水处理能力为传统工艺的 2.5 倍。

3）生产性试验结果与分析 在原水流量 Q 为 125m³/h，回流比 25％，101pH 调整水槽 pH 目标设定值 10.7～10.9、1# 混凝池 pH 目标设定值 7.8～8.2、混凝剂 PFS 投量 3mg/L、PAM 投量 3mg/L 运行工况下进行污泥动态成核絮凝工艺处理 FD 废水进行生产性试验运行，其出水情况分别见图 12.50～图 12.53。

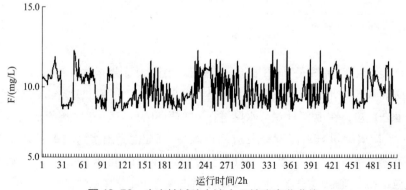

图 12.50 生产性试验上清水 F 浓度变化曲线

由图 12.50 可知，在现场长期稳定运行过程中，污泥动态成核出水残余 F 浓度平均为

9.5mg/L，其中仅有 1.0%略高于 12.0mg/L，4.1%在 11.0～12.0mg/L 范围，23.5%在 10.0～11.0mg/L 范围，18.6%在 9.0～10.0mg/L 范围，40.0%在 8.0～9.0mg/L 范围，仅有 0.2%小于 8.0mg/L，最小为 7.2，最大为 12.1，残余 F 浓度基本稳定在 8.0～11.0mg/L 范围，其除氟效能略优于中试。

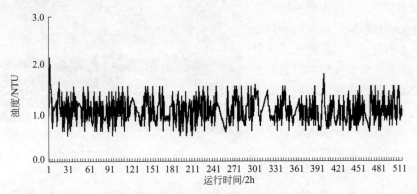

图 12.51 生产性试验上清水浊度变化曲线

由图 12.51 可知，在现场长期稳定运行过程中，污泥动态成核出水的平均残余浊度为 1.02NTU，仅有 1 点进水残余浊度为 2.1NTU 以上，其余 99.8%都在 2NTU 以下，其中 49.1%在 1～2NTU 范围，50.7%在 1NTU 以下，进水浊度稳定在较低的浓度水平范围，其除浊效能与中试基本相当。

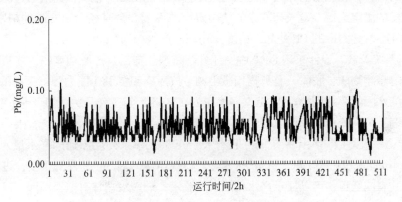

图 12.52 生产性试验上清水 Pb 浓度变化曲线

由图 12.52 可知，在现场长期稳定运行过程中，污泥动态成核出水 Pb 的平均残余浓度为 0.05mg/L，仅有 0.2%进水残余 Pb 略高于 0.1mg/L，其余 99.8%都在 0.1mg/L 以下，进水残余 Pb 稳定在较低的浓度水平，其除铅效能与中试基本相当。

现场生产性试验上清水如图 12.53 所示。

12.1.4.3 污泥动态成核絮凝-多元膜协同集成工艺回用 FD 废水中试研究

在某典型电真空企业废水站现场，开展污泥动态成核絮凝-多元膜协同集成工艺回用 FD 废水中试研究。

（1）集成工艺回用水中试运行条件及试验过程

在前期污泥动态成核絮凝工艺处理 FD 废水中试研究成果的基础上，以经污泥动态成核絮凝工艺处理后的 FD 出水为原水，考察多元膜装置的长期运行特性。

1）中试装置及运行参数　为了研究污泥动态成核絮凝-多元膜协同集成工艺回用 FD 工业废水的效能及确定多元膜回用水工艺参数，在污泥动态成核絮凝系统后增加了多元膜中试系统，由于之前所介绍中试系统已经应用于其他现场，所以本研究采用的是在该系统之前设计加工的另一套多元膜中试系统。该系统与之前所介绍系统配置参数基本相同，最主要区别在于，该系统尚未实现全自动化运行，主要数据依靠人工手动记录。具体地，该系统仍由 4 大主要部分组成：a. 预处理系统（砂滤装

图 12.53　现场生产性试验上清水

置）；b. 微滤系统（5μm 微滤膜保安过滤装置）；c. 超滤系统（中空超滤装置）；d. 反渗透装置。

中试运行参数设置包括 4 个组成部分。

① 砂滤装置参数。处理流量 $Q=2\mathrm{m^3/h}$，滤速为 10m/h；手动反冲洗。

② 微滤装置参数。为了防止水中的微小粒子进入超滤膜，特设保安过滤器（微滤系统），其采用成型的滤材，在压力的作用下使水通过滤材，滤渣留在管壁上，滤液透过滤材流出，从而确保超滤器的稳定运行，延长超滤膜的使用寿命。设置 2 台直径为 20mm 的精密过滤器（1用 1 备），内置 3 支 20in 的 PP 滤芯，精度为 5μm，产水量为 2t/h。

③ 超滤系统参数。设计采用 8040 中空纤维超滤膜 3 支，其过滤精度高，能有效去除水体中绝大部分的悬浮物质、胶体、有机物和微生物，抗污染和抗氧化能力强，适应的 pH 值范围广。超滤器的水回收率达到 90% 以上，产水量为 1.8t/h，其工作压力为 0.1～0.4MPa。超滤器的出水管道上装有流量计，可以显示产水和浓水的流量。

④ 反渗透系统参数。设计系统的回收率大于 60%，单系列反渗透的产水量为 $0.5\mathrm{m^3/h}$，配置海德能 4in 低压抗污染 LFC1-4040 膜 2 支，串联连接，需 2m 的外壳 1 支；进水、产水及浓水管道上装有流量计，可以显示产水和浓水的流量；进产水端装有电导率计，可实时读取电导率值。

2）试验过程　FD 废水回用水系统工艺组成依次为原水泵→砂滤装置→保安过滤器→超滤装置→超滤水箱→高压泵→反渗透装置→产水箱。砂滤装置进出口装有压力计，当其差值达到 0.05MPa 时，停机进行反冲洗，回用水系统停止工作；5μm 微滤装置进出口压差值达到 0.05MPa 时，更换滤芯。

（2）多元膜回用水工艺稳定运行特性

在维持中空纤维超滤膜装置膜通量 40～60L/h（每运行 1h，正反洗 30s），反渗透膜通量 30～50L/h 的工况下，观察不同运行周期下超滤膜及反渗透膜的运行工况。多元膜回用水中试系统通常每天运行 8h，每周运行 5d，累计运行 26 周，每 2h 取进水水样，测试 pH 值、重金属及浊度等相关数据，分析回用水系统进水工况；每 1h 读取膜系统进水及产水流量与电导率，考察系统的效能及稳定性。

1）进水水质　本试验中，多元膜系统以现场改造后的污泥动态成核系统处理 FD 废水的

出水作为进水，污泥动态成核系统的高效净水功能为多元膜系统提供了优质稳定的进水，其进水电导率及 pH 值变化如图 12.54 所示。

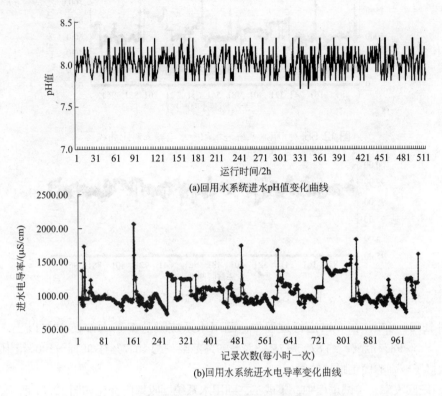

(a)回用水系统进水pH值变化曲线

(b)回用水系统进水电导率变化曲线

图 12.54 回用水系统进水水质

由图 12.54（a）可知，在中试运行过程中，回用水系统进水（污泥动态成核系统出水）的 pH 值基本稳定在 7.8～8.2 之间，最小为 7.7，最大为 8.3。

由图 12.54（b）可知，在整个中试运行过程中，回用水系统进水（污泥动态成核出水）电导率因受原水 pH 值的影响，在线投加酸碱，因而波幅比较大，进水电导率平均为 $1046\mu S/cm$，最高为 $2063\mu S/cm$，仅有 0.2% 略高于 $2000\mu S/cm$，43.1% 在 $1000～2000\mu S/cm$ 范围，56.8% 在 $1000～2000\mu S/cm$ 范围，最低也达 $700\mu S/cm$ 以上，进水含盐量处于中等浓度水平。

由图 12.54 可知，在整个运行过程中，多元膜系统的进水水质都相对稳定，只有电导率的波幅较大，这主要是受原水在线投加酸碱控制 pH 值的影响，但运行结果显示电导率的波动对反渗透出水的水质并没有造成影响。

2）产水水质　中试过程中，反渗透系统产水的重金属、浊度指标都低于检测限，因此本回用水中试研究主要以产水电导率评价其产水水质。回用水系统产水水质的变化如图 12.55 所示。

由图 12.55 可知，在中试运行过程中，进水含盐量与产水含盐量并无明显的相关性，回用水系统产水电导率仅 0.1% 超出 $40\mu S/cm$，约 9% 在 $30～40\mu S/cm$ 范围，约 33.3% 在 $20～30\mu S/cm$ 范围，约 56.9% 在 $10～20\mu S/cm$ 范围，约 0.6% 在 $10\mu S/cm$ 以下，其含盐量低于自来水处于低浓度水平，可直接作为一般清洗用水及制造纯水原水回用。

3）系统脱盐率　中试过程中，回用水系统脱盐率的变化如图 12.56 所示。

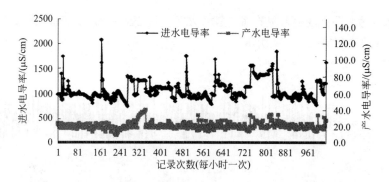

图 12.55 回用水系统进水和掺水电导率对比曲线

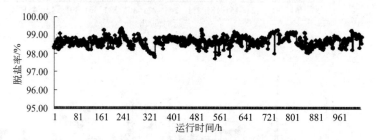

图 12.56 回用水系统脱盐率变化曲线

由图 12.56 可知，在中试运行过程中，回用水系统脱盐率基本都在 98% 以上，其中约 1.8% 在 97%～98% 范围，约 87.5% 在 98%～99% 范围，约 10.7% 在 99%～100% 范围，回用水系统取得了较高的稳定脱盐效果。

4）系统回收率　中试过程中，集成工艺回用水系统回收率的变化如图 12.57 所示。

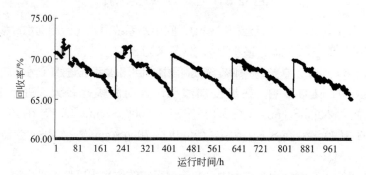

图 12.57 回用水系统回收率

由图 12.57 可知，在中试运行过程中，运行初期的回收率在 70% 左右，回用水系统回收率随运行时间呈缓慢下降趋势，一般运行 15～20d 左右，回收率下降至 65% 左右，此时系统经酸、碱交替清洗后，系统回收率可恢复至运行初期的 95% 以上，从图 12.57 可推断，回用水系统可在二年内维持 60% 以上的回收率，而传统工艺出水作为回用水进水的系统，在相同工况下，即使用相同的清洗方法，回收率最大恢复到 30%。

5）超滤及反渗透系统运行特性　中试过程中，多元膜回用水系统的超滤和反渗透装置膜通量变化如图 12.58 所示。

由图 12.58（a）可知，在中试运行过程中，超滤系统的膜通量随运行时间的延长而缓慢减低，运行初期，膜通量在 60L/h 左右，一般运行 140～200h，膜通量由 60L/h 左右降至 40L/h 左右，此时系统经酸、碱交替清洗后，膜通量又恢复至运行初期的95%以上，说明该系统中超滤膜的膜污染主要是由可逆污染引起的。

由图12.58（b）可知，在中试运行过程中，同超滤系统系统类似，反渗透系统的膜通量也是随运行时间的延长而缓慢减低，一般运行180～220h，膜通量由50L/h左右降至30L/h左右，此时系统经酸、碱交替清洗后，膜通量又恢复至初期的95%以上，说明该系统中反渗透膜的膜污染也主要是由可逆污染引起的。

6）集成工艺回用水运行成本核算　传统混凝工艺和污泥动态絮凝处理电真空FD废水运行成本计算见表12.10，回用水系统运行成本估算见表12.11。

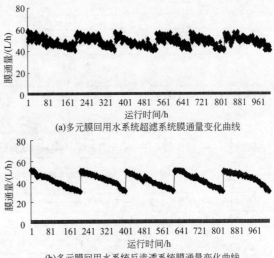

(a)多元膜回用水系统超滤系统膜通量变化曲线

(b)多元膜回用水系统反渗透系统膜通量变化曲线

图12.58　多元膜回用水系统膜通量变化曲线

▫ 表12.10　传统混凝工艺和污泥动态絮凝处理FD废水吨水运行成本估算

处理工艺	项目明细	电费	药品费	污泥费	合计/(元/m³)
传统混凝工艺处理FD废水	单项成本/(元/m³)	0.41	2.14	3.83	6.38
污泥动态成核絮凝工艺处理电镀综合废水	单项成本/(元/m³)	0.27	0.87	0.95	2.09

▫ 表12.11　回用水系统回用FD废水吨水运行成本估算

项目明细	电费	药品费	超滤膜折旧费	反渗透膜折旧费	合计/(元/m³)
单项成本/(元/m³)	1.0	0.1	0.2	0.5	1.80

12.1.5　电镀综合废水处理工程案例

除了铅，铜、铬、镍等重金属也是电镀废水的主要污染物，主要来源于镀件的清洗水、废电镀液和其他的废水。本项目在FD废水处理试验研究的基础上，进一步选择深圳市某典型五金电镀厂（以下简称YL厂）作为中试基地研究污泥动态成核絮凝-多元膜集成工艺对其的处理和回用效果。该厂位于深圳市坪山新区，成立于1992年，港商合资，主要生产各类成高级金属圆珠笔、钢笔、钢珠笔等产品。

该厂生产废水主要包括电镀车间各个工段产生的废水，各车间废水污染源所在工段及去向如表12.12所列，其传统废水处理工艺流程如图12.59所示。

▫ 表12.12　YL厂主要污染源一览表

污染物	污染源所处工段	去向
清洗废水	抛光车间	经废水处理站处理后,达标排放
	喷油车间	
含油废水	电镀车间	
含氰废水		
含铬废水		
综合废水		
退镀液	电镀车间	交由深圳市东江环保股份有限公司
污泥	污水处理站	

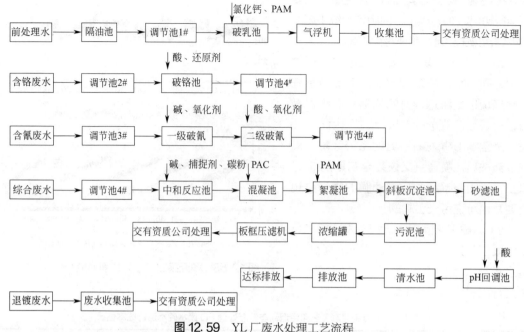

图 12.59 YL 厂废水处理工艺流程

12.1.5.1 污泥动态成核絮凝工艺处理电镀综合废水中试研究

（1）中试运行条件及试验过程

1）原水水质 选择同时含 Cu、Ni、Cr 的综合废水为污泥动态成核絮凝工艺中试研究用原水，其原水水质变化见图 12.60。

由图 12.60 可知，原水水质波动幅度极大，传统处理工艺为保证废水中各污染物浓度达标排放，都按最不利工况设定工艺参数，存在运行成本高、产泥量多等问题。即便如此重金属污染物排放浓度总体仍偏高，瞬时超标的风险较大。

2）中试装置及运行参数 针对电镀厂综合废水，采用本项目开发研制的污泥动态成核絮凝中试系统，开展污泥动态成核絮凝工艺处理重金属废水除污效能研究。

中试运行参数设置：

① 污泥动态成核絮凝沉淀反应装置参数。废水处理流量 $Q = 2m^3/h$，总水力停留时间 60min，其中重金属捕集池（混合反应池）、混凝剂混合池和混凝反应池的水力停留时间均为 12min，沉淀池形式为斜板沉淀池，水力停留时间为 24min。化学混合反应池与混凝池转速 135r/min，絮凝池转速 60r/min。

② 自动投药系统参数。氢氧化钙配制浓度 100g/L，硫酸配制浓度为 10～40mL/L，混凝剂采用 PFS，配制浓度为 10g/L，PAM 配制浓度为 1g/L，系统运行模式为自动模式，pH 值调控采用 PID 算法，PID 参数设置为 $P = 25000$，$I = 500$，$D = 50$。

③ 上位监控系统参数。上位监控系统实时监控系统运行状态，实时记录试验参数，每 2s 记录一次数据，记录 pH_1 值、pH_2 值、氢氧化钙投量、硫酸投量、混凝剂投量、PAM 投量，并对原水箱液位进行控制，保证废水中继泵和废水原水泵自动运行，原水箱最低液位 $H_1 = 150mm$，废水原水泵启动液位 $H_2 = 250mm$，废水中继泵启动液位 $H_3 = 300mm$，原水箱最高液位 $H_4 = 650mm$。试验时按要求填写工艺参数设置和 PLC 参数设置页面所有参数，试验结束后保存运行参数记录。

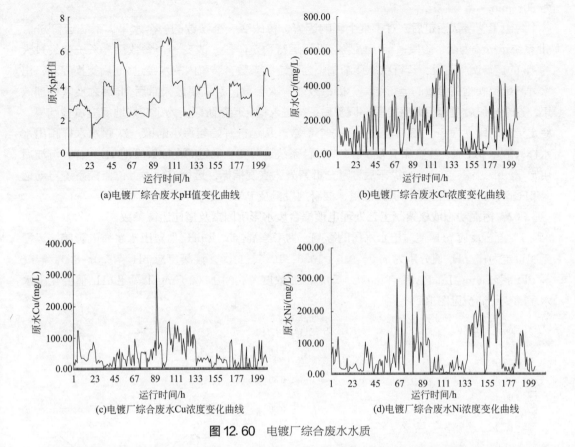

(a)电镀厂综合废水pH值变化曲线

(b)电镀厂综合废水Cr浓度变化曲线

(c)电镀厂综合废水Cu浓度变化曲线

(d)电镀厂综合废水Ni浓度变化曲线

图 12.60 电镀厂综合废水水质

污泥动态成核絮凝装置的主要运行参数由与装置相配套的上位监控系统进行在线监测调控。中试试验研究"污泥动态成核絮凝"工艺的适宜操作条件，主要包括最优 pH 值范围、污泥回流比、PFS 投加量和 PAM 投加量。

3）试验过程　污泥动态成核絮凝工艺处理电镀综合废水中试研究在 YL 电镀厂废水站现场进行。装置直接从 YL 电镀厂废水站综合废水调节池中抽水试验，废水流量 $Q=2m^3/h$，废水进入化学混合反应池后，与回流的絮凝污泥混合，利用化学混合反应池出口处的在线 pH 计（pH_1）控制投加 Ca（OH）$_2$（10％的石灰乳）；反应后流入调节混凝池，投加硫酸和混凝剂 PFS，该出口处的在线 pH 计（pH_2）控制硫酸（10％稀硫酸）的投加，调节混凝所需的最佳 pH 值范围，絮凝池投加 PAM；混凝反应后进入斜板沉淀池，沉淀完全后出水，沉淀污泥一部分回流返回化学混合反应池，一部分剩余污泥进入工厂污泥浓缩池，浓缩后由板框压滤机脱水。其中药剂的投加浓度按原水流量计算，不包括污泥回流量。

在前段污泥动态成核絮凝工艺处理 FD 重金属废水基础上，开展污泥动态成核絮凝工艺处理电镀综合废水中试试验研究。通过对混合反应 pH_1、混凝 pH_2、混凝剂 PFS 及助凝剂 PAM 投加量、污泥回流比（动态污泥浓度）等参数的调节，分别考察在设定范围内，各参数变化对污泥动态成核絮凝工艺处理效果的影响，进一步优化工艺运行参数及运行控制指标，同时对比其与常规工艺的差别。基于前期研究成果及出水水质要求，混合反应 pH 值控制范围设定为 9.5～11，混凝反应 pH_2 值控制范围设定为 7.5～8.5。混凝剂 PFS 投量设定为 3～12mg/L，助凝剂 PAM 投量设定为 1～3.0mg/L。化学混合反应池与混凝池转速为 135r/min，絮凝池转速为 60r/min。

每组工艺参数设定后，对于某个影响因素，每改变一个参数的一个水平，系统运行 6h。6h 系统运行分为两个阶段：运行调整阶段和运行稳定阶段。改变一个参数后，系统要经过大约 1h 的运行调整阶段，运行状态逐渐调整为设定的参数，装置内的水经过 1h 后交换完全，出水才开始反映当前参数的运行结果，即每改变一次参数，系统要最大滞后 1h 后才反映处理效果，这个阶段就是运行调整阶段；调整后系统进入稳定运行阶段，为了较好地反应试验结果，稳定运行阶段定为 5h，然后再改变下一个参数。从运行开始起每小时取一次原水水样和出水水样，测量 pH 值、浊度和 F 及 Pb 等指标，系统运行完全稳定时，取絮凝池 1L 水样，沉淀后用定量滤纸过滤，在 105℃烘干后称量分析絮凝体浓度指标，运行过程中上位监控系统自动记录 pH 值、氢氧化钙投量、硫酸投量、混凝剂投量及 PAM 投量。

（2）污泥动态成核絮凝工艺处理电镀综合废水影响因素及最佳运行参数

1）混合反应 pH_1 值对出水水质的影响　为考察混合反应 pH_1 值对出水水质的影响，运行工况设定为：pH_1 值分别为 9.0、9.5、10.0、10.5、11.0，混凝反应 $pH_2=8.0\sim8.5$，混凝剂 PFS 投量 6mg/L，PAM=2mg/L，动态污泥浓度（4000±500）mg/L。随 pH_1 值变化出水水质的变化情况见图 12.61。

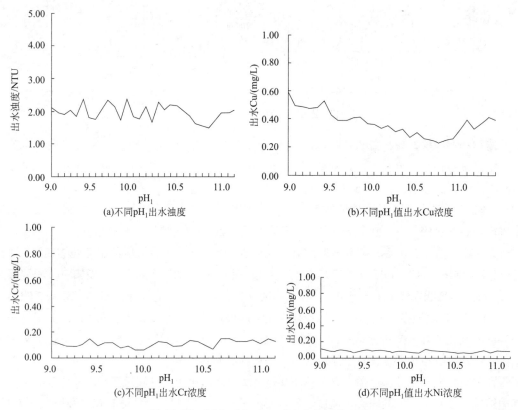

图 12.61　混合反应 pH_1 对出水水质的影响

从图 12.61 可以看出，当 pH 值在 9.0~11.0 范围时，污泥动态絮凝工艺均能获得较优的协同除浊、除 Cr、除 Ni 效果；当 pH 值在 9.5~10.5 范围时，污泥动态絮凝工艺也获得较优的协同除 Cu 效果，pH=9 及 pH=11.0 的除 Cu 效果略差。因此最优运行 pH 值范围为 9.5~10.5。

2）混凝反应 pH_2 值对出水水质的影响　为考察混合反应 pH_2 值对出水水质的影响，运行工况设定为：混凝反应 $pH_1=9.6\pm0.2$，混凝剂 PFS 投量 6mg/L，PAM=2mg/L，动态污泥浓度（4000 ± 500）mg/L。改变 pH_2 值依次为7.5、8.0、8.5、9.0，其出水水质变化情况见图12.62。

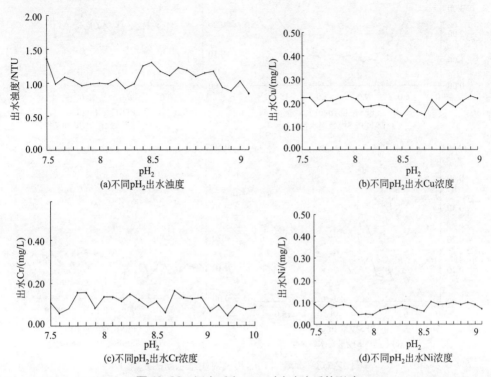

(a)不同 pH_2 出水浊度

(b)不同 pH_2 出水 Cu 浓度

(c)不同 pH_2 出水 Cr 浓度

(d)不同 pH_2 出水 Ni 浓度

图 12.62　混合反应 pH_2 对出水水质的影响

从图12.62（a）可以看出，在 pH7.5～9.0 的范围内，污泥动态成核絮凝工艺都获得了1.5NTU 以下的较好的除浊效果。

从图12.62（b）可以看出，在 pH7.5～9.0 的范围内，污泥动态成核絮凝工艺出水 Cu 浓度都低于 0.25mg/L，为工厂排放限值的 50% 以下，除铜效果较理想。

从图12.62（c）可以看出，在 pH7.5～9.0 的范围内，污泥动态成核絮凝工艺出水 Cr 浓度都低于 0.20mg/L，为工厂排放限值的 1/3 以下，除铬效果较理想。

从图12.62（d）可以看出，在 pH7.5～9.0 的范围内，污泥动态成核絮凝工艺出水 Ni 浓度基本都低于 0.10mg/L，为工厂排放限值的 1/5 以下，除镍效果较理想。因此运行的最优 pH 值范围选择为 7.8～8.2。

3）混凝剂 PFS 投量对出水水质的影响　为考察混凝剂 PFS 投量对出水水质的影响，运行工况设定为：混凝反应 $pH_1=9.6\pm0.2$，　$pH_1=8.0\pm0.2$，　PAM=2mg/L，动态污泥浓度（4000 ± 500）mg/L。不同 PFS 投量时的出水水质见图12.63。

从图12.63（a）可以看出，PFS 在 3.0mg/L 的投量，出水浊度基本都在 3～5.5NTU 之间，除浊效果尚可，在 PFS 在 6.0～12.0mg/L 的投量范围内，污泥动态成核絮凝工艺出水浊度基本都在 1.5NTU 以下，除浊效果较理想；PFS 在 15.0mg/L 的投量时，出水浊度略升到2～3NTU 之间。

从图12.63（b）可以看出，PFS 在 3.0mg/L 的投量，出水 Cu 浓度在 0.35～0.45mg/L

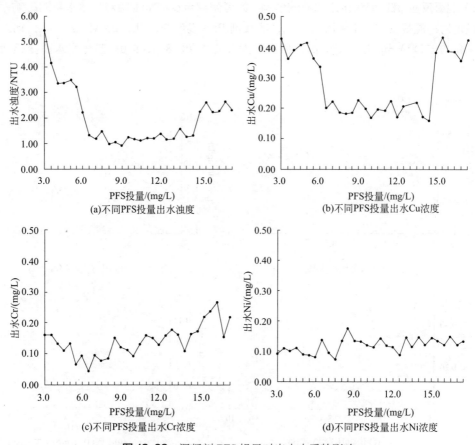

图 12.63 混凝剂 PFS 投量对出水水质的影响

之间，出水 Cu 浓度都在排放限值 0.5mg/L 以内，除 Cu 效果尚可，在 PFS 在 6.0～12.0mg/L 的投量范围内，污泥动态成核絮凝工艺出水 Cu 浓度基本都低于 0.25mg/L，在排放限值的 50%以下，除 Cu 效果较理想；PFS 在 15.0mg/L 的投量时，出水 Cu 浓度回升到 0.35～ 0.45mg/L 之间，除 Cu 效果开始下降。

从图 12.63（c）可以看出，在 PFS 在 3.0～12.0mg/L 的投量范围内，污泥动态成核絮凝工艺出水 Cr 基本都低于 0.20mg/L，在排放限值的 40%以下，除 Cr 效果较理想；PFS 在 15.0mg/L 的投量时，出水 Cu 升到 0.15～0.30mg/L 之间，除 Cr 效果开始下降。

从图 12.63（d）可以看出，在 PFS 在 3.0～15.0mg/L 的投量范围内，污泥动态成核絮凝工艺出水 Ni 基本都低于 0.15mg/L，在排放限值的 75%以下，除 Ni 效果较理想。

综合考虑污泥动态成核絮凝工艺协同除污效能，最优 PFS 投量为 6.0mg/L。

4）PAM 投量对出水水质的影响　为考察 PAM 投量对出水水质的影响，运行工况设定为：混凝反应 $pH_1 = 9.6 \pm 0.2$，$pH_1 = 8.0 \pm 0.2$，PFS＝0.6mg/L，动态污泥浓度 4000 ± 500mg/L。不同 PAM 投量时的出水水质（见图 12.64）。

从图 12.64（a）可以看出，PAM 投量为 0.5mg/L 时，出水浊度基本都在 2～2.5NTU 之间，除浊效果较好；PAM 投量为 1.0mg/L 时的出水浊度最低，基本都在 1.0NTU 以下，除浊效果进一步增大；PAM 投量为 1.5mg/L、2.0mg/L 及 2.5mg/L 时，出水浊度略有升高，维持在 1.0～1.3NTU 之间，除浊效果也较好。

从图 12.64（b）可以看出，PAM 投量为 0.5mg/L 时，出水 Cu 残余浓度基本都在

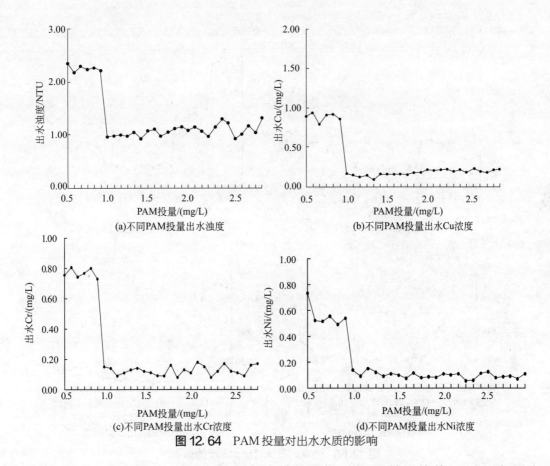

(a)不同PAM投量出水浊度 (b)不同PAM投量出水Cu浓度

(c)不同PAM投量出水Cr浓度 (d)不同PAM投量出水Ni浓度

图12.64 PAM投量对出水水质的影响

0.8mg/L以上，最高趋于1mg/L，均已超出排放限值，除Cu效果较差； PAM投量为1.0mg/L及1.5mg/L时，出水Cu残余浓度都在0.2mg/L以下，除Cu效果较理想； PAM投量在2.0mg/L及2.5mg/L时，出水Cu残余浓度在0.2mg/L左右波动，除Cu效果较好。

从图12.64（c）可以看出，当PAM投量为0.5mg/L时，污泥动态成核絮凝工艺出水Cr残余浓度基本都在0.7～0.8mg/L范围，已超出排放限值0.5mg/L，除Cr效果不理想；PAM投量为1.0mg/L及1.5mg/L时，出水Cr残余浓度基本都在0.15mg/L以下，低于排放限值，除Cr效果较好； PAM投量在1.0mg/L及2.5mg/L时，污泥动态成核絮凝工艺出水Cr残余浓度都在0.2mg/L以下，除Cr效果依旧很好。

从图12.64（d）可以看出，PAM投量为0.5mg/L时，出水Ni残余浓度基本都在0.5～0.7mg/L范围，已超出排放限值0.5mg/L，除Ni效果不理想；PAM投量为1.0～2.5mg/L时，出水Ni残余浓度都在0.15mg/L以下，其中60％都在0.1mg/L以下，除Ni效果较理想。

综合考虑污泥动态成核絮凝工艺协同除污效能，最优PAM投量为1.5mg/L。

5）污泥回流比对出水水质的影响 为考察动态絮凝污泥量（污泥回流比）对出水水质的影响，运行工况设定为：混凝反应 $pH_1 = 9.6 \pm 0.2$， $pH_1 = 8.0 \pm 0.2$，PFS＝6mg/L，PAM＝1.5mg/L。每6个小时改变一次污泥回流比参数，回流比分别取0、12.5％、25％、37.5％、50％、62.5％，不同污泥回流比时的出水水质见图12.65。

从图12.65（a）可以看出，没有污泥回流时，出水浊度基本都在5NTU以上，最高近8.5NTU；当污泥回流比为12.5％时，出水浊度显著降低，基本都在3NTU以下；当污泥回流比

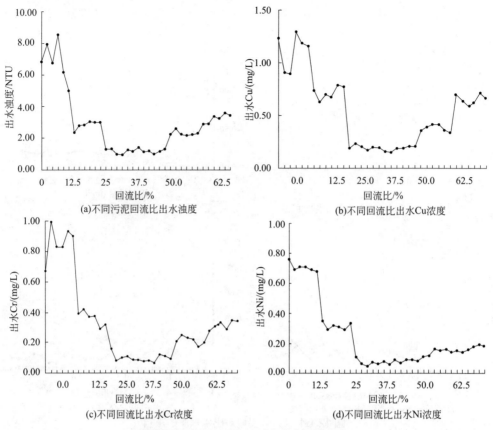

图 12.65　污泥回流比对出水水质的影响

增至 25%及 37.5%时，出水浊度进一步降至 1.5NTU 以下，除浊效果非常好；当污泥回流比增至 50%及 62.5%时，出水浊度上升至 2NTU 以上，最高近 3.5NTU，除浊效果略有下降。

从图 12.65（b）可以看出，没有污泥回流时，出水 Cu 残余浓度基本都在 1mg/L 左右，达排放限值的 2 倍，除 Cu 效果不好；当污泥回流比为 12.5%时，出水 Cu 残余浓度有所下降，基本都在 0.6～0.8mg/L 范围，依旧超出排放限值的 20%～60%，除 Cu 效果不理想；当污泥回流比增至 25%及 37.5%时，出水 Cu 残余浓度显著下降，基本都降至 0.2mg/L 以下，除 Cu 效果较好；当污泥回流比增至 50%及 62.5 时，出水 Cu 残余浓度上升至 0.3mg/L 以上，最高达 0.71mg/L，除 Cu 效果开始下降。

从图 12.65（c）可以看出，没有污泥回流时，出水 Cr 残余浓度在 0.6～1.0mg/L 之间，超出排放限值的 20%～100%，除 Cr 效果不好；当污泥回流比为 12.5%时，出水 Cr 残余浓度有所下降，在 0.29～0.42mg/L 范围，在排放限值内，除 Cr 效果尚可；当污泥回流比增至 25%及 37.5%时，出水 Cr 残余浓度进一步下降，基本都降至 1.5mg/L 以下，约 60%降至 1.0mg/L 以下，除 Cr 效果较优；当污泥回流比增至 50%及 62.5%时，出水 Cr 残余浓度上升至 0.2mg/L 以上，最高达 0.34mg/L，除 Cr 效果略有下降。

从图 12.65（d）可以看出，没有污泥回流时，出水 Ni 残余浓度在 0.68～0.76mg/L 之间，超出排放限值的 36%～52%，除 Ni 效果不好；当污泥回流比为 12.5%时，出水 Cr 残余浓度有所下降，在 0.29～0.35mg/L 范围，在排放限值内，除 Ni 效果尚可；当污泥回流比增至 25%及 37.5%时，出水 Ni 残余浓度进一步下降，基本都降至 1.5mg/L 以下，约 60%降至

1.0mg/L 以下，除 Ni 效果较优；当污泥回流比增至 50% 及 62.5% 时，出水 Cr 残余浓度基本都上升至 0.2mg/L 以上，最高达 0.35mg/L，除 Ni 效果略有下降。

综合考虑污泥动态成核絮凝工艺协同除污效能，最优污泥回流比为 25%。

6）最佳工艺参数运行试验 经过上述试验研究，探讨了污泥动态成核絮凝工艺处理电镀综合废水各影响因素，对运行参数进行优化选择，确定了最佳工艺参数范围。为了检验污泥动态成核絮凝工艺处理电镀综合废水的运行实绩，利用本中试装置选择一组优化后的参数运行：原水流量 Q 为 $2m^3/h$，回流比 25%，pH_1 目标设定值 9.5～10.0，pH_2 目标设定值 7.8～8.2，混凝剂 PFS 投量 6mg/L，PAM 投量 1.5mg/L。中试运行与现场综合废水处理系统（传统工艺）并行运行，具体工艺参数见表 12.13，传统絮凝工艺的 PFS 投量为 20mg/L，PAM 投量 3.0mg/L。污泥动态成核絮凝工艺的表面负荷为传统工艺表面负荷的 2.5 倍。

⊡ 表 12.13 对比试验运行工况参数

| 工艺分类 | 混合反应 | | 一段絮凝 | | 二段絮凝 | 表面负荷 |
	pH 值控制	时间/min	pH 值控制	时间/min	时间/min	/[m³/(m²·h)]
传统絮凝	10.2～10.5	15	7～9	15	9	0.8
污泥动态成核絮凝	9.5～10.0	5	7～9	5	3	2.0

从表 12.13 可以看出，污泥动态成核絮凝工艺表面负荷为传统絮凝工艺 2.5 倍，PFS 投量及 PAM 投量分别为传统工艺的 30% 及 50%。

经过一周 60h 的稳定运行，每小时取一次原水和出水水样进行分析，上位监控系统自动记录 pH 值、投药量等参数。运行过程中原水水质和出水水质如图 12.66 及图 12.67 所示。

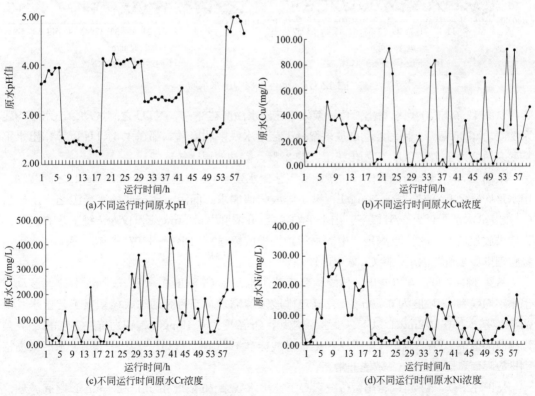

(a)不同运行时间原水pH

(b)不同运行时间原水Cu浓度

(c)不同运行时间原水Cr浓度

(d)不同运行时间原水Ni浓度

图 12.66 运行过程中原水水质

从图12.66可以看出，综合池因容积较小原水水质波幅较大，水质非常不稳定。

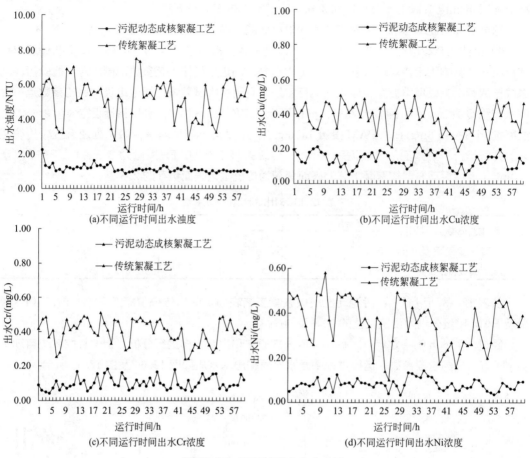

图12.67 运行过程中出水水质

从图12.67（a）可以看出，传统絮凝工艺出水浊度在2～7.5NTU之间波动，出水平均残余浊度为5.06NTU，而污泥动态成核絮凝工艺出水残余浊度基本都在1.5NTU以下，出水平均残余浊度为1.12NTU，仅为传统工艺的22%，除浊效果比较理想。

从图12.67（b）可以看出，传统絮凝工艺出水残余Cu浓度在0.2～0.5mg/L之间波动，出水平均残余Cu浓度为0.38mg/L，满足排放限值需求。而污泥动态成核絮凝工艺出水残余Cu浓度基本都在0.2mg/L以下，出水平均残余Cu浓度为0.14mg/L，仅为传统工艺的37%，为现排放限值的28%，且满足《电镀水污染物排放标准》（DB 44/1597—2015）表3"水污染物特别排放限值"需求，除Cu效果比较理想。

从图12.67（c）可以看出，传统絮凝工艺出水残余Cr浓度在0.2～0.5mg/L之间波动，出水平均残余Cr浓度为0.40mg/L，满足排放限值需求。而污泥动态成核絮凝工艺出水残余Cr浓度基本都在0.2mg/L以下，出水平均残余Cr浓度为0.10mg/L，仅为传统工艺的25%，为排放限值的20%，满足《电镀水污染物排放标准》（DB 44/1597—2015）表3"水污染物特别排放限值"需求，除Cr效能非常高。

从图12.67（d）可以看出，传统絮凝工艺出水残余Ni浓度在0.1～0.5mg/L之间波动，出水平均残余Ni浓度为0.36mg/L，满足排放限值需求；而污泥动态成核絮凝工艺出水残余Ni浓度都在0.2mg/L以下，且80%出水残余Ni浓度都在0.10mg/L以下，平均残余Ni浓度为 0.10mg/L，仅为传统工艺的 25％，为现排放限值的 20％，基本满足《电镀水污染物排放标准》（DB 44/1597—2015）表 3 "水污染物特别排放限值" 的需求，除 Ni 效能非常高。

对比现场传统絮凝工艺，在石灰在线投加量减半、表面负荷增加 1.5 倍，PFS 投量及 PAM 投量分别减少 70％及 50％的运行工况下，污泥动态成核絮凝工艺处理电镀综合废水，耐冲击负荷能力远优于传统絮凝工艺，其出水水质仍优于传统絮凝工艺，基本满足《电镀水污染物排放标准》（DB 44/1597—2015）表 3《水污染物特别排放限值》的需求，取得了较理想的协同除污效能，因而在安全性与稳定性方面都优于传统工艺。

12.1.5.2 集成工艺回用电镀综合废水中试研究

（1）中试运行条件及试验过程

1）原水水质　在前期污泥动态成核絮凝工艺处理电镀综合废水中试研究成果的基础上，以经污泥动态成核絮凝工艺处理后的电镀综合废水出水为多元膜回用水系统的进水，考察多元膜装置的长期运行特性。

2）中试装置及运行参数　为了研究污泥动态成核絮凝-多元膜协同集成工艺回用电镀综合废水的效能及确定多元膜回用水工艺参数，设计制作了一套多元膜中试系统。该系统由四大主要部分组成：预处理系统（砂滤装置）、微滤系统（5μm 微滤膜保安过滤装置）、超滤系统（中空超滤装置）、反渗透装置。可实现全自动化运行，并对运行过程中试验相关的参数进行实时记录，例如：流量、压力、电导率等。

中试运行参数设置包括上述 4 个组成部分。

① 砂滤装置参数。处理流量 $Q=2m^3/h$，滤速为 10m/h。

② 为了防止水中的微小粒子进入超滤膜，特设保安过滤器（微滤系统），其采用成型的滤材，在压力的作用下使水通过滤材，滤渣留在管壁上，滤液透过滤材流出，从而确保超滤器的稳定运行，延长超滤膜的使用寿命。设置 2 台直径为 20mm 的精密过滤器（1 用 1 备），内置 3 支 20in（50.8cm）的 PP 滤芯，精度为 5μm，产水量为 2t/h。

③ 超滤系统参数。设计采用 8040 中空纤维超滤膜 3 支，其过滤精度高，能有效去除水体中绝大部分的悬浮物质、胶体、有机物和微生物，抗污染和抗氧化能力强，适应的 pH 值范围广。超滤器的水回收率达到 90％以上，产水量为 1.8t/h，其工作压力为 0.1～0.4MPa。超滤器的出水管道上装有流量计，可以显示产水和浓水的流量。

④ 反渗透系统参数。BW30-4040FR 反渗透膜，一套为 2 支串联，一套为 2 支并联，设计系统的回收率大于 60％，单系列反渗透的产水量为 1.0m³/h，需配置 BW30-4040FR 膜 4 支，需 2m 的外壳 1 支，1m 的外壳 2 支。

3）试验过程　砂滤装置受进出水压差计控制，当其值达到设定值 0.05MPa 时，系统进入自动反洗程序，回用水系统停止工作；5μm 微滤装置进出口压差值达到设定值 0.05MPa 时，更换滤芯。

（2）多元膜回用水工艺稳定运行特性

在维持中空纤维超滤膜装置膜通量 40～60L/h（每运行 1h，正反洗 30s），反渗透膜通量不低于 30L/h，反渗透系统回收率不低于 60％的工况下，观察不同运行周期下超滤膜及反渗透膜的运行效能。当反渗透膜跨膜压差升高到需要化学清洗时，记录系统运行时间并进行化学清洗，清洗后进行到下一个运行周期。多元膜回用水中试系统通常每天运行 8h 左右，每周运行 5d，累计运行 26 周，每 2h 取水样测进水 pH 值、浊度及重金属等相关指标，分析回用水系统进水工况；在线读取膜系统进出水压力及电导率，考察系统的效能及稳定性。

1）进水水质　试验过程中回用水系统进水水质（污泥动态成核出水水质）的变化如图12.68所示。

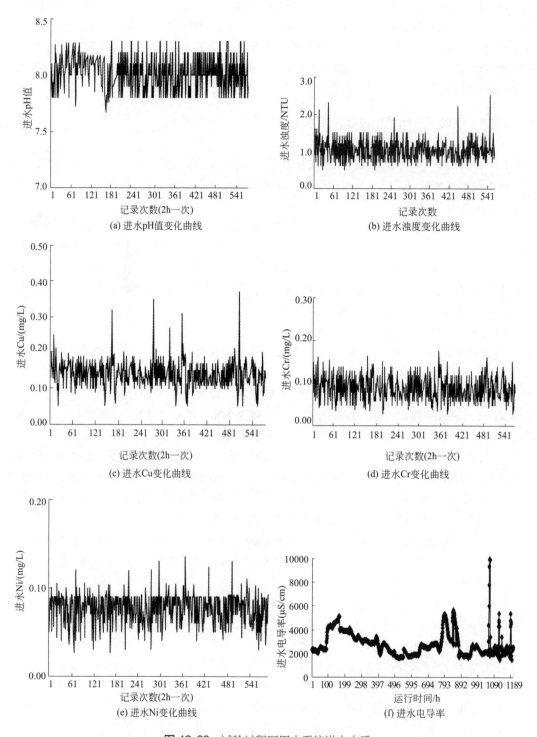

(a) 进水pH值变化曲线

(b) 进水浊度变化曲线

(c) 进水Cu变化曲线

(d) 进水Cr变化曲线

(e) 进水Ni变化曲线

(f) 进水电导率

图 12.68 试验过程回用水系统进水水质

由图 12.68（a）可知，在整个运行过程中，回用水系统进水（污泥动态成核出水）的 pH

值基本稳定在 7.8～8.2 之间。

由图 12.68（b）可知，在中试运行期间，回用水系统进水（污泥动态成核出水）的平均残余浊度为 1.02NTU，进水残余浊度全部在 3.0NTU 以下，且只有 0.7% 在 2NTU 以上，其余 99.3% 都在 2NTU 以下，其中 51.6% 在 1～2NTU 范围，44.7% 在以下，进水浊度优质稳定。

由图 12.68（c）可知，在中试运行期间，回用水系统进水水质（污泥动态成核出水水质）的平均残余 Cu 浓度为 0.14mg/L，进水残余 Cu 浓度仅有 1.0% 在 0.3～0.4mg/L 范围，其余 99.0% 都在 0.2mg/L 以下，其中 1.9% 在 0.2～0.3mg/L 范围，89.3% 在 0.1～0.2mg/L 范围，0.8% 在 0.1mg/L 以下，基本满足《电镀水污染物排放标准》（DB 44/1597—2015）表 3《水污染物特别排放限值》需求，进水残余 Cu 浓度稳定在较低的浓度水平。

由图 12.68（d）可知，在中试运行期间，回用水系统进水水质（污泥动态成核出水水质）的平均残余 Cr 浓度为 0.09mg/L，进水残余 Cr 浓度全部都在 0.2mg/L 以下，其中 33.1% 在 0.1～0.2mg/L 范围，其余 66.9% 都在 0.1mg/L 以下，远远满足《电镀水污染物排放标准》（DB 44/1597—2015）表 3《水污染物特别排放限值》需求，进水残余 Cr 浓度稳定在较低的浓度水平。

由图 12.68（e）可知，在中试运行期间，回用水系统进水水质（污泥动态成核出水水质）的平均残余 Ni 浓度为 0.08mg/L，低于《电镀水污染物排放标准》（DB 44/1597—2015）表 3《水污染物特别排放限值》（Ni 浓度为 0.1mg/L），仅有 1.2% 进水残余 Ni 浓度大于 0.1mg/L，4.4% 进水残余 Ni 浓度等于 0.1mg/L，其余 94.6% 都在 0.1mg/L 以下，进水残余 Ni 浓度稳定在较低的浓度水平。

由图 12.68（f）可知，在整个中试运行过程中，回用水系统进水（污泥动态成核出水）电导率因受原水在线投加酸碱控制 pH 值的影响，波幅较大，进水电导率平均为 2815μS/cm，最高近 10000μS/cm，最低也达 1500μS/cm 以上，进水含盐量处于较高浓度水平。

由图 12.68 可知，在整个中试运行过程中，因回用水系统的进水是污泥动态成核工艺系统处理电镀综合废水的出水，其重金属污染物指标平均值都远低于排放限值，只有电导率（含盐量）处于较高浓度水平且波幅较大。

2）产水水质　中试过程中，因反渗透系统产水的重金属、COD$_{Cr}$ 及浊度指标都低于检测限，因此本回用水中试研究主要以产水电导率评价其产水水质。回用水系统产水水质的变化如图 12.69 所示。

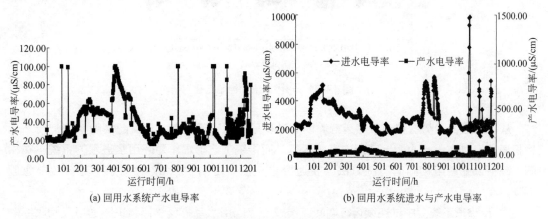

(a) 回用水系统产水电导率　　　　(b) 回用水系统进水与产水电导率

图 12.69 回用水系统产水水质

由图 12.69 可知，在中试运行过程中，虽然进水的含盐量较高且波幅较大，但产水水质依旧全部在 $100\mu S/cm$ 以下，其中 21.9％在 $50\mu S/cm$ 以上，约 13.9％在 $40\sim50\mu S/cm$ 范围，约 15.0％在 $30\sim40\mu S/cm$ 范围，约 34.1％在 $20\sim30\mu S/cm$ 范围，约 15.0％在 $20\mu S/cm$ 以下，其含盐量低于自来水，可直接作为一般工业用水回用。

3）系统脱盐率　中试过程中，在维持反渗透膜通量不低于 30L/h，反渗透系统回收率不低于 60％的工况下，回用水系统脱盐率的变化如图 12.70 所示。

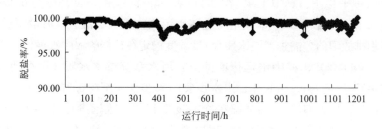

图 12.70　回用水系统脱盐率变化规律

由图 12.70 可知，在中试运行过程中，回用水系统脱盐率 99.6％都在 97％以上，其中 6.2％在 97％～98％脱盐率范围，26.2％在 98％～99％脱盐率范围，67.2％在 99％以上脱盐率范围，回用水系统取得了较理想的脱盐效果，持续稳定在较高的脱盐水平。

4）超滤系统　中试过程中，集成工艺回用水系统超滤系统膜通量变化见图 12.71。

由图 12.71 可知，在中试运行过程中，超滤系统各运行周期内的膜通量随运行时间的延长而缓慢减低，一般运行 96～140h，膜通量由 58～60L/h 降至 40L/h 左右，此时系统经化学清洗后，膜通量可恢复至 58～60L/h 左右，平均恢复率约为 95％以上，说明膜污染所造成的不可逆污染较少，该复合清洗方法清洗效率高。

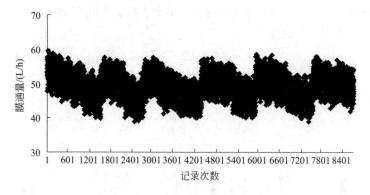

图 12.71　超滤系统膜通量变化

从总体运行趋势看膜通量随运行周期的增多呈缓慢下降趋势，预测超滤膜系统运行 2 年后膜通量仍可在 40～50L/h 范围内有效运行。而传统工艺出水作为回用水进水的系统，在相同工况下，即使用相同的清洗方法，膜通量也无法恢复到 40L/h，超滤系统运行效能急剧下降。

5）反渗透系统　中试连续运行期间，集成工艺回用水系统反渗透装置膜通量及回收率的变化见图 12.72。

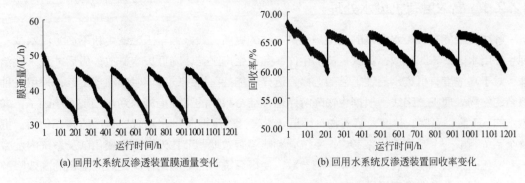

(a) 回用水系统反渗透装置膜通量变化　　　　(b) 回用水系统反渗透装置回收率变化

图 12.72　集成工艺回用水系统反渗透装置膜通量及回收率

由图 12.72 可知，在中试运行过程中，回用水系统反渗透装置各运行周期的膜通量及回收率随运行时间呈缓慢下降趋势，一般运行 220～260h 左右，膜通量由 45L/h 左右降至 30L/h 左右，回收率也由 66% 左右随之下降至 60.0% 左右，此时系统经化学清洗后，膜通量又恢复至 45L/h 左右，系统回收率可恢复至 66% 左右，平均恢复率可达 95% 以上。根据以往运行经验可推断，回用水系统可在两年内维持 35L/h 以上的膜通量，回收率也能维持在 60% 以上；而传统工艺出水作为回用水进水的系统，在相同工况下，运行 60d 后即使用相同的清洗方法，膜通量也无法恢复到 30L/h，反渗透系统运行效能急剧下降，导致回用水系统无法持续稳定运行。

6）集成工艺回用水运行成本核算　传统混凝工艺和污泥动态成核絮凝工艺处理电镀综合废水运行成本计算见表 12.14，回用水系统运行成本估算见表 12.15。

⊡ 表 12.14　传统混凝工艺处理电镀废水吨水运行成本估算

处理工艺	项目明细	电费	药品费	污泥费	合计/(元/m³)
统混凝工艺处理电镀废水	单项成本/(元/m³)	1.25	7.5	6	14.75
污泥动态成核絮凝工艺处理电镀废水	单项成本/(元/m³)	1.5	4.5	2.25	8.25

⊡ 表 12.15　回用水系统回用电镀废水吨水运行成本估算

项目明细	电费	药品费	超滤膜折旧费	反渗透膜折旧费	合计/(元/m³)
单项成本/(元/m³)	1.2	0.1	0.2	0.6	2.1

12.2　高浓度有机废水处理与工程案例

目前国内高浓度有机废水的治理工艺，主要是采用生物法治理工艺，但从实际投入使用的采用生物法治理工艺的项目来看，主要是运行不稳定，出水水质经常超标，甚至有的处理系统处于瘫痪状态，致使很多人只要提到高浓度有机废水治理，都有一种恐惧心理，不知道如何去解决，基于国内高浓度有机废水治理的现状，结合笔者参与设计实施的不同废水的工程案例以及参与整改的废水治理工程项目，通过改造使得出水水质稳定达标运行的项目的实际案例，来分析出现目前的状况的原因，提出如何科学设计管理高浓度有机废水治理工程项目。

12.2.1 高浓度有机废水处理

解决高浓度有机废水问题的上策是生产工艺的更新，最好通过工艺的更新不产生污水或实现生产用水的"零"排放；其次是清洁生产，完善生产工艺，降低废水排放；最后才是末端治理，对于高浓度有机废水治理工艺的选择，选择低能耗可持续的经典生物治理工艺，采用各种组合的生物处理工艺路线，根据生物降解原理，结合科学的工程措施，通过控制影响因子，如废水的pH值、温度、盐度、营养物、微量元素等，以及控制生化系统内合适的容积负荷，把整个系统当成一个系统工程来考虑，系统必须能够有效地调节在外界水质变化以及系统内发生不利变化时，系统能够有效调节和控制参数，使得系统内的环境条件满足对应菌相的高效降解有机物，保证系统的稳定运行。

因此，为了高效稳定地去除废水中的有机物，根据生物降解基本机理，通过科学合理的工程措施来实现，工程措施必须满足有机物降解机理以及影响因素，尤其要考虑高浓度有机废水治理项目往往具有进水水质波动大和抑制物质的存在的不利因素，对处理系统的冲击性很大。

高浓度有机废水的治理工程的稳定运行，离不开源头的清洁生产和生产线的科学管理，离不开末端治理工程的科学设计、科学施工和精心运行管理。

12.2.1.1 生产源头的清洁生产

为了降低污染物的产生量，任何行业都应该实施有效的切合实际的清洁生产。例如化工企业：可以通过创新生产工艺，调整工艺参数，提高原料的利用率，提高反应产物的得率，采用自控投料代替人工投料，提高系统内仪器的灵敏度和可靠性，逐渐用自控来替代人工操作，根据原料及工艺特点，不断完善生产工艺，防止原料的跑冒滴漏，可以大大降低废水的水量和水质浓度。例如食品企业，某些企业为了食品的美观度等，投加过量的食品添加剂过度加工食品，投料操作方式又完全是人工方式，导致在食品的加工过程中原料没有被充分利用，最后这部分没有利用的原料进入污水处理系统，一者造成原料浪费，增加生产成本，二者增加排放污水浓度，大大增加了后续污水处理的难度和运行成本。例如养殖场，猪场大量的猪粪没有在车间及时清理，通过水冲大量进入后续的污水处理系统，尽管一般规模的养殖场都已经上了厌氧发酵工程，利用发酵产生的沼气来发电，弥补了部分废水处理运行成本，但大量的猪粪进入厌氧系统，增加了厌氧系统的碳源，但由于猪粪中还有大量的含氮有机物，厌氧后致使废水中的氨氮浓度很高，而碳源又不高，为后续的进一步处理达标带来了难度，且对系统管理也麻烦，容易堵。

源头清洁生产对于任何行业的污染企业都需要努力去做，往往很多企业都会认为自己在这个行业做得很好了，其实还有很大的提升空间，清洁生产永无止境，解决高浓度有机废水问题，源头控制污染物的产生量和排放量是关键。

12.2.1.2 高浓度有机废水治理的影响因素

（1）温度

高浓度有机废水治理的主要工艺为物理化学（物化）和生物化学（生化）相结合的处理工艺，温度对于物化和生化的处理都会有影响，物化工艺中的混凝沉淀过程中，如进水温度与沉淀池内温差大时，特别是池内低，进水高，影响更大，因为混凝反应是放热反应，再加上原水的温度又高，会在沉淀池内产生异重流，影响沉淀效果，导致沉淀污泥上浮，沉淀效果差。温度对于生化效果影响很大，因为生化工艺的机理，是污染物通过细菌作用而实现的，而绝大部分细菌的最适温度在 30℃左右，低于或高于一定的温度都会影响生化效率。

（2） pH 值

pH 值对于物化处理和生化处理都会有影响，对于物化的影响，如果流进沉淀池的原水与沉淀池内的污水的 pH 值差值大，进入的原水与沉淀池内的污水会发生中和反应，而中和反应会放热，中和产物中如有气体产生，更会影响沉淀效率。而生化池中的细菌要保证正常的功能，需要合适的 pH 值环境，特别强调的是生化系统内废水的 pH 值，并不是指需要处理的废水的 pH 值，因为导致废水中 pH 偏酸性的有无机酸或有机酸，导致废水中的废水 pH 偏碱性的有无机碱和有机碱，对于废水中由于是无机酸导致的 pH 偏酸性，例如硫酸、盐酸等，对于这些废水进生化池前必须加碱进行中和沉淀，达到生化要求的 pH 值，再进生化池，如果进生化池的废水偏酸性是由于有机酸导致的，例如脂类和羧酸类有机物，尽管原水的 pH 值在 3.0~6.0 之间，对于这些废水，不需要进行中和，直接进生化就可以，因为有机酸在厌氧或好氧曝气降解过程中，废水中的 pH 值会上升到 7 左右，完全可以满足生化细菌的功能要求。尤其是处理含金属盐有机废水，例如酒石酸及酒石酸盐废水，以及处理含氮有机废水，例如坚果食品废水。但必须要通过工程措施来控制由于大量地进入生化系统，导致系统酸化，而影响生化处理效果，例如可以采用进水口生化池有足够容积或通过内回流来控制生化进口处的 pH 值。

（3）营养物质

满足生化正常需要的营养物质主要是 C、N、P，但在实际工程中，要关注微量元素对生化效率的影响，这从食品类废水治理中得到很好的印证，由于食品废水中营养元素非常全面，非常利于微生物的生长，例如对于某些废水中投加微量元素可以大大提高生化效率。

（4）盐

废水中适量的盐浓度可以促进污染物的降解，但超过一定的浓度还是会影响生化处理效果，一般从实际工程经验来说，盐的浓度控制在 10000mg/L 以下为好，特别是对于一些化工废水、制革废水以及腌制类食品废水，最好对于高盐浓度的那部分废水，先进行分离，采取浓缩处理，以降低进入废水处理系统的盐浓度，或对高盐浓度部分废水单独收集，均匀进入系统，防止高盐浓度废水对生化处理系统的冲击，影响生化处理效率，导致系统瘫痪。

（5）抑制类物质

抑制类物质主要指会影响细菌的活性，抑制物质主要有无机物和有机物，无机物主要为双氧水、次氯酸钠等，在很多食品废水和化工生产废水中含有双氧水，如果废水中的双氧水浓度超过细菌能够承受的浓度，就会影响生化处理效果，但完全可以通过工程措施来解决，可以根据浓度的不同来采取相应的措施，可以在生产源头采取清洁生产，提高双氧水的利用率，可以在进生化系统前，投加还原剂氧化双氧水，如果浓度不高，可以直接进生化，通过内回流，保证生化系统内的双氧水浓度低于抑制浓度，通过生化系统内生物氧化过程有效生物降解废水中的双氧水，工程设计时，进水生化池的容积大点，以缓冲进水双氧水的浓度对于生化池细菌的抑制，以确保生化处理系统的正常运行。有机物类的抑制物，例如甲醛，甲醛是小分子有机物，可生化性极好，但甲醛又是杀菌剂，因此在设计处理含甲醛废水时，必须要通过工程措施来防止含甲醛废水中的甲醛对微生物的抑制作用，一者，从源头上控制高浓度的甲醛废水直接进入生化处理系统，可以对于含甲醛废水单独收集，根据甲醛浓度，控制量均匀进入废水处理调节池，设计时根据负荷率，进水口的生化池尽可能容积大点，可以较好地稀释降解甲醛，同时可以根据废水中甲醛浓度，增加生化处理系统的内回流，以降低甲醛对于生化的影响，其他相应有抑制作用的化学物质均可以采用类似措施来解决。

12.2.1.3　高浓度有机废水治理工程措施

（1）高浓度有机废水治理工艺流程

根据各种行业高浓度废水处理工程，一般会采用以下处理工艺流程（图 12.73）。

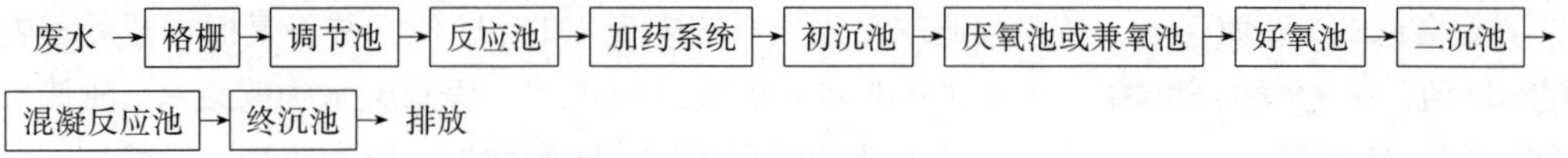

废水 → 格栅 → 调节池 → 反应池 → 加药系统 → 初沉池 → 厌氧池或兼氧池 → 好氧池 → 二沉池 →

混凝反应池 → 终沉池 → 排放

图 12.73　高浓度有机废水处理工艺流程

1）格栅　材质采用 304 不锈钢，有效去除来水中大颗粒杂质，防止其堵塞水泵及后续构筑物中的管道、阀门。

2）调节池　调节水质水量，由于高浓度有机废水来水的浓度变化非常大，因此调节池容积的设计停留时间大于 24h，可以有效地调节水质水量，池设计成方形或圆形，中间设泥斗，方池泥斗天方地圆，安装一台中心传动刮泥机，便于及时清理沉淀污泥，高浓度有机废水中往往含有较多的颗粒污泥，因此必须要满足清理沉淀污泥，防止沉淀污泥厌氧发酵，增加污水浓度。污水提升泵需采用耐磨防腐无堵塞泵，一用一备，采用离心泵，泵前需要设置真空引水筒，注意引水筒前整个管路的密封性，池内液位自控。

3）反应池　根据水质实际可以投加或不投药剂，如果控制 pH 值，必须要自控，通过 pH 自控仪联动碱投药泵或酸投药泵，泵采用气动防腐计量泵。

4）加药系统　均需要设置搅拌系统，根据用药量设计合理的药剂容积箱，有些药剂化药与投加药剂箱要分离，便于控制投药浓度。

5）初沉池　圆形或方形的沉淀池，安装中心传动或周边传动的刮泥机，提高排泥效率，中心内置的导流筒需要根据水量设计合理的流速，由于土建施工的局限性，出水堰很难做水平，影响沉淀效果，出水堰需要安装可调式出水堰板，初沉淀池表面负荷一般≤0.6m³/（m²·h）。

6）厌氧池或兼氧池　在好氧前设置厌氧或兼氧的目的，主要是可利用厌氧产生的沼气来作为能源，降低污水处理运行成本，且厌氧的处理成本低，是低碳可持续的处理工艺，随着厌氧氨氧化工艺不断有实际工程项目投入使用，突破了厌氧工艺不但有效降解废水中的有机碳，还进行厌氧脱氮，而且是常规硝化反硝化脱氮成本的 62％。同时通过厌氧或兼氧破坏了大分子有机物的化学键，便于后续好氧的处理。厌氧工艺的选择必须根据污水的浓度和水质特点选择合理的工艺，负荷设计是关键，必须要考虑高浓度有机废水的水质波动性大的特点，选择合理的容积负荷，在满足工艺的条件下，越简单的内部结构越可靠，尤其在厌氧系统中不要使用填料，容易堵，容易导致系统内短路，而且检修更换的难度极其大，检修更换存在安全隐患，更换材料的处理也是麻烦问题，不便于系统内的厌氧污泥的清理。对于三相分离器的设计要合理，确保沼气、水和厌氧污泥的分离，防止污泥的流失。兼氧主要目的是为了提高废水的 B/C 比，提高废水的可生化性。

7）好氧池　好氧处理主要有活性污泥法和生物膜法，生物膜法中生物相浓度远高于活性污泥法，为了提高处理效率，采用泥膜法，把活性污泥法和生物膜法有机结合，也即在生化池中内置弹性填料，填料上挂膜，大大提高生化池内生物相浓度。二沉池沉淀污泥回流，挂膜后的填料内部处于厌氧态，中间是缺氧状态，外部是好氧状态，组成了大量厌氧-兼氧-好氧微系统，可以实现污泥的减量化，内置的填料又可以对池底上升的曝气进行切割，提高氧的利用效率。好氧系统内的曝气器是核心，目前国内使用的曝气器为橡胶膜居多，用在生活污水处理项目中应该没有问题，但使用在工业废水治理中，由于工业废水中成分复杂、腐蚀性等因素，曝气器面上的橡胶膜容易老化，几年甚至2年左右就要换，一旦堵了或破了，会导致该处的出气阻力小很多，产生大气泡，从而降低了周边曝气器的曝气量，导致整个生化池曝气不均匀，如果采用活性污泥法工艺，会导致大量的活性污泥无法处于悬浮状态，降低整个生化系统的处理效率，导致整个生化系统无法正常运行。

8）二沉池　主要对来自于生化池的泥水进行分离，沉淀活性污泥回流入生化系统，剩余污泥入污泥浓缩池，由于高浓度的有机废水处理项目一般水量不会很大，往往二沉池是设计成方形的，普遍没有安装刮泥机，尽管设计时泥斗的设计会采取规范设计，泥斗角度会设计成60°，但由于活性污泥很容易在池面长生物膜，加之池有5m左右深度，污泥的流动性并不是很好，污泥回流泵回流时，中间出现一个窟窿后，由于上清水的密度小于活性污泥，导致回流液中的污泥浓度低，会影响二沉池活性污泥的及时回流，进而导致生化池的污泥浓度降低，而二沉池中由于沉淀污泥的累积，缺氧发酵气泡附着污泥导致污泥上浮，影响沉淀效果，导致污泥流失，增加后续加药量。

9）混凝反应池　由于工业废水不同于生活污水处理，为了提高生化效率，一般都会把生化池中污泥的沉降比设置得比较高，即使是采用泥膜法处理，因此势必会导致二沉池有部分小颗粒的活性污泥或失去活性的碎泥会上浮流出，因此在二沉池后设置混凝反应沉淀池是非常必要的，可以确保处理后的水质稳定达标排放，投药浓度必须均匀，为了提高药剂的利用率，终沉池的沉淀污泥也可以作为初沉池混凝药剂使用，可以提高药剂的利用率，降低运行成本。

（2）高浓度有机废水处理工程水质的监测分析

根据水质及处理工艺，一般设计调试单位在项目调试阶段会对整个处理系统的各个断面进行水质分析，以及对影响水质处理的影响因素进行检测，但往往调试结束后，只是对排放水水质进行采样分析，以判断排放水水质是否达标，但对于高浓度的有机废水处理工程项目，对整个系统的各个关键断面必须根据工艺控制的参数要求，确定相应的检测频次和检测项目，对于特殊的控制指标，甚至需要安装自动检测系统，并根据工艺要求，能够自动采取措施相应调整工艺运转参数或报警措施，便于采取控制措施。

（3）高浓度有机废水处理工程的自控系统

随着自控仪的准确可靠性越来越好，对于污水处理系统中影响水质运行效果的参数的控制必须人工与自控有机结合，以自控为主。

1）加药系统自控　需要加药的项目必须确保加药量稳定，药剂浓度稳定，药剂输送系统可靠，最好能够根据实际自动调节投药量。

2）pH控制系统自控　系统内的pH值控制主要是中和反应池和生化池，能够根据工艺的要求，根据设置pH控制范围，自动控制加碱或酸，或者启动内回流系统，或者能够自动报警。

3）温度控制系统自控　主要是对于特殊的水或在特殊的时间点需要对系统，尤其是生化系统加温或进生化系统水温度偏高，超过工艺温度，需要降温，系统能够自动报警，或启动系统的降温或增温措施，根据具体项目具体的时间点，设置参数。

4）溶解氧控制系统自控　生化系统的溶解氧一般是用鼓风机通过生化池系统内的曝气器释放微小含氧气泡，把溶解氧溶于污水中，污水中的好氧菌利用氧气生物降解污水中的污染物，根据工艺所要求的溶解氧含量，通过设置上下限氧含量，自动控制鼓风机的变频控制系统，自动调节变频频率，来控制生化池的氧含量，以满足生化最佳的溶解氧要求，同时也可以降低运行成本。

（4）高浓度有机废水处理工程的管理

为了高效稳定地运行管理废水处理工程，需要树立系统管理理念，全员管理理念，不仅仅是污水站操作工的事，也是公司全体员工的事，需要一整套切合公司实际的可操作的管理体系。具体需要做到：a. 源头的清洁生产，包括生产线的更新、完善，原材料的替代，提高生产线的自动化水平等；b. 现场操作管理人员的培训，熟练掌握工艺流程；c. 设计科学的巡查记录台账，放置于现场，操作管理人员，需要根据操作规程内容定时现场巡查，并记录签字；d. 记录完整的运行台账，包括处理水量、设备运行时间、药剂的使用量，尽可能细化完整，便于系统运行状况的分析判断，为系统的完善积累原始数据；e. 有与系统相配套的实验装置，便于更好地去验证暴露出来的问题，更好地服务于项目的运行；f. 除了常规数据的检测，需要根据运行过程暴露出来的问题或症状，找到有效的解决办法。

12.2.2 高浓度有机废水处理工程案例

12.2.2.1 酒石酸及酒石酸盐系列废水治理工程

（1）工艺设计

1）工程概况　以顺酐和双氧水为主要原料生产酒石酸系列产品，主要产品有 DL-酒石酸、DL-酒石酸钾钠和 DL-酒石酸氢钾，以及 L（＋）-酒石酸、L（＋）-酒石酸钾钠和 L（＋）-酒石酸氢钾。废水主要为离心废水、树脂再生清洗废水、培养废水、生物罐清洗废水、管式过滤机清洗废水、污冷水、车间卫生废水、喷淋废水、初期雨水及生活污水等，混合后 COD 为 8000～12000mg/L 左右，处理水量 600t/d，项目总投资 900 万元。

2）水质水量及排放标准　进水水质 COD 8000～12000mg/L，处理后的水质达到《污水综合排放标准》（GB 8978—1996）中的三级标准：$COD_{Cr} \leqslant 500mg/L$，$N-NH_3 \leqslant 35mg/L$，总 $P \leqslant 3.0mg/L$，pH6～9。

3）工艺流程及参数　如图 12.74 所示。

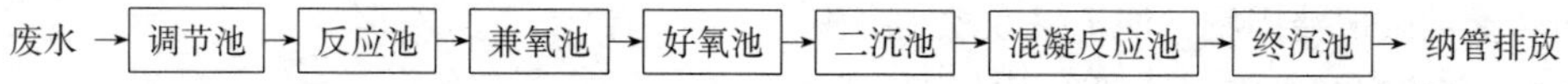

废水 → 调节池 → 反应池 → 兼氧池 → 好氧池 → 二沉池 → 混凝反应池 → 终沉池 → 纳管排放

图 12.74 酒石酸及酒石酸盐系列废水治理工艺流程

① 调节池。钢筋混凝土结构，基本尺寸为 15000mm×9000mm×2700mm，有效水深 2.5m，有效容积 337m³。

② 反应池。钢筋混凝土结构，基本尺寸为 2000mm×2000mm×2000mm，二池，有效水深 1.6m，反应时间 20min。

③ 兼氧池。钢筋混凝土结构，基本尺寸为 15000mm×15000mm×5500mm，二池，有效水深 5.0m，有效容积 2250m 停留时间 64h。

④ 好氧池。钢筋混凝土结构，基本尺寸为 15000mm×10000mm×5500mm，四池，有效水深 5.0m，有效容积 3000m³。停留时间 86h。

⑤ 二沉池。钢筋混凝土结构，基本尺寸为 10000mm×10000mm×5500mm，二池，表面负荷 0.175m³/（m²·h）。

⑥ 混凝反应池。钢筋混凝土结构，基本尺寸 2000mm×2000mm×2000mm，二池，有效水深 1.6m，反应时间 20min。

⑦ 终沉池。钢筋混凝土结构，基本尺寸为 10000mm×10000mm×5500mm，表面负荷 0.35m³/（m²·h）。

⑧ 污泥浓缩池。钢筋混凝土结构，基本尺寸为 9000mm×7500mm×2700mm，二池，有效水深 2.5m，有效容积 337m³。

⑨ 机房。砖混结构，基本尺寸为 15000mm×7500mm×3500mm。

（2）运行数据

运行情况如图 12.75～图 12.77 所示。

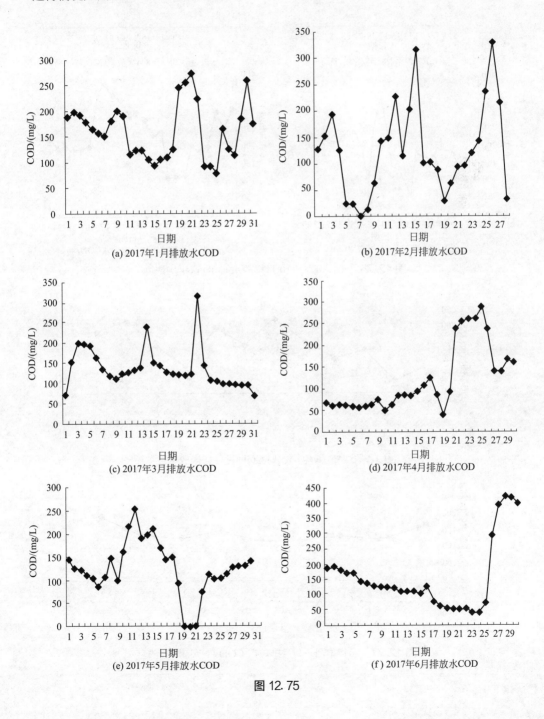

图 12.75

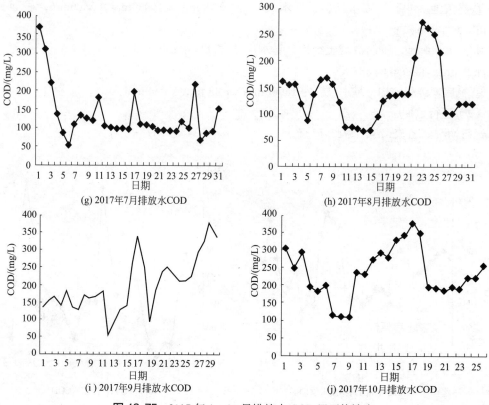

(g) 2017年7月排放水COD

(h) 2017年8月排放水COD

(i) 2017年9月排放水COD

(j) 2017年10月排放水COD

图 12.75　2017 年 1～10 月排放水 COD 日平均浓度

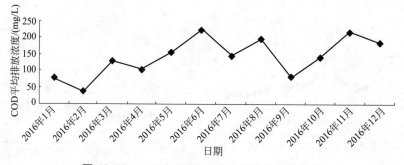

图 12.76　2016 年排放口 COD 月平均排放浓度

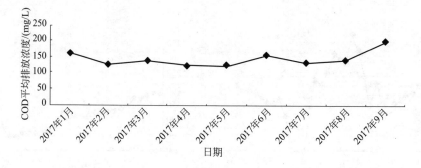

图 12.77　2017 年 1～9 月排放口 COD 月平均排放浓度

（3）运行经验

① 酒石酸是弱酸，废水的 pH 值在 4.0 左右，又是缓冲溶液，如果按照常规，对于偏酸性的废水处理工程设计时，必须通过加碱调节 pH 值为 6～9，由于酒石酸及系列衍生产品，均是缓冲剂，这会大大增加运行成本，同时增加污水中盐的浓度，影响后续的生化效果。由于酒石酸系列衍生产品中有酒石酸氢钾、金属有机酸盐，在生物降解过程，会使得废水中的 pH 值浓度提升，因此通过内回流，可以有效地控制系统内的 pH 值，对于有机酸类的废水，如果原水是偏酸性的，一般不需要在进生化系统前通过加碱来控制 pH 值。

② 生产原料使用到双氧水，由于双氧水的生产工艺为蒽醌法生产，因此废水中含有一定量的蒽醌类有机物，可生化性差。因此生产母液中有很大部分有机物较难生化降解，导致系统内水质的波动比较大，导致系统出水水质有一定的波动性。

③ 调节池设计的有效容积为 337m³，对于水质波动大且浓度高的工业废水，调节池的容积最好大于日处理水量，可以很好地调节水质水量。

④ 设计时由于考虑到臭味问题，业主不希望采用厌氧工艺，对于这类高浓度可生化性好的废水，还是建议上厌氧处理系统，对高浓度的母液通过厌氧处理，可以大大降低后续处理负荷，厌氧可以进一步提高废水的 B/C，可以降低系统处理的运行成本，且本项目本身已经考虑了污水站的臭味处理系统。

⑤ 设计时考虑到进水水质的波动性大，兼氧池池容 2250m³，充分考虑了高浓度水质对于生化系统的冲击，运行时兼氧池通过好氧池混合液内回流控制 COD 为 700mg/L，根据 2016 年全年的平均出水 COD 为 140.49mg/L，2017 年 1～9 月平均出水 COD 为 143.37mg/L，兼氧池的负荷为 1.0kg/（m³·d），回流液的控制流量为 230m³/h，好氧池的负荷为 0.49kg/（m³·d）。

⑥ 运行管理需要考虑剩余污泥的及时排出系统，根据水质数据维持系统内合理的污泥沉降比，同时通过风机的变频系统控制兼氧池和好氧池内合理的溶解氧。

12.2.2.2 养猪场废水治理工程

（1）工艺设计

1）工程概况　项目所配套的养猪场年出猪量为 6000 头，是在原有厌氧处理系统基础上进行的改造，新增了兼氧好氧处理系统，处理后的水质达到进污水处理厂的水质要求。

2）设计水质水量及排放标准　处理水量为 100t/d，进水水质 COD4000～6000mg/L，处理后的水质达到纳污水处理厂的进水水质要求：$COD_{Cr} \leqslant 400mg/L$，$NH_3$-N $\leqslant 25mg/L$，TP $\leqslant$ 3.0mg/L，pH 6～9，项目总投资 250 万元。

3）工艺流程及参数　如图 12.78 所示。

PAC、PAM

废水 → 厌氧池 → 叠螺机 → 兼氧池 → 好氧池 → 二沉池 → 反应池 → 终沉池 → 纳管排放

污泥

图 12.78　养猪场废水治理工艺流程

① 厌氧池。地上钢结构，内防腐处理，外保温处理，基本尺寸为 ϕ9000mm×8000mm，停留时间 120h，COD 负荷 1.0kg/（d·m³）。

② 兼氧池。半地下混凝土结构，基本尺寸为 8000mm×8000mm×5000mm，停留时间

69h，有效水深 4.5m，有效总容积 288m³，COD 负荷 0.52kg/（d·m³）。

③ 好氧池。半地下混凝土结构，基本尺寸为 12300mm×4800mm×5000mm，停留时间 HRT＝64h，有效水深 4.5m，有效总容积 266m³，COD 负荷 0.28kg/（d·m³）。

④ 二沉池。半地下混凝土结构，竖流式，基本尺寸为 4000mm×4000mm×5000mm，有效水深 4.6m，表面负荷为 0.26m³/（m²·h）。

⑤ 反应池。钢筋混凝土结构，基本尺寸为 1500mm×1500mm×1500mm，二池，有效水深 1.3m，反应时间 42min。

⑥ 终沉池。半地下混凝土结构，竖流式，基本尺寸为 4000mm×4000mm×5000mm，有效水深 4.4m，表面负荷为 0.26m³/（m²·h）。

（2）运行数据

如图 12.79、图 12.80 所示。

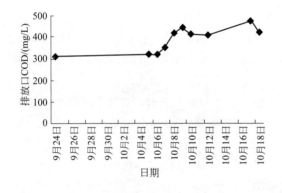

图 12.79　养猪场排水 COD 浓度　　　　图 12.80　养猪场排放口 NH₃-N 浓度

（3）运行经验

① 猪场废水 COD、NH_3-N 和 TP 浓度都较高，水质季节波动性大。

② 为了资源的综合利用，为了提高沼气厌氧发电量，废水中的猪粪没有分离，直接抽入厌氧池，虽然提高了沼气量，增加了发电量，但由于厌氧发酵过程，产生了高的氨氮和总氮浓度，为后续处理带来了不利，综合考虑，尤其是确保后续污水处理水质稳定性考虑，建议在源头采取分离猪粪为好。

③ 温度对污水处理的影响很大，业主准备采取对现有的污水处理系统进行加盖，不仅仅是为了保温，也为了考虑臭味问题，也更符合美丽牧场的要求。

④ 为了解决猪圈房的臭味和猪防病问题，现在一般在猪饲料中加入了芽孢杆菌类的微生物，这部分细菌随着废水进入后续污水处理系统，因此在好氧系统中保持较低溶解氧也可以获得好的处理效率，降解过程符合厌氧氨氧化原理，整个生化池几乎没有臭味，因为芽孢杆菌是一种很好的除臭菌，又可以高效地降解总氮，降低系统的能耗。

⑤ 冬天与夏天由于猪圈的用水量相差较大，浓度变化也较大，设计时需要考虑系统的缓冲性，考虑系统合理的负荷，同时需要及时检测分析数据，根据数据做好系统的操作，尤其是内回流量的控制。

⑥ 养猪废水中磷的浓度也较高，需要在生化基础上，考虑化学混凝沉淀脱磷，也应该考虑这部分沉淀污泥的综合利用。

12.2.2.3 坚果食品加工厂废水治理工程

（1）工艺设计

1）原有工程概况　该项目2013年投入使用，原设计处理能力为3000t/d，实际日处理污水在500～800t/d，进水原水水质浓度COD12000～15000mg/L，处理后的出水水质在500mg/L左右，出水水质无法稳定达标排放，项目于2017年7月进行了整改，原有污水处理工艺流程如图12.81所示。

图12.81　坚果食品加工厂废水治理工艺流程

整改前项目存在的问题：

① 炒货废水的悬浮物量比较多，现在没有有效的格栅系统，容易把大量的大颗粒的悬浮物带入处理系统，导致系统的管网阀门堵塞。

② 由于炒货企业的生产具有季节性，相应排水时间具有集中性，而现有工艺采用预沉淀后进入调节池，现有预沉池尺寸为23000mm×6000mm×6500mm，有效面积为138m²，如果1000t/d废水集中在12h进系统，那么预沉池的表面负荷达到0.60m³/（m²·h），对于高悬浮物的废水，会严重影响沉淀效果，会把大量的悬浮物带入调节池，进而带入后续处理系统，悬浮物在后续的厌氧池和好氧池会继续分解，增加后续处理负荷，影响处理效果，且容易导致系统的堵塞。

③ 预沉池采用泥斗排泥法，沉淀池中有14个排泥阀，劳动强度大，且无法有效地排出沉淀的污泥，进而影响沉淀效果，沉淀污泥会上浮进入后续处理系统。

④ 预沉池前的反应池采用穿孔管搅拌，采用气搅拌会影响后续沉淀效果，因为微小气泡容易粘在污泥上，降低污泥的相对密度，容易上浮。

⑤ 调节池的具体尺寸为φ16000mm×5900mm，1185m³，没有安装刮泥机，直径大，无法及时有效地排出沉淀的污泥，由于食品废水污泥很容易发酵，污泥也容易上浮，进而带入后续处理系统，尽管采取了把提升泵的进水口抬高，但无法真正有效解决污泥的及时排出，时间长了也容易提高废水的浓度，进而也会增加后续处理负荷。

⑥ 先进预沉淀再进调节池，由于水量的波动性大，无法在预处理时有效去除悬浮物，带入后续的生物处理系统，这部分悬浮物在后续系统的累积容易导致系统的瘫痪。

⑦ 现有的厌氧水解处理系统，内置填料，8000mm×8000mm×10000mm，8组，有效容积5120m³，尽管采用了两大组，8小组的布水系统，采用的是半弹性填料，无法挂膜，布水效果也不好，特别是由于没有安装三相分离器，无法有效地把厌氧产生的沼气、厌氧处理后的水以及厌氧污泥有效分离，大大降低了处理效果，加上前段悬浮物大量带入，导致系统瘫痪。沉淀的污泥也无法有效地排出，现有的厌氧水解系统相当于一个调节池，几乎没有作用。

⑧ 现有的接触氧化系统有两组，平行布置，33600mm×26000mm×6000mm，容积5240m³，每组分成5格式推流，每格有效容积大约400m³，由于进接触氧化池的COD浓度还是比较高，单格容积偏小，对于先进的池子中的COD容积负荷偏高，会由于溶解氧供不上从而影响好氧菌的活性，进而影响处理效果。

⑨ 现有接触氧化池采用的曝气器开始采用橡胶曝气管，去年已经更换成盘式橡胶膜，现在还好，但估计使用时间会比较短，因为系统中只要有几个橡胶膜破裂就会对整个系统影响比

较大，现在没有问题，但这是好氧处理系统潜在的一个风险。

⑩ 现有的四个沉淀池，具体尺寸为 8000mm×8000mm×6000mm，均没有安装刮泥机，严重影响污泥的及时回流以及剩余污泥的及时排除，沉淀池前的絮凝反应池均采用气搅拌，会影响沉淀效果，尽管接触氧化池中挂了弹性填料，但由于进水浓度还是较高，还是需要以泥膜法运行。

⑪ 现有生化系统厌氧水解系统和接触氧化系统的有效容积相加近 10000m³，而根据业主提供的污水处理系统需要的处理量要求达到 1000t/d，平均浓度为 15000mg/L 计算，每天需要处理的 COD 负荷为 15000kg/d，生化容积负荷达到 1.5kgCOD/（m³·d），原则上生化处理容积负荷不超 1.0kgCOD/（m³·d）。

⑫ 由于接触氧化池的出水经过絮凝沉淀后的出水水质在 500mg/L 左右，采用双氧水氧化再经过活性炭处理，无法正常运行，且运行成本高。

⑬ 由于环评批复要求对泵房、沉淀池、调节池、生物反应池、污泥池以及压滤机房等采取相应的措施，恶臭经收集有效处理后达到《恶臭污染物排放标准》（GB 14554—93）后排放。

⑭ 目前处理系统产生的物化污泥及生化剩余污泥，均是通过排入污泥浓缩池浓缩投加絮凝剂，再经过板框压滤机压滤处理后，运到热电厂处理，但热电厂对污泥的含水率还是有要求的，并且含水率高也会增加运行成本，需要对现有的压滤污泥进一步降低含水率。

⑮ 由于污水处理的旺季刚好是冬天，该污水处理厂所处区域冬天的温度会较低，会严重影响生化处理效果，而现有接触氧化系统均是敞开式的。

2）整改后工程概况

根据业主要求以及污水处理厂的实际，校核污水处理厂的池容，根据技术要求，确定经过对现有处理系统的改造完善以及不新增池容的前提下，要求系统处理能力为 1000t/d，进水水质 COD≤15000mg/L 的前提下，要求处理后的出水水质达到《城镇污水处理厂污染物排放标准》（GB 18918—2002）中的一级 B 标准。

① 所有来水必须经过格栅预处理，把大的悬浮物去除。

② 调整原有工艺中的先进预沉池再进调节池，改为废水经过格栅后，直接进调节池，充分发挥调节池的调节水质水量作用，调节内安装刮泥机，根据工艺需要，也可以在格栅前滴加一定量的药剂，去除部分悬浮物，以降低后续悬浮物的处理负荷，根据生产实际控制调节池的水位，确保进入后续的水质稳定，沉淀污泥抽入污泥过渡池，自流入污泥浓缩池。

③ 现有初沉池采用自然排泥，效果差，劳动强度大，14 个排泥阀，存在环保风险，在池顶安装自动移动式吸泥机，吸出的污泥通过导流渠管自流入污泥过渡池再自流入污泥浓缩池，污泥过渡池安装在厌氧池上。现有预沉池体的所有排污口管全部封死，初沉池出水在新增厌氧池没有到位前，采用现有的中间污水提升泵自动抽到现有厌氧池，初沉池前的反应池现有的气搅拌改为机械搅拌，调节池的污水提升泵把污水控制相应的流量抽到初沉池前的反应池，药剂采用隔膜泵根据水质定量投加。

④ 现有 8 个厌氧水解池内的填料全部清理掉，内部安装三相分离器，材质采用 304 不锈钢，底部安装布水器和吸泥器，三相分离器、布水器及吸泥系统集成在一套系统内，通过不同的操作模式来调整相应的功能，厌氧的负荷为 3kgCOD/（m³·d），三相分离器中分离的沼气通过导流管引出，在不利用前导入废气处理系统，经过处理后排放。

⑤ 现有的 8 个厌氧水解池，改成两级串联，4 个一组，一级出水流入中间水箱，水箱内设

置搅拌机，可以根据水质投加相应的药剂，以提高去除效率，安装中间水泵重新布水，中间水箱采用 304 不锈钢，具体尺寸为 3000mm×3000mm×1500mm，也可以提高中间水箱自动流入后续系统，以确保系统的稳定。

⑥ 改造后的厌氧系统均有内回流系统，以确保厌氧污泥处理悬浮状态，流量可以控制，以确保厌氧污泥不流失。

⑦ 接触氧化沉淀池安装刮泥吸泥一体机，沉淀污泥回流入接触氧化池，剩余污泥入厌氧池，通过厌氧以达到污泥减量化。

⑧ 接触氧化池后的出水经过沉淀池后进入中和混凝反应沉淀池，沉淀后的上清液自流入后续消毒过滤池，过滤后纳管排放。

⑨ 由于环评要求对现有污水处理系统进行封闭，收集废气进行处理，考虑到经济性及环保性，本方案对现有系统的厌氧池和接触氧化池封闭，现有的厌氧池基本已经封闭，但现有约850m² 的接触氧化池是完全敞开的，考虑生产最大排水量在冬天，气温对生化系统的处理效率影响很大，需要对生化池进行加盖封闭。考虑到现有的污泥是通过板框压滤机处理后直接送热电厂焚烧处理，含水率在 80% 左右，每天产生的量还是比较大，需要对这部分污泥进行降低含水率处理，考虑到投资成本性，采用阳光暖棚对板框压滤污泥进行干化污泥，这样可以把废气的收集处理、污泥的干化以及生化池冬天保温有机结合起来，一举三得，同时降低运行成本。

整改设计水量为 1000t/d，原水水质 COD 6000～15000mg/L，处理后的出水水质执行《城镇污水处理厂污染物排放标准》（GB 18918—2002）中的一级 B 标准，即 $COD_{Cr} \leqslant 60mg/L$，$NH_3$-N$\leqslant 8mg/L$，$BOD_5 \leqslant 20mg/L$，pH6～9。

整改后工艺流程及参数如图 12.82 所示。

原水 → 格栅 → 调节池 → 预沉池 → 厌氧池 → 接触氧化池 → 生化沉淀池 → 中和混凝反应沉淀池 →

消毒池 → 过滤池 → 纳污水处理厂

图 12.82 坚果食品加工厂废水治理工艺流程

（2）运行数据

如图 12.83 所示。

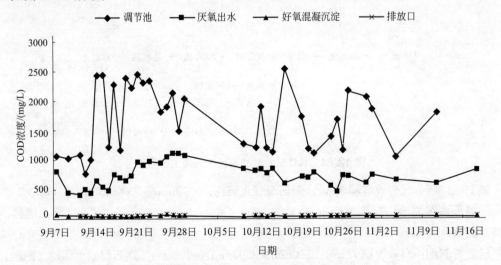

图 12.83 调节池、厌氧池出水、好氧混凝沉淀出水和排放口 COD 浓度曲线图

（3）运行经验

① 坚果食品加工过程排放的废水中含有大量的悬浮物，因此处理过程中会产生较多的污泥，考虑污泥的含水率问题，建议采用板框压滤机处理，污泥需要调理后进板框压滤机，目前污泥全部去焚烧厂焚烧及处理，建议这部分污泥应该综合利用，因为污泥中营养成分较高，完全经过深度加工作为有机肥利用。

② 项目设计工艺中有带混凝反应池的初沉池，可以加药沉淀处理后进厌氧系统，但从实际运行，初沉池前不加药更好，因为原水浓度高，加药量非常大，会产生更多的污泥，且这部分污泥的压滤性能不好，会大大增加运行成本，以及产生更多的污泥。实际运行初沉池只是把原水中的大颗粒物沉淀后直接进入后续的厌氧池。

③ 对原有的内置填料的厌氧池改为安装三相分离器后的 UASB 工艺后，防止了原水中的污泥堵塞厌氧系统，植物食品类污水中主要是植物纤维居多，通过厌氧后的污泥更容易处理，可以降低污泥总量。

④ 通过厌氧好氧工艺，把污水中可以降解的有机物降解后，在二沉池出水中投加混凝剂，可以有效脱除废水中的色度以及不可生化降解的大分子类物质，可以确保处理后的水质稳定达标，排放水清澈透明。

12.2.2.4　装饰纸水性油墨废水治理工程

（1）工艺设计

1）工程概况　废水主要来源于水性装饰纸生产过程中清洗的水性油墨废水，具有高色度、高 COD 浓度、水质波动性比较大等特点。这部分高浓度水经过混凝脱色预处理后，与其他低浓度废水混合后经过生化处理纳管排放。

2）设计水质水量及排放标准　高浓度处理水量为 50t/d，水质 COD 4000～10000mg/L，低浓度水量为 150t/d，水质 COD 500～1000mg/L，处理水质达到纳污水处理厂的进水水质要求：$COD_{Cr} \leqslant 100mg/L$，$NH_3\text{-}N \leqslant 15mg/L$，$TP \leqslant 1.0mg/L$，$pH6 \sim 9$，项目总投资 200 万元。

（2）工艺流程及参数

工艺流程如图 12.84 所示。

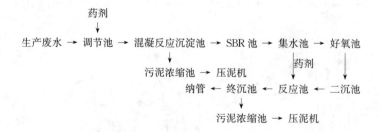

图 12.84　装饰纸水性油墨废水治理工艺流程

调节池：调节池有效容积 30m³，钢筋混凝土结构，5000mm×3000mm×2500mm；

混凝反应沉淀池：有效容积 40m³，3000mm×3000mm×4200mm，钢筋混凝土结构，装搅拌反应器。

SBR 好氧池：有效容积 72m³，3500mm×3500mm×4200mm，钢筋混凝土结构，四池。

集水池：8000mm×4000mm×4200mm，钢筋混凝土结构。

好氧池：有效容积 432m³，6000mm×4500mm×4200mm，钢筋混凝土结构，四池。

二沉池：4500mm×4500mm×4200mm，钢筋混凝土结构。

反应池：1500mm×1500mm×2000mm，钢结构。

终沉池：4500mm×4500mm×4200mm，钢筋混凝土结构。

（3）运行数据

如图 12.85、图 12.86 所示。

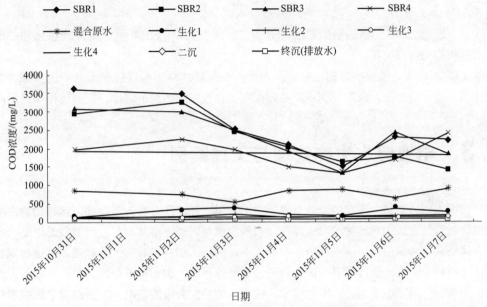

图 12.85　处理工艺各构筑物 COD 浓度曲线

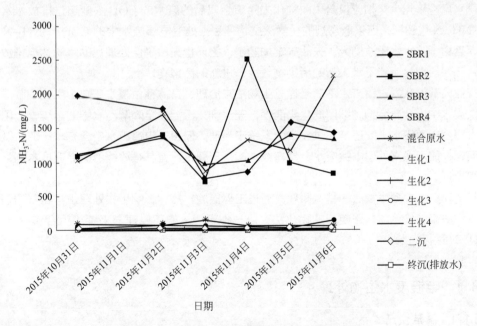

图 12.86　处理工艺各构筑物 NH₃-N 浓度曲线

（4）运行经验

① 装饰纸印刷过程清洗产生的含水性油墨废水是高色度高 COD 浓度的废水，水质波动性大，生产过程的清洁生产非常重要，尤其是一批次生产结束后，必须要对没有使用完的油墨进行有效回收，严禁直接用自来水冲入污水处理系统。

② 脱色预处理主要是采用石灰或氢氧化钠调节废水 pH 值在 10.5，再加硫酸亚铁混凝特色沉淀，主要要控制投加亚铁后的废水中的 pH 值必须要在 10.5 左右，严禁 pH 值小于 8，太低会导致把大量的铁离子带入后续生化处理系统，会影响后续生化处理效果，且水发黄，表观性很差。

③ 考虑到废水中还有较高浓度的 NH_3-N，因此在后续的好氧池中要控制生化池中的碱度，通过投加纯碱来控制。

④ 日常运行中必须要检测相应断面的水质，根据数据科学合理控制工艺中的参数，尤其是防止高浓度水质冲击，及时根据水质数据控制生化池中的污泥沉降比，及时排出剩余污泥。

12.3 电镀废水生物处理与工程案例

电镀废水成分复杂，废水中除含有大量的重金属以外，还含有电镀助剂，这些助剂主要是以有机物包括带金属的有机物的形式存在。有些金属是以离子形式存在，而有些是以络合态存在。金属络合物非常稳定，给电镀废水的治理稳定达标，带来了非常大的难度。而重金属废水的排放水质要求越来越高，现有电镀企业的污水处理系统，由于种种原因，普遍存在着无法稳定达标的问题。为了稳定达标，不惜成本，在废水中投加大量的药剂，尤其是重金属捕集剂的使用，给本已经含有较高盐度的废水中继续增加盐度。由于生产线采取了清洁生产工艺，单位产品排水量越来越少，相应只是采取物化去除重金属后的废水的 COD 浓度超过排放水水质要求，NH_3-N 也超标，而采取常规的化学法或物理法来处理电镀废水中的 COD、NH_3-N 成本高，而且由于来水水质波动大，无法确定加药量，因而也无法确保处理后的水质达标排放，也不符合环保治理尽可能不带入新的污染物或少带进新的污染物理念。

行业内普遍认为电镀废水不适合通过生物法来治理，具体理由是水质缺少生化细菌需要的营养，废水中重金属会抑制细菌的生物活性，无法驯化污泥满足降解污水中的污染物，因此国内绝大部分电镀废水主要还是通过投资膜系统来治理，但由于电镀废水中含有较高的盐以及腐蚀性问题，使用膜来处理电镀废水，具有成本高，不稳定，尤其是浓缩液的治理成本高，无法可持续运行。

基于现状，根据生物法的基本原理，通过工程措施，控制影响生物处理正常运行的因素，采用生物法来替代目前普遍使用的物化法，以一种可持续的环保理念来解决重金属废水 COD 和 NH_3-N 达标问题。

12.3.1 电镀废水生物处理

12.3.1.1 清洁生产

① 生产工艺的更新，如无氰电镀替代有氰电镀，因为氰化物会与很多重金属生成络合物。

② 改手动生产线为自动生产线，提高电镀液的利用率，生产线设计更科学合理，生产线

上有更多的控制仪器，可以更好地控制原材料的投加，避免原材料的浪费。

③ 净化电镀液中的杂质，以提高槽液中原材料的利用率。

④ 电镀挂具的革新，降低镀件尽可能夹带镀液到清洗槽，降低生产成本，降低后续污水处理的药剂使用量。

⑤ 生产线槽与槽之间根据工艺要求，尽可能满足镀件少带镀液入下一道工序，尤其是镀件从镀槽进漂洗槽前。

12.3.1.2　电镀废水化学处理

目前电镀重金属废水的处理方法主要有化学法、电解法、膜分离技术、离子交换法、吸附法、微生物法、絮凝法等，此外还有些新型方法，如人工湿地法、金属捕捉剂法、壳聚糖螯合吸附法、高压脉冲电絮凝法、微电解法等。化学法处理电镀重金属废水是目前最常用也是应用最广泛的方法。化学法是借氧化还原反应或中和沉淀反应将重金属经沉淀或上浮从废水中除去，具有投资少、成本低、操作简单、技术上较为成熟等优点，能承受大水量和高浓度负荷冲击，可适用各类电镀废水治理。

（1）化学法处理含铬废水

化学沉淀法处理电镀含铬废水，一种是用钡盐，使铬酸根生成铬酸钡沉淀，或是使用铅盐生成铬酸铅沉淀，但是钡盐法的缺点是引进钡的二次污染物要处理，处理过程要求严格，而且废水中的三价铬未能处理；铅盐法同样引入了重金属铅的污染。另一种是通过还原法，其方法是在废水中加入还原剂 $FeSO_4$、$NaHSO_3$、Na_2SO_3、SO_2 或铁粉等把 Cr^{6+} 还原成 Cr^{3+}，然后再加 $NaOH$ 或石灰乳中和沉淀或气浮分离。本工程含铬废水的处理方法是化学还原法，还原剂是焦亚硫酸钠，在含铬废水中加 H_2SO_4 控制废水 pH 值在 $2\sim3$，根据 ORP 仪表的监测电位，投加适量的焦亚硫酸钠使之电位稳定在 $400\sim430mV$ 之间，将 Cr^{6+} 还原成 Cr^{3+}，反应一定时间后投加 $NaOH$ 形成 $Cr(OH)_3$ 沉淀。

（2）化学法处理含镍废水

化学法处理含镍废水，主要有中和沉淀法、硫化物沉淀法、铁氧体法等。采用中和沉淀法处理含镍综合电镀废水，利用化学反应使废水中的 Ni^{2+} 形成氢氧化镍沉淀，然后再经固液分离装置去除沉淀物，从而达到去除镍的目的。金属镍的硫化物溶度积比其氢氧化物小，故硫化物可使金属更完全被去除，但其处理费用高，硫化物处理困难，常作为氢氧化物沉淀法的补充法。铁氧体是复合金属氧化物中的一类，其通式为 A_2BO_4 或 BOA_2O_3，最常见的铁氧体为磁铁矿 FeO、Fe_2O_3 或 Fe_3O_4 废水中金属离子形成铁氧体晶粒而沉淀去除。本工程中，含镍废水的处理是中和沉淀法加重金属捕捉剂来处理，处理方法如下：将含镍废水 pH 值调节到 $10\sim11$，投加适量的重金属捕捉剂（以出水达标的投加量为准），搅拌半小时，保持反应后 pH 值在 $10\sim11$，加入一定量的 PAM 后进行沉淀。

12.3.1.3　电镀废水生物法治理

生物法处理电镀废水在降解废水中的 COD 和 $NH_3\text{-}N$ 的同时，能够有效地吸附絮凝和生物化学沉淀重金属。

微生物处理法是利用细菌、真菌（酵母）、藻类等生物材料及其生命代谢活动，去除和积累废水中的重金属，并通过一定的方法使金属离子从微生物体内释放出来，从而降低废水中重金属离子的浓度。微生物处理法的机理主要为两方面，一是生物吸附絮凝法，二是生物化学沉淀法。

生物吸附絮凝法是利用某些微生物本身的化学成分和结构特性来吸附废水中的重金属离

子，通过固液两相分离达到去除废水中的重金属离子的目的，或是利用微生物或微生物产生的具有絮凝能力的代谢物进行絮凝沉淀的一种除污方法。微生物分泌的多聚糖、糖蛋白、脂多糖、可溶性氨基酸等胞外聚合物质（EPS）具有络合或沉淀金属离子作用；金属离子通过与细胞表面，特别是细胞壁组分（蛋白质、多糖、脂类等）中的化学基团（如羧摹、羟基、磷酰基、酰胺基、硫酸脂基、氨基、巯基等）的相互作用，吸附到细胞表面，包括离子交换、表面络合、物理吸附（如范德华力、静电作用）、氧化还原或无机微沉淀等；一些金属离子进入细胞后，微生物可通过区域化作用将其分布于代谢不活跃的区域（如液泡），或将金属离子与热稳定蛋白结合，转变成为低毒的形式。

微生物对重金属离子的生物化学沉淀作用，一般认为是由于微生物对金属离子的异化还原作用或是由于微生物自身新陈代谢的结果。一方面，一些微生物可分泌特异的氧化还原酶，催化一些变价金属元素发生氧化还原反应，或者其代谢产物或细胞自身的某些还原物直接将毒性强的氧化态的金属离子还原为无毒性或低毒性的离子；另一方面，一些微生物的代谢产物（硫离子、磷酸根离子）与金属离子发生沉淀反应，使有毒有害的金属元素转化为无毒或低毒金属沉淀物。

12.3.1.4 微生物处理重金属废水的影响因素

（1）微生物的种类

在微生物处理重金属废水过程中，不同微生物对同一种金属离子的去除效率不同。厌氧池投加功能菌，功能菌需能有效地处理重金属。

（2）微生物的存在状态

微生物的存在状态（游离的、被固定在载体上）对其处理重金属废水的效果具有显著影响。采用固定化微生物细胞富集水体中的重金属，实际上起着生物离子交换树脂的作用，而且固定化细胞比离子交换更为经济，不受 Ca^{2+}、Mg^{2+}、Na^+ 和 K^+ 等离子的影响，在废水处理和受污染水环境的修复中更实用。

（3）金属离子的浓度

一般来说，随着水体中重金属离子浓度的增加，微生物去除重金属离子的初始速度增大，但去除效率降低；反之，金属离子的浓度越低，去除的初始速度越小。然而超过一定浓度的范围后会对微生物产生显著的毒性效应。

（4）pH 值

pH 值对金属离子的化学特性、细胞壁表面的官能团（—COOH、—NH、＝NH、—SH、—OH）的活性和金属离子间的竞争均有显著影响，因此 pH 值是影响微生物处理重金属废水的重要因素之一。大部分研究发现，微生物对重金属的去除效果在 pH 为酸性或中性偏酸时最好。

（5）温度

温度对微生物去除重金属离子也有一定的影响，尽管某些细菌可在高温（50～70℃）或低温环境（-5～0℃）中生存，但应用于处理重金属废水的绝大部分微生物的最适宜生长的温度范围是 20～30℃。

12.3.2 电镀废水生物处理工程案例

（1）工艺流程

如图 12.87 所示。

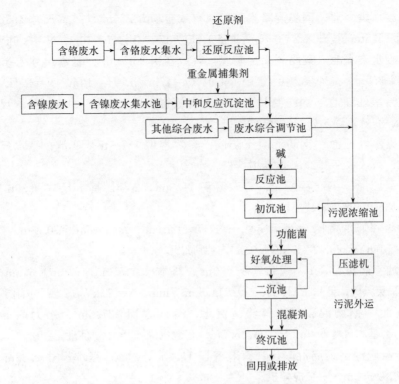

图 12.87 电镀废水生物处理工艺流程

（2）工艺流程说明

① 含铬废水自车间自流入含铬废水集水池，用提升泵泵入含铬废水处理池，通过设于池中的 pH 计和 ORP 计自动控制加药（一般 pH 值控制在 2～3；ORP 控制在 300～400mV 之间），自动投加 H_2SO_4 和 $Na_2S_2O_5$ 进行还原反应，将 Cr^{6+} 还原成 Cr^{3+}，还原反应后投加 NaOH，控制 pH 值在 8～9，使 Cr^{3+} 与 OH^- 结合成氢氧化物沉淀，经过静置沉淀，上清液流入综合废水调节池，沉淀污泥由重力排入污泥浓缩池。

② 含镍废水自流入含镍废水集水池，由泵提升至含镍废水反应沉淀池，先后投加 NaOH、PAC 和 PAM，搅拌调节 pH 值至 10.5～11.5，经过静置沉淀，上清液流入综合废水调节池，沉淀污泥由重力排入污泥浓缩池。根据实际处理情况，在混凝前可适量投加重金属捕捉剂以提高重金属离子的去除能力。

③ 其他废水自车间自流入综合废水调节池，用提升泵连续泵入反应池，先后投加片碱、PAC 和 PAM，搅拌调节 pH 值在 8～9，进行絮凝反应，然后自流入初沉池，进行固液分离，固液分离后的沉淀污泥排入污泥浓缩池，上清液自流入生化池进行生化处理（生活污水直接泵入生化池进行生化），生化出水进入二沉池进行固液分离，沉泥回流至生化池，上清液进入反应池，投加 PAC，经过终沉池沉淀后，部分达标排放，部分泵入过滤器过滤后回用于生产车间。

④ 本工艺方案采用 PH/ORP 自控技术，自控系统工作原理：废水进入反应池后，由电极测得的 pH/ORP 值反映到 pH/ORP 仪表，仪表经处理后再发出信号控制加药泵的开关，从而达到自动控制的目的。

（3）处理工艺单元

1）综合废水调节池　钢筋混凝土防腐，有效容积 188.3m³，基本尺寸 4.5m×15.5m×2.7m，有效水深 2.5m，提升泵 2 台（1 用 1 备），$Q=47m^3/h$，$H=10m$，$N=5.5kW$。

2）含铬废水集水池　钢筋混凝土防腐，有效容积 60.75m³，基本尺寸 4.5m×5.0m× 2m，有效水深 2.5m，提升泵 2 台（1 用 1 备），$Q=47m^3/h$，$H=10m$，$N=5.5kW$。

3）含镍废水集水池　钢筋混凝土防腐，有效容积 60.75m³，基本尺寸 4.5m×5.0m× 2m，有效水深 2.5m，提升泵 2 台（1 用 1 备），$Q=47m^3/h$，$H=10m$，$N=5.5kW$。

4）含铬废水处理池　钢筋混凝土防腐，有效容积 137.5m³，2 池，基本尺寸 4.5m× 5.0m×5.5m，有效水深 5.2m，内装搅拌机。

5）含镍废水处理池　钢筋混凝土防腐，有效容积 137.5m³，2 池，基本尺寸 4.5m× 5.0m×5.5m，有效水深 5.2m，内装搅拌机。

6）中和反应池　钢筋混凝土，有效容积 11.3m³，2 池，基本尺寸 2.38m×2.38m× 2.0m，有效水深 5.2m，内装搅拌机。

7）初沉池　钢筋混凝土，斜管沉淀池，有效容积 137.5m³，水力表面负荷 0.83m³/（m²·h），基本尺寸 5.0m×5.0m×5.5m，有效水深 5.0m，内装刮泥机。

8）生化池　钢筋混凝土，有效容积 500m³，基本尺寸 5.0m×5.0m×5.5m，有效水深 5.0m，三叶罗茨风机，型号 PTR-150，$Q=14.30m^3/min$，$N=11kW$，2 台，1 用 1 备。

9）二沉池　钢筋混凝土，斜管沉淀池，有效容积 137.5m³，水力表面负荷 0.83 m³/（m²·h），基本尺寸 5.0m×5.0m×5.5m，有效水深 5.2m，内装刮泥机。

10）混凝反应池　钢筋混凝土，有效容积 11.3m³，2 池，基本尺寸 2.38m×2.38m× 2.0m，有效水深 5.2m，内装搅拌机。

11）终沉池　钢筋混凝土，斜管沉淀池，有效容积：137.5m³，水力表面负荷：0.83 m³/（m²·h），基本尺寸 5.0m×5.0m×5.5m，有效水深 5.2m，内装刮泥机。

12）污泥浓缩池　钢筋混凝土防腐，有效容积 60.75m³，基本尺寸 4.5m×5.0m×2m，有效水深 2.5m。

（4）工程处理水量和处理目标水质

项目废水主要来源于镀件前处理、生产线上镀件清洗水和含铬、含镍、含锌废水，处理能力 500m³/d。项目除 COD_{Cr}、氨氮排放执行纳管标准（COD≤300mg/L、NH₃-N≤30mg/L）外，其余各项指标排放均执行《电镀污染物排放标准》（GB 21900—2008）表 3《水污染物特别排放限值》，即：Ni^{2+}≤0.10mg/L、Cr^{6+}≤0.1mg/L、Zn^{2+}≤1.0mg/L、Cr^{3+}≤0.3mg/L。

（5）运行参数

如图 12.88、图 12.89 所示。

（6）运行经验

① 生产车间清洁生产是保证后续污水处理稳定达标的前提，特别是由于很多镀件结构复杂，在镀槽到清洗槽过程中会带入较多的高浓度的镀液入清洗槽，因此需要在生产线上采取有效措施，降低镀槽的镀液入清洗槽。

② 严禁镀槽废液排入污水处理系统，在实际运行过程中，很多电镀厂会把镀液直接排入污水处理系统，导致处理系统瘫痪，致使出水水质严重超标。

③ 由于电镀产品不同，工艺也不同，为了物尽其用，对于生产过程中排放的强酸强碱，建议收集，作为污水处理站的酸碱使用，以降低运行成本，特别是强碱直接进入污水处理系统，会大大增加运行成本，因为尽管电镀企业采取了分质分流处理，但由于种种因素，综合调节池中多少会有镍和铬，在目前的综合电镀加工企业中，综合调节池中废水一般需要继续将六价铬还原为三价铬，因此强碱排入综合调节池，会增加酸的用量。

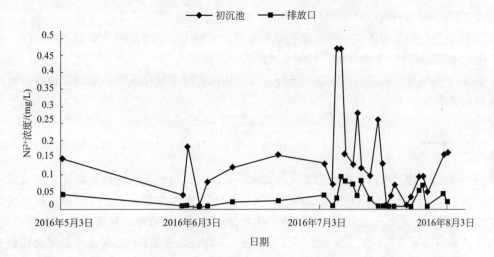

图 12.88 生化前后重金属 Ni²⁺ 浓度曲线

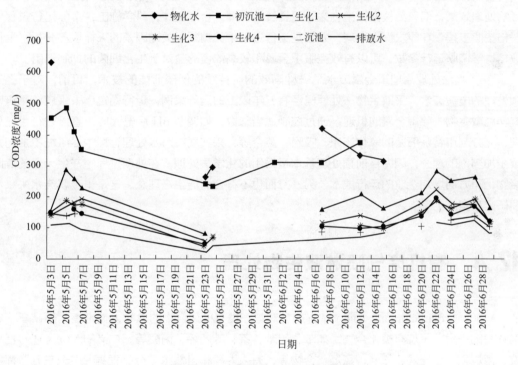

图 12.89 各构筑物 COD 浓度曲线

④ 电镀废水治理中 pH 值的控制非常关键，因此在关键工序的加药必须采用自动控制，最好有备用系统，例如在连续中和反应池中要求控制 pH 值在合理范围内，因为要兼顾某些重金属在高于一定 pH 值后会溶解，例如 $Zn(OH)_2$、$Al(OH)_3$、$Cr(OH)_3$ 等。

⑤ 由于企业为了提高产品电镀质量，在电镀过程中使用了较多的电镀助剂，这些助剂不仅仅含有有机物，有的还含有重金属，且是络合态，治理难度非常大，因此在生产过程中必须使用绿色环保的电镀助剂。

⑥ 污水处理站必须配置相应的分析仪器，尤其是原子吸收分光光度计，配备专业的化验人员，对污水处理站的各断面根据实际确定检测频次，确保处理后的排放水水质达标，一旦测

出超过工艺控制的标准，可以立即分析原因，采取应急措施。

⑦ 生物法处理重金属废水的机理主要是吸附和生物化学沉淀，因此需要根据实际，及时排出生化处理系统中的剩余污泥，控制合理的活性污泥量。

⑧ 为了确保生化系统的高效稳定运行，可以根据实际在生化系统中定期定量适当补充优势菌种和营养剂。

12.3.3 结论

① 根据《电镀污染物排放标准》（GB 21900—2008），电镀废水的排放标准要求很高，不仅仅提高了重金属的排放标准，也提高了COD、NH₃-N的排放标准，由于电镀过程使用了大量的电镀助剂，而电镀企业普遍实行了清洁生产，用水量大大降低，致使电镀废水的COD普遍较高，通过实际工程证明，生物法不仅可以进一步降低经过预处理后废水中的重金属含量，同时可以有效去除废水中的COD等，确保出水水质的稳定达标。

② 电镀废水中的重金属和高浓度的盐，超过一定浓度都会抑制微生物的正常代谢，进而影响处理效果，但只要根据微生物去除重金属的机理，合理设计，科学施工，实际运行过程中严格按照工程设计要求操作管理，尤其是运行过程中关键断面关键因子的采样检测分析，根据数据科学调整运行参数，可以有效克服重金属和较高浓度的盐对于生化细菌的抑制作用。

③ 生物法处理治理重金属废水是一种高效的可持续的低碳节能的技术，目前，对于经过预处理的电镀废水，采取生物法处理已经有五年以上的运行案例，运行稳定，未来应该重点研究实施微生物去除重金属的机理，通过控制适当参数，如调节pH后电镀废水直接进行生化处理，充分利用特殊细菌的氧化还原、吸附、螯合等，来实现在污水处理过程中尽可能不加药剂或少加药剂的理念，因为目前预处理基本是采用的化学法处理，在处理过程中产生大量的危险废物，一方面增加企业的运行成本，另一方面也不符合清洁生产理念。这是重金属废水未来治理研究和实施的重点。

12.4 有机废气喷淋液生物处理

VOCs（volatile organic compounds）是对某一类有机化合物的总称，通常指常温常压下容易挥发的一类非甲烷有机化合物，如苯、甲苯、萘、苯乙烯、丙酮等。广义的VOCs还包括甲烷、丙烷和一些硫烃、氮烃、氯烃化合物等，有人为源和自然源之分。根据《"十三五"挥发性有机物污染防治工作方案》（环大气〔2017〕121号），为了全面推动我国大气环境质量的持续改善，"十三五"期间会全面推进VOCs污染防治。

VOCs在PM₂.₅和O₃生成过程中起到重要的作用。大量PM₂.₅的化学组分分析表明，我国东部地区PM₂.₅中有机气溶胶（OA）所占比例约占20%~50%，而在OA中由VOCs凝结转化生成的二次有机气溶胶（SOA）占比可达50%左右；此外，VOCs作为氧化剂，在二氧化硫（SO₂）向硫酸盐和氮氧化物（NOₓ）向硝酸盐的转化过程中起到了非常重要的推动作用。VOCs还是O₃形成的关键前体物，和NOₓ一起在光照驱动下促进了O₃的生成。现阶段，我国SO₂、NOₓ、一次颗粒物等传统大气污染物排放控制取得一定进展，排放量呈逐年下降态势，但VOCs污染防治工作相对滞后，人为源排放量仍呈快速增长趋势，对大气环境质量影响日益突出，VOCs 排放控制已经成为我国大气污染防治工作的重要短板。

针对目前有机大气污染的现状，各地都出台了相应的有机废气治理方案和标准，目前净化处理有机废气有吸收法、吸附回收法、冷凝法、催化燃烧法、等离子体氧化法、光催化氧化法、生物法等。其中，在优先考虑可以回收的废气治理采用吸附回收法外，生物法相对于其他净化方法而言，具有投资低、去除效率高、能耗低、无二次污染等优点，已成为大气污染控制技术领域的研究热点。生物法目前在使用的主要包括生物过滤、生物洗涤和生物滴滤法三种工艺以及三种工艺的组合。

12.4.1 VOCs 治理

12.4.1.1 VOCs 来源

VOCs 的排放来源分为自然源和人为源。全球尺度上，VOCs 排放以自然源为主；但对于重点区域和城市来说，人为源排放量远高于自然源，是自然源的 6～18 倍。在城市里，VOCs 的自然源主要是绿色植被，基本属于不可控源；而其人为源主要包括不完全燃烧行为、溶剂使用、工业过程、油品挥发和生物作用等。人为源主要包括不完全燃烧、溶剂使用、工业过程油品挥发和生物作用等。目前我国 VOCs 排放主要来自固定源燃烧、道路交通溶剂产品使用和工业过程。在众多人为源中，工业源是主要的 VOCs 污染来源，具有排放集中、排放强度大、浓度高、组分复杂的特点。

12.4.1.2 VOCs 解决方法

VOCs 解决途径如图 12.90 所示。根据 VOCs 产生的特点和 VOCs 的理化性质，控制 VOCs 污染首先是更新生产工艺，通过生产工艺的更新，生产过程不产生或少产生 VOCs；其次是通过生产线泄漏控制以及生产工艺的完善来有效削减 VOCs 的排放；再是通过末端控制，确保排入环境的 VOCs 总量满足环保排放总量要求。清洁生产是针对 VOCs 的产生过程，一般通过工艺提升、技术改造和泄漏控制来实现。末端控制则是针对 VOCs 的理化特性，尽可能采用回收工艺，回收排放废气中可以利用的 VOCs，以降低生产成本，但必须要考虑回收系统的工程措施能否做到位，

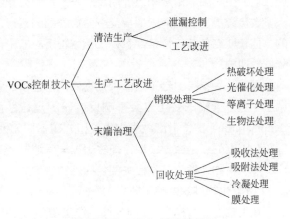

图 12.90 VOCs 解决途径图

以及回收的 VOCs 是否可以满足回收质量要求。还需考虑销毁法处理排放废气中的 VOCs，通过燃烧、分解、生物降解等方法来治理排放废气中的 VOCs。

12.4.1.3 生物法治理 VOCs

VOCs 废气生物处理兴起于荷兰和德国，尤其适用于中、低浓度且相对易溶于水的有机废气处理。生物法原理主要是利用微生物代谢活动，将 VOCs 转化为细胞代谢的能源、细胞组成物质及无害的小分子物质（如 H_2O、CO_2 等），是一种低碳安全可持续的有机废气治理技术。机理如图 12.91 所示。

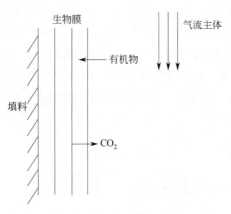

图12.91 生物法处理VOCs废气机理图

废气生物净化过程实质是利用微生物的代谢活动将有害物质转变为简单的无机物（如CO_2和H_2O）及细胞质等。对于生物法处理有机废气的过程机理研究虽然前人已经做了许多工作，但至今仍然没有统一的理论。目前，世界上较为流行的是荷兰学者提出的生物膜理论，也简称为"吸收-生物膜"理论，步骤如下：a. 废弃的污染物首先同水接触并溶于水；b. 溶解于水相中的污染物在浓度梯度的推动下，扩散至介质周围的生物膜，进而被其中的微生物捕捉并吸收；c. 进入微生物体内的污染物在其自身的代谢过程中作为能源和营养物质被分解。在此基础上，孙珮石等针对低浓度有机废气生物降解过程，提出了"吸附-生物膜"新型（双膜）

理论，其与"吸收-生物膜"理论的最大区别在于，该理论强调扩散到生物膜表面的有机物被直接吸附在生物膜表面，进而迅速被其中的微生物捕获，其核心强调生物膜净化有机废气过程中，重在吸附-生物降解的作用过程，补充和修正了国外目前流行的理论。

在废气生物净化理论研究基础上，提出和建立了许多数学模型来描述生物降解过程，其中，零级和一级动力学被广泛应用于废气生物降解过程的描述，同时对于具有抑制效应的基质，也有研究者提出Monod型，也有考虑潜在限制性因素如氮源抑制、pH值变化的模型被提出。但大部分描述废气生物降解过程的模型主要集中于假稳态条件或瞬间短暂的反应条件，例如，认为生物膜的密度和组成沿反应器是均匀分布的，是一个常数。因为这些假稳态的假设，大多数传统模型仅局限于拟合反应器短时间的运行，即短时间内，认为生物反应器性能是稳定的。但长期高负荷运行条件下，气相生物反应器中普遍存在生物量的过度积累和生物降解性能降低的现象。

同时，生物膜中除了活性微生物外，也包含一些惰性微生物和胞外多聚物等组分，而活性微生物组分含量的变化也会影响反应器的运行性能。因此，也有研究者提出利用"Cellular Automataton"法，考虑微生物生长和分布不均匀性、活性组分变化、生物膜厚度和比表面积等复杂因素的新型数学模型，能够更加准确地描述废气生物处理反应器的长期运行性能。

废气生物处理工艺流程主要包括生物过滤处理工艺、生物滴滤和生物洗涤处理工艺。

（1）生物过滤处理工艺

在生物过滤过程中，VOCs废气经过增湿塔增湿后，进入过滤塔与滤料层表面的生物膜接触，VOCs从气相转移到生物膜中被膜内的微生物迅速降解和利用，转化为自身生物质、水、CO_2和其他小分子物质（图12.92）。生物过滤法适用于种类广泛的VOCs废气处理，如短链烃类、单环芳烃、氯代烃、醇、醛、酮、羧酸以及含硫、氮的有机物，其典型的应用领域包括印刷、喷涂行业、污水处理和畜禽养殖业等。该方法特点是操作简单，运行费用低、适用范围广，不产生二次污染，但反应条件不易控制，易堵塞、气体短流、沟流，占地多，且对进气负荷变化适应慢。

（2）生物滴滤处理工艺

如图12.93所示，生物滴滤是生物过滤工艺的改进，其床层填料多为惰性物质，与生物过滤相比，降低了气体通过床层的阻力，由于连续流动的液体通过填充层，使得反应条件（如

pH 值、营养物浓度）易于控制，单位体积填料的生物量高，更适合净化负荷较高的废气，同时克服了生物过滤不利于处理产酸废气的特点，可有效去除经生物降解产生酸性代谢产物的 VOCs 废气。据报道，生物滴滤反应器处理的 VOCs 主要有烷烃、烯烃、醇、酮、酯、单环芳烃、卤代烃等。但生物滴滤反应器由于连续流动液相的存在，使得亨利系数较大，污染物不容易被去除。

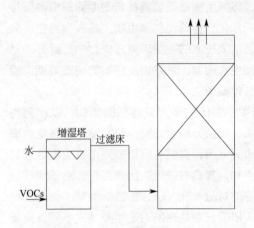

图 12.92　生物过滤处理工艺流程

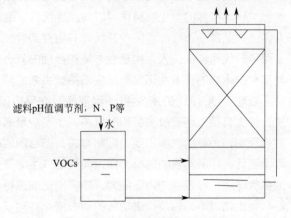

图 12.93　生物滴滤处理工艺流程

（3）生物洗涤处理工艺

生物洗涤处理工艺流程如图 12.94 所示。

生物洗涤器又叫生物洗涤池，由传质洗涤器和生物降解反应器组成。废气首先进入洗涤器，与惰性填料上的微生物及由生化反应器过来的泥水混合物进行传质吸附、吸收，部分有机物在此被降解，液相中的大部分有机物进入生化反应器，通过悬浮污泥的代谢作用被降解掉，生化反应器出水进入二沉池进行泥水分离，上清液排出，污泥回流。生物洗涤法也叫生物吸收法，在运行过程中废气不需要增湿，由于系统由 2 个独立的反应单元组成，易于控制反应条件，压力损失低，但其传质表面积低，废气必须溶于液相，需大量供氧才能维持高降解率，而且存在剩余污泥，运行费用也较高。

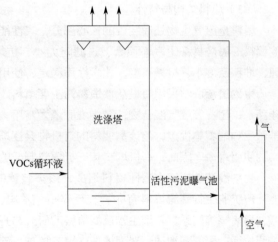

图 12.94　生物洗涤处理工艺流程

12.4.1.4　生物法治理 VOCs 主要影响因素

（1）废气性质

废气组分的可生物降解性和水溶性是影响生物处理工艺降解性能的主要因素之一。传统生物过滤/滴滤工艺常被认为不适合处理难生物降解和低水溶性的组分。疏水性 VOCs 从气相到水相较慢的传质速率常导致其较低的生物降解率。研究表明：污染物的去除能力与亨利系数和疏水性有关，且污染物的最大去除能力遵循以下顺序：醇类＞酯类＞酮类＞芳香类＞芳香烃类＞烷烃类。

针对难生物降解组分，有研究者以紫外光氧化作为预处理技术，以生物技术作为主体净化工艺，通过紫外光氧化预处理，将难降解污染物转化为易生物降解的水溶性物质，提高后续生物净化单元的处理效果。针对疏水性组分，主要在反应器中引入疏水性有机相强化该类物质的传质，进而提高其生物净化效率。

（2）降解菌

微生物在废气生物处理系统中起着决定性作用。废气生物处理装置在启动期需对填料层接种微生物。接种的微生物菌种可以为活性污泥、专门驯化培养的纯种微生物，或人为构建的复合微生物菌群。选育优异菌种并优化其生存条件是目前该技术的主要研究方向之一。此外，基于菌种的代谢特征，人为构建生态结构合理的复合微生物菌群，对缩短反应器的启动周期、提高接种微生物的竞争性和保持反应器持续高效性具有重要意义。

处理 VOCs 废气的微生物种群很多，在反应器中占主体的多为异养型微生物，以细菌为主，其次真菌，还有放线菌和酵母菌，也有少量蠕虫、线虫等原生动物。研究发现废气生物降解过程中，污染物降解主要与细菌有关，但目前的研究证明，真菌有可能成为废气生物处理过程中更具有广阔前景的菌类，作为典型的气生型微生物，其具有较大的比表面积，对干燥环境或强酸环境具有较强的耐受能力，表现出比细菌更好的对疏水性 VOCs 的去除性能。

微生物群落结构及代谢功能的动态变化将对反应器的宏观处理能力产生影响。不同反应器运行条件，形成的微生物群落结构和优势种群就不同。调控微生物群落的方法有：控制反应器内微环境、采用高效菌种接种或生物强化。传统的生物技术局限于微生物的定量与表征上。但随着分子生物学的发展，一些分子生物技术，如变性梯度凝胶电泳、荧光原位杂交等已经用于研究微生物群落结构及生态特征。

（3）填料结构与特性

填料是废气生物处理装置的核心部分，其性能影响微生物的附着及系统的运行效果。理想的填料一般应具备比表面积大、过滤阻力小、抗堵性能强、适合微生物附着生长、持水能力强、堆积密度小、机械强度、化学性质稳定、使用寿命长、易获得、价廉等优点。

生物过滤法常采用有机活性填料为主要填料。常用的有机活性填料有土壤、堆肥、泥炭、硅藻土、树皮等或其混合物，其中堆肥最为常用。有机活性填料具有价廉、富含营养物质和易于微生物附着等优点，但该类填料的有机物会逐渐降解矿化，导致填料层压实和堵塞，缩短填料的使用寿命。因此，有机填料和无机填料制成的复合填料是目前的研究热点。

生物滴滤的床层由惰性填料组成，该类装置的改进与发展主要体现在填料的改进与发展上。传统的生物滴滤填料有卵石、粗碎石、木炭、陶粒、火山岩等，该类填料存在处理效率低、易堵塞等问题。新型生物滴滤填料的研究与开发主要表现在材质和结构方面的不断改进，主要包括：聚氨酯泡沫、聚丙烯球、聚乙烯球、硅藻土、不锈钢、分子筛等。生物填料的发展主要为对已知天然活性填料进行改性以提高填料的综合性能或人为增加填料比表面积和强度、提高孔隙率、减轻重量，防止填料压实和气体短流。

（4）pH 值和温度

喷淋营养液的 pH 值是影响废气生物净化性能的主要运行参数之一。反应体系营养液 pH 值多保持在 5～8 之间。一些研究表明，较低的 pH 值（<4.2）影响微生物的降解活性进而影响反应体系的降解性能。温度是影响生物净化性能的关键参数之一。填料层中的微生物多为中温性生物，床层温度可为 10～42℃，大部分实验研究和工程应用的生物滴滤/过滤体系在环境温度 15～30℃运行。然而，许多工业废气排放温度高于环境温度，因此，常规处理工艺需要

对排放废气进行预冷却处理，导致运行费用增加。为了降低成本，一些研究者研究了嗜热菌在废气生物处理中的应用。有研究表明，嗜热型生物反应器的运行温度一般控制在 $45\sim75℃$，如在 $50℃$ 应用生物过滤处理 BTEX 废气，其最大去除负荷达 $218g/(m^3 \cdot h)$（平均去除率＞83%）；在 $45\sim50℃$ 处理乙酸乙酯废气，其运行性能优于同等条件的中温反应器；采用生物滴滤处理异丁醛和2-戊酮混合废气，在 $52℃$ 较在 $25℃$ 可获得更高的去除能力。

（5）存在问题和发展趋势

由多相传质、生物降解等过程组成的废气生物净化技术受到诸多复杂因素的影响，有关理论研究和实际应用还不够深入，主要存在的问题和发展趋势：

① 针对较难生物降解的特征污染物，选育具有高降解活性的专属菌种，并基于微生物的代谢规律，优化调控菌群结构，构建复合微生物菌剂，实现废气生物净化装置的快速启动和高效稳定运行。

② 应用现代分子生物学手段，解析生物膜的微生态特征，实现宏观运行性能的微观调控。

③ 开发流体力学性能好、传质速率快、压降低及抗堵性能强等综合性能优良的生物填料。

④ 解决多组分污染物间降解互为抑制、净化效率低等技术难题，实现复杂、多组分 VOCs 废气的协同高效去除。

⑤ 深入研究传质和生物降解过程规律，研制新型生物净化工艺和设备，拓宽废气生物净化技术的应用领域。

⑥ 对于长期运行的反应器，要解决填料压实、生物量过度积累等实际问题。

⑦ 进一步深入研究生物膜形成和污染物降解过程机理，开发实用化的生物滴滤/过滤过程理论模型，指导实际工程设计与运行。

⑧ 影响污染物去除率的关键过程是将污染物从气相转移到液相中，目前的大部分研究是对于易溶物和易降解污染物进行处理，在实际应用中将会受到一定的限制，开发出适合于难降解和疏水性污染物的处理工艺就显得尤为迫切。利用基因工程技术开发出高效的降解菌种；添加一定的有机溶剂提高疏水性污染物的溶解性，会提高污染物的净化率。

⑨ 生物法所用填料的比表面积、孔隙率等直接影响反应器的生物量以及整个填充床的压降及填充床是否易堵塞问题，污染物完成从气相到液、固相传质过程，在两相中的分配系数是处理工艺可行性的决定因素。因此，改善生物滤料、填料的物理性能和使用寿命，以节省投资和能耗。

⑩ 在原有菌种的基础上通过选择最佳生长条件，筛选出能高效降解 VOCs 的优势菌，从而缩短反应启动时间，加快生物反应进程，提高处理效率。

12.4.2　有机废气喷淋液生物处理工程案例

12.4.2.1　工程概况

企业有九条防火板生产线，生产原料用到甲醛，在制胶、配胶以及上胶烘干过程中排放的废气中含有甲醛，考虑到排放的废气中有烘干后粉尘、未固化完的胶水，属于中低浓度的有机废气。运行监测风量为 $52058m^3/h$，处理后的甲醛执行《大气污染物综合排放标准》（GB 16297—1996）中新污染源大气污染物排放标准中的二级标准，在排气筒高度30m下，最高允

许排放浓度为 $25mg/m^3$，最高允许排放速率为 $1.40kg/h$，实际检测排气筒甲醛浓度为 $1.59mg/m^3$，排放速率为 $0.083kg/h$。

12.4.2.2 工艺流程及参数

工艺流程如图 12.95 所示。

1）废气生物喷淋塔　采用 304 不锈钢，$\phi5000mm \times 25000mm$，有效容积 $490m^3$，有效停留时间 $34s$。

2）沉淀池　钢筋混凝土结构，基本尺寸为 $6000mm \times 6000mm \times 5000mm$，有效水深 $4.70m$。

3）$1^{\#}$生化池　钢筋混凝土结构，基本尺寸为 $8000mm \times 6000mm \times 5000mm$，有效水深 $4.50m$。

4）$2^{\#}$生化池　钢筋混凝土结构，基本尺寸为 $8000mm \times 6000mm \times 5000mm$，有效水深 $4.50m$。

5）$3^{\#}$生化池　钢筋混凝土结构，基本尺寸为 $8000mm \times 6000mm \times 5000mm$，有效水深 $4.50m$。

6）$4^{\#}$生化池　钢筋混凝土结构，基本尺寸为 $8000mm \times 6000mm \times 5000mm$，有效水深 $4.50m$。

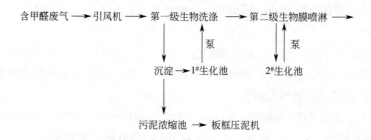

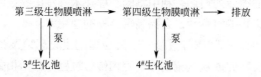

图 12.95　有机废气生物喷淋处理及喷淋液生物处理工艺流程示意

12.4.2.3 工艺流程说明

工艺流程平面图如图 12.96 所示。

① 防火板生产线的含甲醛废气经过热回收后，通过引风机送入喷淋塔的底部第一级生物洗涤系统，通过大水量的洗涤，把废气中的尘以及大部分的甲醛溶于水中，由于喷淋液量比较大，密度比较大的尘粒沉入沉淀池，进行有效分离，沉淀出水进 $1^{\#}$生化池，有效容积 $216m^3$，这级喷淋系统没有内置填料，防止废气中的尘类或胶堵塞填料，从而影响系统的正常运行。

② 第二级生物膜喷淋系统，内置功能填料，喷淋液自流入 $2^{\#}$生化池，内置功能填料，泥膜法运行，有效容积 $216m^3$。

③ 第三级生物膜喷淋系统，内置功能填料，喷淋液自流入 $3^{\#}$生化池，内置功能填料，泥膜法运行，有效容积 $216m^3$。

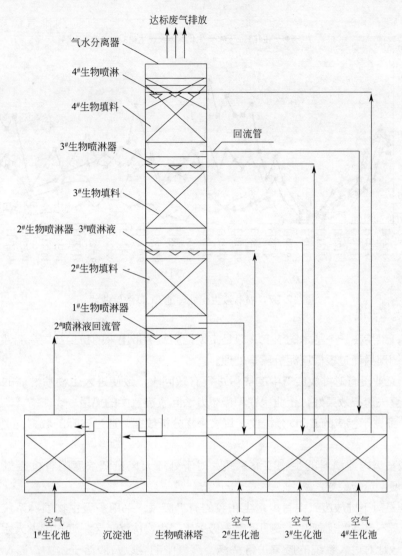

图 12.96 有机废气生物喷淋处理及喷淋液生物处理工艺流程平面

④ 第四级生物膜喷淋系统，内置功能填料，喷淋液自流入 4# 生化池，内置功能填料，泥膜法运行，有效容积 216m³。

12.4.2.4 运行数据

喷淋液生化处理池 COD 浓度曲线见图 12.97。

12.4.2.5 运行经验

① 四级独立喷淋系统具有独立的喷淋泵、喷淋液回流管、喷淋液曝气池，很好地保证分级处理，尤其是近排气筒的喷淋液浓度最低，确保处理后废气稳定达标排放。

② 由于第一级洗涤塔没有安装填料，且进风管位置比较高，导致第一级生化洗涤的喷淋液带入第二级生物膜处理系统，进而进入 2# 生化池，导致 2# 生化池 COD 浓度最高。

③ 由于废气中不仅仅是甲醛，还有三聚氰胺以及防火板中的纤维材料也会通过废气进入系统，因而生化池中的 COD 较高，是大分子的纤维类有机物，但这些有机物不具有挥发性，

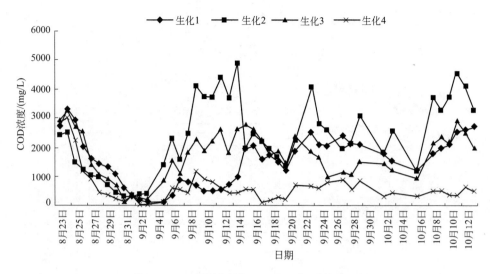

图 12.97 喷淋液生化处理池 COD 浓度曲线

长时间运行，维持在一个基本的浓度，只是定期把废气中带出来的粉尘及剩余活性污泥排入污泥浓缩池，调理后通过板框压泥机压干处理。

④ 由于企业没有对排放废气中的热量进行有效回收，致使进入生物喷淋塔的废气温度偏高，冬天比夏天运行效果好，企业也在积极想办法回收废气中的热量。

⑤ 企业配置了相应的 COD 分析仪，每天采样分析数据，通过实际的数据，更好地管理运维处理系统。

⑥ 采取多级内置填料的生物喷淋系统，对于处理大风量低浓度的有机废气，处理效果好，管理方便，运行稳定。

⑦ 特别是对于排放废气中有少量尘和胶的有机废气，采用多级生物喷淋系统处理，有很多其他工艺所不具备的优越性。该项目第一级采用了生物洗涤工艺，通过喷淋大水量的生物活性污泥，有效地对进入系统的废气进行洗涤，废气中的尘以及胶溶于水中，通过设置的沉淀池，有效地分离尘，定期排出沉淀池，由于沉淀池表面负荷高，密度较轻的活性污泥与喷淋液从沉淀池顶部流入 1# 生化池。

⑧ 为了使得喷淋液与废气中的有机物更好地接触，采用了大的水气比，因此前段处理系统的喷淋液会带入后续的处理系统，因此 1#、2#、3# 和 4# 生化池采用逆向回流生物液，即 4#、3#、2#、1# 依次回流，系统中不足部分水从 4# 生化池中补充，这样可以确保 4# 生化池的 COD 浓度更低，以取得好的处理效果。

参考文献

[1] 邹家庆. 工业废水处理技术[M]. 北京：化学工业出版社，2003:288-289.

[2] 谌伟艳. 工业废水污染防治研究[J]. 资源节约与环保，2015（7）:27-31.

[3] 黄河，海河流域污染严重，重金属超标实际排放量惊人[EB/OL]. [2013-08-06]. http://www.51report.com/news/hot/2013/3024575.html.

[4] 刘明亚，张凯，毕远伟. 浅议重金属废水处理技术和资源化[J]. 中国高新技术企业，2017（12）:128-129.

[5] 周怀东，彭文启. 水污染与水环境修复[M]. 北京：化学工业出版社，2005.

[6] 胡必彬. 我国十大流域片水污染现状及主要特征[J]. 重庆环境科学, 2003, 25（6）:15-17.

[7] 成新. 太湖流域重金属污染亟待重视[J]. 水资源保护, 2002（4）:39-41.

[8] 罗斌, 董宏宇, 梁伟新, 等. 离子交换回收电镀废水中六价铬的研究[J]. 广州化工, 2010, 38（3）:96-99.

[9] 严苹方, 叶茂友, 孙水裕, 等. 螯合沉淀联合微滤法脱除电镀废水中的低浓度络合金属[J]. 环境工程学报, 2017, 11（2）:769-777.

[10] 赵二劳, 杜彦芳, 张敏. 淀粉基吸附剂处理电镀废水的研究现状[J]. 电镀与精饰, 2013, 35（9）:18-23.

[11] 深圳市第一次全国污染源普查公报[EB/OL]. [2011-01-07]. http://www. Docin. com/p-1253744530. html.

[12] 张自杰. 环境工程手册. 水污染防治卷[M]. 北京: 高等教育出版社, 1996.

[13] 朱靖, 张瑶. 电镀废水综合治理技术及应用[J]. 水处理技术, 2008, 34（6）:89-91.

[14] 高艳云, 赵耀, 刘淑平, 等. 电镀废水处理技术述略[J]. 中州建设, 2005（2）:78-78.

[15] 梅光泉. 重金属废水的危害及治理[J]. 微量元素与健康研究, 2004, 21（4）:54-56.

[16] 王方. 回收重金属废水用电去离子技术研究进展[J]. 工业水处理, 2008, 28（12）:1-4.

[17] 胡海祥. 重金属废水治理技术概况及发展方向[J]. 中国资源综合利用, 2008, 26（2）:22-25.

[18] Volesky B. Biosorption of Heavy Metals[M]. Department of Chemical Engineering, Montreal Quebec, Canada: McGill University, 1990:14-19.

[19] 薛山涛, 薛文山, 董红艳, 等. 电镀厂周围环境与人群血、尿、发六价铬水平调查[J]. 环境与健康杂志, 1999, 16（1）:31-32.

[20] 王绍文, 姜凤有. 重金属技术[M]. 北京: 冶金工业出版社, 1993.

[21] 于秀娟. 环境毒理学[M]. 北京: 化学工业出版社, 2003.

[22] 孙春文, 王晓娟. 含铬废水处理工艺与综合利用[J]. 辽宁化工, 1999（5）:257-260.

[23] Kongsricharoern N, Polprasert C. Electrochemical precipitation of chromium（Cr^{6+}）from an electroplating wastewater[J]. Water Science & Technology, 1995, 31（9）:109-117.

[24] 王夔. 生命科学中的微量元素分析与数据手册[M]. 北京: 中国计量出版社, 1998.

[25] 刘艳菊, 赵慧君, 罗双丽, 等. 铅的危害及排除初探[J]. 中国西部科技, 2011（18）:16-17.

[26] 孙宏飞, 李永华, 姬艳芳, 等. Environmental contamination and health hazard of lead and cadmium around Chatian mercury mining deposit in western Hunan Province, China[J]. 中国有色金属学报（英文版）, 2010, 20（2）:308-314.

[27] 王志平, 王凤英, 乌日娜. 重金属汞的污染与危害[J]. 集宁师范学院学报, 2006, 28（4）:70-71.

[28] 梁晓文, 李喜华. 金属制品生产中酸碱蒸气的危害及处理[J]. 金属制品, 2000, 26（1）:50-52.

[29] Huang K, Guo J, Xu Z. Recycling of waste printed circuit boards: a review of current technologies and treatment status in China. [J]. Journal of Hazardous Materials, 2009, 164（2-3）:399.

[30] Xiang D, Mou P, Wang J, et al. Printed circuit board recycling process and its environmental impact assessment[J]. International Journal of Advanced Manufacturing Technology, 2007, 34（9-10）:1030-1036.

[31] 刘文伟. 浅探印制线路板生产中含 Cu 废水的处理技术[J]. 海峡科学, 2010（6）:85-86.

[32] 谢东方. 印制电路板废水处理技术应用实践[J]. 安全与环境工程, 2005, 12（1）:42-45.

[33] 彭芸, 陈镇. 废蚀刻液两种不同的处理与处置技术——循环再生技术与加工硫酸铜技术[J]. 印制电路信息, 2007（7）:34-36.

[34] 陈俊辉, 张伟锋. 印制线路板废水处理工艺浅析[J]. 中国环保产业, 2009（2）:48-51.

[35] 林君明. 化学-离子交换法处理镍锡铅电镀混合废水[J]. 黑龙江环境通报, 2004, 28（3）:35-37.

[36] Weber T J. Wastewater treatment[J]. Metal Finishing, 2000, 98（1）:797-798.

[37] 赵济强, 林西华. 电镀涂装综合废水处理工程实践[J]. 工业水处理, 2005, 25（11）:60-62.

[38] 李志明. 小型电镀厂废水处理技术介绍[J]. 广东化工, 2006, 33（5）:82-83.

[39] 王淑娟, 吕明威, 王子侃, 等. 各类化学沉淀剂在电镀废水处理中的应用[J]. 广州化工, 2015（6）:42-44.

[40] Kakizawa M, Ichikawa O, Hayashida I. Cleaning agent[J]. 2003.

[41] Yamamoto T, Mochizuki A, Shibata Y, et al. Alkaline degreasing solution comprising amine oxides: US, US 4741863 A[P]. 1988.

[42] 吴健良，曾建新，蓝俊宏，等．Fenton-接触氧化联合工艺处理铁合金镀件电镀前处理废水[J]．环境工程学报，2014，8（11）：4707-4714.

[43] Feng X, Gao J S, Zu-Cheng W U. Removal of copper ions from electroplating rinse water using electrodeionization[J]. Journal of Zhejiang University-Science A（Applied Physics & Engineering），2008，9（9）：1283-1287.

[44] Li Y, Zeng X, Liu Y, et al. Study on the treatment of copper-electroplating wastewater by chemical trapping and flocculation[J]. Separation & Purification Technology, 2003, 31（1）:91-95.

[45] Lutfor M R, Silong S, Wan M Z, et al. Preparation and characterization of poly（amidoxime）chelating resin from polyacrylonitrile grafted sago starch[J]. European Polymer Journal, 2000, 36（10）:2105-2113.

[46] Szpyrkowicz L, Ricci F, Montemor M F, et al. Characterization of the catalytic films formed on stainless steel anodes employed for the electrochemical treatment of cuprocyanide wastewaters[J]. Journal of Hazardous Materials, 2005, 119（1-3）:145.

[47] Wang Z, Liu G, Fan Z, et al. Experimental study on treatment of electroplating wastewater by nanofiltration [J]. Journal of Membrane Science, 2007, 305（1）:185-195.

[48] Ishikawa S, Suyama K, Arihara K, et al. Uptake and recovery of gold ions from electroplating wastes using eggshell membrane. [J]. Bioresource Technology, 2002, 81（3）:201-206.

[49] Ajmal M, Rao R A, Ahmad R, et al. Adsorption studies on Citrus reticulata（fruit peel of orange）: removal and recovery of Ni（Ⅱ）from electroplating wastewater[J]. Journal of Hazardous Materials, 2000, 79（1-2）:117-131

[50] Suksabye P, Thiravetyan P, Nakbanpote W, et al. Chromium removal from electroplating wastewater by coir pith. [J]. Journal of Hazardous Materials, 2007, 141（3）:637-644.

[51] Šćiban M, Radetić B, Žarko Kevrešan, et al. Adsorption of heavy metals from electroplating wastewater by wood sawdust[J]. Bioresource Technology, 2007, 98（2）:402-409.

[52] 郑江玲，胡俊，张丽丽，等．VOCs 生物净化技术研究现状与发展趋势[J]．环境科学与技术，2012（8）：87-93.

第**13**章

卫生填埋渗滤液反渗透处理技术

13.1 我国渗滤液发展历程

土地卫生填埋是大量消纳固体废物的有效方法，也是最终的处理办法。据中国统计年鉴，2015 年我国城市生活垃圾无害化处理量为 57.7 万吨/天，其中填埋处理量为 34.4 万吨/天，占 59.72%，填埋处理量为 1.15 亿吨；焚烧处理量为 21.9 万吨/天，占 38.02%，焚烧处理量为 0.62 亿吨；堆肥及其他处理量 1.4 万吨/天，占 2.26%，处理量为 354 万吨。目前，垃圾填埋处理仍是国内城市生活垃圾主要处理方式，预计未来几年填埋占比仍将在 50% 以上。在城市垃圾填埋处理过程中，由于压实和微生物的分解作用，垃圾中所含的污染物将随水分溶出，并与降雨、径流等一起形成垃圾渗滤液（浸出液）。渗滤液是一种污染很强的高浓度有机废水，其成分主要由垃圾种类和垃圾成分所决定，并随垃圾填埋场的"年龄"而变化。为了防止垃圾渗滤液污染水体，美、英等国家对垃圾填埋提出了严格的技术要求。我国在 2008 年重新修订了《城市生活垃圾卫生填埋技术标准》（GB 16889—2008），对垃圾场选址、填埋物控制、渗滤液处理提出了新的要求。因此，现代意义的垃圾卫生填埋处理已发展成底部密封型结构，或底部和四周都密封的结构，从而防止了渗滤液的流出和地下水的渗入，同时对渗滤液进行收集和处理，有效地保证了环境的安全。垃圾渗滤液处理难度大，实现其经济有效处理是垃圾填埋处理技术中的一大难题，也是一个研究热点。

受到经济发展水平的限制，我国卫生填埋起步较晚，真正意义上的卫生填埋场从 20 世纪 80 年代末才开始建设。渗滤液处理厂的建设更晚，从时间及处理工艺看，我国渗滤液的处理经历了四个阶段。

第一阶段为 20 世纪 90 年代初期，处理工艺主要参照城市污水的处理方法，采用以生物处理为主的处理工艺，代表性的工程实例有杭州天子岭等。此阶段，由于渗滤液处理场主要参照城市污水处理厂进行建设，没有考虑渗滤液水质特性，因此都存在不能稳定运行的状况，出水也不能稳定达标。

第二阶段在 90 年代中后期，研究人员考虑到渗滤液的水质独特性，如高浓度的氨氮、高浓度的有机物等采取了脱氨措施，采取的处理工艺一般为氨吹脱-厌氧处理-好氧处理。

第三阶段为 2000～2007 年，由于经济的飞速发展，新建的渗滤液处理厂一般远离城区，渗滤液没有条件排入城市污水管网，因此处理要求也相应提高，一般需要处理到二级甚至一级排放标准。此时的渗滤液若仅靠生物处理无法达到处理要求，一般采取生物处理＋深度处理的方法。

第四阶段为 2008 年至今，由于我国 2008 年重新修订了《城市生活垃圾卫生填埋技术标准》（GB 16889—2008），对垃圾场选址、填埋物控制、渗滤液处理提出了新的要求。为了达到污染控制要求，深度处理基本采用反渗透技术。反渗透技术的优化和膜污染成为研究热点。

13.2 反渗透技术概述

反渗透技术能有效地截留垃圾渗滤液中的溶解态有机物和无机物，在国外已广泛应用于渗滤液的处理中，它对垃圾渗滤液中成分浓度的变化发挥了高度灵活的抗变能力。而且这种装置的启动和关闭可以用开关操作，并且可用测量电导率这一可靠方法控制，其运行稳定性高、安全，并在实际的运行中取得了良好的处理效果。

以反渗透膜装置处理渗滤液，与垃圾填埋场的渗滤液回灌相结合，可体现其特殊的优势。以反渗透膜处理过程为核心，垃圾渗滤液经历了一个产生、分离、回灌、降解，再分离的循环过程，最终得到无害化处理。但由于反渗透膜处理系统对 SS、pH 值、温度等工艺参数比较敏感，如果有条件采用在线监测，随时提供实时、准确的工艺参数，对保证工艺系统的正常运行将十分有利。

13.2.1 反渗透的分离机理及分离规律

（1）分离机理

反渗透膜的选择透过性与组分在膜中的溶解、吸附和扩散有关，因此除与膜孔的大小结构有关外，还与膜的化学、物理性质有密切的关系，即与组分和膜之间的相互作用密切相关。由此可见，反渗透分离过程中化学因素（膜及其表面特性）起主导作用。

（2）醋酸纤维素反渗透膜的性能

反渗透膜对无机离子的分离率，随离子价数的增高而增高；价数相同时，分离率随离子半径而变化。下列离子的分离规律一般是：

① $Li^+>Na^+>K^+>Rb^+>Cs^+$，$Mg^{2+}>Ca^{2+}>Sr^{2+}>Ba^{2+}$；

② 对多原子单价阴离子的分离规律是：$IO^->BrO^->ClO^-$；

③ 对极性有机物的分离规律：醛＞醇＞胺＞酸，叔胺＞仲胺＞伯胺，柠檬酸＞酒石酸＞苹果酸＞乳酸＞醋酸等；

④ 对异构体：tert->iso->sec>pri-；

⑤ 对于同一族系：分子量大的分离性能好。

有机物的钠盐分离性能好，而苯酚和苯酚的衍生物则显示了负分离。极性或非极性、离解或非离解的有机溶质的水溶液，当它们进行膜分离时，溶质、溶剂和膜间的相互作用力决定了膜的选择透过性。这些作用包括静电力、氢键结合力、疏水性和电子转移 4 种类型。

一般溶质对膜的物理性质或传递性质影响都不大，只有酚和某些低分子量有机化合物会使醋酸纤维素在水溶液中溶胀，这些组分的存在，一般会使膜的水通量下降，有时还会下降得很多。

脱除率随离子电荷而增加，绝大多数含二价离子的盐基本上能被经 80℃以上的温度热处理的非对称醋酸纤维素膜完全脱除。

对碱式卤化物的脱除率随周期表次序下降，对无机酸则趋势相反。

硝酸盐、高氯酸盐、氰化物、硫代硫酸盐的脱除效果不如氯化物好，铵盐的脱除效果不如钠盐。

许多低分子量非电解质的脱除效果不好，其中包括某些气体溶液（如氨、氯、二氧化碳和硫化氢）以及硼酸之类的弱酸和有机分子。

对分子量大于 150Da 的大多数组分，不管是电解质还是非电解质，都能很好地脱除。此外，反渗透膜对芳香烃、环烷烃、烷烃及氯化钠等的分离顺序是不同的。

13.2.2 反渗透膜组件的类型

13.2.2.1 反渗透膜组件的类型

膜组件的类型主要有管式膜组件、盘式膜组件及螺旋卷式膜组件（见图 13.1）以及其他改进的膜组件形式（如碟管式膜组件，DTRO，后面将详细介绍）。

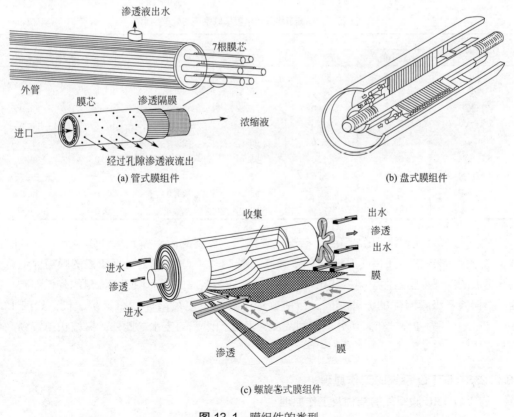

(a) 管式膜组件

(b) 盘式膜组件

(c) 螺旋卷式膜组件

图 13.1　膜组件的类型

盘式膜不能过滤固体颗粒物，因为它具有 100 多个膜片且偏移角度达 180°，膜组件中液流速度从内向外逐渐增加，这一水力特性对膜污染和结垢现象具有很大的负面作用。螺旋卷式膜组件具有较好的水力特性，而且不像盘式膜组件那样容易结垢，因为在液体进入螺旋卷式膜组件时是径直流入而不发生偏移，这就是所谓的"宽隔膜螺旋卷式膜组件"。

管式膜、盘式膜和宽间隔膜螺旋卷式膜的主要不同点是组件密度（膜面积/膜组件体积）不同，显然螺旋卷式膜的组件密度最大，这也就导致了相应基建和运行费用的降低。

从膜污染的概率看，从管式膜组件到宽间隔膜组件再到盘式膜组件依次增加，因此废水处理前必须进行预处理。而对于那些难处理的废水来说，应首选管式膜组件。

在后续的深度处理阶段，由于进水具有较高的纯度，所以可采用高密度的膜组件。标准螺旋卷式膜的组件密度最大，采用它要比采用管式膜、盘式膜和宽隔膜组件更经济。

就处理垃圾渗滤液和工业废水而言，宽间隔螺旋卷式膜组件与盘式膜相比，不论是从基建费用还是从运行费用上讲都具有优势。其优点主要表现在前者是一高压反渗透处理系统，其压力降高达 100bar（$1bar = 10^5 Pa$）。尽管如此，它与高压盘式膜组件技术相比在基建和运行费用上也具有明显的优势。

13.2.2.2 膜组件的运行方式

根据需求，为了确保工厂的处理能力，膜组件可采用多级串联方式运行，通过二级或三级的膜组件串联运行，用以处理第一级的膜出水。表 13.1 为标准的多级串联处理结果，但所选择的工艺类型及膜组件的具体特性要随特定的实际应用需求而定。而实际的去除能力，主要由温度、 pH 值和浓度等参数决定。

⊡ 表 13.1 标准多级反渗透膜串联系统的处理结果　　　　　　　　　　　单位：%

参数	1		2		3	
	最小值	最大值	最小值	最大值	最小值	最大值
COD	85.0	98.0	97.5	99.9	97.5	99.9
BOD_5	80.0	97.0	96.4	99.8	96.4	99.9
TOC	85.0	98.0	98.0	99.7	98.0	99.9
AOX	80.0	95.0	97.5	99.5	97.5	99.9
TN	75.0	95.0	95.0	99.0	95.0	99.9
NH_4^+-N	75.0	95.0	95.0	98.5	95.0	99.8
NO_3^--N	70.0	85.0	95.0	98.0	95.0	99.7
PO_4^{3-}-P	95.0	98.0	95.0	99.0	95.0	99.9
重金属	85.0	98.0	90.0	99.0	90.0	99.9

具体某一级反渗透阶段的膜组件布置形式如何，首要的因素就是保证膜表面有一定的流速，以避免污染物的沉积引起膜透过效率降低。图 13.2（a）中的各处理阶段的膜组件组合没有渗透液的循环，膜组件呈树枝状布置。这种布置方案各段的膜面积随着流量的降低而减小，目的是保持各级膜组件的流速相同。目前这种布置方案已被循环式布置所取代，如图 13.2（b）所示，因为循环式布置可处理不同浓度、温度和体积的废水。此外，树枝状布置易产生膜阻塞现象，在实际工程中不常被采用。

13.2.2.3 DTRO 系统的工作原理

（1）DTRO 膜组件的结构及工作原理

膜柱是通过两端都有螺牙的不锈钢管将一组反渗透膜片与水力导流盘紧密集结成筒状，安

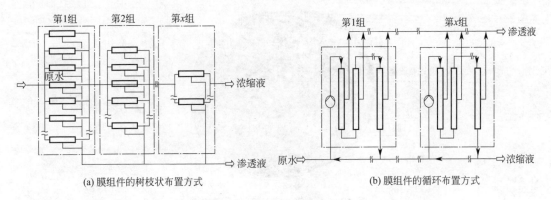

(a) 膜组件的树枝状布置方式　　　　　　　　　　(b) 膜组件的循环布置方式

图 13.2　膜组件的布置方式

装在筒式耐压容器内（见图 13.3）。反渗透膜片由两张同心环状反渗透膜组成，膜中间夹着一层丝状支架（能使透过膜片的净水快速流向出口），这三层环状材料的外环用超声波技术焊接，内环开口，为净水出口。水力导流盘表面布满按一定方式排列的凸点，使进料液形成湍流，增加透过速率和自清洗功能。膜片呈八角形，内接于水力导流盘内，水力导流盘外环凸出约 1mm，将膜片夹在中间，但不对膜片产生压力，DTRO 膜片和导流盘之间有比较宽敞的开放式通道，使处理液快速切向流过膜片表面（见图 13.4）。

图 13.3　碟管式膜柱示意

　　独特的设计理念使 DTRO 膜组件具有区别于其他种类膜组件的特点。

　　① 流体行程短。卷式膜组件长度约 1m，流体在其间的行程就有 1m，而碟管式膜只有 0.16m，也就是流体在其间的行程只有 0.16m。流道长的弊端是在浓缩过程中液体会因为行程长而浓度极化，导致堵塞。

　　② 膜片通道宽。卷式膜中膜与膜之间距离为 0.5～0.9mm，且有网状支撑层，而 DTRO

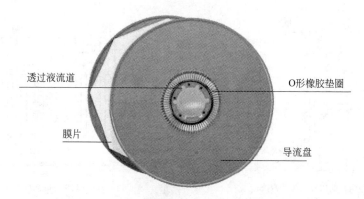

图 13.4 碟管式膜片和水力导流盘

中膜片与导流盘之间距离为 6mm，窄与宽区别在于进入膜组件液体的淤泥密度指数 SDI（silt density index），卷式膜必须小于 5，碟管式膜可高达 20。

③ 流体湍流强。卷式膜中膜与膜之间是网状支持层，而 DTRO 中膜与膜之间是导流盘，导流盘两面有科学分布的点状凸点，网与点的区别在于流体在卷式膜组中是平缓前进的，而在 DTRO 膜组件中是扰动前进的。导流盘上的凸点使进入膜柱的渗滤液产生强湍流，一方面有利于水分子透过膜片，另一方面有利于冲刷掉膜片上沉积的污染物。

④ 专门为处理高浓度料液而设计；解决了膜片堵塞问题，不依赖特别的预处理，提高了系统的稳定性；操作简便，可远程控制，远程诊断；土建设施少，占地面积小；浓缩倍数高，回收率高；出水稳定达标。

（2） DTRO 膜组件的工作原理

DTRO 系统就是利用反渗透技术的原理，利用压力使渗滤液中的水分子透过反渗透膜，把所有污染物质包括小分子溶质，如氨氮等分子及离子截留，从而达到净化渗滤液的目的。

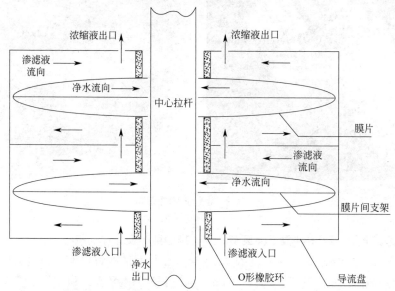

图 13.5 渗滤液及渗透液在膜柱内的流动过程示意

渗滤液在高压泵作用下进入膜柱，渗滤液中的水分在压力作用下克服渗透压，透过膜片由外向内渗入两片膜片中间，沿丝状支架流到中心拉杆外围，借助于导流盘上镶嵌的 O 形橡胶垫圈与处理液隔离并经拉杆外的通道流出。浓缩液体在膜表面流动并从底部输出。进水在压力作用下不断进行 180°转向，从而有效地避免了膜堵塞和浓差极化现象，清洗时也容易将膜片上的积垢洗净，保证 DTRO 适用于处理高浑浊度和高含沙系数的废水。膜的分离及水流动过程如图 13.5 所示。

13.3　DTRO 系统处理填埋渗滤液的工程概况

13.3.1　长生桥垃圾卫生填埋场概况

重庆市长生桥卫生垃圾填埋场是重庆市世界银行环境项目中固体废料管理项目的一个子项目，是重庆市主城区规划建设的三个大型垃圾处理厂之一，位于重庆市南岸区长生桥茶园村，距离市中心约 20km，距高速公路外环线茶园出口 3km。

长生桥卫生垃圾填埋场占地 1037 亩，其中生产作业区 818 亩，设计库容 1200 万立方米。填埋场分 A、B 两区，其中 A 区面积 21.55 万立方米，容积 820 万立方米。日处理垃圾量为 1500t，服务年限 32 年。服务区域为重庆市渝中区、南岸区、巴南区的全部垃圾，及大渡口区、九龙坡区的部分城市生活垃圾，主城区 44％的生活垃圾将在此"消化"。

渗液处理厂位于填埋场东北方向拦渣坝外侧，占地约 40 亩。长生桥卫生垃圾填埋场平均每天产生垃圾渗滤液 500t 左右，若不经处理直接排放，最终将严重污染长江三峡的水环境，造成库区污染，带来无法挽回的损失。为了使渗滤液处理达到国家一级排放标准，经过多方技术经济比较，采用碟管式反渗透系统-浓缩液回灌工艺，处理能力 500m³/d，日产清水量 400m³/d。渗滤液处理工程设计进水水质及出水水质列于表 13.2。

⊡ 表 13.2　渗滤液工艺水质设计指标

水质指标	设计渗滤液水质	设计出水水质	国家一级排放标准
COD/(mg/L)	12000～15000	100	100
BOD_5/(mg/L)	5000～8000	30	30
SS/(mg/L)	1900	70	70
NH_3-N/(mg/L)	2000	15	15
pH 值	6～9	6～9	6～9
电导率/(μS/cm)	12000	1000	未要求

长生桥垃圾填埋场渗滤液处理厂鸟瞰如图 13.6 所示。

13.3.2　长生桥填埋渗滤液的组成成分

（1）长生桥填埋垃圾的组成成分

长生桥垃圾填埋场为新建垃圾填埋场，详细考察其运行规律，对西南地区的渗滤液处理具有重要的指导作用。目前重庆主城区的生活垃圾仍以居民生活垃圾中的厨余垃圾为主，垃圾组成如表 13.3 所列。可见粒径的垃圾占垃圾总量的 80.74％，其中有机类物质占 45.95％，除橡

图 13.6 长生桥垃圾填埋场渗滤液处理工程

塑类外，占比例为 34.13％的有机类物质均可被微生物分解利用，玻璃、砖瓦和金属等无机类物质占 6.36％。重庆生活垃圾理化特性见表 13.4，其垃圾容重比全国平均值高，低热位值高于焚烧垃圾所需低位热值。

⊡ 表 13.3　重庆主城区垃圾组成　　　　　　　　　　　　　　　　单位：％

叶果	橡塑	纸类	砖瓦	布织物	玻璃	杂骨	竹木	金属	其他	砂土渣
22.82	11.82	5.39	3.01	2.84	2.19	1.55	1.53	1.16	28.43	19.26

⊡ 表 13.4　重庆主城区垃圾理化特性

容重/(kg/m³)	含水率/％	高位热值/(kJ/kg)	低位热值/(kJ/kg)
470	53.59	6064.23	4785.01

（2）长生桥垃圾填埋场渗滤液的组成成分

长生桥垃圾卫生填埋场的渗滤液性质与填埋垃圾的组成成分密切相关。表 13.5 是填埋场运行六个月的水质检测结果。填埋场运行 6 个月后，已经度过了适应期及好氧分解期，处于厌氧期，此时渗滤液为"年轻"的渗滤液。

⊡ 表 13.5　长生桥垃圾填埋场的渗滤液水质　　　　　　　　　　　单位：mg/L

水质参数	数值	水质参数	数值
COD	9080	Ca^{2+}	284
TOC	3190	Ba^{2+}	0.194
总碱度	4080	Mg	248
可滤残渣	950	Fe	13.5
总残渣	11100	Mn	1.14
TP	11	Sr	4.52
NH_3-N	1200	Ni	0.103
NO_2^--N	0.308	Cr	0.476
NO_3^--N	2.54	As	0.005
CO_2	1250	Cu	0.104
F^-	1.59	Zn	0.154
Cl^-	3080	Pb	0.071
SO_4^{2-}	369	Hg	0.00029
Na^+	953	Cd	0.013

13.3.3 渗滤液处理工艺流程

长生桥垃圾填埋场的渗滤液经收集管收集后，在拦渣坝下方设置防腐、防渗排水检查井，再由管道重力引入调节池旁的配水槽内。渗滤液在调节池内进行充分均化，达到均匀的水质水量后，经提升泵，进入 DTRO 系统。

在 DTRO 系统内，渗滤液首先进入原水罐，通过加入硫酸调整 pH 值到 $6.0\sim6.5$，然后进入砂滤器除去粒径大于 $50\mu m$ 的颗粒，再进入过滤精度 $10\mu m$ 的筒式过滤器，以确保高压泵的正常运行和 DTRO 的进水水质；去除悬浮物的渗滤液经高压泵进入一级 DTRO 单元，其透过液进入第二级 DTRO 做深度处理。一级 DTRO 单元的浓缩液排到浓缩液储罐，回灌至垃圾填埋场。二级 DTRO 产生的浓缩液回流至砂滤器前的进水管路中，再次进入一级 DTRO 单元进行处理。二级 DTRO 的透过液经脱气塔脱除 CO_2，提高 pH 值后进入透过液储罐。图 13.7 为渗滤液处理工艺流程。

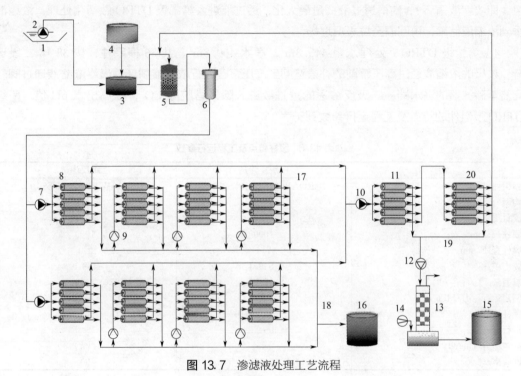

图 13.7　渗滤液处理工艺流程

1—调节池；2—提升泵；3—原水罐；4—硫酸罐；5—砂滤器；6—芯式过滤器；7——级高压泵；
8——级 DTRO 膜组件；9——级在线增压泵；10—二级高压泵；11—二级 DTRO 膜组件；12—透过液泵；
13—脱气塔；14—鼓风机；15—透过液罐；16—浓缩液罐；17——级透过液；18——级浓缩液；19—二级透过液；
20—二级浓缩液

13.3.4 渗滤液处理系统设计参数

13.3.4.1 DTRO 系统设计参数

碟管式反渗透系统由预处理系统（包括砂滤器和滤芯过滤器）、两级反渗透系统、自动清洗系统、PLC 控制系统、除味系统、浓缩液处理系统 6 个子系统组成。除浓缩液处理系统根据工程需要配套外，其余系统均整套内置。DTRO 系统的关键部分是碟管式膜柱。

DTRO 系统中，除硫酸罐、原水罐、浓缩液储罐和透过液储罐外，均安装在 3 只标准的 40 英尺集装箱内。集装箱尺寸为 12.192m×7.5m×2.435m。

1）砂滤器　3 台（2 用 1 备），交替使用，每台容积 450L，直径 614mm，长 2011mm，容器内由上至下填充 3 种不同粒径的细砂：3.0～5.0mm、2.0～3.0mm、0.2～0.7mm。经过砂滤器后的渗滤液中粒径大于 $50\mu m$ 的颗粒被全部除去。砂滤器压力降达 0.2MPa 时，需进行反冲洗，包括空气反冲洗、水力反冲洗和正向水力压实三个阶段，历时 20min，冲洗后的废水进入调节池。反冲洗可由自控系统自动完成，也可手动完成。

2）精密过滤器　2 台，纤维滤芯过滤，过滤精度 $10\mu m$，以确保高压泵的正常运转及 DTRO 的进水水质。芯式过滤器不须清洗，当工作压力降达到 0.2MPa 时必须更换。

3）第一级 DTRO　RO 进水设计流量为 $545m^3/d$，透过液 $445.3m^3$。设计操作压力 5.0MPa。200 根膜柱分两组并联，每组膜柱按 14-29-29-28 排列，除第一段外，均设置了管道在线泵，该泵同时从高压泵和前级的膜柱组中吸收进液，因此前级部分浓缩液将再次流过膜柱组（即浓缩液循环），使得透过液产量最大化，透过液进入第二级 DTRO 做精化处理，浓缩液排到浓缩液储罐，再回灌至垃圾填埋场。

4）第二级 DTRO　处理水量 $445.3m^3$，净水 $400.3m^3$。共 56 根膜柱，按 38-18 二段运行，该级的浓缩液通过高压泵前的补偿管回到高压泵，进行浓缩液循环。最终浓缩液通过阀门回流至砂滤器的进水端，二级反渗透的透过液进入除气塔脱除 CO_2，提高出水 pH 值。两级 DTRO 膜组件的特点及工程运行参数列于表 13.6。

▣ 表 13.6　膜柱特点及工程运行参数

参数	一级反渗透	二级反渗透
膜组件	ROAW 91612.DTS200	ROAW 91612.DTS56
构型	碟管式	碟管式
膜材质	聚酰胺	聚酰胺
膜柱长/mm	1000	1000
膜柱直径/mm	214	214
膜面积/m²	1549.1	482.0
膜通量/[L/(m²·h)]	12.0	34.6
额定运行压力/MPa	5	3
膜柱数/支	200	56
运行温度/℃	5～35	5～35
处理能力/(m³/d)	545	445.3
回收率/%	81.7	90

5）脱气塔　为防止结垢而加入的硫酸会与碳酸氢盐反应产生 CO_2，CO_2 不被膜截留，因此它通过膜进入透过液中，使得透过液带酸性；因 CO_2 通过膜时对微生物活性有抑制作用，有利于防治膜的生物污染，因此在工艺最末端，即进入储水罐前通过脱气器加以排除。脱气时，透过液由脱气塔上部向下流，而空气经鼓风机向上行，二者逆向而流的过程中，二者在填料层进行充分接触，CO_2 得以去除。脱除 CO_2 的最终产水由液位开关控制排放。

6）罐系统　包括系统内的所有储罐，如硫酸罐、原水储罐、清洗剂罐、阻垢剂罐等。罐系统自成为独立的系统，由液位传感器控制其运行，所有易漏部位均安装有检漏装置。

13.3.4.2　辅助处理单元设计参数

渗滤处理的主要构筑物及辅助设备见表 13.7、表 13.8。辅助处理单元设计参数如下：

1）调节池　1座，有效容积 38000m³，净尺寸 3.0m×1.5m×7m，超高 0.5m。自带液位控制。分为两格，钢筋混凝土结构，可串联、并联或交替（单独）使用。每池安装一台潜水排污泵用于提升池底污泥。考虑到自然地形，并本着尽量减少土石方工程量的原则，两池池底高差设计为 1.9m。进水由配水槽中的闸板控制按需要分别流入各池。

2）集水井　1座，有效容积 28m³，尺寸 3.0m×1.2m，钢筋混凝土结构，池深 9.0m，超高 0.5m。

3）监控池　1座，有效容积 7000m³，尺寸 35m×30m，钢筋混凝土结构，池深 7.2m，超高 0.5m。

4）浓缩液储池　1座，有效容积 1000m³（与观察池合建），尺寸为 15m×10m，钢筋混凝土结构，池深 7.2m，超高 0.6m。采用 C25 防水混凝土，防渗等级 S8。内设一台潜水排污泵，自带液位控制。

表 13.7　渗滤液处理的主要构筑物

名称	尺寸/m	有效容积/m³	结构	数量	备注
调节池	135×65×6.9	50000	钢筋混凝土	1	分两格，坡度 1.5%，防渗、防腐
集水井	3.0×1.2×9.0	28	钢筋混凝土	1	防渗、防腐
监控池	35×30×7.2	7000	钢筋混凝土	1	含浓缩液储池
浓缩液储池	15×10×7.2	1000	钢筋混凝土	1	防渗、防腐

注：调节池的高度按进水端低点计。

表 13.8　辅助设备

设备	型号及材质	单位	数量	主要参数	备注
调节池潜水曝气机	TA151 M30-4 曝气部分:不锈钢 电机外壳:铸铁	台	5	最大浸没深度:5m 清水充氧量:4kg/h $N=5$kW	4 台
调节池提升泵（带自耦装置）	AS0641S30/2D 轴:不锈钢 泵体:铸铁	台	2	$H=19.4$m $Q=24.9$m³/h $N=3.0$kW	1 用 1 备
调节池排泥泵（带自耦装置）	AFP1048M185/2 轴:不锈钢 泵体:铸铁	台	2	$H=60$m $Q=20$m³/h $N=18.5$kW	1 用 1 备
浓缩液回灌泵（带自耦装置）	AFP1048M185/2 轴:不锈钢 泵体:铸铁	台	3	$H=60$m $Q=20$m³/h $N=18.5$kW	2 用 1 备

13.4　DTRO 系统除污染效能

垃圾渗滤液水质的变化受垃圾组成、垃圾含水率、垃圾填埋时间、垃圾体内温度、降雨渗透量等因素影响，其中垃圾填埋时间和降雨渗透量是影响渗滤液水质变化的主要因素。

长生桥是新垃圾填埋场，渗滤液处理系统在填埋运行两个月后启动运行。由于渗滤液成分复杂，故选取电导率、pH 值、COD、BOD_5/COD 等几项水质综合指标来考察其水质变化规律，就具体水质指标，分别将一级单元、二级单元、最终出水、浓缩液等几部分，详细分析DTRO 的去除效果及影响因素。

13.4.1　电导率的降低

13.4.1.1　电导率与含盐量的关系

DTRO 以电导率作为渗滤液处理效果的衡量标准，其自动控制系统能自动显示出渗滤液、透过液和浓缩液的电导率变化情况，分析工作简便且快速，并易于随时掌握系统运行状况及调节运行工况。

由于水溶液中溶解的绝大多数盐分为强电解质，它们在水中能电离成离子形式，各种离子对电导都有贡献，盐的浓度与导电能力之间存在正相关关系，即：

$$TDS = k \times EC_{25℃} \tag{13.1}$$

式中，TDS 为总溶解性固体浓度，mg/L；$EC_{25℃}$ 为 25℃下的电导率，$\mu S/cm$；k 为比例系数。

当水中 TDS 较高时，即可获得较大的电导率。因此，电导率的测定结果可代表 TDS 物质的含量。本渗滤液中，含盐量与电导率的比例系数为 0.67 左右。

13.4.1.2　电导率的去除效果

电导率反映了渗滤液中的含盐量，可作为衡量 RO 性能的重要指标，DTRO 系统截留电导率的变化规律示于图 13.8。

膜进水电导率为 7600～17500$\mu S/cm$，经调节池长时间的沉淀，略低于渗滤液的电导率。一级透过液电导率为 255～470$\mu S/cm$，由于一级反渗透的出水作为二级反渗透的进水，所以一级反渗透的出水电导率也是二级反渗透的进水电导率。二级 DTRO 出水的电导率为 34～58$\mu S/cm$，电导率的总去除率达 99.9%，可看出膜具有很高的脱盐率。二级 DTRO 的回收率为 90%，即将二级进水浓度浓缩了 5 倍，二级浓缩液的电导率为 2000～5500$\mu S/cm$。DTRO 系统的运行结果表明：进水电导率在 18000～20000$\mu S/cm$ 范围内变化时，处理效果基本不受电导率变化的影响。

由于重金属离子的分子量比有机污染物的分子量要小得多，因此电导率的大幅下降说明垃圾渗滤液中的有机污染物已基本被反渗透膜截留。实际的检测也表明二级反渗透出水的 COD <30mg/L，BOD_5<10mg/L，$NH_3\text{-}N$<10mg/L。

13.4.1.3　电导率对膜柱性能的指示作用

膜柱对电导率的截留效率反映了膜柱的性能，定期测定每支膜柱的出水电导率，可及时掌握膜柱的运行状况，并加以调整。图 13.9 比较了第一级 DTRO 系统中二列膜柱每段的对比情况，可看出第一列膜柱的出水电导率普遍高于第二列，说明第一列的工况劣于第二列。

13.4.2　COD 的去除

DTRO 对 COD 的去除效率很高，均在 99.2% 以上（见图 13.10），对 VOC 的去除率可达 90% 以上，抗冲击负荷能力很强，即使进水 COD 污染负荷变化幅度很大，DTRO 出水 COD 大多仍保持在 10mg/L 以下，远远低于国家一级排放标准。

有研究表明，渗滤液的一部分 COD 为 "硬 COD"，难以被传统生物处理工艺生物降解，甚至不能被活性炭吸附，若排入外界水体，则会造成累积效应而危害环境。反渗透膜对有机物

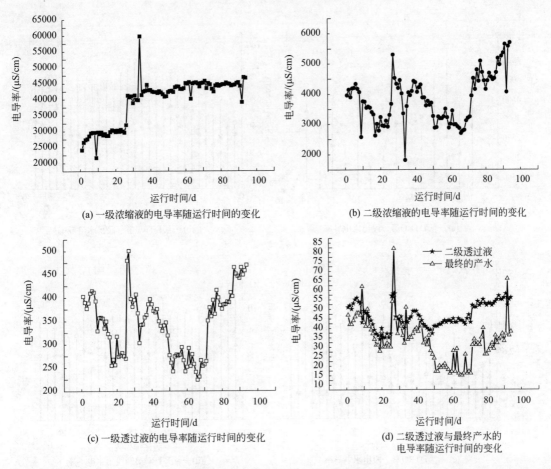

(a) 一级浓缩液的电导率随运行时间的变化

(b) 二级浓缩液的电导率随运行时间的变化

(c) 一级透过液的电导率随运行时间的变化

(d) 二级透过液与最终产水的
电导率随运行时间的变化

图 13.8 电导率随运行时间的变化

的高效截留作用可使"硬 COD"留在浓缩液中而不排入水体。

13.4.3 BOD₅ 的去除

从图 13.11 可知，随着垃圾填埋场的运行，渗滤液 BOD_5 不断升高由最初的 1280mg/L 逐渐上升至 10000mg/L 左右，随着雨季的来临，在 2004 年 6 月 BOD_5 大幅度下降，重庆的降水 50%～60%集中在这段时间，至 9 月仍呈下降趋势。在渗滤液能够及时排出垃圾堆体，不存在浸没垃圾的情况下，雨水对垃圾渗滤液的稀释作用大于对垃圾的冲淋作用，使得渗滤液中 BOD_5 浓度呈下降趋势。DTRO 对 BOD_5 有良好的去除效果，去除率始终在 99.7%以上。

13.4.4 NH₃-N 的去除

渗滤液中的高氨氮是其主要水质特征。生活垃圾中蛋白质等含氮类物质的生物降解是 NH_3-N 的主要来源，其特点是浓度高（可达几千毫克/升），浓度变化范围大（在整个填埋期内从几百到几千毫克/升范围内变化）等特点。工程在运行期间，氨氮亦呈现浓度不断升高的现象。但其变化会因降雨量的变化而有所波动。渗滤液 NH_3-N 浓度由 302mg/L 升至 4530mg/L，远远高于生活污水。尽管 NH_3-N 是中性且分子量很小，但是与 UF 和 NF 的处理

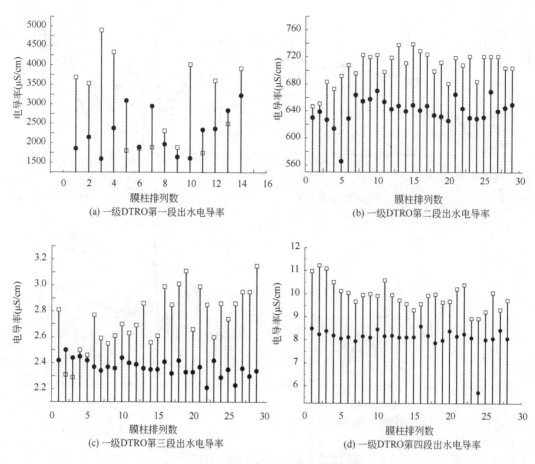

图 13.9 一级 DTRO 二列相应位置膜柱出水电导率

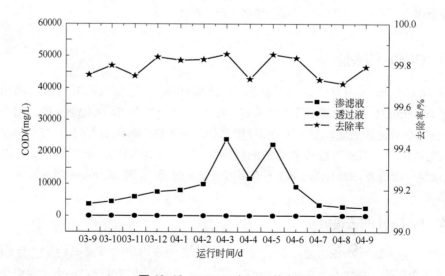

图 13.10 DTRO 对 COD 的去除

效果相比，DTRO 对 NH₃-N 的去除率很高，达 98% 以上，其中第一级 DTRO 去除率为 71.5%～88.4%，第二级 DTRO 去除率为 82.8%～95.6%，如图 13.12 所示。

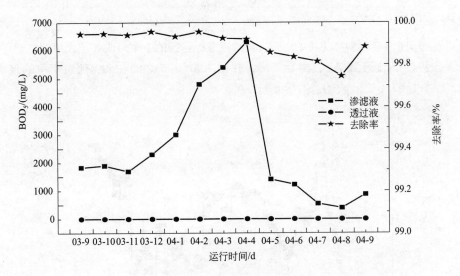

图 13.11 DTRO 对 BOD_5 的去除

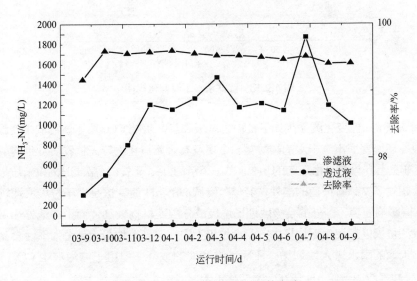

图 13.12 DTRO 对 NH_3-N 的去除

在溶液中，氨氮以游离氨和铵根离子两种形式存在，pH 值较低时，NH_4^+ 比例较高。在渗滤液中加酸将 pH 值调至 $6.0\sim6.5$ 以阻止碳酸盐结垢，其附加效应就是使得 NH_4^+ 浓度高于游离氨。NH_4^+ 可以与 HCO_3^-、SO_4^{2-} 等离子形成盐，RO 膜对盐有很高的截留率，因此氨氮得以高效截留。

DTRO 二级 NH_3-N 去除率高于一级去除率，可以由 RO 盐透过量方程式解释：

$$Q_s = k_s (\Delta c) A / \tau \tag{13.2}$$

式中，Q_s 为通过膜的盐流量，mol/（$cm^2 \cdot s$）；k_s 为盐的膜透过系数，s^{-1}；Δc 为膜两侧盐的浓度差，mol/cm^3；A 为膜面积，cm^2；τ 为膜厚度，cm。

第二级 DTRO 单元的进水是第一级 DTRO 透过液，进料浓度低，浓差极化轻，Δc 较低，导致盐透过量 Q_s 较低，因此第二级 DTRO 单元对 NH_3-N 的截留率高于第一级 DTRO 单元。

13.4.5 pH 值的变化

渗滤液的 pH 值变化规律见图 13.13。渗滤液工程运行的 1 个月内（垃圾填埋场运行的第 3 个月），短短时间内上升到 7.6，随后下降，并在 7.3～7.5 之间波动，随着雨季的来临，pH 值降低，在 7.0～7.2 之间波动，然后逐渐升高。

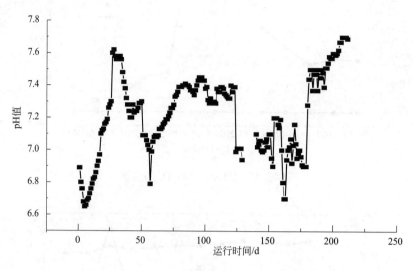

图 13.13 渗滤液 pH 值变化规律

分析渗滤液 pH 值变化的原因如下：由于垃圾降解产生的 CO_2 溶于渗滤液中使渗滤液偏酸性，这种酸性环境使得不溶于水的碳酸盐、金属及其金属氧化物等无机物质发生溶解，使渗滤液 pH 值逐渐呈上升趋势，由最初的 6.9，在一个月内升高至 7.6，虽此时仍属新垃圾渗滤液，但该值甚至超过了文献曾报道的国外"老年"渗滤液的 pH 值。这是由于垃圾填埋场内垃圾的成分对 pH 值影响显著，国外的垃圾填埋场垃圾成分中无机物较高，而重庆地处热带，且饮食业发达，生活垃圾以居民生活垃圾中的厨余垃圾为主，这部分垃圾大部分为碱性食品。随着雨季的来临，大量的雨水进入填埋场，稀释了渗滤液的成分，但由于渗滤液中 CO_2、HCO_3^- 和 CO_3^{2-} 形成缓冲溶液，致使 pH 值在雨季变化不明显。

pH 值在 6.8～7.7 之间变化时，可看出膜的浓缩液的 pH 值高于渗滤液原液的 pH 值，而膜透过液的 pH 值低于渗滤液原液，如图 13.14 所示。RO 截留盐而让溶解的气体通过，所含 CO_2 浓度与进料水相同，但氧含量增加，RO 出水的碱性低，趋于酸性并具腐蚀性，因此多数情况产品水管材采用 PVC，储槽采用 FRP 材质，泵选用不锈钢泵。

为了达到一级排放标准中要求的 pH 值为 6～8，需要提高膜出水的 pH 值，措施可以采用加碱中和法或吹脱法，本工程采用吹脱法排除 CO_2，提高 pH 值。经吹脱后 pH 值可达到排放标准要求。聚酰胺膜对游离氯比较敏感，允许最大值也与 pH 值有关：pH ＜8 时，游离氯＜ 0.1mg/L；pH ＞8 时，游离氯＜ 0.25mg/L。

13.4.6 DTRO 总去除效能

如表 13.9 及图 13.15 所示，DTRO 对污染物的去除效果极高，对 COD 及 TOC 去除率均大于99%，NH$_3$-N去除率大于98%，金属离子去除率均大于99%，且具有很高且稳定的脱盐率。

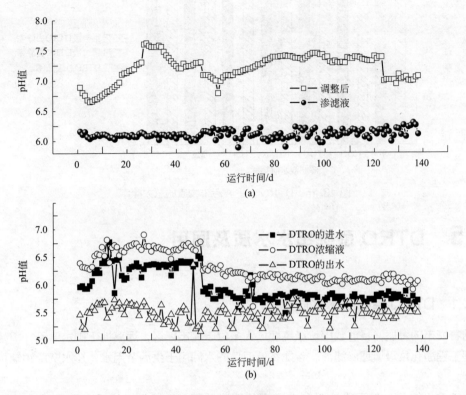

图 13.14 pH 值随时间的变化

⊡ 表 13.9 长生桥渗滤液处理 DTRO 系统处理效果

参数	渗滤液	一级膜进水	一级透过液	二级透过液	膜总去除率
pH 值	6.8～7.41	6.04～7.06	5.90～6.30	5.14～5.71	
电导率/(μS/cm)	7700～19070	7600～18610	350～728	50.8～77	99.6%
COD/(mg/L)	3680～12400	11200	79.4～197	29.6～56	99.12%～99.5%
TOC/(mg/L)	4970	4500	37	0	100%
NH$_3$-N/(mg/L)	3012.4530	229～438	26.5～125	4.54～5.44	＞98%
SS/(mg/L)	18.5～1090	340～550	0～0.25	0	100%
Ca^{2+}/(mg/L)	532.5	520	1.06	0.383	99.9%
Mg^{2+}/(mg/L)	299	272	0.597	0.0434	99.98%
Ba^{2+}/(mg/L)	1.3	1.24	0.00856	0.00122	99.9%

① 单价离子的一级去除率为96%～98%，二级去除率＞99.5%；

② 多价离子的一级去除率为98%～99.5%，二级去除率＞99.9%；

③ 在 pH 值为6.5时氨氮的一级去除率为95%，二级去除率＞99.5%；

④ 高分子有机化合物的一级去除率为99%～99.8%，二级去除率＞99.9%。

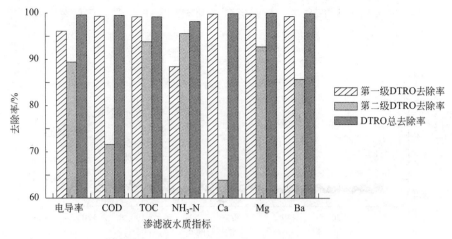

图 13.15 DTRO 对主要污染物质的总去除率

13.5 DTRO 系统出水水质及回用

13.5.1 DTRO 系统出水水质

随着城市的发展，目前我国垃圾填埋场大多位于城市郊区，远离地下排水管网，需建设单独处理工程净化垃圾填埋渗滤液。若能将处理后的水回用于生活杂用水，在水资源短缺地区意义重大。

由于 DTRO 高效的污染物截留率和高效的脱盐率，垃圾渗滤液经二级 DTRO 系统处理后，系统出水水质清澈透明，无异味，不但达到工程设计的我国《生活垃圾填埋场污染控制标准》（GB 16889—2008）中的一级排放标准，而且满足我国《城市污水再生利用 城市杂用水水质》（GB/T 18920—2002），其水质检测分析见表 13.10。目前长生桥垃圾填埋场将 DTRO 系统出水就地回用，进行渗滤液处理场区的景观绿化。

⊡ 表 13.10 DTRO 系统出水水质

项目	厕所便器冲洗、城市绿化	洗车、扫除	两级 DTRO 处理渗滤液出水
嗅	无不快感觉	无不快感觉	无不快感觉
pH 值	6.5~9.0	6.5~9.0	6.5~7.0
浊度/度	10	5	<1
色度/度	30	30	<1
溶解性固体/(mg/L)	1200	1000	<150
悬浮性固体/(mg/L)	10	5	<6
BOD_5/(mg/L)	10	10	<10
COD/(mg/L)	50	50	<50
氨氮(以氮计)/(mg/L)	20	10	<20
总硬度(以 $CaCO_3$ 计)/(mg/L)	450	450	15
氯化物/(mg/L)	350	300	100
阴离子合成洗涤剂/(mg/L)	1.0	0.5	未检出
铁/(mg/L)	0.4	0.4	<0.4

项目	厕所便器冲洗、城市绿化	洗车、扫除	两级 DTRO 处理渗滤液出水
锰/(mg/L)	0.1	0.1	<0.1
游离余氯/(mg/L)	管网末端水≥0.2	管网末端水≥0.2	不需要添加氯消毒
粪大肠菌群/(个/L)	3	3	未检出

13.5.2 DTRO系统出水有机物检测

由于渗滤液中含有大量有毒有害物质，有机物中有优先污染物，为了检测反渗透的出水水质在回用过程中可能产生的毒害作用，采用色谱-质谱（GC/MS）分析技术对出水中所含的有机物进行定性分析，为研究有机物的去除规律及评价水质提供依据。

（1）色质联机测试条件

色质联机测试条件如下。

1）色谱条件 VARIAN3400 色谱仪，DBI 毛细管柱，长 30m×0.25mm，载气为氦气，气化温度 280℃。柱子温度从 50℃起，保持 3min，然后以 8℃/min 的速度升温到 140℃，再以 5℃/min 的速度升温至 270℃，保持 5min。

2）质谱条件 INCOS50 质谱仪，离子源温度 170℃，电离电压 70eV，扫描范围 50～350，电离电压 1340V，发射电流 750μA。

3）有机物检索 水样的质谱图与计算机里储存的美国 NBS 标准数据质谱库中的标准谱图相比较，选出可能性最高的对应谱图来确定该化合物。

4）毒性检索 有机物的毒性，包括"三致"特性，可利用卫生部中国预防医学科学院环境监测所登录的数据库进行检索，数据库中"优先有机污染物"是指美国 EPA 确定的 129 种优先控制污染物。

（2） GC/MS 分析结果

GC/MS 分析所得图谱（见图 13.16）经计算机谱库检索，共检测出主要有机污染物 25 种，可信度在 60% 以上的有 14 种，大多为烷烃、羧酸类和酮类物质，具体见表 13.11，可见 RO 膜对挥发性有机酸及小分子物质的截留效果有限。

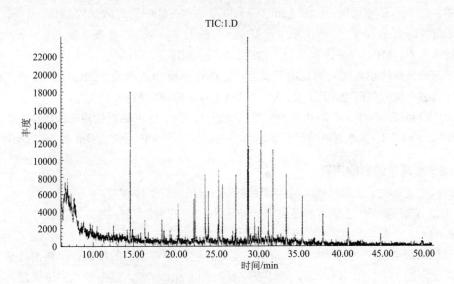

图 13.16 DTRO 系统 GC/MS 分析

通过 GC/MS 分析可知，渗滤液中的环境优先污染物及"三致"物质均被反渗透膜所截留，并通过浓缩液回灌最终留在垃圾填埋场内，杜绝了其对环境的污染。

⊡ 表 13.11   检索的主要有机物分析

序号	有机物	序号	有机物	序号	有机物
1	18 酸	6	乙酸	11	丙酮
2	13 烷	7	丙酸	12	甲基丁酸
3	19 烷	8	丁酸	13	甲基丙酸
4	20 烷	9	戊酸	14	硅氧烷
5	32 烷	10	二氯甲烷		

13.6   DTRO 系统运行性能及影响因素

水通量、操作压力、回收率、盐截留率是衡量反渗透系统的重要指标。重点考察了这些性能指标及其影响因素，以确定通过运行参数的调整使系统维持最佳运行状态，使产水最大化，能耗最小化。

13.6.1   水通量

13.6.1.1   水通量的变化

水通量指单位时间透过单位膜面积的水量。水通量与膜的物理性质（厚度、化学成分、孔隙度）和系统的条件（如温度、膜两侧的压力差，接触膜的溶液的盐浓度及料液平行通过膜表面的速度）的函数。

聚酰胺反渗透膜的透过机理遵循优先吸附-毛细孔流理论，该理论的水通量的基本迁移方程是：

$$J_P = \frac{D_w c_w V_w}{RT(\delta_m)}(\Delta p - \Delta \pi) \quad [mol/(cm^2 \cdot s)] \tag{13.3}$$

式中，J_P 为膜的水通量，$mol/(cm^2 \cdot s)$；D_w 为水在膜中的扩散系数，cm^2/s；c_w 为水在膜中的浓度，mol/cm^2；V_w 为水的摩尔容积，cm^3/mol；δ_m 为膜的有效厚度，cm；Δp 为膜两侧的外加压力差，MPa；$\Delta \pi$ 为膜两侧的渗透压力差，MPa。

由于芳香聚酰胺膜表面的固定电荷密度小，在进行反渗透水通量的迁移方程的计算过程中，可以将其考虑为非荷电膜进行处理。水通量的变化规律如图 13.17 所示。

在 DTRO 系统运行中，在进水流量恒定的情况下，为了保证相对稳定的回收率，将第一级 DTRO 及第二级 DTRO 的水通量设定为恒定值，并通过运行压力的变化来保证水通量的相对稳定。

13.6.1.2   水通量的影响因素

水通量主要取决于膜的材质、结构等因素，但也与运行条件有关。

1）压力的影响   透过膜的水通量增加与进水压力的增加存在正相关性直线关系，如图 13.18 所示。

2）温度的影响   进水温度对产水量有一定的影响，随着水温的增加，水通量几乎线性地增大，温度增加 1℃，膜的透水能力（即产水量）约增加 2.7%。这主要是由于温度升高后，水的黏度降低，扩散能力增加，如图 13.19 所示。

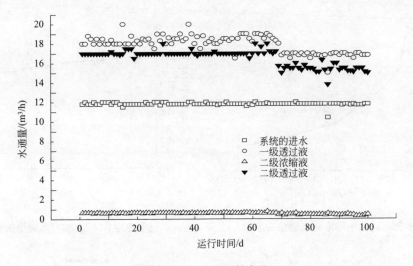

图 13.17 水通量的变化

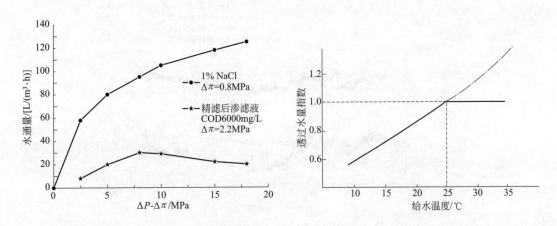

图 13.18 操作压力对水通量的影响   图 13.19 进水温度和透过水量指数关系

3）进水电导率的影响　水通量随着进水电导率增加而下降。因为进水电导率增加，渗透压相应上升，反渗透推动力相应下降，所以透水量下降，如图 13.20 所示。

4）回收率的影响　水通量与回收率有关，增加回收率时，膜表面盐浓度增加和进水盐浓度增加有相同的效应。所以在回收率增加时透水率下降，如图 13.21 所示。

13.6.2　系统脱盐率

13.6.2.1　系统脱盐率的变化

反渗透用于脱除渗滤液中的各种污染物，而允许水分子通过，当水分子快速透过反渗透膜时溶解性的盐分透过膜的速度十分缓慢。脱盐率是反渗透膜组件排斥可溶性离子程度的一种量度。

系统脱盐率是整套反渗透装置所表现出来的脱盐率，由于使用条件与标准条件不同，同时由于系统内膜组件的并联或串联设计，装置中每根膜元件的实际使用条件不同，故系统脱盐率有别于膜元件实际脱盐率，对于只有一根膜元件的装置，系统脱盐率才等于膜元件实际脱盐率。脱盐率与电导率的去除效果密切相关，系统对电导率的截留间接表征了系统脱盐率变化，见图 13.22。

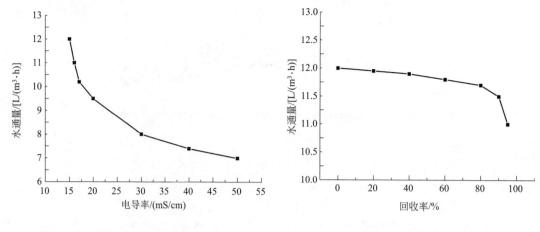

图 13. 20　进水电导率对水通量的影响　　　　　图 13. 21　回收率对水通量的影响

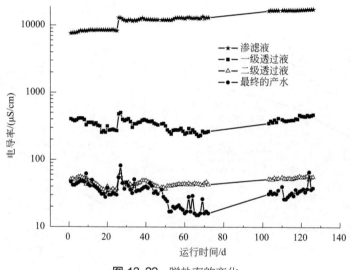

图 13. 22　脱盐率的变化

膜的通量值、膜元件的流量、系统所需压力、膜污染的速率、膜的可清洗性和对化学清洗过程的耐受能力以及膜元件的长期坚固性等都应是重要的考虑因素。上述每一个影响因素都将影响用户水处理系统的故障率、总产水量以及与其相关的投资及运行费用。

13. 6. 2. 2　系统脱盐率的影响因素

系统脱盐率是反渗透系统对盐的整体脱除率，计算公式为：

$$P = 1 - \frac{C_p}{C_f} \times 100\% \tag{13.4}$$

$$C_f = 进水含盐量 \times \frac{\ln\left[1/(1-Y)\right]}{Y}$$

式中，P 为系统脱盐率，%；C_p 为产水含盐量，mg/L；C_f 为进水与浓缩液含盐量的对数平均，mg/L；Y 为回收率，%。

有时出于方便，也可以用电导率近似估算系统脱盐率：

$$P = 1 - \frac{E_p}{E_c} \times 100\% \tag{13.5}$$

式中，P 为系统脱盐率，%；E_p 为总的产水电导率，$\mu S/cm$；E_c 为总的进水电导率，$\mu S/cm$。以公式（13.5）估算得到的系统脱盐率往往低于实际系统脱盐率。

系统脱盐率受温度、离子种类、回收率、膜种类及其他各种设计因素的影响，因而不同的反渗透系统的系统脱盐率亦不同。系统脱盐率的主要影响因素包括以下几种。

1）进液盐浓度　渗透压是水中所含盐分或有机物浓度和种类的函数，盐浓度增加，渗透压也增加，因此需要逆转自然渗透流动方向的进水驱动，压力大小主要取决于进水中的含盐量，若压力保持恒定，含盐量越高，脱盐率降低（见图 13.23）。

2）pH 值　由于 FILMTEC SW30 适用较宽的 pH 值范围，DTRO 系统处理渗滤液过程中，系统运行的 pH 值在 6.0～8.0 之间，因此脱盐率相当稳定（见图 13.24）。

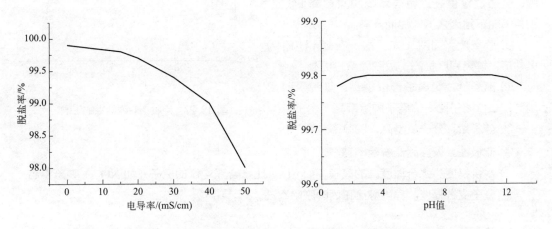

图 13.23　进水电导率对脱盐率的影响　　　　图 13.24　pH 值对脱盐率的影响

3）压力的影响　进水压力影响系统脱盐率。由于 RO 对进水中的溶解盐类不可能绝对完美截留，总有一定量的透过量，随着压力的增加，因为膜透过水的速率比传递盐分的速率快，这种透盐率的增加得到迅速克服。但是，通过增加进水压力提高盐分脱除率有上限限制，正如图 13.25 脱盐率曲线的平坦部分所示，超过一定压力值，脱盐率不再增加，某些盐分还会与水分了耦合一同透过膜。

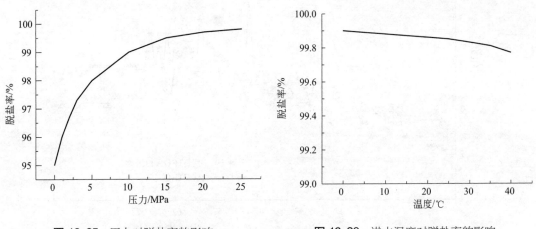

图 13.25　压力对脱盐率的影响　　　　图 13.26　进水温度对脱盐率的影响

4）进水温度的影响　DTRO 膜系统产水电导率对进水温度的变化非常敏感，增加水温会导致脱盐率降低或透盐率增加（见图13.26），这主要是因为盐分透过膜的扩散速率会因温度的提高而加快所致。

5）回收率的影响 对进水施加压力，当浓溶液和稀溶液间的自然渗透流动方向被逆转时，实现反渗透过程。如果回收率增加（进水压力恒定），残留在原水中的含盐量更高，自然渗透压将不断增加直至与施加的压力相同，这将抵消进水压力的推动作用，减慢或停止反渗透过程，使渗透通量降低甚至停止（见图13.27）。

系统脱盐率的一般规律是水通量高的膜，盐透过量也高，使得系统脱盐率降低。脱盐率随下述因素的增加而升高。

① 解离度。弱酸（如乳酸）在高 pH 值条件下，解离程度提高，故脱除率也提高。

② 离子价位。离子价位越高，其脱除率越高，二价离子比一价离子脱除率高。

③ 分子量。分子量越高，脱除率越高。

④ 非极性。极性越低脱除率越高。

⑤ 水合程度。水合程度高的离子（如 Cl^-）比水合程度低的离子（如 NO_2^-）脱除率高。

⑥ 分子支链程度。异丙醇比正丙醇脱除率高。

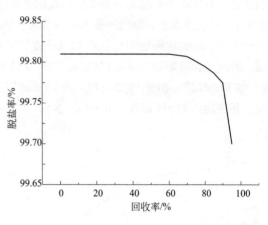

图 13.27 回收率对脱盐率的影响

13.6.3 运行压力

（1）运行压力的变化

反渗透是与渗透过程相反的过程，反渗透的实现要克服渗透压，运行压力对维持系统的产水量及回收率等至关重要。运行压力的变化趋势如图13.28所示。

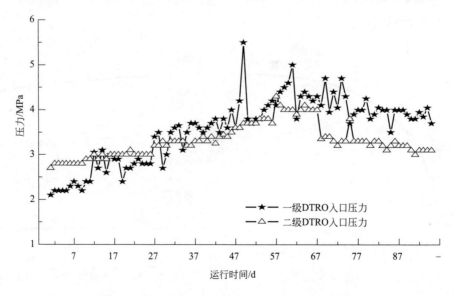

图 13.28 运行压力随时间的变化

（2）运行压力的影响因素

1）进水含盐量　渗透压力与给水中的含盐量成正比，与膜无关。为保持相对恒定的产水量，进水含盐量越高，渗透压越大，运行压力越高。运行压力提高后，膜被压密实，盐透过率会减少；水的透过率会成比例增加，提高水的回收率。但压力超过一定极限会造成膜的衰老，膜变形加剧，加速膜的透水能力衰退。当压力从 2.75MPa 提高至 4.12MPa 时水回收率提高 40%，膜寿命缩短 1/2。

2）回收率　在进水水质相同的情况下，回收率越高，膜表面浓差极化越严重、渗透压越高，所需的运行压力也越高。

13.6.4　运行温度

DTRO 系统的运行温度受外界气候影响较大，因进水温度随气候变化而变化。系统内第一级透过液温度比渗滤液升高 6℃左右，而第一级浓缩液升高 2℃左右，而第二级透过液与浓缩液之间温度相差 2℃左右。

系统运行温度的限值是由膜材质决定的。芳香聚酰胺膜的连续操作温度为 0～30℃，因此系统进水温度必须控制在 30℃以下，进水为 40℃运行 24h 对膜是有损害的。在第一级膜柱第一段结束后，若水温超过 40℃，系统会停机；进水超过 30℃，系统也会停机。进水最低温度为 5℃，此时进水流量会低，回收率也会低，一般按 25℃检测。 DTRO 系统的运行温度变化如图 13.29 所示。

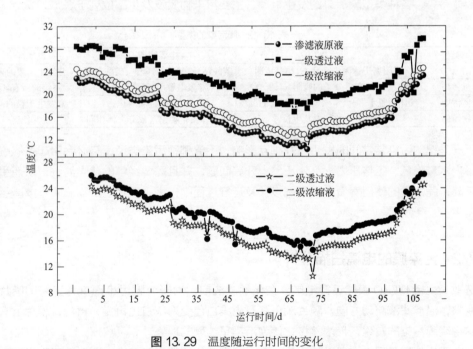

图 13.29　温度随运行时间的变化

13.7　膜污染的分析及防治

TRO 膜组件由于独特的设计理念，具有敞开式流道、进料流程短、不易膜污染、易于清洗等特点。并且 DTRO 系统设计中采取了必要的膜污染控制措施，但是在系统运行过程中由于浓差极化、膜吸附等因素仍会发生膜污染。

膜污染是限制膜使用寿命，影响运行成本的重要因素之一。我国垃圾渗滤液与国外垃圾渗滤液的成分和性质有所不同，因此研究 DTRO 系统处理国内渗滤液时，膜污染的特点及控制方案是 DTRO 得以推广应用的重要因素之一。

研究解决膜污染问题主要有两种方案：一是针对膜表面的污染物组成成分进行分析，从而确定正确的清洗药剂、清洗方法；二是膜污染的预防，即反渗透的预处理部分，如何设计经济、可靠的预处理工艺的前提就是充分了解膜污染的整个形成过程，同时也只有针对复杂的实际运行系统进行膜污染的形成过程以及膜污垢层整体结构的研究才更具有实际意义。

13.7.1　膜污染的类型

膜的污染是指与膜接触的料液中的微粒、胶体粒子或溶质大分子与膜存在物理、化学或机械作用，而发生膜面或膜孔内吸附、沉积，造成膜孔径变小或堵塞，使膜产生通量降低及分离特性变差的现象。料液与膜一旦接触，膜污染即开始，即溶质与膜之间相互作用，开始改变膜的特性，使膜本身发生劣化，导致膜的使用寿命缩短。

膜污染的形成过程非常复杂，因进水组成成分、膜材质、运行方式等因素而具有不同的特点，必须有针对性地进行分析研究。膜污染主要包括无机污染（结垢）、有机污染、微生物污染及胶体污染，各种类型膜污染的发生机理、主要污染物质及发生部位列于表 13.12。

⊡ 表 13.12　膜污染的类型

污染类型	发生机理	主要物质	发生部位
结垢	阴阳离子达到饱和状态,结晶吸附	碳酸钙、硫酸钙、硫酸钡、硫酸锶等	常发生于膜的末端
有机污染	有机分子的吸附	聚电解质、脂膏等	系统的所有各段
胶体污染	胶体的脱水聚合、电吸附及颗粒物的沉积	铝、铁、硅的金属氧化物	常发生于膜的前端
生物污染	微生物的黏附及生长	与主体微生物菌落成分大体相同	系统的任何一段

不同类型的污染常常同时发生，并相互影响。不管哪种污染类型，势必会引起系统脱盐率下降、产水量降低、工作压力提高、压差上升等问题，并且需要经常的化学清洗，从而引起膜性能下降，缩短膜的使用寿命。在系统设计及运行过程中，需采取相应的措施防止或减缓膜污染的发生。

13.7.2　污染膜的电镜扫描分析

选取长生桥 DTRO 膜柱运行 1 年，在化学清洗前，为研究膜污染而拆卸下来的膜片，用肉眼观察，沿渗滤液流动方向，膜片颜色逐渐由浅白色变为灰白色再变为黄色，膜片上有黏滞感，这说明膜污染的发生，且浓差极化使膜污染呈加剧的现象。

选取膜组件后段污染较严重的膜片，肉眼观察单片膜的污染特点。膜片的正面呈黄色，边缘处膜污染较严重，明显附着褐色污染物；膜片与水导流盘上分布的凸点接触处呈褐色，并由内向外呈放射状。膜片背面污染较轻，颜色为浅黄色，边缘污染亦相对较重。用于 SEM 分析的污染膜照片见图 13.30。

取污染膜样品，经过脆断、真空镀膜后，采用 SEM 技术进行膜表面污染垢层和膜面污染层断面（倾斜角 75°）分析，并与新膜对比，SEM 分析结果见图 13.31。

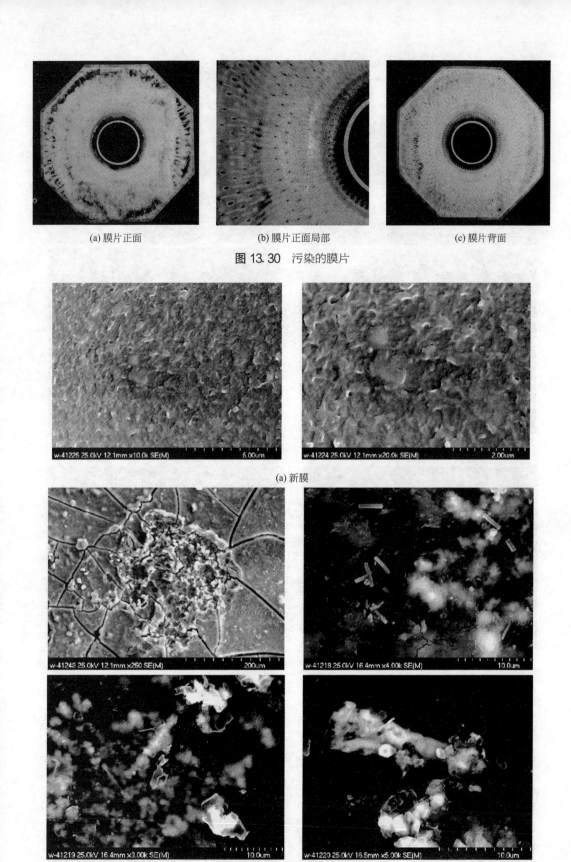

(a) 膜片正面　　　　　　　　(b) 膜片正面局部　　　　　　　　(c) 膜片背面

图 13.30　污染的膜片

(a) 新膜

(b) 膜正面边缘处的SEM

图 13.31

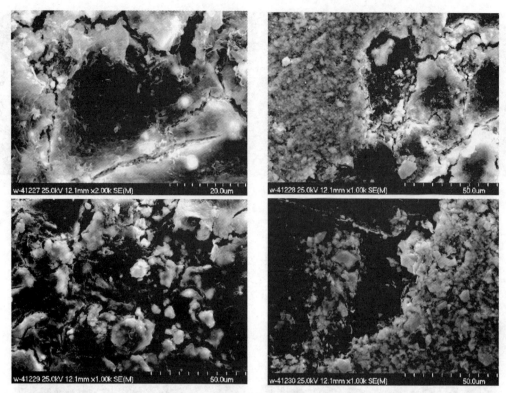

(c) 膜背面边缘处的SEM

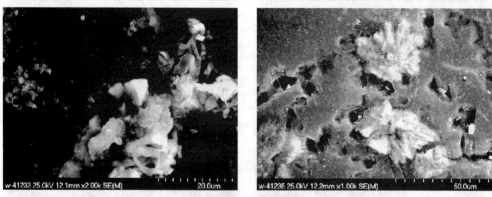

(d) 膜正面中部的SEM

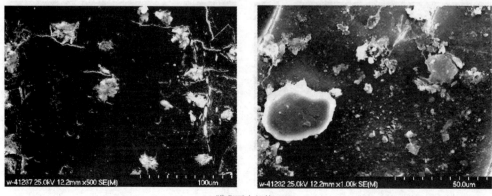

(e) 膜背面中部的SEM

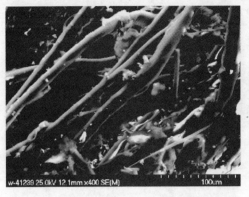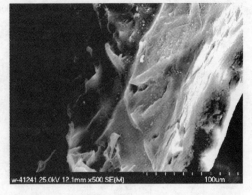

(f) 膜断面的SEM(左：膜支撑层；右：污染层)

图 13. 31　污垢形态结构电镜

通过图 13.31 的 SEM 分析可知，膜正面边缘处的污染层表现为一种堆积结构，较致密，对局部点再放大可以观察到微生物的存在，局部点污染物成团簇结构；在真空条件下进行 SEM 观察时，膜污染层出现断裂现象。与正面相比，膜背面边缘处的污染层较疏松，为大面积的堆积絮状。

膜中部正面部位形成了大量的形体较大的絮状污染物，且存在凹陷型的小孔，分析认为是系统运行过程中，膜与水力导流盘上排布的凸点接触所致。膜背面中部局部区域颗粒物较多，但并没有吸附更多的有机物和无机离子而形成大的絮体，污染物层有较浅的凹陷孔，数量较正面少。

膜的边缘处与中部、正面与背面的污染层差异是与膜柱内水力运动状况密切相关的。进料液进入膜柱后，首先沿导流盘边缘到达膜柱底部，然后 180°逆转到另一膜面，此过程中水流的湍流作用不强，膜面流动的浓缩液极易在边缘处沉淀、吸附、堆积。而在膜面中部，由于水力导流盘的作用，料液在膜面形成湍流，使得浓缩液中的污染物质吸附沉淀的概率相对较小，因此污染较边缘处轻。

13. 7. 3　膜污染的线扫描分析

线扫描分析是联合扫描电镜与 X 射线能谱仪，以二次电子扫描像来选定待分析的区域，使电子束沿着指定的直线（方向为膜进水端指向膜出水端）对试样进行轰击，同时用阴极射线管记录和显示元素 X 射线强度在该直线上的变化，以取得元素在线度方向上的分布信息。

采用 SEM-EDX 技术以膜面污染层沿直线方向进行线扫描分析，对膜面污染物的分布规律进行研究。膜面污染层中污染元素的分布情况见书后彩图 3 和图 13.32。由彩图 3 中污染元素在直线方向的元素分布数据，求得该元素在膜表面上的平均浓度，分析结果见表 13.13。

⊡ **表 13. 13　膜面主要元素的比例**

元素	重量百分比/%	原子量百分比/%	元素	重量百分比/%	原子量百分比/%
C	00.88	02.17	S	46.36	42.81
O	17.56	32.50	Ca	02.73	02.02
Al	01.95	02.14	Fe	14.94	07.92
Si	05.39	05.69	Cu	10.17	04.74

污染层中的主要元素为 C、O、Al、Si、S、Ca、Fe 和 Cu 元素，且在团簇状污染物内，Al、

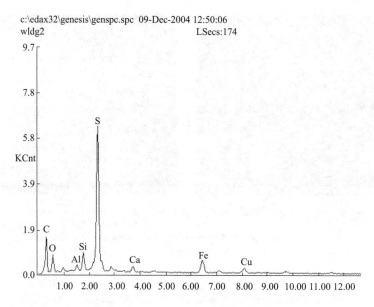

图 13.32 污染物的 EDX 分析结果

Si、S、Ca 和 Fe 元素表现出较一致的变化趋势，即膜面污染物分布曲线的峰值表现为具有一致的变化趋势，这说明以元素表示的污染物在膜面污染层中具有一定的相互依赖关系。

对书后彩图 4 中的污染结构进行局部放大，可知其为结构紧密的絮体，对该絮体颗粒物进行 SEM-EDX 分析，分析结果见图 13.33。由图 13.33 中污染元素在直线方向的元素分布数据，求得该元素在膜表面上的平均浓度，分析结果见表 13.14。

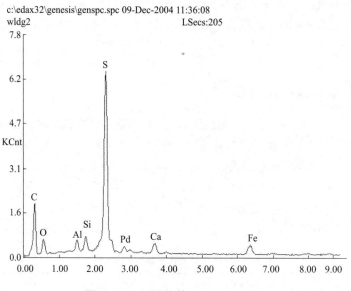

图 13.33 污染物的 EDX 分析结果

通过线扫描分析可知，絮体的主要成分为 C、O、Si、S、Fe、Ca 和 Pd 元素，其中 Pd 是因制作 SEM-EDX 分析样品时镀金而呈现的元素。由于絮体 Si、Ca、Al、Fe 等无机金属的含量都较低，排除了絮体为无机垢体的可能，而应该是以有机物为主要成分的絮体，并含有 Al、Si

等的胶体物质，以及 Fe、Ca 的化合物等。这一絮体的形成可能是：首先细小颗粒或者是 Si 和 Al 作用生成不溶性的盐在膜面截留，然后有机物、微生物不断在其表面吸附、积累，最终形成絮体，是有机物、无机物和微生物共同作用的复杂体系。

⊡ 表 13.14 污染物元素比例

元素	重量百分比/%	原子量百分比/%	元素	重量百分比/%	原子量百分比/%
C	01.18	02.83	S	51.81	46.51
O	18.04	32.46	Ca	05.06	03.64
Al	03.18	03.40	Fe	10.86	05.60
Si	03.85	03.94	Pd	06.02	01.63

13.7.4 膜污染的 FT-IR 分析

FT-IR 技术通过波数进行化合物的定性分析，因为多数有机物的吸收峰出现在 625～4000cm^{-1} 区间，对波数在 625cm^{-1} 以下的未加考虑。

取污染膜并采用压片法制作样品，进行 FT-IR 分析，将得到的红外吸收光谱减除反渗透膜本底的红外吸收，结果见图 13.34。在 625～1850cm^{-1} 和 2430～3580cm^{-1} 区间存在吸收峰，认为膜面污染物可能主要为烷基酸类、氯代烷类以及酯羰基类化合物。

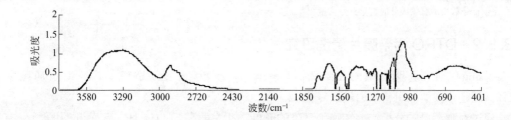

图 13.34 膜污染的 FT-IR 分析

13.8 膜污染清洗研究

成功的预处理能延缓膜表面的结垢，保护膜材料免受敏感物质的破坏，但随着时间推移，膜表面仍发生化学污染（垢、金属氧化物、胶体等）和生物污染（细菌粘泥等），降低反渗透膜性能，因此定期清洗应视为系统操作的重要部分。当反渗透性能下降到一定程度时，就要进行及时有效地清洗，恢复系统性能，避免造成严重膜污染而难以恢复，从而延长反渗透膜使用寿命。

13.8.1 膜污染清洗类型

反渗透膜清洗包括化学清洗和物理清洗两种方法，应根据污染类型选择合适的清洗方法。

物理清洗是利用低压高流速的水或空气和水的混合流体冲洗膜面，这种方法对污染初期的膜有效，对膜基本没有腐蚀破坏作用，但效果不能持久。

化学清洗是利用化学药品的反应能力，连续循环清洗。它能清除复杂污染，迅速恢复通量，具有作用强烈、反应迅速的特点。在化学清洗过程中，流体力学、温度和接触时间应予以考虑。

化学清洗剂包括碱清洗剂、酸清洗剂、表面活性剂清洗剂、络合剂清洗剂、聚电解质清洗剂、消毒剂清洗剂、有机溶剂清洗剂、复合型药剂清洗剂等。清洗剂的选择应根据膜污染物类型、污染程度以及膜的物理和化学性能来进行。清洗剂可以单独使用，也可复合使用。

化学清洗剂中，强碱主要是清除油脂和蛋白、藻类等的生物污染、胶体污染以及大多数有机污染物，无机酸主要清除碳酸钙和磷酸钙等钙基垢、氧化铁和金属硫化物等无机污染物，络合剂主要是与污染物中的无机离子络合生成溶解度大的物质，从而减少膜表面及孔内沉积的盐和吸附的无机污染物。为了去除诸如硅酸盐等特别难去除的沉积物，碱清洗剂常和酸清洗剂交替使用。表 13.15 概括了用于聚酰胺类复合膜的污染清洗的主要方法。

⊡ 表 13.15　复合膜的主要清洗方法

清洗试剂	无机盐垢	硫酸盐垢	金属氧化物	无机胶体	硅	微生物膜	有机物
0.1%NaOH 或 0.1%Na₄EDTA		最好			可以	可以	做第一步清洗可以
0.1%NaOH 或 0.025%Na-DDS		可以		最好	最好	最好	做第一步清洗最好
0.2%HCl	最好						做第二步清洗最好
1.0%Na₂S₂O₄	可以		最好				
0.5%H₃PO₄	可以		可以				
1.0%NH₂SO₃H			可以				
2.0%柠檬酸	可以		可以				

注：百分数表示有效成分的重量百分含量

13.8.2　DTRO 污染膜片清洗研究

Chang 的研究表明有效的化学清洗可去除 DTRO 膜面复杂的结垢，并使水通量恢复 86%，而超声波清洗可将水通量恢复 83%。

通过对膜污染的分析，得知膜面污染的无机物质主要是 Si、Ca、Fe 和 Al 的化合物，有机物质是烷基酸类、氯代烷类和酯羰基类化合物。根据膜面污染物情况，有针对性地选用碱性清洗剂和酸性清洗剂，进行化学清洗，考察清洗效果及污染层形成过程。

分别采用先碱洗再酸洗、先酸洗再碱洗，进行了两种清洗顺序的对比，并进行了 SEM-EDX 分析，两种清洗过程的 SEM 分别如图 13.35 和图 13.36 所示。对两种清洗过程的污染物进行 EDX 分析，结果见表 13.16 和表 13.17。

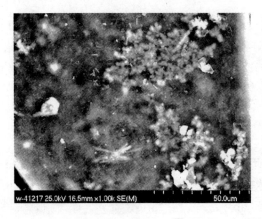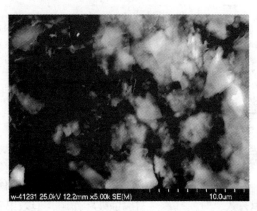

图 13.35　先酸洗后碱洗的 SEM 图

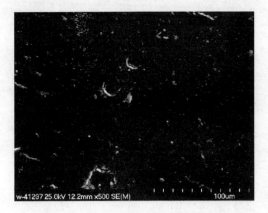

图 13.36　先碱洗后酸洗的 SEM 图

⊡ 表 13.16　先酸洗后碱洗的结果　　　　　　　　　　　　　　　　单位:%

样品	外观特征	Ca	S	Si	Fe	Al
酸洗后	淡黄色	3.67	36.32	50.56	1.15	5.88
碱洗后	白色	—	19.87	22.64	1.61	—

注:酸洗过程中有大量的气泡放出,为 CO_2,说明污垢中有大量的碳酸盐垢体。

⊡ 表 13.17　先碱洗后酸洗的结果　　　　　　　　　　　　　　　　单位:%

样品	外观特征	Ca	S	Si	Fe	Al
碱洗后	灰白色	43.45	12.82	6.58	2.92	0.95
酸洗后	白色	8.30	1.32	1.10	2.74	1.40

由图 13.35 和图 13.36 可知,先酸性清洗后,膜表面的污染物层还有一定的厚度,膜表面的污染物呈现稀疏分布状态;先碱性清洗后,膜表面几乎观察不到有污染物的存在,由此说明对于渗滤液膜面的污染物来说,膜表面无机污染物和有机污染物结合为一整体,表现为大的絮体,且碱性清洗剂对污染物的去除好于酸性清洗剂。

由图 13.35 和表 13.16 可知,先酸洗后膜表面的污染物层厚度减弱,但还有大量的未被清洗掉的污染物,主要成分为 Si、Fe、Al 和 Ca;经碱洗后,对污染物的去除很好,污染物主要为 Si 和 Al 元素,这可能是因为有机物与 Ca^{2+} 架桥作用,使 Ca^{2+} 在膜上结合牢固,碱液破坏了其架桥作用,使 Ca^{2+} 从膜面污染物中除去,从而使膜表面的其他元素成为主要成分。

由图 13.36 和表 13.17 可知,先碱洗后膜表面的污染物的厚度明显减少,但此时 Ca 元素的相对含量表现出来,这可能是污染物中的 Ca 与碱液作用的结果,使得 Ca 还残留在膜表面,再酸洗后,膜表面基本恢复到与新膜相近。

以上分析及图 13.37 的对比结果表明:先碱性清洗的效果好于先酸性清洗,这说明虽然膜面污染物中有机物和无机物之间存在一种协同作用,但在膜污染层中有机物的作用较大,在污染膜样品的清洗过程中,碱性清洗液的作用表现得较突出,以至于去除了有机物,膜表面的污染显著减少,清洗基本上就可以达到满意的效果,而且进一步的清洗也变得容易进行。

13.8.3　DTRO 工程清洗实践

反渗透系统的清洗是膜使用寿命的主要决定因素。当膜表面发生污染后,为了保证设计回

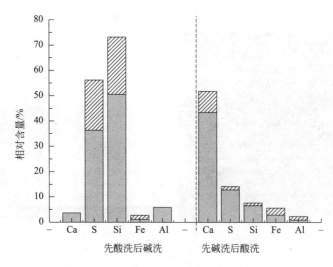

图 13.37　两种清洗程序的清洗结果对比

收率，膜组件的运行压力迅速升高，此时需要进行化学清洗。DTRO 膜柱的开放式流道能够保证化学清洗有效地去除膜污染。

（1）化学清洗特点

渗滤液处理工程中反渗透膜化学清洗的特点如下。

① 分段清洗，即第一级和第二级 DTRO 必须分别清洗，清洗第二级单元膜组件时关闭第一级 DTRO 单元。

② 采用多级清洗，即碱性清洗和酸性清洗交替使用，清洗剂的使用顺序是碱性清洗先于酸性清洗。

③ 采用膜厂家推荐的专用清洗配方，要控制好清洗剂的浓度和 pH 值，保护膜的正常功能。清洗剂在使用时均稀释到 5%～10%。碱性清洗主要清除有机物的污染，控制 pH 值略低于 12，但不得超过 12；酸性清洗时主要清除无机物的污染，pH 值控制在 12.4。

④ 控制好清洗时的水温，清洗结束时系统水温须达到 40℃。

⑤ 清洗方向和运行方向相同，决不允许反向清洗，否则会损坏膜元件。

⑥ 清洗液由泵注入砂滤器的前端，经砂滤和精密过滤后，再进膜组件。

（2）清洗周期

清洗周期取决于原水中的污染物浓度和组分，DTRO 膜组的清洗由系统自动控制，也可手动操作。目前，一级 RO 累计工作 100h 进行一次碱性清洗，累计工作 500h 进行一次酸性清洗；二级 RO 的进水是一级 RO 的透过液，污染较小，需要清洗的时间间隔更长。清洗时间一般持续 2h，且可以随时终止。

（3）清洗效果

一级 DTRO 单元的一个清洗周期内，经 100h 运行后，运行压力从 3.8MPa 升至 4.7MPa，经碱性清洗后，压力降至 3.9MPa，再运行 100h 后压力高达 5.0MPa，经碱性及酸性交替清洗后，压力恢复到 3.9MPa。在此清洗周期内，通量保持在 12L/（m² · h）左右。

在工程实际运行过程中，对反渗透膜的化学清洗进行了考察，采用相同的清洗液，先进行碱性清洗，后酸性清洗，清洗结果见表 13.18。比较膜清洗前后压力和脱盐率的结果，可知该膜组件的清洗是成功的。

⊡ 表 13.18　DTRO 系统运行中膜清洗效果

项目	进水压力 /MPa	产水量 /[L/(m² · h)]	膜进水电导率 /(μS/cm)	产水电导率 /(μS/cm)	脱盐率/%	温度/℃
清洗前	4.6	13.8	11800	117	99	25
碱洗后	3.7	16.5	11800	56	99.5	25
酸洗后	3.4	17	11800	45	99.6	25

13.8.4　减缓 DTRO 系统膜污染措施的改进

一种观点认为，在反渗透装置前不设预处理，只设简单的过滤设施，而采用加阻垢剂的方法防止结垢并进行周期性的清洗（水力冲洗和化学清洗），从而省去了预处理系统的投资与运行费用。此方法的局限性在于水质不能太差、回收率不能太高。这种反渗透膜污染防治观点在 DTRO 系统中得到实现，DTRO 的膜污染防治主要措施：a. 强化过滤预处理；b. 加入硫酸降低 pH 值；c. 加入阻垢剂。

通过研究膜污染结构及形成过程的机理及对 DTRO 系统设计中采用的膜污染控制措施的检验，笔者提出：由于渗滤液成分复杂，若对其进行有效的生物处理以去除对膜污染层起重要作用的有机物，同时去除部分无机物，将能延长膜污染的清洗周期，从而延长膜的使用寿命。

13.9　膜污染机理分析

13.9.1　膜污染的影响因素

造成膜污染的机理和影响因素比较复杂，膜的化学性质及膜与溶质的相互作用对膜污染的性质和程度有重要的影响。在污染物形成的复杂过程中，物理、化学和生物三大因素中任何一种污染因素的存在，必将加速另两种污染的形成，三者的影响相互关联。

反渗透膜污染与膜的亲水性与荷电性有密切关联。通常认为亲水性膜较耐污染，亲水性材料制成的膜表面与水分子间能形成氢键，能在膜表面形成一层有序的水分子层结构；而疏水膜表面与水分子间无氢键作用，水要透过膜是一个耗能过程，所以水通量小，并且膜易被疏水性物质污染。膜材质电荷与溶质电荷相同时，同性电荷的相斥使界面凝胶层疏松，膜的清洗周期延长，膜较耐污染。

13.9.2　膜污垢层的形成机理及过程

通过对 DTRO 系统运行的考察及膜清洗研究，得出 DTRO 系统膜表面污染物形成过程分为三个阶段：第一阶段为胶体颗粒在膜表面的沉积；第二阶段为膜表面一层有机黏液层的形成；第三阶段是膜表面污染层的初步形成，此时需要进行化学清洗。

1）膜污染形成的第一阶段　是胶体颗粒及金属氧化物在膜面的沉积，这是结晶沉淀、静电作用综合作用的结果。

渗滤液虽经 $50\mu m$ 砂滤和 $10\mu m$ 滤芯过滤，但进入反渗透膜的渗滤液仍含有大量的悬浮物、胶体、一定量的金属氧化物、难溶盐和微生物。DTRO 的回收为 80%，浓缩液侧的料液浓度是进水浓度的5倍，大量金属氧化物因被高度浓缩处于近饱和状态而具有结晶沉淀的趋势。

在通常水处理的pH值范围内，聚酰胺复合膜的表面电位呈负值。一方面，膜进水中离子，尤其是高价离子被反渗透膜截留浓缩，使其浓度升高，在静电引力的作用下，带负电的膜表面可以吸附水中的金属阳离子如 Fe^{3+}、Al^{3+}、Ca^{2+} 等以及带正电的胶体颗粒，使其不能被水流冲走；另一方面，黏土颗粒的主要成分是 SiO_2，总是带负电荷，可与金属阳离子和带正电的胶体颗粒发生静电作用，进一步在膜表面沉积。二者相互促进，加速了膜污染的过程，任何一种因素都可能在发生浓差极化时起到提供晶核的作用，使污染物在膜表面的沉积加速。

2）膜污染形成的第二阶段　是有机物在膜表面的吸附，形成一层"有机膜"。在膜进水的水流主体中，有机物分子因带电荷官能团的相互排斥作用使尺寸变大，增加了有机物被颗粒物和细菌吸附截留的概率；而在膜表面，由于浓差极化，离子强度较水流主体中高，阳离子（如 Ca^{2+}）与有机物负电荷基团的结合，增加了其在膜表面吸附的机会。

第一阶段水中阳离子以及带正电胶体物质在膜面的吸附截留，都会促进膜表面对带负电的有机物的吸附，使有机物（如长链脂肪酸）以及微生物等吸附到它的上面，在悬浮物颗粒的外围形成一层"有机膜"，同时浓差极化现象加速了这一膜污染的形成过程。

膜表面有机物的存在同时促进了细菌等微生物的生长，促进"有机膜"的生长，这可能因为有机物对微生物生长有以下2个作用：a. 促进微生物在稀松垢体内的生长和使其保持生命力；b. 有机物提供微生物生长所需的大的表面积，并使杀菌作用减弱。

3）膜污染形成的第三阶段　由于渗滤液中带负电荷的有机物以及细菌等吸附到膜表面，在膜表面形成一层带有负电荷的黏液层，增加了膜表面的负电荷，使膜进水中阳离子和阳离子胶体进一步吸附在膜表面上，从而使得膜进水中能与阳离子形成溶性盐或难溶盐的阴离子也吸附在膜表面，使得膜面上出现污染物层。

另外，高分子聚合物如蛋白质、藻类等，具有线性结构，当高聚物与胶体接触时，基团能与胶粒表面产生特殊的反应而互相吸附，而高聚物分子的其余部分则伸展在溶液中，可以与另一个表面有空位的胶粒吸附；同时由于这些高分子聚合物一般带有负电荷，可以进一步吸附膜进水中的阳离子，这样聚合物就起了架桥连接作用。

有机污染物和无机污染物之间的交替作用，使得污染层的厚度不断增加，膜污染加剧，同时由于浓差极化等因素，又使得膜污染过程得以加速。膜污染形成的第二阶段与第三阶段的相互促进，将导致膜面污染物的积累，这是一种累积的污染，我们通常指的膜污染就是累积的污染。这种污染需要有针对性地选择清洗剂进行清洗。

13.10　反渗透浓缩液回灌的研究

浓缩液回灌是长生桥垃圾卫生填埋场的渗滤液处理工艺中必不可少的组成部分，但由于配套工程进度滞后等原因，至今未投入运行，浓缩液需外运至城市污水处理厂进行处理。为了考察浓缩液回灌的具体影响，在工程现场进行了大量的中试试验研究。

13.10.1　反渗透浓缩液处理技术

反渗透膜技术处理垃圾渗滤液必然有浓缩液产生，约占渗滤液处理量的20％～25％，浓缩液的有效处理是整个反渗透膜系统中不可缺少的重要部分，也是目前反渗透技术推广的瓶颈之一。其处理方案的选择必须根据特定的填埋场进行考虑，不但要技术可行，同时也应考虑生态和经济要求。

渗滤液的反渗透浓缩液是一种高浓度的有机废液，其 COD 和电导率值往往是原生渗滤液的 3～4 倍，甚至 5 倍。但就物理性质而言，浓缩液具有很好的流动性和渗透性，并不是一种黏稠液体。

DTRO 可以单独使用，或与高压反渗透及纳滤进行优化组合，这些处理工艺产生的浓缩液的处理主要有焚烧、固化、蒸馏干燥和回灌等方法。

1）焚烧　对于高污染性浓缩液，可在现场合适的装置中或运到焚烧有害废液的焚烧厂焚烧处理。

2）固化　采用飞灰或污水处理产生的污泥固化浓缩液，然后将干剩余物回填至填埋场进行填埋。

3）蒸发和烘干　为了增加回收率，采用压力达 120bar 的高压反渗透系统使得浓缩液量最小化，再将浓缩液采用纳滤膜-结晶工艺，进一步浓缩后烘干结晶。

4）控制性回灌　在时间和地点上有限度地控制浓缩液回灌填埋场垃圾体，形成生物反应器填埋场，加速有机物的生化降解过程，加速填埋场稳定化进程。

与回灌法相比，其他方法都非常昂贵，而且没有考虑浓缩液对垃圾场稳定化的促进作用，所以很少被采用。德国从 1986 年开始将浓缩液回灌填埋场，目前，德国成功运行的填埋场中大约 15 座采用 RO 系统处理垃圾渗滤液及浓缩液回灌工艺，且这一数量在其他国家还在增长。

大量的研究结果以及多座填埋场的多年累积的运行实践证实：在充分考虑相关填埋场的特征设计基础上，长期采用回灌处理浓缩液的系统，填埋场排出的渗滤液中主要污染物质浓度没有显著变化。

13.10.2　浓缩液回灌技术概述

13.10.2.1　生物反应器填埋场技术

"生物反应器"垃圾填埋技术通过独特的设计和合适的控制，实现了填埋场从传统的以储留垃圾为主向多功能方向发展，即一个垃圾填埋场同时具有储留垃圾、隔断污染、生物降解和资源恢复等多个功能，代表了垃圾填埋技术的最新发展。

20 世纪 70 年代开始，欧美等发达国家开展了新一代垃圾卫生填埋场——生物反应器填埋场（bioreactor landfill）的研究。生物反应器填埋场是通过有目的的控制手段强化微生物过程，从而加速垃圾中易降解和中等易降解有机组分转化和稳定的一种垃圾卫生填埋场运行方式。它采用的控制手段包括液体（水、渗滤液）注入、备选覆盖层设计、营养添加、pH 值调节、温度调节和供氧等。其中渗滤液回灌是生物反应器填埋场最常用的操作运行方式之一。

回灌法是土地处理应用于渗滤液处理中较为典型的一种，它实质是把填埋场作为一个以垃圾为填料的巨大的生物滤床。该法是将收集到的渗滤液回流至填埋区域，促使菌群和微生物酶活性增强，利用填埋场自身形成的稳定系统，使渗滤液滤经覆土层和垃圾层，发生一系列生物、化学和物理作用而被降解和截留，同时使渗滤液由于蒸发作用而减量。

Robison 等的研究表明，通过渗滤液回灌可以缩短填埋垃圾的稳定化进程（使原需 15～20

年的稳定过程缩短至 12.3 年）。 Pohland 提出喷洒的渗滤液量应根据垃圾的稳定化进程而逐步提高，一般在填埋场处于产酸阶段时，回灌的渗滤液量宜少，在产气阶段则可以逐渐增加。此外，由于填埋场内垃圾处于不同的稳定化阶段，可以将产甲烷垃圾填埋区排出的渗滤液回灌至新填埋的产酸垃圾填埋区，而将新垃圾填埋区所产生的渗滤液回灌至老龄填埋区，这样有利于加速污染物的溶出和有机污染物的分解，同时加速垃圾填埋层的稳定化进程。 Mosher 等的研究表明，渗滤液回灌增加了填埋场的有效库容量，促进了垃圾中有机物的降解，缩短了产沼气时间。北英格兰的 Seamer Carr 垃圾填埋场将一部分渗滤液循环喷洒， 20 个月后喷洒区渗滤液的 COD 值有明显的降低，金属浓度则大幅度下降， NH_4^+-N 浓度基本保持不变，说明金属离子浓度的下降不仅由稀释作用引起，垃圾中无机物的吸附作用也不可忽视。 Carson 报道了目前在美国生物反应器填埋场的技术体系已初具规模，已有 200 多座垃圾填埋场采用了此技术。该方法除具有加速垃圾的稳定化、减少渗滤液的场外处理量、回灌后的渗滤液水量水质得到均衡、降低渗滤液一些污染物浓度等优点外，还有比其他处理方案更为节省的经济效益。但是受填埋场特性的限制，回灌并不能完全消除渗滤液，且回灌后的渗滤液氨氮含量高，仍需要进一步处理后才能排放。

从 20 世纪 90 年代中期开始，我国学者相继开始对填埋场渗滤液回灌进行模拟实验研究，但就深度而言，国内对生物反应器填埋场的系统研究还有待进一步深入。

13.10.2.2　回灌型生物反应器填埋场的结构

回灌型生物反应器填埋场工艺流程如图 13.38 所示。与传统的卫生填埋场不同，生物反应器填埋场增加了渗滤液回灌和水分调节系统及优化回灌渗滤液系统。

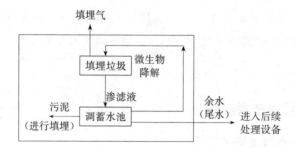

图 13.38　回灌型生物反应器填埋场流程

填埋场是一个独特的、动态的、复杂的垃圾-微生物-渗滤液-填埋气微生态系统，不同年龄和稳定性的填埋垃圾层，其释放出的渗滤液具有时空上的异质性。生物反应器填埋场在渗滤液回流的同时，增设了回灌渗滤液水质、水量调节系统，以解除渗滤液直接回灌初期有机酸积累及中后期高浓度氨氮对垃圾降解微生物生理生态的毒性作用。Pacey 采用在覆盖层或垃圾体中加入石灰、消化污泥等碱性物质，增加生物反应器填埋场的 pH 缓冲能力。Pohland 通过日常灵活的调整操作，降低产酸阶段的场区回灌量，增加产甲烷阶段的场区回灌量，可保持生物反应器填埋场的良好运行性能。Warith 研究表明，在回灌渗滤液中适当补充营养物质，调节填埋场内 C:N:P 的平衡，可提高有机垃圾的降解速率。Raynal 等报道，渗滤液经场外产甲烷反应器处理后再回流的系统，可减少酸性物质对垃圾层中中性微生物（产甲烷细菌）的抑制，有利于垃圾层中微生物种群的综合协调代谢，加速垃圾的稳定化过程和渗滤液中有机物的进一步降解。有一些研究者采用将稳定化程度高的垃圾层区（产甲烷区）所排出的渗滤液回喷至新填埋的垃圾层（产酸区），而将新垃圾层所产生的渗滤液回喷至老的稳定化区，这样新、老填埋垃圾层及渗滤液相异的特性可得到互补，有利于污染物的溶出和有机污染物的分解，加速垃圾层的稳定化进程。

13.10.2.3 回灌的方式

渗滤液回灌的方式主要分为表面回灌和地表下回灌两种。

（1）表面回灌

是依靠表面蒸发和利用填埋层生物降解作用，降低渗滤液的有机污染物浓度，使渗滤液分布到大范围的填埋场表面，利用蒸发消减渗滤液水量。但采用此方法，渗滤液的臭味及气溶胶的扩散会影响填埋场表面的卫生状况。此外，降雨期间地表残余浓缩液可能随地表径流污染地表水。表面回灌可分为表面灌溉系统、喷灌、针注。

（2）地表下回灌

地表下渗滤液回灌，即渗滤液从覆盖土层下进入填埋层进行循环处理，主要被用作对渗滤液中有机质的降解。它的操作方式主要有 3 种：a. 在覆盖土层或下面铺设平面渗水管网，此法布水效果好，成本较高；b. 浅井式自然渗滤，这种方式成本较低，有时有现场监测条件；c. 利用导气竖井进行渗滤液回灌，基建投资低，但实际运行有可能形成短流，而且存在气水混流的问题。

各种回灌方法的操作方式及优缺点见表 13.19。

▣ 表 13.19　各种回灌技术的优缺点

方法	操作方式	优点	缺点
表面灌溉	表面铺设穿孔管道； 渗滤液储池； 水罐车	设计简单； 覆盖面大； 渗滤液经蒸发而减少； 不易阻塞,易修复或维护； 费用低	产生难闻气味； 不利于人体健康； 受气候限制； 可能造成地表水污染；劳动强度大,难以操作
喷灌	滴灌； 人工降雨器喷灌； 表面铺设加压、穿孔管道	覆盖面大； 渗滤液经蒸发而减少； 易根据沉降不同作调整； 易修复或维护； 费用低	产生难闻气味； 不利于人体健康； 易受冰冻影响； 表面易饱和； 可能造成地表水污染； 劳动强度大,难以操作
针注	将管道插入垃圾内(在管道下部穿孔),用 $30m \times 30m$ 布点渗滤液以 $(2.76 \sim 4.14) \times 10^4 Pa$ 压力泵入	可根据需要移动； 覆盖面大； 设计、建造要求中等； 受气候限制中等； 易修复或维护	易受冰冻影响； 可能造成地表水污染(经管道渗漏)封场后应用受限制； 劳动强度大,难以操作； 费用高
竖井式	管道输送、水罐车泵入； $60m \times 60m$ 布井或 每公顷一口井,采用压力总线	受气候限制小； 不产生气味； 设计简单易操作； 可与水平井结合； 劳动强度小	覆盖面小； 易产生不均匀沉降； 易对管道造成损害(尤其是井内管道)； 易堵塞,不易维护； 回灌周期缩短； 费用高
水平井	采用压力总线,井间横距 $20 \sim 30m$,纵距 $12.6m$,井宽 $1m$、深 $2m$	覆盖面大或较大； 受气候限制小； 不产生气味； 劳动强度小	设计建造较复杂； 易产生不均匀沉降； 易堵塞,不易维护； 建造费用较高

13.10.2.4 工程实践中浓缩液回灌对渗滤液水质的影响

德国自 1986 年开始将浓缩液回灌填埋场，目前德国成功运行的填埋场中，大约 15 座采用 RO 系统处理垃圾渗滤液及浓缩液回灌工艺，且这一数量在其他国家还在增长。

对于浓缩液回灌，人们关注的主要问题是高浓度的浓缩液对垃圾填埋场内生物活性、有机物降解、渗滤液水质的影响。大量研究结果以及多座填埋场多年累积的运行实践证实，在充分考虑相关填埋场的特征设计基础上，长期采用回灌处理浓缩液的系统，填埋场排出的渗滤液中主要污染物浓度没有显著变化。

1）Hintere Dollart 填埋场　德国第一家运用 RO 处理的填埋场，1986 年运行。填埋场占地 19hm²，年处理垃圾量（10～28）×10⁴t。系统回收率设计为 80%，实际运行过程中回收率 74%～79%。浓缩液通过防冰冻的管线用泵扬送，利用填埋场上部的注射井回灌垃圾体。除了浓缩液短回路循环引起的电导率突然增长外，电导率值稳定在 20mS/cm 以内。

2）Goda-Buscheritz 填埋场　位于 Bautzen 附近，Dresden 以东大约 50km，于 1990 年投入运行。处理的垃圾来自附近电厂的大量灰分，且掺杂有商业和生活垃圾。渗滤液处理系统设计处理能力 $0.6m^3/h$，回收率大约 70%，反渗透浓缩液通过两个特殊注射井回灌垃圾体。1993 年 7 月开始运行，渗滤液中污染物质浓度没有发生变化，电导率稳定在 14mS/cm，COD 为 1800～2000mg/L［图 13.39（b）］。

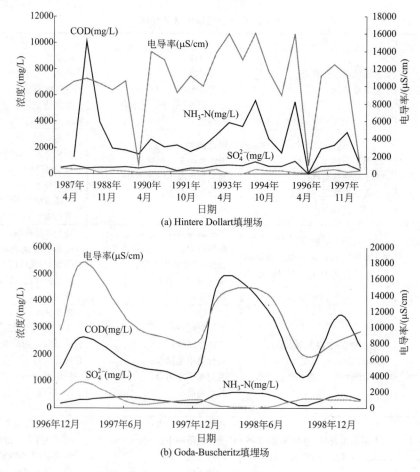

图 13.39　垃圾渗滤液水质随时间的变化

13.11 浓缩液回灌对填埋场特性影响研究

13.11.1 浓缩液回灌的中试试验研究设计

填埋场渗滤液经 DTRO 工艺处理后，出水外排并回用，而反渗透膜截留的浓缩液部分必须经过合理有效的处理，这是 DTRO 工艺能否得以推广应用的关键。设计了回灌反应器，进行了浓缩液回灌的中型试验。试验通过浓缩液回灌、渗滤液回灌、不回灌对比，以及浓缩液好氧回灌与厌氧回灌的对比研究，探讨浓缩液回灌对渗滤液水质及填埋场稳定化的影响、浓缩液回灌的影响因素以及工程推广的可行性。

设计并建造试验装置 5 套，4 套设计为厌氧反应器，1 套设计为好氧反应器。回灌反应器为长方体形，砖混结构，四壁及底部均做防渗，有效容积均为 2.7972m³，尺寸为 1.26m×0.74m×3m（h），顶部设置一根导气管以导出填埋气体，底部设置一只直径为 20mm 的阀门以外排渗滤液，每个反应器的垃圾填埋高度均为 2.65m，覆土 0.05m，再铺砾石 0.05m，并在砾石层内铺设多孔布水管。好氧反应器中间安置一根直径为 40mm 的 PVC 穿孔管，外接鼓风机。浓缩液回灌试验装置示意见图 13.40。

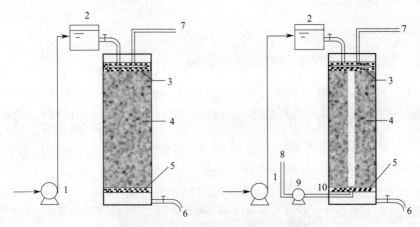

图 13.40 浓缩液回灌试验装置示意

1—提升泵；2—高位水箱；3—多孔布水管；4—垃圾堆体；5—砾石层；
6—渗滤液收集管；7—气体收集管；8—空气；9—鼓风机；10—布气管

实验所用垃圾取自重庆市长生桥垃圾填埋场的城市生活垃圾。回灌方式采用多孔布水管进行表面喷洒。每套试验装置的具体研究对象列于表 13.20。

⊡ 表 13.20 回灌研究装置的研究对象

反应器序号	反应器类型	填埋垃圾类型	回灌
1#	厌氧	新鲜垃圾	不回灌
2#	厌氧	新鲜垃圾	RO 浓缩液
3#	好氧	新鲜垃圾	RO 浓缩液
4#	厌氧	新鲜垃圾	渗滤液
5#	厌氧	陈腐垃圾	渗滤液

13.11.2 回灌浓缩液的水质及回灌量

（1）回灌水质

长生桥 DTRO 系统回收率为 80%，反渗透膜将渗滤液浓缩了 5 倍而成浓缩液。渗滤液与浓缩液水质见表 13.21。为使实验结果具有可比性，控制回灌的渗滤液水质为 COD（10000±1000）mg/L、BOD_5（6000±1000）mg/L、NH_3-N（1200±400）mg/L；浓缩液水质为 COD（50000±1000）mg/L、BOD_5（30000±1000）mg/L、NH_3-N（2000±400）mg/L。

□ 表 13.21　渗滤液及浓缩液水质

项目	渗滤液	浓缩液	项目	渗滤液	浓缩液
COD/mg/L	3000～15000	15000～75000	NH_3-N/(mg/L)	1000～2000	5000～10000
BOD_5/(mg/L)	1000～8000	5000～40000	pH 值	6.6～6.8	6.6～6.8

（2）回灌量

长生桥垃圾卫生填埋场填埋的生活垃圾含水率较高，压实后的理论平均值约为 48%。考虑到垃圾在运输、填埋过程中的水分损失，本试验中假定填埋场内垃圾的初始含水率为 40%，为了使回灌后填埋垃圾的含水率达到最适宜垃圾降解的水分含量，即 60%～75%，实验中取理论上使垃圾含水率达到 70% 的回灌量，即每次回灌量 2.7972×2.65/3×（70%－40%）=0.74m³。

13.11.3　浓缩液回灌对渗滤液水质的影响

通过中型试验，就 COD、BOD_5、NH_3-N、pH 值、金属离子等水质指标，探讨浓缩液回灌对填埋场渗滤液水质的影响，并通过垃圾堆体高度的变化研究浓缩液回灌对填埋场稳定化的影响，同时对作用机理进行了分析。

13.11.3.1　COD 的变化

在实验初期的 8 周内，每周进行一次渗滤液和浓缩液回灌，第 9～20 周，填埋垃圾体进入产甲烷阶段后，每周进行 3 次回灌。各种回灌条件下产生的渗滤液中 COD 随时间的变化如图 13.41 所示。回灌后产生的渗滤液 COD 均呈现先上升、后下降而后逐渐稳定的趋势。

对各反应器中渗滤液 COD 变化进行分析，可将其变化历程分成三个阶段。

1）第一阶段　厌氧条件下，在实验开始后的 12.8 周内，出水 COD 均呈持续上升，但上升幅度不同，取决于回灌料液的不同。不回灌反应器的渗滤液 COD 从 9890mg/L 升至 12700mg/L，进行渗滤液回灌反应器和进行浓缩液回灌反应器的 COD 则分别从 10230mg/L 升至 28100mg/L，从 10140mg/L 升至 78000mg/L。微好氧条件下，浓缩液回灌反应器的 COD 在迅速上升后，从第 2 周起即开始迅速下降，到第 20 周时已下降至 2780mg/L，对 COD 的去除效率高达 91%，比回灌至厌氧填埋体浓缩液的 COD 去除率平均高 10% 左右，降解有机物的速率明显高于浓缩液回灌至厌氧填埋体对有机物的降解速率。

分析 COD 上升的原因是：随回灌的进行，大量适应填埋单元环境的微生物，重新进入填埋单元中，具有接种作用，并给填埋场内部提供足够的水分和营养。水解菌、产酸菌、水分、有机物和营养物等得以保持长时间相互接触，使垃圾体内可生物降解固相垃圾的水解反应、水解产物的产酸反应能连续进行。由于此时各垃圾体中环境还不适宜产甲烷反应，水解酸化产物

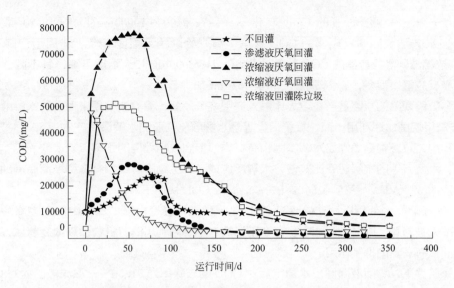

图 13.41　不同条件下渗滤液 COD 随时间的变化

的降解和消纳无法实现，因而渗滤液中水解酸化产物不断积累，使渗滤液 COD 持续升高，pH 值不断下降。

另一方面，含氮、磷的有机化合物经氨化和磷酸盐化转化为氨氮和磷酸盐，同时一些重金属离子（Fe、Mn、Cr）与有机酸发生络合作用，这些产物进入液相后导致回灌前期所产生的渗滤液 COD 浓度上升，达到很高的程度。

渗滤液回灌的 COD 上升幅度比不回灌反应器大一些，而浓缩液回灌反应器的 COD 升高幅度极大，这是因为回灌浓缩液 COD 浓度极高，接近 50000mg/L，在相同的回灌条件下，污染负荷高，毒性大。

好氧条件下，降解有机物的速率明显快于浓缩液回灌至厌氧填埋体对有机物的降解速率。这主要是因为在好氧环境下，降解垃圾和浓缩液中有机物的是好氧菌，于是有机污染物发生好氧降解过程。

有机垃圾的好氧降解的一般途径如图 13.42 所示。大分子有机物首先在微生物产生的胞外酶作用下分解为小分子有机物。这些小分子有机物被好氧微生物继续氧化，通过不同的途径进入三羧酸循环（TCA），最终被分解为 CO_2、H_2O、硝酸盐和硫酸盐等简单的无机物。

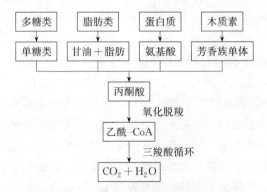

图 13.42　有机垃圾好氧降解的一般途径

2）第二阶段　厌氧条件下，不回灌反应器的渗滤液 COD 从第 6 周起，开始缓慢下降，一直到第 20 周，产生渗滤液的 COD 变化不大，在 9000～10000mg/L 之间，20 周后降至 9010mg/L。渗滤液回灌反应器的 COD 从第 7 周开始以较大幅度下降，20 周后已降至 1680 mg/L。浓缩液回灌反应器的 COD 从第 9 周起，从 78000mg/L 大幅度下降，其下降速率比渗滤液回灌反应器快很多，到 20 周后已降至 4610mg/L。

这一阶段现象的原因是：在垃圾体进入产甲烷阶段后，渗滤液中原来积累的水解酸化产物 VFA 被产甲烷菌快速利用，而垃圾中糖类等易水解酸化物质的水解酸化产物 VFA 亦被产甲烷菌快速利用，垃圾中糖类等易水解的固相有机物已得到较高程度的水解，剩余的固相有机物如蛋白质、木质素等的水解速率比较慢，水解反应成了可生物降解固相有机垃圾彻底消纳的限速步骤，渗滤液中 VFA 得不到及时的补充，渗滤液 COD 快速下降。

3）第三阶段 20 周以后，渗滤液 COD 趋于稳定，这是由于渗滤液中易生物降解的有机物已大部分被降解，同时渗滤液中也存在不易被产甲烷菌利用的有机物和高浓度氨氮，对产甲烷菌的活性有一定的抑制作用。

厌氧条件下，浓缩液回灌出水稳定后对 COD 的去除率为 81.56％，渗滤液回灌对 COD 的去除率 90.67％，而不回灌反应器对 COD 的去除率仅为 8.9％，可见，浓缩液回灌与渗滤液回灌，对 COD 有较高的去除率，但由于浓缩液的 COD 很高，虽然回灌对其去除量很大，但回灌后产生的渗滤液 COD 浓度仍很高。但只要低于 DTRO 系统的进水 COD 设计值，这一方案即可行。

填埋垃圾降解过程主要是厌氧生物降解。垃圾厌氧降解过程一般可分为四个阶段，水解阶段、酸化阶段、产乙酸阶段、产甲烷阶段。生物反应器填埋场有机物厌氧降解的碳流和电子流可以用图 13.43 来表示。

13.11.3.2 BOD$_5$ 的去除

BOD$_5$ 的变化趋势见图 13.44。从图 13.44 中可看出，渗滤液中的 BOD$_5$ 均呈现先上升、后下降而后逐渐稳定的趋势，其变化趋势与机理均同 COD。在厌氧条件下，浓缩液回灌出水稳定后对 BOD$_5$ 的去除率为 82.5％；渗滤液回灌对 BOD$_5$ 的去除率为 93.75％，而不回灌反应器对 BOD$_5$ 的去除率为 19.22％。在好氧条件下，浓缩液回灌对 BOD$_5$ 的去除率为 93.75％，高于厌氧条件下的操作。

13.11.3.3 NH$_3$-N 的去除

在不同回灌条件下渗滤液中 NH$_3$-N 的变化如图 13.45 所示。垃圾渗滤液中 NH$_3$-N 浓度随着填埋时间的延长而不断升高，这是因为垃圾在降解过程中含氮有机物不断水解为 NH$_3$-N 进入渗滤液中。而渗滤液回灌反应器的出水 NH$_3$-N 浓度则呈下降趋势，NH$_3$-N 的去除率不断上升，此后去除率一直稳定在 60％左右。浓缩液回灌至厌氧填埋层后出水 NH$_3$-N 浓度在迅速上升后不断下降，去除率从 18％～70％，之后一直稳定在 70％左右。说明渗滤液回灌和浓缩液回灌对 NH$_3$-N 有一定的去除效果且两者对 NH$_3$-N 的去除率变化趋势相同。

垃圾填埋层作为一个反应器，可以大致分为三部分：上部为好氧区；下部为厌氧区；中间部分为两者的过渡区——兼性区。由于是回灌到厌氧填埋体，氧在垃圾层中的扩散深度不大，有研究表明：氧在厌氧填埋层中的扩散深度最多为 0.58m，即好氧层和兼性层所占比例不大，厌氧区为主要部分，垃圾填埋层内部结构示意见图 13.46。

渗滤液和浓缩液回灌后首先流经填埋层上层的好氧区域，同时回灌渗滤液和浓缩液中含有一定量的溶解氧，回灌渗滤液和浓缩液中的 NH$_3$-N 被氧化成为硝酸盐氮或亚硝酸盐氮，到达下层的厌氧区域后硝酸盐氮或亚硝酸盐氮被还原为 N_2 等，实现了 NH_3-N 的去除，即发生了硝化反硝化过程。在垃圾渗滤液的回灌过程中 NH_3-N 浓度高，可生化降解 COD 浓度低、 C/N 低、溶解氧和碳源量少，非常符合亚硝酸盐型硝化反硝化反应发生的条件。通过对回灌出水中 NO_2^- 的检测，发现有亚硝酸根离子累积的现象，由此可以推测回灌过程中发生了亚硝酸盐型硝化反硝化的生物脱氮反应。此外，由于垃圾层大部分为厌氧区，回灌渗滤液和浓缩液在流经好氧层和厌氧层时，还可能发生好氧反硝化和厌氧氨氧化过程，这些脱氮过程的进行，使得回灌渗滤液和浓缩液的出水 NH_3-N 浓度有了一定程度的降低。

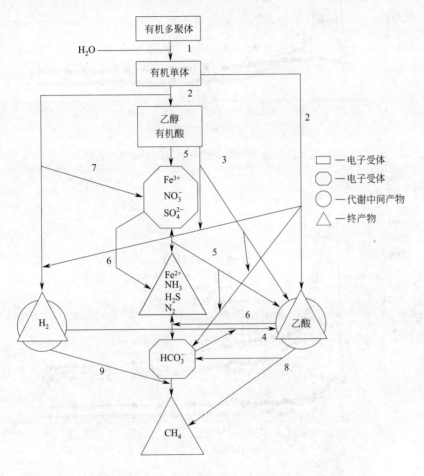

图 13.43 生物反应器填埋场有机物厌氧降解过程的碳流和电子流

1—不溶性有机高分子物质在胞外酶作用下水解成可溶性的有机物单体，碳水化合物、蛋白质、脂肪酸等水解为有机物单体如糖、有机酸和氨基酸等；2—有机单体发酵、降解为 CO_2、乙酸、丙酸、丁酸和乙醇、乳酸等；3—由专性产氢产乙酸细菌把还原性有机产物氧化为 H_2、CO_2 和乙酸；4—同型产乙酸细菌将 H_2、CO_2 合成乙酸，即二碳酸盐的产乙酸呼吸；5—还原性有机物被硝酸盐还原细菌（NRB）或硫酸盐还原细菌（SRB）氧化为 CO_2 和乙酸；6—乙酸被硝酸盐还原细菌和硫酸盐还原细菌氧化为 CO_2；7—H_2 被硝酸盐还原细菌和硫酸盐还原细菌氧化；8—乙酸裂解式的甲烷发酵，主要参与细菌为产甲烷八叠球菌和产甲烷丝菌，该步骤产生的甲烷量占总甲烷量的 70%；9—CO_2 的产甲烷呼吸，参与细菌为氢氧化产甲烷细菌，产生的甲烷量占总甲烷量的 30%

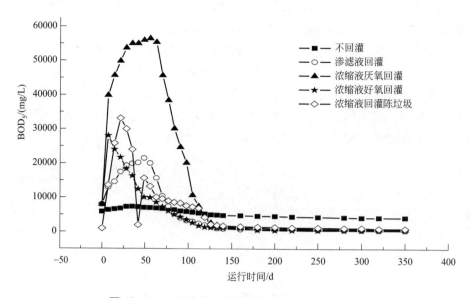

图 13.44 不同条件下渗滤液 BOD_5 随时间的变化

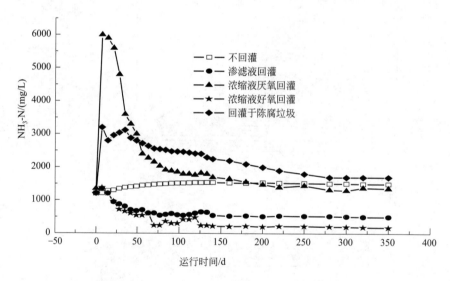

图 13.45 不同条件下渗滤液 NH_3-N 随时间的变化

浓缩液好氧回灌后对 NH_3-N 有很高的去除率，去除率从回灌初期的 77％增至回灌 10 周后的 96％，之后 NH_3-N 去除率稳定在 93％～96％，20 周后的 NH_3-N 浓度降至 220mg/L。这是由于在好氧条件下 NH_3-N 在好氧菌的作用下发生了硝化作用和好氧反硝化作用。因此在浓缩液回灌至好氧垃圾填埋体后对 NH_3-N 有很高的去除率。

13.11.3.4 重金属离子的变化

从图 13.47 可以看出，在回灌的前 10 周，出水重金属离子浓度比进水浓度高，这主要是因为在回灌初期垃圾填埋层中重金属元素发生了复杂的物理化学反应。例如，胶体微粒的物理吸附、离子交换或发生化学反应生成螯合物等，从而导致大量重金属被截留在垃圾层中。由于垃圾成分、渗滤液 pH 值等发生了变化，部分不溶性金属化合物转化成为了可溶性金属化合物，从而从垃圾层中溶出，导致出水中重金属离子浓度的上升。回灌 10 周后，随着垃圾的迅速降解，垃圾中产甲烷阶段建立，垃圾层中的氧化还原电位降低，处于还原条件下的低氧化还原电位促使微生物将浓缩液中的 SO_4^{2-} 还原成 S^{2-}，浓缩液中 Cu^{2+}、Cr^{3+}、Zn^{2+}、Pb^{2+}、Cd^{2+} 等转化为 CuS、ZnS、PbS、CdS 等沉淀，并且此时填埋场迅速向中性或弱碱性转化，也有利于金属离子形成碳酸盐沉淀和氢氧化物沉淀。形成沉淀后，重金属得以大量滞留，从而使浓缩液中的重金属离子滞留在垃圾层中。

此外，进入产甲烷阶段后，垃圾填埋层逐渐由酸性环境变为碱性环境，浓缩液中的重金属离子会形成氢氧化物沉淀，同时会被垃圾、腐殖质和土壤吸附，而且垃圾在降解过程中生成的大分子量腐殖质类有机物能与重金属离子形成稳定的螯合物，从而使浓缩液中的 Cu 等重金属离子的浓度降低。

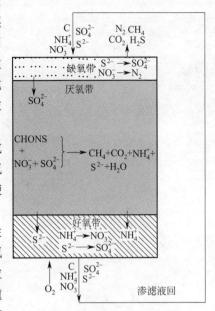

图 13.46 填埋场内部结构示意

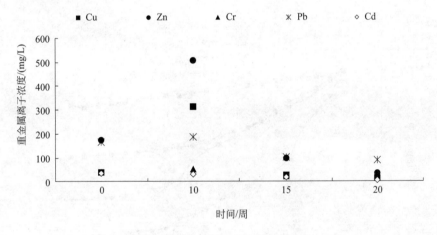

图 13.47 重金属离子随时间的变化

13.11.3.5 pH 的变化趋势

实验初期，垃圾体中可生物降解固相垃圾逐渐发生水解和酸化反应，因为此时尚不具备甲烷化反应条件，水解产物以及酸化产物逐渐积累，导致渗滤液 pH 值下降。随着进入产甲烷阶段挥发酸等水解酸化产物被甲烷菌及时利用，pH 值急速上升，直至基本稳定，如图 13.48 所示。

13.11.4 浓缩液回灌对垃圾堆体稳定化的影响

根据回灌法原理，回灌能给垃圾填埋体带来大量的微生物，从而加速垃圾的降解。通过对不回灌反应器、渗滤液回灌反应器、浓缩液厌氧回灌反应器和浓缩液好氧回灌反应器中垃圾堆

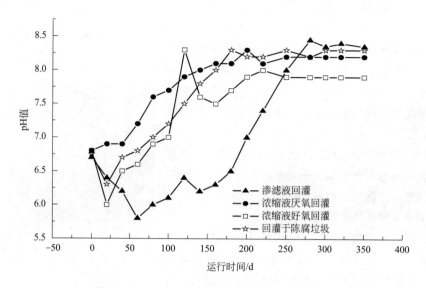

图 13.48 不同条件下渗滤液 pH 随时间的变化

体高度的测量，得到四个反应器中垃圾填埋堆体高度随时间的变化曲线，见图 13.49。

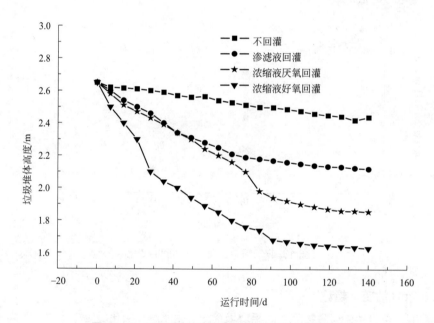

图 13.49 不同条件下垃圾堆体高度随时间的变化

随着时间的延长，这 4 个垃圾堆体都发生沉降。但其余 3 个回灌垃圾堆体的沉降高度明显高于不回灌垃圾堆体，且随着时间的推移，不回灌堆体的沉降高度变化不大，说明不回灌堆体的垃圾降解速率不快，降解幅度小，而 3 个回灌垃圾堆体的沉降幅度一直保持较大的趋势。在 20 周的时间里，渗滤液回灌反应器的沉降高度达到 20%，浓缩液厌氧回灌和好氧回灌反应器中的垃圾沉降高度分别为 30% 和 38.5%，而不回灌反应器的沉降幅度仅为 8%。

这是因为回灌带给垃圾层大量的水分、有机物和微生物，增强了垃圾中的微生物活性和繁殖速率，在大量活动旺盛的微生物的作用下，垃圾中的可生物降解部分被迅速降解为甲烷、二氧化碳气体进入空气中，导致填埋垃圾的体积减小，特别在好氧回灌条件下，好氧菌降解垃圾的速率更快，垃圾的体积减小更多，因此好氧回灌反应器中的垃圾沉降高度要高于厌氧回灌反应器中的垃圾沉降高度。不回灌的垃圾层在垃圾自然降解条件下缓慢降解，因此相对于其他三个垃圾层而言，垃圾填埋体沉降幅度最小。浓缩液回灌对垃圾的降解幅度高于渗滤液回灌是因为在回灌量和回灌频率相同的条件下，浓缩液带给垃圾体更多的微生物，因而对垃圾的降解速率更快。

13.11.5 浓缩液回灌的影响因素

影响回灌处理效果的因素包括土壤结构、水力负荷、COD 负荷及配水次数等，其中 COD 负荷和水力负荷是关键因素。

有研究表明，单位垃圾可承受的有机污染负荷有一限值，当在一定时间内因回灌而进入垃圾堆体中的有机污染负荷超过这一限值时，渗滤液回灌处理系统将遭到破坏且不易恢复，因此应在回灌场所已定的情况下合理确定进水负荷，或者在需回灌的渗滤液量和渗滤液浓度范围已定的情况下合理确定回灌场所的大小，以期处理系统能长期正常运行。

13.11.5.1 有机负荷的影响

研究了有机负荷与 COD 的去除率的关系。图 13.50 所示为较低的水力负荷下 $[32.38mL/(L \cdot d)]$，有机负荷与 COD 去除率的关系曲线。有机负荷在 $485.7 \sim 809.5mg/(L \cdot d)$ 之间时，COD 去除率随有机负荷的增加而提高；当有机负荷为 $971.4 \sim 1457.1mg/(L \cdot d)$ 时，COD 去除率呈持续下降的趋势，从 86% 下降到 73%。由此可知，在一定的水力负荷下，对有机负荷的变化，浓缩液回灌 COD 去除率维持在一个相对稳定的水平，说明垃圾层能耐一定的有机负荷变化，同时也说明回灌浓缩液中污染物浓度的变化对回灌效果的影响不大。有机负荷的大小主要决定了单位体积垃圾中有机养料的浓度。浓度过低时，微生物不能获取足够的养料，从而影响微生物的正常繁殖和降解有机物能力的发挥，因此有机负荷在一个较大的范围内变化时，COD 去除率随着有机负荷的增加而上升。

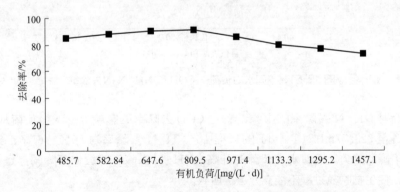

图 13.50 有机负荷对 COD 去除率的影响

对于一定量的微生物，用于自身生长和降解的有机物最大量是一定的，即处理最大的有机负荷是一定的。当回灌的浓缩液中 COD 浓度过高，超出微生物的降解能力时，COD 去除率下降。同时由于渗滤液中含有重金属离子等对微生物有害的物质，而且过高浓度 COD 的浓缩液中，NH$_3$-N 浓度也同样过高。NH$_3$-N 浓度过高会对微生物的活性有抑制作用，因此回灌过高浓度的浓缩液会使 COD 去除率下降，回灌处理的效果变差。回灌浓缩液 COD 浓度在不超过 75000mg/L 时，COD 去除率在 85% 以上。

13.11.5.2　水力负荷的影响

实验中回灌的浓缩液取自长生桥垃圾填埋场反渗透系统产生的浓缩液，其 COD 浓度在 (50000±1000) mg/L 的范围内，每天进行一次浓缩液回灌，出水 COD 浓度为回灌 24h 后，下一次回灌前的出水 COD 浓度。

实验中获得的不同水力负荷下的 COD 和 NH$_3$-N 去除率变化如图 13.51 所示。回灌浓缩液的 COD 去除率随着水力负荷的增加呈明显下降趋势。当水力负荷从 32.38mL/ (L·d) 升至 202.36mL/ (L·d) 时，COD 去除率从 94% 下降到 70%，继续增加水力负荷到 323.77mL/ (L·d) 时，出水水质恶化，COD 去除率仅为 56%，处理效果变差。这主要是因为垃圾层在低水力负荷条件下并未达到其饱和含水率，回灌浓缩液能够在垃圾层中停留足够的时间，有利于微生物的生化降解。随着水力负荷的增高，垃圾层达到其饱和含水率，浓缩液在垃圾层中的水力停留时间缩短，使得微生物不能对其中的有机质进行充分有效的降解。同时较多的水量及流速还会引起对垃圾层中微生物的冲刷，不利于回灌接种微生物在垃圾表面的附着，从而使参与降解浓缩液和垃圾层产生渗滤液中有机物的微生物数量减少，大的水力负荷还会加快垃圾内抑制性物质的溶出，大量的抑制性物质随水溶出，这些都导致回灌处理效果的降低。

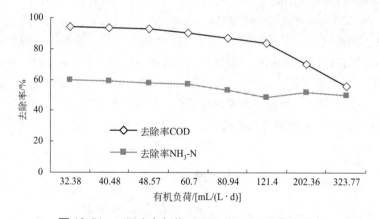

图 13.51　不同水力负荷下 COD 和 NH$_3$-N 的去除率

水力负荷对 NH$_3$-N 去除率的影响没有对 COD 去除率的影响大。水力负荷从 32.38mL/ (L·d) 上升至 323.77mL/ (L·d) 的过程中，NH$_3$-N 去除率为 50%～60%，整体变化不大，呈缓慢下降的趋势。随着水力负荷的升高，NH$_3$-N 去除率的缓慢下降同样是由于水力停留时间变短，使生物脱氮过程不能充分进行所致。

随着水力负荷增加的过程中，COD 和 NH$_3$-N 去除率均呈下降趋势，造成这种情况的原因主要是因为水力负荷的增加，使渗滤液在土壤柱中的停留时间缩短，不利于有机物的去除。低水力负荷对 COD 和 NH$_3$-N 的去除是有利的。

13.11.5.3　回灌频率的影响

有研究认为较低的渗滤液回灌频率有助于生物反应器填埋场快速进入产甲烷阶段。在相同的回灌负荷下，通过对不同回灌频率的研究，Chugh 发现，加大回灌频率不利于提高垃圾降解速率。这是由于回灌接种的微生物在垃圾表面的附着生长有一定的时间要求，频次过高则不利于微生物的附着生长。频次过高也不利于垃圾层内填埋气的引出，造成过水面积降低，减少水与微生物的接触，也不利于垃圾降解。但回灌频次的增加也有助于降解产生的抑制性物质快速洗出。

在水力负荷为 323.77mL/（L·d）的条件下，进行了考察不同浓缩液回灌次数时 COD 去除率的实验。实验条件和实验结果如表 13.22 所列。COD 去除率随回灌次数的增加而明显提高。回灌次数为 4 和 5 时，COD 去除率与回灌次数为 3 时的 COD 去除率相差不大。总的趋势是：COD 的去除率随回灌次数的增加而提高。这是因为回灌次数越多，布水的有机负荷分布就越均匀，可以在保证较高的日回灌总量时，降低单次的水力负荷，使出水浓度平均值降低，总 COD 去除量增大。在日回灌总量一定的情况下，回灌次数会直接影响到浓缩液在填埋垃圾层中的停留时间，回灌次数越多停留时间也就越长，垃圾层也可以利用间歇时间进行复氧。还使上层有充足的落干时间，从而使其透气性比回灌次数少时要好，氧气的供应也就更快。因此，多次回灌有利于提高 COD 的去除率。但是，从实验数据来看，回灌次数对 COD 去除率的影响不如水力负荷的影响大。

表 13.22　浓缩液回灌次数时 COD 去除率

回灌次数	1	2	3	4	5
回灌总量/m^3	0.8	0.8	0.8	0.8	0.8
进水 COD/(mg/L)	49800	50100	48500	50000	49850
出水 COD/(mg/L)	7470	5010	2910	3500	4486.5
去除率/%	85	90	94	93	91

如图 13.52 所示，随着回灌次数从 1 次增加到 5 次，NH$_3$-N 去除率变化不大，维持在 62%～68%。回灌次数对 NH$_3$-N 去除率的影响没有对 COD 去除率的影响大。

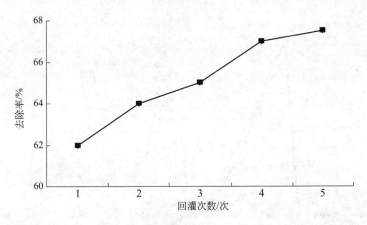

图 13.52　不同回灌次数下 NH$_3$-N 的去除率

13.11.5.4　pH 的影响

浓缩液的直接回灌虽然能够起到调节垃圾中水分和接种微生物的作用，但是这些因素也同样提供了有利于产酸细菌生长的环境，产生大量的有机酸，造成填埋中的环境酸的积累，抑制产甲烷菌的生长繁殖。同时，酶是保证微生物顺利降解有机物的必要条件，酶对液体中的 pH

值变化十分敏感,强酸或强碱性环境都会破坏酶催化作用的正常发挥。因此,回灌浓缩液的 pH 值对垃圾中有机物的降解和产生的渗滤液的有机污染物浓度将有重要影响,为了研究这一影响,将回灌前浓缩液的 pH 值分别用生石灰调节为 8、9、10 后再回灌到垃圾体,以改变垃圾层中的酸性环境,改善回灌效果。

(1) pH 值对 COD 和 BOD₅ 的影响

经过 20 周的检测,调节浓缩液 pH 值为 8、9、10 后回灌和未做 pH 值调节进行浓缩液回灌,不同条件下产生的渗滤液 COD 和 BOD_5 变化规律如图 13.53～图 13.56 所示(分别回灌至厌氧填埋体和好氧填埋体)。

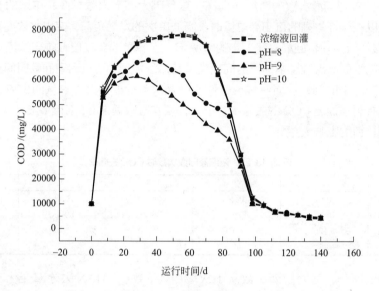

图 13.53 厌氧条件 pH 值对渗滤液 COD 的影响

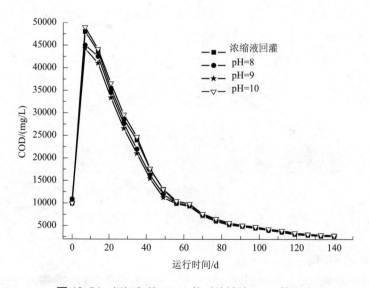

图 13.54 好氧条件下 pH 值对渗滤液 COD 的影响

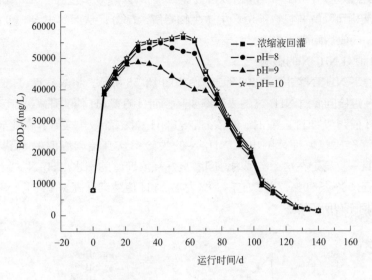

图 13.55 厌氧条件下 pH 值对渗滤液 BOD_5 的影响

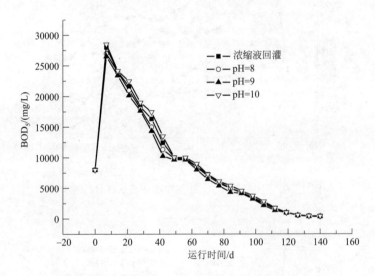

图 13.56 好氧条件下 pH 值对渗滤液 BOD_5 的影响

无论是厌氧回灌还是好氧回灌,调节 pH 值后的浓缩液回灌的出水 COD 和 BOD_5 比未经调节 pH 值回灌的浓缩液出水 COD 和 BOD_5 更早达到临界最高点,并更早降至比较低的水平。但 20 周后,调 pH 值回灌与不调 pH 值回灌对 COD 和 BOD_5 的去除率几乎相同。在 20 周的时间内,pH=9 的浓缩液回灌比 pH=8 和 pH=10 的浓缩液回灌对出水的 COD 和 BOD_5 去除率更高一些。这是因为调节 pH 值为碱性后,使垃圾内部的产酸期缩短,这样就使低级脂肪酸的产生数量降低,而在垃圾渗滤液的 COD 中,低级脂肪酸的 COD 约占 80% 以上,另外,投加生石灰也起到絮凝作用,使有机物得到少量去除,从而加快垃圾的降解过程,使 COD 和 BOD_5 下降较快。pH=9 时,出水 COD 和 BOD_5 的去除率高于 pH=10 时的原因可能是 pH 值继续升高使大量有机胶体产生,使污泥沉降速度减慢,COD 和 BOD_5 的去除效率下降。可见浓缩液回灌的预处理选择在 pH=9 左右时对有机污染物的去除效率较高。20 周后，未调节 pH 值回灌的浓缩液中可降解有机物被垃圾中微生物降解大部分，从而其出水 COD 和 BOD$_5$ 下降程度达到调节 pH 值后回灌的水平。

（2） pH 值对 NH$_3$-N 的影响

不同 pH 值下 NH$_3$-N 浓度变化如图 13.57 和图 13.58 所示。将浓缩液 pH 值调为碱性再回灌比不调节 pH 直接回灌对 NH$_3$-N 的去除率要高，而且随着 pH 值的升高，氨氮的去除效率逐渐升高，将 pH 值调节为 11 左右时，对浓缩液的 NH$_3$-N 去除效果最好，在此 pH 值下进行浓缩液回灌，回灌至厌氧填埋体的出水 NH$_3$-N 的去除率从开始回灌时的 80%，一直上升到 90%~95%，且一直稳定在这个范围内；回灌至好氧填埋体的出水 NH$_3$-N 去除率从开始回灌时的 92% 上升到 98%~99%，并稳定在 99% 左右。pH 值继续升高到 12 时，NH$_3$-N 去除率与 pH 值为 11 时相比有所下降。

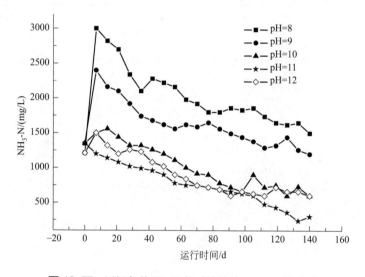

图 13.57 厌氧条件下 pH 值对渗滤液 NH$_3$-N 的影响

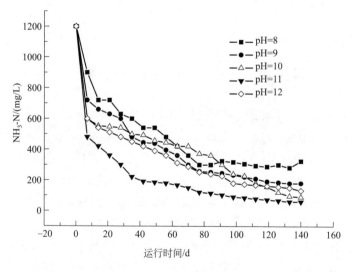

图 13.58 好氧条件下 pH 值对渗滤液 NH$_3$-N 的影响

浓缩液中存在如下的化学平衡式：$NH_3 + H_2O \longrightarrow NH_4^+ + OH^-$

在碱性环境下，此化学平衡向左移动，浓缩液中的 NH_3-N 多以游离氨的形式存在，由于实验采用的是表面喷灌的回灌方式，所以一部分氨氮在喷灌时挥发到空气中，另一部分在中性或弱碱性的垃圾中被硝化，特别是当浓缩液回灌到好氧填埋层时硝化作用十分明显，导致 NH_3-N 被大量去除。同时，浓缩液调节 pH 值后，回灌浓缩液也会发生好氧反硝化、亚硝酸盐硝化反硝化和厌氧氨氧化等过程去除其中的 NH_3-N。但强碱性的浓缩液回灌后会对垃圾中大多数的细菌活动有所抑制作用，导致 NH_3-N 去除效率下降。随着 pH 值上升到 12，NH_3-N 的去除率较 pH 值为 11 时已有所下降，可以预测，若 pH 值继续上升，NH_3-N 去除率会进一步下降。

13.12 DTRO 系统工程应用实例

13.12.1 蒙城县某卫生填埋场渗滤液处理工程

13.12.1.1 工程概况

根据对蒙城县人口规模和垃圾收集站的数量及转运能力的调查和分析，确定该工程渗滤液产生规模为 $100m^3/d$。该填埋场垃圾主要为居民生活垃圾，垃圾渗滤液主要有两个来源，大部分渗滤是新鲜垃圾在填埋后滤出的，另有一部分是填埋作业面和中间覆盖面降雨转化而来。由于垃圾在储坑内的停留时间较短，渗滤液多为垃圾酸性发酵阶段的产物，属典型原生渗滤液，具有污染物浓度高、B/C 高等特点，其设计进出水水质指标见表 13.23。出水水质要求达到《生活垃圾填埋场污染控制标准》（GB 16889—2008）中规定的排放标准。

⊡ 表 13.23　进出水水质指标

项目	COD_{Cr}/(mg/L)	BOD_5/(mg/L)	NH_3-N/(mg/L)	TN/(mg/L)	SS/(mg/L)	pH 值
进水指标	≤10000	≤6000	≤1500	≤2000	≤600	6.0~9.0
出水指标	≤100	≤30	≤25	≤40	≤30	6.0~9.0

13.12.1.2 工艺流程设计

垃圾渗滤液的水质受垃圾成分、处理规模、降水量、气候、填埋工艺及填埋场使用年限等因素的影响，具有成分复杂、化学耗氧量（COD）高、氨氮含量高、水质变化大等特点，用常规的生化等处理方法难以处理达标。与生化法相比，膜分离技术受原水水质的变化影响小，能够保持出水水质稳定，在垃圾渗滤液等高浓度、难降解废水的处理中具有明显的优势。碟管式反渗透（DTRO）是一种新型的反渗透处理技术，在高浓度料液处理中应用广泛，在垃圾渗滤液处理中也得到应用。

采用二级碟管式反渗透（DTRO）工艺，其整体系统工艺如图 13.59 所示。

填埋场的渗滤液首先汇集到调节池进行水质水量调节，原水储罐出水经加酸调节 pH 值，以防止碳酸盐类无机盐结垢，再经过砂式过滤器和芯式过滤器过滤降低悬浮物含量。经过预处理的渗滤液直接进入第一级 DTRO 系统，在膜组中进行过滤，产生的透过液进入第二级反渗透系统，第一级反渗透浓缩液排入浓缩液储池等待回灌；第二级反渗透系统透过液排入脱气塔，经过吹脱除去水中二氧化碳等气体，使 pH 值达到 6～9，然后进入清水池，达标后排放；第二级反渗透浓缩液进入第一级反渗透的进水端，重新进行处理。

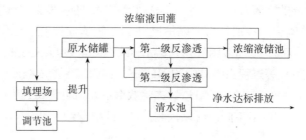

图 13.59 渗滤液处理系统整体工艺示意

浓缩液的处理有控制回灌、焚烧、固化、蒸馏干燥和真空干燥等方法，但是与回灌法相比，其他方法的设备投资和运行费用都非常昂贵。填埋场垃圾堆体本身就是一个巨大的生物反应器和储存体，垃圾中的大量有机污染物在这里得到消解和稳定。浓缩液污染物浓度虽然很高，但其污染物的总量相比于垃圾本身是较少的，大约占其污染物总量的 2.4%。因此，可以在时间和地点上有限度地控制浓缩液回灌入填埋场垃圾体，把填埋场作为一个以垃圾为填料的巨大的生物滤床，通过物理、化学和生物等多种作用实现污染物的降解。

13.12.1.3 水平衡计算

100t/d 二级 DTRO 系统水量平衡计算见图 13.60。

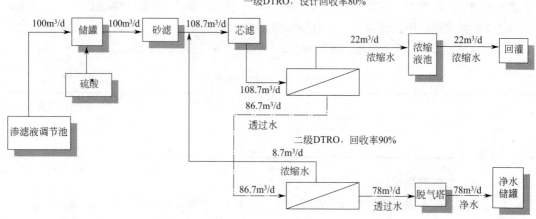

注：原水电导率≤25mS/cm，温度≥15℃，总回收率≥75%，即最终出水≥75m³/d。
　　原水电导率≤20mS/cm，温度≥15℃，总回收率≥78%，即最终出水≥78m³/d。（上图中按此值进行计算）
　　原水电导率≤15mS/cm，温度≥15℃，总回收率≥81%，即最终出水≥81m³/d。

图 13.60 100t/d 二级 DTRO 系统水量平衡计算

13.12.1.4 浓缩液的回灌

本项目的浓缩液采用浅层回灌方式，即控制回灌管道系统的布水井点及回灌水量，使浓缩液的回灌量刚好在填埋体表层的 2～3m 厚度内得以接纳，防止因回灌量过大又过于集中致使填埋体在回灌范围内形成一个饱和柱状体。

由于浓缩液的有机污染物负荷量高，回灌率宜控制在 $1.6\sim2.5L/(h\cdot m^2)$。本工程日处理渗滤液 $100m^3$，回收率 78%，浓缩液总产量为 $22m^3/d$。按 $1L/(h\cdot m^2)$ 的回灌率计算回灌面积 $916m^2$。设计 5 个的圆形回灌点，每个服务面积不小于 $200m^2$。

13.12.1.5　主要构筑物设计

（1）调节池设计

调节池的功能是储蓄和调节渗滤液处理站的进水水质和水量。设计取五年一遇逐月降雨量进行来水量（渗滤液产生量）和出水量（渗滤液处理站处理量）的平衡计算，所需的渗滤液调节池池容为 $8424m^3$，设计池容按 $10000m^3$，池底表面积 $3000m^2$，池深 4m。调节池为黏土重力坝池体，池底部和边坡铺设 HDPE 膜防渗层。调节池旁设有抽水井，设提升泵将渗滤液原液提升至处理车间。抽水井深 5m，配置 2 台提升泵（1 用 1 备），规格型号 WQ10-10-1，流量 $Q=10m^3/h$，扬程 $H=10m$。出水管 PE50，出水流速 $v=1.41m/s$。

（2）砂式过滤器和芯式过滤器

调节池出水泵进入原水储罐调节 pH 值后，进入过滤精度 $50\mu m$ 的石英砂过滤器进行初滤，然后进入芯式过滤器。原水中钙、镁、钡等离子和硅酸盐含量高的情况下，经 DTRO 膜组件浓缩后易出现过饱和状态。在芯式过滤器前加入适量的阻垢剂防止硅垢及硫酸盐结垢现象的发生。芯式过滤器为膜柱提供最后一道保护屏障，芯式过滤器的精度为 $10\mu m$。

（3）二级 DTRO 系统

DT 膜柱具有独特的结构，膜柱结构通道有 2 个。原液流道：碟管式膜组件采用开放式流道，料液通过入口进入压力容器中，通过 8 个通道进入导流盘中，以最短的距离快速流经过滤膜的正反面，再流入下一个导流盘，浓缩液最后从进料端法兰处流出。DTRO 组件两导流盘之间的距离为 4mm，导流盘表面有一定方式排列的凸点，处理液在压力作用下流经滤膜表面遇凸点碰撞时形成湍流，增加透过速率和自清洗功能。透过液流道：过滤膜片由两张同心环状反渗透膜组成，膜中间夹着一层丝状支架，使通过膜片的净水可以快速流向出口。这三层环状材料的外环用超声波技术焊接，内环开口，为净水出口。渗透液在膜片中间沿丝状支架流到中心拉杆外围的透过液通道，导流盘上的 O 形密封圈防止原水进入透过液通道。透过液从膜片到中心的距离非常短，且对于组件内所的过滤膜片均相等。

第一级 DT 膜系统进水为经过高压柱塞泵加压的渗滤液。膜柱组出水分为两部分——浓缩液和透过液，浓缩液端有一个压力调节阀，用于控制膜组内的压力，以调节净水回收率。透过液进入二级膜柱进一步处理，浓缩液排入浓缩液储池，等待回灌或外运处置。

第二级 DT 膜系统用于对一级 DT 膜系统透过液的进一步处理，因此又称为透过液级，经一级 DT 膜系统处理后的透过液直接送入二级 DT 膜系统高压泵，系统运行时流量自动匹配。第二级高压泵设置了变频控制，二级高压泵运行频率和输出流量将根据一级透过液流量传感器反馈值自动匹配，同时二级高压泵入口管路设置了浓缩液自补偿，使得二级系统的运行不受一级系统产水量的影响。第二级反渗透不需要在线增压泵，由于其进水电导率比较低，回收率比较高，仅仅使用高压泵就可以满足要求。二级浓缩液端也设有一个伺服电机控制阀，用于控制膜组内的压力和回收率。第二级膜柱浓缩液排向第一级系统的进水端，以提高系统的回收率，透过液排入脱气塔，经过吹脱除去水中二氧化碳等气体，最后达标排放。

第一级和第二级 DTRO 系统设计参数见表 13.24。

设计参数	第一级	第二级
设计进水流量 Q_d	$Q_d = 108.7 m^3/d$	$Q_d = 86.7 m^3/d$
设计净水产量 Q_p	$Q_p = 86.7 m^3/d$	$Q_p = 78 m^3/d$
膜柱数量 n_{RO}	$n_{RO} = 46$ 支	$n_{RO} = 9$ 支
单支膜柱面积 S_{RO}	$S_{RO} = 9.405 m^2$	$S_{RO} = 9.405 m^2$
膜总过滤面积 $S_{RO,t}$	$S_{RO,t} = 433 m^2$	$S_{RO,t} = 85 m^2$
实际操作压力 p	$p = 50 bar$	$p = 35 bar$
设计最大操作压力 p_{Max}	$p_{Max} = 75 bar$	$p_{Max} = 60 bar$
高压泵台数	1 台	1 台
内置在线泵台数	2 台	

（4）浓缩液储存池

该项目日处理渗滤液 $100 m^3$，浓缩液产率按 20%，考虑为 11 天的储存量，则浓缩池有效容积为 $220 m^3$。设计浓缩池的规格为 $8.2 m \times 7.5 m \times 4.0 m$，采用钢筋混凝土防腐结构。浓缩液通过泵直接提升至回灌区回灌处理，在浓缩液池的两端分设两个吸水点，每个吸水点设 2 台泵（1 用 1 备）。泵型为 WQ15-10-1，$Q = 15 m^3/h$，$H = 10 m$。提升泵采用自耦安装方式。

13.12.1.6　工程运行效果

蒙城县垃圾填埋场渗滤液处理工程运行结果表明，二级 DTRO 系统对垃圾渗滤液中的 COD_{Cr}、BOD_5、氨氮等污染的去除均能达到理想的效果，二级 DTRO 系统的出水一方面可以作为回用水，用来绿化和清洁厂区道路；另一方面也可以作为渗滤液处理站内的建筑物消防水源。工程运行稳定后，系统出水完全可以满足排放标准。各工艺单元污染物去除效果见表 13.25。

⊡ 表 13.25　各工艺单元污染物去除率

工艺单元	项目	COD_{Cr} /(mg/L)	BOD_5 /(mg/L)	NH_3-N /(mg/L)	TN /(mg/L)	SS /(mg/L)	TP /(mg/L)	pH 值
预处理（砂滤+芯滤）	进水	≤10000	≤6000	≤1500	≤2000	≤600	≤50	7.5
	出水	≤9500	≤5700	≤1500	≤2000	≤100	≤47.5	6.5
	去除率	>5%	>5%	0	0	>83%	>5%	—
一级 DTRO	进水	≤9500	≤5700	≤1600	≤2000	≤100	≤47.5	6.5
	出水	≤475	≤342	≤112	≤140	0	≤2	6.5
	去除率	>95%	>94%	>93%	>93%	>99.9%	>95%	—
二级 DTRO	进水	≤475	≤342	≤112	≤140	0	≤2	6.5
	出水	≤33.25	≤23.94	≤7.84	≤9.8	0	≤0.1	6.0～9.0
	去除率	>93%	>93%	>93%	>93%	—	>95%	—
排放标准		≤100	≤30	≤25	≤40	≤30	≤3	6.0～9.0

13.12.2　甘肃某卫生填埋场渗滤液处理工程

甘肃某垃圾填埋场改扩建工程平均日处理垃圾 400t，该扩建工程在对一期渗滤液水质进行监测，结合渗滤液产生量、气候条件及渗滤液排放水质要求等情况，在综合考虑技术条件和经济成本的情况下，选择 MBR 和两级 DTRO 处理工艺对渗滤液进行处理，设计处理规模为 100 m^3/d，排放水质满足《生活垃圾填埋场污染控制标准》（GB 16889—2008）中排放水质标准要求。

（1）渗滤液进水水质

根据一期垃圾渗滤液的监测结果，结合扩建工程设计规模、填埋规模以及该地区常年降雨、蒸发情况，确定该渗滤液设计处理规模为 $100m^3/d$，具体渗滤液进水水质指标见表 13.26。

表 13.26　污水处理厂进、出水水质

项目	COD_{Cr} /(mg/L)	BOD_5 /(mg/L)	NH_3-N /(mg/L)	TN /(mg/L)	SS /(mg/L)	pH 值
进水指标	21205	8000	1000	2000	2500	6.0～9.0
出水指标	≤100	≤30	≤25	≤40	≤30	6.0～9.0

（2）工艺流程

该垃圾渗滤液采用生物 MBR 与两级 DTRO 为主的处理单元，流程如图 13.61 所示。

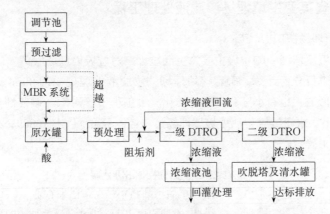

图 13.61　甘肃某卫生填埋场渗滤液处理工艺流程

（3）设计参数

该污水处理厂主要构筑物及设计参数见表 13.27。

表 13.27　污水处理厂主要构筑物及设计参数

序号	建筑物名称	主要特征参数/m^3	数量	结构型式
1	膜处理间	225.25	1	框架
2	MBR 生化反应池	121.44	2	钢混凝土
3	污水提升井	15.75	2	钢混凝土
4	浓液池	15.75	1	钢混凝土
5	设备、鼓风机房	39	1	框架
6	配电室	19.5	1	框架
7	加药室	19.5	1	框架
8	发电机房	19.5	1	框架
9	管理机房	39.42	1	砖砌
10	化粪池	6.84	1	砖砌
11	围墙	148		铁艺
12	消防水池	162	1	钢混凝土

（4）工艺设计出水水质

经该工艺处理后，渗滤液处理效果分析见表 13.28。该工艺处理后，对污水 COD、BOD_5、NH_3-N、TN 和 SS 的去除率分别为：99.3%、99.6%、98.7%、98.4% 和 97.0%，出水水质能够满足《生活垃圾填埋场污染控制标准》（GB 16889—2008）要求。

⊡ 表 13.28 水处理工艺进、出水污染浓度

工艺单元	项目	COD /(mg/L)	BOD₅ /(mg/L)	NH₃-N /(mg/L)	TN/(mg/L)	SS/(mg/L)	pH 值
MBR	进水	21205	8000	2000	2500	1000	6～9
	出水	3000	800	400	1000	15	
	去除率	85%	90%	80%	60%	99%	—
一级 DTRO	进水	3000	800	700	1000	15	6～9
	出水	150	40	80	150	0.15	
	去除率	95%	95%	80%	85%	99%	
二级 DTRO	进水	150	40	80	150	0.15	
	出水	15	4	16	22.5	—	6～9
	去除率	90%	90%	80%	85%	99.9%	—
排放标准		≤100	≤30	≤25	≤40	≤30	6～9

13.12.3 云南省某卫生填埋场渗滤液处理工程

（1）该垃圾填埋场概况

云南省某镇垃圾填埋场中的垃圾主要为生活垃圾，对垃圾填埋场服务人口规模、人均垃圾产量、服务年限等进行分析计算，确定该填埋场的渗滤液处理规模为 30m³/d。垃圾渗滤液主要由生活垃圾渗滤形成，也有小部分为降雨转化。本工程设计进水（调节池）、出水水质指标见表 13.29，设计出水水质按《生活垃圾填埋场污染控制标准》（GB 16889—2008）中所规定的水污染物排放限值来确定。

⊡ 表 13.29 设计进水和出水水质

项目	pH 值	SS/(mg/L)	NH₃-N/(mg/L)	COD_Cr/(mg/L)	BOD₅/(mg/L)	TN/(mg/L)
进水指标	6.0～9.0	200～15000	600～3000	1000～20000	300～10000	800～4000
出水指标	6.0～9.0	≤30	≤25	≤400	≤30	≤40

（2） DTRO 工艺流程

在该垃圾填埋场渗滤液处理工艺比选时，比较了 UASB-MBR-NF-RO 工艺与二级 DTRO 工艺，这两种工艺在云南省内垃圾填埋场渗滤液处理中应用较多。由于该镇的填埋场规模较小，而二级 DTRO 工艺系统为集成系统，构筑物布置紧凑，占地面积较小；在填埋的后期阶段，渗滤液的可生化性较差，二级 DTRO 工艺为纯物理方法，不受其影响；另外二级 DTRO 工艺对原水水质的适应能力更强，维护管理起来也更加方便，故采用二级 DTRO 处理工艺，具体流程见图 13.62。

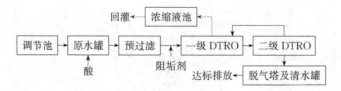

图 13.62 二级 DTRO 处理工艺流程

由于垃圾渗滤液的 pH 值会随着运行时间和环境影响而变化，为了防止钙、镁、钡等难溶盐在膜表面结垢，在反渗透前对原水进行 pH 值调节。调节池的出水进入原水罐并加硫酸调节 pH 值后，出水加压通过石英砂过滤器和芯式过滤器来降低 SS 的浓度。膜系统为两级反渗透，芯式过滤器出水经过一级反渗透处理，出水再进行二级反渗透处理。由于一些溶解性气体存在

于透过液中，而且它们无法被反渗透膜去除，这些气体会造成最后出水 pH 值低于排放标准，故二级 DTRO 系统透过液进入脱气塔，去除透过液中的溶解性的酸性气体。出水进入清水罐，由安装在排出管中的 pH 值传感器来判断出水的 pH 值，并且自行调节计量泵的频率以调节加碱量，使得最终出水 pH 值能够达到排放标准。

对于使用膜技术处理渗滤液的产物浓缩液，处理方法有控制回灌、固化、焚烧、真空干燥、蒸馏干燥等，其中回灌法与其他的处理方法相比，在设备投资和运营费用上都更为经济。

（3）水平衡计算

$30m^3/d$ 二级 DTRO 处理系统水量平衡计算见图 13.63。

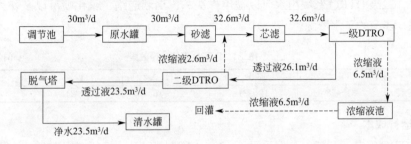

注：第一级DTRO，设计回收率80%；
　　第二级DTRO，设计回收率90%

图 13.63　$30m^3/d$ 二级 DTRO 处理系统水量平衡计算

（4）主要工艺单元设计参数

1）渗滤液调节池　调节池容积为 $6000m^3$，底面积为 $1750m^2$，深 6m，最高水位为 4.5m，地下排放管为 DN 400 HDPE 给水管，调节池内设有 2 台型号 SP3A-9 的浮船式潜水泵（1用1备），$Q=1.5m^3/h$，$H=15m$，$P=0.55kW$。池底铺设 2.5mm 厚的 HDPE 膜，边坡铺设 1.5mm 厚的 HDPE 膜。

2）过滤预处理单元　所采用的砂滤器精度为 $50\mu m$。砂滤器进、出水端都有压力表，当两端压差超过 0.25MPa 时，执行反洗程序。根据实际水质情况在芯式过滤器前加入一定量的阻垢剂防止硅垢或硫酸盐结垢现象的发生，芯式过滤器精度为 $10\mu m$。

3）二级 DTRO 系统　一级、二级 DTRO 系统参数见表 13.30。

表 13.30　DTRO 系统参数

参数	一级反渗透	二级反渗透
设计回收率 Q_{RO}/%	80	90
设计进水量 Q_d/(m^3/d)	32.6	26.1
设计清液产量 Q_P/(m^3/d)	26.1	23.5
膜柱数量 n_{RO}/支	15	3
单支膜柱面积 S_{RO}/m^2	9.405	9.405
膜总过滤面积 $S_{RO,t}$/m^2	141.08	28.22
正常工作压力/MPa	5.0～6.5	3.0～6.0
循环泵/台	1	0
清洗泵/台	1	0
进水泵/台	1	1
处理能力/(m^3/d)	545	445.3
回收率/%	81.7	90

4）浓缩液处置系统　浓缩液处理量为 6.5m³/d，采用回灌至填埋区的方式进行处理，浓缩液经回灌泵提升，经过 DN50 的回灌管道至库区回灌系统，回灌泵 $Q=10$m³/h，$H=50$m，$P=4.0$kW，1用1备。回灌系统采用表面回灌，设置回灌点4个，每个回灌点服务面积不小于 200m²。

（5）运行效果

经过一段时间的运行后，二级 DTRO 工艺对降低垃圾渗滤液中各污染物指标的效果非常理想，运行期间出水的 COD_{Cr} 为 31～58mg/L、BOD_5 16～27mg/L、NH_3-N 5～16mg/L、TN 9～21mg/L、SS 4～9mg/L（见表 13.31），各项指标均满足 GB 16889—2008 中所规定的限值。另外，二级 DTRO 系统出水可以被用作洗车、浇洒道路、绿化喷淋以及作为厂区的消防水源，进一步节约了水资源。

表 13.31　DTRO 系统处理效果　　　单位：mg/L

项目	COD_{Cr}	BOD_5	NH_3-N	TN	SS
出水浓度	31～58	16～27	5～16	9～21	4～9

（6）运行成本

二级 DTRO 工艺运行成本分析见表 13.32。按 30m³/d 计，运行费用为 34.02 元/m³。

表 13.32　二级 DTRO 工艺运行成本分析

项目	消耗量	单价	运行费用/(元/d)
电费	461kW·h/d	0.6 元/(kW·h)	276.5
清洁剂 A	3.8L/d	24.0 元/L	91.2
清洁剂 C	1.9L/d	24.0 元/L	45.6
阻垢剂	0.1L/d	300.0 元/L	42.0
H_2SO_4	52.5L/d	1.8 元/L	94.5
NaOH	1.4kg/d	4.0 元/L	5.6
膜更换	15 支膜柱/3a	87 元/片	249.0
	3 支膜柱/3a	87 元/片	29.9
维修费		20000 元/a	55.6
人工费		2000 元/(月·人)	133.3
合计			1020.8

注：运行费用基于电导率为 $20000\mu S/cm$，pH 值为 7.0 计算。

综上所述，采用二级 DTRO 工艺处理垃圾渗滤液，工艺出水水质稳定，各项指标出水均低于 GB 16889—2008 中所规定的水污染物排放限值。利用回灌方式消纳分解有机污染物，在对渗滤液的处理过程中是经济有效的环节。

参考文献

[1] 中华人民共和国国家统计局. 中国统计年鉴[M]. 北京：中国统计出版社，2016.

[2] GB 16889—2008.

[3] 方江华，张志红. 现代卫生填埋工程研究与分析[J]. 中国安全科学学报，2005, 15（10）:61.

[4] 张宏忠，梁晓军，方少明，等. 反渗透技术在垃圾渗滤液净化处理中的应用[J]. 郑州轻工业学院学报：自然科学版，2003, 18（1）:60-64.

[5] 徐守平. 反渗透技术在垃圾填埋场渗滤液处理中的应用[J]. 山东理工大学学报（自然科学版），2010, 24（4）:32-35.

[6] 刘研评，李秀金，王宝贞. DT-RO 处理垃圾渗滤液工程介绍[J]. 给水排水，2005, 31（8）:41-45.

[7] 左俊芳，宋延冬，王晶. 碟管式反渗透（DTRO）技术在垃圾渗滤液处理中的应用[J]. 膜科学与技术，2011, 31（2）:110-115.

[8] 刘飞 . DTRO 工艺处理垃圾渗滤液的研究[J]. 环境科技，2015（2）:25-29.

[9] 刘研评，王宝贞 . DTRO 技术在我国垃圾渗滤液处理中的应用[J]. 中国城市环境卫生，2006（1）:24-30.

[10] 郭蕴苹 . 城市生活垃圾渗滤液回灌处理技术研究Ⅰ——pH 值的变化对 NH_3-N 去除的影响[J]. 云南民族大学学报（自然科学版），2002, 11（4）:228-230.

[11] Liu Y, Li X, Wang B, et al. Performance of landfill leachate treatment system with disc-tube reverse osmosis units[J]. Frontiers of Environmental Science & Engineering in China, 2008, 2（1）:24-31.

[12] 刘研萍，卢丽超，李秀金，等 . 膜处理垃圾渗滤液的性能与出水安全性分析[J]. 水处理技术，2008, 34（4）:44-47.

[13] Vigneswaran S, Vigneswaran B, Ben Aim R. Application of microfiltration for water and wastewater treatment[J]. Environmental Sanitation Reviews, 1991.

[14] K. Košutić, B. Kunst. RO and NF membrane fouling and cleaning and pore size distribution variations [J]. Desalination, 2002, 150（2）:113-120.

[15] Molinari R, Argurio P, Romeo L. Studies on interactions between membranes（RO and NF）and pollutants（SiO_2, NO_3^-, Mn^{2+}, and humic acid）in water[J]. Desalination, 2001, 138（1-3）:271-281.

[16] Al-Ahmad M, Aleem F A A, Mutiri A, et al. Biofuoling in RO membrane systems Part 1: Fundamentals and control[J]. Desalination, 2000, 132（1）:173-179.

[17] Yiantsios S G, Karabelas A J. The effect of colloid stability on membrane fouling[J]. Desalination, 1998, 118（1）:143-152.

[18] Vrouwenvelder J S, Kooij D V D. Diagnosis of fouling problems of NF and RO membrane installations by a quick scan[J]. Desalination, 2003, 153（1）:121-124.

[19] Lee S, Lueptow R M. Control of scale formation in reverse osmosis by membrane rotation[J]. Desalination, 2003, 155（2）:131-139.

[20] 霍随立 . 反渗透膜元件胶体污染的预防[J]. 洁净煤技术，2004, 10（2）:67-68.

[21] 朱琳 . 反渗透膜的污染与防治[J]. 华东电力，2004, 32（7）:45-47.

[22] H. F. Ridgway. Microbial Fouling of Reverse Osmosis Membranes: Genesis and Control. In: Biological Fouling of Industrial Water Systems. Edited by G. G. Geesey and M. W. Mittelman. San Diego, Calif.: Water Micro Systems, 2003, 138-193.

[23] 刘研评，刘硕，李秀金 . 垃圾渗滤液处理中膜污染的防治[J]. 环境污染与防治，2007, 29（11）:854-857, 861.

[24] Chang G K, Tai I Y, Lee M J. Characterization and control of foulants occurring from RO disc-tube-type, membrane treating, fluorine manufacturing, process wastewater[J]. Desalination, 2003, 151（3）:283-292.

[25] W. Eykamp, J. Steen. Handbook of Separation Process Technology[M]. Wiley New York Thomas A. Peter. 1996.

[26] Peters T A. Purification of landfill leachate with membrane filtration[J]. Filtration & Separation, 1998, 35（1）:33-36.

[27] 王乐云 . 反渗透膜的污染及其控制[J]. 水处理技术，2003, 29（2）:102-105.

[28] A. G. Fane, P. Beatson and H. Li. Membrane Fouling and its Control in Environmental Applications. Water Scince and Technology, 2000, 41（10/11）: 303-308.

[29] Gauthier V, Gérard B, Portal J M, et al. Organic matter as loose deposits in a drinking water distribution system[J]. Water Research, 1999, 33（4）:1014-1026.

[30] 顾夏生，黄铭荣，王占生，等 . 水处理工程[M]. 北京: 清华大学出版社，1985.

[31] Robinson H D, Maris P J. The treatment of leachates from domestic wastes in landfills—Ⅰ: Aerobic biological treatment of a medium-strength leachate[J]. Water Research, 1983, 17（11）:1537-1548.

[32] Pohland F. Landfill bioreactors: Fundamentals and practice[J]. Water Quality International, 1996, 1996（9）:18-22.

[33] F. A. Mosher, E. D. Mc Bean, A. J. Crutcher and N. Mac Donald. Leachate Recirculation for Rapid Stabilization of Landfills: Theory and Practise[J]. Water Quality International., 1997,（11/12）:33-36.

[34] D. A. Carson. The Municipal Solid Waste Landfill Operation as a Bioreactor[R]. Washington: US Environmental Protection Agency, 1995, 1-8.

[35] 徐迪民，李国建，于晓华，等 . 垃圾填埋场渗滤水回灌技术的研究——Ⅰ. 垃圾渗滤水填埋场回灌的影响因素[J].

同济大学学报：自然科学版，1995，23（4）：371-375.

[36] 王琪，董路，李姮，等．垃圾填埋场渗滤液回流技术的研究[J]．环境科学研究，2000，13（3）：1-5.

[37] 董路，王琪，李姮，等．填埋场加速稳定技术的研究[J]．中国环境科学，2000，20（5）：461-464.

[38] 唐晓武，罗春泳，陈云敏．回灌渗滤液运移过程的数值模拟[J]．中国给水排水，2003，19（9）：73-75.

[39] 王洪涛，殷勇．渗滤液回灌条件下生化反应器填埋场水分运移数值模拟[J]．环境科学，2003，24（2）：66-72.

[40] 孙英杰，宫殿松．渗滤液回灌加速填埋场稳定化的机理与影响因素[J]．青岛理工大学学报，2003，24（1）：18-21.

[41] Kouzeli-Katsiri A, Bosdogianni A, Christoulas D. Prediction of Leachate Quality from Sanitary Landfills [J]. Journal of Environmental Engineering, 1999, 125:950-958.

[42] Kjeldsen P, Christophersen M. Composition of leachate from old landfills in Denmark[J]. Waste Management & Research the Journal of the International Solid Wastes & Public Cleansing Association Iswa, 2001, 19（3）:249.

[43] Calace N, Liberatori A, Petronio B M, et al. Characteristics of different molecular weight fractions of organic matter in landfill leachate and their role in soil sorption of heavy metals[J]. Environmental Pollution, 2001, 113（3）:331.

[44] Inanc B, Matsui S, Ide S. Propionic acid accumulation in anaerobic digestion of carbohydrates: An investigation on the role of hydrogen gas[J]. Water Science & Technology, 1999, 40（1）:93-100.

[45] Borzacconi L, López I, Anido C. Hydrolysis constant and VFA inhibition in acidogenic phase of MSW anaerobic degradation[J]. Water Science & Technology, 1997, 36（6）:479-484.

[46] Lay J J, Li Y Y, Noike T, et al. Analysis of environmental factors affecting methane production from high-solids organic waste[J]. Water Science & Technology, 1997, 36（6-7）:493-500.

[47] J. G. Pacey. Landfill Gas Enhancement Management. Seminar Publication: Landfill Bioreactor Designand Operation, 1995, 175-183.

[48] Pohland F G, Alyousfi B, Britz T J, et al. Design and operation of landfills for optimum stabilization and biogas production. [J]. Water Science & Technology, 1994, 30（12）:117-124.

[49] Warith M. Bioreactor landfills: experimental and field results[J]. Waste Management, 2002, 22（1）:7-17.

[50] Raynal J, Delgenès J P, Moletta R. Two-phase anaerobic digestion of solid wastes by a multiple liquefaction reactors process[J]. Bioresource Technology, 1998, 65（1-2）:97-103.

[51] Chynoweth D P, Owens J, O'Keefe D, et al. Sequential batch anaerobic composting of the organic fraction of municipal solid waste[J]. Water Science & Technology, 1992, 25（7）:327-339.

[52] Cynoweth D P, Bosch G, Earle J F, et al. A novel process for anaerobic composting of municipal solid waste. [J]. Applied Biochemistry & Biotechnology, 1991, 28-29（1）:421-432.

[53] Chugh S, Chynoweth D P, Clarke W, et al. Degradation of unsorted municipal solid waste by a leach-bed process[J]. Bioresource Technology, 1999, 69（2）:103-115.

[54] 李秀金，郝霄楠．"生物反应器"型垃圾填埋场的调控、特性与应用[C]．上海：第一届固体废弃物处理技术与工程设计全国学术会议论文集，2004，35-44.

[55] 王罗春，李华，赵由才，等．垃圾填埋场渗滤液回灌及其影响[J]．城市环境与城市生态．，1999，12（1）：44-46.
王罗春，刘疆鹰，赵由才，等．垃圾填埋场渗滤液回灌综述[J]．重庆环境科学，1999，21（2）：48-50.

[56] 刘研评，李秀金，王宝贞，等．渗滤液的反渗透浓缩液回灌研究[J]．环境工程，2008，26（4）：89-93.

[57] Schmidt I, Sliekers O, Schmid M, et al. Aerobic and anaerobic ammonia oxidizing bacteria - competitors or natural partners? [J]. Fems Microbiology Ecology, 2002, 39（3）:175-181.

[58] 罗春泳，胡亚元，陈云敏，等．垃圾填埋场渗滤液回灌效果的理论研究[J]．中国给水排水，2003，19（2）：5-8.．

[59] 何厚波，徐迪民．垃圾堆体高度对渗滤液回灌处理的影响[J]．中国给水排水，2003，19（1）：9-12.

[60] 李青松，金春姬，乔志香，等．渗滤液回灌在实际应用中应注意的问题[J]．四川环境，2004，23（4）：78-80.

[61] 欧阳峰，李启彬，刘丹．生物反应器填埋场渗滤液回灌影响特性研究[J]．环境科学研究，2003，16（5）：52-54.

[62] 王宝贞，王琳．水污染治理新技术：新工艺、新概念、新理论[M]．科学出版社，2004.

[63] 程峻峰，郑启萍，徐得潜．二级DTRO工艺在垃圾填埋场渗滤液处理中的应用[J]．华东地区给排水技术情报网第十九届年会论文集，2016.

[64] 邵泽岩，冯燕，刘延芳．二级DTRO工艺处理垃圾渗滤液工程实例[J]．工业用水与废水，2016，47（5）：73-75.

第14章

畜禽养殖废水
处理技术

14.1 养殖废水工艺研究现状

近年来，随着我国农业结构的调整和农业产业化的推进，规模化、集约化的畜禽养殖业得以迅猛发展，成为我国农村经济中最活跃的增长点和主要支柱产业。规模化畜禽养殖可以缩短畜禽的生长周期，提高畜禽产量，降低养殖成本，保障城乡居民生活需要；但是规模化养殖产生大量畜禽粪尿等有机污染物质，使污染集中，难于处理，严重污染环境。2011 年我国畜禽粪便的产生量多达 21.21 亿吨，2020 年估计至 28.75 亿吨，预估 2030 年将增至 37.43 亿吨。目前，畜禽养殖污染已成为我国农村面源污染的主要原因之一。处理畜禽养殖废水，特别是实施畜禽养殖废水无害化处理迫在眉睫。

14.1.1 养殖废水的特点与危害性

养殖废水，主要由尿液、饲料残渣、夹杂粪便及圈舍冲洗水组成，其中冲洗水及尿液占了绝大部分。各类禽畜粪尿排泄系数见表 14.1。

☐ 表 14.1　畜禽粪尿排泄系数　　　　　　　　　　　　　　单位：g/（头·d）

饲养物	粪	尿	BOD	NH_3-N	TP	TN
生猪	2200	2900	203	37.5	1.7	4.51
蛋禽	75	—	6.75	0.9	0.115	0.275
肉禽	150	—	13.5	1.8	0.115	0.275
牛	30000	18000	805	12	10.07	61.1

养殖废水具有总量大、收集难、污染物浓度高（微生物、悬浮物、有机物含量高）、危害性大等特点，污水中常伴有消毒水、重金属、残留的兽药以及各种人畜共患病原体等污染物。养殖废水是典型的高浓度有机废水，猪场排放废水中 COD 浓度高达 5000～20000mg/L、BOD_5浓度高达 2000～8000mg/L，且 SS 浓度也超标数 10 倍。另外，清粪工艺的不同对污水总量和

污染物浓度有很大影响。

畜禽养殖过程在饲料中添加铜、锌等重金属，引起猪粪水中抗铜、抗锌细菌的增加，畜禽养殖废水存在抗生素与重金属复合污染特征。在重金属的选择压力下，畜禽养殖粪水中重金属抗性基因丰度较高，猪粪中抗铜大肠杆菌与饲料中硫酸铜添加量呈正相关，分离得到的 239 株抗铜细菌中携带抗铜基因 $pcoA$、$pcoC$、$pcoD$，携带抗铜基因的细菌也同时携带链霉素和四环素的抗性基因（$strA$、$strB$、$tetB$）。另外，猪粪中普遍存在抗锌细菌，抗锌大肠杆菌的检出率与饲料中氧化锌的添加呈正相关关系；抗锌菌株主要携带抗锌基因：ntA，畜禽养殖环境重金属的污染不仅引起重金属耐受菌及抗铜、抗锌基因丰度的提高，可能存在重金属与抗生素的协同选择作用（co-selection），重金属的选择压力可能使抗生素抗性基因丰度维持在较高水平。如何高效、快速处理畜禽养殖废水是近年来研究的重点之一。

任畜禽养殖废水排放将对附近的水体、土壤、大气和微生物造成不同程度的影响。畜禽养殖废水中的有机化合物在进入地表水中会迅速消耗地表水中的氧气，使地表水变质发臭，对附近的动物活动造成严重的影响。废水中氮磷会使得水中的藻类大量繁殖，从而破坏了水中生物的生态平衡，废水中的淋溶性强，氮元素容易深入到地下水中，造成地下水水质下降。另外，废水在某些微生物作用下产生 NH_3、H_2S 等臭气，恶化了养殖场内外环境的大气质量，同时影响畜禽的生产性能；也会导致一些传染病的蔓延和发展，影响到畜禽的生产水平，进而对人体健康也构成威胁；还会造成土壤板结、盐化，严重影响土壤质量，甚至伤害农作物生长。

国外对畜禽养殖业污染的危害性和严重性认识较早，日本于 20 世纪 60 年代就提出了"畜产公害"问题。当前，我国也已经认识到随意将畜禽粪尿向环境中排放的危害性。

14.1.2　国外的主要处理技术和工艺

自然处理法在澳大利亚、德国及东南亚一些土地资源较多的国家应用较多。在一些国家，粪污一般不经过厌氧处理直接进入氧化塘进行处理，往往采用多级厌氧塘、兼性塘、好氧塘与水生植物塘。在澳大利亚昆士兰州的一个养猪场，就是采用厌氧塘-兼性塘-好氧塘工艺处理畜禽废水，废水需要在每个塘中停留超过 200d，出水水质良好，可以通过贮水池收集并进行循环使用。

人工湿地处理方法在欧洲、美国、澳大利亚和东南亚的一些国家应用较多。墨西哥湾调查 68 处总共 135 个中试和生产规模的湿地处理系统，建立了养殖废水湿地处理数据库。调查表明，各污染物的平均去除效率为：BOD_5 65%、TSS 53%、NH_3-N 48%、TN 42%、TP 42%。实际应用过程中，养殖废水的处理用地一般受到限制，这时可通过间歇排水来提高现有人工湿地的有机负荷和除氮能力。

西班牙卡塔卢尼西部采用 VALPUREN 工艺，采用厌氧生物降解粪尿生产沼气技术和蒸发、干燥技术相结合，分离出的固体经烘干造粒制成有机肥成品，液体经过真空低温蒸发浓缩，所产生的固体并入有机肥中，液体经冷却后可直接排放。沼气发酵综合利用如图 14.1 所示。

日本使用较多的活性污泥处理法是利用富含微生物的普通污泥，每毫升污泥中含细菌 $10^8 \sim 10^9$ 个、原生动物 $10^3 \sim 10^4$ 个，在富氧条件下，当尿污水和活性污泥充分混合后，经过吸附、同化和酸化等复杂反应，尿污水中的 BOD、COD、P、N、固体悬浮物等达到排放标准。

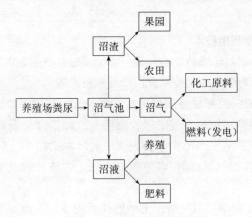

图 14.1　VALPUREN 工艺沼气发酵综合利用

意大利的畜禽粪污处理大致有 3 种模式：

1）以马卡农场为代表的大型规模养殖场粪污处理模式　沼气发电工艺，采用计算机控制，利用机械设备将粪便集中在储粪池中，然后与生物质（秸秆或青储玉米）按比例混合加入沼气罐。混合装置可使沼气池内料液实现完全均匀或基本均匀状态，有助于微生物和原料充分接触，加快发酵速度、提高容积负荷率和体积产气率。沼气发电之后，对沼渣和沼液也有很好的利用。沼液直接还田，沼渣经过干燥后可以作为奶牛场很好的卧床和运动场垫料，适当的时候再通过地表施肥和深层施肥方式用于农田作物肥料。这样既减少了施用沼渣的压力，又减少了垫料投入，更加环保。此外，奶牛场废水也做到了循环使用，将挤奶厅、挤奶等候厅冲洗用水、一般生活用水集中在一起，过滤为中水后可重新作为冲洗用水。

2）中小型养殖场沼气发电模式　牧场自发成立合作社，集中收集多个牧场的畜禽粪便进行生物发酵生产再生能源。

3）中小牧场粪污直接还田技术模式　将粪尿、饲养用水一并通过缝隙地板排到粪沟中，然后汇入储粪池储存至少 2 个月，厌氧发酵杀灭粪便中的有害微生物，然后还田。

14.1.3　国内的主要处理技术和工艺

（1）养殖废水的处理利用模式

1）生态还田技术模式　该模式仅适用于蛋鸡、肉鸡养殖场，原则上要求养殖规模较大的养殖场（肉鸡出栏量大于 200000 只/年，蛋鸡存栏量大于 100000 只/年），采取干清粪工艺，粪便全部生产有机肥，且无废水排放。

2）沼气工程＋生态还田模式　该模式适用于规模较大的畜禽养殖场。原则上可以做到无废水排放，且产生的废弃物综合利用产品（有机肥、沼液、沼渣及经处理后的污水等）要完全回农田利用，即需配备与养殖规模相适应的消纳土地。

3）污水纳管模式　该模式适用于畜禽养殖场靠近市政污水管网，周围农业种植业少的大型养殖场。原则上要求采取干清粪工艺，粪便应生产有机肥，污水经厌氧-好氧-深度处理达到《污水排入城镇下水道水质标准》（DB 31/445—2009）后，纳入市政污水管网。

4）达标排放模式　该模式适用于经济条件较好、周围农业种植业少的大型养殖场。原则上要求采取干清粪工艺，粪便应生产有机肥，污水经处理达到《畜禽养殖业水污染物排放标准》（GB 18596—2001）的相关标准后排放，废水排放口必须安装在线监测设备，且在线监测设备与当地环保部门联网。

（2）养殖废水的处理利用技术

为了降低畜禽养殖废水对环境造成的危害，必须将畜禽养殖废水集中收集处理。畜禽养殖废水处理工艺从总体上看有源头控制技术、自然处理技术等。

1）源头控制技术　源头控制法是在满足畜禽生长及生产效率的同时降低饲料中含氮、磷等营养物质，从而提高畜禽对饲料营养的吸收利用率，达到降低畜禽粪尿中污染物质排放量的目的。但源头控制法不能从根本上消除畜禽粪尿对环境的影响，只能适当降低其对环境的污染程度，其需配合合理的后续处理畜禽粪尿的方法，才能有效地控制畜禽粪尿带来的环境污染。

2）自然处理技术　主要采用氧化塘、土地处理系统或人工湿地等自然处理系统对养殖场废水进行处理。氧化塘是一种利用天然的或经过人工修整的池塘处理废水的构筑物。国内大多采用厌氧处理后再通过自然处理系统进行处理。人工湿地处理技术可分为地表流湿地、潜流湿地和垂直流湿地。高春芳等研究了表面流、水平潜流和垂直潜流人工湿地以及地下渗滤系统组合生态工艺对模拟和实际猪场养殖废水的净化效果，结果表明，COD、TN、NH_4^+-N 和 TP 的去除率分别可以达到 87%、95%、97% 和 95%，其中 COD 的去除主要在第一级表面流人工湿地，NH_4^+-N 和 TN 的去除主要是在水平潜流和垂直潜流人工湿地，水平潜流和垂直潜流人工湿地对溶解性磷酸盐的去除效果明显，地下渗滤起到进一步稳定出水水质的作用。

3）还田利用　粪便废水还田是一种传统的、经济有效的处置方法，可以实现养分循环利用，污染物"零"排放。目前，国内通过对紫背天葵、白凤菜、紫叶生菜的生产试验，其结论表明：厌氧发酵液作为蔬菜无土无公害栽培的营养液是可行的。另外，发酵液丰富的营养成分刺激了农作物的生长，还可增强作物抗病虫能力，对灰飞虱、螟虫、蚜虫等 19 种虫害取得明显的防治效果。有关厌氧发酵液对植物作用方面的研究丰富了还田模式的内涵，使之逐渐由"处理模式"走向"应用模式"。

4）厌氧处理技术　邓良伟等采用内循环厌氧反应器（IC）处理猪场废水，BOD_5 去除率为 95.8%，SS 去除率为 78.5%，沼气产气率达 1.5～3m^3/d。后又通过改善厌氧消化液的可生化性和培养高效脱氮菌种等措施，NH_3-N 去除率达到了 99%，COD 去除率达 98%。厌氧发酵液含有丰富的脂肪酸、葡萄糖、多种氨基酸和核黄素以及铜、镁、锌等微量元素，营养丰富。在养殖业中，厌氧发酵可作为猪饲料添加剂或用来养鱼都具有良好的经济效益，是厌氧发酵液的另一出路。

5）好氧处理技术　好氧处理主要有活性污泥法和生物滤池、生物转盘、生物接触氧化、序批式活性污泥、A/O 及氧化沟等。采用好氧处理技术对畜禽废水进行生物处理，这方面研究较多的是水解与序批式活性污泥法（SBR）结合的工艺。何连生等利用 SBR 法来去除集约化猪场废水高浓度的氨氮和磷时，氨氮的去除率达到了 94.3%，磷的去除率达到 96.5%。于金莲等通过室内模拟试验探讨了混凝、脱氨、好氧生化处理养猪场废水的工艺，结果表明，当生化池活性污泥浓度在 3500～4500mg/L 之间，COD 容积负荷<3.0kg/（m^3·d），NH_3-N 容积负荷<0.22kg/（m^3·d）时，其生化出水可达到上海市提出的畜牧业排放标准（COD≤400mg/L，NH_3-N≤100mg/L），这些方法处理效果理想，但是都存在着投资、处理工艺、设备和占用场地等方面的问题。

6）厌氧-好氧联合处理技术　对于高浓度有机废水，厌氧-好氧组合工艺是公认的经济处理方法。邓良伟等对传统的 IC-SBR 工艺加以改进，形成厌氧-加原水-间歇曝气工艺，该工艺处理效果与序批式反应器直接处理工艺相同，但其水力停留时间、工程投资、剩余污泥量、需氧量同比分别降低 38.6%、11.8%、16.4% 和 95.9%，并能回收沼气。彭军等选择厌氧-兼氧组合式生物塘作为主体工艺，将上流式厌氧污泥床移植到兼性塘，猪场废水经处理后，其 BOD_5、COD、NH_4^+-N 浓度可分别从 9000mg/L、14000mg/L、1200mg/L 降至 20mg/L、60mg/L、65mg/L。在瑞士，污水处理专家林得劳普也实施了一整套装置，即粪便污水经分离后，液体进入厌氧消化装置，经消化后排入好氧池处理，最终排放的出水 BOD 浓度减少至 36mg/L，大大降低了污水中有机物含量。

7）物理和化学处理技术　物理方法包括格栅、沉淀、固液分离等，主要用于去除废水中的机械杂质。聚丙烯酰胺（PAM）和 IPAM＋CaO 及 PAM＋$Al_2(SO_4)_3$ 的混合物，一方面通过化合作用使自由的 Al^{3+}、Ca^{2+} 与带负电的营养盐 $H_2PO_4^-$、NO_3^- 结合；另一方面通过中性分子的架桥作用使 $H_2PO_4^{2-}$、NO_3^- 得到去除，能滤除猪场废水中的细菌、真菌及营养盐。充氧促进结晶治理养殖场废水，该工艺是一个包括结晶、曝气、静沉单元的连续处理养殖场污水的反应装置，旨在考查曝气人工结晶方法去除 PO_4^{3-}、Mg^{2+}、Ca^{2+} 的性能。通过曝气使 CO_2 脱除而提高 pH 值，PO_4^{3-}、Mg^{2+}、Ca^{2+} 去除率分别为 65%、51%、34%。

8）其他生物处理法　利用光合细菌（PSB）对高浓度有机废水具有较强的降解转化能力，以及小球藻和螺旋藻具有较强的同化 N、P 与 CO_2 合成藻体细胞同时释放氧气的能力，建立由光合细菌、红酵母、产朊假丝酵母、乳酸菌、小球藻组成的高效菌藻生态系统，资源化利用畜禽养殖业的废水，为严重污染环境且难处理的猪场废水处理提供一个切实可行的资源化途径和模式。将蚯蚓过滤法用于养猪废水的处理，通过蚯蚓与微生物的协同作用，加速有机物质的分解，并通过颗粒状的蚯粪促进硝化-脱氮过程，蚯蚓和蚯粪可出售以补贴水处理费用。

14.2　生态处理法处理养殖废水

生态处理法主要包括氧化塘、土壤处理法、人工湿地处理法等。这种方法是利用天然水体、土壤和生物的物理、化学与生物的综合作用来净化废水。

14.2.1　人工湿地

人工湿地是一种与人类密切相关的特殊生态系统，因为在它的设计、建设和运营管理的过程都有人类的因素。人工湿地技术是基于自然湿地净化原理，根据污染控制和治理基础，经过开发和优化接近自然的环境工程技术。与其他废水处理技术相比，它具有以下优点：a. 前期的投入和运行成本较低，构建的材料主要是天然土壤、矿物材料和植物，而主要的能量来源是太阳能；b. 污染负荷较大，缓冲效果较好；c. 产生二次污染较少；d. 可以带来一定的间接效益，如水产、绿化、娱乐和教育等。

人工湿地主要有自然的湿地、地表流式湿地、潜流形式湿地以及渗滤湿地。其中应用非常普遍的为地表流式和潜流式；地表流式的优势在于投资非常少、具体的操作比较简单，运行时所产生的费用非常低；而潜流式分为水平潜流和垂直潜流的形式。与表面流形式人工湿地相比，潜流式人工湿地含有的水力负荷更大，对一些重金属中含有的污染指标去除的效果更好，并且几乎没有恶臭以及滋生蚊蝇的情况发生，可有效解决北方地区冬季的防冻问题；其中垂直潜流式更是具有非常强的硝化能力，可有效处理氨氮含量较高的污水。

14.2.1.1 各组成部分的作用及净化机理

（1）各组成部分的作用

人工湿地系统对污水中污染物的去除主要是依靠植物、基质和微生物等的协同作用完成的，主要由植物的吸收、基质的吸附和拦截过滤以及微生物的分解作用3个方面共同完成。

1）水生植物的作用　植物对于湿地至关重要，它自身生长的同时还能帮助系统内的物理、化学和生物等作用去除系统中的污染物质，另外还能提高污水在湿地内的停留时间和沉淀悬浮颗粒物，给微生物的生长提供可以吸附的表面，同时还可以往根区输送氧气。

2）基质的作用　砂砾、土壤和石块作为基质目前被应用的最为广泛。此外，各种新型填料得到研究和开发应用，利用蛭石作为填料进行研究，也取得了不错的效果。

3）微生物　微生物的活动在自然界中C、N、P等元素的循环中起到重要作用。人工湿地处理污水时，有机物的去除也主要是靠微生物相关活动来实现的，细菌的活动是系统污水中有机质处理的主要机制之一。

（2）污染物净化机理

人工湿地对污水的净化处理综合了物理、生物和化学三者的协同作用。物理作用主要体现在过滤方面，待人工湿地系统稳定之后，填料表面和植物根系将形成由大量的微生物组成的生物膜，废水流经生物膜时，大量的SS被填料和植物根系截留，并沉积在基质中；系统通过生物膜的吸收、同化及异化作用去除污水中的有机污染物；化学反应主要指化学沉淀、吸附、离子交换、拮抗和氧化还原反应等，实现对污染物的降解和去除。

人工湿地可有效进行污水净化：

1）有机物的去除　人工湿地系统对有机污染物具有较强的降解能力，废水中可溶性有机物通过系统中生物膜的吸收、吸附及微生物降解过程而被分解，不断被植物作为营养物质而吸收。而废水中的不溶性有机物则主要通过沉淀、过滤作用而被截留在湿地中，在厌氧条件下逐步分解，从而被微生物利用。

2）对氮的去除　人工湿地通过细菌的氨化、硝化和反硝化的作用对氮进行去除。污水中的氮主要有氨氮和有机氮两种形式，在处理过程中有机氮首先通过异养型微生物转化为氨氮，而氨氮通过硝化菌的作用转化为亚硝态氮和硝态氮，在反硝化菌和湿地植物的吸收作用下从系统中去除，但是植物吸收只占一小部分，主要还是微生物的硝化和反硝化作用来完成的。

3）对磷的去除　人工湿地主要是通过植物吸收的方式除磷，加上微生物方面的联合行动和湿地床积累的物理化学共同作用下完成。污水中无机磷是植物生长所必需的营养物质，通过植物的吸收和同化作用磷被合成为DNA和RNA、ATP等有机成分，收割植物可以将磷从系统中去除。其他的去除途径即聚磷菌对磷的积累，通过定期更换湿地床的植物而将其从系统中去除。

14.2.1.2 人工湿地处理畜禽废水实例

（1）植物床人工湿地

陈龙等通过构建风车草和美人蕉人工湿地处理养殖废水，所采用工艺为复合波式流人工山地湿地污水处理系统。该工艺有两大特点：一是由调节池、简易厌氧池、四级人工湿地和生物塘等单元组成，且各单元因地制宜地依次修建在山地上，不但形成很强的互补性，还可以利用地势落差进行跌水曝气复氧，其工艺流程如图 14.2 所示；二是在床体内部设置隔板，并使出水孔高度略高于基质，这样污水流经床体时呈波式流动，当污水在基质内部流动时如潜流人工湿地，而当污水流出基质在表层流动时如表面流人工湿地，兼具两种人工湿地的优点，可以进行植物根系复氧和大气表面复氧，如图 14.3 所示。

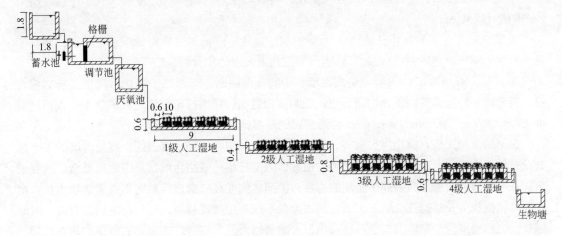

图 14.2　工艺流程

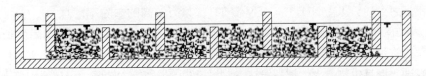

图 14.3　波式流人工湿地结构示意

污染物去除机理如下。

1）营养物质的去除机理　在人工湿地中，悬浮物依靠填料和植物根系的拦截、过滤及微生物的吸附、凝聚作用而被截留，其中的有机组分附着在填料上形成生物膜，在细菌胞外酶的作用下逐步水解成小分子或可溶性有机物（DOM），之后通过微生物的异化作用被降解为 CO_2、H_2O 和 NH_3 等物质而被去除，以恢复填料和植物根系的截留能力，无机组分则结合成床体组成部分。因此，对于 SS 和 COD，前段床体的去除负荷很高，大部分 SS 和 COD 在第 1、第 2 级床体中被去除。

人工湿地中的植物在进行光合作用的过程中产生氧气并通过气道输送至根区，在植物根区的还原态介质中形成好氧微环境，在非根系区域形成缺氧/厌氧的微环境。氨氮在好氧微环境中被亚硝化菌和硝化菌氧化为亚硝酸盐氮，进而氧化为硝酸盐氮，硝酸盐氮再在反硝化菌的作用下被转化为 NO_2、N_2 而被去除。但由于氮负荷太高而湿地内部溶解氧不足，有可能会发生短程的硝化/反硝化反应，即亚硝酸氮直接扩散至缺氧区被反硝化掉。磷在人工湿地中的去除途径主要是依靠基质的吸附、沉淀作用，其去除量主要与基质填充类型和填充量相关。在 4 级床体中，第 3 级床体基质填充高度最高而第 2 级床体基质填充高度最低，因此它们对应的磷去除量也分别最大和最小。另外，废水中的无机氮和无机磷都可作为植物生长过程中不可缺少的营养物质，在植物吸收及同化作用下被转化为植物的 ATP、RNA、蛋白质等有机成分，最后通过植物收割而被去除。

2）重金属的去除机理　植物对重金属的去除主要有 3 个方面：

① 植物提取，即利用重金属超富集植物从基质中吸收重金属，并将其转运到可收割的部位，但目前所发现的超富集植物较少，且各种超富集植物仅能积累特定的一些重金属元素；

② 物质挥发，即利用植物根系吸收金属，将其转化为气态物质挥发到大气中，目前研究较多的是 Hg 和 Se；

③ 植物稳定，即利用特殊植物将污染物钝化/固定，降低其生物有效性及迁移性，使其不能为生物所利用，达到钝化/稳定、隔断、阻止其进入水体和食物链的目的。

Zn、Cu、Ni、Pb 和 Cr 5 种重金属在植物中的含量很高，远远高于植物自身生长所必需含量，甚至高于植物组织内营养物质含量，说明植物对重金属进行超富集。风车草和美人蕉是两种能够积累 Zn、Cu、Ni、Pb 和 Cr 5 种重金属的超富集植物。

重金属含量过高对植物生长有害。但在本研究中，植物长势一直很好，过量富集的重金属并没有对植物表现出毒性。这可能是因为植物体内能分泌一些络合物质与重金属螯合，改变重金属在植物体内的形态而去掉重金属的毒性，因而达到很高的富集倍数而不危害植物生长。富集倍数随植物生长时间逐渐增大，因此其去除量不仅与生物量有关，还与富集倍数有关，时间越长，生物量越大，富集倍数也可能越高，去除量越大。但植物对重金属的富集的动态过程、不同植物不同部位对各种重金属的最大富集量等问题有待深入研究。

总之，采用厌氧池-人工湿地-生物塘系统处理养殖废水具有良好的效果，特别是植物床人工湿地，不但对 SS、COD、NH_4^+-N、TN 和 TP 都具有较高的去除率，对 Zn、Cu、Ni、Pb 和 Cr 等重金属也有一定的去除效果。风车草和美人蕉是去污效果好、易于成活生长的湿地植物。风车草生物量较小，但对污水的适应能力强且在寒冷的冬季长势也较好；美人蕉对污水的适应能力较弱，但其生物量大，根系发达，对污染物的摄取能力较强。风车草和美人蕉两者搭配使用效果较好。人工湿地对重金属去除的机理尚不很明确，可能主要是通过植物的过量富集作用。本研究表明，风车草和美人蕉对 Zn、Pb 富集能力较强，而对 Ni、Cu 富集能力较弱，一般来说重金属在植物体内的富集浓度是地下部分大于地上部分，而 Cr 则相反。

（2）垂直流人工湿地

曹飞华等探讨了通过构建不同的填料层厚度的 VFCW 系统，比较湿地连续运行期间对猪场废水中 COD、NH_3-N、TP 等污染物的去除效果，为构建大规模的垂直流人工湿地处理猪场养殖废水提供理论依据和技术支持。试验使用的垂直流人工湿地污水处理系统为竖直土坑结构，使用高密度聚乙烯膜防渗。

垂直流人工湿地（VFCW）系统对猪场养殖废水的处理效果明显，运行期间 4 个湿地单元对 COD、NH_3-N、TP 的去除率分别为 34.3％～55.4％、32.7％～47.2％和 45.6％～67.1％，各湿地单元对废水中 NH_3-N、TP 和 COD 的去除率与填料厚度均存在密切关系，填料层越厚，去除率越高，对冲击负荷和气温变化的承受能力更强，出水水质也更稳定。植物在对 COD、NH_3-N、TP 的总去除率中的贡献分别为 9.3％、12.8％和 4.2％左右，填料层越薄，贡献率越大。 TP 的去除效果主要由填料厚度控制，其他因素影响不大，但随着湿地系统的运行，填料层对 TP 的吸附将逐渐饱和，除了应尽量选择磷吸附量大的填料，还应该选择吸收磷元素能力强的植物，保持湿地长久的对磷的去除能力。

（3）人工湿地组合生态工艺

高春芳等构建和研究了多级生态组合工艺对猪场养殖废水的处理效果，为实际工程应用提供设计依据。针对规模化猪场养殖废水氮磷浓度高，悬浮物多的特点，设计了表面流人工湿地-潜流人工湿地-地下渗滤三级组合生态处理工艺，工艺流程如图14.4所示。

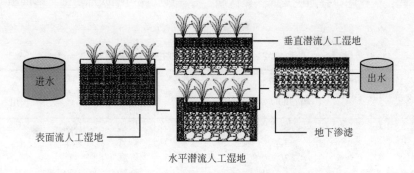

图 14.4　人工湿地组合生态工艺示意

表面流人工湿地构造简单，基建成本低，不易堵塞，此外废水在表面缓慢的推流过程中，大部分 SS 可被沉淀而得以去除，因此在第一级采用了表面流人工湿地，第二级为潜流人工湿地。由于污水在填料内部渗流，因此可充分利用填料表面及植物根系上的微生物及填料的吸附沉淀作用，更为有效地去除污水中的氮磷成分。同时考察了水平流和垂直流两种水流形式的潜流湿地对养殖污水处理效果差异。第三级为地下渗滤系统，其处理效果好，出水水质稳定，可对前两级的出水进行深度处理和回用，并且地表上可种植牧草从而实现污水的资源化。人工湿地中种植耐污能力强，根系发达的橙花美人蕉，种植密度为 16 株/m²。地下渗滤系统表面种植一年生黑麦草，可作为优良牧草资源化利用。

随着进水污染负荷的提高，人工湿地组合生态系统对猪场养殖废水保持较高的处理效率，在进水污染物质量浓度提高至 COD 709.2mg/L、TN 597.1mg/L、NH_4^+-N 560.4mg/L 和 TP 42.5mg/L 的条件下，COD、TN、NH_4^+-N 和 TP 的去除率分别可以达到 87％、95％、97％和 95％，出水 COD、TN、NH_4^+-N 和 TP 平均质量浓度分别为 84.4mg/L、26.5mg/L、10.9mg/L 和 2.3mg/L，远低于畜禽养殖废水排放标准。

组合生态系统中不同单元对污染物去除表现不同。表面流人工湿地对 COD 的去除前两个阶段贡献较大，第三阶段垂直潜流和水平潜流人工湿地去除率上升；NH_4^+-N 和 TN 的去除主要集中在水平潜流和垂直潜流湿地；TP 的去除，前两个阶段垂直潜流和水平潜流人工湿地贡献较大，第三个阶段集中在表面流人工湿地；地下渗滤起到进一步稳定出水水质以及污水资源化的作用。

14.2.2　氧化塘

14.2.2.1　氧化塘的类型

氧化塘是指天然的或经过一定人工修建的浅湖或池塘系统，利用光合细菌和异养微生物的共同作用来处理污水。其处理污水的过程实质上是一个水体自净的过程。在净化过程中，既有物理因素，如沉淀、凝聚，还有化学因素，如氧化和还原，以及生物因素。污水进入塘内，首先受到塘水的稀释，污染物扩散到塘水中，从而降低了污水中污染物的浓度。污染物中的部分悬浮物逐渐沉淀至塘底，成为污泥，这也使污水污染物质浓度降低。随后，污水中溶解的和胶体的有机物质在塘内大量繁殖的菌类、藻类、水生动物、水生植物的作用下逐渐分解，大分子物质能转化为小分子物质，并被吸收进微生物体内，其中一部分被氧化分解，同时释放出相应的能量；另一部分可为微生物所利用，合成新的有机体。按照占优型的微生物种属和相应的生化反应的不同，氧化塘可分为厌氧塘、兼性塘、好氧塘、曝气塘四种类型。各种类型氧化塘特征见表14.2。

□ 表 14.2　各种类型氧化塘的主要特征参数

类型	水深/m	水力停留时间/d	有机负荷率/[gBOD₅/(m³·d)]	BOD₅去除率/%	BOD₅降解形式	污泥分解形式	光合作用	藻类浓度/(mg/L)
厌氧塘	2.5~4.0	20~50	30.0~100.0	50~80	厌氧	厌氧	无	0
兼性塘	1.0~2.5	5~30	15.0~40.0	70~90	好氧	厌氧	有	10~50
好氧塘	约0.5	3~5	10.0~20.0	80~95	好氧	无	有	100~200
曝气塘	2.0~4.5	3~10	0.8~32	75~85	好氧	好氧或厌氧	无	0

1）厌氧塘　当用塘来处理浓度高的有机废水时，塘内一般不可能有氧存在。厌氧塘一般只能做预处理，常置于氧化塘系统的首端，以承担较高的 BOD 负荷。

2）兼性塘　兼性塘的水深一般为 1.5~2.0m，塘内好氧和厌氧生化反应兼而有之。此类塘的水上层由于藻类的光合作用和大气覆氧作用而含较多溶解氧；其中层则溶解氧逐渐减少，称为过渡区或兼性区；塘水的下层为厌氧区。

3）好氧塘　好氧塘全塘皆为好氧区。为使阳光能达到塘底，好氧塘的深度较浅，一般为 0.3~0.5m。好氧塘可分为普通好氧塘和高负荷好氧塘。高负荷好氧塘的 BOD 设计负荷较高，因而水分停留时间短。高负荷好氧塘的缺点是出水藻类含量高，只适用于气候温暖且阳光充足的地区。

4）曝气塘　曝气塘一般水深为 3~4m，最深可达 5m。曝气塘采用人工曝气供氧，一般可采用水面叶轮曝气或鼓气供氧。曝气塘有两种，一种是完全混合曝气塘，另一种是部分混合曝气塘。曝气塘有机负荷和去除率较高，BOD 去除率平均在 70% 以上，占地面积少，但需消耗能源，运行费用高，且出水悬浮物浓度较高。

氧化塘的优点：a. 操作简单；b. 经济实用；c. 净化效果好；d. 可实现资源循环利用，塘内种植的水生植物可作为饲料或肥料。

氧化塘的缺点：a. 受自然条件的限制比较大，必须要有现成的塘、沟或者足够面积的土地来建塘；b. 受光线、温度、季节的影响较大；c. 处理周期较长。

鉴于以上几点要求，限制了此项技术的推广和应用，多数情况下氧化塘只作为人工湿地的预处理单元。

14.2.2.2　氧化塘处理集约化畜禽养殖场废水

李瑜等的研究表明采用氧化塘处理集约化畜禽养殖场污水，对难生化降解的有机物、氮磷等营养物和细菌的去除率都高于常规二级处理，部分达到三级处理的效果，可以达到《畜禽养殖业污染物排放标准》（GB 18596—2001）规定的水污染物的排放标准（表 14.3）。

□ 表 14.3　集约化畜禽养殖业水污染物最高允许日均排放浓度

项目	BOD₅/(mg/L)	COD/(mg/L)	SS/(mg/L)	NH₃-N/(mg/L)	P/(mg/L)	粪大肠菌群数/(10⁴ 个/mL)	蛔虫卵/(个/mL)
标准值	150	400	200	80	8.0	1	2.0

集约化畜禽养殖场污水处理，在附近有废弃的沟塘、可利用的旧河道、无农业利用价值的荒地且能满足净化要求的前提下，应尽量考虑采用氧化塘处理法。在条件合适时，氧化塘系统的基建投资少。运行管理简单、耗能少，运行管理费用为传统人工处理厂的1/5～1/3；可进行综合利用。设计时，首先要考虑气温，气温高适于塘中的生物生长和代谢，使污染物质的去除率高，从而可减少占地面积，降低投资。其次应考虑日照条件及风力等气候条件，兼性塘和好氧塘需要光能以供给藻类进行光合作用，同时适当的风速和风向有利于塘水的混合。

14.2.2.3 氧化塘工艺处理养猪场废水

鲁秀国等采用固液分离太阳能折流式厌氧塘-兼氧塘-强化好氧塘工艺处理养猪场污水，处理出水水质（COD≤400mg/L、NH_3-N≤70mg/L）达到《畜禽养殖业污染物排放标准》（GB 18596—2001），运行成本为0.34元/m^3，净运行成本为0.27元/m^3。

（1）进出水水质

污水主要来自猪粪便污水、猪冲洗水以及场区部分生活污水，均集中汇流至污水处理系统集水池，水量按1800m^3/d设计。根据国家相关环保法规和企业当地的实际情况，确定处理出水水质应符合《畜禽养殖业污染物排放标准》（GB 18596—2001）。设计进水和出水水质见表14.4。

表 14.4 设计进水和出水水质

项目	COD /(mg/L)	BOD_5 /(mg/L)	SS /(mg/L)	NH_3-N /(mg/L)	pH 值	TP /(mg/L)	蛔虫卵 /(个/L)	粪大肠菌群数 /(个/mL)
进水水质	≤8000	≤4000	≤3500	≤600	6-8	≤150	≤100	≤1×10^6
出水水质	≤400	≤150	≤200	≤80	6-9	≤80	≤2	≤1×10^4

（2）工艺流程

工艺流程如图14.5所示。

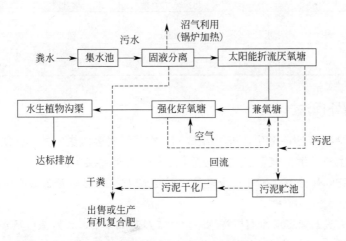

图 14.5 养猪场粪便污水处理工艺流程

（3）主要建（构）筑物及工艺设备

1）集水池 地下式，挡土墙碎石加固，隔断土基砖混（沥青防护）结构，总容积为850m^3，有效容积为800m^3，尺寸为30m×6m×5.0m，HRT为10h。集水池后设置水力固液分离筛网，固液分离后的污水进入太阳能折流式厌氧塘。配套水力固液分离筛2套，非标设备。

2）太阳能折流式厌氧塘　地下式，挡土墙碎石加固，隔断土基砖混（沥青防护）结构，总池容为12000m³，有效容积为11500m³，尺寸为（30m×3）×30m×5.0m（总长度为90m，内分3小段），HRT为6.5d。配套设备为农用PVC大棚膜5000m²、太阳能棚膜支架、沼气收集输送装置。

3）兼氧塘　挡土墙碎石加固，隔断土基砖混（沥青防护）结构，地下式，总池容为9100m³，有效容积为9000m³，尺寸为（30m×2）×30m×5.0m（总长度为60m，内分2小段），HRT为5.0d。配套潜污泵2台，1用1备，流量为50m³/h，扬程为110kPa，功率为3kW。

4）强化好氧塘　挡土墙碎石加固，隔断土基砖混（沥青防护）结构，地下式，总池容为4000m³，有效容积为3600m³，尺寸为（15m×2）×30m×5.0m（总长度为30m，内分2小段），HRT为2.0d。配套液下曝气机2台，YBG型，单机服务面积为270m²，功率为15kW。

5）污泥沉淀池　挡土墙碎石加固，隔断土基砖混（沥青防护）结构，有效容积为1200m³，尺寸为30m×8.0m×5.0m，有效水深为3.5m。配套螺杆泵2台，1用1备，功率为5.0kW。

（4）运行效果及经济分析

采用太阳能折流式厌氧塘-兼氧塘-强化好氧塘组合工艺处理养猪场污水，出水水质达到了规定的排放标准（主要监测了COD和NH_3-N）。该工程于2006年10月开始试运行，处理效果稳定，之后在6个月的时间内不定期采样分析，其处理效果如表14.5所列。

该工程的土建费用为98.8万元，设备投资及安装费用为35.3万元，其他费用为25.08万元，总投资为159.18万元。污水处理站设操作人员4人，分三班运行，运行费用为0.27元/m³（含污泥肥料收益）。

⊡ 表14.5　系统运行效果　　　　　　　　　　　　　　单位：mg/L

项目		折流式厌氧塘	兼氧塘	强化好氧塘
COD	进水	8000	3000	1200
	出水	3000	1200	400
NH_3-N	进水	600	500	200
	出水	500	200	70

14.2.3　土壤处理法

土壤处理法是利用土壤-微生物-植物组成的生态系统对废水进行处理，使废水水质得到净化并使绿色植物生长繁殖，实现废水的资源化、无害化和稳定化。人工湿地可通过沉淀、吸附、阻隔、微生物同化分解、硝化、反硝化以及植物吸收等途径除去废水中的悬浮物、有机物、重金属等杂质。

廖新俤等研究其对猪场废水有机物的净化功能及其随季节、进水浓度及水力停留时间变化的规律。结果表明，4个季节香根草或风车草人工湿地对COD和BOD有较稳定的去除效果，两湿地抗有机负荷冲击能力强。在春季，停留时间1~2d，COD和BOD去除率分别为70%和80%；在夏季，进水COD浓度高达1000~1400mg/L的情况下，COD去除率接近90%；在秋季，停留时间1~2d，COD和BOD去除率分别为50%~60%和50%；在冬季，进水COD浓度达1003mg/L的情况下，COD去除率在70%以上，COD、BOD和SS的去除率在两湿地间没有显著差异。

由于该法需要较多的土地和适宜的土质，在国内使用较少，国外主要使用慢速渗滤、快速渗流和地表漫流 3 种模式。其优点是：a. 设备简单、便于操作；b. 投资少、运行成本低；c. 处理效果好、出水稳定，一般不产生二次污染、耐负荷冲击能力强，具有突出的环境效益。但仍有许多缺陷：a. 堵塞土壤；b. 受温度和季节的影响；c. 恶化公共卫生状况；d. 占用土地资源。

14.2.3.1　土壤处理法的类型

（1）地表漫流

用喷洒或其他方式将废水有控制地排放到土地上。土地的水力负荷每年为 1.5～7.5m。适于地表漫流的土壤为透水性差的黏土和黏质土壤。地表漫流处理场的土地应平坦并有均匀而适宜的坡度（2%～6%），使污水能顺坡度成片地流动。地面上通常播种青草以供微生物栖息和防止土壤被冲刷流失。污水顺坡流下，一部分渗入土壤中，有少量蒸发掉，其余流入汇集沟。污水在流动过程中，悬浮固体被滤掉，有机物被草上和土壤表层中的微生物氧化降解。

（2）灌溉

通过喷洒或自流将污水有控制地排放到土地上以促进植物的生长。污水被植物摄取，并被蒸发和渗滤。灌溉负荷量每年约为 0.3～1.5m。灌溉方法取决于土壤的类型、作物的种类、气候和地理条件。通用的方法有喷灌、漫灌和垄沟灌溉。

1）喷灌　采用由泵、干渠、支渠、升降器、喷水器等组成的喷洒系统将污水喷洒在土地上。这种灌溉方法适用于各种地形的土地，布水均匀，水损耗少，但是费用昂贵，而且对水质要求较严，必须是经过二级处理的。

2）漫灌　土地间歇地被一定深度的污水淹没，水深取决于作物和土壤的类型。漫灌的土地要求平坦或比较平坦，以使地面的水深保持均匀，地上的作物必须能够经受得住周期性的淹没。

3）垄沟灌溉　靠重力流来完成。采用这种灌溉方式的土地必须相当平坦。将土地犁成交替排列的垄和沟。污水流入沟中并渗入土壤，垄上种植作物。垄和沟的宽度和深度取决于排放的污水量、土壤的类型和作物的种类。

上述几种灌溉方式都是间歇性的，可使土壤中充满空气，以便对污水中的污染物进行好氧生物降解。

（3）渗滤

这种方法类似间歇性的砂滤，水力负荷每年约为 3.3～150m。废水大部分进入地下水，小部分被蒸发掉。渗水池一般间歇地接受废水，以保持高渗透率。适于渗滤的土壤通常为粗砂和砂壤土。渗滤法是补充地下水的处理方法，并不利用废水中的肥料，这是与灌溉法不同的。

14.2.3.2　灌溉法处理养殖废水

（1）土地处理方式的选择分析

马宁从龙岩地区的土壤、植被类型和土地处理系统的处理方式出发，探讨适合的土地处理畜禽养殖废水方法。龙岩市地貌以山地为主，土壤类型分为林地土壤和耕地土壤，其中林地土壤占全市面积的 84.71%，耕地土壤占全市面积的 6.52%。区域内养殖场主要分布于农村地区山林内，山地地表坡度无法达到 2%～6% 的要求，因此无法达到地表漫游处理方式中的缓慢流动过程中渗透、蒸发的要求。若采取地表漫流的处理方式，废水可能通过大幅度坡降以地表径流的形式进入山下地表水体，造成水体有机污染。

龙岩市土壤类型包括红壤、黄壤、紫色土、山地草甸、岩石裸露地。土地类型无法达到渗滤处理方式要求（通常为粗砂、砂壤土）。因此，针对龙岩市地形土壤情况，应采用灌溉的土地处理方式处理养殖废水。

（2）灌溉方式的选择

由于灌溉方式中的漫灌和垄沟灌溉要求土地平坦，与区域养殖场所位于的山地地形条件不符，因此在灌溉的方式中应选择喷灌的方式。喷灌工艺适合各种地形，可方便控制水量，且能均匀地浇洒，出水量小，控制面积广，废水通过喷头喷洒浇灌，可以通过地面蒸发和土壤植被消纳而实现养殖废水"零"排放。

（3）地表植被的浇灌量分析

土地处理系统是利用土地及其中微生物和植物根系对污水（废水）进行处理，同时又利用其中水分和肥分促进农作物、牧草或树木生长的工程设施。土壤和植物是处理的关键。通常选择植物包括农作物、林木、果树以及牧草。龙岩市耕地面积少，猪场基本位于山上，利用废水浇灌山下农田不仅工程量大，且需要耕地面积大，并不可行，应因地制宜，以林木、果树、牧草作为浇灌对象。

根据《重点流域禁养区外生猪养殖污染治理验收工作意见（试行）》中关于消纳场地的要求，草场配比≥0.05亩/头存栏生猪；果或林或蔬或竹等配比≥0.15亩/头存栏生猪（1亩≈666.67m²，下同）。符合该标准的养殖场一般能做到废水"零"排放，但如何合理利用消纳土地内植物浇灌废水，达到废水利用最大化，应根据土地不同类型植被来具体规划。

1）林木喷灌　根据《重点流域禁养区外生猪养殖污染治理验收工作意见（试行）》中要求，核算废水量，折算出平均每亩林地需消纳养殖场废水 0.1m³/d，若按每头猪平均每天产生废水量 15kg 计，一亩林地可消纳 6.6 头猪产生的废水。考虑到如此每日集体大面积喷灌，无法充分利用单位面积土地吸纳摄取，因此可通过地表植物情况具体确定合适的浇灌计划。

例如，马尾松林的废水吸纳量约为 0.5～0.8t/（亩·d），在非雨季且不考虑蒸发量的情况下马尾松林可 7～10d 进行一次浇灌。因此，可将浇灌区域分片浇灌，具体将喷灌面积分为 7 块（按浇灌周期考虑），每次浇灌水量可提升至 0.7t/（亩·d），依次分片浇灌，不仅减少每日浇灌工作量，也可做好施肥以促进马尾松生长。降雨后，土壤湿度大，不宜浇灌，应等待水量蒸发或消纳后再浇灌，或是在降雨后的几天内将全部林地统一浇灌，减少单位面积吸纳水量，避免土壤水分饱和，有机废水以地表径流的形式进入地表水体。

毛竹林的吸纳量大于马尾松林，可达到 1.3t/（亩·d），不考虑雨季情况，浇灌周期约为5～7d，同样可分片浇灌，达到最佳种植效果。

2）果树喷灌　果树施肥浇灌对水量、水质以及浇灌次数有严格规定，因此，不可每日或经常性的施肥浇灌，不同种类果树在育苗、开花、结果几个时期对水量及水质均有严格要求，若施肥水量过大，将造成烧苗或直接落花落果。养殖废水属于持续产生的，在非雨季情况应每日排放消纳。若没有合适、足够土地面积消纳，废水去向将成为问题。因此，养殖场废水全部用于果树的浇灌并不可行。

3）牧草喷灌　牧草，一般指供饲养的牲畜食用的草或其他草本植物。牧草再生力强，一年可收割多次，春、夏、秋均可播种，富含各种微量元素和维生素，因此成为饲养家畜的首选。

牧草耐肥程度高，抗旱耐淹，一般每亩牧草可以消纳养殖废水 1.5t/d 以上，浇灌周期短，约为 3d，并没有像果树培育阶段中对水量严格控制，因此选用牧草浇灌养殖废水效果佳，在处理废水的同时，收割的牧草还能作为家畜饲料，降低养殖成本，提高经济效益。

此外，应加强对山林土壤和地下水的跟踪监测，观察、了解消纳废水的土壤和区域地下水质量的变化趋势，防止在处理废水的同时引发土壤和地下水质量的下降。

14.2.4 组合工艺

14.2.4.1 厌氧生物滤池（AF）-人工湿地-生态塘工艺

蔡明凯等采用 AF-人工湿地-生态塘工艺处理养殖废水，利用三峡库区山地地形，采用跌水曝气方式，无需曝气和动力装置，节约了能源，弥补了传统人工湿地占地面积大，潜流湿地易堵塞和 DO 不足等问题，具有低成本、无能耗、建设运行费用低、抗冲击力强、出水水质稳定等优点，可以解决目前日益严重的水环境污染问题与乡镇经济支撑不起高额的废水处理费用之间的矛盾。

（1）工艺流程

试验在重庆市郊区选择具有一定坡度的场地，建设多级阶梯状人工湿地，工艺流程见图14.6。废水水源为位于人工湿地上方的农户养殖废水，废水水量及水质见表14.6。

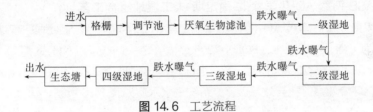

图 14.6 工艺流程

⊡ 表 14.6 废水水量及水质

水量/(m³/d)	COD$_{Cr}$/(mg/L)	SS/(mg/L)	NH$_3$-N/(mg/L)	TP/(mg/L)
15~20	256~300	250~380	24~33	7.8~9.6

1）格栅　在调节池前安装格栅，间距为 1cm，可防止悬浮物含量过高，阻塞 AF 和人工湿地。

2）调节池　调节池的主要功能是均化水质和水量，尺寸为 2m×2m×1.5m。

3）AF　AF 采用的是向上流和向下流相结合的方式，尺寸为 2m×2m×3m。内部装有立体弹性填料，所占空间为 4m³，填料长度 1m，每根填料的间距为 1m。

4）人工湿地　废水经 AF 处理后，采用跌水方式进入四级人工湿地，各级湿地尺寸均为7.2m×1.2m×0.6m，跌水高度依次为 2.8m、2.2m、1.7m、1m。

在每级湿地中，采用波式流的废水流动方式。为了防止基质的堵塞，从而影响湿地的处理效果，选择的基质粒径应该具有一定的梯度。一级湿地基质采用粒径为 3~5cm 的石灰石；二级、三级湿地采用 1~2cm 的石灰石；四级湿地采用煤渣。根据气候条件以及植物对污染物的吸收效率，选择香根草作为人工湿地栽种植物。

5）生态氧化塘　传统的人工湿地对 COD 均有较好的去除效果，而 TN 和 TP 处理效果并不是十分理想，因此在人工湿地处理的末端增加一个生态氧化塘处理单元，进一步对氮、磷进行处理。设计尺寸为 2m×3m×0.45m。综合考虑植物对氮、磷的去除效果和经济价值以及植物之间的相互协同作用等多方面的效益，选用狐尾藻、睡莲、海寿花作为生态塘生长植物。

（2）系统处理效果

工艺各单元的处理效果及出水水质见表14.7。经过 AF-人工湿地-生态塘工艺各单元的处理，COD$_{Cr}$ 去除率约为 80.30%，SS 去除率约为 94.69%，NH$_3$-N 去除率约为 73.39%，TP 的去除率约为 86.78%，出水浓度能够达到《城镇污水处理厂污染物排放标准》（GB 18918—2002）一级 B 标准。

⊡ 表14.7　工艺各单元的处理效果　　　　　　　　　　　　　　单位：mg/L

项目	AF	人工湿地	生态塘
COD_{Cr}	149～175	60～81	40～60
SS	147～159.7	39.0～44.7	15～20
NH_3-N	34～42	11～15	7～7.6
TP	7.6～9.4	3.1～4	0.9～1.9

在运行过程中，针对人工湿地容易阻塞的缺点，采用了 AF，通过 AF 的酸化作用，极大地降低了 SS 的含量，预防了湿地阻塞；同时将部分有机物水解，减轻了后续处理的压力。生态塘在运行过程中，表现出对氮、磷较强的去除效果，通过该处理单元与人工湿地联合，发挥人工湿地在处理 COD 方面的优势和生态塘在处理氮、磷方面的优势，可以极大提高污染物的处理率。

14.2.4.2　UASB-两级 AO-化学除磷-稳定塘-人工湿地组合工艺

林霞亮等采用 UASB-两级 AO-化学除磷-稳定塘-人工湿地组合工艺处理广东某奶牛养殖场废水，出水水质为 COD≤70mg/L、BOD_5≤20mg/L、SS≤60mg/L、NH_3-N≤10.0mg/L、TP≤7.0mg/L、粪大肠菌群数≤3000 个/L，各项指标均能达到排放标准。该工艺运行稳定，耐冲击负荷强，高效，环境效益、社会效益显著。系统进水水质如表14.8所列。

⊡ 表14.8　设计进水水质及排放标准

项目	COD_{Cr} /(mg/L)	BOD_5 /(mg/L)	SS /(mg/L)	TP /(mg/L)	NH_3-N /(mg/L)	粪大肠菌群数 /(个/L)
进水水质	20000～35000	5000～8000	5000～8000	150～170	600～850	$2.0×10^6$～$1×10^8$
设计进水	25000	6000	15000	160	700	$2.0×10^7$
排放标准	70	20	60	7.0	10	3000

该养殖场污水处理站设计处理规模为 400m³/d，每天运行 24h，约 17m³/h，出水水质参照广东省《水污染物排放限值》（DB 44/26—2001）第二时段一级标准和《畜禽养殖业污染物排放标准》（DB 44/613—2009）两者中较严格的标准来执行。

（1）工艺流程

工艺流程见图 14-7。

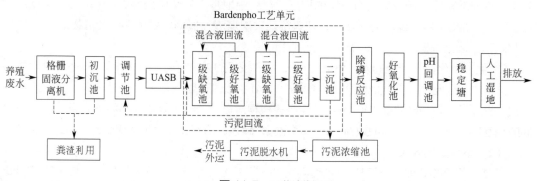

图14.7　工艺流程

主要构筑物与设计参数：

1）格栅槽　1座，钢筋混凝土结构，尺寸为 5.0m×3.0m×1.0m，内置 2 台格栅，栅间隙为 5mm；设有 2 台不锈钢斜筛。

2）初沉池　1座，钢筋混凝土结构，尺寸为 5.0m×6.0m×4.0m，表面负荷为 0.6m³/（m²·h）；设有 1 台潜污泵，单台功率为 0.75kW。

3）调节池　1座，钢筋混凝土结构，尺寸为 8.5m×6.0m×4.0m，有效容积为 180m³，停留时间为 10.8h；设有 1 套水下推流器；2 台潜污泵（1用1备），功率为 2.9kW。

4）改良型 UASB　2座，钢筋混凝土结构，单池尺寸为 10.0m×10.0m×6.0m，有效容积为 540m³，设有 32 套三相分离器；设计容积负荷：5.0kgCOD/（m³·d），SRT 2.7d。

5）两级 AO 池　2座，钢筋混凝土结构，尺寸为 15.0m×10.0m×4.0m，有效容积为 525m³；设有 4 套水下推流器，单台功率为 0.85kW；900 套微孔曝气器；3 台 AS16-2CB 混合液回流泵，功率为 1.6kW；设有 2 台 BR200 罗茨鼓风机，单台功率 22kW，风压 40kPa，风量 22.66m³/min。

6）二沉池　1座，钢筋混凝土结构，尺寸为 4.5m×4.0m×4.0m，表面负荷约为 1.0m³/（m²·h），采用竖流式；设有 1 台污泥回流泵，功率为 1.1kW。

7）除磷反应池　1座，包括反应池和终沉池，其中反应池尺寸为 2.5m×4.0m×4.0m，设有 1 套除磷加药装置，1 套 PAM 加药装置和混合搅拌装置；终沉池尺寸为 6.0m×4.0m×4.0m，设有 2 台污泥泵，功率为 0.75kW。

8）强氧化池　1座，尺寸为 2.76m×2.5m×4.0m，配消毒装置 1 台。

9）pH 回调池　1座，尺寸为 2.0m×4.0m×4.0m，设有 1 套混合及加药装置，1 套在线 pH 仪。

10）污泥处理单元　浓缩池，2座，尺寸为 4.0m×3.0m×3.0m，有效停留时间 $t \geqslant 12h$；污泥脱水机，1台。

11）自然生物处理系统　稳定塘，1座，面积为 6000m²；潜流式人工湿地，1座，面积为 3000m²。

（2）处理效果

本组合工艺 24h 运行，各单元的平均处理结果如表 14.9 所列。采用"沉降固液分离-UASB-两级 AO-化学除磷-稳定塘-人工湿地"联合工艺处理奶牛场养殖废水，具有良好的处理效果，且系统运行稳定，耐冲击负荷能力强，运行成本约为每吨水 5.32 元，在经济上可行。按正常运行达标排放，每年可减少 COD 排放量约 3640t，氨氮排放量约 100t，能有效减少对生态环境和周边水体的污染；解决了厌氧-好氧组合工艺处理过程中，氨氮达不到排放标准的问题，具有较高的经济效益、环境效益，值得推广。

⊡ 表 14.9　各构筑物污染物平均去除效果　　　　　　　　单位：mg/L

项目	COD$_{Cr}$	BOD$_5$	SS	TP	NH$_3$-N
进水	25000	6000	15000	160	700
格栅、固液分离机、初沉池	9500	4500	3000	125	536
改良 UASB	2592	900	800	104	455
两级 AO	457	159	525	68	280
除磷反应池	219	776	84	7.6	137
强氧化池	174	65	65	6.6	40
稳定塘	131	38	25	4.2	24
人工湿地	66	17	25	2.5	9.6

14.3 物化法处理养殖废水

相对于其他处理方法，物化法受环境条件和试剂的影响较小，二次污染较低，对畜禽养殖废水的处理浓度范围较大，适用于畜禽养殖废水的预处理和深度处理，因此物化法对畜禽养殖废水处理起着非常重要的作用。

14.3.1 混凝法

混凝是水处理的一个重要方法，用来去除水中细小的悬浮物和胶体污染物质。混凝法可用于各种废水的预处理、中间处理或最终处理及城市污水的三级处理和污泥处理。它除用于废水中的悬浮物和胶体物质外，还用于除油和脱色。

养殖废水是以液体为分散介质的分散系。按照分散相粒度的大小，可将废水分为：粗分散系（浊液），分散相粒度大于 100nm；胶体分散系（胶体溶液），分散相粒度 1～100nm；分子-离子分散系（真溶液），分散相粒度为 0.1～1nm。粒度在 0.1μm 以上的浊液可采用自然重力沉淀或过滤处理，0.1～1nm 的真溶液可以采用吸附法处理，1～100μm 的部分浊液和胶体可采用混凝法处理。

混凝法具有经济、简便等优点，在国内外水处理领域占有重要的地位，迄今仍然是最常用的方法之一，而絮凝剂则是混凝法的核心。目前常用絮凝剂主要有无机盐类、无机高分子类、有机高分子类等。

金要勇等以马鞍山蒙牛现代牧场废水处理中的 UASB 出水为研究对象，进行混凝试验，确定了 PFS 为较佳混凝剂，当 PFS 投加量为 2.85g/L、搅拌速率为 180r/min、搅拌时间为 4min、沉淀时间为 20min 时，处理效果最好，处理出水 COD_{Cr} 和 SS 浓度分别由 713.4mg/L、458.0mg/L 降至 154.1mg/L、123.2mg/L，去除率分别达到 78.4% 和 73.1%。出水氨氮略有降低，降至 50.9mg/L，最终出水达到《畜禽养殖业污染物排放标准》（GB 18596—2001）。

崔丽娜等以郑州市某规模化养殖场的初沉池进水为研究对象。首先取养猪场直排废水的上清液加入混凝搅拌装置，依次加入少量混凝剂 PAC 和磁珠并快速搅拌 2min，进入慢速搅拌阶段，加入助凝剂 PAM，停止搅拌，稍静置，通过永磁体吸附磁性絮凝体进行固液磁分离，取剩余水样测定 COD_{Cr}、浊度等指标，确定实验条件最佳参数组合以及各因素之间的影响程度。实验后，分离出磁性絮体中的磁珠，经过冲洗再生可循环使用。从实验结果得知，对于 COD_{Cr} 为 3232mg/L、浊度为 435 NTU 的原水样，当 PAC 加入量为 0.70g/L、磁珠加入量为 2g/L、快速搅拌阶段转速为 400r/min、助凝剂 PAM 加入量为 15mg/L 时，水样中悬浮物凝聚成直径为 6～10mm 左右的较大磁性絮体，并迅速沉降在容器底部，浊度、色度和黏度等物理指标明显转好，SS、浊度和 COD_{Cr} 去除率分别为 34%、75.4% 和 33.20%。

针对养猪场废水 COD_{Cr} 高、NH_3-N 高、SS 高的特点，曾哲伟采用 A^2/O-混凝组合工艺处理养猪场废水。混凝剂选定 PAC 和 PAM。混凝沉淀法的主要设备有完成混凝剂与原水混合反应过程的混合槽和反应池，以及完成水与絮凝体分离的沉降池等。调试时，向混凝池中第一格加入 5%PAC 溶液，开启第一格搅拌机，调整搅拌机转速在 90r/min，同时向混凝池中第二格加入 0.1%PAM 溶液，开启第二格搅拌机，调整搅拌机转速在 60r/min，通过观察矾花形成情况和出水中 SS 的浓度来确定投加的药剂用量。结果表明，经过约 2 个月的启动运行，COD_{Cr}、BOD_5、SS、NH_3-N 和 TP 的去除率分别达到了 90.8％、90％、95.1％、80％和 91.8％，出水各项指标都优于《畜禽养殖业污染物排放标准》（GB 18596—2001）排放标准。

14.3.2 吸附

很多废水中含有某些难降解的有机物，这些有机物很难或者根本不能用常规的生物法或者物化法来处理，如 ABS 和某些杂环化合物，而这类物质可以通过吸附法来去除。

吸附过程主要包含溶液内迁移、膜扩散、孔隙内迁移、吸附（或吸收）4 个步骤。目前液相吸附理论普遍认为由于在吸附质被吸附到吸附剂上之前，多孔性固体表面上的原子、分子处于力场不饱和的不稳定状态，表面的自由焓较大，当流体中的某些物质碰撞到固体表面时，通过吸附某些分子，吸附剂表面自由能不断降低，吸附剂表面活性吸附位也随之减少，当表面自由能减小到零时吸附达到平衡。

目前的研究认为有机物在吸附材料上的吸附过程主要由范德华力引起的物理性吸附以及由剩余化学键力引起的化学吸附共同作用形成的。物理吸附和化学吸附的特征示于表 14.10。但是，目前的研究更多仍然停留在定性分析层面，对定量分析的方面较弱，无法直接通过定量数据直接证明两者的贡献大小。

⊡ 表 14.10　物理吸附和化学吸附的特征

理化指标	物理吸附	化学吸附
作用力	范德华力	化学键力
选择性	无	有
吸附热	接近液化热(0~20kJ/mol)	近于反应热(80~400kJ/mol)
吸附速率	快,活化能小	较慢,活化能大
吸附层	多层吸附	单分子层吸附
可逆性	可逆	不可逆

吸附行为是由多种因素综合作用的结果。由于吸附剂和吸附质的多样性，吸附的相互作用也各不相同。吸附理论和机理在不断发展、修正，但仍然存在许多不完善的地方。目前普遍认为活性炭吸附有机物的机理主要有以下几种：范德华力；疏水互相作用；离子存在的静电作用；活性炭表面基团与吸附质之间发生的给（受）电子作用；π-π 色散力作用，其中范德华力、疏水互相作用、离子静电作用为物理吸附；给（受）电子作用、π-π 色散力作用为化学吸附。

活性炭吸附性能不仅与被吸附物质的溶解性、离子化程度和分子结构有关，活性炭本身的孔隙结构和表面化学性质也起着关键作用。有研究表明，在活性炭对有机物分子吸附过程中，有机物与炭表面间的化学相互作用相当显著，甚至超过了活性炭孔隙结构的影响。

由于活性炭的孔径分布和孔隙结构的区别，即使活性炭的比表面积相同，其吸附容量也有所差距。根据国际纯化学和应用化学联盟（IUPAC）的定义，可将活性炭分为微孔（孔径<2nm）、中孔（孔径=2~50nm）和大孔（孔径>50nm）三类。活性炭大孔对于液相吸附的作用很小；中孔的容积及比表面积所占比重虽然很小，但是中孔是某些吸附质进入微孔的扩散通道，所以中孔数量会影响吸附质的扩散速度；微孔比表面积占到单位质量活性炭总表面积的95％以上，容积一般约为 0.15~0.90mg/g，影响着吸附性能的强弱。

活性炭的表面官能团主要包括含氧官能团及含氮官能团，结构式如图 14.8 和图 14.9 所示，其中不同种类的含氧基团作为活性炭上的主要活性位，使活性炭表面呈现微弱的酸性/碱性、氧化性/还原性、亲水性/疏水性的特性。含氧官能团酸性强弱依次为：羧基＞内酯基＞酚羟基＞苯醌基＞醚基＞醌式羰基。一般情况下，活性炭表面酸性官能团越多，对极性化合物的吸附能力越强；碱性官能团越多，对非极性物质的吸附能力越强；同时活性炭表面存在的杂原子和化合物通过与被吸附物之间产生较强的结合力或起催化作用，增强了活性炭对目标物质的吸附性能。

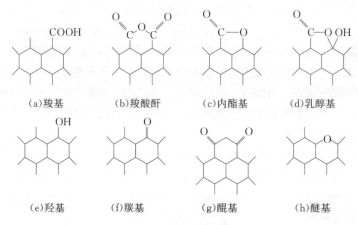

图 14.8 活性炭表面含氧官能团

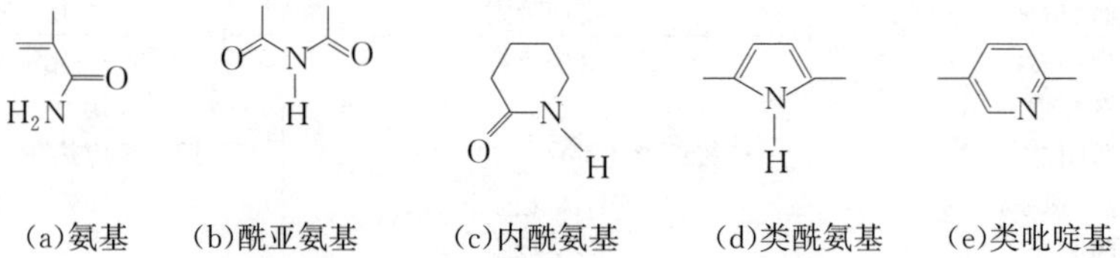

(a)氨基　　(b)酰亚氨基　　(c)内酰氨基　　(d)类酰氨基　　(e)类吡啶基

图 14.9 活性炭表面含氮官能团

奶牛养殖废水是一种典型的高浓度有机废水，有机物、悬浮物和氨氮含量较高，并含有致病微生物，直接排放会造成严重的环境污染，废水中的大量有机质使得处理难度增大。王凡等采用活性炭吸附工艺深度处理奶牛养殖废水经 UASB-SBR 工艺的出水，通过静态试验确定活性炭最佳投加量为 1.25g/L，最佳吸附时间为 15～24h，最佳 pH 值为 7.5～8。采用活性炭柱动态试验对 UASB-SBR 工艺出水进行深度处理，水力停留时间为 15.7h 时，活性炭柱对废水 COD、NH_3-N 和 TP 的平均去除率分别为 62.4%、58.1%和 92%，出水符合《辽宁省污水综合排放标准》（DB 21/1627—2008）。

生物质半焦是生物质热解/气化过程中炭不完全燃烧形成的固体产物，产量较大，常作为废弃物处理。生物质半焦的结构与活性炭相似，因此，可用作一种廉价的吸附剂来替代活性炭处理发酵后养殖废水中的重金属，处理后的废水还可用于农业生产。廖玉华采用生物质半焦作为吸附剂处理养殖废水中的重金属，并对半焦吸附重金属的吸附容量及吸附效率进行了分析和评估。实验结果表明，生物质半焦对养殖废水中 Cu、Zn、Pb 和 Cd 4 种重金属具有较好的吸附效果，吸附容量分别为 22.4mg/g、19.03mg/g、17.30mg/g 和 16.94mg/g，且吸附率均达到 70%以上，氮磷的影响吸附不超过 30%。

猪场废水经厌氧发酵后产生的沼液含大量的氮、磷等营养元素，若直接排放，势必对周边水体造成污染，必须妥善处理后才能排放。采用传统的生物处理方法难以达到预期效果，其主要原因是沼液中氨氮、总磷等污染物浓度较高，加之沼液本身 C/N 比例失调，致使微生物生长受到抑制，生物脱氮过程又需要消耗大量的碱和较高的曝气充氧能耗。针对这种高氮磷含量的猪场废水，张文艺等针对此问题进行了研究，采用经氯化钠溶液改性沸石为载体对沼液中氮磷吸附特性和去除机理进行分析研究，考察了沸石投加量、吸附时间、沼液初始浓度等影响因素。结果表明：当沸石投加量为每 100mL 投加 10g、吸附时间为 48h 时，NH_3-N 去除率最高可达 90.66%，NH_3-N 饱和吸附量可达 1.43mg/g，最大 TP 去除率可达 85.97%，磷饱和吸附量可达 0.16mg/g。此外，吸附后的沸石污泥含有大量氮磷元素，是一种优质缓释肥料。

14.3.3　膜技术

　　膜技术是处理废水的一种新型工艺，其基本原理主要是利用了水溶液（原水）中的水分子具有穿透性的特征，使得分离膜能够保持穿过的物质不相变，并且在外力的作用下水溶液（原水）与溶质或其他杂质能够起到分离的效果，最终获得较为纯净的水，达到处理废水、提高水质的目的。这项技术实质上是属于物理分离的范畴，物质穿过膜不发生相变，因而其能量转化率就比较高，并且分离的效率也较好，还具有节能好、易操作、能够实现自动化等优点。因此，在未来的研究中这是具有良好前景的新型水处理技术。水处理膜分离技术如图 14.10 所示。

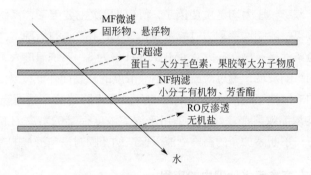

图 14.10　水处理膜分离技术

　　与常规法相比，膜技术有如下优点：a. 废水处理的效率很高；b. 基本没有污泥产生，无需处理污泥费用；c. 设备的操作环境比较卫生，原因是膜技术是密闭的运行系统，没有污水臭味；d. 消耗的能源低，无相变分离技术，仅需泵送液时的电能；e. 设备的运行费用低，且设备易于维修保养；f. 设备投资少，占地面积小。

　　我国的膜技术起源于 20 世纪 90 年代，经过多年的发展，分离膜产业已经慢慢趋于大规模应用阶段，产值也由 20 世纪 90 年代初的 2 亿元增长至 2015 年的 850 亿元，并有继续增长的势头。我国的膜处理增加情况如图 14.11 所示。

14.3.3.1　膜技术在畜禽废水处理中的应用

　　邓蓉以重庆市某奶牛场所产的沼液为研究对象，进行了纳滤膜浓缩实验。在纳滤膜浓缩法浓缩畜禽沼液的单因素试验发现，随着操作压力的升高，沼液的浓缩速率呈升高趋势，沼液的浓缩效果也呈上升趋势，但上升趋势逐渐变缓；随着沼液 pH 值的升高，沼液的浓缩速率变小，浓缩效果变差；随着系统温度的升高，沼液的浓缩速率上升，浓缩效果从 25℃到 30℃升高明显，从 30℃到 40℃出现波动，但变化不大。多因子试验发现：纳滤膜浓缩法浓缩沼液，

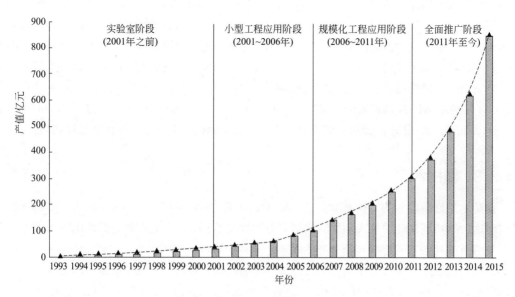

图 14. 11 我国膜处理发展情况

对于浓缩效果和浓缩速率，压力均是主要因子，pH 值是次主要因子，系统温度是次要因子。在考虑沼液的浓缩效果、浓缩速率和透过液水质达到 GB 18596 的情况下，确定纳滤膜浓缩畜禽沼液的最适宜试验条件是：操作压力 0.6MPa、pH 值为 5、系统温度为 40℃。研究沼液浓度对纳滤膜浓缩沼液的影响发现：透过液流速随沼液浓度的升高而降低，当沼液浓度极高时，降低趋势变缓，沼液的浓缩效果随沼液原液浓度的升高呈下降趋势。纳滤膜浓缩对沼液 COD、TN、TP、NH_4^+-N 的浓缩效果都较好，不适用于浓缩浓度很高的畜禽沼液。纳滤膜浓缩沼液时应随着浓缩的进行，不断添加新的畜禽沼液以保证纳滤膜对畜禽沼液的有效浓缩。

14.3.3.2 MBR 法在畜禽废水处理中的应用

MBR 即膜生物反应器。MBR 是生物处理技术与膜分离技术相结合的一种新的废水处理系统，可利用生物反应器中微生物的降解作用去除废水中的污染物，并在外界压力作用下使用膜组件的高效过滤截留性能，将大分子物质及活性污泥截留在反应器内，具有很强的固液分离能力。MBR 使污泥被截留，使得反应器内污泥浓度升高，停留时间变长，解决了传统活性污泥法中活性污泥沉降性能差的不足，实现了水力停留时间和污泥停留时间的分离和在实际中的分开控制，提高了生物反应器对污染物的去除效果，有效地减少剩余的污泥量，同时可降低污水处理设施占地面积，与传统工艺的占地面积相比，MBR 将近减少了 1/2 的用地面积。

MBR 可按不同方式分为不同类型：根据膜的孔径类型可分为微滤 MBR、超滤 MBR、纳滤 MBR 及反渗透 MBR；根据生物反应器的需氧性能可分为好氧 MBR、厌氧 MBR 和兼氧 MBR；根据膜组件在反应器中的不同作用可分为膜分离 MBR、曝气式 MBR 和萃取式 MBR；根据膜组件和生物反应器的不同组合方式，可分为一体式 MBR、分置式 MBR 和复合式 MBR。目前废水处理常使用的 MBR 是由超滤或微滤膜组件组合生物反应器形成的用于固液分离的 MBR。在废水处理的工程应用中，大多采用的是好氧 MBR，约占 98% 的比例，其中 55% 以上是一体式 MBR。相比于分置式 MBR，一体式 MBR 相对占地面积小、能耗低。

MBR 技术具有如下优势：

①能够高效地进行固液分离，分离效果远好于传统的沉淀池，出水水质良好，出水悬浮物和浊度接近于零，可以直接回用，实现了污水资源化。

②膜的高效截留作用，使微生物完全截留在反应器内，实现了反应器水力停留时间（HRT）和污泥龄（SRT）的完全分离，使得运行更加灵活稳定。

③反应器内的微生物浓度高，耐冲击负荷能力强。

④污泥龄可随意控制。膜分离使污水中的大分子难降解成分，在体积有限的生物反应器内有足够的停留时间，大大地提高了难降解有机物的降解效果。反应器在高容积负荷、低污泥负荷、长泥龄的条件下运行，可以实现基本无剩余污泥的排放。

⑤结构紧凑，占地面积小，工艺设备集中，易于一体化自动控制。

MBR 技术在养殖废水处理中被广泛应用，不仅可以使 NH_3-N、COD、TN、SS、TP 等污染物得到有效去除，同时还能够高效实现养殖废水的达标排放。处理后的污水可以用于绿化用水，也可以用来清洗道路。

针对猪场废水，胡姣姣利用兼氧 MBR 工艺对其进行处理，其反应器示意见图 14.12。通过优化曝气方式，控制曝气量，使反应器膜组件区域溶解氧浓度为 1～2mg/L，其余区域溶解氧浓度小于 1mg/L，整体系统形成兼氧环境，并形成以兼性菌为主的特性菌群及复合菌群动态平衡生态系统。微生物通过降解污水中的有机物进行增殖和代谢，增殖和衰亡的菌体本身亦可作为其他细菌的营养源而被代谢分解为 CO_2、H_2O 等无机物，最终形成一种动态平衡，在达到平衡点后系统内有机剩余污泥并不会富集增长，实现了有机剩余污泥的近零排放。

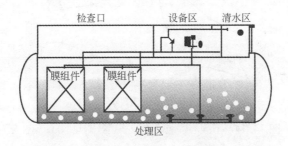

图 14.12 兼氧 MBR 示意

猪场废水运行结果见图 14.13～图 14.17。分析可知，在系统溶解氧调整至调节池兼氧区溶解氧 0.5～1mg/L，好氧区 2～6mg/L，兼氧 MBR 膜区溶解氧 2～3mg/L，兼氧区溶解氧 0.5～1mg/L，在 20d 后，系统出水 COD 浓度为 89mg/L、NH_3-N 浓度为 35mg/L、TN 浓度为 37mg/L、TP 浓度为 31mg/L 左右、SS 浓度稳定在 10mg/L 以下，即调节系统溶解氧后，反应器可维持较好的污染物去除效果。

再次调整系统曝气使调节池兼氧区溶解氧 0.2～0.6mg/L，好氧区 2～6mg/L，兼氧 MBR 膜区 DO 1～2mg/L，兼氧区 DO 0.2～0.4mg/L，系统对 COD、NH_3-N、TN、TP 的去除率均有下降，但经持续运行后系统对污染物的去除能力较为稳定。最终出水 COD 浓度 102mg/L，去除率为 97%；NH_3-N 浓度为 76mg/L，去除率 64%；TN 浓度为 81mg/L，去除率 67%；TP 浓度为 31mg/L，去除率 43%；SS 浓度稳定在 10mg/L 以下，去除率稳定在 99% 以上。

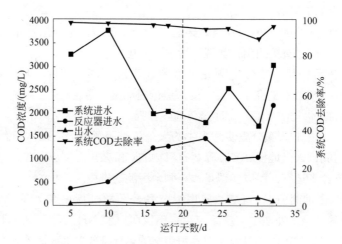

图 14.13 不同溶解氧浓度范围运行期间 COD 变化

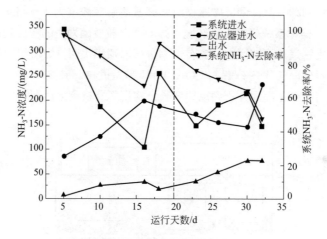

图 14.14 不同溶解氧浓度范围运行期间 NH₃-N 变化

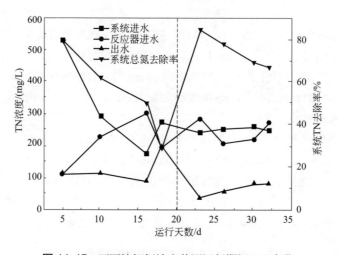

图 14.15 不同溶解氧浓度范围运行期间 TN 变化

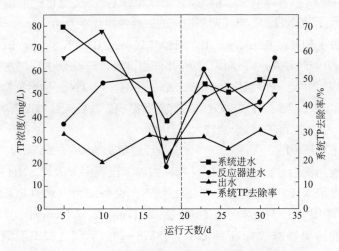

图 14.16　不同溶解氧浓度范围运行期间 TP 变化

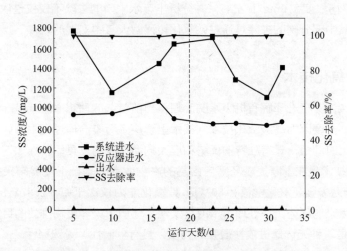

图 14.17　不同溶解氧浓度范围运行期间 SS 变化

　　在兼性 MBR 工艺的基础上还可以再进行工艺优化。4S-MBR 技术是建立在兼氧 MBR 工艺基础上，由江西金达莱环保研发中心有限公司研发的一种高效低耗新型膜生物反应器——4S-MBR 膜生物反应器，该反应器建立了以兼性厌氧菌为主要微生物菌群的高效兼氧 MBR，其中兼氧厌氧菌和厌氧菌占 80%，好氧菌仅占 10% 的比例，在反应器中有机剩余污泥基本实现了不排放；并提出了兼氧生物气化去除的新工艺，为生物去除提供了新工艺和新途径；此外，在 4S-MBR 中引入一种新型曝气技术——射流曝气技术，形成气水联合冲刷膜丝，降低了运行能耗，提高了供氧能力和处理效率。4S-MBR 技术是对常规 MBR 技术全面提升的一种技术，即该技术能实现脱氮除磷、有机污泥零排放、节能高效同步、处理回用同步，正由于这些优点，该项处理技术正广泛用于居民区生活污水、宾馆污水等处理。通过 4S-MBR 设备处理经过预处理的养殖废水工程实际调试，得出以下结论：

　　① 在 $T < 10℃$，4S-MBR 经过连续启动 20d 运行中，设备对养殖废水中各污染物的处理都有一定的效果，进水水质在 COD_{Cr} 800～1500mg/L、SS 800～1200mg/L、TP 15～35mg/L、

NH₃-N 250~400mg/L、TN 300~450mg/L，出水 COD$_{Cr}$、SS、TP 三项指标去除率分别达85%、99.9%、70%，而 NH₃-N、TN 两项指标的去除效果几乎为 0。

② 维持设备进水 COD$_{Cr}$ 在 1000mg/L、NH₃-N 250mg/L、TN 350mg/L、TP 20mg/L、SS 1000mg/L，在 $T<10℃$、$10℃<T<15℃$ 两个不同温度段，研设备对污染物去除效果的影响，其中，在一定温度范围内，升高温度有利于 COD$_{Cr}$、NH₃-N、TN 三种污染物的去除，而对 SS 的去除效果的影响不大，但对 TP 去除效果却有不利影响，并且低温对设备启动影响较大，特别是对硝化菌的培养和氨氮的去除影响较大。

③ 随着水温的回升（$15℃<T<20℃$），设备经过重新接种 2~3m³ MLSS 为 10000mg/L、SV% 为 30% 的活性污泥后，出水中 NH₃-N 指标去除率出现很大改善，NH₃-N 去除率迅速上升至 95% 以上，出水 NH₃-N 浓度降至 5mg/L 以下，设备最后出水中 COD$_{Cr}$、BOD₅、NH₃-N、TP、SS 浓度分别达 89.81mg/L、10.50mg/L、1.17mg/L、7.28mg/L、1.00mg/L，完全达到了《畜禽养殖业污染物排放标准》（GB/T 18596—2001）和《农田灌溉水质标准》（GB 5084—2005）。

④ 设备进水 TP 浓度在 12~30mg/L，整体上看，4S-MBR 设备对 TP 平均去除率为 60%，出水 TP 平均浓度在 6mg/L 左右，并分析出废水中磷的去除不仅仅是依靠传统的生物除磷机理实现的，其中部分磷的去除是通过磷气化转移到大气中实现的。

14.3.4 高级氧化技术

在水处理领域，对于难降解有机废水的治理，当前首选的理想方法就是高级氧化技术。从绿色化学角度讲，主要因为高级氧化技术从根本上解决了污染治理过程中的环境再污染问题，且氧化效率高作用时间短，具有独特的优势和巨大的潜在应用。具体特性如下：

① 高级氧化技术是在不断提高羟基自由基的产生效率的基础上发展起来的。羟基自由基（·OH）氧化能力极强（氧化电位 2.80V），其氧化能力仅次于氟（2.87V），而它相比氟来说又具有无二次污染的优势，在处理污水时能实现零环境污染零废物排放的目标。

② ·OH 基是一种无选择进攻性最强的物质，具有广谱性、无选择性。

③ 由于 ·OH 属于游离基反应，·OH 基所发生的化学反应速率极快。比臭氧化学反应速率常数高出 7 个数量级以上，·OH 形成时间极短，约为 10~14s，反应时间约为 1s，所以可在 10s 内完成整个生化反应，这样大大缩减治理污染的工艺时间，提高处理效率。

④ 既可单独处理，又可与其他处理工艺联用，如利用 UV-Fenton 组合联用时处理效果很好，但也能单独利用 Fenton 技术处理难降解废水，可降低处理成本，同时也能取得较好的效果。

根据自由基产生的方式和条件，高级氧化技术主要包括湿式氧化技术、超临界水氧化技术、光化学氧化技术、化学氧化技术、电化学氧化技术、声化学氧化技术等几种。

针对养猪废水，欧阳超等分析了电化学氧化过程中阳极材料、pH 值、电流密度和 Cl⁻ 的质量浓度对 NH₃-N 去除率的影响。试验采取静态试验，原水先后使用试验室模拟废水和实际养猪废水进行试验，试验用水量为 1L。模拟废水使用氯化铵（NH₄Cl）和氯化钠（NaCl）药剂配制，废水中 NH₃-N 的浓度为 2g/L。实际养猪废水取自云南抚仙湖流域集中式养猪场厌氧沼气池出水上清液，COD 浓度为 2.0~2.5g/L，NH₃-N 和 TP 的浓度分别为 1.8~2.0g/L 和 0.15~0.16g/L。NH₃-N 和 COD 分别使用水杨酸法和重铬酸钾法进行测定，有效余氯采用碘量滴定法测定；使用精密 pH 计和电导率仪分别测定溶液 pH 值以及溶液中的电导率，用质量分数分别为 1‰的 NaOH 和 1‰的 HCl 调整溶液 pH 值，同时使用磁力搅拌器使溶液混合均匀，设置搅拌转子转速为 120r/min，极板间距保持在 1cm 且电流保持恒定。结果表明，pH 值控制在 6～10、阳极选用 RuO_2-IrO_2-TiO_2/Ti 电极、电流密度为 85mA/cm、Cl^- 的浓度为 8.0g/L 时，对养猪废水中的 NH_3-N 有较好的处理效果。优化条件下，对实际养猪废水进行电化学氧化处理，NH_3-N 较 COD 优先去除，180min 内去除率达到 98.22％。

臭氧氧化电位为 2.07V，是一种极强氧化剂，在处理难降解有机废水方面已显现出很好的效果。臭氧氧化法由于具有氧化能力强、反应快、使用方便、不产生药剂残留等特点，被认为是一种能有效去除难降解有机物的方法。目前，在含较多难降解有机物的废水处理过程中多采用臭氧前置的方法来提高废水生化性，但同时，一些可降解有机物也被矿化，对本身 C/N 比不高的养猪废水来说是一个损失。潘松青等采用臭氧氧化法深度处理经生化工艺处理的养猪废水，探讨反应时间、臭氧投加速率和 pH 值对 COD、色度和 UV_{254} 去除效果的影响，并采用紫外可见光谱和三维荧光光谱（3DEEM）分析了臭氧氧化前后养猪废水中溶解性有机物（DOM）的变化特征。结果表明，当臭氧投加速率为 1.13g/h、反应温度为 20℃、pH 值为 7.2 时，反应 40min 后养猪废水的 COD、色度和 UV_{254} 去除率分别约为 50％、95％和 75％。生化处理后的养猪废水主要含有可见腐殖质、紫外腐殖质和微生物代谢产物，臭氧氧化后微生物代谢产物的荧光峰基本消失，可见腐殖质和紫外腐殖质特征荧光峰荧光强度与原水相比也显著降低。结果表明，臭氧对养猪废水中难降解有机物的降解作用非常明显。

Fenton 试剂作为一种高效的氧化技术，被广泛地运用在各种工业废水处理技术中，包括氧化、中和、混凝等反应过程。Fenton 试剂早期研究来源于有机合成领域。1964 年加拿大学者 H. R. Eisenhauser 首次使用 Fenton 试剂处理苯酚及烷基苯废水，从此开创了 Fenton 试剂应用于工业废水处理领域的先例。其原理为在酸性条件下，利用 Fe^{2+} 为催化剂氧化分解 H_2O_2，产生羟基自由基（·OH），·OH 可以与有机物发生去氢反应、亲电加成反应、电子转移和取代反应，有机污染物质最终被氧化成无机酸、盐、二氧化碳和水等无机物。

邱木清采用 Fenton 高级氧化技术对猪场养殖废水进行了氧化处理，探讨了反应时间、pH 值、温度、H_2O_2 和 $FeSO_4$ 的投加量等因素对猪场养殖废水 COD_{Cr} 去除率的影响，确定了最佳的处理条件。试验结果表明，在 $[H_2O_2]$=40mmol/L、$[Fe^{2+}]$=4mmol/L、pH=3.5、30℃条件下，反应 40min 后 COD_{Cr} 的去除率达到最大值，为 87.2％。

14.3.5　消毒处理

在养殖场产生的污水中，会存在大量随畜禽粪便和尿液排出的细菌、病毒等病原微生物，如大肠杆菌、巴氏杆菌和猪瘟病毒等，其中有些病原细菌或者病毒可以随污水在自然界中存活很长时间，污水直接回用，会增加病原微生物引发动物疫病和人畜共患病的风险，对畜禽和人类的健康存在极大的威胁。

二氧化氯是一种强有效的消毒剂，杀菌范围广泛。二氧化氯极易溶于水，并且以分子状态存在，极易穿透细胞膜而渗入细菌细胞内，利用强氧化作用，使细胞内的转磷酸酶失活，阻止细胞的合成代谢，使细胞死亡。二氧化氯消毒技术起源于欧洲，最初是用来对饮用水消毒，后来在欧美各国的积极研究下技术变得逐渐成熟，目前已全面推广到市政污水、医院污水、游泳池和水产养殖等方面的灭菌消毒中，同时二氧化氯还可用于工业污水处理中，二氧化氯可以将许多无机化合物氧化，同时将部分含氮有机物转化为硝酸盐等无机物，还可以除去有机胺类和有机硫化物类产生的臭味。

Junli 等通过试验发现二氧化氯的消毒效果比液氯高，在一定范围内要想达到相同的杀毒效果，液氯的用量要比二氧化氯的用量高很多。以大肠杆菌为例，当杀菌效果达到 80% 时液氯的用量是二氧化氯的 2 倍；杀菌效果达到 85% 时，液氯的用量是其用量的 2.15 倍。在用二氧化氯杀菌的过程中，pH 值也是很重要的，pH 值在 3.0～8.0 范围内，接触时间在 10～20min 之间就可以达到比较好的效果。

臭氧（O_3）为淡蓝色气体，1840 年由德国人 SchorBein 发现并命名。臭氧的杀菌机理主要包括两个方面：一是通过其较强的氧化性将细菌的细胞壁破坏，使微生物细菌破裂；二是臭氧在水中分解时可以产生自由基，自由基氧本身具有强氧化性，同时可以穿透细胞壁，氧化蛋白质的活性基团而导致微生物死亡。Xu 等通过研究表明，在臭氧的药剂量被充分吸收的情况下，较低的水力停留时间（HRT）（2min）内，就能有效地杀灭粪大肠杆菌，同时研究还表明臭氧剂量达到 8.6mg/L 时，能够完全杀灭水中的沙门氏菌。当水中的臭氧剂量达到 4.8mg/L，水力停留时间达到 4min 时，就可以杀死污水中的肠病毒。臭氧在污水中达到一定剂量时，对水中的隐孢子虫有很好的杀灭作用。臭氧用于养殖污水消毒时，水中溶解性有机物的含量和 SS 含量的差别对其杀菌效果有很大的影响，臭氧本身具有强氧化作用，有机物含量过高，会导致用于杀菌的臭氧剂量降低，同时 SS 的浓度过高，部分细菌吸附在颗粒物表面或者被颗粒物包裹，使得臭氧无法跟细菌接触，杀菌效率明显降低。

1910 年法国的污水处理厂首次使用紫外线消毒工艺，但由于技术上的不成熟，直到近几十年才在医疗、养殖、食品等行业获得广泛应用。目前紫外线杀菌技术主要用在饮用水消毒，市政污水消毒，以及与臭氧技术联合作用在医疗、食品安全相关方面。紫外线被分为 A、B、C 三个波段，C 波段（275～200nm）被称为杀菌紫外线，常用剂量为 254nm，254nm 波段处的紫外线极易被微生物所吸收，从而破坏微生物内部的遗传物质（DNA 或 RNA）导致微生物自身不能复制，使得细菌或者病毒被杀死。Hadas 等通过实验研究表明，在水质较好的情况下，紫外灯管的功率达到 55W，紫外线剂量达到 4～8mJ/cm^2 时，污水中细菌的灭活效率达到 90%～99%。较差的水质会吸收或者反射紫外光从而影响紫外光的透射率，从而影响杀菌效果。

当超声波在水中传播时可产生一种交变压力，压力在其间震荡，使得液体中产生一些微小气泡，这些气泡在高压下收缩，低压下膨胀。压力变化非常快，致使气泡向内炸裂，产生高温高压，其局部压强可达几十到上千个大气压，同时形成高梯度流动场。在杀菌过程中，用超声波使细胞破裂，取决于液体中气穴现象的机械效果，Jyoti 等提出了一种假设，当气泡破裂产生的漩涡比细菌细胞本身大很多的时候，细胞会做一种动力学运动，当漩涡与细菌细胞本身大小相当的时候漩涡会让细胞做振荡运动，当振荡能超过细胞壁的承受能力时细胞就会破裂。超声波本身的杀菌能力不及紫外线杀菌和一些化学杀菌消毒技术，但是仍然存在一定的潜力，超声波目前主要应用在食品的消毒、保鲜方面，当超声波与其他工艺联合作用时杀菌效果倍增，如超声波与 O_3 联用，超声波与紫外线协同作用等。

电解水杀菌装置产生目前主要应用于医疗、食品、游泳池和饮用水等，电解水用在养殖方面主要是养殖场内的全面消毒和疫病防治等。电化学消毒法是通过产生有效的强氧化性物质包括 Cl_2、O_3、ClO_2、H_2O_2 和 ·OH 等来杀灭水中的微生物。电解水主要分为酸性电解水和中性电解水，酸性电解水的制备原理是：将一定量的稀食盐水或者稀盐酸注入到电解槽中，电解槽中带有阴阳两极，中间用隔膜隔开，在外加电压的作用下，阳极 NaCl 发生电解，产生 Cl_2，Cl_2 溶于水生成 HCl 和 HClO，同时阳极水电解产生活性氧，最后阳极室生成电解酸性水，阴极水电解产生 H_2 和 OH^-，最后阴极室形成电解碱性水。电解水的杀菌效率很高，但不管是酸性电解水还是中性电解水，其最终的杀菌机理还是通过电解产生的 Cl_2 溶于水生成 HClO 来进行杀菌消毒的。

14.4　生物处理法

畜禽养殖废水处理技术按处理模式可分为还田模式、自然处理模式、工业处理模式三种。但随着社会经济的发展，用于消纳或处理粪便污水的土地越来越少，加之还田与自然处理模式均带来二次污染，工业化处理模式必将受到更广泛关注，并成为今后的研究重点。现阶段国内外工业化治理畜禽养殖废水的工艺大致相同，各工艺组合方式较多，生物处理法大体可分为厌氧生物处理技术、好氧生物处理技术以及两者联用和一些其他生物处理技术。

14.4.1　厌氧生物处理技术

厌氧生物处理是指在隔绝与空气接触的条件下，依赖兼性厌氧菌和专性厌氧菌的生物化学作用，对有机物进行生物降解的过程。厌氧处理技术即沼气发酵技术，可以有效减少养殖场向大气中排放温室气体甲烷，而且收集到的沼气可以作为燃料用于生产、生活中，大型养殖场还可以利用沼气发电。发酵后的沼渣可以作为果园、菜地、农田的肥料。我国是世界上拥有沼气装置数量最多的国家之一。采用厌氧生物处理工艺可在较低的运行成本下有效地去除大量的可溶性有机物，COD 去除率达 85%～90%，而且能杀死传染病菌，有利于养殖场的防疫。

较常用的厌氧生物处理有完全混合式厌氧消化器、厌氧接触反应器、厌氧滤池、上流式厌氧污泥床、厌氧流化床、升流式固体反应器等几种。目前国内畜禽养殖废水厌氧生物处理主要采用的是上流式厌氧污泥床以及升流式固体反应器工艺。虽然沼气工程的建设成功率仅为85%，但这一技术已经成为解决畜禽粪便污水的最有效的技术方案。

14.4.1.1　UASB 处理高浓度畜禽养殖废水

UASB（upflow anaerobic sludge blanker）在 1974 年由荷兰著名学者 G. Lettinga 等提出，1977 年在国外投入使用，至今已有 40 多年的发展历史。由于 UASB 反应器能够承受高有机负荷，有较长的污泥停留时间，已被广泛应用于处理高负荷有机废水。UASB 是利用重力场对不同密度物质的差异进行设计的，由污泥反应区、气液固三相分离器（包括沉淀区）和气室 3 部分组成。畜禽粪污水从反应器底部进入，经布水器均匀布水后到达具有良好沉淀性能和凝聚性能的颗粒污泥层，污泥中的微生物分解畜禽粪污水中的有机物，将其转化为沼气。沼气以微小气泡的形式不断合并上升，进入到三相分离器，碰到分离器下部的反射板时，折向反射板四周，穿过水层进入气室；而固液混合物进入三相分离器的沉淀区，经过絮凝反应，污泥颗粒逐渐增大，最终经斜板滑回厌氧反应区，处理后的出水经沉淀区溢流堰流出。研究表明，畜禽废水经过 UASB 反应器后，COD 的去除率达到 85% 以上，同时对 TN 和 TP 也有一定的去除效果。UASB 具有适应性强，结构、运行操作、维护管理相对简单，造价较低，技术较为成熟等特点，且可以收集在处理过程中产生的沼气，收集的沼气可用作生活供气、供电，是一种经济有效的污水处理方法。

王刚等利用外循环上流式厌氧污泥床反应器在中温条件下处理高浓度畜禽养殖废水，研究反应器的启动影响因素和产气性能，分析反应器运行特征。畜禽养殖废水可生化性强、毒性较低，属高浓度有机废水，且原水碱度较高，pH 值适中，宜用厌氧法处理。外循环 UASB 在原反应器基础上从出水口与三相分离器之间取水循环，这样可降低进水 COD 浓度并利用出水的高碱度抑制酸化现象的发生，从而提高反应器抗冲击能力，从分离器上部回流也可避免将初期成型的颗粒污泥碾碎。在厌氧消化实验中，负荷在 8.1kgCOD/（$m^3 \cdot d$）时获得最佳处理效果和较高产气率。此时，反应器对 COD 的平均去除率达到 85.6%，平均出水浓度为 1277.2mg/L 左右。系统处理能力为 6.8~7.0kg/（$m^3 \cdot d$），单位容积平均产气率 2.2L/（$L \cdot d$），单位 COD 平均产气率 316.9mL/g，甲烷平均含量 70.50%；该研究可为 UASB 处理高浓度养殖废水的启动提供依据。UASB 在大于 12.2kgCOD/（$m^3 \cdot d$）的负荷下运行会造成 VFA 的积累，从而抑制产甲烷菌的活性影响厌氧段的甲烷化过程，通过比较不同负荷下甲烷的产量及浓度，得出仅就消耗单位有机物的甲烷产率而言，低负荷时反应器对有机物的利用率更高；外循环能够有效缓解负荷和有机酸积累对反应器带来的不利影响，使反应器具有更强的抗冲击能力。启动时较高的升流速度洗出大量絮状污泥，也加速了污泥颗粒化。

14.4.1.2　升流式固体厌氧反应器（USR）

经过 UASB 反应器的畜禽污水中的悬浮物（SS）含量仍然很高，在其基础上研发了升流式固体厌氧反应器（USR），USR 反应器主要处理畜禽粪污水中的固体物质。畜禽粪污水从反应器底部进入消化器内，与活性污泥接触，使粪污水迅速消化。未被消化的有机物及污泥由于重力作用沉降回消化器内，上清液从消化器上部溢出，这样可以得到比水力滞留期高得多的固体滞留期（SRT）和微生物滞留期（MRT），从而提高了固体有机物的分解率和消化效率，且消化器内无需设置污泥回流装置和三相分离器。在中温条件下（35~40℃），采用 USR 反应器处理猪场粪污水，COD 去除率可达 77%~92%，去除效率较高。相比于 UASB 反应器，USR 工艺结构简单、操作便捷，无需设置三相反应器，因此在处理高悬浮物的畜禽粪污水领域具有更好的发展前景。

14.4.1.3　内循环厌氧反应器（IC）

邓良伟等采用内循环厌氧反应器（IC）处理猪场废水，BOD_5 去除率为 95.8%，SS 去除率为 78.5%，沼气产气率达 1.5~3m^3/d。后又通过改善厌氧消化液的可生化性和培养高效脱氮菌种等措施，NH_3-N 去除率达到了 99%，COD 去除率达 98%。厌氧发酵液含有丰富的脂肪酸、葡萄糖、多种氨基酸和核黄素以及铜、镁、锌等微量元素，营养丰富，在养殖业中，厌氧发酵液可作为猪饲料添加剂或用来养鱼而具有良好的经济效益，这也是厌氧发酵液的另一出路。

14.4.1.4　ABR 处理畜禽养殖废水中的有机物

厌氧折流板反应器（ABR）是由美国斯坦福大学的 Mccarty 等于 20 世纪 80 年代初提出的一种高效厌氧反应器，其在对高浓度有机废水和有毒难降解废水的处理中具有特殊的优势，在处理畜禽养殖废水方面取得了较好的效果。对于 ABR 反应器来说，颗粒污泥是决定 ABR 反应器高负荷处理能力的关键因素，采用接种成熟颗粒污泥的方法可以在保持高负荷处理能力的条件下成功启动 ABR。丙酸发酵是 ABR 水解酸化的主要过程。ABR 中污泥微生物适合在中温条件下生长；同时降低温度会导致污泥中絮状沉淀增多，产生大量细胞残骸，对微生物种群结构和数量产生不利的影响。

与 UASB 污泥颗粒化研究相比，关于 ABR 的污泥颗粒化研究报道很少。同时，考虑到我国畜禽养殖废水的具体特点，在 COD_{Cr} 浓度达到 10000mg/L 的废水处理过程中，形成颗粒污泥的研究报道几乎没有。赵丽等借鉴 UASB 的加速启动方式，即采用接种成熟颗粒污泥的方法进行 ABR 的加速启动，探讨 ABR 处理模拟畜禽养殖废水的启动过程以及合适的操作条件。对接种厌氧颗粒污泥后的 ABR，采用逐步升高负荷的方式进行启动。在启动过程中，固定停留时间为 24h，调节进水碱度，反应器温度在 20～35℃之间，当出水 COD 去除率达到 60% 以上时，再稳定运行 5～7d，确保出水中 VFA 和 pH 值分别在 0～0.2mg COD/L 和 6.8～7.5 之间，然后逐步提高有机负荷 30% 左右，继续上述启动过程；当进水有机负荷为 5.7kg COD/（m^3·d），COD 去除率在 80% 以上，即可认为 ABR 启动完成。反应器启动成功后，测定污泥微生物群落结构及多样性，在 ABR 操作条件的优化过程中，采用单因子实验方法，通过比较不同的水力停留时间或温度条件下 ABR 的处理效果，获得反应器的最佳操作条件，并得出以下结论：

① 针对模拟畜禽养殖废水的处理，通过接种厌氧颗粒污泥和逐步提升负荷的方式可以在 64d 内完成 ABR 的启动，启动成功后 ABR 的 OLR 可达 5.7，COD 平均去除率可达 98%。

② 成功启动之后反应器中颗粒污泥浓度在 7.14～26.17g/L 之间，直径从 0.89mm 增长到 1.18～1.58mm，平均增长速率为 $7.28×10^{-3}$mm/d。接触营养物质越多的格室污泥活性越好、颗粒污泥增长越快。成熟颗粒污泥结构相对疏松，致密程度低于接种污泥。

③ PCR-GGE 分析结果表明，ABR 从第 1 格室到第 5 格室微生物的种类和丰度依次递减，不同格室中微生物群落发生了演替。其中序列最相似的产酸菌包括解鸟氨酸拉乌尔菌、未培养的梭状芽孢杆菌、葡萄球菌、丙酸杆菌、未培养的产酸细菌、乳酪短杆菌等，序列最相似的产甲烷菌如未培养的硬角质细菌等，以及序列最相似的产氢菌如未培养的克洛斯-三联菌等。

④ 在进水 COD 和 NH_3-N 浓度分别为 5000mg/L 和 500mg/L、碱度为 2000mg/L（以 CaO 计）、HRT 为 24h，运行温度 32℃±1℃时运行效果较好，相应的 COD 去除率稳定在 80% 以上。

14.4.1.5 厌氧氨氧化技术

亚硝化-厌氧氨氧化（sharon-anammox）：亚硝化-厌氧氨氧化整个工艺分两步进行，第一步亚硝化阶段可将 50%～60% 的 NH_4^+-N 转化为 NO_2^--N，剩余的 NH_4^+-N 与 NO_2^--N 一同进入第二步厌氧氨氧化阶段发生厌氧氨氧化反应。亚硝化-厌氧氨氧化工艺在低碳氮比猪场养殖废水处理过程中得到广泛应用，调节进水中有机物质量浓度是亚硝化-厌氧氨氧化工艺处理畜禽粪污水的关键。在处理养殖废水的试验中，当初始 COD 浓度达到 600mg/L 时，厌氧氨氧化菌仍然可以表现出很强的活性，并占据主导地位。亚硝化-厌氧氨氧化工艺操作简单、处理负荷高，无需添加亚硝氮，含有重碳酸盐可以补偿亚硝化造成的碱度消耗，且最终产物为 N_2，大大降低了 NO 等温室气体的排放，是现今较为广泛使用的厌氧氨氧化工艺。

厌氧氨氧化自养脱氮技术：Yamamoto 等应用短程亚硝化-厌氧氨氧化联合工艺处理自配低

有机质屠宰废水，亚硝化工艺的总氮去除率为 $1.0g/(m \cdot d)$，NH_4^+-N 转化为 NO_2^--N 的比例是 58%，而转化为 NO_3^--N 的比例为 5%，实验进行 70d 后，氮去除率达 $0.22kg/(m \cdot d)$。Dapenamora 等采用亚硝化-厌氧氨氧化工艺处理鱼肉加工厂废水，实验结果为氨氮去除率达 68%，说明亚硝化工艺能够在一定程度上处理废水。王欢等应用经短程硝化反硝化工艺预处理后的低有机质猪场废水，进行厌氧氨氧化处理，其中 NO_2^--N 的去除速率是 99.3%；NH_4^+-N 的去除速率是 91.8%；TN 去除速率是 84.1%；检查废水中残留的有机物发现，这些有机物对厌氧氨氧化未产生抑制作用。

王章霞等将亚硝化工艺与厌氧氨氧化工艺整合于一个反应器中，自行设计亚硝化-厌氧氨氧化一体化反应器，在室温 18~30℃ 的操作条件下，以某养猪场废水经二沉池处理后出水为对象进行实验，着重分析一体化反应器在不同水力停留时间（HRT）及溶解氧（DO）条件下对 COD、NH_4^+-N、TN、NO_2^--N 的去除效果，确定该反应器运行的最佳 HRT 及 DO 值，并考察该一体化反应器在最佳 HRT 和 DO 条件下的运行效果，结果表明，通过实验确定出亚硝化-厌氧氨氧化一体化反应器的最佳 HRT 为 24h，最佳 DO 质量浓度为 1.5~3.5mg/L，在最佳 HRT 和 DO 条件下，COD 去除率达到最大为 85%；当 HRT 在 18h 以上时，出水 NO_2^--N 质量浓度在 10mg/L 以下；NH_4^+-N 和 TN 的去除率随着 HRT 的延长总体呈上升趋势，最大去除率出现在 HRT 为 24h 时，其中 NH_4^+-N 去除率为 84.28%，TN 去除率为 70%。经过一体化反应器处理的养猪场废水基本可以达到排放标准。畜禽养殖废水经过一体化反应器深度处理后再排放，可以有效避免对环境造成有害影响。

14.4.1.6　厌氧折流板反应器-膜曝气生物膜反应器（ABR-MABR）耦合工艺

通过 ABR-MABR 耦合工艺可以实现同一个反应器中的去碳脱氮，因此在畜禽养殖废水的处理方面具有一定的潜力。ABR-MABR 耦合工艺结合了 ABR 的高效去除高浓度有机污染和 MABR 的同步硝化与反硝化的优点。有学者采用 ABR-MABR 耦合工艺处理 COD_{Cr} 和 NH_4^+-N 分别为 1600mg/L 和 80mg/L 的原水，其 COD_{Cr} 和 TN 去除率分别为 59.5% 和 83.5%。尽管如此，有关 ABR-MABR 耦合工艺的研究依然不足，其针对畜禽养殖废水的处理效果与适应性的评价依然较少。

陈晴等采用 ABR-MABR 耦合工艺处理畜禽养殖废水，ABR-MABR 耦合工艺装置示意如图 14.18 所示。该组合工艺对有机物可以达到较好的去除效果，但对 NH_4^+-N 和 TN 的去除效果尚不够理想。结果表明：

① 通过接种厌氧颗粒污泥和逐步提升负荷的方式可以在 48d 内完成 ABR-MABR 耦合工艺的同步启动。启动成功后 ABR-MABR 耦合工艺 OLR 可达 $5.0kg/(m^3 \cdot d)$，COD_{Cr} 平均去除率可达 89%；进水 NH_4^+-N 负荷为 $0.2kg/(L \cdot d)$，NH_4^+-N 去除率可达 60% 以上。强化 ABR-MABR 耦合工艺的脱氮效果需要进一步研究。

② 成功启动之后耦合工艺装置中 MLSS 在 14.0~35.0g/L 之间，厌氧颗粒污泥的 d_{50} 由

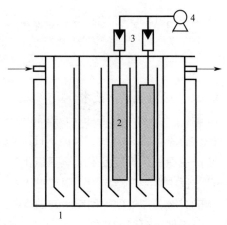

图 14.18　ABR-MABR 耦合工艺装置示意
1—ABR；2—PVDF 中空纤维膜；
3—流量计；4—曝气泵

1.18～1.58mm 增至 1.62～2.37mm，接触营养物质越多的格室污泥活性越好、颗粒污泥增长越快。厌氧格室污泥结构致密，曝气格室以及出水格室中污泥结构相对疏松。

③ ABR-MABR 耦合工艺装置中污泥主要由杆状菌和少量丝状菌、球状菌以及胞外聚合物组成，其微生物群落结构丰富。厌氧格室中优势菌种为与产甲烷或产氢功能相关的厌氧细菌。在膜曝气格室中存在好氧、兼氧或厌氧环境，适合不同的微生物生长，其中包括硝化细菌、反硝化细菌以及与厌氧消化产甲烷相关的菌群。

14.4.2 好氧生物处理技术

好氧生物处理是在充分供氧和适当温度、营养条件下，使好氧微生物大量繁殖，并利用其将废水中的有机物氧化分解为二氧化碳、水、硫酸盐和硝酸盐等无害物质的过程。好氧处理包括天然好氧处理和人工好氧处理两种：天然好氧处理是指利用天然水体和土壤中的微生物来处理废水的方法；人工好氧处理是采取人工强化供氧来提高好氧微生物活力的废水处理方法。可生物降解的有机物可以通过好氧处理最终完全转化为简单的无机物。该方法主要包括活性污泥、生物滤池、生物转盘、生物接触氧化、序批式活性污泥、A/O 及氧化沟等。其中研究较多的是序批式活性污泥法，即水解与 SBR 结合的工艺。它是在同一构筑物内进行进水、反应、沉淀、排水、闲置等周期循环。

采用好氧技术对畜禽废水进行生物处理，于金莲等通过室内模拟试验探讨了混凝-脱氨-好氧生化处理养猪场废水的工艺，结果表明，当生化池活性污泥浓度在 3500～4500mg/L 之间、COD 容积负荷＜3.0kg/（m³·d）、NH_3-N 容积负荷＜0.22kg/（m³·d）时，其生化出水可达到上海市提出的畜牧业排放标准（COD≤400mg/L、NH_3-N≤100mg/L）。这些方法处理效果理想，但是都存在着投资、处理工艺、设备和占用场地等方面的问题。

14.4.2.1 SBR 工艺

（1）序批式活性污泥法（SBR）

SBR 是由传统 Fill-Draw 系统改进而来的间歇式活性污泥法，它将污水处理构筑物从空间系列转化为时间系列，实现厌氧与好氧交替，在同一构筑物内经历进水、反应、沉淀、排水、闲置等过程。SBR 与一般活性污泥法相比，不需要另外设置二沉池。不同时期猪场粪污水中氨氮含量差异很大，而 SBR 反应器耐冲击负荷较强，可以有效地缓解进水氨氮浓度差异大等问题，但在畜禽粪污水处理中 SBR 一般多与其他处理方式结合使用。何连生利用 SBR 法来去除集约化猪场废水高浓度的氨氮和磷时，氨氮的去除率达到了 94.3%，P 的去除率达到 96.5%。研究表明，采用序批式活性污泥法处理养殖废水时，水解过程对 COD_{Cr} 的去除效果较好，SBR 对 TP 的去除率为 74.1%，高浓度氨氮去除率达到 97% 以上。SBR 反应器对 COD、氨氮的去除率分别在 80%～85% 和 85%～90%。SBR 具有工艺简单、处理效果稳定、占地面积小、耐冲击负荷等优点，是目前业界正深入研究的一项污水处理技术。

（2）改良型 SBR 工艺

何志明等采用改良型的 SBR 工艺处理养殖废水，养殖废水经格栅进入应急调节池，污水在应急调节池内调节水量水质，然后经提升泵提升进入 SBR 池，在 SBR 池内实现同步脱氮和有机物氧化，有机物分解成 CO_2 和 H_2O，NH_3-N 经过硝化和反硝化转换成 N_2，出水进入混凝沉淀池，加入化学药剂除磷，经过紫外消毒后达标外排。根据现场情况，处理废水量为 150m³/d，处理后出水水质要求达到《污水综合排放标准》（GB 8978—1996）的一级排放标准。

废水水质：pH6～9、COD 1500mg/L、BOD₅ 750mg/L、SS 1000mg/L、NH₃-N 150mg/L、TP 50mg/L、粪大肠菌群 15000 个/L。废水达标标准： pH6～9、COD 100mg/L、BOD₅ 20mg/L、SS 70mg/L、NH₃-N 15mg/L、TP 8mg/L、粪大肠菌群 1000 个/100mL。

工艺参数如下：

1）格栅池　设置在调节池的进口处，主要是用于去除畜禽养殖废水中较大的悬浮物。

2）应急调节池　这个设施主要用于实现对畜禽养殖废水的水量和水质的调节，设置有液位控制系统和潜污泵。应急调节池的有效水深为 2.5m，有效容积为 200m³。

3）SBR 池　改良型 SBR 工艺主要是用于降解有机物，是整个畜禽养殖废水处理工艺的核心，通过调整废水运行方式，可以有效降解难降解有机物。SBR 法在一个反应池内完成进水、反应、沉淀、排水和闲置 5 个工序。按工程实际设计 2 座 SBR 反应池，有效水深 4.0m，每座反应池运行周期为 24h，其中，进水期为 2.0～2.5h，边进水边搅拌，机械搅拌时间为 3.0h，使废水尽快与污泥混合，进行厌氧反应；搅拌阶段结束，进行曝气阶段，曝气时间为 8h，随后进行 2h 机械搅拌，再进行 2h 曝气阶段；停机静止沉淀 2h，排水期为 4h，闲置期为 3h。根据现场水质情况可以灵活调整，以减少搅拌、曝气时间，降低运行成本。

4）混凝沉淀池　SBR 池上清液通过滗水器滗水进入混凝反应池，投加聚合氯化铝（PAC）药剂，以去除废水中 TP 和悬浮物，以保证出水达标排放。在这个装置中，有效容积为 75m³，配套设备有搅拌器、PAC 加药系统，主体构筑物分为混合池、混凝池、斜板沉淀池及清水池，排泥采用自吸式污泥泵。

5）消毒装置　在改良型 SBR 工艺处理设施之中，还需要辅以紫外消毒器，实现对经过生化处理的畜禽养殖废水的消毒和杀菌。这个消毒装置的功率为 0.5kW。

6）污泥浓缩池　有效容积为 30m³，上清液回流至前端调节池，浓缩污泥作为农用肥。

曹绍宇提出了畜禽养殖废水组合工艺处理系统，实现了对废水的回收再利用，通过除杂过滤、分离降解、生物氧化以及杀菌等工序处理，使畜禽养殖废水达到排放标准。处理装置采取的是"一级缺氧池-一级接触氧化池-二级缺氧池-二级接触氧化池"的组合方式，其中，接触氧化池设置有组合生物填料以及曝气装置，实质也是一种"固液分离-厌氧反应器-接触氧化-曝气生物滤池"的组合工艺，对于可生化性好的废水处理效果较好。

14.4.2.2　新型 HCR 反应器

传统好氧处理工艺利用风机进行曝气供氧，处理效率受到占地面积与供氧效率的影响，同时风机产生大量噪声，带来二次污染。杜祥君等采取新型 HCR 反应器处理高浓度养殖废水，废水经固液分离后自流进入集水池，经厌氧预处理后，进入水解酸化池进行水解反应和反硝化作用，然后废水自流进入新型 HCR 反应器，在此池内进行射流曝气供氧好氧反应，生化反应后的混合溶液进入到气浮池进行固液分离，从而有效去除废水中的 SS。新型 HCR 反应器利用射流器进行供氧，与传统 HCR 结构不同，池内设有填料，不仅出水水质可达到排放标准，而且大大降低了处理成本，减少了风机噪声等二次污染，与其他工艺相比，该工艺占地少、基建费用低、空气氧转化利用率高、固液分离效果好、剩余污泥量较少，具有良好的社会推广价值。新型 HCR 反应器原理如图 14.19 所示。

该工艺与其他工艺组合可确保出水水质达到《畜禽养殖污染物排放标准》（GB 18596—2001），即 COD<400mg/L、NH₃-N<80mg/L、SS<200mg/L 等。进水 SS 在 3000mg/L 左右时，其去除率可达 94.7% 左右；当水力停留时间在 3d 以上时，可实现较好的 COD 和氨氮去除

率，其去除率均可高于 90%。HCR 反应器对有机物的去除效率随有机负荷的增加而降低，当有机负荷在 3.4kgCOD/（m³·d）时，其对有机物的去除率仍可达 90%；系统中的污泥浓度对 COD 的去除效果影响较大，随着调试时间的延长，其 MLSS 浓度可达 8000mg/L 左右。在污泥浓度较低时，其出水水质需要较长的停留时间才能保证达标，而且系统容易波动。当污泥浓度达到 500mg/L 以上时，其系统运行比较稳定。射流器空气进气口采取可调方式进气，由于 HCR 反应器属于好氧生化池，其 DO 需大于 1.5mg/L。根据实验测定，DO 最高可达 6mg/L，其 COD 的去除率也随 DO 的增加而提高。该中试系统经调试后连续运行，保持生化池内 SV 在 40% 左右，当进水流量在 120L/h 时，根据连续监测结果表明该系统运行正常，处理效果稳定，水质监测的平均值见表 14.11。

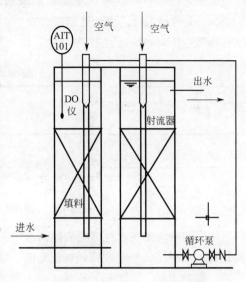

图 14.19　新型 HCR 反应器原理

⊡ 表 14.11　主要污染物的去除效果

项目	COD		NH₃-N	
	浓度/(mg/L)	去除率/%	浓度/(mg/L)	去除率/%
集水池	11800	10	600	10
厌氧池出水	6370	40	513	5
水解池出水	5096	20	462	10
HCR 反应器出水	255	95	46	90
气浮池出水	229	10	43	5

14.4.3　厌氧-好氧联合处理技术

厌氧-好氧组合工艺是公认的经济处理方法，此方法既克服了好氧处理能耗大和占地面积大的不足，又克服厌氧处理达不到要求的缺陷，具有投资少、运行费用低、净化效果好等优点。厌氧、好氧各有其优缺点，为了提高污染物的去除率往往将二者联用。厌氧-好氧生物处理法是通过厌氧过程的产酸阶段，将较难降解的大分子有机物分解为较简单的小分子有机物，提高废水可生化性，然后通过好氧生物处理过程进一步去除。

邓良伟等对传统的 IC-SBR 工艺加以改进，形成厌氧-加原水-间歇曝气工艺，该曝气工艺处理效果与序批式反应器直接处理工艺相同，但其水力停留时间、工程投资、剩余污泥量、需氧量同比分别降低 38.6%、11.8%、16.4% 和 95.9%，并能回收沼气。彭军等选择厌氧-兼氧组合式生物塘作为主体工艺，将上流式厌氧污泥床移植到兼性塘，猪场废水经处理后，其 BOD₅、COD、NH₄⁺-N 浓度可分别从 9000mg/L、14000mmg/L、1200mg/L 降至 20mg/L、60mg/L、65mg/L。在瑞士污水处理专家林得劳普也实施了一整套装置，即粪便污水经分离后，液体进入厌氧消化装置，经消化后排入好氧池处理，最终排放的污水 BOD 浓度减少到 36mg/L，大大降低了污水中有机物的含量。以下为联合组合工艺的工程实例。

信阳某畜禽养殖场废水主要包括尿液、夹杂粪便以及圈舍冲洗水等，处理废水能力按 $12.50m^3/h$ 进行设计，设计处理能力为 $300m^3/d$。工程设计水质进出水指标如表 14.12 所列。工程处理工艺为"预处理-物化-生化"联合处理工艺，工艺流程如图 14.20 所示。

⊡ 表 14.12 进出水质指标　　　　　　　　　　　　　单位：mg/L

水质指标	BOD$_5$	COD$_{Cr}$	SS	NH$_3$-N	TP
进水水质	1000	2000	1000	300	20
出水标准	150	400	200	80	8.0

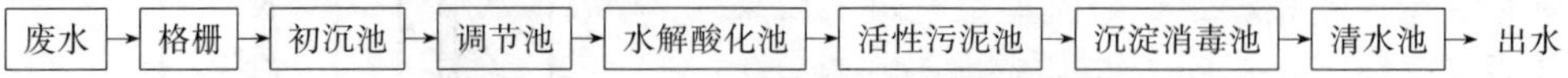

废水 → 格栅 → 初沉池 → 调节池 → 水解酸化池 → 活性污泥池 → 沉淀消毒池 → 清水池 → 出水

图 14.20 某畜禽养殖场废水处理工艺流程

来自养殖场的废水经格栅去除污水中的鸭毛等大块漂浮物及纤维状物质，保证后段处理构筑物的正常运行及有效减轻处理负荷。经格栅处理后污水进入初沉池，沉降大部分的粪便及颗粒物杂质等。经初沉池的污水进入调节池，调节池中设预曝气装置，充分调节水量、均匀水质，防止调节池中的污泥淤积。调节池污水经提升泵提升，经过斜栅后，自流到水解酸化池，废水在缺氧的条件下，利用兼氧菌酸化水解过程，将废水中的大分子、难降解的有机物如大分子物质、难降解的表面活性剂等，酸化分解成小分子有机物，从而使废水可生化性条件进一步提高。

经水解后的废水进入活性污泥池，废水与经初沉池及沉淀消毒池的底部回流的活性污泥一起进入曝气池，废水中的悬浮固体和胶状物质被活性污泥吸附，而废水中的可溶性有机物被活性污泥中的微生物用作自身繁殖的营养，代谢转化为生物细胞，并氧化成最终产物（主要是 CO_2）。为确保外排废水中总磷达标排放，采用"化学除磷"的方法即在活性污泥池出口添加石灰以达到除磷目的。

活性污泥池的出水进入沉淀池，为确保出水中粪大肠菌群达标，沉淀池出水经二氧化氯发生器消毒后排放。部分污泥回流到水解酸化池，剩余污泥定期由泵提升至污泥干化池，降低污泥含量同时去除部分的磷，经干化后的污泥定期外运至农田，作为基肥。主要构筑物及参数如表 14.13 所列。

⊡ 表 14.13 主要构筑物及参数

序号	构筑物	尺寸/m	有效容积/m³	数量/座	停留时间/h
1	初沉池	5.25×2.0×4.5	37	1	3.96
2	调节池	6.0×6.0×4.5	126	1	11.5
3	水解酸化池	6.0×5.0×4.0	105	1	9.5
4	好氧池	6.5×6.0×4.0	133	2	21.3
5	沉淀池	6.0×4.0×4.0	72	1	

14.4.4 其他生物处理法

14.4.4.1 固化微生物技术

固化微生物技术是将微生物固定在载体上（如硅胶、活性炭、硅藻土、石英砂等），使其高度密集并保持其生物活性功能，在适宜的条件下增殖以满足应用之需的技术。该技术可将筛选出的优势菌种或微生物加以固定，从而构成一个高效的废水处理系统。以养猪场废水为例，由于养猪废水经过厌氧发酵处理，碳氮比较低，用传统的活性污泥法处理很难达到排放效果，用物理化学方法费用较高，不适合大规模化养猪场废水的批量处理，因而可采用固化微生物技术。它具有效率与稳定性高、操作简单、占地面积少、处理成本低等优点，通过联合适当的水处理工艺，对规模化养猪场废水治理有巨大潜力，经固化微生物处理后的废水还可以直接用于农业生产。

14.4.4.2　微藻脱氮除磷

除固化微生物技术外，还有利用微藻在养殖废水中脱氮除磷的方法。微藻具有生长快、产量高、可定向培养、适应能力强、易调控等特点，可吸收利用氮、磷元素进行代谢活动来去除水体氮、磷等营养物质，可以克服传统污水处理方法易引起的二次污染、处理效率低、资源不能完全利用等弊端。具体步骤如下：

1）生物滤池的建立　滤层载体填料采用透明无机材料（透明无机材料为玻璃薄片或塑料薄膜）。

2）原水预处理　养殖污水经沉淀固液分离，清液经调节池调整水质，pH 值为 6～8，温度为 20～30℃。

3）微藻的接种、培养　将微藻（微藻为栅藻、小球藻和螺旋藻中的任一种）和步骤 1）中滤层载体填料一起制成生物活性填料，微藻和滤层载体填料混合的体积比为 1∶2，将该生物活性填料置于装有 NB11 培养基的生物滤池中作为滤层，培养 5d，培养条件为：温度为 25℃，光照强度为 5000 lx，pH 值为 7.0，光暗比为 12h∶12h。

4）微藻的驯化　连续通入步骤 2）中经过预处理的中水，起始流量为设计流量的 25%，按照微生物驯化的方法驯化步骤 3）中生物活性填料中的微藻，微藻驯化条件为：温度为 20～30℃，pH 值为 6～8，光照强度为 4000～6000 lx，光暗比为 12h∶12h；随着藻株快速生长，不断提高原水的进水水量直至达到设计流量；通过取样来检测出水中氮、磷的含量，当连续 2d 内出水中氨氮去除率为 95% 以上，磷的去除率为 90% 以上时微藻驯化完成，即得到微藻活性填料。

5）养殖污水氮、磷的去除　养殖污水出水流经生物滤池时，通过微藻对养殖污水进行处理，通过微藻迅速生长繁殖，直接吸收、转化去除水体中的氮、磷等营养元素，同时对重金属元素也有一定的降解效果；微藻处理污水的条件为：温度为 20～30℃，pH 值为 6～8，光照强度为 4000～6000 lx，光暗比为 12h∶12h，水力停留时间为 15～18d。

6）微藻的采收　当微藻生物量达到饱和时对生物滤池进行反冲洗；利用滤池的反冲洗过程实现过量微藻及沉淀物的清除，维持生物滤池微藻最佳活性及系统的正常运行，冲洗出来的微藻可通过投加明矾絮凝沉淀，获得藻浆。

郑耀通等利用光合细菌（PSB）对高浓度有机废水具有较强的降解转化能力，以及小球藻和螺旋藻具有较强的同化 N、P 与 CO_2 合成藻体细胞同时释放氧气的能力，建立由光合细菌、红酵母、产朊假丝酵母、乳酸菌、小球藻组成的高效菌藻生态系统，资源化利用畜禽养殖业的废水，为严重污染环境且难处理的猪场废水处理提供一个切实可行的资源化途径和模式。

14.4.5　综合处理法

综合处理法是指采用好氧、厌氧和生态处理技术相结合的一种养殖废水处理技术。在畜禽养殖废水方面，如 ABR-CASS 联合处理工艺、氨吹脱塔/絮凝沉淀池/ABR 复合厌氧反应器/CASS 好氧反应器/沸石过滤器联合工艺等。河南省某牧业有限公司采用水解酸化-UASB-接触氧化-生物氧化塘-人工湿地组合工艺，对其养猪场产生的养殖废水进行处理。长期运行表明，出水一直稳定达到并高于《农田灌溉水质标准》（GB 5084），处理后的水全部用于附近农田灌溉（每天平均 200m³），所产生的污泥用于附近农田施肥。所产生沼气用于厂区发电机发电。这样不仅大大减少了污染物排放总量，而且开发了可再生能源资源，为该公司创造了良好的经济效益，也促进了附近农业生产的发展。

目前养殖废水处理的核心工艺处理技术为固液分离-水解酸化-厌氧消化-好氧生化-生化过滤四级处理过程。厌氧产生的沼气作燃料使用及综合利用，固液分离出的废弃物加工后成颗粒肥料和液体肥料，达标后排出的水可作景观水、冲洗水回用及综合利用，整个过程既解决废水治理问题，又综合利用有用资源，具有良好的环境效益和经济效益。当然，也可以采用减量化处理，在源头上减少污水的产生，应用干清粪的形式，粪、尿形成分流，减少污水的排放量以及浓度，减少处理难度。

在澳大利亚昆士兰州的一个养猪场，采用厌氧塘-兼性塘-好氧塘工艺处理畜禽废水，废水需要在每个塘中停留超过 200d，出水水质良好，可以通过储水池收集并进行循环使用。

14.4.5.1 "固液分离-两级厌氧-好氧"组合工艺

以大型规模养殖场或是猪粪中含水分较多的猪场、奶牛场为例，采用固液分离干清粪工艺，对污水处理设计为"固液分离-两级厌氧-好氧"，产生的废水首先经过细格栅井去除其中较大的漂浮物，防止堵塞水泵和曝气装置；然后由离心排污泵泵入固液分离器，去除大部分的杂质和畜舍冲洗水中残余的粪便。固液分离后的废水进入调节 A 池。调节池的水经泵送至 AE 厌氧罐进行厌氧发酵。AE 厌氧罐出水进入斜板沉淀池，沉淀的污泥运至污泥干化场。沉淀池出水经调节 B 池后由提升泵提升至 UASB 反应器。UASB 反应器内部设有布水系统、三相分离系统、出水堰等，利用处理中产生的沼气进行搅拌，不需任何动力消耗，克服了现有大型消化池搅拌不均匀、带出厌氧菌群多等缺点，提高了发酵速度，增加了厌氧消化罐的去除率和产沼量，该级厌氧反应器设计有机负荷可达到 3kg COD/（m³·d）。废水在厌氧过程中产生的沼气通过氧化铁净化器除去硫化氢和水分后暂存于沼气柜中，供食堂炉灶、洗浴锅炉等使用。净化后废水经平流沉淀池将活性污泥与废水分离，上层出水排放进入好氧池；分离浓缩后的污泥一部分返回好氧池，以保证好氧池内保持一定浓度的活性污泥，其余为剩余污泥由系统排至污泥干化场进行脱水处理，处理后的废水排至清水池用于冲洗回用，粪便及脱水污泥用于生产有机肥。

14.4.5.2 水解酸化-MUCT 组合工艺

MUCT，即改进型厌氧-缺氧-好氧工艺，是在生物脱氮除磷工艺（A²/O）的基础上改良的具有更好脱氮除磷效果的污水处理工艺。水解酸化-MUCT 组合工艺对污水先进行水解酸化处理，通过厌氧池、缺氧池、好氧池进行处理，达到去除氮磷及其他有机物的目的。废水经水解酸化池将难溶性有机物水解为非常容易溶解的有机物，将很难生物降解的大分子物质转化为极其容易生物降解的小分子物质，从而去除水中的固体悬浮物，再经过厌氧池去除水中 COD$_{Cr}$，在缺氧池进行反硝化作用，在好氧池去除水中的氮、磷、氨氮等。然后将可塑性污泥进行回流，多余污泥直接排放。水解酸化-MUCT 组合工艺流程如图 14.21 所示。

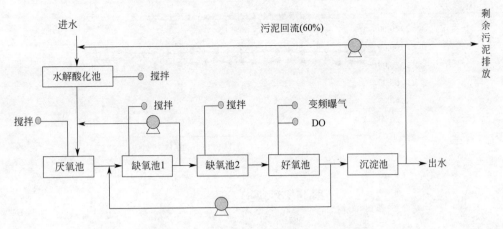

图 14.21　水解酸化-MUCT 组合工艺流程

（1）　SS 去除效果

水解酸化-MUCT 组合工艺废水处理系统运行稳定后，进水 SS 浓度在 1000～500mg/L 时，出水 SS 浓度均值为 108.62mg/L，SS 去除效果见图 14.22。SS 的去除率由传统 MUCT 工艺的 91.44% 提高至 93.12%。该组合工艺中水解酸化池有利于固体悬浮物的去除，厌氧污泥表面积大、吸附性好，能较好地吸附和截留废水中的悬浮物质。

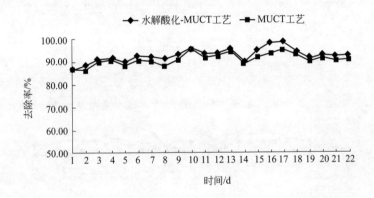

图 14.22　SS 去除效果

（2）　COD$_{Cr}$ 去除效果

出水 COD$_{Cr}$ 平均值为 203.10mg/L，COD$_{Cr}$ 去除效果见图 14.23。COD$_{Cr}$ 去除效果由传统 MUCT 工艺的 83.70% 上升至 94.82%，说明对有机物的降解能力有较大的提高。这主要是因为水解酸化池对有机物大颗粒进行前期降解，有助于后续生化反应的进行。

（3）　NH$_4^+$-N 去除效果

出水 NH$_4^+$-N 平均值为 13.88mg/L，NH$_4^+$-N 去除效果见图 14.24。对 NH$_4^+$-N 的去除率达到了 95.43%，较 MUCT 工艺对 NH$_4^+$-N 的去除率 89.15% 提高了 6.28%。

（4）　TN 去除效果

出水 TN 平均值为 21.32mg/L，TN 去除效果见图 14.25。TN 的去除率为 92.79%，经计算，较传统 MUCT 工艺对 TN 的去除率 89.47% 提高了 3.32%。

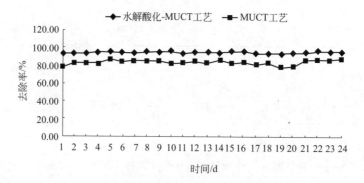

图 14.23 COD_{Cr} 去除效果

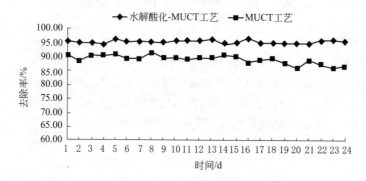

图 14.24 NH_4^+-N 的去除效果

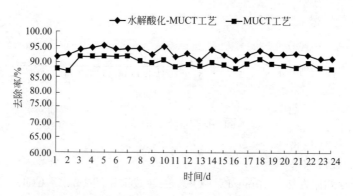

图 14.25 TN 去除效果

（5） TP 去除效果

水解酸化-MUCT 组合方法稳定运行后的出水 TP 平均值为 4.80mg/L，TP 去除效果见图 14.26。水解酸化-MUCT 组合方法与传统 MUCT 工艺 TP 的去除率分别为 87.58% 和 85.50%，水解酸化-MUCT 工艺较传统 MUCT 工艺提高了 2.08%。

结果表明，水解酸化-MUCT 组合工艺可明显去除污水中的氮磷和有机物，出水水质 SS、COD_{Cr}、NH_4^+-N、TN、TP 平均值分别为 108.62mg/L、203.10mg/L、13.88mg/L、21.32mg/L、

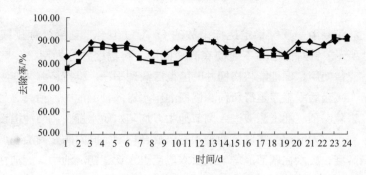

图 14.26　TP 去除效果

4.80mg/L，均达到《畜禽养殖业污染物排放标准》（GB 18596—2001），且减少污泥处理量。水解酸化-MUCT 组合工艺对畜禽废水处理效果显著，SS、COD_{Cr}、NH_4^+-N、TN、TP 的去除率分别达到 93.12%、94.82%、95.43%、92.79%、87.58%。

14.4.5.3 "O/A/O 法-连续循环曝气系统工艺"的新组合工艺

传统 "复合厌氧-SBR" 工艺废水处理设施在主要结构单元设计和设备选型方面存在诸多不足，其流程如图 14.27 所示，主要体现在：

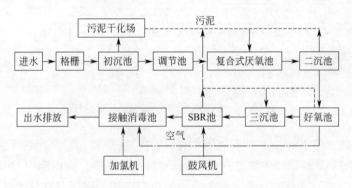

图 14.27　复合厌氧-SBR 工艺流程

① 格栅井只设计了一格，且无自动清渣设备，无法彻底清理干净。另外，潜水泵抽泥面积有限，导致格栅井沉渣较多，停留时间减少，造成初沉池污泥超负荷运行，粪渣进入调节池且沉积严重。

② 初沉池单格停留时间较短，高峰排水期，粪渣停留时间短，造成粪渣大量进入调节池，在调节池中沉积。

③ 调节池设计未考虑采用搅拌装置，污泥沉积严重，有效容积减少，废水停留时间减少，未达到均匀水质水量的目的。

④ 好氧池采用活性污泥工艺，因废水水质变化较大，氨氮浓度高，采用活性污泥工艺容易发生污泥膨胀，难于管理。

⑤ SBR 池进水采用连续进水方式，SBR 沉淀效果较差，出水悬浮物浓度较高，造成后段

消毒药剂用量大，运行费用高。

⑥ 调节池与复合式厌氧池均设置了排沼气管道，沼气直接排入大气中，造成二次污染，且存在安全隐患。

为此，张之浩等采用一项能稳定达标排放的 O/A/O 组合工艺来处理规模化畜禽养殖废水，如图 14.28 所示。针对格栅井不能彻底清渣问题，将格栅井分为两格，增加相应排水管道，并联运行，交替使用。保证能将格栅井的渣彻底清理干净，维持格栅井容积，减少粪渣进入后段工序的量，减轻后段工序运行负荷。格栅池出水进入预沉池中，猪粪等悬浮物在预沉池中进一步沉淀、去除。预沉池上清液进入调节池中，均匀水质水量。调节池增设循环搅拌水泵和穿孔布水管，利用水力搅拌，将调节池废水充分混合均匀，同时防止粪渣在调节池中沉积，减轻调节池清渣难度。废水在调节池均匀水质水量后进入新建初沉池中，泥渣在初沉池中进一步去除废水中的粪渣等悬浮物，防止粪渣等悬浮物堵塞产沼气池布水管网，减少管理运行难度，同时将有害颗粒物进一步降低，保证了产沼气的稳定运行。初沉池出水进入中间水池中，后由提升泵泵入产沼气池中消化处理，大部分有机物在产沼气池中降解，废水污染物浓度得到很大程度的降低。

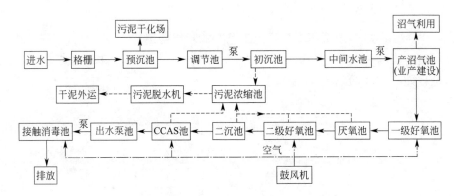

图 14.28 改造的废水处理设施工艺流程

工程设计有效容积 1200m³，停留时间 57h，COD_{Cr} 去除率 70%。产沼气池出水进入 O/A/O 工艺段，利用好氧、缺氧微生物进一步去除水体中的有机物，同时利用 O/A/O 工艺去除氨氮的特性，废水中的氨氮得到大部分去除。O/A/O 工艺段利用原有复合厌氧反应池和好氧池进行改造，将复合厌氧反应池分成两段，前段为好氧段，后段为厌氧段。同时池内均设填料，增加污泥负荷，增加系统去除率。O/A/O 工艺段出水进入 CCAS 池，利用 CCAS 池特性，进行生物脱氮除磷，废水中的污染物得到进一步去除。CCAS 池利用原有 SBR 池改造，增加预反应区，改造曝气系统、污泥回流系统和出水系统。CCAS 池出水进入出水泵池，由水泵将废水泵入接触消毒池中。为防止产生氯代有机物及其他的二次污染物，本工艺采用臭氧发生器作为消毒设施消灭污水中的有害病菌，消毒后达标排放。格栅井与预沉池粪渣排入污泥干化场进行干化，干化后的粪渣作为肥料回收利用。二沉池及 CCAS 池产生的污泥排入污泥浓缩池中，浓缩后进入污泥脱水机，脱水后干泥外运，卫生填埋或作为堆肥使用。

通过对原有废水治理工程进行工艺改造，使 "O/A/O 法-连续循环曝气系统工艺" 的组合工艺对高浓度养殖废水中 COD 的去除率达 96.7%、氨氮的去除率达 84.4%、SS 的去除率达98.1%，出水各项指标均稳定达到《畜禽养殖业污染物排放标准》（GB 18596—2001），且具有处理效率高、出水水质稳定、运行成本低等优点。有效解决了厌氧处理工艺各个参数的去除率仅为 70％～85％的处理效率低的问题；有效解决了好氧处理工艺运营成本高、实用性差的问题；有效解决了厌氧-好氧处理工艺 BOD 和氨氮达不到排放标准的问题；有效解决了人工湿地处理工艺投资高，占地大的问题。所述工艺改造项目是一项具有较高经济效益和社会效益，值得示范推广的工程范例。

14. 4. 5. 4　UASB-SBBR 组合工艺处理畜禽养殖废水

SBBR 的全称为序批式生物膜反应器，是在 SBR 反应器内装填不同的填料而发展出来的另一种新型复合式生物膜反应器。共同运用 UASB 和 SBBR 两组畜禽养殖废水处理法，可以有效提升废水的处理效率，降低处理废水的成本；保证废水中的有机物及氮磷元素得到有效去除，从而改善水质与水的色度，提高了排放废水的水质，实现对环境保护及畜禽业的可持续发展。

杜皓明采用 UASB-SBBR 组合工艺处理畜禽养殖废水，实验中随着 USAB 的不断运转，废水中的 COD 去除率逐步上升。而氨氮去除的效果就并不稳定且理想：当 UASB 进入到稳定运行期后，其氨氮的去除率一直在 15％～13％，并随着后期出水高于进水的情况，氨氮去除率也在逐步下降。对于畜禽养殖废水中的正磷酸盐、聚合磷酸盐和有机磷的去除率当部分污泥处于厌氧环境下，去除率会在短时间内升高，但随着 UASB 开始进入稳定运行期后，正磷酸盐、聚合磷酸盐和有机磷的去除率开始降至 6.5％左右。SBBR 前期，COD 的去除情况呈逐步上升的状态，当开始进原水后 COD 去除率开始下降。但随着 SBBR 中的微生物逐渐适应原水的水质环境，COD 去除率都开始升高，当 COD 去除率达到 88.7％后，COD 去除率没有出现明显的变化。通过分析可以得出废水中大量的有机物经过 UASB 分解后酸化，降低了 SBBR 中好氧处理的难度，这也是后期 COD 去除率趋向稳定的重要原因。SBBR 前期，氨氮去除率也是呈现逐步上升现象；但随着进水开始变为原水，因为 SBBR 中的微生物还没有适应原水水质的环境，氨氮的去除率出现了短时间的下降，但 SBBR 中的微生物开始适应原水水质环境后，氨氮去除率则呈现出逐步上升的情况。由此可见，SBBR 对氨氮的处理效果极佳。SBBR 初期正磷酸盐、聚合磷酸盐和有机磷的去除率逐步增长至 63.5％后开始急速下降，原因是微生物在这一阶段得到快速繁殖，磷元素逐步被微生物的细胞组织利用，为了保证微生物中反硝化细菌的丰富性，故在 50d 后才开始正常排泥。但正磷酸盐、聚合磷酸盐和有机磷的去除率并没有得到明显的上升。随着 SBBR 不断工作，正磷酸盐、聚合磷酸盐和有机磷的去除率仍然较低。由此可见聚磷菌没有进行释磷，导致其整个成长繁殖的过程受到压制，从而无法实现高效的去除正磷酸盐、聚合磷酸盐和有机磷。

参考文献

[1]　郭洪友 . 浅析畜禽粪便的危害及无害化处理技术[J]. 农技服务，2017，34（7）:163-163.

[2]　秦伟，郭曦，蒋立茂 . 畜禽养殖场废水处理技术初探[J]. 四川农业与农机，2006（1）:35-37.

[3]　贡娇娜，窦秋燕，吴希阳，等 . 从猪粪中分离抗铜大肠杆菌及其抗铜基因的初步定位[J]. 云南大学学报:自然科学版，2009，31（5）:534-540.

[4]　赵文晋 . 养殖场污水处理技术研究进展[J]. 贵州省毕节市环境监测中心，2015.

[5]　温飞 . 折流厌氧-好氧组合处理畜禽养殖废水现场试验研究[D]. 杭州：浙江工业大学，2017.

[6]　郭娜，陈前林，郭妤，等 . 畜禽养殖废水处理技术[J]. 广东化工，2010，37（10）:97-98.

[7]　郭凯军，杨振海 . 意大利畜禽粪污处理情况及启示[J]. 世界农业，2017（3）:29-32.

[8]　高春芳，刘超翔，王振，等 . 人工湿地组合生态工艺对规模化猪场养殖废水的净化效果研究[J]. 生态环境学报，2011，20（1）:154-159.

[9]   邓良伟，陈铬铭.IC工艺处理猪场废水试验研究[J].中国沼气，2001，19（2）：12-15.

[10] 何连生，朱迎波，席北斗，等.集约化猪场废水SBR法脱氮除磷的研究[J].中国环境科学，2004，24（2）：224-228.

[11] 于金莲，阎宁.畜禽养殖废水处理方法探讨[J].给水排水，2000，26（9）：44-47.

[12] 邓良伟，郑平，李淑兰，等.添加原水改善SBR工艺处理猪场废水厌氧消化液性能[J].环境科学，2005，26（6）：105-109.

[13] 彭军，吴分苗，唐耀武.组合式稳定塘工艺处理养猪废水设计[J].工业用水与废水，2003，34（3）：44-46.

[14] 郑伟华.光合细菌（PSB）膜法工艺处理高浓度淀粉废水[D].兰州：兰州理工大学，2009.

[15] Li Y S. Robin P, Chzeau D, et al. Vermifiltration as a stage in reuse ofswine wastewater: monitoring methodology on an experimental farm[J]. Ecological Engineering, 2008, 32（4）:301-309.

[16] 孙淑艳.畜禽粪便处理综合利用实用技术模式[J].中国畜禽种业，2016，12（11）：41-41.

[17] 肖冰.厌氧发酵与人工湿地组合技术处理养殖场废水有关研究[D].北京：北京建筑大学，2014.

[18] 张继祯，董江伟.畜禽养殖污水生态处理方式[J].畜牧兽医科学（电子版），2017（4）：18-18.

[19] 陈龙，李杰，钟成华，等.植物床人工湿地处理养殖废水研究[J].环境工程学报，2011，05（7）：1542-1547.

[20] 曹飞华，宋海勇.填料厚度对垂直流人工湿地工艺处理猪场养殖废水效果的影响研究[J].广东化工，2015，42（13）：190-192.

[21] 李瑜，白璐，姚慧敏.谈氧化塘法处理集约化畜禽养殖场污水[J].现代农业科技，2009（5）：248-248.

[22] 鲁秀国，饶婷，范俊，等.氧化塘工艺处理规模化养殖场污水[J].中国给水排水，2009，25（8）：55-57.

[23] 廖新俤，骆世明.人工湿地对猪场废水有机物处理效果的研究[J].应用生态学报，2002，13（1）：113-117.

[24] 于海霞，李志，唐佩娟.自然处理系统在处理畜禽养殖污水中的应用研究[J].当代畜牧，2015（15）：59-60.

[25] 马宁.土地处理系统消纳畜禽养殖业废水的探讨[J].海峡科学，2012（6）：71-73.

[26] 蔡明凯，张智，焦世珺.AF-人工湿地-生态塘工艺处理养殖废水[J].给水排水，2010，36（2）：66-70.

[27] 林霞亮，周兴求，辛来举.UASB+两级AO+化学除磷+稳定塘+人工湿地组合工艺处理奶牛养殖废水[J].净水技术，2017，36（1）：87-91.

[28] 金要勇.氨吹脱-混凝处理奶牛养殖废水厌氧出水的试验研究[D].合肥：安徽工业大学，2015.

[29] 金要勇，孟海玲，刘再亮，等.奶牛养殖废水厌氧出水的吹脱混凝处理试验研究[J].农业环境科学学报，2015，34（02）：384-390.

[30] 崔丽娜，王克科，王岩.磁絮凝法处理规模化猪场废水的实验研究[J].工业安全与环保，2010，36（05）：3-4.

[31] 曾哲伟.A^2/O-混凝工艺处理养猪场废水[J].广州化工，2016，44（11）：185-186，216.

[32] 陈永.多孔材料制备与表征[M].合肥：中国科学技术大学出版社，2010.

[33] 崔静洁，何文，廖世军，等.多孔材料的孔结构表征及其分析[J].材料导报，2009，23（7）：82-86.

[34] Yang K, Xing B. Adsorption of organic compounds by carbon nanomaterials in aqueous phase: Polanyi theory and its application[J]. Chemical reviews, 2010, 110（10）:5989-6008.

[35] [日]近藤精一.吸附科学[M].李国希译.北京：化学工业出版社，2005.

[36] 李子龙，马双枫，王栋，等.活性炭吸附水中金属离子和有机物吸附模式和机理的研究[J].环境科学与管理，2009，34（10）：88-92.

[37] 李欣钰.活性炭吸附对印染废水生化出水各类有机物去除特性研究[D].上海：华东理工大学，2012.

[38] Sutherland J M, Adams C D, Kekobad. In Pilot-scale treatment study of MTBE and alternative fuel oxygenate [M]. United State:Battelle Press, 2002.

[39] 薛蓓.基于活性炭吸附及组合工艺对洗消废水处理的应用研究[D].广州：华南理工大学，2015.

[40] 王艳芹，袁长波，姚利.生物巢厌氧反应器处理奶牛养殖废水效果研究[J].中国农业大学学报，2013，15（18）：109-114.

[41] 徐耀鹏.UASB-SBR-稳定塘组合工艺处理高浓度养殖废水研究[D].成都:成都理工大学，2011.

[42] 张仕立.奶牛场废水综合处理工艺研究[D].郑州:郑州大学，2006.

[43] 王凡，董晓楠.活性炭吸附深度处理奶牛养殖废水试验研究[J].建筑与预算，2016（07）：52-54.

[44] 廖玉华，程群鹏，邓芳，等.半焦吸附养殖废水中的重金属[J].环境工程学报，2016，10（04）：1842-1846.

[45] Obaja D, Macé S, Costa J, et al. Nitrification, denitrification and biological phosphorus removal in piggery wastewater using a sequencing batch reactor. [J]. Bioresource Technology, 2003, 87（1）:103-111.

[46] Marcato C E, Pinelli E, Pouech P, et al. Particle size and metal distributions in anaerobically digested pig slurry [J]. Bioresource Technology, 2008, 99（7）:2340-2348.

[47] Roy C S, Talbot G, Topp E, et al. Bacterial community dynamics in an anaerobic plug-flow type bioreactor treating swine manure. [J]. Water Research, 2009, 43（1）:21-32.

[48] Gericke D, Bornemann L, Kage H, et al. Modelling Ammonia Losses After Field Application of Biogas Slurry in Energy Crop Rotations[J]. Water Air & Soil Pollution, 2012, 223（1）:29-47.

[49] Ferreira L, Duarte E, Figueiredo D. Utilization of wasted sardine oil as co-substrate with pig slurry for biogas production:A pilot experience of decentralized industrial organic waste management in a Portuguese pig farm[J]. Bioresource Technology, 2012, 116:285-289.

[50] Young Shin Leea, Gee-Bong Hanb. Pig slurry treatment by a hybrid multi-stage unit system consisting of an ATAD and an EGSB followed by a SBR reactor [J]. Biosystems Engineering, 2012, 111（3）:243-250.

[51] 靳红梅, 常志州, 叶小梅, 等. 江苏省大型沼气工程沼液理化特性分析[J]. 农业工程学报, 2011, 27（1）: 291-296.

[52] Zhang L, Lee Y, Jahng D. Ammonia stripping for enhanced biomethanization of piggery wastewater[J].Journal of Hazardous Materials, 2012, 199:36-42.

[53] 张文艺, 郑泽鑫, 韩有法, 等. 改性沸石对猪场沼液氮磷吸附特性与机理分析[J]. 农业环境科学学报, 2014, 33（09）:1837-1842.

[54] 付文锋. 膜技术在废水处理中的应用[J]. 绿色科技, 2017（2）:4-6.

[55] 邓蓉. 畜禽养殖场沼液的负压浓缩与纳滤膜浓缩研究[D]. 重庆: 西南大学, 2014.

[56] 杨海霞. MBR 在水处理中的应用与研究[J]. 山东化工, 2009, 38（9）:22-24

[57] 佚名. 兼氧膜生物反应器处理养殖废水技术[J]. 中国环保产业, 2014（10）:71-71.

[58] 陈龙祥, 由涛, 张庆文, 等. 膜生物反应器研究与工程应用进展[J]. 水处理技术, 2009, 35（10）:16-20.

[59] 刘亚会, 汪建根. MBR 处理氨氮废水的试验研究[J]. 安徽农业科学, 2011, 6（34）:211.

[60] 胡姣姣. 兼氧 MBR 处理养殖废水工艺研究[D]. 江西赣州: 江西理工大学, 2013.

[61] 廖志民. 高效低耗 4S-MBR 污水处理新技术的研发与应用[J]. 中国给水排水, 2010, 26（10）:35-38.

[62] 谢锦文. 4S-MBR 处理养猪废水的工程启动研究[D]. 南昌: 南昌大学, 2012.

[63] 程聪. 高级氧化法处理难降解有机废水的研究[D]. 武汉: 武汉纺织大学, 2013.

[64] 欧阳超, 尚晓, 王欣泽, 等. 电化学氧化法去除养猪废水中氨氮的研究[J]. 水处理技术, 2010, 36（6）:111-115.

[65] Choi J W, Song H K, Lee W, et al. Reduction of COD and color of acid and reactive dyestuff wastewater using ozone[J]. Korean Journal of Chemical Engineering, 2004, 21（2）:398-403.

[66] Houshyar Z, Khoshfetrat A B, Fatehifar E. Influence of ozonation process on characteristics of pre-alkalized tannery effluents[J]. Chemical Engineering Journal, 2012, 191（3）:59-65.

[67] 潘松青, 张召基, 陈少华. 臭氧氧化法深度处理养猪废水研究[J]. 安全与环境学报, 2014, 14（6）:153-157.

[68] 邱木清. Fenton 试剂处理猪场养殖废水的实验研究[J]. 绍兴文理学院学报（自然科学）, 2011, 31（04）:15-19.

[69] 乔怡娜. 二氧化氯杀菌机理及其对城市污水杀菌消毒应用研究[D]. 广州: 中山大学, 2008.

[70] Junli H W, Li R, Nanqi M, et al. Disinfection effect of chlorine dioxide on bacteria in water [J]. Wat. Res 1997, 31（3）:607-613.

[71] Xu P, Marie L J, Philippe S, et al. Wastewater disinfection by ozone: main parameters for process design[J]. Wat. Res, 2002, 36:1043-1055.

[72] 张辰, 张欣, 吕东明, 等. 紫外线消毒系统的设计[J]. 给水排水, 2004, 30（3）: 25-27.

[73] Hadas M, Angelo C, Ido B, et al. The use of an open channel, low pressure UV reactor for water treatment in lowhead recirculating aquaculture systems（LH-RAS）[J]. Aquac. Engin, 2010. 42:103-111.

[74] Jyoti K K, Pandit A B. Ozone and cavitation for water disinfection [J]. Biochem. Engin. J. 2004, 18:9-19.

[75] Mason T J, Joyce E, Phull S S, etal. Potential uses of ultrasound in the biological decontamination of water

[J]. Ultrason. Sonochem, 2003, 10:319-323.

[76] Sangave P C, Gogate P R, Pandit A B. Ultrasound and ozone assisted biologicaldegradation of thermally pre-treated and anaerobically pretreated distillerywastewater [J]. Chemosphere, 2007, 68:42.

[77] 曹薇, 施正香, 朱志伟, 等. 电解功能水在养殖业的应用展望[J]. 农业工程学报, 2006, 22:152-154.

[78] 孙淑艳. 畜禽粪便处理综合利用实用技术模式[J]. 中国畜禽种业, 2016, 12(11):41-41.

[79] 刘芳. 畜禽养殖废水基本处理方法[J]. 中国科技纵横, 2013(2):16-16.

[80] 王刚, 闻韵, 海热提, 等. UASB处理高浓度畜禽养殖废水启动及产气性能研究[J]. 环境科学与技术, 2015, 38(1):96-98.

[81] 马耀光, 马柏林. 废水的农业资源化利用[M]. 北京: 化学工业出版社, 2002.

[82] 赵丽, 陈晴, 王毅力. ABR处理模拟畜禽养殖废水中有机物的快速启动与运行优化研究[J]. 环境工程学报, 2017, 11(7):3943-3951.

[83] Yamamoto T, Takaki K, Koyama T, et al. Long-term stability of partial nitritation of swine wastewater digester liquor and its subsequent treatment by Anammox. [J]. Bioresource Technology, 2008, 99(14):6419.

[84] Dapenamora A, Campos J L, Mosqueracorral A, et al. Anammox process for nitrogen removal from anaerobically digested fish canning effluents[J]. Water Science & Technology, 2006, 53(12): 265-274.

[85] 王欢, 李旭东, 曾抗美. 猪场废水厌氧氨氧化脱氮的短程硝化反硝化预处理研究[J]. 环境科学, 2009, 30(01): 114-119.

[86] 王章霞, 杨少伟, 何鉴尧, 等. 亚硝化-厌氧氨氧化一体化反应器用于畜禽养殖废水深度处理的研究[J]. 环境保护工程, 2016, 34(4):150-155.

[87] 胡绍伟. 厌氧折流板反应器与膜曝气生物膜反应器的耦合作用研究[D]. 大连: 大连理工大学, 2008.

[88] 胡绍伟, 徐小连, 杨春雨, 等. 厌氧折流板反应器与膜曝气生物膜反应器耦合作用的试验研究[J]. 环境科学, 2010, 31(3): 697-702.

[89] 陈晴, 王毅力, 赵丽, 等. ABR-MABR耦合工艺处理畜禽养殖废水的同步启动[J]. 环境科学研究, 2017, 30(2):298-305.

[90] 何志明, 秦磊, 李峥. 改良型SBR工艺处理畜禽养殖废水[J]. 工程建设与设计, 2017(6):121-122.

[91] 曹绍宇. 组合工艺在畜禽养殖废水处理中的工程应用研究[J]. 科技创新与应用, 2017(6):33-34.

[92] 杜祥君, 秦继华. HCR工艺改进及其用于养殖废水处理的中试研究[J]. 污染防治技术, 2014, 27(2):18-20.

[93] 邓良伟, 郑平, 陈子爱. Anarwia工艺处理猪场废水的技术经济性研究[J]. 浙江大学学报(农业与生命科版), 2004, 30(6):628-630.

[94] 赵恒斗. 规模化养猪的污水产生、治理与综合利用[J]. 中国沼气, 2004, 14(3):134-146.

[95] 郭建萍, 王超, 胡敏. 畜禽养殖废水处理工程实例[J]. 科技与企业, 2013(18):222-222.

[96] 吴晓梅, 叶美锋, 吴飞龙, 等. 固化微生物处理规模化养猪场废水的试验研究[J]. 能源与环境, 2017, (1): 14-15.

[97] 和津. 利用微藻在养殖污水中脱氮除磷的方法研究[J]. 山东工业技术, 2017(9):52-52.

[98] 郑耀通. 高效菌藻系统资源化处理畜牧养殖废水[J]. 武夷科学, 2004, 20(1):86-92.

[99] 周立平, 高程达, 刘克锋. 畜禽养殖废水处理技术的研究探讨[J]. 湖南饲料, 2017(2):28-30.

[100] 张继祯, 董江伟. 畜禽养殖污水生态处理方式[J]. 畜牧兽医科学:电子版, 2017(4):18-18.

[101] 李林, 付沿东. 浅谈标准化养殖场粪污处理与综合利用技术[J]. 山东畜牧兽医, 2017, 38(5):36-37.

[102] 蔡秀萍, 王杏龙. 水解酸化-MUCT组合工艺处理畜禽养殖废水试验[J]. 黑龙江畜牧兽医, 2017(14):69-71.

[103] 张之浩. O/A/O工艺处理规模化畜禽养殖废水工程改造案例分析[J] 环境与可持续发展, 2013(3):93-95.

[104] 杜皓明. UASB-SBBR组合工艺处理畜禽养殖废水试验研究[J] 资源节约与环保, 2016, 152(2):185-186.

第15章

污泥处理与资源化

15.1 概述

　　污水处理厂剩余污泥是污水生物处理过程的副产物，其产量巨大，约占处理水量的 0.3%～0.5%（以含水率为 97% 计）。尽管目前绝大多数的剩余污泥经过浓缩脱水后达到了一定程度的减量化，但这部分脱水污泥的产量仍然惊人。来自住房与城乡建设部（以下简称"住建部"）的相关数据显示，截至 2016 年 9 月底，全国累计城镇建成污水处理厂 3976 座，污水处理能力达 $1.7 \times 10^8 \, m^3/d$，日产脱水污泥 $1.27 \times 10^5 \, t$（含水率 80%）。由于污泥的成分很复杂，处理处置费用相当高，约占污水处理厂的全部运行费用的 20%～50%，甚至达到 70%。

　　那么，这一座座运转正常的城镇污水处理厂背后，产量巨大的污泥是如何处理处置的呢？据中国水网的相关报道，2014 年我国市政污泥的产量已达 $10.21 \times 10^4 \, t/d$，其中约有 75% 的污泥没有经过任何稳定化或无害化处理，仅是简易填埋和随意的堆弃，15% 的污泥采用了干化焚烧及建材利用，10% 的污泥采用了无害化、稳定化及土地利用。虽然我国污泥厌氧消化技术起步较早，但技术应用发展较慢，与发达国家仍存在较大的差距。截至 2015 年 9 月，在我国建成的 3830 座城镇污水处理厂中，仅在北京、上海、天津、重庆、青岛、石家庄、郑州等城市的约 60 座污水处理厂中采用了污泥厌氧消化工艺，且正常运行的仅约 20 座，如上海白龙港污泥厌氧消化工程、大连东泰夏家河污泥处理工程、青岛麦岛中温厌氧消化工程等。大部分污泥厌氧消化工程未运行或中途停运，如北京高碑店水厂的污泥厌氧消化工程，虽是我国建设最早、规模最大、设计配套最完整、运行时间长达 10 年的项目，但却在 2008 年奥运会前停止了运行。可见，我国污水处理厂建设过程中，长期以来存在"重水轻泥"的现象，90% 以上没有污泥处理的配套设施，即使在运行消化池的污水处理厂，消化后的污泥也只是稍加脱水后就直接农用，并未做任何无害化处理，仍不符合相关标准。大量污泥被随意外运、简单填埋或堆放，带来严重的二次污染风险，并已威胁到人类的健康，使污水处理工作的环境效益大打折扣。

　　因此，面对我国当前污泥处理处置的困境，要实现污泥减量化、无害化、资源化，最大限度减少污泥产生量、提升污泥处理处置能力是当务之急。国家发改委、住建部 2016 年底联合印发《"十三五"全国城镇污水处理及再生利用设施建设规划》（以下称《规划》）也对污泥处置提出明确要求：到 2020 年年底，地级及以上城市污泥无害化处置率达到 90%，其他城市达到 75%；县城力争达到 60%；重点镇提高 5 个百分点，初步实现建制镇污泥统筹集中处置。现有不达标的污泥处理处置设施应加快完成达标改造。优先解决污泥产生量大、存在二次污染隐患地区的污泥处理处置问题。为确保污泥处理处置的资金投入，《规划》中确定，我国"十三五"城镇污水处理及再生利用设施建设共投资约 5644 亿元。其中，新增或改造污泥无害化处理处置设施投资 294 亿元。新增或改造污泥（按含水率 80% 的湿污泥计）无害化处理处置设施能力 6.01×10^4 t/d。其中，设市城市 4.56×10^4 t/d，县城 0.92×10^4 t/d，建制镇 0.53×10^4 t/d。《规划》同时指出，要坚持无害化处理处置原则，结合各地经济社会发展水平，因地制宜选用成熟可靠的污泥处理处置技术。鼓励采用能源化、资源化技术手段，尽可能回收利用污泥中的能源和资源。鼓励将经过稳定化、无害化处理的污泥制成符合相关标准的有机炭土，用于荒地造林、苗木抚育、园林绿化等。污泥处置设施应按照"集散结合、适当集中"原则建设，形成规模效应。

综上所述，污泥处理处置是全过程污水处理不可或缺的一个环节，是节能减排、从本质上综合治理环境污染，改善环境质量状况的重要组成。根据国外污泥处置的总体经验，要想实现减量化、无害化、资源化的污泥处理处置目标，首先要全力推广污泥减量的相关技术，从源头上减少污泥产生量。其次是对于新建的污水处理厂要考虑同时建设减量化、稳定化、无害化设施，进一步控制污泥二次污染的扩散。此外，针对污泥资源化、能源化的新技术、新工艺的研发也是实现污泥安全处理处置的重要目标和未来主要的发展方向。

本篇正是在污泥处理处置迫在眉睫的严峻背景下，详细阐述课题组近些年在污泥减量化、无害化、资源化方面开展的工作和取得的成果，作为城市污染水体的综合整治重要环节，旨在为城市污水处理厂污泥的综合整治提供技术支持和案例借鉴。

15.2　好氧-沉淀-厌氧（OSA）污泥减量工艺

污泥过程化减量是利用物理、化学、生化的手段，使污水处理过程中产生的剩余污泥量明显降低，可以从根本上减少整个污水处理系统向外排放的生物固体量，成为解决污泥问题的最理想途径。

好氧-沉淀-厌氧（oxic-settling-anaerobic，OSA）工艺是在常规活性污泥工艺的污泥回流过程中设置一厌氧段，不需要通过物理或化学手段进行预处理，也不需要添加化学药剂，已被证实比传统的活性污泥处理工艺减少 40%～58% 的污泥量，同时改善了污泥沉降性能，被认为是很有前景的污泥减量方法。

目前对 OSA 工艺的研究主要侧重于污泥减量效果、影响因素、工艺运行条件和运行参数探讨和优化，本节在阐述 OSA 工艺的剩余污泥减量效能和影响因素的基础上，重点介绍 OSA 工艺污泥减量的机理和生物多样性等方面的研究成果。

15.2.1　好氧-沉淀-厌氧工艺污泥减量化效能及影响因素

以传统活性污泥法（CAS）为参照，系统研究了好氧-沉淀-厌氧（OSA）污泥减量工艺连续运行 240d 的污水处理效果、污泥性能以及污泥产率的影响因素。图 15.1 所示为 CAS 工艺流程，图 15.2 所示为 OSA 工艺流程。

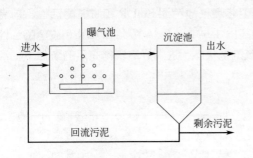

图 15.1 CAS 工艺流程

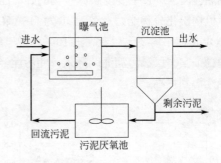

图 15.2 OSA 工艺流程

（1）污水处理效果

实现污水高效处理同时降低污泥产率是污泥减量工艺的根本目的，从图 15.3 可知，进水 COD 的波动对两种工艺出水 COD 没有明显的影响，其 COD 去除率都能稳定在 90% 以上，OSA 工艺 COD 的平均去除率略高于 CAS 工艺。图 15.4 是 OSA 和 CAS 工艺稳定运行后氮、磷的去除效率，所得的数据为连续运行 50d 的平均值。与 CAS 工艺相比，OSA 工艺 NH_4^+-N 的去除率低 6%，而 TN 和 TP 的去除率则分别要高出 42.58% 和 53.84%。OSA 工艺 NH_4^+-N 去除率偏低主要是由于 OSA 污泥厌氧池中的部分微生物死亡释放出氨氮或部分有机氮氨化成氨氮，回流至好氧池中，使得氨氮负荷升高，造成去除率下降。但是经过好氧硝化氨氮转化成的硝酸盐氮，在污泥厌氧池中充分地反硝化生成氮气，使得 TN 的去除率达到 58.86%，比 CAS 高出 42.58%。

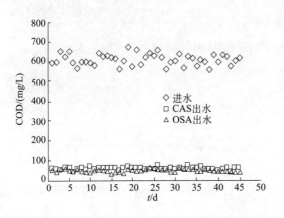

图 15.3 CAS 和 OSA 中进水和出水 COD 的变化

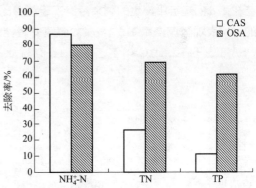

图 15.4 CAS 和 OSA 中氮磷去除率

（2）污泥沉降性能和污泥活性的影响

污泥沉降性能的好坏直接影响活性污泥工艺运行效果。从图 15.5 可以看出，OSA 工艺整个运行过程 SVI 值都比较稳定，平均值为 97mL/g；而 CAS 工艺 SVI 值波动相对较大，平均值要比 OSA 工艺高出 25mL/g。这一结果表明 OSA 工艺中厌氧污泥池的插入有助于改善系统的沉降性能。VS/TS 是挥发性固体占固体总量的比值，挥发性固体量与生物量成正比，因此这一比值可以粗略地反映污泥活性。图 15.5 中的数据表明，两种污泥 VS/TS 平均值都为 0.72

左右，这一指标不能反映出污泥活性的显著差异。

比耗氧速率（SOUR）和脱氢酶活性（dehydrogenase activity，DA）均能较好地反映微生物的活性。SOUR 主要反映微生物的好氧活性，脱氢酶活性则描述微生物的酶活性以及微生物对有机物氧化分解能力。图 15.6 为 OSA 和 CAS 工艺曝气池污泥 SOUR 和脱氢酶活性，前者的 SOUR 值平均要比后者高出 10%，脱氢酶活性高出 3.67%。OSA 污泥 SOUR 和脱氢酶活性的提高证实了厌氧污泥池的插入，使污泥经过厌氧饥饿状态，进入好氧底物充足的条件下，污泥活性得到提高。

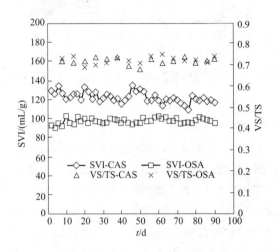

图 15.5　SVI、VS/TS 的变化关系

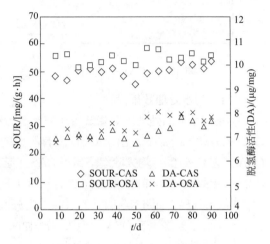

图 15.6　SOUR、脱氢酶活性的变化关系

（3）污泥减量效果

图 15.7 为 CAS 和 OSA 工艺稳定运行 2 个月后，连续 45d 污泥的减量效果，其中 OSA 工艺在 45d 的运行中产生的剩余污泥干重总量比 CAS 工艺减少 41.75%。CAS 工艺和 OSA 工艺的平均表观污泥产率 Y_{obs}（g/g，增殖的污泥量/降解 COD 量）分别为 0.42g/g 和 0.24g/g，OSA 工艺的 Y_{obs} 比 CAS 工艺下降 44.34%。

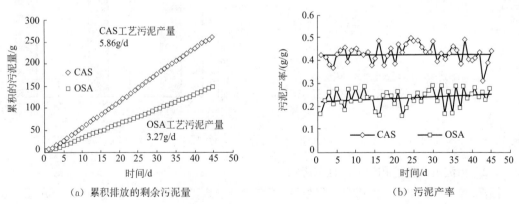

（a）累积排放的剩余污泥量　　　　　　　（b）污泥产率

图 15.7　CAS 和 OSA 污泥减量效果

（4）污泥产率的影响因素

1）ORP 对污泥产率的影响　在污泥回流段插入厌氧污泥池是 OSA 污泥减量工艺的核心环节，氧化还原电位（ORP）是指示污泥厌氧/缺氧程度的重要参数，决定了污泥衰减和能量

解偶联程度，直接影响系统污泥产量。较低的 ORP 下，污泥厌氧有利于内源碳被利用，促使污泥减量。ORP 越低，好氧富营养-厌氧/缺氧贫营养交替对 SOUR 的波动越显著，污泥在 ORP 为−250mV 厌氧 8h 后，再进入食物充足的好氧环境中，SOUR 增加了 3 倍多（图 15.8）。在低基质浓度和低 ORP 的厌氧或缺氧条件下，微生物消耗体内积累的能量，维持正常代谢，活性逐渐受到抑制，SOUR 下降。高浓度污泥饥饿厌氧/缺氧 8h 后进入食物充足的好氧状态，微生物活性增强，代谢有机物，储存能量，SOUR 急剧上升。好氧活性微生物的数量基本不受好氧厌氧交替的影响（图 15.9），进一步证实由于交替的厌氧/缺氧-好氧环境引起 SOUR 波动，促使能量解偶联。

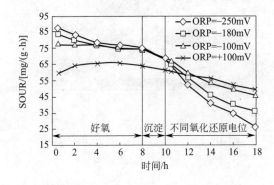 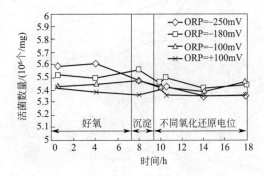

图 15.8 不同 ORP 条件下 SOUR 的变化　　**图 15.9** 不同 ORP 条件下活菌数量的变化

2）污泥回流比（R）对污泥产率的影响　R 是活性污泥系统最重要的运行控制参数，它影响回流污泥浓度、厌氧污泥停留时间和污泥龄，是污泥产率的重要影响因素。研究发现，随着 R 值升高，污泥产率升高。当 R 从 0.65 下降到 0.27，厌氧污泥浓度下降，污泥在厌氧池的停留时间缩短了 5.6h，好氧污泥龄和厌氧污泥龄缩短，污泥产率升高了 0.13g/g。R 为 0.33 和 0.27 时，污泥产率都较低，但回流比为 0.27 时，好氧池污泥浓度不易控制。因此，按照实验运行稳定性和低污泥产率相结合原则，R 确定为 0.33。

3）厌氧污泥停留时间与厌氧污泥浓度对污泥产率的影响　污泥回流比确定后，厌氧反应器浓度和污泥停留时间可通过改变沉淀池容积和厌氧污泥池容积进行调节和控制。由图 15.10 可见，厌氧污泥浓度越高，污泥产率越低；相同污泥浓度，厌氧时间越长，污泥产率越低。厌氧时间相同时，污泥浓度由 4g/L 升至 9g/L 左右时污泥产率下降 0.06~0.08g/g，而污泥浓度提高到 12g/L 时，污泥产率下降幅度很小。由于提高厌氧浓度需要延长污泥沉降时间，扩大沉淀池容积，且易出现污泥反硝化上浮等现象，因此厌氧污泥浓度维持在 9g/L 左右。污泥浓度相同时，随污泥停留时间延长，污泥产率下降，但污泥回流比不变的条件下，延长污泥厌氧停留时间，厌氧池容积增加，占地面积和基建投资也会相应地增加。因此，确定污泥厌氧停留时间为 8~12h。

4）有机负荷（N_s）对污泥产率的影响　N_s 是废水生物处理工艺设计运行的决定性参数。连续流实验中，利用以淀粉、蛋白胨等复合碳源的配水，改变污水 COD 浓度，调节 N_s 分别为 0.41kg/（kg·d）、0.66kg/（kg·d）、1.13kg/（kg·d）时，COD 去除效率及污泥产率的变化（图 15.11）表明：N_s 从 0.41kg/（kg·d）升到 0.66kg/（kg·d），CAS 和 OSA 系统平均污泥产率基本不变，分别为 0.43g/g 和 0.24g/g，出水 COD 未受影响。当 N_s 上升到 1.13kg/（kg·d）时，CAS 系统和 OSA 系统的平均污泥产率分别为 0.56g/g、0.28g/g，与低负荷相比，CAS 和 OSA 系统的污泥产率分别升高了 0.13g/g 和 0.04g/g。相对于 CAS 系统，OSA 系统污泥减量率从 44% 上升到 50% 左右。结果表明：OSA 工艺在不降低 COD 去除率的前提下，提高 N_s 污泥产率变化很小，而 CAS 工艺随着 N_s 提高，污泥产率明显升高，因此在较高的 N_s 下，OSA 工艺相对 CAS 工艺污泥减量效果提高显著。

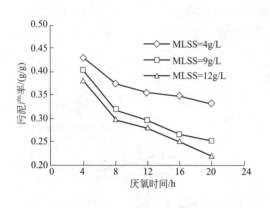

图 15.10　污泥浓度和污泥厌氧时间
对污泥产率的影响

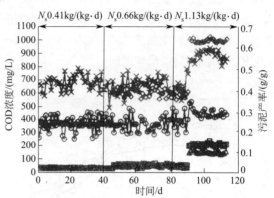

图 15.11　有机负荷 N_s 对 COD 去除率
及污泥产率的影响

15.2.2　好氧-沉淀-厌氧工艺剩余污泥减量机理

由于 OSA 工艺污泥厌氧好氧耦合，好氧池中原生动物和后生动物非常少见，因此生物捕食对污泥减量的影响非常少。目前主要存在两种 OSA 污泥减量理论。一种理论认为 OSA 工艺通过能量解偶联理论实现污泥减量。OSA 工艺中交替厌氧、好氧环境，使微生物在好氧阶段通过氧化外源有机底物合成的 ATP 不能用于合成新细胞，而是在厌氧段作为维持细胞生命活动的能量被消耗。当微生物回到食物充足的好氧反应器时，重新进行能量储备，用于维持厌氧段细胞的基本代谢。这种交替好氧-厌氧循环，刺激微生物分解代谢与合成代谢相分离，从而达到污泥减量的效果。另一种污泥衰减理论认为，厌氧污泥浓缩池中发生污泥衰减、污泥水解或消散是 OSA 工艺污泥减量的主要原因。OSA 工艺中厌氧污泥浓缩池污泥浓度高，停留时间长，基本没有外源基质，引起一些微生物死亡或内源呼吸分解，使得污泥产率降低。本节通过连续和间歇试验，对传统的活性污泥工艺（conventional activated sludge，CAS）和厌氧-好氧耦合工艺（oxic-settling-anaerobic，OSA）进行对比研究。深入探讨 OSA 工艺污泥减量的原因，对各种可能的机理进行分析和比较。

（1）污泥衰减

通过模拟低基质条件下高浓度污泥厌氧过程的变化。污泥浓度为 11g/L，厌氧前上清液 SCOD 浓度约为 50mg/L。厌氧过程中 SCOD、NH_4^+-N、TP 的变化关系见图 15.12。随污泥厌氧时间延长液相中 SCOD、NH_4^+-N、TP 浓度逐渐升高。OSA 污泥厌氧上清液中溶解性蛋白质和多糖含量随厌氧时间逐渐上升，溶解性蛋白质浓度高达 33.09mg/L，上升幅度高于多糖浓度的变化（见图 15.13）。由于污泥干重的 50% 是蛋白质，且蛋白质测定方便，蛋白质浓度是很常用的污泥生长参数。因此，污泥厌氧上清液中，胞外溶解性蛋白质可能来源于废水组分或细胞水解，或微生物分泌的胞外酶，在本研究中，污泥上清液中含氮化合物浓度极低，而厌氧过程中营养物含量的变化进一步证实了溶解性蛋白质和多糖浓度升高是由于厌氧过程中存在微生物死亡，释放出胞内物，或者是由于微生物改变代谢途径分泌的胞外酶，说明在没有外源性基质的污泥厌氧过程中确实存在着污泥水解或消散现象，一些微生物死亡、水解，释放出胞内的蛋白质等，导致 SCOD、NH_4^+-N、TP 浓度升高。

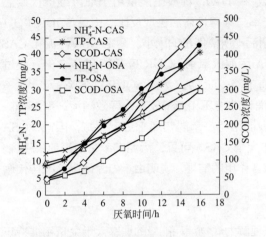

图 15.12 溶解性 SCOD、NH_4^+-N、TP 的变化

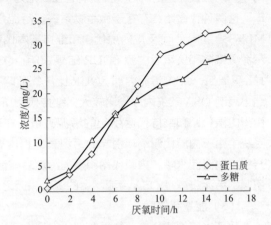

图 15.13 污泥厌氧过程释放的溶解性蛋白质和多糖的变化关系

对 CAS 污泥厌氧上清液有机物组分中 VFA 含量分析见图 15.14，说明污泥厌氧过程存在水解酸化现象。主要是吸附于细胞周围一些难降解物质、不溶性有机物、细胞死亡释放的胞内物等水解成易于被发酵微生物利用的简单有机物，在酸化条件下，进一步降解为乙酸、乙醇等挥发性有机物，作二次基质，可用于反硝化、厌氧释磷等生化反应的碳源，导致污泥减量。

由图 15.14 可以看出，污泥厌氧 16h，CAS 污泥释放 SCOD 和 NH_4^+-N 浓度均高于 OSA 污泥，SCOD 和 NH_4^+-N 浓度分别增加了 435mg/L 和 23.94mg/L，是相同条件下 OSA 污泥厌氧释放出 SCOD 和 NH_4^+-N 的 1.7 倍和 1.3 倍。这主要是由于 CAS 污泥在好氧-厌氧间歇实验中，微生物不能适应厌氧-好氧环境的交替变化，而 OSA 工艺经过长期厌氧-好氧环境的交替，能够适应这种环境的微生物种群较丰富，导致 CAS 污泥衰减现象比 OSA 污泥更显著。如果微生物死亡引发的污泥衰减是导致污泥减量的决定性原因，那么 CAS 间歇实验污泥产率应低于 OSA 的产率。然而实验数

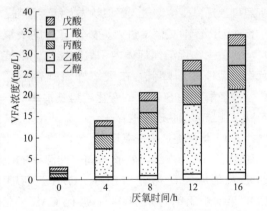

图 15.14 厌氧浓缩污泥厌氧过程中 VFA 的变化

据表明，OSA 污泥间歇实验测得的 Y_{obs}（MLSS/COD）反而低于 CAS 污泥运行的 Y_{obs}，相对于对照组分别下降 28.30% 和 18.87%。假定微生物死亡、水解等引发的污泥衰减是导致 CAS 污泥厌氧好氧耦合污泥减量的唯一原因，这种因素在 OSA 污泥间歇实验减量效果中只占到 66.68%，在 OSA 减量工艺中仍有 33.32% 的污泥减量可能来自于厌氧好氧耦合以外的因素。厌氧好氧耦合引起污泥减量，除了污泥衰减，也可能存在能量解偶联现象。

（2）维持代谢和内源代谢

系统在长污泥停留时间和高污泥浓度条件下运行，能够有效地降低污泥产率，这与微生物维持代谢和内源代谢也有关。维持代谢提供维持细菌生命活动的能量，主要用于细胞更新、运动等。内源代谢通过微生物自身完全氧化为 CO_2 和 H_2O，释放出能量用于细菌维持代谢活动。这两种代谢始终存在于微生物系统。污泥产率与维持代谢活性成反比。内源 SOUR（O_2/MLVSS）的大小可反应内源代谢和维持基本代谢活动所需能量的大小。测定 OSA 污泥和 CAS 污泥厌氧前和厌氧后内源 SOUR 结果表明：OSA 污泥厌氧前 SOUR 是 CAS 的 1.7 倍，经过 16h 厌氧后，OSA 污泥内源 SOUR 比厌氧前略有下降，而 CAS 污泥 SOUR 约下降 1/2。这一结果表明 OSA 系统内源代谢较大，维持代谢所消耗的物质和能量较高，导致污泥产率下降。由于内源代谢和维持代谢引起的污泥减量，在表征污泥产率时归属于污泥衰减，因此，OSA 系统中由于内源代谢消耗引起的污泥衰减程度要大于 CAS。可见，污泥产率是由厌氧-好氧耦合引发的污泥水解和内源代谢引发的污泥衰减综合作用的结果，说明由于内源代谢和维持代谢引起的污泥衰减是 OSA 污泥减量的重要原因之一。

（3）能量解偶联

从环境工程的角度，能量解偶联的概念可以理解为底物消耗能量的速率大于生长和维持正常生命活动需求的能量。在废水生物处理工艺中，解偶联代谢可以通过去除单位基质降低的生物量来表征。根据能量解偶联理论，如果在交替食物充足的好氧环境和食物缺乏的厌氧环境中发生能量解偶联，Y_{obs} 将会下降。由于厌氧段释放出 SCOD，它可作为二次基质被好氧微生物利用。在间歇厌氧好氧耦合实验中，好氧段污泥产率计算时，若忽略这部分基质的隐性生长作用，会导致污泥产量偏高，考虑到隐性生长时，耦合组好氧段污泥产率比对照组低 7.5%，这部分污泥减量很可能是污泥交替厌氧好氧，且厌氧段污泥处于高浓度、低基质状态，引发能量解偶联。间歇实验厌氧-好氧耦合整个周期不同时间段 SOUR 和脱氢酶活测定的结果（图 15.15）表明：高浓度污泥饥饿厌氧 8h 后立即进入食物充足的好氧状态，SOUR 和脱氢酶活性都急剧上升，微生物进入好氧状态，活性增强，吸收有机物，储存能量。随着体内储存能量增加，SOUR 逐渐减弱。进入无外源基质的厌氧环境，微生物逐渐消耗体内积累的能量，维持代谢，活性逐渐降低。在厌氧好氧耦合周期内，脱氢酶活和 SOUR 的变化趋势基本相似，反映了能量解偶联现象的存在。

（4）低污泥产率厌氧反应

图 15.16 为连续流实验不同时间测得的比 COD 去除率和比污泥增殖率。OSA 污泥比 COD 平均利用率为 $0.044h^{-1}$，要比 CAS 污泥高出 $0.004h^{-1}$，比污泥增殖率为 $0.012h^{-1}$，比 CAS 小 $0.002h^{-1}$。能量解偶联作用、提高维持代谢和内源代谢所需的能量都可以使比污泥增殖率下降。但 OSA 工艺的比污泥增殖率下降的同时，比 COD 去除率上升，说明在 OSA 工艺

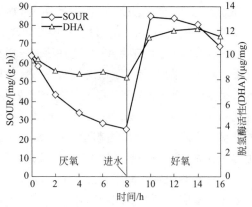

图 15.15　间歇实验中 SOUR 和脱氢酶活性的变化

中可能存在低污泥产率的慢速生长微生物，且上文中已证实污泥衰减的同时还存在其他因素导致 OSA 污泥产率下降。

由于 OSA 工艺厌氧好氧耦合，存在内源反硝化和生物除磷现象，TN 和 TP 的去除率分别达到 58.86% 和 63.43%。OSA 污泥在厌氧水解酸化过程中释放出 SCOD，作为反硝化、硫酸盐还原、厌氧释磷和产甲烷等生化反应的碳源，这些厌氧生化反应的污泥产率低于好氧代谢的污泥产率。连续流 OSA 系统中，厌氧段污泥增殖 2.52 g/d，与好氧代谢相比，消耗相同 COD，污泥产量可下降 3.06g/d。根据整个系统物料平衡计算，OSA 厌氧池污泥总产量减少 7.45g/d，说明厌氧污泥衰减引起的污泥减量程度超过厌氧代谢增殖的污泥量。厌氧

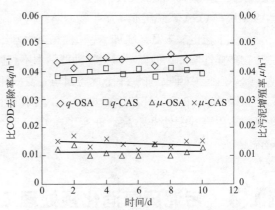

图 15.16　比 COD 去除率和污泥比增殖率
随时间的变化关系

池中被消耗等量 COD 对应于好氧污泥增殖，污泥产量达到 5.58g/d，因此整个过程中实际污泥衰减的总量是 13.03g/d，由于低污泥产率的生化反应引起的污泥减量为 3.06g/d，占整个厌氧污泥池污泥减量的 23.48%。此外，由于污泥厌氧过程二次基质的释放和利用，消耗能量也会引起污泥减量。

综上可知，厌氧池是 OSA 工艺污泥减量的关键环节。与生物脱氮除磷功能的厌氧区相比，OSA 工艺厌氧段主要特点是污泥浓度高达 8～12g/L，有机物浓度低，停留时间长达 8～16h。经过沉淀池浓缩后的污泥进入厌氧池，污泥浓度是传统厌氧区污泥浓度的 2 倍以上；有机物经过曝气池和沉淀池已基本被降解，使得随污泥进入厌氧段的有机物浓度相当低，因此存在显著的污泥衰减现象。OSA 污泥衰减主要有两部分组成，一部分是由于微生物死亡、水解及吸附于污泥絮体表面的一些颗粒有机物或难降解物质水解酸化；另一部分是由于污泥浓度高，停留时间长，系统微生物要比 CAS 系统消耗更多的有机物用于维持代谢和内源代谢，不用于微生物增殖。OSA 工艺中约 2/3 的污泥减量是由这两部分污泥衰减共同作用引发，成为污泥减量的主要原因。为了进一步探讨 OSA 污泥减量的原因，需要从微观分子生物学角度进一步分析微生物种群结构，揭示微生物代谢途径和机理。

15.2.3　好氧-沉淀-厌氧工艺微生物种群结构

为研究好氧-沉淀-厌氧（OSA）污泥减量工艺微生物群落结构和多样性，以及运行条件对微生物群落的影响，使用 16SrDNA 的 PCR-DG-DGGE 图谱分析方法结合条带割胶回收 DNA 序列比对，对 OSA 工艺微生物群落特征和多样性，以及运行条件对微生物群落的影响进行了分析（图 15.17）。

DG-DGGE 图谱聚类分析和多样性指数分析表明，在 OSA 连续流工艺中好氧污泥和厌氧污泥

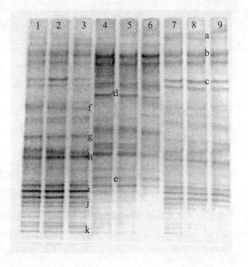

图 15.17　OSA 和 CAS 污泥 DG-DGGE 图谱

Dice 相似性系数为 0.57，CAS 工艺好氧污泥与 OSA 工艺厌氧污泥间的相似性系数为 0.44，CAS 系统与 OSA 系统污泥中微生物群落结构有较大差别。OSA 工艺微生物群落多样性比传统活性污泥工艺更加丰富。增加 N_s 和提高废水水质的复杂性，都能使 Shannon 指数略有提高，微生物多样性增加，但优势微生物种群基本不受影响。DG-DGGE 图谱中优势条带序列分析表明，OSA 工艺中回收到的 11 个优势菌与 α-变形杆菌、β-变形杆菌、CFB 菌群种属的微生物有很近的亲缘关系，β-变形杆菌约占 63.6%。其中 6 个优势菌与强化生物除磷系统、反硝化系统中出现的微生物同源性非常高，证实了在 OSA 系统中存在慢速生长微生物——反硝化菌和聚磷菌。

15.3　污泥厌氧消化预处理工艺

作为目前国际上最为常用的污泥生物处理方法，厌氧消化也是大型污水处理厂最为经济的污泥处理方法。美国 68% 的污水处理厂采用厌氧方法消化污泥，在欧洲、日本等发达国家，厌氧消化的应用普及率也达到了 60% 以上。随着污泥排放标准和处置要求的日益严格，针对目前我国大中型污水厂消化池或者不建或者多数已建但处于停用或者半停工状态的问题，如何提高污泥厌氧消化效率已经成为亟待解决的环境问题。

厌氧消化可以被描述成一个极其复杂的多级过程。1979 年，伯力特（Bryant）等根据微生物的生物种群，提出的厌氧消化三阶段理论，也是当前较为公认的理论模式。第一阶段，在水解与发酵细菌作用下，由复杂的有机物、油脂、木质素、蛋白质和纤维素组成的活性污泥被分解成有机酸、酒精、氨和二氧化碳，由于污泥的絮体结构和细胞壁的屏蔽作用，致使胞内有机物很难在胞外水解酶的作用下释放到胞外并水解成小分子，从而延长了污泥消化的周期；第二阶段是在产氢、产乙酸菌的作用下，前一阶段产物被分解成氢、二氧化碳和低分子量的有机酸；第三阶段是通过两类生理上不同的产甲烷菌的作用，一类把氢和二氧化碳转化成甲烷，另一类使乙酸脱羟产生甲烷。在厌氧消化的过程中，由乙酸形成的 CH_4 约占总量的 2/3，由 CO_2 还原形成的 CH_4 约占总量的 1/3。由上述可知，产氢产乙酸细菌在厌氧消化中具有极为重要的作用，它和水解与发酵细菌及产甲烷细菌之间存在共生关系，起到了联系作用，且不断地提供大量的 H_2，作为产甲烷细菌的能源以及还原 CO_2 生成 CH_4 的电子供体。而产氢产乙酸细菌可利用的低分子量的有机酸为水解发酵过程的产物，因此，水解发酵过程通常被认为是厌氧消化的限速步骤。

随着厌氧消化池被普遍采用及对消化机理的认识，厌氧消化工艺研究的进展越发集中在厌氧消化预处理环节，即各种物理、化学的溶胞技术应用于污泥厌氧消化的预处理，可以促进污泥细胞的破解，改善污泥的性能，提高厌氧消化池效果，降低厌氧消化工艺的能耗。

通常，污泥预处理技术包括物理法（例如超声处理、微波处理、冷冻/解冻处理、热处理）、化学法（碱法）和生物法（例如生物酶法）。超声处理以其不需要投加药剂和污染少等特点成为污泥预处理技术的研究热点，当采用超声波辐照污泥时，超声空化气泡瞬间破灭后会产生高温、高压和超高速射流，其剪切力和冲击波能够破坏污泥絮体结构及微生物的细胞壁，使酶和其他有机质从细胞中溶出，改善污泥的水解环境。研究表明：30～120min 的超声波处理可使厌氧发酵时间从 22d 缩短至 8d，对挥发性有机物（VS）的去除率从 45.8% 提高到 50.3%，同时沼气的产率也得到了提高。但是一方面单独超声的破解效果仍然有限，另一方面超声设备的能耗较高。因此，考虑到碱法预处理和冻融预处理可加快污泥胞外多聚物、细胞壁、细胞质中的脂类等大分子物质的水解作用，本节主要阐述超声预处理、超声碱联合预处理以及冻融预处理在污泥破解方面的研究成果以及预处理-厌氧消化组合工艺的性能优化；同时，从化学反应和分子结构变化的角度阐述预处理过程中污泥液相有机物和胞外生物有机质的变化规律。

15.3.1 剩余污泥超声强化预处理及其厌氧消化效果

研究超声预处理技术对剩余污泥物理（固体含量、粒径分布等）和化学性质（有机物、pH值等）的影响，主要考查了超声操作条件的影响，进而研究超声预处理对厌氧消化的影响。

采用探头式超声波细胞粉碎仪〔KS-250，超声波发生频率 20kHz，电功率 0～250W（可调）〕破解污泥。向玻璃烧杯加入 100mL 的污泥样品，然后将变幅杆垂直浸入污泥，浸入深度为液面下约 1cm 处，调至所需的超声功率后即开始超声处理。在破解过程中，烧杯敞口，污泥与大气接触，常压操作。从能耗角度优化预处理操作条件，分别选择 0.8W/mL 污泥、1.5W/mL 污泥、2W/mL 污泥的电功率密度（即超声波发生器标称的电能功率与超声污泥体积的比值，定义为超声波电功率密度）及不同破解反应时间（5min、10min、20min、30min）进行超声破解。厌氧消化反应器选用 CSTR 反应器，有效容积 1L，消化温度控制在（35±1）℃，生物气通过洗气瓶（内装 pH=3 左右的 HCl 溶液）后流入湿式气体流量计计量体积。反应器采用半连续方式运行，每天定点排出 50mL 的消化污泥，再饲入相同体积的超声污泥（预处理操作条件为超声波电功率密度 1.5W/mL 污泥，超声时间 30min）或者剩余污泥（对照组），污泥投配率为 5%，反应器启动前，接种污泥取自某厌氧污泥反应器的消化出泥，接种污泥与新鲜污泥的比例为 1:9。

15.3.1.1 超声破解污泥的效果

（1）有机物的变化

超声时间和声能密度显著影响污泥中有机物的溶出（图 15.18），随着作用时间和超声波电功率密度的增加，污泥 SCOD 几乎呈线性上升。超声波电功率密度 2W/mL 污泥，作用 30min 后，SCOD 较原泥增加了近 7 倍。超声波电功率密度 0.8W/mL 污泥和 1.5W/mL 污泥，分别作用 30min 后，SCOD 增至 10820mg/L 和 13890mg/L。相同超声时间，超声波电功率密度越大，SCOD 的增加值 ΔSCOD，即污泥破解前后 SCOD 的差值越大，1.5W/mL 污泥对 SCOD 的提高作用明显优于 0.8W/mL 污泥，尤其当污泥破解 30min 时，增加值是 0.8W/mL 污泥时的 1.4 倍，而 2W/mL 污泥与 1.5W/mL 污泥相比，SCOD 增加趋势减缓。SCOD 增加说明超声预处理可以促进污泥水解和细胞破碎，释放胞内物质并且溶解于水相，同时将难降解有机物质转变为可生物降解型。

将破解单位质量污泥干固体物质所消耗的能量定义为超声破解的比能耗（E），单位为 kJ/g。由于破解前污泥样品的固体浓度相同，所以 E 可以反映能耗绝对值大小。E 指标反映了施加于相同质量污泥的换能器功率大小，其值越高，污泥接受的有效超声功率越大，与之对应的水力剪切作用越强，污泥分解越彻底。E 与 ΔSCOD 关系如图 15.19 所示，其中电能计算参照化石燃料的燃烧热值，假定电能转化为机械能的效率为 32%。随着 E 的增加，ΔSCOD 显著增加，当 E 大于 400kJ/g 后，污泥 ΔSCOD 值逐渐趋于稳定。某些情况下，E 数值相差较小，但是 ΔSCOD 相差较大（如 1.5W/mL 污泥超声波电功率密度下超声 20min 后 ΔSCOD 为 9764mg/L，2W/mL 污泥超声波电功率密度下超声 15min 后 ΔSCOD 为 10206mg/L）。原因可能是，在超声破解时选用的超声波电功率密度不同，即产生水力剪切力与羟基数量不同，导致

了相同 E 下，破解效果不同。在相同比能耗下，大超声波电功率密度、短作用时间比小超声波电功率密度、长作用时间对污泥 SCOD 具有更佳的溶出效果。考虑到能耗影响以及 SCOD 的溶出效果，因此选择超声波电功率密度 1.5W/mL 污泥，超声时间 30min，作为后续厌氧消化研究的预处理条件。

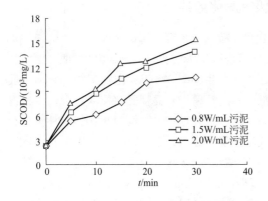

图 15.18　不同超声波电功率密度下 SCOD
随超声时间的变化

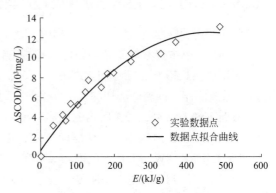

图 15.19　E 与 $\Delta SCOD$ 的关系

（2）pH 值和碱度的变化

在 3 个超声波电功率密度下，污泥 pH 值略微下降，最小值为 5.85。超声时间和 pH 值变化没有明显的规律性（图 15.20）。pH 值减小的另一个证明就是超声污泥的碱度也相应地减小（图 15.21）。虽然 pH 值和碱度均有下降，但超声污泥仍有一定的碱度，不会影响后续的厌氧消化。pH 值下降主要原因有 2 个：a. 是污泥细胞壁破碎导致细胞内物质释放到污泥溶液中，影响 pH 值；b. 是超声波的气穴作用在污泥中产生·OH，氧化 SCOD，生成了有机酸和碳酸，使得 pH 值降低。

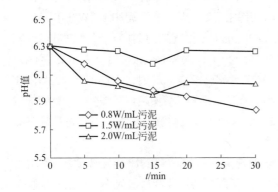

图 15.20　不同超声波电功率密度下 pH 值
随超声时间的变化

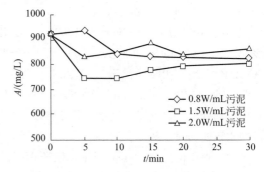

图 15.21　不同超声波电功率密度下碱度
随超声时间的变化

为了考查超声对于污泥絮体表观结构的影响，实验测定了两个不同声能密度（0.8W/mL 污泥和 1.5W/mL 污泥）下污泥超声前后的粒径数目分布，图 15.22 表明：在两种超声波电功率密度下，小粒径区间内的颗粒数均出现增加的现象。在低超声波电功率密度下，超声对于大分子颗粒物的破解效果更加明显，所以表现出 2～10.63μm 之间的颗粒频度增加；而高超声波电功率密度加强了超声的破解效果，超声对于不同粒径的物质均有显著的破坏作用，并进一步将污泥中微生物细胞壁溶解，细胞被破碎。

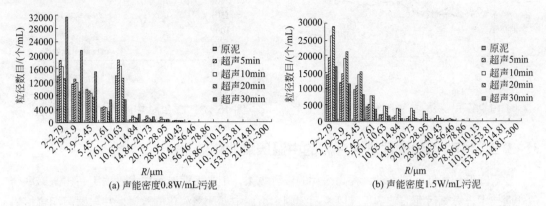

(a) 声能密度0.8W/mL污泥   (b) 声能密度1.5W/mL污泥

图 15. 22   不同声能密度下污泥溶液颗粒粒径随超声时间的变化

15. 3. 1. 2   超声预处理污泥的厌氧消化效果

在5%投配率条件下，超声污泥的有机物随消化时间的变化（图 15.23）表明，与对照组相比，超声预处理改善了污泥在厌氧消化过程中的 TCOD 去除效果，消化出泥的 TCOD 值较低，   TCOD 去除率较对照组上升了 13.5%。证明了污泥经超声破解后，大量胞内有机物溶出，提高了消化性能。

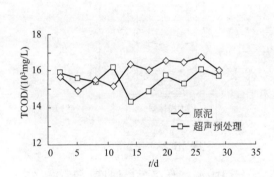

图 15. 23   5%投配率下消化污泥的 TCOD 变化   图 15. 24   5%投配率下消化污泥的 pH 值变化

pH 值是厌氧消化的重要影响因素，通常厌氧反应将 pH 值控制在 6.5～7.4 之间进行。在5%投配率条件下，超声污泥厌氧消化时的 pH 值和碱度变化（图 15.24）表明，对照组反应器 pH 值在 6.9～7.5 之间变化，符合厌氧消化的环境；超声预处理反应器的 pH 值偏低，可能是超声污泥较原污泥 pH 值降低，但是其 pH 值也在 6.5～7 之间波动，不会影响厌氧菌的生长。超声和对照组反应器的碱度都大于 1500mg/L（图 15.25），可以保证消化系统的正常运转。

从超声污泥在历时 36d 的消化过程中的产气情况看（图 15.26），5%投配率下，超声和对照组反应器的日产气量均随运行时间首先急剧增加，超声组比对照组能够更快地接近产气高峰，系统达到稳定产气状态所用时间更短，既表明超声预处理可以促进产甲烷菌的生长繁殖，也可以促进消化周期的缩短。超声反应器的日产气量明显优于对照组反应器，与对照组相比超声污泥的平均日产气量提高了 57.9%。

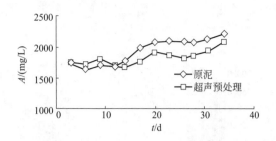

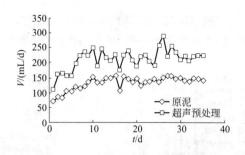

图 15.25　5%投配率下消化污泥碱度变化　　　　图 15.26　5%投配率下生物气产量的变化

15.3.2　超声/碱预处理剩余污泥的中温厌氧消化效果

为了降低超声处理的能耗，提高污泥的破解效果，引入污泥碱解技术。采用超声＋碱联合预处理技术，考查污泥的破解程度以及后续剩余污泥中温厌氧消化的效果，并与原污泥直接进行厌氧消化的效果进行了比较。

超声预处理装置如图 15.27 所示，主要由超声发生器、换能器和探头三部分组成。超声发生频率为 20kHz，功率为 0～250W。超声辐照方式为连续式，采用常压操作。探头由上至下垂直伸入污泥液面以下 1cm 左右。用 1mol/L 的 NaOH 溶液调节 pH 值至 11。选定声能密度为1.5W/mL、 pH 值为 11 的耦合预处理条件破解污泥。

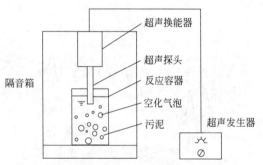

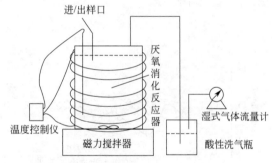

图 15.27　超声波预处理装置　　　　　　图 15.28　厌氧消化装置

厌氧消化装置为 CSTR 反应器（图 15.28），选用中温操作条件，温度控制在（35±1）℃，反应器有效容积为 1L，采用磁力搅拌，生物气经酸性洗气瓶后通过湿式气体流量计计量体积。厌氧消化反应器采用半连续流运行，每天在固定时间排出一部分消化污泥，再加入相同体积的新鲜污泥，污泥投配率为 10%。同时将等量未经预处理的污泥加入对照反应器。

15.3.2.1　超声+ 碱预处理技术对污泥特性的影响

碱的加入，在能耗不变的情况下提高了污泥的破解效果；超声的加入，在 pH 值不变的情况下也提高了污泥的破解效果，缩短了碱解时间。超声＋碱技术

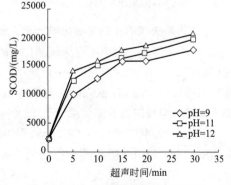

图 15.29　pH 值不同条件下 SCOD随超声时间的变化

的能量利用效率明显优于单独超声。相同超声时间下，pH 值越高，污泥 SCOD 越大。相同超声时间，pH 值从 9 增加到 11 时，SCOD 增加幅度较 pH 值由 11 增加到 12 时更大（图 15.29）。较长的辐照时间有利于污泥固体的充分溶解，而不同辐照时间下对于大颗粒物质的溶解都很有效（图 15.30）。随着超声时间的增加，可削弱溶出的胞内有机物的絮凝作用。

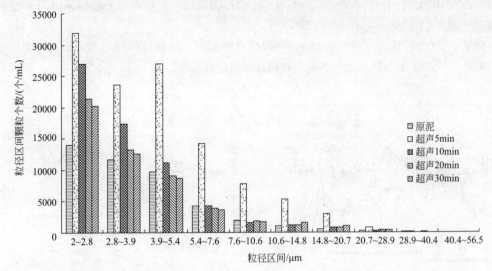

图 15.30　pH＝11 和声能密度 1.5W/mL 下超声作用时间对污泥溶液粒径分布的影响

15.3.2.2　超声+ 碱—厌氧消化工艺处理效果

（1）不同投配率下的有机物降解

3 种投配率下，预处理污泥消化时 TCOD 去除率（图 15.31）表明：整个运行阶段，预处理污泥 TCOD 的去除率均有所提高，去除率高低顺序为：超声＋碱＞碱解＞对照组，超声＋碱预处理污泥的去除效果最佳，5％投配率下 TCOD 平均去除率分别提高了 14.4％和 38.6％。随着投配率的增加，超声＋碱以及碱预处理对有机物降解的贡献逐渐减小。

碱解污泥和超声＋碱污泥消化后，m（VSS）/m（SS）较进泥降低（图 15.32），表明有机物得到了降解。消化后，超声＋碱污泥的 m（VSS）/m（SS）值最小，碱解污泥其次，

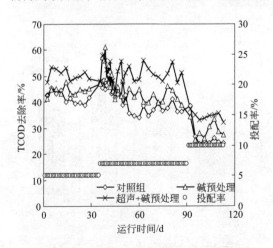

图 15.31　超声＋碱预处理污泥的厌氧消化效果

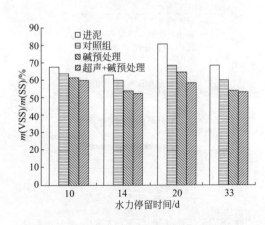

图 15.32　污泥固体消化效果随水力停留时间的变化

对照组最大，说明超声碱污泥的固体消化效果最好。

（2）不同投配率下的碱度变化

整个运行阶段，反应器 pH 值从高到低的顺序为（图 15.33）：超声＋碱＞碱解＞对照组。碱解污泥和超声＋碱污泥的 pH 值在 7.0～8.0 之间，可见预处理通过影响反应器进泥的 pH 值而对消化反应 pH 值产生影响。随着消化过程的进行，水解产生的酸和碱解产生的 NH_3 组成缓冲溶液，避免消化污泥 pH 值的升高。

碱度的变化较为稳定（图 15.34）。当投配率增加时，随着运行时间的延长，碱度也呈现出与之相对应的变化趋势，即先下降再升高直到稳定。

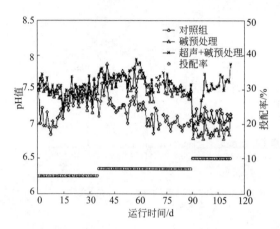

图 15.33　不同投配率下消化污泥的 pH 值变化

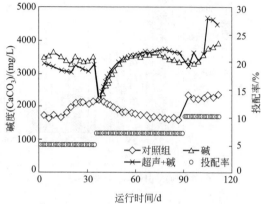

图 15.34　不同投配率下消化污泥的碱度变化

（3）不同投配率下的生物气产量

整个运行阶段，超声＋碱污泥的日产气量最高（图 15.35）。5％投配率下，超声＋碱污泥的单位污泥产气量为 6.215mL/mL。反应器稳定运行后，去除单位质量 VSS 的产气率情况（图 15.36）表明联合预处理的产气率最高，其次为碱解污泥，两种预处理污泥的产气率明显优于对照组，验证了预处理对消化时有机物降解和生物气产量的促进作用。可见，预处理技术对污泥的破解程度越大，对后续消化效果的改善越显著。

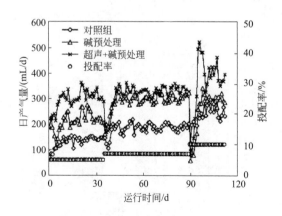

图 15.35　不同投配率下污泥的日产气量变化

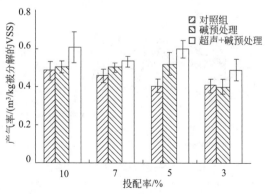

图 15.36　不同投配率下污泥的产气率

15.3.3　冷冻预处理对剩余污泥及其厌氧消化效果

冻融预处理（冷冻/解冻处理）作为一种有效的污泥调理手段，已经被证实能够改善污泥的脱水性能，使污泥颗粒结构更加紧密，同时还可以减少结合水含量。与机械法需要大量能耗和化学法需要添加化学药剂相比，冻融预处理的冷冻过程可自发进行，尤其适合于寒冷地区或者冬季气候，是一种因地制宜的污泥预处理技术。

冻融预处理不仅是污泥调理的方法，也可以同时实现污泥破解，加速后续的厌氧消化进程等。基于此目的，本研究考查了−18℃下不同冷冻时间，冻融预处理技术对污泥（剩余污泥和混合污泥）特性的影响，以及冻融-厌氧消化工艺的处理效果。

冻融预处理剩余污泥和混合污泥的实验表明，SCOD 随冷冻时间而线性增加（图15.37）。冷冻后污泥 pH 值下降，碱度上升，氨氮浓度增幅较少。冷冻污泥 SS 和 VSS 值与冷冻时间呈正相关关系（图15.38）。冷冻剩余污泥中小粒径颗粒占主要部分（图15.39），初沉污泥的混入有可能影响污泥的破解。冷冻污泥的絮体结构更加致密和清晰，丝状体数量更少（图15.40）。图15.41 为24h 静沉后的冻融污泥样品照片。冻融预处理可以提高污泥的沉降性能（表15.1），改善污泥的可压缩性，冻融预处理对于剩余污泥离心脱水和泥饼含固率的影响更大。表15.2 揭示了固化阶段是改善污泥特性的必要条件。以污泥调理为目的的操作，固化时间可以相对缩短；而以污泥溶解为目的的操作，需要较长的固化时间。

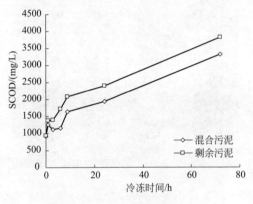

图15.37　−18℃下污泥 SCOD
随冷冻时间的变化

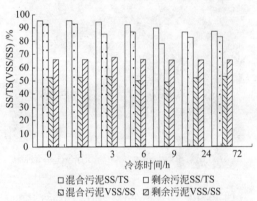

图15.38　污泥固体溶解程度随冷冻时间的变化

(a) 剩余污泥

图15.39

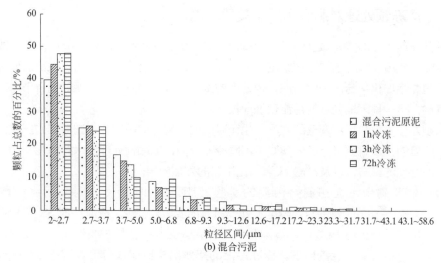

图 15.39　18℃冻融预处理前后剩余污泥的粒度分布

图 15.40　3h 冷冻/3h 解冻预处理后的剩余污泥絮体结构（200×）

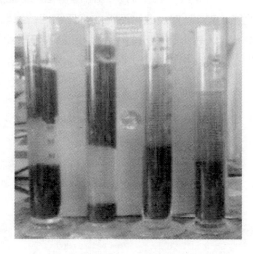

图 15.41　24h 静沉后的冻融污泥样品（从左至右分别为原状混合污泥、原状剩余污泥、冷冻 72h 的混合污泥、冷冻 72h 的剩余污泥）

⊡ 表 15.1　静沉 24h 后的沉淀污泥体积（污泥初始体积 100mL）

混合污泥	沉淀物体积/mL	剩余污泥	沉淀物体积/mL
原泥	67	原泥	78
1h 冷冻	59	1h 冷冻	65
3h 冷冻	55	3h 冷冻	59
72h 冷冻	46	72h 冷冻	52

⊡ 表 15.2　冷冻阶段和固化阶段对于生物污泥性质的影响

项目		24h 沉淀物体积/(mL/L)	离心下层固体体积/(mL/L)	COD 溶解度/(mg/L)	NH$_3$-N 浓度/(mg/L)	2～2.72μm 颗粒个数/(个/mL)
混合污泥	冷冻阶段	57.1	70.0	8.1	15.2	98.1
	固化阶段	42.9	30.0	91.9	84.8	1.9
剩余污泥	冷冻阶段	73.1	81.0	15.5	4.1	11.2
	固化阶段	26.9	19.0	84.5	95.9	88.8

冻融对于初沉污泥和剩余污泥消化 TCOD 去除和固体物质去除影响较小。但当消化稳定后，冻融初沉污泥及冻融剩余污泥累计产气量分别较原泥提高了 56.2% 和 27.5%（图15.42）。

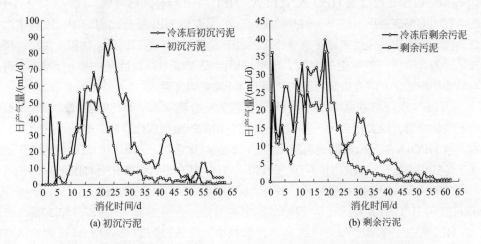

图 15.42 冻融预处理对初沉污泥和剩余污泥消化时生物气产量的影响

15.3.4 预处理过程中污泥有机物变化规律

污泥胞外生物有机质（extracellular biological organic matter，EBOM）水解是厌氧消化的限速步骤。由于 EBOM 性质和组成较复杂，之前的研究大多关注污泥中碳水化合物、蛋白质和核酸等的变化。尽管如此，污泥预处理工艺对有机物的影响与作用机理仍旧模糊。EBOM 组分的性质，除了上述几类重要组成成分外，还包括吸附特性（例如从污水中吸附有机物）、生物降解性以及亲水性/憎水性等。这些性质是影响生物污泥性质如质量传递、表面特性、吸附特性、稳定性等的关键因素。本节旨在利用有机物分级的方法，研究 EBOM 中性质不同的有机物在预处理过程中的迁移转化，同时结合液相有机物（DOM）的变化分析，更好地解释不同预处理技术下固相和液相有机物的变化规律。

有机物分级手段是采用提取剂（氨水）将污泥有机物充分溶解，转化为液相 DOM，以物质的酸碱性和极性大小为基础，采用 XAD 树脂对污泥有机物进行分级。鉴于有机物的理化特性不同，在不同树脂上的吸附特性也不同，将其划分为 5 个组分，即疏水性有机酸（hydrophobic acid，HPO-A）、疏水性中性有机物（hydrophobic neutral，HPO-N）、过渡亲水性有机酸（transphilic acid，TPI-A）、过渡亲水性中性有机物（transphilic neutral，TPI-N）和亲水性有机物（hydrophilic fraction，HPI）。通过分析的 DOM 及 5 个组分浓度、有机物构成、分子光谱及分子量分布，对超声、超声碱以及冻融 3 种预处理方法下污泥和液相有机物组分的变化规律进行了讨论，得到如下结论。

① 剩余污泥 EBOM 的主要成分为 HPO-A 和 HPI。超声促进了污泥 EBOM 及其中 HPO-A、TPI-A、HPO-N 组分的溶解。剩余污泥液相有机物的主要成分为 HPO-A（32%）和 HPI（32%），不同超声作用条件下，HPI、TPI-A 组分都有较好的溶出效果；HPO-A、HPO-N 组分则需要较高的声能密度；超声处理对 TPI-N 组分的溶出能力有限。芳香性蛋白质物质和溶解性细胞副产物是剩余污泥 EBOM 和液相有机物的主要组分，超声后仍保持这种优势。污泥

有机物主要存在于 EBOM 中。剩余污泥液相中含有分子量较大的 DOM。超声预处理后，有机物的溶解使得原泥液相小分子有机物向着分子量增加的方向移动。超声溶解的 TPI-A 和 HPO-N 组分以大分子量有机物为主。超声后 HPI 和 TPI-N 组分的有机物分子量适中。

② 超声＋碱预处理对于 HPO-A、TPI-A、HPI、TPI 组分的溶解效果较好，对于 HPO-N 组分的水解速率提高最小。超声＋碱预处理后，污泥液相 HPI 组分比例增加，改善了污泥的生物降解性。超声＋碱预处理较超声预处理，对于污泥中含不饱和键化合物和含羧基、羰基等不饱和基团的有机物的溶解更加有效。超声＋碱污泥液相中芳香性蛋白质和 SMP 物质占优势，与单独超声相比，联合处理污泥的液相 DOM 荧光强度更大。

③ 与 TPI-N 组分相关的脂肪族化合物、酰胺类化合物、苯环类化合物，与 TPI-A 组分相关的酰胺类化合物、烃类化合物，与 HPO-A 组分相关的脂肪族化合物、酰胺类化合物、烃类化合物，与 HPO-N 组分相关的脂肪族化合物、酰胺类化合物，在超声和碱联合处理下的溶出效果优于单独超声处理。碱的加入有助于 TPI-N 组分相关的脂肪族化合物的溶解，并可能促进了液相 TPI-A 和 HPO-A 中的烃类、醇类、酚类物质的化学反应的发生。

④ HPI 和 HPO-A 是剩余污泥 EBOM 的主要组分，分别占 DOC 的 37％和 30％。冻融预处理后，HPI 所占比例增加，HPO-A 所占比例减少。冷冻污泥的液相 DOM 在紫外区域的吸光度更高，且有新的物质吸收峰出现，显示了污泥固体的溶解效果。UV253/UV203 值增加表明冻融预处理可以有效地溶解含羧基、羰基等不饱和基团的有机物。剩余污泥 EBOM 及其组分的荧光物质以芳香性蛋白质和溶解性微生物产物（SMP 物质）为主，冻融预处理只是促进了 EBOM 的溶解，未改变荧光区域和荧光优势。冷冻 72h/解冻 3h 处理后，污泥 EBOM 及其 5 种组分的最强荧光峰位置没有发生变化；但是 5 种有机物组分的最强荧光峰强度有不同程度增加。芳香性蛋白质和 SMP 物质是污泥液相 DOM 的优势荧光物质，冻融预处理可以充分溶解污泥中的芳香性蛋白质和 SMP 物质，加快这两类物质的水解速率。

15.4　污泥与高浓度有机物共消化工艺

15.4.1　高温/中温两相厌氧消化处理污水污泥和有机废物

鉴于我国现有污水处理厂污泥厌氧消化效率不高和各类食品加工、屠宰场与肉类加工等工业大量的高浓度有机废物处理困难的双重压力，为探讨一种污泥与高浓度有机废物一并进行处理的有效途径，采用高温/中温两相厌氧消化反应器系统同时处理污泥与不同高浓度有机废物（马铃薯加工废物、猪血、灌肠加工废物），在使得污染物得到有效处理的同时回收能源，变废为宝。

高温/中温两相厌氧消化（APAD）的特点是在污泥中温厌氧消化前设置高温厌氧消化阶段。污泥高温段为 75℃，停留时间为 2.5d，后续厌氧中温（37℃）消化时可从 20d 左右减少至 10d 左右，总的停留时间为 13d 左右。这种工艺同时增加了总有机物的去除率和产气率，并可完全杀灭污泥中的病原菌。研究中考查了高温、中温两相停留时间和有机负荷对系统的 pH 值、固体含量、COD、产气量以及有机酸浓度的影响，图 15.43 为高温/中温两相厌氧消化中试试验流程图，可为拟建实标规模高温/中温两相厌氧消化系统提供技术依据。

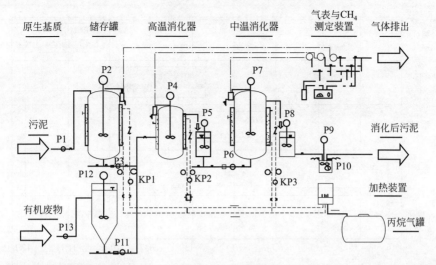

项目	污泥储存罐	有机废物罐	高温 FB1	容器 1	中温 FB2	容器 2	污泥井
V/m^3	1.950	0.250	0.650	0.150	1.950	0.150	0.100
t/d			约 2.5	15min	约 10 或 14		
$T/℃$			75		37		

图 15.43 高温/中温两相厌氧消化中试试验流程

产酸相的高温消化作为第一段消化反应器 FB1，而产甲烷相的中温消化作为第二段消化反应器 FB2。高温相可以看作一种污泥预处理手段。FB1 和 FB2 的有效容积分别为 0.650m³ 和 1.950m³。在 FB1 和 FB2 的中心轴上装有螺旋桨搅拌器进行机械搅拌混合，采用外部水浴加热式交换器、由丙烷气燃烧进行加热。温度控制采用 Pt100 温度控制器，用以自动控制 FB1 温度为（75±1）℃，FB2 温度为（37±0.5）℃。

待处理组合基质是由德国 GOCH 污水处理厂的二次污泥及各不同加工厂的高浓度有机废物组成（包括马铃薯加工废物、猪血、肠类加工废物）。基质投配采用半连续形式，即污泥和高浓度有机废物每日分别由储泥罐和废物罐每隔 8h 分三次由泵再经流量计 IDM 计量投配至 FB1，由 FB1 排出的一级消化污泥在容器 1 储存 15～30min 再由泵经流量计 IDM 计量投配至 FB2，经 FB2 消化后的二级消化污泥经容器 2 后排至地面污泥井，再由泵排出。整个过程均自动进行。

产酸相高温消化反应器停留时间 2.5d，产甲烷相中温消化反应器停留时间 10d（或 14d），故混合基质投配量分别为：FB1 约 0.225m³/d，FB2 约 0.200m³/d（或 0.140m³/d）。按照组合基质不同和基质比例投加情况，高温/中温两相厌氧消化的研究分为四个系列连续进行，试验进程及各系列持续时间如图 15.44 所示。只有在系列 3-2 中混合基质在 FB2 中的停留时间为 14d，其余皆为 10d。

（1）pH 值变化

对于厌氧消化过程的运行而言，经常检测 pH 值并掌握其变化趋势显得尤为重要。图 15.45 表明混合基质不同试验系列中经两相消化处理后 pH 值随时间的变化情况。由该图可以看出：混合基质经高温消化 2.5d 后，其 pH 值时而略高于或时而低于进料混合基质 pH 值；但从总的测定结果统计计算来看，混合基质经高温消化后 pH 值低于消化前的 pH 值，这表明进

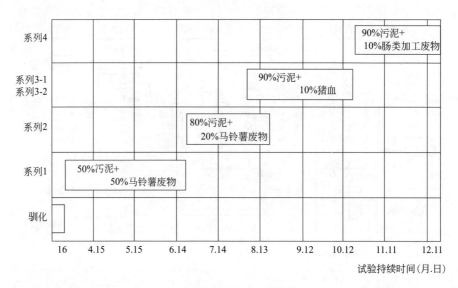

图 15.44 厌氧消化试验进程

料混合基质经 75℃ 停留 2.5d 的短时高温消化后确实发生了酸化,即复杂的有机化合物诸如碳水化合物、蛋白质、脂肪等发生了水解产酸。经 FB1 消化后的污泥再经中温消化 10d 或试验系列 3-2 中 14d 后,正常运转条件下 pH 值平均升高至 7.44～8.05 左右,即第一段产酸相的产物进行了甲烷发酵(碱性发酵)。

这里需要指出的是,在试验系列 1 中, FB2 消化后污泥的 pH 值变化曲线在 5 月 6 日曾出现了一个低谷,最低 pH 值只有 6.54(图 15.45),其原因可能是:在 4 月 12 日(全天)及 4 月 13 日(5 个小时)先后两次发生消化器加热干扰现象,温度降至 25～30℃,再则是 4 月 27 日,由于投配污泥至 FB1 的流量计(DIM)发生干扰,因而 FB1 中只投配 100％马铃薯加工废物,这两种干扰可能造成甲烷菌生长环境的扰动,致使 pH 值下降。为了恢复 FB2 消化反应器的 pH 值至 7.5 左右,于 5 月 6 日在 FB1 消化后污泥的容器 1 中一次投加 4290g NaOH(20％体积),与 FB1 消化后污泥均匀混合后一起抽至 FB2 中,结果经过 10d 左右时间,FB2 中的 pH 值升至 7.40 以上,以后一直稳定运行。

(2) COD 值变化

COD 是衡量生化反应器去除有机物的重要指标。图 15.46 是包括混合基质、FB1 消化和 FB2 消化后污泥的 COD 变化曲线。从图中可以看出:混合基质经 FB1 高温消化后,在多数情形下 COD 值比原混合基质 COD 值还高,这可能是由于混合基质中难于生物降解或氧化的高分子有机物经 FB1 高温消化后变成了易于降解与氧化的小分子,因而所测得的 COD 值略高。经 FB1 高温消化后的污泥进一步经 FB2 中温消化后,在试验系列 1、系列 2、系列 3-1、系列 3-2 和系列 4 中,FB2 对 COD 的平均去除率分别为 45％、50％、61％、55％和 51％。可见,COD 主要是在 FB2 中降解去除的。

(3) TS 与 VS 变化

厌氧消化操作的主要目的之一在于生化降解有机物,从而使得处理基质达到稳定状态,因而总固体 TS 与 TS 中有机组分 VS 是厌氧消化过程中的两个重要指标。图 15.47 和图 15.48 分别描述了在试验系列 1～系列 4 中混合基质经高温/中温两相厌氧消化处理前后 TS 与 VS 随时

间的变化情况，具体表现在试验系列 3 投加污泥与猪血的试验过程中，FB1 消化后污泥的 TS
与 VS 在很大程度上取决于进料基质的 TS 与 VS 大小，且其去除 TS 与 VS 能力不大，因为高
温产酸相主要目的在于水解产酸而不在于对 TS 和 VS 的去除；经 FB2 消化后污泥的 TS 与 VS
变化幅度较小，且绝大部分 TS 与 VS 都是在中温消化段去除，其平均去除率为 $\eta_{TS} = 16.94\% \sim$
44.11%，$\eta_{VS} = 33.61\% \sim 49.38\%$（表 15.3）。

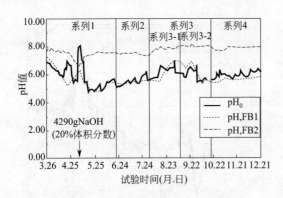

图 15.45　pH 值随时间的变化曲线

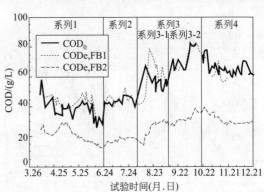

图 15.46　混合基质经消化前后 COD 的变化曲线

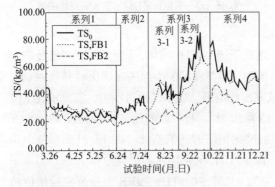

图 15.47　混合基质经消化前后 TS 的变化曲线

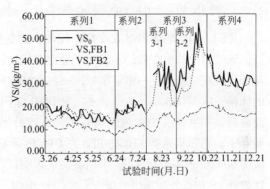

图 15.48　混合基质经消化前后 VS 的变化曲线

⊡ 表 15.3　TS 与 VS 的平均去除率　　　　　　　　　　　　　　　　　　　　单位：%

试验系列		系列 1	系列 2	系列 3-1	系列 3-2	系列 4
η_{TS}	FB1	−1.76	3.51	7.64	15.81	2.32
	FB2	16.94	30.00	33.02	44.11	31.12
	FB1+2	16.57	32.97	38.67	53.15	32.68
η_{VS}	FB1	−1.41	3.27	9.56	14.96	4.50
	FB2	33.61	43.46	45.32	49.38	42.96
	FB1+2	33.75	45.84	52.07	57.65	45.53

（4）日产气量及产气率的变化

FB1 及 FB2 的日产气量如图 15.49 所示，将 FB1 及 FB2 日产气量分别除以每日处理混合基
质的体积得出单位体积基质产气率变化曲线，如图 15.50 所示。由这图 15.49、图 15.50 可以看
出：对于高温/中温两相厌氧消化系统处理污泥与其他高浓度有机废物来讲，高温消化 FB1 反应
器仅产生少量气体，大部分气体都产生在中温消化 FB2 反应器中。图中表明：在 5 月 6 日，对应

于最低 pH 6.54，FB2 产气量仅为 0.097m³/d（0.51m³/m³RS， RS 指原生基质，下同），产气几乎停止，而在投加碱后，产气量迅速回升至 2.340m³/d（11.64m³/m³RS）。对主要产气相 FB2 而言，平均日产气量试验系列 4 中为最高，高达 4.020m³/d；处理单位体积组合基质产气率在系列 3-2 中为最大，其值为 23.73m³/m³RS，这可能是由于在此阶段基质在 FB2 中停留时间较长，进料相对较少之故；单位质量 VS 比产气率也在系列 3-2 中为最大，其值为 0.702m³/g VS$_0$；分解去除单位质量 VS 时的比产气率在系列 1 中为最高，其值为 1.861m³/gVS$_r$。

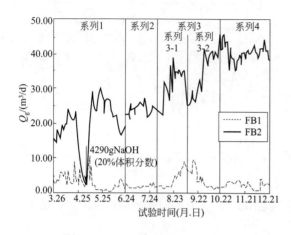

图 15.49　产气量的逐日变化曲线

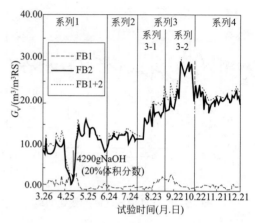

图 15.50　单位体积基质产气率变化曲线

（5）　CH$_4$ 的体积组成及 CH$_4$ 比产率的变化

厌氧消化的主要目的不仅在于稳定有机物，还在于产生 CH$_4$ 气体，因而 CH$_4$ 产量及产率是衡量厌氧过程的又一重要指标。一些文献资料表明，运行良好的中温厌氧消化池产气中 CH$_4$ 的体积组成多在 60%～70% 左右，也可能低于或高出此范围。在本试验过程中，高温消化 FB1 反应器仅产生少量 CH$_4$ 或没有 CH$_4$，大部分为 CO$_2$ 和 H$_2$，而中温消化 FB2 反应器则产生大量 CH$_4$。各试验系列 FB1 与 FB2 产 CH$_4$ 的体积组成比例随时间的变化（图 15.51）和整个系统的 CH$_4$ 比产率变化曲线（图 15.52）表明：FB2 产 CH$_4$ 的平均体积组成为 65%～75%（干扰除外），FB2 处理单位质量 VS 时 CH$_4$ 平均产率为 0.397～0.511m³/gVS$_0$，分解去除单位质量 VS 时 CH$_4$ 平均产率为 1.081～1.250m³/kg VS$_r$（注：r 为分解）。

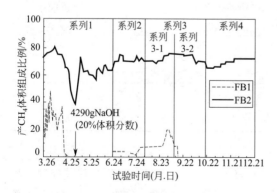

图 15.51　CH$_4$ 体积组成变化曲线

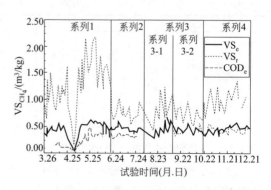

图 15.52　CH$_4$ 比产率变化曲线

（6）有机酸

有机酸是厌氧消化过程中有机物降解时产生的重要中间产物，大部分 CH_4 气体都是源于有机酸的进一步分解而形成的，因此，由厌氧消化最终排泥中有机酸的含量可以大致判定厌氧操作过程的好坏，故它是厌氧消化过程中另一项重要性能指标。用蒸馏法测定有机酸（VFA）含量，混合基质、FB1 消化后和 FB2 消化后污泥中有机酸浓度变化曲线（图 15.53）看出：混合基质的 VFA 介于 2023～5802mgHAc/L 之间，各系列中平均 VFA 浓度在 3113～4300mgHAc/L 之间，比一般报道的原生污泥的 VFA 浓度（500～1500mgHAc/L）高，表明待处理混合基质（尤其是污泥）在运送到试验场所之前或在其贮存过程中已经发生了酸化。混合基质经 FB1 高温消化后，在系列 1 和系列 2 中，VFA 平均浓度分别为 3746mgHAc/L 和 4369mg mgHAc/L，与其在进料基质中 VFA 浓度（分别为 3452mgHAc/L 和 4300mgHAc/L）基本上相等；而在系列 3 和系列 4 中，VFA 浓度大幅度升高。当经 FB1 消化后的污泥进一步经 FB2 中温消化后，在稳定状态下 VFA 浓度大幅度降低，平均在 43～433mgHAc/L 之间。可见，高温/中温两相厌氧消化系统在未有外在因素干扰或负荷恒定条件下基本处于满意运行状态。

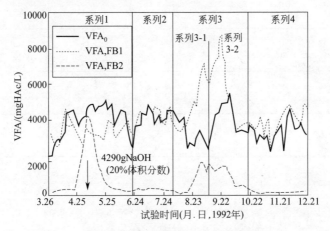

图 15.53 有机酸浓度变化曲线

从测定的挥发性有机酸结果来看，无论是采用蒸馏法还是色质联机法均发现经高温消化后有机酸含量增高，经中温消化后有机酸被分解去除产生沼气，有机酸含量降低至 100～400mgHAc/L 左右。色质联机检测结果（表 15.4）还表明，进料混合基质和经高温消化后基质中以乙酸、丙酸、丁酸和戊酸为主要的有机酸种类，具有 10^4～10^5 数量级（以 mg/kgTS 表示），其次是软脂酸（C16 酸）和硬脂酸（C18 酸），具有 10^3～10^4 数量级（以 mg/kgTS 表示），其他酸的含量相对较少。

15.4.2 典型固体废弃物混合厌氧发酵比例优化及机理

单一原料的厌氧发酵往往存在原料难降解、水解酸化慢、碳氮比（C/N 值）不足，营养物质不平衡等劣势。因此，多原料的混合发酵显得尤为必要。本节将继续介绍污泥与玉米秸秆和牛粪共发酵的研究成果。首先对剩余活性污泥进行超声处理，对玉米秸秆进行碱处理，分析预处理前后物质的结构变化以及有机组分后进行两两发酵，研究了底物浓度和原料投配比对这 3 种原料混合发酵的产气量影响，并研究了优化配比下反应初期、产气高峰期和反应后期的微生物群落结构和有机物的迁移转化。

□ 表 15.4 各系列中混合基质消化前后 C2～C18 酸的变化

单位：mg/L

试验系列	系列 1						系列 3-1			系列 3-2			系列 4					
测定日期	6 月 3 日			6 月 19 日			9 月 9 日			10 月 8 日			12 月 3 日			12 月 16 日		
样品	A	B	C	A	B	C	A	B	C	A	B	C	A	B	C	A	B	C
C2 酸（乙酸）	3052	993	—	1495	427	—	2921	5685	1626	2719	2328	600	3986	4412	442	2910	3770	559
C3 酸（丙酸）	8078	7967	191	2874	1620	174	1838	2875	955	1720	2302	89	2425	2591	46	1909	2285	68
C4 酸（丁酸）	8272	9864	3906	4200	7910	1964	1724	1712	49	598	1142	20	1363	1349	8	968	1000	3
C5 酸（戊酸）	4254	1289	33	400	504	25	—	547	536	249	1674	—	1669	1198	2	583	645	4
C6 酸（己酸）	44	30	1	53	20	1	—	13	10	2	5	—	11	20	0	11	9	0
C7 酸（庚酸）	2	2	—	1	1	—	—	4	3	2	2	—	0	5	0	2	2	—
C8 酸（辛酸）	1	1	—	0	0	—	—	1	1	1	—	—	1	1	0	1	1	—
C9 酸（壬酸）	—	—	—	—	—	—	—	—	—	—	—	—	—	0	—	0	0	—
C10 酸（癸酸）	2	3	—	—	1	—	—	—	7	—	—	—	2	3	0	3	5	—
C11 酸（十一酸）	—	—	—	—	—	—	—	—	—	—	—	—	2	2	0	5	0	0
C12 酸（十二酸）	7	16	0	5	4	1	—	12	13	28	15	—	7	9	0	11	14	0
C13 酸（十三酸）	—	—	—	—	—	—	—	—	—	—	—	—	5	3	—	1	3	0
C14 酸（十四酸）	36	34	—	12	13	1	—	35	40	132	113	—	59	62	1	126	111	1
C15 酸（十五酸）	23	32	1	9	6	1	—	—	5	20	20	—	43	39	2	5	12	0
C16 酸（十六酸）	131	362	—	117	67	—	9	36	61	853	580	32	316	226	17	1138	1178	31
C17 酸（十七酸）	—	33	—	—	—	5	—	—	—	—	—	—	25	12	1	7	8	0
C18 酸（十八酸）	87	519	3	57	86	3	4	15	21	276	327	34	221	111	16	326	296	33

注：表中"—"为未检出；A 为进料混合基质；B 为 FB1 消化后基质；C 为 FB2 消化后基质

（1）碱处理玉米秸秆与超声预处理污泥混合厌氧消化效果

以碱处理玉米秸秆（粉碎机破碎成1～2cm的小段，并用6%的NaOH预处理7d，每隔1d搅拌一次）和超声预处理污泥（声能密度1.5W/mL，处理时间30min）为发酵原料，在恒温（35±1）℃及底物浓度为15g VS/L的条件下，采用正常运行的大型沼气池沼液作为接种物，研究不同配比（VS污泥∶VS秸秆分别为1∶0、2∶1、1∶1、1∶2、1∶4）对混合厌氧消化效果的影响。

1）混合消化过程中的日产气量变化　污泥与秸秆厌氧混合消化的日产气量随时间变化（图15.54）表明，污泥与秸秆联合厌氧发酵时，在消化的前期和后期都出现了产气的高峰，而污泥单独厌氧消化时，随着消化时间的延长，产气量逐渐下降，这表明混合厌氧消化能够使发酵系统变得稳定，利于产气的平衡。当C/N值为12.55，即样品比例为1∶2时，出现的两个产气高峰值最高，而随着秸秆比例的进一步增加，产气效能下降，这主要是由于秸秆中的部分大分子物质难以降解。

2）混合消化过程中COD值的变化　COD值在消化前期都有所升高，随着消化的进行，COD值逐渐降低（图15.55）。消化前期污泥样品COD值上升幅度最大，升高了1.68倍，这是由于污泥经过超声处理后，破坏了污泥的胞外聚合物，在水解阶段，水解菌能够较快和较易的将污泥中的有机物分解，从而使COD值变高。样品比例为1∶4时升高最慢，升高了0.12倍，这主要是由于秸秆比例增大时，其组分中的木质素等难以降解。混合厌氧消化时，COD在各消化比例出现最高产气量时COD值开始降低，这和日产气量的趋势一致，这是由于产甲烷菌生长旺盛所致。发酵结束时，污泥与秸秆的比例为1∶2时COD的去除率最高，达到了45.65%；1∶1样品为34%；2∶1样品为46.15%；1∶4样品为33.04%。随着秸秆比例的增加COD的去除率降低。

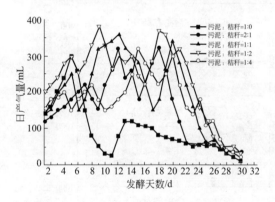

图15.54　日产气量随发酵时间的变化

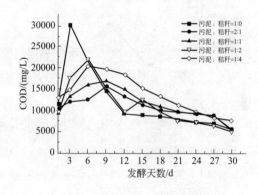

图15.55　COD值随发酵时间变化

3）混合消化过程中pH值和NH₃-N的变化　混合厌氧消化时，pH值都在6.5以上，且波动范围不大，整个发酵过程中未出现酸化的现象（图15.56）。而污泥单独厌氧消化时，其pH值大多时候都不在产甲烷菌的适宜范围内，这也解释了污泥单独消化时产气量较低的原因。混合厌氧消化有良好的自我恢复能力，使pH值维持在一个较适宜的水平，发酵结束时混合厌氧发酵的pH值在7.05～7.42之间。联合厌氧发酵的NH₃-N含量均在400mg/L以上，但整个消化过程的NH₃-N值大都在800mg/L以下，这表明秸秆中由于难降解物质的存在，其含氮物质不易转移，从而导致了NH₃-N含量处于较低水平。混合厌氧消化的NH₃-N含量在前12d均出现了下降，表明此时微生物已经开始利用其中的营养物质在进行生命活动，也就是说产气高峰值提前出现。而污泥单独厌氧消化时，NH₃-N含量在前15d始终处于增长状态，表明此时的消化进程比较缓慢，这与污泥单独消化时较低的日产气量相符（图15.57）。

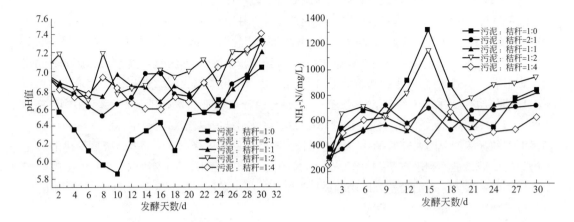

图 15. 56　pH 值随发酵时间的变化　　　　　图 15. 57　NH₃-N 值随发酵时间变化

4）混合消化过程中 VFA 的变化　图 15.58 表明：污泥单独发酵时，其 VFA 值长期

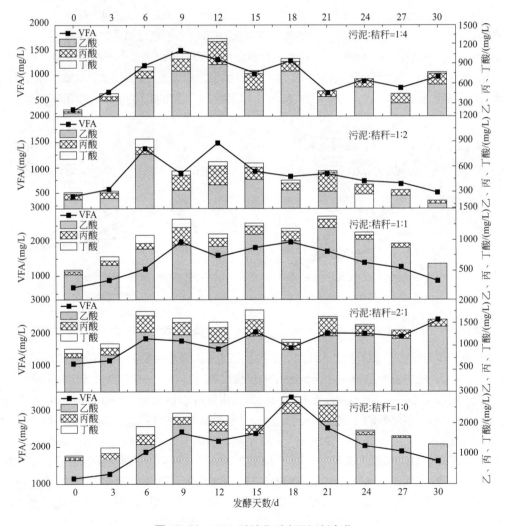

图 15. 58　VFA 随消化反应器运行变化

处于较高值（2000～3000mg/L），最高达到了3368.11mg/L，乙酸含量也处于1500mg/L左右，这表明大量有机酸没有被利用，这影响了厌氧消化的进程。当向污泥中投加秸秆时，由于改变了消化的C/N值，VFA被充分利用，所以没有发生VFA的积累。混合厌氧消化时，其VFA值大都低于2000mg/L，这对于维持产甲烷菌的pH环境具有重要作用。当混合比例为1:2时，在第9天VFA降幅达到了57.92%，表明此时微生物大量利用了乙酸进行生命活动，从而达到了产气高峰。

5）底物去除率变化　混合厌氧消化利于微生物分解利用有机物，由于秸秆的加入，增加了C/N值，平衡了营养物质（图15.59）。TS、VS去除率随着C/N值的增加而出现先增加后降低的现象，这主要是由于玉米秸秆经碱液处理后，其大分子物质木质素等遭到破坏，从而利于微生物的利用，但随着秸秆比例的增加，限制了微生物对有机物的利用，TS、VS去除率下降。样品比例为1:2时的TS与VS降解率最高，分别达到了67.75%与58.93%，分别是污泥单独厌氧消化时的1.18倍与1.44倍。

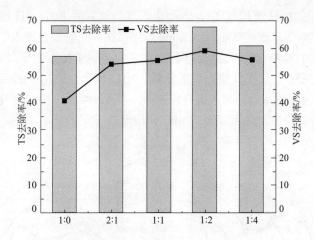

图15.59　TS、VS降解率随不同配比变化

（2）牛粪与超声预处理污泥混合厌氧消化效果

牛粪（来源于黑龙江省牡丹江市海林农场）和超声预处理污泥（声能密度1.5W/mL，处理时间30min）为发酵原料，在恒温（35±1）℃及底物浓度为15g VS/L的条件下，采用正常运行的大型沼气池沼液作为接种物，研究不同配比（VS污泥:VS秸秆分别为1:0、2:1、1:1、1:2、0:1）对混合厌氧消化效果的影响。

1）混合消化过程中的日产气量变化　污泥与牛粪厌氧混合消化的日产气量随时间变化（图15.60）表明，污牛粪单独发酵时在第18天出现高峰值，污泥单独发酵时在第11天出现了低谷值。污泥与牛粪联合厌氧发酵时，也会出现类似的波峰与波谷值，但其变化较单独消化时小，表明混合厌氧消化能够使发酵系统变得稳定，利于产气的平衡。

2）混合消化过程中COD值的变化　COD在消化前期都有所升高，随着消化的进行，COD值逐渐降低（图15.61）。发酵的水解阶段COD值有明显的上升。系统COD值在6d后开始下降，但前期下降得比较缓慢，后期下降得比较快，这是由于前期产甲烷菌并不是优势菌群，后期产甲烷菌生长旺盛所致。发酵结束时，污泥与牛粪的比例为1:2时COD的去除率最高，达到了57.14%。

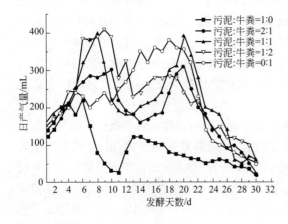

图 15.60 日产气量随发酵时间的变化　　　　图 15.61　COD 值随发酵时间变化

　　3）混合消化过程中 pH 值和 NH_3-N 的变化　混合厌氧消化时，pH 值都在 6.6 以上，且波动范围不大，有良好的自我恢复能力，使 pH 值维持在一个较适宜的水平；发酵结束时，混合厌氧发酵的 pH 值在 7.02～7.32 之间（图 15.62）。NH_3-N 含量经历了增加、下降、增加的过程，这是因为发酵初期，由于含氮物质的水解，NH_3-N 含量增加；此后，微生物的大量繁殖利用了 NH_3-N 作为氮源，NH_3-N 浓度开始下降，当系统中微生物的生长达到稳定后对需求降低，而此时发酵底物仍在水解，导致了 NH_3-N 浓度的上升（图 15.63）。

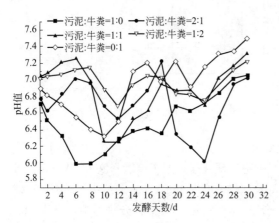

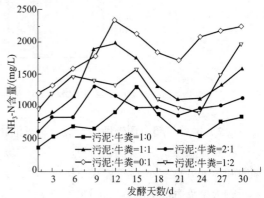

图 15.62　pH 值随发酵时间的变化图　　　　图 15.63　NH_3-N 浓度随发酵时间变化图

　　4）混合消化过程中 VFA 的变化　图 15.64 表明：混合厌氧消化时，其 VFA 值较污泥或牛粪单独发酵时低，在保证能向微生物提供足够营养物质的前提下又不会发生酸抑制，从而维持 pH 值在产甲烷菌的合适范围内，保证厌氧消化的顺利进行。

　　5）底物去除率变化　不同配比下发酵后 TS、VS 降解率变化（图 15.65）表明：1∶2 样品的 TS 与 VS 降解率最高，达到了 65.93% 与 56.93%，混合厌氧消化的比例 2∶1、1∶1、1∶2 较污泥单独消化时的 VS 去除率分别增加了 1.23 倍、1.31 倍、1.4 倍。这是由于混合厌氧发酵之间具有协同作用，能够平衡营养物质以及稀释了其中的有毒物质。

　　（3）混合消化过程中微生物群落响应分析

　　1）真细菌群落结构响应分析　通过优化配比下的真细菌有 74394 条 OUT（Operational

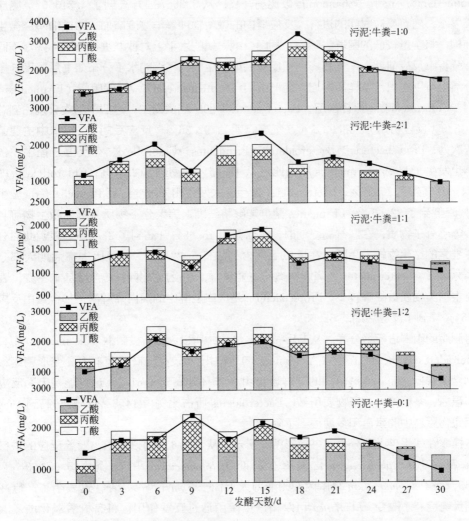

图 15.64　VFA 随消化反应器运行变化

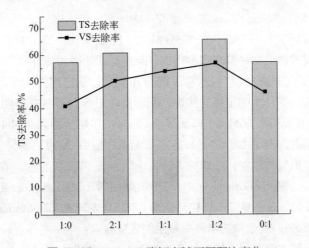

图 15.65　TS、VS 降解率随不同配比变化

Taxonomic Unit）序列，Shannon 指数逐渐升高，从 5.366738 升高到了 6.315557。测序的研究结果显示，随着反应时间的进行，反应器内的微生物种群丰富度增加。为详细研究微生物的群落结构，将含量较低的菌群去除后，从门、纲、属的水平上对种群进行分类，并对不同的水平进行分析。反应前期、产气高峰期和反应后期微生物门和纲的水平分布如书后彩图 5 所示。从门分类上可以看出，各样品中均以变形菌门（Protecbacteria）、厚壁菌门（Firmicutes）、绿湾菌门（Chloroflexi）和拟杆菌门（Bacteroidetes）四个门类为主。这四个门类分别占到总序列的 91.48％（反应初期）、88.93％（产气高峰期）、92.36％（反应后期）。样本中主要菌群的含量依次为：Protecbacteria＞Bacteroidetes＞Firmicutes＞Chloroflexi。在反应过程中，各门类的比例也发生了改变。Firmicutes 所占比例从 15.65％升高到了 22.6％；Chloroflexi 所占比例由 9.34％升高到了 20.27％；Bacteroidetes 微生物未发生明显改变；而 Protecbacteria 微生物由 47.64％降低到了 32.65％。Firmicutes 菌群能够将纤维素等大分子物质分解为微生物可利用的有机酸等小分子物质，在产气高峰期时，其含量由 15.65％升高到了 33.2％。表明此时分解秸秆中纤维素的微生物较为活跃，在反应后期含量降低至 22.6％，这是因为在后期大部分纤维素已经分解了。Bacteroidetes 是降解糖类的主要菌群，在反应周期中其含量基本不变，表明底物原料中糖类物质被降解较少。Protecbacteria 是厌氧发酵中的蛋白降解菌，其含量由反应初期的 47.64％降到了反应后期的 32.65％。

将测序的菌群进行纲分类。从书后彩图 5（b）中可以看出，梭菌纲（Clostridia）、拟杆菌纲（Bacteroidetes）、厌氧绳菌纲（Anaerolineae）所占比例较高。产酸菌群中 α-变形菌纲和 β-变形菌纲含量较低，而 δ-变形菌纲的菌群含量由 3.75％升高到 4.61％，这可能是因为反应过程中分解蛋白、多糖等大分子物质所致。Bacteroidetes 所占比例由 14.87％小幅升高到 15.4％，这表明底物原料中的蛋白和多糖得到了降解。

各样本在属水平上的分类如书后彩图 6 所示。从彩图 6 中可以看出，随着反应的进行，互营杆菌属（Syntrophobacter）含量降低，而 Pelotomaculum 的比例由 5.65％升高到了 13.17％，而 Pelotomaculum 降解丙酸的能力大大优于 Syntrophobacter，这表明了产氢产乙酸菌群的优势度有了改变。Levilinea 可以和产甲烷菌通过互营作用，将有机酸氧化成乙酸，其所占比例也由 3.8％升高到了 8.91％，优势度得到了提高。Clostridim 属中包含了乙酸梭菌（同型产乙酸菌），其含量由 1.35％升高到了 8.57％，表明同型产乙酸菌得到快速生长。

2）真细菌群落结构响应分析　古细菌有 74394 条 OTU 序列，Shannon 指数从 3.33894（反应初期）先升高到了 3.711827（产气高峰期），随后降低到了 3.139862（反应后期）。这表明在产气高峰期时的微生物种群丰富度增加。反应后期的微生物种群丰富度小于反应初期。

书后彩图 7 表示了古菌在纲和科水平上的分布情况。从彩图 7 中可以看出，甲烷微菌纲（Methanobactebia）为纲分类中主要的菌群，随着反应进行到产气高峰期时，占比从 75.38％升高到了 76.46％，在反应后期时又下降到了 50.24％。甲烷杆菌纲（Methanobacteria），在反应进行到产气高峰期时，占比由 1.21％升高了 9.4％，随后在反应后期又下降到了 0.41％，这在科水平上也表现了类似的现象，是造成 Methanobacteria 降低的原因。在 Methanobactebia 分类中，甲烷鬃毛菌科（Methanosaetaceae）和甲烷微菌科（Methanomicrobiaceae）含量较高，占比由 49.75％和 3.41％升高到了 51.42％和 5.7％。甲烷球菌科（Methanosarcinaceae）占比由 3.24％降低到 2.22％，其他科的菌群未发生明显变化。

书后彩图 8 表示了古菌在属水平上的分布情况。从彩图 8 中可以看出，反应的各个阶段微生物含量各不相同，其中，甲烷八叠球菌属（Methanosarcina）在产气高峰期时，占比达到了

51.42%，*Methanosarcina* 由于能利用乙酸和 H_2 和 CO_2 产生 CH_4，被认为是混合营养型的产甲烷菌。甲烷鬃毛菌属（*Methanosaeta*）占比由 17.51% 升高到了 35.51%。该菌能够有效利用系统中产生的乙酸，促进微生物的新陈代谢。甲烷细菌属（*Methanobacterium*）从 0.81% 升高到了 1.36%。产甲烷菌在厌氧消化过程中，受环境影响较大。中温时甲烷八叠球菌属（*Methanosarcinales*）能够快速生长，利于甲烷产量的提升。Karakashev 等研究发现，氨氮的浓度对 *Methanosaeta* 和 *Methanosarcina* 有较大影响，浓度较低时以前者为主，浓度适中时以后者为主，这是由产甲烷菌的形态学决定的。在本试验中，氨氮含量随着反应周期而变化，这影响了产甲烷菌的组成结构，而甲烷八叠球菌能够快速地适应环境，利用更多的基质以及调节系统的酸碱平衡，因此成为最主要的菌群，而较多的甲烷八叠球菌也有利于 CH_4 的产量，而其他像甲烷杆菌的氢型产甲烷菌，主要利用 H_2 和 CO_2 来产甲烷，制约了产 CH_4 的效果。

15.5 污水厂污泥中重金属脱除技术及污泥特性变化

由于重金属不像有机物可以通过降解除去，而且重金属一般溶解度很小，在污泥中性质较稳定，通过厌氧消化过程很难去除污泥中的重金属，因此厌氧消化后污泥中的重金属通常是限制其进一步土地资源化利用的重要因素。目前，主要通过化学和生物两种方法来降低污泥中的重金属含量。化学脱除技术是一种操作简单、易于掌握的污泥中重金属去除技术。化学提取试剂包括无机酸、有机酸、螯合剂、无机化合物等，当这些试剂加入到污泥中，提高污泥的氧化还原电位或降低污泥 pH 值，污泥中重金属被溶入试剂中，通过溶解、氧化、离子交换、酸化作用、螯合剂和表面活性剂的络合等作用，可使难溶态的金属形态转化成可溶态、离子态、络合态，进而从污泥中脱除。最常用的化学试剂是硫酸、盐酸或硝酸、有机酸（如草酸）和有机络合剂（如 HEDTA）。但此法存在投资费用高、操作困难、需大量的强酸和生石灰等问题，使之难以得到广泛应用。为了提高化学法去除重金属的效率，利用微波、超声手段辅助复合试剂 [硝酸铵、草酸、羟乙基乙二胺三乙酸（HEDTA）] 浸提污泥中的重金属，研究了不同微波/超声功率密度和时间对提取效果的影响，并对微波/超声前后的污泥形态分布进行了分析。

15.5.1 化学法脱除污泥中重金属

不同的化学试剂及化学试剂的不同浓度、固液比、浸提时间等因素都会影响化学法脱除污泥中重金属过程的效率，通过分别选取固液比、浸提时间、浓度、脱除剂种类的三个水平，进行 4 因素 3 水平的正交实验，快速筛选最佳的化学试剂脱除重金属的实验参数。最终从经济效益和脱除效率的综合效果来看，最佳的固液比应为 1:50，最佳浸提时间应选取 8h。

化学提取剂种类是影响在污泥中重金属脱除效率的主要因素，无机酸比有机酸、螯合剂、无机盐对重金属的脱除效率高，在 pH 值在 0～2 之间的脱除效果十分显著，脱除效率随 pH 值的降低而升高，在 pH 值小于 0.8 时脱除效率不再升高；有机酸中草酸的重金属脱除效果要好于柠檬酸、琥珀酸、天冬氨酸，当草酸浓度>0.1mol/L 的时候脱除率趋于稳定；螯合剂中 HEDTA 对污泥中重金属综合脱除效果要好于 EDTA 和 DTPA，当 HEDTA 浓度>0.15mol/L 的时候脱除率趋于稳定。为了提高脱除效率，进一步设计正交试验，考察复合试剂对重金属的脱除效率，结果表明：在提取液 pH 值为 3.5（用硝酸调节）、固液比为 1：50 和浸提时间为 8h 的条件下，75mmol/L HEDTA 和 10mmol/L 草酸联合脱除重金属的效果比单一试剂和其他多种试剂的效果好。

15.5.2 微波/超声强化化学脱除污泥中重金属

尽管，草酸和羟乙基乙二胺三乙酸（HEDTA）可以在较高的 pH 值（pH＝3.5）环境条件下比其他化学试剂取得较好的重金属脱除效果，但是污泥中 7 种重金属的综合脱除效率低于 50％，需要利用微波热处理方式和超声辐射处理方式来提高污泥中重金属的脱除率。

15.5.2.1 微波强化化学脱除重金属

实验采用恒定微波功率密度 7.7W/mL，考察不同微波辐射时间下浸提效率（图 15.66），随着微波辐射时间的增加，对复合试剂各种重金属的浸提率有所提高，并呈上升后平衡趋势。微波辐射时间达 180s 后，浸提率基本不再上升呈相对持平。

图 15.67 表明功率对复合试剂脱除效果的影响为正效应，随着微波功率密度增加而增大；微波功率密度在 4.6W/mL 时有稍许下降趋势，之后脱除率提高；在 8～10W/mL 之间有个较明显的提升，在 10.8W/mL 时可认为基本平衡。

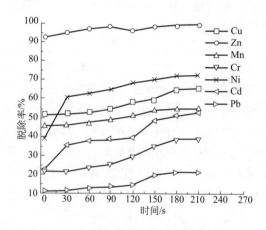

图 15.66 微波辐射时间对污泥重金属脱除率的影响

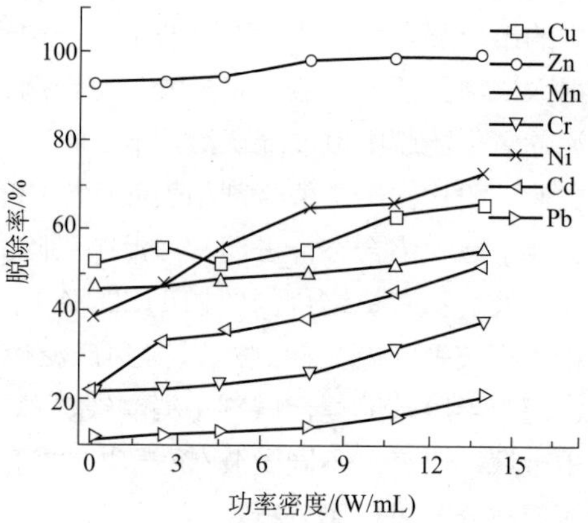

图 15.67 微波功率密度对复合试剂脱除率的影响

微波功率密度对污泥的重金属溶出并不是起连续的正效应作用，因为单位时间集中输出的功率对污泥的影响不同，并且也跟污泥本身的性质有关，而且在实验范围内，可提供一个相对稳定的功率参数值作为复合试剂供试污泥的最佳功率选择。将时间和功率两个因素合成后，得出辐射能量密度对脱除率的影响趋势图，见图 15.68。能量密度即单位受辐射混合液体积所接受的能量的作用值，单位 J/mL。图 15.69 表明了微波辅助化学试剂浸提前后污泥中重金属的形态变化。

图 15.68 中可看出，Cu、Cr 和 Ni 的能量密度在 100～1400J/mL 时，基本处于平稳且上升的状态，到达 1400J/mL 以后达到平衡。这是由于 1400J/mL 以后，污泥中的脂肪酸、糖类和蛋白质等有机物接近全部溶出，包含在这些物质里面的重金属被释放完毕。Zn 的浸提率基本不受微波辐射影响，这是由于 Zn 主要以可交换态和碳酸盐结合态形式存在。

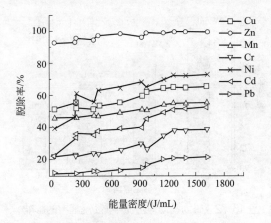

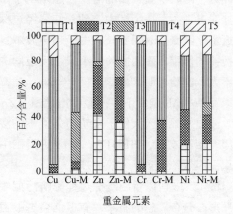

图 15.68　微波辐射能量密度对复合试剂
脱除率影响

图 15-69　微波辅助化学试剂浸提前后污泥中
重金属的形态变化

重金属的形态对于浸提剂的浸提率有很大的影响，并且经过复合试剂的浸提后又改变了污泥中重金属的形态分布[图 15.69，其中横坐标重金属元素（Cu，Zn，Cr，Ni）-M 对应的柱状图代表浸提后的污泥中重金属形态分布，横坐标重金属（Cu，Zn，Cr，Ni）所对应的是原污泥中重金属形态分布]。总的来说，从实验中看出污泥中重金属元素有机结合合态的百分比下降，离子交换态-碳酸盐结合态比例有所增加。

15.5.2.2　超声强化化学脱除重金属

在利用超声波辐射协同草酸-HEDTA 浸提城市污泥中重金属 Cu、Zn、Cr、Ni 的研究中，考察超声辐射时间、功率密度、搅拌作用对金属浸出的影响，并利用 Tessier 连续浸提法分析了超声波协同草酸-HEDTA 浸提对污泥中重金属形态的影响，结果如图 15.70～图 15.72 所示。

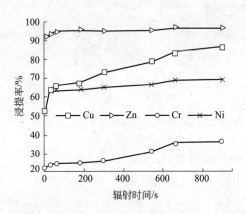

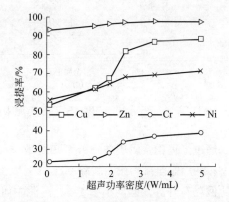

图 15.70　超声辐射时间对污泥中重金属
浸出的影响

图 15.71　超声功率密度对污泥中重金属
浸出的影响

从超声辐射时间和功率密度对重金属的浸出影响可以看出，Cu 和 Cr 的浸出过程受超声影响较大，提示污泥中 Cu 和 Cr 的有机物形态含量较其他金属要高。其释放机理是声空化作用破坏污泥结构，同时声空化作用使污泥的温度升高，促使铁锰热不稳定形态金属被释放。磁力搅拌促进了污泥中重金属的溶出，这是由于磁力搅拌促进了污泥在烧杯中流动，使得经过探头附近空化区域的时间变长。由于超声波本身也有搅拌的作用，磁力搅动对小尺寸反应器的影响不大。实验表明，超声时间＞660s、功率密度＞2.5W/mL 条件下，污泥中重金属（Zn 除外）浸提效果要大大优于未超声条件下的浸提效果。相比文献，HEDTA、草酸使固相中重金属浸提效率得到了大幅提升。

图 15.73 可以看出浸提过程影响污泥中重金属形态分布。总的看来，有机结合态的百分含量减少幅度较大，而离子交换态和碳酸盐结

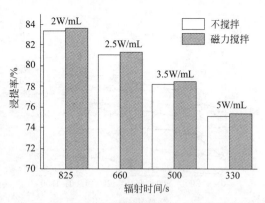

图 15.72 磁力搅动对污泥中 Cu 浸提率的影响

合态（Zn 除外）的百分含量，即有效态的百分含量有所升高，特别是超声辅助浸提后的影响更为明显。

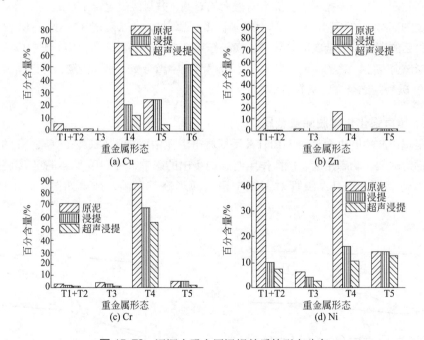

图 15.73 污泥中重金属浸提前后的形态分布

通过上述重金属形态分析可知，微波/超声处理后污泥中 Cu、Zn、Cd、Mn、Cr、Ni 的水溶态和酸溶态全部溶出，脱除率在 99％以上；Pb 出现了重新吸附现象，水溶态和酸溶态的含量比例略有升高，但均小于 1％。污泥中可还原态的 Cu、Zn、Pb、Mn、Cr、Ni 在微波处理后几乎全部溶出，Cd 被污泥中有机物重吸附，略有升高。这三种形态的重金属脱除主要通过化学药剂的溶出作用，可氧化态和残留态物质主要是通过微波/超声辐射作用得以脱除。

15.5.3　微波/超声强化污泥重金属脱除的机理

微波/超声能量对污泥中各重金属的溶出效率不同，主要是因为各重金属在污泥中存在形

态差异所致，从微波/超声能量对污泥中各重金属 5 种形态的影响分析可知，微波/超声能量主要是大幅降低了重金属的可氧化态比例含量，超声能量能降低重金属的残留态比例含量。污泥中可氧化态的重金属含量与污泥中有机物质相关，这些有机物质在污泥中含量比例很高，它们能强有力地吸附重金属离子。这些有机化合物种类很多，按有机配基分类主要有含氧功能团、含硫功能团、含氮功能团和含磷功能团 4 类，其中含氧功能团在污泥有机物中比例较高，主要有羧基、酚羟基、醇羟基、烯醇羟基和羰基类物质。

为了考察了微波/超声辐射后污泥中有机物的特征与重金属形态之间的关联，对未处理污泥和微波处理后污泥进行分级提取处理（MBCR），之后再对污泥进行红外图谱分析，利用污泥中有机物的红外特征吸收带去推测可能具有的功能基团，进而对有机物化合物做结构判别。微波/超声处理会改变污泥中有机物的基团，影响重金属与醇酚类分子间—OH 基团结合；污泥中有机物络合的水溶态重金属主要与水溶性醇酚类分子间—OH 基团相结合，酸溶态重金属主要以碳酸盐无机物形式存在，可还原形态的重金属主要与有机物中 C—O 及 C—N 相结合，重金属可氧化态大部分结合在直链烷烃上。微波处理后污泥中重金属一部分与难溶性醇酚类分子间 O—H 相结合，超声处理后污泥中重金属被有机物分解所产生的烯烃类物所吸附。微波/超声处理后污泥中可溶性蛋白质、腐殖酸、富里酸物质全部溶出。微波处理后污泥中残留的变性蛋白质与污泥结合很强，水溶态重金属与污泥中富里酸和腐殖酸的 O—H 相结合，酸溶态重金属包裹在变性蛋白质中，可还原态重金属与蛋白质类物质中 C—O 及 C—N 相结合，氧化态重金属与腐殖酸类物质 O—H 和—CH$_2$—相结合。超声处理后污泥中水溶态重金属与污泥中富里酸和腐殖酸的 O—H 相结合，酸溶态重金属被变性蛋白物质包裹在其中，可还原态重金属被类富里酸物质重新吸附在污泥中，与腐殖酸类物质结合的氧化态重金属全部溶出，残留的氧化态重金属与类蛋白质结合。

15.6 污泥用于盐碱化土壤改良

15.6.1 供试土壤和污泥性质分析

（1）供试土壤性质

污泥用于盐碱化土壤改良田间试验区位于哈尔滨市松北区西北 21km 处的对青山镇长发村，属于松花江、呼兰河、泥河冲积平原。该地区土地盐碱化较为严重，具有松嫩平原西部低洼易涝盐碱土地的基本特征。土壤以草甸土为主，含碱质较多。自然植被以草甸草原植被为主，主要以中旱生或广旱生植物占绝大优势，伴生相当数量的中生杂草，例如鹅绒委陵菜、菱芨草、大叶白麻、碱蓬、花花柴、肉叶雾冰藜、樟味藜、小獐茅等。

实验选取该地区 20cm 表层土壤，部分理化指标见表 15.5。土壤中重金属含量均低于《土壤环境质量标准》（GB 15618—1995）（二级旱地土壤 pH＞7.5）最高允许浓度指标值。

由表 15.5 可知，所研究区域土壤中阴离子以 HCO$_3^-$、Cl$^-$ 和 SO$_4^{2-}$ 为主，阳离子以 K$^+$ 和 Na$^+$ 为主，pH 值为 9.0～10.0，碱化度＞30％，根据我国的盐碱化土壤分类标准属于重度盐碱土。根据国际土壤质地分类标准，该土壤为砂质壤土。土壤有机质含量较低，低于东北黑土的平均有机质水平。

⊡ 表 15.5　表层土壤理化性质分析结果

项目		数值	项目		数值
物理性质	容重/(g/cm³)	1.625±0.022	养分性质	有机质含量/%	2.91±0.87
	密度/(g/cm³)	2.622±0.013		总碳/%	2.025±0.092
	含水率/%	14.04±0.15		总硫/%	0.04±0.008
	pH 值	9.37±0.21		总氮/%	0.106±0.07
	全盐含量/%	1.24±0.11		总磷/%	0.045±0.011
	碱化度/%	35.21±2.52		总钾/%	2.121±0.661
化学性质	阳离子交换量/(cmol/kg)	29.48±1.67		碱解氮/(mg/kg)	81.42±5.17
	交换性钠/(cmol/kg)	11.61±1.37		速效磷/(mg/kg)	16.44±4.82
	CO_3^{2-}/(mmol/kg)	2.35±1.45		速效钾/(mg/kg)	306.56±50.86
	HCO_3^-/(mmol/kg)	19.57±5.06	土壤质地	2~0.02mm 砂粒/%	83.91±5.21
	Cl^-/(mmol/kg)	20.16±4.33		0.02~0.002mm 粉粒/%	6.18±0.44
	SO_4^{2-}/(mmol/kg)	17.63±2.01		<0.002mm 黏粒/%	9.91±1.28

（2）供试污泥性质

实验室孵育实验所用污泥包括脱水污泥、干化污泥和堆肥污泥。田间试验所用污泥为脱水污泥。

土壤改良所用的脱水污泥取自黑龙江省哈尔滨市太平污水处理厂污泥脱水间。干化污泥为太平污水处理厂脱水污泥经风干后的块状污泥。堆肥污泥取自长春城市污泥堆肥化处理厂，污泥中含有较多的秸秆、稻草等，堆肥污泥已得到一定程度稳定化处理，污泥形态蓬松，容重较低。污泥部分理化指标见表 15.6、表 15.7。

⊡ 表 15.6　污泥主要理化性质

污泥样品	脱水污泥	干化污泥	堆肥污泥
pH 值	5.77±1.46	5.98±0.23	6.01±0.52
容重/(g/cm³)	0.97±0.09	1.22±0.05	0.79±0.04
含水率/%	82.5±7.50	15.05±1.21	50.51±3.01
有机质/%	61.22±6.70	43.6±3.80	36.80±3.58
含盐量/%	1.91±0.66	2.07±0.34	1.83±0.22
总碳/%	30.47±1.82	26.32±0.98	21.55±1.06
总硫/%	0.95±0.12	0.88±0.09	0.67±0.11
总氮/%	4.49±0.52	4.15±0.22	3.66±0.35
速效氮/(mg/kg)	2771.67±187.34	2508.32±109.11	1742.89±216.34
总钾/%	0.88±0.12	0.87±0.08	0.42±0.05
速效钾/(mg/kg)	2811.55±317.36	2791.53±242.09	3645.63±387.44
总磷/%	1.45±0.23	1.37±0.18	0.82±0.15
速效磷/(mg/kg)	358.22±62.13	312.63±45.22	923.33±77.45

⊡ 表 15.7　污泥中主要重金属含量

分析元素	脱水污泥/(mg/kg)	干化污泥/(mg/kg)	堆肥污泥/(mg/kg)	《城镇污水处理厂污染物排放标》中性及碱性土壤(pH≥6.5)	《城镇污水处理厂污泥处置土地改良用泥质》(CJ/T 291—2008)碱性土壤（pH≥6.5)
Cr	60.11±3.89	59.08±2.32	72.31±4.5	1000	1000
Cd	0.57±0.09	0.44±0.02	0.18±0.03	20	20
Cu	89.78±11.53	88.96±9.55	71.63±3.39	1500	1500
Ni	19.36±3.88	20.07±2.12	79.01±5.66	200	200
Zn	368.84±54.45	392.56±33.24	784.12±52.44	3000	4000
Hg	9.02±1.21	8.53±0.96	2.81±0.23	15	15

分析元素	脱水污泥 /(mg/kg)	干化污泥 /(mg/kg)	堆肥污泥 /(mg/kg)	《城镇污水处理厂污染物排放标》中性及碱性土壤(pH≥6.5)	《城镇污水处理厂污泥处置土地改良用泥质》(CJ/T 291—2008)碱性土壤（pH≥6.5）
As	12.57±0.88	11.94±0.43	9.98±1.02	75	75
Pb	31.68±2.03	33.84±3.01	30.17±2.08	1000	1000
B	11.67±0.45	10.03±0.34	10.09±0.62	150	150

由表 15.7 可知，本实验采用的 3 种污泥中 Cr、Hg、Pb、Cd、As、Cu、Zn、Ni、B 的含量均低于我国《城镇污水处理厂污染物排放标准》（GB 18918—2002）和《城镇污水处理厂污泥处置 土地改良用泥质》（CJ/T 291—2008）碱性土壤（pH≥6.5）中对重金属元素的限制要求，Cr、Cd、As、Pb、Cu 含量更是远小于限值；污泥中 Zn 含量较高，但仍在相关标准要求的范围之内。

15.6.2　不同污泥对盐碱化土壤持水保水能力的改善

干化污泥、堆肥污泥、脱水污泥 3 种不同污泥以相同的干污泥质量比（1.11％、2.31％、3.62％、5.05％、6.62％、10.27％）混入盐碱化土壤，考察了污泥对土壤持水和保水能力的改善效果。脱水污泥改良土壤编号为 L1～L6，干化污泥编号为 G1～G6，堆肥污泥编号为 D1～D6，并以原土壤作为对照（CK）。干污泥投加量与改良土壤饱和含水率关系见图 15.74。

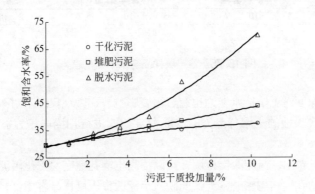

图 15.74　干污泥投加量与土壤饱和含水率的关系

由图 15.74 可以看出，原土壤（CK）持水能力较低，饱和含水率只有 29.7％，土壤经污泥混合改良后土壤饱和含水率有上升趋势，实验中使用的 3 种污泥对原土壤的持水性能均有改善，随着污泥投加量的增加，土壤持水性能改善效果也越明显。不同种类的污泥以同等污泥干质投加，对土壤的作用也表现出差异，干化污泥与堆肥污泥样品随污泥投加量的提高，饱和含水率有小幅上升，G6 饱和含水率达到 37.6％，D6 饱和含水率达到 43.87％。当干污泥投加量达到 6％以后，脱水污泥改良土壤样品饱和含水率开始有大幅上升趋势，L5、L6 饱和含水率已远远超过干化污泥与堆肥污泥各样品，分别达到 52.9％、70.2％，相较未改良的土壤持水能力提高 78％和 137％，对土壤持水能力的改善效果明显。通过 3 种污泥改良土壤样品的比较，改良土壤持水能力表现为脱水污泥＞堆肥污泥＞干化污泥。

提高土壤保水能力可以减少由蒸发作用导致的表层土壤板结和盐分积累。在土壤饱和含水后，温度控制在室温25℃，土壤水分自然蒸发，14d内土壤样品含水率变化可以看出不同污泥对改善土壤保水能力的差异（图15.75）。其中脱水污泥样品水分流失速度低于干化污泥与堆肥污泥，干化污泥样品水分损失较快，脱水污泥样品水分损失较慢，堆肥污泥介于二者之间。这应与污泥中胶体成分有关，脱水污泥微生物活性较高，含有大量菌胶团，这些胶体比表面积大，故表面张力作用吸附水分较多，而且这些胶体具有亲水性，可以抑制水分的蒸发，使土壤有更强的保水能力。而干化污泥由脱水污泥经风干、研磨后，虽然固体成分与脱水污泥相当，但污泥中的胶体遭到破坏，单纯固体物质投加，对实验土壤的保水能力改善效果不大。总体来看，与干化污泥和堆肥污泥相比较，脱水污泥改良土壤后，土壤失水速度较缓慢，在持续干旱的状态下为土壤保留了更多的水分。

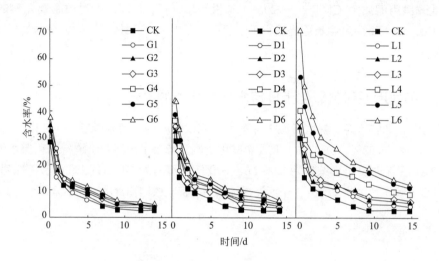

图 15.75 各土壤样品含水率变化趋势

有研究显示孔隙度对土壤持水能力也有着重要影响，在微观尺度下对改良土壤的孔隙结构进行分析，对具有代表性的土壤样品CK、G5、D5、L5进行扫描电子显微镜（SEM）分析，SEM图像见图15.76。

由图15.76可以看出，污泥改良土壤，可以提高土壤孔隙度。干化污泥为固体颗粒，混入实验土壤，对土壤的孔隙结构影响不大。而脱水污泥改良土壤样品容重低，孔隙度高，并有更大孔径，其持水能力也较强。而堆肥污泥改良土壤样品，虽然拥有更大孔隙度，但其孔隙分布不均匀，微观尺度下结构松散，其固体结构难以保留更多水分，大孔径反而使其水分渗出量较大，使其持水能力相较于脱水污泥反而显出不足。通过对土壤孔隙结构的分析，可以看出，土壤孔隙结构组成亦是土壤持水能力的重要影响因素，适宜的孔隙结构和孔隙分布可以使土壤接纳更多水分。脱水污泥改良干旱碱化土壤可以提高土壤有机质含量，同时可以改善土壤结构，对提高土壤持水能力有积极作用。

15.6.3 污泥投加质量比与改良方式对土壤盐碱化特征参数的影响

（1）对土壤容重的影响及随时间变化规律

脱水污泥与盐碱土混配比例及改良方式对土壤容重的影响及随时间变化规律（图15.77）表明：未经改良的盐碱土即使通过物理翻混，仍然维持较高的容重，在8个月的孵育时间内始

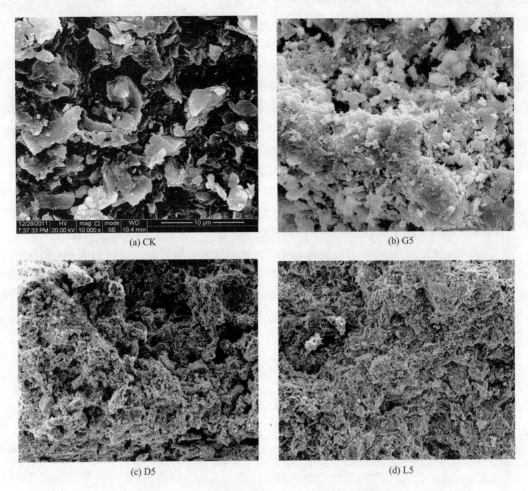

图 15. 76　部分土壤样品扫描电镜图像（SEM）

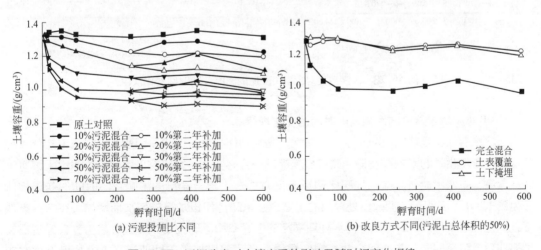

图 15. 77　污泥改良对土壤容重的影响及随时间变化规律

终在 1.31～1.35g/cm³ 之间，变化较小，在植物生长期（90～240d，种小麦）末达到最低。随着污泥投加质量比的增加土壤容重不断降低，尤其是污泥比例超过 30% 的改良土壤容重降低更为明显。随着孵育时间的延长，一次污泥改良的土壤在植物生长期结束后土壤容重均有回升的趋势，这跟有机物的矿化关系密切。在第 2 年污泥补加后土壤容重持续降低。在相同污泥投加量（污泥占总体积的 50%）的条件下，三种改良方式中完全混合对土壤容重的效果最好，尤其在孵育期的前 90d 可以降低土壤容重 0.3g/m³ 左右。而在孵育初期土下掩埋和土表覆盖对盐碱化土壤部分的容重改良作用不明显，随着孵育时间的延长有降低土壤容重的作用，且两种方式效果相当。由此可见，污泥改良可有效降低土壤容重，改善土壤的物理性状。

（2）对土壤 pH 值的影响及随时间变化规律

由脱水污泥与盐碱土混配比例及改良方式对土壤 pH 值的影响及随时间变化规律（图 15.78）可知：污泥改良可有效降低土壤的 pH 值，且随着污泥投加剂量的增加土壤 pH 值呈现显著降低趋势。污泥投加质量比在 30%，可降低 pH 值在 1 左右；污泥投加质量比在 50%～70%，可降低 pH 值在 1～2 左右。孵育 50d 内，有机物的分解较快，使得土壤 pH 值持续下降，50 天至 3 个月各处理样品的 pH 值维持降低或略有回升。在第 3～8 个月，经过植物种植，各处理土壤样品 pH 值均有所降低，在一次改良的情况下，8～20 个月改良土壤中 pH 值仍存在先升高再降低的趋势，而在第 11 个月进行二次污泥投加后 pH 值可持续降低。三种改良方式中完全混合对土壤 pH 值的效果最好。

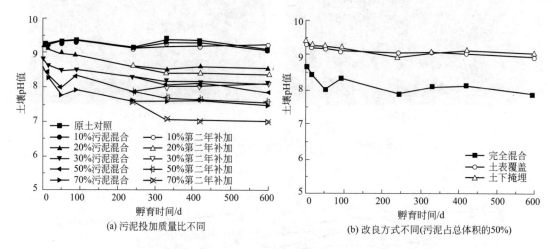

（a）污泥投加质量比不同

（b）改良方式不同（污泥占总体积的50%）

图 15.78　污泥改良对土壤 pH 值的影响及随时间变化规律

（3）对土壤含盐量的影响及随时间的变化规律

土壤水溶性盐是盐碱土的一个重要属性，是限制作物生长的障碍因素。研究土壤盐分对种子发芽和作物生长的影响以及拟订改良措施都是十分必要的。本研究采用电导法测定土壤可溶性盐含量。脱水污泥与盐碱土混配比例及改良方式对土壤含盐量的影响及随时间的变化规律（见图 15.79）表明：污泥改良处理后的土壤含盐量随污泥投加量的增加而增加。在室温条件下，孵育期 3 个月内，20% 以上污泥处理样品的电导率均呈现波动中降低的趋势。在经过植物种植期后至孵育期末，各处理含盐量减低缓慢，高污泥投加量的处理样品中含盐量仍相对较高，经过二次污泥改良后各处理的土壤含盐量进一步增加。在相同污泥投加量（污泥占总体积的 50%）的条件下，完全混合、土表覆盖、土下掩埋三种改良方式中完全混合对土壤含盐量降低效果最好，其次是土表覆盖和土下掩埋，且随孵育时间的延长变化不大。

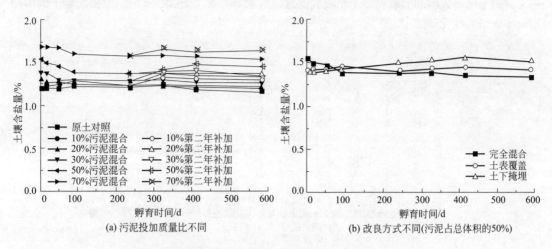

图 15.79 污泥改良对土壤含盐量的影响及随时间变化规律

（4）对土壤碱化度的影响及随时间变化规律

盐分中以交换性钠盐的危害最大，增加土壤碱度和恶化土壤物理性质，使作物受害。因此在研究全盐含量的基础上，重点研究交换性钠占总阳离子交换量的比例，即土壤的碱化度（ESP）的变化规律，有助于更加科学合理地指导盐碱土的改良。脱水污泥与盐碱土混配比例及改良方式对土壤 ESP 的影响及随时间变化规律（图 15.80）表明：土壤 ESP 随污泥添加比例的增加呈明显减少的趋势，说明尽管污泥可增加土壤的水溶性盐含量，但可有效降低土壤中交换性钠含量，改善土壤碱化程度。一次污泥改良后，随着孵育时间的延长土壤碱化度变化不大；经二次改良后土壤 ESP 进一步降低。在相同污泥投加量（污泥占总体积的 50%）的条件下，三种改良方式中完全混合对土壤 ESP 降低效果最好，但随孵育时间的延长变化不大。

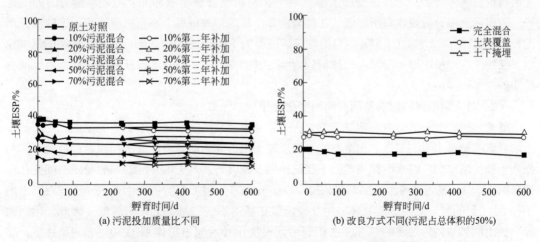

图 15.80 污泥改良对土壤 ESP 的影响及随时间变化规律

（5）对土壤微团聚体结构的影响

土壤微团聚体是表征土壤结构性能的重要参数。苏打型盐碱土的主要特征是土壤微结构分散，水稳性差，保水保肥性能恶化，因此研究污泥改良对微团聚体结构的影响具有重要的实践意义。由于微团聚体的形成需要一个漫长的过程，本节考查了历经 2 年污泥改良前后土壤中微团聚体含量的变化（图 15.81）。

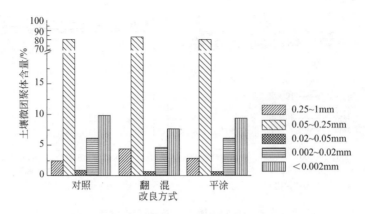

图 15.81 污泥改良对土壤微团聚体结构的影响

由图 15.81 可知，污泥改良有利于 0.05～1mm 微团聚体比例的增加，并减小＜0.002mm 黏粒的比例，意味着污泥改良可有利于增加土壤团聚度，改善微团聚体水稳性，并且翻混要好于平涂。

15.6.4 污泥投加质量比与改良方式对盐碱化土壤养分含量的影响

（1）对土壤有机质的影响及随时间的变化规律

土壤有机质是土壤中各种营养特别是氮、磷的重要来源。脱水污泥与盐碱土混配比例及改良方式对土壤有机质的影响及随时间变化规律（图 15.82）表明：随着污泥投加剂量的增加，土壤有机质不断增加，尤其是投加量超过 20%，有机质含量明显增加。但随着孵育时间的延长，改良后土壤有机质均有所降低。在孵育期 3 个月内，改良后土壤有机质降解速率较快，污泥投加质量比在 30% 以上，15d 内有机物降解速率为 40% 以上，可达到污泥中有机物的基本稳定。在相同污泥投加量（污泥占总体积的 50%）的条件下，3 种改良方式中完全混合对土壤有机质的改善效果最好。

（2）对土壤中氮的影响及随时间的变化规律

氮素是植物生长的最重要营养元素之一。总氮量通常用于衡量土壤氮素的基础肥力，了解土壤氮素的储量水平的高低。土壤有效氮能反映土壤近期内氮素供应情况和氮素释放速率，与作物生长关系密切。脱水污泥与盐碱土混配比例及改良方式对土壤 TN 的影响及随时间变化规律（图 15.83）表明：污泥投加剂量超过 30%，土壤 TN 增加趋势更为明显。一次改良的土壤中在 20 个月的孵育期内，土壤环境中 TN 含量在基本不变的基础上略有降低，因此，污泥改良后的土壤具有较为稳定的氮源。在相同污泥投加量（污泥占总体积的 50%）的条件下，完全混合、土表覆盖、土下掩埋 3 种改良方式中完全混合对土壤总氮的改善效果最好，土下掩埋和土表覆盖对盐碱化土壤有机质改良作用不明显。

脱水污泥与盐碱土混配比例及改良方式对土壤速效氮的影响及随时间变化规律（图 15.84）表明：随着污泥投加剂量的增加土壤速效氮呈现增加趋势。在经过植物种植期后，高投加比例的（大

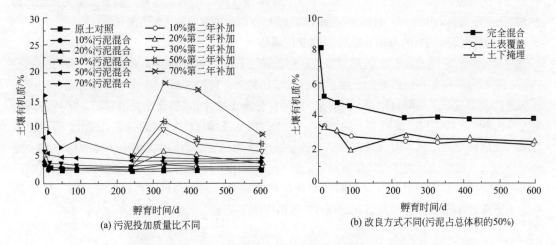

图 15.82 污泥改良对土壤有机质的影响及随时间的变化规律

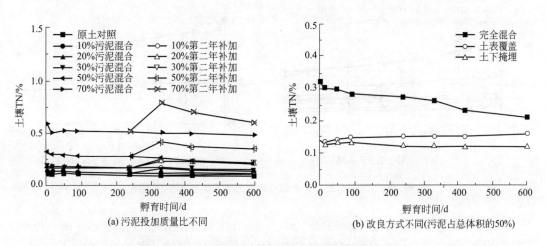

图 15.83 污泥改良对土壤 TN 的影响及随时间变化规律

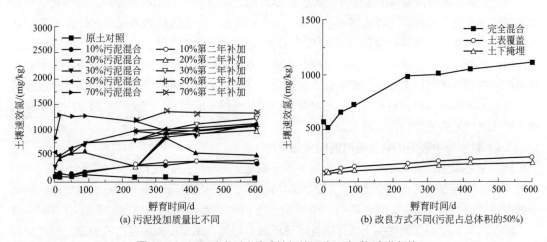

图 15.84 污泥改良对土壤速效氮的影响及随时间变化规律

于30％）土壤速效氮明显降低，而小于等于30％土壤速效氮有所增加。3种改良方式中完全混合对土壤速效氮的改善效果最好，且随着孵育时间的推移土壤中速效氮的含量逐渐升高。

（3）对土壤中 TP 的影响及随时间的变化规律

脱水污泥与盐碱土混配比例及改良方式对土壤 TP 的影响及随时间变化规律（图15.85）表明：随着污泥投加剂量的增加土壤总磷呈现增加趋势，且投加量与土壤全磷含量呈正相关，一次改良的情况下，在孵育期20个月内，各污泥处理土壤中，TP 含量缓慢降低，70％处理土壤的 TP 降低比较明显，降低了大约25％。二次改良后土壤 TP 进一步提高。因此，污泥可作为增加土壤磷肥的重要手段，并在改良后的土壤中作为稳定的磷素供应库。3种改良方式中完全混合方式改良后的土壤中 TP 含量最高，但随着孵育时间的推移有降低的趋势，可能的原因是污泥中的磷主要为有机磷，有机磷的矿化和植物吸收、淋溶作用对 TP 的流失有一定的影响。土下掩埋和土表覆盖对盐碱化土壤 TP 改良作用不明显，且效果相当。

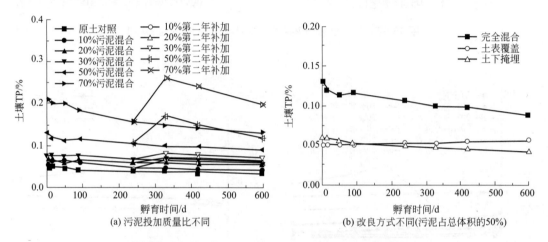

图 15.85　污泥改良对土壤 TP 的影响及随时间变化规律

有效磷是指土壤中能被植物吸收利用的磷，对于土壤管理、施肥以及改善植物磷的营养状况有着直接的指导意义。脱水污泥与盐碱土混配比例及改良方式对土壤有效磷的影响及随时间变化规律（图15.86）表明：土壤速效磷含量随着污泥投加剂量的增加而增加。在孵育期为3个月内，30％以下污泥处理的土壤速效磷含量维持稳定，而50％以上污泥处理的土壤速效磷含量波动较大，但一直维持在较高的水平，即0.015％以上。一次改良的情况下，经过植物种植期，各处理土壤中速效磷含量均有所增加，约为孵育期开始时的3倍。说明植物可有效促进土壤速效磷的增加，同时说明了污泥中总磷可在植物生长期转化成为速效磷，污泥可作为土壤缓释磷肥。在相同污泥投加量（污泥占总体积的50％）的条件下，3种改良方式中完全混合方式改良后的土壤中速效磷含量最高，且随着孵育时间的推移不断增加，可能的原因是污泥中有机磷的矿化对速效磷的增加贡献较大。

（4）对土壤中钾的影响及随时间的变化规律

钾素是植物生长所需要的营养元素之一，土壤全钾的分析在肥力上意义并不大，测定全钾可以了解土壤钾素的潜在供应能力。脱水污泥与盐碱土混配比例及改良方式对土壤总钾的影响及随时间变化规律（图15.87）表明：由于脱水污泥中的钾含量低于原盐碱土环境中的钾含量，随着污泥投加剂量的增加土壤总钾含量呈现减少趋势，即便投加污泥比例较高，仍能保持土壤中总钾处于较高的供给水平。说明原土壤中并不缺少钾素。在相同污泥投加量（污泥占总

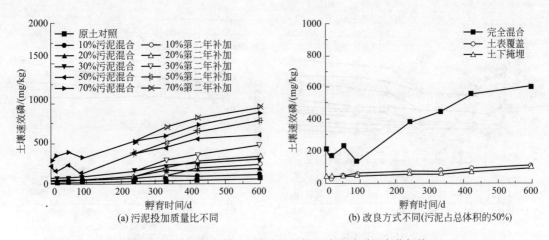

(a) 污泥投加质量比不同　　　　(b) 改良方式不同(污泥占总体积的50%)

图 15.86　污泥改良对土壤速效磷的影响及随时间变化规律

体积的 50％）的条件下，3 种改良方式对土壤总钾的影响均较小。

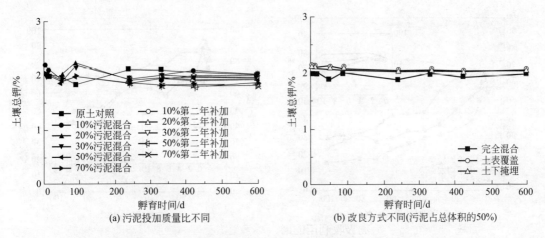

(a) 污泥投加质量比不同　　　　(b) 改良方式不同(污泥占总体积的50%)

图 15.87　污泥改良对土壤总钾的影响及随时间变化规律

　　测定速效钾可了解土壤中可供植物生长需要的钾素水平，并为施钾肥提供依据。脱水污泥与盐碱土混配比例及改良方式对壤土有效钾的影响及随时间变化规律（图 15.88）表明：随着污泥投加剂量的增加土壤速效钾呈现增加趋势。一次改良的情况下，在孵育期 50d 内，速效钾含量都有所降低，但在 50 天至 20 个月之间速效钾含量稳定中有所回升。二次改良后的土壤中速效钾含量进一步提高，并缓慢增加。3 种改良方式土壤中速效钾含量排序依次是完全混合、土表覆盖、土下掩埋，且随着孵育时间的推移变化不大。

15.6.5　污泥投加质量比与改良方式对盐碱化土壤植物生长的影响

（1）对种子发芽的影响

　　为进一步研究污泥用于盐碱土改良的可行性，考查污泥投加量及投加形态（风干污泥和脱水污泥）对小麦/紫花苜蓿种子发芽的影响。结果见图 15.89～图 15.91。经过 8 个月和 20 个月的孵育期脱水污泥改良土壤中种子发芽的情况见图 15.92。

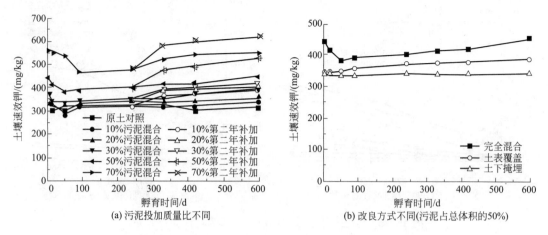

(a) 污泥投加质量比不同　　(b) 改良方式不同(污泥占总体积的50%)

图 15.88 污泥改良对土壤速效钾的影响及随时间变化规律

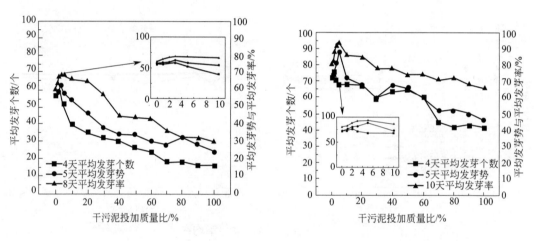

图 15.89 风干污泥投加量对小麦种子发芽的影响

图 15.90 风干污泥投加量对紫花苜蓿种子发芽的影响

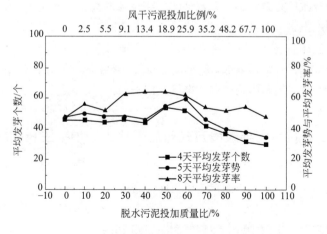

图 15.91 脱水污泥投加对小麦种子发芽的影响

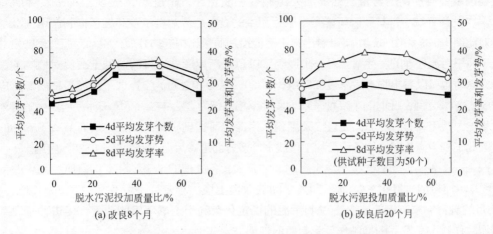

图 15.92　污泥改良对盐碱化土壤种子发芽的影响

由图 15.89、图 15.90 可知，考查小麦种子发芽状况从第 4 天初始计数，蒸馏水（对照）处理的发芽率个数接近 90 个，在第 8 天末次计数时超过 90％并达到相对稳定，紫花苜蓿种子表现出类似的发芽状况，4d 初次计数时的平均发芽个数为 73 个，并在 10d 计算种子的平均发芽率达到 95％。说明随机选取的 3 组重复种子平均质量较好，可用于进一步的污泥处理研究。盐碱土对照处理的小麦种子发芽率仅达到 60％，其原因可能是由于盐碱土水溶液（质量/体积 1∶5）的 pH 值高达 9.3 以上，可溶性盐含量 10g/kg 左右，并不适宜小麦种子的发芽；而相比于小麦种子的发芽状况，紫花苜蓿种子表现出较好的适应性，在初次计数时平均发芽种子个数达到 72 个，与蒸馏水对照相当，随后发芽也受到一定程度的抑制，在末次计数时发芽率仅有 80％。以风干污泥（含水率 10％）为盐碱土改良剂，随着风干污泥投加质量比的增加，小麦、紫花苜蓿种子的发芽率均表现出先增加后降低的趋势。但是在所有处理的情况下，紫花苜蓿种子的发芽率、发芽势都明显高于小麦种子，说明紫花苜蓿种子的耐盐碱能力更强。对于小麦种子，干污泥投加质量比在 1％～30％之间，平均发芽率均在 60％左右，污泥质量投加比在 3％和 5％时达到最大，为 68％。而干污泥质量超过 30％，污泥对于小麦种子最终的平均发芽率具有明显的抑制作用，且随着污泥投加质量比的增加，这种抑制作用就越大，单纯采用风干污泥作为小麦种子发芽基质的处理，平均发芽率仅为 30％。对于紫花苜蓿种子，干污泥投加质量比在 1％～5％之间，平均发芽率超过 80％，污泥质量投加比在 5％时达到最大 94％，接近于蒸馏水对照的平均发芽率水平。说明干污泥投加质量比在 2％～5％之间可较好地促进紫花苜蓿种子在盐碱土环境中的发芽。而干污泥投加质量比在 10％～60％之间，紫花苜蓿种子的平均发芽率在 80％左右，说明种子发芽受到一定程度的抑制。随着污泥投加质量比的继续增加，这种抑制作用越大，单纯采用风干污泥作为紫花苜蓿种子发芽基质的处理，平均发芽率仅为 66％。污泥对种子发芽的抑制作用还表现在推迟种子的发芽，但对紫花苜蓿种子发芽影响不明显，而在小麦种子培养初期表现出抑制作用，随后这种抑制作用也随之消失。

由图 15.91 可以看出，以脱水污泥（含水率 80％）为盐碱土改良剂，污泥投加质量比在 30％～60％之间，小麦种子发芽率超过 60％，此时改良土壤表观性状良好，土质疏松，湿度适中。盐碱土对照处理和脱水污泥处理的小麦种子发芽率均不超过 50％。其余处理在 50％～60％之间。其原因可能是盐碱土的高 pH 值环境抑制了小麦种子的发芽，随着污泥投加质量比的增加，可以调节盐碱土的 pH 值环境、增加土壤养分含量、同时降低改良土壤中影响碱化度的重要因素交换性钠的含量。继续加大污泥投加质量比，超过60％表现出种子发芽时间推迟，平均发芽率减小，其原因可能是由于污泥中的有害组分对种子发芽起了抑制作用。

对比图15.89和图15.91可以看出，干污泥投加质量比相近的处理，脱水污泥处理的发芽率要低于风干污泥处理的发芽率，进一步说明了以风干污泥形式进行的盐碱土改良对植物的影响较小。同时也可以看出脱水污泥投加质量比在30％～60％之间，换算成干污泥投加质量比应该在10％～20％之间，此时的小麦种子平均发芽率相差仅为2％左右，而风干污泥所产生的额外的场地和能源费用却有所增加，而直接采用脱水污泥也可达到相似的效果，从而节省了额外的成本。因此工程中应从节约种子和节约工程成本等多方面考虑污泥改良盐碱土的实际应用。

图15.92表明，随着改良土壤孵育时间的延长，各处理的种子发芽率均有所提高。改良后8个月，污泥投加质量比在30％～50％之间的改良土壤中小麦种子发芽率达到70％以上，在20个月的孵育期末可接近80％，说明污泥的稳定化有利于土壤环境的改善，促进种子发芽，而污泥对作物种子发芽的抑制作用具有暂时性而非永久性。

（2）对小麦和紫花苜蓿生长状况的影响

1）对小麦生长状况的影响 在室内、室外两种环境条件下，不同污泥投加质量比的花盆中种植100粒小麦种子（品种06-4069来自东北农业大学农学院小麦组），并与化肥（0.2g硫酸铵/kg土、0.15g磷酸二氢钾/kg土、0.2g氯化钾/kg土）施加盐碱土和花卉营养土种植相比较。

室温条件下经过5d、10d、20d后小麦生长情况见图15.93～图15.95。

(a) 盐碱土　(b) 污泥10％　(c) 污泥20％　(d) 污泥30％　(e) 污泥50％

(f) 污泥70％　(g) 营养土　(h) 化肥对照　(i) 污泥50％ 土表覆盖　(j) 污泥50％ 土下掩埋

图15.93 室温孵育小麦生长情况（5d）

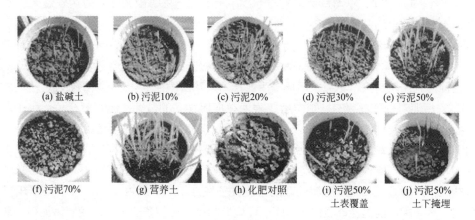

(a) 盐碱土　(b) 污泥10％　(c) 污泥20％　(d) 污泥30％　(e) 污泥50％

(f) 污泥70％　(g) 营养土　(h) 化肥对照　(i) 污泥50％ 土表覆盖　(j) 污泥50％ 土下掩埋

图15.94 室温孵育小麦生长情况（10d）

(a) 盐碱土　　(b) 污泥10%　　(c) 污泥20%　　(d) 污泥30%　　(e) 污泥50%　　(f) 污泥70%

(g) 营养土　　(h) 化肥对照　　(i) 污泥50%　　(j) 污泥50%　　(k) 全部处理生长情况
　　　　　　　　　　　　　土表覆盖　　　土下掩埋

图 15.95 室温孵育小麦生长情况（20d）

自然条件下经过 5d、10d、20d 后小麦生长情况见图 15.96～图 15.98。

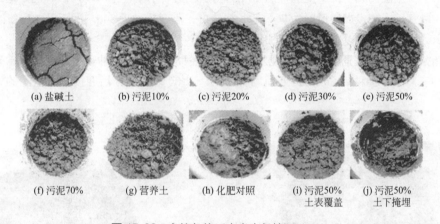

(a) 盐碱土　　(b) 污泥10%　　(c) 污泥20%　　(d) 污泥30%　　(e) 污泥50%

(f) 污泥70%　　(g) 营养土　　(h) 化肥对照　　(i) 污泥50%　　(j) 污泥50%
　　　　　　　　　　　　　　　　　　　土表覆盖　　　土下掩埋

图 15.96 自然条件下小麦生长情况（5d）

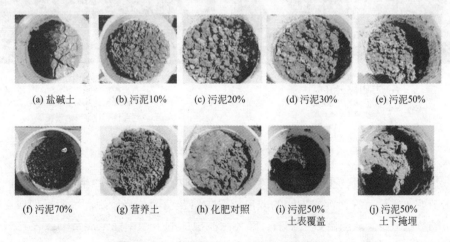

(a) 盐碱土　　(b) 污泥10%　　(c) 污泥20%　　(d) 污泥30%　　(e) 污泥50%

(f) 污泥70%　　(g) 营养土　　(h) 化肥对照　　(i) 污泥50%　　(j) 污泥50%
　　　　　　　　　　　　　　　　　　　土表覆盖　　　土下掩埋

图 15.97 自然条件下小麦生长情况（10d）

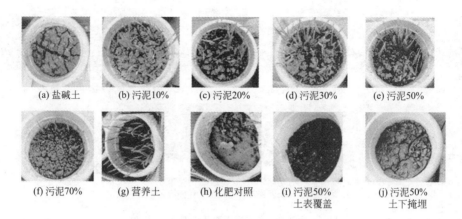

(a) 盐碱土　　(b) 污泥10%　　(c) 污泥20%　　(d) 污泥30%　　(e) 污泥50%

(f) 污泥70%　　(g) 营养土　　(h) 化肥对照　　(i) 污泥50%　　(j) 污泥50%
　　　　　　　　　　　　　　　　　　土表覆盖　　　土下掩埋

图 15.98　自然条件下小麦生长情况（20d）

出苗期，室温情况下，小麦播种后 10d，除污泥投加质量比为 70% 外，其他处理的土壤均已发芽，以营养土和投加质量比为 50% 的长势较好；小麦播种后 20d，污泥投加质量比为 70% 的有极少数种子发芽，以营养土和投加质量比为 50% 的长势较好。

自然条件下，小麦播种后 5d 未见发芽，小麦播种后 10d 已有种子发芽，但是盐碱土环境中未见种子发芽。播种后 20d，各处理均有芽苗，以 30% 和 50% 污泥投加质量比的处理长势较好。

(a) 左上污泥体积比30%　　　　　　　　　(b) 左上污泥体积比70%
　　右上污泥体积比10%　　　　　　　　　　右上污泥体积比50%
　　左下污泥体积比20%　　　　　　　　　　左下污泥体积比50%土下掩埋
　　右下盐碱土对照　　　　　　　　　　　　右下污泥体积比50%土表覆盖

图 15.99　紫花苜蓿出苗期生长

2）对紫花苜蓿生长状况的影响　自然条件种植紫花苜蓿出苗期的生长状况（图 15.99）表明，出苗期 20%～50% 污泥投加比的改良土壤中紫花苜蓿长势最好，污泥投加质量比达到 70% 出苗的数量减少。从出苗数量上看，50% 污泥投加的土壤中完全混合的改良方式效果最好，土下掩埋的方式略好于土表覆盖。

收割期紫花苜蓿的株高及鲜重见表 15.8。收割作物见图 15.100。

污泥投加质量比/%	植株高/cm			平均/cm	标准方差/cm	鲜重/(g/0.04m²)	鲜重/(g/m²)
	1	2	3				
对照	31.5	32.5	24.8	29.60	4.18	56.85	1421.13
10	33.4	36	26.8	32.07	4.74	51.44	1286.05
20	40.8	35.2	36.3	37.43	2.97	73.64	1840.90
30	40.1	37.2	35.6	37.63	2.28	78.64	1966.03
50	40.3	32.1	27.1	33.17	6.66	65.37	1634.13
70	41.8	34.5	39.5	38.60	3.73	40.57	1014.35
土下掩埋	41.8	49.2	44.3	45.10	3.76	51.69	1292.15
土表覆盖	47.1	37.4	45.6	43.37	5.22	48.21	1205.13

图 15.100　收割作物

由图 15.100 和表 15.8 可以看出，污泥质量投加比 50％土下掩埋和污泥质量投加比 50％土表覆盖的株高最高，其次是 70％污泥投加质量比、30％污泥投加质量比和 20％污泥投加质量比。但是植物鲜重却随着污泥投加质量比的增加呈现先增加后减少的趋势，在污泥投加比为 30％达到最大，50％污泥投加质量比的土壤中完全混合的改良方式中作物鲜重量最高，土下掩埋的方式土壤中的紫花苜蓿鲜重量略高于土表覆盖的改良方式土壤中的紫花苜蓿鲜重量。

15.6.6　污泥投加质量比与改良方式对盐碱化土壤中重金属的形态影响

采用 BCR 四步连续提取法提取土壤中可交换与碳酸盐结合态、铁-锰-氢氧化物结合态、有机物与硫化物结合态、残渣态，并采用 ICP-AES 测定重金属总量及各形态重金属的含量。其中可交换态的重金属反映人类近期排污对生物的毒性作用，在土壤中含量较低易被植物吸收，对生态系统研究和农业生产具有重要的指导意义；碳酸盐结合态是由矿物迁移所致，在 pH 值变化时可被生物吸收。Fe-Mn 氧化物结合态反映人类活动对环境的影响，在强氧化条件下可能被释放，引起生物毒性。有机态重金属不易被生物吸收，生物毒性较弱。残渣态重金属主要是受矿物成分和岩石风化以及土壤侵蚀的影响，迁移转化能力及活性和毒性较小。不同形态的重金属在外界条件改变时可以相互转化，对土壤重金属形态分析的研究可以更直观地了解土壤重金属污染状况。不同比例添加脱水污泥对土壤重金属总量及形态的影响（图 15.101）表明：孵育 0d，土壤中 Cd 和 Hg 含量在检出限以下，其余重金属含量也均低于《城镇污水处理厂污泥处置 土地改良用泥质》（CJT 291—2008）标准，其中含量较高的为 Zn、Cr，其次为 Cu、Ni、Pb、B、As。Zn 和 Cu 含量随污泥添加比的增加表现出明显的增加趋势，原因是污泥中含有较高的 Zn 和 Cu。

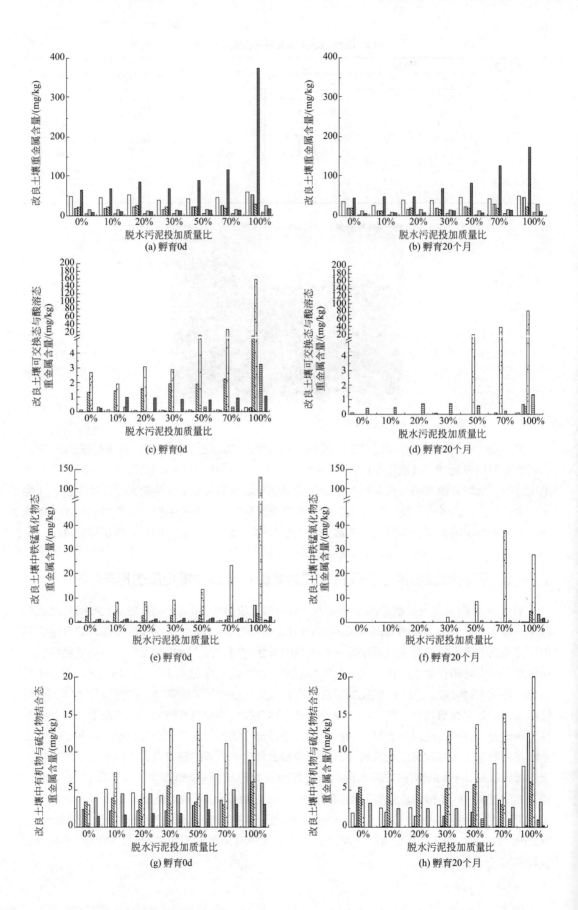

(a) 孵育0d

(b) 孵育20个月

(c) 孵育0d

(d) 孵育20个月

(e) 孵育0d

(f) 孵育20个月

(g) 孵育0d

(h) 孵育20个月

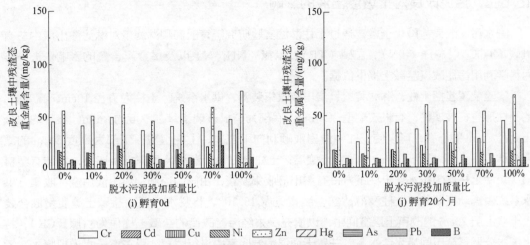

图 15.101　不同比例添加脱水污泥对土壤重金属总量及形态的影响

改良后经过 20 个月的孵育期，土壤中 Zn 下降较为明显，而其余元素含量略有降低。经过 20 个月的孵育期，可交换态与酸溶态的 As 含量进一步升高，但仍在 1mg/kg 以下，而 Zn 的含量进一步下降，在污泥投加质量比低于 50% 的情况，已检测不到可交换与酸溶态的 Zn。大部分元素的铁锰氧化物结合态在孵育 20 个月后降低至检出限以下。大于 30% 污泥投加质量比的土壤中仅有铁锰氧化物结合态 Zn 和微量的 As。有机物与硫化物结合态的 Cr、Pb、B 较孵育前有所降低，B 的降低最为显著。而 Cu、Ni、Zn、As 较孵育前有所增加，说明土壤孵育实验有助于它们向有机物与硫化物结合态转化。而土壤中 Zn、Cr、Cu、Ni、Pb、B、As 大部分以残渣态存在，经过孵育期 20 个月，除了残渣态 Pb 含量较孵育前略有增加外，其余重金属的残渣态也在基本不变中稍有降低。

15.6.7　污泥改良对土壤中卫生学指标的影响

由于污水处理厂在污泥脱水过程中未进行污泥稳定化处理，因此排出的污泥中存在相当数量的病原微生物，为研究污泥改良盐碱土后对土壤中病原微生物的影响，本项目在自然孵育的实验装置上，考察了污泥施用对盐碱土壤中大肠杆菌和沙门氏菌的影响。实验取 0～10cm 表土分析大肠杆菌和沙门氏菌含量，发现盐碱土对照样品中未检出大肠杆菌和沙门氏菌，所施用的脱水污泥中大肠杆菌含量约为 $2.3×10^5$～$2.4×10^6$MPN/g，沙门氏菌含量约为（7～10.6）×10^5MPN/g。改良初期，随着污泥施用量的增加，土壤中两种病原微生物的含量也有所增加，污泥与盐碱土等质量完全混合并孵育 1 周后，样品中大肠杆菌的含量是 $8×10^6$MPN/g，沙门氏菌的数量是 $1.1×10^6$MPN/g，结果表明，污泥改良后 1 周以内，大肠杆菌数值基本稳定，而沙门氏菌数量有所增加。改良 1 个月以后，土壤中大肠杆菌和沙门氏菌含量明显降低，改良 3 个月后，污泥投加比为 10% 和 50% 的样品中均未监测到大肠杆菌和沙门氏菌，表明污泥施用后，在阳光辐射，土壤温度、湿度、pH 值、有机质吸附和植被等影响下，对这两种病原菌致死有较大的作用。未经消毒处理的脱水污泥农用时，应注意卫生安全，脱水污泥农用前宜做一段时间的贮存，或改良操作安排在播种季前 3 个月以上，这可在一定程度上降低因污泥农用可能带来的疾病传播的风险。

15.6.8 污泥改良对土壤渗出液的影响

脱水污泥改良盐碱化土壤，通过土柱淋滤实验研究孵育时间和淋滤量对淋滤渗出液中总有机碳（TOC）、总氮（TN）、总磷（TP）、氨氮（NH_4^+-N）以及重金属含量的影响，进一步为科学利用污泥改良盐碱土提供依据。

实验装置包括土柱、淋滤装置、渗出液收集装置、供水系统。土柱为直径 10cm、高 80cm 的圆柱形有机玻璃柱，有机玻璃壁厚 8mm，底部为有机玻璃垫片，厚度约 8mm，垫片均匀分布孔径 2mm 的小孔，可以使土柱中渗出液顺利向下流出。土柱组成：下部为高度 50cm 的原土渗滤层，上部为层高 30cm 的改良土壤层；土柱上方设计淋滤装置与之相连接，安装有塑料喷头，使土柱均匀布水；土柱下方设有渗出液收集装置，由阀门控制，渗出液由烧杯收集；供水系统由蠕动泵调节。土柱及淋滤实验装置见图 15.102。将脱水污泥和盐碱土等质量混合装入土柱上层 30cm 的改良土层空间中，以填充满未经污泥改良的盐碱土柱作为对照（CK），将土壤水分调整至田间最大含水量，并置于恒温恒湿暗室中进行孵育。以去离子水模拟降水，考查不同淋滤量的情况下[30mm（播种季平均降水量）、130mm（最大暴雨强度）、250mm（最大月降水量）、500mm（年平均降水量）]，各土柱渗出液中 TOC、TN、NH_4^+-N、TP 的含量（图 15.103）。

图 15.103（a）表明各淋滤量条件下，改良初期土柱渗出液中 TOC 浓度明显高于对照土柱，在孵育期 20d 各淋滤量条件下土壤渗出液中 TOC 浓度已接近对照土壤水平，表明脱水污泥中有机污染物经 20d 自然降解已经大幅减少。同时，随淋滤量的增加土柱渗出液中 TOC 浓度降低。淋滤量在 30mm 左右，相当于实验地区播种季节平均降雨量，渗出液中 TOC 浓度较高，在播种季节前 20d 施污泥改良可缓解 TOC 的污染，但由于降水量较小，对地下水可能造成的影响也较小；淋滤量为 130mm 时，相当于经历最大暴雨强度，改良初期渗出液中 TOC 浓度较高，说明在利用污泥进行土壤改良时应避开暴雨季节。在经历最大月和年平均降水量的情况下，土柱渗出液中 TOC 浓度较低，大量有机物在初期渗出液中被淋出，

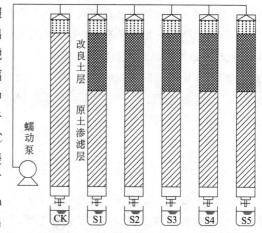

图 15.102 土柱及淋滤实验装置
（S1～S5 为孵育期 0d，10d，20d，30d，60d 的淋滤液）

说明 TOC 所表征的有机物易由水分运动携带，迁移作用明显。

污泥的添加明显增加了土柱渗出液中 TN、NH_4^+-N 的含量，随着孵育时间的延长，渗出液中 TN、NH_4^+-N 的含量近于匀速降低，在孵育期 60d 时，各淋滤量条件下土壤渗出液中 TN、NH_4^+-N 含量与对照土壤柱相近，间接说明在避开雨季 60d 以上，利用污泥进行土壤改良对地下水中 TN、NH_4^+-N 的含量影响较小。随着淋滤量的增加，土壤渗出液中 TN、NH_4^+-N 的浓度不断降低。

各淋滤量条件下，改良土壤渗出液中 TP 含量明显高于对照土柱，可见脱水污泥的投加使土壤可滤出的含 P 物质有较大提高。与 TOC、TN、NH_4^+-N 相比，TP 未体现出孵育时间对其

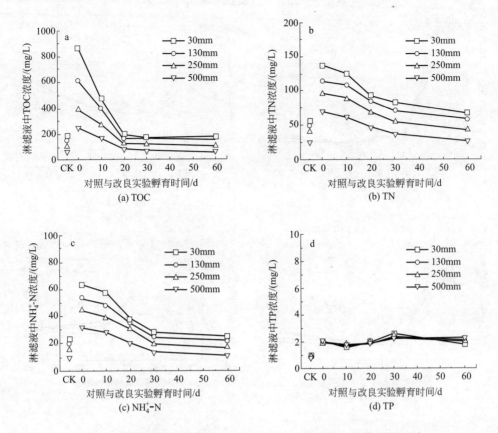

图 15.103 孵育时间和淋滤量对淋滤液中营养物质含量变化的影响

释放量影响，这与有机物、N、P 在土壤中的变化规律有关，有机物降解转化为无机物，含 N 物质会以 N_2、NH_3 等气体逸散，使 TOC、TN、NH_4^+-N 在土壤柱中总体含量降低；而含 P 物质在土壤中的变化并不能使土壤柱中 P 元素总量改变。淋滤量对渗出液中 TP 浓度影响不大。

通过分析土柱渗出液中重金属含量随孵育时间和淋滤量的变化，研究土壤改良时间和降水量对污泥改良土壤中重金属的迁移行为，间接表征地下水可能受到的影响，各土壤柱淋滤渗出液重金属浓度变化见图 15.104。

由图 15.104（a）、（c）、（e）可以看出，Cr、As 与 Pb 浓度在淋滤渗出液中的变化趋势相仿，改良初期（0d）渗出液中 Cr、As 与 Pb 含量明显高于其余各土柱渗出液，当淋滤量为 30mm 时，S1 土柱渗出液中 Cr 的浓度达到 0.153mg/L，As 达到 0.188mg/L，Pb 达到 0.254mg/L，分别是对照组（CK）的 4.26 倍、6.25 和 6.67 倍，表明在脱水污泥改良盐碱化土壤初期如经历降水则渗出液中 Cr、As 与 Pb 污染物含量较高，对地下水污染的风险较大。随着淋滤量的增加，渗出液中 Cr、As 与 Pb 的浓度逐渐降低。改良土壤孵育 10d 以上，渗出液中 Cr 和 Pb 含量基本稳定，较对照土壤柱未有明显差异，说明较短的孵育时间即可使得污泥中的 Cr、Pb 在土壤中得到固定。而 As 的孵育时间需要超过 20d，渗出液中 As 的含量基本趋于稳定。孵育期超过 10d，随着淋滤量的增加 Cr、As 与 Pb 的浓度变化不显著。

图 15.104（b）表明：Cu 在各组土柱淋滤渗出液中的浓度随淋滤量的增加而逐渐降低，随着柱内 Cu 含量的减少，降低趋势逐渐明显。在各柱之间比较，改良初期（10d）渗出液中 Cu 含量略高于对照柱，随着孵育时间的延长，渗出液中 Cu 含量变化不明显，说明脱水污泥对土

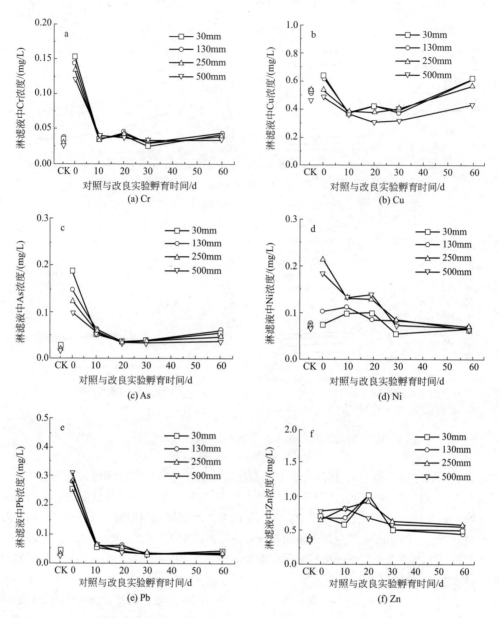

图 15.104 孵育时间和淋滤量对淋滤液中重金属含量的影响

壤 Cu 的释放影响较小，且孵育时间影响不显著。

　　由图 15.104（d）可见，渗出液中 Ni 元素的含量的变化经历了三个阶段，改良初期
（10d）Ni 元素浓度明显高于其余各组土柱，孵育 10d、20d，渗出液 Ni 元素含量有明显减少；
孵育 30d、60d，渗出液 Ni 含量进一步降低，与 CK 较为接近。由此可见，脱水污泥改良土壤
初期经历降水，Ni 元素大量释放；当改良土壤放置 10d，脱水污泥中 Ni 元素有相当一部分被
土壤固定，释放量下降明显；当改良土壤放置时间达到 30d，脱水污泥中 Ni 元素进一步被土壤
固定，渗出液 Ni 元素释放量已接近背景值。淋滤液中 Ni 的浓度随淋滤量的增加而增加，当淋
滤量低于 130mm 时，渗出液中 Ni 浓度较低，当淋滤量较高的情况下渗出液中 Ni 含量明显增
加，表明较强的淋滤作用可增加 Ni 元素的迁移活性。

图 15.104（f）表明：污泥改良后土壤渗出液中 Zn 含量较 CK 有明显提高，这是土柱中 Zn 总量差异的体现。孵育时间对渗出液 Zn 元素含量的影响并不显著。渗出液中 Zn 的浓度随淋滤量的增加变化不明显，孵育期超过 20d，高淋滤量条件下，渗出液中 Zn 的浓度较低。与图 15.104（e）的比较可以看出，土壤柱淋滤渗出液 Zn 浓度的变化规律与 Pb 较为相似。

15.6.9　污泥改良盐碱土壤臭味影响分析

研究污泥改良盐碱土臭味逸散规律主要进行泥/土混合物挥发气体中 NH_3、H_2S 和臭气浓度的确定。选定在室温 25℃和年平均温度 0℃进行测定。通过盆栽试验确定土壤与污水污泥体积混配比 1:1，气体释放源为 6L 泥土混合物，研究混合时间、泥土比、温度、采样点位置对泥土混合后的臭味逸散的影响。使用 QT-2B 气体取样器在 3 个位置：泥土混合物气体释放源处（采样点 1）、释放源垂直向上 1.2m（人体呼吸高度）处（采样点 2）以及以采样点 2 为圆心的 2m 圆周上的某一点。

图 15.105 表示在 25℃时，各采样点氨气和硫化氢浓度随时间变化的规律。

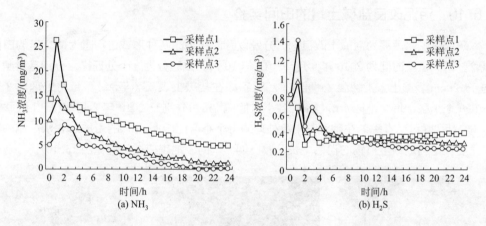

图 15.105　污泥与盐碱土 1:1 混配不同采样点 NH_3 和 H_2S 浓度随时间变化（25℃）

图 15.105 表明：NH_3 浓度在混合均匀后的第 1 个小时内释达到峰值 26.70mg/m³，此时 NH_3 浓度超标，对工作人员健康有很大影响也对周围居民区造成污染。随后 NH_3 浓度不断降低，由 26.70mg/m³ 降低至 0.35mg/m³，在 24h 时释放浓度已经降到很低的水平，此时达到《城镇污水处理厂污染物排放标准》（GB 18918—2002），基本接近《居住区大气中有害物质的最高容许浓度》（TJ 36—79）。H_2S 浓度在混合均匀后第 1 个小时内升高至 1.13mg/m³，在 1h 后不断降低，H_2S 浓度由 1.13mg/m³ 降低至 0.31mg/m³，在 24h 时释放浓度已经降到很低的水平。此外，在 25℃，在泥/土比例为 1:1 均匀混合 1 周后，对 NH_3 和 H_2S 分别进行采样与测定，其浓度分别为 0.18mg/m³ 和 0.0076mg/m³，已经达到了《居住区大气中有害物质的最高容许浓度》（TJ 36—79）的标准。

0℃情况下，各采样点 NH_3 和 H_2S 浓度随时间变化的规律与 25℃相近（图 15.106），但温度较低时，NH_3 与 H_2S 的逸散速度比 25℃下缓慢，且浓度随着时间的推移连续不断地下降但释放得更持久。由此可在污泥改良盐碱土壤过程中，在温度较低的秋季将污泥与盐碱土壤混合，经过冬季 3 个月的释放，类似堆肥的过程，春季耕种时臭味气体的影响可忽略。

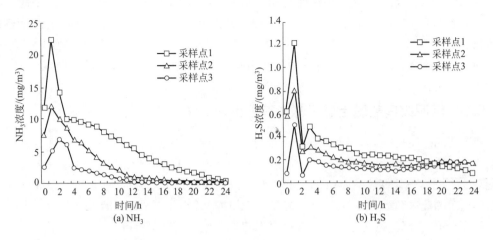

图 15. 106 污泥与盐碱土 1：1 混配不同采样点 NH₃ 和 H₂S 浓度随时间变化（0℃）

15.6.10 污泥改良盐碱土壤的田间实验

本研究以脱水污泥为盐碱土改良剂，分别以翻混和平涂两种形式进行了为期 2 年的田间改良试验。田间试验时间为 2010 年 9 月～2012 年 10 月。试验分为 3 个处理样，分别是对照、污泥与 0～20cm 表层土人工翻混（翻混）、污泥平涂在盐碱土表面（平涂）。每个处理样 3 个重复，共 9 个小区，每个小区 4m×5m，各小区间隔 2m。分别于 2010 年 9 月 20 日（秋季）和 2012 年 4 月 20 日（春季）在翻混与平涂处理的每个小区以 10kg/m² 的量施加脱水污泥。地表植被主要利用当地原生植物的自然生长。改良期 2 年内，地表植被状况见图 15.107。

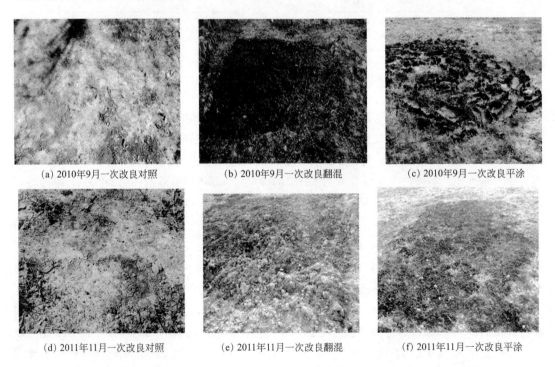

(a) 2010年9月一次改良对照 (b) 2010年9月一次改良翻混 (c) 2010年9月一次改良平涂

(d) 2011年11月一次改良对照 (e) 2011年11月一次改良翻混 (f) 2011年11月一次改良平涂

(g) 2011年7月一次改良对照　　(h) 2011年7月一次改良翻混　　(i) 2011年7月一次改良平涂

(j) 2012年4月二次改良对照　　(k) 2012年4月二次改良翻混　　(l) 2012年4月二次改良平涂

(m) 2012年6月二次改良对照　　(n) 2012年6月二次改良翻混　　(o) 2012年6月二次改良平涂

(p) 2012年8月二次改良对照　　(q) 2012年8月二次改良翻混　　(r) 2012年8月二次改良平涂

图 15. 107　改良期 2 年内地表植被状况

由图 15.107 可以看出：对照土壤 2 年内四季植被状况仍较差，地表多为裸露的白色的盐斑，翻混后的改良土壤表面植被经一次改良后有所恢复，二次改良后恢复效果较好，而平涂改良方式地表植被状况经一次改良就可以基本恢复，原生植物长势较好，可能的原因是翻混形式一定程度上破坏了原生植物根系土壤状况，土壤结构的改善需要一个过程，而表面平涂形式只是直接给作物供给养分，因而长势较好。

15.7 污泥催化热解制取烃类化合物及转化途径

一般意义上的热解就是在无氧的条件下将各种有机物料通过加热裂解转化为液态油、固体焦和不可冷凝的气体的过程。利用污泥热解制油是近年来处置污水处理过程中产生的有机污泥的一种新的可望达到能量平衡的技术，其原理是在无氧条件下加热污泥至 300～500℃、常压（或高压）和缺氧条件下，借助污泥中所含的硅酸铝和重金属（尤其是铜）的催化作用将污泥中的脂类和蛋白质转变成烃类化合物，最终产物为油、炭、非冷凝气体和反应水。英国、美国、日本等国家主要研究的是热化学液化法，即在 300℃、10MPa 左右的条件下对脱水污泥进行热化学液化，使污泥反应生成油状物。德国和加拿大以热分解油化法为主，即把干燥的污泥在无氧条件下加热到 300～500℃，使之干馏气化，再将气体冷却转化成油状物。污泥热解过程产物主要包括固体残焦、热解油和热解气，根据各自的特性，三种热解产品都有其各自的价值和用途，通过调整运行参数等条件可以制取不同的热解目标产物。

污泥热解的挥发分经过冷凝系统收集到的液态产物就是污泥热解油，热解油中含有大量的各类有机物质和水分。污泥热解油的产量和品质受热解条件的直接影响。相比传统生物质热解油，污泥热解油具有更高的热值，更小的酸度，这些优势显示了污泥热解油的实用潜力。但污泥热解油液也存在一些缺点，尤其是其含氮量相对较高，在燃烧供能中易于产生氮氧化物的污染，同时对动力设备也可能造成一定程度的腐蚀，需要在使用前对其进行一定程度的脱氮处理。

污泥热解过程中产生的残余固体称为热解残焦。一般认为，污泥热解残焦灰分含量高、热值低，并不适宜单独作为燃料使用，主要用来制作低成本吸附剂用于受污染水体的净化。基于污泥热解残焦的特性，还可以作为有机肥添加剂用于改良对土壤，或直接利用污泥热解残焦缓解土壤中的金属污染。

总体来说，污泥热解处理技术的潜力大，环境效益和资源化效益均是很可观的，主要表现在：通过热解处理，污泥的容重可以减少 50% 以上，同时杀灭病毒、病原体等有害微生物，并获得可回收易利用、易储藏的液体燃料和高附加值的化工产品，回收的液体燃油可提供 700kW/t 的净能量。此外，在灰烬和炭中来自污泥的重金属被钝化；将污泥中的重金属元素固定在热解残焦中，与污泥焚灰相比，这些金属与残焦的结合更加紧密，也更难浸出，从而为热解残焦的后续利用提供了更多的便利和可能。此外，与污泥焚烧技术不同，污泥热解过程是一个吸热行为，这也意味着污泥热解产物将具有更高的热值。此外，与污泥农用技术相比，污泥的热解是全天候连续作业，与污水处理厂中污泥的形成过程相匹配，可以减少原料贮存带来的安全隐患和经济成本。

同时，随着全球化石能源的日趋紧张，化工行业正经受着巨大的生产压力。一直以来，主要的化工生产原料（包括芳香烃、烯烃、烷烃等）均直接或间接地来源于石油、煤炭、天然气等不可再生的化石资源，原材料价格的不断攀升导致大量化工企业无法维持经营，面临倒闭；而社会生产、国民生活的方方面面离不开这些烃类产品，包括交通运输、移动通信、医药食品、服装纺织等行业也面临着挑战，这就迫使人们寻求新的途径获取烃类化合物以缓解对传统化石资源的依赖。

本节针对污泥热解含氮高和烃类化合物制备原料价格高等问题，探讨污泥的新型资源化利用途径，采用催化热解技术对污泥进行处理，将污泥中的有机组分转化为高附加价值的烃类化合物（芳香烃、烯烃和烷烃）。研究考察不同催化热解条件下污泥热解产物的分布情况，分析催化热解过程中的芳烯烷三烃转化途径。

15.7.1　污泥混合式催化热解制取烃类化合物

污泥本身成分复杂，其有机组分在热解过程中裂解逸出，形成一系列复杂多样的有机化合物，包括羧酸类、醛酮类、固醇类、氰胺类等，各种类型的有机组分混合在一起对后续的分离利用造成很大的困难，而作为燃料使用又存在因氧、氮元素含量较高而导致的热值低、酸度高、易老化、燃烧尾气污染严重等不足。催化热解技术通过在热解过程中添加催化剂以达到对热解产物改性的目的，从而提高热解产物的可利用价值。可供选用的催化剂种类多样，其中分子筛催化剂具有形式多样、价格低廉、结构稳定、机械强度高等优点，受到研究者们的青睐。分子筛催化剂的种类繁多，其中根据催化剂孔径大小可以分为微孔类分子筛、介孔类分子筛和大孔类分子筛，分子筛催化剂孔径大小的不同对热解过程中的催化效果产生一定的影响，微孔不利于催化产物的逸出，易于形成大量积碳；大孔有助于大分子物质（如稠环芳烃等）的形成，同样易于形成积碳；而以 ZSM-5 为代表的介孔分子筛催化剂，孔径适中，被认为更适合用于催化热解。

当前的研究结果表明通过添加 ZSM-5 催化剂能够对传统的木质纤维素类生物质热解挥发分进行脱氧改性并制取烃类化合物，而针对富含蛋白质和油脂等有机组分的污泥类物质的催化热解研究还很少。如果通过催化热解能够将污泥热解产物转变为以芳香烃、烯烃和烷烃为主的烃类物质，则能够大大提升污泥热解产物的可利用价值。因此，本节选用 ZSM-5 催化剂，在 450～750℃之间考察污泥混合式催化热解的制烃效果，优选了催化剂硅铝比和投加比等参数，并考察分析了热解温度对烃类化合物的碳产率及各烃类物质选择性的影响。

本节的（催化）热解实验装置为日本 Frontier Lab 公司生产的 Tandem 双级纵式微炉裂解器（Rx-3050 TR），仪器结构示意如图 15.108 所示。裂解器包含两级热解反应单元，通过中间层串联起来，共同完成热解实验。两个热解区采用智能温控系统，温度区间为 40～900℃，可以满足热解的需要；中间层的温度可以在 100～400℃之间调节。在整个实验过程中，氦气作为热解反应的载气由上端进气口进入充满整个反应区间。

本研究中催化热解反应包括两类：混合式催化热解和两段式催化热解。

（1）混合式催化热解

在进行混合式催化热解实验之前，需要将热解原料与催化剂粉末以特定比例混合，当热解原料与催化剂粉末已均匀混合，可以用于混合式催化热解实验。

在混合式催化热解中，首先开启氦气吹扫反应区和气相色谱仪，并调节反应器和中间层温度，将中间层温度设置为 350℃，以防止部分挥发分在中间层遇冷凝结，影响实验结果。

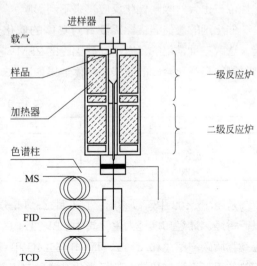

图 15.108　热解反应器结构示意

同时称取适量的具有特定催化剂投加比的生物质和催化剂的混合样品于热解杯中，连接进样器置于一级热解区间通风口上部，之后调节气相色谱升温程序，当机器各单元检测无误后，将热解杯和反应物料同时瞬间送入一级热解反应炉中心，完成热解，同时挥发分进入气相色谱完成检测。当色谱柱升温程序完成并降低至 40℃ 后，关闭热解炉加热装置，待热解区温度降至室温，移出热解杯，取出固体残余用于分析。

（2）两段式催化热解

两段式催化热解实验方法与混合式催化热解实验方法类似，但不同的是热解物料与催化剂分开放置，同时需要分别调节上下两级热解反应炉的温度参数。

上层称取适量物料放入热解杯并置于进样口，而下层需要对催化剂进行填装。ZSM-5 分子筛催化剂的粒径非常小（一般在 100μm 以下），为避免催化剂在热解运行过程中被氮气吹扫进入气相色谱仪中，需要对催化剂做预处理，将其粒径提高至 200～300μm。称取适量处理后的催化剂于石英管中，并在两端放入适量的石英棉后置于二级热解反应炉中，连接热解器各单元后，其他操作与混合式催化热解相同。检测过程中气相色谱仪进样口温度设为 250℃，色谱柱升温程序为首先在 40℃ 下停留 3min，之后以每分钟 10℃ 的升温速率升至 250℃，并恒温停留 6min。检测全程共需 30min 时间，同时氮气吹扫流量为 90mL/min。

15.7.1.1 催化剂对污泥混合式催化热解产物分布的影响

（1）催化剂硅铝比对产物分布的影响

ZSM-5 催化剂本质上是一种水合硅铝酸盐，这种催化剂具有十元环结构，由铝、硅和氧共同组成独特的孔结构，硅原子由铝原子取代后，形成不稳定的铝氧键，进而由氢原子补足形成 Brønsted 酸性位点，小分子的有机挥发分进入催化剂孔中，并吸附于酸性位点上，进而发生一系列的催化反应，形成烃类物质。由此可见，催化剂中的酸性位点对催化改性过程起着至关重要的作用，而 Brønsted 酸性位点的数量与取代硅原子的铝原子数量直接相关，所以一般用分子筛硅铝比来评价分子筛催化剂酸性的强弱。高硅铝比的分子筛中酸性位点较少，不足以满足有机物分子的催化反应要求，但同时硅铝比过低也有可能造成分子筛吸水能力强，而过于紧密的酸性位点也会对吸附催化反应带来不利影响。

催化剂的最佳硅铝比需要针对具体的催化热解原料进行优选，本节通过污泥催化热解实验，选取三种常用的具有不同硅铝比的 ZSM-5 分子筛催化剂（催化剂性质见表 15.9）分别考察其制取烃类化合物的效果，具体结果如图 15.109 所示。

⊡ 表 15.9 催化剂性质

催化剂型号	硅铝比	表面积/(m²/g)
CBV 2314	23	425
CBV 5524G	50	425
CBV 8014	80	425

从图 15.109 中可以看出，在 3 种 ZSM-5 分子筛催化剂的作用下，污泥热解挥发分产物均以芳香烃、烯烃和烷烃为主，其中 CBV2314 具有最低的硅铝比（23），相应地也给出了最高的烃类物质碳产率（45.3%），而 CBV5524G 和 CBV8014 的硅铝比分别为 50 和 80，相应地在它们的作用下污泥催化热解的烃类化合物碳产率分别达到 38.6% 和 34.8%，均低于 CBV2314 的催化效果。结果说明，在污泥的催化热解过程中，采用硅铝比较低的分子筛催化剂更有助于烃类化合物的制取。此外，相比于 CBV5524G 和 CBV8014，在 CBV2314 的作用下污泥催化热解

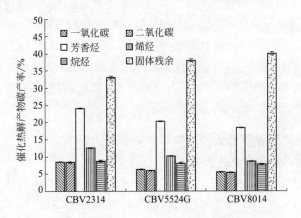

图 15. 109 不同催化剂作用下的污泥混合式催化热解产物分布

产生了更多的 CO 和 CO_2，因此在制取更多烃类化合物的同时，CBV2314 也导致了更多碳氧化物的生成。同时，随着硅铝比的降低，分子筛催化剂孔表面的酸性位点增多，促进了热解挥发分中的氧分脱除；而当分子筛催化剂的硅铝比较高时，催化剂孔表面的酸性位点相对不足，含氧有机物分子趋向于形成大分子有机物进而形成固体残余。

（2）催化剂投加比对产物分布的影响

在污泥催化热解过程中，提高 ZSM-5 分子筛催化剂的投加比（催化剂与污泥的质量比）有助于热解挥发分与催化剂的充分接触。为保证催化效果，采用 3 种催化剂投加比（10:1、20:1 和 30:1）进行实验，具体实验结果如图 15.110 所示。

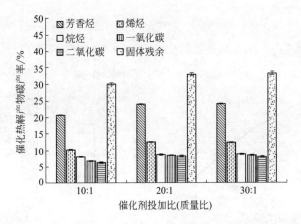

图 15. 110 不同催化剂投加比下污泥混合式催化热解的产物分布

从图 15.110 中可以看出，在 ZSM-5 分子筛催化剂的作用下，污泥热解挥发分被大量转化为烃类物质（包括芳香烃、烯烃和烷烃）及碳氧化合物（包括 CO 和 CO_2）。在催化热解实验中，随着催化剂投加比的提高，芳香烃、烯烃和烷烃的产量均有所增加，而固体残余的产量逐渐减少。同时随着催化剂投加比的增大，污泥催化热解实验获得的碳平衡效果也越好。当催化剂投加比为 20:1 时，污泥催化热解产物碳平衡达到 96%，说明污泥中 96% 的碳素都转化到芳香烃、烯烃、烷烃、碳氧化物和固体残余中，热解挥发分的脱氧效果理想；而当催化剂投加比为 10:1 时，污泥催化热解的碳平衡仅为 82.4%，说明尚有 17.6% 的污泥碳素以含氧有机物的形式存在，限制了烃类化合物的生成。实验结果说明，通过提高催化剂投加比能更好地对污泥热解析出的挥发分进行催化脱氧以提升污泥催化热解制取芳香烃、烯烃和烷烃这类高附加值烃类化合物的效果。当催化剂投加比超过 20∶1 后，烃类化合物的碳产率趋于稳定，且污泥催化热解的产物分布情况在 20∶1 和 30∶1 的催化剂投加比下相差无几。由此可知，对于污泥的催化热解，20∶1 的催化剂投加比足以满足污泥热解挥发分的脱氧改性过程，故在接下来的实验分析中使用该催化剂投加比进行催化热解研究。

15.7.1.2 热解温度对污泥混合式催化热解产物分布的影响

（1）热解温度对产物碳产率的影响

在催化剂投加比为 20∶1 的情况下，污泥混合式催化热解过程中固体残余碳产率随热解温度升高逐渐下降（图 15.111）。从 450℃时的 47% 降低到 750℃时的 24%，说明热解温度的升高有助于污泥挥发分的析出。而污泥催化热解过程中获取的芳香烃、烯烃和烷烃的碳产率均随热解温度的升高而增大，总烃碳产率从 450℃时的 29.6% 增长到 750℃时的 50%（图 15.112）。在获得的烃类化合物中，芳香烃类化合物碳产率最高，说明污泥挥发分在混合式催化热解中主要被转化为芳香烃类化合物，同时随着热解温度的提升，芳香烃的碳产率逐步提高，主要原因可能是一方面更多的污泥挥发分逸出，为催化反应提供原料，另一方面是由于温度升高有助于大分子挥发分的二次裂解形成小分子有机物，从而在一定程度上抑制了催化剂积碳的形成。碳产率仅次于芳香烃的是烯烃，同样随着热解温度的升高，烯烃碳产率也有所增长，从 450℃时的 8.5% 增长至 750℃时的 13.5%，说明热解温度的升高也有助于烯烃产量的提升。在污泥催化热解的过程中，烷烃的产量相对较低。和烃类化合物的变化趋势类似，CO 和 CO_2 的碳产率随着热解温度升高均不断增长，分别由 450℃时的 5.4% 和 5.3% 提高到 750℃时的 11.2% 和 10.4%。

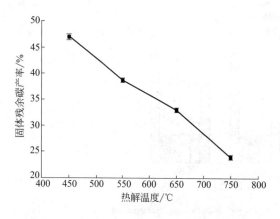

图 15.111　不同热解温度下污泥混合式催化热解的固体残余碳产率

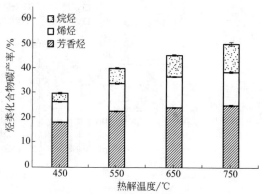

图 15.112　不同热解温度下污泥混合式催化热解的烃类化合物碳产率

（2）热解温度对烃类化合物组成的影响

烃类化合物是污泥催化热解过程中的主要产物，同时也是高附加价值的目标化工产品，获得的烃类化合物分为芳香烃、烯烃和烷烃，本小节对其各组分在不同热解温度下的生成情况分别进行了考察，具体结果如下。

芳香烃是污泥催化热解过程中碳产率最高的烃类物质，本节将其分为五个类别，即苯、甲苯、二甲苯、C9芳香烃（含有9个碳原子的芳香烃）、C10＋芳香烃（含有10个以上碳原子的芳香烃）。五类芳香烃组分的选择性随污泥催化热解温度的变化情况如图15.113所示。从图中可以看出，污泥催化热解温度对五类芳香烃组分的选择性都产生了一定的影响，且表现不尽相同。其中，作为最小的芳香烃分子，苯的选择性随着热解温度的升高而迅速增加：从450℃的14.7％提高到750℃的23.3％，这可能是由于在污泥的催化热解过程中产生了各种类型的芳香烃分子，其中一些带支链的芳香烃分子在受热过程中继续裂解发生脱烷基反应而生成苯，由于芳香烃的脱烷基反应是吸热反应，在高温下能促进反应的正向偏移，故随着热解温度的升高，发生了更强烈的芳香烃脱烷基反应从而收获更多的苯。二甲苯的选择性和苯的选择性变化趋势恰好相反，随着热解温度的升高，二甲苯的选择性从450℃的31.1％迅速降低到750℃的22.9％，这一结果也可以由芳香烃脱烷基反应的机理得到解释：在高温下，芳香烃的脱烷基反应得到了加强，使得支链单环芳烃大量转化为无支链的苯而自身选择性下降，从而导致二甲苯选择性随温度升高而迅速下降。与苯或二甲苯的选择性变化趋势不同，甲苯的选择性在整个催化热解实验温度范围内最大且基本保持稳定，介于31％～33％之间，这是因为一方面二甲苯的脱甲基反应可以促进甲苯的生成，另一方面甲苯也可以通过脱甲基反应转化为苯，当二者趋于平衡时甲苯的选择性便趋于稳定。同二甲苯的选择性类似，C9芳香烃的选择性随热解温度的升高也略有下降，从450℃时的10.4％降低至750℃时的7.2％，说明在高温下C9芳香烃也存在一定程度上的脱烷基行为，使得单环芳烃的选择性在整个催化热解实验温度段内有所提高。在整个催化热解温度段内，C10＋芳香烃的选择性基本保持稳定（14％左右），说明热解温度的变化对稠环芳烃选择性的影响很小。芳香烃选择性随催化热解温度的升高发生各自不同的变化，说明在污泥的催化热解过程中，可以通过改变催化热解温度条件定向制取目标芳香烃产物。

图15.114表明污泥催化热解过程中获得的烯烃包括乙烯、丙烯和丁烯，其各自的选择性随催化热解温度的变化情况。丁烯的选择性从450～750℃基本稳定在15％左右，是三种烯烃产物中含量最低的。在整个催化热解实验温度范围内，污泥催化热解产生的烯烃化合物均以乙烯和丙烯为主，二者的烯烃选择性始终保持在40％左右，但二者的选择性随催化热解温度的变化趋势却恰好相反：乙烯从450℃的34.1％升高到750℃的47.9％，而丙烯从450℃的47.5％下降至750℃的37.3％。由此可以看出在污泥的混合式催化热解过程中，乙烯和丙烯的合成存在一定的竞争关系，在高温下更有助于促进小分子烯烃（乙烯）的形成。

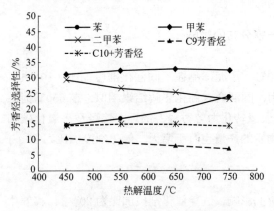

图15.113 不同热解温度下污泥混合式催化热解的芳香烃选择性

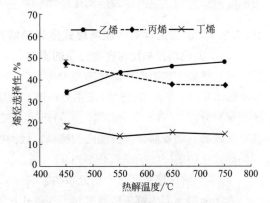

图15.114 不同热解温度下污泥混合式催化热解的烯烃选择性

污泥催化热解过程中获得的烷烃包括甲烷、乙烷、丙烷和丁烷，其选择性随着热解温度的升高均发生了较为明显的变化（图15.115），在450℃时，烷烃以丙烷和丁烷为主，二者的选择性分别达到55.9%和44.0%，而甲烷和乙烷未能检测出。但随着热解温度的升高，在650℃时丙烷和丁烷的选择性迅速下降至15.3%和14.6%；相应的，甲烷和乙烷选择性分别提升至50.7%和19.5%。而当热解温度进一步提升至750℃时，乙烷、丙烷和丁烷的选择性均有所下降，分别为16.7%、10.5%和9.3%，而甲烷进一步成为最主要的烷烃，其选择性上升至63.6%。同烯烃的选择性变化表现相似，烷烃的选择性随热解温度升高的变化显著，高温能够明显促进小分子烷烃（甲烷）的形成。

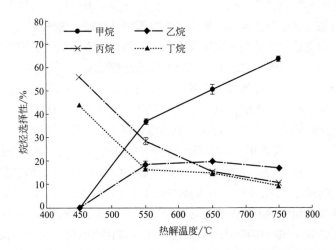

图 15. 115 不同热解温度下污泥混合式催化热解的烷烃选择性

15.7.2　污泥两段式催化热解制取烃类化合物

在污泥混合式催化热解的过程中，污泥样品与ZSM-5分子筛催化剂直接接触，而在污泥两段式催化热解过程中，污泥样品与ZSM-5分子筛催化剂被放置于不同的加热炉中分别受热，污泥样品热解产生的挥发分随着惰性载气进入催化床层中，进而发生一系列的催化反应。在两段式的催化热解反应过程中，可通过分别调节热解床层和催化床层的温度，更好地了解反应温度对污泥催化热解制取烃类化合物所产生的影响。

15.7.2.1　反应条件对污泥两段式催化热解产物分布的影响

（1）催化剂投加比对产物分布的影响

污泥热解床层温度和催化床层温度均为650℃，污泥样品在不同催化剂投加比（10∶1、20∶1、30∶1）下的催化热解产物分布情况表明，同混合式催化热解结果相似，在650℃时，污泥挥发分在ZSM-5分子筛催化剂的作用下被大量转化为芳香烃、烯烃、烷烃及一氧化碳和二氧化碳等。随着催化剂投加比的提高，烃类物质的产量也有所增大。催化剂投加比为20∶1时污泥催化热解产物所得碳产率为95.4%。

（2）热解床层温度对产物分布的影响

为了考察污泥热解床层温度对污泥催化热解的影响，选择催化剂投加比为20∶1，将催化床层的温度固定为650℃，通过调节污泥热解床层温度考察产物碳产率的变化。与污泥混合式催化热解的实验不同，污泥两段式催化热解过程中污泥样品和分子筛催化剂处于不同的床层中，所以可以对其固体产物分别进行分析。在本实验中，固体残余分为热解床层中的污泥热解残焦和催化床层中的催化剂积炭。污泥催化热解固相产物碳产率随热解床层温度升高的变化情况表明：污泥热解残焦和催化剂积炭随热解床层温度的升高均有所下降，其中污泥热解残焦由450℃时的38.9%下降至750℃时的24.1%，而催化剂积炭由450℃时的23.7%减少到750℃时的12.0%。因为随着热解温度的提高，更多的污泥挥发分逸出，导致热解残焦产量迅速减少；同时，由于不同温度下污泥热解逸出的挥发分不同，在高温下污泥中的有机成分更容易形成简单的小分子化合物，以至于在通过催化剂床层时较难形成积炭，从而导致了催化剂积炭量随热解床层温度升高而减少的趋势。

随着污泥热解床层温度的继续升高，各烃类化合物的碳产率（包括芳香烃、烯烃和烷烃）都在不断增长。在这三类目标烃类化合物中，烯烃的碳产率始终保持最高。这与污泥混合式催化热解的烃类化合物碳产率情况有所不同，主要是与催化热解反应构型及污泥催化热解的过程有关。一氧化碳和二氧化碳的碳产率随着污泥热解床层温度的升高而稳定上升，分别由450℃时的3.0%和6.5%增长到750℃时的8.5%和11.9%，这一结果也从侧面证实催化效果随污泥热解床层温度升高而提升的实验结果。值得注意的是，与混合式催化热解过程中一氧化碳和二氧化碳产量接近的结果不同，在污泥两段式催化热解过程中，二氧化碳的产量明显高于一氧化碳的碳产率，说明在两种不同催化热解反应构型下，脱氧过程有所差别，其中两段式催化热解过程更倾向于以脱羧基的方式去除氧分，而抑制了脱羰基反应的发生。

热解床层温度对五类芳香烃的选择性都产生了不同程度的影响。其中，随着热解床层温度的升高，苯和甲苯的选择性迅速增加，二甲苯的选择性随着热解床层温度的升高变化不大，在11.5%～12.2%之间，说明苯和甲苯的选择性增高主要来自于C9芳香烃和C10＋芳香烃选择性的减少。C9芳香烃和C10＋芳香烃的选择性随热解床层温度的升高有所下降，说明在高温下有助于减少大分子芳香烃的产生，也可在一定程度上减少催化剂积炭的产量。污泥催化热解对三种烯烃的选择性是存在明显先后顺序的，即从小分子到大分子排列：乙烯＞丙烯＞丁烯。三类烷烃的选择性随热解床层反应温度的升高均发生了较为显著的变化，在整个热解温度考察区间内，甲烷的选择性不断升高，而丙烷的选择性随热解床层温度的上升而迅速降低，由450℃时的25.4%下降至550℃时的5.6%，之后保持基本稳定；在550℃以后，乙烷的选择性有所下降。

（3）催化床层温度对产物分布的影响

实验中设定污泥热解床层的温度为650℃，在催化剂投加比为20∶1的条件下。随催化床层温度的升高，催化剂积炭的碳产率有所下降，当催化剂处于高温区间时，促进了污泥挥发分的二次裂解，减少了大分子挥发分的形成，从而导致催化剂积炭产量的减少。随着污泥催化床层温度的升高，各烃类化合物的产量（包括芳香烃、烯烃和烷烃）都在不断提高。在三类目标烃类产物中，烯烃的产量从450℃时的13.1%增长到750℃时的18.3%，始终保持最高。产量仅次于烯烃的目标烃产物是芳香烃，对比前文中污泥热解床层温度对芳香烃碳产率的影响，可见在污泥两段式催化热解过程中，催化床层的温度比热解床层温度对芳香烃产量的促进作用更强。而在污泥两段式催化热解的过程中烷烃碳产率受催化床层温度的影响较小。碳氧化物的碳产率随着催化床层温度的升高而稳定上升，一氧化碳和二氧化碳的碳产率分别由450℃时的4.1%和9.2%增长到750℃时的6.7%和11.2%。

催化床层温度对五类芳香烃中苯的选择性影响最大。随着催化床层温度的升高，苯的选择性迅速增加，而带支链的芳香烃分子如甲苯和二甲苯的选择性因而降低。随着催化剂温度的升高，催化剂对三种烯烃的选择性是存在明显先后顺序的，即从小分子到大分子排列：乙烯＞丙烯＞丁烯。四类烷烃的选择性随催化床层反应温度的升高均发生了较为显著的变化，但大小顺序并未发生变化，始终是甲烷＞乙烷＞丙烷＞丁烷，即按照烷烃分子从小到大排列。在整个温度考察区间内，乙烷的碳产率保持稳定，略有升高，主要的变化来源于丙烷和丁烷选择性的降低和甲烷选择性的升高。催化床层温度对污泥两段式催化热解过程中的烷烃选择性的影响强于热解床层温度，但总体上在高温下污泥催化热解更倾向于形成小分子烷烃。

15.7.2.2 污泥两段式与混合式催化热解制取烃类化合物效果对比

（1）烃类化合物的碳产率对比

为了更好地理解不同污泥催化热解方式对制取烃类化合物的影响，本节选取催化剂投加比为 20∶1，热解床层和催化床层的反应温度均为 650℃时的污泥混合式催化热解和污泥两段式催化热解的烃类化合物碳产率进行对比。结果表明：相比于污泥的两段式催化热解，在污泥的混合式催化热解中，获得了更多的芳香烃和烷烃，而烯烃的碳产率较低。其中，芳香烃化合物的碳产率在污泥混合式催化热解和两段式催化热解中分别达到 24.0% 和 10.2%，前者为后者的两倍多；而烯烃化合物的碳产率在污泥混合式催化热解和两段式催化热解中分别达到 12.6% 和 17.5%，后者为前者的近 1.5 倍；烷烃化合物的碳产率在污泥混合式催化热解和两段式催化热解中分别达到 8.7% 和 7.4%，两者相差不大，但污泥混合式催化热解中的烷烃碳产率更高（图 15.116）。

（2）烃类化合物的组成对比

催化热解运行方式的不同对污泥催化热解过程中芳香烃类化合物的选择性存在一定的影响。甲苯、C9 芳香烃和 C10＋芳香烃的选择性在污泥混合式催化热解和两段式催化热解中差别很小，但是相比于污泥的两段式催化热解，在污泥的混合式催化热解中，更倾向于产生二甲苯，而甲苯的选择性相对较低。在污泥混合式催化热解和两段式催化热解中苯的选择性分别达到 19.4% 和 33%，后者为前者的 1.5 倍左右；而二甲苯的选择性分别为 25.1% 和 12.7%，前者为后者的 1.5 倍左右（图 15.117）。

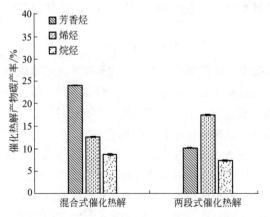

图 15.116 污泥混合式和两段式
催化热解的烃类产物碳产率对比

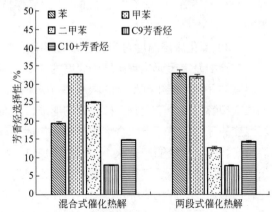

图 15.117 污泥混合式和两段式
催化热解的芳香烃选择性对比

相比于污泥的混合式催化热解，在污泥的两段式催化热解中，更倾向于产生乙烯和丙烯，而丁烯的选择性相对较低（图 15.118）。

催化热解运行方式的不同对污泥催化热解过程中烷烃类化合物的选择性存在一定的影响。相比于污泥的混合式催化热解，在污泥的两段式催化热解中，更倾向于形成小分子的甲烷和乙烷，抑制了丙烷和丁烷的生成。在污泥两段式催化热解和混合式催化热解中乙烷的选择性分别达到33%和19.5%，前者为后者的1.5倍左右；而丙烷的选择性分别为5%和15.3%，后者约为前者的3倍，而在污泥两段式催化热解中，没有观察到丁烷的生成，说明两段式催化热解抑制了大分子烷烃的产生（图15.119）。

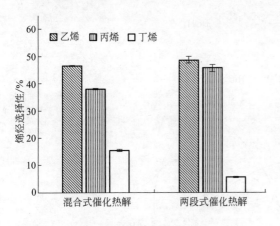

图 15.118 污泥混合式和两段式催化热解的烯烃选择性对比

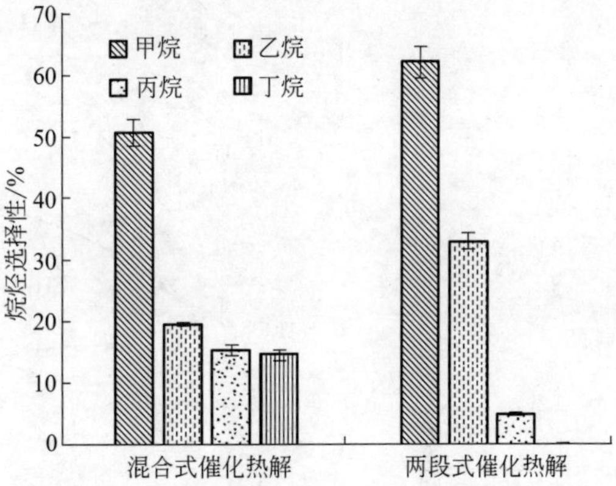

图 15.119 污泥混合式和两段式催化热解的烷烃选择性对比

综上，热解床层温度和催化床层温度均对污泥两段式催化热解的产物碳产率和烃类化合物选择性有一定的影响。热解床层反应温度的升高促进了污泥热解释放挥发分，降低了热解残焦的碳产率，而催化床层反应温度的升高抑制了催化剂积碳的产生，提高两个床层的反应温度均能有效地提升烃类化合物的碳产率，同时促进单环芳烃、小分子烯烃和烷烃的形成。

15.7.2.3 芳烯烷三烃转化途径

污泥在催化热解的过程中，其产生的挥发分在分子筛催化剂的作用下，转变为包括芳香烃、烯烃和烷烃在内的多种烃类物质，被称为"烃池"，"烃池"内的这些烃类物质之间又存在一系列的转化行为，包括烯烃甲基化、烯烃裂解、氢转移、烯烃芳环化、芳香烃甲基化和芳香烃脱烷基等。

（1）芳香烃转化

污泥催化热解过程中产生的芳香烃包括苯、甲苯、二甲苯、C9芳香烃和C10+芳香烃。这些芳香烃分子在烃池中可能发生转化，如图15.120所示，带支链的芳香烃分子通过裂解脱除支链烃形成小分子的芳香烃。

芳香烃分子间的转化途径主要包括：

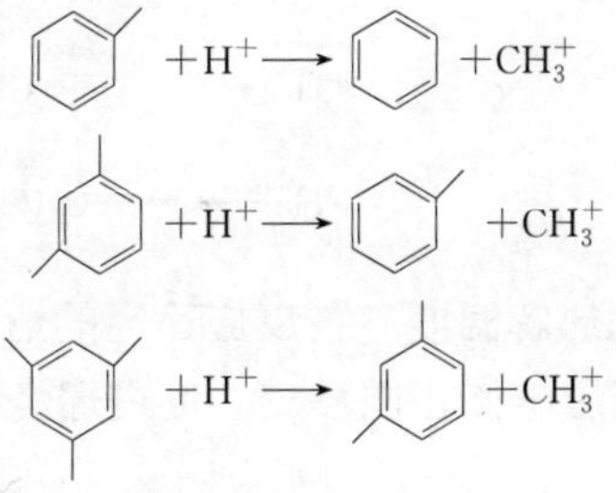

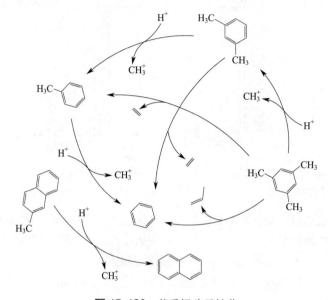

图 15. 120 芳香烃分子转化

利用 Gaussian 软件求得不同热解温度下各反应途径的焓变均大于零，说明反应均为吸热反应，随着反应温度的升高，反应平衡正向移动，促进芳香烃脱烷基裂解过程的发生。这也可以解释前文中的芳香烃化合物选择性随反应温度变化的实验结果：随着反应温度的升高，促进了芳香烃支链的脱除，简单的苯分子选择性迅速上升，而带支链的二甲苯选择性迅速下降。

（2）烯烃转化

污泥催化热解过程中产生的烯烃包括乙烯、丙烯和丁烯。这些烯烃分子在烃池中可能发生转化，如图 15. 121 所示，大分子烯烃可以通过裂解反应形成小分子的烯烃。

烯烃分子间的转化途径主要包括：

利用 Gaussian 软件求得不同热解温度下各反应途径的焓变均大于零，说明反应均为吸热反应，随着反应温度的升高，反应平衡正向移动，促进烯烃裂解的发生。随着反应温度的升高，大分子烯烃（如丁烯）的选择性迅速降低，而乙烯的选择性迅速上升。

（3）烷烃转化

污泥催化热解过程中产生的烷烃包括甲烷、乙烷、丙烷和丁烷。这些烷烃分子在烃池中可能发生相互间的转化，如图15.122所示，大分子烷烃通过裂解反应形成小分子的烷烃。

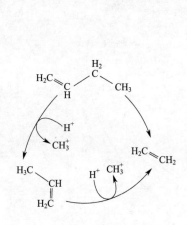

图 15.121　烯烃分子转化

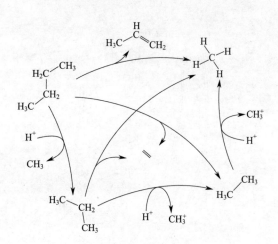

图 15.122　烷烃分子转化

分子间主要的反应途径包括：

$$\diagup\!\!\diagdown\!\!\diagup \longrightarrow - + =$$

$$\diagup\!\!\diagdown\!\!\diagup + H^+ \longrightarrow \diagup\!\!\diagdown + CH_3^+$$

$$\diagup\!\!\diagdown + H^+ \longrightarrow = + CH_3^+$$

$$\diagup\!\!\diagdown\!\!\diagup \longrightarrow \diagdown\!\!\diagup + CH_4$$

$$\diagup\!\!\diagdown \longrightarrow = + CH_4$$

$$- + H^+ \longrightarrow CH_4 + CH_3^+$$

Gaussian 软件求得不同热解温度下各反应途径的焓变均大于零，随着反应温度的升高，反应平衡正向移动，促进烷烃裂解过程的发生。进一步解释随着反应温度的升高，烷烃裂解过程加剧，大分子烷烃如丙烷和丁烷的选择性迅速降低，而小分子烷烃特别是甲烷的选择性相应增加，说明温度的提升能有效促进小分子烷烃的生成。

（4）三烃转化

污泥催化热解过程中产生了各类芳香烃、烯烃和烷烃化合物，烯烃分子之间通过裂解过程形成"烯烃循环"，烷烃分子之间通过裂解途径形成"烷烃循环"，而芳香烃分子之间通过烷基化或脱烷基的过程形成"芳香烃循环"。在不同种类的烃类化合物之间也存在相互转化，通过如烯烃与烷烃之间通过氢转移途径相互转化、芳香烃脱除支链形成烯烃、烯烃环化合成芳香烃并释放烷烃等途径将"烯烃循环""烷烃循环"和"芳香烃循环"联结起来，具体转化过程如图 15.123 所示。

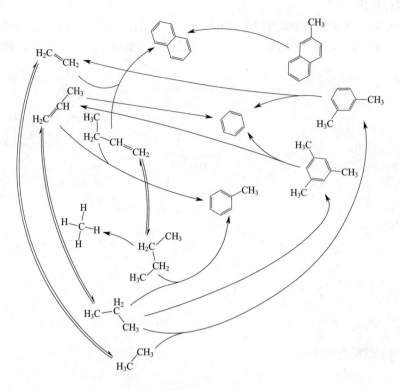

图 15.123 芳烯烷三烃转化

烃类分子间的转化途径主要包括：

$$\text{(1,3,5-trimethylbenzene)} \longrightarrow \text{(benzene)} + \text{(propene)}$$

$$2\ \text{(butene)} + \text{(ethylene)} \longrightarrow \text{(naphthalene)} + 6H_2$$

$$\text{(butene)} + \text{(ethylene)} \longrightarrow \text{(toluene)} + 3H_2$$

$$2\ \text{(propene)} \longrightarrow \text{(benzene)} + 3H_2$$

利用 Gaussian 软件求得不同热解温度下各反应途径的焓变均大于零。说明在污泥的催化热解过程中，较高的反应温度有助于芳香烃化合物脱烷基反应的进行，同时烷烃的脱氢过程也有所加强，有助于小分子烯烃的产生；相应的，在较低的反应温度下，烯烃化合物更易于通过环化作用生成芳香烃分子并释放更多的小分子烷烃。

在污泥的催化热解过程中，通过调节反应运行条件可以对"烃池"中"烯烃循环""烷烃循环"和"芳香烃循环"产生不同程度的影响，而催化热解过程中烃类化合物的碳产率及选择性结果一定程度上取决于何种"循环"进程占据主导地位。相对于芳香烃和烷烃，烯烃分子更为活泼，当"烯烃循环"占据主导地位时，就能获得更大的烯烃碳产率；而当"芳香烃循环"和"烷烃循环"占据主导地位时，芳香烃和烷烃的碳产率就会更高。此外，前文中污泥混合式催化热解和两段式催化热解的烃类化合物选择性的对比结果表明，两段式催化热解更有助于简单芳香烃化合物（如苯分子）、小分子烯烃（如乙烯）和小分子（如甲烷）的生成，这是由于在污泥两段式催化热解的过程中"烯烃循环"占据主导，促进了芳香烃脱烷基反应的进行，从而提高了苯分子的选择性，同时大分子烯烃和烷烃化合物的裂解过程也得到一定程度的促进，导致了小分子烯烃和烷烃选择性的提升，这表明在污泥的催化热解过程中通过简单地改变催化剂与污泥样品的接触方式就能选择性地制取目标烃类化合物。

15.8　污泥的生物电化学产电

针对全球能源短缺和传统污泥处理处置过程中能耗高、污泥停留时间长等问题，将微生物燃料电池（microbial fuel cell， MFC）技术应用在处理剩余污泥上，可以将污泥中的化学能以电能的形式回收，实现污泥的资源化利用。

如图 15.124 所示，在传统的污泥厌氧消化过程中，污泥经历了厌氧水解、发酵过程。污泥中大分子的复杂有机物（如蛋白质、多聚糖、脂肪、碳水化合物等）首先在细菌胞外酶的作用下分解为小分子的有机物（如长链脂肪酸、单糖、简单芳香类物质等），从而能够透过细胞膜，为细菌直接利用。水解阶段产生的小分子化合物在发酵细菌的细胞内转化为更为简单的以挥发性脂肪酸为主的末端产物（丁酸、乳酸、丙酸、乙醇、脂肪酸等），并分泌到细胞外。而这些水解发酵产物恰好能被 MFC 中产电微生物所利用产生电能，同时实现污泥中有机物的去除。与传统的污泥厌氧消化相比，MFC 节省了后续的产甲烷阶段，污泥在反应器内的水力停留时间大大缩短。因此理论上采用微生物燃料电池技术处理污泥同步产电是可行的。

微生物燃料电池是一种利用微生物催化作用，将有机物中的化学能转化为电能的电化学装

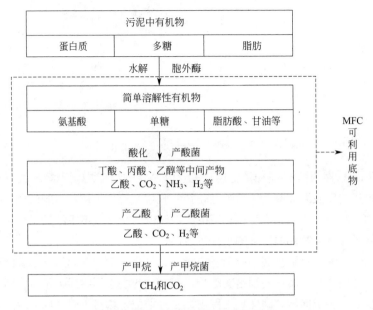

图 15.124 污泥中有机物降解过程

置。在微生物燃料电池中，阳极室微生物通过氧化有机化合物产生电子和质子，这种细菌叫作阳极呼吸菌（anode respiring bacteria）或电化学活性菌（electrochemically active bacteria）或产电菌（electricigens）。释放的电子在产电微生物作用下通过细胞表面电子传递，由自身产生的中介体或纳米导线实现电子联移，转移到阳极表面的电子通过导线传导到阴极。根据现有的报道，绿脓菌素和由绿脓杆菌（*Pseudomonas aeruginosa*）产生的相关化合物可作为中介体实现电子转移，纳米导线主要由土杆菌属（*Geobacter*）和希瓦氏菌属（*Shewanella*）产生；与此同时释放出来的质子通过质子交换膜也到达阴极。到达阴极的电子和质子和阴极的电子受体发生反应。随着阳极有机物的不断氧化和阴极反应的持续进行，在外电路获得持续的电流。其代表反应如下：

阳极反应：

$$C_{12}H_{22}O_{11} + 13H_2O \longrightarrow 12CO_2 + 48H^+ + 48e^-$$

阴极反应：

$$6O_2 + 24H^+ + 24e^- \longrightarrow 12H_2O$$

产电菌能够利用许多物质作为电子受体，例如氧气、硝酸盐、铁和锰的氧化物及硫氧化物等。产电菌通过电位差获得能量，可能的途径之一是：回收 O_2（$E^{0'} = +840mV$，$O_2 + 4H^+ + 4e^- \longrightarrow 2H_2O$）和 NADH（$E^{0'} = -320mV$，$NAD^+ + H^+ + 2e^- \longrightarrow NADH$）之间的能量，但需要途经细胞色素 c {$E^{0'} = +254mV$，细胞色素 c [（Fe^{3+}）$+ e^- \longrightarrow$ 细胞色素 c（Fe^{2+}）]}这一能量阶，这样，以氧气为最终电子受体的 MFC 理论上开路电势（OCP，open circle potential）最高可以达到 1.2V。许多发酵细菌也常可以在 MFC 中产生电流，但是它们产生的电子只有 1/3 可能输送到电极，而剩余的 2/3 则被用来合成发酵产物如乙酸和丙酸等挥发酸。研究者推测发酵细菌是利用位于细胞膜上的氢化酶向胞外传递电子的。传递到阳极的电子经外电路到达 MFC 的阴极，与阴极上的氧气结合生成水，而阳极室的 H^+ 穿过质子交换膜到达阴极室以维护电池的电中性，至此，MFC 获得连续电流，其基本原理见图 15.125。

相比传统的污泥处理工艺，微生物燃料电池处理污泥具有以下特点：反应条件温和（常温，常压，中性）；无污染，无需尾气处理设备；无能量消耗；将污泥中的化学能直接以电能的形式回收，省去能源二次利用的环节，能量转化率高。从长远角度考虑。如果这种系统的能

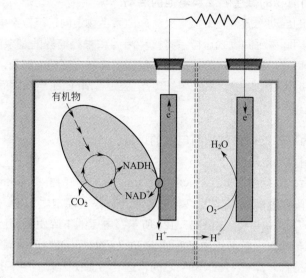

图 15.125　微生物燃料电池结构和基本原理

量输出可以提高的话，微生物燃料电池便可以作为一种新的方法来抵消废水处理厂的运行成本。目前，以污泥为生物电化学系统阳极底物，利用污泥产电、脱盐等方面也不断涌现出相关的研究工作。

15.8.1　超声-微生物燃料电池处理剩余污泥有机物降解及产电性能

　　最早利用微生物燃料电池处理污泥的研究是采用经典的双室微生物燃料电池，对以剩余污泥为微生物燃料电池的阳极底物。该 MFC 反应器规格 7.5cm×7cm×1.5cm，由阳极室和阴极室两部分构成，两室的有效容积均为 65mL。电极材料是由钛金属丝和碳纤维制成的炭刷，阴极采用铁氰化钾为电子受体。两反应室间由只允许质子通过的质子交换膜（PEM）分隔，阳极和阴极之间采用导线连接。电路中设有变阻箱（0～9999Ω），外电路电阻采用 1000Ω。其反应器装置见图 15.126。该研究重点考查了以剩余污泥为底物时的产电性能和对污泥的降解效果。

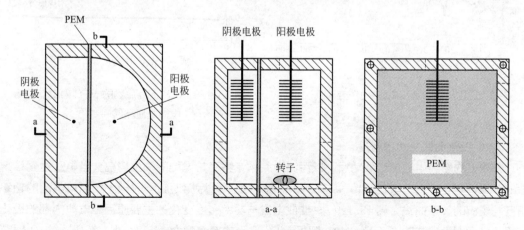

图 15.126　双室式微生物燃料电池装置

15.8.1.1　以污泥为底物的微生物燃料电池的启动

微生物燃料电池的启动实质上是阳极电极对产电微生物定向选择，产电微生物在阳极电极上附着的过程。启动期间采用间歇式运行，将接种污泥和未经培养的剩余污泥按照 1∶3 的比例投加到反应器中，每 3 天更换一次阳极底物，每周更换一次阴极电解液，外电路负载始终为 1000Ω。MFC 经过 560h 驯化培养，MFC 电压输出稳定，MFC 在启动期间的电压随时间变化如图 15.127 所示。

15.8.1.2　以污泥为底物的微生物燃料电池的运行

（1）微生物燃料电池电压输出

MFC 启动成功后，以剩余污泥（TCOD 10800mg/L）为底物，　50mmol/L $K_3Fe(CN)_6$ 为阴极电解液。更换阳极及阴极底物后，电压迅速上升获得稳定电压输出 0.69V，MFC 稳定运行 250h，电压值仅下降 0.09V。由图 15.128 所示，电压的下降主要原因是阴极电极电势下降所致，这主要归因于阴极电解液中电子受体 $K_3Fe(CN)_6$ 的消耗。而阳极电极电势基本上无明显变化，始终维持在 -0.41～-0.39V 之间，这与污泥在厌氧条件下的降解特性有关。污泥中大部分有机物为非溶解性的，在厌氧环境下首先要经历水解阶段，即将复杂的非溶解性聚合物转化为简单的溶解性单体或二聚体的过程。纯粹的生物水解过程通常较缓慢，复杂的非溶解性有机物不断水解为溶解性的小分子有机物。由于 MFC 中的产电微生物只利用底物中的溶解性物质为燃料进行产电，因此在 MFC 处理污泥同步产电的过程中，一方面 MFC 中产电微生物对阳极底物中溶解性有机物不断氧化，产电反应持续进行；另一方面污泥中非溶解态的复杂聚合物不断水解，使得阳极区中溶解性有机物不会因为产电微生物的消耗而殆尽，反而保持在一个相对稳定的范围，阳极的电极电势相对稳定。

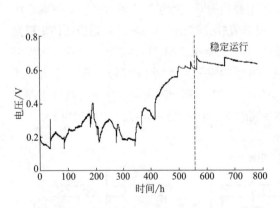

图 15.127　电池启动时的电压变化情况

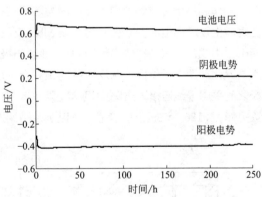

图 15.128　以污泥为底物的 MFC 稳定运行期电池电压随时间变化

（2）极化曲线及功率密度

在微生物燃料电池启动成功后，以污泥为底物考察了其电能的输出情况。当电压达到稳定值时，通过变化外电路电阻（10～9999Ω）分别得到了以污泥为底物时微生物燃料电池的功率密度与电流的关系曲线（图 15.129）。造成电流与功率密度变化的主要原因是电池内部的极化作用。以污泥为底物的 $K_3Fe(CN)_6$ 阴极 MFC 最大功率密度为 7.5W/m^3（在 $R_{ex}=60Ω$ 时获得）。对一个闭合电路来说，当外电阻 R_{ext} 等于内电阻 R_{int} 时，功率密度达到最大。

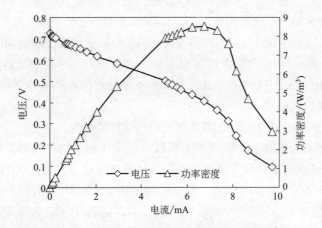

图 15.129 电压及功率密度随电流的变化

（3）污泥有机物降解

电池稳定运行 250h 后，污泥 TCOD 去除率达到 46.4%，这表明微生物燃料电池作为处理污泥同步产电是可行的。随后对以污泥为底物的 MFC 在开路和闭路状态下，污泥的降解情况进行分析。当 MFC 处于开路状态下时，MFC 可被看作是传统的厌氧反应器。MFC 在开路状态下运行 5d，TCOD 去除率为 11.3%。相同条件下，MFC 在闭路状态下运行 5d，TCOD 去除率为 19.2%。表明阳极微生物降解了 7.9% 的污泥有机物用于产电，其余的 11.3% 的污泥有机物通过其他厌氧反应被降解。已有研究表明当 MFC 阳极底物过剩超出细菌电子转移负荷时，产甲烷菌会在阳极生长，并且发酵产物作为阳极底物时 MFC 中会有甲烷产生。在污泥的 MFC 处理过程中，污泥首先经历了厌氧水解发酵过程，污泥中的大分子物质水解为小分子有机物，尔后在发酵菌的作用下水解发酵成单糖、氨基酸、脂肪酸、甘油等物质，而这些可溶性的发酵产物恰好能被阳极微生物所利用产生电能，实现污泥中有机物的去除与稳定化。因此 MFC 处理污泥可被看成是污泥的微生物产电与污泥的厌氧消化相结合，二者互为补充。同时对 MFC 运行过程中污泥有机物的去除情况和污泥 SCOD 值变化进行分析，结果如图 15.130 所示。

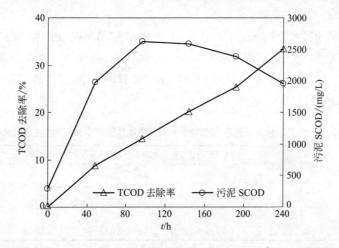

图 15.130 污泥 TCOD 去除率和 SCOD 值随 MFC 运行时间的变化

在 MFC 整个运行过程中，污泥 TCOD 去除率随着 MFC 运行时间的延长而逐渐提高。MFC 阳极内污泥的 SCOD 值随着 MFC 运行时间的延长经历了较快的上升和缓慢的下降。由于 MFC 内微生物只利用溶解性有机物为燃料，因此 SCOD 的变化直接影响 MFC 的运行情况。污泥 SCOD 值的升高说明 MFC 内微生物对污泥具有水解作用，污泥中非溶解性有机物逐渐水解，向污泥液相溶出，为 MFC 中产电微生物源源不断地提供可利用的燃料。因此，以污泥为底物的 MFC 电压输出较稳定。

（4）阳极因素对以污泥为底物的微生物燃料电池性能影响

对 MFC 阳极区进行搅拌，可以改善阳极区污泥中代谢产物的传质，增大有机物向生物膜的扩散动力，使阳极电子转移细菌更易获得电子，电压输出提高。在阳极缓冲液方面，磷酸盐优于 NaCl 作为 MFC 阳极电解液，具有维持阳极 pH 值的作用，但对 MFC 影响并不显著。阳极不同 pH 值对 MFC 产电性能影响不大，但对污泥 TCOD 去除率影响明显，实验证明中性条件下，MFC 运行效果最佳。污泥 SCOD 值从 82mg/L 增加到 158mg/L，功率密度提高 88.7%。

（5）阴极因素对以污泥为底物的微生物燃料电池性能影响

阴极电解液浓度从 5mmol/L 增加到 100mmol/L，MFC 功率密度提高 37.6%，之后随着 $K_3Fe(CN)_6$ 浓度的继续增加，MFC 功率密度提高缓慢。阴极曝气并不能显著改善 MFC 性能。

15.8.1.3 超声-微生物燃料电池处理污泥同步产电性能

污泥超声预处理可以有效地提高微生物燃料电池对污泥的降解性能。同时污泥超声预处理促进污泥非溶解性有机物中各有机组分大量水解溶出，增加污泥上清液 DOM 中各有机组分含量，提高污泥的可生物降解性。污泥中溶解性有机物是以污泥为底物的微生物燃料电池产电过程中"燃料"的来源，因此对污泥经超声-微生物燃料电池处理后污泥中各有机组分的变化进行研究，对于揭示污泥在微生物燃料电池中的特征具有重要意义。

采用低声能密度（0.6W/mL，20min）和高声能密度（1.5W/mL，20min）超声处理污泥，作为微生物燃料底物，分别研究它们产电性能以及污泥降解性能。同时对经超声-微生物燃料电池处理前后污泥有机物组分进行研究，考查不同声能密度超声处理污泥经微生物燃料电池处理后污泥有机组分的特征变化。

原污泥 TCOD 值为 12300mg/L，分别以声能密度 0.6W/mL 和 1.5W/mL 超声作用 20min，超声处理后污泥分别投加到 MFC 中运行 5d。MFC 处理后二者的 TCOD 去除率分别为 54.6% 和 58.5%，最大输出功率分别为 11.2W/m³ 和 11.8W/m³。污泥经超声-MFC 处理后污泥性质变化见表 15.10。

⊡ 表 15.10 污泥经超声-微生物燃料处理电池处理后（5d）污泥性质变化

项目	原污泥	0.6W/mL 超声-MFC 处理		1.5W/mL 超声-MFC 处理	
		出泥	去除率/%	出泥	去除率/%
pH 值	7.0	6.76	—	6.81	—
VS	7410	2853	61.5	2475	66.6
TCOD	12300	5584	54.6	5104	58.5

注：除 pH 值外，其余指标单位均为 mg/L。

对超声-微生物燃料电池处理污泥性能及有机物组分特征变化研究表明，污泥 DOM 和 EB-

OM 中 DOC 含量经 MFC 处理后分别下降 69.5%和 56.4%。MFC 中微生物优先水解超声预处理污泥 EBOM 中亲水性组分和酸性组分中的芳香性物质，产电微生物优先利用污泥溶解性有机物中的亲水性和酸性物质产电。高声能密度超声预处理污泥 EBOM 中非芳香性物质在 MFC 中的水解较快。MFC 优先利用污泥 DOM 中 HPO-A 组分中的非芳香性物质，并对超声处理污泥中芳香性蛋白质和溶解性微生物产物具有较好的水解及去除能力。羟基化合物在低声能密度超声作用下绝大多数溶出，并且在 MFC 系统中易于被去除。低声能密度超声作用促进酰胺Ⅱ类蛋白质在 MFC 系统中的水解与降解，高声能密度促进 MFC 对酰胺Ⅰ类蛋白质的去除。产电微生物发酵代谢底物中复杂有机物为简单的副产物，导致污泥溶解性有机物中碳水化合物和糖类物质相对含量增加。

15.8.2 生物阴极微生物燃料电池处理剩余污泥产电性能及生物多样性

利用剩余污泥产电的研究中，大多采用的是人工电子受体 MFC 和空气阴极 MFC。人工电子受体 MFC 阴极主要依靠一些如铁氰化钾、高锰酸钾、重铬酸钾等氧化还原电位较高的无机盐溶液完成阴极反应，这种电池的主要弊端是无机盐阴极液需要不断补充增加了电池的运行费用，并且无机盐本身为非环境友好性物质，会造成环境污染。空气阴极是主要依赖金属催化剂完成阴极的半电池反应，一方面会增加 MFC 的造价；另一方面，污泥中包含的某些有机物或是无机盐离子会导致金属催化剂污染或是中毒，使电池性能严重下降。生物阴极是近年发现的一种新型的阴极类型，有降低 MFC 成本、提高电池性能、合成有用物质或去除有害物质等多方面优点，具有较好的发展前景。

本实验利用三室生物阴极微生物燃料电池从剩余污泥中回收电能。考察了以剩余污泥为底物的生物阴极 MFC 启动及运行状况，并在 MFC 运行过程中分析了电池产电性能、污泥 TCOD 去除和能量回收效率、污泥中有机质等的变化规律。同时利用 454 高通量测序技术详细分析了污泥 MFC 阳极微生物群落结构，对主要产电种群进行了生物信息学探讨。

15.8.2.1 生物阴极 MFC 利用污泥作为阳极基质的产电特性

（1） MFC 反应器的启动和运行

由于阳极室处理的基质为剩余污泥，阳极无需另加接种物。在阴极添加接种物和培养液后，直接将污水处理厂取回的新鲜污泥转移到反应器阳极室内启动 MFC。如图 15.131 所示，反应器启动后有一个约 24h 的滞后期，但在启动后第 2 天即有微小电流产生，此时的功率密度只有 $0.0027W/m^3$。

在第 10 天，MFC 阳极电势降低到 $-400mV$（VS Ag/AgCl 电极），功率密度达到 $4.5W/m^3$，此时的电池电压为 529mV，表明 MFC 初步启动成功，但电池电压仍处于上升期，距 MFC 阴阳极微生物处于高活性状态仍需一定的时间。主要原因在于：尽管阳极一般能在较短时间内达到稳定和高活性状态，但是生物阴极所需启动时间较长，生物阴极未能快速催化阳极传导过来的电子、质子和阴极室中的氧气的合成反应，限制了 MFC 启动阶段功率输出的快速升高。在 MFC 运行第 17 天，阳极电势降低到 $-464mV$，电池功率密度输出达到稳定，约为 $8.21W/m^3$，表明此时 MFC 完全成熟。MFC 分别在 36d 和 75d 置换新基质后，阳极电势和功率密度能够短时间内恢复。在重复周期内，100Ω 外接电阻下的最高输出功率密度与第一周期相比略有提高，为 $(8.26\pm0.4) W/m^3$。

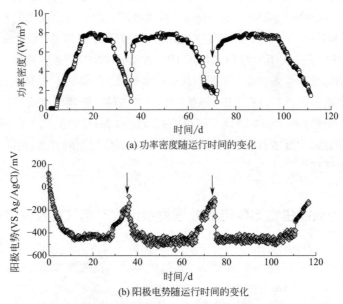

(a) 功率密度随运行时间的变化

(b) 阳极电势随运行时间的变化

图 15.131 以污泥为阳极基质生物阴极 MFC 启动后阳极电势和功率密度随运行时间变化图

（外接电阻为 100Ω，箭头所指位置为阳极基质更换点）

（2）运行时间对 MFC 最大输出功率和内阻的影响

在置换新基质后的新产电周期内，分别在第 7 天、第 14 天、第 21 天、第 31 天、第 37 天，利用电化学工作站测定了 MFC 的极化曲线（图 15.132），分析不同运行阶段开路电压、MFC 最大功率和内阻的变化。

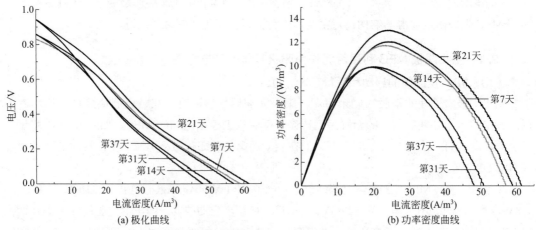

(a) 极化曲线

(b) 功率密度曲线

图 15.132 在第 71 天置换新污泥后的第 7 天、第 14 天、第 21 天、
第 31 天和第 37 天生物阴极 MFC 极化曲线

如图 15.132 所示，在新周期的 $0\sim21d$，MFC 的开路电压呈增长趋势，从 0.830V 增长到 0.942V；第 31 天的开路电压与第 21 天接近，为 0.941V；而在第 $31\sim37$ 天，开路电压迅速降低到 0.859V。根据极化曲线计算获得的电池内阻值显示，分别在第 7 天、第 14 天、第 21 天、第 31 天、第 37 天，电池内阻值分别为 36Ω、38Ω、38Ω、46Ω、44Ω，在第 $21\sim31$ 天 MFC 的

总内阻明显增高，增高了 21％。功率密度曲线显示，在第 21 天，MFC 的最大功率密度最高，为 13.2W/m³，其次为第 7 天和第 14 天，最大功率密度分别为 12.1W/m³ 和 11.8W/m³。受内阻增大因素的影响，MFC 在第 31 天和第 37 天的最大功率密度最小，均为 10.0W/m³。本研究获得的最高功率密度可达 13.2W/m³，比以往研究获得的污泥 MFC 最大功率密度（2.3～8.5W/m³）要高出 55％以上，原因在于本实验使用的三室生物阴极 MFC 能够最大限度地减小电池内阻和提高开路电压，使电池内阻值最小可达 36Ω，开路电压可达到 0.942V。根据欧姆定律，当外接电阻和电池的内阻大小相等（$R_{int} = R_{ext}$）时，MFC 的开路输出功率最高，为 $P_{max} = OCP^2/4R_{int}$，因此 MFC 的最大输出功率在开路电压增高、内阻减小时会明显升高，这也正是本研究三室生物阴极 MFC 能获得较高功率密度的主要原因。

15.8.2.2 污泥有机质在 MFC 中的去除过程分析

（1）污泥 TCOD 去除率和 MFC 库仑效率变化

图 15.133 为在新运行周期内污泥 TCOD 去除率和 MFC 库仑效率变化图。图中显示，当运行时间延长时阳极室污泥的 TCOD 去除率在持续升高，而库仑效率在前 15 天增长明显，但后期变化较小。MFC 运行 5d 后，即可去除（23.4±9.8）％的 TCOD，库仑效率最低，只有（12.4±5.2）％。当 MFC 运行到第 15 天，TCOD 去除率为（40.8±9.0）％，库仑效率已增长到（19.4±4.3）％，增长明显。在初始阶段污泥去除率较高而库仑效率偏低的原因是：重新置换新污泥后，污泥中包含的可利用有机质十分丰富，大量的有机质被快速分解代谢，导致 TCOD 去除率较高，但这些消失的有机质中的化学能并非都转化为电能，参与了别的非产电代谢途径，导致 MFC 在初级阶段库仑效率偏低。在 MFC 运行 40d 后，污泥 TCOD 的去除率达到（88.2±6.1）％，而库仑效率只有（21.3±1.5）％，与第 15 天相比，只增高了约 1.9％。污泥 MFC 库仑效率偏低与污泥特质相关。与产电细菌直接利用简单有机物如乙酸钠等有机物产生的电流不同，污泥所含有机物成分复杂，分子较大，可能首先需要微生物分解代谢污泥中的大分子有机物产生易于产电细菌利用的小分子有机物，在此过程中，这些主要的分解代谢微

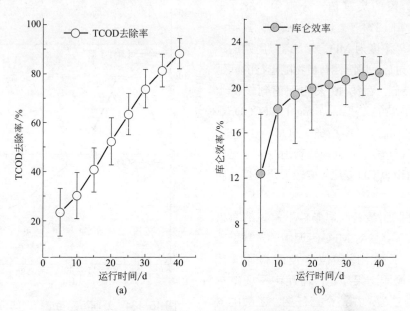

图 15.133 置换新污泥后 TCOD 去除率和库仑效率随时间变化

生物会消耗能量维持个体的生长、繁殖，并且还会产生一些不能被产电细菌所利用的代谢副产物，消耗污泥中的有机质能量而不产生电能。同时，也有部分微生物会和产电细菌争夺有机质产生甲烷等气体，消耗污泥有机质的化学能而不产生电能。这些因素共同导致污泥 MFC 库仑效率偏低。

（2）污泥有机物在 MFC 中的降解过程分析

在 MFC 运行过程中，每隔 5d 取样检测了污泥中可溶性 COD、糖、蛋白质的含量变化，如图 15.134 所示。结果显示，污泥中可溶性多糖蛋白一直高于可溶性糖类，这可能有两种可能：一种可能是污泥经过分解代谢产生的蛋白含量高于糖类；另一种更为可能的情况是阳极微生物优先使用糖类物质产生电能，糖类消耗量大，不容易在污泥中积累，导致糖类物质含量高于蛋白。污泥中可溶性 COD 的含量高于蛋白和糖类物质浓度之和，这表明在污泥中，除可溶性蛋白和糖两大类物质之外，还有其他可溶性物质，如可溶性脂肪酸类物质。阳极污泥中可溶性 COD、糖类、蛋白质随时间的含量变化趋势较为一致，均是在 0～5d 迅速升高，可溶性 COD、糖类、蛋白类物质的浓度分别从（107.6±4.6）mg/L、（14.3±1.6）mg/L、（77.2±3.7）mg/L，升高到（288.6±17.9）mg/L、（105.2±4.9）mg/L、（144.6±7.6）mg/L，分别增加了 1.7 倍、 6.4 倍和 0.87 倍，可溶性多糖在第 5 天的浓度值是整个运行周期的最高值。由此看出，在 MFC 反应器初期，污泥中的易降解有机物被迅速溶出或是被微生物分解代谢为可溶性有机质，产生可溶性蛋白、糖类等物质，这对 MFC 产电和污泥 COD 去除是十分有利的。与第 5 天相比，污泥在第 10 天的可溶性有机物含量略有减小，这可能与污泥中易降解物质在 5～10 天逐渐变得稀少，而可有效利用污泥中复杂有机物的微生物还没有发育成为优势种群有关。但在随后的 10～20 天，可溶性 COD、糖类、蛋白类物质持续上升，SCOD 在第 20 天达到峰值，为（508.7±31.7）mg/L，而可溶性多糖和蛋白质含量均在 25d 达到这一阶段的最高值，分别为（58.1±5.4）mg/L 和（174.8±12.5）mg/L，其中，此时的蛋白质浓度为 MFC 整个运行周期的峰值。在峰值过后，可溶性有机物随运行时间延长而不断降低，在第 40 天均回落到较低水平，分别为（196.7±9.6）mg/L（SCOD）、（25.6±1.9）mg/L（多糖类）、（95.1±3.6）mg/L（蛋白质类），由此可以看出在整个运行期内，多糖和 SCOD 变化幅度较大，而蛋白质类较小。

挥发性脂肪酸是厌氧条件下常见的有机质发酵产物，试验对 MFC 污泥中的乙醇、乙酸、丙酸、丁酸、戊酸做了及时检测（图15.135）。检测结果显示，污泥中主要的挥发酸种类为乙酸，在整个运行期，乙酸的含量占到总挥发酸的 77.8% 以上，并且在大多数运行阶段为 100%，乙醇未被检测到，而丙

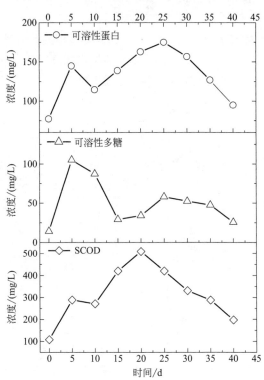

图 15.134 处理污泥随运行时间可溶性有机物浓度变化

酸、丁酸、戊酸通常在总挥发酸含量处于较高水平时出现（≥39.6mg/L）。乙酸在污泥中的大量积累，非常有利于产电微生物利用其直接产生电能，同时这也可能是 MFC 阳极室的产电环境对污泥分解作用微生物定向选择的结果。总挥发酸的浓度变化趋势相似于可溶性 SCOD、多糖、蛋白质，都是在最初运行的 0～5d，明显升高，随后发生下降，然后在第 14 天达到一个较高值，在剩余的运行时间内持续下降。在运行周期的第 4 天，污泥的总挥发酸含量达到峰值，为 74.9mg/L，其中检测到的挥发酸种类为乙酸、丙酸、戊酸，含量分别为 58.2mg/L、15.2mg/L、1.5mg/L。乙酸浓度的最高含量发生在运行后的第 14 天，此时可达 59.7mg/L，并且伴随出现了其他三种挥发酸，浓度分别为 1.4mg/L（丙酸）、6.0mg/L（丁酸）、4.8mg/L（戊酸）。在 MFC 运行的后期阶段（20～40d），尽管在此期间存在些许波动，总挥发酸浓度从 39.6mg/L 降低到 6.8mg/L，表明在 MFC 运行末期，由于污泥中可利用有机物减少，微生物分解代谢活动减弱，挥发酸积累量较少。

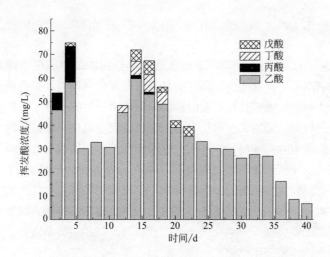

图 15.135 挥发酸浓度随运行时间变化

一般在厌氧条件下，污泥的分解代谢都伴随着氨氮的释放和 pH 值变化，因此在 MFC 运行过程中，实时检测了污泥中氨氮的浓度和 pH 值（图 15.136）。如图 15.136 所示，污泥中的氨氮浓度在 MFC 运行过程中呈先上升后下降的趋势，峰值出现于第 20 天，为 45.2mg/L，这与 SCOD 出现峰值的时间一致，表明在 20d 时污泥的分解活动异常活跃，大量的有机质被分解代谢为可溶性物质，富含氮素的物质如蛋白等大型有机分子被迅速分解产生氨氮积累。但在 20d 后，由于污泥中有机质的分解代谢活动减弱，产生的氨氮减少，相应地氨氮在污泥中的积累量减少，在第 40 天浓度只有 22.6mg/L，接近于新鲜污泥氨氮水平。在 MFC 运行过程中，阳极污泥的 pH 值发生了较大变化。在 1～35d，pH 从中性的 6.95 持续下降到 5.38，而在随后的 35～40d 又略有回升，在第 40 天时达到 5.65。污泥 pH 值的下降，源于污泥中微生物分解代谢产生的酸性物质如挥发酸，而本实验为将来实际应用考虑，所采用的阳极基质污泥未添加缓冲剂，其酸碱平衡能力较弱，受污泥中所含可溶性物质的酸碱性影响较大。因此，推测污泥在第 35 天时所含可溶性的偏酸性物质较多，酸性较强，尽管有可能平衡溶液酸性的碱性物质如氨氮的存在，污泥的 pH 仍偏酸性。由于阳极电解液的 pH 值下降到 5.5 以下时，MFC 的内阻会明显增大，输出功率减小，结合图 15.131 和图 15.132，再次证明此结论的正确性。

当微生物燃料电池利用复杂有机物产电时，在 MFC 阳极室按微生物的功能作用分类最少

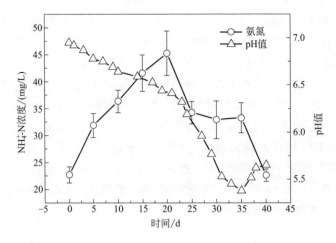

图 15. 136 污泥 MFC 阳极液 NH_4^+-N 和 pH 值随运行时间变化图

应该存在两类微生物功能种群：一类功能菌群是起水解作用的发酵微生物种群，能将复杂有机物转化为易于利用的糖类、氨基酸类、脂肪酸类及芳香族化合物类等有机质；另一类微生物功能种群为产电微生物种群，能充分利用发酵种群分解代谢产生的小分子有机物产电，产电微生物功能种群的产电过程可以分为完全氧化产电过程和非完全氧化产电过程两种类型。对于完全氧化产电过程，是指微生物将糖类、氨基酸类、脂肪酸类、芳香族化合物类及乙酸类小型酸性分子等物质直接完全氧化成末端产物二氧化碳，并将氧化过程中产生的电子传递给阳极产电。当然，完全氧化产电过程也包括有的微生物种群可以直接将发酵微生物产生的氢气进行完全氧化产生质子，并将氧化过程中产生的电子传递给电极产生电流的过程。非完全氧化产电过程是指微生物将较为复杂的有机物分解氧化成小分子有机物，如乙酸类小型分子，并将分解氧化过程中产生的电子传递给电极产生电流的过程。随后，能够进行完全氧化产电的微生物会充分利用非完全氧化过程中产生的小分子有机物产电，将有机物彻底氧化成 CO_2。这样，污泥中的复杂的有机物就在发酵作用微生物功能种群和产电微生物功能种群的联合作用下被完全氧化成 CO_2，并回收了清洁的电能。

15. 8. 2. 3 利用 454 高通量测序技术分析阴阳极生物膜微生物多样性

（1）序列的多样性评价

在环境微生物多样性的研究中，分子生态学方面的主要手段是通过对微生物的 rDNA 进行分析获得多样性信息，而对于细菌而言，通常做法是通过分析其 16S rDNA 中 V1～V2 区、V3 区或 V6 区获得细菌多样性信息。但研究表明，在不同分类水平上（如门、纲、目、科、属）进行比较，V1～V2 区和 V3 区与 16S rRNA 全长序列能够保持高度的线性相关度，尤其是在属的水平，皮尔森相关系数可以达到 0.969 和 0.982；而 V6 区在门、纲、目、科的水平上与 16S rRNA 全长序列皮尔森相关系数还能够达到 0.99 以上，但在属的水平，相关系数只有 0.7428。因此，利用 V6 可变区研究环境微生物的多样性时，尽管多样性十分丰富，但很有可能不能反映细菌群落结构的真实组成。所以在本研究中，考虑 454 高通量次序技术可达到的测序长度，选择 V3 区进行扩增、序列分析，研究污泥生物阴极 MFC 中阳极微生物的群落结构组成。

454 测序结果质量控制原则为：a. 引物能够正确匹配；b. 两端 IDTag（区别不同样本的 7 个随机组合的核苷酸碱基）的编辑距离（插入、删除、缺失、错配）不超过 1；c. 序列中含有

N 的序列；d. 序列长度≥100bp。经过以上原则的控制，共从阳极样品中获得 783 条高质量 V3 区序列用于下游的发育分析。序列的平均长度为 177bp，所有序列经聚类分析，分别在 100%、99%、97%、95% 和 90% 的相似性水平下产生 654 个、590 个、526 个、481 个、403 个 OTU，这表明，在阳极生物膜中共发现至少有 481 个细菌属和 526 个细菌种存在（表 15.11）。根据阳极样品的 OTU 丰度信息，使用 MOTHUR 软件计算了阳极样品的稀疏曲线和香农（Shannon）指数，以评估文库的多样性以及在不同的 OTU 相似性水平下的生物多样性，以评价本实验的测序量是否能够代表原始群落的多样性，如表 15.11 和图 15.137 所示。

⊡ 表 15.11　样品多样性和丰富度指数估计

指数	簇距				
	0	0.01	0.03	0.05	0.1
OTU	654	590	526	481	403
ACE	14590	7032	6574	4759	2630
Chao1	7511	3778	2664	2037	1255
Shannon	6.240	6.050	5.792	5.627	5.354

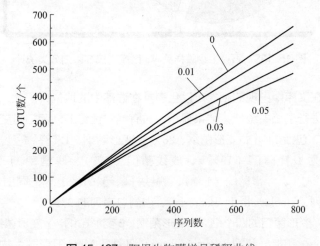

图 15.137　阳极生物膜样品稀释曲线

　　表 15.11 显示，随着相似性水平增大，ACE、Chao1、Shannon 等系数在增大，当相似性水平从 90%（簇距＝0.1）升高到 99%（簇距＝0.01），ACE、Chao1、Shannon 系数分别从 2630、1255 和 5.354 增加到 7032、3778 和 6.240，这表明，随着发育分类水平的细化（如从门降低到种），样品需要测定更多的序列才能真实反映原始群落的多样性。其中，ACE 和 Chao1 系数为某相似性水平下，样品存在 OTU 的预测数，如在本实验中，在属的水平上 Chao1 系数预测的 OTU 数为 2664 个，而本实验在属的水平上，产生的 OTU 数只有 526 个，远没有达到测序量平台期，一方面表明以污泥为基质的 MFC 中，可能是由于有机物种类呈多样化，利用这些有机物产电的阳极微生物也呈多样化富集，多样性十分丰富；另一方面表明本实验的测序量有待加大，方可真实的反映污泥 MFC 阳极微生物群落结构组成。

　　图 15.137 是阳极样品分别在 0、0.01、0.03、0.05 等相似性水平下的稀释曲线。图中显示，不同水平下的稀释曲线均处在明显的上升期，样品的 OTU 数随着序列的增加而急剧增加，不断有新的 OTU 出现，并未出现 OTU 数增加趋于平缓或接近饱和的现象，表明目前的测序量不足，未能完整反映阳极样品的微生物多样性，在未来的研究中增加测序通量是非常必

要的。但相似性水平越低，稀释曲线越靠近 X 轴，OTU 数随序列数量（tags）增加的越缓慢，会越先于过渡到平缓状态，所需测序通量会较低。

（2）菌群多样性组成的系统发育分析

根据系统发育分析，在种的水平，污泥 MFC 阳极生物膜样品共产生 526 个分类单元（OTU），主要隶属于 12 个细菌门（图 15.138）。

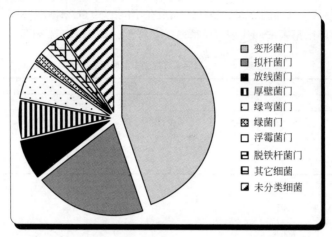

图例：
- 变形菌门
- 拟杆菌门
- 放线菌门
- 厚壁菌门
- 绿弯菌门
- 绿菌门
- 浮霉菌门
- 脱铁杆菌门
- 其它细菌
- 未分类细菌

图 15.138　阳极生物膜样品 V3 区序列按细菌门分类统计

由于同一序列在文库中出现的频次可以代表其在群落中的地位，因此，试验对全部 783 个序列基于分类地位进行了相关统计，结果显示，占有绝对优势的细菌门是变形菌门，所含序列占到总序列的 45%（包括 11% α-变形菌纲、28% β-变形菌纲、1.78% δ-变形菌纲和 3.95% γ-变形菌纲），其次为拟杆菌门（19%）、放线菌门（7%）、厚壁菌门（7%）、绿弯菌门（7%）、绿菌门（2%）、浮霉菌门（1%）、脱铁杆菌门（1%）等，同时也包括大量目前还无法进行分类的序列（Unclassified_Bacteria），占到总序列的 9%。

相关研究发现，变形菌门的四个纲（α-变形菌纲，β-变形菌纲，γ-变形菌纲，δ-变形菌纲）及厚壁菌门（Firmicutes）和拟杆菌门（Bacteroidetes）细菌是 MFC 阳极微生物中的主要类群。绿弯菌门（Chloroflexi）被发现富集于以纤维素为基质的 MFC 反应器中，因此推测，本试验中，绿弯菌门（Chloroflexi）的富集可能与利用污泥中纤维素类物质产电有关。然而，迄今为止，在阳极细菌群落研究方面，还从未出现哪一个细菌种群普遍存在于所有类型的 MFC 阳极群落中，并且也很难利用微生物群落结构信息去评价微生物活性和 MFC 的具体产电性能。总结以往的研究，会发现 MFC 中的阳极微生物表现出极为丰富的多样性，如 δ-变形菌纲经常富集于沉积物 MFC 的阳极表面，而 α-变形菌纲、β-变形菌纲、γ-变形菌纲或 δ-变形菌纲、Firmicutes 及未分类细菌常是其他类型 MFC 阳极细菌群落的主要成员。放线菌门（Actinobacteria）的细菌通常以可有效降解环境中纤维素和几丁质类等难降解物质著称，因此推测在污泥 MFC 阳极群落中发现的放线菌门可能在降解污泥中的纤维素和几丁质等难降解有机质中发挥着重要作用。

统计数据显示，阳极群落中的绝对优势种群（相对丰度 ≥5%）为红育菌属（*Rhodoferax* sp.）（相对丰度 19.54%）和费鲁吉纳杆菌属）（相对丰度 5.36%）。占次级优势地位的细菌属包括红杆菌属、丙酸杆菌属、左旋假单胞菌属、红假单胞菌属、铁杆菌属、梭菌属、黄杆菌属、单纯螺旋体、罗氏杆菌属、根瘤菌属、鸟杆菌属、热单胞菌属、德福氏菌属、脱铁杆菌属、黄杆菌科属和假单胞菌属等。其中红育菌属（*Rhodoferax* sp.）的铁还原红育菌能够彻底氧化葡萄糖、果糖、木糖、蔗糖等单糖或二糖产电并生成 CO_2，是最初报道可直接彻底氧化葡萄糖产出电能的细菌，而其他的多数铁还原菌电子供体局限于简单有机酸如乙酸、丙酸等小型分子。以葡萄糖为基质时，铁还原红育菌的电子回收效率可达到 81%。进一步研究表明，由该菌纯培养体接种的 MFC 利用有机质转化电能迅速，电池性能稳定，反复放电可在较短时间内恢复原来产电水平。因此推测在本研究中占有绝对优势地位的红育菌属细菌可能在将污泥中有机质转化成电能的过程中起着极为重要的作用。有研究发现红假单胞菌属（*Rhodopseudomonas* sp.）的帕鲁斯特氏菌可以利用较为广泛的有机质产电，如乙酸、乳酸、乙醇、戊酸、酵母提取物、延胡索酸、甘油、甲酸、丁酸、丙酸等，并具有很高的产电能力，由其催化的 MFC 最高输出功率密度可达 2720mW/m²。此外，梭菌属（*Clostridium* sp.）也是较早被证明具有产电能力的细菌属，其属的丁酸梭菌是首次报道可以有效利用淀粉等复杂多糖产电的革兰氏阳性菌，同属的贝氏白僵菌同样也能利用淀粉、糖蜜、葡萄糖和乳酸等产电。在产电菌的研究中，一般纯培养体的分离策略是在培养基中添加 Fe^{3+}，以代替电极作为电子受体，因此通常认为具有还原铁离子能力的细菌具有产电能力。由此推测，本实验中发现的与还原铁离子有关的细菌属，如铁细菌属、德福氏菌属、脱铁杆菌属等可能同样具有产电能力，在将污泥有机物转化为电能的过程中发挥作用。

15.8.3 微生物燃料电池型厌氧堆肥系统处理脱水污泥

微生物燃料电池型厌氧堆肥系统（microbial fuel cell-anaerobic composting, MFC-AnC），是在厌氧堆肥（anaerobic composting, AnC）的基础上利用生物产电加速污泥降解的同时回收电能。为了适合现有的污泥处理工艺，本研究考查了 MFC-AnC 脱水污泥（含水率 88% 左右）降解及产电性能，构建了 MFC-AnC 和 AnC 系统。MFC-AnC 系统由质子交换膜（Nafion 117, Dupont 公司）分隔的阴阳两室组成，阳极室为 $\phi80mm \times 80mm$、总容积 380mL 的密闭式圆柱体型，中心为以石墨刷为材料的阳极。阴极室为 40mm × 50mm × 80mm、容积 150mL 的密闭长方体型，电极材料与阳极相同，采用铁氰化钾化学阴极，AnC 系统（对照组）构型同 MFC-AnC 反应器阳极室结构相同（图 15.139）。

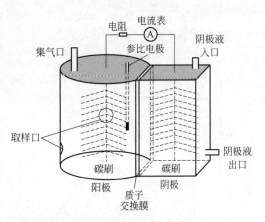

图 15.139 MFC-AnC 反应器示意

15.8.3.1 MFC-AnC 系统的产电性能

微生物燃料电池启动阶段是细菌对外界条件和有机物质适应，并最终产生稳定电能的过程。启动初始，MFC-AnC 系统输出电压为 0.3V，1 周后达到 0.5V，系统输出电压稳定标志系统启动成功，相比以废水和活性污泥为底物的微生物燃料电池的启动阶段，MFC-AnC 以脱水污泥为燃料，具有启动时间短和电池电压高的特点，原因是脱水污泥作为燃料，经厌氧发酵阶段产生酸性中间产物，产电菌充分利用可溶性有机物产生较高的功率密度，而非单纯依靠有机物在污泥中的溶解过程。

如图 15.140 所示，MFC-AnC 开路电压达 0.84V，最大功率密度为 5.3W/m³（在 $R_{ex}=80\Omega$ 时获得），由 $U=E-IR_{int}$ 计算得到内阻为 79.3Ω。电池运行前 15d 内，阳极电势始终保

持在（－0.38±0.03）V，运行至17d阳极电势突升至0.45V，这与阳极底物含水率降低和剩余有机质不易被利用有关。随着底物被消耗，电压降低显示 MFC-AnC 产电周期逐渐结束。

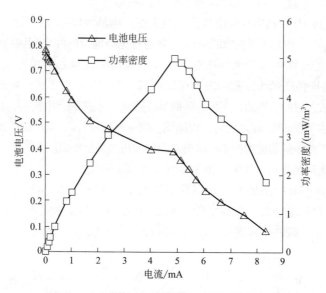

图 15.140　MFC-AnC 系统极化曲线及功率密度曲线

15.8.3.2　生物产电对脱水污泥性质的影响

通过对 MFC-AnC 系统运行期间污泥理化性质的分析发现，生物产电可促进 AnC 系统中污泥的减容效果，脱水污泥含水率由 88％降至 82.3％（图 15.141）。由于系统中污泥有机物经过水解溶出和微生物降解等过程，可生物降解有机物含量减少，堆肥周期内 VS/TS 值逐渐降低。MFC-AnC 系统污泥 VS/TS 值略低于 AnC 系统（图 15.142），原因是部分可生物降解有机物被产电菌利用，挥发性固体占总固体比例降低。35d 时 MFC-AnC 系统和 AnC 系统污泥 VS/TS 分别比原泥降低了 8.6％和 7.9％。

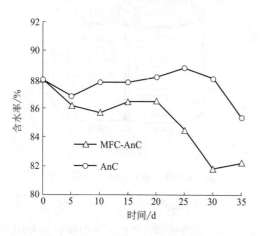

图 15.141　MFC-AnC 和 AnC 系统
脱水污泥含水率变化

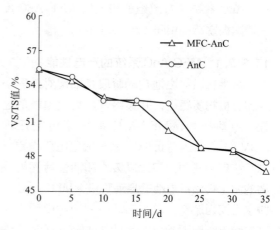

图 15.142　MFC-AnC 和 AnC 系统
脱水污泥 VS/TS 值变化

MFC-AnC 系统中脱水污泥 SCOD 含量高于 AnC 系统（图 15.143），说明生物产电可以促进脱水污泥水解和对可生化降解有机物的利用，加速污泥的减量。系统运行 15～20d，污泥中 SCOD、溶解性碳水化合物和蛋白质溶出效果最好（图 15.144、图 15.145），VS 的利用率最高，生物产电加速污泥有机物利用的效果最明显（图 15.146）。

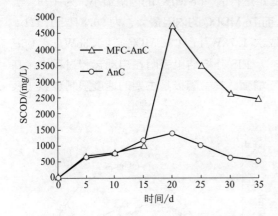

图 15.143　MFC-AnC 和 AnC 系统脱水
污泥 SCOD 变化

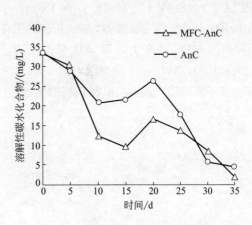

图 15.144　MFC-AnC 和 AnC 系统脱水
污泥溶解性碳水化合物变化

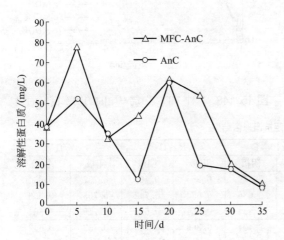

图 15.145　MFC-AnC 和 AnC 系统脱水
污泥溶解性蛋白变化

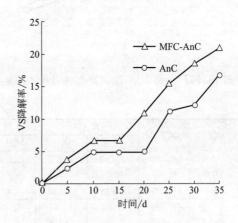

图 15.146　MFC-AnC 和 AnC 系统脱水
污泥 VS 降解率变化

15.8.4　污泥底物微生物脱盐电池性能

为了进一步拓宽污泥为底物的微生物电化学系统功能，将脱水污泥（含水率 80%）作为微生物脱盐电池（microbial desalination cells，MDC）阳极底物，进行同步产电、脱盐和强化污泥厌氧堆肥。为了提高 MDC 性能和有效避免由于脱盐导致的阳极污泥盐分过量累积，对 MDC 构型进行了改进，构建了五室微生物脱盐电池（5c-MDC）、五室微生物电容型脱盐电池（5c-MCDC）和七室微生物双脱盐电池（7c-MDDC）三种构型的 MDC，并研究它们的产电脱盐性能、阳极污泥中有机物降解、重金属形态转化和植物营养特征变化规律。

15.8.4.1 污泥底物微生物脱盐电池的产电和脱盐性能

3 种构型以脱水污泥为阳极底物的生物阴极 MDC 均具有良好的启动性能，5c-MDC 与 7c-MDDC 的启动时间为 5d，5c-MCDC 的启动时间为 6d。图 15.147 和图 15.148 表明，运行 42d，3 种构型 MDC 在外电阻为 1000 Ω 时产生的最大电压分别为 0.886V（5c-MDC）＞0.864V（5c-MCDC）＞0.818V（7c-MDDC）（图 15.147）。稳定运行时，5c-MDC 的内阻最小，为（78.7±1.1）Ω；5c-MCDC 次之，为（86.9±0.9）Ω；而 7c-MDDC 的内阻最大，为 90.8Ω±1.4Ω。3 种构型 MDC 可产生的最大功率密度 P_{max} 依次 1.78W/m³（5c-MDC）＞1.38W/m³（5c-MCDC）＞1.33W/m³（7c-MDDC）（见图 15.148）。EIS 分析结果表明在启动运行过程中，开路电压不断增加，系统阳极和阴极的活性也不断增强，其中阴极是主要的速度限制步骤（表 15.12）。

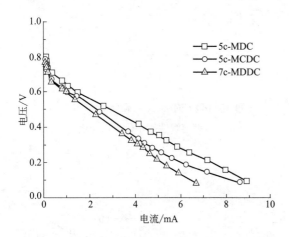

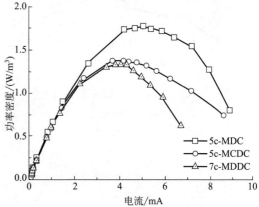

图 15.147 3 种 MDC 稳定产电时的极化曲线 　　**图 15.148** 3 种 MDC 稳定产电时的功率密度曲线

⊡ 表 15.12　阻抗谱拟合结果

构型	OCV/V	R_s/Ω		$C_{dl}/10^{-3}$F		R_{ct}/Ω		W/Ω	
		阳极	阴极	阳极	阴极	阳极	阴极	阳极	阴极
5c-MDC	0.672	7.789	7.363	5.656	2.579	0.865	0.763	0.757	0.654
	0.806	7.901	7.691	3.821	2.636	0.634	0.742	0.705	0.656
	0.903	7.926	7.738	3.414	3.534	0.551	0.693	0.715	0.664
5c-MCDC	0.658	7.823	7.377	5.540	2.404	0.869	0.765	0.733	0.642
	0.787	7.946	7.708	3.591	2.644	0.641	0.745	0.695	0.641
	0.882	7.973	7.751	3.315	3.458	0.557	0.702	0.702	0.668
7c-MDDC	0.615	8.084	7.623	5.457	2.538	0.870	0.767	0.748	0.655
	0.744	8.192	7.953	3.906	2.633	0.638	0.741	0.706	0.651
	0.841	8.224	8.020	3.394	3.539	0.557	0.695	0.714	0.662

运行 10d 内，对于 NaCl 初始浓度为 2g/L 的盐溶液，3 种构型反应器的脱盐效率依次是 5c-MDC［（61.48±0.10）％］＞7c-MDDC［（27.41±0.10）％］＞5c-MCDC［（25.51±0.09）％］；对于 NaCl 初始浓度为 10g/L 的盐溶液，3 种构型反应器的脱盐效率依次是 5c-MDC［（52.50±0.26）％］＞7c-MDDC［（19.76±0.25）％］＞5c-MCDC［（12.98±0.27）％］；对于 NaCl 初始浓度为 35g/L 的盐溶液，3 种构型反应器的脱盐效率依次是 5c-MDC［（48.30±0.61）％］＞7c-MDDC［（14.07±0.70）％］＞5c-MCDC［（6.61±0.67）％］。而盐溶液不同的初始浓度对同一种反应器的脱盐效率也有一定的影响，表现为 3 种反应器的脱盐效率都随着

初始盐浓度的增加而降低,具体为 5c-MDC:(61.48 ± 0.10)%($2g/L$)>(52.50 ± 0.26)%($10g/L$)>(48.30 ± 0.61)%($35g/L$);7c-MDDC:(27.41 ± 0.10)%($2g/L$)>(19.76 ± 0.25)%($10g/L$)>(14.07 ± 0.70)%($35g/L$);5c-MCDC:(25.51 ± 0.09)%($2g/L$)>(12.98 ± 0.27)%($10g/L$)>(6.61 ± 0.67)%($35g/L$),其原因主要是由于低浓度的盐溶液中电迁移起主要的脱盐作用,而对于高浓度的盐溶液除了电迁移作用外,浓差扩散与反扩散的现象更明显。

5c-MDC 的运行周期持续了 300d,而 7c-MDDC 的运行周期仅有 200d,且它们在整个运行周期中都经历了对数增长期、稳定运行期和衰减期三个阶段(图 15.149)。且随着运行时间的延长 5c-MDC 与 7c-MDDC 的内阻持续增加,具体为 5c-MDC 内阻(82.1 ± 1.9)Ω($18d$)<(98.2 ± 2.4)Ω($130d$)<(138.2 ± 3.1)Ω($300d$);7c-MDDC 的内阻(93.8 ± 2.3)Ω($18d$)<(106.2 ± 2.1)Ω($52d$)<(142.2 ± 3.3)Ω($200d$)。在 130d,5c-MDC 的 P_{max} 达到 $3.178W/m^3$,7c-MDDC 的 P_{max} 在 52d 达到 $1.966W/m^3$,可见长期运行的条件下 5c-MDC 的产电性能明显好于 7c-MDDC。

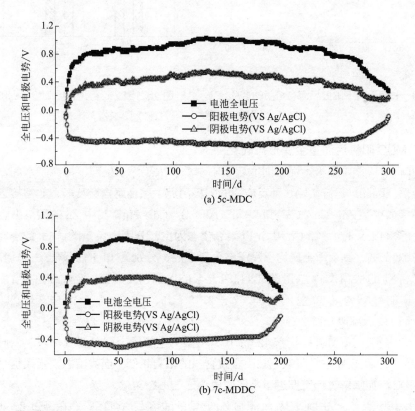

图 15.149 5c-MDC 与 7c-MDDC 的电势变化图(外接电阻均为 $R_{ex}=1000\Omega$)

15.8.4.2 MDC 阳极污泥有机物降解

在运行的 42d 内,3 种 MDC 阳极污泥中有机质稳步降低,溶解性有机物波动上升;UV254 均逐渐降低,其中 7c-MDDC 的有机物去除率最高,可达到 17.71%,更有利于脱水污泥的降解。5c-MDC 与 7c-MDDC 在长期运行条件下,阳极污泥含水率有所降低;有机质持续降低,5c-MDC 经过 300d 有机质去除率为(25.71 ± 0.15)%,7c-MDDC 经过 200d 有机质去除率达到(32.7 ± 0.81)%(图 15.150),阳极污泥中溶解性有机物含量的变化总体上呈现出先增加后降低的趋势。长期运行后污泥 DOM 中腐殖酸类荧光峰强度明显增加。

三种构型的 MDC 反应器阳极污泥中速效氮、速效磷、速效钾含量均持续增加，C/N 值持续降低，表明经过 MDC 阳极处理的污泥速效养分含量和腐熟程度均有所提高。随运行时间的延长，阳极污泥浸提液种子发芽指数不断增加（图 15.151），7c-MDDC 阳极污泥浸提液种子发芽指数在运行 21d 达到（53.86±2.12）％；42d 达到（66.63±3.02）％。

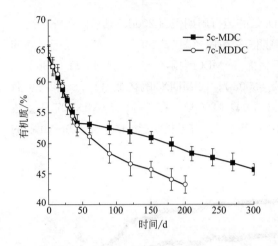

图 15.150　长期运行下阳极污泥有机质的变化　　　图 15.151　运行过程中阳极污泥的种子发芽指数变化

15.8.4.3　MDC 阳极污泥重金属形态转化

3 种 MDC 反应器中阳极污泥同时取自于哈尔滨市太平污水处理厂污泥脱水间，并几乎同时装入反应器。因此，运行初始 3 种反应器的阳极污泥中重金属含量及形态非常接近，按照重金属总量排序依次是 Zn＞Cu＞Cr＞Pb＞Ni＞As＞B＞Cd＞Hg，其中 Zn 的酸溶态含量最高，占总量的（35.44±1.41）％，Cu 和 Cr 以可氧化态为主，分别占总量的（63.22±4.92）％和（49.00±3.30）％，其余重金属均已残留态含量最高，分别为 Pb 的残留态占总量的（61.33±8.46）％、Ni 的残留态占总量的（44.29±4.63）％、As 的残留态占总量的（55.76±6.75）％、B 的残留态占总量的（65.57±2.48）％、Cd 的残留态占总量的（42.33±1.40）％，而 Hg 全部以残留态存在。

图 15.152 表明，5c-MCDC 运行 42d 前后，考察的全部重金属总量变化很小，而形态上主要表现在酸溶态、可还原态、可氧化态重金属含量的略有降低，而残留态重金属含量的增加。表明 5c-MCDC 污泥降解过程可促进重金属向更稳定的形态转化。

图 15.153 表明，7c-MDDC 阳极污泥中 Zn 元素的酸溶态与可还原态在经过 200d 运行后有明显降低，而氧化态在 42d 略有降低，200d 又有所增加，可能的原因是经过了长期的运行，大分子腐殖酸类逐渐形成，络合了部分可交换态的 Zn。Cu 元素形态间的转化规律并不明显。Cr 和 Pb 表现出可氧化态含量在运行 42d 和 200d 都明显减小，对应的残留态含量有所增加。Ni 的形态变化表现出酸溶态、可还原态随时间延长而降低，而氧化态含量略有增加，残留态 Ni 含量变化较小。表明 7c-MDDC 污泥厌氧产电过程也有利于它们转化为更稳定的形态存在。其余重金属由于含量较低，形态变化不显著。

图 15.154 表明 5c-MDC 阳极污泥经过 42d 和 300d 的运行，所考察的重金属含量均有所升

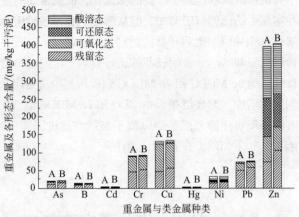

图 15.152　运行 42d 前后 5c-MCDC 阳极污泥中重金属形态的变化

A—0d；B—42d

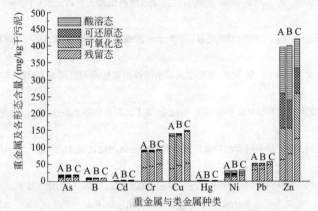

图 15.153　运行前后 7c-MDDC 阳极污泥中重金属形态的变化

A—0d；B—42d；C—200d

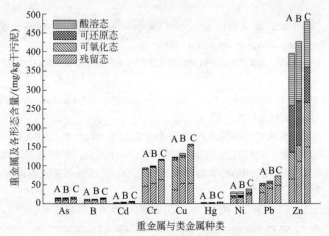

图 15.154　运行前后 5c-MDC 阳极污泥中重金属含量和形态的变化

A—0d；B—42d；C—200d

高，其原因主要是由于有机质的降解促进了污泥的减量化，而重金属的含量却并没有得到有效的去除，使得重金属在污泥中的比例有所增加。但从形态上看，各种重金属的酸溶态和可还原态比例有所降低，而氧化态和残留态比例升高，经过300d，除Zn与Ni外其余重金属可检测到的酸溶态与可还原态含量已经非常小，表明长期的运行有利于污泥中重金属的稳定化，降低了重金属的活性和可迁移性。但5c-MCDC和7c-MDDC阳极污泥中重金属含量在随有机物降解的过程中并没有表现出明显的增加，尤其是在5c-MCDC和7c-MDDC运行42d后，其原因可能是污泥中迁移性较强的酸溶态和可还原态重金属以离子态状态通过阳离子交换膜分别在5c-MC-DC中被碳纤维布吸附和进入7c-MDDC的脱盐浓室中。

参考文献

[1] Wang J F, Zhao Q L, Jin W B, et al. Performance of biological phosphorus removal and characteristics of microbial community in the oxic-settling-anaerobic process by FISH analysis[J]. Journal of Zhejiang University-Science A（Applied Physics & Engineering），2008，9（7）：1004-1010.

[2] 王建芳，金文标，赵庆良，等. 好氧-沉淀-厌氧工艺处理效能及抗冲击负荷研究[J]. 环境科学，2007，28（11）：2488-2493.

[3] 王建芳，赵庆良，刘志刚，等. 好氧-沉淀-厌氧工艺剩余污泥减量化的影响因素[J]. 中国环境科学，2008，28（5）：427-432.

[4] 金文标，王建芳，赵庆良，等. 好氧-沉淀-厌氧工艺剩余污泥减量性能和机理研究[J]. 环境科学，2008，29（3）：726-732.

[5] 王建芳，赵庆良，刘志刚. PCR-DGGE解析好氧-沉淀-厌氧工艺微生物群落多样性[J]. 黑龙江大学自然科学学报，2010，27（6）：754-758.

[6] 胡凯，赵庆良，苗礼娟，等. 剩余污泥超声强化预处理及其厌氧消化效果[J]. 浙江大学学报（工学版），2011，45（8）：1463-1468.

[7] 赵庆良，苗礼娟，胡凯. 超声/碱预处理剩余污泥的中温厌氧消化效果[J]. 中国给水排水，2009，25（15）：25-28.

[8] Wei L L, Zhao Q L, Hu K, et al. Extracellular biological organic matters in sewage sludge during mesophilic digestion at reduced hydraulic retention time. [J]. Water Research, 2011, 45（3）：1472.

[9] 胡凯，赵庆良，邱微. 冷冻预处理对剩余污泥性质的影响研究[J]. 中国建设信息（水工业市场），2011（6）：37-41.

[10] 赵庆良，胡凯，邱微. 冷冻预处理破解剩余污泥及改善其脱水性能 [C] // 中国城镇污泥处理处置技术与应用高级研讨会，2011.

[11] Hu K, Jiang J Q, Zhao Q L, et al. Conditioning of wastewater sludge using freezing and thawing: Role of curing[J]. Water Research, 2011, 45（18）：5969-5976.

[12] 赵庆良，王宝贞，G·库格尔. 高温/中温两相厌氧消化处理污水污泥和有机废物[J]. 哈尔滨建筑大学学报，1995（1）：30-40.

[13] Zhao Q, Kugel G. Thermophilic/mesophilic digestion of sewage sludge and organic wastes[J]. Environmental Letters, 1996, 31（9）：2211-2231.

[14] 赵庆良，王宝贞. 高温/中温两相厌氧消化反应中有机酸的变化[J]. 环境科学，1996（3）：44-47.

[15] 赵庆良，王宝贞，G. 库格尔. 厌氧消化中的重要中间产物——有机酸[J]. 哈尔滨建筑大学学报，1996（5）：32-38.

[16] 杨朝勇，王琨，赵庆良. 碱处理玉米秸秆与超声预处理污泥混合厌氧消化效果研究[J]. 环境科学与管理，2017，42（10）：97-101.

[17] 杨朝勇，王琨，张伟贤，等. 牛粪与超声预处理污泥中温混合厌氧消化效果[J]. 中国沼气，2017，35（3）：22-26.

[18] Tu J, Zhao Q, Wei L, et al. Heavy metal concentration and speciation of seven representative municipal sludges from wastewater treatment plants in Northeast China. [J]. Environmental Monitoring & Assessment, 2012, 184（3）：1645-1655.

[19] 赵庆良，涂剑成，杨倩倩. 微波辅助化学试剂浸提城市污水处理厂污泥中重金属[J]. 中国建设信息（水工业市

场），2010（7）：20-23.

[20] 涂剑成，赵庆良，杨倩倩. 超声辐射协同草酸-HEDTA 浸提污泥中重金属[J]. 中国环境科学，2011，31（8）：1280-1284.

[21] Liu G Y, Wright M M, Zhao Q L, et al. Catalytic fast pyrolysis of duckweed: effects of pyrolysis parameters and optimization of aromatic production. [J]. Journal of Analytical & Applied Pyrolysis, 2015, 112:29-36.

[22] Liu G, Wright M M, Zhao Q, et al. Catalytic pyrolysis of amino acids: Comparison of aliphatic amino acid and cyclic amino acid[J]. Energy Conversion & Management, 2016, 112:220-225.

[23] Liu G, Wright M M, Zhao Q, et al. Hydrocarbon and Ammonia Production from Catalytic Pyrolysis of Sewage Sludge with Acid Pretreatment[J]. Acs Sustainable Chemistry, 2016, 4（3）.

[24] 赵庆良，姜珺秋，王琨，等. 微生物燃料电池处理剩余污泥与同步产电性能[J]. 哈尔滨工程大学学报，2010，31（6）：780-785.

[25] Zhang J N, Zhao Q L, Aelterman P, et al. Electricity generation in a microbial fuel cell with a microbially catalyzed cathode. [J]. Biotechnology Letters, 2008, 30（10）:1771-1776.

[26] 尤世界，赵庆良，姜珺秋. 废水同步生物处理与生物燃料电池发电研究[J]. 环境科学，2006，27（9）:1786-1790.

[27] Jiang J, Zhao Q, Wei L, et al. Degradation and characteristic changes of organic matter in sewage sludge using microbial fuel cell with ultrasound pretreatment[J]. Bioresource Technology, 2011, 102（1）:272.

[28] Jiang J Q, Zhao Q L, Wang K, et al. Effect of ultrasonic and alkaline pretreatment on sludge degradation and electricity generation by microbial fuel cell. [J]. Water Science & Technology A Journal of the International Association on Water Pollution Research, 2010, 61（11）:2915-2921.

[29] Jiang J Q, Zhao Q L, Wei L L, et al. Extracellular biological organic matters in microbial fuel cell using sewage sludge as fuel. [J]. Water Research, 2010, 44（7）:2163-2170.

[30] Jiang J, Zhao Q, Zhang J, et al. Electricity generation from bio-treatment of sewage sludge with microbial fuel cell[J]. Bioresource Technology, 2009, 100（23）:5808.

[31] Guodong Zhang, Qingliang Zhao, Yan Jiao, et al. Efficient Electricity Generation from Sewage Sludge Using Biocathode Microbial Fuel Cell[J]. Water Research, 2012, 46（1）:43-52.

[32] Zhang G D, Zhao Q L, Jiao Y, et al. Improved performance of microbial fuel cell using combination biocathode of graphite fiber brush and graphite granules[J]. Journal of Power Sources, 2011, 196（15）:6036-6041.

[33] Zhang G, Wang K, Zhao Q, et al. Effect of cathode types on long-term performance and anode bacterial communities in microbial fuel cells[J]. Bioresource Technology, 2012, 118（4）:249-256.

[34] 于航，姜珺秋，赵庆良，等. 微生物燃料电池型厌氧堆肥系统处理脱水污泥[J]. 哈尔滨工程大学学报，2013（8）：1045-1051.

[35] 黄更，姜珺秋，赵庆良，等. 生物产电加速厌氧堆肥污泥降解及产电性能[J]. 浙江大学学报（工学版），2013（5）：883-888.

[36] Yu H, Jiang J, Zhao Q, et al. Bioelectrochemically-assisted anaerobic composting process enhancing compost maturity of dewatered sludge with synchronous electricity generation. [J]. Bioresource Technology, 2015, 193:1-7.

[37] Meng F, Jiang J, Zhao Q, et al. Bioelectrochemical desalination and electricity generation in microbial desalination cell with dewatered sludge as fuel[J]. Bioresource Technology, 2014, 157（2）:120-126.

[38] Meng F, Zhao Q, Na X, et al. Bioelectricity generation and dewatered sludge degradation in microbial capacitive desalination cell. [J]. Environ Sci Pollut Res Int, 2017, 24（6）:5159-5167.

第五篇

城市污染水体的综合治理工程

Integrated Managemental Engineering and
Technology of Urban Polluted Waters

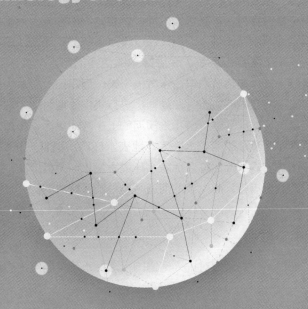

第**16**章

胶州市污水渠变清水河的综合治理工程

16.1　项目概况

16.1.1　基本情况

胶州市位于山东半岛西南部，胶州湾西北岸，胶莱河入口南部，属海淀平原，西高东低、南高北低，面积 1210km²，气候属温暖带大陆性季风气候。年均温度 12.4℃，年均降水量 695.6mm。

随着城市建设和工业、农业、商业和服务业的发展，生活和生产用水量以及由此产生的污水和废水流量都在不断增加，导致河水流量的逐渐减少和污染的日趋加剧。胶州市城区河道既存在水量不足与水质恶化两方面的问题：平时河水流量很少，一些河段干枯无水，芦苇长满河道；另一些河段仅有少量湾湾死水；有水流的河段，也是涓涓细流，大都由排放的生活污水和工业废水组成；雨季全部雨水径流排入河道，由于排水系统的不健全，既不是真正的分流制又不是完全的合流制，实际上是混流系统，导致降雨时更多的污水与废水随雨水径流流入河道中。治理前，东渠虽已设计和建造了沿渠污水截流干渠，但是还没有对生活污水和工业废水完全截留并将其送入只有一墙之隔的城市污水处理厂进行集中处理，渠中常有污水和垃圾排入，仍然存在黑臭脏乱现象；护城河的中下游和云溪河的上中游河水污染严重，大都属于劣Ⅴ类水体。好在护城河上游水库水清澈靓丽，水质符合地表水环境质量Ⅲ～Ⅳ类标准；云溪河下游宽阔的河水观感良好，水质大多数指标符合地表水环境质量Ⅳ～Ⅴ类标准。因此，只要认真对待采取切实可行和有效的治理措施，胶州市的河道污染是能够解决的。

16.1.2　总体技术思路

河道污染治理的前提，首先是要对排入河道的生活污水和工业废水进行完全截留并输送到城市污水处理厂予以集中处理。雨水管道也应在其排入河道之前予以截留进行处理，至少要对污染重的初期雨水予以处理；最切实可行的办法就是在末端设置水力旋流分离器去除雨水径流挟带的泥沙、垃圾、树枝树叶等，然后再排入河道，这会大幅度削减雨水径流对河道的污染负荷。

但也应当认识到，胶州市的排水系统与我国其他城市一样都是不健全的，虽然我国一直主张和坚持的分流制雨污排放系统，但至今还没有一座城市真正实现。而且我国对分流制排水系统普遍存在错误的理解和做法：只建造污水收集、输送、处理与排放系统，而雨水只建造收集与排放系统，根本不建造和运行雨水径流处理厂。这与发达国家的分流制系统完全不同，例如，国际著名的河流流域综合治理典范的德国鲁尔河管理协会，为了将鲁尔河治理成全鲁尔区的重要水源，不仅在其上中游建造了14座大中小型水库，总库容达4.7亿立方米，而且建造和运行着97座城市污水处理厂和549座雨水径流处理厂，主要由雨水沉淀池、雨水净化塘与地表径流湿地等组成。通过上述综合治理，鲁尔河水水质达到德国地表水1级和2级标准。这是德国鲁尔区河道管理与治理人士经过上百年的辛勤实践尤其是第二次世界大战后60余年持之以恒勤奋研究与工程管理实践的成果，值得我们学习和借鉴。

胶州市河道水量分配极不均匀，云溪河下游及作为胶州滞洪区的少海具有较多的水量，而云溪河上中游和护城河上中下游水量很少；东渠污水被全部截流后将变干枯。因此，这些河道的水质改善首先要解决水量的问题，河道综合整治工程系统如图16.1所示：将云溪河下游的河水提升送入补给水处理厂进行处理使出水达到地表水环境质量Ⅳ～Ⅴ类标准后，首先自流入附近的东渠，在其末端（云溪河末端出水口前）建造一座高5m的翻板闸，在其起端建造高河堤，由此形成水深4～5m的水体，接纳补给水处理厂出水；然后流向倒置，先从西南向东北流动，然后拐弯从东向西流动，将东渠由原来的污水河变成净水渠，通过将底部淤泥清除并送到岸边挖成的淤泥储存土池，在其中进行自然浓缩、脱水和风干；然后将挖出的围堤土回填并与其混合形成有机底肥土或土壤改良剂，在其上种植柳树、绿竹等，或种植花卉，形成靓丽的河边景观和游览休闲场所。

东渠自然土坡全部改造为生态护坡，用生态袋或多孔混凝土砌块砌筑成斜坡生态河堤，在其两侧浅水带种植除污和净化能力强的水生植物，如芦苇、香蒲、荷花等；在深水区装填仿水草软性填料，以作为生物膜的载体增加水体的生物量；在某些河段安装曝气机，以便在缺氧时进行曝气增氧，使河水处于好氧环境。河渠中自然生长着鱼类、虾、蟹、螺等，也可适量放养些鱼类尤其是滤食性鱼（如鲢鱼）、草食性鱼（如草鱼、鳊鱼）和观赏性杂食性鱼（如红鲤、锦鲤）等，还有水禽，由此形成多条食物链，构成完整的河渠生态系统，对水质进行生物和生态净化，最后流入补给水净化厂处理后，使出水达到地表水环境质量Ⅳ类标准。在补给水净化厂 $1.0 \times 10^5 \, \text{m}^3/\text{d}$ 的出水中，$4 \times 10^4 \, \text{m}^3/\text{d}$ 自流进入云溪河与护城河交汇口下翻板闸的下游进入云溪河下游河段；另外 $6 \times 10^4 \, \text{m}^3/\text{d}$ 通过二次提升泵站和压力管道输送到西湖，在其中再做补充处理。为此，西湖围堤内坡在砌石护坡之上附加斜坡生态护坡，建造湖岸潜流人工湿地，湖中沿湖浅水带种植水净化植物，过渡区湖底铺垫生态石，深水区装填仿水草软性填料，安装曝气机或水景曝气设施如人工喷泉、涌泉、假山瀑布等对湖水曝气增氧，以及鱼、虾、蟹、螺、水鸟等构成的食物链生态系统，对补给水和湖水进行生态净化，使最后出水达到地表水环境质量Ⅲ～Ⅳ类标准，分别补给护城河和云溪河，流量分配取为 $4 \times 10^4 \, \text{m}^3/\text{d}$ 和 $2 \times 10^4 \, \text{m}^3/\text{d}$。

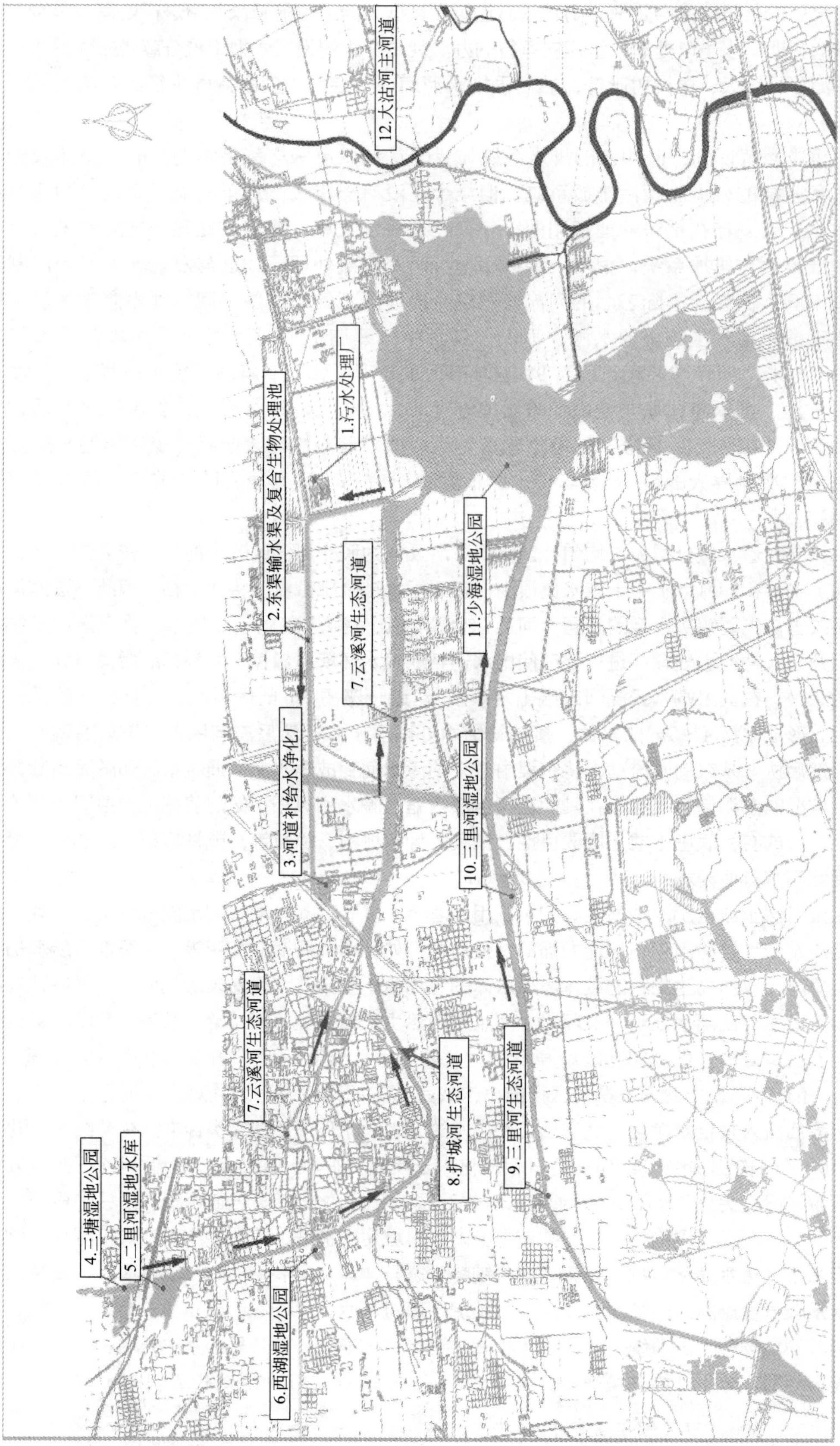
1.污水处理厂
2.东渠输水渠及复合生物处理池
3.河道补给水净化厂
4.三塘湿地公园
5.二里河湿地水库
6.西湖湿地公园
7.云溪河生态河道
7.云溪河生态河道
8.护城河生态河道
9.三里河生态河道
10.三里河湿地公园
11.少海湿地公园
12.大沽河主河道

图 16.1 胶州市河道综合整治工程系统

护城河上游二里河水库以及二里河水库支流和护城河中游的郭家庄支流，是护城河和云溪河补水的另外水源。为此，在二里河水库建造 2～3 座翻板闸，在二里河水库支流建造 2 座翻板闸，在郭家庄支流建造 4 座翻板闸。在其上、中、下游进行阶梯式拦蓄雨水径流形成河道阶梯水库，这样可以数倍甚至数十倍地增加河道的储存水量，既可使河道水体充盈丰满，显著改善河道生态与景观，也可大幅度提高河道水体的稀释和净化能力。在护城河和云溪河主河道也从上游向下游建造了多座翻板闸，形成多道阶梯式储水河段，通过拓宽水面、建造生态护坡、种植净水植物、装填生物膜载体软性填料、安装曝气机或人工喷泉等曝气增氧设施等综合治理措施形成多级河道生物-生态处理系统。此外，在河道沿岸的公园和绿地利用原有的景观水体加以扩大或完善，或者建成人工湿地（在云溪河下游和东渠沿岸的空闲土地上建造），形成河道沿岸的水体补充净化系统，既处理了河水又增添了河岸景观和游览休闲场所。

翻板闸不仅拦堵了大量河水（主要是雨水径流），使河道景观和水环境大为改善，使河道水质净化能力大幅增强，而且其溢流跌水形成瀑布也是一道靓丽的景观，其曝气增氧量也非常可观，一座 50m 宽和 4m 高的翻板闸在大流量溢流跌水曝气增氧的效果可与 8～10 台 7.5kW 的曝气机相匹比。胶州市所建的 14 座翻板闸，其溢流跌水曝气增氧相当于 70～80 台 7.5kW 曝气机的曝气增氧效果。

跟其他城市普遍的做法不同，胶州市河道补给水不是来自污水处理厂的再生水厂，而是来自河水处理后达到地表水环境质量Ⅳ类标准的水。污水处理厂二级出水作原水进行再生处理（三级或深度处理），往往需要经过昂贵和复杂的处理系统和设备如膜生物反应器（MBR）、超滤（UF）、纳滤（NF）、反渗透（RO）等才能达到地表水环境质量Ⅳ类标准。而主要由雨水径流构成的河水在设计合理与科学的河道生物生态处理系统中就能达到地表水环境质量Ⅳ类标准，因为在胶州市河道中以雨水为主的河水（尤其是云溪河下游与少海）其处理技术远比污水处理简易、经济与节能。

在胶州市具体情况下，以雨水径流为补给水源，通过翻板闸拦截蓄水，形成河道阶梯式水库或水体，通过生态护坡和河道水体生态系统的建立，可使拦蓄的河水与其周围的地下水进行交换互补，又能对河水进行生物生态深度净化，使河水保持地表水环境质量Ⅲ～Ⅳ类标准（如二里河水库、二里河水库支流）、Ⅳ类标准（如云溪河下游、少海、西湖等）或Ⅳ～Ⅴ类标准（如护城河中下游、云溪河上游、东渠等）。

胶州市河道水量增补与水质净化工程，其实质是雨洪利用和生态净化工程。胶州市年均降水量 695.6mm，雨水资源较充沛，可供收集与利用。翻板闸拦蓄雨水径流是雨水利用增补河水流量的经济有效措施，而河道生态处理系统，以太阳能作为初始能源，推动生态处理系统运行，是河水净化达标的最经济、节能和实现河水处理资源化的处理设施，胶州市年平均日照时数为 2573h，比南方许多城市在 2000h 左右要长，而且气温适宜，年均气温 12℃，年均风速 4.1m/s。这些气象条件都有利于生态处理系统的运行并可获得良好的河水净化效果。

胶州市河水补给水处理厂（处理规模 $1.0 \times 10^5 m^3/d$）的基建投资估算为 2324.5 万元，仅为相同规模污水处理与再生水厂基建投资的 1/10；运行成本和直接运行费分别为 0.24 元/m^3 处理水和 0.19 元/m^3 处理水，约为污水处理与再生厂运行费的 1/10。而河水生态处理的运行费仅为 0.02 元/m^3 处理河水。

16.2　胶州市城区河道截污与处理系统

16.2.1　建设背景

胶州市位于山东半岛西南部，胶州湾西岸，是青岛向半岛内陆辐射的桥梁和纽带，是青岛市重要的加工制造业基地。相对于经济的飞速发展，胶州市市政基础设施的建设则显得相对落后。一方面工业园区的不断建设，导致污水量不断增加；另一方面，由于排水系统不完善，大量污水无法收集至污水处理厂，只能通过暗渠或自建管道排入市区河道，不仅对城市的水体造成污染，也对下游大沽河及胶州湾的水环境造成污染。

16.2.2　工程建设范围

工程建设范围包括云溪河、护城河及市东渠三条河道沿线的污水、雨水管道。

16.2.3　工程建设内容

本设计方案主要内容包括城区河道的截污工程，沿河雨水排放口的整治以及排河管道、暗渠排放口的改造。

沿护城河、云溪河两侧及市东渠南侧，有排污口的河段铺设截污管道，将沿线的旱流污水经截污管道收集后接入现状市东渠污水主干管和扬州路污水主干管，最后送至污水处理厂进行处理，最大程度地减少排入城区河道的污水量。

同时，为了和景观环境相协调，降低河道整治后的管理费用，本次设计中尽可能减少接入河道的雨水管道、暗渠的数量。将沿河的雨水口串联后分段接入河道，并在入河处设置鸭嘴阀或单向阀，防止河道景观水倒灌。这样不仅可以有效防止河道景观水倒灌进入截污管道，又可以美化环境，减少运行管理费用。

16.2.4　主要研究结论

在护城河和云溪河两岸铺设截污管道，将沿岸污水进行收集，可以解决河道水质污染问题。

将河道沿线雨水口串联，分段集中接入河道，并设置鸭嘴阀或单向阀，一方面有效地杜绝了混流管渠内污水进入河道的可能，另一方面也有效防止河水倒灌，同时方便运行管理，与景观环境相协调。

16.2.5　城区排水及河道现状分析

16.2.5.1　现状污水系统

本工程之前，胶州市已建有四条污水主干管（市东渠污水主干管、扬州路污水主干管、新城区污水主干管及大沽河污水主干管）和两座污水处理厂、一座污水泵站。

其中与本工程相关的污水主干管有市东渠污水主干管和扬州路污水主干管，其情况如下。

(1)市东渠污水主干管

该污水主干管西延至杭州路。其中小珠桥至福州支路段敷设在河底，该污水主干管跨过胶黄铁路后，沿市东渠北侧向东接入污水处理厂。该管道管径为 $DN1000\sim1200$，主要收集来自于沿云溪河两岸、胶州路、杭州路、兰州路、温州路、福州路周边的生活污水和工业废水。

(2)扬州路污水主干管

始于扬州路与朱诸路交叉口处，沿扬州路向东跨海尔大道并在此处收集云溪河暗渠污水后沿云溪河北岸至市东渠向北接入污水处理厂。扬州路管道长 12000m，管径为 $DN400\sim1200$，该管道主要收集沿扬州路和南关工业园的生活和生产污水，污水量估测为 $5000m^3/d$。

中心城区内除污水主干管外，单独的污水管道较少，大部分为雨污合流。单独铺设有污水管道的主要道路有徐州路、泸州路、泉州路、海尔大道、胶州路和杭州路等。

16.2.5.2　现状污水处理厂

胶州市城市污水处理厂，位于跃进河东侧，是胶州市主要的污水集中处理厂站，由中科成环保集团股份有限公司采用 BOT 方式建设，于 2004 年 3 月正式投入运营，采用工艺为 A^2O，现为一期工程，日处理规模为 $5\times10^4t/d$，目前二期已建成运行，规模达到 $1.0\times10^5m^3/d$。出水 SS、BOD_5、COD、TN、NH_3-N 5 项水质指标均达到 GB 18918—2002 的一级 B 标准。

现状污水处理厂已经接近满负荷运转，截污管道实施后会有更多的污水被输送至现状污水处理厂。污水处理厂厂景及附近东渠治理后效果分别如图 16.2、图 16.3 所示。

图 16.2　胶州市城市污水处理厂

图 16.3　污水处理厂附近东渠治理后效果

16.2.5.3　城区河道现状

胶州城区有四条主要河流，分别为云溪河、护城河、三里河和市东渠，简称"三河一渠"。与本工程有关的河流有云溪河、护城河和市东渠。

(1)云溪河

云溪河是胶州老城的中心，是胶州主要的商业聚集地。西湖公园到少海滞洪区的河流长度约为 7587m，现状河道宽度为 11～101m。由于流域内生活、生产污水的排放以及沿岸生活垃坂的倾倒等原因，现状河道污染严重，水质为劣Ⅴ类。云溪河两侧各有一条雨污混流暗渠，在河道沿线有多处溢流口。由于沿河暗渠都年久失修，渠内淤积严重，每逢暴雨都会有大量污水、淤泥进入河道，对河道污染严重。如图16.4、图16.5所示。

图 16.4 云溪河鸡蛋市街段治理前情况

图 16.5 云溪河沿线倾倒的生活垃圾

(2)护城河

护城河是云溪河的一条支流，从胶州城穿过，总长约 6877m，平均水面坡降为 0.00114（约为 1.14m/km），现状河道宽度为 12～56m。

河道沿线有多处排污口，大量生活、生产污水直接排放至河道，加上沿岸生活垃圾的倾倒等原因，现状河道水质污染严重，水质为劣Ⅴ类。另外，部分河段淤积比较严重，河道中甚至还开垦了菜园，严重影响了河道的泄洪能力。如图16.6、图16.7所示。

图 16.6 护城河兰州路上游段河道现状

图 16.7 护城河常州路上游段河道现状

(3)市东渠

市东渠位于城区东部，胶州东部工业园内，向东流入少海滞洪区。市东渠全长约 4640m，河道断面较为规则，宽度为 25～70m 左右。由于生活污水和工业废水直接排入河道中，现状河道水质很差，基本上是一条污水河。此外，现场调查还发现河道中有大量的垃圾。自西向东，有温州路暗渠、泉州路暗渠、潮州路暗渠、海尔大道暗渠等混流暗渠接入市东渠。虽然，市东渠北侧有污水主干管，但由于现状暗渠均为雨污混流，雨天流量较大，接入污水主干管容易造成其破坏。所以，该污水主干管目前未能实现截留沿线污水的作用（见图16.8、图16.9）。

图 16.8　市东渠扬州支路段河道现状　　　　图 16.9　市东渠海尔大道东侧段河道现状

16.2.5.4　河道现状问题分析

由于老城区管渠大部分为雨污合流，大量污水排至城区河道，严重污染了城市的水环境，影响了周围居民的生活。同时，河流沿线大量生活垃圾的倒入进一步降低了河道水质，造成河道淤积严重，影响河道行洪能力。老城区部分居住区现状还有很多明沟，由于雨污水混流，且常年无人清理，沟内淤堵严重，不仅降低了沟渠的排水能力，也影响了老城区的整体形象（见图 16.10、图 16.11）。

图 16.10　受污染的护城河河水　　　　　　图 16.11　市东渠河道现状

16.2.5.5　现状河道沿岸排污现状

胶州市自来水日均供水量为 $4.4 \times 10^4 \mathrm{m}^3$，另加自备水井约 $2.0 \times 10^4 \mathrm{m}^3/\mathrm{d}$，胶州市单日总供水量约 $6.4 \times 10^4 \mathrm{m}^3$。按 0.8 的平均折污系数计算，污水量为 $5.12 \times 10^4 \mathrm{m}^3/\mathrm{d}$。但污水处理厂日均处理污水为 $4.6 \times 10^4 \mathrm{m}^3$，小于污水总量，这表明部分污水未经收集后集中处理，而直接排入城区河道。

经普查，胶州城区河道沿线目前共有 142 个现状污水排放口。其中部分排污口已经接入城市污水管网或通过暗渠直接输送到城市污水处理厂，但大部分排污口直接接入河道，对河道水环境造成了严重的污染。

(1)市区河道主要排污口现状

护城河上共有 61 个现状排污口，云溪河上共有 22 个现状排污口，市东渠上共有 19 个现状排污口。两河一渠排污口合计为 102 个。

(2)主要现状排污口分析

1)护城河　护城河沿线的污水来源主要有北部的中铁物流工业园、中云工业园、西部商场以及河道沿线的生活污水。受地势影响，河道右岸排污口较多，包括工业园区的工业污水、生活污水；左岸排污口较少，雨水排放口较多（图16.12～图16.14）。

图16.12　云溪河、护城河排污口分布

图16.13　西湖公园西侧排污口

图16.14　墨源河盖板暗渠入河口

2)云溪河　云溪河沿线主要居住小区和单位主要有实验小学、郭家庄小区、德顺印刷厂、印刷厂小区、市中小区、青岛奥特电子元件公司、福寿小区、胶州市工业品公司、水产贸易公司、新世纪购物中心、财富中心、钱市街小区、比华丽公寓、水寨花园、云溪新村、胶州市发电设备厂、妇幼保健院等。

云溪河两岸各有一条雨污混流的暗渠，在河道沿线有多处溢流口。由于沿河暗渠年久失修，淤积严重，每逢大雨雨水携带着大量的污染物排入河道，造成河道的严重污染。此外，沿河有很多雨污混流的管道、暗渠直接接入河道。主要排污口的位置见图16.15。

其中云溪河支流暗渠主要收集来自于杭州路和高州路两侧生活污水及化肥厂、农药厂的生产污水。目前已经接入云溪河暗渠，但云溪河支流暗渠与云溪河暗渠接口处存在溢漏，需要进一步整修。各排污口实景如图16.16～图16.19所示。

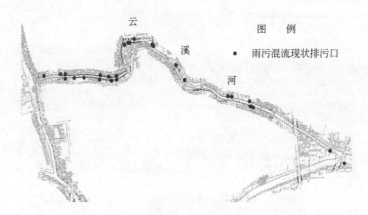

图 16.15　云溪河沿线主要排污口分布示意

图 16.16　杭州路桥东侧右岸排污口

图 16.17　云溪桥上游排污口

图 16.18　云溪河支流暗渠

图 16.19　农场东围墙至海尔大道排污暗渠

3)市东渠　市东渠位于城区东部,胶州东部工业园内,河道沿线多为工业企业,大量的生产污水排入河道,使得市东渠实为一条污水河。市东渠沿线主要排污口分布见图 16.20～图 16.24。

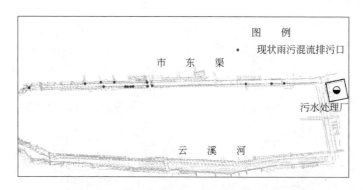

图 16. 20　市东渠沿线主要排污口分布示意

图 16. 21　泉州路暗渠排污口现状

图 16. 22　潮州路暗渠排污口现状

图 16. 23　温州路暗渠排污口现状

图 16. 24　海尔大道暗渠排污口现状

主要暗渠情况如下所述。

①泉州路暗渠。该暗渠主要收集来自于泉州路两侧的生产和生活污水，污水量估测为 $500\mathrm{m}^3/\mathrm{d}$。

②潮州路暗渠。该暗渠主要收集来自于潮州路两侧的生产和生活污水，污水量估测为 $200\mathrm{m}^3/\mathrm{d}$。

③温州路暗渠。该暗渠主要收集来自于沿温州路的生产和生活污水，污水量估测为

$1000m^3/d$。以上排污暗渠均可以接入市东渠污水主干管。

④ 海尔大道市东渠桥东北侧暗渠。该暗渠主要收集来自于沿海尔大道及东部工业园区的生产和生活污水，污水量估测为$2000m^3/d$。

16.2.5.6　排污口现状分析

(1)多数排污口的旱流污水不能被收集

多数排污口周围没有现状污水管道，旱流污水不能被有效收集，送至污水处理厂。如护城河右岸多数排污口不能被有效收集。

解决措施：沿河铺设截污管道，收集各排污口旱流污水。

(2)排污管渠流量过大，难以接入现状污水管道

由于现状管渠多数为雨污混流，雨天流量过大，接入现状污水干管容易造成污水管道的破坏，导致河道沿线的很多混流管渠并未接入现状污水管道。例如，市东渠左岸的温州路暗渠、海尔大道暗渠等。

解决措施：设置溢流井，截留旱流污水，雨天时混流雨污水溢流至河道。大量雨水可以有效稀释混流的污水，虽然有部分污水进入河道，但不会对河道造成严重污染。同时，溢流井内设置的截污管道可以有效控制进入污水干管中的水量，不至于造成污水干管的冲刷。

(3)河道沿线排污口过多，降低了河道沿线的景观性

对河道进行综合整治后，河道内要蓄水，若不对各排污口采取有效措施，容易造成景观蓄水的倒灌，加大了截污管道和污水处理厂的负荷，同时也造成景观水的浪费。若对每个排污口都采取防倒灌措施，势必会增加投资和管理费用，同时也不美观。

解决措施：将沿河排污口进行串联，分段接入河道，接入河道前设置沉砂池，并收集旱流污水至截污管道，入河口设翻板闸或鸭嘴阀，防止景观蓄水倒灌。这样既可以减少鸭嘴阀或单向阀的数量，减少运行管理费用，又可以增强景观性能。

16.2.6　城区河道截污工程方案设计

16.2.6.1　截污管道设计

(1)护城河截污管道设计

1)二里河水库至胶州西路段　该段污水来源主要为西侧中云工业园区以及河道沿线的生活污水。受地势影响排污口主要分布在河道西侧，其中胶州西路桥下暗渠污水量较大。

在该河段右岸铺设一条截污管道，汇水面积约$5.6hm^2$，计算污水量为$7.83L/s$，设计管径为$DN400$，管道长度$265m$。截留污水接入胶州西路现状$DN1000$污水管道。河道左岸为一公园，没有排污管道，仅在靠近胶州西路桥处有一雨水暗渠。因此，该段左岸不设截污管道（图16.25）。

2)胶州西路至西湖公园段　在胶州西路至兰州路段的护城河两岸分别铺设截污管道。西侧截污管道主要收集中云工业园及西部商贸区的生活污水和生产污水，主要排污口有二里河村排水明沟，西郊新村雨污混流管道、兰州路桥北侧排污暗渠和管道等。汇水面积约$41.5hm^2$，计算污水量为$46.52L/s$，设计管径为$DN400\sim500$。该段截污管道接入兰州路规划污水管道，在实施本段截污管道时建议同时实施市东渠污水主干管兰州路段。

东侧截污管道主要收集龙州路沿线少量的生活污水。汇水面积约$4.8hm^2$，计算污水量$6.82L/s$，设计管径为$DN400$。该段截污管道接入规划兰州路污水管道。

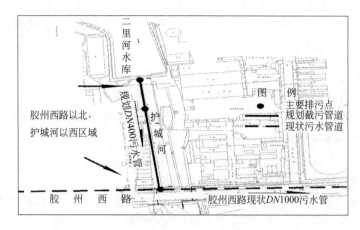

图 16.25　护城河二里河水库至胶州西路段截污管道示意

　　另外，西湖公园东西两侧各有两个排污口，东侧两个排污口接入护城河，污水来源可能为附近小区的生活污水。西侧两条明沟接入西湖公园，污水来源为中云工业园和西部商贸区，其中西湖中学后的明沟内污水量较大，在西湖丽景小区东西两侧的路上分别铺设截污管道，向北接入兰州路规划污水管道。管径分别为 $DN400$ 和 $DN500$（图 16.26）。

图 16.26　护城河胶州西路至西湖公园段两岸截污管道示意

　　3）西湖公园至广州路段　该段河道左岸多为新建小区，受地势影响，左岸居住小区的生活污水大多接入泸州路现状污水管道和现状暗渠，几乎没有污水接入护城河，仅有道路雨水接入河道。因此，在该段河道左岸不铺设截污管道，仅对沿河的雨水管道进行串联，分段接入护城河。右岸污水主要来自中云工业园及西部商贸区的生产污水和生活污水，以及河道右岸沿线的居民生活污水。其中西侧河岔口污水量较大，另外杭州路、广州路也有部分污水接入护城河。

　　西湖公园至河岔口段汇水面积约 $30.5hm^2$，计算污水量为 $32.36L/s$，设计管径为 $DN500$。

河岔口截污管道汇水面积约 36.9hm²，计算污水流量为 36.52L/s，设计管径为 $DN500$。河岔口至广州路段汇水面积约 38.9hm²，计算污水量为 104.84L/s，设计管径为 $DN600$（图 16.27）。

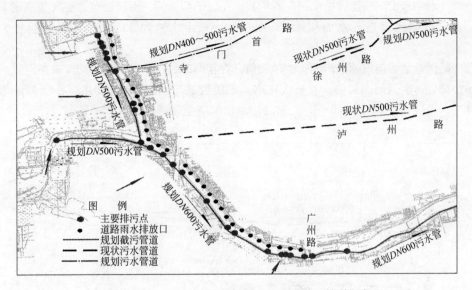

图 16.27 护城河西湖公园至广州路段截污管道示意

4）广州路至扬州路段　受地势影响，护城河的广州路至扬州路段仅有一处主要排污口——福州路东侧的墨源河排污口。因此，仅在福州路至扬州支路段铺设截污管道，在现状扬州支路桥西侧跨河汇合了云溪河左岸截留污水后，跨河接入护城河右岸截污管道。该段管道汇水面积约 12.0hm²，计算污水量 46.72L/s，设计管径为 $DN500$。右岸排污口主要有广州路排污口、常州路排污口、福州路排污口等。该段汇水面积约 50.9hm²，计算污水量为 149.71L/s，设计管径为 $DN600\sim800$。该截污管道在扬州支路桥西侧汇集了左岸污水后沿规划路接入扬州路污水主干管（图 16.28）。

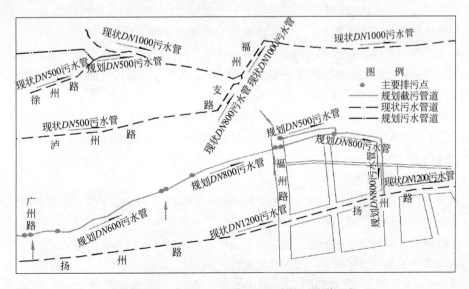

图 16.28 护城河广州路至扬州路截污管道示意

(2)云溪河截污管道设计

1)西湖公园至太平街段 该段河道两侧均设置截污管道，左岸截污管道始自实验小学西侧的排污口，沿中云街向东跨过杭州路，收纳福寿小区的污水后，沿河道向北接入兰州路现状污水管道。该段截污管道汇水面积约 18.7hm²，计算污水量为 22.88L/s，设计管径为 DN400～500。

右岸截污管道始自杭州路桥西侧的暗渠口，在德顺印刷厂东侧拐至沿河管理路，至广州路西侧停车场处再次沿河道铺设，直至太平街。该段管道汇水面积约 24.4hm²，计算污水量为 30.16L/s，设计管径为 DN400～500（图 16.29）。

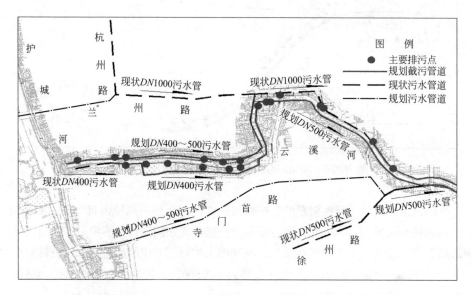

图 16.29 云溪河西湖公园至太平街段截污管道示意

2)太平街至扬州支路段 云溪河太平街至福州支路段河道中有现状 DN1000 污水管道，河底清淤后该管道基本全部露出河底，不仅影响河道景观也对行洪造成影响。本次结合河道综合治理，将该段污水管道迁移至左岸，保留原管径 DN1000 不变。

河道左岸福州支路至福州路段为绿地，没有排污口，不设截污管道。福州路东侧有宏利汽修厂、发电设备厂、妇幼保健院和华光电缆厂等单位，需要设置截污管道。该段管道汇水面积约 5.6hm²，计算污水量为 7.83L/s，设计管径为 DN400。

右岸截污管道接入福州支路现状污水管道，沿线有云溪新村等居民小区。汇水面积约 12.2hm²，计算污水量为 100.68L/s，设计管径为 DN600。福州路东侧段没有排污口，右岸无需铺设截污管道（图 16.30）。

(3)市东渠截污管道设计

1)扬州支路至海尔大道段 该段河道北侧有现状 DN1200 污水主干管，但很多排污暗渠并未接入该污水主干管，如温州路污水暗渠。泉州路污水暗渠等。主要原因是这些暗渠都为雨污混流，全部接入市东渠污水主干管可能造成其破坏。本截污工程仅需对这些暗渠进行改造，将旱流污水接入市东渠污水主干管，雨天将雨水排入河道。

河道南岸海尔大道至海尔大道西 600m 处共有 7 个排污口，汇水面积 81.7hm²，计算污水量为 38.59L/s，设计管径为 DN500。该截污管道在海尔大道东侧接入市东渠污水主干管（图 16.31）。

图 16. 30　云溪河太平街至扬州支路段截污管道示意

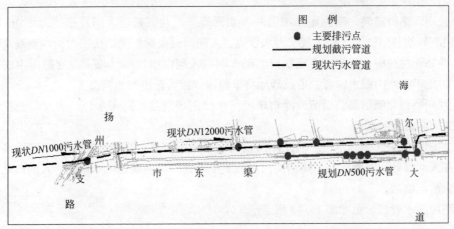

图 16. 31　市东渠扬州路至海尔大道段截污管道示意

2)海尔大道至跃进河段　该段河道北岸没有排污口，南岸在株洲路与柳州路之间有 3 个排污口，主要为南岸沿线企业的生产污水。汇水面积为 34.5hm²，计算污水量为 71.48L/s，设计管径为 DN500。该截污管道跨过跃进河后接入市东渠污水主干管（图 16.32）。

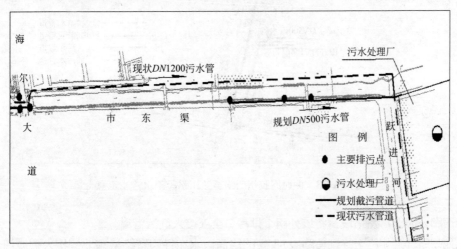

图 16. 32　市东渠海尔大道至跃进河段截污管道示意

16.2.6.2 雨水管道设计

铺设截污管道后，可以有效截留旱流污水。但在雨天雨污混流的管道和暗渠内会产生较大径流，不可能将全部雨水截留送至污水处理厂处理，大量雨水携带少量污水必定要排入河道。因此，在排污口处必须设置溢流口使得大部分雨水能顺利排入河道。

同时，对城区河道进行综合整治后河道要进行蓄水，很多现状排污口都将淹没在景观水面线以下，若不采取适当措施，将会有大量的河道景观水倒灌入截污管道，加大了污水处理厂的负荷，也造成了河道景观水的流失。因次，建议在较小排污口上设置鸭嘴阀，在较大排污暗渠上设置电动翻板闸，防止河水倒灌。但若在每个排污口都设置鸭嘴阀或翻板闸，不仅管理麻烦，而且景观性差。因此，本次设计对小的排污口进行串联，分段接入河道既可以降低平时的运行管理费用，又可以增强景观性能。

(1)护城河沿线雨水管道设计

1)胶州西路至兰州路段

① 胶州西路桥暗渠。南侧雨水渠道并入北侧暗渠，北侧暗渠入河段翻建为3.0m×1.8m暗渠，设沉砂池将旱流污水接入现状污水管道，入河口设置翻板闸防止平时河内景观水倒灌。

② 西郊新村后排水明沟。在现状自然雨水明沟入河口设置刚性坝，高度超出平时蓄水面0.2m，防止平时河内蓄水倒灌，设沉砂池将旱流污水接入新设污水管。

③ 兰州桥西北侧暗渠。设沉砂池将旱流污水接入规划兰州路污水管，入河口设置翻板闸防止平时河内蓄水倒灌。

④ 兰州路桥东北侧雨水口。沿龙州路设置雨水截留管道，至兰州路桥东北侧处接入护城河，并在入河口处设置截流井，将初期雨水截流接入寺门首路规划污水管道。入河口处设置鸭嘴阀防止蓄水倒灌。

该路段雨水管道示意如图16.33所示。

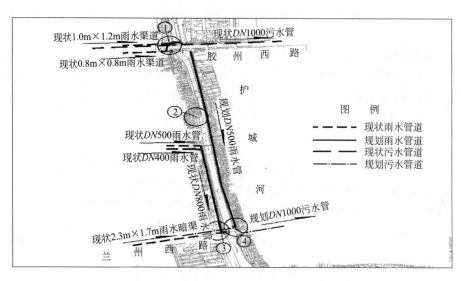

图16.33 护城河胶州西路至兰州路段雨水管道示意

2)西湖公园至广州路段　将该处两个排污口全部接入截污管道。

沿龙州路（兰州路至寺门首路段）收集的路面雨水在寺门首路桥东北侧接入护城河。在接入河道前设置截流井，将初期雨水截流接入寺门首路规划污水管道，入河口设置鸭嘴阀防止蓄水倒灌。该段管道汇水面积为 0.49hm²，计算雨水量为 95.6L/s，设计管径 DN400。

在河岔口拐弯处设沉砂池，将河道内旱流污水接入本次新设污水管道，入河口设置翻板闸防止平时河内蓄水倒灌，宽度根据防洪规划确定。

在杭州路桥西侧设沉砂池将旱流污水接入本次新设污水管道，入河口设置翻板闸防止平时河内蓄水倒灌，路东侧排污口接入西侧暗渠。按照排水规划，将入河段翻建为 3.0m×1.8m 暗渠。

沿龙州路（寺门首路至广州路段）收集的路面雨水在广州路桥西北侧接入护城河。在接入河道前设置截流井，将初期雨水截流通过穿河管道接入南岸规划截污管道，入河口设置鸭嘴阀防止蓄水倒灌。该段管道汇水面积为 0.97hm²，计算雨水量为 189.3L/s，设计管径 DN400～500。

将广州路桥西侧 DN600 现状管道汇入东侧 DN800 管道。排入河前设沉砂池将旱流污水接入本次新设截污管道，入河口设置翻板闸防止平时河内蓄水倒灌。按照排水规划，入河段翻建为 2.0m×1.8m 暗渠（图 16.34）。

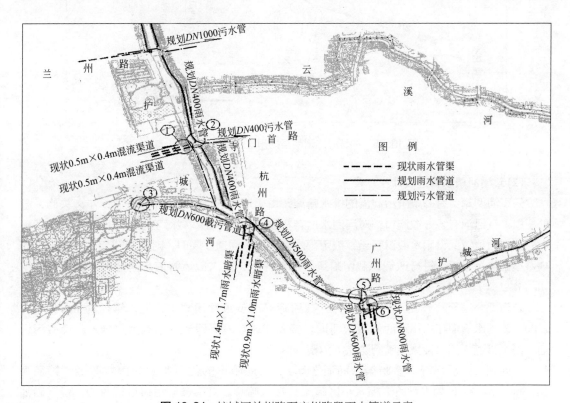

图 16.34 护城河兰州路至广州路段雨水管道示意

3）广州路至扬州支路段 将常州路东侧 DN500 排污管道接入西侧 DN1200 排污管道，接入河道前设沉砂池，将旱流污水接入本次新设截污管道。按照排水规划，入河段翻建为 3.0m×1.8m 暗渠，入河口设置翻板闸防止平时河内蓄水倒灌。沿龙州路（广州路至福州路段）收集的路面雨水在福州路桥西北侧接入护城河。在接入河道前设置截流井，将初期雨水截流接入截污管道在北岸的支管，入河口设置鸭嘴阀防止蓄水倒灌。该段管道汇水面积为 1.05hm²，计算雨水量为 192.9L/s，设计管径 DN400～500。

福州路东侧现状 $DN800$ 排水管道接入西侧 $2.2m×0.9m$ 暗渠，入河段翻建为 $DN1500$ 管道。接入河道前设沉砂池将旱流污水接入新设截污管道，入河口设置鸭嘴阀防止平时河内蓄水倒灌。将扬州支路西侧现状 $DN800$ 排水管道接入东侧排水管道，并将入河段管道翻建为 $DN1200$。接入河道前设沉砂池将旱流污水接入本次新设截污管道，入河口设置鸭嘴阀防止平时河内蓄水倒灌（图 16.35）。

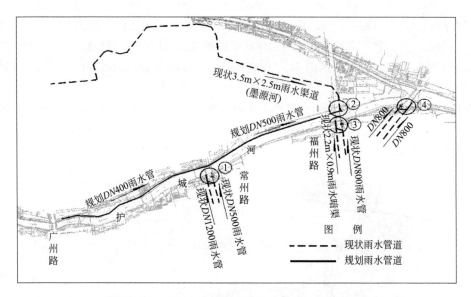

图 16.35　护城河广州路至扬州支路段雨水管道示意

(2)云溪河雨水管道设计

云溪河两岸各有一条雨污混流的排水暗渠，由于这两条暗渠修建年代较早，年久失修，淤积严重，且沿河有多处溢流口，对河道水质存在较大威胁。在本截污工程中建议废除这两条暗渠，并在原位置铺设雨水截留管道，截留雨水分段接入河道。同时，对沿河较大的排污口，如福寿小区排污暗渠，进行改造，截留暗渠的旱流污水，接入截污管道后送至污水处理厂（图 16.36）。

1)西湖公园至广州路（河道右岸）　在原暗渠的位置翻建雨水管道，管径为 $DN1000～1500$，该雨水管道在广州路西侧接入河道。接入河道前设沉砂池将旱流污水接入新设截污管道。雨水管道入河口设置鸭嘴阀防止河内蓄水倒灌。

2)西湖公园至福寿小区暗渠（河道左岸）　在原暗渠的位置翻建为雨水管道，管径为 $DN600～1000$，该雨水管道至福寿小区暗渠处接入暗渠。对暗渠排污口进行改造，设沉砂池将旱流污水接入新设截污管道，入河口设置翻板闸防止平时河内蓄水倒灌。

3)福寿小区至兰州西路（河道左岸）　设 $DN600$ 雨水管道，接入兰州路南侧现状 $DN1000$ 雨水管道。对胜利桥北侧的排污口进行改造，将广州路东侧 $DN1000$ 雨水管道接入西侧 $2.4m×1.0m$ 雨水暗渠。同时设沉砂池将旱流污水接入兰州路污水管道，入河口设置翻板闸防止平时河内蓄水倒灌。根据排水规划，将入河段暗渠翻建为 $2.0m×1.8m$。

4)太平街东侧暗渠改造（河道左岸）　将太平街两侧雨水管道/暗渠串联，接入路东侧 $3.5m×1.6m$ 暗渠，并对暗渠接河口进行改造。设沉砂池将旱流污水接入左岸现状污水管道，入河口设置翻板闸防止平时河内蓄水倒灌。

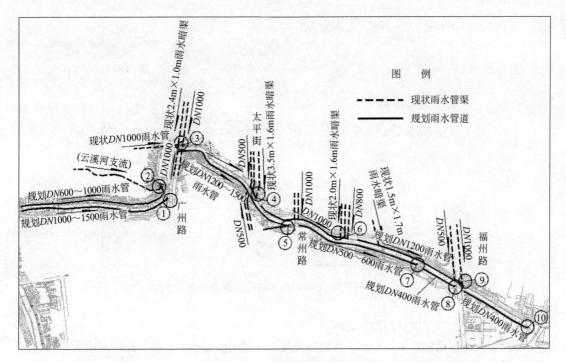

图 16.36 云溪河雨水管道示意

5) 广州路至常州路段（河道右岸） 在原暗渠的位置串联广州路—太平街—常州路沿线的雨水管道，在云溪桥西侧接入云溪河。根据汇水面积确定管径为 $DN1200\sim1500$。接入河道前设沉砂池将旱流污水接入新设截污管道，入河口设置鸭嘴阀防止平时河内蓄水倒灌。

6) 太平街至云溪新村（河道左岸） 在原暗渠的位置串联沿线的雨水排污口，至云溪新村北岸 2.0m×1.6m 雨水暗渠处接入云溪河。规划雨水管道管径为 $DN1000$，接入河道前设沉砂池，将旱流污水接入新设截污管道中。入河口设置翻板闸防止平时河内蓄水倒灌。

7) 常州路至福州支路段（河道右岸） 铺设 $DN500\sim600$ 雨水管道，至福州支路桥西侧接入云溪河。接入河道前设沉砂池将旱流污水接入福州支路现状污水管道内，入河口设置鸭嘴阀防止平时河内蓄水倒灌。

8) 福州支路至福州路段（河道右岸） 铺设 $DN400$ 雨水管道，至福州路桥西侧接入云溪河。入河口设置鸭嘴阀防止平时河内蓄水倒灌。

9) 云溪新村至福州路段（河道左岸） 在原暗渠的位置串联沿线的雨水排污口，至福州路东侧现状 $DN1000$ 雨水管道处接入河道，并将排河处管径改为 $DN1500$，新铺设管道管径为 $DN1200$。设沉砂池将旱流污水接入新设截污管道，入河口设置鸭嘴阀防止平时河内蓄水倒灌。

10) 福州路至扬州支路段（河道右岸） 铺设 $DN400$ 雨水管道，至福州支路桥西侧接入云溪河。接入河道前设沉砂池将旱流污水接入新设截污管道内，入河口设置鸭嘴阀防止平时河内蓄水倒灌。

(3) 市东渠雨水暗渠口改造

如图 16.37 所示。

1) 温州路雨水暗渠 在扬州支路西侧设沉砂池将旱流污水接入市东渠北侧现状污水管，入

图 16.37　市东渠雨水暗渠口改造示意

河口设置翻板闸防止平时河内蓄水倒灌。

2) 海尔大道桥北侧暗渠口改造　在该暗渠接入河道前设沉砂池，将旱流污水接入市东渠污水主干管，入河口设置翻板闸防止平时河内蓄水倒灌。

3) 海尔大道桥南侧排污口改造　将路西侧 0.9m×1.1m 暗渠接入路东侧现状 DN800 雨水管道，并将排河段管径改为 DN1200。设沉砂池将旱流污水接入新设污水管，入河口设置鸭嘴阀防止平时河内蓄水倒灌（图 16.38）。

图 16.38　东渠海尔大道桥附近截污工程效果

16.2.7　问题与建议

(1) 存在问题

目前大部分工业园区尚没有合理的排水规划，其污水排放非常随意，不仅打乱了城市截污工程的建设计划，也对周边河道水系带来了污染。

胶州市城市污水处理厂现状规模为 $5 \times 10^4 \, m^3/d$，目前已经基本满负荷运转。随着本截污工程的展开，其进厂污水量进一步增加，势必造成部分污水未经处理就直接排放的问题。

胶州老城区雨污混流的问题依然严重，虽然一些市政路上已经实现了雨污分流，但大量的工业区、小区以及企业单位等内部尚未实现雨污分流。这种情况如不尽早解决，还将持续地对胶州市的水系环境带来污染。

(2)几点建议

建议编制工业园区排水规划，加强对工业园区排水的监管，从规划、审批、建设、施工验收多方面进行控制，避免其园区污水偷排、乱接等问题。

建议加快实施污水处理厂二期扩建工程，尽可能使所有收集的污水都能经过处理，达标后排放，减少对下游大沽河的污染。

建议市财政增加对排水管道清淤、维护费用的投入，使排水管道能真正发挥其功能。

建议尽快实施兰州路污水主干管（杭州路-中云工业园段），以完善胶州路以南，扬州路以北，护城河以西区域的排水主干管系统。

16.3　胶州市东渠生物-生态复合处理系统

16.3.1　东渠基本情况

东渠，原称"污水河"，是名副其实的污水排放沟。现在在该河南岸沿河铺设了污水截流干管，将全部污水约 $1.5 \times 10^4 \, m^3/d$ 截流于该干管中并输送到其东部的城市污水处理厂集中处理，而雨水径流则仍然通过雨水管道直接排入该河渠中。另外，仍然会有些分散的工业废水、生活污水排入其中。因此，这条河渠无论是旱季还是雨季都不是洁净的，尤其是雨季，雨水径流的污染是相当严重的，而且在降雨季节偷排污水现象也很严重。

此外，由于胶州市几条主要河道如云溪河、护城河和三里河，其水量严重匮缺，旱季时一些河段干枯见底，或芦苇满河，或淤泥突出水面，大煞风景（图16.39）。为此急需向这些河道输送补给水，以改善严重缺水的局面。计划从云溪河末端在少海入口之前设置泵站提升云溪河末端的河水送到东渠进行水质净化，相应建造补给水水质净化工程，并要求其最后出水达到《地表水环境质量标准》（GB 3838—2002）的Ⅳ类标准。其主要水质指标为：$DO \geqslant 3mg/L$，高锰酸钾指数 $\leqslant 10mg/L$，化学需氧量（COD_{Cr}）$\leqslant 30mg/L$，生化需氧量（BOD_5）$\leqslant 6mg/L$，$TN \leqslant 1.5mg/L$，NH_3-N$\leqslant 1.5mg/L$，$TP \leqslant 0.3mg/L$（湖泊、水库 $\leqslant 0.1mg/L$，详见表16.1）。胶州市河道、湖泊和水库的取样水质分析结果示于表16.2。从表16.2看出，一些河道污染相当严重，如护城河中下游、西湖、云溪河中游，$COD \, 75 \sim 134mg/L$，$TN \, 45.9 \sim 59.7mg/L$，NH_3-N $29.8 \sim 38.9mg/L$，$TP \, 3.41 \sim 4.89mg/L$。而云溪河末端少海入口和少海的南湖、北湖的水质则要好得多：$COD \, 30 \sim 41mg/L$，$TN \, 1.61 \sim 4.65mg/L$，NH_3-N $0.21 \sim 1.37mg/L$，TP $0.04 \sim 0.20mg/L$。

图 16.39　东渠整治前河道污染情况

⊡ 表 16.1　地表水环境质量标准基本项目标准限值　　　　　　　　　　　　单位：mg/L

序号	类别指标项目		I 类	II 类	III 类	IV 类	V 类
1	水温/℃		人为造成的环境水温变化应限制在：周平均最大温升≤1，周平均最大温降≤2				
2	pH 值(无量纲)		6～9				
3	溶解氧	≥	饱和率90% (或 7.5)	6	5	3	2
4	高锰酸盐指数	≤	2	4	6	10	15
5	化学需氧量(COD)	≤	15	15	20	30	40
6	五日生化需氧量(BOD_5)	≤	3	3	4	6	10
7	氨氮(NH_3-N)	≤	0.15	0.5	1.0	1.5	2.0
8	总磷(以 P 计)	≤	0.02 (湖、库 0.01)	0.1 (湖、库 0.025)	0.2 (湖、库 0.05)	0.3 (湖、库 0.1)	0.4 (湖、库 0.2)
9	总氮(湖、库,以 N 计)	≤	0.2	0.5	1.0	1.5	2.0
10	铜	≤	0.01	1.0	1.0	1.0	1.0
11	锌	≤	0.05	1.0	1.0	2.0	2.0
12	氟化物(以 F^- 计)	≤	1.0	1.0	1.0	1.5	1.5
13	硒	≤	0.01	0.01	0.01	0.02	0.02
14	砷	≤	0.05	0.05	0.05	0.1	0.1
15	汞	≤	0.00005	0.00005	0.0001	0.001	0.001
16	镉	≤	0.001	0.005	0.005	0.005	0.01
17	铬(六价)	≤	0.01	0.05	0.05	0.05	0.1
18	铅	≤	0.01	0.01	0.05	0.05	0.1
19	氰化物	≤	0.005	0.05	0.2	0.2	0.2
20	挥发酚	≤	0.002	0.002	0.005	0.01	0.1
21	石油类	≤	0.05	0.05	0.05	0.5	1.0
22	阴离子表面活性剂	≤	0.2	0.2	0.2	0.3	0.3
23	硫化物	≤	0.05	0.1	0.2	0.5	1.0
24	粪大肠菌群/(个/L)	≤	200	2000	10000	20000	40000

⊡ 表 16.2　"三河"水样监测结果汇总表　　　　单位：mg/L，pH 值除外

序号	采样点位	pH值	总硬度	总氮	总磷	COD	氨氮	氟化物	氯化物	硝酸盐	硫酸盐	亚硝酸盐	总铜	总锌	总铬	总镍
1	二里河水库	7.10	—	5.52	0.08	56	2.16	0.575	249	1.52	152	0.021	—	—	—	—
2	二里河水库支流	7.20	—	1.69	0.05	60	0.547	0.436	66.9	0.582	119	0.024	—	—	—	—
3	二里河上游水闸	7.32	—	9.83	0.13	30	0.263	0.394	460	6.29	149	0.075	—	—	—	—
4	二里河上游实验小学	7.18	—	37.8	4.28	131	24.1	1.54	50.3	1.12	115	未检出	—	—	—	—
5	二里河支流	7.19	—	13.2	0.04	37	2.66	0.096	1347	6.12	90.1	0.105	—	—	—	—
6	护城河上游郭家庄村南支流	7.31	—	18.4	3.93	63	11.5	0.809	70.8	0.784	139	0.109	—	—	—	—
7	护城河中游广州路桥	7.17	—	56.3	4.52	82	36.6					0.079	—	—	—	—
8	护城河下游福州路桥	7.25	—	52.6	4.89	97	34.2	0.936	73.6	0.874	111	未检出	—	—	—	—
9	三里河上游	7.24	—	12.1	0.19	26	2.20	0.356	63.3	5.89	82.0	0.347	—	—	—	—
10	三里河中游	7.05	—	10.6	0.16	45	3.35	0.571	74.8	3.73	104	0.164	—	—	—	—
11	三里河下游	7.22	—	19.7	1.77	26	10.9	0.521	95.9	2.20	85.2	0.177	—	—	—	—
12	西湖公园	7.23	—	59.7	4.67	134	38.9	1.33	67.0	0.880	98.5	未检出	—	—	—	—
13	大沽河南村拦河坝	7.30	—	13.1	0.01	26	0.101	0.907	107	8.60	148	0.070	—	—	—	—
14	云溪河中游胜利桥	7.21	—	53.5	3.73	119	34.7	0.989	69.3	0.992	111	未检出	—	—	—	—
15	云溪河下游福州路桥	7.27	—	45.9	3.41	75	29.8					0.018	—	—	—	—
16	云溪河少海入口	7.07	359	4.61	0.20	30	1.37	0.536	164	1.70	129	0.076	未检出	未检出	未检出	未检出
17	北湖	7.21	367	1.42	0.04	41	0.678	—	—	—	—	0.017	未检出	未检出	未检出	未检出
18	南湖	7.15	356	1.25	0.12	37	0.216	1.25	800	0.615	199	0.017	未检出	未检出	未检出	未检出

序号	采样点位	pH值	总硬度	总氮	总磷	COD	氨氮	氟化物	氯化物	硝酸盐	硫酸盐	亚硝酸盐	总铜	总锌	总铬	总镍
19	青年水库出口	7.27	—	4.05	0.03	15	0.169	0.391	32.9	2.53	68.8	0.020	—	—	—	—
20	七里河水库出口	7.25	—	5.95	0.03	11	0.157	0.327	30.2	3.81	70.2	0.018	—	—	—	—

注：北湖、护城河中游广州路桥、云溪河下游福州路桥水质太差，不能使用离子色谱进行分析。

2009年4月30日胶州环境监测站的云溪河下游与少海北湖、南湖的取样分析结果示于表16.3。由表16.3可见，在旱季以及在各条河道最需要补给水的期间，云溪河下游和少海的水质并不理想，有些水质指标都达不到地表水环境质量Ⅴ类标准。如果将其提升直接送到护城河、云溪河和东渠等作为补给水，显然是达不到使河道水质达到地表水环境质量Ⅳ～Ⅴ类标准的要求的，必须首先予以深度处理（净化），使出水达到地表水环境质量Ⅳ类标准。为了防止这些河道、湖泊和水库发生富营养化现象，尤其是防止夏季蓝藻的爆发，必须首先控制河水、湖水和水库水的总磷不要超标，这是防止淡水水体富营养化的限制性营养物。当然，云溪河下游和少海水体中有机物（COD_{Cr}计）太高，也会过量消耗水中的溶解氧，容易导致水体缺氧和水质恶化，也必须予以消减。

▣ 表16.3 云溪河下游及少海水质监测结果一览表 (2009-4-30)

单位：mg/L，pH值除外

检测地点	pH值	SS	COD	NH_3-N	COD_{Mn}	TP	TN	Cl^-	TDS	总硬度
云溪河少海入口	7.28	65	84	29.1	23.5	3.19	13.7	114	560	468
云溪河下游泵站	7.26	60	60	4.24	10.0	0.54	6.26	137	594	400
少海北湖	7.27	63	120	1.56	3.76	0.33	3.74	210	924	352
少海南湖	7.25	70	48	0.036	3.13	0.13	0.98	170	716	404

淡水地表水体包括河流、湖泊、水库等，其限制性营养元素是磷而不是氮。我国目前许多城市污水处理厂出水水质控制指标往往偏重于氨氮和总氮的控制使其达标，而忽视总磷达标，这是本末倒置。在出水氮和磷有矛盾不能两者都达标的情况下，应首先保证出水磷达标，否则，一旦超标的磷（TP>1mg/L）随出水排入附近受纳水体——河流、湖泊或水库，必将导致蓝藻（高温季节）和硅藻、黄藻等的爆发（常温季节）。北京的奥林匹克湖，无论在清河再生水厂用MBR处理和北小河再生水厂采用超滤＋反渗透的膜处理系统，其产水作为奥林匹克湖的补给水，以及雨水回收、净化与补给奥林匹克湖，该湖水质都将TP控制在0.01～0.03mg/L，而NH_3-N则高达8.8mg/L，TN 19.4～21.3mg/L。而且该湖水一直清澈透明，形成靓丽的生态景观。

北京奥林匹克湖水水质多次取样分析结果（见表16.4）最有力地证明，只要湖水中控制磷浓度足够低，即使氨氮和总氮相当高，水体仍然是清澈透明的，不会发生藻类爆发（其他水质指标：BOD_5 0～3.3mg/L，COD20～26.6mg/L、高锰酸钾指数5.0mg/L、浊度14.1NTU、悬浮物32mg/L、色度12.6度、 pH 8.3～8.7）。从云溪河下游少海入口水质监测结果看，有机物（COD_{Cr}和COD_{Mn}）、SS、TP、TN和NH_3-N等浓度都超过地表水环境质量Ⅳ类甚至Ⅴ类标准，不能直接作为河道的补给水，必须予以深度处理（净化），使其达到地表水环境质量Ⅳ类标准后，再送到护城河和云溪河上游做补给水，以使河道水体的水质保持地表水环境质量Ⅳ～Ⅴ类标准。

⊡ 表 16.4　北京奥林匹克湖水水质 3 次检测一览表

采样时间	水温/℃	透明度/m	氟/(mg/L)	砷/(mg/L)	COD/(mg/L)	悬浮物/(mg/L)	氨氮/(mg/L)	电导率/(μS/cm)	LAS/(mg/L)
2007-5-16	22.2	1.4	0.51	0.00068	20.1		8.86	1017	0.14
2007-5-22	19.8	0.50					8.86	1005	
2007-6-5	25.3	0.4	0.8	0.0008	26.6	32		993	0.76

采样时间	溶解氧/(mg/L)	BOD/(mg/L)	硫化氢/(mg/L)	高锰酸盐指数/(mg/L)	叶绿素/(mg/L)	总氮/(mg/L)	总磷/(mg/L)	pH 值	类大肠菌群/(个/L)
2007-5-16	5.3		<0.005	5.6	0.00136	21.3	0.031	8.3	150
2007-5-22	8.16	0		5.4	0.00136	19.4	0.021	8.7	
2007-6-5	6.9	3.3	0.031	4.8	0.00819	19.9	0.01	8.5	

为此，需要建造河道补给水处理厂，处理规模取为 $10\times10^4\,m^3/d$。该处理厂设置在云溪河与污水河（东渠）下游，在污水河末端南岸和云溪河末端北岸之间的空地上。在该处理厂之前，在云溪河末端北岸设置一座补给原水提升泵站，从云溪河末端离河岸 30m 处设置取水井，它与提升泵站的集水池管道连接。在集水池中安装潜水泵 5 台（4 用 1 备）其中一台为变频调速水泵。每台水泵的抽水流量为 550m³/h，扬程 12m。

在补给水处理厂中，主要是通过混凝-絮凝和沉淀去除 SS、TP（主要以正磷酸盐形式存在）以及部分有机物；采用混凝-絮凝-沉淀，可去除 COD 和 BOD_5 约 30％，在混凝-絮凝-沉淀过程中附加氧化剂和吸附剂，可提高 COD_{Cr} 和 BOD_5 的去除率。但是，将污染较重的原水处理到水质达到地表水环境质量Ⅳ类标准，即 $COD_{Cr}\leqslant30mg/L$，　$COD_{Mn}\leqslant10mg/L$ 和 $BOD_5\leqslant6mg/L$，则混凝剂、氧化剂和吸附剂的投量较大，很不经济，用生物处理法去除有机污染物以及 TN 和 NH_3-N 则更加有效和经济。为此，该补给水处理厂出水重力流入东渠的末端，在此处建造一座翻板闸，使东渠拦截进入该河渠的所有补给水（处理厂出水），在东渠中建造的生物净化渠中进行生物净化。补给水处理厂出水从末端向起端流动，以接近推流的水力流态，在东渠中，两岸进行生态护岸，在渠道中装填生物膜载体软性填料，安装潜水曝气机。最末段（长 500m、宽 30m、水深 3m）是清水储存段，一部分净化水（$6\times10^4\,m^3/d$）用泵站压力输送到护城河中游和云溪河起端的西湖中，做进一步净化和稳定处理；另一部分（$4\times10^4\,m^3/d$），则通过东渠延伸至云溪河下游的连接渠进入云溪河作其下游的补给水。

16.3.2　东渠整体治理系统

为了在东渠建造生物生态处理系统，如图 16.40 所示需要对东渠做如下整治和建造事项：

1)设置河道翻板闸　在东渠末端（在云溪河下游的入口处）建造和安装河道翻板闸一座，宽 50m、高 4m、标高 5.5m，用以在整条东渠形成 3～4m 水深的处理河渠水体，如图 6.41～图 16.44 所示。

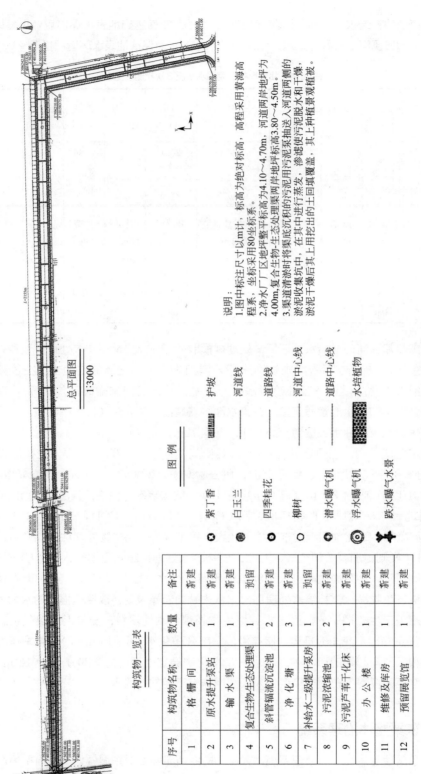

总平面图
1:3000

构筑物一览表

序号	构筑物名称	数量	备注
1	格 栅 间	2	新建
2	原水提升泵站	1	新建
3	输 水 渠	1	新建
4	复合生物生态处理渠	1	预留
5	斜管辐流沉淀池	2	新建
6	净 化 塘	3	新建
7	补给水二级提升泵房	1	预留
8	污泥浓缩池	2	新建
9	污泥芦苇干化床	1	新建
10	办 公 楼	1	新建
11	维修及库房	1	新建
12	预留展览馆	1	新建

图 例

☺	紫丁香	ᵚᵚᵚᵚᵚᵚ 护坡
⬤	白玉兰	——— 河道线
⊙	四季桂花	——— 道路线
○	柳树	——— 河道中心线
⊙	潜水曝气机	——— 道路中心线
◎	浮水曝气机	▓ 水培植物
⚘	跌水曝气水景	

说明：
1.图中标注尺寸以 m 计，标高为绝对标高，高程采用黄海高程系，坐标采用80坐标系。
2.净水厂厂区地坪标平整平标高为4.10～4.70m，河道两岸地坪为4.00m，复合生物生态处理渠底两岸地坪标高3.80～4.50m。
3.渠道清淤时将渠底的污泥用污泥泵抽送入河道两侧的干燥、淤泥收集坑中，在其中进行蒸发、渗滤使污泥脱水和干燥，淤泥干燥后其上用挖出的土回填覆盖，其上种植景观植被。

图 16.40　东渠生物-生态复合处理系统总平面图

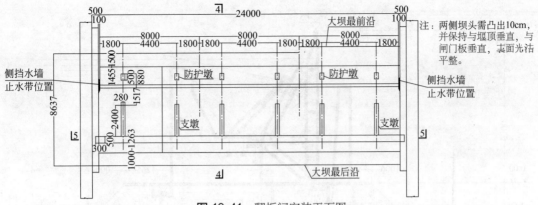

图 16.41 翻板闸安装平面图

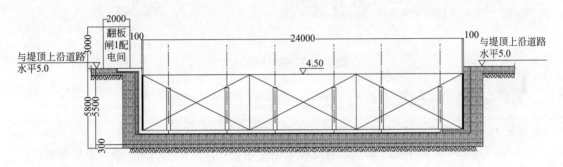

图 16.42 液压油管安装剖视图

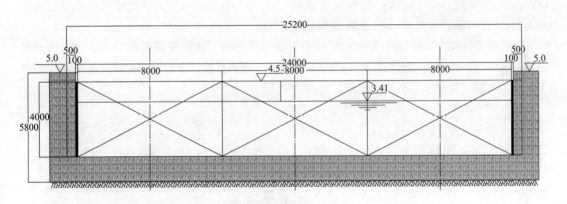

图 16.43 翻板闸横剖图

2)清除底泥和平整渠底 清挖渠底污泥,直到看见自然渠底,并适当往下深挖渠底并平整渠底地面,使东渠渠首处的渠底标高为 2.50m;而东渠末端翻板闸前的渠底标高为 1.50m。

3)加固渠堤 东渠原为污水河,为开挖的人工渠道,用以接纳和排放其周围村庄污水及工业区和分散工厂的废水。全渠长都是自然斜坡,且无良好植被,渠底污泥沉积严重,有些渠段超出水面;渠岸垃圾成堆,河渠中漂浮大量垃圾;护岸塌陷地方颇多。满渠污浊惨象,令人心烦厌恶。在彻底清除渠底污泥和平整渠底的同时,必须建立主治东渠环卫管理机构和制定严格的管理规章和坚决认真执行和实施,以杜绝乱排污水、废水和任意向东渠倾倒垃圾。

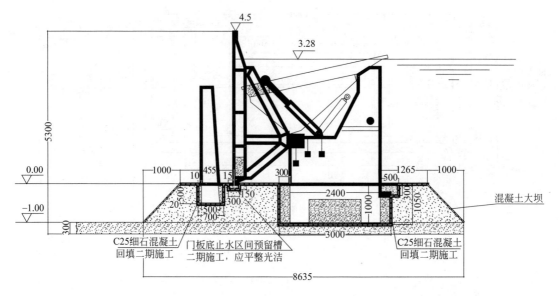

图 16.44 翻板闸纵剖图

根据东渠不同渠段宽度的不同，将其分成如下生物-生态净化段。

16.3.2.1 第一生物-生态净化段

东渠下游拐弯段（斜南北向）以及拟建翻板闸至拐弯处，全长 1072m。该渠段规划建成石块砌筑垂直护岸的矩形横断面的渠道，宽 40m。渠底清淤平整后，将渠底标高调整为 1.50m（从起端到末端均为同一标高）。翻板闸定高 4m，其顶的标高为 5.50m。相应两岸的渠堤高取为 4.3m，其中渠道水深 4.0m，渠堤建筑超高 0.3m。

从提高该河渠对于处理河水的生物-生态处理效率方面，建议采用生态护坡取代石块砌筑护坡。这样可以保证河渠水与其两岸的地下水相互交流和互补，同时生态护坡也能在两岸护坡上形成生物膜和食物链，有利于河渠生物-生态处理。

悬浮帘式填料是由许多条合成纤维纺织成的辫带等距离平行排列并用上下两端箍带缝纫固定，其下端箍带中插入一根不锈钢条，并每隔一定距离（3～5m)在锈钢条中套上一根带倒切刺的不锈钢钎；将其插入土质河底，以及将帘式填料固定在河底，而其上端套箍中也插入一根不锈钢条，在其中每隔一定距离（2～3m)套上并固定一个浮漂，最好是淡绿色的。帘式填料放入河水中后，则处于悬浮状态，其顶端（浮漂）应在水面下 0.3m（图 16.45)。这样可保证帘式填料中所有的辫带都处于伸直状态，能最大

图 16.45 悬浮帘式生物膜载体辫带式
软性填料河道安装照片

限度地发挥其吸附河水中的悬浮物、藻类、细菌等并形成生物膜；其中的藻类能充分接受阳光照射而进行光合作用；其中的细菌也能与河水中污染物充分接触并予以氧化降解、同化，

以及硝化菌和反硝化菌对氨氮的硝化和硝酸盐的反硝化；在同化过程中促进了藻类和细菌的生长和增殖，也促进了原生动物和后生动物的生长和增殖，由此形成了较长的食物链。填料表面生物膜的原生动物和后生动物为鱼类提供了精饵料而促进野生鱼类、虾、蟹等的生长和增殖，由此形成了更长的食物链。根据食物链逐营养级由下向上消费者生物的质量按 1/10 的递减规律减少，河道中最高营养级鱼类的存在，将使生物膜维持动态平衡，并显著减少河道中的污泥沉积量（主要由脱落的老化生物膜引起的）。

如此缓慢的流速会使补给水大部分剩余的悬浮颗粒沉淀；再剩余的悬浮颗粒包括水体中悬浮的微型藻类和细菌，将被安装在该净化段的悬浮帘式辫带填料吸附聚集并形成生物膜。它们将对补给水中的剩余污染物，如以 COD_{Cr}、COD_{Mn} 和 BOD_5 计量的有机物，以及营养物总氮、氨氮、总磷和磷酸盐等进行生物降解、同化和转化。补给水在该净化段通过缓流沉淀和填料吸附聚集使该段水体浊度降至 5～10NTU，悬浮固体（SS）达 5～10mg/L，透明度 2～3m。色度≤20 度；致使太阳辐照可穿透到 3m 水深处。填料表面上藻类和河底生长的沉水植物，如金鱼藻、茨藻和黑藻等（它们多生长于寡污带水体，而该净化段属于污染很轻的寡污带水体）通过光合作用可产生初生态氧；在日照充足时下午 1～3 时光合产氧会达到过饱和状态，如 DO≥20mgO₂/L。因此，安装了悬浮帘式辫带填料的该净化段，可不设置和安装曝气机。

为了进行生物-生态净化，在该净化段应放养适量的杂食性鱼类如鲤鱼和鲫鱼和草食性鱼类如草鱼，以形成降解者生物（细菌和真菌）、生产者生物（藻类和其他水生植物）与消费者生物（鱼、虾、蟹、螺等）建立的多条食物链，并保持相互间的动态平衡。该净化段水体中的有机物和营养物，在以太阳能为初始能源生态系统中，通过在多条食物链中的物质和能量的迁移和转化，最后以鱼、虾、蟹等水产而实现资源化，同时水体得到净化。在该净化段最后出水水质可达到地表水环境质量 Ⅴ 类标准，个别水质指标（如 DO、COD_{Mn}）可达 Ⅳ 类标准。

16.3.2.2 第二生物-生态净化段

东渠主河渠（东西向）拐弯点至海尔大道，全长 $L_2 = 549 + 837 + 838 = 2224$（m）。该渠段两岸为土质自然边坡，自然草皮植被。渠道淤积严重，淤泥冒出水面，其上生长芦苇，其他淤积水域也芦苇丛生，垃圾随意倾倒堆放，零乱现象令人生厌。因此，作为水质净化河渠，必须进行综合整治（图 16.46）。

图 16.46　东渠海尔大道以东河段治理前情景

(1) 河底淤泥疏浚与平整

东渠两岸空闲土地较多，可以在各清淤河段的两岸 20m 以外找到适宜的空地建造淤泥浓缩池，最好挖筑成矩形池，半挖半筑成为高出地面 1～2m 的自然斜坡土池，底部为自然土底，可渗滤到地下水中再返回河渠。根据所在空地的大小和形状，可做成数个尺寸和容积不同的淤泥浓缩池；最好是沿河渠平行地设置一排淤泥浓缩池，宽 20～30m，长 4～60m。

污泥浓缩池的深度取为 3～4m；在地面下 1.5～2.0m，在地面上 1.5～2.0m；以防地下水渗入稀释了淤泥。在每个淤泥浓缩池中的水面上设置浮筏式上清水排放管；池内为软塑料管或橡胶管软性连接，池外则为硬质塑料管如 UPVC、ABS 等。上清水重新返回东渠中。

(2)淤泥脱水

如果有足够的空闲土地建造浓缩土池，并让其进行长期的浓缩、蒸发脱水与干燥，则最为理想，这比机械脱水要简便和经济得多。为了更好地进行自然蒸发脱水与干燥，则最好在其上架设塑料大棚式的雨盖，以防暴雨稀释。

淤泥脱水与干燥最好的自然方法是冬季零下低温冻结与春季转暖融化简称"冻-融处理"。淤泥在冬季低温下冻结成冰泥块后，其胶体亲水构造被破坏而变成疏水颗粒构造，春季融化后，与淤泥结合的水都被分离出来，形成上下明显的分层——上清水/底层淤泥。将上清水排出后，底部脱水和浓缩淤泥很易通过上部蒸发和底部渗滤而进一步脱水与干化。最后干燥淤泥的含水率达到70%，呈风干和易铲运状。如果将淤泥浓缩脱水土池沿河岸建成一排，经"冻-融处理"后的淤泥土池，将其地面上的围堤土铲除回填淤泥池并与风干淤泥混合，形成营养土，在其上种植亲水植物柳树、白杨、水杉、冬青、绿竹等具有喜水特性的植物，由它们发达的根系稳固土壤颗粒增加堤岸的稳定性，加之柳枝柔韧，顺应水流，可以降低流速，防止水土流失，增强抗洪、保护河堤的能力。胶州盛产绿竹，有的城市河道护坡的实际经验证明，绿竹是非常好的护坡植物，其发达的根系能牢固地固定边坡并能有效地抵御洪水的冲刷。在东渠两岸护坡植被中，可重点种植垂柳和绿竹。它们在淤泥与土壤的混合土（营养土）中必将茁壮生长。

(3)河岸生态护坡

东渠过去是自然土坡，没有任何人工护坡设施。而要将东渠作为水质净化设施，必须进行护坡，而为了对河水进行有效的生物-生态处理，最好进行生态护坡，以保证该河渠水体与其两岸地下水之间能够交换和互补；为藻类、细菌、鱼、虾、蟹、螺等提供栖息场所，促进生物多样性，建立水生食物链，借此对河水进行生物-生态处理并使其净化。

东渠第二净化段接近于自然生态净化段，其中主要依靠在两岸的自然斜坡上堆筑生态袋护坡形成的水体生态系统来净化该段水体（图16.47～图16.49）。在河底上装填一些仿水草软性填料，其表面上的生物膜的多种细菌（好氧菌、兼性菌和厌氧菌）对有机物和营养物进行降解、同化和转化；同时其生物膜表面的藻类的光合作用产生的初生态氧量也是可观的；在晴天，水生植物与填料上的藻类的光合产氧可达到过饱和状态，为水体保持好氧和稳定状态起着关键作用（图16.50～图16.52）。

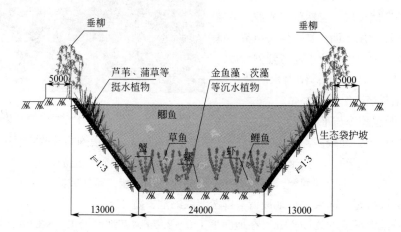

图16.47 东渠第二净化段生态袋护坡与水体生态系统示意

图 16.48　东渠第二净化段生态袋护坡建设过程和 1 年后效果

图 16.49　东渠第二净化段生态袋护坡现状

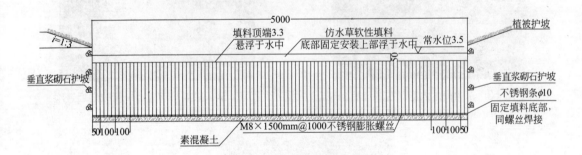

3-2填料安装剖视图1:20

图 16.50　挂帘式填料渠底安装件大样

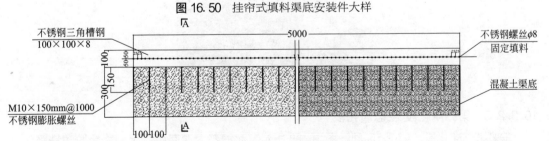

挂帘式填料渠底安装件大样图1:50

图 16.51　填料安装剖视

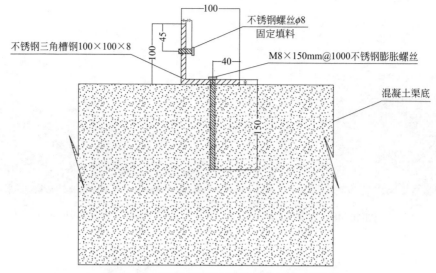

图 16.52 挂帘式填料渠底安装件 A-A 剖视图

经该段水体生态系统的净化后，在旱季没有雨水径流进入该河渠时，其水体水质将达到和维持地表水环境质量Ⅳ类标准；在雨季有雨水径流流入该河渠时，由于水力负荷和污染负荷都有所增加，处理效率有所降低，水体水质将达到地表水环境质量Ⅳ～Ⅴ类标准。

东渠第二净化段改造后景观如图 16.53～图 16.55 所示。

图 16.53 东渠海尔大道以东改造后景观

图 16.54 东渠站前大道以西改造后景观

图 16.55 东渠株洲路以东改造后景观

16.3.2.3 第三净化段-生态净化段

东渠第三净化段，如图 16.56～图 16.59 所示东起海尔大道向西经泉州路至胶黄铁路，全长 1368m。现在河渠宽度为 25～38m。鉴于该段河渠南岸有水塘和低洼地，可予以利用，将该河段拓宽至 40m，也采取自然边坡，取坡度 $i=1:3$。应用生态袋护坡，形成生态护坡护岸。

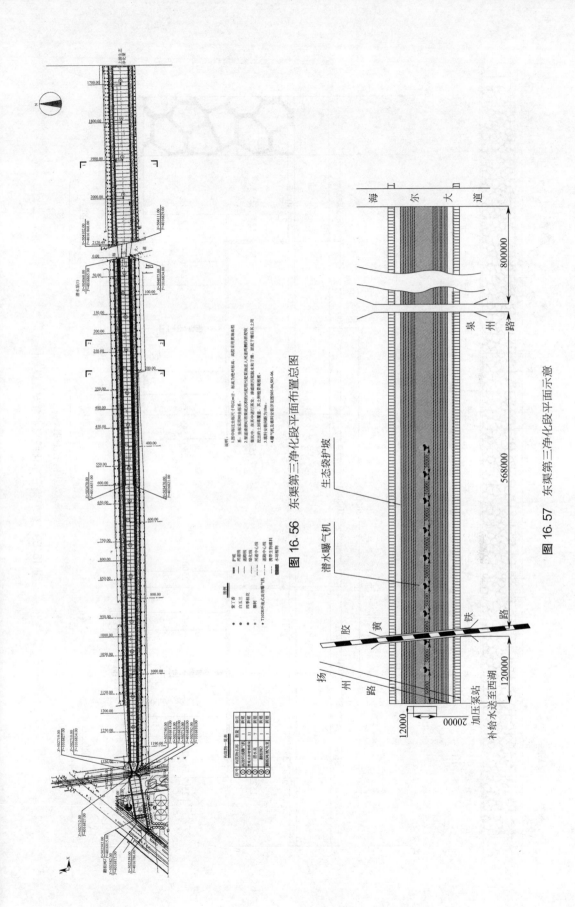

图 16.56 东渠第三净化段平面布置总图

图 16.57 东渠第三净化段平面示意

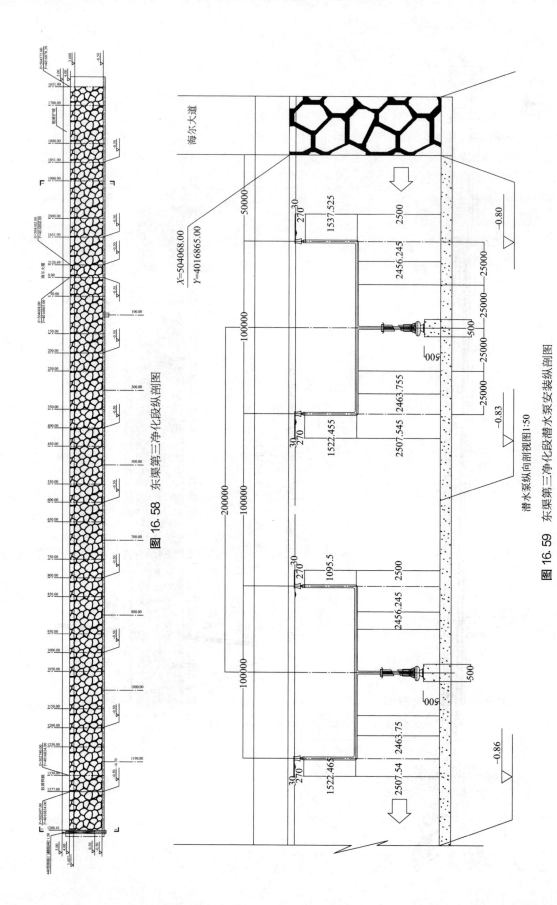

图 16.58 东渠第三净化段纵剖图

图 16.59 东渠第三净化段潜水泵安装纵剖图

潜水泵纵向剖视图1:50

该段河渠底部淤泥疏浚的方式与第二净化段相同，在河渠两岸河堤外的空闲土地上挖筑淤泥浓缩与干化土池；经过浓缩、脱水和风干后将其地面上的围堤土挖除返回土池中与风干淤泥混合形成营养土或底肥土，在其上种植绿竹、柳树、水杉、冬青和草本植物、丛木等，它们既能稳固堤岸，抵御雨水地表径流冲刷，又具有景观和调节气候的作用。

这一净化段是东渠河道补给水最后净化段，其出水必须保证达到地表水环境质量Ⅳ类标准，为此，除自然生态净化外还必须采取人工强化措施，例如在最后600m河渠中要设置悬浮帘式辫带填料和安装潜水环流曝气机，以确保该段河水既达到地表水环境质量Ⅳ类标准，又保证水体水质稳定不变质变坏。在最后600m河渠中每隔60m安装一台10kW曝气机，共8台，每小时产生O_2 160kg；考虑到O_2的利用率为20%左右，可保证该段河水的DO≥4mg/L。

该净化段最后出水达到地表水环境质量Ⅳ类标准。在该净化段的末端河堤外10m远建造补给净化厂，并配建补给水提升泵站。

该泵站安装离心式潜水泵或灌入式离心卧式泵，见图16.60、图16.61，共4台（3用1备）。每台的抽送流量1100～1200m³/d，扬程12～15m。总输水流量（6～8）×10⁴m³/d。从该泵站铺设D1200的球墨铸铁管、玻璃钢管或UPVC管至云溪河起端的西湖中作为补给水，其在管道中的流速为0.45（$Q=6×10^4 m^3/d$）～0.61m/s（$Q=8×10^4 m^3/d$）。

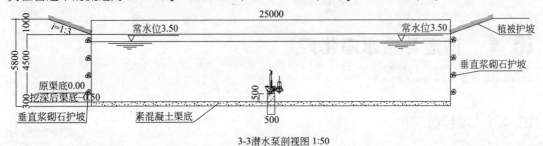

3-3潜水泵剖视图 1:50

图16.60 东渠第三净化段潜水泵安装横剖图

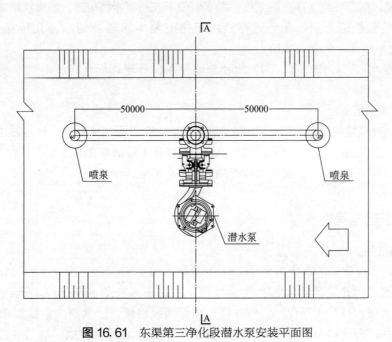

图16.61 东渠第三净化段潜水泵安装平面图

东渠第三净化段改造后景观如图 16.62、图 16.63 所示。

图 16.62 东渠泉州路以东改造后景观

图 16.63 东渠胶黄铁路桥以东改造后景观

16.4 河道补给水净化厂

16.4.1 项目概况

(1) 工程区域概况

胶州市城区河道补给水净化厂工程中净水厂位于胶州市城区东部，胶黄铁路以西，扬州路东南侧，规划温州路北侧。在河道补给水净化工程中河道补给水净化厂厂区占地面积 31000m²，地形标高 4.0～4.80m。

本工程原水取自胶州少海，为雨水径流储存水，处理达标水送往上游西湖作为河道补给水。

(2) 净化水质组成

胶州市跟我国其他城市一样，采用狭义的"分流制"，在污水处理厂只对城市污水进行处理，不对雨水径流进行处理。因此，该河道补给水净化工程的净化的云溪河下游和少海水，实际上主要是雨水径流，也有少量未被截流的工业废水和生活污水。

16.4.2 工艺流程

(1) 净化过程

河道补给水净化厂的系统如图 16.64 所示原水取自云溪河下游（少海）和污水处理厂尾水，经过改造后的东渠复合生物-生态处理渠输送进入补给水净化厂。复合生物-生态处理渠末端出水进入补给水净化厂，首先经过粗细两级格栅，出水流入斜管辐流沉淀池的进水中心配水井，经此均匀分配进入 2 座直径 30m 的斜管辐流沉淀池，其出水汇集流入出水中心配水井，靠重力流入净化塘，净化塘出水送往二级提升泵房，将处理后的达标水输送到位于护城河中游的西湖，用以补充护城河中下游和云溪河上、中游的河水。斜管辐流沉淀池的底流污泥重力流入污泥井，由污泥泵提升入污泥浓缩池，再经泥浆泵提升后进入污泥干化芦苇滤床，污泥浓缩池上清液及污泥干化芦苇床的渗滤液靠重力流入进水中心配水井。

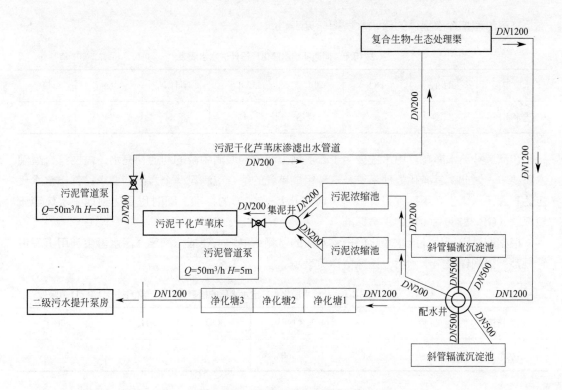

图 16.64　河道补给水净化厂系统

（2）主要工艺介绍

补给水净化处理主工艺采用复合生物-生态法，将清淤改造后的污水河东渠（以下称东渠）河道作为净水处理的核心渠"复合生物-生态处理渠"。在"复合生物-生态处理渠"中装填由合成纤维编织成的辫带式软性生物膜载体填料，创建好氧环境，对河水有机污染物进行好氧生物降解，对营养物进行硝化-反硝化和生物同化等过程去除 TN、NH_3-N 和 TP。通过在普通辐流沉淀池中增加斜管增加水力负荷，减少占地面积，再经过多级净化塘的处理，达到地表水环境质量IV类标准后通过二级泵站提升至西湖。

斜管辅流沉淀池中排放的污泥通过污泥浓缩池浓缩后，由管道泵提升至污泥干化芦苇滤床来减少污泥体积和质量，从而达到有效降解有机物（以 COD_{Cr}、COD_{Mn} 和 BOD_5 计）、营养物（TN、NH_3-N 和 TP)和悬浮固体（SS）的目的，同时也减少了污泥排放量，实现污泥减量。该工艺的特点是处理高效、运行稳定、能耗低、占地面积小、污泥排放量少、充分利用了现有构筑物条件，是真正的节能减排的环保技术。

16.4.3　河道补给水净水厂设计范围和内容

本设计内容包括河道补给水净化厂引水渠、格栅及原水提升泵房、水力旋流除污池、输水渠、复合生物-生态处理渠，斜管辐流沉淀池、净化塘、污泥浓缩池、污泥干化芦苇滤床、办公楼等建（构)筑物的设计以及厂区给排水管网的设计等。

16.4.4 净水厂进出水水质

三河治理指挥部提供的原水水质指标见表 16.5。

⊡ **表 16.5 河道补给水净化厂设计进水水质表** 单位：mg/L，pH 值除外

水质指标	pH 值	DO	COD_{Mn}	BOD_5	$NH_3\text{-}N$	TN	TP
进水水质	7.3	3	117.8	15	3.5	2-8	0.67

该河道补给水净化厂出水主要用于云溪河上游和护城河中游的河道补充水，需要符合景观水质要求。为此，其净化处理系统及这种组成单元的组合应满足两个方面的要求：其出水水质应达到《污水再生利用工程设计规范》(CJ/T 95—2000)的标准，同时也要达到地表水环境质量标准（GB 3838—2002)的Ⅳ类标准。

根据调试运行后补给水净化厂出水水质的监测结果，主要指标满足《污水再生利用工程设计规范》景观环境用水水质，指标值详见表 16.6。

⊡ **表 16.6 补给水净化水厂出水水质的检测表** 单位：mg/L，pH 值除外

水质指标	pH 值	DO	COD_{Mn}	BOD_5	$NH_3\text{-}N$	TP
出水水质	7.8	6.5	59	5	1.2	0.2

16.4.4.1 格栅及原水提升泵房

(1)进水闸门

原水（云溪河下游河水)由引水渠（$B=1500$)引入原水提升泵房进水渠，进水渠内设靠壁式铸铁方闸板，并配有手动、电动两用启闭机，可通过调节闸板的开启度来调控进水量，同时，进水闸板井可确保异常情况下不进原水提升泵站的水量安全超越。进水渠采用钢筋混凝土结构，为了便于观察和检修，井上设网格钢盖板，并设有人孔。为安全起见，闸板井周围设护栏。闸板井后进水总渠采用钢筋混凝土结构，矩形断面，渠道宽 3.8m，进口渠底标高 ±0.00m，粗糙系数 $n=0.013$，设计过流量 4166.67m³/h，渠底坡度 $i=0.0005$，流速 0.69m/s。总渠后分别经过粗、细格栅截留和去除块、条状污物，同时在粗、细格栅前后均设有铸铁方闸板，配手、电两用启闭机，以便于粗、细格栅分系列的维护和检修。为了便于观察水流状况，总渠上设有网格钢盖板（图 16.65)。

(2)粗格栅

粗格栅的主要功能是去除水中较大的漂浮物及颗粒，采用回转式格栅除污机：HGS-1200型，栅隙 20mm，安装角度 75°，格栅除污机采用栅前、栅后液位差和时间控制清渣。清理下来的栅渣输送至水渠旁的贮渣箱中，适时清运（图 16.66)。

图 16.65　进水闸门现场

图 16.66　粗格栅现场

(3)细格栅

细格栅的主要功能是去除水中较小的颗粒及漂浮物，采用循环式齿耙清污机：型号XQ1.5，栅隙2mm，安装角度65°，循环式齿耙清污机采用栅前、栅后液位差和时间控制清渣，排出的栅渣落入出渣口下的贮渣箱中，适时清运。考虑格栅检修时，关闭一侧进水闸门井闸板，一池检修时另一池短时正常工作（图16.67）。

(4)集水池及提升泵

原水提升泵站设集水池1座，集水池有效容积204.60m³，集水池设为地下式。为了

图 16.67　细格栅现场

减少占地，将提升泵站设在原水提升泵吸水井的池顶上，泵房吸水井设连续液位检测，高、低液位报警，低液位停泵、高液位报警，超高液位自动关闭进水闸门井总闸板并设置溢流装置（图16.68）。

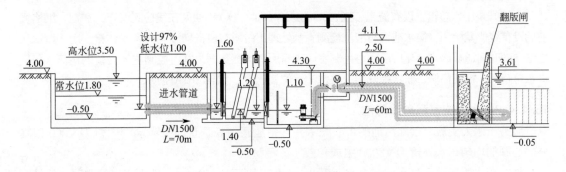

图 16.68　集水池及提升泵房剖面图

原水提升泵房设 4 台原水提升泵，$Q=1487\text{m}^3/\text{h}$，$H=10\text{m}$，$P=55\text{kW}$，3 用 1 备，其中 1 台为变频。备用泵自投，并定时轮换运行水泵，考虑到水泵的重要性，另增加 1 台泵备用。水泵总出水管设泄水设施，雨季检修停运时可放空干管中的存水（见图 16.69）。

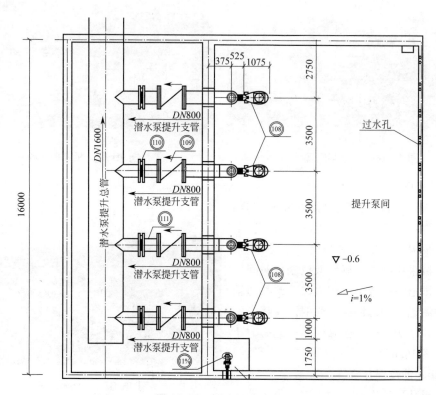

图 16.69 原水提升泵房

(5)吊车

为保护设备、便于维护管理，在提升泵站潜水泵的上方设有电动单梁悬挂起重机 1 台，起重量 3t，跨度 5m，配 MD13-5 型电动葫芦 1 台。

(6)在线监测

在提升泵出水总管上设有流量、压力、温度、pH 值、DO 和浊度在线检测仪表，在粗、细格栅前后设有液位差检测、集水池设有液位检测。预处理工段所有设备均设有机旁操作箱，用于调试和检修，同时河道补给水净化厂厂中心控制室可查看所有检测数据，并可控制主体设备的运行（包括进水总闸板、粗细格栅、原水提升泵、集水池水位变化等），如图 16.70 所示。

16.4.4.2 水力旋流沉砂除污池

服务于水力旋流沉砂除污池的中心配水井（由池底中心垂直向上流动的内管 $DN800$ 和其外同心圆的均匀布水外管 $DN3000$ 组成）

外围布水管底端标高在沉淀池水面下 2.0m 处，距离池 500mm。外围布水管改动，使其出水底端延长至池底 500mm 处，是为了更充分地利用沉淀池的有效体积，改善沉淀效果。

(1)中心配水井

服务于水力旋流沉砂除污池的中心配水井（由池底中心垂直向上流动的内筒 $DN3000$ 和其外同心圆的均匀布水外筒 $DN5000$ 组成）。

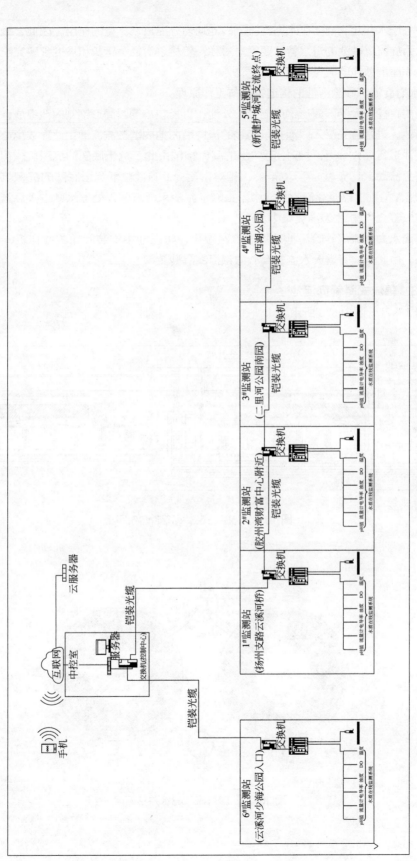

图 16.70 水质监测站系统

该中心配水井起到向 4 座水力旋流沉砂池均匀分配进水流量的作用。因此，设计的 4 根通至 4 座水力旋流沉砂池的进水管，要绝对对称，管材、管径、管长和坡度都要完全相同，以确保分配至 4 座沉砂池的流量均等。

（2）水力旋流沉砂除污池的构造特征与工作原理

该池由直径较大的圆筒形钢筋混凝土外池和直径较小的圆筒形钢制内池组成，外池和内池为同心圆池。进水首先流入内池并以切线的流向沿内池内壁旋流流动由此形成离心力，将固体污物和泥沙进行离心分离，相对密度 $\geqslant 1$ 的固体颗粒由此下沉于底部的沉积坑。初沉水从内圆池底檐向上流动，其流速 $v \leqslant 0.05 \mathrm{m/s}$，相对密度 $\geqslant 1$ 的颗粒下沉至底部的沉积坑；相对密度 $\leqslant 1$ 的油脂浮渣则上浮至浮渣收集槽中。去除了泥沙和浮渣的预处理水则进入后置的输水渠，然后再流入复合生物-生态净化渠中。

为提高水力旋流沉砂除污池的离心除污效率，可在池中安装叶轮式搅拌机，转速取为 $\geqslant 300 \mathrm{r/min}$，由此可显著增大水流的离心力和提高沉砂效率。

16.4.4.3　辐流式斜管沉淀池

如图 16.71～图 16.73 所示。

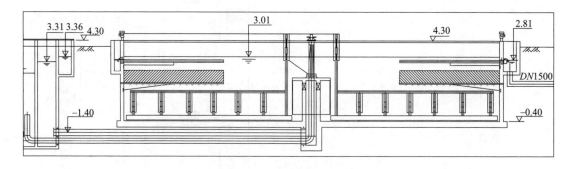

图 16.71　辐流式斜管沉淀池剖面图

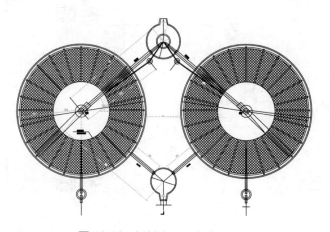

图 16.72　辐射流及配水井平面图

图 16.73 辐流式斜管沉淀池未注满水似的情景（正常运行时穿孔溢流出水管在水面下 30cm）

设计斜管辐流沉淀池 2 座，直径 $DN30\text{m}$，水力负荷 $q=3\text{m}^3/(\text{m}^2 \cdot \text{h})$。

外围布水管底端标高在沉淀池水面下 2.0m 处，距离池 500mm。外围布水管改动，使其出水底端延长至池底 500mm 处，是为了更充分地利用沉淀池的有效体积，改善沉淀效果。

16.4.4.4 净化塘

净化塘接收来自辐流斜管沉淀池的出水，原水在净化塘中呈均匀布水和推流状态，在净化塘中得到深度净化处理，最后流入二级提升泵房集水池，作为河道补给水。净化塘底部装仿水草辫带式软性填料，高度 3~3.5m，其表面上附着生长和繁殖藻类、细菌、原生动物和后生动物，并放养适量的滤食性鱼（如鲢鱼）、草食性鱼（如草鱼、鳊鱼）和杂食性鱼（如鲤鱼和鲫鱼），最好放养观赏性鱼类红鲤和锦鲤，这样即能净化水质，又能美化环境。进水方式采用布水花墙，均匀布水。净化塘剖面图与平面图分别见图 16.74、图 16.75。

净化塘的强化措施：由于净化塘有效容积较小，相应水力停留时间（HRT）较短，仅为半天，远小于正常的 HRT=3~5d。为此应采取强化措施，在净化塘 1、净化塘 2 的塘底和净化塘 3 前段塘底，装填仿水草软性填料，作为生物膜载体，用以增加生物量，包括藻类、细菌、原生动物和后生动物，并往塘中投放鱼苗，以形成较长的食物链，可有效地去除塘中的剩余污泥、原生动物和后生动物，既能显著改善出水水质，又能大幅度减少污泥量。

在净化塘的近岸水体安装宽 2~3m 的环状固定水生植物种植床，在其上种植生长芦苇、菖蒲、香蒲等挺水植物，既起景观美化作用，又增强了水质净化效果。

在净化塘 3 的塘底需要种植一些净化效能强的沉水植物，如金鱼藻、茨藻、黑藻等。

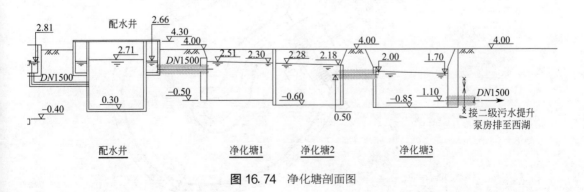

图 16.74 净化塘剖面图

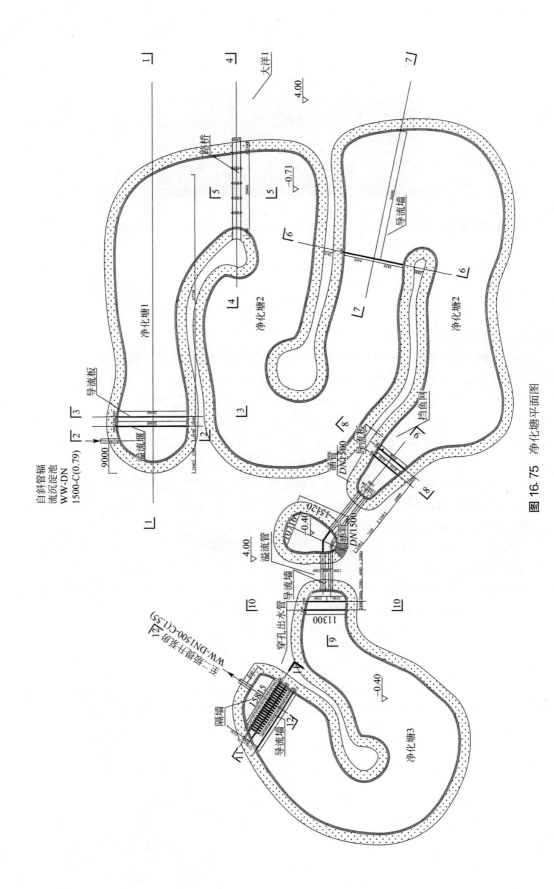

图 16.75　净化塘平面图

净化塘全景、局部分别如图 16.76、图 16.77 所示，其二级提升泵站现场见图 16.78。

图 16.76　净化塘全景图

图 16.77　净化塘局部图

图 16.78　二级提升泵站现场图

16.4.4.5　污泥系统

补给水净化厂排泥系统如图 16.79 所示。

污泥处理目的：储存并浓缩斜管辐流式沉淀池排出的剩余污泥，剩余污泥在浓缩池内停留并浓缩，浓缩后污泥定期排入污泥干化芦苇滤床，上清液通过溢流孔进入溢流槽，然后排入厂区排水管。

(1)污泥浓缩池

如图 16.80 所示。

上部圆柱形 $D5.00m \times H_1 4.10m$，下部倒圆台形，$D5.00 \times D0.80m$，下部高度 H_2 2.50m，总高度 $H=H_1+H_2=6.60m$，$V=99.85m^3$，浓缩时间约为 2～3d。

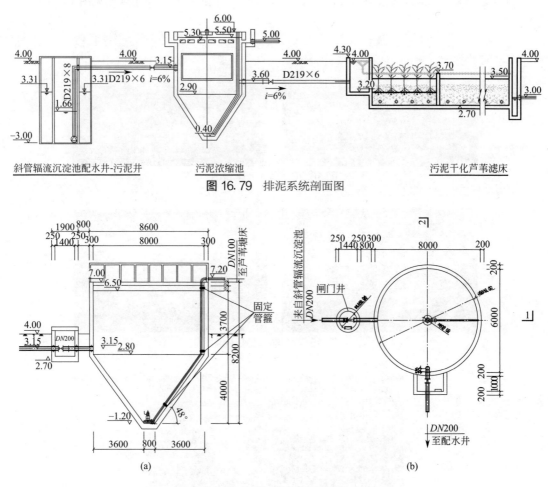

图 16.79　排泥系统剖面图

斜管辐流沉淀池配水井-污泥井　　　　污泥浓缩池　　　　　　　　　　污泥干化芦苇滤床

(a)　　　　　　　　　　　　　　　　(b)

图 16.80　污泥浓缩池平面及剖面图

(2)污泥芦苇干化床

如图 16.81～图 16.83 所示。

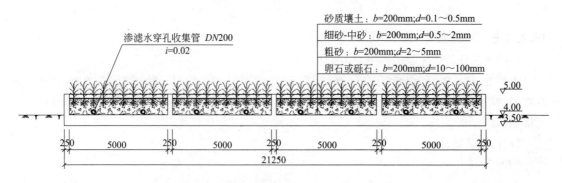

图 16.81　污泥芦苇干化床剖面图

污泥浓缩池出水管道 $DN200$，出水管道设置管道泵 1 台，渗滤液经污泥管道泵提升后回流至复合生物-生态处理渠。

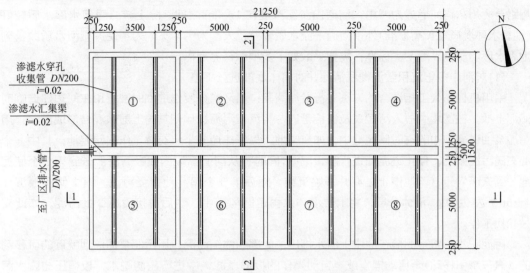

图 16.82 污泥芦苇干化床底层平面图

图 16.83 污泥芦苇干化床实景图

污泥干化芦苇滤床总占地面积约为 $800 \times 1.5 = 1200$（m^2），其余的土地用于砌筑污泥干化滤床的隔壁和围堤、深水排放槽、绿化带等。

16.5 护城河、云溪河原位治理

16.5.1 护城河水质净化工程方案

护城河是云溪河的支流，位于胶州城区中部，呈东西流向。护城河源头为二里河水库，流经西湖公园，全长 5556m，干流平均坡降 0.114‰，流域多为平原区。河道宽 30～50m，两岸已建有管理路，并且进行了景观绿化，其中西湖公园至杭州路两侧河岸已砌筑。

护城河两岸主要是生活居住区，由于老城区污水管网不完善，现状仍以雨污合流制为主；

大量生活污水未经处理直接排入河道，加上河道没有统一管理，两岸居民随意倾倒垃圾，以杭州路至扬州东路河道最为严重，河道内淤泥深度在1~2m之间。除上游二里河水库水质较好（地表水环境质量Ⅳ类标准）外，河道干流水质较差，大都为劣Ⅴ类。为了使护城河水质改善到地表水环境质量Ⅳ~Ⅴ类标准，需要采取如下多项综合治理措施。

(1)对河中多年沉积淤泥彻底清除并对河床底部进行平整

采用机械与人工相结合的方法进行淤泥清除：沿河道分段建造临时围堰和在河边建造临时储泥土池。在围堰中放入污泥泵及连接管道，将沉积污泥搅拌使其与上层水混合形成泥浆，用污泥泵抽送到河边的临时储泥池中，如有空地，最好建造多个可交替工作的储泥池，其中一个池充满污泥浆后，停止进泥而进行静止沉淀，同时将从河道围堰内抽吸的污泥送到第2个储泥池，到充满为止，该池停止进泥并开始沉淀，随后第3个储泥池接受污泥。第1储泥池沉淀4~6h后发生固体/液体分层，将上层澄清水再返回河道中，然后再接受第2批污泥。如此交替轮换工作。

污泥脱水：将污泥储存池中上清水排出，底部为浓缩污泥，用污泥泵抽送到就近的可移动的（汽车牵引移动）全自动操作或半自动操作的板框压滤机中进行压滤脱水，板框压滤脱水污泥固体含率高达40%~50%。外形为干饼，可运到附近的低洼地、绿化带、苗圃、林场等作为土壤改良剂和有机肥料。

(2)建造真正的沿河污水和雨水径流分流制或合流制截流总干管

护城河两岸主要是居民区，由于老城区污水管网不完善，现状仍以雨污水合流为主，大量生活污水未经处理直接排入河道，加上河道没有统一管理，两岸居民随意倾倒垃圾，以杭州路至扬州东路河道最为严重，河道内淤泥深度在1~2m之间，河内水质较差，大都为劣Ⅴ类地表水（图16.84）。

图16.84　护城河治理前情况

由于城区内护城河两岸为居民生活区，河边道路较窄，建筑物密集，加以现有的排水管道以合流制和混流为主，沿河建造完全分流制截流总干管有很大困难，而且国内外大多数大中城市的沿河污水和雨水（径流）截流总干管为合流制。这是因为：建造铺设污水截流总干管和雨水截流总干管两条总干管，其工程量比建造铺设雨水与污水合流的总干管要大得多，而且基建投资也多30%~40%；此外，在污水管中流入雨水，而雨水管道中流入污水是使我国乃至国外许多城市中难免的普遍现象。西方国家的实践表明，为了进一步改善受纳水体的水质，将合流制改造为分流制，其费用高昂而收效有限，而在合流制系统中建造上述补充设施则较为经济而有效。所以，国外排水体制的构成中带有污水处理厂的合流制仍占相当高的比例，例如：美国早在 20 世纪 60 年代末对 600 多个城市的排水体系所进行的调查结果表明，保留合流制并增建截流管与将合流制改为分流制所需的投资比为 1：3。英、法等国家的大部分城市仍保留了合流制体系，其主要河流莱茵河和泰晤士河的水体都得到了很好的保护，主要举措是控制面源污染并保证排入河流的污水的处理率。而联邦德国 1987 年其比例为 71.2%，且该国专家认为通常应优先采用合流制，分流制要建造两套完整的管网，耗资大、困难多，只在条件有利时才采用。因此，在未真正实现污水跟雨水分流之前铺设污水和雨水两条沿河总干管是意义不大的。

设计好溢流井的构造以充分发挥其作用的同时，污水处理厂的处理能力应与截流污水量相适应。以韩国首尔清溪川治理工程为例，清溪川周边污水管道的截流倍数取为 2，降雨时合流制下水道截流干渠能够汇集降雨强度为 $Q＝2mm/min$ 的径流量，因此，尽管其下游的中梁污水处理厂的服务面积内污水流量为 $66×10^4 m^3/d$，但其处理能力却设计为 $195×10^4 m^3/d$；大田污水处理厂的服务人口为 100 万，其污水流量为 $30×10^4 m^3/d$，但其污水处理厂的设计和建成的处理能力为 $90×10^4 m^3/d$，可见其截流倍数也是取的 2。

为此建议护城河两岸铺设真正的合流制截流总干管，并且在与主要街道连接的交汇井中设置溢流堰，取降雨时的截流倍数为 2，亦即在建造铺设的沿河合流制截流总干管（渠）中所接受的流量为污水设计流量(Q)＋2 倍旱季污水流量（$2Q$）的雨水流量。

16.5.2　护城河主河道治理工程方案

16.5.2.1　二里河水库北库区

二里河水库北库区又由设置在中间的拦河闸分成上北库区和下北库区。这两个库区的中间拦河闸和下北库区与中库区之间的拦河闸，或年久失修，不能正常运行使用，或者使用起来很不方便。建议在这两座闸的原有位置上或就近建造两座拦河翻板闸，翻板闸是近年来研发应用的新型拦河设施，它比水库最经常用的钢筋混凝土或土石结构拦河坝要经济、简易和易于操作运行。在现有的拦河坝闸上建造和安装翻板闸更加容易，即拆掉坝闸主体，保留其河底混凝土基础，加以适当的改造后便可在其上安装翻板闸。这比建造钢筋混凝土坝或土石坝以及在其中设置和安装控制调节闸门的工程量要小得多和经济得多。而且容易启闭和调节水位水量；在平时，它处于垂直关闭状态，并以顶端溢流的方式流出多余的水量并保持水位稳定平衡；在降雨发生洪水时，借助高的水位和大的水流量所产生的大的水力流速和对翻板闸的冲击压力，使翻板闸被及时打开并使翻板处于水平状态，闸板开启时洪水及时排泄；在调节流量和水位时，可在有数个翻板闸单元开启一个单元，或者部分开启，即翻板不呈水平状态，而成一定的倾斜状态，这样可调节不同的出水流量和水位。建造安装一座长 50m 和高 4m 的翻板闸，其基建投资仅为 60 万元。

在二里河水库的上北库区末端的拦河闸的位置上，建造一座翻板闸，使其顶端溢流水位达 23.00m 高，比原来的控制水位高出 0.5m，以适当扩大上北库区的水面面积，尤其是浅水区的水面积，使挺水植物有更大的生长水面，它们将对水库中的水进行有效的净化作用，同时能形成良好的水生态系统，挺水植物生长茂密的湿地带是多种鸟类和鱼、虾、蟹类生长和栖息的良好场所。在水库水面以外，要尽量扩大绿地面积，种植耐水植物（乔木、灌木、牧草、美人蕉、竹子、芦竹等），扩大水土保护区，增加降雨渗透率，减少降雨径流量，防止洪水泛滥。因为二里河水库库容太小（$1.0×10^6 m^3$ 左右），其储洪和调洪能力有限，因此扩大周围绿地、增大水土保持区面积是减少洪水量的有效措施，同时它又是二里河生态公园的重要组成部分。

二里河北库区治理前后如图 16.85、图 16.86 所示。

(a)　　　　　　　　　　　　　　　　(b)

图 16.85　二里河北库区治理前

(a)　　　　　　　　　　　　　　　　(b)

图 16.86　二里河北库区治理后

16.5.2.2　二里河水库中段及三大塘区

二里河水库即使最大限度扩容，至多 100 余万立方米，是个很小的小型水库，平时难以作为护城河的补给水源。其主要功能应当成为接近自然的生态公园或者成为胶州城市的"清肺区"，供市民到此游览和休闲。

因此，二里河水库的扩容不应单纯从水利储洪、滞洪的作用考虑，而更应作为形成优美水景和湿地的生态公园来考虑。

二里河水库中段西侧（胶济铁路线要以北）有 3 个大的塘，应纳入二里河水库的扩容范围内。为此，建议与二里河水库连通一起，例如用过水涵洞或拱形桥等方式连通。但是，仍然保持原来的独立塘体为好，将其设计和建设成既能起分洪作用，又能净化流入的河水，在降雨季节为护城河提供水质良好的补给水，同时其本身成为优美的生态湿地公园。为此，采取如下工程技术措施：

在二里河水库中段（护城河上游）建造和安装一座翻板闸（在北塘与南塘之间路面的东

侧），提高护城河的水位，使二里河水库北库区流下的河水重力流入这 3 个塘中，见图 16.87。

图 16.87　二里河水库中段三塘串联水质净化工程概念设计

　　这 3 个塘之间也用浅水地表径流人工湿地（SF-CW）或多条平行涵管（道路下面）连接，形成二里河水库中区三塘串联雨水径流分洪与水质净化系统。通过铺设于护城河岸与塘之间的道路下面的连接涵管（预应力钢筋混凝土管，$DN1200$，平行 3 条涵管或拱形桥）→北塘进口（东端）→北塘→北塘出口→地表径流人工湿地带→西塘进口（西塘北端）西塘→西塘出口（西塘南端）→地表径流人工湿地带→南塘进口（南唐西端）→南塘→南塘出口（南塘东端，间隔铺设 3 条预应力钢筋混凝土管，$DN1200$）→二里河现水库中区拟建翻板闸的下游。这样 3 个塘串联运行，使 3 个塘能形成良好的推流式水力流态，使塘中的水处于推流水力流态。将北塘与西塘之间的土地挖成深度约为 1m 的低洼地带，其中种植芦苇和蒲草等挺水植物，形成地表径流人工湿地；它起着对北塘出水端和西塘进水端均匀布水和相互连通的作用。同样，西塘出水端至南塘进水端之间的土地，也开挖成地表径流人工湿地，也起着均匀布水和西塘至南塘的连通作用。这样有利于各个塘中实现推流式水力流态，也有利于水质净化与生态改善。

　　德国的最后净化塘系统设计得非常科学和合理，做到了工程化、生态化和景观化。它们全是由 2～5 个塘串联构成的多级串联塘系统，比单塘系统能更高效地深度处理二级处理出水；3 塘以上的多塘串联系统通常能将二级出水深度净化到相当于我国地表水环境质量Ⅲ～Ⅳ类标准（部分参数如 BOD_5、NH_3-N、DO 等达更高标准）。

　　在塘的浅水区种植芦苇、香蒲、荷花等挺水和浮水植物，塘的外围绿地种植观赏性树木和花卉。塘中生长的水生植物（包括挺水植物、浮水植物和沉水植物）和塘中生长的野生鱼类（如鲤、鲫、草鱼等）或适量放养的观赏性鱼类（如红鲤河锦鲤）、虾、螺、蟹等水生动物，构成多条食物链，能够有效地净化塘中的水，这样可使多极串联生态净化塘最后出水达到地表水环境质量Ⅳ类标准而进入护城河。

3 个塘和其周围的道路也应建设好，路两边种植垂柳等观赏性亲水和耐水性植物，设置座椅、避雨走廊等。各塘之间的道路最好是砂石路面较窄（$B=3\mathrm{m}$）的人行道，只是在北塘北岸的道路有较宽的空间，建成车行道及停车场地。

塘的所有边坡全部建成接近自然的 1：3 坡度土边坡，其表层种植牧草或优质耐寒绿地草种、蔓科植物以及亲水和耐水的树木（如垂柳）。塘中水面应当高至距塘边道路路面 $0.3\sim0.5\mathrm{m}$，这样便于游人亲水游览和休闲活动（包括垂钓、近岸戏水等活动）。为此，其东侧二里河水库的翻板闸的顶端溢流水位应保证使塘中的水位保持距路面 $0.3\sim0.5\mathrm{m}$ 的高度。

在这 3 个塘中塘近岸边的浅水带生长着各种挺水植物和浮水植物，如芦苇、水葱、香蒲、荷花等；在深水区还生长有沉水植物，如金鱼藻、黑藻、茨藻等，它们多生长于寡污带（轻污染或地表水环境质量Ⅳ～Ⅴ类标准水质的水域），最可能出现于第二级净化塘至西塘和第 3 级净化塘至南塘的深水区中。此外，在南塘进水连接湿地上种植和生长芦苇、香蒲等，它们既起观赏作用又起着均匀分布水流作用，防止塘中水流出现局部的沟流和短流现象。

为了增强这个塘-湿地系统的生态净化效果，最好在塘底铺垫 $0.2\sim0.3\mathrm{m}$ 厚的卵石或砾石层，作为生物膜载体。或成为"生态石"。铺垫"生态石"后在半月内便在其表面形成绒状黄绿色的生物膜，其上附着生长有藻类、细菌、真菌、原生动物、后生动物，池塘中还放养一些观赏性鱼类。它们以生态石表面上的生物膜（尤其是其中的原生动物和后生动物）为饵料。长期观察发现，池底铺垫砾石的池塘，放满一次水后可保持全年水质清澈透明；而没有在底部铺垫生态石的池塘，放满一次自来水后在夏季几天后就水质变坏而需要重新换水。

可见，在塘底铺垫一层生态卵石或砾石，将显著提高塘中水体的水质并使其长期保持稳定而不变坏。

在 3 个塘的深水区（水深 $h \geqslant 2\mathrm{m}$），由于日光投射难以达到如此深水处，需要装填软性填料。这些纤维填料具有很大的比表面积和吸附势能，能吸附和捕集悬浮固体，藻类、细菌、原生动物和后生动物，并由此形成生物膜，同过吸附、生物降解与同化，能使塘中水体变清。

这 3 个塘的尺寸及面积示于图 16.88。北塘、西塘和南塘的水体表面积分别为 $6520\mathrm{m}^2$、$3060\mathrm{m}^2$ 和 $13700\mathrm{m}^2$，总面积 $F_t=23280\mathrm{m}^2$。设平均水深 $h=3\mathrm{m}$，则塘中水体的总体积：$V_t=69840\mathrm{m}^3$，大致为 $70000\mathrm{m}^3$。如进水量为（$5\sim10$）$\times10^4\mathrm{m}^3/\mathrm{d}$，其水力停留时间 HRT 为 1.4（34h）$\sim0.7\mathrm{d}$（17h），对于中等污染的雨水径流，如 $\mathrm{COD_{Cr}} \leqslant 100\mathrm{mg/L}$、$\mathrm{BOD_5} \leqslant 40\mathrm{mg/L}$、$\mathrm{TN} \leqslant 10\mathrm{mg/L}$、$\mathrm{NH_3\text{-}N} \leqslant 5\mathrm{mg/L}$、$\mathrm{TP} \leqslant 2\mathrm{mg/L}$，经过如此长时间强化净化后，最后出水水质可达到地表水环境质量Ⅳ类标准。由此补给其下游护城河道水体，可显著改善其水生态环境。因此，这是护城河水系上游最重要的补给水净化工程；在雨季，它是护城河上游的主要的优质补给水源地。

16.5.2.3　二里河水库南区

二里河水库南区占地面积 $14.66\mathrm{hm}^2$，水面面积仅为 $5.34\mathrm{hm}^2$，仅占其总面积的 36%，约 1/3。无论从改善其生态景观，还是为护城河下游提供更多的补给水量来说，都需要扩大二里河水库南区的水面和库容，为此，建议将该库区主河道左侧的两个岛（北岛和南岛）以及在两岛中间的突出的半岛地带进行挖土使地面下降 $1\sim2\mathrm{m}$，使其底部标高降至 $14.50\sim15.50\mathrm{m}$；同时清挖主河道中的底泥，使其地面标高达到 $13.00\sim13.50\mathrm{m}$；此外，在该库区南端（出水口）原闸门处建造一座翻板闸，宽 $95\mathrm{m}$，高 $4\mathrm{m}$，将其溢流出水水位控制在 $16.00\mathrm{m}$。这样翻板闸关闭运行好时，就可形成主河道水深 $2.5\sim3\mathrm{m}$ 的水体，原来的南岛、北岛和中间的半岛地带则

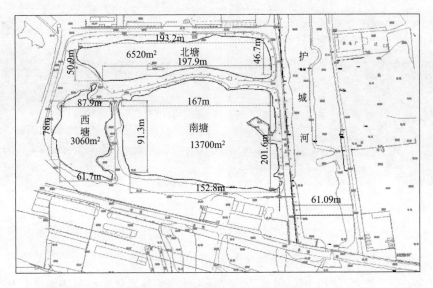

图 16.88　3 个塘的尺寸与面积计量

形成浅水区，其中生长挺水植物和浮水植物如芦苇、香蒲、荷花等和耐水树木如垂柳、绿竹等（图 16.89、图 16.90）。

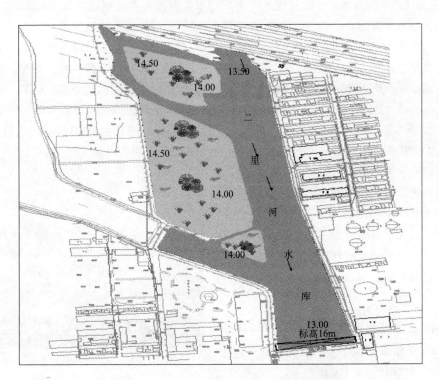

图 16.89　二里河水库南区水库扩容改造概念设计

(a)   (b)

图 16.90　二里河水库南区治理后实景

二里河水库南区扩大水面面积和扩大库容的优点列述如下：

① 该库区水面扩大大约1倍，增大了大气经水体表面往水体中增氧的数量，尤其是风力较大库区水体表面形成较大波浪的情况下，会大幅度提高表面增氧能力。这对水体保持好氧状态，增强水体的好氧生物净化能力起保证作用。库容大致也扩大了1倍，增强了对下游护城河补给水的能力。

② 更加辽阔的清澈水面，以及浅水区生长的水生植物和在此栖息的鸟类和水禽，构成了生机盎然和水景优美的生态景观，将成为二里河水库的重要的游览休闲区。

③ 新增的浅水湿地及在其中生长的芦苇、香蒲、荷花等挺水植物、浮水植物和垂柳、绿竹等耐水树木及在其根、茎、叶上附着生长的生物膜以及野生的鱼类、虾、蟹、螺等，水禽、鸟类等，由此形成多条交错的食物链（网），它们在太阳能辐照提供的初始能源推动下，水体中污染物，包括有机、营养、农药等污染物，通过在食物链中降解、同化和逐营养级的迁移转化，最后使水体得到净化，可使其水质达到地表水环境质量Ⅳ类标准（主要指标）；同时，污染物通过食物链中的迁移转化，最后以水生植物、鱼、虾、蟹、鸭、鹅等产品实现资源化。

由于该库区扩容后，水体面积较大，相应大风时风浪较大，对其周围堤坝冲刷力较强，需要在堤坝迎水面作生态砌石（具有一定的透水性）护坡；而在设计水位线以上的迎水坡面，要做草皮护坡和种植亲水灌木和垂柳护、绿竹等护坡，防止雨水径流冲刷，还要做到防波和景观两者兼顾。

16.5.2.4　二里河水库南区出口—二里河村—兰州路河段

从二里河南区出口（翻板闸）经二里河村至兰州路桥河段，经胶州西路至兰州路桥，全长

图 16.91　二里河水库南区出口—二里河村段改造后效果

1391m，设置水质净化段。为此，在护城河兰州桥南上游10m处建造一座4m高和40m宽的翻板闸，以形成2～4m水深的净化河段。其末端溢流瀑布跌水，在加州西路桥上形成一道优美的水景，而且为下游河道曝气增氧，使其保持好氧环境和河水的稳定（图16.91）。

该河段在兰州路桥的上游河段河道较窄，12～36m，平均宽度为25m；尤其是二里河村小桥以南有6排住房伸入河道，使河道变窄至12m。这一"瓶颈"将成为行洪的拦路虎和祸害，一旦发生大洪水，必将因堵塞河道顺利泄洪而使附近地区大面积淹没，二里河村本身也会首当其冲地遭殃，而且祸及近邻如西区新村等。因此，必须强行拆，恢复该处原河段的宽度。

(1)护坡改造

现在河两岸用块石砌筑的垂直河堤，太人工化，而且破坏了自然生态，阻断了地表水与地下水相互间的交换。这种两面光的河岸加上河道中很少的水面且灰黑发臭，令人厌恶。因此，建议拆除这些石砌垂直护坡，最切合实际的做法是将浸水的砌石护坡保留，而将水面以上的砌石护坡拆除，改为斜坡，进行草皮植被，以及种植垂柳、冬青、绿竹等亲水、耐水树木。为此，需将其外侧的绿地和二里河公园部分绿地纳入斜坡建造所需的土地中，进行生态护坡和景观改善。

(2)彻底清淤

应将河堤沉积的淤泥彻底清除，抽送到附近空地进行浓缩和脱水，然后运送到低洼地中作土壤改良剂，其上覆盖一层土壤，在其上种植树木和花草，形成新的绿地。河底铺垫生态石。将从垂直护坡上拆下来的石块，铺垫于河底近岸的浅水（水深 $h \leqslant 1m$），作为生物膜附着生长的载体。在河水中待数日之后，其表面就被绿色生物膜覆盖而具有很强的净化河水的能力。

护城河胶州路至兰州路段治理前后情况如图16.92、图16.93所示。

(a)	(b)

图 16.92　护城河胶州路至兰州路段治理前情况

(a)	(b)

图 16.93　护城河胶州路至兰州路段治理后景观

16.5.2.5 兰州路桥至杭州路大桥河段

该河段从兰州路桥经寺门首路（西湖公园周边）至杭州路大桥，全长 1249m。在护城河杭州路大桥上游 10m 处，建造翻板闸一座，高 4.5m（标高 11.20m）、宽 50m。通过这座翻板闸平时关闭拦水，使河道水位升高 3m，水面距河岸地面相差平均 1m，翻版闸附近可能仅为 0.5m，创建了亲水环境。3～4m 高的溢流跌水瀑布成为杭州大桥上的壮观水景。同时也为其下游河段的河水提供了丰富的溶解氧，使河水保持好氧环境和强的好氧生物降解和净化能力。护城河寺门首路段治理前情况如图 16.94 所示。

图 16.94 护城河寺门首路段治理前情况

（1）彻底清除河底淤泥

整个河段底泥淤积严重，必须进行彻底清淤；用机械（污泥泵、泥砂泵等）与人工清挖相结合，送到附近空地，进行浓缩与脱水，最好使用可移动的（机动车装载）板框压滤机（全自动或半自动操作），将清除的淤泥压滤脱水成干泥饼，其固体含率高达 40%～50%，相应其体积减少至原来淤泥的 1/10 甚至更少。这些变干的淤泥可送到附近公园、绿地、苗圃、林场或空闲土地，用作土壤改良剂或有机底肥；也可堆成假山，其上种植树木和花草。

（2）沿岸建造污水截流干管，将排入河道的污水全部截流

该河段污水排放口较多，应沿河岸铺设污水截流干管，将排入河道的污水全部截流，并将截流污水送到城市污水处理厂进行处理。

（3）改造河道护岸使其生态化

该河段全部是垂直砌石护岸，既破坏了生态影响河道地表水与其两侧的地下水的相互交换，又影响观瞻。翻板闸建成运行后，该河段水位上升，大部分砌石护岸将被淹没，建议将水位线以上的砌石护岸拆除，改成斜坡生态护岸，其上种植优良品种草和种植亲水和耐水树木如垂柳、冬青、竹子等。这种河道淹没于水中，垂直砌石护坡与水面上的斜坡生态植被相结合的复合护岸形式，是城市河道最通用的护岸方式。

此外，在较宽的河段（如河道宽度≥40m），在垂直砌石护岸的水面下最好用块石（最好是多孔混凝土砌块）和砂土砌筑浅水带，其上种植生长挺水植物如芦苇、香蒲、荷花等，也为鱼、虾、蟹、螺等提供了栖息场所。这既改善了生态景观，又形成了良好的生态系统，对河道水体起良好的净化作用。

胶州河道生态护岸的建造，应当在学习和借鉴其他城市经验的基础上，根据自身的特点有所创新和独到之处，最好是把生态护岸做得更接近自然，而不要过于人工化。胶州市护城河和云溪河下游原生态自然护岸仍然保留完好，使人有返璞归真之感。在做河岸生态护坡方面应当尽量追求这种自然生态效果（图 16.95）。

图 16.95　护城河改造后生态护岸景观

(4)安装布设河道曝气增氧设施

曝气增氧是使河道水体保持好氧环境，使其水质保持稳定而不变坏和恶化的最主要的保证措施。为此，在该河段每隔 100m 安装一台曝气机，其功率根据河道水体宽度不同取为 5～10kW。也可采用泵和管道、喷嘴等联合系统建造喷泉、涌泉、假山瀑布等曝气设施，其景观效果更好些，但是能耗比曝气机要大些。

(5)浅水区生态石和深水区仿水草软性填料

在水深≤0.5m 的浅水带，种植挺水植物芦苇、香蒲等；在水深 0.5～2m 带，铺垫生态石；在水深＞2m 的深水区，装填仿水草软性填料。河道水体中所含的藻类、细菌和悬浮物（如黏土等）都有在耗能最小的场所生存的特性，这样它们大都附着生长在生态石、软性填料和芦苇、香蒲等的根、茎上，同时进行生物降解、同化和净化，从而使河水得到净化和澄清。通过上述综合治理措施，河道水体的水质可达到和保持地表水环境质量Ⅳ～Ⅴ类标准，而且该段河道水体变得充盈丰满、清澈亮丽（图 16.96）。

图 16.96　寺门首路—杭州路大桥净化河段治理后景观

16.5.2.6　杭州路大桥至常州路桥下游水寨绿地翻板闸河段

该河段从杭州路大桥（翻板闸）经广州路桥、再经福州路桥最后到水寨绿地的翻板闸处（见图 16.97），全长为 1765m；该河段宽 28～45m，平均约 30m。其中杭州路桥至广州路桥一段，为砌石垂直护岸，其上斜坡种植草皮植被和种树。广州路桥下游河段则为自然斜坡河岸，其上有草皮和树木植被，但参差不齐。河道淤积严重，多处河段长满芦苇，河道水量很少，多处干枯。为此，采取如下措施进行综合治理。

图 16.97　翻板闸实景

（1）翻板闸

在水寨绿地建造一座翻板闸（高4m，顶端标高8.50m），其作用：一是提高该河段的水位，使全段水深从起端2m至末端4m。平均水深为3m，为该河段提供必需的净化和景观水体；二是在水寨绿地水塘的起端河道断面建造翻板闸，提高水位，使河水自流入水塘中，在其中对引入的河水进行强化净化，使出水水质达到地表水环境质量Ⅳ类标准，同时改善水寨绿地及其水塘的景观（详见16.5.2.8）。在该翻板闸关闭拦水运行时，起到跌水曝气增氧效果，水进入下游的河水DO浓度显著上升，经实际测量，翻板闸上游河水DO浓度为3.85mg/L，翻板闸下游河水DO浓度为7.33mg/L，上升了3.5mg/L。

（2）清除河底淤泥

彻底清除河底淤泥，直到见到自然河底为止，并予以平整。具体清淤和清除淤泥的处理与处置方法同前节所述。

（3）改善河岸护坡

翻板闸运行提高水位后河岸护坡大部分将被水淹没，而且发洪水时会对河岸护坡强烈冲刷，易于塌坡。必须采取有效的护坡措施。在保持自然坡度草皮植被的基础上采取生态护坡措施，提高其耐水浸泡和抗洪水冲刷能力。为此采用如下护坡措施。

1）自然原型护岸　其做法是采用发达根系固土植物来保护和增强河堤的生态构造。采用发达根系植物护岸固土，既可以达到固土保沙，防止水土流失，又可以满足生态环境的需要，还可进行景观造景。

可供选择的护岸固土植物主要有沙棘、刺槐、黄檀、池杉、龙须草、金银花、油松、黄花、常青藤、蔓草等，可以根据该地区的气候选择适宜的植物品种。还可种植柳树、白杨、水杉等喜水植物，由于其发达的根系稳固土壤颗粒增加堤岸的稳定性，加之柳枝柔韧，顺应水流，可以降低流速，防止水土流失，增强抗洪、保护河堤的能力。

河岸种植绿竹护坡也获得成功经验。洪水经过河岸绿竹林区时，在绿竹林的拦截下，流速大大减慢，减小了水流对土表的冲击，减少了土壤流失。另外，河岸种植绿竹护坡加速了洪水中土壤颗粒的沉降固定，就如栅栏，具有过滤拦淤、固土作用。而且，绿竹林试验区土壤有机质含量高，结构好，吸附能力强，固土效果好。胶州市绿竹资源丰富，可以大面积种植绿竹护坡。在河堤迎水坡泄洪水位（二十年一遇洪水）之上的自然斜坡上一级岸上的沿河绿化带，可将从河底挖出的淤泥与土壤混合作基质土并在其上种植绿竹、垂柳、美人蕉、常青藤、蔓草等。形成多种亲水植物的复合护坡和护岸。

2）人工自然型护岸　人工自然型护岸做法，不仅种植植被，还采用天然石材、木材护底，如在坡脚设置各种种植包，采用石笼、木桩、钢筋混凝土桩等护岸，斜坡种植植被，实行乔灌结合，固堤护岸。在此基础上，再采用多空透水性混凝土等材料，确保大的抗洪能力。选用耐锈蚀的喷塑铁丝网笼与碎石、营养土组成的复合种植基，既能长出茂密的护岸植被，又具有很强的抗冲刷能力、整体性好、适应地基变形能力强，又能满足生态型护岸的要求，此种材料可以保证河流水体与边坡土体中地下水之间正常交换，利于水生动植物的生长，并满足河道洪水期抗冲刷的需要。这种材料不仅有利于水草、鱼类等的生长栖息，而且适应地基变形、施工简单、相对廉价。传统的护坡，一般采用浆砌石块或浇筑普通混凝土的建造方式。护坡给人以生硬、粗糙、灰冷的视觉感受。这种护坡破坏了原有的生态环境，水生植物不能正常生长而消失，阻断了河道地表水体与其两岸地下水体的水的相互交换与补给，导致天然河堤的生态功能被彻底破坏。生态（多孔）混凝土护岸，能够在其孔眼中生长草类植被，并为细菌、藻类、原生动物、后生动物、螺、虾、蟹、鱼类等提供了栖息场所，能恢复物种的多样性和生态的多样化。多孔混凝土中由于连续孔隙和微生物的存在，通过物理、化学、物理化学、生化以及生态食物链等的综合作用，可以有效地降解和消除有机和营养等污染物质，并通过它们在食物链中的迁移与转化，这些污染物最后以水生植物如芦苇、莲藕、鱼、虾等水产实现污染河水净化的资源化（见图 16.98）。

(a) 施工完成后的护岸　　　　　　　　　　(b) 1年后的生态护岸效果

图 16.98　多孔球型生态混凝土处置护岸施工完成与 1 年后的生态护岸效果图

近年来国内外不同形式的多孔生态混凝土获得迅速的发展，已经广泛地应用于河道斜坡护岸。这种多孔生态混凝土单体砌块在工厂预制然后到现场拼砌施工而成。由此形成菱形、圆形等形状的孔眼，孔眼中放置营养土并种植草种。数月后便可全部被长满的绿草覆盖。这些形式的多孔生态混凝土块拼砌护岸，既保持了良好的景观效果，又增强了抗洪水冲刷的能力；而且还保持了良好的渗透性能，能保证河道水体与其两岸地下水体的相互交换与互补（见图 16.99）。

(a)　　　　　　　　　　　　　　　　　(b)

图 16.99　胶州河道护坡景观

建议胶州河道长期浸水和十年一遇洪水淹没的河堤，采用多孔圆球形生态混凝土拼装砌筑，在水下它既可作生态石，又能够有效地护堤。在十年一遇至五十年一遇洪水位之间的河堤，采用菱形孔眼生态混凝土护岸；五十年洪水位线以上的河堤，采取自然植被护岸即可。

(4)生态石与仿水草填料

为了提高河道水体的生态净化效果，在该河段也采用多层次生态构造布设在水深 $h \leqslant 0.5m$ 的近岸浅水带种植挺水植物芦苇、香蒲等，它们具有很强的水体净化能力，又有良好的河道水体景观，还有缓冲洪水对河道的冲击效果；在水深 $0.5 \sim 2.0m$ 的水域，铺垫生态石。可采用以石灰石或白云石为骨料的多孔生态混凝土圆球形或蛋形人工生态石，在其表面不仅能形成丰满的生物膜，能有效地生物降解和消除有机污染物，其骨料溶出的该粒子能与河水中的磷酸盐形成难溶的羟基磷灰石沉淀而使河水中磷减少，能控制河水的含磷量过高和富营养化，从而能防止藻类的过渡繁殖与爆发（水华）。在水深 $h > 2m$ 的深水区，应装填布设仿水草软性填料，以增强深水区的河水净化能力。

(5)曝气增氧设施

在该河段也采取每隔 100m 安装设置曝气增氧设施，或者为潜水曝气机，或者为水泵与管道、喷嘴等喷泉或涌泉曝气系统，也可采用水泵、管道与假山组成瀑布曝气系统。后种曝气形式会构成更美的水景。在人口密集的商业区和居民区河段可采用这些水景曝气设施。

经综合治理后的杭州路大桥翻板闸至常州路桥下游净化河段的景观如图 16.100 所示。

图 16.100　杭州路大桥翻板闸至常州路桥下游净化河段治理后景观

16.5.2.7　西湖水质净化工程

西湖是护城河中游最大的河边湖泊，并与护城河连通。它接受来自河道补给水净化渠至东渠压力管道输送来的净化补给水 $6 \times 10^4 \, m^3/d$，并在其中进行进一步净化。西湖公园治理前全景如图 16.101 所示。为此，在西湖水体中建造云溪河和护城河两条河道的上中游补给水净化工程。在云溪河与护城河汇合后的下游河段，还接受来自东渠补给原水净化工程的 $4 \times 10^4 \, m^3/d$ 的补给水量。

图 16.101　西湖公园治理前全景

西湖补给水净化工程主要措施如下：

① 在护城河至西湖的两个入口处各自建造一座翻板闸，闸高 4m，以保证西湖的平均水深为 3m。将用压力管道（$DN1200$）从东渠补给原水净化工程的出水端输送来的净化补给水截留在西湖内进行进一步净化，最后净化水从下游末端的翻板闸 2（其顶端标高比翻板闸 1 低 0.1m）溢流进入护城河，作护城河和云溪河的景观补给水；在西湖内预先对湖底清淤，将清除的底泥在西湖公园的绿地中堆成假山并覆盖植被。

② 在西湖湖底，等间距地布设安装潜水式环流曝气机，以保证进入的补给水在西湖中处

于好氧状态，其中的停留时间（HRT）为 1d。设置潜水环流曝气机是因为其产氧效率高 [$\geqslant$ 2kgO$_2$/（kW·h）]和氧的利用率高（在水深 $h=4$m 时为 20%）。而喷泉曝气只有$\leqslant$10%。而且潜水曝气的景观也很好，类似涌泉。为了使西湖处于好氧状态并对有机物进行好氧降解与同化，并维持 DO$\geqslant$4mg/L，每立方米湖水水体的曝气比功率为 $P=1.5$W/m^3，西湖水体总体积为 60000m^3，则曝气机装机总功率为：$P_t=1.5\times60000/1000=90$（kW）；在全湖中布设 7.5kW 功率的潜水环流曝气机 12 台。

③ 在西湖浅水区，即 $h<2$m 的水域（湖近岸水域）铺垫较大的砾石和卵石，在运行中起表面会形成絮绒状的生物膜，如图 16.102 所示。其表面上形成丰满生物膜的生态石，具有很强的净化污染水的能力，通过其中所含大量的藻类的光合作用而产生大量的初生态氧，为所在的湖水提供好氧环境，为其中好氧菌对池塘水中有机污染物的氧化降解以及氨氮的硝化提供所需的氧量，并使湖水保持清澈透明。

(a) 卵石   (b) 生态石

图 16.102 铺垫的原初装卵石和水体净化运行后形成的生态石

④ 在西湖深水区（$h\geqslant2$m）装填仿水草软性填料，或呈花束状，借助其上附加的浮漂使其在湖水中处于悬浮状态。这种由合成纤维纺织成的辫带式仿水草填料，其表面是由无数密集的卷曲细纤维组成的，具有很大的比表面积，且具有极好的亲水性，能吸附水中的悬浮物、藻类、细菌等而迅速形成生物膜，它由藻类、细菌、原生动物和后生动物组成，具有很强的好氧（表面）和兼性（生物膜内部）降解能力，能有效地降解湖水中的有机物、营养物，能进行氨氮的硝化和反硝化，也能通过藻类的光合过程和细菌的氧化降解与同化过程，通过参与藻类和细菌新细胞的合成而使湖水中的无机磷和无机氮减少。

⑤ 生态石和仿水草辫带式填料，都能高效地吸附去除悬浮固体（SS）而使湖水澄清透明。在西湖中放养些观赏鱼类如红鲤和锦鲤等，由此延长食物链，可进一步提高湖水的净化效果和减少底泥的积累量。在湖边建造 10000m^2 的表流-潜流复合人工湿地（SF-CW＋SSF-CW）：在西湖四周的西湖公园绿地上设计建造复合流人工湿地，其上铺有砾石、粗砂和中砂等组成的滤床，在其中种植美人蕉、芦苇、香蒲、竹子等亲水植物。污染轻的水在这种型式的人工湿地的水力负荷取为 $q=2$m^3/（m^2·d），因此，10000m^2 面积的复合流人工湿地的处理能力为 2×10^4m^3/d，可对进入西湖的补给水 6×10^4m^3/d 的 1/3 进行湿地深度净化（图 16.103）。

通过上述综合净化措施，西湖的最后出水水质其主要指标可达到地表水环境质量标准Ⅳ类标准。在西湖净化的补给水在其下游末端的水位较低的 2$^{\#}$ 翻板闸溢流而出进入护城河和云溪

图 16.103 西湖改造后全景

河；两条河均分补给水流量，各为 $3 \times 10^4 \, \mathrm{m}^3/\mathrm{d}$（图 16.104、图 16.105）。

图 16.104 西湖补水点实景

图 16.105 补水后局部实景

16.5.2.8 水寨绿地翻板闸—扬州支路前翻板闸水质净化河段

该河段为护城河的最下游，其末端与云溪河交汇（在扬州支路处），然后汇入云溪河下游。该端河道全长 906m，河道宽 39～56m。该河段全部自然河堤，无砌筑护坡。草皮植被护坡，两岸种植柳树和杨树，较整齐。其最大特点是河水太少，有些河段（如福州路桥以东）满河芦苇很不雅观。此外污水排放口较多，而且排放污水量较大（图 16.106）。为此，应做如下综合治理措施。

(a) 桥西河段   (b) 桥东河段

图 16.106 护城河福州路桥西河段和护城河福州路桥东河段

(1)铺设沿河污水截流干管

将沿河排放污水全部截流入截流干管中，然后将截流污水送到污水处理厂处理。

(2)彻底清除河底淤泥以及在其上生长的芦苇

由于污水排放提供了营养源，促使河道芦苇过度生长与繁殖，芦苇能大量吸收污水和底泥中的有机物和营养物并使其净化和矿化。但是它在河道中腐烂之后所造成的二次污染，比排入的污水还要严重。因此，必须清除底泥和满河道的芦苇这两大次级污染源。

(3)对河道两岸河堤进行生态护坡

自然斜坡河堤在被水淹没或发洪水时容易坍塌，必须予以加固处置。建议采用生态护坡措施：在被河水淹没部分河堤，采用多孔圆球形砌筑护坡构造；在其上面的河堤采用菱形孔眼混凝土块砌筑构造；在五十年一遇洪水位线以上采用自然斜坡河堤草皮植被既可。最好采用多种草本植物植被，包括蔓科植物植被。护城河生态护坡实景如图16.107 所示。

图 16.107 护城河生态护坡实景

(4)在末端（交汇口前）建造一座翻板闸

在河城河末端（交汇口前）建造翻板闸一座，宽 60m、高 4m、标高 6.50m。建造翻板闸形成的净化河段平面和实景如图 16.108、16.109 所示。在这座翻板闸建成运行后，平时处于垂直关闭状态，将该河段水流拦截，河水注满后从翻板闸顶端溢流出水。由此形成 2m（杭州桥处）至 4m（扬州支路桥上游翻板闸前）水深的河道水体，用于该河段水体的净化工程的建造和为景观提供清澈和充盈的水面。

(5)河道水体生态净化介质布设

这一河段有较多污水排入其中，附近商业区和密集居民区的街道、广场、市场等处雨水径流污染也很严重，沿河污水截流干管建成运行后，大部分污水将被截流送至城市污水处理厂进行集中处理；但是仍然会有部分污水排入该河段中，而雨水径流则会挟带其沿途冲刷的污物和

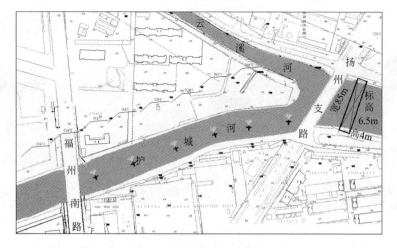

图 16.108 护城河末端（扬州支路前）建造翻板闸形成的净化河段平面

图 16.109 护城河末端（扬州支路前）建造翻板闸形成的净化河段实景

垃圾倾泻入该河段中。降雨时接受雨水径流的河道，其污染状况要比旱季不降雨时更为严重，尤其是平时有再生水补给的河道，雨水径流造成的污染比平时严重得多。因此，必须布设生态净化设施：在近岸浅水区，约 5～10m 宽的浅水带（水深 $h \leqslant 0.5m$），种植挺水植物芦苇、香蒲等；在水深 0.5～2.0m 的水域，在清淤彻底的河底铺垫生态石；水深 $h > 2m$ 的深水水域装填仿水草软性辫带式填料。它们都能捕集和吸附水中的悬浮物、藻类、细菌、原生动物、后生动物等而在其表面形成生物膜；此外，在曝气好氧的环境中，在河道水体中还有鱼、虾、螺、蟹等和野生水禽等，或者放养适量的鸭、鹅和观赏性鱼类，如红鲤、锦鲤等。它们联合作用，能有效地降解和同化有机和营养污染物，以及在食物链中起物质和能量的迁移和转化，最后这些污染物以转化成水生植物（芦苇、香蒲、莲藕等）、鸭、鱼等水产品而实现河水净化的资源化。同时河水得到净化和澄清。净化后河水可达到地表水环境质量Ⅳ～Ⅴ类标准。

(6)曝气增氧设施

该河段地处商业区和人口密集区，沿河街道行人较多，而且在护城河与云溪河交汇的三角地带，规划建造一座三面环水的公园，在河段以建造水景曝气设施为宜。建议在该河段，每100m 单元河段中建造 30～40m 长的喷泉、涌泉或/和河岸假山瀑布等形式的曝气设施。应当强调指出，为了保障河岸行人的健康和安全，不宜采用高程喷泉曝气，这样容易使细菌（包括病原菌）气凝胶扩散而影响附近行人和游人的健康和安全，而且会增加河道水的蒸发损失，以采用涌泉（水柱高 1～2m）和假山瀑布曝气增氧为宜。

16.5.3 云溪河水质净化工程方案

16.5.3.1 云溪河水质净化工程方案概述

云溪河主河道起源于西湖公园，从西湖公园至少海滞洪区入口全长 7587m，河道断面宽度 9～101m；其上游河段从西湖公园经杭州路、鸡蛋市街小桥、安乐桥、云溪桥、福州南路四清水闸至扬州支路与护城河交汇处，全长 3368m，河道狭窄（9～40m），河堤全为石块砌筑护岸。这一河段淤积严重，河水很少，有些河段满河芦苇。该河段有很多雨水径流排放口和一些污水和工业废水排放口。河道污染严重。污水必须尽快建造沿河截流干管将其截流，并将截流污水送至城市污水处理厂处理；工业废水也应在厂内进行必需的预处理并达到排入城市下水道标准后排入城市下水道和沿河截流干管，与生活污水一起送入城市污水处理厂处理。云溪河下游，从扬州支路两河交汇口至少海入口，全长 4219m，河道变宽，33～101m，平均河道宽 71m。该河段全为自然斜坡河堤，无砌筑护岸，且其岸边（尤其是南岸）有较多的低洼湿地和水塘，是净化河水的理想场所，应当予以利用。

云溪河各段治理前情况如图 16.110～图 16.112 所示。

图 16.110 云溪河上游嘉树园段治理前情况

图 16.111 云溪河中游段治理前情况

图 16.112 云溪河下游段治理前情况

(1)雨水径流净化与控制

1)雨水径流预处理 雨水径流是该河段的主要水源，也是主要的污染源，必须在其排入河道前进行必要的预处理。建议采用能高效去除雨水径流挟带污物的水力旋流分离器用以去除泥沙和垃圾污物等。为此，在主要的大口径雨水排放管或渠的末端出口处建造水力旋流分离器。

这种防堵塞技术用于暴雨径流处理，是在暴雨径流排入主要水道之前进行筛分离。暴雨径流水是一种变化很大的进水水流，根据降雨时的位置和持续的时间从滴滴雨水到大雨倾盆，其流量变化很大。暴雨水挟带的物质是在边沟中、地面上、停车场上和垃圾箱中常见的废物。此外，还会有草、树枝、树叶、砂和其他沉淀物，水力旋流筛网分离器能够截留下这些物质而不发生堵塞，并保证在设计流量范围内正常的运行。

2)雨水径流净化设施 云溪河下游有较多和较大面积的低洼湿地和水塘可供雨水径流净化之用。仅胶黄铁路—泉州路—海尔大道云溪河段（1434m）南岸 5 个塘区及其余的低洼地约 $11\times10^4 m^2$，按平均水深 2m 计算，有效体积 $22\times10^4 m^3$。按水力停留时间 HRT＝1d 计算，每天可处理和净化雨水径流量 $22\times10^4 m^3$。可以接纳和净化云溪河流域中雨时的全部径流量和大雨时的大部分径流量；可以接纳和净化小雨至暴雨的初期雨水径流量并予以净化。雨水径流净化系统主要采用去除泥沙和大块污物的预处理设施，如水力旋流筛网分离器、沉淀塘、地表径流湿地和最后净化塘等单元串联组成。

此外，海尔大道至柳州路河段（1554m）的南岸，原来的污水处理塘系统有的已被征用填埋作房地产，剩余的也在作房地产土地。但是，为了保护云溪河的生态环境与景观，以及作为雨水径流的净化设施，建议保留 $20\times10^4 m^2$ 的水面，建造水景公园，既可以作为景观湖又可以作为雨水净化湖。

3)雨水径流控制措施 降雨时应尽量减少雨水径流量，为此应采取措施来增加雨水渗透率，如铺设渗水率高的路面、广场、人行道、停车场等；公园、绿地尽量减少硬质不透水地面，已有的硬质不透水地面改为透水性好的地面。由此增加了雨水往地下的渗透量，相应减少了雨水径流量以及往河道的排泄量和其挟带的污染负荷。

4)居住小区的雨水收集、净化与利用 现在许多居民小区都建造了屋顶雨水收集系统，如屋顶雨水收集与排泄竖管与汇流地沟等，将小区屋顶雨水和广场、路面的雨水径流收集和净化，并将净化雨水用作小区景观池塘补给水、游泳池补给水、冲厕用水、浇洒绿地用水和洗车用水等。这比生活污水处理与再生的基建投资和运行费都要便宜得多。因此，在胶州市居住小区和公共建筑（如体育场馆、会展中心、宾馆、饭店、学校、医院、商店等）都应提倡和鼓励雨水的收集、净化与利用，如同鼓励推广太阳能那样并制定相应的鼓励政策。

5)大型建筑雨水收集、净化与利用 英国伦敦世纪圆顶收集的雨水首先在芦苇床中处理，这是污水三级处理中常用的一种自然处理方法，由于收集的雨水质量较好，在抽送至第一级芦苇床之前只需要预过滤。其处理过程包括两个芦苇床（每个床的表面积为 $250m^2$）和一个塘（其容积为 $300m^3$）。选用了具有高度耐盐性能的芦苇（*Phragmites Australis*），其种植密度为 4 株/m^2。雨水在芦苇床中通过多种过程进行净化：在芦苇根区的天然细菌降解雨水中的有机物；芦苇本身吸收雨水中的营养物质；床中的砾石、砂粒和芦苇的根系起过滤作用。芦苇床很容易纳入圆顶的景观点设计中，这是一个很好的生态主题。

(2)河道水质净化措施

1)翻板闸设置 由于云溪河下游河底坡降很小，从扬州支路到少海入口全长 4219m，河底标高从 3.32m 降到 1.71m，总坡降 1.61m，坡度为 0.038％。考虑到这一河段将来可行船游览，因此，在云溪河下游全河段（4219m）不设置翻板闸、其他形式的闸门或拦河坝，仅在云溪河末端的少海的入口处建造一座翻板闸。现在的少海入口太窄，在发洪水时容易阻碍洪水排泄。因此，拓宽云溪河入少海的豁口至100m，并延长和加高、加固现有的河堤，使河堤标高达到5.50m；翻板闸高3.5m，其顶端标高5.00m。这样，翻板闸建成运行后，平时垂直截流河水使其水位升高，最后从闸顶溢流跌水进入少海。由此形成的河道水体深度从开始（扬州支路）的1.68m至少海入口翻板闸前的3.29m。河底清淤平整后，上游水深可达2.0~2.5m，下游水深可达3.5~4.0m。在云溪河末端（少海入口）建造翻板闸，其作用主要有：a. 平时拦截河水，使其水位升高，增强其河道水体体积及自净能力；b. 洪水时能够顺利排洪，现在云溪河如少海的开口太小，发特大洪水时会有排洪不畅而有淹没云溪河两岸居民区和工业区的潜在危险，因此在云溪河末端在少海的入口处要扩大这个豁口至100m，以确保在特大洪水时能及时和顺利泄洪；c. 防止旱季由于蒸发严重和海水入侵而是少海水边的含盐量大的水进入云溪河，保护其淡水生态系统。

2)河堤生态护岸　云溪河下游在翻板闸关闭拦截河水后，其水位提高，比现在的河水位高出2~4m，相应两岸河堤迎水的自然土坡将大部分淹没于河水中，在长期河水浸泡和风浪的冲击下很难持久而会坍塌。因此，必须加固河堤护岸。要抛弃过去常用的硬质两面光的护岸措施，而坚持生态护岸的措施。

河堤多孔混凝土圆球体单层生态护岸示意如图16.113所示。

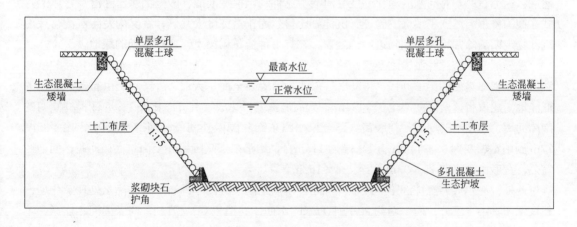

图16.113　河堤多孔混凝土圆球体单层生态护岸示意

多孔混凝土是一种具有生态效应的新型生态护岸材料，它集水土保持、生态修复、水体生态净化和抗洪水冲刷等效能于一体，从根本上克服了传统混凝土硬质护坡阻断地表水与地下水的交换、无法生长植被和令人厌烦不快的视觉等缺点，为微生物、水生植物和动物提供栖息空间，具有生物多样性效应、景观效应、水质净化效应、空气净化效应、除尘降噪效应、抗波浪冲击和洪水冲刷等，实现了护坡技术和生态环保技术的完美统一。

3)仿水草软性填料　在水深$h>2m$的河道水域，由于太阳光照难以穿透到水深2m以下的水域，其中的水生植物也就难以光合产氧，为了增加太阳光照投入水体的深度，必须增加河水的透明度和减少其浊度和色度，最有效的办法就是在较深的水体中装填生物膜载体填料，而在河道中不影响泄洪的仿水草软性填料是最理想的填料。

4)曝气增氧设施　在水深$h>2m$的河道水域，单靠河水表面大气进氧和水中藻类和其他水生植物的光合产氧，难以使河道水体全部处于好氧状态，有些部位如底层水域可能出现厌氧或缺氧，会使河道水体变质：变成灰黑色和发臭。这是我国许多城市中许多河道经常出现的现象。因此，河道水体深水区的人工曝气增氧是防止河道水体恶化的最有力的保障。人工曝气设施可分为两大类：一是专用曝气机；二是水景曝气，如喷泉、涌泉、假山瀑布曝气等，滚水坝、橡皮坝、翻板闸等顶端溢流跌水曝气也属于此类曝气设施。

曝气机是最常用的曝气增氧设备，其产氧功率高，对于潜水环流曝气机水深≥4m时，其产氧功率为≥$2kgO_2/(kW \cdot h)$；其氧的有效利用率≥20%。它与生物膜载体填料联合运行，能高效地去除河水中的有机和营养污染物，消除其黑臭，甚至使河水变清和生态改善。

翻板闸溢流跌水曝气以及其他形式的溢流跌水曝气，都能有效地增加河水的溶解氧。如果斜坡采取粗糙化处理，在斜面上嵌入许多突出的石块，河水流经斜坡时遇到突出的块石形成片片白色浪花，必将显著提高河水的 DO。

因此，胶州市河道中每座翻板闸溢流跌水曝气，不仅使过闸河水溶解氧增加，而且都将构成一道靓丽的水景。同样，管道与喷嘴构成的喷泉或涌泉曝气和假山瀑布曝气，都是曝气增氧与水景相结合的设施。

5) 拓宽河道、建造"沉淀净化湖" 胶州市云溪河中下游具有优越的条件在某些河段扩大河道宽度并适当挖深，用以建造"沉淀净化湖"，在其中对河水，尤其是雨季时对进入河道的雨水径流进行悬浮物沉淀和对其污染物的生物净化；同时水面扩大和风浪增强使大气水面进氧增加，这都有助于对河水的净化并使其澄清。这种利用扩宽河道，改变河水流速澄清水体的方式在德国鲁尔河得到了很好的验证，沉淀湖比鲁尔河正常宽度大几倍，在其中发生沉淀，底部沉淀物定期清除并将其送到附近岸边处置，在其上种植草和树木，形成美观的绿地。

在云溪河中游"胶黄铁路至泉州路东部队围墙外"河段，其南岸有 5 个水塘及其后的低洼湿地；在紧邻其后的另一河段："泉州路东部队围墙外至海尔大道"，其南岸也有较大面积的低洼地，建议将这两段河道全长1434m扩大河道宽度，建成"沉淀净化湖"，亦即拆掉原有的南岸河堤，建造新的河堤；在胶黄铁路至泉州路东部队围墙外河段，河道宽度由原来的 35～77m 到拓宽后变为 35～145m，其末端为 115m。泉州路东部队围墙外至海尔大道河段，河道拓宽后，宽度由原来的 75～93m 增至 114～162m。

此外，海尔大道至株洲路河段和株洲路至柳州路河段的南岸，有原来的污水处理氧化塘，建议保留其中一部分，两个塘约 20 万平方米的水面，建造景观-调节湖，与云溪河相连通。不宜全部填埋平整成土地开发房地产。

云溪河在少海入口前南岸也有一些塘河低洼地可供利用拓宽水面。实际上现在与少海紧邻的云溪河末端水面已相当宽阔，约 200m 宽。

16.5.3.2 云溪河主河道水质净化工程方案概述

(1) 云溪桥至四清水闸河段

云溪桥至四清水闸河段如图 16.114 所示。该河段及其上游河段，都处于云溪河的上游，全部为块石砌筑护岸，且河道较窄，河底淤积严重、有些河段满河道芦苇，河流断流，有水的河段也水量稀少，大都是一湾死水。因此，需要形成较充盈的水面，为此，在四清水闸的下游20m处，在大同绿地处，建造一座翻板闸，高 3.5m，宽 30m，闸顶标高7.50m。在该翻板闸关闭拦水运行时，上游河道中水位不断升高，直至达到和淹没翻板闸顶，并随后溢流跌水而进入下游河道，并进行跌水曝气增氧，水进入下游的河水 DO 显著上升，经实际测量，翻板闸上游河水 DO 含量为 2.61mg/L，翻板闸下游河水 DO 含量为

8.17mg/L，上升了 5.5mg/L。

图 16.114　云溪桥至四清水闸河段景观

由于翻板闸的节制，无论是旱季还是雨季云溪河上游始终处于多水状态，河道中有较深的充盈河水，水深 1～3.5m，平均水深 2m。满河芦苇和淤泥的现象将彻底消除，取而代之的是良好的河水景观。此时在云溪河上游全河段中形成水深 1m（最上游河段）至 3.5m（翻板闸上端）。在水深 $h>2m$ 的河段为保持河道水体好氧状态，需要设置曝气机进行曝气增氧。例如，在水深均大于 2m 的云溪桥至四清水闸和拟建的翻板闸河段，每隔 100m 安装一台潜水曝气机，功率为 5kW/台。旱季云溪河上游河段将接受来自其起端（西湖公园）的补给水 $(2\sim3)\times10^4 m^3/d$；雨季，将接受更多的雨水径流，流量介于 $(2\sim10)\times10^4 m^3/d$ 之间。在中雨至大雨时翻板闸将有不同程度的开启度，从不同程度倾斜开闸到暴雨时的完全开闸泄洪。

(2)胶黄铁路—泉州路东—海尔大道河段

建造"沉淀净化湖"，见图 16.115～图 16.117。

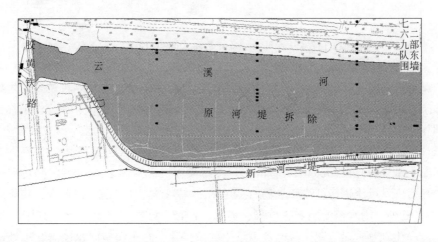

图 16.115　云溪河胶黄铁路—泉州路东河段拓宽建造"沉淀净化湖"示意

在"胶黄铁路至泉州路东部队围墙外"河段南岸，有 5 个水塘及其后的一片低洼地，在其后的"泉州路东部队围墙外至海尔大道"河段的南岸也有较大面积的低洼地可供利用。为此在这两个紧邻的河段，全长 1434m，拆除现有的南岸河堤，将其扩宽至将 5 个水塘及其后面的其余低洼湿地包括在内的新南岸河堤，成为岸河道路的一面斜坡河堤。北岸河堤不动，但是需要做生态护岸。其河道宽度：胶黄铁路至泉州路东河段从原来的 60～98m 拓宽为 147～165m；泉州路东至海尔大道河段从原来的 95～108m 拓宽至 162～165m。由此形成的宽河面使水流在其中流速变小，易于发生悬浮物沉淀，也容易形成较大的风浪，使水面大气进氧的数量增加，

图 16.116　云溪河"沉淀净化湖"实景

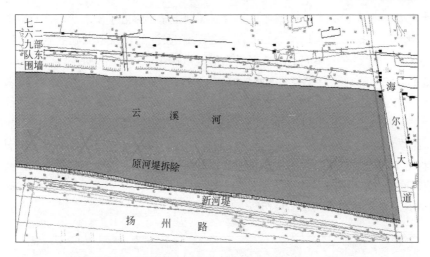

图 16.117　云溪河泉州路东-海尔大道河段拓宽工程示意

是天然的曝气增氧设施；此外，在这段 1.4km 长的宽阔河道水体中生存着较多的生物群落，构成许多条食物链，从而具有较强的生态净化能力。因此，根据其沉淀和净化作用称其为"沉淀净化湖"。

由于"沉淀净化湖"的主要作用是对流经的河水悬浮物（包括藻类、细菌、有机悬浮物、悬浮黏土颗粒等)进行沉淀和对有机和营养污染物进行生物-生态降解、同化和转化；在雨季主要是对雨水径流进行沉淀和生物-生态净化，其悬浮污染物沉积量很大，每年应清除底泥 1～2 次。此外，雨水径流携带的垃圾、树叶、树枝、叶相当多，且大都处于漂浮状态，应在"沉淀净化湖"末端设置拦截挡板予以拦截和去除。对于没有雨水径流专用处理设施的胶州市以及我国几乎所有城市，在其河道中建造宽河道的"沉淀净化段"是极其必要的。实际上雨水径流的沉淀与净化就在这样的宽河段中进行和完成，它对云溪河下游和少海起着重要的保护作用。

该"沉淀净化湖"河段，长 1434m，平均宽度 150m，平均水深 3m；过水横断面积为 $F = 150 \times 3 = 450 (m^2)$。按过水流速 $v = 0.02m/s$（细小悬浮颗粒沉淀流速，也是沉淀池的设计流速)计算过水流量： $Q = 450 \times 0.1 = 9 (m^3/s)$ （或 777600 m^3/d），即每天接纳 77.8 万立方米 （今 80 万立方米)雨水径流，也能像沉淀池那样沉淀去除 70%～80% 的悬浮颗粒。即使该"沉淀净化湖"接受 $1 \times 10^6 m^3/d$ 的雨水径流，其流速 $v = 0.026m/s$，仍能去除雨水径流中的绝大部分泥沙。此时，该"沉淀净化湖"的水力停留时间（HRT）为 19.92h，约 20h。其比通常的雨水沉淀池大得多，其沉淀效率也高得多。因此，河道中拓宽的"沉淀净化湖"对于雨水径流的沉淀和净化起着极其重要的作用；尤其是对于没有雨水径流处理设施而往河道中直接排放的雨水管道系统，河道中的雨水径流"沉淀净化湖"是不可缺少的。

在旱季，河水流量较小时，由于河水流速极其缓慢，$v < 0.01\mathrm{m/s}$。在补给水流量 $Q = 1.0 \times 10^5\,\mathrm{m^3/d}$ 的情况下，其水流速度仅为 $v = 100000/450 = 222.4$（m/d）（或 0.0026m/s）。接近于静止沉淀，河水中所有的悬浮物 90% 以上都将沉淀；同时该段水体中丰富的生物形成的多条食物链，能高效地去除河水中的有机和营养污染物，并使河水净化，使其达到地表水环境质量Ⅳ类标准。

(3)柳州路至少海生态净化河段

该河段为云溪河的最末段，生态净化工程段示意如图 16.118 所示。河道也较宽阔，在其南岸也有较多的水塘和低洼湿地可以将其进一步拓宽。现在自建成少海后，该河段实际已经拓宽，最末端河道水面约 200m 宽。

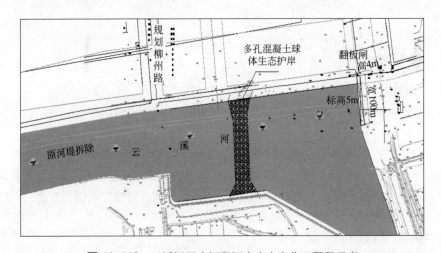

图 16.118 云溪河最末河段河水生态净化工程段示意

在该河段通过生态护岸（图 16.119），在河底浅水带（近岸水域）种植挺水植物和浮水植物如芦苇、香蒲、荷花等，在河道深水区装填仿水草软性填料，安装曝气机和/或曝气喷泉、涌泉等，放养滤食性鱼类（如鲢鱼）、草食性鱼类（如草鱼和鳊鱼）和杂食性鱼类（鲤鱼和鲫鱼）以及虾、蟹、螺等，放养鸭、鹅等，促进生物多样性，形成多条食物链，并由此构成复杂和稳定的生态系统。河水中的有机和营养污染物通过在食物链中的物质和能量的逐营养级的迁移和转化，在实现资源化的同时，使河水得到净化。在旱季和雨季，当河水流量 $Q \leqslant 5.0 \times 10^5\,\mathrm{m^3/d}$ 时，河水可被净化到地表水环境质量Ⅳ类标准。

在云溪河至少海入口处，将现在仅 30m 宽的豁口，拓宽至 100m，并建造宽 100m、高 4m 和标高 5.00m 的翻板闸。平时旱季翻板闸处于垂直关闭状态，拦截河水使其提高水位至翻板闸顶，然后多余的水溢流跌水进入少海。在云溪河的中下游河段（四清水闸下游 20m 处拟建的翻板闸至少海入口处拟建的翻板闸）河水水位升高，其水深范围从前端的 1.0m（清除底泥和平整河底后使河底标高下降 0.5~1m）至末段 4m（少海入口翻板闸前端）。

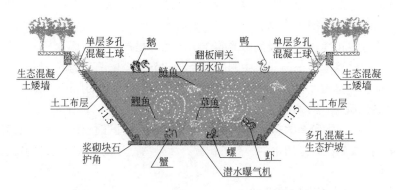

图 16.119 云溪河末段河道水体生态净化系统示意

16.6 监测与运营管理

16.6.1 项目概述

(1)项目内容

胶州市河道水质环保监测系统项目内容包括河道水质监测系统的安装、调试、试运行、培训等（见图 16.120）。

(2)项目范围

现场监测站平台（栈桥）的搭建，安装；现场监测站传感器及控制柜/箱的安装、调试；河道视频监控系统的安装、调试；监测站及监控中心通信光缆、电缆的敷设、安装、调试；监控中心数据采集系统的安装、编程及调试；数据云服务系统的开发及应用；包括以上所有设备/系统之间的联调、试运行及培训。

(3)水质监测参数

水质监测主要参数应包含表 16.7 的内容。

▫ **表 16.7 水质监测主要参数**

监测项目	取值范围	监测项目	取值范围
pH 值	0～14	浊度/NTU	0～1000
温度/℃	0～50	溶解氧/(mg/L)	0～20
化学需氧量(/mg/L)	0～500	电导率/(mS/cm)	0～100
氨氮/(mg/L)	0～20	液位/m	0～10

16.6.2 一般技术要求

承包商在与业主、设计和施工单位充分沟通，了解项目情况的基础上，对承包的设备（系统）的设计、安装、调试及运行所需的技术和设备材料全面负责，保证系统满足总体工艺要求的前提下，安全运行。

本技术规定不得被认为是详尽无遗的，无论规定与否，承包人应提供所有业主未提及的必要元件、器件、附件、设备和材料等，并在投标报价表中一一列明。

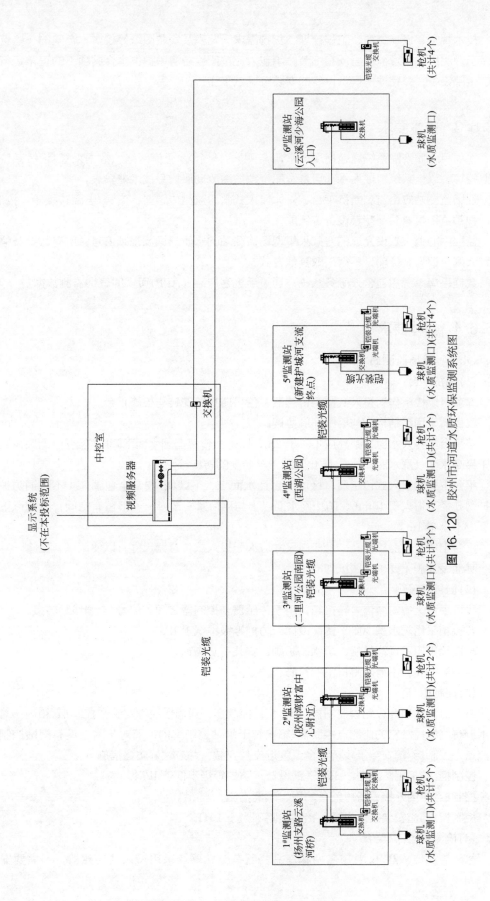

图 16. 120　胶州市河道水质环保监测系统图

技术规定、设计资料、工程计划、货物需求一览表及安装图纸等仅对本合同的一些特定特征做了说明，并非意欲涵盖所有细节。承包人应按照设备清单提供本合同项下的正常运行所必需的全部设备，并完成所提供设备的安装及调试工作。

16.6.3　技术要求

本项目水质监测系统应包括现场水质监测站（6个）、通信网络、数据采集/记录系统、视频监控等。以上系统组成为本项目基本配置，如需改动请填写技术差异表。

现场监测站应由监测断桥平台、一体投入式水质监测传感器、信号/电源转接箱、控制柜/箱、视频监控摄像头及配套设备等组成。

监控中心通过敷设光缆的方式采集现场监测站的水质数据及视频信号，所有数据及信号采用以太网协议方式传输，不得采取其他方式。

数据采集系统需包含云服务系统，通过手机客户端（APP)可实时查询监测数据。

16.6.4　具体要求

16.6.4.1　现场监测站

(1)栈桥平台

本项目以栈桥作为投入式监测传感器、信号转接箱安装与检修平台。

栈桥需采用钢结构，与周围环境协调。

该平台需伸入水面，距离应不小于2m，以防止传感器因水面下降触碰到河/湖底，高度需高于最高水面（涨水时）1m，防止安装于平台上的转接箱浸泡。

平台下安装投入式传感器，区域（包括水面上、下区域）安装全包围304不锈钢防护网，防护网孔径不得大于10mm。防护网水面以上与平台紧密连接，不得留有空间；水面以下伸出距离应不小于1m深。

平台上应有防盗检修孔，检修口尺寸应大于投入式传感器尺寸，以便调试、检修。

其他设计施工要求以图纸为准。

(2)信号转接箱

栈桥平台上应安装信号转接箱，用于传感器与控制器之间的信号/电源线路转接。

转接箱采用防水型304不锈钢设计，防护等级不低于IP54。

转接箱采用不锈钢材质，防水、防潮，安装有防盗锁。

转接箱的安装不得阻碍日常的检修、调试。

(3)控制柜/箱

每个监测站现场应配套控制柜/箱1套，控制器、通信模块等安装在控制柜/箱内。对于现场附近有闸站控制室的监测点控制柜/箱安装于闸站控制室内；而对于附近没有闸站控制室的监测点，控制柜/箱安装于栈桥平台或就近支架安装，并应做好防盗措施。

控制柜/箱采用防水型304不锈钢设计，防护等级不低于IP54。

控制柜/箱内外接设备应配备防雷、隔离措施。

控制柜/箱应安装接地设备，接地电阻不大于10Ω。

(4)检测传感器/仪表

水质监测传感器/仪表知名品牌产品。所有传感器均采用投入式传感器，不需要安装支架，投入水中连接电缆需有升降余量，以适应河/湖水位潮汐升降。

所有传感器需采用不锈钢耐腐蚀材料，以便长期使用。

1）酸碱度、温度（pH/T）检测传感器/仪表　pH/T 应采用在线式传感器/仪表，实时传送数据。采用投入式投入于河道监测点检测区。

pH/T 检测传感器需采用数字化传感器，提高抗干扰能力。

pH/T 检测传感器可检测 pH 值与水温值，输出信号应具备 4～20mA 或 ModbusRTU 通信信号。

pH 值检测范围为 0～14，温度检测范围为 0～50℃。

精度应≤0.1pH，　≤0.1℃。

分辨率应≤0.01pH，　≤0.2℃。

检测传感器/仪表具有保护电路，可防止雷击。

检测传感器/仪表应具有自检和补偿功能，可判断玻璃电极是否破损。

检测传感器/仪表防护等级应达到 IP68。

检测传感器/仪表电源电压应在安全电压范围内。

2）化学需氧量（COD）检测传感器/仪表　原理：采用紫外光吸收法测量，无需进行采样和采样预处理，无需化学试剂；必须采用数字化传感器；量程要求 COD 0～500mg/L；准确度≤5%，分辨率 0.01mg/L；响应时间 ≤1min，可调整；需带自动清洗系统；需有自诊断功能，有故障时输出警报信号；机械构造为光学镜片，无磨损件，保养省；输出信号应具备 4～20mA 或 ModbusRTU 通信信号。工作温度 －5～50℃。

防护等级应达到 IP68。

COD 检测传感器/仪表电源电压应在安全电压范围内。

3）浊度检测传感器/仪表　用于水中浊度的测量、显示和传送。量程 0～1000NTU，可自动切换量程；精确度：读数的 2% 以内；10NTU 以内时，误差不大于 1NTU；分辨率 1NTU；响应时间 1s（可调整）；需带自动清洗系统；需有自诊断功能，当系统有故障时输出警报信号；工作温度 －5～50℃。防护等级应达到 IP68。输出信号应具备 4～20mA 或 ModbusRTU 通信信号；SS 检测传感器/仪表电源电压应在安全电压范围内。

4）氨氮（NH$_3$-N）检测传感器/仪表　一体化数字传感器。测量原理为屯极法测量；测量范围 0～20mg/L；准确度 ≤10%；检测限 0.05mg/L；分辨率 0.1mg/L；测量响应时间 ＜5min；工作电极寿命 ＞12 个月；防护等级为 IP68；需带自动清洗系统；需带 pH 及温度自动补偿功能；输出信号应具备 4～20mA 或 ModbusRTU 通信信号；NH$_3$-N 检测传感器/仪表电源电压应在安全电压范围内。

5）溶解氧（DO）检测传感器/仪表　一体化数字传感器。

测量原理：荧光法，无需化学试剂，基本免维护；量程 0.00～20.00mg/L；分辨率 0.01mg/L；精确度 ≤0.3mg/L；重复性 ±0.1mg/L；24h 漂移 ±0.1mg/L；响应时间：90%＜30s，95%＜90s（20℃时）；温度补偿为自动温度补偿；环境温度 －5～50℃；输出信号应具备 4～20mA 或 ModbusRTU 通信信号；防护等级应达到 IP68；DO 检测传感器/仪表电源电压应在安全电压范围内。

6）电导率检测传感器/仪表　数字化传感器，多频率测量，数字滤波技术能够适应不同场合的应用。

量程 0.0～100.0mS/cm；分辨率 0.1mS/cm；精确度：1%FS；重复性 ±1%；　24h 漂移

±1％；响应时间 0.5min；温度补偿为自动温度补偿（0～60℃）；可靠性：MTBF≥1440h；环境温度 −5～50℃；输出信号应具备 4～20mA 或 ModbusRTU 通信信号；防护等级应达到 IP68；电导率检测传感器/仪表电源电压应在安全电压范围内。

7)液位计　测量河/湖水位。测量原理：超声波；量程 0～10m；精度，超声波式：1％；分辨率 1mm；防护等级 IP67；安装方式为支架；输出：4～20mA 或 ModbusRTU 通信输出。

8)数据采集控制器　数据采集控制器为现场传感器信号采集终端，采用模块化控制器，自带以太网接口及 RS485 通信接口。控制器须有必要的输入输出控制点，控制点数量不低于以下配置：DI 16，DO 8，AI 8，SI 2。

控制器采用进口知名品牌产品；控制器需具备扩展功能，方便输入输出及通信扩展；控制器具备以太网通信功能；控制器 RS485 接口需支持自由口及 ModbusRTU 通信协议；

9)不间断电源　现场控制箱及传感器电源取自 UPS 不间断电源，UPS 电源需满足以下要求。供电：市电，220V（AC），50Hz；容量：3kV·A；断电维持时间：60min；具备报警输出（开关量)功能。

16.6.4.2　视频监控

要求每个水质监测点安装视频摄像头，该视频摄像头采用高速、高清、防水网络球机，共计 6 个；沿河水闸安装视频摄像头，该视频摄像头采用高清、防水网络枪机，共计 21 个；各监测摄像头按照就近原则通过终端辅助设备接入水质监测点的视频网络交换机；市东渠沿岸摄像头直接通过光缆接入控制室；在各监测点及监控中心安装视频交换机；摄像头与水质监测点的视频网络交换机之间超过 100m 采用光缆连接，不超过 100m 以超五类网线连接；视频摄像头电源就近取电，优先取自附近闸站低压电。

视频信号通过通信网络连接至控制室视频服务器；视频服务器应采用视频综合平台管理主机，具备视频输出功能，以备接入大屏等显示系统；含万能解码板，存储服务等满足使用要求的功能。配备大容量存储硬盘。

网络球机基本参数要求：网络高速高清球机，不小于 300 万像素，红外摄像头，带补光灯。

网络枪机基本参数要求：网络高清摄像头，不小于 200 万像素，红外摄像头，带补光灯。

摄像头需配备相应安装立杆及相关不锈钢防水箱等附件。

16.6.4.3　通信网络

通信网络应采用以太网通信，监测点及中控室需配备网络交换机。

通信网络主要采用敷设光缆连接各监测站点与中央控制室；视频监控通过光缆接入视频网络；通信光缆要求铠装单模光缆，光缆芯数不低于 8 芯；视频光缆要求铠装单模光缆，光缆芯数不低于 4 芯；视频摄像头接入网络需安装光端机；现场监测点及监控中心通信网络交换机采用工业级管理型交换机，交换机接口不低于 2 光 6 电配置；远程数据采集/记录系统；监控中心的数据采集/记录系统应包括计算机硬件系统、软件系统、云服务、APP 等。

(1)计算机系统

监控中心计算机采用市场主流配置服务器。计算机显卡须具有双输出或 2 个显卡，以便输出图像至大屏。

CPU：至强 E55 及以上处理器；内存不低于 8G；独立显卡，显存不低于 2G；硬盘容量不低于 2T，固态硬盘；2 个以上 1000M 网卡；显示器不低于 23 英寸。

(2)监控软件系统

软件系统采用主流组态软件，具备数据采集、统计、记录功能。

1)主要功能　以总览地图的方式显示各监测站的位置与监测数据，可单独显示每个远程监测站水质各参数情况。

根据设定显示数据报警，数据报警可以通过不同方式提示，并可预设报警处理方式。

将监测站水质数据录入数据库，数据存储时间可达 10 年以上。

可生成实时、历史数据曲线，可显示各水质监测数据实时、历史变化情况。

具备数据查询功能，可按要求生成各种数据报表。

包含数据库软件，为监控系统提供数据库支持。数据库采用 SQLserver 数据库。

系统监控组态软件本身及相关文档均为中文版本。具有全图形化界面、全集成、面向对象的开发方式，使得系统开发人员使用方便、简单易学。功能覆盖广，软件组合灵活，高效性、内在结构和机制的先进性确保用户可快速开发出实用而有效的自动化监控系统。工程师/操作员站监控均基于 Windows 系列操作系统，且提供 Windows 下的在线帮助功能。使用该系列软件开发出的工程具备项目文件备份功能，并且支持工程文件口令保护。工程师站可对整个系统设置安全管理。支持使用用户，权限，优先级，安全区的方式为用户提供安全验证。

数据采集方面，同时支持与多个厂家多种型号 PLC 的通信，具有很强的兼容性，以方便项目硬件设备选型和以后硬件系统升级改造。

支持以分布式实时数据库为系统核心来构成一体化的分布式软件平台，支持客户端/服务器（C/S）架构，不同网络节点以分布式的数据源管理方式来进行信息交互。

系统具备稳定、灵活架构及扩展能力，客户端的添加不影响整体系统的性能，

具有完整的报警管理能力，可支持多级报警管理、声光等报警输出以及参数在线调整等功能。

提供多种编程语言供用户使用，并支持用户自定义函数的开发。

支持用户自定义功能和二次开发组件，可以集成第三方插件及可执行程序。

支持大分辨率的窗口图形显示，提供基于面向对象的模板化的可视化开发工具。

2)软件要求　中文版主流组态软件；正版 1024 点运行加密钥授权；含数据库软件，数据库以 SQL 数据库为基础设计。

(3)云服务

将监测数据接入云服务服务器，通过手机 APP 软件可随时登录查询监控数据。云服务器采用租赁方式，第一年云服务器租赁费用由系统供货商提供。

云服务提供商需具备长期提供云服务相关服务的能力；云服务器需采用当前主流配置；需提供云服务相关软件，为数据云服务提供软件支持；云服务通过 Internet 连接水质监测系统数据库。

(4)手机 APP 软件

为了从手机或平板电脑终端读取监测数据，需开发相应的 APP 软件。

APP 软件需适应不同操作系统的安装需要，包括 iOS 和 Andriod 系统，并统一界面；iOS 系统的 APP 需提供正规的 APPStore 下载渠道，iOS 系统手机不需越狱；APP 软件必须具备用

户名、密码登录功能，监控数据不得直接开放；APP 软件正式发布前需经过测试，系统稳定才可以作为最终版发布；APP 软件可查看实时监控数据，也可以按日期查询历史数据；APP 软件查询数据来自于云服务器。

16.6.4.4　线缆敷设

(1)敷设范围

具体敷设范围如下：

① 6 个现场监测站与监控中心主干通信网络。主干通信网络走向为：监控中心→1#监测站→2#监测站→3#监测站→4#监测站→5#监测站，监控中心→6#监测站。

② 现场视频摄像头与监测站之间视频监控网络。所有现场摄像头均引入就近现场监测站，即：视频摄像头→监测站。

③ 监测控制柜/箱电源电缆。对于附近有闸站的监测点控制柜/箱需安装在闸站中，电源引自闸站低压电；对于附近无闸站独立安装的控制柜/箱，电源就近取低压电。

④ 监测点传感器组供电电缆及信号电缆。监控传感器组的供电由监控控制柜/箱提供，信号通过信号电缆输入监控控制柜/箱。

⑤ 视频摄像头及辅助设备供电电缆。

承包人需查看现场，并按照敷设范围做实地勘测，各节点物理位置参考相关平面地图。

(2)敷设要求

1)工程内容

① 主干光纤网络。从监控中心布放 2 条 8 芯光缆分别至 1#监测站和 6#监测站， 1#监测站至 5#监测站按站点顺序布放 1 条 8 芯光缆。以上光缆均采用铠装、单模。

② 视频监控光纤网络。在监测点附近的摄像头如果与监测点之间布放距离超过 100m 敷设 4 芯铠装单模光缆；距离不超过 100m 敷设屏蔽超五类网线。同时，需完成摄像头及辅助设备（如光端机）供电电缆敷设。

对于市东渠监控摄像头，直接布放 4 芯铠装光缆至监控中心。

③ 控制柜/箱电源。对于附近有闸站的监测点，控制箱电源电缆采用 3 芯 3×2.5 电源电缆取电自闸站低压电；对于附近无闸站的监测点，控制箱电源电缆采用 3 芯 3×2.5 电源电缆取电自就近低压电。

④ 监测点传感器信号采集。从投入式传感器组布放屏蔽 2×2×1 信号电缆至监测点控制柜/箱。

⑤ 监测点传感器信号供电。从投入式传感器组布放 2×1.5 电源电缆至监测点控制柜/箱。

2)实施要求　本工程将按照邮电部通信工程定额质监中心颁布的《通信工程质量监督手册》规定的各项要求，认真做好各项质量记录，施工中各道工序均以《光缆作业指导书》（OG/GL—02—2001）、《光缆架设技术操作规程》为标准精心施工，认真做好三检工作，确保本工程的质量标准符合本地网通信线路验收规范（YD5051—97)及通信管道工程施工验收技术规范的要求。

本工程的主要材料为单模光缆及各种光缆辅材、适配器、溶接盘、溶接单元、尾纤、光纤跳线等器材。现场负责人在物资进入现场后必须进行检验，并进行记录确保工程中所使用的物资 100％合格。

本工程施工所需工程车辆、光缆施工机具、光缆接续和测试仪表以及其他施工工具均由施工方准备。测量设备在使用前必须经过检验，保证所使用设备是合格的。

① 光缆路由测量。工程施工前，以施工图为依据，按照施工路由走向测量。核对距离、敷设位置及接续点环境，要求安全可靠、便于施工、维护。施工单位根据学校管道路由及现场勘查确定走线方向。

② 光缆配盘与定制。光缆配盘时，按图纸要求，根据现场实际情况合理设置接头。布放时如有特殊情况，必须经建设单位同意后施工。所做改动标于图纸上，竣工图纸按改动后的实际情况绘制。在前期的工程勘测过程中进行相应的配盘来保证工期。在配盘结束后进行光缆的定制工作，包括光缆辅材等。

③ 路由准备。光缆敷设前必须按照施工图的要求完成路由准备工作，为布放光缆提供有利条件。布放过程中注意保护管道中其他通信设施，所用塑料管子不得在管孔内留有接头。

④ 光缆敷设。光缆布放全过程必须严密组织并由专人指挥。光缆布放过程中无扭转，严禁打小圈，光缆曲率半径不应小于光缆外径的 20 倍。布放后及时做好杆上和人孔内保护。各项技术指标必须达到或高于验收合格标准。

⑤ 光缆接续与安装。光缆的接续不仅包括光纤的接续、加强芯的连接，而且还包括铝护层和铜导线的接续等。光缆接续完毕，还需要将接头置入光缆接头盒中保护起来。光缆的接头盒是密闭体，具有密封防水性能，必要时可以充气或填充油膏。光缆接头接续时必须在局端进行监测，光缆全线接通后，对光缆进行双向测试，记录接头双向测试数值，如有不合格的进行返工，以达到或高于验收合格标准。

⑥ 光缆中继段测试。作为工程质量检验，中继测试包括光纤特性测试、盒光缆电气性测试。对光缆中继段衰耗进行全程测试时，应打印测试资料，作为竣工测试资料。

⑦ 成品保护。工程完工后必须做好成品保护工作，派专人进行定期检查。

⑧ 线缆工程竣工验收。光缆施工过程中做好随工检验并做记录，准备好各种竣工技术资料，以便竣工验收时查阅。工程竣工后由现场负责人整理竣工资料，保证所有资料的齐全，并且由技术负责人进行组织验收。

3）施工要求

① 一般规定

a. 光缆的弯曲半径应不小于光缆外径的 15 倍，施工过程中不应小于 20 倍。

b. 布放线缆时的牵引力应不超过线缆允许张力的 80%，瞬间最大牵引力不得超过线缆允许张力的 100%，主要牵引力应加在光缆的加强件（芯）上。

c. 光缆牵引端头可以现场预制。管道光缆或架空光缆可作网套或牵引头，为防止在牵引过程中扭转损伤光缆，牵引端头与牵引索之间应加入转环。

d. 布放线缆时，线缆必须由绕盘上方放出，保持松弛弧形，线缆布放过程中应无扭转，严禁打小圈、浪涌等现象发生。

e. 线缆布放采用机械牵引时，应根据牵引长度、地形条件、牵引张力等因素选用集中牵引、中间辅助牵引或分散牵引等方式。

f. 机械牵引速度调节范围应在 0～20m/min，调节方式应为无级调速，并具有自动停机性能。

g. 布放线缆，必须严密组织并有专人指挥，有良好的联系手段，禁止未经训练的人员上岗和在无联络工具的情况下作业。

h. 线缆布放完毕，线缆端头应做密封防潮处理，不得浸水。

② 管道

a. 按设计核对线缆占用的管孔位置，所用管孔必须清刷干净。

b. 人工布放线缆时每个人孔应有人值守；机械布放线缆时拐弯人孔应有人值守。

c. 线缆穿入管孔、管道拐弯或有交叉时，应采用导引装置或喇叭口保护管，不得损伤线缆外护层，根据需要可在光缆周围涂中性润滑剂。

d. 线缆一次牵引长度一般不大于1000m，超长时应采取盘"8"字分段牵引或中间辅助牵引。

e. 线缆布放后应紧靠人孔壁，并留适当余量避免光缆绷得太紧（一般预留0.5～1.0m），逐个人孔将光缆放置在规定的托板上。

f. 人孔之间距离按规定施工，人（手)孔编号尾数为1#和5#的孔内预留余缆3～5m，接头孔内预留5m。

g. 人孔内的光缆可采用纵剖塑料波纹管保护，并用黄色胶带缠扎牢固，缠孔间距300mm，并用扎带绑扎在电缆托板上。

h. 对于过路线缆敷设请参照图纸要求。

i. 对于所有敷设管道破坏绿化部分需对绿化部分进行植被复载。

参考文献

[1] 石雷，王宝贞，曹向东，等. 沙田人工湿地植物生长特性及除污能力的研究[J]. 农业环境科学学报，2005，24(1): 98-103.

[2] Zoe Matheson, Sarah Ford, Sian Hill. Waste minimization and Water Recycling-a Case study at the Millennium Dome[J]. IWA Yearbook, 2000: 30-32.

[3] Ruhrverband. Jahresbericht 1995. Wassermengenwirtschaft.

[4] 王宝贞，尹文超，梁爽，等. 水处理理论技术与水污染防治方略——王宝贞师生论文选集[M]. 北京：科学出版社，2012.

[5] Morris J G. Harmful algal blooms: an emerging public health problem with possible links to human stress on the environment[J]. Annual Review of Energy and the Environment, 1999, 24: 367-390.

[6] Schindler, D. W.. Recent advances in the understanding and management of eutrophication[J]. Limnology and Oceanography, 2006, 51: 356-363.

[7] 王淑梅，王宝贞，金文标，等. 污染水体就地综合净化方法在福田河治理中的应用[J]. 给水排水，2007，33(6): 12-15.

[8] WANG B Z, WANG S M, Cao X D, et al. Speeding up water pollution control in Shenzhen using novel processes[J]. Water 21, IWA, 2008(4): 16-21.

[9] Wang S M, Wang B Z, Jin W B, et al. 2007. An in-situ remediation technology for polluted streams in urban areas[C]//Proceedings of 1st Xiamen International Forum on Urban Environment. Xiamen, China.

[10] Wang S M, Jin W B, Wang B Z, et al. Application of In-Situ Remediation Techniques for Polluted Streams recovery of Futian Stream[J]. Proceedings of Symposium on Water Pollution Control, 2006, 11: 62-68.

[11] 李玉梁，刘中仁. 河流中藻类光合作用产氧模型及计算参数的确定[J]. 环境科学，1988(6): 73-77.

[12] 赵新华，黎荣，孙井梅，等. 冻融对污水河道沉积物特性及脱水性能的影响[J]. 环境科学，2006，27(11): 2247-2250.

[13] 王靖媛，李红欣，宋雪宁，等. 污泥干化芦苇床渗滤液渗滤速度变化[J]. 科技视界，2014(11): 19-19.

[14] 高伟. 污泥干化芦苇床处理剩余污泥及其运行效能研究[D]. 哈尔滨：哈尔滨工程大学，2013.

[15] Hansjoery Brombach. Combined-sewer-overflow control in West Germany-History, practice and experience [M]. New York: ASCE, Design of Urban Runoff Quality Controls, 1989.

[16] 卡尔，克劳斯，英霍夫．城市排水工程手册[M]．北京：中国建筑工业出版社，1993.

[17] 沈耀良，王宝贞．废水生物处理新技术：理论与应用[M]．北京：中国环境科学出版社，2006.

[18] Michael Weyand, Gilbert Willems. Stormwater Management in the Ruhr Rver Area[J]. Water Quality International, 1999, (5/6): 44-52.

[19] 董哲仁，刘蒨，曾向辉．生态—生物方法水体修复技术[J]．中国水利，2002 (3)：8-10.

[20] 晁雷，胡成，陈苏．等．跌水复氧影响因素研究[J]．安徽农业科学，2011，39(1)：414-416.

[21] 王琼，李乃稳，王月．等．多级跌坎跌水复氧过程及影响因素试验研究[J]．环境工程，2016，34 (11)：49-54.

[22] 袁彬鸿，吴金栋．2015. 生物基质生态混凝土在生态护岸、护坡建设中的应用[C]//2015 全国河湖治理与水生态文明发展论坛．

[23] 纪荣平，吕锡武，李先宁．生态混凝土对富营养化水源地水质改善效果[J]．水资源保护，2007，23 (04)：91-94.

[24] 王学民，赵福利．河道曝气技术在河流污染治理中的应用浅析[J]．工程技术：引文版，2016 (10)：00161-00167.

[25] 史彦翠．河道曝气技术在河流污染中的应用研究[J]．资源节约与环保，2015 (4)：59-59.

[26] 张俊．表流型人工湿地工程对微污染水源地水质改善的比较研究[J]．中国农村水利水电，2012 (6)：28-30.

[27] 罗利民，何玉良，郑军田．等．盐龙湖人工湿地净化微污染河水水质研究[J]．中国水利，2013 (14)：37-39.

[28] 张建，何苗，邵文生．等．人工湿地处理污染河水的持续性运行研究[J]．环境科学，2006，27 (9)：1760-1764.

[29] 潘振学，易利芳．旋流分离器在控制城市雨水径流污染中的可行性研究[J]．科技视界，2012 (27)：352-353.

[30] 黄勇强，厉晶晶，杨飚．镇江市雨水径流水质分析与旋流分离处理技术试验研究[J]．工业安全与环保，2010，36 (7)：7-9.

[31] 中华人民共和国住房和城乡建设部组织编制．海绵城市建设技术指南——低影响开发雨水系统构建(试行)[M]．北京：中国建筑工业出版社，2015.

[32] 孙建建．方兴未艾的城市雨水利用[N]．中国水利报，2005-08-31.

[33] 刘月月．北京市将重点建设 300 处雨水利用设施[N]．中国建设报，2006-06-01.

[34] 车武，李俊奇．从第十届雨水利用大会看城市雨水利用的趋势[J]．给水排水，2002，28 (3)：12-14.

[35] 汪慧贞，李宪法．北京城区雨水径流的污染及控制[J]．城市环境与城市生态，2002，15 (2)：16-18.

[36] 吴慧芳，陈卫．城市降雨径流水质污染探讨．中国给水排水．2002，18(12)：25-27.

第17章

德国埃姆歇河综合治理工程技术

17.1 埃姆歇河流域水环境治理总体情况

17.1.1 埃姆歇河区位及治理历程概述

埃姆歇河位于德国西北部的北莱茵-威斯特法伦州。该河为东西走向，东起多特蒙德，西至莱茵河，流经德国最重要的重工业区域。从 19 世纪 60 年代，随着采煤业等重工业的快速发展，工业废水和生活污水均大量直接流入埃姆歇河，埃姆歇河成为德国污染最严重的河流。从 19 世纪末开始，随着埃姆歇河协会（以下简写为 EMGE)的成立，埃姆歇河开始了一个多世纪的治理之路。100 多年来，埃姆歇河流域的治理从市民排水卫生改善开始，到建设规模巨大的埃姆歇河口污水处理厂（用于直接处理受污染的埃姆歇河河水），再到 20 世纪末建立了埃姆歇河长期规划开展综合治理，包括了市政和工业污水处理厂的建设、埃姆歇河沿岸地下排水隧道（以下简称"地下隧道"）系统规划建设、河道的生态修复计划以及整个流域绿色雨水基础设施的建设。目前，完成治理的河段和周边流域生态已恢复到了接近自然的水平，原本衰退的重工业基地也重新焕发了生机，城市和社区品质得到了大幅提升，成为欧洲乃至世界范围内河道生态修复和城市更新的典范。

17.1.2 埃姆歇河流域面积及人口数

埃姆歇河和利珀河都是莱茵河的支流，其中利珀河流域面积 3280km²，流域总人口数 140 万人；埃姆歇河流域面积 856km²，流域总人口数 210 万人，包括 22 个城市。

17.1.3 埃姆歇河流域水环境历史概况

在埃姆歇地区，煤炭开采始于 1860 年,多年来产量增加到 $1.0 \times 10^6 \mathrm{t/a}$。采矿导致地面沉陷和洪水泛滥。在过去的十年中煤炭开采规模逐渐下降，现在已经停止。采矿业兴起，吸引了越来越多的人到该地区工作生活，且随着 19 世纪工业生产的上升，导致该区域废水排放量的持续增长。当时，污水排放的唯一措施就是排入埃姆歇河及其支流和开采沉陷区，这样做虽然解决了生产生活区域的污水排放问题，但也导致地表水和地下水污染，引发各种疾病（见图17.1）。

图 17.1　埃姆歇河地区煤炭开采及沉陷导致的洪水（图片来源：EMGE）

由于地面沉陷，区域内出现雨污水的存积。解决积水区的第一个办法是修建既有清洁水又有废水的明渠，排出积水，如果建设区域处于低洼处，则建立河道堤防，将低洼处污水泵入河道（见图 17.2）。

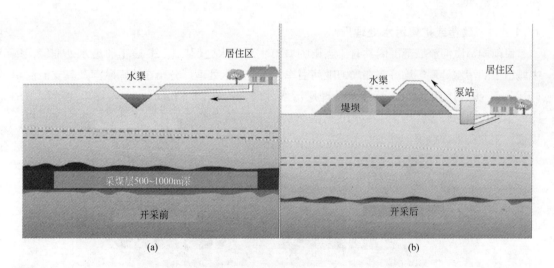

图 17.2　埃姆歇河渠道及堤防建设（图片来源：EMGE）

20 世纪 20 年代（采矿开始后约 60 年），开始建设硬质渠道。埃姆歇河流域管理主体埃姆歇河协会于 1899 年成立，是该地区各个城市联合的注册合作社公司。在一些流域工厂的协助下，渠道的施工多是人工完成的。随着时间的推移，渠道越建越多，同时随着塌陷区域的增加，渠道的维护难度也非常大。同时，随着大量工业和生活污水汇入露天明渠，也给周边区域的居民生活安全带来了巨大风险（见图 17.3）。

17.1.4 埃姆歇河流域综合治理计划

根据埃姆歇河协会制定的埃姆歇河流域综合治理长期规划（见图17.4）。

图17.3 埃姆歇河工业污染及安全风险　　　　　**图17.4** 埃姆歇河流域综合治理计划
（图片来源：EMGE）　　　　　　　　　　　　　　（图片来源：EMGE）

从1992年开始，埃姆歇河计划用20年时间，完善流域内污水处理厂和地下隧道系统的建设，即所谓灰色基础设施的建设；同时用大约25～30年对埃姆歇河及其支流开展生态修复，即所谓河道的修复；另外，在全流域内开展雨水管理，建设绿色雨水基础设施。具体的措施有如下4个方面。

17.1.4.1 建造或扩建污水处理厂

目前埃姆歇河流域范围内共有4座集中城市生活污水处理厂和26座工业废水处理厂，集中城市生活污水处理厂均分布在埃姆歇河沿岸，工业废水处理厂分布在埃姆歇河及其支流沿岸（见图17.5）。目前，城市生活污水处理厂污水处理量约 $6.29 \times 10^8\,\mathrm{m}^3/\mathrm{a}$。与城市生活污水相比，工业废水量较少，约为 $1.6 \times 10^7\,\mathrm{m}^3/\mathrm{a}$（17.2部分将详细介绍各污水处理厂的服务人口、规模、工艺和处理效果）。

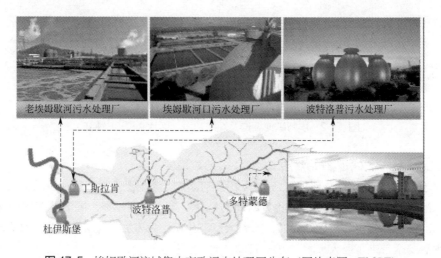

图17.5 埃姆歇河流域集中市政污水处理厂分布（图片来源：EMGE）

17.1.4.2 建造地下隧道系统

埃姆歇河沿岸的地下隧道系统如图 17.6 所示，共计 97km，分两段实施，其中东段多特蒙德至杜森污水处理厂之前的地下隧道总长度 23km，于 2009 年施工完成投入使用，沿岸所有污水和受污染的雨水均通过地下隧道排入污水处理厂处理；中西段从多特蒙德至杜森污水处理厂到埃姆歇河口污水处理厂的地下隧道总长度 74km，于 2017 年内完工，收集河道沿线污水、受污染雨水以及处理后的工业废水，并经三个大型提升泵站，提升进入波特洛普污水处理厂和埃姆歇河口污水处理厂处理。

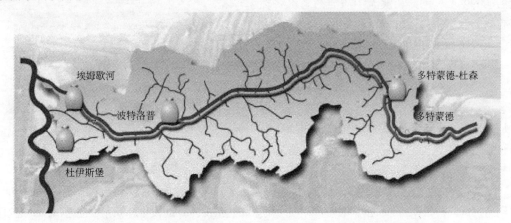

图 17.6　埃姆歇河沿岸截污地下隧道分布（图片来源：EMGE）

17.1.4.3　河道及岸线的生态修复

对河流和小溪的河床、岸线进行"重返自然"的恢复，在污水处理和截污干管建设后河流中流淌着干净的水，对本地动植物群落的恢复起到了很好的促进作用（图 17.7）。

(a)　　　　　　　　　　　　　　　　　　(b)

图 17.7　埃姆歇河河道及岸线生态修复（图片来源：EMGE）

河道自然恢复也会改善城市气候和水的自然循环，主要的技术策略是：

① 恢复或拓宽河道断面，使河道过水面更宽，使河道生态更有连续性和延伸性；

② 逐段将梯形河槽恢复成自然河道，但按防洪要求保留原有堤坝；

③ 通过对河道进行维护，使河道弯曲，增加河道的水力粗糙度，降低河道水流速度，有

助于河道的生态恢复。

17.1.4.4　建设绿色雨水基础设施

　　人口密集的埃姆歇河流域硬化面积达到了 20%。目前，雨水主要通过污水处理系统排放。这种现象在未来将会改变，越来越多的雨水将渗入地下，或直接送入雨水管道。埃姆歇河协会与 17 个城市达成协议，在未来 15 年中计划降低 15% 的雨水径流进入下水道系统。

　　这个理念的优点是明确的：水域是城市休闲活动的中心，河流和溪流中清洁的雨水将确保有效的生态基流，这样可以在这些城市产生更多可改善城市环境的地表水。

　　另外，让雨水进入下水道的成本是昂贵的。在生态化处理雨水的情况下，雨水收集管网、运输管渠和雨水处理厂（或合流制污水处理厂）都可以做得更小，从而更加节约基建投资和运行费用，同时实现环境效益、经济效益和社会效益。

图 17.8　埃姆歇河流域雨水绿色管理设施
（图片来源：　EMGE）

　　可持续的雨水处理技术更接近自然，且易于实现。具体做法包括：a. 将原本的硬质地面去掉，采用透水材料，如碎石路、雨水渗透槽和模块雨水渗透系统；b. 建设生态塘和绿色屋顶；c. 通过重新构建的管渠系统将收集的雨水引入到渗水地面或地表水体中。在埃姆歇河协会积极支持下，许多雨水径流控制项目已经成功实施（图 17.8）。

17.2　埃姆歇河流域污水处理情况

17.2.1　埃姆歇河流域污染源分析

　　根据北莱茵-威斯特法伦州气候、环境、农业和自然保护部（以下简称北威州环保部）发布的《北莱茵-威斯特法伦州污水处理发展与现状》，埃姆歇河起源自多特蒙德东南部，经过 83km 在丁斯拉肯流入莱茵河。在整个流程中埃姆歇河高差达到 122m。

　　埃姆歇河仍然受到人类活动的影响，汇入流域内的工业污水、生活污水、地面硬化带来的径流雨水，这些都给水体和生物栖息地带来重大影响，埃姆歇成了一个露天的污水收集渠。但是，埃姆歇河仍然具有相当大的生态潜力。1991 年通过了埃姆歇河重建项目，目前正在建造新的污水管道，并对水体重新进行了生态设计。到 2020 年，埃姆歇河河道已转变为自然水系。

□ **表 17.1　埃姆歇河流域污水雨水排放情况**（数据来源：北威州环保部）

	流域面积/km^2	856
	地表水体数量/个	48
	水网长度/km	335
流域基本信息	2012 年进入埃姆歇河水量/($10^8 m^3/a$)	4.5
	城市数量/座	22
	人口数量/万人	210

市政污水		污水处理厂/座	4
		污水处理厂(>10000 当量人口)/座	4
		污水处理量/($10^8 m^3$/a)	6.29
		TOC 负荷/(t/a)	5862
		N 负荷/(t/a)	3601
		P 负荷/(t/a)	301
		AOX 负荷/(t/a)	20.99
		Cd 负荷/(t/a)	0.10
		Ni 负荷/(t/a)	4.19
		Cu 负荷/(t/a)	3.11
		Zn 负荷/(t/a)	2.09
工业废水		处理设施数量/个	60
		污水处理量/($10^8 m^3$/a)	0.16
		TOC 负荷/(t/a)	1517
		N 负荷/(t/a)	429
		P 负荷/(t/a)	65
		AOX 负荷/(t/a)	1.14
		Cd 负荷/(t/a)	0.012
		Ni 负荷/(t/a)	0.19
		Cu 负荷/(t/a)	0.75
		Zn 负荷/(t/a)	1.02
混合污水		合流制区域面积/hm^2	9382
		总流量/($10^8 m^3$/a)	0.24
		TOC 负荷/(t/a)	832
		N 负荷/(t/a)	191
		P 负荷/(t/a)	48
		AOX 负荷/(t/a)	1.20
		Cu 负荷/(t/a)	2.14
		Zn 负荷/(t/a)	9.20
雨水量	进入雨水管网的水量	区域面积/hm^2	239
		总流量/($10^4 m^3$/a)	140
		TOC 负荷/(t/a)	35
		N 负荷/(t/a)	5.6
		P 负荷/(t/a)	1.4
		AOX 负荷/(t/a)	0.03
		Cu 负荷/(t/a)	0.09
		Zn 负荷/(t/a)	0.60
	未进入雨水管网的水量	区域面积/hm^2	13044
		总流量/($10^8 m^3$/a)	0.79
		TOC 负荷/(t/a)	1968
		N 负荷/(t/a)	315
		P 负荷/(t/a)	79
		AOX 负荷/(t/a)	1.57
		Cu 负荷/(t/a)	5.12
		Zn 负荷/(t/a)	33.85
	道路径流雨水量	区域面积/hm^2	8192
		总流量/($10^8 m^3$/a)	0.49
		TOC 负荷/(t/a)	1231
		N 负荷/(t/a)	197
		P 负荷/(t/a)	49
		AOX 负荷/(t/a)	0.99
		Cu 负荷/(t/a)	3.20
		Zn 负荷/(t/a)	21.18

注:AOX 为可吸附有机卤化物。

表 17.1 为埃姆歇河流域主要特征数据。埃姆歇河流域总面积 856 km²，有主要地表水体 48 个，水网长度 335 km，2012 年进入埃姆歇河的水量达 $4.5 \times 10^8 \, m^3/a$，流域市政污水处理量 $6.29 \times 10^8 \, m^3/a$，工业废水处理量 $0.16 \times 10^8 \, m^3/a$。

17.2.2　埃姆歇河流域市政污水处理厂

17.2.2.1　市政污水处理厂总体情况

埃姆歇河流域的城市污水由 4 个集中污水处理厂进行二级生物处理，分别是埃姆歇河河口污水处理厂、多特蒙德-杜森污水处理厂、波特洛普污水处理厂，以及杜伊斯堡污水处理厂。2012 年，4 座污水厂的总处理污水量为 $6.29 \times 10^8 \, m^3$，而该区域的雨水径流量为 $4.50 \times 10^8 \, m^3$，污水处理厂的处理水量比埃姆歇河流域的雨水净流量还要大。这是由于来自上游污水厂的污水虽然已经被处理了，但仍有一部分通过地下隧道进入到下游的污水处理厂处理。污水处理厂的位置和水中有机物指标详见图 17.9，重金属指标详见图 17.10。每个污水处理厂均有 100000 当量人口的扩建空间。表 17.2 为埃姆歇河集水区内，年处理量大于污水处理厂设计处理量 1/3 的污水处理厂。

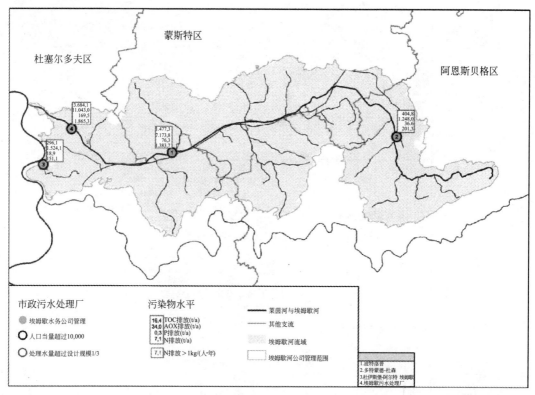

图 17.9　埃姆歇河流域市政污水处理厂营养物及有机碳排放负荷（图片来源：北威州环保部）

表 17.2　年处理量大于污水处理厂设计处理量 1/3 的污水处理厂（数据来源：北威州环保部）

污水处理厂	运营商	位置	人口当量	所属流域
波特洛普污水处理厂	埃姆歇水务公司	明斯特	1340000	埃姆歇河流域
多特蒙德-杜森污水处理厂	埃姆歇水务公司	阿恩斯贝格	625000	埃姆歇河流域
杜伊斯堡-老埃姆歇河污水处理厂	埃姆歇水务公司	杜塞尔多夫	500000	老埃姆歇河流域
埃姆歇河口污水处理厂	埃姆歇水务公司	杜塞尔多夫	2400000	埃姆歇河流域

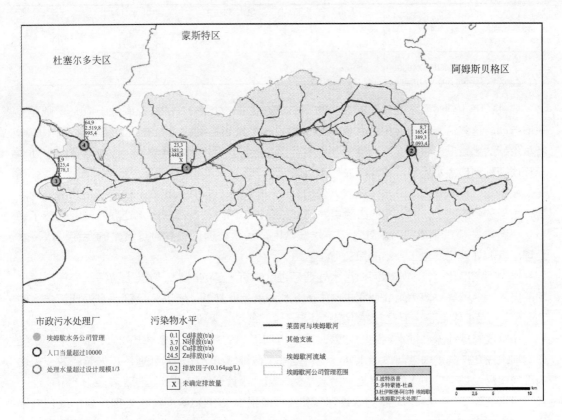

图 17.10　埃姆歇河流域市政污水处理厂重金属排放负荷（图片来源：北威州环保部）

　　表 17.3 为埃姆歇河流域所有市政污水处理厂的处理效果，包括 TP 和 TN 的去除率和出水浓度。根据去除率和出水浓度，可以评估污水处理设施和污水管网是否符合一般的技术规范。根据"污水条例"，规模>100000 人口当量的市政污水处理厂出水 TN 必须低于 13mg/L。而且，污水条例中已经明确规定，不允许通过稀释和混合污水的方式达到出水污染物浓度限值。在埃姆歇河流域，所有污水处理厂都满足所要求的污染物排放浓度。

⊡ **表 17.3　埃姆歇河流域所有市政污水处理厂的处理效果（数据来源：北威州环保部）**

污水处理厂	运营商	人口当量/人	人均污水量/[L/(d·人)]	TP 去除率/%	出水 TP 浓度/(mg/L)	TN 去除率/%	出水 TN 浓度/(mg/L)	TP 排放量/(t/a)	TN 排放量/(t/a)
波特洛普污水处理厂	EMGE	1340000	356	89	0.5	69	9.5	76.3	1383.7
多特蒙德-杜森污水处理厂	EMGE	625000	151	94	0.7	95	3.9	36.6	201.3
杜伊斯堡-老埃姆歇河污水处理厂	EMGE	500000	262	92	0.5	90	4.0	18.9	151.1

污水处理厂	运营商	人口当量/人	人均污水量/[L/(d·人)]	TP去除率/%	出水TP浓度/(mg/L)	TN去除率/%	出水TN浓度/(mg/L)	TP排放量/(t/a)	TN排放量/(t/a)
埃姆歇河口污水处理厂	EMGE	2400000	672	84	0.4	71	4.6	169.5	1865.3

另外，考虑到对污水处理厂的营养物质削减的要求，如果 TN 的去除率低于 75%，则需要采取行动。这些污水处理厂和污水管网必须通过改造或运行优化进行升级。随着北莱茵-威斯特法伦州的水管理办法的实施，这些工作需要优先进行。在埃姆歇河流域，波特洛普污水处理厂和埃姆歇河口污水处理厂的 TN 去除率目前低于 75%。

波特洛普污水处理厂进水中含有大量埃姆歇河的河水，这很大程度上稀释了进水污染物浓度，由于碳源的缺乏，对 TN 的去除更为不利。另外，因为波特洛普污水处理厂同时处理了来自杜伊斯堡埃-老的姆歇河污水处理厂、埃姆歇河口污水处理厂和其自身产生的污泥，该污水处理厂污泥处理也产生了大量的氮负荷。

作为河道净化厂，埃姆歇河口污水处理厂进水中有大量的河水，以及上游污水处理厂净化后的出水。这就导致该污水处理厂进水中的 TN 浓度就非常高。所以，尽管污水处理厂出水中 TN 浓度已经非常低了，但是其去除率还是低于 75%。

随着埃姆歇河流域排水系统的完善，埃姆歇河沿岸的地下隧道系统于 2017 年建成。曾经作为河水净化厂的埃姆歇河口污水处理厂转变成了传统城市生活污水处理厂。但是，改变前埃姆歇河口污水处理厂出水已经符合"污水条例"和"水管理授权通知"的要求。

污水处理厂多特蒙德-杜森污水处理厂和杜伊斯堡埃-老的姆歇河污水处理厂目前处理效果良好（见图 17.11）。

(a)波特洛普污水处理厂　　　　　　　　　　(b)埃姆歇河口污水处理厂

图 17.11　波特洛普污水处理厂和埃姆歇河口污水处理厂（图片来源：北威州环保部）

17.2.2.2　市政污水处理厂详细介绍

(1)多特蒙德-杜森污水处理厂

多特蒙德-杜森污水处理厂原址为垃圾处理场，位于埃姆歇河西岸，是一座为埃姆歇河综合治理计划新建的污水处理厂（见图 17.12）。在 1994 年新建污水处理厂完成之前，多特蒙德和诺德大约 4620hm² 流域的污水直接排入埃姆歇河。

图 17.12　多特蒙德-杜森污水处理厂俯瞰图

多特蒙德-杜森污水处理厂服务人口为 625000，人均污水排放量为 151L/（人·d），污水处理量为 94375m³/d。多特蒙德-杜森污水处理厂主要构筑物如图 17.13～图 17.15 所示。

(a)提升泵

(b)格栅井

图 17.13　多特蒙德-杜森污水处理厂螺旋提升泵与格栅井

(a)污泥消化罐

(b)污泥板框压滤机

图 17.14　多特蒙德-杜森污水处理厂污泥消化罐及污泥板框压滤机

（2）波特洛普污水处理厂

波特洛普污水处理厂也是埃姆歇河流域 4 个集中污水处理厂之一。该设施位于韦尔海默马克的波特迈尔（Bottmer）区，由埃姆歇河协会运营（见图 17.16）。1929 年在这个地方建立了第一座污水处理厂，仅为机械澄清设施。

图 17.15　多特蒙德-杜森污水处理厂中控室

图 17.16　波特洛普污水处理厂俯瞰图

污水厂的技术参数如下。

① 处理负荷：1340000 人口当量。

② 进水流量：旱季 $4.25m^3/s$；雨季高达 $8.5m^3/s$。

③ 每月耗能：约 $2600MW\cdot h$。

④ 运行时间（旱季）：16h。

⑤ 格栅：三个格栅间平行排列，每个格栅间含三级格栅，栅条间距分别为 50mm、15mm 和 10mm，配格栅清洗和压实单元及集装箱站。

⑥ 沉砂池：6 个长方形沉砂池，总容积 $2.100m^3$。

⑦ 初沉池：6 个长方形初沉池，总容积 $15300m^3$，3 个有推土板的纵向刮板，3 个带污泥泵的横向刮板。

⑧ 生物反应池：3 个并联生物反应池，每个生物反应池有 3 级上向流厌氧反应池，体积分别为厌氧阶段 $36100m^3$、反硝化阶段 $82200m^3$、硝化阶段 $135100m^3$。在硝化阶段 36 台水平推进器，在厌氧和反硝化阶段有 36 个搅拌器，通过 20568 个平板式微孔曝气器，由 8 台涡轮压缩的鼓风机站进行曝气，每个压缩机可自输出 $30000m^3/h$ 的空气。

图 17.17　波特洛普污水处理厂污泥消化罐

⑨ 二沉池：36 个横向流长方形二沉池，总容积 $107000m^3$，9 个带虹吸刮板的刮板桥。

⑩ 污泥处理：2 座预酸化浓缩池，总容积 $8900m^3$，6 台剩余污泥浮选机，4 个 $60000m^3$ 污泥消化罐（污泥消化罐见图 17.17）。

污水处理厂位于波特洛普的韦尔海姆区，集水面积约 $240km^2$。污水厂处理了大约 65 万居民产生的污水和大量工业废水。埃姆歇河协会于 1991～1996 年间在波特洛普之前的埃姆歇河污水处理厂的位置建造了一座最先进的处理厂，总费用为 2.3 亿欧元。新污水处理厂在实现环境方面目标的同时，面向未来经济发展的需求。

波特洛普污水处理厂除了处理自身产生的污泥，还负责处理埃姆歇河协会其他集中污水处理厂产生的污泥，包括杜伊斯堡的阿尔特·埃默舍污水处理厂、埃姆歇河口污水处理厂。作为污水处理产生的副产物污泥在这里进行脱水，然后焚烧并用于发电和区域供热。

波特洛普污水处理厂工艺流程如图 17.18 所示。截流干管中的污水通过专用泵站被提升到污水处理厂。然后，污水经过重力流进入 5 个独立的处理阶段，依次为格栅、沉砂池、初沉池、生物处理池和二沉池，最后处理后的水排入埃姆歇河。在格栅单元中，污水被泵送到串联排列的三个筛网，树枝等较大物体被筛出，然后将污水泵送到沉砂池，较重的砂子等沉到底部，由捕集器收集，并被其他公司回用。

随后污水进入初沉池，固体污染物在 6 个长方形沉淀池中被去除。初沉池污泥被推入收集槽，并使用刮板系统定期清空，随后进行污泥压实。浮上水面的油脂、油和轻质塑料被撇掉。悬浮沉积物跟格栅残渣一同处理。

机械处理完成后，污水流入三组平行排列的活性污泥生物处理池。细小的溶解性污染物通过细菌降解，从水中去除。这一阶段需要供氧以维持细菌的存活。生物处理池被分成无氧区（厌氧阶段），在这一阶段污水中没有溶解氧，进行脱氮处理；另一个阶段是好氧区（硝化阶段）。在好氧区，即曝气区，NH_3-N 被转化为 NO_3^--N。在厌氧区，NO_3^--N 帮着细菌呼吸，被转化为 N_2 排入大气中。碳源被添加到水中，支持反硝化脱氮。一部分磷通过生物脱除，另一部分通过添加硫酸亚铁化学脱除。

生物处理池中的活性污泥随后流入 36 个二沉池中进行澄清处理。在二沉池中，活性污泥被分离处理，污水即变成了清水。污泥沉淀到二沉池底部，大部分污泥作为回流污泥通过虹吸作用返回到生物处理池中。生物处理池中的污泥因为微生物生长会持续增加，一部分的回流污泥作为剩余污泥被去除，以保证生物处理池中的细菌数量稳定。二沉池上部清水区的澄清水通过出水构筑物被排放到埃姆歇河中。

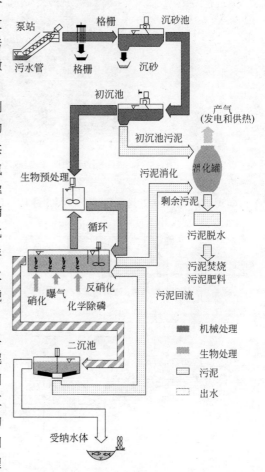

图 17.18 波特洛普污水处理厂工艺流程

剩余污泥通过浮选后被浓缩，然后和初沉池污泥一起被输送到远处的 4 个消化罐中。消化罐产生的气体被用于热电联产单元（CHP），产生电力和热量（用于区域供热）。波特洛普的消化池高 45m，每座容积 15000m³，是目前世界上最大的污泥消化池。

(3)埃姆歇河口污水处理厂

埃姆歇河口污水处理厂，顾名思义位于埃姆歇河河口（图 17.19），由于长久以来埃姆歇河沿岸没有完整的污水截流干管，埃姆歇河即成为雨污水的收纳渠，建立该污水处理厂的初衷是在埃姆歇河下游直接取受污染的河水进行处理，这样每天最大流量高达 $30m^3/s$，而且污水的进水污染物浓度也相对较低。

在埃姆歇河综合治理完成后，它将不再从埃姆歇河取水，而是从地下隧道中取雨污混合物污水，每天最大流量将为 $16.5m^3/s$，重建后将配备双层沉淀系统，处理效率提升。

图 17.19　埃姆歇河口污水处理厂俯瞰图

埃姆歇河口污水处理厂工艺流程如图 17.20 所示。污水厂的技术参数如下。

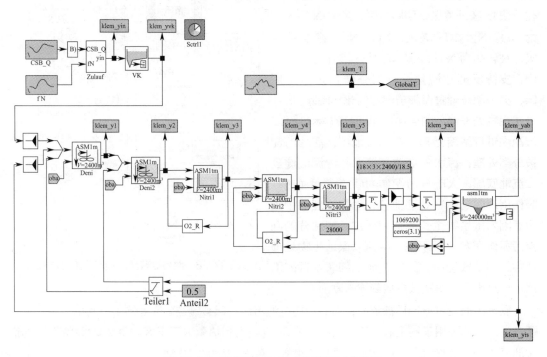

图 17.20　埃姆歇河口污水处理厂工艺流程

① 处理负荷：2300000 人口当量。

② 进水流量：改造前 $30m^3/s$；改造后降至 $16.5m^3/s$。

③ 生物反应池：18 个并联生物反应池，每个生物反应池有 2 个反硝化池和 3 个硝化池，总容积 $216000m^3$，其中反硝化阶段占 40%，硝化阶段占 60%；

④ 二沉池：6 个并联二沉池，每个二沉池分两格，前段含絮凝池，总容积 $240000m^3$，表面积 $72000m^2$，配备污泥机。

(4)杜伊斯堡-老埃姆歇河口污水处理厂

杜伊斯堡-老埃姆歇河口污水处理厂，位于杜伊斯堡蒂森克虏伯工业厂区，是在老的埃姆歇河道进入莱茵河的河口处建设的一座污水处理厂（图 17.21）。

污水处理厂建于 1936 年，是埃姆歇河协会运营的 4 个市政集中污水处理厂之一。

在 1910 年以前，埃姆歇河一直由污水厂所在位置进入莱茵河，但是由于河床下沉，埃姆歇河不得不改道由目前更北边的河口进入莱茵河。这也是为什么这座污水处理厂被称为老埃姆歇河口污水处理厂，因为在北边入河口处还有一座埃姆歇河口污水处理厂。

杜伊斯堡-老埃姆歇河口污水处理厂的出水口高程低于莱茵河，目前通过分别建于 1914 年和 1956 年两座泵站，将处理后的水翻过莱茵河堤坝排入莱茵河。

1936 年，污水处理厂只是一座一级物化污水处理厂，处理规模为 11 万人口当量。1988 年，它被改造成二级生物处理厂，处理

图 17.21 从莱茵河俯瞰杜伊斯堡-老埃姆歇河口污水处理厂

规模变为 50 万人口当量。但是目前，服务居民人口为 37.5 万人，其中 24 万人是家庭生活污水，其余的是蒂森克虏伯的工商业废水。由于过去几十年中工业废水在稳步下降，污水处理厂利用率也在下降。因此，自 1999 年以来，邻近的杜伊斯堡和奥伯豪森集水区的主要生活污水已经通过一条约 5km 长的压力管线被泵送到杜伊斯堡-老埃姆歇河口污水处理厂进行处理。如图 17.22 所示，杜伊斯堡-老埃姆歇河口污水处理厂入口位于厂区东侧，进入厂区后北侧主要为办公中控区（图 17.23）和污泥消化区，南侧则为污水处理工艺区域。

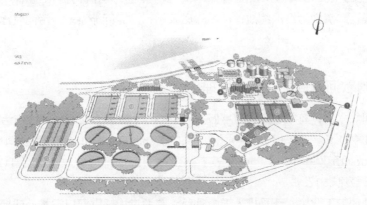

图 17.22 杜伊斯堡-老埃姆歇河口污水处理厂平面示意

图 17.23　杜伊斯堡-老埃姆歇河口污水处理厂水厂中控室

① 污水处理的主要构筑物和设施包括:进水井、格栅以及出水井;实验楼与防洪泵站;沉砂池;初沉池（见图 17.24）;初沉池配水池;生物曝气池;二次沉淀池 7 和二次沉淀池 8;二次沉淀池 1～6（见图 17.24）;鼓风机房。

(a)初沉池　　　　　　　　　　　　　　　　(b)二沉池

图 17.24　杜伊斯堡-老埃姆歇河口污水处理厂初沉池和二沉池

② 污泥处理的主要构筑物和设施包括：初沉污泥池;初沉污泥浓缩池;初沉污泥压缩间;污泥硝化罐;二沉池污泥浓缩池;污泥输送泵站;污泥回流泵站;污泥气浮池;计量储气罐及火炬。

17.2.3　埃姆歇河流域工业污水处理厂

在埃姆歇河集水区，有 60 家工业企业进行污水和冷却水的处理。与城市污水相比，废水量较低，为 $1.6×10^7 m^3/a$。VftRütgers 化工厂，EVonik Goldschmidt 有限公司和 Ruhr Oel 有限公司（GE-Horst）工厂和 Ineos Phenol 等工业企业的污水排放参数（包括 TOC、N、P、AOX 以及重金属）见表 17.4。

目前，经处理的工业废水还是排入埃姆歇河，并通过埃姆歇河口污水处理厂进行净化。随着埃姆歇河地下隧道系统的建成，表中所列企业的废水将由地下隧道系统输送到市政污水处理厂进一步处理。

▣ 表 17.4　埃姆歇河集水区主要工业企业污染物排放量（数据来源：北威州环保部）

企业名称	TOC/(kg/a)	N/(kg/a)	P/(kg/a)	AOX/(kg/a)
Evonik Goldschmidt 有限公司	790974	76679	41251	42
Remondis Production 有限公司	174989	29395	1531	252
Oxea 有限公司（Werk Ruhrchemie）	150884	19718	2799	1
Remondis Industrieservice 有限公司	143254	12614	87	46
Sasolsolvents Germany 有限公司（Werk Herne）	131971	592	14007	3
Evoniksteag 有限公司（Heizkraftwerk Herne）	46786	76679	2142	343
Vft Rütgers 化工厂	23673	132646	1163	23
Ruhr Oel 有限公司（GE-Horst）	19301	22291	1531	349
AGR 有限公司（Zentraldeponie Emscher bruch）	14004	11884	23	20
E. ON Kraftwerke 有限公司（Kraftwerk Knepper）	9023	20213	201	46
EDG Entsorgung Dortmund 有限公司	5393	22721	70	4
ArcelorMittal Ruhrort 有限公司	2887	6342	354	—
Innospec Deutschland 有限公司	2148	834	88	1
Ineos Phenol	1468	3509	101	12

17.3　埃姆歇河沿岸截污总干管——地下隧道系统

17.3.1　埃姆歇河流域下水道发展概况

17.3.1.1　很久以前埃姆歇河的污水排放

19 世纪下半叶，德国的排水情况是污水只排放而不处理，受污染的水（包括粪便排水）也排入了城市的地下沟渠中，随后进入地表水体中。当然，一部分污水流入并污染了地下水，这直接导致了 1892 年汉堡霍乱疫情，超过 8500 人死亡。尽管在 1869 年，德国第一个污水处理系统在格但斯克投入运行，但是不能一次解决所有问题。

从历史上看，污水收集处理并没有得到稳步的发展，而是跳跃式的发展和倒退。如果说古代在城市排水领域有什么值得关注的技术的话，那么中世纪建立的地下排水渠在城市发展进程中为居民卫生条件的改善做出了较大的贡献。

17.3.1.2　污水渠和粪便坑：中世纪

污水下水道及街道的支管系统，遍及美索不达米亚平原、印度和埃及。这些工程是由黏土管道构成，存在于公元前 3000 年。

古罗马时期，排水技术已经较为成熟。在公元前 6 世纪，罗马帝国第五位国王统治时期，即建造了一条 3m 宽、4m 高最大污水渠（Cloaca maxima）（图 17.25）。罗马所有污水管都被连接到这条污水渠中，通过这条污水渠进入自然的河道台伯河（图 17.26）。

图 17.25 古罗马时期最大污水渠（Cloaca maxima）

图 17.26 Cloaca maxima 污水渠线路

Cloaca maxima 污水渠可以称为许多古代城市排水工程的典范，也是现代地下隧道系统的原型。然而，随着历史的变革和人口迁移，德国和所有欧洲国家将这一先进的罗马排水系统遗忘。在中世纪城镇，污水通过所谓的"Ehgräben"沿着城镇边界或街道中央排出，废水从房屋后面的敞开处落入"Ehgräben"（图 17.27）。在随后的 1867 年建立了较为先进的"Kloakenre-form"系统，在污物落入地面前增加了保险器（用于储存固体物），污水管也埋于地下。20 世纪之后建立了现在的排水系统。

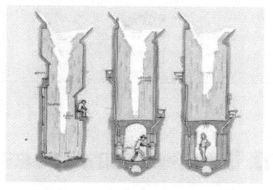

图 17.27 欧洲 19 世纪 Ehgräben 排水系统

17.3.1.3 对埃姆歇河和利珀河灾难性的影响

进入 19 世纪中期，随着工业化和煤矿开采业的发展，在有些地方，仅 50 年人口就增长了 10 倍，快速发展的城市导致污水排放量迅速增加，再加上降水减少，河流系统已经不堪重负。另外，采矿业导致河流萎缩，河流也就成了未经处理污水的输水渠，从而造成了霍乱和斑疹伤寒的流行。人们意识到必须在整个区域有统一的概念，即污水处理、清洁、排水和防洪必须能够适应人口发展的状况，才能可持续地改善河流。为此，1899 年，城镇、矿区和工业界加入了埃姆歇河协会，并于 1926 年成立了利珀河管理协会。

17.3.2 埃姆歇河沿岸地下隧道系统规划设计

17.3.2.1 埃姆歇河及利珀河地下隧道系统的技术背景

(1)下水道的变革——一个地下世界

在埃姆歇河流域存在两个世界，在地面上，我们可以看到流动的河水和开满鲜花的世界，是更接近自然的世界。在地下，还有另一个世界，是管道和沟渠的地下世界，它保障地面上的自然世界可以不受干扰地展现美丽的一面。在不久的将来，埃姆歇河和利珀河流域的河道将输送清水、泉水、雨水和净化后的污水。在这里，鲁尔区的居民可以直接享受下水道变革带来的好处。

像人造静脉系统一样，地下污水管道遍及全国，包括埃姆歇河流域和利珀河流域；它们将市民生活产生的污水与污水处理厂连接起来，收集和输送污水。在埃姆歇河和利珀河水务管理协会的管辖范围内，已建成的数百公里的下水道输送了 4000 多平方公里排水区的污废水。新的排污系统将服务 380 万居民。在 Seseke 区的下水道系统已经完工，埃姆歇河流域的下水道系统在 2020 年前基本完成。

地下隧道由混凝土制成，直径可达 3.6m。因为不断有污水流入，越接近污水处理厂管道的直径越大。地下隧道同时作为雨水的排水和储存空间，并配有通风和检查井。并建成了深度达 40m 的泵站，用来提升管道中的污水。因为要使管道中的废水以重力流向下游流动，需要保证管道有 0.15％～0.18％ 的坡度，所以越往下游管道埋深越深，要想进入地表的污水处理厂，必须建设泵站进行污水提升。地下隧道的雨水溢流槽如图 17.28 所示。

(2)地下隧道的工程意义

地下隧道往往不为人所知，因为人们一般只关注地面上的美好景色。地下隧道的美丽一般只有工程师才能体会。在雨季时，埃姆歇河流域和利珀河流域的合流制地下隧道中进入大量雨水，污水处理厂在某些时候遇到超出负荷。雨水存储澄清池可防止系统崩溃，它们的直径大于"正常"污水管道。地下储池中的混合污水，不能被污水处理厂立即处理，但雨水消退后储存的雨水逐渐进入污水处理厂进行处理。经过雨水溢流池和排水管渠，初期雨水中的污染物已经沉降在其

图 17.28　地下隧道的雨水溢流槽
（图片来源：　EMGE）

底部。因此，即使临时存储池被充满，高度稀释和机械预澄清的废水也可以直接排放到水体，也不会给水体带来太大压力。

(3)地下隧道需要长期的规划设计

在塞科和埃姆歇下水道系统的规划阶段，对影响新系统设计的所有因素进行了精心的考虑和调查。这不仅包括当前的人口数量，还包括开放和封闭的集水区面积。埃姆歇河和利珀河水务管理协会还必须将污水运输与整个项目协调一致，将河道景观转化为休闲区，并融入河流，为各地景观生态与城市的未来发展发挥了重要作用（图 17.29）。例如，专家场景设计了人口与相应污水流量的关系，以便适当地确定渠道。

(4)地下隧道的施工难度

最大的挑战是，为地下隧道选择合适的路线，与地面交通路线一样，地下隧道的路

图 17.29　多特蒙德区域内河道的生态修复
（图片来源：　EMGE）

线确定也会受到很多条件的限制。为了缩短距离，地下隧道应尽可能平行于河道到达污水处理厂。一些障碍物，如桥梁等，以及有价值的生物群落或地质关键部位，必须在早期阶段即得到确认，并找到新的路线。此外，有必要找到合适的解决方案来整合现有的下水道、泵站和污水处理厂，并将所有现有的排放系统连接到新的排水隧道系统。经过多年的密集规划设计，才开

始进行第一次挖掘（图 17.30）。混凝土制备的混合材料必须优质和可靠！哪些建筑材料适合污水管道？规划永久性的下水道系统时必须回答以上问题。例如，埃姆歇河流域地下隧道要求的使用年限至少为 100 年，所以只能选择当前最好的材料和最先进的技术为目标。为了保障最佳的管道防腐蚀性能，还必须安装污水通风系统。

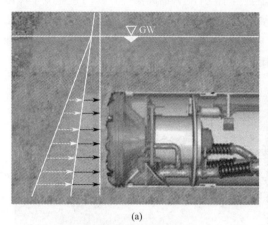

(a)　　　　　　　　　　　　　　　　　(b)

图 17.30　地下隧道的推进模型（图片：Herrenknecht AG Schwanau）

　　地下隧道系统敷设在很深的地下，所受到的压力更大，并且由于其长度很长，为此开发了专门的混凝土制备的混合材料，用于生产管道，特别耐酸性和耐气体侵蚀。通过优化混凝土的生产，使得管壁更加光滑，几乎不会对水流产生阻碍（图 17.31）。

(a)　　　　　　　　　　　　　　　　　(b)

图 17.31　地下隧道施工和管道运输（图片来源：　EMGE）

(5)埃姆歇河地下隧道系统——世界上最长的截污总干管

　　如果说当第一次将塞科计划和埃姆歇河系统的生态重建带给公众时，埃姆歇河和利珀河水务管理协会最初的憧憬还是乌托邦的话，那么今天，当许多美丽的河流和繁华的景象流淌在新的污水处理系统之上时，可以想象埃姆歇河流域的污水处理系统和下水道、污水渠、地下水和河流本身都将发生巨大变化。

　　埃姆歇河流域的污水处理分为东西两段，其中东段污水进入多特蒙德-杜森污水处理厂处理。 2002 年 4 月，多特蒙德-森污水处理厂和丁斯拉肯之间的主要地下隧道工程开始规划，其中包括 6 家知名工程公司。与埃姆歇河平行的 51 km 长的地下隧道将收集两侧的污水，并将其输送到波特洛普污水处理厂和埃姆歇河口污水处理厂进行处理（图17.32）。工程从开挖100多个竖井开始（后期运行可作为检查井），并通过它们对之间的管道进行精确定位，同时进行多段管道的挖掘工作。

(6)埃姆歇河地下隧道——生态恢复的重要前提

1）霍尔茨维克德和多特蒙德之间的埃姆歇河：向生态河道转化　在多特蒙德-杜森污水处理厂以西，于2009年开始建设抽水泵站，于2012年开始对埃姆歇河进行生态恢复。从波特洛普污水处理厂到霍尔茨维克德的地下污水管网工程已经完成，并于2010年完成了18km长的主干管，建设了217个连接管井，为452000居民提供服务，集水面积达到94 km²。生态学家和景观设计师在该水域的生态设计工作也已经完成。

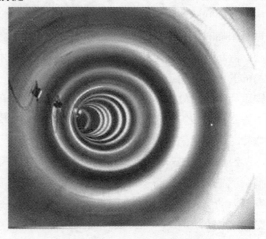

图17.32　波特洛普卡拉贝茨附近的地下隧道

在多特蒙德-杜森和丁斯拉肯之间包括430km²的污水管道集水区，160 km²的封闭集水区，自2009年开始，全球最长的污水截流干管开始建设，投产后将服务180万人口，将以0.15%的坡度，下降到40m的深度，并通过3个泵站进行污水提升。与运河的东段相反，雨水不能直接进入多特蒙德和丹斯拉肯之间的污水处理厂，而是进入地下隧道中；目的仍然是用来调节污水流量。

2）凤凰东区：创新的理念　在地下隧道规划中遇到的最大问题可归因于，不是每个地方都设置与埃姆歇河平行的管道路线。在多特蒙德-阿普尔贝克之间就建设了特殊的管渠系统，长度为150m，其上部为埃姆歇河道走清水，下部为污水管走污水。埃姆歇河协会还为多特蒙德-霍尔德设计了一个特殊的解决方案。这个之前的凤凰城工业园区，被改造后建成了占地24hm²的凤凰湖，成为一个集休闲、居住和办公为一体的现代化新区。2010年，凤凰湖开始进水。

埃姆歇河的治理为鲁尔地区提供了大量的机会，也成为以水环境治理促进城市转型的典范。凤凰湖是一个很好的例子，这也无形中提升了对整个埃姆歇河治理的动力。凤凰湖除了用于调节洪水外，还营造了良好的生态环境，周围建起了大约800个迷人的湖景住宅；同时建成了一个湖边港湾，拥有办公楼和各种美食的文化广场。3km长的长廊可以让人们漫步，进行体育活动。湖的东北边仍然是受保护的自然空间。埃姆歇河主河道在凤凰湖的北边流过，这之前是工业区的管道（图17.33）。

图17.33　凤凰湖（右侧）与埃姆歇河河道（左侧）

(7)地下隧道建设的其他技术问题

1)管道系统形式　如有可能，一条管道；如有必要，两条管道。

埃姆歇河的截流总干管为成本较低的单管道合流制管道，也就是用一条管道输送包括生活污水、工业废水和雨水。单管系统发生故障怎么办？会不会彻底丧失功能？这样的系统性和运行安全等问题伴随着项目的整个阶段。埃姆歇河协会的解决方案是：在故障的情况下，污水通过泵和临时压力管道排放。可以保障管道的干式铺设和维修。

然而，这种废水排放替代措施还是有其技术限制。在废水流量超过 $3m^3/s$ 或管道埋深超过25m 的地区，管道必须设计为双管道。虽然在上游地区可以采用单管道系统，但在伯尔尼和埃姆歇河口污水处理厂之间的西部地区以及胡勒布鲁克到盖尔森基兴泵站之间必须采用双管道解决方案。在波特洛普污水处理厂中，有一个特殊的解决方案：现有的双管系统当液压系统出现故障时可由第三条管道补充。

2)通风措施——与环境融合　在所有工作完成后，在埃姆歇河沿岸会出现许多烟囱，个别情况下高达 70m，这些烟囱是埃姆歇河地下隧道的通风系统的一部分，它带动了地下隧道内的空气流动（图 17.34）。风扇抽吸的空气通过生物过滤器清洗，人与自然环境不会受排气的影响！

图 17.34　埃姆歇河地下隧道通风管建设

未来，人们不会再看到埃姆歇河流域的污水排放，但是重建的地面标志物将吸引人们的目光。建设中的盖尔森基兴泵站将有两栋独立的建筑，成为新埃姆歇河地区的独特地标，而建筑结构将使地下隧道系统达到完美统一。

17.3.2.2　埃姆歇河排流域水体制的变革

(1)旧的埃姆歇河流域排水体制

如图 17.35 所示为埃姆歇河综合治理之前埃姆歇河流域旧的排水体制。从图 17.35 中可以看出，以前的排水体制是在每个集水分区下游设置提升泵站，将污废水泵入污水输送干管，最终直接排入埃姆歇河。这种排水体制虽然解决了集水分区的污水和雨水排放问题，但是如前文所述却严重破坏了埃姆歇河水环境，造成了地表水和地下水污染。

(2)新的埃姆歇河流域排水体制

为了改变埃姆歇河流域旧的排水体制带的种种问题，埃姆歇河协会与各城市政府、企业和社区合作，正在埃姆歇河流域建立起新的排水体制。如图 17.36 所示为埃姆歇河流域开展综合治理后将建立的新的排水体制。从图 17.36 中可以看出，社区延用合流制排水系统，但是雨污混合水不再直接进入埃姆歇河及其支流，而是通过合流制干管以最大设计暴雨情况下将雨污混合水收集输送到带溢流的雨污混合水沉淀净化池，以雨污混合水沉淀池 2 倍旱季流量的雨污混合水被输送到埃姆歇河沿岸新建设的地下隧道系统，最终进入集中市政污水厂处理后排入埃姆

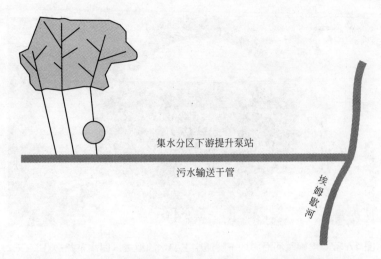

图 17.35 旧的埃姆歇河流域排水体制（图片来源：EMGE）

歇河；剩余的雨污混合水首先经过沉淀池沉淀净化，再溢流到雨水塘和湿地中进一步净化，最终排入埃姆歇河支流。

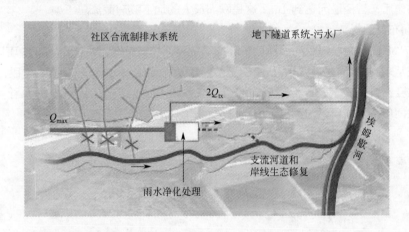

图 17.36 新的埃姆歇河流域排水体制（图片来源：EMGE）
Q_{max}—最大进水流量；$2Q_{tx}$—至污水处理厂的雨污混合水流量＝2 倍的污水旱季流量 Q_{tx}

(3) 地下隧道中水源关系

如图 17.37 所示为埃姆歇河沿岸地下隧道中主要水源组成示意。从图 17.37 中可以看出，与埃姆歇河流域新建立的排水体制一致，地下隧道系统中主要的水源包括经雨污混合水沉淀池沉淀后较清澈的雨水、生活污水和商业污水。另外，工业企业处理后的废水也将由地下隧道系统输送到市政污水处理厂进一步处理。由此可见，随着地下隧道系统的建成，不再有污水和受污染的雨水直接进入埃姆歇河，以后埃姆歇河将只有清洁的雨水和经过处理后的污废水进去，加上河道生态修复，埃姆歇河将逐渐成为一条"重返自然"的河道。

17.3.2.3　埃姆歇河截流总干管——地下隧道系统

埃姆歇河地下隧道系统实际上是沿埃姆歇河建设的雨污水截流总干管，是构建新的埃姆歇

图 17.37 埃姆歇河沿岸地下隧道中主要水源组成（图片来源： EMGE）

河流域排水体制的重点建设项目。由于埃姆歇河从多特蒙德东南部到丁斯拉肯莱茵河入河口处共计 83km，截流总干管采用重力流排水，管道有 0.15％～0.18％的坡度，导致管道埋深最深处达到 40m，同时截流总干管除具有输送雨污水的作用，还起到雨污水的调蓄进而降低污水处理厂负荷的作用，管径最大达到 4m。这是欧洲最大的地下隧道截流总干渠。

(1)平面布置分析

如图 17.38 所示为埃姆歇河沿岸地下隧道系统平面布置总图。从图 17.38 中可以看出，地下隧道系统从东向西，由多特蒙德东南部至多特蒙德-杜森污水处理厂为第一阶段，已于 2009 年完工，主要参数见表 17.5，治理后的河道现状如图 17.39 所示。从多特蒙德-杜森污水处理厂到埃姆歇河口污水处理厂为第二阶段，从 2009 年开始建设，于 2017 年完工。

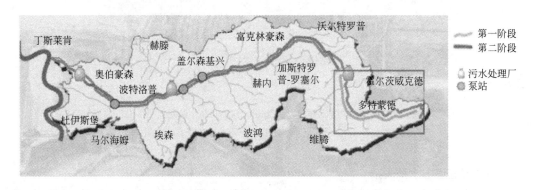

图 17.38 埃姆歇河沿岸地下隧道系统平面布置总图（图片来源： EMGE）

表 17.5 多特蒙德-杜森污水处理厂上游地下隧道参数（数据来源： EMGE）

参数	数值	参数	数值
长度/km	23km	建造时间	1998～2009 年
直径	DN800～4000	投资额/亿欧元	1.65
埋深/m	2～20		

(a)多特蒙德·阿普尔贝克　　　　　(b)埃姆歇河源头霍尔茨维克德

图 17.39 多特蒙德-杜森污水处理厂上游治理后河道现状（图片来源： EMGE）

第二阶段的主要参数详见表 17.6。

⊡ **表 17.6 特蒙德-杜森污水处理厂到埃姆歇河口污水处理厂地下隧道参数**（数据来源： EMGE）

参数	数值	参数	数值
长度/km	74	检查井个数/个	150
直径	DN1600～2800	大型泵站/个	3
埋深/m	10～40	建造时间	2009～2017 年

从图 17.40 可以较为清楚地看到，第二段地下隧道从多特蒙德-杜森污水处理厂开始，经过波特洛普污水处理厂，最终进入埃姆歇河口污水处理厂，其中经过 3 个大型泵站提升，分别是盖尔森基兴泵站、波特洛普泵站和奥博豪森泵站。

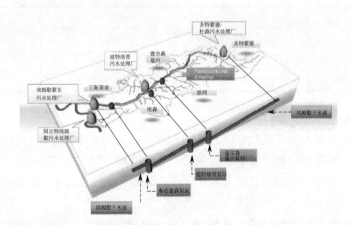

图 17.40 第二段地下隧道沿线污水厂及大型泵站示意（图片来源： EMGE）

由图 17.41 较清楚的显示了：从多特蒙德-杜森污水处理厂至盖尔森基兴泵站，盖尔森基兴泵站至波特洛普泵站，波特洛普泵站至奥博豪森泵站，最终到埃姆歇河口污水处理厂等各管段的管道系统形式，技术参数详见表 17.7。

图 17.41　第二段地下隧道各管段系统形式分布（图片来源：EMGE）

⊡ 表 17.7　第二段地下隧道各管段系统技术参数（数据来源：EMGE）

管道系统形式	管道设计流量/(m³/s)	管道埋深/m
单管系统	<3	<25
双管系统	>3	>25
三管系统（即波特洛普段）	除沿岸的单管系统外,还有两条原有的波特洛普管线	

47km 的隧道由 117 检查井进行盾构建设，单段最长长度为 1.15km。该标段地质情况主要是黏土/粉质砂层和风化/裂隙石灰岩层。黏土含量高（41%）。需承受高达 3bar（1bar = 10^5Pa，下同）的地下水压力。建成隧道内径为 0.3～2.8m；其中近 45km 隧道内径为 1.6m 以上。表 17.8 为 47km 长管道各管段内径和相应长度。

⊡ 表 17.8　一标段地下隧道各管段内径和相应长度（数据来源：EMGE）

管道管径	管道长度/m	管道管径	管道长度/m
DN300～1400	2450	DN2200	6294
DN1600	18372	DN2400	9297
DN1800	3923	DN2800	6634

(2)管道纵剖分析

如书后彩图 9 所示为第二段地下隧道纵剖示意。从彩图 9 中可以看出，从多特蒙德-杜森污水处理厂至盖尔森基兴泵站之前 2.6km 形成一标段合同，总长度 47km，为单管系统。随着管道埋深增加，从胡勒布鲁克到盖尔森基兴泵站之间采用双管道系统，当废水流量超过 3m³/s 或管道埋深超过 25m 的地区，管道必须设计为双管道。

从盖尔森基兴泵站到波特洛普污水处理厂这一区段，采用了特殊的解决方案，为三管系统，这是因为，之前已经为波特洛普污水处理厂配建了一套双管系统，但是为了保障当液压系统出现故障时，可由第三条管道补充。

从波特洛普污水处理厂到埃姆歇河口污水处理厂具体较长，在起始一段采用了单管系统，随后很长一段均为双管系统。

如图 17.42 所示为第二段地下隧道各管段参数详图。从图 17.42 中可以看出，地下隧道沿程坡度为 0.15%～0.17%，在盖尔森基兴泵站之前坡度较大为 0.16%～0.17%，从盖尔森基兴泵站往后的管段坡度均为 0.15%。各管段的管径和管长详见图下方标尺。

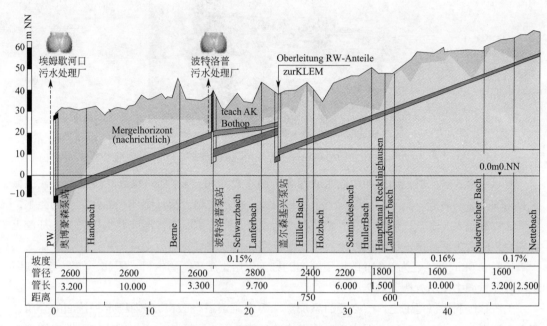

坡度	0.15%								0.16%		0.17%	
管径	2600	2600	2600	2800	2400	2200	1800	1600		1600		
管长	3.200	10.000	3.300	9.700		6.000	1.500	10.000		3.200	2.500	
距离					750		600					

图 17.42 第二段地下隧道各管段参数详图

(3)地下深邃施工工艺及施工

在一标段地下隧道的建设中，w&f 公司的 6 台大型盾构机同时被用于管径 1.6m 及以上管道的施工；剩余 2.5km 的小管径隧道的建设转包给其他公司。

对于建造 18.4km 的内径为 1.6m 隧道，采用了 2 个盾构机，由于黏土含量高，混合面刀头变为开面刀头（图 17.43）。直径 1.8m 的盾构机仅配备开面刀头。直径 2.2m 和 2.4m 的盾构机配有闭式刀头和开式刀头。所有 2.4m 直径以下的盾构机均采用为泥水平衡式盾构机，地面配有分离设备和泥浆处理设备（图 17.44）。

(a) 混合面刀头

(b) 开面刀头

图 17.43 混合面刀头和开面刀头（图片来源：EMGE）

图 17.44　泥水平衡盾构机施工示意图（图片来源：w&f 公司）

泥水平衡式盾构机是通过加压泥水或泥浆（通常为膨润土悬浮液）来稳定开挖面，在机械式盾构的刀盘的后侧，其刀盘后面有一个密封隔板，把水、黏土及其添加剂混合制成的泥水，经输送管道压入泥水仓，待泥水充满整个泥水仓，并具有一定压力，形成泥水压力室，开挖土料与泥浆混合由泥浆泵输送到洞外分离厂，经分离后泥浆重复使用。

长度 6.6km 的内径为 2.8m 的地下隧道的施工采用土压平衡盾构机。因此，如图 17.45 所示可以在管道中使用泥槽车输送泥土。

土压平衡盾构机是把土料（必要时添加泡沫等对土壤进行改良）作为稳定开挖面的介质，刀盘后隔板与开挖面之间形成泥土室，刀盘旋转开挖使泥土料增加，再由螺旋输料器旋转将土料运出，泥土室内土压可由刀盘旋转开挖速度及螺旋出料器的出土量进行调节。

双管制地下隧道施工如图 17.46 所示。

图 17.45　土压平衡盾构机施工示意
（图片来源：w&f 公司）

图 17.46　双管制地下隧道施工现场
（图片来源：EMGE）

如图 17.47 所示为地下隧道和管井的施工图，包括纵剖图和横剖图。

从 2012 年 10 月第一台机器进场施工，到 2015 年 10 月，直径 1.6m 及以上的地下隧道全部完工。

(4) 3 个大型泵站

在地下隧道系统中，建设了奥博豪森泵站、波特洛普泵站和盖尔森基兴泵站三个大型泵站。3 个泵站深度 10～40m，泵站直径 40～48m；排水量可在 2.7～16.5m³/s 之间调整，每个泵站由 12～16 台泵组成。

大型泵站的挡土墙施工采用两种方式，分别为连续墙和排桩墙，其中连续墙壁厚 80～120cm，排桩墙桩柱直径 80～180cm（见图 17.48）。

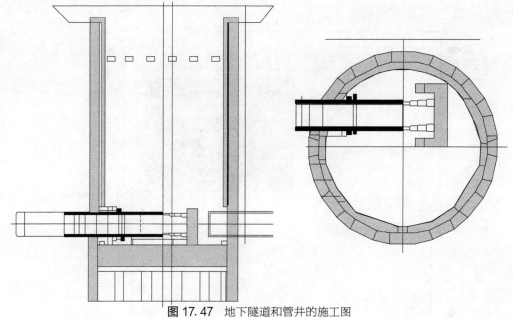

图 17.47 地下隧道和管井的施工图

（图片来源：EMGE）

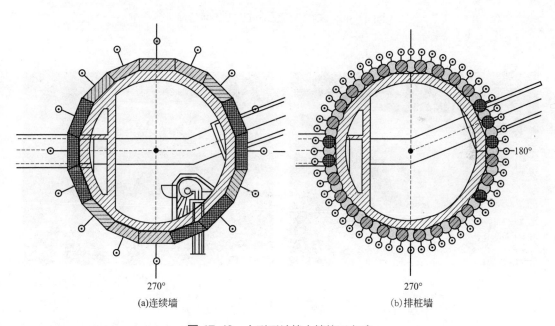

(a)连续墙   (b)排桩墙

图 17.48 大型泵站挡土墙施工方式

如图 17.49 所示为波特洛普泵站施工工作面示意。从图中可以看出泵站施工有两个作业面，第一工作面直径 48m，到第二工作面变小，两个挡土墙均采用排桩墙，桩柱直径 1.5～1.8m。泵坑深度 43m，挖掘土方量 62000m³，泵站扬程 30m，排水量 8m³/s。

如图 17.50 所示为波特洛普泵站施工作业现场图，分别显示了两个工作面阶段现场情况。

(5)竖井结构和检查井布局

74km 的埃姆歇河第二段地下隧道上，有 150 个检查井，其中从多特蒙德-杜森污水处理厂

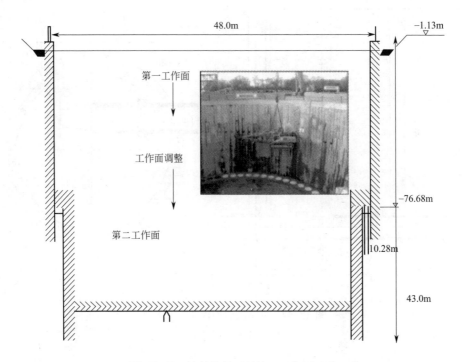

图 17.49 波特洛普泵站施工工作面示意

(a)   (b)

图 17.50 波特洛普泵站施工作业现场

至盖尔森基兴泵站的一标段合同，要求兴建 47km 的地下隧道和 117 座检查井。这些检查井的直径为 5～24m，深 10～40m。

如图 17.51 所示为检查井施工图。目前，将要建设的 150 个检查井，在地下隧道施工阶段作为施工的竖井，进行管道盾构作业，施工完成后即可作为两个管段之间的检查井，用来对地下隧道进行维护和检修。

如图 17.52 所示为竖井施工过程及检查井建成图。

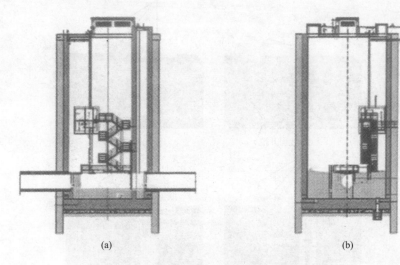

(a)   (b)

图 17.51 竖井检查井剖视图（图片来源：EMGE）

(a) 竖井施工   (b) 建成后的检查井

图 17.52 竖井施工过程及检查井建成图（图片来源：EMGE）

  如图 17.53 所示为竖井施工过程，主要包括 4 个阶段，分别是作业面开挖、铣槽、铣中心槽和插入钢筋笼。

(6)通风系统

  如图 17.54 所示为地下隧道的通风系统示意。对管道废气的排放点进行了规定，并均配备了废气处理设施，并对废气量和污染物浓度进行监测。

  如图 17.55 所示为地下隧道通风系统进排气管道设置情况。从图 17.55 中可以看出，一个通气区间被两条主进气管、4 条副进气管和 1 条出气管分割成 6 个区间，其中主进气管的管道截面积为 $3.75m^2$，副进气管的管道截面积为 $0.25m^2$，空气在地下隧道内的流速可以达到 $0.5m/s$。

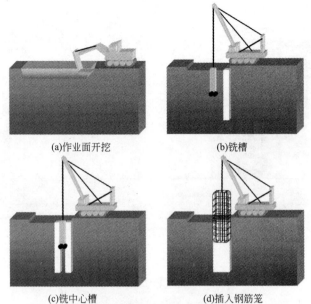

(a)作业面开挖   (b)铣槽

(c)铣中心槽   (d)插入钢筋笼

图 17.53 竖井施工工艺流程示意（图片来源：EMGE）

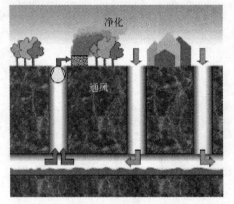

图 17.54 地下隧道通风系统示意

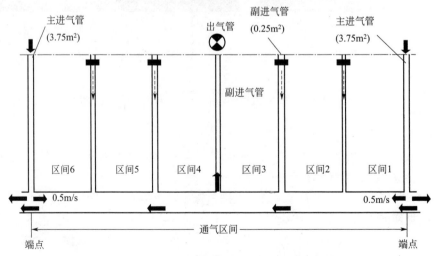

图 17.55 地下隧道通风系统的进排气管道设置

(7)技术经济指标

表 17.9 为 3 个大型泵站技术经济参数。从表中可以看出，3 个泵站扬程 30～39m，排水 8.1～16.5m³/s，机组个数 12～16，功率 3.8～17.6MW，投资 3000 万～6300 万欧元。

⊡ 表 17.9　大型泵站技术经济参数

泵站	奥博豪森	波特洛普	盖尔森基兴
扬程	39m	30m	35m
流量	16.5m³/s	8.1m³/s	13.3m³/s
机组个数	12	10	16
功率	17.6MW	3.8MW	4.5MW
投资	6300 万欧元	4300 万欧元	3000 万欧元

17.3.2.4　泵站设计建造——以奥博豪森泵站为例

奥博豪森泵站位于埃姆歇河下游，处于波特洛普污水处理厂和埃姆歇河口污水处理厂之间（图 17.56）。泵站的规划设计于 2016 年 2 月发布实施，同时开始泵站的建设，同年 9 月开始建设地下深隧。

图 17.56　奥博豪森泵站及地下隧道与城市空间关系

从图 17.56 中可以看出，奥博豪森泵站往下游向埃姆歇河口污水处理厂输送水的地下隧道在经过滨河保留区做了很大的绕行，避免对生态保护区动植物生境造成破坏。

如图 17.57 所示为奥博豪森泵站到埃姆歇河口污水处理厂之间泵站、管道与水厂的高程关系。从图中可以看出，上游来水重力流入奥博豪森泵站的前池中，经过泵组提升后进入后续地下隧道，地下隧道坡度为 0.15%，最后进入埃姆歇河口污水处理厂的前池中。

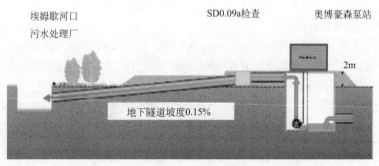

图 17.57　奥博豪森泵站到埃姆歇河口高程关系

图 17.58 所示为泵站前池及泵站建成图。

(a)   (b)

图 17.58 泵站前池及泵站建成图

(1)现场施工流程

如图 17.59 所示为奥博豪森泵站施工总平面图。施工流程主要包括施工道路建设、建设设备进场、建设挡土墙、基坑开挖几个步骤。如图 17.60 所示为该泵站施工现场。

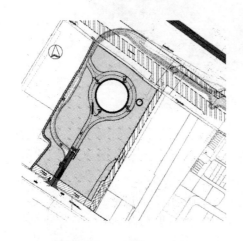

图 17.59 泵站施工平面图   **图 17.60** 泵站施工现场图

(2)泵站施工图及竖井施工

如图 17.61 所示为奥博豪森泵站基坑施工剖视图。图 17.62 所示为竖井施工流程，主要包括以下几个步骤： a. 建设外圈挡土墙（连续挡土墙），形成第一工作面； b. 挖土机进场，机械提升； c. 建设内圈挡土墙，形成第二工作面； d. 继续挖掘，完成竖井。

(3)建造工程

如图 17.63 所示为奥博豪森泵站内部构建施工现场图。

内部构件施工流程主要包括以下几个步骤：a. 地板、天花板、墙壁施工； b. 建筑构件安装； c. 创建曲面和路由； d. 盾构机入口建设。

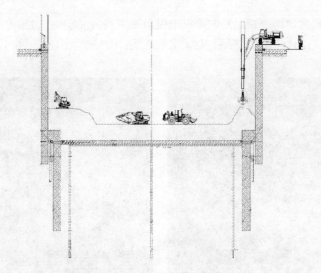

图 17.61 奥博豪森泵站施工剖视图

图 17.62 奥博豪森泵站施工现场

(a)   (b)

图 17.63 奥博豪森泵站内部构建施工现场

(4)机电设备

如图 17.64 所示为奥博豪森泵站内部机电设备施工安装现场图。主要包括以下机电设备：a. 安装 10 台泵；b. 安装通风系统；c. 安装电气系统；d. 15000m 电缆；e. 700m 压力管。

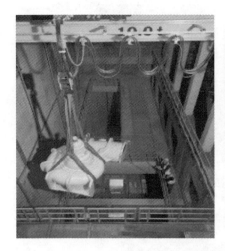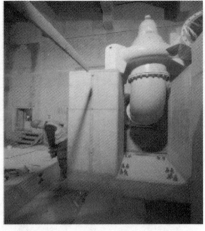

图 17.64　奥博豪森泵站泵组安装现场

(5)除臭系统

除臭系统采用两种工艺：一是传统的生物过滤工艺；二是光催化氧化工艺（图 17.65）。

(a)生物过滤工艺　　　　　　　　　　　　(b)光催化氧化工艺

图 17.65　泵站除臭系统生物过滤和光催化氧化工艺

(6)技术经济指标

表 17.10 所列为奥博豪森泵站的主要技术经济指标。奥博豪森泵站是所有 3 个大型泵站中排量最大的一个，投资也高达 6300 万欧元。

⊡ 表 17.10　奥博豪森泵站的主要技术经济指标

项目	技术经济指标	项目	技术经济指标
扬程/m	39	功率/MW	17.6
流量/(m³/s)	16.5	投资/万欧元	6300
机组个数/个	12		

(7)三维剖视模型及场地模型

如图 17.66 所示为奥博豪森泵站完整的三维模型图和当地效果图。

(a)三维模型图　　　　　　　　　　　　(b)效果图

图 17.66　泵站完整三维剖视模型和场地效果

17.3.3　埃姆歇河沿岸地下隧道系统施工与维护

17.3.3.1　地下隧道施工实践

地下隧道的建设不能都采用开敞式挖掘，这种技术只有在管道靠近地面的地方才能使用，或是当地条件允许［图 17.67(a)］。但是，当遇到自然环境不能受到影响，或是溪流和铁路大坝交叉，或是影响城市道路交通时，或者像埃姆歇河截污主干管处于很深的地下时，必须采用地下管道掘进［图 17.67(b)］。

(a)地面开敞式挖掘　　　　　　　　　　(b)地下管道掘进

图 17.67　地面开敞式挖掘和地下管道掘进

(1)地下掘进

地下隧道掘进施工现场如图 17.68 所示。在挖掘之前，必须钻探采集土壤进行研究，必须了解土壤构成，无论是岩石还是松散的石质都会造成压力的增加，那里还有采矿造成的空洞。地面怎么样可以问专家。最后，地下隧道在几十年内必须有一个稳定的坡度，必须防止管道的位移。

工人的健康和生活总是受到威胁！这是因为在隧道施工前期的测试钻井工作，还有一个非

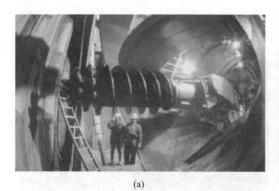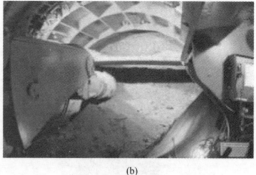

(a)   (b)

图 17.68 地下隧道掘进施工现场

常不同的目的，即寻找上第二次世界大战的工业污染场地和武器。钻井和化学分析在相距60m处进行。如果怀疑土壤存在问题，那么施工将被停止，武器探查工作将开始。

地面检查后，进行垂直轴安装，两轴有时距离几百米，内衬混凝土，巨型机器进场。根据土壤评估，已经做出了关于部分切割或全切割机是否被使用以及切割轮安装在哪些工具上的决定。

挖掘工作开始。由机械师驾驶并通过激光技术精确对准，驱动机器为预制混凝土管道提供了空间，通过液压系统将其压在目标坑上。驱动机器在日常使用中像普通钻机一样工作，只有规模不同，这里的一切都超大。机器每小时钻1m。

由于40t的管道不能储存在施工现场，所以巨型管道的交付是"实时"的。所以完美的物流是不可替代的，因为在地下压力条件下，隧道钻进后必须立即使用管道。

起点和目标点的竖井在管道掘进结束后将转做检查维修井，这样大大减少了施工成本。在管道掘进过程中，竖井也用于向工人提供空气和建筑材料。土壤和岩石块及地下排水的排出，通过冲洗输送系统进行。

技术要求很高的施工，公司通过数据中心监控，数据中心就安装在建筑车辆中。关于机器和安装管道的位置、高度和倾斜度等所有数据都可以在这里查看。从这里，孔的速度和切割轮也可以调整。由于地下隧道非常大，可以在里边骑自行车探索。但是很快污水就会流入。

（2）扇面-管箍-管道：承插下水道施工

在地下掘进的情况下，并不总是铺设完整的管道。土壤条件决定了施工技术，如果土壤是砂质土壤则使用滚筒法（见图17.69）。

弧圈（Tübbings）是由混凝土制成的弧形圈，废水管由多个这些弧形圈承插组成。用这种管道铺设技术可以防止完整管道在驱动机器卡住。此外，可以用这种方式铺设曲线管道。埃姆歇水务公司使用这种技术在丁斯拉肯附近建造埃姆歇河地下隧道（图17.70）。

17.3.3.2 检查和清洁

（1）高科技地下隧道

地下隧道的检查对于埃姆歇河和利珀河水务管理协会（以下简写为EGLV）来说不是问题。例如，当地下隧道处于低水位时，工人们去地下隧道检查和修理可能损坏管段，或者使用自动检查系统。

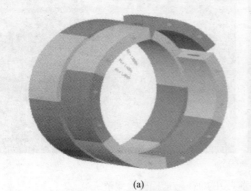

(a)   (b)

图 17.69   由 6 块弧圈拼接成环状管道

图 17.70   霍尔茨维奇区的地下隧道

然而，埃姆歇河地下隧道的一个要点，或者说跟其他混合水污水处理系统的区别在于：在大量降水的情况下可以调储雨水，以便在雨后将其运送到污水处理厂处理。这就是为什么埃姆歇河地下隧道的水位很高的原因，即使在旱季，管道填充度也有 30%～40%。在早期阶段，规划人员就意识到传统的检查方法在埃姆歇河地下隧道中将不可行。

(2)机器人：在污水中巡航

来自埃姆歇河协会公司的专家组必须采取行动。与马格德堡的弗劳恩霍夫工厂机械自动化研究所一起，埃姆歇河协会公司最终开发了 3 个自动检测和测试系统，也可以在埃姆歇河地下隧道中连续运行。

机器人在地下隧道中闻不到任何东西，却能看到超出人眼的东西。机器人能可靠地识别"NRW 自我监测条例"中定义的损伤模式，即腐蚀、机械磨损、裂缝和泄漏（图 17.71）。

损伤检测系统外观像小型快艇，并配有摄像机和超声波传感器。

(3)管道人工及自动清洁

在损伤检测系统检测之后，将清洁系统带入地下隧道。根据损坏检测系统的结果，滚动清洗机器人通过高压水枪除去管壁上的沉积物并进行清洁（图 17.72、图 17.73）。

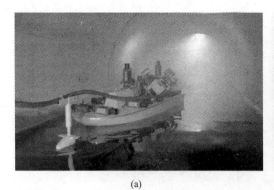 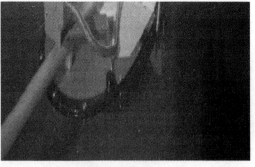

（a）　　　　　　　　　　　　　　　　（b）

图 17.71　埃姆歇河协会公司开发的地下隧道损伤检测系统

图 17.72　人工操作机械清洗

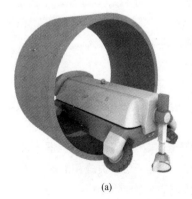 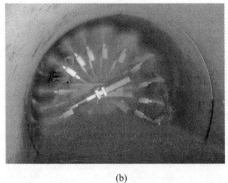

（a）　　　　　　　　　　　　　　　　（b）

图 17.73　四轮驱动机械自动清洗

　　清洁后的地下隧道，可以再进一步的详细检查。安装在浮动平台上的机器配有超声和热敏传感器，能够可靠地检测和测量裂缝和泄漏通道。专家组还为埃姆歇河地下隧道开发了专门的传感器技术。

三个检查和清洁系统彼此互补，可以使地下隧道的损伤降到最低，并可以使用广泛的数据处理来准确预测损伤发展。可以立即启动由仍在管道中的机器人执行及时维修。以这种方式运维的埃姆歇河地下隧道可以为几代人提供服务。

17.4 埃姆歇河河道的生态恢复

17.4.1 "重返自然"计划

在兴建 47km 的地下隧道期间，"重返自然"的是河道生态修复工程，由埃姆歇河支流开始。到目前为止，已经拆除了 120km 的开敞式的硬质污水明渠，并建立了大约相同长度的人行道和自行车道（图 17.74～图 17.76）。

═ 已建成的自行车道和人行道

🏠 污水处理厂

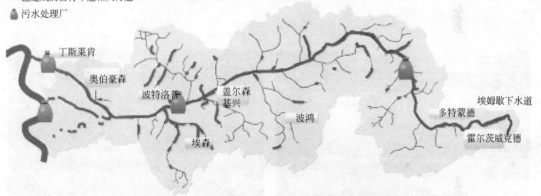

图 17.74 埃姆歇河支干流沿线自行车道和步行道分布

图 17.75 埃姆歇河支干流河道断面生态修复方式

图 17.76　埃姆歇河沿线自行车道

河道生态修复工程的原则是：给河道更多的水域空间。

可以看到，"重返自然"计划已经在埃姆歇河流域全面展开。硬化的污水明渠正在被拆除，变成曲折蜿蜒自然的小溪（图 17.77）。

(a)改造前

(b)改造后

图 17.77　埃姆歇河改造前和改造后对比

17.4.2　蓝绿生态网络

17.4.2.1　埃姆歇河流域的生态理念——发展和构建良好生境

一旦埃姆歇河沿岸的地下隧道投入运行，就可以从源头到莱茵河的河口逐步开展埃姆歇河的生态重建。因为目前已经无法知道埃姆歇河流域在工业化之前的生态本底情况，所以现在也就谈不上什么补救了。可以说整个欧洲也没有任何一条河流像埃姆歇河一样被人类活动改变得如此剧烈，也几乎没有其他的河流被如此人口密集的城市所包围。

因此，必须为每一条河流制定一个方案，以便尽可能为大自然创造尽可能多的空间，同时也不能忽视沿岸人民的需要。河流和湿地的空间越大，它们就发展得越"自然"，其维持成本和付出就越低。

从水域生态的角度来看，这种拓展水域空间的方式就是所谓的迁移空间：在考虑流失和降雨的情况下，通过优化埃姆歇河水域空间使它获得最佳的河道形状和湿地空间。但是在埃姆歇河中下游，由于之前粗放式扩张大量侵占了河流水域空间，这包括场地、房屋、管道、电缆和交通基础设施侵占，河道岸线非常狭窄，使得埃姆歇河不得不压缩成现在的模样。

埃姆歇河未来总体规划的生态理念就是要寻求对每一条河流进行生态空间优化，并将这些空间织成一张整体生态网络。

埃姆歇河及其支流沿线既有的和新建的生物网络的发展和相关关联，将促进整个流域生态系统功能的提升。埃姆歇河流域生态修复的目标就是形成一个连续的、多样化的水生生物生态功能区。

为了做到这一点，河流的剖面将尽可能扩大和调整。到目前为止，从霍尔茨维克德到多特蒙德杜森一直到杜伊斯堡约 120km 的新埃姆歇及其支流已经完成改造转换（图17.78）。

同时还要拓展创建一个新的埃姆歇流域生境网络。由于部分河段在沿线无法提供足够的生态发展空间，因此建立潜在的"生态热点"变得至关重要。只有建立一个高质量、网络化的生境结构才能最终恢复埃姆歇河流域的生态功能，这就是所谓的"涟漪效应"。

随着埃姆歇河加宽，形成了完备的重点生态区。湿地和生境创造宽阔和湿润的环境，为动物捕食、栖息和繁殖提供了空间（"原始涟漪"）。在溪流入河口处宽阔的湿地将已经改造的支流与埃姆歇河连接。堤坝以外现有的结构和生物空间形成的特有生境也将融入整个生态系统。以埃姆歇景观公园

图 17.78　杜伊斯堡老埃姆歇河自然空间的恢复

的绿色空间为例，已经形成了良好的生态网络和湿地系统。这些新增的湿地生境将连接到生态改造后的埃姆歇河，为动植物沿埃姆歇河繁殖提供连贯的环境。

完成升级区域将成为埃姆歇河集水区的"生态位"和"基石"，这些区域的生物物种将不断发展，并向外扩展，形成"第二圈涟漪"。另外，高级物种随之产生。将埃姆歇与周围现有的有价值的生物空间连接，将创造出一个物种相互关联的完整生境，这将使动植物迅速沿埃姆歇河稳定繁殖。

只有在连续和广泛的生境网络下实现生态空间的功能互补，才能确保这些河道的完整生态系统得以发挥。这些交叉互补作用越全面和越密集，整个系统就越稳定、越有弹性。

规划与自然：然而，所有这些措施只是"初始布局"，而不是最终状态。埃姆歇河流域修复规划最有建设性的部分是，它整合了河流本身的动态发展，采取的措施尽可能考虑可持续性和成本效益。挖掘机一经离场，水域的生态建设就宣告开始。

17.4.2.2　埃姆歇河流域生态修复规划

在规划之初，对埃姆歇河流域进行了详细分析，结论是要在埃姆歇河 1～3 km 范围内建设生态走廊，由此走廊进一步拓展到周边区域。在这条走廊上，将开展详细的规划设计。

埃姆歇河生态走廊建设分为四个典型特征区域（见图 17.79）。多特蒙德-杜森污水处理厂以上的埃姆歇河生态走廊被命名为独立埃姆歇河区域，这意味着由于目前埃姆歇河的情况，上游地区目前是相对隔离的。从至河口 58km 到至河口 38km 之间的部分被命名为农村埃姆歇河

区域，可以至少部分地恢复到较为自然的状态。从至河口 38km 到至河口 10km 之间的部分被命名为城市埃姆歇河区域，可以被认为是仿自然的状态，因为在这一人口稠密的地区，河床生态改善的空间非常有限。埃姆歇河的最后一部分即至莱茵河口 10km 的部分被命名为新埃姆歇河区域，可以被认为是人工的状态，因为这段河道是经老河道改道至此，以确保埃姆歇河向莱茵河顺利排水。

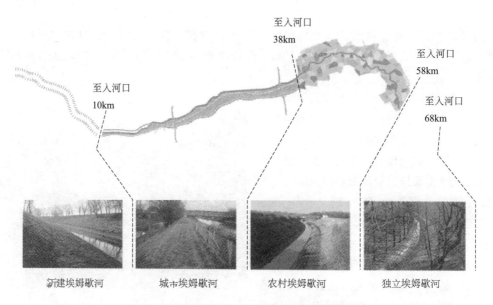

新建埃姆歇河　　　城市埃姆歇河　　　农村埃姆歇河　　　独立埃姆歇河

图 17.79　埃姆歇河生态走廊 4 个典型特征区域

制定莱茵河至多特蒙德-杜森处理厂之间河道及所有汇流支流可行的生态模块。每个模块都旨在改善当前的水文形态，有助于实现生态改善的总体目标：a. 提高河床；b. 改善河道断面；c. 截流合流雨污混合水；d. 增加粗糙度延缓水流；e. 大型滞洪区（Boezem）；f. 拓宽河道；g. 洪泛区；h. 使河道蜿蜒曲折；i. 河道自身水动力；j. 湖。

从可行性上来看，像提升河床和改善河道断面容易理解，其他措施像使河道蜿蜒曲折就不是那么容易理解了。以上模块都可以根据实际情况进行组合。

"蓝绿网"模块（图 17.80）以大型滞洪区为特征。大型滞洪区是一个广泛的滞洪区，在一定程度上可以部分淹没，流域洪水越大，淹水区域也就越大。大型滞洪区的水位可以在 0.5～3m 之间变化。根据大型滞洪区的高程、淹水频率和水平衡，里边的植被类型会有所不同。由于地下水水质和土壤污染的数据还在采集，一般而言，"蓝绿网"只限于走廊区域。"蓝绿网"景色宜人，因此大型滞洪区可以用于一些娱乐活动。

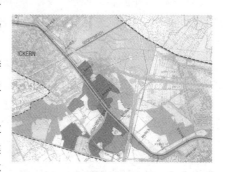

图 17.80　埃姆歇河流域规划蓝绿网络

"洪泛区"模块在目前的尺度上更集中在河道上（图 17.81）。根据土地空间不同可采用不同的形式："小洪泛区"（沿河道宽 12～20m）；"基石生境"（面积达 10000～30000m²， 2～

3km);"退线生境"［面积（5～20）×10^4m²，5km］。

"水流延缓"模块与河道断面的粗糙度密切相关，但反过来又需要考虑防洪。这个模块也具有很高的娱乐价值，因为生物群落的繁茂将提供很好的景观效果。

"宽河"模块将水位降低至1/3以下，这意味着通道要拓宽到40m（图17.82）。这个模块的上游有"水流延缓"模块（多特蒙德和卡斯特罗普劳克斯滞留盆地）（图中下方深色标记）。这意味着"宽河"模块不需要河道本身之外的广泛区域，但需要将河道拉伸拓宽。

图17.81 埃姆歇河流域洪泛区模块

图17.82 埃姆歇河流域"宽河"模块

以上三个模块都需要发生土方施工。在规划设计时要考虑原有地形地势，尽可能利用现状的降低成本。

规划过程中的不确定性主要是缺乏流域数据。通过水位计量可以粗略地得到流量数据，但是水质数据更难获得。主要原因是，超过40%的区域为洪泛区和配建的排水泵站，导致这一区域的地下水一直处于波动状态。另外，这一区域经过了几个世纪的工业活动，土壤污染严重。当前已知的土壤污染点有1000多个。所以需要更多的测量数据输入到地下水模型中，来评估重建计划对地下水水质水量的影响。

然而，为了评估上述三个规划模块带来的影响，需要建立动态水质模型。Petruck等已经用模型对一个小型城市河流的水质进行了评估。

此外，按照规定，规划程序还需遵从欧盟"水框架指令"（2000年），该框架指令设置了新的环境标准，必须纳入欧盟国家的法律中（2003年）。鉴于新的指令埃姆歇河协会制订了埃姆歇未来总体规划（2002年）。

17.4.3　埃姆歇河汇入莱茵河的生态屏障

埃姆歇河从源头历经80km，在丁斯拉肯汇入莱茵河。埃姆歇河从大约6m高的跌水堰泻入莱茵河，这道堰成为埃姆歇河与莱茵河之间的一道生态屏障，鱼和其他生物无法通过。

2014年一个接近自然的河口地区开始建设。埃姆歇河入河口被安置在离弗尔德近700m的地方。在未来，将形成一个20hm²的水草甸地区。整个建设时间估计有4～6年，但是实际所需的施工时间将依赖于莱茵河的排水和地下水位状况。

据规划，新的河口水域将按照莱茵河的水位的波动，形成充满水的塘、湿地和溪流。这将同时为莱茵河带来额外的泛洪空间，在莱茵河的高水位发生时它将被淹没。在几年的时间里，一个自然的水田景观，以及自行车道和徒步旅行路线，将成为游客休闲娱乐的好去处（见图17.83）。

图 17.83　埃姆歇河汇入莱茵河入河口生态湿地建设效果（图片来源：　EMGE）

17.5　埃姆歇河流域绿色雨水基础设施建设

在过去的数十年中，埃姆歇河主要功能是污水的快排通道，所以整个河道渠化严重，河床变窄，岸线变直，河道排水量波动幅度很大。在雨季，埃姆歇河的排水量达到 350m³/s，而在旱季，埃姆歇河的排水量仅为 11m³/s。

如果，将来埃姆歇河想要恢复到自然的状态，那就需要降低河水流速，为水生动植物提供稳定的栖息环境；同时，还要保障河道的防洪需求。

为了优化整个流域的水系统平衡，防洪、雨水径流和地下水管理等多个领域的工作方向必须达成共识，这也就要求相应的水管理部门协同工作，这也是埃姆歇河协会的宗旨。

为了降低河水流速，埃姆歇河协会正努力增加整个流域范围内地下水的回补。主要的方式是采用自然、分散的方式进行雨水径流控制进行雨水的原位净化，避免雨水直接通过合流制管网从汇水片区快排，从而实现埃姆歇处于利于生态恢复的低流速状态，也可以实现地下水的回补。

自然的雨水管理优势还包括：

① 减少雨水进入下水道系统，可以降低传统雨污水处理基础设施的建设规模和运营成本；

② 也有利于降低内涝和洪水风险；

③ 雨水的就地处理利用，也可以营造良好的城市景观和改善微气候。

所以，埃姆歇河流域开展了一系列的分散式雨水绿色管理项目和设施建设。

17.5.1　雨水绿色管理背景信息

17.5.1.1　德国开展雨水绿色管理的背景

随着城市化的发展，德国也普遍面临如图 17.84 所示的情况，大量原本被植被和土壤覆盖的区域被硬质的混凝土和沥青等不透水地面取代，从而造成雨水径流大大增加，植物蒸腾、土壤蒸发以及地下水补给量大大减少，城市自然的水循环和水生态遭到破坏，城市热岛效应非常明显。

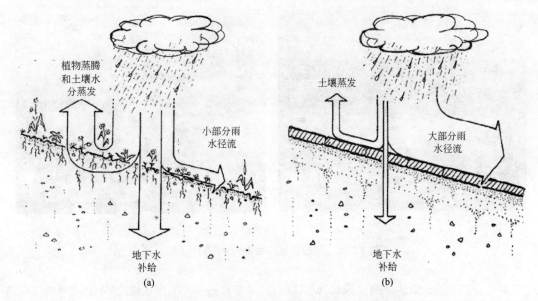

图 17.84 城市硬化对城市自然雨水循环造成的影响

为了应对日益恶化的水环境和水生态，德国也提出了雨水绿色管理，其目标和积极作用包括：a. 居住区内排水通畅；b. 防洪抗涝；c. 补充和保护地下水；d. 通过蒸发改善当地气候；e. 降低管道和泵站的尺寸；f. 提升污水厂处理效率；g. 水资源的保持和利用；h. 城市水域及生态平衡；i. 经济性、灵活性和稳定性更强（与传统雨水直排相比）。

为了促进雨水绿色管理的实施，德国提出了以下政策机制和技术保障。

① 通过对硬质铺装征收雨水排放费 [1 欧元/（m² · a）]。

② 建立完善的绿色雨水标准规范及指南：a. DWA-A 138E 标准，即径流雨水渗滤设施的规划设计、施工和运维；b. DWA-M 153E 标准，即雨水处理的咨询操作手册；c. 废水行业工作配套手册；d. 亲近自然的雨水管理指南（德国北威州）。

17.5.1.2 埃姆歇河流域雨水绿色管理的需求

埃姆歇河位于欧洲最密集的工业化区域之一的德国西部。由于 19 世纪初以来采矿活动的影响以及广大地区的相关沉降，这一地形被开发为淡水和废水开放式的排水设施。

随着 20 世纪 80 年代埃姆歇地区采矿活动的停止，以及停止相关沉降的事件，为埃姆歇流域提供了恢复的机会。埃姆歇水务公司已经在 20 世纪 90 年代开始恢复该系统，预计至少持续 20 年。新的埃姆歇排水系统的主要组成将是与修复河流平行的处理厂和大型干渠（图 17.85）。

雨水管理在恢复过程中起着重要作用：由于城市化程度高（40% 以上），埃姆歇河的流量状况受到雨水径流的强烈影响。此外，主要合流制下水道系统的溢流造成水质问题和水压应力。

意识到这些问题，埃姆歇水务协会在早期阶段引入了新的面向源头的雨水管理策略。自 20 世纪 90 年代以来，许多最佳管理实践（best management practices, BMPs）试点项目已经实现。在这些项目获得的良好经验的基础上，2000 年进入了大范围实施的阶段，埃姆歇地区可以称为"城市雨水管理"（urban storm water management, USWM）的先驱者之一。

(a)修复前　　　　　　　　　　　　　　(b)修复后

图 17.85　生态修复前后埃姆歇的对比照片

本节介绍了埃姆歇地区的实际 USWM 项目。除了实施不同的雨水管理 BMP 四个实际示范项目外，还将对"15/15"项目进行说明。在这个独特的项目中，埃姆歇河水务公司和 17 个成员城市签署了一项合同，以便在今后若干年内断开连接到合流制下水道系统的 15％的集水区。经验非常清楚，新的雨水管理战略的成功不仅是一个技术问题，而且还取决于社会经济方面。

埃姆歇集水区在过去 100 多年中已经发生了根本的变化。发现和开采该地区巨大的煤炭矿床迅速导致大规模采煤、钢铁厂和其他重工业的密集网络。

这个工业化时期产生了大量的污水，最初被简单地排入了现有的河道，造成了痢疾、霍乱、斑疹伤寒等流行病。该地区的经济发展与高效的排水系统直接相关。埃姆歇水务公司成立于 1899 年，作为该地区行政、行业和矿业的管理者，目标是建立一个排水管理机构，以确保污水的安全处理。后来，污水处理成为了埃姆歇水务公司另一个责任。

由于广泛的采矿活动，地下污水管网不是一个正确的解决方案。由于采矿塌陷，管道将迅速损坏，修理它们将是非常困难和昂贵的；相反，首选开放式下水道系统。为此，埃姆歇集水区的水道，包括埃姆歇本身，都配有混凝土床单元，并拉直以提供必要的抗液压能力。由于财务、监督和卫生的原因，这个系统仍然是不断增长的地区多年来唯一合理的解决方案。今天当然这个制度已不符合生态、社会、审美和水管理的标准。

由于采矿活动已向北迁移，补贴日益减少，因此，埃姆歇地区的污水治理已成为可能。在 20 世纪 90 年代初，采取了恢复埃姆歇河水系决定。恢复的主要目的是：a. 河道生态改善；b. 安全的污水运输和处理；c. 预防洪水和改善水平衡；d. 将修复的埃姆歇河整合到该地区；e. 提供娱乐空间。

估计这个项目还需要 20 年才能完成。估计总支出约为 44 亿欧元。目前，约有 10 亿欧元用于修建处理厂和恢复一些较小的小溪。

虽然新系统是一个大型合流制下水道系统，包括与埃姆歇河及其支流平行的大型合流制下水道，但是雨水的 BMP 在项目中占有重要地位。埃姆歇河集水区（总面积 865 km²）具有非常高的城市化水平：266km²（30％）是不透水区域。密封表面的径流大部分排放到市政下水道系统中。由于经济和运行原因，其承受状的液压能力必须受到限制。因此，合流制下水道溢流

(CSO)设施必须建成，这对埃姆歇的流动态和水质有很大的影响。通过新系统，埃姆歇及其支流将不受污水的流动，而不会产生混合污水的下水道溢流。暴雨后的高峰流量仍将远高于天然水道（图 17.86），另一方面由于地下水更新减少，基地流量可能很小。

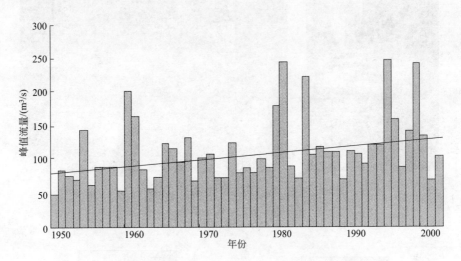

图 17.86 过去 50 年来埃姆歇的峰值流量增加

埃姆歇水务协会开始很早就实施以源为导向的雨水管理策略。称为"15/15"项目的战略目标是将径流量（流量和峰值流量)减少 15％，从而在恢复的河道中产生更高的生态潜力，减少合流制下水道溢流建筑的投资以及维护成本，改善水景和城市环境，现场雨水管理符合可持续排水概念的要求。

17.5.1.3 埃姆歇河流域雨水绿色管理的"15/15"计划

(1)雨水之路

自 20 世纪 90 年代以来，许多城市雨水治理试点项目得到了联邦政府和联邦政府环境部（Londong and Nothnagel，1999)的补贴。第一个示范项目是 Gelsenkirchen 的"Schüngelberg"，是国际建筑展览会中埃姆歇展览园地（1989--1999)的一部分。图 17.87（a)的植草沟系统建于 1992 年，这是最初启动的一项为期 5 年的竞赛项目，建成了埃姆歇集水区中 50 多个项目。今天，这个数字翻了 1 倍多。

通过项目示范在设计、性能、操作和经济方面进行了几项科学研究。还有很多公关工作已经完成。一个例子是"雨水之路"，该地区的不同城市有 17 个生动的例子。图 17.88 显示了所选地点的路线和照片。凭借这些示范项目获得的良好经验，2000 年全面实施了雨水管理计划。

(2)雨水管理信息系统（SMIS)

雨水管理信息系统（SMIS)已被开发为"15/15"项目的支持工具。 SMIS 支持规划人员识别适合实施雨水管理项目的区域。

判断一个地方是否适合雨水管理设施以及确定哪一种措施为最佳是一个相当复杂的过程，要从多方面因素。这个判断不仅取决于相关的理论考虑，而且取决于大量的实践经验和相关数据的可用性。这样的判断是不是单一技术问题，涉及很多方面的知识。为了完成这一任务，在欧盟 DAYWATER 项目中开发了一个名为 FLEXT 的专家系统。使用 FLEXT 制作了如下不

(a)植草沟系统   (b)渗水路面走道

图 17.87 盖尔森基兴的植草沟系统和渗水路面走道

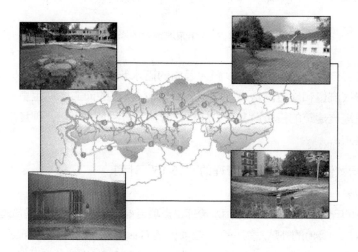

图 17.88 雨水管理项目路线图（照片： M. Kaiser）

同的地图。

1)雨水措施的类型选择图　这些地图建议采取一种或多种适当措施（例如不同的渗透系统，如"槽沟系统"，将雨水连接到附近的河流等）。FLEXT 实施的决策是基于自然条件（例如渗透能力、土壤类型、地下水位、坡度等）。

2)实施雨水绿色管理潜力分析图　该图显示了对可以不将雨水排入下水道系统的不透水区域的评估。主要取决于社区组成和结构（包括屋顶、花园、坡度等)的影响。

3)实施雨水绿色管理效益分析图　根据对下水道系统现状（雨污混合水溢流、管道现状、地下水位等)的调查，将实施雨水绿色管理从"非常有价值"划分到"不重要"几个等级。

以上三张地图均可在一个地理信息系统中获得。目前，该 GIS 的网络版本正在开发中。与其他组件（如雨水绿色管理的数据库)或成本效益计算工具一起构成了雨水管理信息系统（SMIS)。

17.5.1.4 埃姆歇河流域雨水管理公约

2005 年 10 月 31 日，埃姆歇河流域八个城镇的镇长、埃姆歇河水务公司的部门负责人和北莱茵-威斯特法伦州环境部长签署了"未来暴雨公约"。

在这份文件中，合作伙伴承诺在未来 15 年内将 15% 的雨水径流切断跟下水道系统中的连接，总体不透水面积为 $266km^2$，切断的雨水径流约 $26.4 \times 10^8 m^3/a$。

17.5.2 雨水绿色渗透系统工程规范

17.5.2.1 雨水绿色设施规范操作流程

雨水绿色设施建设流程如图 17.89 所示。

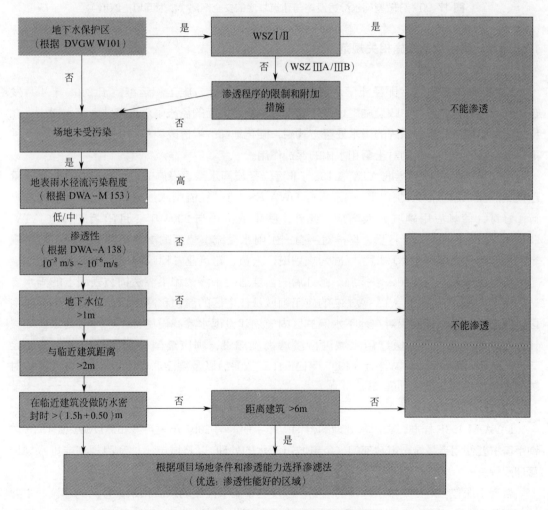

图 17.89 雨水绿色渗滤设施建设流程

对于地下水位总是低于建筑基底的项目，往往不做防渗措施，这些建筑附近做雨水渗透措施时，应保证渗透设施距离建筑基础的距离大于 1.5 倍的回填土深度。对于一些老旧的建筑，为了确保渗透水不直接进入回填基坑，在 1.5 倍的回填土深度基础上需要增加 0.5m 保护距离（图 17.90）。

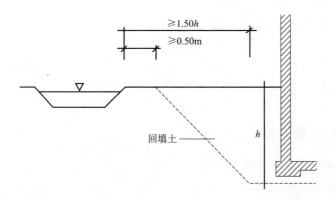

图 17 90 分散型雨水渗透设施与建筑基底的安全距离（ h 为回填土深度）

17.5.2.2 雨水绿色设施相关规范

（1）DWA-A 138E

DWA-A 138E 标准，即径流雨水渗滤设施的规划设计、施工和运维，于 2005 年 4 月发布。长期以来，在进行市政设施规划设计时都是将铺装地面的径流雨水直接排入下水道中。在反思这种单纯依靠排水系统的雨水处置方式后，硬化地面的渗透改造和雨水土壤入渗成为一种更接近自然的方式，起到对土壤和水体的保护作用。

1990 年 1 月发布的标准 ATV-A 138 "非污染径流雨水渗透设施的设计与施工"对雨水管理模式的反思起了很大的作用。德国水协 DWA ES 3.1 "径流雨水渗透"工作组，对标准进行了修订，使其应用领域大大增加。此外，使用的符号与 2003 年 4 月出版的标准 ATV-DVWK-A 198E 相符。修订后，标准对所有产生雨水径流下垫面的渗透条件都进行了特别规定，从而保护土壤和水体环境。标准为规划设计人员、建筑业主和政府提供目前经过实践检验的所有径流雨水沉淀和入渗措施。修订后的标准适用于渗透和不渗透铺装表面上的雨水渗透。将 1990 年 1 月版的 ATV-A 138 的应用领域从住宅区的屋顶和露台面，扩展到所有住宅区以及交通设施。标准仅对在地下水保护区内规划建设雨水渗滤设施提出了一般要求。如果计划在饮用水保护区或医疗用水域进行渗滤设施建设，则应遵循德国大气和水科技协会［DVGW］ 发布的标准 W 101 （1995)和 W 102 （2002)以及德国联邦水工作组（LAWA)对药用温泉保护区规范（1998 年）。

（2）DWA-M 153E

DWA-M 153E 标准，即雨水处理的咨询操作手册，与 2007 年 8 月发布。DWA-M 153E 咨询手册主要使用者是城市市政部门（负责城市污水的处理)以及城市土地利用规划或排水规划管理部门。

咨询手册包含对传统排水体制的改变，以及关于雨水控制的水质和水量方面的建议。主要从以下几个方面展开：a. 下垫面雨水径流水量和水质的分析；b. 地下水的保护要求；c. 地表水的保护要求；d. 由于地下水或地表水保护要求，在径流雨水进行入渗或进入地表水体前应进行的处理要求。

虽然标准 ATV-A 128E 对废水的综合处理进行了规定，但咨询手册就如何处理雨水，而不是将其排入污水管网后再处理进行了介绍。咨询手册为使用者提供了雨水径流对地下水和地表水体带来的冲击负荷评估的简易方法，包括了屋顶和路面（人行道、自行车道和机动车道)等不同覆盖面条件下产生雨水径流的水质和水量。

17.5.2.3 雨水渗透设施的入渗性能测试

这需要一个 30cm×30cm 的方形地面、大约 30cm 深的坑，且坑底部必须完整。底部覆盖有 1～2cm 厚的细砾石层，以防止泥浆积聚。重要的是在随后建造过滤系统的深度进行试验（图 17.91）。

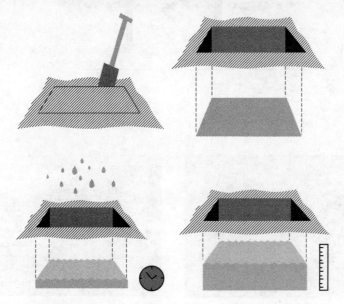

图 17.91 埃姆歇河有限公司在进行雨水入渗前进行的土壤渗透性能测试（图片来源： EMGE）

因为干燥的地面比潮湿的地面更快速地吸收水分，所以坑必须预浸泡约 1h，只有这样才能渗透一致，实践真实。在这个阶段，浸泡过程中不允许干涸。

一旦地面被彻底浸泡就可进行测量。坑里充满了水，并记录了水位和时间。在测量结束时，再次记录时间和水位。应连续进行 3 次测量，根据需要可以在两次测量之间重新填充水。

17.5.3 雨水绿色设施

雨水绿色管理的基本措施主要包括以下方面：a. 减少不透水面积；b. 雨水利用；c. 雨水渗透；d. 雨水回收；e. 有针对性的预处理。

下面针对具体的措施，通过相应设计参数和示例进行介绍。

17.5.3.1 入渗设施

(1)渗渠

渗渠是一种可以广泛应用于社区、道路和停车场绿化中的雨水调蓄渗滤系统，如图 17.92 所示。

渗渠具有以下功能特点：a. 可以实现地表雨水调蓄；b. 便于雨水径流的净化；c. 可以截流非溶解性物质。

社区雨水渗渠与停车场雨水渗渠如图 17.93 所示。

(2)渗池

渗池是另一种常见入渗系统，与渗渠相比，具有以下特点：a. 可以实现地下雨水调蓄；

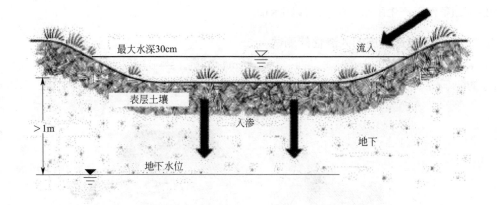

图 17.92　渗渠系统横剖面示意（图片来源：EMGE）

(a)社区雨水渗渠

(b)停车场雨水渗渠

图 17.93　社区雨水渗渠和停车场雨水渗渠（图片来源：EMGE）

b. 不便于雨水净化；c. 可以截流非溶解性物质。

渗池系统剖面图及现场安装如图 17.94（单位：cm）、图 17.95 所示。

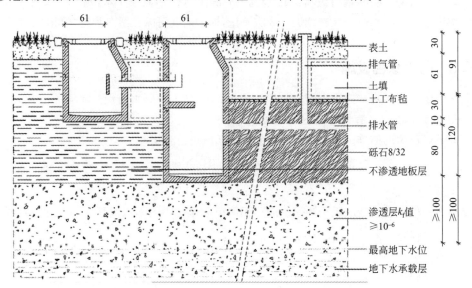

图 17.94　渗池系统剖面示意（图片来源：EMGE）

图 17.95　渗池系统安装现场（图片来源：Mahabadi，EMGE）

(3)渗池与蓄水模块组合系统

渗池与蓄水模块组合系统剖面示意图、模型图及现场实景如图 17.96～图 17.98 所示。

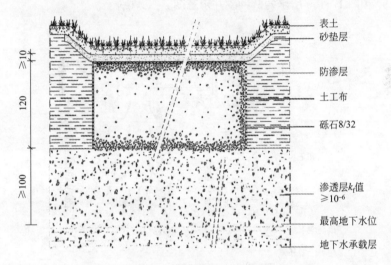

图 17.96　渗池与蓄水模块组合系统剖面示意

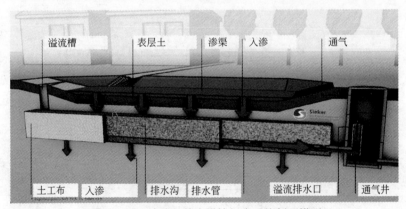

图 17.97　渗池与蓄水模块组合系统剖面模型

（图片来源：FränkischeGmbH，Mahabadi，Sieker GmbH）

图 17.98　渗池与蓄水模块组合系统现场实景（资料来源：　Sieker GmbH）

(4)渗井

如图 17.99 和图 17.100 所示为两种渗井示意图。

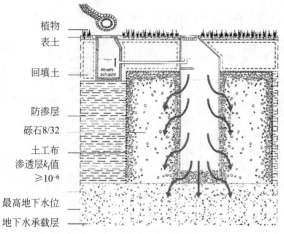

图 17.99　渗井剖面示意（一）

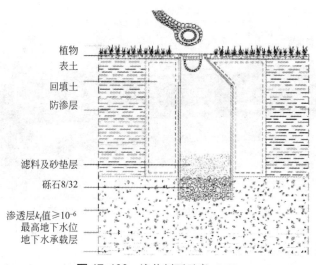

图 17.100　渗井剖面示意（二）

17.5.3.2 雨水入渗调蓄利用一体化系统

如图 17.101 所示为一种集雨水收集、过滤、调蓄、重金属吸附、回用及入渗于一体的系统，同时为了保障地下水和土壤不受污染，配备了入渗水采样井。

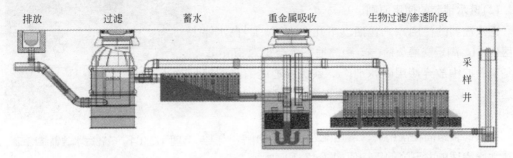

图 17.101 雨水入渗调蓄利用一体化系统工艺流程

17.5.3.3 透水铺装地面

（1）透水铺装地面形式

透水铺装地面的主要形式包括以下 3 种：a. 加宽间隙的石头铺装路面（图 17.102）；b. 带透水凹槽铺装路石（图 17.103）；c. 多孔透水砖铺装路面（图 17.104）。

(a)   (b)

图 17.102 加宽间隙的石头铺装路面（间隙达到 35mm）

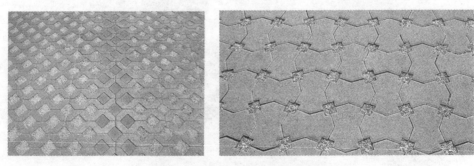

图 17.103 带透水凹槽铺装路石

由于渗透性能越好，静态负载能力就越差，对霜冻和除冰剂的抵抗力也较差，所以尽管这些设施自20世纪90年代以来一直在使用，但从未在德国建立相应的标准。

(2)透水铺装的使用原则

透水铺装的使用原则包括以下几个方面：a. 在水保护区外；b. 满足交通负荷；c. 距离地下水至少为2m；d. 在冬季养护中放弃使用除冰剂；e. 系统渗透能力必须持续达到270L/（s·hm²）；f. 系统的渗透系数$k_f \geqslant 5.4 \times 10^{-5}$m/s。

透水铺装路面在使用后，渗透能力会逐渐下降，渗透发达地区渗透能力下降的平均值如图17.105所示。

图17.104 多孔透水砖铺装路面

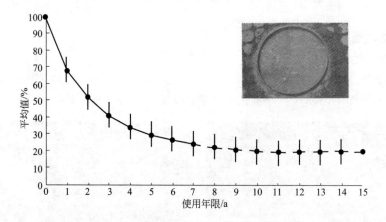

图17.105 渗透发达地区渗透能力下降的平均值变化趋势

17.5.3.4 绿色屋顶

绿色屋顶结构及各子系统如图17.106所示。一般分为分散型和集中型两种形式。

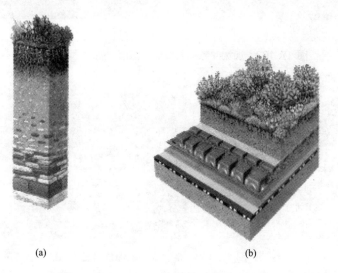

(a)   (b)

图17.106 绿色屋顶结构及各子系统示意

(1)分散型绿色屋顶

a. 用容易维护的绿化代替砾石覆盖；b. 维护成本低；c. 无需额外的浇水；d. 苔藓和草本植物的植物群落；e. 施工厚度 5~20cm；f. 重量 60~250kg/m²。如图 17.107 所示。

图 17.107 分散型绿色屋顶系统示意

(2)集中型绿色屋顶

a. 在平屋顶保建设的需要维护的花园；b. 维护费用高；c. 需要定期灌溉；d. 草坪或灌木和树木；e. 施工厚度 15~200cm；f. 重量 200~3000kg/m²。如图 17.108 所示。

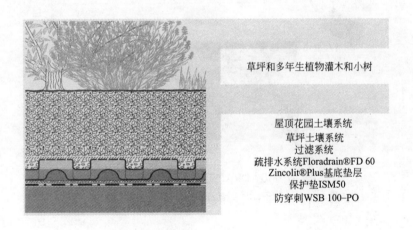

图 17.108 集中型绿色屋顶系统示意

(3)绿色屋顶相关规范

屋顶绿化需要特别注意：屋面防水、防穿漏。

标准和规范：a. DIN 18531 新建建筑的屋顶绿化（防水和未防水）；b. DIN 18159 旧建筑的屋顶绿化防水；c. 德国屋顶工业协会（ZVDH）；d. 农业发展研究中心屋顶指引（FLL）；e. DIN EN 13948 屋顶防水密封板。

17.5.3.5 分散型雨水处理设施

HAURATON 公司研发的地表排水系统 DRAINFIX® CLEAN 是集收集过滤和排水为一体

的一体化雨水径流治理系统。

如图 17.109 所示,地表的平面雨水篦子可以实现快速排水,在雨水篦子下面有较大的雨水调蓄空间,起到滞留雨水的作用,在调蓄空间下是过滤层,可以有效去除雨水中的 TP、 TSS 和 Cu、Zn 等污染物。净化后的雨水通过埋在过滤层下部的排水管排出进入后续单元。

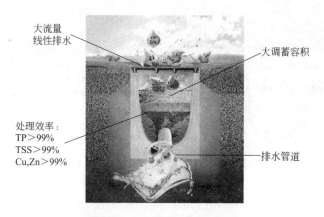

图 17.109 DRAINFIX®CLEAN 系统

如图 17.110 所示为 DRAINFIX®CLEAN 分解图。

图 17.110 DRAINFIX®CLEAN 部件拆分
1—U 形混凝土槽;2—雨水篦子;3—过滤滤料;4—滤后水收集管;5—滤后水储水模块。

DRAINFIX®CLEAN 系统的原理是采用表面过滤和深层过滤相结合的方式（见图 17.111），既保证了较大的过滤表面,也实现了深度净化。

如图 17.112 所示,经过 DRAINFIX®CLEAN 系统处理后的雨水可以作为河道补给净水、排水雨水管道或输送进入储水模块进行土壤入渗。

17.5.4 雨水绿色管理工程实例

17.5.4.1 波茨坦广场雨水控制与利用

(1)波茨坦广场雨水项目基本情况

目前,有很多措施可以用于生态城市的建设。但是,将各种措施进行有机组合用于大型项目的

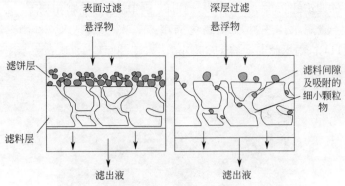

图 17.111 DRAINFIX® CLEAN 系统过滤原理

图 17.112 净化后雨水去向

建设还比较少。波茨坦广场的规划设计在各种生态措施的整合方面成为一个典型案例,包含能耗目标、环境友好材料的使用以及完整的雨水绿色管理概念。按照市议会的要求,这一区域的雨水峰值排放量为 3L/(s·hm²)。这意味着要在大雨时削减峰值径流,从而避免雨水进入合流制排水系统。如图 17.113 所示为 Marco Schmidt 绘制的波茨坦广场与兰德维尔河平面关系图。

图 17.113 波茨坦广场与兰德维尔河平面关系(Marco Schmidt 绘图)

每年来自 19 栋建筑的 23000m³ 的雨水通过以下措施进行控制和利用：a. 大量高密度的绿色屋顶；b. 屋顶径流雨水用于冲厕和绿化灌溉；c. 人工湖补水。其中，绿化屋顶面积达 40000m²（图 17.114），雨水储存池容积 3500m³，人工湖面积 12000m²，用于雨水处理的人工湿地 1200m²。

图 17.114 波茨坦广场建筑屋顶绿化（Marco Schmidt 摄影）

(2)波茨坦广场雨水调蓄与循环净化系统

如图 17.115 所示为波茨坦广场雨水调蓄与循环系统流程，可以看出该系统主要由两个部分构成：一是图右侧所示的屋面雨水调蓄利用系统；二是图左侧的景观水体循环净化系统。

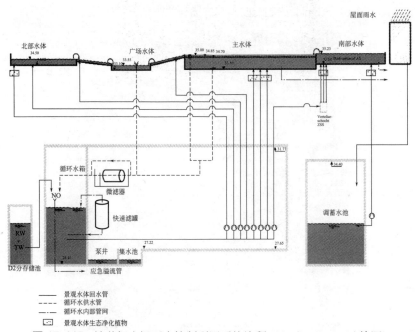

图 17.115 波茨坦广场雨水控制利用系统流程（Atelier Dreiseitl 绘图）

如图 17.116 展示了波茨坦广场雨水控制利用的水量关系,可以看出整个系统由约 3500m³ 的调蓄水池和 15000m³ 的景观水体组成(其中 12000m³ 正常容积和 3000m³ 的缓冲容积),屋面雨水经过落水管进入地下的调蓄水池,再经过泵提升到最南边的景观水池中,进入水体之前先由人工湿地进行净化。

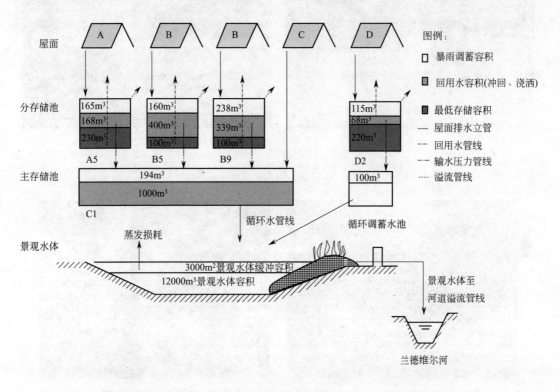

图 17.116 波茨坦广场雨水控制利用水量关系(Atelier Dreiseitl 绘图)

调蓄水池有 4 个分存储池(容积分别为 563m³、660m³、677m³、403m³)和 1 个主存储池组成,其中 4 个分存储池的容积包括暴雨调蓄容积、回用水容积和最低存储容积,分别位于 A5、B5、B9 和 D2 楼下,主存储池在 C1 楼下,有暴雨调蓄容积 194m³ 和回用水容积 1000m³,A5、B5、B9 分存储池的雨水最终进入 C1 主存储池,最终泵入南部水体。另外,在景观水体循环净化系统中配有 100m³ 的循环调蓄水池,D2 分存储池的雨水进入循环调蓄水池。

在大暴雨时,景观水体的 3000m³ 的缓冲容积也充满,景观水池中的水则通过溢流管道排入兰德维尔河。

循环净化系统在向景观水体供水时,分多个供水点,其中北部水体有 2 个供水点,其中 1 个供水点处有人工湿地;广场水体有 2 个供水点;主水体有 3 个供水点,供水点处均有人工湿地;南部水体有 3 个供水点,供水点也均有人工湿地。如图 17.117 所示为景观水体中的人工湿地。

循环净化系统主要有景观水体向循环调蓄水池的回水子系统和循环水池自净化循环子系统组成(见图 17.118)。景观水体中的水由分布在广场水体和主水体上的 3 个回水管,经微滤器后回到循环水池。循环水池自身配备快速滤罐,过滤由景观水体和 D2 分存储池进入循环水池中的水,快速滤罐配有加药装置。

(a)   (b)

图 17.117 波茨坦广场景观水体净化湿地（Marco Schmidt 摄影）

图 17.118 雨水及景观水体循环净化处理设施

17.5.4.2 凤凰湖雨水控制与利用

(1) 凤凰湖基本情况

凤凰湖是埃姆歇河生态修复的一个典范，它作为雨水收集储存水塘并设有排水溢流系统，分流溢口的结构保护了下游地区埃姆歇河岸的居民和商业建筑免受洪水的危害。在洪水发生时雨水被引流收集在凤凰湖内，被滞留和控制，然后再排放到埃姆歇河。需要时凤凰湖能够在正常水位上再容纳 $360000m^3$ 的雨水（图 17.119）。凤凰湖和位于其西面大约 2km 的 $110km^2$ 的大科技园以及北面的 $60hm^2$ 的大公园改变了以前以重工业为主的工业群集画面。

开放时间为 2011 年，人工湖岸线长度 1230m，最大湖宽 310m，水深大于 4m，容量约 $600000m^3$，湖面面积 $31.6\ hm^2$，区域总面积 $95.8hm^2$，处理工艺为人工湖生态修复治理。

(2) 凤凰湖断面和驳岸设计

凤凰湖区域的断面设计如图 17.120 所示，可以看出凤凰湖处于整个区域的最低处，有利于通过重力排水调蓄周边区域的雨水。埃姆歇河沿湖北岸流过，凤凰湖在超过最高蓄洪水位后，向埃姆歇河排水。如图 17.121 所示，凤凰湖和埃姆歇河岸线均为生态护岸。另外，沿岸的道路均采用了透水铺装并配有线性排水沟槽，并有具有调蓄功能的树坑（图 17.122）。

图 17. 119　凤凰湖及周边区域平面布置

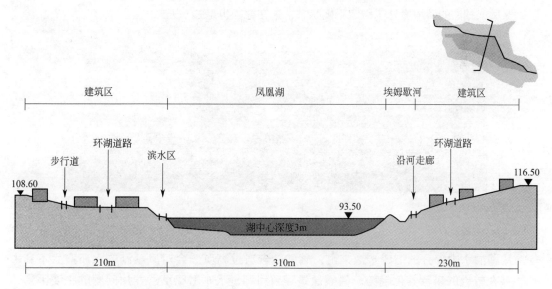

图 17. 120　凤凰湖区域断面剖视图

图 17. 121　凤凰湖生态驳岸

图 17.122　湖边道路透水铺装和树根区生物滤池

(3)凤凰湖磷的控制

多特蒙德市在凤凰湖岸边建立了一个膜过滤器和芦苇滤床的磷酸盐去除站（图 17.123），以确保凤凰湖泊的磷浓度处于稳定平衡状态，这在德国也是独一无二的。

图 17.123　凤凰湖边除磷净化站和芦苇滤床

从湖泊水中养分的指导参数来讲，磷酸盐含量过高可能会对凤凰湖的水质产生不利影响，存在较大的富营养化趋势。磷酸盐是导致河湖、水库出现富营养化问题的主要因素，水体富营养化国际标准（TN=0.5~1.2mg/L；TP=0.03~0.1mg/L)表明，在其他营养成分（氮、硅酸盐等）与物理条件（温度、阳光、水流等)适宜的情况下，很多水体中即使在完全没有污水排入的情况下，单就非点源径流带入水体的磷负荷就足以导致富营养化，另外水生动物也会带来磷酸盐的内部积累。因此，对湖中磷的控制和削减是管理中的首要任务。

湖中磷的主要来源包括雨水径流、鸟类活动和人为投放的饵料等。因此，目前管理方也要求游客不要向湖中投放食物、垃圾等可能带来营养物的东西。尽管如此，为了维持湖水中的磷处于限定水平，作为常规操作，磷酸盐去除装置持续通过物理过程将磷从湖水中脱除，在洪水之后会增加湖水量和总磷量，需要加速除磷。

本工艺参考国际先进案例，采用微孔膜筒式过滤器＋吸附反应器和集成吸附材料的土壤过滤两个平行工艺，对河、库水进行脱磷处理后再排回水体（图 17.124）。其中微孔膜筒式过滤器和吸附反应器的处理能力为 20L/s，集成吸附材料的土壤滤床处理能力为 25L/s。

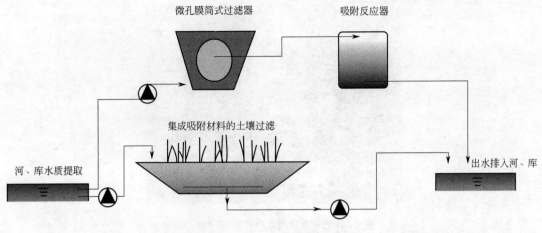

图 17.124　凤凰湖除磷工艺流程

17.5.4.3　韦尔海默马克小区雨水控制与利用

(1)小区雨水绿色设施基本情况

马克博特罗普南部韦尔海默市现代化住房采用了雨水渗透系统。这个智能项目可以缓解降雨中下水道系统的负荷，也可以加强水域系统。居民住房屋顶面积达 16600m² 的雨水收集起来通过特建管道引入埃姆歇河，而不进入排水管网，从而减轻管网负担并补充河水的储蓄量。每年可得到博托普城市 8000 欧元的管理费奖励。这个设计方案耗资 660000 欧元，80％的金额来自"未来雨水计划"和"欧盟城市供水"规划。处理工艺：雨水收集与排送入埃姆歇河。

随着埃姆歇河沿岸截污地下隧道系统的建立，以后只有干净的径流雨水能进入埃姆歇河，受污染的雨水和小区生活污水则通过下水道汇入沿岸地下隧道，最终进入污水处理厂处理。而当地传统的雨水合流系统与埃姆歇河重建计划是不相符的，以前这个区域的所有雨水也都进入下水道系统，最终进入污水处理厂，这样做有 2 个不利影响：a. 为了可以容纳所有硬化面的雨水，沿岸的截污地下隧道需要建得规模更大，这样势必增加投资费用；b. 由于较为干净的径流雨水也进入下水道排走，这样无疑将会造成埃姆歇河清水补给量下降。

因为"未来雨水计划"的协调，韦尔海默马克小区屋面的雨水都汇集到小区低洼处的雨水调蓄塘和植草沟渠中，不再进入下水道系统。

通过这种方式，雨水可以一部分渗入地下，不能渗流的过量的水则可以通过新建的管道进入埃姆歇河，补充河水。

这样做不仅埃姆歇河水环境得到保护，根据小区地形地势建设的雨水花园和植草沟也提升了小区环境品质，而且由于排入下水道的雨水渐少，雨水收费也降低，租金附加成本也下降了。

(2)雨水绿色设施系统及重要节点设计

如图 17.125 所示为韦尔海默马克小区平面布置图，从图 17.125 中可以看出小区住宅屋面的污水通过雨水排水竖管，经过屋顶雨水引流铺装（图 17.126），进入屋面雨水引流植草浅沟（图 17.127），最终汇入小区雨水生态调蓄池，平面布置图中蓝色和绿色即为雨水生态调蓄池（图 17.128）。

图 17. 125　韦尔海默马克小区平面布置

(a)

(b)

图 17. 126　屋顶雨水引流铺装

图 17. 127　屋面雨水引流植草浅沟

图 17. 128　小区雨水生态调蓄池

　　经过这套系统，一部分屋面雨水经过植草浅沟和低洼绿地（图 17.129）渗入地下，另一部分屋面雨水则进入小区雨水生态调蓄池储存，超量的雨水则溢流进入雨水排放管道，最终进入埃姆歇河补充河道水。小区机动车路面的雨水由于受到污染，则通过雨水箅（图 17.130）收集进入下水道系统，与生活污水一起进入污水处理厂处理。

(a)   (b)

图 17.129　小区低洼绿地及植草沟

图 17.130　机动车路面排水

17.6　埃姆歇河流域治理挑战与政策

17.6.1　实施主体

　　埃姆歇河综合治理涉及其 80km 的所有河段，是欧洲最大的河道综合治理项目，总投资达 45 亿欧元。项目位于德国人口最为密集的鲁尔区，隶属于德国北莱茵-威斯特法伦州。项目开发实施持续了约 30 年，主要创建了埃姆歇河景观公园，并专注于保护和再利用废弃工业建筑和房屋。对处于后期工业化阶段的这一区域，埃姆歇河流域的重建主要指向生态、环境和景致的提升。事实上，得益于准确和长远的规划、更为多元的投资、技术性更强的设计和有针对性的施工技术，这一区域的工业生产（特别是采矿业）带来的不良影响已经得到控制。同时，工业时代的建筑和基础设施的适当再利用和功能转变也是非常有趣的尝试。项目的实施致力于埃姆歇河和莱茵河生态修复的同时，也为这一区域打造了独特的名片。这一区域又重新焕发了活力，成为了艺术、文化娱乐活动（如音乐会）聚集地，并新建了休闲设施和体育设施，如徒步路径和攀岩墙等。因此，埃姆歇河综合治理不仅改善了河流的水文条件，并通过流域生态环境质量和文体设施建设，提高了"区域弹性"。

　　埃姆歇河综合治理的实施者是德国最早的流域管理协会——埃姆歇河协会。该协会是自我管理的非营利性公共协会，成立于 1899 年，主要工作是协调解决由于工业企业对河流造成的不良影响。其目标是通过环境保护，以获得更好的生态条件和生活质量，实现人与自然的协调可持续发展。水协实施的措施旨在通过维护和再开发埃姆歇河，为生态系统、城市景观和人类带来更多利益。水协的成员主要是当地政府和企业，他们能联合起来处理埃姆歇河流域的各种问题主要得益于一项整体的策略。事实上，决策过程是一个积极参与的过程。另外，不同领域的专家学者也参与进来，这就能为雨洪管理的全面实施搭建同一个平台，并基于一个整体的方法。

莱茵河协会是该区域的另一个有影响力的非营利性水务管理公司，其目标也是提升人们的生活质量和保护环境。主要负责饮用水和工业用水的供给、污水处理、雨水径流管理和防洪、污水处理副产物的处理与处置，并进行水管理分析。

德国伍珀塔尔研究所（WIKUE, 2013)在其报告中指出，埃姆歇 3.0 确定了从 20 世纪到现在的河流的主要发展阶段（图 17.131）：卫生条件改变阶段（1906～1949 年）；现代化阶段

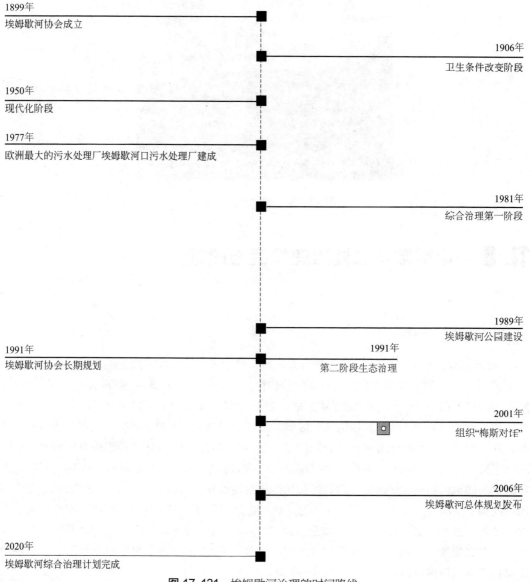

图 17.131 埃姆歇河治理的时间路线

（1950～1982 年）；综合治理的第一个阶段集中在研究和测试（1981～1990 年）；综合治理的第二阶段集中在生态修复（1991 年至今）。以埃姆歇河协会为基础，在卫生条件改变阶段，城市、当地社区和包括矿业公司在内的几家公司共同努力，对工业和生活废水进行消毒处理，防止污染物排放到埃姆歇河从而造成危害和不健康的环境。进入现代化阶段，工业生产减少，但人口增长，需要建造大量新的泵站。在此期间，埃姆歇河协会在丁斯拉肯的埃姆歇河河口建造了欧洲最大的污水处理厂，该工厂于 1977 年开始运营。埃姆歇河综合治理项目的主要目标如图 17.132 所示。

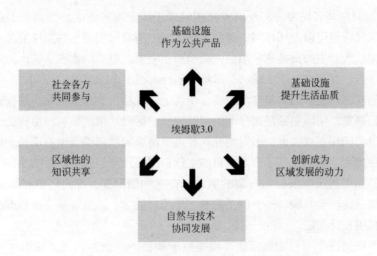

图 17.132　埃姆歇河综合治理项目的主要目标

　　1989 年，国际建筑展览会项目埃姆歇河公园的建成是河流修复的一个转折点。埃姆歇河公园的设计旨在提高人们对重建过程的认识，并为前工业区创造出积极的绿色形象。在1990～1999 年之间的 10 年里，由北莱茵-威斯特法伦州、联邦政府和 17 个地方政府共同管理，埃姆舍尔河沿岸的生态、经济和城市条件得到了显著的改善。埃姆歇河公园项目有统一的规划和整体的方法，同时考虑到经济、环境和社会三个方面。公园的建成也为这 10 年的框架构建了一个完整的行政管理结构。埃姆歇河公园对埃姆歇河流域的修复和重建的意义还在于其建设的自行车道和人行道不仅有助于城市的发展规划，还为埃姆歇河创造了沿岸的绿色空间。到 2016 年总共完成了 120 个河流修复项目。

　　1991 年，埃姆歇河协会制订了一项长远规划计划（持续近 20 年），以改变河流基础设施系统，将污水输送到地下隧道。其结果，埃姆歇河变成了一个自然水道。从 2000 年开始，随着许多试点项目的建设，流域综合治理进入全面实施阶段。到目前为止，这个复杂的河流基础设施系统的几个部分已经完成，如当地的污水处理厂和污水渠。全长 421km 的污水管网于 2017年完工。河流景观和生态环境重建原计划于 2020 年完成。

　　自 2001 年以来，埃姆歇河协会组织了"梅斯对话"，由参与埃姆歇河综合治理项目的规划师、环保机构、公司和城市主管部门开展了一系列的讲座和讨论会。在 2006 年，埃姆歇河协会发布了埃姆歇河总体规划，提出了一种全面的、长期的协调方法，从而实现水资源管理、城市、生态与设计多方面的协同。在进行了几段河段的改造后，尝试着建立一个共享网络平台，用来沟通不同项目的信息。总体规划的起草主要是为了让政府和市民了解埃姆歇河综合治理计划的挑战和好处，因为这条河流跨越了许多行政边界，涉及当地许多居民，所以有几个不同的机构参与其中，需要大家的共识。

这一区域规划，没有采用由上而下的方式，而是由所有参与单位通过对话，基于统一的目标共同制定，从而形成可行的管理框架。总体规划侧重于以下基本方面：防洪、加强生态恢复、设计休闲娱乐设施、提高生活质量、释放经济潜力、提高对当地历史的认知、制定策略吸引游客、强调与过去项目的连续性来突出这项革新计划的重要性。

17.6.2　政策与参与

17 个地方政府参与了埃姆舍河及其支流的管理工作。埃姆歇河治理效果表明，超越传统的行政界限的区域合作可以发挥作用。例如，该区域的所有城市都与联邦环境部和埃姆歇河协会合作。公共和私人业主都支持这一项目，减少雨水径流，减少雨水和清洁水流入排水系统。作为一项基本任务，在 2005～2020 的 15 年间实现径流减少 15％。

对于项目的实施，社区的参与非常重要。事实上，在项目实施过程中，在高密度的居住区有新的建设项目开发，所以必须经过仔细的平衡降低对区域环境的影响。尽管公众参与程度较低，这包括信息询问和正式咨询，但当地社区普遍支持埃姆歇河综合整治项目。埃姆歇河协会是项目的主要决策者，当地社区不作为项目的主体，但是对项目提供必要的支持。在规划制定过程中，涉及的城市居民可以参与方案的制定。在这种情况下，在进行创新和推行新的策略时，这些倡议要获得社会共识。一个例子就是"学习实验室"，通过基于创新理念的研讨会和讨论，让公众提供设计想法。

当地社区意识到这个项目的重要性，也得益于项目的实施为居民通往滨水区域提供了便利。自行车道和人行道、水探险路线和新的开放空间，对于提高人们的意识并获得公众对项目的支持非常重要。这对项目的成功实施至关重要，因为虽然埃姆歇河综合治理主要是基于现代化的废水基础设施，但公众的感知更侧重于生态环境的修复方面，这些能更清晰地被感知到。

根据德国的规范框架，大多数的埃姆歇河综合治理项目都需要所有受影响居民的参与。信息透明也是这个项目获得广泛认可和传播的主要原因之一，当然也包括项目促进了地区的经济和生态的发展。

17.6.3　成本与收益

埃姆歇河综合治理是一个复杂的项目，涉及大量的技术和财务工作，因为其巨大的规模和投资额，使其成为德国乃至欧洲范围内的最大流域治理项目。到 2013 年，累计投入已经达到 45 亿欧元，这是当初规划的 2020 年总成本。这种情况在大规模项目中经常出现。成本主要有几个来源：在 20 世纪 90 年代，北莱茵-威斯特伐利亚州政府支持埃姆歇河公园项目投资达 1790 万欧元；尽管融资比例提高，但是开发商、私营企业、非营利团体和地方政府还是坚持项目的实施，在第一个 4 年中，25 亿欧元的投资，2/3 来自公共基金，其余来自私人基金；欧洲投资银行也参与进来协助融资，因为这是"德国最昂贵的城市和地区"的开发项目。欧洲投资银行为埃姆歇河污水系统建设提供了 4.5 亿欧元的贷款，并在 45 年期限内保持利率不变，他们认为通过埃姆歇河流域的治理和区域更新，这个地方的经济将迎来新的机遇。当然，埃姆歇河的综合治理也将为当地社区和埃姆歇河协会带来了收益。

通过源头雨水控制项目的建设，降低进入污水管网中的雨水量，污水处理和雨洪管理的成本将降低，同时也会降低地下隧道和污水处理厂的规模。这样也会降低市民和业主因污水处理带来的赋税。另外，雨水径流的下降有助于降低内涝风险，其经济价值也非常大。埃姆歇河综合治理项目的复杂性和长周期，让它成为欧洲可持续雨洪管理的领跑者，每年也为当地提供1400个工作岗位。

为当地居民提供通向河道和开放空间的步道对项目的实施有积极的意义。生活品质的提升也获得了当地居民的欢迎，并促进了莱茵河区域的活力复兴。得以修复的水系和绿地公园也吸引了大量游客，带来了商业价值。

在世界建筑博览会中建设的埃姆歇河公园，通过景观的重新设计，为处于经济衰退和支离破碎中的工业区焕发生机提供了有效解决方案。这个项目为棕地修复和工业建筑再利用提供了机遇。

参考文献

[1] Klaus Rieker. The EmscherProject -Back-to-Nature. Singapore, 2016.

[2] Entwicklung und Stand der Abwasserbeseitigung in Nordrhein-Westfalen. Ministerium fur Klimaschutz, Umwelt, Landwirtschaft, Natur- und Verbraucherschutz des Landes Nordrhein-Westfalen, 2014.

[3] Emschergenossenschaft. Bottrop Wastewater Treatment Plant, 2016.

[4] T. Frehmann, H. Althoff, M. Hetschel, et al. Integrated Simulation of the Emscher trunk sewer for an analysis of coordinated control concepts for two large wastewater treatment plants[C]//11th International Conference on Urban Drainage. Edinburgh, Scotland, UK, 2008.

[5] Emschergenossenschaft und Lippeverband. Abwasserkanäle Zeitzeugen einer Flussgeschichte. September.

[6] Dipl. -Ing. Carsten Machentanz. Die Emschergenossenschaft und er Umbau des Emscher-Systems. Emschergenossenschaft, 2013.

[7] Dr. -Ing. Dirk Schönberger. Urban river restoration: The Emscher reconstruction 2016 Chinese-German training programme, 2016.

[8] Hanna Scheck, Daniel Vallentin, Johannes Venjakob. Emscher 3. 0: from grey to blue - or, how the bluesky over the Ruhr region fell into the Emscher. Kettler, 2013.

[9] KLAUS R. The emscher project-back-to-nature[R],2016.

[10] Emschergenossenschaft. Masterplan Emscher-Zukunft. Das Neue Emschertal, Essen, 2006.

[11] cf. Deutscher Rat für Landespflege (DRL): Verbesserung der biologischen Vielfalt in Fließgewässern und ihren Auen. Schriftenreihe des DRL, Bd. 1082, Bonn 2009.

[12] Jähnig Sonja, Hering Daniel. Sommerhäuser, Mario(eds.):Fließgewässer-Renaturierung heute und morgen. EU-Wasserrahmenrichtlinie, Maßnahmen und Effizienzkontrolle. Limnologie Aktuell, Bd. 1013. Stuttgart, 2011.

[13] Umweltbundesamt (UBA); Planungsbüro Koenzen; Unversität Duisburg-Essen;Senckenberg Forschungs institut und Naturmuseum (pub.): Neue Strategien zur Renaturierung von Fließgewässern.

[14] A. Petruck1, M. Beckereit, R. Hurck. Restoration of the river Emscher, Germany-From an open sewer to an urban water body[C]//World Water & Environmental Resources Congress,2003.

[15] Petruck A. , Jaeger D. , Sperling F. Dynamic simulation of CSO events in asmall urban stream[J]. Water Science and Technology, 1999 , 39 (9) :235-242.

[16] European Union. Directive 2000/60/EC of the European Parliament and of the Council establishing a framework for the Community action in the field of water policy, Official Journal (OJ L 327) of the European Union, 2000.

[17] Emschergenossenschaft. Flussgebietsplan Emscher-Stand September 2002, Emschergenossenschaft, Essen,2002.

[18] Dipl. -Ing. Cezmi Atabek. Naturnahe Regenwasserbewirtschaftung. Emscher Wassertechnik GmbH, Essen. 11,2016.

[19] Heiko Sieker, Stephan Bandermann, Michael Becker, et al. Urban Stormwater Management Demonstration Projects in the Emscher Region[C]//First SWITCH Scientific Meeting University of Birmingham, UK. 2006, 9-

10.

[20] Petruck A., M. Beckereit, R. Hurck. Restoration of the river Emscher, Germany-From an open sewer to an urban water body[C]//World Water Congress, 2003.

[21] Becker M., U. Raasch. Sustainable stormwater concepts as an essential instrument for river basin management[J]. Water Science and Technology, 2003, 48(10):25.

[22] Becker M. Ein Regenwasserbewirtschaftungs-Informationssystem für das Einzugsgebiet der Emscher. Fachgespräch Wasserwirtschaft. Solingen, 2005.

[23] Kaiser M. Naturnahe Regenwasserbewirtschaftung als Baustein einer nachhaltigen Siedlungsentwicklung, demonstriert mithilfe der Entwicklung und Umsetzung von Modellprojekten, Universität Dortmund, Fakultät Raumplanung, 2004.

[24] Emschergenossenschaft. Route des Regenwassers, Ministerium für Umwelt, Raumordnung und Landwirtschaft Nordrhein-Westfalen, 1999.

[25] Jin, Z., F. Sieker, S. Bandermann, H. Sieker. Development of a GIS-based Expertsystem for on-site Stormwater Management[C]//10th International conference on Urban Drainage (ICUD), Copenhagen, 2005.

[26] Stemplewski, J., M. Becker, U. Raasch. 2006. Die Zukunftsvereinbarung Regenwasser. KA Abwasser, Abfall 2006(8): 787.

[27] Standard DWA-A 138E. Planning, Construction and Operation of Facilities for the Percolation of Precipitation Water, 2005.

[28] Advisory Leaflet DWA-M 153E. Recommended Actions for Dealing with Stormwater, 2007.

[29] 周挺，张兴国. 德国多特蒙德凤凰旧工业区空间转型[J]. 建筑学报，2012(1): 40-43.

[30] Urban Sustainability and River Restoration: Green and Blue Infrastructure, First Edition. Katia Perini and Paola Sabbion. © 2017 John Wiley &Sons Ltd. John Wiley &Sons Ltd., 2017.

第18章

城市污染湖泊综合治理及工程案例

18.1 湖泊水质及富营养化评价

18.1.1 水质评价方法

我国湖泊保护目标的规定主要依据 2002 年修订的《地表水环境质量标准》（GB 3838—2002)来执行，根据环境功能分类和保护目标，规定了水环境质量应控制的项目和限值以及水质评价、指标分析方法。标准中 24 项基本项目限值主要参考了美国《国家推荐水质基准》中的水生生物毒性基准和人体健康基准，85 项水源地项目限值主要参考了世界卫生组织《饮用水质准则》和我国的《生活饮用水卫生规范》，2011 年，环境保护部出台了《地表水环境质量评价办法》，依据《地表水环境质量标准》（GB 3838—2002)和相关规范，用于评价全国地表水环境质量状况。在《地表水环境质量评价办法》中，对于地表水的评价基本是以《地表水环境质量标准》（GB 3838—2002)中Ⅲ类水质作为基本标准来进行评判，同时将水温、总氮和粪大肠菌群作为参考指标单独评价。定性评价表格见表 18.1。

⊡ 表 18.1　断面水质定性评价

水质类别	水质状况	表征颜色	水质功能类别
Ⅰ～Ⅱ类水质	优	蓝色	饮用水源地一级保护区、珍稀水生生物栖息地、鱼虾类产卵场、仔稚幼鱼的索饵场等
Ⅲ类水质	良好	绿色	饮用水源地二级保护区、鱼虾类越冬场、洄游通道、水产养殖区、游泳区
Ⅳ类水质	轻度污染	黄色	一般工业用水和人体非直接接触的娱乐用水
Ⅴ类水质	中度污染	橙色	农业用水及一般景观用水
劣Ⅴ类水质	中度污染	红色	除调节局部气候外，使用功能较差

对于我国的大多数湖泊来说，其面临的核心压力依然是由于生活污水及牲畜养殖排放及农

业面源所造成耗氧有机物污染和氮磷所带来富营养化风险。多数湖泊的水质评价结果主要受限于其高锰酸盐指数、化学需氧量、总磷水平。

考虑到湖泊中总磷的存在对于初级生产力巨大的促进作用，湖泊中总磷的分级标准较河流标准更为严格。目前仍然是全国统一标准，Ⅰ级标准总磷浓度小于等于0.01mg/L，Ⅱ标准总磷介于0.01~0.025mg/L之间（含0.025mg/L），Ⅲ级标准总磷浓度介于0.025~0.05mg/L之间（含0.05mg/L），Ⅳ类水介于0.05~0.1mg/L之间（含0.1mg/L），Ⅴ类水介于0.1~0.2mg/L之间（含0.2mg/L）。该标准作为我国地表水环境质量标准评价与考核的重要工作，在各项环境管理工作中都发挥了重要作用。但是随着我国对于湖泊水体的进一步研究和认识的不断提高，不同区域和流域湖泊水体的富营养化现象与营养盐的相互相应关系差异巨大，预期未来可以借鉴美国《国家推荐水质基准》中将湖泊进行分区，并在分区评价标准的基础上，将TN、TP和叶绿素a作为营养状态指标进行分区评价。

18.1.2 富营养化评价方法

湖泊作为一个巨大的生物反应器，在其中物理、化学与生物作用交错在一起，湖泊流域内汇集的物质在其中经过多重转变过程，或者被带离湖泊主体，或者在湖泊底质中不断累积，也存在通过氧化过程、生物硝化反硝化过程转变成气体离开水体的过程，当然人类的捕捞等活动也会从湖泊中带走很大一部分营养物质。初级生产力结构直接影响湖泊水生态系统结构和功能，通过对藻类初级生产力的综合分析，可以对湖泊在不同自然条件和外界干扰条件下富营养化过程进行判断，从而为湖泊生态系统的健康提供依据。

目前，我国对于湖泊富营养化的评价主要采用的综合营养状态指数法 [TLI(∑)]，采用0~100的一系列连续数字对湖泊营养状态进行分级，见表18.2。

⊡ 表18.2　湖泊富营养化分级范围

TLI(∑)分级范围	评价结果	TLI(∑)分级范围	评价结果
<30	贫营养	50~60	轻度富营养
30~50	中营养	60~70	中度富营养
>50	富营养	>70	重度富营养

综合营养指数的计算公式如下：

$$TLI(\sum) = \sum_{j=1}^{m} W_j \times TLI(j)$$ (18.1)

式中，TLI(∑)为综合营养状态指数；W_j为第j种参数的营养状态指数的相关权重；TLI(j)为第j中参数的营养状态指数。

营养状态综合指数是以叶绿素a（Chl-a）作为基准参数，第j种参数的相关权重计算公式为：

$$W_j = \frac{r_{ij}^2}{\sum_{j=1}^{m} r_{ij}^2}$$ (18.2)

式中，r_{ij}为第j种参数与基准参数Chl-a的相关系数；m为评价参数的个数。

中国湖泊（水库）部分参数与叶绿素a的相关关系r_{ij}^2值如表18.3所列。

参数	Chl-a	TP	TN	SD	COD$_{Mn}$
r_{ij}^2	1	0.7056	0.6724	0.6889	0.6889

其中上述表格的各个参数与营养状态指数计算公式如下：

$$TLI(Chl\text{-}a)=10\,[\,2.5+1.086\ln(Chl\text{-}a)\,]$$

$$TLI(TP)=10\,[\,9.436+1.624\ln(TP)\,]$$

$$TLI(TN)=10\,[\,5.453+1.694\ln(TN)\,]$$

$$TLI(SD)=10\,[\,5.118-1.94\ln(SD)\,]$$

$$TLI(COD_{Mn})=10\,[\,0.109+2.661\ln(COD_{Mn})\,]$$

式中，叶绿素 a（Chl-a）单位为 mg/m³，透明度（SD）单位为 m；其他指标总磷（TP）、总氮（TN）、高锰酸盐指数（COD$_{Mn}$）单位均为 mg/L。

在计算综合营养状态指数中，选择的主要参数除了 Chl-a 作为必须选入的基准因子外，其他因子可以根据需要选择，在环境保护部有关《地表水环境质量评价办法》中，除 Chl-a 外还将 TN、TP、COD$_{Mn}$ 和 SD 作为计算主要参数。其他仍然可以列入计算的参数包括 BOD$_5$、NH$_3$-N、悬浮物、细菌总数等，相关计算公式可以参考文献获得。

18.1.3　湖泊富营养化危害

湖泊富营养化是指湖泊接受过量的氮、磷等营养物质，使藻类以及其他水生生物异常繁殖，导致水体透明度和溶解氧等指标也发生显著变化，造成了水质恶化，从而使湖泊生态系统和水环境功能破坏。严重的湖泊富营养化会造成水华现象，造成生产生活用水、渔业养殖、旅游观光以及水上运输等活动的重大损失。

湖泊自然演替过程中，也会发生富营养化过程，流入湖泊的营养性物质，如氮、磷、碳等在湖泊中逐渐累积，自然状态下湖泊富营养化发展过程比较缓慢，常常是以地质年代来进行计算，而人为的活动则大大加快了湖泊富营养化的发生进程。由于人类生产、生活活动中水资源消耗，使得大部分水从自然循环过程中首先进入社会循环过程，极大地改变了湖泊流域水文水系格局，降低了湖泊流域的自然净化功能。同时人类排放的污染物质也改变了很多物质的自然循环过程，如化肥的大量使用，高强度牲畜养殖和高密度人口聚集区的污水排放以及工业企业污水排放等，都导致了湖泊中入湖负荷极大的增加，湖泊生态系统发生了巨大的变化，初级生产力结构也发生了快速改变。上述人类活动导致的结果就是湖泊富营养化进行大大加快，藻类初级生产力比例上升。即使通过工程手段削减湖泊的污染负荷，但是由于很多湖泊的换水周期长，湖泊自身恢复到原有状态仍然需要一个极其漫长的周期。

湖泊富营养化的危害主要包括以下几个方面。

1）影响供水安全　藻类的大量繁殖会造成自来水处理厂的滤池堵塞，水质达不到供水安全要求，同时部分蓝藻细胞会产生对人畜具有毒害作用的藻毒素，在细胞破裂释放后会严重影响供水水质，世界卫生组织（WHO）中关于藻毒素的供水安全标准为 1 μ mg/L。

2）破坏水体生物多样性　水华的发生往往会造成湖泊水体生态系统结构，单优物种的存在导致水体生态系统结构恶化。例如，藻类的大量繁殖会导致水体透明度严重下降，沉水植被得不到正常生长所需的光照条件，同时浮游植物的大量增加会导致水体上下层溶解氧差异明显，很多发生水华的湖泊，底层溶解氧长期处于低于 1mg/L 的状态，水下植物、底栖生物等不能生存，鱼虾灭绝，直接导致水体向黑臭方向发展。

3)影响水体的旅游观光功能　很多湖泊流域都是人类自古繁衍生存的所在地，具有深厚的文化历史底蕴，由于富营养化的存在，湖泊景观大打折扣，也直接造成旅游业的重大损失。

18.2　我国湖泊污染控制现状及发展趋势

18.2.1　我国主要湖泊的水质及营养状态现状

根据《2016年中国环境状况公报》，112个重要湖泊(水库)中，Ⅰ类水质的湖泊(水库)8个，占7.1%；Ⅱ类28个，占25.0%，Ⅰ类、Ⅱ类湖泊主要集中在我国的中西部地区；Ⅲ类38个，占33.9%，占比最大，在全国各地均有分布；Ⅳ类23个，占20.5%，包括我国重要湖泊太湖、巢湖，全国受人为干扰影响比较大的湖泊大多处于Ⅳ水平；Ⅴ类6个，占5.4%，包括重要湖泊滇池，以及一些人类活动强烈或者水资源比较匮乏的湖泊；劣Ⅴ类9个，占8.0%，部分湖泊天然背景值较高，还有部分湖泊周边存在排污较大的产业。在该评价中，总氮是作为单列指标，不列入水质考核当中，主要污染指标为总磷、化学需氧量和高锰酸盐指数。108个监测营养状态的湖泊(水库)中，贫营养的10个，中营养的73个，轻度富营养的20个，中度富营养的5个。

18.2.2　我国湖泊的富营养化发展进程

我国的绝大多数湖泊在20世纪70年代末和80年代初，还处于贫营养至中营养状态，但是到20世纪90年代中后期至21世纪初，很多湖泊的营养状态指数发生了显著升高的现象。

18.3　典型城市近郊湖泊洱海富营养化发展进程及控制策略

18.3.1　洱海水质变化历程及富营养化发展

18.3.1.1　洱海概况

洱海是云南省第二大高原淡水湖泊，孕育了大理地区近4000年的发展历史，它是大理市主要饮用水源地，又是苍山洱海国家级自然保护区和国家级风景名胜区的核心，具有调节气候、提供工农业生产用水、保护水生生物多样性等多种功能，是整个流域乃至大理州社会经济可持续发展的基础，被称为大理人民的"母亲湖"。

洱海属澜沧江-湄公河水系，位于大理白族自治州境内，流域地跨大理市和洱源县，流域面积2565km²。湖面面积251km²[海拔1965.8m（1985国家高程基准）]，岛屿面积0.748km²。人为控制水位高程在1964.3～1966m之间波动。湖体容量27.4×10⁸m³，南北长42.5km，东西平均宽6.3km，最宽处约为9km，最大水深21.3m，平均水深10.8m（变幅为1.7m）。

流域辖大理、洱源两县市，辖 16 个乡镇和 2 个办事处、167 个村委会和 33 社区。2014 年末，洱海流域总人口为 84.46 万人，洱海流域地区生产总值 362.01 亿元，占全州地区生产总值 832.18 亿元的 43.5%（2014 年数据）。

洱海来水主要为降水和融雪，入湖河流有弥苴河、永安江、罗时江、波罗江及苍山十八溪等大小河溪共 117 条，流域内有洱海、茈碧湖、海西海、西湖等湖泊水库。洱海流域年平均地表径流入湖量 $8.25 \times 10^8 m^3$（历史数据，目前水资源量严重不足）。北部主要的入湖河流包括弥苴河、罗时江和永安江，占整个洱海流域地表径流入湖量的 50% 左右。西部汇有苍山十八溪水，南纳波罗江，东有海潮河、凤尾阱、玉龙河等小溪水汇入。天然出湖河流仅有西洱河一条。1987 年开始建设"引洱入宾"工程，1994 年，该工程建成使用，形成了人工引水第二条出流通道。

18.3.1.2　洱海水质演变

"十五"以来，洱海开始加大保护治理，先后采取了"双取消""三退三还""六大工程""六大体系和绿色流域建设"等一系列重大措施，治理理念和技术方法也不断创新发展，由最开始的"一湖之治"逐步发展为"流域之治"，再到目前的"生态之治"。洱海保护治理取得了阶段性成果，洱海水污染趋势得到遏制，近十余年洱海水质保持良好，并维持相对稳定，洱海水生态退化趋势减弱，局部湖湾出现恢复态势，洱海也因此成为全国城市近郊保护得最好的湖泊之一。

近十余年来，洱海水质总体稳定保持在Ⅲ类，其中达到Ⅱ类的月份稳定增加。"十二五"期间，洱海Ⅱ类水质月份总数已超过"十一五"期间 8 个月。2017 年洱海水质有 6 个月达到Ⅱ类（1~5 月、12 月），入湖河流水质有所改善（图 18.1）。洱海水体生态功能逐步恢复，自净能力不断增强，洱海流域生态环境趋稳向好，洱海流域保护治理取得显著成效（图 18.2、图 18.3）。洱海保护模式被国家环保部（现生态环境部）总结为"循法自然、科学规划、全面控源、行政问责、全民参与"的二十字经验向全国推广。

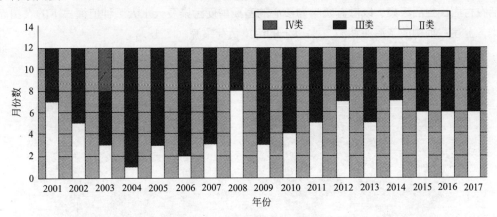

图 18.1　洱海水质类别变化

18.3.2　洱海湖泊富营养化控制面临的主要矛盾

18.3.2.1　水质问题

总的来说，洱海面临着水质、水量与水生态三个方面的巨大考验。首先是污染源问题，目前洱海流域的污染控制可以概括为原有的存量污染尚未得到彻底解决，又面临着由于旅游发展所带来的新的污染源增加问题。传统上洱海属于以农业为主的地区，其流域内最主要的污染源

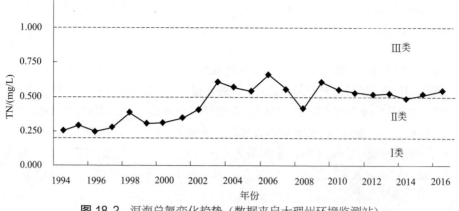

图 18.2 洱海总氮变化趋势（数据来自大理州环境监测站）

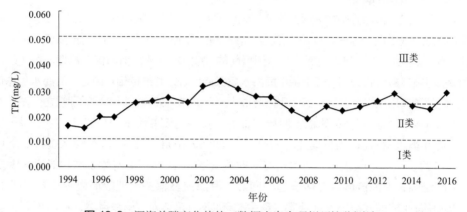

图 18.3 洱海总磷变化趋势（数据来自大理州环境监测站）

包括农村居民生活污染、以散养奶牛为核心的畜禽粪便污染及大水大肥种植模式下的农田面源污染，上述三项构成了洱海湖泊 70% 以上的污染负荷来源（图 18.4）。

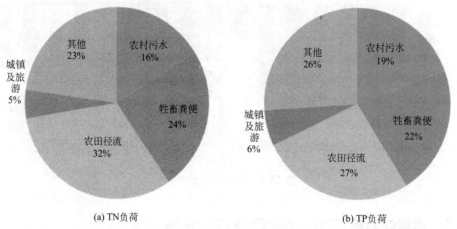

图 18.4 洱海流域入湖污染物来源负荷比例（数据来自《洱海流域水污染防治及绿色流域建设规划》）（2009）

近年来，由于旅游市场的兴旺及城镇化进程的加快，旅游所带来的生活污染比例逐年增加，大理州的旅游人口已经从 2007 年的 700 多万人增加到目前的 2600 多万人（2014 年数据），大多旅游景点集中在洱海沿湖区域，对湖泊局部湖湾的水质影响明显，湖湾水质明显低于湖泊主体水质。

洱海流域的主要污染源来自入湖河流。目前 22 条洱海流域的主要入湖河流水质均未能达到相关规划的标准，2014 年洱海北部、西部及南部的典型河流水质如图 18.5、图 18.6 所示。

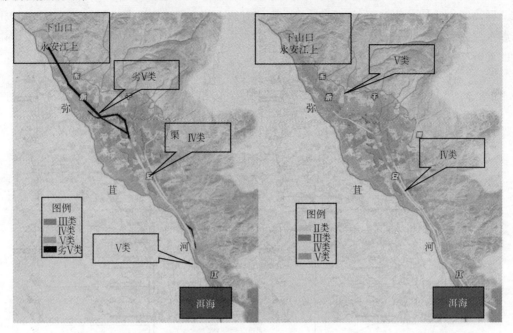

(a) 永安江水质评价——TN   (b) 永安江水质评价——TP

图 18.5 2014 年北部河流永安江全程水质类别分析

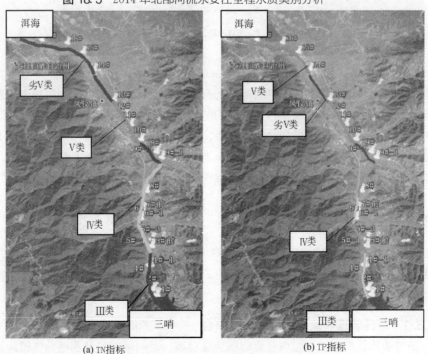

(a) TN指标   (b) TP指标

图 18.6 2014 年洱海南部入湖河流波罗江全程水质评价

以上数据仅为水体污染控制与治理重大专项研究结果。

18.3.2.2 水量及水资源问题

在水资源方面，清水入湖是实现洱海生态良性发展的基础。目前，洱海入湖水量不足历史数据平均水平的 1/2，苍山十八溪更是达不到历史数据的 20%。入湖水质大部分也不满足湖泊要求。优质水资源的缺失是洱海面临的巨大挑战。苍山上 180 多个取水点用掉 90% 左右的清水，导致 1/2 以上的河流出现过断流状态，即使有水季节的沟渠也是大量混入生活污水及农田排灌水。如何进一步提高清水入湖率是保护洱海，实现洱海湖泊生态向好发展的基石。洱海湖泊的水量平衡初步估算如图 18.7 所示。

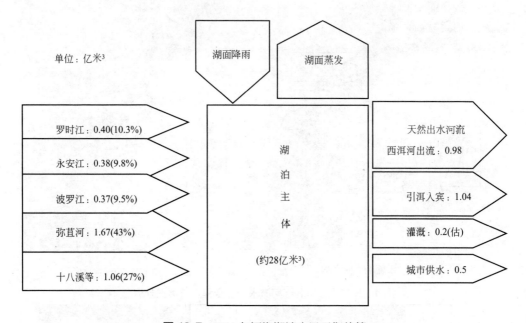

图 18.7 2014 年洱海湖泊水量平衡估算

18.3.2.3 水生态问题

洱海湖泊内生态系统主要面临着原有的沉水植被退化、土著鱼类数量减少及藻类大量繁殖等问题。目前洱海的沉水植被仅占全湖面积的 20% 左右，比历史良好水平下降了 1/2。由于外来物种入侵，洱海土著鱼类数量也明显减少，氮磷等营养盐污染物输入导致局部的洱海湖湾藻华问题也时有发生，其中在 1996 年和 2003 年的藻华事件造成了较大的社会影响。湖泊的生态现状就是陆域居民生活的一面镜子，清楚地映射了人类的活动对环境的影响。

18.3.3 洱海保护的研究历程

20 世纪 80 年代以前，洱海一直保持在贫营养状态，水质较好。随后，洱海的水质经历了一个由贫营养湖泊向中营养湖泊再到富营养湖泊的演替过程，洱海的保护治理也与此相伴随，可大致分为以下 3 个阶段。

18.3.3.1 湖区管理和点源污染治理相结合

改革开放后，洱海流域经济社会得到快速发展，对洱海的开发利用力度越来越大，给洱海造成的环境影响也越来越严重。到 1982 年年底，洱海周边共建成农业灌溉抽水站（含多级站）134 座，总功率 1.4×10^4 kW，灌溉农田 15 万多亩，流域造纸、化肥、印染、水泥、化纤等厂矿企业开始兴盛，洱海网箱养鱼和机动船等迅猛发展，洱海水污染日益加重。由于湖内污染物的长年累积，1996 年，洱海水质首次出现拐点，发出了由中营养湖泊向富营养湖泊过度的危险信号。就在这一年的秋天，洱海大面积暴发蓝藻，向大理人民敲响了警钟！

对此，地方政府高度重视，将洱海水污染防治作为全州一项重要的工作列上议事日程，采取了"双取消"的措施，即取消洱海网箱养鱼和机动渔船。2002 年，大力开展洱海沿岸"三退三还"工作，即退塘还湖、退耕还林、退房还湿地。在流域内实施"三禁"（禁磷、禁白、禁牧），关停了一批污染严重治理无望的企业，积极调整城市和工业布局，在全流域禁止布局有污染的工业企业，发展绿色环保的新型工业。与此同时，加强环境监管，促使流域企业实现达标排放；加快城镇基础设施建设，减少污染乱排乱放。各项措施的实施，有效削减了洱海内源和流域点源污染，流域点源污染基本得到控制。

18.3.3.2 强化面源污染控制的流域综合治理

进入 21 世纪，地方政府采取了大量保护治理措施，收到了积极的效果，但仍没能遏制住污染的趋势，加之受气候等主观因素的影响，洱海水环境与生态功能遭受严重破坏。2003 年洱海再次暴发蓝藻，特别是 7～9 月三个月洱海水质急剧恶化，透明度不足 1m，降至历史最低，局部区域水质下降到了地表水Ⅳ类，严重威胁沿湖 50 多万人的饮水安全。

洱海保护治理思路上实现了"三个转变"，即从湖内治理为主向全流域保护治理转变，从专项治理向系统的综合治理转变，从专业部门为主向上下结合、各级各部门密切配合协同治理转变。依法按程序重新修订了《大理白族自治州洱海管理条例》，将洱海水位调度权收归地方政府，明确将洱海正常来水年的最低生态运行水位从原来的 1962.69m 提高到 1964.3m，确保了洱海的生态用水；将紧邻洱海湖区的跨县乡镇统一划入大理市管辖，方便综合管理调度。

规划实施了洱海保护"六大工程"（城镇环境改善及基础设施建设、主要入湖河流水环境综合整治、农业农村面源污染控制、生态修复建设、流域水土保持、环境管理及能力建设），洱海流域累计恢复环洱海湖滨带 58km，建成生态湿地等近万亩，治理流域水土流失面积 189.8km²。调整优化流域种植业结构，大力发展绿色生态农业，从源头上减少农田面源污染；推广流域绿色养殖模式，禁止放牧牲畜，减少牲畜粪便进入洱海造成的污染，直接减少污染物排放 3.5×10^4 t；在流域范围内加大污水处理设施和配套管网建设力度。洱海保护治理工程的大量实施，有效地改善了洱海水生态环境。

18.3.3.3 工程治理与转变生产生活方式相结合

生产生活方式是影响湖泊水质的根本原因，自 2008 年起，以生态文明建设推进洱海保护治理工作，把地处洱海源头、洱海重要水源补给地的洱源县建设成为全州生态文明示范县，进一步强化源头治理，积极探索符合洱源实际的生态文明建设模式，努力把洱源建设成为生态环境优美、生态经济繁荣、城乡结构合理、人民富裕安康、社会和谐进步的生态文明县，为建设洱海流域生态文明示范区，破解洱海保护治理难题，促进全州经济社会又好又快发展提供借鉴。治理理念的逐步完善体现了对洱海湖泊保护认识过程的不断深化。

2008 年，环境保护部在大理召开了洱海保护经验交流会，会议用"循法自然、科学规划、全面控源、行政问责、全民参与" 20 个字高度概括了洱海保护治理经验。

2009 年，环境保护部将洱源县列为云南省唯一的全国第二批生态文明建设试点地区。为落实洱源生态文明示范县建设的目标，州级财政从 2009 年起，每年安排 1500 万元、后又逐步提高到 2500 万元用于洱源生态文明示范县建设。

2012 年，大理州以省九湖水污染综合防治领导小组会议暨洱海保护工作会议在大理召开为契机，制定实施了《大理州实现洱海Ⅱ类水质目标三年行动计划》，即"2333"行动计划，以实现洱海Ⅱ类水质为目标，用 3 年时间，投入 30 亿元，着力实施好"两百个村两污治理、三万亩湿地建设、亿方清水入湖"三大类重点工程，开启了大理建设生态文明新征程，洱海保护治理进入生态文明建设阶段。

2014 年，大理州州委、州政府提出了"四治一网"的洱海保护新管理措施，即依法治湖、工程治湖、科技治湖、全民治湖与网格化管理。"十三五"期间大理州提出采用"产业结构优化与布局调整—污染源系统控制—流域生态建设—湖内生态调控—流域水环境与水资源综合管理"的总体思路，采取总量控制与分区控制的对策，实施流域截污治污体系、主要入湖河道综合整治、流域生态建设、水资源统筹利用、产业结构调整减排、流域监管保障六大类工程。

2017 年 1 月，大理州召开开启洱海保护治理抢救模式实施"七大行动"动员大会，提出洱海正处于富营养化初期和保护治理的"拐点"，洱海水环境承载压力持续加大，洱海保护治理已经到了必须开启抢救模式的时刻，坚持生态优先、保护优先、绿色发展，采取断然措施和超常规手段，实行最严格的保护制度，加快实施流域"两违"整治、村镇"两污"整治、面源污染减量、节水治水生态修复、截污治污工程提速、流域执法监管、全民保护洱海"七大行动"，以壮士断腕的勇气和魄力推动各项工作落实。要加快推进截污治污、入湖河道综合整治、流域生态建设、水资源统筹利用、产业结构调整、流域监管保障"六大工程"，确保"十三五"期间洱海全湖水质稳定保持在Ⅲ类，湖心断面水质稳定达到Ⅱ类的目标，流域生态环境明显提升，洱海水质得到根本改善。

18.3.4　洱海保护的工程策略

18.3.4.1　村落及集镇污水收集与处理系统建设

大理州是在全国较早地开展农村污水处理技术研究及工程示范的地区。针对农村及村镇的生活污水的污染问题，洱海流域形成了涵盖庭院式污水处理设施＋村落污水处理系统/乡镇污水处理厂＋尾水深度净化湿地等多级处理全面覆盖的分散型农村污水收集与处理体系。针对部分污水处理系统尚难覆盖的地区，建设了简易的农户庭院污水处理设施，形成了污水排放之前的第一级屏障。针对难以进行污水厂集中收集与处理的地区，洱海流域内已经建设了 100 余座村落污水处理系统，根据现场条件及地方实际需要，分别采用了土壤净化槽、分层生物滤池及膜生物反应器（MBR）等多种技术和工艺，这些村落污水处理系统的总规模超过 1.5×10^4 t/d，有效控制了分散型污水污染问题。针对人口比较集中，能够形成点源污染的乡镇所在地，建设了重点集镇污水处理厂和城市污水处理厂 ［图 18.8（a）］。村落污水处理系统与城镇污水处理厂成为拦截洱海流域内农村生活污水的第二级屏障。同时，洱海流域还针对污水厂尾水可能造成污染负荷依然较高的现状，率先提出了一级 A 达标排放尾水深度处理的思路，多数污水处理厂后建设尾水深度处理湿地，实现氮磷等营养物质的进一步去除，这构成了洱海流域农村污水处理的第三级屏障 ［图 18.8（b）］。在上述三级处理体系的作用下，洱海流域尤其是近岸区域的农村污水的污染负荷得到了大幅度削减。目前，在村落污水处理系统建设的基础上，配合相关工程，洱海流域已经完成 167 个村环境整治。

18.3.4.2　农田面源污染控制

农田面源污染一直是洱海流域的主要污染源，大水大肥的种植方式导致大量的氮磷等营养

(a) 简易庭院式污水处理设施集镇污水处理厂

(b) 村落污水处理系统尾水深度净化湿地

图 18.8 农村污水治理工程现场照片

物质随排灌水流入到沟渠，进而进入洱海。根据初步估算，目前农田径流所带来的污染负荷占洱海流域总污染负荷的 1/4 左右，尤其是旱季蔬菜及经济作物（以大蒜为主）施肥量远远超过一般作物的水平。洱海全流域现有耕地 40 万亩，大蒜是区内主要经济作物，受到市场和经济利益的驱动，旱季大蒜种植面积达到了 12 万亩。目前，大蒜种植中氮肥施用量是大蒜需求的 2～3 倍，是其他大田作物的 3～10 倍。

如何减少农田面源污染一直是大理州保护洱海的重要内容，针对氮肥使用量高的问题，地方政府采取了三方面的工程措施来降低污染发生量：第一是大力推广测土配方工程和推广有机肥，通过流域土壤环境质量调查与评价、肥效田间试验、测土配方施肥地理信息系统建立等基础调研工作，进行控释配方肥研制及推广，开展中微量元素推广，从而实现减少化肥用量、控制农业面源污染；第二是转变农业生产方式，在流域内引种多种环境污染小经济价值较高的作物，进一步压缩高污染蔬菜、大蒜等作物的种植面积；第三是推进无公害农产品基地的认证工作。

18.3.4.3　固体废物综合收集、处理资源化利用

洱海流域的固体废弃物污染主要表现在居民生活垃圾、牲畜粪便及农作物秸秆三个方面，其中生活垃圾及牲畜粪便对洱海保护造成的影响较大，大理州在生活垃圾的收集与处理，牲畜粪便的资源化利用方面开展了卓有成效的工作。

洱海流域奶牛养殖数量最多时超过 10 万头，目前仍有 5 万多头，畜禽粪便管理不善给洱海造成的污染非常严重。主要体现在牲畜粪便的农田回用仅集中在每年的几个时间段，大量粪便在不需要农田回用的情况下出现随意堆砌现象，极大影响了村落的环境卫生，同时随径流冲刷进入河道，造成水体污染，氮磷营养物浓度升高，大肠杆菌等卫生学指标也出现问题。

大理州针对牲畜粪便污染问题，采取了多种方式积极消化污染源的发生及影响。早期提出了绿色养殖工程，即洱海流域全面实施禁牧厩养，建成"一池三改"（建沼气池、改厕、改

厕、改厨）。同时，通过市场手段，鼓励进行粪便收集及资源化处置，引进企业在大理市建成了有机肥料加工厂，并同时建设与之配套的畜禽粪便收集站，实现牲畜粪便的资源化利用。

18.3.4.4 入湖河流的综合治理

洱海流域入湖河流及沟渠共计100多条，其中主要河流包括北部罗时江、永安江和弥苴河，西部苍山十八溪以及南部波罗江等20余条。入湖河流是洱海湖泊氮磷等营养盐输入的主要通道，实现入湖河流主要水质改善和污染负荷削减是实现洱海Ⅱ类水目标的核心内容。

地方政府针对入湖河流的现状，采取了以面源污染负荷削减为基础，以低污染水生态处理为支撑，以河道及堤岸生态修复为重要内容，以河口湿地建设为保障的四级河道及流域治理体系。以大理北部罗时江为例，在"十一五"期间，针对其流域特征，结合村落污水治理、农田面源污染控制、污水厂尾水深度处理、河道生态护岸及河口湿地等方面分别展开了工程建设，形成了罗时江小流域综合治理示范区。

经过"十一五"期间的综合整治，罗时江河口水质主要指标 TN 和 TP 的年均值从 2006 年的 2.08mg/L 和 0.12mg/L 降低至 2014 年至目前的 1.53mg/L 和 0.04mg/L，两个指标分别提升 1~2 个等级（图 18.9、图 18.10）。

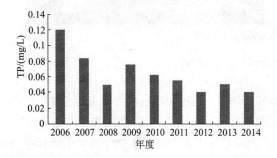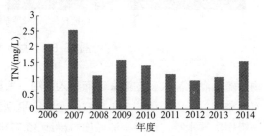

图 18.9 洱海北部入湖河流罗时江入湖口 TP 浓度年均值（2006~2014 年）

图 18.10 洱海北部入湖河流罗时江入湖口 TN 浓度年均值（2006~2014 年）

18.3.4.5 湖滨缓冲带建设

湖滨带及缓冲带是构成洱海保护的最后一道污染物屏障，天然湖滨带被侵占、破坏、水质污染等导致湖滨带生态功能退化是加速湖泊富营养化的重要原因，修复湖滨生态系统，提高湖滨带生物多样性是控制湖泊富营养化的重要手段。

洱海湖滨带全长128km，其中西部48km，南部8km，东部51km，北部11km。洱海流域建成了以西部湖滨带为主的58km的生态恢复工程，其他区域70km湖滨带生态修复工程全面启动。

18.4 洱海湖泊污染控制典型技术及工程案例

18.4.1 分散型农村污水污染控制工程

城市与农村生活污染控制是洱海流域首要解决的环境问题，通过多年来的努力，洱海流域从上游至下游污水处理在大理州基本全面覆盖，形成了城市污水处理厂、县城污水处理厂、集镇污水处理厂、村落污水处理站等各级污水处理工程。

洱海上游的洱源县是典型的农业县，农村居住区布局分散，许多村落分布在洱海入湖河流的两侧或湿地区周边，所产生的污染物极易进入水体，增加洱海入湖污染负荷。对于这部分农村污水，如铺设污水管网引入集镇污水厂进行处理，则成本较高，地方财政难以承受，往往导致管网覆盖度不高，也制约了污水处理厂的处理效果。因此，分散式污水收集与处理一直是洱海流域关注的重点。

近年来，在污水处理工艺方面，洱海流域建设实施了以土壤净化槽、组合分层生物滤池为代表的农村污水处理站，维护费用低、运行稳定；在污水收集方面，对于不适合铺设入湖管网的区域，创新性地使用了农村环村截污渠来收集污水，对于农村产生的生活污水、养殖废水及雨水，通过雨污混排支渠汇入环村截污沟渠，然后进入调节池（设溢流设施），引入新建污水处理站，最终达标排放（图18.11）。

(a)　　　　　　　　　　　　　　　(b)

图18.11　洱海流域农村污水处理设施

18.4.2　人工湿地低污染水净化工程

洱源东湖属于洱海上游重要湿地，也是洱海主要入湖河流永安江流域唯一的湖泊（图18.12），历史上东湖湖面面积在 $6\sim14km^2$ 之间。由于历史上围湖造田，以及湖区淤填，沼泽化严重，生态功能退化，趋于消亡。东湖湿地恢复工程总占地面积约8000亩，处理永安江流域全部径流，日处理量约达 $8.49\times10^4m^3$。

(a)　　　　　　　　　　　　　　　(b)

图18.12　洱海北部东湖湿地

以东湖湿地中大树营湿地为例，介绍洱海流域人工湿地工程建设思路以及对于地表低污染水的净化功能。

18.4.2.1　工程建设内容

该湿地工程平面图如图 18.3 所示，以永安江河道水为原水，设计规模取 $5 \times 10^4 \mathrm{m}^3/\mathrm{d}$，占地面积 1390 亩，采取复合型人工湿地工艺，复合型人工湿地的具体布局由上游至下游依次通过多级塘、表流湿地与潜流砾石床组成的复合系统，复合型人工湿地各个单元内部污染物去除机理与塘系统和人工湿地系统污染物去除机理类似，对上述工艺进行有机组合，可以充分发挥各工艺的优势，在一级湿地区实现菌藻共生系统污染去除之后，产生的藻类在潜流砾石床中得到拦截与降解，在经过潜流砾石床处理之后的透明度较高的处理水在二级湿地区水生植物的生长状况得到保证，水中溶解氧会得到有效恢复，在该区域主要期望实现氮的硝化和部分反硝化作用，在二级潜流砾石床一方面实现反硝化作用，另一方面通过添加具有除磷性能的功能性材料，实现磷的有效吸附。三级湿地区以水质稳定和水生植物恢复为主，同时营造良好景观。通过多样化的水流景观设计、多样化的湿地植物配置，实现生境的多样性，以达到湿地生物群落（动、植物）的多样性恢复。湿地植物的选择以水质净化植物为主要物种，适当搭配较高观赏价值的景观物种，利用景观的多样性开展湿地都市休闲游览活动。间接产生一定经济价值，同时大幅度提升旅游档次。

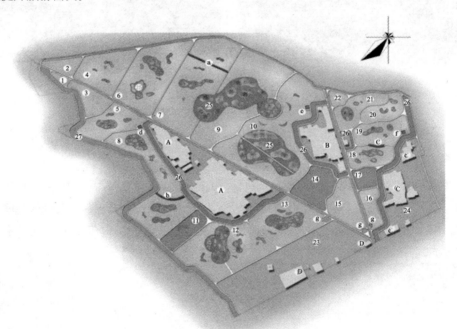

图 18.13　湿地工程平面图（1390 亩）

1，2，22—沉砂池；3，4—氧化池；5，6，20—厌氧池；7，8，19—兼性池；9，12，18——级表流湿地；
10，13，16—二级表流湿地；11，14，17—潜流湿地；15—三级表流湿地；21—好氧池；23，24—预留湿地；
25—生态岛；26—截污沟；27—集水渠
A—大树营村；B—簸箕村；C—段家营；D—上登村
a，b，c—毛石透水埂；d，e，f—污水处理系统；g—出水口

18.4.2.2　工程应用效果

工程进出水水质检测结果如图 18.14 所示，大树营湿地对地表低污染水中有机物、氮、磷

均具有良好的削减作用，氮、磷尤为明显，湿地水生植物的生长与重建的湿地生态系统对水质的改善效果显著。

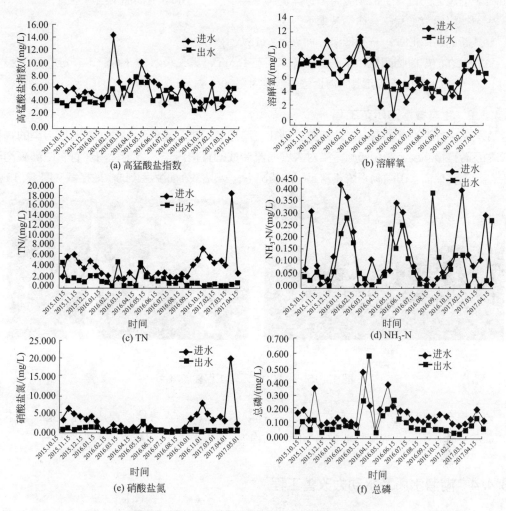

图 18.14　洱海北部大树营湿地的水质改善效果

该湿地具有良好的生态效益：表面流区域保留原有大量莲藕，在原没有莲藕的区域种植茭瓜、水葱等，潜流区种植纸莎草、风车草、黄花鸢尾、水生美人蕉，乔木池杉、中山杉等，生态岛种植经济适用价值高、市场潜力大的苗木，丰富了东湖区域生物多样性。

18.4.3　入湖河流水质改善工程

洱海北部另外一条入湖河流罗时江全长 18.29km，沿途汇合 11 处农业灌溉排水或支流来水，是农田灌溉、排洪除涝的多功能河道，罗时江径流面积 122.75km²，年入湖水量在 $(0.4 \sim 1.0) \times 10^8 m^3$ 左右（随气候变化波动较大），占洱海多年平均径流量的约 13%。

相关示范主要包括两部分内容，生态护岸示范工程和生态截污沟示范工程。

18.4.3.1　生态护岸示范工程

根据河道特点，开发了复式断面生态护岸。在自然坡降比小于等于 1：3 的护岸侧，护岸形式采用梯级复式断面。根据常水位与洪水位位置情况，从水体到岸边采用了沉水植物—挺水植物—灌木—乔木的完整生态护岸植物配置方案。在自然坡降比大于 1∶3 的护岸侧，采用生态混凝土护坡，配置湿生植物。生态护岸护脚采用块石，为水生生物提供栖息空间。

生态护岸示范工程的具体情况如下。

复式断面护岸形式：分为四级，梯级高差 1m。

复式生态护岸植物配置：第一级杨树（间距 1.5m），第二级水柳（间距 0.75m），第三级芦苇（10 株/m²），第四级以沉水植物金鱼藻恢复为主（10 株/m²）。

18.4.3.2　生态截污沟示范工程

在云南大理洱海北部罗时江的两侧分别建设河流截污沟，实现农村与农田面源污染的直接收集与下游直接回用，避免面源污染对入湖河流造成的直接污染，该工程与现有农田灌溉沟渠充分结合，在保证农田灌溉系统正常运行的情况下，实现部分面源污染的有效拦截（图 18.15）。

(a)　　　　　　　　　　　　　　　(b)

图 18.15　生态护岸示范工程现场照片

该工程在 2010 年建成，其后在多次的采样观测中，河道水质持续保持稳定状态，上下之间水质浓度变化不大，浓度表现为略有降低的趋势，平均污染物削减效率在 10% 左右。

18.4.4　湖湾水质及水动力改善工程

湖泊湖湾是人类活动影响最为强烈的区域，其水质往往明显劣于湖泊主体水质，往往也是藻类容易滋生和聚集的区域。以洱海为例，湖泊总体水质处于地表水环境质量标准Ⅱ～Ⅲ类水平，但是湖湾往往可以监测到Ⅴ类甚至劣Ⅴ类水质，蓝藻生长的关键性限制因子（总磷）已达到相当水平。主要原因包括：近岸区域人为活动频繁，污染物产生量大；湖湾区域水动力条件较差，污染物不易扩散；部分湖湾受风力与水力条件影响，浮游植物可以在湖湾区域极易发生聚集，藻华发生的隐患较大。以洱海的典型湖湾为对象，开展了湖湾水质和水动力的改善示范的研究。

18.4.4.1　工程内容

通过泵站将湖湾水引至工程示范点，建设了包括生态浮岛与接触氧化相结合的形式示范工程，从而改善湖区水质，抑制藻类生长，并促进藻类在湖外系统的沉淀和降解。主要的技术途径包括：浮岛生长植物对氮磷的吸收和遮光抑藻；生物膜填料附着生物对于水体中藻类的吸附和降解；超声波促进藻类分解与沉淀。

处理流量 $5×10^4$ m³/d；水力停留时间 2.5h；工艺面积 2500m²。

工程平面布置如图 18.16 所示。工程鸟瞰图如图 18.17 所示。

图 18.16 湖湾水质与水动力改善工程布局 　　　　**图 18.17** 工程鸟瞰图

18.4.4.2　工程应用效果

2017 年 8～11 月期间，针对该工程处理效果进行了分析，在水体中容易浮聚的蓝藻处理效果最为理想，总体去除率达到 40%，并在藻类密度较大时除藻效果稳定性较高。对洱海湖湾 Chl-a 清除效果在－27.78%～39.38% 之间，总体除叶绿素 a（Chl-a）平均值为 20%。对洱海 TN 处理效果在－81.42%～66.00% 之间，总体水体 TN 浓度降低 13%。对洱海 TP 处理效果在－5%～60% 之间，总体水体 TP 浓度降低 17%。预期通过延长水力停留时间会发挥更好的污染物削减效果。本工程结合出水口均匀分散布水设计，出口处藻类没有聚集现象发生。

具体处理效果如表 18.4 所列。

⊡ 表 18.4　接触氧化与超声控藻工艺的处理效果

项目		TN/(mg/L)	TP/(mg/L)	COD/(mg/L)	叶绿素 a/(μg/L)	蓝藻叶绿素/(μg/L)
进水	均值	1.01	0.058	7.22	19.32	8.14
	浓度范围	0.86～1.38	0.017～0.090	4.40～17.00	14.19～23.19	4.58～12.61
出水	均值	0.87	0.048	6.46	14.21	4.74
	浓度范围	0.63～1.07	0.029～0.080	4.25～14.50	11.53～24.44	2.83～9.71

参考文献

[1]　GB 3838—2002.

[2]　王菲菲，等. 国际水质基准对我国水质标准制订工作的启示[J]. 环境工程技术学报，2016(04): 331-335.

[3]　夏青，陈艳卿，刘宪兵. 水质基准和水质标准[M]. 北京: 中国标准出版社，2004.

[4]　嵇晓燕，等. 地表水环境质量评价办法在应用中存在的问题及建议[J]. 环境监测管理与技术，2016(06): 1-4.

[5]　郑丙辉，刘琰. 地表水环境质量标准修订的必要性及其框架设想[J]. 环境保护，2014(20): 39-41.

[6]　金相灿，屠清瑛. 湖泊富营养化调查规范[M]. 2版. 北京: 中国环境科学出版社，1990.

第19章

黑臭水体应急治理工程技术

19.1　磁分离技术介绍

19.1.1　磁分离技术概述

19.1.1.1　磁分离基本原理

磁技术自 20 世纪 70~80 年代受到国内外专家学者的重视。磁技术作为水处理技术首先由澳大利亚国立工业研究所组织研究和开发，用于城镇给水处理，用磁铁矿粉作磁粉，去除饮用水中的色度和浊度。随着磁技术设备的发展，该技术在城镇给水、排水和工业废水处理的研究和应用，国内外都有较大的发展。近 10 年来的研究结果显示磁技术可以用于非磁性的污染物的去除，向废水中投加磁种（例如：磁铁矿），磁种利用优先吸附或者共沉作用来去除污染物质，从而对污染物质具有良好的去除作用。

磁分离技术的全称是加载絮凝磁分离水处理技术，具体是向水中投加混凝剂的同时投加纳米级磁粉，利用化学絮凝作用、高效磁聚结沉降和高梯度磁分离的技术原理，外部施加磁场，强化絮凝和磁聚皆已达到高效沉降和磁过滤的目的。前期研究表明，磁技术水处理工艺可用于去除污水中的悬浮颗粒、重金属、磷、藻类、浮油等，甚至对一些病原微生物都有良好的处理效果。目前，磁粉混凝已用于多种废水的处理与净化，例如含铁氧化物废水、磷类废水、印染废水、金属颗粒物等的处理。

磁分离技术具有单位能耗去除污染物的效率高、各处理单元水力负荷高、降低水力停留时间、减小处理设施的容积、节省占地面积等优势；而且处理设施建设周期短、投资省、见效快、易于操作管理。美国的独立评审小组对 4500 m^3/d 规模的美国麻省康科镇污水处理厂分别采用磁混凝（CoMag）和膜过滤（在 Memcor 系统的基础上）进行了投资及运行费比较，得到以下结论：膜工艺的建设费用评估大约是 CoMag 费用的 1.5 倍，膜工艺的操作和维修费用估计是 CoMag 费用的 1.3 倍以上，表明磁技术具有广阔的应用前景，为磁技术在水污染控制领域的推广应用和建立打下了良好的基础。

19.1.1.2 磁分离技术在水处理领域的应用

(1)强化凝聚效果，增加沉淀效率

在沉淀过程中，由于污水中含有大量的悬浮物颗粒，大的悬浮固体物质在初次沉淀池中受重力作用，比较容易沉淀下来，小的悬浮固体物质由于质量较轻，不易沉淀，有的甚至带有电荷长期悬浮于水中，使水质变浑浊。目前，絮凝技术依旧是水处理领域应用最为广泛的技术，将絮凝与其他技术相结合取得了很多有价值的研究成果。在外部施加磁场，能减小悬浮颗粒的静电斥力从而凝聚在一起，容易形成较大的颗粒增加了沉淀效率。

(2)提高处理效率，减轻后续处理负荷

污水经过磁化处理，可以增加水中的溶解氧含量，提高了后续生物处理微生物的新陈代谢，增加了微生物的活性，进而减少了活性污泥产量，减轻了后续处理负荷，提高了生物处理效率。

(3)磁性分离

经过磁化处理的污水，无法在初沉池中沉淀的微粒（SS以及水中的胶质），主要是因其电磁偶极性增加，在污水中处于悬浮状态，如果将其通过磁性分离器，依靠磁性过滤及静电吸附作用可去除污染物，净化出水水质。

(4)去除重金属离子

向污水中加入微细沸石颗粒，通过离子交换作用即可达到去除污水中的重金属离子（如Pb、Cu、Cd、Zn等）的目的。但当加入的沸石颗粒过于微细时，质量较轻不易从水溶液中直接分离除去。若加入少量Fe_3O_4颗粒，并且以铁盐作为混凝剂，便可提高沸石-磁铁矿-$Fe(OH)_3$混合物的磁性，然后通过磁性分离器去除，有研究指出Pb的去除率可达100%，Cu、Zn、Cd的去除率也高于90%。

(5)去除水面的油脂

当油脂漂浮于水体表面（如河流、海洋、湖泊等）时，会因风吹和潮汐散布于表面各处，随着时间的延长，水分会逐渐蒸发，油脂会浓缩成高黏滞度的物质，对环境造成危害。磁性分离技术可用来去除水体中漂浮的油脂，其去除方法是向含有油脂的水体中投加表面活性剂（surfactant），使油脂乳化为较小的油滴，然后加入Fe_3O_4颗粒，使乳化后的油脂附着在Fe_3O_4表面，再通过磁性分离器，使油污的去除效率高达90%以上。

(6)提高生物处理效率

磁性分离技术应用于生物处理过程中，是将磁性Fe_3O_4颗粒加入活性污泥中，使其具有磁性，使活性污泥附着于磁性转盘上。有研究指出，COD去除效率达到92%以上，能够彻底分解水中的有机物。

总的来说，磁性分离对于水中的磷酸盐、浊度、大肠杆菌及悬浮固体的去除效率均可达90%以上，加入Fe_3O_4颗粒后，经搅拌混合均匀后，使磁粉颗粒包裹于絮凝物中，后通过磁性分离器，便可将污染物去除，如此可提高大肠杆菌的去除效率并能够缩短沉降时间。

19.1.1.3 磁分离技术研究现状

近几年来，磁性分离与其他水处理技术之间的结合是比较热门的领域，受到了许多研究者的青睐。磁场与红外线辐射、超声波、光等物理技术相互结合强化处理锅炉用水，与生物技术协同作用进行杀菌防毒净化饮用水处理，与化学加药法共同作用工业用水等，都是值得研究的课题。因此，有效地利用磁场能量，注重磁场带来的生物效应和磁粉强化混凝作用机理的研究，不断与其他技术相结合，相互渗透来达到污水处理的排放要求，开展磁处理这方面的研究工作无疑具有重要的意义。

北京工业大学胡家玮、李军等采用了磁絮凝技术处理北京市通惠河河水，考察磁絮凝效果及其影响因素，该研究得出磁絮凝工艺处理效果优于传统混凝处理效果，探究了混凝剂种类、药剂投加顺序和静沉时间对磁絮凝效果的影响，对河水中污染物进行了较为高效的去除，COD、浊度、TP 和 NH_3-N 的去除率分别达到了 60.00％、73.24％、87.80％和 30.10％。并通过响应面法对各个工况进行了优化，提高了磁絮凝处理的效果。王昌稳、李军等研究人员报道了传统活性污泥工艺的改良方法，向活性污泥工艺中投加磁粉，混凝剂的吸附架桥作用使活性污泥絮体吸附结合到磁粉表面，使絮体结构更加密实，污泥沉降性能大大提高，提高了反应池内生物量，提高了污染物去除效果。

Walsh 通过向废水中投加铁的氧化物颗粒可除去水中的纤维素、铜以及陶瓷粉末。郑必胜在磁分离技术的基础理论问题上作了比较系统的研究，指出溶液（糖液）经过磁场处理时，其传热特性发生了变化，并探讨了在整个分离过程中，高梯度磁分离器分离效果的变化特征，以及磁分离效率与处理能力、处理周期之间的关系。研究结果表明，通过研究磁分离器中颗粒的捕集行为，得出颗粒在过滤芯磁性不锈钢丝绒上的吸附为"多层吸附"；随着分离过程的进行或处理量的增大，分离效率逐渐降低，磁鼓分离器的生产能力和运行周期主要由所要求的分离指标来确定，也受操作条件的影响。随着磁场强度的增大，分离效率逐渐提高；在相同的磁场强度下，磁性强弱不同粒子的分离效率具有显著的差异，弱磁性的粒子要在很强的磁场下才能够得到分离；对于同种特质，颗粒大的粒子比颗粒小的粒子更易分离，通过加入"磁性种子"进行强化，高梯度磁分离技术可以有效地处理湖泊废水。过滤器的填料能够影响磁场强度，进而对磁分离效果产生影响，选用磁性较强的材料作为过滤填料对磁分离更为有效，但实际应用中以磁性不锈钢为宜，填料越细、填充度越高，分离效率越好，填充度一般以 5％～10％为宜。

熊德琪等把磁处理技术与含酚废水的絮凝氧化技术相结合，研究絮凝氧化法进行处理的新途径，使废水经过微弱磁场的磁化作用后，探讨了在不同条件下，磁化效应对含酚废水处理效果的影响规律。研究结果表明：应用磁化技术能够明显地改善絮凝氧化法处理含酚废水的效果。曾胜采用混凝磁分离法处理厨房污水，进行了磁混凝与普通混凝的对比试验。研究适宜的磁粉和混凝剂搭配比例及药剂投加顺序等因素对处理效果的影响。采用自行研制的磁分离设备连续处理含油量和悬浮物分别为 149mg/L 和 285mg/L 的厨房污水，其出水含油量及悬浮物可分别减少到 51.2mg/L 和 68mg/L，占地面积仅为混凝气浮池的 1/2，大大节省了占地面积。张朝升采用大梯度磁滤器处理湖水中有害物质及藻类，对湖水中浊度、色度、有机物、细菌、大肠杆菌、藻类均有很好的去除效果，该方法是一项很有发展前景、极具潜力的水处理新技术。还以水厂现场试验为依据，分析了影响磁滤器处理效果的许多因素。研究结果表明，磁滤器的处理效果与磁场强度、滤速、沉淀出水的水质要求密切相关，对水中的病原微生物、细菌和有机污染物具有很好的去除效果。与传统工艺相比，有机物去除率平均提高 34％，最高可达 69％。

荷兰 Smit-Nymegen 公司开发研制了一种用于污水处理的高梯度磁过滤器，并成功地进行了工业试验；Mattias Franzred 等针对电磁高梯度过滤器能耗高的问题，开发出了一种专用于污水处理的 Carousel 永磁型磁过滤器，研究表明，在最佳工艺运行条件下，含磷废水经过该设备处理后，出水中磷含量降至 $0.5mg/L$ 以下，去除率达 80% 以上。Hamidia 以 Fe_3O_4 作为磁粉，处理含正磷酸盐的污水，采用 $Al_2(SO)_3$ 和 $Ca(NO_3)_2$ 沉淀除磷后进行高梯度磁分离，得到了较好的处理效果。

日本对磁技术在水污染控制领域的应用也进行过比较深入的研究，主要是通过向废水中投加混凝剂的同时投加磁粉，从而形成包裹磁粉的悬浮絮体，实现混凝阶段的高速化、高效化，磁混凝可改善混凝效果，使絮体更紧密，尺寸和密度均增加，易于实现固液分离，大大缩短沉降所需时间，而且出水浊度进一步降低。美国麻省理工学院的研究者对城市污水投加磁粉和硫酸铝，然后进行磁技术处理，获得了良好的效果。哈佛大学的研究人员发现某些细菌和病毒常常吸附在磁性粒子表面，采用磁技术的方法去除噬菌体能取得较好的效果。经过三十多年的发展，国外已开始将研究成果应用于实际工程中，例如美国采用磁技术对污水处理厂二级出水进行深度除磷处理，使出水总磷低于 $0.05mg/L$。国内与水处理相关的磁技术的研究主要以含油废水处理、城市污水处理等为研究对象，在技术参数、处理效果等方面已经积累了一些经验。因此，磁技术在水处理领域大规模推广应用的前提条件是，加大科研投入力度，对其进行工程化研究。

目前磁技术领域存在的问题是：磁技术系统的应用缺乏完备的工艺运行参数和大量实际工程的支撑；磁技术系统的应用缺少深入机理研究的指导；磁技术系统应用急需相应的配套管理措施，包括运营管理模式及指标技术体系等内容。

19.1.2　磁混凝水处理技术研究进展

19.1.2.1　磁混凝处理水中污染物质的试验研究

针对北京市河流主河道和河道排污口附近的水污染程度差异较大，为使试验研究结果更加符合实际水环境情况，以及更加适应实际工程的运行参数，分别开展不同浓度受污染河湖水的磁混凝处理试验研究，主要以磁絮凝实验室烧杯试验为主。分为两个阶段：其中，第一阶段针对主河道水质，通过单因素试验进行磁混凝中药剂选择并确定适合的投加量，考察单独投加混凝剂和与助凝剂、磁粉联合投加的污染物去除效果；其次通过优化的数学分析手段，确定药剂的投加量和试验条件，为示范工程试验研究提供运行依据。第二阶段针对排污口附近水质，通过优化的数学分析手段，确定药剂的投加量和试验条件，并对磁混凝的特征进行详细的表征，与常规混凝进行工艺比较。试验表明，试验出水水质中磷和悬浮性 COD 基本去除，水质得到大幅度改善。

19.1.2.2　磁混凝中试试验与技术研究

针对北京市温榆河和通惠河主河道低浓度受污染水质，以及污水厂污水进行磁混凝中试试验研究，试验工况参考室内实验室试验结果。现场中试试验表明，河水中磷的处理效果最佳，去除率可以达到 95%；其次是有机物，COD 去除率可以达到 50%；TN 去除率 10% 左右，NH_3-N 去除率接近 10%；悬浮类污染物质得到有效削减。试验表明，磁混凝技术适用于不同水质的受污染水体和城市污水处理。

19.1.3　主河道低浓度受污染河湖水处理研究

19.1.3.1　磁混凝单因素影响研究

本试验以北京市河湖水主河道低浓度受污染水为研究对象，采用磁加载混凝试验的方法，对比磁粉投加前后的河湖水处理效果，研究适合该工艺的关键参数，包括药剂用量、磁粉用量、搅拌条件、药剂投加顺序等因素。由于磁鼓分离器体积比较大，实验室条件有限，不再对污泥进行分离处理。

试验的第一部分是磁加载混凝阶段。在混凝剂单独投加阶段，使混凝剂和污水充分混合，为后续磷的去除做好准备，因此该阶段以混凝剂的选择和投加量为主要考察目标；其次考虑投加絮凝剂与混凝剂联用，主要目标是确定絮凝剂 PAM 的投加量，并在此基础上考察 PAM 加入后对混凝剂投加量的影响；最后为磁粉投加阶段，本阶段是在前两阶段的基础上进行磁粉投加，考察磁粉与药剂联合投加对原水 COD、浊度、NH_3-N 和 TP 的影响效果，并确定最佳工艺参数。

(1)试验基础

1)试验药剂　混凝剂为聚合氯化铝（PAC），化学式为 $[Al_2(OH)_nCl_{6-n}]_m$，式中 m 为聚合度，通常 $m \leqslant 10$，$n = 3 \sim 5$，Al_2O_3 的含量为 $29\% \sim 32\%$，适宜 pH 值为 $5 \sim 9$，工业级；硫酸铝 $[Al_2(SO_4)_3 \cdot 18H_2O]$，分析纯；三氯化铁（$FeCl_3$），分析纯。

助凝剂为聚丙烯酰胺（PAM），是一种线性的高分子聚合物，阴离子型，分子量为 14×10^6，工业级。

磁粉以 Fe_3O_4 为主要成分，粒径小于 0.074mm（200 目）的颗粒占 90.1%，比表面积为 $2200 \sim 3000 cm^2/g$，相对密度为 5.11，扫描电镜与成分分别如图 19.1 和表 19.1 所示。

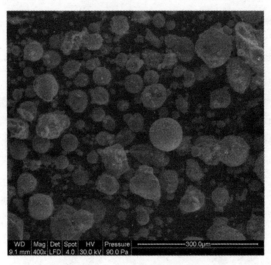

图 19.1　磁粉扫描电镜图片

⊡ **表 19.1　磁粉元素组成**

组分	含量/%	组分	含量/%
Fe_2O_3	74.3	MgO	2.28
CaO	6.88	MnO	2.19
SiO_2	5.04	SO_3	1.86
F	2.50	CeO_2	1.52

注：所列元素组分含量均大于 1.5%。

将聚丙烯酰胺 PAM 配制成浓度为 1g/L 的标准溶液, 混凝剂 (PAC、硫酸铝、三氯化铁) 配成浓度为 10g/L 的标准溶液待用。

2) 试验测定方法　具体检测项目和方法见表 19.2。

⊡ 表 19.2　检测项目和分析方法

测试项目	测试方法	备注
COD/(mg/L)	快速密闭催化消解光度法	5B-3 型 COD 快速测定仪
MLSS/(mg/L)	105℃烘干恒重法	《水和废水监测分析方法》(第四版)
温度 T/℃	温度计	普通温度计
pH 值	玻璃电极法	WTW IQ sensor net 常规五参数在线水质检测仪
TP	钼锑抗分光光度计	《水和废水监测分析方法》(第四版)
SV%	30min 沉降法	《水和废水监测分析方法》(第四版)
SS/(mg/L)	105℃烘干恒重法	《水和废水监测分析方法》(第四版)
NH_3-N/(mg/L)	纳氏试剂分光光度法	《水和废水监测分析方法》(第四版)
浊度/NTU	浊度测试仪	Turb 350IR 便携式浊度测试仪
TN/(mg/L)	过硫酸钾氧化紫外分光光度法	《水和废水监测分析方法》(第四版)

3) 试验装置　实验室试验研究所用装置为 ZR4-6 型混凝搅拌机, 如图 19.2 所示。

图 19.2　混凝装置图片

4) 试验水质　试验水质见表 19.3。

⊡ 表 19.3　试验水质

水质	COD/(mg/L)	NH_3-N/(mg/L)	TP/(mg/L)	浊度/NTU	pH 值	DO/(mg/L)
进水	80.9	6.3	0.88	4.8	7.93	4.4
Ⅳ类水体	30	1.5	0.3	—	6～9	3.0
Ⅴ类水体	40	2.0	0.4	—	6～9	2.0

(2) 磁混凝工艺参数研究

1) 磁粉粒径比较和选择试验

① 试验方法。磁粉以铁为主, 密度大且易沉降, 因此其粒径决定了磁粉的利用程度, 因此需要考虑不同粒径磁粉对混凝过程的影响。采用烧杯试验的方法进行磁粉选择, 试验装置为六联搅拌机和 1L 的烧杯 (见图 19.3)。

根据斯托克斯定律, 水中圆形固体悬浮物颗粒沉降的速度为:

$$v = (\rho_p - \rho_f) g d^2 / 18\mu \tag{19.1}$$

图 19.3 磁粉选择烧杯试验装置

式中，v 为圆形颗粒在层流中的沉降，cm/s；g 为重力加速度，cm/s^2；μ 为液体的绝对黏度，100m Pa·s；d 为颗粒的直径，cm；ρ_p 为颗粒的密度，g/cm^3；ρ_f 为介质的密度，g/cm^3。

从公式可知，颗粒的沉降速度与颗粒直径的平方成正比，粒径大颗粒沉降速度快。但是，如果磁粉的粒径过大，那么则不易悬浮，需要高速搅拌才能悬浮，造成能源浪费。因此，为了比选出粒径适当的磁粉，试验选择了 4 种磁粉进行比选，粒径的检测值见表 19.4，成分的检测值见表 19.5，有效密度的检测值见表 19.6。

⊡ 表 19.4　4 种磁粉的粒径

序号	D_{90}/μm	平均粒径/μm
1$^\#$	180（粒径＜180μm 的颗粒占 90.7％）	75～106
2$^\#$	37.18	7.69
3$^\#$	121.358	41.792
4$^\#$	109.825	32.324

注：D_{90}——样品累计粒度分布数到 90％时对应的粒径，物理意义是粒径小于该值的颗粒占 90％。

⊡ 表 19.5　4 种磁粉的成分

序号	化学成分/％		
	全铁	金属铁	FeO
1$^\#$	61.85	0.045	24.43
2$^\#$	63.46	0.060	24.61
3$^\#$	53.93	0.093	20.26
4$^\#$	40.28	2.92	28.47

⊡ 表 19.6　4 种磁粉的有效密度

序号	有效密度/(g/cm^3)	序号	有效密度/(g/cm^3)
1$^\#$	4.27	3$^\#$	3.84
2$^\#$	4.20	4$^\#$	2.73

② 试验过程。在 6 个 1L 的烧杯中加入 800mL 自来水，然后加入一定量的高岭土、聚合铝（PAC，投加量以 Al$_2$O$_3$ 计）和磁粉。先快速搅拌 30s，搅拌速度为 400r/min；再搅拌 3min，搅拌速度为 130r/min；最后搅拌 5min，搅拌速度为 90r/min。搅拌结束后，沉淀 10min，取液面下 2cm 处的清液测浊度。

③ 试验结果与分析。磁粉选择烧杯试验分为五组，结果详见表 19.7。

⊡ 表 19.7　磁粉选择烧杯试验结果汇总表

序号	投加物与出水浊度	试验结果					
第一组	PAC/(mg/L)	10	10	10	10	10	20
	磁粉/(g/L)	0	1#磁粉	2#磁粉	3#磁粉	4#磁粉	0
	高岭土/(mg/L)	25	25	25	25	25	25
	浊度/NTU	3.96	1.61	1.32	1.28	1.35	1.81
第二组	PAC/(mg/L)	10	10	10	10	10	10
	2#磁粉/(g/L)	0	0.5	1	2	3	4
	高岭土/(mg/L)	25	25	25	25	25	25
	浊度/NTU	12.2	10.9	11.2	10.4	11.5	11.2
第三组	PAC/(mg/L)	20	20	20	20	20	20
	2#磁粉/(g/L)	0	0.5	1	2	3	4
	高岭土/(mg/L)	25	25	25	25	25	25
	浊度/NTU	1.91	1.61	1.19	1.12	1.12	1.13
第四组	PAC/(mg/L)	0	2.5	5	10	20	30
	2#磁粉/(g/L)	2	2	2	2	2	2
	高岭土/(mg/L)	25	25	25	25	25	25
	浊度/NTU	31.1	8.65	2.38	1.45	1.38	1.25
第五组	PAC/(mg/L)	0	0				
	2#磁粉/(g/L)	0	1				
	高岭土/(mg/L)	25	25				
	浊度/NTU	17.9	30.9				

根据表 19.7，分析第一组试验结果可知，不投加磁粉时 PAC 投加量 20mg/L 比 10mg/L 的处理效果好；PAC 投加量均为 10mg/L 的情况下，投加磁粉比不投加磁粉的处理效果好；1#磁粉的处理效果略差，2#、3#、4#磁粉的处理效果相近；在搅拌速度较低（92r/min）的情况下，虽然磁粉的投加量相同，但是 2#磁粉的分散程度最好（见图 19.4），3#、4#磁粉有沉淀的现象（见图 19.5）。如果将磁粉投加到混合池中，悬浮是一个重要的问题，如果在低速搅拌的条件下易沉降，那么磁粉的流失量就会升高，这是不经济的。所以，拟选择 2#磁粉进行试验。

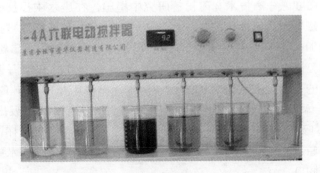

图 19.4　第一组试验照片一（92r/min 搅拌）

图 19.5　第一组试验照片二（92r/min 搅拌）

根据表 19.7，分析第二组试验结果可知，PAC 投加量均为 10mg/L 的情况下，投加 2# 磁粉的量为 0.5～4g/L，磁粉投加量与处理效果之间没有明显的相关关系。为了验证试验结果的准确性，再进行第三组试验。

根据表 19.7，分析第三组试验结果可知，PAC 投加量均为 20mg/L 的情况下，投加 2# 磁粉的量为 0.5～4g/L，磁粉投加量为 0.5g/L 时处理效果略差，磁粉投加量为 1g/L、2g/L、3g/L、4g/L 时的处理效果相近，图 19.6 为第三组试验沉淀 10min 时的照片。

图 19.6　第三组试验照片（沉淀 10min）

帅红在进行高梯度磁分离技术与磁粉的研究中指出，在废水中投加磁粉和混凝剂，生成以磁粉为核心的磁性网状絮体沉淀物，通过磁分离器时，磁性絮体被捕捉，使水得到净化，这类磁粉的投加量为 50～1000mg/L。熊仁军等在进行城镇污水磁粉絮凝-高梯度磁分离处理扩大连续试验研究的过程中，磁粉的投加量为 0.3g/L。郑学海等在进行廉价磁粉及磁絮凝分离装置的开发与应用研究的过程中指出，磁粉用量不影响 COD 去除率，只影响磁分离机对絮凝体吸净的难易，当磁粉用量在 1g/L 时，絮凝体吸出容易，用量降到 0.6g/L 时二次基本吸净，用量降到 0.4g/L 时三次才能吸净。结合烧杯试验结果分析，磁粉的投加量应针对原水水质的不同和磁分离方法的不同具体分析，原水中污染物浓度不同时，投加量也会不同。

为了分析磁粉投加量相同时，PAC 投加量变化对处理效果的影响，进行第四组试验。从表 19.7 可知，2# 磁粉的投加量为 2g/L 时，PAC 投加量 2.5～30mg/L，PAC 投加量越高处理效果越好，图 19.7 为第四组试验沉淀 10min 时的照片。

图 19.7　第四组试验照片（沉淀 10min）

为了分析在不投加 PAC 的情况下投加磁粉与不投加磁粉的区别，进行第五组试验。根据表 19.7，如果不投加 PAC，投加磁粉的效果比不投加磁粉的效果反而差，分析原因主要是因为磁粉中含有一些杂质，只有加入 PAC 才能使这些杂质混凝沉淀下来；如果不投加 PAC，水样的浊度则升高了。图 19.8 为第五组试验沉淀 10min 时的照片。

图 19.8　第五组试验照片（沉淀 10min）

通过磁粉选择烧杯试验，可以得到以下结论：在进行比选的 4 种磁粉中，选择 2# 磁粉进行磁混凝试验，该磁粉的中位径为 $7.69\mu m$，体积平均径为 $13.89\mu m$。 PAC 投加量相同的情况下，投加磁粉比不投加磁粉的处理效果好。 磁粉投加量相同，PAC 投加量越高处理效果越好。 由于磁粉中含有一些杂质，如果不投加 PAC，投加磁粉的效果比不投加磁粉的效果反而差。

2）磁粉、 PAC 与 PAM 协同对磁混凝效果的影响

① 药剂投加量：PAC 为 45mg/L， PAM 为 1.5mg/L。

② 搅拌条件：混合段 300 r/min(2min)、絮凝段 70 r/min(10min)。

③ 药剂投加方式：先加磁粉，然后加 PAC，最后加 PAM。

④ 沉淀时间 15min：见图 19.9。

由图 19.9 可知，加入磁粉后，COD、浊度、氨氮去除率呈现先升高后降低的趋势，随着磁粉投加量的加大，各项指标的去除率越来越高。当磁粉投加量超过一定范围时，指标去除率呈下降趋势。这是由于投加的磁粉不仅能起到初始矾花形成絮核的作用，且磁粉粒子产生的微弱磁场对带电荷的胶粒有较强的吸引力，磁粉与絮凝体能快速结合而形成紧密的复合磁絮凝

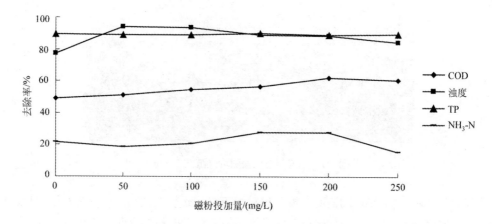

图 19.9　磁粉投加量对絮凝效果的影响

体。随着磁粉投加量的加大，更多的磁粉与絮凝剂絮体结合形成更为紧密的"复合"磁絮凝体，粒子之间相互吸引力增大，随后凝聚起来形成大的絮体。随着大直径絮凝体颗粒的增多，凝聚效果越好，各项指标的去除率也就越高。但磁粉投加量的增多超过饱和用量时，过投的磁粉不再与絮凝剂絮体结合形成磁絮凝体，影响絮凝剂对有机物的吸附，反而使各指标去除率曲线呈下降趋势。因此，本试验最佳磁粉投加量为 150mg/L。

3)药剂投加顺序对磁混凝效果的影响

① 药剂投加量：磁粉为 150mg/L，　PAC 为 45mg/L，　PAM 为 1.5mg/L。

② 搅拌条件：混合段 300 r/min(2min)、絮凝段 70 r/min（10min）。

③ 药剂投加顺序如下：a. 搅拌时加入磁粉，然后加 PAC，最后加 PAM；b. 磁粉和 PAC 同时加入，最后加 PAM；c. 先加 PAC，然后加磁粉，最后加 PAM；d. 先加磁粉，然后加 PAC，最后加 PAM。

由表 19.8 数据可知，先投加磁粉的絮凝效果好于磁粉和 PAC 同时加入的情况。先向水中投加磁粉，增加了水中的固体颗粒物数量，使胶粒与磁粉碰撞次数增多，可以使水中的悬浮物、胶体颗粒被磁粉吸附，而搅拌时加入磁粉和先加磁粉的去除效果相差不大。因此，本试验中选择 d. 的药剂投加方式。

⊡ 表 19.8　不同药剂投加顺序的处理效能

药剂投加顺序	COD		浊度		TP		NH₃-N	
	出水 /(mg/L)	去除率 /%	出水 /NTU	去除率 /%	出水 /(mg/L)	去除率 /%	出水 /(mg/L)	去除率 /%
a.	21.83	62.80	2.58	82.66	0.069	87.22	1.86	1.58
b.	25.58	56.41	2.51	83.13	0.098	81.85	1.75	7.40
c.	22.57	61.54	3.69	75.20	0.102	81.11	1.76	6.88
d.	21.07	64.10	2.50	83.19	0.076	85.93	1.65	12.79

4)搅拌条件对磁混凝效果的影响

① 药剂投加量：磁粉为 150mg/L，　PAC 为 45mg/L，　PAM 为 1.5mg/L。

② 药剂投加顺序：先加磁粉，然后加 PAC，最后加 PAM。

③ 搅拌条件如下： a. 混合段 300r/min(2min)，絮凝段 50r/min(7min)； b. 混合段 300r/min(2min)，絮凝段 70r/min(7min)； c. 混合段 400r/min(2min)，絮凝段 50r/min(7min)； d. 混合段 400r/min(2min)，絮凝段 70r/min(7min)。

⊡ 表 19.9 不同搅拌条件的处理效能

搅拌条件	COD		浊度		TP		NH_3-N	
	出水 /(mg/L)	去除率 /%	出水 /NTU	去除率 /%	出水 /(mg/L)	去除率 /%	出水 /(mg/L)	去除率 /%
a.	24.08	58.97	2.52	83.06	0.074	86.30	1.61	14.81
b.	21.07	64.10	2.60	82.53	0.076	85.93	1.65	12.70
c.	30.10	48.71	2.66	82.12	0.072	86.67	1.75	7.40
d.	30.10	48.71	2.13	85.69	0.074	86.30	1.58	16.40

由表 19.9 数据可知，搅拌条件 a. 和 b.，的处理效果近似，搅拌条件 c. 处理效果略差，混合段 300r/min 的处理效果优于 400r/min 的效果。因此，混合段转速并非越快越好，搅拌的目的是使磁粉迅速扩散至整个水体，并与水中污染物充分接触，过高的混合段转速既不能提高去除效果，又浪费能源。同时，絮凝段转速不能过高，否则新形成的絮体容易破碎。因此，本试验搅拌条件选择条件 a.。

5)沉淀时间对磁混凝效果的影响

① 药剂投加量：磁粉为 150mg/L， PAC 为 35mg/L， PAM 为 1.5mg/L。

② 试验搅拌条件：混合段 300r/min(2min)。

③ 絮凝段 50r/min(7min)（见表 19.10）。

⊡ 表 19.10 不同沉淀时间的处理效能

沉淀时间/min	COD		浊度		TP		NH_3-N	
	出水 /(mg/L)	去除率 /%	出水 /NTU	去除率 /%	出水 /(mg/L)	去除率 /%	出水 /(mg/L)	去除率 /%
10	46.65	22.51	4.66	67.18	0.094	84.07	1.59	18.88
15	31.60	47.51	3.89	72.61	0.096	83.73	1.31	33.16
20	19.56	67.51	4.19	70.49	0.083	85.93	1.83	6.63

药剂投加量： 磁粉为 150mg/L，PAC 为 45mg/L，PAM 为 1.5mg/L（见表 19.11）。

由以上试验数据可知，COD 的去除率随着沉淀时间的延长而提高。当 PAC 投加量为 45mg/L，沉淀时间 15min 时，出水能满足试验目标。沉淀时间的缩短可减小二沉池的体积，对降低污水处理设施的基建成本有益。因此，试验沉淀时间选择 15min。

6)最佳工艺参数

① 药剂投加量：磁粉 150mg/L，PAC 45mg/L，PAM 1.5mg/L。

② 药剂投加顺序：先加磁粉，然后加 PAC，最后加 PAM。

③ 搅拌条件：混合段 300r/min， 2min；絮凝段 50r/min，7min；沉淀时间 15min（见表 19.11）。

COD		浊度		TP		NH₃-N	
出水/(mg/L)	去除率/%	出水/NTU	去除率/%	出水/(mg/L)	去除率/%	出水/(mg/L)	去除率/%
24.08	60.00	3.80	73.24	0.072	87.80	1.37	30.10

表 19.11 试验结果表明：磁絮凝处理效果要好于传统混凝工艺，COD、浊度、TP 和 NH₃-N 去除率分别为 60.00%、73.24%、87.80%、30.10%，出水 COD 为 24.08mg/L、浊度为 3.80NTU、TP 为 0.072mg/L、NH₃-N 为 1.37mg/L，出水的各项考察指标均达到地表水Ⅳ类水体标准，即 COD≤30mg/L、TP≤0.3mg/L、NH₃-N≤1.5mg/L。

磁混凝技术应用于河湖水处理，不仅能提高絮凝效果，缩短絮凝与沉降时间，还能减少絮凝体体积，实现快速分离，而且在能耗、操作、污泥含水率、脱水性能与特殊胶体分离等方面较传统分离技术有明显优势和独特性能。

磁混凝法对磷的去除效果比较好。由于生物除磷法控制条件苛刻，一次性投入费用高，管理困难。而磁粉中 Fe_3O_4 磁性较强，在水中易于分散，磁粉颗粒形状不规则和表面的凹凸不平使得磁粉具有更大的比表面积，对于污水中磷酸盐具有较强的吸附凝聚作用，添加少量的混凝剂即可获得显著的除磷效果，并且磁絮凝法具有药剂投加量少、处理水量大、成本低等特点，可以实现广泛应用。

通过室内试验可知，磁混凝法处理河湖水的工艺是可行的，处理效果较常规混凝效果更好。尤其是处理受污染河水，经磁混凝法处理后的各项指标均达均达到地表水Ⅳ类标准。

19.1.3.2　磁混凝多因素影响研究

(1)试验基础

1)试验药剂　试验药剂同 19.1.3.1（1）的1）。将聚丙烯酰胺 PAM 配制成浓度为 1g/L 的标准溶液，混凝剂 PAC 配成浓度为 20g/L 的标准溶液待用。

2)试验测定方法　具体检测项目和方法见表 19.12。

⊡ 表 19.12　检测项目和分析方法

测试项目	测试方法	备注
COD/(mg/L)	快速密闭催化消解光度法	5B-3 型 COD 快速测定仪
TP/(mg/L)	钼锑抗分光光度计	《水和废水监测分析方法》(第四版)
浊度/NTU	浊度测定仪	HACH2100 浊度测定仪

3)试验装置　见图 19.2。

(2)磁混凝工艺参数研究

原水取自北京市通惠河河水，河水呈浅黄绿色，水质特点见表 19.13。

⊡ 表 19.13　原水水质指标

水温/℃	pH 值	COD/(mg/L)	浊度/NTU	TP/(mg/L)	NH₃-N/(mg/L)
10~18	7~8	40~60	10~20	0.9~1.2	2.0~4.0

1)单独投加 PAC、磁粉和 PAM 对去除浊度的影响　由图 19.10 可知，单独投加 PAC、磁粉和 PAM 对浊度的去除效果是不同的。 PAC 作为絮凝剂，对水中污染物质的去除起着主要作用，在改进水体感官效果方面效果明显；磁粉属于亲水性较差的颗粒物，单独投加不会与水中污染物质形成絮体颗粒；PAM 属于助凝剂类，能起到强化絮凝作用，但不具备絮凝剂作

用，单独投加无意义。所以，药剂的混合投加才能对水中污染物质的去除起到更优的作用。

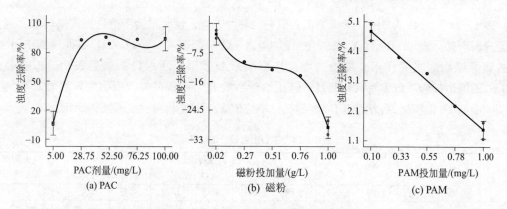

图 19.10 药剂投加量与浊度去除率的关系

2）PAC 投加量对污染物去除效果的影响　PAC 投加量为 5～100mg/L；搅拌条件为混合段 286r/min（1min）、絮凝段 69r/min（5min）；沉淀时间为 10min（见图 19.11）。

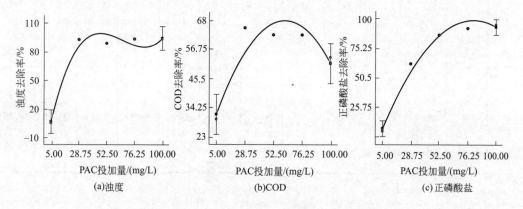

图 19.11 PAC 投加量与污染物质去除率的关系

由图 19.11 所示，随着絮凝剂 PAC 投加量的提高，污染物去除率迅速升高。这一现象表明，PAC 水解产生的 Al_{13} 及其聚集体吸附在水中污染物颗粒表面，并以其较高的电荷和较大的分子量发挥电中和吸附架桥作用；随着 PAC 表面羟基继续水解过程，直到饱和成为氢氧化物沉淀凝胶，与污染物颗粒形成絮团；絮团沉降使水样澄清，污染物质得到有效去除。若 PAC 投加过量，水样 COD 值会上升，去除率下降。

3）响应面法优化磁絮凝处理微污染河水的工艺条件　应用 Box-Behnken 设计以 PAC 投加量（X_1）、磁粉（MP）投加量（X_2）、PAC 投加量（X_3）对浊度去除率（Y_1）、磷去除率（Y_2）、COD 去除率（Y_3）的影响的 3 因素 3 水平共 17 组试验（表 19.14）。所得二次回归模型拟合公式（编码值表示）如下：

$$Y_1 = +96.37 + 42.28X_1 - 0.15X_2 + 1.75X_3 + 1.24X_1X_2 - 3.37X_1X_3 - 0.047X_2X_3 - 43.19X_1^2 - 1.91X_2^2 + 1.50X_3^2 \tag{19.2}$$

$$Y_2 = +86.50 + 46.09X_1 - 0.41X_2 - 0.17X_3 + 0.79X_1X_2 + 0.16X_1X_3 + 0.53X_2X_3 - 36.32X_1^2 + 0.50X_2^2 - 0.28X_3^2 \tag{19.3}$$

$$Y_3 = +46.45 + 17.44X_1 + 3.88X_2 + 1.74X_3 - 1.42X_1X_2 - 6.52X_1X_3 - 11.47X_2X_3$$
$$- 18.17X_1^2 - 5.56X_2^2 + 2.38X_3^2 \tag{19.4}$$

表 19.14 试验数据与统计学模型预测值无显著性差异，说明试验所得数据真实可靠。通过方差分析可知（表 19.15），X_1 即 PAC 投加量属于影响显著项（$p < 0.05$），说明絮凝剂 PAC 对去除污染物起主要作用，其投加量直接影响絮凝效果。回归分析结果表明，拟合公式 (19.2) 的模型拟合系数 $R^2 = 99.86\%$，修正拟合系数 $R_{adj}^2 = 99.67\%$，模型变异系数 2.84%，说明响应值 Y_1 的模型拟合度和可靠性很高；响应值 Y_2 和 Y_3 也可得到相同的结论。

⊡ 表 19.14 中心组合设计试验及结果

序号	PAC(X_1)		MP(X_2)		PAM(X_3)		浊度去除率 (Y_1)/%		磷去除率 (Y_2)/%		COD 去除率 (Y_3)/%	
	编码	mg/L	编码	mg/L	编码	mg/L	实测	预测	实测	预测	实测	预测
1	1	100	0	145	-1	0.1	95.94	98.58	94.93	96.00	58.12	52.87
2	0	52.5	0	145	0	0.33	95.97	96.37	83.77	86.50	42.89	37.41
3	0	52.5	0	145	0	0.33	96.64	96.37	84.72	86.50	46.69	46.45
4	0	52.5	0	145	0	0.33	96.75	96.37	86.13	86.50	42.89	37.41
5	0	52.5	-1	20	1	0.55	95.86	97.91	83.61	86.44	54.30	52.60
6	-1	5	0	145	1	0.55	20.15	17.51	4.56	3.49	16.22	21.47
7	0	52.5	1	270	1	0.55	96.04	97.50	86.45	86.67	42.89	37.41
8	1	100	1	270	0	0.33	95.23	94.63	95.4	97.16	39.07	42.61
9	-1	5	-1	20	0	0.33	9.78	10.38	7.55	5.79	3.52	3.02
10	-1	5	0	145	-1	0.1	6.41	7.59	2.16	4.14	6.9	4.96
11	0	52.5	1	270	-1	0.1	96.15	94.11	88.77	85.94	55.18	56.88
12	0	52.5	0	145	0	0.33	95.8	96.37	88.41	86.50	48.05	46.45
13	-1	5	1	270	0	0.33	6.41	7.59	2.53	3.38	10.33	10.56
14	0	52.5	0	145	0	0.33	96.69	96.37	89.49	86.50	51.72	46.45
15	0	52.5	-1	20	-1	0.1	95.78	94.32	88.05	87.83	20.69	26.17
16	1	100	-1	20	0	0.33	93.64	92.46	97.25	96.40	37.92	37.69
17	1	100	0	145	1	0.55	96.2	95.33	97.97	95.99	41.38	43.32

⊡ 表 19.15 中心组合设计回归分析结果

模型组	标准方差	拟合系数	修正拟合系数	变异系数
Y_1	2.15	99.86	99.67	2.84
Y_2	2.86	99.75	99.42	4.11
Y_3	5.47	95.87	90.55	15.03

(3)磁混凝响应曲面分析及优化

因素 PAC 投加量（X_1）、MP 投加量（X_2）、PAC 投加量（X_3）对响应值浊度去除率（Y_1）、磷去除率（Y_2）、COD 去除率（Y_3）影响的响应曲面见图 19.12。每幅响应曲面图表示两个因素相互作用对单一响应值的影响。

1)药剂投加量对污染物质去除效果的影响 由响应曲面图 19.12 分析得知，絮凝剂 PAC 在絮凝过程中起主要作用，其投加量直接影响污染物质的去除效果，所以在曲面图上呈现极其明显的波峰变化趋势。

PAM 在絮凝过程中充当助凝剂，对絮体的粒径有一定的影响。由于水中悬浮类污染物颗粒大多带负电，在 PAC 水解产物的电中和作用下碰撞形成细小的絮体，投加 PAM 后电中和作

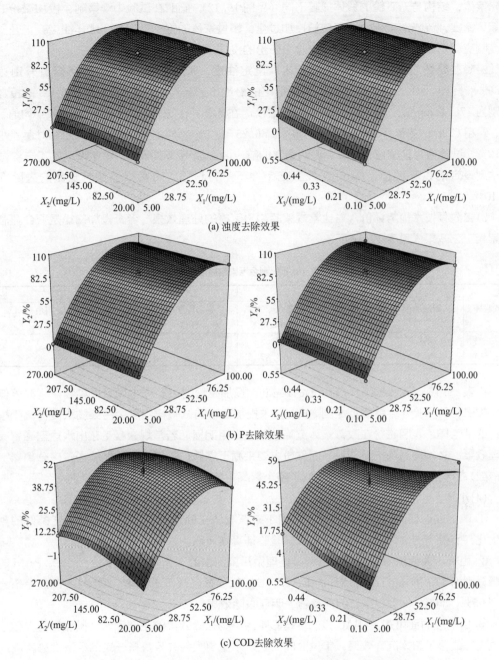

(a) 浊度去除效果

(b) P去除效果

(c) COD去除效果

图 19.12 因素对浊度、磷和 COD 去除效果影响的响应曲面图

用进一步缩短颗粒间距离。同时， PAM 的长链结构上的活性基团能在污染物颗粒表面产生吸附架桥作用，絮体粒径逐渐增大利于快速沉降。若 PAM 投加过量，颗粒表面被 PAM 完全包裹，吸附架桥作用无法实现，絮体粒径反而会减小使沉降速率减慢，影响出水水质。从响应面图 PAM 变化趋势可知，试验中所投加的 PAM 并未过量。

磁粉表面带正电荷，在水中的作用类似助凝剂，起强化絮凝的作用。由于磁粉亲水性较差，必须在搅拌作用下才能在水中呈悬浮态，等于增加了水中固体颗粒的数量并使碰撞次数增多，形成絮体机会增大。在静电力作用下，磁粉作为凝聚核心，吸附带负电的污染物颗粒，形成磁絮体，结构与无磁粉的絮体显著不同（见图 19.12）。同时在试验中观察到，投加磁粉的水样絮体密实，沉降速度更快；若磁粉投加过量，超过絮体的饱和吸附量，水样浊度会上升。从浊度响应面图磁粉变化趋势可知，试验中磁粉的投加量并未过量。

2）磁混凝处理通惠河水的优化工艺　设定浊度、磷和 COD 去除率的目标值分别达到 95％、85％和 50％，RSM 程序计算预测得出的最优工艺条件为：磁粉、PAC、PAM 的投加量分别为 176.47mg/L、51.31mg/L、0.10mg/L。在此条件下进行 3 次验证试验并取平均值，浊度、磷和 COD 的去除率分别达到 96.80％、86.25％、51.00％，与模型预测值的相对误差小于 2.12％，试验值与预测值相吻合，说明建立的响应曲面模型真实可靠，优化得到的工艺参数可以达到设定的试验目标。同时在该工艺条件下进行试验，磁絮凝工艺对氨氮的去除率小于 10％。

3）磁混凝技术优势评价　对比常规絮凝和磁絮凝的处理效果，考查投加磁粉是否会显著提高絮凝工艺效果（见表 19.16）。

⊡ 表 19.16　剩余污染物质浓度对比

试验样	沉淀时间 10min			沉淀时间 30min		
	剩余浊度 /NTU	剩余磷 /(mg/L)	剩余 COD /(mg/L)	剩余浊度 /NTU	剩余磷 /(mg/L)	剩余 COD /(mg/L)
投加磁粉	0.603	0.1721	24.08	0.59	0.1712	24.08
未投磁粉	1.722	0.3112	34.87	0.899	0.2019	27.67

由表 19.16 可知，絮凝反应后沉淀 10min，投加磁粉的试验样中剩余污染物浓度显著低于未投加磁粉的试验样；继续沉淀到 30min，未投加磁粉的试验样中剩余污染物浓度仍高于投加磁粉的试验样。表明磁粉在改善絮体沉降效果上作用明显。若常规絮凝工艺出水达到磁絮凝的处理效果，必须提高药剂投加量；而磁粉主要来源于钢铁厂的废渣，且能够通过磁分离器（例如磁鼓）进行回收再利用，相当于降低了整个絮凝工艺流程的药剂成本。

(4)小结

① 响应曲面模型拟合程度较高，可用于磁絮凝法去除通惠河水中污染物工艺条件的预测与优化，所得到的优化预测结果经多次试验验证真实可靠。

② 由响应曲面法得到的最优磁絮凝处理微污染河水的工艺条件：磁粉、PAC、PAM 的投加量分别为 176.47mg/L、51.31mg/L、0.10mg/L。该条件下的浊度、磷和 COD 去除率分别达到 95％、85％、50％以上，但对氨氮无明显去除效果。

③ 由响应曲面可知，PAC 投加量是影响污染物去除效果的主要因素，投加磁粉强化了絮凝过程，改善了絮体沉降效果，单位时间内处理水量更大，并且具备一定的经济优势。

因此，利用响应面法优化磁絮凝工艺条件，可以有效减少工艺操作的盲目性并获得最优的工艺参数，同时也降低了传统正交试验法的局限性，可为进一步的中试试验研究提供参考。

19.1.3.3　低浓度受污染河湖水中试试验研究

(1)试验目的

通过中试试验验证磁混凝技术对北京市典型河湖主河道低浓度受污染水的处理效果，根据试验结果分析该技术的特点，探讨工程应用技术方案。

(2)试验基础

1）试验原水　温榆河河水、通惠河河水。

2)试验装置　试验设备采用笔者所在课题组加工的车载试验装置，处理规模160m³/d，反应池容积约0.3m³，沉淀池容积约0.09m³，试验实际进水量为4～5m³/h。当进水量为5m³/h时，反应池水力停留时间3.6min，沉淀池水力停留时间1.1min，总水力停留时间4.7min。试验装置见图19.13。

图 19.13　160m³/d的车载式试验装置

3)试验药剂　试验过程中混凝剂采用PAC，助凝剂采用PAM。混凝剂和助凝剂均为固态粉末状药剂，配置成一定浓度的溶剂后通过计量加药泵投加，通过调节加药泵的刻度可以调整加药泵的流量，进水量采用流量计计量。根据加药泵流量、药液浓度、试验进水量计算试验加药量，计算方法见下式：

$$加药量 = \frac{加药泵流量 \times 药液浓度}{试验进水量} \tag{19.5}$$

4)试验指标和试验方法　主要检测水质指标为TP、COD_{Cr}、BOD_5、SS、TDS、$NH_3\text{-}N$、TN、浊度、色度、总大肠菌群或粪大肠菌群。为了给污泥处理设施的设计提供技术参数，试验过程中对排泥量进行了计量，并化验了污泥浓度。由于磁混凝装置投加的磁粉主要成分为铁，为了分析磁粉的流失量，保证磁粉回收率，对每个工况试验进水、出水、排泥中总铁的含量进行了检测。检测指标及执行的标准见表19.17。

⊡ 表 19.17　检测方法及执行的标准

检测指标	检测方法	执行标准
TP	钼酸铵分光光度法	GB 11893—89
COD_{Cr}	重铬酸钾法	GB 11914—89（已废止）
SS	重量法	GB 11901—89
TDS	重量法	GB 11901—89
浊度	分光光度法	GB 13200—91
色度	铂钴比色法	GB 11903—89
$NH_3\text{-}N$	纳氏试剂比色法	GB 7479—87（已作废）
TN	紫外分光光度法	GB 11894—89（已作废）
总大肠菌群或粪大肠菌群	滤膜法	GB 3838—2002
总铁	邻菲罗啉分光光度法	GB/T 5750—2006
污泥浓度	重量法	CJ/T 221—2005

(3)温榆河水试验研究

在温榆河进行的试验，投药量由高到低，进行了3个工况的试验（见表19.18）。

表 19.18　温榆河试验工况

原水类型	试验工况	试验进水量/(m³/h)	加药量/(mg/L)	
			PAC	PAM
温榆河河水(鲁疃闸)	工况一	4	44	4
	工况二	4	33	4
	工况三	4	26	4

1)试验结果　温榆河河水作为试验进水时的试验结果(见表 19.19)。　工艺参数参考磁混凝实验室研究的结果，并根据现场实际处理规模和效果进行调整。　PAM 加药量为 4mg/L，PAC 加药量分别为 44mg/L、33mg/L、26mg/L。　根据表 19.19 数据分析，提高 PAC 加药量，TP、COD_{Cr}、SS、浊度的去除率均有所提高；色度、TN、NH_3-N、TDS 和总大肠菌群的去除率与 PAC 的投加量之间没有明显的相关关系。

表 19.19　温榆河河水试验结果

项目		试验进水 (温榆河河水)	试验出水		
			工况 1	工况 2	工况 3
加药量	PAC/(mg/L)	0	44	33	26
	PAM/(mg/L)	0	4	4	4
检测数据	TP/(mg/L)	2.35	0.12	0.23	0.28
	COD_{Cr}/(mg/L)	83.9	38.7	40.8	48.0
	SS/(mg/L)	31.7	10.6	12.8	16.7
	TDS/(mg/L)	621	662	644	632
	浊度/NTU	23.0	3.4	6.7	8.3
	色度/度	31	20	22	22
	NH_3-N/(mg/L)	23.8	23.2	23.4	23.6
	TN/(mg/L)	30.0	26.7	26.9	27.4
	总大肠菌群/(个/L)	$4.41×10^4$	$8.55×10^3$	$7.90×10^3$	—

根据试验结果分析，对于温榆河河水中的有机物、氮、磷等污染物，按去除率排序，磷的处理效果最佳，去除率可以达到 95%；其次是有机物，COD_{Cr} 的去除率可以达到 50%；氮类污染物没有明显去除效果，TN 去除率 10% 左右，NH_3-N 去除率在 5% 以下。

2)排泥量与污泥浓度　试验过程排泥量及污泥浓度见表 19.20。

表 19.20　排泥量与污泥浓度表

原水类型	加药量/(mg/L)		流量/(m³/h)		污泥浓度/(mg/L)
	PAC	PAM	进水	排泥	
温榆河河水 (鲁疃闸)	44	4	4	0.375	1270
	33	4	4	0.375	1210
	26	4	4	0.375	885

从表 19.20 可以看出，试验排泥量约为试验进水量的 5%~10%；试验排泥的浓度比较低，脱水之前应先进行污泥浓缩，再外运处理。

3)磁粉流失量分析　通过检测进水、出水、排泥中总铁的含量来分析磁粉的流失程度（见表 19.21）。

从表 19.21 可以看出，与进水中总铁的含量相比，出水和排泥中总铁的含量没有明显增加，据此推断磁粉的流失量很少，磁粉的回收率可以保证，后续磁粉的投加成本极低。

原水类型	加药量/(mg/L)		流量/(m³/h)			Fe/(mg/L)		
	PAC	PAM	进水	出水	排泥	进水	出水	排泥
温榆河河水 （鲁疃闸）	44	4	4	3.625	0.375	0.02	0	0
	33	4	4	3.625	0.375	0	0	0.09
	26	4	4	3.625	0.375	0.03	0	0.03

(4)通惠河水试验研究

1)试验结果　通惠河河水作为试验进水时的试验结果见表 19.22。 PAM 加药量为 1.5mg/L，PAC 加药量分别为 50mg/L、40mg/L、25mg/L。 根据表 19.22 数据分析，提高 PAC 加药量，TP、COD_{Cr}、浊度的去除率均有所提高，但 NH_3-N 去除率在 10% 以下，基本无效果。

⊡ 表 19.22　通惠河河水试验结果

项目		试验进水 通惠河河水	试验出水		
			工况 1	工况 2	工况 3
加药量	PAC/(mg/L)	0	50	40	25
	PAM/(mg/L)	0	1.5	1.5	1.5
检测数据	TP/(mg/L)	1.1	0.04	0.068	0.15
	COD_{Cr}/(mg/L)	75	30.5	34.6	38
	浊度/NTU	20	1.3	2.5	2.8
	NH_3-N/(mg/L)	4	3.8	3.85	4

2)排泥量与污泥浓度　试验过程排泥量及污泥浓度（见表 19.23）。试验排泥量约为试验进水量的 10%～15%；试验排泥的浓度比较低，脱水之前应先进行污泥浓缩，再进一步处置。

⊡ 表 19.23　排泥量与污泥浓度表

原水类型	加药量/(mg/L)		流量/(m³/h)		污泥浓度/(mg/L)
	PAC	PAM	进水	排泥	
通惠河	50	1.5	4	0.315	1030
	40	1.5	4	0.315	910
	25	1.5	4	0.315	770

3)磁粉流失量分析　通过检测进水、出水、排泥中总铁的含量来分析磁粉的流失程度（见表 19.24）。

⊡ 表 19.24　铁含量检测结果

原水类型	加药量/(mg/L)		流量/(m³/h)			Fe/(mg/L)		
	PAC	PAM	进水	出水	排泥	进水	出水	排泥
通惠河	50	1.5	4	3.740	0.315	0.03	0	0.05
	40	1.5	4	3.740	0.315	0.02	0	0.06
	25	1.5	4	3.740	0.315	0.03	0	0.03

从表 19.24 可以看出，与进水中总铁的含量相比，出水和排泥中总铁的含量没有明显增加，据此推断磁粉的流失量很少，磁粉回收率可以保证。

4)综合处理效果分析　磁混凝技术对原水中主要污染物指标的处理效果（见表 19.25）。该技术对水中污染物指标按去除效果排序，依次为 TP、大肠菌群、浊度、 SS、 COD_{Cr}、色度，对 TN、 NH_3-N、 TDS 的去除效果不明显。

⊡ 表 19.25　磁混凝技术对不同类型原水的处理效果表

项目	TP	大肠菌群	浊度	SS	COD_{Cr}	色度	TN	NH_3-N	TDS
温榆河河水（鲁疃闸）	+++	++	++	+	+	△	△	△	△
通惠河	+++	—	++	—	+	—	—	△	—

注:1.+++表示处理效果很好,去除率在 90%以上;
　　2.++表示处理效果比较好,去除率在 70%以上,90%以下;
　　3.+表示有一定的处理效果,去除率在 40%以上,70%以下;
　　4.△表示处理效果不明显,去除率在 40%以下;
　　5.—表示数据未检测。

根据磁混凝技术的基本原理推测，其去除的污染物主要以悬浮固体或胶体形态存在，可去除的溶解性污染物应为可以与化学药剂反应生成沉淀的物质。试验结果验证了这一推测的正确性，水中 TP 和 SS 的去除效果比较显著。TP 的去除一部分是颗粒态的磷通过混凝沉淀被去除，一部分是溶解态的磷与 PAC（有效成分为 Al_2O_3）发生了以下的反应：

$$Al^{3+} + PO_4^{3-} \longrightarrow AlPO_4$$

试验结果还表明，凡是以悬浮态或胶体形态存在的污染物，如细菌、有机物等，均可以比较有效地去除，同时降低了浊度、色度等指标。

由于磁混凝技术是基于物理化学的方法去除水中污染物，因此受原水水质和温度影响小，夏季和冬季均可正常使用。该技术应用比较灵活，适用于多种水处理条件，既可以作为一级强化处理工艺去除水中大量以悬浮态或胶体形态存在的污染物，也可以与二级处理工艺配合使用，起到深度除磷的作用，还可以作为三级处理工艺，进一步去除水中 TP、SS、COD_{Cr}、浊度、色度、细菌等污染物指标。

(5)小结

① 磁混凝技术工艺简捷，易于操作管理，受原水水质影响小，抗冲击负荷能力强，不受气候和地理位置的限制，适用于多种水处理条件。

② 磁混凝技术的重要特点是沉降速度快，因此在工程应用中可以采用较大的水力负荷，降低水力停留时间，从而减小处理装置的容积、节省占地面积。

③ 磁混凝技术对磷的去除效果突出，因此该技术的应用对于抑制水体富营养化具有重要意义。磁混凝技术对大肠菌群、 浊度、SS、COD_{Cr}、色度等指标的去除效果与原水水质相关，原水中污染物含量越高去除率越大。

④ 综合以上试验研究结果，磁混凝技术对低浓度受污染河湖水具备良好的处理效果，出水达到地表水Ⅳ类标准要求。因此，针对这类水质，提出建议性的工艺参数：药剂投加量分别为，混凝剂（PAC）45～55mg/L、助凝剂（PAM）0.1～1.5mg/L、磁粉 150mg/L 以上，磁粉可以过量投加并适量减少助凝剂投加量；搅拌条件分别为，混合段 300r/min(2min)、絮凝段 50r/min(2min)、沉淀时间 15min，絮凝段搅拌强度可以提高。

19.1.4　高浓度污水处理研究

19.1.4.1　磁混凝处理高浓度污水的试验研究

以河道排污口高浓度受污染水（或城市污水）为研究对象，通过实验室小试来研究磁混凝处理工艺的优化条件，并对磁混凝过程中特定混凝指标的变化进行考察和分析；对磁絮体的结构、形貌、元素组成等进行分析讨论。同时进行常规混凝的平行对比试验，并分析比较磁混凝与常规混凝在混凝过程和絮体特征的异同，以表明磁混凝技术在处理高浓度污水时的优势。

(1)试验基础

1)试验水质　试验用水在参考河道排污口附近高浓度受污染水的水质基础上，取北京工业大学生活小区污水作为原水进行试验研究，水质指标如表19.26所列。

▣ 表19.26　试验原水水质

指标	pH值	COD/(mg/L)	TP/(mg/L)
范围	7.263～7.352	273.9～307	5.87～7.89

2)试验分析项目与检测方法　试验分析方法与检测方法同本章前面内容。

3)试验装置及运行条件　试验采用实验室小试，装置如图19.14所示。

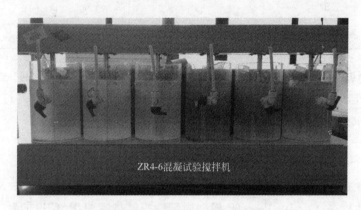

图19.14　磁混凝小试试验装置

试验方法：室温下（22～26℃）量取城市污水1000 mL于混凝烧杯中，使用ZR4-6混凝试验搅拌器试验。设定搅拌程序（经多次试验确定）：混合段100 r/min持续1min、絮凝段49r/min持续5min、沉淀10min后取上清液检测TP和COD。磁粉在混合开始前即投加，并快速搅拌以保证与水的充分接触，以减少较大粒径的磁粉颗粒沉降的量来降低磁粉的流失。

(2)磁混凝处理高浓度污水工艺参数试验

1)磁混凝工艺优化试验研究　以PAC投加量、PAM投加量、MP投加量为考察因素（自变量），如表19.27所列。

▣ 表19.27　响应面分析及水平

因素	编码	水平		
		−1	0	1
$\rho(PAC)/(mg/L)$	x_1	40	220	400
$\rho(PAM)/(mg/L)$	x_2	0	2.5	5
$\rho(MP)/(mg/L)$	x_3	0	250	500

① 以物质去除率为响应值的工艺。以磁混凝处理城市污水的TP去除率（y_1）、COD去除率（y_2）为响应值（因变量）建立模型，结果如表19.28所列，并得到响应值拟合回归方程，通

过方差分析得到磁混凝预处理城市污水的最优工艺条件。

⊡ 表 19.28　响应面试验设计与结果

序号	x_1	x_2	x_3	$y_1/\%$		$y_2/\%$	
				实测	预测	实测	预测
1	−1	−1	−1	22.09	23.82	16.50	16.79
2	1	−1	−1	92.01	92.69	45.48	45.29
3	−1	1	−1	25.53	36.11	26.97	26.19
4	1	1	−1	90.50	95.99	50.14	51.16
5	−1	−1	1	20.37	27.20	21.65	20.05
6	1	−1	1	91.44	93.18	50.49	50.70
7	−1	1	1	17.72	29.36	24.54	24.16
8	1	1	1	75.75	86.34	52.14	51.28
9	0	0	0	80.71	79.06	43.13	45.31
10	0	0	0	83.07	79.06	40.67	45.31
11	0	0	0	78.34	79.06	49.51	45.31
12	0	0	0	77.72	79.06	41.77	45.31
13	0	0	0	75.16	79.06	49.59	45.31
14	0	0	0	76.39	79.06	47.31	45.31

对试验数据进行多项拟合回归，建立回归方程如下（以编码制表示，见下式）：

$$y_1 = 79.06 + 31.46x_1 + 1.36x_2 - 1.57x_3 - 2.25x_1x_2 - 0.72x_1x_3 - 2.53x_2x_3$$
$$- 14.06x_1^2 - 0.77x_2^2 - 3.65x_3^2 \tag{19.6}$$

$$y_2 = 45.31 + 13.9x_1 + 2.50x_2 + 0.85x_3 - 0.88x_1x_2 + 0.54x_1x_3 - 1.32x_2x_3$$
$$- 11.02x_1^2 - 0.15x_2^2 + 1.56x_3^2 \tag{19.7}$$

试验数据与统计学模型预测值无显著性差异，说明试验所得数据真实可靠。由方差分析可知，模型显著性极高（$p<0.05$）。TP 模型显著性影响依次是 PAC 投加量、MP 投加量、PAM 投加量；变异系数（C. V. 值为 10.62）较低，表明模型稳定性良好；模型相关系数 $R^2 = 0.9364$，修正系数 $R_{\text{adj.}}^2 = 0.8792$，表明模型可靠性良好。COD 模型显著性影响依次是 PAC 投加量、PAM 投加量、MP 投加量；变异系数（C. V. 值为 2.96）极低，表明模型稳定性很好；模型相关系数 $R^2 = 0.9813$，修正系数 $R_{\text{adj.}}^2 = 0.9645$，表明模型可靠性很好。

② 响应曲面模型分析。由回归方程绘制的响应曲面分析图分别如图 19.15～图 19.17 所示，可直接反映各因子对响应值的影响大小。由图 19.15 可知，PAC 投加量显著影响污染物质的去除效果，而 PAM 投加量对去除效果的影响较小，表明 PAC 投加量主效应大于 PAM 投加量；图 19.16 所示 PAC 与 MP 关系与图 19.15 类似。由图 19.17 可知，PAM 投加量和 MP 投加量存在交互作用。在混凝过程中，混凝剂的投加量决定了混凝效果的好坏，助凝剂则起到强化絮体成型等方面的作用。

③ 回归模型的验证。 为了进一步确定最优药剂投加量以实现磁混凝工艺的优化，对城市污水 TP 和 COD 去除率的二次回归拟合方程求解，得到最优药剂投加量为：PAC、PAM 和 MP 分别为 319mg/L、0.44mg/L、414.16mg/L。 在此最优条件下的 TP、COD 去除率的理论预测值分别为 88.02%、50.81%。 进行三组平行验证试验，城市污水 TP、COD 去除率平均值分别为 87.34%、51.03%，回归方程所得到的去除率理论值与试验值非常接近，误差小于 1%。TP 和 COD 的出水指标分别降低到 1.5mg/L 和 130mg/L 以下，除磷效果较好，悬浮类污染物质被大量削减，水中剩余的 COD 以溶解性的为主。

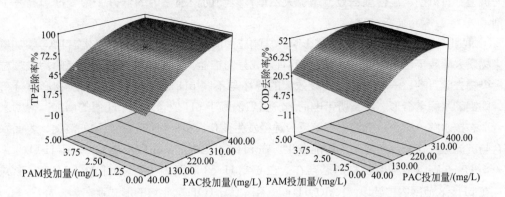

图 19. 15　PAC、PAM 投加量对污染物质去除率的响应曲面图

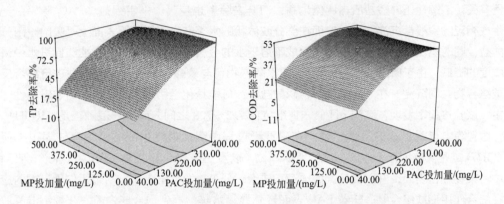

图 19. 16　PAC、MP 投加量对污染物质去除率的响应曲面图

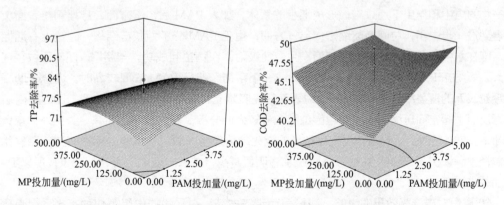

图 19. 17　PAM 投加量、MP 投加量对污染物质去除率的响应曲面图

2）混凝药剂投加对污染物质去除效果的影响　混凝是指对混合、凝聚、絮凝的总括，具有广义与狭义的双重性。广义而言，混凝泛指自然界与人工强化条件下所有分散体系（水与非水或混合体系）中颗粒物失稳聚集生长分离的过程。狭义而言，指水分散体系中颗粒物在各种物理化学流体作用下所导致的聚集生长过程。引发混凝过程的化学药剂概称为混凝剂，涵盖了所

有无机型、有机型、混合型、复合型、天然型，以及助凝剂在内的低分子絮凝剂和高分子絮凝剂。

① 混凝剂 PAC 对磁混凝效果的影响。从响应曲面图可以看出，聚合氯化铝 PAC 投加量与污染物质去除效果呈正相关。 PAC 中的有效成分为铝盐，铝盐水解产物通过吸附污染颗粒达到污染物去除目的。一般来说，混凝效果的好坏与不同 pH 值时形成的水解产物形态分布有关，即铝的水解聚合形态及其所带电荷情况强烈依赖于 pH 值。随着 pH 值的增加，铝的水解聚合形态按水解→聚合→沉淀→溶解反应途径发生变化，多种可能的反应诸如沉淀、表面水解络合与沉淀过程在一定条件下均可能发生。在 pH<4 范围内，主要形态为 $[Al(H_2O)]^{3+}$；在 4<pH<6 则以多种聚合物形态存在；在 6<pH<8 范围内主要以 $[Al(OH)_3]$ 形式存在；在 pH>8 范围内主要以 $[Al(OH)_4]^-$ 和 $[Al_8(OH)_{26}]^{2-}$ 的形式存在。

以 TP 去除为例，污水中磷类污染物主要以可溶性正磷酸盐形式存在。试验中测得，可溶性正磷酸盐占污水 TP70%以上。一般来讲， TP 的去除率与混凝前水中溶解性正磷酸盐所占比例有关，溶解性正磷酸盐所占比例越高， TP 去除率也越高。采用铝盐（PAC）除磷，一方面生成相应的磷酸盐沉淀，另一方面在部分胶体状的水解产物氢氧化铝表面上可吸附一部分的磷酸盐，同时氢氧化铝通过凝聚作用生成不溶于水的金属聚合物的过程中亦能够促进水中磷酸盐浓度的降低。由于磷酸盐沉淀中 PAC 的水解产物可与磷酸盐发生化学吸附并进行络合反应形成络合物共同沉淀，在一定条件下，磷酸盐沉淀可能是化学络合起主要作用而非以电性中和为主。试验过程中发现，溶液 pH 值一直维持在 7.2～7.8 之间，而这一范围正是 $Al(OH)_3$ 和 Al_{13} 达到等电点时生成的条件，表明在磁混凝过程中铝盐最终生成的是带有较弱正电荷的 $Al(OH)_3$ 或是其表面结合水解形态的絮体颗粒，以及 Al_{13} 及其聚集体。PAC 水解产物吸附在水中污染物颗粒表面，并以其较高的电荷和较大的分子量发挥电中和吸附架桥作用；同时应该存在络合作用形成络合物。随着 PAC 表面羟基继续水解，直到饱合成为氢氧化物沉淀凝胶，与污染物颗粒形成絮团，絮团沉降使水样澄清，污染物质得到有效去除。

② 助凝剂 PAM 对磁混凝效果的影响。污水中的悬浮颗粒物表面带负电荷，先在 PAC 水解产物的电中和作用下通过碰撞形成细小的絮体。加入 PAM 后，一方面，悬浮颗粒表面负电荷得到进一步中和，粒间距离缩短；另一方面，由于 PAM 分子为长链结构，碳链上有活性基团，能在水中相邻的悬浮颗粒的表面产生专性吸附，在颗粒间成功"架桥"，使絮体粒径逐渐增大，最终在 PAM 浓度与絮体粒度间形成一个平衡。但当 PAM 浓度较高时，高分子助凝剂在颗粒表面的覆盖率接近 100%，颗粒表面已无吸附空位，桥连作用无法实现，此时吸附层的接近反而引起空间压缩作用，颗粒因位阻效应较大而分散，絮体粒径反而减小。另外，絮体强度随 PAM 剂量的变化的趋势与絮体粒径的变化趋势保持一致。从试验中观察可知，磁絮体颗粒粒径饱满，由于磁粉的加入，PAM 投加量明显减少，并未出现以上所述的现象，所以 PAM 投加并未过量。

③ 磁粉对磁混凝效果的影响。磁粉表面带正电荷，在水中的作用类似助凝剂，起强化并优化混凝的作用。由于磁粉不溶于水，必须在搅拌作用下才能在水中呈悬浮态，这相当于增加了水中固体颗粒的数量并使碰撞次数增多，形成絮体的机会增大。在静电力作用下，磁粉作为凝聚核心，吸附带负电的污染物颗粒，形成磁絮体，结构与无磁粉的絮体显著不同，如图 19.18、图 19.19 所示。在试验中观察到，投加磁粉的水样絮体密实，沉降速度更快，絮体污泥体积较小，这一点可从图 19.20 中看出。原因是，由于磁粉的加入使单一絮体结构更为紧密，絮体之间产生孔隙，具有较强渗透性，加快了絮体的沉降速率。随着磁粉投加量的增加，

絮体之间的孔隙率逐渐增大，有较多流体穿过孔隙，而磁絮体相对普通絮体结构更加紧密、体积小也导致了单个絮体单位面积受到的阻力减小，絮体沉降速率变大，在这一点上其效果要优于 PAM。而且单个絮体体积小，整体絮体污泥体积也相对较小。因此，投加磁粉可以有效地提高混凝效率，改善絮体结构，降低絮体污泥体积。

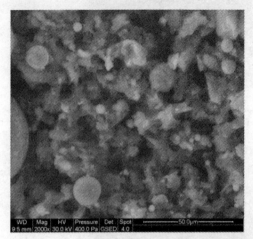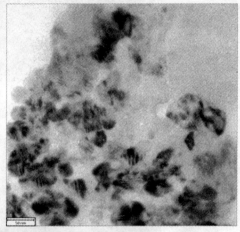

(a) SEMTEM

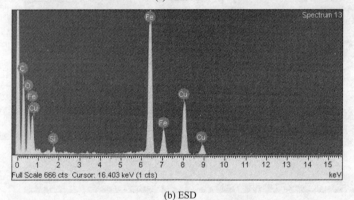

(b) ESD

图 19.18　磁絮体电镜和能谱图

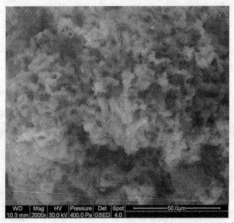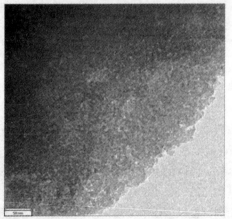

(a) SEMTEM

图 19.19

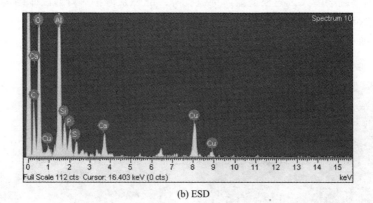

(b) ESD

图 19.19 常规絮体电镜和能谱图

(a) 磁絮体 　　　　　　　　 (b) 常规絮体

图 19.20 絮体污泥体积对比

由图 19.18 和图 19.19 所示，在 2000 倍、$50\mu m$ 尺寸的扫描电镜下，磁絮体较普通絮体结构致密且呈不规则状，表明磁絮体的体积可能小于普通絮体，这一点在试验中得到确认。透射电镜 50 nm 尺寸下，可以看出磁粉较均匀地分布在絮体内部，形成数个以磁粉为核心的凝聚体，相比较普通絮体则呈均匀海绵网状，同样表明磁絮体结构紧密，更利于快速沉淀。能谱图定性描述了单位质量絮体中各元素的相对比例，磁粉的主要元素为 Fe，磁絮体的能谱图也显示 Fe 元素占主体，而普通絮体中的主体成分为 PAC 的有效元素 Al。

继续以磷的去除为例。水中磷的相对含量可以通过总磷、可溶性总磷和可溶性正磷来表示，数值的大小反映了水中磷类物质的浓度。表 19.29 为磁混凝与常规混凝在相同药剂投加量和相同试验条件下的处理出水磷浓度对比，区别为是否投加磁粉。如表中数据可知，絮体沉降结束后，上清液中磷的浓度是不同的，磁混凝出水磷含量明显低于常规混凝。采用铝盐除磷，一方面生成相应的磷酸盐沉淀，另一方面在部分胶体状的水解产物氢氧化铝表面上可吸附一部分的磷酸盐。磁粉的作用与助凝剂 PAM 类似，可以促进这一过程的进行，因此在 PAM 投加量一致的前提下，磁混凝出水除磷效果要优于常规混凝；另外，在不改变处理效果的前提下，可以减少 PAM 的用量，这对降低药剂成本作用很大。因为 PAM 价格昂贵，而磁粉属于一次性投资，可以回收再利用。所以说，磁粉具备潜在的降低混凝药剂成本的作用。

⊙ 表 19.29　除磷效果对比

磁混凝			常规混凝		
总磷 /(mg/L)	可溶性总磷 /(mg/L)	可溶性正磷 /(mg/L)	总磷 /(mg/L)	可溶性总磷 /(mg/L)	可溶性正磷 /(mg/L)
1.58	1.46	1.32	1.67	1.49	1.41

3）磁混凝特征参数的表征　为更好地表征磁混凝过程和磁絮体的形态特征，在同等条件下进行常规混凝试验，对比二者之间的差异。在最优工艺条件的基础上，试验条件一致，唯一区别为是否投加磁粉，对比磁混凝与常规混凝过程中特定参数的变化。

① GT 值变化分析。　GT 值是混凝动力学中的重要参数，反映在 T 秒钟内 $1m^3$ 水中两种颗粒相碰撞总次数的无量纲数。GT 值变化趋势如图 19.21 所示。

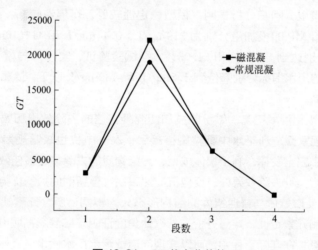

图 19.21　GT 值变化趋势

其中段数 1、2、3、4 分别代表磁粉投加段、混合段、絮凝段、沉淀段。由图 19.21 可知，磁混凝在混合段 GT 值显著大于常规混凝，表明前者水中的颗粒碰撞次数大于后者。原因是投加磁粉相当于增加了水中固体颗粒的数量并使碰撞次数增多，形成絮体机会也增大，这是有利于絮体成型的。表明磁絮体的成型速度更快，所以从加强絮体成型角度认为，投加助凝剂磁粉是有利于整个混凝过程的。

② Zeta 电位变化分析。　Zeta 电位表征胶体稳定性。因 Zeta 电位测定对絮体粒径有要求，测试中将絮体与水搅拌混匀。由于试验中发现，在磁混凝或常规混凝过程中，水样 pH 值变化很小相对稳定，因此在 Zeta 电位分析中不考虑 pH 值的影响。Zeta 电位变化趋势如图 19.22 所示。

其中段数 1、2、3、4、5、6 分别代表原水、磁粉投加段、混合段、絮凝段、沉淀 5min 段、沉淀 10min 段。由图 19.22 可知，随着混凝过程的进行，Zeta 电位呈逐渐升高的趋势，而磁混凝的升高幅度要高于常规混凝；混凝结束进入沉淀阶段，前者下降速度也要高于后者。原因是，水中的悬浮类污染物质颗粒大多带负电，在 PAC 水解产物的电中和作用下碰撞形成微小的絮体，投加助凝剂 PAM 和磁粉后使电中和与吸附架桥作用加强，缩短颗粒间距离。在 PAM 基础上投加磁粉，不但可以降低助凝剂 PAM 投加量，更进一步使 Zeta 电位接近电荷为零，电中和能力几乎完全发挥，使污染物去除接近最佳效果。而且由于在静电力作用下，磁粉作为凝聚核心形成磁絮体也更利于快速沉淀，Zeta 电位降低也使体系趋于稳定的速度更快。表明在同等混凝药剂用量条件下，磁混凝具备反应沉淀速度快、停留时间短的优势，这一点也验证了磁混凝在处理效率上的优势。

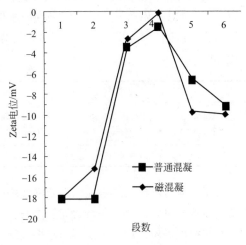

图 19.22 Zeta 电位变化趋势

(3)小结

① 选择 PAC、PAM、MP 投加量 3 个因素进行响应曲面模型设计，建立了三维高浓度受污染水的磁混凝处理模型。回归分析表明，模型稳定性较好，可靠性较高。得出的最优投加量为：PAC、PAM 和 MP 的投加量分别为 319mg/L、0.44mg/L 和 414.16mg/L；对城市污水 TP、COD 去除率分别达到 87.34％和 51.03％，经试验验证，实际值与模型预测值偏差小于 1％。TP 和 COD 的出水指标分别降低到 1.5mg/L 和 130mg/L 以下，除磷效果较好，悬浮类污染物质被大量削减。

② 磁混凝属于优化混凝工艺，磁粉的投加使混凝工艺的去除效果和效率得到提高。磁混凝的 GT 值高于常规絮凝，利于水中颗粒碰撞凝聚；Zeta 电位也较常规絮凝更加接近电荷为零，电中和能力几乎完全发挥，利于絮体成型，污染物质的去除接近最佳效果。相同混凝药剂用量时磁混凝具备污染物去除效果好、反应沉淀速率快、停留时间短的优势。

③ 磁粉的投加使磁絮体与普通絮体的结构形态大为不同，所含元素成分和比例也差异明显。通过电镜观察和元素定性、定量分析，从絮体角度证明了磁混凝在城市污水处理效果、效率上均优于常规混凝。在实际工程中，可以实现河道或污水厂水质水量突然变化情况下的应急处置，也表明其作为混凝的优化技术更加具备应用前景和优势。

19.1.4.2 污水处理厂应急处理磁混凝中试试验研究和分析

污水处理厂应急工程是指当污水处理厂进水量或进水污染物含量超出设计负荷的情况下，可以临时通过应急工程对污水处理厂原污水进行处理，以达到减小污水处理厂运行压力，保证稳定运行的目的，同时也减少了污染物排放量。本课题通过实验室小试试验对磁混凝工艺处理污水厂原污水的效果进行初步分析，在此基础上进行中试试验，然后再根据中试试验结果确定生产试验设备的工艺设计参数和运行参数，参考生产试验结果建成磁混凝工艺应急处理工程。

(1)实验室小试

1)试验装置　污水处理厂应急处理磁混凝工艺烧杯试验装置为六联搅拌机和 1L 的烧杯（见图 19.23）。

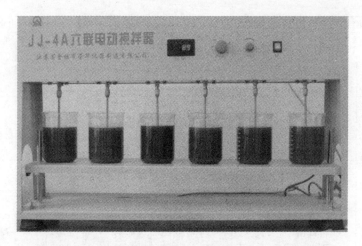

图 19.23 污水处理厂应急处理磁混凝工艺烧杯试验装置

2)试验方法 对北京市高碑店、酒仙桥、小红门、吴家村、清河、北小河、方庄 7 座污水处理厂总进水(进水格栅后取水)进行污水处理厂应急处理磁混凝工艺烧杯试验,分析污水处理厂应急处理磁混凝工艺化学除磷的处理效果和适用条件。 这几座污水处理厂遍布北京东、南、西、北,水样比较全面地反映了北京城区污水特性。 本烧杯试验主要以总磷为指标分析应急处理磁混凝工艺对污水处理厂原污水的处理效果。 为了对原污水中磷的形态进行分析,并分析化学除磷的效果,先化验进水 pH 值、TP,然后采用 $0.45\mu m$ 滤膜过滤后再测定 TP、PO_4^{3-}。 试验水样经过 20min 静沉后取上清液,先化验 pH 值、TP,然后采用 $0.45\mu m$ 滤膜过滤后测定 TP、PO_4^{3-}。 凡是经过 $0.45\mu m$ 滤膜过滤后测定的 TP 可以认为是溶解性总磷,用 STP 表示。

本试验将污水处理厂原污水取回,在实验室内进行烧杯试验。 因为试验现场一般为露天,没有电源、水源,搅拌机无法运转,烧杯等也无法清洗,而且需现场称量磁粉的重量、配置化学药剂,这些工作在露天的条件下都不方便。 将水样取回实验室,2h 内(一般从污水厂回到试验室需一个多小时)进行烧杯试验,不会对试验结果造成显著影响。

试验过程为在 1L 的烧杯中加入 800mL 水样,然后加入一定量的聚合氯化铝(PAC,有效成分为 Al_2O_3),投加量以 Al_2O_3 计算(理论上去除 1mg/L 正磷酸盐,需要 Al_2O_3 为 1.65mg/L,试验投加量为理论量的 2~5 倍)。 试验分为两组:一组投加磁粉 500mg/L(与应急工程投加量相同);另一组不投加磁粉。 先快速搅拌 30s,搅拌速度为 400r/min;再搅拌 3min,搅拌速度为 130r/min;最后搅拌 5min,搅拌速度为 90r/min。 搅拌结束后,静置沉淀 20min 后取样化验。

3)试验结果和分析 污水处理厂应急处理混凝烧杯试验结果记录(见表 19.30)。

⊡ **表 19.30 试验数据**

项目		原水	试验出水(不加磁粉)					试验出水(加磁粉)				
加药量	PAC/(mg/L)	0	10	20	30	40	50	10	20	30	40	50
	磁粉/(mg/L)	0	0	0	0	0	0	500	500	500	500	500
清河污水处理厂化学除磷试验结果	pH 值	7.08	7.1	7.16	7.05	7.02	7	7.1	7.13	7	7.13	6.94
	TP/(mg/L)	4.81	1.75	0.61	0.29	0.15	0.12	1.09	0.34	0.19	0.09	0.08
	STP/(mg/L)	2.93	0.45	0.21	0.29	0.07	0.16	0.21	0.13	0.12	0.08	0.03
	PO_4^{3-}/(mg/L)	2.63	0.16	0.11	0.15	0.03	0.03	0.07	0.06	0.03	0.03	0.03

项目		原水	试验出水(不加磁粉)					试验出水(加磁粉)				
高碑店污水处理厂化学除磷试验结果	pH 值	6.63	6.56	6.58	6.56	6.58	6.56	6.59	6.57	6.58	6.59	6.45
	TP/(mg/L)	5.29	1.39	0.65	0.42	0.31	0.15	1.35	0.57	0.39	0.39	0.12
	STP/(mg/L)	2.91	0.52	0.17	0.03	0.03	0.03	0.3	0.12	0.03	0.03	0.02
	PO_4^{3-}/(mg/L)	2.39	0.1	0.08	0.05	0.08	0.03	0.08	0.051	0.03	0.03	0.02
酒仙桥污水处理厂化学除磷试验结果	pH 值	7.47	7.5	7.57	7.82	7.74	7.7	7.71	7.61	7.56	7.45	7.5
	TP/(mg/L)	5.21	2.55	1.33	0.72	0.65	0.29	2.08	1.12	0.65	0.46	0.42
	STP/(mg/L)	3.89	0.36	0.07	0.1	0.03	0.12	0.359	0.424	0.229	0.164	0.115
	PO_4^{3-}/(mg/L)	2.38	0.08	0.05	0.03	0.03	0.03	0.03	0.03	0.05	0.03	0.01
北小河污水处理厂化学除磷试验结果	pH 值	7.29	7.53	7.57	7.57	7.57	7.48	7.6	7.62	7.63	7.61	7.55
	TP/(mg/L)	4.96	1.87	0.79	0.28	0.2	0.23	1.66	0.73	0.25	0.25	0.12
	STP/(mg/L)	3.22	1.44	0.51	0.21	0.1	0.07	1.53	0.55	0.3	0.14	0.07
	PO_4^{3-}/(mg/L)	3.16	1.44	0.34	0.16	0.07	0.41	1.5	0.51	0.29	0.12	0.08
方庄污水处理厂化学除磷试验结果	pH 值	8	8.01	7.98	7.95	7.94	7.93	8.05	8.05	7.85	7.86	8.03
	TP/(mg/L)	5.8	2.96	1.99	0.93	0.51	0.41	2.95	1.34	0.91	0.78	0.46
	STP/(mg/L)	4.68	1.92	0.57	0.13	0.03	0.03	1.89	0.78	0.31	0.03	0.03
	PO_4^{3-}/(mg/L)	4.13	2.1	0.54	0.08	0.03	0.03	1.82	0.716	0.139	0.025	0.025
吴家村污水处理厂化学除磷试验结果	pH 值	7.64	7.8	7.68	7.69	7.75	8.06	7.87	7.86	7.86	7.76	8.14
	TP/(mg/L)	4.36	1.42	0.86	0.37	0.42	0.25	1.71	0.77	0.36	0.367	0.139
	STP/(mg/L)	2.77	1.15	0.44	0.22	0.19	0.13	1.02	0.31	0.11	0.04	0.05
	PO_4^{3-}/(mg/L)	2.74	0.93	0.19	0.03	0.03	0.03	1.02	0.29	0.16	0.14	0.08
小红门污水处理厂化学除磷试验结果	pH 值	7.81	7.82	7.75	7.73	7.66	7.66	7.76	7.7	7.69	7.59	7.6
	TP/(mg/L)	4.12	1.97	1.16	0.64	0.33	0.13	1.89	0.88	0.49	0.38	0.15
	STP/(mg/L)	2.21	0.77	0.5	0.18	0.15	0.16	0.69	0.42	0.13	0.31	0.36
	PO_4^{3-}/(mg/L)	2.08	0.57	0.23	0.18	0.13	0.15	0.41	0.19	0.15	0.13	0.14

注:PAC 投加量以 Al_2O_3 计算。

从表 19.30 可以看出,污水处理厂原污水 pH 值在 6～7 之间,该范围适宜采用铝盐作为化学除磷药剂。 STP 总磷占 TP 含量的 50%～80%,其中 PO_4^{3-} 占 STP 含量的 80% 以上。试验期间北京市城区的七座污水处理厂总进水 TP 在 4～6mg/L 之间, PAC 投加量为 20mg/L 时,大部分污水厂的试验出水 TP 可以降低到 1.0mg/L 以下, PAC 投加量达到 30mg/L 时,所有污水厂的试验出水 TP 都可以降低到 1.0mg/L 以下。以清河污水处理厂为例, PAC 投加量与 TP 处理效果之间的关系(见图 19.24)。

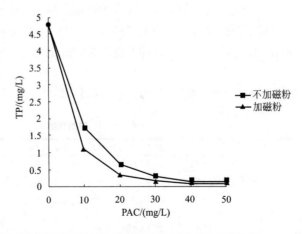

图 19.24 清河污水处理厂原污水磁混凝烧杯试验 TP 去除效果

从图 19.24 可知，当 PAC 加药量为 20mg/L 时，如果不投加磁粉，出水 TP 在 0.5～1.0mg/L 之间；投加磁粉后，出水 TP 可以降低到 0.5mg/L 以下。在试验过程中还可以观察到，投加磁粉对提高沉淀速度的作用非常显著，因此可以大大节约沉淀时间，从而降低沉淀池的容积，节省占地面积和工程投资。

(2)中试试验

1)试验装置　污水处理厂应急处理磁混凝工艺中试试验装置为一套车载式试验装置，外形尺寸 15m×3m×4.2m，试验装置见图 19.13。该装置包括主要包括管道混合器、絮凝池和沉淀池。絮凝池容积约 0.3m³，沉淀池容积约 0.09m³。本试验进水量为 4.5m³/h，总水力停留时间 5.2min；其中絮凝池水力停留时间 4.0min，沉淀池水力停留时间 1.2min。

2)试验方法　污水处理厂应急处理磁混凝工艺车载式中试试验原水为高碑店污水处理厂曝气沉砂池出水，试验过程中投加的混凝剂为聚合铝(PAC，Al_2O_3 含量 30%)，助凝剂为聚丙烯酰胺(PAM)。均采用固态药剂，PAC 配置成浓度 10% 的药液，PAM 配置成浓度 0.2% 的药液，通过计量加药泵投加。试验过程中每个工况保持稳定运行 8h 以后取样，每次取样时间间隔 2～3h，取多次化验结果的平均值作为试验结果。主要化验水质指标为 COD_{Cr}、SS、TDS、NH_4^+-N、TN、TP、浊度、色度、总大肠菌群。

3)试验结果与分析　污水处理厂应急处理磁混凝工艺中试试验以高碑店污水处理厂曝气沉砂池出水作为试验进水时的试验结果（见表 19.31）。试验过程中 PAM 加药量为 3.5mg/L，PAC 加药量（以 Al_2O_3 计）为 30mg/L 或 50mg/L。

⊡ 表 19.31　高碑店污水处理厂曝气沉砂池出水试验结果

项目		试验进水	试验出水	
		曝气沉砂池出水	工况 1	工况 2
加药量	PAC/(mg/L)	0	30	50
	PAM/(mg/L)	0	3.5	3.5
化验数据	TP/(mg/L)	8.89	0.36	0.17
	SS/(mg/L)	521.1	18.8	12.8
	浊度/NTU	317.5	10.8	4.3
	COD_{Cr}/(mg/L)	711.4	119.5	118.9
	色度/度	56	25	25
	TN/(mg/L)	82.0	58.2	52.8
	NH_4^+-N/(mg/L)	51.1	47.3	46.3
	TDS/(mg/L)	796	793	801
	总大肠菌群/(个/L)	$3.80×10^7$	$3.20×10^6$	—

注："—"表示数据未检测，以下相同。

从表 19.31 可以看出，高碑店污水处理厂曝气沉砂池出水经过磁混凝工艺处理后，TP 的处理效果很好，PAC 投加量 30mg/L 时，去除率就可以达到 95% 以上，增大 PAC 投加量，去除率继续提高；总大肠菌群的去除率可以达到 90% 以上，试验出水比进水降低了一个数量级；浊度的处理效果很好，PAC 投加量 30mg/L 时，浊度降低 95% 以上，增大 PAC 投加量，去除效果继续提高；SS 的处理效果很好，PAC 投加量 30mg/L 时，去除率就可以达到 95% 以上，增大 PAC 投加量，去除率继续提高；COD_{Cr} 的去除率可以达到 80%，增大 PAC 投加量，COD_{Cr} 的去除率没有明显变化；色度降低 50% 以上，增大 PAC 投加量，色度的去除效果没有明显变化；TN 的去除率约 30%，增大 PAC 投加量，去除率有所上升；NH_4^+-N 的去除率接近 10%，增大 PAC 投加量，去除率没有明显变化；TDS 没有处理效果。

根据试验结果分析，对于曝气沉砂池出水中的有机物、氮、磷等污染物，按去除率排序，磷的处理效果最佳，去除率 95％以上；其次是有机物，COD_{Cr} 的去除率可以达到 70％以上；氮的处理效果不太明显，TN 的去除率 30％左右，NH_4^+-N 的去除率 10％以下。

(3)小结

将磁混凝技术应用于污水处理厂应急工程，处理原水为城市污水，与河道排污口附近水质类似，获得了良好的工艺参数和运行效果。针对高浓度污水（河道排污口水或城市污水），提出建议性的工艺参数：药剂投加量分别为，混凝剂（PAC）200～320mg/L（对应有效 Al_2O_3 含量 30％时约为 60～90mg/L）、助凝剂（PAM）0.1～1.5mg/L、磁粉 300mg/L 以上，磁粉可以过量投加，从控制成本角度考虑可以提高混凝剂用量并降低助凝剂用量；搅拌条件分别为，混合段不超过 200 r/min(2min)、絮凝段不超过 100 r/min（10min）、沉淀时间20min 以上。

19.2 磁分离工程处理案例

19.2.1 城市河湖水质改善与保障磁技术示范与优化运行课题研究

通惠河管理所隶属北运河管理处，位于北京市通惠河下游，主要负责管理通惠河下游的管理调配工作。该所依通惠河而建，沿途无较大的污水排放口，水质常年较稳定，属于微污染河流水质。示范工程依托通惠河管理所建设，位于该所厂区内，由管理所提供必要的水电和场地支持。示范工程为车载磁絮凝装置，规模为 1.5×10^4 t/d，设计出水水质 $COD_{Cr} \leqslant 30$mg/L、TP$\leqslant$0.3mg/L，能有效改善通惠河水体污染现状（见表 19.32）。

⊡ 表 19.32　示范工程设计进出水水质

水质指标	COD_{Cr}/(mg/L)	TP/(mg/L)	浊度/NTU
进水水质	$\leqslant$60	$\leqslant$5	$\leqslant$20
出水水质	$\leqslant$30	$\leqslant$0.3	$\leqslant$1

原水通过进水泵流入管道混合器，与 PAC 充分混合后进入混合池；混合池中有大量已投加的磁粉和经磁分离器（磁鼓）分离的回流磁粉，与流入的原水充分混合均匀后进入絮凝池；絮凝池中投加 PAM，经完全絮凝反应后，处理水流入沉淀池，上清液经过出水堰后流出；沉淀池中的絮体沉淀后回流经磁分离器回收磁粉，剩余的污泥絮体进入污泥脱水装置处理。

19.2.1.1 车载磁混凝装置示意

车载装置（图 19.25）处理能力 15000m³/d，即 625 m³/h。由装置尺寸计算可知，混合池 2（混合池)的有效容积为 1.2m×3m×2.95m＝10.62m³；原水在混合池 2 中的停留时间 T_1＝0.017h＝1.02min，即 1 分 1.2 秒。混合池 3（絮凝池）的有效容积为 1.8m×3m×2.95m＝15.93m³；原水在混合池 3 中的停留时间 T_2＝0.025h＝1.53min，即 1 分 31.8 秒。沉淀池的有效容积为 8m×3m×2.95m＝70.8m³；原水在沉淀池中的停留时间 T_3＝0.113h＝6.80min，即6 分 48 秒。由以上计算可知，全停留时间 T'＝T_1＋T_2＋T_3＝9 分 21 秒。实际全停留时间计算如下：设备所有反应池总容积为 $10.62m^3 + 15.93m^3 + 70.8m^3 = 97.35m^3$；原水在设备中的停留时间 $T = 9.35min$，即 9 分 21 秒。

图 19.25　车载磁混凝装置全景图

19.2.1.2　车载磁混凝装置工作状态

车载磁混凝装置工作现场如图 19.26 所示。示范工程装置如图 19.27 所示。

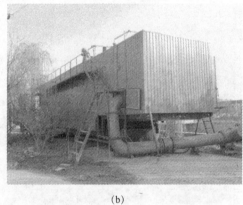

(a)　　　　　　　　　　　　　　　　　　(b)

图 19.26　（工作状态进水管道）工作现场

(a) 磁鼓搅拌装置

图 19.27

(b) 沉淀池自控平台

图 19.27　示范工程装置图片

19.2.1.3　示范工程运行数据

　　按示范工程建设要求，车载磁混凝装置稳定连续运行 6 个月以上，运行试验数据变化趋势见图 19.28。

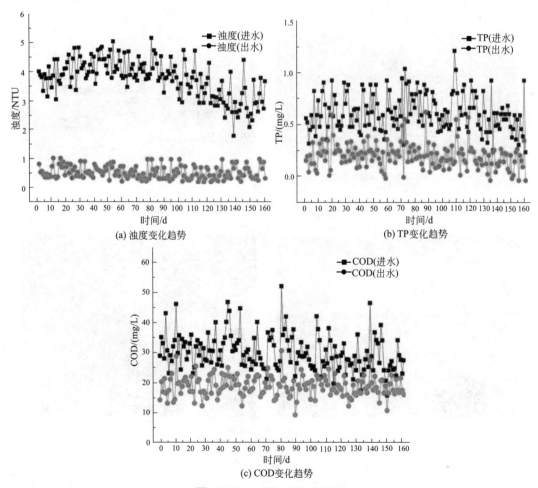

(a) 浊度变化趋势　　　　　　　　　　　　　(b) TP变化趋势

(c) COD变化趋势

图 19.28　示范工程运行数据

示范工程在运行期间进水浊度平均为 4.6NTU、COD 平均为 40mg/L、TP 平均为 0.7mg/L；出水浊度平均为 0.6NTU、COD 平均为 24mg/L、TP 平均为 0.4mg/L，保持了稳定有效的污染物质去除效果，出水指标达到要求的地表水Ⅳ类标准。

19.2.2　2011西安世界园艺博览会园区景观湖水质维护项目

19.2.2.1　项目概况

西安世园会（以下简称"世园会"）园区面积 418hm²，水域面积 188hm²，平均水深 1.5m，园区内湖水总容量为 $2.82 \times 10^6 m^3$。在园区湖进水口，每天从灞河引入 86000m³ 水进行生态补水，促进园区湖水更新和流动，维护景区内的水质。目前世园会景区内湖泊水质总体较好，但在部分水域由于水体滞留时间较长，且水中氮磷营养元素含量较高，给藻类生长创造了条件，这些区域水体发绿、浑浊，对园区内的景观造成了不利影响。本方案即是针对世园会景区内湖泊局部水域存在的藻类生长、水体透明度低的问题，对园区湖泊进行水质净化和维护，保证园区湖泊的水生态及景观安全（见表 19.33）。

表 19.33　项目基本情况

序号	项目	指标
1	处理规模	12000m³/d
2	治理目标	处理点湖水水质达到景观水体水质标准，水体中藻类生长受到控制，水体生态良好、景观感觉好
3	采用工艺	加载磁分离水处理车组合工艺
4	占地面积	115.2m²
5	设备投资	1620.00 万元
6	直接运行费用	0.42 元/t 水

19.2.2.2　处理效果

对世园会水质维护中 4 台磁分离水处理车进水和处理出水水质进行了取样检测，检测结果见表 19.34。

表 19.34　处理效果

采样点	采样时间	温度	COD_Mn/(mg/L)		TP/(mg/L)		TN/(mg/L)		NH₃-N/(mg/L)	
			进水	出水	进水	出水	进水	出水	进水	出水
后勤入口	2011-9-20	18℃	7.256	2.210	≤0.003	≤0.003	7.045	5.190	3.618	1.703
	2011-9-26	20℃	4.448	2.559	≤0.003	≤0.003	7.803	7.488	2.290	0.451
	2011-10-2	20℃	19.659	3.710	≤0.003	≤0.003	8.834	7.152	2.392	1.958
	2011-10-12	13℃	3.035	2.078	≤0.003	≤0.003	8.77	8.095	8.088	6.376
	2011-10-20	20℃	3.765	2.169	≤0.003	≤0.003	11.55	9.54	6.019	5.866
	2011-10-31	14℃	3.256	1.056	≤0.003	≤0.003	15.552	11.734	9.722	7.577
	2011-11-8	13℃	3.514	2.662	≤0.003	≤0.003	18.563	9.575	15.111	7.398
滨河东路	2011-9-20	18℃	6.890	3.218	≤0.003	≤0.003	4.993	4.315	2.009	1.159
	2011-9-26	20℃	13.398	4.792	≤0.003	≤0.003	4.140	3.493	0.809	0.031
	2011-10-2	20℃	9.372	4.485	≤0.003	≤0.003	7.654	7.102	0.519	0.149
	2011-10-12	13℃	4.266	2.971	≤0.003	≤0.003	7.628	7.423	5.074	4.486
	2011-10-20	20℃	3.765	2.625	≤0.003	≤0.003	8.198	8.025	5.048	3.925
	2011-10-31	14℃	2.372	1.23	≤0.003	≤0.003	10.374	9.91	8.471	5.314
	2011-11-8	13℃	4.006	2.636	≤0.003	≤0.003	12.188	11.035	10.412	9.748

采样点	采样时间	温度	COD$_{Mn}$/(mg/L)		TP/(mg/L)		TN/(mg/L)		NH$_3$-N/(mg/L)	
			进水	出水	进水	出水	进水	出水	进水	出水
椰风水岸	2011-9-20	18℃	8.259	2.579	≤0.003	≤0.003	3.325	2.970	1.009	0.406
	2011-9-26	20℃	10.758	7.233	≤0.003	≤0.003	4.338	2.638	3.060	0.047
	2011-10-2	20℃	10.795	3.427	≤0.003	≤0.003	3.004	1.850	0.034	≤0.003
	2011-10-12	13℃	5.835	2.625	≤0.003	≤0.003	4.008	3.953	3.848	2.06
	2011-10-20	20℃	5.087	2.397	≤0.003	≤0.003	7.188	6.90	3.669	0.604
雁鸣湖	2011-9-20	18℃	7.438	3.445	≤0.003	≤0.003	3.443	2.993	5.702	3.373

对检测结果分析，可以得出以下结果。

(1)原水水质

世园会湖泊内 COD 指标达到地表水Ⅳ类水水质(10mg/L)，TP 含量很低，在检测限以下，达到地表水Ⅰ类水水质(0.02mg/L)。而 TN、NH$_3$-N 指标较高，在各处理点处 TN、NH$_3$-N 均劣于地表水Ⅴ类水水质(2.0mg/L)。

(2)处理后水质

经过处理后的湖水，各项指标均有明显改善。经处理后，湖水中 COD 从 6.8～8.2mg/L 降至 3.5mg/L，平均去除率在 53.6%～69.5%，TN 从 3.3～7.0mg/L 降至 2.9～5.1mg/L，平均去除率 10%～26%，NH$_3$-N 从 1.0～5.70mg/L 降至 0.4～53.3mg/L，平均去除率 42%～59%。

19.2.2.3 现场图片

(1)装置照片

见图 19.29。

图 19.29 工程运行装置

(2)处理效果

见图 19.30。

19.2.3 秦皇岛河道水处理项目

19.2.3.1 项目简介

项目名称：秦皇岛河道水治理项目。

(a) 处理前

(b) 处理后

图 19.30　工程运行处理效果

项目地点：秦皇岛市。

项目规模：5000 t/d 1 套，3000t/d 1 套，1000t/d 1 套。

提供产品/服务：移动式磁加载处理系统装置的销售、租赁和运营。

19.2.3.2　处理效果和现场照片

经过中试演示和现场工程运行，处理效果达到项目要求。具体如图 19.31 所示。

(a) 处理装置

(b) 处理效果(左为处理前,右为处理后)

图 19.31　工程运行装置与处理效果

19.2.4 武汉市东湖部分区域水环境污染综合治理示范工程

19.2.4.1 项目简介

项目名称：官桥湖（庙湖）水环境综合治理工程项目。

项目地点：武汉市东湖生态旅游风景区内官桥湖（庙湖)湖区及周边区域。

项目规模：3000m^3/d。

提供产品/服务：磁加载移动污水处理装置的销售。

19.2.4.2 运行条件和处理效果

为保障整个湖体湖水的循环效率，磁加载移动污水处理装置设计进水水量为125m^3/h（即连续24h运行，额定水处理量3000 m^3/d）。进水水质如表19.35所列，处理效果见表19.36。

⊡ 表 19.35 进水水质

序号	项目	单位	进水
1	COD	mg/L	≤10.8
2	TP	mg/L	≤1.06
3	TN	mg/L	≤20.18
4	NH_3-N	mg/L	≤10.34

⊡ 表 19.36 处理效果

序号	项目	单位	出水
1	COD	mg/L	≤5.0
2	浊度	NTU	≤10
3	TP	mg/L	0.05~0.1

19.2.4.3 现场照片

工程运行装置如图19.32所示。

图 19.32 工程运行装置

19.2.5 广西南宁沙江河项目

19.2.5.1 项目介绍

沙江河又称大排江，是南宁市北郊的一条自然河，上接罗伞岭水库，下接竹排冲，自西向东流。源于巷贤镇六联村古竹庄南面，高程550m，流经樊村（此河段又称大庙河）、木字、高贤、兴塘、大山（老圩）等村至光全村的枫江坝（此河段又称罗逢河），再经白圩的长岭、长岗、狮螺、陆永、玉峰，于玉峰村坡旺庄附近注入清水河。全长 61.23km，流域面积 226.82km²，年平均流量 7.7m³/s。上游有六护河等支流。由于当地居民生活习惯以及工业发展，造成了沙江河污染越来越严重，沙江河看起来就是一条排污渠，河道宽仅 2m 左右，水质浑浊，沿岸荒坡长满杂草，到处是裸露的黄土及凌乱堆积的生活垃圾，如图 19.33 所示。

图 19.33 现场河道情况

为此在沙江河两支流分别建造磁分离污水处理设备，处理量分别为 10000m³/d 和 5000m³/d。

19.2.5.2 设计原则

设计原则：a. 保证河道水利功能要求原则（不影响泄洪、排涝等）；b. 保证工程的安全性、稳定性和耐久性原则；c. 以水质改善为重点，水体生态系统修复为目标；d. 突出重点，对重要河段或污染较重的水域进行重点治理；e. 采用先进、合理、实用、有效且具有可实施性的技术与方案；f. 贯彻执行国家关于环境保护的政策，符合国家的有关法律、规范及标准，符合当地有关法规、规定的具体要求；g. 根据当地的实际情况，合理地、科学地确定排水体系；h. 合理利用受纳水体环境容量，严格控制污水排放对水体的污染；i. 根据设计进水水质和出水水质要求，提供满足污水处理工程系统的设计方案，以先进、合理、安全、可靠为原则，贯彻节约原则；j. 污水处理站的工艺应具有高效节能，运行稳定，维护简便的特点，确保处理效果，妥善处理好污水处理过程中所产生的污染物，避免二次污染。提高污水处理工程系统的安全性、保证率；k. 采用现代化技术手段，在污水站内设置必要的监控仪表，部分实现自动化控制和管理，做到技术可靠、经济合理；

本工程收集处理的污废水主要为河道污水，根据业主提供资料南宁沙江河水质拟设定指标如表 19.37 所列。

⊡ **表 19.37 设计进水水质**

项目	COD$_{Cr}$	SS	TP	透明度（SD）
数值/(mg/L)	120~150	130~160	2~6	0~6cm

本项工程采用工艺主要为磁分离净化工艺，出水自流排入河道下游。

本污水处理站采用磁加载高效沉淀成套装备，主要控制悬浮物（SS）、总磷（TP）、化学需氧量（CODcr）、透明度指标，设计出水水质如表 19.38 所列。

⊡ 表 19.38　设计出水水质

项目	CODcr	SS	TP	透明度（SD）
数值	50～70mg/L	0	0.3mg/L	30cm
去除率	50%	100%	95%	—

19.2.5.3　磁分离设备流程图

工艺流程简介：a. 系统在混合池中投加絮凝剂、改性磁种和助凝剂进行磁加载反应；b. 进入澄清池进行高效的固液分离；c. 改性磁种通过污泥回流和磁种回收系统进行循环利用；d. 剩余污泥通过磁种回收系统的污泥排放系统，排放至污泥处理系统进一步处理。

污水经粗、细格栅去除较大的垃圾、漂浮物等后，进入泵池，通过提升泵提升至磁加载系统：在此投加混凝剂、磁粉和助凝剂，水体中的污染物与药剂发生混凝反应，生成细小絮体，之后磁种与絮体通过网捕、架桥和吸附电中和等作用紧密结合，在助凝剂的帮助下形成大的矾花，之后在澄清池快速固液分离，最终达到净化的目的。分离出来的污泥自流进入污泥暂存池，经剩余污泥泵送至污泥脱水机进行处理，泥饼外运。

19.2.5.4　现场情况

设备经调试正常运行后，有效地去除了河道水中的污染物，出水澄清透明并达到设计出水指标，如图 19.34 所示。磁分离设备占地面积小，去除污染物能力强，效率高，是应急水处理技术中最为实用的技术之一。

(a) 河道内污水和提升泵房内污水　　　　　　　　(b) 磁絮凝出水

图 19.34　磁分离设备及进出水对比

19.2.6　清河污水处理厂能力提升应急工程

19.2.6.1　项目介绍

清河污水处理厂位于北京市海淀区东升乡，距清河北岸约 1.4km 处，是北京市规划建设的 14 座市区污水处理厂之一。清河污水处理厂规划流域面积 159.42km²，设计污水处理规模

$4.0\times10^5\,m^3/d$，处理后出水排入清河；再生水处理规模 $8\times10^4\,m^3/d$，主要向海淀区和朝阳区部分区域提供城市杂用水、河湖补水及奥林匹克公园水系补水。

当年，清河污水处理厂实际处理污水量已达到 $4.7\times10^5\,m^3/d$，汛期处理量超过 $5.0\times10^5\,m^3/d$。为了减轻污水处理厂运行压力，保证出水水质，保护水环境，特别是保证奥林匹克公园及其周边地区的水环境，拟在 2008 年 6 月之前建成规模为 $1.0\times10^5\,m^3/d$ 的应急污水处理设施。

19.2.6.2　试验装置

污水处理厂应急处理磁混凝工艺生产试验采用车载式试验装置，外形尺寸 $7.8m\times3m\times4.2m$（见图 19.35）。该装置主要包括管道混合器、絮凝池和沉淀池。絮凝池容积约 $18m^3$，沉淀池容积约 $36m^3$。生产试验的规模进水量为 $240\sim380\,m^3/h$。当进水量为 $300\,m^3/h$ 时，总水力停留时间 10.8min，其中絮凝池水力停留时间 3.6min，沉淀池水力停留时间 7.2min。

图 19.35　污水处理厂应急处理磁混凝工艺生产试验装置

19.2.6.3　试验方法

污水处理厂应急处理磁混凝工艺生产试验原水为清河污水处理厂沉砂池出水。试验过程中投加的混凝剂为 PAC（Al_2O_3 的含量为 30%），助凝剂为 PAM，均采用固态药剂。 PAC 配置成浓度 10% 的药液， PAM 配置成浓度 0.2% 的药液，通过计量加药泵投加。试验过程中每个工况保持稳定运行状态 3d 以上，每定时取样，取多次化验结果的平均值作为试验结果。主要化验指标为 COD_{Cr}、BOD_5、SS、NH_4^+-N、TN、TP、总铁、污泥浓度，并且测定污泥比阻。

19.2.6.4　试验结果与分析

(1)试验工况

污水处理厂应急处理磁混凝工艺生产试验过程投药量由高到低，进行了 6 个工况的试验，各工况的进水量和加药量见表 19.39。

⊡ **表 19.39　污水处理厂应急处理磁混凝工艺生产试验工况**　　　　　单位：mg/L

试验条件	工况一	工况二	工况三	工况四	工况五	工况六
试验进水量	240	240	240	380	380	380
PAC 加药量	54	42	33	33	18	9
PAM 投加量	2	2	2	2	2	2

(2)试验进、出水水质

6 个工况的试验结果见表 19.40。

⊡ 表 19.40　清河污水处理厂应急处理磁混凝工艺生产试验结果　　　　单位：mg/L

项目		进水水质	出水水质					
		沉砂池出水	工况一	工况二	工况三	工况四	工况五	工况六
化验数据	TP	7.6	0.15	0.18	0.24	0.37	1.2	2.3
	SS	309	14	20	28	36	48	65
	BOD_5	296	72	78	79	97	102	113
	COD_{Cr}	494	130	138	141	165	202	238
	TN	62	50	52	54	57	58	61
	NH_4^+-N	49	43	44	46	—	—	—

(3)工况一、二、三试验结果比较

为了分析低负荷、高投药量时的处理效果，将工况一、工况二、工况三的试验结果进行比较（见表 19.41）。当试验进水量均为 240m³/h 时，提高 PAC 加药量，各项污染物指标的去除率也有所提高；但是投药量相同时，不同指标的去除率明显不同。

⊡ 表 19.41　沉砂池出水试验结果一　　　　单位：mg/L

项目		进水水质	出水水质		
		沉砂池出水	工况一	工况二	工况三
加药量	PAC		54	42	33
	PAM		2	2	2
化验数据	TP	7.6	0.15	0.18	0.24
	SS	309	14	20	28
	BOD_5	296	72	78	79
	COD_{Cr}	494	130	138	141
	TN	62	50	52	54
	NH_4^+-N	49	43	44	46

从表 19.41 可以看出，清河污水处理厂沉砂池出水经过磁混凝工艺处理后，TP 的去除效果很好，PAC 加药量 33mg/L 时，TP 的去除率就可以达到 95％以上，PAC 加药量增加到 54mg/L 时，TP 的去除率略有提高，但变化不大；SS 的去除效果很好，PAC 加药量 33mg/L 时，SS 的去除率可以达到 90％以上，PAC 加药量增加到 54mg/L 时，SS 的去除率约 95％；BOD_5 有一定的去除效果，PAC 加药量 33mg/L 时，BOD_5 的去除率可以达到 70％以上，PAC 加药量增加到 54mg/L 时，BOD_5 的去除率略有提高，但变化不大；COD_{Cr} 有一定的去除效果，PAC 加药量 33mg/L 时，COD_{Cr} 的去除率可以达到 70％以上，PAC 加药量增加到 54mg/L 时，COD_{Cr} 的去除率略有提高，但变化不大；TN 的去除效果不十分显著。 PAC 加药量 33mg/L 时，TN 的去除率不到 15％，PAC 加药量增加到 54mg/L 时，TN 的去除率有所提高，去除率约 20％；NH_4^+-N 的去除效果不显著，PAC 加药量 33mg/L 时，NH_4^+-N 的去除率约 6％，PAC 加药量增加到 54mg/L 时，NH_4^+-N 的去除率略有提高，去除率稍高于 10％。

概括而言，当试验进水量为 240m³/h，PAC 加药量 33mg/L、PAM 加药量 2mg/L 时，沉砂池出水中的各项污染物指标按去除率排序，TP、SS 的处理效果最佳，去除率 90％以上；其次是有机物，BOD_5、COD_{Cr} 的去除率可以达到 70％；氮的处理效果不太明显，TN 的去除率接近 15％，NH_4^+-N 的去除率 10％以下（由于磁混凝工艺对 NH_4^+-N 的去除效果不显著，因此以下的试验中不再化验试验进、出水的 NH_4^+-N 指标)。 将 PAC 加药量提高到 54mg/L，各项指标的去除率略有提高，但是变化并不很大。

(4) 工况三、四试验结果比较

为了分析相同投药量、不同负荷时的处理效果，将工况三、工况四的试验结果进行比较，如表 19.42 所列。当 PAC 加药量 33mg/L、 PAM 加药量 2mg/L 时，试验进水量由 240m³/h 增加到 380m³/h，各项污染物指标的去除率均有所降低。

⊡ 表 19.42　沉砂池出水试验结果二　　　　　　　　　　　　单位：mg/L

项目		进水水质	出水水质	
		沉砂池出水	工况二	工况三
进水量/(m³/h)			240	380
化验数据	TP	7.6	0.24	0.37
	SS	309	28	36
	BOD$_5$	296	79	97
	COD$_{Cr}$	494	141	165
	TN	62	54	57

从表 19.42 可以看出，清河污水处理厂沉砂池出水经过磁混凝工艺处理后，TP 的去除效果很好，试验进水量为 240m³/h、380m³/h 时，TP 的去除率均可以达到 95% 以上，进水量增加去除率稍稍降低；SS 的处理效果很好，试验进水量为 240m³/h 时，SS 的去除率 90% 以上，试验进水量为 380m³/h 时，SS 的去除效果有所降低，去除率约 88%；BOD$_5$ 有一定的去除效果，试验进水量为 240m³/h 时，BOD$_5$ 的去除率接近 75%，试验进水量为 380m³/h 时，去除率约 67%；COD$_{Cr}$ 有一定的去除效果，试验进水量为 240m³/h 时，COD$_{Cr}$ 的去除率 70% 以上，试验进水量为 380m³/h 时，去除率降低到 70% 以下；TN 的去除效果不显著，试验进水量为 240m³/h 时，TN 的去除率 13%，试验进水量为 380m³/h 时，去除率降低到 10% 以下。

概括而言，当 PAC 加药量 33mg/L、PAM 加药量 2mg/L 时，试验进水量由 240m³/h 提高到 380m³/h，沉砂池出水中的各项污染物指标的去除率均有所降低。

(5) 工况四、五、六试验结果比较

工程实际应用中，运行成本是需要考虑的一个非常重要的因素，在满足处理效果的前提下，应尽量降低包括药剂费用在内的各项费用。因此，进行高负荷、低投药量的试验是非常必要的，表 19.43 给出了工况四、工况五、工况六的试验结果。试验条件为进水量 380m³/h，PAM 加药量 2mg/L，PAC 加药量分别为 33mg/L、18mg/L 和 9mg/L。

⊡ 表 19.43　沉砂池出水试验结果三　　　　　　　　　　　　单位：mg/L

项目		进水水质	出水水质		
		沉砂池出水	工况四	工况五	工况六
加药量	PAC		33	18	9
	PAM		2	2	2
化验数据	TP	7.6	0.37	1.2	2.3
	SS	309	36	48	65
	BOD$_5$	296	97	102	113
	COD$_{Cr}$	494	165	202	238
	TN	62	57	58	61

从表 19.43 可以看出，清河污水处理厂沉砂池出水经过磁混凝工艺处理后，TP 的处理效果与 PAC 加药量的多少密切相关，当 PAC 加药量为 9mg/L 时，TP 的去除率为 70%，当 PAC 加药量为 18mg/L 时，TP 的去除率约 85%；PAC 加药量提高到 33mg/L，TP 的去除率可以达到 95%；SS 的处理效果比较好，而且随着 PAC 加药量的增加去除率不断提高，PAC 加药量 9mg/L 时，SS 的去除率接近 80%，PAC 加药量 18mg/L 时，SS 的去除率约 85%，PAC 加药量 33mg/L 时，SS 的去除率接近 90%；BOD_5 的处理效果与 PAC 加药量之间有一定的相关性，PAC 加药量越大，BOD_5 的去除率越高，但是通过提高 PAC 加药量并不能使 BOD_5 的去除率大幅度提高，PAC 加药量从 9mg/L 提高到 33mg/L，BOD_5 的去除率仅从 62% 提高到 71%；COD_{Cr} 的处理效果与 PAC 加药量之间有一定的相关性，提高 PAC 加药量，COD_{Cr} 的去除率也有所提高，PAC 加药量从 9mg/L 提高到 33mg/L，COD_{Cr} 的去除率从 52% 提高 67%；TN 的处理效果不佳，即使提高 PAC 加药量 TN 的去除率仍旧不能大幅度提高，PAC 加药量为 9mg/L 时，TN 的去除率约 5%，PAC 加药量为 33mg/L 时，TN 的去除率接近 10%。

概括而言，提高 PAC 加药量，各项污染物指标的处理效果均有所提高，其中去除率受 PAC 加药量影响最大的指标是 TP。因此，当以 TP 为出水水质控制指标时，应根据试验结果确定经济合理的加药量。

(6)试验过程磁粉流失量分析

由于磁粉主要成分为铁，因此试验过程中通过化验进水、出水、排泥中总铁的含量来分析磁粉的流失程度，共化验了 5 组数据，化验结果见表 19.44。

⊡ 表 19.44　铁含量化验结果

序号	加药量/(mg/L)		流量/(m³/h)			总铁/(mg/L)		
	PAC	PAM	进水量	出水量	排泥量	进水	出水	排泥
1	33	2	240	225	15	0.21	0.15	0.28
2	33	2	380	355	25	0.10	0.09	0.29
3	18	2	380	358	22	0.21	0.12	0.35
4	18	2	380	358	22	0.17	0.08	0.30
5	9	2	380	361	19	0.21	0.13	0.30

从表 19.44 可以看出，与进水中总铁的含量相比，出水和排泥中总铁的含量没有明显增加，据此推断磁粉的流失量很少，可以忽略不计。

(7)药剂费与电费

运行成本包括药剂费、电费、人工费及其他能耗费用，人工费及其他能耗费用按照水厂运行过程中实际需要而定，根据试验结果，仅分析药剂费和电费成本。

1)药剂费　根据试验加药量计算水处理药剂费用。本试验采用的 PAC 为固体粉末（Al_2O_3 含量 30%），药品单价按 3000 元/t 计算；PAM 为阴离子型，固体粉末，药品单价按 20000 元/t 计算。处理单方水所需的药剂费用见表 19.45。

⊡ 表 19.45　单方水药剂费用计算表

序号	加药量/(mg/L)		单方水药剂费用/(元/m³)
	PAC(Al_2O_3)	PAM	
1	54	2	0.58
2	42	2	0.46

序号	加药量/(mg/L)		单方水药剂费用/(元/m³)
	PAC(Al₂O₃)	PAM	
3	33	2	0.37
4	18	2	0.22
5	9	2	0.13

2)电费 根据试验设备运行过程中发生的耗电量,计算工程应用中可能发生的电费,见表19.46。实际电耗有待于工程应用中进一步验证。

⊡ 表 19.46 单方水电费计算表

序号	试验规模/(m³/h)	电耗/(kW·h/m³)	单方水电费/(元/m³)
1	240	0.0625	0.0375
2	380	0.0395	0.0237

注:电费按 0.6 元/(kW·h)计算。

(8)试验结果分析

根据清河污水处理厂现场试验结果可知,磁混凝工艺对沉砂池出水中氮的去除效果有限,TN 的去除率接近 15%, NH_4^+-N 的去除率约 10%;有机物有一定的去除效果, BOD_5、COD_{Cr} 的去除率 50%~80%; TP 的去除效果最佳,去除率可以达到 95% 以上。因此,磁混凝工艺可以作为应急污水处理工艺使用,主要用来削减 TP 和有机物等污染物的排放量,对控制水体富营养化具有重要意义。

参考试验期间磁混凝工艺试验装置的进、出水水质,在工程应用中磁混凝工艺系统设计进、出水水质可以按照表 19.47 执行。

⊡ 表 19.47 污水应急处理磁混凝工艺系统处理效果

项目		进水水质	出水水质	去除率/%
加药量	PAC/(mg/L)		30	
	PAM/(mg/L)		2	
指标	TP/(mg/L)	7	0.5	93
	SS/(mg/L)	300	50	83
	BOD₅/(mg/L)	300	120	60
	COD_Cr/(mg/L)	500	200	60
	TN/(mg/L)	65	55	10

根据表 19.47 给出的磁混凝工艺系统进、出水水质,采用磁混凝工艺作为清河污水处理厂应急处理措施,当处理规模为 10000 m³/d 时,系统稳定连续运行,每年可以减少向环境中排放的污染物的量具体见表 19.48。

⊡ 表 19.48 磁混凝工艺污水应急处理工程污染物减排量

项目	进水水质/(mg/L)	出水水质/(mg/L)	减排的污染物量/(t/a)
TP	7	0.5	23.7
SS	300	50	912.5
BOD₅	300	120	657
COD_Cr	500	200	1095
TN	65	55	36.5

19.2.6.5 工程照片

现场工程照片如图 19.36 所示。

图 19.36　现场工程照片

19.2.7　经开污水处理厂改扩建工程

19.2.7.1　工程概况

经开污水处理厂位于北京亦庄经济技术开发区内，处理规模 $5 \times 10^4 \text{m}^3/\text{d}$，采用 C-TECH 工艺，二级出水排入凉水河。

近年来，亦庄经济技术开发区社会经济快速发展，区内工业企业数量迅速增加，同时各企业污水排放量及污染物排放浓度也随之上升。污染物负荷的增加，造成目前开发区仅有的经开污水处理厂已不能满足新的污水排放标准的要求。因此，拟对现况经开污水处理厂实施改扩建，在原有基础上提高出水水质，以满足污水排放要求，同时也为即将建成的经开再生水厂提供良好稳定的再生水水源。改扩建工程的实施，可有效缓解开发区经济发展与水环境污染之间的矛盾，促进开发区社会经济与环境的协调发展。

由于经开污水处理厂进水中含有大量工业企业排放的高磷废水，污水处理厂二级出水不达标的首要因素是 TP 过高，因此改扩建工程拟采用加载混凝、磁分离水处理技术对经开污水处理厂二级出水进行深度除磷处理，2007 年 7～8 月在经开污水处理厂进行了生产试验。

19.2.7.2　试验装置

生产试验采用车载式试验装置，外形尺寸 $7.8\text{m} \times 3\text{m} \times 4.2\text{m}$（见图 19.37）。该装置包括主要包括管道混合器、絮凝池和沉淀池。絮凝池容积约 18m^3，沉淀池容积约 36m^3。本试验进水量为 $300\text{m}^3/\text{h}$，总水力停留时间 10.8min，其中：絮凝池水力停留时间 3.6min，沉淀池水力停留时间 7.2min。

19.2.7.3　试验方法

生产试验原水为北京亦庄经开污水处理厂二级处理出水。试验过程中投加的混凝剂为 $FeCl_3$，助凝剂为 PAM。均采用固态药剂，$FeCl_3$ 配置成浓度 5% 或 10% 的药液，PAM 配置成浓度 0.2% 的药液，通过计量加药泵投加。试验过程中每个工况保持稳定运行状态 3d 以上，每天定时取样，取多次化验结果的平均值作为试验结果。主要化验水质指标为 TP、COD_{Cr}、SS、TDS、NH_4^+-N、TN、浊度、色度、粪大肠菌群。为了给污泥处理设施的设计提供技术参数，试验过程中对排泥量进行了计量，并化验了污泥浓度。

图 19.37 车载式试验装置

19.2.7.4 结果与分析

(1)试验工况

试验确定了 3 个运行工况，各工况的试验条件见表 19.49。

⊡ 表 19.49 试验工况

试验条件	工况一	工况二	工况三
试验进水量/(m³/h)	300	300	300
$FeCl_3$ 加药量/(mg/L)	105	115	155
PAM 投加量/(mg/L)	2.6	2.6	2.8

(2)进出水水质

三个工况的试验结果见表 19.50。试验过程中，进水量 300 m³/h， PAM 加药量在 2.6～3.0mg/L 之间，$FeCl_3$ 加药量在 105～155mg/L 之间。根据表 5.50 分析，随着 $FeCl_3$ 加药量的提高，TP、SS、浊度的去除率也随之增大；COD_{Cr}、色度、TN、NH_4^+-N、TDS 和粪大肠菌群的去除率与 $FeCl_3$ 的投加量之间没有明显的相关关系，即使增大加药量，也不能使这几项指标的去除率显著提高。

⊡ 表 19.50 经开污水处理厂二级处理出水试验结果

样品类型		进水水质	出水水质		
		二级处理出水	工况一	工况二	工况三
加药量	$FeCl_3$/(mg/L)	0	105	115	155
	PAM/(mg/L)	0	2.6	2.6	2.8
化验数据	TP/(mg/L)	13.8	1.1	0.5	0.2
	SS/(mg/L)	21.1	14.5	12.4	9.8
	COD_{Cr}/(mg/L)	26.2	23.4	23.2	23.1
	浊度/NTU	2.87	1.65	1.50	1.27
	色度/度	27	18	19	18
	TN/(mg/L)	13.9	12.9	12.7	12.7
	NH_4^+-N/(mg/L)	3.4	3.28	3.25	3.26
	TDS/(mg/L)	891	916	902	920
	粪大肠菌群/(个/L)	269	152	155	149

从表 19.50 可以看出，经开污水处理厂二级处理出水经过磁加载絮凝工艺处理后，TP 的处理效果很好，$FeCl_3$ 投加量 105mg/L 时，TP 的去除率 92%，$FeCl_3$ 投加量 115mg/L 时，TP 的去除率 97%，$FeCl_3$ 投加量 155mg/L 时，TP 的去除率将近 99%；粪大肠菌群的去除率在 40%~45% 之间，增大 $FeCl_3$ 投加量对提高粪大肠菌群的去除率没有明显的作用，由于经开污水处理厂二级处理出水投加次氯酸钠消毒，所以粪大肠菌的去除效果还与消毒剂的投加量有关；浊度降低了 40%~50%；SS 的去除效果与 $FeCl_3$ 投加量相关，$FeCl_3$ 投加量 105mg/L 时，SS 的去除率 30%，$FeCl_3$ 投加量 115mg/L 时，SS 的去除率 40%，$FeCl_3$ 投加量 155mg/L 时，SS 的去除率约 50%；COD_{Cr} 的去除率约 10%，增大 $FeCl_3$ 投加量对提高 COD_{Cr} 的去除率没有明显的作用；色度降低 30% 左右，增大 $FeCl_3$ 投加量，对出水的色度没有降低作用；TN 的去除率 5%~10%，增大 $FeCl_3$ 投加量对提高 TN 的去除率作用不大；NH_4^+-N 的去除率 10% 以下，增大 $FeCl_3$ 投加量对提高 NH_4^+-N 的去除率没有明显的作用；TDS 没有去除效果。

根据试验结果分析，对于经开污水处理厂二级处理出水中的有机物、氮、磷等污染物，按去除率排序，磷的处理效果最佳，去除率可以达到 95%；COD_{Cr} 和 TN 的去除率 10% 左右，NH_4^+-N 去除率在 5% 以下。

(3)药剂费与电费

运行成本包括药剂费、电费、人工费及其他能耗费用，人工费及其他能耗费用按照水厂运行过程中实际需要而定，根据试验结果，仅分析药剂费和电费成本。

1)药剂费　本试验采用的混凝剂为 $FeCl_3$，助凝剂为 PAM，根据试验加药量计算单方水药剂费，见表 19.51。

⊡ 表 19.51　单方水药剂费计算表

试验工况	$FeCl_3$（以商品计）			PAM（以商品计）			单方水药剂费合计 /(元/m³)
	药品单价 /(元/t)	投加量 /(mg/L)	单方水药剂费用/(元/m³)	药品单价 /(元/t)	投加量 /(mg/L)	单方水药剂费用/(元/m³)	
工况一	3500	105	0.368	20000	2.6	0.052	0.420
工况二	3500	115	0.403	20000	2.6	0.052	0.455
工况三	3500	155	0.543	20000	2.8	0.056	0.599

2)电费成本　根据试验设备运行过程中发生的耗电量，计算工程应用中可能发生的电费见表 19.52。实际电耗有待于工程应用中进一步验证。

⊡ 表 19.52　单方水电费计算表

序号	试验规模/(m³/h)	电耗/(kW·h/m³)	单方水电费/(元/m³)
1	300	0.05	0.03

注：电费按 0.6 元/(kW·h)计算。

(4)处理效果分析

根据经开污水处理厂现场试验结果可知，磁加载絮凝技术对水中氮的去除效果有限，TN、NH_4^+-N 的去除率均在 10% 以下；有机物的去除效果也不显著，COD_{Cr} 的去除率在 10% 左右；TP 的去除效果最佳，去除率可以达到 95% 以上。

将经开污水处理厂二级处理出水经过磁加载絮凝技术处理后的水质与《城市污水再生利用城市杂用水水质》（GB/T 18920—2002）、《城市污水再生利用景观环境用水水质》（GB/T 18921—2002)做了比较，见表 19.53。

▣ 表 19.53　经开污水处理厂二级处理出水处理后与再生水水质指标比较表

项目		二级处理出水	二级处理出水经过磁加载絮凝工艺处理后	城市杂用水水质		景观环境用水水质
加药量	$FeCl_3$/(mg/L)	0	115	155		
	PAM/(mg/L)	0	2.6	2.8		
化验数据	TP/(mg/L)	13.8	0.5	0.2	—	0.5
	SS/(mg/L)	21.1	12.4	9.8	—	10
	COD_{Cr}/(mg/L)	26.2	23.2	23.6	—	—
	浊度/NTU	2.87	1.50	1.27	5	—
	色度/度	27	19	18	30	30
	TN/(mg/L)	13.9	12.7	12.7	—	15
	NH_4^+-N/(mg/L)	3.4	3.1	3.2	10	5
	TDS/(mg/L)	891	902	920	1000	—
	粪大肠菌群/(个/L)	269	155	149	—	不可检出

从表 19.53 可以看出，经开污水处理厂二级处理出水经过磁加载絮凝技术处理后，试验检测的水质项目全部符合城市杂用水水质要求，只有粪大肠菌群不符合景观环境用水水质要求。因此，二级出水经过磁加载絮凝工艺处理后，再经过消毒，即可作为再生水回用于绿化、洗车、道路洒水及水景等，对缓解水资源短缺具有重要意义。

19.2.8　葫芦岛市老区污水处理厂提标改造和扩建工程

19.2.8.1　工程概况

葫芦岛市老区污水处理厂提标改造和扩建工程中应用了混凝磁技术做深度处理，该项目总规模 $12×10^4 m^3/d$，考虑总变化系数 $K_z=1.3$，即高峰处理量达 $1.3×12×10^4 m^3/d=15.6×10^4 m^3/d$，设计进水水质，SS≤20mg/L，TP≤1.5mg/L，设计出水水质 SS≤10mg/L，TP≤0.5mg/L。由于磁技术的先进性，处理效果好的特点，该项目原计划设在磁加载工艺后的 D 型滤池也已停用。

19.2.8.2　工程现场

现场照片见图 19.38。

图 19.38　现场工程照片

19.2.8.3 处理效果

处理效果见图 19.39。

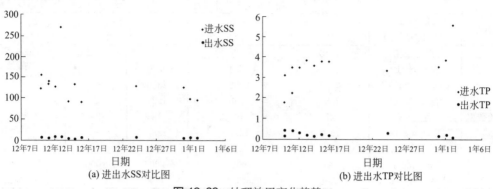

(a) 进出水SS对比图　　　　(b) 进出水TP对比图

图 19.39 处理效果变化趋势

19.2.9 2013北京萧太后河河道污水治理项目

19.2.9.1 现场工程照片

现场工程照片如图 19.40 所示。

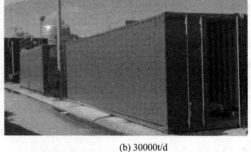

(a) 20000t/d　　　　　　　(b) 30000t/d

图 19.40 20000 t/d 和 30000t/d 工程照片

19.2.9.2 进出水对比

处理效果如图 19.41 所示。

图 19.41 处理效果（左为进水，右为出水）

19.2.9.3 处理效果

(1) 1# 水处理站点检测结果

见表 19.54。

⊡ 表 19.54　1# 水处理站点检测结果

项目	BOD/(mg/L)	COD/(mg/L)	SS/(mg/L)	TP/(mg/L)	浊度/NTU
进水	156.8	342.6	129.23	4.61	56.3
出水	72.4	121.3	19.56	0.55	3.1
去除率/%	53.83	64.40	84.86	92.40	94.49

(2) 2# 水处理站点检测结果

见表 19.55。

⊡ 表 19.55　2# 水处理站点检测结果

项目	BOD/(mg/L)	COD/(mg/L)	SS/(mg/L)	TP/(mg/L)	浊度/NTU
进水	163.3	335.4	199.39	4.27	53.3
出水	72.7	117.2	18.34	0.32	3.6
去除率/%	55.48	65.06	83.23	92.50	93.24

(3) 3# 水处理站点检测结果

见表 19.56。

⊡ 表 19.56　3# 水处理站点检测结果

项目	BOD/(mg/L)	COD/(mg/L)	SS/(mg/L)	TP/(mg/L)	浊度/NTU
进水	155.3	311.4	119.74	4.24	61.2
出水	74.4	113.7	16.87	0.33	3.7
去除率/%	52.77	63.48	85.91	92.21	93.24

19.3　苏州城区河道水环境综合治理

19.3.1　项目概况

苏州位于江苏省南部，长江以南、太湖之滨，全市总面积 8488.42km²，其中水域 3607km²，占总面积的 42.5%，是典型的平原河网城市。作为环太湖经济发达地区的重要城市，改革开放以来，苏州社会经济发展迅速，人口高度集中，水环境治理的压力很大。

苏州河网水流滞缓、水动力不足、自净能力弱、纳污容量有限，再加上产业和人口密集、河道内外源污染负荷大且复杂、人工干预强，导致水生态退化严重。根据 2009 年苏州市的监测结果，全市 190 个地表水水功能区的 286 个断面中，溶解氧（DO）、高锰酸盐指数（COD_{Mn}）、五日生化需氧量（BOD_5）、氨氮（NH_3-N)的超标率分别为 34.2%、38.1%、 26.1%和 52.0%。2009 年苏州全市 286 个监测断面中Ⅱ类和Ⅲ类水断面占 25.9%，Ⅳ类水断面占 15.0%，Ⅴ类水断面占 14.3%，劣Ⅴ类水断面所占比例为 44.8%，Ⅴ类和劣Ⅴ类水断面比例达到 59.1%。苏州城区河道水质基本上常年处于劣Ⅴ类水质状态，主要超标污染物为氨氮和总磷。河道整体感观不佳，呈灰白色，部分河道呈现黑臭。苏州市虽然水量较为充沛，但已成为水质型缺水城市，与其作为国际知名旅游城市的地位不相称，水环境改善尤为重要和迫切。

近年来，苏州城区采取系统治理、流域治理的思路，通过完善污水收集系统来减少河道外源污染，定期疏浚河道来清除内源污染，实施流域性水系沟通和区域性调水引流来改善水动力状况，从整体上增强区域性河道的自净能力，城区河道水环境从常年劣Ⅴ类提升至Ⅳ类，透明度从不足 25cm 提高到 50cm，河道感观质量得到大幅提升。

19.3.2　综合治理措施

19.3.2.1　污水全收集处理

苏州年均降水量约 1100mm，城镇排水体制为分流制。自 2002 年始，苏州城区开始大规模实施污水支管网完善及到户工程，截至目前在面积约 102 万平方公里排水区内建成市政污水主管道约 280km，污水支管道（含排水户内部管道）约 1520km，基本实现了雨污分流改造；建成 3 座污水处理厂，处理能力 36×10^4 t/d，污水处理率达到 98%，实现了污水的有效收集和处理。在加强污水管道养护，防止污水溢流入河的同时，采用管道内窥镜、CCTV（一种管道电视检测设备）等设备和人工相结合的调查方式，如图 19.42 所示，追根溯源查找雨污互通点、管网破损点和错接漏接点，通过工程设施予以整改。

(a) 管道内窥镜检查　　　　　　(b) 管道声纳检查　　　　　　(c) 管道CCTV检查

图 19.42　进行雨污混接调查的主要手段和装备

污水处理厂利用管网的调节容量实现均匀进水，方便工艺调控，导致的结果是污水管道长期处于高水位，流速变慢，无法正常养护，淤积严重，输水能力下降，存在溢流入河风险。此外，长期的高水位运行，导致低洼地区或房屋低层的住户排水不畅，会自发性地接通临近雨水、污水井，导致人为的雨污混接和大量污水入河。因此，在污水管道主要节点安装在线实时水位监控设备，如图 19.43 所示，对中途泵站、污水处理厂提升泵房和主要管道节点水位实时监控，实施厂网一体化运行调度。

实施厂网一体化调度管理以来，污水管道水位由原来的几乎与窨井盖齐平降低到低于河道常水位约 1m（对应低于路面约 2.5m），为排水户的畅通排水和管道的正常养护创造条件，污水进厂 COD 浓度也从 250mg/L 提升至约 300mg/L 以上，提高了减排效益，且大大降低了污水入河风险和污染。

19.3.2.2　河道定期疏浚

在城市面源污染没有得到有效治理的情况下，清淤是城市内河治理的基本手段之一。根据苏州城区观测数据，由于河水自身从城外带来的泥沙沉降在河底，加上雨水冲刷路面垃圾入

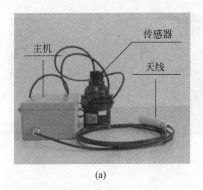
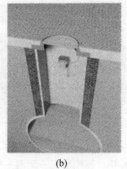
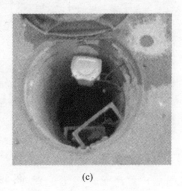

(a)   (b)   (c)

图 19. 43   污水窨井液位监控设备原理及安装

河，每年都要增加 10～15cm 的积淤，再算上河边居民乱扔在河里的垃圾，日积月累数量可观。苏州城区河道水深大多不到 2m，河道积淤 50cm 就会泛花冒恶臭，如果不经常采取拓浚措施，河道容量就会减少，河水水质也会变差。近十多年来，苏州城市内河的疏浚清淤更是一种常态。清淤方式也从凭借两臂之力的人工罱泥过渡到机械挖泥，及更为先进的绞吸船清淤，如图 19. 44 所示。这些方式或者效率低，或者该挖的淤泥没弄出来多少反而把河床越挖越深。苏州城区河道窄，河底垃圾又多，绞吸船很难周转开，又很容易被垃圾卡住。所以淤泥年年清，但河道水质改善效果不明显。

(a) 人工罱泥   (b) 机械挖泥   (c) 绞吸船清淤

图 19. 44   典型的城市河道清淤方式

2012 年中，苏州城区采取了一项超常措施，对 115 条市河一段段抽干后进行清淤。城区内河大多是石砌驳岸，并且年代久远，一些民房离驳岸很近，一旦把水抽干，有可能失去平衡，地基松动，引发驳岸甚至房屋垮塌，所以干河清淤虽然彻底，但风险很大，在江南水乡地区很少采用。主要施工过程是：河内分段筑坝、泵抽排干河道、高压水冲清淤、局部临时支护、快速恢复进水，现场清淤如图 19. 45 所示。三四个班组轮转，24h 不停施工，共清淤土方 $1.48 \times 10^{6} m^{3}$，清理各类垃圾 4500t，几乎全部消除历年来河道累积的内源污染，为河道水质全面提升提供了有力的保障。

19. 3. 2. 3   稳定水源补充

苏州是平原河网地区，良好水环境的维持需要有持续稳定的外部水源补充，以维持必要的自净能力。历史上太湖水势较强，自伍子胥在太湖和苏州之间开凿胥江后，太湖水由胥江直达城区，成为城区生活用水和城内河道的水动力之源。随着经济社会的高速发展，区域内水情发生了重大变化，历史上的西高东低变成东西水位持平，再加上大运河改道，胥江引来的太湖清水随京杭大运河从城外流失。而京杭大运河是流域性的航道和泄洪通道，水质和感观质量较

(a) 干河后淤泥外露

(b) 干河清淤过程

(c) 干河清淤效果

图 19.45 苏州城区干河清淤现场照片

差，不适宜作为苏州城区河道的补充水源。国家重点水利工程"引江济太"为苏州城区寻找水源提供了一个选择，苏州于 2003 年配套建设了西塘河引水工程，将部分长江水引入城区北部，引水量约为 40m³/s，但实际引水量受流域水权所限，保障率不足 50％。为解决西塘河引水量保障性不高的矛盾，苏州市又利用"引江济澄"的契机，将部分阳澄湖出水引入城区北部，引水量约为 40 m³/s，保障率较高。但从水质上看，西塘河来水在Ⅲ～Ⅳ类，而阳澄湖来水在Ⅳ～Ⅴ类，且后者易受阳澄湖蓝藻滋生影响，水质和感观相对较差。因此，以西塘河引长江水优先作为城区补充水源，不足部分由阳澄湖出水补充。

在确定城区河道补充水量时，以维持河道一定流速作为控制目标。河道流速与水体浊度、透明度密切相关，对城区典型河道历年监测数据进行分析，结果如图 19.46 所示。同时考虑应急状态下的换水效率、水体流动的视觉感观舒适度等因素，确定河道目标流速为 10cm/s，对应河道透明度约为 40～50cm。

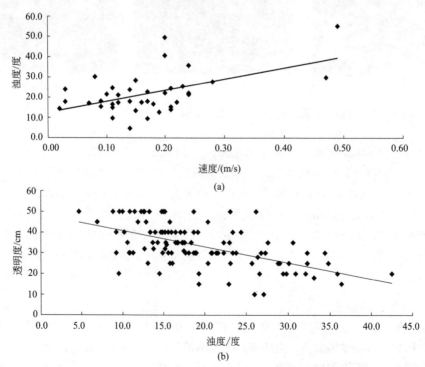

图 19.46 苏州城区河道流速与浊度、透明度的统计分析

建立了河道水动力-水质耦合数值模型，并在局部河段进行了验证和校准。依据面积、人口、经济发展及河道分布特征，对引水服务范围的古城区及其外围东、西片区进行适宜需水量分析，综合确定古城区（含环城河）需水 10～15m³/s，城东片需水 6～8m³/s，城西片需水 15～18m³/s，水量分配示意如图 19.47 所示。通过工程措施，控制进入古城区内河道（不含环城河）流量约为 7～10m³/s，在此流量下，经河网模拟计算，古城区内河道平均流速 10cm/s 左右，满足城区水质活水目标要求。古城区内现状河道总长约 35km，常水位 3.0m 时的水体约为 70 万立方米，日均入古城区流量不小于 60 万立方米，1 天左右即能完成一次内城河水体交换，应急状态下的换水效率较高。

图 19.47　苏州城区河道补水量分配示意

19.3.2.4　区域性的水动力调控

在平原河网地区，河道水环境改善所需的水动力调控需要与防汛排涝调度相协调，雨季时应执行防汛排涝模式，非降雨时期应能迅速切换至水环境改善调度模式。为解决防汛排涝问题，历史上一直采取外河筑堤防洪，内河建闸设泵排涝的方式。苏州城区防汛排涝格局如图 19.48 所示，沿京杭大运河筑堤形成防汛大包围防止流域性洪水，城中七个防洪包围封闭运行，古城区防洪包围内根据地面高程又通过 27 座闸站将其分为若干小包围，以解决低洼地区的内涝问题。为了保持河水流动，改善水环境，城区一直依赖内部的近百座泵闸强制引排，局部水体得以交换流动。但由于调水的尺度太小，尽管泵站动用多而频繁，城区内部的中小包围被很多的水泵所扰动，但城区的大包围圈依然是静止状态，造成河道滞流缓流，感观黑臭，活水效果仍然不好。

近年来，苏州城区建成了完善的大包围防洪工程，主要控制节点防洪标准达到二百年一遇，河道排涝标准达到二十年一遇。城区大龙港枢纽、东风新泵站枢纽等 10 大防洪工程，整体引排能力达 260m³/s，为城区水环境改善在更大尺度上的水动力调控提供了可靠的工程保障。图 19.49 为苏州以水环境改善为目标的区域性水动力调控示意图，大包围之内的 95 座泵闸水泵关停，水闸开启，大、中、小包围常年连通；在古城区环城河上建设两座活动溢流堰，如图 19.50 所示。

(a) 大包围(95座闸站)

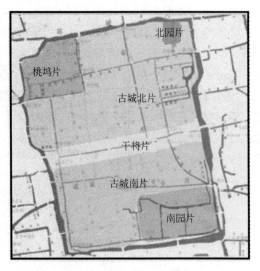
(b) 小包围(27座闸站)

图 19.48 苏州城区防汛排涝格局示意

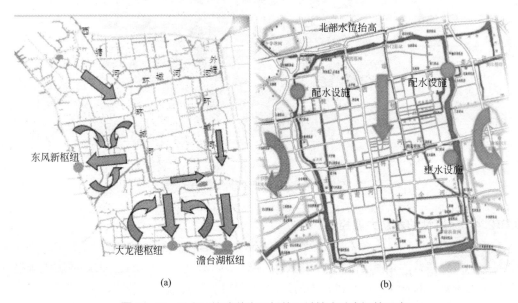
(a)　　　　　　　　　　　　　(b)

图 19.49 以水环境改善为目标的区域性水动力调控示意

(a) 溢流堰卧倒时与河道底部齐平

(b) 溢流堰竖起时抬高上游水位

(c) 溢流堰卧倒行船　　　　　　　　　　　(d) 溢流堰竖起挡水

图 19.50　苏州环城河上用于调控上游水位的活动溢流堰

　　抬高北部环城河水位，使 $7\sim10m^3/s$ 的补水由北向南进入古城区内部河道，利用大包围重点引排工程，带动古城河网和外围河网的联动，为古城自流活水创造更好的条件；利用东风新枢纽西排工程，带活城西片区水系；利用大龙港枢纽、澹台湖枢纽工程，带活城南水系，同时降低环城河南段水位，拉动大包围内河网水体的整体有序流动，实现了全城"自流活水"。降雨期间，卧倒环城河上的两座溢流堰，减少或关闭古城北部进水量，使上游超负荷来水从环城河泄出，大包围内主要依靠东风新、大龙港和澹台湖枢纽向外强制排水，仅对古城区少量低洼区域关闭水闸进行强制排水。

19.3.3　水环境改善效果跟踪和评价

19.3.3.1　河道流速监测和评价

　　以古城区为例，在"自流活水"工程实施前，古城区内河道流速为不定向的，骨干河道流速会随着调水方案的调控而发生流向上的变化，而支流河道则因流速过低经常出现逆流的情况。"自流活水"工程实施前未系统对河道流速进行监测，根据原分片独立水泵抽吸换水的调度方案，对各河段的流速进行估计，平均流速在 10cm/s 以下，但在闸站水泵不开启时，河道流速基本为零。

　　在"自流活水"工程全面运行后，古城区上下游环城河的水位处于一个相对稳定的状态，古城区内河道的流速与流向基本稳定下来，采用多普勒流速仪，于 2014 年 6 月 27～28 日，2015 年 4 月 16～17 日两次对进行了现场流速监测，结果如图 19.51 所示。

　　古城区主要干流的流速基本达到 10cm/s 以上，在平江支流（古城东北部）与南园支流（古城东南部）处则多为缓流，流速分布在 5～10cm/s，此外主要河道中学士河与干将河也分别有部分区域流速稍低在 6cm/s 左右。通过自流活水，古城区内主干河道流速得到了显著提升，平江河段与桃花坞河段流速甚至从滞流状态提升到 10cm/s 以上，而支流河段的流速也有了明显的变化，从以前的难以观察到流速的状态，到现在有了 5cm/s 以上的流速，实现了古城区内河段的自然流动与循环。

19.3.3.2　河道水质监测和评价

　　为了评估苏州城区河道改善历程，在河道上布置了 39 个监测点，按区域分为水源片（6个）、山塘片（5个）、城西片（6个）、古城区片（17个）和吴中片（5个），具体如图 19.52 所示。其中，古城区片自北向南有 17 个监测点，涵盖了河道上下游衔接的主要节点。每周测试

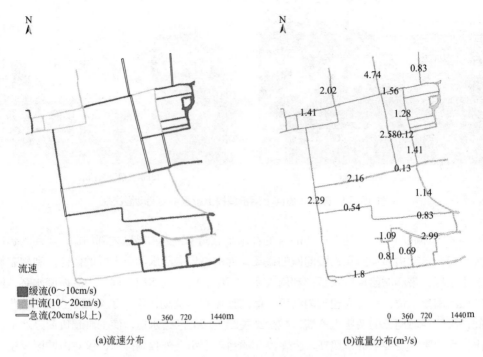

(a)流速分布   (b)流量分布(m³/s)

图 19.51　"自流活水"投运后古城区河道流速及流量分布

DO、 COD、 NH₃-N、 TP和浊度、藻密度等指标，涵盖了最新一轮水环境整治前后时期。

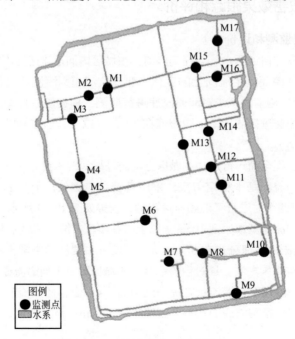

图 19.52　苏州城区河道监测点布置

(1) 水源水质变化分析

2013年5月18日"自流活水"工程试运行，9月底建成并正式运行。"自流活水"工程采用"双源引水"，即经西塘河与外塘河分别从望虞河和阳澄湖引水至苏州城区、古城区。监测数据显示，每天进入城区河道的水量达到了 $2.5 \times 10^6 \, \text{m}^3$，相当于城区河道约两天就换一次水。其中，每天进入古城区的河道水量达到了 $7.0 \times 10^5 \, \text{m}^3$，相当于每天换一次水。西塘河是目前古城区河网的主要引水通道，引水能力约为 $40 \text{m}^3/\text{s}$。

图 19.53 表示了 2014～2016 年度城区两路水源高锰酸盐指数、NH$_3$-N 和 TP 的变化情况。西塘河来水高锰酸盐指数指标较为稳定，2016 年基本低于 4.0mg/L，保持在 Ⅱ 类；NH$_3$-N 浓度波动较大，但 2016 年基本低于 1.0mg/L，保持在 Ⅲ 类；2016 年 TP 浓度基本低于 0.2mg/L，保持在 Ⅲ 类，较前两年有改善。对比年度变化曲线，可以发现在 4 月中旬至 8 月底期间内，NH$_3$-N、TP 浓度波动较大。这是因为该时间段处在太湖流域的梅雨汛期内，西塘河来水受到长江引水、太湖排水、不引不排三种工况调控的影响。太湖排水时，西塘河来水为上游太湖排水，水质最好；但长江引水时，水质次之；不引不排时，水质最差。从外塘河来水 3 年的变化来看，水质逐年好转，这得益于近年实施的阳澄湖水环境综合治理。同时城区河道的引水，增加了阳澄湖的流动性，水体更新加快，阳澄湖的自净能力也得到提升。从 2016 年数据来看，外塘河来水高锰酸盐指数在 Ⅱ 类以内，NH$_3$-N 在 Ⅳ 类以内，TP 在 Ⅲ 类以内。同期相比较，西塘河来水水质要好于外塘河。

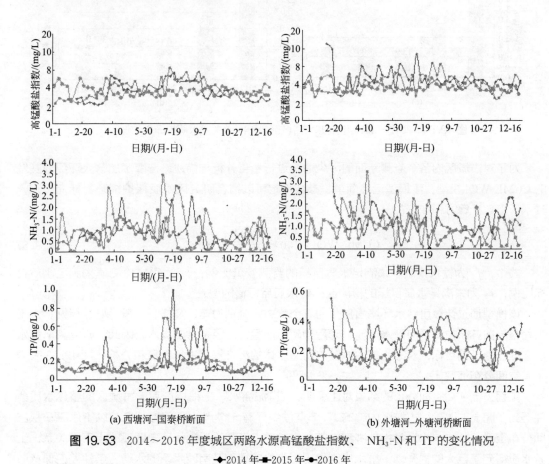

(a) 西塘河-国泰桥断面　　　　　　(b) 外塘河-外塘河桥断面

图 19.53 2014～2016 年度城区两路水源高锰酸盐指数、NH$_3$-N 和 TP 的变化情况

◆2014 年-■2015 年-●2016 年

(2) 河道水质改善效果评估

2013 年 5 月 18 日"自流活水"工程试运行，9 月底建成并正式运行，清水首先进入古城区，古城区外的其他城区因涉及部分水利设施改造进度稍有滞后。图 19.54 是古城区内 9 条主

干河道溶解氧、高锰酸盐指数、NH$_3$-N 和 TP 年均值变化情况，涵盖了水环境治理工作的前后时期。2012 年中实施清淤工程后，2013 年水质大幅好转。2013 年 9 月"自流活水"正式运行后，2014 年、2015 年水质进一步大幅改善，水质基本维持在Ⅳ类，相比水源来水的Ⅲ类降低一个级别。2016 年度，因进行降低流速改善透明度的试验，减少了引水量，古城区河道水质明显变差，NH$_3$-N、TP 由 2015 年的Ⅳ类升高至Ⅴ类。

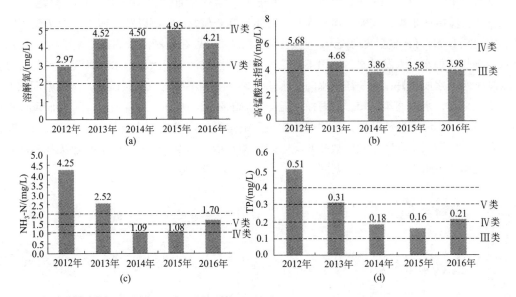

图 19.54 2012～2016 年度苏州古城区骨干河道主要水质指标年均值变化

为了对古城区内各个监测断面的污染情况进行量化分析与描述，选取了加拿大环保部开发的 CCME-WQI 模型，该模型运算简单、参数设定可以结合研究区水质保护提升目标而设定，其水质指数计算方程如下：

$$\text{CCME-WQI} = 100 - \frac{\sqrt{f_1^2 + f_2^2 + f_3^2}}{1.732} \qquad (19.8)$$

式中，f_1 为输入模型中未满足水质目标的监测变量比例；f_2 为采样检测值未满足水质目标比例；f_3 为未满足水质目标的检测值相对水质目标值的偏差。

该模型通过计算可将水环境质量分为五个状态，分别为差、及格、一般、好、极好。由于工程整治前苏州古城区河网水体氮、磷污染超标严重，已经是劣Ⅴ类水。因此，研究将Ⅴ类水质标准作为预期目标，对苏州市古城区内河道水体的污染程度进行计算和分析，图 19.55 表示了其空间分布情况。

工程整治前后空间分布的结果对比表明，"自流活水"工程运行后，古城区的整体水质条件得到了明显的改善，古城区内部的 17 个点位中只有 5 个点位还保持及格及以下水平；从空间分布上看，整治前水质是由外围到内部越来越差，而整治后则体现出明显的上下游关系，上游水质得到了巨大的提升，下游水质则由于污染物的累积及南园水系的水动力条件差而保持着较差的状态。异常点位沧浪亭桥，这是由于该处河道为断头浜，"自流活水"不能有效覆盖，由此也可以看出水动力条件对水质的巨大影响。

(3)河道水质变化分析

图 19.56 表示"自流活水"工程投运后 2014～2016 年度城区河道 39 个监测点水质数据的

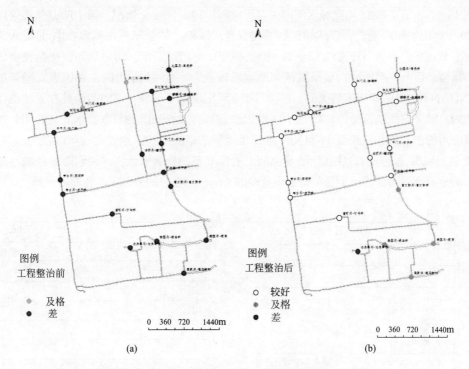

图 19.55 苏州古城区河道水环境质量状态空间分布

年均值变化情况。其中，高锰酸盐指数较为稳定，可稳定维持在Ⅲ类；溶解氧、TP 可维持在Ⅳ类；NH$_3$-N 2014～2015 年可维持在 V 类，2016 年因进行降低流速改善透明度的试验，减少了引水量，均值降低到劣 V 类。从图 19.56 中可看出，城区河道水质要略差于古城区，这与启用防汛大包围内引排工程带动古城河网和外围河网联动，外围河网一部分补充水来自古城区河道出水有关。

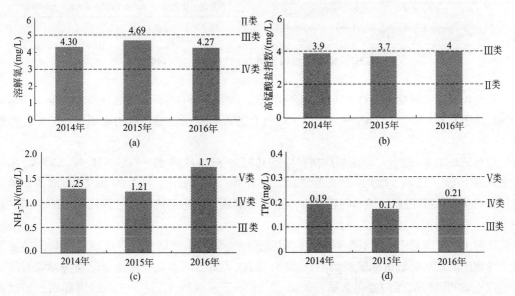

图 19.56 2014～2016 年城区河道年均值对比

图 19.57 表示了 2014 年度城区河道主要污染指标随时间变化情况，图中的误差线采用的是每周 39 个点位的标准差，表征的是区域的差异性。COD_{Mn} 的全年分布基本在Ⅱ、Ⅲ类水之间，夏、秋季节较冬、春季节升高约 1mg/L，但空间变化也相对稳定。溶解氧的变化存在明显的季节性，且波动巨大，可能成为夏季城区河道水质转变为Ⅴ类或劣Ⅴ类的主要因素，需要重点关注。$NH_3\text{-}N$ 和 TP 的全年走势类似，在 4 月和 8 月出现两个波峰，该时间段处在太湖流域的梅雨汛期内。除了这两个月份外，其他月份水质比较稳定，处于Ⅲ类水和Ⅳ类水之间。$NH_3\text{-}N$、TP 值最低的月份出现在 9 月底至 11 月初，刚好是雨季结束的时候。通过比较可以发现，在 $NH_3\text{-}N$、TP 值出现明显上升时，往往伴随着空间上的标准差的显著增大。这说明降雨径流污染或降雨引起的分流制管道溢流污染是河道水质变差的主因，且在空间分布上存在显著差异。

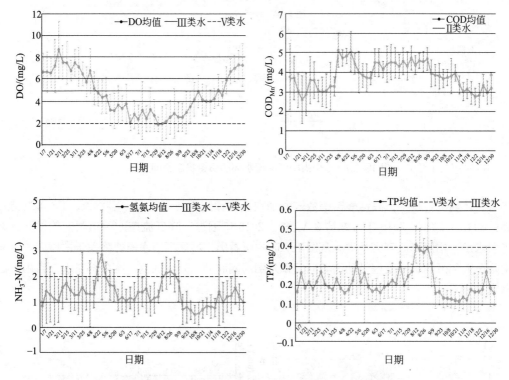

图 19.57　2014 年度城区河道 39 个监测点周均值变化

在全年尺度上考虑降雨对水环境质量的影响，需要有所有降雨日的水质监测数据，而每周的例行水质监测与降雨日并不一一对应。对已有的水质监测数据对应的降雨进行分析，得到图 19.58。

在有记录的 51 周中，与监测数据对应的共发生了 13 次降水：TP、$NH_3\text{-}N$、COD_{Mn} 指标分别升高 10 次、11 次、7 次，降低 3 次、2 次、6 次。可以看出，$NH_3\text{-}N$ 和 TP 受降雨影响明显，而 COD_{Mn} 受降雨影响没有明显差异，进一步确认了降雨径流污染或降雨引起的分流制管道溢流污染是河道水质变差的主因。

从图 19.58 可看出溶解氧在夏季异常偏低，成为河道水质转变为Ⅴ类或劣Ⅴ类的主要因素。考虑到河道溶解氧可能受藻类生长影响，调取了城区河道某一水质自动监测站 3 月、8 月连续一周的溶解氧逐时变化数据，如图 19.59 所示。春季（3 月 3～9 日）溶解氧日波动在

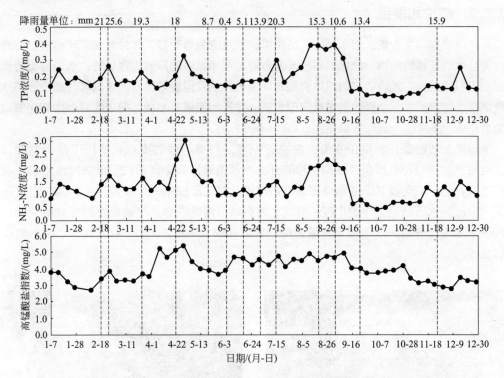

图 19.58 2014 年度城区河道 39 个监测点周均值与降雨量的关系

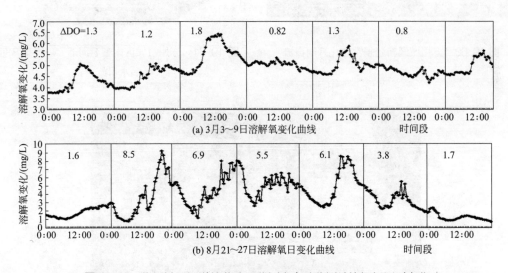

图 19.59 苏州城区河道桂花公园监测点自动监测站溶解氧逐时变化

1mg/L 左右，而夏季（8 月 21～27 日）日波动在 6mg/L 左右。夏季溶解氧每日内变化幅度很大，高值出现在午后至日落前，低值出现在后半夜。城区河道采样时间固定在每周二上午 9：00～10：00，这是造成夏季溶解氧测定值偏低的原因，实际上城区河道全天溶解氧均值要接近 5mg/L，可达到Ⅲ～Ⅳ类。

19.3.4　结论和展望

苏州市统筹污水收集、节水减排、防汛排涝和水资源管理等工作，对城区河道进行综合治理，充分体现了系统治理、流域治理的治河方针。利用城区的自然地理优势、水资源优势和水利基础工程优势，有效协调了防汛排涝和水环境改善的双重需求，实现了城区河道全面活水、持续活水、自流活水，全面改善城区河道水质，提升河道感观品质，促进河网水体有序流动，恢复苏州的水乡风韵。治理效果见图 19.60～图 19.63。

从河道水质跟踪评价结果来看，未来苏州城区河道治理的重点在于以下两个方面。第一，有效控制降雨径流污染或降雨引起的分流制管道溢流污染。将进一步研究污水管道和污水厂的联合运行优化模式，并结合海绵城市建设从源头上控制降雨径流污染。第二，进一步提升"自流活水"调度工作的广度和深度。结合城市建设改造，打通尚存的部分断头浜，拓宽河道束水段，解决活水不能全面覆盖的问题。同时上下游联动，"自流活水"调度向周边城区验收。

图 19.60　苏州城区新塘闸常态化开闸自流

图 19.61　苏州古城区内著名河道——桃花坞河活水自流

图 19.62　苏州城区某宽阔河道的碧水绿波

(a) 临顿河治理前　　　　　　　　　　(b) 临顿河治理后

图 19. 63　苏州城区典型黑臭河道——临顿河治理前后效果对比

19. 4　苏州同里古镇水环境综合治理

19. 4. 1　项目背景

　　同里古镇地处苏州吴江区东北部，为江南六大著名水乡之一，国家 5A 级旅游风景区，其核心景区退思园列入"世界文化遗产"名录。图 19. 64 是同里古镇三桥景区的实景照片，"小桥流水"是古镇优美风貌和旅游业的灵魂，对高品质水环境的需求非常强烈。

图 19. 64　苏州同里古镇三桥景区风貌

19. 4. 2　古镇水系特征及水环境质量

　　图 19. 65 是同里古镇河道及周边水系示意图。历史上古镇水系与外围骨干河道相通，京杭大运河支流来水通过北大港（西北侧引水泵站处）进入古镇，整体上自西向东、自北到南流过古镇河网，最终流入下游同里湖、南星湖。 2007 年始为提高古镇防汛排涝标准，建设了 1 座引水泵站（双向抽水）、 7 座闸坝，将古镇水系与外围河道隔离形成圩区。为改善古镇水环境质量，通过西北侧引水泵站从大运河补水，调节下游 7 座闸坝高程向外河排水，实现古镇内河道有序流动。

图 19.65 苏州同里古镇河道及周边水系示意

同里古镇面积约 $1km^2$，水域约 $26000m^2$，水岸线约 4400m，河道最窄处约为 5m，最宽处约 22m，水深平均约 2m。古镇河道为垂直硬质驳岸，坡降不明显，水流平缓，水动力学条件差。外围运河水质为劣 V 类，主要超标因子是 NH_3-N、TN 和 TP，且运河通航致使补水浊度明显升高，感观质量不佳，不能满足古镇旅游对高品质水环境的要求。再加上古镇区域居民生活和旅游业的污染负荷较重，致使古镇水环境质量恶化，严重影响了水乡古镇品牌形象。图 19.66、图 19.67 表示了 2011～2012 年度古镇河道各采样点（具体见图 19.65）平均水质的年度逐月变化情况。DO 和 BOD_5 在 10 月～次年 3 月较好，达到 Ⅲ 类水标准，而 4～9 月水质较差，基本为 V 类或劣 V 类水。TN 和 NH_3-N 基于全年处于劣 V 类水平，两者变化趋势基本一致。可能是由于运河补水后静沉，TP 基本可满足 V 类。

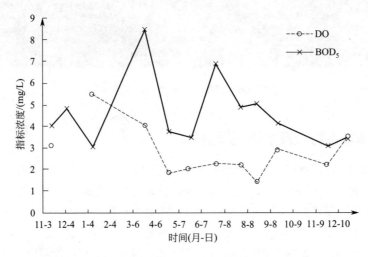

图 19.66 同里古镇河道水质 DO、BOD_5 指标随时间变化情况

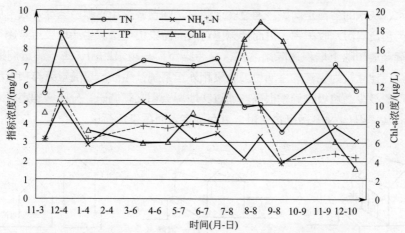

图 19.67 同里古镇河道水质 TN，NH_4^+-N，TP 及 Chl-a 指标随时间变化情况

（TP 为实际的 TP 浓度×10）

19.4.3 技术路线

依托国家科技重大专项——水体污染控制与治理"十二五"苏州课题实施，在调研基础上确定了同里古镇水环境改善和综合整治的技术路线，如图 19.68 所示。主要包括：进行污染源调查，摸清入河污染物的排放途径，实施岸上控源截污，削减入河污染负荷；开展水文、水质系统监测，建立河道水质-水动力耦合模型，研究补水、水动力调控方案，优化工程技术参数；筛选补水净化技术，去除限制水体感观效果提升的典型污染物；实施生态修复，通过综合措施逐步恢复古镇河道生态系统，提升自净能力和良好生态维持能力。

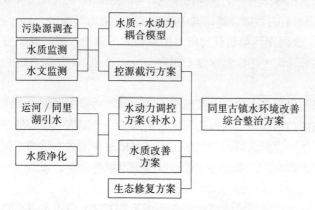

图 19.68 苏州同里古镇水环境改善综合整治技术路线

19.4.4 治理措施

19.4.4.1 污染源调查和控源截污

同里古镇既有本地居民，又有大量旅客人流，污染源主要有居民生活污染、旅游污染、干湿沉降污染（包含初期雨水引起的面源污染）和农业面源污染等。

（1）居民生活污染

主要分为生活污水和生活垃圾的污染。生活污水的污染负荷与人均产污量和污水的收集处理率有关，古镇居民住宅空间格局（见图19.69)影响其污水收集系统的完善程度，如雨污分流状况，黑水、灰水的各自走向等。通过实地调研，问卷调查和文献总结等方式，估算人口密度、人均产污量及其污水收集率，进而计算出对入河污染负荷量。生活垃圾污染途径是直接进入水体后降解释放和陆上堆积遇降雨溶出，其污染负荷与垃圾的清运率、清运周期及降雨有关。同里古镇已建立较为完善的生活垃圾收集和外运系统，生活垃圾随意丢弃和大型垃圾筒长期不清理的现象极少，垃圾收集率很高。通过实地调查和文献调研，分区域确定了人均垃圾产生量、有效清运率和C/N/P污染物含量，进而确定入河污染负荷量。

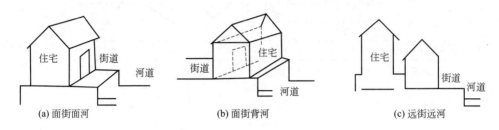

图19.69 同里古镇居民住宅格局形式

(2)旅游污染

主要是指餐馆、旅店以及部分休闲娱乐场所产生的污染等。根据对餐馆和旅店一年用水量的分析和汇总，确定餐馆和旅店的平均排水量。由于旅客人流有很强的季节性，根据资料收集和实地调查，确定旅游高峰和淡季的游客人数，上座率、入住率等，再结合污水管网的收集状况，估算得到旅游污染负荷的时空分布情况，用于后续水动力-水质模型构建和治理方案评估。

(3)大气干湿沉降污染

是指区域内的降尘和降雨携带的入河污染物。同里古镇降尘负荷按《太湖水污染防治"九五"计划及2010年规划》的系数计算，其中降尘TN污染负荷为180 kg/(a·km²)，总磷污染负荷为14kg/(a·km²)。降雨污染负荷与雨水中平均的污染物浓度及降雨量有关，在本项目中借鉴有关调研资料估算降雨中污染物浓度COD＝20mg/L、TN＝3mg/L、TP＝0.05mg/L。

(4)其他污染

同里古镇的农田很少，在本项目中可忽略不计，其他污染主要指农贸市场的污水和污水漏排。农贸市场污染主要包括鲜鱼、鲜肉的现场清洗加工，地面清扫及冲洗产生的污水等，通过用水量统计和污水收集率计算入河污染负荷。污水漏排主要指污水管道在收集输送过程中的漏失等，这是由于同里古镇河道众多，污水通过数座小型泵井外排，设备故障或调控不及时存在污水入河可能。

表19.57给出了同里古镇污染源调查的主要污染物COD、TN和TP的负荷量调查成果，从中可以看出生活污水的污染负荷及污水漏排的污染负荷最大。在污染源调查的基础上，进行污水管道完善工程建设，实施了管道清淤和漏点修复，并按照2～3年的周期对河道进行清淤，古镇区域污水收集处理率约在98％。

⊡ **表19.57 不同类型污染源负荷量**

污染源类型	COD/(t/a)	TN/(t/a)	TP/(t/a)
生活污水污染负荷	34.07	2.27	0.17
生活垃圾污染负荷	2.07	0.1	0.04

污染源类型	COD/(t/a)	TN/(t/a)	TP/(t/a)
旅游污染负荷	19.76	0.89	0.06
干湿沉降负荷	8.56	1.27	0.02
农贸市场污染负荷	2.25	0.17	0.02
污水漏排负荷	65.70	4.38	0.33
合计(含污水漏排)	132.41	9.08	0.64
合计(不含污水漏排)	66.71	4.70	0.31

19.4.4.2 补水水源及水动力调控

由于运河来水浑浊,只能采取夜间补水后静沉、白天停止进水的调控方式,古镇内河道基本处于静止状态。再加上岸上污染物的排放,特别是餐饮污水,河道局部水面上形成一层乳白色的油膜,感观质量很差。为了改善水环境,彰显"小桥流水"风貌,结合古镇保护要求和现场施工条件,提出两种优化补水方案:第一,镇区下游同里湖水质尚可,补水水源更换为同里湖水,依托古镇外围与同里湖间的河道,修建引水泵站,将同里湖水自饮马桥(见图 19.70)引入古镇;第二,将运河来水进行处理后补充至古镇内河道,维持原河道流向不变,由原夜间引水静沉、白天不引水变为常态化引水。图 19.70 中"德春桥—吉利桥—太平桥—蒋家桥—雨行桥—泰安桥—升平桥—中川桥"和"吉利桥—蒋家桥"段河道是古镇水上旅游的线路,也是古镇著名景点"三桥"的所在地,在方案分析阶段需要予以重点关注,以保证一定的河道流速和水体置换周期,体现优质的感观效果。现有引水泵站至蒋家桥段河道位于古镇外围,两岸为老旧居民区,正处于拆迁阶段,生活污水收集工程暂时滞后,运河来水处理后自原引水泵站入古镇方案在一定时期内会将部分未有效收集的生活污水带入古镇,因此在方案分析阶段该方案作为远期备用。

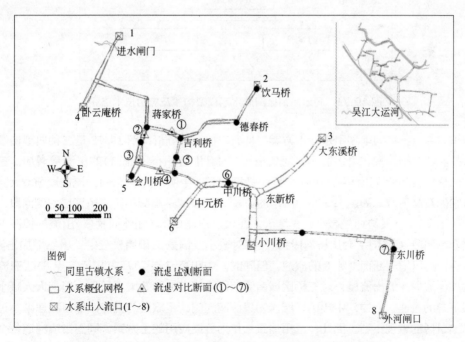

图 19.70 同里古镇河道水系概化网络及流速监测点示意

为研究优化两种补水途径条件下的补水量和水动力调控方案，采用 EFDC 和 WASP 模型构建了古镇水系的水动力-水质耦合模型，其水系概化网络及流速监测点见图 19.70，其中的①~⑥流速监测断面号为古镇景区核心。模型构建及应用技术路线见图 19.71。

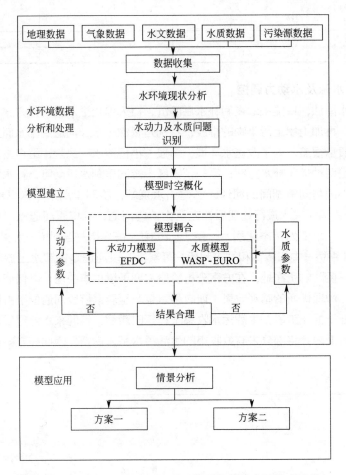

图 19.71 同里古镇区河网水系模型构建及应用技术路线

表 19.58 给出了同里湖引水补水方案三种典型情景的分析，图 19.72 是三种典型情景下核心景区的流速分布情况。可以看出，随着出流口 4（即会川桥出流口）的出流量增加，三桥区域西北部分（吉利桥-蒋家桥-会川桥河段），即图 19.72 中所示的点 1~4，流速逐渐增大。而三桥区域东侧及其下游，即图 19.72 中所示的点 6~8，流速逐渐减小。三桥区域南侧河段，即图 19.72 中所示点 5，其流速先减小，再增大。在仅从出流口 7（即外河闸口）出流的情况下，三桥区域西侧河段（蒋家桥-会川桥河段）流速相对较小。情景二和情景三中，虽然增加出流口 4 的出流量，可以增大断面 2 和 3 的流速，但同时，中川桥（点 7）及东川桥（点 8）断面流速减小。增加出流口 4 的出流量，对三桥区域南侧河段流速增加的效果不显著，但却大大减小了三桥区域下游的流速。其中，中川桥区域作为景区南大门，是旅游的重点区域，流速减小过多对整个古镇景区的景观不利。因此，选用情景一作为近期应用的主方案。同里古镇河道各个出流口均设有闸坝，可人工控制出流流量改善局部河道水动力状况和水环境质量。可用已建立的模型分析不同流量分配方案下的水系水动力状况，供实际调控参考。其他方案分析结果此处

从略。

⊡ 表 19.58　同里湖引水补水方案三种典型情景

类型	饮马桥进水量/(m³/s)	出流口 1~7 出流比例
情景一	1	出流口 1~6 占 0，出流口 7 占 100％
情景二	1	出流口 4 占 20％，出流口 7 占 80％，其他出流口占 0
情景三	1	出流口 4 占 50％，出流口 7 占 50％，其他出流口占 0

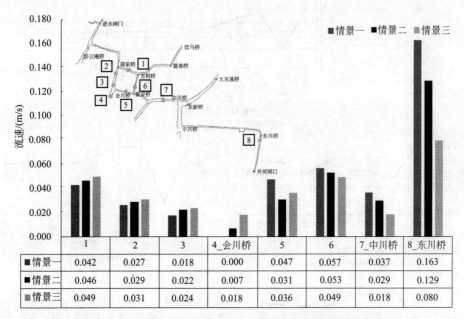

	1	2	3	4_会川桥	5	6	7_中川桥	8_东川桥
情景一	0.042	0.027	0.018	0.000	0.047	0.057	0.037	0.163
情景二	0.046	0.029	0.022	0.007	0.031	0.053	0.029	0.129
情景三	0.049	0.031	0.024	0.018	0.036	0.049	0.018	0.080

图 19.72　同里湖引水补水方案中三种典型情景分析流速分配表

根据研究成果，2013 年建设了同里湖引水补水工程，规模为 1m³/s，2 台引水泵（单台规模为 0.5 m³/s），其工程示意如图 19.73 所示。其中同里湖水穿越大运河进古镇饮马桥处，采用了下穿压力涵管的方式。

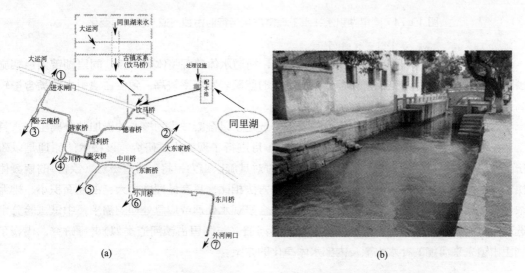

图 19.73　同里湖引水补水工程示意及同里湖水入古镇实景照片

19.4.4.3 补水净化设施

同里湖引水工程自 2013 年 5 月份投入运行后，古镇河道补水由原运河间歇补水转为同里湖常态化补水，水动力条件得到改善，水质和感观质量得到提升。图 19.74 给出了 2013 年 7 月（夏季）连续一周 DO、 NH$_3$-N、浊度、透明度、藻密度监测的统计结果。

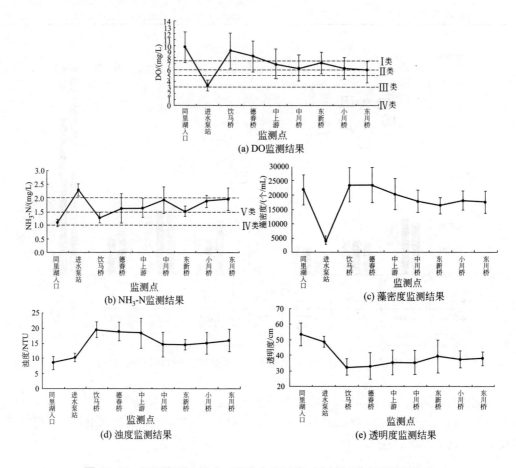

图 19.74　同里湖引水补水工程常态化运行时古镇河道水质沿程变化

水体浊度约为 15NTU，透明度约为 35cm，河道水体感观整体仍不佳。同里湖曾大量实施围网养殖，水体内源污染积累较多，高温季节时蓝藻暴发概率较高，致使古镇引水藻类含量较高，不符合古镇旅游对高品质水环境的要求。

为此，提出了补水净化设施建设的需求，选定了以混凝技术为核心的磁加载分离工艺，其工艺流程如图 19.75 所示，并于 2013 年 9～11 月进行了现场中试研究。该技术的原理是以磁粉（铁粉）作为混凝过程絮凝体的加载物，通过对其施以磁力，将包含有磁粉（铁粉）的絮凝体快速与水体分离。该技术与沉淀、过滤等常规方法相比，具有处理能力大、占地面积小、排泥浓度高、启动迅速和运行简便的特点，比较适合景观水处理或应急处理的需求。中试试验分别选取京杭大运河、同里湖引水及苏州古城区某河道（与同里古镇河道类似）进行研究，代表了同里古镇未来可能的补水水源及内部水体净化的方案。

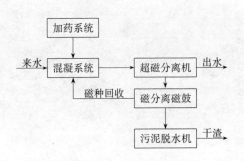

图 19.75 以混凝技术为核心的磁加载分离工艺流程　　　　**图 19.76** 京杭大运河补水净化效果对比

(1)京杭大运河补水净化效果研究

京杭大运河是流域性的通航河道，呈现土黄色，泥沙量大，水体浊度在 70～150NTU 之间，且变化幅度很大。研究结果表明，运河来水浊度在 61.7～129.1NTU 之间变化，PAC＋PAM 投加量在(40＋1.5)～(10＋0.5)mg/L 变化时，出水浊度基本维持在 5.4～8.9NTU，且 PAC＋PAM 投加量越大，出水浊度效果越好。运河来水浊度在 50NTU 左右波动，PAC＋PAM 处于经济投加量(10＋0.5)mg/L 时，中试出水可稳定维持在 5.7NTU。中试期间，运河来水 COD、NH_3-N、TP、SS 浓度均值约为 62mg/L、1.31mg/L、0.467mg/L 和 141mg/L，中试系统对 COD、NH_3-N、TP、SS 的平均去除率分别为 75％、6.92％、83％和 93％。处理效果对比见图 19.76。

(2)苏州古城区某河道旁路净化效果研究

对于城市河道水体，在其下游对河水进行旁路净化后，利用泵闸调控将其送往上游实现局部水体的清水补给和水动力调控是一种有效的治理方法，也是同里古镇水环境治理一种可选的技术方案。苏州城区和同里古镇在采取控源截污、河道清淤和水动力调控等综合治理后，河道水质得到明显改善，DO、COD、NH_3-N 和 TP 基本达到Ⅳ～Ⅴ类，但普遍面临水体颜色灰白、感观不佳的问题。大量的监测数据表明，此类水体大部分浊度在 20～25NTU 之间，透明度约为 25～30cm，不符合旅游区对优美水环境的需求。中试研究表明，进水浊度在 18.6～23.5NTU，在 PAC＋PAM 处于经济投加量(5＋0.5)mg/L 时出水浊度可以稳定在 3～4NTU。苏州古城区河道补水来自长江引水，再加上透明度不高，中试期间来水中藻密度不超过 $2×10^6$ 个/ L，其去除率约为 60％～70％。处理效果对比见图 19.77。

(3)同里湖引水净化效果研究

在夏秋高温季节，同里湖水是典型的南方湖泊低浊高藻水，引水浊度约为 10～15NTU，但藻密度高达 $2×10^7$ 个/ L，是影响引水后古镇河道感观的主要因素。中试研究表明，在 PAC＋PAM 处于经济投加量(10＋0.5)mg/L 时出水浊度可以稳定在 3NTU 以下；藻密度可稳定在 $3×10^6$ 个/ L 以下，去除率约为 85％。处理前后效果对比(见图 19.78)。

在中试研究的基础上，选定以混凝为核心的磁加载分离技术作为同里湖引水补水净化设施的工艺方案，并利用前述已建立的水动力模型，分析了补水设施为 $2×10^4$t/d、$3.62×10^4$t/d 规模时古镇核心景区河道流速分布情况，具体见图 19.79。

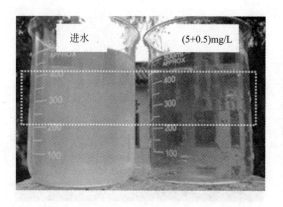

图 19.77　苏州城区典型河道旁路净化效果对比

图 19.78　同里湖引水补水净化效果对比

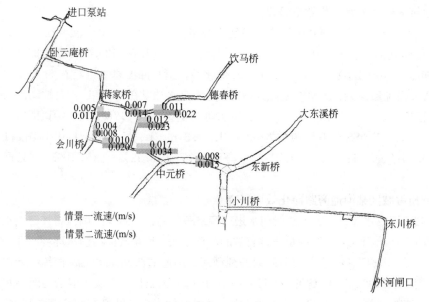

图 19.79　饮马桥进水量 2×10^4 t/d(情景一)、3.6×10^4 t/d(情景二)时流速分布情况

考虑到常规运行和应急状态下的设施调控,最终选定了 3.6×10^4 t/d 的建设规模。工程于 2016 年 9 月正式建成投运,图 19.80 是其建成后的实景图。

图 19.80　同里湖引水补水以混凝为核心的磁加载分离工艺建成实景

19.4.5　治理成效评估

工程投运后，于 2016 年 11 月 14～16 日对磁加载分离系统的性能进行了连续监测和评估。即系统运行稳定后，满负荷进水（3.6×10^4 t/d），PAC＋PAM 处于经济投加量（10＋0.5）mg/L，每 2h 采样，每日测定 12 个水样的平均混合样，监测结果见表 19.59。设施出水浊度稳定在 3NTU 以下，对藻密度的去除率在 80% 以上，出水感观良好。测算系统直接运行成本约为 0.08 元/t 水（电耗、药耗）。

⊡ 表 19.59　以混凝为核心的磁加载分离水体净化设备进出水监测结果

采样日期	监测点	COD/(mg/L)	浊度/NTU	藻密度/(个/mL)	TP/(mg/L)
11/14/2016	同里湖引水	51	27.4	2833	0.125
	净化设施出水	12.3	2.3	298	0.067
	去除率	75.88%	91.61%	89.48%	46.40%
11/15/2016	同里湖引水	26	24.7	3251	0.195
	净化设施出水	7.8	2.8	601	0.069
	去除率	70.00%	88.66%	81.51%	64.62%
11/16/2016	同里湖引水	15	25.3	3941	0.183
	净化设施出水	7.4	1.7	385	0.037
	去除率	50.67%	93.28%	90.23%	79.78%

同里湖水浊度常年维持在 10～15NTU，在冬春两季藻密度一般维持在 3×10^6 个/L 以下，引水入古镇河道后，水体浊度平均维持在 12NTU，透明度约为 45cm，感观质量尚可，能够满足古镇旅游所需，因此冬春两季停运补水净化设施。但夏秋两高温季节，由于引水中藻密度升高至近 2×10^7 个/L，致使补水颜色呈现深绿色，且伴有藻腥味，水体感观质量不佳，因此在此季节白天开启补水净化设施，夜间关闭。图 19.81 表示补水净化设施白天运行时连续 7 个月古镇河道主要断面透明度的均值，可以看出核心景区水体透明度普遍在 1m 以上，对应的浊度基本不超过 4NTU。

图 19.82 给出了同里古镇河道治理前后的现场照片对比，从中可看出治理前河道水体呈现灰白色，高温季节呈现藻绿色，开启补水净化设施后，河道水体呈现出碧绿清澈，与岸线景色相得益彰。水体透明度的提升直接促进了古镇河道沉水植物的生长，金鱼藻、狐尾藻等自发在水底生长繁殖，直接促进了古镇河道生态功能的恢复。

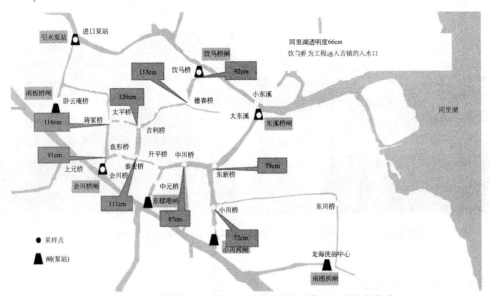

图 19.81　同里湖引水补水净化后古镇河道透明度沿程变化

(b) 治理后

图 19.82　同里古镇河道治理前后效果现场照片对比

19.4.6　结论和展望

在城市面源污染和部分点源污染（如家庭南阳台洗衣机排水）尚未得到有效治理的情况下，虽然经过控源截污、河道清淤、外部补水和水动力调控，可消除河道黑臭，但河道的感观质量仍不佳，普遍呈灰白色，这在苏南平原河网城市十分典型，是当前水环境治理的难点和重点。苏州同里古镇水环境综合治理在统筹协调防汛排涝和水环境治理调控的基础上，根据古镇旅游对高品质水环境的需求，采取经济有效的补水净化方式提升补水品质，得到了古镇保护委员会的高度认可，为苏州地区城市河道治理进行了有益的探索。

考虑到古镇保护对管道施工的限制，此项目净化后的补水采取了一次性流过古镇河道的方式，暂时未采用将古镇下游出水泵送至净化设施的循环处理方式，这就是未来完善的一个重要方面。

19.5　污染河道原位修复——深圳市福田河案例

19.5.1　引言

福田河是深圳河的主要支流之一，它与其他支流包括布吉河、沙湾河、皇岗河、凤塘河和大沙河等一起形成深圳河水系。由于深圳市经济和城市建设发展迅速，人口也迅速增长以及沿河截流干渠和污水处理设施建设和运行滞后，致使部分污水未经任何处理就直接排入其中，一些污水处理厂的出水水质差不达标，导致这些河流遭到严重污染，其水质普遍低于地表水环境质量V类标准（GB 3838—2002）。这极大地恶化了现代化美丽深圳的水环境，严重影响了深圳市居民的生活环境质量和社会经济发展。改善这些河流的水质和水环境，改善居民的生活条件势在必行。

通过对深圳河及其支流的现场实况调研和水质数据分析，深圳市政府水污染防治指挥部确定了深圳河水系治理的战略决策，首先治理作为深圳河污染源的支流，然后治理深圳河本身。在深圳河支流的治理中，福田河因处于深圳市中心区对周围居民的影响大而最受关注，成为支流治理中的首选对象。因此，首先对福田河做了原位综合治理工程的设计、施工与运行并取得了良好的结果和正面的经验。

19.5.2　福田河概况

福田河位于深圳市中心，其流域面积 15.9 km^2。其主干流全长约 6.8km，从起源梅林奥往南流至深圳河，途经笔架山公园、中心公园和绿树林，并由此形成靓丽景观与休闲场所。

按照传统的观念，河道治理往往涉及各种各样的干预河流水系的人工措施，如建造硬质护岸和陡坡以利于防洪。但是，河流治理采取这样的措施往往导致河流生态系统的变坏和水质的降低。近年来，实施水环境综合治理方案，被认为是保证水资源可持续利用和可持续地保护水环境的最有效的途径。为此采取的综合治理措施包括人工曝气、固定生物膜工艺，往固定生物膜中投加能高效降解各种污染物和污泥减量的特效菌种，把硬化边坡改换成生态绿化护坡，把硬质不透水河底改变成渗透性良好的河底，使地表水与地下水能够进行互补等，在河底铺设卵石层或砾石层，以在其表面形成生物膜，并由此形成生态石，在河道浅水区种植芦苇湿地等。

福田河的应急治理和随后的永久性综合治理设施就是按照这一思路实施的。

19.5.3　综合治理工程技术措施

虽然福田河沿岸建造了截流干渠，但是由于截流渠壁过低（雨季截流倍数为零）不能有效地截流污水，致使小雨时也有多余污水溢流进入河中，携带大量垃圾和粪便等漂浮于河面。因此，深圳水务局规划，为根治福田河污染，需要建造完善的沿河截流合流制干渠（箱涵），其雨季截流倍数应为 $n \geqslant 2$。在未完善沿河截流干渠之前，需要采取河道原位应急措施来削减河道的污染负荷，改善其水质和水生态环境。为此采取了一系列综合措施：

① 在排放污水的河段建立河道净化段，在其末端设置翻板闸，河水从其顶端溢流排出，此处水深取为 $3 \sim 4m$，净化段上端的水深取为 2m。

② 在净化河段的底部安装合成纤维编织成的水草式辫带填料，作为生物膜的载体。在正常运行时竖立悬浮于河水中，雨季暴雨行洪时倒伏于河道中，不影响行洪。

③ 在净化段河床上安装潜水式环流曝气机对净化河段中的污染河水进行增氧曝气，以使填料生物膜对污染河水进行好氧生物处理与净化。

④ 往净化河段中投加特效菌种，使其附着在生物膜上，以增强对污染河水污染物的生物处理能力和提高处理效率，包括有机物的降解，有机氮的氨化、硝化和反硝化，磷生物去除和污泥减量等。

19.5.4　污染河道就地（原位）综合净化技术

污染水体就地综合净化方法的思路，是通过在河道设置水闸，形成一定深度的水体，在水体内布设填料及曝气机，形成强化生物处理区；启动初期投加特效菌种以促进填料挂膜、缩短启动时间。如此，在河道内形成阶梯式多段生态治理河段，对河水进行综合处理（图 19.83）。

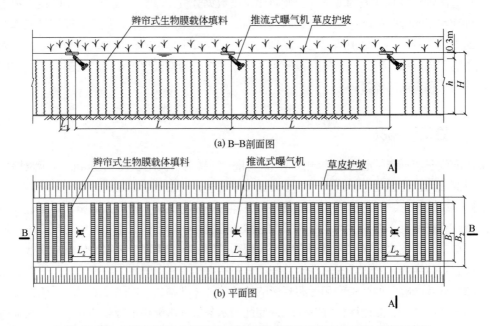

(a) B—B 剖面图

(b) 平面图

图 19.83　污染河道净化段的合成纤辫带式维软性填料与曝气机安装布设

投加特效菌种，利用投加的微生物激活水体中原本存在的可以自净的但被抑制而不能发挥其功效的微生物，使其迅速繁殖，并可起到抑制有害微生物的生长、活动，从而使水中的有机污染物得以生物降解，有机氮氨化与硝化、反硝化以及磷的生物去除。同时对底泥也有一定的消化和减量作用。

采用曝气充氧技术，可以加速水体复氧过程，恢复水体中好氧微生物的活力，使投加的菌种可以在适宜的条件下增长繁殖，从而改善河流的水质状况。根据需要采用推流式曝气机与潜水式环流立式曝气机联合应用，综合了推流和完全混合的优点，不仅有利于克服短流和提高缓冲能力，而且有利于氧的传递、液体的混合和改善污泥的厌氧状态，有效地治理河流的黑臭现象。但是从便于运行维护的角度考虑，宜于采用安装于河底的潜水式缓流曝气机，他们在河道净化段的横断面中易于形成环形曝气流态，使河道全部水体获得曝气增氧的效果。

水闸的设置可以增高净化河段的水位，增加净化水体的体积，延长水力停留时间，提高净化效果。保证投加的特效菌种会更多地附着在软性填料表面上附着生长的生物膜中，而不被流动的河水迅速冲走，从而能够保证在河道净化段发挥生物净化作用。

布设的生物膜载体软性填料固定安装在河底，在非降雨期能垂直地悬浮于河流中，为投加的特效菌种提供附着表面并在运行过程中形成生物膜，利用在其表面形成的黏液状的生物膜净化污染河水。由于载体比表面积大，可附着大量微生物，因此对污染物具有很强的降解能力。在降雨季节和河道行洪时，这种由合成纤维编织成的辫帘式填料会自动地被洪水流压伏在河床的底面上而不影响行洪。

福田河的应急治理工程，是按照福田河仍有的污水排放口设置 3 个净化段，在三处污水排放口的河段分别设置 3 个水质净化段。3 处排污口的排放污水总量为 15000m³/d，第 1～第 3 排污口的排放污水流量分别为 12000m³/d、6700m³/d 和 23000m³/d。3 个净化段分别铺设合成纤维辫带式软性填料和安装曝气机，初期安装推流式曝气机，由于在两岸安装固定推流曝气机的不锈钢索太多，影响运行维护，后来全部改用安装在河底的潜水式环流曝气机。

19.5.5　试验材料与方法

为了考查污染水体就地综合净化技术的净化效果，对深圳市福田河中心公园 1# 净化段（试验长约 420m）的水体进行现场试验，考查其对污染物去除效果及影响因素。

19.5.5.1　福田河现场试验段介绍

全规模生产型试验现场位于福田河中心公园段，此河段水中 NH_4^+-N、TN、TP、COD_{Cr}、BOD_5 等均超标，污染严重，水体溶解氧和透明度较低，水质黑臭，并伴有淤泥沉淀，影响河道景观。

进入 1# 净化段的原水流量旱季约为 $(1～1.5) \times 10^4 m^3/d$，雨季流量约为 $(5～10) \times 10^4 m^3/d$。

河段长：$L=420m$；河段宽：$B=7$（底面）～15m（水面）；水深：$H=1.4$（上游）～2.3m（下游），平均水深 $=1.85m$。

有效容积 $=8500m^3$。

填料安装间距：2.5m；填料填充率＝0.9%；填料安装照片如图19.84所示。合成纤维填料如图19.85所示。

(a) 安装当天

(b) 一周后填料比形成生物膜

图 19.84　福田河 1# 净化段辫带式填料河底安装照片

图 19.85　合成纤维辫带式填料图

图 19.86　特效菌种投加罐

曝气机安装间距：80m，安装曝气机 5 台（功率 5.5kW，清水充氧量 10.5kg O_2/h，服务面积 50m^2）。

启动期间投菌比例：5/10000，菌液浓度：10^{10}cfu/mL，连续投菌时间：7d，投菌装置如图19.86所示。试验中所投菌种为功能菌，包括硝化菌、反硝化菌等原来河道中本身存在的菌种，经筛选后人工强化，再投加到水体，不含致病菌。

正常运行时的水力停留时间 HRT＝20h，降雨时 HRT＝2～5h。

19.5.5.2　水质分析方法

主要测试项目 COD_{Cr}、NH_3-N、TN、TP、SS 及 DO 等均采用标准分析方法。试验段内微生物分布特性采用聚合酶链式反应-变性梯度凝胶电泳（PCR-DGGE）技术；水体透明度测定采用塞氏盘法。

19.5.6　结果与讨论

19.5.6.1　试验段水质改善效果

福田河现场试验运行 3 个月，经历了旱季和雨季。试验结果显示，在正常情况下净化段对污染物有明显的去除效果，而且河水透明度及溶解氧浓度在处理段下游明显升高。虽然 NH_4^+-N 和 TN 由于进水浓度偏低，去除效果不明显，但出水较进水也有明显的降低，系统对 TP 也表现出很好的处理效果（见图 19.87）。进水平均 COD_{Cr}、BOD_5、NH_4^+-N、TN、TP 和 SS 分别为 88.4mg/L、62.0mg/L、6.4mg/L、8.2mg/L、0.8mg/L 和 17.0mg/L，出水分别为 28.9mg/L、7.6mg/L、4.2mg/L、5.9mg/L、0.4mg/L 和 10.0mg/L，COD_{Cr}、BOD_5、NH_4^+-N、TN、TP 和 SS 的去除率分别为 67.4%、87.7%、34.3%、30.3%、53.3% 和 39.7%，河道中溶解氧及透明度分别由原水的 0.9mg/L、12.5cm 提高至 7.6mg/L 和 137.5cm。下游水质除 NH_4^+-N 和 TN 外均达到了地表水环境质量标准中 V 类环境水质标准要求。

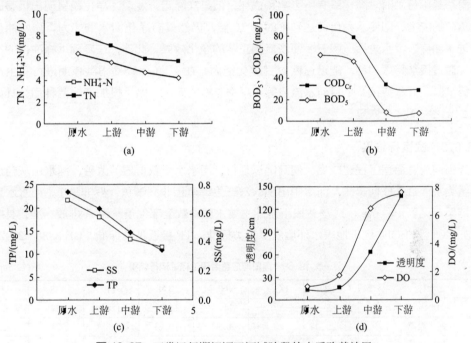

图 19.87　正常运行期间福田河试验段的水质改善效果

试验运行期间经历了 3 次大雨，在雨季河水流量为旱季的 5～10 倍，但试验系统可以在雨后的 24h 内恢复正常。暴雨期间的试验结果显示，试验段对 COD_{Cr} 去除效果与正常运行期间的效果相比有所下降，主要原因是暴雨期间水量增加，使试验段在严重超负荷下运行（见图 19.88）。因此在实际设计中应适当考虑暴雨期间河流水质保障措施及暴雨过后水质的快速恢复措施。

19.5.6.2　特效菌株投加

往福田河净化段中投加特效菌种。其主要目的是使其附着生长在软性填料表面的生物膜上，增加生物量及其活性，以便在启动运行期间加速生物膜中细菌群落的驯化过程，从而提高处理其污染河水的能力和去除污染物的效率。在启动运行过程中，活化的特效菌株分批投加。

在运行稳定后无需继续投加特效菌种，因为投加的特效菌株已附着在生物膜上并进行连续繁殖、成熟和正常的新陈代谢。

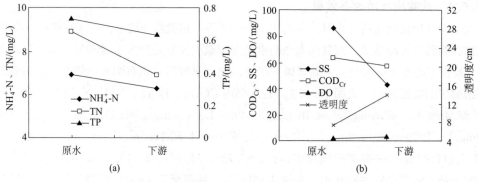

图 19.88 暴雨期间福田河试验段的水质改善效果

雨季暴雨行洪时对净化段有所影响和损坏，但是实际运行发现，净化段呈现出极强的抗击超大负荷的能力，即使水力负荷达到平时的 10 倍，仍然具有净化河水的能力。出水浊度明显低于进水浊度。洪水过后一两天后便恢复到正常的净化效果。此外，在暴雨洪峰冲击的损害影响后，通过投加特效菌种，能迅速恢复其净化能力。在 1# 净化段暴雨洪峰期进行了生产规模的运行试验。雨季持续 2 个月河水流量等于旱季流量的 5～10 倍，投加特效菌种后，其净化能力在 24h 之内即完全恢复。

19.5.6.3　试运行结果

福田河应急治理工程建成后，便开始试运行，河水水质获得显著改善，河水由灰色恶臭变得清澈美观而且无任何臭味，河水中出现大量野生鲫鱼和非洲鲫鱼（罗非鱼）。河水水质分析检测结果（见表 19.60），1# 净化段下游的主要水质参数全部优于一级 A 排放标准，其中有些参数如 COD 和 BOD_5 优于地表水环境质量Ⅳ类标准；TP 接近Ⅳ类标准（GB 3838—2002）。

⊡ 表 19.60　福田河应急治理工程试运行结果　　　　　　单位：mg/L

水样	COD	BOD_5	NH_3-N	TN	TP	SS	DO
上游	85	30	14.50	17.27	1.81	59	0.56
振华西路	26	5	6.94	10.71	0.58	31	1.56
笋岗路桥	53	10	3.22	8.94	1.10	51	10.47
中心公园翻板闸	22	3	3.35	6.72	0.33	9	4.82
一级 A 排放标准	50	10	5	15	0.5	10	
Ⅳ类地表水环境质量标准	30	6	1.5	1.5	0.3		7.5

（1）试验段微生物分析

在天然河流中存在着多种多样的微生物，如细菌、藻类、原生动物、后生动物、浮游动物、底栖动物等，或悬浮在水中，或附着在河床上，或生存于生物膜中，为了生长繁殖而进行呼吸和摄食，对水中的污染物质进行氧化或还原并把复杂污染物分解成简单的化合物。河道污染就地净化技术就是培养、驯化细菌，满足其生长要求，促使其大量生长繁殖，依靠它们在快速成长和繁殖中大量消耗底物的过程来净化污水，达到处理污染河水的目的。

由于福田河污染严重，旱季时完全成为了排污河，河水中污染物含量较高。河道中供生物膜的营养较充足，试验期间生物膜生长丰满，其中的微生物丰富和多样。为了考查河道内微生物分布特点，分别取福田河试验段上游、中游及下游的表层（上部）、中层（中部）、底层（底部）填料，进行了PCR-DGGE分析，结果显示福田河试验段水平方向上上游微生物多样性相对中下游较少，而下游的微生物多样性略高于中游；纵向上，上游中层微生物多样性高于表层，而中下游下层微生物多样性高于中层，而中层又明显高于表层（见图19.89）。微生物分布情况说明福田河治理段内从前到后微生物逐渐适应并繁殖，达到去除污染物的目的。

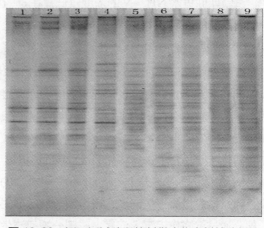

图 19.89　福田河试验段填料微生物多样性分析图
1—上游上部膜样；2—上游中部膜样；3—上游
底部膜样；4—中游上部膜样；5—中游中部膜样；
6—中游底部膜样；7—下部上游膜样；8—下部
中游膜样；9—下游底部膜样

根据 DGGE 的原始图，使用相关软件的分析结果显示，上游的生物种类表层为 18 种、中层为 26 种、底层为 29 种；中游的生物种类表层为 31 种、中层为 33 种、底层为 30 种；下游的生物种类表层为 35 种、中层为 40 种、底层为 42 种，可见，河道中生物膜上的生物种类自上游到下游、自表层到底层是逐渐增加的。

上游水体中优势物种比较单一，此时的水体尚未形成一个稳定的生态构架，处于生物群落的开敞或先锋群落阶段；中游是一个过渡段，有一定的优势物种，但其他物种也同时具有很强的竞争，处于生物群落形成的郁闭未稳定阶段。说明物种通过竞争平衡，进入协调进化的较稳定的群落阶段。

（2）污染物去除机理分析

1）有机物的去除机理分析　本试验期间试验河段进水水质较差，属于《地表水环境质量标准》（GB 3838—2002）中的劣 V 类。进水中有机物浓度及氮磷浓度都比较高，进水水质与低浓度城市污水相近。

由图 19.87 可见，在上游段，由于进水携带泥沙及悬浮固体的影响，试验段对有机物的去除率很低，且主要以 COD_{Cr} 的形式被去除，此段有机物去除机理主要是通过填料对悬浮固体及泥沙的截留作用实现的；中游段是对有机物去除发挥主要作用的一段，COD_{Cr} 和 BOD_5 去除率分别达到 57％和 86％，中游段 COD_{Cr} 和 BOD_5 浓度分别降低至 34.1mg/L 和 7.6mg/L。中后段生物膜上微生物多样性明显提高，此阶段有机物的去除主要是通过微生物的降解作用实现的；由于中游对有机物的去除，到下游进出水有机物浓度变化不大，已稳定维持在一个很低的水平。

2）氮的去除机理分析　河流中的氮主要是以有机氮和氨氮的形式存在，其中有机氮在异养菌的作用下转化为氨氮，因此本部分以氨氮作为河流中氮去除效果的主要考查对象。试验段布置填料及曝气机，通过模拟污水处理厂工艺，启动初期投加特效菌种，并利用生物膜的吸附截留作用，培养驯化微生物，进而达到去除氨氮的目的。

试验期间进水 NH_4^+-N 的浓度较低，在 $5\sim11$mg/L 之间，但氨氮含量远高于 V 类水质，试验期间氨氮的去除率在 $25\%\sim60\%$ 之间。试验期间净化河段溶解氧比较充足，所以河流中 NH_4^+-N 主要是发生硝化反应，转化为硝态的氮。由于生物膜的存在，在 NH_4^+-N 的转化过程中存在两种可能：一种是 NH_4^+-N 发生完全硝化反应后又发生了缺氧反硝化反应，最后转化为 N_2；另一种是 NH_4^+-N 发生短程厌氧反应，直接转化为 N_2。试验期间，TN 在溶解氧含量较低的上游和中游段有很好的去除效果，而在溶解氧浓度较高的下游段几乎没有去除，也说明在溶解氧浓度较低的上游和中游，生物膜内能够形成好氧-缺氧-厌氧的梯度环境，为硝化-反硝化、短程硝化-反硝化及同时硝化-反硝化等过程提供了可能。

3）总磷的去除效果与机理分析　河流中的磷元素主要是来自生活污水和农业的面源污染，通过地表径流进入河流，进入河流后的磷主要吸附在悬浮颗粒的表面，在河流流动过程中一部分通过沉降作用沉入河底，一部分被河流生态系统内的生物利用，合成自身细胞。因此，河流本身对磷有一定的自净能力。填料表面上的生物膜由于存在着从表层到内层的好氧-缺氧-厌氧的溶解氧梯度的微环境，为磷的好氧过量摄取磷、缺氧摄取磷和厌氧释放磷创造了条件，生物强化除磷效果明显。这与采用生物膜工艺的污水处理厂生物除磷效果明显优于活性污泥法污水处理厂除磷效果相一致。

根据生物除磷机理可知，采用生物膜法进行生物除磷必须满足以下 4 个条件：a. 使生物膜交替处于厌氧和好氧状态，满足聚磷菌的生活习性，并逐步使聚磷菌成为优势菌属，实现其增殖；b. 供给必要的有机碳源；c. 以脱落污泥的形式排出磷，这就要求除磷菌为优势菌属的生物膜生长要快，且在好氧状态下能够脱落，因此，必须有足够的曝气强度和选择合适的生物膜载体；d. 沉淀后的污泥应及时排出系统，避免沉淀后的磷重新进入水体，造成二次污染。以上这些条件在天然河流中虽无法满足，但在福田河试验现场，5 台曝气机分段布设，间距 60m，必然在试验段形成相对的好氧/缺氧/厌氧环境。由于曝气机的搅拌作用，其周围的生物膜更新周期缩短，脱落的生物膜随水流经过无曝气机段，即可能经历好氧/厌氧环境变化，因此可以认为研究中 TP 浓度的降低是部分由微生物作用引起，另外，在试验中也发现 TP 的去除与悬浮物（SS）的去除存在一定的相似规律，这说明填料段对 TP 的去除，部分是依靠填料对吸附在悬浮颗粒中的磷的拦截作用，使其沉入水底。曝气机的布设使河道处于好氧状态，减少了底泥中的磷释放，从而使试验段对 TP 保持了较高的去除率。

运行后期在净化段发现大量野生鲫鱼，它们以脱落生物膜为饵料并将其转化成鲫鱼的机体，成长迅速。由此形成长食物链的物料动态平衡，从而使净化河段的污泥明显减量，并无大量污泥积累。

19.5.7　污染河道综合治理措施

19.5.7.1　河床硬质化底面破碎成碎块

将河床硬质化底面破碎并打成碎块，形成河底碎石层。它使河道的地表水与河底的地下水相互连通，并进行互补交流，恢复到原有的水力循环状态。而且这些河底碎石层对河流产生冲击激流曝气作用，使河水溶解氧增加（见图 19.90）。

(a)　　　　　　　　　　　　　　　　(b)

图 19.90　福田河河底碎石层使水流产生激流增加河水曝气增氧

19.5.7.2　福田河浅水湿地

在福田河的上、中、下游的临岸浅水带种植芦苇形成芦苇湿地（图 19.91）。这种地表径流式的芦苇湿地，其中的芦苇长期浸入河水中在其浸水的茎叶上形成活的生物膜，具有很强的净化污染河水的效能，在长的水力停留时间内（如 HRT≥1d）能高效净化污染河水，使其主要污染物如 SS、COD、BOD_5、TN、NH_3-N、TP 和细菌总数达到很高的去除率，能使劣 V 类水质提高到 V 类至局部参数 IV 类标准。SS、浊度和色度大幅度降低，透明度明显增加。福田河中游人工湿地的河段水质清澈。

图 19.91　福田河两处浅水湿地照片

19.5.7.3　福田河床上的生态石

在水流平缓的河段，河底铺设的卵石层会在其表面附着生长生物膜，由藻类、细菌、原生动物和后生动物组成，形成生态石，其对河水中有机污染物有很强的生物净化效能；通过氨化、硝化和反硝化也能有效地去除 TN、NH_4^+-N 和硝酸盐氮；通过生物作用还能去除磷，如同填料上生物膜的去除污染物的机理相同。有生态石的河段由于能高效地去除各种污染物包括 SS 和浊度、色度而使河水清澈透明（见图 19.92 和图 19.93）。生态石表面上的生物膜，其藻类能进行有效地光合作用，并释放出大量的溶解氧，有时河水中的溶解氧达到过饱和的程度，保证了好氧生物降解的进行。

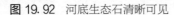

图 19.92　河底生态石清晰可见　　　　　图 19.93　生态石上的生物膜是鲤鱼的好饵料

19.6　深圳市龙岗河生态综合治理工程

龙岗河综合治理是全国城市污染河流综合治理成功的示范工程和样板之一，其要领如下。

① 巨大的截流沟渠（箱涵）能够将全部污水和部分雨水径流全部截留，并予以处理和再生，然后排入河道，保证了河道不被污染和河清水净。

② 截留的污水和雨水径流全部进行二级处理和部分二级出水的再生，然后排入河道，成为河道生态和景观的洁净水源。

③ 河道生态综合治理：包括两岸和河底的生态修复，拆除硬化设施，改建为自然生态护坡和河底；多级和多种形式的跌水曝气充氧；浅水区芦苇湿地；河底生态石（生物膜石）；建立人工水生食物链（网）；生态景观建设；增强河道巡察管理，保护河道整洁和良好生态系统等。

19.6.1　沿河建造合流制截流下水道总干渠（箱涵）

深圳市龙岗河是全国城市污染河流生态综合治理最成功的案例之一。它最突出的特点和优点就是沿龙岗河干流（总长 19.9km）岸边设计、建造和运行了合流制截流总干渠（箱涵），设计的雨水径流截流倍数 $n=2$（图 19.94）。龙岗河干流一期综合整治实施范围为干流大康河和梧桐山河汇合口至南约河口 10.9km 河段，于 2010 年 9 月开工，2011 年 7 月底前完工。龙岗河干流二期综合整治实施范围为南约河口至吓陂交接断面 9km 河段，2012 年 1 月开工，至 2013 年 4 月箱涵全面贯通。将全部污水和截留的雨水径流送入污水处理厂处理，保证了旱季、小雨和中雨时污水和雨水径流全部被截留和处理，使进入河道的水全部是二级处理水和再生水。在大雨和暴雨时，超过截流倍数（$n=2$）的雨污混合水溢流入龙岗河中。但是污染负荷比起全部雨水径流排入河中显著减少。

在箱涵（截流沟渠）上面铺设石块砌筑的人行-专业（巡察）车道，也是亲水平台（图 19.95）。在这条人行-车道上，可以最近地观看河道的景观，清澈流水、鱼翔浅底、水鸟水面翱翔。

图 19.94 龙岗河沿岸截流下水道总
干渠（箱涵）施工照片（唐永国摄影）

图 19.95 龙岗河沿岸巨型截流总干
渠（箱涵）上的人行-车道

19.6.2 完善先进的污水处理厂

在龙岗河上中游截流总干渠（箱涵）的末段，被截留的污水（旱季）或雨污混合水（雨季）被送入横岗污水处理厂进行处理。该厂一期工程，设计处理能力为 $1.0 \times 10^5 \, \text{m}^3/\text{d}$，采用 CASS 工艺进行处理，出水执行一级 B 排放标准；其二期工程设计处理流量 $1.0 \times 10^5 \, \text{m}^3/\text{d}$，采用 A^2/O 进行二级处理，出水执行一级 A 排放标准。其中 $1 \times 10^4 \, \text{m}^3/\text{d}$ 二级出水用膜法（UF＋RO）进行再生，出水达到地表水环境质量Ⅳ类标准。二级出水和再生水全部排入龙岗河上中游作为生态景观补给水源。冬季干旱季节该处理厂接受全部进水是污水，这两种改进的活性污泥工艺都能稳定高效地处理污水，使最后出水达到规定的排放标准，使龙岗河生态补水水质得以保证。但是，在降雨季节，尤其暴雨、大暴雨和特大暴雨时，该污水处理厂接受的超大流量的稀释雨污混合水难以使其稳定运行，出水水质难以达到一级 A 或一级 B 排放标准；而且大部分雨污混合水通过溢流井排入龙岗河，使河水水质变差。为此建议在街道污水和雨水干管与截流总干渠（箱涵）交接的溢流井中或其前后设计和建造水力折流分流器或水力旋流分离器，用以去除雨污混合溢流水（CSO）中的垃圾、悬浮物及其吸附携带的油脂、COD、BOD 和有机营养物等，以减轻河流的污染负荷。

在龙岗河下游的截流干渠（箱涵），其截流污水和雨污混合水（降雨时）进入横岭污水处理厂进行处理。该厂采用曝气生物滤池工艺（BAF-BIOFOR），其最大优点是既能有效地处理旱季的污水，也能有效地处理雨季超大流量的雨污混合稀释水。因此，该污水处理厂能够在全年有效地处理污水和雨污混合水，并使出水达到排放标准，保证龙岗河下游生态补给水水质。

19.6.3 龙岗河生态综合治理设施

龙岗河采取了一系列生态修复和改善措施，使排入的两座污水处理厂的二级出水和再生水得到进一步的处理和净化，使河水达到或接近地表水环境质量Ⅳ类标准，使龙岗河变成河水清

图 19.96　横岗污水处理厂出水瀑布曝气

澈见底、生机盎然和景观靓丽的亲水河流。成为附近居民最喜爱的休闲胜地，周末和假期游人如织，盛况空前。其主要生态修复和改善设施如下。

1）拆除河道三面光的硬质结构，建造自然生态护坡和透水河底　为河道的绿化、生态和地表水与地下水的交替对流循环打好基础。

2）在河道中设计和建造多处和多级跌水曝气增氧设施　包括污水处理厂出水的跌水曝气设施（见图 19.96～图 19.98）、拦河跌水坝和过河步行石墩（见图 19.99 和图 19.100）等，使河水中溶解氧浓度不断升高，大都超过 4mg/L，高 3～4m 的瀑布跌水使 DO 达到 7mg/L。这为河道中的好氧菌进行好氧生物降解有机物、硝化提供了优越的生存与活动环境，保证了河道中的生物净化得以顺利进行。

图 19.97　横岗二期 WWTP
出水跌水曝气增氧

图 19.98　横岭 WWTP 出水
瀑布曝气增氧景观

图 19.99　龙岗河石墩过河人行
道跌水曝气增氧（邹少清）

图 19.100　龙岗河二级跌
水曝气增氧景观

3）河底铺设生态石　在龙岗河底，去除硬质河底后，铺填砾石和卵石，在其粗糙的表面附着生长形成生物膜，由藻类、细菌、真菌、原生动物和后生动物组成（见图 19.101 和图 19.102）。在好氧条件下能有效地降解有机污染物、含氮营养物的硝化与反硝化，以及磷的生物去除，其机理类似于生物膜反应池。

图 19.101　大型卵石生态石（河底卵石形成生物膜）　　　**图 19.102**　河砾石生态石（其表面长满生物膜）

4）浅水区芦苇湿地　在龙岗河中的浅水区生长着茂盛芦苇（见图 19.103、图 19.104）。芦苇湿地具有很强的河水净化能力；通过其根系区域的根部吸收和根区土壤微生物的生物降解和同化作用，以及其接触河水的茎和叶，能够形成活的生物膜，它们能将河水中的有机物和营养物氧化降解，转化成 CO_2、NH_3-N、NO_x^--N、PO_4^{3-}-P 等碳、氮、磷等无机营养盐，被芦苇吸收进行同化作用而形成新的芦苇机体，使芦苇繁茂生长，维持和增强其生物净化能力。芦苇湿地是河水深度净化的主要设施，应特别重视其建造和运行。

图 19.103　龙岗河浅水区芦苇湿地　　　　**图 19.104**　龙岗河两侧浅水区芦苇湿地
　　　　　　　　　　　　　　　　　　　　　　　　　　　　（邹凯峰摄影）

5）建立人工水生食物链（网）　在龙岗河中存在着自然地水生态系统，即分解者生物，如细菌和真菌，生产者生物如藻类和水草及消费者生物如原生动物、后生动物、浮游动物、底栖动物、虾、螺、蟹、鱼、水禽等；它们处于不同的营养级而形成多条食物链（网）；在太阳辐射的初始能源推动下，分解者生物处于食物链最底端，它们将河水中的有机物进行降解，形

成 CO_2、NH_3-N、NO_x^--N、PO_4^{3-}-P 等无机营养盐，它们作为生产者生物藻类和水草的营养物通过光合作用而形成其新机体，促进其增长；后者又作为消费者生物如原生动物、后生动物、浮游动物或底栖动物的营养物而被捕食和同化，而形成其新机体，而促进其繁殖；它们又被更高营养级的消费者动物如鱼类和水禽所捕食，经同化而转变成其新机体，促进其生长繁殖。这些生物在食物链网中经过从低级到高级营养级的物质和能量的迁移和转化，最终和水中的污染物被去除，最后转化成水草如芦苇、蒲草、鱼类、水禽等而实现资源化，尤其是水和营养物的回收和循环，并使河流变成清澈见底、鱼翔浅底、鸟翔水上的靓丽生态景观。

6）建立完善的河道管理体制 为了保护和维持龙岗河良好的生态环境，需要加强日常的河道维护管理，建立河道管理维护机构，由 170 余人组成对河道进行维护管理，包括巡逻检查，杜绝人为损害河道设施、乱丢垃圾、随意钓鱼和捕鱼；水域、陆域保洁，清理垃圾和污物；河道清理；河道绿化养护，水闸、橡胶坝等机电设备维护，堤防、截流堰、沿河排水口、截污箱（管）涵等设施维护，附属设施的维修养护等，以使河道持久地处于良好的生态环境状态。

19.7　复合菌剂对微污染水体的原位生物修复

利用贫营养异养型同步硝化反硝化菌、好氧反硝化菌和絮凝除磷菌相结合的复配方案，制成微生物复合菌剂，采用直接投加的方法，考察了生物复合菌剂在贫营养条件下对微污染水体的生物修复效果，并通过对不同菌剂投量、环境条件及水质状况对水体净化效果的影响分析，揭示了利用生物复配投菌技术净化微污染水体中氮源污染物及有机污染物的机理，得出了相关的技术参数，为今后该生物投菌技术对微污染水体进行原位修复的生物预处理组合技术的稳定运行，提供可靠、有效的基础数据。

19.7.1　单菌在贫营养原水中的脱氮效果

为了进一步确定筛选出的菌在贫营养实际环境中的脱氮效果，将筛选出的贫营养好氧反硝化单菌在贫营养反硝化培养基中活化两天之后，接种到石砭峪水库的原水中，其脱氮的效果，如表 19.61 所列。

⊡ 表 19.61　好氧反硝化单菌在贫营养原水中的脱氮效果

菌种名称	指标	初始值/(mg/L)	3d/(mg/L)	5d/(mg/L)	7d/(mg/L)	硝氮去除率/%	选择
ZK-1	硝氮	1.89	0.65	0.45	0.24	87.30	●
	亚硝氮	0.008	0.057	0.088	0.082		
	氨氮	0.131	0.147	0.299	0.153		
WG×9	硝氮	1.81	1.23	0.65	0.36	80.11	●
	亚硝氮	0.011	0.025	0.028	0.042		
	氨氮	0.227	0.199	0.345	0.342		
F-J-709.4.3	硝氮	2.01	0.98	0.49	0.37	81.59	●
	亚硝氮	0.054	0.134	0.097	0.008		
	氨氮	0.227	0.255	0.261	0.271		

菌种名称	指标	初始值/(mg/L)	3d/(mg/L)	5d/(mg/L)	7d/(mg/L)	硝氮去除率/%	选择
F4	硝氮	1.81	0.04	0	0	100	●
	亚硝氮	0.011	0	0.037	0.034		
	氨氮	0.136	0.208	0.298	0.271		
ZK-2	硝氮	1.89	1.19	0.04	0	100	●
	亚硝氮	0.011	0.065	0.037	0.082		
	氨氮	0.284	0.252	0.298	0.271		
YF23	硝氮	2.18	1.27	1.23	1.16	46.79	
	亚硝氮	0.008	0.017	0.082	0.091		
	氨氮	0.112	0.199	0.218	0.243		

注: ● 表示筛选出的脱氮效果好的菌种, 下同。

19.7.2 复配菌在贫好氧反硝化培养基中的脱氮效果

由于水库生态系统的复杂性, 纯培养单一菌种的微生物已无法完全再现实际脱氮情况, 故经常出现纯培养与实际观测不一致的情况。实际的水库是由各种微生物组成的一个生态系统, 不仅是依靠某一种菌单独起作用, 而需要各种功能菌相互作用来共同完成系统的功能。为了初步模拟反应器中微生物的相互作用对脱氮的影响, 实验对经过筛选出的菌进行随机复配。

结合异养硝化、好氧反硝化和絮凝的筛选结果, 将异养硝化菌 ZK-1、ZK-2 和 J×26, 好氧反硝化菌 F4、HF6、W7×12、FJ-NO$_2$ (7-2)、F-J-709.4.3、WG×9、DA15 和絮凝菌 ZK-4 为复配的单一菌种进行复配, 其脱氮效果如表 19.62 所列, 其在贫营养硝氮培养基中培养。

⊡ 表 19.62　复配菌在贫好氧反硝化培养基中的脱氮效果

菌种名称	指标	初始值/(mg/L)	3d/(mg/L)	5d/(mg/L)	硝氮去除率/%	选择
HF6+W7×12+ZK-4+FJ-NO$_2$(7-2)+F4	硝氮	3.38	2.92	0.78	76.92	●
	亚硝氮	0.002	0.071	0.483		
	氨氮	0.199	0.227	0.222		
F4+ZK-2+J×26+ZK-1	硝氮	3.47	0.98	0.16	95.38	●
	亚硝氮	0.091	0.266	0.008		
	氨氮	0.243	0.269	0.266		
WG×9+YF23+F-J-709.4.3+J×26	硝氮	3.58	2.72	0.49	86.31	●
	亚硝氮	0.025	0.105	0.414		
	氨氮	0.113	0.268	0.240		
ZK-1+ZK-2+ZK-4+F4+J×26	硝氮	3.42	1.19	0	100	●
	亚硝氮	0.048	0.555	0.025		
	氨氮	0.298	0.225	0.211		
F4+HF6+J×26	硝氮	4.45		3.78	15.06	
	亚硝氮	0		0.071		
	氨氮	0.112		0.213		
F4+F-J-709.4.3+WG×9+ZK-2+DA15	硝氮	4.32		0.90	79.16	●
	亚硝氮	0.005		0.729		
	氨氮	0.089		0.043		
F4+YF23+F-J-709.4.3+WG×9	硝氮	4.12		2.26	45.14	
	亚硝氮	0.002		0.065		
	氨氮	0.073		0.102		

菌种名称	指标	初始值/(mg/L)	3d/(mg/L)	5d/(mg/L)	硝氮去除率/%	选择
F4＋YF23＋F-J-709.4.3＋WG×9	硝氮 亚硝氮	4.41 0.017		3.61 0.017	18.14	
F4＋YF23＋F-J-709.4.3＋HF6	硝氮 亚硝氮	4.45 0.002		1.64 0.131	63.14	●
F4＋YF23＋F-J-709.4.3＋WG×9＋DA15	硝氮 亚硝氮	4.16 0.002		1.77 0.114	57.45	
F4＋YF23＋F-J-709.4.3＋HF6＋DA15	硝氮 亚硝氮	4.12 0.04		1.77 0.140	57.03	
F4＋YF23＋F-J-709.4.3＋WG×9＋ZK-4	硝氮 亚硝氮	4.41 0.005		1.40 0.140	68.25	
YF23＋F-J-709.4.3＋HF6＋WG×9＋ZK-4	硝氮 亚硝氮	4.28 0.008		2.39 0.074	44.15	
F4＋HF6＋J×26＋ZK-4	硝氮 亚硝氮	4.12 0.005		2.8 0.123	32.03	

19.7.3 复配菌在贫营养原水中的脱氮

根据上面的复配结果，为了确定贫营养复配菌在实际环境中的脱氮效果，将筛选出的贫营养单菌在贫营养硝氮培养基中活化 2d 之后，按 10%（体积比）的接种量复配接种到原水水库中，其脱氮效果如表 19.63 和表 19.64（黑河水库）所列。其中的单菌包括异养硝化菌 ZK-1、ZK-2 和 J×26，好氧反硝化菌 F4、HF6、W7×12、FJ-NO_2（7-2）、F-J-709.4.3、WG×9、FJ-NO_2（7-2）和 DA15，絮凝菌 ZK-4 和聚磷菌 Y15 和 Y10。

⊡ 表 19.63　复配菌在贫营养原水的脱氮效果（石砭峪水库）

菌种名称	指标	初始值/(mg/L)	3d/(mg/L)	5d/(mg/L)	硝氮去除率/%	选择
W7×12＋DA15＋HF6＋FJ-NO_2(7-2)	硝氮 亚硝氮 氨氮	2.10 0.002 0.113	1.03 0.020 0.212	0.16 0 0.308	92.38	●
F×4＋ZK-2＋J×26＋ZK-1	硝氮 亚硝氮 氨氮	1.73 0.002 0.284	0.65 0.077 0.254	0.2 0.08 0.243	88.43	
ZK-1＋ZK-2＋ZK-4＋F×4＋J×26	硝氮 亚硝氮 氨氮	1.73 0.005 0.113	0.45 0.085 0.226	0.18 0.094 0.218	89.59	
ZK-1＋W7×12＋HF6＋FJ-NO_2(7-2)	硝氮 亚硝氮 氨氮	1.77 0.005 0.122	— 	0 0.002 0.113	100	
W7×12＋DA15＋HF6＋FJ-NO_2(7-2)＋F×4	硝氮 亚硝氮 氨氮	1.97 0.014 0.116	— 	0.082 0 0.145	95.83	●
F×4＋ZK-2＋J×26＋ZK-1＋FJ-NO_2(7-2)	硝氮 亚硝氮 氨氮	1.69 0.034 0.189	— 	0 0.020 0.195	100	

菌种名称	指标	初始值/(mg/L)	3d/(mg/L)	5d/(mg/L)	硝氮去除率/%	选择
W7×12＋J×26＋HF6＋FJ-NO$_2$(7-2)	硝氮	2.26		0		
	亚硝氮	0.014	—	0	100	
	氨氮	0.261		0.216		
W7×12＋DA15＋HF6＋FJ-NO$_2$(7-2)＋ZK-1＋ZK-4	硝氮	1.77		0.041		
	亚硝氮	0.037	—	0	97.68	●
	氨氮	0.179		0.145		
W7×12＋HF6＋J×26＋F×4＋ZK-1	硝氮	1.97		0.041		
	亚硝氮	0.017	—	0	97.91	
	氨氮	0.201		0.178		
W7×12＋HF6＋ZK-2＋ZK-4＋ZK-1＋FJ-NO$_2$(7-2)	硝氮	1.60		0.28		
	亚硝氮	0.022	—	0	82.5	
	氨氮	0.236		0.196		
W7×12＋DA15＋HF6＋FJ-NO$_2$(7-2)＋F×4＋ZK-2＋J×26	硝氮	1.77		0		
	亚硝氮	0.025	—	0.022	100	
	氨氮	0.119		0.116		
HF6＋W7×12＋ZK-4＋FJ-NO$_2$(7-2)＋F×4＋DA15	硝氮	1.73		0		
	亚硝氮	0.017	—	0	100	
	氨氮	0.209		0.143		
F×4＋ZK-2＋J×26＋ZK-1＋ZK-4	硝氮	1.69		0		
	亚硝氮	0.017	—	0	100	●
	氨氮	0.155		0.132		

⊡ 表 19.64 复配菌在贫营养原水的脱氮效果（黑河水库）

菌种名称	指标	初始值/(mg/L)	2d/(mg/L)	3d/(mg/L)	硝氮去除率/%	选择
F×4＋ZK-2＋HF6＋J×26＋ZK-4	硝氮	1.494	0.278	0.113	92.44	●
F×4＋ZK-2＋HF6＋DA15＋ZK-1＋ZK-4	硝氮	1.463	0.185	0.092	93.71	
W7×12＋DA15＋HF6＋FJ-NO$_2$(7-2)＋ZK-1＋ZK-4	硝氮	1.401	0.092	0.010	99.29	●
J×26＋HF6＋FJ-NO$_2$(7-2)＋DA15＋F×4＋ZK-1	硝氮	1.370	0.494	0.051	96.28	
J×26＋HF6＋DA15＋F×4＋ZK-1	硝氮	1.442	0.175	0.072	95.01	
F×4＋ZK-2＋J×26＋ZK-1＋ZK-4＋Y10	硝氮	1.350	0.082	0.051	96.22	
F×4＋ZK-2＋DA15＋ZK-1＋ZK-4	硝氮	1.391	0.061	0.051	96.33	
F×4＋ZK-2＋J×26＋ZK-1＋ZK-4＋Y15＋Y10	硝氮	1.329	0.113	0.010	99.25	●
DA15＋ZK-4＋FJ-NO$_2$(7-2)＋HF6	硝氮	1.494	0.532	0.371	75.17	
F×4＋ZK-2＋J×26＋ZK-1＋ZK-4＋Y15	硝氮	1.339	0.144	0.123	90.81	
DA15＋F×4＋HF6＋J×26＋FJ-NO$_2$(7-2)	硝氮	1.339	1.144	0.793	40.78	
J×26＋HF6＋DA15＋F×4＋ZK-1＋ZK-4	硝氮	1.350	0.371	0.118	91.26	●
F×4＋ZK-1＋J×26＋ZK-4	硝氮	1.391	0.144	0.020	98.56	●
W7×12＋HF6＋J×26＋F×4＋ZK-1	硝氮	1.360	0.700	0.082	93.97	
F×4＋ZK-2＋J×26＋ZK-1＋W7×12	硝氮	1.277	0.298	0.092	92.80	
F×4＋ZK-2＋J×26＋ZK-1＋ZK-4	硝氮	1.339	0.030	0.010	99.25	●
W7×12＋J×26HF6＋FJ-NO$_2$(7-2)	硝氮	1.308	0.923	0.474	63.76	
F×4＋ZK-2＋J×26＋ZK-1＋FJ-NO$_2$(7-2)	硝氮	1.422	0.072	0.030	97.89	●
W7×12＋J×26＋HF6＋FJ-NO$_2$(7-2)＋DA15＋F×4	硝氮	1.391	0.921	0.638	54.13	
HF6＋W7×12＋ZK-4＋FJ-NO$_2$(7-2)＋F×4＋DA15	硝氮	1.370	0.721	0.123	91.02	
DA15＋F×4＋HF6＋J×26＋YF23	硝氮	1.308	0.753	0.515	60.63	
F×4＋YF23＋ZK-1＋ZK-4＋J×26	硝氮	1.319	0.381	0.113	91.43	
F×4＋WG×9＋YF23＋ZK-1＋ZK-4＋J×26	硝氮	1.329	0.412	0.051	96.16	●
F×4＋WG×9＋ZK-1＋ZK-4＋ZK-2	硝氮	1.380	0.041	0.020	98.55	
F×4＋WG×9＋YF23＋ZK-1＋J×26	硝氮	1.391	0.422	0.154	88.93	

单一菌种在实际应用中，不能很好地适应环境条件，相比之下混合菌群对环境的适应能力要强得多。另外，多种优良菌种混合，也可利用微生物的"群体生理特征"，保证微生态的协同处理效果和相对稳定，有利于对底物的代谢，在整体上提高生物降解的效率。

19.7.4 贫营养原位生物投菌技术净化微污染原水试验结果分析

19.7.4.1 复配菌 K1 对氮源污染物去除规律及机理分析

原水中的总氮主要是由有机氮、硝氮、亚硝氮和氨氮组成，其中硝氮是总氮的主要组成部分，占 TN 的 90%以上。由图 19.105（a）可以看出，在原水中的微生物和贫营养生物菌群 K1（F4＋ZK-2＋J×26＋ZK-1＋ZK-4）的共同的作用下，K1 菌群系统对原水中 TN 有较好的处理效果，系统运行的 54d 内，装置内的 TN 从最初的 2.40mg/L 下降到 1.32mg/L。而空白对照由最初的 2.40mg/L 上升到 2.44mg/L，变化幅度不大，这可能是由以下两个原因引起的：一是空白对照系统在运行后期，原水中的有机物匮乏，部分菌体由于死亡分解导致 TN 浓度回升；二是原水中微量底泥释放部分的有机质，而其中可能含有含氮化合物也可以导致 TN 浓度上升。由于总氮的去除是由生物菌群 K1 与土著细菌共同完成的。因此，投菌系统 K1 相比空白对照系统中 TN 的降解速率显得快一些，但是在前 13d 里，无论是投菌系统 K1 还是空白对照系统，其 TN 浓度只有微量的改变，两者的 TN 去除率均没有超过 10%。其后投菌系统 K1 的 TN 浓度开始逐渐下降，直至降至 1.32mg/L，不再变化。投菌系统 K1 的 TN 最大去除率为 44.13%。

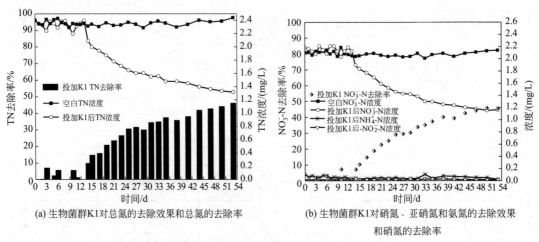

(a) 生物菌群K1对总氮的去除效果和总氮的去除率　　(b) 生物菌群K1对硝氮、亚硝氮和氨氮的去除效果和硝氮的去除率

图 19.105　生物菌群 K1 对氮的去除

K1 生物菌群硝氮、亚硝氮和氨氮的去除效果如图 19.105（b）所示。在营养物浓度较低的条件下，微生物菌剂中贫营养高效脱氮菌种能够逐渐适应极端环境，在原水中充分发挥反硝化等作用，因此生物菌群 K1 相比空白对照系统能够表现出更好的脱氮效果。K1 投菌系统的硝氮浓度从最初的 2.185mg/L 经过 54d 的反硝化脱氮下降到 1.163mg/L，氨氮浓度从最初的 0.1mg/L 下降到 0.25mg/L，但由于亚硝氮的不稳定性，很难在自然水体中大量存在，故只能检测出微量的亚硝氮，其 K1 投菌系统的亚硝氮变化不大。投菌系统 K1 的 NO_3^--N 最大去除率为 46.77%。运行初期硝氮浓度值有所起伏可能是是由于氨氮的硝化作用和系统中反

硝化综合作用所致。随着时间的延长，贫营养反硝化菌群逐渐适应环境条件，硝氮去除率不断提高。

表19.63、表19.64结果表明，即使在贫营养环境条件下，投菌系统K1仍然具有较好的TN去除效果，但最终并没有达到国家Ⅲ类水质的标准（TN<1.0mg/L）。有可能是该水质的初始TN浓度2.40mg/L有点高，随着TN逐渐降解，有机物不断地被消耗，直到系统中变成极贫营养环境，微生物很难再利用有机物，进而进入休眠期，直至衰亡殆尽。与传统厌氧反硝化脱氮过程相比，好氧脱氮过程的重要特征之一，即所需的反应时间远远大于前者，但是由于绝大部分的水源水库水力停留时间均在60d以上，能够充分满足贫营养条件下，好氧反硝化脱氮时间长这一反应特征。

19.7.4.2 不同投加量的复配菌K1对氮源污染物的去除机理分析

试验期间生物菌群K1［W7×12＋FJ-NO$_2$（7-2）＋DA15＋HF6］在不同投加量（体积比，下同）下（K2 0.1%，K3 0.01%，K4 0.001%）对TN的去除效果及去除率变化情况如图19.106（c）、（a）和（d）所示。由图可以看出，在反应阶段初期，由于水中营养物质浓度较低，菌体的适应期较长达12d，这说明贫营养脱氮菌可以逐渐地适应自然水体地极端环境，并与自然水体中的土著脱氮菌形成一个稳定的脱氮菌群，协同作用脱氮。不同投菌量的系统中，菌群Ki均能利用水中氮源进行脱氮作用。在本实验结束时，投菌量为K3 0.01%，脱氮效果最理想，总氮浓度从最初的2.39mg/L降解到1.36mg/L，运行期间总氮最大去除率可达43.05%。菌剂的投量为K2 0.1%，初期的脱氮效果不明显，但是试验后期表现出良好的脱氮效果，总氮的最大去除率达到36.99%。当菌剂的投加量为K4 0.001%时，菌剂的脱氮效果较为稳定，但总氮最大的去除率并不高，为30.46%。

试验运行期间K3菌群系统硝氮浓度、亚硝氮浓度、氨氮浓度及去除率变化情况如图19.106（b）所示。由图可以看出，菌群K3的硝氮浓度经过61d的反硝化作用从最初的2.18mg/L下降到最终的1.20mg/L，其硝氮的最大去除率为45.07%。而K2菌群的硝氮最大去除率为39.76%；K4菌群的硝氮最大去除率为27.18%（图中未指出）。K3菌群的氨氮浓度也从最初的0.096mg/L也下降到0.03mg/L。整个实验运行过程中，只检测出微量的亚硝氮。

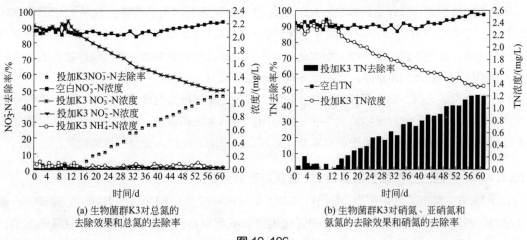

(a) 生物菌群K3对总氮的
去除效果和总氮的去除率

(b) 生物菌群K3对硝氮、亚硝氮和
氨氮的去除效果和硝氮的去除率

图19.106

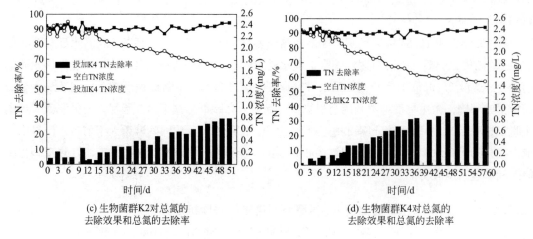

(c) 生物菌群K2对总氮的
去除效果和总氮的去除率

(d) 生物菌群K4对总氮的
去除效果和总氮的去除率

图 19.106 K3、K2 和 K4 对氮的去除

综合上述结果可知，投菌系统 K2、K3 和 K4 由于投加了脱氮能力较强的专一性脱氮复配菌株 [W7×12, DA15, HF6, FJ-NO$_2$（7-2）]，导致系统内菌群竞争优势发生变化，并且与系统内的土著脱氮菌相互协同互补，从而提高了整个系统的脱氮效率。相反，空白对照系统因为只有自己水体中的土著脱氮菌，并没有进行统一的驯化，不能很好地适应极端的自然水体环境，故其脱氮效果并不明显，反而有可能菌体自然死亡，释放体内的含氮化合物，使得水体中总氮含量有所升高。菌剂投量为 K3 0.01％时的脱氮效果最好，说明适宜的投菌量有利于反硝化过程的顺利进行，这可能是因为微生态菌剂中的高效脱氮菌群较易获得足够的碳源，并且能够和原水中的土著微生物一起形成稳定的生态位，从而把水体中的氮源污染物降低到更低的水平。伴随着接种量的增加，如菌剂量为 K2 0.01％，其对原水的脱氮效果反而有所降低，这可能是由于当细菌的量超过一定限度时，不同微生物相互之间产生了竞争，争夺碳源、氮源等营养物质，而微污染原水中营养物浓度又比较低，一部分细菌在竞争中会处于劣势，生长会受到抑制，从而降低细菌生长的数量，并最终降低了脱氮效率。在运行前期，菌剂投量为 K2 0.1％和 K4 0.001％的强化系统中脱氮效果相差不大，是由于试验初期碳源相对比较充足，其中贫营养脱氮细菌能够利用水中的碳源进行反硝化作用；伴随着运行时间的延长，系统中的碳源物质逐渐减少，其营养受到限制，此时细菌进入一种降低代谢活性的生理状态（即休眠状态），它们因此能够在不利的环境条件下存活较长时间。K2 投菌量相比 K4 投菌量具有更好的脱氮效果，是由于当投加的微生物数量很多，而又缺乏易被微生物利用的营养物质时，微生物细胞即进入内源性代谢阶段，当缺乏外来的能源物质时，细胞便利用内存的物质，但当细胞内贮存的物质缺乏时，细胞便开始死亡并分解，释放出氮源污染物及溶解性有机物，这部分物质可作为新的氮源和碳源继续被水中的细菌利用，进行生长和繁殖，因此导致试验后期脱氮效果较明显。由此可见，采用复配菌群来净化微污染原水时，应加入适量的微生物菌剂为宜。

19.7.4.3 碳源对复配微生物菌剂 M1 脱氮影响的分析

图 19.107 指出了生物菌群 M1[W7×12＋FJ-NO$_2$（7-2）＋DA15＋HF6]对系统中四氮（总氮、硝氮、亚硝氮和氨氮）去除的变化规律。不难看出，M1 复配菌在前期展现出了良好的脱氮效果，适应期特别短，在不投加外来碳源的情况下，前 28d 总氮浓度从开始的

1.99mg/L下降到1.55mg/L，其总氮的去除率为22.89%。对应的是，硝氮浓度从最初的1.88mg/L降解到1.37mg/L，其硝氮的去除率为27.94%，均比总氮的去除率高。此时投加碳源C/N=1，而后生物菌群M1出现一个短暂的适应期，其总氮和硝氮开始逐渐地降低，亚硝氮有一个相对较高的积累，达0.1mg/L，而后被反硝化，其浓度降低。在第二次额外投加碳源之前，即在第42天之前，系统中总氮的浓度下降到1.29mg/L，硝氮的浓度下降到1.17mg/L。总氮的降解率达到35.67%；硝氮的降解率达到38.68%。此时第二次投加碳源C/N=1，总氮和硝氮最终分别降解到1.065mg/L和0.96mg/L，其总氮的最终去除率为47.22%；硝氮的最终去除率为49.69%。整个降解过程历时58d，氨氮并没有太明显的变化，系统水体中的pH值从8.06上升到了8.65。综上可知，菌群M1通过人为向系统中添加适量的碳源，改变系统运行后期碳源不足，从而展现出了良好的脱氮能力，出水基本达到国家Ⅲ类水质的标准，为处理极贫营养，碳源严重不足水质，奠定了理论基础。

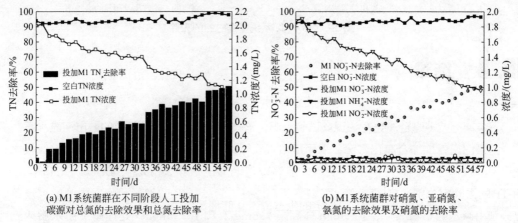

(a) M1系统菌群在不同阶段人工投加
碳源对总氮的去除效果和总氮去除率

(b) M1系统菌群对硝氮、亚硝氮、
氨氮的去除效果及硝氮的去除率

图 19.107 M1 对氮的去除

19.7.4.4 碳源对复配微生物菌剂 M2 脱氮影响的分析

图19.108同样也指出了生物菌群M2（J×26＋HF6＋DA15＋F4＋ZK-1＋ZK-4）对系统中四氮（总氮、硝氮、亚硝氮和氨氮）去除的变化规律。对菌群M2来说，反应总氮去除效果与菌群M1并无太大差异，从最初的1.996mg/L下降到最终的1.019mg/L，其总氮的最大去除率为48.96%。菌群M2基本没有适应期，直接开始脱氮，其原因有可能是该菌群是经驯化的土著脱氮菌，能够很快地适应该水质环境。与菌群M1相似，在第一次加碳源前，其系统的总氮下降到1.492mg/L，此时总氮的降解率为25.26%；到第二次加碳源之时，其总氮下降到1.229mg/L，此时的总氮去除率为38.44%。从图19.108（b）可以看出，菌群M1整体对硝氮的还原能力不如菌群M2，硝氮浓度从开始的1.89mg/L下降到最终的0.92mg/L，其硝氮的最终去除率为51.37%。在第一次加碳源前，其系统的硝氮下降到1.37mg/L，此时硝氮的降解率为27.59%；到第二次加碳源之时，其硝氮下降到1.11mg/L，此时的总氮去除率为41.86%。值得注意的是，试验后期硝氮浓度出现短暂的回升，之后又开始降低，这可能是由于实验运行后期，水体中的沉淀物向水体中释放有机质，其中可能含有含氮化合物。

无论对于菌群M1还是对于菌群M2，总氮去除效果都比较好。但是相比较而言，M2菌群的去除效果最好。但是考虑到M1和Ki是一个菌群系列[W7×12＋FJ-NO$_2$（7-2）＋DA15＋HF6]，并且Ki在投菌量为0.01%是效果最好，因此实际工程应用中，需通过实验确定不同的水质条件下最佳的菌群组合和最佳投量，来实现经济脱氮的效果。

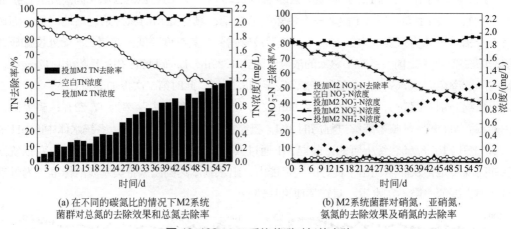

(a) 在不同的碳氮比的情况下M2系统
菌群对总氮的去除效果和总氮去除率

(b) M2系统菌群对硝氮，亚硝氮，
氨氮的去除效果及硝氮的去除率

图 19.108　M2 系统菌群对氮的去除

19. 8　结论

污染河道就地综合净化方法现场试验表明，该技术能够改善污染严重的城市河流水质。

污染河道就地综合净化方法，采用辫帘式软性纤维填料的生物膜技术及曝气充氧技术、辅以投菌技术综合治理黑臭的污染水体能够取得明显的效果，COD_{Cr}、BOD_5、NH_4^+-N、TN 和 TP 的去除率分别达到 67.4%、87.7%、34.3%、30.3% 和 53.3%，河道中溶解氧及透明度分别由原水的 0.9mg/L、12.5mm 提高至 7.6mg/L 和 137.5mm，处理段下游水质达到地表水环境质量标准中的 V 类水体质量标准要求，有些水质参数如 BOD_5、COD 和 TP 达到 IV 类标准。

河道的生物种类自上游到下游，自表层到底层逐渐增多，河道生物膜上的生物量自上游到下游逐渐增大。

试验段对有机物、氮、磷的去除主要是通过生物作用及生物膜的截留作用共同完成。

河道中河床铺填的砾石或卵石层，在水流湍急的河段能形成激流曝气增氧的效果；在水流缓慢的河段能形成生态石，其上的生物膜能有效地对河水中的有机污染物进行降解和去除，通过有机氮的氨化、氮的硝化、反硝化等过程，能有效地去除河水中的 TN、NH_3-N 和 NO_x-N，通过好氧-厌氧的交替也能有效地去除磷。

河道临岸浅水区的芦苇表流人工湿地，通过芦苇的浸水茎叶上的活的生物膜及其根系吸收和土壤微生物作用，能高效地净化河水，去除其中的各种污染物；水力停留时间长（如 HRT≥12h）的芦苇湿地，能将劣 V 类地表水净化到 V 类、部分参数达到地表水环境质量 IV 类标准，如 COD、BOD_5 等。芦苇湿地通过光合作用能释放出大量初生态氧，并通过芦苇根系传输到河水中，保证河水在好氧环境中对河水进行好氧生物净化。

河道净化段需要采取垃圾去除措施，如在上游进水端沿河宽度上倾斜设置漂浮式垃圾截留竹竿及其拦网，以拦截和捕集垃圾。

深圳市龙岗河和福田河，是深圳和全国城市河道生态修复与治理的成功范例，为全国城市污染河道的生态修复与治理提供了成功的经验；其生态与景观水源在旱季几乎全部来自污水处理厂的二级处理出水和部分再生水；在无其他水源时能够保持河清水净、鱼类成群、鸟翔河上和靓丽景观，实属不易。沿岸巨大截流沟渠（箱涵）是确保河道不被污染的主要设施，在国内是原创举措；河道综合生态治理设施是确保河流保持水流清澈和生机勃勃水生态系统的主要措施。实现了水污染治理的节能、低碳和资源循环（尤其是水循环和营养物循环）。成为附近居民休闲和游览胜地，周末游人众多，具有很高的环境效益和社会效益。

参考文献

[1] Merino-Martos A, de Vicente J, Cruz-Pizarro L, et al. Setting up High Gradient Magnetic Separation for combating eutrophication of inland waters[J]. Journal of Hazardous Materials, 2011, 186（2-3）: 2068-2074.

[2] P. G. Marston, J. A. Oberteuffer. Application of High Gradient Magnetic Separation（Hgms）to Treatment of Steel-Industry Waste-Waters[J]. Progress in Water Technology, 1976, 8（2-3）: 105-112.

[3] C. H. Gooding, D. C. Drehmel. Application of High-Gradient Magnetic Separation to Fine Particle Control [J]. Journal of the Air Pollution Control Association, 1979, 29（5）: 534-538.

[4] W. Y. Chen, P. R. Anderson, T. M. Holsen. Recovery and Recycle of Metals from Waste-Water with a Magnetite-Based Adsorption Process[J]. Research Journal of the Water Pollution Control Federation, 1991, 63（7）: 958-964.

[5] M. H. Shaikh, S. G. Dixit. Removal of Phosphate from Waters by Precipitation and High-Gradient Magnetic Separation[J]. Water Research, 1992, 26（6）: 845-852.

[6] A. F. M. Vanvelsen, G. Vandervos, R. Boersma, et al. High-Gradient Magnetic Separation Technique for Waste-Water Treatment[J]. Water Science and Technology, 1991, 24（10）: 195-203.

[7] 陈文松, 韦朝海. 磁种混凝-高梯度磁分离技术的印染废水与废水处理[J]. 水处理技术, 2006, 32（11）: 58-60.

[8] Nuray K. Magnetic Separation of Ferrihydrite from Wastewater by Magnetic Seeding and High-gradient Magnetic Separation [J]. International Journal of Mineral Processing, 2003, 71（1-4）: 45-54.

[9] Ching-Ju Monica Chin, Chen P W, Wang L J. Removal of Nanoparticles from CMP Wastewater by Magnetic Seeding Aggregation [J]. Chemosphere, 2006, 63（10）: 1809-1813.

[10] Gokon N, Shimada A, Hasegawa N, et al. The Magnetic Coagulation Reaction Between Paramagnetic Particles and Iron Ions Coprecipitates [J]. Journal of Magnetism and Magnetic Materials, 2002, 246（1-2）: 275-282.

[11] Li Y R, Wang J, Zhao Y, et al. Research on Magnetic Seeding Flocculation for Arsenic Removal by Superconducting Magnetic Separation [J]. Separation and Purification Technology, 2010, 73（2）: 264-270.

[12] Aber S, Salari D, Parsa M R. Employing thetaguchi method to obtain the optimum conditions ofcoagulation-flocculation process in tannery wastewatertreatment[J]. Chemical Engineering Journal, 2010, 162（8）: 127-134.

[13] Liang Z, Han B P, Lin H. Optimum conditions to treathigh-concentration microparticle slime water withbio-flocculants [J]. Mining Science and Technology, 2010, 20（3）: 478-484.

[14] Chavalparit O, Ongwandee M. Optimizingelectrocoagulation process for the treatment of biodieselwastewater using response surface methodology [J]. Journal of Environmental Sciences, 2009, 21（11）: 1491-1496.

[15] Ben M, Lkesentini I. Treatment of effluents fromcardboard industry by coagulation-electroflotation [J]. Journal of Hazardous Materials, 2008, 153（3）: 1067-1070.

[16] Gokon N, Shimada A, Hasegawa N, et al. Ferrimagnetic coagulation process for phosphate ionremoval using high-gradient magnetic separation [J]. Separation Science and Technology, 2002, 27（16）: 3781-3791.

[17] Duangduen C, Nthaporn A, Kitiphatmp-Ntree M, et al. The effects of magnetic field on theremoval of organic compounds and metals by coagulationand flocculation [J]. Physica Status Solidi, 2006（9）: 3201-3205.

[18] 曹勇锋，张朝升，张可方，等．采用微絮凝/大梯度磁滤工艺处理珠江水的研究[J]. 中国给水排水，2010, 26（23）: 55-57.

[19] 陈瑜，李军，陈旭变，等．磁絮凝强化污水处理的试验研究[J]. 中国给水排水，2011, 17: 78-81.

[20] Cafer T, Yavuz, Mayo J T, William W, et al. Lowfield Magnetic Separation of Monodisperse Fe_3O_4 Nanocrystals [J]. Science, 2006, 314（5801）: 964-967.

[21] 洪若瑜．磁性纳米颗粒和磁性流体制备与应用[M]. 北京：化学工业出版社，2009.

[22] 陈瑜．磁活性污泥法短程脱氮工艺特性与控制研究[D]. 北京：北京工业大学，2012.

[23] Y. Sakai, T. Miama, F. Takahashi. Simultaneous removal of organic and nitrogen compounds in intermittently aerated activated sludge process using magnetic separation[J]. Water Research, 1997, 31（8）: 2113-2116.

[24] C. Ying, K. Umetsua, I. Ihara, et al.. Simultaneous removal of organic matter and nitrogen from milking parlor wastewater by a magnetic activated sludge（MAS） process[J]. Bioresource Technology, 2010, 101: 4349-4353.

[25] Yokoyama K, Oka T, Okada H, et al. High gradient magneticseparation using superconducting bulk magnets[J]. Physica C: Superconductivity, 2003, 392: 739-744.

[26] Ohara T, Kumakura H, Wada H. Magnetic separation usingsuperconducting magnets [J]. Physica C: Superconductivity, 2001, 357: 1272-1280.

[27] Yavuz C T, Prakash A, Mayo J, et al. Magnetic separations: fromsteel plants to biotechnology[J]. Chemical Engineering Science, 2001, 64（10）: 2510-2521.

[28] 胡家玮，李军，陈瑜，等．磁絮凝在强化处理受污染河水中的应用[J]. 中国给水排水，2011（15）: 75-77.

[29] 胡家玮，李军，于凤芹，等．磁絮凝法处理河水工艺条件的响应面分析[J]. 北京工业大学学报，2013（3）: 459-465.

[30] 胡家玮．污水磁混凝—同步硝化反硝化工艺研究[D]. 北京：北京工业大学，2014.

[31] 王昌稳，李军，陈瑜，等．磁活性污泥法在污水处理中的应用[J]. 净水技术，2011（3）: 47-50.

[32] 郑必胜，陈继伟．疏水性磁性微球的制备及对盐藻的吸附研究[J]. 离子交换与吸附，2007, 23（4）: 337-382.

[33] 郑必胜，郭祀远，李琳，等．高梯度磁分离的特性及应用[J]. 华南理工大学学报（自然科学版），1999（03）: 41-45.

[34] Merino-Martosa A, de Vicenteb J, Cruz-Pizarro L, et al. Setting uphigh gradient magnetic separation for combating eutrophication ofinland waters [J]. Journal of Hazardous Materials, 2011, 186 （2/3）: 2068-2074.

[35] 熊德琪，黄先湖．应用磁化效应提高含酚废水处理效果[J]. 水处理技术，2001（01）: 50-52.

[36] 张朝升，张可方，宋金璞，等．大梯度磁滤器处理微污染珠江源水[J]. 中国给水排水，2001（04）: 70-72.

[37] Matthias Franzreb, P Kampeis. Use of magnet technology for phosphate elimination from municipal sewage [J]. Acta Hydrochimica et Hydrobiologica, 1998, 26（4）: 213-217.

[38] Hugh. G, Tozer. P. E. Study of five phosphorus removal processes select comagam to meet concord[J]. IEEE Trans Magn, 2001, 3（1）: 201-209.

[39] 张雅玲，李艺，张韵，等．磁加载絮凝技术在清河污水处理厂应急工程中的应用[J]. 给水排水. 2010, 08: 47-49.

[40] Ying T Y, Yiacoumi S, Tsouris C. High-gradient magneti-cally seeded filtration[J]. Chem Eng Sci, 2000, 55（6）: 1101-1113.

[41] 黄启荣，霍槐槐．磁絮凝与磁分离技术的应用现状与前景[J]. 给水排水，2010, 36（7）: 150-152.

[42] 周勉，倪明亮．磁分离技术在水处理工程中的应用工艺及发展趋势[J]. 水工业市场，2009（8）: 48-53.

[43] 王小佳，李继香，夏四清．化学絮凝预处理对膜生物反应器膜污染的影响[J]. 中国给水排水，2010, 26（3）: 18-21.

[44] 吴金玲．膜生物反应器混合液性质及其对膜污染影响和调控研究[D]. 北京：清华大学，2006.

[45] 杜海明，张发宇，吕凤明，等．磁絮凝－磁盘分离法处理巢湖富营养化水的试验研究[J]．水处理技术，2009，35（5）：86-90.

[46] 南京水利科学研究院．苏州古城区河道"自流活水"方案研究[D]．苏州：苏州市水务局．

[47] 徐国忠，李广贺，丁永伟，等．水体污染控制与治理科技重大专项"产业密集型城镇水环境综合整治技术研究与示范"课题-水环境质量改善技术集成报告[C]．苏州：苏州市供排水管理处，2017.

[48] 杨宁．河网地区城市河道水环境时空变化与模拟研究[D]．北京：清华大学，2015.

[49] 雷磊．苏州城区水环境特征识别与影响要素分析[D]．北京：清华大学，2015

[50] 苏州市城市排水监测站．2012-2016年度城区河道水质监测分析评价报告．苏州：苏州市供排水管理处．

[51] 徐国忠，贾海峰，丁永伟等．水体污染控制与治理科技重大专项"产业密集型城镇水环境综合整治技术研究与示范"课题-苏州同里古镇河道水质修复与调控技术研究与示范技术报告[C]．苏州：苏州市供排水管理处，2017.

[52] Newson, M. Land, Water and Development: Sustainable Management of River Basin Systems[M]. Routledge: Florence, KY, 1997.

[53] Mellquist, P. River management-objectives and applications. In River Conservation and Management[M]. Chichester: John Wiley Inc, 1992.

[54] 孙从军，张明旭．河道曝气技术在河流污染治理中的应用[J]．环境保护，2001（4）：12-14.

[55] 田伟君，翟金波．生物膜技术在污染河道治理中的应用[J]．环境保护，2003（8）：19-21.

[56] 丁吉震．CBS水体修复技术[J]．洁净煤技术，2000，6（4）：36-38.

[57] 田伟君，王超，李勇，翟金波．城市污染水体强化净化技术研究进展[J]．河海大学学报（自然科学版），2004，32（2）：136-139.

[58] 刘延恺，陆苏．河道曝气法——适合我国国情的环境污水处理工艺[J]．环境污染与防治，1994，16（1）：22-25.

[59] William J M, Jean-claudel, Virginie B. Ecological engineering applied to river and wetland restoration[J]. Ecological Engineer, 2002, 18: 529-541.

[60] 国家环境保护总局，《水和废水监测分析方法》编委会．水和废水监测分析方法．4版．北京：中国环境科学出版社，2002.

[61] GB 3838—2002.

[62] 张斯．混合菌丝球形成机理及其净化效能研究[D]．哈尔滨：哈尔滨工业大学，2008.

[63] WANG Baozhen, WANG Shumei, Cao Xiangdong, et al. Speeding up water pollution control in Shenzhen using novel processes[J]. Water, 2008, 21, IWA: 16-21.

[64] 王淑梅，王宝贞，金文标，等．污染水体就地综合净化方法在福田河治理中的应用平[J]．给水排水，2007.

第**20**章

城市污染地下水的综合治理工程

20.1 地下水环境领域科技发展状况和趋势分析

地下水是人类生存空间的重要组成部分，是世界上许多国家重要的供水水源，被广泛地作为生活及工农业用水。全球有 15 亿以上的人口以地下水作为饮用水。据统计，美国有 50％的城市居民生活用水、近 90％的农村地区生活用水为地下水，有 75％～80％的灌溉用水为地下水；法国、德国、瑞士分别有 65％、72％、84％的居民生活用水以地下水为主；有些特殊的国家如巴巴多斯、丹麦和荷兰，几乎全部依靠地下水。中国则有 70％的人口饮用地下水，北方城市生活和工业用水中地下水占 90％左右。在可以遇见的未来，地下水仍将是经济社会发展的重要支柱。

近半个世纪以来，随着世界人口的不断增长，经济社会的迅猛发展，许多国家都出现了地下水开发利用的环境问题。由于地下水渗流缓慢，水体的交换性差，一旦遭受污染将很难修复。

欧美等发达国家由于工业化开始较早，其地下水环境问题已率先经历了从污染发生与发展到污染治理及状况改善的几个时期，对地下水污染的治理积累了较为丰富的经验，也有了较好的防治及控制措施。相比之下，我国经济发展起步较晚，由工业化带来的地下水污染相当于发达国家 20 世纪 70 年代的状况。对欧美等发达国家地下水环境科技发展历程的研究及其各个发展阶段应对策略的分析，对我国地下水环境治理具有重要的借鉴意义。

20.1.1 国外地下水环境领域科技发展历程

20.1.1.1 美国

美国在地下水污染防治方面走在世界前列，其发展历程可以大致划分为如下 3 个阶段。

① 20 世纪 60 年代之前的调查阶段，19 世纪末 20 世纪初，大规模快速发展的产业革命带

来了工业污染，但地下水科技主要是针对社会经济发展对地下水使用的需求，开展水资源调查工作。

② 20 世纪 60～70 年代，随着经济和科技的发展，人们的环保意识觉醒，环保呼声增强，政府部门开始行政干预环境问题，制定了一系列地下水相关法规，进入污染治理初期。

③ 20 世纪 70～80 年代后，美国的地下水环境问题开始得到改善，点源污染基本得以控制，进入全面治理期，制定了一系列的地下水修复行动指南、修复技术导则等，并实施了大量的污染地下水修复工程。

各阶段的主要发展状况见表 20.1。

▣ 表 20.1　美国地下水科技发展各阶段状况

调查阶段	污染治理初期	全面治理期
19 世纪 60 年代到 20 世纪 70 年代	20 世纪 70～80 年代	20 世纪 80 年代至今
19 世纪 60 年代后期，水文地质学研究，以定性和描述性为主； 1910～1940 年，首次组织了对全国地下水资源的评估； 1940～1976 年，以州为单位对各个州地下水资源进行了调查； 20 世纪 60～70 年代，地下水有机污染日渐严重，但研究重点仍集中于无机污染物	1984 年，EPA 制定了地下水保护政策； 1986 年成立了地下水保护办公室； 20 世纪 70 年代末到 80 年代初，研究重点开始从无机污染物转向有机污染物； 20 世纪 80 年代开展了"国家水质评价计划"，对地下水资源评价进行了大量的研究，研制出通用的二维流和三维流数学模型； 重点开展污染源控制	针对重点场地和主要污染物开展研究； 1991～2001 年完成了全国第一轮水质评价计划，确定导致浅层地下水污染的主要因素和主要污染物； 2001 年开始第二轮水质评价，检测污染指标扩大到杀虫剂、挥发性有机化合物（VOCs）、营养物质和微量元素，影响分析扩大到地下水污染对地表水乃至生态的影响； 制定了地下水修复行动指南以及一系列针对特定污染物、针对特定技术的地下水修复导则； 制定一系列地下水相关法律法规

（1）调查阶段

1）环境问题　调查阶段长达一个多世纪。19 世纪 60～90 年代，美国经济呈现高速发展的趋势。这一阶段的经济快速增长主要建立在大量消耗石油、钢铁等自然资源的基础上，如同所有发展中国家一样，均以破坏环境、消耗资源为代价，谋求经济的高速发展。20 世纪 60 年代，经济的繁荣发展刺激了美国的消费主义，人们开始享受物质生活，这一举动加剧了自然资源的开发及自然环境的破坏。工业企业向水体中排放大量含有机、无机甚至放射性废物的污水，而农业活动产生的化肥和农药也通过地表水体渗入到地下水中。人口增长与城市扩大导致城市污水系统无法满足需求，大量城市污水未经充分处理直接排入水体中，城市及工业区受污染的地面径流也汇入地表水体中，进而污染地下水。1969 年，加利福尼亚州的圣巴巴拉海峡发生石油钻井井喷事故，在此之后的一年时间内，美国的环境问题频发，污染给人类带来了疾病和死亡，身处其中的人们开始感受到环境污染带来的威胁，人们的环保意识彻底觉醒。

2）科技发展　19 世纪 60 年代后期，农业和城市发展对地下水的需求不断增加，刺激了人们对水文地质学的研究，但研究基本以定性和描述性为主。1910～1940 年，美国地质调查局组织了首次对全国地下水资源的定性评估，阐述了地下水补给、排泄、数量、质量、开发利用等情况。1940～1976 年，美国地质调查局与多部门合作，以州为单位先后对各个州的地下水资源进行了调查。

（2）污染治理初期

20 世纪 70～80 年代为污染治理初期。20 世纪 60～70 年代，地下水有机污染日渐严重，但此时的研究重点仍集中于无机污染物。20世纪70年代末到80年代初，美国地下水污染的研究重点开始从无机污染物转向有机污染物。拉夫运河事件暴露了棕地的问题，超级基金法（CERCLA）应运而生。垃圾填埋场对地下水的污染问题也开始引起关注，垃圾渗滤液中含有大量的有机污染物、重金属离子及微生物病原体等，美国开始了垃圾渗滤液回灌技术的研究。

20世纪60年代末声势浩大的环境保护运动后，美国联邦政府和各州地方政府出台了一系列保护地下水环境的法律和指导方针。1969年颁布的《国家环境政策法》做出了从以治为主到以防为主的改变，标志着环境政策和立法进入了新的阶段。地下水污染防治的相关法律文件主要有《清洁水法》（1972）、《安全饮用水法案》（1974）、《资源保护与回收法》（1976）、《综合环境响应、赔偿和责任法》（1980，1986年重新修订）、《水质量法》（1987）、《污染保护法》和《有毒物质管理法》（1990）等，见表20.2。

⊡ 表20.2　美国的地下水相关法律法规

立法时间	法律名称	地下水污染防治相关规定
1972年,1977年修订	清洁水法(CAA)	限制污染物排入地表水中,间接保护地下水
1974年	安全饮用水法案(SDWA)	可控制地下水注入,保护饮用水源,并保护地下蓄水层
1976年	资源保护与回收法(RCRA)	强调市政垃圾填埋场、地下储油罐等各个管理环节不能污染地下水
1980年,1986年修订	综合环境响应、赔偿与责任法(Superfund Act)	涉及环境污染的治理程度与治理标准、地表与地下水的修复与保持、环境健康评价、需要采取修复措施的前期评估等问题
1987年	水质量法	为雨水排放建立了具体的许可指导方针,使工业界必须对他们排放到下水道系统中的任何物质负责
1990年	污染保护法	对水污染贯彻"全过程控制"的源头削减战略做了详尽的规定
1947年,1972年修订	联邦杀虫剂、杀菌剂和杀鼠剂法(FIFRA)	对可能浸出到地下水的杀虫剂物质进行控制
1976年	有毒物质控制法(TSCA)	对可能浸出到地下水的有毒化合物质的生产、使用、储存、分配和处理过程进行控制

20世纪80年代，美国开展了"国家水质评价计划"，对地下水资源评价进行了大量的研究，以地下水动力学理论为基础，研制出了通用的二维流和三维流数学模型。

（3）全面治理期

1）环境问题　20世纪80年代，美国地下水的点源污染基本得到控制，开始进入全面治理期，并一直延续至今。根据美国环保署（EPA）发布的文件整理得到全面治理期部分年份美国地下水主要污染源和主要污染物情况，如表20.3所列，其中污染源一项选取了位于前5位的污染源。可以看出，硝酸盐、挥发性有机化合物、杀虫剂等污染始终是美国地下水环境的主要问题，美国政府一直在致力于解决这些问题。

⊡ 表20.3　美国环保署发布的全面治理期地下水主要污染源和主要污染物

年份	污染源	主要污染物
1992	地下储油罐泄漏 化粪池 城市垃圾填埋场 农业活动 危险废物遗弃点	硝酸盐、金属、挥发性有机化合物、杀虫剂

年份	污染源	主要污染物
1996	地下储油罐泄漏 垃圾填埋 污水系统 危险废物遗弃点 表层储水	硝酸盐、挥发性有机化合物、半挥发性有机化合物、细菌、杀虫剂
2000	地下储油罐泄漏 污水系统 垃圾填埋 大型工业设施 肥料应用	硝酸盐、挥发性有机化合物、石油烃、农药、金属

2）科技发展

① 调查评价。美国于 1991～2001 年完成了全国第一轮水质评价计划，结果显示，农业活动和城市化是导致浅层地下水污染的主要因素，地下水中的污染物与农业用地中施用的化学物质密切相关。在农业区浅层地下水中，主要污染物为硝酸盐和除草剂；在城市区浅层地下水中主要污染物为挥发性有机化合物（VOCs）。

2001 年，美国开始了第二轮水质评价，检测污染指标扩大到杀虫剂、挥发性有机化合物（VOCs）、营养物质和微量元素，影响分析扩大到地下水污染对地表水乃至生态的影响。

② 制定修复行动指南。随着地下水环境的严重恶化及民众环保意识的觉醒，污染地下水的修复治理工作已刻不容缓。美国环保署及能源部等部门先后制定了一系列的地下水修复行动指南，地下水修复工作逐渐开展。1988 年美国环保署制定超级基金场地污染地下水修复行动指南，1995 年美国能源部制定针对 CERCLA 行动和 RCRA 行动场址的地下水修复指南，2001 年美国环保署制定修复费用评估指南，2006 年美国康涅狄格环境保护部制定与修复标准规范相应的地下水监测指南。此外，1999 年国际原子能总署还制定了地下水污染修复技术选择指南。行动指南包括了污染调查、评价、修复目标制定、修复技术筛选和评估、修复实施、评价等。

③ 地下水修复导则。针对特定的污染物，美国各部门制定了与之对应的地下水修复导则，如表 20.4 所列。

针对重非水相流体（DNAPL）污染场地，美国州际技术与管理委员会（ITRC）2000 年制定了 DNAPL 调查技术，2003 年又制定了 DNAPL 淋洗技术的选择和实施，2004 年制定了原位修复技术的过程监测方法，2008 年制定了原位微生物修复 DNAPL 的评估、设计、监测和系统优化。ITRC 2009 年制定了基于轻非水相液体（LNAPL）污染场地条件和修复目标的场地修复技术选择框架和 LNAPL 源区衰减的评价和模拟方法。针对甲基叔丁基醚（MTBE）和叔丁醇（TBA），ITRC 制定了 MTBE 和 TBA 污染地下水修复技术。 2002 年，美国环保署针对砷污染出台了 3 个文件，包含了废弃物和环境介质中砷污染的 13 种处理措施、市政饮用水系统中砷的去除以及地下水中砷的处理方法。2006 年，美国科罗拉多州公共卫生和环境部制定了针对干洗设备场址的地下水修复指南。对于地下储油罐的渗漏和滴漏，空军工程环境中心（AFCEE）于 2000 年制定了燃料污染源去除效率的评价方法，2004 年，美国环保署又制定了针对地下储油罐泄漏场地的各种修复技术。这段时期以来，美国对特定污染物的修复导则都经过了反复修订，从最初修复技术的选择，到后期更为高效安全的修复技术的过程监测和系统优化，修复导则的每一次修订都标志着美国地下水修复技术的又一次飞跃。

表 20.4 美国针对特定污染物的地下水修复导则

时间	污染物	发布机构	主要内容
2000	地下储油罐	空军工程环境中心（AFCEE）	燃料污染源去除效率的评价方法
2000	DNAPL	美国州际技术与管理委员会（ITRC）	调查技术
2002	砷	美国环保署（EPA）	废弃物和环境介质中砷污染的13种处理措施、市政饮用水系统中砷的去除、地下水中砷的处理方法
2003	DNAPL	ITRC	淋洗技术的选择和实施
2004	地下储油罐	EPA	针对地下储油罐泄漏场地的各种修复技术
2004	DNAPL	ITRC	原位修复技术的过程监测方法
2005	MTBE,TBA	ITRC	MTBE 和 TBA 污染地下水修复技术
2006	干洗设备厂址	美国科罗拉多州公共卫生和环境部	修复指南
2008	DNAPL	ITRC	原位微生物修复 DNAPL 的评估、设计、监测和系统优化
2009	LNAPLs	ITRC	基于 LNAPL 污染场地条件和修复目标选择合适的场地修复技术的框架；LNAPL 源区衰减的评价和模拟方法
2009	汞		土壤、废弃物和水中汞污染的8种治理方法
2009	高氯酸盐		高氯酸盐污染水体和土壤的修复技术综述，包括场地评估方法、补救措施的选择以及修复技术实施等

除此之外，美国还陆续推出了针对特定技术的地下水修复导则，美国历年来发布的主要污染源、污染物和修复技术导则如表 20.5 所列。可见美国的科技发展源于环境问题的引导，早期出现的每一个地下水环境问题，在后期都有相应的技术修复导则颁布，即每一个地下水环境问题都有与之相关的技术研发投入。20 世纪末，美国地下水比较重要的污染源为地下储油罐、化粪池、垃圾填埋场、污水处理系统等市政设施，危险废物堆放场，农业活动区以及大型工业区等；关注的主要污染物从硝酸盐、金属、挥发性有机化合物、杀虫剂，逐渐拓展为半挥发性有机化合物、石油烃、农药等。基于上述需求，美国逐渐发布了防治污染扩散的阻隔-隔离墙技术、快速控制迁移和处理的抽出-处理（P&T）技术，并关注到较为经济的生物处理技术和物理处理技术。随着对氯代烃、燃料、爆炸物、重金属等污染场地地下水修复的需求，结合前期技术应用的经验，重点研究了监测自然衰减技术、原位化学氧化技术及热处理技术等。以困扰美国地下水环境多年的挥发性有机化合物为例，美国在 1996～2004 年间先后发布了空气喷射技术、多相抽提技术、原位热处理技术等修复导则，将修复技术不断地向更安全、更高效的方向发展。

表 20.5 美国地下水污染源、污染物、修复技术统计表

时间	污染源	发布导则的修复技术	备注	修订时间
1992	地下储油罐泄漏			
	化粪池			
	城市垃圾填埋场			
	农业活动			
	危险废物遗弃点			

时间	污染源	发布导则的修复技术	备注	修订时间
1994		阻隔-隔离墙技术		1998
1996	地下储油罐泄漏	抽出-处理技术	反应快速；工作量大	
	垃圾填埋	微生物修复技术	好氧、厌氧降解，是 MNA 的拓展改进。适用于低中等浓度污染场地。成本低、效果好，有生态风险，有专一性	1998、2000、2001、2004、2005、2010
	污水系统	空气喷射技术	使挥发、半挥发性物质剥离。不需抽水，成本低，修复时间短。石油烃污染地下水效果好	1997、2002
	危险废物遗弃点 表层储水	压力破裂技术		
1997		井内曝气技术		1999
		淋洗技术	注水，从孔隙中冲洗出污染物，比抽出-处理效果好	2003
		电动力学技术		
1998		可渗透反应墙技术	流经过程中发生吸附、沉淀、反应、降解。零价铁做介质，廉价、效果好，适用于氯代有机物	2000、2005
		监测含氯有机溶剂自然衰减技术	工业排放多	1999、2008
		监测燃料自然衰减技术		
1999		监测爆炸物自然衰减技术		
		监测金属和放射性核素自然衰减技术		2010
		植物修复技术	适于低中等浓度污染场地。成本低效果好，有生态风险，有专一性	2001
		多相抽提技术	抽真空动力使流动，去除挥发性和半挥发性物质	
		原位化学氧化修复技术	侧重挥发性氯代烃。快速高效，可大规模运用，但可能导致引入化学物质和中间产物的二次污染	2001、2005
2000	地下储油罐泄漏 污水系统 垃圾填埋 大型工业设施 肥料应用			
2003		地下水提取和产品回收技术		
2004		原位热处理技术	加热使挥发性有机化合物挥发，但对微生物有影响且挥发气体易造成大气污染，故修订改进	2009
2008		监测高氯酸盐自然衰减技术		

总体来说，美国地下水领域研究内容十分广泛，从水量到水质，从非饱和带土壤水到饱和带地下水，从潜水到深层承压水，从一般地下水污染到放射性污染，都有涉猎。不仅如此，以上这些针对特定污染场地类型、污染物种类、特殊修复技术的导则，很多都是在众多工程应用案例或科学试验数据的基础上形成的，因此具有很强的现实背景和较强的推广应用价值。此外，由于各项研究课题均来源于社会和生产发展的需要，因而得到政府和生产经营者的大力资助，使得研究工作具有旺盛的生命力。

3）管理政策　至 20 世纪 70～80 年代，美国已经较好地控制了点源污染，基本解决了点源污染问题，重点开展的工作包括：

① 地下储油罐污染控制。美国号称"汽车上"的国家，其对汽油的需求远远超过大多数国家，地下储油罐系统发生的储油罐腐蚀以及使用过程中的跑冒滴漏现象，对土壤和地下水环境构成威胁。

根据美国环保署对 2001 年 9 月以前的地下储油罐状况的统计结果，共有 42 万个地下油罐被确认有渗漏问题，其中有 15 万个由渗漏造成污染的地点需要清理整治。至 2007 年年底，全美 24 万个场地中有约 63 万个地下储油罐系统，且每年监测到约 9000 个新的泄漏处。

针对加油站的地下储油罐因设施老旧导致物质泄漏的问题，美国环保署制定了有关防锈蚀和保护的规定。对正在使用的油罐，要求油罐的使用人或拥有人安装渗漏监测装置；对于地下油罐临时性关闭少于 12 个月的，要求必须将油罐抽干，报环保部门备案，并继续监测油罐，同时采取必要的防锈蚀保护措施；永久性关闭的地下油罐则需要确认土壤及地下水的受污染情况，并对污染进行治理。《资源回收与保护法》（The Resource Conservation and Recovery Act）强制性规定地下储油罐的渗漏及泄漏不得污染当地地下水。

② 棕地的治理。根据美国环保署的定义，棕地是指废弃的、闲置的或者没有得到充分利用的工业或者商业用地及设施。

20 世纪 70 年代末期的拉夫运河事件促成了美国对已经污染而且危害程度超过标准的污染地区开展全面治理，著名的《超级基金法》（CERCLA）在此背景下颁布实施。该法案授权有毒有害物质和污染疾病登记局（ATSRR）清理和治理棕地上存在的有毒有害物质，并以追溯既往的方式要求污染物产生的责任方承担法律上连带、严格、无限责任，若找不到负责人，可以借助超级基金来清理受影响的范围。棕地的开发最初是开发商在有利可图时的个人行为，由于《超级基金法》等法律政策的颁布实施，导致棕地开发的成本升高，耗时加长，加上治理过程中可能出现的各种风险，使得私人开发商和投资商对其失去兴趣，政府开始介入。

USEPA 认为 20 世纪 90 年代之前棕地治理不力的原因有：对被污染地块的污染程度认识不清；对于造成污染并导致形成棕地地块的可能责任认识不清。1995 年至 1996 年，USEPA 制定了棕色地块经济的需要，并制定了棕色地块的行动议程。1997 年 5 月，克林顿政府为落实这项议程，发起并推动了棕色地块全国合作行动议程，在该议程的倡议下，同年 8 月国会通过了《纳税人减税法》，希望通过税收优惠政策鼓励私人资本对棕色地块的投资。

③ 垃圾填埋场的污染防治。美国 1977 年的资料显示，当时全美共有 18500 个垃圾填埋场，几乎有 1/2 的填埋场已经对水体产生了污染。至 1997 年，美国政府规定的垃圾倾倒地已有 2/3 达到饱和，其余 1/3 的场地只能维持几年，许多城市已经找不到垃圾堆放点。垃圾填埋场对地下水的污染主要由垃圾渗滤液渗漏所致。高浓度的垃圾渗滤液含有大量的有机污染物、重金属离子及微生物病原体等。市政土壤污染有 70% 是由垃圾填埋场造成的，虽然《资源回收与保护法》（The Resource Conservation and Recovery Act）强调了垃圾填埋场的渗漏及泄漏，规定其不得污染地下水，但并没有受到严格的控制。20 世纪 70 年代，美国开始垃圾渗滤液回灌技术的研究，用适当的方法将在填埋场底部收集到的渗滤液从其覆盖层表面或覆盖层下部重新灌入填埋场。也有些地区，如佛罗里达 Naples 填埋场、纽约 Edinburg 填埋场、Frey Farm 填埋场等，进行了填埋场的开采计划，回收利用可燃性废物，既可以减少填埋场的封场费用，又可以减少地下水污染的危险性。

美国垃圾填埋场的设施较为齐全，主要以环境标准高的卫生填埋场为主，其渗滤液收集系统较为完备，对固废污染的控制效果较好，能从源头上减少垃圾填埋场对地下水的污染。

④ 农业面源对地下水的污染防治。第二次世界大战以来，农药及其降解物的产物（杀虫剂和除草剂）成为地下水有机污染的主要物质，而化学肥料的施用及人畜粪便的堆积淋滤则导致了地下水中的氮磷污染。Agrawal 等的研究表明，美国在 1945 年的化肥使用量小于 $1.0 \times 10^6 t$（以 N 计），至 1992 年，其化肥使用量已达到 $1.1 \times 10^7 t$（以 N 计），而由于畜粪便的堆积淋滤进入环境中的 N 约有 $6.5 \times 10^6 t$。美国环保署在 2000 年就已宣布农业非点源为水污染的头号"贡献者"，其分散性的特点导致监测和治理成本极高，欧美等发达国家目前采取的主要控制措施为源头控制，减少化学肥料的使用。为了减弱农民对化学肥料的依赖，美国出台了一系列绿色农业的优惠政策，采用基于自愿和奖励的最佳管理措施（BMPs）。BMPs 可分为 4 类：a. 减少粪便中磷的含量；b. 改变水文状态；c. 改变土地使用功能；d. 乡村土地上磷的重新分配。

非点源污染中，还有很大一部分来源于城市径流的渗滤，以及大气的干沉降等。非点源污染具有随机性、广泛性、滞后性、模糊性、潜伏性，导致其研究和控制难度大，其治理措施是控制污染源及控制污染物的扩散。为了有效控制非点源污染，美国农业部设立了农业保护项目、农田保护休闲项目等，正确管理和利用农田，从源头上控制非点源污染；美国自然资源保护局也提供各种技术导则，做好水土保持工作，以减少污染；美国内政部则通过非点源污染的监测、评价及购买某些具有保护价值的土地来控制非点源污染。

这一时期美国针对地下水问题陆续颁布了相关的法律法规，详见表 20.6。

⊡ 表 20.6　美国的地下水相关法律法规

立法时间	法律名称	地下水污染防治相关规定
1986 年修订	安全饮用水法案（SDWA）	增加监控的污染物、地表水的过滤、地下水消毒，限制铅焊料和管道，强化执行力度
1987 年	水质量法	为雨水排放建立了具体的许可指导方针，使工业界必须对他们排放到下水道系统中的任何物质负责
1990 年	污染保护法	对水污染贯彻"全过程控制"的源头削减战略做了详尽的规定
1996 年修订	安全饮用水法案（SDWA）	强化了小型水系统的灵活性和技术支持、集体授权的水资源评价与保护、公众知情权和水系统基础设施建设
2006 年	地下水法规（GWR）（SDWA修订）	卫生调查、监管（水源触发监控）、纠正措施、水源评估；限制公共水源中的微生物病原体

20 世纪 80 年代后是以防为主的时期，《安全饮用水法案》《污染保护法》中都增加了监控的力度，旨在从源头控制污染。《地下水法规》的颁布也标志着美国针对地下水问题从间接管理转变为了直接管理。

美国在地下水污染防治工作方面起步较早，积累了丰富的经验，对于其他各国地下水污染修复具有重要的借鉴意义。

20.1.1.2　欧盟

欧盟在 1973 出台第一个环境行动计划，之后陆续出台了一些针对某个对象和领域的指令、法律和政策，其中针对地下水污染的排污限定指令有《地下水免受危险物质污染指令》（80/68/EEC）。欧盟在农业活动和污染土地对地下水污染的管理方面开展了较多的工作。

（1）农业对地下水污染的管理

欧盟是世界上农药使用量最大的地区，使用的农药达 600 种，地下水中普遍检测出莠去津，部分甚至超过欧盟饮水标准的 10～20 倍。除了有机污染外，由畜牧业和农业造成的硝酸盐污染也十分严重。Hiscock 等报道，英国环保部门 1986 年就阐明地下水硝酸盐污染问题，英国有近一百万人口的饮用水源中硝酸盐浓度超过欧盟组织规定的最大允许浓度。世界卫生组织的调查表明，丹麦、荷兰饮用水硝酸盐浓度以每年 0.2～1.3mg/L 的速度递增；丹麦在过去 30 年中地下水硝酸盐含量增加了 3 倍，而且还有继续增加的趋势。

1980 年，欧盟制定了《饮用水法令》，规定饮用水中硝酸根的含量不得超过 500mg/L，1991 年又出台了《欧盟硝酸盐法令》，要求各成员国划定硝酸盐保护区，在保护区内采取强制性措施以减少养分的流失。此外，欧盟还采取了一系列经济手段，例如对化肥的生产和销售收税，对为减少养分排放而改变耕作方式的农民给予补贴来控制硝酸盐的污染。但由于税收对农业的出口贸易负面影响大，有些国家实施税收减免，税收减免后对农民没有实质性影响，导致最终各国陆续废除税收政策。20 世纪 80 年代以来，欧盟国家的氮化肥使用量已下降 30%，缓解了严重的地下水硝酸盐污染。

（2）污染土地对地下水污染的管理

1974 年，丹麦制定了针对油污染土地和化学物质泄漏污染土地的《环境保护法律》，并于 1991 年修订。英国则采用全面的土地利用规划政策体系进行污染土地的修复工作，德国和芬兰的污染地块则注重确定严格的责任人。欧盟各成员国的污染土地修复基金来源主要有以下几项：废弃物征收税法；工业基金；政府津贴；土地注册交易费用；污染土地拍卖金；私人筹措资金。

1993 年 4 月 21 日，德国联邦政府通过了《垃圾法第三管理条例》，制定了垃圾填埋场场址的选择标准及垃圾填埋场密封系统的建立标准，规定了渗滤液的处理方式，从源头上控制垃圾填埋场对当地地下水可能产生的污染。

随着欧盟水源环境质量的恶化，水处理技术的趋于成熟，以及民众和环保组织对湖泊、河流、地下水、沿海水域水质要求的提高， 1995 年 12 月 18 日，欧盟理事会通过决议，要求制定一个可以确保水资源可持续的若干原则的新框架，并请欧盟委员会提议。欧盟委员会从以往失败的法规实施中得出经验，开始着手全面的水资源管理框架制定的前期准备工作。

2000 年 12 月 12 日，《欧洲议会与欧盟理事会关于建立欧共体水政策领域行动框架的 2000/60/EC 号指令》正式颁布。该指令被简称为《欧盟水框架指令》（Water Framework Directive），它提出要在 2015 年以前实现欧洲"良好的水状态"，逐步减轻地下水污染和遏制地下水资源超采现象，整个欧洲采用统一的水质标准。2003 年 9 月 22 日，《欧盟水框架指令》要求欧盟各成员国监测和评价地下水质量，并控制、逆转地下水受污染趋势，至 2012 年要有一个全面的纲领，防止或限制地下水和地表水的污染。2006 年，欧盟又制定了《地下水框架指令》，提供了地下水保护指南，设定了污染物界限值，确定了如何识别和抑制污染恶化趋势，使地下水资源的保护和治理有了更好的法律依据。《欧盟水框架指令》综合以往的法规条例及实践经验，在指令的可操作性、水资源管理的流域性及公众参与 3 个方面做了很大的改进。此外，该指令不仅局限于水质的保护治理，对水量的管理同样做出了一系列的规定，是欧盟一部覆盖面较广、管理标准和体制较为统一的水资源方面法律。表 20.7 为欧盟的地下水相关法律法规。

立法时间	法律名称	地下水污染防治相关规定
1975 年	欧洲水法	给用于抽取饮用水的江河湖泊制定标准
1976 年	控制特定危险废物排放污染水体指令	对部分污染物质的排放限值进行了规定
1980 年	地下水指令	对地下水污染物排放限值进行了规定
1980 年	饮用水指令	是欧洲各国制定本国水质标准的主要框架
1991 年	城市废水处理指令	对城市废水处理提出了十分严格的要求
2000 年	水框架指令	逐步减轻地下水污染和遏制地下水资源超采现象,规定整个欧洲采取统一的水质标准
2006 年	新地下水指令	提供地下水保护指南,设定污染物界限值,确定如何识别和扭转不利的污染趋势

20.1.1.3　日本

第二次世界大战后,日本大力发展工商业和农业,谋求经济迅速崛起,解决民众的粮食问题。与此同时,对水资源的需求也急剧增加,工业企业排放的污水对河流湖泊及地下水的污染问题也逐渐突出。20 世纪最著名的八大公害,有 1/2 都发生在日本,包括镉污染导致的骨痛病,甲基汞污染导致的水俣病,多氯联苯污染导致的米糠油症,以及四日市哮喘病。严重的环境问题使得民众对环境问题的关注度越来越高,日本政府迫于各方面的压力,开始重视环境问题,并于 20 世纪 60 年代开始制定和实施污染物排放标准。在国家的环境管理历程中,先后经历了以"稀释""架高"等为主要措施的早期限制时期和以浓度控制为核心的"单打一"治理时期,　20 世纪 70 年代末开始实施以部分区域总量控制为核心的综合防治时期。

(1)法律手段

截至目前,日本水污染控制法律都基于 1970 年颁布的《水污染防治法》,该法主要通过控制工厂或企业向公共水域排放废水和向地下水渗水,防止公共水域和地下水的水质污染。

日本防治地下水污染的手段与欧美等其他国家不同,主要注重政府的行政指导在污染控制方面的作用,并通过严格控制污染物的排放来体现。《水污染防治法》规定,当排水达不到水质标准时,政府知事有权命令工厂或事业场改进装置,或停止排放,对违反命令不符合排放标准者进行处分。严格的排污标准和法律管理制度,使全日本的城市工业污水和生活污水的处理率达 98%以上。表 20.8 为日本的地下水相关法律法规。

⊡ 表20.8　日本的地下水相关法律法规

立法时间	法律名称	地下水污染防治相关规定
1962 年	关于限制建筑工程开采地下水法	凡开采地下水供高层建筑物使用时,必须呈报都道府县批准
1970 年,1989 年修订	水污染防治法	禁止有害物质渗透到地下水,要求对地下水质进行定期监测
1985 年,1995 年部分修订	预防浓尾平原和筑后-佐贺平原地区下沉的对策纲要	控制对浓尾平原、筑后-佐贺平原地下水的抽取
1991 年	预防关东平原地面下沉的对策纲要	控制对关东平原地下水的抽取

为从源头上控制公共水域及地下水的污染,日本另一标志性的环保方式就是静脉产业。20 世纪 90 年代,相对于生产和消费活动的动脉产业,日本将从事废弃物回收、再利用、资源化和处理的产业叫作静脉产业。在对工业固体废弃物、旧家电、旧汽车回收利用方面,已发展

成为全球领先的静脉产业和循环经济。日本对工业废水的重复利用、下水的处理转化、中水的重复利用也十分普及，对某些日用水量大于 100t 的工业企业强制性要求配备循环处理系统。为了确保社会物质资源的循环利用，减轻环境负担，日本出台了《循环型社会形成推进基本法》，抑制废弃物生成、恰当处理废弃物的《废弃物处理及清扫法》《资源有效利用促进法》等。日本东京等大城市自 20 世纪 90 年代以来，在人口没有减少的情况下产生的生活垃圾却逐年减少。

（2）经济政策

日本控制污染的措施除了严格执行排放标准外，辅之以相关的经济政策，主要有以下几条：a. 污染方负担制；b. 受益人负担制；c. 针对地方政府的财政措施；d. 对公害防治计划的财政支持；e. 企业负担公害防治事业费的制度；f. 无过失责任制度；g. 公害健康损害补偿制度；h. 长期、低利率的融资制度。

（3）地下水监测

日本的地下水监测开始于 1989 年。《水质污染防治法》规定各地方政府必须制定出地下水的监测方案，对监测项目、地点、方法等做出明确计划，开展常规地下水水质监测，并将监测计划、监测结果和治理措施等公之于众。1993 年，日本环保部门又制定了"必要监视项目"，主要监测一些不属于环境质量标准的风险化学物质，积累历史数据，并跟踪其在地下水中的存在状况。

日本的地下水质量标准包含 28 个项目的环境质量标准和 24 个必要监视项目。地下水的环境质量标准最早定于 1997 年，至 2009 年先后经历了四次修订。

20.1.2　中国地下水环境领域科技发展历程

我国自 20 世纪 50 年代起开展地下水勘察研究工作，至今已经历了 60 多年，地下水环境科技的发展历程大致可以分为 3 个阶段。各阶段科技的主要发展状况见表 20.9。

▷ 表 20.9　我国各阶段的科技发展状况

以水文、水质调查为主	以地下水污染调查评价为主	以地下水污染防治为主
"十一五"之前	"十一五"期间	2011 年起至今，将地下水污染防治工作纳入国家决策层面
（1）以查明水文地质条件为主（20 世纪 50 年代至 70 年代中期）：华北地区进行了 1∶20 万全区域水文地质普查；实施农村改水工程； （2）以地下水资源评价为主（20 世纪 70 年代至 2005 年）：1984 年完成了第一轮全国地下水资源评价； （3）以地下水资源合理开发利用与保护为主（1985 年至 2005 年）：科技攻关项目部署地下水资源利用保护；"八五"攻关项目建设我国第一个污染地下水修复示范工程；1999 年起"新一轮全国地下水资源评价"项目。形成我国一系列地下水相关法律法规	（1）2005 年开始，国土资源部中国地质调查局全面启动全国地下水污染调查评价项目； （2）2009 年发布 8 省地下水水质分布情况； （3）部署一系列科技项目，包括监测与风险管理、风险评估、源头控制、水源地与地下水污染防控、污染治理技术、标准限值、污染机理研究 3 项等； （4）实施了唯一的地下水污染控制国家重大专项课题	（1）2011 年 10 月 10 日，国务院正式批复《全国地下水污染防治规划（2011—2020 年）》； （2）2012 年中国地质调查局发布我国东部主要平原区的地下水污染调查结果； （3）2013 年环保部发布《2012 中国环境状况公报》； （4）2013 年 4 月，国务院批准了《华北平原地下水污染防治工作方案》； （5）2013 年 9 月，北京市人民政府发布《北京市地下水保护和污染防控行动方案》

20.1.2.1 以水文、水质调查为主

"十一五"之前，我国地下水环境领域经历了查明水文地质条件、地下水资源评价、地下水资源合理开发利用与保护的 3 个时期。

（1）以查明水文地质条件为主

20 世纪 50 年代至 70 年代中期，我国地下水的使用主要集中于农业和农村生活用水，主要问题是由地质条件导致的，诸如由于山高坡陡、岩溶发育导致的蓄水能力降低，以及由矿产资源开发导致的地下水水位下降等问题。地下水环境污染问题并不显著。

我国于 1956～1962 年在华北地区进行了 1：20 万全区区域水文地质普查，对浅层和深层地下水资源进行了初步评价。1975 年以后，陆续编制五年系列的地下水动态监测报告，积累了相应的地下水动态基础数据。

这一时期地下水由于使用范围较小，并没有引起人们的广泛关注，因此没有出台与地下水直接或间接相关的法律法规。20 世纪 70 年代开始，在我国部分农村地区实施了农村改水工程，通过修建饮水工程等项目解决农村人口饮水困难和饮水安全问题。

（2）以地下水资源评价为主

20 世纪 70 年代，我国开始区域地下水资源评估工作，1984 年完成了第一轮全国地下水资源评价，确定了全国地下水天然补给资源量和可开采资源总量。

（3）以地下水资源合理开发利用与保护为主

这一时期从 20 世纪 80 年代中期（约 1985 年）至 21 世纪初期（2005 年），将近 20 年时间。根据这一时期发布的调查结果，按照《地下水质量标准》（GB/T 14848—2017）进行评价，全国地下水资源的水质符合Ⅰ～Ⅲ类水质标准的达到 63%，Ⅳ～Ⅴ类水质标准的为 37%。南方水质整体优于北方，符合Ⅰ～Ⅱ类水质标准的面积占地下水分布面积的 90% 以上，但仍有部分平原地区的浅层地下水水质较差。北方地区水质由好到差依次排列为丘陵山区及山前平原地区、中部平原区、滨海地区。

"六五""七五"国家重点科技攻关项目中部署了地下水资源利用保护的相关研究工作，启动了华北地区水资源评价等项目，开展了区域地下水补给、水质及水源保护等专题科技攻关研究，基本阐明了区域地下水资源时空分布规律。1992～1995 年"八五"攻关项目针对饮用水源地石油污染的防治技术开展了研究与示范，在山东建设了我国第一个污染地下水修复示范工程。

1999 年起，中国地质调查局开展《全国地下水资源及其环境问题综合评价》（即"新一轮全国地下水资源评价"）项目，从 1999 至 2005 年，历时 7 年，重新评价我国地下水天然资源、可开采资源、地下水环境质量，重点调查了地下水系统的空间分布与结构、地下水的补径排条件及其变化，评价了主要平原盆地地下水资源量、调蓄能力、环境与生态功能。地下水资源评价重点部署在鄂尔多斯盆地、河西走廊和塔里木盆地以及西南岩溶石山等缺水地区，解决水资源短缺问题。

20.1.2.2 以地下水污染调查评价为主

以地下水污染调查评价为主的阶段涵盖了从 2005 年到 2010 年的整个"十一五"时期。

（1）环境问题

全国地下水超采严重。据统计，截至 2005 年，全国地下水超采量已由 20 世纪 80 年代的

$100 \times 10^8 \mathrm{m^3/a}$ 增加到 $228 \times 10^8 \mathrm{m^3/a}$，地下水超采面积由 $5.6 \times 10^4 \mathrm{km^2}$ 扩展到 $18 \times 10^4 \mathrm{km^2}$。不少城市由于长期过量开采地下水，引起了地下水水位的持续下降，造成了开采井单位出水量锐减，含水层被疏干，地下水资源面临枯竭，给供水安全带来了严重影响。

地下水污染严重。从 2005 年开始，国土资源部中国地质调查局全面启动了全国地下水污染调查评价项目，以查明我国地下水水质和污染状况，评价地下水系统防污性能，制定地下水污染防治和保护区划为目标，利用 10 年时间，开展 1∶25 万调查，调查面积 100 余万平方公里，采样 4 万组，测试指标 63 项，其中无机 27 项（其中重金属 5 项），有机 36 项。

2009 年，全国 202 个城市的地下水水质以良好至较差为主。根据《全国城市饮用水安全保障规划（2006—2020 年）》数据，全国近 20% 的城市集中式地下水水源水质劣于Ⅲ类。部分城市饮用水水源水质超标因子除常规化学指标外，甚至出现了"三致"物质。同年，对北京、辽宁、吉林、上海、江苏、海南、宁夏和广东等 8 个省（区、市） 641 眼井的地下水进行采样分析，得出水质结果如图 20.1 所示，水质符合Ⅰ～Ⅲ类水质标准的仅为 26.2%，Ⅳ～Ⅴ类水质标准的达到 73.8%。主要污染指标是总硬度、氨氮、亚硝酸盐氮、硝酸盐氮、铁和锰等。

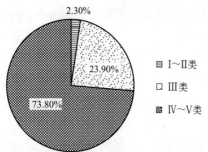

图 20.1 2009 年发布的 8 省地下水水质分布

Ⅰ～Ⅱ类
Ⅲ类
Ⅳ～Ⅴ类

2.30%
23.90%
73.80%

（2）科技发展

《国家环境保护"十一五"规划》中地下水环境领域的重点任务是：开展地下水污染状况调查，编制地下饮用水水源地保护规划，防治地下水污染。重视对水体中持久性有机污染物的研究和防范。

"十一五"期间国家部署的地下水相关的科研项目中，包括国家水重大专项 3 项、国家环保公益项行业专项 12 项、国家自然科学基金重大项目 3 项。其中监测与风险管理 1 项、风险评估 2 项、源头控制 6 项、水源地与地下水污染防控 2 项，污染治理技术 3 项、标准限值 1 项、污染机理研究 3 项。

"十一五"期间实施了唯一的地下水污染控制关键技术与示范的国家重大专项课题"松花江沿岸地下水污染控制关键技术及工程示范"（2008ZX07207—007）。该课题立足松花江水质安全，定量分析了江水-地下水交互作用以及污染地下水对江水的影响，研发了垃圾堆放场地及石油类、有毒有机类等典型地下水污染的控制与修复关键技术，建设了地下水水源地污染控制、地下水有毒有机污染修复等示范工程。

在环保公益项目中，针对典型工业园区、化学工业园区、有机化学品泄漏场地、城市生活垃圾卫生填埋场、典型高风险污染场地、造纸废水高阶地灌溉等，开展了基于地下水污染源头控制的系统构建与规范化管理等研究；针对大型地下水饮用水水源地，开展了地下水污染风险源识别与防控区划技术研究；针对区域地下水污染开展监测系统与风险管理关键技术研究等。

20.1.2.3 以地下水污染防治为主

2011 年，我国进入"十二五"时期，地下水领域进入了以地下水污染防治为主的阶段。

（1）环境问题

超采诱发生态环境问题。大量的地下水开采使一些地区暴露出严重的地下水超采问题，并因此衍生出较为严重的生态环境问题。地下水超采破坏了地下水及其储存介质天然状态下固有的补给、径流和排泄之间的平衡关系，进而对原有的生态和环境产生了一系列的影响，诱发了地面沉降、地面塌陷、海水入侵、荒漠化、湿地萎缩等问题。由于地下水不合理开发引起的海水入侵、荒漠化等问题的程度和范围也有进一步发展和扩大的趋势。

地下水污染严重。中国地质调查局 2012 年发布的在我国东部主要平原区的地下水污染调查显示：地下水"三氮"（硝酸盐氮、亚硝酸盐氮和氨氮）污染普遍；砷、铅、汞、镉和铬等重（类）金属污染突出；有机物检出类型有 40 余项，甲苯、二氯甲烷、三氯甲烷检出显著，有些水源地已经污染，局部地下水污染严重。

2013 年环保部发布的《2012 中国环境状况公报》显示，全国 198 个地市级行政区中，近六成地下水水质较差或极差，主要超标指标为铁、锰、氟化物、"三氮"、总硬度、溶解性总固体、硫酸盐、氯化物等，个别监测点存在重（类）金属超标现象。

对华北平原地下水进行了较为深入的污染调查，根据 2013 年环保部发布的初步调查结果，华北平原地下水污染状况如表 20.10 所列。

⊡ 表 20.10　2013 年发布的华北平原污染状况

污染物类型	重金属	有机物
主要污染物	汞、铬、镉、铅等	苯、四氯化碳、三氯乙烯等
主要分布区域	天津市和河北省石家庄、唐山以及山东省德州等城市周边及工矿企业周围	北京市南部郊区，河北省石家庄、邢台、邯郸城市周边，山东省济南地区-德州东部，河南省豫北平原等地区
污染主要成因	海河流域受污染地表水入渗补给；污染严重的河流渠道、过量施用化肥和农药、不达标的再生水灌溉区	
	重点污染源排放：石油化工行业、矿山开采及加工、生活垃圾填埋场、工业固体废物堆存场和填埋场、高尔夫球场等；部分中小型企业产生的废水未加处理通过渗井、渗坑违法向地下排放，直接污染地下水	
	监管能力差、监测网络不健全、管理制度不完善	

（2）科技发展

我国"十二五"期间全面开展了地下水污染评价与治理，将地下水污染防治工作纳入国家层面的决策。2011 年 10 月 10 日，国务院正式批复《全国地下水污染防治规划（2011—2020年）》（以下简称《规划》）。按照《规划》目标，到 2015 年，基本掌握地下水污染状况，全面启动地下水污染修复试点，逐步整治影响地下水环境安全的土壤，初步控制地下水污染源，全面建立地下水环境监管体系，城镇集中式地下水饮用水水源水质状况有所改善，初步遏制地下水水质恶化趋势。到 2020 年，全面监控典型地下水污染源，有效控制影响地下水环境安全的土壤，科学开展地下水修复工作，重要地下水饮用水水源水质安全得到基本保障，地下水环境监管能力全面提升，重点地区地下水水质明显改善，地下水污染风险得到有效防范，建成地下水污染防治体系。

"十二五"期间地下水环境领域的重点任务是：研究地下水污染状况调查评估、监测模拟预测和环境风险评价技术；开展地下水和地表水补排和协同控制技术研究；研究工业危险废物堆存、垃圾填埋、采油、采矿、地下管道、地下储藏、农业种植等污染源对地下水污染的机理及其源头控制技术与对策；研究地下水环境质量标准制定方法，地下水污染分区防治策略；开展典型污染场地地下水污染修复技术试点研究。

"十二五"期间国家在地下水领域部署了一系列的科研项目,针对地下水中量大面广的氯代烃等有机物,开展了污染现状与监管技术研究;针对简易垃圾填埋场、废弃矿井、农业活动区和加油站等四种污染源,开展了污染风险评价和管理技术研究;针对再生水回灌,开展对地下水污染风险评估及回灌标准体系研究;开展了新型污染监测、污染源强评价、分类与防控技术等研究;选取华北平原典型地区,开展地下水污染防控技术体系研究。"全国地下水污染综合调查评价"项目也取得显著进展,为《规划》的实施提供了重要的科技支撑。

(3)管理政策

《全国地下水污染防治规划(2011—2020年)》的出台是一个里程碑式的事件,标志着我国地下水污染防治事业正式纳入国家层面的决策。《规划》中提出了八项任务,包括:开展地下水污染状况调查,保障地下水饮用水水源环境安全,严格控制影响地下水的城镇污染,强化重点工业地下水污染防治,分类控制农业面源对地下水污染,加强土壤对地下水污染的防控,有计划开展地下水污染修复,建立健全地下水环境监管体系。

2012年,国土资源部中国地质调查局组织编制了《全国地下水污染调查评价可行性研究报告》,工作周期2013~2015年,利用三年时间全面查明我国地下水水质和污染状况。重点任务包括:开展1:25万区域尺度地下水有机和无机污染调查;开展1:5万重点区地下水有机和无机污染调查;启动典型污染场地修复示范研究;开展地下水污染防治技术方法研究。

2013年4月22日,国务院批准了由环境保护部、水利部、住房城乡建设部和国土资源部四大部门联合编制的《华北平原地下水污染防治工作方案》。方案中设立的目标是:到2015年年底,初步建立华北平原地下水质量和污染源监测网,基本掌握地下水污染状况;加快华北平原地下水重点污染源和重点区域地下水污染防治。到2020年,全面监控华北平原地下水环境质量和污染源状况,科学开展地下水污染修复示范,地下水环境监管能力全面提升,地下水污染风险得到有效防范。

2015年4月,国务院发布《水污染防治行动计划》(简称"水十条"),其中地下水领域非常重视监控体系的建设和地下水污染的预防,其工作目标是:到2020年,地下水超采得到严格控制,地下水污染加剧趋势得到初步遏制,全国地下水质量极差的比例控制在15%左右。

20.1.3　国外地下水环境领域科技发展趋势及对我国的借鉴

20.1.3.1　国外地下水环境领域科技发展趋势

西方国家针对地下水修复已经开展了30多年的研究,从相关的案例中积累了大量的经验和教训,对于我国地下水修复工作的开展具有重要的借鉴意义。国外地下水环境领域科技发展趋势主要体现在以下几个方面。

(1)重视法律法规体系建设

地下水环境的保护和治理走在前端的国家,均以制定法律为核心,严格执行为保障,辅之以必要的经济手段和环保宣传教育手段。美国、欧盟和澳大利亚等在长期的地下水资源开发利用过程中,已形成较为完善的地下水污染防治法律法规体系。英国、德国、日本等很多国家有专门的地下水法或地下水管理条例,对地下水环境保护有比较系统的规定和要求。

美国修复场地的特点是实行超级基金,修复了大量的棕地。欧盟治理地下水污染的特点是充分认识到水资源的整体性，水资源的管理和治理不仅仅是针对某一行政区域，而是以流域为管理单元，在《欧盟水资源框架》的基础上，给予各国较自由的空间，按照本国的地域特点，灵活制定相应的法律法规。

（2）完善标准规范

美国、英国、加拿大、荷兰等国家针对地下水污染控制与修复制定了一系列较为完善的规范和指南，用以指导地下水修复决策、修复目标制定、修复技术实施、监测及效果评价等行动。美国环保署和能源部、国防部等美国联邦部门共同开展了大量地下水修复的调查和研究工作，并制定了地下水修复相关的规范和指南。

为了指导地下水修复行动，制定了地下水修复的主要工作流程，通常由 7 个步骤组成，具体包括：地下水修复勘察，获取所需场地信息和污染信息；风险评估，依据风险评估结果制定修复目标，确定修复范围；初步制定地下水修复方案，进行修复技术分析评价和筛选、可行性分析和可处理性试验；地下水修复工程设计，系统构建与过程实施；修复系统维护及过程监测；修复终止，包括修复效果、风险及成本评估；场地清理和场地恢复等内容与要点。

地下水污染修复目标的确定方法包括参考相关的水质标准，以及基于场地风险来计算修复目标值，因此在地下水修复目标确定过程中要用到相关标准，包括本国的水质标准以及相关修复导则和指南中规定的污染物限值。在部分地下水修复指南中，对地下水的修复标准进行了规定，这些标准的制定通常也综合了相关的地下水质量标准和对风险的评估，对于修复目标的制定具有指导意义。

总体来看，各种行动指南的框架大致类似，都包括污染调查、评价、修复目标制定、修复技术筛选和评估、修复实施、评价等。美国还在众多工程应用案例或科学试验数据的基础上制定了针对特定污染场地类型、污染物种类、特殊修复技术的导则，具有较强的推广应用价值。

（3）建立地下水防治与修复技术体系

污染场地的修复技术体系包括修复技术的选择、修复方案的确定和现场实施等，是污染场地修复的核心和实现场地功能的支撑。修复技术筛选主要通过分析场地条件、修复行动目标、不同修复技术的特性、使用条件和应用效果等，初步选定修复技术，并通过不同尺度的物理模型模拟或数学模型模拟评价，分析修复技术的有效性，最后结合制度可操作性、修复工程周期、公众认可程度、环境可承受性、成本等对备选修复技术进行确认。

（4）重视地下水修复技术研发

随着社会对地下水污染问题的关注，地下水修复技术也得到了大力推动与发展。1986 年至 2008 年，美国"超级基金"修复地下水污染场地共有 1727 个地下水修复决策文件。2005～2008 年共有 702 个地下水修复决策文件，其中绝大多数场地采用了抽出-处理技术（P&T）、监测自然衰减技术（MNA）和原位修复技术以外的其他污染控制手段，主要是风险管理控制制度和长期监测，共 328 个案例；MNA 案例为 140 个，原位修复技术案例共 119 个，P&T 案例仅为 98 个。原位修复技术中以原位微生物修复技术和原位化学处理技术为主。

从近年来各种地下水修复技术的应用趋势来看，未来的地下水污染治理仍然会以各种污染风险管理控制制度及修复技术联合使用为主。此外，各种原位修复技术尤其是原位微生物修复技术和化学修复技术会逐渐取代传统的 P&T 技术。各种修复技术的联用，尤其是各种修复技术同监测自然衰减技术联用会在未来的修复策略中占主要地位。地下水污染控制与修复的主导技术见表 20.11。

表 20.11 地下水污染控制与修复的主导技术

技术类型	技术指标	适用范围	工程实施
抽出-处理技术	具备现代地下水污染动力学模拟与净化技术体系；去除率为 $70\%\sim90\%$；可与多种技术组合运行	适用于污染组分浓度高、性质相近、不易被吸附、辛醇-水分配系数 <2000 的污染地下水修复	20 世纪 80 年代开始应用，属于应用最广泛、成熟度最高的技术之一
可渗透反应墙（PRB）	具备高效填充反应材料和创新性栅体结构。可阻断污染带、净化污染物，保持地下水流动性	适合于地下水埋深 $0\sim15m$，含水层渗透系数 $>10^{-4}cm/s$ 的有机或重金属污染地下水	目前在国际上已经建成约 400 座修复工程
空气喷射技术与装备	对修复场地干扰小；治理时间短	适用于含挥发性污染物、渗透系数 $>10^{-4}cm/s$、结构单一的含水层	20 世纪 90 年代迅速发展，在美国地下水污染"超级基金"治理项目中占 51%
化学氧化/还原技术	反应速率快，处理效果好，清除时间短，去除率为 $80\%\sim85\%$，二次污染风险较小	适用于多种有机和六价铬等污染物，污染含水层渗透系数 $>10^{-4}cm/s$，地下水流场稳定，无弱透水层	20 世纪 90 年代以来作为高效修复技术得到迅速发展
原位高效热强化技术	提高渗透性，大幅度增加非水相液体的移动性，降低黏滞性，去除率达到 $85\%\sim95\%$	适用于各类有机污染物和不同渗透性地层，尤其对于低渗透性底层具有较高的利用效率	20 世纪 80 年代开始在荷兰和美国发展
原位微生物修复技术	属于生态友好型的环境治理技术，去除率为 $60\%\sim90\%$	适用于有机物、爆炸物（TNT）、放射性核素、金属等	20 世纪 90 年代后期开始应用，已有大量的工程应用

（5）重视修复案例数据库建立

联邦修复技术圆桌会议的地下水修复案例数据库中共有 350 个修复案例是专门针对地下水或同时针对土壤和地下水的。污染场地包括各种军事基地、地下储油罐、废弃物堆放场、垃圾填埋场、加油站、工业园区/工厂/制造厂、矿山、干洗设备场址、木材加工场址、农业活动区等。所针对的污染物包括砷、苯系物（BTEX）、二氯乙烯（DCE）、二噁英、爆炸物、重金属、酮、MTBE、高氯酸盐、农药、石油烃、多氯联苯（PCB）、多环芳烃（PAH）、放射性金属、半挥发性卤代物、半挥发性非卤代物、PCE、DCE、氯乙烯（VC）、挥发性卤代物、挥发性非卤代物等。地下水修复案例中涉及的技术包括 P&T、监测自然衰减、可渗透反应墙、空气喷射、原位生物修复、原位化学氧化、污染阻断、地下水循环井、原位热处理、植物修复、气相抽提（SVE）及其他修复方法。国外修复案例中多数场地的污染介质同时包括土壤和地下水，且涉及多种污染物；很多案例中需要结合不同的修复技术才能达到较好的修复效果。多数案例中存在污染物的回落现象，即实施修复技术后，污染物浓度显著降低，而一段时间后，污染物浓度又重新升高，主要原因是污染源没有被彻底清除，还在持续地向地下水体释放污染物，因此应强调污染源的控制与治理。部分场地修复结果没有达到水质标准或基于风险计算得到的修复目标，因此需要在修复过程中及时调整修复方案，或结合监测自然衰减等被动修复技术，对地下水水质状况进行长期的监测。

（6）重视场地调查与监测

在制定修复方案前，一定要对场地进行详细勘查，查明主要污染物类型、浓度、范围，才能有依据地制定修复目标和修复方案。修复过程中需进行过程监测及修复策略调整，通过过程监测判断修复效果，并根据判断结果适时调整修复策略，采用更为经济有效的修复技术，以最大限度地节约修复成本。

20.1.3.2 对我国的借鉴

我国地下水领域的研究起步较晚，与发达国家相比还有一定差距。虽然从"十一五"起开展了大量的地下水污染调查工作，但地下水质量和污染调查所涉及的地域范围具有局限性，调查评价指标相对较少，不足以支撑大面积地下水的污染防治工作，调查评价技术体系也有待完善。此外，由于缺少工程数据，难以出台相应的技术规范和修复指南。我们应该充分借鉴国外经验，尽快开展以下几个方面的工作。

（1）加快制定完善我国地下水污染防治相关导则与规范

西方国家已经针对各种修复技术编制了相应的规范和指南，我们应充分借鉴国外经验，并依据国情，在我国现有经济技术条件下，结合污染组分选择、分析检测方法、修复标准实施等因素，加快制定适合我国国情的地下水污染修复工作框架，起草修复指南和标准，以推动地下水修复工作的开展。

（2）重视污染源防控，完善地下水环境监管体系

开展区域地下水污染防治与监管技术研究，提升地下水污染防、控、治以及监管能力。加快地下水重点污染源和重点区域地下水污染防治，初步遏制地下水水质恶化趋势；对于地下水重要的污染源，分类开展系统的风险评估和污染防控技术研究与示范。同时，开展应急处理技术研究，以应对突发性的污染事故，为我国重点区域地下水污染与防治工作奠定基础。

（3）有针对性地开展地下水修复技术研发及工程应用

我国的地下水污染形势日趋严重，由于社会发展的需要和经济实力的提升，开展地下水污染控制与治理势在必行。而我国在地下水污染控制与治理方面的经验不足，因此亟需加快开展地下水污染控制与修复技术的研究，通过科技攻关，充分借鉴发达国家的实践经验，研发适合我国国情的经济高效的地下水污染控制与修复技术，并进行系统集成，为我国地下水污染的控制与修复提供支撑。

20.2 典型场地污染地下水特征分析

20.2.1 我国地下水污染现状

我国在长期的经济发展过程中产生大量的污染场地，地下水环境问题日益凸显，且不同程度地呈加重的趋势。在已调查的污染场地中，传统的石油开采、冶炼、化工等行业占有较大比例，地下水呈现明显的复合污染特征，表现为重金属和有机物共存、多种复杂有机组分共存的突出特点。在北京市已经开展场地环境调查和风险评估的 50 余家搬迁遗留工业企业场地的有机污染物中，溶剂类挥发性卤代烃出现频率最高（出现频次为 35）；其次为苯系物（出现频次为 34）；第三是多环芳烃 PAHs（出现频次为 27）；第四为石油烃类污染物（出现频次为 23）。焦化厂场地内局部区域的深层土壤和地下水中重金属、苯系物（BTEX）、低分子多环

芳烃（PAHs）、石油烃（TPH）等挥发性有机化合物（VOCs）污染比较严重，苯的最高浓度达到498mg/kg，超标16599倍。大部分油田区和石油化工区浅层地下水中含油量严重偏高，基本上达不到饮用水标准。某石油化工区地下水中石油类含量最高达40mg/L，某化工企业厂区地下水中超标组分以多环芳烃苯并［a］蒽、苯并［a］芘和苯并［b］荧蒽为主，超标率大于50％，最高超标达553倍。

随着社会经济的飞速发展，有毒有害有机化学物的种类日益增多，生产与消费量逐年增加，使用范围不断扩大，对人体健康造成风险，影响工业搬迁场地的再开发。由于场地的污染地下水中污染组分构成复杂、化学性质差异大，在含水层中呈现复杂的赋存状态，给地下水的修复带来极大的挑战。此外，地下水含水层的地层条件极其复杂，污染物在地下水环境中的行为涉及水、气、土和生物四个界面，在松散介质和岩溶介质等不同介质中呈现出不同的迁移转化特征，致使问题更加复杂。

根据国内外污染场地的调查结果，地下水污染可以按污染场地类型划分，典型的包括化工行业污染场地地下水、市政类污水或排水排放污染场地地下水、垃圾填埋场污染场地地下水等。

20.2.2 化工行业污染场地地下水的污染特性

（1）污染物类型以复合污染为主

化工行业污染场地地下水中污染物以有机污染物为主，同时伴有重金属及无机盐。其中有机污染组分主要包括石油烃、单环芳烃苯系物等轻质组分，硝基苯、氯苯、TCE、DCE、萘、PCBs等重质组分，以及密度接近于地下水的苯胺等；无机污染物主要有硝酸盐、亚硝酸盐、氨氮、硫酸盐、氯化物、氟化物等；还有镉、铬、砷、铅、锌、汞等微量金属污染物，总体呈现典型的多种污染组分共存的复合污染状态。

（2）典型污染物污染程度不一

化工行业污染场地中有机污染物种类繁多、赋存状态复杂且污染物浓度较高。其中单环芳烃苯系物BTEX、石油烃类污染物、多环芳烃、氯乙烯、硝基苯、苯胺、PCBs等出现频率高，是典型的化工行业地下水污染组分。以BTEX为例，在某石化公司乙烯厂污染场地调查中发现，BTEX能以非水相液体形态存在，在其他污染场地调查中也发现BTEX在地下水中的浓度高达500mg/L。

根据中国地质环境监测院的调研结果，我国69个城市的地下水有机污染状况如图20.2所示。可以看出主要的有机污染物类型包括卤代烃14项、苯系物和氯苯类各6项，检出数超过100的污染物为氯代烃类和多环芳烃，检出数在10～100之间的污染物为卤代烃类和苯系物。根据调研结果，苯并［a］芘的浓度最高达18.9μg/L，对照《地下水质量标准》（GB/T 14848—2017）Ⅲ类水标准（下同），超标倍数达1890倍。可见我国地下水中氯代烃、苯系物、多环芳烃等物质的污染较为严重。

图20.3为我国4个典型化工场地地下水中有机污染情况。JS场地地下水中污染物以卤代烃和多环芳烃为主，二氯甲烷、荧蒽、芘和菲的检出率约为17.65％，萘的检出率为11.76％，最高检出浓度为69.6μg/L，超标倍数达696倍。XB场地地下水中有机污染物以卤代烃和苯系物为主，1,2-二氯乙烷、1,2-二氯丙烷、1,1-二氯乙烯、三氯乙烯和苯的检出率

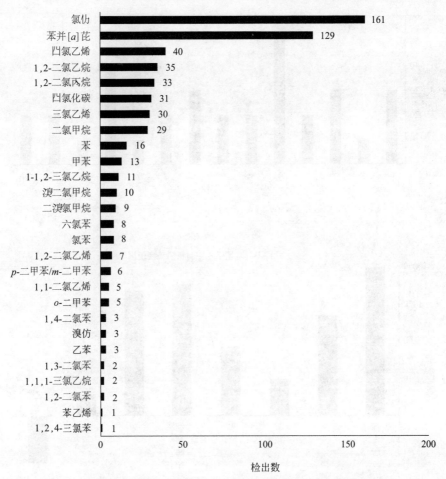

图 20.2 我国地下水中有机污染物检出情况（2011 年）

都达到 30% 以上，其中苯的最高检出浓度为 $1515\mu g/L$，超标倍数达 151.5 倍。 SN 场地地下水中污染物以酚类、萘、总氰化物、石油类和苯系物为主，酚类、萘和总氰化物的超标倍数分别达 9100 倍、71 倍和 486 倍，苯超标倍数为 2280 倍；参照《生活饮用水卫生标准》，石油类超标倍数为 3345 倍。CZ 场地地下水中主要有机污染物为六六六、苯、氯苯和 1,2-二氯丙烷，潜水中最高超标倍数分别为 406 倍、9650 倍、70.7 倍和 33000 倍，承压水中最高超标倍数分别为 270 倍、2100 倍、52 倍和 292000 倍。

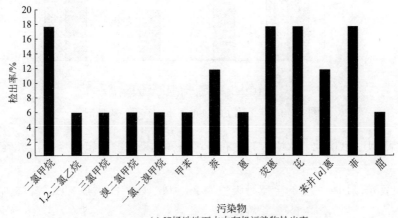

(a) JS场地地下水中有机污染物检出率

图 20.3

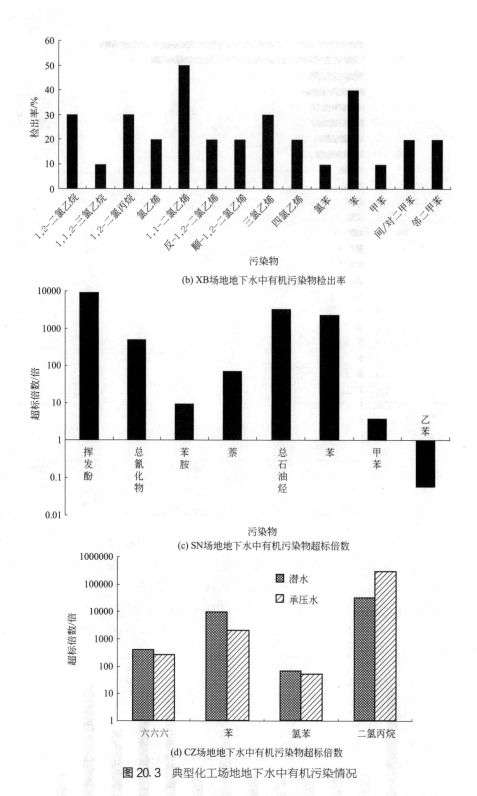

(b) XB场地地下水中有机污染物检出率

(c) SN场地地下水中有机污染物超标倍数

(d) CZ场地地下水中有机污染物超标倍数

图 20.3　典型化工场地地下水中有机污染情况

上述分析表明，我国地下水中含有的有机污染物类型主要为氯代烃类、苯系物和多环芳烃类。

化工行业污染场地中主要的金属污染物为 Zn、Pb、Cr、Hg、Be、Ba 等，其中 Cr、Pb 和

Zn 是地下水中最常见的典型无机污染组分，以 Cr 为例，在地下水的污染浓度高达 13～245mg/L。

20.2.3 垃圾填埋场污染场地地下水的污染特性

研究表明，垃圾填埋场场地地下水中污染组分复杂，种类繁多，且多种有机物、无机盐及重金属污染组分共存，主要污染物包括 NH_4^+、NO_3^-、NO_2^-、COD_{Cr}、硬度、矿化度、Cl^-、SO_4^{2-}、氰化物、Fe、Mn、Ba、Cr、Ni、As、Pb、Cu、Zn 等；常见的有机污染物包括 BTEX、挥发酚、二氯甲烷、1,2-二氯乙烯、三氯甲烷、1,2-二氯乙烷、三氯乙烯、四氯乙烯、菲、邻苯二甲酸酯类、PCBs 等。

垃圾渗滤液的渗漏是地下水污染的主要原因。大量的研究表明，垃圾填埋场的渗滤液具有以下特点。

（1）水质成分复杂

城市垃圾渗滤液中包含有超过 90 种的主要有机污染物，除此之外，还含有氯离子、重金属离子等无机污染物，以及大肠菌群等生物学指标。表 20.12 所列为我国垃圾渗滤液中典型污染物的组成及含量。

⊡ 表 20.12 垃圾渗滤液中典型污染物组成及含量变化

颜色 黄-黑灰色	嗅 恶臭	总残渣 2356～35703	ORP/mV 320～800	有机酸 46～24600	NH_4^+-N 20～7400	NO_2^--N 0.59～19.26	pH 值 5.5～8.5
TP 0.86～71.9	Cl^- 189～3262	SO_4^{2-} 9～736	As 0.1～0.5	Cd 0～0.13	Pb 0.069～1.53	Cu 0.1～1.43	Zn 0.2～3.48
Fe 6.92～66.8	COD_{Cr} 189～90000	BOD_5 166～19000	Hg 0～0.032	Cr 0.01～2.61	Mn 0.47～3.85	TOC 1500～20000	SS 200～1000
总硬度 3000～10000	Ca^{2+} 200～300	Mg^{2+} 50～1500	K^+ 200～2000	Na^+ 200～2000			

注：此表中浓度的单位为 mg/L

（2）有机污染物和 NH_4^+-N 含量高

在垃圾渗滤液中，COD_{Cr} 浓度最高可达到约 90000mg/L。目前有研究采用 GC-MS-DS 联用技术对垃圾渗滤液的组成进行分析，结果显示渗滤液中含有的有机化合物高达 93 种，其中超过 6 种有机污染物被确认为致癌物质，有 22 种被我国和美国列入环境优先控制污染物黑名单。垃圾渗滤液中"三氮"浓度很高，主要以氨态氮形式存在。NH_4^+-N 浓度高也是中老年垃圾填埋场渗滤液的重要特征之一，最高可达 10000mg/L，因此当垃圾渗滤液入渗到地下水中时，就会对地下水造成严重的氮污染。

（3）色度高且恶臭重，金属种类多且含量大

渗滤液中含有的重金属离子多达十几种，并且当工业垃圾和生活垃圾进行混埋时，重金属离子的含量将大幅增高，锌浓度可达 370mg/L，铅浓度可达 12.3mg/L。渗滤液的色度可达到 2000～4000 倍，并且散发着极重的腐败臭味。

Dimitra R C 等对意大利费拉拉省圣奥古斯丁垃圾填埋场的研究表明，当渗滤液在水压力的作用下入渗到地下之后，造成填埋场周边地下水中重金属如 Co、Ai、Zn、Pb、Cr、Ni 等含量超标，且阴离子 Cl^- 和含菌量也出现超标情况。此外，渗滤液对地表水和地下水的污染程度与季节和填埋期限之间呈现出明显的相关性。从填埋期到封顶期，再到封闭后期，垃圾渗滤液的产量逐渐下降，因此渗滤液对地下水的污染也有一个逐渐减缓的过程，但同时这一过程也是长期的。生物分解过程在填埋场封场后一般会再持续 10～20 年，因此，即使是在已经封场 70～100 年的填埋场底部，也仍然有可能出现渗滤液渗漏的情况。郑曼英等对位于广州的老虎窿填埋场进行了研究，发现在该填埋场封场 8 年后，附近的水体中仍然流进褐色的垃圾渗滤液。

20.2.4 市政类污水或废水排放污染场地地下水的污染特性

该类型场地地下水的复合污染特征突出，污染组分既包含三氯乙烯（TCE）、四氯乙烯（DCE）等有机污染物，也常检出 Cr、Zn、Cd 等金属组分，还常伴有硝酸盐、亚硝酸盐、氯化物、硫酸盐等无机污染。其中 TCE、DCE、Cr、Zn、硝酸盐的检出率较高，是污水或废水排放污染场地地下水中的典型污染组分。

20.3 基于指数法的简易垃圾填埋场地下水污染风险评估

20.3.1 简易垃圾填埋场污染地下水的现状

垃圾填埋场可分为卫生填埋场、受控填埋场和非正规垃圾填埋场三类。其中，卫生填埋场为封闭型填埋场，环保标准和管理措施都能达到要求，但运行费用较高，目前在我国占 20% 左右，其中基本无害化填埋场占约 15%，无害化填埋场占约 5%；受控填埋场有部分环保措施，但不能很好地达标，属于半封闭型填埋场，也会对环境造成一定危害；非正规垃圾填埋场缺乏有效的工程管理措施，也不能达到环保标准的要求，属于衰退型填埋场，也称为简易垃圾填埋场，不可避免地会对周围环境造成不同程度的污染，由于管理不善和经济投入不足的原因，2000 年以前我国大部分城市垃圾无害化处理率极低，大都以简易填埋为主。在 2008 年国务院环保调查报告中显示，935 家垃圾填埋场中，有约 318 家简易填埋场没有采取防渗措施。

地下水污染来源众多，其中，垃圾填埋场是最主要的污染源之一。至 2010 年，我国历年产生的垃圾总和已达到 7.2×10^{10} t，并且占地面积急剧增长，平均每年约增加 3.0×10^{7} m^2。我国的垃圾填埋场大多是早期建造的，故简易垃圾填埋场这一类型在我国比例最大，也是填埋场对地下水污染的最主要因素。简易垃圾填埋场的垃圾基本上是随意堆放或填埋，垃圾成分复杂，有时还混有有毒物质，且缺乏妥善的监管系统，因此加重了对地下水污染的风险。

20.3.2 污染地下水风险评价方法

20.3.2.1 地下水污染风险的概念

（1）风险的概念

风险的概念由来已久，已被广泛应用于环境科学、军事学、医学、体育学等诸多领域。国内外研究机构和学者分别从不同风险研究阶段、不同专业背景、不同角度等出发诠释风险，因此风险的定义颇多，且各有侧重，至今没有一个统一的标准定义。总体上，风险可概括为3种类型：a. 从风险角度考虑，是指特定事件发生的概率与损失；b. 从致灾因子角度考虑，是指特定事件发生的可能性；c. 从灾害学角度考虑，是指致灾因子、暴露性、脆弱性等共同作用的结果。

（2）地下水污染风险的概念

早期对地下水污染风险进行的评价是地下水的脆弱性评价。地下水脆弱性的定义相当多，其中比较被认可的定义，认为它指的是污染物到达含水层最上端某个特定位置的可能性大小。

地下水污染风险的概念是地下水脆弱性概念的延伸，如同无法科学准确地定义风险一样，至今也没有一个统一的概念，多位学者从不同角度给予了不同的解释，主要涵盖3方面的内容：a. 从污染源角度考虑，反映污染源污染地下水的可能性；b. 从地下水的角度考虑，反映地下水受到污染的可能性；c. 从危害性的角度考虑，反映地下水被污染的后果。

现有的地下水污染风险评价基本上都是从保护地下水免受污染的角度出发，将含水层作为风险受体，强调了人类活动等因素污染地下水的概率及其后果，缺乏考虑地下水的开发利用、污染质在含水层中的迁移转化特征等因素的影响。

本节将地下水污染风险界定为风险受体污染的概率及其严重性，表示风险受体受到污染源污染的可能性及其危害程度，并将填埋场附近的地下水源地、泉水、抽水井、监测井等作为风险受体。

20.3.2.2　地下水污染风险的评价方法

目前，大多数地下水污染风险的评价过程仍然将地下水脆弱性作为主要部分，主要评价方法见表20.13。其中指数法过程相对简洁、容易操作，因此在使用上相对普遍。

⊡ 表20.13　地下水污染风险评价的主要方法

评价方法	方法简介	优缺点
指数法	将风险用几类影响因素来表征。对这几类因素逐级深入细化指标，形成风险指数表征体系；按照特定的评分原则确定权重，并最终得到对象的风险指数；再根据风险指数所对应的级别进行风险分级	方法简单、操作性强；评价指标的取值范围和权重的确定方法受人为主观性的影响
过程模拟法	在掌握研究区域基本水文地质条件和污染现状的基础上，利用成熟的污染物迁移转化模型对污染物运移规律进行模拟，然后根据一定的准则划分风险的相对大小	描述影响地下水污染的物理、化学和生物等过程；需要大量的监测数据及资料
统计方法	利用研究区已有的地下水污染监测资料和发生地下水污染的各种相关信息进行统计分析，主要包括污染物空间分布、时空变化和风险分析	可以客观地筛选出影响地下水污染的主要因素，避免主观性；未涉及发生污染的基本过程，且统计显著相关的并不一定存在必然的因果关系

随着对地下水污染风险的理解不断深入，研究人员在早期只考虑地下水本质脆弱性评价的基础上，加入了地下水系统开发的难易度、对人类社会的利用价值等影响因素。概括而言，人们评价地下水污染风险的考虑范围有如下步骤的变迁：a. 只考虑地下水本质脆弱性；b. 在 a. 的基础上，考虑污染负荷、人类活动等情况；c. 进一步加入地下水对人类社会的利用价值。

因此，地下水污染风险评价可包含 3 个组成部分，即地下水本质脆弱性、与污染源相关的特殊脆弱性以及地下水的价值。将这 3 个部分合理地叠加起来，即可得到地下水污染风险的等级，这也是基于指数法的风险评价的关键内容。目前常用的评价方法包括以下几种。

（1） Overlay 叠加法

先得到地下水脆弱性、污染物等各相关方面的分布图，再利用 GIS 技术中的 Overlay 工具叠加这些图层，并对每个图层确定权重，最终得到地下水污染风险评价分区图。

（2） Cross-tables 叠加法

同样也是利用 GIS 技术对图层叠加，区别是 Cross-table 工具可以更加直接地反映出与图层数据相关的具体数值。有研究者进行了验证，发现这个方法对地下水污染风险的评价结果与 Overlay 基本一致，可以互为验证。

（3）指标法和矩阵分级法

两者都是先选取对风险评价结果影响较大的主要指标，然后根据特定的打分规则确定每个指标的评分区间和评分值，再根据指标之间的相对重要性确定权重，即可根据研究对象的评价指标实际情况，按照该标准进行评分，并得出最后的风险等级。二者的区别是：指标法中，所有指标的权重和为 1，最后得到一个综合的风险等级结果；矩阵分级法从不同的角度出发，分别制定权重并对不同角度的风险进行分级，最后通过综合结果得出最终风险等级。

我国在地下水污染风险评价方面的研究较晚，20 世纪 90 年代中期前，研究者多专注于地下水的本质脆弱性评价，思路多是采用美国的 DRASTIC 模型 ［即采用 7 个指标来表征地下水含水层的本质脆弱性，包括地下水埋深（D）、净补给量（R）、含水层介质（A）、土壤介质（S）、地形坡度（T）、包气带影响（I）、水力传导系数（C）］，并应用 GIS 软件得到评价结果。近几年，我国的研究者开始将人类影响、水资源价值和危害后果等因素考虑进来，进一步完善了评价体系。

在应用指数法进行地下水污染风险评价时，指标的选取至关重要，这也是该方法的一大难点。影响地下水脆弱性的潜在因素很多，且因子之间的关系错综复杂，同时还要考虑实际应用的可操作性，因此很难建立一个全面囊括这些因子的评价体系，故需要通过评估取舍来确定一个既能反映地下水污染风险情况又不会过于臃肿的指标体系。研究者们也不断对这项工作进行研究，旨在建立更有效、实用而健全的指标体系。

不同研究者选定的指标存在很多差异。同时，指标的选取需要考虑研究对象的具体情况，地质条件等因素会对指标选取产生很大的影响，例如针对我国的盆地地形，研究者就把 DRASTIC 体系中的 7 个指标简化为 4 个，只考虑埋深、含水层净补给量、包气带以及含水层的介质；有研究者针对平原地区的具体情况，将地下水开采量、含水层的砂层厚度以及由有机质含量表征的土壤类型纳入指标。有的研究者更多地考虑实际可获得的资料多少来建立新的指标体系。研究者针对各自选取的评价对象，利用实际案例数据进行指标体系的验证，都得到了比较可靠的结果。

20.3.3　简易垃圾填埋场地下水污染风险分析概念模型

按照水在多孔介质中的储存形式，以地下水面（潜水面）为分界面，地下水系统包括非饱和带与饱和带两个子系统。地面以下到潜水面以上，称为非饱和带；潜水面以下完全被水充满的岩土空隙称为饱和带，非饱和带又称包气带，饱和带又称含水层。

垃圾填埋场对地下水最主要的污染源是渗滤液，而渗滤液进入地下水需要经过填埋场、包气带、饱水带三个阶段，其示意如图20.4所示。

第一个阶段是渗滤液从填埋场底部渗出。渗漏量的大小及渗漏过程的难易程度取决于垃圾场的结构，对于简易填埋场，由于没有渗滤液收集、处理设施，也没有较好的防渗措施，因此渗滤液产生后会不断下渗。

第二个阶段是渗滤液在包气带中运移。包气带是防止地下水受到污染的天然屏障。

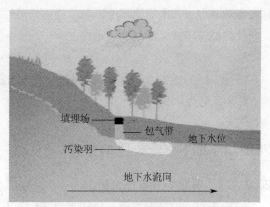

图20.4 简易填埋场对地下水污染示意

在包气带中，渗滤液中的污染物在随渗滤液运移的过程中，会发生吸附和降解等过程。除污染物本身的物理化学性质外，包气带的性质也会影响渗滤液中污染物的迁移转化过程。污染物在土层中的迁移一般认为是沿垂向进行的，这是由于渗滤液在包气带中主要沿垂向运移，而水在土层中以推流模式运移，研究污染物在土层中的迁移衰减时，一般只考虑污染物的吸附、降解和弥散作用，因此可以认为污染物在包气带中沿垂向下移。

第三个阶段是穿过包气带的渗滤液进入到饱水带，对地下水造成污染。目前有较多关于污染物在饱水带中迁移的研究，在饱水带中，污染物主要随地下水流迁移，污染物的垂向运移还存在，但是主要运移方向已经转变为随水流的水平方向，形成污染羽，并不断扩大范围。

如果从保护含水层水资源免遭渗滤液污染的角度出发，地下水污染风险评价应以含水层为风险受体，评价范围为填埋场-包气带系统。如果从地下水资源开发与利用的角度出发，地下水污染风险评价应以地下水源地、泉水、抽水井、监测井等为风险受体，评价范围为填埋场-包气带-饱和带-风险受体整个系统。由于人类使用地下水的最终目的是地下水的开发与利用，因此，在进行地下水污染风险评价时，也需要考虑污染物在饱和带中的迁移转化过程。

简易垃圾填埋场地下水污染风险分析概念模型如图20.5所示。将简易垃圾填埋场作为污染源，将填埋场附近的地下水源地、泉水、抽水井、监测井等作为风险受体，通过地下水价值水平反映风险受体污染后果的严重性。评价范围包括填埋场-包气带-饱和带-风险受体整个系统，反映了地下水污染风险与污染源、包气带、饱和带及风险受体四者之间的紧密联系。

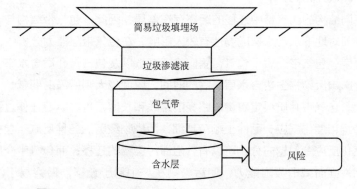

图20.5 简易垃圾填埋场地下水污染风险分析概念模型

根据风险分析概念模型，影响受体污染风险的因素包括 5 个方面，分别为填埋场危险性、包气带阻滞力、含水层脆弱性、风险受体易污性及地下水价值。根据以上分析，可将地下水污染风险的概念用式（20.1）表示：

$$R = H + A + V + E + D \tag{20.1}$$

式中，R 为地下水污染风险；H 为填埋场危险性；A 为包气带阻滞力；V 为含水层脆弱性；E 为风险受体易污性；D 为地下水价值。

20.3.4　地下水污染风险分析

20.3.4.1　填埋场危险性分析

研究表明，垃圾渗滤液水质和水量变化的主要影响因素包括废物类型、垃圾含水率、填埋深度、气候条件、填埋场规模、填埋场管理以及填埋场场龄等。

场龄较短的填埋场产生的渗滤液呈酸性，有机物浓度高，其中大部分是低分子有机物，易于生物降解。而随着场龄的延长，渗滤液中有机物浓度降低，可生化性不断降低，尤其当进入产甲烷阶段后，渗滤液中大部分为高分子复杂有机物，更不利于生物降解。并且随着填埋时间增加，渗滤液中氨氮浓度升高，导致生化降解的难度进一步增加。但是，场龄短的填埋场渗滤液产量大，随着场龄的增长，渗滤液的产生则趋于稳定，产量缩减。故场龄的影响比较复杂。

简易垃圾填埋场所填埋的废物以生活垃圾为主，废物类型对渗滤液的水质具有很大影响。例如，如果废物中餐厨垃圾较多，所含的有机物较多，则渗滤液中 COD_{Cr}、BOD_5 的浓度就较高；但如果其中含有较多的灰土类物质，通过对有机物的吸附、过滤等作用，则可使有机物浓度降低。概括来说，填埋生活垃圾的垃圾填埋场产生的渗滤液中主要含有可溶有机物、高浓度无机组分、重金属和异型生物质化合物。

此外，垃圾的初始含水率也是渗滤液水质的重要影响因素之一。填埋垃圾的初始含水率越高，产生的渗滤液就越多。若填埋垃圾初始含水率高于 50%，则垃圾自身渗滤液的产量将是渗滤液最终总产量的主要部分。

研究表明，填埋场的规模与渗滤液产生量成正比，故也对地下水污染风险大小产生重要影响。另外填埋场的防渗、覆盖层、排水系统等管理措施也影响着渗滤液产生量的大小。

20.3.4.2　包气带阻滞力分析

污染物在不同结构的包气带中迁移的距离存在差异，因此，包气带结构与其对污染物的阻碍能力相关，从而对地下水含水层脆弱性有较大影响。在包气带阻滞力分析中，考虑的主要指标包括包气带厚度、包气带介质、包气带垂向渗透系数以及包气带介质含水率。

包气带厚度影响污染物到达含水层所需的时间，厚度越大则所需时间越长，从而增加污染物被稀释的机会。包气带介质决定着渗流路径的路线和长度，也影响着迁移过程中对污染物的稀释、吸附、降解和理化反应。黏性土颗粒越细，污染物经历的各种反应（包括过滤、吸附、阳离子交换、生化反应等）越充分，可以有效阻滞污染物的迁移；而包气带介质为砂性土或砂卵石，则因透水性强而减弱吸附能力，使污染物在其中易于迁移，最终易于污染地下水。另外，岩性不同的介质对 COD_{Cr} 的净化能力不同，研究表明，粉土、粉砂、中砂三种介质去除

COD_{Cr} 的能力依次降低。

包气带介质含水率能改变各种矿物颗粒对渗滤液中物质的吸附能力,并且导致流体的动力学上的差异,因此对渗滤液在岩层中的迁移会产生一定的影响。

包气带垂向渗透系数也是一个重要影响因素,对污染物的运移方向和速度都具有较大影响。该系数较低时,有机污染物在包气带中迁移较慢,易向侧面扩散,而该系数较高时,重力牵引会导致污染物质垂直地迁移下渗,从而使其更快更直接地进入地下水体,导致地下水污染。

20.3.4.3　含水层脆弱性分析

含水层脆弱性考虑的是自然环境下含水层被污染的倾向性大小,其评价方法以美国的DRASTIC 模型应用最广泛,并得到了广泛认可。

DRASTIC 模型是用来评价某一区域的地下水含水层脆弱性的体系。在评价垃圾填埋场时,考虑到填埋场建设初期已对基础层经过一定的压实和平整处理,并已通过土方开挖进行垃圾堆放填埋,故不考虑地形和土壤因素。包气带介质因素已在包气带阻滞力中考虑。因此,本节选取 DRASTIC 中的其余 4 个指标,包括地下水埋深(D)、含水层净补给量(R)、含水层水力传导系数(C)、含水层介质(A),用于反映含水层脆弱性的情况。

20.3.4.4　风险受体易污性分析

风险受体易污性研究的是风险评价区域内,风险受体受到风险源威胁而被污染的可能性大小。通过分析渗滤液中污染物由填埋场下方地下水到风险受体的迁移过程,考虑的指标包括填埋场到风险受体的水平距离,以及填埋场与风险受体在流场中的位置关系(因与地下水流向相关,因此以"地下水流向"作为指标)。

20.3.4.5　地下水价值分析

这部分考虑某地区地下水被人类社会利用的价值大小,从而反映风险受体受到风险源的污染后其后果的严重程度,考虑地下水水量(表示含水层的富水程度,用钻井涌水量表征)、地下水水质以及地下水用途 3 个指标。

20.3.5　基于指数法的地下水污染风险评价指标体系的构建

应用指数法构建填埋场地下水污染风险评价体系时应首先确定评价指标。

20.3.5.1　指标体系的构建原则

(1)代表性与实用性

影响地下水污染风险的因素众多,污染风险评价体系若包含全部因素的指标,则会使指标体系过于臃肿,也因此削弱了其实用性。所以在选取指标时,基于代表性与实用性原则选取主要因子,从而保证指标既能代表某个子系统,又能有效地对具体对象做出评价。

(2)独立性

评价指标如果彼此存在相关性,则在评价中会造成互相干扰,影响准确度。因此在筛选指标时应保证指标之间互相独立,避免信息重复。

（3）可操作性

指标体系的建立往往基于理论，而忽略了实践性。在指标选取中，应充分考虑实际情况，选择能够获得实际资料的、具有综合性、关键性的指标，以便顺利进行评价工作。

20.3.5.2　指标体系的构建

在20.3.4地下水污染风险分析中，针对与简易垃圾填埋场地下水污染风险相关的5个影响因素，初步提出了20个评价指标。根据指标体系构建原则，综合考虑独立性和可操作性，对20个指标进行进一步的分析，建立指标体系。

在填埋场危险性中，主要关注对渗滤液成分及产生量具有关键影响的因素。垃圾含水率与垃圾成分有相关性，且含水率很难单独判定。气候条件主要是降雨情况，也与含水层净补给量相关。另外，简易垃圾填埋场管理措施一般不够全面，且难以给出量化的判定。故填埋场危险性方面，选取废物类型、填埋场规模及填埋场场龄3个评价指标。

包气带厚度与地下水埋深重复；包气带介质一定程度上决定着包气带介质含水率，另外包气带介质虽与包气带垂向渗透系数有一定相关性，但没有很好的对应关系。因此，包气带阻滞力方面选取包气带介质和包气带垂向渗透系数两个指标。

含水层岩性与含水层水力传导系数有一定关联但相关性不大，因此含水层脆弱性中选取地下水埋深、含水层净补给量、含水层岩性和含水层水力传导系数4个指标。

风险受体易污性方面选取填埋场到风险受体的水平距离，以及地下水流向（反映填埋场与风险受体在流场中的位置关系）两个指标。

地下水的用途对应不同的水质要求，二者有相关性，故舍去地下水水质指标，地下水价值方面选取地下水水量、地下水用途两个指标。

综上所述，垃圾填埋场地下水污染风险评价指标体系包括填埋场危险性、包气带阻滞力、含水层脆弱性、风险受体易污性和地下水价值等5类影响因素、13个评价指标，如图20.6所示。

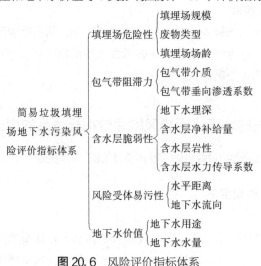

图20.6　风险评价指标体系

20.3.5.3　指标体系的分级与评分

地下水污染风险评价指标分级评分的依据是：a. 参考国家相关标准对指标进行的分级评分；b. 参考相关文献所用的分级准则和分级评价结果；c. 参考专家对评价指标分级评分的意见。5类影响因素、13个评价指标的分级标准分别见表20.14～表20.18，评分值均介于

1~10 之间。

⊡ 表 20.14　填埋场危险性评价指标的分级和评分

填埋场规模/m³	分级	>5×10⁵	1×10⁵~5×10⁵	5×10⁴~1×10⁵	5×10³~5×10⁴	≤5×10³
	评分	10	7	4	2	1
废物类型	分级	以工业垃圾为主	以生活垃圾为主	生活、建筑垃圾混填	以建筑垃圾为主	
	评分	10	8	4	1	
填埋场场龄/a	分级	<5	5~10	10~15	≥15	
	评分	10	8	5	1	

⊡ 表 20.15　包气带阻滞力评价指标的分级和评分

包气带介质		包气带垂向渗透系数/(m/d)	
类别	评分/分	分级	评分/分
玄武岩	9	>10	10
砂砾	8	1~10	8
含粉砂和黏土的砂砾	6	0.01~1	5
层状灰岩、砂岩、页岩	6	0.001~0.01	2
砂岩	6	≤0.001	1
灰岩	6		
变质岩/火成岩	4		
粉砂/黏土	3		
承压层	1		

⊡ 表 20.16　含水层脆弱性指标的分级和评分

地下水埋深(D)		含水层净补给量(R)		水力传导系数(C)		含水层岩性(A)	
级别/m	评分/分	级别/mm	评分/分	级别/(m/d)	评分/分	类别	评分/分
0~1.5	10	>254	9	>81.5	10	玄武岩	9
1.5~4.6	9	178~254	8	40.7~81.5	8	砂砾岩	8
4.6~9.1	7	102~178	6	28.5~40.7	6	块状灰岩	6
9.1~15.2	5	51~102	3	12.2~28.5	4	块状砂岩	6
15.2~22.9	3	0~51	1	4.1~12.2	2	层状砂岩、灰岩页岩	6
22.9~30.5	2			0~4.1	1	冰碛岩	5
>30.5	1					风化变质岩/火成岩	4
						变质岩/火成岩	3
						块状页岩	2

⊡ 表 20.17　风险受体易污性评价指标的分级和评分

水平距离/m	分级	<200	200~500	500~1000	1000~5000	≥5000
	评分/分	10	9	7	5	1
地下水流向	分级	风险受体在填埋场内部	填埋场在风险受体上游正方向	填埋场在风险受体上游偏方向	填埋场在风险受体下游正方向	填埋场在风险受体下游偏方向
	评分/分	10	8	6	2	1

⊡ 表 20.18　地下水价值评价指标的分级和评分

地下水水量/(m³/d)	分级	>5000	1000~5000	100~1000	10~100	≤10
	评分/分	10	8	6	4	1
地下水用途	分级	生活用水	补给水源地	农业、工业用水	其他用途	不利用
	评分/分	10	8	7	5	1

20.3.6 地下水污染风险评价指标权重的确定

权重是用来衡量风险评价体系中某一层的评价因子对上一层评价因子的影响程度相对强弱的值。某评价因子的权重越大，则其对上一层因子的影响越强，相对重要性就大。本节采用层次分析法（AHP）计算各评价指标的权重值。层次分析法是目前权重计算最常用的方法之一，被国内外学者在不同领域广泛应用。层次分析法计算各评价指标权重值的过程包括以下4个步骤。

20.3.6.1 建立递阶层次结构模型

递阶层次结构模型一般呈树状结构，反映了各评价因子之间的相互关系，通常分为三个层次：第一层为目标层，即需要解决的总体问题；第二层为准则层，表示为实现目标层所要满足的中间环节，可以由多个不同的评价角度组成；第三层为指标层，表示需要选取并直接评价的指标。

本研究中目标层（A层）设为简易垃圾填埋场地下水污染风险评价；准则层（B层）为填埋场危险性、包气带阻滞力、含水层脆弱性、风险受体易污性和地下水价值5类影响因素；指标层（C层）为B层中5类影响因素对应的13个评价指标。所构建的递阶层次结构模型如图20.7。

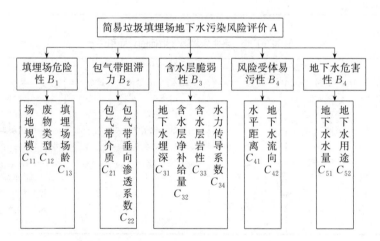

图 20.7　递阶层次结构模型

20.3.6.2 构造判断矩阵并计算特征向量

将同一层次上两个评价因子对上一层次的评价因子的相对重要性进行比较，并用1～9标度法（见表20.19）量化比较结果，根据量化比较的结果构造判断矩阵。

⊡ 表 20.19　1～9标度法的标度及其描述

标度	定义（比较评价因子a与b）	标度	定义（比较评价因子a与b）
1	因子a与b同等重要	9	因子a与b绝对重要
3	因子a与b稍微重要	2,4,6,8	两相邻判断的中间值
5	因子a与b较强重要	倒数	当比较因子b与a时，得到的
7	因子a与b强烈重要		判断为$c_{ba}=1/c_{ab}$，$c_{aa}=1$

用a_{ij}表示第i个因子相对于第j个因子的比较结果，则可根据判断矩阵表给出相应的判断

矩阵 $\boldsymbol{A} = \begin{bmatrix} a_{11} & \cdots & a_{1n} \\ \vdots & \vdots & \vdots \\ a_{n1} & \cdots & a_{nm} \end{bmatrix}$。

按照判断矩阵的构建原则，针对分属于目标层（A）以及准则层（B）5 类影响因素下的指标，参考相关文献、标准以及专家意见进行评分，共构建 6 个判断矩阵，分别如表 20.20～表 20.25 所列，每个表后列出相应矩阵的数学表达式。

⊡ 表 20.20　目标层 A 各影响因素的判断矩阵表

简易垃圾填埋场地下水污染风险评价 A	填埋场危险性 B_1	包气带阻滞力 B_2	含水层脆弱性 B_3	风险受体易污性 B_4	地下水危害性 B_5
填埋场危险性 B_1	1	1/6	1/6	1	1
包气带阻滞力 B_2	6	1	1	6	6
含水层脆弱性 B_3	6	1	1	6	6
风险受体易污性 B_4	1	1/6	1/6	1	1
地下水危害性 B_5	1	1/6	1/6	1	1

注：如第三行第二列的"6"表明，根据 1～9 标度法，包气带阻滞力的重要性相对于填埋场危险性来说，介于较强重要和强烈重要之间，也就是认为相对于填埋场危险性，包气带阻滞力会对地下水污染风险造成更大的影响。

其数学表达式为

$$\boldsymbol{A} = \begin{bmatrix} 1 & 1/6 & 1/6 & 1 & 1 \\ 6 & 1 & 1 & 6 & 6 \\ 6 & 1 & 1 & 6 & 6 \\ 1 & 1/6 & 1/6 & 1 & 1 \\ 1 & 1/6 & 1/6 & 1 & 1 \end{bmatrix}$$

⊡ 表 20.21　填埋场危险性 B_1 各指标的判断矩阵表

填埋场危险性 B_1	场地规模 C_{11}	废物类型 C_{12}	填埋场场龄 C_{13}
场地规模 C_{11}	1	3	6
废物类型 C_{12}	1/3	1	3
填埋场场龄 C_{13}	1/6	1/3	1

其数学表达式为

$$\boldsymbol{B}_1 = \begin{bmatrix} 1 & 3 & 6 \\ 1/3 & 1 & 3 \\ 1/6 & 1/3 & 1 \end{bmatrix}$$

⊡ 表 20.22　包气带阻滞力 B_2 对各影响因素的判断矩阵表

包气带阻滞力 B_2	包气带介质 C_{21}	包气带垂向渗透系数 C_{22}
包气带介质 C_{21}	1	1
包气带垂向渗透系数 C_{22}	1	1

其数学表达式为

$$\boldsymbol{B}_2 = \begin{bmatrix} 1 & 1 \\ 1 & 1 \end{bmatrix}$$

含水层脆弱性 B_3	地下水埋深 C_{31}	含水层净补给量 C_{32}	含水层岩性 C_{33}	水力传导系数 C_{34}
地下水埋深 C_{31}	1	3	5	3
含水层净补给量 C_{32}	1/3	1	3	1
含水层岩性 C_{33}	1/5	1/3	1	1/3
水力传导系数 C_{34}	1/3	1	3	1

其数学表达式为

$$\boldsymbol{B}_3 = \begin{bmatrix} 1 & 3 & 5 & 3 \\ 1/3 & 1 & 3 & 1 \\ 1/5 & 1/3 & 1 & 1/3 \\ 1/3 & 1 & 3 & 1 \end{bmatrix}$$

⊡ 表20.24　风险受体易污性 B_4 各指标的判断矩阵表

风险受体易污性 B_4	水平距离 C_{41}	地下水流向 C_{42}
水平距离 C_{41}	1	1/3
地下水流向 C_{42}	3	1

其数学表达式为

$$\boldsymbol{B}_4 = \begin{bmatrix} 1 & 1/3 \\ 3 & 1 \end{bmatrix}$$

⊡ 表20.25　地下水危害性 B_5 各指标的判断矩阵表

地下水危害性 B_5	地下水水量 C_{51}	地下水用途 C_{53}
地下水水量 C_{51}	1	1/3
地下水用途 C_{53}	3	1

其数学表达式为

$$\boldsymbol{B}_5 = \begin{bmatrix} 1 & 1/3 \\ 3 & 1 \end{bmatrix}$$

采用和积法对判断矩阵进行求解，具体步骤如下：将判断矩阵 A 的每一列根据式（20.2）规范化

$$b_{ij} = \frac{a_{ij}}{\sum_{i=1}^{n} a_{ij}} \quad (j=1, 2, \cdots, n) \tag{20.2}$$

将按照每一列规范化的矩阵按每一行求和

$$v_i = \sum_{j=1}^{n} b_{ij} \tag{20.3}$$

将 $v_i = [v_1, v_2, \cdots, v_n]^{\mathrm{T}}$ 进行规范化，得到

$$\omega_i = \frac{v_i}{\sum_{j=1}^{n} v_j} \tag{20.4}$$

向量 $\omega_i = [\omega_1, \omega_2, \cdots, \omega_n]^{\mathrm{T}}$ 即为判断矩阵 A 的最大特征向量，取值对应各评价因子的权重值。

按照式（20.2）～式（20.4）分别对所构建的上述 6 个判断矩阵的数学表达式进行求解，得到最大特征向量的近似解，即为各影响因素/指标的相对权重值。首先，计算得出判断矩阵 A 的最大特征向量的解 ω_A 为

$$\omega_A = \left(\frac{1}{15}, \ \frac{2}{5}, \ \frac{2}{5}, \ \frac{1}{15}, \ \frac{1}{15}\right)^{\mathrm{T}}$$

同理，可得判断矩阵 B_1、 B_2、 B_3、 B_4、 B_5 的最大特征向量的解 ω_{B_1}、 ω_{B_2}、 ω_{B_3}、 ω_{B_4}、 ω_{B_5} 分别为

$$\omega_{B_1} = \left(\frac{12}{19}, \ \frac{26}{95}, \ \frac{9}{95}\right)^{\mathrm{T}}$$

$$\omega_{B_2} = \left(\frac{1}{2}, \ \frac{1}{2}\right)^{\mathrm{T}}$$

$$\omega_{B_3} = \left(\frac{45}{92}, \ \frac{5}{23}, \ \frac{7}{92}, \ \frac{5}{23}\right)^{\mathrm{T}}$$

$$\omega_{B_4} = \left(\frac{1}{4}, \ \frac{3}{4}\right)^{\mathrm{T}}$$

$$\omega_{B_5} = \left(\frac{1}{4}, \ \frac{3}{4}\right)^{\mathrm{T}}$$

20.3.6.3 层次单排序一致性检验

层次单排序是确定下层各因子对上层某因子影响程度的过程，通过检验其一致性可判断所得权重值是否合理。

首先，计算一致性指标 CI 的值，公式如下：

$$CI = \frac{\lambda_{\max} - n}{n - 1} \tag{20.5}$$

式中，$\lambda_{\max}$ 是判断矩阵 A 的最大特征值，其计算公式为：

$$\lambda_{\max} = \sum_{i=1}^{n} \frac{(A\omega)_i}{n\omega_i} \tag{20.6}$$

式中，$(A\omega)_i$ 是向量 A 与向量 ω 乘积的第 i 个元素。

其次，根据判断矩阵的阶数可以查表 20.26 确定随机一致性指标 RI 的值。

表 20.26　平均随机一致性指标 RI

矩阵阶数	1	2	3	4	5	6	7	8	9
RI 值	0	0	0.58	0.90	1.12	1.24	1.32	1.41	1.45

最后即可计算一致性比率 CR

$$CR = \frac{CI}{RI} \tag{20.7}$$

当且仅当 $CR < 0.10$ 时，认为判断矩阵的层次单排序一致性可接受。若不满足，则需要按照 1～9 标度法重新构造判断矩阵。

根据上述方法，首先计算判断矩阵 A 的最大特征值，记为 $\lambda_{A\max}$，则

$$A\omega_A = \begin{bmatrix} 1 & 1/6 & 1/6 & 1 & 1 \\ 6 & 1 & 1 & 6 & 6 \\ 6 & 1 & 1 & 6 & 6 \\ 1 & 1/6 & 1/6 & 1 & 1 \\ 1 & 1/6 & 1/6 & 1 & 1 \end{bmatrix} \begin{bmatrix} 1/15 \\ 2/5 \\ 2/5 \\ 1/15 \\ 1/15 \end{bmatrix}$$

$$(\boldsymbol{A\omega})_1 = 1/3; (\boldsymbol{A\omega})_2 = 2; (\boldsymbol{A\omega})_3 = 2; (\boldsymbol{A\omega})_4 = 1/3; (\boldsymbol{A\omega})_5 = 1/3$$

根据式（20.6），可得

$$\lambda_{\max} = \sum_{i=1}^{5} \frac{(\boldsymbol{A\omega})_i}{5\omega_i} = 5$$

同理，可得出 B 层 1～5 个判断矩阵的最大特征值分别为

$$\lambda_{B_{1\max}} = 3.0273$$
$$\lambda_{B_{2\max}} = 2.0000$$
$$\lambda_{B_{3\max}} = 4.0587$$
$$\lambda_{B_{4\max}} = 2.0000$$
$$\lambda_{B_{5\max}} = 2.0000$$

接着根据式（20.5）计算各个判断矩阵一致性指标 CI 的值，可得

$$CI_A = 0,\ CI_{B_1} = 0.0137,\ CI_{B_2} = 0,\ CI_{B_3} = 0.0196,\ CI_{B_4} = 0,\ CI_{B_5} = 0$$

经查表 20.26，可知各个判断矩阵的平均随机一致性指标 RI 分别为

$$RI_A = 1.12,\ RI_{B_1} = 0.58,\ RI_{B_2} = 0,\ RI_{B_3} = 0.90,\ RI_{B_4} = 0,\ RI_{B_5} = 0$$

由式（20.7）计算可得，各个判断矩阵的随机一致性比率 CR 分别为

$$CR_A = 0,\ CR_{B_1} = 0.0236,\ CR_{B_2} = 0,\ CR_{B_3} = 0.0218,\ CR_{B_4} = 0,\ CR_{B_5} = 0$$

可知各判断矩阵的随机一致性比率均小于 0.1，所构造的 6 个判断矩阵的层次单排序一致性是可以接受的。

20.3.6.4　层次总排序一致性检验

层次总排序是指确定某层所有因子对于总目标相对重要性的排序权值过程。假定某一层次（ A 层）包含 m 个评价因子，记为 A_1, A_2, $\cdots$, A_m，其层次单排序的权重值记为，a_1, a_2, $\cdots$, a_m；B 层为 A 层的下一层，包含 n 个评价因子，记为 B_1, B_2, $\cdots$, B_n，B 层各因子对于 A 层某个因子 A_j 的层次单排序权重值分别记作 b_{1j}, b_{2j}, $\cdots$, b_{nj}（当 B_i 与 A_j 无关时，$b_{ji} = 0$）。则 B 层各因子的层次总排序权重值可由式（20.8）计算

$$b_i = \sum_{j=1}^{m} b_{ij} a_j \qquad (20.8)$$

设 B 层各因子 B_1, B_2, $\cdots$, B_n 对上一层（ A 层）中某因子 A_j（ $j=1$, 2, $\cdots$, m）的层次单排序一致性指标为 CI_j，平均随机一致性指标为 RI_j，则 B 层次总排序一致性比率为

$$CR = \frac{\sum_{j=1}^{n} CI_j \omega_j}{\sum_{j=1}^{n} RI_j \omega_j} \qquad (20.9)$$

当且仅当 $CR < 0.10$ 时，认为判断矩阵的层次总排序一致性可接受。

根据式（20.8），计算指标层（ C 层）的层次总排序权重如下：

$\omega_i =$（0.0421，0.0182，0.0063，0.2000，0.2000，0.1956，0.0870，0.0304，0.0870，0.0167，0.0500，0.0167，0.0500）

各判断矩阵的一致性指标和平均随机一致性指标的值已算出，则根据式（20.9），可得指标层（ C 层）对目标层（ A 层）的总排序一致性比率为

$$CR = 0.0225$$

则 $CR=0.0225<0.1$，即层次总排序一致性可以接受。

综上所述，通过计算可得到简易垃圾场地下水污染风险评价指标的权重，如表 20.27 所示。

⊡ 表 20.27　简易垃圾填埋场地下水污染风险评价指标权重

目标层（A）	准则层（B）		指标层（C）		权重 ω_i
	风险影响因素	原始权重	评价指标	原始权重	
简易垃圾填埋场地下水污染风险评价	填埋场危险性	0.0666	填埋场规模	0.6316	0.0421
			废物类型	0.2737	0.0182
			填埋场场龄	0.0947	0.0063
	包气带阻滞力	0.4000	包气带介质	0.5000	0.2000
			包气带垂向渗透系数	0.5000	0.2000
	含水层脆弱性	0.4000	地下水埋深	0.4891	0.1956
			含水层净补给量	0.2174	0.0870
			含水层岩性	0.0761	0.0304
			水力传导系数	0.2174	0.0870
	风险受体易污性	0.0667	水平距离	0.2500	0.0167
			地下水流向	0.7500	0.0500
	地下水危害性	0.0667	地下水水量	0.2500	0.0167
			地下水用途	0.7500	0.0500

根据各指标的权重值，可以判断 13 个指标对于地下水污染风险评价的相对重要性大小排序，重要性由大到小依次为包气带介质、包气带垂向渗透系数、地下水埋深、含水层净补给量、水力传导系数、地下水流向、地下水用途、填埋场规模、含水层岩性、废物类型、水平距离、地下水水量、填埋场场龄。

20.3.7　地下水污染风险评价综合指数模型及风险等级划分

20.3.7.1　综合指数模型

基于指数法的原理与方法，采用加权求和法得出地下水污染风险评价综合指数

$$R=\sum_{i=1}^{13} x_i\omega_i \tag{20.10}$$

式中，R 为地下水污染风险评价综合指数；x_i 为第 i 个评价指标的评分值；ω_i 为第 i 个评价指标的权重。

20.3.7.2　基于指标法的污染风险评价等级划分

由计算可知综合指数 R 的取值在 1～10 之间随机分布。采用聚类分析方法划分风险等级较为科学，但需要大量实际案例数据，可操作性较差。由于缺乏数据，因此采用较为常用的等间距法，并参考案例数据计算结果，将风险水平划分为 3 个等级，如表 20.28 所列。

⊡ 表 20.28　简易垃圾填埋场地下水污染风险评价等级

综合指数 R	$1\leqslant R\leqslant 3$	$3<R\leqslant 6$	$6<R\leqslant 10$
风险等级	低	中	高

20.3.8　简易垃圾填埋场地下水污染风险评价案例

20.3.8.1　北天堂简易垃圾填埋场地下水污染风险评价

（1）北天堂简易垃圾填埋场概况

北京市北天堂地区为永定河冲积沉积，砂层直接分布于地表，有多处建筑采砂坑。从1989年开始，陆续在采砂坑中填埋城市生活垃圾，没有任何防渗措施；至今在北天堂地区已形成7个较大的垃圾填埋场。后期建设的5号、6号填埋场具有顶部、底部防护层，但防渗性能都未达到有关标准的要求。到2011年年底，填埋垃圾量为5.69×10^6t，对周边环境和饮用水水源构成了严重威胁。

目前，大部分填埋场已停止使用，部分区域经过改造已建有厂房或其他建筑。各个填埋场的大致情况如表20.29所列。

⊡ 表20.29　北天堂地区各填埋场大致情况

编号	填埋时间（场龄）	填埋量/m³	废物类型
1	1989~1997(8a)	1500000	生活垃圾
2	1998~2002(4a)	1700000	生活垃圾
3	1998~2000(2a)	225000	生活、建筑垃圾
4	2000~2005(5a)	700000	生活、建筑垃圾
5	2002~2005(3a)	370000	生活垃圾
6	2005~2014(9a)	257143	生活垃圾
7	2000~2005(5a)	800000	建筑垃圾

（2）填埋场地质条件

北天堂地区位于北京西南郊永定河冲积平原中部，第四系沉积岩为黏性土、砂土和砂砾石层，其下部为第三系或白垩系地层，岩性由砂岩、页岩和砾石组成。该区含水层为潜水系统，岩性主要为砂、砂砾石。地下水埋深平均为26m。

（3）北天堂简易垃圾填埋场地下水污染风险评价

1）风险受体选取　研究区地下水为西北-东南流向。在地下水流向的下游、侧向、上游，即填埋场的东南、正东、西北方向2000m距离处各设置1个监测点，分别记为1号、2号、3号监测井。由此判断填埋场区域周围2000m处的地下水污染风险。

2）指标评分　根据资料数据对13个指标进行评分，结果如表20.30所列。

⊡ 表20.30　北天堂简易垃圾填埋场地下水污染风险评价指标评分

准则层	指标层	监测井	数据资料	评分/分
填埋场危险性	填埋场规模/m³	1,2,3号	4922143	10
	废物类型	1,2,3号	生活垃圾为主	8
	填埋场场龄/a	1,2,3号	平均5-10	8
包气带阻滞力	包气带介质	1,2,3号	含粉砂和黏土的沙砾	6
	包气带垂向渗透系数/(m/d)	1,2,3号	0.01~1	5
含水层脆弱性	地下水埋深/m	1,2,3号	26	2
	含水层净补给量/mm	1,2,3号	330~390	9
	含水层岩性	1,2,3号	砂土、砂砾石	8
	水力传导系数/(m/d)	1,2,3号	200~300	10

准则层	指标层	监测井	数据资料	评分/分
风险受体 易污性	水平距离/m	1,2,3 号	2000	5
		1 号	填埋场位于监测井上游正向	8
	地下水流向	2 号	填埋场位于监测井上游偏向	6
		3 号	填埋场位于监测井下游正向	1
地下水价值	地下水水量/(m³/d)	1,2,3 号	1000～5000	8
	地下水用途	1,2,3 号	补给地下水	8

3）指标法评价结果　将各指标评分与权重代入综合指数公式计算，得到结果如表 20.31 所列。

⊡ 表 20.31　北天堂简易垃圾填埋场指标法评价结果

监测井	综合指数 R	风险等级
1 号	6.1215	高
2 号	6.0215	高
3 号	5.7715	中

4）评价结果分析　由文献资料可知，北天堂垃圾填埋场所在的区域是北京的简易填埋场中污染严重且面积较大的地区。到 2000 年，北天堂垃圾场周围 $1.2m \times 10^6 m^2$ 范围内的地下水已不能饮用，且地下水污染的程度和范围都在逐年增加。因此，评价所得出的沿地下水流向位于填埋场下游方向的监测井污染风险为高等级、在填埋场上游方向的监测井污染风险为中等级的评价结果，可认为是合理的。

由评价结果可知，风险受体与填埋场在地下水流场中的相对位置，对填埋场地下水污染风险有一定的影响；但由于北天堂地区污染严重，故 3 号监测井虽然在填埋场的上游，依然具有较高的污染风险。

20.3.8.2　北京朝阳区北苑简易垃圾填埋场地下水污染风险评价

（1）北苑简易垃圾填埋场概况

北苑简易垃圾填埋场位于北苑东路与轻轨 13 号线交汇处，占地约 $200m \times 200m$，填埋的垃圾主要为生活垃圾，总填埋量为 $6.0 \times 10^5 m^3$。该垃圾填埋场目前已经关闭，在其多年运营期间未作任何防渗措施。

该区的地表分布着少量人工堆积层，主要由黏质粉土、砂质粉土填土层组成；其下部的包气带为第四纪沉积的黏性土、粉土和砂土、卵砾石的交互层；含水层主要成分是粉土层和粉砂、砂质粉土层。

（2）北苑简易垃圾填埋场地下水污染风险评价

1）风险受体选取

选取填埋场场地内部的地下水作为评价对象，水质监测点的采样深度为 7.5m。

2）指标评分与说明

根据资料数据对 13 个指标进行评分，结果如表 20.32 所列。其中对资料数据不全的指标分别做如下分析。

① 填埋场场龄。没有获得关于北苑垃圾填埋场建造时期的信息，由于北京大多数简易垃

垃填埋场在 20 世纪 90 年代建成，而北苑垃圾填埋场目前已经关停，推测为 21 世纪初地下水污染形势严峻时关停，因此选取场龄为 10～15a。

② 包气带垂向渗透系数。该指标与包气带介质有一定的关联性。由于该场地包气带介质与北天堂大致一样，故包气带垂向渗透系数参考北天堂的案例，取为 0.01～1m/d。

③ 含水层净补给量。降雨量是含水层净补给量的主要来源。北京市 1949～2012 年的年降雨量数据显示北京市降雨量年际变化较大，历年降水量介于 242～1046mm 之间。参考北天堂案例，取平均年降雨量大于 254mm。

④ 水力传导系数。含水层水力传导系数与岩性有一定关联。已知含水层岩性主要为粉砂、砂质粉土，查阅资料可知，其水力传导系数约为 5m/d。

⑤ 地下水水量。由于缺乏相关数据，因此分别将评分取为 1 分、4 分、6 分、8 分、10 分，对计算结果进行分析。

⑥ 地下水用途。选为"其他用途"。

表 20.32　北苑简易垃圾填埋场地下水污染风险评价指标评分

准则层	指标层	数据资料	评分/分
填埋场危险性	填埋场规模/m³	600000	10
	废物类型	生活垃圾为主	8
	填埋场场龄/a	10～15	5
包气带抗污性	包气带介质	黏性土、粉砂土、卵砾石	6
	包气带垂向渗透系数/(m/d)	0.01～1	5
含水层脆弱性	地下水埋深/m	7.5	7
	含水层净补给量/mm	>254	9
	含水层岩性	粉砂、砂质粉土	6
	水力传导系数/(m/d)	5	2
风险受体暴露性	水平距离/m	0	10
	地下水流向	风险受体在填埋场区内部	10
地下水暴露性	地下水水量/(m³/d)	变量	1、4、6、8、10
	地下水用途	其他用途	5

3）指标法评价结果　将各指标评分与权重代入综合指数模型，再根据表 20.28，可得各种情况下综合指数与风险等级，如表 20.33 所列。

表 20.33　北苑简易垃圾填埋场指标法评价结果

地下水水量取值/(m³/d)	地下水水量评分/分	综合指数 R	风险等级
≤10	1	6.2404	高
10～100	4	6.2905	高
100～1000	6	6.3239	高
1000～5000	8	6.3573	高
>5000	10	6.3907	高

由评价结果可知，无论地下水水量取值大小，该填埋场地下水污染风险均为高等级。

4）评价结果分析　该填埋场的水质监测数据显示，填埋场场地内的地下水中，阴离子洗涤剂、高锰酸盐指数、氨氮和汞的浓度均超过《地下水质量标准》中 V 类水水质标准的几倍甚至几十倍，其他物质如氟化物、铁、锰等也超过了 Ⅲ 类标准。通过水质质量综合评估，该填埋场场地内部及附近的浅层地下水已受到严重污染。因此，对该填埋场地下水污染风险评价为高风险等级，可认为是合理的。

20.3.8.3 长春金钱堡垃圾填埋场地下水污染风险评价

（1）金钱堡垃圾填埋场概况

金钱堡垃圾场位于长春市二道区英俊乡金钱村西郊，原为砖厂取土后留下的土坑，面积约 $0.48km^2$，自 1978 年开始向坑中堆填垃圾。多年来，长春市每天向坑中倾倒约 2500t 生活、工业和医疗垃圾，至今垃圾高度已达到 10m 左右。填埋场没有任何底部防渗或顶部覆盖措施，导致垃圾场产生的渗滤液、恶臭、尘土等对周围环境产生了恶劣影响。

伊通河由南至北在该区域中东部通过，金钱堡填埋场位于伊通河以西 1000m 左右。新开河是伊通河的支流，经垃圾场西侧，汇入伊通河，河道狭窄，主要排泄城市污水。该区包气带为第四系地层，主要由粉质黏土、砂土及含砾中砂层构成。其下为白垩系岩层，主要为泥岩与泥质砂岩、砂岩交互层。

（2）金钱堡垃圾填埋场地下水污染风险评价

1）风险受体选取　选取水质监测对象即金钱堡村的水井及新开河为风险受体。金钱堡村的居民距离填埋场在数百至一千米内。

2）指标评分与说明　根据资料数据对 13 个指标进行评分，如表 20.34 所列。对于资料数据不全的指标分别做如下分析。

① 包气带垂向渗透系数。参考北天堂案例，评分为 5 分。

② 含水层净补给量。该地区地下水补给主要来自大气降水和上游侧向补给。由资料可知长春市 1956～2000 年的年平均降雨量为 565.0mm，再考虑上游补给，故认为金钱堡地区含水层净补给量可按大于 254mm 考虑。

③ 水力传导系数。由于地层岩性含中砂，参考资料得到水力传导系数约为 10～25m/d。

④ 地下水水量。缺乏数据资料，由于有河流流经填埋场区域，且历史上附近村庄曾将地下水用于饮用、养鱼、灌溉等用途，故地下水水量应较大。参考北天堂的评分，将地下水水量评分分别取为 8 分和 10 分。

▣ 表 20.34　金钱堡垃圾填埋场地下水污染风险评价指标评分

准则层	指标层	数据资料	评分/分
填埋场危险性	填埋场规模/m³	4800000	10
	废物类型	生活、工业、医疗垃圾	10
	填埋场场龄/a	大于 15a	1
包气带抗污性	包气带介质	粉质黏土、砂土及含砾中砂层	6
	包气带垂向渗透系数/(m/d)	0.01～1	5
含水层脆弱性	地下水埋深/m	7～10	7
	含水层净补给量/mm	＞254	9
	含水层岩性	泥质砂岩、砂岩互层	6
	水力传导系数/(m/d)	10～25	4
风险受体暴露性	水平距离/m	500～1000	7
	地下水流向	流经填埋场	10
地下水暴露性	地下水水量/(m³/d)	原用于饮用、养鱼	8、10
	地下水用途		10

3）指标法评价结果　将各指标评分与权重代入综合指数模型，再根据表 20.28，可得各种情况下综合指数与风险等级，如表 20.35 所列。

地下水水量评分/分	综合指数 R	风险等级
8	6.7424	高
10	6.7758	高

4）评价结果分析　该填埋场的水质监测数据显示，填埋场附近的地下水中亚硝酸氮、氨氮、总硬度、锰、硒均严重超标，而该填埋场附近民用水井的水质分析结果表明，井水中硫酸盐、氯化物及矿化度均超过饮用水标准，且井水呈黄黑色，有臭味，已经不能饮用。由此可见，该垃圾填埋场已对周围的浅层地下水造成严重污染，极大地影响了周围居民的生产与生活。因此，评价结果显示该填埋场对地下水污染的风险为高风险等级，可认为是合理的。

20.3.8.4　贵州省毕节市长春堡镇垃圾填埋场地下水污染风险评价

（1）长春堡镇垃圾填埋场概况

贵州省毕节市长春堡镇简易生活垃圾填埋场位于长春堡镇清塘村某山坡上，填埋场排泄区为一冲积坡积平原，面积约为 $4km^2$，当地居民在该地区主要种植水稻、马铃薯与食用蔬菜。该处很早就有当地居民自发堆填垃圾，因而无任何防渗措施。1995 年填埋场初见雏形，开始堆放大量毕节市产生的生活垃圾，混杂少量建筑垃圾和危险废物。到 2000 年，毕节市新建成正规垃圾填埋场，该填埋场停止使用。

填埋场中心岩土层结构从上至下依次为：人工回填耕土层-垃圾填埋层-灰色坡积黏土（间夹碎石）-强风化粉砂质泥岩层-中强风化粉砂质泥岩层，厚度分别为 0.1～0.5m、6.0～15.0m、0.2～0.6m、1.0～5.1m、3.5～8.5m。区内岩层根据岩性和含水特征可分为含水层和隔水层。其中含水层主要是碳酸岩组成的灰岩层，包括第四纪、飞仙关组二段。第四纪含水层位于第四纪黏土层与灰岩之间的薄细砂层，主要分布于填埋场排泄区，平均埋深 4.5m；飞仙关组含水层位于灰岩层中的粉砂岩夹层，在填埋场区域及冲积坡积平原都有分布，埋深约28.3m，填埋场中心位置埋深约 39m。

该填埋场区水文地质条件较为复杂，地下水埋深与地形起伏波动较大，区域降水量丰富，岩溶较为发育，故污染物随水通过岩溶裂隙垂直迁移至地下水为该场地污染迁移的主要途径。

（2）长春堡镇垃圾填埋场地下水污染风险评价

1）风险受体选取　水质监测对象为第四纪潜水含水层，在填埋场前山坡与排泄区的冲积坡积平原布设 6 个监测点，其中 1 号为地下水出露点，其他 5 处为地下水监测井，监测井均布设于冲积坡积平原，沿冲积坡积平原中心线呈"十"字型布设。6 号监测井为背景水质监测井，设置于与填埋场处在同一汇水系统但未受其影响的上游地下水补给区。监测井布置位置如图 20.8 所示。本研究选取资料较齐全的 2 号监测井作为风险评价对象。

2）指标评分与说明　根据资料数据对 13 个指标进行评分，如表 20.36 所列。对于资料数据不全的指标，分别做如下分析。

① 填埋场规模。无有效信息，根据图示将填埋场面积定为冲积坡积平原的 1/2，即$2km^2$。垃圾填埋高度为 6～15m，取平均值 10m。则填埋场规模为 $200000m^3$。

② 包气带垂向渗透系数。参考北天堂案例，定为 0.01～1m/d。

③ 地下水埋深。由于该区域地下水埋深起伏大，从 4.5m 到 39m 不等，故选取接近填埋

场中心埋深的平均值，定为 25m。

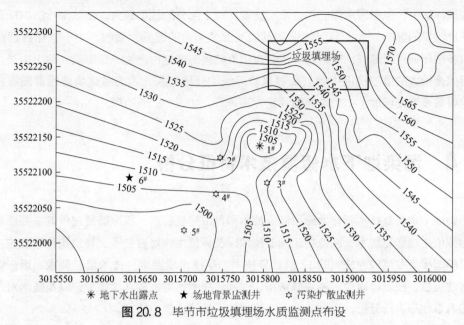

图 20.8 毕节市垃圾填埋场水质监测点布设

④ 水力传导系数。含水层位于细砂层，查资料得水力传导系数约为 5~10m/d。

⑤ 地下水水量。该填埋场西部与东南部分别有一处泉眼，流量分别为 1.24L/s 和 0.5L/s，取其均值为 0.87L/s，即 75.168m³/d。认为地下水水量近似为泉水流量。

3）指标法评价结果　将各指标评分与权重代入综合指数模型，计算可得该填埋场风险综合指数为 5.28。再查表 20.28，可得到该填埋场风险等级为中级。

4）评价结果分析　根据填埋场水质监测资料，该填埋场排泄区地下水质量总体良好，综合指数值较好地验证了该区域地下水质量总体良好的情况。

但是，该场地局部区域地下水水质受填埋场影响明显。在 2 号监测点有多项有机污染指标检出，如 1,2-二氯乙烷、1,1,2-三氯乙烷、三氯甲烷、1,2-二氯丙烷、四氯化碳、苯，而作为垃圾填埋场具有代表性的监测指标，氨氮与亚硝酸盐在各监测点均有超标现象，说明该填埋

表 20.36　毕节市垃圾填埋场地下水污染风险评价指标评分

准则层	指标层	数据资料	评分/分
填埋场危险性	填埋场规模/m³	200000	7
	废物类型	生活垃圾为主	8
	填埋场场龄	18 年以上	1
包气带抗污性	包气带介质	粉砂质泥岩层	6
	包气带垂向渗透系数/(m/d)	0.01~1	5
含水层脆弱性	地下水埋深/m	25	2
	含水层净补给量/mm	994	9
	含水层岩性	灰岩、薄细砂层	6
	水力传导系数/(m/d)	5~10	2
风险受体暴露性	水平距离/m	100	10
	地下水流向	填埋场位于风险受体上游偏方向	6
地下水暴露性	地下水水量/(m³/d)	75.168	4
	地下水用途	农业用水	7

场局部地区地下水已受到了一定的污染。

在指标法中，包气带阻滞力和含水层脆弱性两个部分的权重较大，使该部分的指标评分对整体评价结果的影响较大，有可能弱化其他三部分因素的影响。同时，由于指标数据资料缺乏，很多指标通过近似或推断取值，也会对评价结果的准确性产生一定影响。综上所述，考虑到所得综合指数的值较接近中等与高等风险等级的分界，因此若要考虑填埋场管理维护必要性，也可将该填埋场地下水污染风险评定为高等级。如表 20.36 所列。

20.4　污染地下水修复技术特征分析

污染地下水修复技术可分为原位修复技术和异位修复技术，按照修复过程的主要原理，又可分为原位生物修复技术、原位物化修复技术以及异位生物修复技术、异位物化修复技术。首先对目前国际上发展较为成熟的 17 项修复技术，从技术成熟度、技术组合要求、运行管理要求、基建投资、技术可靠性、相对总费用、时间、技术可得性等八项指标，以及技术对各类污染物的有效性等进行分析，为污染地下水修复技术的筛选提供依据。

为了表征修复技术对污染物的适宜性，按照污染物性质，将地下水中常见污染物划分为非卤代 VOCs、卤代 VOCs、非卤代 SVOCs、卤代 SVOCs、燃料、无机物以及爆炸性物质等，常见污染物的分类见表 20.37。

⊡ 表 20.37　常见污染物的分类

类别	常见污染物
非卤代VOCs	1-丁醇、4-甲基-2-戊酮、丙酮、丙烯醛、丙烯腈、氨基苯、二硫化碳、环己酮、乙醇、乙酸乙酯、乙醚、异丁醇、甲醇、丁酮、甲基异丁酮、苯乙烯、四氢呋喃、醋酸乙烯酯
卤代VOCs	四氯化碳、氯仿、二氯甲烷、氯甲烷、六氯乙烷、五氯乙烷、四氯乙烷、三氯乙烷、1,2-二氯乙烷、氯乙烷、1,2,3-三氯丙烷、1,2-二氯丙烷、氯丙烷、氯乙烯、1,2-二氯乙烯、三氯乙烯、四氯乙烯、1,3-二氯丙烯、1,1,2-三氟乙烷、三氯三氟乙烯、一溴二氯甲烷、一氯二溴甲烷、二溴一氯丙烷、溴仿、溴甲烷、二溴甲烷、二溴一溴乙烷、二溴乙烯、一氟三氯甲烷(氟利昂-11)、反-1,4-二氯-2-丁烯、氯丁二烯、六氯丁二烯、六氯环戊二烯
非卤代SVOCs	荧蒽、茚并[1,2,3-cd]芘、苯并[a]蒽、苯并[a]芘、苯并[b]荧蒽、苯并[k]荧蒽、苊、苊烯、蒽、屈、萘、芴、菲、芘、2-甲基萘、1,2-二苯肼、2,4-二硝基苯酚、萘胺、2-硝基苯胺、3-硝基苯胺、4-硝基苯胺、2-硝基苯酚、4-硝基苯酚、2-甲基-4,6-二硝基苯酚、联苯胺、黄樟素、苯甲酸、苄醇、邻苯二甲酸二辛酯、邻苯二甲酸丁苄酯、二苯并呋喃、邻苯二甲酸二乙酯、邻苯二甲酸二甲酯、邻苯二甲酸二正丁酯、邻苯二甲酸二正辛酯、乙硫磷、对硫磷、异佛尔酮、马拉硫磷、甲基对硫磷、N-亚硝基二甲胺、N-亚硝基二丙胺、N-亚硝基二苯胺
卤代SVOCs	五氯代苯、四氯代苯1,2,4-三氯代苯、1,2-双(2-氯化乙氧基)乙烷、二氯代苯、一氯代苯、2,4,5-三氯苯酚、2,4,6-三氯苯酚、2,4,-二氯苯酚、2-氯萘、3,3-二氯联苯胺、4-溴联苯醚、4-氯苯胺、4-氯二苯醚、双(2-氯乙氧基)甲烷、双(2-氯乙基)醚、二氯异丙醚、氯丹、氯二苯乙醇酸盐、六氯苯、六氯丁二烯、六氯环戊二烯、4-氯-3-甲基苯酚、五氯苯酚、多氯联苯、五氯硝基苯、α-六六六、β-六六六、δ-六六六、林丹、4,4′-DDD、4,4′-DDE、4,4′-DDT、狄氏剂、硫丹Ⅰ、硫丹Ⅱ、硫丹硫酸酯、异狄氏剂、异狄氏剂醛、七氯、环氧七氯、八氯莰烯
燃料	1,2,3,4-四甲基苯、1,2,4,5-四甲基苯、1,2,4-三甲基-5-乙苯、1,2,4-三甲基苯、1,3,5-三甲基苯、正己基苯、正丙苯、1-戊烯、2-甲基庚烷、3-甲基庚烷、2,2-二甲基庚烷、3-甲基己烷、2,2-二甲基己烷、2-甲基戊烷、3-甲基戊烷、2,2-二甲基戊烷、2,3-二甲基戊烷、2,2,4-三甲基庚烷、2,3,4-三甲基庚烷、3,3,5-三甲基庚烷、2,2,4-三甲基戊烷、2,3,4-三甲基戊烷、2,3-二甲基丁烷、2,4,4-三甲基己烷、2,4-二甲苯酚、异戊二烯、2-甲基-2-丁烯、邻甲酚、3,3-二甲基-1-丁烯、3-乙基戊烷、3-甲基-1,2-丁二烯、顺-2-丁烯、3-甲基-1-丁烯、3-甲基-1-戊烯、4-甲基苯酚、环己烷、环戊烷、甲基环己烷、甲基环戊烷、正丁烷、正戊烷、正己烷、正庚烷、正辛烷、正壬烷、正癸烷、正十一烷、正十二烷、异丁烷、异戊烷、苯、甲苯、乙苯、二甲苯、苯乙烯、吡啶、多环芳烃(同非卤代SVOCs中的PAHs)

类别	常见污染物
无机物	铝、锑、砷、钡、铍、铋、硼、镉、钙、铬、钴、铜、铁、铅、镁、锰、汞、钼、镍、钾、硒、银、钠、铊、锡、钛、钒、锌、锆
爆炸性物质	TNT、RDX(环三亚甲基三硝胺)、三硝基苯甲硝胺、2,4-二硝基甲苯、2,6-二硝基甲苯、HMX(环四亚甲基四硝胺)、高氯酸铵、苦味酸、三硝基苯、二硝基苯、硝化甘油、硝化纤维素

20.4.1 原位生物修复技术

20.4.1.1 监测自然衰减技术

监测自然衰减技术是指利用天然存在的物理、化学、生物作用使污染物浓度和总量减小的一种地下水修复技术。这些物理、化学、生物作用包括了对流、弥散、稀释、吸附、沉淀、挥发、化学反应和生物降解。其中生物降解是最主要的破坏性衰减机制,是将有机物从地下水中去除的最重要的过程。监测自然衰减的技术特征见表20.38。在技术实施前要求对技术的有效性进行评价,在技术实施过程中要求进行监测以掌握污染物衰减速率。

⊡ 表20.38 监测自然衰减技术分析

分析项目	内容	分析项目	内容
技术成熟度	高	非卤代 VOCs	有效
技术组合要求	低,可单独实施	卤代 VOCs	效果有限
运行管理要求	高	非卤代 SVOCs	效果有限
基建投资	中	卤代 SVOCs	效果有限
技术可靠性	中	燃料	有效
相对总费用	低	无机物	无效
时间	与具体条件相关	放射性核素	无效
技术可得性	高	爆炸性物质	无效

监测自然衰减技术的主要限制因素包括:a. 需要收集大量数据用于模型模拟;b. 自然衰减的中间产物可能会具有比原污染物更大的迁移性与毒性;c. 如果有轻质非水相液体存在,需要先对其进行移除;d. 净化时间很长;e. 需要对净化区域实行较严格的管理。

20.4.1.2 原位微生物修复技术

原位微生物修复技术是在监测自然衰减技术的基础上,通过增加工程手段以强化污染物降解效果的一种地下水修复技术,其技术特征见表20.39。常见的人为干预包括将空气、营养物质、能源物质注入含水层等。

⊡ 表20.39 原位微生物修复技术分析

分析项目	内容	分析项目	内容
技术成熟度	高	非卤代 VOCs	有效
技术组合要求	低,可单独实施	卤代 VOCs	与具体条件相关
运行管理要求	高	非卤代 SVOCs	效果有限
基建投资	中	卤代 SVOCs	与具体条件相关
技术可靠性	中	燃料	有效
相对总费用	低	无机物	与具体条件相关
时间	与具体条件相关	放射性核素	无效
技术可得性	高	爆炸性物质	效果有限

原位微生物修复技术的主要限制因素包括:a. 含水层的非均质性将影响注入的物质在地

下水中的均匀扩散；b. 如果注入过氧化氢，浓度限制在 $100\sim200mg/L$，并且要求地下水中的铁离子浓度较低；c. 需要建立水力循环系统以防止污染物迁移出反应区。

20.4.1.3 植物修复技术

植物修复技术是利用植物体对某些污染物的积累、代谢以及植物根系共生微生物的作用，以加速地下水中污染物衰减的技术，其技术特征见表 20.40。

⊡ 表 20.40 植物修复技术分析

分析项目	内容	分析项目	内容
技术成熟度	高	非卤代 VOCs	效果有限
技术组合要求	低,可单独实施	卤代 VOCs	效果有限
运行管理要求	低	非卤代 SVOCs	效果有限
基建投资	低	卤代 SVOCs	效果有限
技术可靠性	低	燃料	效果有限
相对总费用	低	无机物	与具体条件相关
时间	较长	放射性核素	无效
技术可得性	中	爆炸性物质	无效

植物修复技术的主要限制因素包括：a. 限于埋深较浅的地下水的修复；b. 高浓度的有毒污染物可能对植物产生毒害作用；c. 易受气候、季节影响，使修复时间延长；d. 需要大面积的地面空间；e. 对各种污染物的迁移、转化机理尚不明确。

20.4.2 原位物化处理技术

20.4.2.1 地下水曝气技术

地下水曝气技术是从土壤气相抽提技术发展而来的。土壤气相抽提技术利用真空泵产生负压使空气流过受污染的土壤层进入空气井，挥发性有机污染物随着流动的空气被抽提出来。地下水曝气技术在此基础上，将空气井深入含水层饱水带中，将负压抽气改成正压曝气，使空气搅动水体而促进有机物的挥发，同时流动的空气向地下水中充氧，为有机物的生物降解创造条件。该技术的技术特征见表 20.41。

⊡ 表 20.41 地下水曝气技术分析

分析项目	内容	分析项目	内容
技术成熟度	高	非卤代 VOCs	有效
技术组合要求	低,可单独实施	卤代 VOCs	效果有限
运行管理要求	低	非卤代 SVOCs	效果有限
基建投资	低	卤代 SVOCs	效果有限
技术可靠性	中	燃料	有效
相对总费用	中	无机物	无效
时间	较短	放射性核素	无效
技术可得性	高	爆炸性物质	无效

地下水曝气技术的主要限制因素包括：a. 注入饱和区的空气不容易达到完全均匀；b. 要考虑污染物的深度以及含水层的地质条件，低渗透性地区修复困难；c. 空气注入井的设计要充分考虑实际条件；d. 土壤的非均质性可能导致某些区域得不到充分曝气。

20.4.2.2　原位化学氧化/还原技术

原位化学氧化/还原技术是将化学氧化剂/还原剂注入到地下，通过氧化还原作用来去除污染物的地下水修复技术，其技术特征见表20.42。

⊡ 表20.42　原位氧化/还原技术分析

分析项目	内容	分析项目	内容
技术成熟度	高	非卤代 VOCs	效果有限
技术组合要求	低,可单独实施	卤代 VOCs	效果有限
运行管理要求	高	非卤代 SVOCs	无效
基建投资	中	卤代 SVOCs	效果有限
技术可靠性	高	燃料	无效
相对总费用	低	无机物	与具体条件相关
时间	较短	放射性核素	无效
技术可得性	高	爆炸性物质	效果有限

原位化学氧化/还原技术的主要限制因素包括：a. 低渗透性地区修复困难；b. 需要对大量的氧化/还原性物质进行管理；c. 一些污染物的抗氧化能力较强，去除效果不理想；d. 原位化学氧化/还原过程会造成其他的不利影响，如反应中间产物的毒性增强及由此产生的二次污染等。

20.4.2.3　双相抽提技术

双相抽提技术是利用高真空系统将地下以液态形式存在的污染物和以气态形式存在的污染物从不同导管提取到地表进行后续处理的地下水修复技术，技术特征见表20.43。此技术的真空设备能够在低渗透性或非均质的含水层中发挥作用，同时处理地下水位上下的污染物。

⊡ 表20.43　双相抽提技术分析

分析项目	内容	分析项目	内容
技术成熟度	高	非卤代 VOCs	有效
技术组合要求	高,与其他技术联用	卤代 VOCs	有效
运行管理要求	高	非卤代 SVOCs	有效
基建投资	高	卤代 SVOCs	有效
技术可靠性	中	燃料	有效
相对总费用	中	无机物	无效
时间	一般	放射性核素	无效
技术可得性	高	爆炸性物质	无效

双相抽提技术的主要限制因素包括：a. 要考虑含水层的地质条件和污染物的性质及分布，低渗透性地区修复困难；b. 需要与其他技术联合应用对液相和气相进行处理；c. 操作时要使用较多的检测和控制手段。

20.4.2.4　生物漱洗技术

同双相抽提技术类似，生物漱洗技术也是一种多相抽提技术，它主要通过真空泵产生负压来驱动地下轻质非水相液体水平流向抽提井，同时伴随着土壤气体和少量地下水的抽出。生物漱洗技术与土壤修复技术中的生物通风技术、土壤蒸汽抽提技术结合是修复浮油的首选技术，其技术特征见表20.44。

分析项目	内容	分析项目	内容
技术成熟度	高	非卤代 VOCs	效果有限
技术组合要求	中	卤代 VOCs	效果有限
运行管理要求	低	非卤代 SVOCs	有效
基建投资	低	卤代 SVOCs	有效
技术可靠性	中	燃料	有效
相对总费用	低	无机物	效果有限
时间	一般	放射性核素	无效
技术可得性	高	爆炸性物质	无效

生物淋洗技术的主要限制因素包括：a. 只能用于包气带和地下水中轻质非水相液体的去除，并且需要对提取点进行较精确的定位；b. 不适用于低渗透性、低含水率的土壤；c. 需要油水分离设备。

20.4.2.5　可渗透反应墙

可渗透反应墙是一种原位对污染羽流进行拦截、净化的技术。它将特定的介质固定在与地下水流向垂直的区域，通过生物或非生物作用将污染物转化为对环境无害的物质，其技术特征见表 20.45。

⊡ 表 20.45　可渗透反应墙技术分析

分析项目	内容	分析项目	内容
技术成熟度	高	非卤代 VOCs	有效
技术组合要求	低,可单独实施	卤代 VOCs	有效
运行管理要求	中	非卤代 SVOCs	有效
基建投资	高	卤代 SVOCs	有效
技术可靠性	高	燃料	效果有限
相对总费用	中	无机物	与具体条件相关
时间	较长	放射性核素	无效
技术可得性	高	爆炸性物质	有效

可渗透反应墙技术的主要限制因素包括：a. 反应屏障中的介质丧失反应能力后，需要对其进行更换；b. 技术实施的深度与宽度有限；c. 含水层岩性关系到技术的可实施性；d. 生物或化学反应有可能降低反应墙的渗透性。

20.4.2.6　循环井技术

地下水循环井技术是一种原位修复被污染地下含水层的技术，其特点在于能将地下水自双漏筛井的一个漏筛段抽取至井内，再由另一个漏筛段排出，从而在井周围的含水层产生原位垂直地下水循环流。另外，分别位于包气带和饱和区的两个漏筛段能在地下水处理的过程中同时提取土壤空气，使得该技术能同时修复包气带和饱和区的污染。其技术特征见表 20.46。

⊡ 表 20.46　循环井技术分析

分析项目	内容	分析项目	内容
技术成熟度	高	技术可靠性	中
技术组合要求	中	相对总费用	中
运行管理要求	中	时间	较长
基建投资	高	技术可得性	高

分析项目	内容	分析项目	内容
非卤代 VOCs	效果有限	燃料	效果有限
卤代 VOCs	效果有限	无机物	无效
非卤代 SVOCs	效果有限	放射性核素	无效
卤代 SVOCs	无效	爆炸性物质	无效

循环井技术的主要限制因素包括：a. 不适用于含水层厚度较小的地下水修复；b. 不适用于含有非水相液体的地下水；c. 地下水流速不宜太大；d. 水平方向的渗透系数与垂直方向渗透系数比在 3~10 之间为宜。

20.4.2.7　热处理技术

热处理技术利用蒸汽、射频或电阻加热方法将污染物从地下水和土壤中移除，是少数几种适合于去除非水相液体的原位处理技术，其技术特征见表 20.47。

⊡ 表 20.47　热处理技术分析

分析项目	内容	分析项目	内容
技术成熟度	高	非卤代 VOCs	效果有限
技术组合要求	高，与其他技术联用	卤代 VOCs	有效
运行管理要求	高	非卤代 SVOCs	有效
基建投资	高	卤代 SVOCs	有效
技术可靠性	中	燃料	有效
相对总费用	中	无机物	无效
时间	较短	放射性核素	无效
技术可得性	高	爆炸性物质	无效

热处理技术的主要限制因素是污染物的性质和含水层的地质条件对技术的有效性有很大的影响。

20.4.3　异位生物处理技术

异位处理技术又称抽出-处理技术，主要包括水力截获与净化处理两部分，污染物的处理过程在地面上，处理后的水可以排入污水管道系统或者重新注回地下水。抽出水的处理方法主要包括化学法、物理法和生物法。

抽出-处理技术的优点包括：a. 能直接从地下水中去除污染物，对于去除非水相液体（NAPL）是首选的方法；b. 系统所需设备较简单，操作容易；c. 污染初期污染物浓度较高时，处理效果较好；d. 修复周期相对较短。

该技术的缺点是：a. 若要完全去除污染物，需要长时间的循环处理，势必会消耗大量能量，成本较高；b. 常常出现拖尾效应，即当污染物浓度低至一定值后，污染物浓度降低的程度减小，甚至污染物浓度不再下降；c. 常常出现反弹现象，污染物由于一系列作用被黏附在介质颗粒上，介质中污染物的释放与水相之间存在平衡，当系统停止运行后，吸附在介质上的污染物重新溶解到水相，导致水体中污染物的浓度再次升高。

异位生物处理主要是生物反应器法，即将地下水抽提到地上，用生物反应器加以处理。与常规废水处理相同，反应器的类型有多种，主要分为悬浮生长与固定生长两类生物反应器，其技术特征见表20.48。

表 20.48　生物反应器技术分析

分析项目	内容	分析项目	内容
技术成熟度	高	非卤代 VOCs	有效
技术组合要求	低,可单独实施	卤代 VOCs	有效
运行管理要求	中	非卤代 SVOCs	有效
基建投资	高	卤代 SVOCs	与具体条件相关
技术可靠性	中	燃料	有效
相对总费用	低	无机物	无效
时间	中	放射性核素	无效
技术可得性	高	爆炸性物质	有效

生物反应器法的主要限制因素包括：a. 地下水中的污染物浓度不足以维持反应器需要的微生物量，通常需添加营养物质；b. 地面温度会对生物降解速率产生较大影响；c. 需要控制反应器中的优势微生物以保证其正常运行；d. 需要对反应器产生的气体、污泥进行处理。

20.4.4　异位物化处理技术

20.4.4.1　地下水异位气提技术

地下水异位气提技术是一种将挥发性有机化合物从水中转移到空气中的技术。该技术一般在填料塔中进行，填料塔顶部有一个喷雾，将从地下提取出的受污染水喷洒在塔内的填料上。当水向下流淌的同时，空气被从塔底鼓向塔顶，挥发性有机化合物进入气相被去除。塔内的填料增加了污染水暴露在空气中的面积，从而使挥发作用增强。其技术特征见表20.49。

表 20.49　地下水异位气提技术分析

分析项目	内容	分析项目	内容
技术成熟度	高	非卤代 VOCs	有效
技术组合要求	中	卤代 VOCs	有效
运行管理要求	高	非卤代 SVOCs	无效
基建投资	中	卤代 SVOCs	无效
技术可靠性	高	燃料	无效
相对总费用	低	无机物	无效
时间	较长	放射性核素	无效
技术可得性	高	爆炸性物质	无效

地下水异位气提技术的主要限制因素包括：a. 藻类、真菌、细菌和微粒可能停留在设备中，所以需要预处理或定期清洁；b. 尾气在排放前需要进行处理；c. 仅对亨利常数高于 0.01 的挥发性有机化合物有效；d. 能耗较高。

20.4.4.2　活性炭吸附技术

活性炭吸附技术利用活性炭的非特异性吸附去除地下水中的各种污染物，其技术特征见表

20.50。常见的形式有固定床和移动床两种。

▣ 表 20.50　活性炭吸附技术分析

分析项目	内容	分析项目	内容
技术成熟度	高	非卤代 VOCs	有效
技术组合要求	中	卤代 VOCs	有效
运行管理要求	高	非卤代 SVOCs	有效
基建投资	中	卤代 SVOCs	有效
技术可靠性	高	燃料	有效
相对总费用	中	无机物	与具体条件相关
时间	较长	放射性核素	无效
技术可得性	高	爆炸性物质	与具体条件相关

活性炭吸附技术的主要限制因素包括：a. 需要进行小试以估计活性炭对混合污染物的表现；b. 对进水的 SS 和油类物质有所要求（SS＜50mg/L，油类物质＜10mg/L），因此可能需要预处理；c. 需要对吸附饱和的活性炭进行再生，因此不适用于污染物浓度较高的场合；d. 对易溶物质以及小分子物质的吸附不太理想。

20.4.4.3　紫外线处理技术

紫外线处理技术是利用氧化作用分解水中的有机污染物，可通过紫外线和臭氧/过氧化氢的联合作用，增强氧化目标污染物的效果。其技术特征见表 20.51。

▣ 表 20.51　紫外线处理技术分析

分析项目	内容	分析项目	内容
技术成熟度	高	非卤代 VOCs	有效
技术组合要求	中	卤代 VOCs	有效
运行管理要求	高	非卤代 SVOCs	有效
基建投资	高	卤代 SVOCs	有效
技术可靠性	中	燃料	有效
相对总费用	中	无机物	与具体条件相关
时间	较长	放射性核素	与具体条件相关
技术可得性	高	爆炸性物质	有效

紫外线处理技术的主要限制因素包括：a. 要求进水有较低的浊度、金属离子浓度以及油类污染物浓度，可能需要前处理；b. 挥发性有机化合物在处理过程中会挥发而不是降解，因此需要处理系统中逸出的气体；c. 能耗较高；d. 需要对氧化剂进行安全管理。

20.4.4.4　分离技术

分离技术利用物理化学手段，将不同性质的污染物从同一介质中分离开，通常作为前处理或深度处理技术被应用，常用的分离手段有蒸馏、过滤、结晶、反渗透。针对污染物各自特点，可采用不同的处理方法。分离技术的技术特征见表 20.52。

▣ 表 20.52　分离技术分析

分析项目	内容	分析项目	内容
技术成熟度	高	基建投资	高
技术组合要求	中	技术可靠性	高
运行管理要求	高	相对总费用	高

分析项目	内容	分析项目	内容
时间	较短	卤代 SVOCs	有效
技术可得性	高	燃料	有效
非卤代 VOCs	有效	无机物	与具体条件相关
卤代 VOCs	有效	放射性核素	与具体条件相关
非卤代 SVOCs	有效	爆炸性物质	无效

分离技术的主要限制因素包括：a. 仅适用于水相中的污染物；b. 油类物质的存在会干扰分离技术的进行；c. 需要占用较大的地面面积。

20.4.4.5　离子交换技术

离子交换技术借助于固体离子交换剂中的离子与地下水中的离子进行交换，以达到去除地下水中某些离子的目的，其技术特征见表 20.53。

⊡ 表 20.53　离子交换技术分析

分析项目	内容	分析项目	内容
技术成熟度	高	非卤代 VOCs	无效
技术组合要求	中	卤代 VOCs	无效
运行管理要求	高	非卤代 SVOCs	无效
基建投资	高	卤代 SVOCs	无效
技术可靠性	高	燃料	无效
相对总费用	中	无机物	有效
时间	较长	放射性核素	效果有限
技术可得性	高	爆炸性物质	无效

离子交换技术的主要限制因素包括：a. 地下水中的油类物质和 SS 会造成树脂阻塞；b. 不同类型的树脂对地下水 pH 值有所要求；c. 地下水中若有较强的氧化剂会破坏树脂；d. 树脂再生过程产生的废水需要处理。

20.4.4.6　沉淀技术

沉淀技术通过调节 pH 值或投加絮凝剂将地下水中溶解态的污染物转化为不溶性的固体物质，从而将其从水相中去除，其技术特征见表 20.54。

⊡ 表 20.54　沉淀技术分析

分析项目	内容	分析项目	内容
技术成熟度	高	非卤代 VOCs	无效
技术组合要求	中	卤代 VOCs	无效
运行管理要求	中	非卤代 SVOCs	无效
基建投资	高	卤代 SVOCs	无效
技术可靠性	高	燃料	无效
相对总费用	中	无机物	有效
时间	较长	放射性核素	效果有限
技术可得性	高	爆炸性物质	无效

沉淀技术的主要限制因素包括：a. 多种金属离子共存可能会给沉淀去除带来困难；b. 六价铬离子在絮凝沉淀前要求有氧化等其他处理措施；c. 沉淀过程产生的污泥需要处理；d. 形成络合物的金属很难通过沉淀去除。

20.5 基于 IOC 排序方法的污染地下水修复技术筛选方法及案例

发达国家自 20 世纪 80 年代开展地下水污染修复至今，在大量的研究和实践应用中不断改进和创新地下水污染修复技术。目前，有许多地下水污染的修复方法和技术，如抽出-处理、原位空气扰动、可渗透反应墙、原位化学氧化、原位微生物降解、自然衰减、电动力学方法等。这些修复技术的方法和原理不同，其适用的污染物和含水层条件也有差异；此外，不同的地下水使用目的、修复时间要求，以及费用方面的考虑等，都会影响污染地下水修复技术的选择。复合污染地下水的污染物构成复杂，修复难度大，技术要求高，单一技术难以解决，对于具体污染场地，尤其是复合污染场地，开展修复技术选择和评估，对于污染场地修复、污染地下水有效治理和科学管理具有重要的意义。

20.5.1 污染地下水修复技术筛选研究进展

西方国家在污染地下水修复技术筛选方面的研究处于国际领先地位。技术筛选步骤通常有两种表现形式：一是有关部门制定的导则、指南；二是综合性的决策辅助软件。在具体执行过程中，导则与指南因其具有比软件更强的透明性而获得了更广泛的应用。

美国是污染场地管理体系较为成熟的国家之一，20 世纪 70 年代即出台了应对污染土壤与地下水的《环境应对、补偿与责任综合法》(The Comprehensive Environmental Response Compensation and Liability Act, CERCLA)。美国环保署在此基础上建立了污染场地管理程序（见图 20.9），并建立超级基金以支持污染场地的管理与修复。随后，不仅《超级基金修正与授权法案》等法律性文件相继出台，一系列诸如《健康风险评价手册》《场地治理调查和可行性分析指南》等也逐步建立，形成了一整套污染场地管理体系。

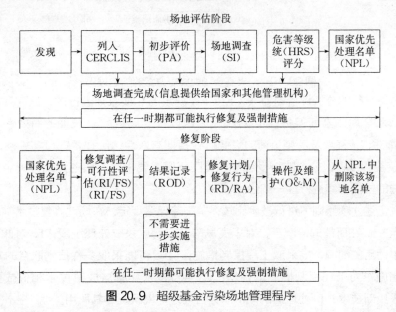

图 20.9 超级基金污染场地管理程序

在污染场地管理程序中，污染修复技术的筛选与评价过程在修复调查/可行性评估（Remedial Investigation/Feasibility Study）阶段完成，其基本步骤见图 20.10：根据相关法律法规要求制定修复目标（包括确定目标污染物、修复水平、治理面积、修复时间等），然后选择与修复目标相一致的技术类型（general response actions），再由技术类型出发，基于技术有效性（effectiveness）、可操作性（implementability）与成本（cost），去掉各类型中不可行的技术，之后在每种技术类型中推荐一种技术（process options）进行组合，得到一定数量的修复方案（remedial alternatives），通过对这些修复方案进行模型模拟与分析，从而决定最终的推荐方案。

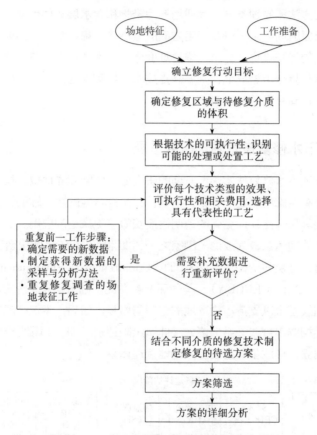

图 20.10　超级基金场地修复方案的筛选过程

对修复方案进行的分析评价是基于 CERCLA 规定的 9 项原则进行的，这 9 项原则包括：a. 对人体健康和环境的全面保护；b. 对相关适用要求的满足；c. 长期的有效性与稳定性；d. 对污染物毒性、迁移性及污染负荷的降低；e. 短期有效性；f. 技术的可实施性；g. 成本；h. 州政府的接受程度；i. 公众的接受程度。美国环保署要求在方案的详细分析中根据 9 项原则对可能备选的修复方案进行逐一阐述。

除了要在上述 9 项原则下进行技术比较，美国环保署规定，在场地修复技术筛选时还需要考虑以下几点：a. 在可能的情况下，对于高风险污染物应采取处理手段；b. 对低风险污染物或处理技术不适用的情况，应采取工程控制措施；c. 尽可能采取多种技术联合的方式；d. 采用制度管理措施作为工程控制措施的辅助；e. 当新技术具有与成熟技术相似或更优的表现时，应考虑采用新技术；f. 处理后的地下水结合场地环境状况尽其所用。

超级基金制度已有 30 多年的实施历史，在这一过程中其修复技术筛选原则没有太大的变化，但其实际修复技术的选择经历了一个变化过程，由最初的以封装处置技术为主，转变到较为昂贵的修复处理，之后又由于经费和管理等方面的因素转变到封装处置与修复处理结合的方式。可见，技术筛选的过程会受到很多因素的影响，决策者不仅要考虑技术因素，还要综合考虑经济、社会等多方面因素。因此，建立辅助决策的技术筛选方法能够增强决策的科学合理性。

各种污染场地修复决策支持方法，大致经历了以下变化：20 世纪 70 年代以成本分析为重点，80 年代主要以工程可行性研究（technology feasibility study）为基础，90 年代中期至今则以风险评估（risk-based assessment）为指导。目前，由于全球气候变化广受关注，污染修复的可持续性（sustainability considerations）如二氧化碳排放、可再生能源和可回收材料的使用情况等也逐渐进入了决策过程的考虑因素中。同时，随着人们环保意识的增强，关注污染场地修复的已不仅仅是土地所有者、投资人和工程咨询方，媒体和当地居民正逐步要求参与到决策过程中。因此，当前情况下最理想的决策方法应当能够在尽可能多的利益相关者的参与下，做出基于专业知识与工程经验的科学决策。

应用于污染场地管理的决策支持技术主要包括生命周期分析（life cycle analysis，LCA）、多目标决策（multi-criteria analysis，MCA）、成本有效性分析（cost effectiveness analysis，CEA）和成本收益分析（cost benefit analysis，CBA）。这些技术在使用方法和场合上不尽相同，因此它们常被整合进决策过程的不同阶段。在技术筛选阶段，生命周期分析和多目标决策是目前使用最为广泛的工具。

生命周期分析是对一种产品或一种行为的生命全过程进行评价的方法。这一方法最早在制造工业中流行，之后才被拓展到包括污染场地管理在内的其他领域。生命周期分析的优势在于能够客观地对不同方案进行对比，如一些修复技术在短期内为高能耗而另一些技术虽然能耗低但持续时间长。生命周期分析能够做到对技术对比的同时，考虑不同利益相关者的需求。不过，生命周期分析往往十分复杂且需要大量资料支持，因此其使用范围受到了限制。

多目标决策是另一个用于环境系统分析的决策工具，它根据备选方案在不同准则上的表现给出这些方案的重要性排序。多目标决策可以用于选出最优方案，或对所有方案进行排序，更简单的情况是用于将可接受的方案与不可接受的方案分离开来。其实施过程通常包括：分析决策要求，建立评价准则，对方案评分，对准则赋权值，得到综合得分，分析结果并进行敏感性分析。这一工具的运用强烈依赖于包括利益相关者和专家在内的决策团队，因此结果不可避免带有主观偏差，这也是多目标决策最主要的不足之处。尽管如此，多目标决策还是在决策支持方法的发展中得到学者们的推荐，因为多目标决策能够提供一个系统的决策支持过程，让利益相关者参与其中，并且能够以十分透明的方式综合考虑各种可货币化和不可货币化的因素，以对方案做出评价。

20.5.2 我国污染地下水修复技术筛选体系框架

20.5.2.1 技术筛选原则及体系框架

地下水修复技术筛选原则是为指导与规范技术筛选过程而制定的。美国环保署制定的超级基金修复行动选择导则规定了污染场地修复技术筛选的九项原则，欧洲各国也建立了相应的筛选框架（R. P. Bardo，2001；J. G. Brian，1998）。以此作为参考，结合我国地下水修复技术的发展情况，本节提出涵盖法律法规、工程技术和环境保护三个方面的技术筛选体系框架，见图20.11。框架中包含6项技术筛选原则：a. 符合国家、地区和行业的相关法律法规及标准；b. 技术有效；c. 工程可实施；d. 工程规模、投资合理；e. 劳动保护；f. 公众可接受。

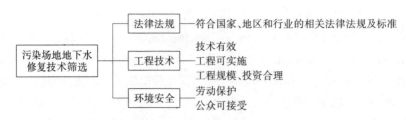

图20.11 技术筛选体系框架

首先，进行比选的技术必须符合国家、地区和行业的相关法律法规及标准规定，如修复技术使用到的危险化学品的保管存放应符合《危险化学品安全管理条例》；抽出进行处理的地下水在排入地表水体前，水质应符合我国现行的《污水综合排放标准》等。由于我国地下水污染治理尚处于起步阶段，针对地下水污染控制的法律法规及标准还未完善，因此此项原则目前只在技术实施阶段发挥主要作用，暂时不进入技术筛选阶段。

技术有效是技术筛选的重要目标之一。不同场地含水层的地层条件、污染特征有很大差异，由于地下水修复技术有各自适用的场合，因此面对某一特定地下水污染问题，各技术的表现也会有所不同。此项原则旨在根据不同技术的效果筛选出积极主动的工程方案，保证修复效果能达到对环境和人体健康的全面保护。

工程可实施是技术筛选的基础，在具体的地下水污染问题上只有可行的技术才会发挥作用，才能进入后续的筛选过程，在这一阶段工程可实施对各技术而言相当于准入条件。除了可实施与不可实施的区别外，此项原则还在实施的难易程度上有所体现，因此它还起到了平衡各技术的作用。

工程规模、投资合理是主要的平衡原则之一。正因为可利用的资源有限，人们才需要在行动前仔细筛选技术经济合理的方案。地下水修复治理费用极高，尤其要考虑工程的规模与投资。美国超级基金项目是世界上最大的环境污染修复计划，据资料显示，仅1993~2004年期间，美国超级基金在土壤和含水层污染治理方面的支出就超过了150亿美元。

劳动保护原则和公众可接受原则均是为保护受工程实施期间污染影响的人群而设。随着社会环保意识和维权意识的普遍提高，人们越来越希望参与到环境污染治理的决策过程中，一些情况下公众的意见将成为工程能否实施的决定因素。

20.5.2.2　技术筛选工作程序

污染地下水修复技术筛选和评估主要包括污染场地调查、修复技术筛选、技术有效性评估三部分内容，工作程序如图20.12所示。

① 获取场地数据，了解地下水污染特征、场地的水文地质条件，明确需要修复的地下水范围以及修复时间、经济成本等要求；

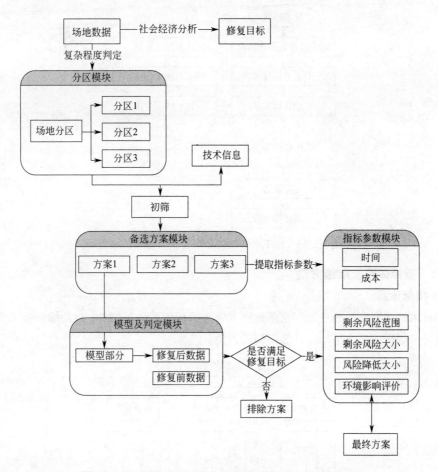

图 20.12 污染地下水净化技术筛选及评估工作流程图

② 根据污染场地水文地质特性和污染物分布特征，进行场地分区；

③ 通过技术筛选，确定适宜的 2～4 种修复技术备选方案；

④ 对技术方案的有效性进行试验或数学模型模拟分析；

⑤ 根据试验或模拟分析结果进行技术评估分析。

在整个流程中，核心部分为步骤③与步骤④。步骤③的目的在于根据技术特性和场地条件，对不同的地下水修复技术进行筛选，进而选择出适宜在该场地上使用的 2～4 种地下水修复方案，作为备选方案。步骤④则是通过试验或数值模拟分析，评估各种方案在该场地应用时的预期处理效果。

20.5.3　污染地下水修复技术筛选的 IOC 排序方法

IOC 排序法（importance order of the criteria）是多属性效用理论下的多目标决策方法，通过对各方案的总效用值进行排序，从而尽量减小多目标决策过程中的主观偏差。运用该方法，根据不同的污染地下水修复有效性、时间和成本要求，通过计算最大最小效用值，提供不同情景的推荐方案，为修复工程后续方案的比较和制定提供依据。地下水修复技术进行筛选的流程如图 20.13 所示。

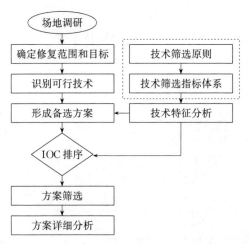

图 20.13 地下水修复技术筛选 IOC 排序法流程

20.5.3.1 指标体系及赋值方法

（1）指标体系

依据技术筛选原则，建立地下水修复技术筛选指标体系，见图 20.14。修复技术筛选指标体系包含经济指标、技术指标、社会指标三大类。

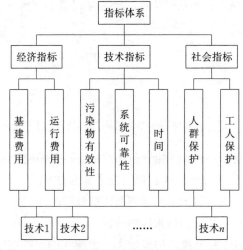

图 20.14 地下水修复技术筛选 IOC 排序法指标体系

1）经济指标　经济指标包括基建费用与运行费用。其中，基建费用指包括勘察设计、动员预备、工程建设等费用在内的费用总和；运行费用指包括人工费、材料费、能源费、维护修理费以及地下水监测费用在内的费用总和。

2）技术指标　技术指标包括污染物有效性指标、系统可靠性指标和时间指标。

① 污染物有效性指标：主要反映各项技术对特定污染物的适用性。根据文献资料及美国超级基金场地修复经验，总结得出每种地下水修复技术对各类污染物的有效性，详见 20.4 污染地下水修复技术特征分析，技术指标见表 20.55。

② 系统可靠性指标：主要反映各项技术的可靠程度，该指标得分越高，则系统达到预期效果的概率也越高，并且在技术实施过程中系统发生故障的概率越低。

③ 时间指标：反映的是各项技术持续时间的长短，详见表 20.55。

☐ 表 20.55 地下水技术筛选 IOC 排序法矩阵

序号	技术名称	技术成熟度	技术组合要求	运行管理要求	基建投资	技术可靠性	相对总费用	时间	技术可得性	非卤代VOCs	卤代VOCs	非卤代SVOCs	卤代SVOCs	燃料	无机物
原位生物处理															
1	监测自然衰减	+++	+	+++	++	++	+	NA	+++	√	○	○	○	√	—
2	原位微生物修复	+++	+	+++	++	++	+	NA	+++	√	NA	○	NA	√	NA
3	植物修复	+++	+	+	+	+	+	+++	++	○	○	○	○	○	NA
原位物理/化处理															
4	空气曝气	+++	+	+	++	+++	+	+	+++	√	○	○	○	√	—
5	原位化学氧化	+++	+	+++	++	++	++	++	+++	○	○	○	○	○	NA
6	双相抽提	+++	+++	+++	+++	++	++	++	+++	√	√	√	√	√	—
7	生物漱洗	+++	++	+	+++	+++	++	++	+++	○	○	√	√	√	○
8	循环井	+++	++	++	+++	++	++	+++	+++	√	○	○	—	√	—
9	可渗透反应墙	+++	+	++	+++	+++	++	+++	+++	√	√	√	√	○	NA
10	热处理	+++	+++	+++	+++	++	+	++	+++	○	√	√	√	√	—
异位生物处理															
11	生物反应器	+++	+	++	+++	++	+			√	√	√	NA	√	—

序号	技术名称	技术成熟度	技术组合要求	运行管理要求	基建投资	技术可靠性	相对总费用	时间	技术可得性	非卤代 VOCs	卤代 VOCs	非卤代 SVOCs	卤代 SVOCs	燃料	无机物
异位物/化处理															
12	异位气提	+++	++	+++	++	+++	+	+++	+++	√	√	-	-	-	-
13	活性炭吸附	+++	++	+++	++	+++	++	+++	+++	√	√	√	√	√	NA
14	紫外线处理	+++	++	+++	+++	++	++	+++	+++	√	√	√	√	√	NA
15	分离技术	+++	++	+++	+++	+++	+++	++	+++	√	√	√	√	√	NA
16	离子交换	+++	++	+++	+++	+++	++	+++	+++	-	-	-	-	-	√
17	沉淀技术	+++	++	+++	+++	+++	++	+++	+++	-	-	-	-	-	√

注：1. 第一类工程指标：第一列中，+++、++、+分别代表技术成熟度低、中、高；

第二列中，+++、++、+分别代表技术组合度要求低（即可单独实施）、中、高（即需要与其他技术联用）；

第三列中，+++、++、+分别代表技术运行管理要求低、中、高；

第四列中，+++、++、+分别代表技术基建投资低、中、高；

第五列中，+++、++、+分别代表技术可靠性低、中、高；

第六列中，+++、++、+分别代表技术相对总费用低、中、高；

第七列中，+++、++、+分别代表技术时间较短、中和较长、中、高；

第八列中，+++、++、+分别代表技术可得性低、中、高。

2. 第 2 类污染物指标中，√、-、○分别代表技术有效、无效和效果有限。

3. NA 表示数据与具体条件相关。

4. 指标赋值方法：经济指标评价为高、中、低的技术评价为有效，效果有限、无效的技术分别赋值为 2、1、0，技术组合赋值为单项技术得分加和；时间指标评价为较长、中、较短的技术分别赋值为 3、2、1，技术组合赋值为单项技术得分加和；人群防护指标按技术实施方式评价，赋值按 0.1×时间指标×对应结果（无任何措施=0，原位修复=4，异位修复=7，抽水直接外排=10），技术组合赋值为单项技术得分加和；工人保护指标按技术实施方式评价，赋值按 0.1×技术数量×对应结果（无任何措施=0，原位修复=4，异位修复=7，抽水直接外排=10），技术组合赋值为单项技术得分加和。

3）社会指标　社会指标包括人群保护指标及工人保护指标。

① 人群保护指标。反映工程实施对周围人群（主要为当地居民）的影响程度，其定义如下：

$$人群保护指标得分＝概率×对应的结果 \qquad (20.11)$$

式中，概率＝0.1×修复时间（以年为单位，并且修复时间不超过 10 年，修复时间超过 10 年的方案其概率均为 1）；对应的结果＝0（不采取任何措施的情况，并且得分＝对应的结果），或对应的结果＝4（采取原位修复的情况），或对应的结果＝7（采取异位修复的情况），或对应的结果＝10（采取抽取污染地下水然后外排的情况）。

② 工人保护指标。反映工程实施对施工人员的影响程度，其定义如下：

$$工人保护指标得分＝概率×对应的结果 \qquad (20.12)$$

式中，概率＝0.1×主体技术单元数量；对应的结果＝0（不采取任何措施的情况，并且得分＝对应的结果），或对应的结果＝4（采取原位修复的情况），或对应的结果＝7（采取异位修复的情况），或对应的结果＝10（采取抽取污染地下水然后外排的情况）。

（2）指标赋值方法

1）经济指标　经济指标为成本型指标，指标取值参考表 20.55 中"相对总费用"。将费用评价为"高"的技术赋予 3，"中"赋予 2，"低"赋予 1，对多技术组合方案其评分为单项评分加和。需要注意的是，对于未组合双相抽提或生物淋洗技术的异位处理技术，需补充考虑地下水抽出成本，在计算加和后另加"2"，得到其评分。

2）时间指标　时间指标性质同经济指标，指标取值参考表 20.55 中"时间"。将时间评价为"较长"的技术赋予 3，"中"赋予 2，"较短"赋予 1，对多技术组合方案其评分取单项评分的最大值。

3）污染物有效性指标　污染物有效性指标为效果型指标，指标取值参考表 20.55 中各技术对各类污染物的适用情况。将评价为"有效"的技术赋予 2，"效果有限"赋予 1，"无效"赋予 0，对多技术组合方案其评分为单项评分加和。

4）系统可靠性指标　系统可靠性指标性质同污染物有效性指标，指标取值参考表 20.55 中"技术可靠性"。将评价为"高"的技术赋予 3，"中"赋予 2，"低"赋予 1，对多技术组合方案其评分取单项评分的最小值。

5）人群保护指标　人群保护指标反映工程实施对周围人群（主要为当地居民）的影响程度，其评分方法如式（20.11）所示，其中修复时间取时间指标值。

6）工人保护指标　工人保护指标反映工程实施对施工人员的影响程度，其评分方法如式（20.12）所示，其中主体技术单元数量取技术使用数量。

技术方案指标赋值方法见表 20.56。

表 20.56　技术方案指标赋值方法

指标	评价	赋值	技术组合赋值
经济指标	高	3	单项技术得分加和
	中	2	
	低	1	
时间指标	较长	3	单项技术得分最大值
	中	2	
	较短	1	

指标	评价	赋值	技术组合赋值
有效性指标	有效	2	单项技术得分加和
	效果有限	1	
	无效	0	
可靠性指标	高	3	单项技术得分最小值
	中	2	
	低	1	
人群保护指标	技术实施方式	0.1×时间指标×对应结果①	单项技术得分最大值
工人保护指标	技术实施方式	0.1×技术数量×对应结果①	单项技术得分加和

① 对应结果：无任何措施＝0、原位修复＝4、异位修复＝7、抽水直接外排＝10。

20.5.3.2　IOC 排序方法

（1）备选方案的产生

根据地下水修复技术特征的分析，针对地下水中每一类关注的污染物选出适用的技术。在形成备选方案时，先根据场地条件和各技术限制条件，剔除不适用的技术。针对污染物的特点，对保留下来的技术进行分析，若某一技术对所有出现的污染物均有处理能力，则此单一技术独立形成一个备选方案；对于无法独立完成所有污染物净化的技术，则从每一类污染物适用的技术中选出一种技术，然后进行适当组合，形成备选方案。这一过程主要体现的是技术筛选原则中的技术有效性原则。

（2）技术方案的筛选方法

采用多属性效用理论下的 IOC 方法，针对具体场地，基于经济指标、时间指标、污染物有效性指标、系统可靠性指标、人群保护指标和工人保护指标等 6 项指标，以及多个备选方案，令 i 代表指标序号，j 代表方案序号，$i=1,2,\cdots,m$，$j=1,2,\cdots,n$。所有方案在各指标上的数值构成一个矩阵 $V=[v_{ij}]$，其中 v_{ij} 代表方案 j 在指标 i 上的值。常见情况下，排序的方式是对准则 i 赋予权值 w_i 来定义方案 j 的总效用函数 U_j，然后根据各方案的总效用值进行排序。

$$U_j = \sum_{i=1}^{m} w_i v_{ij} \qquad (20.13)$$

IOC 方法不要求在排序之前给出权重的具体值，只需要决策者给出各准则的重要性顺序，即

$$w_1 \geqslant w_2 \geqslant \cdots \geqslant w_m$$

IOC 排序方法根据每个方案在此条件下可能达到的最大、最小总效用值进行排序，用以下两个线性规划方程表示：

最大化总效用：

$$\max U_j = \max \sum_{i=1}^{m} w_i v_{ij} \left(w_1 \geqslant w_2 \geqslant \cdots \geqslant w_m, \ \sum_{i=1}^{m} w_i = 1, \ w_m \geqslant 0 \right)$$

最小化总效用：

$$\min U_j = \min \sum_{i=1}^{m} w_i v_{ij} \left(w_1 \geqslant w_2 \geqslant \cdots \geqslant w_m, \ \sum_{i=1}^{m} w_i = 1, \ w_m \geqslant 0 \right)$$

上述两个线性规划方程的解可以直接计算得到，定义 S_{kj} 如下

$$S_{kj} = \frac{1}{k} \sum_{i=1}^{k} v_{ij}, \ k=1, \cdots, m \qquad (20.14)$$

则 S_{kj} 的最大、最小值即为最大、最小总效用值。根据总效用值的均值，可以对所有方案进行排序，同时最大、最小总效用值还给出了方案对权值的敏感程度。

（3）技术方案的筛选步骤

技术方案的筛选过程如图 20.15 所示，具体步骤如下：

图 20.15 IOC 排序法方案筛选步骤

① 按照评分规则（参见表 20.55）对各方案在各指标上进行评分，将各方案的得分填入表格（见表 20.57）。

☐ 表 20.57 各方案评分结果

项目	方案1	方案2	方案3	方案4	……	方案 j
经济	p_{11}	p_{12}	p_{13}	p_{14}	……	p_{1j}
时间	p_{21}	p_{22}	p_{23}	p_{24}	……	p_{2j}
有效性	p_{31}	p_{32}	p_{33}	p_{34}	……	p_{3j}
可靠性	p_{41}	p_{42}	p_{43}	p_{44}	……	p_{4j}
人群	p_{51}	p_{52}	p_{53}	p_{54}	……	p_{5j}
工人	p_{61}	p_{62}	p_{63}	p_{64}	……	p_{6j}

② 按指标（即按行）将表 20.57 中的数值进行归一化，将所有指标值转化到 $[0,1]$ 区间上：对于经济指标、时间指标、人群保护指标和工人保护指标，归一化方法后的得分＝1－得分/得分中的最大值，即 $1-\{p_{ij}/[\max i\,(p_{ij})]\}$；对于有效性指标和可靠性指标，归一化方法后的得分＝得分/得分中的最大值，即 $p_{ij}/[\max i\,(p_{ij})]$。

③ 确定指标的重要性顺序，按重要程度递减的顺序由上至下安排指标位置，重新调整各行位置，例如，若时间指标重要性排第一位，则将表 20.56 归一化后时间指标对应的第二行移动至第一行，从而得到 V 矩阵，见表 20.58。

☐ 表 20.58 V 矩阵

项目	方案1	方案2	方案3	方案4	……	方案 j
指标1	v_{11}	v_{12}	v_{13}	v_{14}	……	v_{1j}
指标2	v_{21}	v_{22}	v_{23}	v_{24}	……	v_{2j}
指标3	v_{31}	v_{32}	v_{33}	v_{34}	……	v_{3j}
指标4	v_{41}	v_{42}	v_{43}	v_{44}	……	v_{4j}
指标5	v_{51}	v_{52}	v_{53}	v_{54}	……	v_{5j}
指标6	v_{61}	v_{62}	v_{63}	v_{64}	……	v_{6j}

④ 按列计算用于 IOC 排序的 S 矩阵，见表 20.59。

⊡ 表 20.59 S 矩阵

项目	方案 1	方案 2	方案 3	方案 4	......	方案 j
指标 1	s_{11}	s_{12}	s_{13}	s_{14}	......	s_{1j}
指标 1 至 2 均值	s_{21}	s_{22}	s_{23}	s_{24}	......	s_{2j}
指标 1 至 3 均值	s_{31}	s_{32}	s_{33}	s_{34}	......	s_{3j}
指标 1 至 4 均值	s_{41}	s_{42}	s_{43}	s_{44}	......	s_{4j}
指标 1 至 5 均值	s_{51}	s_{52}	s_{53}	s_{54}	......	s_{5j}
指标 1 至 6 均值	s_{61}	s_{62}	s_{63}	s_{64}	......	s_{6j}

⑤ 按列整理各方案的排序得分，见表 20.60。按最大值、最小值的均值大小可得到方案的全排序，比较最大值、最小值的差值可得到方案的敏感性。

⊡ 表 20.60 计算结果汇总

项目	方案 1	方案 2	方案 3	方案 4	......	方案 j
最大值	$\max(s_{11}, s_{61})$	$\max(s_{12}, s_{62})$	$\max(s_{13}, s_{63})$	$\max(s_{14}, s_{64})$	......	$\max(s_{1j}, s_{6j})$
最小值	$\min(s_{11}, s_{61})$	$\min(s_{12}, s_{62})$	$\min(s_{13}, s_{63})$	$\min(s_{14}, s_{64})$	......	$\min(s_{1j}, s_{6j})$
最值均值			$\mathrm{mean}(\max, \min)$			
最值差值			$\max - \min$			

20.5.4 污染地下水修复技术筛选案例

20.5.4.1 案例研究区概况

（1）自然地理

研究区为化工行业某企业厂区，位于辽东半岛海湾北侧，占地面积 3.3km²。主厂区东侧与北侧均为工业企业，厂区西侧近邻进出市区的主要交通干线。

研究区所在城市滨临黄海，毗连陆地。该区为千山脉南延的丘陵区，由于长期受地质构造、风化剥蚀及水流侵蚀堆积等内外营力的作用，形成了不同地貌单元，地形复杂多变。该城市内主要有丘陵、山前准平原、山间谷地、河谷及海岸等地貌单元。丘陵分布于市区的南部及北部地区，主要受构造剥蚀作用形成。山前准平原分布于市区中部开阔地带，系城建重点分布区，主要受剥蚀堆积及侵蚀堆积作用形成。山间谷地分布于市区的西部一带，南北界于丘陵山地之间，受山前断裂控制，由侵蚀及堆积作用形成。河谷分布于市区的西部及西南部，由侵蚀堆积作用形成。海岸属侵蚀港湾基岩岸，建有良好的深水不冻港和码头。由于建港等需要，人工填海区分布范围较大。

（2）气象水文

研究区地处北半球中纬度地带（北纬约 38°），属于大陆性温带季风气候，由于三面环海，所以具有明显的海洋性气候特征，四季温度变化比较明显，年平均温度 10.4℃，极端最高气温 35.3℃，极端最低气温 -20.1℃，年平均逆温天数为 175d，多年月平均气温变化情况见表 20.61。

⊡ 表 20.61 多年月平均气温变化统计　　　　　　　　　　　　单位：℃

月份	平均气温	平均最高气温	平均最低气温	极端最高气温	极端最低气温
1	-4.8	-1.0	-7.9	9.6	-20.1
2	-3.2	0.6	-6.2	14.4	-17.9
3	2.4	6.5	0.8	20.1	-15.3

月份	平均气温	平均最高气温	平均最低气温	极端最高气温	极端最低气温
4	9.4	14.0	5.9	27.8	−3.7
5	16.0	20.7	12.0	33.8	3.6
6	19.9	24.1	16.5	35.3	14.2
7	23.2	26.6	20.7	33.5	14.2
8	24.0	27.3	20.4	34.2	14.8
9	20.0	24.0	16.9	30.7	7.5
10	13.7	17.6	10.3	28.2	−1.2
11	5.7	9.6	2.5	20.7	−12.6
12	−1.3	2.4	−4.5	13.6	−18.0
全年	10.4	14.4	7.2	35.3	−20.1

区域内降水主要集中在夏季（6～9 月）四个月，降水量为 501.9mm，占全年降水量（687.8mm）的 72.97%。各月及全年降水、降雪分布见表 20.62。

⊡ 表 20.62　多年平均月降水、降雪统计

月份	月平均降水量/mm	各月占全年百分率/%	日最大降水量/mm	一次连续最大降水量/mm	最大积雪深度/mm
1	9.1	1.3	40.7	53.3	23.0
2	7.9	1.1	19.8	26.6	37.0
3	12.6	1.8	45.8	51.8	4.0
4	37.0	5.4	53.6	77.0	
5	45.5	6.6	58.7	93.8	
6	85.9	12.6	120.7	120.2	
7	183.2	26.7	198.5	216.8	—
8	156.4	22.8	127.0	193.7	—
9	76.4	11.1	103.96	218.0	—
10	37.7	5.5	52.5	78.4	1.0
11	24.5	3.6	35.8	54.8	13.0
12	11.6	1.7	40.4	42.8	12.0
全年	678.8	100	198.5	218.0	37.0

研究区所在地由于三面环海，因此受海风影响，湿度较大，特别是夏季（6～9 月）刮南风和东南风，湿度明显高于其他月份。多年平均月及年平均相对湿度见表 20.63。

⊡ 表 20.63　多年平均月相对湿度

月份	1	2	3	4	5	6	7	8	9	10	11	12	年平均
平均相对湿度/%	58	59	57	56	59	74	86	82	70	64	61	59	66

市区东、南面临黄海，潮汐属半日潮或不规则半日潮，据市区南部海岸地区海潮观测，年平均潮位为 0.066m，年最高潮位为 1.954m，年最低潮位为 2.816m，年平均高潮位为 0.964m，年平均低潮位为 1.116m。受台风影响时，最大海浪高达 8m。

（3）区域水文地质条件

研究区存在大面积回填区及回填土，造成第四系厚度不均一。浅部地层岩性主要由黏土、碎石、工业垃圾等组成，局部为水泥地面、混凝土、建筑垃圾、淤泥质土等；深部地层岩性为中风化的块状灰色石灰岩。经钻孔揭露，该厂区地层自上而下为：

1）杂填土（Q^{4ml}）　杂色，主要由砖头、混凝土块等建筑垃圾及粉土组成，粒径 20～

190mm，有直径大于500mm大块石，含量约占60％～70％，强风化至中风化为主，棱角状，稍湿至饱和，松散。

2）粉砂混淤泥（Q^{4m}）　灰黑色，主要由粉细砂及淤泥组成，含贝壳，有腥臭味。淤泥含量约占20％。摇震反应中等，干强度低，韧性低，稍有光泽。饱和，松散。

3）含碎石粉质黏土（Q_{dpl}^3）　浅褐色，以粉质黏土为主，含有10％～25％的石英岩碎石，个别地段有大于25％的碎石，碎石粒径20～120mm不等，无分选性，分布不均匀。无摇震反应，干强度中等，韧性中等，稍有光泽。稍湿，可塑。

4）全风化板岩（Q_{nq}）　黄褐色，原岩风化呈土状，组织结构已全部破坏，但可辨认，板理及裂隙发育。

图20.16和图20.17分别为研究区地层模拟图和地层剖面图，图中显示饱和带主要为砾石、砂石及黏土填埋，其中具有潜在污染的炼焦车间位于研究区东北面，为砂石填埋，渗透性较好；油库区位于厂区的中部，主要为黏土填埋，渗透性较差。

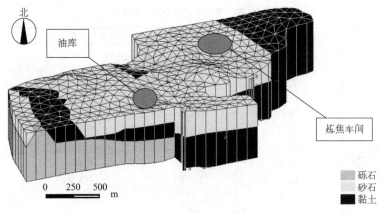

图20.16　厂区地层模拟图

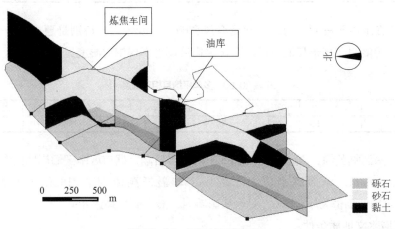

图20.17　厂区地层剖面图

研究区地下水包括第四系松散岩类孔隙水和碳酸盐岩类隐伏岩溶水两种类型。其中第四系松散岩类孔隙水地下水位埋藏较浅，易受污染，为主要研究对象。研究区地下水位埋深为0.30～3.60m，地下水主要接受大气降水和侧向入渗补给；排泄方式主要为向海排泄以及人工开采，地下潜水埋藏较浅地段，有蒸发排泄。

（4）地下水污染特征

为了全面了解研究区地下水的污染组分、污染物含量及分布，自 2011 年 12 月起先后开展了两期地下水现场采样调查，共设置 33 口地下水监测井，采集地下水样品 37 组。调查结果表明，研究区地下水中污染物构成复杂，呈现出典型的复合污染特征。运用定量风险评价的方法，采用美国的 RBCA（risk-based corrective action）模型，制定基于风险的修复目标。因地下水样品数量相对较少，不具有统计意义，故地下水中污染物采用最大浓度值来计算风险。研究区内及周边人群均不采用该地下水作为饮用水源，故在健康风险评价过程中暴露途径包括吸入室内和室外污染物蒸气，不考虑地下水饮用。结果表明，场地地下水中苯、二甲苯和萘的健康风险水平高于可接受水平。为同时保证人体安全和周边区域地下水不被污染，经综合考虑，确定了场地地下水中萘、苯和二甲苯的修复标准，即苯为 $100\mu g/L$、萘为 $200\mu g/L$、二甲苯为 $6000\mu g/L$。

本案例研究场地地下水萘、苯及二甲苯污染共有两个污染羽，其中 1 号污染羽位于炼焦车间，2 号污染羽位于油库，需采取修复措施。因此，分别针对 1 号区炼焦车间和 2 号区油库开展污染地下水修复技术筛选与评估。

20.5.4.2　研究区 1 号区污染地下水修复技术的筛选

1 号区位于炼焦车间处，所关注污染物为萘、苯和二甲苯，根据污染物分类表可归为非卤代 SVOCs 和燃料两大类。根据表 20.55 地下水技术筛选矩阵，对这两类污染物具有处理能力的技术有：监测自然衰减技术、原位微生物修复技术、植物修复技术、空气曝气技术、原位化学氧化技术、抽出-处理技术、可渗透反应墙技术、循环井技术、热处理技术、生物反应器法、活性炭吸附技术、紫外线处理技术以及分离技术。可以看出，由于两类污染物性质相对接近，上述技术基本都对两类污染物同时有效。

炼焦车间的地下水埋深较浅，地层岩性以砂为主，渗透性较好。针对这些特点，对挑选出的技术进行分析：植物修复技术主要针对重金属，在此区域不适用；生物漱洗技术和热处理技术主要针对含水层中的非水相液体，此区域调查中暂未发现轻质非水相液体，故不考虑这两项技术；循环井技术要求一定的含水层厚度，且水平与垂直方向的渗透系数对其影响很大，此区域中目标含水层埋深较浅，循环井技术不适用；分离技术针对的是不同性质污染物的处理，此区域目标污染物性质相近，剔除分离技术。考虑到污染物挥发性，采用抽出-处理技术，与生物反应器法、活性炭吸附技术、紫外线处理技术联用。

由以上分析，形成 8 个备选方案：方案Ⅰ——监测自然衰减技术（MNA）；方案Ⅱ——原位微生物修复技术（EB）；方案Ⅲ——空气曝气技术（AS）；方案Ⅳ——可渗透反应墙技术（PRB）；方案Ⅴ——原位化学氧化技术（ISCO）；方案Ⅴ——抽出＋生物反应器法（PB）；方案Ⅵ——抽出＋活性炭吸附技术（PG）；方案Ⅶ——抽出＋紫外线处理技术（PU）。

根据修复技术特征分析，参考表 20.55 对各方案的 6 项指标进行评分，结果如表 20.64 所列。

表 20.64　各方案评分结果

项目	MNA	EB	AS	PRB	ISCO	PB	PG	PU
经济	1	1	1	2	2	3	4	4

项目	MNA	EB	AS	PRB	ISCO	PB	PG	PU
时间	3	3	1	3	2	2	3	3
有效性	3	3	3	3	2	8	8	8
可靠性	2	2	3	3	2	2	2	2
人群	1.2	1.2	0.4	1.2	0.8	1.4	2.1	2.1
工人	0.4	0.4	0.4	0.4	0.4	1.4	1.4	1.4

将表 20.64 中的结果进行归一化处理，得到结果如表 20.65 所列。

⊡ 表 20.65　各方案评分归一化结果

项目	MNA	EB	AS	PRB	ISCO	PB	PG	PU
经济	0.75	0.75	0.75	0.5	0.5	0.25	0	0
时间	0	0	0.67	0	0.33	0.33	0	0
有效性	0.38	0.38	0.38	0.38	0.25	1	1	1
可靠性	0.67	0.67	1	1	0.67	0.67	0.67	0.67
人群	0.43	0.43	0.81	0.43	0.62	0.33	0	0
工人	0.71	0.71	0.71	0.71	0.71	0	0	0

先考虑一种指标的重要性顺序：经济指标＞时间指标＞污染物有效性指标＞系统可靠性指标＞人群保护指标＞工人保护指标。这种排列顺序的含义是：地下水修复工程第一目标是降低成本，其次是缩短时间、有效去除污染物、保证系统可靠运行、实施期间保护人群和工人。其矩阵 V 和矩阵 S 为

$$V=\begin{bmatrix} 0.75 & 0.75 & 0.75 & 0.5 & 0.5 & 0.25 & 0 & 0 \\ 0 & 0 & 0.67 & 0 & 0.33 & 0.33 & 0 & 0 \\ 0.38 & 0.38 & 0.38 & 0.38 & 0.25 & 1 & 1 & 1 \\ 0.67 & 0.67 & 1 & 1 & 0.67 & 0.67 & 0.67 & 0.67 \\ 0.43 & 0.43 & 0.81 & 0.43 & 0.62 & 0.33 & 0 & 0 \\ 0.71 & 0.71 & 0.71 & 0.71 & 0.71 & 0 & 0 & 0 \end{bmatrix}$$

$$S=\begin{bmatrix} 0.75 & 0.75 & 0.75 & 0.5 & 0.5 & 0.25 & 0 & 0 \\ 0.38 & 0.38 & 0.71 & 0.25 & 0.42 & 0.29 & 0 & 0 \\ 0.38 & 0.38 & 0.6 & 0.29 & 0.36 & 0.53 & 0.33 & 0.33 \\ 0.45 & 0.45 & 0.7 & 0.47 & 0.44 & 0.56 & 0.42 & 0.42 \\ 0.45 & 0.45 & 0.72 & 0.46 & 0.47 & 0.52 & 0.33 & 0.33 \\ 0.49 & 0.49 & 0.72 & 0.5 & 0.51 & 0.43 & 0.28 & 0.28 \end{bmatrix}$$

由此可根据矩阵 S 列向量的最大、最小效用值，作出各方案的效用图，如图 20.18 所示。

由图 20.18 可知，在强调经济指标的情况下，采用 IOC 筛选方法针对案例区情况给出的推荐技术为空气曝气技术，并且可以看到，此技术对权值的敏感程度较低，能够有较好的综合表现。

在考虑技术有效性的情况下，通过相似的过程可以得出各方案的效用，如图 20.19 所示，

推荐技术为抽出-处理技术，即将地下水从地下抽提到地面反应器单元内进行处理。

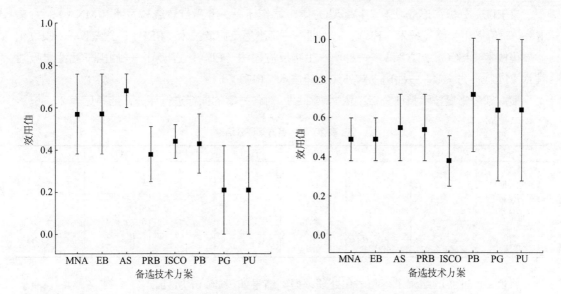

图 20.18　经济指标优先时各备选方案效用　　　图 20.19　有效性优先时各备选方案效用

　　抽出-处理技术已经在美国的污染场地（包括超级基金、国防部和能源部）上得到了大量应用。已有案例研究表明，对于苯系物、MTBE 以及其他石油类和氯代溶剂类污染物均有较好的处理效果。以美国内华达州的 Sparks 溶剂/燃料超级基金场地为例，该场地是一个工业区，包含铁路堆场、散装石油储存设施和仓库。在 1987 年，污染羽包括石油烃类、甲基叔丁基醚、氯化溶剂（四氯乙烯和三氯乙烯），并从现场延伸 1km 以上。厂址位于特拉基河附近，特拉基河为 Sparks 市区居民的饮用水源。从 1995 年开始采用地下水开采和处理系统对 Sparks 场地进行修复，地下水提取系统包括多相位提取井设计以进行源控制和水力封闭。提取出的地下水进入颗粒活性炭（GAC）流化床床生物反应器（FBRs）进行处理。运行一年后的监测数据表明，PCE 和 TCE 的总体降解率达到 50%，苯系物的降解率达到 99%，总石油烃的降解率为 78%。1997 年超级基金技术评估和响应小组（superfund technical assessment and response team，START）对 Sparks 场地的评估结果为该地下水处理系统对 MTBE 的去除效率为 88.5%，芳烃和短链烃（吹扫）的去除效率范围为 85%～99.5%，氯代烃和长链烃的去除效率位于 8%～60% 之间。MTBE 出水浓度从 463～480μg/L 降至 52μg/L。证明该技术方案对石油化工污染类型场地地下水是一项有效的修复技术。

20.5.4.3　研究区 2 号区污染地下水修复技术的筛选

　　根据现场调查结果，2 号区关注的污染物主要为苯和二甲苯，对这两种污染物具有处理能力的技术有监测自然衰减技术、原位微生物修复技术、植物修复技术、空气曝气技术、原位化学氧化技术、双相抽提技术、可渗透反应墙技术、循环井技术、热处理技术、生物反应器法、活性炭吸附技术、紫外线处理技术以及分离技术。

　　油库区的地下水埋深较浅，与炼焦车间不同的是地层岩性以黏土为主，渗透性差，故在剔除植物修复技术、循环井技术、热处理技术后，空气曝气技术由于不适合在高黏土含量地区使用，也被排除在外。基于同样考虑，异位处理技术不采用双相抽提技术进行强化，而是采用抽出技术分别与生物反应器、活性炭吸附技术、紫外线处理技术联用。

基于以上分析，形成以下 7 种备选方案：方案Ⅰ——监测自然衰减技术（MNA）；方案Ⅱ——原位微生物修复技术（EB）；方案Ⅲ——可渗透反应墙技术（PRB）；方案Ⅳ——原位化学氧化技术（ISCO）；方案Ⅴ——抽出＋生物反应器法（PB）；方案Ⅵ——抽出＋活性炭吸附技术（PG）；方案Ⅶ——抽出＋紫外线处理技术（PU）。

根据部分修复技术特征分析，依据表 20.55 对各方案的指标进行评分，结果见表 20.66。

▣ 表 20.66　各方案评分结果

项目	MNA	EB	PRB	ISCO	PB	PG	PU
经济	1	1	2	2	3	4	4
时间	3	3	3	2	2	3	3
有效性	3	3	3	2	4	4	4
可靠性	2	2	3	2	2	2	2
人群	1.2	1.2	1.2	0.8	1.4	2.1	2.1
工人	0.4	0.4	0.4	0.4	1.4	1.4	1.4

将表 20.66 中的结果进行归一化处理，得到结果如表 20.67 所列。

▣ 表 20.67　各方案评分归一化结果

项目	MNA	EB	PRB	ISCO	PB	PG	PU
经济	0.75	0.75	0.5	0.5	0.25	0	0
时间	0	0	0	0.33	0.33	0	0
有效性	0.75	0.75	0.75	0.5	1	1	1
可靠性	0.67	0.67	1	0.67	0.67	0.67	0.67
人群	0.43	0.43	0.43	0.62	0.33	0	0
工人	0.71	0.71	0.71	0.71	0	0	0

考虑指标的重要性顺序为：时间指标＞经济指标＞污染物有效性指标＞系统可靠性指标＞人群保护指标＞工人保护指标，矩阵 V 和矩阵 S 为

$$V = \begin{bmatrix} 0 & 0 & 0 & 0.33 & 0.33 & 0 & 0 \\ 0.75 & 0.75 & 0.5 & 0.5 & 0.25 & 0 & 0 \\ 0.75 & 0.75 & 0.75 & 0.5 & 1 & 1 & 1 \\ 0.67 & 0.67 & 1 & 0.67 & 0.67 & 0.67 & 0.67 \\ 0.43 & 0.43 & 0.43 & 0.62 & 0.33 & 0 & 0 \\ 0.71 & 0.71 & 0.71 & 0.71 & 0 & 0 & 0 \end{bmatrix}$$

$$S = \begin{bmatrix} 0 & 0 & 0 & 0.33 & 0.33 & 0 & 0 \\ 0.38 & 0.38 & 0.25 & 0.42 & 0.29 & 0 & 0 \\ 0.50 & 0.50 & 0.42 & 0.44 & 0.53 & 0.33 & 0.33 \\ 0.54 & 0.54 & 0.54 & 0.50 & 0.56 & 0.42 & 0.42 \\ 0.52 & 0.52 & 0.56 & 0.52 & 0.52 & 0.33 & 0.33 \\ 0.55 & 0.55 & 0.57 & 0.56 & 0.43 & 0.28 & 0.28 \end{bmatrix}$$

由此可根据矩阵 S 列向量的最大、最小值作出各方案的效用图，如图 20.20 所示。

由图 20.20 可知，在强调时间指标的情况下，本筛选方法针对案例区情况给出的推荐技术为原位化学氧化技术，并且可以看到，此技术对权值的敏感程度较低，能够保证有较好的综合表现。

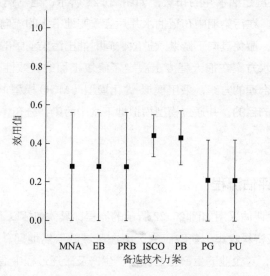

图 20.20　2 号区各备选方案效用

20.6　基于模拟-优化模型的抽出-处理技术效果评估

在 20.5.4 部分中，根据案例研究区的水文地质条件、污染状况及修复要求，采用 IOC 排序法对 1 号区地下水修复的适宜技术进行筛选，并推荐选择抽出-处理技术。

为了评估抽出-处理技术实施后的效果，以苯污染物为代表，采用数学模拟方法，通过水流模拟、污染物模拟以及抽水方案的优化，预测抽出-处理技术的实施效果。

抽出-处理技术作为一种地下水修复技术，因其处理快速、适用性广的特点而得到广泛应用。抽出-处理系统主要由抽水井、注水井及地面处理装置三个部分组成。图 20.21 所示为一个抽出-处理系统的平面布置示意，通过抽出-处理系统与阻碍墙联合控制地下水污染源，收集和处理溶解性污染羽流。

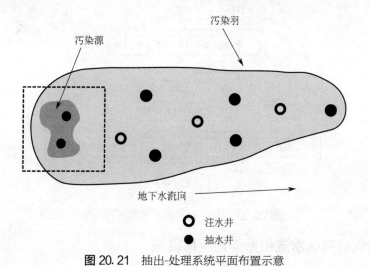

图 20.21　抽出-处理系统平面布置示意

抽出-处理技术的关键是抽水井的布置，如图20.21所示，通常情况下抽水井布置在污染源处以及污染羽的下游。在污染羽中布置抽水井后会改变地下水的流向，从而形成一个水流捕获带，控制污染羽范围，避免其向下游继续扩散，同时抽出污染羽中的高浓度污染物。

抽水井的布置及抽水方案在很大程度上决定了修复工程的有效性及经济性。在效果评估中，为了得到较为经济合理的方案，采用模拟-优化模型（MGO模型），优化设计方案，以较小的费用达到高效运行的目的，并通过模型模拟地下水中污染物分布，从而预测该技术在炼焦车间处实施后的效果。

20.6.1　技术效果评估流程

抽出-处理技术效果评估采用如图20.22所示的流程，具体包括以下内容。

① 通过现场踏勘及资料收集，获取研究区所在区域的自然地理、气象水文等资料，了解研究区的水文地质条件，对企业的生产工艺流程、生产及搬迁过程中造成的污染事故等进行调查，识别可能的污染区域。在研究区内钻孔获得地层岩性分布，设置地下水监测井，获取监测井水位，采集地下水样品，分析地下水中污染物浓度，得到污染物的分布情况。

② 在场地水文地质条件调研的基础上，建立研究区地层模型、水文地质概念模型，通过GMS研究地下水流及污染物运移规律。根据模拟结果确定污染羽范围和对地下水实施抽出-处理修复的区域。

③ 给定布井数量及布井位置，运用模拟-优化耦合模型计算得出不同优化时间的各井抽水量及注水量，优化抽出处理井群布置及单井抽水量限制值等参数，预测抽出-处理技术的实施效果，评估技术有效性。

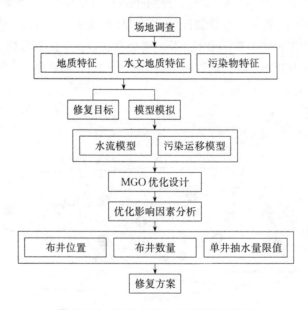

图20.22　抽出-处理技术效果评估流程

20.6.2　案例研究区水流和污染物运移模拟

在水文地质及污染特征调查的基础上，构建概念模型，进行地下水流模拟及污染物运移模拟，了解研究区内污染羽分布情况，为抽出-处理系统的设计及优化奠定基础。

20.6.2.1 水文地质概念模型

研究区含水层岩性单一，概化为均质各向同性含水层。由于研究区的水平尺度远远大于垂直尺度，故将地下水概化为二维稳定流。

在进行水流及污染物运移模拟前，对边界条件进行如下概化：研究区东南临海，需考察潮汐现象对地下水位的影响，西部和北部均有地下水径流存在，将边界设为定水头边界；研究区内有5条排水沟，设置为排水沟边界；溶质运移模型的边界按已知浓度边界处理，浓度值按照现场监测浓度均值输入。

（1）边界条件

厂区东侧与其他企业毗邻，南侧为港口，北侧紧邻道路，西侧紧邻进出市区的主要交通干线和新建住宅区，无特殊边界条件，故西边界和北边界为定水头边界。

由于厂区东南面临海，故需考虑海水对边界条件的影响。在场地内距海港由近到远共选取南北向和东西向2条监测线，进行地下水位动态监测，以分析潮汐对场内地下水位的影响。南北向监测线包括4口井（MW17、MW27、MW13及MW18）；东西向监测井包括3口井（MW3、MW7及MW18）。水位监测频率为每20min一次，监测周期为12h，结果见图20.23和图20.24。

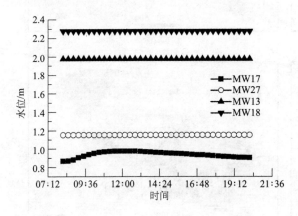

图 20.23　南北向水位变化　　　　　图 20.24　东西向水位变化

南北向监测线沿线4口井的水位监测结果表明，最靠近港口的MW17井地下水位12h内变化为0.11m，其余3口监测井的水位基本无变化，如图20.23所示。东西向监测线沿线2口井的水位监测结果表明，MW3井距海岸较近（约2.0m），地下水位受潮汐影响大，最高和最低水位的落差达2.44m；另外1口井水位无变化，如图20.24所示。此外，水位升降规律与当日涨落潮规律相比滞后约4～6h。

综上所述，潮汐作用对研究区靠近海港的地下水水位有一定影响，但受海岸护坡、土壤等阻隔作用，影响范围较小，仅限于距离海岸2m内的区域；其余离海岸稍远的区域地下水水位基本不受潮汐影响。厂区面积为3.3km²，范围较大，因此潮汐作用不会对场内地下水整体流向造成明显影响。因此，将东南边界设为定水头边界。

厂区内有5条污水沟，主要作为生产废水、生活污水排放渠道，其中1条长约280m、东西走向；2条长度分别约为270m和240m，南北走向，流向大海；中部有1条长约1920m，南北走向，流向大海；沿着场地北侧和西侧边界有一条总长度约 3360m 的污水沟，最终流向大海。因此厂区的边界条件主要是定水头边界和排水沟边界。

（2）渗透系数

渗透系数作为模型输入的主要参数，对于对流作用影响显著。渗透系数一般根据抽水试验或微水试验获取，由于该场地为填海形成的场地，地层岩性复杂，变异性较大，因此抽水试验无法反映各区域的渗透性，故根据厂区的地层模型进行纵向剖分，得到每一层的地层岩性分布，通过查阅不同岩性所对应的渗透系数范围，结合模型调试，确定渗透系数的分布。

由于厂区纵向上岩性分布复杂无规律，因此从地表面至基岩平均分为 10 层，分层结果如图 20.25 所示，根据各层的岩性分布得到各层的渗透系数分布。

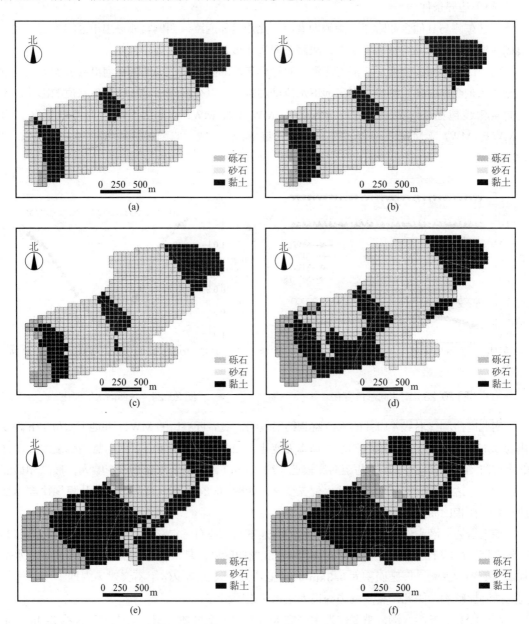

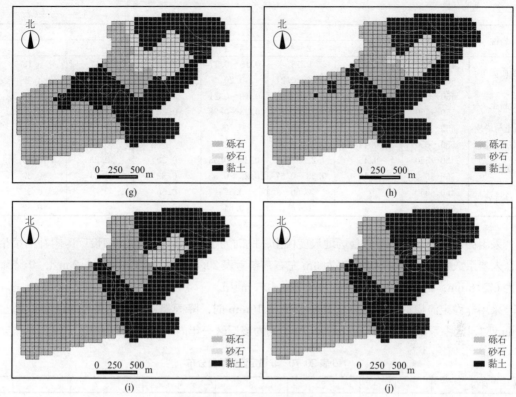

图 20.25　各层地层岩性分布

以钻孔插值得到的不同层的渗透系数分区作为模型调试的主要参考，由于地层图是从地表面至基岩的地层模拟，故图 20.25 中渗透系数的分布也包括包气带与饱和带，地下水模拟及污染物运移模型只考虑饱和带。本研究区地下水埋深 3m 左右，饱和带的渗透系数主要参照图 20.25（f）～（j）。由于各层的渗透系数均为估计值，实际建模时，为了减小误差，在纵向上分为一层，该层渗透系数获取参照图 20.25（f）～（j），不同岩性的渗透系数见表 20.68。综合以上条件，通过模型调试，最终将研究区渗透系数分为 3 个区：Ⅰ区为砾石填埋区，渗透系数为 150m/d；Ⅱ区为粉砂填埋区，渗透系数为 100m/d；Ⅲ区为黏土区，渗透系数为 1m/d。

⊡ 表 20.68　不同岩性的渗透系数

地层	黏土	粉质黏土	粉砂	细砂	中砂	粗砂	极粗砂	砾石
渗透系数/(m/d)	0	0.1～1	1～5	5～10	10～25	25～50	50～150	100～200

（3）补径排条件

补给量为水流模型的一个主要参数，通过降雨量与入渗系数得到，表 20.69 为地层岩性及降雨量与入渗系数的对应关系，经调查得知，该区域的降雨集中在 5～8 月。

⊡ 表 20.69　不同地层岩性与降雨量下的入渗系数　　　　　　　　　单位：m/d

岩性	雨量/mm	地下水埋深/m					
		1～2	2～3	3～4	4～5	5～6	>6
黏土	450～550	0.1	0.4	0.15		0.3	
	550～650	0.12	0.15	0.16		0.15	

岩性	雨量/mm	地下水埋深/m					
		1～2	2～3	3～4	4～5	5～6	＞6
粉质黏土	450～550	0.11	0.16	0.15～0.17	0.14	0.17	0.13
	550～650	0.13	0.16～0.21	0.20	0.2	0.2	0.2
粉土	450～550	0.12	0.19～0.26	0.19～0.21	0.16	0.20	0.16
	550～650	0.14	0.21～0.32	0.23～0.28	0.26	0.23	0.25
粉土与粉质黏土互层	450～550	0.11	0.29	0.20		0.20	
	550～650	0.14	0.21～0.23	0.22		0.22	
细粉砂	450～550	0.15	0.22～0.37	0.23～0.33	0.30	0.23	0.29
	550～650	0.17	0.23～0.37	0.25～0.35	0.32	0.24	0.30
砂砾石	450～550		0.60	0.57	0.56		0.55
	550～650		0.66	0.64	0.63		0.62

采用稳定流模拟时，考虑是场地尺度模型，同时为了减小误差来源，假设厂区内补给量相同，入渗系数相同。按地下水埋深为 3m 左右，参考表 20.69，取入渗系数为 0.2m/d，年降雨量为 678.8mm，得到厂区内补给量为 $3.72×10^{-4}\,\mathrm{m^3/d}$。

采用非稳定流模拟时，月平均降雨量小于 10mm 时，降雨量对地下水补给无贡献，超过 10mm 时，入渗系数为 0.2m/d。表 20.70 所列为该厂区一年内不同月份补给量分布。

⊡ 表 20.70　非稳定流补给量分布

月份	1	2	3	4	5	6
补给量/(m³/d)	—	—	$8.40×10^{-5}$	$2.47×10^{-4}$	$3.03×10^{-4}$	$5.73×10^{-4}$
月份	7	8	9	10	11	12
补给量/(m³/d)	$1.22×10^{-3}$	$1.04×10^{-3}$	$5.09×10^{-4}$	$2.51×10^{-4}$	$1.63×10^{-4}$	$7.73×10^{-5}$

20.6.2.2　污染源概化

为了获取污染物浓度数据，对炼焦车间和油库区进行布点，采集地下水样品，分析地下水中苯、二甲苯及萘的含量。因场地施工导致无法均匀布点，故在炼焦车间内布置 3 口井，油库内及附近布置 5 口井。地下水样品采用低流量采样仪采集（QED Sample Pro Micro Purge）。

苯、二甲苯及萘浓度测定方法为吹扫-捕集（Tekmar XPT）与气相色谱（Agilent GC7890A）联用技术。GC-MS 分析结果如表 20.71 所列。根据修复目标（苯 $100\mu g/L$、萘 $200\mu g/L$、二甲苯 $6000\mu g/L$）可知，炼焦车间和油库主要超标污染物为苯，因此以苯为模拟因子，在水流模型的基础上，对苯在地下水中的运移转化进行模拟。

⊡ 表 20.71　地下水样品中污染物含量　　　　　单位：$\mu g/L$

采样点	分析项目		
	苯	二甲苯	萘
炼焦1	688.64	59.79	62.57
炼焦2	692.73	110.13	12.00
炼焦3	478.32	20.48	6.97
油库1	—	—	—
油库2	—	9.15	—
油库3	103.25	78.08	—
油库4		72.54	—
油库5	2703.53	6376.56	34.15

炼焦车间处地下水样品中有机污染物成分单一，主要污染物是苯，3 个采样点处苯浓度相似，认为炼焦车间区域苯浓度分布均匀，在污染物模型建立中，可假设区域内初始浓度为定值。

20.6.2.3 水动力学模型

（1）计算方程

在水文地质概念模型的基础上，通过 GMS 的 MODFLOW 模块，进行地下水流模拟，用下列二维流方程描述研究区地下水流过程

$$\frac{\partial}{\partial x}\left(K_{xx}\frac{\partial h}{\partial x}\right)+\frac{\partial}{\partial y}\left(K_{yy}\frac{\partial h}{\partial y}\right)+q_s=S_s\frac{\partial h}{\partial t} \tag{20.15}$$

初始条件：$[h(x,y,t)\,|t=0]=h_0(x,y),(x,y)\in G$

边界条件：$[h(x,y,t)\,|\Gamma_1]=h_1(x,y),(x,y)\in\Gamma_1$

式中，K_{xx}，K_{yy} 为两个坐标轴方向的渗透系数，m/d；q_s 为单位体积含水层中的源汇项流量，1/d；S_s 为储水率，1/m；t 为时间，d；G 为研究域；Γ_1 为研究域边界。

初始条件：根据场地钻孔时测量的地下水水位，采用克里金插值法获得潜水含水层的初始水位，初始流场见书后彩图 10。

边界条件：研究区为定水头边界和排水沟边界，如图 20.26 所示。

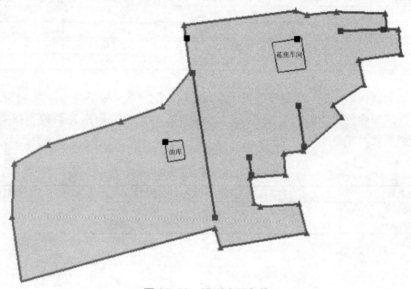

图 20.26　模型边界条件

（2）参数识别与模型验证

运行 MODFLOW，通过将实际观测值与模型计算值对比，得到模型所需参数。

为了拟合观测孔水位值，分别于 2012 年 6 月 5 日及 6 月 30 日集中测量了地下水监测井中的水位，监测值如表 20.72 所列。表中水位值为通过井口高程减去地下水位得到的绝对水位。两次水位监测结果差别较小，选择 6 月 5 日的水位数据进行拟合。

⊡ 表 20.72　监测孔水位变化情况

井号	东经/(°)	北纬/(°)	6 月 5 日水位/m	6 月 30 日水位/m
MW1	120.632	38.966	3.725	3.725
MW2	120.6312	38.96624	3.835	4.425

井号	东经/(°)	北纬/(°)	6月5日水位/m	6月30日水位/m
MW3	120.6298	38.96151	1.809	1.159
MW4	120.6278	38.96066	1.832	1.197
MW5	120.618	38.95809	2.282	2.258
MW6	120.6262	38.95816	1.25	1.355
MW7	120.6232	38.96163	2.419	1.35
MW8	120.6061	38.95768	2.195	2.103
MW9	120.6243	38.96382	3.266	3.474
MW10	120.6213	38.96438	3.575	3.468
MW11	120.6187	38.96262	3.168	3.352
MW12	120.6211	38.95818	1.35	1.315
MW13	120.6163	38.95718	1.692	1.811
MW14	120.6183	38.95513	0.988	1.046
MW15	120.619	38.95372	0.759	0.945
MW16	120.62	38.95246	0.754	0.839
MW17	120.6176	38.95172	0.875	1.108
MW18	120.6153	38.96092	2.277	2.051
MW19	120.6143	38.95816	1.845	1.834
MW20	120.6114	38.95739	1.996	1.772
MW21	120.6088	38.95867	1.775	1.845
MW22	120.6097	38.95627	2.014	1.901
MW23	120.605	38.9588	2.057	2.244
MW24	120.6001	38.95473	2.148	2.274
MW25	120.6172	38.9543	1.022	1.103

通过反复调整参数，将观测值与模型计算值比较，识别水文地质条件，确定模型参数，如表20.73所列。拟合结果如图20.27所列。计算各拟合点的拟合相关系数，相关系数大于0.95，拟合结果较为理想。

⊡ 表 20.73　水流模型主要输入参数

参数名称	参数值	参数名称	参数值
补给量	$3.72 \times 10^{-4} \mathrm{m}^3/\mathrm{d}$	堆积密度	$1400 \mathrm{kg/m}^3$
孔隙率	0.3	纵向弥散系数	$20 \mathrm{m}^2/\mathrm{d}$

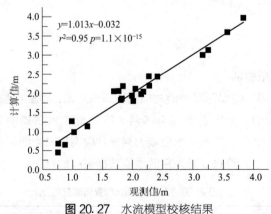

图 20.27　水流模型校核结果

根据识别的参数，对模型进行水均衡分析。研究区地下水为潜水含水层，所以主要对潜水层地下水进行均衡分析，水均衡校核结果如表 20.74 所列。

⊡ 表 20.74　水均衡校核结果　　　　　　　　　　　　单位：m^3/d

潜水层地下水	流入量	流出量
定水头	3720.34	-2872.72
排水沟	0.0	-211.25
井	0.0	-1000.0
补给	362.64	0
总源汇	4083.98	-4083.98
总流量	4083.98	-4083.98
总结	流入—流出	变异性
源汇项	3.79×10^{-3}	9.28×10^{-5}
总量	3.79×10^{-3}	9.28×10^{-5}

水均衡结果中，模型流入流出差值为 $3.79 \times 10^{-3} m^3/d$，变异性为 $9.28 \times 10^{-5} m^3/d$，差值及变异性均较小，符合建模要求。

（3）模拟结果

模型网格剖分为 $1 \times 60 \times 50$，分别进行非稳定流模拟及稳定流模拟。水流模拟结果如书后彩图 11、彩图 12 所示。

由水流模拟可知稳定流和非稳定流等水位线几乎相同，监测井的模型计算值与观测值误差也相同，说明不同的补给量对模型影响较小，因此本研究对该厂区地下水及污染物采取稳定流模拟。

20.6.2.4　污染物运移模型

（1）计算方程

GMS 中的污染物运移模型主要是 MT3D 模块，潜水含水层二维污染物迁移微分方程为

$$\frac{\partial (\theta c)}{\partial t} = \frac{\partial}{\partial x_i} \left(\theta D_{ij} \frac{\partial c^k}{\partial x_j} \right) - \frac{\partial}{\partial x_i} (\theta v_i C^k) + q_s C_s^k \qquad (20.16)$$

$$i, j = x, y; \ t > 0$$

初始条件：$[c(x, y, t)|t=0] = c_0(x, y), (x, y) \in G$

边界条件：$[c(x, y, t)|\Gamma_2] = c_1(x, y), (x, y) \in \Gamma_2$

式中，C^k 为第 k 种溶质的溶解相浓度，$\mu g/L$；C_s^k 为第 k 种溶质的源汇项浓度，$\mu g/L$；θ 为多孔介质孔隙率；D_{ij} 为水力弥散系数，m^2/d；v_i 为地下水流速，m/d；q_s 为单位体积含水层源汇项流量，d^{-1}；Γ_2 为炼焦车间及油库边界。

初始条件：根据炼焦车间及油库区监测值的平均值确定初始浓度，炼焦车间为 $700 \mu g/L$，油库区为 $2850 \mu g/L$。

边界条件：因污染源已清除，故炼焦车间和油库区设为定浓度边界。

（2）参数识别与模型验证

在水动力学模型基础上，运行 MT3DMS，分别对炼焦车间和油库区的苯污染羽进行模拟，模拟时间为 2000d，最大运移步长为 10000，指定输出时间为 30d、600d、1740d。通过拟合观测孔的苯浓度值，识别苯运移参数。

通过反复调整参数，将观测值与模型计算值比较，确定了模型参数，如表 20.75 所列。拟合结果如图 20.28 所示。计算得各拟合点的拟合相关系数大于 0.95，拟合结果较为理想。

☑ 表 20.75　污染物运移模型主要参数识别值

参数名称	参数值	参数名称	参数值
一级降解反应速度常数(吸附相)	$0.001d^{-1}$	堆积密度	$1400kg/m^3$
一级降解反应速度常数(溶解相)	$0.001d^{-1}$	纵向弥散系数	$20m^2/d$

（3）模拟结果

运用已校核的模型模拟 30d、600d 及 1740d 苯污染羽变化情况。由于苯的修复标准为 $100\mu g/L$，因此最小浓度取 $100\mu g/L$。书后彩图 13 所示为炼焦车间区苯污染羽的变化。

由模拟结果知：a. 初始时刻污染羽浓度较高，随着时间迁移，污染羽浓度降低；b. 30～600d 阶段，污染羽面积变化不大，说明苯迁移性较差；c. 600～1740d 阶段，污染羽面积显著发生变化，这是吸附和生物降解作用的结果。

为反映污染羽随时间变化情况，在炼焦车间处布置 18 口浓度监测井，布井位置如图 20.29 所示，通过模型模拟在自然衰减条件下，污染羽随时间的变化情况。

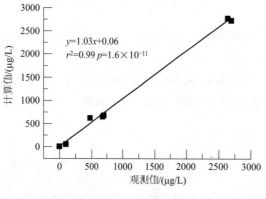

图 20.28　苯浓度校核曲线

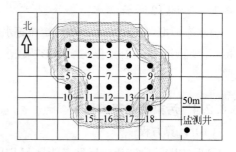

图 20.29　炼焦车间模型监测井布置

图 20.30 所示为自然衰减条件下炼焦车间处各监测井的苯浓度变化情况，高浓度区域（1～9 号和 11～17 号井）污染物浓度随时间降低，降低速度逐渐缓慢；低浓度区（10 号和 18 号井）污染物浓度随时间呈现先升高后降低的趋势，这是由于随着时间的增加污染物不断随水流迁移，污染物由浓度高点向浓度低点运移，导致浓度低的点污染物浓度升高；污染物在迁移的同时由于吸附和生物降解等作用，浓度发生衰减，因此，污染物总体上随着时间增加而减小。

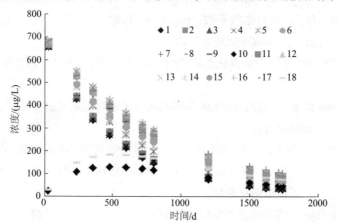

图 20.30　自然衰减条件下炼焦车间处各监测井的苯浓度变化

对照修复目标 $100\mu g/L$，由曲线可知，1000d 以前监测点处污染物浓度全部超标，1740d 以前依然存在苯超标的监测点。可见，自然衰减过程无法快速有效地修复炼焦车间处受苯污染的地下水。

20.6.3 抽出-处理技术方案优化及效果模拟

20.6.3.1 研究方法

根据技术筛选结果，采用 MGO 程序优化地下水抽出-处理方案。

（1）计算方程

MGO 是将 MODFLOW、MT3DMS 和数学优化方法相结合的方法，本研究选择的数学算法为遗传算法，基本方程包括模拟方程及优化算法方程。模拟方程见式（20.15）和式（20.17）。

优化算法的基本方程为

$$J = a\sum_{i=1}^{N} y_i \mid Q_i \mid \Delta t_i;$$

$$0 \leqslant \mid Q_i \mid \leqslant Q_{max}; \sum_{i=1}^{19} y_i \leqslant N; h_{mbot} \leqslant h_m \leqslant h_{mtop}; 0 \leqslant C_m \leqslant C_{max}; Q_j = A\sum_{i=1}^{19} Q_i$$

$$（20.17）$$

式中：J 为目标函数，为总抽水费用，元；$\mid Q_i \mid$ 为第 i 口井的抽水速率，m^3/d；y_i 为二进制变量，$y_i = 0$ 表示非活动井，$y_i = 1$ 表示活动井；Δt_i 为第 i 口井的抽水时间，d；a 为单位体积抽水费用，元；h_m 为约束点 m 处水头值，m；h_{mbot} 为约束点 m 处底板标高，m；h_{mtop} 为监测点 m 处顶板标高，m；C_m 为约束点 m 处浓度值，$\mu g/L$；Q_j 为第 j 口注水井注水量，m^3/d；A 为注水系数，无单位。

（2）MGO 的原理

MGO 运算需要选择相应的目标函数、决策变量及状态变量。选择目标函数为最小化抽水量，决策变量为单井抽水量，状态变量为约束点的水头和浓度。图 20.31 所示为 MGO 运算示意。首先，优化模型提供一组初始单井抽水量，通过 MODFLOW 和 MT3D 进行地下水流及污染物模拟，得到各约束点的污染物浓度和水头值，判断水头和浓度是否满足约束条件，并评估目标函数，当约束条件不满足时对目标函数进行惩罚；然后通过遗传算法对决策变量通过二进制形式进行选择、交叉和变异，重新生成一组新的决策变量，返回到模拟模型中重新计算状态变量，对状态变量和目标函数进行评价；依次进行，最终得到一组优化的决策变量，保证满足约束条件和目标函数最小。

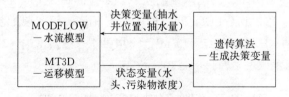

图 20.31 MGO 运算示意

（3）初始布井方案

本研究的目标函数为总抽水量最小，约束条件主要为浓度约束和水头约束，因此进行优化运算前，需要在污染羽周围布设初始井作为被优化的对象；在优化计算时需要设计水头约束条件和污染物浓度约束条件，该约束条件通过设置水头和浓度约束点来实现。

在研究区东北面的炼焦车间 1 号区，根据污染物运移模拟结果布设初始井，初始井包括 18 口抽水井 P1～P18 和 2 口注水井 I1～I2，抽水井的布置原则为尽量包含污染羽，并位于污染羽的中下游；注水井位于污染羽的上游。根据需要设置约束区，在约束区内每个网格即为一个约束点，用来监测污染物浓度值，如图 20.32 所示。

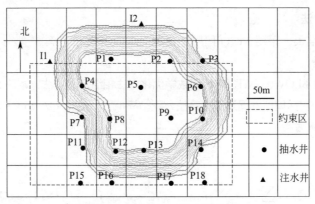

图 20.32　抽水井及约束区布置

（4）模型参数的确定

MGO 参数主要包括迭代次数、正向模拟个数、抽水量缩放比例因子等，优化计算的参数根据 MGO 程序的多次试运行得到，参数输入见表 20.76。

⊡ 表 20.76　优化计算模型参数调试结果

参数名称	参数值	参数名称	参数值
最大迭代次数	33	总迭代	100
正向模拟个数	1000	抽水量缩放比例因子	−500

20.6.3.2　MGO 优化结果

在污染物模拟的基础上进行抽水的优化设计。多次试验结果发现，当抽水时间小于 600d 时出现疏干现象，不满足水头约束条件，无法优化；1740d 以后不需要进行抽出处理，在自然降解条件下即能达到修复目标。

因此，为得到不同时间的优化结果，选择在 600d、700d、800d、1000d、1200d 和 1500d 时分别进行总抽水量优化计算，得到不同约束时间下各井抽水量/注水量及日抽水总量，如表 20.77 所列，其中注水井 I1 和 I2 的注水量用正数表示，抽水井 P1～P18 的抽水量用负数表示。结果显示，1500d、1200d 及 1000d 的日抽水总量相同，因此总抽水量 1500d>1200d>1000d，经过 1000d，抽水总量为 $3.47 \times 10^6 \mathrm{m}^3$，800d 抽水总量为 $3.04 \times 10^6 \mathrm{m}^3$，700d 抽水总量为 $2.82 \times 10^6 \mathrm{m}^3$，600d 抽水总量为 $2.86 \times 10^6 \mathrm{m}^3$。

⊡ 表 20.77　优化的各井抽水量/注水量及日抽水总量　　　　　　　　　　单位：m³/d

注水井	时间/d					
	1500	1200	1000	800	700	600
I1	1.73×10^3	1.73×10^3	1.73×10^3	1.90×10^3	2.02×10^3	2.33×10^3
I2	1.73×10^3	1.73×10^3	1.73×10^3	1.90×10^3	2.02×10^3	2.33×10^3

注水井	时间/d					
	1500	1200	1000	800	700	600
P1	-1.67×10^2	-1.67×10^2	-1.67×10^2	-2.33×10^2	-1.00×10^2	-2.33×10^2
P2	-2.67×10^2	-2.67×10^2	-2.67×10^2	-2.67×10^2	-2.67×10^2	-2.67×10^2
P3	0	0	0	-2.67×10^2	-2.67×10^2	-2.67×10^2
P4	-4.67×10^2	-4.67×10^2	-4.67×10^2	-2.67×10^2	-4.33×10^2	-5.00×10^2
P5	0	0	0	0	-66.7	-66.7
P6	-3.33×10^2	-3.33×10^2	-3.33×10^2	-3.33×10^2	-3.33×10^2	-3.33×10^2
P7	-1.00×10^2	-1.00×10^2	-1.00×10^2	0	-66.7	-1.00×10^2
P8	-2.67×10^2	-2.67×10^2	-2.67×10^2	-4.00×10^2	-4.00×10^2	-4.00×10^2
P9	0	0	0	-2.00×10^2	-2.00×10^2	-2.00×10^2
P10	-4.00×10^2	-4.00×10^2	-4.00×10^2	-4.33×10^2	-4.00×10^2	-4.00×10^2
P11	-1.00×10^2	-1.00×10^2	-1.00×10^2	0	0	-1.33×10^2
P12	-5.00×10^2	-5.00×10^2	-5.00×10^2	-4.00×10^2	-4.67×10^2	-5.00×10^2
P13	-4.67×10^2	-4.67×10^2	-4.67×10^2	-2.33×10^2	-5.00×10^2	-5.00×10^2
P14	-4.00×10^2	-4.00×10^2	-4.00×10^2	-4.33×10^2	-4.67×10^2	-4.67×10^2
P15	0	0	0	-66.7	-66.7	-2.67×10^2
P16	0	0	0	0	0	-33.3
P17	0	0	0	0	0	0
P18	0	0	0	-2.67×10^2	0	0
日抽水总量	3.47×10^3	3.47×10^3	3.47×10^3	3.80×10^3	4.03×10^3	4.67×10^3

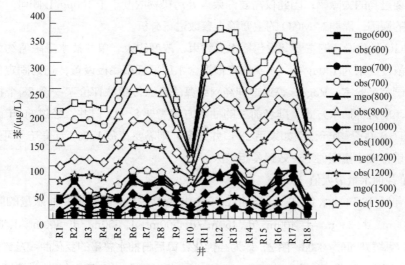

图 20.33 不同优化方案的地下水中苯残留浓度

对不同时间优化方案的苯去除效果进行分析，R1～R18 为约束区内选择的 18 个处理前苯浓度超标的约束点，采用不同的优化方案处理后约束点处苯浓度如图 20.33 所示，图中 mgo（t）表示采取抽水时间为 t 的优化方案处理后地下水中的苯浓度，obs（t）表示经过 t 时间自然降解后地下水中的苯浓度，可得：mgo（612）＞mgo（700）＞mgo（800）＞mgo（1000）＞mgo（1200）＞mgo（1500）。由于 mgo（612）的最大值为 98.9μg/L，小于 100μg/L（苯的修复目标值），因此各方案均能达到修复目标。

为比较不同优化方案下的污染物去除效果，根据式（20.18）计算优化抽水时间为 t 时方案的去除率，结果如图 20.34 所示。

$$去除率＝1-mog（t）/obs（t） \tag{20.18}$$

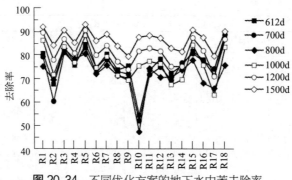

图 20.34 不同优化方案的地下水中苯去除率

各优化方案平均去除率分别为 76%、74.5%、72.2%、76.3%、81.3% 及 86.5%。由于各方案都能达到修复目标，可见 800d 以后的抽水方案去除率高于修复要求。总抽水量和去除率结果表明，在 612～800d 的抽水时间内，去除率适中，而 800d 以后去除率过高，导致总抽水量剧增。通常情况下，对地下水进行抽出处理时，若其他条件不变，随着抽水时间增加，总抽水量应减小。前面的优化设计结果显示，随着时间增大，总抽水量递增。通过对去除率分析发现，随着抽水时间的增加，抽出处理的去除率增加，而在实际工程设计中只要求满足修复目标要求，不需要过高的去除率，因此仅需要约束点处污染物浓度小于 $100\mu g/L$ 即可。为研究导致该现象出现的原因，需要对 MGO 的主要输入参数进行分析。

影响 MGO 优化设计的主要参数包括水头约束、浓度约束、单井抽水量限值约束及布井方式。本场地浓度约束为 $100\mu g/L$，水头约束根据含水层顶板和底板设置，均为固定值。在劳伦斯利弗莫尔国家实验室，Rogers 等通过神经网络算法及遗传算法评价了一个 28 个抽水井和注水井组成的 400 万种抽水方式，排名前三的抽水方案需要 8～13 口井，经过 50 年修复周期，花费 4100 万～5300 万美元；而如果用 28 口井方案，则需要花费 15500 万美元。可知，不同的布井方式及单井抽水量限值下，效果差距较大。

（1）单井抽水量最大值

初始井包括 18 口抽水井 P1～P18 和 2 口注水井 I1～I2，设置单井抽水量的限值分别为 $250m^3/d$、$300m^3/d$、$350m^3/d$、$400m^3/d$、$450m^3/d$、$500m^3/d$、$550m^3/d$、$600m^3/d$、$650m^3/d$ 和 $700m^3/d$，设置修复时间为 800d。图 20.35 为经优化计算后日抽水总量的变化曲线及约束点最高浓度变化曲线，可见，随着单井抽水量限值的增大，抽水总量增加，约束点的最大浓度减小。

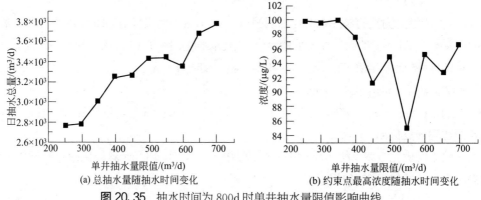

(a) 总抽水量随抽水时间变化　　　　(b) 约束点最高浓度随抽水时间变化

图 20.35 抽水时间为 800d 时单井抽水量限值影响曲线

约束点的最大浓度减小，即污染羽的去除率增大。根据图 20.35 所示，单井抽水量限值分别为 250m³/d 及 550m³/d 时，最优抽水量分别为 2766m³/d 和 3446m³/d，约束点处浓度最大值分别为 99.85μg/L 和 84.81μg/L，由于修复目标为 100μg/L，可知设置 550m³/d 的限制值会导致抽水过度，出现"浪费"现象。因此对于 800d 抽水处理应选择 250m³/d 的单井抽水量限值。

为比较不同抽水时间下，不同的单井抽水量限值对优化结果的影响，对 600d、700d、800d、900d、1000d、1100d、1200d 及 1500d 抽水时间，分别设置相同的单井抽水量限值和不同的单井抽水量限值，结果如图 20.36 所示。其中曲线 A 为对各抽水时间均设置相同的单井抽水量最大值 400m³/d；曲线 B 为保证各约束点最大浓度接近 100μg/L 设置不同的抽水量最大值，其中 600d 的最大抽水量为 400m³/d、700d 为 300m³/d、800d 为 250m³/d、900d 为 300m³/d、1000d 为 200m³/d、1100d 为 175m³/d、1200d 为 150m³/d、1500d 为 105m³/d。

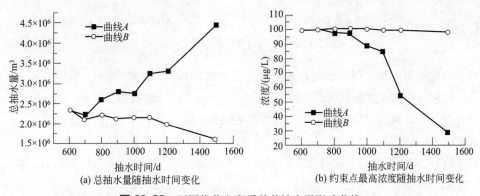

(a) 总抽水量随抽水时间变化　　(b) 约束点最高浓度随抽水时间变化

图 20.36　不同优化方案受单井抽水量影响曲线

由曲线 A 和曲线 B 的抽水量可以看出，总抽水量最大差值为 2.83×10⁶ m³/d，污染羽最高浓度最大差值为 70.60μg/L。随着优化时间的增加，总抽水量及污染羽最大浓度相差越大。因此，采用 MGO 方法进行抽出处理优化设计时，单井抽水量限值对优化结果影响很大，需要对每一个处理时间选择合适的单井抽水量限值，以满足约束点最高浓度接近修复目标。

（2）抽水井布置方式

维持 18 口抽水井和 2 口注水井不变，对比原来的分散式布置方式，在污染羽范围内增大抽水井的密度，形成如图 20.37 所示的集中式布井方案。

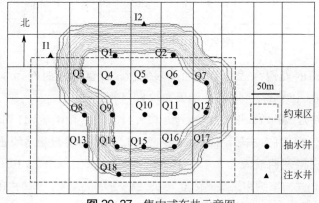

图 20.37　集中式布井示意图

设置合适的单井抽水量最大值，保证浓度最大点处污染物浓度接近 $100\mu g/L$。设置抽水时间为 600d、700d、800d、900d、1000d、1100d、1200d 及 1500d。书后彩图 14 为两种布井方式下不同时间优化结果的各井抽水量图。

对两种布井方式的效果进行分析，如图 20.38 所示。

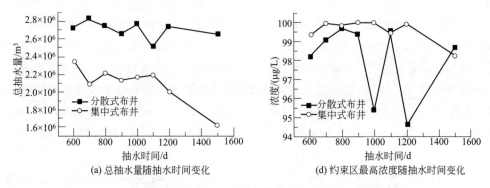

(a) 总抽水量随抽水时间变化　　　　(d) 约束区最高浓度随抽水时间变化

图 20.38　不同布井方式优化结果比较

根据优化结果可知，两种布置方式的最小抽水时间相同，均为 600d，但集中式布井总抽水量小；约束区最高浓度集中式布井为 $98.24\sim99.98\mu g/L$，分散式布井为 $94.61\sim99.71\mu g/L$，集中式布井优化计算效果更好，更能有效地避免抽水过度。

（3）抽水井数量

在 18 口井集中布置方案的基础上，减少布井数量，在污染羽范围内集中布置 9 口井，如图 20.39 所示。

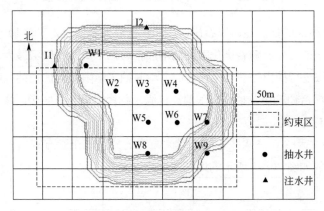

图 20.39　9 口井的布置方式

在进行优化计算时设置合适的单井抽水限制值，设置抽水时间为 600d、700d、800d、900d、1000d、1100d、1200d 及 1500d。结果如图 20.40 所示。

对不同数量布井方式的效果进行比较，如图 20.41 所示。由图 20.41 可知，18 口井方案最小抽水时间为 600d，9 口井方案最小抽水时间为 800d，减小布井数量将使处理时间延长，但总抽水量减小，抽水总量差值最大为 $6.20\times10^5 m^3$，平均差值为 $4.17\times10^5 m^3$。不同处理时间内，18 口井集中式布井方案约束区最高浓度为 $98.24\sim99.98\mu g/L$，9 口井布井方案为 $97.84\sim99.44\mu g/L$，18 口井的集中式布井方案优化效果更好。

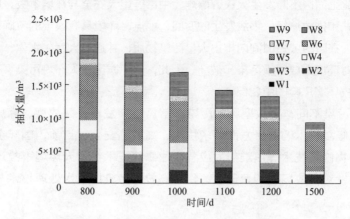

图 20.40　布置 9 口井时不同时间抽水量方案

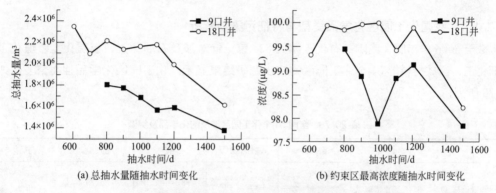

(a) 总抽水量随抽水时间变化　　　　　(b) 约束区最高浓度随抽水时间变化

图 20.41　不同布井数量下优化结果

　　对各方案处理后地下水中污染物浓度分析发现，采用优化得到的不同时间抽水方案处理后，地下水中污染物浓度均达到修复目标，因此评估各方案时主要参考其时间和成本。当主要考虑修复时间时，选择布置 18 口抽水井，抽水时间为 600d 的处理方案，日抽水量为 3920m³/d，处理后 1 号区地下水中苯最高浓度为 $98.24 \sim 99.98 \mu g/L$。当考虑修复成本时，选择布置 9 口井、抽水时间为 800d 的处理方案，日抽水量为 2250m³/d，处理后地下水中苯最高浓度为 $97.84 \sim 99.44 \mu g/L$。

20.7　化工行业事故污染地下水异位处理技术与移动式模块化装备

　　我国以石油化工、煤化工、天然气化工、盐化工等为产业定位的石油和化学工业园区在沿海、沿江和中西部地区蓬勃发展，化工园区的发展模式已经成为化工行业发展的趋势和方向。随着化工园区的快速发展，事故风险增大，涉及大量的危险源和移动危险源，多米诺效应突出，园区事故风险呈现多样化和复杂化的趋势。

近些年来，化工园区不断发生火灾、爆炸、中毒等重大安全与环境事故。环境事故污染没有固定的排放方式和排放途径，事故发生的时间、地点、环境具有很大的不确定性，往往发生突然、来势凶猛，在瞬时或短时间内排出大量污染物质，并通过大气、水体、土壤、地下水等途径进入环境，对环境造成严重污染和破坏。因此，化工园区重大环境污染事故场地快速安全处置成为降低事故环境风险的重要保证。

与传统场地污染不同，事故型场地污染通常具有突发性、高浓度、高风险的特点，因此在污染地下水修复技术的选择方面要求快速、高效、安全。目前，国际上广泛应用的自然衰减技术、生物修复技术等很难作为应急快速修复技术在重大环境事故场地污染修复中应用，因此需要针对事故场地的普适性、快速高效的污染地下水处理技术与移动式模块化装备。

20.7.1 化工行业事故污染地下水特征及处理要求

20.7.1.1 我国化工园区化学品类型与特征污染物分析

截至 2006 年年底，我国共有化工园区 334 家。针对涉及石油化工、氯碱化工、煤化工、精细化工、合成材料等 51 个化工园区的初步调研结果显示，化工园区化学品种类繁多，如表 20.78 所列。

⊡ 表 20.78　全国 51 个化工园区涉及的化学品及类型

种类	聚合物	醇、酮	烷烃,烯烃	酸	酚、酯	其他
化学品	聚乙烯、聚丙烯、聚氨酯、聚碳酸酯、聚乙烯醇、聚苯乙烯、聚丙烯酰胺、聚氨酯树脂、聚甲醛、合成树脂	乙二醇、多元醇、丙酮	环氧丙烷、乙烯、苯乙烯、醋酸乙烯	丙烯酸、磺酸、氯乙酸、醋酸、苯甲酸、	苯酚、对苯二酚、对甲酚、丙烯酸酯	石油类、氯碱类、有机溶剂类

2005～2015 年，有报道的 23 起化工类污染事故中涉及的污染物有苯、甲苯、二甲苯、硝基苯、苯胺、氯苯、苯酚、甲醇、乙炔、乙酸乙烯、液氯、丙烯、戊烷及焦油、原油等，详见表 20.79。

⊡ 表 20.79　2005～2015 年有报道的污染事故及其主要污染物汇总表

时间	事故	污染物
2005 年 11 月 13 日	吉化双苯厂硝基苯精馏塔发生爆炸	硝基苯、苯胺、苯
2008 年 6 月 25 日	新疆阜康市铁焦有限责任公司焦油罐发生爆炸	焦油
2008 年 8 月 26 日	广西维尼纶集团有限责任公司有机车间发生爆炸事故	甲醇、乙炔、乙酸乙烯、液氯
2008 年 10 月 17 日	新乡市凤泉县化工厂爆炸	甲苯
2009 年 7 月 15 日	偃师市顾县镇的洛染股份有限公司发生爆炸	氯苯
2010 年 1 月 7 日	兰州石化公司石油化工厂爆炸	石油类
2010 年 7 月 16 日	大连新港陆地输油管线发生爆炸引发大火	原油泄漏
2010 年 7 月 28 日	南京栖霞废弃塑料化工厂发生爆炸	丙烯
2010 年 9 月 7 日	辽宁抚顺石化公司石油三厂芳烃车间起火爆炸事故	二甲苯
2010 年 12 月 24 日	南京源港化工火灾	戊烷泄露
2012 年 12 月 31 日	山西长治苯胺泄漏事故	苯胺

时间	事故	污染物
2013 年 6 月 2 日	中石油大连石化分公司发生油罐爆炸事故	苯、油
2013 年 6 月 21 日	哈尔滨呼兰区工厂苯酚泄漏爆炸事故	苯酚
2013 年 9 月 14 日	抚顺顺特化工企业爆炸事故	甲酸(三)甲酯
2013 年 11 月 22 日	青岛输油管道爆炸事故	原油
2014 年 6 月 30 日	大连中石油新大一线原油泄漏事故	原油、VOCs
2014 年 6 月 30 日	辽宁葫芦岛中石油输油管线爆裂致原油泄漏	原油
2014 年 11 月 17 日	陕西延安输油管线上千吨原油泄漏事故	原油
2015 年 3 月	陕西延安 7 天 5 起原油泄漏事故	原油
2015 年 4 月 6 日	漳州 PX 项目爆炸事故	二甲苯
2015 年 4 月 21 日	南京扬子石化厂区烯烃厂爆炸事故	烯烃、醇类
2015 年 8 月 12 日	天津滨海新区爆炸事故	氰化氢、二甲苯、挥发性有机化合物

20.7.1.2　化工行业事故污染地下水特征及处理要求

化工园区发生的重大环境事故大多是有机物的泄漏、爆炸等，这些有机物如硝基苯类、苯胺类、苯系物等都被列入了我国优先控制污染物黑名单，具有致畸、致癌、致突变的"三致"效应，对环境和人体健康带来巨大威胁。进入地表水体和土壤的高危险性污染物会通过进一步入渗、迁移等过程进入地下水，严重污染地下水系统。

对爆炸、泄漏等事故场地的地下水进行应急处理，首要的任务是控制污染物的扩散，尽可能地降低污染的范围。抽出-处理技术具有处理量大、适用范围广、处理效率高、见效快等优点，成为快速治理的有效方法之一。该技术能够通过水力截获作用阻断污染物的扩散，并配合地面处理设施对污染地下水进行处理，如图 20.42 所示。其中，高效快速的地面处理技术是抽出-处理技术得以有效实施的重要保障。

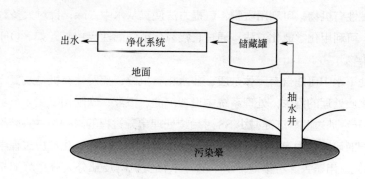

图 20.42　抽出处理技术概念模型

考虑到事故场地的污染地下水在应急处理后会就近进入污水处理厂，因此处理后水质需满足《污水综合排放标准》Ⅲ类标准。对于污水综合排放标准中没有的有机污染物，则执行化工行业排放标准，如纺织染整工业执行《纺织染整工业水污染物排放标准》（GB 4287—2012）、合成氨工业执行《合成氨工业水污染物排放标准》（GB 13458—2013）、烧碱、聚氯乙烯工业执行《烧碱、聚氯乙烯工业污染物排放标准》（GB 15581—2016），详见表 20.80。

⊡ 表 20.80　我国排放标准中涉及的有机污染物　　　　　　　　　　　　　　　单位：mg/L

污染物	三级标准	污染物	三级标准	污染物	三级标准
苯	0.5	三氯甲烷	1	硝基苯类	5
甲苯	0.5	四氯化碳	0.5	对-硝基氯苯	5
乙苯	1	三氯乙烯	1	2,4-二硝基氯苯	5
邻-二甲苯	1	四氯乙烯	0.5	苯胺类	5
对-二甲苯	1	多环芳烃	0.05	石油类	20
间-二甲苯	1	苯并[a]芘	0.00003	氯苯	1
挥发酚	2	五氯酚及五氯酚钠	10	邻-二氯苯	1
丙烯腈	5	苯酚	1	对-二氯苯	1
总氰化合物	1	间-甲酚	0.5	邻苯二甲酸二丁脂	2
乐果	2	2,4-二氯酚	1	邻苯二甲酸二辛脂	2
对硫磷	2	2,4,5-三氯酚	1	阴离子表面活性剂	20
甲基对硫磷	2	甲醛	5		
马拉硫磷	10	动植物油	20		

注：各标准中均有涉及的污染项目以综合排放标准为准。

　　化工园区环境事故具有不确定性，这类场地的污染地下水中涉及的污染物种类多、浓度高，波动范围大，因此要求处理系统适应多种污染物质、抗冲击性强、处理时间短、处理能力大。为满足事故污染地下水处理技术高效广谱性的要求，需要针对污染地下水的特点，优化现有的物理、化学处理单元；同时，单独采用某种技术难以达到高效快速处理的要求，因此优化的处理系统往往需要多个单元的有机组合。

20.7.2　污染地下水单元处理技术研究

　　化工园区事故场地地下水中可能的污染物含量高、成分复杂，需要针对污染物的特性，选择有效的处理单元。对于某些以非水溶相存在的有机物，可采用气浮方法实现固液分离；对于水中溶解的挥发性有机物，可利用吹脱、气提方法使其从水中去除；针对大多数有机物都可以被氧化的特点，可利用化学氧化方法，通过直接氧化或强活性自由基（如·OH 等）氧化分解水中的有机污染物。

　　事故场地地下水中可能含有固体杂质、非水相有机物、挥发性有机物及复合有机污染等，为了适应多种水质处理的需求，处理系统中设置沉淀、气浮、吹脱和氧化 4 个主体单元。

　　1）沉淀单元　通过混凝沉淀减少 SS 对后续处理单元过程的影响，并去除部分高分子、疏水性有机物；同时可以作为氧化单元出水的固液分离单元，去除氧化反应过程中产生的沉淀。

　　2）气浮单元　用于去除污染地下水中的非水相有机物及部分大分子溶解相有机物，可通过投加混凝剂和助凝剂强化气浮效果。

　　3）吹脱单元　针对地下水中挥发性污染物，通过空气与水接触，快速去除水中的挥发性组分，配套尾气收集和活性炭尾气处理装置。

　　4）氧化还原单元　针对溶解性、难降解的有机污染物，选择常用的氧化剂如过氧化氢、芬顿试剂、高锰酸钾、过硫酸盐等氧化剂，在均相反应器中分解去除。

　　结合我国化工园区的产品种类、已有化工事故中涉及的污染物以及污染地下水中污染物的分布（见 20.2.2 部分相关内容），选择氯代烃、苯系物、苯胺、硝基苯类和多环芳烃作为潜在污染物类型。通过文献调研，分析典型污染物的理化性质、氧化技术及机理，结合我国污水综合排放标准的要求，分别选择三氯乙烯和三氯乙烷、苯和甲苯、苯胺、硝基苯以及萘作为五类污染物的代表性物质。

根据处理对象的特殊性，针对单元高度受移动式装置限制，以及地下水中污染组分的复杂性和不确定等特点，分别针对气浮、吹脱、化学氧化单元开展研究，优化技术参数，形成可用于事故场地快速处理的单元技术方案。

20.7.2.1 气浮单元

针对模块化处理技术的需求，采用如图 20.43 所示的小试装置，以苯污染地下水为对象，研究气浮单元处理有机污染地下水的效果。对比选择了聚合氯化铝作为混凝剂、聚丙烯酰胺作为助凝剂，通过试验，确定适宜投加量。

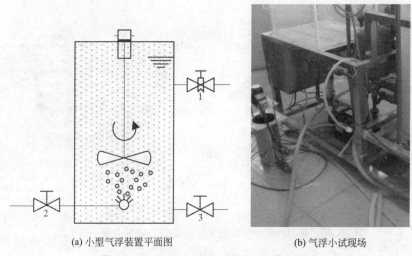

(a) 小型气浮装置平面图　　　(b) 气浮小试现场

图 20.43　实验室小试气浮装置示意与照片

1—取样阀；2—溶气进水阀；3—排空阀

采用北京市西北部深层地下水配制苯浓度为 10mg/L 的试验用水。应用 design-expert 软件设计正交实验，通过绘制响应曲面图和等值线图，优化气浮单元水气比、溶气压和回流比等运行参数，见图 20.44～图 20.46 所示。为适应事故现场水质波动与复杂性，在处理苯污染地下水时，可选择多种方案。

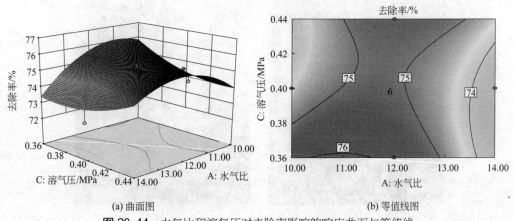

(a) 曲面图　　　　　　　　(b) 等值线图

图 20.44　水气比和溶气压对去除率影响的响应曲面与等值线

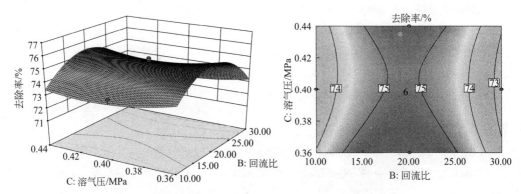

图 20.45 回流比和溶气压对去除率影响的响应曲面与等值线

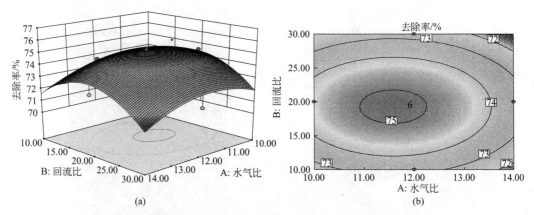

图 20.46 水气比和回流比对去除率影响的响应曲面与等值线

20.7.2.2 吹脱单元

因移动式装置的高度受集装箱的限制，吹脱设备无法达到常规高度的要求，因此研制了两级吹脱试验装置单元，如图 20.47 所示。单塔高度为 1.1m，直径 250mm。

图 20.47 吹脱塔照片

试验用水为配制的 TCE 含量为 100～500mg/L 的地下水。选择初始浓度、淋水密度和气水比 3 个因素，应用 design-expert 软件设计并开展响应曲面法实验， TCE 的吹脱去除率响应范围在 94.5％～99.6％之间。通过 design-expert 软件分析，选择响应面二阶模型，拟合出 TCE 的吹脱去除率与所选三个因素的多元回归经验公式：

$$Y = 99.44 + 0.01X_1 - 2.75X_2 - 0.0031X_3 + 0.035X_2X_3 + 0.145X_2^2 - 0.0002X_3^2$$

式中，Y 为去除率；X_1、X_2 和 X_3 分别为初始浓度、淋水密度和气水比的实际值。

响应曲面法实验结果显示，在原水初始浓度较高（＞100mg/L）时，出水浓度很难达标，因此，在考虑减小后续氧化处理负荷的情况下，可优化吹脱处理参数，适当增大淋水密度，在增大处理量的同时，使去除率尽可能增大。

20.7.2.3 氧化单元

地下水中的挥发性、半挥发性及溶解性有机物都可以采用氧化技术去除。考虑到事故污染地下水中可能含有多种有机物且浓度较高，在综合分析已有研究成果的基础上，针对所选择的三氯乙烯、苯胺、苯、萘、硝基苯、甲苯、1,1,1-三氯乙烷等 7 种典型污染，开展化学氧化和电芬顿氧化技术研究。

（1）化学氧化

化学氧化试验装置如图 20.48 所示，处理量为 10L/h。分别采用高锰酸钾和芬顿试剂等作为氧化剂，考察代表性有机物在高浓度下的氧化效果，并优化反应条件。

(a) 反应单元　　　　　　　　　(b) 配水系统

图 20.48　反应单元与配水单元照片

以水中的硝基苯为对象，重点研究芬顿氧化的药剂投加方案。分别设定硝基苯初始浓度为 100mg/L 和 300mg/L，考察硝基苯初始浓度、H_2O_2 与 NB 质量比 p、H_2O_2 与 Fe（Ⅱ）质量比 q 等因素对氧化效果的影响。通过大量的试验，并经过放大系统的实验验证，得到拟合方程为：

$$k_0 = 0.4925 + 0.09176p - 0.05614q$$

式中，k_0 为 NB 降解伪一阶反应速率常数，min^{-1}；p 为 H_2O_2 与 NB 的质量比，$2 \leqslant p \leqslant 9$；$q$ 为 H_2O_2 与 Fe（Ⅱ）质量比，$5 \leqslant q \leqslant 20$。

对于初始浓度为 100mg/L 的硝基苯污染地下水，根据我国现行的污水综合排放标准要求，需达到 95% 以上的去除率，若要求在 10min 内去除，则将 $CNB/CNB_0=0.05$，$t=10$ 代入方程，求出 $k_0=0.2996min^{-1}$。在 $2\leqslant p\leqslant 9$，$5<q\leqslant 20$ 范围内，利用方程，将 p、q 范围进一步缩小为 $2\leqslant p\leqslant 9$，$6.7\leqslant q\leqslant 18.1$。在该范围内可以有多种能满足快速处理要求的 Fenton 投加方案，如取 p 为 4，则代入方程可得出 q 为 10；取 p 为 6，则 q 为 13.2；取 p 为 9，则 q 为 18.1。

研究对比了连续运行与间歇运行的效果，硝基苯去除率达到排放标准要求，且出水的可生化性较好时，间歇运行方式的 Fenton 投加量仅为连续运行的 1/3。

（2）电芬顿氧化

针对事故污染场地地下水中复杂难降解有机污染的特点，研制了电芬顿反应试验装置，如图 20.49 所示。反应器长 10cm，宽 10cm，高 14cm，采用自制的面积为 $10cm^2$ 的催化电极作为阴极，采用 $12cm^2$ 钛网作为阳极。反应器底部通入 O_2，流量为 0.4L/min。

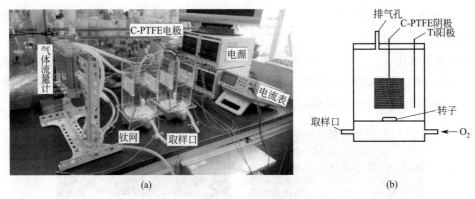

图 20.49 电芬顿氧化系统照片

分别以硝基苯、苯胺、氯苯和萘为对象，采用地下水配制试验用原水。通过试验得到了 4 种有机物的动力学反应方程，除苯胺外，其他三种有机物的降解过程与一级反应动力学方程拟合程度较好。根据一级反应动力学常数 k_1 得知，电芬顿反应过程中降解最快的是氯苯，之后依次是苯胺、萘和硝基苯。

（3）代表性污染物的氧化处理方案

通过大量的试验，得到了去除水中 7 种代表性污染物的氧化处理方案，详见表 20.81。根据污染地下水中含有的主要组分、浓度及要求的处理程度，采用表中所对应的方程，通过计算可初步确定氧化剂及加药量，或电芬顿氧化的反应时间。考虑到药剂的易得性、经济性及反应条件的温和性，在有两种以上的氧化技术均能满足要求时，首先选用高锰酸钾氧化，其次选择芬顿氧化，最后选择电芬顿氧化。

▣ 表 20.81　氧化技术净化方案参考表

污染物	氧化技术	参考方案
三氯乙烯	高锰酸钾	$t=-4.3263m+114.94$
苯胺	高锰酸钾电芬顿	$m=7.25$ $C/C_0\times100=0.1900t+0.2875$
硝基苯	芬顿电芬顿	$k_0=0.4925+0.09176p-0.05614q$ $C/C_0\times100=0.1303t-0.6454$
萘	芬顿电芬顿	$5<p<30,q=5$ $C/C_0\times100=0.1467t-0.3833$
甲苯	芬顿	$p=5,q=10$

污染物	氧化技术	参考方案
苯	芬顿	$p=7.5, q=15$
氯苯	电芬顿	$C/C_0 \times 100 = 0.4179t - 0.2481$

注：表中 m 为高锰酸钾投加量与污染物初始浓度的比值；t 为反应时间，min；p 为 H_2O_2 与污染物初始浓度的比值；q 为 $[H_2O_2]/[Fe(II)]$；k_0 为 NB 降解伪一阶反应速率常数，min^{-1}。

20.7.3 移动式模块化地下水处理系统设计与构建

根据污染物的物态、溶解性、化学稳定性等差异，以及组分复杂程度和含量水平，采用由不同单元组成的处理工艺，形成物理分离与化学氧化单元协同的模块化处理系统，示意如图 20.50 所示。

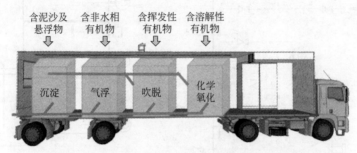

图 20.50 复合单元协同的移动式模块化处理系统

地下水模块化处理系统包含沉淀、气浮、吹脱、化学氧化 4 个主体单元。此外，系统还包括中间水箱、加药装置、吹脱尾气处理装置、泵/风机、计量、控制系统等配套设备，见图 20.51。各单元设计规模为 $1.0m^3/h$，考虑到处理水质变化幅度大，在污染较轻时实际处理水量可以增加，因此管线及计量装置按 $1.5 \sim 2.0m^3/h$ 设计。

根据移动式设备的要求，所有装置置于集装箱内部，集装箱尺寸为 $11.2m \times 2.46m \times 2.7m$，内部布置如图 20.52 所示。其中：加药装置包括酸、碱、混凝剂、助凝剂、氧化剂 1 和氧化剂 2 共 6 个配药桶，以及溶药搅拌机和计量泵；控制系统包括自动控制面板和手动控制柜，通过设置进水流量值，自动控制各阀、泵、电机、鼓风机的状态。各个单元系统通过管道系统连接。自动控制系统内置 12 种工艺，在操作面板上选择工艺，既可实现相应工艺的运行；也可以通过手动方式实现其他工艺的运行。

20.7.3.1 各单元主要功能及参数

（1）沉淀单元

沉淀单元既可作为系统的第一个单元，去除进水（地下水或事故现场地表积水）中的泥沙及悬浮物，也可以作为系统的最后一个单元，用于去除氧化反应生成的固体物质。沉淀池形式为斜板沉淀池，停留时间 1.5h 左右，表面负荷 $1.0m^3/(m^2 \cdot h)$，可投加 PAC、PAM 等强化沉淀效果，采用管道混合器混合。加药装置与气浮池共用。

（2）气浮单元

气浮单元主要用于去除水中大分子有机物和非水相有机物，包括尼克尼溶气气浮及絮凝混合装置，水力停留时间 $30 \sim 35min$。

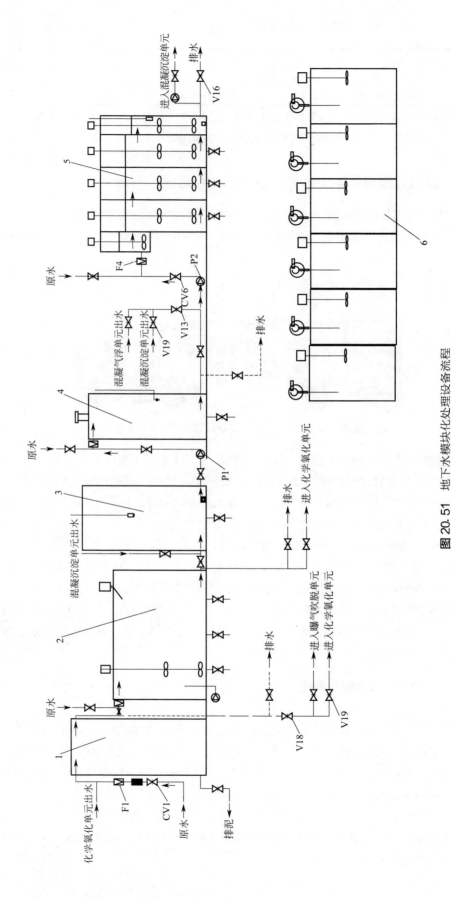

图 20.51　地下水模块化处理设备流程

1—沉淀单元；2—气浮单元；3—中间水箱；4—吹脱单元；5—氧化单元；6—加药配药单元；
V—阀门；F—流量计；P—压力表；CV—调节阀

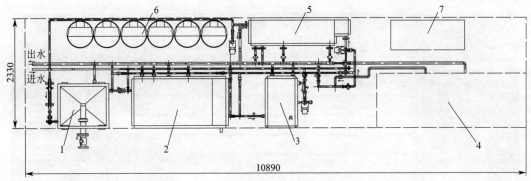

图 20.52 地下水模块化处理设备俯视示意

1—沉淀单元；2—气浮单元；3—中间水箱；4—吹脱单元；5—氧化单元；6—加药配药单元；7—控制系统

（3）吹脱单元

吹脱单元主要去除挥发性有机物。为了适应地下水的随机性变化，采用筛板塔形式。同时，受到集装箱高度的限制，采用两级串联。气泵按气水比为 500∶1 设计。配活性炭尾气处理装置。

（4）氧化单元

氧化单元采用三级串联连续运行方式，机械搅拌混合，反应池为 500mm×500mm×2700mm×3 个，进水调节水箱 300mm×300mm×800mm，出水调节水箱 500mm×300mm×1700mm，设提升泵，可将水送至沉淀池经沉淀后排放，也可直接排放。考虑到水中有机物的挥发性，氧化池加盖。可利用加药装置投加酸、碱及两种氧化剂，并可自动调节进出水 pH 值。

20.7.3.2 模块化系统处理工艺设计

为了适应事故地下水水质、水量的变化，原水可以直接进入沉淀、气浮、吹脱、氧化单元，各单元单独运行；也可以几个单元串联运行，各单元均可超越；氧化池出水可以进入沉淀池。各单元进水管路上阀门可自动切换，也可手动切换。系统可以按多种工艺运行，自动控制系统内置工艺如图 20.53 所示。具体工艺流程如下：a. 进水-沉淀 出水排放；b. 进水-沉淀-气浮-出水排放；c. 进水-沉淀-气浮-中间水箱-吹脱-出水排放；d. 进水-沉淀-气浮-中间水箱-吹脱-中间水箱-氧化-出水排放；e. 进水-沉淀-中间水箱-吹脱-出水排放；f. 进水-气浮-出水排放；g. 进水-气浮-中间水箱-吹脱-出水排放；h. 进水-气浮-中间水箱-吹脱-中间水箱-氧化-沉淀-出水排放；i. 进水-气浮-中间水箱-氧化-沉淀-出水排放；j. 进水-吹脱-出水排放；k. 进水-吹脱-中间水箱-氧化-沉淀-出水排放；l. 进水-氧化-沉淀-出水排放。

20.7.4 移动式模块化地下水处理设备现场技术验证

20.7.4.1 模块化设备技术验证场地背景

研究场地位于宁波市，由原农药厂及其南侧城中村组成。地块内有杀螟松硝化工段、原黄磷池、粉剂包装车间等重要厂房、设施（图 20.54）。原厂房及设施搬迁时已拆为平地，并经过场地平整。

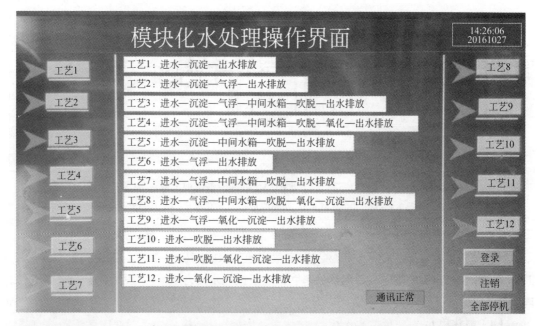

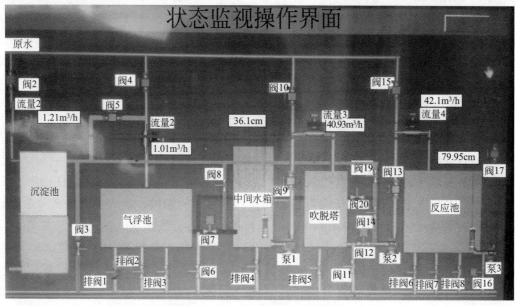

图 20.53　模块化设备操作界面照片

　　农药厂该处厂址于 1965 年建成，主要产品有马拉松、杀螟松。1969 年进行了 50t/a1240（乙硫磷）农药中试。1970 年建成年产 500t 乳油杀螟松车间，1975 年建成农药杀虫脒中间体邻甲苯胺车间，1984 年建成年产 2500t 原油杀螟松车间（实际能力是 1000t/a 原油）。2002 年 1 月组建成有限公司，占地 14 万平方米，主要农药产品为年产 1000t 杀螟硫磷原油、年产 2000t 马拉硫磷原油、年产 500t 二甲戊灵除草剂、年产 100t 戊唑醇杀菌剂和年产 100t 硫双威杀虫剂。由于生产规模不断扩大，厂区较为拥挤，对周围环境产生了较大影响，加之宁波市经济的迅速发展，市中心区面积和规模的不断扩展，江东化工区不能适应宁波市发展的要求。因此，市政府决定改农药厂易地搬迁，2004 年 8 月公司所有车间全部停产。

图 20.54 场地旧址概况

原农药厂各车间功能分布及使用的原材料：马拉松车间（五硫化二磷、硫酸、苯、甲苯、顺酸、硫化物、马拉松农药等）；三氯硫磷工段（黄磷、硫黄、三氯硫磷、三氯化磷等）；氯化工段（甲醇、氯化物等）；杀螟松硝化缩合工段（甲苯、硝化物、杀螟松农药）；原 1605 车间后改中试车间（乙基对硫磷、除草剂二甲戊灵、杀菌剂稻瘟灵、苯等）；原邻甲苯胺工段后改中试车间（硝基苯类、邻甲苯胺等）；化工硝化工段（硝基苯类、硝酸、二甲戊灵、邻二甲苯等）；原顺酸车间（顺丁烯二酸、苯等）；原三氯硫磷黄磷池（黄磷）；甲胺磷车间（原杀螟松车间）（农药甲胺磷、杀螟松、甲苯、氯化物、硝化物等）；甲胺磷车间（农药甲胺磷、胺化物、苯等）；农药包装车间及配乳（苯、甲苯、二甲苯、农药甲胺磷、甲基对硫磷、杀螟松、马拉松、除草剂二甲戊灵等）。

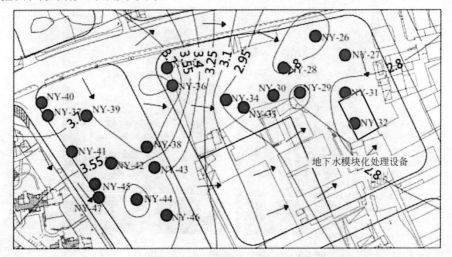

图 20.55 场地地下水水位等值线

根据污染场地现场钻孔记录描述，本场地地面以下可大致分为三层：表层为回填杂土，夹杂碎石砖块，土量较少，约至地下2m；第二层从地下2~4m，为灰黄色粉质黏土，软塑，较湿；第三层是地下4~15m，灰色粉质黏土，软塑，湿，部分钻孔位置是灰色淤泥质粉质黏土，饱和，流塑。场地地下水流向大致是由西向东，如图20.55所示。

选取该污染场地进行地下水模块化处理设备现场验证，处理对象为基坑水与多个地块抽提井抽出地下水的混合水，存于调节池中。基坑、抽提井、调节池及地下水模块化设备现场照片如图20.56、图20.57所示。

(a)   (b)

(c)   (d)

图 20.56 基坑、抽提井及调节池照片

(a)   (b)

图 20.57 地下水模块化设备内部照片

20.7.4.2 场地地下水水质污染现状评价

针对场地的背景情况，对地下水的水质进行调查，技术验证期间共采集 33 组原水，分析地下水中的浊度、悬浮固体、pH 值、COD_{Cr}、BOD_5 等常规水质指标以及挥发性有机物和半挥发性有机物指标。

该场地地下水水质偏碱性（pH＞7.2），悬浮固体（suspended solid，SS）含量为 18～502mg/L，平均浊度为 149.7NTU。部分有机指标含量的标准误差偏大，表明数据分布不均匀，是随研究区地下水环境变化的敏感因子。由于水中有机污染物种类繁多，污染物之间的毒性有明显的交互作用，原水中五日生化需氧量（BOD_5）与化学需氧量（COD_{Cr}）的比值均小于 0.3，可生化性差，不利于生物处理。

总体来说，研究区地下水化学参数变化较大，说明该地区地下水的水化学性质空间上具有较大的变异性，人类活动、地形地貌、水文气象条件和含水层介质是可能的影响因素。特别是在进行模块化地下水设备现场技术验证前，该场地已经进行了为期 4 个月的原位化学氧化技术修复工程，这可能是导致技术验证期间部分有机污染物检出率与浓度均较低的原因之一。对 33 组原水水质的分析结果见表 20.82。

⊡ 表 20.82 现场原水各项水质指标分析结果

指标	最大值	最小值	平均值	检出率/%	标准误差
pH 值	10.1	7.2	8.6	100.0	0.2
电导率/(μS/cm)	37200	9500	16100	100.0	1054.8
悬浮固体/(mg/L)	502	18	218.1	100.0	25.6
浊度/NTU	470	1.7	149.7	100.0	19.1
化学需氧量/(mg/L)	577	91.3	244.9	100.0	18.3
五日生化需氧量/(mg/L)	48	3.5	13.9	100.0	1.9
总磷/(mg/L)	10.3	1.3	4.8	100.0	0.4
总氮/(mg/L)	72.6	9.1	25.0	100.0	2.1
氨氮/(mg/L)	66.7	3.7	13.6	100.0	1.9
石油烃 $C_6\sim C_9$/(μg/L)	7950	7	482.3	97.0	248.6
石油烃 $C_{10}\sim C_{14}$/(μg/L)	3540	36	655.8	97.0	139.1
石油烃 $C_{15}\sim C_{28}$/(μg/L)	1260	92	425.6	97.0	41.1
石油烃 $C_{29}\sim C_{36}$/(μg/L)	336	20	114.1	69.7	19.7
苯/(μg/L)	2610	0.1	111.0	90.9	86.9
甲苯/(μg/L)	231	0.1	26.6	93.9	10.8
乙苯/(μg/L)	6.1	0.04	0.6	51.5	0.4
邻二甲苯/(μg/L)	8.3	0	0.8	60.6	0.5
间(对)二甲苯/(μg/L)	19.4	0	1.2	69.7	0.8
1,2,4-三甲基苯/(μg/L)	0.5	0.1	0.2	42.4	0.0
1,1-二氯乙烷/(μg/L)	31.9	0.1	5.3	20.2	4.5
1,2-二氯乙烷/(μg/L)	4910	2.4	340.9	97.0	157.3
苯酚/(μg/L)	70.8	0.1	10.2	33.3	6.4

指标	最大值	最小值	平均值	检出率/%	标准误差
2-甲基苯酚/(μg/L)	6.2	0.1	2.6	24.2	0.9
3(4)-甲基苯酚/(μg/L)	4.9	0.3	2.1	48.5	0.4
苊/(μg/L)	2.1	0.4	1.1	30.3	0.3
萘/(μg/L)	558.5	0.2	90.3	57.6	42.2
2-甲基萘/(μg/L)	1450	15.6	234.3	54.5	104.9
芴/(μg/L)	0.7	0.1	0.2	75.8	0.4
菲/(μg/L)	0.3	0.1	0.2	24.2	0.1
邻苯二甲酸二甲酯/(μg/L)	639.2	0.1	122.4	18.2	104.0
邻苯二甲酸二(2-乙基己)酯/(μg/L)	5.1	0.2	1.8	15.2	0.9
苯乙酮/(μg/L)	3	0.5	1.9	27.3	0.3
苯胺/(μg/L)	26.1	0	8.7	18.2	4.3
二苯并呋喃/(μg/L)	2.3	0.8	1.4	9.1	0.5

场地地下水受到原厂生产活动的影响，水中检出大量有机污染物，检出率较高的包括 1,2-二氯乙烷、甲苯、苯、萘、芴、间（对）二甲苯、邻二甲苯、2-甲基萘、3（4）-甲基苯酚等，其中 1,2-二氯乙烷、甲苯、苯、萘、芴等指标的检出率达到 70% 以上，如图 20.58 所示。图 20.59 为有机指标平均浓度分布，可以看出上述几种污染物为该场地地下水的特征污染物。

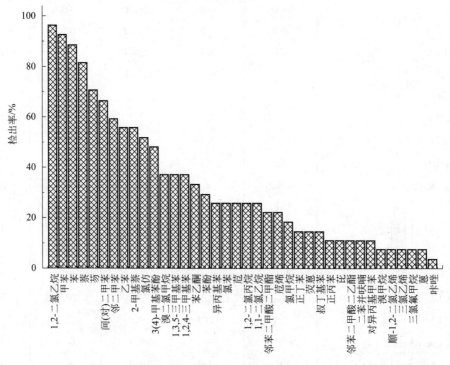

图 20.58　地下水有机指标检出率

经模块化设备处理后，出水采用《综合污水排放标准》中的Ⅲ类标准进行评价。标准中涉及的其他污染物，如元素磷、总氰化合物、阴离子表面活性剂（LAS）、丙烯腈等物质均未检出。

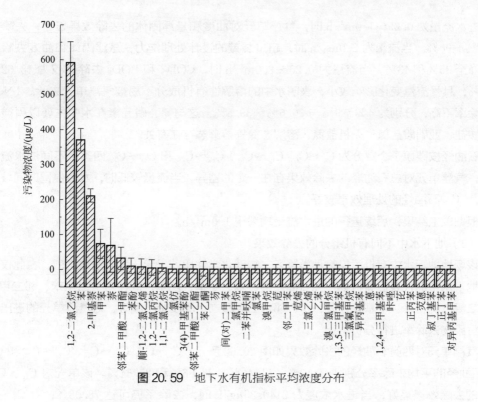

图 20.59　地下水有机指标平均浓度分布

20.7.4.3　气浮单元运行效果

通过混凝剂对比实验，在综合考虑经济、耗能等方面因素的情况下，选取聚合氯化铝
PAC 作为混凝剂、PAM 作为助凝剂，考察气浮单元对污染地下水的处理效果。

（1）不同进水流量条件下常规水质指标与总石油烃的去除效果

气浮单元主要包含混凝段和气浮段，混凝段可以使大量悬浮胶体等通过吸附架桥和压缩双
电层等作用凝聚成大的絮体；气浮段主要是通过大量微气泡的气泡黏附作用将絮体及其他悬浮
物从水中去除。控制不同的进水流量，气浮单元对常规水质指标与总石油烃的处理效果分别如
图 20.60、图 20.61 所示。

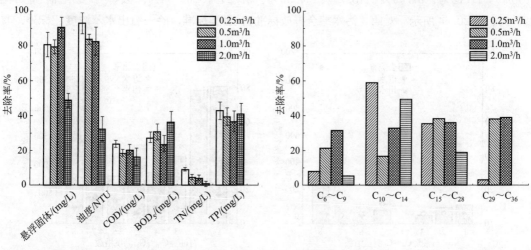

图 20.60　混凝气浮对常规水质指标的去除效果　　　图 20.61　混凝气浮对总石油烃的去除效果

进水流量为 $0.25 \sim 1.0 m^3/h$ 时，气浮单元对浊度和悬浮固体的去除效果显著，去除率可达 $80\% \sim 90\%$。当流量为 $2.0 m^3/h$ 时，超过装置的设计处理能力，悬浮固体和浊度去除率分别下降至 35% 和 43%。当流量为 $0.25 \sim 2.0 m^3/h$ 时，COD_{Cr} 和 BOD_5 去除率仅为 $18.52\% \sim 36.3\%$，且受流量变化影响较小，表明水中的溶解性有机成分不易被气浮单元去除。TN、TP 的去除率不高，分别为 $4\% \sim 9\%$ 与 $36.6\% \sim 39.5\%$，这与氮、磷元素在水中主要以磷酸盐、偏磷酸盐、亚硝酸盐氮、无机盐氮、溶解态氮等溶解态存在有关。

石油烃按碳原子个数分为 $C_6 \sim C_9$、$C_{10} \sim C_{14}$、$C_{15} \sim C_{28}$ 和 $C_{29} \sim C_{36}$ 四类，不同进水流量条件下，气浮单元对总石油烃的去除效果存在一定的差异。当流量较低时，水力停留时间较长，对 $C_{10} \sim C_{14}$ 石油烃的处理效果较好。

根据以上结果，后续运行的进水流量均采用 $1.0 m^3/h$。

（2）地下水中不同有机组分的去除效果

该场地地下水中有机污染物种类繁多，物理化学性质差异大，水质波动剧烈。在此仅选取几种地下水中的代表性有机物，如石油烃类、苯、甲苯、乙苯、间（对）二甲苯、邻二甲苯、1,2-二氯乙烷、萘、甲基萘、苊、芴、邻苯二甲酸二甲酯及苯乙酮等，对气浮单元的进出水浓度及污染物去除率进行分析。

气浮单元对四类石油烃的去除效果如图 20.62 所示。$C_6 \sim C_9$、$C_{10} \sim C_{14}$、$C_{15} \sim C_{28}$ 和 $C_{29} \sim C_{36}$ 石油烃的平均去除率分别为 7.13%、51.46%、38.96% 和 25.64%。该单元对 $C_{10} \sim C_{14}$ 石油烃的去除效果最好，当进水浓度为 $2140.25 \mu g/L$ 时，去除率仍可达 78.08%；对 $C_6 \sim C_9$、$C_{10} \sim C_{14}$、$C_{15} \sim C_{28}$ 和 $C_{29} \sim C_{36}$ 石油烃的去除情况存在较大差异，这是因为有机污染物的结构和碳原子成键方式不同。$C_{10} \sim C_{14}$ 石油烃的分子大多呈现链状结构，易于被气泡黏附，且密度都比水小，有很好的疏水性，因此有较好的去除效果。当石油烃中碳元素个数主要分布在 $C_{15} \sim C_{28}$ 时，单纯混凝-气浮工艺可以达到较好的去除效果；当石油烃碳元素个数主要分布在 $C_6 \sim C_9$ 和 $C_{29} \sim C_{36}$ 时，需要配合其他工艺如吹脱、高级氧化等技术进行后续处理，以达到更好的出水水质。

气浮单元对 1,2-二氯乙烷、2-甲基萘、苯、萘、甲苯、邻苯二甲酸二甲酯的平均去除率分别为 17.76%、67.49%、48.7%、54.56%、37.24%、62.53%，去除率变化情况如图 20.63、图 20.64 所示。对照《污水综合排放标准》Ⅲ类标准，除一组出水苯浓度超标外，其

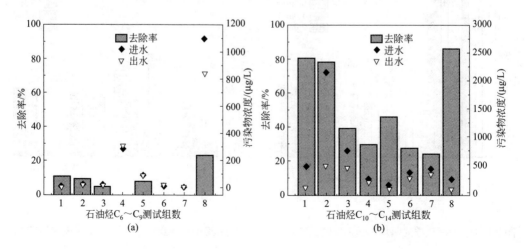

(a)　　　　　　　　　　　　　　(b)

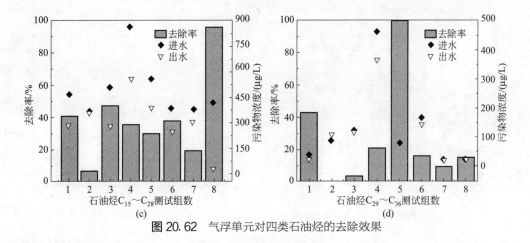

图 20.62　气浮单元对四类石油烃的去除效果

他出水水质均达标。　苯和甲苯的平均去除率普遍低于 50％，这是由于苯和甲苯溶解于水中，不利于在气浮过程中被去除。当进水苯浓度陡升至约 3mg/L 时，出水浓度为 2.8mg/L，超出《污水综合排放标准》 Ⅲ类标准（＜0.5mg/L），这可能是由于未及时调整混凝剂与助凝剂的加药量，导致气浮效果下降。1，2-二氯乙烷相对密度为 1.26，密度比水大，且具有较高的水溶性，不利于通过气浮单元去除，因此去除率较低。2-甲基萘和萘的平均去除率达到 50％以上，其中 2-甲基萘进水浓度达 571.8μg/L 时，去除率依然接近 100％。对比萘和 2-甲基萘的去除情况可知，甲基的存在可能有利于 2-甲基萘的去除。邻苯二甲酸二甲酯的平均去除率为62.53％，最高去除率接近 100％，可能是由于邻苯二甲酸二辛酯具有长链状结构，密度小于水，且具有一定的挥发性，有利于在气浮过程中被去除。

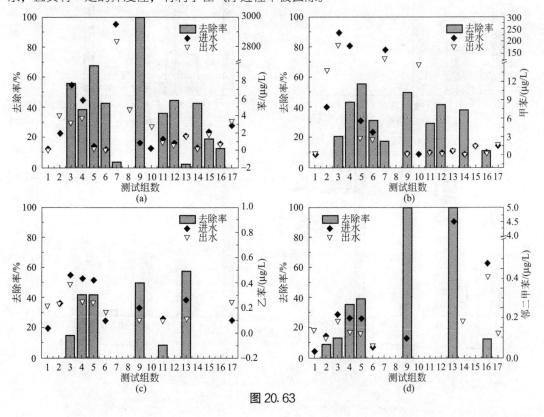

图 20.63

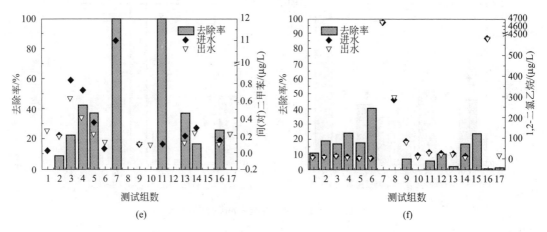

图 20.63 气浮单元对苯系物及氯代烃的去除效果

气浮单元对苯、甲苯等的去除率高于其他芳香族有机污染物，此类轻质有机物去除率保持在 65% 以上，而菲、萘、2-二甲基萘等重质有机物去除率低于 40%。苯和甲苯由于其密度比水小并且挥发性较强，因此去除率较高。由于现场地下水水质的复杂性，气浮单元对地下水中污染物的去除效果受到进水水质、溶气水气泡质量及混凝效果的影响。

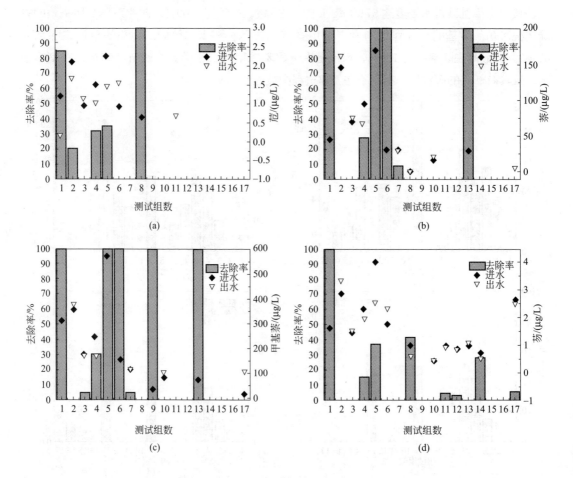

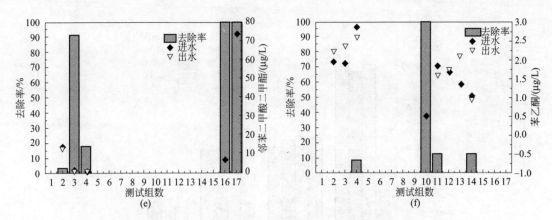

图 20.64 气浮单元对多环芳烃、脂类和环酮类有机物的去除效果

20.7.4.4 吹脱单元运行效果

（1）不同进水流量条件下常规水质指标与总石油烃的去除效果

在不同进水流量条件下（0.25～2.0m³/h），吹脱单元对水中污染物的去除效果无显著变化，常规无机指标（如电导率、悬固体、浊度、COD_{Cr}、BOD_5、TP、TN、NH_3-N）的去除率均小于40%，如图 20.65 所示。吹脱单元对总石油烃的去除情况随碳原子个数的增加呈递减趋势，且 C_6～C_9 石油烃在流量较低时去除率较小，如图 20.66 所示。

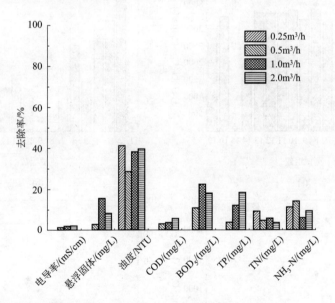

图 20.65 吹脱单元对常规无机指标的去除效果

（2）地下水中不同有机组分的去除效果

选取特征污染物石油烃类、苯、甲苯、乙苯、间（对）二甲苯、邻二甲苯、1,2-二氯乙烷、萘、甲基萘、苊、芴、邻苯二甲酸二甲酯及苯乙酮，对 17 组吹脱单元的进出水及污染物去除率进行对比分析，结果如图 20.67～图 20.69 所示。对比《污水综合排放标准》 Ⅲ类标准，除了一组出水苯的浓度超标外，吹脱单元出水均达标。当进水苯浓度达 3mg/L 时，在气水比仅为 10∶1 的条件下，出水浓度可降低至约 1mg/L，但是仍大于《污水综合排放标

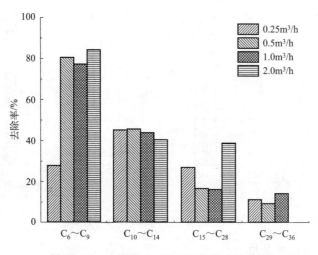

图 20.66　吹脱单元对总石油烃的去除效果

准》Ⅲ类标准限值，这可能是气水比设置较低所致。根据单元处理技术试验结果，加大气水比可使去除效果进一步提升。

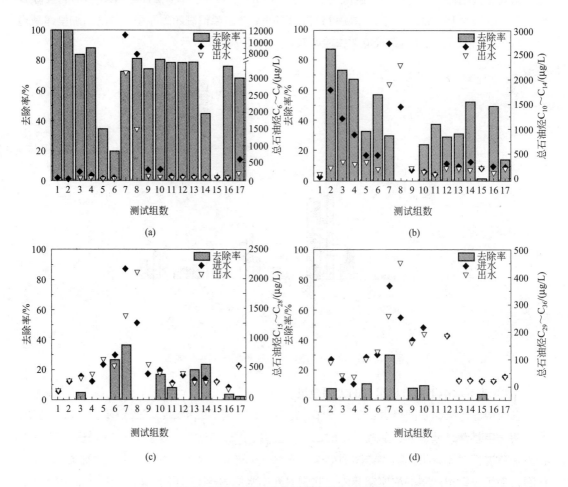

图 20.67　吹脱单元对总石油烃的去除效果

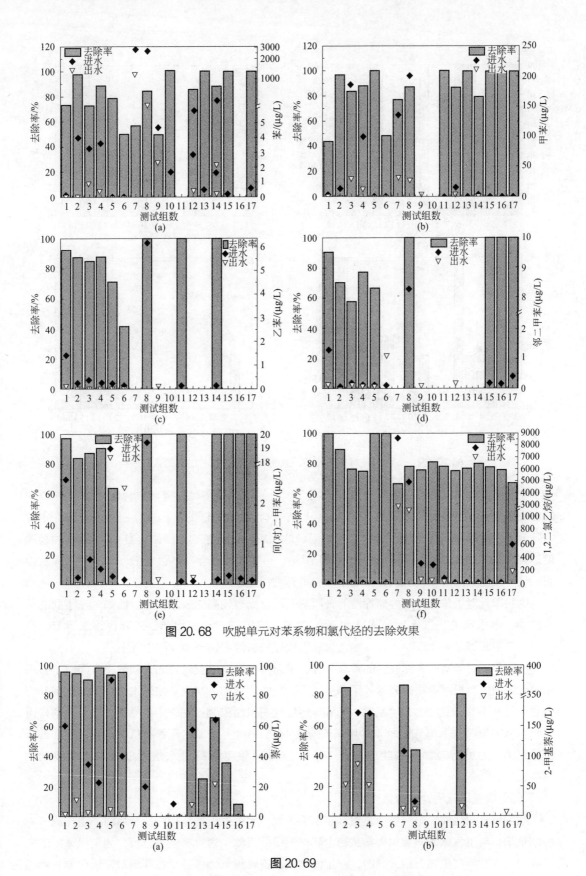

图 20.68 吹脱单元对苯系物和氯代烃的去除效果

图 20.69

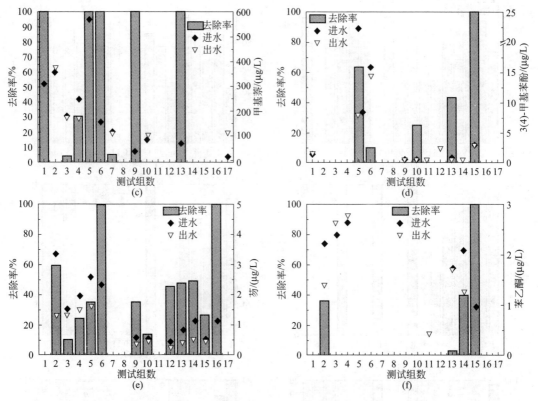

图 20.69 吹脱单元对多环芳烃、苯酚类和环酮类有机物的去除效果

吹脱单元对总石油烃的去除率随有机物含碳量的增加呈递减趋势。对含碳量最低的 $C_6 \sim C_9$ 石油烃去除效果最好，去除率可达 80% 以上，对含碳量较低的 $C_{10} \sim C_{14}$ 石油烃也有一定的去除效果，去除率可达 40%～50%，且不受场地水质变化的影响。例如，当 $C_6 \sim C_9$ 石油烃浓度达到 8～12mg/L 时，其去除率仍能达到 70%～80%。对于含碳个数较低、具有较强挥发性石油烃污染物的地下水，可以直接选用吹脱单元进行处理。

吹脱单元对于单环芳烃等易挥发的轻质有机污染物有较高的去除效率。例如，在不同的进水流量、淋水密度、气水比及进水水质条件下，该单元对苯、甲苯、乙苯、邻二甲苯、间（对）二甲苯等苯系物以及 1,2-二氯乙烷等氯代烃的去除率达到 60%～100%。

吹脱单元对于有一定挥发性的多环芳烃、苯酚类污染物仍有较好的去除效果，而对于分子量较大的重质有机污染物，去除效果则呈现不稳定性。例如，在大多数进水条件下，该单元可去除高达 80% 以上的萘、2-甲基萘、芴等半挥发性有机污染物；在一定条件下，该单元同样可去除水体中 60%～100% 的 3（4）-甲基苯酚及 40%～100% 的苯乙酮等有机污染物，但在部分试验组中，此类污染物的去除率小于 10%，这种现象可能受进水水质成分与浓度波动的影响。

（3）吹脱尾气的处理效果

吹脱单元配活性炭尾气处理装置。在模块化地下水处理设备运行约 3 个月时，委托第三方检测机构，利用气体取样袋采集集装箱上部排气口处气体，通过实验室分析，测定气体中的总烃含量及挥发性有机物含量；同时，利用便携式设备收集气体样品后在现场对氮氧化物含量进行原位测试。测试结果表明，总烃含量为 5.3mg/m³，氮氧化物含量为 28.7mg/m³，挥发性有机物检出率较低，其中 1, 2-二氯乙烷浓度最高（876μg/m³），对比《大气污染物综合排放标准》（GB 16297—1996），无超标组分。

20.7.4.5 氧化单元运行效果

（1）不同氧化剂对水中常规水质指标的去除效果

结合文献检索和现场水质调查结果，技术验证中选取四种氧化剂（高锰酸钾、高铁酸钾、芬顿、次氯酸钠）对氧化单元的氧化能力进行考察。通过现场静态实验，分析氧化剂投加量与浊度以及 UV_{254} 值的关系，确定氧化剂的投加量或投加范围，如高锰酸钾的投加量为 50～100mg/L，高铁酸钾的投加量为 20～50mg/L，10%次氯酸钠的投加量为 5mL/L，芬顿试剂的投加量为 350mg/L H_2O_2 及 150mg/L Fe^{2+}。

在进行模块化水处理技术验证前，该场地已经实施了为期 4 个多月的土壤与地下水原位化学氧化修复，氧化剂为活化过硫酸盐。因此试验进水的电导率偏高，易被过硫酸盐氧化的有机物如苯酚、三氯乙烷、三氯乙烯、四氯乙烯、苯系物、氯苯等检出率与检出浓度偏低，地下水中残留的大多是难以氧化的有机污染物，从而影响进一步氧化的效果。

在单独考察氧化单元运行效果时，氧化单元后接沉淀单元，此时沉淀单元无加药程序，仅作为沉淀池。由于部分氧化剂具有微絮凝功能，氧化-沉淀单元对于悬浮固体和浊度普遍具有较高的去除率，可达 80% 以上。不同氧化剂的物理化学性质不同，其对于常规水质指标的去除效果也具有一定的差异，见图 20.70。高锰酸钾和高铁酸钾对 COD、TP、TN 的去除效果去除率低于 40%；芬顿试剂对 COD_{Cr}、BOD_5 及 TP 的去除率可达 60% 以上；次氯酸钠对 BOD_5、TP、TN 及 NH_3-N 的去除率大于 70%。

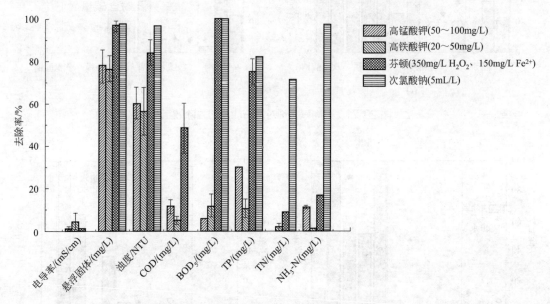

图 20.70 氧化单元对常规水质指标的去除效果

（2）不同氧化剂对有机组分的去除效果

四种氧化剂对场地地下水特征有机污染物的去除效果见图 20.71～图 20.73。高锰酸钾对

碳含量较高的重质 $C_{29} \sim C_{36}$ 石油烃有更好的去除效果，去除率可达 80%；对 $C_{10} \sim C_{28}$ 石油烃的去除率约为 30%～40%；而对轻质易挥发的 $C_6 \sim C_9$ 石油烃的去除效果不明显，去除率小于 20%。芬顿试剂对 $C_{10} \sim C_{28}$ 石油烃的去除效果较好，去除率维持在 40%～60%，可去除高达 $2500\mu g/L$ 的 $C_{10} \sim C_{14}$ 石油烃及 $400\mu g/L$ 的 $C_{15} \sim C_{28}$ 石油烃；对于重质多碳石油烃的去除效率可达 30% 左右。次氯酸钠对 $C_{10} \sim C_{28}$ 石油烃有较好的去除效果，去除率高于 50%，具体结果见图 20.71。

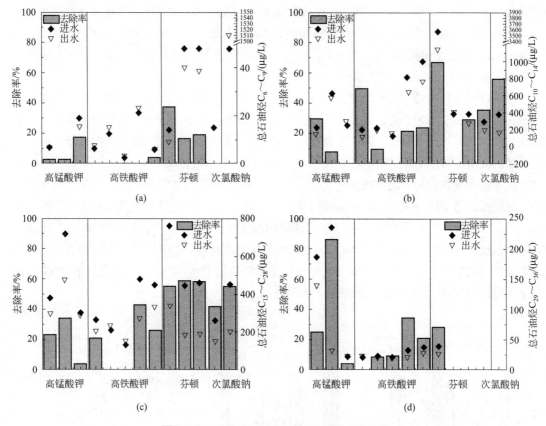

图 20.71 不同氧化剂对总石油烃的去除效果

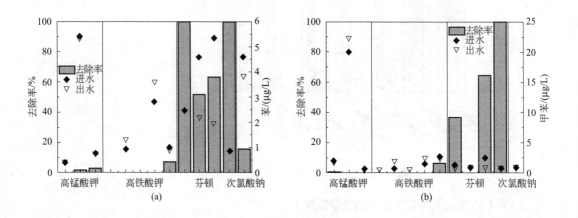

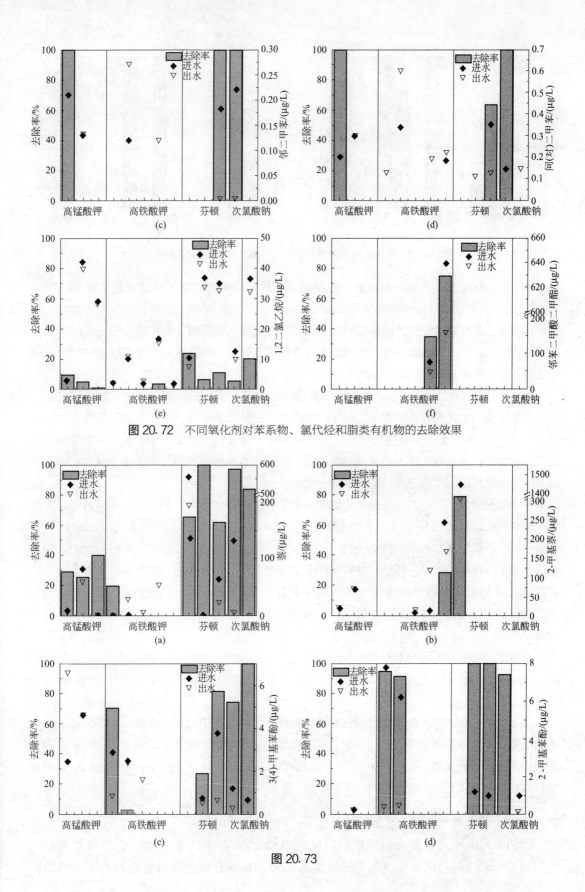

图 20.72　不同氧化剂对苯系物、氯代烃和脂类有机物的去除效果

图 20.73

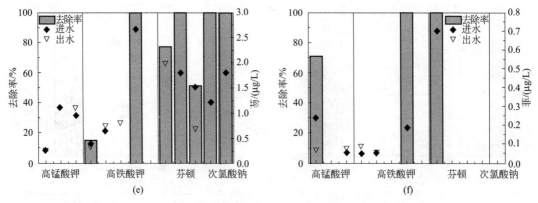

图 20.73 不同氧化剂对多环芳烃和苯酚类有机物的去除效果

对比四种氧化剂对各类有机组分的去除效果。高锰酸钾对二甲苯有较高的去除率，接近100%，对多环芳烃类污染物如萘和芴的去除率分别为30%和70%，而对其他有机污染物的去除效果较差。这与高锰酸盐的性质和氧化动力学属性相关，在高投加量和较长的反应时间下，高锰酸钾对苯系物可以达到较好的处理效果；在酸性条件下，高锰酸钾对氯代烃也可达到较好的处理效果，而在本研究中地下水的 pH 值约为 7~10。

高铁酸钾对苯酚类污染物（如 2-甲基苯酚、3,4-甲基苯酚）、多环芳烃（如 2-甲基萘、芴、菲）以及酯类污染物（如邻苯二甲酸二甲酯）的去除效果较好，在一定运行条件下去除率可达 70%~100%，而对苯系物和氯代烃等污染物的去除效果不理想，碱性水体环境及较短的反应时间也是影响其氧化能力的关键因素之一。此外，当邻苯二甲酸二甲酯浓度达到 650μg/L 时，该氧化剂可使出水浓度降低至约 150μg/L。

芬顿试剂对地下水中的特征污染物均有一定的去除效果，其中对苯系物、多环芳烃、苯酚类污染物的去除效果比较明显，平均去除率可达 70%~100%，对 1,2-二氯乙烷的去除率为10%~20%。由于在芬顿试剂组试验时，水中未检出脂类污染物，故对这一类污染物的去除情况尚不了解。据相关报道，芬顿试剂对氯代烃、苯系物、氯苯、苯酚、多环芳烃等有机污染物有较强的氧化能力，且耗时较短；但难以氧化杀虫剂等农药类有机污染物。大多数芬顿试剂均在酸性条件下使用，而本案例中并未调节原水的 pH 值，出水 pH 值比进水略有降低，维持在中性水平。

次氯酸钠对多环芳烃与苯酚类污染物有较好的去除效果，其中萘、芴、3（4）-甲基苯酚的去除率可达 90% 以上，而对苯系物、1,2-二氯乙烷的去除效果并不明显，去除率小于 20%。

综上所述，模块化设备的氧化单元对该场地地下水特征污染物如苯系物、多环芳烃、苯酚类污染物有一定的去除效果，但对 1,2-二氯乙烷的去除不明显，这可能是由于前期修复过程中原位投加活化过硫酸钠增加了进一步氧化处理的难度。对比《污水综合排放标准》 Ⅲ 类标准，氧化单元出水水质均达标。

20.7.4.6　组合单元不同工艺运行效果

案例研究中采用了模块化装置中已设定自动化程序的 11 种工艺。设备进水流量为0.25~2.0m³/h 时，沉淀和气浮单元选取聚合氯化铝（PAC）作为混凝剂、聚丙烯酰胺

（PAM）作为助凝剂，PAC 投加量为 400mg/L，PAM 投加量为 100mg/L；气浮单元气水比为 12：1，溶气压为 0.35～0.4MPa；吹脱单元气水比为 10：1；氧化单元选取 4 种氧化剂，高锰酸钾的投加量为 50～100mg/L，高铁酸钾的投加量为 20～50mg/L，10％次氯酸钠的投加量为 5mL/L，芬顿试剂的投加量 350mg/L H_2O_2 及 150mg/L Fe^{2+}，未调节进出水 pH 值。

以处理水量 24m³/d 为例，总石油烃的平均去除效果如图 20.74 所示。混凝沉淀单元对含碳量较高的大分子石油烃类有机物的去除效果最好，C_{29}～C_{36} 石油烃去除率可达 60％以上，但对含碳量较低的石油烃去除效果较差；气浮单元对四类石油烃均有一定去除率效果，去除率小于 40％；吹脱单元对含碳量较低的石油烃去除效果较好，并随石油烃类污染物碳数的增加逐级递减，C_6～C_9 石油烃的去除率可达 60％～80％；化学氧化单元对石油烃类有机物的去除效果与气浮单元相似，总体去除率在 40％以下。

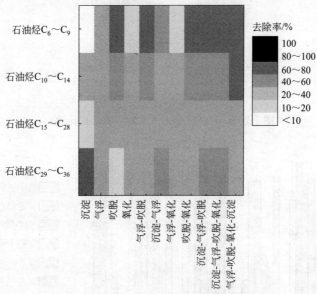

图 20.74 不同工艺对总石油烃的去除效果

含吹脱单元的串联组合工艺对 C_6～C_9 石油烃的去除率可达 60％～80％，对 C_{10}～C_{14} 石油烃的去除率可达 40％～80％；沉淀-气浮-吹脱或沉淀-气浮-吹脱-氧化工艺对 C_{29}～C_{36} 石油烃的去除率可达 40％～60％。单独运行吹脱单元对苯系物和氯代烃的去除率可达 80％以上，氧化单元对苯酚类、多环芳烃、酞酸酯类苯胺类有机物的去除率为 60％～80％。

经串联组合后，几个单元的功能有一定的叠加与协同作用，结果如图 20.75 所示。

含吹脱单元的组合工艺对苯系物和氯代烃类有机物的去除率可达 80％以上；含化学氧化单元的组合工艺对苯酚类有机物的去除率可达 80％以上，对酞酸酯类有机物的去除率可达 60％以上；吹脱-氧化、沉淀-气浮-吹脱、沉淀-气浮-吹脱-氧化组合工艺对苯胺类污染物的去除率可达 80％以上。

图 20.76 为不同工艺对单环芳烃、多环芳烃、氯代烃及苯酚、脂类、有机氯农药等特征有机污染组分的去除效果。可见，含吹脱的组合工艺对单环芳烃、卤代烃的去除率为 80％～100％，对含碳数较少的多环芳烃的去除率为 50％～90％；气浮单元对有机氯农药的去除率可

达 100%；气浮和氧化单元可去除 80%以上的三氯苯；气浮-吹脱-氧化工艺对苯酚与 2-甲基苯酚的去除率为 90%。

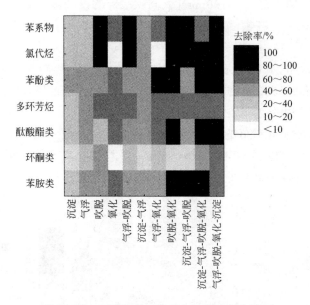

图 20.75　不同工艺对几类有机物的去除效果

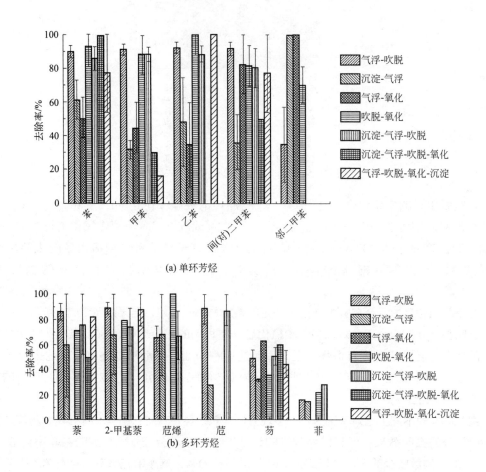

(a) 单环芳烃

(b) 多环芳烃

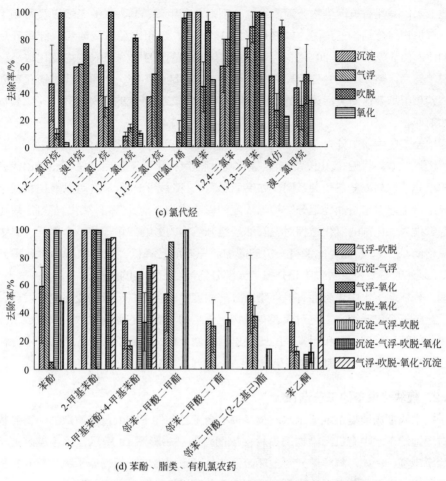

(c) 氯代烃

(d) 苯酚、脂类、有机氯农药

图 20.76　不同工艺对地下水中特征污染组分的去除效果

20.7.5　地下水模块化处理设备工艺的选择

20.7.5.1　地下水有机污染组分结构与浓度的协同变化趋势

经地下水模块化设备不同单元/工艺处理后，地下水中有机组分在物量变化的同时，组分结构也随之变化。书后彩图 15 为沉淀、气浮、吹脱、氧化四个单元单独运行时，石油烃组分结构与浓度变化的三角图，三角图的三边分别表示三类物质的量占总量的百分比，三角图中的颜色表示三类物质总含量的丰度值。了解地下水中有机污染物的分布情况，能直观地解释地下水体系中有机组分的变化趋势。

将总石油烃分为三组，分别为 $C_6 \sim C_9$、$C_{10} \sim C_{14}$ 以及 $C_{15} \sim C_{28}$ 与 $C_{29} \sim C_{36}$ 之和。33 组原水的石油烃分布情况如书后彩图 15 所示，同时给出原水单独经过沉淀、气浮、吹脱或氧化单元处理后总石油烃组分与浓度的变化，氧化单元的氧化剂采用芬顿试剂。结果发现，原水经过吹脱单元后，总石油烃组分结构发生变化，$C_6 \sim C_9$ 与 $C_{10} \sim C_{14}$ 石油烃比例均有较大程度的降低，其中以 $C_6 \sim C_9$ 石油烃最为明显。原水经过其他 3 个单元时，各类石油烃对总石油烃成分的贡献维持不变，说明其他 3 个单元对各类石油烃组分的去除比较平均，其中气浮单元与氧化单元对总石油烃的去除效果好于沉淀单元。

将地下水代表性有机污染物分为三组，分别为苯和甲苯、1,2-二氯乙烷以及萘和甲基萘，绘制代表有机物组分结构三角图，如书后彩图 16 所示。当原水经过沉淀和气浮单元后，萘与甲基萘的比例由 50％下降至 20％左右，其他污染物占总量的比例与浓度均变化较小；当原水经过吹脱单元后，整体结构并无明显变化，但含量丰度陡然下降；当原水经过氧化单元后，苯和甲苯、萘和甲基萘这两类污染物的比例下降，而 1,2-二氯乙烷的比例上升，说明其物质减少的量不如前两者。

根据组合工艺中各单元对总石油烃及代表性有机物的处理效果，分别绘制原水经沉淀-气浮-吹脱-氧化、气浮-吹脱-氧化以及气浮-氧化与吹脱-氧化串联工艺后，总石油烃和代表性有机污染物的组分结构与浓度三角关系图，如书后彩图 17 和彩图 18 所示。可以看出，四个单元与三个单元组合工艺对总石油烃组分结构与浓度的影响类似；对比气浮-氧化与吹脱-氧化两种工艺，以芬顿作为氧化剂的氧化过程对总石油烃组分结构的影响依赖于前一个单元，其中吹脱后进行的氧化使 $C_6 \sim C_9$ 石油烃比例有一定的增加而总石油烃降低，说明吹脱后氧化单元主要氧化 $C_6 \sim C_9$ 以外的石油烃，吹脱单元分担了大部分易挥发石油烃的负荷。

同理，分析地下水中代表性有机污染组分与浓度随单元串联运行的变化趋势发现，四个单元组合工艺与三个单元组合工艺对代表有机物组分结构与浓度的影响类似；吹脱或气浮后进行的芬顿氧化使苯和甲苯、萘和甲基萘的比例迅速降低，1,2-二氯乙烷升高，说明芬顿氧化对 1,2-二氯乙烷的去除速率低于前两种污染物。

20.7.5.2 模块化设备的工艺选择

基于技术验证场地复杂地下水水质及多种组合工艺条件下的大量水质数据，得到模块化组合工艺对场地地下水中有机污染物的去除率热图，如书后彩图 19 所示，颜色越趋近于红色，代表去除率越高。例如，气浮单元对多环芳烃的处理效果最佳，但仍低于氧化单元，故当地下水中污染物主要为多环芳烃时，应优先选取氧化单元进行处理。

书后彩图 20 为处理不同类别有机物最适宜的工艺组合，可根据化工园区突发事件导致的地下水有机污染类型，快速选择合理的工艺。

综合考虑各单元对污染物的适宜性、特征污染物去除效果、能耗成本以及时间成本等因素，针对地下水中含有的总石油烃（按碳数分为四类）、苯系物、氯代烃、多环芳烃、苯胺类、苯酚类、酞酸酯类、环酮类等有机污染物类型，绘制工艺选择韦恩图，如书后彩图 21 和彩图 22 所示。韦恩图中重叠部分代表地下水水质复合污染类型，数字代表综合考虑多因素筛选后的可选用工艺。

针对仅由 $C_6 \sim C_9$ 石油烃、$C_{10} \sim C_{14}$ 石油烃、$C_{15} \sim C_{28}$ 石油烃或 $C_{29} \sim C_{36}$ 石油烃污染的地下水，可分别选取吹脱、气浮-吹脱-氧化-沉淀、气浮及沉淀单元进行处理；针对 $C_6 \sim C_9$ 石油烃与 $C_{29} \sim C_{36}$ 石油烃复合污染地下水，宜选择沉淀-气浮-吹脱组合工艺进行处理；针对 $C_6 \sim C_9$ 石油烃、$C_{10} \sim C_{14}$ 石油烃、$C_{15} \sim C_{28}$ 石油烃与 $C_{29} \sim C_{36}$ 石油烃，宜选择沉淀-气浮-吹脱-氧化四个单元串联组合运行。

针对苯系物与苯胺类复合污染地下水，宜选择吹脱-氧化组合工艺进行处理；针对多环芳烃、苯酚类及酞酸酯类复合污染地下水，宜选择氧化单元处理；针对苯系物、氯代烃、多环芳烃、苯酚类、酞酸酯类及环酮类污染物，宜选择气浮-吹脱-氧化-沉淀组合工艺处理；针对由上述 7 类污染物复合污染的地下水，宜选择沉淀-气浮-吹脱-氧化组合工艺运行。

参考文献

[1] 杨建锋，万书勤．美国水文地质调查发展历程及启示[J]．资源与产业，2007，9（1）：22-26.

[2] USEPA. FY 1992 Annual Report On The Underground Storage Tank Program[EB/OL].

[3] USEPA. FY 1996 Annual Report On The Underground Storage Tank Program[EB/OL].

[4] USEPA. FY 2000 Annual Report On The Underground Storage Tank Program[EB/OL].

[5] 王佳鑫．"十三五"我国地下水环境问题与防控要素研究[D]．北京：清华大学，2014.

[6] 曹丽萍，王晓燕，广新菊．非点源污染控制管理政策及其研究进展[J]．地理与地理信息科学，2004，20（1）：90-94.

[7] 吴雨华．欧美国家地下水硝酸盐污染防治研究进展[J]．中国农学通报，2011，08：284-290.

[8] Carolyn Merchant1 Major Problems in American Environmental History：Documents and Essays [M]1DC Health and Company, 1993.

[9] 肖虎．美国如何消除地下污染[J]．中州建设，2003（7）：43-43.

[10] Slack R J, Gronow J R, Voulvoulis N. Household hazardous waste in municipal landfills: contaminants in leachate[J]. Science of the Total Environment, 2005, 337（1）：119-137.

[11] 赵华林，郭启民，黄小赠．日本水环境保护及总量控制技术与政策的启示——日本水污染物总量控制考察报告[J]．环境保护，2007（12b）：82-87.

[12] 武敏．日本环境保护管理体制概况及其对我国的启示[J]．新乡学院学报：社会科学版，2010，24（1）：56-59.

[13] 环境保护部关于印发《全国地下水污染防治规划（2011—2020年）》的通知[J]．中华人民共和国国务院公报，2012，12：63-71.

[14] 岳强，范亚民，耿磊，等．地下水环境影响评价导则执行过程中遇到的问题及建议[J]．环境科学与管理，2012，37（10）：174-177.

[15] 方玉莹．我国地下水污染现状与地下水污染防治法的完善[D]．青岛：中国海洋大学，2011.

[16] 环境保护部、国土资源部、住房和城乡建设部及水利部联合印发《华北平原地下水污染防治工作方案》[J]．城市规划通讯，2013，09：4-5.

[17] 张旭，周睿，郝秀珍，等．污染地下水修复技术筛选与评估方法 [M]．北京：中国环境出版社，2015.

[18] 高存荣，王俊桃．我国69个城市地下水有机污染特征研究．地球学报[J]．2011，32（5）：581-591.

[19] 贾军元，姜月华，周迅，等．江苏某化学工业区浅层地下水有机污染特征[J]．地下水．2013，35（6）：87-89.

[20] 吕晓立，邵景力，刘景涛，等．某石油化工污染场地地下水中挥发性有机物污染特征及成因分析[J]．水文地质工程地质．2012，39（6）：97-102.

[21] 尹勇，戴中华，蒋鹏，等．苏南某焦化厂场地土壤和地下水特征污染物分布规律研究[J]．农业环境科学学报．2012，31（8）：1525-1531.

[22] 陈宏．常州化工厂地下水污染评估及预测研究[D]．北京：清华大学，2012.

[23] 张艮林，徐晓军，童雄．城市垃圾渗沥液的水质特性及其处理现状[J]．云南冶金，2005，34（6）：60-62.

[24] 蒋海涛，周恭明，高廷耀．城市垃圾填埋场渗滤液的水质特性[J]．环境保护科学，2008，28（3）：11-13.

[25] 沈耀良，王宝贞．垃圾填埋场渗滤液的水质特征及其变化规律分析[J]．污染防治技术，1999，12（1）：10-13.

[26] 张兰英，韩静磊．垃圾渗沥水中有机污染物的污染及去除[J]．中国环境科学，1998，18（2）：184-188.

[27] 周苑松，张建华．城市垃圾堆放场地下水的氮污染及其存在形态[J]．中国农业大学学报，2001，40（1）：112-116.

[28] Dimitra R C, Carmela V. Geochemical evidences of landfill leachate in groundwater [J]. Engineering Geology, 2006, 85（1-2）：111-120.

[29] 郑爱英，李丽桃，邢益，等．垃圾浸出液对填埋场周围水环境污染的研究[J]．重庆环境科学，1998，6（3）：17-20.

[30] 熊果成．中小型垃圾填埋场项目成本风险分析研究[D]．上海：上海交通大学，2010.

[31] 淦方茂，张锋．非正规垃圾填埋场的危害及治理技术选择[J]．河南科技，2014（22）：153-154.

[32] 陈忠荣，王翊虹，袁庆亮，等．北京地区垃圾填埋对地下水的污染及垃圾填埋场选址分区[J]．城市地质，2006，1（1）：29-33.

[33] 韩华，李胜勇，于岩．非正规垃圾填埋场初步勘查与评价方法探讨[J]．工程地质学报，2011，19（5）：771-777.

[34] 曾庆雨，田文英，王言鑫．基于复合权重-GIS 的下辽河平原地下水脆弱性评价[J]．水利水电科技进展，2009，29（2）：23-26.

[35] 滕彦国，苏洁，翟远征，等．地下水污染风险评价的迭置指数法研究综述[J]．地球科学进展，2012，27（10）：1140-1147.

[36] 许可．地下水脆弱性评价方法概述[J]．水科学与工程技术，2007（6）：15-17.

[37] 朱涛．地下水脆弱性评价方法研究[J]．科海故事博览，2009（4）：64-67

[38] 张丽君．地下水脆弱性和风险性评价研究进展综述[J]．水文地质工程地质，2006，33（6）：113-119.

[39] Rapti-Caputo D, Sdao F, Masi S. Pollution risk assessment based on hydrogeological data and management of solid waste landfills[J]. Engineering geology, 2006, 85（1）: 122-131.

[40] Mor S, Ravindra K, Dahiya R P, et al. Leachate characterization and assessment of groundwater pollution near municipal solid waste landfill site[J]. Environmental monitoring and assessment, 2006, 118（1-3）: 435-456.

[41] 李志萍，许可．地下水脆弱性评价方法研究进展[J]．人民黄河，2008，30（6）：52-54.

[42] Cozzarelli I M, Suflita J M, Ulrich G A, et al. Geochemical and microbiological methods for evaluating anaerobic processes in an aquifer contaminated by landfill leachate[J]. Environmental science & technology, 2000, 34（18）: 4025-4033.

[43] 董志贵．地下水污染风险评价方法研究及软件设计开发[D]．哈尔滨：东北农业大学，2008.

[44] Boughriba M, Barkaoui A, Zarhloule Y, et al. Groundwater vulnerability and risk mapping of the Angad transboundary aquifer using DRASTIC index method in GIS environment[J]. Arabian Journal of Geosciences, 2010, 3（2）: 207-220.

[45] Gogolev M I. Assessing groundwater recharge with two unsaturated zone modeling technologies [J]. Environmental Geology, 2002, 42（2-3）: 248-258.

[46] 韩华，李胜勇，于岩．非正规垃圾填埋场初步勘查与评价方法探讨[J]．工程地质学报，2011，19（5）：771-777

[47] 尹雅芳，刘德深，李晶，等．我国地下水污染风险评价的研究进展[J]．广西轻工业，2010，26（12）：104-106.

[48] 郭晓静，周金龙，靳孟贵，等．地下水脆弱性研究综述[J]．地下水，2010，32（3）：1-5.

[49] 邰托娅，王金生，王业耀，等．我国地下水污染风险评价方法研究进展[J]．北京师范大学学报：自然科学版，2012，48（006）：648-653.

[50] 鄂建，孙爱荣，钟新永．DRASTIC 模型的缺陷与改进方法探讨[J]．水文地质工程地质，2010，37（1）：102-107.

[51] 杨国民，祁福利．DRASTIC 地下水脆弱性评价方法及其应用——以阜新盆地为例[J]．黑龙江水专学报，2010，37（2）：45-47.

[52] 何连生，张旭，董军，等．简易垃圾填埋场对地下水污染的风险评估和管理技术研究[M]．北京：中国环境出版社，2014.

[53] 杨玉飞．填埋结构对渗滤液水质变化影响 [D]．重庆：西南农业大学，2005

[54] CJJ 217—2004.

[55] 黄晓夏，李玉云，王中伟．垃圾填埋场的结构设计及渗漏分析[J]．环境卫生工程，2009，17（5）：13-16.

[56] 童庆，龚安华．不同场龄垃圾渗滤液的处理研究[J]．辽宁化工，2005，33（9）：546-549.

[57] 李建萍，李绪谦，王存政，等．垃圾填埋场对地下水污染的模拟研究[J]．环境污染治理技术与设备，2005，5（11）：60-64.

[58] 周睿，赵勇胜，任何军，等．不同龄渗滤液及其在包气带中的迁移转化研究[J]．环境工程学报，2008，2（9）：1189-1193

[59] 刘可．城市垃圾渗滤液的特性分析及厌氧处理试验研究 [D]．西安：西安建筑科技大学，2004.

[60] 纪华, 张劲松, 夏立江. 北京市非正规垃圾填埋场垃圾成分特性[J]. 城市环境与城市生态, 2010 (6): 9-12.

[61] 刘东, 喻晓, 罗毅, 等. 城市生活垃圾填埋场渗滤液特性分析[J]. 环境科学与技术, 2006, 29 (6): 55-57.

[62] 张文静. 垃圾渗滤液污染物在地下环境中的自然衰减及含水层污染强化修复方法研究 [D]. 长春: 吉林大学, 2007.

[63] 兰吉武, 詹良通, 李育超, 等. 填埋垃圾初始含水率对渗滤液产量的影响及修正渗滤液产量计算公式[J]. 环境科学, 2012, 33 (4): 1389-1396.

[64] 王雪莲, 席彩杰, 杨琦, 等. 包气带中污染物的天然降解作用[J]. 新疆环境保护, 2006, 27 (3): 40-43.

[65] 王冰, 赵勇胜, 屈智慧, 等. 深度及含水率对包气带砂层中柴油降解作用的影响[J]. 环境科学, 2011, 32 (2): 530-535

[66] 周睿, 赵勇胜, 吴倩芳, 等. 包气带介质截留不同龄垃圾渗滤液中的有机污染物[J]. 吉林大学学报: 地球科学版, 2009, 38 (6): 1032-1036.

[67] 周磊. 北京城近郊区地下水脆弱性研究[D]. 长春: 吉林大学, 2004.

[68] 张文静, 赵勇胜. 包气带砂层中垃圾渗滤液自然衰减作用研究 [J]. 环境工程, 2008 (s1): 115-118.

[69] 高秀花, 朱锁, 李海明. 垃圾渗滤液的特征污染组分在包气带中的迁移转化规律[J]. 地下水, 2008, 30 (3): 37-39.

[70] 郭敏丽, 王金生, 杨志兵, 等. 非正规垃圾填埋场包气带介质的污染物阻滞能力研究[J]. 环境污染与防治, 2012, 34 (1): 24-26.

[71] Ghiglieri G, Barbieri G, Vernier A, et al. Potential risks of nitrate pollution in aquifers from agricultural practices in the Nurra region, northwestern Sardinia, Italy[J]. Journal of hydrology, 2009, 379 (3): 339-350.

[72] 李旭华, 王心义. 包气带中污染物迁移转化规律研究[J]. 西部探矿工程, 2006, 18 (2): 239-241.

[73] 宋树林, 林泉, 孙向阳. 青岛市西小涧垃圾场垃圾渗漏水对地下水的影响[J]. 海岸工程, 1999, 18 (3): 75-79.

[74] 席北斗. 危险废物填埋场地下水污染风险评估和分级管理技术[M]. 北京: 中国环境科学出版社, 2012., 143-145

[75] 赵勇胜, 苏玉明, 王翊红. 城市垃圾填埋场地下水污染的模拟与控制[J]. 环境科学, 2009 (S1): 83-88

[76] 周焱雯. 基于指数法的简易垃圾填埋场地下书污染风险评价研究[D]. 北京: 清华大学, 2014.

[77] 刘增超. 简易垃圾填埋场地下水污染风险评价方法研究[D]. 长春: 吉林大学, 2013.

[78] 董军, 赵勇胜, 王翊虹, 等. 北天堂垃圾污染场地氧化还原分带及污染物自然衰减研究[J]. 环境科学, 2008, 29 (11): 3265-3269.

[79] 魏丽. 垃圾渗滤液污染地下含水层及修复过程的动态监测技术研究[D]. 青岛: 中国海洋大学, 2006.

[80] 王翊虹, 赵勇胜. 北京北天堂地区城市垃圾填埋对地下水的污染[J]. 水文地质工程地质, 2002, 29 (6): 45-47.

[81] 刘兆昌, 李广贺, 朱琨. 供水水文地质[M]. 4版. 北京: 中国建筑工业出版社, 2011.

[82] 李文波, 郭永杰. 长春市降水量变化规律分析[J]. 吉林水利, 2008 (1): 33-34.

[83] US DOE. Remediation Technologies Screening Matrix and Reference Guide. October 1994.

[84] US EPA. Superfund Remedy Report. September 2010.

[85] Faisal I. K, et al. An overview and analysis of site remediation technologies. Journal of Environmental Management, 2004.

[86] 郜彗, 余国忠, 张祥耀. 污染地下水的生物修复[J]. 河南化工, 2007, 24 (3): 11-15.

[87] Jaco V, et al. Phytoremediation of contaminated soils and groundwater: lessons from the field. Environ Sci Pollut Res, 2009.

[88] 张英. 地下水曝气 (AS) 处理有机物的研究[D]. 天津: 天津大学, 2004.

[89] 纪录, 张晖. 原位化学氧化法在土壤和地下水修复中的研究进展[J]. 环境污染治理技术与设备, 2003, 4 (6): 37-42.

[90] US Army Corps of Engineers. Multi-Phase Extraction. J 1999.

[91] 李玮, 陈家军, 郑冰, 等. 轻质油污染土壤及地下水的生物修复强化技术[J]. 安全与环境学报, 2004, 4 (5): 47-51.

[92] Naval Research Laboratory. Groundwater Circulating Well Technology Assessment. May, 1999.

[93] I. Linkov, et al. Multi-criteria decision analysis: a framework for structuring remedial decisions at contaminated sites. Comparative Risk Assessment and Environmental Decision Making, 2004.

[94] I. Linkov, et al. From comparative risk assessment to multi-criteria decision analysis and adaptive management: Recent developments and applications. Environmental International, 2006.

[95] 李广贺, 李发生, 张旭, 等. 污染场地环境风险评价与修复技术体系[M]. 北京: 中国环境科学出版社, 2010: 145-151.

[96] Dawn M. H, Thomas A. M. A Decision Model for Remedy Selection under the Comprehensive Environmental Response, Compensation, and Liability Act. Federal Facilities Environmental Journal, 2005.

[97] 谷庆宝, 郭观林, 周友亚, 等. 污染场地修复技术的分类、应用与筛选方法探讨[J]. 环境科学研究, 2008, 21 (2): 197-202.

[98] US EPA. Rules of thumb for Superfund remedy selection. August 1997.

[99] Kene O, et al. Developing decision support tools for the selection of gentle remediation approaches. Science of the Total Environment, 2009.

[100] B. G. Hermann, et al. Assessing environmental performance by combining life cycle assessment, multi-criteria analysis and environmental performance indicators. Journal of Cleaner Production, 2007.

[101] 柯杭. 污染场地地下水净化技术筛选方法研究[D]. 北京: 清华大学, 2011.

[102] 杨宁. 污染地下水修复技术评估方法与案例研究[D]. 北京: 清华大学, 2012.

[103] Ibrahim M. K, Jagath J. K. Multi-criteria decision analysis with probabilistic risk assessment for the management of contaminated ground water. Environmental Impact Assessment Review, 2003.

[104] Yakowiz DS, et al. Multiattribute decision-making: dominance with respect to an importance order of the attributes. Appl Math Comput, 1993.

[105] 申利娜. 地下水污染防治工程投资—效益分析与评价[D]. 北京: 清华大学, 2006.

[106] 万鹏. 基于模拟-优化模型的污染地下水抽出处理方案研究[D]. 北京: 清华大学, 2013.

[107] Zheng C. MT3D: A modular three-dimensional transport model for simulation of advection, dispersion and chemical reactions of contaminants in groundwater systems SS Papadopulos & Associates, 1992.

[108] Zheng C, Wang P P. MGO - A Modular Groundwater Optimizer Incorporating MODFLOW/MT3DMS, Documentation and User's Guide. University of Alabama and Groundwater Systems Research Ltd., Tuscaloosa, AL, 2003.

[109] Ko N, Lee K. Information effect on remediation design of contaminated aquifers using the pump and treat method. Stochastic Environmental Research and Risk Assessment, 2010, 24 (5): 649-660.

[110] Ko N, Lee K, Hyun Y. Optimal groundwater remediation design of a pump and treat system considering clean-up time. Geosciences Journal, 2005, 9 (1): 23-31.

[111] 张丹. 化工园区事故污染场地抽出地下水快速氧化处理技术研究[D]. 北京: 清华大学, 2015.

[112] 廉新颖, 王鹤立, 漆静娴, 等. 突发性重金属污染地下水应急处理技术研究进展[J]. 水处理技术, 2010, 36 (11): 11-14.

[113] 郇环. 水力截获技术研究进展[J]. 环境污染与防治, 2011, 33 (3): 83-87.

[114] 顾栩, 杜鹏, 单慧梅, 等. 水力截获技术在地下水污染修复中的应用_以某危险废物填埋场为例[J]. 安全与环境工程, 2014, 21 (4): 52-68.

[115] 赵勇胜. 地下水污染场地风险管理与修复技术筛选[J]. 吉林大学学报 (地球科学版), 2012, 42 (5): 1426-1433.

[116] 刘姝媛, 王红旗. 地下水污染修复技术研究进展[J]. 科学 (上海), 2014, 66 (4): 38-40.

[117] 翟晓波. 混凝-气浮处理有机污染地下水应用研究[D]. 北京: 中国矿业大学 (北京), 2017.

[118] 王亚朋. 事故场地含三氯乙烯地下水吹脱处理参数优化及模型研究[D]. 北京: 中国矿业大学 (北京), 2016.

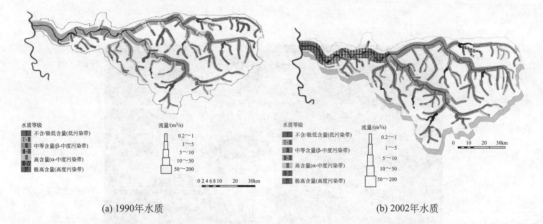

水质等级
　■ 不含/极低含量(低污染带)
　I-II 中等含量(β-中度污染带)
　III 高含量(α-中度污染带)
　III-IV 极高含量(高度污染带)

流量/(m³/s)
　0.2～1
　1～5
　5～10
　10～50
　50～200

0 2 4 6 8 10　20　30km

水质等级
　■ 不含/极低含量(低污染带)
　I-II 中等含量(β-中度污染带)
　III 高含量(α-中度污染带)
　III-IV 极高含量(高度污染带)
　IV 极高含量(高度污染带)

流量/(m³/s)
　0.2～1
　1～5
　5～10
　10～50
　50～200

0　10　20　30km

(a) 1990年水质　　　　　　　　　　　　　　(b) 2002年水质

彩图 1 鲁尔河及其支流水质等级分布与改善图

低温期		高温期
0%	挥发速率	0.05%
0.18%	反硝化速率	0.49%
0.11%	硝化	0.22%
0%	藻类吸收NO_x	0%
0%	藻类吸收NH_3	0.02%
0.05%	藻类死亡	0.07%
2.25%	ON氨化	2.46%
3.86%	底泥氨化	3.55%
4.12%	有机氮沉降	3.12%
10.38%	系统内氮变化	9.45%
79.05%	出水氮	80.57%

彩图 2 复合兼性塘氮循环去除贡献

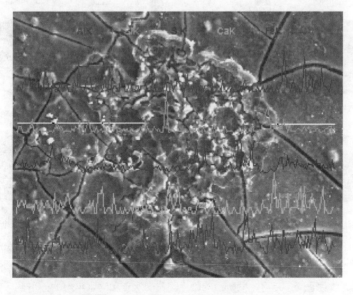

彩图 3 污染膜面元素分布情况(一)

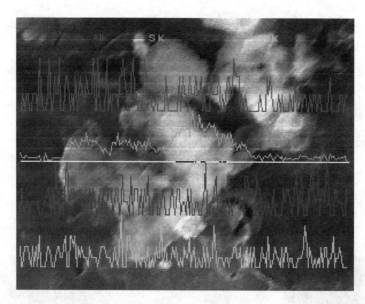

彩图 4 污染膜面元素分布情况（二）

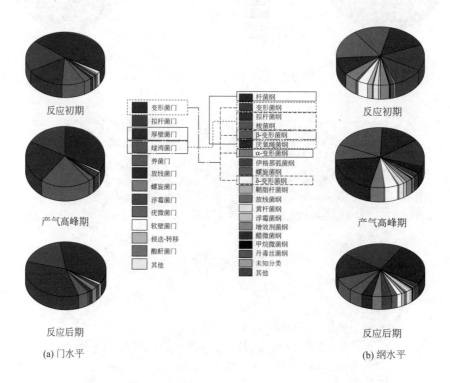

(a) 门水平

(b) 纲水平

彩图 5 反应不同阶段的微生物在门水平和纲水平上的分布

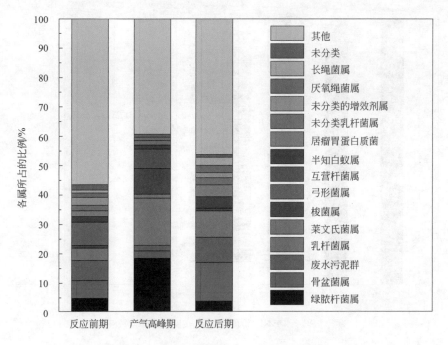

彩图 6 反应不同阶段的微生物在属水平上的分布

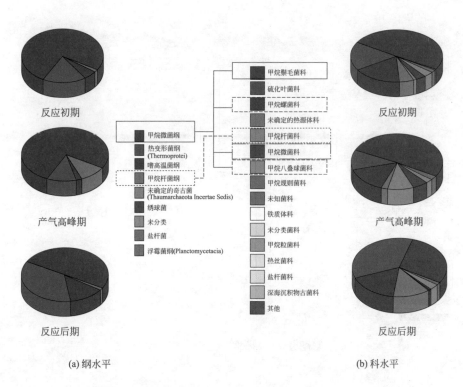

(a) 纲水平　　　　　　　　　　　(b) 科水平

彩图 7 反应不同阶段的古菌在纲水平和科水平上的分布

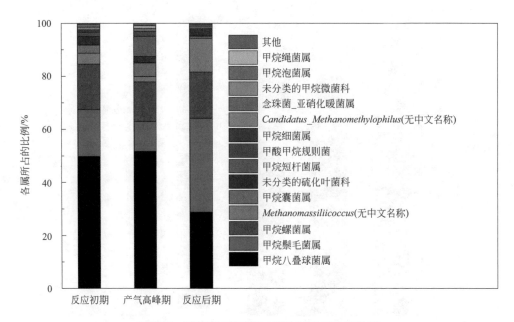

彩图 8 反应不同阶段的古菌在属水平上的分布

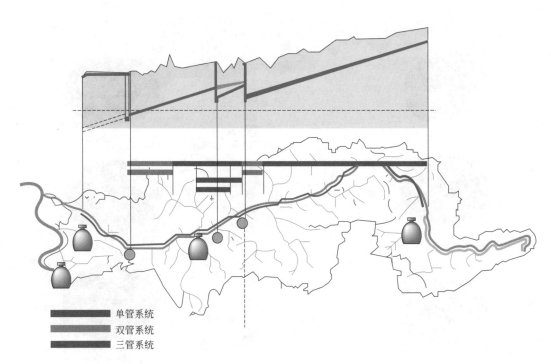

彩图 9 第二段地下隧道纵剖示意图

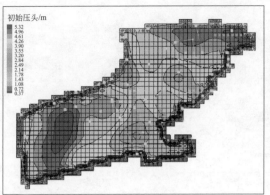

彩图 10 模型计算初始流场

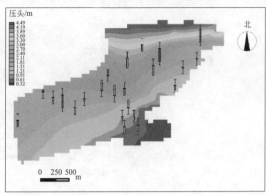

彩图 11 非稳定流模拟

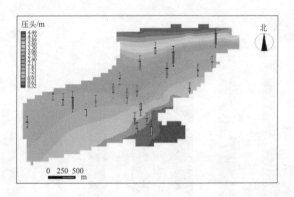

彩图 12 稳定流模拟

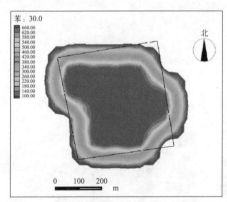

(a) 30d时炼焦车间苯浓度分布

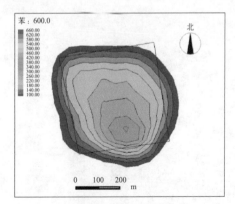

(b) 600d时炼焦车间苯浓度分布

彩图 13

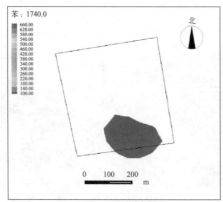

(c) 1740d时炼焦车间苯浓度分布

彩图 13 炼焦车间处地下水中苯的迁移模拟图(单位：$\mu g/L$)

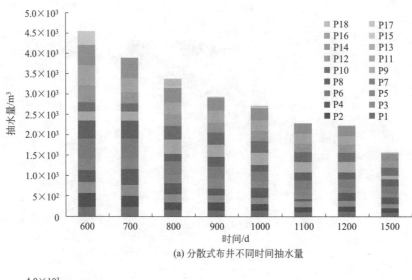

(a) 分散式布井不同时间抽水量

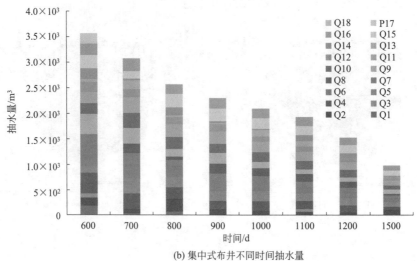

(b) 集中式布井不同时间抽水量

彩图 14 不同布井方式下各井抽水量

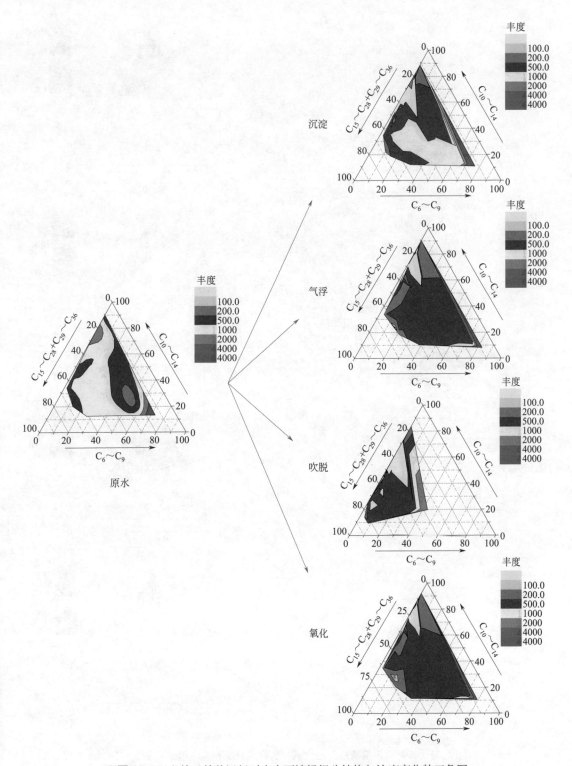

彩图 15 四个单元单独运行时水中石油烃组分结构与浓度变化的三角图

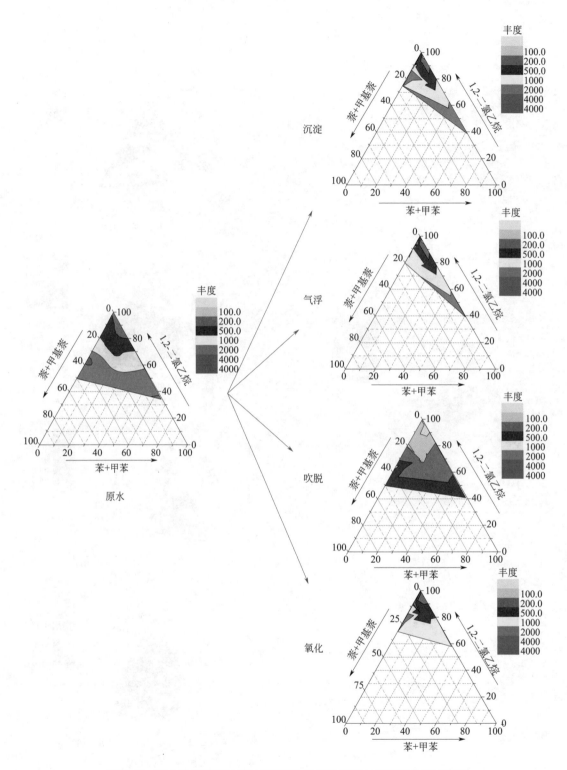

彩图 16 四个单元单独运行时代表有机物组分结构与浓度变化的三角图

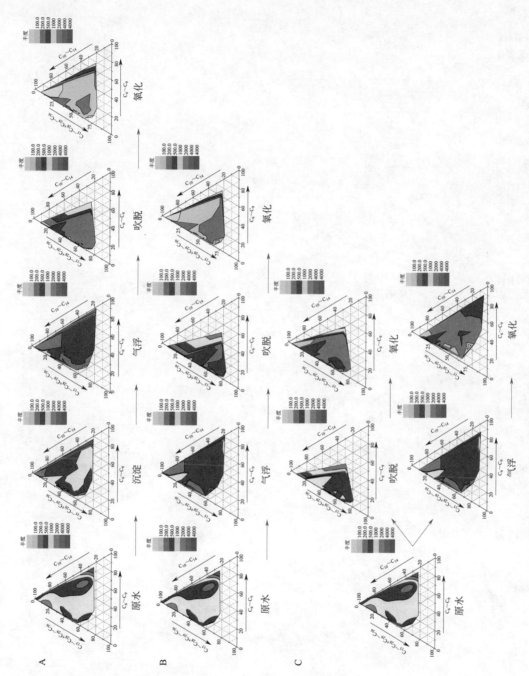

彩图 17 地下水总石油烃组分与浓度随四个（A）、三个（B）与两个（C）单元串联运行的变化

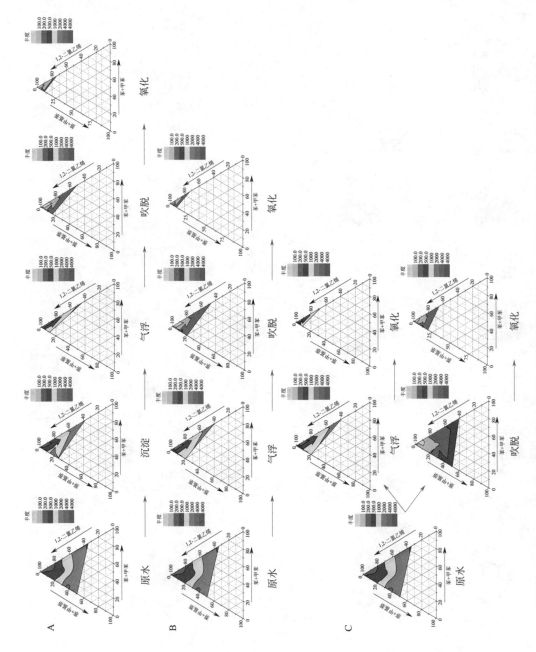

彩图18 地下水中代表性有机污染物组分与浓度随四个（A）、三个（B）与两个（C）单元串联运行的变化

彩图 19 模块化组合工艺对地下水中有机污染物的去除率热图

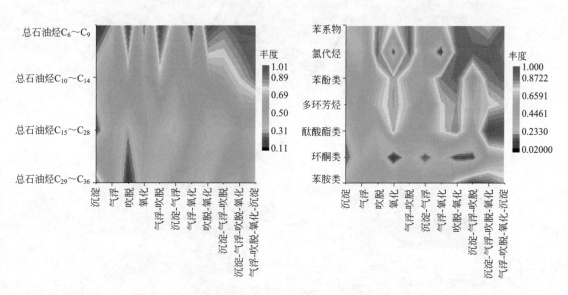

彩图 20 模块化组合工艺对几类有机物的标准化去除率热图

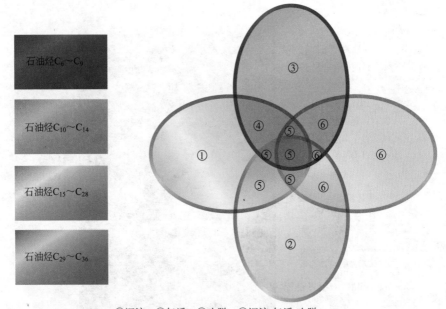

①沉淀　②气浮　③吹脱　④沉淀-气浮-吹脱

⑤沉淀-气浮-吹脱-氧化　⑥气浮-吹脱-氧化-沉淀

彩图 21　模块化组合工艺对石油烃类污染物的工艺选择韦恩图

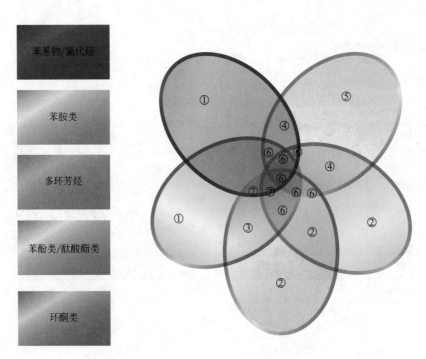

①吹脱　　②氧化　　③气浮-氧化　　④吹脱-氧化　　⑤沉淀-气浮-吹脱

⑥沉淀-气浮-吹脱-氧化　　　　⑦气浮-吹脱-氧化-沉淀

彩图 22　模块化组合工艺对 7 类代表污染物的工艺选择韦恩图